《河北省渤海粮仓科技示范工程》系列丛书

河北省渤海粮仓
科技示范工程
—— 论文汇编（上册）

• 王慧军　徐俊杰　主编 •

中国农业科学技术出版社

图书在版编目（CIP）数据

河北省渤海粮仓科技示范工程. 论文汇编／王慧军，徐俊杰主编. —北京：中国农业科学技术出版社，2019.5

（《河北省渤海粮仓科技示范工程》系列丛书）

ISBN 978-7-5116-4173-1

Ⅰ.①河… Ⅱ.①王…②徐… Ⅲ.①低产土壤-粮食作物-高产栽培-栽培技术-沧州-文集 Ⅳ.①S51-53

中国版本图书馆 CIP 数据核字（2019）第 082518 号

责任编辑	李 雪 周丽丽
责任校对	李向荣 马广洋

出 版 者	中国农业科学技术出版社
	北京市中关村南大街 12 号 邮编：100081
电 话	（010）82105169（编辑室） （010）82109702（发行部）
	（010）82109709（读者服务部）
传 真	（010）82106650
网 址	http://www.CASTP.cn
经 销 者	各地新华书店
印 刷 者	北京建宏印刷有限公司
开 本	787mm×1 092mm 1/16
印 张	82
字 数	2 053 千字
版 次	2019 年 5 月第 1 版 2019 年 5 月第 1 次印刷
定 价	180.00 元(全两册)

◄━ 版权所有·翻印必究 ━►

《河北省渤海粮仓科技示范工程》系列丛书

编 委 会

主　　任：王慧军　李丛民

副 主 任：刘小京　郑彦平　段玲玲　姚绍学

委　　员：徐　成　岳增良　杨佩茹　吴建国　张建斌
　　　　　陈　霞　杨延昌　杨桂彩　王风安　郑小六
　　　　　徐俊杰　李万贵　李元迎　王志国　崔彦生

《河北省渤海粮仓科技示范工程——论文汇编》
编 写 人 员

主　　编：王慧军　徐俊杰

编写人员：(按姓氏笔画排序)
　　　　　王桂荣　李科江　张新仕　蒲娜娜

《河北省渤海粮仓科技示范工程》系列丛书
编写说明

渤海粮仓科技示范工程是由科技部、中国科学院联合河北、山东、辽宁、天津等省市共同实施的国家科技支撑计划项目。河北省是项目实施的主要区域，覆盖面积占总面积的 60%，涉及沧州、衡水、邢台、邯郸 4 市和曹妃甸区共计 43 个县（市），耕地面积 3 387 万亩（1 亩 ≈ 667 m^2，1 hm^2 = 15 亩。全书同），占全省耕地面积的 34%。河北省政府依托科技部项目实施了河北省渤海粮仓科技示范工程，将其作为河北省战略性增粮工程，连续 5 年将该项工作写入省委"一号文件"和政府工作报告。

该示范工程共组织了包括中国科学院、中国农业大学、河北省农林科学院、沧州市农林科学院、衡水市农业科学研究院、邢台市农业科学研究院、邯郸市农业科学院、河北省农业技术推广总站、示范县技术站以及相关企业、新型经营主体等 192 家单位参加。工程依照"技术研发、成果转化、示范推广" 3 个层次设立课题，其中，设立技术研发课题 9 个、成果转化课题 110 个、示范推广县 43 个，研发一批关键技术，转化一批科技成果，并在项目区 43 个县大面积示范推广。

项目实施以来，共申请专利 52 项，已获授权 42 项，其中发明专利 8 项；制定地方标准 22 项，软件著作权 4 项；发表学术论文 130 余篇，出版专著 8 部，出版主推技术系列科教片 15 部，培养科研技术骨干、研究生 37 人，培训技术人员、新型经营主体负责人、农民等 5 万人次以上；培育扶植新型经营主体 65 个，扶植企业 96 家。建立百亩试验田 40 个，千亩示范方 110 个，万亩辐射区 95 个，形成技术模式 8 项，转化适用成果 110 项。在沧州、衡水、邯郸、邢台 4 市累计推广 5 197 万亩，增粮 47.6 亿 kg，节水 41.4 亿 m^3，节本增效 109 亿元。

2016 年 7 月，河北省渤海粮仓科技示范工程创新团队被中共河北省委、省政府评为"高层次创新团队"，2017 年 1 月，河北省渤海粮仓科技示范工程创新团队获"2016 年度河北十大经济风云人物"创新团队奖。国家最高科学技术奖获得者李振声院士评价河北渤海粮仓项目：技术模式突出，措施有力，成效显著，工作走在了全国前列。

为了记述河北省渤海粮仓科技示范工程实施以来的工作实践和基本经验，我们汇集了工程所取得的成果，分为《河北省渤海粮仓科技示范工程——管理实践与探索》《河北省渤海粮仓科技示范工程——论文汇编》《河北省渤海粮仓科技示范工程——知识产权》《河北省渤海粮仓科技示范工程——新型实用技术》《河北省渤海粮仓科技示范工程——成果转化与基地建设》5本丛书出版，旨在归纳总结工作，力求为今后重点科技工程项目实施提供一些借鉴。我们对整个工程实施制作了专题片，感兴趣的读者可扫描以下二维码观看。

编　者

2019 年 3 月

目 录

上 册

一、品种筛选

下 册

三、耕作与栽培

四、盐碱地改良

五、评价与建议

一、品种筛选

不同小麦品种的产量及光能利用对冬前积温的响应

吕丽华[1]，梁双波[1]，张经廷[1]，姚艳荣[1]，

董志强[1]，张丽华[1]，贾秀领[2]

（1. 农业部华北地区作物栽培科学观测实验站；2. 河北省农林科学院粮油作物研究所）

摘　要： 为确定河北省中南部地区小麦品种适宜冬前积温以及对光能的利用能力，2011 年秋季—2014 年夏季在河北藁城采用裂区试验设计（播期为主区，品种为副区），研究了 4 个播期（10 月 5 日、10、15 和 20 日）对 4 个半小麦品种产量和光能利用的影响。结果表明，播期对小麦产量有显著影响，不同品种对播期响应差异明显，中麦 155 对积温较敏感，冬前≥0 ℃积温≥510 ℃利于形成高产，并且 10 月 10 日前播种还可获得较高的光能利用率（RUE）；金禾 9123、冀麦 585 和衡 4399 对积温反应较迟钝，冬前积温≥338 ℃利于形成高产，并且 10 月 15 日前播种可获得较高的 RUE。10 日播种可保持较高的叶面积指数（LAI），过早和过晚播种对 LAI 提高不利。生育中前期大多为 10 日前播种作物生长速率（CGR）较高，而后期则为 15 日之后较高，晚播后生育中后期较高的旗叶光合速率（Pn）、更快的 CGR 可部分弥补因晚播生长不足而造成的产量损失。因此在冀中南区，迟钝型品种推荐播期 10 月 5—15 日、敏感型品种 10 月 5—10 日。

关键词： 小麦；播期；产量；光能利用率

　　冬小麦—夏玉米轮作种植是河北省主要的种植制度，为了保证该地区两季作物均衡增产、充分利用生态环境中有利的光热资源，冬小麦一直提倡适期晚播[1-3]。但在当前冬小麦品种快速更新的年代，在一年两熟轮作种植茬口衔接紧张的背景下，不同类型小麦品种适宜晚播期限的确定，以及在晚播后能否建立高产和高光效的群体结构，仍是小麦研究的重点。

　　不同地域和气候因素对产量及其构成因素的影响不同，不同品种要求的最佳播期也不同[4-6]，适宜的播期可以创建优良的群体结构，利于产量三因素的协调发展[7]。作物产量的高低取决于该作物的光合作用[8]，还取决于作物生育期间光能资源的质量和光能利用效率的大小[9-10]。研究表明，播期对不同穗型小麦品种叶面积指数、旗叶光合特性均存在明显影响[11-12]，还能影响不同作物生长发育，改变作物群体结构，影响群体受光态势，进而影响作物对光能利用的效率[13]和产量形成[14-15]。

　　针对小麦在不同播期条件下对产量形成的影响[11,16-18]研究较多，但针对不同类型的小麦品种，如何确定其最适的冬前积温？在推迟播期、冬前积温不足的前提下，还能否保证小麦获得高产和高光效？关于这些问题的研究较少。本研究于 2011 年秋—2014 年夏连续 3 个小麦季，在河北省中南部地区进行了 4 个冬小麦主栽品种的播期试验，研究播期对小麦产量形成和光能利用的影响，明确不同小麦品种对播期的响应特征，从而

确定不同小麦品种适宜晚播的积温，为冬小麦安全生产、为两季作物合理高效分配光、热资源提供重要依据。

1 材料与方法

1.1 试验地点及品种

自2011年秋季开始连续3个小麦生长季，在河北省农林科学院粮油作物研究所藁城堤上试验站进行田间试验。该区属华北太行山山前平原区（38°41′N，116°85′E），年均降水量484 mm，试验期间不同播期间降水量一致。供试地块0～20 cm土壤含有机质1.55%（采用稀释热法测定）、全氮0.097%（采用凯氏定氮法测定）、碱解氮72.7 mg·kg^{-1}（采用碱解扩散法测定）、有效磷19.5 mg·kg^{-1}（采用Olsen法测定）和有效钾91.0 mg·kg^{-1}（采用NH$_4$OAc浸提—火焰光度法测定）。

4个半冬小麦品种均为河北地区主栽品种，包括2个中晚熟品种（冀麦585和金禾9123），2个中早熟品种（衡4399和中麦155）。

1.2 试验设计

采用二因子裂区设计，播期为主区，品种为副区，4次重复，完全随机排列，小区面积1.2 m×11.8 m，行距15 cm。2011—2012年度设10月8日、10月14日、10月20日3个播期，根据每推迟1 d增加12万hm^{-2}基本苗来确定播量，使基本苗分别为每公顷345万株、每公顷420万株和每公顷480万株。2012—2013年度和2013—2014年度设10月5日、10月10日、10月15日、10月20日4个播期，基本苗分别为每公顷300万株、每公顷360万株、每公顷420万株、每公顷480万株。夏玉米收获后、冬小麦播种前，底施史丹利复合肥600 kg·hm^{-2}（含N 20%、P$_2$O$_5$ 26%、K$_2$O 8%），拔节期追施尿素（含N 46%）225 kg·hm^{-2}。于拔节期和开花期灌水，每次灌水量70 mm左右。病虫草采用常规管理方法。6月7日至10日收获。

1.3 测定方法与数据处理

冬前≥0 ℃积温：2011—2014年河北省藁城市10月至12月≥0 ℃逐日积温数据（图1）来自河北省气象局。2011—2012年度3个播期的冬前积温依次为534 ℃、434 ℃和347 ℃；2012—2013年度4个播期冬前积温依次为505 ℃、417 ℃、338 ℃和269 ℃；2013—2014年度依次为584 ℃、493 ℃、412 ℃和353 ℃（图1）。

产量及产量构成：以小区实收测产，采用小区联合收割机（CLASSIC，Wintersteiger，4910 Ried in Innkreis，Upper Austria，Austria）收获小麦，风干后称重，折算为含水量13%的标准产量。每小区收获0.333 m^{2}内所有植株，统计总穗数，折合为单位面积穗数；随机取50穗统计穗粒数；脱粒、风干后数千粒称重，重复8次，同时测定含水量，折算为含水量13%的标准千粒重。

净光合速率（Pn）：分别在开花期和灌浆期采用美国LI-COR公司产LI-6400型便携式光合测定系统测定旗叶的Pn，每个小区测定3个叶片，重复3次。单位为μmol·m^{-2}·s^{-1}。

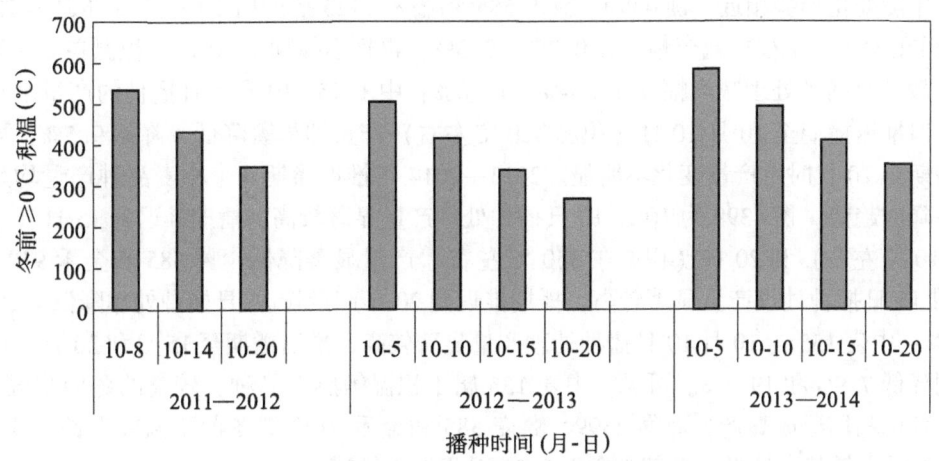

图1 不同播期条件下冬前≥0℃积温变化趋势

叶面积指数（LAI）：在冬前、拔节期、挑旗期、开花期、灌浆期和成熟期取样，每小区取 0.15 m²，重复 3 次，挑选长势均匀的 3 株，测量叶长宽，LAI＝单株叶面积×0.83×单位土地面积内株数／单位土地面积。

作物生长速率（CGR）＝（W_2-W_1）/A（t_2-t_1），W_2 和 W_1 分别表示时间 t_2 和 t_1 时单位土地面积的干物重，A 表示土地面积。单位：g·m⁻²·d⁻¹[19]。干物重：分别 3 月 30 日、4 月 27 日、5 月 6 日和 6 月 8 日取样，每小区取 2 行×0.5 m，将植物样装袋，于 105℃下杀青 30 min，然后在 80℃下烘干至恒重。

光能利用率（RUE）＝（$H×W/\sum Q$）×100%。W—单位土地面积上作物有机干物质的质量，H—单位质量有机干物质的产热率，籽粒取 $16.3×10^3$ kJ·kg⁻¹，秸秆取 $14.6×10^3$ kJ·kg⁻¹，$\sum Q$—生育期间单位面积太阳总辐射逐日累加获得各生育阶段和全生育期的太阳总辐射量[20]。

1.4 统计分析

采用 Microsoft Excel 2003 处理数据，在 SAS v8e 软件包中运行 GLM（General Linear Model）程序进行统计分析。

2 结果与分析

2.1 不同播期下产量及产量构成变化特点

2011—2012 年，除金禾 9123 外，其他品种随播期推迟小麦产量呈下降趋势（表1）。品种间反应差异明显，衡 4399 和冀麦 585 10 月 8 日播种产量水平较高，播期推迟至 20 日（积温在 350℃左右）减产幅度在 2.0%～3.1%，平均每推迟 1 d 产量平均降低 20.1 kg·hm⁻²；金禾 9123 10 月 8 日播种的产量水平一般，但推迟播期至 10 月 20 日产量变化不明显；中麦 155 10 月 8 日播种产量水平最高，播期推迟至 20 日减产 10.7%，平均每推迟一天产量平均降低 84.5 kg·hm⁻²，减产幅度较大。2012—2013 年与上年度变化趋势相近，衡 4399、冀麦 585 和金禾 9123 播期由 10 月 5 日推迟至 15 日（积温在 340 ℃左右）减产幅度在 0.2%～2.3%，再推迟播期至 20 日（积温在 270 ℃左右）较 5 日播种处理减产幅度在 7.4%～12.0%；中麦 155 10 月 5 日播种的产量水平较高，但推迟播期至 10 月 10 日（积温 420 ℃左右）产量即显著降低，降低 9.5%，再推迟播期至 20 日时，产量变化不明显。2013—2014 年推迟播期 4 个小麦品种产量均呈先升后降的趋势。衡 4399 为 10 月 10 日播种处理产量显著较高，播期推迟到 15 日（积温在 410 ℃左右）和 20 日（积温在 350 ℃左右）产量显著降低；冀 585 和金禾 9123 为 10 月 15 日播种处理产量显著较高，播期推迟到 20 日产量较 15 日播种处理降低 9.1%～9.2%；中麦 155 为 10 月 10 日播种处理产量显著较高，推迟播期至 15 日和 20 日，产量分别降低 7.9% 和 19.3%。可见，中麦 155 属于积温敏感型品种，较高的冬前积温（> 510 ℃）利用形成高产，而衡 4399、冀麦 585 和金禾 9123 对冬前积温较迟钝，积温 > 338 ℃时产量基本持平，尤其是金禾 9123 对积温不敏感。

从两年试验结果总体趋势和平均值看，穗数随播期推迟先升后降，衡 4399、冀麦 585、中麦 155 为 10 月 10 日播种的穗数较高，较 15 日播种处理分别高 14.3%、16.7% 和 6.0%，较 20 日分别高 24.2%、23.5% 和 30.8%；而金禾 9123 为 10 月 10 日和 15 日播种穗数较高，较 20 日播种处理平均高 8.4%。说明播期对金禾 9123 的穗数影响较小（表 1）。

2012—2013 年衡 4399 和冀麦 585 穗粒数在处理间差异不显著，而其他品种为晚播处理显著较高。2013—2014 年 4 个品种均为晚播处理穗粒数最高，但品种间也存在差异。衡 4399 和冀麦 585 以 10 月 15 日和 20 日播种的穗粒数较高，较早播处理（10 月 5 日）平均高 2.6 粒；金禾 9123 和中麦 155 均以 10 月 20 日播种处理穗粒数最高，2 品种穗粒数较其他播期平均高 2.2 粒和 2.5 粒（表 1）。不同年度衡 4399 和冀麦 585 穗粒数受播期影响不同，原因可能有两方面：首先穗分化进程影响穗粒数，不同小麦生长季冬前和早春积温不同，因此穗分化进程存在差异，造成不同年份穗粒数受播期影响变化趋势不同；其次群体穗数影响穗粒数，2012—2013 年群体穗数较少，因此各播期穗粒数均较高，较高的穗粒数使播期间的差异减弱。

千粒重随播期的变化，不同品种表现不一，且年度间亦有差异。2013—2014 年，除冀麦 585 外，其他品种千粒重处理间差异不显著。2012—2013 年，衡 4399 和中麦 155 为 10 月 5 日和 20 日处理千粒重较高，冀麦 585 则为 10 月 20 日处理千粒重较高，金禾 9123 的千粒重受播期影响较小，对播期不敏感（表 1）。不同年度中麦 155 千粒重受播期影响不同，原因可能为 2013—2014 年穗粒数较少，在产量构成因素的自我调节作用下，各播期千粒重均较高，较高的千粒重使播期间的差异减弱。

2.2 不同播期下旗叶净光合速率（Pn）变化特征

对于衡 4399，开花期（5 月 4 日）和灌浆中后期（5 月 22 日）均为 10 月 15 日和 20 日播种处理旗叶 Pn 明显较高，较 10 日播种处理平均高 13.5%，较 5 日播种处理平均高 25.2%。冀麦 585 开花期为 15 日、灌浆中后期为 10 日和 15 日播种处理旗叶 Pn 较高，两时期分别较其他处理高 23.2% 和 56.1%。金禾 9123 开花期处理间旗叶 Pn 差异

表1 不同播期对产量及产量构成因素的影响

处理	衡4399 穗数 (m⁻²)	穗粒数	千粒重 (g)	产量 (kg·hm⁻²)	冀麦585 穗数 (m⁻²)	穗粒数	千粒重 (g)	产量 (kg·hm⁻²)	金禾9123 穗数 (m⁻²)	穗粒数	千粒重 (g)	产量 (kg·hm⁻²)	中麦155 穗数 (m⁻²)	穗粒数	千粒重 (g)	产量 (kg·hm⁻²)
2011—2012																
10-8				9 217.5 a				9 684.0 a				9 106.5 a				9 435.2 a
10-14				9 271.5 a				9 547.5 a				9 043.5 a				9 188.7 a
10-20				9 033.2 b				9 385.5 ab				9 157.5 a				8 421.0 b
2012—2013																
10-5	637.2 bc	31.2 a	34.7 a	8 163.0 a	693.1 a	27.8 a	34.7 b	8 324.2 a	598.2 b	30.7 ab	35.2 a	8 733.7 a	681.4 b	30.9 a	34.3 a	8 643.7 a
10-10	795.7 a	30.5 a	34.5 a	8 363.1 a	693.9 a	28.5 a	35.3 a	8 206.5 a	677.9 a	31.1 ab	35.6 a	8 777.4 a	771.9 a	28.6 b	29.6 b	7 824.1 b
10-15	717.3 b	31.9 a	31.8 b	7 972.1 ab	568.2 b	29.5 a	35.3 a	8 235.5 a	720.3 a	29.1 ab	35.5 a	8 715.6 a	760.4 a	26.8 bc	31.3 b	7 763.9 b
10-20	594.4 c	30.7 a	33.7 a	7 412.2 b	554.8 b	28.4 a	39.5 a	7 711.5 b	633.5 b	32.3 a	35.4 a	7 689.4 b	612.3 c	31.8 a	33.9 a	7 637.8 b
2013—2014																
10-5	855.8 b	26.9 b	41.1 a	9 796.9 b	788.7 b	22.8 b	43.0 a	8 963.6 ab	800.8 a	26.8 b	43.4 a	9 649.8 ab	843.5 b	24.7 bc	40.8 a	9 556.3 b
10-10	901.3 a	25.1 b	40.0 ab	10 360.4	933.2 a	21.9 b	41.7 ab	9 124.1 ab	823.2 a	25.9 b	42.4 a	9 849.7 a	912.4 a	25.2 bc	40.1 a	10 203.2 a
10-15	763.8 c	28.4 a	41.7 a	9 945.3 b	826.4 b	24.8 a	41.3 a	9 534.0 a	807.2 a	25.3 b	43.3 a	10 182.7 a	828.2 b	26.0 b	41.5 a	9 398.4 b
10-20	771.6 c	28.2 a	41.4 a	9 504.9 b	761.5 c	25.5 a	39.7 b	8 656.2 b	761.7 ab	28.2 a	43.4 a	9 262.2 b	674.8 c	27.8 a	41.6 a	8 231.9 c

注：数据后不同字母表示同一品种不同播期间有显著差异

不显著，灌浆中后期为15日播种处理较高，较其他播期平均高29.1%。中麦155开花期旗叶Pn为15日、灌浆中后期为15日和20日播种处理较高，两时期分别较其他处理高14.8%和58.1%。可见，对多数品种来说晚播旗叶的Pn也会增高，生成较多的光合产物，可一定程度挽回因晚播而造成的产量损失；金禾9123开花期各播期间Pn差别不明显，说明适时晚播对该品种叶片Pn速率影响不大。但不同品种比较，金禾9123旗叶Pn高于其他品种，开花期和灌浆中期分别高21.2%和6.2%（图2）。

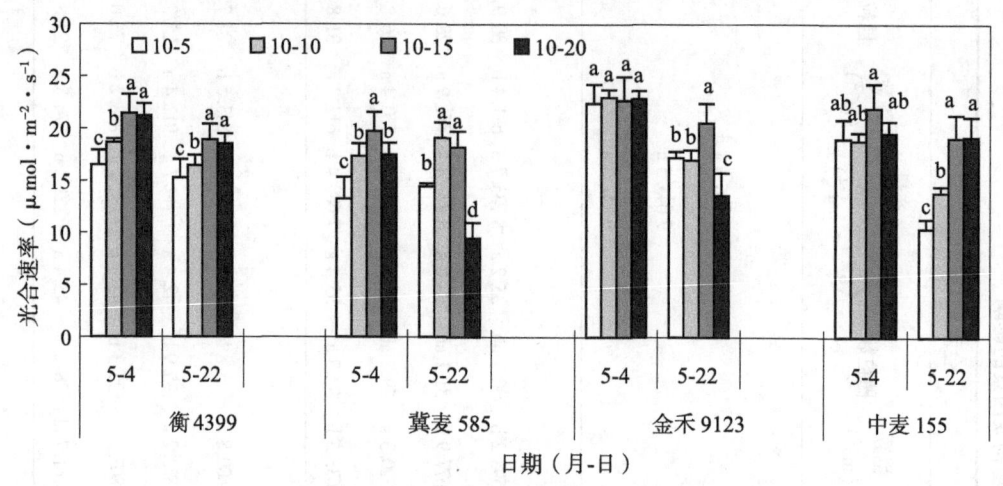

图2 播期对不同冬小麦品种光合速率的影响

2.3 不同播期下叶面积指数（LAI）的变化趋势

2年的叶面积指数（LAI）变化趋势大体一致，4个小麦品种大多为10月10日播种处理LAI较高，而以10月20日播种处理LAI最低（图3），说明适时播种可提高小麦LAI，但播种过早或过晚均不利于LAI提高。不同年度不同品种LAI变化趋势稍有差异。2012—2013年，衡4399为10日播种处理LAI较高，其次是5日和15日播种处理，较20日播种处理分别高46.5%和18.8%；冀麦585为10月5日和10日播种处理LAI较高，较15日播期处理平均高10.3%、较20日平均高35.0%。2013—2014年衡4399为20日播种处理LAI较低，较其他处理平均低18.5%，而其他几个处理差别不大；冀麦585为10日播种处理LAI较高，其次是5日和15日播期处理，较20日播期处理分别高29.3%和10.2%；金禾9123和中麦155 LAI变化趋势与冀麦585相同，但金禾9123各播期间差别较小，而中麦155各播期间差别较大，前者10日播种处理较20日的LAI高18.4%，而后者较20日播期处理高52.2%。可见，不同品种比较，晚播后中麦155 LAI下降幅度较大。

2.4 不同播期下作物生长速率（CGR）的变化趋势

2年CGR变化趋势基本一致，在生育前期和中期大多为10月5日和10日处理CGR较高，而在生育中后期则为15日和20日播期处理较高（图4）。可见晚播条件下

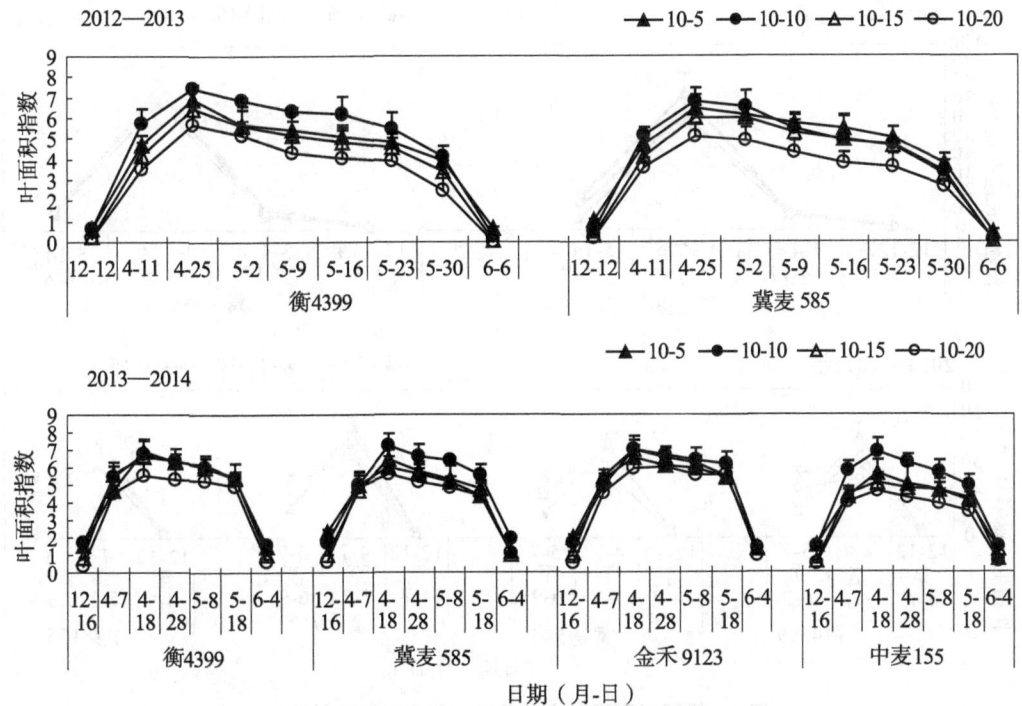

图 3　播期对不同冬小麦品种叶面积指数的影响

生育中后期更快速地生长可部分弥补因晚播生长不足而造成的产量损失。但不同品种 CGR 随播期变化不尽相同。2012—2013 年对于衡 4399 在冬前至拔节末期 CGR 为 10 月 10 日播期处理最高，是 20 日播期处理的 2.2 倍，其次是 5 日或 15 日播期处理，是 20 日播期处理的 1.9 倍；而拔节末期至成熟期则为 15 日和 20 日播期处理 CGR 较高，为其他 2 个播期的 1.5 倍。对于冀麦 585 在冬前至起身期随播期推迟 CGR 降低；而在起身至拔节期为 10 日和 15 日播期处理 CGR 较高，为 20 日播期处理的 1.4 倍；在灌浆期至成熟期为晚播的两个处理 CGR 较高，为其他两个处理的 1.2 倍。2013—2014 年衡 4399 和金禾 9123 趋势一致，在冬前至开花期均为 5 日和 10 日播期处理 CGR 较高，平均为后两个播期的 1.6 倍；而在开花至成熟期则为 15 日和 20 日播期处理 CGR 较高，平均为前两个播期的 2.1 倍。冀麦 585 在冬前至拔节期为 5 日和 10 日播期处理 CGR 较高，在拔节至开花期为 5 日至 15 日播种处理较高，为晚播处理的 1.4 倍，在开花至成熟期为 20 日播期处理较高，为前 3 个播期的 1.6 倍。中麦 155 在冬前至拔节期和开花至成熟期均为 10 日播期处理 CGR 较高，平均为晚播处理的 1.7 倍。不同品种比较，金禾 9123 全生育期 CGR 最高，较其他 3 个品种平均高 9.8%，可见该品种生长速率较高，某种程度上受晚播影响要小。

2.5　不同播期下光能利用率（RUE）的变化趋势

2 年平均 RUE 变化趋势表明（表 2），衡 4399 和中麦 155 基本表现为 10 月 5 日和

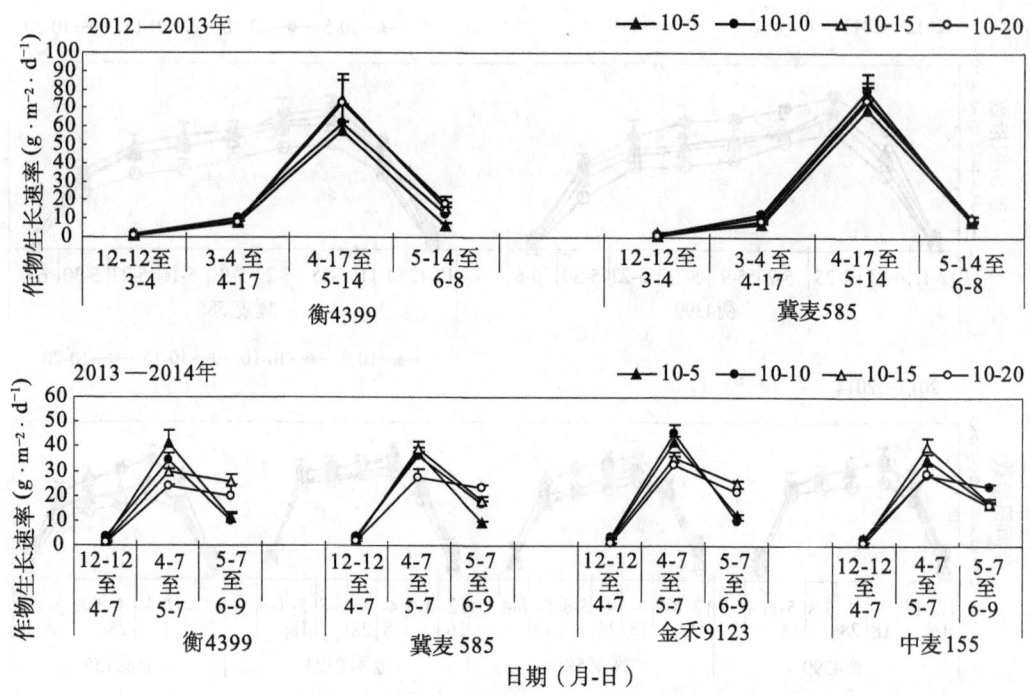

图4 播期对不同冬小麦品种作物生长速率的影响

10 日播期处理籽粒和全株 RUE 较高，其中衡 4399 籽粒和全株 RUE 较 20 日播种处理分别高 6.6%和 6.7%，中麦 155 分别高 10.8%和 21.3%；冀麦 585 和金禾 9123 则表现为 10 月 5—15 日播期处理 RUE 较高，其中冀麦 585 籽粒和全株 RUE 较晚播处理分别高 4.6%和 8.2%、金禾 9123 分别高 9.6%和 14.3%。不同年度间变化趋势有所不同。对于衡 4399，2012—2013 年籽粒和全株 RUE 表现为 10 月 5 至 15 日播期处理 RUE 较高，而 2013—2014 年各播期间差异不显著。对于冀麦 585，2012—2013 年和 2013—2014 年籽粒 RUE 处理间差异不显著，而全株 RUE 为 10 月 20 日播期处理显著较低。对于金禾 9123，2012—2013 年籽粒 RUE 为 10 月 5 日至 15 日播期处理较高，而 2013—2014 年处理间差异不显著；而全株 RUE 2012—2013 年为 10 日播期处理、2013—2014 年为 15 日播期处理较高。对于中麦 155，2 年均为 5 日或 10 日播期处理籽粒和全株 RUE 较高。可见，推迟播期后对中麦 155 RUE 的影响较为明显，而其他 3 个品种，适期晚播后（10 月 15 日播种）仍能保持较高的 RUE。

表2 播期对不同冬小麦品种光能利用率的影响 （%）

处理	衡 4399			冀麦 585			金禾 9123			中麦 155		
	秸秆	籽粒	全株	秸秆	籽粒	全株	秸秆	籽粒	全株	秸秆	籽粒	全株
2012—2013												
10-5	0.48 ab	0.49 a	0.97 ab	0.56 a	0.47 a	1.03 a	0.55 b	0.50 a	1.05 b	0.54 b	0.50 a	1.04 b

（续表）

处理	衡4399			冀麦585			金禾9123			中麦155		
	秸秆	籽粒	全株	秸秆	籽粒	全株	秸秆	籽粒	全株	秸秆	籽粒	全株
10-10	0.53 a	0.50 a	1.03 a	0.55 a	0.46 ab	1.01 a	0.64 a	0.51 a	1.15 a	0.64 a	0.46 b	1.10 a
10-15	0.47 ab	0.47 ab	0.94 ab	0.58 a	0.46 a	1.04 a	0.54 b	0.52 a	1.06 b	0.55 b	0.46 b	1.02 b
10-20	0.43 c	0.46 b	0.88 c	0.47 b	0.44 a	0.91 c	0.43 c	0.46 b	0.90 c	0.45 c	0.46 b	0.91 c
2013—2014												
10-5	0.56 a	0.54 ab	1.10 a	0.65 ab	0.49 ab	1.14 b	0.62 ab	0.53 ab	1.16 b	0.59 a	0.53 b	1.12 a
10-10	0.48 ab	0.58 a	1.06 ab	0.70 a	0.51 a	1.21 a	0.56 b	0.55 a	1.12 b	0.61 a	0.57 a	1.18 a
10-15	0.55 a	0.56 ab	1.11 a	0.68 a	0.53 a	1.21 a	0.68 a	0.57 a	1.25 a	0.57 a	0.53 b	1.09 b
10-20	0.53 a	0.53 ab	1.07 ab	0.61 b	0.49 ab	1.11 b	0.56 b	0.52 a	1.08 b	0.45 b	0.47 c	0.92 bc

3 讨 论

适期播种可以创建优良的群体结构，从而实现高产、稳产[7]。前人研究表明，适期播种[11]或适度晚播[18]均有利于提高小麦群体的叶面积指数，以确保叶面积指数处于合理范围内。本研究表明，不同类型小麦品种均以适期播种 LAI 较高（10 月 10 日播种），与前者研究结果一致[11]，而晚播和早播均不利于小麦 LAI 提高，主要原因在于晚播和早播条件下群体穗数不足，而晚播条件下积温不足、早播条件下播量较小是导致群体穗数较少的主要原因。不同的环境条件和栽培措施能够改变小麦旗叶的光合性能[21]，合理的播期能够提高小麦叶片的净光合速率和气孔导度，延长叶片光合功能期，积累更多的光合产物[22]。一些研究表明，小麦品种的旗叶光合特性以适期播种表现较优，山东莱州地区播期为 10 月 19 日[11]、中国农业科学院中圃场播期为 10 月 7 日[17]；另一些研究则发现晚播小麦净光合速率有明显优势（河南郑州 10 月 31 日播种）[23]。本研究不同类型小麦品种的旗叶 Pn 均以适期晚播条件下（10 月 15 日播种）表现较优，与后者观点一致[23]，因为早播易造成小麦生育期提前，叶片功能提早衰退，而适期晚播可以有效地提高小麦旗叶的光合性能。本研究中生育中前期大多为 10 月 10 日前播种 CGR 较高，而中后期则为 15 日之后播种较高，晚播后生育中后期较高的旗叶 Pn、更快的 CGR 可部分弥补因晚播生长不足而造成的产量损失，这也是迟钝型品种金禾 9123 受播期影响较小的原因之一。

以往研究表明，冬小麦越冬的最适 ≥0 ℃积温为 570～645 ℃[24]。但本研究表明，随着当代小麦品种光温特性的改变，其品种特性也发生明显变化，导致该积温条件并不是小麦获得高产的重要保障，且不同敏感型品种对冬前积温的响应不同，因而具有不同的适宜播期。迟钝型品种金禾 9123、冀麦 585 和衡 4399 冬前≥0 ℃积温≥338 ℃、敏感型品种中麦 155 冬前积温需保证在 510 ℃以上才可获得高产，该积温范围较传统的安全积温条件低许多。本研究中迟钝型品种晚播后穗数相对稳定或下降幅度较小，这是该类型小麦品种产量稳定的主要原因，尤其是金禾 9123 不同播期间穗数较稳定、千粒重差异不显著，其适积温范围较广；而敏感型品种中麦 155 晚播后穗数显著降低、穗粒数显著增加，受播期影响较大，其适积温范围较小。并且对于本研究供试迟钝型品种 10 月 15 日前播种对产量影响较小，因此大多可获得较高的 RUE，而敏感型品种 10 月 10 日前播种才能获得较高的 RUE。因此在冀中南地区迟钝型品种推荐适宜播期 10 月 5—15 日；敏感型品种推荐播期为 10 月 5—10 日。

参考文献

[1] 陈素英, 张喜英, 毛任钊, 等. 播期和播量对冬小麦冠层光合有效辐射和产量的影响 [J]. 中国生态农业学报, 2009, 17 (4)：681-685.

[2] Schwarte A J, Gibson L R, Karlen D L, et al. Planting date effects on winter triticale grain yield and yield components [J]. Crop Science, 2006, 46 (3)：1 218-1 224.

[3] 马国胜, 薛吉全, 路海东, 等. 播种时期与密度对关中灌区夏玉米群体生理指标的影响 [J]. 应用生态学报, 2007, 18 (6)：1 247-1 253.

[4] 潘洁, 姜东, 戴廷波, 等. 不同生态环境与播种期下小麦籽粒品质变异规律的研究 [J]. 植物生态学报, 2005, 29：467-473.

[5] Tapley M, Ortiz B V, van Santen E, et al. Location, seeding date, and variety interactions on winter wheat yield in southeastern United States [J]. 2013, 105：509-518.

[6] 张维诚, 王志和, 任永信, 等. 有效分蘖终止期控制措施对小麦群体质量影响的研究 [J]. 作物学报, 1998, 24：903-906.

[7] 黄振喜, 王永军, 王空军, 等. 产量 15 000 kg/ha 以上夏玉米灌浆期间的光合特性 [J]. 中国农业科学, 2007, 40 (9)：1 898-1 906.

[8] 程建峰, 沈允钢. 作物高光效之管见 [J]. 作物学报, 2010, 36 (8)：1 235-1 247.

[9] 杨国敏, 孙淑娟, 周勋波, 等. 群体分布和灌溉对冬小麦农田光能利用的影响 [J]. 应用生态学报, 2009, 20 (8)：1 868-1 875.

[10] 李宁, 段留生, 李建民, 等. 播期与密度组合对不同穗型小麦品种花后旗叶光合特性、籽粒库容能力及产量的影响 [J]. 麦类作物学报, 2010, 30 (2)：296-302.

[11] 张晓萍, 杨慎骄, 张笑培, 等. 不同播期冬小麦株型构建及其生育特征 [J]. 应用生态学报, 2013, 24 (4)：915-920.

[12] Wajid A, Hussain A, Ahmad A. Effect of sowing date and plant density on growth, light interception and yield of wheat under semi arid conditions [J]. International Journal of Agriculture and Biology, 2006, 6：1 119-1 123.

[13] Dahmardeh M. The effect of sowing date and some growth physiological index on grain yield in three maize hybrids in Southeastern Iran [J]. Asian Journal of Plant Sciences, 2010, 9 (7)：432-436.

[14] 李向岭, 李从锋, 侯玉虹, 等. 不同播期夏玉米产量性能动态指标及其生态效应 [J]. 中国农业科学, 2012, 45 (6)：1 074-1 083.

[15] 谭飞泉, 蒋华仁, 任正隆. 早播对四川盆地小麦新品系 J210 生育进程、籽粒灌浆特性和产量的影响. [J]. 麦类作物学报, 2009, 29 (1)：122-127.

[16] 杨卫君, 贾永红, 石书兵, 等. 播期和密度对春小麦品种新春 26 号生长及产量的影响

[J]. 麦类作物学报，2016，36（7）：913-918.

[17] 郭明明，赵广才，郭文善，等. 播期对不同筋力型小麦旗叶光合及籽粒灌浆特性的影响
[J]. 麦类作物学报，2015，35（2）：192-197.

[18] 曹卫星. 作物栽培学总论 [M]. 北京：科学出版社，2006：51.

[19] 王立祥，李军. 农作学 [M]. 北京：科学出版社，2003：179.

[20] 郭天财，冯伟，赵会杰. 两种穗型冬小麦品种旗叶光合特性及氮素调控效应 [J]. 作物学
报，2004，30（2）：115-121.

[21] 李树华，惠红霞，许兴. 宁夏春小麦光合性能的初步研究 [J]. 宁夏农林科技，2000，1
（1）：6-10.

[22] 张甲元，周苏玫，尹钧，等. 适期晚播对弱春性小麦籽粒灌浆期光合性能的影响 [J]. 麦
类作物学报，2011，31（3）：535-539.

[23] 于振文. 现代小麦生产技术 [M]. 北京：中国农业出版社，2007：23-24.

[24] 韩金玲，杨晴，王文颇，等. 播期对冬小麦茎蘖幼穗分化及产量的影响 [J]. 麦类作物学
报，2011，31（2）：303-307.

[此文原刊载于《麦类作物学报》，2017，37（8）：1 047-1 055]

种子引发对小麦抗盐及抗旱特性影响综述

谢娟娜[1,2]，路　杨[1,2]，房　琴[1,2]，张喜英[1]

（1. 中国科学院遗传与发育生物学研究所农业资源研究中心；2. 中国科学院大学）

摘　要： 小麦是我国北方重要粮食作物，在农业生产中经常受到干旱和盐分胁迫影响，造成减产。种子引发是种子萌发前用天然或人工合成试剂对种子进行处理，从而提高植物抗逆性的一种简单而有效的方法。在干旱或高盐条件下，利用引发剂对小麦种子引发后，种子萌发提前，幼苗生长发育代谢增强，抗逆境相关生理指标提升，作物抗旱耐盐能力增强，最终产量及质量得到提高。本文阐述了水、有机物、植物激素、生物活性物质、生物、氧化物、无机信号物质等不同种类引发剂对小麦种子引发的作用机理和效果。并总结了种子引发的主要作用机制，如：减少植株对 Na^+ 的吸收，增加对 K^+、Ca^{2+} 的吸收，减少盐分对生长造成的阻碍；促进可溶性蛋白和可溶性糖等渗透调节物质的合成和积累，细胞内维持渗透压，有利于根系吸水；诱使胁迫条件下细胞内超氧化物歧化酶、过氧化物酶、过氧化氢酶、抗坏血酸过氧化物酶等抗氧化酶的合成增多、活性增强，有效清除活性氧，维持细胞内氧平衡；调节植物内源激素合成与运输从而使激素水平处于更加适应胁迫条件的平衡状态等。并讨论了引发剂与植物逆境生理研究之间相互补充、相互促进的关系，展望了种子引发在农业方面的发展及应用前景。

关键词： 小麦；种子引发；引发剂；干旱；盐分；抗性

小麦（*Triticum aestivum* L.）是一种非常重要的谷物，千百年来，人们栽培小麦作为重要的食物来源。随着未来人口数量持续增长，可利用水资源不断减少，保证食物充足供应将是人类所面临的最大挑战之一[1]。在全球许多地区，干旱是造成农业减产的主要原因之一[2]。而全球气候变化使得干旱问题日趋严重[3]，干旱发生越发频繁[4]。同时，土壤盐碱化和次生盐碱化是世界范围内广泛存在的问题，特别是干旱、半干旱地区，问题更为严重。据联合国教科文组织（UNESCO）和粮农组织（FAO）不完全统计，全世界盐碱地面积约 9.54 亿 hm^2[5]。干旱和土壤盐碱化问题，已经成为世界农业可持续发展的制约因素。

我国农业生产中，小麦种植经常受到各种生物和非生物环境因素的不利影响。其中，受到干旱和盐胁迫影响最大。干旱和盐胁迫会对作物种子萌发和幼苗生长造成很大影响。如干旱胁迫会影响萌发时种子吸水，造成萌发不稳定，萌发率低，并且影响出苗率，严重时，则会完全抑制种子萌发[6-7]，也会导致植物细胞膨压降低，从而阻碍植物生长[3]。与干旱胁迫相似，　土壤盐分含量也是影响作物出苗率的重要因素之一[7]，盐胁迫能导致水分胁迫[8]。高盐引起渗透胁迫，阻碍种子渗透吸水，影响种子萌发；同时由于 Na^+ 和 Cl^- 对种子具有单盐离子毒害作用，从而造成种子萌发率及出苗率低，是导致盐碱地作物产量低的主要原因， 因此提高种子萌发率和出苗率是提高盐碱地作物产量的重要途径[7]。

作物受到干旱和盐胁迫，会产生一些有害物质，影响植物生长、代谢，最终导致减产[9]。在植物中，环境胁迫可以诱导植物产生一些有害化合物。许多非生物胁迫会导致植物体内活性氧（reactive oxygen species，ROS）含量升高，过量的活性氧对脂膜、蛋白质及核酸等重要物质造成过氧化反应，破坏脂膜的稳定性，影响细胞的正常生理代谢，甚至导致细胞死亡[8]。ROS 产生的量取决于植物对胁迫的忍耐能力、胁迫时期、持续时间和胁迫强度。丙二醛（malondialdehyde，MDA）是脂质过氧化产物，胞内 MDA 含量升高，说明细胞膜及细胞中膜系统受到损伤。MDA 含量通常作为衡量活性氧对细胞造成伤害的一个重要指标[3]。

植物对盐胁迫响应与对干旱胁迫响应的生理机制高度相似，可能由于二者都是由于细胞失水引起的[9]。植物响应这些环境胁迫，自身会产生相应的生理、生化及分子水平的变化。这些代谢变化可以帮助植物适应不良环境[10]。植物通过调节体内如脱落酸（abscisic acid，ABA）、水杨酸（salicylic acid，SA）、茉莉酸（jasmonic acid，GA）和乙烯（ethylene）等多种激素的平衡来应对逆境[9]；植物体也会通过调节体内脯氨酸、甘氨酸、甜菜碱等渗透调节物质的产生和积累， 提高根系吸收水分能力，并且使叶片维持一定膨压，从而维持一定的气孔开度，使其在干旱条件下仍能进行 CO_2 同化等新陈代谢来应对环境胁迫[2-3]。在很多植物中，钾是一个与逆境相关的非常重要的矿质元素。适宜浓度的 K^+ 可以缓解环境胁迫对植物体的伤害，如细胞内 K^+ 浓度的升高可以减少活性氧的产生；而 K^+ 不足会影响 CO_2 的固定，影响光合作用。因此提高细胞内 K^+ 含量可以提高植物对逆境的忍耐能力[11]。

现代农业通过多种手段提高植物对胁迫的耐受力，包括传统的杂交、筛选育种和新兴的诱变育种、多倍体育种、基因工程育种等。传统方式有其局限性，需要大量的人力、资金和时间。由于多基因效应复杂性，选育出的品种有时不能取得理想效果。理论上通过基因工程技术可以将外源特定抗性基因导入到作物的基因组中，使其对胁迫产生快速准确回应，但通过这种技术育种非常昂贵，操作复杂，且存在生物安全问题，其在农业上的应用也受到了限制[9]。

种子引发，就是在种子萌发前用天然或者合成物质对种子进行处理，诱导其产生特异生理反应。种子引发的概念最早由 Heydecker 于 1973 年提出，是指让种子缓慢吸收水分使其停留在吸涨的第 2 阶段，让种子进行预发芽的生理生化代谢和修复，促进细胞膜、细胞器 DNA 的修复和酶的活化，使其处于准备发芽的代谢状态，但防止胚根伸出的一项技术[12]。在植物防御反应中，引发处理可使植物更快更积极地回应即将到来的胁迫，经过引发处理的种子长成的植株在响应胁迫时，表现出更强健更迅速的细胞防御反应[9]。该技术具有简单、便宜、有效等特点，更容易被农民接受，是一项有很大应用前景的用来提高作物抗旱耐盐能力的技术。

众多研究显示，对小麦种子进行引发处理的介质种类有很多，包括：水、无机盐、有机物等，不同引发剂作用于同种或不同品种的小麦效果也会有所差异。

1 水引发

水引发是一种简单、经济、安全的引发技术，该技术原理是通过渗透调节提高种子萌发及成苗的能力。方法是将种子浸泡在灭菌水中，保持适当温度，持续引发一段时间（引发的持续时间由种子萌发吸水的快慢决定[6]）后再将种子在阴凉处风干至初始重量[9]。水引发处理的种子有更高的吸水能力[13]，使幼苗的生长提高，即使种植培养基的渗透势、衬质势较低使萌发暂停，仍能提高种子的生理生化反应。水引发提高了盐胁迫情况下胚芽中的 K^+ 含量[14]，可以提高小麦的抗盐性[15]。水引发 12 h 促进小麦发芽，缩短萌发时间，促进生长发育和分蘖的效果最明显，并且可提高灌溉水的利用率[16]。有研究表明，水引发还可提高小麦产量，经水引发的小麦产量从 2.28 t·hm^{-2} 提高到 2.42 t·hm^{-2}（6%）[17]。

2 无机盐引发

50 mmol·L^{-1} NaCl 溶液对小麦种子引发处理 12 h，可提高小麦抗盐性[18]。Afzal 等[19]发现，引发诱导幼苗活性与耐盐性的提高，与贮藏物的代谢、K^+、Ca^{2+} 增加和 Na^+ 的减少有关[9]。盐胁迫条件下，经 KCl 引发处理的种子发育成的幼苗，能显著降低芽中的 Na^+ 含量，从而提高植株的抗盐能力[20]。用 KH_2PO_4 引发，可以促进萌发、出苗和作物生长。用 0.5% K_2HPO_4、0.5% KNO_3 溶液进行引发处理比高浓度更有效[21]。引发处理诱发的抗氧化作用，也与被引发作物品种的抗盐性有关，KCl、$CaCl_2$ 引发可以提高小麦的抗氧化酶 CAT、POD 和 APX 的活性，提高脯氨酸含量，降低 H_2O_2 浓度，且抗性品种比敏感品种显著，抗性品种较敏感品种叶内 Na^+ 浓度更低，K^+/Na^+ 更高[22]。

用 50 mmol·L^{-1} 的 $CaCl_2$ 溶液对小麦种子引发处理 12 h，增强小麦抗盐性的效果要好于同等浓度的 NaCl 溶液[18]。与同等浓度的抗坏血酸、水杨酸、激动素引发相比，氯化钙促进出苗效果最明显，且分蘖数、每穗粒数、千粒重、总产量、收获指数均最大，同时也使总酚含量、可溶性蛋白质总量和 α-淀粉酶（α-amylase）、蛋白酶活性提高程度最大[9]。此外，有研究表明，用 $CaCl_2$ 引发质量较差的小麦种子也可以提高其表现，提高出苗率和最终产量[23]。50 mmol·L^{-1} 的 $CaSO_4$ 溶液对小麦种子引发处理 12 h，可提高小麦种子在盐胁迫下的萌发率，增加根长和幼苗干重，提高幼苗中 K^+ 含量，且效果较同等浓度的 $CaCl_2$ 和 NaCl 显著[18]。

小麦种子用含 Zn^{2+} 溶液引发可提高产量[24]。用含 0.3% Zn^{2+} 的 $ZnSO_4$ 溶液引发 10 h，小麦种子中 Zn 含量从 27 mg·kg^{-1} 提高到 470 mg·kg^{-1}。引发处理的种子生长 15 d 后的芽干重较未经引发和经水引发处理的芽干重有明显提高，且产量增幅大于水引发的增幅，且所结籽粒中 Zn 含量提高 12%[17]。水分胁迫明显降低了谷物中 Se、Fe、P、Zn 和 Mg 的含量，低浓度的 Se 在提高作物生长和抗逆性上发挥积极作用。在正常或胁迫条件下对植物施用低浓度的 Se，可加速植物体内生化过程。在作物受到胁迫时施用低浓度的 Se 不仅可以提高渗透压，也可作为渗透保护物质，防止氧化物质产生。Nawaz 等[25]认为 Se 可能与提高脯氨酸代谢酶活性相关。用低浓度硒酸钠在 25 ℃下处理

1 h，可显著提高根系抗胁迫指标、抗干旱胁迫指标和幼苗总生物量，提高了幼苗中总糖含量和游离氨基酸含量，而可溶性蛋白含量下降，对根冠比无明显影响[25]。

3 有机物引发

影响植物生长发育的有机物种类繁多，有植物激素，如生长素、细胞分裂素、赤霉素、脱落酸等，也有如抗坏血酸、多胺、硫醇、胆碱、壳聚糖、水杨酸等生物活性物质。

3.1 植物激素引发

生长素是一种重要的植物激素，与植物对逆境胁迫响应关系密切。用生长素引发可促进小麦种子萌发，增加下胚轴长度、幼苗干重、鲜重和下胚轴干重。Iqbal 和 Ashraf[26] 的研究表明，吲哚乙酸（indoleacetic acid，IAA）、吲哚丁酸（indolebutyric acid，IBA）及它们的前体色氨酸（tryptophane，Trp）等引发可以调节盐胁迫造成的水杨酸和离子浓度的扰动，从而促进小麦生长。除了 IBA，其他引发剂也可使小麦最终萌发率提高。经 Trp 引发处理的种子在盐胁迫条件下发育成的幼苗具有更高的生物量。田间试验表明，Trp 引发对盐胁迫条件下提高作物产量更加有效，而 Trp 减轻胁迫的原因与根部减少 Na^+ 的吸收和运输、根中 Ca^{2+} 增加以及调节植株体内离子平衡有关。随后，他们又用同样的引发剂对不同品种进行了进一步研究。结果表明，对于抗性品种，盐胁迫使其内源 ABA 含量增高。产量与 CO_2 净同化率和内源 IAA 含量正相关，而与 ABA 和游离多胺的含量呈负相关。所有引发处理都降低了盐对内源 ABA 含量影响，从而减小盐胁迫对小麦的危害。$4.89×10^{-4}$ mol·L^{-1} Trp 引发对缓解盐胁迫下净光合同化率降低及产量损失最有效。引发剂通过调节激素体内平衡提高了 CO_2 净同化率，使春小麦对盐胁迫的抗性增强[27]。

除了天然生长素，也有不同浓度的人工合成生长素 2，4-二氯苯氧乙酸（2，4 dichlorophenoxyacetic acid，2，4-D）、萘乙酸（α-naphthaleneacetic acid，NAA）、2，4，5-三氯苯酚代乙酸（2，4，5-trichlorophenoxyacetic acid，2，4，5-T）对不同品种小麦种子的引发。研究发现几种引发剂均不能提高种子的萌发率，但在盐胁迫条件下不同引发处理对小麦根和芽中 Na^+、Ca^{2+} 含量，及叶中游离 IAA、IBA、ABA、Put、SA、Spd 等含量有不同的影响，并具有品种特异性。其中 NAA（150 mg·L^{-1}）对小麦种子的引发效果最佳，其作用机理可能是通过影响离子和激素的体内平衡，促进了不同品种的生长和产量提高[28]。

生长素还能够诱导一些基因瞬时高表达，这些基因主要包括生长素反应因子基因 ARF、生长素早期响应基因 *Aux/IAA*、*GH3*、*SAUR* 和 *LBD*。当前研究认为，这些生长素基因家族中的很多成员都参与植物响应逆境胁迫反应[29]。

脱落酸（abscisic acid，ABA）是一种植物体内存在的具有倍半萜结构的植物内源激素，具有抑制种子萌发、调节植物生长及促进衰老等效应，随着研究的不断深入，发现 ABA 在植物干旱、高盐、低温等逆境胁迫反应中起重要作用，它是植物的抗逆导因子，因而被称为植物的"胁迫激素"[30]。经 ABA 引发处理可以影响干旱胁迫下小麦内源反式玉米素核糖苷、吲哚乙酸和赤霉素等激素的含量，减轻干旱胁迫对小麦的危害[31]。

细胞分裂素（cytokinin，CTK）是促进植物细胞分裂的激素，可促进细胞分裂和扩大，诱导芽的分化，解除植物的顶端优势，打破种子休眠，促进萌发，调控营养物质的运输，促进植株从营养生长向生殖生长转化，促进花芽分化和结实等。在逆境条件下CTK水平降低，减少CTK从根到地上部的供应，可能引发地上部基因表达改变以及ABA、乙烯、水杨酸和茉莉酸的信号传导，从而导致其他代谢的变化，如对逆境适应性的改变[32]。CTKABA拮抗，和生长素拮抗或协同作用，用CTK对小麦种子进行引发可通过调节植物激素平衡来适应盐胁迫环境[33]。CTK引发，对盐胁迫下作物生长和产量提高作用明显。适宜浓度的细胞分裂素引发处理可减轻盐胁迫对作物气体交换特性的影响，也可减少盐胁迫时Na^+和Cl^-在芽中的积累[14]。

Iqbal和Ashraf[14]研究了两种细胞分裂素：呋喃甲基腺嘌呤（kinetin，Kin）和苄氨基嘌呤（benzylaminopurine，BAP）对两种不同抗盐性小麦品种进行种子引发处理的效果。结果表明，Kin引发有利于减小盐胁迫条件对两品种小麦生长和产量的影响，调节芽中Na^+和Cl^-的含量，而其主要作用与提高了盐胁迫下的水分利用率和光合速率有关，且浓度为150 mg·L^{-1}时最有效。进一步的研究结果表明，Kin引发处理的两品种在盐胁迫条件下生长情况及产量均有所提高，而经BAP引发处理的两品种在高盐条件下生长发育受到的抑制均未得到缓解。其研究还表明，被引发的种子在萌发生长方面的优越性均与其叶中IAA含量呈正相关，与ABA含量负相关。小麦对盐胁迫耐受能力的提高可能与细胞分裂素引发而引起的ABA浓度减少有关[34]。100 mg·L^{-1}的Kin引发的非抗性品种和150 mg·L^{-1}的BAP引发的抗性品种在盐胁迫情况下叶中水杨酸含量显著增加，经BAP引发处理的两品种在盐胁迫下叶中多胺含量均增加。Kin提高作物耐盐性的作用更加明显，但其详细机理尚不明确[33]。

赤霉素（gibberellins，GAs）调控植物生长发育的各个过程，如促进茎秆伸长、叶片伸展、种子萌发、开花以及果实发育等。GA和ABA是一对相互拮抗的激素，GA促进种子萌发、植物开花和果实发育等，而ABA则抑制这些生长发育过程。近年来的研究表明，GA在非生物胁迫中起负调控作用，有可能是通过影响ABA信号途径而起到调节作用的[35]。在盐胁迫条件下，30 mg·L^{-1}的GA_3引发处理的小麦较未引发的小麦萌发时间缩短，萌发率提高，幼苗生长更加迅速[36]。在盐胁迫下，150 mg·$L^{-1}GA_3$引发处理显著提高非抗性品种的耐盐性，可使根和芽中Na^+浓度降低，Ca^{2+}和K^+浓度升高；提高水杨酸浓度，降低叶中游离腐胺和牙精胺的含量，使非抗性品种叶中游离ABA含量降低，而对气体交换及生长素水平无影响。GA_3通过调节离子的吸收分配和激素的体内平衡从而使作物具有更强的耐盐性，提高小麦在盐胁迫条件下的产量[37]。

3.2 生物活性物质引发

抗坏血酸（ascorbic acid）作为一种非酶促小分子抗氧化剂，参与活性氧（ROS）的代谢，并可能对植物细胞内的抗氧化酶具有调节作用，同时抗坏血酸也是一些关键性酶的反应底物。抗坏血酸与其他小分子及同工酶抗氧化剂共同调节着植物细胞内的

ROS 平衡，减小 ROS 对植物的伤害，从而维持细胞正常分裂生长，增强逆境胁迫下植物的抗逆能力。因而抗坏血酸在植物的生长发育及植物对环境胁迫响应的过程中起着重要作用[38]。50 mg·L^{-1} 抗坏血酸引发 12 h，可提高冬小麦分蘖数、穗粒数、千粒重、总产量和收获指数等指标，并提高叶片 K$^+$ 含量，降低 Na$^+$ 的浓度；同时提高总酚含量、可溶性蛋白质总量、α-淀粉酶和蛋白酶活性[14]。抗坏血酸引发可提高幼苗活力，使幼苗中抗坏血酸含量增加，增强 CAT、SOD 活性。抗坏血酸引发处理对抗性品种小麦效果明显而对非抗性品种效果不明显[39]。Malik 等[40] 的研究表明，抗坏血酸引发可提高细胞内抗氧化酶系的活性，使渗透调节物质脯氨酸积累，维持细胞膜稳定和细胞膨压，从而减小盐胁迫对幼苗生长造成的影响。Fercha 等[41] 通过对比分析抗坏血酸引发和未引发种子在盐胁迫下萌发时代谢蛋白质组的变化发现，受到引发或盐胁迫的影响，167/697 和 69/471 种可识别蛋白含量明显升高或下降。在未引发的胚组织中，盐胁迫伴随着 129 种蛋白质的变化，且多数与代谢、能量、感病或抗病相关的定位与储存蛋白有关。抗坏血酸预处理削减了盐对这些蛋白的影响，并且大量改变其他 35 种蛋白的特异性，其中大多数与代谢、定位、储存有关。分层聚类分析显示，2 类蛋白类型在胚中表达，3 类在胚周围组织中表达。蛋白质组学分析为研究种子引发开辟了新途径。

多胺（polyamine）是广泛存在于植物体内具有调控作用的一类生理活性物质，其代谢变化与高等植物的生长、发育和抗逆性关系密切。2.5 mmol·L^{-1} 腐胺（putrescine）、5.0 mmol·L^{-1} 亚精胺（spermidine）、2.5 mmol·L^{-1} 精胺（spermine）引发的小麦种子，都可以提高小麦抗盐性。在盐胁迫条件下，种多胺引发都促进芽的生长，提高产量，其中精胺提高产量的效果最明显。不同引发剂对净 CO$_2$ 同化速率和蒸腾速率均无影响。不同多胺对植物的作用机制不同，对不同的栽培品种作用效果也不同。不同引发剂对 Na$^+$、K$^+$、Cl$^-$ 等离子在小麦组织中的积累有不同的影响[42]。这 3 种引发剂对不同品种小麦盐胁迫下叶中游离 ABA、IAA 和 SA 含量都有不同影响。多胺引发提高作物抗性可能是由于其影响物体内激素平衡的调节[43]。

胆碱（choline）是磷脂酰胆碱的前体，是真菌细胞膜磷脂的主要成分。外施胆碱通过增加甜菜碱的积累提高作物抗盐能力。盐胁迫条件下，5 mmol·L^{-1} 氯化胆碱处理小麦种子，可以显著提高小麦抗盐性，增加幼苗中 K$^+$、Ca^{2+} 和甜菜碱含量，并且降低 Na$^+$、Cl$^-$ 和脯氨酸含量以及质膜的过氧化程度[44]。400 mg·L^{-1} 氯化胆碱浸种处理能明显提高盐胁迫下小麦种子的萌发率，缓解幼苗叶绿素的降解，增加可溶性糖含量，提高根系活力，降低叶片质膜透性，减少 MDA 和脯氨酸的积累。说明氯化胆碱浸种可以缓解盐胁迫引起的小麦幼苗的失水以及膜脂过氧化等伤害，从而增强小麦幼苗的抗盐性[45]。

壳聚糖（chitosan）是一种正离子多糖，主要来自海产品加工的废弃物。壳聚糖酸性溶液可以提高种子的萌发率，促进幼苗生长，提高抗氧化酶、水解酶活性，增加可溶性蛋白和糖含量[46]，提高 GA$_3$ 和 IAA 的含量，还可提高作物产量。用壳聚糖做种子包衣可以加速萌发，增加植株抗逆性[9]。壳聚糖引发提高小麦种子在渗透胁迫条件下的萌发速率、萌发率，减少萌发时间，提高幼苗活力，提高 CAT、SOD、POD 等抗氧化酶活性，提高可溶性蛋白含量。壳聚糖引发通过提高植株自由基的清除能力来提高其抗氧化能力，从而提高小麦的抗旱能力[47]。

水杨酸（salicylic acid，SA）是植物防卫反应的重要内源信号分子，在植物抵御生物性胁迫中发挥重要作用。SA 是一种小分子酚类物质，SA 及其盐类被认为是一类新型的植物激素，对植物体内一些重要的代谢过程起调控作用，例如促进开花，抑制顶端优势促进侧生生长，影响瓜类性别分化，调节种子发芽、气孔关闭、膜透性及离子吸收，调控乙烯合成等。更为重要的是，SA 作为植物应对生物胁迫及非生物胁迫反应的重要信号分子，能诱导多种植物对这些胁迫产生持续抗性，诱导许多植物抗性相关酶的生成，并调节其活性[48]。水杨酸引发提高了不同品种幼苗总可溶性糖含量，可以缓解盐胁迫对小麦生长的危害。抗性品种可溶性糖含量更高。可溶性糖或可以作为衡量抗旱性的指标之一[49]。

4 其他引发物

4.1 生物引发

生物引发具有安全、高效、有效时间长等特点。近年来，生物引发越来越多地受到人们的关注。有研究报道，用具有抗盐性的哈茨木霉（Trichoderma harzianum）处理小麦种子，可有效提高萌发率，发育成的幼苗根和芽明显增长，脯氨酸和酚含量提高，MDA 含量降低，降低高盐胁迫对萌发的影响[50]。用具有抗干旱特性的哈茨木霉对小麦种子进行引发可降低干旱对气孔导度、光合作用和叶绿素荧光性的影响，提高抗氧化系统活性，减少干旱胁迫下脯氨酸、MDA 和 H_2O_2 含量，提高 L-苯丙氨酸脱氨酶活性，由此提高了小麦的抗旱能力[51]。

4.2 氧化剂引发

H_2O_2 是一种与植物响应胁迫有关的信号分子，可诱导抗性相关蛋白的表达。用 H_2O_2 进行引发处理可提高小麦对盐胁迫的抗性。在盐胁迫条件下，H_2O_2 引发可使种子萌发提前，幼苗中 H_2O_2 降低，这可能与预处理提前将种子中的抗氧化系统激活有关。同时，H_2O_2 引发可使幼苗光合能力有所提高，气孔导度增大，提高叶片含水量，维持彭压，组织中 K^+、Ca^{2+}、NO_3^-、PO_4^{3-} 浓度和 K^+/Na^+ 增大，提高细胞膜性能，从而使作物更具耐盐性[52-53]。H_2O_2 引发也可提高小麦的耐旱性，表现为提高干旱胁迫下小麦的萌发率，降低了幼苗 H_2O_2 含量，调节抗氧化系统，光合速率、叶面积、干重等生长特性也都有所提升，还提高了水分利用率和脯氨酸含量，使抗氧化酶如 CAT 和 APX 活性增强，减少细胞膜受损率。这些效应可能由于 H_2O_2 作为信号分子激发了种子中的抗氧化系统，从而减轻了氧化物质对幼苗的伤害[54]。

4.3 无机信号物质引发

一氧化氮（nitric oxide，NO）是一种生物活性分子，越来越多的证据表明它是生物体内分布最为广泛的信号分子之一。NO 作为植物生长发育的一个关键调节因子，能对各种生物或非生物胁迫产生应答，在植物生长发育与环境互作的协调过程中起着中枢性的作用[55]。用 NO 供体硝普钠（SNP）引发处理小麦种子，可显著降低盐胁迫对萌发率、种子活力、种子吸水率及 β 淀粉酶活性造成的阻碍，对 α-淀粉酶活性几乎无影响，同时降低了幼苗中 Na^+ 含量，提高了 K^+ 含量。由此推测，SNP 引发处理提高盐胁迫下小麦种子的萌发，主要是通过提高 β-淀粉酶的活性来实现的[56]。

硫化氢（hydrogen sulfide，H_2S）是一种重要的植物气体信号分子。研究表明信号分子 NO 与 H_2S 之间存在重要的协同性调节作用，H_2S 参与调节植物生长发育、增强植物生物和非生物抗逆性、延缓植物衰老等多种生理过程[57]。NaHS 作为 H_2S 供体对小麦种子进行引发处理，能减小盐胁迫对淀粉酶、酯酶活性的抑制，并使 CAT、POD 和 APX 活性增强，减少膜系统受到的伤害，有效减小盐胁迫对小麦种子萌发及生长的抑制作用[58]。

4.4 其他物质引发

聚乙二醇（polyethylene glycol，PEG）6 000分子较大，不能进入细胞，是一种渗透调节物质。用 PEG 对种子进行引发处理，通过提高幼苗抗氧化物酶活性、渗透调节物质含量及可溶性蛋白含量等，增强了小麦幼苗的耐盐性[59]。P_2O_5 引发可以使小麦种子在干旱条件下缩短萌发时间，使花期提前，并显著提高小麦产量[60]。用硫醇化合物、特别是硫脲处理小麦种子，可以提高小麦抗性，提高产量[9]。

5 讨 论

干旱和盐胁迫都会影响植物吸收土壤中的水分，从而阻碍植物生长发育，盐胁迫还会使植物根系吸收更多的 Na^+ 导致植物细胞内 Na^+ 累积过多，对细胞造成毒害。干旱和盐胁迫还可能造成植物体内离子浓度的扰动、渗透失水、膜结构受损、新陈代谢紊乱等不良影响。虽然不同品种小麦感知并响应干旱或盐胁迫的方式有所不同，但干旱和盐胁迫都会导致小麦种子萌发延迟，成苗率低，物质合成受阻，生长发育减慢，新陈代谢减缓，细胞结构功能受损，最终造成作物减产。而种子引发是一种用于减轻干旱及盐胁迫对作物造成伤害的方法，成本低且行之有效，具有在农业生产上大面积应用的潜力。根据上述国内外在种子引发剂方面研究进展总结，引发剂作用机理可概括为以下几个方面。

调节植物对离子的吸收和运输：植物体对不同离子吸收和运输影响到植物体内离子平衡，进而影响相应的代谢活动。如经 NaCl、KCl、IAA、GA、多胺、胆碱等引发剂引发小麦种子发育成的幼苗受到盐胁迫时，减少了根对 Na^+ 的吸收及其向茎叶的运输，叶中对细胞造成危害的 Na^+ 积累减少，而对植物生长发育有利的 K^+ 和 Ca^{2+} 增多，促进植株在盐胁迫条件下生长，减小了盐分对作物生长发育造成的阻碍。

促进渗透调节物质合成：细胞内渗透调节物质的合成和积累可以帮助细胞维持正常生理活动所需的渗透压。如经 $CaCl_2$、Na_2SeO_4、抗坏血酸、水杨酸、壳聚糖、H_2O_2 等引发剂引发，在干旱或盐胁迫条件下可以促进脯氨酸等可溶性蛋白和可溶性糖等渗透调节物质的合成和积累，使细胞渗透压升高，有助于根系从土壤中吸收水分，供给细胞内各种生理生化反应所需水分，维持正常新陈代谢。

调节细胞内新陈代谢及抗氧化反应相关酶的合成：细胞内各种酶的合成与活性调节关系到细胞内生理生化反应进行的速率，进而影响到植物的生长和代谢。如 KCl、$CaCl_2$、抗坏血酸、NO、哈茨木霉等引发促进淀粉酶的合成，减小干旱及盐胁迫对其活性的影响，加强种子中淀粉代谢，从而促进萌发；KCl、$CaCl_2$、抗坏血酸、壳聚糖、H_2S、H_2O_2 等引发还可促进 SOD、POD、CAT、APX 等抗氧化酶的合成，并减轻胁迫对酶活性的影响，加强细胞内抗氧化反应的进行，清除细胞内的自由基等有害氧化性物质，也对细胞膜稳定性起到保护作用。

调节植物体内激素平衡：植物体内激素处于一种相对平衡状态，各种协同或拮抗作用共同调节植物体生命活动的正常进行。IAA、ABA、CTK、胆碱等引发通过外界物质刺激，影响植物体内源激素的合成与运输，促使植物体内激素水平处于一种适宜在干旱或盐胁迫条件下生长的平衡状态，从而减小干旱及盐胁迫对植物生长发育造成的影响。

多种引发剂除了用于小麦种子引发，还用于小麦苗期喷施，来提高植株抗逆能力。如香豆素处理小麦幼苗可以提高其耐盐性[61]，NO 供体硝普钠处理小麦幼苗可以提高小麦在干旱条件下的生长和光合效率[62]，硫脲和二硫苏糖醇处理小麦种子或叶面喷施可以提高小麦的耐热性[63]。有研究认为引发剂叶面喷施比灌根及种子处理更有效[64]。但综合效益还需进一步考虑试剂用量、处理难度、所用人工、机械及处理剂价格等各种因素。

种子引发技术具有处理时间短，用工少，易于操作，所用试剂量少，便于后期管理等特点，具有应用潜力。引发技术除了用于小麦，还可以用于多种作物、蔬菜等。如甜菜碱引发水稻种子可以提高水稻耐旱性[65]；水、$CaCl_2$、ABA 处理芥菜（*Brassica juncea*）种子可以减小干旱和盐胁迫对其的伤害；乙烯利处理甘蔗（*Saccharum officinarum*）种子有助于提高甘蔗在干旱条件下的农艺形状和品质[66]；低浓度的壳聚糖可以提高红花（*Carthamus tinctorius*）和向日葵（*Helianthus annuus*）的耐盐能力[67]；硫化氢供体硫氢化钠引发处理草莓（*Fragaria× ananassa*）根部可提高其耐盐耐寒性[68]；水引发辣木（*Moringa oleifera*）种子可以促进其在盐胁迫下的萌发和生长[69]。

植物体内的新陈代谢受多因子影响，给予一种刺激往往会造成植物体内多方面变化。种子引发以引发剂作为一种刺激物施加给植物，刺激植物新陈代谢通路中的某些点，使植物体内发生相应的生理生化变化，最终达到提高植物抗性的效果。在引发剂研究中，找到效果好的引发剂就相当于找到了对的刺激点，以此来研究引发剂与植物新陈代谢的相互作用关系，研究植物体内相关反应的联系与作用过程。相应的，我们也可以通过某些相关生理生化反应的特性与关联来寻找适宜的引发剂。对于引发剂与植物逆境生理的各方面研究是相互影响相辅相成的，互为促进，互为补充。

6 小结与展望

综上所述，种子引发技术所用的引发剂种类多种多样，有水、无机盐、有机物等。众多研究显示，使用种子引发剂可以提高小麦种子萌发率，并促使其萌发快、生长更加整齐。在现代农业中利用种子引发技术可以增加小麦种子在逆境下的出苗率和幼苗活力，并提高植株耐盐耐旱能力，最终降低在逆境条件下的产量损失。

不同引发剂应用于不同种作物甚至是同种作物的不同品种（抗性/非抗性品种）的效果不同。一些研究表明，某些引发剂可能对提高抗性品种耐盐/耐旱能力更有效，另一些引发剂则对非抗性品种更有效。笔者认为，这种差异也许和作物本身的抗性不相关，而与作物品种所含有的某些与引发剂中有效成分相互作用的相关基因有关。因此，若针对这些基因与引发剂有效成分之间的相互作用关系，结合先进的蛋白质组学分析、基因工程等手段进行进一步的研究与发掘，将为引发剂的开发与利用提供更多更准确地理论依据与技术支持。

种子引发技术在实际应用中应考虑作物的品种特性及引发效果，选用适合的引发剂。农业中应如何选用适合的种子引发技术，还需综合考虑地区环境条件因素、作物种类及实际引发效果、引发所需成本等问题，达到降低成本、提高作物抗逆能力、增加产量、获得最大经济效益的目的。

参考文献

[1] Pask A J D, Reynolds M P. Breeding for yield potential has increased deep soil water extraction capacity in irrigated wheat [J]. Crop Science, 2013, 53 (5)：2 090-2 104.

[2] Farooq M, Wahid A, Kobayashi N, et al. Plant drought stress：Effects, mechanisms and management [M] //Lichtfouse E, Navarrete M, Debaeke P, et al. Sustainable Agriculture. Netherlands：Springer, 2009：153-188.

[3] Farooq M, Irfan M, Aziz T, et al. Seed priming with ascorbic acid improves drought resistanceof wheat [J]. Journal of Agronomy and Crop Science, 2013, 199 (1)：12-22.

[4] Lehner B, Döll P, Alcamo J, et al. Estimating the impact of global change on flood and drought risks in Europe：A continental, integrated analysis [J]. Climatic Change, 2006, 75 (3)：273-299.

[5] 李彬, 王志春, 孙志高, 等. 中国盐碱地资源与可持续利用研究 [J]. 干旱地区农业研究, 2005, 32 (2)：154-158.

[6] Kaya M D, Okçu G, Atak M, et al. Seed treatments to overcome salt and drought stress during germination in sunflower (Helianthus annuus L.) [J]. European Journal of Agronomy, 2006, 24 (4)：291-295.

[7] Jafar M Z, Farooq M, Cheema M A, et al. Improving the performance of wheat by seed priming under saline conditions [J]. Journal of Agronomy and Crop Science, 2012, 198 (1)：38-45.

[8] Goswami A, Banerjee R, Raha S. Drought resistance in rice seedlings conferred by seed priming：Role of the anti-oxidant defense mechanisms [J]. Protoplasma, 2013, 250 (5)：1 115-1 129.

[9] Jisha K C, Vijayakumari K, Puthur J T. Seed priming for abiotic stress tolerance：An overview [J]. Acta Physiologiae Plantarum, 2013, 35 (5)：1 381-1 396.

[10] Shehab G G, Ahmed O K, El-Beltagi H S. Effects of various chemical agents for alleviation ofdrought stress in rice plants (Oryza sativaL.) [J]. Notulae Botanicae Horti Agrobotanici Cluj-Napoca, 2010, 38 (1)：139-148.

[11] Cakmak I. The role of potassium in alleviating detrimental effects of abiotic stresses in plants [J].

Journal of Plant Nutrition and Soil Science, 2005, 168 (4): 521-530.

[12] 李皓, 李传中, 曾瑞珍, 等. 种子引发技术研究进展 [J]. 热带农业工程, 2012, 36 (3): 20-23.

[13] Yagmur M, Kaydan D. Alleviation of osmotic stress of water and salt in germination and seedling growth of triticale with seed priming treatments [J]. African Journal of Biotechnology, 2008, 7 (13): 2 156-2 162.

[14] Iqbal M, Ashraf M. Presowing seed treatment with cytokinins and its effect on growth, photosynthetic rate, ionic levels and yield of two wheat cultivars differing in salt tolerance [J]. Journal of Integrative Plant Biology, 2005, 47 (11): 1 315-1 325.

[15] Mohammadi C R, Mozafari S. Wheat (*Triticum aestivum* L.) seed germination under salt stress as influenced by priming [J]. The Philippine Agricultural Scientist, 2012, 95 (2): 146-152.

[16] Ali H, Iqbal N, Shahzad A N, et al. Seed priming improves irrigation water use efficiency, yield, and yield components of late-sown wheat under limited water conditions [J]. Turkish Journal of Agriculture & Forestry, 2013, 37 (5): 534-544.

[17] Harris D, Rashid A, Miraj G, et al. 'On-farm' seed priming with zinc in chickpea and wheat in Pakistan [J]. Plant and Soil, 2008, 306 (1/2): 3-10.

[18] Afzal I, Rauf S, Basra S M A, et al. Halopriming improves vigor, metabolism of reserves and ionic contents in wheat seedlings under salt stress [J]. Plant Soil and Environment, 2008, 54 (9): 382-388.

[19] Afzal I, Basra S M A, Ahmad N, et al. Optimization of hormonal priming techniques for alleviation of salinity stress in wheat (*Triticum aestivum* L.) [J]. Caderno De Pesquisa Srie Biologia, 2005, 17 (1): 95.

[20] Iqbal M, Ashraf M. Seed preconditioning modulates growth, ionic relations, and photosynthetic capacity in adult plants of hexaploid wheat under salt stress [J]. Journal of Plant Nutrition, 2007, 30 (3): 381-396.

[21] Chauhan D S, Deswal D P. Effect of ageing and priming on vigour parameters of wheat (Triticum aestivum) [J]. Indian Journal of Agricultural Sciences, 2013, 83 (11): 1 122-1 127.

[22] Islam F, Yasmeen T, Ali S, et al. Priming-induced antioxidative responses in two wheat cultivars under saline stress [J]. Acta Physiologiae Plantarum, 2015, 37 (8): 153-164.

[23] Hussian I, Ahmad R, Farooq M, et al. Seed priming improves the performance of poor quality wheat seed under drought stress [J]. Applied Science Reports, 2014, 7 (1): 12-18.

[24] Arif M, Waqas M, Nawab K, etal. Effect of seed priming in Zn solutions on chickpea and wheat [C] //Ahmed K Z. Proceedings of the 8th African Crop Science Society Conference. El-Minia, Egypt, 2007, 8: 237-240.

[25] Nawaz F, Ashraf M Y, Ahmad R, et al. Selenium (Se) seed priming Induced growth and biochemical changes in wheat under water deficit conditions [J]. Biological Trace Element Research, 2013, 151 (2): 284-293.

[26] Iqbal M, Ashraf M. Seed treatment with auxins modulates growth and ion partitioning in salt-stressed wheat plants [J]. Journal of Integrative Plant Biology, 2007, 49 (7): 1 003-1 015.

[27] Iqbal M, Ashraf M. Salt tolerance and regulation of gas exchange and hormonal homeostasis by auxin-priming in wheat [J]. Pesquisa Agropecuária Brasileira, 2013, 48 (9): 1 210-1 219.

[28] Iqbal M, Ashraf M. Alleviation of salinity-induced perturbations in ionic and hormonal concentra-

tions in spring wheat through seed preconditioning in synthetic auxins [J]. Acta Physiologiae Plantarum, 2013, 35 (4): 1 093-1 112.

[29] 李静, 崔继哲, 弭晓菊. 生长素与植物逆境胁迫关系的研究进展 [J]. 生物技术通报, 2012 (6): 13-17.

[30] 郝格格, 孙忠富, 张录强, 等. 脱落酸在植物逆境胁迫研究中的进展 [J]. 中国农学通报, 2009, 25 (18): 212-215.

[31] Iqbal S, Bano A, Ilyas N. Abscisic acid (Aba) seed soaking induced changes in physiologyof two wheat cultivars under water stress [J]. Pakistan Journal of Botany, 2012, 44: 51-56.

[32] 王三根. 细胞分裂素在植物抗逆和延衰中的作用 [J]. 植物学通报, 2000, 17 (2): 121-126.

[33] Iqbal M, Ashraf M. Wheat seed priming in relation to salt tolerance: Growth, yield and levels of free salicylic acid and polyamines [J]. Annales Botanici Fennici, 2006, 43 (4): 250-259.

[34] Iqbal M, Ashraf M, Jamil A. Seed enhancement with cytokinins: Changes in growth and grain yield in salt stressed wheat plants [J]. Plant Growth Regulation, 2006, 50 (1): 29-39.

[35] 杨东雷, 董伟欣, 张迎迎, 等. 赤霉素调节植物对非生物逆境的耐性 [J]. 中国科学: 生命科学, 2013, 43 (12): 1 119-1 126.

[36] Atar B. Efficiency of some seed priming in different soil moisture contents in wheat and barley [J]. Tarim Bilimleri Dergisi-Journal of Agricultural Sciences, 2015, 21 (1): 93-99.

[37] Iqbal M, Ashraf M. Gibberellic acid mediated induction of salt tolerance in wheat plants: Growth, ionic partitioning, photosynthesis, yield and hormonal homeostasis [J]. Environmental and Experimental Botany, 2013, 86: 76-85.

[38] 何文亮, 黄承红, 杨颖丽, 等. 盐胁迫过程中抗坏血酸对植物的保护功能 [J]. 西北植物学报, 2004, 24 (12): 2 196-2 201.

[39] Afzal I, Basra S M A, Hameed A, et al. Physiological enhancements for alleviation of salt stress in wheat [J]. Pakistan Journal of Botany, 2006, 38 (5): 1 649-1 659.

[40] Malik S, Ashraf M, Arshad M, et al. Effect of ascorbic acid application on physiology ofwheat under drought stress [J]. Pakistan Journal of Agricultural Sciences, 2015, 52 (1): 209-217.

[41] Fercha A, Capriotti A L, Caruso G, et al. Comparative analysis of metabolic proteome variation in ascorbate-primed and unprimed wheat seeds during germination under salt stress [J]. Journal of Proteomics, 2014, 108: 238-257.

[42] Iqbal M, Ashraf M. Changes in growth, photosynthetic capacity and ionic relations in spring wheat (Triticum aestivum L.) due to pre-sowing seed treatment with polyamines [J]. Plant Growth Regulation, 2005, 46 (1): 19-30.

[43] Iqbal M, Ashraf M, Shafiq-Ur-Rehman, et al. Does polyamine seed pretreatment modulate growth and levels of some plant growth regulators in hexaploid wheat (Triticum aestivum L.) plants under salt stress? [J]. Botanical Studies, 2006, 47 (3): 239-250.

[44] Salama K H A, Mansour M M F, Hassan N S. Choline priming improves salt tolerance in wheat (Triticum aestivum L.) [J]. Australian Journal of Basic & Applied Sciences, 2011, 5 (11): 126-132.

[45] 陈楚, 张云芳, 荆小燕. 氯化胆碱浸种处理对盐胁迫下小麦种子萌发以及幼苗生长的影响 [J]. 麦类作物学报, 2013, 33 (5): 1 030-1 034.

[46] Hameed A, Sheikh M A, Hameed A, et al. Chitosan priming enhances the seed germination,

antioxidants, hydrolytic enzymes, soluble proteins and sugars in wheat seeds [J]. *Agrochimica*, 2013, 57 (2): 97-110.

[47] Hameed A, Sheikh M A, Hameed A, *et al*. Chitosan seed priming improves seed germination and seedling growth in wheat (*Triticum aestivum* L.) under osmotic stress induced by polyethylene glycol [J]. Philippine Agricultural Scientist, 2014, 97 (3): 294-299.

[48] 周莹, 寿森炎, 贾承国, 等. 水杨酸信号转导及其在植物抵御生物胁迫中的作用 [J]. 自然科学进展, 2007, 17 (3): 305-312.

[49] Hamid M, Ashraf M Y, Khalil-Ur-Rehman, *et al*. Influence of salicylic acid seed priming on growth and some biochemical attributes in wheat grown under saline conditions [J]. Pakistan Journal of Botany, 2008, 40 (1): 361-367.

[50] Rawat L, Singh Y, Shukla N, *et al*. Alleviation of the adverse effects of salinity stress in wheat (*Triticum aestivum* L.) by seed biopriming with salinity tolerant isolates of *Trichoderma harzianum* [J]. Plant and Soil, 2011, 347 (1/2): 387-400.

[51] Shukla N, Awasthi R P, Rawat L, *et al*. Seed biopriming with drought tolerant isolates of Trichoderma harzianumpromote growth and drought tolerance in *Triticum aestivum* [J]. Annals of Applied Biology, 2015, 166 (2): 171-182.

[52] Wahid A, Perveen M, Gelani S, *et al*. Pretreatment of seed with H_2O_2 improves salt tolerance of wheat seedlings by alleviation of oxidative damageand expression of stress proteins [J]. Journal of Plant Physiology, 2007, 164 (3): 283-294.

[53] Hameed A, Iqbal N. Chemo-priming with mannose, mannitol and H_2O_2mitigate drought stress in wheat [J]. Cereal Research Communications, 2014, 42 (3): 450-462.

[54] He L H, Gao Z Q, Li R Z. Pretreatment of seed with H_2O_2enhances drought tolerance of wheat (*Triticum aestivum* L.) seedlings [J]. African Journal of Biotechnology, 2009, 8 (22): 6 151-6 157.

[55] 刘维仲, 张润杰, 裴真明, 等. 一氧化氮在植物中的信号分子功能研究: 进展和展望 [J]. 自然科学进展, 2008, 18 (1): 10-24.

[56] Duan P, Ding F, Wang F, *et al*. Priming of seeds with nitric oxide donor sodium nitroprusside (SNP) alleviates the inhibition on wheat seed germination by salt stress [J]. Journal of Plant Physiology and Molecular Biology, 2007, 33 (3): 244-250.

[57] 汪伟, 张伟, 朱丽琴, 等. 植物硫化氢生理效应及机制研究进展 [J]. 中国农学通报, 2013, 29 (31): 78-82.

[58] Ye S C, Hu L Y, Hu K D, *et al*. Hydrogen sulfide stimulates wheat grain germination and counteracts the effect of oxidative damage caused bysalinity stress [J]. Cereal Research Communications, 2015, 43 (2): 213-224.

[59] 史雨刚, 孙黛珍, 雷逢进, 等. 种子引发对 NaCl 胁迫下小麦幼苗生理特性的影响 [J]. 核农学报, 2011, 25 (2): 342-347.

[60] Khalil S K, Khan S, Rahman A, *et al*. Priming and phosphorus application enhance phenology and dry matter production of wheat [J]. Pakistan Journal of Botany, 2010, 42 (3): 1 849-1 856.

[61] Saleh A M, Madany M M Y. Coumarin pretreatment alleviates salinity stress in wheat seedlings [J]. Plant Physiology and Biochemistry, 2015, 88: 27-35.

[62] Lei Y, Yin C, Ren J, *et al*. Effect of osmotic stress and sodium nitroprusside pretreatment on

proline metabolism of wheat seedlings [J]. Biologia Plantarum, 2007, 51 (2): 386-390.

[63] Asthir B, Thapar R, Bains N S, *et al*. Biochemical responses of thiourea in ameliorating high temperature stress by enhancing antioxidant defense system in wheat [J]. Russian Journal of Plant Physiology, 2015, 62 (6): 875-882.

[64] Nawaz F, Ashraf M Y, Ahmad R, *et al*. Supplemental selenium improves wheat grain yield and quality through alterations in biochemical processes under normaland water deficit conditions [J]. Food Chemistry, 2015, 175: 350-357.

[65] Farooq M, Basra S M A, Wahid A, *et al*. Physiological role of exogenously applied glycinebetaine to improve drought tolerance in fine grain aromatic rice (*Oryza sativa* L.) [J]. Journal of Agronomy and Crop Science, 2008, 194 (5): 325-333.

[66] 叶燕萍, 李杨瑞, 罗霆, 等. 乙烯利浸种对甘蔗抗旱性的影响 [J]. 中国农学通报, 2005, 21 (6): 387-389.

[67] Jabeen N, Ahmad R. The activity of antioxidant enzymes in response to salt stress in safflower (*Carthamus tinctorius* L.) and sunflower (*Helianthus annuus* L.) seedlings raised from seed treated with chitosan [J]. Journal of the Science of Food and Agriculture, 2013, 93 (7): 1 699-1 705.

[68] Christou A, Manganaris G A, Papadopoulos I, *et al*. Hydrogen sulfide induces systemic tolerance to salinity and non − ionic osmotic stress in strawberry plants through modification of reactive species biosynthesis and transcriptional regulation of multiple defence pathways [J]. Journal of Experimental Botany, 2013, 64 (7): 1 953-1 966.

[69] Nouman W, Basra S M A, Yasmeen A, *et al*. Seed priming improves the emergence potential, growth and antioxidant system of Moringa oleiferaunder saline conditions [J]. Plant Growth Regulation, 2014, 73 (3): 267-278.

[此文原刊载于《中国生态农业学报》, 2016, 24 (8): 1 125-1 134]

谷子抗旱性鉴定研究进展

崔纪菡[1]，范佳兴[2]，李顺国[1]，赵　宇[1]，刘　猛[1]，宋世佳[1]，
任晓利[1]，刘　斐[1]，南春梅[1]，夏雪岩[1]

（1. 河北省杂粮研究实验室/河北省农林科学院谷子研究所；2. 河北农业大学农学院）

摘　要：干旱是制约粮食生产主要因素，谷子（*Setaria italica*）是抗旱性作物，但受旱后生长、生理和生产也会受影响。文章综述谷子抗旱性鉴定研究进展，包括谷子抗旱性鉴定时期及方法；干旱胁迫对谷子形态、生理、生化特性影响；化学制剂对提高谷子抗旱性作用 3 个方面开展论述，介绍目前抗旱性鉴定研究现状，明确干旱胁迫下谷子形态、生理、生化方面变化趋势，分析该领域存在问题，为今后谷子抗旱性鉴定工作提供借鉴。

关键词：谷子；抗旱性鉴定；鉴定方法；研究进展

　　干旱是全球性问题，由于经济发展、人口膨胀和气候恶化，水资源短缺日趋严重，已对粮食生产和社会发展构成极大威胁。全球超过 45% 农业用地水分短缺，由于水分短缺引起粮食产量下跌已达 50%[1]。我国水资源短缺，干旱缺水土地占国土面积 52%，占耕地面积 64%，每年受干旱灾害面积达 200～270 hm²。干旱是农业长期面临主要限制因子，会导致作物形态、生理和生化损害[2]，干旱给农业带来的损失是其他非生物灾害损失总和[3]，非干旱地区也会经常受周期性或不定期干旱侵袭，为应对干旱胁迫对作物抗旱性遗传筛选和改良已迫在眉睫[4]。

　　谷子（*Setaria italica*）是 C_4 植物，二倍体，既可作粮食又可作饲料，广泛分布在温带、亚热带地区亚洲、欧洲南部、北美、南美、澳大利亚和北非，最早栽培用谷子可追溯到中国公元前 8 000 年[5]。谷子也是我国北方最主要耐旱耐瘠作物之一，在河北省、山西省、内蒙古自治区大面积种植。谷子具有很高营养价值：其中粗蛋白含量为 11.42%，优于水稻、小麦和玉米；人体必需氨基酸含量丰富而比例协调，分别高于大米 41%，小麦 65%，玉米 51.5%；所含粗脂肪、维生素、矿物质含量优于或不低于水稻、小麦和玉米[6]。谷子秸秆具有较高营养（蛋白质：6.0%；戊聚糖：26.0%；木质素：24.2%；纤维素：42.2%），可作为饲料用途，质地柔软、适口性好[6]。

　　谷子根系发达，叶片细窄，水分利用率高，蒸腾系数小，在长期驯化和栽培过程中适应中国干旱、半干旱地区气候和生态环境，高海拔地区产量与平原无较大差异[7]。谷子在禾本科作物中表现较为突出的抗旱性，谷子水分利用效率和蒸腾系数分别为 3.65～3.98 mg·mL⁻¹（每消耗 1 mL 水生产干物质量 mg）和 251～274 mL·g⁻¹（每 g 单位干物质所发生的蒸发量 mL），低于玉米（2.77 mL·mg⁻¹，361 mL·g⁻¹）、燕麦（1.65～1.87 mL·mg⁻¹，536～605 mL·g⁻¹）、棉花

（1.76 mL·mg⁻¹，568 mL·g⁻¹）和大豆（1.55 mL·mg⁻¹，646 mL·g⁻¹）[8]。在干旱胁迫下其形态结构、生长发育、生理生化等方面形成一系列抗御干旱机制。虽然谷子是高耐旱作物，但干旱仍然是制约谷子产量重要因素，而谷子抗旱种质资源鉴选及利用也成为抗旱育种重要前提。

1 谷子抗旱性鉴定时期及方法

作物抗旱性鉴定时期直接影响作物抗性资源筛选效率与准确性。目前，谷子抗旱鉴定时期主要分为3种：鉴定时期发生在芽期，称为芽期鉴定；鉴定时期发生在苗期，称为苗期鉴定；鉴定时期跨过整个生育期，称为全生育期鉴定。受各种条件（时间、投入等）限制，谷子品种抗旱性状筛选和品种鉴定时期多发生在芽期和苗期，全生育期鉴定方法报道较少。

1.1 谷子抗旱性芽期鉴定及方法

芽期抗旱性可反映播种后谷种在萌发和出土阶段抵抗干旱胁迫能力，是谷子早期生长阶段重要抗逆性状，对于研究谷子芽期抗旱性鉴定具有重要意义，已被广泛应用。在谷子芽期抗旱性鉴定研究中，学者多采用高渗溶液模拟水分胁迫方法，实践证明该方法可行，用甘露醇和PEG-6 000来鉴定包含谷子在内的多种作物的芽期抗旱性方法，已得到国内外肯定[9-13]。研究表明，在甘露醇模拟渗透胁迫条件下，谷子萌发率、相对芽长、相对根长被鉴定为谷子抗旱性指标[13-14]，在PEG-6 000作渗透胁迫条件下，发芽率、芽干重、根干重、贮藏物质转运率、相对发芽势被鉴定为谷子抗旱性指标[15-16]。对甘露醇和PEG-6 000抗旱性鉴定效果比较研究认为，在相同渗透势条件下，甘露醇较PEG-6 000对谷子芽期萌发抑制作用弱，在-0.75～-0.50 MPa中度渗透胁迫下，甘露醇较PEG-6 000对谷子胚根和胚芽生长抑制作用要强，在-1.50～-1.00 MPa较强渗透胁迫下，PEG-6 000较甘露醇对谷子胚根和胚芽生长抑制作用要强[17]，可知渗透剂类型与浓度会影响鉴定效果。同时采用甘露醇和PEG-6 000两种方法鉴定谷子芽期抗旱性指标，种子相对根长与萌发指数被筛选为谷子芽期抗旱性鉴定适宜指标，-0.75 MPa PEG-6 000、-1.00 MPa甘露醇可作为谷子芽期抗旱性鉴定条件[17]。

1.2 谷子苗期抗旱性鉴定及方法

苗期水分供应不足会大大延缓谷子生长发育进程，从而影响谷子产量，因此，研究对苗期抗旱性鉴定具有重要意义。20世纪80年代以来，我国学者在研究谷子苗期抗旱性鉴定过程中有重要进展，采用苗期反复干旱方法，鉴定作物种质资源抗旱性，为育种工作与生产实践提供重要参考价值[18]。秦岭等利用苗期反复干旱法鉴定不同生态区谷子抗旱指标，认为谷苗存活率可作为苗期抗旱性鉴定最适指标[15]。李荫梅采用苗期反复干旱方法鉴定7 348份谷子种质资源苗期抗旱性，将谷子种质抗旱性分为5级，得出在反复干旱处理后谷苗存活率与抗旱性显著相关，存活率可作为谷子抗旱性鉴定指标[19]。白玉利用苗期反复干旱法鉴定出叶绿素含量、相对含水量与谷苗存活率呈极显著相关，这两项也可作为谷子苗期抗旱性鉴定指标[20]。高渗溶液模拟干旱胁迫鉴定方法也可用于苗期抗旱性鉴定，在甘露醇渗透胁迫条件下，判定叶片相对含水量可作为鉴定谷子芽期抗旱性指标[13]。

1.3 谷子抗旱性全生育期鉴定及方法

谷子全生育期抗旱性鉴定是借助人工气候室、旱棚和田间种植方式的直接鉴定方法。人工气候室和旱棚通过将试验植株种植在抗旱池或盆栽土壤，检测谷子抗旱性，田间鉴定是将试验材料直接种植于大田，控制土壤水分水平模拟自然干旱胁迫，检测谷子抗旱性。张文英等研究谷子全生育期抗旱性鉴定结果表明，利用灰色关联度和相关性分析，鉴定出与抗旱性呈极显著相关指标，如相对根冠比、相对单粒重、相对灌浆期、光合速率、蒸腾速率，这些指标可作为谷子全生育期抗旱性鉴定适宜指标，而相对抽穗期、相对根干重、相对单穗重、气孔阻力、相对株高、相对蜡捻长度、气孔导度与抗旱相关性不显著，这些指标仅可作为谷子全生育期抗旱鉴定参考指标[21]。

综上所述，芽期高渗溶液模拟水分胁迫鉴定方法优点是简单易行，不受外界环境和季节限制，成本较低，缺点是仅能代表谷子早期生长阶段抵抗干旱胁迫能力，不能代表谷子全生育期抗旱能力。全生育期鉴定方法较为可靠，可直观的通过外观、产量表现鉴定评价，代表谷子最终抗旱能力，缺点是该方法耗时耗工，试验材料数量有限。苗期鉴定优势和劣势介于芽期和全生育期鉴定之间，将苗期鉴定结果应用于穗期检验，匹配率可达97.1%，失误率为2.88%[19]，因此苗期鉴定可作为谷子抗旱性鉴定推荐方法，值得一提的是，苗期反复干旱鉴定结果与全生育期结论不匹配的结论也有少量报道[21]，因此还需进一步开展谷子苗期抗旱性鉴定和全生育期抗旱性鉴定匹配性研究。

将目前已知鉴定结果归纳总结（表1），在3种鉴定时期鉴定出来的适宜指标超过20种，不适宜指标也有10种，不同文献资料中适宜指标和不适宜指标也存在矛盾情况，如相对单穗生物量和气孔导度，可见谷子抗旱性鉴定指标筛选尚无一致定论。

表1 谷子抗旱性鉴定指标

鉴定时期	适宜鉴定指标	不适宜鉴定指标
芽期鉴定	发芽势[22]、相对根长[17]、相对萌发率[13,17,21,23]、相对含水量[13]、相对发芽势[22]、活力抗旱指数[22]	胚芽鞘长度[15]、根长生长抑制率[15]、相对芽长[14]
苗期鉴定	谷苗存活率[15,19]、叶绿素含量[20]、叶片相对含水量[19,20]	叶片水势[13,19]
全生育期鉴定	株高[16,24-25]、相对生物干重[14]、穗长[14]、抗旱系数[14]、相对籽粒重[14]、相对含水量[21]、相对根冠比[21]、蒸腾速率[21]、脯氨酸含量[26]、超氧化物歧化酶[27]、过氧化氢酶[27]、丙二醛[27]、过氧化物酶[27]、可溶糖[27]、籽粒产量[27]、相对单穗生物量[27]、气孔导度[27]	相对蜡捻长度[21]、相对抽穗期[21]、气孔导度[21]、气孔阻力[28]、相对根干重[21]、相对单穗生物量[21]

2 谷子形态生理生化对干旱胁迫响应

2.1 谷子形态水平响应

作物在遭受干旱胁迫下，细胞内外渗透势、植株紧张程度、叶绿素含量、叶面卷曲、萎蔫程度等均会受影响，因而在植株形态上有所表现，所以相关形态指标被纳入抗旱性研究[29]。根系发达程度（如根轮数、根干重、根长）、穗形态、叶片卷曲萎蔫程度等指标均已被用于作物抗旱性指标鉴定[20]。

2.1.1 根系与谷子抗旱性

根系与谷子抗旱性有密切关系。干旱胁迫减少光合产物形成，减缓干物质累积，增加根冠比。为缓解和适应干旱胁迫，谷子根系相应发生变化，增加深层根系生长，以利于更多吸收深层土壤水分，减缓或避免干旱对谷子造成不利影响。研究表明，干旱环境下谷子上层土壤根长密度较小，而中下层土壤中根长密度高于不干旱处理[30]。王光玲在研究谷子品种抗旱性鉴定中发现：地表土越干，谷子根系下扎越深，根长度是正常浇水处理140.7%，根系数量是对照43.6%[16]。王永丽等采用盆栽控水方法，研究谷子农艺性状和产量对不同生育时期干旱胁迫响应，结果表明，拔节期干旱处理根轮数少于正常灌水对照，而其他时期干旱处理根轮数均显著多于正常灌水，可知谷子在受到干旱胁迫下为适应逆境而增加根轮数[31]。干旱对谷子根系长度也有一定影响，裴东等研究谷子根长与干旱关系，发现旱作谷子收获时单位地上干物质量（11.4 mg）所有根长大于非旱作处理谷子（8.93 mg）[30]。

2.1.2 穗与谷子抗旱性

对1 200份谷子品种开展苗期水分胁迫，发现干旱胁迫导致谷子抽穗期延迟，降低穗长、穗粗、穗顶蜡捻长度和籽粒产量，抗旱性与穗顶蜡捻长度无必然联系，抽穗期和相对穗粗可作为抗旱性鉴定指标[14]。考种比较不同水分处理下多个谷子品种，结果表明，旱区成熟期穗重平均值55.34，变异系数33.68，水区成熟期穗重平均值66.38，变异系数26.42，表明旱区单穗重明显低于水区，从单株穗粒重性状抗旱系数来看，旱区处理单株穗重还不及水区处理一半，说明单株穗粒重在干旱条件下增产不显著，适合作为鉴定抗旱性辅助指标[32]。

2.1.3 叶片与谷子抗旱性

干旱虽然对谷子总叶片数无影响，但会影响叶片发生时间，拔节期和孕穗期干旱胁迫会减少顶叶叶面积[31]。叶片卷曲和萎蔫是植物失水，细胞不能维持正常紧张所表现的症状，是禾本科植物干旱胁迫下的普遍反应，这种行为能在干旱条件下的降低叶片部分水分散失。研究表明干旱胁迫下，抗旱性强品种叶片卷曲时间要晚于抗旱性较弱品种，或者在极度干旱条件下才会发生叶片卷曲[14]。李荫梅在研究谷子（粟）品种资源抗旱性时，利用苗期反复干旱方法对56个谷子品种进行试验，把萎蔫程度作为苗期抗旱性鉴定评判因素，得出谷苗萎蔫早晚与品种抗旱性有关，表现早萎蔫幼苗能减少水分蒸发，能更好抵抗干旱[19]。刘峰在人工干旱胁迫下研究12个春谷品种外部形态得出类似结论[33]。王光玲则持不同观点，认为叶片萎蔫品种抗旱性差[16]，而张文英也认为拔节期萎蔫度与谷子抗旱性系数不相关[32]。

2.1.4 气孔阻力与谷子抗旱性

气孔大小、数目、形状与抗旱性有关[14]。在干旱胁迫下植物为适应干旱环境会进行气孔调度。水分散失量受气孔开度和气孔阻力影响，气孔开度小、阻力大品种能降低水分散失；气孔开度大，阻力小品种水分散失较快。因此，可选择气孔阻力评价品种抗旱性。程林梅等研究谷子生长中两个关键时期：拔节期和灌浆期，得到水分胁迫对气孔阻力影响，相比来自水地品种，来自旱地品种表现为较大气孔阻力和较低蒸腾速率，表明加大气孔阻力，降低叶片蒸腾速率，减少体内水分散失，是谷子抵抗干旱有效方法[34]。黄道源等在研究谷子资源抗旱指标研究中认为，气孔密度与品种抗旱性呈中度负相关[35]。

2.2 谷子生理生化水平响应

发生干旱胁迫时，谷子生理生化水平发生变化，光合作用参与抗旱进程，一些内源激素、脯氨酸、丙二醛抗氧化酶和可溶性糖也参与抗旱进程[36]，本文就以下几方面探讨谷子抗旱性生理生化情况。

2.2.1 叶片相对含水量与谷子抗旱性

对具有抗旱性差异的多个谷子品种作人工控水处理，干旱胁迫下，苗期叶片相对含水量明显低于正常浇水处理，抗旱性较强品种相对叶片含水量下降幅度较小，相对叶片含水量显著高于抗旱性弱品种，干旱胁迫下叶片相对含水量还与谷苗存活率呈极显著正相关[20]。张文英对多个谷子品种开展研究，与正常供水处理条件相比，水分胁迫条件下谷子叶片相对含水量均有不同程度下降，叶片相对含水量与抗旱性呈显著正相关[32]。与张锦鹏等研究结论相同[13]，在中度干旱程度下，抗旱性好谷子品种具有叶片相对含水量下降幅度小特点，叶片相对含水量可作为谷子抗性鉴定指标，叶片水势下降幅度与抗旱性高低不匹配。

2.2.2 光合作用与谷子抗旱性

光合作用是植物用于积累营养物质重要进程，水分胁迫导致光合作用降低，会对植物光合系统带来危害。在外界环境出现轻度或快速干旱胁迫时，光合作用受抑制主要原因是气孔开度降低，水分散失量和叶片水势降低，光合速率也随之降低[37]。谷子光合速率、蒸腾速率、气孔导度等均是谷子抗旱性评价较显著指标，对干旱胁迫反应均敏感，灌浆期蒸腾速率可作为谷子抗旱性鉴定重要指标，气孔导度可作为参考指标[21]。廖建雄等研究谷子叶片光合速率日变化，在增加二氧化碳浓度、降低空气相对湿度、烫叶鞘破坏韧皮组织等条件下，叶片光合速率降低后水分利用效率发生明显升高[38]。Dai等对扬花期谷子作 $1\sim14$ d 干旱处理，净光合速率和叶绿素含量逐日降低[39]。

2.2.3 内源激素与谷子抗旱性

植物体内源激素如生长素（IAA）、细胞分裂素（CTK）、赤霉素（GA）、脱落酸（ABA）、茉莉酸（JA）含量受干旱胁迫影响。在遭受干旱时植物通过减少 IAA 含量，下调 CTK、GA 活性，上调 ABA 浓度等方式缓解干旱胁迫[40]。当植物处于不利环境时，植物体内 ABA 含量大量增加，提高植物应对不利环境抗性，ABA 还具有调节气孔闭合能力，促进根部对离子和水分吸收也是 ABA 作用之一[41]。在干旱胁迫下，叶片合成 ABA 含量增加，ABA 通过维管组织运输到根部，提高根部对离子和水分透性，且 ABA 还能促进同化物质积累与芽休眠，通过这些生理反应可有效降低蒸腾量，保持植物水势，提高植物抗旱性[41]。裴帅帅通过研究干旱胁迫下各种激素（IAA、GA、ZR、ABA 和 JA）在谷子种子萌发时变化情况，可知 PEG-6 000 胁迫后 GA、ABA 含量逐渐下降，JA 含量增加，IAA 变化复杂[42]。

2.2.4 抗氧化酶与谷子抗旱性

植物在遭受干旱或高温等环境因子胁迫时，会导致体内活性氧产生与清除机制比例失衡，造成活性氧大量积累，对植物膜脂、蛋白质和其他组分造成伤害。活性氧清除系统分为两类：一类清除系统是抗氧化保护酶，植物在逆境环境下体内产生超氧阴离子自由基、单线态氧、过氧化氢等使活性氧积累。另一类清除系统是植物体内酶，超氧化物歧化酶、过氧化酶、过氧化氢酶、谷胱甘肽还原酶、抗坏血酸过氧化物酶等对清除活性氧起至关重要作用[42]。SOD 是清除活性氧第一步，负责催化 $O_2 \cdot^-$ 变成 H_2O_2 和 O_2；POD 清除超氧化物，产生 H_2O_2，减少过氧化氢氢自由基形成[43]；乙醛酸循环体和过氧化物酶体累积 H_2O_2 后续被 CAT 分解为 O_2 和 H_2O[44]；谷胱甘肽还原酶在抗坏血酸盐—谷胱甘肽通路中也会分解 H_2O_2[45]。Gong 等对谷子充分灌溉和缺水处理，缺水处理导致谷子 MDA、H_2O_2 和 $O_2 \cdot^-$、SOD、CAT 和 GR 活性提高[46]。Dai 等研究谷子干旱胁迫时抗氧化酶表达中发现，扬花期谷子干旱处理 $1 \sim 14$ d，H_2O_2 和 $O_2 \cdot^-$ 含量逐日降低，SOD 活性和 CAT 含量先升后降[39]。也有研究表明，随干旱程度增加，SOD 活性呈显著上升趋势，POD 和 CAT 活性呈先升后降趋势[17]。不同谷子品种在受到干旱胁迫时所表现的抗氧化系统有所不同，在干旱胁迫下抗旱性强品种为清除活性氧，会相应产生较多抗氧化物质和抗氧化酶以适应干旱。

2.2.5 丙二醛含量与谷子抗旱性

丙二醛（MAD）是一种渗透调节物质，具有较强细胞毒性，是膜脂氧化降解产物。逆境胁迫使自由基含量增加，导致膜脂过氧化生成丙二醛，因此膜脂过氧化程度与植物体内自由基含量均可用 MAD 含量来表示[47]。张文英等利用 20 个不同抗旱性种质资源，在模拟干旱棚内鉴定谷子孕穗期抗旱指标，研究表明，干旱胁迫下，不同种质叶片 MDA 含量增加程度不同，说明在干旱胁迫下细胞膜均有不同程度损伤，抗旱性较强种质 MDA 含量增加幅度明显小于抗旱性弱种质，可知谷子抗旱性与其 MDA 含量呈显著正相关[48]。裴帅帅研究不同品种谷子萌发期 MDA 含量对干旱胁迫响应，也得到相同结果[42]。对扬花期谷子持续干旱处理 $1 \sim 14$ d，叶片内 MDA 含量逐日增加[39]。

2.2.6 脯氨酸与谷子抗旱性

近年来，国内外大量学者深入研究干旱条件下脯氨酸含量动态变化、脯氨酸与植物抗旱性关系。在正常状态下，游离脯氨酸含量非常低，干旱胁迫时脯氨酸可迅速大量生成，这说明在一定程度上脯氨酸积累对植物抗旱有益。刘佳研究 SO_2 在谷子和拟南芥干旱胁迫过程中生理作用发现，谷子在遭受干旱胁迫后体内脯氨酸含量明显增加，说明脯氨酸在谷子抗旱生理反应过程中有重要作用[49]。张文英在谷子种质资源抗旱性评价中提到，水分胁迫条件下各品种叶片脯氨酸含量明显高于正常灌水含量，且抗旱性不同增加幅度不同[32]。杨素钿等在研究谷子脯氨酸含量对干旱胁迫响应时也认为，干旱胁迫导致谷子体内脯氨酸含量显著增高[50]。舒薇等研究抗旱谷子生理适应性时认为[26]，主茎上部叶片游离脯氨酸含量因干旱胁迫程度加剧而相应增加，直到生育后期植株逐渐衰老才开始下降，这与刘佳、杨素钿等研究结果一致，说明游离脯氨酸积累是谷子为适应干旱而发生的一种生理反应。

2.2.7 可溶性糖与谷子抗旱性

植物体内可溶性糖是一种渗透调节物质，是细胞内重要有机溶质，可调节谷子应对不利环境（如干旱胁迫）适应能力。刘佳以晋谷20号为材料，研究干旱胁迫对抽穗期和灌浆期植株体内脯氨酸与可溶性糖含量，结果表明植株体内可溶性糖与脯氨酸含量均发生不同程度增加，分别增加29.53%和73.84%，当干旱胁迫发生在灌浆期时，可溶性糖含量呈下降趋势[49]。白玉研究得到在苗期经干旱胁迫叶片中可溶性糖含量明显高于正常浇水处理，且谷子品种抗旱性越强，可溶性糖增加量越多，说明干旱胁迫确实诱导渗透调节物质产生[20]。张文英等研究谷子孕穗期生理特点与品种抗旱性关系认为，干旱胁迫下，谷子体内可溶性糖含量高于正常处理含量，且抗旱性越强品种可溶性糖含量增加幅度越大，这也表明谷子为适应干旱胁迫环境，诱导体内可溶性糖产生和累积，可溶性糖水平与抗旱指数呈显著正相关[48]。

2.2.8 水孔蛋白与谷子抗旱性

水孔蛋白即水通道蛋白，位于细胞膜上，在细胞膜上组成"孔道"可控制水分跨膜运输，是水分进入细胞重要介质。水通道对种子萌发、细胞分成、授粉和根系吸水等过程具有重要意义[51]。水孔蛋白参与植物抗旱性，干旱胁迫时，植物水导度降低，水孔蛋白表达也受干旱抑制[52]。对苗期谷子干旱处理0.5 h和6 h后，水孔蛋白表达上调2.83倍[53]。目前水通道蛋白在多种植物中已有研究，而在谷子研究中尚未有成熟探讨。

3 化学制剂对提高谷子抗旱性作用

研究发现，应用化学药剂对谷子浸种，可不同程度提高种子抗旱性。利用聚丙烯酰胺（PAM）絮凝特性可作为种子包衣剂，研究表明在干旱胁迫条件下，1.0%～7.0% PAM溶液浸种可明显促进干旱条件下谷种萌发，从而增强谷子芽期抗旱性[54]。黄腐酸浸种法结合补水处理能有效调节谷子渗透调节系统、质膜系统及保护酶系统，研究表明在黄腐酸浸种浓度为0.28%时，谷子出苗率达到最大值[55]。烯效唑浸种对谷子生长节奏具有良好调控作用[56]，陈卫卫等研究烯效唑浸种对谷子幼苗生长及生理指标影响，结果表明，1～20 mg·L⁻¹烯效唑溶液处理后，株高较对照（未经浸种）明显降低，光合作用加强，地上、地下部分干物质积累增加，根冠比、叶绿素值、可溶性糖含量等增加，同时提高POD、SOD活性，MDA含量和外渗电导率下降，表明在一定浓度下烯效唑浸种有助于谷子壮苗和提高谷苗抗旱性[57]。张永清等研究不同浓度烯效唑浸种对谷子形态和生理方面影响，结果表明，烯效唑浸种能明显提高谷子抗旱性，烯效唑浸种后可增加根轮数、提高根系活力、增加根系营养成分，根系数量、分蘖数和根干重也有所提高；烯效唑浸种后地下部生长速度大于地上部，根冠比增大，植株高度降低；烯效唑浸种可减缓谷子衰老时期，提高衰老期谷子旗叶和根系抗氧化酶如过氧化物酶（POD）、超氧化物歧化酶（SOD）活性，降低旗叶与根系丙二醛（MDA）含量[23]。综上所述，烯效唑浸种能提高谷苗抗逆性，使谷子形成能抵御外界不良环境抗逆株型，达到一定促产效果。

除浸种手段，利用化学制剂喷施谷子也可提高谷子抗旱性。对谷子喷施植物生长延缓剂矮壮素和缩节铵，谷子抗逆性增强，谷子穗长、穗粗、穗重增加，产量提高700～900 kg·hm^{-2}[58]。对谷子喷施脱落酸，能有效提高谷子体内脱落酸水平，提高谷子抗逆性。研究证实，对谷子喷施脱落酸，不仅降低谷子株高、叶面积、叶片数等农艺性状，还降低叶绿素、净光合速率、蒸腾速率和气孔导度，但谷子穗粒重、千粒重和产量得到提高，这与脱落酸提高谷子抗逆性密切相关[40]。

4　结论与展望

本文阐述谷子在遭受干旱胁迫时外部形态变化及体内生理生化反应，证明谷子抗旱性受品种类型、形态特点、生理状况、干旱强度、干旱时间影响，这是遗传与环境互作综合结果。谷子是旱地农业重要杂粮作物，在水资源日趋紧张的现代农业，培育抗旱性强谷子品种已成为当今迫切需要。谷子抗旱性实质上是在干旱胁迫条件下，谷子在形态、生理、生化上所做出的适应性调整，最后集中表现在谷子形态和产量，可从株高、株型、穗长、穗型、叶型、根型、根冠比等形态特征和叶片水势、光合速率、脯氨酸、丙二醛、内源激素等生理生化指标上来鉴定谷子抗旱性。目前，谷子抗旱性鉴定工作存在以下不足：第一，对谷子采用抗旱性鉴定多为播种前鉴定，播种前鉴定缺点是仅适合谷子初期抗旱性评价，不能有效评价谷子中后期。第二，前人对谷子抗旱性指标选择范围具有一定局限性，多使用相似方法来鉴定某类特定指标，难于以点概面。第三，人工模拟干旱与大田真实干旱并不一致，会造成研究结果与大田实际情况不符。第四，抗旱性鉴定缺乏综合性基因水平研究。所以，深入研究谷子抗旱性仍任重道远。

参考文献

[1] Singh S, Gupta A K, Kaur N. Differential responses of antioxidative defence system to long-term field drought in wheat (Triticum aestivum L.) genotypes differing in drought tolerance [J]. Journal of Agronomy and Crop Science, 2012, 198 (3): 185-195.

[2] Gong M, Tang M, Chen H, et al. Effects of two Glomus species on the growth and physiological performance of Sophora davidii seedlings under water stress [J]. New Forests, 2013, 44 (3): 399-408.

[3] 山仑, 康绍忠, 吴普特. 中国节水农业 [M]. 北京: 中国农业出版社, 2004.

[4] 张木清, 陈如凯. 作物抗旱分子生理与遗传改良 [M]. 北京: 科学出版社, 2005.

[5] Lu H, Zhang J, Liu K, et al. Earliest domestication of common millet (Panicum miliaceum) in East Asia extended to 10 000 years ago [J]. Proceedings of the National Academy of Sciences of the United States of America, 2009, 106 (18): 7 367-7 372.

[6] Zhonghu H, Bonjean A P. Cereals in China [M]. Mexico: CIMMYT, 2010.

［7］ Baltensperger D D. Foxtail and proso millet ［M］. Alexandria：ASHS Press，1996.

［8］ Zimdahl R L. Fundamentals of weed science ［M］. California：Academic Press，2013.

［9］ 王利彬，刘丽君，裴宇峰，等. 大豆种质资源芽期抗旱性鉴定 ［J］. 东北农业大学学报，2012，43（1）：36-43.

［10］ Radhouane L. Response of Tunisian autochthonous pearl millet ［Pennisetum glaucum（L.）R. Br.］ to drought stress induced by polyethylene glycol（PEG）6 000 ［J］. African Journal of Biotechnology，2007，6（9）：1 102-1 105.

［11］ Petrie C L，Hall A E. Water relations in cowpea and pearl millet under soil water deficits. III. Extent of predawn equilibrium in leaf water potential ［J］. Functional Plant Biology，1992，19（6）：601-609.

［12］ 徐小玉，张凤银，李俊芳. PEG 渗透胁迫下 12 个豇豆品种萌芽期抗旱性评价 ［J］. 东北农业大学学报，2016，47（1）：15-20.

［13］ 张锦鹏，王茅雁，白云凤，等. 谷子品种抗旱性的苗期快速鉴定 ［J］. 植物遗传资源学报，2005（1）：59-62.

［14］ 朱学海. 谷子耐旱资源筛选及其遗传多样性分析 ［D］. 北京：中国农业科学院，2008.

［15］ 秦岭，杨延兵，管延安，等. 不同生态区主要育成谷子品种芽期耐旱性鉴定 ［J］. 植物遗传资源学报，2013（1）：146-151.

［16］ 王光玲. 谷子品种抗旱性生态鉴定的研究 ［J］. 黑龙江农业科学，1989（2）：21-24.

［17］ 朱学海，宋燕春，赵治海，等. 用渗透剂胁迫鉴定谷子芽期耐旱性的方法研究 ［J］. 植物遗传资源学报，2008（1）：62-67.

［18］ 温琪汾，刘润堂，王纶，等. 山西省谷子品种资源的抗旱性和丰产性研究 ［J］. 山西农业大学学报（自然科学版），2004，24（3）：224-226.

［19］ 李荫梅. 谷子（粟）品种资源抗旱性鉴定研究 ［J］. 华北农学报，1991，6（3）：20-25.

［20］ 白玉. 谷子萌发期和苗期抗旱性研究及抗旱鉴定指标的筛选 ［D］. 北京：首都师范大学，2009.

［21］ 张文英，智慧，柳斌辉，等. 谷子全生育期抗旱性鉴定及抗旱指标筛选 ［J］. 植物遗传资源学报，2010（5）：560-565.

［22］ 代小冬，杨育峰，朱灿灿，等. 谷子萌芽期对干旱胁迫的响应及抗旱性评价 ［J］. 华北农学报，2015，30（4）：139-144.

［23］ 张永清，裴红宾，刘良全，等. 烯效唑浸种对谷子植株生长发育的效应 ［J］. 作物学报，2009（11）：2 127-2 132.

［24］ 郭德仁. 旱地谷子抗旱类型的选育 ［J］. 黑龙江农业科学，1988（6）：18-23.

［25］ 郭德仁. 黑龙江省谷子抗旱资源的筛选 ［J］. 黑龙江农业科学，1991（1）：30-34.

［26］ 舒薇，郑丕尧，王经武. 谷子品种对干旱生理适应性的研究 ［J］. 北京农业大学学报，1992（S1）：156-160.

［27］ 孙宝成，刘成，李亮，等. 谷子种质资源抗旱性的田间鉴定与评价 ［J］. 新疆农业科学，2011，48（9）：1 691-1 695.

［28］ 张喜英，籍贵苏. 不同谷子品种根系及其特性差异研究 ［J］. 生态农业研究，1997（3）：39-41.

［29］ Jaleel C A，Manivannan P，Lakshmanan G，et al. Alterations in morphological parameters and photosynthetic pigment responses of Catharanthus roseus under soil water deficits ［J］. Colloids and Surfaces B：Biointerfaces，2008，61（2）：298-303.

[30] 裴冬，张喜英，王峻．高粱、谷子根系发育及其抗旱性研究 [J]．中国生态农业学报，2002 (4)：32-34.

[31] 王永丽，王珏，杜金哲，等．不同时期干旱胁迫对谷子农艺性状的影响 [J]．华北农学报，2012 (6)：125-129.

[32] 张文英．谷子种质资源抗旱性评价 [D]．北京：中国农业科学院，2014.

[33] 刘峰．春谷材料抗旱类型的研究 [J]．杂粮作物，2002，22 (4)：203-204.

[34] 程林梅，阎继耀，张原根，等．水分胁迫条件下谷子抗旱生理特性的研究 [J]．植物学通报，1996，13 (3)：56-58.

[35] 黄道源，梁士孝．谷子资源抗旱指标初步研究 [J]．作物品种资源，1983 (4)：12.

[36] Iljin W S. Drought resistance in plants and physiological processes [J]. Annual Review of Plant Physiology, 1957, 8 (1): 257-274.

[37] 胡小文，王彦荣，武艳培．荒漠草原植物抗旱生理生态学研究进展 [J]．草业学报，2004，13 (3)：9-15.

[38] 廖建雄，王根轩．谷子叶片光合速率日变化及水分利用效率 [J]．植物生理学报，1999 (4)：362-368.

[39] Dai H, Shan C, Wei A, et al. Leaf senescence and photosynthesis in foxtail millet [Setaria italica (L.) P. Beauv] varieties exposed to drought conditions [J]. Australian Journal of Crop Science, 2012, 6 (2): 232.

[40] 邵冬红．赤霉素和脱落酸对谷子光合特性及产量的影响 [D]．太谷：山西农业大学，2013.

[41] 王邦锡，黄久常，王辉，等．不同植物在水分胁迫条件下脯氨酸的累积与抗旱性的关系 [J]．植物生理学报，1989 (1)：46-51.

[42] 裴帅帅．干旱胁迫对谷子生理特性的影响及赤霉素代谢关键酶基因表达分析 [D]．太谷：山西农业大学，2014.

[43] Herbinger K, Tausz M, Wonisch A, et al. Complex interactive effects of drought and ozone stress on the antioxidant defence systems of two wheat cultivars [J]. Plant Physiology and Biochemistry, 2002, 40 (6): 691-696.

[44] Asada K. The water-water cycle in chloroplasts: Scavenging of active oxygens and dissipation of excess photons [J]. Annual Review of Plant Biology, 1999, 50 (1): 601-639.

[45] Wu Q, Xia R, Zou Y. Reactive oxygen metabolism in mycorrhizal and non-mycorrhizal citrus (Poncirus trifoliata) seedlings subjected to water stress [J]. Journal of Plant Physiology, 2006, 163 (11): 1 101-1 110.

[46] Gong M, You X, Zhang Q. Effects of Glomus intradices on the growth and reactive oxygen metabolism of foxtail millet under drought [J]. Annals of Microbiology, 2015, 65 (1): 595-602.

[47] 刘二明，朱有勇，肖放华，等．水稻品种多样性混栽持续控制稻瘟病研究 [J]．中国农业科学，2003 (2)：164-168.

[48] 张文英，智慧，柳斌辉，等．谷子孕穗期一些生理性状与品种抗旱性的关系 [J]．华北农学报，2011 (3)：128-133.

[49] 刘佳．二氧化硫在谷子和拟南芥干旱胁迫过程中的生理作用 [D]．太原：山西大学，2015.

[50] 杨素铀，张仲明．水分和盐胁迫对几种禾本科作物幼苗体内脯氨酸含量的影响 [J]．西北

师范大学学报（自然科学版），1983（2）：9.

[51] 李红梅，万小荣，何生根. 植物水孔蛋白最新研究进展 [J]. 生物化学与生物物理进展，2010, 37（1）：29-35.

[52] 邵艳军. 高粱、玉米苗期抗旱生理与分子机制的比较研究 [D]. 杨凌：西北农林科技大学，2005.

[53] Lata C, Gupta S, Prasad M. Foxtail millet: a model crop for genetic and genomic studies in bioenergy grasses [J]. Critical Reviews in Biotechnology, 2013, 33（3）：328-343.

[54] 柯贞进，尹美强，温银元，等. 干旱胁迫下聚丙烯酰胺浸种对谷子种子萌发及幼苗期抗旱性的影响 [J]. 核农学报，2015（3）：563-570.

[55] 贺丽萍. 黄腐酸浸种对燕麦和谷子抗旱保苗效果及机制研究 [D]. 呼和浩特：内蒙古农业大学，2015.

[56] Zhang M, Duan L, Tian X, et al. Uniconazole-induced tolerance of soybean to water deficit stress in relation to changes in photosynthesis, hormones and antioxidant system [J]. Journal of Plant Physiology, 2007, 164（6）：709-717.

[57] 陈卫卫，张秀丽，张友民. 烯效唑浸种对谷子幼苗生长和生理指标的影响 [J]. 黑龙江农业科学，2006（4）：33-35.

[58] 庄云，马尧，牟金明. 植物生长延缓剂对谷子生长及产量性状的影响 [J]. 安徽农业科学，2007（33）：10 641-10 644.

[此文原刊载于《东北农业大学学报》，2017, 48（1）：89-96]

不同品种小米矿质元素含量差异分析

崔纪菡，赵　宇，刘　猛，南春梅，宋世佳，刘　斐，

任晓利，夏雪岩，李顺国

(河北省杂粮研究实验室/河北省农林科学院谷子研究所)

摘　要：为了明确不同品种小米矿质元素含量的差异，本试验测定了三个地点 8 个品种小米中磷（P）、钾（K）、钙（Ca）、镁（Mg）、钠（Na）、铬（Cr）、铜（Cu）、碘（I）、锰（Mn）、锌（Zn）和硒（Se）11 种矿质元素的含量，采用主成分分析方法进行矿质元素含量综合评价。结果表明，小米中不同矿质元素含量的变异性存在差异，小米 Na、I、Cr 和 Se 元素含量的变异系数较大，超过 5%；除 K 和 Se 以外的其他 9 种矿质元素含量受品种影响差异显著，除 Cu 以外的其他 9 种矿质元素含量受地区影响差异显著；利用主成分分析方法矿质元素综合表现的排序，按照品种从高到低排序为冀谷 18、冀谷 31、冀谷 38、冀谷 39、豫谷 19、冀谷 19、12H402 和豫谷 18，按照地区从高到低排序为藁城、井陉和博山。

关键词：矿质元素；品种；地区；主成分分析

谷子（*Setaria italic* L. Beauv）古称稷、粟，在我国栽培历史已达 8 700 多年，中国是谷子的起源中心[1]。谷子以其耐旱、耐瘠、耐贮存等生物学特性，成为我国干旱和半干旱区重要的粮食作物[2]。去壳谷子俗称小米，由于营养丰富且平衡，是广为认可的健康食品。近年来国内有关谷子的研究主要集中在丰产栽培[3-6]、耐性生理解释[7-10]、资源筛选[11,12]和特型品种筛选[13,14]方面，有关小米的研究主要集中在品相与营养价值[15]、食味品质[16]和功用功效[17]方面，关于小米的矿质元素含量的报道较少，对不同品种的小米矿质元素积累也缺乏了解，小米中各种矿质元素含量之间的相互关系也尚未有明确的结论。在玉米、小麦和水稻等作物方面，大量地开展了品种对籽粒矿质元素影响的研究，得出的结论、启示为作物的矿质元素调控、遗传改良、品种选育、栽培调控提供重要的依据[18-20]，谷子方面的相关研究亟待开展。

为了研究品种和种植区域对小米中磷（P）、钾（K）、钙（Ca）、镁（Mg）、钠（Na）、铬（Cr）、铜（Cu）、碘（I）、锰（Mn）和锌（Zn）等重要功能矿质元素含量的影响，本试验选用分别来自河南和河北的 8 种谷子品种，种植在 3 个不同地区，通过对籽粒中 P、K 等 11 种矿质元素含量的检测，明确品种对矿质元素累积的影响，揭示各种矿质元素累积的相关性，为优化小米矿质营养、品质选育和栽培调控提供依据。

1 材料与方法

1.1 试验地概况与试验材料

本试验 2014 年在河北藁城、井陉和山东博山三地进行。在三地播种 8 个谷子品种，分别为豫谷 18、豫谷 19、12H402、冀谷 38、冀谷 18、冀谷 19、冀谷 31 和冀谷 37。随机排列，3 次重复，小区面积 2.4 m²。2014 年 6 月 7—10 日播种，播种前浇底墒水约 600 m³·hm⁻²，底施纯 N 150 kg·hm⁻²，P_2O_5 100 kg·hm⁻²，K_2O 100 kg·hm⁻²。

1.2 试验处理

在每品种的成熟期，各品种每小区随机剪取 20 个谷穗，收集籽粒，晒干后去壳得到小米，小米混合后，采用四分之一法取样，在 65 ℃条件下烘干粉碎，然后将粗粉转移到球磨仪细磨。按照等离子体光谱法（ICP-OES）测定 Ca、Fe、K、Mg、Na 和 P 含量，按照等离子体质谱法（ICP-MS）测定 Cr、Cu、Mn 和 Zn 含量，按照催化分光光度法（COL）测定 I 含量，按照氢化物—原子荧光光谱法（HG-AFS）测定 Se 含量。

1.3 数据处理

采用 Excel 2010 和 SPSS Statistic 18 软件进行数据统计，以供试的三地区 8 个谷子品种作为样本，将 11 种矿质元素含量作变量进行主成分分析，根据得到的 11 种矿质元素含量主成分特征值、贡献率及累计贡献率，对 11 种矿质元素进行综合评价。

2 结果与分析

2.1 11 种矿质元素含量

对小米中 11 种矿质元素含量统计了样本最大值、最小值、平均值、标准差和变异系数，见表 1。小米中各矿质元素的变异范围有较大差异，从变异系数来看可以划为两类，K、Na、I、Cr 和 Se 等 5 种元素的变异系数较大，幅度为 4.45%～8.33%，变幅最大的是 Na；Cu、P、Ca、Zn、Mg 和 Mn 等其他 6 种矿质元素的变异系数较小且变幅相近，幅度为 1.6%～2.0%。

表 1 小米 11 种矿质元素含量

指标	P	K	Ca	Mg	Na	Cr	Cu	I	Mn	Zn	Se
最大值（μg·g⁻¹）	4.166	6.085	0.361	2.178	0.114	1.202	10.894	0.125	14.905	42.009	0.185
最小值（μg·g⁻¹）	2.162	1.155	0.162	0.909	0.008	0.124	3.914	0.006	7.465	21.628	0.025
平均值（μg·g⁻¹）	3.233	3.091	0.241	1.498	0.024	0.242	6.628	0.053	12.122	33.125	0.078
标准差	0.442	1.182	0.046	0.251	0.018	0.126	0.964	0.032	1.540	4.486	0.036
变异系数（%）	1.608	4.497	2.075	2.003	8.333	6.198	1.720	7.547	1.493	1.597	5.128

2.2　8 品种矿质元素含量

对所获数据按照品种分别计算平均值，并进行方差分析，结果见表 2。由表 2 可知，各品种间 P、I、Mn 和 Zn 含量以品种冀谷 18 最高，K 含量以豫谷 19 最高，Ca 含量以冀谷 38 和冀谷 39 最高，Mg 含量以冀谷 38 最高，Na 含量以冀谷 19 最高，Mg、Cr 和 Cu 含量以冀谷 31 最高，Se 含量以豫谷 18 最高。品种间的 P、Ca、Mn 和 Zn 含量差异达到了极显著水平，Mg、Na、Cr、Cu 和 I 含量差异达到了显著水平，K 和 Se 含量差异不显著。这表明品种间的矿质元素含量（除 K 和 Se 含量以外）存在明显差异。

2.3　三地区矿质元素含量

对所获数据按照种植地区分别计算平均值，并进行方差分析，结果见表 3。由表 3 可知，各品种 P、K、Ca、Mg、Na、Cr、Cu、Mn、Zn 和 Se 含量以藁城最高，I 含量以博山最高；各品种 P、Ca、Mg、Na、Cr、Cu 和 Zn 含量以博山最低，K 和 Mn 含量以井陉最高。小米中元素含量最高值和最低值在 3 个种植区趋于集中的现象，表明小米中元素含量明显受与地理相关的多种因素综合影响。种植地区间的 P、K、Ca、Cr、I、Zn 和 Se 含量差异达到了极显著水平，Mg、Na 和 Mn 含量差异达到了显著水平，Cu 含量差异不显著。这表明种植地区间的矿质元素含量（除 Cu 含量以外）存在明显差异。

表 2　不同品种小米 11 种矿质元素含量及方差分析

品种	P ($\mu g \cdot g^{-1}$)	K ($\mu g \cdot g^{-1}$)	Ca ($\mu g \cdot g^{-1}$)	Mg ($\mu g \cdot g^{-1}$)	Na ($\mu g \cdot g^{-1}$)	Cr ($\mu g \cdot g^{-1}$)
豫谷 18	2.85± 0.44 cC	2.80± 1.35 aA	0.23± 0.05 abcAB	1.31± 0.28 cA	0.02± 0.01 bA	0.21± 0.05 bA
豫谷 19	3.41± 0.36 abAB	3.68± 1.27 aA	0.22± 0.03 bcAB	1.57± 0.25 abA	0.02± 0.01 abA	0.21± 0.03 bA
12H402	3.01± 0.55 bcAB	2.47± 0.71 aA	0.25± 0.05 abcAB	1.38± 0.31 bcA	0.02± 0.01 abA	0.24± 0.06 abA
冀谷 38	3.42± 0.22 abAB	3.37± 1.17 aA	0.27± 0.05 aAB	1.64± 0.14 aA	0.03± 0.02 abA	0.24± 0.05 abA
冀谷 18	3.58± 0.52 aA	3.35± 1.53 aA	0.23± 0.03 abcAB	1.59± 0.25 abA	0.02± 0.001 bA	0.24± 0.07 abA
冀谷 19	3.33± 0.37 abAB	3.28± 1.30 aA	0.21± 0.03 cB	1.48± 0.16 abcA	0.04± 0.03 aA	0.20± 0.02 bA
冀谷 31	3.26± 0.33 abABC	2.64± 0.93 aA	0.26± 0.05 abAB	1.64± 0.27 a	0.03± 0.02 abA	0.36± 0.32 aA

（续表）

品种	P (μg·g⁻¹)	K (μg·g⁻¹)	Ca (μg·g⁻¹)	Mg (μg·g⁻¹)	Na (μg·g⁻¹)	Cr (μg·g⁻¹)
冀谷 39	3.01± 0.20 bcABC	3.13± 0.91 aA	0.27± 0.05 aA	1.39± 0.12 bc	0.03± 0.02 abA	0.24± 0.03 abA
总计	3.23±0.44	3.09±1.18	0.24±0.05	1.50±0.25	0.02±0.02	0.24±0.13

品种	Cu (μg·g⁻¹)	I (μg·g⁻¹)	Mn (μg·g⁻¹)	Zn (μg·g⁻¹)	Se (μg·g⁻¹)
豫谷 18	5.21± 0.85 cB	0.08± 0.03 aA	9.77± 1.63 dc	29.52± 3.87 cC	0.084± 0.037 Aa
豫谷 19	6.94± 0.89 abA	0.04± 0.03 bA	12.86± 1.26 abAB	31.89± 5.87 bcBC	0.079± 0.030 Aa
12H402	6.67± 0.85 abA	0.04± 0.03 bA	11.45± 1.38 cB	32.23± 3.69 bcABC	0.075± 0.025 Aa
冀谷 38	7.08± 0.23 abA	0.05± 0.04 abA	12.65± 1.28 abAB	33.45± 2.89 bcABC	0.074± 0.032 Aa
冀谷 18	6.31± 0.58 bA	0.07± 0.03 abA	13.27± 1.11 aA	37.64± 4.77 aA	0.076± 0.040 Aa
冀谷 19	6.54± 0.55 abA	0.05± 0.03 abA	11.71± 0.86 bcAB	31.46± 2.96 bcABC	0.079± 0.051 Aa
冀谷 31	7.24± 1.39 aA	0.05± 0.03 abA	13.23± 0.55 aA	33.59± 2.97 bcABC	0.083± 0.039 Aa
冀谷 39	7.04± 0.14 abA	0.04± 0.02 bA	12.04± 0.54 bcAB	35.22± 4.27 abAB	0.075± 0.046 Aa
总计	6.63± 0.96	0.05± 0.03	12.12± 1.54	33.12± 4.49	0.078± 0.036 Aa

表3　三地区小米 11 种矿质元素含量及方差分析

地区	P (μg·g⁻¹)	K (μg·g⁻¹)	Ca (μg·g⁻¹)	Mg (μg·g⁻¹)	Na (μg·g⁻¹)	Cr (μg·g⁻¹)
博山	2.823± 0.378 bB	2.909± 0.888 bB	0.202± 0.027 bB	1.288± 0.271 bA	0.020± 0.009 bA	0.200± 0.057 aB
井陉	3.466± 0.338 aA	2.531± 1.010 bB	0.259± 0.045 aA	1.550± 0.162 aA	0.022± 0.016 abA	0.217± 0.032 bAB

（续表）

地区	P （μg·g⁻¹）	K （μg·g⁻¹）	Ca （μg·g⁻¹）	Mg （μg·g⁻¹）	Na （μg·g⁻¹）	Cr （μg·g⁻¹）
藁城	3.410± 0.282 aA	3.833± 1.253 aA	0.261± 0.039 aA	1.656± 0.138 aA	0.031± 0.025 aA	0.307± 0.195 bA
总计	3.233± 0.442	3.091± 1.182	0.241± 0.046	1.498± 0.251	0.024± 0.018	0.242± 0.126

地区	Cu （μg·g⁻¹）	I （μg·g⁻¹）	Mn （μg·g⁻¹）	Zn （μg·g⁻¹）	Se （μg·g⁻¹）
博山	6.431± 1.403 aA	0.072± 0.027 aB	11.840± 1.859 bA	29.657± 4.071 bB	0.080± 0.010 Bb
井陉	6.656± 0642 aA	0.054± 0.033 bAB	11.685± 1.460 bA	34.611± 3.854 aA	0.039± 0.013 Aa
藁城	6.795± 0.647 aA	0.033± 0.025 cA	12.840± 0.954 aA	35.107± 3.426 aA	0.115± 0.028 Cc
总计	6.628± 0.964	0.053± 0.032	12.122± 1.540	33.125± 4.486	0.0781± 0.036

2.4 11种矿质元素含量的相关性分析

对小米样品中的11种矿质含量进行Pearson相关性分析，结果见表4。Cu和Ca、Cr存在显著正相关，K和Cu、Se存在显著正相关，Mg和Ca、Cr、Cu、K含量分别存在显著正相关，Mn分别与Ca、Cr、Cu、K、Mg、Se含量存在极显著正相关，P和Ca、Cu、Mg及Mn含量存在极显著正相关，Zn和Ca、Cr、Cu、Mg、Mn及P含量存在极显著正相关；I和除Mn以外的其他9种元素呈显著负相关。由此可知，小米11种矿物质元素含量间存在一定的相关性和依存关系，小米矿质元素间的相关性是土壤溶液中相应元素间交互作用的综合反映，也是谷子对矿质元素吸收和转运的交互作用的综合反映。

2.5 11种矿质元素含量的主成分分析

以11种矿质元素含量为分析指标，对8品种三地区的11种矿质元素含量进行主成分分析得到主成分特征值、贡献率和累积贡献。研究中按照累积贡献率大于85%的原则，选择主要成分。第一主成分特征值为4.371，贡献率为39.736%，代表8品种三地区的11种矿质元素含量39.736%的信息；第二主成分代表8品种三地区的11种矿质元素含量12.196%的信息，第三主成分代表8品种三地区的11种矿质元素含量10.248%的信息，前3个主成分可以反映11矿质元素65.179%的综合性状（表5）。

表4 11种矿质元素的 Pearson 相关性分析

矿质元素	Ca	Cr	Cu	I	K	Mg	Mn	Na	P	Zn	Se
Ca	1										
Cr	0.197	1									
Cu	0.441**	0.245*	1								
I	-0.257*	-0.239*	-0.234*	1							
K	0.131	0.171	0.239*	-0.171	1						
Mg	0.609**	0.296*	0.715**	-0.233*	0.304**	1					
Mn	0.265*	0.267*	0.641**	-0.153	0.259*	0.674**	1				
Na	0.049	0.201	0.097	-0.297*	0.036	0.132	0.048	1			
P	0.513**	0.155	0.525**	-0.211	0.227	0.886**	0.632**	0.082	1		
Zn	0.551**	0.333**	0.473**	-0.359**	0.193	0.644**	0.555**	0.026	0.695**	1	
Se	-0.074	0.258*	0.027	-0.241*	0.410**	0.120	0.243*	0.233*	-0.105	-0.042	1

表5 11种元素含量主成分分析

主成分	第一主成分	第二主成分	第三主成分	第四主成分
特征值	4.371	1.672	1.127	0.821
贡献率（%）	39.736	15.196	10.248	7.462
累积贡献率（%）	39.736	54.932	65.179	72.641

表6 小米11矿质元素主成分载荷矩阵

矿质元素	第一主成分	第二主成分	第三主成分
Ca	0.657	-0.245	-0.262
Cr	0.427	0.407	-0.166
Cu	0.765	-0.098	0.095
I	-0.417	-0.415	0.489
K	0.389	0.443	0.519
Mg	0.922	-0.126	0.077
Mn	0.768	0.006	0.320
Na	0.183	0.512	-0.541
P	0.841	-0.304	0.017
Zn	0.799	-0.182	-0.139

2.6 小米矿质元素的综合评价

用各矿质元素的主成分载荷（表6）除以相对应主成分的特征值的开平方根，得到3个主成分中每个矿质元素所对应的系数即特征向量，以特征向量为权重构建3个主成分的表达函数式：

$Z1 = 0.314X1 + 0.204X2 + 0.366X3 - 0.200X4 + 0.186X5 + 0.441X6 + 0.367X7 + 0.087X8 + 0.402X9 + 0.382X10 + 0.080X11$

$Z2 = -0.190X1 + 0.314X2 - 0.076X3 - 0.321X4 + 0.342X5 - 0.098X6 + 0.005X7 + 0.396X8 - 0.235X9 - 0.140X10 + 0.631X11$

$Z3 = -0.246X1 - 0.156X2 + 0.090X3 + 0.460X4 + 0.489X5 + 0.072X6 + 0.301X7 - 0.509X8 + 0.016X9 - 0.131X10 + 0.289X11$

3个表达式中，X1为Ca、X2为Cr、X3为Cu、X4为I、X5为K、X6为Mg、X7为Mn、X8为Na、X9为P、X10为Zn、X11为Se含量。以各个主成分对应的方差贡献率作为权重，由主成分得分和对应的权重线性加权求和得到综合评价函数。

综合得分 = 0.397Z1 + 0.152Z2 + 0.102Z3

根据主成分综合得分模型，可计算出3个地区8个品种小米的矿质元素的综合得分和排序（表7）。综合得分依次为藁城、井陉和博山，品种得分依次为冀谷18、冀谷

31、冀谷 38、冀谷 39、豫谷 19、冀谷 19、12H402 和豫谷 18。

表7 地区和品种综合得分

分类	品种/地区	Z1	Z2	Z3	综合得分	排序
	豫谷 18	19.120	-4.260	1.016	7.047	8
	豫谷 19	22.301	-4.555	2.233	8.389	5
	12H402	21.355	-4.888	1.115	7.849	7
品种	冀谷 38	22.861	-4.903	1.807	8.515	3
	冀谷 18	24.434	-5.469	1.396	9.011	1
	冀谷 19	21.418	-4.576	1.704	7.981	6
	冀谷 31	23.010	-5.102	1.608	8.524	2
	冀谷 39	22.985	-5.111	1.242	8.475	4
地区	博山	20.369	-4.317	1.783	7.612	3
	井陉	22.613	-5.359	0.915	8.256	2
	藁城	23.574	-4.898	1.847	8.803	1

3 讨论与结论

本试验对不同品种小米中 P、K、Ca、Mg、Na、Cr、Cu、I、Mn、Zn 和 Se 共 11 种矿质元素的含量分析显示，小米各矿物质元素含量存在明显差异。在大量元素中，P 平均含量最高，Ca 平均含量最低，成分排序与小麦籽粒相似[21]。在微量元素中，Zn 平均含量最高，Na 平均含量最低，由于小米 Zn 含量高、变异系数低，食用小米是补锌良法。本研究中，P 的含量为 3.233 μg·g^{-1}，Ca 的含量为 0.241 μg·g^{-1}、Mg 的含量为 1.498 μg·g^{-1}，Zn 的含量为 33.125 μg·g^{-1}，Cu 的含量为 6.628 μg·g^{-1}，Se 的含量为 0.078 μg·g^{-1}，含量均高于大米、玉米[22]，谷子中矿质元素的含量丰富，可开发为极具潜力的功能食品。

在本研究中，不同品种的小米的矿质元素变异性存在差异，Na、I、Cr 和 Se 含量差异显著，这有利于筛选富集这几种元素的品种，进行功能性营养食品的开发。Cu、P、Zn 和 Mg 含量差异不显著，表明谷子品种在这几种元素含量相对稳定。

在本研究中，小米中矿物质元素含量间存在着较高的相关性，Mg 和 Ca、Mn 和 Cu、Mn 和 Mg、P 和 Mg 等元素含量间相关系数分别约为 0.600~0.900，均达 0.001 的显著水平，这表明上述元素含量间存在着某种程度的协同累积效应。在李珊珊[23]的研究中也有相似的结论，K 与 Cu、Mn、Zn、Mg 都具有较好的相关性，Cu、Mg、Mn、Zn 相互之间都呈极显著正相关。

目前，利用主成分分析法对谷子农艺性状与产量的研究较多[2,24]，但对小米矿质营养的研究不全面。根据本次研究结果可知，选育功能性品种时第一次选择性状应为高镁、磷、锌含量；二次选择性状应为高钾和钠含量；三次选择性状应为高钾和碘含量，这样选择与检测显著提高效率和可预知性，还大大节省了时间与成本。

通过本研究可知，小米不同矿质元素间的变异性存在差异，小米 Na、I、Cr 和 Se 含量的变异系数较大，超过 5%，Cu、P、Zn 和 Mg 的变异系数较小，低于 2%，K、Ca 和 Mg 元素变异系数介于 2%～5%；矿质元素 Ca、Cr、Cu、I、Mg、Mn、Na、P 和 Zn 含量在品种间差异性显著，K 和 Se 含量在品种间差异性不显著。矿质元素 Ca、Cr、K、I、Mg、Mn、Na、P、Zn 和 Se 含量在不同地区差异性显著，Cu 含量在不同地区差异性不显著；利用主成分分析方法得到 3 个地区 8 个品种小米的矿质元素综合表现的排序，按照品种从高到低排序为冀谷 18、冀谷 31、冀谷 38、冀谷 39、豫谷 19、冀谷 19、12H402 和豫谷 18，按照地区从高到低排序为藁城、井陉和博山。本研究虽然涵盖了种植地点因素，但未深入探究种植地点与小米矿物质元素含量的关系，我们后续的研究报告将进一步对中国小米品种矿物质元素含量的环境间变异情况及稳定性进行分析。

参考文献

[1] 何红中. 中国古代粟作研究 [D]. 南京：南京农业大学，2010.

[2] 孟庆立，关周博，冯佰利，等. 谷子抗旱相关性状的主成分与模糊聚类分析 [J]. 中国农业科学，2009，42（8）：2 667-2 675.

[3] 韩芳，韩浩坤，王海龙，等. 施肥对旱薄地谷子农艺性状及产量的影响 [J]. 山西农业科学，2015，43（6）：718-722.

[4] 张艾英，郭二虎，王军，等. 施氮量对春谷农艺性状、光合特性和产量的影响 [J]. 中国农业科学，2015，48（15）：2 939-2 951.

[5] 徐杰. 覆膜与滴灌对东北春玉米产量及水氮利用效率的调控效应研究 [D]. 北京：中国农业大学，2015.

[6] 陈二影，杨延兵，程炳文，等. 不同夏谷品种的产量与氮肥利用效率 [J]. 中国土壤与肥料，2015（2）：93-97.

[7] 秦岭，杨延兵，管延安，等. 不同生态区主要育成谷子品种芽期耐旱性鉴定 [J]. 植物遗传资源学报，2013，14（1）：146-151.

[8] 吴巍. 转 ABP9 基因小麦纯合株系的创制与干旱、低氮逆境的抗性鉴定 [D]. 北京：中国农业科学院，2010.

[9] 齐伟，王空军，张吉旺，等. 干旱对不同耐旱性玉米品种干物质及氮素积累分配的影响 [J]. 山东农业科学，2009（7）：35-38.

[10] 田伯红，王素英，李雅静，等. 谷子地方品种发芽期和苗期对 NaCl 胁迫的反应和耐盐品种筛选 [J]. 作物学报，2008，34（12）：2 218-2 222.

[11] 朱学海. 谷子耐旱资源筛选及其遗传多样性分析 [D]. 北京：中国农业科学院，2008.

[12] 赵晶. 筛选高产优质谷子品种及喷施钙肥对米质影响的研究 [D]. 哈尔滨：东北农业大学，2014.

[13] 李志江. 谷子抗除草剂基因的发现及其应用 [J]. 基因组学与应用生物学，2010，29（4）：768-774.

[14] 李萍，杨小环，王宏富，等. 不同谷子 [Setaria italica（L.）Beauv] 品种对除草剂的耐药性 [J]. 生态学报，2009，29（2）：860-868.

[15] 张竹青，杨雅俊，李万红．糙小米与小米营养价值及食味品质的比较研究 [J]．粮食与食品工业，2014，21（2）：22-23．

[16] 邓利，Rennie K N E，梁叶星，等．脱脂糯小米米糠粉对面团流变学性质及馒头品质的影响 [J]．食品科学，2015，36（7）：50-55．

[17] 单树花，武海丽，李宗伟，等．小米米糠中抗癌细胞增殖活性蛋白的分离纯化 [J]．食品科学，2013，34（9）：296-300．

[18] 鲁璐，季英苗，李莉蓉，等．不同地区、不同品种（系）小麦锌、铁和硒含量分析 [J]．应用与环境生物学报，2010，16（5）：646-649．

[19] 吴传星．不同玉米品种对重金属吸收累积特性研究 [D]．成都：四川农业大学，2010．

[20] 俄胜哲，袁继超，姚凤娟，等．攀西及相邻地区稻米中矿质元素含量的变异分析 [J]．四川农业大学学报，2004，22（4）：313-317．

[21] 张勇，王德森，张艳，等．北方冬麦区小麦品种籽粒主要矿物质元素含量分布及其相关性分析 [J]．中国农业科学，2007，40（9）：1 871-1 876．

[22] 蔡金星，刘秀凤．论小米的营养及其食品开发 [J]．西部粮油科技，1999，24（1）：38-39．

[23] 李珊珊．品种与地域因素对谷子营养品质的影响研究 [D]．保定：河北农业大学，2013．

[24] 赵术伟．春谷数量性状遗传差异及其在育种上的应用 [J]．杂粮作物，2001，21（1）：19-20．

[此文原刊载于《中国农业科技导报》，2017，19（8）：84-91]

高粱高效抗蚜育种技术体系创建及应用

吕 芃，刘国庆，侯升林，李素英，籍贵苏，马 雪，杜瑞恒

(河北省农林科学院谷子研究所/国家高粱改良中心河北分中心/
河北省杂粮研究实验室/国家谷子改良中心)

1 项目介绍

高粱以其抗旱、耐盐碱、耐瘠薄等多种优异生物学特性使其在发展生物质能源、开发利用边际性土地、应对气候变化、促进农民增收等多方面具有广阔的发展前景。但高粱生产中存在的蚜虫危害问题一直限制和制约着高粱的生产和产业化发展，蚜虫是危害高粱的主要害虫之一，间歇性发生，在大发生年份是一种猖獗、毁灭性害虫，繁殖速度快、虫量大，分泌大量蜜露，滴落在下部叶面和茎上，油光发亮，影响光合作用，造成严重减产；蚜虫吸食糖分，对籽粒、茎秆产量及糖分影响很大，是造成巨大损失的直接原因；蚜虫是多种作物病毒病害的传播媒介，导致多种病毒病发生，对农业生产为害极大。早在20世纪50年代就有高粱蚜虫严重危害高粱的报道，在黑龙江的肇东、肇州、呼兰、兰西等4个县，1949年因蚜虫危害高粱减产50%左右，1957年减产20%～30%。1958年高粱蚜虫再度大发生年，至7月末，蚜虫已普遍蔓延，几乎棵棵发生，叶叶有虫，严重的植株起油发亮，给高粱生长带来很大威胁。在张家口地区1972年、1975年和1980年有3次大发生。1975年据估计全地区因高粱蚜危害减产粮食5 000万kg左右。调查发现，从旗叶到成熟期，200头蚜虫可导致1叶死亡。一般减产10%～30%，重者减产达40%～50%，严重时绝收。

针对我国高粱抗蚜性研究基础薄弱，严重影响高粱生产的现状，该项目系统研究了为害我国高粱的蚜虫种类和发生规律，明确高粱蚜是危害高粱的优势种群；首次利用COI基因对全国高粱主产区的高粱蚜进行了生物型分化研究，证明基于COI基因水平高粱蚜无生物型分化。率先建立了简捷高效的高粱蚜繁殖、定量接种、品种抗性评价鉴定技术，创建了室内与田间相结合的一代两次抗蚜高效育种技术体系。应用高效抗蚜育种技术鉴定筛选了3 000余份资源材料，利用筛选出的抗源，育成不育系312A、恢复系CR2021等一批抗蚜三系材料，选育出312A×R3348等抗蚜高粱杂交种。

2 主要技术内容

2.1 明确了国内危害高粱的蚜虫种类和危害特点，确定高粱蚜为危害高粱的优势种群

自2006年开始定点系统调查危害高粱的种类、危害规律和特征。同时对全国高粱

主要产区的蚜虫危害进行调查，结果表明：在我国高粱主产区为害高粱的蚜虫种类有高粱蚜（*Melanaphis sacchari*）、麦二叉蚜（*Schizaphis graminum*）、玉米蚜（*Rhopalosiphum maidis*）和禾谷缢管蚜（*Rhopalosiphum padi*）。其中麦二叉蚜主要发生在春播高粱苗期，造成缺苗和毁种。2008 年在山西汾阳地区发现在抽穗期麦二叉蚜严重危害高粱的地块，以后又在河北鹿泉、赞皇等地发现了麦二叉蚜为害高粱的情况。麦二叉蚜主要为害春播高粱，特别是在麦区，麦地的蚜虫容易迁飞到高粱上。高粱蚜和玉米蚜主要发生在成株期，尤其是感蚜甜高粱品种的上，高粱蚜在夏播高粱上平均单株蚜虫量高达 1 500 头。高粱蚜一般在 7 月发生，首先从高粱植株的下部叶片开始发生，并逐渐向上发展，严重时危害穗部。高粱蚜危害的特征和规律和已有的报道相同。高粱蚜对高粱危害最为严重，也最为普遍。以前没有玉米蚜为害高粱的报道，调查表明，玉米蚜发生晚于高粱蚜，主要为害高粱穗部和穗颈节，玉米蚜侵染首先从高粱植株上部叶片开始，逐渐向下发展，受害株叶面有蜜露，为害穗颈节时，玉米蚜多寄生在叶鞘内部或寄生在茎秆上，套袋的穗部更容易发生蚜虫。禾谷缢管蚜主要危害心叶，受害株少，危害轻。从发生的普遍性和危害程度上看，高粱蚜发生最为普遍，危害也最为严重，玉米蚜次之，麦二叉蚜再次之，禾谷缢管蚜危害最轻，本项目因此选用高粱蚜作为高粱抗蚜研究的主要对象（表1）。

表 1　高粱主产区蚜虫危害情况调查

地区	蚜虫种类	为害程度	为害部位	调查年份	调查时期
山西汾阳	高粱蚜	重	全部植株	2008	
	麦二叉蚜	重	叶片	2008	抽穗灌浆期
	玉米蚜	轻	穗部、心叶	2008	
河北沧州	高粱蚜	重	全部植株	2008	
	麦二叉蚜	重	叶片	2008	苗期
	玉米蚜	轻	穗部、心叶	2008	
河北省石家庄	高粱蚜	重	全部植株	2006—2013	抽穗灌浆期
	麦二叉蚜	轻、中、重	叶片	2006—2013	苗期、抽穗、灌浆
	玉米蚜	轻、中、重	穗部、心叶	2006—2013	拔节到抽穗
	禾谷缢管蚜	轻	叶片	2006—2013	拔节期
内蒙古赤峰	高粱蚜	轻	叶片	2011	抽穗期
	麦二叉蚜	轻	叶片	2011	抽穗期
	玉米蚜	轻	穗部、心叶	2011	抽穗期
辽宁锦州	高粱蚜	重	全部植株	2009	灌浆期
	玉米蚜	轻	穗部、心叶	2009	灌浆期
	麦二叉蚜	轻	叶片	2009	灌浆期
	禾谷缢管蚜	轻	叶片	2009	拔节期

（续表）

地区	蚜虫种类	为害程度	为害部位	调查年份	调查时期
吉林白城	高粱蚜	中	茎秆、叶片	2012	灌浆期
	玉米蚜	轻	穗部、心叶	2012	灌浆期
	麦二叉蚜	轻	叶片	2012	灌浆期
黑龙江哈尔滨	高粱蚜	轻	叶片、茎秆	2012	灌浆期
	玉米蚜	轻	穗部、心叶	2012	灌浆期
	麦二叉蚜	轻	叶片	2012	灌浆期
四川泸州	高粱蚜	重	全部植株	2012	灌浆期
	玉米蚜	轻	穗部、心叶	2012	灌浆期
	麦二叉蚜	轻	叶片	2012	灌浆期
贵州贵阳	高粱蚜	重	全部植株	2010	灌浆期
	玉米蚜	轻	穗部、心叶	2010	灌浆期
	麦二叉蚜	轻	叶片	2010	灌浆期
海南三亚	高粱蚜	重	全部植株	2007—2013	灌浆期冬季
	玉米蚜	中	穗部	2007—2013	灌浆期冬季
	麦二叉蚜	轻	叶片	2007—2013	灌浆期冬季

注：重是指植株有死亡，产量减产30%以上；中是指蚜虫成片发生，油腻明显，减产10%以上；轻是指蚜虫虽有点片发生，但没有明显油腻，对产量没有损失

2.2 揭示了国内高粱主产区高粱蚜基于 COI 基因无生物型分化

对来自河北、山西、山东、四川、辽宁、吉林、黑龙江、内蒙古自治区（简称"内蒙古"，全书同）、海南等主要高粱产区采集的高粱蚜样本（表2）进行生物型分化研究，利用线粒体基因组上 COI 基因序列的对比表明，没有发现高粱蚜发生生物型分化的证据（图1），这一结果为高粱抗蚜鉴定分析选用蚜虫来源、抗蚜品种可在不同地区推广应用奠定了理论基础。

表2 全国高粱主产区采集的蚜虫样本明细

蚜虫种类	地 点	纬 度	经 度	海拔（m）
高粱蚜	三亚、海南	N18°15′16.32″	E109°30′28.10″	7.32
	泸县、四川	N29°09′15.67″	E105°22′42.02″	285.63
	平凉、甘肃	N35°32′35.30″	E106°39′39.14″	1397.95
	济南、山东	N36°39′2.02″	E117°06′51.74″	156.12
	小南关、山西	N37°15′27.09″	E111°46′53.87″	747.00
	赞皇、河北	N37°35′27.46″	E114°11′49.04″	377.26

（续表）

蚜虫种类	地 点	纬 度	经 度	海拔（m）
	栾城、河北	N37°58′40.28″	E114°37′18.10″	65.98
高粱蚜	石家庄、河北	N38°02′24.78″	E114°40′11.34″	61.52
	海兴、河北	N38°08′32.80″	E117°29′29.06″	8.63
	鹿泉、河北	N38°10′54.96″	E114°22′59.25″	83.00
	朝阳、辽宁	N41°34′17.18″	E120°26′40.83″	183.00
	赤峰、内蒙古	N42°15′21.17″	E118°52′50.47″	586.73
	通辽、内蒙古	N43°39′0.62″	E122°14′5.97″	176.56
	白城、吉林	N45°37′3.79″	E122°49′59.32″	151.00
玉米蚜	三亚、海南	N18°15′16.32″	E109°30′28.10″	7.32
	海兴、河北	N38°08′32.80″	E117°29′29.06″	8.63
	泸县、四川	N38°10′54.96″	E114°22′59.25″	83.00
	赤峰、内蒙古	N42°15′21.17″	E118°52′50.47″	586.73
	公主岭、吉林	N43°30′26.22″	E124°48′21.30″	206.61
	通辽、内蒙古	N43°39′0.62″	E122°14′5.97″	176.56
麦二叉蚜	太古、山西	N37°28′58.69″	E112°46′23.97″	871.70
	赞皇、河北	N37°35′27.46″	E114°11′49.04″	377.26
	榆次、山西	N37°41′49.73″	E112°42′6.51″	794.55
	石家庄、河北	N38°02′24.78″	E114°40′11.34″	61.52

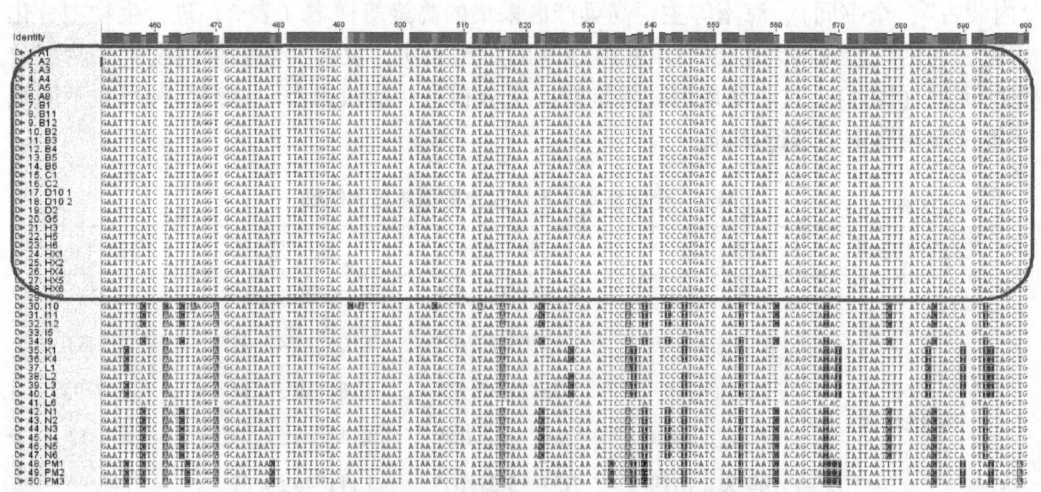

图1 全国高粱产区高粱蚜COI序列比对结果
注：框内为高粱蚜，其余序列来自玉米蚜和麦二叉蚜

2.3 建立了室内高粱蚜繁殖鉴定技术和快速抗蚜育种技术体系

研究出室内高粱蚜适宜繁殖条件为温度为 22～26 ℃，湿度为 55%～75%，光照周期 10 h：14 h。从 200 多个高粱资源中筛选出 7B、吉林黑、R61 等是非常适合繁殖高粱蚜的品种，利用这些品种繁殖高粱蚜具有易接虫，繁殖快，持续时间长的特点。

通过对适宜培养基、接虫时期、调查时期、接虫数量、抗性等级划分等研究，建立了 1 套室内抗蚜鉴定技术，实现 15～20 d 即可鉴定一批材料抗蚜性。利用室内高粱抗蚜鉴定技术，进行室内鉴定 1 次，田间鉴定 1 次，形成了 1 代鉴定两次抗蚜性的快速抗蚜育种体系，依此申报了国家发明专利 1 项。

2.4 抗蚜育种取得显著进展

目前育成 1 个抗蚜不育系 312A，抗蚜恢复系 17 个，利用 312A 抗蚜不育系为母本配置杂交组合筛选出大量苗头优势组合 312A×R3348 等，其中 312A×R3348 田间测产每亩（15 亩 = 1 hm²，1 亩 ≈ 667 m²，全书同）达 649 kg，上述部分材料的抗蚜性，来源、农艺表现见表 3。

表 3　抗蚜不育系 312A 与不同恢复系杂交种的抗蚜表现和主要农艺性状

序号	材料名称	单株蚜虫数（平均头数）	抗蚜来源	主要农艺性状
1	CR2021-3	1.00	冀粱 2	矮秆、大穗
2	CR2042	1.00	L407	矮秆、大穗
3	石 R22-1	1.00	TB9	矮秆、糯质
4	CR2021-2	1.67	冀粱 2	矮秆、大穗
5	CR2021	2.00	冀粱 2	矮秆、大穗
6	CR5611	3.00	130B	中秆、大穗
7	312A×CR2021	0.00	312A，CR2021-3	矮秆、大穗
8	312A×CR2021-3	0.00	312A，CR2021-3	矮秆、大穗
9	312A×CR2021-2	0.33	312A，CR2021-3	矮秆、大穗
10	312A×R310	0.33	312A	矮秆、大穗
11	312A×石 R22-1	0.33	312A	矮秆、大穗
12	312A×CR5602	0.67	312A	中秆、大穗
13	312A×CR2042	1.00	312A，CR2042	矮秆、大穗
14	312A×CR3198	1.00	312A	矮秆、大穗
15	312A×CR5551	1.00	312A	中秆、大穗
16	312A×CR5661	1.00	312A	中秆、大穗
17	312A×CR1588	1.67	312A	矮秆、大穗
18	312A×石 R51	1.67	312A	矮秆、大穗
19	312A×CR2815	2.00	312A	矮秆、大穗

（续表）

序号	材料名称	单株蚜虫数（平均头数）	抗蚜来源	主要农艺性状
20	312A×CR1306	2.33	312A	矮秆、大穗
21	312A×3348	3.00	312A	矮秆、大穗
23	312A	1.93	130B	矮秆、大穗

3　成果适用范围

该成果适用于高粱抗蚜材料的创新、抗蚜育种、抗蚜遗传、抗蚜基因定位、抗蚜机理研究等多个方面，对小麦、玉米等主要作物的抗蚜研究也有参考价值。育成的抗蚜杂交种、品种对降低投入、提高产量起到支撑作用。

［此文原刊载于《中国科技成果》，2015，9，39-41］

河北省低酚棉育种研究进展及综合利用

权月伟，唐光雷，米换房，翟雷霞，李继军，李文蕾

（河北省邯郸市农业科学院）

摘 要：通过对棉花育种行业的了解和查阅有关资料，回顾了国内外低酚棉育种的发展历程，重点阐述了河北省低酚棉育种的发展优势及研究进展，并介绍了低酚棉在饲料、食品等方面的综合利用情况。目的是促进河北省低酚棉新品种的推广，以应对河北省棉花种植结构调整。

关键词：河北省；低酚棉；育种；研究进展；综合利用

棉花（*Gossypium hirsutum* L.）是重要的纤维作物，长期以来除了棉花纤维被有效利用外，棉花植株、种子中的蛋白质、脂肪等成分很大一部分被遗弃。造成这种现象的原因是普通棉花含有一种对人畜有害的物质——棉酚。低酚棉俗称无毒棉，是集棉、粮、油、饲、药于一体的多元高效经济作物，其棉酚含量低于 0.02%[1,2]。低酚棉的棉仁可作高蛋白优质食品，棉籽油可作优质保健油，棉籽饼及棉株枝叶可作饲料，去掉的叶枝、赘芽可作青饲料，棉籽壳和铃壳均可作食用菌的培养基[3,4]。种植低酚棉可以为食品工业、饲料工业提供大量的优质蛋白资源，使食用蛋白资源更广阔[5,6]。

棉花是河北省主要的经济作物，为广大农民带来较大的种植效益。近年来由于棉花价格持续疲软以及劳务用工费用持续上涨，河北省棉花面积正在逐年减少。培育和推广低酚棉新品种对河北省棉花种植结构调整具有积极意义。

1 国内外低酚棉育种浅述

1.1 国外低酚棉育种概况

1954 年，美国科学家 McMichael 以爱字棉为母本，霍皮棉为父本构建杂交群体，通过杂交育种技术多代选择，于 1960 年获得无腺体棉花突变体植株，该棉花植株的茎、叶、种子均变现为无色素腺体。McMichael 团队继续研究，利用获得的突变体，通过杂交和回交的育种方法，经过多代选择，终于在 1965 年培育出了第一个无腺体棉花品系"23B"，开辟了棉花育种的新领域。科学家们通过研究发现，无腺体棉花品系"23B"是由两个隐性基因控制[7]。1966 年，Biet 等科学家培育出了第一个显性基因控制的无腺体棉花品系。随后，世界各国纷纷开始了低酚棉育种研究。埃及育种家们培育出了低酚棉新品种亚历山大 4 号，印度的育种家们也培育出了一批低酚棉新品种并在生产上推广应用。

1.2 国内低酚棉育种概况

中国低酚棉育种始于20世纪70年代，到20世纪90年代达到了一个高峰，中国农业科学院棉花研究所、湖南省棉花研究所、河北省农业科学院、辽宁省农业科学院经济作物研究所等十余个农业科研单位相继开展了低酚棉育种及遗传机理的研究工作。1978年，湖南省棉花研究所培育出了国内第一个低酚棉品种低酚棉1号，开启了我国低酚棉育种研究的新时代，低酚棉育种进入蓬勃发展的阶段。截止到20世纪90年代，国内育种家们培育低酚棉品种（系）接近60个，其中以中棉所13号、豫棉2号、冀无252、冀棉19号、冀棉21号和湘棉11号推广种植面积最大。中国的低酚棉种植面积一度稳定在10万 hm^2，成为当时世界上低酚棉种植面积最大的国家[8-10]。

在20世纪90年代中期，棉铃虫持续暴发为害，造成种棉成本上升、植棉效益下降，严重挫伤了棉农的种棉积极性。自1994年开始国内植棉面积逐年减少，1997年下降到不足333.3万 hm^2。1996年美国转 *Bt* 基因抗虫棉的引入，有效地遏制了当时棉铃虫的爆发为害，以新棉33B、DP99B为代表的转基因抗虫棉迅速推广普及。至此，科研单位开始转 *Bt* 基因抗虫低酚棉品种的选育研究。

2 河北省低酚棉育种研究进展

2.1 低酚棉种质资源研究

高产和优质是育种家们永远追求的育种目标。亲本的亲缘关系较远、目标性状表现优良、亲本之间性状互补的种质资源材料，有利于拓宽杂交后代的遗传基础，创造出丰富的遗传变异群体，从而培育出优良的品种。河北农业大学的马峙英等对国内外的145份低酚棉材料的生育特性、产量表现和纤维品质进行了鉴定和筛选，最终获得了数十份具有丰产、大铃、高衣分、长纤维和高强度的优异种质资源[11]。张桂寅等对116份低酚棉品种进行聚类分析，并构建了3个低酚棉核心种质库[12]。

邯郸市农业科学院培育的低酚棉新品种邯无198，不仅产量高而且棉籽中含有丰富的蛋白质和脂肪等营养成分（表1）。利用邯无198品种做亲本，又培育出了邯无216、邯M263抗虫低酚棉新品系和一批棉花育种中间材料，创新了抗虫低酚棉种质资源[13,14]。

表1 邯无198棉籽粉的主要营养成分

年份	蛋白质（%）	粗蛋白质（%）	粗脂肪（%）	维生素E（IU·kg^{-1}）	亚油酸（%）	游离棉酚（mg·kg^{-1}）
2007	37.94	40.78	29.11	204	58.5	140
2008	36.24	39.14	32.05	184	57.2	0
2009	38.36	41.06	30.14	163	59.8	0
平均	37.51	40.33	30.43	184	58.5	47

2.2 河北省低酚棉的育种优势

河北省开展低酚棉育种研究较早，培育了一批低酚棉品种，如冀无252、冀棉19号、冀无3703、石无16和省无3003等，其中以冀无252和冀棉19号推广面积最大。1998年以后开始转基因抗虫低酚棉的育种研究。

近年来，各级部门越来越重视低酚棉育种研究。2008年农业部转基因生物新品种培育重大专项"转基因特色专用棉花新品种培育"立项，其中包括低酚棉种质资源创新，转基因抗虫低酚棉的培育及推广等内容。2014年河北省渤海粮仓科技示范工程项目启动，邯郸市农业科学院利用自身优势，开展低酚棉高效利用与示范工作。2013年河北省科技支撑计划项目"多抗、优质、专用棉花种质资源创新及育种新技术研究"立项，旨在创制低酚棉种质资源，培育转基因抗虫低酚棉品种。在相关部门的大力扶持下，河北省低酚棉育种取得了较大进步，相继培育出了邯无198、邯无216、农大棉12号等转基因抗虫低酚棉品种[15]。

2.3 近年来河北省育成的抗虫低酚棉品种表现

2011年河北省设立了冀中南低酚棉区域试验，设立多个试验点对低酚棉棉花新品种（系）的丰产性、抗逆性、适应性及纤维品质进行鉴定，为低酚棉品种的审定和推广提供科学依据。到目前为止，邯无216和农大棉12号低酚棉新品种已通过河北省农作物审定委员会审定。

在冀中南低酚棉新品种生产试验中，对照邯无198籽棉产量和皮棉产量分别为3 136.5 kg·hm⁻²和1 137.0 kg·hm⁻²，纤维长度为28.6 mm、比强度为28.4 cN·tex⁻¹、马克隆值为4.4。结果表明：一是邯无216、农大棉12号的籽棉、皮棉和霜前皮棉均比对照邯无198增产，籽棉分别比对照增产11.6%和10.6%，皮棉分别增产13.9%和16.4%。二是邯无216和农大棉12号的纤维长度和比强度均高于对照，特别是邯无216品种的纤维品质表现尤为突出：好年份纤维平长度30.0 mm，断裂比强度31.3 cN·tex⁻¹，马克隆值3.9，平均值纤维平长度30.1 mm，断裂比强度30.2 cN·tex⁻¹，马克隆值4.4，达到了优质棉标准。三是邯无216和农大棉12号的霜前花率分别为85.2%和81.2%。四是邯无216和农大棉12号生育期分别为127 d和128 d。两个品种的主要指标性状比对照均有了较大的提高。

3 低酚棉的综合利用

3.1 作食品利用

低酚棉籽中含有多种人类必需的氨基酸，棉仁经过深加工可作高蛋白优质食品；低酚棉籽中含有丰富的亚油酸，用低酚棉籽制作的成品油色香味俱佳，是营养价值极高的保健油，而且加工工艺简单，成本低，价值高；棉籽壳和铃壳可作生产食用菌的培养基，培养出的香菇、平菇、银耳、木耳等食用菌，其产量高、质量好、营养丰富、美味可口[16,17]。

河北省农业科学院棉花研究所首次利用低酚棉籽生产高营养食用"棉芽维益菜"，该产品具有营养丰富、维生素含量高、适口性强、风味独特等特点[18]。该项目拓宽了低酚棉综合利用的领域，提高了棉农的收益，调动了农民植棉的积极性。

3.2 作饲料利用

在新疆地区，棉秆、棉壳、棉桃、棉叶常常被当地的农民用来做牛和羊的饲料。普通棉花的棉酚含量高，对牲畜危害较大，常常引发牲畜中毒性疾病，甚至死亡。邯郸市农业科学院尝试在新疆种植低酚棉，除了棉花的纤维价值，其枝叶、棉秆、赘芽均可作为当地牲畜高品质的饲料。低酚棉植株经粉碎后直接饲喂牛羊，从体重变化、饲料报酬、经济效益的综合评价来看，低酚棉不仅可以代替饲草，而且其经济效益远远高于饲草。

有关单位研究认为，利用低酚棉仁饼作猪和肉鸡的搭配日粮，其适口性好、营养成分高、成本低，且接受试验的猪、鸡均发育正常。因此，低酚棉饼粕是饲喂家禽的好饲料。

4 小结与讨论

近年来，随着劳动力成本的不断增加植棉效益逐年下降，同时，国家重视粮食安全，粮棉争地矛盾依旧存在，研究培育低酚棉新品种，进行棉副产品综合利用开发能有效缓解这一突出矛盾。国家应该大力扶持发展低酚棉，各级科研单位应该积极与企业展开低酚棉副产品综合利用方面的合作开发，探索出一条"不与粮食争地，实现棉田增粮"的棉花生产发展新途径。

参考文献

[1] 汪若海. 关于低酚棉的命名 [J]. 中国棉花. 1986, 13 (3)：20.

[2] 房卫平, 吴中道, 吴耀芳, 等. 我国低酚棉研究进展 [J]. 中国农业科学, 1995, 28 (S1)：61-69.

[3] 陈希军, 王秀梅, 王继梅, 等. 低酚棉秸秆及其蘑菇菌糠的营养成分研究 [J]. 邯郸农业高等专科学校学报, 2000, 17 (1)：15.

[4] 邱新棉. 低酚棉品种浙棉 9 号和 10 号的主要性状分析 [J]. 种子, 1999 (1)：15-16.

[5] 汪若海. 我国低酚棉育种的进展 [J]. 中国棉花, 1990, 17 (2)：4-6.

[6] 邱新棉. 试论低酚棉资源及其利用前景 [J]. 中国棉花, 2000, 27 (2)：7-9.

[7] McMichael S C. Hopi cotton：a source of cottonseed free of gossypol pigments [J]. Agronomy Journal, 1959, 51：630.

[8] 朱四元, 陈金湘. 低酚棉育种研究进展 [J]. 江西农业学报, 2006 (4)：18-23.

[9] 朱乾浩, 俞碧霞, 许馥华. 低酚棉研究进展 (上) [J]. 世界农业, 1995 (2)：20-22.

[10] 朱乾浩, 俞碧霞, 许馥华. 低酚棉研究进展 (下) [J]. 世界农业, 1995 (3)：19-21.

[11] 马崎英, 张桂寅, 刘占国, 等. 低酚棉种质资源的研究 [J]. 棉花学报, 1993 (2)：21-26.

[12] 张桂寅，王省芬，刘素娟，等．低酚棉品种资源聚类分析及核心品种抽取方法的探讨 [J].棉花学报，2004，16（1）：8-12.

[13] 翟雷霞，米换房，李继军，等．抗虫低酚棉新品种邯无198的选育及栽培要点 [J].中国棉花，2011（1）：31.

[14] 米换房，权月伟．转 Bt 基因抗虫低酚棉新品种邯无198的选育及利用价值 [J].河北农业科学，2013（4）：65-67.

[15] 权月伟，李继军，唐光雷，等．河北省低酚棉育种研究进展及应用前景 [C].2015年全国棉花青年学术研讨会论文汇编，安阳：中国棉花杂志社，2015：29.

[16] Bushr A. Low cost protein from cot ton seed [J]. Economic Botany, 1973, 27: 137-140.

[17] 陈旭升，狄佳春，刘剑光，等．棉花无腺体性状的遗传及低酚棉产业化前景 [J].江西农业学报，2003，15（1）：43-47.

[18] 赵俊丽，张香云，张寒霜，等．低酚棉食用苗——维益菜的应用研究及发展前景 [J].河北农业科学，2009，13（11）：23-24.

[此文原刊载于《棉花科学》，2016，38（6）：24-27]

高产优质抗病虫棉花品种冀 2658

赵存鹏，郭宝生，刘素恩，王凯辉，王兆晓，耿军义

（河北省农林科学院棉花研究所/农业部黄淮海半干旱区棉花生物学与
遗传育种重点实验室/国家棉花改良中心河北分中心）

摘　要：冀 2658 是 2015 年通过河北省审定的高产、优质、抗病虫棉花品种。本文概述了其选育过程、特征特性及栽培的技术要点。

关键词：棉花；品种；冀 2658；特征特性；栽培技术

1　选育过程

河北省农林科学院棉花研究所 2003 年在多年配合力测定的基础上，选择一般配合力好的亲本，本着优势互补的原则，以具有帝国棉、海岛棉和瑟伯氏棉遗传背景的冀棉 20 高代选系 1125 为母本，以具有斯字棉 2B 和乌干达 4 号及野生棉遗传背景的转基因常规抗虫棉冀 1316 为父本，配制杂交组合[1-2]。利用冬季南繁加代增进后代的遗传稳定速率，北方胁迫环境下的定向选择加快优异性状的聚合，通过近 10 年选择出遗传稳定、生长整齐、抗虫性好、抗病性强、不早衰、品质优良、增产潜力大[3]的棉花品种冀 2658。

冀 2658 在 2010 年获得了国家农业转基因生物安生证书（生产应用）［农基安证字（2010）第 090 号］，准许在黄河流域棉区进行生产应用；2011 年参加了河北省冀中南春播常规棉花品种预备试验；2012 — 2013 年参加了河北省棉花品种区域试验，在区域试验中，冀 2658 的各项指标均居同组参试品种的前列，籽棉产量和皮棉产量、品种的抗病性等得到了各试验点的一致认可；2014 年参加河北省棉花品种生产试验，籽棉产量和皮棉产量均居参试品种的第 1 位；2015 年通过了河北省农作物品种审定委员会审定，审定编号为：冀审棉 2015002 号。

2　特征特性

2.1　主要生物学特征

冀 2658 全生育期 128 d，属中熟转基因抗虫棉常规品种。植株为塔形，株高 100 cm 左右；出苗快，整个生育期长势较强；叶片掌形、中等大小、深绿色，功能期长；第 1 果枝节位 6.2 节，单株果枝 12～15 个；结铃性强且较为集中，单株结铃 18～21 个；铃大小中等，铃重 6.1 g，多呈卵圆形，吐絮肥畅，含絮适中，便于采棉机收获；籽指

10.7 g，霜前花率85%以上，衣分40%左右；抗棉铃虫等鳞翅目害虫。

2.2 产量表现

2011年冀中南春播常规棉花品种区域试验预备试验中，冀2658籽棉产量为每公顷3 483.0 kg，皮棉产量为1 441.5 kg，衣分为41.2%，霜前花率为89.3%，居同组参试品种的前列。2012年区域试验中，冀2 658的平均籽棉产量为每公顷3 844.5 kg，10个试验点均表现为增产；冀中南春播棉组2012年和2013年2年区域试验结果平均，每公顷籽棉和皮棉产量分别为3 742.5 kg和1 449.0 kg，分别比对照冀棉958[4]增产4.11%和4.28%。2014年生产试验中，每公顷籽棉和皮棉产量分别为4 515.0 kg和1 924.5 kg，分别比对照冀棉958增产4.08%和9.32%，居所有参试品种首位。

2.3 纤维品质

冀2 658的区域试验样品经农业部棉花品质监督检验测试中心测定（HVICC校准），两年平均纤维品质结果：上半部平均长度为29.0 mm，长度整齐度指数为84.2%，马克隆值5.1，断裂比强度30.1 cN·tex^{-1}，断裂伸长率5.6%，反射率76.2%，黄度7.8，纺纱均匀性指数133.9，絮色亮白，达到细绒棉Ⅱ型标准。

2.4 抗病性

区域试验指定单位河北省农林科学院植物保护研究所鉴定：2012年冀2658枯萎病病指为9.82，黄萎病相对病指为33.61，属抗枯萎病耐黄萎病类型；2013年枯萎病病指为4.68，黄萎病相对病指为12.84，属高抗枯萎病抗黄萎病类型。

3 适宜种植区域

冀2658适宜河北省中南部植棉区春播种植。

4 栽培要点

4.1 适期播种

地膜覆盖棉田4月中旬为宜，裸地4月下旬播种。中等肥力地块的理论密度为每公顷4.8万～5.5万株，肥力较差的地块可以适当增加密度。

4.2 水肥管理

施足基肥，每公顷施棉花专用肥1 500 kg，有条件的地区提倡适当补充有机肥。在6月中下旬（初花期）根据降水情况浇水1次，同时每公顷追施尿素150 kg；盛花期喷施叶面肥1～2次。

4.3 适时化控及打顶

在蕾期及花铃期，根据田间长势及降水情况进行多次化控，化控应遵循"少量多次"的原则。一般为初蕾期化控 1 次,每公顷用缩节胺 15～22.5 g;在盛蕾至花铃期化控 3～4 次,每次每公顷用缩节胺 30～45 g,此期的化控可随着防治田间蚜虫、盲蝽等害虫一起进行。

一般在 7 月 15 日前进行打顶,每株一般留果枝 12～14 个,以保证棉花的产量及霜前花率,过早过晚均不利于棉花的高产。

4.4 病虫害防治

冀 2658 具有很强的抗病性,且抗鳞翅目害虫,但是在蓟马、蚜虫、盲蝽发生期应及时控制,用"防治结合"的思路进行田间管理,防止害虫大发生而影响棉田的产量。

参考文献

[1] 肖松华,刘剑光,赵君,等.棉花远缘杂交创制抗黄萎病新种质 [J].棉花学报,2015,27 (6):524-533.

[2] 郭宝生,韩泽林,耿军义,等.陆、海、瑟棉花远缘杂交后代的遗传改良 [J].华北农学报,2007,22 (S2):85-88.

[3] 王家宝,王留明,姜辉,等.高产稳产型棉花品种鲁棉研 28 号选育及其栽培生理特性研究 [J].棉花学报,2014,26 (6):569-576.

[4] 耿军义,张香云,崔瑞敏,等.国审抗病高产转基因抗虫棉冀棉 958 选育研究 [J].河北农业科学,2006,10 (4):9-13.

[此文原刊载于《中国棉花》,2017,44 (1):33-34]

通过转 *CaM* 基因提高了棉花抗寒性

赵存鹏，郭宝生，王凯辉，刘素恩，王兆晓，刘冬艳，耿军义

（河北省农林科学院棉花研究所/农业部黄淮海半干旱区棉花生物学
与遗传育种重点实验室/国家棉花改良中心河北分中心）

摘　要：为了获得耐低温棉花新材料，通过花粉管通道法获得了转 CaM 基因棉花，经过分子检测得到了 3 个转基因株系。同时对得到的转基因株系的 T_4 代（C1、C2、C3）和棉花受体（CK）在低温处理后的相关生理生化指标进行了初步测定。发现在低温（4 ℃）处理 24 h 后，C1、C2、C3 叶片中的丙二醛（MDA）含量明显低于对照，超氧化物歧化酶（SOD）、过氧化物酶（POD）的活力、可溶性糖的含量明显高于对照，而常温下（23 ℃）测定值没有明显的差异。表明转 CaM 基因棉花在低温时能够通过减轻叶片膜脂过氧化程度，提高抗氧化酶活力等反应来缓解低温对棉花叶片的损伤。本研究筛选出了 3 个具有一定抗寒能力的转基因株系，为下一步选育抗寒新品种奠定了基础，也为其他棉花抗寒转基因技术提供了理论依据。

关键词：棉花；CaM 基因；低温胁迫；生理特性；膜脂过氧化；抗氧化酶；抗寒性

低温伤害是影响北方春播作物生产的重要因素之一。河北省东北部和新疆部分地区棉田经常会受到倒春寒不同程度的影响，不仅影响了棉花的生长发育而且会增加生产成本。因此，研究和创制耐低温的棉花新材料对棉花的生产和发展具有重要意义。

植物的耐低温性由多基因控制，并与其生理状态（植株含水量、发育时期、营养状况等）发生交叉作用，因而利用传统的遗产改良方法提高植物低温耐性受到较大制约。随着生物技术的发展，利用转基因技术提高植物抗寒性成为新的技术手段。目前，已有许多关于转耐低温基因的研究，如刘荣梅等[1]利用农杆菌介导法将拟南芥转录因子 *CBF3* 基因转化烟草，获得有一定抗寒性的烟草植株，Artus 等[2]研究了拟南芥中耐低温基因 *COR15a* 的表达；吴纯清等[3]将 *CBF3* 和 *COR15a* 双价基因转入烟草来改善烟草抗寒性。此外，还有的研究将昆虫的抗冻蛋白基因 *Mpafp149* 转入烟草[4]，*CBF4* 基因转入拟南芥[5]，美洲拟鲽抗冻蛋白基因（*afp*）导入番茄[6]，*CBF1* 基因转入水稻[7]等。用于棉花抗寒性改良的耐低温基因有 *betA*[8]、*Mpafp149*[9]、*PEBP*[10]等。

一般认为钙调素（Calmodulin，*CaM*）是一种在生物中广泛分布，以 Ca^{2+} 受体形式参与细胞中多种酶及众多钙依赖性生理调节过程，能调节细胞生长、分化等极为重要的多功能蛋白。Ca^{2+} 在植物低温胁迫响应中可能主要起 2 方面的作用：一是通过稳定细胞膜结构，稳定一些重要蛋白质构象，提高某些保护酶的活性以增强植物的抗寒能力，二是 Ca^{2+} 在植物对各种外界刺激产生特定生理反应中充当胞内信使，诱导抗冻基因的表达从而提高植物的抗冻力[11]。本研究将石斑鱼（*Epinephelus coioides*）钙调蛋白基因 *CaM*

改造并用于转化棉花受体，通过筛选阳性植株，初步分析转基因株系在低温处理后各种生理指标的变化，为下一步选育抗寒棉花新品种奠定基础。

1 材料和方法

1.1 试验材料

石斑鱼钙调蛋白基因 *CaM*（GenBank：KC540636），ORF（Open reading frame）长度为 450 bp，编码 149 个氨基酸残基，2 个 Ca^{2+} 活性结合域。棉花受体为常规陆地棉品系 08N109。

1.2 CaM 表达载体构建

利用 Protein Homology/analogY Recognition Engine V2.0 软件（http：//www. sbg. bio. ic. ac. uk/phyre2/html/page. cgi？id＝index）[12-13]对石斑鱼钙调蛋白基因 *CaM* 编码蛋白二级、三级结构和配体结合位点预测，在保留功能基团的基础上对其 cDNA 序列碱基剪切编辑。改造后的 cDNA 序列委托上海生物工程公司人工合成，并插入 pEGM-T 克隆载体，用 *Xba* I 和 *Sac* I 酶切，同时与双酶切载体 pBI121 连接，获得表达载体 pBI121-*CaM*，图 1 为载体构建流程图。

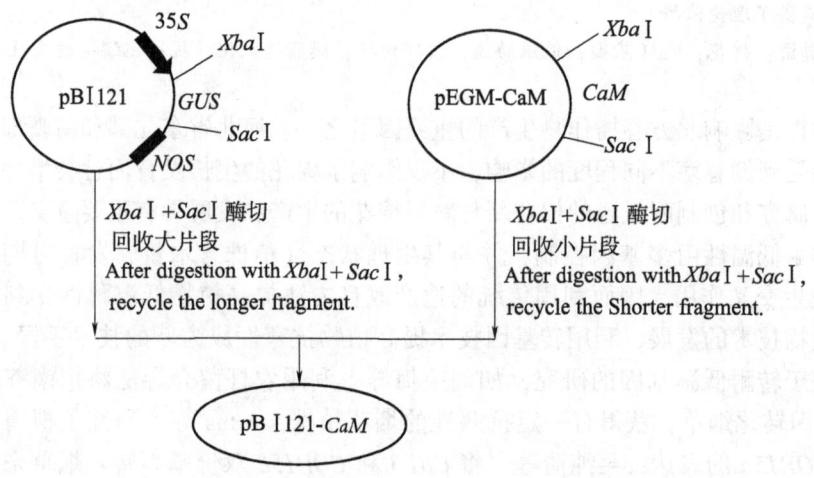

图 1 植物表达载体 pBI121-*CaM* 的构建流程

1.3 花粉管导入外源 *CaM*

采用碱裂解法提取 *CaM* 菌液中的质粒 DNA。将纯化后的质粒 DNA 溶于 pH＝7.6 的 TE 缓冲液中，测得 A_{260}/A_{280} 为 1.95。

于 2012 年 7 月在棉花自交授粉当天 16：00 用 50 μL 微量注射器将 10～12 μL 含目的基因 *CaM* 的质粒溶液注入子房中，含 *CaM* 的质粒溶液的质量浓度为 20 ng·μL^{-1}，利用植物在开花、受精过程中形成的花粉管通道，将外源 DNA 导入受精卵细胞，待种子成熟后收集各株棉花的种子，播种得到 T_0 转化株系。

将获得的新个体（T_0）自交获得 T_1 植株，继续自交可获得转基因植株的 T_2、T_3、T_4，用于后续研究。

1.4 转基因植株的 PCR 检测及测序

采取各代转化植株顶端新生叶片，用改良的 CTAB 法提取转化植株 T_0、T_1、T_2、T_3 和对照植株基因组 DNA[14]，以含有 *CaM* 基因的质粒 DNA 为阳性对照。以基因组 DNA 为模板，采取 *CaM* 基因的正反引物进行 PCR 检测。上游引物：5′-ATGGCTGATCAGCT-TACAGA-3′；下游引物：5′-TCAAAAGACACGGAATGC-3′。PCR 检测配备 25 μL 反应体系：Mix 12.5 μL，Primer F1.0 μL，Primer R1.0 μL，DNA 模板 1.0 μL，ddH$_2$O 9.5 μL。反应条件为：94 ℃ 预变性 10 min，进入 40 个循环（94 ℃ 变性 30 s，56 ℃ 退火 30 s，72 ℃ 延伸 50 s），72 ℃ 延伸 10 min。扩增产物用质量分数为 1% 的琼脂糖凝胶电泳检测后，送上海 Invitrogen 公司测序，重复 3 次，测序结果用 DNAMAN 软件拼接、比对。

1.5 转基因植株的 RT-PCR 检测

通过 CTAB-皂土法提取转基因受体材料及 T_0 转基因植株基因组 RNA[15]，采用琼脂糖电泳检测其完整性及纯度。将受体植株和初步挑选出的阳性植株的 RNA 反转录为 cDNA，利用特异性引物进行 PCR 扩增。

1.6 转基因植株的抗寒能力测定

抗寒能力测定是在 T_4 棉花四叶期对对照及阳性植株进行抗寒初步鉴定。将检测结果为阳性的 3 个植株（C1、C2、C3）自交获得的 T_4 种子与受体植株自交后得到的种子种植在蛭石上培养成为幼苗，选择长势相近的苗进行试验。转基因幼苗四叶期时，将其从 23 ℃ 的培养室转入 10 ℃ 缓冲间炼苗 14 h，然后转入 4 ℃ 的空间内处理 24 h，采取各植株同一位置的叶片测定其丙二醛（Malondialdehyde，MDA）、可溶性糖含量和超氧化物歧化酶（Superoxide dismutase，SOD）、过氧化物酶（Peroxide，POD）活力等指标，每个株系设置 3 次重复。指标的测定参照高俊凤[16]的植物生理学实验指导中的方法进行。

采用 Microsoft Excel 2007 绘图及 DPS 7.05 统计分析软件进行数据处理，并对指标差异显著性采用 Duncan's 新复极差法进行多重比较。

2 结果与分析

2.1 *CaM* 基因的改造与表达载体

2.1.1 *CaM* 基因的改造及预测的蛋白构象

本研究将 450 bp 的石斑鱼钙调蛋白基因 *CaM* 改造为 282 bp，编码 93 个氨基酸残基，保留了两个 Ca^{2+} 活性结合域。目的基因的核苷酸序列及其推导的氨基酸序列见图 2。通过 Recognition Engine V2.0 软件预测钙调蛋白三级结构见图 3，其具有 EF-hand 结构域，能够与 Ca^{2+} 结合来调节多种代谢过程。

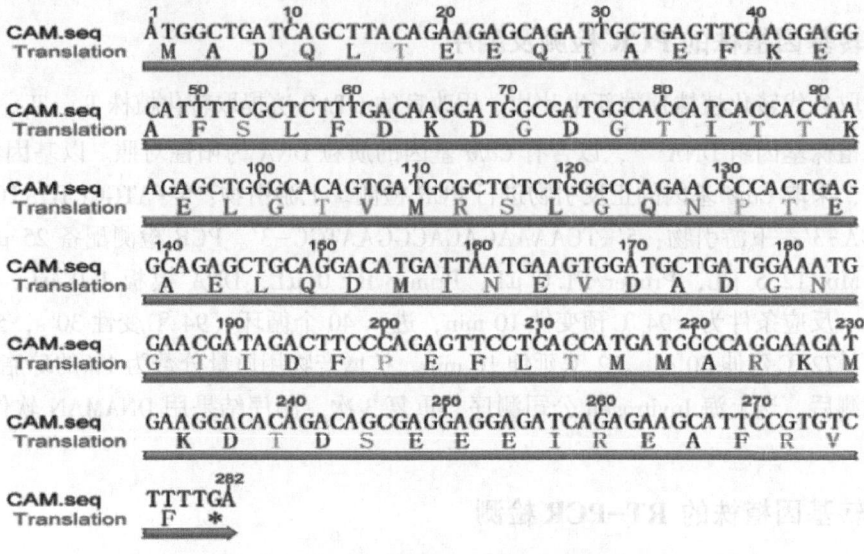

图 2　CaM 基因的序列及其推测的氨基酸序列

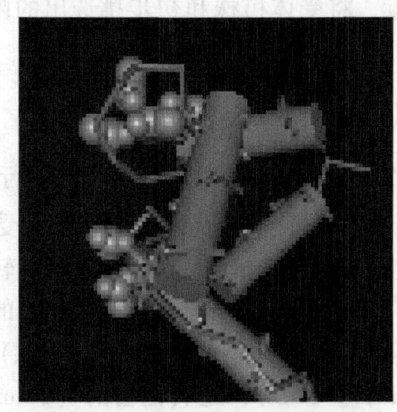

图 3　钙调蛋白三级结构预测图

2.1.2　目的基因的表达

在表达目的基因的植物表达载体中，目的基因由花椰菜花叶病毒 35S 启动子驱动，胭脂碱合酶（NOS）终止子终止。标记基因为新霉素磷酸转移酶基因 npt Ⅱ （图 4）。

2.2　转 CaM 基因棉花的分子鉴定

2.2.1　PCR 检测

为获得能够正常表达 CaM 基因的转基因棉花，对 234 株 T_0 单株进行了鉴定。利用 CaM 基因特异的上下游引物 CAMF/CAMR，对 T_0 代单株基因组 DNA 进行扩增，其中 DNA-PCR 检测筛选得到 15 株阳性植株，图 5 为部分检测结果。

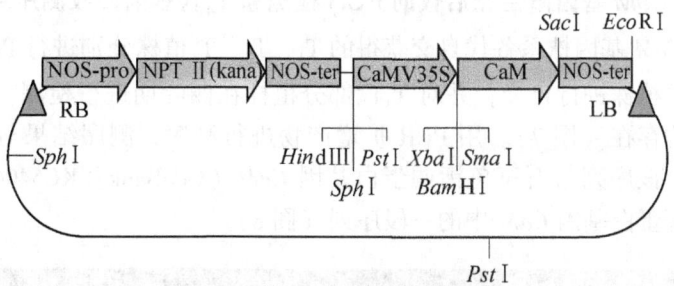

图 4　CaM 基因表达盒示意

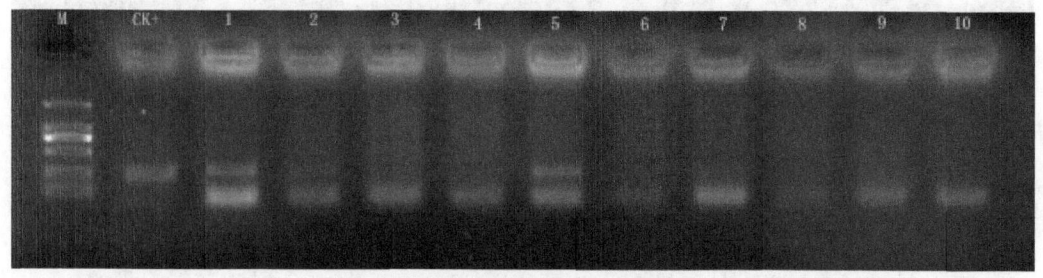

图 5　T₀ 转基因植株 PCR 检测结果

M：D2000 Marker（条带自上而下分别为 2 000，1 000，750，500，250，100 bp）；

CK+：质粒 pBI121-*CaM*；1～10：转化植株，其中 1、2、5、7 为阳性植株

2.2.2　RT-PCR 检测

提取受体材料和 PCR 检测初步挑选出的 15 株阳性植株的 RNA，电泳检测无小分子弥散，说明 RNA 提取过程中没有发生降解；电泳条带无拖尾，点样孔处无亮带，说明提取的 RNA 中无蛋白质杂质；RNA 质量较好，可以作为下一步 PCR 扩增模板。把上述 RNA 反转录成 cDNA，利用特异性引物进行 PCR 扩增，去除假阳性株，筛选得到 3 株在 300 bp 左右处有条带（图 6）的阳性植株。可见，该基因在棉花中能够表达；但整体转化率还比较低，仅为 1.3%。

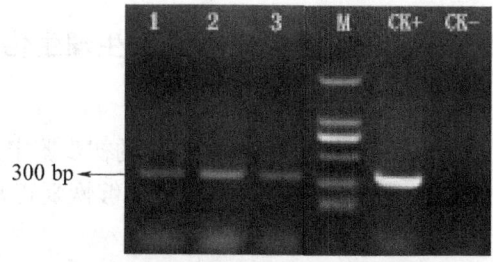

图 6　转基因植株 RT-PCR 检测

CK+：质粒 pBI121-*CaM*；CK-：受体植株；1～3：转化株系；M：D2000 Marker

（条带自上而下分别为 2 000，1 000，750，500，250，100 bp）

2.2.3 3个转 *CaM* 基因阳性株后代的 PCR 检测和 T₄代基因回收测序结果

对 3 个转 *CaM* 基因株系各代自交获得的 T₁、T₂、T₃植株分别进行 PCR 检测,将检测到目的基因的植株进行自交,并对 T₄代部分植株在四叶期进行检测,结果显示 *CaM* 基因在本代中均存在(图 7)。用 PCR 扩增产物进行测序,测序结果与改造后的 *CaM* 基因序列一致,该序列与石斑鱼钙调蛋白基因 *CaM*(GenBank:KC540636)比对,结果为石斑鱼钙调蛋白基因 *CaM* 中的一段序列(图 8)。

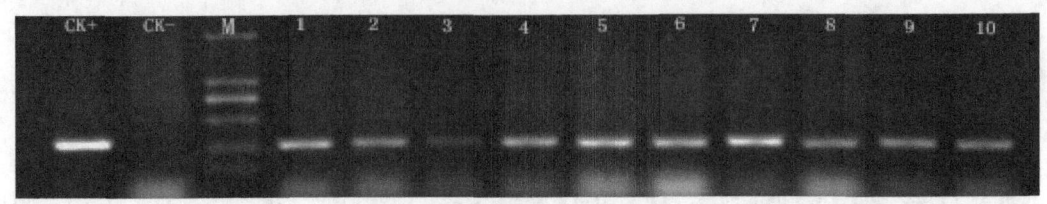

图 7　转基因植株 PCR 检测

CK+:质粒 pBI121-*CaM*;CK-:受体植株;1~10:转化株系;M:D2000 Marker

(条带自上而下分别为 2 000,1 000,750,500,250,100 bp)

图 8　*CaM* 基因测序比对结果

2.3 低温(4 ℃)处理对转基因和受体棉花的生理生化指标的影响

2.3.1 植株的耐低温试验

在棉花四叶期对受体及阳性植株进行耐低温能力的初步鉴定,经过处理后,受体植株叶片逐渐萎蔫,而筛选出的含有 *CaM* 基因的植株能够恢复正常,表观结果差异显著(图 9)。

2.3.2 低温处理对棉花叶片中的 MDA 含量的影响

由图 10-A 可见:常温 23 ℃下转基因棉花株系(C1、C2、C3)与对照叶片中 MDA 含量均在 40 μmol·g⁻¹左右,无明显差异。经过低温处理后,转基因棉花各株系叶片中

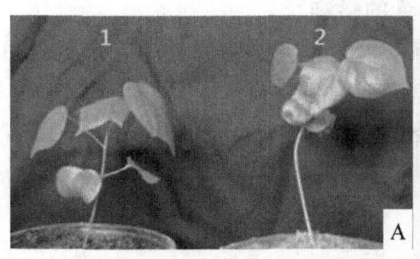

图9　低温处理对转基因植株及受体植株的表型影响
A：处理前；B：处理后；1. 受体植株；2. 转 CaM 基因植株

MDA 含量比常温高 25% 左右，株系间差异不显著（分别为 54.58 μmol · g⁻¹、52.62 μmol · g⁻¹、49.59 μmol · g⁻¹），而对照棉花叶片中 MDA 含量显著上升为 77.04 μmol · g⁻¹，比常温下高 90% 左右，且显著高于转基因株系。

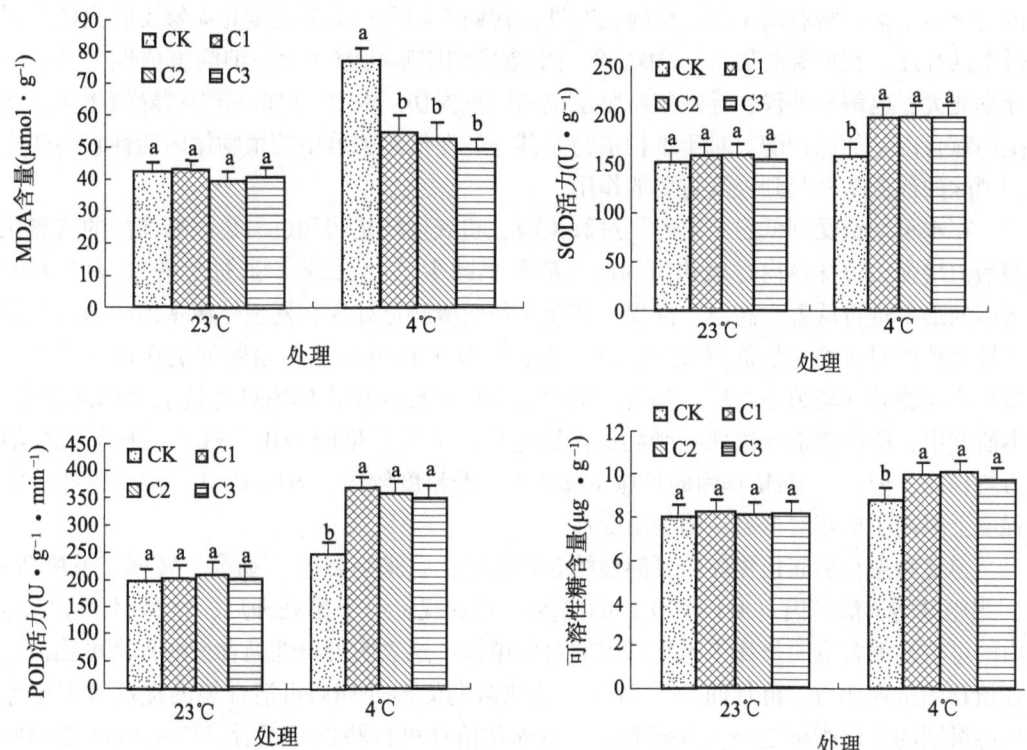

图10　低温处理对叶片 MDA（A）和可溶性糖（D）含量、SOD（B）和 POD（C）活力的影响
注：不同小写字母表示在 0.05 水平上差异显著；C1、C2、C3 为 3 个转 *CaM* 基因株系，CK 为受体（对照品系）

2.3.3　低温处理对棉花叶片中 SOD、POD 活力的影响

由图 10-B 和图 10-C 可见：在室温下，对照和各株系的 SOD、POD 活力没有明显差异；在低温处理后，转基因株系叶片 SOD、POD 的活力显著高于对照的。

2.3.4 低温处理对棉花叶片中可溶性糖含量的影响

陆地棉的品种抗寒能力与其在低温锻炼中可溶性糖的积累有十分密切的关系：可溶性糖积累可增大细胞液的浓度，以抵抗低温对细胞膜造成的损伤。由图 10-D 可见：低温处理后转基因株系叶片中的可溶性糖的含量明显高于受体植株；而在室温下，转基因株系与受体间的差异不显著。

3 讨论与结论

一般认为，0 ℃以上低温胁迫对冷敏感植物的损伤首先是改变了磷脂双层膜的膜相，尤其是改变了质膜的空间构象和物理状态。膜相的改变可显著抑制细胞膜正常功能的发挥，而构象的改变则强烈影响膜的稳定性，使蛋白质从膜上解离，并发生膜融合[17]。而 Ca^{2+}-CaM 信使系统是调节植物抗寒性形成的有关生理生化过程的重要信号系统，Ca 浓度的变化可以影响磷脂酶 D 的活力，进而进行膜脂代谢的调节[18]。

此外，低温能够引起植物代谢过程及大量产物的变化，对于调控这些过程的关键基因的全面了解，将有助于提高植物抗寒性。代谢产物及相关酶的变化能够反映出植物耐低温的程度。在低温胁迫下，MDA 会积累造成细胞膜孔隙变大，细胞膜透性上升，电导率变大，电解质外渗，导致细胞膜系统的严重损伤。SOD、POD 作为清除植物体内产生的氧自由基的保护酶，对于维护植物尤其是处在低温胁迫中的植物体内活性氧的产生和消除的代谢平衡起到极其重要的作用。

在水稻幼苗受到低温胁迫时，过氧化酶、超氧化歧化酶和过氧化氢酶在内的抗氧化酶活力增强，植株体内过氧化氢和丙二醛积累减少[19]。杜萍[20]通过对转 $BvM14$-CaM 基因的烟草进行低温、高温、高渗、高盐 4 种逆境胁迫处理，发现外源基因的插入提高了转化植株对 4 种逆境的耐受力。这表明，CaM 基因的表达与植物的抗逆性有关。很多植物在受到逆境胁迫之后，都会产生活性氧从而提高植物体内各种抗氧化酶的活力。本研究中，所检测棉花植株在受到低温胁迫后，体内产生的 SOD、POD 等抗氧化酶活力均提高，但转入 CaM 基因的各株系酶活力上升幅度较大，表明 CaM 基因可能在一定程度上提高了棉花对低温逆境的耐受性。

逆境胁迫会引起植物体内可溶性糖含量的变化。张小芸等[21]研究，转冰草果聚糖-1-果糖基转移酶基因（$Ac1$-FFT）的黑麦草时发现，经干旱处理后，转基因黑麦草体内的可溶性糖含量明显高于未转基因的对照植株，这表明可溶性糖含量的提高可能会增强植物的抗逆能力。范月仙等[22]认为，棉花苗期低温处理后可溶性糖的提高可以作为抗冷级别的生化指标之一。本研究中，对棉花植株进行胁迫处理后，转入 CaM 基因的株系中可溶性糖含量明显上升，且上升幅度都比对照明显，表明 CaM 基因能够在一定程度上提高棉花的抗低温能力。目前棉花抗寒性研究手段大多采用人工气候室模拟低温条件，虽然可以较好地控制温度来评价低温下棉花的表现，但用这种方法来推断棉花在大田环境中的抗寒性具有很大的局限性，在以后的研究中应更多地结合野外试验来综合评定。此外，转 CaM 耐低温基因棉花种质尚需深入研究，其生理生化变化及遗传稳定性还需要长时期的试验观测，并通过完整的转基因安全评价程序，才能在生产中得到应用。

与传统棉花育种方式相比，通过基因工程技术改善棉花的性状相对快捷，但对于转基因棉花中，外源基因能否高效稳定表达以及能否在后代中稳定遗传仍然是转基因棉花的难题。外源基因在亲代向子代传递的过程中，不可避免会产生外源遗传丢失的现象，这导致转基因棉花的应用受到很大的限制。此外，棉花对逆境胁迫的响应是由多种基因协调控制的，单一基因的导入的改良效应可能较小[23]；因此，应通过多个基因联合导入来改善棉花的抗逆性。

参考文献

[1] 刘荣梅，李凤兰，胡国富，等. 转 CBF3 基因烟草的抗寒性研究 [J]. 东北农业大学学报，2011，42（1）：119-123.

[2] Artus N N, Uemura M, Steponkus P L, et al. Constitutive expression of the cold-regulated Arabidopsis thaliana COR15a gene affects both chloroplast and protoplast freezing tolerance [J]. PNAS, 1996, 93 (23): 13 404-13 409.

[3] 吴纯清，张兴国，梁国鲁，等. 拟南芥 CBF₃ 和 COR15a 基因对转基因烟草抗寒性的影响 [J]. 西南农业学报，2011，24（6）：2 077-2 081.

[4] 王艳，邱立明，谢文娟，等. 昆虫抗冻蛋白基因转化烟草的抗寒性 [J]. 作物学报，2008，34（3）：397-402.

[5] Sha L N, Guo Zh K, Wan X Q, et al. Construction of CBF4 gene in plant expression binary vector [J]. Biotechnology, 2009, 19 (4): 6-9.

[6] 黄永芬，汪清胤，付贵荣，等. 美洲拟鲽抗冻蛋白基因（afp）导入番茄的研究 [J]. 中国生物化学与分子生物学学报，1997，13（4）：418-422.

[7] 金建凤，高强，陈勇，等. 转移拟南芥 CBF1 基因引起水稻植株脯氨酸含量提高 [J]. 细胞生物学杂志，2005，27（1）：73-76.

[8] 连丽君. betA 基因的异源表达提高了棉花耐盐和耐低温能力 [D]. 济南：山东大学，2008.

[9] 陈亮亮. 转昆虫抗冻蛋白基因棉花的分子检测及其耐寒性研究 [D]. 乌鲁木齐：新疆大学，2013.

[10] 王博. 转化雪莲 PEBP 基因陆地棉株系的筛选和抗寒效果的研究 [D]. 天津：天津大学，2009.

[11] Chen W P, Li P H. Chilling-induced Ca²⁺ overload enhances production of active oxygen species in maize (Zea mays L.) cultured cells: the effect of abscisic acid treatment [J]. Plant Cell and Environment, 2001, 24 (8): 791-800.

[12] Kelley L A, Sternberg M J E. Protein structure prediction on the web: a case study using the Phyre server [J]. Nature Protocols, 2009, 4 (3): 363-371.

[13] Wass M N, Kelley L A, Sternberg M J. 3DLigandSite: predicting ligand-binding sites using similar structures [J]. Nucleic Acids Research, 2010, 38: 469-473.

[14] 宋国立，崔荣霞，王坤波，等. 改良 CTAB 法快速提取棉花 DNA [J]. 棉花学报，1998，10（5）：273-275.

[15] 蒋建雄，张天真. 利用 CTAB/酸酚法提取棉花组织总 RNA [J]. 棉花学报，2003，15（3）：166-167.

[16] 高俊凤. 植物生理学实验指导 [M]. 北京：高等教育出版社，2006：210-217.

[17] 徐呈祥. 提高植物抗寒性的机理研究进展 [J]. 生态学报, 2012, 32 (24): 7 966-7 980.

[18] 简令成, 卢存福, 李积宏, 等. 适宜低温锻炼提高冷敏感植物玉米和番茄的抗冷性及其生理基础 [J]. 作物学报, 2005, 31 (8): 971-976.

[19] Yang An, Dai Xiaoyan, Zhang Wenhao. A R2R3-type MYB gene, *OsMYB2*, is involved in salt, cold, and dehydration tolerance in rice [J]. Journal of Experimental Botany, 2012, 63 (7): 2 541-2 556.

[20] 杜萍. *BvM14-CaM* 基因在烟草中的转化及表达 [D]. 哈尔滨: 黑龙江大学, 2010.

[21] 张小芸, 何近刚, 孙学辉, 等. 转果聚糖合成关键酶基因多年生黑麦草的获得及抗旱性的提高 [J]. 草业学报, 2011, 20 (1): 111-118.

[22] 范月仙, 李生泉, 冯文新. 棉苗抗冷性与其可溶性糖含量变化关系的研究 [J]. 棉花学报, 1995, 7 (2): 126-127.

[23] 雷志, 周美亮, 吴燕民. 非生物逆境相关基因在棉花抗逆研究中的进展 [J]. 中国农业科技导报, 2014, 16 (2): 35-43.

[此文原刊载于《棉花学报》, 2016, 28 (3): 234-241]

晚播条件下高产冬小麦品种的产量形成特点

吕丽华，姚艳荣，董志强，张丽华，贾秀领*

（农业部华北地区作物栽培科学观测实验站/河北省农林科学院粮油作物研究所）

摘　要：冀中南地区的种植制度为冬小麦—夏玉米一年两熟轮作，而种植耐迟播小麦品种是保证两季作物均衡增产的重要栽培措施。为了筛选耐迟播的小麦品种，2015 年以适宜河北地区种植的 16 个冬性或半冬性小麦品种为试材，采用完全随机设计，研究了迟播（10 月 15 日播种）对小麦产量形成的影响，并分析了迟播高产品种的生长发育特点。结果表明：产量与冬前单株分蘖数、单株次生根条数和主茎叶片数均呈负相关，其中，与冬前单株分蘖数的相关性达到了显著水平；与其他生长和生理指标均呈正相关，其中，与成熟期旗叶 SPAD 值和开花期叶面积指数的相关性达到了极显著水平，与挑旗期旗叶 SPAD 值和灌浆期天数的相关性达到了显著水平。在晚播条件下，应选择春季发育较快、灌浆期长、后期衰老较慢的小麦品种；而冬前植株生长过快、过旺，反而不利于产量的提高。从高产水平（产量>9 500 kg·hm^{-2}）看，冀麦 325、石农 086、婴泊 700、衡 S29、济麦 22 和冀麦 585 属于耐迟播品种，这些品种的特点是：冬前生长速度中等（主茎叶片 3 叶 1 心），灌浆期较长（39~41 d），冬前 LAI 为 0.90~1.03、开花期 LAI 为 7.46~8.03，生育后期叶片衰老较慢、SPAD 较高（≥36.8）。

关键词：小麦；晚播；产量；品种筛选

适期播种是冬小麦获得高产稳产的重要栽培措施之一[1-3]。在当前河北地区冬小麦-夏玉米一年两熟轮作种植制度下，提倡冬小麦晚播，但是晚播后光热资源明显不足，因此，了解晚播后小麦高产稳产品种的特性、筛选耐迟播冬小麦品种是保证两季作物均衡增产的重要栽培措施。不同地区和气候因素对产量的影响不同，且不同小麦品种要求的适宜播期也不一样[4-6]。晚播会使冬小麦前期生长减慢，单株分蘖降低，易造成群体不足[7-8]，也不利于小麦叶面积指数（LAI）[9] 和叶片光合性能的提高[10-11]，进而影响小麦产量。因此，筛选晚播后仍能形成高产群体的小麦品种，成为生产中必须考虑的问题。

有关不同播期对冬小麦产量形成的影响研究较多[12-16]，而针对近年来审定小麦品种晚播条件下生长发育特点以及耐迟播冬小麦品种筛选等的研究较少。为此，以近年来河北和山东地区主栽的 16 个冬小麦品种为试材进行晚播效应试验，研究晚播条件下高产小麦品种的特性，旨为筛选耐迟播小麦品种，以及冬小麦-夏玉米一年两熟轮作制度下合理、高效分配两季的光热资源提供理论依据。

1 材料与方法

1.1 试验点概况

田间试验在河北省农林科学院粮油作物研究所藁城堤上试验站进行。该区属华北太行山山前平原区（北纬 38°41′，东经 116°85′），年平均降水量 484 mm。试验地 0～20 cm耕层土壤基础养分含量为有机质 1.55%、全氮 0.097%、全磷 0.22%、碱解氮 72.7 mg·kg^{-1}、有效磷 19.5 mg·kg^{-1}、有效钾 91.0 mg·kg^{-1}。

1.2 试验材料

参试小麦品种为 5 a 河北、山东地区主栽的 16 个冬性或半冬性品种，均适宜河北地区种植（表1）。

表 1 参试小麦品种概况

品种	选育单位	审定时间（年）	生育期（d）	河北适宜种植区域
藁优 5218	石家庄市藁城区农业科学研究所	2015	240	中南部中高水肥地块
衡 4444	河北省农林科学院旱作农业研究所	2012	242	中南部中高水肥地块
衡 S29	河北省农林科学院旱作农业研究所	2016	241	中南部水肥地块
济麦 22	山东省农业科学院作物研究所	2006	239	中南部中高肥水地块
冀麦 418	河北省农林科学院粮油作物研究所	2016	239	中南部旱地
冀麦 120	河北省农林科学院粮油作物研究所	2016	237	中南部水肥地块
冀麦 325	河北省农林科学院粮油作物研究所	2016	242	中南部水肥地块
冀麦 585	河北省农林科学院粮油作物研究所	2011	242	中南部高中水肥地块
科农 2009	中国科学院遗传与发育生物学研究所农业资源研究中心	2015	241	中南部中高水肥地块
良星 66	山东良星种业有限公司	2010	238	中南部高肥水地块
轮选 103	中国农业科学院作物科学研究所，赵县农业科学研究所	2015	242	中南部中高水肥地块
农大 399	中国农业大学农学与生物技术学院，河北金诚种业有限责任公司	2012	242	中南部中高水肥地块
石 4185	石家庄市农业科学研究院	2001	241	北中部高水肥地块
石农 086	石家庄大地种业有限公司	2014	243	中南部中高水肥地块
鑫麦 296	山东鑫丰种业有限公司	2013	239	中南部高肥水地块
婴泊 700	河北婴泊种业科技有限公司	2012	243	中南部中高水肥地块

注：生育期（d）为审定公告的数据

1.3　试验设计

1.3.1 试验设计

冬小麦播种前整地时，施史丹利复合肥（N、P_2O_5、K_2O 含量分别为 20%、26%、8%）600 kg·hm^{-2} 做底肥。2015 年 10 月 15 日播种，设 16 个小麦品种处理。小区面积 1.2 m×11.8 m，完全随机区组排列，4 次重复。小麦行距 15 cm，基本苗数量每公顷 450 万株；拔节期和开花期各灌水 1 次，灌水量每次 70 mm，其中拔节期结合灌水追施尿素（N 含量 46%）225 kg·hm^{-2}；其他田间管理措施同常规。2016 年 6 月 13 日收获。

1.3.2 测定项目与方法

1.3.2.1　开花期、灌浆期和全生育期天数。调查参试冬小麦品种的开花日期和收获日期，统计籽粒灌浆期（生育期减去播种至开花期所需天数）开花期和全生育期。

1.3.2.2　冬前植株生长状况。越冬前（2015 年 12 月 9 日），每小区选定 0.15 m^2，调查单株分蘖、次生根和主茎叶片的数量。

1.3.2.3　植株 LAI。分别于冬前（2015 年 12 月 9 日）和开花期（2016 年 5 月 4 日），每小区选定 0.15 m^2，挑选长势均匀的植株 3 株，测量叶长和叶宽，计算 LAI（单株叶面积×0.83×单位土地面积内株数/单位土地面积）。重复 3 次。

1.3.2.4　叶片叶绿素相对含量（SPAD 值）。分别在挑旗期（2016 年 4 月 25 日）和成熟期（2016 年 6 月 3 日），每小区选 5 片旗叶，用手持式 SPAD-502 型叶绿素计测定叶片的 SPAD 值。每叶测定 3 点，取平均值。

1.3.2.5　产量及产量构成性状。于 2016 年小麦成熟期测定。生物产量：6 月 11 日，每小区选定 0.15 m^2，挖取植株，剪掉根系后装袋，先 105 ℃杀青 30 min，而后 80 ℃下烘干至恒重，称量干重。籽粒产量和产量性状：6 月 13 日，采用小区联合收割机（CLASSIC，Wintersteiger，4910 Ried in Innkreis，Upper Austria，Austria）全小区收获，籽粒风干后称重，折算为含水量 13% 的标准产量。每小区选定 0.333 m^2，收获所有植株，统计单位面积穗数；随机取 50 穗，统计穗粒数；籽粒脱粒、风干后，测定千粒重，重复 8 次，同时测定含水量，折算为含水量 13% 的标准千粒重。

1.3.2.6　经济系数。根据公式（经济系数=籽粒产量/生物产量）计算得到。

1.3.3 数据统计分析

采用 Microsoft Excel 2003 软件处理数据，在 SAS v8e 软件包中运行 GLM（General Linear Model）程序进行统计分析。

2　结果与分析

2.1　参试冬小麦品种的冬前植株生长状况

2.1.1　分蘖数量

藁优 5218、冀麦 418、冀麦 325、冀麦 585、良星 66 和鑫麦 296 的分蘖数为 1.3～1.5 个/株，单株分蘖量较少，分蘖力较低，六者之间差异不显著；衡 4444、衡 S29、农大 399 和石农 086 的分蘖数为 1.8～1.9 个/株，单株分蘖量较多，分蘖力较高，四者差异不显著，但均显著>分蘖力较低的 6 个品种；其他品种均分蘖力中等，差异不显著，且与分蘖力较低和较高品种的差异也均不显著（表2）。

2.1.2 次生根数量

藁优 5218、济麦 22、冀麦 585、良星 66 和婴泊 700 的次生根数量（1.0～1.1 条/株）较少，其次是冀麦 325 和科农 2009（均为 1.3 条/株），七者之间差异不显著；冀麦 120 的次生根数量（1.8 条/株）最多，其次是衡 S29（1.7 条/株）、冀麦 418（1.6 条/株）、石 4185（1.6 条/株）和鑫麦 296（1.5 条/株），五者差异不显著，但均显著>次生根较少的 5 个品种；其他品种的次生根数量均为 1.4 条/株，差异不显著，且与冀麦 120 除外的其他品种差异也均不显著。

2.1.3 主茎叶片数量

良星 66 和婴泊 700 的主茎叶片数为 3.2～3.3 片/株，叶片较少，二者差异不显著，但均显著<济麦 22、农大 399 和鑫麦 296（均为 3.4 片/株）除外的其他品种；冀麦 120 的主茎叶片数（4.1 片/株）最多，且显著>其他品种；其他品种的主茎叶片数为 3.5～3.7 片/株，叶片较多，差异不显著，但均显著>主茎叶片数较少的两个品种。

综上分析可以看出，冀麦 120、衡 S29 和石 4185 冬前植株发育较快，尤其是冀麦 120，其冬前主茎叶片数和次生根条数明显较多；冀麦 585、良星 66、冀麦 325、济麦 22 和婴泊 700 冬前植株发育相对较慢；其他品种冬前植株发育速度均中等。

表2 参试冬小麦品种的冬前植株生长状况

品种	分蘖数量 （个/株）	次生根数量 （条/株）	主茎叶片数量 （片/株）
藁优 5218	1.5 b	1.1 cd	3.6 b
衡 4444	1.8 a	1.4 bc	3.7 b
衡 S29	1.8 a	1.7 ab	3.6 b
济麦 22	1.6 ab	1.1 cd	3.4 bc
冀麦 418	1.3 b	1.6 ab	3.6 b
冀麦 120	1.6 ab	1.8 a	4.1 a
冀麦 325	1.4 b	1.3 c	3.7 b
冀麦 585	1.3 b	1.0 cd	3.6 b
科农 2009	1.7 ab	1.3 c	3.6 b
良星 66	1.5 b	1.1 cd	3.2 c
轮选 103	1.6 ab	1.4 bc	3.7 b
农大 399	1.8 a	1.4 bc	3.4 bc
石 4185	1.7 ab	1.6 ab	3.5 b
石农 086	1.9 a	1.4 bc	3.5 b

（续表）

品种	分蘖数量 （个/株）	次生根数量 （条/株）	主茎叶片数量 （片/株）
鑫麦 296	1.5 b	1.5 ab	3.4 bc
婴泊 700	1.7 ab	1.1 cd	3.3 c

注：同列数据后小写英文字母不同，表示在 0.05 水平上差异显著。下表同

2.2 参试冬小麦品种的开花期、灌浆期和全生育期

田间观察发现，参试冬小麦品种的生育期为 237～242 d（表 3），与品种审定公告不尽一致。其中，早熟品种冀麦 120 开花（4 月 30 日）最早，且全生育期最短；而其他品种与早熟品种相比，开花期晚 2～4 d（图 1），全生育期长 1～5 d（图 2）。从开花日期看，石 4185、衡 S29 和衡 4444 开花相对较早，平均较冀麦 120 晚 2 d；农大 399、冀麦 585、冀麦 325 和济麦 22 开花较晚，均较冀麦 120 晚 4 d；其他品种则均晚 3 d。从全生育期看，婴泊 700 和冀麦 585 生育期最长，较早熟品种冀麦 120 长 5 d；其次是济麦 22、冀麦 325、石农 086 和鑫麦 296，生育期均为 241 d，较冀麦 120 长 4 d；藁优 5218 生育期为 238 d，与冀麦 120 相当，二者仅相差 1 d；其他品种生育期为 239～240 d，较冀麦 120 长 2～3 d。

从参试冬小麦品种的籽粒灌浆持续天数（生育期-播种至开花所需天数）可以看出，藁优 5218、农大 399 的灌浆期分别为 37 和 38 d，属于灌浆期相对较短的品种；衡 S29、冀麦 585、石农 086、鑫麦 296 和婴泊 700 属于灌浆期相对较长（40～41 d）的品种。

表 3　参试冬小麦品种的实测生育期以及播种至开花所需的天数　　　　（d）

品种	生育期	播种—开花	灌浆期	品种	生育期	播种—开花	灌浆期
藁优 5218	238	201	37	科农 2009	240	201	39
衡 4444	239	200	39	良星 66	240	201	39
衡 S29	240	200	40	轮选 103	240	201	39
济麦 22	241	202	39	农大 399	240	202	38
冀麦 418	240	201	39	石 4185	240	200	40
冀麦 120	237	198	39	石农 086	241	201	40
冀麦 325	241	202	39	鑫麦 296	241	201	40
冀麦 585	242	202	40	婴泊 700	242	201	41

2.3 参试冬小麦品种的叶面积指数

参试冬小麦品种的冬前 LAI 为 0.72～1.40、开花期 LAI 为 5.15～8.26，差异均达

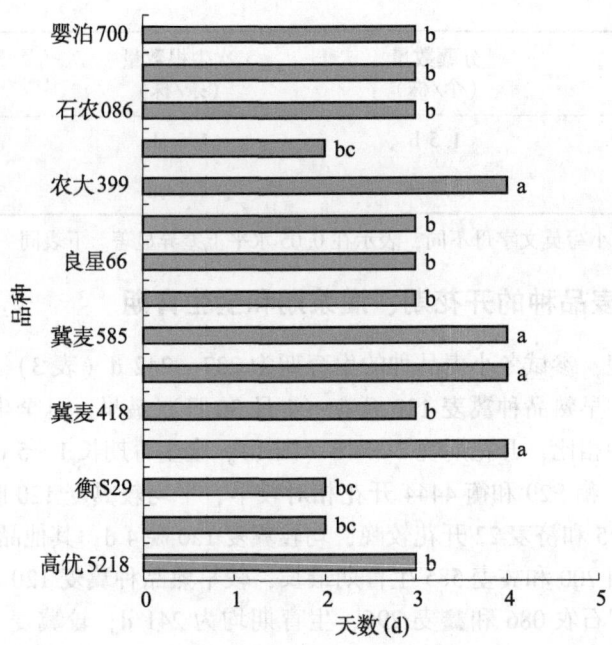

图 1 早熟品种冀麦 120 与其他参试小麦品种开花日期相差的天数

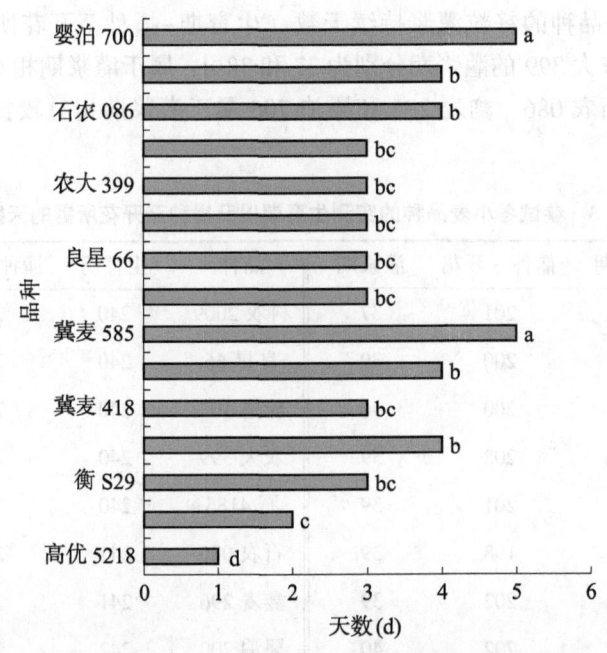

图 2 早熟品种冀麦 120 与其他参试小麦品种生育期相差的天数

到了显著水平，但是 2 个时期的 LAI 顺序不尽一致（表 4）。越冬前，早熟品种冀麦 120 的 LAI 最高，显著>其他品种；其次是农大 399，显著>冀麦 585 除外的其他品种；衡 4444、藁优 5218、石 4185 和轮选 103 的冬前 LAI（0.72～0.77）均较低，四者差异不显著，显著<鑫麦 296、良星 66、济麦 22 和科农 2009（LAI 为 0.80～0.84）除外的其他品种；其他 10 个品种的 LAI 为 0.80～0.95，差异均不显著。开花期，轮选 103 的 LAI 最高，显著>衡 S29 和冀麦 325 除外的其他处理；藁优 5218、石 4185、科农 2009 和冀麦 120 的 LAI（5.15～6.26）明显较低，其中藁优 5218 最低；其他 11 个品种的 LAI（6.94～7.83）较高，差异均不显著。

可以看出，早熟品种冀麦 120 冬前发育较快、LAI 较高，但开花期 LAI 却较低；而冀麦 585、冀麦 325、冀麦 418、婴泊 700、石农 086、衡 S29、农大 399 冬前和开花期的 LAI 均中等，且较高；而藁优 5218 和石 4185 冬前和开花期的 LAI 均较低。

表 4 参试冬小麦品种冬前和开花期的叶面积指数

品种	冬前	开花期	品种	冬前	开花期
藁优 5218	0.74 d	5.15 e	科农 2009	0.84 cd	6.07 d
衡 4444	0.72 d	7.07 bc	良星 66	0.82 cd	6.94 bc
衡 S29	0.94 c	8.03 ab	轮选 103	0.77 d	8.26 a
济麦 22	0.82 cd	7.83 b	农大 399	1.15 b	7.82 b
冀麦 120	1.40 a	6.26 d	石 4185	0.75 d	5.96 d
冀麦 325	0.95 c	7.97 ab	石农 086	0.87 c	7.13 bc
冀麦 418	0.95 c	7.81 b	鑫麦 296	0.80 cd	7.28 bc
冀麦 585	1.03 bc	7.46 bc	婴泊 700	0.90 c	7.57 bc

2.4 参试冬小麦品种的旗叶 SPAD 值

参试冬小麦品种的挑旗期旗叶 SPAD 值为 46.4～55.8，成熟期 SPAD 值为 10.8～44.6，差异均达到了显著水平，但是 2 个时期的 SPAD 值顺序不尽一致（图 3 和图 4）。

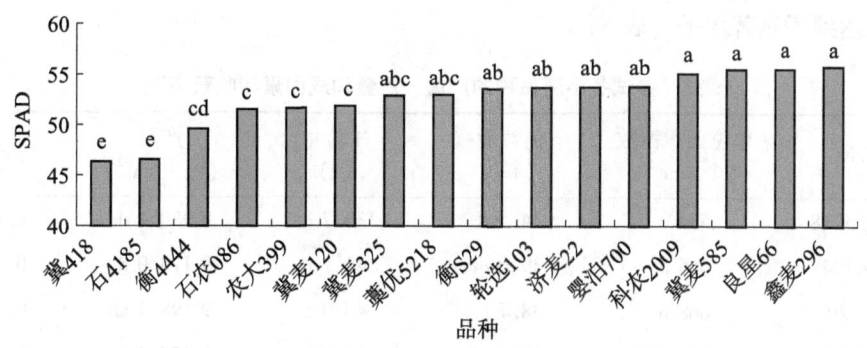

图 3 参试小麦品种挑旗期的旗叶 SPAD 值

挑旗期，鑫麦 296、良星 66、冀麦 585 和科农 2009 的 SPAD 值（55.1～55.8）较高，四者差异不显著；其次是婴泊 700、济麦 22、轮选 103 和衡 S29（53.6～53.8），

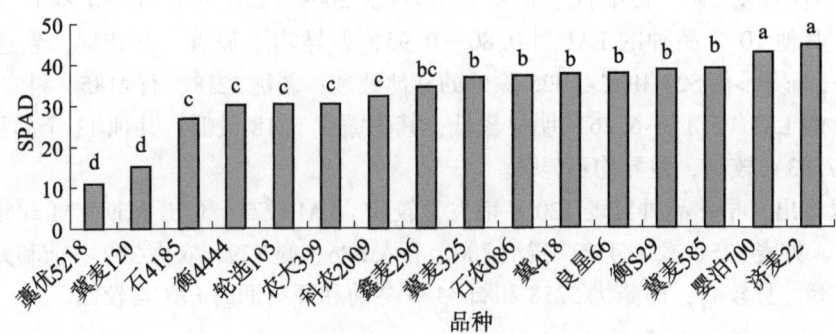

图 4 参试冬小麦品种成熟期的旗叶 SPAD 值

四者差异不显著，且与 SPAD 值较高的 4 个品种差异也均不显著；冀麦 418 和石 4185 的 SPAD 值明显较低；其他 6 个品种的 SPAD 值为 49.6～52.9，差异不显著。该期叶片 SPAD 值较高，表明有可能维持较高的光合速率，可以生产较多的光合产物，为较高的产量奠定了基础。

成熟期，济麦 22 和婴泊 700（42.8）的 SPAD 值较高，二者差异不显著，但均显著>其他品种；其次是冀麦 585、衡 S29、良星 66、冀麦 418、石农 086、冀麦 325，SPAD 值为 37.0～38.9，六者差异不显著，但均显著>鑫麦 296（SPAD 值 34.5）除外的其他品种；冀麦 120 和藁优 5218 的 SPAD 值（SPAD 值 10.8～15.0）明显较低；其他 5 个品种的 SPAD 值为 26.8～32.3，差异不显著。生育后期高产品种叶片 SPAD 值较高，表明其叶片持绿性较好、衰老较缓慢，可以维持较高的光合能力，为较高的产量奠定了基础。

2.5 参试冬小麦品种的产量及其构成因素

参试小麦品种的单位面积穗数为 561～748 个·m^{-2}，穗粒数为 34.5～43.4 粒，千粒重为 36.7～46.4 g，产量为 8 771.8～10 395.3 kg·hm^{-2}，经济系数为 0.41～0.47，差异均达到了显著水平（表 5）。

表 5 参试冬小麦品种的产量、产量构成因素和收获指数

品种	单位面积穗数 （个·m^{-2}）	穗粒数 （粒）	千粒重 （g）	产量 （kg·hm^{-2}）	经济系数
藁优 5218	584 c	34.5 d	36.7 d	8 980.1 de	0.47 a
衡 4444	665 b	39.0 c	42.1 bc	9 173.0 d	0.45 ab
衡 S29	668 b	38.7 c	40.0 c	9 598.3 ab	0.46 a
济麦 22	711 ab	37.2 cd	44.9 b	9 557.5 ab	0.47 a
冀麦 418	575 c	38.6 c	43.2 bc	9 451.8 abc	0.42 b
冀麦 120	683 b	35.4 d	44.2 b	9 079.7 d	0.45 ab
冀麦 325	618 c	37.6 cd	40.8 c	10 395.3 a	0.41 b

（续表）

品种	单位面积穗数 （个·m⁻²）	穗粒数 （粒）	千粒重 （g）	产量 （kg·hm⁻²）	经济系数
冀麦 585	717 ab	39.3 c	42.5 bc	9 536.7 ab	0.42 b
科农 2009	561 c	43.4 a	37.3 d	9 073.9 d	0.47 a
良星 66	700 ab	35.1 d	41.5 c	9 418.3 abc	0.45 ab
轮选 103	608 c	38.2 c	40.4 c	9 392.5 abc	0.47 a
农大 399	687 b	39.6 c	38.4 d	8 831.3 de	0.45 ab
石 4185	714 ab	36.7 cd	37.0 d	8 771.8 de	0.43 b
石农 086	736 a	34.9 d	46.4 a	9 930.5 a	0.45 ab
鑫麦 296	601 c	41.9 b	42.0 bc	9 293.2 abc	0.46 a
婴泊 700	748 a	36.0 cd	42.8 bc	9 622.1 ab	0.46 a

2.5.1 单位面积穗数

婴泊 700 和石农 086 单位面积穗数较多，与冀麦 585、石 4185、济麦 22 和良星 66 差异不显著，但显著>其他品种；衡 4444、衡 S29、冀麦 120 和农大 399 单位面积穗数中等；其他品种单位面积穗数均较少。

2.5.2 穗粒数

科农 2009 穗粒数最高，其次是鑫麦 296（41.9 粒），二者差异显著，且均显著>其他品种；再次农大 399、冀麦 585、衡 4444、衡 S29、冀麦 418 和轮选 103；藁优 5218、石农 086、良星 66 和冀麦 120 穗粒数较少，差异不显著，但均显著<冀麦 22、冀麦 325、石 4185 和婴泊 700 外的其他品种。

2.5.3 千粒重

石农 086 千粒重最高，且显著>其他品种；其次是冀麦 120 和济麦 22，二者差异不显著，但均显著>衡 4444、冀麦 418、冀麦 585、鑫麦 296 和婴泊 700 除外的其他品种；藁优 5218、科农 2009、农大 399 和石 4185 千粒重较低，四者差异不显著，但均显著<其他品种。

2.5.4 产量

冀麦 325 产量最高，其次是石农 086、婴泊 700、衡 S29、济麦 22 和冀麦 585，5 个品种产量均>9 500 kg·hm⁻²，且差异均不显著。

2.5.5 经济系数

藁优 5218、济麦 22、科农 2009、轮选 103、衡 S29、鑫麦 296 和婴泊 700 经济系数（0.46～0.47）较高，冀麦 325、冀麦 418、冀麦 585 和石 4185 经济系数（0.41～0.43）较低，两类品种差异达到了显著水平；其他品种经济系数居中。

2.6 小麦产量与生长和生理指标的相关性分析

小麦产量与冬前单株分蘖数、单株次生根条数和主茎叶片数均呈负相关，其中，与冬前单株分蘖数的相关性达到了显著水平;与其他生长和生理指标均呈正相关,其中,与成熟期旗叶 SPAD 值和开花期 LAI 的相关性达到了极显著水平,与挑旗期旗叶 SPAD 值和灌浆期天数的相关性达到了显著水平(表6)。表明冬前小麦植株生长过快或过旺,均不利于产量的提高;而旗叶 SPAD 值和开花期 LAI 较高,以及灌浆时间较长,均会使产量明显提高。

表6 小麦产量与植株生长和生理指标的相关性分析

相关指标	相关系数
挑旗期旗叶 SPAD 值	0.493 9*
成熟期旗叶 SPAD 值	0.632 9**
冬前 LAI	0.444 2
开花期 LAI	0.629 7**
灌浆期天数	0.535 2*
冬前单株分蘖数	−0.495 9*
冬前单株次生根条数	−0.470 7
冬前主茎叶片数	−0.335 7

3 结论与讨论

以往研究表明,冬小麦安全越冬的主茎叶片数需达到 6~7 片[17-18]。但是在本研究中,产量水平较高(>9 500 kg·hm^{-2})的 6 个冬小麦品种冀麦 325、石农 086、婴泊 700、衡 S29、济麦 22 和冀麦 585,晚播后冬前主茎叶片数仅为 4 片(3 叶 1 心)。表明与传统品种相比,当前主栽冬小麦品种对热量的需求已经发生了变化,对光热资源的利用能力明显提高。该结果与本文作者之前的研究结果[19]基本一致。

冬前植株生长过快或过旺均不利于形成高产,而春季生长速度较快且生理指标较优才是产量提高的关键。如,冀麦 120 晚播后冬前植株生长较快,次生根较多,主茎形成了 4 叶 1 心,但是,其开花期的 LAI 和成熟期的旗叶 SPAD 值均较低,最终产量(9 079.7 kg·hm^{-2})也较低。本研究结果显示,冀麦 325、石农 086、婴泊 700、衡 S29、济麦 22 和冀麦 585 产量为 9 536.7~10 395.3 kg·hm^{-2},晚播后仍能达到高产水平。由此认为,这 6 个品种属于耐迟播品种。该类型小麦品种一般具有以下 4 个特点:冬前生长速度中等(主茎叶片 3 叶 1 心),灌浆期较长(39~41 d),冬前、开花期的 LAI 分别为 0.82~1.03 和 7.13~8.03,生育后期叶片衰老较慢、SPAD 值较高(≥36.8)。小麦品种至少具有以上 3 个特点,才能保证晚播不减产。

参考文献

[1] 蒋会利. 播期密度对不同小麦品种群体茎数及产量的影响 [J]. 西北农业学报, 2012, 21

（6）：67-73.

[2] 王宙，麻慧芳．不同播期对小麦产量与品质的影响 [J]．山西农业科学，2007，35（3）：36-38.

[3] Schwarte A J, Gibson L R, Karlen D L, *et al*. Planting date effects on winter triticale grain yield and yield components [J]. Crop Science, 2006, 46 (3)：1 218-1 224.

[4] 潘洁，姜东，戴廷波，等．不同生态环境与播种期下小麦籽粒品质变异规律的研究 [J]．植物生态学报，2005，29：467-473.

[5] Tapley M, Ortiz B V, van Santen E, *et al*. Location, seeding date, and variety interactions on winter wheat yield in southeastern United States [J]. Agronomy Journal, 2013, 105：509-518.

[6] Schwarte A J, Gibson L R, Karlen D L, *et al*. Planting date effects on winter triticale grain yield and yield components [J]. Crop Science, 2006, 46：1 218-1 224.

[7] 张胜爱，陈素英，郝秀钗．河北省冬小麦晚播适宜临界期及效应研究 [J]．河北农业科学，2013，17（2）：19-23.

[8] 王夏，胡新，孙忠富，等．不同播期和播量对小麦群体性状和产量的影响 [J]．中国农学通报，2011，27（21）：170-176.

[9] 李宁，段留生，李建民，等．播期与密度组合对不同穗型小麦品种花后旗叶光合特性、籽粒库容能力及产量的影响 [J]．麦类作物学报，2010，30（2）：296-302.

[10] 郭天财，冯伟，赵会杰，等．两种穗型冬小麦品种旗叶光合特性及氮素调控效应 [J]．作物学报，2004，30（2）：115-121.

[11] 李树华，惠红霞，许兴．宁夏春小麦光合性能的初步研究 [J]．宁夏农林科技，2000，1（1）：6-10.

[12] 吴东兵，曹广才，李荣旗，等．小量播种条件下冬小麦的产量效应 [J]．应用生态学报，2004，15（12）：2 282-2 286.

[13] Nleya T, Rickertsen J R. Winter wheat response to planting date under dryland conditions [J]. Agronomy Journal, 2014, 106 (3)：915-924.

[14] 李月华，冯立辉，刘强，等．冀中麦区小麦适宜播种期研究 [J]．河北农业科学，2008，12（11）：1-3，6.

[15] 胡焕焕，刘丽平，李瑞奇，等．播种期和密度对冬小麦品种河农822产量形成的影响 [J]．麦类作物学报，2008，28：490-495.

[16] 简大为，祁军，张燕，等．播种期和密度对冬小麦新冬29号产量形成的影响 [J]．西北农业学报，2011，20（11）：47-51.

[17] 于振文．现代小麦生产技术 [M]．北京：中国农业出版社，2007，23-24

[18] 李丰，周宏美，赵秀峰，等．播种期对周麦18号籽粒灌浆特性及产量构成的影响 [J]．山东农业科学，2010（5）：29-32.

[19] 吕丽华，梁双波，张丽华，等．不同小麦品种产量对冬前积温变化的响应 [J]．作物学报，2016，42（1）：149-156.

[此文原刊载于《河北农业科学》，2017，21（3）：7-13]

适宜麦棉套作模式的高产小麦品种筛选

王树林[1]，黄瑞芬[2]，高　倩[3]，刘文艺[2]

(1. 河北省农林科学院棉花研究所/农业部黄淮海半干旱区棉花生物学与遗传育种重点实验室；
2. 曲周县农牧局；3. 河北省农林科学院农业信息与经济研究所)

摘　要：在麦棉套作模式下，从市场上搜集 10 个不同类型的小麦品种，通过调查不同小麦品种的产量性状指标，筛选出适宜麦棉套作的高产小麦品种。结果显示，婴泊 700 株高适中，每公顷穗数、穗粒数和千粒重分别为 537.5 万穗、44.5 粒和 44.2 g，小麦产量达到 7 710 kg·hm^{-2}，显著高于其他品种，是适宜麦棉套作模式下的高产小麦品种。

关键词：麦棉套作；小麦品种；高产

麦棉两熟种植在新中国首先出现在 20 世纪 50 年代的长江流域棉区，形式为冬小麦(元麦)—棉花直播[1]，黄河流域棉区两熟种植制度自 20 世纪 60 年代进入试验，以麦棉套种为主，首先出现在豫东南和淮河北部，逐步向北扩展，1976 年北方 6 省市麦棉两熟约占棉田总面积的 15%[2]；随着棉花早熟品种和地膜覆盖技术的推广，在 20 世纪 80 年代中期进入快速发展期，仅河南 (含南襄盆地)、山东两省，1984 年达到 123.3 万 hm^2，占全国麦棉两熟面积的 57.2%[3]，随着进一步技术熟化和品种的更新，20 世纪 90 年代后成为该区主要种植模式[4]。但随着小麦联合收割机的应用，麦棉套作种植模式由于不适应机械收获小麦而导致面积迅速萎缩。近年来，随着国家对粮食安全问题的日益重视以及粮棉争地矛盾的日益尖锐，麦棉套作种植模式被重新提及，在解决了小麦联合收割机应用的问题后，麦棉套作模式推广前景广阔。本试验通过研究不同小麦品种在麦棉套作模式中的边行优势与产量表现差异，为筛选适宜麦棉套作模式的高产小麦品种提供试验依据。

1　材料与方法

1.1　试验地与供试品种

试验设在河北省农林科学院棉花研究所曲周试验站 (河北省邯郸市曲周县西漳头村)，前茬棉花，土壤为黏壤土，肥力中等偏上，有机质 12.8 g·kg^{-1}，全氮 0.907 g·kg^{-1}，速效磷 31.4 mg·kg^{-1}，速效钾 263.4 mg·kg^{-1}。

供试小麦品种为邯麦 13、石麦 18、冀麦 585、衡观 35、邯 6172、良星 66、济麦 22、鲁源 502、矮抗 58、婴泊 700 共 10 个品种。

1.2 试验设计与方法

试验采用随机区组设计，10 个小麦品种，3 次重复，小区宽 6.4 m，长 5.0 m；种植模式为 4 行小麦占地幅宽 80 cm，棉花预留行占地幅宽 80 cm，套种 2 行棉花；2014 年 10 月 30 日结合整地公顷施复合肥（氮磷钾比例为 18：16：7）750 kg，10 月 31 日播种，播种量为 225 kg·hm^{-2}，播种后浇蒙头水，2014 年 3 月 15 日浇水，同时追施尿素 225 kg·hm^{-2}，其他管理措施同大田；2015 年 6 月 11 日收获小麦。

小麦收获时每个小区取 3 个样点，每个样点分边行（每幅两侧 2 行小麦）与内行（每幅中间两行小麦）各取长 1 m 的小麦调查穗数，并从中随机选取 50 穗测定穗粒数与千粒重，每个小区单独收获计产。

1.3 数据统计与分析

采用 Microsoft Excel 2003 进行数据处理，用 DPS 7.05 进行方差分析。

2 结果与分析

2.1 不同小麦品种株高

麦棉套作模式下，小麦株高越高，对棉花苗期生长的影响越大。10 个小麦品种中，冀麦 585 株高 83.4 cm 为最高，显著高于其他品种，鲁源 502、济麦 22、邯麦 13、邯 6172、婴泊 700、石麦 18 的株高在 76.7~79.1 cm，不显著，植株较矮的 3 个品种分别是良星 66、衡观 35 和矮抗 58，株高分别为 71.6 cm、68.6 cm 和 63.7 cm。受边行优势影响，不同小麦品种边行株高均高于内行，10 个品种平均较内行株高增加 1.2 cm（表 1）。

表 1 不同小麦品种株高 （cm）

品种	边行	内行	边行-内行	平均
邯麦 13	78.8	77.0	1.8	77.9 b
石麦 18	77.6	75.9	1.7	76.7 b
冀麦 585	84.4	82.4	2.0	83.4 a
衡观 35	69.6	67.6	2.0	68.6 c
邯 6172	77.7	77.5	0.2	77.6 b
良星 66	71.7	71.6	0.1	71.6 c
济麦 22	78.6	77.7	0.9	78.1 b
鲁源 502	79.1	79.0	0.1	79.1 b
矮抗 58	65.4	62.1	3.3	63.7 d
婴泊 700	77.1	77.0	0.1	77.1 b

2.2 不同小麦品种单位面积穗数

套作小麦具有明显的边行优势是麦棉套作模式实现麦棉双高产的理论基础[5]，从表2中可以看出，不同小麦品种边行穗数均高于内行，表现出了明显的边行优势。其中边行优势最大的品种为石麦18，边行比内行公顷穗数高出了218.6万穗，邯6172、良星66边行与内行差分别是187.3与187.1万穗，边行优势较小的3个品种是邯麦13、鲁源502和冀麦585，10个品种边行公顷穗数平均较内行高172.1万穗。从单位面积穗数来看，婴泊700平均穗数最高，达到了537.7万穗·hm^{-2}，石麦18以533.4万穗·hm^{-2}紧随其后，超过500万穗·hm^{-2}的品种还有济麦22与冀麦585，这4个品种间单位面积穗数方差分析差异不显著，衡观35、邯麦13、矮抗58、鲁源502、邯6172四个品种单位面积穗数较低，但其间差异不显著。单位面积穗数越多，表明在麦棉套作模式下分蘖能力越强，成穗率越高。

表2 不同小麦品种单位面积穗数 （万穗·hm^{-2}）

品种	边行	内行	边行-内行	平均
邯麦13	488.5	338.1	150.4	413.3 d
石麦18	642.8	424.1	218.6	533.4 a
冀麦585	586.5	429.6	156.9	508.1 ab
衡观35	491.6	327.5	164.1	409.6 d
邯6172	543.5	356.3	187.3	449.9 cd
良星66	575.0	387.9	187.1	481.4 bc
济麦22	601.9	425.6	176.3	513.8 ab
鲁源502	519.0	368.5	150.5	443.8 cd
矮抗58	499.6	337.3	162.4	418.4 d
婴泊700	621.6	453.8	167.9	537.7 a

2.3 不同小麦品种穗粒数

根据刘安能等人研究结果，套作小麦边行穗粒数较内行有明显提高，表现出明显的边际效应[6]，从表3中可以看出，10个小麦品种边行穗粒数均高于内行穗粒数，平均高5.7粒，与前人结果一致；其中矮抗58边行与内行差值最大，为7.6粒，其次是济麦585、衡观35和邯麦13，差值分别为6.7粒、6.6粒与6.0粒，济麦22、邯6172与鲁源502差值较小，仅有3.7粒、4.3粒与4.4粒。10个小麦品种中平均穗粒数以衡观35最高，高达52.1粒，冀麦585也超过了50粒，两个品种间差异经方差分析不显著；邯麦13、邯6172、石麦18、矮抗58四个品种在47.8～48.7，差异不显著，穗粒数最低的品种是济麦22，只有42.5粒，但与鲁源502、婴泊700间差异也不显著。

表3　不同小麦品种穗粒数　　　　　　（粒/穗）

品种	边行	内行	边行-内行	平均
邯麦13	51.7	45.7	6.0	48.7 bc
石麦18	50.8	44.9	5.8	47.8 bcd
冀麦585	53.7	47.0	6.7	50.3 ab
衡观35	55.4	48.8	6.6	52.1 a
邯6172	50.9	46.5	4.3	48.7 bc
良星66	49.0	42.8	6.2	45.9 cde
济麦22	44.3	40.6	3.7	42.5 f
鲁源502	47.1	42.7	4.4	44.9 def
矮抗58	51.6	43.9	7.6	47.8 bcd
婴泊700	47.2	41.8	5.4	44.5 ef

2.4　不同小麦品种千粒重

10个小麦品种千粒重边行均高于内行，平均高2.3 g，表现出了一定的边行优势，从表4可以看出，边行与内行千粒重差值石麦18达到了3.6 g，在10个品种中差值最大，济麦22、鲁源502与良星66差值在2.7~2.9 g，差异不大，边行优势较小的品种是邯麦13和婴泊700，只有1.3 g与1.0 g。从平均千粒重来看，鲁源502达到了48.8 g，方差分析显著高于其他品种，其次是婴泊700、济麦22和衡观35，这3个品种千粒重差异不显著，石麦18千粒重最低，且显著低于其他品种。

表4　不同小麦品种千粒重　　　　　　（g）

品种	边行	内行	边行-内行	平均
邯麦13	43.0	41.7	1.3	42.3 cd
石麦18	40.9	37.3	3.6	39.1 e
冀麦585	43.0	40.5	2.5	41.8 d
衡观35	44.1	42.3	1.8	43.2 bcd
邯6172	42.6	40.5	2.1	41.6 d
良星66	43.0	40.1	2.9	41.5 d
济麦22	45.1	42.4	2.7	43.8 bc
鲁源502	50.2	47.4	2.8	48.8 a
矮抗58	43.4	41.6	1.8	42.5 cd
婴泊700	44.7	43.7	1.0	44.2 b

2.5 不同小麦品种产量

从表5中可以看出，10个品种边行小麦产量均高于内行小麦产量，平均高3 421 kg·hm^{-2}，边行较内行增产68.2%；婴泊700边行优势最明显，边行较内行产量增加4 963 kg·hm^{-2}，平均产量婴泊700达到了7 710 kg·hm^{-2}，显著高于其他品种，剩余9个品种产量由高到低依次是鲁源502>济麦22>冀麦585>石麦18>邯6172>衡观35>邯麦13>良星66>矮抗58；其中边行产量与内行产量差异较大的济麦22、冀麦585、鲁源502，其平均产量也较高，分别达到了6 993 kg·hm^{-2}、6 961 kg·hm^{-2}、7 003 kg·hm^{-2}，而平均产量较低的矮抗58、良星66，其边行与内行产量差也偏低。由此可见，在麦棉套作模式下，小麦产量的高低与边行优势的大小关系密切，边行与内行产量差异越大的品种，其平均产量也有越高的趋势。

表5 不同小麦品种小麦产量 （kg·hm^{-2}）

品种	边行	内行	边行-内行	平均
邯麦13	8 118	4 883	3 235	6 501 bcd
石麦18	8 417	4 903	3 514	6 660 bc
冀麦585	8 627	5 295	3 332	6 961 b
衡观35	8 135	4 875	3 261	6 505 bcd
邯6172	8 212	5 002	3 210	6 607 bc
良星66	7 739	4 761	2 978	6 250 cd
济麦22	8 839	5 148	3 691	6 993 b
鲁源502	8 693	5 313	3 380	7 003 b
矮抗58	7 409	4 759	2 650	6 084 d
婴泊700	10 192	5 229	4 963	7 710 a

3 结论与讨论

在麦棉套作模式下，小麦株高越低，对棉花苗期生长的影响越大，本试验中，矮抗58、衡观35和良星66小麦品种的株高较低，但其产量也明显偏低，因此不宜在麦棉套作模式下选用；婴泊700株高适中，单位面积穗数较高，表现出了分蘖能力强、成穗率高的特点，千粒重在所有品种中也表现较好，尽管穗粒数偏低，但最终小麦产量显著高于其他品种，适于在麦棉套作模式下种植；另外济麦22、冀麦585和鲁源502三个品种产量也较高，由于各小麦品种在不同气候条件下稳定性可能不同，因此还需继续在不同年份间种植以进一步的筛选出稳定性最好的小麦品种。

参考文献

[1] 中国农业科学院棉花研究所．棉花优质高产的理论与技术 [M]．北京：中国农业出版社，1999：93-127．

[2] 刁光中．黄淮海棉区麦棉两熟研究现状和发展 [J]．中国棉花，1990（1）：6-8．

[3] 王国平，毛树春，韩迎春，等．中国麦棉两熟制度的研究 [J]．中国农学通报，2012，28（6）：14-18．

[4] 何旭平，纪从亮．现代中国棉花育种与栽培概论 [M]．北京：中国农业科学技术出版社，2007：201-219．

[5] 陈雨海．余松烈．于振文．小麦边际效应的研究 [J]．山农农业大学学报．1999，32（4）：431-434．

[6] 刘安能，刘祖贵，周新国，等．麦棉套作小麦边际效应与生态效应 [J]．山地农业生物学报，2005，24（6）：471-476．

[此文原刊载于《天津农业科学》，2015，21（12）：89-91，101]

适宜河北省种植的高产夏玉米品种筛选

姚海坡，吕丽华*，董志强，张丽华，姚艳荣，贾秀领

（农业部华北地区作物栽培科学观测实验站/河北省农林科学院粮油作物研究所）

摘　要： 为了筛选出适宜河北省夏玉米区种植的高产玉米品种，2014 年以华北平原近 5 年审定的 15 个夏玉米品种为研究对象，以 2000 年以来一直作为我国夏玉米栽培试验的品种郑单 958 为对照，在种植密度 7.5×10^{4}株·hm^{-2}条件下，对其植株性状、穗部性状、叶面积指数、透光率和产量进行了测定，并对品种进行了综合评价。结果表明：强生 928 总体表现最好，该品种穗数稳定，千粒重高，株高和穗位高中等，茎秆抗弯曲力较强，生育期光能截获率大，产量居参试品种第 1 位，达到了 10 908.1 kg·hm^{-2}；冀丰 223 次之，总体表现较好，该品种穗粒数较高，穗数和千粒重与对照相当，株型紧凑，穗位叶以上叶片直立性样，株高较低，穗位高中等，茎秆抗弯曲力较高，前期生长较快，生育期光能截获率较大，漏光损失较小，产量居参试品种第 2 位，为 10 273.5 kg·hm^{-2}。强生 928 和冀丰 223 总体表现较好，较适宜在河北省夏玉米区推广种植。

关键词： 玉米；品种筛选；产量；农艺性状

玉米是我国主要栽培的粮食作物，近年来播种面积不断扩大。而河北省又是全国玉米主产区之一，玉米在该省分布地域广[1]，产量约占全省粮食总产量的 49.3%[2]，在河北省国民经济中占有重要地位。但是目前，河北省夏玉米生产中每年应用面积超过 0.67 万 hm^2 的品种均有 45 个左右（数据来自河北省种子管理总站），品种多而杂，良莠不齐。因此，筛选适宜河北省种植的优良高产玉米品种显得尤为重要。关于玉米品种农艺性状与产量的关系研究已有很多报道[3-8]，结果均显示，合理的株型结构是实现高产群体的首要因素[9-11]，株型通过对光合有效辐射的截获和吸收而影响作物的光合特性，最终对产量产生影响。前人研究结果[12-17]表明，玉米理想的株型是上部茎叶夹角小，群体穗位层透光率较好；下部茎叶夹角相对较大，漏光损失少，光能利用充分，有利于产量的提高。虽然人们对不同玉米品种的产量性状表现进行过大量研究，但是由于新选育的品种数量繁多，因此，需要经常对更适宜在河北省种植的玉米品种进行筛选。于是，作者以华北平原近几年审定的夏玉米品种为试材，研究其产量和植株性状的变化，以期筛选出较适宜在河北省种植的优良玉米品种，为全省玉米高产栽培提供技术支持。

1　材料与方法

1.1　试验点概况

试验在河北省农林科学院堤上试验站（E114°43′、N37°65′）进行。该区位于太行山前平

原区，属暖温带半温润性季风气候，年平均温度 12.5 ℃，年均降水量 494 mm。试验地 0～20 cm 耕层土壤基础养分含量为有机质 1.76%、全氮 1.16 g·kg^{-1}、碱解氮 106.4 mg·kg^{-1}、速效磷 21.7 mg·kg^{-1}、速效钾 129.2 mg·kg^{-1}。

1.2 试验材料

试验玉米品种共 16 个（表 1），其中，参试品种 15 个，分别为登海 605、极峰 30、纪元 101、冀丰 223、冀农 1 号、金秋 963、洰丰 339、均益 86、蠡玉 37、强生 928、陕科 6 号、圣瑞 999、屯玉 808、伟科 702、源育 13 号，大多为华北平原近 5 年审定的夏玉米品种；对照品种为郑单 958（CK），该品种高产稳产、抗倒抗病、品质优良，耐干旱和高温，非常适合我国夏玉米区种植，自 2000 年以来一直作为我国夏玉米栽培试验的对照品种。

表 1　参试玉米品种的选育单位及其在河北省的适宜种植区域

品种	选育单位	审定编号	适宜种植区域
郑单 958	河南省农业科学院粮食作物研究所	国审玉 20000009	夏玉米区
登海 605	山东登海种业股份有限公司	鲁农审 2011004	中南部
极峰 30	河北极峰农业开发有限公司	国审玉 2013011	中南部
纪元 101	河北新纪元种业有限公司	冀审玉 2013014	中北部
冀丰 223	河北省农林科学院粮油作物研究所	津准引玉 2011005	夏玉米区
冀农 1 号	河北冀农种业有限责任公司	冀审玉 2007012	夏玉米区
金秋 963	衡水金秋种业有限责任公司	冀审玉 2007011	夏玉米区
洰丰 339	石家庄羲玉农业科技开发有限公司	冀审玉 2013010	中南部
均益 86	河北均益农业科技有限公司	冀审玉 2012012	中南部
蠡玉 37	石家庄蠡玉科技开发有限公司	冀审玉 2011008	中南部
强生 928	—	—	—
陕科 6 号	宝鸡迪兴农业科技有限公司	晋引玉 2013014	夏玉米区
圣瑞 999	郑州圣瑞元农业科技开发有限公司	国审玉 2013009	中南部
屯玉 808	天津科润津丰种业有限责任公司	国审玉 2011013	中南部
伟科 702	郑州伟科作物育种科技有限公司	冀审玉 2012016	中南部
源育 13 号	河北省肃宁县源申玉米研究中心	陕审玉 2009006	中北部夏玉米区

1.3 试验设计

1.3.1 试验设计

冬小麦收获后，夏玉米免耕播种，撒施沃夫特复合肥（N、P$_2$O$_5$、K$_2$O 含量分别为 24%、8%、10%）450 kg·hm^{-2}做底肥并灌水。2014 年 6 月 18 日人工点播玉米，试验设 16 个品种处理，其中，郑单 958 为对照（CK）。小区面积 15.5 m²，完全随机排列，3 次重复。玉米行距 55 cm、株距 22 cm（密度 7.5 万株·hm⁻²），12 展叶时追施沃夫特复合肥 150 kg·hm⁻²，9 月 26 日收获，其他田间管理同常规。

1.3.2 测定项目与方法

1.3.2.1 叶面积指数（LAI）。在玉米吐丝期，每小区选具代表性的植株 5 株，测量叶长和叶宽。根据公式，计算单叶叶面积和叶面积指数（LAI）：

单叶叶面积＝叶长×叶宽×系数

式中，系数为 0.75～0.5，即：未展开叶片数量为 m，则展开叶（n）系数为 $a=$ 0.75，未展开叶（$n+1$）系数为 $b=a-(0.75-0.5)/m$，未展开叶（$n+2$）系数为 $c=b-(0.75-0.5)/m$，依次类推。

LAI＝单株叶面积×单位土地面积内株数/单位土地面积

1.3.2.2 植株性状。在玉米灌浆中期，每小区选具代表性的植株 5 株，用直尺田间测量穗位高和株高；用量角器测定植株的穗上茎叶夹角；以穗下节间中部为支点，用 3YJ-1 型玉米茎秆质量仪缓缓用力推植株直至与地面夹角呈 45°，记录茎秆抗弯曲力（单位：N）。

1.3.2.3 透光率。分别在 13 叶展、吐丝期和灌浆中期，利用植物冠层分析仪 LAI-2000 测定冠层顶部和底部的光强度。根据公式，计算透光率：

透光率（%）＝底部光强度/顶部光强度×100

1.3.2.4 产量及其构成因素。在玉米收获期，每小区选定 4 行、每行 4 m，收获所有果穗，称量总鲜重（是 4 行 4 米穗子的总鲜重）。从果穗中随机选取 20 穗，称量鲜重；晾干后测定穗粒数、穗长、穗粗和秃尖长；脱粒，测定千粒重、籽粒重和轴重，同时采用谷物水分测定仪测定籽粒的含水率，计算实际产量和出籽率（按含水率 14%折算）。

出籽率（%）＝籽粒产量/（轴重+籽粒产量）×100

1.3.3 数据处理

利用 Microsoft Excel 2003 软件对数据进行处理，利用 DPS 7.05 统计分析软件对试验数据进行单因素方差分析，采用 LSD（α=0.05）法进行差异显著性检验。

2 结果与分析

2.1 不同玉米品种的产量及其产量构成比较

参试玉米品种的单位面积穗数为 7.35 万～7.97 万株·hm⁻²，与 CK 差异均不显著，其中，登海 605、均益 86、强生 928、陕科 6 号和源育 13 号指标值≥CK（表 2）。

参试玉米品种的穗粒数为 426.8～516.3 个，除极峰 30 外其他品种指标值均<CK，其中，极峰 30、冀丰 223 和陕科 6 号指标值较高，三者差异不显著，且与 CK 差异也均不显著，但四者均显著>其他品种；强生 928 和圣瑞 999 指标值较低，二者差异不显著，但均显著<其他品种。

参试玉米品种的千粒重为 278.0～344.4 g，除强生 928、纪元 101 和圣瑞 999 外其他品种指标值均<CK，其中，强生928显著>CK和其他品种，纪元101、圣瑞999、登海605和冀丰223与CK相当，其他品种指标值均显著<CK。

参试玉米品种的产量为8 688.3～10 908.1 kg·hm⁻²，均<CK，降幅为3.34%～23.01%，其中，强生928产量最高，较CK减产3.3%，产量与CK差异不显著，但显著>其他品种，较其他品种高6.18%～25.55%；而其他品种产量均显著<CK，其中，冀丰223、纪元101、冀农1号、均益86、登海605、圣瑞999和陕科6号产量均>10 000 kg·hm⁻²，差异不显著，但均显著>其他7个品种，较CK减产9.0%～11.1%；极峰30产量最低且显著<其他品种。

可以看出，强生928产量表现最好，单位面积穗数较多、千粒重较高是其高产的主要原因；冀丰223、纪元101、冀农1号、均益86、登海605、圣瑞999和陕科6号产量较高，其产量均>10 000 kg·hm⁻²，其中，较高的穗粒数是冀丰223高产的主要原因，单位面积穗数多、穗粒数较高是陕科6号高产的主要原因，单位面积穗数多是纪元101、冀农1号、均益86、登海605和圣瑞999高产的主要原因。

表2 参试玉米品种的产量及其构成因素

品种	单位面积穗数 （万穗·hm⁻²）	穗粒数 （个）	千粒重 （g）	产量 （kg·hm⁻²）	增产率 （%）
登海605	7.80 a	478.2 bc	287.3 bc	10 108.5 c	−10.4
极峰30	7.49 b	516.3 a	278.0 c	8 688.3 e	−23.0
纪元101	7.71 ab	450.9 c	312.7 b	10 222.3 c	−9.4
冀丰223	7.55 b	514.0 a	295.0 b	10 273.5 c	−9.0
冀农1号	7.69 ab	474.0 bc	287.1 c	10 155.0 c	−10.0
郑单958（CK）	7.72 ab	514.5 a	298.0 b	11 284.5 a	0.0
金秋963	7.35 b	479.0 bc	283.0 c	9 459.0 d	−16.2
洰丰339	7.68 ab	484.0 bc	283.0 c	9 442.5 d	−16.3
均益86	7.72 ab	497.6 b	282.7 c	10 138.5 c	−10.2
蠡玉37	7.66 ab	472.6 bc	278.1 c	9 112.5 d	−19.2
强生928	7.88 a	426.8 d	344.4 a	10 908.1 ab	−3.3
陕科6号	7.97 a	512.5 a	279.5 c	10 036.1 c	−11.1
圣瑞999	7.69 ab	431.0 d	305.8 b	10 081.6 c	−10.7
屯玉808	7.55 b	477.1 bc	288.7 c	9 406.5 d	−16.6
伟科702	7.69 ab	472.7 bc	282.3 c	9 309.1 d	−17.5
源育13号	7.73 ab	475.6 bc	279.2 c	9 885.3 d	−12.4

2.2 不同玉米品种的穗部性状比较

参试玉米品种的穗长为15.7～18.4 cm，其中，登海605果穗最长，显著>CK和其他品种；陕科 6 号果穗最短，显著<CK；而其他品种指标值与 CK 差异均不显著（表3）。

参试玉米品种的穗粗为 4.7～5.3 cm，其中，强生 928 果穗最粗，均益 86 果穗最细，二者与 CK 差异均达到了显著水平；而其他品种与 CK 差异均不显著，其中，伟科 702 指标值>CK，极峰 30、冀丰 223、金秋 963、蠡玉 37、陕科 6 号指标值与 CK 相等。

参试玉米品种的秃尖长为 1.2～2.6 cm，其中，圣瑞 999 和均益 86 秃尖长明显较短，与 CK 差异不显著；而其他品种秃尖长均显著>CK，其中，极峰 30、冀丰 223 和强生 928 的秃尖长相对较短（均为 1.5 cm，较 CK 长 0.2 cm），伟科 702 秃尖最长且显著>其他品种，其余品种秃尖长（1.6～2.1 cm）差异均不显著。

参试玉米品种的出籽率为 86.8%～90.1%，均≤CK，其中，冀丰 223、冀农 1 号、金秋 963、洰丰 339、均益 86、强生 928、陕科 6 号、圣瑞 999 和源育 13 号指标值较高，差异均不显著，且与 CK 差异也均不显著，但均显著>其他品种。

综合各项指标可见，强生 928、冀丰 223 和极峰 30 穗部性状总体表现较好，强生 928 穗子明显较粗，穗长和出籽率较高，冀丰 223 和极峰 30 穗长、穗粗和出籽率较高，且均与对照差异不显著，三者秃尖也较短，但稍长于对照。其次是均益 86，穗长和出籽率较高，秃尖较短，且与对照差异不显著。（说明：该 4 个品种的 4 项穗部性状指标中，有 3 项均与对照相当，1 项稍差于对照，而其他的品种，包括圣瑞 999、冀农 1 号、源育 13 号、陕科 6 号、金秋 963 等 7 个品种 4 项穗部性状指标中，仅两项指标与对照相当，其他两项交较差，因此没提及）。

表 3　参试玉米品种的穗部性状

品种	穗长（cm）	穗粗（cm）	秃尖长（cm）	出籽率（%）
登海 605	18.4 a	4.7 bc	2.0 b	87.3 b
极峰 30	16.9 b	4.9 b	1.5 c	88.4 b
纪元 101	17.3 b	4.7 bc	2.0 b	86.8 b
冀丰 223	17.0 b	4.9 b	1.5 c	89.5 a
冀农 1 号	16.7 b	4.7 bc	1.6 bc	89.5 a
郑单 958（CK）	16.8 b	4.9 b	1.3 d	90.1 a
金秋 963	16.3 bc	4.9 b	1.8 bc	89.4 a
洰丰 339	16.2 bc	4.7 bc	1.6 bc	89.8 a
均益 86	16.7 b	4.2 d	1.3 d	90.1 a
蠡玉 37	17.1 b	4.9 b	2.1 b	88.4 b
强生 928	16.5 b	5.3 a	1.5 c	89.8 a
陕科 6 号	15.7 c	4.9 b	2.0 b	89.4 a
圣瑞 999	16.1 bc	4.7 bc	1.2 d	89.7 a
屯玉 808	16.6 b	4.8 b	1.9 b	88.3 b
伟科 702	16.8 b	5.0 ab	2.6 a	88.5 b
源育 13 号	16.4 b	4.8 b	1.7 bc	89.5 a

2.3 不同玉米品种的叶面积指数 (LAI) 比较

参试玉米品种的全株 LAI 为 5.22～6.59，其中，强生 928、伟科 702 和屯玉 808 指标值较高，三者差异不显著，但均显著>CK 和其他品种；登海 605、纪元 101、冀丰 223、冀农 1 号、金秋 963、陕科 6 号与 CK 差异均不显著；而其他品种指标值均显著< CK，其中，极峰 30、均益 86 和圣瑞 999 指标值较低（图 1）。

将参试玉米品种的叶面积指数与产量进行综合分析发现，叶面积指数与产量并未呈现直线关系，较高的 LAI 不一定获得较高产量。

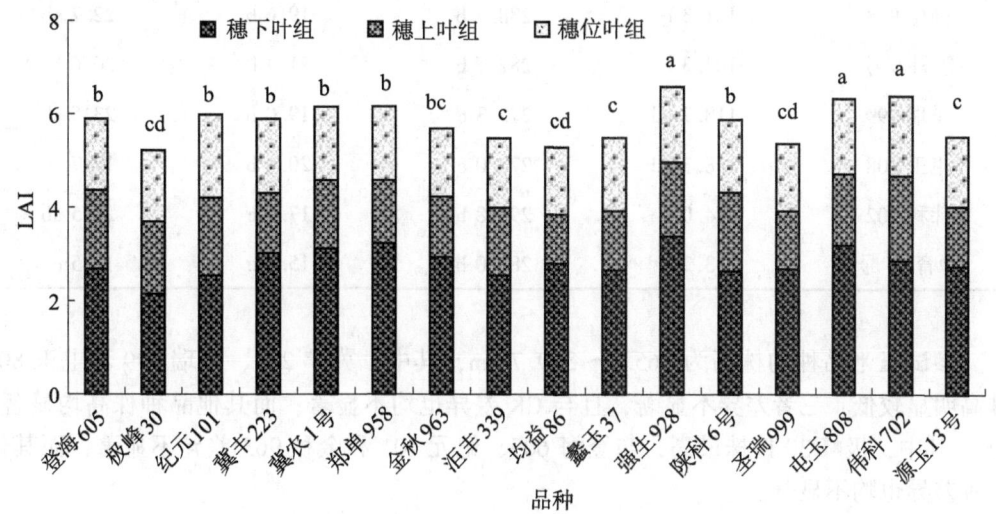

图 1 参试玉米品种的冠层叶面积指数

2.4 不同玉米品种的植株性状比较

参试玉米品种的穗位高为 104.3～133.2 cm，其中，陕科 6 号和登海 605 穗位高明显较低，二者差异不显著，但均显著<CK 和其他品种；纪元 101、冀丰 223、蠡玉 37、强生 928、圣瑞 999 和屯玉 808 穗位高与 CK 相当，差异均不显著；其他品种穗位高均显著>CK，其中，均益 86、源育 13 号和金秋 963 穗位高显著>极峰 30 和伟科 702（表 4）。

表 4 参试玉米品种的植株性状

品种	穗位高（cm）	株高（cm）	穗上茎叶夹角（°）	抗弯曲力（N）
登海 605	107.8 e	301.2 ab	22.4 b	23.5 ab
极峰 30	125.7 b	309.7 a	16.7 c	17.0 c
纪元 101	115.2 cd	299.5 ab	20.7 b	23.3 ab
冀丰 223	116.3 cd	265.3 c	17.3 c	21.3 ab
冀农 1 号	127.2 ab	285.7 b	22.0 b	21.2 ab

（续表）

品种	穗位高（cm）	株高（cm）	穗上茎叶夹角（°）	抗弯曲力（N）
郑单 958（CK）	122.3 c	275.0 c	13.3 cd	25.2 a
金秋 963	129.7 a	296.0 ab	19.7 b	16.3 c
洰丰 339	127.3 ab	288.3 b	16.7 c	15.7 c
均益 86	133.2 a	290.2 b	27.2 a	13.0 cd
蠡玉 37	121.0 c	291.3 b	14.2 cd	17.2 c
强生 928	121.3 c	288.3 b	19.6 b	22.7 ab
陕科 6 号	104.3 e	282.7 b	21.4 b	20.6 b
圣瑞 999	118.7 cd	272.3 c	19.0 b	23.5 ab
屯玉 808	118.3 cd	277.0 c	20.8 b	17.7 c
伟科 702	124.0 b	291.8 b	17.0 c	22.5 ab
源育 13 号	133.2 a	288.0 b	15.8 c	16.5 c

参试玉米品种的株高为 265.3～309.7 cm，其中，冀丰 223、圣瑞 999 和屯玉 808 株高明显较低，三者差异不显著，且与 CK 差异也均不显著；而其他品种株高均显著＞CK，其中，极峰 30 植株最高，与登海 605、纪元 101 和金秋 963 差异不显著，而其他品种差异也均不显著。

参试玉米品种中的穗上茎叶夹角为 14.2°～27.2°，其中，极峰 30、冀丰 223、洰丰 339、蠡玉 37、伟科 702 和源玉 13 号穗上茎叶夹角明显较小，差异不显著，且与 CK 差异也均不显著，但显著＜其他品种；而其他品种穗上茎叶夹角均显著＞CK，其中，均益 86 茎叶夹角明显最大，其他品种夹角居中且差异不显著。

参试玉米品种的茎秆抗弯曲力为 13.0～23.5 N，均＜CK，其中，登海 605、纪元 101、冀丰 223、冀农 1 号、强生 928、圣瑞 999 和伟科 702 的指标值与 CK 差异均不显著，茎秆抗弯曲力与 CK 相当；而其他品种均显著＜CK。

总体来看，冀丰 223 株型较好，表现为穗位叶以上叶片直立，株高和穗位高较低，植株抗弯曲力较高；其次是圣瑞 999 和强生 928，这 2 个品种株型中等，表现为株高、穗位高和穗上叶夹角适中，茎秆抗弯曲力较高；均益 86 株型较差，表现为株高和穗位较高，穗上叶夹角最大，叶片平展，且茎秆抗弯曲力最低。

2.5 不同玉米品种的光能截获率比较

参试玉米品种 13 叶展的底层透光率为 24.6%～32.0%，其中，冀丰 223、洰丰 339、均益 86、蠡玉 37、强生 928 和屯玉 808 的底层透光率明显较低，显著＜CK 和其他品种，而其他品种与 CK 差异均不显著（表 5）。表明在出苗至大喇叭口期，冀丰 223、洰丰 339、均益 86、蠡玉 37、强生 928 和屯玉 808 生长速度明显较快。

表5　参试玉米品种的底层透光率　　　　　　　　（%）

品种	13叶展	吐丝期	灌浆中期
登海605	28.0 ab	9.9 b	13.9 a
极峰30	30.4 a	11.2 ab	16.7 a
纪元101	30.3 a	9.1 b	12.7 b
冀丰223	25.1 c	8.3 c	12.4 b
冀农1号	30.6 a	8.4 c	11.3 c
郑单958（CK）	28.9 ab	8.1 c	11.7 c
金秋963	27.7 ab	10.2 b	13.4 a
洹丰339	24.6 c	10.6 b	14.2 a
均益86	25.4 c	15.2 a	17.8 a
蠡玉37	24.9 c	11.5 ab	14.2 a
强生928	25.8 c	6.1 c	8.5 c
陕科6号	32.0 a	8.0 c	10.2 c
圣瑞999	30.1 a	12.9 ab	15.5 a
屯玉808	25.2 c	6.3 c	9.2 c
伟科702	29.8 a	6.6 c	10.6 c
源育13号	27.6 ab	9.7 b	11.6 c

参试玉米品种吐丝期的底层透光率为6.1%～15.2%，其中，冀丰223、冀农1号、强生928、陕科6号、屯玉808和伟科702的底层透光率明显较低，与CK差异不显著，但均显著<其他品种，而其他品种均显著>CK。表明在吐丝期，冀丰223、冀农1号、强生928、陕科6号、屯玉808和伟科702的光能截获率较高。

参试玉米品种灌浆中期的底层透光率为8.5%～17.8%，其中，冀农1号、强生928、陕科6号、屯玉808、伟科702和源育13号透光率明显较低，与CK差异不显著，但均显著<其他品种；而其他品种均显著>CK，其中，冀丰223和纪元101的指标值显著<其余品种。

可以看出，强生928、屯玉808和冀丰223生育中前期生长较快，漏光损失较小，生育后期叶片衰老较慢，仍保持较高的光能截获率；伟科702、陕科6号和冀农1号虽然13展叶前冠层透光率稍高，但生育中后期透光率和漏光损失较小，仍保持较高的光能截获率。

3　结论与讨论

3.1　讨　论

在夏玉米上的研究结果表明，提高叶面积指数后产量增加，遮光、剪叶、降低叶面积指数均会导致产量降低[18-19]。前人对玉米最适宜的 LAI 也进行了大量研究,任志勇等[20]通过研究不同株型玉米品种产量与 LAI 的变化发现,平展型、半紧凑型和紧凑型玉米适宜的最大 LAI 分别为 4.08、5.62 和 6.78 左右;而王珍等[21]研究认为,3 种株型玉米品种高产群体的适宜 LAI 为 4.5~4.6。本研究结果显示,屯玉 808 和伟科 702 吐丝期的 LAI 明显较高,分别为 6.33 和 6.39,但产量却仅为 9 406.5 和 9 309.1 kg·hm^{-2};株型较好的郑单 958(CK)和冀丰 223,LAI 分别为 6.16 和 5.89,产量却达到 11 284.5 和 10 273.5 kg·hm^{-2};而株型中等的强生 928,其 LAI 为 6.59(为 16 个参试品种最高),产量达到 10 908.1 kg·hm^{-2}。可见,不同株型玉米品种获得高产的适宜 LAI 存在差异,并且 LAI 与产量的关系并不一直呈正比,较高的 LAI 并不是获得高产的保证。

3.2 结 论

强生 928 总体表现较好,产量与郑单 958 相当,获得较高产量的叶面积指数达 6.59,该品种穗数稳定,千粒重高,株高和穗位高中等,茎秆抗弯曲力较强,生育期光能截获率较大。其次是冀丰 223,较郑单 958 减产 9.0%,获得较高产量叶面积指数达 5.89,该品种穗粒数较高,穗数和千粒重与对照相当,株型紧凑,穗位叶以上叶片直立性好,株高较低,穗位高中等,茎秆抗弯曲力较高,前期生长较快,生育期光能截获率较大,漏光损失较小。因此认为,除郑单 958 外,冀丰 223 和强生 928 也较适宜在河北省夏玉米区推广种植。

在查阅一些参考文献的同时,也注意到了一些问题,一些结论存在着差异,可能是试验数据的局限性,也可能是地理环境的差异,原因有待进一步研究。本试验为 1 年的数据,结果仅供参考。

参考文献

[1] 高楷,王克伦.河北地方玉米品种资源主要经济性状研究 [J].河北农业科学,1989(3):1-5.

[2] 河北省统计局,河北省人民政府办公厅.河北农村统计年鉴 [M].北京:中国统计出版社,2013:212.

[3] 郝春雷,孟繁盛,李艳红,等.不同玉米品种最佳播种期、密度与施肥水平的研究 [J].内蒙古农业科技,2012(5):19-20,44.

[4] 孙峰成,冯勇,于卓,等.12 个玉米群体的主要农艺性状与产量、品质的灰色关联度分析 [J].华北农学报,2012,27(1):102-105.

[5] 赵丽,郭虹霞,王创云,等.种植密度对不同玉米品种农艺、光合性状及产量的影响 [J].山西农业科学,2015,43(5):548-551.

[6] 王丽娜,张磊,李翠霞,等.河北省玉米地方品种农艺性状的遗传分化 [J].河北农业科学,2010,15(3):52-53,81.

[7] 白向历,高洪敏,王秀凤.不同玉米品种相关农艺性状与产量的通径分析 [J].辽宁农业科学,2012(4):12-15.

［8］ 张维明. 玉米杂交种产量比较及农艺性状的相关分析 ［J］. 黑龙江科技信息，2010 （26）：235.

［9］ 董树亭，胡昌浩，岳寿松，等. 夏玉米群体光合速率特性及其与冠层结构、生态条件的关系 ［J］. 植物生态学与地植物学学报，1992，16 （4）：372-379.

［10］ 张旺锋，王振林，余松烈，等. 膜下滴灌对新疆高产棉花群体光合作用冠层结构和产量形成的影响 ［J］. 中国农业科学，2002，35 （6）：632-637.

［11］ 王之杰，郭天财，朱云集，等. 超高产小麦冠层光辐射特征的研究 ［J］. 西北植物学报，2003，23 （10）：1 657-1 662.

［12］ 王振华，陈士林，张新，等. 玉米新品种郑单18高产的形态及生理特点研究 ［J］. 中国农学通报，2005，21 （11）：133-134，147.

［13］ 周跃东，易念游，吴昊. 高产玉米的叶片生长规律和生理特性研究 ［J］. 四川农业大学学报，1994，12 （2）：212-217.

［14］ 王春虎，陈士林，赵新亮，等. 玉米郑单958、14、18系列品种高产生理研究 ［J］. 中国农学通报，2005，21 （5）：253-256，268.

［15］ 郭毅梅. 光照对玉米果穗形成的影响 ［J］. 河北农业科学，1988 （4）：37-40，25.

［16］ Stewart D W, Dwyer L M. Mathematical Characterization of Maize Canopies ［J］. Agricutural and Forest Meteorology, 1993, 66：247-265.

［17］ 徐庆章，黄舜阶，李登海. 玉米株型在高产育种中的作用 I. 株型的增产作用 ［J］. 作物学报，1992，18 （5）：337-343.

［18］ 赵明，郑丕尧，王瑞舫. 夏玉米个体生长发育中叶片光合速率的动态特征 ［J］. 作物学报，1992，18 （5）：337-342.

［19］ 胡昌浩，董树亭，岳寿松，等. 高产夏玉米群体光合速率与产量关系的研究 ［J］. 作物学报，1993，19 （1）：64-69.

［20］ 任志勇，张宝石，张宇，等. 不同株型玉米品种的适宜最大叶面积指数分析 ［J］. 杂粮作物，2008，29 （2）：115-116.

［21］ 王珍，武志海，徐克章. 玉米群体冠层光合速率与叶面积指数关系的初步研究 ［J］. 吉林农业大学学报，2001，23 （2）：9-12，16.

［此文原刊载于《河北农业科学》，2016 （6）：13-18］

适宜粮棉轮作种植模式的玉米品种筛选试验

王树林，祁　虹，王　燕，张　谦，冯国艺，林永增，梁青龙

（河北省农林科学院棉花研究所/农业部黄淮海半干旱区棉花生物学与遗传育种重点实验室）

摘　要：在粮棉轮作种植模式下，从市场上搜集 8 个不同类型玉米品种，通过调查不同品种玉米产量性状指标，筛选适宜粮棉轮作种植模式的玉米品种。结果显示，先玉 688 生育期较长，株高、穗位高适中，抗倒伏性能好，穗粒数与穗粒重突出，公顷产量达到 12 439 kg，是粮棉轮作种植模式的优选品种。

关键词：粮棉轮作；玉米品种

河北省既是种粮大省，也是植棉大省，粮棉争地矛盾历来十分突出[1,2]；近年来随着国家对粮食安全问题的日益重视[3,4]，如何增加粮食产量成为人们关注的热点话题，河北省中南部地区为传统旱地棉花产区，随着水利条件的改善，该地区具备了种植粮食的生产条件，但受水资源限制[5]，完全改种粮食仍存在地下水供给不足的问题；针对这一现状，在河北省中南部传统一熟旱地棉区开展棉花—小麦—玉米两年三熟粮棉轮作种植模式研究，即种植一年棉花，棉花收获后改种小麦、玉米，玉米收获后进行一次土壤深松，第二年再种植棉花，这一粮棉轮作两年三熟种植模式既可有效增加粮食产量，又可兼顾河北省压采地下水任务，可谓一举两得。本试验即在上述背景下，开展了粮棉轮作种植模式下适宜玉米品种筛选试验，为确定适宜玉米品种提供试验依据。

1　材料与方法

1.1　试验地与供试品种

试验设在河北省农林科学院棉花研究所威县试验站（威县枣元乡东张庄村），前茬小麦，土壤为沙壤土，肥力中等，有机质 7.6 g·kg⁻¹，全氮 0.668 g·kg⁻¹，速效磷 21.9 mg·kg⁻¹，速效钾 121.8 mg·kg⁻¹。供试玉米品种及来源见表1。

表 1　供试玉米品种及来源

序号	品种名称	审定生育期（d）	选育单位
1	先玉 335	98	先锋种子研究有限公司
2	邯丰 18	99	邯郸市农业科学院
3	登海 605	101	山东登海种业股份有限公司
4	郑单 958	105	河南省农业科学院粮食作物研究所

（续表）

序号	品种名称	审定生育期（d）	选育单位
5	先玉 688	105	先锋种子研究有限公司
6	浚单 29	97	浚县农业科学研究所
7	农华 101	100	北京金色农华种业科技有限公司
8	冀农 1 号	99	河北冀农种业有限责任公司

1.2 试验设计与方法

试验采用随机区组排列，3 次重复，小区宽 4.8 m，长 8 m，面积 38.4 m²，8 行种植，等行距 0.6 m，留苗密度 60 000 株·hm⁻²。试验田 2013 年种植棉花，2013 年 10 月 28 日改种小麦，2014 年 6 月 11 日收获小麦，6 月 12 日播种玉米，随播种施肥尔德玉米专用复合肥（氮磷钾比例为 25∶8∶12）600 kg·hm⁻²，播种后灌水 900 m³·hm⁻²，8 月 3 日灌水 600 m³·hm⁻²，其他管理同大田。试验田于 9 月 25 日收获前每小区随机选取 20 株玉米进行生育性状调查，同时收获玉米穗进行室内考种，玉米籽粒在 80 ℃烘箱内烘干 4 h 称重[6]。

1.3 数据统计与分析

采用 Microsoft Excel 2003 进行数据处理，用 DPS 7.05 进行方差分析。

2 结果与分析

2.1 供试品种生育性状

由表 2 可以看出，8 个玉米品种的生育期为 104～115 d，其中先玉 688 与登海 605、郑单 958 生育期较长，分别为 115 d、115 d 和 112 d，而浚单 29、冀农 1 号生育期偏短，只有 104 d 与 106 d，在粮棉轮作种植模式中，玉米收获后为冬闲期，不存在为小麦腾茬的问题，因此生育期偏长的品种能更多地利用后期光热资源而获得较高的产量。

株高和穗位高可以作为衡量和提高玉米茎秆质量的重要指标[7]，也有研究表明，玉米茎秆节间长度、株高等农艺性状指标与玉米茎秆抗倒伏力学性状关系密切[8]；从株高来看，先玉 335 株高最高，达到了 304.2 cm，其次是农华 101、登海 605 与先玉 688，株高都在 270 cm 以上，邯丰 18、郑单 958、浚单 29 与冀农 1 号株高都偏低，均在 250 cm 上下。穗位高郑单 958 最高，其次是浚单 29，邯丰 18 与先玉 335 穗位高都超过 100 cm，其他 4 个品种穗位高都不足 100 cm；穗高系数郑单 958、浚单 29 与邯丰 18 偏高，登海 605、先玉 688、先玉 335 与农华 101 穗高系数从 33.2～35.8 不等，但差别不大。

倒伏率以邯丰 18、郑单 958、先玉 335 和浚单 29 偏高，农华 101 未发现倒伏现象，登海 605 倒伏率也明显偏低，先玉 688 与冀农 1 号倒伏率居中；空秆率以冀农 1 号、邯丰18和农华101较高，登海605、先玉688、郑单958与先玉335空秆率较低。

表2　不同玉米品种生育性状

品种	生育期 （d）	株高 （cm）	穗位高 （cm）	穗高系数	倒伏率 （%）	空秆率 （%）
先玉335	108	304.2	105.0	34.5	2.7	0.4
邯丰18	110	253.8	109.6	43.2	2.9	0.9
登海605	112	276.8	99.0	35.8	0.6	0.1
郑单958	115	251.9	116.5	46.2	2.9	0.3
先玉688	115	274.8	96.5	35.0	1.2	0.2
浚单29	104	258.7	114.0	44.1	2.5	0.4
农华101	111	287.4	95.3	33.2	0.0	0.8
冀农1号	106	244.5	95.2	38.9	1.8	1.2

2.2　不同玉米品种果穗性状

先玉688穗长为25.1 cm，在8个品种中位列第一，其次是登海605与先玉335，分别为22.6 cm与22.0 cm，其余5个品种穗长在19.4～20.4 cm，差别不大；穗粗以浚单29最粗，达到了5.7 cm，明显高于其他品种，先玉335最细，只有5.1 cm，其他品种在5.3～5.4 cm，相差不大；穗行数登海605最高，达到了17.4行，明显高于其他品种，邯丰18与冀农1号都偏低，其他品种差异不明显；穗粒数登海605高达716.6粒，在8个品种中是唯一超过700粒的品种，先玉335、先玉688和浚单29分列第二、第三和第四位，农华101穗粒数最低，只有563.7粒；百粒重先玉688高达37.0 g，其次是郑单958、先玉335与浚单29，分别为34.7 g、33.9 g与33.7 g，邯丰18百粒重最低，只有30.8 g（表3）。

表3　不同玉米品种产量性状

品种	穗长 （cm）	穗粗 （cm）	穗行数	穗粒数	百粒重 （g）
先玉335	22.0	5.1	16.2	682.3	33.9
邯丰18	19.4	5.4	15.4	635.8	30.8
登海605	22.6	5.3	17.4	716.6	32.3
郑单958	19.8	5.3	15.2	629.5	34.5
先玉688	25.1	5.4	16.2	670.4	37.0
浚单29	20.1	5.7	16.4	661.8	33.7
农华101	19.4	5.4	16.4	563.7	34.7
冀农1号	20.4	5.4	15.8	613.9	32.2

2.3 不同品种产量与产量构成

有关玉米产量构成三因素的研究报道较多，玉米品种的高产也受诸多因素限制。曹国军研究认为，超高产量春玉米构成因素对籽粒产量的相对重要性以单位面积穗数最大，穗粒数次之，千粒重最小[9]；从本试验结果看，公顷穗数农华 101、浚单 29、郑单 958、先玉 335 与冀农 1 号相差不大，登海 605 与先玉 688 偏低；穗粒重先玉 688 明显高于其他品种，达到了 247.9 g，登海 605 与先玉 335 的穗粒重分别为 231.8 g 与 231.3 g，分居第二、三位，浚单 29 与郑单 958 分别为 223.2 g 与 222.6 g，冀农 1 号、邯丰 18 与农华 101 穗粒重均不足 200.0 g；从最终产量来看，先玉 335 以 12 562 kg·hm^{-2} 排在第一位，先玉 688、浚单 29、郑单 958 与登海 605 分别排在第二至第五位，但这 5 个品种产量方差分析差异不显著，农华 101、冀农 1 号与邯丰 18 三个品种产量显著降低（表4）。

表 4　不同玉米品种产量及产量构成

品种	穗数 （穗·hm^{-2}）	穗粒重 （g）	产量 （kg·hm^{-2}）	产量排序
先玉 335	63 892	231.3	12 562 a	1
邯丰 18	62 503	196.1	10 418 b	8
登海 605	60 420	231.8	11 904 ab	5
郑单 958	64 580	222.6	12 220 a	4
先玉 688	59 031	247.9	12 439 a	2
浚单 29	64 587	223.2	12 253 a	3
农华 101	64 934	195.5	10 790 b	6
冀农 1 号	63 892	197.4	10 720 b	7

3　结论与讨论

根据不同种植区域选用适合当地种植的生育期合适、抗倒性好、抗病性强、产量潜力高、增产潜力大的紧凑耐密型玉米品种是实现玉米高产的前提[10]，玉米产量源于品种群体，高产为品种群体与动态的环境资源互作能力的体现，穗粒数和百粒重是产量的决定因子，籽粒数量和重量的变化是产量高低的直接因素[11]；在本试验中，从供试玉米品种产量看，先玉 335、先玉 688、浚单 29、郑单 958 与登海 605 差异不大，但在这 5 个品种中先玉 335 与浚单 20 生育期分别为 108 d 和 104 d，生育期偏短，不利于充分利用后期光热资源，先玉 335 株高偏高，浚单 29 和郑单 958 穗位高分别为 114.0 cm 与 116.5 cm，其抗倒伏能力偏弱；先玉 688 株高适中，穗位高较低，抗倒伏能力优于先玉 335、浚单 29 和郑单 958，其倒伏率与空杆率在所有供试品种中表现较好，尤其是先玉 688 穗长、穗粒数与穗粒重在 8 个品种中具有明显的优势，综合考虑，先玉 688 可作为粮棉轮作种植模式中的优选品种。

参考文献

[1] 霍克斌，郑彦平．完善麦棉两熟种植确保粮棉稳步双增 [J]．河北农业科学，1991，1：4-6.

[2] 翟学军，李悦有．超早熟短季棉新材料创制及麦后直播技术研究 [J]．农业科技通讯，2007，3：13-14.

[3] 高淑桃，何训坤，申荣太．我国新形势下的粮食安全问题 [J]．中国食物与营养，2003，10：18-21.

[4] 李宝新．新形势下的粮食安全问题 [J]．山西统计，2001，11：16-17.

[5] 石晨阳，王桂荣，王慧军，等．河北省种植业高效用水预测研究 [J]．中国农学通报，2012，28（3）：218-224.

[6] 冯延江，王俊河，藤桂荣．优质高产专用玉米品种筛选试验 [J]．黑龙江农业科学，2005，1：1-3.

[7] 宁朝辉，董喆，张丽妍，等．适于赤峰地区机械化种植的玉米新品种筛选 [J]．安徽农业科学，2014，42（21）：6 968-6 969.

[8] 王立新，郭强，苏青．玉米抗倒性与茎秆显微结构的关系 [J]．植物学通报，1990，7：34-36.

[9] 曹国军，耿玉辉，叶青．超高产春玉米产量构成特性分析 [J]．玉米科学，2012，20（5）：80-83.

[10] 崔彦生，孟建，王月芬，等．河北省玉米生产现状及发展对策探讨 [J]．中国农学通报，2009，25（20）：354-356.

[11] 张勤，李青松，马中义，等．玉米高产品种穗粒重分布特点及其与产量关系的研究 [J]．河北农业科学，2013，17（5）：12-15，43.

[此文原刊载于《山东农业科学》，2015，47（7）：56-58]

适宜麦棉套作的早熟棉花品种筛选

杜海英[1]，王树林[1]，高　倩[2]，刘文艺[3]

(1. 河北省农林科学院棉花研究所/农业部黄淮海半干旱区棉花生物学与遗传育种重点实验室；
2. 河北省农林科学院农业信息与经济研究所；3. 邯郸市曲周县农牧局)

摘　要：搜集8个生产上应用的棉花品种与4个早熟品系，在麦棉套作模式下种植，通过调查棉花株高、果枝、三桃比例、单铃重、衣分、霜前花率、棉花产量等性状指标，旨在筛选出适宜麦棉套作的棉花品种。结果表明，随着棉花品种（系）生育期缩短，霜前花率与霜前皮棉产量有增加的趋势，其中HL1与LZ4两个品系表现最好，霜前花率分别为74.5%与75.1%，霜前皮棉产量分别为1 153 kg·hm^{-2}、1 203 kg·hm^{-2}，中棉所89与冀杂2号两个生育期较短的品种在8个品种中表现相对较好。

关键词：麦棉套作；棉花品种；早熟

麦棉两熟种植技术在20世纪50年代我国长江流域棉区见有报道，形式为冬小麦（元麦）、棉花直播[1]。黄河流域棉区两熟种植制度自20世纪60年代进入试验，以麦棉套种为主[2]，并于20世纪90年代后成为该区主要种植模式[3]。但随着小麦联合收割机的应用，麦棉套作种植模式由于不适应机械收获小麦而导致面积迅速下降，因此进入21世纪后关于麦棉套作种植技术的研究多集中基础理论方面，如套作对土壤生态系统[4-5]与棉花根系生长的影响[6]，而对麦棉套作的应用性研究不多。近年来，随着国家对粮食安全问题的日益重视以及粮棉争地矛盾的日益尖锐，麦棉套作种植模式被重新提及，在解决了小麦联合收割机应用的问题后，麦棉套作模式推广前景广阔。麦棉套作模式存在棉花晚熟导致霜前花率不高的问题[7-8]。因此筛选出适宜麦棉套作模式中棉花品种的早熟性十分重要。王树林等人[9]曾于2013年在多雨寡照年份对适宜麦棉套作的棉花品种进行了筛选试验，本研究于2015年平水年份，搜集市场上应用的通过审定的棉花品种8个，同时向邯郸市农科院、河北省农林科学院棉花研究所、山东棉花研究中心、中国农业科学院棉花研究所征集早熟品系4个，通过调查麦棉套作模式下不同熟性棉花品种的生育性状、产量性状与早熟性指标，筛选出正常年份适宜麦棉套作模式的棉花品种，旨在为提高麦棉套作模式下棉花的霜前花率与霜前籽棉、皮棉产量提供指导作用。

1　材料与方法

1.1　试验地概况与气候特征

试验于2015年在河北省农林科学院棉花研究所曲周试验站（河北省邯郸市曲周县

西漳头村）进行，前茬作物为棉花。土壤为黏壤土，肥力中等偏上，有机质 14.1 g·kg^{-1}，全氮 0.908 g·kg^{-1}，速效磷 22.1 mg·kg^{-1}，速效钾 194.7 mg·kg^{-1}。

1.2 试验材料

供试棉花品种及来源见表 1，其中邯郸市农业科学院、河北省农林科学院棉花研究所、山东棉花研究中心、中国农业科学院棉花研究所各提供早熟品系 1 个，其他品种均为通过审定的品种。

表 1 供试棉花品种（系）

品种名称	审定生育期（d）	选育单位
HL1	—	邯郸市农业科学院提供早熟品系
LZ4	—	河北省农林科学院棉花研究所提供早熟品系
邯 333	127	邯郸市农业科学院
邯无 198	126	邯郸市农业科学院
冀 863	126	河北省农林科学院棉花研究所
冀棉 958	139	河北省农林科学院棉花研究所，中国农业科学院生物技术研究所
冀杂 2 号	122	河北省农林科学院棉花研究所，中国农业科学院生物技术研究所
鲁 K836	—	山东棉花研究中心提供早熟品系
鲁棉研 40	121	山东棉花研究中心
农大 601	127	河北农业大学
中 1507	—	中国农业科学院棉花研究所提供早熟品系
中棉所 89	122	中国农业科学院棉花研究所

1.3 试验方法

试验采用随机区组设计，3 次重复。小区宽 6.4 m，长 8 m。种植模式为 4 行小麦占地幅宽 80 cm，棉花预留行幅宽 80 cm。2015 年 4 月 26 日播种棉花，预留行播种 2 行，两行间距 45 cm，播种后覆盖塑料地膜，浇蒙头水。5 月 18 日浇水 1 次，5 月 30 日棉花定苗，留苗密度 5.8 万株·hm^{-2}，6 月 10 日收获小麦，6 月 11 日灌水 1 次，结合灌水追施复合肥 [m(氮)：m(磷)：m(钾) = 15：13：17] 600 kg·hm^{-2}，10 月 11 日喷施 40% 乙烯利 3.0 kg·hm^{-2} 催熟。棉花生育期间病虫害防治同大田。

试验每小区选取 20 株棉花，于 6 月 15 日、7 月 15 日、8 月 15 日分别调查棉花株高和主茎真叶数；7 月 15 日、8 月 15 日分别调查果枝数、成铃数；9 月 10 日调查成铃数，以上均为调查计算 20 株平均值；每小区收获 10 株棉花所有吐絮铃用于测定单铃重、衣分；10 月 25 日小区单独收获霜前花 1 次计产，11 月 2 日收获霜后花 1 次。伏前桃为 7 月 15 日单株成铃数，伏桃为 8 月 15 日成铃数减去 7 月 15 日成铃数，秋桃为 9

月 10 日成铃数减去 8 月 15 日成铃数。

1.4 数据统计与分析

采用 Microsoft Excel 2003 进行数据处理，用 DPS 7.05 软件进行方差分析。

2 结果与分析

2.1 不同棉花品种（系）的株高与果枝性状分析

6 月 15 日株高邯 333、鲁 K836、农大 601 位居前三，低于 20 cm 的有 LZ4、冀棉 958、冀杂 2 号、鲁棉研 40，其他品种（系）株高中等，苗期棉花株高不宜太高，否则影响小麦的机械化采收；从 6 月 15 日到 7 月 15 日，株高增长 超过 40 cm 的有 7 个品种（系），分别是 LZ4、邯 333、冀 863、冀杂 2 号、鲁 K836、鲁棉研 40、农大 601，其他品种（系）株高增量不足 40 cm，小麦收获后棉花生长越快，对产量的形成越有利；从 7 月 15 日到 8 月 15 日，株高增量不足 40 cm 的有冀杂 2 号、鲁 K836、鲁棉研 40、农大 601，其他品种（系）株高增量均超过 40 cm。

6 月 15 日真叶数鲁 K836 达到了 5.1 片，邯无 198 仅为 4.4 片，其他品种（系）在 4.6~4.9 片；7 月 15 日果枝数鲁棉研 40 最高为 8.1 台，冀棉 958 最少为 6.4 台，最终 8 月 15 日果枝数超过 13 台的有 个，分别是冀 863、冀棉 958、鲁 K836、中 1507 和中棉所 89，HL1、LZ4、农大 601 均为 12.1 台，果枝数最低（表 2）。

表 2 不同棉花品种（系）生育性状

品种	株高（cm）			主茎真叶（果枝）数（片/台）		
	6 月 15 日	7 月 15 日	8 月 15 日	6 月 15 日	7 月 15 日	8 月 15 日
HL1	20.4	56.9	97.4	4.6	6.8	12.1
LZ4	19.3	62.6	104.9	4.6	7.6	12.1
邯 333	24.2	66.3	109.1	4.7	7.3	12.6
邯无 198	22.7	61.7	110.1	4.4	7.4	12.8
冀 863	20.8	62.8	106.5	4.8	7.2	13.1
冀棉 958	19.1	54.2	98.3	4.6	6.4	13.0
冀杂 2 号	18.8	62.3	95.2	4.6	7.9	12.6
鲁 K836	23.0	66.1	102.5	5.1	7.6	13.3
鲁棉研 40	17.8	61.1	99.6	4.4	8.1	12.6
农大 601	22.4	66.1	104.2	4.9	7.8	12.1
中 1507	21.7	60.3	102.1	4.8	7.7	13.0
中棉所 89	21.6	58.3	109.3	4.8	7.0	13.2

注：棉花果枝数单位用"台"，真叶数用"片"

2.2 不同棉花品种（系）的三桃比例分析

三桃比例基本上能够反映出棉花经济产量在时间进程上的分配关系，对于衡量品种是否适应某一地区的气候条件具有重要意义[10]。从表3中可以看出，12个品种（系）在麦棉套作模式下均没有伏前桃，生育进程明显推迟，伏桃数鲁K836和中1507较高，分别为4.8和4.6个，伏桃比例均超过30%，伏桃数较少的有邯无198、冀棉958和鲁棉研40，伏桃数不足3.0个，其中冀棉958和鲁棉研40伏桃比例也仅为20.7%和20.3%，其他品种（系）在25.1%～29.9%；而秋桃为麦棉套作模式下棉花产量形成的主体，秋桃比例除鲁K836与中1507外，其他品种（系）均超过了70%。

表3 不同棉花品种（系）三桃比例

品种	伏前桃		伏桃		秋桃	
	个数（个）	比例（%）	个数（个）	比例（%）	个数（个）	比例（%）
HL1	0.0	0.0	3.9	28.3	9.9	71.7
LZ4	0.0	0.0	4.0	25.1	12.0	74.9
邯333	0.0	0.0	3.2	25.5	9.5	74.5
邯无198	0.0	0.0	2.9	25.3	8.6	74.7
冀863	0.0	0.0	3.5	26.3	9.8	73.7
冀棉958	0.0	0.0	2.7	20.7	10.2	79.3
冀杂2号	0.0	0.0	3.3	23.1	11.0	76.9
鲁K836	0.0	0.0	4.8	31.2	10.6	68.8
鲁棉研40	0.0	0.0	2.9	20.3	11.2	79.7
农大601	0.0	0.0	3.8	29.9	8.9	70.1
中1507	0.0	0.0	4.6	32.3	9.7	67.7
中棉所89	0.0	0.0		27.6	9.9	72.4

2.3 不同棉花品种（系）的产量及产量构成分析

单株成铃数LZ4最高，达到了16.0个，其次是鲁K836为15.4个，邯无198单株铃数最低，仅有11.5个；单铃重农大601最高达到了5.4 g，鲁棉研40、中棉所89单铃重也达到了5.0 g，其他品种（系）单铃重在4.5～4.9 g；衣分不同品种（系）之间差异较小，中棉所89衣分最高，为41.1%，邯无198衣分最低为38.0%；霜前花率是衡量麦棉套作模式下品种适应性的一个最重要的指标，从表4中可以看出，LZ4与HL1两个品系的霜前花率超过了70%，霜前花率在60%～70%的有邯无198、冀杂2号、中1507、中棉所89，冀863与冀棉958两个品种霜前花率在40%上下；从皮棉产量看，超过1 600 kg·hm⁻²的品种有LZ4、邯333、冀863、农大601与中1507，而霜前皮棉产量以 LZ4 最高，达到 1 203 kg·hm⁻²，但 LZ4、HL1 与中 1507 三个品种（系）之间差异不显著，中棉所 89、冀杂 2 号是所有品种中霜前花率与霜前皮棉产量表现较好的两个品种（这两个在品种中表现好，因为还有品系）。从霜前花率与霜前皮棉产量来看，现有生产上审定的品种大部分偏低，因此棉花育种方面仍需针对麦棉套作模式，选育更为早熟的棉花品种。

表4　不同棉花品种（系）产量及产量构成

品种	铃数（个/株）	单铃重（g）	衣分（%）	霜前花率（%）	皮棉产量（kg·hm⁻²）	霜前皮棉产量（kg·hm⁻²）
HL1	13.8 bc	4.8 bcd	39.7 abc	74.5 ab	1 547 abc	1 153 ab
LZ4	16.0 a	4.7 cd	40.5 a	75.1 a	1 600 a	1 203 a
邯 333	12.7 g	4.5 d	41.0 a	55.8 d	1 653 a	922 cd
邯无 198	11.5 h	4.6 d	38.0 d	60.1 cd	1 159 e	704 e
冀 863	13.3 efg	4.9 bcd	40.1 ab	46.3 ef	1 640 a	759 de
冀棉 958	12.9 fg	4.6 d	38.6 cd	38.2 f	1 297 de	495 f
冀杂 2 号	14.3 bcde	4.8 bcd	40.6 a	67.5 abc	1 437 bcd	970 c
鲁 K836	15.4 b	4.7 cd	40.5 a	58.8 cd	1 512 abc	888 cd
鲁棉研 40	14.1 cde	5.0 b	38.9 bcd	55.3 de	1 394 cd	771 de
农大 601	12.7 g	5.4 a	40.8 a	55.0 d	1 610 a	887 cd
中 1507	14.3 bcd	4.9 bc	40.5 a	65.3 bc	1 611 a	1 053 abc
中棉所 89	13.7 def	5.0 bc	41.1 a	66.1 abc	1 558 ab	1 029 bc

3　结论与讨论

麦棉套作种植模式下，小麦遮阴对棉苗生长影响较大[11-12]，棉花容易形成高脚苗，由于小麦在 6 月 10 日前后收获，此期棉苗株高太高往往容易影响小麦收获，本试中 6 月 15 日株高较低的品种有 LZ4、冀棉 958、冀杂 2 号、鲁棉研 40；套作棉花生长高峰出现在小麦收获以后到 8 月中旬，较单作棉生育进程明显推迟，基本没有伏前桃，产量主体以秋桃为主，霜前花率低，这些因素是制约棉花产量的关键限制因素。从本试验结果来看，从市场上搜集到的生产上目前应用的棉花品种，大部分存在霜前花率过低的问题，随着品种（系）生育期的延长，霜前花率与霜前皮棉产量有降低的趋势，尽管有些品种皮棉产量较高，但产量构成中有大量不能正常吐絮的晚秋桃，而导致霜前皮棉产量不高；由邯郸市农科院与河北省农林科学院棉花研究所提供的两个早熟品系，在试验中表现突出，霜前花率与霜前皮棉产量均高于其他品种（系），其次是中 1507、中棉所 89 与冀杂 2 号，中 1507 为早熟品系，中棉所 89 与冀杂 2 号生育期均在 122 d，因此在生产上选用麦棉套作品种时，还需要选择生育期尽量短的品种，另一方面，在麦棉套作模式下还需选育更为早熟的品种，才能进一步提升棉花的产量潜力。

参考文献

[1] 中国农业科学院棉花研究所. 棉花优质高产的理论与技术 [M]. 北京：中国农业出版社，1999.

[2] 刁光中. 黄淮海棉区麦棉两熟研究现状和展望 [J]. 中国棉花，1990 (1)：6-8.

[3] 何旭平，纪从亮. 现代中国棉花育种与栽培概论 [M]. 北京：中国农业科学技术出版社，2007：201-219.

[4] 孙磊，陈兵林，周治国. 麦棉套作系统中小麦根区化感物质对棉苗生长的影响 [J]. 棉花学报，2006，18 (4)：213-217.

[5] 孙磊，陈兵林，周治国. 麦棉套作 Bt 棉花根系分泌物对土壤速效养分及微生物的影响 [J]. 棉花学报，2007，19 (1)：18-22.

[6] 王瑛，王立国，陈兵林，等. 麦棉共生期间棉花根系的生理特性研究 [J]. 棉花学报，2007，19 (6)：446-449.

[7] 霍克斌，郑彦平. 完善棉麦两熟种植确保粮棉稳步双增 [J]. 河北农业科学，1991 (1)：4-6.

[8] 张金帮，张兰，孙本普，等. 麦套春棉对棉花生育动态的影响 [J]. 江西棉花，2005，27 (4)：15-19.

[9] 王树林，刘文艺，祁虹，等. 多雨寡照年份适宜麦棉套作的棉花品种筛选 [J]. 河北农业科学，2016，20 (2)：63-66，83.

[10] 王树林，祁虹，张谦，等. 不同熟性棉花品种在冀南棉区的适应性分析 [J]. 河北农业科学，2011，15 (5)：9-10，64.

[11] 刘锋，孙本普，李秀云，等. 麦套春棉对棉花生态环境及生育动态的影响 [J]. 安徽农业科学，2008，36 (17)：7 180-7 182.

[12] 周治国，孟亚利，施培. 棉麦两熟共生期遮阴对棉苗生长发育的影响 [J]. 西北植物学报，2001，21 (3)：474-480.

[此文原刊载于《天津农业科学》，2016，22 (11)：133-137]

多雨寡照年份适宜麦棉套作的棉花品种筛选

王树林[1]，刘文艺[2]，祁　虹[1]，王　燕[1]，张　谦[1]，冯国艺[1]，
林永增[1*]，梁青龙[1]

（1. 河北省农林科学院棉花研究所，农业部黄淮海半干旱区棉花生物学与
遗传育种重点实验室；2. 曲周县农牧局）

摘　要：在麦棉套作模式下，选用 10 个棉花品种（系）通过比较分析不同指标，筛选适宜多雨寡照年份的棉花品种（系）。结果表明，麦棉套作模式下，尤其是多雨寡照年份，棉花营养生长集中在 6 月下旬到 7 月中上旬，且生育期越长的品种，营养生长高峰越晚，秋桃比例越高，霜前花率越低；其中中棉所 50 生育期短，伏桃比例较高，霜前花率达到 83.4%，籽棉产量 3 814.1 kg·hm^{-2}，显著高于其他品种，纤维品质较好，是多雨寡照年份适宜麦棉套作种植的棉花品种。

关键词：多雨寡照；麦棉套作；棉花品种

麦棉两熟种植技术在 20 世纪 50 年代我国长江流域棉区见有报道，形式为冬小麦（元麦）、棉花直播[1]。黄河流域棉区两熟种植制度自 20 世纪 60 年代进入试验，以麦棉套种为主[2]，并于 20 世纪 90 年代后成为该区主要种植模式[3]。但随着小麦联合收割机的应用，麦棉套作种植模式由于不适应机械收获小麦而导致面积迅速萎缩，因此进入 21 世纪后关于麦棉套作种植技术的研究多集中基础理论方面，如套作对土壤生态系统[4-5]与棉花根系生长的影响[6]，而对麦棉套作的应用性研究不多。近年来，随着国家对粮食安全问题的日益重视以及粮棉争地矛盾的日益尖锐，麦棉套作种植模式被重新提及，在解决了小麦联合收割机应用的问题后，麦棉套作模式推广前景广阔。麦棉套作模式存在棉花晚熟导致霜前花率不高的问题[7-8]，尤其是遇到棉花生长中期遭遇阴雨寡照天气的时候更为严重。因此筛选出适宜麦棉套作模式中棉花品种的早熟性十分重要。本研究在 2013 年棉花生育中期多雨寡照年份，通过调查麦棉套作模式下不同熟性棉花品种的生育性状、产量性状与早熟性指标，筛选出多雨寡照年份适宜麦棉套作模式的棉花品种，对提高麦棉套作模式下棉花的霜前花率与霜前籽棉、皮棉产量，具有重要指导作用。

1　材料与方法

1.1　试验地概况与气候特征

试验在河北省农林科学院棉花研究所曲周试验站（河北省邯郸市曲周县西漳头村）进行，前茬作物为棉花。土壤为黏壤土，肥力中等偏上，有机质 13.2 g·kg^{-1}，全氮 0.976 g·kg^{-1}，速效磷 29.4 mg·kg^{-1}，速效钾 231.5 mg·kg^{-1}。

试验地 2013 年属于典型的多雨寡照年份。5—10 月的日照时数均低于历年平均，尤其是 7—9 月的日照时数仅分别为历年平均的 69.3%、71.1% 与 56.2%。5、6 月降水量与历年基本持平，7、8 月降水量为历年平均的 2.1 倍与 1.2 倍（表 1）。

表 1　2013 年棉花生育期间日照时数与降水量

月份 （月）	日照时数（h）		降水量（mm）	
	2013 年	历年	2013 年	历年
5	195.5	256.7	31.4	31.9
6	184.1	244.8	54.5	56.3
7	144.6	208.6	288.3	136.8
8	153.1	215.2	133.6	109.8
9	116.5	207.3	24.4	35.6
10	194.1	208.7	6.0	27.8

1.2　试验材料

供试棉花品种及来源见表 2，其中超早 1 号[9]为国家半干旱农业工程技术研究中心提供的零式果枝早熟品系，其他品种均为通过审定的品种。

表 2　供试棉花品种（系）

品种名称	审定生育期（d）	选育单位
中棉所 50	110	中国农业科学院棉花研究所，中国农业科学院生物技术研究所
超早 1 号	105～110	国家半干旱农业工程技术研究中心
邯 7860	118	邯郸市农业科学院，中国农业科学院生物技术研究所
中植棉 2 号	125	中国农业科学院植物保护研究所，新乡县七里营新植原种场，中国农业科学院生物技术研究所
鲁棉研 28	138	山东棉花研究中心
中棉所 79	123	中国农业科学院棉花研究所
冀 228	124	河北省农林科学院棉花研究所，中国农业科学院生物技术研究所
冀杂 1 号	135	河北省农林科学院棉花研究所，中国农业科学院生物技术研究所
农大棉 6 号	129	河北农业大学
冀棉 958	139	河北省农林科学院棉花研究所，中国农业科学院生物技术研究所

1.3　试验设计与方法

试验采用随机区组设计，3 次重复。小区宽 6.4 m，长 8 m。种植模式为 4 行小麦占地幅宽 80 cm，棉花预留行幅宽 80 cm。2013 年 4 月 22 日播种棉花，预留行播种 2 行，两行间距 45 cm，播种后覆盖塑料地膜，浇蒙头水。5 月 19 日浇水 1 次，5 月 28 日棉花定苗，留苗密度 5.8 万株·hm^{-2}，6 月 9 日收获小麦，6 月 10 日灌水 1 次，结合灌水追施复合肥（氮磷钾比例为 15∶13∶17）600 kg·hm^{-2}，10 月 11 日喷施 40% 乙烯利 3.0 kg·hm^{-2} 催熟。棉花生育期间病虫害防治同大田。

试验每小区选取 20 株棉花，于 6 月 15 日、7 月 15 日、8 月 15 日分别调查棉花株高和主茎真叶数；7 月 15 日、8 月 15 日分别调查果枝数、成铃数；9 月 10 日调查成铃数，以上均为调查计算 20 株平均值；每小区收获 10 株棉花所有吐絮铃测定单铃重、衣分、纤维品质；10 月 25 日小区单独收获霜前花 1 次计产，11 月 2 日收获霜后花 1 次。伏前桃为 7 月 15 日单株成铃数，伏桃为 8 月 15 日成铃数减去 7 月 15 日成铃数，秋桃为 9 月 10 日成铃数减去 8 月 15 日成铃数。

1.4 数据统计与分析

采用 Microsoft Excel 2003 进行数据处理，用 DPS 7.05 软件进行方差分析。

2 结果与分析

2.1 不同棉花品种（系）的株高与果枝性状

中棉所 50 和超早 1 号成熟期株高在 10 个品种（系）中偏低，分别为 72.4 cm 和 91.0 cm；农大棉 6 号、冀棉 958 与冀杂 1 号株高较高，均>110 cm。从株高增长动态来看，6 月 15 日中棉所 50、超早 1 号株高为其最终株高的 29.7% 与 28.5%，其他品种在 22.5%～25.8%；7 月 15 日中棉所 50、超早 1 号、邯 7860 与中棉所 79 株高分别为各自最终株高的 85.1%、84.2%、84.4% 与 83.1%，其他品种在 69.9%～79.3%。可以看出，生育期越短的品种（系），前期株高增长比例越大，主茎真叶数和果枝数同株高趋势相似。6 月 15 日超早 1 号和中棉所 50 主茎真叶数较高，分别为 7.2 和 6.9，其他品种主茎真叶数均<6.0；7 月 15 日超早 1 号果枝数最多，为 10.2 台，其次为中棉所 50、邯 7860 与中棉所 79，果枝数均≥9.5；到 8 月 15 日除超早 1 号果枝数为 13.7 台外，其他品种果枝数均在 11.0～11.9，差异不大。表明在麦棉套作模式下，尤其是多雨寡照年份，棉花营养生长集中在 6 月下旬到 7 月中上旬，且生育期越长的品种，营养生长高峰越晚（表 3）。

表 3 不同棉花品种（系）生育性状

品种	株高（cm）			主茎真叶（果枝）数（台）		
	6 月 15 日	7 月 15 日	8 月 15 日	6 月 15 日	7 月 15 日	8 月 15 日
中棉所 50	21.5	61.6	72.4	6.9	9.9	11.9
超早 1 号	25.9	76.6	91.0	7.2	10.2	13.7
邯 7860	25.0	85.3	101.1	5.5	9.6	11.9

（续表）

品种	株高（cm）			主茎真叶（果枝）数（台）		
	6月15日	7月15日	8月15日	6月15日	7月15日	8月15日
中植棉2号	24.9	72.0	102.8	5.2	9.0	11.2
鲁棉研28	24.0	80.3	102.8	5.1	9.0	11.3
中棉所79	24.8	82.0	98.7	5.6	9.5	11.5
冀228	25.6	83.7	105.5	5.6	9.0	11.8
冀杂1号	25.4	80.6	113.0	5.4	8.5	11.5
农大棉6号	30.1	86.0	116.8	5.3	8.9	11.0
冀棉958	28.7	79.5	113.8	5.8	8.7	11.7

2.2 不同棉花品种（系）的三桃比例

三桃比例基本上能够反映出棉花经济产量在时间进程上的分配关系，对于衡量品种是否适应某一地区的气候条件具有重要意义[10]。超早1号伏前桃1.3个，伏前桃比例7.4%，其他品种均没有伏前桃。中棉所50和超早1号伏桃数较多，分别为5.0个和4.8个，伏桃比例为27.0%、27.3%；邯7860伏桃个数与比例低于以上两个品种（系），但明显高于其他几个品种；冀杂1号、农大棉6号伏桃比例较低，仅为3.0%和2.7%。秋桃构成了棉花产量的主体，10个品种（系）秋桃比例由低到高依次是超早1号、中棉所50、邯7860、中植棉2号、鲁棉研28、农大棉6号、中棉所79、冀228、冀杂1号、冀棉958，随着棉花品种（系）生育期的延长，秋桃比例有增大的趋势（表4）。

表4 不同棉花品种（系）三桃比例

品种	伏前桃		伏桃		秋桃	
	个数（个）	比例（%）	个数（个）	比例（%）	个数（个）	比例（%）
中棉所50	0	0.0	5.0	27.0	13.5	73.0
超早1号	1.3	7.4	4.8	27.3	11.5	65.3
邯7860	0	0.0	2.2	13.7	13.9	86.3
中植棉2号	0	0.0	1.1	8.3	12.2	91.7
鲁棉研28	0	0.0	1.3	8.1	14.8	91.9
中棉所79	0	0.0	1	7.0	13.3	93.0
冀228	0	0.0	0.7	4.7	14.2	95.3
冀杂1号	0	0.0	0.5	3.0	16.0	97.0
农大棉6号	0	0.0	1.2	7.9	13.9	92.1
冀棉958	0	0.0	0.4	2.7	14.7	97.3

2.3 不同棉花品种（系）的产量及产量构成

生育期最短的 2 个品种（系）中棉所 50 和超早 1 号单株铃数分别达到了 18.5 个和 17.6 个，其次是冀杂 1 号、鲁棉研 28 和邯 7860，单株铃数均超过了 16 个，中植棉 2 号最低，仅有 13.3 个。邯 7860、中棉所 79 和冀棉 958 的单铃重都达到了 4.5 g，其他品种（系）在 4.1 g 到 4.3 g 之间，差异不大。中棉所 50 的衣分最高，为 38.3，且明显高于其他品种（系）。不同品种（系）间霜前花率差别较大，品种生育期越短，霜前花率越高，中棉所 50 和超早 1 号霜前花率分别达到了 83.4% 与 88.2%，在多雨寡照年份表现较好，邯 7860 霜前花率次之，为 67.9%；其他品种霜前花率均 <60%，不适宜多雨寡照年份种植。根据籽棉产量结果，中棉所 50 表现最好，达到了 3 814.1 kg·hm^{-2}，且显著>其他品种（系），超早 1 号、邯 7860 与冀杂 1 号的产量差异不显著，但显著>其他品种（表 5）。

表 5　不同棉花品种（系）产量及产量构成

品种	铃数 （个/株）	单铃重 （g）	衣分 （%）	霜前花率 （%）	籽棉产量 （kg·hm^{-2}）
中棉所 50	18.5	4.2	38.3	83.4	3 814.1 a
超早 1 号	17.6	4.1	34.1	88.2	3 542.2 b
邯 7860	16.1	4.5	34.1	67.9	3 556.4 b
中植棉 2 号	13.3	4.3	34.8	55.0	2 807.3 g
鲁棉研 28	16.1	4.1	32.4	43.2	3 230.2 d
中棉所 79	14.3	4.5	33.7	51.4	3 158.8 de
冀 228	14.9	4.1	33.1	45.8	2 988.7 f
冀杂 1 号	16.5	4.3	31.7	42.6	3 472.2 b
农大棉 6 号	15.1	4.2	31.3	46.9	3 113.1 e
冀棉 958	15.1	4.5	33.3	43.2	3 324.5 c

2.4 不同棉花品种（系）的纤维品质

农大棉 6 号、鲁棉研 28 和冀棉 958 的纤维长度均 >31 mm；邯 7860、中植棉 2 号、冀杂 1 号、中棉所 79 和冀 228 在 30~31 mm；中棉所 50 和超早 1 号分别为 28.7 mm、27.5 mm，在所有品种（系）中偏短。中植棉 2 号、中棉所 50 和邯 7860 的断裂比强度均 >31 cN·tex^{-1}，表现较好。马克隆值作为反映纤维成熟度和细度的综合指标，其最优区间为 3.7~4.2[11]。超早 1 号和中棉所 50 的马克隆值分别达到 5.4 和 4.6，成熟度高，与生产上的单作春棉接近[12]；邯 7860、冀棉 958 和中棉所 79 马克隆值次之，分别为 3.9、3.7 和 3.4，成熟度较好；其他品种（系）的纤维成熟度不够。纺纱均匀性指数前 3 位分别为中植棉 2 号（172）、邯 7860（163）、鲁棉研 28（159）；超早 1 号纺纱均匀性指数仅有 127；表现较差。冀棉 958 伸长率达到了 7.9，表现最好，超早 1 号仅为

5.5，表现最差；其他品种差异较小。各品种（系）间的整齐度指数、反射率、黄度差异不明显（表6）。

表6 不同棉花品种（系）纤维品质

品种	纤维上半部平均长度（mm）	整齐度指数（%）	马克隆值	伸长率（%）	反射率（%）	黄度	纺纱均匀指数	断裂比强度（cN·tex^{-1}）
中棉所50	28.7	85.1	4.6	6.0	74.1	8.2	147	31.9
超早1号	27.5	83.1	5.4	5.5	72.7	8.6	127	28.9
邯7860	30.6	85.0	3.9	6.6	73.9	8.8	163	31.2
中植棉2号	30.6	85.8	2.9	6.2	76.9	8.4	172	32.0
鲁棉研28	31.2	83.7	2.7	6.3	77.7	8.1	159	29.7
中棉所79	30.4	83.8	3.4	6.6	76.2	8.3	142	26.9
冀228	30.2	81.2	2.8	6.3	75.6	8.5	140	26.5
冀杂1号	30.5	83.6	2.6	6.3	74.2	8.7	149	27.5
农大棉6号	31.6	84.1	2.4	6.7	76.2	8.2	154	26.5
冀棉958	31.0	85.6	3.7	7.9	77.2	8.8	153	28.0

3 结论与讨论

麦棉套作种植模式下，小麦遮阴对棉苗生长影响较大[13-14]，尤其在多雨寡照年份，棉花前期生长慢[15]，株高和果枝增长高峰期在6月下旬至7月上中旬，且生育期越长，其营养生长高峰越晚。从生殖生长来看，麦棉套作种植模式普遍存在棉花霜前花率过低的问题。2013年河北省属于典型的多雨寡照年份，尤其是棉花生育中后期日照不足。从本研究结果来看，目前生产上应用的主推品种在多雨寡照年份均存在晚熟问题，成铃主体为秋桃，霜前花率过低，不适宜在麦棉套作模式中应用。夏播品种中棉所50由于生育期短，较好地适应了多雨寡照年份的气候特点，在麦棉套作模式下伏桃比例较高，霜前花率达到了83.4%，纤维品质较好，其产量也达到了3 814.1 kg·hm^{-2}，显著高于其他品种（系）。在多雨寡照年份，中棉所50适宜于在麦棉套作模式下种植。

参考文献

[1] 中国农业科学院棉花研究所. 棉花优质高产的理论与技术 [M]. 北京：中国农业出版社，1999.
[2] 刁光中. 黄淮海棉区麦棉两熟研究现状和展望 [J]. 中国棉花，1990 (1)：6-8.
[3] 何旭平，纪从亮. 现代中国棉花育种与栽培概论 [M]. 北京：中国农业科学技术出版社，2007：201-219.
[4] 孙磊，陈兵林，周治国. 麦棉套作系统中小麦根区化感物质对棉苗生长的影响 [J]. 棉花

学报, 2006, 18 (4): 213-217.

[5] 孙磊, 陈兵林, 周治国. 麦棉套作 *Bt* 棉花根系分泌物对土壤速效养分及微生物的影响 [J]. 棉花学报, 2007, 19 (1): 18-22.

[6] 王瑛, 王立国, 陈兵林, 等. 麦棉共生期间棉花根系的生理特性研究 [J]. 棉花学报, 2007, 19 (6): 446-449.

[7] 霍克斌, 郑彦平. 完善棉麦两熟种植确保粮棉稳步双增 [J]. 河北农业科学, 1991 (10): 4-6.

[8] 张金帮, 张兰, 孙本普, 等. 麦套春棉对棉花生育动态的影响 [J]. 江西棉花, 2005, 27 (4): 15-19.

[9] 翟学军, 李悦有. 超早熟短季棉新材料创制及麦后直播技术研究 [J]. 农业科技通讯, 2007 (3): 13-14.

[10] 王树林, 祁虹, 张谦, 等. 不同熟性棉花品种在冀南棉区的适应性分析 [J]. 河北农业科学, 2011, 15 (5): 9-10, 64.

[11] 中国农业科学院棉花研究所. 中国棉花栽培学 [M]. 上海: 上海科学技术出版社, 2013.

[12] 王树林, 林永增, 祁虹, 等. 冀南地区不同密度对棉花生长发育及产量品质的影响 [J]. 山东农业科学, 2010 (11): 24-27.

[13] 刘锋, 孙本普, 李秀云, 等. 麦套春棉对棉花生态环境及生育动态的影响 [J]. 安徽农业科学, 2008, 36 (17): 7 180-7 182.

[14] 周治国, 孟亚利, 施培. 棉麦两熟共生期遮阴对棉苗生长发育的影响 [J]. 西北植物学报, 2001, 21 (3): 474-480.

[15] 孙本普, 李秀云, 王勇, 等. 麦套春棉对棉花生态环境及生长影响的研究 [J]. 生态学报, 1997, 17 (4): 426-435.

[此文原刊载于《河北农业科学》, 2016, 20 (2): 63-66, 83]

滨海盐碱地不同适性棉花品种的筛选及其性状特征

冯国艺，张　谦，雷晓鹏，祁　虹，王树林，王　燕，梁青龙，林永增

（河北省农林科学院棉花研究所，农业部黄淮海半干旱区棉花生物学
与遗传育种重点实验室）

摘　要：在滨海盐碱棉区，针对不同盐碱程度的棉田筛选相适应的棉花品种，对于提升该区域棉花产量具有重要意义。以 18 个棉花品种为试材，在不同盐碱程度棉田上进行种植，依据出苗率（出苗率达到 80% 以上的品种作为适应该盐碱程度的品种）对参试品种的适应性进行了划分；并以 3 种盐碱程度下出苗率均 ≤50% 的品种作为对照，对 3 种盐碱程度相适应品种的植株性状、光合性状、产量性状和产量进行了分析。结果表明：轻适性品种株高 59.6~75.0 cm，果枝数 7.3~9.7 个，产品器官数 8.0~10.1 个，叶绿素 SPAD 值 45.4~47.6，叶面积指数 2.39~4.39，叶片光合速率 12.2~16.3 μmol·(m²·s)⁻¹，皮棉产量达到 1 200 kg·hm⁻² 以上水平；中适性品种株高 61.4~68.1 cm，果枝数 7.9~9.2 个，产品器官数 7.1~10.6 个，叶绿素 SPAD 值 45.4~48.0，叶面积指数 1.67~4.07，叶片光合速率 10.3~16.2 μmol·(m²·s)⁻¹，皮棉产量达到 1 000 kg·hm⁻² 以上水平；高适性品种株高 66.7~74.7 cm，果枝数 8.3~9.1 个，产品器官数 6.7~14.2 个，叶绿素 SPAD 值 41.3~42.7，叶面积指数 1.08~2.80，叶片光合速率 8.8~10.8 μmol·(m²·s)⁻¹，皮棉产量达到 900 kg·hm⁻² 以上水平。品种对不同盐碱胁迫的适应性，外在表现为营养器官增强和产品器官减少，其生理基础是光合性能的提高。收获期单位面积铃数和衣分增加是不同适性品种产量提高的主要原因。

关键词：棉花；盐碱地；产量；植株性状；光合指标

棉花是我国仅次于粮食的第二大作物，为关系国计民生的战略物资；其具有较强的耐盐碱性，常作为先锋作物在盐碱地区广泛种植[1]，为减缓粮棉争地矛盾，棉花种植逐渐向生产能力低下的滨海盐碱地区集中[2,3]。受地理位置及耕作措施的影响，棉花不同品种以及同一品种不同生育时期的耐盐性都有明显差异[4]。研究表明，棉花萌发和生长的极限盐度分别为 0.4% 和 0.6%~0.7%[5]；盐分含量较低（0.2%）时有利于棉花出苗、生长以及产量和品质的提高[6]，而盐分含量高于 0.2% 时就会产生离子胁迫和渗透伤害[7]；棉花种子萌发时可以忍受 1.5% 的 NaCl 溶液胁迫[8]。从棉花生育期来看，幼苗阶段和开花结铃时期对盐分较为敏感[9]，特别是三叶期前的幼苗[8]；也有资料报道，棉花耐盐性以萌发出苗时期最小[7]，随着生育进程推进而不断提高，但在蕾期、初花期渐趋下降，至开花结铃盛期耐盐能力上升为最强[10]。我国滨海盐碱地面积辽阔[2]，不同棉田的土壤盐碱程度差异较大。以往对棉花耐盐性的研究主要是针对棉花某一时期或在某一盐碱程度下展开的[11,12]，而对不同盐碱程度下棉花各生育期农艺性

状的全面评价较少。因此，对多个棉花品种在不同盐碱胁迫条件下的农艺性状和产量表现进行评价，筛选出相适应的棉花品种，为不同盐碱区棉花品种选择和高产抗逆栽培技术提供理论支持。

1 材料与方法

参试棉花品种（系）18 个（表1）。2016 年在河北省国营海兴农场（东经117°31′，北纬38°21′）进行试验。前茬作物为棉花，一年一熟制，棉田土质为中壤土，0～20 cm 耕层土壤基础养分含量为有机质 9.9 g·kg^{-1}、全氮 0.8 g·kg^{-1}（其中碱解氮35.4 mg·kg^{-1}）、速效磷 11.7 mg·kg^{-1}、速效钾 203.9 mg·kg^{-1}。

表1 参试棉花品种及其育种单位

品种	选育单位	品种	选育单位	品种	选育单位
冀棉616	河北省农林科学院棉花研究所	342	河北省农林科学院棉花研究所	873系	河北省农林科学院棉花研究所
冀棉958	河北省农林科学院棉花研究所	1401	河北省农林科学院棉花研究所	989系	河北省农林科学院棉花研究所
冀棉228	河北省农林科学院棉花研究所	F180	河北省农林科学院棉花研究所	1158系	河北省农林科学院棉花研究所
冀杂1号	河北省农林科学院棉花研究所	F108	河北省农林科学院棉花研究所	冀90系	河北省农林科学院棉花研究所
冀杂2号	河北省农林科学院棉花研究所	JM5号	河北省农林科学院棉花研究所	创优168	石家庄市民丰种子有限公司
冀优861	河北省农林科学院棉花研究所	JM8号	河北省农林科学院棉花研究所	沧棉666	沧州市农林科学院

根据4月中下旬0～20 cm 土层含盐量，试验盐碱程度设重度（含盐量 4.0～6.0 g·kg^{-1}）、中度（含盐量 3.0～4.0 g·kg^{-1}）和轻度（含盐量 3.0 g·kg^{-1}以下）3个处理。小区面积 60.0 m^2，随机区组排列，3 次重复。棉花4月底在开沟器犁出的10 cm 左右深的窄沟中抢墒播种，播后采用宽膜覆盖（2 行/膜），行距配置为 90 cm+45 cm，留苗密度 5.25 万株·hm^{-2}；播种时施尿素 450 kg·hm^{-2} 和过磷酸钙750 kg·hm^{-2} 做底肥；其他田间管理同当地常规。

每小区固定20株棉株，分别于7月15日（生育前期）和8月15日（产量形成期），调查植株性状和光合生理性状。其中，植株性状指标包括株高、果枝数、产品器官数（花蕾及成铃数）；光合生理性状指标包括 SPAD 值、叶面积指数和单叶光合速率。各小区实收测产，9月初收1次僵瓣烂桃花，计入小区产量，霜前和霜后籽棉分别计产。每个小区选取10株，测定单铃重和衣分。

SPAD 值和单叶光合速率在生育前期和产量形成期分别选取主茎倒4叶、主茎倒2叶进行测定，SPAD 值采用 SPAD-502 叶绿素计（Minolta，JPN）测定，单叶光合速率采用 Li-6400 便携式光合作用系统（Li-cor，USA）测定，叶面积指数采用打孔法测定。

利用 Microsoft Excel 2003 和 SPSS 11.0 进行数据处理与分析，采用最小显著差数法比较平均值。

2 结果与分析

2.1 不同盐碱程度下参试棉花品种（系）的出苗率

参试品种在不同盐碱程度条件下出苗率不同，其中，轻度盐碱条件下出苗率为 0～100%，中度盐碱条件下出苗率为 8.33%～100%，重度盐碱条件下出苗率为 0～100%（表2）。1401 在轻度和重度盐碱条件下出苗率均为 100%、在中度盐碱条件下出苗率为 91.67%，可见该品种在 3 种盐碱程度条件下均表现出较强的适应性，为广适性品种，不在本文分析之中。

将出苗率达到 80% 以上的品种作为适应该盐碱程度的品种，据此对 18 个参试品种（系）进行适应性划分。结果显示，轻适性品种（适应轻度盐碱胁迫的品种）有冀优861、冀棉 228、F180、冀杂 1 号、F108、沧棉 666、创优 168、JM8 号、1158 系、873系、342 系和 989 系，共计 12 个；中适性品种（适应中度盐碱胁迫的品种）有冀棉616、冀优 861、冀棉 958、冀杂 2 号、JM8 号和 873 系，共计 6 个；高适性品种（适应重度盐碱胁迫的品种）有冀杂 2 号、冀杂 1 号、F108、沧棉 666 和 1158 系，共计 5 个。JM5 号在 3 种盐碱程度下出苗率均不高于 50%，作为对照品种（CK）。

2.2 不同适应性棉花品种的植株性状

对不同盐碱程度下相适应品种的植株性状（图 1 和图 2）进一步研究发现，与 CK相比，各适应性品种在生育前期和产量形成期均表现出株高显著增加、果枝数增多、产品器官数显著减少的变化趋势，其中，轻适性、中适性、高适性品种的株高分别为61.4～68.1 cm、59.6～75.0 cm 和 66.7～74.7 cm，较 CK 分别增加了 17.1%～18.9%、14.6%～26.8% 和 24.6%～32.2%；果枝数分别为 7.3～9.7 个、7.9～9.2 个和 8.3～9.1 个，较 CK 分别增加了 5.9%～17.3%、14.6%～15.6% 和 4.3%～16.0%；单株产品器官数为 8.0～10.1 个、7.1～10.6 个和 6.7～14.2 个，较 CK 分别降低了 26.4%～80.0%、31.7%～91.3% 和 36.0%～66.4%。差异显著性分析结果显示，不同盐碱程度下，除生育前期轻适性和高适性品种的果枝数与 CK 差异不显著外，其他指标与 CK 差异均达到了显著水平。可以看出，棉花品种对不同程度盐碱胁迫的适应性在植株性状上的表现为营养器官增强、产品器官减少。

2.3 不同适应性棉花品种的光合生理性状

对不同盐碱程度下相适应品种的光合性状（图 3 和图 4）进一步研究发现，与 CK相比，各适应性品种在生育前期和产量形成期均表现出叶片 SPAD 值显著增加、叶面积增大、光合速率明显提升的变化趋势，其中，轻适性、中适性、高适性品种的叶片SPAD 值分别为 45.4～47.6、45.4～48.0 和、41.3～42.7，增幅分别为 12.6%～16.1%、10.6%～19.1% 和 10.3%～26.5%；叶面积指数分别为 2.39～4.39、1.67～4.07

表2 不同盐碱程度下参试棉花品种（系）的出苗率（%）

盐碱程度	品种																		
	冀棉616	JM5号	冀优861	冀90系	冀棉958	冀棉228	冀杂2号	F180	冀杂1号	F108	沧棉666	创优168	1401	JM8号	1158系	873系	342	989系
轻度盐碱	66.67	50.00	100.00	00.00	50.00	100.00	75.00	91.67	100.00	100.00	100.00	100.00	100.00	83.33	100.00	91.67	91.67	91.67
中度盐碱	100.00	41.67	100.00	75.00	100.00	50.00	100.00	66.67	33.33	8.33	66.67	50.00	91.67	100.00	25.00	100.00	50.00	41.67
重度盐碱	16.67	25.00	16.67	66.67	41.67	41.67	91.67	8.33	100.00	100.00	100.00	66.67	100.00	66.67	00.00	100.00	75.00	16.67

表3 不同适应性棉花品种的产量及构成因子

盐碱程度	品种类型	单位面积铃数		单铃重		衣分		籽棉产量		皮棉产量	
		指标值 (万个·hm^{-2})	增长率 (%)	指标值 (g)	增长率 (%)	指标值 (%)	增长率 (%)	指标值 (kg·hm^{-2})	增长率 (%)	指标值 (kg·hm^{-2})	增长率 (%)
轻度	轻适	58.3±2.41 a	44.7	5.53±0.25 a	5.9	38.0±1.81 a	1.9	3 223±134.1 a	53.3	1 224.6±53.3 a	56.2
	CK	40.3±1.86 b	—	5.22±0.21 b	—	37.3±1.75 b	—	2 102±131.9 b	—	784.0±33.4 a	—
中等	中适	53.2±2.13 a	38.5	5.32±0.22 b	-2.4	37.8±1.82 a	1.1	2 833±127.4 a	35.4	1 070.8±44.0 a	36.8
	CK	38.4±1.74 b	—	5.45±0.19 a	—	37.4±1.56 b	—	2 093±113.7 b	—	782.7±42.1 b	—
重度	高适	51.6±2.03 a	20.8	4.96±0.23 a	6.4	37.4±1.34 a	0.8	2 559±107.6 a	28.6	957.2±48.3 a	29.7
	CK	42.7±1.46 b	—	4.66±0.21 b	—	37.1±1.47 b	—	1 990±100.2 b	—	738.2±44.0 a	—

注：差异显著性为相同盐碱程度下的比较结果；同列数据后小写字母不同，表示在0.05水平上差异显著

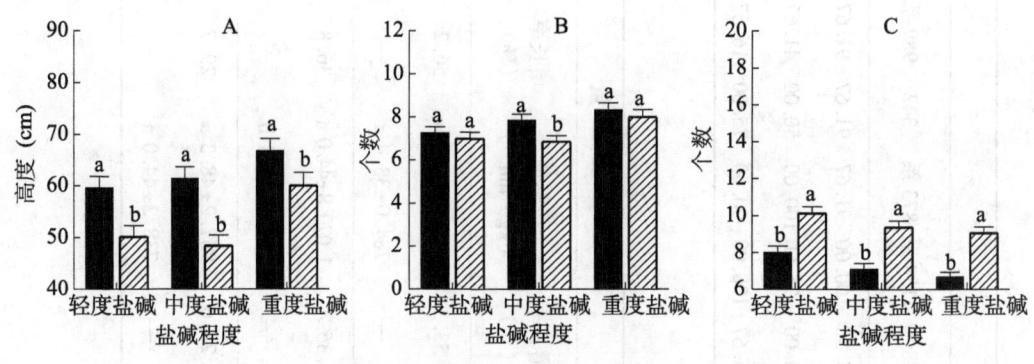

图1　不同适应性棉花品种生育前期的植株性状

A：株高；B：果枝数；C：产品器官数

注：同一盐碱程度下不同字母表示在 0.05 水平上差异显著，下图同

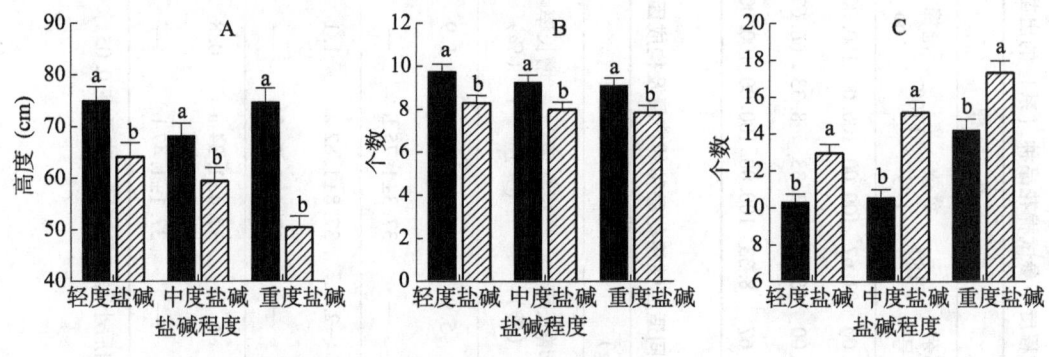

图2　不同适应性棉花品种产量形成期的植株性状

A：株高；B：果枝数；C：产品器官数

和 1.08～2.80，增幅分别为 43.9%～44.8%、8.5%～59.0% 和 36.7%～65.7%；光合速率分别为 12.2～16.3 $\mu mol \cdot (m^2 \cdot s)^{-1}$、10.3～16.2 $\mu mol \cdot (m^2 \cdot s)^{-1}$ 和 8.8～10.8 $\mu mol \cdot (m^2 \cdot s)^{-1}$，增幅分别为 49.1%～60.4%、32.6%～65.6% 和 63.9%～69.6%。差异显著性分析结果显示，不同盐碱程度下，除产量形成期中适性品种的叶面积与 CK 差异不显著外，其他指标与 CK 差异均达到了显著水平。可以看出，棉花品种对不同程度盐碱胁迫的适应性在光合生理性状上的表现为叶片 SPAD 值、叶面积和光合速率的提升。

2.4　不同适应性棉花品种的产量及其构成因子

不同盐碱程度下，各适应性品种的籽棉产量及其构成因子与 CK 差异均达到了显著水平；皮棉产量仅中适性品种与 CK 差异达到了显著水平（表3）。从皮棉产量看，轻适性品种较 CK 提高了 56.2%，达到 1 200 kg·hm⁻² 水平；中适性品种较 CK 提高了

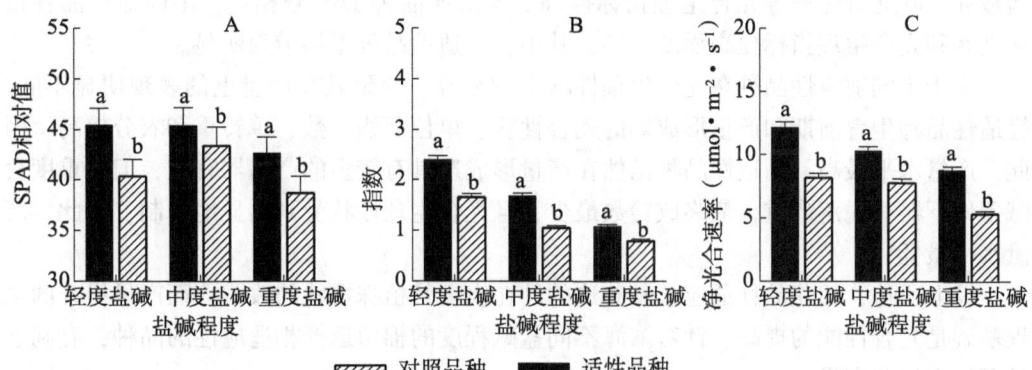

图 3 不同适应性棉花品种生育前期的光合生理性状
A：叶绿素相对含量；B：叶面积；C：叶片光合速率

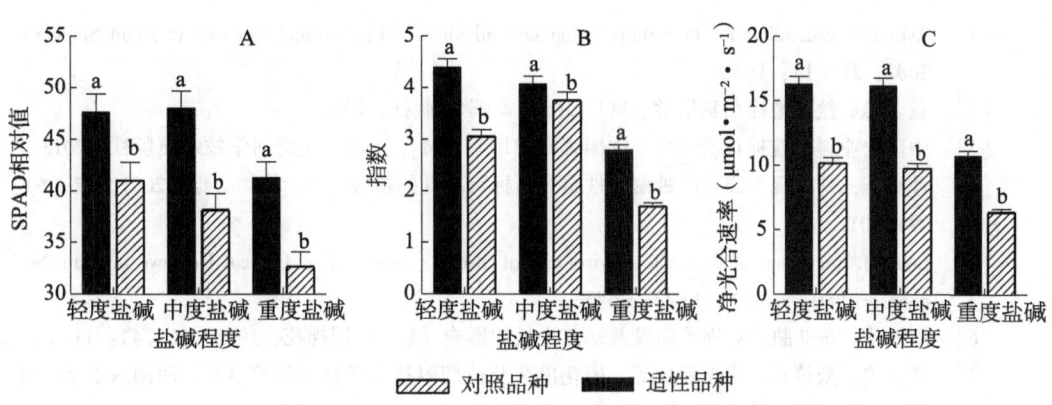

图 4 不同适应性棉花品种产量形成期的光合生理性状
A：叶绿素相对含量；B：叶面积；C：叶片光合速率

36.8%，达到 1 000 kg · hm^{-2} 水平；高适性品种较 CK 提高了 29.7%，达到 900 kg · hm^{-2}水平。

进一步对不同适性品种的产量构成因子进行分析后发现，轻适性品种单位面积成铃数、铃重、衣分分别提高了 44.7%、5.9% 和 1.9%；中适性品种单位面积成铃数、衣分分别提高了 38.5% 和 1.1%，而铃重降低了 2.4%；高适性品种单位面积成铃数、铃重、衣分分别提高了 20.8%、6.4% 和 0.8%。可以看出，铃数和衣分显著增加是不同适性品种产量提高的主要原因，而铃重对产量的作用还有待进一步研究。

3 结论与讨论

以往研究表明，土壤改良剂、耕作措施和秸秆还田均对棉花植株性状、光合生理特性以及产量有显著影响[13-15]。本研究结果显示，品种适应性对棉花植株性状、光合生理特性以及产量均有显著影响。依据出苗率划分的不同适性品种对相应程度盐碱胁迫的适应性表现为株高增大、果枝数增多、单株产品器官数减少，叶片叶绿素含量、叶面积指数和单叶光合速率等光合生理指标提高。与对照品种 JM5 号相比，不同适性品种植株性状和光合生理指标提高程度不同，其中，高适性品种增幅最为明显。

由于不同适应性品种在光合生理性状上的差异，导致其在产量上的表现明显不同。轻适性品种生育前期和产量形成期的光合性状、单位面积铃数、单铃重和衣分较高，因此，产量水平最高。高适性品种虽然在产量形成期具有较多的产品器官数，但在重度盐碱条件下器官脱落严重，最终成铃数最少，且光合生理性状受到明显地抑制，因此，产量水平最低。

综上所述，棉花品种适应盐碱胁迫的外在表现是植株性状的改善，而产量提升的生理基础是光合性能的提高。针对滨海不同盐碱程度的棉田选择相适应性的品种，有利于显著提高棉花产量。

参考文献

[1] Ashraf M. Salt tolerance of cotton：some new advances [J]. Critical Reviews in Plant Sciences, 2002, 21 (1)：1-30.

[2] 董合忠. 盐碱地棉花栽培学 [M]. 北京：科学出版社, 2010.

[3] 中国农业科学院棉花研究所. 中国棉花栽培学 [M]. 上海：上海科学技术出版社, 2013.

[4] 孙小芳, 刘友良. 棉花品种耐盐性鉴定指标可靠性的检验 [J]. 作物学报, 2001, 27 (6)：794-801.

[5] Levitt J. Responses of Plants to Environmental Stress (2nd) [J], Critical Reviews in Plant Sciences, 1980, 1 (5)：3 642-3 645.

[6] 周桃华. NaCl 胁迫对棉子萌发及幼苗生长的影响 [J]. 中国棉花, 1995, 22 (4)：11-12.

[7] 贾玉珍, 朱禧月, 唐予迪, 等. 棉花出苗及苗期耐盐性指标的研究 [J]. 河南农业大学学报, 1987, 21 (1)：30-41.

[8] 叶武威. 氯化钠和食用盐对棉花种子萌发的影响 [J]. 中国棉花, 1994, 21 (3)：14-15.

[9] 赵可夫. 作物抗性生理 [M]. 北京：农业出版社, 1990：116-121.

[10] 罗宾. 棉花生理学 [M]. 上海：上海科学技术出版社, 1983：71-73.

[11] 辛承松, 董合忠, 温四民, 等. 滨海盐碱地转基因抗虫棉品种鉴选 [J]. 中国农学通报, 2008, 24 (2)：188-192.

[12] 杜海英, 张谦, 王树林, 等. 不同类型棉花品种对滨海盐碱地的适应性研究 [J], 河北农业科学, 2014, 18 (3)：4-6.

[13] 冯国艺, 张谦, 林永增, 等. 不同土壤改良剂对滨海盐碱地棉苗光合特性及生长的影响 [J]. 河南农业科学 2014, 43 (7)：38-42.

[14] 冯国艺, 张谦, 祁虹, 等. 不同深耕时间对滨海盐碱棉田土壤理化性质及棉苗光合特性的影响 [J]. 河南农业科学, 2015, 44 (2)：34-38.

[15] 冯国艺, 张谦, 王树林, 等. 秸秆还田对滨海盐碱地棉苗光合特性及生长的影响 [J]. 棉花学报, 2015, 27 (3)：248-253.

[此文原刊载于《河北农业科学》, 2017 (3)：1-5]

不同小麦品种在麦棉套作模式中的边行优势及产量分析

王树林，祁　虹，王　燕，张　谦，冯国艺，林永增，梁青龙

（河北省农林科学院棉花研究所/农业部黄淮海半干旱区棉花生物学与遗传育种重点实验室）

摘　要：在麦棉套作种植模式下，以6个不同类型的小麦品种为材料，通过调查边行与内行单位面积穗数、穗粒数、千粒重与产量性状，研究不同小麦品种的边行优势特性，筛选适宜麦棉套作模式的小麦品种；结果表明，邢麦4号边行优势明显，小麦产量达到6 919.0 kg·hm^{-2}，是麦棉套作种植模式中的优选品种。

关键词：麦棉套作；小麦品种；边行优势

麦棉两熟种植在新中国首先出现在20世纪50年代的长江流域棉区，形式为冬小麦（元麦）—棉花直播[1]，黄河流域棉区两熟种植制度自20世纪60年代进入试验，以麦棉套种为主，首先出现在豫东南和淮河北部，逐步向北扩展，1976年北方6省市麦棉两熟约占棉田总面积的15%左右[2]；随着棉花早熟品种和地膜覆盖技术的推广，在20世纪80年代中期进入快速发展期，仅河南（含南襄盆地）、山东两省，1984年达到123.3万 hm^2，占全国麦棉两熟面积的57.2%[3]，随着进一步技术熟化和品种的更新，20世纪90年代后成为该区主要种植模式[4]。但随着小麦联合收割机的应用，麦棉套作种植模式由于不适应机械收获小麦而导致面积迅速减少。近年来，随着国家对粮食安全问题的日益重视以及粮棉争地矛盾的日益尖锐，麦棉套作种植模式被重新提及，在解决了小麦联合收割机应用的问题后，麦棉套作模式推广前景广阔。本试验通过研究不同小麦品种在麦棉套作模式中的边行优势与产量表现差异，为筛选适宜麦棉套作模式的小麦品种提供试验依据。

1　材料与方法

1.1　试验地与供试品种

试验设在河北省农林科学院棉花研究所曲周试验站（河北省邯郸市曲周县西漳头村），前茬棉花，土壤为黏壤土，肥力中等偏上，有机质 14.6 g·kg^{-1}，全氮 0.998 g·kg^{-1}，速效磷 38.9 mg·kg^{-1}，速效钾 285.8 mg·kg^{-1}。

供试小麦品种为鲁原502、济麦22、邯麦14、邢麦4号、山农20和衡0682共6个品种。

1.2　试验设计与方法

试验采用随机区组设计，6个小麦品种，3次重复，小区宽6.4 m，长8.0 m；种植

模式为 4 行小麦占地幅宽 80 cm，棉花预留行占地幅宽 80 cm，套种两行棉花；2013 年 11 月 4 日结合整地公顷施复合肥（氮磷钾比例为 18：16：7）750 kg，11 月 6 日播种，播种量为 225 kg·hm^{-2}，播种后浇蒙头水，2014 年 3 月 11 日浇水，同时追施尿素 225 kg·hm^{-2}，其他管理措施同大田；2014 年 6 月 9 日收获小麦。

小麦收获时每个小区取 3 个样点，每个样点分边行（每幅两侧 2 行小麦）与内行（每幅中间两行小麦）各取 1 m 长的小麦调查穗数，并从中随机选取 50 穗测定穗粒数与千粒重，每个小区单独收获计产。

1.3　数据统计与分析

采用 Microsoft Excel 2003 进行数据处理，用 DPS 7.05 进行方差分析。

2　结果与分析

2.1　不同小麦品种单位面积穗数

套作小麦具有明显的边行优势是麦棉套作模式实现麦棉双高产的理论基础[5]，从表 1 中可以看出，6 个小麦品种的边行穗数均高于内行穗数，边行与内行穗数差以邢麦 4 号最高，达到了 132.0 万穗·hm^{-2}，边行优势最为明显，其次是济麦 22，为 121.5 万穗·hm^{-2}，邯麦 14 差别最小，只有 69.0 万穗·hm^{-2}；边行优势越明显的品种，其平均穗数一般也越高，如邢麦 4 号公顷穗数高达 607.5 万穗，而邯麦 14 公顷穗数仅有 486.0 万穗，比邢麦 4 号少 20.0%。方差分析结果显示，邢麦 4 号、济麦 22 与衡 0682 三个品种单位面积穗数差异不显著，但显著高于其他 3 个品种，鲁原 502 显著高于山农 20 与邯麦 14。

表 1　不同小麦品种单位面积穗数　　（万穗·hm^{-2}）

品种	边行	内行	边行-内行	平均
鲁原 502	567.0	469.5	97.5	518.3 b
山农 20	505.5	418.5	87.0	462.0 c
邯麦 14	520.5	451.5	69.0	486.0 c
邢麦 4 号	673.5	541.5	132.0	607.5 a
济麦 22	654.0	532.5	121.5	593.3 a
衡 0682	631.5	550.5	81.0	591.0 a

2.2　不同小麦品种穗粒数

根据刘安能等人研究结果，套作小麦边行穗粒数较内行有明显提高，表现出明显的边际效应[6]，从表 2 中可以看出，6 个小麦品种边行穗粒数均高于内行穗粒数，与前人结果一致，其中邢麦 4 号边行与内行差值最大，为 9.1 粒，其次是鲁原 502 与济麦 22，差值分别为7.0粒与6.5粒，邯麦14、山农20与衡0682差值较小；穗粒数边行优势明显的品种，平均穗粒数并未表现出明显的优势，邯麦14平均穗粒数最高，方差分析显著高于其他品种，但边行与内行穗粒数差却低于邢麦4号、鲁原502与济麦22。

表2　不同小麦品种穗粒数　　　　　　（粒）

品种	边行	内行	边行-内行	平均
鲁原502	34.2	27.2	7.0	30.7 c
山农20	34.2	30.4	3.8	32.3 b
邯麦14	37.6	32.1	5.5	34.9 a
邢麦4号	37.0	27.9	9.1	32.5 b
济麦22	34.1	27.6	6.5	30.9 c
衡0682	33.2	29.8	3.4	31.5 c

2.3　不同小麦品种千粒重

6个小麦品种千粒重边行均高于内行，表现出了一定的边行优势，从表3可以看出，边行与内行千粒重差值邢麦4号达到了7.8 g，在6个品种中差值最大，鲁原502与山农20差值分别为7.3 g与6.9 g，与邢麦4号差异不大，边行优势均比较突出，衡0682与邯麦14边行优势较小，边行与内行千粒重差值均为4.8 g；从平均千粒重来看，6个小麦品种中鲁原502、山农20和济麦22千粒重都在44.0 g上下，方差分析差异不显著，但显著高于其他3个品种；衡0682与邢麦4号千粒重分别为42.7 g与42.3 g，两个品种间差异也不显著；邯麦14千粒重最低，显著低于其他5个品种。

表3　不同小麦品种千粒重　　　　　　（g）

品种	边行	内行	边行-内行	平均
鲁原502	48.2	40.9	7.3	44.6 a
山农20	47.4	40.5	6.9	44.0 a
邯麦14	44.6	39.8	4.8	37.5 c
邢麦4号	46.2	38.4	7.8	42.3 b
济麦22	46.5	40.6	5.9	43.6 a
衡0682	45.1	40.3	4.8	42.7 b

2.4　不同小麦品种产量

从表4中可以看出，边行小麦产量均高于内行小麦产量，邢麦4号边行优势最明显，差值为3 734.0 kg·hm^{-2}，邯麦14边行与内行差值最小，为1 805.0 kg·hm^{-2}；6个小麦品种平均产量由大到小依次是邢麦4号>济麦22>衡0682>山农20>鲁原502>邯麦 14，邢麦 4 号产量达到了 6 919.0 kg·hm^{-2}，显著高于其他 5 个品种，邯麦 14 则产量最低，显著低于其他 5 个品种。

从上面的结果中可以看出，边行与内行产量差值越大，平均产量也越大，随着边行与内行产量差值越小，平均产量也有降低的趋势；因此在麦棉套作种植模式中，边行优势越突出的品种其产量潜力也越大。

表4　小麦产量　　　　　　　　　　　　　　　　　（kg·hm^{-2}）

品种	边行	内行	边行-内行	平均
鲁原 502	7 894.5	5 116.5	2 778.0	6 505.5 c
山农 20	7 464.0	5 548.5	1 915.5	6 506.3 c
邯麦 14	7 067.5	5 262.5	1 805.0	6 165.0 d
邢麦 4 号	8 786.0	5 052.0	3 734.0	6 919.0 a
济麦 22	8 391.0	5 203.5	3 187.5	6 797.3 b
衡 0682	8 515.5	4 936.5	3 579.0	6 726.0 b

3　结论与讨论

在麦棉套作模式下关于小麦边行优势的研究，前人已做过很多试验，结论不尽相同，赵秉强认为，小麦品种与边际效应具有密切相关性，在预留行较窄的情况下，株矮、分蘗力强、多穗小穗型品种更有利于发挥边优增产的作用，而间套行较宽时，则以中间型或大穗型品种更有利于发挥边优增产的效果[7]；本试验中，在棉花预留行为80 cm 条件下，不同小麦品种边行优势差异较大，其中邢麦 4 号边行优势最突出，小麦产量也最高，济麦 22 与衡 0682 也有明显的边行优势，而鲁原 502、山农 20 和邯麦 14 边行优势较小，小麦产量也偏低，这一结果表明不同小麦品种边行优势大小不同，在麦棉套作模式中所具有的产量潜力也不尽相同。

对于 3 个产量构成因素的边行优势对小麦产量的贡献大小，安玉林研究认为边行小麦比内行小麦显著高产，增产的主要因素是穗粒数较多和千粒重较高[8]，而杨铁刚则认为麦棉不同套种规格对小麦单产有一定的边行优势效应，其边行效应主要反映在单位面积成穗数方面，而对小麦的穗粒数和千粒重无明显影响[9]，本试验中发现在麦棉套作种植模式下不同小麦品种边行穗数、穗粒数、千粒重 3 个因素均显著高于内行，表现出了明显的边行优势；但在 3 个产量构成因素中，单位面积穗数边行优势越明显的品种，其最终产量也越高，对产量贡献起主要作用，千粒重边行优势越大的品种，其产量也有越高的趋势，但规律性并不明显，而穗粒数边行优势大小与最终产量没有必然的关系，这一结果表明，在麦棉套作模式中，为充分发挥边行优势的作用，应选择在单位面积穗数边行优势明显的品种，即分蘗力较强的品种才能发挥套作边行优势，获得更高的小麦产量。

参考文献

[1] 中国农业科学院棉花研究所. 棉花优质高产的理论与技术 [M]. 北京：中国农业出版社，1999：93-127.

[2] 刁光中. 黄淮海棉区麦棉两熟研究现状和发展 [J]. 中国棉花，1990 (1)：6-8.

[3] 王国平，毛树春，韩迎春，等. 中国麦棉两熟制度的研究 [J]. 中国农学通报，2012，28 (6)：14-18.

[4] 何旭平，纪从亮. 现代中国棉花育种与栽培概论 [M]. 北京：中国农业科学技术出版社，2007：201-219.

[5] 陈雨海，余松烈，于振文. 小麦边际效应的研究 [J]. 山农农业大学学报，1999，32 (4)：431-434.

[6] 刘安能，刘祖贵，周新国，等. 麦棉套作小麦边际效应与生态效应 [J]. 山地农业生物学报，2005，24 (6)：471-476.

[7] 赵秉强，余松烈，李凤超，等. 冬小麦边际效应研究 I. 品种与小麦边际效应相关规律 [J]. 耕作与栽培，1997 (4)：4-7.

[8] 安玉林. 边、内行小麦的灌浆特性以及与产量的关系 [J]. 种子世界，2006 (8)：32-33.

[9] 杨铁刚，黄树梅，刘佩霞，等. 麦棉套种形式对小麦产量的影响 [J]. 河南农业科学，2000 (2)：3-5.

[此文原刊载于《山东农业科学》，2015，47 (4)：34-36]

麦棉套作模式下起垄种植对不同熟性棉花品种（系）生育性状及产量品质的影响

王树林，祁　虹，王　燕，张　谦，冯国艺，林永增*，梁青龙

（河北省农林科学院棉花研究所/农业部黄淮海半干旱区棉花生物学与遗传育种重点实验室）

摘　要：在麦棉套作模式下，选用了 5 个不同熟性的棉花品种（系），研究了棉花预留行起垄种植对不同熟性棉花品种（系）的促早作用。结果表明，起垄种植增加了不同熟性棉花品种（系）的株高与果枝数，对单株铃数、单铃重、衣分、纤维品质均有提高作用，棉花霜前花率 5 个品种（系）平均提高了 11.4%，皮棉产量增加了 20.5 kg·hm^{-2}。

关键词：麦棉套作；起垄；棉花品种；产量品质

麦棉两熟种植技术在 20 世纪 50 年代我国长江流域棉区见有报道，形式为冬小麦（元麦）、棉花直播[1]，黄河流域棉区两熟种植制度自 20 世纪 60 年代进入试验，以麦棉套种为主[2]，并于 20 世纪 90 年代后成为该区主要种植模式[3]。但随着小麦联合收割机的应用，麦棉套作种植模式由于不适应机械收获小麦而导致面积迅速萎缩，因此进入 21 世纪后关于麦棉套作种植技术的研究多集中基础理论方面，如套作对土壤生态系统[4,5]与棉花根系生长的影响[6]，而对麦棉套作的应用性研究不多；近年来，随着国家对粮食安全问题的日益重视以及粮棉争地矛盾的日益尖锐，麦棉套作种植模式被重新提及，在解决了小麦联合收割机应用的问题后，麦棉套作模式推广前景广阔。由于麦棉套作模式下存在棉花晚熟导致霜前花率不高的问题[7]，为促进棉花早发，本试验设置了棉花预留行起垄种植棉花的试验，并选用了不同熟性的棉花品种（系），探讨起垄对棉花生长发育的促进作用，为提高麦棉套作模式下的棉花霜前花率探索新的途径。

1　材料与方法

1.1　试验地与供试品种

试验设在河北省农林科学院棉花研究所曲周试验站（河北省邯郸市曲周县西漳头村），前茬棉花，土壤为黏壤土，肥力中等偏上，有机质 13.2 g·kg^{-1}，全氮 0.976 g·kg^{-1}，速效磷 29.4 mg·kg^{-1}，速效钾 231.5 mg·kg^{-1}；供试棉花品种（系）采用了中棉所 50、327 系、邯 7860、ZHN-3 系、冀杂 2 号，其中 327 系和 ZHN-3 系为河北省农林科学院棉花研究所提供的两个品系，327 系为紧凑株型材料，ZHN-3 系为早熟抗病材料；5 个品种（系）的生育期分别为 110 d、113 d、118 d、120 d 和 122 d。

1.2 试验设计与方法

试验采用随机区组设计，3 次重复，小区宽 6.4 m，长 6 m，种植模式为 4 行小麦占地幅宽 80 cm，棉花预留行占地幅宽 80 cm，起垄处理为播种小麦前在棉花预留行起垄，垄高 15 cm，垄宽 80 cm，在垄底种植小麦，垄上种植两行棉花，棉花行距 45 cm，以不起垄平作为对照；2014 年 4 月 25 日播种棉花，播种后覆盖塑料地膜，浇蒙头水。5 月 30 日定苗，留苗密度 5.8 万株·hm^{-2}，6 月 7 日收获小麦，6 月 8 日灌水 1 次，结合灌水公顷追施复合肥（氮磷钾比例为 15∶13∶17）600 kg，10 月 10 日公顷喷施 40% 乙烯利 3.0 kg 催熟。棉花生育期间病虫害防治同大田。

试验每小区固定 20 株棉花，于 6 月 15 日调查棉花株高，主茎真叶数；7 月 15 日、8 月 15 日分别调查株高、果枝数、成铃数；9 月 10 日调查成铃数；10 月 25 日小区收获霜前花 1 次计产，11 月 12 日收获霜后花 1 次；每小区收获 20 株棉花所有吐絮铃测定单铃重、衣分、纤维品质。

2 结果与分析

2.1 起垄对不同棉花品种（系）株高的影响

起垄以后棉花种植在垄上，光照与温度条件都有所改善[8]，因此对棉花苗期的生长有明显的促进作用。从表 1 中可以看出，起垄明显增加了棉花的株高，在 6 月 15 日调查结果中，起垄后 327 系株高增加最多为 4.3 cm，ZHN-3 系株高增加最少为 1.1 cm，5 个品种（系）平均株高增加 2.8 cm；7 月 15 日 5 个品种（系）株高起垄处理较平作对照增加 6.2～8.3 cm，平均增高 7.0 cm；到 8 月 15 日时平均株高增加量为 2.9 cm。起垄对不同熟性棉花品种（系）的株高增长都有促进作用，有利于棉花前期搭好丰产架子。

表 1　起垄对不同熟性棉花品种（系）株高的影响　　　　（cm）

品种（系）	6 月 15 日		7 月 15 日		8 月 15 日	
	起垄	平作	起垄	平作	起垄	平作
中棉所 50	28.5	25.9	76.8	70.6	93.9	91.0
327 系	33.4	29.1	94.2	87.8	107.5	103.2
邯 7860	28.7	24.5	87.6	79.5	113.8	111.8
ZHN-3 系	25.0	23.9	86.5	80.3	109.2	107.1
冀杂 2 号	31.1	29.4	93.9	85.6	116.1	113.0
平均	29.3	26.6	87.8	80.8	108.1	105.2

2.2 起垄对不同熟性棉花品种（系）果枝（真叶）的影响

6 月 15 日调查棉花主茎真叶数结果显示，起垄后 5 个品种（系）真叶数较对照依次增加 1.5 片、1.2 片、0.8 片、0.9 片、1.1 片，平均增加 1.1 片；7 月 15 日单株果枝数冀杂 2 号增加最多为 2.6 台，ZHN-3 系增加 1.1 台，增加量最小，5 个品种（系）起垄种植后平均增加 1.8 台果枝；8 月 15 日果枝数不同品种（系）起垄种植处理依然高于平作对照，起垄处理果枝数平均为 13.9 台，高于平作处理的 12.2 台。可见起垄种植对棉花生长的促进效果一直持续到了棉花生长的中后期（表 2）。

表 2 起垄对不同熟性棉花品种（系）果枝（真叶）的影响 （片、台）

品种（系）	6 月 15 日		7 月 15 日		8 月 15 日	
	起垄	平作	起垄	平作	起垄	平作
中棉所 50	6.6	5.1	11.9	10.2	15.9	13.7
327 系	6.8	5.6	12.2	10.3	13.8	12.3
邯 7860	6.7	5.9	10.7	9.1	14.5	11.7
ZHN-3 系	6.4	5.5	10.0	8.9	12.7	11.9
冀杂 2 号	7.0	5.9	11.1	8.5	12.8	11.5
平均	6.7	5.6	11.2	9.4	13.9	12.2

2.3 不同棉花品种（系）三桃数量的影响

三桃比例基本上能够反映出棉花经济产量在时间进程上的分配关系，对于衡量品种是否适应某一地区的气候条件具有重要意义[9]。从表 3 的伏前桃数量来看，在 5 个棉花品种（系）中，只有中棉所 50 起垄和平作处理都有伏前桃，起垄较平作对照伏前桃多1.2 个，327 系起垄处理有 0.5 个伏前桃，平作处理没有伏前桃，其他品种（系）无论起垄种植还是平作处理，均没有伏前桃；从伏桃数量结果看，起垄处理中除中棉所 50伏前桃低于平作外，其他品种（系）伏桃数量均高于对照，327 系、邯 7860、ZHN-3系和冀杂 2 号起垄比平作伏桃数分别多 1.7 个、2.1 个、2.7 个、2.0 个，而秋桃数 5 个品种（系）起垄处理比平作对照分别少 0、0.8 个、0.1 个、0.6 个、0.2 个，这一结果表明，起垄促进了棉花早发，使棉花的伏桃数量增加，秋桃数量减少，这对于麦棉套作模式下增加优质成铃、提高霜前花率具有积极作用。

表 3 起垄对不同棉花品种（系）"三桃"数量的影响 （个）

品种（系）	伏前桃		伏桃		秋桃	
	起垄	平作	起垄	平作	起垄	平作
中棉所 50	2.6	1.4	4.8	5.2	8.2	8.2
327 系	0.5	0	4.5	2.8	9.8	10.6
邯 7860	0	0	3.3	1.2	10.4	10.5
ZHN-3 系	0	0	3.9	1.2	11.3	11.9
冀杂 2 号	0	0	2.5	0.5	11.8	12.0
平均	0.6	0.3	3.8	2.2	10.3	10.6

2.4 起垄对不同熟性棉花品种（系）产量构成因素及皮棉产量的影响

起垄种植对于提高不同熟性棉花品种（系）的单株铃数、单铃重以及衣分都有明显的作用，尤其是大幅度提高了棉花的霜前花率和皮棉产量。单株铃数中棉所50起垄种植比对照增加0.8个，327系增加1.4个，而邯7860、ZHN-3系、冀杂2号分别增加2.0个、2.1个与1.8个，5个品种（系）平均增加单株铃数1.6个，生育期较长的品种（系）起垄后单株铃数增加幅度也较大；单铃重5个品种（系）起垄种植增加幅度0.1～0.5 g，平均增加0.4 g，同样是生育期较长的品种（系）起垄后单铃重增加幅度较大；衣分5个品种（系）起垄平均为37.6%，而平作为36.0%，其中ZHN-3系增加2.8%，增加幅度最大；霜前花率低是麦棉套作模式下影响棉花品质的一个重要因素，从表4中可以看出，起垄后中棉所50和327系两个品种（系）霜前花率分别提高了2.7%和4.4%，而邯7860、ZHN-3系与冀杂2号则分别提高了15.4%、17.9%和16.6%，由此可见，起垄对于提高短生育期品种（系）的霜前花率效果较低，而对于生育期较长品种（系）的霜前花率则有大幅度的提高；从皮棉产量结果来看，中棉所50与327系起垄后增产皮棉12.4 kg与11.8 kg，邯7860、ZHN-3系与冀杂2号分别增产30.1 kg、25.5 kg、22.6 kg，可见起垄对生育期偏长品种（系）的增产效果明显大于生育期较短的品种（系）。

表4 起垄对不同棉花品种（系）产量构成因素及皮棉产量的影响

品种（系）	单株铃数（个）		单铃重（g）		衣分（%）		霜前花率（%）		皮棉产量（kg·hm⁻²）	
	起垄	平作	起垄	平作	起垄	平作	起垄	平作	起垄	平作
中棉所50	15.6	14.8	3.5	3.2	38.9	38.0	95.1	92.4	81.2	68.8
327系	14.8	13.4	3.6	3.5	38.4	37.1	93.3	88.9	78.4	66.6
邯7860	13.7	11.7	4.9	4.4	36.3	35.1	71.8	56.4	93.3	63.2
ZHN-3系	15.2	13.1	4.2	3.8	37.1	34.3	71.2	53.3	90.7	65.2
冀杂2号	14.3	12.5	4.2	3.7	37.3	35.7	68.3	51.7	85.7	63.1
平均	14.7	13.1	4.1	3.7	37.6	36.0	79.9	68.5	85.9	65.4

2.5 起垄对不同棉花品种（系）纤维品质的影响

起垄对不同棉花品种（系）纤维长度影响不大，对断裂比强度有提高作用，除了中棉所50外，其他几个品种（系）起垄后断裂比强度增加了0.4～2.5 cN·tex⁻¹，平均增加0.8 cN·tex⁻¹；马克隆值作为反映纤维成熟度和细度的综合指标，其最优区间为3.7～4.2[10]，起垄对不同品种（系）马克隆值增加效果明显，提高了棉纤维的成熟度，5个品种（系）平均马克隆值平均增加0.4；对纺纱均匀性指数的影响不同品种间表现不同，对生育期较短的中棉所50和327系来说起垄与平作相差不大，对生育期相对较长的邯7860、ZHN-3系和冀杂2号来说，起垄种植提高了棉纤维的纺纱均匀指数；整齐度指数方面，起垄种植对不同棉花品种（系）的影响规律不明显。总体来看，起垄种植对于棉花纤维品质的改善具有正向作用（表5）。

表5　起垄对不同棉花品种（系）纤维品质的影响

品种（系）	纤维长度（mm）		断裂比强度（cN·tex^{-1}）		马克隆值		纺纱均匀指数		整齐度指数（%）	
	起垄	平作	起垄	平作	起垄	平作	起垄	平作	起垄	平作
中棉所50	27.7	27.9	27.1	27.9	5.7	5.5	123	121	83.3	85.2
327系	30.1	29.6	27.7	27.3	4.1	3.5	158	159	82.8	84.9
邯7860	29.5	29.9	29.4	28.6	2.9	2.8	147	140	82.3	82.5
ZHN-3系	28.6	28.6	31.2	28.7	3.1	2.7	163	150	85.0	84.0
冀杂2号	29.5	29.8	29.5	28.3	3.0	2.7	142	131	84.6	82.6
平均	29.1	29.2	29.0	28.2	3.8	3.4	147	140	83.6	83.8

3　结论与讨论

在麦棉套作模式下，一直存在着棉花前期发育缓慢，后期棉花霜前花率低的问题，棉花预留行起垄种植棉花，可有效改善棉行上的光照与温度条件，促进棉花早发。本试验结果表明，起垄种植促进了不同棉花品种（系）前期的生长，增加了棉花的株高、果枝数（真叶数），同时增加了伏桃数量，大幅提高了霜前花率，提高作用对单株铃数、单铃重、衣分产量三要素均有明显的提高，增加了皮棉产量；但起垄种植对生育期较长品种（系）的促进作用明显大于生育期较短的品种（系）。棉花预留行起垄可作为麦棉套作模式下一项重要的促早措施加以应用。

参考文献

[1]　毛树春. 棉花优质高产的理论与技术［M］. 北京：中国农业出版社，1999.

[2]　刁光中. 黄淮海棉区麦棉两熟研究现状和发展［J］. 中国棉花，1990（1）：6-8.

[3]　何旭平，纪从亮. 现代中国棉花育种与栽培概论［M］. 北京：中国农业科学技术出版社，2007：201-219.

[4]　孙磊，陈兵林，周治国. 麦棉套作系统中小麦根区化感物质对棉苗生长的影响［J］. 棉花学报，2006，18（4）：213-217.

[5]　孙磊，陈兵林，周治国. 麦棉套作 Bt 棉花根系分泌物对土壤速效养分及微生物的影响［J］. 棉花学报，2007，19（1）：18-22.

[6]　王瑛，王立国，陈兵林，等. 麦棉共生期间棉花根系的生理特性研究［J］. 棉花学报，2007，19（6）：446-449.

[7]　霍克斌，郑彦平. 完善麦棉两熟种植确保粮棉稳步双增［J］. 河北农业科学，1991（1）：4-6.

［8］　中国农业科学院棉花研究所. 中国棉花栽培学［M］. 上海：上海科学技术出版社，2013.

［9］　王树林，祁虹，张谦，等. 不同熟性棉花品种在冀南棉区的适应性分析［J］. 河北农业科学，2011，15（5）：9-10.

［10］　中国农业科学院棉花研究所. 中国棉花栽培学［M］. 上海：上海科学技术出版社，2013.

［此文原刊载于《天津农业科学》，2016，22（4）：104-107］

滨海盐碱地广适性棉花品种植株性状及其产量构成评价

冯国艺，张　谦，祁　虹，雷晓鹏，杜海英，

梁青龙，王树林，王　燕，林永增

（河北省农林科学院棉花研究所/农业部黄淮海半干旱区棉花生物学与遗传育种重点实验室）

摘　要：选用 10 个棉花品种（系），于滨海不同盐碱度地块上种植，筛选适应性广泛的棉花品种，并研究其植株性状和产量表现。结果表明：广适性品种冀 3816 生育前期株高在 56.4～60.2 cm，单株果枝数 7.3～7.8 个、铃数 1.1～1.6 个、蕾花数 10.3～14.1 个，叶绿素 SPAD 值在 40.6～44.3；产量形成关键期株高在 69.7～80.1 cm，单株果枝数 7.7～9.9 个、铃数 11.5～14.6 个，SPAD 值在 45.4～50.5；收获株数在 4.25～5.20 万株·hm^{-2}，单株铃数 10.78～12.70 个，单铃重 4.96～5.53 g，衣分 37.4%～38.2%，皮棉产量 1 000 kg·hm^{-2}以上。

关键词：棉花；滨海盐碱地；产量；植株性状；广适性

棉花是我国的重要经济作物之一，具有较强的耐盐碱性，常作为先锋作物在盐碱地区广泛种植[1]，另一方面，为减缓粮棉争地矛盾，其种植也逐渐向生产能力低下的滨海盐碱地区集中[2,3]。受地理位置及耕作措施的影响，棉花不同品种之间和同一品种不同生长阶段之间的耐盐性都有明显的差异[4]。Levitt [5]研究指出，棉花萌发和生长的极限盐度分别为 0.4% 和 0.6%～0.7%。较低浓度的盐分（0.2%）有利于棉花出苗、生长、提高产量和品质[6]，当盐分浓度大于 0.2% 时就会产生离子胁迫和渗透伤害[7]。叶武威等[8]报道，棉花种子萌发时甚至可以忍受 1.5%NaCl 的胁迫。从棉花生育期看，幼苗阶段和开花结铃期对盐分较为敏感[9]，特别是三叶期前的幼苗[8]。也有资料表明棉花耐盐性以萌发出苗时期最小[7]，随着生育推进而不断提高，但在蕾期、初花期渐趋下降，至开花结铃盛期耐盐能力上升为最强[10]。我国滨海盐碱地面积辽阔[2]，盐碱程度差异较大。以往研究主要针对棉花某个时期或某个盐碱程度棉田开展研究[11,12]，而对滨海不同盐碱程度地块棉花各个生育期的植株性状和产量表现研究较少。为此，我们在此类土壤上开展针对性研究，以筛选滨海盐碱棉田上适应性强的棉花品种，并进而研究其不同生育时期的植株生长发育性状和产量表现，为滨海盐碱地区主栽品种的选择和高产抗逆栽培技术提供理论支持。

1　材料与方法

1.1　试验地概况与供试品种

试验于 2016 年在河北省国营海兴农场（38°21′N，117°31′E）进行。供试品种（系）10 个：冀棉 818、冀棉 958、冀优 861、冀杂 2 号、沧棉 666、冀杂 1 号、冀棉

128、1158系、冀3816和989系。根据4月中下旬0～20 cm土层含盐量，分别设重度盐碱处理（4.0～6.0 g·kg⁻¹）、中度盐碱处理（3.0～4.0 g·kg⁻¹）和轻度盐碱处理（<3.0 g·kg⁻¹）。前茬作物为棉花，为一年一熟制。棉田土质为中壤土，有机质9.9 g·kg⁻¹，全氮0.8 g·kg⁻¹，碱解氮35.4 mg·kg⁻¹，速效磷11.7 mg·kg⁻¹，速效钾203.9 mg·kg⁻¹。4月底抢墒在开沟器犁出的10 cm左右深的窄沟中进行播种。小区面积为60.0 m²。随机区组排列，重复3次。播种时施入尿素450 kg·hm⁻²、过磷酸钙750 kg·hm⁻²。采用宽膜覆盖栽培，1膜两行，行株距配置为90 cm+45 cm，留苗密度为5.25万株·hm⁻²，先点播后铺膜。田间管理同一般大田。

1.2 测定项目

每小区选定20株，7月15日进行生育前期调查，性状有株高和单株果枝数、成铃数、花蕾数；8月15日进行产量形成调查，性状有株高和单株果枝数、成铃数，两次都进行叶片SPAD值测定。测定方法为：选取棉花主茎倒4叶，使用SPAD-502叶绿素计（Minolta，JPN）进行测定。9月初收1次僵瓣烂桃花，计入小区产量；各小区收获霜前和霜后籽棉分别计产。每个小区收获10株测定单铃重、衣分。

1.3 数据统计分析

采用Microsoft Excel 2003和SPSS 11.0进行数据处理与分析，用最小显著差数法（LSD）进行检验比较。

2 结果与分析

2.1 出苗率

对供试品种（系）在不同盐碱胁迫地块上的出苗率进行分类，结果（表1）表明，3种盐碱胁迫下均表现较好（出苗率80%以上）的品种为冀3816，其出苗率在轻度盐碱下为91.7%，中度盐碱下为100.0%，重度盐碱下为83.3%，为广适性品种。

表1　供试品种（系）出苗率　（%）

品种（系）	轻度盐碱	中度盐碱	重度盐碱
冀棉818	66.7	100.0	16.7
冀杂1号	50.0	41.7	25.0
冀优861	100.0	100.0	16.7
冀棉958	50.0	100.0	41.7
冀棉128	100.0	50.0	41.7
冀杂2号	75.0	100.0	91.7
冀3816	91.7	100.0	83.3

（续表）

品种（系）	轻度盐碱	中度盐碱	重度盐碱
沧棉 666	100.0	66.7	100.0
1158 系	100.0	25.0	100.0
989 系	91.7	41.7	16.7

2.2 广适性品种冀 3816 生育前期（7 月 15 日）植株性状

由表 2 可以看出，广适性品种冀 3816 在中度盐碱下株高和单株果枝数最大，轻度盐碱下最小，但与重度盐碱差异不显著；随盐碱程度增大单株蕾花数显著增多，单株铃数和叶绿素 SPAD 值轻度和中度差异不显著，其中单株铃数显著低于重度盐碱，叶绿素 SPAD 值显著高于重度盐碱棉田。3 种盐碱下株高在 56.4～60.2 cm，单株果枝数 7.3～7.8 个、铃数 1.1～1.6 个、蕾花数 10.3～14.1 个、叶绿素 SPAD 值在 40.6～44.3。

表 2 广适性品种不同盐碱度下生育前期植株性状

处理	株高（cm）	单株果枝数（个）	单株铃数（个）	单株蕾花数（个）	叶绿素 SPAD 值
轻度盐碱	56.4±2.17 b	7.3±0.31 b	1.3±0.05 b	10.3±0.51 c	44.0±2.01 a
中度盐碱	60.2±3.01 a	7.8±0.31 a	1.1±0.05 b	12.6±0.57 b	44.3±1.69 a
重度盐碱	57.3±2.57 b	7.5±0.23 b	1.6±0.08 a	14.1±0.68 a	40.6±1.51 b

注：同列不同字母表示在 0.05 水平上差异显著，下同

2.3 广适性品种冀 3816 产量形成期主要性状表现

由表 3 看出，冀 3816 在中度盐碱下植株最高、单株果枝数最多，轻度盐碱下数值最小；叶绿素 SPAD 值随盐碱程度增大而降低；单株铃数中度盐碱下最少，轻度盐碱较中度盐碱高 13.0%，重度盐碱较中度盐碱高 27.0%。株高差异较大，在 69.7～80.1 cm，单株果枝数 7.7～9.9 个、铃数 11.5～14.6 个、SPAD 值在 45.4～50.5。

表 3 不同盐碱度下冀 3816 产量形成期主要植株性状

处理	株高（cm）	单株果枝数（个）	单株铃数（个）	叶绿素 SPAD 值
轻度盐碱	69.7±3.17 c	7.7±0.29 c	13.0±0.63 b	50.5±2.36 a
中度盐碱	80.1±3.74 a	9.9±0.42 a	11.5±0.52 c	48.0±2.24 b
重度盐碱	77.7±3.38 b	9.5±0.32 b	14.6±0.41 a	45.4±2.11 c

2.4 广适性品种冀 3816 产量及其构成因子

由表 4 看出，3 种盐碱胁迫下冀 3816 皮棉产量均达到 1 000 kg·hm^{-2}以上水平。广

适性品种在轻度和中度盐碱地上的籽棉和皮棉产量差异不显著，但显著高于重度盐碱，其中皮棉产量轻度盐碱较重度盐碱高 11.6%，中度盐碱较重度盐碱高 7.0%。产量构成因子中，收获株数与出苗率密切相关，中度盐碱下收获株数最多；中度盐碱胁迫下广适性品种单株铃数与轻度盐碱无明显差异，均低于重度盐碱胁迫下；单铃重与重度盐碱胁迫无明显差异，显著低于轻度盐碱；衣分随盐碱程度增加而降低。冀 3816 收获株数在 4.25 万～5.20 万·hm^{-2}，单株铃数 10.78～12.70 个，单铃重 4.96～5.53 g，衣分在 37.4%～38.2%，皮棉产量实现 1 000 kg·hm^{-2} 以上水平。

表 4 冀 3816 不同盐碱度下产量及其构成因子

处理	收获株数 （万·hm^{-2}）	单株铃数 （个）	单铃重 （g）	衣分 （%）	籽棉产量 （kg·hm^{-2}）	皮棉产量 （kg·hm^{-2}）
轻度盐碱	4.75± 0.51 b	11.14± 0.51 b	5.53± 0.25 a	38.2± 1.91 a	2 925± 130.1 a	1 117.4± 49.6 a
中度盐碱	5.20± 0.25 a	10.78± 0.53 b	5.07± 0.22 b	37.7± 1.80 b	2 841± 127.4 a	1 071.0± 48.0 a
重度盐碱	4.25± 0.21 c	12.70± 0.61 b	4.96± 0.21 b	37.4± 1.82 c	2 678± 107.6 b	1 001.4± 40.1 b

3 讨论与结论

在供试 10 个品种（系）中，冀 3816 其出苗率在轻度盐碱（0～20 cm 土层含盐量<3.0 g·kg^{-1}）下为 91.7%，中度盐碱（3.0～4.0 g·kg^{-1}）下为 100.0%，重度盐碱（>4.0～6.0 g·kg^{-1}）下为 83.3%，均在 80% 以上，定为广适性品种。冀 3816 生育前期（7 月 15 日）株高在 56.4～60.2 cm，单株果枝数 7.3～7.8 个、铃数 1.1～1.6 个、蕾花数 10.3～14.1 个，叶绿素 SPAD 值在 40.6～44.3。产量形成关键期（8 月 15 日）株高在 69.7～80.1 cm，单株果枝数 7.7～9.9 个、铃数 11.5～14.6 个，SPAD 值在 45.4～50.5。收获株数在 4.25 万～5.20 万·hm^{-2}，单株铃数在 10.78～12.70 个，单铃重在 4.96～5.53，衣分在 37.4%～38.2%，皮棉产量实现 1 000 kg·hm^{-2} 以上水平。

不同盐碱胁迫下，广适性品种冀 3816 生长发育表现出较强的适应性调整。轻度盐碱下株高、果枝数、铃数以及蕾花数表现比较稳健，叶绿素含量较高，光合性能较好，因此衣分较高，皮棉产量较高；中度盐碱下植株较高，果枝数较多，但铃数较少，呈营养生长过剩，棉铃发育受到一定影响；而重度盐碱下生长受到较为明显的抑制，棉花以蕾铃数增多作为应对措施，但是由于光合性能较差，因此棉铃发育受到显著影响，导致产量不高。因此，生产上轻度盐碱地块应以促进棉花生长作为产量进一步提高的措施，而中度盐碱地块应以防止棉花旺长为高产途径，重度盐碱下要在土壤盐碱改良的基础上培肥地力，促进棉花更为健康的生长发育，以挖掘棉花增产潜力。

参考文献

[1] Ashraf M. Salt tolerance of cotton: some new advances [J]. Critical Reviews in Plant Sciences,

2002，21（1）：1-30.

［2］ 董合忠. 盐碱地棉花栽培学［M］. 北京：科学出版社，2010.

［3］ 中国农业科学院棉花研究所. 中国棉花栽培学［M］. 上海：上海科学技术出版社，2013.

［4］ 孙小芳，刘友良. 棉花品种耐盐性鉴定指标可靠性的检验［J］. 作物学报，2001，27（6）：794-801.

［5］ Levitt J. Responses of Plants to Environmental Stress（2nd）［M］. Physiologicl Ecology，1980.

［6］ 周桃华. NaCl 胁迫对棉子萌发及幼苗生长的影响［J］. 中国棉花，1995，22（4）：11-12.

［7］ 贾玉珍，朱禧月，唐予迪，等. 棉花出苗及苗期耐盐性指标的研究［J］. 河南农业大学学报，1987，21（1）：30-41.

［8］ 叶武威，刘金定. 氯化钠和食用盐对棉花种子萌发的影响［J］. 中国棉花，1994，21（3）：14-15.

［9］ 赵可夫. 作物抗性生理［M］. 北京：农业出版社，1990：116-121.

［10］ 罗宾著，陈恺元译. 棉花生理学［M］. 上海：上海科学技术出版社，1983：71-73.

［11］ 辛承松，董合忠，温四民，等. 滨海盐碱地转基因抗虫棉品种鉴选［J］. 中国农学通报，2008，24（2）：188-192.

［12］ 杜海英，张谦，王树林，等. 不同类型棉花品种对滨海盐碱地的适应性研究［J］. 河北农业科学，2014，18（3）：4-6，42.

[此文原刊载于《山东农业科学》，2017（7）：56-58，65]

沧州地区 29 个紫花苜蓿品种生产性能评价

谢 楠，刘振宇，冯 伟，智健飞，秦文利，刘忠宽*，魏丽芳

（河北省农林科学院农业资源环境研究所）

摘 要：采用标准差系数赋予权重法，对河北省沧州地区引进的 29 个国内外育成的紫花苜蓿品种进行了生产性能评价与比较。结果表明：中首 1 号、中首 2 号和中首 3 号综合评价较好，且这 3 个国产品种生育进程较快，能较早完成全年 4 茬草的刈割，有利于苜蓿的再生和安全越冬，宜作为该地区推广的首选品种；国外引进品种中赛迪 7（CNXHQ9-10-01）、FD4 和 WL440HQ 综合评价相对较好，生产中可以考虑选择；皇后（2012GS02-C）、阿尔岗金、苜蓿王和沧州苜蓿综合表现相对较差。

关键词：紫花苜蓿；品种比较试验；生产性能；综合评价；沧州地区

优质饲草是畜牧业发展的物质基础。紫花苜蓿被誉为"牧草之王"，其为多年生豆科牧草，产草量高，适口性好，耐旱、耐寒、耐瘠薄，耐频繁刈割[1]；具有极高的饲用品质、经济价值和生态适应性[2]；固氮能力强[3]；对中轻度盐碱地具有明显的改良效果[4]。随着我国种植结构的调整和在促进苜蓿产业发展有关政策的支持下，我国苜蓿种植面积逐年快速扩大，筛选本地区适宜的苜蓿品种成为苜蓿产业健康发展的重要保障。

河北省沧州地区盐碱地面积大，淡水资源缺乏，灌溉条件不足，苜蓿较其他作物具有明显的比较优势。目前沧州地区苜蓿种植面积已经达到 2 万 hm^2，仅黄骅市就达到 1.15 万 hm^2，苜蓿产业的规模化生产，成为改善当地生态环境、改良盐碱地、农民增收和农业增效的新增长点[5]。开展紫花苜蓿品种生产性能的综合评价，可为生产上选择综合性能好的品种提供技术支撑。

有关紫花苜蓿品种在沧州轻度盐碱地区的引进筛选试验已有相关报道，如，闫旭东等[6]对 6 个苜蓿品种生产特性进行了比较研究，认为安斯塔、甘农 1 号苜蓿适宜当地推广；王秀领等[7]对 9 个苜蓿品种进行特性分析后发现，保定苜蓿、中首一号和安斯塔综合表现好；林长青等[8]对 6 个苜蓿品种的品质进行了分析，结果表明，现蕾期—初花期营养最丰富，沧州苜蓿和皇后品质较优。但以上研究所采用的品种相对较少，多在施肥条件下进行，且多采用单项指标评价，缺乏系统性的评价研究。因此，作者以国内外引进的 29 个紫花苜蓿品种为试验材料，在雨养旱作条件下的中轻度盐碱地上进行品种比较试验，并综合评价各品种的生产性能，旨为筛选出适合沧州盐碱旱作区种植的苜蓿品种，促进当地苜蓿产业发展。

1 材料与方法

1.1 试验地概况

试验于 2015 年在位于黄骅市南大港区三分场二十七大队的国家牧草产业技术体系沧州综合试验站进行，该区域属暖温带半湿润季风气候，夏季潮湿多雨，冬季干燥寒冷，年平均降水量 567 mm，且 65% 的降水集中在 7—8 月。年平均蒸发量 1 980.7 mm（是当地年平均降水量的 3 倍），年平均气温 12.5 ℃，年平均日照时数 2 700 h，无霜期 210 d。试验地土壤为潮土，耕层土壤养分含量分别为有机质 15.75 g·kg^{-1}，碱解氮 86.10 mg·kg^{-1}，速效磷 6.68 mg·kg^{-1}，速效钾 297.00 mg·kg^{-1}。土壤含盐量 0.3%，pH 值 8.3。

1.2 试验材料

参试材料为国内外育成的紫花苜蓿品种，共 29 个。其中，WL440HQ、WL363HQ、WL343HQ、WL168HQ、WL319HQ、WL354HQ 引自北京正道生态科技有限公司；赛迪 5（R91212）、赛迪 10（R01152-4）、三得利（BAR-1-444-C）、赛特（CNZZ1-7-01C）、赛迪 7（CNXHQ9-10-01）、德宝（CNSB1-8-06）、53HR（CNWN8-11-02）、皇后（2012GS02-C）引自百绿集团；阿尔岗金、农宝、苜蓿王、WL323、顶点、FD4 引自石家庄草业服务中心；沧州苜蓿、中苜 2 号、中苜 3 号、中苜 1 号引自中国农科院北京畜牧兽医研究所；公农 1 号、公农 2 号引自吉林省农业科学院畜牧分院；甘农 5 号引自甘肃农业大学；KRIMA、SOCA 品种引自匈牙利。

1.3 试验方法

1.3.1 试验设计

试验设 29 个苜蓿品种处理。小区面积 20 m^2（行长 5 m，行距 20 cm，19 行/区），随机区组设计，3 次重复。参试品种均于 2012 年 5 月 14 日条播，播种量 30 kg·hm^{-2}；每年刈割 4 茬，试验在雨养条件下进行，不施肥，其他田间管理同常规。

降水量通过田间环境监测系统采集，根据苜蓿所处的生长阶段，绘制各茬次的累积降水量图（图 1）。

1.3.2 测定项目与方法

1.3.2.1 植株生长高度。在初花期，每小区随机取 10 株，刈割时分别测量地面至叶心的伸展高度，计算平均值。

1.3.2.2 茎叶比。每个品种分别取鲜草样 500 g，将茎和叶分开，105 ℃ 杀青 30 min 后，80 ℃ 烘干至恒重，分别称量茎质量和叶质量，计算茎叶比（茎质量/叶质量）。

1.3.2.3 鲜干比。鲜草刈割测产后，每小区分别取鲜草样 500 g，105 ℃ 杀青 30 min 后，再 80 ℃ 烘干至恒重，然后称量干物量，计算鲜干比（干样量/鲜样量）。

1.3.2.4 草产量。参试品种每茬均在初花期收获，且每茬留茬高度均为 3 cm，收获时，每小区内选择生长均匀的样方（0.5 m×0.5 m）4 个，全部刈割，测定鲜草产量，

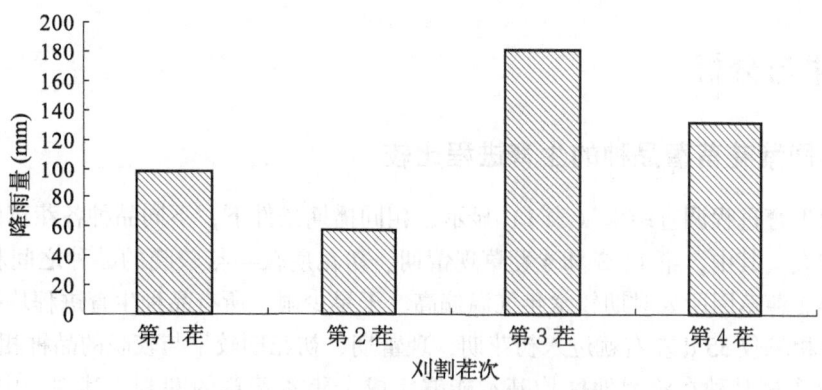

图1　2015年苜蓿各茬次的累积降水量

折算成单位面积产量；然后，根据各品种的鲜干比，折算干草产量。

1.3.2.5　叶片SPAD值。每茬草各小区随机选取15个点，用SPAD-502 plus手持便携式叶绿素测定仪测定植株倒4片三出复叶中间小叶的SPAD值，取其平均值。

1.3.3　品种综合评价

采用隶属函数法和标准差系数赋予权重法，利用不同品种各项指标全年平均值进行综合评价。

1.3.3.1　数据标准化。根据公式（1）计算每个品种不同指标的隶属函数值：

$$\mu(X_j) = \frac{X_j - X_{\min}}{X_{\max} - X_{\min}} \quad j = 1, 2, \cdots\cdots n \tag{1}$$

公式（1）中：X_j表示第j个综合指标值；$X_{\min}$表示第j个综合指标的最小值；$X_{\max}$表示第j个综合指标的最大值。

1.3.3.2　权重确定。采用标准差系数法，利用公式（2）计算标准差系数V_j，利用公式（3）归一化后得到各指标的权重系数W_j。

$$V_j = \frac{\sqrt{\dfrac{1}{n-1}\displaystyle\sum_{i=1}^{n}(X_{ij} - \overline{X_j})^2}}{\overline{X_j}} \tag{2}$$

$$W_j = \frac{V_j}{\displaystyle\sum_{j=1}^{n} V_j} \tag{3}$$

公式（2）中：n表示品种个数；X_{ij}表示某个品种的第j个综合指标值。

1.3.3.3　综合评价值。利用公式（4）计算各品种的综合评价值（D）。

$$D = \sum_{j=1}^{n} [\mu(X_j) \cdot W_j] \tag{4}$$

式中，$j = 1, 2, \cdots\cdots n$

1.3.4　数据处理

采用SAS软件对试验数据进行方差分析；运用Excel 2003软件进行数据处理及

做图。

2 结果与分析

2.1 不同紫花苜蓿品种的生育进程比较

苜蓿生育进程调查结果（表1）显示，相同播期条件下，不同品种各茬草的生育进程相差较大。其中，第1、3和4茬草现蕾期、初花期较早与较晚的品种之间相差10 d之多；第2茬草因所处时期较常年气温偏高、干旱少雨，所有品种生育进程均提前，与第1茬草相隔仅35 d左右就进入初花期，现蕾期、初花期较早与较晚的品种相差7 d左右。29个参试品种在沧州地区均基本能够完成全年4茬草的刈割，其中，中苜1号、中苜2号、中苜3号、甘农5号、赛迪10（R01152-4）、赛迪7（CNXHQ9-10-01）和农宝等品种生育进程相对较快，较生育进程较慢的沧州苜蓿、SOCA、公农2号等品种提早10 d左右。

表1 不同紫花苜蓿品种各茬草的生育期 （月-日）

品种	第1茬		第2茬		第3茬		第4茬	
	现蕾期	初花期	现蕾期	初花期	现蕾期	初花期	现蕾期	初花期
阿尔岗金	5-6	5-14	6-15	6-19	7-28	8-1	9-26	10-2
中苜2号	5-2	5-8	6-14	6-18	7-26	7-30	9-26	10-1
顶点	5-7	5-15	6-12	6-16	7-29	8-2	9-26	10-2
FD4	5-5	5-12	6-11	6-15	7-29	8-1	9-26	10-3
赛迪5（R91212）	5-6	5-13	6-12	6-16	7-29	8-2	9-27	10-3
WL440HQ	5-5	5-13	6-14	6-18	7-30	8-3	9-26	10-3
赛迪10（R01152-4）	5-6	5-14	6-12	6-16	7-27	7-31	9-22	9-28
三得利（BAR-1-444-C）	5-9	5-17	6-14	6-18	7-30	8-3	9-24	10-1
赛特（CNZZ1-7-01C）	5-6	5-13	6-14	6-18	7-29	8-2	9-28	10-5
赛迪7（CNXHQ9-10-01）	5-8	5-16	6-13	6-17	7-29	8-2	9-21	9-28
德宝（CNSB1-8-06）	5-5	5-13	6-14	6-18	7-28	8-1	9-27	10-3
WL363HQ	5-11	5-18	6-15	6-20	7-30	8-3	9-29	10-5
53HR（CNWN8-11-02）	5-11	5-18	6-14	6-18	7-28	8-2	9-29	10-6
WL343HQ	5-8	5-16	6-14	6-18	7-30	8-3	9-28	10-4
WL168HQ	5-7	5-15	6-15	6-19	7-30	8-3	9-28	10-4
WL319HQ	5-11	5-17	6-15	6-20	7-30	8-3	9-29	10-6
皇后（2012GS02-C）	5-4	5-12	6-13	6-17	7-28	8-1	9-25	10-2
沧州苜蓿	5-8	5-16	6-15	6-20	8-1	8-7	10-1	10-9
农宝	5-4	5-11	6-13	6-17	7-28	8-1	9-24	9-30

（续表）

品种	第1茬		第2茬		第3茬		第4茬	
	现蕾期	初花期	现蕾期	初花期	现蕾期	初花期	现蕾期	初花期
KRIMA	5-6	5-15	6-11	6-15	7-30	8-3	9-29	10-6
SOCA	5-4	5-13	6-11	6-15	7-27	7-31	10-1	10-9
苜蓿王	5-9	5-16	6-16	6-21	8-1	8-6	10-2	10-10
WL323	5-10	5-17	6-15	6-19	7-30	8-3	9-26	10-3
中苜3号	5-2	5-8	6-14	6-18	7-26	7-31	9-24	10-1
中苜1号	5-1	5-7	6-13	6-17	7-27	7-31	9-26	10-1
公农2号	5-12	5-19	6-16	6-20	7-31	8-4	10-1	10-9
WL354HQ	5-11	5-18	6-15	6-20	7-30	8-3	9-28	10-4
公农1号	5-12	5-19	6-17	6-22	7-31	8-4	9-29	10-6
甘农5号	5-5	5-14	6-11	6-15	7-20	7-25	9-21	9-27

2.2 不同紫花苜蓿品种的产量性状比较

产量调查结果（表2和表3）显示，参试品种全年4茬草的鲜草产量和干草产量均存在极显著差异，其中，中苜1号、中苜2号、中苜3号、FD4、WL440HQ、WL343HQ表现较好，鲜草产量和干草产量均相对较高，其鲜草、干草产量较表现相对较差的品种苜蓿王、沧州苜蓿、阿尔岗金分别高出15 000 kg·hm^{-2}左右和4 000 kg·hm^{-2}以上。由于2015年春季持续严重干旱，而第3茬草生长季降水量大，达到180 mm（图1），致使第3茬草产草量较第1茬草略高。

2.3 不同紫花苜蓿品种的农艺性状比较

2.3.1 不同紫花苜蓿品种的生长高度

参试品种同一茬次草的生长高度均存在显著差异（表4），但相同品种不同茬次草的生长高度无明显的规律性。29个品种全年平均生长高度均介于37~47 cm，其中，甘农5号、中苜1号、中苜3号、WL440HQ生长高度相对较高，品种间生长高度与产量性状的排序不一致，说明生长高度与产草量之间无明显的相关性。

2.3.2 不同紫花苜蓿品种的茎叶比

参试品种同一茬次草的茎叶比均存在显著差异（表5），其中，第1茬草的茎叶比相对较低，叶量丰富，叶干重>茎秆干重。郭孝等[9]研究指出，牧草叶量相对越丰富，饲料价值就越高。所有参试品种均以第3茬草的茎叶比最高，且茎叶比均接近于1或略>1，说明第3茬草的茎秆量与叶片量相当或略高。

2.3.3 不同紫花苜蓿品种的鲜干比

参试品种同一茬次草的鲜干比均存在显著差异（表6），且均以第1茬草的鲜干比较大、第3茬草的鲜干比最低，如沧州苜蓿、苜蓿王等品种第3茬草的鲜干比仅为第1

表2 不同紫花苜蓿品种的鲜草产量

（kg·hm⁻²）

品种	鲜草产量				全年鲜草产量	排序
	第 1 茬	第 2 茬	第 3 茬	第 4 茬		
阿尔岗金	10 717 deD	8 200 efgGHI	12 417 hF	6 200 gD	37 535 hE	29
中苜 2 号	15 867 abAB	9 234 cdefgCDEFGHI	15 951 cdefghABCDEF	10 614 abAB	51 666 abcABC	3
顶点	12 317 deBCD	10 001 deBCDEF	16 968 abcdefABCDEF	9 441 bcdABC	48 726 abcdeABCD	11
FD4	13 067 bcdBCD	11 284 abcAB	18 418 abcdABCD	8 784 bcdefABCD	51 553 abcABC	4
赛迪 5（R91212）	11 717 deCD	11 101 abcdAB	19 701 abAB	7 827 cdefgBCD	50 346 abcdeABCD	9
WL440HQ	11 634 deCD	11 584 abcAB	19 484 abcAB	8 317 bcdefgBCD	51 019 abcdABC	7
赛迪 10（R01152-4）	10 817 deD	10 867 abcdeABCD	17 834 abcdeABCDE	9 007 bcdefABCD	48 526 abcdeABCD	13
三得利（BAR-1-444-C）	11 017 deD	9 717 bcdefgBCDEFG	19 084 abcABC	7 654 cdefgBCD	47 472 bcdefABCD	16
赛特（CNZZ1-7-01C）	11 634 deCD	10 051 bcdefBCDEFG	15 301 defghBCDEF	7 244 defgCD	44 229 defghCDE	24
赛迪 7（CNXHQ9-10-01）	13 034 cdBCD	11 184 abcABC	18 334 abcdABCD	8 630 bcdefBCD	51 183 abcdABC	5
德宝（CNSB1-8-06）	11 984 deCD	8 434 defgEFGHI	16 301 bcdefgABCDEF	6 797 fgCD	43 516 efghCDE	26
WL363HQ	11 867 deCD	10 551 abcdefBCDE	17 234 abcdefABCDE	7 840 cdefgBCD	47 492 bcdefABCD	15
53HR（CNWN8-11-02）	11 501 deD	9 701 bcdefgBCDEFG	18 651 abcdABCD	8 040 defgBCD	47 892 bcdefABCD	14
WL343HQ	11 801 deCD	9 501 cdefgBCDEFG	20 368 aA	9 377 bcdeABC	51 046 abcdABC	6
WL168HQ	11 401 deD	10 234 bcdefBCDEF	17 234 abcdefABCDEF	7 197 defgCD	46 066 cdefABCDE	20
WL319HQ	10 601 deD	10 451 abcdefBCDEFG	19 618 abcAB	8 047 cdefgBCD	48 716 abcdeABCD	12
皇后（2012GS02-C）	11 034 deD	8 384 defgEFGHI	17 368 abcdefABCDEF	6 834 fgD	43 619 efghCDE	25
沧州苜蓿	10 517 deD	7 084 gI	13 184 ghEF	6 920 fgCD	37 705 ghE	28
农宝	11 867 deCD	9 117 cdefgCDEFGH	16 584 bcdefgABCDEF	8 871 bcdefABCD	46 439 cdefABCDE	19
KRIMA	9 651 eD	9 784 bcdefgBCDEFG	18 084 abcdABCDE	8 537 bcdefgBCD	46 056 cdefABCDE	21
SOCA	10 984 deD	9 917 bcdefBCDEFG	16 434 bcdefgABCDEF	7 357 cdefgCD	44 692 cdefghBCDE	23
苜蓿王	11 767 deCD	8 084 fgHI	14 184 efghCDEF	7 044 efgCD	41 079 fghDE	27

（续表）

品种	鲜草产量				全年鲜草产量	排序
	第 1 茬	第 2 茬	第 3 茬	第 4 茬		
WL323	11 817 deCD	10 751 abcdefBCDE	19 784 abAB	8 614 bcdefBCD	50 966 abcdABC	8
中苜 3 号	15 284 abcABC	12 251 abAB	16 168 bcdefgABCDEF	11 871 aA	55 573 aA	1
中苜 1 号	17 751 aA	10 617 abcdefBCDE	16 217 bcdefgABCDEF	9 694 abcABC	54 279 abAB	2
公农 2 号	11 167 deD	8 117 fgrFGHI	17 618 abcdeABCDE	8 047 cdefgBCD	44 949 cdefgBCDE	22
WL354HQ	11 401 deD	10 234 bcdefBCDEFG	19 318 abcAB	8 314 bcdefgBCD	49 266 abcdeABCD	10
公农 1 号	11 451 deD	9 350 cdefgDEFGHI	17 934 abcdABCDE	7 997 cdefgBCD	46 732 cdefABCDE	17
甘农 5 号	10 751 deD	13 017 aA	13 884 fghDEF	8 800 bcdefABCD	46 452 cdefABCDE	18

注：同列数据后大小写英文字母不同，分别表示在 0.01 和 0.05 水平上差异显著，下表同

表 3　不同紫花苜蓿品种的干草产量　　　　　　　　　　　　　　　　（kg·hm⁻²）

品种	干草产量				全年干草产量	排序
	第 1 茬	第 2 茬	第 3 茬	第 4 茬		
阿尔岗金	3 295.4 cdeD	2 100.7 ghiFGH	1 958.1 gE	1 840.0 gE	9 194 hiGH	28
中苜 2 号	4 911.3 aAB	2 353.5 cdefghiBCDEFGH	3 013.6 abcdABC	2 872.2 abAB	13 151 abABC	3
顶点	3 729.8 cdeCD	2 705.0 bcdefABCDEFG	2 987.3 abcdABC	2 810.0 abcABC	12 232 abcdefABCDE	10
FD4	3 961.8 bcBCD	3 032.2 abABC	3 208.2 abcdAB	2 671.1 bcdABCDE	12 873 abcABCD	4
赛迪 5（R91212）	3 464.5 cdeD	3 004.1 aABCD	3 472.1 abAB	2 499.4 bcdefABCDE	12 440 abcdABCDE	6
WL440HQ	3 540.2 cdeD	3 100.0 abAB	3 410.9 abcAB	2 499.0 bcdefABCDE	12 550 abcdABCDE	5
赛迪 10（R01152-4）	3 064.3 deD	2 886.7 abcdABCDE	3 082.7 abcdAB	2 601.6 bcdeABCDE	11 635 bcdefBCDEF	14
三得利（BAR-1-444-C）	3 362.6 cdeD	2 638.3 bcdefgABCDEFG	3 286.6 abcdAB	2 367.5 cdeD	11 655 bcdefBCDEF	13
赛特（CNZZ1-7-01C）	3 636.2 cdeD	2 574.0 bcdefgBCDEFG	2 674.2 deBCDE	2 120.7 defgCDEFGH	11 005 defgCDEFGH	21

（续表）

品种	干草产量				全年干草产量	排序
	第1茬	第2茬	第3茬	第4茬		
赛迪7 (CNXHQ9-10-01)	3 777.9 cdCD	2 917.4 abcABCD	3 058.8 abcdABC	2 517.8 bcdefABCDE	12 272 abcdefABCDE	8
德宝 (CNSB1-8-06)	3 641.1 cdeD	2 243.5 efghiDEFGH	2 742.9 deABCDE	2 009.1 efgCDE	10 637 efghiDEFGH	25
WL363HQ	3 509.8 cdeD	2 769.3 bcdeABCDEF	2 914.7 abcdABC	2 299.6 bcdefgBCDE	11 493 bcdefBCDEF	16
53HR (CNWN8-11-02)	3 420.2 cdeD	2 609.2 bcdefgBCDEFG	3 128.2 abcdAB	2 370.9 bcdefgBCDE	11 528 bcdefBCDEF	15
WL343HQ	3 495.1 cdeD	2 610.6 bcdefgBCDEFG	3 546.3 aA	2 663.0 bcdABCDE	12 315 abcdeABCDE	7
WL168HQ	3 328.1 cdeD	2 693.6 bcdefABCDEFG	2 701.8 deABCDE	2 150.1 defgBCDE	10 874 defghDEFGH	24
WL319HQ	3 128.4 deD	2 682.6 bcdefgABCDEFG	3 154.1 abcdAB	2 488.9 bcdefABCDE	11 454 bcdefgBCDEFG	17
皇后 (2012GS02-C)	3 338.4 cdeD	2 250.6 efghiCDEFG	2 829.3 bcdeABCD	2 153.4 defgBCDE	10 572 fghiEFGH	26
沧州苜蓿	3 314.6 cdeD	1 780.9 iH	2 020.0 fgDE	1 967.1 efgCDE	9 083 iH	29
农宝	3 556.2 cdeD	2 388.6 cdefghBCDEFGH	2 765.6 deABCDE	2 696.4 abcdABCD	11 407 cdefgCDEFG	18
KRIMA	2 941.2 eD	2 636.5 bcdefgABCDEFG	3 195.3 abcdAB	2 600.3 bcdeABCDE	11 373 cdefgCDEFG	19
SOCA	3 355.6 cdeD	2 657.0 bcdefgABCDEFG	2 919.9 abcdABC	2 224.4 cdefgBCDE	11 157 defgCDEFGH	20
首蓿王	3 626.9 cdeD	1 961.7 hiGH	2 220.0 efgCDE	1 944.9 fgDE	9 754 ghiFGH	27
WL323	3 613.5 cdeD	2 723.9 bcdeABCDEFG	3 430.7 abcAB	2 485.5 bcdefABCDE	12 254 abcdefABCDE	9
中苜3号	4 755.5 abABC	3 003.6 abABCD	2 647.4 defBCDE	3 323.1 aA	13 730 aAB	2
中苜1号	5 466.5 aA	2 733.2 bcdeABCDEFG	2 934.3 abcdABC	2 802.3 abcABC	13 936 aA	1
公农2号	3 542.9 cdeD	2 116.1 fghiEFGH	2 939.7 abcdABC	2 303.8 bcdefgBCDE	10 902 defghCDEFGH	23
WL354HQ	3 334.1 cdeD	2 662.2 bcdefgABCDEFG	3 205.1 abcdAB	2 461.2 bcdefABCDE	11 663 bcdefABCDEF	12
公农1号	3 367.2 cdeD	2 316.4 defghiBCDEFGH	2 924.0 abcdABC	2 346.3 bcdefgBCDE	10 954 defgCDEFGH	22
甘农5号	3 261.3 cdeD	3 416.5 aA	2 826.6 cdeABCD	2 498.1 bcdefABCDE	12 002 bcdefABCDEF	11

表 4　不同紫花苜蓿品种的生长高度　　　　　　　　　　　　　(cm)

品种	第 1 茬	第 2 茬	第 3 茬	第 4 茬	平均值
阿尔岗金	30.0 fghijk	34.0 efg	47.2 def	47.4 bcd	39.6 efg
中苜 2 号	41.5 abc	42.5 abcd	48.2 bcdef	48.6 abcd	45.2 abcd
顶点	32.5 efghij	40.7 abcd	52.3 abcd	45.6 bcde	42.8 bcde
FD4	35.5 cdef	40.2 abcde	49.0 abcdef	49.7 abc	43.6 abcde
赛迪 5（R91212）	32.9 efghi	37.9 cdefg	49.8 abcde	48.6 abcd	42.3 bcde
WL440HQ	35.7 cdef	44.7 ab	53.3 ab	47.5 abcd	45.3 abc
赛迪 10（R01152-4）	33.7 defghi	41.0 abcd	52.0 abcde	51.4 ab	44.5 abcd
三得利（BAR-1-444-C）	30.8 fghijk	38.3 bcdefg	49.6 abcde	45.6 bcde	41.1 cdefg
赛特（CNZZ1-7-01C）	37.0 bcde	40.7 abcd	50.2 abcde	48.4 abcd	44.1 abcd
赛迪 7（CNXHQ9-10-01）	31.8 efghij	42.2 abcd	53.3 ab	49.1 abcd	44.1 abcd
德宝（CNSB1-8-06）	34.5 defgh	41.5 abcd	50.3 abcde	47.9 abcd	43.5 abcde
WL363HQ	25.4 k	41.0 abcd	54.0 a	45.9 bcde	41.6 cdefg
53HR（CNWN8-11-02）	32.1 efghij	40.1 abcde	53.4 ab	44.5 cde	42.5 bcde
WL343HQ	33.4 efghi	38.8 bcdef	50.1 abcde	45.7 bcde	42.0 cdef
WL168HQ	32.8 efghi	38.7 bcdef	50.2 abcde	45.3 bcde	41.8 cdef
WL319HQ	26.6 jk	39.6 abcde	47.9 cdef	43.3 def	39.4 efg
皇后（2012GS02-C）	31.8 efghij	38.9 abcdef	50.2 abcde	46.4 bcde	41.8 cdef
沧州苜蓿	31.0 efghijk	32.2 g	46.9 ef	40.8 ef	37.7 fg
农宝	34.4 defgh	39.8 abcde	51.7 abcde	48.5 abcd	43.6 abcde
KRIMA	32.7 efghij	43.8 abc	52.1 abcde	49.2 abcd	44.5 abcd
SOCA	34.9 defg	40.8 abcd	51.7 abcde	49.2 abcd	44.1 abcd
苜蓿王	30.9 efghijk	37.0 defg	43.7 f	37.7 f	37.4 g
WL323	28.6 hijk	39.2 abcdef	51.7 abcde	44.0 cde	40.9 defg
中苜 3 号	39.7 bcd	43.2 abcd	49.5 abcde	53.6 a	46.5 ab
中苜 1 号	47.0 a	41.3 abcd	48.8 abcdef	49.2 abcd	46.6 ab
公农 2 号	29.4 ghijk	33.0 fg	49.2 abcde	46.3 bcde	39.5 efg
WL354HQ	28.1 ijk	41.5 abcd	52.7 abc	48.6 abcd	42.7 bcde
公农 1 号	28.6 hijk	37.4 cdefg	51.5 abcde	46.6 bcde	41.0 cdefg
甘农 5 号	42.4 ab	45.2 a	51.6 abcde	49.6 abc	47.3 a

表5 不同紫花苜蓿品种的茎叶比

品种	第1茬	第2茬	第3茬	第4茬	平均值
阿尔岗金	0.693 bcde	0.697 cdef	0.934 abc	0.816 bcde	0.785 bcdefghi
中苜2号	0.753 abc	0.797 abcd	1.016 abc	0.598 hij	0.791 bcdefghi
顶点	0.657 cdef	0.690 cdef	1.057 abc	0.771 bcdefg	0.794 bcdefghi
FD4	0.607 cdef	0.753 abcdef	1.126 abc	0.733 defghi	0.805 bcdefgh
赛迪5（R91212）	0.520 f	0.647 ef	1.077 abc	0.745 cdefg	0.748 defghi
WL440HQ	0.610 cdef	0.770 abcde	0.949 abc	0.859 bcd	0.797 bcdefghi
赛迪10（R01152-4）	0.600 cdef	0.690 cdef	1.044 abc	0.796 bcdef	0.783 cdefghi
三得利（BAR-1-444-C）	0.570 def	0.740 abcdef	1.121 abc	0.791 bcdef	0.806 bcdefghi
赛特（CNZZ1-7-01C）	0.690 cdef	0.860 a	1.065 abc	0.768 bcdefg	0.846 abcd
赛迪7（CNXHQ9-10-01）	0.640 cdef	0.797 abcd	1.158 ab	0.847 bcd	0.861 abc
德宝（CNSB1-8-06）	0.820 ab	0.813 abc	1.129 abc	0.794 bcdef	0.889 ab
WL363HQ	0.547 ef	0.787 abcd	0.972 abc	0.794 bcdef	0.775 cdefghi
53HR（CNWN8-11-02）	0.610 cdef	0.757 abcdef	0.964 abc	0.656 fghij	0.747 defghi
WL343HQ	0.530 f	0.683 def	0.993 abc	0.696 efghij	0.726 efghi
WL168HQ	0.577 def	0.757 abcdef	1.015 abc	0.688 efghij	0.759 cdefghi
WL319HQ	0.517 f	0.707 cdef	0.890 bc	0.696 efghij	0.702 hi
皇后（2012GS02-C）	0.633 cdef	0.713 cdef	1.124 abc	0.649 fghij	0.780 cdefghi
沧州苜蓿	0.670 bcdef	0.653 ef	0.905 bc	0.550 j	0.695 i
农宝	0.640 cdef	0.800 abcd	1.131 abc	0.742 cdefgh	0.828 abcde
KRIMA	0.627 cdef	0.843 ab	1.190 a	1.019 a	0.920 a
SOCA	0.613 cdef	0.747 abcdef	0.924 abc	0.888 abc	0.793 bcdefghi
苜蓿王	0.690 bcde	0.720 bcdef	0.870 c	0.593 ij	0.718 ghi
WL323	0.640 cdef	0.753 abcdef	0.969 abc	0.666 fghij	0.757 cdefghi
中苜3号	0.750 abc	0.850 a	0.990 abc	0.698 efghi	0.822 abcdefg
中苜1号	0.893 a	0.750 abcdef	1.057 abc	0.630 ghij	0.833 abcd
公农2号	0.640 cdef	0.677 def	1.094 abc	0.733 defghi	0.786 bcdefghi
WL354HQ	0.557 ef	0.733 abcdef	0.954 abc	0.643 ghij	0.722 fghi
公农1号	0.670 bcdef	0.763 abcdef	1.107 abc	0.684 efghij	0.807 bcdefgh
甘农5号	0.720 bcd	0.637 f	1.037 abc	0.899 ab	0.823 abcdef

茬草的1/2，表明第1茬草的干物质积累较多，干物质量相对较大；第3茬草鲜草的含水量高，干物质量相对较低。参试品种全年4茬草的平均鲜干比为0.247~0.267，变化幅度相对较小。

表6 不同紫花苜蓿品种的鲜干比

品种	第1茬	第2茬	第3茬	第4茬	平均值
阿尔岗金	0.307 abcde	0.265 abcde	0.157 efg	0.298 bcdefgh	0.257 abcde
中苜2号	0.310 abcd	0.259 abcde	0.189 ab	0.271 i	0.257 abcde
顶点	0.300 cdef	0.271 abcd	0.177 bcd	0.300 bcdefg	0.262 abcd
FD4	0.303 bcdef	0.268 abcde	0.174 bcdef	0.308 abcde	0.263 abcd
赛迪5（R91212）	0.297 defg	0.271 abcd	0.177 bcd	0.324 a	0.267 a
WL440HQ	0.303 bcdef	0.269 abcde	0.176 bcd	0.301 abcdefg	0.262 abcd
赛迪10（R01152-4）	0.283 g	0.264 abcde	0.173 bcdefg	0.289 cdefghi	0.252 bcde
三得利（BAR-1-444-C）	0.307 abcde	0.276 ab	0.173 bcdefg	0.311 abc	0.267 a
赛特（CNZZ1-7-01C）	0.310 abcd	0.259 abcde	0.175 bcdef	0.297 bcdefgh	0.260 abcde
赛迪7（CNXHQ9-10-01）	0.290 fg	0.262 abcde	0.168 cdefg	0.292 cdefghi	0.253 bcde
德宝（CNSB1-8-06）	0.300 cdef	0.266 abcde	0.169 cdefg	0.296 bcdefgh	0.258 abcde
WL363HQ	0.297 defg	0.263 abcde	0.170 cdefg	0.293 bcdefghi	0.256 abcde
53HR（CNWN8-11-02）	0.297 defg	0.273 abc	0.168 cdefg	0.297 bcdefgh	0.259 abcde
WL343HQ	0.297 defg	0.278 a	0.174 bcdef	0.285 fghi	0.258 abcde
WL168HQ	0.290 fg	0.267 abcde	0.157 fg	0.299 bcdefgh	0.253 bcde
WL319HQ	0.293 efg	0.258 abcde	0.161 defg	0.311 abcd	0.256 abcde
皇后（2012GS02-C）	0.303 bcdef	0.270 abcde	0.164 cdefg	0.316 ab	0.263 abcd
沧州苜蓿	0.317 ab	0.253 bcde	0.155 g	0.286 efghi	0.253 bcde
农宝	0.297 defg	0.262 abcde	0.167 cdefg	0.304 abcdef	0.258 abcde
KRIMA	0.307 abcde	0.268 abcde	0.176 bcde	0.304 abcdef	0.264 abc
SOCA	0.303 bcdef	0.276 ab	0.178 bcd	0.303 abcdef	0.265 ab
苜蓿王	0.310 abcd	0.246 e	0.156 fg	0.276 hi	0.247 e
WL323	0.307 abcde	0.257 abcde	0.174 bcdefg	0.287 efghi	0.256 abcde
中苜3号	0.313 abc	0.247 de	0.165 cdefg	0.280 ghi	0.252 cde
中苜1号	0.310 abcd	0.258 abcde	0.181 bc	0.289 cdefghi	0.259 abcde
公农2号	0.320 a	0.259 abcde	0.167 cdefg	0.288 defghi	0.259 abcde
WL354HQ	0.290 fg	0.258 abcde	0.166 cdefg	0.296 bcdefgh	0.253 bcde
公农1号	0.293 efg	0.248 cde	0.163 cdefg	0.296 bcdefgh	0.251 de
甘农5号	0.307 abcde	0.264 abcde	0.205 a	0.285 fghi	0.265 ab

2.4 不同紫花苜蓿品种的叶片 SPAD 值

SPAD 值与叶片氮素浓度和叶绿素含量显著相关，能间接反映叶片生理活动的变化[10]。对参试紫花苜蓿品种 3 茬草初花期的叶片 SPAD 值进行测定，结果（表 7）显示，3 茬草间虽都存在显著差异，但品种间变化梯度较小；同一品种第 1 茬草与第 2 茬草的叶片 SPAD 值相差不大，而第 3 茬草较前 2 茬草略低。从各品种 3 茬草的 SPAD 值及其平均 SPAD 值来看，不同品种间无明显的规律性。

表7 不同紫花苜蓿品种的叶片 SPAD 值

品种	第 1 茬	第 2 茬	第 3 茬	平均值
阿尔岗金	61.9 cdefg	62.8 bcde	57.7 abc	60.8 bcde
中苜 2 号	64.8 a	66.0 a	57.1 abcd	62.7 a
顶点	62.3 abcdefg	60.4 efg	58.9 ab	60.5 bcdef
FD4	62.1 bcdefg	61.9 cde	57.7 abc	60.5 bcdef
赛迪 5（R91212）	62.5 abcdefg	60.6 defg	57.4 abcd	60.2 cdefg
WL440HQ	61.7 defg	61.5 cde	57.4 abcd	60.2 cdefg
赛迪 10（R01152-4）	61.3 efg	61.4 de	56.4 abcd	59.7 defg
三得利（BAR-1-444-C）	60.6 efgh	61.9 cde	58.3 abc	60.3 bcdefg
赛特（CNZZ1-7-01C）	62.6 abcdefg	62.8 bcde	57.5 abcd	61.0 abcde
赛迪 7（CNXHQ9-10-01）	61.2 efg	61.1 de	57.0 abcd	59.8 cdefg
德宝（CNSB1-8-06）	60.3 fgh	61.0 def	58.1 abc	59.8 cdefg
WL363HQ	61.7 defg	62.1 bcde	57.5 abcd	60.5 bcdefg
53HR（CNWN8-11-02）	61.9 cdefg	62.5 bcde	58.2 abc	60.9 abcde
WL343HQ	64.1 abcd	63.5 abcd	57.0 abcd	61.6 abc
WL168HQ	62.2 abcdefg	62.5 bcde	57.0 abcd	60.5 bcdefg
WL319HQ	62.9 abcdef	61.2 de	55.2 cd	59.8 cdefg
皇后（2012GS02-C）	62.2 abcdefg	62.9 bcde	58.1 abc	61.1 abcd
沧州苜蓿	61.5 defg	64.8 ab	58.4 abc	61.5 abc
农宝	61.7 defg	58.1 fg	56.9 abcd	58.9 fg
KRIMA	60.0 gh	61.0 def	56.8 abcd	59.3 efg
SOCA	58.2 h	60.5 efg	57.4 abcd	58.7 g
苜蓿王	64.6 ab	63.5 abcd	55.6 bcd	61.2 abcd
WL323	64.5 abc	64.4 abc	57.2 abcd	62.0 ab
中苜 3 号	63.2 abcde	61.7 cde	57.5 abcd	60.8 bcde
中苜 1 号	61.6 defg	63.0 bcde	58.7 ab	61.1 abcd
公农 2 号	61.9 defg	61.6 cde	55.0 cd	59.5 defg
WL354HQ	62.3 abcdefg	62.7 bcde	57.9 abc	61.0 abcde
公农 1 号	61.3 efg	61.4 de	54.1 d	59.0 fg
甘农 5 号	61.5 defg	57.9 g	59.2 a	59.5 defg

2.5 紫花苜蓿品种的综合评价

采用标准差系数赋予权重法对 29 个紫花苜蓿品种的生产性能进行了综合评价，结果（表 8）显示，参试品种的综合评价值顺序为中苜 1 号>中苜 3 号>中苜 2 号>赛迪 7（CNXHQ9-10-01）>FD4>WL440HQ>甘农 5 号>KRIMA>顶点>赛迪 5（R91212）>赛迪10（R01152-4）>WL323>WL343HQ>农宝>三得利（BAR-1-444-C）>赛特（CNZZ1-7-01C）>德宝（CNSB1-8-06）>WL354HQ>WL363HQ>53HR（CNWN8-11-02）>SOCA>公农 1 号>WL168HQ>WL319HQ>公农 2 号>皇后（2012GS02-C）>阿尔岗金>苜蓿王>沧州苜蓿。综合评价值越大，表明该品种的生产性能越好。可以看出，国产品种中苜 1 号、中苜 2 号、中苜 3 号综合评价值居前 3 位，综合表现较好；其次是国外引进品种赛迪 7（CNXHQ9-10-01）、FD4 和 WL440HQ，综合评价较好；沧州苜蓿、苜蓿王、阿尔岗金、皇后（2012GS02-C）综合评价位居后 4 位，综合表现相对较差。

表 8 不同紫花苜蓿品种的隶属函数值、权重值和综合评价值

品种	鲜草产量	干草产量	生长高度	茎叶比	综合评价值	排序（位）
阿尔岗金	0.000	0.023	0.222	0.400	0.133	27
中苜 2 号	0.783	0.838	0.788	0.427	0.726	3
顶点	0.620	0.649	0.545	0.440	0.577	9
FD4	0.777	0.781	0.626	0.489	0.689	5
赛迪 5（R91212）	0.710	0.692	0.495	0.236	0.564	10
WL440HQ	0.748	0.714	0.798	0.453	0.684	6
赛迪 10（R01152-4）	0.609	0.526	0.717	0.391	0.557	11
三得利（BAR-1-444-C）	0.551	0.530	0.374	0.493	0.499	15
赛特（CNZZ1-7-01C）	0.371	0.396	0.677	0.671	0.499	16
赛迪 7（CNXHQ9-10-01）	0.757	0.657	0.677	0.738	0.706	4
德宝（CNSB1-8-06）	0.332	0.320	0.616	0.862	0.493	17
WL363HQ	0.552	0.497	0.424	0.356	0.469	19
53HR（CNWN8-11-02）	0.574	0.504	0.515	0.231	0.468	20
WL343HQ	0.749	0.666	0.465	0.138	0.540	13
WL168HQ	0.473	0.369	0.444	0.284	0.395	23
WL319HQ	0.620	0.489	0.202	0.031	0.376	24
皇后（2012GS02-C）	0.337	0.307	0.444	0.378	0.356	26
沧州苜蓿	0.009	0.000	0.030	0.000	0.008	29
农宝	0.494	0.479	0.626	0.591	0.534	14
KRIMA	0.472	0.472	0.717	1.000	0.630	8
SOCA	0.397	0.427	0.677	0.436	0.467	21

（续表）

品种	鲜草产量	干草产量	生长高度	茎叶比	综合评价值	排序（位）
苜蓿王	0.196	0.138	0.000	0.102	0.122	28
WL323	0.745	0.653	0.354	0.276	0.544	12
中苜 3 号	1.000	0.958	0.919	0.564	0.879	2
中苜 1 号	0.928	1.000	0.929	0.613	0.884	1
公农 2 号	0.411	0.375	0.212	0.404	0.361	25
WL354HQ	0.650	0.532	0.535	0.120	0.479	18
公农 1 号	0.510	0.386	0.364	0.498	0.441	22
甘农 5 号	0.494	0.601	1.000	0.569	0.638	7
权重	0.286	0.316	0.186	0.212	—	—

3 结论与讨论

通过对 29 个紫花品种生育期及各单项指标的方差分析，结果表明：不同品种同一茬次的生育进程相差较大，所有参试品种在沧州地区均基本能够完成全年 4 茬草的刈割，生育期早，刈割期相对较早，对苜蓿的再生和安全越冬有利。各品种的草产量、生长高度、鲜干比、茎叶比、SPAD 值等各单项指标均存在显著性差异。其中，中苜 1 号、中苜 2 号、中苜 3 号的产草量高，生育进程较快，较相对较晚的品种提前 7～10 d 左右；生长高度较高，茎叶比、鲜干比居中，表现优异。本研究发现，不同品种间生长高度、茎叶比、鲜干比、SPAD 值无明显的规律性，表明这些指标与产草量之间无明显的相关性。

牧草是以收获地上部营养体为目的的饲料作物，对品种进行筛选时产草量固然重要，但是仅用各单项指标来评价品种优劣容易产生片面性的结果，兼顾不同单项指标进行综合评价更为科学准确。这也与韩路等[11]、温方等[12]和王赞等[13]的观点相同。综合性状表现优异的品种更适合于生产上直接推广利用。采用标准差系数赋予权重法对不同紫花苜蓿品种全年各单项指标所进行的综合评价结果表明，国产品种中苜 1 号、中苜 2 号、中苜 3 号表现较好，适宜在沧州地区大面积推广种植；国外引进品种赛迪 7（CNXHQ9-10-01）、FD4 和 WL440HQ3 综合评价也相对较好，生产中可以考虑选择；皇后（2012GS02-C）、阿尔岗金、苜蓿王和沧州苜蓿综合表现相对较差。

本研究中未对不同苜蓿品种各茬草的营养成分指标进行测定，在今后的试验中，将结合饲用品质，对不同品种在晒制干草及青贮利用方面的品质差异性进行分析比较。

参考文献

[1] 洪绂曾．草业与西部大开发 [M]．北京：中国农业出版社，2001．
[2] 杨红旗，王金义，孙秀坤，等．沧州苜蓿产业发展现状及应对措施 [J]．河北农业科学，

2006, 10 (3)：84-87.

[3] 王健胜，王婕，梁亚红，等．不同苜蓿品种农艺性状的分析与评价 [J]．江苏农业科学，2015，43 (7)：241-243.

[4] 徐玉鹏，赵忠祥，王秀领，等．紫花苜蓿品质性状和农艺性状的相关性研究 [J]．草业科学，2015，25 (7)：46-49.

[5] 于合兴．黄骅市苜蓿产业存在的问题及对策 [J]．当代畜牧，2015 (8)：58-59.

[6] 闫旭东，朱志明，李桂荣，等．六个苜蓿品种特性分析 [J]．草地学报，2001，9 (4)：40-41.

[7] 王秀领，赵忠祥，徐玉鹏，等．几个紫花苜蓿品种的特性分析 [J]．河北农业科学，2008，12 (3)：31-33.

[8] 林长青，闫旭东，翟玉柱．6个苜蓿品种的品质分析 [J]．草业科学，2004，21 (11)：22-25.

[9] 郭孝，张莉．苇状羊茅生产性能的综合研究 [J]．草业科学，1998，15 (2)：24-26.

[10] 陈琴，陈莉敏，郑群英，等．5种牧草叶片上不同部位的 SPAD 值比较 [J]．草业科学，2014，31 (7)：1 318-1 322.

[11] 韩路，贾志宽，韩青芳，等．苜蓿种质资源特性的灰色关联度分析与评价 [J]．西北农林科技大学学报：自然科学版，2003，31 (3)：59-64.

[12] 温方，陶雅，孙启忠．用灰色关联系数法对 26 个苜蓿品种生产性能的综合评价 [J]．华北农学报，2006，21 (专辑)：66-71.

[13] 王赟，李源，孙桂芝，等．国内外 16 个紫花苜蓿品种生产性能比较研究 [J]．中国农学通报，2008，24 (12)：4-10.

[此文原刊载于《河北农业科学》，2016，20 (6)：19-26]

高产 稳产 优质 广适 多抗棉花新品种冀 1316 选育分析

郭宝生，刘素恩，王兆晓，王凯辉，赵存鹏，

崔瑞敏，刘存敬，张建宏，张香云，耿军义*

（农业部黄淮海半干旱区棉花生物学与遗传育种重点实验室/河北省农林科学院棉花研究所）

摘　要：利用"陆地棉×中棉×瑟伯氏棉"HAT 三元远缘杂种后代深厚遗传背景，通过低代混选法，提高棉花远缘杂交后代的遗传改良效果；采用优系内姊妹交，充分利用数量性状基因的加性效应，促进产量、抗性、品质等数量性状微效多基因聚合；现代分子标记技术与传统高效育种技术相结合，缩短育种进程；培育出转基因抗虫棉花新品种冀 1316，该品种遗传基础丰富，具有陆地棉、中棉和野生瑟伯氏棉血统，集高产、稳产、优质、广适、多抗、适于简化管理等优良性状于一体。冀中南棉花品种区域试验，冀1316 的 23 个试验点全部增产，且增幅达到极显著水平，皮棉产量、霜前皮棉产量分别较对照 DP99^{B}增产 20.5%和 23.8%，均居同期参试品种第 1 名；高抗棉铃虫，抗盲蝽象；抗旱耐盐碱；纤维上半部平均长度30.2 mm，马克隆值5.0，断裂比强度30.4 cN·tex^{-1}，为纤维优质Ⅱ型品种；尤其是在稳产性、抗逆、抗盲蝽象、适于机械化轻简化管理方面优势明显，能够满足河北省及其周边棉区生产需求和目前棉花生产对棉花品种机械化轻简化管理的需要。

关键词：棉花；冀1316；稳产；抗盲蝽象；选育分析

河北省棉花主产区南北跨度较大，土壤类型多样，生态条件复杂，耕作制度和栽培管理水平也有较大差异，棉花自然灾害和病虫害时有发生[1]。春季低温盐碱、夏季时旱时涝，生长中后期日照不足，枯、黄萎病频发，棉铃虫、棉蚜为害等均影响河北省棉花的产量和品质[2]。棉花为纺织工业的重要原料，"六五"—"九五"期间，我国自育棉花品种的纤维品质普遍存在长度有余而强力不足、马克隆值偏高的现象，各项纤维品质指标间的匹配也不够理想[3,4]。要有效抵御自然灾害，保证棉花产量和品质，满足纺织工业对棉花纤维品质的需求，最经济有效的措施是种植高产稳产、早熟、适应性广且抗病虫的棉花品种。实践证明，棉花远缘杂交是提高产量、增强抗性、改善品质的有效途径之一[5-10]；抗棉铃虫的外源 *Bt* 基因不仅可通过杂交方法转育到不同遗传背景的棉花育种骨干亲本中，而且能够完全表达[11]。从 20 世纪 90 年代中期开始，我们以早熟、高产稳产、优质、多抗、广适等综合性状优良的转基因棉花新品种培育为主攻目标，通过现代转基因技术、远缘杂交创新与杂交重组聚合以及姊妹交累加等方法相结合，选育出了高产稳产、早熟广适、多抗的棉花新品种——冀1316[12]，可满足河北省及周边不同生态棉区的生产需求[13]，该品种于 2008 年 4 月通过河北省农作物品种审定委员会审

定（审定编号：冀审棉 2008005 号）。

1 材料与方法

1.1 亲本材料

母本为抗病、丰产、适应性广的冀棉 18F₁。系中棉所 12 与早熟、丰产石 711 陆地棉品种间杂交一代，表现长势强、丰产性好、铃大、衣分高、吐絮肥畅、纤维品质优良、适应性强。

父本为 96-322，来源于冀棉 25 与 GK12 的杂交后代。其中，冀棉 25 具有陆地棉、中棉和野生瑟伯氏棉血统，遗传基础丰富；GK12 为我国自育转 *Bt* 基因的抗虫棉新品种。96-322 遗传背景复杂，不仅长势稳健，结铃性强，早熟不早衰，抗枯、黄萎病能力强，抗逆性好，区域适应性广，纤维品质优良，而且携带抗虫 Bt 基因，高抗鳞翅目害虫。

1.2 选育方法

1.2.1 亲本鉴定筛选

通过对 126 份育种骨干亲本进行 3 a 的产量和配合力测定，选择出 96-322、冀棉 18、冀优 768、Z56-1、1326、冀棉 22 等 15 个综合性状优良或某一性状特异、配合力高的骨干亲本。

1.2.2 亲本选择

依据血统远缘、地理远缘和主要性状优势互补原则，选择亲本，配置杂交组合。

1.2.3 海南加代

海南冬季加代、高代强制自交与分子标记相结合，加快后代纯合，缩短育种进程。

1.2.4 抗病虫性鉴定

通过枯黄萎病混生病圃抗病性鉴定和抗虫性室内外检测，定向胁迫强化筛选，提高品种的综合抗性。

1.2.5 混合种植

早期（F₂～F₃）按单株抗性、产量和品质选择后混合种植，在保证遗传多样性的同时提高选择效率。

1.2.6 单株间姊妹交

优系内优良单株间进行姊妹交，充分利用数量性状基因的加性效应，促进微效有益基因的聚合与累加，实现产量、品质、抗性和适应性等主要性状的同步提高。

1.2.7 不同生态区多点试验

在主产棉区不同生态区开展多年多点试验，对适应性、丰产性和稳产性进一步鉴定筛选。

1.2.8 稳定品系深化研究

对稳定品系的形态特征、生理生化特性和某一特异性状继续深化研究，发现新特性，挖掘新优势，同时进行配套栽培技术研究。

1.3 选育过程

1996 年在河北省农林科学院棉花研究所试验站配制冀棉 18F_1×96—322（冀棉 25×GK12 组合抗虫性强的低代品系）等 48 个杂交组合；同年冬，再将 48 个杂交组合南繁加代，（冀棉 18F_1×96—322）F_1 代抗虫、丰产、抗病、品质优良单株混合收获。

1997 年在河北省农林科学院棉花研究所试验站种植（冀棉 18F_1×96—322）F_2 代，选择优良单株混合收获；同年冬，在海南基地种植（冀棉 18F_1×96—322）F_3 代，选择优良单株混合收获。

1998 年在河北省农林科学院棉花研究所试验站种植（冀棉 18F_1×96—322）F_4 代，选择抗虫、丰产、抗病、优质单株自交，混收自交铃；同年冬，（冀棉 18F_1×96—322）F_5 代混收自交铃南繁，继续选择优良株行单株自交，混收自交铃。

1999 年在河北省农林科学院棉花研究所试验站种植（冀棉 18F_1×96—322）F_6 代混收自交铃，选择优良株行单株自交，混收自交铃。并开始检测纤维品质；同年冬，混收的自交铃南繁加代，选择（冀棉 18F_1×96—322）F_7 行内一致性好的优良单株姊妹互交，混收杂交铃。

2000 年在河北省农林科学院棉花研究所试验站种植（冀棉 18F_1×96—322）F_8 姊妹交杂交铃，继续选择行内优良一致性好的单株姊妹互交，收获姊妹交杂交铃；同年冬，在海南基地种植（冀棉 18F_1×96—322）F_9 姊妹互交杂交铃，选择行内优良单株自交，混合收获自交铃。

2001 年在河北省农林科学院棉花研究所试验站种植（冀棉 18F_1×96—322）F_{10} 代自交铃，继续选择优良单株自交，分株收获自交铃；同年冬，（冀棉 18F_1×96—322）F_{11} 优良单株自交铃株行种植，选择优良株行自交。收获优良的自交株系。

2002 年在河北省农林科学院棉花研究所试验站种植（冀棉 18F_1×96—322）F_{12} 代优良株系，继续选优良株系南繁加代；同年冬，海南基地综合前几年数据和当时表现，选择出优系 1316。

2003 年参加丰产优质品系比较试验，同时在南宫、故城、曲周、河间进行多点鉴定，结果显示，1316 系在各点均表现高产稳产、早熟、抗病抗虫、纤维品质优良且综合指标配套，命名为冀 1316。

2004 年申报并获准参加河北省棉花品种区域试验。2004 年和 2005 年参加河北省冀中南春播常规棉组区域试验。

2007 年参加河北省冀中南春播棉生产试验。

2008 年 4 月通过河北省农作物品种审定委员会审定（审定编号：冀审棉 2008005 号）。

2 结果与分析

2.1 特征特性

该品种在冀中南春播种植，全生育期 131 d 左右，出苗快、齐苗早，前中期生长健壮、整齐；植株较高，塔形，茎叶茸毛较多，单株结铃性强，开花结铃早，吐絮集中，铃较大、卵圆形，衣分高，早熟不早衰；对脱叶、催熟剂敏感，僵瓣率低，纤维洁白，吐絮肥畅，易采摘；株高 93.4 cm 左右，第一果枝节位高（距离地面 23～27 cm），烂铃率低，铃重 6.2 g 左右，子指 10.9 g 左右，衣分 40.5% 左右，霜前花率 92.9% 以上；属中熟转基因抗虫棉品种，高抗棉铃虫、红铃虫等鳞翅目害虫，对盲蝽象有较强抗性；适于机械化轻简化管理。

2.2 丰产稳产性和适应性

2004 年和 2005 年河北省冀中南春播常规棉组区域试验，冀 1316 的 15 个试点全部增产，且两年增产幅度均达到了极显著水平，其中，皮棉产量分别为 1 492.5 kg·hm^{-2} 和 1 513.5 kg·hm^{-2}，较对照 DP99^B 增产率分别为 26.6% 和 14.4%；霜前皮棉产量分别为 1 375.5 kg·hm^{-2} 和 1 423.5 kg·hm^{-2}，较对照 DP99^B 增产率分别为 31.0% 和 16.6%（表1）。

表1 2004—2005 年河北省棉花品种区域试验冀 1316 的产量

品种	年份	籽棉产量		皮棉产量		霜前皮棉产量	
		指标值 （kg·hm^{-2}）	增产率 （%）	指标值 （kg·hm^{-2}）	增产率 （%）	指标值 （kg·hm^{-2}）	增产率 （%）
冀 1316	2004 年	3 553.5	12.4	1 492.5	26.6	1 375.5	31.0
	2005 年	3 892.5	10.2	1 513.5	14.4	1 423.5	16.6
	平均值	3 723.0	11.3	1 503.0	20.5	1 399.5	23.8
DP99^B(CK)	平均值	3 273.0	—	1 226.3	—	1 091.3	—

2007 年河北省冀中南春播棉生产试验，冀 1316 的 8 个试点全部增产，且增产幅度达到了极显著水平，皮棉和霜前皮棉产量分别为 1 756.5 kg·hm^{-2} 和 1 605 kg·hm^{-2}，较对照冀 228 增产率分别为 21.5% 和 19.7%。

从 2004—2007 年河北省棉花区域试验处理结果可以看出，在不同气候年份、生态亚区和管理条件下，冀 1316 增产优势明显，品种与地点互作效应小，均表现丰产性突出。冀 1316 具有非常突出的丰产稳产性和广泛的适应性。

2.3 抗病性

2004 年和 2005 年河北省农林科学院植物保护研究所抗病性鉴定，冀 1316 枯萎病指分别为 6.6 和 6.1，黄萎病相对病指分别为 28.5 和 32.4；大田调查枯萎病指分别为 8.7 和 1.0，黄萎病指分别为 30.7 和 21.5。2008—2009 年中国农业科学院棉花研究所植保室抗病性鉴定，冀 1316 枯萎病指分别为 1.8 和 7.5，黄萎病指分别为 25.4 和 31.2；大田调查枯萎病指分别为 3.7 和 2.6，黄萎病指分别为 20.9 和 12.2。4 年抗病鉴定和大田调查结果均表明，冀 1316 为抗枯萎病、耐黄萎病品种。

2.4 抗虫性

2.4.1 抗棉铃虫

2008—2009 年中国农业科学院生物技术研究所利用 Bt 胶体金免疫检测试纸条鉴定抗棉铃虫株率,利用 ELISA 方法检测 Bt 抗虫蛋白含量,结果显示,冀 1316 抗虫株率为 100%,Bt 蛋白量低值为 514 $\eta g \cdot g^{-1}$,表达量高;田间罩笼及室内叶片喂食鉴定结果显示,冀 1316 二代蕾铃被害率为 23.02%、被害减退率低值为 52.34%,三代幼虫死亡率低值为 89.33%、幼虫校正死亡率为 86.4%,叶片受害级别为 2 级,属抗棉铃虫品种。

2.4.2 抗盲蝽象

2014—2015 年河北省主产棉区多点抗盲蝽象鉴定试验,冀 1316 叶片受害指数减退率为 78.6%、蕾铃受害减退率为 83.6%,抗盲蝽象级别达到抗级(农业部行业标准 NY/T 2676-2015)。而主推品种冀棉 958 的叶片受害指数减退率为 58.3%、蕾铃受害减退率为 64.0%,抗盲蝽象级别为中抗级。

2.5 抗逆性

2.5.1 耐盐碱能力强

河北省农林科学院滨海农业研究所耐盐性鉴定,冀 1316 发芽期相对盐害率为 22.3%,表现耐盐;苗期盐害指数为 23.8%,表现强耐;全生育期耐盐指数为 1.12%,达到强耐水平(表2)。2012 年在南大港农场含盐量 0.21% 的中度盐碱地示范 8 hm^2,冀 1316 籽棉产量为 4 502.6 $kg \cdot hm^{-2}$,较邻近自然对照增产 30.2%。

表 2 冀 1316 的耐盐性鉴定结果

品种	发芽期		苗期		全生育期	
	相对盐害率 (%)	耐盐性	相对盐害率 (%)	耐盐性	相对盐害率 (%)	耐盐性
冀 1316	22.3	耐	23.8	强耐	1.12	强耐
DP99[B](区试对照)	61.9	中敏	68.2	弱	0.75	中
中棉 35(耐盐对照)	16.2	高耐	23.4	强耐	1.00	强耐

2.5.2 抗旱性好

河北省农林科学院旱作农业研究所抗旱性鉴定,冀 1316 抗旱指数为 1.115,达到了抗旱性 1 级标准。2014 年在南宫市大召村旱薄盐碱地将冀 1316 与绿豆间作,7 月收获绿豆 980.0 $kg \cdot hm^{-2}$ 后,又收获冀 1316 籽棉 4 515 $kg \cdot hm^{-2}$,较邻近单作自然对照增产 17.9%。

2.6 纤维品质

2007 年河北省棉花品种区域试验纤维品质检测(农业部棉花品质监督检验测试中心),冀 1316 上半部平均长度 30.4 mm,整齐度指数 84.4%,马克隆值 4.9,断裂比强度 29.3 cN·tex⁻¹，伸长率 6.4%，反射率 75.0%，黄度 7.8，纺纱均匀指数 141，各项品质指标综合配套，纤维品质为同组参试品种最好。

2008—2009 年黄河流域棉花品种区域试验纤维品质检测（农业部棉花品质监督检验测试中心），冀 1316 上半部平均长度 30.2 mm，整齐度指数 85.6%，马克隆值 5.0，断裂比强度 30.4 cN·tex⁻¹，伸长率 5.7%，反射率 76.5%，黄度 7.9，纺纱均匀指数 148，综合指标达到 Ⅱ 型品种标准，纤维品质为同组参试品种最好。

2.7 适宜机械化轻简化管理

2012—2015 年连续 4 年进行了 32 点次的适于机械化轻简化栽培棉花品种筛选试验，冀 1316 表现早熟性好，霜前花率高（95.8%），生育期 124 d；长势稳健，松紧适中，易管理；第一果枝节位高（离地高度 23~27 cm），烂铃少（烂铃率 5.2%，较对照冀棉 958 低 11.5%）；开花结铃早，吐絮集中（9 月 30 日吐絮率 70.2%，较对照冀棉 958 高 36.8%）；对脱叶、催熟剂敏感，成熟期一致。喷施脱叶、催熟剂 15 d 后，落叶率 99.5%，架叶率低；不碎，挂枝棉、遗留棉、撞落棉少，采净率提高。

2014—2015 年在河北南宫和天津宁河进行大面积示范，美国约翰迪尔 9970 型作业效率 1.64 hm²·h⁻¹，采净率 95.2%；适于机械化轻简化栽培。

3 结论与讨论

3.1 冀 1316 遗传基因丰富，优质、早熟、抗逆、高产、适于机采

转基因抗虫棉冀 1316 具有陆地棉、中棉和野生瑟伯氏棉血统，遗传基础丰富；集早熟、抗病虫、抗逆、高产、优质、适于机采于一体，实现了抗性、熟性、产量和品质的同步提高。尤其是在稳产性、抗逆、抗盲蝽象、适于机械化轻简化管理方面优势明显，能够满足河北省及其周边棉区生产需求和目前棉花生产对棉花品种机械化轻简化管理的需要。

3.2 遗传基础丰富的远缘杂交种质资源为特色优良品种培育提供了保证

河北省是一个植棉大省，历年来选育出了许多优良陆地棉品种[14]，这得益于河北省育种工作者在拓展陆地棉遗传基础方面卓有成效的工作。河北棉花远缘杂交育种研究可追溯到 19 世纪 50 年代末，主要利用海岛棉、中棉、瑟伯氏棉等远缘种质的优良特性为主[15]。利用陆地棉与海岛棉或陆地棉与海岛野生棉种间杂交，其后代经长期定向选择，先后育成了冀棉 12 号、冀棉 13 号、冀棉 20 号、新陆中 8 号等具有陆海血统的棉花品种，其中，冀棉 20 号丰产性和抗病性比较突出，新陆中 8 号纤维品质优异。利用陆地棉与中棉和瑟伯氏棉（HAT）三元杂种后代，先后选育出冀棉 25（冀资 123）和冀 668，其突出特点是黄萎病抗性大幅提高，实现了抗病与丰产的协调改良。利用陆地棉与海岛棉和瑟伯氏棉（HBT）三元杂种后代，先后选育出石远 321、石远 345 和SGK321 等，实现了丰产性与早熟性的协调改良，并且衣分得以提升。棉花新品种冀1316 亲本来源于 HAT 三元远缘杂种后代，具有陆地棉、中棉和野生棉瑟伯氏棉血统，

遗传基础丰富，具有陆地棉的丰产性、中棉的抗逆性和瑟伯氏棉的适应性等优良特性，并且携带的外源 Bt 基因在其植株体内充分表达。区域试验结果表明，冀1316 是一个高产稳产、优质、广适、多抗等综合性状突出的新品种；选育结果表明，利用具有陆地棉、中棉、野生瑟伯氏棉遗传背景，目标性状优势互补的材料作为杂交亲本，是选育出综合性状优良新品种的遗传基础和前提。HAT 三元远缘杂种后代可以改良陆地棉产量水平，增强其抗逆性和适应能力。

3.3 低代混选法对棉花远缘杂交后代的遗传改良效果显著

在自然选择作用下，遗传群体后代性状聚合受当地自然、栽培条件的影响，并逐步形成具有较强区域适应性的生态类型。因此，低代混选法有利于棉花远缘杂交后代的遗传改良。

3.4 棉花遗传改良中姊妹交有利于微效多基因聚合

棉花的主要经济性状是受多基因控制的数量性状，如单株结铃数、单株产量等遗传传递力较低，且容易受环境影响，选择可靠性差。早代高强度选择可能造成这类基因的丢失。假如在不同世代选择优系内的优良单株进行姊妹交，可以促进微效有益基因的聚合与累加，充分发挥数量性状基因的加性效应，实现产量与品质、抗性、适应性的同步协调改良。棉花产量可提高 0.8%~3.5%。通过性状聚类软件将后代品系聚类，组内株系姊妹交混选可使有利基因得到积累和重新组合，以形成优良的个体。

3.5 现代育种技术与传统辅助手段结合提高品种选育效率

新品种选育是一个复杂而且漫长的过程，要集成多种选择手段加速育种进程。冀1316 的选育采用了海南异地自交加代，分子标记辅助筛选加速后代纯合；早期产量与品质跟踪测定，提高选择效率和速度；全程枯黄萎病混生病圃抗病性鉴定和室内外抗虫性检测，高强度定向胁迫选择，提高品种的综合抗性；多年多点鉴定，提高品种的适应性、丰产性和稳产性。采用集成的育种手段效果显著，育种效率大幅提高。

参考文献

[1] 王恒铨. 河北棉花 [M]. 石家庄：河北科学技术出版社，1992.

[2] 项时康，余楠，胡育昌，等. 论我国棉花质量现状 [J]. 棉花学报，1999，11 (1)：1-10.

[3] 杨伟华，项时康，唐淑荣，等. 20 年来我国自育棉花品种纤维品质分析 [J]. 棉花学报，2001，13 (6)：377-383.

[4] 王清连. 棉花新品种百棉 1 号选育报告 [J]. 河南职业技术师范学院学报，2006，32 (3)：1-3, 8.

[5] 刘素恩，郭宝生，王凯辉，等. 棉花海岛型和陆地型远缘杂交后代性状比较研究 [J]. 河北农业科学，2010，14 (7)：60-62, 65.

[6] 刘素恩，郭宝生，崔瑞敏，等. 高产多抗杂交棉冀杂 999 选育研究 [J]. 河北农业科学，2015，19 (3)：60-65.

［7］ 刘素恩, 耿军义, 崔瑞敏, 等. 优质抗虫棉花新品种冀 228 性状综合分析［J］. 中国农学通报, 2009, 25（23）: 220-223.

［8］ 庞朝友. 棉花种间杂交种质创新效果及其遗传多样性研究［D］. 保定: 河北农业大学, 2005.

［9］ 饶慧斌. 棉花远缘杂交育种研究现状及前景分析［D］. 杨凌: 西北农林科技大学, 2006.

［10］ 郭宝生. 棉花抗黄萎病种质鉴定及抗病相关基因表达分析［D］. 北京: 中国农业大学, 2014.

［11］ 王兆晓, 刘素恩, 刘存敬, 等. 早熟高产抗虫棉冀优 768 的选育［J］. 华北农学报, 2006, 21（S2）: 87-89.

［12］ 河北省农作物品种审定委员会. 关于发布第三十三次河北省农作物品种审定结果的通知［Z］. 石家庄: 河北省农作物品种审定委员会, 2008: 66-67.

［13］ 王凯辉, 耿香利, 谷峰, 等. 棉花新品种冀 1316 主要性状稳定性分析［J］. 河北农业科学, 2011, 15（3）: 86-88.

［14］ 刘素娟. 浅析河北省棉花生产及育种情况［J］. 中国棉花, 2003, 30（5）: 44-45.

［15］ 王国印, 李妙, 李英杰, 等. 河北省棉花育种回顾与前瞻［J］. 河北农业科学, 2003, 7（3）: 64-71.

［此文原刊载于《河北农业科学》, 2016, 20（2）: 58-62］

棉花品种冀 8158 在滨海盐碱棉区的产量表现及耐盐性分析

王凯辉[1]，郭宝生[1]，刘素恩[1]，王兆晓[1]，赵存鹏[1]，

李军英[2]，耿军义[1*]，顾红艳[3]，高增尚[4]

（1. 河北省农林科学院棉花研究所/农业部黄淮海半干旱区棉花生物学与遗传育种重点实验室/
国家棉花改良中心河北分中心；2. 河北省农林科学院农业信息与经济研究所；
3. 天津市原种场；4. 天津市种子管理总站）

摘　要：为了明确冀 8158 在滨海盐碱棉区种植时的产量表现和耐盐性情况，2015—
2016 年在唐海、芦台、汉沽、丰南、宁河进行了两年多点产量试验。结果显示，其不同试
点和年度间的产量及产量构成性状差异均较小，平均单铃重 7.4 g、单株铃数 19.2 个、衣
分 40.9%、吐絮集中度 71.7%，平均籽棉产量（4 562.7 kg·hm^{-2}）和皮棉产量
（1 868.0 kg·hm^{-2}）均较对照品种冀丰 1271 增产 10% 以上；同期，在唐海进行了耐盐性鉴
定试验，结果显示，其发芽期耐盐，苗期和全生育期均强耐盐。冀 8158 在滨海盐碱棉区表
现丰产、稳产、大铃、结铃性强、吐絮集中、耐盐，适宜在该区轻简化管理，进行大面积
推广。

关键词：棉花；冀 8158；滨海盐碱棉区；产量；耐盐性；轻简化栽培

我国棉花种植面积呈逐年下降趋势，2016 年较上年减少 42 万 hm^2，降幅达 11.1%，
棉粮争地矛盾非常突出，而我国植棉区内有滨海盐碱地 120 万 hm$^{2[1]}$，因此，充分利用
滨海盐碱地种植棉花能够有效缓解用地矛盾。棉花是劳动密集型农作物，而滨海盐碱地
棉区历来存在"人少地多"的现实[2,3]，传统的种植方式制约了棉花的良性发展。轻简
化栽培可以大幅提高棉花生产效率[4]，因此，实行轻简化管理是滨海盐碱棉区棉花产
业发展的有效途径[5-7]。冀 8158 是河北省农林科学院棉花研究所培育的中熟转基因抗
虫杂交棉品种，2012 年通过天津市农作物品种审定委员会审定，其表现高产、稳产、
大铃、成铃多、吐絮集中、抗盐碱等特性[8]。为了进一步挖掘该品种在滨海盐碱棉区
的种植潜力，2015—2016 年在该区进行了产量和耐盐性试验，以期明确冀 8158 在滨海
盐碱棉区的产量表现以及吐絮集中度[9]和耐盐情况，为冀 8158 进行轻简化管理以及在
滨海盐碱棉区大面积推广提供科学依据。

1　材料与方法

2015—2016 年连续两年在滨海盐碱棉区进行棉花产量和耐盐性试验。参试棉花品
种为冀 8158、冀丰 1271 和中棉 35，其中，冀丰 1271 为产量试验对照品种，中棉 35 为
耐盐性试验对照品种（耐盐品种）。

产量试验在唐海、芦台、汉沽、丰南、宁河进行。4 月 15—25 日采用地膜覆盖播

种，大小行种植，试验地面积 0.13 hm²，种植密度和大田管理均依据当地习惯进行。9月 10 日调查成铃数，9 月 30 日调查吐絮集中度，摘取棉株中部吐絮正常的 500 棉铃进行室内考种，全区收获计产[10]。

耐盐性鉴定试验在唐海进行。依据 DB 13/T 1339—2010[11]，对棉花发芽期、苗期和全生育期的耐盐性进行鉴定。

2 结果与分析

2.1 冀 8158 的产量及产量构成

两年多点试验结果（表 1）显示，冀 8158 不同试点和年度间籽棉及皮棉产量差异均较小，且所有试点的两年指标平均值均>其 CK，其中，子棉产量增幅为 9.52%～11.82%，平均产量较 CK 高 10.57%；皮棉产量增幅为 10.92%～16.0%，平均产量较 CK 高 12.64%。进一步对冀 8158 的产量构成性状（表 2）进行分析发现，其不同试点和年度间差异也均较小，其中，衣分平均值为 40.9%，较 CK 高 0.7%；单铃重平均值为 7.4 g，较 CK 高 1.0 g；株铃数平均值为 19.2 个，较 CK 多 1.7 个。可以看出，冀 8158 产量性状优势明显，尤其是铃大、结铃性强，表现出丰产稳产。

表 1　2015—2016 年冀 8158 在各试点的产量

品种	地点	籽棉产量				皮棉产量			
		2015 年 (kg·hm⁻²)	2016 年 (kg·hm⁻²)	平均值 (kg·hm⁻²)	增产率 (%)	2015 年 (kg·hm⁻²)	2016 年 (kg·hm⁻²)	平均值 (kg·hm⁻²)	增产率 (%)
冀 8158	唐海	4 537.5	4 432.5	4 485.0	11.82	1 883.1	1 843.9	1 863.5	16.00
	芦台	4 734.0	4 638.0	4 686.0	10.19	1 931.5	1 887.7	1 909.6	11.01
	汉沽	4 600.5	4 554.0	4 577.3	10.08	1 881.6	1 889.9	1 885.8	13.95
	丰南	4 728.0	4 603.5	4 665.8	9.52	1 943.2	1 864.4	1 903.8	10.92
	宁河	4 369.5	4 429.5	4 399.5	11.37	1 769.6	1 785.1	1 777.4	11.51
	平均	4 593.9	4 531.5	4 562.7	10.57	1 881.8	1 854.2	1 868.0	12.64
冀丰 1271 (CK)	唐海	4 033.5	3 988.5	4 011.0	—	1 633.6	1 579.4	1 606.5	—
	芦台	4 282.5	4 222.5	4 252.5	—	1 738.7	1 701.7	1 720.2	—
	汉沽	4 179.0	4 137.0	4 158.0	—	1 675.8	1 634.1	1 654.9	—
	丰南	4 330.5	4 189.5	4 260.0	—	1 723.5	1 709.3	1 716.4	—
	宁河	3 918.0	3 982.5	3 950.3	—	1 575.0	1 612.9	1 594.0	—
	平均	4 148.7	4 104.0	4 126.4	—	1 669.3	1 647.5	1 658.4	—

2.2 冀 8158 的吐絮集中度

两年多点试验结果（表 3）显示，冀 8158 不同试点和年度间吐絮集中度差异较小，

5 个试点的两年指标平均值为 70.7%～73.1%，均>其 CK，增幅为 12.23%～14.95%；吐絮集中度平均值为 71.7%，较 CK 高 13.50%。可以看出，冀 8158 吐絮集中度高，适于轻简化管理，机械采收。

表2　2015—2016 年冀 8158 在各试点的产量性状

品种	地点	衣分（%）			单铃重（g）			株铃数（个）		
		2015 年	2016 年	平均值	2015 年	2016 年	平均值	2015 年	2016 年	平均值
冀 8158	唐海	41.5	41.6	41.6	7.5	7.3	7.4	17.8	18.1	18.0
	芦台	40.8	40.7	40.8	7.3	7.2	7.3	20.5	19.5	20.0
	汉沽	40.9	41.5	41.2	7.3	7.5	7.4	20.3	20.1	20.2
	丰南	41.1	40.5	40.8	7.4	7.3	7.4	18.6	18.5	18.6
	宁河	40.5	40.3	40.4	7.4	7.4	7.4	19.2	18.9	19.1
	平均	41.0	40.9	40.9	7.4	7.3	7.4	19.3	19.0	19.2
冀丰 1271（CK）	唐海	40.5	39.6	40.1	6.3	6.4	6.4	16.2	15.5	15.9
	芦台	40.6	40.3	40.5	6.5	6.3	6.4	17.5	16.3	16.9
	汉沽	40.1	39.5	39.8	6.3	6.2	6.3	20.2	19.8	20.0
	丰南	39.8	40.8	40.3	6.3	6.3	6.3	18.3	17.6	18.0
	宁河	40.2	40.5	40.4	6.3	6.4	6.4	17.1	16.5	16.8
	平均	40.2	40.1	40.2	6.4	6.3	6.4	17.9	17.1	17.5

表3　2015—2016 年冀 8158 在各试点的吐絮集中度

品种	地点	吐絮集中度（%）			增长率（%）
		2015 年	2016 年	平均值	
冀 8158	唐海	71.0	72.6	71.8	12.36
	芦台	69.5	71.8	70.7	12.23
	汉沽	72.6	73.5	73.1	14.86
	丰南	70.7	71.8	71.3	13.10
	宁河	70.8	72.2	71.5	14.95
	平均	70.9	72.4	71.7	13.50
冀丰 1271（CK）	唐海	62.5	65.3	63.9	—
	芦台	61.3	64.6	63.0	—
	汉沽	65.7	61.5	63.6	—
	丰南	63.2	62.8	63.0	—
	宁河	62.8	61.6	62.2	—
	平均	63.1	63.2	63.1	—

2.3 冀8158的耐盐性

耐盐性鉴定结果（表4）显示，冀8158发芽期的相对盐害率平均值为22.1%，耐盐性表现为耐，较对照品种稍差；苗期的盐害指数平均值为18.2%，耐盐性表现为强，与CK相当；全生育期的耐盐指数平均值为1.13，耐盐性表现为强，与CK相当。可以看出，冀8158发芽期耐盐，苗期和全生育期均强耐盐，适于滨海盐碱地种植。

表4　2015—2016年冀8158的耐盐性

品种	年份（年）	发芽期		苗期		全生育期	
		相对盐害率（%）	耐盐性评价	相对盐害率（%）	耐盐性评价	相对盐害率（%）	耐盐性评价
冀8158	2015	21.6	耐	17.6	强	1.15	强
	2016	22.5	耐	18.7	强	1.11	强
	平均	22.1	耐	18.2	强	1.13	强
中棉35（CK）	2015	18.6	高耐	23.2	强	1.00	强
	2016	16.7	高耐	22.6	强	1.00	强
	平均	17.7	高耐	22.9	强	1.00	强

3　结论与讨论

为了缓解多年来我国存在的粮棉争地矛盾，进一步挖掘滨海盐碱棉区的植棉潜力，2015—2016连续两年在该区进行了产量和耐盐性试验。两年多点试验产量结果显示，冀8158在滨海盐碱棉区的唐海、芦台、汉沽、丰南、宁河均表现高产、稳产。其产量及产量构成在不同年度间和试点间差异均较小，性状稳定；平均籽棉和皮棉产量均较对照品种冀丰1271增产10%以上，铃大（单铃重7.4 g），成铃性强（单株成铃数19.2个），产量性状优异，丰产性能好。冀8158吐絮集中度为70.7%～73.1%，平均达到了71.7%，吐絮非常集中，适宜机械化采收、轻简化管理，可有效减少人工投入，降低生产成本，增加植棉效率，推动棉花全程机械化管理，促进棉花产业的良性发展[12-16]。在唐海进行的耐盐性试验结果显示，冀8158发芽期耐盐，苗期和全生育期均强耐盐，其耐盐性良好，适宜在滨海盐碱棉区种植，能够充分利用土地，扩大植棉面积，增加棉花种植效益，可有效解决粮棉争地的矛盾。

冀8158在滨海盐碱棉区种植表现丰产、稳产、大铃、结铃性强、吐絮集中、耐盐，适宜在滨海盐碱棉区轻简化管理，进行大面积推广。

参考文献

[1] 罗振，董合忠，唐薇，等. 中国滨海盐碱地植棉配套技术 [J]. 山东农业科学，2011（8）：110-114.

［2］ 董合忠．盐碱地棉花栽培学［M］．北京：科学出版社，2010：111-158.

［3］ 董合忠．滨海盐碱地棉花轻简栽培：现状、问题与对策［J］．中国棉花，2011，38（12）：2-4.

［4］ 若先古力·司拉木．棉花轻简化栽培分析［J］．北京农业，2015（31）：39-40.

［5］ 孟宪泉，贺杰，栗红梅，等．谈正确运用棉花轻简化栽培技术［J］．中国棉花，2015，42（12）：39-40.

［6］ 陈世武．棉花轻简栽培技术应用效果与前景探讨［J］．安徽农学通报，2013，19（7）：89-90.

［7］ 张谦，王树林，祁虹，等．河北棉区战略东移稳棉增粮的决策依据［J］．天津农业科学，2016，22（3）：36-39.

［8］ 赵存鹏，王凯辉，郭宝生，等．高产大铃棉花品种冀8158特征特性及栽培要点［J］．现代农村科技，2016（22）：14.

［9］ 郭宝生，刘素恩，王兆晓，等．高产 稳产 优质 广适 多抗棉花新品种冀1316选育分析［J］．河北农业科学，2016，20（2）：58-62.

［10］ 王凯辉，耿香利，谷峰，等．棉花新品种冀1316主要性状稳定性分析［J］．河北农业科学，2011，15（3）：86-88.

［11］ DB13/T1339—2010，棉花耐盐性鉴定评价技术规范［S］.

［12］ 李冉，杜珉．我国棉花生产机械化发展现状及方向［J］．中国农机化，2012（3）：7-10.

［13］ 何磊，刘向新，赵岩，等．棉花机械采收质量影响因素分析［J］．甘肃农业大学学报，2016，51（1）：150-155.

［14］ 李冉，杜珉．加快推进黄河流域棉花生产机械化：迫切性、发展现状及政策建议——基于山东、河北棉花生产机械化情况的调查［J］．中国棉花，2013，40（6）：1-4.

［15］ 张枫叶，刘卫星，贺群岭，等．我国棉花机械化采收现状分析［J］．农业科技通讯，2016（6）：4-5.

［16］ 端景波，张晓辉，范国强，等．棉花机械化采收技术的现状与研究［J］．中国农机化学报，2014，35（3）：62-65.

［此文原刊载于《河北农业科学》，2017，21（2）：14-16，46］

早熟　抗逆　优质棉花杂交种冀 8158 的选育

郭宝生[1]，王凯辉[1]，刘素恩[1]，王兆晓[1]，赵存鹏[1]，
李军英[2]，耿军义[1*]，王凤行[3]，耿香利[4]

(1. 河北省农林科学院棉花研究所/农业部黄淮海半干旱区棉花生物学与遗传育种重点实验室/
国家棉花改良中心河北分中心；2. 河北省农林科学院农业信息与经济研究所；
3. 天津市农业技术推广总站；4. 河北省农林科学院粮油作物研究所)

摘　要：针对冀东滨海盐碱区的生态条件，以早熟、抗逆、优质等综合性状优良的转基因棉花新品种培育为主攻目标，结合生态育种、分子育种和杂交聚合育种手段，选育出了高产抗逆棉花新杂交种冀 8158。该品种纤维品质优良，上半部绒长 30.0 mm，断裂比强度 31.4 cN·tex^{-1}，马克隆值 5.2，综合指标达到 II 型品种标准；抗旱耐盐性强，产量优势明显，霜前皮棉比对照鲁棉研 21 号增产 7.74%，居参试品种之首。采用 SSR 分子标记技术进行亲本原原种纯度检验筛选，大幅提高了杂交种子纯度。

关键词：棉花；冀 8158；早熟；抗逆；优质；选育

棉花作为抗旱、耐盐碱、经济效益高的经济作物，已成为冀东滨海低平原"稻改旱"和滨海滩涂区域的必然之选[1]。冀东滨海棉区即为黄河流域棉区北端近年来迅速发展起来的新兴棉区，是水资源匮乏与滨海盐碱地开发利用双重因素的必然选择，常年种植面积 3.33 万～4 万 hm^2，总产量 3 万 t。主要分布在河北省的丰南、汉沽、芦台和唐海区县，天津市的武清、宝坻、宁河和静海等区县，并有逐年扩大之势。该棉区的健康发展有助于京津冀农业结构调整和滨海盐碱地的开发利用，极大地缓解了粮棉争地的矛盾，增加了棉农收入，促进农村经济发展，也可带动棉花加工和棉纺产业的发展[2,3]。

冀东滨海棉区位于黄河流域棉区的最北端，光温条件有限。品种多乱杂、播期早苗情差、枯黄萎病重、棉田通风透光不足、烂铃多、贪青晚熟和管理不规范等实际问题客观普遍存在，影响棉花产业效益提升及良性发展。因此以当地生态环境和生产条件为背景，选择适于冀东滨海棉区种植的高产、抗逆棉花新品种势在必行[4-8]。2000 年后，河北省农林科学院棉花研究所针对冀东滨海盐碱区的生态条件[9]，以早熟、抗逆、优质等综合性状优良的转基因棉花新品种培育目标，结合生态育种、分子育种和杂交聚合育种手段，充分发掘远缘杂交后代的综合抗逆潜力，选育出了高产、抗逆棉花新杂交种冀8158（冀杂 656），2012 年通过了天津市第 26 次农作物品种审定会议审定（审定编号：津审棉 2012001 号）。该品种满足了冀东滨海棉区的河北省东部、天津市全部棉区的生产需求。

1 材料与方法

1.1 亲本材料

母本为优质抗病转基因抗虫常规品种冀228[10]。冀228于2005年通过农业部转基因生物安全评价，并批准在山东省［农基安审字（2005）第006号］、河北省［农基安审字（2005）007号］进行商业化生产。2005年通过河北省农作物品种审定委员会审定；2008年通过国家农作物品种审定委员会审定。该品种具有早熟性好，抗病耐旱耐盐碱，后期叶功能好，抗早衰，纤维品质优异，种仁含油量高等特点。

父本为冀C4236，冀棉25（具有陆地棉、中棉和野生棉瑟伯氏棉的血统）×GK12杂交后代的高代稳定品系。长势强，铃大，衣分高，抗枯、黄萎病，吐絮肥畅，棉絮洁白。

1.2 选育过程

2004—2005年利用表型性状相关性分析[11]对107份育种骨干亲本进行综合性状评估以及配合力预测，筛选出核心骨干亲本48份；2005年在河北省农林科学院棉花研究所小安舍试验站配制冀228×C4236杂交组合共56个，2006—2007年在该试验站进行杂交种产量比较试验；同时2006—2007年利用DNA分子标记分型技术[12]对骨干亲本进行分子标记遗传多样性分析，综合评估骨干亲本遗传背景丰富度；最终抉选出（冀228×C4236）F_1（组合编号冀8158）等综合性状优良的杂交组合10个，冀8158于2008年获得转基因安全评价证书，证书编号农安基证字（2008）134号。并将该杂交组合命名为冀杂656。冀8158（冀杂656）于2010—2011年参加天津市棉花品种区域试验，2012年参加天津市春棉生产试验，并于2012年通过了天津市第26次农作物品种审定会议审定（审定编号：津审棉2012001号）。

1.3 区域适应性试验

2009年冀8158（冀杂656）等10个优势杂交组合在石家庄、南宫、故城、成安、南皮、芦台、宁河、静海等地进行多点鉴定试验，对品种的适应性、丰产性和稳定性进一步鉴定筛选。数据统计分析采用DPS3.01软件。

1.4 亲本纯度检测和F_1代纯度监测

在新杂交种进入区域试验的同时，于2010年开始利用筛选到的亲本间具有多态性的引物检测亲本纯度和监测F_1代纯度。对亲本原原种每个单株进行分子标记纯度筛选，去掉带型不一致的杂株。亲本原种及其组合F_1在田间随机选取50株的叶片，提取总DNA，采用张建宏等[13]的方法进行PCR扩增和聚丙烯酰胺电泳。

2 结果与分析

2.1 特征特性

冀8158在冀东滨海棉区春播种植，生育期125 d左右，株形塔形，叶片中等大小、绿色，茸毛较少，果枝节位 7.0 节，铃重约 7.2 g，衣分 39.42%。铃卵圆形，吐絮肥畅，纤维白，易采摘。

2.2 丰产稳产性

2010—2011 年天津市棉花品种区域试验，冀 8158 籽棉产量和霜前皮棉产量增产幅度均达到了极显著水平。其中霜前皮棉产量较对品种照鲁棉研 21 号增产 8.21%～12.65%（表 1），居 13 个参试品种的第 1 位。

2012 年天津市春棉生产试验，冀 8158 籽棉平均产量 3 626.1 kg·hm^{-2}，较对照品种鲁棉研 21 号增产 9.88%，5 个试点全部增产；霜前皮棉平均产量为 1 188.9 kg·hm^{-2}，较对照品种鲁棉研 21 号增产 7.74%，5 个试点全部增产，居 12 个参试品种第 1 位。

表 1   2010—2011 年天津市棉花品种区域试验中冀 8158 与鲁棉研 21 号（CK）产量

品种	年份	籽棉产量（kg·hm^{-2}）	增产率（%）	霜前皮棉产量（kg·hm^{-2}）	增产率（%）
冀 8158	2010 年	230.04	9.06**	72.48	8.21**
	2011 年	256.02	12.87**	91.04	12.65**
	平均值	243.03	10.96**	81.76	10.43**
鲁棉研 21 号	2010 年	213.69	—	66.98	—
	2011 年	226.83	—	80.8	—
	平均值	220.26	—	73.89	—

注：** 代表在 0.05 水平下极显著

2.3 抗性表现

2.3.1 抗病性表现

2010—2011 年天津市宁河县农业技术服务中心自然诱发抗病性鉴定结果，枯萎病抗病指数为 0～5.4；黄萎病抗病指数为 1.80～14.2；2011—2012 年中国农业科学院棉花研究所人工接种抗病性鉴定结果，枯萎病抗病指数为 14.2～16.8，黄萎病抗病指数为 14.2～34.8。冀 8158 田间耐枯萎病和黄萎病（表 2）。

表 2   2010—2012 年冀 8158 枯萎病和黄萎病抗病指数检测

年份	检测单位	枯萎病	黄萎病
2010 年	天津市宁河县农业技术服务中心	0.0	1.8
2011 年	中国农业科学院棉花研究所	14.2	23.1
2011 年	天津市宁河县农业技术服务中心	5.4	14.2
2012 年	中国农业科学院棉花研究所	16.8	34.8

2.3.2 抗逆性表现

2.3.2.1 耐盐性。河北省农林科学院滨海农业研究所对冀8158的耐盐性进行鉴定，冀8158发育期相对盐害率18.6%，表现为耐盐；苗期盐害指数为21.6%，表现为强耐盐。

2.3.2.2 抗旱性。依据DB13T 398.5—1999[14]的规程，河北省农林科学院旱作农业研究所对冀8158的抗旱性进行检测，抗旱指数为1.10，属于抗旱品种。

2.4 纤维品质

2012年农业部棉花品质监督检验测试中心纤维品质检测结果显示，上半部绒长30.0 mm，断裂比强度31.4 cN·tex^{-1}，马克隆值5.2，整齐度指数85.5%，伸长率4.4%，反射率78.6%，黄度7.1，纺纱均匀指数146.0，综合指标达到II型品种标准。

2.5 亲本纯度检测和F$_1$代纯度监测

利用SSR分子标记进行杂交种亲本的纯度检验，亲本原原种纯度100%，亲本原种纯度99.2%，大幅度提高了杂交种亲本的纯度。杂交种纯度98.01%如图1所示。

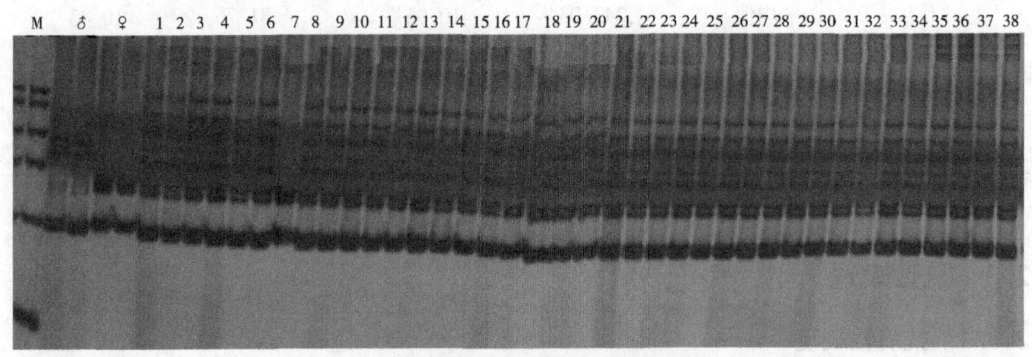

图1 利用SSR分子标记检测

M：D2000 Marker；♂：父本；♀：母本；箭头所示为假杂种

3 结论与讨论

转基因抗虫杂交棉冀8158遗传基础丰富，集其母本早熟不早衰、抗病耐旱耐盐碱、纤维品质优异和父本的长势强，铃大，衣分高，吐絮肥畅，棉絮洁白为一身，具有明显的杂种优势表现[15]。冀8158是针对冀东滨海棉区生态环境定向选育的品种，重点考虑该区域无霜期短、土壤矿化度高等自然条件，以抗逆早熟为突破口，兼顾纤维品质协同提高。冀8158是冀东滨海棉区不可多得的具有早熟、丰产、抗逆等优良性状的纤维品质达到II型标准的品种。

棉花是常异花授粉作物，其天然杂交率为3%～20%。异交必然使基因发生重组，改变品种群体的遗传型，最终导致品种退化[15]。种子是决定棉花产量的关键因素之一，DNA 分子标记的发展，为种子纯度检验提供了更可靠的检测方法，从种子纯度检测依靠表型鉴定转向 DNA 分子水平检测[16,17]。但是该技术主要用于区分真假杂交种[18,19]。而将分子标记技术应用到亲本原原种繁育，通过表型性状与 DNA 分子标记相结合的手段，从亲本原原种开始进行单株 DNA 检测，亲本原种的纯度提高了 4.2%，杂交种的纯度从 92.0% 提高到 98.01%。高纯度的棉花种子为棉花丰产丰收奠定了良好基础。

参考文献

[1] 王秀萍，张国新，鲁雪林，等．冀东滨海盐碱地区水改旱棉花栽培技术 [J]．安徽农业科学，2007，35（19）：5 726-5 727．

[2] 霍友民，高青山，张爱华．冀东地区棉花生产存在的问题及对策 [J]．中国棉花，2004，31（5）：42-43．

[3] 鲁雪林，王秀萍，张国新，等．冀东盐碱地不同熟性棉花品种适应性研究 [J]．安徽农业科学，2013，41（16）：7 077-7 078．

[4] 杜海英，张谦，王树林，等．不同类型棉花品种对滨海盐碱地的适应性研究 [J]．河北农业科学，2014（3）：4-6．

[5] 王树林，祁虹，张谦，等．不同熟性棉花品种在冀东棉区的适应性分析 [J]．河北农业科学，2011，15（5）：4-5．

[6] 刘庆义，段久存，孙焕新．冀东棉区棉花苗期管理技术 [J]．河北农业，2002，34（4）：36-37．

[7] 焦俊芬，高亚楼．2005 年冀东地区棉花减产原因及对策 [J]．中国棉花，2006，33（3）：39-40．

[8] 张兰清．影响冀东棉田出苗的主要因素及解决途径 [J]．中国棉花，2012，39（1）：36-36．

[9] 孙东磊，李存东，李武龙，等．河北省三大棉区气候周期及突变特征分析 [J]．干旱地区农业研究，2014（5）：228-233．

[10] 刘素恩，耿军义，崔瑞敏，等．优质抗虫棉花新品种冀 228 性状综合分析 [J]．中国农学通报，2009，25（23）：220-223．

[11] 郭宝生，张建宏，崔瑞敏，等．棉花三元杂种（HBT）衍生系应答黄萎病菌侵染反应 [J]．分子植物育种，2015，13（8）：1 735-1 744．

[12] 郭宝生，张建宏，刘素恩，等．棉花品种分子标记遗传多样性检测 [J]．华北农学报，2010（S1）：47-49．

[13] 张建宏，郭宝生，赵贵元，等．利用棉花纤维品质相关 QTL 评价海陆渐渗品种品质初探 [J]．棉花学报，2013，25（3）：247-253．

[14] DB 13T 398.5—1999，农作物抗旱鉴定规程 [S]．

[15] 张先亮，刘克锋，楚宗艳，等．棉花杂交种和常规种产量与产量构成因素相关性的比较分析 [J]．中国棉花，2012，39（3）：16-18．

[16] 郭宝生，韩泽林，耿军义，等．陆地棉目标性状育种基因库的建立与育种利用初探 [J]．河北农业科学，2006，10（4）：68-71．

[17] 刘玉涛，刘艳丽，刘秀梅．DNA 鉴定棉花杂交种纯度势在必行 [J]．中国种业，2011

(5)：24-24.

[18] 白静，聂以春，林忠旭，等．棉花杂交种 SSR 核心引物的筛选与评价 [J]．棉花学报，2012，24（3）：207-214.

[19] 匡猛，杨伟华，张玉翠，等．棉花杂交种纯度的 SSR 标记检测及其与田间表型鉴定的相关性 [J]．作物学报，2011，37（12）：2 299-2 305.

[此文原刊载于《河北农业科学》，2017，21（1）：66-69]

适宜麦套的晚春播棉花品种冀178选育研究

赵贵元，王永强，刘建光，张寒霜，赵俊丽

（农业部黄淮海半干旱区棉花生物学与遗传育种重点实验室/河北省农林科学院棉花研究所）

摘　要：冀178是河北省农林科学院棉花研究所以选自夏播短季棉品种中棉所16的508系为母本，以综合性状优良的169系为父本选育而成的晚春播、适宜棉麦套作的棉花新品种。2015年通过河北省农作物品种审定委员会审定（审定编号：冀审棉2015010号）。该品种具有早熟、稳产、纤维品质优良、抗病性好、适宜棉麦套作等特点。冀178在棉麦套作模式下的棉花霜前花率可达87.2%，显著高于其他参试品种。该品种的育成对促进棉田增效和加快河北省棉花种植结构调整具有重要意义。

关键词：棉花；冀178；晚春播；棉麦套作；品种选育

棉花是关系国计民生的重要经济作物，在我国农业生产中占有举足轻重的地位[1]。河北省南部地区一直是我国传统植棉区，因其独特的地理位置，从20世纪60年代开始以棉麦套作为主的棉区两熟种植制度开始出现[2]，并于20世纪90年代逐渐成为该地区主要种植模式[3]。进入20世纪后，由于解决了小麦机械化收获问题，棉麦套作模式面积进一步扩大，推广前景广阔[4]。因此，培育适宜棉麦套作的棉花品种成为育种家研究的热点之一。棉麦共生期间受光照、养分等的影响，容易造成棉花晚发苗弱等问题[6]；棉花生长后期又要做到及早收获，为小麦早种早收奠定基础，故而培育早熟、适宜棉麦套作的棉花品种尤为迫切。且由于该地区的气候特点，4月中下旬棉花播种后，常发生"倒春寒"等低温冷害灾害，棉花烂种、烂芽、死苗发生概率增加，严重影响了棉花的产量和品质[5]。如果推迟棉花播种时间，采用早熟、晚春播品种就可有效避免此类灾害发生。河北省农林科学院棉花研究所以适宜晚春播和棉麦套作为棉花育种目标，以选自中棉所16[7-9]的优良品系508系为母本，以选自国审棉品种冀棉169[10-14]的选系169系为父本，经连续多年定向选择培育，选育出棉花新品种冀178。2015年通过河北省农作物品种审定委员会审定（审定编号：冀审棉2015010号）。该品种的育成对进一步扩大棉麦套作种植面积，加快棉花产业结构调整，推进棉田增效具有重要意义。

1　材料与方法

1.1　亲本材料

母本508系是从中棉所16（中国农业科学院棉花研究所选育）中选育的一个优良品系。中棉所16属夏播短季棉品种，具有苗期长势强、结铃性强、生育期短、早熟等特性。508 系自 1998 年开始选育,除注重在苗期长势以及结铃性方面保持原品种的早熟特性外,重点选育表现吐絮肥畅、高抗枯萎病、耐黄萎病的品系,2000 年育成。

父本 169 系为冀棉 169(河北省农林科学院棉花研究所选育)出圃系。特点是植株塔型,叶片大小中等、色深绿,单株结铃性强,吐絮肥畅,抗枯萎、耐黄萎病,后期叶功能好,早熟不早衰。含外源抗棉铃虫基因,但苗期长势较弱。

1.2 选育过程

为选育丰产、抗逆、早熟抗虫棉新品种,2001 年配置杂交组合 508 系×169 系,收获种子当年海南加代;2002 年将南繁收获种子种植于河北省农林科学院棉花研究所小安舍试验基地,选择早熟、抗病性、抗虫性好的单株,当年海南三亚南滨农场加代选育;2003—2004 年连续进行南繁北育,筛选出表现较好的早熟株系;2005 年在河北省农林科学院棉花研究所小安舍试验基地筛选出 18 个优良株系;2006 年在河北省农林科学院棉花研究所试验基地综合性状评定中,178 系表现最好,暂定名为冀 178。2007—2008 年石家庄、邯郸等地区多年多点早熟新品系比较试验,霜前籽棉产量、霜前皮棉产量,籽棉总产量、皮棉总产量在所有参试品系中居第 1 位;2008 年获得农业转基因生物安全证书(生产应用)[农基安证字(2008)第 135 号];2012 年参加了河北省棉花品种区域试验;2012—2013 年参加了冀中南晚春播棉组区域试验;2014 年参加了冀中南晚春播棉组生产试验,均表现优异。2015 年通过河北省农作物品种审定委员会审定(审定编号:冀审棉 2015010 号,图 1)。

2 选育结果

冀 178 属转基因抗虫常规棉晚春播品种,生育期 116 d。出苗快、苗势壮,生育期长势稳健整齐。植株塔形、清秀,透光性好,茎秆较粗壮,茸毛中等密度;叶色深绿,叶片大小中等,功能期较长;结铃性较强且集中,吐絮肥畅。植株较紧凑,株高 94.3 cm,单株平均果枝数 10.2 个,第 1 果枝节位 6.3 节,单株平均成铃 9.9 个,铃卵圆形,铃壳薄,苞叶大,单铃重 5.2 g,籽指 9.5 g,衣分 37.8%,霜前花率 76.8%。

2012—2013 年河北省中南部晚春播棉组区域试验及 2014 年河北省中南部晚春播棉组生产试验,冀 178 平均皮棉产量和霜前皮棉产量表现较好,均位于同组前列。

2012—2013 年由农业部棉花品质监督检验测试中心(HVICC)对黄河流域棉花品种区域试验的棉花纤维品质进行检测,结果显示,2012 年冀 178 上半部平均长度 28.0 mm,断裂比强度 29.1 cN·tex^{-1},马克隆值 4.6,长度整齐度指数 82.5%,断裂伸长率 6.2%,反射率 76.9%,黄度 7.9,纺纱均匀性指数 127;2013 年区域试验样品,上半部平均长度 29.8 mm,断裂比强度 29.7 cN·tex^{-1},马克隆值 5.0,长度整齐度指数 84.7%,断裂伸长率 6.8%,反射率 75.7%,黄度 7.7,纺纱均匀性指数 138。两年区试结果显示,冀 178 均达到国家优质棉Ⅱ型标准(表 1)。

2007—2008 年在河北省农林科学院棉花研究所小安舍试验站进行田间病圃鉴定显示,冀 178 枯萎病指 0,黄萎病指 21.23,达到高抗枯萎病、耐黄萎病。

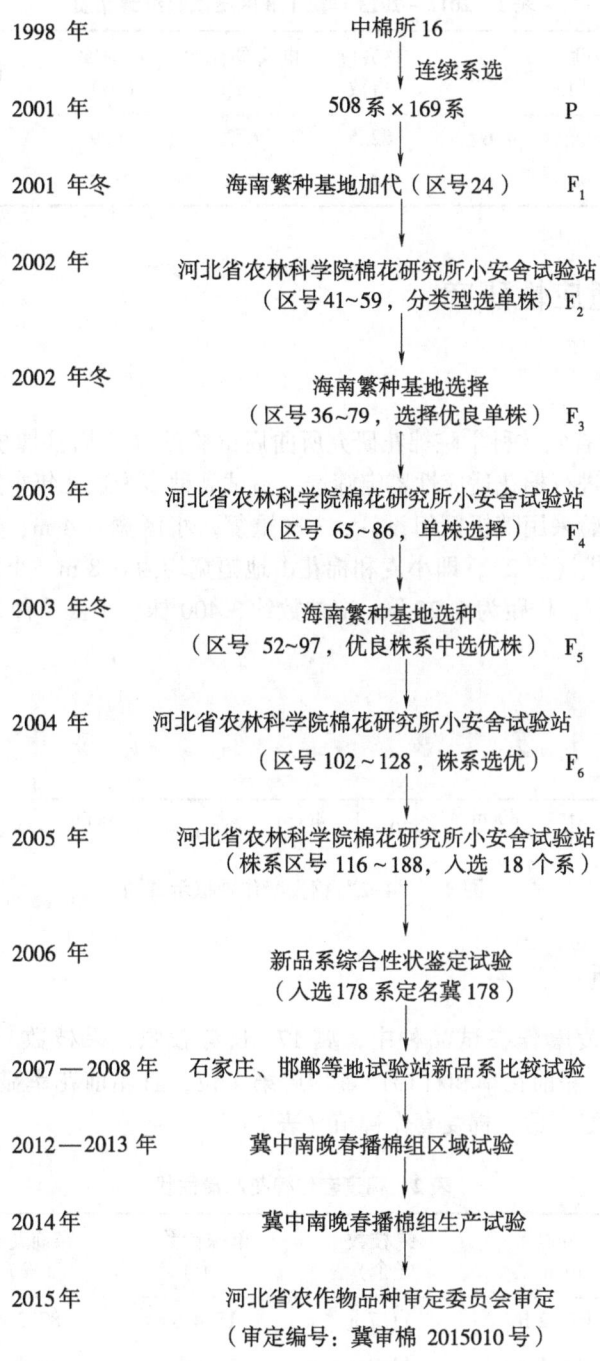

1998 年	中棉所 16	
	连续系选	
2001 年	508 系 × 169 系	P
2001 年冬	海南繁种基地加代（区号 24）	F_1
2002 年	河北省农林科学院棉花研究所小安舍试验站（区号 41~59，分类型选单株）	F_2
2002 年冬	海南繁种基地选择（区号 36~79，选择优良单株）	F_3
2003 年	河北省农林科学院棉花研究所小安舍试验站（区号 65~86，单株选择）	F_4
2003 年冬	海南繁种基地选种（区号 52~97，优良株系中选优株）	F_5
2004 年	河北省农林科学院棉花研究所小安舍试验站（区号 102~128，株系选优）	F_6
2005 年	河北省农林科学院棉花研究所小安舍试验站（株系区号 116~188，入选 18 个系）	
2006 年	新品系综合性状鉴定试验（入选178系定名冀178）	
2007—2008 年	石家庄、邯郸等地试验站新品系比较试验	
2012—2013 年	冀中南晚春播棉组区域试验	
2014年	冀中南晚春播棉组生产试验	
2015年	河北省农作物品种审定委员会审定（审定编号：冀审棉 2015010 号）	

图 1　冀 178 选育过程

2012—2013 年河北省农林科学院植物保护研究所田间鉴定结果显示，2012 年黄萎病病情指数 22.60，相对病情指数 22.45，耐黄萎病；2013 年黄萎病病指 7.19，相对病指 7.47，抗黄萎病。综合表现为耐黄萎病。

表1　2012—2013年冀178区域试验纤维品质

年份	断裂比强度 （CN·tex⁻¹）	马克隆值	整齐度 指数	断裂伸长率 （%）	反射率 （%）	黄度	纺纱均匀性 指数
2012年	29.1	4.6	82.5	6.2	76.9	7.9	127
2013年	29.7	5.0	84.7	6.8	75.7	7.7	138

3　棉麦套作适应性研究

3.1　材料与方法

　　2015年在河北省农林科学院棉花研究所曲周试验站（曲周县槐桥乡西漳头村）棉麦套作核心试验田进行棉花适应性鉴定筛选。参试品种多为近几年审定的适宜冀中南种植的棉花品种。试验采用随机区组设计，3次重复。小区宽6.4 m，长8.0 m。棉麦种植模式为"4-2"式（图2），即小麦和棉花占地幅宽均为0.8 m，小麦采用条播，种植4行；棉花种植2行，株距为0.25 m，亩株数约3 400株。小麦品种为婴泊700。

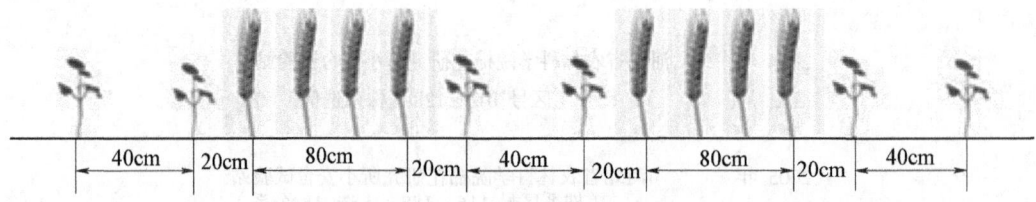

| 40cm | 20cm | 80cm | 20cm | 40cm | 20cm | 80cm | 20cm | 40cm |

图2　"4-2"棉麦套作种植示意图

3.2　结果与分析

　　结果显示，棉麦套作参试品种中，冀178长势较强，果枝数与单株铃数分别为11.7个和15.4个，霜前花率和籽棉产量均居第1位，且霜前花率显著高于其他品种，表明冀178早熟性好，适宜棉麦套作种植（表2）。

表2　棉麦套作棉花产量性状

品种	株高 （cm）	果枝数 （个）	单株铃数 （个）	霜前花率 （%）	籽棉产量 （kg·hm⁻²）
冀178	103.2 b	11.7 a	15.4 b	87.2 a	3 325.5 a
冀丰1982	106.1 b	11.3 a	17.6 b	76.1 c	2 977.5 b
冀丰914	102.3 b	12.1 a	17.8 b	82.3 b	3 253.5 ab
硕丰棉1号	109.3 a	11.9 a	14.0 c	79.3 c	2 817.0 b
冀棉669	100.4 b	11.4 a	13.5 c	80.4 b	3 186.0 ab
XP7	103.7 b	12.1 a	20.5 a	71.7 d	2 965.5 b

（续表）

品种	株高 （cm）	果枝数 （个）	单株铃数 （个）	霜前花率 （%）	籽棉产量 （kg·hm⁻²）
冀科棉 2 号	112.7 a	12.9 a	16.7 b	82.7 b	3 189.0 ab
石旱 2 号	83.6 c	11.6 a	14.3 c	77.6 c	3 010.5 b
邯 686	87.4 c	13.5 a	17.1 b	77.4 c	2 877.0 b
石旱 3 号	81.5 c	9.1 b	11.7 d	81.5 b	1 215.0 c

3.3　棉麦套作栽培要点

棉麦套作模式下，冀 178 播种时间为 4 月中下旬，出苗后及时定苗，在棉苗 4～5 片真叶时进行中耕、灭茬、除草和化学防控；7 月 20 日前打顶，注意防治棉铃虫；10 月初施用乙烯利，促使棉铃早开裂，早吐絮；收获期及时采收，争取早腾茬，早种麦[15-16]。

4　结论与讨论

棉麦套作种植模式下，棉麦共生期小麦遮阳对棉苗影响较大[17]，这直接导致棉花前期生长缓慢，营养生长和生殖生长滞后，棉花生育期延长，推迟小麦播种时间，对小麦产量造成直接影响[18]。而通过种植早熟小麦品种和棉花起垄种植等措施在一定程度上可缓解棉花贪青晚熟问题，但都无法从根本上解决此难题。培育适宜早熟棉花品种才是解决棉麦套作模式下棉花晚熟的最主要途径。目前棉麦套作生产上应用的主推棉花品种均存在晚熟问题，霜前花率过低，成铃大多为秋桃，不适宜在棉麦套作模式中应用[6]。河北省农林科学院棉花研究所最新培育的棉花品种冀 178 植株塔型，株高 94.3 cm，单株平均成铃 9.9 个，麦套种植霜前花率 87.2%；抗枯萎病、耐黄萎病；具有早熟、高产、优质等特点，适宜棉麦套作种植。

霜前花率是衡量棉花品种早熟性的重要指标之一。冀 178 在棉麦套作种植下霜前花率可达 87.2%，显著高于其他品种；籽棉产量 3 325.5 kg·hm⁻²，在参试品种中最高。2015 年棉麦套作小麦品种婴泊 700 田间取样测产达到 6 320.7 kg·hm⁻²，真正做到了在基本不影响棉花产量的同时，同时收获小麦>400 kg/亩。同时棉麦共生期可以一水两用和一肥多用，减少了亩投入，增加了亩效益。因此，冀 178 的育成对促进棉田增效和加快河北省棉花种植结构调整具有重要意义。

参考文献

［1］　赵贵元，王凯辉，郭宝生，等．国审抗枯黄萎病抗虫棉新品种冀杂 1 号选育研究［J］．河北农业科学，2012，16（9）：55-59.

［2］　刁光中．黄淮海棉区麦棉两熟研究现状和发展［J］．中国棉花，1990（1）：6-8.

[3] 何旭平, 纪从亮. 现代中国棉花育种与栽培概论 [M]. 北京: 中国农业科学技术出版社, 2007, 201-219.

[4] 王树林, 祁虹, 王燕, 等. 麦棉套作模式下播量对小麦边行优势与产量的影响 [J]. 河南农业科学, 2015, 44 (7): 22-24, 28.

[5] 李进, 段俊杰, 努尔买买提·努尔合加, 等. 种衣剂对棉花幼苗生长及抗寒能力的影响 [J]. 新疆农业科学, 2015, 52 (11): 1 997-2 003.

[6] 王树林, 刘文艺, 祁虹, 等. 多雨寡照年份适宜麦棉套作的棉花品种筛选 [J]. 河北农业科学, 2016, 20 (2): 63-66, 83.

[7] 严根土, 周忠丽, 张裕繁, 等. 厄尔尼诺现象对安阳市棉花生产影响初探 [J]. 中国农学通报, 1999, 15 (1): 18-19, 49.

[8] 田晓莉, 杨培珠, 王保民, 等. 转 *Bt* 基因抗虫棉中棉所 30 的碳、氮代谢特征 [J]. 棉花学报, 2000, 12 (4): 172-175.

[9] 田晓莉, 何钟佩. 转 *Bt* 基因抗虫棉中棉所 30 的产量及其构成因素研究 [J]. 中国棉花, 2000, 27 (6): 9-10.

[10] 赵俊丽, 张寒霜, 王永强, 等. 国审高产、抗病虫棉花新品种——冀棉 169 [J]. 中国棉花, 2010, 37 (12): 24-27.

[11] 李伟明, 赵俊丽, 张寒霜, 等. 冀棉 169 配套栽培技术 [J]. 中国棉花, 2009, 36 (9): 40.

[12] 王永强, 赵俊丽, 张寒霜, 等. 棉花新品种冀棉 169 的选育 [J]. 河北农业科学, 2009, 13 (11): 67-68.

[13] 赵俊丽, 张寒霜, 李伟明, 等. 冀棉 169 简介 [J]. 中国棉花, 2008, 35 (12): 20.

[14] 张寒霜, 赵俊丽, 李伟明, 等. 抗病高产转基因抗虫棉冀棉 169 选育研究 [J]. 作物研究, 2007 (3): 352-356.

[15] 赵贵元, 赵俊丽, 王永强, 等. 早熟抗病虫棉花品种冀 178 选育及其配套栽培技术 [J]. 中国棉花, 2016, 43 (3): 27-28.

[16] 赵贵元, 王永强, 赵俊丽, 等. 冀南棉麦双丰种植技术研究 [C]. 中国棉花学会 2015 年年会论文汇编, 2015: 173-174.

[17] 刘锋, 孙本普, 李秀云, 等. 麦套春棉对棉花生态环境及生育动态的影响 [J]. 安徽农业科学, 2008, 36 (17): 7 180-7 182.

[18] 王树林, 祁虹, 王燕, 等. 麦棉套作模式下起垄种植对不同熟性棉花品种 (系) 生育性状及产量品质的影响 [J]. 天津农业科学, 2016, 22 (4): 104-107.

[此文原刊载于《河北农业科学》, 2016, 20 (6): 73-76]

水肥一体化条件下玉米品种筛选试验研究

杨玉锐

（邢台市农业科学研究院）

摘　要：针对黑龙港流域日益增加的农业水肥需求和现有水力资源日益匮乏的显著矛盾，开展适宜水肥一体化栽培的玉米品种筛选研究，有助于该区域玉米种植栽培的可持续发展，提高玉米节水增效的生产潜力，为黑龙港流域玉米种植提供科学依据。通过两年 3 个试验的对比研究，结果表明：在邢台地区黑龙港流域水肥一体化条件下，登海 605、邢玉 P44、邢玉 562、郑单 958 为适宜种植品种。

关键词：水肥一体化；玉米；品种筛选；研究

水肥一体化技术是根据作物的水肥需求规律将可溶性肥料溶解在水中，通过喷灌、滴灌设备将作物所需要的养分随着微喷灌溉施入作物的根部土壤表层或直接渗入土壤中。此技术不仅起到节水、节肥的作用，而且还能节省时间和劳动力，提高肥料利用率，降低因过度施肥对土壤造成的环境污染[1]。由于邢台农业灌溉用水 90% 靠开采地下水来实现，且农业用水量占到全市总用水量的 70%，所以节水应该首先从农业节水抓起[2]。

通过两年 3 个试验的对比研究，参试品种均为近几年市场主导品种或本区域新审定品种。针对黑龙港流域日益增加的农业水肥需求和现有水力资源日益匮乏的显著矛盾，开展适宜水肥一体化栽培的玉米品种筛选研究，有助于该区域玉米种植栽培的可持续发展，提高玉米节水增效的生产潜力，为黑龙港流域玉米种植提供科学依据。

1　材料及方法

1.1　试验材料

参试玉米品种有郑单 958、先玉 335、登海 605、邢玉 562、邢玉 p44、粟玉 15 号、富中 7 号。

1.2　试验目标

通过不同的浇水条件，对区域内面积种植面积较大的品种和本院新品种进行对比试验，筛选出适宜该区域种植的节水高产品种。

1.3 试验设计

旱处理 A1，造墒出苗，生长期间不浇水；平水处理 A2，在生长关键时期保证用水，即大口期遇旱每亩喷灌 30 m³ 水；丰水处理 A3，保证全生育期充足需水，生长期间遇旱每亩喷灌 30 m³ 水。参试品种为副处理 7 个：郑单 958，先玉 335，登海 605，邢玉 562，邢玉 p44，粟玉 15 号，富中 7 号。

2 气候条件及田间管理

2.1 田间管理

6 月中旬播种，10 月中旬收获。管理按照中等水平进行，人工点播，一穴双株，确保一播全苗，播种时亩施肥尔得复合肥 40 kg。大喇叭口期雨后不浇水处理追肥尔得专用追肥每亩 20 kg，其他处理亩喷施肥尔得专用追肥每亩 20 kg。

2.2 试验田基本情况

试验田土壤为砂质潮土，前茬作物为冬小麦。田间管理除浇水外按照试验设计操作进行。

2.3 人工与化学防治去除杂草

本试验采用喷施除草剂和后期人工拔除措施进行防治。主要杂草是禾本科杂草，及时防治，有效抑制杂草生长。

2.4 主要病虫害的防治

根据植保部门对偏重发生的预测预报，重点做好试验田病虫草害的防治工作，及时防治二点委夜蛾、玉米螟等，防治效果良好。

3 结果分析及讨论

3.1 穗部情况汇总分析

3.1.1 穗粗

除各品种间差异外穗粗随着浇水量的增加，呈增粗趋势。处理 3、6、7 随水量增加，穗粗增幅明显。处理 2、5 在 A2 水量下穗粗达到最高，不考虑其他因素，A2 是处理 2、5 最适宜的水量。

3.1.2 穗长

如图 2 所示，穗长跟浇水量成正比趋势明显，只在少数处理上有水量增加穗长反而下降，该现象与品种需水期和浇水期重合度有关。

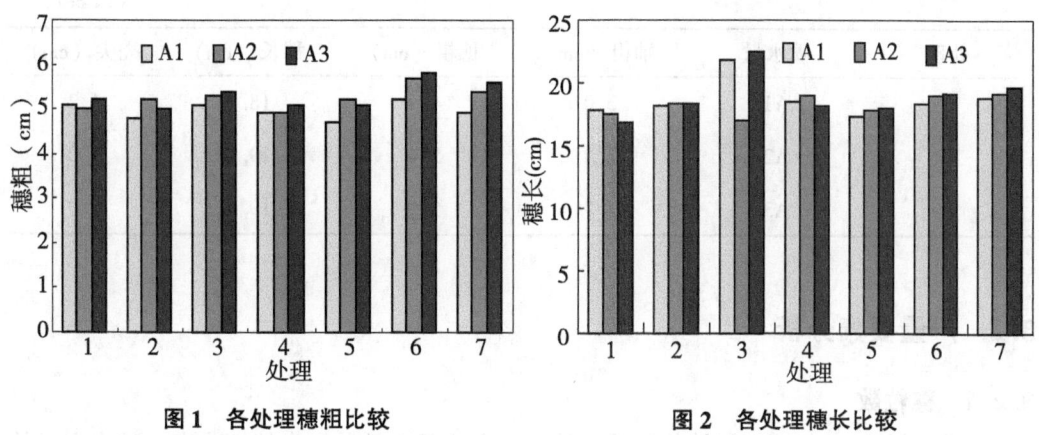

图 1　各处理穗粗比较　　　　图 2　各处理穗长比较

3.1.3　其他穗部

其他穗部情况如表 1 所示。

表 1　品种筛选试验穗部调查

处理	喷水量	轴粗（cm）	穗粗（cm）	穗长（cm）	秃尖（cm）
	A1	3.2	5.1	17.9	0.9
B1	A2	3.1	5.0	17.5	1.0
	A3	3.1	5.2	16.9	0.1
	A1	2.8	4.8	18.1	2.6
B2	A2	2.8	5.2	18.3	2.9
	A3	2.9	5.0	18.4	2.1
	A1	3.1	5.1	21.9	1.5
B3	A2	3.2	5.3	17.0	2.0
	A3	3.2	5.4	22.5	1.2
	A1	3.3	4.9	18.5	1.1
B4	A2	3.3	4.9	19.0	0.6
	A3	3.2	5.1	18.1	1.0
	A1	2.9	4.7	17.3	1.9
B5	A2	2.9	5.2	17.8	2.3
	A3	2.9	5.1	18.0	1.2
	A1	2.9	5.2	18.3	1.7
B6	A2	3.0	5.7	19.0	1.6
	A3	3.0	5.8	19.1	1.6

（续表）

处理	喷水量	轴粗（cm）	穗粗（cm）	穗长（cm）	秃尖（cm）
	A1	3.0	4.9	18.9	1.2
B7	A2	3.1	5.4	19.1	1.0
	A3	3.1	5.6	19.6	0.9

3.2 产量要素分析

3.2.1 穗粒数

如图 3 所示，各处理间穗粒数差异较大，主要是由品种本身特性决定。随浇水量的不同各品种穗粒数略有增加，但幅度不大。这是由于穗粒数的多少主要取决于品种特性，浇水量多少对其影响不大。

3.2.2 百粒重

如图 4 所示，浇水量对百粒重增加有直接影响，除各品种本身百粒重特性外，随着浇水量增加粒重增加。

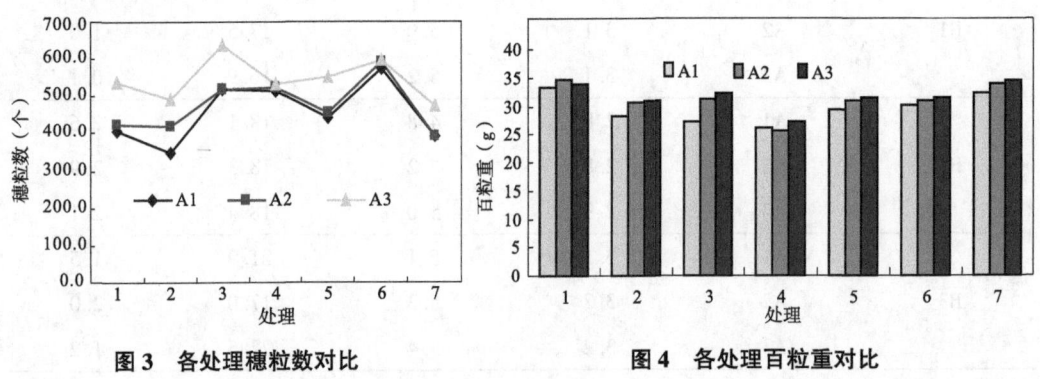

图 3　各处理穗粒数对比　　　　　　　图 4　各处理百粒重对比

3.2.3 亩产

根据产量汇总表和方差分析结果（表 2 和表 3），处理 3 产量最高，处理 3、处理 1、处理 4、处理 5 较处理 2 差异性显著，其他处理间差异不显著。

表 2　品种试验产量汇总

处理	喷水量	穗粒数（个）	百粒重（g）	折亩产（kg）
	A1	404.5	33.2	590.7
B1	A2	535.6	34.6	622.0
	A3	424.9	33.8	637.0

（续表）

处理	喷水量	穗粒数（个）	百粒重（g）	折亩产（kg）
B2	A1	348.2	28.4	440.8
	A2	418.0	30.7	568.5
	A3	492.6	31.0	626.4
B3	A1	518.3	27.3	557.8
	A2	637.9	31.2	611.4
	A3	517.7	32.2	708.9
B4	A1	515.6	26.1	598.2
	A2	533.6	25.7	609.3
	A3	524.3	27.3	631.5
B5	A1	443.2	29.4	579.6
	A2	550.0	30.9	615.7
	A3	456.7	31.6	640.8
B6	A1	574.4	30.1	529.8
	A2	594.0	30.9	566.2
	A3	593.5	31.4	605.8
B7	A1	394.0	32.2	556.1
	A2	394.6	33.9	573.3
	A3	423.0	34.4	580.2

表3　各处理产量方差分析

处理	均值	0.05 显著水平	0.01 极显著水平
处理3	626.0	a	A
处理1	616.6	a	A
处理4	613.0	a	A
处理5	612.0	a	A
处理7	569.9	ab	A
处理6	567.3	ab	A
处理2	545.2	b	A

3.3 讨　论

根据以上试验结果，排除其他因素影响，在该地区通过水肥一体化技术，在不同浇水条件下，处理3产量较高，同时处理1、处理4、处理5均适宜在该区域种植。即在邢台地区黑龙港流域水肥一体化条件下登海605、邢玉P44、邢玉562、郑单958适宜种植。

品种筛选时品种密度为每亩5 000株，密度是影响品种产量的主要因素，品种的适应能力也会在此表现，换而言之，有些品种是在该密度条件下选育的，在该项实验中占有密度优势。

本次试验数据是近两年3个试验数据的汇总，品种年份间表现差异没有计算在内，对试验结果会有一定影响。

试验是在同一地块进行，没有进行多点试验，试验结果存在一定的偶然性。

黄淮海冬小麦、玉米地区，以及华北平原其他作物发展水肥一体化技术2 000万亩[3]，筛选适宜的玉米品种势在必行。

参考文献

[1] 杜义英，秦焱，宋建刚，等．河北省大田作物应用水肥一体化技术的思考［J］．农业科技通讯，2013（1）：78-80.

[2] 肖荣彬，刘素花，钱建农，等．小麦、玉米水肥一体化节水技术研究与示范［J］．中国农业信息，2011（11）：31-32.

[3] 夏敬源．抢抓机遇乘势而上大力示范推广水肥一体化技术［J］．中国农技推广，2012，28（2）：4-7.

［此文原刊载于《农业科技通讯》，2017，4：77-80］

二、水肥管理

Responses of yield and WUE of winter wheat to water stress during the past three decades—A case study in the North China Plain

ZHANG Xiying[1], QIN Wenli[1,2], CHEN Suying[1], SHAO Liwei[1], SUN Hongyong[1]

(1. Key Laboratory of Agricultural Water Resources/The Center for Agricultural Resources Research/Institute of Genetics and Developmental Biology/The Chinese Academy of Sciences; 2. University of Chinese Academy of Sciences)

Abstract: Improving grain yield and water use efficiency (WUE) under limited irrigation is very important for food security in water shortage regions. This paper summarized a long-term field experiment (from 1987 to 2015, 28 growing seasons of winter wheat) on the responses of winter wheat to different levels of water stress under the changing background of cultivars, soil fertility and weather conditions at a site in the North China Plain (NCP). The results showed that during the past 28 seasons soil organic matter and N contents were significantly increased at the experimental site and the atmospheric evaporation demand (ET_0) was increased and seasonal rainfall was reduced. Although yield was continuously increased from 1987 to 2015 under irrigated condition, the yield of winter wheat under rain-fed condition decreased recently as compared with that during 2000s due to the higher ET_0 and less seasonal rainfall. WUE was increased continuously from past to present, especially under water stress condition, indicating that the winter wheat used water more efficiently under the current growing conditions. This could be attributed to the increase in harvest index, improved N status in soil and the reduced soil evaporation. Overall, the sensitivity of grain yield to the fluctuation in seasonal ET was increased from 1980s to present. Yield reduction rate under water stress was greater under current growing conditions than that back in 1980s and 1990s. However, even with the changes in the responses to water stress, irrigation scheduling of one irrigation application from recovery to jointing for winter wheat could achieve relative stable yield and higher WUE through the 28 seasons and should be taken as optimized irrigation scheduling under limited water supply condition.

Key words: Winter wheat; Harvest index; Irrigation scheduling; Evapotranspiration; Yield reduction factor

1 Introduction

The water shortage around the world requires a shift from maximizing productivity per unit of land area to maximizing productivity per unit of water consumed[1,2]. Water use efficiency (WUE) at yield level is defined as grain produced per unit water consumption. A higher WUE results in either the same production from less water resources, or a higher production from the same water resources. Zwart and Bastiaanssen[3] reviewed 84 literature sources with results of experiments not older than 25 years, and they found that the average WUE of wheat, rice and maize was 1.09, 1.09 and 1.80 kg $\cdot$ m^{-3}, respectively, around the world. Zwart and Bastiaanssen[3] also reported there was a large range of WUE (wheat, 0.6~1.7 kg $\cdot$ m^{-3}; rice, 0.6~1.6 kg $\cdot$ m^{-3}; and maize, 1.1~2.7 kg $\cdot$ m^{-3}). This gap in the WUE offers tremendous opportunities for maintaining or increasing agricultural production with less water resources. To improve WUE in grain production so as to maintain or to increase grain production at the same time to reduce the use of irrigation water is critical for the sustainable irrigation agricultural development around the world. The increase in WUE can be achieved by improved agronomic practices, breeding and management[4-9].

To cope with scarce water supplies, deficit irrigation, defined as the application of water below full crop-water requirements, is an important tool to achieve the goal of reducing irrigation water use[10-11]. Deficit irrigation strategies are likely to increasingly being adopted around the world[11-13]. For different ecological regions, suitable irrigation scheduling scheme need to be produced to optimize crop yields under limited water supplies[14-15]. The mechanisms that underlay the responses of crops to water deficit involve many processes such as intercellular CO_2, oxidative stress, sugar signaling, membrane stability and root chemical signals[12,16-17]. In water-limited environments, photosynthetic carbon gain and loss of water by transpiration are in a permanent tradeoff as both contrarily regulated by stomata conductance. Large unregulated fluxes of water are not essential to plant functioning and that water can be saved by manipulating stomatal aperture. Many studies have been carried out to focus on understanding of the factors that regulate the trade-off between carbon assimilation and water loss, and those that drive partitioning of assimilates between reproductive and non-reproductive structures in relation to soil water availability[18]. Rhizosphere manipulation, especially partial root-zone drying, root hydraulic resistance in response to nitrate supply and other methods to alter root to shoot signaling to regulate crop growth and water loss, were important factors to relieve the negative effects of water stress on crop yield[16-17,19-20].

The responses of crops to water stress arealso affected by crop type, cultivar type and phonological stage as well as the crop growing conditions. Zhang et al.[7] reported that WUE of winter wheat and maize was continuously increased during the past three decades attributed to new cultivars introduced and the improved management practices. Renewing cultivars has played an essential role in yield and WUE improvement in many part of the world. Studies have shown that the genetic gains in yield and WUE were associated with increases in biomass and harvest index for winter wheat[6,21]. Hao et al.[22] demonstrated that proper selection of drought tolerant hybrids can increase corn yield and WUE under water-limited conditions. Mahajan et al.[23] suggested that breeding for traits of high yield potential and improved weed-suppressive ability for dry direct-seeded rice would lead to strengthened integrated crop management strategies.

Soil tillage practices andmachinery affected soil physical and chemical properties. The incorporation of crop residuals into soil, application of compost and biochar had beneficial effects on the contents of soil organic matter. The increased soil organic matter plays an positive role in soil fertility, structure and hydraulic conductivity[24-29]. However, with the development of mechanized tillage, soil compaction is becoming a potential problem in some parts of the world. The results of Zhang et al. [30] showed that the increased bulk density in the plough pan created unfavorable growing conditions for roots of winter wheat in the North China Plain. Liu et al. [31] found that higher than optimum subsoil bulk density would negatively affect crop performance under deficit water condition. Thus, the changes in soil physical conditions would also affect the responses of the crops to water stress.

With the frequent change in cultivars and growing environments of grain crops, the opportunities for applying deficit irrigation practices and related strategies need to be continuously investigated and developed to fit different practical situations. A long-term field experiment on different irrigation scheduling of winter wheat was carried out at a typical site in the North China Plain from 1987 to 2015. The results from the experiment were used to examine the possible changes in crop performance in response to different degree of water stress under the changing background of growing conditions which include cultivar renewing, soil nutrient characters and weather conditions. The results from the study would also help to establish optimized irrigation schedule based on lone-term verified field data.

2 Material and Methods

2. 1 Study site

This study was carried out on a field at the Luancheng Agro-ecosystem Experimental Station (simplified as Luancheng station), located in the northern part of the NCP (50 m above sea level, 37°53′N and 114°40′E). The area is in a monsoon climatic zone with 70% annual rainfall falling in the summer season. Mean rainfall during the growing season of winter wheat was about 132 mm. Irrigation is quite important for this winter crop. Soil is a moderately well drained loamy soil with a deep profile that is considered highly suitable for crop production. Average soil water contents at field capacity is 36% (v/v) and at wilting point is 13% (v/v) for the 2 m profile. Table 1 shows the soil texture and hydraulic parameters.

Table 1 Soil texture and hydraulic parameters at the experimental site

Depth (cm)	Texture	Bulky density (g · cm^{-1})	Effective porosity (%)	Field capacity (v · v^{-1})	Wilting point (v · v^{-1})	Saturated hydraulic conductivity (m · d^{-1})
0~25	Loam	1.39	49	0.36	0.096	1.1
25~40	Loam	1.50	46	0.35	0.114	0.43

（续表）

Depth（cm）	Texture	Bulky density (g · cm⁻¹)	Effective porosity（%）	Field capacity (v · v⁻¹)	Wilting point (v · v⁻¹)	Saturated hydraulic conductivity (m · d⁻¹)
40~60	Loam	1.46	46	0.33	0.139	0.73
60~85	Loam	1.49	46	0.34	0.139	0.71
8~120	Sandy Clay loam	1.54	46	0.34	0.129	0.02
120~165	Clay loam	1.63	42	0.39	0.139	0.003
165~210	Sandy clay loam	1.55	44	0.38	0.164	0.016

2.2 Irrigation treatments

A field was divided into 24 small plots, and each plot was 5 m×8 m, and separated by a 2 m wide zone surrounding each plot without any irrigation to minimize the mutual effects of adjacent plots. Different irrigation scheduling to winter wheat was conducted continuously from 1986 to 2015, 28 seasons of winter wheat. From 1987 to 1996 (nine seasons), there were three irrigation treatments, defined as rainfed (I0), moderate deficit (I1) and sufficient water supply (I3). Each treatment had eight replicates and they were randomly arranged. From 1996 to 2015 (totally 19 seasons), six irrigation treatments were set up. Each irrigation treatment was replicated four times. The six irrigation treatments were rain-fed (I0), and one (I1), two (I2), three (I3), four (I4) and five (I5) irrigations based on the stage of the crop development. I0, I1 and I3 were the same as that during 1987 to 1996. The detailed description of the irrigation treatments were listed in Table 2. For each irrigation, around 60~70 mm water was applied to each plot by surface irrigation using a low-pressure tube water transportation system with a flow meter to record the irrigation applied.

Table 2 Timing and amount of irrigation for different treatments
to winter wheat during 1987 to 2015 *

Treatment	Irrigation timing and amount（mm）				
	Before-wintering	Jointing	Booting	Heading-anthesis	Grain fill
Rain fed（I0）	—				
One irrigation（I1）	—	70	—	—	—
Two irrigation（I2）	—	70		60	—
Three irrigation（I3）	60	70	—	60	—
Four irrigation（I4）	60	70	60	—	60
Five irrigation（I5）	60	70	60	60	60

*: From 1987 to 1996, three treatments of I0, I1 and I3 were conducted; and from 1996 to 2015, the six treatments were all included

2.3 Changes in field management practices

Winter wheat and summer maize form the annual double cropping system in the NCP. Winter wheat is usually sown in the early of October. Seedling stage lasts from October to the end of November. December, January and February are the long winter dormancy period. In earlier March, winter wheat goes into the recovery stage after winter dormancy and jointing stage falls at the beginning of April. Heading stage occurs at the beginning of May. Maturity is usually around the 10th of June. After winter wheat harvesting, maize is planted and harvesting occurs at the end of September. The management practices for the two crops have changed with time.

In the 1980s, winter wheat and summer maize straw was removed from the field manually. Before sowing winter wheat, the soil was cultivated using a plough mounted on a tractor. Summer maize was sown directly into the soil manually, without cultivation. The machinery input was low in the 1980s. In the 1990s, winter wheat was harvested by combine and the winter wheat straw was left in the field as mulch to summer maize, to replace manual harvesting. The summer maize straw was removed manually. Beginning in the late 1990s, the summer maize straw was chopped and incorporated into the topsoil layer, without being removed, with a chopper. With the changes in tillage practices, machinery inputs were increased continuously. The input in chemical fertilizer was gradually increased over the past 30 years. The annual application amount for N was around $150 \sim 250$ kg $\cdot$ hm^{-2} in 1980s, $250 \sim 300$ kg $\cdot$ hm^{-2} in 1990s and $300 \sim 430$ kg $\cdot$ hm^{-2} recently. It was $90 \sim 100$ kg $\cdot$ hm^{-2}, $100 \sim 130$ kg $\cdot$ hm^{-2} and $130 \sim 240$ kg $\cdot$ hm^{-2} for P_2O_5, respectively, for the three periods. Beginning at the earlier of 2000s, K_2O was also added at the rate around 20 kg $\cdot$ hm^{-2}. It was increased to 90 kg $\cdot$ hm^{-2} recently. And the use of the cultivars has changed over time, and all were common cultivars widely used in the area. The major cultivars used for winter wheat were Jimai series, Shi 4185, SX 733 and Kenong 199[7]. Soil organic matter and the major nutrient contents were regularly monitored for the top soil layer using the conventional methods.

2.4 Measurements

2.4.1 Weather parameters

A standard weather station about 50 m away from the experimental site was used to record the daily weather factors including maximum, minimum and average temperature, relative humidity, sunshine hours, wind speed and rainfall. The weather factors were used to calculate the daily reference ET (ET_0) with the crop-water program developed by FAO using FAO Penman-Monteith equation, which represents the definition of the grass reference (albedo = 0.23, height = 0.12 m, surface resistance = 70 s $\cdot$ m^{-1}) (Allen $et\ al.$, 1998), for every growing season of winter wheat from 1986 to 2015. Potential ET (ETp) was calculated by multiplying ET_0 with crop coefficient based on Liu $et\ al.$ (2002).

2. 4. 2 Soil water contents and actual crop evapotranspiration

The soilwater content was monitored using a neutron meter every 10 or 15 days in 0. 2 m increments to a depth of 2 m (HI-II, Cambridge, UK from 1980s to 1990s; 503 DR, CPN International Inc. , USA, recently) with access tubes installed in the center in three selected basins for each treatment. The actual crop evapotranspiration (ET) for different treatment in each season was calculated using the soil water balance equation outlined by Zhang *et al.* (2008): $ET=SWD+P+I-W_g-D-R$, where ET was evapotranspiration (mm), P was precipitation (mm), I was irrigation (mm), D was water drainage (mm), R was surface runoff, SWD was soil water depletion for a given soil depth (mm), and W_g was capillary rise. Runoff was not observed due to the low rainfall, and the capillary rise was negligible because the groundwater table was 20~40 m below the soil surface. Thus, $ET=P+I+SWD-D$ was used under this experimental condition. Drainage from the root zone was determined according to the formula $D=-k(\Delta h/\Delta z)$, where k is the hydraulic conductivity, Δh is the difference in hydraulic potential, and Δz is the depth interval at the bottom of the root zone profile (2. 0 m). An exponential relationship between k and soil water contents (θ, v/v) was used to calculate k as the following: $k=K_s \exp(-a(\theta_s-\theta)/(\theta_s-\theta_d))$, where K_s is the saturated hydraulic conductivity, θ_s is the saturated soil volumetric moisture contents and θ_d is the soil moisture content of dry soil, a is a coefficient related to soil homogeneous and for this study it was estimated at 14. 5[32]. It was assumed at the bottom of the root zone profile the $\Delta h/\Delta z=1$, then D equaled to the k.

2. 4. 3 Crop growth, yield and water use efficiency

At harvest the spike numbers per unit area were counted. Then, 80 plants were collected from four basins to each treatment to determine the number of kernels per spike, kernel weight, total dry matter and harvest index. All the plots were harvested manually and threshed using a thresher. The grain was air-dried to constant weight prior to record weight. Water use efficiency (WUE) was calculated as grain yield divided by seasonal ET.

2. 5 Statistical analysis

All the data collected were statistically analyzed as a completely randomized design using ANOVA to test the difference in grain yield, water use and water use efficiency among different treatments. Correlation analysis was conducted to relate the ET with grain yield and WUE. The t-test was used to evaluate the least significant differences between treatments and regression slopes.

3 Results

3. 1 Rainfall and atmospheric evaporation demand

The weather condition varied a lot during the growing seasons of winter wheat. Figure 1 shows the changes in seasonal rainfall of winter wheat and the annual rainfall, indicating the rainfall for winter wheat growing season being declining, while the annual rainfall showing no significant declining trend. The trends in rainfall change indicated that rainfall increased during the rainy season and it decreased during the dry season at the site of this study. Crops grown during the dry season may be more affected by limited irrigation. Figure 2 indicates the atmospheric evaporation demand (ET_0) being increased continuously during the growing season of winter wheat. The overall changes in the water supply and demand for winter wheat might indicate that winter wheat would need more irrigation and be more affected by limited water supply.

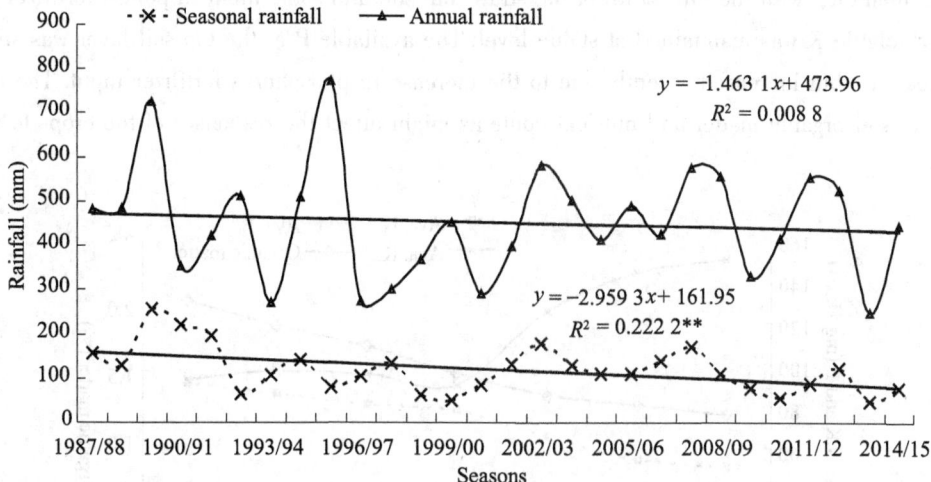

Fig. 1   Changes in seasonal rainfall of winter wheat growing season and the annual rainfall from 1987 to 2015 at the experimental site of Luancheng station

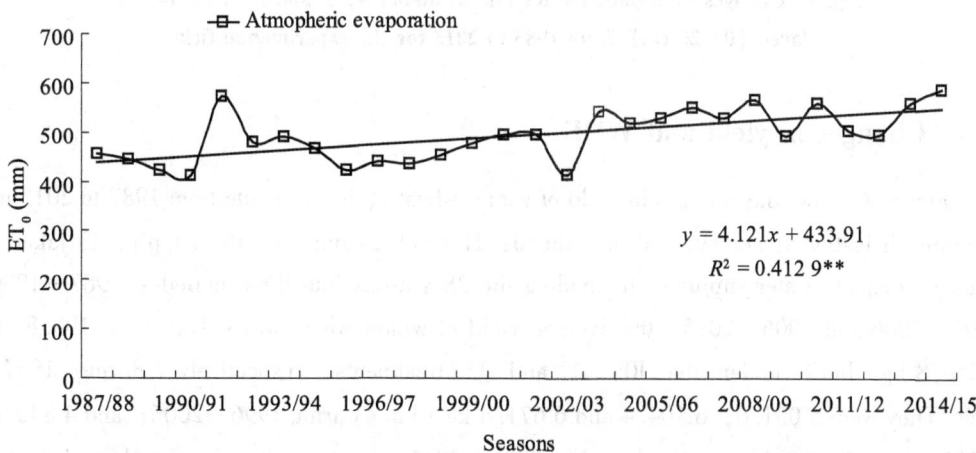

Fig. 2   Changes in atmospheric evaporation demand (ET_0) during the growing season of winter wheat from 1987 to 2015 at the experimental site of Luancheng station

3. 2　Changes in soil nutrient contents

With the changes in crop residue management, soil tillage and chemical fertilizer input, soil N and organic matter were increasedcontinuously from 1980s to present (Fig. 3). The organic matter for the top 20 cm was around 1. 2% back in 1980s, now it was increased to 2%. Available N was also increased from 50 mg · kg^{-1} to 90 mg · kg^{-1}. During 1980s chemical fertilizer for K was not applied and the straw of the crops were not returned to the field, the available K in the tillage layer was decreased sharply from 1980s to the middle of 1990s (Fig. 3). From then on, with the full return of the straw into soil and some input in potash fertilizer, the soil available K was maintained at stable level. The available P at the top soil layer was slightly decreased, but increased recently due to the increase in phosphorus fertilizer input. The changing in soil organic matter and nutrient contents might affect the responses of the crops to water stress.

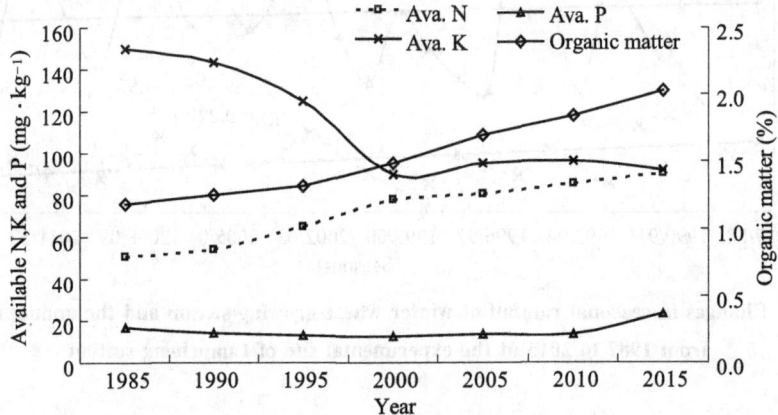

Fig. 3　Changes in organic matter and available N, P and K in the tillage
layer（0～20 cm）from 1985 to 2015 for the experimental field

3. 3　Changes in yield and WUE

Figure 4 shows the changes in yield of winter wheat at the same site from 1987 to 2015 under three irrigation treatments (I0 as rainfed; I1 taken as limited water supply; I3 taken as relative adequate water supply). If dividing the 28 seasons into three periods: 1987—1996, 1996—2006 and 2006—2015, the average yield of winter wheat was 4 160. 7, 5 198. 8 and 5 256. 8 kg · hm^{-2} under the I0, I1 and I3 treatments, respectively, during 1987—1996. They were 5 051. 0, 6 104. 4 and 6 671. 4 kg · hm^{-2} during 1996—2006; and 4 840. 6, 6 285. 1 and 7 000. 9 kg · hm^{-2} during 2006—2015, respectively, for the three irrigation treatments. The average yield increase from period I to period II was greater than that from period II to period III. Significant yield increase occurred in 1990s. The yield increase was smaller after 2000s, especially for winter wheat under rain – fed condition. As compared with the average yield during 1987 to 1996, the yield increase was 21.4% during 1996—2006 and 16.3% during 2006—2015 under rain–fed condition. Yield decreased from period II to period III under rain–fed condition, which might be related to the declining in seasonal rainfall and the increase in atmospheric evaporation demand (as shown in Fig. 1 and 2).

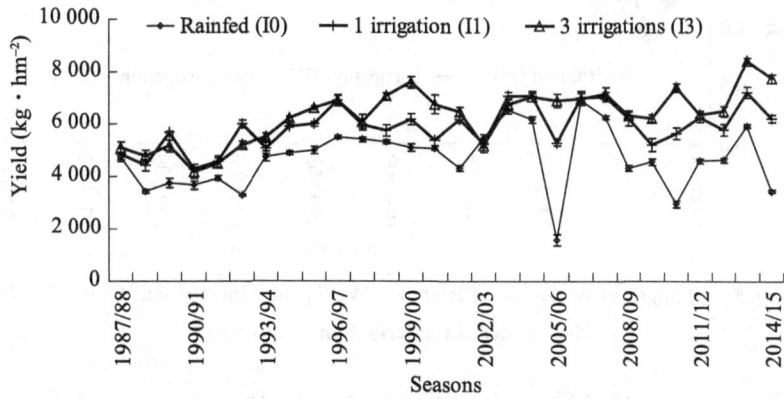

Fig. 4　Changes in grain yield of winter wheat from 1987 to 2015 under three irrigation treatments (Bars represent the standard deviation of four or eight replicates).

The changes in WUE for the 28 seasons were slightly different from that for grain yield under the three irrigation treatments. WUE wascontinuously increased from 1987 to present, although there was large seasonal variations (Fig. 5). The average WUE was 1.44, 1.45 and 1.36 kg · m^{-3} for period I under I0, I1 and I3, respectively. It was 1.70, 1.79 and 1.60 kg · m^{-3} for period II, respectively, for the three irrigation treatments. Recently the average WUE was increased to 2.07, 1.93 and 1.69 kg · m^{-3} under I0, I1 and I3, respectively. The results showed that I0 and I1 usually produced the highest WUE, and with the increase in irrigation WUE tended to decrease. The largest increase in WUE occurred under rain – fed condition, indicating that winter wheat under current growing condition might use water more economically under limited water supply. Another reason might be that with the reduction in seasonal rainfall soil evaporation might be reduced which favored a higher WUE.

3.4　Correlation of yield and WUE with ET

Under the growing condition of NCP, the fast increase in temperature in the grain – fill stage often accelerated the crop maturity and reduced the yield potential of winter wheat, especially for the more frequently irrigated treatments. When winter wheat encountered water stress, its development was accelerated and the anthesis stage occurred earlier, thus several days might be gained for the grain filling duration to improve grain weight and harvest index. Then under the growing condition of NCP, water deficit to winter wheat may not result in the same degree of yield reduction. Figure 6 shows the relationship of yield and WUE with the seasonal

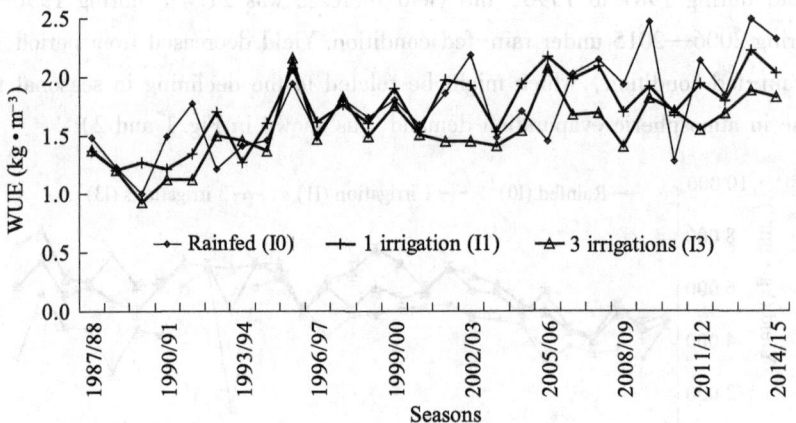

Fig. 5   Changes in water use efficiency（WUE）of winter wheat from 1987 to
2015 under three irrigation treatments.

ET for the 28 seasons under different irrigation treatments. The result showed that grain yield of winter wheat was generally increased with the increase in crop water use. But when ET reached a certain level, the yield was maintained at a relative stable level. Further increase in ET would not improve the yield. From the relationship of the relative grain yield（grain yield/maximum grain yield in a season）and relative evapotranspiration（evapotranspiration/potential evapotranspiration, ET/ET_p in a season）（Fig. 7）, it was concluded that 86% of the seasonal ET_p could produce the maximum grain production in most of the seasons. WUE was usually decreased with the increase in ET（Fig. 6）. For greater WUE, ET should be reduced below the ET for the highest grain yield.

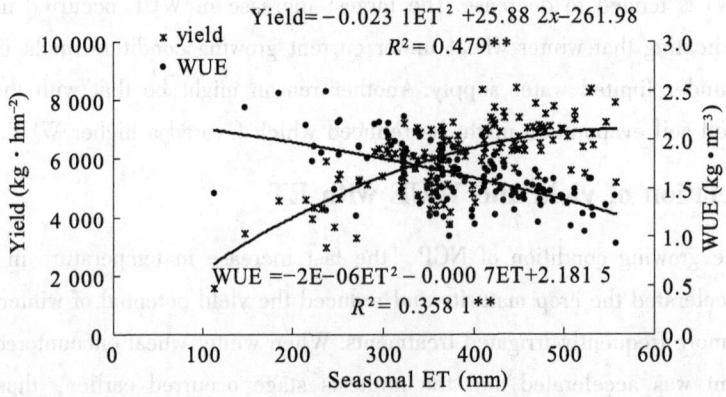

Fig. 6   The relationship of seasonal evapotranspiration（ET）with grain yield and water use
efficiency（WUE）of winter wheat for the past 28 seasons from 1987 to
2015 under different irrigation treatments

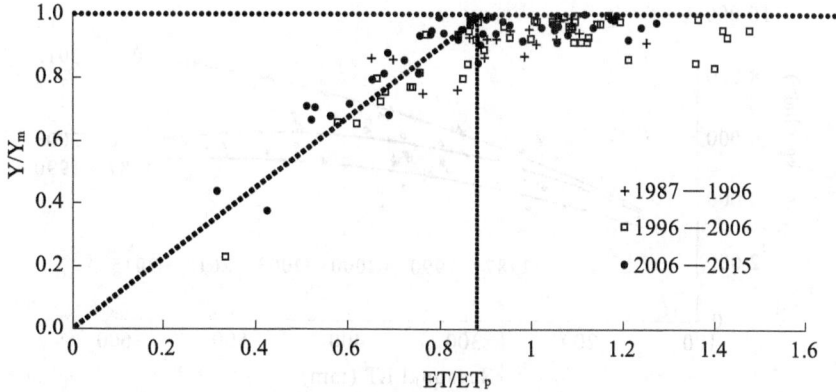

Fig. 7 Correlation of relative yield (grain yield/maximum grain yield in a season, Y/Y$_m$)

and relative evapotranspiration (evapotranspiration/potential evapotranspiration,

ET/ET$_p$ in a season) for the 28 seasons from 1987 to 2015

3. 5 Changes in the relationship of ET with yield

Figure 8 shows that grain yield of winter wheat was quite different under similar ET for different period of this study. Back in 1980s to earlier 1990, the yield was the lowest under the same ET as compared with that in 2000s and 2010s. The yield difference between recent seasons with that at the start of the experiment was gradually increased with the increase in seasonal ET (Fig. 8) . The yield difference between the earlier and the middle periods didn't change with the change in ET. The results showed that the yield of winter wheat grown under current condition would be much improved with the increase in irrigation. Figure 8 also showed that the response of winter wheat yield to ET under the current growing condition was more sensitive than that in other periods.

3. 6 Changes in yield response to water stress

Responses of crop yield to water stress would depend on cultivars, irrigation, management and weather. Crop yield response factor (K_y) gives an indication of the ability of the crops being in tolerant of water stress. It was calculated by the following equation: $K_y = (1-Y/Y_m)/(1-ET/ET_m)$[33], where Y$_m$ was the maximum yield and ET$_m$ was the water use under Y$_m$; Y and ET were the yield and water use under water stress. For calculating K_y, I3 treatment which usually gave the highest yield was taken as the treatment with the Y$_m$ and ET$_m$. The 28 seasons were again divided into three periods: 1987—1996, 1996—2006, 2006—2015, and due to the different responses of winter wheat to water stress under different rainfall seasons, the seasons were further classified into wet, dry and normal seasons. Table 3 shows the yield response factor (K_y) of winter wheat to water stress during different growing period and different rainfall situations.

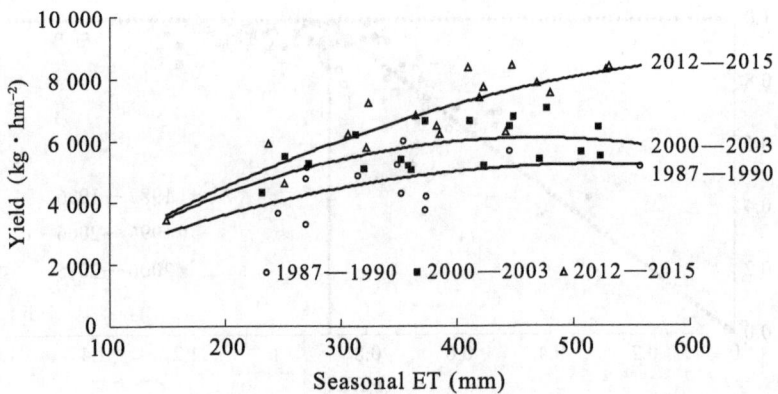

Fig. 8 Relationship of grain yield of winter wheat with seasonal evapotranspiration (ET) at the start of the experiment (1987—1990), middle period (2000—2003) and the most recent three seasons (2012—2015)

The results from Table 3 showed that in wet seasons K_y was lower and in dry seasons K_y was higher, indicating water deficit in dry seasons would more negatively affect crop production. Comparing the three periods, yield reduction rate under water stress was greater under current growing condition that that back in 1980s and 1990s. This might be related to the reduced rainfall, increased evaporation demand and the increased yield potential of the crops recently.

3.7 Optimizing the irrigation scheduling

Take the recent seven seasons (from 2008 to 2015) as an example, the effects of different irrigation numbers on yield of winter wheat and irrigation water use efficiency (IWUE) were analyzed. The same cultivar (Kenong 199) was used during the seven seasons, and the current growing condition represented the relative higher soil nutrient contents, lower seasonal rainfall and higher atmospheric evaporation demand. The results showed that one irrigation application at jointing stage significantly improved the yield of winter wheat (Fig. 9). The average yield improvement by adding one more irrigation for the seven seasons was 44.7% from rain-fed (I0) to I1, 13.1% from I1 to I2 and 1.8% from I2 to I3. The yield of I4 and I5 was similar as that of I3. The results indicated that the largest yield increase was from rainfed to one irrigation.

Based on the equation of irrigation water use efficiency (IWUE) = (Yield under irrigation-Yield under rainfed condition) /irrigation amount, the IWUE ofdifferent irrigation treatments were calculated. One irrigation application (I1) had the highest IWUE, which was 2.47 $kg \cdot m^{-3}$, averagely for the seven seasons. Average IWUE was 1.80, 1.26, 0.93 and 0.77 $kg \cdot m^{-3}$ for I2, I3, I4 and I5, respectively. The results showed that with the increase in irrigation application both IWUE and yield increase rate were reduced. Thus for irrigation water

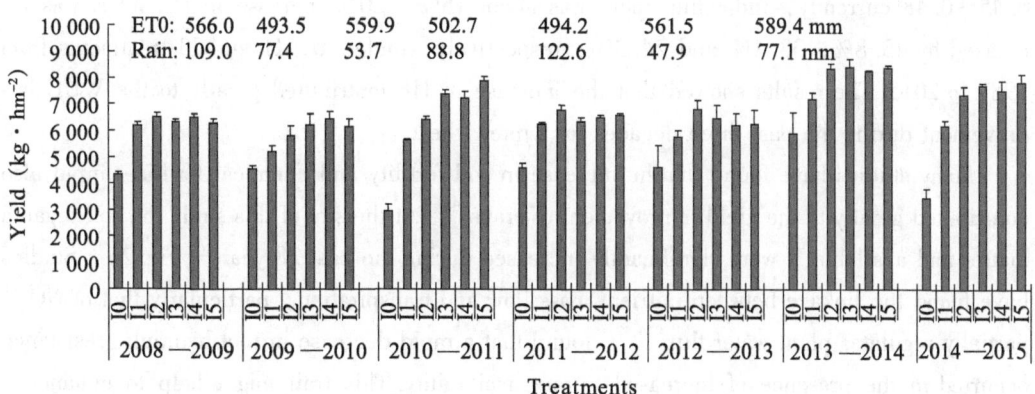

Fig. 9　Yield of winter wheat under six irrigation treatments for the recent seven seasons
(I0 to I5 indicating the numbers of irrigation application from no irrigation up to five irrigations;
ET₀ indicating the seasonal reference evaporation; Rain indicating the seasonal rainfall)

conservation purpose, I1 was efficient in improving yield and maintaining higher water use efficiency. Under I1, the yield of winter wheat was also maintained at a relative stable and higher level.

Table 3　Average crop yield response factor to water stress during
different period and seasonal rainfall

Season calssification	Rainfall (mm)	1987—1996	1996—2006	2006—2015
Wet	>145	0. 182 4	0. 203 6	0. 279 0
Dry	<80	0. 652 1	0. 73 47	0. 823 1
Normal	80~145	0. 543 8	0. 674 8	0. 721 3

4　Discussion

The results from this study showed that grain yield and WUE of winter wheat was significantly improved during the recent three decades. The improvement was associated with the renewing in cultivars and the increase in soil nutrient contents. Zhou et al. [34] and Zhang[6] et al. reported that during the last 20 years of the last century, the introduction of new cultivars increased winter wheat yields by 0. 5%~1% annually in the same region of this study. Zhang et al. [18] also found that yield improvement by cultivar renewing for winter wheat was around 24. 7% during 1990s and 52. 0% during the recent 12 seasons compared with that during 1980s by simulation. The yield improvement by cultivar renewing for winter wheat was significantly related to the increase in harvest index (HI)[6,18,35], resulting in the increase in WUE. The results from this study showed that the average HI was 0. 38~0. 40 in the 1980s, and it was

0.45～0.48 currently, indicating there was about 15%～20% increase in HI. WUE was increased by 43.8%, 33.1% and 24.3%, respectively, under I0, I1 and I3 treatments from 1987 to 2015. The results showed that the increase in HI contributed greatly to the WUE improvement during the past three decades for winter wheat.

Many studies have found thatthe increase in soil fertility and chemical fertilizer input also contributed greatly to the yield improvement of crops[36]. At the site of this study the soil organic matter and available N were significantly increased during the past 28 years (Fig. 2). Studies have found the linkage between nutrient mass flow and transpiration, particularly that of NO_3^{-1} partially regulates plant water flux[16,37]. found that a rapid decrease in root hydraulic resistance occurred in the presence of increased nitrate availability. This trait might help to enhance a plant's ability to compete for nitrate and water in the soil. Thus, under water deficit condition, the increase in soil N content might increase the drought resistance of the crop. There are also studies showing that the increase in N supply improved the intrinsic WUE of plants[38]. The results from this study showed that the yield increase under I0 was greater than that under I3 from 1987 to 2015. Wang et al.[39] found that water regime and N supply strongly affected the aboveground and belowground biomass and WUE of winter wheat. The WUE was significantly improved when the N supply was increased from deprivation to higher conditions. Thus, the improved yield and WUE were also influenced by the increase in soil N availability for this study.

There are many benefits of increasing soil organic matter on crop production, which include theincreased nutrient holding capacity of soil, improved water infiltration, decreased soil evaporation, preventing soil compaction and encouraging root development[40]. The increased organic matter contents in the tillage layer in this study (Fig. 3) might result in the improved root growth in the top soil layer. However, with the increase in machinery utilization, the soil bulk density at the plough pan was increased which restricted the root growth in the deep soil layers[31]. The results from this study showed that there was a declining trend in grain yield of winter wheat in recent years as compared with that during 1990s and earlier 2000s (Fig. 4). In addition to the reason of declining seasonal rainfall, the reduced root growth in the deep soil layer and the relative enhanced root growth in the top soil layer might be also the reasons for the reduced yield of winter wheat under I0 recently[6]. Some researches had shown that reducing redundancy in root growth in the top soil layer and enhancing root growth in deep soil layer are adaptive features for wheat under water-limited conditions[41-42]. White et al.[43] showed that poor rooting of modern arable crops could explain much of the yield stagnation that has been observed on UK farms since the 1990s under limited water supply condition.

When soil evaporation was prevented, the yield of winter wheat was usually linearly related to ET. However, in areas where the grain-filling duration is limited, water deficit resulting in earlier flowering might accelerate the remobilization of the biomass to the grain after heading, which would favor a higher harvest index and improved grain yield. It is important to manage the biomass production before anthesis and the translocation processes after anthesis to achieve better production by regulation of the water supply[44]. The results from this study showed the curvilinear relationship of ET with yield, indicating that moderate deficit irrigation improved both yield and WUE of winter wheat as compared with the full irrigation treatments.

The results from this study showed that the treatment of application one irrigation at jointing stage (I1) significantly improved grain yield of winter wheat as compared with that of I0 for the 28 seasons. The IWUE was also the highest among the treatments. Under the growing condition of NCP, the soil moisture at sowing winter wheat was usually good due to the large rainfall in the rainy season. In the early growth stages, daily water requirement of winter wheat was low, the soil water stored in the soil would supply most of the water requirements for the crop. After winter dormancy, when winter wheat went into rapid growing stages, the top soil moisture was depleted, while the root was still restricted to the top soil layer, so the stored soil moisture did not have much of an effect yet. Then the irrigation applied at jointing stage supplied the water for crop use. This period was also the critical time for deciding grain numbers per area, the sink capacity, which was the main factor determining grain yield under water-limited conditions[45-46]. The supplemental irrigation from recovery to jointing under I1 maintained higher soil moisture before anthesis. Biomass vigor also promoted root growth that enhanced soil water use during grain-filling[47]. With smaller penalties in yield and a larger reduction in applied irrigation, I1 could be considered a feasible irrigation practice that could be used in the NCP for conservation of groundwater resources.

The positive response of grain yield to the increase in ET from 1980s to present (Fig. 8) resulted from the combined effects of cultivar renewing, soil fertility improvement, and climate. A positive linear relationship was found between atmospheric evaporation potential with yield of winter wheat under adequate water supply. The seasons with higher ET_0 usually had higher temperature, lower humidity and good sunshine days which favored higher leaf stomatal conductance and photosynthesis under adequate water supply. As a consequence, higher yield was achieved. However, under such growing conditions, the reduction in water supply would reduce the yield more serious than that under lower ET_0 environment. The impacts of climate change, especially the projected warming trend[48] and the decrease in rainfall event, might further increase the seasonal ET_0 in the region of this study and the crop might become more sensitive to water stress.

5 Conclusion

With the increase in yield and WUE during the past 28 seasons of winter wheat, the yield response to the changes in seasonal evapotranspiration was also increased. The yield increase under irrigated treatments was greater than that under rainfed condition, and the changes in WUE was opposite. The increased atmospheric evaporation demand and the reduced rainfall recently reduced the yield of winter wheat under rainfed condition. However, the increase in WUE of winter wheat under limited water supply was continuously increased from 1987 to

2015, indicating that the winter wheat used water more efficiently under the current growing conditions. This could be attributed to the improved N statues in soil and the reduced soil evaporation due to the decrease in rainfall events. The increased sensitivity of grain yield to seasonal crop water use might indicate that the modern cultivars and the good soil fertility condition favored high yield of winter wheat under adequate water supply. The same amount reduction in crop water use would cause higher quantity in yield reduction under current growing condition as compared with that under previous growing condition in the 1980s. The projected warming trend might negatively affect the winter wheat production under limited water supply. Then it is necessary to breed new cultivars and develop technological and management practices to improve crop production under water deficit condition. Currently, the irrigation practice of applying one irrigation at jointing stage to winter wheat has a great positive effect on yield while maintaining low water consumption. This practice could be taken as an optimized irrigation scheduling under the conditions of limited irrigation water resources.

Acknowledgement

This study was supported by the S&T Supporting Project (2013BAD05B02 and 05) and Hebei Province S&T Project.

References

[1] Evans R G, Sadler E J. Methods and technologies to improve efficiency of water use [J]. Water Resources Research, 2008, 44 (7): 767-768.

[2] Fraiture C D, Wichelns D. Satisfying future water demands for agriculture [J]. Agricultural Water Management, 2010, 97 (4): 502-511.

[3] Zwart S J, Bastiaanssen W G M. Review of measured crop water productivity values for irrigated wheat, rice, cotton, and maize [J]. Agricultural Water Management, 2004, 69 (2): 115-133.

[4] Deng X P, Shan L, Zhang H P, et al. Improving Agricultural Water Use Efficiency in Arid and Semiarid Areas of China [J]. Agricultural Water Management, 2006, 80 (1): 23-40.

[5] Zhang X Y, Chen S Y, Pei D, et al. Improved water use efficiency associated with cultivars and agronomic management in the North China Plain [J]. Agronomy Journal, 2005, 97 (3): 783-790.

[6] Zhang X Y, Chen S Y, Sun H Y, et al. Root size, distribution and soil water depletion as affected by cultivars and environmental factors [J]. Field Crops Research, 2009, 114 (1): 75-83.

[7] Zhang X Y, Chen S Y, Sun H Y, et al. Changes in evapotranspiration over irrigated winter wheat and maize in North China Plain over three decades [J]. Agricultural Water Management, 2011, 98 (6): 1 097-1 104.

[8] Fang Q, Ma L, Yu Q, et al. Irrigation strategies to improve the water use efficiency of wheat-maize double cropping systems in North China Plain [J]. Agricultural Water Management, 2009, 97 (8): 1 165-1 174.

［9］ Jensen C R, Orum J E, Pedersen S M, *et al*. A short overview of measures for securing water resources for irrigated crop production ［J］. Journal of Agronomy and Crop Science, 2014, 200 (5): 333-343.

［10］ Kang S Z, Shi W J, Zhang J H. An improved water-use efficiency for maize grown under regulated deficit irrigation ［J］. Field Crops Research, 2000, 67 (3): 207-214.

［11］ Fereres E, Soriano M A. Deficit irrigation for reducing agricultural water use ［J］. Journal of Experimental Botany, 2007, 58 (2): 147-159.

［12］ Chaves M M, Oliverira M M. Mechanisms underlying plant resilience to water deficits: prospects for water-saving agriculture ［J］. Journal of Experimental Botany, 2004, 55 (407): 2 365-2 384.

［13］ Geerts S, Raes D. Review: Deficit irrigation as an on-farm strategy to maximize crop water productivity in dry areas ［J］. Agricultural Water Management, 2009, 96 (9): 1 275-1 284.

［14］ Uçana K, Killib F, Gençoğlana C, *et al*. Effect of irrigation frequency and amount on water use efficiency and yield of sesame (*Sesamum indicum* L.) under field conditions ［J］. Field Crops Research, 2007, 101 (3): 249-258.

［15］ Chen S Y, Sun H Y, Shao L W *et al*. Performance of winter wheat under different irrigation regimes associated with weather conditions in the North China Plain ［J］. Australian Journal of Crop Science, 2014, 8 (4): 550-557.

［16］ Gloser V, Zwieniecki M A, Orians C M, *et al*. Dynamic changes in root hydraulic properties in response to nitrate availability ［J］. Journal of Experimental Botany, 2007, 58 (10): 2 409-2 415.

［17］ Dodd I C. Rhizosphere manipulations to maximize 'crop per drop' during deficit irrigation ［J］. Journal of Experimental Botany, 2009, 60 (9): 2 454-2 459.

［18］ Zhang X Y, Wang Y Z, Sun H Y, *et al*. Optimizing the yield of winter wheat by regulating water consumption during vegetative and reproductive stages under limited water supply ［J］. Irrigation Science, 2013, 31 (5): 1 103-1 112.

［19］ Wilkinson S, Bacon M A Z, Davies W J. Nitrate signalling to stomata and growing leaves: interactions with soil drying, ABA, and xylem sap pH in maize ［J］. Journal of Experimental Botany, 2007, 58 (7): 1 705-1 716.

［20］ Wright I J, Reich P B, Westoby M. Least-cost input mixtures of water and nitrogen for photosynthesis ［J］. The American Naturalist January, 2003, 161 (1): 98-111.

［21］ Zhang X Y, Chen S Y, Sun H Y, *et al*. Water use efficiency and associated traits in winter wheat cultivars in the North China Plain ［J］. Agricultural Water Management, 2010, 97 (8): 1 117-1 125.

［22］ Hao B, Xue Q, Marek T H, *et al*. Water use and grain yield in drought-tolerant corn in the Texas High Plains ［J］. Agronomy Journal, 2015, 107 (4): 1 922-1 930.

［23］ Mahajan G, Ramesha M S, Chauhan B S. Genotypic differences for water-use efficiency and weed competitiveness in dry direct-seeded rice ［J］. Agronomy Journal, 2015, 107 (4): 1 573-1 583.

［24］ Dikgwatlhe S B, Kong F L, Chen Z D, *et al*. Tillage and residue management effects on temporal changes in soil organic carbon and fractions of a silty loam soil in the North China Plain ［J］. Soil Use and Management. 2014, 30 (4): 496-506.

[25] Agegnehu G, Bass A M, Nelson P N, et al. Biochar and biochar-compost as soil amendments: Effects on peanut yield, soil properties and greenhouse gas emissions in tropical North Queensland, Australia [J]. Agriculture Ecosystems & Environment, 2015, 213: 72-85.

[26] Ito T, Araki M, Higashi T, et al. Responses of soil nematode community structure to soil carbon changes due to different tillage and cover crop management practices over a nine-year period in Kanto, Japan [J]. Applied Soil Ecology, 2015, 89: 50-58.

[27] Li Z J, Hu K L, Li B G, et al., Evaluation of water and nitrogen use efficiencies in a double cropping system under different integrated management practices based on a model approach [J]. Agricultural Water Management, 2015, 159: 19-34.

[28] Xin X L, Zhang J B, Zhu A N, et al. Effects of long-term (23 years) mineral fertilizer and compost application on physical properties of fluvo-aquic soil in the North China Plain [J]. Soil and Tillage Research, 2016, 156: 166-172.

[29] Zhang Z Q, Qiang H J, McHugh A D, et al. Effect of conservation farming practices on soil organic matter and stratification in a mono-cropping system of Northern China [J]. Soil and tillage Research, 2016, 156: 173-181.

[30] Zhang X Y, Shao L W, Sun H Y, et al. Incorporation of soil bulk density in simulating root distribution of winter wheat and maize in two contrasting soils [J]. Soil Science Society of America Journal, 2012, 76: 638-647.

[31] Liu X W, Zhang X Y, Chen S Y, et al. Subsoil compaction and irrigation regimes affect the root-shoot relation and grain yield of winter wheat [J]. Agricultural Water Management. 2015, 154: 59-67.

[32] Kendy E, Marchant P G, Walter M T, et al. A soil-water-balance approach to quantify groundwater recharge from irrigated cropland in the North China Plain [J]. Hydrological Processes, 2003, 17 (10): 2 011-2 031.

[33] Stewart J I, Cuenca R H, Pruitt W O, et al. Determination and utilization of water production functions for principal California crops [M]. W - 67 California Contributing Project Report. University of California, Davis, USA. 1997.

[34] Zhou Y, He Z H, Sui X X, et al. Genetic improvement of grain yield and associated traits in the Northern China winter wheat region from 1960 to 2000 [J]. Crop Science, 2007, 47: 245-253.

[35] Shearman V J, Sylvester-Bradley R, Scott P K, et al. Physiological processes associated with wheat yield progress in the UK [J]. Crop Science, 2005, 45 (1): 175-185.

[36] Fan M S, Zhang X Y, Yuan L X, et al. Current status and future perspectives to increase nutrient-and water-use efficiency in food production systems in China [M] //Improving Water and Nutrient-Use Efficiency in Food Production Systems, Wiley & Sons, Inc. 2013: 263-273.

[37] Cramer M D, Hawkins H J, Verboom G A. The importance of functional regulation of plant water flux [J]. Oecologia, 2009, 161 (1): 15-24.

[38] Köhler I H, Macdonald A, Schnyder H. Nutrient supply enhanced the increase in intrinsic water-use efficiency of a temperate seminatural grassland in the last century [J]. Global Change Biology, 2012, 18 (1): 3 367-3 376.

[39] Wang Y Z, Zhang X Y, Liu X W, et al. The effects of nitrogen supply and water regime on instantaneous WUE, time-integrated WUE and carbon isotope discrimination in winter wheat [J].

Field Crops Research, 2013, 144 (1): 236-244.

[40] Dexter A R. Soil physical quality: Part I. Theory, effects of soil texture, density, and organic matter, and effects on root growth [J]. Geoderma, 2004, 120 (3): 201-214.

[41] White R G, Kirkegaard J A. The distribution and abundance of wheat roots in a dense, structured subsoil - implications for water uptake [J]. Plant, Cell & Environment, 2010, 33 (2): 133-148.

[42] Song L, Fana X W, Xiong Y C, et al. Soil water availability and plant competition affect the yield of spring wheat [J]. European Journal of Agronomy, 2009, 31 (1): 51-60.

[43] White C A, Sylvester-Bradley R, Berry P M. Root length densities of UK wheat and oilseed rape crops with implications for water capture and yield [J]. Journal of Experimental Botany, 2015, 66 (8): 2 293-2 303.

[44] Zhang X Y, Chen S Y, Sun H Y, et al. Dry matter, harvest index, grain yield and water use efficiency as affected by water supply in winter wheat [J]. Irrigation Science, 2008, 27 (1): 1-10.

[45] Royo C, Álvaro F, Martos V, et al. Genetic changes in durum wheat yield components and associated traits in Italian and Spanish varieties during the 20th century [J]. Euphytica, 2007, 155 (1-2): 259-270.

[46] Madani A, Shirani-Rad A, Pazoki A, et al. The impact of source or sink limitations on yield formation of winter wheat (*Triticum aestivum* L.) due to post-anthesis water and nitrogen deficiencies. Plant, Soil and Environment, 2010, 56 (5): 218-227.

[47] Zhang X Y, Wang S F, Sun H Y, et al. Contribution of cultivar, fertilizer and weather to yield variation of winter wheat over three decades: A case study in the North China Plain [J]. European Journal of Agronomy, 2013b, 50 (1): 52-59.

[48] Lobell D B, Gourdji S M. The Influence of climate change on global crop productivity [J]. Plant Physiology, 2012, 160 (4): 1 686-1 697.

[此文原刊载于《Agricultural Water Management》, 2017, 179: 47-54]

磷肥施用深度对夏玉米产量及根系分布的影响

杨云马，孙彦铭，贾良良，贾树龙，孟春香

（河北省农林科学院农业资源环境研究所）

摘　要：目的：探明华北平原区磷肥施用深度对夏玉米产量及根系分布的影响。方法：采用大田试验和土柱试验方法。大田试验设不施肥（CK）、常规垄侧施磷（T-side）、8 cm 土层施磷（T-8）、16 cm 土层施磷（T-16）、24 cm 土层施磷（T-24）以及3层（8 cm、16 cm、24 cm 土层）均匀施磷（T-all）处理，研究其对夏玉米产量、养分吸收量的影响。土柱试验，研究8 cm 施磷（P 8）、16 cm 施磷（P 16）、24 cm 施磷（P 24）以及3层均匀施磷（P-all）对夏玉米根系分布的影响。结果：大田试验结果表明，磷肥不同施用深度显著影响夏玉米产量，玉米籽粒产量依次为 T-24 处理>T-all 处理>T-16 处理> T-side 处理>T-8 处理>CK，T-24 处理玉米产量较 T-side 处理提高了10%，差异显著。玉米地上部磷素累积量在八叶期、吐丝期、收获期分别以 T-side 处理、T-8 处理、T-all 处理最高。随着磷肥施用深度的增加，玉米收获期氮素吸收量呈现显著增加趋势。土柱试验结果表明，玉米根系长度以 P 24 处理最高，与 CK、P-all 和 P 8 处理相比分别提高了68%、18%、17%，差异均达显著水平。玉米根系在磷肥施用点处集中生长，磷肥深施有利于玉米根系向土壤深层生长。结论：磷肥深施能够诱导根系向深层生长，显著提高夏玉米产量，本试验条件下以磷肥集中施在 24 cm 土层最好。

关键词：磷肥；玉米；施肥深度；根系分布；产量

1　引　言

1.1　研究意义

　　冬小麦—夏玉米轮作是华北地区主要种植模式。由于茬口紧张，小麦收获后玉米一般采用免耕，种、肥同播方式种植，施肥深度4~8 cm，种子在肥料侧上方，种、肥间距一般5~8 cm。这种种植方式虽然争抢了农时，但由于种、肥间距较小，带来诸如烧种、烧苗，玉米生育后期脱肥等问题，影响玉米产量潜力的发挥[1]。

1.2　前人研究进展

　　近几年，有人提出了玉米深松全层施肥技术[2-3]，并研发了玉米深松全层施肥播种机械，可实现玉米播种区域局部旋耕深松、10~25 cm 土层均匀分层施肥[4]，能够显著提高夏玉米产量[5]。然而，本区域夏玉米氮、磷、钾3种养分是否都需要深施？养分的最佳施用深度是多少？目前有关玉米氮肥深施的相关研究较多[6-10]，有关磷肥施用深度研究较少，尤其在夏玉米区磷肥深施的研究更少。范秀艳等在春玉米区研究了磷肥分层施用对玉米产量、生理特性、磷效率及根系构型的影响[11-13]。结果表明分层施磷处理各项检测指标均优于传统施磷方式，并且在低施磷量情况下效果更为显著。赵亚丽等在夏玉米上研究结果表明磷肥集中施在 15 cm 土层效果最好，优于磷肥平均分层施用和浅施[14]。作物根系具有很强的可塑性[15-16]，主要受内部激素信号和外部环境因子的影响[17]。土壤水分[18]和养分状况[19]是重要的环境因子，能够通过调节养分供应来调控根系构型[16,20]。目前通过氮素施用调控玉米根系的研究较多[21-22]，通过磷素施用调控玉米根系的研究较少。

1.3 本研究切入点

前人对氮肥深施的相关研究较多，但对夏玉米区磷肥的深施研究较少。以往研究已经明确磷肥分层施用有利于玉米生长和产量的提高，但没有深入研究磷肥分层施用对夏玉米根系发育的影响。

1.4 拟解决的关键问题

通过大田试验和土柱试验研究不同深度施磷对夏玉米产量、根系构型、土壤磷素供应的影响，以期为夏玉米磷肥分层施用提供科学依据。

2 材料与方法

2.1 试验区情况

大田试验于 2012 年 6—10 月在河北省辛集市马庄乡保高丰农场 （E 115°18′10.33″，N 37°47′56.37″）进行。试验区属季风暖温带半湿润大陆性气候，年平均降水量 488 mm，其中 6—8 月降水量占全年总降水量的 67.9%。供试土壤为轻壤质潮土，基本理化性状见表 1。

土柱栽培试验于 2013 年在河北省农林科学院农业资源环境研究所网室 （E 114°26′52.06″，N 38°3′24.59″）进行，供试土壤为沙壤质潮土，土壤基本理化性状见表 1。

表 1 试验土壤基本理化性状

	土层（cm）	有机质（g·kg⁻¹）	全氮（g·kg⁻¹）	碱解氮（mg·kg⁻¹）	速效磷（mg·kg⁻¹）	速效钾 K（mg·kg⁻¹）	pH
大田试验	0~20	18.42	1.04	83.65	15.75	105.50	8.14
	20~40	9.00	0.48	38.15	6.40	58.50	8.13
土柱试验		12.15	0.91	53.26	10.18	95.17	8.11

2.2 试验设计

2.2.1 大田试验

共 6 个处理，分别为：（1）不施肥（CK）；（2）垄侧 8 cm，深度 5 cm 一次性施用氮、磷、钾肥料（T-side）；（3）氮、磷、钾肥料在种子正下方分 3 层混合均匀施入，施肥深度距地表分别为 8 cm、16 cm、24 cm（T-all）；（4）磷肥全部施在种子正下方，距地表 8 cm 处（T-8）；（5）磷肥全部施在种子正下方，距地表 16 cm 处（T-16）；（6）磷肥全部施在种子正下方，距地表 24 cm 处（T-24）。T-8、T-16 和 T-24 处理的氮、钾肥施用同处理3。小区面积 32 m²，3 次重复，随机排列。

根据本区域相关研究报道[23-24]和试验田土壤理化性状，设定养分用量为 N 180 kg·hm⁻²，P_2O_5 120 kg·hm⁻²，K_2O 150 kg·hm⁻²。氮、磷、钾肥料分别选用尿素、重过磷酸钙（P_2O_5 43%）和氯化钾（K_2O 60%）。施肥方法为条施，先人工开沟至 24 cm，按照各处理要求将肥料施入 24 cm 处；然后回填土使沟底距地表 16 cm，按照各处理要求施入中层肥料；再回填土使沟底距地表 8 cm，按各处理要求施入上层肥料，最终回填土至地表。处理3~6 在施肥位置正上方人工点播玉米，播种深度 3 cm。CK 和 T-side 处理同样在播种行位置先开沟再分别回填土，以消除处理间土壤物理性状的差异；T-side 处理施肥深度 5 cm，播种位置与施肥位置水平间隔约 8 cm，播种深度 3 cm。所有处理播种密度 69 000 株·hm⁻²。播种后灌水 70 mm。

分别在玉米八叶期、吐丝期、成熟期采集地上部玉米植株，测定玉米氮、磷素吸收情况（采用浓 H_2SO_4-H_2O_2 消煮—凯氏定氮方法测定氮、浓 H_2SO_4-H_2O_2 消煮-钒钼黄比色法测磷）；在上述 3 个时期，分垄内（施肥带）、垄间（水平距施肥带 25 cm）两个部位，分别采集 0~10 cm、10~20 cm、20~40 cm 层次土壤样品，测定玉米不同生育时期土壤速效磷含量（$NaHCO_3$ 浸提-钼锑抗比色法测定）；并在收获时测定玉米产量。

2.2.2 土柱根系试验

选用直径 25 cm、高 40 cm 的 PVC 管，底部用 18 目尼龙纱网衬托，埋入土中，上沿高出地面约 5 cm。然后装土，先装土至 8 cm 厚（风干土量 4.7 kg），然后在中心位置集中施肥，再装土 8 cm 厚、再在中心集中施肥、再装土 8 cm 厚、再在中心集中施肥、再装土 8 cm，最终形成模拟 8 cm、16 cm、24 cm 3 层施肥的效果。施肥处理同大田试验的 1、3、4、5、6 处理，即 CK、P-all、P 8、P 16、P 24。除 CK 外，其余各处理氮、钾肥在 8 cm、16 cm、24 cm 3 个深度均匀施用；P-all 处理，磷肥在 8 cm、16 cm、24 cm 均匀施用，P 8 处理磷肥集中施在 8 cm，P 16 处理磷肥集中施在 16 cm，P 24 处理磷肥集中施在 24 cm。每柱施用尿素 5.67 g、重过磷酸钙 4.04 g、氯化钾 3.62 g。土柱装填好后浇水 4 500 mL，浇水后静置 24 h 再种玉米，每个柱子种 1 株玉米。各处理重复 3 次。

玉米吐丝期取样，去除地上部植株，将 PVC 管挖出后切开，只割 PVC 管壁，保留完整土柱，然后按照 4 cm 一层取样，将玉米根系和土壤一同切段，总计 8 层，编号后放入冰柜冷冻、待测。测定时先解冻，然后放入 40 目尼龙袋中用水反复冲洗，将土全部冲走；将尼龙袋中的玉米根放入烧杯中，加水，挑除杂质，然后用 WinRHIZO 根系分析系统分析根长。

2.2.3 数据分析

试验数据用 Microsoft Excel 2003 和 DPS 软件进行处理和统计分析。

3 结 果

3.1 磷肥施用深度对夏玉米产量影响

磷肥施用深度对夏玉米产量有显著影响（图1），随着磷肥施用深度的增加，夏玉米籽粒产量呈现显著增加趋势，由高到低顺序为 T-24 处理>T-all 处理>T-16 处理>T-side 处理>T-8 处理>CK。T-24 处理玉米籽粒产量为 10 247 kg·hm^{-2}，显著高于垄侧施磷和 8 cm 施磷处理，提高幅度分别为 10.2%、10.5%。T-all 3 层均匀施磷处理夏玉米产量为 9 914 kg·hm^{-2}，也显著高于垄侧施磷和 8 cm 施磷处理，提高幅度分别为6.7%、7.0%。由此可得，磷肥深施能够显著提高夏玉米籽粒产量。

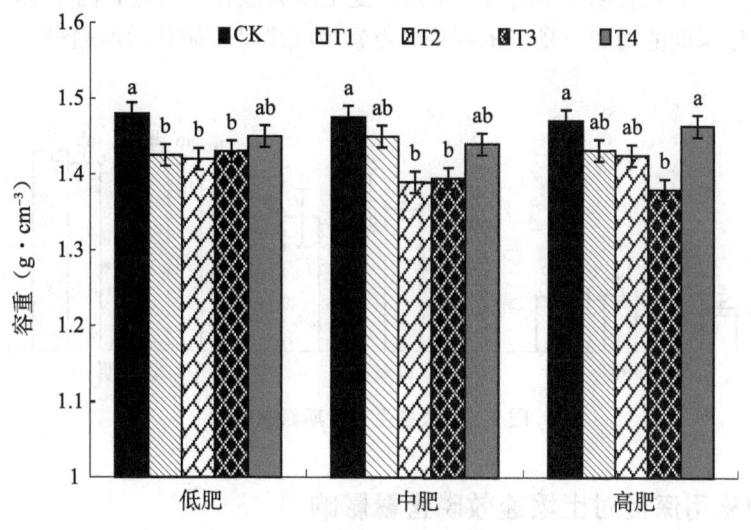

图 1 不同磷肥处理玉米产量

注：图柱上不同字母表示处理间差异达 0.05 显著水平

3.2 磷肥施用深度对夏玉米磷素吸收动态影响

在不同生育时期，磷肥施用深度不同对夏玉米磷素吸收量有一定的影响（图2）。玉米八叶期 T-side 处理磷吸收量最高，为 8.6 kg·hm^{-2}，显著高于 CK、T-8、T-16、T-24处理。吐丝期 T-8 处理玉米磷吸收量最高，为 17.4 kg·hm^{-2}，显著高于 CK、T-16 处理。收获期所有施肥处理磷吸收量均显著高于 CK 处理，以 T-all 处理玉米磷吸收量最高，为 28.6 kg·hm^{-2}。所有施肥处理的磷肥用量是相同的，只是磷肥施用深度和位置不同，导致了玉米对磷素吸收量产生了差异。

3.3 磷肥施用深度对夏玉米氮素吸收动态影响

磷肥施用深度对夏玉米不同生育时期氮素吸收量也有一定影响（图3）。八叶期玉

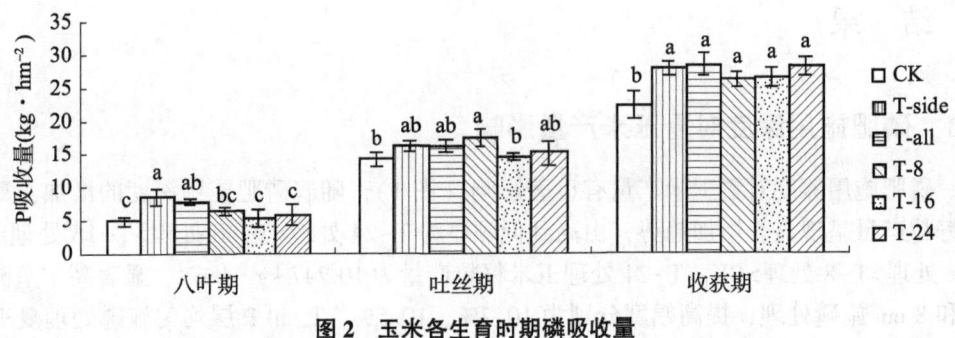

图 2　玉米各生育时期磷吸收量

米氮吸收量 T-side 处理最高，显著高于 CK、T-8、T-16、T-24 处理。吐丝期氮吸收量无明显差异。而收获期 T-all、T-24 处理夏玉米氮吸收量均显著高于 CK、T-8 处理。随着磷肥施用深度的增加，夏玉米收获时氮素吸收量呈现显著增加趋势。

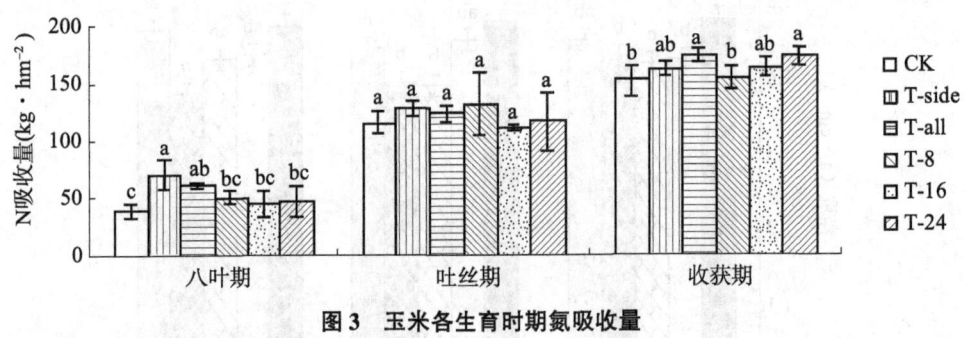

图 3　玉米各生育时期氮吸收量

3.4　磷肥施用深度对土壤速效磷含量影响

　　磷肥不同施用深度对玉米各生育时期土壤速效磷含量有较大的影响，并且对垄内（施肥区）（表2）土壤速效磷含量的影响大于垄间（非施肥区）（表3）。深层施磷与CK、T-side、T-8 相比，显著增加了垄内 20～40 cm 土层土壤速效磷的含量，但对垄间各土层土壤速效磷含量影响不大。在玉米全生育时期内，垄内 0～10 cm 土层速效磷含量均为 T-side 处理最高，垄内 20～40 cm 土层均为 T-24 处理最高。说明磷肥无论是表施还是深施，只能够增加施磷区域的土壤速效磷含量。

　　玉米垄间、垄内土壤速效磷含量的动态变化也呈现不同的趋势。各生育时期垄间土壤速效磷含量变化不大。而垄内各土层土壤速效磷含量随着玉米的生长发育有持续降低趋势，0～10 cm 土层吐丝期与八叶期相比土壤速效磷含量平均降低了 24.7%、收获期与吐丝期相比降低了 10.3%，10～20 cm 土层吐丝期与八叶期相比土壤速效磷含量平均降低了 36.2%、收获期与吐丝期相比降低了 12.8%，土壤速效磷的降低应该与玉米植株吸收有关。垄内、垄间土壤速效磷变化差异可以看出，玉米主要吸收垄内施肥区域磷素营养，对垄间磷素吸收较少。这可能与玉米根系分布有关，玉米根系主要分布在以植株为中心半径 20 cm，深度 40 cm 的范围内，并且距植株越远，根系密度越小[25]。导致距植株较远垄间的速效磷不易被玉米吸收。

表2 夏玉米不同生育时期垄内各土层速效磷含量　　　　　　　　　　　　（mg·kg⁻¹）

处理	八叶期			吐丝期			收获期		
	0～10 cm	10～20 cm	20～40 cm	0～10 cm	10～20 cm	20～40 cm	0～10 cm	10～20 cm	20～40 cm
CK	14.94 c±2.92	12.19 a±4.46	1.34 c±0.35	11.69 b±3.76	6.62 a±2.19	1.71 c±0.34	12.38 ab±2.82	5.16 b±2.28	0.93 c±0.03
T-side	23.63 a±1.39	16.27 a±4.93	1.23 c±0.42	16.58 a±4.29	7.83 a±2.26	1.98 c±0.43	15.70 a±1.17	6.95 ab±2.72	1.48 c±0.14
T-all	18.81 bc±0.48	14.84 a±2.53	6.44 b±0.69	15.50 ab±1.87	10.80 a±1.42	4.86 b±1.30	14.41 ab±1.63	9.94 a±3.02	4.43 b±2.22
T-8	19.38 ab±2.97	15.32 a±4.40	2.26 c±1.69	15.51 ab±0.99	11.38 a±2.76	2.25 bc±0.88	14.75 ab±4.37	10.71 a±3.42	1.29 c±0.90
T-16	22.30 ab±2.58	16.23 a±3.49	5.54 b±1.19	15.37 ab±2.51	10.82 a±2.82	2.15 bc±0.48	11.18 b±1.76	9.26 ab±1.72	1.97 c±0.91
T-24	20.95 ab±2.64	15.83 a±4.23	11.67 a±1.30	15.06 ab±3.26	10.55 a±3.42	8.30 a±2.89	11.61 ab±1.28	8.98 ab±0.56	6.54 a±0.14

表3 夏玉米不同生育时期垄间各土层速效磷含量　　　　　　　　　　　　（mg·kg⁻¹）

处理	八叶期			吐丝期			收获期		
	0～10 cm	10～20 cm	20～40 cm	0～10 cm	10～20 cm	20～40 cm	0～10 cm	10～20 cm	20～40 cm
CK	13.89 a±1.07	6.64 b±2.61	2.51 ab±0.47	14.20 a±4.73	7.27 a±1.15	2.01 ab±0.32	16.38 a±0.53	7.62 b±0.55	1.15 b±0.32
T-side	17.32 a±3.10	10.42 ab±3.87	4.15 ab±3.25	19.43 a±2.77	10.37 a±2.02	1.99 ab±0.25	19.07 a±0.91	9.62 ab±2.03	1.73 b±0.35
T-all	16.59 a±1.50	10.19 ab±1.33	2.27 b±0.93	18.95 a±1.81	9.77 a±0.25	2.29 a±0.37	19.00 a±2.55	11.82 a±1.89	2.57 ab±1.77
T-8	15.13 a±4.37	12.61 a±5.10	3.11 ab±1.24	18.52 a±1.18	10.82 a±1.96	2.00 ab±0.40	19.95 a±3.51	11.40 a±1.66	1.45 b±0.29
T-16	15.73 a±0.83	12.05 a±2.17	4.58 ab±0.33	19.12 a±3.21	10.32 a±1.12	1.73 b±0.26	18.63 a±4.51	9.76 ab±2.38	1.57 b±0.05
T-24	15.84 a±4.96	8.70 ab±0.74	5.49 a±2.07	18.71 a±0.91	11.16 a±3.55	2.24 a±0.18	17.83 a±2.87	8.81 b±0.93	3.31 a±0.25

注：同列数据后不同字母表示处理间差异达 0.05 显著水平。表3同

3.5 磷肥不同施用深度对夏玉米根系分布的影响

本试验条件下，磷肥施用深度对夏玉米总根长及在土壤中的分布有显著的影响（表4）。施磷肥显著增加了整个土柱内的玉米根长，P-all、P 8、P 16、P 24 处理玉米

根长与 CK 相比分别提高了 42.4%、44.5%、54.8%、68.4%。并且相同用量的磷肥施在不同深度，对夏玉米根长也有显著影响，P 24 处理玉米根系长度与 P-all 和 P 8 处理相比提高了 18.3%、16.5%，达显著水平。在施磷点附近玉米根长有增大的趋势，0～12 cm 土层 P 8 处理根长最长，12～20 cm 土层 P 16 处理根长最长，20 cm 以下 P 24 处理根长最长。

表 4　磷肥不同施用深度夏玉米根长　　　　　　　　　　　　（m）

土层（cm）	CK	P-all	P 8	P 16	P 24
0～4	85.31 c±19.90	92.04 bc±22.91	141.61 a±1.58	118.44 abc±18.68	127.81 ab±27.34
4～8	74.30 b±16.53	111.27 a±17.67	137.26 a±31.69	132.99 a±14.18	130.77 a±10.71
8～12	70.81 b±25.38	118.43 a±34.03	124.50 a±3.91	96.49 ab±7.36	99.85 ab±13.22
12～16	58.47 b±20.20	102.95 a±23.56	74.87 ab±15.01	111.12 a±24.78	103.37 a±10.40
16～20	66.94 a±5.76	87.08 a±23.29	76.58 a±16.55	101.77 a±13.07	99.27 a±33.55
20～24	54.79 c±8.72	85.81 b±2.52	80.11 b±6.18	92.41 ab±18.11	109.84 a±10.33
24～28	55.76 b±19.28	76.20 ab±20.40	59.42 b±4.55	76.14 ab±13.82	96.99 a±19.67
28～32	57.00 b±13.96	71.66 b±6.59	62.07 b±8.90	80.81 ab±25.75	113.58 a±37.52
总和	523.88 c±61.62	745.45 b±35.29	756.42 b±14.28	810.17 ab±71.13	881.48 a±68.05

注：同行数据后不同字母表示处理间差异达 0.05 显著水平

　　随着磷肥施用深度的增加，玉米根系呈现向深层分布的趋势。以单元土柱内玉米根系长度与整个土柱内玉米根系长度比值定义为根长比重[26]。P 8 处理根长在 0～12 cm、12～20 cm、20～32 cm 根长比重为 53.3%、20.0%、26.7%，P 16 处理在相应 3 个层次根长比重为 42.9%、26.3%、30.8%，P 24 处理为 40.7%、23.0%、36.4%（图4）。以上分析可以得出，玉米根系在磷肥施用点附近集中生长，通过调整磷肥施用位置，能够调控玉米根系在土体中的分布。

4　讨　论

4.1　磷肥施用深度对玉米产量和养分吸收量的影响

　　本研究结果表明，磷肥深施能够显著提高夏玉米籽粒产量，以 24 cm 深度施用磷肥玉米籽粒产量最高。本结果与赵亚丽等[14]在夏玉米上的研究结果相近，其磷肥施用深度为 5 cm、15 cm、5/15 cm（5 cm、15 cm 均匀施用磷肥），结果表明 15 cm 施磷处理玉米籽粒产量显著高于 5 cm 施磷和 5/15 cm 处理，并且 5/15 cm 处理玉米产量高于5 cm施磷处理。本研究施磷深度为 8 cm、16 cm、24 cm，所得结果以 24 cm 深度施磷玉米产量最高，并且 24 cm 施磷和 3 层均匀施磷玉米产量显著高于 8 cm 施磷和垄侧施磷

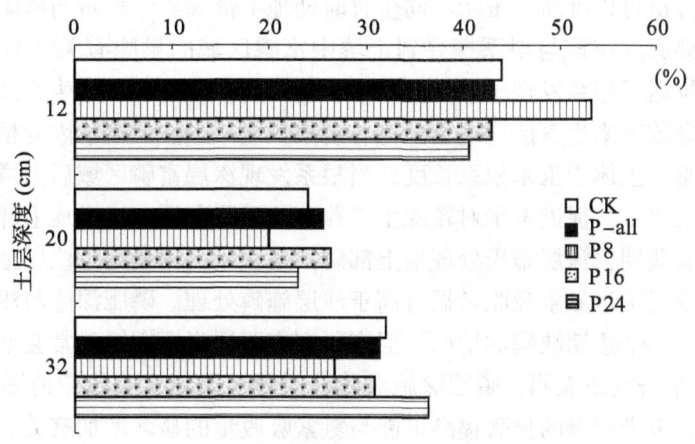

图4 不同深度土层根长比重

玉米产量。范秀艳等[11]在春玉米上研究了分层施磷（8 cm、16 cm 均匀施磷）与传统施磷（8 cm）的比较，结果表明分层施磷能够显著提高玉米产量、籽粒磷含量和磷肥利用率。

但也有较早研究表明磷肥不宜施用过深。陈学留等[27]用 ^{32}P 示踪方法研究指出：与 0～40 cm 和 20～40 cm 土层施磷相比，0～20 cm 施磷更有利于玉米整个生育时期对磷的吸收利用。但是3种不同施磷深度，对后期籽粒吸收无明显差异。刘延柱等[28]用示踪方法研究指出，磷肥浅施（6 cm 与 12 cm 深度施磷相比）有利于玉米幼苗对磷素的吸收利用，玉米苗期植株高度、幼苗叶片长度、叶片宽度和茎粗等指标均为磷肥浅施处理优于深施处理。

本研究表明，磷肥浅施时在玉米吐丝期以前显著增加了玉米地上部磷素的吸收量，收获期磷素吸收量各施肥处理间无显著差异。

本研究还表明磷肥施用深度对夏玉米氮素吸收也有显著影响。T-8、T-16、T-24、T-all 4个处理氮素施用量和施用方式相同，只是磷肥施用位置的差异就导致了收获时夏玉米氮吸收量的显著差异，T-24、T-all 处理氮素吸收量显著高于 T-8 处理。由此显著提高了夏玉米产量。

4.2 磷肥施用深度对玉米根系生长影响

玉米根系具有很大的可塑性，其在低磷胁迫下不会增加根系质子和酸性磷酸酶的分泌，主要通过形态变化，增加土壤中根系密度，增加对磷素的吸收[29]。并且玉米根系的大量生长不会对玉米植株的生长带来负面影响[30]。本研究结果表明，能够通过磷肥施用深度调控土体中玉米根系的分布，8 cm 处施磷能够增加 0～12 cm 土体的玉米根长，16 cm 处施磷能够增加 12～20 cm 土体的玉米根长，24 cm 处施磷能够增加 20～32 cm 土体的玉米根长。并且 24 cm 施磷与 8 cm 施磷和3层均匀施磷相比显著增加了整个土体的根系长度。磷肥深施既能增加深层土壤的根系长度，也能增加整个土体的根系长度。

综合以上分析可以推断，玉米不同生育时期地上部磷素累积量与磷肥施用位置有密切关系，其主要原因应该与根系探寻到土壤中富磷区域的早晚有关。与浅施磷处理相比，磷肥深施推迟了根系发现土壤中富磷区域的时间，影响了玉米生育前期对氮、磷养分的吸收量，导致玉米生育前期地上部氮、磷累积量减少。但恰恰因为根系的探寻过程较长，增大了整个土体中玉米根系长度。当根系发现深层富磷区域后大量生长，加大了深层土壤的根长比重，促进玉米对较深土壤养分的吸收利用，玉米地上部氮、磷累积量逐渐增加。至收获期，深层施磷处理地上部磷素累积量已稍稍超过浅层施磷处理，并且深层施磷处理的夏玉米氮素吸收量显著高于浅层施磷处理。磷肥深施与浅施相比，会使玉米前期生长有一个短期缺磷的情况。但有研究表明适当短期缺磷常会增加玉米根生物量及根长[31]。本研究还表明，磷肥深施对收获时夏玉米氮素吸收量的影响大于对磷素吸收量的影响，玉米产量的显著提高可能与氮素吸收量的显著增加有关。夏玉米氮磷协同深施有待进一步深入研究。

5 结　论

土壤施用磷肥只是增加了施磷区域（垄内）土壤速效磷的含量，对非施磷区域（垄间）土壤速效磷含量影响不大；并且随着玉米生长，根系主要分布区域（垄内）的土壤速效磷含量明显下降，而垄间土壤速效磷含量变化不明显。

通过调整磷肥施用位置，能够调控夏玉米根系在土体中的分布构型，从而显著影响玉米不同生育期的氮、磷养分吸收量。

磷肥深施能够诱导根系向土壤深层生长，显著提高夏玉米籽粒产量，本试验条件下以磷肥集中施在24 cm土层效果最好。

参考文献

[1] 王贺. 华北平原砂质土壤夏玉米对肥料类型及施肥方法的响应研究 [D]. 北京：中国农业科学院，2012.
[2] 刘磊. 高产玉米简化施肥种植模式研究 [D]. 保定：河北农业大学，2012.
[3] 张丽光. 灭茬旋耕深松全层施肥玉米精播机功能评价与综合农艺效应的研究 [D]. 保定：河北农业大学，2013.
[4] 赵金. 玉米免耕深松全层施肥精量播种机的研究 [D]. 保定：河北农业大学，2012.
[5] 张晋国，赵金. 玉米深松全层施肥精量播种机的设计 [J]. 农机化研究，2012，34（10）：89-91，95.
[6] 杨云马，孙彦铭，贾良良，等. 氮肥基施深度对夏玉米产量、氮素利用及氮残留的影响 [J]. 植物营养与肥料学报，2016，22（3）：830-837.
[7] 苏正义，韩晓日，李春全，等. 氮肥深施对作物产量和氮肥利用率的影响 [J]. 沈阳农业大学学报，1997，28（4）：292-296.
[8] 于晓芳，高聚林，叶君，等. 深松及氮肥深施对超高产春玉米根系生长、产量及氮肥利用效率的影响 [J]. 玉米科学，2013，21（1）：114-119.
[9] 战秀梅，李亭亭，韩晓日，等. 不同施肥方式对春玉米产量、效益及氮素吸收和利用的影

响 [J]. 植物营养与肥料学报，2011，17（4）：861-868.

[10] 李伟波，李运东，王辉. 用^{15}N研究吉林黑土春玉米对氮肥的吸收利用 [J]. 土壤学报，2001，38（4）：476-482.

[11] 范秀艳. 磷肥运筹对超高产春玉米生理特性、物质生产及磷效率的影响 [D]. 呼和浩特：内蒙古农业大学，2013.

[12] 范秀艳，杨恒山，高聚林，等. 施磷方式对高产春玉米磷素吸收与磷肥利用的影响 [J]. 植物营养与肥料学报，2013，19（2）：312-320.

[13] 范秀艳，杨恒山，高聚林，等. 超高产栽培下磷肥运筹对春玉米根系特性的影响 [J]. 植物营养与肥料学报，2012，18（3）：562-570.

[14] 赵亚丽，杨春收，王群，等. 磷肥施用深度对夏玉米产量和养分吸收的影响 [J]. 中国农业科学，2010，43（23）：4 805-4 813.

[15] Li H, Ma Q, Li H, et al. Root morphological responses to localized nutrient supply differ among crop species with contrasting root traits [J]. Plant and Soil, 2014, 376 (1-2)：151-163.

[16] Angela H. The plastic plant：root responses to heterogeneous supplies of nutrients [J]. New Phytologist, 2004, 162 (1)：9-24.

[17] 李淑钰，李传友. 植物根系可塑性发育的研究进展与展望 [J]. 中国基础科学，2016，18（2）：14-21.

[18] 张旭东，王智威，韩清芳，等. 玉米早期根系构型及其生理特性对土壤水分的响应 [J]. 生态学报，2016，36（10）：2 969-2 977.

[19] Shen J, Li C, Mi G, et al. Maximizing root/rhizosphere efficiency to improve crop productivity and nutrient use efficiency in intensive agriculture of China [J]. Journal of Experimental Botany, 2013, 64 (5)：1 181-1 192.

[20] Yu P, Philip J, Frank H, et al. Phenotypic plasticity of the maizeroot system in response to heterogeneous nitrogen availability [J]. Planta, 2014, 240 (4)：667-678.

[21] Yu P, Li X, Yuan L, et al. A novel morphological response of maize (Zea mays) adult roots to heterogeneous nitrate supply revealed by a split-root experiment [J]. Physiologia Plantarum, 2014, 150：133-144.

[22] Yan H, Li K, Ding H, et al. Root morphological and proteomic responses to growth restriction in maize plants supplied with sufficient N [J]. Journal of Plant Physiology, 2011, 168 (10)：1 067-1 075.

[23] Yang Y M, Wang X B, Dai K, et al. Fate of labeled urea-^{15}N as basal and topdressing applications in an irrigated wheat-maize rotation system in North China plain：II summer maize [J]. Nutrient Cycling in Agroecosystems, 2011, 90 (3)：379-389.

[24] 张景松. 献县小麦玉米氮磷钾适宜用量研究 [D]. 北京：中国农业科学院，2012.

[25] 罗守德，武殿林，郭国亮，等. 玉米根系在土壤中的伸长和分布 [J]. 作物杂志，1985，4：18-19.

[26] 张金珠，王振华，虎胆·吐马尔白. 秸秆覆盖对滴灌棉花土壤水盐运移及根系分布的影响 [J]. 中国生态农业学报，2013，21（12）：1 467-1 476.

[27] 陈学留，朱献玳，刘益同. 玉米根系对磷肥的吸收利用研究 [J]. 原子能农业应用，1986，2：29-33.

[28] 刘延柱，王家银. 玉米苗期磷肥施用深度和用量的测定 [J]. 作物学报，1966（1）：110-112.

[29] 张瑜，刘海涛，周亚平，等. 田间玉米和蚕豆对低磷胁迫响应的差异比较 [J]. 植物营养与肥料学报，2015，21（4）：911-919.

[30] Li H B, Wang X, Rengel Z, et al. Root over-production in heterogeneous nutrient environment has no negative effects on Zea mays shoot growth in the field [J]. Plant and Soil, 2016, 409 (1-2): 405-417.

[31] 米国华，邢建平，陈范骏，等. 玉米苗期根系生长与耐低磷的关系 [J]. 植物营养与肥料学报，2004，10（5）：468-472.

[此文原刊载于《中国农业科学》，2018，51（8）：1 518-1 526]

小麦提前造墒灌水对玉米后期光合与产量的影响

党红凯[1,3]，曹彩云[1,3]，李　伟[1,3]，杜　雄[2]，马俊永[1,3]，
郑春莲[1,3]，李科江[1,3]

（1. 河北省农林科学院旱作农业研究所；2. 河北农业大学；
3. 农业部河北南部耕地保育科学观测试验站）

摘　要：于 2011—2012 年玉米生长后期，进行小麦分期提前造墒灌溉（设置 9 月 20 日、9 月 25 日、9 月 30 日灌溉 3 个水平，不灌水为对照，分别用 I9.20，I9.25，I9.30 和 CK 表示）单因素试验，研究小麦提前造墒灌溉对夏玉米后期光合与产量的影响。结果表明：玉米后期穗位叶净光合速率（P_n）日变化，CK 为"双峰"曲线，其他处理为"单峰"曲线。P_n 日变化均值以 I9.20 与 I9.25 处理较高，2 年同品种处理间棒 3 叶叶源量（L_{sc}）也以 I9.20 与 I9.25 处理较高。与光合特性不同，茎秆糖分含量以 CK 较高，其他处理较低。不同灌水模式还对玉米灌浆有一定影响，I9.20，I9.25 处理的最大灌浆速率及灌浆平均速率较大，灌浆活跃期较长，快增期百粒质量积累量较多，百粒质量与籽粒产量较高。另外，水分处理还对干物质再分配有一定影响，吐丝后同化物输入籽粒量表现为 I9.25>I9.20>I9.30>CK。可见，河北平原小麦适期提前造墒灌溉，改善了玉米群体光合性能，促进了吐丝后同化物向籽粒运转，提高了籽粒产量。综上所述，本研究条件下小麦造墒灌水建议提前于 9 月 20—25 日。

关键词：冬小麦；夏玉米；造墒灌水；光合特性；产量

　　河北平原是我国重要的冬小麦夏玉米两熟生产区，周年粮食生产面临着先天降水不足又无地表水补给的现状，该区农田灌溉主要依赖于超采地下水[1]。受气候影响，进入 9 月中下旬降水减少，不能满足玉米产量形成和下茬小麦出苗对水分的需求[2]。结合本区域气候特点，将小麦造墒提前到九月中下旬，既能减轻玉米旱情，又能满足小麦出苗对水分的需求，起到"一水两用"的作用[3]。开展小麦玉米一体化节水技术研究，提高水分周年利用效率，对稳定本区域粮食产量水平和维持农业可持续发展具有重要意义[4]。近年来，有关学者就水分对夏玉米光合特性及物质生产的影响进行了系列研究，获得了一些重要结论。继瑞鹏等[5]明确了不同时期水分胁迫均会降低玉米光合能力与产量。吴玮等[6]认为，重度胁迫对光合速率降低的影响，以吐丝期最大，其次为乳熟期。白莉萍等[7]发现乳熟期干旱胁迫通过降低粒重而减产。王育红等[8]指出，乳熟期充足水分供应可提高平均灌浆速率和灌浆持续时间。但是关于冬小麦底墒水提前对夏玉米后期光合特性与产量形成影响缺乏定量研究。受生产习惯影响，河北平原区农民趋向于在玉米收获后灌小麦底墒水，且对玉米收获前灌小麦底墒水存在争议。究其原因，一是玉米收获前田间灌溉操作不便；二是提前灌小麦底墒水对玉米影响认识不足。河北平

原受气候与生产条件限制，夏玉米平均产量徘徊在 6 200 kg·hm² 水平上难以突破[9]。该区地下水超采严重，缓解粮食增产与地下水超采的矛盾，是当前亟待解决的问题[10]。为探索夏玉米节水增产途径，从高效用水角度需要明确小麦提前造墒对玉米后期光合特性与产量形成的影响。本研究通过提前对小麦分期造墒，创建不同水分条件下的玉米高产群体，定量研究不同群体光合特性与物质生产，以期为河北平原农田高效用水及小麦玉米一体化生产提供理论与技术支撑。

1 材料与方法

1.1 基本情况

田间试验于 2011 年和 2012 年玉米生长季，在河北省农林科学院旱作节水农业试验站进行。该站位于河北平原中部，种植制度采用冬小麦夏玉米一年两熟制，无霜期 188 d，年日照时数为 2 509.4 h，年均气温、降水量、蒸发量分别为 12.8 ℃、510 mm、1 785 mm，该区域具有中国北方半干旱农业生产区的典型特征。试验田耕层（0~20 cm）土壤肥力为：有机质含量 12.26 g·kg⁻²，全氮含量 1.24 g·kg⁻²，速效氮含量 84.98 mg·kg⁻²，速效磷含量 18.80 mg·kg⁻²，速效钾含量 80.90 mg·kg⁻²。冬小麦、夏玉米收获后秸秆全量粉碎还田。2011 年和 2012 年夏玉米生育期间气象因素见表1。

表1 试验年度夏玉米生育期内的气象因素

年份	播种—吐丝	吐丝—9月15日	9月16日—20日	9月21日—25日	9月26日—30日	10月1日—5日	10月6日—收获	9月21日—收获	全生育期
								生育阶段	
有效辐射（kg·m⁻²）									
2011 年	14 190.9	5 570.5	1 592.6	2 410.7	1 592.7	1 723.2	3 380.5	9 107.1	30 461.1
2012 年	24 723.9	11 457.2	2 456.4	1 771.2	2 320.8	2 272.2	3 272.1	9 636.3	48 273.8
日照时数（h）									
2011 年	428.3	193.5	24.5	50.4	36.7	39.3	76.2	202.6	848.9
2012 年	410.2	193.3	47.4	27.4	49.2	46.1	72.1	194.8	845.7
积温（℃）									
2011 年	1 721.6	725.5	77.4	89.8	87.2	74.3	194.9	446.2	2 970.7
2012 年	1 414.0	725.5	108.4	96.6	96.6	141.6	436.8	2 678.5	

1.2 试验设计

两年选用生育期一致的 3 个高产玉米品种郑单 958、先玉 335、浚单 20，2011 年播种期、吐丝期、收获期分别为 6 月 16 日、8 月 14 日和 10 月 17 日；2012 年为 6 月 17

日、8 月 16 日和 10 月 13 日。水分处理设 9 月 20 日（I 9. 20）、9 月 25 日（I 9. 25）、9 月 30 日（I 9. 30）灌水和不灌水（CK）4 个处理。灌水量 45 mm，小区面积 40 m² （5 m×8 m），3 次重复，顺序排列。3 个玉米品种并列布置，每公顷底施复合肥（N： P_2O_5：K_2O=15：15：15）450 kg，播种后浇蒙头水（灌水量 75 mm），大喇叭口期每公顷追尿素（含 N 46%）375 kg。折合每公顷总施 N、P_2O_5、K_2O 量分别为 236.3 kg、67.5 kg、67.5 kg。

1.3 测定项目与方法

1.3.1 叶片净光合速率（P_n）测定

自叶片展开后，采用美国 CID 公司生产的 CI-340 便携式光合测定系统，每隔 10 d 对棒 3 叶的 P_n 进行测定，每次选代表性植株测定，每叶位叶片连续测定 3 次。

1.3.2 叶源量（L_{SC}）计算

计算棒 3 叶对 CO_2 的同化量的累积量（mol CO_2 · m⁻²），计算式[11]为：

$$L_{SC} = \sum_{i=1}^{n} (P_n HS)_i$$

式中：P_n—净光合速率；i—测定次数；H—测定间隔天数的光照时数；S—单位面积土地上不同叶位叶面积。

1.3.3 茎秆糖分含量测定

用 MQK-80S 便携式折光仪，于籽粒乳熟期每个处理取 5 株，测定玉米茎秆穗下节糖分含量，求其平均值。

1.3.4 籽粒灌浆过程模拟

于夏玉米吐丝期后选择生长一致、同一天授粉、有代表性的植株做标记。自玉米散粉后，每隔 5 d 取做标记的植株果穗，直至收获，取其中下部籽粒 100 粒，测定干重，重复 3 次。以散粉后天数为自变量（t）。

1.3.5 干物质与产量测定

参照文献[3]进行测定与计算。

1.3.6 考种与测产

收获前在 3 个夏玉米品种每小区随机连续取 40 个果穗进行考种，测定穗部性状。产量为每小区单收的实测结果。

1.4 数据处理方法

采用 Microsoft Excel 和 SPSS 软件进行数据处理和统计分析。

2 结果与分析

2.1 不同水分条件下夏玉米光合特性变化

2.1.1 夏玉米叶面积指数（LAI）与穗位叶叶绿素（SPAD）变化

由表 2 可见，玉米后期 I9. 20 与 I9. 25 处理 LAI 高于 I9. 30 与 CK 处理。随生育进程延长，I9.20，I9.25 与 I9.30 处理 LAI 高值维持时间也以 CK 处理较长。收获期年际间比较，郑单 958 处理间 2011 年 LAI 高于 2012 年。其余两个品种均以 2012 年较高。穗位叶 SPAD 的变化与 LAI 变化相似，生育后期穗位叶 SPAD 处理间以 I9.25 最高或较高。随生育进程 SPAD 下降速度以 CK 最快，收获期处理间 SPAD 表现为 I9.25 ≥ I9.20 > I9.30 > CK。年际间比较，收获期 SPAD 以 2012 年较高。

表 2　灌水处理后夏玉米面积指数与穗位叶叶绿素变化比较

处理	面积指数						叶绿素					
	2011 年			2012 年			2011 年			2012 年		
	9-30	10-5	10-17	9-30	10-06	10-12	9-30	10-5	10-17	9-30	10-6	1-12
郑单 958												
CK	3.77 a	3.34 b	1.84 b	4.21 a	3.01 a	1.74 b	54.90 a	52.40 a	48.21 a	54.15 a	50.90 a	50.70 a
I9.20	3.95 a	3.70 a	1.76 b	4.22 a	3.14 a	2.72 a	52.67 ab	54.77 a	51.22 a	55.42 a	53.96 a	51.81 a
I9.25	3.91 a	3.70 a	2.67 a	4.12 a	3.23 a	2.36 ab	57.22 a	55.79 a	52.85 a	54.63 a	53.18 a	51.72 a
I9.30	3.89 a	3.77 a	2.10 a	4.22 a	3.09 a	2.16 ab	51.01 b	53.73 a	48.33 a	52.89 a	53.09 a	51.34 a
先玉 335												
CK	3.33 ab	2.45 ab	0.98 c	3.92 a	3.39 a	2.79 b	49.73 a	46.12 a	27.90 b	56.72 a	50.65 a	49.14 a
I9.20	3.01 b	2.82 a	1.73 b	4.18 a	3.51 a	3.10 a	53.40 a	49.21 a	46.52 a	56.31 a	52.69 a	51.23 a
I9.25	3.66 a	2.75 ab	2.40 a	3.62 a	3.42 a	2.87 a	52.80 a	46.69 a	46.21 a	57.65 a	50.33 a	49.99 a
I9.30	3.33 ab	2.15 b	1.40 b	3.42 a	3.28 a	2.87 a	50.30 a	44.40 a	43.80 a	51.97 a	50.23 a	49.97 a
浚单 20												
CK	3.58 a	2.74 ab	1.61 b	3.05 a	2.72 a	2.16 ab	53.11 a	45.31 a	41.63 a	55.60 a	50.41 a	49.86 a
I9.20	3.83 a	2.98 a	2.42 a	3.40 a	2.76 a	2.22 ab	52.33 a	49.72 a	44.12 a	54.07 a	53.17 a	52.41 a
I9.25	3.27 a	2.72 ab	1.02 c	2.92 a	2.88 a	2.46 a	51 a	50.21 a	49.40 a	56.44 a	54.48 a	53.54 a
I9.30	3.58 a	2.38 b	1.02 c	3.01 a	2.63 a	1.78 b	50.40 a	46.12 a	42.12 a	49.24 b	53.08 a	49.73 a

注：数字后面的不同小写字母表示同品种不同水分条件之间在 0.05 水平上差异显著，下同

2.1.2　不同水分条件下穗位叶 P_n 日变化

由表 3 可见，2011 年 10 月 2 日测定穗位叶 P_n 日变化，其特征曲线有两种表现，I9.25、I9.20、I9.30 等 3 个处理为非典型的"单峰"曲线，峰值出现在上午 10：00，处理间峰值变幅为 27.7～33.1 μmol · (m² · s)⁻¹；不灌水的 CK 为非典型的"双峰"曲线，主峰出现在上午 11：00，其峰值变幅为 24.1～28.0 μmol · (m² · s)⁻¹，次峰出现在下午 13：00，其峰值变幅为 16.0～19.6 μmol · (m² · s)⁻¹。

不同水分条件比较，上午的 P_n 灌水处理比 CK 高，下午表现不具规律性。同品种不同水分处理 P_n 日变化均值由大到小依次为：I9.25、I9.20、I9.30、CK。

表3　水分处理对穗位叶 P_n 日变化影响（2011-02-10） $[\mu mol \cdot (m^2 \cdot s)^{-1}]$

处理	7：00	8：00	9：00	10：00	11：00	12：00	13：00	14：00	15：00	16：00	17：00	平均
浚单 20												
CK	6.9±0.32 c	18.2±0.71 a	19.1±0.14 b	24.2±0.56 b	25.4±0.43 b	19.1±0.13 ab	19.6±0.42 a	16.4±0.41 a	14.2±0.32 b	8.3±0.10 a	0.6±0.53 c	15.6
I9.20	19.9±0.11 a	18.6±0.04 a	22.5±0.23 a	27.7±0.01 a	27.0±0.36 ab	23.6±0.23 a	20.9±0.35 a	17.9±0.17 a	16.8±0.10 a	6.5±0.43 a	5.4±0.32 a	18.8
I9.25	15.1±0.30 b	19.6±0.15 a	22.6±0.10 a	30.3±0.34 a	28.6±0.43 a	19.6±0.18 ab	19.0±0.38 a	17.8±0.16 a	10.4±0.21 b	3.9±0.04 b	3.0±0.33 b	17.3
I9.30	13.8±0.28 b	18.2±0.32 a	23.7±0.31 a	29.2±1.30 a	24.8±0.62 b	18.1±0.72 b	16.6±0.45 a	14.7±0.74 b	12.3±0.33 ab	5.9±0.26 ab	5.1±0.31 a	16.6
郑单 958												
CK	15.4±0.12 ab	18.1±0.24 a	23.4±0.14 b	23.5±0.41 b	24.1±0.17 ab	15.4±0.43 b	16.0±0.54 b	13.9±0.46 ab	11.9±0.34 b	4.9±0.53 a	2.3±0.23 b	15.4
I9.20	17.3±0.38 a	20.4±0.83 a	27.0±0.26 ab	30.2±1.32 ab	24.2±0.36 a	23.6±0.42 a	19.8±0.67 a	16.1±0.58 a	10.7±0.31 b	4.7±0.24 b	4.2±0.18 a	18.1
I9.25	18.4±0.16 a	20.7±0.18 a	28.6±0.23 a	33.1±0.43 a	19.7±0.43 b	19.6±0.70 a	18.6±0.83 a	16.3±0.26 a	15.2±0.67 a	5.7±0.43 ab	2.6±0.32 b	17.8
I9.30	17.9±0.31 b	18.2±0.23 a	24.8±0.30 b	28.0±0.50 b	22.8±0.24 a	18.6±0.65 a	16.5±0.76 b	10.7±0.52 b	9.9±0.56 b	4.8±0.55 b	3.5±0.40 ab	16.0
先玉 335												
CK	5.1±0.41 b	15.4±0.85 b	24.2±1.14 a	26.7±0.31 a	28.0±1.00 b	18.6±0.36 b	19.4±0.36 b	15.4±0.43 ab	10.3±0.35 ab	2.6±0.30 b	0.9±0.40 c	15.1
I9.20	7.4±0.23 a	19.8±0.26 a	24.9±0.23 a	30.2±0.14 ab	26.1±0.36 a	23.3±0.13 a	21.6±0.20 a	17.6±0.33 a	10.5±0.25 ab	3.1±0.14 ab	2.9±0.18 a	17.0
I9.25	6.3±0.24 ab	18.6±0.43 a	24.2±0.20 a	33.1±0.10 a	27.1±0.48 a	24.5±0.24 a	21.1±0.17 a	18.1±0.30 a	8.6±0.31 b	4.0±0.13 a	2.0±0.23 a	17.1
I9.30	5.9±0.45 b	17.4±0.71 ab	25.1±0.41 a	29.5±0.73 ab	26.4±0.97 a	21.3±0.81 ab	19.4±0.42 a	15.8±0.41 a	12.4±0.38 b	4.5±0.31 a	1.5±0.18 b	16.3

2.2　不同水分条件下夏玉米光合物质生产变化

2.2.1　不同水分条件下玉米茎秆糖分含量变化

由表4可见，生育后期玉米茎秆糖分含量 CK 处理高于 I9.25、I9.20、I9.30 处理。水分处理越早，收获时其糖分含量与 CK 差异越小。年际间变化表现为 2011 年从 9 月 20 日到收获期，糖分含量呈"单峰"曲线变化，以 9 月 30 日或 10 月 5 日较高；2012 年则不同，与 9 月 30 日相比，10 月 6 日糖分含量略有降低，但收获时又有所升高。2 年收获期茎秆含糖量变幅 3.12%～9.30%，CK，I9.20，I9.25 与 I9.30 处理糖分含量分别为 7.03%，5.88%，5.81%，5.66%（同处理平均值）。年际间同处理不同品种差异不同，先玉335收获时茎秆糖分含量以2012年较高，而浚单20差异则不具规律性。说明茎秆糖分含量变化与生育进程有关，更与当季的气候条件、水分状况及品种特性等密切相关。

2.2.2 不同水分条件下夏玉米干物质积累分配

由表5可见，吐丝前营养器官同化物再分配对籽粒质量影响较小，处理间营养器官同化物吐丝前运转率变幅为11.98%～22.22%，营养器官吐丝前同化物对籽粒贡献率变幅为14.41%～29.77%。营养器官吐丝前同化物向籽粒的运转量、运转率及贡献率处理间表现一致为CK>I9.30>I9.20>I9.25。籽粒重量主要来自吐丝后营养器官同化物再分配，吐丝后同化物同化量对籽粒产量的贡献率高达70.23%～85.60%。与吐丝前同化物对籽粒质量的贡献率相反，吐丝后干物质同化量对籽粒产量的贡献率、吐丝后输入籽粒量处理间均表现为I9.25>I9.20>I9.30>CK。

表4 水分处理对夏玉米茎秆糖分含量变化影响　（%）

测定日期（年-月-日）	浚单20				郑单958				先玉335			
	I9.15	I9.20	I9.25	I9.30	I9.15	I9.20	I9.25	I9.30	I9.15	I9.20	I9.25	I9.30
2011-9-20	3.21 ab	3.13 b	3.41 a	3.20 ab	3.33 ab	3.11 b	3.53 a	3.94 a	5.28 a	5.12 a	5.41 a	5.32 a
2011-9-25	5.82 a	4.98 b	5.40 ab	5.41 ab	4.72 a	4.22 a	4.37 a	4.65 a	6.94 a	6.10 b	6.31 b	6.54 ab
2011-9-30	7.17 a	5.27 c	6.57 b	6.89 ab	8.08 a	6.74 c	7.68 b	7.86 ab	8.28 a	7.95 a	7.93 a	8.01 a
2011-10-5	6.14 a	5.64 b	5.72 b	5.90 b	8.82 a	6.72 b	7.47 ab	7.88 ab	9.28 a	9.22 a	8.24 b	6.92 c
2011-10-17	5.62 a	5.44 a	3.48 b	3.12 b	8.12 a	5.28 c	6.08 c	6.96 b	7.72 a	5.20 bc	6.32 b	4.76 c
2012-9-30	3.90 a	2.21 b	3.20 ab	3.24 a	3.52 a	2.21 b	2.11 b	2.31 b	5.61 a	4.90 b	5.51 ab	5.1 ab
2012-10-6	3.14 a	2.25 b	2.41 b	2.41 b	2.85 a	2.77 a	2.28 b	2.55 ab	3.00 a	2.75 ab	2.44 b	2.34 b
2012-10-12	5.20 a	5.13 a	4.98 a	5.09 a	6.03 a	4.95 b	5.01 b	5.01 b	9.52 a	9.30 a	9.02 a	9.01 a

表5 不同水分处理对干物质再分配影响（2012）

品种	处理	吐丝前营养器官同化物运转量（kg·hm⁻²）	吐丝前营养器官同化物运转率（%）	吐丝前同化物运转量对籽粒的贡献率（%）	吐丝后同化物输入籽粒量（kg·hm⁻²）	吐丝后干物质同化量对籽粒的贡献（%）
浚单20	CK	3 007.11±38.46 a	22.22±0.54 a	29.77±0.31 a	7 093.39±100.37 b	70.23±0.84 b
	I 9.20	2 651.49±29.63 bc	19.87±0.37 b	25.15±0.26 ab	7 889.51±116.52 ab	74.85±0.91 ab
	I 9.25	2 387.58±18.95 c	18.05±0.15 c	22.38±0.24 b	8 278.42±134.68 a	77.62±0.68 a
	I 9.30	2 822.80±29.67 b	21.37±0.42 a	28.45±0.29 a	7 100.49±107.76 b	71.55±0.78 b
郑单958	CK	1 890.53±26.53 a	15.03±0.31 a	20.05±0.19 a	7 540.47±98.43 b	79.95±0.47 b
	I 9.20	1 549.62±18.49 b	12.45±0.19 b	15.41±0.18 b	8 503.88±86.74 a	84.59±0.86 a
	I 9.25	1 471.90±27.53 b	11.98±0.18 b	14.40±0.14 b	8 752.10±109.38 a	85.60±0.69 a
	I 9.30	1 786.67±31.41 a	14.18±0.14 a	18.52±0.23 ab	7 858.83±88.62 b	81.48±1.08 ab

（续表）

品种	处理	吐丝前营养器官同化物运转量（kg·hm⁻²）	吐丝前营养器官同化物运转率（%）	吐丝前同化物运转量对籽粒的贡献率（%）	吐丝后同化物输入籽粒量（kg·hm⁻²）	吐丝后干物质同化量对籽粒的贡献（%）
先玉335	CK	2 243.61±38.73 a	17.61±0.24 a	23.00±0.34 a	7 512.39±73.62 b	77.00±0.73 b
	I 9.20	1 915.93±22.46 ab	15.20±0.13 b	18.54±0.28 ab	8 418.57±89.65 a	81.46±0.36 a
	I 9.25	1 666.17±18.73 b	13.15±0.27 c	16.47±0.22 b	8 447.33±85.47 a	83.53±0.47 a
	I 9.30	1 945.02±22.53 ab	15.29±0.31 b	20.16±0.30 a	7 702.98±74.03 b	79.84±0.88 ab

2.3 不同水分处理夏玉米棒三叶 L_{SC} 与产量构成比较

2.3.1 不同水分条件下棒三叶 L_{SC} 与产量性状

由表6可见，I9.20，I9.25与I9.30处理棒3叶全生育期 L_{SC} 高于CK。与全生育期相比，棒3叶阶段（9月20日至收获） L_{SC} 受灌水处理影响更大，处理间以I9.25与I9.20较高，其次为I9.30，以CK最小（2011年郑单958的CK处理除外）。年际间比较，棒3叶全生育期与阶段（9月20日至收获）的 L_{SC} 处理差异较小，也不具规律性。总体来看，棒3叶全生育期 L_{SC} 处理间变幅为7.71～9.61 mol·m⁻²，阶段（9月20日至收获）的 L_{SC} 处理间变幅为0.85～1.39 mol·m⁻²，占其棒3叶总 L_{SC} 的9.43%～13.96%。

夏玉米百粒质量变幅为31.22～38.11 g，处理间比较百粒重以I9.20，I9.25较高，年际间比较，2012年百粒重高于2011年。与百粒重相似，处理间籽粒产量以I9.20，I9.25较高，年际间2012年籽粒产量高于2011年。生物产量年际间差异较小，但处理间差异较大，各品种均以I9.20，I9.25较高。同年处理间收获系数不具规律性，年际间2012年收获系数高于2011年。

2.3.2 不同水分条件下籽粒灌浆特征

由表7可见，收获期百粒质量变幅为31.98～35.49 g，阶段（9月20日—收获期）灌浆量为4.11～7.45 g，占总百粒重的12.83%～20.99%（表7）。处理间比较，阶段灌浆量及所占比例均以I9.20，I9.25较高，具体来看，2011年阶段灌浆量表现为I9.25>I9.20>CK>I9.30，所占比例则为I9.25>I9.20>I9.30>CK；2012年处理间略有不同，阶段灌浆量及所占比例处理间表现一致为I9.20>I9.25>I9.30>CK。上述指标年际间比较，2012年高于2011年。

处理间比较还发现，最大灌浆速率、快增期百粒重积累量及灌浆平均速率均以I9.20，I9.25处理较高，灌浆活跃期也以I9.20，I9.25处理较长。年际间比较，最大灌浆速率及百粒重量以2012年较高，最大灌浆速率出现时间以2012年较早，活跃天数也以2012年较长。

表6 不同处理对夏玉米棒3叶光合性能与产量性状影响

年份	品种	处理	叶源量 (mol CO₂·m⁻²)						穗数（穗·hm⁻²）	穗粒数（粒/穗）	百粒重（g）	籽粒产量（kg·hm⁻²）	生物产量（kg·hm⁻²）	收获指数（%）
			叶片全生育期			9月20日—收获								
			上位叶	穗位叶	下位叶	上位叶	穗位叶	下位叶						
2011年	凌单20	CK	2.93 a	3.18 a	2.95 b	0.26 b	0.35 b	0.30 c	63 472.4 a	513.6 a	32.11 a	9 849.6 a	20 735.4 a	47.5 a
		I 9.20	2.87 a	3.27 a	3.36 a	0.29 ab	0.46 a	0.38 b	64 397.3 a	523.4 a	32.37 a	10 254.2 a	22 098.3 a	46.4 a
		I 9.25	2.84 a	3.22 a	3.27 ab	0.32 a	0.43 a	0.47 a	62 330.6 a	518.1 a	32.89 a	10 229.9 a	21 830.6 a	46.9 a
		I 9.30	3.06 a	3.18 a	3.36 a	0.26 b	0.37 b	0.38 b	61 876.7 a	515.9 a	31.98 a	9 835.8 a	20 955.7 a	46.9 a
	郑单958	CK	2.94 a	2.97 a	2.89 a	0.30 b	0.40 b	0.36 c	59 074.2 a	547.5 a	31.22 a	9 789.6 a	22 118.1 a	44.3 a
		I 9.20	2.97 a	3.24 a	3.08 a	0.37 a	0.48 a	0.40 ab	60 748.6 a	555.4 a	31.86 a	10 024.1 a	23 262.7 a	43.1 a
		I 9.25	2.86 a	3.19 a	3.12 a	0.33 ab	0.46 a	0.45 a	60 338.9 a	525.3 a	32.48 a	9 925.8 a	23 193.4 a	42.8 a
		I 9.30	2.89 a	3.26 a	3.25 a	0.41 a	0.50 a	0.40 ab	61 178.2 a	531.3 a	31.81 a	9 629.8 a	22 153.8 a	43.5 a
	先玉335	CK	2.81 a	3.04 a	2.80 b	0.32 a	0.39 a	0.31 c	60 225.4 a	448.1 a	32.11 b	8 756.2 b	1 9678.1 b	44.5 a
		I 9.20	2.71 a	3.07 a	2.96 ab	0.34 a	0.44 a	0.35 b	59 673.7 a	468.8 a	34.52 a	9 320.1 ab	20 531.3 ab	45.4 a
		19.25	2.71 a	3.15 a	3.32 a	0.37 a	0.42 a	0.45 a	60 872.4 a	492.1 a	33.63 ab	9 545.7 a	21 425.3 a	44.6 a
		I 9.30	2.70 a	3.05 a	3.14 ab	0.38 a	0.41 a	0.33 bc	59 293.9 a	460.1 a	33.54 ab	8 999.5 b	19 975.5 b	45.1 a
2012年	凌单20L	CK	2.72 a	2.98 a	3.00 a	0.28 b	0.39 b	0.33 b	65 212.0 a	501.4 a	33.72 b	10 100.5 a	20 624.10 a	49.0 a
		I 9.20	2.75 a	3.25 a	3.11 a	0.36 a	0.45 a	0.45 a	63 710.4 a	507.2 a	35.49 a	10 541.0 a	21 232.20 a	49.6 a
		I 9.25	2.59 a	3.30 a	3.21 a	0.37 a	0.43 a	0.43 ab	65 553.7 a	518.4 a	34.17 a	10 666.0 a	21 509.10 a	49.6 a
		I 9.30	2.33 a	2.91 a	3.14 a	0.41 a	0.38 a	0.38 ab	64 518.8 a	493.5 a	33.88 b	9 923.3 a	20 693.80 a	48.0 a
	郑单958	CK	2.88 a	3.11 a	3.02 b	0.22 c	0.35 b	0.28 c	64 403.7 a	482.3 a	33.92 b	9 431.0 a	20 119.40 a	46.9 a
		I 9.20	2.93 a	3.48 a	3.20 ab	0.33 b	0.50 a	0.46 ab	65 034.2 a	492.2 a	34.62 a	10 053.5 a	20 952.20 a	48.0 a
		I 9.25	2.73 a	3.33 a	3.21 a	0.41 ab	0.46 a	0.52 b	63 148.7 a	507.6 a	34.35 ab	10 224.0 a	21 038.60 a	48.6 a
		I 9.30	2.91 a	3.11 a	3.40 a	0.32 b	0.41 ab	0.39 b	62 469.4 a	487.3 a	34.22 ab	9 645.5 a	20 462.60 a	47.1 a

（续表）

年份	品种	处理	叶源量（mol CO₂·m⁻²）						穗数（穗·hm⁻²）	穗粒数（粒/穗）	百粒重（g）	籽粒产量（kg·hm⁻²）	生物产量（kg·hm⁻²）	收获指数（%）
			叶片全生育期			9月20日—收获								
			上位叶	穗位叶	下位叶	上位叶	穗位叶	下位叶						
2012年	先玉335	CK	2.27 a	2.68 a	2.86 a	0.23 b	0.32 b	0.33 b	62 499.3 a	463.4 a	36.98 b	9 756.0 a	20 250.70 a	48.2 a
		I9.20	2.25 a	2.95 a	2.91 a	0.31 a	0.40 a	0.42 a	64 494.9 a	480.6 a	37.60 ab	10 334.5 a	21 023.80 a	49.2 a
		I9.25	2.10 a	2.84 a	2.95 a	0.25 ab	0.38 a	0.46 a	63 234.5 a	456.7 a	38.11 a	10 113.5 a	21 120.50 a	47.9 a
		I9.30	1.91 a	2.66 a	3.14 a	0.25 ab	0.36 ab	0.32 b	63 472.4 a	449.8 a	36.28 b	9 648.0 a	20 422.30 a	47.2 a

表 7 不同水分条件下浚单 20 灌浆特征

处理	百粒重拟合方程	相关参数	最大灌浆速率（g·d⁻¹·100 Kerna⁻¹）	最大灌浆速率出现天数（d）	籽粒灌浆活跃期（d）	快增期干物质累积量（g·100 Kernel⁻¹）	平均灌浆速率（g·d⁻¹·100 Kerna⁻¹）	9月20日百粒重（g）	成熟期百粒重（g）	9月20—收获	
										灌浆量（g）	所占比例（%）
2011年											
CK	$W_t = 32.45/(1+51.95\,e^{-0.148t})$	0.992	1.131	26.77	17.85	18.737	0.519	27.99	32.11	4.12	12.83
I9.20	$W_t = 32.70/(1+45.48\,e^{-0.142t})$	0.992	1.159	26.92	19.36	18.881	0.546	27.96	32.37	4.41	13.62
I9.25	$W_t = 33.30/(1+48.16\,e^{-0.136t})$	0.997	1.197	28.53	19.39	19.228	0.526	27.04	32.89	5.85	17.79
I9.30	$W_t = 32.45/(1+44.58\,e^{-0.136t})$	0.992	1.104	27.92	18.58	18.736	0.521	27.87	31.98	4.11	12.85
2012年											
CK	$W_t = 34.34/(1+59.81\,e^{-0.154t})$	0.996	1.326	26.48	16.76	19.826	0.563	27.78	33.72	5.94	17.62
I9.20	$W_t = 36.00/(1+65.22\,e^{-0.157t})$	0.997	1.414	26.59	17.05	20.782	0.568	28.04	35.49	7.45	20.99
I9.25	$W_t = 34.77/(1+58.17\,e^{-0.153t})$	0.998	1.351	26.53	17.2	20.077	0.577	27.89	34.17	6.28	18.38
I9.30	$W_t = 34.44/(1+61.94\,e^{-0.157t})$	0.996	1.331	26.3	16.79	19.886	0.561	27.73	33.88	6.15	18.15

3 讨 论

3.1 夏玉米光合特性对不同水分条件的响应

夏玉米生育末期 P_n 日变化中 I9.20，I9.25 与 I9.30 等高水分处理为"单峰"曲线，轻度干旱的 CK 处理为"双峰"曲线，谷值出现在光辐射较强的正午。此结论与刘祖贵等研究[12]结果相似。不同处理进一步比较，CK 两峰之间的谷值与第 2 个峰值均低于相应时段 I9.20，I9.25 处理的光合速率，与 I9.30 处理相近。说明干旱条件下，夏玉米对强光有效辐射的利用效率小于正常供水[13]；同时还表明，本研究条件下 9 月 30 日复水对玉米光合速率的恢复是有限的[14]。I9.20 与 I9.25 处理 P_n 日变化高于 CK 与 I9.30 处理（平均值）。2 年阶段（9 月 30 日至收获）LAI 与 SPAD 值动态变化，I9.25，I9.20 处理的 LAI 与 SPAD 值高于 CK，I9.30 处理。L_{SC} 可作为玉米单株生产力的参考诊断指标[15]。本研究条件下，2 年处理间棒 3 叶 L_{SC} 以 I9.20，I9.25 较高。I9.20，I9.25 与 I9.30 等处理阶段（9 月 20 日至收获）L_{SC} 分别比 CK 高出 25.70%，29.55%，16.43%（平均值）。以上从群体与个体上都表明，与 I9.30，CK 处理相比，I9.20，I9.25 处理更能满足玉米后期对水分的需求，可改善群体光合生产能力。

3.2 糖分转化和籽粒质量形成与栽培环境的关系

玉米茎秆是光合产物从叶片向果穗运输的通道。同年处理间比较，茎秆糖分含量以 CK 处理最高，以 I9.20 与 I9.25 处理较低。说明该阶段适宜供水能减少糖分在茎秆中积累，促进向果穗中转运[16]。年际间比较，9 月 30 日—10 月 6 日茎秆含糖量以 2011 年较高，仅从水分供应不能发现造成差异的原因。结合张吉旺等[17]结论，光照充足利于糖分向淀粉转化[18]，本研究条件下阶段（9 月 26 日—10 月 6 日）照辐射总量 2012 年（4 593.0 kJ·m⁻²）高于 2011 年（3 315.9 kJ·m⁻²），2011 年茎秆糖分含量高于 2012 年，本结果与张吉旺等结论一致。另外，当气温低于茎秆生长最适温度（24～28 ℃）时其对糖分运输能力不同程度降低[17-18]，本研究 2011 年阶段（9 月 26 日—10 月 6 日）日均温度（16.15 ℃）低于 2012 年（18.68 ℃），是 2011 年该阶段茎秆糖分含量高于 2012 年的另一个原因。同品种同处理收获时茎秆糖分含量 2012 年却高于 2011 年。造成 2011 年收获时糖分含量较低的原因可能与 2011 年 10 月 9 日发生 59 mm 降雨有关，降雨提高了秸秆含水量，稀释了茎秆糖分含量；同时充足供水也利于糖分由茎秆向果穗等其他器官转运[16]。

夏玉米百粒质量及与百粒质量密切相关的参数（平均灌浆速率、最大灌浆速率、灌浆活跃期等）均以 I9.20 与 I9.25 处理较高（或较长）。处理间比较，I9.20，I9.25 与 I9.30 等处理百粒质量分别比 CK 高出 3.23%，2.81%，0.91%（平均值）；年际间比较，2012 年各处理百粒质量比 2011 年高 7.29%～9.21%（平均值）。可见，与水分处理相比，年型对粒质量的影响更大[19]。进一步分析发现，2011 年、2012 年 9 月 16 日—10 月 5 日阶段平均温度分别为 16.4 ℃和 19.9 ℃，低于灌浆最适日均温度（22～24 ℃）[20]，特别是 2011 年阶段平均温度仅高于灌浆下限温度（16 ℃）[21]0.4 ℃。低温是造成 2011 年籽粒质量低于 2012 年的一个重要原因。此结论与本研究低温条件下茎秆对糖分运输能力降低，导致其糖分质量分数高的结果一致。另外，灌浆期光照还显著影响夏玉米籽粒质量形成，本研究 2012 年 9 月 16 日—10 月 5 日阶段日照辐射总量（8 820.6 kJ·m^{-2}）高于 2011 年（7 319.2 kJ·m^{-2}），与 2011 年相比，2012 年最大灌浆速率大，快增期籽粒干物质积累量高，此结论与史建国等研究结果一致[22]。

3.3 小麦提前造墒灌水模式与夏玉米产量形成和小麦玉米周年生产

本研究处理间最大灌浆速率陆续在吐丝后 26 d（9 月 11 日后）出现，灌浆活跃期持续约 18 d（即 9 月 11 日—28 日），此结果与曹彩云等[23]结论一致。各处理的灌水时间，除 I9.30 处理在灌浆活跃期结束后进行灌水外，I9.20 与 I9.25 处理都在灌浆活跃期内进行。活跃期内进行的 I9.20 与 I9.25 处理，改善了灌浆参数，增加了籽粒质量，进而提高了产量[24]。本研究 I9.20 与 I9.25 处理比轻度干旱的 CK 处理籽粒产量高 4.97%～5.32%（平均值），生物平均产量比 CK 处理高 4.50%～5.32%（平均值）。说明与 CK 处理比较，I9.20 与 I9.25 处理利于生物产量和籽粒产量的同步提高[25]。结合本研究水分处理对同化物转化影响的结果，I9.20 与 I9.25 处理提高了吐丝后干物质同化量对籽粒质量的贡献率与吐丝后输入籽粒量。年际间比较，2012 年收获指数高于 2011 年，百粒质量与产量也以 2012 年高，而生物产量差异较小。表明光合物质运转的差异是造成年际间籽粒产量差异的重要原因[26]。这意味着，与前期水分处理相比，小麦提前造墒灌溉对玉米产量形成具有更特殊的意义。

可见，在河北平原冬小麦夏玉米主产区，小麦造墒灌水提前到 9 月 20—25 日，可将农田产生无效蒸发的水分为玉米所用，在不增加成本的前提下提高玉米产量。同时该灌水模式还缩短了小麦玉米轮作倒茬时间，为本区域夏玉米生产争取了更多的光热资源，综合提升了资源的利用效率[27]。

4 结束语

夏玉米乳熟末期 P_n 日变化表现为 I9.20，I9.25 与 I9.30 等高水分处理为"单峰"曲线，轻度干旱的 CK 处理为"双峰"曲线。I9.20 与 I9.25 处理 P_n 日变化高于 CK 与 I9.30 处理（平均值），LAI 与 SPAD 值也以 I9.20 与 I9.25 处理较高。上述指标变化对 L_{sc} 也产生了影响，I9.20，I9.25 与 I9.30 等处理阶段（9 月 20 日—收获）L_{sc} 分别比 CK 高 25.70%，29.55%，16.43%（平均值）。与光合特性不同，玉米茎秆糖分质量分数以 CK 较高，I9.20，I9.25 与 I9.30 处理较低。不同灌水模式还对玉米灌浆有一定影响，处理间比较最大灌浆速率、快增期百粒质量积累量及灌浆平均速率以 I9.20，I9.25 处理较高，灌浆活跃期以 I9.20，I9.25 处理较长。同年同品种处理间比较，百粒质量与籽粒产量也均以 I9.20，I9.25 处理较高。另外，水分处理还对干物质再分配有一定影响，吐丝后同化物输入籽粒量表现为 I9.25>I9.20>I9.3≥CK。综上所述，本研究条件下小麦造墒灌水提前于 9 月 20—25 日，可满足玉米后期对水分的需求，能改善群体光合性能，并增加吐丝后同化物向籽粒的输入量，最终实现产量的提高。

参考文献

[1] Sun H Y, Shen Y J, Yu Q, et al. Effect of precipitation change on water balance and WUE of the winter wheat-summer maize rotation in the North China Plain [J]. Agriculture Water Management, 2010, 97 (8): 1 139-1 145.

[2] 李新波，孙宏勇，张喜英，等．太行山山前平原区蒸散量和作物灌溉需水量的分析 [J]．农业工程学报，2007，23 (2)：26-30.

[3] 党红凯，李伟，曹彩云，等．乳熟后灌溉对夏玉米水分利用效率及干物质运转的影响 [J]．农业机械学报，2014，45 (5)：131-138.

[4] 秦欣，刘克，周丽丽，等．华北地区冬小麦—夏玉米轮作节水体系周年水分利用特征 [J]．中国农业科学，2012，45 (19)：4 014-4 024.

[5] 纪瑞鹏，车宇胜，朱永宁，等．干旱对东北春玉米生长发育和产量的影响 [J]．应用生态学报，2012，23 (11)：3 021-3 026.

[6] 吴玮，景元书，马玉平，等．干旱环境下夏玉米各生育时期光响应特征 [J]．应用气象学报，2013，24 (6)：723-730.

[7] 白莉萍，隋方功，孙朝晖，等．土壤水分胁迫对玉米形态发育及产量的影响 [J]．生态学报，2004，24 (7)：1 156-1 160.

[8] 王育红，蔡典雄，姚宇卿，等．豫西旱坡地长期定位保护性耕作研究——Ⅱ．连年免耕和深松覆盖对麦田土壤温度的影响 [J]．干旱地区农业研究，2010，28 (2)：59-64.

[9] Wu D R, Yu Q, Wang E L, et al. Impact of spatial-temporal variations of climatic variables on summer maize yield in North China Plain [J]. International Journal of Plant Production, 2008, 2 (1): 71-88.

[10] 刘晓敏，张喜英，王慧军．太行山前平原区小麦玉米农业节水技术集成模式综合评价 [J]．中国生态农业学报，2011，19 (2)：421-428.

[11] 曹树青，赵永强，温家立，等．高产小麦旗叶光合作用及籽粒灌浆进程关系的研究 [J]．中国农业科学，2000，33 (6)：19-25.

[12] 刘祖贵，陈金平，段爱旺，等．不同土壤水分处理对夏玉米叶片光合等生理特性的影响 [J]．干旱地区农业研究，2006，24 (1)：90-95.

[13] 刘帆，申双和，李永秀，等．不同生育期水分胁迫对玉米光合特性的影响 [J]．气象科学，2013，33 (4)：378-383.

[14] 姚春霞，张岁岐，燕晓娟．干旱及复水对玉米叶片光合特性的影响 [J]．水土保持研究，2012，19 (3)：278-283

[15] Hume D J, Campbell D K. Accumulation and translocation of soluble solids in corn stalks [J]. Canadian Journal of Plant Science, 1972, 52: 363-368.

[16] 张吉旺，董树亭，王空军，等．大田遮阴对夏玉米淀粉合成关键酶活性的影响 [J]．作物学报，2008，34 (8)：1 047-1 474.

[17] 卞云龙，杜凯，王益军，等．玉米茎秆糖含量的分布 [J]．作物学报，2009，35 (12)：2 252-2 257.

[18] 史建国，崔海岩，赵斌，等．花粒期光照对夏玉米产量和籽粒灌浆特征的影响 [J]．中国农业科学，2013，46 (21)：4 427-4 434.

[19] 赵福成，景立权，闫发宝，等．灌浆期高温胁迫对甜玉米籽粒糖分积累和蔗糖代谢相关

酶活性的影响 [J]. 作物学报, 2013, 39 (9): 1 644-1 651.

[20] 张建平, 赵艳霞, 王春乙, 等. 不同时段低温冷害对玉米灌浆和产量的影响模拟 [J]. 西北农林科技大学学报 (自然科学版), 2012, 40 (9): 115-127.

[21] 郭银巧, 李存东, 郭新宇, 等. 玉米水分管理动态知识模型的设计与实现 [J]. 农业工程学报, 2007, 23 (6): 165-169.

[22] 曹彩云, 李科江, 崔彦宏, 等. 长期定位施肥对夏玉米子粒灌浆影响的模拟研究 [J]. 植物营养与肥料学报, 2008, 14 (1): 48-53.

[23] 张智猛, 戴良香, 胡昌浩, 等. 玉米灌浆期水分差异供应对籽粒淀粉积累及其酶活性的影响 [J]. 植物生态学报, 2005, 29 (4): 636-643.

[24] 孙景生, 肖俊夫, 张寄阳, 等. 夏玉米产量与水分关系及其高效用水灌溉制度 [J]. 灌排学报, 1998 (3): 19-23.

[25] 李耕, 高辉远, 赵斌, 等. 灌浆期干旱胁迫对玉米叶片光系统活性的影响 [J]. 作物学报, 2009, 35 (10): 1 916-1 922.

[26] Yang J C, Peng S B, Visperas R M, et al. Grain and dry matter yields and partitioning of assimilates in Japonica/Indiea hybrid rice [J]. Crop Sciences, 2002, 42 (3): 756-772.

[27] 付雪丽, 张惠, 贾继增, 等. 冬小麦—夏玉米 "双晚" 种植模式的产量形成及资源效率研究 [J]. 作物学报, 2009, 35 (9): 1 708-1 714.

[此文原刊载于《农业机械学报》, 2015, 46 (10): 127-134]

乳熟后灌溉对夏玉米水分利用效率及干物质转运的影响

党红凯，李　伟，曹彩云，郑春莲，马俊永，李科江

（河北省农林科学院旱作农业研究所/ 河北省农作物抗旱性研究重点实验室）

摘　要：于 2011—2012 年玉米生长季节，采用 3 个高产玉米品种，在乳熟后期设分期（设 9 月 20 日、9 月 25 日、9 月 30 日 3 水平，不灌水为对照，分别用 I9.20、I9.25、I9.30 和 CK 表示）进行灌溉单因素试验。结果表明：各灌水处理与 CK 相比，成熟期 1 m 土体土壤水分含量提高 2.92%～14.14%。不同灌水处理农田蒸散量变幅为 380.67～434.91 mm，处理间由小到大为 I9.25>I9.20>I9.30>CK。不同处理影响干物质积累转移，CK 和 I9.30 处理提高了吐丝前营养器官同化物向籽粒的转化效率，I9.20 与 I9.25 处理则提高了吐丝后营养器官同化物的转化效率，而最终产量以 I9.20 与 I9.25 处理较高。不同处理籽粒水分生产率 21.94～26.53 kg·m^{-3}，以 CK 最高或较高。这表明，乳熟后适期灌溉，虽然降低了水分利用率，但提高了籽粒产量。结合本研究地区小麦—玉米一体化生产，乳熟后灌水建议在 9 月 20～25 日进行。

关键词：夏玉米；乳熟后期；灌溉；水分利用效率；干物质运转

通过节水措施实现高效用水是发掘农田节水潜力的关键[1]。普通高产夏玉米，生育期需水 350～520 mm[2]，河北平原玉米生长季节多年平均降水量 400 mm[3]。由于受季风性气候影响，该区的降雨主要集中在 7 月和 8 月[4]，只靠自然降雨进行玉米生产，籽粒产量和水分生产潜力均很低[5]。玉米生育后期需水较少[6]，轻度水分胁迫不会造成明显减产，而且还能提高水分利用效率[7]。前人研究表明，秸秆覆盖能提高农田土壤含水量，减轻干旱对玉米灌浆的影响，起到节水增产的作用[8]；灌浆阶段适度水分胁迫有利于干物质快速积累，缩短灌浆期[9]，但严重胁迫使夏玉米光合生理特性受到强烈抑制[7]；灌浆期干旱胁迫主要通过减小粒重而降低产量[10]。联系到小麦玉米一体化、机械化生产[11]，优化乳熟后期土壤水分状况具有重要的生产意义。但关于本地区夏玉米乳熟后灌溉对土壤水分转化及夏玉米干物质转运的影响不够系统。为此本研究在大田条件下，连续两年于夏玉米乳熟后进行分期灌溉，研究分期灌溉对农田水分平衡、玉米干物质积累运转及水分利用效率的影响，旨在为高效用水提供理论参考。

1　材料与方法

1.1　基本情况

田间试验在河北省农林科学院旱作节水农业试验站（115.72°E，37.90°N，海拔高度 21.0 m）进行。该区土壤属于潮土，0～100 cm 平均土壤容重为 1.40 g·cm^{-3}，田间

持水量27.93%。0~20 cm 耕层基础肥力为：有机质 12.26 g · kg⁻¹，全氮 1.24 g · kg⁻¹，速效氮 84.98 mg · kg⁻¹，速效磷 18.80 mg · kg⁻¹，速效钾 80.90 mg · kg⁻¹。多年来试验田冬小麦、夏玉米秸秆全量还田。年均蒸发量 1 785 mm，年均降水量 510 mm，该站具有我国北方半干旱农业区的典型特征。2011 年和 2012 年夏玉米生育期间降水量见表1。

表1　玉米生育期降水量　　　　　　　　　　　　　　　　　（mm）

年份	生长时期（月-日）							全生育期
	播种—吐丝	吐丝—9-15	9-16—9-20	9-21—9-25	9-26—9-30	9-31—10-5	10-6—收获	
2011 年	292.4	115.7	22.5	0.0	0.0	0.8	59.0	490.4
2012 年	287.4	97.7	0.0	27.0	8.0	0.0	0.0	420.1

1.2　试验设计

田间试验于 2011 年和 2012 年连续实施，选用生育期一致的浚单20、郑单958、先玉335 等3个品种，2011 年6月16日播种，8月14日吐丝，10月17日收获；2012 年6月17日播种，8月16日吐丝，10月13日收获。设置9月20日灌水（I9.20）、9月25日灌水（I 9.25）9月30日灌水（I 9.30）和不灌水（CK）4个处理。乳熟后灌水量45 mm，小区面积40 m²（5 m×8 m），3次重复，顺序排列，处理之间设置50 cm 宽隔离带。3个玉米品种并列布置，每公顷底施复合肥（含 N 15%，P_2O_5 15%，K_2O 15%）450 kg，播种后浇蒙头水（灌水量75 mm），大喇叭口期每公顷追尿素（含 N 46%）375 kg，折合总施肥量为 N 236.3 kg，P_2O_5 67.5 kg，K_2O 67.5 kg。

1.3　土壤含水量的测定及农田耗水量和水分利用效率的计算

采用钻土烘干法测定土壤含水量，夏玉米播种后每隔10 d，生育后期每隔5 d，同一品种每小区钻取0~100 cm 土层土样，每10 cm 为一层进行取土。以土壤含水量进一步计算作物耗水量，计算公式如下。

$$ET_{1-2} = 10 \sum_{i=1}^{n} \gamma_i H_i (\theta_{i1} - \theta_{i2}) + P + I + G - R - F \tag{1}$$

式中：ET_{1-2}—阶段耗水量；i—土层编号；n—总土层数；γ_i—第i层土壤干容重；H_i—第i层土壤厚度；θ_{i1}、θ_{i2}—第i层土壤时段初和时段末的含水率（以占干土重的百分数计算）；P—有效降水量；I—时段内的灌水量；G—时段内地下水对作物根系的补给量（mm）。

当地下水埋深大于 2.5 m 时，G 可以不计，本实验的地下水埋深在 7m 以下，因此无地下水补给；R 为时段内测定区域的地表径流量（mm），试验区地势平坦，无地表径流产生；F 为时段内根区深层渗漏量（mm），其计算方法为灌水（或降雨）前100 cm 土层内有效土壤含水量（mm）+灌水量（或降水量，mm）-田间持水量（mm）[12]；ET。为时段内作物蒸散量（mm），即作物耗水量。

籽粒（干物质）水分生产率计算公式为

$$WUE = Y/ET_c \qquad (2)$$

式中：Y—籽粒产量（该阶段生物产量）；ET_c—玉米生育期间蒸散量（该阶段农田蒸散量）。

1.4 干物质测定

于吐丝期和收获期连取代表性植株 5 株，作为考察样本。将样本地下部分剪去，按叶片、茎+叶鞘、穗轴、苞叶、籽粒等器官拆分（除籽粒外，包括茎叶在内的其他器官为营养器官），105 ℃烘箱中杀青 30 min 后，于 80 ℃烘干至恒重，冷却后称干重。与干物质转移效率相关的计算公式如下[13]。

$$T_v = W_1 - W_2 \qquad (3)$$
$$R_1 = T_v/W_1 \times 100\% \qquad (4)$$
$$T_g = W_3 - R_1 \qquad (5)$$
$$R_2 = T_v/G \times 100\% \qquad (6)$$

式中：T_v—吐丝前营养器官同化物转运量，$kg \cdot hm^{-2}$；T_g—吐丝后同化物输入籽粒量，$kg \cdot hm^{-2}$；W_1—吐丝期单位种植面积营养器官干质量，$kg \cdot hm^{-2}$；W_2—收获期单位种植面积营养器官干质量，$kg \cdot hm^{-2}$；W_3—收获期籽粒干产量，$kg \cdot hm^{-2}$；R_1—吐丝前营养器官同化物转运率，%；R_2—吐丝前同化物对籽粒产量贡献率，%。

1.5 数据处理方法

采用 Microsoft Excel 和 SPSS 软件进行数据处理和统计分析。

2 结果与分析

2.1 乳熟后分期灌水对夏玉米耗水的影响

2.1.1 收获期 0~100 cm 土层水分差异

不同处理与 CK 相比，1 m 土体土壤水分含量提高 2.92%~14.14%（表 2）。两年收获期各土层土壤含水量高低趋势基本一致：I 9.30≥I 9.25≥I 9.20>CK，仅有 2011 年 20~40 cm 土层土壤含水量表现不同由高到低依次为：CK>I 9.20>I 9.30>I 9.25。2011 年 10 月 9 日降雨 59.0 mm，有效补充了各处理的土壤水分，表现为收获期 20 cm 以下土层土壤含水量不同程度高 2012 年。

结合田间持水量（0~30 cm 田间持水量平均为 27.23%），2011 年 0~30 cm 土壤相对湿度在 80%以上，土壤墒情较好，特别是 I 9.30 处理，达到了 89.79%；2012 年 0~30 cm 的 CK、I 9.20、I 9.25、I 9.30 土壤相对湿度分别为 69.30%、76.35%、79.45% 和 87.59%，CK 墒情较差，I 9.20、I 9.25 处理墒情适宜，I 9.30 土壤较湿。

2.1.2 不同处理对农田水分转化过程的影响

不同处理同年同期比较，处理实施后 0~5 d，该期处理土壤储水量显著高于其他期

表2 收获期各处理0~100 cm土层土壤水分含量 （%）

措施	2011年 土层深度（cm）							2012年 土层深度（cm）						
	0~10	10~20	20~30	30~40	40~60	60~80	80~100	0~10	10~20	20~30	30~40	40~60	60~80	80~100
CK	19.36 b	20.81 a	26.46 ab	30.68 a	26.99 c	27.88 b	26.44 b	18.71 b	18.98 b	19.92 b	23.60 b	25.69 b	28.54 ab	24.93 b
I9.20	23.25 a	19.58 ab	24.33 b	28.23 b	27.78 bc	29.14 b	29.14 a	22.77 a	18.24 b	21.37 b	27.42 ab	28.49 a	28.21 b	25.56 ab
I9.25	22.97 a	18.88 b	25.02 b	27.16 b	29.50 ab	31.15 a	29.20 a	19.94 ab	19.79 b	25.17 a	25.14 b	29.51 a	29.78 a	26.39 a
I9.30	23.77 a	21.41 a	28.17 a	28.93 b	30.30 a	31.01 a	30.59 a	22.53 a	22.35 a	26.67 a	29.17 a	29.34 a	30.42 a	26.58 a
X̄	22.34 a	20.17 a	26.00 a	28.75 a	28.64 a	29.80 a	28.84 a	21.75 a	19.84 a	23.28 b	26.33 b	28.26 a	29.24 b	25.87 b
S x̄	2.01	1.15	1.70	1.48	1.52	1.57	1.74	1.57	1.79	3.16	2.46	1.77	1.04	0.76
CV（%）	9.01	5.70	6.54	5.14	5.32	5.27	6.02	7.22	9.02	13.58	9.33	6.26	3.55	2.96

注：数字后面的不同小写字母表示同一土层不同处理之间在0.05水平上差异显著，下同

· 235 ·

处理与 CK（表3）。全生育期土壤储水量 94.43～127.15 mm，两年均以 I9.30 处理最高，以 CK 处理最低。与土壤储水量相似，处理实施后 0～5 d，该期处理渗漏量显著高于其他期处理与 CK。2011 年各期处理土壤水渗漏量分别高于 2012 年各处理。全生育期不同处理渗漏量为 20.00～90.74 mm，两年表现为 I9.20>I9.30≥I9.25>CK。与土壤储水量、渗漏量不同，农田蒸散量一般在灌水后的高于其他期处理。全生育期不同处理农田蒸散量变幅为 380.67～434.91 mm，两年均表现为 I9.25>I9.20>I9.30>CK。乳熟后蒸散量占总蒸散量的 12.09%～24.24%，处理间 I9.25、I9.20 较高，I9.30、CK 较低。

处理实施后，两年同期处理不同时期比较，土壤储水量变化不具规律性。2012 年从 9 月 20 日到收获土壤储水减少量少于 2011 年同阶段。但两年该阶段除 CK 外，其他处理土壤水渗漏量 2011 年均高于 2012 年。进一步对灌水实施后的 5 d、10 d、收获期做比较，2011 年该阶段随生育进程农田蒸散量有增加的趋势，2012 年除 I9.25 处理随生育进程农田蒸散量有增加的趋势，其他处理均以 9 月 25 到 30 日阶段较高。2 年各处理 9 月 20 日到收获阶段农田蒸散量 2011 年高于 2012 年，9 月 20 日到收获阶段农田蒸散量占总蒸散量比例也以 2011 年较高。结合两年农田灌水量与降水量（表1），灌水处理前降水量变化影响处理实施后农田土壤储水量，土壤储水量与不同处理农田水分变化密切相关，土壤储水量越高，灌水后渗漏量越多，农田蒸散量越大。

表3 不同处理夏玉米农田阶段水分变化

年份	参数	措施	不同生育时期农田水分变化（mm）				阶段农田水分变化（mm）		9月20日—收获占总蒸散量比例（%）
			播种—9月19日	9月20—24日	9月25—29日	9月30日—收获	9月20日—收获	全生育期	
2011年	土壤储水量	CK	126.68±2.70 a	-10.96±0.26 b	-18.07±0.04 b	4.12±2.18 b	-24.91±2.48 c	101.77±5.18 b	
		I 9.20	126.97±4.01 a	5.09±0.11 a	-23.40±0.23 c	-6.69±1.68 c	-24.64±2.02 c	101.97±6.03 b	
		I 9.25	117.27±2.67 b	-9.05±0.09 b	13.80±0.14 a	-17.00±1.84 d	-12.25±2.07 b	105.02±4.74 ab	
		I 9.30	115.33±3.94 b	-9.09±0.01 b	-17.73±0.22 b	23.01±0.58 a	-3.81±0.81 a	111.49±4.75 a	
	渗漏量	CK	58.29±0.97 a	0.00±0.00 b	0.00±0.00 b	0.00±0.00 c	0.00±0.00 c	58.29±0.97 c	
		I 9.20	59.36±1.14 a	27.38±0.32 a	0.00±0.00 b	0.00±0.00 c	27.38±0.32 a	90.74±2.34 a	
		I 9.25	58.75±1.03 a	0.00±0.00 b	9.72±0.01 a	2.00±0.00 b	11.72±0.01 b	70.47±1.04 b	
		I 9.30	62.62±0.97 a	0.00±0.00 b	0.00±0.00 b	25.66±0.06 a	25.66±0.06 a	88.28±1.03 a	

（续表）

年份	参数	措施	不同生育时期农田水分变化（mm）				阶段农田水分变化（mm）		9月20日—收获占总蒸散量比例（%）
			播种—9月19日	9月20日—24日	9月25日—29日	9月30日—收获	9月20日—收获	全生育期	
2012年	农田蒸散量	CK	320.63±3.67 a	10.96±0.26 a	18.07±0.04 ab	55.68±2.18 c	84.71±2.48 b	405.34±6.15 c	20.90±0.29 b
		I 9.20	320.27±5.15 a	12.53±0.43 a	23.40±0.23 a	66.49±1.68 b	102.41±2.34 a	422.69±8.37 ab	24.24±0.07 a
		I 9.25	329.58±3.70 a	9.05±0.09 a	21.48±0.15 a	74.80±1.84 a	105.33±2.08 a	434.91±5.78 a	24.22±0.16 a
		I 9.30	327.65±4.91 a	9.09±0.01 b	17.73±0.22 b	56.16±0.61 c	82.98±0.84 b	410.63±5.78 bc	20.21±0.08 c
	土壤储水量	CK	105.65±4.65 a	8.31±0.42 c	-5.67±0.11 b	-13.86±0.01 b	-11.22±0.54 d	94.43±5.22 b	
		I 9.20	99.45±5.21 a	40.38±0.68 a	-16.16±0.09 c	-20.99±0.06 c	3.23±0.83 b	102.67±6.04 b	
		I 9.25	101.71±3.40 a	6.23±0.07 c	24.00±0.20 a	-31.95±0.07 d	-1.72±0.34 b	99.98±3.74 b	
		I 9.30	106.90±3.67 a	16.71±0.06 b	-13.12±0.13 c	16.66±0.07 a	20.25±0.26 a	127.15±3.93 a	
	渗漏量	CK	20.00±0.13 a	0.00±0.00 b	0.00±0.00 b	0.00±0.00 b	0.00±0.00 c	20.00±0.13 c	
		I 9.20	19.86±0.22 a	20.28±0.21 a	0.00±0.00 b	0.00±0.00 b	20.28±0.21 a	40.14±0.43 a	
		I 9.25	19.20±0.51 a	0.00±0.00 b	9.43±0.01 a	0.00±0.00 b	9.43±0.01 b	28.63±0.52 b	
		I 9.30	18.82±0.42 a	0.00±0.00 b	0.00±0.00 b	9.28±0.02 a	9.28±0.02 b	28.00±0.44 b	
	农田蒸散量	CK	334.45±4.81 a	10.69±0.42 a	21.67±0.11 b	13.86±0.01 c	46.04±0.54 d	380.67±5.35 c	12.09±0.03 d
		I 9.20	340.79±5.43 a	11.34±0.89 a	24.16±0.09 ab	20.99±0.06 b	56.49±1.04 b	397.29±6.47 b	14.22±0.03 b
		I 9.25	339.39±3.91 a	10.77±0.07 a	29.37±0.21 a	31.95±0.07 a	72.09±0.35 a	411.49±4.26 a	17.52±0.10 a
		I 9.30	334.20±4.09 a	10.29±0.00 a	21.12±0.13 b	19.34±0.09 b	50.75±0.22 c	384.95±4.37 bc	13.18±0.09 c

注：数字后面的不同小写字母表示同不同处理之间在0.05水平上差异显著，下同

2.1.3 不同处理对农田水分平衡的影响

同年份处理间比较，农田蒸散量以 I9.25 最高，I9.20 次之，CK 最低；年际间比较，2011 年各处理农田蒸散量分别高于 2012 年相应处理。同年份处理间比较，土壤储水量与农田蒸散量高低表现不尽相同，以 I9.30 最高，CK 最低；年际间比较，CK 与 I9.25 以 2011 年较高，I9.25 与 I9.30 以 2012 年较高。同年份处理间比较，渗漏量以 I9.20 最高，CK 最低；渗漏量年际间差异较大，2011 年各处理均高于 2012 年。

农田蒸散量占总供水量（灌水+降雨）的 67.27%～78.89%。两年处理间农田蒸散量占总供水量的比例由大到小表现一致：CK>I9.25>I9.20>I9.30（表4）。土壤储水占总供水量的比例大小有所不同，但均以 I9.30 最高，其次为 CK，I9.25 与 I9.20 较低。渗漏量占总供水的 4.04%～14.87%。两年处理间渗漏量占总供水量的比例由大到小表现为 I9.20>I9.30≥I9.25>CK。

表4 不同处理对夏玉米农田水分的去向及其比例的影响

年份	措施	灌水+降雨（mm）	农田蒸散量		土壤储水		渗漏量	
			数量（mm）	比例（%）	数量（mm）	比例（%）	数量（mm）	比例（%）
2011 年	CK	565.40	405.34±6.15 c	71.69±0.43 a	101.77±5.18 b	18.00±0.30 a	58.29±0.97 c	10.31±0.12 c
	I 9.20	610.40	422.69±8.37 ab	69.25±0.26 b	101.97±6.03 b	16.71±0.46 b	90.74±2.34 a	14.87±0.40 a
	I 9.25	610.40	434.91±5.78 a	71.25±0.80 ab	105.02±4.74 ab	17.21±0.78 ab	70.47±1.04 b	11.54±0.37 bc
	I 9.30	610.40	410.63±5.78 bc	67.27±0.41 b	111.49±4.75 a	18.26±0.49 a	88.28±1.03 a	14.46±0.12 ab
2012 年	CK	495.10	380.67±5.35 c	78.89±0.38 a	94.43±5.22 b	19.07±0.32 b	20.00±0.13 c	4.04±0.30 b
	I 9.20	540.10	397.29±6.47 b	73.55±0.21 c	102.67±6.04 b	19.01±0.23 b	40.14±0.43 a	7.43±0.60 a
	I 9.25	540.10	411.49±4.26 a	76.17±0.32 b	99.98±3.74 b	18.51±0.33 b	28.63±0.52 b	5.30±0.02 b
	I 9.30	540.10	384.95±4.37 bc	71.27±0.87 d	127.15±3.93 a	23.54±0.47 a	28.00±0.44 b	5.18±0.50 b

2.2 不同处理对夏玉米干物质积累分配的影响

营养器官吐丝前同化物运转率变幅 7.06%～27.48%（表5）。吐丝前同化物运转量对籽粒的贡献率变幅 10.15%～41.89%。吐丝后干物质同化量对籽粒的贡献率变幅 58.11%～88.89%。同品种不同处理，营养器官吐丝前同化物向籽粒的运转量、运转率及其对籽粒重量的贡献率，均以 CK 与 I9.30 处理较高，以 I9.25 或 I9.20 处理较低。吐丝后营养器官同化物向籽粒的输入量和对籽粒的贡献率，以 I9.25 处理最高，其次为 I9.20 处理，以 I9.30 与 CK 较低。

表5 不同处理吐丝后营养器官干物质再分配量和吐丝后积累量（2011年）

品种	措施	吐丝前营养器官同化物运转量（kg·hm⁻²）	吐丝前营养器官同化物运转率（%）	吐丝前同化物运转量对籽粒的贡献率（%）	吐丝后同化物输入籽粒量（kg·hm⁻²）	吐丝后干物质同化量对籽粒的贡献率（%）
浚单20	CK	4 125.57±110.38 a	27.48±0.46 a	41.89±0.39 a	5 724.00±68.41 b	58.11±1.03 b
	I9.20	3 288.38±107.66 b	21.73±0.33 b	32.07±0.33 b	6 965.81±107.43 a	67.93±0.96 a
	I9.25	3 476.43±96.57 b	23.06±0.23 b	33.98±0.28 b	6 753.49±97.24 a	66.02±0.87 a
	I9.30	3 854.08±109.46 ab	25.74±0.47 ab	39.18±0.41 a	5 981.71±104.48 b	60.82±0.97 b
郑单958	CK	1 702.27±34.63 a	12.13±0.39 a	17.39±0.19 a	8 087.31±134.55 b	82.61±0.72 b
	I9.20	1 113.93±27.68 b	7.76±0.11 b	11.11±0.13 b	8 910.13±145.24 a	88.89±0.96 a
	I9.25	1 007.29±19.38 b	7.06±0.07 b	10.15±0.14 b	8 918.49±120.09 a	89.85±0.97 a
	I9.30	1 716.73±40.65 a	12.06±0.13 a	17.83±0.23 a	7 913.05±132.86 b	82.17±1.00 b
先玉335	CK	3 338.75±75.43 a	23.41±0.79 a	38.13±0.39 a	5 417.48±92.34 c	61.87±0.48 b
	I9.20	2 834.46±34.62 b	20.18±0.42 b	30.41±0.30 b	6 485.64±87.43 b	69.59±0.59 a
	I9.25	2 739.22±29.47 b	19.28±0.30 b	28.70±0.27 b	6 806.46±95.43 a	71.29±0.82 a
	I9.30	3 252.02±62.43 a	22.86±0.29 a	36.14±0.46 a	5 747.45±107.58 c	63.86±0.73 b

2.3 不同处理对农田日均蒸散量和水分利用率的影响

2.3.1 不同处理对农田日均蒸散量的影响

处理实施后，9 月 20—24 日农田日均蒸散量以 I9.20 处理最高或较高；9 月 25—29 日农田日均蒸散量以 I9.25 处理最高，其次为 I9.20 处理；9 月 30 日—收获期农田日均蒸散量以 I9.25 处理最高，其次为 I9.20、I9.30，以 CK 最低（表6）。年际间比较，各处理平均日均农田蒸散量，9 月 20—29 日以 2012 年较高，9 月 30 日—收获期以 2011 年较高。

从处理开始实施到收获（9 月 20 日—收获），日均农田蒸散量两年均以 I9.25 处理最高，其次为 I9.20 处理，以 CK 和 I9.30 处理较低。全生育期日均农田蒸散量处理间变化趋势与从灌水开始实施到收获（9 月 20 日—收获）变化趋势相似。同处理年际间比较，2011 年从灌水开始实施到收获阶段与全生育期日均农田蒸散量均高于 2012 年。不同处理农田耗水强度变幅为 3.20～3.51 kg·hm⁻²，两年表现为 I9.25>I9.20>I9.30>CK。年际间比较，各处理平均日均农田蒸散量，9 月 20 日—收获期和全生育期日均农田蒸散量以 2011 年较高。

表 6 不同处理农田日均蒸散量

年份	处理	不同生育日均农田蒸散量（mm·d⁻¹）			日均农田蒸散量（mm·d⁻¹）	
		20/9—24/9	25/9—9/9	30/9—收获	20/9—收获	全生育期
2011 年	CK	2.19±0.05 ab	3.61±0.01 b	3.09±0.12 c	3.02±0.09 b	3.26±0.05 c
	I 9.20	2.50±0.09 a	4.68±0.04 a	3.69±0.09 b	3.66±0.08 a	3.41±0.07 ab
	I 9.25	1.81±0.02 b	4.30±0.03 a	4.16±0.10 a	3.76±0.07 a	3.51±0.05 a
	I 9.30	1.82±0.02 b	3.55±0.04 b	3.12±0.03 c	2.96±0.03 b	3.31±0.05 bc
	$\overline{X}$	2.08 a	4.04 a	3.52 a	3.35 a	3.37 a
	$S\overline{x}$	0.33	0.55	0.51	0.42	0.11
	CV(%)	15.92	13.59	14.54	12.49	3.29
2012 年	CK	2.14±0.08 a	4.33±0.02 bc	0.99±0.00 c	1.91±0.02 d	3.20±0.04 c
	I 9.20	2.27±0.18 a	4.83±0.02 b	1.44±0.00 b	2.35±0.04 b	3.34±0.05 b
	I 9.25	2.14±0.01 a	5.87±0.04 a	2.28±0.01 a	3.00±0.01 a	3.46±0.04 a
	I 9.30	2.06±0.00 a	4.22±0.03 b	1.23±0.01 c	2.11±0.01 c	3.23±0.04 bc
	$\overline{X}$	2.15 a	4.81 a	1.49 b	2.34 b	3.31 a
	$S\overline{x}$	0.09	0.75	0.56	0.47	0.12
	CV(%)	4.04	15.65	37.78	20.23	3.57

2.3.2 不同处理对干物质水分生产率和籽粒水分生产率的影响

同年份同品种生物产量以 I9.20 与 I9.25 处理较高；同处理年际间比较，浚单 20 和郑单 958 以 2011 年高，而先玉 335 则以 2012 年较高（表 7）。2 年籽粒产量为每公顷 8 756.20～10 666.00 kg，同年份同品种均以 I9.20 和 I9.25 处理产量最高或较高；同品种同处理年际间比较，以 2012 年产量较高。9 月 20 日到收获期阶段，同品种干物质水分生产率 2011 年以 I9.20 或 I9.25 较高，2012 年则以 CK 或 I9.30 较高；同品种同处理年际间比较，干物质水分生产率以 2012 年产量较高。全生育期干物质水分生产率 48.34～55.03 kg·m⁻³，2 年全生育期干物质水分生产率不同处理间差异不具规律性；年际间比较，郑单 958 以 2011 年较高，浚单 20 和先玉 335 以 2012 年较高。两年籽粒水分生产率 21.60～26.53 kg·m⁻³，2011 年以 CK 和 I9.20 较高，2012 年以 CK 和 I9.30 较高；年际间比较，2012 年籽粒水分生产率高于 2011 年各处理。

3 讨 论

3.1 乳熟后灌溉对农田蒸散量和水分利用率及干物质运转的影响

本研究两年各品种不同处理农田蒸散量 380.67～434.91 mm，籽粒产量 8 756.23～10 666.00 kg·hm⁻²，籽粒水分生产率 21.60～26.53 kg·m⁻³。其中以总供水量 610.4 mm

表 7 不同处理对干物质水分生产率和籽粒水分生产率的影响

措施	2011 年						2012 年					
	干物质水分生产率 (kg·m⁻³)			生物产量 (kg·hm⁻²)	籽粒水分生产率 (kg·m⁻³)	籽粒产量 (kg·hm⁻²)	干物质水分生产率 (kg·m⁻³)			生物产量 (kg·hm⁻²)	籽粒水分生产率 (kg·m⁻³)	籽粒产量 (kg·hm⁻²)
	9月20—29日	9月30日—收获	全生育期				9月20—29日	9月30日—收获	全生育期			
凌单 20												
CK	54.56 c	14.39 b	51.16 ab	20 735.4 a	24.30 a	9 849.60 a	117.92 a	87.05 a	54.18 a	20 624.10 a	26.53 a	10 100.50 a
I 9.20	61.60 b	24.88 a	52.28 a	22 098.3 a	24.26 a	10 254.20 a	112.88 a	57.54 b	53.44 ab	21 232.20 a	26.53 a	10 541.00 a
I 9.25	62.91 b	20.02 ab	50.20 b	21 830.6 a	23.52 a	10 229.90 a	103.39 ab	34.70 c	52.27 b	21 509.10 a	25.92 ab	10 666.00 a
I 9.30	66.26 a	16.46 b	51.03 ab	20 955.7 a	23.95 a	9 835.80 a	99.26 a	50.17 b	53.76 ab	20 693.80 a	25.78 b	9 923.30 a
郑单 958												
CK	94.52 b	9.11 b	54.57 ab	22 118.1 a	24.15 a	9 789.60 a	92.62 ab	44.30 a	52.85 ab	20 119.40 a	24.77 a	9 431.00 a
I 9.20	100.69 ab	13.80 a	55.03 a	23 262.7 a	23.71 a	10 024.10 a	97.74 a	49.13 a	52.74 ab	20 952.20 a	25.31 a	10 053.50 a
I 9.25	115.65 a	12.62 ab	53.33 b	23 193.4 a	22.82 b	9 925.80 a	84.79 b	35.46 b	51.13 b	21 038.60 a	24.85 a	10 224.00 a
I 9.30	107.9 a	14.51 a	53.95 b	22 153.8 a	23.45 ab	9 629.80 a	98.17 a	29.71 c	53.16 a	20 462.60 a	25.06 a	9 645.50 a
先玉 335												
CK	45.74 d	5.41 b	48.55 a	19 678.1 b	21.60 a	8 756.23 b	103.17 a	40.45 a	53.20 a	20 250.70 a	25.63 ab	9 756.00 a
I 9.20	49.91 c	9.62 a	48.57 a	20 531.3 ab	22.05 a	9 320.10 ab	104.69 ab	39.21 a	52.92 ab	21 023.80 a	26.01 a	10 334.50 a
I 9.25	72.38 a	11.56 a	48.34 a	21 425.3 a	21.94 a	9 545.70 a	93.32 b	28.03 b	51.33 b	21 120.50 a	24.58 b	10 113.50 a
I 9.30	55.85 b	8.41 b	48.65 a	19 975.5 b	21.92 a	8 999.50 a	111.79 a	37.84 a	53.05 a	20 422.30 a	25.06 ab	9 648.00 a

(2011 年)、540.1 mm（2012 年）的 I9.25 处理农田蒸散量最高，籽粒产量最高或较高。王晖等[14]在农田蒸散量（379.2～431.8 mm）与本研究相当条件下，采用秸秆覆盖等措施，籽粒产量（达到超高产）与籽粒水分生产率（31.5～33.8 kg·hm⁻²·mm⁻¹）均比本研究高。另外，本研究在灌水量相同条件下，由于乳熟后灌水措施采取时期不同，渗漏量和农田蒸散量也不同。以上说明在田间采取适宜的节水技术，不增加灌水量实现产量与籽粒水分生产率的同步提高是可行的[15-16]。

两年从 9 月 20 日到收获阶段农田蒸散量来看，I9.20 与 I9.25 处理蒸散量高于 CK 与 I9.30 处理。阶段蒸散量高的 I9.20 与 I9.25 处理提高了吐丝后营养器官同化物的转化效率。而阶段蒸散量低的 CK 和 I9.30 处理提高了吐丝前营养器官同化物向籽粒的转化效率，但最终产量以阶段蒸散量高的 I9.20 与 I9.25 处理较高[13,17]。结合吐丝后干物质同化量对籽粒的贡献率，I9.20 与 I9.25 处理均促进了吐丝后同化干物质向籽粒的运转量（I9.25 处理最高），但 I9.25 处理产量水分利用率低。可能是由于 I9.25 处理在 9 月 20 日到收获阶段农田蒸散量较大所致。比较不同处理各品种籽粒产量，均以 I9.25 处理最高或较高。同一措施不同品种比较，吐丝前营养器官同化物向籽粒的转化效率由高到低顺序为浚单 20、先玉 335 和郑单 958。这意味着农田蒸散量与品种特性和干物质积累转移密切相关[16,18]。

3.2 乳熟后灌溉与产量水平及农田蒸散量与栽培环境的关系

本研究进入 9 月份有效降水量明显减少，特别是 I9.20 与 I9.25 两期处理正处于降水量较小的时期。和 CK 与 I9.30 处理相比，I9.20 与 I9.25 处理明显提高了籽粒产量，说明该阶段灌水有益于产量的提高[10,19]。本研究 2011 年降水量明显高于 2012 年，但两年生物产量与籽粒产量水平相当，说明玉米生育需水关键期合理的供水是保证产量形成的关键。进一步比较 I9.20 与 I9.25 两期处理，同一品种处理间籽粒产量相当。这表明本研究条件下，I9.20 与 I9.25 处理均能为玉米灌浆提供充足的水分。结合本研究夏玉米适期晚收的实际[20]，与 I9.20 处理相比较，I9.25 处理推迟了玉米灌水时期，更适于保障晚收条件下夏玉米乳熟后期对水分的需求。但就本研究条件下，关于满足籽粒灌浆土壤水分含量阈值的确定，还需在精确控制土壤水分的条件下，进行更深入的研究。

从本研究结果看出，夏玉米农田蒸散量变化还与气象条件有关。两年各品种在施肥相同、灌水相当条件下，2011 年从 9 月 20 日到收获阶段日照辐射总量和平均风速分别为 100 194.0 kJ·m⁻²和 0.66 m·s⁻¹，2012 年该生育时期阶段日照辐射总量和平均风速分别为 94 892.3 kJ·m⁻²和 0.30 m·s⁻¹。2011 年该阶段农田蒸散量（82.98～105.33 mm）明显高于 2012 年（46.04～72.09 mm）。可见较高的日照辐射总量和平均风速增大了该阶段农田蒸散量[21]，农田蒸散量与栽培环境等多因素有关。

3.3 乳熟后灌溉与小麦玉米一体化种植

由于受气候影响，河北平原区进入 9 月降水量明显减少，爽朗的天气为夏玉米灌浆提供了充足的光照，该阶段较高的农田蒸散量使水分成为限制籽粒产量进一步提高的主要因子。与 CK 相比，乳熟后适期灌溉（I9.20 与 I9.25）提高籽粒产量 1.39% 以上。

本研究条件下，随乳熟后期灌水时间推迟，收获期 1 m 土体各土层含水量有增高的趋势，均高于 CK；乳熟后期灌水处理不同程度提高了土壤储水量，收获期处理间比较土壤储水量以 CK 最低。联系到李开元等[22]提到的土壤水库效应，即用玉米季节的土壤储水来弥补小麦需水的缺额。本研究玉米乳熟后适期灌水（I9.20 与 I9.25 两期处理），满足玉米灌浆对水分的需求，也为下茬小麦储备了的底墒水，起到了增墒蓄水、促产增收的作用，实现了一水两用（乳熟后期灌浆水兼作小麦底墒水）。I9.30 处理虽然也起到了增墒的作用，但对夏玉米产量影响较小。另外，本地区土质偏粘，2011 年由于收获阶段发生降雨，造成耕层土壤黏软，不利于农用机械下地作业。结合本地区生态条件、生产条件与乳熟后灌溉产生的经济效益，夏玉米乳熟后灌水建议在 9 月 20—25 日进行。

4 结束语

本研究在总供水量 495.10～610.40 mm 条件下，乳熟后不同灌水处理农田蒸散量为 380.67～434.91 mm，处理间从大到小依次为 I9.25>I9.20>I9.30>CK；两年全生育期不同处理渗漏量为 20.00～90.74 mm，处理间从大到小依次为 I9.20>I9.30≥I9.25>CK；两年全生育期土壤储水量 94.43～127.15 mm，以 I9.30 处理最高，以 CK 处理最低。乳熟后至收获阶段，虽然各处理蒸散量仅占总蒸散量的 12.09%～24.24%，但乳熟后水分管理对干物质积累与转移有重要影响，I9.20 与 I9.25 处理提高了吐丝后营养器官同化物的转化效率，CK 和 I9.30 处理提高了吐丝前营养器官同化物向籽粒的转化效率，而最终产量以 I9.20 与 I9.25 处理较高。可见，优化乳熟后水分管理比起生育前期具有更重要的生产意义。本研究籽粒产量水分利用率 21.94～26.53 kg·m^{-3}，以 CK 最高或较高。乳熟后灌水提高了收获期玉米田间土壤水分含量。根据乳熟后灌溉对夏玉米水分利用效率及干物质运转特点，结合当季的气象条件，综合考虑包括小麦玉米一体化、机械化种植的实际，河北平原区夏玉米乳熟后灌水建议在 9 月 20—25 日进行。

参考文献

[1] 康绍忠，杜太生，孙景生，等. 基于生命需水信息的作物高效节水调控理论与技术 [J]. 水利学报，2007，38（6）：661-667.

[2] Mo X, Liu S, Lin Z, et al. Prediction of crop yield, water consumption and water use efficiency with a SVAT-crop growth model using remotely sensed date on the North China Plain [J]. Ecological Modelling, 2005, 18 (3): 301-322.

[3] 王慧军. 河北省粮食综合生产能力研究 [M]. 石家庄：河北省科学技术出版社，2010：94-101.

[4] 陈博，欧阳竹，程维新，等. 近 50 a 华北平原冬小麦—夏玉米耗水规律研究 [J]. 自然资源学报，2012，27（7）：1 186-1 199.

[5] 郑春莲，曹彩云，党红凯，等. 黑龙港地区自然降水条件下粮食生产潜力研究 [J]. 河北农业科学，2012，16（2）：15-19.

[6] 李秀芳，李淑文，和亮，等. 水肥配合对夏玉米养分吸收及根系活性的影响 [J]. 水土保

持学报, 2011, 25 (1): 188-191, 233.

[7] 孟兆江, 卞新民, 刘安能, 等. 调亏灌溉对夏玉米光合生理特性的影响 [J]. 水土保持学报, 2006, 20 (3): 182-186.

[8] 张俊鹏, 孙景生, 刘祖贵, 等. 不同水分条件和覆盖处理对夏玉米籽粒灌浆特性和产量的影响 [J]. 中国生态农业学报, 2010, 18 (3): 501-506.

[9] 于志青, 于卫卫, 谭秀山, 等. 水分胁迫对夏玉米干物质积累与分配的影响 [J]. 华北农学报, 2009, 24 (S): 149-154.

[10] 白莉萍, 隋方功, 孙朝晖, 等. 土壤水分胁迫对玉米形态发育及产量的影响 [J]. 生态学报, 2004, 24 (7): 1 156-1 160.

[11] 贾洪雷, 马成林, 孙裕晶, 等. 耕整种植联合作业工艺及配套机具 [J]. 农业机械学报, 2004, 35 (6): 61-64.

[12] Ertek A, Sensoy S, Gedik I, et al. Irrigation scheduling based on pan evaporation values for cucumber (Cucumis sativus L.) grown under field conditions [J]. Agricultural Water Management, 2006, 81 (1): 159-176.

[13] 张仁和, 郭东伟, 张兴华, 等. 吐丝期干旱胁迫对玉米生理特性和物质生产的影响 [J]. 作物学报, 2012, 38 (10): 1-7.

[14] 王晖, 刘泉汝, 张圣勇, 等. 秸秆覆盖下超高产夏玉米农田产量和土壤水分的动态变化 [J]. 水土保持学报, 2011, 25 (5): 261-264.

[15] 秦欣, 刘克, 周丽丽, 等. 华北地区冬小麦—夏玉米轮作节水体系周年水分利用特征 [J]. 中国农业科学, 2012, 45 (19): 4 014-4 024.

[16] 李全起, 房全孝, 陈雨海, 等. 底墒差异对夏玉米耗水特性及产量的影响 [J]. 农业工程学报, 2004, 20 (2): 93-96.

[17] 陈素英, 张喜英, 邵立威, 等. 农业技术和气候变化对农作物产量和蒸散量的影响 [J]. 中国生态农业学报, 2011, 19 (5): 1 039-1 047.

[18] 张喜英. 提高农田水分利用效率的调控机制 [J]. 中国生态农业学报, 2013, 21 (1): 80-87.

[19] 陈国平, 高聚林, 赵明, 等. 近年我国玉米超高产田的分布、产量构成及关键技术 [J]. 作物学报, 2012, 38 (1): 80-85.

[20] 付雪丽, 张惠, 贾继增, 等. 冬小麦—夏玉米"双晚"种植模式的产量形成及资源效率研究 [J]. 作物学报, 2009, 35 (9): 1708-1714.

[21] 刘国水, 刘钰, 蔡甲冰, 等. 农田不同尺度蒸散量的尺度效应与气象因子的关系 [J]. 水利学报, 2011, 42 (3): 284-289.

[22] 李开元, 李玉山. 黄土高原农田水量平衡研究 [J]. 水土保持学报, 1995, 9 (2): 39-44.

[此文原刊载于《农业机械学报》, 2014, 45 (5): 131-138]

微喷灌模式下冬小麦产量和水分利用特性

董志强，张丽华，李　谦，吕丽华，申海平，崔永增，梁双波，贾秀领

（河北省农林科学院粮油作物研究所/农业部华北地区作物栽培科学观测实验站）

摘　要：为探讨华北地区微喷灌模式下冬小麦节水高产栽培适宜的灌溉制度，于2012—2013年（平水年）和2013—2014年度（枯水年），在同一块地观测了微喷灌和畦灌模式不同灌水处理对冬小麦群体变化、叶面积指数和籽粒产量，以及水分利用效率和耗水特性的影响。两种灌溉模式按不同灌水量和灌水次数设置6种组合处理，微喷灌的灌水量为60～180 mm，畦灌的灌水量为74～229 mm。2012—2013年度，微喷灌各处理小麦平均产量较畦灌增加5.6%，灌水量低于或等于90 mm时，微喷灌的产量显著高于畦灌；微喷灌模式下，灌水量120 mm时获得最高产量，但灌水量超过150 mm时，微喷灌模式产量显著低于畦灌模式。2013—2014年度，微喷灌模式平均产量较畦灌模式增加0.8%，灌水量150 mm时微喷灌模式的产量最高。千粒重和水分利用效率也表现为微喷灌模式高于畦灌模式，2012—2013年度分别增加5.1%和8.7%，2013—2014年度分别增加7.9%和10.7%。在本试验条件下，为获得冬小麦高产、高水分利用效率，建议微喷灌模式在平水年灌水量90～120 mm、耗水量325～355 mm，在枯水年灌水量105～150 mm、耗水量335～380 mm，每次灌水定额30～45 mm。微喷灌与畦灌相比，在同等产量水平下，平水年节水潜力为20～50 mm，枯水年为70～110 mm。

关键词：冬小麦；微喷灌；畦灌；产量；水分利用效率

冬小麦是我国华北平原主要粮食作物，其产量约占粮食总产量的61%[1]。该地区冬小麦生育期耗水量为450 mm左右[2-3]，河北省山前平原冬小麦生育期降水量范围为60～150 mm[4]，不能满足生长发育需求，易造成冬小麦生育期的水分亏缺[5]，补充灌溉是保证该地区小麦高产的重要措施之一。长期以来，小麦采用地面漫灌方式，灌水定额大、水分利用效率低、水资源浪费严重，导致地下水严重超采、地下水位下降、地基沉降等一系列生态环境问题。因此，如何合理高效利用有限水资源，提高作物水分生产率是小麦生产面临的严峻挑战[6]。

传统的地面大水漫灌方式是节水生产中亟须替换的灌溉技术。近年来，针对冬小麦节水灌溉国内外已开展了大量研究，多数以地面灌溉模式下水分高效利用研究为主。研究表明，在一定范围内，小麦籽粒产量随土壤水分含量的增加而增加[7]；通过调控灌水量[8-9]和灌水时期[10]形成适度水分胁迫，可提高小麦籽粒产量和水分利用效率。与传统地面灌溉相比，喷灌能有效地控制灌水定额，显著减少总灌水量，改善麦田生态环境，提高灌水分布均匀系数[11-12]，显著提高小麦产量和水分利用效率[13-14]。

微喷带灌溉是在喷灌和滴灌基础上发展起来的一种新型灌溉方式,利用微喷带[15]将水均匀地喷洒在田间,所用设施相对简单、廉价[16]。与畦灌相比,微喷带灌溉可减少灌水量67.5～75.0 mm,降低表层土壤容重,抑制土壤养分下渗,具有节水和灌溉均匀等特点[17-18]。满建国等[19]研究表明,冬小麦拔节期和开花期采用微喷带测墒补灌,各处理总耗水量为383.6～475.2 mm,且表现为随喷灌带带长缩短,开花期灌水量和总灌水量减少,总耗水量显著减少,而籽粒产量和水分利用效率显著增加的趋势。目前,关于冬小麦微喷灌条件下水肥一体化模式的研究报道甚少。本研究在该模式下对不同灌水处理冬小麦籽粒产量、耗水特征、群体动态变化和水分利用效率进行了探讨,针对华北山前平原高产限水区不同降水年型提出微喷带灌溉水肥一体化模式冬小麦优化灌溉制度,为小麦节水高产栽培实践提供相应的理论依据和技术支持。

1 材料与方法

1.1 试验区概况

在河北省农林科学院粮油作物研究所藁城堤上试验站(N38°41′,E116°85′,海拔51.2 m)同一地块进行田间试验。前茬种植玉米,试验地 0～20 cm 土壤含有机质15.68 g·kg^{-1}、全氮1.04 g·kg^{-1}、全磷2.13 g·kg^{-1}、碱解氮80.0 mg·kg^{-1}、速效磷21.4 mg·kg^{-1}、速效钾113.9 mg·kg^{-1}。

2012—2013 年度,前茬玉米季降水量为 380 mm,冬小麦生长期内总降水量为136.0 mm,属平水年,其中冬小麦播种至越冬前29.6 mm、越冬前至返青27.1 mm、拔节至开花期 22.4 mm、开花至成熟期 56.9 mm;2013—2014 年度玉米季降水量为520 mm,小麦季降水量为66.4 mm,属枯水年,上述 4 个小麦生育阶段降水量分别为15.8、5.9、17.5 和 27.2 mm。

1.2 试验设计

采取裂区设计,主区为灌溉模式,设微喷带灌溉(简称微喷灌)和畦灌两种模式;副区为灌水量,设 3 个水平,小区随机排列,4 次重复,小区面积7.0 m×5.4 m,处理间设 1.0 m 隔离区。微喷带为并列斜 5 孔、孔径 0.8 mm、带宽 40.0 mm、喷射角范围45°～70°,微喷带铺设间距1.8 m;畦灌模式采用 PE 软管灌溉,即每个小区用两根直径63.0 mm 的软管(软管间距 2.5 m)输送至小区中部。微喷灌模式和畦灌模式灌水量、灌水时期分别见表1和表2。

采用小麦小区播种机(8 行)播种,15 cm 等行距种植。出水井口安装变频柜,供水水压控制为0.1 MPa,微喷灌模式灌水定额可控,畦灌模式灌水量以畦(小区)自然灌满为标准。小麦品种为冀麦585,前茬作物玉米收获后秸秆全部还田。2012 年 10 月 9日播种,2013 年 6 月 14 日收获,播种量 180 kg·hm^{-2};2013 年 10 月 8 日播种,2014年 6 月 10 日收获,播种量 210 kg·hm^{-2}。整地播种前施入小麦专用复合肥600 kg·hm^{-2}(N∶P$_2$O$_5$∶K$_2$O = 20∶26∶8),春季追施尿素 270 kg·hm^{-2}(含氮46.4%),畦灌模式于小麦拔节期随灌水一次性撒施,微喷灌模式采用水肥一体化技术于拔节期追施 189 kg·hm^{-2}，抽穗开花期追施 81 kg·hm^{-2}。两年度微喷灌模式和畦灌模式各处理均未灌溉底墒水。

表 1　畦灌模式下不同处理的灌溉量

处理	灌水次数	灌水总量（mm）	越冬期	拔节期	拔节后	开花期
2012—2013 年						
畦灌 1	1	74	—	—	74	—
畦灌 2	2	138	—	67	—	71
畦灌 3	3	167	56	55		56
2013—2014 年						
畦灌 1	1	75	—	—	75	—
畦灌 2	2	191	—	105	—	86
畦灌 3	3	229	69	83	—	77

表 2　微喷灌模式下不同处理的灌溉量

处理	灌水次数	灌水总量（mm）	越冬期	返青期	起身期	拔节期	孕穗期	开花期	灌浆期
2012—2013 年									
微喷灌 1	3	90	—	—	—	30	—	30	30
微喷灌 2	3	120	—	—	—	45	—	45	30
微喷灌 3	4	120	—	—	30	30	—	30	30
微喷灌 4	4	120	—	—	—	30	30	30	30
微喷灌 5	5	150	—	—	30	30	30	30	30
微喷灌 6	6	180	—	30	30	30	30	30	30
2013—2014 年									
微喷灌 1	2	60	—	—	—	30	—	30	—
微喷灌 2	3	83	—	—	—	30	23	30	—
微喷灌 3	3	105	—	—	—	45	30	30	—
微喷灌 4	4	120	30	—	—	30	30	30	—
微喷灌 5	5	150	—	—	30	30	30	30	30
微喷灌 6	6	180	—	30	30	30	30	30	30

1.3　小麦耗水量和水分利用效率测定方法

播种前及成熟期用 CNC503B 型中子土壤水分仪（北京核子仪器公司）测定 0～

200 cm 土层水分含量，以 20 cm 为一个土壤层次。作物生育期耗水量 $ET\alpha = P+U-R-F+\Delta W+I$ [20]，式中 ΔW 为土壤贮水消耗量，P 为该时段降水量（mm），U 为地下水通过毛管作用上移补给作物水量（mm），R 为地表径流量（mm），F 为补给地下水量（mm），I 为灌水量（mm）。本试验地块地势平坦，地下水埋深 5 m 以下，降水入渗深度不超过 2 m，因此 U、R、F 均为 0。

水分利用效率 $WUE_y = Y/ETa$ [21]，式中 Y 为籽粒产量（kg·hm^{-2}），ETa 为作物全生育期总耗水量（mm）。

1.4 小麦群体调查指标和产量相关性状测定方法

小麦出苗后选取长势均一、有代表性的 1 m 双行定点，出苗后计数定点区域的株数，分别在冬前、起身末期和成熟期计数分蘖数，开花期前后用 SunScan 冠层分析系统（Delta—T，英国）测定叶面积指数；用小区收获机单独收获脱粒，每小区收获面积 33.6 m^2，待籽粒自然风干后分别称重，采用谷物水分测定仪测定籽粒含水量，折算为含水量 13% 的标准产量。

1.5 统计分析

用 Microsoft Excel 2003 处理数据和作图，采用 DPS 7.05 软件进行方差分析，用最小极差（LSD）法检验差异显著性。

2 结果与分析

2.1 不同灌水处理冬小麦籽粒产量、产量构成及水分利用效率的差异

2012—2013 年度，微喷灌模式籽粒产量平均值较畦灌模式增加 5.8%，微喷灌 1 处理籽粒产量较灌水量相近的畦灌 1 处理增加 12.0%，差异显著，说明平水年在限水灌溉（≤90 mm）条件下，微喷灌模式增产效果显著。微喷灌模式籽粒产量随灌水量的增加先增大后减小，灌水量 120 mm 时获得最高籽粒产量，灌水量大于或等于 150 mm 的处理籽粒产量显著低于微喷灌 2 处理。灌水量为 120 mm 的微喷灌 2、微喷灌 4 处理小麦产量与灌水量为 138 mm、167 mm 的畦灌 2、畦灌 3 处理相近，说明平水年在同等产量水平下微喷灌模式较畦灌模式可节省灌溉水 20～50 mm。微喷灌 6 处理籽粒产量较畦灌 3 处理减少 6.4%，差异显著，说明灌水量大于或等于 180 mm 时微喷灌模式较畦灌模式有减产趋势。灌水总量相同、灌水时期和灌水次数不尽相同的微喷灌 2、微喷灌 3、微喷灌 4 处理间相比较，籽粒产量差异不显著，说明微喷灌模式下春浇 3 水即可满足冬小麦生长对水分的需求。拔节期首次浇水的微喷灌 4 处理籽粒产量有高于起身期首次浇水的微喷灌 3 处理趋势，说明推迟春 1 水到拔节期的节水灌溉原则同样适用于微喷灌模式。畦灌模式籽粒产量随灌水量的增加而逐渐增大，春浇 1 水畦灌 1 处理产量显著低于春浇 2 水畦灌 2 处理，而畦灌 2 处理与畦灌 3 处理差异不显著（表3）。

2013—2014 年度，微喷灌模式籽粒产量平均值略高于畦灌模式，较畦灌模式增

加 0.8%，籽粒产量随灌水量的增加先增大后减小，灌水量 150 mm 时获得最高产量，当灌水量大于或等于 105 mm 时产量增幅变缓，处理间差异不显著。灌水量 105 mm 的微喷灌 3 处理产量略低于灌水量 191 mm 的畦灌 2 处理，差异不显著，说明微喷灌模式较畦灌模式具有明显的节水效果。灌水量为 120 mm 的微喷灌 4 处理产量略高于灌水量为 191 mm 和 229 mm 的畦灌 2、畦灌 3 处理，说明枯水年在同等产量水平下微喷灌模式较畦灌模式可节省灌溉水 70～110 mm。灌水量相近的微喷灌模式和畦灌模式相比较，微喷灌 2 处理产量较畦灌 1 处理增加 2.3%，随灌水量的增加，微喷灌 6 处理产量较畦灌 2 处理减少 2.7%，结果表明枯水年灌水量较小时（≤90 mm）微喷灌较畦灌具有一定的增产作用，灌水量较大时（≥180 mm）微喷灌模式产量低于畦灌模式（表 3）。

微喷灌模式收获穗数随灌水量增加的变化趋势两年度间存在一定差异，平水年表现为先增大后减小，灌水量 120 mm 时收获穗数达最大值，枯水年收获穗数随灌水量的增加而逐渐缓慢增大，最大值对应的灌水量为 180 mm。畦灌模式收获穗数两年均表现为随灌水量的增加逐渐增加。同年度微喷灌模式不同处理间收获穗数差异均不显著，且两年度灌水量相近的处理间收获穗数差异亦较小，换言之，灌水量在 60～180 mm 范围内微喷灌模式对冬小麦收获穗数的影响较小。平水年微喷灌模式收获穗数平均值较畦灌模式增加 1.9%，微喷灌 1 处理收获穗数较畦灌 1 处理增加 4.5%，差异显著，微喷灌 5、微喷灌 6 处理收获穗数较畦灌 2、畦灌 3 处理分别增加 0.8% 和 0.1%，差异不显著；枯水年微喷灌模式收获穗数平均值较畦灌模式减少 11.5%，微喷灌 2、微喷灌 6 处理收获穗数较畦灌 1、畦灌 2 处理分别减少 7.5% 和 11.3%，差异均达显著水平。结果表明，在灌水量相同情况下，平水年微喷灌模式收获穗数高于畦灌模式，且灌水量较小时二者差值较大；枯水年微喷灌模式收获穗数显著低于畦灌模式，且灌水量较大时二者差值较大（表 3）。

穗粒数的变化和收获穗数相反，平水年微喷灌模式平均值较畦灌模式减少 3.6%，枯水年微喷灌模式平均值较畦灌模式增加 1.4%。两年度千粒重的变化趋势相同，平水年、枯水年微喷灌模式平均值较畦灌模式分别增加 5.1% 和 7.9%。平水年微喷灌 1 处理千粒重较畦灌 1 处理增加 8.5%，差异显著，微喷灌 5、微喷灌 6 处理千粒重较畦灌 2、畦灌 3 处理分别增加 3.4% 和 0.3%，差异均不显著；枯水年微喷灌 2、微喷灌 6 处理千粒重较畦灌 1、畦灌 3 处理分别增加 12.4% 和 5.9%，差异均显著。水分利用效率和千粒重的变化相一致，平水年、枯水年微喷灌模式平均值较畦灌模式分别增加 7.1% 和 12.0%。平水年微喷灌 1 处理水分利用效率较畦灌 1 处理增加 13.0%，差异显著，微喷灌 5 处理较畦灌 2 处理增加 2.4%，微喷灌 6 处理较畦灌 3 处理减少 3.8%；枯水年微喷灌 2、微喷灌 6 处理水分利用效率较畦灌 1、畦灌 2 处理分别增加 4.8% 和 3.4%，差异均不显著。结果表明，平水年灌水量较小（≤90 mm）情况下微喷灌模式较畦灌模式能显著提高小麦水分利用效率，灌水量较大（≥180 mm）时微喷灌模式水分利用效率反而低于畦灌模式；枯水年微喷灌模式小麦水分利用效率均略高于灌水量相近的畦灌模式（表 3）。

表 3 不同灌水处理籽粒产量、产量构成和水分利用效率

处理	收获穗数 (×10⁴·hm⁻²)	穗粒数	千粒重 (g)	籽粒产量 (kg·hm⁻²)	水分利用效率 (kg·hm⁻²·mm⁻¹)
2012—2013 年					
畦灌 1	696 c	29.7 a	34.2 c	7 350 d	22.2 c
畦灌 2	739 ab	28.6 ab	35.6 bc	8 277 ab	20.7 d
畦灌 3	743 a	28.3 ab	37.5 ab	8 287 ab	21.0 cd
微喷灌 1	727 ab	27.6 b	37.1 b	8 235 ab	25.2 a
微喷灌 2	731 ab	26.7 b	39.4 a	8 352 ab	24.1 a
微喷灌 3	739 ab	27.9 ab	37.9 ab	8 199 ab	23.9 a
微喷灌 4	752 a	28.2 ab	36.7 ab	8 313 ab	22.3 c
微喷灌 5	745 a	29.0 a	36.8 ab	7 950 b	21.2 cd
微喷灌 6	744 a	27.5 ab	37.6 ab	7 790 c	20.2 d
2013—2014 年					
畦灌 1	819 b	27.9 ab	40.3 d	9 032 c	29.3 b
畦灌 2	869 a	26.4 c	43.9 bc	9 995 ab	23.6 d
畦灌 3	887 a	26.7 bc	42.2 c	9 843 ab	22.6 e
微喷灌 1	738 c	27.0 bc	44.4 ab	8 988 c	31.4 a
微喷灌 2	758 c	26.5 bc	45.3 ab	9 243 bc	30.7 ab
微喷灌 3	762 c	26.3 c	45.6 ab	9 681 abc	28.8 b
微喷灌 4	764 c	28.1 a	46.3 a	10 014 ab	27.0 c
微喷灌 5	767 c	28.7 a	46.5 a	10 149 a	26.9 c
微喷灌 6	771 c	27.6 ab	44.7 ab	9 729 abc	24.4 d

注：同一年度中，数据后不同字母表示处理间差异显著（$P<0.05$），下同

2.2 不同灌水处理冬小麦耗水量的耗水组成及其占总耗水量的比例

小麦耗水量主要与生育期灌水量、降水量及初始土壤含水率有关。灌水量相近的两模式相比较，平水年、枯水年畦灌模式总耗水量平均值较微喷灌模式分别增加2.7%和4.6%（表4）。平水年，畦灌1处理总耗水量较微喷灌1处理减少4.4%，差异不显著，畦灌2、畦灌3处理较微喷灌5、微喷灌6处理分别增加6.5%和5.0%，差异均达显著水平；枯水年，畦灌1处理总耗水量较微喷灌2处理增加2.2%，差异不显著，畦灌2处理较微喷灌6处理增加6.3%，差异显著。说明在灌水量较小（≤90 mm）情况下微喷灌模式总耗水量和畦灌模式差异不显著，灌水量较大（≥150 mm）时畦灌模式总耗水量显著高于微喷灌模式。平水年畦灌模式土壤水消耗量及占总耗水量比例的平均值均大于微喷灌模式，灌溉量及占总耗水量比例的平均值均小于微喷灌模式；枯水年畦灌模式土壤水消耗量及占总耗水量比例和灌溉量平均值均大于微喷灌模式。平水年，灌水量

较小（≤90 mm）时微喷灌模式与畦灌模式土壤水消耗量及占总耗水量的比例差异不显著，畦灌2、畦灌3处理（≥150 mm）土壤水消耗量及占总耗水量的比例分别显著高于微喷灌5、微喷灌6处理；枯水年，畦灌1、畦灌2处理土壤水消耗量分别显著高于微喷灌2、微喷灌6处理，较微喷灌2、微喷灌6处理分别增加9.7%和9.0%。说明平水年灌水量大于或等于150 mm和枯水年大于或等于180 mm时微喷灌模式较畦灌模式不利于冬小麦利用土壤贮水。两年度间相比较，枯水年微喷灌模式和畦灌模式总耗水量平均值均低于平水年，土壤水消耗量及占总耗水量比例平均值均显著高于平水年。

2.3 不同灌水处理冬小麦群体的变化

由表5可知，灌水量相近的微喷灌处理和畦灌处理相比较，2012—2013年度，微喷灌1、微喷灌5、微喷灌6处理起身末期分蘖数分别显著低于畦灌1、畦灌2和畦灌3处理，而成穗率分别显著高于畦灌1、畦灌2和畦灌3处理；2013—2014年度，微喷灌2处理起身末期分蘖数较畦灌1处理增加4.9%，差异不显著，成穗率较畦灌1处理减少7.7%，差异显著；微喷灌6处理起身末期分蘖数较畦灌2处理增加2.6%，差异不显著，成穗率较畦灌2处理减少16.6%，差异显著。结果表明，冬小麦在播量和灌水量相同情况下，平水年微喷灌模式成穗率显著高于畦灌模式，微喷灌、畦灌模式收获穗数平均值分别为740×10⁴·hm⁻²和726×10⁴·hm⁻²，二者差值较小，微喷灌模式群体结构较畦灌模式合理；枯水年畦灌模式成穗率显著高于微喷灌模式，畦灌模式收获穗数平均值为858×10⁴·hm⁻²，群体过大，微喷灌模式收获穗数平均值为760×10⁴·hm⁻²，群体适宜，微喷灌模式群体结构较畦灌模式合理。

表4 不同灌水处理耗水组成及其占总耗水量的比例

处理	总耗水量（mm）	土壤水		灌溉水		降水	
		消耗量（mm）	比例（%）	灌水量（mm）	比例（%）	降水量（mm）	比例（%）
2012—2013年							
畦灌1	312.6 d	100.5 a	32.1 a	73.5	23.5	138.6	44.3
畦灌2	364.0 a	87.4 b	24.0 b	138.0	37.9	138.6	38.1
畦灌3	404.1 a	98.5 a	24.4 bc	167.0	41.3	138.6	34.3
微喷灌1	326.9 d	98.3 a	30.1 a	90.0	27.5	138.6	42.4
微喷灌2	346.0 c	87.4 b	25.3 b	120	34.7	138.6	40.0
微喷灌3	350.1 c	91.5 b	26.1 b	120	34.3	138.6	39.6
微喷灌4	348.2 c	89.6 b	25.8 b	120	34.5	138.6	39.7
微喷灌5	375.5 b	86.9 b	23.1 c	150.0	39.9	138.6	37.0
微喷灌6	384.8 b	66.2 c	17.2 d	180.0	46.8	138.6	36.0
2013—2014年							
畦灌1	307.9 d	165.7 a	53.8 a	74.6	24.2	67.6	22.0

（续表）

处理	总耗水量（mm）	土壤水		灌溉水		降水	
		消耗量（mm）	比例（%）	灌水量（mm）	比例（%）	降水量（mm）	比例（%）
畦灌 2	424.0 a	164.9 a	38.9 e	191.5	45.2	67.6	15.9
畦灌 3	435.6 a	138.7 c	31.8 f	229.3	52.6	67.6	15.6
微喷灌 1	286.4 e	158.8 ab	55.4 a	60.0	21.0	67.6	23.6
微喷灌 2	301.2 d	151.1 b	50.2 b	82.5	27.4	67.6	22.4
微喷灌 3	336.2 c	163.6 a	48.7 b	105.0	31.2	67.6	20.1
微喷灌 4	346.1 c	158.5 ab	45.8 c	120.0	34.7	67.6	19.5
微喷灌 5	377.7 b	160.1 ab	42.4 d	150.0	39.7	67.6	17.9
微喷灌 6	398.9 b	151.3 b	37.9 e	180.0	45.1	67.6	17.0

表 5 不同灌水处理冬小麦群体的变化

处理	基本苗（×10^4·hm^{-2}）	冬前分蘖（×10^4·hm^{-2}）	起身末期分蘖（×10^4·hm^{-2}）	成穗率（%）
2012—2013 年				
畦灌 1	361 a	982 ab	1 742 a	39.9 g
畦灌 2	365 a	975 ab	1 709 ab	43.2 de
畦灌 3	362 a	993 a	1 773 a	41.9 f
微喷灌 1	362 a	965 b	1 505 de	48.3 b
微喷灌 2	357 a	957 b	1 475 e	48.7 b
微喷灌 3	363 a	970 ab	1 591 c	46.5 c
微喷灌 4	359 a	984 ab	1 451 e	53.2 a
微喷灌 5	365 a	991 ab	1 598 c	46.6 c
微喷灌 6	361 a	969 ab	1 449 e	51.4 a
2013—2014 年				
畦灌 1	421 a	1 576 ab	1 708 e	48.0 a
畦灌 2	418 a	1 605 ab	1 807 de	49.9 a
畦灌 3	426 a	1 627 a	2 148 a	37.8 d
微喷灌 1	423 a	1 549 b	1 921 b	38.5 cd
微喷灌 2	419 a	1 555 b	1 792 de	44.3 b
微喷灌 3	424 a	1 596 ab	1 905 bc	40.5 c
微喷灌 4	420 a	1 578 ab	1 839 cde	42.8 bc
微喷灌 5	422 a	1 602 ab	1 936 b	37.8 d
微喷灌 6	425 a	1 585 ab	1 854 bcd	41.6 bc

2.4 不同灌水处理冬小麦叶面积指数的变化

2013—2014 年度两灌溉模式冬小麦叶面积指数（LAI）均表现为随灌水量的增加而逐渐增大（图 1），灌水量相同情况下微喷灌模式 LAI 大于畦灌模式。灌水量较小（≤120 mm）情况下微喷灌模式小麦 LAI 略大于畦灌模式，株型结构合理，田间通风透光性能良好，适合高产小麦冠层的构建；当灌水量较大（≥150 mm）时微喷灌模式 LAI 远大于畦灌模式，旗叶和倒 2 叶的叶面积过大，田间郁闭，通风透光性能差，反而不利于小麦产量的增加。

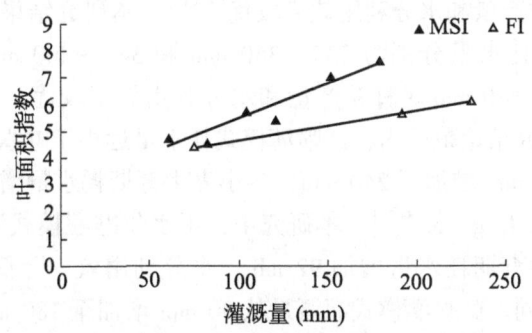

图 1 不同灌水处理小麦叶面积指数的变化（2013—2014）

MSI：微喷灌；FI：畦灌；数据为 2014 年 4 月 24 日和 5 月 5 日测得叶面积指数的平均值

3 讨 论

减少灌水量或实施亏缺灌溉是降低小麦生育期耗水和提高水分利用效率的有效方法[22-24]。在一定范围内增加冬小麦的灌水量具有增产作用，但灌水量过多会导致籽粒产量显著降低[25]。冬小麦的供水量与总耗水量呈线性正相关，回归斜率为 0.67～0.71[26]。灌水量越多，冬小麦耗水量和生物量越高，籽粒最高产量却是在适度水分亏缺情况下获得的[27]。受灌水方式的限制，畦灌模式单次灌水额至少为 70 mm，实施节水灌溉只能减少灌水次数。经多年试验研究与示范推广，目前华北山前平原推广畦灌模式小麦节水灌溉技术一般年份春季灌拔节水（或起身水）和开花水，干旱年份根据降水情况增加越冬水或灌浆水，全生育期灌 2～3 水。与畦灌模式相比，微喷灌水肥一体化模式单次灌水定额大幅下降，从畦灌模式 75～105 mm 降至 30～45 mm，从而可以通过减少单次灌水额来进一步挖掘小麦的节水潜力。微喷灌克服了地面漫灌易造成土壤板结且氮素向深层土壤渗漏的不足，从而提高小麦对氮素的吸收利用，改善土壤物理性质，这些因素均对小麦的生长发育产生综合有利影响，在灌水量相近情况下可提高小麦产量与水分利用效率（待发表）。本试验结果表明，两年度微喷灌模式冬小麦籽粒产量均随灌水量增加先增大后减小，平水年、枯水年产量最大值对应的灌水量分别为120 mm 和 150 mm；畦灌模式籽粒产量均随灌水量增加逐渐增大，当灌水量高于或等于150 mm 时产量增幅变缓。在灌水量较小情况下（≤90 mm），微喷灌模式小麦籽粒产量高于畦灌模式；在灌水量较大情况下（≥180 mm），微喷灌模式产量低于畦灌模式。同等产量水平下，平水年、枯水年微喷灌模式较畦灌模式可分别节省灌溉水 20～50 mm和 70～110 mm。

郭增江等[28]试验表明，0～40 cm 土层平均土壤相对含水量拔节期65%和开花期70%的处理小麦籽粒产量最高，同时获得较高的水分利用效率。小麦拔节期和开花期各灌溉 60 mm 的处理成熟期干物质积累量显著高于仅拔节期灌溉处理，每株增加 2.4 g[29]。本研究结果与此相似，两年度畦灌模式拔节期和开花期各灌溉 60～85 mm 的处理冬小麦籽粒产量和水分利用效率均较高。

冬小麦产量和水分利用效率与耗水量之间均呈二次函数关系[27,30]，耗水量为 350～490 mm 时冬小麦籽粒产量和水分利用效率较优[30-31]。本研究结果表明，平水年、枯水年微喷灌模式冬小麦耗水量分别为 330～360 mm 和 340～400 mm，畦灌模式分别为 360～410 mm 和 390～440 mm 时籽粒产量和水分利用效率较优，两年度畦灌模式冬小麦耗水量均在上述研究结论范围内，微喷灌模式耗水量远小于畦灌模式。随着灌水次数的增加，灌溉量从 80 mm 增加至 240 mm，冬小麦生育期耗水量增加 80～90 mm，水分利用效率降低 0.3～0.4 kg · m^{-3}[32]。本研究中，平水年畦灌模式灌溉量从 74 mm 增加至 167 mm，冬小麦生育期耗水量增加 92 mm，水分利用效率降低 0.1～0.2 kg · m^{-3}，这与上述结论基本相同。微喷灌模式灌溉量从 90 mm 增加至 180 mm，冬小麦生育期耗水量增加 58 mm，水分利用效率降低 0.5 kg · m^{-3}；枯水年畦灌模式灌溉量从 75 mm 增加至 229 mm，冬小麦生育期耗水量增加 127 mm，水分利用效率降低 0.6～0.7 kg · m^{-3}，与上述结论存在一定差异。微喷灌模式灌溉量从 60 mm 增加至 180 mm，冬小麦生育期耗水量增加 98 mm，水分利用效率降低 0.6～0.7 kg · m^{-3}。关于丰水年畦灌模式和微喷灌模式冬小麦籽粒产量随灌水量增加的变化、最大值对应的灌水量及不同灌水处理耗水量及水分利用效率的变化有待进一步的试验研究。

4 结 论

平水年冬小麦生育期微喷灌模式灌溉 90～ 120 mm、耗水量 325～355 mm 和畦灌模式灌溉 135～ 170 mm、耗水量 360～410 mm 可获得较高籽粒产量和水分利用效率；枯水年微喷灌模式灌溉 105～ 150 mm、耗水量 335～380 mm 和畦灌模式灌溉 190～230 mm、耗水量 420～440 mm 可获得较高籽粒产量和水分利用效率。微喷灌模式与畦灌模式相比，在同等产量水平下平水年节水潜力为 20～50 mm，枯水年为 70～110 mm，该模式可在我国华北水资源匮乏地区因地制宜推广应用。

参考文献

[1] 中国农业年鉴编辑委员会. 中国农业年鉴 2006 [M]. 北京：中国农业出版社，2006，78-82.

[2] 王淑芬，张喜英，裴冬. 不同供水条件对冬小麦根系分布、产量及水分利用效率的影响 [J]. 农业工程学报，2006，22（2）：27-32.

[3] Liu C M, Zhang X Y, Zhang Y Q. Determination of daily evaporation and evapotranspiration of

winter wheat and maize by large-scale weighing lysimeter and micro-lysimeter [J]. Agricultural and Forest Meteorology, 2002, 111 (2): 109-120.

[4] Zhang X Y, Pei D, Hu C S. Conserving groundwater for irrigation in the North China Plain [J]. Irrigation Science, 2003, 21 (4): 159-166.

[5] 居辉, 李三爱, 严昌荣. 我国北方旱区雨养小麦生产潜力研究 [J]. 中国生态农业学报, 2008 (3): 728-731.

[6] 康绍忠, 胡笑涛, 蔡焕杰, 等. 现代农业与生态节水的理论创新及研究重点 [J]. 水利学报, 2004 (12): 1-7.

[7] Stone L R, Schlegel A J. Yield-water supply relationships of grain sorghum and winter wheat [J]. Agronomy Journal, 2006, 98 (5): 1 359-1 366.

[8] Sun H Y, Liu C M, Zhang X Y, et al. Effects of irrigation on water balance, yield and WUE of winter wheat in the North China Plain [J]. Agricultural water management, 2006, 85 (1): 211-218.

[9] Rajala A, Hakala K, Mäkelä P, et al. Spring wheat response to timing of water deficit through sink and grain filling capacity [J]. Field Crops Research, 2009, 114 (2): 263-271.

[10] 门洪文, 张秋, 代兴龙, 等. 不同灌水模式对冬小麦籽粒产量和水、氮利用效率的影响 [J]. 应用生态学报, 2011, 22 (10): 2 517-2 523.

[11] Liu H J, Yu L P, Luo Y, et al. Responses of winter wheat (Triticum aestivum L.) evapotranspiration and yield to sprinkler irrigation regimes [J]. Agricultural water management, 2011, 98 (4): 483-492.

[12] Kang Y H, Chen M, Wan S Q. Effects of drip irrigation with aline water on waxy maize (Zea mays L. var. ceratina Kulesh) in North China Plain [J]. Agricultural water management, 2010, 97 (9): 1 303-1 309.

[13] 宫飞, 陈阜, 杨晓光, 等. 喷灌对冬小麦水分利用的影响 [J]. 中国农业大学学报, 2001, 6 (5): 30-34.

[14] 刘海军, 龚时宏, 王广兴. 喷灌条件下小麦生长及耗水规律的研究 [J]. 灌溉排水, 2000, 19 (1): 26-29.

[15] 中华人民共和国农业部. NY/T 1361—2007, 中华人民共和国农业行业标准——农业灌溉设备: 微喷带 [M]. 北京: 中国农业出版社, 2007.

[16] 周斌, 封俊, 张学军, 等. 微喷带单孔喷水量分布的基本特征研究 [J]. 农业工程学报, 2003, 19 (4): 101-103.

[17] 史宏志, 高卫锴, 常思敏, 等. 微喷灌水定额对烟田土壤物理性状和养分运移的影响 [J]. 河南农业大学学报, 2009, 43 (5): 485-490.

[18] Home P G, Panda R K, Kar S. Effect of method and scheduling of irrigation on water and nitrogen use efficiencies of Okra (Abelmoschus esculentus) [J]. Agricultural water management, 2002, 55 (2): 159-170.

[19] 满建国, 王东, 张永丽, 等. 不同喷射角微喷带灌溉对土壤水分布与冬小麦耗水特性及产量的影响 [J]. 中国农业科学, 2013, 46 (24): 5 098-5 112.

[20] 陶毓汾, 王立祥, 韩仕峰. 中国北方旱农地区水分生产潜力与开发 [M]. 北京: 中国气象出版社, 1993, 63-157.

[21] Hussain G, Al-Jaloud A A. Effect of irrigation and nitrogen on water use efficiency of wheat in Saudi Arabia [J]. Agricultural water management, 1995, 27 (2): 143-153.

[22] Elias F, Maria A S. Deficit irrigation for reducing agricultural water use [J]. Journal of Experimental Botany, 2007, 58 (2): 147-159.

[23] Du T S, Kang S Z, Sun J S, et al. An improved water use efficiency of cereals under temporal and spatial deficit irrigation in North China [J]. Agricultural water management, 2010, 97 (1): 66-74.

[24] Sam G, Dirk R. Deficit irrigation as an on-farm strategy to maximize crop water productivity in dry areas [J]. Agricultural water management, 2009, 96 (9): 1 275-1 284.

[25] Zhang X Y, Chen S Y, Sun H Y. Dry matter, harvest index, grain yield and water use efficiency as affected by water supply in winter wheat [J]. Irrigation Science, 2008, 27 (1): 1-10.

[26] 马瑞崑, 贾秀领. 冬小麦水分关系与节水高产 [M]. 北京: 中国农业科学技术出版社, 2004, 10-14.

[27] Kang S Z, Zhang L, Liang Y L, et al. Effects of limited irrigation on yield and water use efficiency of winter wheat in the Losses Plateau of China [J]. Agricultural water management, 2002, 55: 203-216.

[28] 郭增江, 于振文, 石玉, 等. 不同土层测墒补灌对小麦旗叶光合特性和干物质积累与分配的影响 [J]. 作物学报, 2014, 40 (4): 731-738.

[29] 张胜全, 方保停, 张英华, 等. 冬小麦节水栽培三种灌溉模式的水氮利用与产量形成 [J]. 作物学报, 2009, 35 (11): 2 045-2 054.

[30] 于利鹏, 黄冠华, 刘海军, 等. 喷灌灌水量对冬小麦生长、耗水与水分利用效率的影响 [J]. 应用生态学报, 2010, 21 (8): 2 031-2 037.

[31] Li J M, Inanaga S, Li Z H. Optimizing irrigation scheduling for winter wheat in the North China Plain [J]. Agricultural water management, 2005, 76 (1): 8-23.

[32] Shao L W, Zhang X Y, Sun H Y, et al. Yield and water use response of winter wheat to winter irrigation in the North China Plain [J]. Journal of Soil and Water, 2011, 66: 104-113.

[此文原刊载于《作物学报》, 2016, 42 (5): 725-733]

底施氮肥深度对夏玉米产量、氮素利用及氮残留的影响

杨云马，孙彦铭，贾良良，孟春香，贾树龙

（河北省农林科学院农业资源环境研究所）

摘　要：目的：研究华北平原区底施氮肥深度对夏玉米产量、氮素吸收量、利用率以及氮素在土壤中残留的影响，以期为夏玉米的氮肥分层管理提供依据。方法：采用小区试验和 ^{15}N 示踪试验的方法。小区试验设对照（CK），常规垄侧施氮（T-side），垄内 8 cm（T-8）、16 cm（T-16）、24 cm（T-24）施氮和垄内 3 层施氮（T-all）6 个处理，养分施用量为 N 180 kg·hm^{-2}，P$_2$O$_5$ 120 kg·hm^{-2}，K$_2$O 150 kg·hm^{-2}。示踪试验采用原位原状土柱法，设 3 个处理：^{15}N 尿素施在 8 cm，另两层 16 cm、24 cm 施用普通尿素（N8）；^{15}N 尿素施在 16 cm，另两层 8 cm、24 cm 施用普通尿素（N16）；^{15}N 尿素施在 24 cm，另两层 8 cm、16 cm 施用普通尿素（N24）；养分用量与小区试验相同。结果：大田试验结果表明，T-all 处理的玉米产量最高，比 T-24 提高了 8.45%，达显著水平；T-all、T-8、T-16 处理的夏玉米产量均高于 T-side，分别比 T-side，提高了 6.65%、3.29% 和 5.43%，所有施肥处理中以 T-24 的玉米产量最低。玉米各生育期的氮素吸收量也以 T-24 处理最低；与 T-side 处理相比，T-all 处理的玉米氮吸收量在吐丝以前偏低，收获时稍高。夏玉米带状施肥主要影响垄内（施肥部位）土壤碱解氮含量，对垄间（非施肥带）土壤碱解氮含量影响不大；与 T-16、T-24 深层施氮相比，T-side、T-8 浅层施氮处理显著提高了玉米生育前期垄内表层土壤的碱解氮含量。示踪试验结果表明，施于 8 cm、16 cm、24 cm 的氮素利用率分别为 37.24%、31.33%、18.75%。玉米收获后 0～100 cm 土层 N24 处理的氮素残留量显著高于 N8 和 N16 处理，并且 N24 处理的氮素残留主要分布在 40～80 cm 土层。结论：本试验结果表明，本区域夏玉米底施尿素的适宜深度为 8～16 cm。

关键词：夏玉米；尿素；施肥深度；氮素利用率；氮素残留

目前有关夏玉米养分管理的研究多集中在养分用量[1-3]、底追比例[4-5] 和控释肥[6-7] 上，但有关肥料施用方式的研究则较少。华北地区冬小麦—夏玉米轮作是主要的种植模式之一，本区域夏玉米施肥方式一般为免耕一次性侧施底肥技术，种肥间距一般 5～8 cm，施肥深度 4～8 cm。这种施肥方式由于种、肥间距较小，很难将全生育期所需肥料一次性施足，因此容易造成后期脱肥。如果施肥量较大，或者种肥间距调节不当或肥料品种选用不当，又容易出现烧种、烧苗等现象，从而影响玉米产量[8]。针对此问题，有人提出了玉米深松全层施肥技术[9-11]，并研发了玉米深松全层施肥播种机械。利用这种机械，实现了播种区域局部旋耕深松、10～25 cm 土层均匀分层施用肥料[12]。由于增加了施肥深度，可以加大肥料用量，实现全生育期一次性施肥，大幅度提高了夏玉米产量[13]。然而，本区域夏玉米氮、磷、钾 3 种养分是否都需要深施，各种养分的

最佳施用深度是多少，现有报道中并没有做进一步研究。有关玉米养分分层管理技术，在春玉米区曾有过相关报道，但研究结果有一定差异。有研究指出，春玉米氮肥深追（10~15 cm）能够提高氮肥利用率[14]，并且氮素深施至 15 cm 可促使玉米根系下移[15]。但是还有人指出，春玉米尿素深施 10 cm 最佳，玉米产量和氮素利用率最高，若深施至 15 cm，玉米产量和氮素利用率反而会降低[16]。但有关夏玉米区的氮、磷、钾肥分层施用的研究却较少。作者针对夏玉米区氮、磷、钾养分的施用深度进行了相关研究，本文报道氮素施用深度的研究结果，以期为夏玉米的氮肥分层管理提供依据。

1　材料与方法

1.1　试验区概况

试验于 2012 年在河北省辛集市马庄乡保高丰农场（E 115°18′10.33″，N 37°47′56.37″）进行，试验区属季风暖温带半湿润大陆性气候。年平均降水量 488.2 mm，其中 6—8 月降水量占全年总降水量的 67.9%，试验期间各月份降水量见图 1。供试土壤为轻壤质潮土，土壤基本理化性状见表 1。

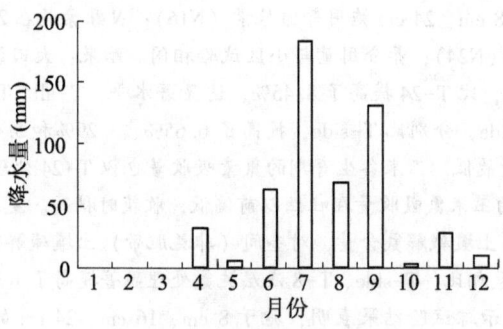

图 1　试验期间降水量

表 1　试验地土壤基本理化性状

土层 （cm）	有机质 （g·kg⁻¹）	全氮 （g·kg⁻¹）	碱解氮 （mg·kg⁻¹）	速效磷 （mg·kg⁻¹）	速效钾 （mg·kg⁻¹）	pH
0~20	18.42	1.04	83.65	15.75	105.50	8.14
20~40	9.00	0.48	38.15	6.40	58.50	8.13

1.2　试验设计

1.2.1　小区试验

小区试验设共 6 个处理，分别为：（1）不施肥（CK）；（2）垄侧 8 cm，深度 5 cm 一次性施用氮、磷、钾肥（T-side）；（3）氮、磷、钾肥料在种子正下方分 3 层混合均匀施入，3 层深度距地表分别为 8 cm、16 cm、24 cm（T-all）；（4）氮肥全部施在种子正下方距地表8 cm处,磷、钾肥施用同处理3)(T-8);(5)氮肥全部施在种子正下方距地表16 cm处,磷、钾肥施用同处理3)(T-16);(6)氮肥全部施在种子正下方距地表24 cm处,磷、钾肥施用同处理3)(T-24)。小区面积32m²,3次重复,随机排列。

根据本研究组以往的试验结果[1]、本区域相关研究报道[17]和试验田基本理化性状,设定养分用量为N 180 kg·hm⁻²,P₂O₅ 120 kg·hm⁻²,K₂O 150 kg·hm⁻²。氮、磷、钾分别选用尿素(N 46%)、重过磷酸钙(P₂O₅ 43%)、氯化钾(K₂O 60%)。施肥方法为条施,先人工开沟至24 cm,按照处理施入底层肥料;然后填土使沟底距地表16 cm,再按照处理施入中层肥料;再填土使沟底距地表8 cm,按处理施入上层肥料,再填土。在填土位置人工点播玉米,播种深度3 cm,播种密度69 000 株·hm⁻²。CK和T-side处理同样在播种行位置先开沟再填土,以消除处理间土壤物理性状的差异。播种后灌水70 mm左右。

1.2.2 ¹⁵N示踪试验

采用原位原状土柱法进行[18]。分3个施肥层次,施用深度分别为8 cm、16 cm、24 cm,3个层次均施用氮、磷、钾肥。试验设3个处理,3个不同层次的氮肥(普通尿素)用¹⁵N标记尿素代替,分别用N8、N16、N24表示。设3次重复,随机排列。用以研究夏玉米对不同深度氮素的吸收利用情况。

土柱的制作方法:先将土柱以外的土壤挖出,留下直径62 cm、深100 cm的原位原状土柱,然后用塑料膜将土柱包裹,使土柱底部与大田土壤连接而四周隔离,最后将四周土壤回填。

每个土柱内种植两株玉米,施肥方式为穴施,上种下肥。施肥时先挖24 cm深,用纸筒将本层肥料施入,以防止肥料挂壁。然后填土至16 cm,再用上述方法施肥,再填土至8 cm,再施肥、填土。最后播种,播种深度3 cm。肥料用量与小区试验相同,折算每成每株的肥料用量为尿素5.91 g、重钙4.22 g、氯化钾3.78 g,¹⁵N标记尿素丰度为10.15%。播种后灌水70 mm。

1.3 采样及测定

小区试验,分别在玉米八叶期、吐丝期、成熟期采集地上部玉米植株,每个小区取两株,监测玉米的吸收氮素情况;在上述3个时期,分垄内(施肥带)、垄间(距施肥带25 cm)两个部位,分别采集0~10 cm、10~20 cm、20~40 cm土层土样,分析玉米不同生育期土壤速效氮含量;并在收获时测定玉米产量。

¹⁵N示踪试验,玉米收获后采集地上部植株,测定籽粒、秸秆中全氮含量和¹⁵N丰度,计算氮素利用率。分0~10 cm、10~20 cm、20~40 cm、40~60 cm、60~80 cm、80~100 cm 6个层次采集土壤样品,测定不同层次土壤全氮含量和¹⁵N丰度。

土壤有机质、全氮、碱解氮、速效磷、速效钾采用常规分析方法[19]。土壤和植株¹⁵N丰度采用质谱法进行测定。

氮肥利用率=(籽粒产量×籽粒氮含量×籽粒¹⁵N百分超+秸秆产量×秸秆氮含量×秸秆¹⁵N百分超)/氮用量×肥料¹⁵N百分超×100

土壤氮素分层残留率=土壤分层容重×土柱分层体积×土柱分层全氮含量×土柱分

层¹⁵N 百分超/氮用量×肥料¹⁵N 百分超×100

土壤氮素分层残留量＝土壤氮素分层残留率×氮素施入量

试验结果采用 DPS 软件进行统计分析，Duncan 法进行显著性检验。

2 结果与分析

2.1 氮素分层深施对夏玉米产量影响

氮肥不同施用方式下的夏玉米籽粒产量见图 2，可以看出，所有施肥处理的玉米产量均显著高于不施肥对照。施肥处理中以氮、磷、钾分三层均匀施的处理（T-all）玉米籽粒产量最高，为 9 914 kg · hm^{-2}；然后依次为 T-16、T-8、T-side，其产量分别为 9 801 kg · hm^{-2}、9 602 kg · hm^{-2}、9 296 kg · hm^{-2}，T-24 处理产量最低，为 9 142 kg · hm^{-2}。其中 T-all 较 T-24 处理产量提高了 8.45%，差异达显著水平；并且 T-all 处理较 T-side 玉米产量提高了 6.65%。T-16 与 T-24 处理相比，玉米产量提高了 7.21%。T-8 较 T-24 处理提高了 5.03%。T-16 与 T-8 处理均比 T-side 产量略有增加，增加幅度分别为 3.29% 和 5.43%。由此看出，氮素的施用深度对玉米籽粒产量确有一定影响。玉米种子正下方合适深度施氮稍优于根侧施肥，但施氮深度不宜过深，以 8~16 cm 为宜。

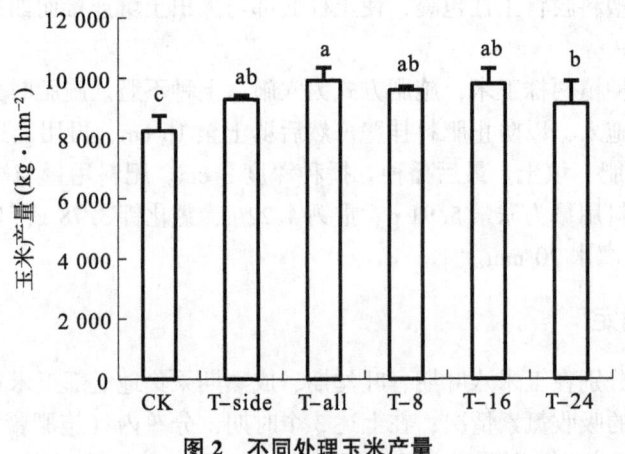

图 2 不同处理玉米产量

注：柱上不同字母表示处理间差异在 0.05 水平下显著

2.2 氮素施用方式对夏玉米氮素吸收动态影响

与对 CK 相比，施肥显著提高了玉米八叶期、收获期的氮素吸收量。各施肥处理间玉米氮素吸收量差异不显著，其中玉米八叶期、吐丝期 T-side 处理的玉米氮吸收量最高，收获期 T-all 处理的玉米氮吸收量最高（图 3）。所有施氮处理中，T-24 处理在玉米各生育期的氮吸收量均最低，与 T-side 处理相比，八叶期、吐丝期、收获期的玉米氮吸收量分别低了 17.80%、13.19%、5.01%。T-all 处理与常规 T-side 处理相比，吐丝以前玉米的氮吸收量偏低，收获时吸收量稍高。由以上分析可知，氮素分层均匀施用与常规根侧施用相比，对夏玉米氮的吸收量影响不大；但是只将氮素施在 24 cm 土层，则会影响玉米的氮素吸收量。

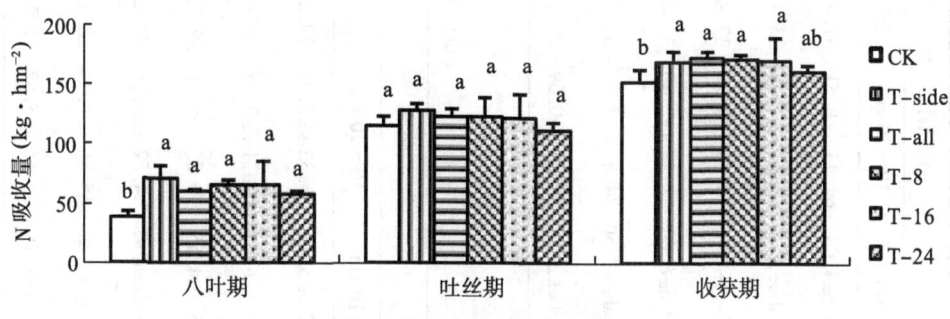

图 3　玉米各生育期吸氮量

注：柱上不同字母表示处理间差异在 0.05 水平下显著

2.3　氮素施用方式对土壤速效氮含量影响

氮素不同施用方式对垄间（非施肥部位）土壤碱解氮含量的影响不大（表 2）。玉米 3 个生育期、3 个土层 9 组数据中有五组数据表明施肥处理与对照相比其土壤碱解氮含量差异不显著，只有 4 组数据二者差异达显著水平，其中收获期 0～10 cm 土层的土壤碱解氮含量差异较大，T-all 和 T-8 处理显著高于对照，并且 T-8 处理的土壤碱解氮含量显著高于 T-24 处理。吐丝期 10～20 cm 土层 T-24 处理的土壤碱解氮含量显著高于 CK、T-side、T-all 和 T-16 处理，吐丝期 20～40 cm 土层 T-24 处理的碱解氮含量显著高于 CK。八叶期 10～20 cm 土层 T-8 处理的土壤碱解氮含量显著高于 CK。其余处理间差异不显著。

而氮素不同施用方式对垄内（施肥部位）土壤碱解氮含量有显著影响（表 3）。9 组数据中只有一组数据统计分析差异不显著，其余组数据的差异均达显著水平。其中八叶期 0～10 cm 土层碱解氮含量差异最大，T-side 处理最高，然后依次为 T-all、T-16、T-24 处理，4 个处理间的相互差异均达显著水平。吐丝期 20～40 cm 土层的碱解氮含量差异次之，T-24、T-16 处理显著高于 CK、T-all 和 T8 处理。

通过以上分析看出，夏玉米带状施肥对垄间（非施肥带）土壤碱解氮含量的影响不大，主要影响施肥部位的土壤碱解氮含量。T-side、T-8 浅层施氮处理显著提高了玉米生育前期垄内表层土壤的碱解氮含量，深层施氮处理对垄内 20～40 cm 土壤碱解氮含量有一定提升，但效果不明显。

2.4　不同施氮深度对夏玉米氮肥利用及土壤残留的影响

[15]N 示踪试验结果表明（图 4），随着尿素施用深度的增加，夏玉米氮素利用率呈降低的趋势。施在 16 cm 的比施在 8 cm 的氮素利用率降低了 5.92%。施在 24 cm 比施在 8 cm 的氮素利用率降低了 18.49%，显著低于施在 8 cm 和 16 cm 的氮素利用率。所以，氮素施用越深利用率越低。本试验结果与小区试验玉米产量和氮素吸收量的结果相呼应。

表 2　玉米各生育期垄间土壤碱解氮含量　　($mg \cdot kg^{-1}$)

处理	八叶期			吐丝期			收获期		
	0～10 cm	10～20 cm	20～40 cm	0～10 cm	10～20 cm	20～40 cm	0～10 cm	10～20 cm	20～40 cm
CK	84. 29 a±4. 67	56. 47 b±6. 00	32. 26 a±1. 01	87. 38 a±2. 88	66. 89 b±2. 59	30. 28 b±2. 06	86. 69 c±4. 93	64. 43 a±0. 51	31. 44 a±4. 23
T-side	82. 95 a±2. 44	62. 53 ab±2. 36	39. 78 a±4. 39	91. 88 a±5. 15	68. 43 b±3. 22	34. 77 ab±1. 36	95. 90 abc±2. 29	67. 11 a±1. 48	33. 43 a±5. 76
T-all	89. 13 a±6. 52	62. 71 ab±7. 00	34. 07 a±3. 30	92. 81 a±4. 76	67. 03 b±0. 80	36. 87 ab±3. 56	100. 45 ab±7. 08	76. 13 a±7. 27	37. 28 a±3. 50
T-8	87. 27 a±8. 12	72. 35 a±2. 28	37. 51 a±6. 78	95. 96 a±2. 79	70. 82 ab±4. 79	38. 21 ab±6. 22	103. 31 a±6. 60	71. 58 a±2. 40	39. 43 a±3. 53
T-16	84. 93 a±9. 08	70. 47 ab±8. 09	40. 02 a±1. 09	94. 33 a±8. 43	67. 49 b±4. 69	33. 48 ab±5. 65	96. 72 abc±2. 50	74. 65 a±3. 58	32. 84 a±1. 67
T-24	89. 37 a±3. 03	68. 66 ab±5. 39	40. 02 a±4. 06	96. 13 a±6. 80	74. 55 a±4. 12	41. 97 a±5. 32	91. 41 bc±2. 15	68. 38 a±0. 69	39. 51 a±5. 97

注：同列数据后不同字母表示处理间差异在 0.05 水平下显著

表 3　玉米不同生育期垄内土壤碱解氮含量　　($mg \cdot kg^{-1}$)

处理	八叶期			吐丝期			收获期		
	0～10 cm	10～20 cm	20～40 cm	0～10 cm	10～20 cm	20～40 cm	0～10 cm	10～20 cm	20～40 cm
CK	81. 18 d±2. 25	51. 88 b±8. 12	35. 06 b±5. 16	95. 12 b±7. 81	75. 48 b±3. 30	32. 96 c±2. 43	78. 39 b±5. 11	55. 32 a±2. 07	29. 69 b±1. 66
T-side	110. 46 a±3. 73	55. 48 ab±2. 06	47. 31 a±8. 58	115. 50 a±8. 79	87. 27 ab±8. 50	44. 39 ab±3. 62	96. 95 a±6. 06	62. 71 a±7. 38	29. 63 b±3. 73
T-all	99. 94 b±3. 10	62. 42 ab±2. 00	48. 48 a±3. 84	113. 34 a±10. 71	92. 58 a±5. 44	37. 04 bc±1. 69	94. 78 a±4. 65	70. 53 a±9. 00	39. 73 ab±5. 96
T-8	107. 26 ab±3. 08	66. 03 a±5. 79	43. 01 ab±0. 97	102. 06 ab±4. 57	87. 93 ab±1. 46	33. 13 c±4. 95	83. 59 ab±4. 97	64. 52 a±6. 25	44. 28 a±3. 10
T-16	90. 59 c±2. 77	56. 18 ab±2. 86	44. 74 ab±3. 51	100. 14 ab±2. 70	86. 45 ab±10. 85	48. 36 a±3. 36	83. 71 ab±5. 93	65. 86 a±9. 33	32. 67 ab±4. 99
T-24	82. 08 d±5. 08	57. 05 ab±5. 62	39. 96 ab±1. 67	98. 99 ab±1. 11	88. 32 ab±4. 15	50. 05 a±3. 35	79. 80 b±8. 20	71. 46 a±8. 52	41. 24 ab±3. 11

注：同列数据后不同字母表示处理间差异在 0.05 水平下显著

玉米收获后 0～100 cm 土层 N24 处理的氮素残留量显著高于 N8 和 N16（表 4），并且土壤中氮素残留的深度与施氮深度密切相关。N8 处理 0～20 cm 土层的氮素残留量显著高于 N16 和 N24，N16 处理 20～40 cm 土层的氮素残留量显著高于 N24，N24 处理 40～80 cm 土层的氮素残留量显著高于 N8 和 N16。氮素施用越深，深层土壤残留的氮素量越多，这样会增加氮肥淋失的风险。

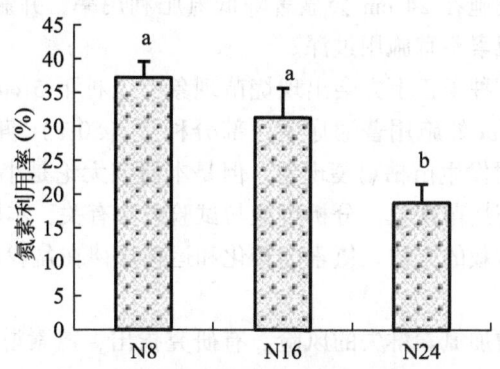

图 4　不同施氮深度的氮素利用率

注：柱上不同字母表示施氮深度间差异在 0.05 水平下显著

表 4　玉米收获后各土层的氮素残留量　　　　　　　　　　（kg·hm⁻²）

施氮深度	土层深度（cm）						
	0～10	10～20	20～40	40～60	60～80	80～100	0～100
N8	7.40 a± 0.63	7.78 a± 0.58	6.21 ab± 0.52	8.01 b± 2.12	12.42 b± 1.81	11.48 a± 1.44	53.30 b± 4.42
N16	5.59 b± 0.04	5.53 b± 1.03	6.94 a± 0.96	8.27 b± 1.87	13.42 b± 1.98	12.96 a± 1.86	52.71 b± 5.14
N24	4.56 b± 0.02	4.42 b± 0.28	4.63 b± 0.56	16.16 a± 2.83	27.62 a± 4.34	18.13 a± 4.31	75.52 a± 2.01

注：同列数据后不同字母表示施氮深度间差异在 0.05 水平下显著

3　讨论与结论

一般认为，氮肥深施能够提高氮素利用率和作物产量，但这里的深施一般是相对于地表撒施而言，将氮肥施入土壤中能够很好地抑制氨挥发，提高其利用率[20]。氮肥在土壤中是否施用越深利用率越高呢？有人在此方面也进行了深入研究。在没有氮素淋溶损失的情况下，苏正义[16]等的盆栽示踪试验结果表明，春玉米尿素表施、5 cm、10 cm、15 cm 施用的利用率分别为 39.67%、44.92%、53.11%、52.65%。李伟波[14]等田间微区示踪试验结果显示，在追肥次数相同的情况下，吉林春玉米深追尿素（10～15 cm）与传统垄上浅追尿素的利用率分别为 30.1%、24.5%，尿素深施利用率提高了 5.6%。报道中 10 cm 左右为尿素施用的适宜深度，并且施肥方式为集中穴施，这样会对玉米根系的生长造成影响[15]。本示踪试验研究在 8 cm、16 cm、24 cm 三层均施有氮素，研究某一层氮素利用率时，用 ¹⁵N 标记尿素代替本层的普通尿素，各处理的氮素供应是相同的。由此方法得到 8 cm、16 cm、24 cm 施用尿素的利用率分别为 37.24%、31.33%、18.75%。夏玉米氮素利用率在 8~24 cm 土层内随着尿素施用深度的增加而降低，并且 24 cm 施氮的利用率显著低于 8 cm 和 16 cm 施氮。本试验条件也得到深度 10 cm 左右施用尿素的利用率较高。目前夏玉米肥料深施技术已经在实际生产中得到应用，玉米多层施肥播种机能将肥料在 8~25 cm 分 5 层均匀施入[11-13]。通过本研究发现，利用此机械将氮肥施在 24 cm 会显著降低氮肥利用率，并影响玉米产量和氮吸收量，此种施肥模式下氮素不宜施用过深。

有研究指出尿素在种子正下方会出现烧苗现象[8]。种下 5 cm 处施用普通尿素，玉米种子不能萌发。10 cm 处施用普通尿素，部分种子（50%）萌发生长，出苗 7 d 后，基本停止生长，15 d 时发生苗枯蔫萎现象。但是本研究无论是小区试验还是15N 示踪试验施用尿素，均未发现烧苗现象。分析可能与试验方法有关，本研究均在大田环境中进行，而相关研究是用盆栽的方法。氮素的转化和运移规律在盆栽和大田环境下可能有一定的差异。

氮肥施用过深会增加氮素淋失的风险。有研究指出，氮素淋失明显高于挥发损失，是氮素损失的主要途径[21-22]。本研究15N 示踪试验结果表明，24 cm 施氮在 40~80 cm 土层的残留量明显高于 8 cm 和 16 cm 施氮，氮素施用越深，深层土壤残留的氮素量越多。氮素在土壤中的运移受灌溉等土壤水分变化的影响很大[23-24]，关于不同降水量和灌溉条件下氮肥的适宜施用深度本文未涉及。

综合夏玉米产量、氮素利用率以及氮素残留量，本试验条件下初步得出华北夏玉米区氮肥适宜施用深度为 8~16 cm。

参考文献

[1] Yang Y M, Wang X B, Dai K et al. Fate of labeled urea—15N as basal and topdressing applications in an irrigated wheat—maize rotation system in North China plain：II summer maize [J]. Nutrient Cycling in Agroecosystems, 2011, 90 (3)：379-389.

[2] 云鹏, 高翔, 陈磊, 等. 冬小麦—夏玉米轮作体系中不同施氮水平对玉米生长及其根际土壤氮的影响 [J]. 植物营养与肥料学报 2010, 16 (3)：567-574.

[3] 赵营, 同延安, 赵护兵. 不同供氮水平对夏玉米养分累积、转运及产量的影响 [J]. 植物营养与肥料学报, 2006, 12 (5)：622-627.

[4] 吕鹏, 张吉旺, 刘伟, 等. 施氮时期对超高产夏玉米产量及氮素吸收利用的影响 [J]. 植物营养与肥料学报 2011, 17 (5)：1 099-1 107.

[5] 鱼欢, 杨改河, 王之杰. 不同施氮量及基追比例对玉米冠层生理性状和产量的影响 [J]. 植物营养与肥料学报, 2010, 16 (2)：266-273.

[6] 王小明, 谢迎新, 王永华, 等. 施氮模式对冬小麦/夏玉米产量及氮素利用的影响 [J]. 植物营养与肥料学报, 2011, 17 (3)：578-582.

[7] 王宜伦, 李潮海, 谭金芳, 等. 超高产夏玉米植株氮素积累特征及一次性施肥效果研究 [J]. 中国农业科学, 2010, 43 (15)：3 151-3 158.

[8] 王贺. 华北平原砂质土壤夏玉米对肥料类型及施肥方法的响应研究 [D]. 北京：中国农业

科学院，2012.

[9] 王小雪．玉米简化高产施肥技术研究 [D]．保定：河北农业大学，2011.

[10] 刘磊．高产玉米简化施肥种植模式研究 [D]．保定：河北农业大学，2012.

[11] 张丽光．灭茬旋耕深松全层施肥玉米精播机功能评价与综合农艺效应的研究 [D]．保定：河北农业大学，2013.

[12] 赵金．玉米免耕深松全层施肥精量播种机的研究 [D]．保定：河北农业大学，2012

[13] 张晋国，赵金．玉米深松全层施肥精量播种机的设计 [J]．农机化研究，2012（10）：89-91，95.

[14] 李伟波，李运东，王辉．用^{15}N研究吉林黑土春玉米对氮肥的吸收利用 [J]．土壤学报，2001，38（4）：476-482.

[15] 于晓芳，高聚林，叶君，等．深松及氮肥深施对超高产春玉米根系生长、产量及氮肥利用效率的影响 [J]．玉米科学，2013，21（1）：114-119.

[16] 苏正义，韩晓日，李春全，等．氮肥深施对作物产量和氮肥利用率的影响 [J]．沈阳农业大学学报，1997，28（4）：292-296.

[17] 张景松．献县小麦玉米氮磷钾适宜用量研究 [D]．北京：中国农业科学院，2012.

[18] Jia S L, Wang X B, Yang Y M, et al. Fate of labeled urea—^{15}N as basal and topdressing applications in an irrigated wheat-maize rotation system in North China Plain：I winter wheat [J]. Nutrient Cycling in Agroecosystems, 2011, 90 (3): 331-346.

[19] 鲍士旦．土壤农化分析 [M]．北京：中国农业出版社，2000.

[20] 徐万里，刘骅，张云舒，等．施肥深度、灌水条件和氨挥发监测方法对氮肥氨挥发特征的影响 [J]．新疆农业科学，2011，48（1）：86-93.

[21] 李宗新，董树亭，王空军，等．不同肥料运筹对夏玉米田间土壤氮素淋溶与挥发影响的原位研究 [J]．植物营养与肥料学报，2007，13（6）：998-1 005.

[22] 巨晓棠，刘学军，邹国元，等．冬小麦/夏玉米轮作体系中氮素的损失途径分析 [J]．中国农业科学，2002，35（12）：1 493-1 499.

[23] 习金根，周建斌．不同灌溉施肥方式下尿素态氮在土壤中迁移转化特性的研究 [J]．植物营养与肥料学报，2003，9（3）：271-275.

[24] 王西娜，王朝辉，李生秀．施氮量对夏季玉米产量及土壤水氮动态的影响 [J]．生态学报，2007，27（1）：197-204.

［此文原刊载于《植物营养与肥料学报》，2016，22（3）：830-837］

不同矿化度咸水灌溉对小麦产量和生理特性的影响

曹彩云，郑春莲，李科江，党红凯，李　伟，马俊永

(河北省农林科学院旱作农业研究所/河北省农作物抗旱研究重点实验室/
农业部衡水潮土生态环境重点野外科学观测试验站)

摘　要：为充分利用河北低平原区蕴藏丰富的咸水资源，缓解淡水资源匮乏的矛盾，在连续定位灌溉田间试验的基础上，采用裂区设计，以灌溉水矿化度作为主处理，以不同小麦品种作为副处理，研究了不同矿化度梯度咸水灌溉对小麦产量、叶片相对电导率、丙二醛（MDA）含量、脯氨酸（Pro）含量以及叶片 Na^+、K^+、Ca^{2+} 及 K^+/Na^+ 等指标的影响及其与品种耐盐性的关系。研究结果表明，随灌溉水矿化度的增加叶片的细胞膜透性增强，同时膜脂氧化产物 MDA 增加、渗透调节物质脯氨酸增多、叶片中 Na^+ 累积增多，而高矿化度下 Ca^{2+} 和 K^+/Na^+ 比值明显降低；从品种的产量和耐盐指数来看，石家庄 8 号较衡 4399 表现较强的耐盐特性。从生理指标来看，石家庄 8 号较衡 4399 细胞膜更稳定，衡 4399 用 $2\ g\cdot L^{-1}$ 以上咸水灌溉其膜透性显著增加，而石家庄 8 号需要 $4\ g\cdot L^{-1}$ 以上咸水灌溉膜透性才显著提高。另外石家庄 8 号的耐盐性还与其维持较高的 K^+ 离子和较低的脯氨酸水平以及较高的 K^+/Na^+ 比值有关，而与 Na^+、Ca^{2+} 离子的绝对含量关系不明显。从丙二醛指标来看，在返青期和孕穗期石家庄 8 号较衡 4399 水平低，但到抽穗和灌浆期其积累量较衡 4399 反而要高。灌溉水的矿化度超过 $4\ g\cdot L^{-1}$ 时，两个小麦品种产量明显降低但耐盐性强的石家庄 8 号减产幅度相对较小。因此咸水灌溉小麦品种选择十分重要，从作物耐盐性和产量考虑，多年连续灌溉咸水的矿化度不宜超过 $4\ g\cdot L^{-1}$。

关键词：小麦；咸水灌溉；矿化度；生理指标；耐盐性

小麦作为重要的粮食作物之一，其产量的高低直接关系到民生和粮食的安全[1-2]。小麦在农业生产中作为耗水大户，其生长期正处于降雨缺少的季节，因此淡水资源的日益匮乏已成为制约小麦产量的重要限制因素之一。河北低平原区蕴藏有丰富的浅层微咸水资源，是农业水资源开发行之有效的重要途径[3-4]，因此小麦微咸水研究意义重大。如何科学合理地开发利用微咸水资源，对于缓解淡水资源短缺、扩大农业水源、抗旱增产有着极其重要的作用[5]。美国南部咸水或微咸水的使用对沙漠区域产生了严重影响[6]，灌溉农业普遍存在的一个问题是盐分在根区的逐渐累积，如果利用不当会对土壤和作物产生危害[7]，影响作物对水分、养分的吸收和作物的生长过程。小麦、玉米、棉花合理微咸水灌溉均不同程度地起到增产作用[8-10]。人们针对不同作物的耐盐性及耐盐机理进行了大量研究[11-16]，但多为一年或某一时期的结果。陈莉[17]采用水培法对小麦苗期进行不同浓度的复合盐处理，得出不同品种和不同复合盐浓度对小麦幼苗过氧化物酶活性、脯氨酸和丙二醛含量影响差异极显著；王自霞等[18]将小麦幼苗在

$0.2\ mol\cdot L^{-1}NaCl$ 溶液中进行培养，得出盐分胁迫对小麦膜系统有一定损伤；张敏等[19]采用水培法研究了两种 NaCl 浓度对不同小麦品种幼苗长势和内源激素的影响，得出盐分胁迫影响小麦幼苗的生长和 IAA 浓度。前人的研究结果多为苗期或水培的研究结果，建立在多年灌溉和大田试验基础上的相关研究结果较少。本研究在定位灌溉基础上探讨了不同矿化度咸水灌溉对小麦产量及生理指标的影响规律，以期为该区咸水资源的高效利用和产量提高提供理论依据。

1 材料与方法

1.1 试验区概况

试验在河北省农林科学院旱作农业节水试验站连续定位灌溉试验的基础上进行（从 2006 年种植小麦开始），土壤为黏质壤土，有机质含量 $12.8\ g\cdot kg^{-1}$、碱解氮 $65.5\ mg\cdot kg^{-1}$、速效磷 $17.6\ mg\cdot kg^{-1}$、速效钾 $134\ mg\cdot kg^{-1}$。种植制度为小麦与玉米轮作，小麦播种时间 2010 年 10 月 9 日（抢墒播种），2011 年 6 月 13 日收获，试验年度（2010—2011 年）小麦生育期降水量 63 mm，为少雨年。试验年度基础土壤盐分，见表 1。

表 1 小麦播前基础土壤盐分（2010 年 10 月 6 日） （%）

灌溉水矿化度 ($g\cdot L^{-1}$)	土层 (cm)				
	0~20	20~40	40~60	60~80	80~100
1	0.05	0.06	0.09	0.10	0.11
2	0.05	0.08	0.10	0.10	0.33
4	0.08	0.13	0.19	0.18	0.15
6	0.20	0.15	0.21	0.23	0.23

1.2 试验设计

采用裂区设计，主处理为灌溉水矿化度，分 $1\ g\cdot L^{-1}$（淡水 CK）、$2\ g\cdot L^{-1}$、$4\ g\cdot L^{-1}$ 和 $6\ g\cdot L^{-1}$ 4 个水平；副处理为小麦品种：石家庄 8 号和衡 4399。3 次重复，随机排列，小区面积 57 m^2（9.5 m×6 m），小区之间采用隔沟处理方式，沟宽度 50 cm。小麦为抢墒播种，于 2010 年 12 月 28 日灌溉冻水 1 次，2011 年 3 月 17 日春季第 1 水，2011 年 4 月 27 日春季第 2 水，不同矿化度的水采用淡水与工业用盐配制而成，每次灌溉量 60 mm，水表控制。

常规施肥，试验年度底施磷酸二铵（含 $P_2O_5$46%和 N18%）525 $kg\cdot hm^{-2}$，春季结合春第 1 水追施尿素（含 N46%）375 $kg\cdot hm^{-2}$。

1.3 测试项目及方法

在小麦生育的关键期测定小麦叶片相对电导率、脯氨酸含量（Pro）、丙二醛含量

（MDA）及 K^+、Ca^{2+}、Na^+ 变化等，小麦收获时进行小区测产，计算耐盐指数；抽穗前取小麦功能叶片，抽穗后取旗叶进行测定，电导率、Pro、MDA 分别采用洗净鲜样测定，K^+、Na^+ 等测定需将样品洗净、杀青、80 ℃ 烘干待用。

相对电导率：在扬花期和灌浆期，取有代表性的叶片 10 片，剪去两头，取叶片中间部位分成大小均等的 3 小段即 30 小片，放入小三角瓶中，加蒸馏水 50 mL，混匀，抽气叶片完全沉入水中，用 DDS—11A 型电导率仪测定电导率（EC_0），封口，常温放置，测定不同时间电导率 EC_1，最后于沸水浴加热 30 min，冷却后再次测定电导率 EC_2。计算公式：相对电导率（%）=（$EC_1 - EC_0$）/（$EC_2 - EC_0$）×100。

脯氨酸：在返青、孕穗、扬花和灌浆期取样，用 3% 磺基水杨酸提取，2.5% 酸式茚三酮显色法，甲苯萃取法测定[19]。

丙二醛（MDA）：取样时期同脯氨酸，用 10% 三氯乙酸提取，0.6% 硫代巴比妥酸比色法测定[20]。

K^+、Ca^{2+}、Na^+ 含量：测定孕穗、扬花和灌浆期样品，用 H_2SO_4—H_2O_2 消煮，原子吸收，Varian 100A 型分光光度计测定[21]，计算 K^+/Na^+。

产量：小麦收获时每小区取有代表性的地块 3 块，每块面积 1 m^2，合计测产面积 3 m^2，风干测产。

耐盐指数：耐盐指数（%）= 处理性状表现值/对照性状表现值×100%[22]。

1.4 数据处理方法

采用 DPS 数据处理系统进行统计分析，SXW 软件进行作图及相关分析。

2 结果分析

2.1 不同矿化度灌溉对小麦产量的影响

小麦产量随灌溉水矿化度的增加产量降低，而且两品种的产量在不同矿化度间差异均达显著性水平（表 2），从灌溉水的矿化度来看，以淡水平均产量最高，平均为 4 375.5 kg·hm^{-2}；其次为 2 g·L^{-1}，然后是 4 g·L^{-1} 和 6 g·L^{-1} 处理，产量分别较淡水产量降低 12.1%、36.4% 和 64.5%，2 g·L^{-1} 处理较淡水处理产量差异达显著水平，4 g·L^{-1} 和 6 g·L^{-1} 处理较淡水产量差异达极显著水平。从品种看，相同矿化度处理石家庄 8 号较衡 4399 产量分别增加 5.7%、20.7%、21.3% 和 57.2%，灌溉水矿化度越高增产幅度越大。当灌溉水的矿化度达到 2 g·L^{-1} 时，衡 4399 产量与淡水处理产量差异达极显著水平，而石家庄 8 号产量较淡水处理产量略有降低但差异不显著；当灌溉水矿化度达到 4 g·L^{-1} 时，衡 4399 和石家庄 8 号分别较淡水处理产量降低 42.3% 和 30.9%；当灌溉水的矿化度达到 6 g·L^{-1} 时分别较淡水处理产量降低 78.2% 和 52.0%。从不同处理的耐盐指数看，石家庄 8 号耐盐指数高于衡 4399。因此，从两品种的产量看，石家庄 8 号表现了较强的耐盐特性。

表2 不同矿化度咸水灌溉小麦产量及产量耐盐指数

灌溉水矿化度 (g·L⁻¹)	产量 (kg·hm⁻²)		耐盐指数 (%)	
	石家庄8号	衡4399	石家庄8号	衡4399
1	4 503.3±410.4 aA	4 246.2±93.7 aA	—	—
2	4 287.9±208.5 aA	3 400.8±102.4 bB	95.2	80.1
4	3 113.7±189.6 bB	2 451.8±174.9 cC	69.1	57.7
6	2 163.3±276.0 cC	926.0±303.3 dD	48.0	21.8

注：表中数值为3次重复的平均值±标准误，同列不同大、小写字母分别表示0.01和0.05水平差异显著性，下同

2.2 不同矿化度灌溉对小麦叶片相对电导率的影响

从表3可知，小麦叶片相对电导率随灌溉水矿化度的增加而增加，说明盐分胁迫对小麦叶片细胞膜透性产生了影响，灌溉水矿化度增加，植株胁迫程度加剧，膜透性高，渗出液浓度增加，相对电导率增加；相对电导率在不同品种之间也存在差异，浸泡6 h时，衡4399小麦在灌溉水的矿化度达到2 g·L⁻¹时叶片的相对电导率较淡水对照差异达极显著水平，石家庄8号在灌溉水矿化度达到4 g·L⁻¹时叶片的相对电导率较淡水对照差异达极显著水平；这表明石家庄8号的细胞膜抵御盐分胁迫伤害的能力较衡4399更强。不同品种在逆境胁迫情况下膜透性的表现是不同的，耐盐能力强的品种在相对较高的外界盐分环境下保持膜稳定的能力较高，因此膜透性变化是反映小麦耐盐能力的一个重要指标。表3不同浸泡时间测定的叶片相对电导率结果还表明，随着浸泡时间延长，渗出物增多，电导率呈增加趋势，但不同矿化度处理间和品种间相对电导率值差异均在减小。本研究6 h浸泡时间差异较12 h大，因此研究盐分对细胞膜渗透性影响时，选择合适的浸泡时间对研究结果也十分重要。

表3 不同矿化度咸水灌溉对小麦叶片相对电导率的影响 (%)

品种	灌溉水矿化度 (g·L⁻¹)	浸泡时间 (h)			
		2011年5月13日		2011年5月23日	
		6	12	6	12
衡4399	1	7.10±0.19 cC	15.88±0.76 bB	6.79±0.38 cC	9.54±1.96 bA
	2	8.49±0.42 bB	18.57±0.45 bB	8.41±0.22 bB	14.25±3.33 abA
	4	9.13±0.10 bB	17.09±0.35 bB	12.07±0.51 aA	19.23±0.38 aA
	6	19.60±0.47 aA	33.39±3.10 aA	11.36±1.03 aA	15.83±0.70 aA
石家庄8号	1	7.57±0.38 cC	26.22±4.35 aAB	8.72±0.92 bC	17.64±0.73 bA
	2	8.10±0.21 bcBC	25.51±0.51 aAB	9.17±0.35 bBC	21.03±0.68 abA
	4	8.64±0.44 bB	19.58±1.16 bB	12.46±0.59 aAB	21.23±2.28 abA
	6	11.86±0.25 aA	27.45±0.87 aA	13.41±1.94 aA	22.85±2.99 aA

2.3 不同矿化度灌溉对小麦叶片丙二醛含量的影响

植物在逆境下往往发生膜脂过氧化作用，破坏细胞膜的结构，积累有害物质[23]，丙二醛是细胞膜脂氧化的重要产物[20,24]，其含量可以反映植物遭受逆境伤害的程度，过氧化作用愈强，MDA 含量愈高，膜透性愈大。从表 4 中可以看到，不同时期叶片丙二醛含量随灌溉水矿化度的增加呈增加趋势，且随着生育进程推迟，叶片丙二醛含量增加，且 6 g·L^{-1} 处理较淡水对照差异均达显著水平，说明灌溉水矿化度越高，对小麦的伤害程度越大，细胞膜透性越大，积累的有害物质丙二醛含量越多，生育进程推迟叶片的衰老程度加剧也是膜透性增加的重要原因。从品种来看，返青期和孕穗期石家庄 8 号各处理均较衡 4399 积累的丙二醛含量少，但到扬花期和灌浆期变化规律不明显，因此仅靠某一项生理指标或某一时期的生理指标不能界定品种的耐逆性程度，需多个指标综合评判。

表 4 不同矿化度咸水灌溉对不同生育期小麦叶片丙二醛含量的影响

[μmol·g^{-1}（FW）]

品种	灌溉水矿化度 (g·L^{-1})	返青期	孕穗期	扬花期	灌浆期
衡 4399	1	14.77±1.55 bB	28.96±2.02 cC	47.62±2.77 bB	65.31±3.37 cC
	2	15.04±0.51 bB	31.51±2.57 cC	51.42±6.8 bB	72.83±5.34 bcBC
	4	18.61±3.35 aAB	40.00±2.06 bB	53.99±2.38 bB	81.12±6.01 abAB
	6	21.47±0.54 aA	47.88±0.76 aA	67.98±4.10 aA	87.90±1.61 aA
石家庄 8 号	1	13.44±1.92 bA	22.16±0.42 bB	49.77±2.42 cB	66.18±6.07 cB
	2	14.29±1.35 bA	23.27±1.31 bB	54.18±0.75 bAB	70.77±7.46 bcB
	4	14.39±0.24 bA	29.63±1.75 aA	55.90±3.68 abA	77.01±2.36 bB
	6	17.47±0.80 aA	28.83±1.50 aA	58.50±1.50 aA	104.45±5.64 aA

2.4 不同矿化度灌溉对小麦叶片脯氨酸含量的影响

不论是高等植物还是低等植物，盐生植物还是非盐生植物，在环境胁迫下都发生游离脯氨酸的积累，通过积累渗透调节物质来保持细胞正常的膨压以缓和盐分的胁迫[16,25-26]，从表 5 看，脯氨酸含量也随灌溉水矿化度的增加而增加，说明胁迫程度越大，积累的脯氨酸含量越多，且 4 g·L^{-1} 和 6 g·L^{-1} 处理较淡水对照差异达显著水平。从品种看，衡 4399 不同时期叶片积累的脯氨酸含量高于石家庄 8 号，尤其是扬花期（5 月 13 日），衡 4399 淡水对照处理的脯氨酸含量较石家庄 8 号高 54%，2 g·L^{-1}、4 g·L^{-1} 和 6 g·L^{-1} 处理脯氨酸含量较石家庄 8 号分别高 51.9%、60.6% 和 69.6%；随生育进程叶片脯氨酸含量品种间表现也不同，衡 4399 脯氨酸积累量随生育进程增加幅度较大，石家庄 8 号孕穗期较返青期增加，但灌浆期平均较抽穗期积累量低，且变化幅度小。因此胁迫加剧，脯氨酸的积累量多，脯氨酸的积累量不同品种不同时期表现不同。

表5 不同矿化度咸水灌溉对不同生育期小麦叶片脯氨酸含量的影响

$[\mu g \cdot g^{-1}（FW）]$

品种	灌溉水矿化度 $(g \cdot L^{-1})$	返青期	孕穗期	扬花期	灌浆期
衡4399	1	143.02±4.74 bB	134.15±9.07 cC	407.77±18.02 cC	344.65±24.99 cC
	2	186.16±21.29 bB	156.21±12.40 cC	570.37±54.15 bB	310.49±15.31 cBC
	4	361.85±34.31 aA	216.34±16.66 bB	622.79±35.15 bB	384.33±11.59 bB
	6	412.33±27.01 aA	369.36±13.95 aA	930.89±14.31 aA	444.21±26.91 aA
石家庄8号	1	119.45±8.80 dC	159.14±10.96 bB	264.09±3.20 cC	267.50±13.65 bB
	2	214.60±14.45 cB	182.52±5.66 bB	375.50±41.15 bB	277.51±38.85 bB
	4	259.89±12.25 bAB	261.49±3.22 aA	387.67±22.61 bB	352.55±14.19 aA
	6	303.19±24.83 aA	262.48±25.86 aA	549.03±32.66 aA	390.51±2.52 aA

2.5 不同矿化度灌溉对小麦叶片离子吸收的影响

2.5.1 K⁺吸收

高等植物在盐胁迫下产生的渗透调节物质还包括无机离子[13-27]，为了避免细胞伤害，植物需要在细胞质中维持足够的 K^+ 和适当的 K^+/Na^+[28-29]。随灌溉水矿化度的增加（表6），叶片中 K^+ 的百分含量降低（干基DW），且两品种的表现趋势一致，灌溉梯度间差异不显著，随生育进程的推迟 K^+ 含量降低，但石家庄 8 号叶片中 K^+ 的百分含量高于衡4399，可能是其抗性的表现之一。

表6 不同矿化度咸水灌溉对不同生育期小麦叶片钾离子和钙离子含量的影响

$[\%（DW）]$

品种	灌溉水矿化度 $(g \cdot L^{-1})$	K⁺含量			Ca²⁺含量		
		孕穗期	扬花期	灌浆期	孕穗期	扬花期	灌浆期
衡4399	1	2.08±0.15 a	1.60±0.38 a	1.55±0.13 a	0.51±0.06 a	0.54±0.09 a	0.63±0.01 bAB
	2	2.07±0.13 a	1.37±0.18 a	1.46±0.14 a	0.52±0.04 a	0.53±0.11 a	0.73±0.03 aA
	4	1.90±0.12 a	1.27±0.04 a	1.50±0.10 a	0.41±0.12 a	0.44±0.03 a	0.56±0.07 bcB
	6	1.74±0.18 a	1.26±0.08 a	1.48±0.08 a	0.37±0.07 a	0.43±0.01 a	0.55±0.01 cB

（续表）

品种	灌溉水矿化度 (g·L⁻¹)	K⁺含量			Ca²⁺含量		
		孕穗期	扬花期	灌浆期	孕穗期	扬花期	灌浆期
石家庄8号	1	2.16±0.43 a	1.86±0.26 a	1.79±0.25 a	0.44±0.07 a	0.57±0.11 a	0.60±0.13 abA
	2	2.22±0.44 a	1.85±0.20 a	1.60±0.18 a	0.37±0.04 a	0.56±0.07 a	0.74±0.08 aA
	4	2.03±0.07 a	1.78±0.17 a	1.60±0.10 a	0.39±0.09 a	0.44±0.08 a	0.59±0.05 abA
	6	2.15±0.03 a	1.59±0.23 a	1.53±0.11 a	0.35±0.10 a	0.47±0.10 a	0.54±0.03 bA

2.5.2 Ca²⁺吸收

钙是植物必需的一种矿质营养元素，对于维持细胞壁、细胞膜及膜结合蛋白的稳定性，调节无机离子运输及细胞内系列生化反应起着重要作用。从叶片中 Ca^{2+} 的变化看（表6），随生育进程的延后，叶片慢慢衰老，叶片中 Ca^{2+} 的含量是增加的。随灌溉水矿化度的增加，总体来看叶片中 Ca^{2+} 的含量呈降低趋势，特别当矿化度超过 4 g·L⁻¹时降低趋势明显，说明盐分胁迫对叶片钙离子的吸收有一定抑制作用[30]，破坏了质膜完整性的钙信号系统[31]，钙离子的吸收下降。

2.5.3 Na⁺吸收及 Ca²⁺/Na⁺和 K⁺/Na⁺

盐胁迫具有渗透效应和离子毒害效应[15]，植物体高浓度的 Na^+ 会抑制植物生长[32-33]。从表7看出，随灌溉水矿化度的增加，叶片中 Na^+ 含量增大，当灌溉水的矿化度达到 4 g·L⁻¹时，较淡水对照差异达显著水平。随着盐分浓度增加，Ca^{2+} 的吸收有降低趋势，Ca^{2+}/Na^+ 降低（表8），说明盐分胁迫破坏了 Ca^{2+}/Na^+ 平衡。植物细胞中 K^+ 和 Na^+ 含量对植物的生长至关重要[34]，胞质中必须保持高 K^+/Na^+ 比，K^+/Na^+ 比值的高低反映了植物外界胁迫的影响程度[35]，随灌溉水矿化度的增加 K^+/Na^+ 比降低（表8），说明矿化度升高，植株的胁迫程度加剧。从品种比较来看，孕穗期和扬花期两品种 Ca^{2+}/Na^+ 规律不明显，在灌浆期相同矿化度处理 Ca^{2+}/Na^+ 比值石家庄8号高于衡4399；从 K^+/Na^+ 比值来看，衡4399较石家庄8号不同时期总体趋势要低，植物耐盐性的高低与高 K^+/Na^+ 保持力有关[36]，一般抗盐性强的品种在各时期均具较高的 K^+/Na^+[37]，本研究 K^+/Na^+ 结果体现了石家庄8号相对较强的耐盐性。

表7 不同矿化度咸水灌溉对不同生育期小麦叶片钠离子含量的影响 ［% (DW)］

品种	灌溉水矿化度 (g·L⁻¹)	孕穗期	扬花期	灌浆期
衡4399	1	0.10±0.01 cB	0.05±0.01 dB	0.06±0.01 cB
	2	0.14±0.02 bcAB	0.08±0.01 cB	0.09±0.00 bB
	4	0.17±0.03 abAB	0.14±0.03 bA	0.10±0.01 bB
	6	0.20±0.04 aA	0.18±0.01 aA	0.18±0.02 aA

（续表）

品种	灌溉水矿化度（g·L⁻¹）	孕穗期	扬花期	灌浆期
石家庄 8 号	1	0.07±0.01 cC	0.07±0.01 bB	0.03±0.01 cB
	2	0.13±0.02 bB	0.09±0.00 bB	0.06±0.01 bcAB
	4	0.14±0.01 bB	0.16±0.02 aA	0.09±0.01 abA
	6	0.25±0.01 aA	0.19±0.02 aA	0.10±0.02 aA

表 8　不同矿化度咸水灌溉对不同生育期小麦叶片 Ca^{2+}/Na^+ 和 K^+/Na^+ 的影响

［% （DW）］

品种	灌溉水矿化度（g·L⁻¹）	孕穗期		扬花期		灌浆期	
		Ca^{2+}/Na^+	K^+/Na^+	Ca^{2+}/Na^+	K^+/Na^+	Ca^{2+}/Na^+	K^+/Na^+
衡 4399	1	5.04±1.15 aA	20.52±3.78 aA	11.18±3.45 aA	31.95±2.93 aA	10.39±1.82 aA	25.36±3.59 aA
	2	3.66±0.41 abAB	14.43±1.05 bAB	6.71±2.23 bAB	16.93±1.55 bB	7.98±0.67 bAB	16.07±2.05 bB
	4	2.40±0.32 bcB	11.45±1.88 bcB	3.33±1.03 bcB	9.51±2.51 cC	5.82±0.35 cB	15.86±2.92 bBC
	6	1.88±0.54 cB	8.86±2.45 cB	2.44±0.16 cB	7.15±0.84 cC	3.12±0.36 dC	8.41±0.49 cC
石家庄 8 号	1	6.28±0.29 aA	30.79±2.85 aA	8.19±2.28 aA	26.14±2.87 aA	18.19±5.75 aA	52.68±2.65 aA
	2	2.93±0.20 bB	17.79±5.43 bB	6.34±0.61 aA	21.21±2.76 bA	12.58±0.42 abAB	27.28±3.9 bB
	4	2.74±0.50 bB	14.30±1.14 bcB	2.73±0.65 bB	10.94±1.77 cB	6.96±1.32 bcB	19.00±3.24 cBC
	6	1.38±0.37 cC	8.55±0.19 cB	2.50±0.73 bB	8.27±0.82 cB	5.56±1.50 cB	15.69±3.31 cC

3　讨论与结论

　　籽粒产量的形成和植株生长发育息息相关，胁迫程度越大，植株的生长发育抑制作用愈明显，产量越低。而作物产量的高低是评价其耐盐性好坏的综合体现，多数育种学家和生理学家都采用旱、盐胁迫下的最终产量指标来衡量植物的抗旱性[38-41]和耐盐性[42]。本研究结果表明，随灌溉水矿化度的增加，植株的胁迫程度越大，小麦产量越低，石家庄 8 号在产量和产量耐盐指数方面均表现出较强的耐盐特性。

　　植物耐盐性的评价指标很多，而且不同的品种其耐盐特性也存在差异，本研究结果表明随灌溉水矿化度的增加两品种植株叶片的相对电导率、丙二醛含量、脯氨酸含量均表现出增加趋势，反映了作物的逆境反应特性，说明胁迫程度加剧，发生质膜过氧化作用越明显，作为膜脂氧化有害物质的丙二醛含量越多[43-44]，其含量的多少代表膜损害的程度[45]，石家庄 8 号同时期的丙二醛含量趋势低于衡 4399，与丙二醛含量低则作物受到伤害少的研究结果一致[43]。

但从脯氨酸的积累来看，灌溉水矿化度越高，小麦叶片脯氨酸含量增多，与邵红雨等[13]研究结果一致，而耐逆性强的石家庄 8 号积累的脯氨酸含量低于耐性相对较差的衡 4399，印证了脯氨酸积累是胁迫对作物伤害的结果[46]，与郭晓丽等[47]耐盐性弱的小麦品种脯氨酸含量上升幅度大的研究结果一致。

另外，细胞膜完整性和质膜透性的维持取决于其内一价离子（Na^+，K^+）和二价离子（Ca^{2+}）之间的平衡[48-49]。本研究灌溉水矿化度越高，植株吸收的 Na^+ 越多，其体内的离子浓度平衡被破坏，引起系列生理反应，导致植株叶片 Ca^{2+}/Na^+ 和 K^+/Na^+ 的降低，Ca^{2+}/Na^+ 平衡被破坏，导致膜透性增大；植物本身盐胁迫是建立在 K^+ 稳态基础上的[50]，耐盐作物的重要特征之一是保持 K^+ 的能力和高 K^+/Na^+ 比[27,51-53]，一般抗盐性强的品种在各时期均具较高的 K^+/Na^+，小麦的籽粒产量在一定范围内与其植株地上部各器官的 K^+/Na^+ 呈一定正相关[37]。本研究结果表明石家庄 8 号从积累的 K^+ 总量和相对高的 K^+/Na^+ 比来看，均具有较强的适应性，因此逆境条件下品种的选择是高产的基础，不同品种的耐盐特性不同，应从多指标综合分析其耐盐特性，而作物的耐盐特性是有一定限度的，如果超过其耐盐极限，则其生理特性就会受到影响，最终导致产量下降，从多年灌溉的角度来看灌溉水的矿化度不宜超过 $4\ g \cdot L^{-1}$[54-55]，超过作物的耐盐极限，产量就会大幅度下降。本研究建立在多年灌溉基础上，从作物产量和生理特性均反映了连续灌溉对作物的影响，但多年灌溉对土壤的结构和理化性状的影响还需进行深入研究和探讨。

参考文献

[1] 王慧军. 河北省粮食综合生产能力研究 [M]. 石家庄：河北科学技术出版社，2010.

[2] 孙永媛. 小麦耐盐生理及耐盐相关基因 *TaNHX*3 功能的初步研究 [D]. 保定：河北农业大学，2011.

[3] 曹彩云，郑春莲，李伟，等. 咸灌条件下秸秆覆盖对冬小麦生长发育的影响 [J]. 河北农业科学，2010，14（9）：52-55.

[4] 王建勋. 干旱区节水农业技术咸水灌溉的研究与应用 [J]. 新疆环境保护，1999，21（1）：43-46.

[5] 王全九，毕远杰，吴忠东. 微咸水灌溉技术与土壤水盐调控方法 [J]. 武汉大学学报（工学版），2009，42（5）：559-564.

[6] Ayers R S, Westcot D W. Water quality for agriculture [R]. FAO Irrigation and Drainage Paper, 1985.

[7] 肖振华，万洪富，郑莲芬. 灌溉水质对土壤化学特征和作物生长的影响 [J]. 土壤学报，1997，34（3）：272-285.

[8] 吴忠东，王全九. 不同微咸水组合灌溉对土壤水盐分布和冬小麦产量影响的田间试验研究 [J]. 农业工程学报，2007，23（11）：71-76.

[9] 郭会荣, 靳孟贵, 高云福. 冬小麦田咸水灌溉与土壤盐分调控试验 [J]. 地质科技情报, 2002, 21 (1): 61-65.

[10] 赵春林, 张彪, 郭培成. 汾河三坝灌区浅层咸水利用的试验研究 [J]. 太原理工大学学报, 2000, 31 (5): 593-596.

[11] 尉宝龙, 邢黎明, 牛豪震. 咸水灌溉试验研究 [J]. 人民黄河, 1997 (9): 28-32.

[12] 赵锁劳, 窦延玲. 小麦耐盐性鉴定指标及其分析评价 [J]. 西北农业大学学报, 1998, 26 (6): 80-85.

[13] 邵红雨, 孔广超, 齐军仓, 等. 植物耐盐生理生化特性的研究进展 [J]. 安徽农学通报, 2006, 12 (9): 51-53.

[14] 许祥明, 叶和春, 李国凤. 植物抗盐机理的研究进展 [J]. 应用与环境生物学报, 2000, 6 (4): 379-387.

[15] 郑国琦, 许兴, 徐兆桢. 耐盐分胁迫的生物学机理及其基因工程研究进展 [J]. 宁夏大学学报: 自然科学版, 2002, 23 (1): 79-85.

[16] 贾洪涛, 高文, 刘京贞, 等. 盐胁迫下 Na^+、K^+ 和 Cl^- 对碱蓬和玉米生理特性效应的比较研究 [J]. 临沂师范学院学报, 2002, 24 (3): 46-49.

[17] 陈莉. 复合盐胁迫对小麦幼苗生理指标的影响 [J]. 贵州农业科学, 2011, 39 (1): 56-58.

[18] 王自霞, 周小梅, 范玲娟. 几种环境胁迫对小麦生理生化特性的影响 [J]. 山西大学学报: 自然科学版, 2008, 31 (1): 128-132.

[19] 张敏, 蔡瑞国, 李慧芝, 等. 盐胁迫环境下不同抗盐性小麦品种幼苗长势和内源激素的变化 [J]. 生态学报, 2008, 28 (1): 310-320.

[20] 李合生. 植物生理生化实验原理和技术 [M]. 北京: 高等教育出版社, 2000: 83-139.

[21] 赵世杰, 许长成, 邹琦, 等. 植物组织中丙二醛测定方法的改进 [J]. 植物生理学通讯, 1994, 30 (3): 207-210.

[22] 鲁如坤. 土壤农业化学分析方法 [M]. 北京: 中国农业科技出版社, 1999.

[23] 申玉香, 乔海龙, 陈和, 等. 几个大麦品种 (系) 的耐盐性评价 [J]. 核农学报, 2009, 23 (5): 752-757.

[24] 刘遵春, 张军良, 包东娥, 等. NaCl 胁迫对 '金光' 杏梅幼苗生长及其生理指标的影响 [J]. 西北植物学报, 2007, 27 (9): 1 838-1 842.

[25] 杜中军, 翟衡, 李健, 等. 盐胁迫对苹果砧木的膜伤害 [J]. 山东农业大学学报: 自然科学版, 2001, 32 (4): 523-532.

[26] 袁琳, 克热木·伊力. 盐胁迫对阿月混子可溶性糖、淀粉、脯氨酸含量的影响 [J]. 新疆农业大学学报, 2004, 27 (2): 19-23.

[27] 林栖风, 李冠一. 植物耐盐性研究进展 [J]. 生物工程进展, 2000, 20 (2): 20-25.

[28] 裘丽珍, 黄有军, 黄坚钦, 等. 不同耐盐性植物在盐胁迫下的生长与生理特性比较研究 [J]. 浙江大学学报: 农业与生命科学版, 2006, 32 (4): 420-427.

[29] Niu X, Bressan R A, Hasegawa P M, *et al.* Ion homeostasis in NaCl stress environments [J]. Plant Physiology, 1995, 109 (3): 735-742.

[30] Serrano R, Culiañz-Maciá F A, Moreno V. Genetic engineering of salt and drought tolerance with yeast regulatory genes [J]. Scientia Horticulturae, 1999, 78 (1-4): 261-269.

[31] Epstein E, Rains D W. Advances in salt tolerance [J]. Plant and Soil, 1987, 99 (1): 17-29.

[32] Lynch J, Politc V S, Lauchli A. Salinity stress increases cytoplasmic Ca activity in maize root

protoplasts [J]. Plant Physiology, 1989, 90 (4): 1 271-1 274.

[33] Munns R, Termaat A. Whole-plant responses to salinity [J]. Australian Journal of Plant Physiology, 1986, 13 (1): 143-160.

[34] 赵可夫, 王绍唐. 作物抗性生理 [M]. 北京: 农业出版社, 1990: 249-313.

[35] 陈敏, 彭建云, 王宝山. 整株水平上 Na^+ 转运体与植物的抗盐性 [J]. 植物学通报, 2008, 25 (4): 381-391.

[36] 高永生, 王锁民, 张承烈. 植物盐适应性调节机制的研究进展 [J]. 草业学报, 2003, 12 (2): 1-6.

[37] 王宝山, 邹琦, 赵可夫. NaCl 胁迫对高粱不同器官离子含量的影响 [J]. 作物学报, 2000, 26 (6): 845-850.

[38] 李树华, 许兴, 惠红霞, 等. 土壤盐碱胁迫对春小麦 K^+、Na^+ 选择性吸收的影响 [J]. 西北植物学报, 2002, 22 (3): 587-594.

[39] Fukai S, Cooper M. Development of drought-resistant cultivars using physiomorphological traits in rice [J]. Field Crops Research, 1995, 40 (2): 67-86.

[40] Li Z K, Shen L S, Courtois B, et al. Development of near-isogenic introgression line (NIIL) sets for QTLs associated with drought tolerance in rice [C]. // Ribaut J M, Poland D, eds. Molecular Approaches for the Genetic Improvement of Cereals for Stable Production in Water-Limited Environments A strategic planning Workshop Held on 21-25 June 1999. CIMMYT, El Batan, 2000, 103-107.

[41] Lafitte H R, Price A H, Courtois B. Yield response to water deficit in an upland rice mapping population: Associations among traits and genetic markers [J]. Theoretical and Applied Genetics, 2004, 109 (6): 1 237-1 246.

[42] Bernier J, Kumar A, Ramaiah V, et al. A large-effect QTL for grain yield under reproductive-stage drought stress in upland rice [J]. Crop Science, 2007, 47 (2): 507-518.

[43] Li Z K, Xu J L. Breeding for drought and salt tolerant rice (Oryzasativa L.): Progress and perspectives [M]. // Jenks M A, Hasegawa P M, Jain S M, eds. Advances in Molecular Breeding toward Drought and Salt Tolerant Crops. Netherlands: Springer, 2007: 531-564.

[44] 王保莉, 杨春, 曲东. 环境因素对小麦苗期 SOD、MDA 及可溶性蛋白的影响 [J]. 西北农业大学学报, 2000, 28 (6): 72-77.

[45] 时丽冉, 白丽荣, 李会芬. 等渗胁迫下 NaCl 和 PEG 对小麦幼苗伤害的比较 [J]. 衡水学院学报, 2006, 8 (1): 66-68.

[46] 吕芝香, 王正刚. 盐胁迫下小麦苗叶片吡咯-5-羧酸还原酶活性和游离脯氨酸积累 [J]. 植物生理学报, 1993, 19 (2): 111-114.

[47] 郭晓丽, 时丽冉, 白丽荣, 等. 不同小麦品种的耐盐性研究 [J]. 江苏农业科学, 2008 (4): 43-45.

[48] 赵可夫, 卢元芳, 张宝泽, 等. Ca 对小麦幼苗降低盐害效应的研究 [J]. 植物学报, 1993, 35 (1): 51-56.

[49] 戴高兴, 彭克勤, 皮灿辉. 钙对植物耐盐性的影响 [J]. 中国农学通报, 2003, 19 (3): 97-101.

[50] 韩梦娴. Na^+、K^+、Ca^{2+} 对植物耐盐性影响的研究进展 [J]. 广东农业科学, 2009 (10): 81-83.

[51] 王素平, 徐心诚. H_2O_2 预处理对盐胁迫下黄瓜幼苗生长和 K^+、Na^+、Cl^- 分布的影响 [J].

河南农业科学, 2008 (5): 88-92.

[52] 夏方山, 董秋丽, 董宽虎. Na$_2$CO$_3$胁迫对碱地风毛菊苗期叶片和根系氮代谢的影响 [J]. 草原与草坪, 2011, 31 (1): 19-22.

[53] Yeo A. Molecular biology of salt tolerance in the context of whole-plant physiology [J]. Journal of Experimental Botany, 1998, 49 (323): 915-929.

[54] 郑春莲, 曹彩云, 李伟, 等. 不同矿化度咸水灌溉对小麦和玉米产量及土壤盐分运移的影响 [J]. 河北农业科学, 2010, 14 (9): 49-51, 55.

[55] 马俊永, 曹彩云, 郑春莲, 等. 不同矿化度咸水灌溉对小麦生长及产量的影响研究 [J]. 华北农学报, 2010, 25 (增刊): 213-219.

［此文原刊载于《中国生态农业学报》, 2013, 21 (2): 347-355］

造墒与播后镇压对小麦冬前耗水和生长发育的影响

党红凯[1]，曹彩云[1]，郑春莲[1]，马俊永[1]，郭　丽[1]，

王亚楠[2]，李　伟[1]，李科江[1]

（1. 河北省农林科学院旱作农业研究所/河北省农作物抗旱性研究重点实验室；

2. 河北省农业技术推广总站）

摘　要： 为明确造墒和播后镇压对小麦冬前耗水和群体与个体特征及产量的影响，为确定播后镇压技术和提高小麦水分利用效率提供依据，分别于 2013—2014 年和 2014—2015 年小麦生长季在河北省衡水市选用当地小麦品种衡 4399，分 9 月 15 日（I9.15）、9 月 20 日（I9.20）、9 月 25 日（I9.25）和 9 月 30 日（I9.30）4 期造墒，以不造墒为对照（CK）。每期处理又设每延米 0 kg（G0）、95 kg（G95）和 120 kg（G120）3 个水平镇压的冬小麦田间试验。冬前对土壤水分和小麦幼苗生长情况进行动态监测，翌年成熟期考察产量性状并测产。结果表明，播种时土壤水分含量高，冬前阶段农田蒸散量也高。同一造墒不同镇压处理比较，I9.30 处理以 G95 田间蒸散量最低，其他处理均以 G120 蒸散量最低，处理间差异显著。对苗情的影响，同一造墒不同镇压比较，苗期单株生物量、叶面积、群体总茎数以 G120 与 G95 处理较高，以 G0 处理较低，处理间显著水平不同；同一镇压不同造墒处理间比较，不造墒的 CK 总茎数显著减少，产量显著较低，且年际变化不稳定。造墒与镇压对穗数影响较大，其中造墒处理穗数显著高于 CK，镇压处理对穗数的影响表现一致：G120>G95>G0。以上处理对产量与对穗数的影响一致：造墒处理间产量差异水平不同，但以 CK 最低；镇压处理间产量差异不显著，但以 G0 最低。造墒和镇压对产量的交互作用不显著。综上可见，墒情适宜是小麦播后镇压的基础，镇压又是提墒壮苗的保障。河北地区小麦造墒水提前到 9 月 20—25 日，播种后采用每延米 95 kg 镇压器便于田间操作且镇压效果较好。

关键词： 冬小麦；造墒；播后镇压；蒸散量；土壤水分；产量

小麦是我国仅次于水稻、玉米的第三大粮食作物，是河北省的基本口粮作物。小麦适应性强，可在华北气温较低的秋冬季节生长[1]，增加该地区复种指数，提高周年粮食产量[2]。小麦也是北方地区秋冬季节覆盖地面的重要绿色植物，提高小麦冬前苗质量，保证叶片带绿越冬，不仅为丰产打下基础，同时也改善京津冀地区的生态环境[3]。可见，冬前壮苗对小麦生产和环境改良都具有重要的意义。河北平原小麦生育期平均降水量为 109 mm，而小麦需水量为 420 mm，河北平原自然降水不能满足小麦生长对水分的需求[4-5]。由于无地表水供给，深层地下水是补给麦田水分的主要水源[6]。长期超采地下水，带来了严重的生态问题。减少土壤水分的无效蒸发和提高水分生产效率是当前小麦生产亟待解决的问题[7]。由于受季风性气候影响，河北平原进入 9 月降雨明显减少，降雨难以满足小麦出苗对水分的需求。考虑到小麦玉米一体化种植，可在玉米乳熟

后期为小麦提前造墒[8]，但该灌溉技术对小麦的影响鲜见报道。另外河北平原小麦出苗1个月后陆续进入越冬期，与河南山东相比，该区麦田冬季寒冷少雪，极易遭遇冻害，增温保墒对小麦安全越冬很重要[9]。小麦播后镇压有踏实土壤、压碎土块、平整地面的作用，起到稳定地温、保水提墒的作用。镇压通过增加耕层土壤紧密度而提高土壤含水量，使种子与土壤紧密接触，利于根系喷发和下扎[1]。但土壤紧实度过大或过小都不利于小麦出苗。镇压后土壤过度紧实，非但起不到促苗壮苗作用，反而会造成土壤板结、致使苗情偏弱[10]。可见，通过适度镇压及与玉米倒茬时适期灌水，对提高小麦苗期质量具有重要意义。为此，本研究通过不同时期造墒形成的不同墒情麦田和播后不同镇压重力构建的小麦群体，研究不同条件下麦田冬前耗水特征及小麦群体、个体特征和产量性状，为确定小麦播后镇压技术和提高水分利用效率提供研究依据。

1 材料与方法

1.1 基本情况

田间试验于2013—2014年和2014—2015年连续两个小麦生长季在河北省农林科学院旱作节水农业试验站进行。该站位于河北平原中南部深州市，属于黑龙港小麦生长区，具有中国北方半干旱农业生产区的典型特征。该区常年采用冬小麦夏玉米一年两熟种植制。年均日照时数、无霜期、蒸发量、降水量、气温分别为2 509.4 h、188 d、1 785 mm、510 mm、12.8 ℃[11]。试验田土质为壤土，0～200 cm平均土壤容重1.40 g·cm^{-3}；0～20 cm耕层土壤肥力为：有机质含量14.39 g·kg^{-1}，全氮含量1.48 g·kg^{-1}，速效氮含量101.36 mg·kg^{-1}，速效磷含量21.95 mg·kg^{-1}，速效钾含量113.68 mg·kg^{-1}。小麦生长季降水量见表1。

表1 试验年度小麦生育期内降水量 （mm）

年份	月份									全生育期
	10月	11月	12月	1月	2月	3月	4月	5月	6月	
2013—2014年	4.4	8.7	0.3	0.5	5.1	0.7	49.6	35.7	26.1	131.0
2014—2015年	0.5	15.6	0	0	0	11.1	56.9	58.2	1.2	143.5

1.2 试验设计

选用大面积种植且具节水高产潜力的冬小麦品种衡4399为试验材料，按照常规播种量（225 kg·hm^{-2}）统一播种。主处理为小麦造墒时期处理，设9月15日（I9.15）、9月20日（I9.20）、9月25日（I9.25）、9月30日（I9.30）灌水造墒和不灌水（CK）5个水平。灌水量45 mm，每个处理占地666.7 m^2，顺序排列。主处理下设镇压重力副处理。镇压机具采用SL 200型小麦镇压器，长、宽、高分别为2.00 m、0.45 m和0.40 m，机体重量190 kg，镇压轮直径0.35 m。通过在镇压器机架上配重土壤调节镇压强度。以生产上普遍采用的190 kg（G95）镇压为对照，增设不镇压（G0）和

240 kg加重镇压（G120），共3个水平。

冬小麦夏玉米收获后秸秆全量粉碎还田。整地前每公顷底施磷酸二铵525 kg，氯化钾150 kg。拔节期追施尿素375 kg，折合施用化肥量每公顷为N 267 kg，P_2O_5 241.5 kg，K_2O 90 kg。播后安排镇压试验。其他管理同常规大田。2013—2014年，10月14日播种，10月16日镇压，翌年5月10日扬花，6月9日收获；2014—2015年，2014年10月12日播种，10月14日镇压，翌年5月8日扬花，6月11日收获。

1.3 田间调查

1.3.1 表层土壤硬度

镇压后在每个处理区，利用土壤硬度仪（上海）测定表层土硬度，每区测定重复30次，取其平均值。

1.3.2 总茎数调查

在每个副处理定3个点，从11月2日开始，每隔5 d数苗1次。按1 m双行折算总茎数，取各点的平均数折算处理的总茎数。

1.3.3 植株性状

在每个处理多点取苗30株，作为考察样本。逐株考察株高、单株茎数、叶面积和次生根数。考察单株性状后，去掉根部，置烘箱105 ℃杀青，80 ℃烘干至恒重，冷却后称重，计算单株干重。

1.4 土壤含水量的测定及农田蒸散量和水分利用率的计算

播种前（2013年10月12日，2014年10月10日）在各造墒水试验区，用土钻钻取0～200 cm土层；越冬前（2013年12月2日，2014年12月3日）在各处理小区，用土钻钻取0～100 cm土层土样，每10 cm为一层。每个处理取土3次重复。采用烘干法测定土壤含水量，用于计算蒸散量。由于冬前小麦根系浅，水分消耗主要考虑0～100 cm土层，公式如下[12]：

$$ET_{1-2} = 10 \sum_{i=1}^{n} \gamma_i H_i (\theta_{i1} - \theta_{i2}) + M + P_0 + K \tag{1}$$

式中：ET_{1-2}为阶段蒸散量；i为土层编号；n为总土层数；γ_i为第i层土壤干容重；H_i为第i层土壤厚度；θ_{i1}和θ_{i2}为第i层土壤时段初和时段末的含水率，以占干土重的百分数计算；M为时段内的灌水量；P_0为有效降水量；K为时段内的地下水补给量，当地下水埋深大于2.5 m时，K值可以不计，本试验的地下水埋深在10 m以下，因此无地下水补给。

$$耗水来源比例(\%) = 耗水构成/蒸散量×100\% \tag{2}$$

1.5 产量和产量构成因素测定

成熟前在田间计数各样点上的穗数，计算出穗数。然后在样点中随机抓取20穗，调查穗粒数。在同一块地上多点取样30株左右，带回室内。逐株考察植株性状。每区收获2 m^2的样点3个，折算每公顷产量。从各样点晒干的籽粒中随机抽取，计数千粒重。

1.6 数据处理

采用 Microsoft Excel 和 DPS 软件进行数据处理和统计分析。

2 结果与分析

2.1 不同造墒和镇压处理对土壤性状的影响

2.1.1 对表层土壤硬度的影响

土壤硬度大，土壤紧实度也高。同一造墒处理，随着镇压重力的增加，表层土壤硬度也提高，部分处理间差异达到显著水平（表2）。年际间处理间变化基本一致，2013年以 I9.20 造墒处理下 G120 处理最大，达到 9.20 kg·cm^{-2}；2014年则以 I9.25 造墒处理下 G120 处理最大，达到 11.40 kg·cm^{-2}。同镇压重力不同造墒水处理间比较，以 I9.20、I9.25 处理土壤硬度最高或较高，以不灌水的对照（CK）最低。

表2 2013年和2014年不同造墒时期和不同镇压处理对土壤硬度的影响

（kg·cm^{-2}）

造墒时间	镇压处理					
	2013年			2014年		
	G0	G95	G120	G0	G95	G120
CK	0.90±0.13 c	2.40±0.20 b	5.40±0.51 a	0.15±0.02 c	0.60±0.07 b	1.05±0.15 a
I9.15	1.40±0.15 c	3.20±0.22 b	6.25±0.31 a	1.00±0.15 c	3.20±0.18 b	6.20±0.42 a
I9.20	1.66±0.15 c	3.80±0.30 b	9.20±0.82 a	1.14±0.13 c	7.20±0.66 b	9.80±0.53 a
I9.25	1.75±0.20 c	4.70±0.39 b	8.20±0.74 a	1.44±0.15 c	5.20±0.41 b	11.40±0.33 a
I9.30	2.20±0.20 c	4.40±0.39 b	5.60±0.46 a	1.02±0.17 c	4.20±0.36 b	10.20±0.79 a

注：数字后面不同小写字母表示同一造墒时间不同镇压处理间差异显著。下同

2.1.2 不同时期造墒处理对底墒的影响

两年不同造墒处理 0~100 cm 土层土壤含水量变化基本一致，CK 处理 0~80 cm 土壤墒情明显低于不同时期灌水的处理。年际间比较，以 2014 年差异更为明显（图1）。不同处理间比较，0~100 cm 土层土壤水分含量，两年变化基本一致：I9.30>I9.25≥I9.20>I9.15>CK。总体来看，灌水越晚，0~100 cm 土层土壤含水量越高。

100~200 cm 处理间土壤含水量变化与 0~100 cm 相似，但处理间差异较小，土壤水分含量变幅 17.28%~30.92%。年际间比较，以 2014 年 CK 处理最低，与 2014 年玉米生育期降雨较少，玉米消耗深层土壤水分后没有得到有效补给有关。

2.1.3 冬前土壤耗水特征

本研究条件下，小麦播种至越冬前农田蒸散量为 19.78~51.76 mm。同一底墒处理，I9.30 处理以 G95 镇压蒸散量最低，其他处理均以 G120 蒸散量最低。土壤供水量所占蒸散量的比例为 18.64%~73.01%，随着镇压重力的增加土壤供水量所占蒸散量的比例有减小趋势；降水量所占农田蒸散量的比例随着镇压重力的增加有增加的趋势。同一底墒处理，年际间有

土壤含水量(%)

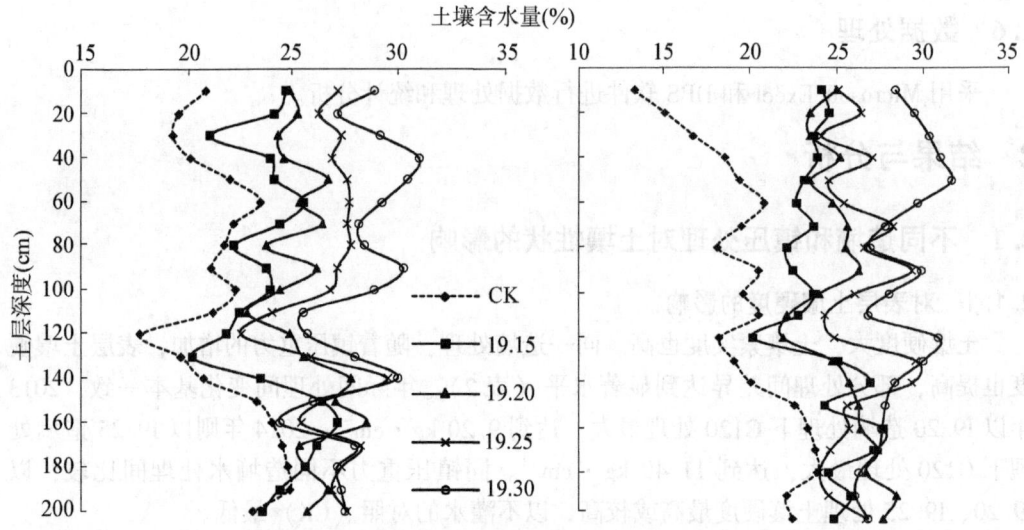

图1 2013年（左）和2014年（右）不同造墒时期处理下小麦播前0～200 cm土层土壤含水量

一定差异：2013年以灌水处理较早的I9.15和不灌水的CK处理农田蒸散量与土壤供水量较大；2014年以灌水处理较晚的I9.25和I9.30处理农田蒸散量与土壤供水量较大。

同一镇压强度不同灌水处理间比较，随造墒时间的推迟，土壤供水量与农田蒸散量有增加的趋势。土壤供水量所占农田蒸散量的比例随着造墒的推迟有所增加；降雨所占农田蒸散量的比例随着造墒的推迟有所减小。年际间比较，随镇压强度的变化，农田蒸散量与土壤供水量差异不具规律性（表3）。

2.2 不同造墒和镇压处理对小麦冬前群个体影响

2.2.1 对小麦冬前苗情影响

分别于2013年和2014年的11月11日对麦田苗情进行调查，结果见表4。同一造墒处理不同镇压重力比较，以G120与G95处理单株生物量较高，以G0处理单株生物量最低。同一镇压重力造墒处理间比较，随灌水时间的推迟，单株生物量有增加的趋势，表现为I9.30≥I9.25≥I9.20≥I9.15>CK，年际间差异较小。不同处理对次生根的影响与对生物量的影响相似，但不尽相同，G95处理次生根条数以I9.25或I9.20最高，I9.30较低。不同处理对单株叶面积的影响与对次生根的影响基本相似。总体来看，G95镇压处理+I9.20与I9.25造墒处理，小麦冬前苗质量普遍较好。

2.2.2 小麦冬前群体动态变化

由表5可见，冬前阶段随时间推迟总茎数逐渐增加，处理间增加趋势因造墒水与播后镇压不同而有所差异。两年中5个造墒水平之间的差异显著性不同，2013年以I9.25处理总茎数最高，2014年以I9.30处理总茎数最高，均以CK处理最低，差异达到显著水平。两年中3个镇压水平之间的差异显著性相近。以G120或G95总茎数较高，均以CK处理最低。

两个年度冬前不同时期小麦群体的方差分析表明（表5），造墒对群体的影响达到显著水平。造墒和镇压对冬前群体的交互作用也达到显著水平。

表3　2013年和2014年不同造墒时期和不同镇压处理对冬前小麦耗水的来源及其比例的影响

造墒时期	镇压处理	蒸散量(mm)		降水量				土壤供水			
		2013年	2014年	数量(mm)	2013年 比例(%)	数量(mm)	2014年 比例(%)	数量(mm)	2013年 比例(%)	数量(mm)	2014年 比例(%)
CK	G120	22.41±0.71 b	19.78±0.08 b	13.6	60.69±1.92 a	16.1	81.40±0.33 a	8.81±0.71 b	39.31±1.92 a	3.68±0.08 b	18.60±0.33 b
CK	C95	26.88±0.64 a	22.80±0.63 a	13.6	50.60±1.21 b	16.1	70.61±1.95 b	13.28±0.64 ab	49.40±1.21 a	6.70±0.63 a	29.39±1.95 a
CK	C0	29.59±0.83 a	25.88±0.49 a	13.6	45.96±1.29 b	16.1	62.21±1.18 c	15.99±0.83 a	54.04±1.29 a	9.78±0.49 a	37.79±1.18 a
9.15	G120	40.15±0.93 b	32.75±1.24 a	13.6	33.87±0.79 a	16.1	49.16±1.86 a	26.55±0.93 b	66.13±0.79 b	16.65±1.24 a	50.84±1.86 a
9.15	C95	47.59±0.66 a	34.07±0.43 a	13.6	28.58±0.40 ab	16.1	47.26±0.59 a	33.99±0.66 a	71.42±0.40 a	17.97±0.43 a	52.74±0.59 a
9.15	C0	49.57±0.84 a	32.88±0.19 a	13.6	27.44±0.47 b	16.1	48.97±0.28 a	35.97±0.84 a	72.56±0.47 a	16.78±0.19 a	51.03±0.28 a
9.20	G120	37.97±0.46 a	39.89±0.01 b	13.6	35.82±0.43 a	16.1	40.36±0.01 a	24.37±0.46 b	64.18±0.43 a	23.79±0.01 b	59.64±0.01 b
9.20	C95	41.31±0.28 a	41.88±0.46 b	13.6	32.92±0.22 a	16.1	38.44±0.42 a	27.71±0.28 ab	67.08±0.22 a	25.78±0.46 ab	61.56±0.42 ab
9.20	C0	43.85±0.72 a	46.75±0.38 a	13.6	31.01±0.51 a	16.1	34.44±0.27 b	30.25±0.72 a	68.99±0.51 a	30.65±0.38 a	65.56±0.27 a
9.25	G120	35.24±0.83 b	42.05±0.27 b	13.6	38.59±0.91 a	16.1	38.29±0.25 a	21.64±0.83 b	61.41±0.91 ab	25.95±0.27 b	61.71±0.25 a
9.25	C95	33.92±0.14 b	45.95±1.24 b	13.6	40.09±0.17 a	16.1	35.04±0.95 a	20.32±0.14 b	59.91±0.17 b	29.85±1.24 a	64.96±0.95 a
9.25	C0	40.36±1.02 a	46.60±1.03 b	13.6	33.70±0.85 b	16.1	34.55±0.76 a	26.76±1.02 a	66.30±0.85 a	30.5±1.03 a	65.45±0.76 a
9.30	G120	45.59±0.88 b	50.69±0.58 b	13.6	29.83±0.58 ab	16.1	31.76±0.36 a	31.99±0.88 b	70.17±0.58 a	34.59±0.58 a	68.24±0.36 a
9.30	C95	43.57±0.43 b	47.86±0.39 b	13.6	31.21±0.31 a	16.1	33.64±0.27 a	29.97±0.43 b	68.79±0.31 a	31.76±0.39 a	66.36±0.27 a
9.30	C0	50.38±0.79 a	51.76±0.64 a	13.6	26.99±0.42 b	16.1	31.11±0.38 a	36.78±0.79 a	73.01±0.42 a	35.66±0.64 a	68.89±0.38 a

表4 不同造墒时期和不同镇压处理对冬前小麦幼苗质量影响

指标	年份	镇压处理	造墒时期				
			CK	I9.15	I9.20	I9.25	I9.30
单株生物量(g)	2013年	G120	0.073±0.009 a	0.077±0.007 a	0.079±0.006 a	0.082±0.006 a	0.095±0.009 a
		G95	0.062±0.007 a	0.071±0.006 a	0.072±0.005 a	0.073±0.003 ab	0.080±0.005 b
		G0	0.060±0.007 a	0.062±0.005 a	0.062±0.004 b	0.067±0.005 b	0.071±0.008 c
	2014年	G120	0.061±0.006 a	0.076±0.005 a	0.077±0.003 a	0.079±0.005 a	0.103±0.008 a
		G95	0.058±0.005 a	0.068±0.004 ab	0.063±0.005 b	0.070±0.001 a	0.110±0.010 a
		G0	0.052±0.006 a	0.054±0.005 b	0.066±0.006 ab	0.072±0.006 a	0.069±0.007 b
单株次生根数	2013年	G120	3.90±0.41 a	4.05±0.38 a	4.40±0.26 a	4.60±0.39 a	4.30±0.41 a
		G95	4.00±0.39 a	4.25±0.35 a	4.45±0.43 a	4.65±0.38 a	4.30±0.37 a
		G0	3.50±0.40 b	3.55±0.36 b	3.80±0.29 b	3.95±0.38 b	4.25±0.40 a
	2014年	G120	3.85±0.38 a	4.15±0.39 a	4.15±0.27 ab	4.22±0.33 a	4.24±0.40 a
		G95	3.65±0.33 a	4.20±0.32 a	4.45±0.30 a	4.14±0.37 a	4.35±0.39 a
		G0	3.55±0.36 a	3.65±0.37 b	3.91±0.38 b	4.00±0.40 a	3.95±0.40 a
单株叶面积(cm²)	2013年	G120	2.94±0.30 ab	3.83±0.33 a	3.84±0.34 ab	3.91±0.28 a	4.32±0.39 a
		G95	3.12±0.30 a	3.54±0.35 a	4.12±0.37 a	4.13±0.30 a	3.51±0.30 b
		G0	2.52±0.24 b	2.82±0.25 b	3.42±0.34 b	3.31±0.34 b	3.20±0.33 b
	2014年	G120	2.84±0.27 a	3.62±0.06 a	3.71±0.25 a	3.83±0.33 ab	4.32±0.34 a
		G95	3.08±0.27 a	3.51±0.29 a	3.72±0.30 a	4.53±0.41 a	4.74±0.49 a
		G0	2.64±0.28 a	2.83±0.28 b	2.96±0.27 b	2.93±0.30 b	3.25±0.33 b

表5 不同造墒时期和不同镇压处理对冬前不同时期小麦群体总茎数的主效应与方差分析

年份	分析	因素	处理	11月2日	11月7日	11月12日	11月17日	11月22日	11月27日
2013年		造墒时期	CK	235.3±32.6 c	257.5±23.8 c	288.2±27.6 c	296.3±28.6 c	326.8±33.1 c	330.2±30.5 c
			I9.15	380.0±30.6 b	392.3±30.7 b	401.7±28.6 b	413.5±33.2 b	433.5±35.3 b	441.0±36.4 b
			I9.20	400.1±30.2 ab	425.3±33.8 ab	435.3±34.1 a	445.6±38.2 a	462.7±40.3 a	466.0±40.7 ab
			I9.25	432.1±28.3 a	459.6±30.5 a	458.7±30.8 a	469.5±31.5 a	475.3±32.4 a	481.6±35.2 a
			I9.30	400.7±39.4 ab	413.5±40.3 b	422.2±41.2 ab	441.3±41.3 a	442.5±42.1 ab	459.2±42.8 ab
	主效应	镇压	G0	354.3±56.8 b	369.2±50.3 b	383.3±40.1 b	396.6±42.3 b	407.2±51.4 b	415.1±52.7 b
			G95	373.3±41.4 ab	399.7±45.2 a	414.4±38.4 a	420.4±40.5 a	439.3±42.3 a	445.9±45.2 a
			G120	381.3±45.4 a	399.3±41.7 a	405.9±41.1 ab	422.7±41.7 a	438.0±44.8 a	445.8±43.3 a
		方差分析	I	166.84*	250.42*	151.77*	167.49*	99.38*	87.24*
			G	24.76*	103.33*	75.42*	103.01*	24.07*	33.68*
			I×G	25.53*	204.02*	93.37*	102.97*	33.44*	55.74*
2014年		造墒时期	CK	90.5±9.4 c	123.0±11.5 c	137.5±14.8 c	144.0±17.6 c	165.5±18.3 c	185.5±19.6 c
			I9.15	371.4±36.5 ab	389.8±32.7 a	397.3±38.5 ab	401.3±39.6 ab	410.3±33.1 b	413.8±32.1 b
			I9.20	356.0±30.4 b	365.5±31.5 b	376.5±32.1 b	385.5±33.8 b	395.5±38.7 b	403.5±37.6 b
			I9.25	360.0±27.6 b	370.0±28.3 b	377.8±28.7 b	387.5±30.3 b	393.0±33.2 b	415.5±33.8 b
			I9.30	399.3±36.9 a	413.5±38.7 a	422.2±39.2 a	441.3±40.2 a	442.5±38.7 a	459.2±36.5 a
	主效应	镇压	G0	305.9±41.2 b	319.2±41.3 b	335.2±50.5 a	344.0±49.2 a	353.1±57.2 a	359.8±51.8 b
			G95	308.9±33.5 b	331.5±37.8 ab	338.0±31.8 a	345.8±30.5 a	354.8±30.1 a	375.5±30.5 ab
			G120	331.5±30.4 a	346.8±31.2 a	353.6±34.4 a	366.0±33.1 a	376.2±32.6 a	391.2±32.4 a
		方差分析	I	83.67*	83.44*	60.54*	83.92*	81.29*	90.24*
			G	35.42*	15.27*	23.08*	3.64*	13.01*	35.13*
			I×G	23.17*	34.01*	12.94*	2.71*	24.04*	23.14*

2.3 不同造墒和镇压处理对产量构成的影响

对不同造墒和镇压的主效应进行多重比较（表6），发现同一年份不同造墒处理对穗数影响差异显著，CK处理穗数显著低于其他造墒处理，造墒处理间也有一定的差异，年际间比较，以I9.25处理成穗数较高，也比较稳定。不同镇压重力对穗数的影响年际间处理间表现一致：G120>G95>G0，且G120与G0差异达到显著水平。造墒处理与播后镇压对穗粒数的影响较小，只有2014—2015年G120与G0差异显著，其他处理差异均不显著。镇压对千粒重的影响较小，差异没有达到显著水平；造墒处理间千粒重差异显著，但处理间不具规律性。

不同造墒处理间比较，2013—2014年度随灌水时间的推迟，产量有逐渐增加的趋势，以I9.25与I9.30产量最高或较高；2014—2015年度以I9.15最高，2年均以CK处理产量最低。不同镇压重力比较，以G95与G120产量较高，以G0产量较低。年际间比较，以CK产量差异最大，2014年CK产量显著低于2015年。与2014年秋季小麦造墒差，小麦基本苗少，冬前总茎数低，成穗数不足有关。

两个年度小麦产量和产量构成因素的方差分析表明（表6），造墒对产量和产量构成因素的影响均达到显著水平。2013—2014年镇压对穗数影响显著；2014—2015年镇压对穗数、穗粒数、千粒重影响显著。2013—2014年造墒和镇压对穗数、穗粒数和千粒重的交互作用显著；而2014—2015年造墒和镇压仅对穗粒数和千粒重的交互作用显著。造墒和镇压对产量的交互作用不显著，镇压对产量的主效也不显著。

表6 不同造墒时期和不同镇压处理对小麦产量和产量构成因素的主效应与方差分析

分析	因素	处理	穗数(10⁴·hm⁻²) 2013—2014年	穗粒数	千粒重(g)	产量(kg·hm⁻²)	穗数(10⁴·hm⁻²) 2014—2015年	穗粒数	千粒重(g)	产量(kg·hm⁻²)
主效应		CK	391.6±40.2 d	37.4±3.4 a	47.5±3.2 a	4 588.5±107.6 c	320.7±67.3 c	38.2±3.9 a	37.0±2.6 b	1 755.0±100.6 c
	造墒时期	I9.15	649.0±50.3 c	33.6±3.2 a	42.9±2.1 b	7 594.7±100.3 b	669.1±58.1 ab	35.8±2.0 a	39.9±1.8 a	8 902.7±98.5 a
		I9.20	660.2±56.9 bc	33.2±3.1 a	42.5±2.7 b	7 852.0±54.2 ab	666.7±40.2 b	34.0±1.8 a	37.0±2.0 b	7 897.0±83.7 b
		I9.25	683.1±51.7 b	35.2±2.5 a	41.5±2.3 c	8 012.6±88.7 ab	690.6±43.7 a	31.6±2.4 a	38.9±1.9 a	7 734.3±70.6 b
		I9.30	743.0±63.2 a	35.6±3.0 a	43.2±2.9 a	8 560.0±98.6 a	672.1±40.0 ab	32.7±2.2 a	39.8±2.2 a	7 933.8±100.3 b
	镇压(G)	G0	619.7±73.3 b	34.4±4.0 a	43.5±5.0 a	7 249.0±114.5 a	596.9±90.2 b	36.1±4.1 a	38.7±4.5 a	6 850.9±186.9 a
		G95	625.4±52.8 ab	34.8±2.9 a	43.5±2.1 a	7 321.6±79.2 a	603.8±65.3 ab	35.5±3.7 ab	38.5±2.7 a	6 844.6±88.3 a
		G120	631.1±58.1 a	35.8±3.3 a	43.6±3.0 a	7 394.1±83.1 a	608.8±78.2 a	31.7±2.3 b	38.7±2.6 a	6 838.3±98.2 a

（续表）

分析	因素	处理	2013—2014 年				2014—2015 年			
			穗数（$10^4 \cdot hm^{-2}$）	穗粒数	千粒重（g）	产量（kg·hm^{-2}）	穗数（$10^4 \cdot hm^{-2}$）	穗粒数	千粒重（g）	产量（kg·hm^{-2}）
方差分析	I		62.65*	0.95*	19.22	5.47	83.59*	2.46*	16.74*	7.55*
	G		3.16*	0.54	0.12	0.29	3.61*	4.07*	2.43*	0
	I×G		4.54*	2.12*	2.71*	0.02	0.47	1.04*	1.78*	0.02

由表 7 可见，小麦产量与播前土壤含水量正相关，其中产量与 0～10 cm 土壤水分显著正相关，与 10～20 cm 土壤水分极显著正相关（2014 年），与其他土层相关不显著。产量与同一造墒不同镇压处理条件下土壤硬度相关性年际间差异较大。2014 年正相关，其中 I9.25 处理达到显著水平；2015 年负相关，其中 CK 极显著负相关。产量与同一镇压不同造墒处理条件下土壤硬度表现正相关性，但年际间处理间变化不具规律性。

表 7　小麦产量与播前 0～60 cm 不同土层土壤含水量及不同造墒时期和不同镇压处理下土壤硬度的相关性

年份	含水量					
	10	20	30	40	50	60
2014 年	0.921*	0.984**	0.807	0.861	0.854	0.817
2015 年	0.927*	0.873	0.768	0.748	0.579	0.562

年份	土壤硬度							
	镇压处理					造墒时间		
	CK	I9.15	I9.20	I9.25	I9.30	G0	G95	G120
2014 年	0.982	0.989	0.970	0.999*	0.986	0.913*	0.864	0.421
2015 年	-1.000**	-0.996	-0.974	-0.990	-0.985	0.882	0.721	0.804

注：* 与 ** 表示差异达 0.05 显著水平和 0.01 极显著水平

3　讨论与结论

3.1　造墒和播后镇压对土壤耗水特性的影响

本研究条件下，冬前阶段麦田蒸散量为 19.78～51.76 mm，与李梦哲等[6]（10.6～47.9 mm）结果相似。本研究两年 I9.15、I9.20、I9.25、I9.30 等处理播前 0～100 cm 土壤含水量分别比 CK 平均高 19.55%、26.38%、31.58% 和 48.16%。从农田蒸散量来看，2013 年 I9.15、I9.20、I9.25、I9.30 等处理分别比 CK 高 74.07%、56.10%、38.84% 和 76.90%，2014 年则高 45.63%、87.73%、96.61% 和 119.56%。可见，随农田水分含量增高，其蒸散量有增大的趋势[13]。因此，从水分消耗的角度，土壤水分含

量越低，蒸散量越少[13]。但结合生产实际，I9.20 和 I9.25 处理，既能满足小麦出苗对水分的需求，又能适度降低麦田冬前阶段蒸散量（特别是 2014 年 I9.20 和 I9.25 处理农田蒸散量比 I9.15 处理还要低），是比较适宜的造墒时期。

镇压处理冬前阶段土壤耗水差异较小，从农田蒸散量来看以不镇压的 G0 最高。2013 年 G120、G95 等镇压处理分别比不镇压 G0 减少蒸散量 16.01% 和 8.63%，2014 年则为 10.56% 和 4.16%。从数值上可以看出，镇压保墒明显，有助于提高土壤含水量[14]。结合本研究冬前小麦群个体性状和表层土壤硬度，发现镇压具有踏实土壤和蹲苗促壮的功能。联系到张迪等[1]结果，在雨雪天气镇压处理地温显著高于不镇压处理。综上可见，播后镇压具有很好的节水增产效果[15]。

另外，从土壤供水变化来看，同一造墒水处理，I9.30 以 G95 土壤供水最低，其他处理均以 G120 土壤供水最低。充分说明墒情较好的麦田，使用较轻的镇压器进行镇压效果好；墒情差的麦田，使用较重的镇压器镇压效果好[1,10]。

3.2 造墒与播后镇压对小麦生长发育和产量的影响

本研究两年 I9.15、I9.20、I9.25、I9.30 等不同造墒处理小麦生物量分别比 CK 高 11.48%、14.48%、21.04% 和 44.26%，次生根条数高 6.24%、12.07%、13.84% 和 13.10%，叶面积高 17.56%、22.98%、25.26% 和 27.39%。在本研究条件下，墒情条件越好麦田苗质量越高[16]。与造墒处理相比镇压对幼苗的影响较小，且镇压处理对小麦冬前幼苗的影响与水分也不同。从幼苗质量来看，同一水分条件下不镇压的处理受影响程度，以叶面积最大，次生根次之，生物量最小[17]。

本研究冬前群体总茎数不同处理间有一定差异。从两年结果看，与 CK 相比冬前群体总茎数均以造墒水处理较高。CK 年际间差异较大，2014 年群体总茎数明显低于 2013 年，主要与 2014 年玉米灌浆后期降雨偏少墒情较差有关[11]。2014 年 CK 处理，由于底墒不足出苗差，后期补水也未能减少产量损失。说明提高播种质量的重要性，更说明适宜群体是小麦丰产稳产的关键[18]。该地区年际间降雨时空差异较大[5]，从本研究结果看，CK 处理群体总茎数与降雨年型依附性较强，不利于小麦稳产[4-5]。结合产量与播后镇压土壤硬度相关性不具规律性，但与耕层土壤水分含量显著正相关的结论，可以认为，墒情适宜是小麦播后镇压的基础，镇压又是提墒壮苗的保障[14-15]。考虑到土壤硬度与墒情、土质及镇压强度等多因素有关，因此确定产量与镇压的相关关系，还需要在精确控制干扰因素的条件下做更深入的研究。

结合小麦玉米一体化生产，小麦造墒水提前到 9 月 20—25 日，既可满足上茬玉米灌浆对水分的需求，又为小麦储备了造墒水，起到了增墒蓄水、促产增收的作用[19]。本研究条件下，小麦播种后推荐每延米 95 kg 重量的镇压器进行镇压，墒情较好的麦田，可适度减少镇压重量，墒情较差的麦田，可适度增加镇压器重量。

参考文献

［1］ 张迪，王红光，马伯威，等．播后镇压和冬前灌溉对土壤条件和冬小麦生育特性的影响

[J]. 麦类作物学报, 2014, 34 (6): 787-794.

[2] 周小萍, 陈百明, 张添丁. 中国"藏粮于地"粮食生产能力评估 [J]. 经济地理, 2008, 28 (3): 475-478.

[3] 赵晶晶, 刘良云, 徐自为, 等. 华北平原冬小麦总初级生产力的遥感监测 [J]. 农业工程学报, 2011, 27 (S1): 346-351.

[4] Zhang X Y, Chen S Y, Sun H Y, et al. Dry matter, harvest index, grain yield and water use efficiency as affected by water supply in winter wheat [J]. Irrigation Science, 2008, 27 (1): 1-10.

[5] 陈素英, 张喜英, 邵立威, 等. 华北平原旱地不同熟制作物产量、效益和水分利用比较 [J]. 中国生态农业学报, 2015, 23 (5): 535-543.

[6] 李梦哲, 张维宏, 张永升, 等. 不同水分管理下全田土下微膜覆盖的冬小麦耗水特性 [J]. 中国农业科学, 2013, 46 (23): 4 893-4 904.

[7] 周丽丽, 梁效贵, 高震, 等. 基于 CERES-Wheat 模型的沧州地区冬小麦需水量分析 [J]. 中国生态农业学报, 2015, 23 (10): 1 320-1 328.

[8] 党红凯, 曹彩云, 郑春莲, 等. 小麦提前造墒灌水对玉米后期光合与产量的影响 [J]. 农业机械学报, 2015, 46 (10): 127-135.

[9] 付雪丽, 张惠, 贾继增, 等. 冬小麦—夏玉米"双晚"种植模式的产量形成及资源效率研究 [J]. 作物学报, 2009, 35 (9): 1 708-1 714.

[10] 亢秀丽, 靖华, 马爱平, 等. 小麦播种过程板结疏松装置的研制与应用 [J]. 中国农学通报, 2015, 31 (36): 31-34.

[11] Feng D, Zhang J P, Cao C Y, et al. Soil salt accumulation and crop yield under long-term irrigation with saline water [J]. Journal of Irrigation and Drainage Engineering, 2015, 141 (12): 04015025.

[12] 党红凯, 郑春莲, 马俊永, 等. 冬季抗旱措施对小麦耗水特征与生育性状的影响 [J]. 中国生态农业学报, 2012, 20 (9): 1 127-1 134.

[13] Sun H Y, Liu C M, Zhang X Y, et al. Effects of irrigation on water balance, yield and WUE of winter wheat in the North China Plain [J]. Agricultural Water Management, 2006, 85 (1/2): 211-218.

[14] 刘秀位, 苗文芳, 王艳哲, 等. 冬前不同管理措施对土壤温度和冬小麦早期生长的影响 [J]. 中国生态农业学报, 2012, 20 (9): 1 135-1 141.

[15] 张胜爱, 郝秀钗, 崔爱珍, 等. 不同播种措施对河北冬小麦产量影响研究 [J]. 中国农学通报, 2013, 29 (15): 98-102.

[16] 张立勤, 马忠明, 杨君林, 等. 储水灌溉及覆膜对土壤水分及小麦出苗的影响 [J]. 灌溉排水学报, 2012, 31 (3): 103-106.

[17] 李志洪, 王淑华. 土壤容重对土壤物理性状和小麦生长的影响 [J]. 土壤通报, 2000, 31 (2): 55-57.

[18] Wang J, Wang E L, Yang X G, et al. Increased yield potential of wheat-maize cropping system in the North China Plain by climate change adaptation [J]. Climatic Change, 2012, 113 (3/4): 825-840.

[19] 党红凯, 李伟, 曹彩云, 等. 乳熟后灌溉对夏玉米水分利用效率及干物质转运的影响 [J]. 农业机械学报, 2014, 45 (5): 131-138.

[此文原刊载于《中国生态农业学报》, 2016, 24 (8): 1 071-1 079]

铵态氮和硝态氮对谷子形态和生物量的影响研究

崔纪菡[1]，赵 静[1]，孟 建[2]，刘 猛[1]，赵 宇[1]，
宋世佳[1]，夏雪岩[1]，李顺国[1]

（1. 河北省农林科学院谷子研究所/河北省杂粮研究实验室；2. 河北省农业技术推广站）

摘　要： 为了明确铵态氮和硝态氮营养对谷子形态和生物量的影响，给合理选择谷子施氮形式提供有效依据，采用蛭石浇灌不同氮形态营养液的方法培养谷子植株。结果表明：两种氮形态显著影响了谷子形态和生物量累积，氮形态对根形态、穗长的促进作用无显著差异。氮形态在生物量、株高、叶面积、叶绿素含量方面的影响存在显著差异：相比铵态氮，硝态氮分别提高了17%的根重、32%的茎重、39%的叶重和40%的总生物量，硝态氮还提高了38%的株高和40%的叶面积；相比硝态氮，铵态氮提高了173%的叶绿素含量和12%的穗重。氮形态在根冠比和穗比重也存在极显著差异，相比硝态氮，铵态氮显著提高了8%的根冠比和44%的穗比重。以上结果表明，硝态氮显著促进谷子株高、叶面积、生物量的提高，在株体扩建方面发挥重要的作用，铵态氮显著促进谷子叶绿素合成和生殖器官建成，在功能建成方面发挥重要作用。

关键词： 铵态氮；硝态氮；谷子；形态；生物量

谷子（*Setaria italic* L.）起源于中国，是传统的粮食作物，在我国农业发展的历史上，谷子一度作为主要粮食在农业生产中占据重要地位[1]。谷子因其抗旱耐瘠的特性，广泛种植于我国北方的干旱半干旱地区，尤其是其他植物难以生长的山区丘陵地带[2]，在旱地农业中发挥重要作用[3]。

氮素是植物生长发育主要元素之一，对于植物的生长发育有重要的作用[4-6]。硝态氮和铵态氮是植物无机氮源的主要存在形式。植物对铵态氮和硝态氮的吸收，因为植物种类的不同而有所差异[7]。有些植物喜铵，如水稻[8]；有些植物喜硝，如番茄[9]；也有植物喜铵硝混合氮源，如甘草[10]。

铵态氮和硝态氮虽然同是植物可吸收利用的氮素形态，但植物对二者的吸收、运输、储藏和同化存在很大差异，这必然会影响到植物的生长发育和其他生理过程。郭亚芬等[11]的研究表明硝态氮能够显著促进侧根的生长和发育。唐晓清等[12]研究发现，硝态氮对菘蓝叶片中叶绿素含量的影响最大。周毅等[13]研究结果表明，单一供应铵态氮处理的水稻生物量最大。目前，关于谷子的研究大部分集中在施氮量和施氮时间等方面[14,15]，氮形态对谷子形态和生物量影响的研究还未见报道。本实验通过研究两种无机氮源对谷子生长的影响，明确铵态氮和硝态氮在谷子形态和生物量方面各自发挥的作用，为合理选择谷子施氮形式提供有效的理论依据。

1 材料与方法

1.1 供试材料

冀谷 38 由河北省农林科学院谷子研究所培育并提供。

1.2 试验方法

本试验在人工气候室进行，谷种用 10%（v·v^{-1}）的 H_2O_2 表面消毒 30 min 后用去离子水洗净，转移到预装有蛭石的塑料花盆（直径 15 cm，高 13 cm）中进行播种，每盆种 5~7 颗种子，出苗后定苗为每盆两株。除氮以外的其他大量元素和微量元素均采用改良霍格兰营养液配方配置[16]，pH 值 6.0，为无氮营养液；另设有两种氮素形态供应处理，即无氮营养液分别添加了等浓度硝态氮（硝酸钙）和铵态氮（硫酸铵），两处理营养液的氮浓度均为 140 mmol·L^{-1}，并加入 7 μmol·L^{-1} 的双氰胺做硝化抑制剂。每个处理 8 次重复，4 盆用于测定叶绿素含量、叶面积和根系形态扫描，4 盆用于测定根、茎、叶、穗部称重。每 2 d 浇灌 1 次营养液，每盆浇 200 mL。试验在温室内进行，光照强度为 200~300 μm·（dm·s）$^{-1}$，昼夜温度变化为：20~30 ℃，湿度为 40%~75%。

1.3 测定指标

常规测定不同处理的株高、根长、穗长。用 95% 的酒精提取叶绿素 a、b 和类胡萝卜素含量，分别在 665 nm、649 nm 和 470 nm 的波长测定吸光度，通过比色计算公式计算得到叶绿素含量[16]。用叶面积扫描仪（AM-300）测定叶面积。利用根系扫描仪（Winrhizo，2003b）测定根系总表面积、平均直径、根系总体积和根尖数。将谷子植株用蒸馏水洗净、擦干，称单株鲜重，计算其平均单株重，将其分成、根部、茎部、叶部、穗部，然后在 105 ℃下杀青 5 min，并于 60 ℃下烘至恒重，称其干重。

1.4 数据分析

根冠比的计算为根部生物量与总生物量的比值；穗比重的计算为穗部生物量与总生物量的比值。试验数据采用 Microsoft Excel 2010 和 SPSS 18.0 软件进行处理与分析，单因素方差分析采用 Ducan 检验。

2 结果与分析

2.1 氮形态对谷子伸长生长的影响

由表 1 可知，与无氮对照相比，硝态氮处理的谷子总根长提高了 14.72%，铵态氮处理的谷子总根长提高了 16.72%。施氮处理的株高与无氮处理的株高有极显著差异（$P<0.01$），硝态氮和铵态氮处理的株高有极显著差异；与无氮对照相比，硝态氮和铵态氮处理的株高分别提高了 146.01% 和 102.19%。这表明施氮对地上部伸长有重要的作用，硝态氮的作用优于铵态氮的作用。与对照相比，施氮显著提高了谷子穗长（$P<$

0.05），硝态氮和铵态氮处理无显著差异，二者对穗长的增幅分别为 110.27% 和 113.6%。综上所述，硝态氮和铵态氮均有利于谷子地上部、地下部和穗部的伸长生长，硝态氮处理对于株高的影响大于铵态氮处理，（图 1）。

表1　氮形态对谷子伸长生长的影响

处理	总根长（cm）	株高（cm）	穗长（cm）
无氮对照	1 101. 34±84. 37 Ab	15. 975±1. 73 Cc	1. 100±0. 11 Bb
硝态氮	1 264. 16±111. 84 Aab	44. 033±6. 23 Aa	2. 313±0. 35 Aa
铵态氮	1 285. 45±58. 34 Aa	32. 3±4. 51 Bb	2. 350±0. 05 Aa

注：小写字母表示差异达 $P<0.05$ 显著水平，大写字母表示差异达 $P<0.0$ 显著水平

图1　不同氮形态处理的同期谷子植株

2.2　氮形态对谷子生物量累积与分配的影响

表2　氮形态对谷子生物量累积与分配的影响

处理	根（g/株）	茎（g/株）	叶（g/株）	穗（g/株）	总生物量（g/株）	根冠比	穗比重
无氮对照	0.011 6±0.000 4 Bc	0.022 6±0.001 6 Cc	0.035 4±0.001 2 Cc	0.009±0.000 2 Cc	0.079±0.002 5 Cc	0.172±0.000 9 Aa	0.114%±0.004 3% Bb
硝态氮	0.025 8±0.000 4 Aa	0.064 8±0.001 2 Aa	0.078 2±0.002 4 Aa	0.021 9±0.001 2 Bb	0.188±0.005 3 Aa	0.158±0.003 4 Bb	0.112%±0.000 6% Bb
铵态氮	0.0221±0.000 6 ABb	0.049±0.001 4 Bb	0.056 3±0.001 1 Bb	0.024 5±0.000 1 Aa	0.152±0.003 1 Bb	0.170±0.001 Aa	0.161%±0.003 1% Aa

注：小写字母表示差异达 $P<0.05$ 显著水平，大写字母表示差异达 $P<0.0$ 显著水平

由表2可知，施氮处理的根、茎、叶、穗、总生物量与无氮对照有极显著差异，施氮处理的根、茎、叶、穗、总生物量分别高于无氮对照 90.52%～122.41%、116.81%～186.73%、59.04%～120.90%、143.33%～172.22%、55.08%～117.54%。氮形态对

根、茎、叶、穗、总生物量的影响有极显著差异，硝态氮处理的根、茎、叶、总生物量分别高于铵态氮处理 16.74%、32.24%、38.90% 和 40.27%，而铵态氮处理的穗生物量高于硝态氮处理 11.87%。氮形态对根冠比和穗比重的影响有极显著差异，相比硝态氮，铵态氮显著提高了 7.59% 的根冠比和 43.75% 的穗比重。该结果表明，施氮形态影响谷子生物量累积和分配，硝态氮更有利于谷子根、茎、叶的生长，铵态氮更有利于穗的生长。

2.3 氮形态对谷子叶绿素含量和叶面积的影响

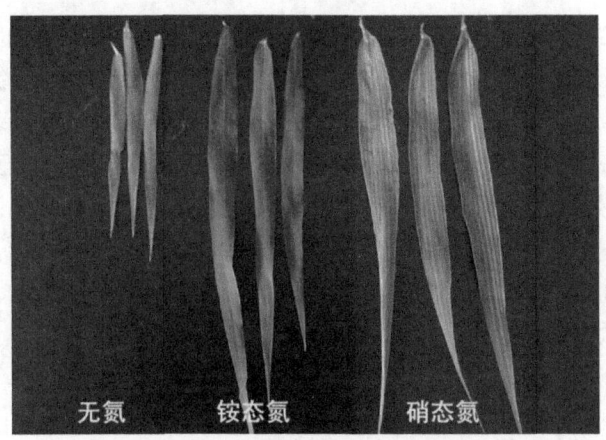

图 2 不同氮形态处理下的谷子叶片

表 3 氮形态对谷子叶绿素含量和叶面积的影响

处理	叶绿素 a（mg·g^{-1}）	叶绿素 b（mg·g^{-1}）	类胡萝卜素（mg·g^{-1}）	叶面积（cm^2/株）
无氮对照	3.17±1.08 Bb	0.33±0.05 Aa	1.02±0.36 Ab	17.9±6.89 Bc
硝态氮	4.00±0.54 Bb	0.3±0.02 Aa	1.04±0.47 Ab	38.94±5.14 Aa
铵态氮	8.67±0.57 Aa	—	1.94±0.11 Aa	27.76±4.36 ABb

注：—表示数据缺失

如表 3 所示，相比无氮与硝态氮处理，铵态氮显著提高了叶绿素 a 含量，增幅分别为 116.75% 和 173.50%，硝态氮处理与无氮处理的叶绿素 a 含量无显著差异。相比无氮与硝态氮处理，铵态氮显著提高了类胡萝卜素含量，增幅分别为 90.20% 和 86.54%，硝态氮处理与无氮处理的类胡萝卜素含量无显著差异。施氮极显著提高了叶面积，氮形态对叶面积也有显著影响，相比无氮和铵态氮，硝态氮显著提高了叶面积，增幅分别为 117.54% 和 40.27%。综上所述，施氮处理有助于谷子叶片面积增加和叶绿素的合成，铵态氮显著提高了叶片叶绿素含量，硝态氮显著提高了叶面积（图 2）。

2.4 氮形态对谷子根系形态的影响

表 4 氮形态对谷子根系形态的影响

处理	总表面积（cm^2）	平均直径（mm）	根系总体积（cm^3）	根尖数
无氮对照	46.54±6.51 Bb	0.14±0.01 Bb	0.17±0.02 Bb	4 660.5±770.04 Bb
硝态氮	73.95±11.57 Aa	0.19±0.01 Aa	0.36±0.07 Aa	5 859±642.52 Aa
铵态氮	76.78±5.64 Aa	0.19±0.01 Aa	0.37±0.04 Aa	5 894.5±521.39 Aa

由表 4 可知，与无氮对照相比，硝态氮处理的根系总表面积增加了 58.9%，铵态氮处理的根系总表面积增加了 64.98%，施氮处理的根系总表面积与无氮处理有极显著差异；施氮处理的平均直径相较于无氮处理增加了 35.71%，差异极显著；施氮处理下的根系总体积与无氮对照差异极显著，硝态氮处理的根系总体积相较于无氮对照增加了 111.76%，铵态氮处理的根系总体积相较于无氮对照增加了 111.65%；施氮处理下的根尖数与无氮对照差异极显著，硝态氮处理的根尖数较无氮对照增加了 25.72%，铵态氮处理的根尖数较无氮对照增加了 26.48%。施氮形态对根系总表面积、直径、根系总体积和根尖数的影响无显著差异。

3 讨 论

在农业生产上，施氮是提高作物生物量累积的主要手段之一。在本研究中，施氮后总生物量提高了 55%～118%，施氮还提高了谷子各器官生物量累积，增幅在 59%～186%。谷子产量的高低，决定于有效叶面积、净光合速率和有效时间的乘积，施氮后促进叶绿素含量的提高和叶片面积增加，这是本实验中植株的生物量累积的重要途径，在其他研究中也有相似的结论[17,18]。施氮还对根系的表面积、直径和根尖数等都有提高作用，这有利于延展根系的养分吸收功能，供给地上部物质的合成。

氮形态对谷子叶绿素 a 含量的影响存在较大差别。在本试验中，相比硝态氮处理，铵态氮处理的叶绿素 a 含量显著提高了 173.5%，表明铵态氮在叶片功能构建方面发挥着重要作用。铵态氮提高叶绿素 a 含量的结论也出现在水稻的研究上[19]，但在对烤烟的研究中，铵态氮处理的叶绿素含量比硝态氮处理低[20]。一般来说，同物种不同品种对氮形态的响应基本一致[21]，这表明物种差异是引发不同叶绿素含量响应的重要因素。

有研究表明，硝态氮累积多的植物生长良好，生育期也得到延长[22]，这有利于累积更多的光合产物。在本研究中，相比铵态氮，硝态氮处理的谷子株高和叶面积显著增加了 36% 和 40%，这表明在植株建成方面，硝态氮发挥重要的作用。在孙敏等人的研究中，硝态氮处理对小白菜地上部分的干重和鲜重质量均最大，可能是由于小白菜具有喜硝的特性[23]。在本研究中难以对谷子的氮偏好简单定性，因为硝态氮虽然促进了谷子生物量的增加，但是叶绿素含量与无氮处理叶片无明显差别，对光合作用无益，铵态氮虽然有益于叶部叶绿素含量的构建和穗部的累积，但对植株整体生物量建成无优势，这表明谷子对不同氮形态的利用是复杂的、值得深入研究的过程。

在一些研究中，硝态氮处理对植株根系的生长发育的促进作用比铵态氮显著[24]。本实验中没有观察到氮形态在谷子根系上差异，可能的原因是不同物种对硝态氮确实有不同的响应，另一个可能的原因是盆栽种植限制了根系的生长发育，我们以后的研究将会采用更加适宜根系延展的栽培环境。综上所述，硝态氮和铵态氮在谷子生长发育中各有作用，硝态氮显著促进谷子株高、叶面积、生物量的提高，铵态氮显著促进谷子叶绿素含量和穗部累积。

参考文献

[1] 刁现民. 中国谷子产业与产业技术体系 [M]. 北京：中国农业科学技术出版社，2011.

[2] 张锦鹏. 谷子在干旱逆境中差异表达基因的分离与表达谱分析 [D]. 北京：中国农业大学，2006.

[3] 李荫梅. 谷子育种学 [M]. 北京：中国农业出版社，1997.

[4] 谭万能，李秧秧. 不同氮素形态对向日葵生长和光和功能的影响 [J]. 西北植物学报，2005，25 (6)：1 191-1 194.

[5] 王海红，束良佐，周秀杰，等. 局部根区水分胁迫下氮对玉米生长的影响 [J]. 核农学报，2011，25 (1)：149-154，168.

[6] 张春，何伟，周冀衡，等. 施氮形态及方式对烤烟生长及烟碱含量的影响 [J]. 湖北农业科学，2010，49 (5)：1 075-1 077，1 088.

[7] 曹翠玲，李生秀. 氮素形态对作物生理特性及生长的影响 [J]. 华中农业大学学报，2004，23 (5)：581-586.

[8] 李素梅，施卫明. 不同氮形态对两种基因型水稻根系形态及氮吸收效率的影响 [J]. 土壤，2007，39 (4)：589-593.

[9] 张强，徐飞，王荣富，等. 控制性分根交替灌溉下氮形态对番茄生长、果实产量及品质的影响 [J]. 应用生态学报，2014，25 (12)：3 547-3 555.

[10] 裴文梅，张参俊，王景安. 不同氮形态及配比对甘草生长及品质的影响 [J]. 中国农学通报，2011，27 (28)：184-187.

[11] 郭亚芬，米国华，陈范骏，等. 硝酸盐供应对玉米侧根生长的影响 [J]. 植物生理与分子生物学学报，2005，31 (1)：90-96.

[12] 唐晓清，肖云华，赵雪玲，等. 不同氮素形态及其比例对菘蓝生物学特性的影响 [J]. 植物营养与肥料学报，2014，20 (1)：129-138.

[13] 周毅，郭世伟，沈其荣，等. 局部根系干旱条件下分蘖期水稻对供氮形态的生物学响应 [J]. 水土保持学报，2005，19 (6)：171-175.

[14] Zooleh H, Jahansooz M, Yunusa I, et al. Effect of alternate irrigation on root-divided Foxtail Millet (Setaria italica) [J]. Australian Journal of Crop Science, 2011, 5 (2)：205-213.

[15] Leblanc V, Vanasse A, Bélanger G, et al. Sweet pearl millet yields and nutritive value as influenced by fertilization and harvest dates [J]. Agronomy Journal, 2012, 104 (2)：542-549.

[16] 王学奎，黄见良. 植物生理生化实验原理与技术 [M]. 北京：高等教育出版社，2015.

[17] 曹翠玲，李生秀. 氮素形态对小麦中后期的生理效应 [J]. 作物学报，2003，29 (2)：258-262.

[18] 姜琳琳，韩立思，韩晓日，等. 氮素对玉米幼苗生长、根系形态及氮素吸收利用效率的影

响 [J]. 植物营养与肥料学报, 2011, 17 (1): 247-253.

[19] 杜洪艳. NaCl 胁迫和氮形态对水稻幼苗生长的影响 [D]. 扬州: 扬州大学, 2008.

[20] 郭培国, 陈建军, 郑燕玲. 氮素形态对烤烟光合特性影响的研究 [J]. 植物学通报, 1999, 16 (3): 262-267.

[21] 余意, 杨其长, 刘文科. 氮形态对 3 种叶色生菜光谱吸收及产量品质的影响 [J]. 华北农学报, 2015 (S1): 425-428.

[22] Li S X, Wang Z H, Hu T T, et al. Nitrogen in dryland soils of China and its management [J]. Advances in Agronomy, 2009, 101 (8): 123-181.

[23] 王小丽, 杨丹妮, 黄丹枫. 氮素形态对小白菜生长和碳氮积累的影响 [J]. 应用生态学报, 2012, 23 (4): 1 042-1 048.

[24] 赵学强, 施卫明. 水稻根系生长对不同氮形态响应的动态变化 [J]. 土壤, 2007, 39 (5): 766-771.

[此文原刊载于《中国农业科技导报》, 2017, 19 (10): 66-72]

环渤海低平原农田多水源高效利用机理和技术研究

张喜英，刘小京，陈素英，孙宏勇，邵立威，牛君仿

（中国科学院遗传与发育生物学研究所农业资源研究中心/
中国科学院农业水资源重点实验室/河北省节水农业重点实验室）

摘 要：淡水资源严重匮乏是影响环渤海低平原粮食生产可持续发展的重要限制因素。本文针对该区粮食生产中水分利用效率低、提升潜力巨大，同时该区浅层微咸水资源和降水资源较丰富的现状，以中国科学院南皮生态农业试验站最近 3 年试验研究结果为基础，综述了在挖掘咸水利用潜力、提高雨水和灌溉水利用效率方面研究工作进展。针对冬小麦夏玉米一年两作种植，研究结果显示品种间产量和水分利用效率（WUE）差异显著，最高和最低品种差异达 20% 左右，通过选用节水高产品种可显著提升产量和 WUE；冬小麦通过拔节期灌溉关键水，在促进地上部生物量积累同时，显著促进地下根系生长，使冬小麦充分利用土壤储水，实现限水灌溉下稳产高效；夏玉米通过缩小行距增大株距的缩行匀播，可提升夏玉米苗期单株作物根系所占土壤体积空间，增加水分养分对作物的有效性，提高夏玉米成苗率和苗期所截获辐射量，比常规种植产量提高 10% 左右；冬小麦在拔节期利用含盐量不大于 4 g·L^{-1} 的浅层微咸水替代淡水灌溉，产量与淡水灌溉相同；浅层微咸水替代淡水灌溉并配套土壤有机质提升技术和利用夏季降水淋盐，可实现微咸水灌溉下周年土壤盐分平衡。通过上述措施实施，实现以咸补淡、以淡调盐、多水源互补高效利用，在不影响作物产量条件下可节约深层淡水资源，促进区域灌溉农业可持续发展。

关键词：小麦—玉米一年两熟；淡水；微咸水；雨水；水分利用效率；产量

水资源危机是人类面临的最严重挑战之一。目前全球水资源的 70% 用于农业生产，未来随着工业发展和城市化，农业可供水量逐渐减少；而另一方面，人口的增加需要更多的粮食。如何解决水资源不足和粮食生产的矛盾，成为世界范围关注的焦点[1]。环渤海低平原是我国重要的农产品生产地区，在保障国家粮食安全中占有重要地位。但该区是我国水资源极为短缺地区之一，人均和平均单位耕地面积占有水资源量仅为 190 m^3/人和 1 650 m^3·hm^{-2}，分别是全国的 1/12 和 1/16，粮食生产长期依靠抽提深层地下水来实现，导致该区地下水位持续下降，形成了世界上最大的地下水漏斗区，并引起一系列的环境问题。另一方面该区由于受自然和社会经济等因素影响，粮食生产水分利用效率低，具有很大的提升潜力。同时该区拥有可更新的浅层微咸水资源，目前利用率不足 40%[2]，充分安全高效利用微咸水资源是解决该区粮食生产水资源需求的重要途径。另外，环渤海低平原是降雨相对丰富地区，年降水量 450~600 mm，进一步提高雨水资源利用效率也是解决该区淡水资源短缺的一个重要途径。因此，针对环渤海区粮食生产中淡水资源极度短缺，水分利用效率低、提升潜力巨大，同时该区浅层微咸水资

源和降水资源较丰富的现状，开展以挖掘咸水利用潜力、提高地下淡水与雨水利用效率、实现以咸补淡、以淡调盐、多水源互补高效利用，在不增加或者降低区域农业淡水资源用量条件下，实现粮食增产，可为环渤海中低产区增粮工程的实施提供水资源保障。本文总结了近几年在中国科学院南皮生态农业试验站（以下简称"南皮试验站"）开展的多水源高效利用研究结果，以期为区域多水源高效利用技术研究与应用提供参考和借鉴。

1 提高农田水分利用效率

"让每一滴水生产出更多的粮食"，通过提高农业水资源利用效率解决全球缺水问题是各国科学家形成的共识[3]。作物耗水在田间，通过各种农艺节水措施，提高自然降水和灌溉水利用效率，是农田节水的重要方面。根据研究，目前世界范围三大主要作物水稻、小麦、玉米的平均水分生产效率分别为 1.09、1.09 和 1.80 kg·m^{-3}，而目前 3 种作物水分利用效率优化水平可达 1.60、1.70 和 2.70 kg·m^{-3}，具有巨大的提升潜力[4]。也可以看出通过提高水分利用效率、发展高效用水农业对解决全球缺水问题的重要性。

根据河北省 2011 年统计年鉴，河北低平原目前冬小麦产量平均为 5 569.5 kg·hm^{-2}、玉米产量平均为 6 468 kg·hm^{-2}。根据灌溉定额和生育期降水量以及冬小麦和夏玉米对土壤水分的利用能力差异，冬小麦季平均耗水量 420 mm，夏玉米季平均耗水量 380 mm，现状水分利用效率分别为 1.33 kg·m^{-3} 和 1.70 kg·m^{-3}；如果维持现状耗水量不变，水分利用效率提升到现在山前平原高产水平的平均水分利用效率 1.50 kg·m^{-3} 和 2.00 kg·m^{-3}，可实现冬小麦和夏玉米玉米增产 730.5 kg·hm^{-2} 和 1 132.5 kg·hm^{-2}，年增产能力 1 863 kg·hm^{-2}。根据低平原现状冬小麦和夏玉米灌溉种植面积 97.04 万 hm^2 和 86.99 万 hm^2 计算，在不增加耗水条件下，年增产能力 16.9 亿 kg。增产节水效果相当于节约水资源 11.1 亿 m^3。如果进一步改善农田灌溉条件、配套高产高效栽培技术，实现目前冬小麦和夏玉米较高的水分利用效率水平（分别为 1.70 kg·m^{-3} 和 2.20 kg·m^{-3}），可进一步降低农田耗水每年约 40 mm，实现冬小麦和夏玉米增产 1 231.5 kg·hm^{-2} 和 1 452 kg·hm^{-2}，年单位面积增产能力 2 683.5 kg·hm^{-2}，年增产能力 16.9 亿 kg，降低农田灌溉用水量 3.68 亿 m^3。增产节水效果相当于节约淡水资源 16.4 亿 m^3。上述结果显示提升农田水分利用效率对区域节水农业的重要性。

1.1 选用节水高产品种提高产量和水分利用效率（WUE）

生物节水是利用生物自身的生理遗传潜力，在相同水分条件下，获得更多的农业产出[5-6]。很多研究表明，不同作物利用同样水分所生产的干物质（水分利用效率）不同，同一作物不同品种之间的水分利用效率也存在明显差异。农田水分利用效率（WUE）可定义为：水分利用效率 =（生物量×收获指数）/农田耗水量。提升 WUE 通过 3 个途径：增加生物量、增加收获指数、降低农田耗水量[7]。作物收获指数和生物量增加与品种遗传改良和农田作物生长条件改善关系密切。Zhang 等[8]研究了河北平原不同年代大面积推广的冬小麦品种种植在现代同样条件下产量和耗水在 3 个灌溉制度下的表现，在耗水量维持稳定条件下，现在的冬小麦品种比过去品种产量增加明显，水分利用效率也得到改善，品种改良带来平均每年1%产量增加和0.5%水分利用效率提升，研究发现品种水分利用效率提高与其生育进程加快、收获指数提高密切相关。

不仅不同年代品种水分利用效率差异明显，现代品种间也存在着产量和水分利用效率的显著差异。Zhang 等[9]研究发现现代冬小麦夏玉米产量高的品种也具有高的水分利用效率，筛选高产品种的过程也是提升农田水分利用效率的过程。如图1显示在南皮试验站进行的冬小麦和夏玉米品种对比试验（2014—2015 年），最高和最低品种产量差异可达28%。因此，选用高产品种对提高产量和水分利用效率的重要性。但不同品种不同年份产量表现存在差异，与天气条件出现的年际波动有关。Zhang 等[10]研究结果显示在气候变化背景下，进入 21 世纪后天气因素驱动的产量比 20 世纪 80 年代平均低10%左右，表明天气条件改变越来越不利于河北主要作物产量形成，使作物产量和水分利用效率潜力不能充分发挥。不利天气条件表现在日温度变化中最低温度升高幅度大于最高温度升高幅度，导致日较差变小及风速、日照时数都有明显降低趋势。伴随冬小麦夏玉米两个作物生育期平均温度升高同时，极端温度出现概率增加，主要表现在玉米灌浆后期急剧降温发生概率增大，影响灌浆成熟；冬小麦生育期春季温度波动幅度大、灌浆后期升温速度快、易发生干热风等不利天气条件。因此，需要针对目前气候变化背景下冬小麦夏玉米生育期生长条件发生的改变，选用适应气候变化的新品种，充分发挥作物生物节水和增产潜力。

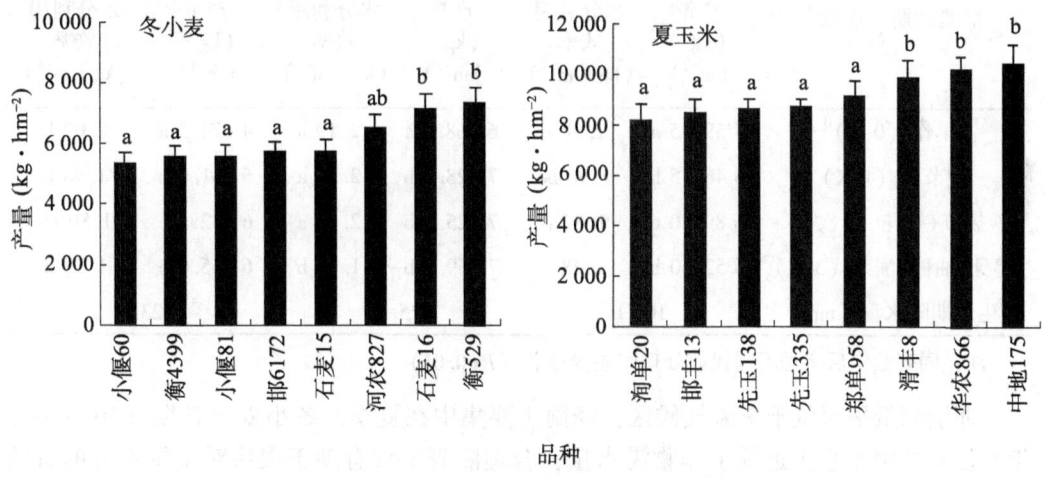

图1 冬小麦和夏玉米在相同种植条件下不同品种的产量差异
（2014—2015 年，中国科学院南皮生态农业试验站）

1.2 冬小麦优化灌溉制度

随着水资源短缺加剧，灌溉制度已经从充分灌溉向节水型灌溉转变，例如限水灌溉（limited irrigation）、非充分灌溉（non-full irrigation）与调亏灌溉（regulated deficit irrigation）等[11]，对由传统的丰水高产型灌溉转向节水优产型灌溉，提高 WUE 起到了积极作用。很多研究显示作物生理生态指标对土壤水分有一个明显的阈值反应，当土壤含水量在一定范围之上时，含水量的降低对作物一些生理生态指标不产生影响。对于环渤海区域主要作物冬小麦，灌浆期短，灌浆后期容易受干热风影响，使产量潜力不能充分发挥，适度水分亏缺条件下冬小麦生长发育过程提前，灌浆期适度延长，更有利于花后干物质积累和向籽粒产量的转移，最终提高作物收获指数[12]。表1是最近3个生长季在南皮试验站进行的冬小麦生育期灌溉试验结果，3个生长季节降水属于常年水平，灌溉2次水产量达到最高，随着灌溉次数增多，产量不再增加，甚至出现降低。WUE则随灌溉次数增加而呈现降低趋势。平均3个生长季，冬小麦从不灌溉增加1次拔节水增产30.7%，在拔节水基础上增加1次灌溉的增产率为5.7%；而再增加1次水出现2.5%的减产。从旱作到1水、1水到2水、2水到3水WUE平均降低2.2%、3.5%和14.8%。上述结果显示冬小麦多数年份灌溉1~2次水就能获得较高产量和WUE。表1结果也显示冬小麦年际产量变异较大，2013—2014季降水量与2014—2015季降水量相近，但2013—2014季最高产量比2014—2015季最高产量高17%，显示出冬小麦产量不仅受灌溉影响，天气条件对冬小麦产量形成也有显著影响。

表1 冬小麦2012—2015年3个生育期降水量、不同灌溉制度下产量和水分利用效率（中国科学院南皮生态农业试验站）

灌溉时期（次数）	2012—2013年		2013—2014年		2014—2015年	
	产量(kg·hm⁻²)	水分利用效率(kg·m⁻³)	产量(kg·hm⁻²)	水分利用效率(kg·m⁻³)	产量(kg·hm⁻²)	水分利用效率(kg·m⁻³)
旱作（0次）	4 591.5 a	1.98 c	6 468.0 a	2.19 a	4 624.5 a	2.02 b
拔节期（1次）	6 481.5 b	1.90 bc	7 728.0 b	2.18 a	6 081.0 b	1.96 b
拔节+扬花（2次）	6 891.0 c	1.82 b	7 825.5 b	2.12 a	6 652.5 c	1.80 ab
起身+抽穗+灌浆（3次）	6 528.0 b	1.48 a	7 759.5 b	1.89 b	6 555.0 c	1.73 a
生育期降水量（mm）	108.0		125.1		123.9	

注：同列数字后字母不同代表处理间差异显著（$P<0.05$）

环渤海低平原位于季风气候区，降雨主要集中在夏季，冬小麦生长期（10月—翌年6月）的降水量远远低于作物需水量，合理灌溉不仅有助于根系对土壤水分的有效利用，而且对提高冬小麦WUE具有重要作用。冬小麦在返青以前，对土壤水分吸收主要集中在80 cm以上的土层，随着拔节—开花期间根系迅速生长，根系对80 cm以下土层的水分利用增加，特别是到灌浆期，灌水少的冬小麦主要依靠中下层土壤储水来维持蒸腾。南皮试验站3个生长季的试验发现，在不灌溉到灌溉3水条件下，冬小麦对土壤储水消耗占生育期蒸散比例分别为52.3%、43.4%、30.4%和19.4%。土壤储水利用对限水灌溉冬小麦稳产高效有重要作用。研究发现当根长密度低于0.8 cm·cm⁻³时，根系就成为影响作物充分吸收土壤水分的限制因子。深层根系不足限制了作物对深层土壤储水的吸收利用。Zhang等[13]研究结果显示，冬小麦在限水灌溉条件下，其营养生长阶段需要一定水分供应，才能形成一定的生物量，同时也可以促进地下部分根系形成，为灌浆期充分利用土壤储水打好基础，因而这个阶段蒸散量的多少对最终产量影响明显。如果营养生长阶段水分条件差，作物地上部分生长发育受到影响，进而地下部分根系生长较少，使作物不能充分利用深层土壤储水，最终影响限水灌溉下冬小麦产量。因此，冬小麦高效用水模式应根据降水条件，通过灌溉调控营养生长、促进地下部分生长、生殖生长阶段充分利用土壤储水来实现。据此提出冬小麦限水灌溉下最佳灌溉时期是拔节期，这个时期的灌溉不仅促进地上部分生长，也促进地下根系部分生长，为冬小麦生育后期利用土壤储水创造了条件。

1.3　配套栽培种植措施提高玉米产量和水分利用效率

通过配套栽培措施提高作物产量是促进作物水分利用效率提高的一个重要方面。不同作物和品种对环境的要求和适应力都有一系列的生理生态和形态差异，只有环境与作物品种的生理生态和遗传特性相适应，才能充分发挥品种的特性与产量潜力，合理利用资源，趋利避害，发挥资源增产优势。很多研究显示夏玉米生育期光照与产量有显著正相关关系[14]，而目前河北低平原面临着夏玉米生长期光照条件变差趋势，如图 2 显示，从 20 世纪 50 年代到现在，平均每年日照时数降低 4.9 h，已经从原来的平均 1 000 h 降低到现在的平均 700 h，因此夏玉米生长期间充分利用光能资源是其高产高效的重要途径。

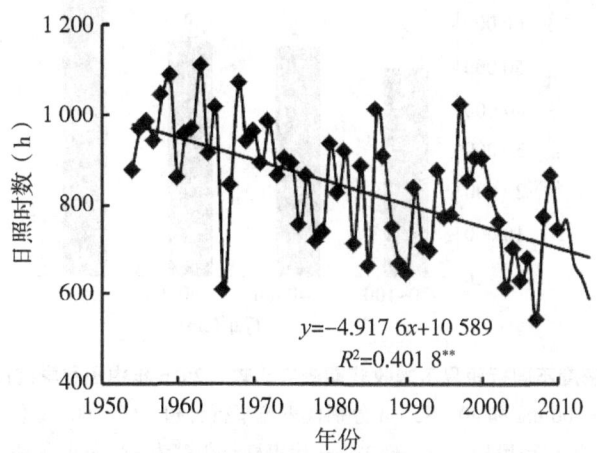

$$y=-4.917\ 6x+10\ 589$$
$$R^2=0.401\ 8^{**}$$

图 2　20 世纪 50 年代以来夏玉米生长期间日照时数的变化趋势（沧州）

另一方面在环渤海低平原冬小麦夏玉米一年两作区，夏玉米生育期较短，通过延迟收获和提早播种可实现夏玉米生育期延长，提高夏玉米生育期截获的辐射资源量，最终提高产量。根据南皮试验站研究结果，夏玉米从 9 月 22 日延迟到 9 月 30 日收获，平均百粒重可增加 10% 左右；而在玉米灌浆成熟期单位耗水的水分利用效率为 2.5～4 kg·m^{-3}，远大于玉米整个生育期的水分利用效率 2.0 kg·m^{-3}。因此，延迟玉米收获不仅增加玉米产量，也可以提高玉米整个生育期水分利用效率。但在气候变化背景下，玉米成熟期温度波动大，9 月底经常出现降温现象，气温低于玉米灌浆所需的日平均温度而使玉米灌浆提前停止，不能实现通过延迟收获期增产目的，需要与玉米提前播种延长生育期的策略相结合。

夏玉米播种密度及其株行距排列影响玉米冠层空间结构和根系的空间分布，从而影响作物对光能截获以及土壤水分养分对作物的有效性，对夏玉米产量和水分利用效率产生重要影响[15]。南皮试验站的研究发现，同样播种密度 67 500 株·hm⁻²下，20～100 cm和40～80 cm 大小行、60～60 cm 等行距、38 cm 匀播对夏玉米苗期同样种植密度下根系所占体积、冠层结构和冠层截光率产生影响。根系取样结果显示宽窄行100 cm+20 cm 播种下两株玉米表层根系存在竞争关系，而通过缩小行距增大株距方式，也就是增加玉米在空间分布的均匀度可增加单株玉米根系所占土壤体积，提高单株玉米所能接触的土壤水分和养分，增强土壤水分养分对作物的有效性，降低相邻两株玉米的竞争关系。在苗期玉米易发生干旱条件下，匀播玉米单株所获得的土壤水分显著高于宽窄行玉米，成苗率提高10%～15%（图3）；同时匀播条件下玉米苗期截获的光合有效辐射比例高于宽窄行，前者比后者高20%，显著提升了光能利用效率。研究结果显示，通过缩行匀播增加玉米苗期光合有效辐射截获能力、土壤水分养分对作物的有效性而提升成苗率和苗期生长速度，可使夏玉米产量和水分利用效率显著提升。研究结果也充分说明优化种植栽培管理对发挥玉米增产增效潜力的作用。

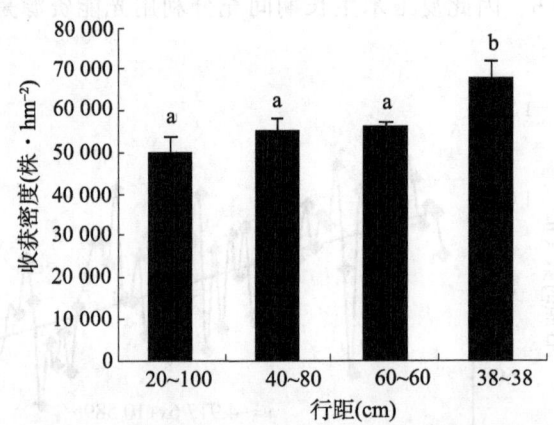

图3 相同种植密度不同行距夏玉米收获期密度比较（2015 年中国科学院南皮生态农业站）
注：20～100 cm 和 40～80 cm 分别代表宽窄行种植，60～60 cm 代表 60 cm
等行距播种，38 cm+38 cm 代表株行距都为 38 cm 的匀播

2　提高雨水资源利用效率

在淡水资源匮乏地区，通过农田耕作覆盖措施，充分蓄积雨水资源，减少对灌溉水的依赖是提升限水灌溉作物产量的一个重要途径[16]。纳雨蓄墒耕作技术主要包括深耕、深松保墒、耙耱和镇压、保护性耕作技术等。保护性耕作方式改传统的精耕细作对土壤的过度加工为少耕或免耕，同时采用秸秆、残茬或其他植被覆盖地表以减少雨水和风对土壤侵蚀，降低蒸发；免耕最大限度地减少了土壤物理结构的破坏，提高保墒性能，降低了土壤水分的蒸发量，增产增收效果明显。土壤深松可打破犁底层，加深耕层疏松土

壤厚度，增强对雨水的蓄纳能力，并促进作物根系对土壤深层水分的吸收，减少对土壤表层水分的过度依赖[17]。耙耱和镇压保墒技术主要是通过碎土、平地及压紧土壤表层，以减少表土层内的大孔隙，减少土壤水分蒸发，达到保墒目的。

环渤海低平原冬小麦和夏玉米一年两作的种植制度，富集了大量作物秸秆，作物秸秆和残茬覆盖还田具有成本低、保墒土壤、调节地温和培肥地力等优点，也是作物秸秆综合利用的最好途径。研究发现冬小麦收获后秸秆还田直接覆盖夏玉米，可减少夏玉米生育期 30～40 mm 土壤蒸发[18]，这部分水分可蓄积在土壤中，为下季作物冬小麦所利用。冬小麦生长季节在限水灌溉下 40%～50% 耗水来自土壤储水消耗[12]。因此，通过秸秆覆盖夏玉米，可充分蓄积雨季降水，减少农田无效水分损失，对降低小麦玉米一年两作农田灌溉水消耗有重要意义。但夏玉米秸秆覆盖冬小麦，冬季具有提高土壤温度作用，但春季影响地温回升，使冬小麦生育期推迟，易造成冬小麦贪青晚熟，影响粒重，不利于冬小麦产量和水分利用效率提高[19]。

地膜覆盖可以隔断土壤与大气间的水分交换，有效抑制土壤表面蒸发，提高地温，使作物成熟期提前，比秸秆覆盖更能抑制杂草生长。2013—2014 年冬小麦季进行平播膜上覆土和起垄沟播薄膜覆盖两种覆盖方式试验，不仅减少了棵间蒸发，起垄沟播薄膜也可以通过覆膜的垄蓄集小的降水，减少降水量少的雨水蒸发损失，增加降水资源对作物的有效性。表2显示两种覆膜方式下冬小麦产量提高 6%～10%、水分利用效率提高 10%～11%，节水增产效果明显。其中起垄沟播垄膜覆盖节水增产效果优于平播膜上覆土覆盖方式，前者可有效蓄积雨水，而后者可能存在膜上的土层和薄膜影响降水入渗至作物根部，虽然降低了土壤蒸发，但可能一定程度上削弱了降水对作物的有效性。地膜覆盖可能存在一定程度降低土壤肥力、没有及时清除的废旧薄膜污染土壤和环境等问题，在生产中需要使用新型可降解的环保地膜。

表2 薄膜覆盖对旱作冬小麦产量和水分利用效率的影响
（2013—2014 年，中国科学院南皮生态农业站）

覆盖方式	降水（mm）	土壤储水利用（mm）	蒸散量（mm）	产量（kg·hm⁻²）	水分利用效率（kg·m⁻³）	±%
膜上覆土	102.2	221.9 a	324.1 a	6 948.0 b	2.14 b	10.1
起垄覆膜沟播	102.2	227.3 a	329.5 a	7 188.0 b	2.18 b	11.9
不覆盖（对照）	102.2	232.6 a	334.8 a	6 523.5 a	1.95 a	—

注：同列数字后字母不同代表差异显著（$P<0.05$）

除高效利用农田雨水资源外，还可充分利用环渤海低平原坑塘蓄积雨季径流和外来水，增加可利用灌溉水源。这些坑塘一般是废弃窑窖、鱼塘和建设取土形成，据统计该区域坑塘总蓄水能力达 8 亿 m³，夏季降水集中月份这些坑塘可拦蓄降水所产生径流的 40% 以上，为充分利用雨季雨洪资源提供了条件。例如南皮县田间地头大都有排水沟渠（坑塘），这些坑塘大都相连，一方面在雨季可以蓄积雨水，另一方面蓄积调水，同时由于部分区域地下水位较浅，能保存一部分浅层地下水。这些坑塘积水在正常年份大都可以用来灌溉，特别是可用于冬小麦越冬水和返青拔节水灌溉，减少对地下水开采；或者在播种冬小麦时灌足底墒，把有限水资源储存于土壤中，减少水面蒸发损失。

3 挖掘浅层微咸水利用潜力

环渤海区域拥有较丰富的地下咸水资源，总储量在 2 500 亿 m^3（其中小于 5 $g \cdot L^{-1}$的微咸水年可开采资源量占全国的 50%）。如河北低平原主要区域小于 5 $g \cdot L^{-1}$ 的微咸水资源量有 10.99 亿 m^3（表 3），目前利用率为 40%[2]，有 60% 微咸水资源可为农业所利用，为每公顷灌溉耕地增加近 750 m^3 灌溉水源。依据作物耐盐与需水规律，在作物生长一定阶段，利用微咸水进行补充灌溉，可实现替代淡水资源或增加作物供水实现作物增产目标[20]。环渤海低平原处于季风气候区，夏季降水集中，可利用夏季降水淋洗盐分，使土壤含盐控制在安全范围内。因此，通过充分挖掘和合理利用微咸水资源，是环渤海低平原粮食增产重要的水资源保障。

表 3 河北低平原主要行政区多年平均微咸水资源量[2]

行政区	矿化度（$g \cdot L^{-1}$）		总量
	2～3	3～5	
邯郸	0.34	0.13	0.47
邢台	0.86	0.66	1.52
衡水	2.01	0.75	2.76
沧州	5.18	1.06	6.24
合计	8.39	2.6	10.99

3.1 优化微咸水灌溉时间

环渤海低平原主要作物冬小麦夏玉米对盐分敏感程度不同，同时两个作物生长的季节降水条件也具有显著差异。冬小麦耐盐能力比夏玉米强，两个作物开始减产的土壤饱和溶液提取液的电导率分别为 4.0 $dS \cdot m^{-1}$ 和 1.7 $dS \cdot m^{-1}$，减产 50% 时分别为13.0 $dS \cdot m^{-1}$ 和 5.9 $dS \cdot m^{-1}$[21]。冬小麦生长期间降水少，必须依赖于灌溉取得高产稳产，而冬小麦又是耐盐能力较强作物，可以通过微咸水替代部分淡水资源或者增加一次微咸水灌溉，实现冬小麦高产稳产[22]；而夏玉米生育期降水多，多数年份降水能够满足其生长发育要求，可通过充分蓄集和利用雨水资源，满足其生长，并为下季作物冬小麦创造良好的土壤水分条件。但由于两个作物对盐分敏感性不同，一个作物的微咸水灌溉必须考虑其对下茬作物的影响，并考虑长期微咸水灌溉下的土壤盐分平衡问题[23]。

表 4 是在南皮试验站最近 3 年微咸水灌溉冬小麦的试验结果，冬小麦在旱作基础上增加一次灌溉，无论用淡水还是用小于 5 $g \cdot L^{-1}$ 的微咸水，冬小麦增产幅度达 20%～50%，微咸水与淡水增产效果相似；用微咸水替代淡水灌溉后，对冬小麦产量没有产生明显影响。但无论是增加一次微咸水灌溉还是用微咸水替代一次淡水灌溉的最佳时期是冬小麦拔节前后。多年的研究结果充分证明了微咸水灌溉在冬小麦上可大面积

推广应用。由于夏玉米对盐分敏感，冬小麦收获时微咸水灌溉后增加的盐分保留在土壤中，特别是0～20 cm玉米苗期根系集中层的土壤盐分含量增加明显。根据测定，0～20 cm土壤盐分含量平均增加10%～30%（图4），在雨季来临前的夏玉米出苗和苗期，如何消除盐分对玉米的影响是冬小麦夏玉米一年两作微咸水灌溉技术成功应用必须解决的问题。

表4 微咸水代替1次淡水或者增加1次微咸水灌溉对冬小麦产量的影响
（中国科学院南皮生态农业试验3年平均试验结果）

微咸水利用方式	淡水灌溉次数	微咸水替代淡水灌溉时期	与完全淡水灌溉产量比较（±%）
替代1次淡水	灌溉1次水	拔节期	3.2
		越冬	-1.3
	灌溉两次水	拔节期	2.9
		杨花期	-4.4
微咸水利用方式	淡水灌溉情况	增加1次微咸水灌溉时期	与完全淡水灌溉产量比较（±%）
增加1次微咸水灌溉	不灌溉淡水	拔节期	31.2
	拔节期淡水灌溉	扬花期	-0.1
	扬花期淡水灌溉	拔节期	6.9
	越冬期淡水灌溉	拔节期	6.8

由于冬小麦微咸水灌溉后在土壤中的盐分对夏玉米产生不利影响，只有消减这种不利影响才能成功应用冬小麦夏玉米一年两季微咸水灌溉技术。为了保证夏玉米产量不受到冬小麦微咸水灌溉影响，夏玉米出苗水需要灌溉淡水，灌溉水量要大于70 mm，可实现对根层土壤淋盐，使根层土壤盐分降低到玉米耐盐阈值以下。或者通过局部灌溉，创造玉米出苗的微域淡化，使玉米出苗水的灌溉用水量降低，随后随着雨季到来实现根层土壤完全脱盐，保证根层土壤不产生盐分积累。玉米出苗水的局部灌溉技术可通过大田微灌技术和沟灌技术等实现。

3.2 通过秸秆还田培肥地力增强土壤对微咸水灌溉缓冲能力

上述结果显示，利用不大于5 g·L^{-1}微咸水在冬小麦需要灌溉关键水的拔节期替代一次淡水或者增加一次微咸水灌溉，增产节水效果明显，在一定程度上可缓解淡水灌溉资源不足问题，但长期咸水灌溉带来的土壤积盐以及可能导致的作物减产等问题始终是人们关注的重点和难点问题[23-24]。一般研究认为，利用超过一定阈值的微咸水进行灌溉会造成土壤积盐集中，植物过氧化物代谢失衡，光合等生理反应减弱，进而造成作物产量降低[25]。随着现代农业发展，农业生产条件发生了巨大变化，特别是随着农业机械化普及，环渤海低平原小麦玉米种植区已全面实现了秸秆全程全量连年还田，熟化和蓄积雨水土壤耕作技术的发展，使土壤肥力和土壤有机质普遍得到了大幅度提升，土壤对有害离子缓冲能力增强[26-27]，微咸水灌溉对土壤和作物的不利影响逐年降低，为该区域大面积应用微咸水灌溉提供了基础。

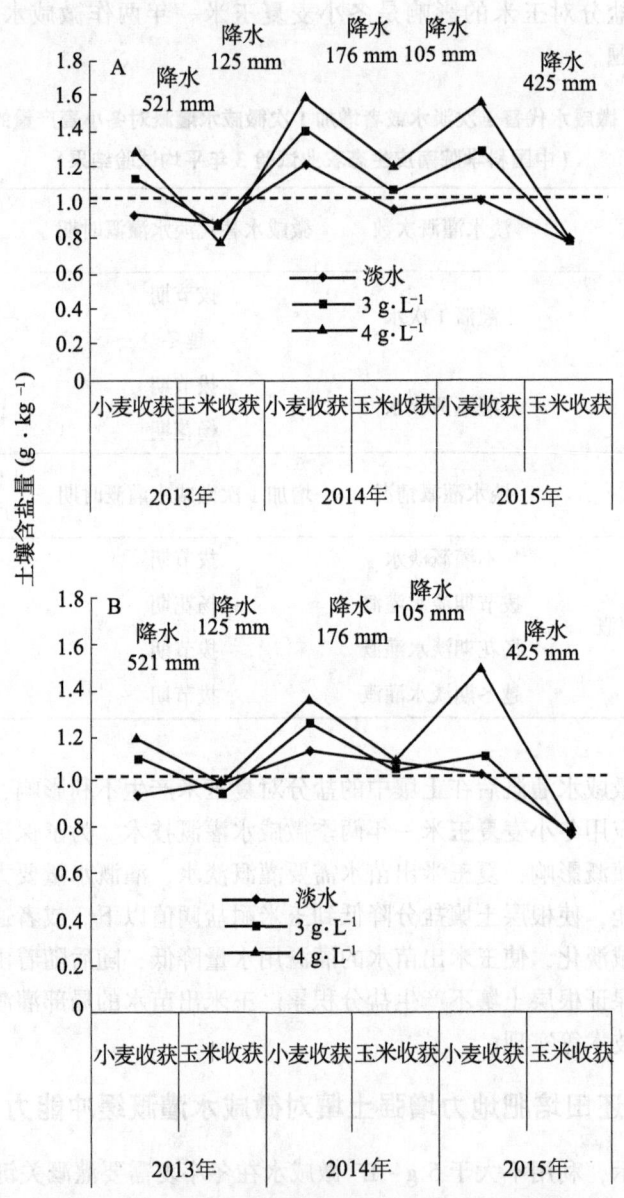

图4 利用淡水及 3 g·L⁻¹、4 g·L⁻¹微咸水灌溉冬小麦对土壤表层盐分（0~20 cm）
（A）和 1 m 土体盐分（B）的周年影响（2013—2015 年，中国科学院南皮生态农业站）

以南皮县为例，1981 年土壤普查结果显示，耕层土壤有机质平均含量 8.9 g·kg⁻¹，而 2015 年多点调查结果显示耕层土壤平均有机质含量已经增加到 15.6 g·kg⁻¹，长期秸秆还田和化肥投入增加对地力提升发挥了重要作用[28]。微咸水灌溉下氯钠离子比例提高、土壤初始入渗率降低，破坏土壤水稳性团聚体，导致土壤物理化学性质恶化，影响土壤养分有效性等，而土壤有机质提升可改善土壤结构，消减微咸水灌溉对土壤理化性质的不利影响。图5是在南皮县域选择典型土壤测定的水稳性团聚体所占比例与土壤有机质含量关系，随着土壤有机质含量提升，土壤水稳性团聚体所占比例直线增加，对维持土壤结构、增加盐分淋洗起到重要作用。

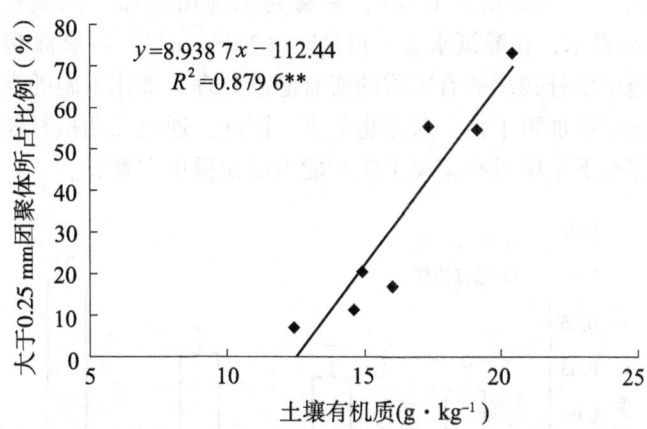

图5　南皮县典型地块土壤有机质含量与水稳性团聚体所占比例关系（2015年测定）

随着土壤有机质含量增加，对于大田作物可用微咸水灌溉的盐分含量有所提升，为实施微咸水特别是较高矿化度微咸水灌溉提供了有力支撑。图6是总结南皮县域自20世纪80年代到现在对冬小麦进行的微咸水灌溉试验对产量的影响结果。随着土壤有机质含量增加，4 g·L^{-1}高矿化度微咸水灌溉增产作用逐渐与2 g·L^{-1}的低矿化度微咸水作用一致，特别是当土壤有机质达18 g·kg^{-1}时，两者灌溉下冬小麦产量相同，充分说明通过秸秆长期还田提升地力可显著增加土壤对有害离子的缓冲能力。

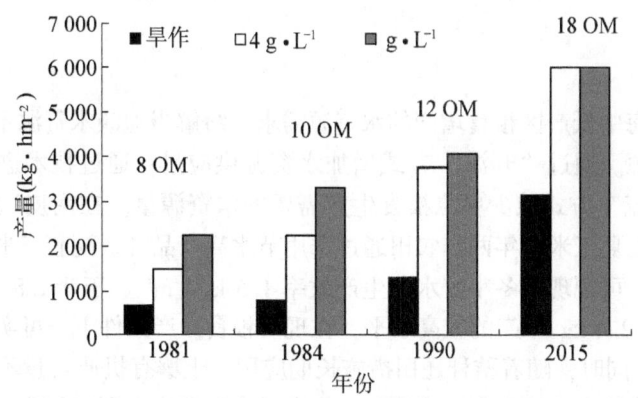

图6　20世纪80年代到今进行的不同矿化度微咸水灌溉试验对冬小麦增产作用随土壤有机质含量（OM，单位为 g·kg^{-1}）的变化

很多研究发现土壤有机质增加可提升土壤有益微生物群落、提高植物的 K$^+$/Na$^+$ 比、增加植物渗透调节物质吸收、加快土壤养分循环、增加植物抗氧化酶合成能力等[26,29]，使作物耐受土壤盐分含量阈值提高。图7显示增施腐熟有机肥后冬小麦叶片 Na⁺/ K⁺比显著降低，对维持较高矿化度微咸水灌溉下作物产量不降低有重要意义。但也有研究显示，一些种类有机肥施用反而会加重土壤盐分对作物影响，主要原因是不同种类有机肥盐分含量不同，全盐含量高的有机肥施用反而增加了土壤盐分，在缺水条件下可能会起反作用。例如根据对猪粪和秸秆腐熟有机质盐分含量测定，前者全盐含量是 1.2%，而秸秆腐熟后的有机质全盐含量为 0.4%，家禽粪肥施用增加了土壤盐分含量。Ahmed 等[30]盆栽试验结果显示，在灌溉水含盐量高时（2 dS·m⁻¹）施家禽粪肥的处理产量反而比对照低，而施用秸秆转化的有机质的所有灌溉处理下都比不施的高。在土壤含盐量高时家禽粪肥的施用更加重了盐分对作物危害。因此，通过长期秸秆还田增加土壤有机质对增强微咸水灌溉下土壤对有害离子缓冲能力的建设更有意义。

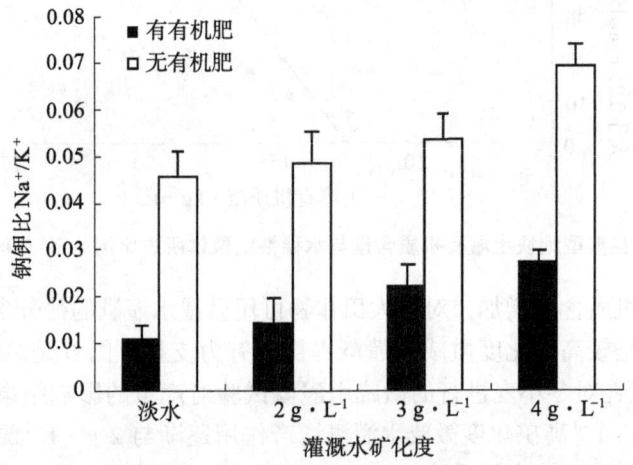

图7　不同矿化度微咸水灌溉下增施腐熟有机肥对扬花期冬小麦叶片钠钾比的
影响（2013—2014 年，中国科学院南皮生态农业试验站）

4　结　语

为满足环渤海中低产区粮食增产的水资源需求，缓解当地淡水资源不足，需要安全高效利用微咸水资源。通过"开源"方式增加水资源供应量；通过技术进步提高农田水分利用效率的"节流"方式减少单位粮食生产需要的水资源量。在南皮试验站近几年研究结果表明，冬小麦夏玉米一年两作农田通过选用节水高产品种、配套玉米缩行匀播和冬小麦亏缺灌溉制度，可把现状冬小麦水分生产效率 1.5 kg·m⁻³、玉米 1.8 kg·m⁻³分别提高到 1.8 kg·m⁻³和 2.4 kg·m⁻³的较高水平，在现有粮食生产条件下，可实现的节水潜力达 20 亿～24 亿 m³。同时，随着秸秆还田措施长期应用，土壤有机质含量不断提升，微咸水替代淡水灌溉对作物和土壤不利影响降低，为微咸水长期安全利用创造了条件，微咸水安全高效利用可为当地农田提供近 750 m³·hm⁻²的灌溉水源。

根据上述研究结果，环渤海粮食生产过程中涉及地下咸水、地下淡水、雨水和地表水等多种水源，依据区域水质水量周年变化规律和作物需水耐盐特征，建立作物适水灌溉制度，即充分利用外来客水和雨季坑塘积蓄的地表水，进行冬小麦储水灌溉和夏玉米应急抗旱灌溉，减少对地下淡水依赖；同时，根据冬小麦夏玉米不同作物耐盐需水特征，进行冬小麦春季微咸水补灌，替代淡水资源，实现多水源协同高效利用，构建渤海粮仓建设的水资源保障技术体系。

参考文献

[1] de Fraiture C, Wichelns D. Satisfying future water demands for agriculture [J]. Agricultural Water Management, 2010, 97 (4): 502-511.

[2] 郑连生. 广义水资源与适水发展 [M]. 北京：中国水利水电出版社, 2009.

[3] Jensen C R, Ørum J E, Pedersen S M, et al. A short overview of measures for securing water resources for irrigated crop production [J]. Journal of Agronomy and Crop Science, 2014, 200 (5): 333-343.

[4] Zwart S J, Bastiaanssen W G M. Review of measured crop water productivity values for irrigated wheat, rice, cotton and maize [J]. Agricultural Water Management, 2004, 69 (2):115-133.

[5] Shearman V J, Sylvester-Bradley R, Scott P K, et al. Physiological processes associated with wheat yield progress in the UK [J]. Crop Science Society of America, 2005, 45 (1):175-185.

[6] Siddique K H M, Tennant D, Perry M W, et al. Water use and water use efficiency of old and modern wheat cultivars in a Mediterranean-type environment [J]. Australian Journal of Agricultural Research, 1990, 41 (3): 431-447.

[7] 张喜英. 提高农田水分利用效率的调控机制 [J]. 中国生态农业学报, 2013, 21 (1): 80-87.

[8] Zhang X Y, Chen S Y, Sun H Y, et al. Root size, distribution and soil water depletion as affected by cultivars and environmental factors [J]. Field Crops Research, 2009, 114 (1): 75-83.

[9] Zhang X Y, Chen S Y, Sun H Y, et al. Water use efficiency and associated traits in winter wheat cultivars in the North China Plain [J]. Agricultural Water Management, 2010, 97 (8): 1 117-1 125.

[10] Zhang X Y, Wang S F, Sun H Y, et al. Contribution of cultivar, fertilizer and weather to yield variation of winter wheat over three decades: A case study in the North China Plain [J]. European Journal of Agronomy, 2013, 50 (1): 52-59.

[11] Fereres E, Soriano M A. Deficit irrigation for reducing agricultural water use [J]. Journal of Experimental Botany, 2007, 58 (2): 147-159.

[12] Zhang X Y, Chen S Y, Sun H Y, et al. Dry matter, harvest index, grain yield and water use efficiency as affected by water supply in winter wheat [J]. Irrigation Science, 2008, 27 (1):1-10.

[13] Zhang X Y, Wang Y Z, Sun H Y, et al. Optimizing the yield of winter wheat by regulating water consumption during vegetative and reproductive stages under limited water supply [J]. Irrigation Science, 2013, 31 (5): 1 103-1 112.

[14] 邵立威, 王艳哲, 苗文芳, 等. 品种与密度对华北平原夏玉米产量及水分利用效率的影响 [J]. 华北农学报, 2011, 26 (3): 182-188.

[15] Testa G, Reyneri A, Blandino M. Maize grain yield enhancement through high plant density cultivation with different inter-row and intra-row spacings [J]. European Journal of Agronomy, 2016,

72：28-37.

[16] Deng X P, Shan L, Zhang H P, *et al*. Improving agricultural water use efficiency in arid and semiarid areas of China ［C］//Proceedings of the 4th International Crop Science Congress, Brisbane, Australia：ICSC, 2004.

[17] Liu X W, Zhang X Y, Chen S Y, *et al*. Subsoil compaction and irrigation regimes affect the root-shoot relation and grain yield of winter wheat ［J］. Agricultural Water Management, 2015, 154：59-67.

[18] Zhang X Y, Chen S Y, Pei D, *et al*. Evapotranspiration, yield and crop coefficient of irrigated maize under straw mulch ［J］. Pedosphere, 2005, 15 (5)：576-584.

[19] Chen S Y, Zhang X Y, Pei D, *et al*. Effects of straw mulching on soil temperature, evaporation and yield of winter wheat：field experiments on the North China Plain ［J］. Annals of Applied Biology, 2007, 150 (3)：261-268.

[20] Chauhan C P S, Singh R B, Gupta S K. Supplemental irrigation of wheat with saline water ［J］. Agricultural Water Management, 2008, 95 (3)：253-258.

[21] Maas E V. Testing crops for salinity tolerance ［M］//Maranville J W, BaIigar B V, Duncan R R, *et al*. Proceedings of Workshop on Adaptation of Plants to Soil Stresses. Lincoln, NE：University of Nebraska, 1993：234-247 .

[22] 陈素英, 张喜英, 邵立威, 等. 微咸水非充分灌溉对冬小麦生长发育及夏玉米产量的影响 ［J］. 中国生态农业学报, 2011, 19 (3)：579-585.

[23] Muscolo A, Mallamaci C, Panuccio M R, *et al*. Effect of long-term irrigation water salinity on soil properties and microbial biomass ［J］. Ecological Questions, 2010, 14 (1)：77-79.

[24] Wang Q M, Huo Z L, Zhang L D, *et al*. Impact of saline water irrigation on water use efficiency and soil salt accumulation for spring maize in arid regions of China ［J］. Agricultural Water Management, 2016, 163：125-138.

[25] Hillel D, Braimoh A K, Vlek P L G. Soil degradation under irrigation ［M］//Braimoh A K, Vlek P L G. Land Use and Soil Resources. Netherlands：Springer, 2008：101-119.

[26] Lax A, Díaz E, Castillo V, *et al*. Reclamation of physical and chemical properties of a salinized soil by organic amendment ［J］. Arid Soil Research and Rehabilitation, 1994, 8 (1)：9-17.

[27] Choudhary O P, Kaur G, Benbi D K. Influence of long-term sodic-water irrigation, gypsum, and organic amendments on soil properties and nitrogen mineralization kinetics under rice-wheat system ［J］. Communications in Soil Science and Plant Analysis, 2007, 38 (19/20)：2 717-2 731.

[28] Diacono M, Montemurro F. Effectiveness of organic wastes as fertilizers and amendments in salt-affected soils ［J］. Agriculture, 2015, 5 (2)：221-230.

[29] Aragüés R, Medina E T, Clavería I. Effectiveness of inorganic and organic mulching for soil salinity and sodicity control in a grapevine orchard drip-irrigated with moderately saline waters ［J］. Spanish Journal of Agricultural Research, 2014, 12 (2)：501-508.

[30] Ahmed B A O, Inoue M, Moritani S. Effect of saline water irrigation and manure application on the available water content, soil salinity, and growth of wheat ［J］. Agricultural Water Management, 2010, 97 (1)：165-170.

［此文原刊载于《中国农业生态学报》, 2016, 24 (8)：995-1 004］

环渤海低平原农田生态系统养分循环与平衡研究

张玉铭[1]，孙宏勇[1]，李红军[1]，刘小京[1]，

胡春胜[1]，刘克桐[2]，崔玉玺[3]，张满意[3]

（1. 中国科学院遗传与发育生物学研究所农业资源研究中心；2. 河北省农业厅土壤肥料总站；
3. 河北省南皮县农业局）

摘　要：了解农田养分输入、输出和平衡状况，以及土壤肥力现状与变化特征，对实现养分资源优化管理、地力的持续提升、肥料利用率提高和农业可持续发展具有重要意义。基于1985年、2000年和2014年河北省南皮县国民经济统计资料，分析了从1985年到2014年县域农田生态系统养分循环与平衡状况；利用1981年第2次土壤普查和2015年实测南皮县域土壤耕层养分含量数据，探讨了耕层土壤养分变化及空间分布格局特征。结果表明，1985—2014年南皮县农田养分输入输出均呈持续上升趋势，氮磷钾养分输入由10 701 t增加至23 386 t，年递增率2.33%；氮磷钾养分来源结构略有不同，氮磷来源以化肥为主，其次是人畜粪尿和作物秸秆有机肥源；而钾素来源主要是有机肥源。农田养分输出以作物吸收为主，占养分总输出的80%以上，氮磷钾总输出由1985年的9 093 t增加到2014年的18 846 t，年均增速2.17%。从养分表观平衡的角度看，从1985—2014年氮磷始终有大量盈余，磷素盈余大于氮素，氮和磷表观平衡率分别为16.8%～34.2%和26.9%～65.5%；若考虑有机氮的有效性问题，1985—2000—2014年3个时段有效氮盈亏率依次为18.1%、6.5%和-7.8%，有效氮平衡由盈余转向亏缺；而钾素经历了由赤字逐渐向盈余的转变过程，由1985年的-33.5%赤字发展至2014年的33.6%盈余。受农田养分平衡状况的影响，南皮县土壤有机质、全氮、有效磷发生了显著变化，1981—2015年有机质由8.62 g·kg⁻¹增至14.0 g·kg⁻¹，增幅62.4%；全氮由0.542 g·kg⁻¹增至0.908 g·kg⁻¹，增幅67.5%；有效磷由2.0 mg·kg⁻¹增加到20.8 mg·kg⁻¹，增加了9.4倍。而碱解氮和有效钾变化不明显，分别由70.5 mg·kg⁻¹和141 mg·kg⁻¹增加到71.8 mg·kg⁻¹和147 mg·kg⁻¹，相对增幅仅为1.8%和4.2%。建议今后南皮县在农业生产中大力推广科学施肥技术，重视有机肥和化肥配施，推广秸秆还田，通过改进施肥方法提高肥料利用效率；养分管理中应提倡"稳氮、控磷、补钾"的施肥对策，避免过多的盈余养分进入环境。

关键词：农田生态系统；土壤肥力；养分循环；养分平衡；施肥技术

养分循环是生态系统最基本的功能之一[1]，也是实现生态系统养分平衡的基础。农田生态系统养分循环与平衡状况是农田养分管理合理与否的重要表现，也是影响土壤质量、生产力和环境质量的重要过程，是农业、生态和环境科学研究的核心问题[2-4]。研究农田生态系统的养分循环与平衡，加强对养分循环的调控，使养分循环向有利于人类需要的方向发展[5-6]，对实现农业高产稳产高效、保障国家粮食安全、提升耕地土壤质量与农田生态系统的可持续发展具有重要意义。

农田生态系统中养分的输入与输出之间的平衡状态是评价农田养分管理可持续性的重要指标[4,7]，农田土壤养分的收支决定了土壤养分库的盈亏和土壤肥力的发展方向，同时也对环境产生潜在的影响。20世纪80年代以来，我国农田养分平衡总体上氮、磷盈余不断增加，钾的亏缺不断减少[8-11]。在现实农业生产中，土壤养分、肥料等资源利用方面仍存在诸多不合理现象，在一些经济发达地区化肥特别是氮肥投入过量现象普遍存在，导致农田氮素大量盈余，大量活性氮通过各种损失途径进入水体和大气环境，导致地下水硝酸盐污染和湖泊富营养化、温室气体效应等不利影响；而在一些经济欠发达地区农田养分的亏缺导致土壤肥力退化和作物产量下降。鉴于此，杨林章等[12]基于氮磷钾在土壤—作物—水体系统中的迁移、转化、损失过程，论述了不同类型区养分循环与平衡对产量、土壤肥力和环境的影响，评价了中国农田生态系统氮磷钾养分使用和平衡的时空分布特征及其影响因素。众所周知，通过合理施肥调节农田养分的循环和平衡是提高农田土壤肥力的主要手段，因此，全面了解农田生态系统养分循环特点和平衡状况，并对其盈亏进行正确评价，可以为制定合理的肥料管理对策提供依据。

环渤海低平原作为我国重要的粮仓，如何通过调控该区域农田生态系统养分循环与平衡以提高土壤肥力是一个重要课题。2013年科技部、中国科学院联合河北、山东、辽宁、天津等省市共同启动了"渤海粮仓"科技示范工程项目，旨在提升中低产田粮食生产能力，保障国家粮食安全。河北省南皮县作为"渤海粮仓"项目的发源地和实施的核心区，已在农田地力提升技术等方面取得显著进展。尽管近30多年来农业生产方式及农田生态系统营养物质投入产出状况发生了较大变化，但仍存在农业养分循环再利用水平不高等问题。本文以南皮县为例，基于1981年、2000年和2014年国民经济统计资料，及1981年第2次土壤普查资料和2015年以1.5 km为步长网格式采样的土壤耕层养分实测数据，分析了不同时段农田养分循环与平衡的基本特点以及土壤养分变化趋势，并按照鲁如坤等[10-11]提出的农田养分平衡的评价方法和原则对南皮县农田生态系统养分循环与平衡状况进行了评价，以期为预测土壤肥力的发展方向和可能产生的环境影响提供依据，并提出本区域理想的养分综合管理模式。本研究对于环渤海低平原区协调合理施肥与维护土壤环境的关系，实现区域农作物的稳产高产、地力的持续提升、资源的高效利用和生态环境友好的协调发展具有重要意义。

1 材料与方法

1.1 研究地区概况

河北省南皮县位于华北近滨海低平原，地表形态平缓，由西南向东北倾斜，坡降为1/800～1/2 000，海拔7～12 m，总土地面积800 km²。该县属暖温带半湿润大陆季风气候区，年平均气温12.3 ℃，冬季寒冷少雪，春季干燥多风，夏季炎热多雨，多年平均降水量为550 mm，年蒸发量1 900 mm左右，≥10 ℃积温4 232 ℃，年总辐射量5 592.3 MJ·m⁻²，无霜期180 d左右。淡水资源匮乏，水资源量仅相当于全国人均水平的15%，微咸水分布较广。土壤属潮土、盐土两类，普通潮土（亚类）占总面积的76%。历史上土壤盐渍化较为严重，自20世纪90年代以后区域水盐条件发生极大改善。其农业耕作制度以一年两熟为主，种植冬小麦、夏玉米、棉花和油料（花生、大豆和油葵）、蔬菜、瓜果等多种作物，以粮、棉种植为主。耕地面积约 44 000 hm²，棉花约占耕地面积的 1/3，粮作播种面积 50 000 hm² 左右。小枣、鸭梨、苹果等水果栽培有较久历史。

1.2 研究方法

为评价南皮县农田生态系统养分循环与平衡状况，基于 1985 年、2000 年和 2014 年河北省南皮县国民经济统计资料，分析 1985—2014 年县域农田生态系统养分循环与平衡状况；利用 1981 年第 2 次土壤普查资料和 2015 年实测县域土壤耕层养分含量数据，探讨了耕层土壤养分变化及空间分布格局特征。

1.2.1 农田养分输入参数与输入量计算

农田养分输入包括化肥、有机肥、生物固氮、非共生固氮、灌溉和干湿沉降所带入农田的养分。化肥投入养分量来自历年南皮县国民经济统计数据，其中复合肥的 N：P₂O₅：K₂O 养分折算比例不同年份有所不同，1985 年按 20%：75%：5% 折算，2000 年和 2014 年按 32%：52.8%：15.2% 折算[13]。

有机肥资源主要包括人畜禽粪尿（粪肥）、秸秆还田所带入农田的养分。粪肥是重要农田有机肥源，根据各类畜禽饲养量、人口数、排泄量及粪尿养分含量比例计算粪肥养分输入量，计算方法参照文献[14]。人粪尿按成人数量计算排泄量，人口数×0.85＝成人数。牛、羊、驴、母猪等牲畜养殖周期较长，按存栏数计算；肉猪养殖周期 8 个月，家禽（肉蛋混合型）养殖周期半年，均按出栏数计算；按不同系数综合折算畜禽年排泄量；粪肥收集利用率以 50% 计[14-15]。秸秆还田所带入养分量为秸秆养分含量[14,16-17]与还田量之积，秸秆产量根据作物产量与草籽比估算。南皮县自 20 世纪 90 年代中后期开始推行秸秆还田措施，研究时段内秸秆还田率依次为：1985 年不还田，2000 年小麦秸秆 80% 还田，玉米秸秆 30% 还田，2014 年小麦全部还田、玉米秸秆 90% 还田。根茬所携带养分量未参与总量计算[10-11]。

豆科作物生物固氮是农田生态系统中氮素独有的一项重要收入项。南皮县豆科作物以大豆、花生为主，共生固氮量根据大豆、杂豆、花生实际种植面积与单位面积固氮量计算，固氮系数以 95.63 kg·hm⁻²·a⁻¹ 计[18]；非共生固氮作用包括异养固氮、根际联合固氮及光合固氮，北方旱地非共生固氮量按 15 kg·hm⁻²·a⁻¹ 计[10,18]。

干湿沉降、灌溉、作物种子等也是农田养分的重要来源，所带入土壤中的养分量根据耕地面积、有效灌溉面积及其相应养分含量估算；湿沉降带入养分量按氮 11.9 kg·hm⁻²·a⁻¹、磷 0.26 kg·hm⁻²·a⁻¹、钾 6.6 kg·hm⁻²·a⁻¹ 计[10]。养分干湿沉降所带入养分量按化肥和粪肥氨挥发量的 15% 计[15,17,19]。

1.2.2 农田养分输出参数与输出量计算

农田养分输出主要包括地上部分作物收获养分量和养分损失量。作物收获养分量根据各种作物的总收获量和作物氮磷钾养分含量计算。小麦、玉米草籽比分别为 1.1 和 1.2，花生和薯藤分别取值 0.8 和 0.5，谷子草籽比为 1.6。结合实际调查和文献[10]，棉秸总产量按秸秆皮棉比为 3.25 计。小麦、玉米养分含量参考文献[17]，其他作物养分含量参考文献[14,16]，各种作物养分含量见表1。

北方平原地区农田养分损失主要为氮素损失，包括化肥和粪肥的氨挥发损失、硝化-反硝化损失以及深层土壤氮素淋溶损失。在此以全县化肥和粪肥输入量与肥料损失率估算养分损失量，氨挥发、反硝化和氮素渗漏淋失的肥料损失率参照文献[15-16]。

表1 作物籽实和秸秆养分含量

作物	草籽比	籽粒			秸秆		
		氮 (g·kg⁻¹)	磷 (g·kg⁻¹)	钾 (g·kg⁻¹)	氮 (g·kg⁻¹)	磷 (g·kg⁻¹)	钾 (g·kg⁻¹)
小麦	1.1	20.4	4.5	3.2	6.5	0.8	7.5
玉米	1.2	12.0	3.7	3.0	9.2	1.5	6.0
棉花	1.4	37.0	4.9	9.0	6.0	6.2	7.5
大豆	1.6	61.6	5.9	14.8	7.2	0.7	7.4
花生	0.8	51.0	5.2	6.8	14.0	2.2	14.1
谷子	1.6	11.6	1.7	11.7	3.7	0.1	20.7
薯类	0.5	2.6	6.7	6.0	14.5	3.0	13.3

1.2.3 土壤养分调查与测试方法

南皮县20世纪80年代初开展第2次（全国）土壤普查，1981—1982两年内完成土壤调查取样和测试工作，有齐全的历史数据。按变更后乡镇单元计算1981—1982年土壤养分含量均值。2015年玉米收获后小麦播种前，在全县大约以1.5 km为步长布点，共采集273个耕层（0～20 cm）土壤样品，采样点位如图1所示。土壤样品经风干研磨后进行养分分析[17]，有机质测定采用硫酸-重铬酸钾容量法，全氮采用半微量凯氏法，碱解氮采用碱解扩散法，有效磷采用碳酸氢钠浸提-钼锑抗比色法，有效钾采用醋酸铵浸提原子吸收法。依据国家和省地土壤养分丰缺指标，进行土壤养分分级。

1.2.4 数据处理

所有数据统计描述和分布检验均在 Microsoft Excel 2010 和 SPSS 13.0 软件环境下进行。结合全国土壤普查土壤养分分级指标，基于 ArcGIS 9.2 地理信息系统软件用反距离权重法内插获得土壤养分空间分布图。1981年第2次土壤普查和2015年2个时期土壤养分变化设置3个变化等级[7]：土壤养分含量增加5%以上时为增加，土壤养分含量变化在-5%～5%时为不变，土壤养分含量减少5%以上时为减少。

2 结果与分析

2.1 农田生态系统养分输入、输出与平衡

2.1.1 农田养分输入

南皮县农田养分来源主要包括化肥、人畜粪尿、秸秆、生物固氮、灌溉及干湿沉降

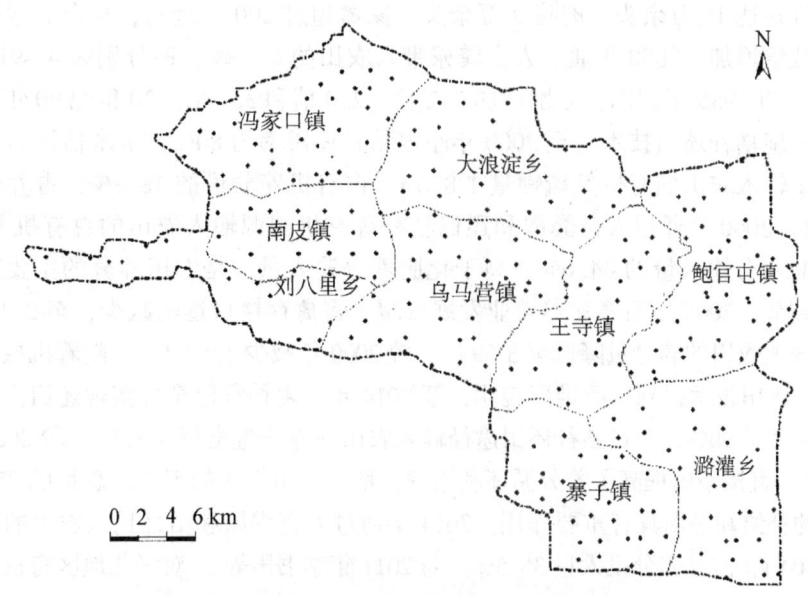

图1　研究区河北省南皮县乡镇及土壤采样点位分布

和种子，化肥、人畜粪尿和还田秸秆是农田养分的主要来源，通过生物固氮、灌溉、干湿沉降以及播种等途径进入农田的养分在总养分输入中所占比例相对较少（表2）。氮磷钾养分输入量从1985年的10 701 t提高到2014年的23 386 t。氮、磷、钾养分来源结构略有不同，氮、磷来源以化肥为主，其次是人畜粪尿和作物秸秆有机肥源；而钾素来源主要是有机肥源。通过施用化肥输入农田的氮、磷分别占其总输入量的46.7%～53.9%和67.5%～78.6%，来自有机肥源的氮、磷仅为17.1%～35.6%和19.1%～31.2%，即1985年以来化肥始终是氮、磷的主要来源。钾素来源结构略有不同，20世纪80年代，由于受到北方土壤不缺钾观念的影响，农民普遍不重视对钾肥的施用，钾素来源以粪肥为主，由畜禽粪尿输入农田的钾为58.0%，来自化肥的钾仅为10.9%；2000年以后随着秸秆还田技术的推广应用以及多元素复合肥的发展和农民补钾意识的增强，钾素来源发生了较大改变，来自化肥和还田秸秆的钾素在总输入中所占比例不断增加，2014年来自化肥、人畜粪尿、秸秆的钾素依次为2 086 t、1 218 t和2 083 t，在总输入钾中的占比依次为35.3%、20.6%和35.2%。

随着农业生产水平的提高，化肥投入呈不断增加态势，从1985年至2014年氮、磷、钾化学养分投入总量由5 318 t增加至12 063 t，增长了1.3倍；从增长速度来看，1985—2000年增长速度高于2000—2014年，1985—2000年化肥氮磷钾投入量增加81.0%，年递增率为4.1%；2000年以后，化肥使用量增速放缓，2014年较2000年增长了25.3%。化肥氮磷钾投入占总养分输入量的41.5%～51.6%。

人畜粪尿和作物秸秆是南皮县主要的有机肥源，有机养分的投入主要受畜牧养殖业规模和秸秆还田率的影响。20世纪80年代，南皮还未推行秸秆还田策略，有机养分主要来自人畜粪尿，1985年通过人畜粪尿投入农田有机养分量为2 432 t，占总养分量的22.7%；据南皮县国民经济统计资料，1994—2005年南皮县畜牧养殖业发展强势，2000

年前后大牲畜达 10 万余头，肉猪 9 万余头，家禽超过 200 万余只，畜禽粪尿提供的有机养分成数倍增加，2000 年通过人畜粪尿带入农田的氮、磷、钾分别为 4 491 t、573 t 和 3 397 t，与 1985 年相比，分别增加 2.2 倍、2.0 倍和 3.1 倍。20 世纪 90 年代中后期南皮开始实施秸秆还田技术，至 2000 年小麦秸秆还田率为 80%，玉米秸秆为 30%，通过秸秆还田输入农田的有机氮磷钾量 1 896 t，占有机养分量的 18.3%，占养分总输入量的 8.1%。2000 年通过人畜粪尿和还田秸秆等有机肥源输入农田的总有机养分为 10 357 t，占总养分输入量的 44.6%，高于化肥养分输入量，是农田养分的主要来源。受市场价格调节，2006 年后畜禽养殖业发展放缓，畜禽存栏量逐渐减少，至 2014 年通过人畜粪尿输入农田的养分量降低至 3 593 t，较 2000 年减少了 57.5%。随着机械化程度的提高，秸秆还田技术得到广泛推广应用，至 2014 年小麦秸秆已全部实现还田，玉米秸秆还田率也达到了 90%，通过秸秆还田途径输入农田的养分量增至 4 811 t，较 2000 年增加 1.5 倍。秸秆直接还田提高了养分循环利用率，秸秆还田带入的钾素占总量的 35.2%，对土壤钾库的补给和平衡具有重要作用。2014 年通过人畜粪尿和秸秆投入农田的有机养分总量为 8 404 t，占总养分投入量 35.5%。与 2011 年李书田等[20]对华北地区有机肥养分投入占总养分投入比例（35.0%）研究结果一致，略高于河北省有机肥养分投入比例（25.6%）[21]。

除化肥和有机肥外，大气沉降、灌溉、生物固氮等也是农田养分的重要来源，1985—2014 年 3 个时段通过这些途径进入农田的养分总量依次为 2 951 t、3 216 t 和 2 919 t，分别占总输入养分量的 27.6%、13.9% 和 12.5%。在农田养分综合管理中，这部分养分不容忽视，亦应充分利用，对化肥用量有一定的替代作用。随着种植业结构的调整，生物固氮对农田氮素的输入贡献发生了较大变化。20 世纪 80 年代，由于南皮县种植业结构中豆科作物如大豆、花生、绿豆、小豆等播种面积较大，占总播面的 14.7%，通过共生固氮输入农田的氮素为 701 t，占总输入氮量的 8.5%；进入 21 世纪后，豆科作物种植面积逐渐减少，通过共生固氮输入农田的氮素亦随之减少，至 2014 年，共生固氮仅为 88 t，较 1985 年减少了 87.4%。

表 2　1985 年、2000 年和 2014 年南皮县农田生态系统养分输入　　　　（t）

养分输入	1985 年				2000 年				2014 年			
	氮	磷	钾	总量	氮	磷	钾	总量	氮	磷	钾	总量
化肥	4 380	783	155	5 318	7 065	1 511	1 052	9 628	7 972	2 005	2 086	12 063
人畜粪尿	1 419	190	823	2 432	4 491	573	3 397	8 461	2 073	302	1 218	3 593
秸秆还田	0	0	0	0	898	124	874	1 896	2 382	346	2 083	4 811
灌溉水	379	9	126	514	650	16	217	883	704	17	235	956
湿沉降	566	12	314	892	533	12	296	841	524	11	290	825
干沉降	229			229	468			468	393			393
共生固氮	701			701	404			404	88			88
非共生固氮	603			603	609			609	646			646
种子		8.7	1.7	1.7	12.1	8.5	1.8	1.6	11.9	7.7	1.7	1.5	10.9
合计	8 285	996	1 420	10 701	15 127	2 237	5 837	23 201	14 789	2 683	5 914	23 386

营养物质的输入，对促进农田生态系统内部的物质循环、维持土壤肥力、提高农田生产力水平具有重要作用。合理的养分结构是农业获得高产稳产、保持和提高土壤肥力的基础。1985 年、2000 年和 2014 年 3 个时段养分投入氮：P_2O_5：K_2O 比例依次为 1：0.27：0.20、1：0.33：0.46 和 1：0.41：0.48，磷钾所占比例有逐年增加的趋势。据李书田等[20]报道，粮食作物合理氮磷钾比例为 1：0.3～0.4：0.4～0.5。由此可见，南皮氮磷钾养分投入比例日趋合理。随着生态经济的发展，农田养分来源结构不断发生变化，有机肥特别是还田秸秆所占比例有逐渐增加的趋势，由 1985 年的 22.7%扩大到 2014 年的 35.9%，其中秸秆所占比由无扩大到 20.6%，逐渐向有机无机相结合的方向发展。人畜粪尿和作物秸秆是重要有机肥源，充分利用这部分有机肥资源，可起到培肥地力、改善土壤结构、提高土壤碳库储量的作用，对节约化肥和能源、实现养分的循环利用和保护生态环境具有十分重要的意义。

2.1.2 农田养分输出

农田生态系统养分的输出由作物吸收的养分和各种途径损失的养分构成。作物吸收的养分是指作物经济产量部分和秸秆部分吸收的养分，由作物总产量与作物养分浓度相乘获得。在南皮农田养分输出中以作物吸收为主（表3），作物吸收输出农田养分占总输出量的 80%以上，受种植业结构的影响，其中以小麦、玉米输出占作物（小麦-玉米、其他粮油作物和棉花）总输出的主要份额（51.3%～72.6%），占总输出养分的 42.7%～59.5%；其次为棉花，棉花吸收养分占作物总吸收养分的 14.7%～26.8%，占总输出养分的 11.8%～22.3%。随着作物产量的不断提升，作物吸收养分的数量不断增加，1985 年至 2014 年作物输出养分量由 7 569 t 上升到 16 225 t，相对增加 114.4%。1985 年农作物吸收氮、磷、钾养分的数量分别为 4 649 t、785 t 和 2 135 t，氮、磷分别占其总输入量的 56.1%和 78.8%，即养分投入足以满足作物生长的需求；而钾素的作物吸收占投入的 150.4%，表明投入远远不能满足作物生长对养分的需求，只可满足作物需求钾素的 50%，仍有 50%需要从土壤中汲取。进入 21 世纪后，农作物对氮、磷、钾养分的吸收量分别为 7 540～10 040 t、1 352～1 758 t 和 3 579～4 427 t，分别占其总输入量的 49.8%～67.9%、60.4%～65.5%和 61.3%～74.9%，这表明除了氮、磷投入能满足作物吸收外，钾的投入也能达到作物吸收的需求。

表3　1985 年、2000 年和 2014 年南皮县农田生态系统养分输出　　　（t）

养分输出	1985 年				2000 年				2014 年			
	氮	磷	钾	总量	氮	磷	钾	总量	氮	磷	钾	总量
小麦—玉米收获	2 368	505	1 011	3 884	5 308	1 101	2 642	9 051	6 648	1 415	3 147	11 210
其他粮油蔬作物收获	979	112	567	1 658	1 055	99	433	1 587	1 242	66	359	1 667
棉花收获	1 302	168	557	2 027	1 177	152	504	1 833	2 150	277	921	3 348
化肥氮损失	1 098			1 098	1 771			1 771	1 999			1 999
粪肥氮损失	426			426	1 347			1 347	622			622
合计	6 173	785	2 135	9 093	10 658	1 352	3 579	15 589	12 661	1 758	4 427	18 846

除作物吸收携出养分外，还有一定数量的养分通过各种途径损失。农田养分损失以肥料损失率和肥料施用量为基础获得，在北方平原区只考虑氮素损失，磷钾损失忽略不计。表3表明，氮素损失是一重要养分输出项，占养分总输出的20.7%～29.3%，其中化肥氮素损失占氮素总损失量的15.8%～17.8%，粪肥氮素损失占4.9%～12.6%。氮素损失占养分输入的17.7%～20.6%，这说明每年输入农田的氮素有17.7%～20.6%通过氨挥发、硝化-反硝化和硝态氮淋失等途径输出农田系统而不能再被作物吸收利用。

随着养分投入的逐年增加，作物产量不断提升，农田养分消耗也随之增加。2014年养分输出比1985年增加107.3%，比2000年增加20.9%；氮、磷、钾各项养分输出比1985年分别增加105.1%、123.9%、107.4%，比2000年增加18.8%、30.0%、23.7%。与1985年相比，2014年农田养分输出的大幅度提升主要源于作物产量的飞跃式提高引起的养分吸收的大量增加。从氮、磷、钾各养分输出比较来看，以氮的输出最大，3个时段平均占总输出的67.2%～68.4%，其次是钾，占23.0%～23.5%，磷仅占8.6%～9.3%。这一结果与华北地区不同尺度上的研究结果均很接近，如河北栾城县县域氮磷钾输出比为[16]氮67%、钾22%、磷11%，河北省省域[21]氮69.0%、钾22.8%、磷8.2%，华北地区[20]氮62.6%、钾29.1%、磷8.3%。

2.1.3 农田养分循环与平衡特征

保持农田生态系统养分循环再利用对保持地力有一定的作用，但不能从根本上消除土壤养分的收支赤字。从表4可知，1985年养分输入输出量比较小，系统内循环量小，养分循环率比较低，农田养分内循环靠外部投入维持。2000年以后，由于南皮县畜牧养殖业的飞速发展，畜禽粪尿生产量显著提高，此外，秸秆还田措施不断普及，有机养分归还量不断增加（表2），输出外部的氮磷钾养分总量逐渐减少，内循环量和内循环率呈上升趋势（表4）。与1985年相比，2014年氮素的内循环率由1.7%增长为14.9%，氮磷钾养分总循环率由2.4%增长到22.8%，分别增长了7.8倍和8.7倍。但是，与其他以小麦—玉米轮作为主的种植体系相比其内循环率显著偏低[16]，其系统养分循环属开放式，究其原因，主要由于南皮县种植业结构较为复杂，棉花、小杂粮等秸秆不还田作物所占比例较大，通过秸秆归还农田的养分较少。

表4　1985年、2000年和2014年南皮县农田养分循环变化

项目	1985年		2000年		2014年	
	氮	氮磷钾	氮	氮磷钾	氮	氮磷钾
总输入量（kg·hm⁻²）	174	225	338	518	336	531
外部输入量（kg·hm⁻²）	92	112	158	215	181	274
总支出量（kg·hm⁻²）	130	191	238	348	288	428
输出外部量（kg·hm⁻²）	128	187	209	288	245	331
参与循环量（kg·hm⁻²）	2	4	29	60	43	97
循环率（%）¹⁾	1.7	2.4	12.1	17.3	14.9	22.8

注：1）循环率为参与循环量占总支出量的百分比

表 5 显示了南皮县 1985—2014 年农田养分表观平衡状况。结果表明，除 1985 年钾素平衡存在赤字外，其他时段氮、磷、钾均为盈余，平衡率分别为 16.8%～41.9%、26.9%～65.5%、−33.5%～63.1%。磷钾在农田生态系统的迁移循环过程十分简单，远不如氮素那么活跃和难以控制，在北方平原区磷钾不易产生任何非生产性损失，维持其合理的盈余有利于扩大土壤磷钾有效库，提高土壤供应能力。因此，在不存在水土流失的北方平原区旱作或水浇地农田，允许磷钾存在较大盈余，鼓励储备性施用。而氮素则不同，倘若管理不当，极易引起损失，通常认为，氮素盈余率超过 20% 即可引起氮素对环境的潜在威胁[20,22]。由表 5 的表观平衡率不难看出，自 1985 年以来，农田养分中氮素始终有盈余，3 个时段氮素盈余率依次为 34.2%、41.9% 和 16.8%，尽管到 2014 年氮素盈余有所下降，但仍与临界值很接近，存在较大的环境风险。

在对氮素盈余状况进行评价时，不应只简单考虑氮素的总投入，应考虑有机肥料氮的有效性问题[20]，以正确评价氮素的盈亏状况并防止夸大氮素投入的环境风险。一般有机肥氮的当季有效性只有化肥氮的 30% 左右[23]，若按此计算农田有效氮的平衡，1985—2014 年氮素盈余呈逐渐减少趋势，3 个时段有效氮素盈亏率依次为 18.1%、6.5% 和 −7.8%，至 2014 年出现了轻度亏缺，与李书田等[20]对华北地区农田氮素平衡估算结果基本接近。

与氮肥不同，磷肥后效很高，累积率可达 80% 以上[24]，盈余的累积磷在土壤中能提高磷的供应潜力。2014 年南皮县磷素盈余 35.7%，盈余磷量为 21.0 kg·hm^{-2}，相当于表层土壤全磷增加 9.3 mg·kg^{-1}。按照 6% 进入有效磷[25]，则相当于增加土壤有效磷 0.56 mg·kg^{-1}，倘若按照这一盈余量，再过 20 年，南皮土壤有效磷含量将增加 11.2 mg·kg^{-1}，增长速度较为缓慢，短期内不会对环境构成威胁。磷肥投入过量在某种程度上对培育地力、提高土壤磷库供肥能力是有益的。

表 5 1985 年、2000 年和 2014 年南皮县农田养分平衡

项目	1985 年				2000 年				2014 年			
	氮	磷	钾	氮磷钾	氮	磷	钾	氮磷钾	氮	磷	钾	氮磷钾
总输入（t）	8 285	996	1 420	10 701	15 127	2 237	5 837	23 201	14789	2 683	5 914	23 386
总支出（t）	6 173	785	2 135	9 093	10 658	1352	3579	15 589	12 661	1 758	4 427	18 846
表观平衡率（%）	34.2	26.9	−33.5	17.7	41.9	65.5	63.1	48.8	16.8	52.6	33.6	24.1

2.2 农田养分平衡评价

农田养分平衡出现赤字或盈余并不一定不合理，达到 100% 平衡（平衡率为 0）也不一定就是理想目标。通过对实际养分平衡率与允许养分平衡盈亏率进行比较，可了解农田养分平衡状况，对其做出正确评价，为农田管理措施调整提供依据。参照鲁如坤等[10-11]农田养分平衡的评价方法，对南皮县域、渤海粮仓科技示范工程项目位于南皮县的示范区及周边农户农田养分平衡状况进行分析。

所谓养分允许平衡盈亏率是指在当地条件下养分平衡的计算结果，虽有亏缺或盈余也是允许的，这意味着养分亏缺时并不会影响作物产量，盈余时也不会造成养分浪费。其计算公式为：

$$B(\%)=[(1-S)/E-1]\times100 \tag{1}$$

式中：B（%）为某养分允许平衡盈亏率；E 为某养分肥料利用率，用相对值表示；S 为土壤养分贡献率，相当于某养分增产率的倒数。

基于多点的试验结果，南皮县氮、磷、钾肥平均增产率分别为 38.6%、38.3% 和 11.0%，氮、磷、钾肥利用率根据文献[8,16]分别按 30%、15% 和 55% 计，据此计算出农田养分的允许平衡盈亏率（表6）。从养分平衡允许盈亏率来看，南皮县氮、钾收支中允许有一定量亏缺发生，钾允许赤字达 82.0%，即在钾素有 82% 的赤字情况下并不影响作物产量；氮仅允许 8.2% 的亏缺，这表明，尽管氮素收支中允许有赤字发生，但其肥料养分仍存在一定的增产趋势，部分氮素供应来源于土壤，但土壤已无能力承受较大的平衡赤字，建议在施肥时应保持氮素的基本平衡，即无赤字平衡，以防土壤肥力下降；这一区域磷素增产效果明显，其允许平衡盈亏率为 82.0%，这表明磷素平衡中有 82% 的盈余是允许的，也是必要的，即在磷素平衡中须有大量盈余方可满足作物生长需求而不至于过多耗竭土壤磷库。

为了从不同尺度层面研究南皮县农田养分平衡，在示范区及其周边多个村中选择有代表性的农户，了解其投入产出情况，计算其养分平衡率后发现，示范区氮磷钾平衡状况与允许平衡盈亏率最为接近，养分管理较为合理。周边农户养分平衡状况参差不齐，表现为施氮过量，部分农户磷肥施用不足。县域尺度上，氮、磷、钾均表现为盈余状态，与允许平衡盈亏率比较，磷肥投入尚存在不足的问题。按农田氮素平衡率超过 20% 就会对环境造成潜在的威胁的说法[20]，南皮县氮素盈余率均在 16.8% 以上，接近平衡率安全阈值，说明氮素施肥量已有可能对该县生态环境构成潜在威胁，因此，在今后的农业生产中，需适度控制氮肥用量，通过改进施肥技术实现减量增效。全县平均和多数调查农户磷素平衡率低于允许磷素平衡盈亏率，说明在磷素管理中需增加磷肥用量，以确保作物生长需求与维持和提高土壤供磷能力；比较钾素允许平衡盈亏率和实际平衡率可知，南皮县钾素不亏缺，在秸秆还田情况下可根据作物携出量进行平衡补钾。

表6 2014 年南皮县农田养分平衡和允许盈亏率 （%）

项目	氮	磷	钾
农户实际平衡率	28.8~62.3	42.0~154.6	−57.3~25.2
示范区实际平衡率	20.7	183.0	−0.7
全县实际平衡率	16.8	52.6	33.6
允许平衡盈亏率	−8.2	83.6	−82.0

注：各层次实际平衡率=（该层养分输入−该层次养分输出）/该层次输出×100%

2.3 农田养分平衡对耕层土壤养分变化趋势的影响

农田氮磷钾的盈亏量决定了土壤养分的变化方向及变化程度，在现代农业养分管理中不应仅以作物增产和盈利为目标，应在充分满足作物对养分的需求和有利于土壤养分库维护的同时，避免土壤中过剩养分进入环境而导致环境污染。了解土壤肥力的变化规律可为合理利用土壤养分资源和科学施肥提供依据。

2.3.1 有机质、全氮变化

土壤有机质是土壤养分的储藏库，其含量是估算土壤 C 储量、评价土壤肥力和质量的重要参数；全氮含量高低是土壤库潜在供氮能力的表征，也是评价土壤肥力的重要指标；有机质和全氮动态变化直接影响土壤肥力特性。从表 7 可见，与第 2 次土壤普查时相比，全县土壤有机质和全氮含量普遍增加，有机质平均由 1981 年的 8.62 g·kg^{-1} 上升到 2015 年的 14.0 g·kg^{-1}，相对上升了 62.4%，年均递增率为 1.44%；土壤全氮全县平均增加了 0.366 g·kg^{-1}，相对增幅 67.5%，年递增率为 1.53%。土壤有机质和全氮变化等级属增加明显范畴（土壤养分含量增加 5% 以上）。自 20 世纪 80 年代以来，随着国民经济的发展，农村养殖业不断壮大，为农业种植提供了大量粪肥，是有机质和全氮增加的重要原因之一；此外，20 世纪 90 年代后期开始推行秸秆还田措施，是土壤有机质提升的另一重要原因。

全县 9 个乡镇土壤有机质和全氮含量差异较大，存在明显的空间变异性。因各乡镇经济状况和农业生产条件的不同，农田养分输入存在较大差异，导致三十多年间不同乡镇土壤养分变化程度有所不同。土壤有机质和全氮上升幅度均以南皮镇最大，分别为 7.34 g·kg^{-1} 和 0.51 g·kg^{-1}；增幅最低的为鲍官屯镇，仅分别为 3.92 g·kg^{-1} 和 0.16 g·kg^{-1}。南皮镇作为县政府所在地，经济状况在全县相对较为发达，据南皮县国民经济统计资料显示，其化肥纯养分投入量（平均每年 429 kg·hm^{-2}）和单位耕地面积上容纳畜禽量（表征粪肥养分投入能力）均居全县之首，是导致该镇土壤有机质和全氮增幅最大的主要原因；在种植结构上，南皮镇以小麦、玉米一年两熟为主，小麦-玉米播种面积占该镇总播种面积的 82%，大量还田秸秆亦是土壤有机质和全氮提升的另一重要原因。而鲍官屯镇位于南皮县的最东部，历史上土壤盐碱较为严重，属于盐碱低产区，其农业生产条件较差，养分投入相对较低，其化肥纯养分投入每年仅为 325 kg·hm^{-2}，是导致该镇土壤养分增幅偏低的主要原因之一；在种植结构上，该镇棉花和谷子等小杂粮种植面积所占比例较高，小麦-玉米种植面积相对较少，只占总播种面积的 52%，在当前农业生产状况下，可实行秸秆还田的作物只有小麦和玉米，其他作物秸秆全部移出农田，因此，该镇可还田秸秆资源远低于其他乡镇，是该镇土壤有机质和全氮增幅较低的另一原因。

表 7 南皮县各乡镇耕层土壤养分含量及变化 （1981—2015 年）

乡镇	有机质 (g·kg^{-1})			全氮 (g·kg^{-1})			碱解氮 (mg·kg^{-1})			有效磷 [mg (p)·kg^{-1}]			有效钾 [mg (k)·kg^{-1}]		
	1981 年	2015 年	±	1981 年	2015 年	±	1981 年	2015 年	±	1981 年	2015 年	±	1981 年	2015 年	±
鲍官屯镇	8.28	12.2	3.92	0.620	0.780	0.160	79.4	63.7	-15.7	1.4	14.6	13.2	104.8	137.9	33.1
大浪淀乡	8.88	13.7	4.82	0.582	0.903	0.321	71.6	64.9	-6.7	2.0	17.1	15.1	154.4	161.2	6.8
冯家口镇	9.31	14.8	5.49	0.508	0.980	0.472	82	73.7	-8.3	1.7	18.1	16.4	185.3	176.5	-8.8

（续表）

乡镇	有机质 (g·kg⁻¹)			全氮 (g·kg⁻¹)			碱解氮 (mg·kg⁻¹)			有效磷 [mg (p)·kg⁻¹]			有效钾 [mg (k)·kg⁻¹]		
	1981年	2015年	±	1981年	2015年	±	1981年	2015年	±	1981年	2015年	±	1981年	2015年	±
刘八里乡	9.57	15.7	6.13	0.542	0.953	0.411	74.4	77.2	2.8	2.7	18.4	15.7	119.0	150.0	31.0
南皮镇	8.86	16.2	7.34	0.529	1.039	0.510	68.2	82.5	14.3	2.7	20.5	17.8	140.0	153.1	13.1
王寺镇	8.33	13.0	4.67	0.581	0.860	0.279	64.8	67.3	2.5	1.6	16.5	14.9	197.2	145.5	-51.7
乌马营镇	8.57	15.1	6.53	0.49	0.977	0.487	61.7	73.0	11.3	2.0	17.2	15.2	81.9	161.9	80.0
潞灌乡	8.06	12.1	4.04	0.526	0.846	0.320	58.8	67.7	8.9	2.1	31.7	29.6	167.1	126.7	-40.4
寨子镇	7.87	12.9	5.03	0.485	0.867	0.382	74.3	76.1	1.8	1.7	32.9	31.2	111.5	110.3	-1.2
均值	8.62	14.0	5.38	0.542	0.908	0.366	70.5	71.8	1.3	2.0	20.8	18.8	141.0	147.0	6.0

2.3.2 有效养分变化

土壤有效养分可反映近期内养分供应情况，是土壤养分供应水平的重要指标，可作为指导合理施肥的依据[11]。由表7可知，土壤碱解氮、有效磷和有效钾全县均值均呈上升趋势，但各乡镇之间变化趋势不尽相同。34年间土壤碱解氮全县平均增加1.3 mg·kg⁻¹，相对增幅为1.8%，变化等级属不变范畴（土壤养分含量变化在-5%～5%）。各乡镇间土壤碱解氮变化方向和程度不同，其中处于东部和北部的鲍官屯镇、大浪淀乡和冯家口镇属减少范畴，下降幅度为-19.8%～-9.4%；刘八里乡、王寺镇和寨子镇略有增加，属不变范畴，变化幅度为2.4%～3.9%；南皮镇、乌马营镇和潞灌乡属增加范畴，增加幅度为15.1%～21.0%。有效磷变化最为显著，各乡镇均呈增加趋势，全县平均增加18.8 mg·kg⁻¹，2015年土壤有效磷含量较1981年增加9.4倍，年递增率为7.1%。有效钾全县平均增加6.0 mg·kg⁻¹，增幅仅为4.3%，变化等级属不变范畴；各乡镇间变化方向和程度存在较大差异，9个乡镇中变化等级有4个属增加范畴、3个属不变范畴、两个属减少范畴。

土壤氮磷钾养分的变化方向和程度决定于农田养分平衡及其消长。20世纪80年代以来，南皮县氮、磷均处于盈余状态（表4），是土壤有机质、全氮和有效磷增加显著的主要原因。20世纪80年代，由于受到北方土壤不缺钾观念的影响，农民普遍不重视钾肥施用，南皮县土壤钾素平衡处于亏缺状态，进入21世纪后，钾素逐渐转为盈余。

农田养分循环与收支平衡直接影响着土壤养分库的消长[11]。自1985年以来，由于农事活动全县氮磷钾的总投入大于总支出，土壤库氮素、磷素和钾素处于盈余状态，土壤有机质、全氮和全磷含量明显上升，尤其是磷的增加的幅度极大（超9倍），提示近年来含磷化肥和粪肥施入量存在大量盈余。随着粮食产量逐年提高，养分消耗水平不断增加，农田土壤碱解氮和有效钾全县平均处于略增状态，各乡增减态势不一，有增有减。土壤碱解氮变化范围为-15.7～14.3 mg·kg⁻¹，主要与近年来农田养分投入中有效氮素盈余不足有关（2000年和2014年有效氮素平衡率分别为9.4%和-5.3%）。土壤有效钾含量从1981—2015年相对增加不足5%。尽管允许平衡盈亏率中允许钾素有82%的亏缺，但土壤有效钾含量的变化趋势表明，如果钾素投入过少，势必依靠耗竭土壤钾库来维持相应的生产力，土壤钾素将出现亏缺，土壤自身调节功能将减弱，在一定程度上会限制农田生产力的继续提高，所以在实施秸秆还田措施的同时，还应重视适量化学钾肥的施用。

总体看来，与1981年相比，全县农田土壤均有不同程度的上升，按照全国第2次土壤普查办公室（1979年）拟订的丰缺指标，南皮县农田土壤有机质和全氮含量等级由极低或低提升到中等，有效磷由中等提升到了高或极高，碱解氮、有效钾等级变化不明显。

2.4 耕层土壤养分空间分布格局与管理对策

培育农田土壤肥力是保证粮食安全的基础。了解土壤肥力现状、变化规律及空间分布格局，对充分利用土壤潜力、制定合理养分管理方案、进一步培肥地力并实现作物高产稳产、资源高效和生态环境的可持续发展具有重要意义。

2.4.1 耕层土壤养分空间分布格局

将2015年样点数据依据国家及省地级土壤普查分级标准，用反距离权重法插值获得县域5种养分属性含量分布图，以便直观展示耕层土壤养分空间格局状况（图2和表8）。

目前全县主要土壤养分总体含量不太高，土壤肥力水平在中等水平，土壤有机质、全氮、碱解氮、有效磷、有效钾变幅依次为 4.89～24.60 g·kg^{-1}、0.42～1.48 g·kg^{-1}、25.2～121.0 mg·kg^{-1}、1.2～65.6 mg·kg^{-1}、73～533 mg·kg^{-1}。从其变异性来看，土壤有机质、全氮、碱解氮变异系数分别为24.1%、23.0%和25.4%，属于中等变异程度；有效钾和有效磷变异系数分别为40.8%和66.8%，接近强变异性（表8）。除碱解氮外，土壤速效性养分较全量养分含量的变化幅度大。导致土壤养分含量发生变异的原因主要与土壤养分元素在土壤中的化学行为及肥料施用状况、耕作等田间管理措施有关。可以推断，多年来小规模分散经营体制下，各农户的氮素投入量差异不十分明显。从各乡镇的养分变异程度来看，以刘八里乡和寨子镇各养分的变异程度较小，表明这两个乡镇的土壤养分含量相对比较均匀。

从南皮县耕层土壤养分含量空间分布（图2）不难看出，南皮县土壤养分含量分布呈连片分布状态，对于实施养分的分区管理较为有利。以南皮镇和刘八里乡为中心，与其接壤的冯家口镇和大浪淀乡的南部、乌马营镇的北部土壤养分含量较高，按照第2次土壤普查养分分级标准，土壤有机质、全氮、碱解氮均处于中等偏上水平（4-1级），有效磷和有效钾属于极高或高等级（1～2级），属于地力水平较高区域；冯家口镇和大浪淀乡的北部、乌马营南部、王寺镇、鲍官屯镇土壤养分含量相对较低，土壤有机质、全氮、碱解氮均处于中等偏下水平（4-2级），有效磷和有效钾属于极高或高等级（1～2级），属于地力水平较低区域；位于南皮县东南部的寨子镇和潞灌乡土壤有机质、全氮、碱解氮均处于中等偏下水平（4-2级），土壤有效磷含量水平极高，90%以上的田块土壤有效磷含量处于高和极高水平，与其他乡镇相比，这一区域土壤有效钾则略显不足，处于中等偏下水平。历史上这一区域在南皮县属于脱盐高产区，农民在生产中只注重氮磷肥的施用，钾肥投入偏少，致使这一区域土壤钾库存不断下降。

表8 2015年南皮县耕层土壤养分描述性统计

乡镇	有机质		全氮		碱解氮		有效磷		有效钾	
	变幅 (g·kg⁻¹)	变异系数 (%)	变幅 (g·kg⁻¹)	变异系数 (%)	变幅 (mg·kg⁻¹)	变异系数 (%)	变幅 [mg(P)·kg⁻¹]	变异系数 (%)	变幅 [mg(K)·kg⁻¹]	变异系数 (%)
鲍官屯镇	8.65~17.59	18.7	0.531~1.182	19.3	33.7~85.2	21.6	1.2~60.6	81.0	93~338	37.2
大浪淀乡	4.89~19.99	27.6	0.420~1.318	24.8	25.2~98.8	29.5	3.5~49.0	63.7	73~265	33.2
冯家口镇	8.12~24.60	27.3	0.501~1.484	25.3	38.8~119.7	30.5	1.4~62.4	73.2	105~452	39.7
刘八里乡	10.59~20.27	18.1	0.585~1.321	22.8	46.8~114.6	25.3	7.1~37.9	39.6	121~241	25.5
南皮镇	10.74~23.13	19.5	0.689~1.475	19.7	45.1~121.0	24.0	6.7~61.6	64.5	100~483	50.9
王寺镇	9.30~19.38	17.5	0.558~1.266	19.3	41.5~107.1	23.8	2.8~44.5	58.7	78~318	36.0
乌马营镇	10.54~21.56	19.6	0.667~1.293	19.4	42.4~107.1	21.3	2.4~46.0	58.2	93~533	44.2
潞灌乡	6.71~18.86	28.6	0.476~1.212	26.6	35.3~100.7	26.6	4.2~65.6	64.5	83~260	29.8
寨子镇	6.13~16.99	20.0	0.583~1.157	16.5	25.4~93.6	18.8	9.2~61.8	41.8	81~258	30.9
全县	4.89~24.60	24.1	0.420~1.484	23.0	25.2~121.0	25.4	1.2~65.6	66.8	73~533	40.8

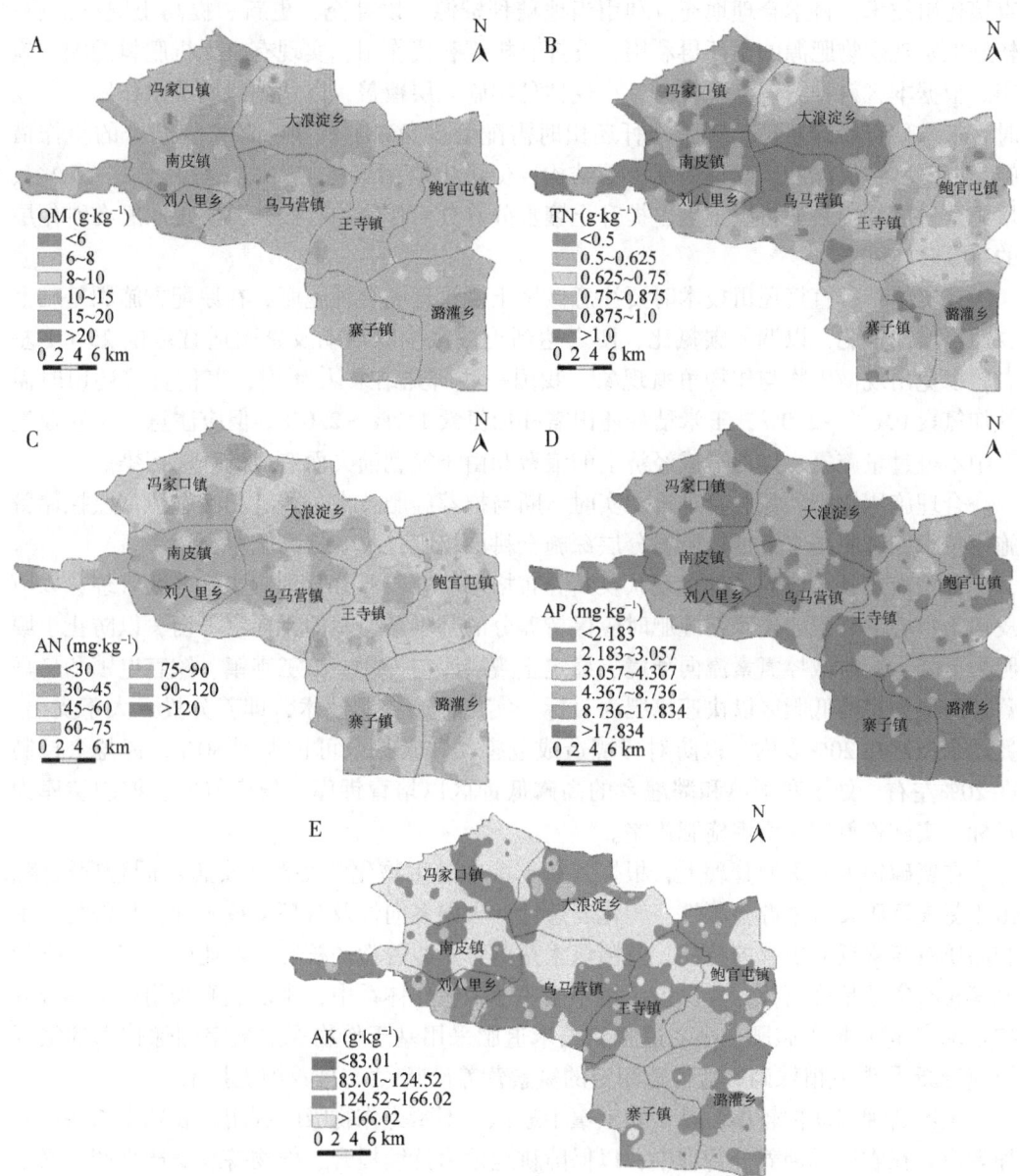

图2　2015年南皮县耕层土壤主要养分含量空间分布
A：有机质；B：全氮；C：碱解氮；D：有效磷；E：有效钾

2.4.2　南皮县养分管理对策

充分挖掘利用畜牧养殖业有机肥源，大力推广秸秆直接还田技术，发挥有机肥替代作用，实行有机无机相结合的培肥措施。

南皮县畜牧养殖业发达，应充分利用畜牧业生产的畜禽粪尿，将其肥料资源化，发挥有机养分增产培肥潜力并降低畜牧业环境污染风险。在农村经营模式逐渐由一家一户小规模种植向农村合作或家庭农场大规模种植模式转变的今天，应大力推广秸秆机械化直接还田技术，科学合理地充分利用当地秸秆资源，以补充、更新和提高土壤有机质，较好地实现生物肥源的循环再利用，发挥有机肥替代作用，实现有机无机肥料的配合施用。根据本区耕种习惯，夏收时，小麦秸秆实施表层覆盖，以达到保墒节水作用；秋收时，玉米秸秆粉碎还田。实施秸秆还田时需配套少免耕、深耕—深松相结合的耕作措施，以扩增耕层深度、改善耕层土壤结构、促进土壤团聚化、实现土壤养分扩蓄增容、培肥全耕层特别是亚耕层土壤、提升土壤水分养分对作物的有效性，实现水肥在耕作层的有效时空耦合。

在实施秸秆直接还田技术时要注意做好土壤管理和合理施肥，在原配方施肥基础上要适当增加氮肥，以调节碳氮比，使之达到土壤微生物活动及繁殖适宜范围 25：1 左右，以免出现微生物与作物争氮现象。我国一些研究结果认为[14]，麦秸直接还田时需补加氮素 0.6%～2.0%，玉米秸秆还田需补加氮素 1.7%～2.0%。但应注意，在农业生产中不可过量施氮，以免造成经济上的浪费和由于氮肥损失而造成的环境污染。

合理施用化肥，氮肥管理推行实时诊断与推荐施肥技术，磷钾肥实施恒量监控储备施用技术；施肥技术上推行肥料分层深施全耕层培肥技术，提高肥料利用率。

基于南皮县土壤养分含量现状及其分布格局，农田养分管理应实施分区管理，以南皮镇为中心的高肥区建议在施肥时应保持养分的基本平衡，即无赤字平衡，以防止土壤肥力下降，同时减控氮素流向环境、稳定土壤磷库与钾库。以王寺镇、鲍官屯镇和乌马营镇南部为主的低肥区以快速培肥为目标，实施盈余施肥技术，即养分投入大于支出，氮盈余控制在 20% 以内，以防对环境造成危害，磷素盈余可扩大到 80%，钾盈余控制在 20% 左右。处于寨子镇和潞灌乡的高磷低钾区以培育钾库、稳定氮库、控制磷库为目标，实施稳氮控磷增钾施肥策略。

在氮磷钾养分资源管理上，根据其在土壤中的生物化学特性，实施不同管理策略。由于氮素资源具有来源多源性、转化复杂性、去向多向性及其环境危害性，且作物产量和品质对氮素反应敏感的特征，农田氮素是养分资源管理的核心，农业生产实践中推行氮素实时实地精确监控，建议该区域小麦—玉米轮作体系中，小麦底肥采用根层养分调控技术[26]进行推荐施肥，小麦追肥和玉米追肥采用基于作物冠层数字图像技术的氮素快速诊断[27-28]或植株硝酸盐快速测定的氮素营养诊断[26]与推荐施肥技术。

土壤磷钾移动性较小，易于在土壤中累积，不断为作物吸收利用，表现出长期的叠加效应。在农田磷钾养分管理中，以保障耕地地力持续提升、作物持续稳产高产，又不造成环境风险或资源浪费为目标。可将 3～5 年作为一个周期进行监测，根据监测结果，采取"提高""维持"或"控制"的方法调控管理策略及相应施肥推荐[29-30]。可采用储备性施磷技术[5]，将 3～5 年用量集中一次施用，每隔 3～5 年施用一次，充分发挥磷肥后效特点，尽可能减少农事活动带来的人力、物力投入。

在肥料结构上，要改变化肥品种单一的状况，重视多元复合肥及微肥的施用，协调氮磷钾投入比例，促进土壤养分的均衡、协调发展。在施肥方法上，根据作物、土壤条件合理施用化肥，改变目前氮肥表施的施肥方法，推行分层深施全耕层培肥技术，以减少养分损失。此外，应推广测土施肥或配方施肥技术，努力实现农田施肥精准管理，变盲目施肥为科学施肥，提高化肥利用效率。建议在施肥时应保持养分的基本平衡，即无赤字平衡，以防止土壤肥力下降。

南皮县大浪淀、乌马营、王寺、鲍官屯等乡镇依然存在次生盐碱化潜在危害，制约作物产量的提升和耕地质量改善，建议使用石膏和盐碱土壤调理剂等盐碱土改良产品，改良盐碱，降低盐害，同时配合土壤耕作培肥技术，提升土壤有机质，提高土壤对盐害的缓冲能力。

3 结论与讨论

化学氮磷肥是养分输入中的重要内容，人畜粪尿和还田秸秆是钾素的重要补给源。氮磷钾养分投入呈持续上升趋势，化肥投入增长速度高于养分其他来源增速。河北省南皮县 1985—2000 年养分投入由 10 701 t 增加至 23 202 t，至 2014 年增至 23 386 t，1985—2000 年养分投入增速高于 2000—2014 年，年递增率分别为 5.29% 和 0.06%。输入农田养分的增加主要来源于化肥用量的大幅度提升和畜牧养殖业的飞速发展。1985—2014 年 3 个时段养分投入，$N : P_2O_5 : K_2O$ 比例依次为 $1 : 0.27 : 0.20$、$1 : 0.33 : 0.46$ 和 $1 : 0.41 : 0.48$，磷钾所占比例有逐年增加的趋势，养分的投入比逐渐合理。南皮县农田养分的输出以作物吸收为主，占养分总输出量的 80% 以上，随着作物产量的不断提升，作物吸收养分的数量不断增加，1985—2014 年作物吸收养分量由 7 569 t 上升到 16 225 t，相对增加 114.4%。从养分平衡的角度看，从 1985—2014 年氮磷始终有大量盈余，盈余率分别为 16.8%～34.2% 和 26.9%～65.5%，而钾素经历了由赤字逐渐向盈余的转变过程，由 1985 年-33.5% 赤字发展至 2014 年的 33.6% 盈余。

随着农业管理措施的不断改善，农田养分循环模式不断发生改变。20 世纪 80 年代，农田养分循环率较低，系统内养分循环主要靠外部投入来维持；进入 90 年代后期，由于秸秆还田措施的不断实施，内循环量逐渐加大，养分循环率不断上升，1985—2014 年氮磷钾的循环率由 2.4% 增至 22.8%。但总体上，南皮县养分循环率不高，应加大有机养分投入，通过进一步推行秸秆还田措施和有机肥替代技术来提高养分循环效率。

南皮县 2015 年土壤肥力状况较 1981 年发生了较大变化，土壤有机质、全氮、有效磷含量均有显著增加，碱解氮和有效钾增长缓慢，甚至有些田块出现下降趋势。在今后的养分管理中需重视氮钾的平衡施用。34 年间，尽管氮素投入有显著性增加，但土壤有效氮库并未得到显著改善，表明当前氮肥施用技术和培肥措施有待进一步改善。由于氮素在农田生态系统中转化的活跃性和对环境的危害性，农田氮素的精准管理仍然是养分管理的核心，应以实现作物持续高产稳产与环境保护相协调为目标，以农田氮素实时实地精确监控为手段，推行精准变量施肥技术，最大限度地发挥氮肥的增产效果，提高氮素利用效率，降低环境风险，实现经济效益和环境效应双赢。此外，在农田养分管理中，应根据不同养分资源特性进行区别对待，对于磷钾，可实行恒量监控、储备施用。

土壤有机质含量水平是土壤肥力高低的一个重要指标，有机质含量高，土壤理化性状好，保墒保肥能力强。由于受到成土母质和气候条件的限制，尽管在过去的 34 年间南皮县土壤有机质有了显著性提高，但目前其含量水平仍处于较低水平（4-2 级）。提高土壤有机质含量要经历一个长期过程，对耕作土壤来说，培肥的中心环节就是增施各类有机肥。南皮县各类秸秆年产 326 382 t，秸秆资源丰富，秸秆还田措施已为广大农民所接受，是土壤有机质含量增加的主要原因。长期实施秸秆还田能有效改良土壤，培肥地力，提高土壤有机质和氮磷钾等养分含量，是实现耕地质量持续提升的重要途径之一[31]。秸秆还田可以有效保持农田生态系统内部物质、能量良性循环，维持作物持续高产稳产，减少作物对外部物质、能量的依赖，形成一个稳定的、自循环程度较高的生产系统，有利于农业的可持续发展[32]。

参考文献

[1] 鲁如坤，刘鸿翔，闻大中，等．我国典型地区农业生态系统养分循环和平衡研究Ⅰ．农田养分支出参数 [J]．土壤通报，1996，27（4）：145-151．

[2] Power J F. Understanding the basics：Understanding the nutrient cycling Process [J]. Journal of Soil and Water Conservation, 1994, 49（suppl. 2）：16-23.

[3] Drinkwater L E, Snapp S S. Nutrients in agroecosysterms：Rethinking the management Paradigm [J]. Advances in Agronomy, 2007, 92（4）：163-186.

[4] Maschner P, Rengel Z. Nutrient Cycling in Terrestrial Ecosystems [M]. New York：Spring-Verlag, 2007：1-397.

[5] 沈善敏．中国土壤肥力 [M]．北京：中国农业出版社，1998：57-64，71-88．

[6] 宇万太，张璐，殷秀岩，等．不同肥力体系对土壤养分收支的影响 [J]．应用生态学报，2002，13（12）：1 571-1 574．

[7] 孙波，潘贤章，王德建，等．我国不同区域农田养分平衡对土壤肥力时空演变的影响 [J]．地球科学进展，2008，23（11）：1 201-1 208．

[8] 黄绍文，金继运，左余宝，等．黄淮海平原玉田县和陵县试区粮田土壤养分平衡现状评价 [J]．植物营养与肥料学报，2002，8（2）：137-143．

[9] 叶优良．山东省肥料施用与养分平衡状况研究 [J]．土壤通报，2006，37（3）：500-504．

[10] 鲁如坤，刘鸿翔，闻大中，等．我国典型地区农业生态系统养分循环和平衡研究Ⅱ．农田养分平衡的评价方法 [J]．土壤通报，1996，27（5）：197-199．

[11] 鲁如坤．土壤—植物营养学原理和施肥 [M]．北京：化学工业出版社，1998：1-15．

[12] 杨林章，孙波．中国农田生态系统养分循环与平衡及其管理 [M]．北京：科学出版社，2008．

[13] 周建民．农田养分平衡与管理 [M]．南京：河海大学出版社，2000：42-51．

[14] 全国农业技术推广服务中心．中国有机肥料资源 [M]．北京：中国农业出版社，1999：121-139．

[15] 钱承梁，鲁如坤．农田养分再循环Ⅲ．粪肥的氨挥发 [J]．土壤，1994（4）：169-174．

[16] 中国科学院南京土壤研究所．土壤理化分析 [M]．上海：上海科学技术出版社，1999：556-561．

[17] 张玉铭，胡春胜，毛任钊，等．华北太行山前平原农田生态系统中氮、磷、钾循环与平衡研究 [J]．应用生态学报，2003，14（11）：1 863-1 867．

[18] 朱兆良，文启孝．中国土壤氮素 [M]．南京：江苏科学技术出版社，1992．

[19] 徐仁扣．我国降水中的 NH_4^+ 及其在土壤酸化中的作用 [J]．农业环境保护，1996，15（3）：139-140．

[20] 李书田，金继运．中国不同区域农田养分输入、输出与平衡 [J]．中国农业科学，2011，

44（20）：4 207-4 229.

[21] 刘朝阳，段英华，杨莉，等．河北省农田土壤养分平衡现状研究［J］．中国农学通报，2014，30（9）：170-174.

[22] 鲁如坤，时正元，施建平．我国南方6省农田养分平衡现状评价和动态变化研究［J］．中国农业科学，2000，33（2）：63-67.

[23] Muñoz G R, Kelling K A, Powell J M, *et al.* Comparison of estimates of first-year dairy manure nitrogen availability or recovery using nitrogeN-15 and other techniques［J］. Journal of Environmental Quality, 2004, 33（2）：719-727.

[24] Zhao L, Ma Y, Liang G, *et al.* Phosphorus efficacy in four Chinese long-term experiments with different soil properties and climate characteristics［J］. Communications in Soil Science and Plant Analysis, 2009, 40（19/20）：3 121-3 138.

[25] 鲁如坤．土壤P素水平和水体环境保护［J］．P肥与复肥，2003，18（1）：4-8.

[26] 陈新平，张福锁，崔振岭，等．小麦-玉米轮作体系养分资源综合管理理论与实践［M］．北京：中国农业大学出版社，2006：53-91.

[27] 张立周，王殿武，张玉铭，等．数字图像技术在夏玉米N素营养诊断中的应用［J］．中国生态农业学报，2011，18（6）：1 340-1 344.

[28] 贾良良．应用数字图像技术与土壤植株测试进行冬小麦N营养诊断［D］．北京：中国农业大学，2003.

[29] 王兴仁，曹一平，张福锁，等．P肥恒量监控施肥法在农业中的探讨［J］．植物营养与肥料学报，1995，1（3/4）：59-64.

[30] 李秋梅．高肥力土壤上冬小麦—夏玉米轮作中PK合理施用的研究［D］．北京：中国农业大学，2001.

[31] 陈芝兰，张涪平，蔡晓布，等．秸秆还田对西藏中部退化农田土壤微生物的影响［J］．土壤学报，2005，42（2）：696-699.

[32] 孙星，刘勤，王德建，等．长期秸秆还田对土壤肥力质量的影响［J］．土壤，2007，39（5）：782-786.

［此文原刊载于《中国生态农业学报》，2016，24（8）：1 035-1 048］

微咸水灌溉对土壤盐分平衡与作物产量的影响

陈素英[1]，邵立威[1]，孙宏勇[1]，张喜英[1]

(1. 中国科学院遗传与发育生物学研究所农业资源研究中心/中国科学院农业水资源重点实验室/
河北省节水农业重点实验室)

摘　要：河北低平原淡水资源短缺，微咸水资源丰富，合理开发利用微咸水已经成为缓解水资源供需矛盾的重要途径之一。本研究于 2011—2015 年在河北省沧州市中国科学院南皮生态农业试验站进行，以冬小麦和夏玉米一年两熟种植体系为研究对象，开展了河北低平原区实施微咸水灌溉对冬小麦及下茬作物夏玉米产量及灌溉对土壤盐分周年平衡的影响。2013—2014 年冬小麦灌溉处理设雨养旱作处理（CK）、拔节期淡水灌溉 1 水（F1）、拔节期用 2 g·L^{-1}、3 g·L^{-1}、4 g·L^{-1}、5 g·L^{-1} 的微咸水灌溉 1 次（B21、B31、B41、B51）、在拔节期和灌浆期用淡水灌溉（F2）、拔节期用 3 g·L^{-1} 的微咸水+灌浆期用淡水灌溉（B31F1）、拔节期用淡水+灌浆期用 3 g·L^{-1} 微咸水（F1B31）、拔节期和灌浆期都用 3 g·L^{-1} 的微咸水灌溉（B32）、拔节期、抽穗期和灌浆期都用淡水灌溉（F3）。2014—2015 年根据上年度的试验结果对试验处理进行了精简，冬小麦灌溉处理设 CK、F1、B31、B41、B51、B42（拔节期和灌浆期都用 4 g·L^{-1} 的微咸水灌溉）。结果表明，一般年型下冬小麦生育期灌溉 2 水就能获得高产和稳产，平均产量为 6 593.4 kg·hm^{-2}。利用小于 5 g·L^{-1} 的微咸水灌溉，与淡水灌溉相比，不会造成冬小麦产量降低，灌溉 1 次微咸水比雨养旱作处理增产 10%～30%，可用微咸水替代 1 次淡水。微咸水灌溉条件下冬小麦收获时土壤盐分有所积累，表层土壤含盐量大于 0.1%，影响下茬玉米的出苗和生长，但夏玉米播种后用 675～750 m^3·hm^{-2} 淡水灌溉可满足耕层淋盐需求，达到玉米生长的安全阈值，与淡水灌溉处理的玉米产量相比不减产。利用夏季降雨，可使土壤盐分得到淋洗，当夏季降水量大于 300 mm 时，冬小麦微咸水灌溉下土壤盐分达到周年平衡。沧州地区 73%以上的年份，夏季降水量大于 300 mm，为土壤淋盐创造了条件，保证了微咸水替代 1 次淡水灌溉的安全性。

关键词：微咸水灌溉；土壤；冬小麦—夏玉米种植体系；盐分平衡；作物产量；低平原

河北低平原是我国重要的粮棉生产基地之一，粮食生产长期依靠抽提深层地下水实现，导致该区域地下水位下降，形成了世界上最大的地下水漏斗区，对农业和社会经济可持续发展带来严重威胁[1]。为了保护地下水资源，国家对该区域实施了地下水超采治理（压采），至 2017 年，项目区（河北省沧州市、衡水市、邯郸市和邢台市）除生活用水外，基本停采深层承压水。另一方面，该区拥有较丰富的地下咸水资源，以黑龙港地区为例，矿化度 2～5 g·L^{-1} 的地下微咸水分布面积占总面积的 67%，储量约 23 亿 m^3，而微咸水的利用量仅为 2 亿 m^{3}[2]。因此，在淡水资源紧缺的区域，开发和利用微咸水资源，是缓解淡水资源紧缺和增加粮食生产的重要措施[3]。

微咸水灌溉与旱作相比具有一定的增产作用[4-6]。河北省农林科学院旱作节水农业试验站研究表明，冬小麦生育期用 2 g·L⁻¹、4 g·L⁻¹ 和 6 g·L⁻¹ 的微咸水灌溉冬小麦产量分别较旱作处理增产 22.0%、15.4% 和 0.1%[2]。河北省南皮县的试验结果表明，冬小麦拔节期用 2 g·L⁻¹ 和 4 g·L⁻¹ 的微咸水灌溉 1 水分别比旱作处理增产 32.8% 和 22.1%[6]。微咸水灌溉与淡水灌溉相比一般减产或者持平，随着灌溉水矿化度的增加，产量减产幅度增大。尚伟等[7]分析了全国 103 组微咸水灌溉冬小麦的试验数据，在充分灌溉条件下灌溉水矿化度与小麦相对产量之间呈负相关关系，随着灌溉水矿化度的增加，小麦相对产量逐渐减少。当灌溉水矿化度为 2～3 g·L⁻¹ 时，小麦的相对产量为 0.87～0.93，仅比淡水灌溉减产 7%～13%；当采用 3～5 g·L⁻¹ 的咸水灌溉时，由于受到比较严重的盐分胁迫，小麦产量受到的影响较大，与淡水灌溉相比减产约 13%～24%[7-8]。微咸水灌溉对作物产量的影响不仅与灌溉水矿化度有关，还与灌溉量有密切的关系。随着单位面积盐分带入量的增加，小麦相对产量也逐渐降低。毛振强等[9]在中国农业大学曲周实验站的研究表明，当 20～60 cm 土壤溶液的电导率在 8 mS·cm⁻¹ 以下时，对夏玉米的产量无显著影响，若电导率长期维持在 10～15 mS·cm⁻¹ 且当季的降雨相对较少时，玉米产量将显著降低。当 20～60 cm 土壤溶液的电导率长期维持在 12～15 mS·cm⁻¹，在灌溉量较大的条件下，盐分胁迫所造成的冬小麦产量损失一般在 10% 左右。以往微咸水灌溉条件以充分灌溉为基础，且以一季作物研究为多，本研究以限水灌溉为试验条件，研究冬小麦微咸水灌溉对冬小麦和夏玉米一年两熟种植体系中作物产量和土壤盐分动态的影响。

已有研究表明，季风气候条件下，春季干旱季节抽取浅层地下微咸水灌溉，在雨季前降低地下水位，腾出地下库容，同时还减少了浅水蒸发，可防止土壤盐渍化；雨季汛期的降雨回补，增大了降雨入渗，减少了地表径流，可促进浅层地下水淡化，改善地下水质量[10]。国内外对微咸水灌溉已经进行了大量研究，与旱作相比，利用微咸水灌溉可不同程度地增产[11-12]，在特别干旱情况下，微咸水灌溉可以降低土壤溶液浓度和渗透压，控制土壤根层溶液浓度不超过作物生理极限，满足作物对水分的需求[13]。然而，微咸水灌溉的同时增加了从灌溉水带进土壤的盐分，引起土壤盐分的积累[14-16]。因此，必须把握好满足作物对水分的需求与控制盐分危害的关系，控制根层土壤盐分不超过作物耐盐度临界值，否则会影响作物正常生长，导致产量随盐渍度的增加而下降。土壤盐分受蒸发和降雨的影响垂直运动剧烈，降雨和灌溉是影响土壤盐分在土壤剖面分布的重要因素，在降雨较少的干旱季节土壤盐分积累，雨季土壤盐分随降雨淋洗[14]。本试验研究了微咸水灌溉对作物产量和土壤盐分平衡的影响，使作物不减产并且土壤不发生盐分的累积，为合理利用和开发微咸水资源提供科学依据。

1 材料与方法

1.1 试验设计

大田试验于 2013—2015 年在中国科学院南皮生态试验站进行，该站位于 N38°00′，E116°40′，海拔 11 m。属于暖温带半湿润季风气候区，年均气温 12.3 ℃，年均降水量

480 mm。0～20 cm 土壤速效钾含量为 104.8 mg·kg^{-1}，速效磷 17.9 mg·kg^{-1}，速效氮 88.9 mg·kg^{-1}，有机质 14.0～19.0 g·kg^{-1}，土壤容重为 1.45 g·cm^{-3}，0～100 cm 土壤平均容重为 1.427 g·cm^{-3}。田间持水量为 24.1%（W/W）。初始试验阶段含盐量见表 1，试验土壤为轻度盐渍化土壤。浅层地下水为微咸水，深层水为淡水。

试验区种植制度为冬小麦—夏玉米一年两熟制。由于冬小麦的耐盐阈值大于夏玉米，在冬小麦生育期进行不同灌溉次数和不同矿化度微咸水灌溉，夏玉米生育期用淡水灌溉不设灌水处理，研究冬小麦微咸水灌溉后对冬小麦产量和下茬夏玉米产量及土壤盐分平衡的影响。冬小麦灌溉处理包括灌溉次数（旱作、灌1水、灌2水和灌3水）和微咸水（矿化度为 2 g·L^{-1}、3 g·L^{-1}、4 g·L^{-1}、5 g·L^{-1}）的灌溉1次和2次处理，2013—2014 年共设 10 个处理，分别为：CK，雨养；F1，灌溉淡水 1 水；B21，2 g·L^{-1} 微咸水灌溉 1 水；B31，3 g·L^{-1} 微咸水灌溉 1 水；B41，4 g·L^{-1} 微咸水灌溉 1 水；B51，5 g·L^{-1} 微咸水灌溉 1 水；F2，灌溉淡水 2 水；B32，3 g·L^{-1} 微咸水灌溉 2 水；F1B31，灌溉淡水 1 水+3 g·L^{-1} 微咸水灌溉 1 水；B31F1，3 g·L^{-1} 微咸水灌溉 1 水+灌溉淡水 1 水；F3，灌溉淡水 3 次。2014—2015 年冬小麦灌溉设 6 个处理，分别为 CK、F1、B31、B41、B51、B42（4 g·L^{-1} 微咸水灌溉 2 水）和 F2。各种处理均为平作。灌溉 1 水处理的灌溉时间为拔节期，灌溉 2 水的灌溉时间分别为拔节期和灌浆期，灌溉 3 水处理的灌溉时间分别为拔节期、抽穗期和灌浆期。小区面积 5 m×7 m，4 次重复，随机排列。试验中灌溉用淡水为深井水，矿化度为 1.05 g·L^{-1}；不同矿化度的微咸水为浅井水加粗盐（购自河北省黄骅市的大粒天然盐）在储水罐中充分混合配制而成。

表 1 试验区土壤盐分含量

土层	pH 值	EC (S·cm^{-1})	SO$_4^{2-}$ (g·kg^{-1})	Cl$^-$ (g·kg^{-1})	HCO$_3^-$ (g·kg^{-1})	Ca^{2+} (g·kg^{-1})	Mg^{2+} (g·kg^{-1})	K$^+$+Na$^+$ (g·kg^{-1})	全盐 (g·kg^{-1})
0～20	8.15	0.32	0.012 0	0.017 7	0.036 6	0.006	0.003 6	0.017	0.093
20～40	8.14	0.33	0.009 6	0.024 8	0.024 4	0.006	0.003 6	0.016	0.085
40～60	8.11	0.29	0.016 8	0.017 7	0.030 5	0.006	0.003 6	0.017	0.092

冬小麦采取 15 cm 等行距种植，2013—2014 年和 2014—2015 年供试冬小麦品种分别为石新 828 和石新 688，播种时间分别为 2013 年 10 月 13 日和 2014 年 10 月 11 日，播种量为 225 kg·hm^{-2}，收获时间分别为 2014 年 6 月 6 日和 2015 年 6 月 10 日，冬小麦播种前施用底肥磷酸二铵 450 kg·hm^{-2}（KH$_2$PO$_4$，98%），尿素（N：46.4%）150 kg·hm^{-2}。拔节期追施尿素 375 kg·hm^{-2}。供试夏玉米品种为郑单 958，在小麦收获后机械 60 cm 等行距播种，密度为 52 500～60 000 株·hm^{-2}，收获时间为 9 月 30 日。

1.2 观测项目和方法

土壤含盐量：每年小麦收获后（6 月）、玉米收获后（9 月）用土钻取样，取样深度为 0～20 cm、20～40 cm、40～60 cm、60～80 cm 和 80～100 cm，每个处理 3 次重复。土壤风干后，采用络合滴定法测定土壤全盐量和 8 大盐分离子含量（Ca^{2+}、Mg^{2+}、

HCO_3^-、Cl^-、SO_4^{2-}、Na^++K^+）等。

冬小麦产量测定：小区随机选择 40 穗小麦考种，考种项目包括穗数、穗粒数、千粒重等。

夏玉米产量测定：小区收获，测定密度，随机取 10 穗进行穗粒数和千粒重的测定。

1.3 数据处理方法

试验数据基于 SPSS 16.0 软件和 Microsoft Excel 进行计算和作图分析。

2 结果与分析

2.1 不同矿化度微咸水灌溉对作物产量的影响

2.1.1 对冬小麦产量及产量构成的影响

2013—2014 年结果表明（表 2），灌溉 1 次淡水和灌溉 1 次微咸水（2~4 g·L⁻¹）的冬小麦产量差异不显著，灌溉 2 次淡水、灌溉 2 次微咸水、淡水和微咸水轮灌 2 水的产量之间差异不显著。冬小麦生育期灌溉 2 水，其中 1 水为 3 g·L⁻¹ 微咸水，产量与淡水灌溉 2 水的产量差异不显著，3 g·L⁻¹ 的微咸水灌溉 2 次与淡水灌溉 2 次的产量差异不显著。因此，冬小麦生育期用 2~4 g·L⁻¹ 的微咸水替代 1 次淡水灌溉不会造成冬小麦产量降低。与雨养旱作相比，微咸水和淡水灌溉各 1 次，平均增产 13.4%，2 次微咸水灌溉增产 22.6%。与淡水灌溉 1 次相比，用 1 次微咸水与 1 次淡水轮灌平均增产 8.5%。

2014—2015 年在上年试验的基础上，进行了高矿化度微咸水的灌溉试验，结果表明，用 3~5 g·L⁻¹ 的微咸水灌溉 1 水与淡水灌溉 1 水的产量差异不显著；用 4 g·L⁻¹ 的微咸水灌溉 2 次与淡水灌溉 2 水的产量差异不显著，说明用 3~5 g·L⁻¹ 的微咸水灌溉不会造成冬小麦产量降低（表 2）。

表 2 2013—2014 年和 2014—2015 年不同灌溉处理对冬小麦产量与产量构成的影响

年份	处理	产量（kg·hm⁻²）	穗数（穗·m⁻²）	穗粒数（个）	千粒重（g）
	CK	6 347.2±150.9 c	476.5±71.56 c	29.3±2.46 b	45.5±1.30 A
	F1	7 213.3±438.1 abc	585.1±0.00 abc	35.3±1.70 ab	44.9±0.56 A
	B21	7 660.9±483.5 ab	537.6±17.89 bc	33.8±1.35 ab	40.7±0.34 CD
	B31	7 151.8±289.9 abc	572.4±40.25 abc	29.9±1.35 ab	39.3±0.83 D
2013—2014 年	B41	6 772.1±234.1 bc	575.6±40.25 abc	30.3±3.54 ab	40.4±0.87 CD
	F2	7 548.9±302.8 ab	536.1±2.23 bc	31.1±2.56 ab	41.4±0.36 BC
	B32	8 189.6±290.7 a	623.6±5.22 abc	37.1±6.77 a	41.0±0.48 BCD
	F1B31	7 688.3±204.6 ab	711.6±93.93 a	33.0±0.73 ab	42.0±0.99 BC
	B31F1	7 705.7±628.8 ab	656.2±11.19 ab	31.4±1.79 ab	40.3±0.90 CD
	F3	8 156.1±773.9 a	659.4±60.37 ab	31.6±1.73 ab	42.8±0.75 B

（续表）

年份	处理	产量（kg·hm^{-2}）	穗数（穗·m^{-2}）	穗粒数（个）	千粒重（g）
2014—2015 年	CK	4 624.5±49.5 B	474.4±30.79 A	37.0±0.36 AB	28.2±2.94 B
	F1	5 849.7±662.7 AB	480.0±38.44 A	34.4±0.32 C	33.5±6.03 AB
	B31	5 800.9±401.9 AB	552.2±15.03 A	34.9±0.73 C	35.9±1.82 AB
	B41	5 752.3±654.4 AB	505.6±24.57 A	35.6±1.27 ABC	34.5±1.89 AB
	B51	6 492.3±297.0 A	552.2±30.24 A	36.9±0.28 AB	37.2±1.52 A
	B42	6 578.3±550.6 A	487.8±83.40 A	37.3±0.36 A	38.0±2.07 A
	F2	6 579.8±129.6 A	493.3±12.02 A	35.1±0.66 BC	31.5±1.50 AB

注：CK 为雨养；F1 为拔节期淡水灌溉 1 水；B21 为拔节期 2 g·L^{-1} 微咸水灌溉 1 水；B31 为拔节期 3 g·L^{-1} 微咸水灌溉 1 水；B41 为拔节期 4 g·L^{-1} 微咸水灌溉 1 水；B51 为拔节期 5 g·L^{-1} 微咸水灌溉 1 水；F2 为拔节期和灌浆期淡水灌溉；B32 为拔节期和灌浆期 3 g·L^{-1} 微咸水灌溉；B42 为拔节期和灌浆期 4 g·L^{-1} 微咸水灌溉；F1B31 为拔节期淡水灌溉+灌浆期 3 g·L^{-1} 微咸水灌溉；B31F1 为拔节期 3 g·L^{-1} 微咸水灌溉+灌浆期淡水灌溉；F3 为拔节期、抽穗期和灌浆期淡水灌溉。同列数据后不同小写字母表示各处理差异显著（$P<0.05$），不同大写字母表示灌水次数间差异显著（$P<0.01$）。下同

综合两年试验结果发现，冬小麦灌溉一次微咸水比雨养旱作产量增加 10%～30%，拔节期用 2～5 g·L^{-1} 的微咸水灌溉 1 次，与淡水灌溉相比产量差异不显著，用微咸水替代 1 次淡水，不影响产量。冬小麦生育期增加 2 次微咸水灌溉比不灌溉增产 40% 以上，拔节期和灌浆期用 2～5 g·L^{-1} 的微咸水灌溉 2 次，产量与淡水灌溉 2 次的产量差异不显著。用微咸水替代两次淡水，不减产。

2.1.2 对夏玉米产量的影响

微咸水灌溉不仅给土壤带来了水分同时还带进土壤盐分，盐分在土壤中积累会影响下茬作物的生长。在冬小麦和夏玉米一年两熟种植区域，夏玉米的耐盐阈值低于冬小麦，冬小麦生育期用微咸水灌溉存留在土壤的盐分会对后茬夏玉米的生长产生影响。因此，冬小麦生育期微咸水灌溉一定要考虑对后茬作物的影响。

表 3 为上茬冬小麦微咸水灌溉后对夏玉米产量的影响。夏玉米播种后均用淡水灌溉 1 次，减少土壤中盐分对夏玉米出苗和苗期生长的影响。结果显示，冬小麦实施微咸水灌溉后，对下茬夏玉米的产量有一定的影响。2014 年结果表明，冬小麦生育期用 2～4 g·L^{-1} 的微咸水灌溉 1 次，与淡水灌溉 1 次相比，平均减产 15.9%；冬小麦生育期用 3 g·L^{-1} 的微咸水灌溉 2 次，与淡水灌溉 2 次相比，夏玉米减产 11.17%，冬小麦生育期灌溉 2 水条件下，用 3 g·L^{-1} 的微咸水替换 1 次淡水灌溉，夏玉米平均减产 2.19%，其中冬小麦拔节期用 3 g·L^{-1} 的微咸水灌溉，灌浆期用淡水灌溉处理的夏玉米产量与 2 次淡水灌溉处理的产量相比不减产，而拔节期用淡水灌溉灌浆期用微咸水灌溉的夏玉米产量与 2 次淡水灌溉处理相比减产 4.6%。

2015 年与 2014 年夏玉米产量趋势相似。冬小麦生育期用 3～5 g·L^{-1} 的微咸水灌溉 1 次与淡水灌溉 1 次相比，夏玉米平均减产 9.5%，冬小麦生育期用微咸水灌溉 2 次的夏玉米产量与淡水灌溉 2 次产量差异不显著。

表3　2014 年和 2015 年冬小麦不同微咸水灌溉对下茬夏玉米产量与产量构成的影响

年份	处理	产量（kg·hm^{-2}）	穗数（穗·m^{-2}）	穗粒数（个）	千粒重（g）
2014 年	CK	8 529.3±611.2 a	6.15±0.98 a	484.3±0.15 b	319.3±6.69 c
	F1	9 964.8±220.0 a	5.16±0.12 a	515.23±26.23 ab	317.7±9.72 cd
	B21	7 799.1±1 446.4 a	5.15±0.49 a	517.39±44.64 ab	314.0±1.60 cd
	B31	8 760.9±162.7 a	5.15±0.45 a	541.64±46.94 ab	308.6±15.8 d
	B41	8 583.6±1667.8 a	5.26±0.37 a	580.58±17.32 ab	329.2±8.15 ab
	F2	10 114.9±138.0 a	5.31±0.42 a	605.37±29.78 a	313.1±6.04 cd
	B32	8 984.7±247.7 a	5.01±0.30 a	580.53±82.36 ab	308.8±3.07 d
	F1B31	9 649.0±108.1 a	5.19±0.02 a	562.36±41.93 ab	322.4±0.83 bc
	B31+F1	10 137.4±473.8 a	5.23±0.59 a	581.15±1.12 ab	319.3±7.66
	F3	10 155.3±380.1 a	5.31±0.68 a	567.47±7.60 ab	334.0±4.48 a
2015 年	CK	10 669.2±536.2 a	5.67±0.28 a	584.92±30.47 a	358.98±8.23 a
	F1	11 029.6±809.2 ab	5.95±0.23 a	552.25±15.67 ab	365.82±13.92 a
	B31	9 903.8±430.5 b	5.92±0.15 a	502.50±22.47 c	367.37±7.89 a
	B41	10 152.5±594.6 ab	6.00±0.23 a	509.47±22.12 bc	357.70±3.77 a
	B51	9 898.3±336.8 b	5.59±0.18 a	523.31±6.73 bc	357.18±7.87 a
	B42	10 176.9±70.0 ab	6.03±0.14 a	545.60±27.87 bc	364.30±6.92 a

2.2　不同矿化度微咸水灌溉对土壤盐分平衡的影响

冬小麦拔节期实施微咸水灌溉后，随着气温升高，蒸发强烈，土壤盐分随水分蒸发上升，表层土壤含盐量升高。图 1 为微咸水灌溉 3 年后（2013—2015 年）冬小麦和夏玉米收获后土壤含盐量。图 1A 显示 0～60 cm 土壤含盐量均高于播种前，随着灌溉水含盐量的提高，土壤的含盐量增高。60～100 cm 土层的含盐量变化不大，灌溉 2 次微咸水的土壤含盐量平均高于灌溉 1 次处理的平均。至夏玉米收获时，微咸水灌溉处理的土壤含盐量（图 1B）显示，0～20 cm 土壤含盐量较冬小麦收获时有所下降，盐分主要累积在 40～80 cm。

2014—2015 年土壤盐分变化见图 1C 和 1D。冬小麦生育期不灌水处理的土壤含盐量代表冬小麦播种前的土壤含盐量，冬小麦收获时不灌溉和灌溉 1～2 次淡水处理的土壤含盐量基本一致，0～60 cm 土壤含盐量平均为 0.1 g·kg^{-1}，低于雨养旱作处理，说明冬小麦生育期用淡水灌溉 1～2 次对土壤中的盐分具有淋洗作用。用 3～5 g·L^{-1} 微咸水灌溉的土壤 0～60 cm 含盐量显著增加，平均为 0.14 g·kg^{-1}，表层 0～20 cm 土壤含盐量最高，达 0.16 g·kg^{-1}。

夏玉米播种后用淡水灌溉 1 次，将土壤盐分淋洗至 20 cm 土层以下，再经过夏季集中雨季的淋洗，至夏玉米收获时，0～80 cm 以上土层处于脱盐状态。各处理的土壤含盐量均下降，0～100 cm 土壤含盐量平均为 0.1 g·kg⁻¹，0～60 cm 的含盐量均下降至0.9 g·kg⁻¹。均低于冬小麦播种前的土壤含盐量。

两年的不同微咸水灌溉对土壤盐分平衡的影响结果差异较大，主要是两年的降水量不同所致。2014 年和 2015 年夏玉米生育期（6—9 月）降水量分别为 155.9 mm 和451.3 mm（图6），2014 年夏玉米生育期干旱，盐分淋洗量很小，在土壤中积累，而2015 年夏季 451.3 mm 的集中降雨，使土壤中的盐分淋洗量大于累积量，土壤基本脱盐。

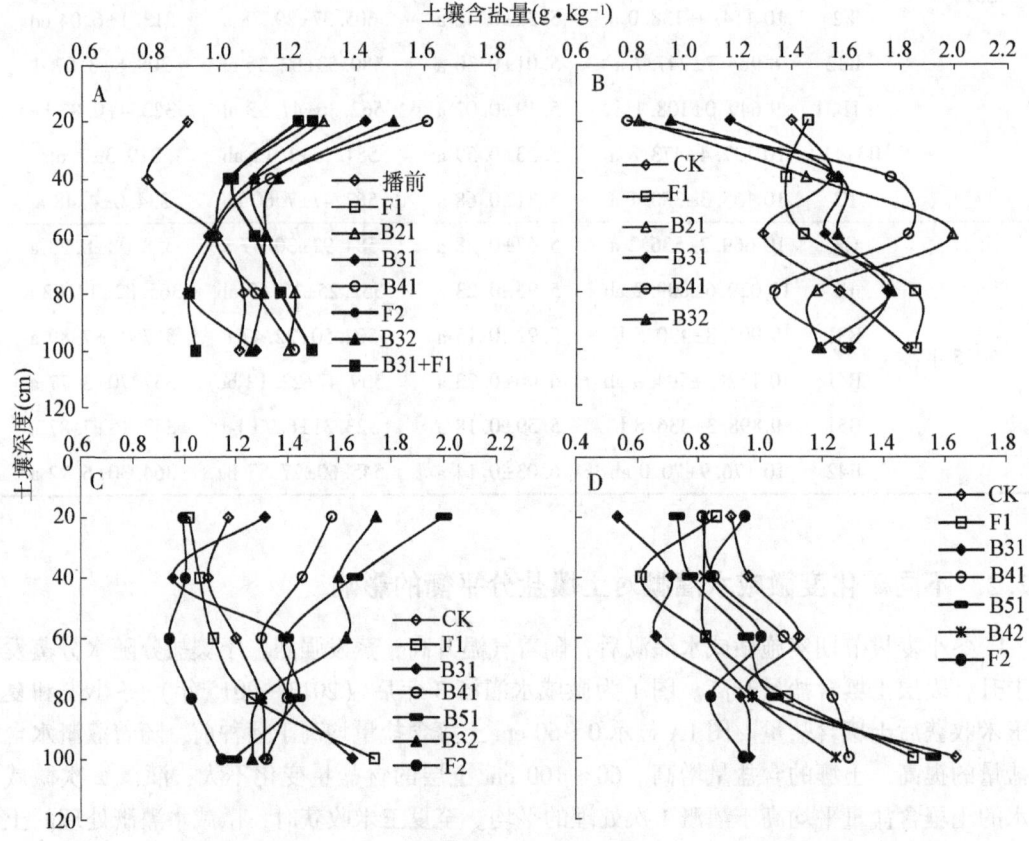

图1　2013—2014 年度（A，B）和 2014—2015 年度（C，D）不同灌溉处理下
冬小麦（A，C）和夏玉米（B，D）收获后的土壤含盐量

图2为冬小麦/夏玉米两个生长季0～20 cm 和0～100 cm 土壤盐分的动态变化。结果显示，0～20 cm 受作物生长和田间管理的影响较大，土壤中的盐分含量波动也较大，冬小麦收获时的土壤含盐量高于玉米收获时，主要是因为冬小麦生育后期，随着气温的升高，土壤蒸发强烈，土壤盐分随着水分蒸发上移。而后经过玉米生育期集中降雨，上升的盐分随着降雨下移，0～20 cm 土壤盐分降低，周而复始。2015 年雨季降水量大于2014 年，对土壤盐分的淋洗强度较大。与0～20 cm 相比，0～100 cm 土壤盐分的变化比较平稳。由于 2015 年雨季降雨较多，夏玉米收获后的土壤含盐量最低。

2.3 灌溉和降雨对土壤盐分平衡的影响

在冬小麦和夏玉米一年两熟种植中，冬小麦拔节期用微咸水灌溉后，土壤盐分随着后期土壤蒸发累积于表层土壤，含盐量超过夏玉米的耐盐阈值，会影响夏玉米的正常出苗及苗期生长，造成夏玉米减产。如何消减冬小麦微咸水灌溉后土壤盐分累积对夏玉米出苗影响是微咸水安全高效利用的重要保证。降雨和增加灌溉淋洗都可以降低土壤表层含盐量，缓解土壤盐分对下茬作物的影响（图3）。图4为冬小麦收获后不同灌溉量对0~20 cm 土壤含盐量的影响，结果表明，地面灌溉用70 mm 的灌溉量，灌溉后第5 d 土壤表层盐分已经降低到玉米生长安全阈值以下（0.1 g·kg^{-1}），如果采用局部灌溉措施，可进一步减少灌溉水量。

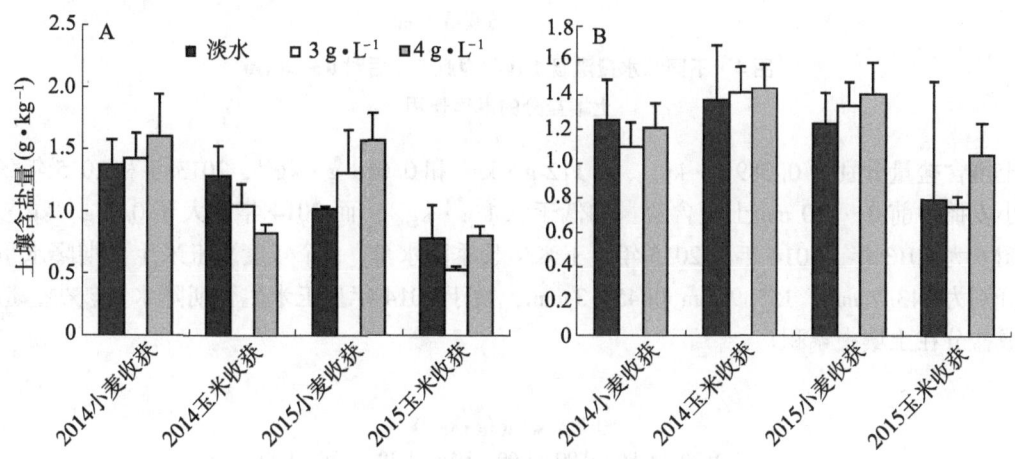

图2　不同灌溉处理下不同时期 0~20 cm （A）和 0~100 cm （B） 土壤盐分的动态变化

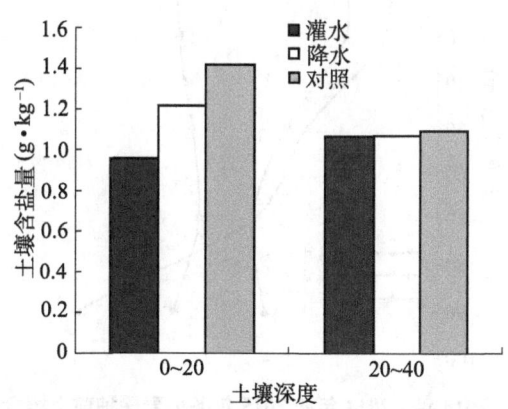

图3　降水增加对 0~20 cm 和 20~40 cm 土壤盐分的影响

图5为2013年、2014年和2015年小麦播种前0~100 cm 土壤含盐量。3个年度0~100 cm 土壤含盐量平均为0.093 g·kg^{-1}、0.112 g·kg^{-1}和0.096 g·kg^{-1}，0~60 cm

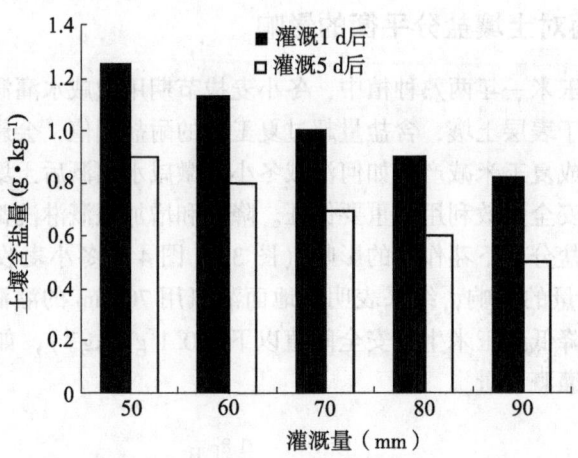

图4 不同灌水量灌溉 1 d 和灌溉 5 d 后对 0～20 cm 土壤盐分的淋溶作用

土壤含盐量分别为 0.089 g·kg⁻¹、0.112 g·kg⁻¹ 和 0.084 g·kg⁻¹，2013 年和 2015 年冬小麦播种前 0～100 cm 土壤含盐量均低于 0.1 g·kg⁻¹，而 2014 年则大于 0.1 g·kg⁻¹。图 6 为 2013 年、2014 年和 2015 年夏玉米生长季降水量，3 个年度夏玉米生育期降水量分别为 543.7 mm、155.9 mm 和 451.3 mm，由于 2014 年夏玉米生育期降水量较少，造成盐分在土壤中累积。

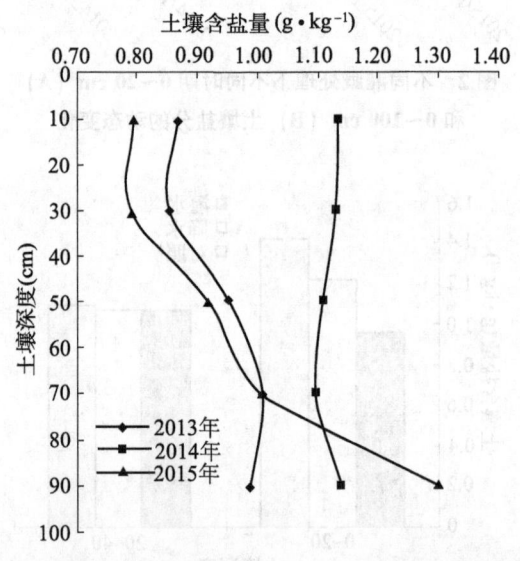

图5 2013 年、2014 年和 2015 年冬小麦播种前土壤含盐量

2.4 冬小麦灌溉制度研究

河北低平原冬小麦—夏玉米一年两熟种植中，冬小麦生育期干旱少雨，降雨不能满

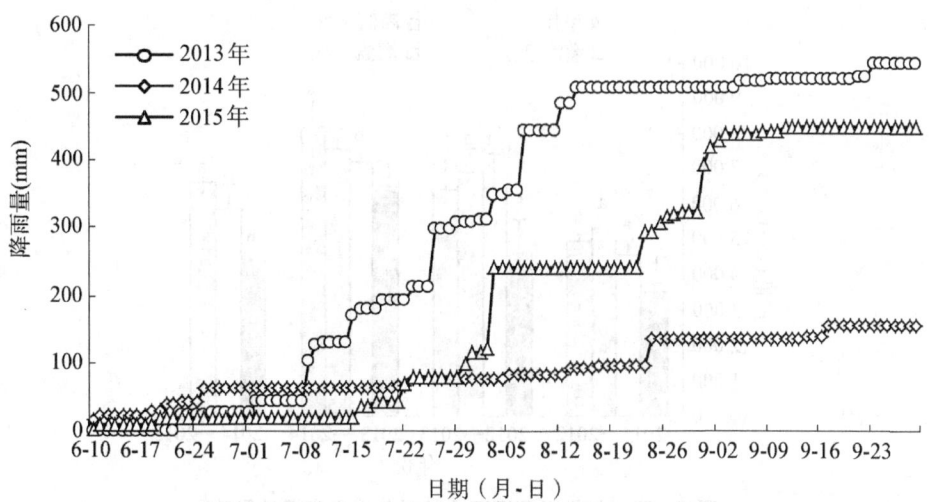

图 6 2013 年、2014 年和 2015 年夏玉米生育期降水量

足作物需求，主要依靠灌溉来维持作物正常生长。因此，研究冬小麦的灌溉制度，提出最佳灌溉制度，可缓解淡水资源供需矛盾。试验设雨养旱作、拔节期灌溉 1 水、拔节期和抽穗期灌溉 2 水、拔节期、抽穗期和灌浆期灌溉 3 水处理，次灌溉量 70～75 mm，灌溉水质为淡水。图 7 为不同灌溉次数对冬小麦产量的影响。结果显示，旱作处理的产量最低，灌溉 1 水、灌溉 2 水和灌溉 3 水处理 4 个生长季平均产量分别为6 020.5 kg·hm^{-2}、6 593.4 kg·hm^{-2} 和 6 510.2 kg·hm^{-2}，处理间产量差异不显著，灌溉 2 水的产量达到最高。灌溉 1 水比旱作平均增产 26.2%，最高增产 41.1%（2012—2013 年），最低增产 13.6%（2013—2014 年）。灌溉 2 水比灌溉 1 水平均增产 9.5%，最高增产 18.0%（2011—2012 年），最低增产 4.7%（2013—2014 年），灌溉 3 水与灌溉 2 水平均产量基本相同，最高增产 8.0%（2013—2014 年）。随着灌溉次数的增加，增产幅度减小，增加灌溉的增产效益减小。因此，在淡水资源紧缺地区冬小麦生育期灌溉 1 水比雨养旱作产量提高 13.6%～41.1%，灌溉 2 水可以获得稳定高产。

3 讨 论

河北低平原冬小麦—夏玉米一年两熟种植制度中，冬小麦生长在较干旱的冬春季节，降水量不能满足正常生长发育需求，补充灌溉对增加冬小麦产量具有决定性作用。然而本区地下水严重超采，国家在该区域实施地下水压采后，限制了淡水资源的开采，微咸水资源成为灌溉的主要水源。研究表明，冬小麦微咸水灌溉的阈值高于夏玉米，并且作物不同生育阶段耐盐性不同，将冬小麦生长期分为播种至返青期、返青至拔节期、拔节至抽穗期和抽穗至成熟期，各个生长阶段土壤盐分的影响指数分别为 0.142 6、0.327 0、0.026 5 和 0.012，小麦返青期前后较大，是生长发育的低耐盐力阶段，小麦拔节期后值较小，是生长发育的耐盐阶段，是微咸水灌溉的适应期[17]。本研究发现，冬小麦拔节期用小于 5 g·L^{-1} 的微咸水灌溉具有明显的增产作用，即拔节期用微咸水灌溉 1 次可以替代淡水灌溉，并保证冬小麦获得较高产量。研究结果与其他报道的微咸水

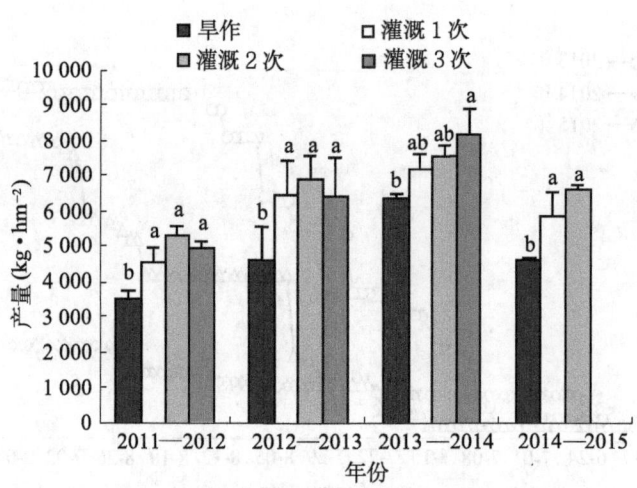

图7 不同年份不同灌溉次数对冬小麦产量的影响

灌溉对冬小麦产量的影响一致[18-19]。

然而，微咸水灌溉冬小麦后引起的土壤积盐对下茬玉米产生负作用，造成夏玉米产量的降低。Ma 等[1]和 Pang 等[3]在河北省开展的研究结果与本研究结果一致。本文进一步研究了夏玉米播种后用 70 mm 左右的淡水灌溉可以将 0～20 cm 土壤盐分降低到夏玉米的阈值之下，缓解由于冬小麦生育期用微咸水灌溉造成的夏玉米产量降低，并且与当地的农业管理需求一致。因为冬小麦生育后期随着气温的升高，土壤蒸发和作物蒸腾剧烈，导致冬小麦收获时土壤水分几乎耗尽，夏玉米播种后必须灌溉才能保证出苗及苗期生长。因此，此时进行淡水灌溉，既可满足夏玉米出苗需水需求，又可以消减上茬小麦微咸水灌溉积累的盐分。

陈秀玲等[20]研究表明，在河北省沧州地区，微咸水灌溉累积的土壤盐分，主要靠雨季集中降雨的淋洗，而淋洗脱盐的效果主要取决于雨季降水量、次降水量等因素。一般次降水量大于 25 mm 可以起到淋洗作用，6—9 月降水量大于 300 mm 时，基本保证土壤盐分平衡。分析沧州地区 1996—2014 年降水量和夏季（6—9 月）降水量变化（图8），年降水量平均为 533.4mm，夏季降水量平均为 395.3 mm，其中 73%的年份夏季降水量大于 300 mm，57%以上的年份大于 400 mm，为土壤淋盐和脱盐创造了条件。

4 结 论

开发利用微咸水资源进行灌溉，在一定程度上可以缓解淡水资源短缺的矛盾，但是微咸水灌溉，容易造成土壤盐分的升高。因此，确保微咸水灌溉对作物和环境的安全，对保证农业持续发展具有重要意义。通过研究得出以下结论。

河北低平原区冬小麦—夏玉米一年两熟制中，冬小麦一般年份在拔节期和抽穗扬花期灌溉 2 水即可获得稳产高产。利用不大于 5 g·L^{-1}的微咸水替代其中 1 次淡水灌溉可保证作物不减产，微咸水在拔节期灌溉的效果优于在抽穗扬花期灌溉。冬小麦微咸水灌溉后，由于其生长期间耗水量大，盐分在土壤表层的积累明显，超过了下茬夏玉米的耐

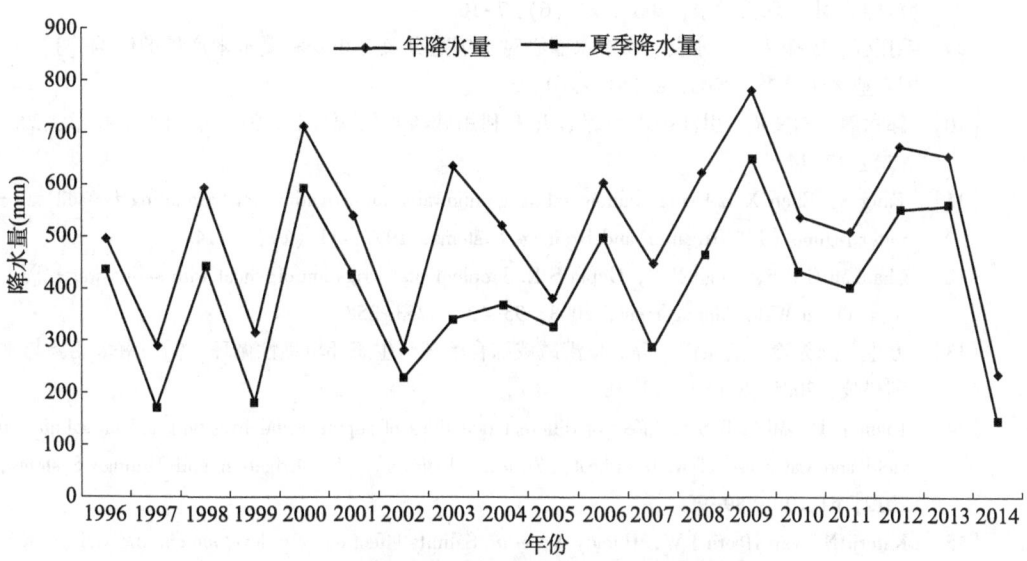

图8 河北省南皮县1996—2014年降水量变化

盐阈值，玉米播种后用675～750 m³·hm⁻²的淡水灌溉，能将0～20 cm的土壤盐分淋洗至夏玉米耐盐阈值之下，不影响夏玉米苗期生长，夏玉米生育期又逢雨季，夏季降水量小于300 mm，土壤有积盐，降水量超过300 mm，由于降雨的洗盐作用，可达到周年不积盐，使土壤淋洗脱盐[16]，为实施微咸水安全灌溉和粮食增产提供了技术支撑。但是微咸水灌溉后会对土壤和环境产生长期影响，应进行长期的监测和验证。

参考文献

[1] Ma W J, Mao Z Q, Yu Z R, et al. Effects of saline water irrigation on soil salinity and yield of winter wheat-maize in North China Plain [J]. Irrigation and Drainage Systems, 2008, 22 (1): 3-18.

[2] 郑春莲，曹彩云，李伟，等. 不同矿化度咸水灌溉对小麦和玉米产量及土壤盐分运移的影响 [J]. 河北农业科学，2010，14 (9)：49-51.

[3] Pang H C, Li Y Y, Yang J S, et al. Effect of brackish water irrigation and straw mulching on soil salinity and crop yields under monsoonal climatic conditions [J]. Agricultural Water Management, 2010, 97 (12): 1 971-1 977.

[4] 王全九，徐益敏，王金栋，等. 咸水与微咸水在农业灌溉中的应用 [J]. 灌溉排水，2002，21 (4)：73-77.

[5] 王卫光，王修贵，沈荣开，等. 微咸水灌溉研究进展 [J]. 节水灌溉，2003 (2)：9-11.

[6] 陈素英，张喜英，邵立威，等. 微咸水非充分灌溉对冬小麦生长发育及夏玉米产量的影响 [J]. 中国生态农业学报，2011，19 (3)：579-585.

[7] 尚伟，石建初，牛灵安，等. 灌溉水矿化度及盐分带入量对小麦相对产量影响的统计分析 [J]. 灌溉排水学报，2009，28 (5)：41-44.

[8] 乔冬梅，吴海卿，齐学斌，等. 不同潜水埋深条件下微咸水灌溉的水盐运移规律及模拟研

究 [J]. 水土保持学报, 2007, 21 (6): 7-10.

[9] 毛振强, 宇振荣, 马永良. 微咸水灌溉对土壤盐分及冬小麦和夏玉米产量的影响 [J]. 中国农业大学学报, 2003, 8 (S1): 20-25.

[10] 郭永晨, 刘文娟. 引江调水与综合开发利用咸淡水资源 [J]. 河北水利水电技术, 2002 (1): 12-14.

[11] Fang S, Chen X L. Using shallow saline groundwater for irrigation and regulating for soil salt-water regime [J]. Irrigation and Drainage Systems, 1997, 11 (1): 1-14.

[12] Chauhan C P S, Singh R B, Gupta S K. Supplemental irrigation of wheat with saline water [J]. Agricultural Water Management, 2008, 95 (3): 253-258.

[13] 方生, 陈秀玲, 范振铎, 等. 旱涝碱咸综合治理与生态环境良性循环 [J]. 南水北调与水利科技, 2005, 3 (S): 12-18.

[14] Kiani A R, Mirlatifi S M. Effect of different quantities of supplemental irrigation and its salinity on yield and water use of winter wheat (*Triticum Aestivum*) [J]. Irrigation and Drainge Systems, 2012, 61 (1): 89-98.

[15] Katerji N, van Hoorn J W, Hamdy A, *et al*. Salinity effect on crop development and yield, analysis of salt tolerance according to several classification methods [J]. Agricultural Water Management, 2003, 62 (1): 37-66.

[16] Ahmed B A O, Inoue M, Moritani S. Effect of saline water irrigation and manure applicationon the available water content, soil salinity, and growth of wheat [J]. Agricultural Water Management, 2010, 97 (1): 165-170.

[17] 郭永辰, 陈秀玲, 高巍. 咸水与淡水联合运用的策略 [J]. 农田水利与小水电, 1992 (6): 15-18.

[18] 刘静, 高占义. 中国利用微咸水灌溉研究与实践进展 [J]. 水利水电技术, 2012, 43 (1): 101-104.

[19] Wang X P, Yang J S, Liu G M, *et al*. Impact of irrigation volume and water salinity on winter wheat productivity and soil salinity distribution [J]. Agricultural Water Management, 2015, 149: 44-54.

[20] 陈秀玲, 郭永辰. 咸水灌溉技术 [J]. 中国农村水利水电, 1993 (7): 7-10.

[此文原刊载于《中国农业生态学报》, 2016, 24 (8): 1 049-1 058]

咸水安全利用农田调控技术措施研究进展

牛君仿[1]，冯俊霞[2]，路　杨[1,3]，陈素英[1]，张喜英[1]

（1. 中国科学院遗传与发育生物学研究所农业资源研究中心；2. 石家庄学院化工学院；
3. 中国科学院大学）

摘　要：淡水资源短缺已经成为全球性的问题，开发利用地下咸水资源，发展农业灌溉已成为各国关注的焦点问题。微咸水或咸水代替部分淡水进行农业灌溉，在一定程度上可缓解淡水资源的不足，但咸水和微咸水灌溉带来的土壤积盐和作物减产等问题始终是研究的重点和难点。本文从咸水或微咸水灌溉带来的潜在土壤盐渍化危害入手，就如何应对咸水和微咸水灌溉带来的次生盐渍化问题，通过总结前人大量的研究成果，分析了减轻土壤盐渍化对作物危害的各种途径，从微咸水灌溉和咸水灌溉两个层面就优化农田管理农艺措施、生物措施、水利工程措施等方面进行概述。重点介绍了咸水或微咸水灌溉对土壤微环境的影响，优化田间管理农业措施（如合理的灌溉制度和灌溉方式、覆盖、深耕等），土壤中施入有机物质（如植物秸秆、有机肥、绿肥、动物粪便、生物质炭等）和无机土壤改良剂（如石膏、沸石等）、施用根际促生菌肥、种植盐土植物和耐盐作物品种等，以及咸水结冰灌溉、暗管排盐等水利工程措施，这些都是降低咸水灌溉带来的土壤盐害行之有效的方法。以微咸水或咸水补灌为核心，结合雨水资源利用，通过种植耐盐植物品种、增施土壤微生物肥、土壤调理剂等措施提高土壤缓冲能力，配套垄作和地膜覆盖等降低土壤蒸发措施，抑制土壤盐分表层积聚，配套秸秆还田和土壤耕作技术，提高土壤蓄雨淋盐和养分快速提升，集成微咸水安全高效灌溉技术模式，制定规范化的技术应用规程，有机地结合各种改良措施，可有效控制咸水和微咸水区土壤次生盐渍化，达到咸水资源的高效安全可持续利用，提升水资源保障能力。

关键词：微咸水灌溉；咸水灌溉；农田调控措施；生物措施；土壤环境；土壤次生盐渍化

　　淡水资源短缺已经成为全球性的问题，特别是在干旱和半干旱地区。合理地开发利用地下咸水资源发展农业灌溉已成为各国关注的焦点问题。很多农业咸水灌溉研究结果表明，合理利用微咸水不会造成作物减产[1-5]。咸水灌溉是解决淡水资源严重缺乏的有效途径[6]。国内外利用咸水与微咸水进行农田灌溉已有近百年历史。我国从20世纪60—70年代就开始进行微咸水利用研究，在宁夏回族自治区（全书简称宁夏）、甘肃、内蒙古、山西、河南、河北、山东等省区不同程度利用微咸水灌溉并获得高产。

　　浅层微咸水代替部分淡水进行农业灌溉，在一定程度上可缓解淡水资源的不足，但咸水灌溉带来的土壤积盐和作物减产等问题始终是研究的重点和难点。咸水灌溉会增加土壤的次生盐渍化风险[7]。土壤溶液中过量的盐，主要是钠盐，造成多种负面效应：主要有土壤结构稳定性的破坏，土壤水力学性质的恶化，作物产量的下降，微生物生物量和土壤酶活性的降低等[8-10]。不适宜的长期咸水灌溉导致土壤永久退化，破坏土壤生产力，造成严重的环境问题[11-12]。而土壤健康对于农业和环境的可持续发展至关重要，是作物生产的前提条件[13]。如果不采取任何改良措施，长期咸水灌溉将会导致作物产量显著下降[11]。因此，当务之急是研究出行之有效的管理措施以实现咸水灌溉条件下作物的高产和咸水的高效利用，最终达到资源和环境的协调可持续发展。关于如何消减咸水灌溉下土壤盐害问题，专家们已经尝试了很多方法，并取得了很多成功经验[14]。本文从咸水灌溉带来的潜在危害入手，就如何应对咸水灌溉带来的次生盐渍化问题，对咸水灌溉下农田调控技术措施进行了分析和总结，分别从微咸水灌溉（$1\sim5$ g·L^{-1}）和咸水灌溉（>5 g·L^{-1}）进行，希望对未来咸水或微咸水灌溉农业有一些指导意义。

1 咸水灌溉造成土壤微环境恶化

咸水灌溉快速改变了土壤溶液中的 Na$^+$、Ca^{2+}和 Cl$^-$的浓度，土壤溶液中盐浓度取决于灌溉水含盐量和灌溉循环中所利用咸水的次数[11]。长期利用微咸水灌溉提高了土壤 pH 和交换性钠百分率（ESP），破坏了土壤物理结构，导致作物产量下降[15-16]。在干旱半干旱地区，土壤蒸发大大超过了降水，地下水中盐分通过毛细管运动到土壤表层聚积。Na$^+$可以替代黏土矿物颗粒中的 Ca^{2+}和其他吸附在土壤表面或者在土壤团聚体间层中的 Mg^{2+}等土壤黏合剂，破坏土壤次生黏土矿物。随着灌溉水盐分含量的增加，土壤总孔隙度和土壤团聚体稳定性系数降低，土壤结构被破坏，土壤孔隙度下降，表层土壤容重和土壤饱和电导率增加，土壤水的渗透性降低，土壤的持水量增加[17]，导致土壤板结[18]。

咸水灌溉引起的土壤盐碱化问题不仅对土壤物理化学性质和作物生长造成很大负面影响，而且对土壤微生物的数量和活性以及维持土壤质量的生化过程都有很大影响[10]。土壤微生物是土壤团聚体形成和稳定的关键因素，土壤盐分的增加引起土壤微生物的呼吸作用和数量降低[19]，进而导致土壤团聚体分解，破坏土壤结构[10]。土壤中的 Na$^+$主要是间接通过根系分泌物的数量或/和质量来影响根际土壤微生物结构，而不是对微生物产生直接的毒性[20]。

土壤养分有效性的降低也是盐碱土对作物产量的限制因素之一。微咸水灌溉明显抑制了土壤酶活性，造成了土壤微生物量和 CO$_2$通量下降，土壤有机物降解率降低，使农田土壤生物性状变差[21]。高盐度咸水灌溉将会导致土壤有机质分解速度和土壤碳氮磷的矿化速度变缓，从而降低土壤养分的有效性，导致作物产量下降[22]。长期的微咸水灌溉降低了土壤有机碳和总氮含量[23]。灌溉电导率小于 4.61 dS·m^{-1}的微咸水对棉花生长和水氮利用效率没有影响，而利用电导率大于 8 dS·m^{-1}的咸水滴灌时则抑制棉花生长，降低水氮利用效率[24]。劣质灌溉水中的 Na$^+$、Ca^{2+}和 Mg^{2+}参与了土壤离子交换过程，导致土壤云母矿物中 K$^+$被置换出来，并被淋洗到溶液中，从而提高地下水的 K$^+$浓度。咸水灌溉条件下，特别是 Mg^{2+}含量较高的水灌溉时，会增加土壤中 K$^+$的释放，更利于作物吸收，但是长远来看这些钾会被淋洗到根层以下[25-26]。如果没有足够的钾肥投入，长期咸水灌溉会导致作物产量下降[27]。在沙壤土上咸水灌溉会造成土壤 Ca^{2+}、Mg^{2+}、K$^+$和磷的淋洗，同时增加浅层地下水盐度增加的风险[28]。

2 微咸水灌溉条件下农田调控措施

2.1 优化田间管理农艺措施

田间管理农艺措施主要是物理的改良措施，是对咸灌土壤改良最直接的方法，主要包括优化灌溉方式和灌溉制度（如选用滴灌节水灌溉方式，利用灌水洗盐，轮灌或混灌，优化咸淡水的灌溉次序等），深耕、深松、翻土、无机物（塑料薄膜）和有机物（作物秸秆等材料）覆盖等方法。

2.1.1 优化灌溉制度

从微咸水的灌溉方式来看，主要有漫灌、沟灌、喷灌和滴灌。漫灌和沟灌灌水定额大。从节水角度讲，喷滴灌具有明显优势。滴灌技术引入到微咸水利用中称之为微咸水灌溉的一次革新。滴灌利用微咸水主要有两方面优势：一是避免了叶面损伤，二是由于滴灌的淋洗作用，盐分向湿润锋附近积累，因此在滴头下面的土壤含盐量比较小，有利于作物生长，并且维持一个高的基质势，同时在滴灌条件下土壤水分含量分布与盐分分布正好相反，有利于作物根系发育生长和水分养分的吸收利用[29]。与沟灌相比，滴灌保持了理想的土壤水分含量，减少了根区的盐含量，同时土壤物理性质和养分状况都有明显改善，土壤微生物量和土壤酶活性增强，在滴灌条件下水分利用效率比沟灌平均高 1/3，有利于在不降低产量的前提下高效利用微咸水资源从而缓解淡水资源严重缺乏的问题[30]。

将覆盖和滴灌相结合的微咸水膜下滴灌模式为干旱半干旱地区有效利用微咸水资源以及盐碱地的开发利用提供了参考。膜下滴灌既具备滴灌的防止深层渗漏、减少棵间蒸发、节水、节肥的特点，同时还具备地膜栽培技术的增温、保墒作用，滴灌在根区可以形成淡化的脱盐区，覆膜抑制了膜内的土壤蒸发作用，并使膜内盐分发生侧向运移，同时减少深层渗漏，降低了次生盐渍化发生的可能性，因此膜下滴灌也被用于防治土壤次生盐碱化。与传统的表面滴灌相比，采用地下滴灌的方式进行微咸水灌溉对防止盐分在耕层土壤的表聚有良好效果，已经被广泛应用在淡水资源缺乏的干旱半干旱地区[31-32]。长期滴灌下土壤盐分积累特征是决定这一灌溉方式能否可持续的重要问题。膜下滴灌的咸淡水轮灌时序对作物产量和土壤积盐状况也有很大影响[33]。但利用膜下滴灌方式进行微咸水灌溉，目前仍存在一些问题，需要进一步研究[34-35]。

咸水灌溉的技术关键是如何使土壤积盐不超过作物耐盐度，因此，需要通过试验研究制定合理的咸水灌溉制度，包括咸水灌溉量、灌溉次数、灌溉时期、灌溉水盐分浓度等。优化灌溉方式结合根层土壤盐分管理需要考虑蒸散、盐含量、土壤类型、降水、地下水位、作物类型和水分管理的交互作用，针对微咸水或者咸水灌溉土壤盐分积累规律来因地制宜地制定合理的灌溉制度。目前，咸淡水混灌轮灌已被广泛利用。该技术不仅可以实现微咸水资源充分高效利用，同时能较好地控制根层盐分表聚，保持作物根层水盐平衡并保障作物生产安全。作物不同生育时期对水分和盐胁迫表现不同。可因地制宜地制定后期漫灌措施，以便淋洗土壤中积累的盐分。作物收获后一次大的漫灌可有效减少土壤中盐分的累积，该措施比在生育期灌溉同样量的水在土壤控盐方面更有效[36]。

由于淡水资源的匮乏，淋盐排盐措施在有条件的地区才能进行。

2.1.2 覆盖和深松耕作措施

表层土壤中盐分的累积可以通过减小土壤蒸发来控制。与裸地相比，塑料薄膜覆盖，特别是作物秸秆覆盖减少了土壤水蒸发损失，对控制盐分积累更有效[37]。秸秆覆盖可以降低微咸水灌溉所导致的表层土壤的盐分累积和土壤钠吸附比增加[38-39]，与此同时还能够改善盐分在土体中的垂直分布，使土壤根系分布密集层保持较低盐分水平，缓解盐分对作物的危害，并有显著的增产效果[40~41]。

深松和秸秆覆盖处理降低了 0～30 cm 土层的土壤容重，增加了土壤孔隙度，改善了土壤水溶性团聚体的分布。与传统耕地和秸秆移除处理相比，由于土壤结构和渗透性得到改善，深松和秸秆覆盖使得土壤含盐量降低了 20.3%～73.4%[42]。

2.1.3 起垄措施

起垄人为造成微域地形的高差，导致地表的不均衡蒸发，低处水盐向高处移动。起垄措施产生的土壤微地形变化改变了局部土壤水、盐的空间分布，同时改善了土壤物理状况，使垄沟内土壤理化状况优化。垄作下沟灌方式较常规畦灌对于降低土壤盐分具有更好的效果，沟灌玉米根系发达，灌溉水利用效率高，综合考虑沟灌是低水分条件下一种较好的灌溉方式[43]。起垄覆膜种植方法，是集农田微域集水和地膜覆盖两大旱作栽培方法优点于一体的作物栽培新技术，依据农田微工程覆膜雨水富集叠加、雨水就地入渗、覆盖抑蒸三大理论，把"膜面集雨、覆盖抑蒸、垄上种植"三大技术相互融合为一体，具有明显的改善地温和土壤物理性状、培肥改善地力的作用[44]。与起垄不覆膜土壤盐分的分布有所不同，起垄覆盖相结合的方法使沟底部含盐量高于垄下土壤含盐量，作物种在垄上有助于微咸水灌溉下作物避开土壤积盐对作物的影响[45]。

2.1.4 施用土壤改良剂

盐碱化土壤最有效的改良方法是根据可溶性钠盐的去除和交换，通过添加化学物质改变土壤的离子构成，同时把 Na^+ 淋出到土壤剖面以外。几种降低咸水灌溉下盐害的方法已经被推荐使用。这些方法包括施用石膏或者氯化钙、沸石等无机的土壤改良剂降低咸水灌溉条件下土壤中 Na^+ 的置换。考虑到在土壤中施入化学物质的成本和对环境的影响，寻找更廉价的天然改良剂更有意义。在土壤中添加有机物质如植物秸秆、有机肥、绿肥、动物粪便、泥炭、褐煤粉和生物炭都是降低咸水灌溉下土壤盐害行之有效的方法。

2.1.4.1 有机改良剂

添加有机物质可以加速钠的淋洗，降低 ESP 和电导率，增加土壤持水能力和土壤团聚体的稳定性[8,46]。另外，Walker 和 Bernal[47] 的研究结果表明有机添加物可以增加阳离子交换量，土壤交换点首先被 Ca^{2+}、Mg^{2+} 和 K^+ 占据从而阻止 Na^+ 进入交换点。长期定位试验结果表明，在小麦—水稻轮作微咸水灌溉区，单独添加有机物质如小麦秸秆、绿肥、农家堆肥等可以溶解石灰性土壤中内在的 Ca^{2+} 和 $CaCO_3$ 沉淀中的 Ca^{2+}，增加了土壤渗透速率，从而获得稳定的产量[16]。施用畜禽粪便，农家粪肥在提高土壤肥力的同时，降低了土壤电导率和 pH 值，可以防治微咸水灌溉造成的土壤次生盐渍化，缓解了微咸水灌溉对作物的危害[48-49]。施用腐殖质可以增加土壤的持水能力和养分保持能力，保持良好的土壤结构和高的微生物活性，腐植酸可以显著减少土壤水的蒸发，提高水的作物有效性。另外，腐殖质促进了多种矿质元素在土壤中转化成作物利用的形式[50-51]。施用腐殖质是消减咸水灌溉带来的土壤盐害的有效措施之一。

增施有机肥料不仅能增加土壤中腐殖质含量，有利于土壤团粒结构的形成，还能改善盐碱土的通气、透水和养分状况。在盐碱土上氮的释放在很大程度上取决于有机添加物的可溶碳和总氮的比值[52]。秸秆添加大大增加了土壤氮磷的有效性。在盐害条件下，微生物碳氮磷显著受到土壤质地和秸秆添加物的影响[53]。虽然随着土壤盐分的增加土壤微生物的呼吸作用和生物量降低，但是添加秸秆后则增加了土壤微生物的呼吸和生物量，且沙壤土高于黏土，苜蓿秸秆优于小麦秸秆[53]。秸秆还田后的土壤耕层结构疏松，容重降低，非毛管孔隙度显著增加，能有效抑制土壤盐分表聚，使作物主要根系活动层保持较低盐分水平而不影响作物正常生长[54]。增加葡萄糖提高了盐土微生物的活性和生长，减轻了土壤盐分对微生物的负面影响[19]。因此，添加有机物质增加了碳源，在一定程度上缓解了咸水灌溉造成的对土壤微生物和养分有效性的影响，提高了土壤质量。

近年来，由于国内很多地区农业实现了机械化，秸秆还田被大面积推广应用。土壤中深埋的秸秆层起到了水和盐分上移的障碍层，阻止了深层土壤和浅层地下水盐分上移，抑制了耕层土壤返盐。利用作物秸秆和牛粪填满到土壤里，结合薄膜覆盖和滴灌技术做成生物反应器应用到大棚蔬菜种植中，对于消减咸水灌溉带来的土壤盐害有良好的施用效果[55]。生物反应器既降低了土壤盐分浓度，又提高了土壤有机质和养分含量，改善了土壤环境，提高了作物产量和品质[55]。

在旱地上良好的水分管理配以合理的土壤管理措施是作物可持续发展的必要条件。有机添加物含有大量的养分，它们可以释放到土壤中供作物吸收利用。但是如果用含有高浓度的 Na^+ 和 Ca^{2+} 的微咸水灌溉时会导致养分淋洗出根区土壤。因此微咸水灌溉添加有机物质时必须配套阻止养分流失的相关技术[48]。另外，有些研究表明施用动物粪便，例如，家禽粪便[56]和猪粪堆肥[57]会导致土壤盐分增加，加重了咸水灌溉下土壤盐害对作物的影响，所以在对盐分敏感的土壤上施用应该注意这一点。

生物质炭（biochar）是近年来关注较多的新型土壤改良剂。生物质炭是指动植物残体或其他生物质在完全或部分缺氧的情况下，以相对"低温"（<700 ℃）热解炭化，产生的一类高度芳香化难熔性固态高聚产物[58]。施用生物炭可以使作物产量平均提高11%左右[59]。生物质炭可以改变土壤的物理化学性质，提高土壤肥力，同时可以预防土壤的生物化学性质退化[60]。利用其高吸附性的特点，在盐碱土上施用生物质炭可以降低土壤容重，改善土壤通气状况，增加阳离子交换量，明显改善土壤的物理化学性质[61-62]，降低土壤盐含量、钠吸附比（SAR）和 ESP[63]，同时增强盐碱土壤碳的固定，减少温室气体排放，提高作物产量[64]。微咸水灌溉下施用生物炭促进了马铃薯的生长，降低了茎基部伤流液和叶片的脱落酸（ABA）含量，提高了茎基部伤流液中 K^+/Na^+比值，降低咸水灌溉下土壤积盐对马铃薯的危害[65]。微咸水灌溉下，施用生物炭可以减少土壤中可溶性铅（Pb）含量，降低玉米对铅的吸收从而提高作物品质[66]。

2.1.4.2 无机改良剂

在微咸水灌溉下加入石膏[23]、沸石[67]等无机土壤改良剂缓解土壤盐渍化方面已经做了大量研究。咸水灌溉下添加石膏可以明显改善土壤的物理化学特性，可以使水稻产量提高 12.5%，小麦产量提高 50%[16]。长期微咸水灌溉增加了土壤 pH 值、SAR 和 ESP，降低了土壤有机碳和总氮，而施入石膏和有机添加物（如绿肥、农家堆肥和水稻秸秆）都改善了这些土壤性质[23]。微咸水灌溉对土壤的盐渍化危害因土壤有机质含量不同而不相同[68]，经过土壤添加硫酸钙和淋洗措施后土壤结构有不同的改良效果，有机质含量高的土壤土壤孔隙度不受灌溉水盐分的影响，而有机质含量低的土壤咸水灌溉后孔隙度则变小，这可能因为土壤中铁铝氧化物的含量不同，从而造成土壤团聚体稳定性不同的缘故[18]。微咸水灌溉条件下添加石膏和农家堆肥还提高了土壤氮的矿化[23]。如果利用咸淡水轮灌或者添加合适的土壤改良剂等措施，微咸水灌溉对小麦-棉花轮作区作物产量和土壤质量没有负面影响[69]。在缺乏淡水资源无法实现咸淡水轮灌的情况下，如果用含有高量钠离子的水进行灌溉必须使用石膏[69-70]。

2.2 生物措施

2.2.1 施用微生物肥料

在淡水或者有限淡水灌溉条件下，高氮肥施用量可以获得更高的产量。而在微咸水灌溉条件下，在充足或者亏缺灌溉下，低氮肥施用量获得最佳产量[71]。微咸水灌溉条件下过多的氮肥投入会加重对作物的盐害[24]。若没有其他胁迫，微咸水灌溉条件下作物需要较少的氮肥用量[72]。而微生物肥料一般具有无机养分含量比较低的特点，微生物肥料可以代替 23%~52% 的氮肥而不减少产量，但是并不能代替磷肥[73]。施用根际促生菌肥（plant-growth-promoting rhizobacteria，PGPR）已证明是一种促进小麦在盐碱地生长的重要措施。根际促生菌具有成本低，易操作和对土壤无副作用等优点。接种根际促生菌是在盐害条件下促进作物生长和最大化利用盐碱土的有效方法之一[74]。

微生物肥料的施用替代了部分化肥，提高了化肥利用率。近年来研制应用的具有土壤调理等新型功能的微生物肥料，在提升耕地土壤环境质量上意义重大[75]。微生物群体对土壤团聚体的稳定性起着至关重要的作用[76]。在干旱半干旱地区，土壤团聚体的稳定性是促进作物生长和防治水土流失的一个重要性质。因此，在退化的盐碱土农业体系中改善土壤团聚体的性质显得尤为重要。微生物肥料具有其他肥料无法比拟的优点，具有多重功效，在提升咸水灌溉下土壤盐害缓冲能力方面具有明显的优势。

菌根真菌可以显著地降低植物对 Na^+ 和 Cl^- 的吸收，同时促进园艺作物对钾和磷的吸收。接种菌根真菌是一种合适的可以提高中高盐度微咸水灌溉时园艺作物抗盐性的方法[77]。接种丛枝菌根真菌可以改善土壤结构，提高土壤有机碳和土壤速效养分含量[78]。此外，丛枝菌根真菌提高了盐害条件下作物的光合作用和水分利用效率[79]。菌根真菌可以改善作物的碳氮代谢过程，提高其相对含水量、膜的稳定性和叶片光合速率，促进蛋白的合成和渗透调节物质的累积，改善作物的营养状况等，从而降低了土壤盐害对作物产量的影响[80]。

利用固氮根际促生菌可以促进玉米对 K^+ 的吸收，排斥对 Na^+ 的吸收，增加 K^+/Na^+ 比值，同时提高叶片叶绿素含量，从而增强玉米的抗盐性。施用固氮根际促生菌是一种降低作物盐害的重要生物方法[81]。根际促生菌在田间显著促进小麦的生长并提高其产量[82]。根际促生菌接种的小麦体内具有低钠含量和高氮磷钾含量[74]。根际促生菌促进了植物根际养分的循环[83]，增强了作物吸收养分能力，在维持小麦体内养分平衡方面起着重要作用。无论在盐还是非盐害条件下，根际促生菌主要通过直接或者间接调控植物的叶绿素含量、叶片的渗透势和细胞膜的稳定性和离子的积累等[84]，促进了白三叶草的生长。

尽管根际促生菌作为降低盐害对作物影响的新兴技术具有非常多的优点，但微生物肥料也有不足之处：在控制条件下（实验室或者温室）根际微生物对作物生长具有促进作用，但是在田间由于自然条件变化，PGPR 的效果具有不确定性。由于根际促生菌不会永远在土壤中存活，在田间必须每年或者每季重新接种[85]，这促使我们筛选分离出更先进的菌种。这些菌种时而有效时而无效，其原因是根际促生菌的群体大小和活性受到土壤环境条件的影响[86]。根际促生菌的使用效果取决于水的盐浓度和寄主作物的生长阶段[87]。45%生物肥料的施用效果取决于作物氮磷钾肥的施用量和施用时间[73]。农民和农学家需要认识到化肥和微生物肥料的双重管理才能实现微生物肥料的成功应用。

2.2.2 植物改良技术

种植盐土植物是盐碱地脱盐的一条重要途径。田间和温室试验结果表明种植盐土植物使得土壤电导率显著下降，碱蓬可以移除氯化钠 $1\sim6\ t\cdot hm^{-2}\cdot a^{-1[88]}$。这些结果与微咸水灌溉条件下根据干物质中 Na^+ 和 Cl^- 浓度和总的生物量来计算的 NaCl 移除量是一致的[88]。种植绿肥作物如田菁等可以改善微咸水灌溉下土壤的物理化学性质，提高小麦和水稻产量，尤其是石膏和种植绿肥配合改良效果最佳[89]。另外，种植转基因的耐盐植物可以提高产量[90-91]。

与土体土壤相比，盐碱土根际土壤具有低含盐量、高水分含量和较高的土壤微生物数量。丰富的根际土壤微生物表明根系可以降低土壤盐害并提供有利于微生物生存的环境。植物根际土壤总的微生物丰度和多样性提高了微生物维持退化土壤系统正常运行的能力[92]。土壤中的 Na^+ 主要是间接通过根系分泌物的数量或/和质量来影响根际土壤微生物结构，而不是对微生物有直接毒性[20]。根系分泌物与地上部[93]和根[94]的生物量呈正比。寄主植物的耐盐能力决定了在高盐条件下能否成功组成根瘤菌-大豆共生体系[95]。植物的健康程度是根际微生物结构和氮循环的主要决定因素[53]。种植耐盐作物间接改善了咸水灌溉条件下土壤的微生物结构和养分状况，提升了咸灌土壤盐害缓冲能力。作物各个品种之间耐盐性差异较大，微咸水灌溉下种植耐盐性较好的作物品种直接影响到其最终产量[96]。

除上述农田调控措施以外，微咸水结冰灌溉能够有效控制耕层土壤微咸水灌溉下的盐分累积，与秸秆覆盖措施配合效果更明显[97]。

3 高矿度咸水灌溉下农田调控措施

国内外关于咸水灌溉对土壤、水分、盐分和作物的关系研究较多，但大多研究矿化度为 $2\sim5\ g\cdot L^{-1}$ 的微咸水，而对于矿化度大于 $5\ g\cdot L^{-1}$ 的高矿度咸水许多研究都指出难以利用或应慎重利用。高矿度咸水会对作物的生长造成很大影响，叶片净光合速率下降[98]，耕层土壤盐分累积[38]，加速土壤氮素淋洗，氮肥利用率降低[99]，土壤退化，造成作物减产[38,98]。

高矿度咸水不能直接用于灌溉，大多通过混灌的方式配成微咸水进行灌溉[45]。由于极度缺乏淡水，以色列通过反渗透等技术将咸水淡化后用于灌溉，由于淡化后缺少作物生长所必需的钙镁硫等元素，采用淡化水和咸水混灌的形式取得良好的效果[100]。与淡水灌溉相比，高矿度咸水采用膜下滴灌的方式对马铃薯进行灌溉并没有造成减产[32]。咸水灌溉可以作为一种抗干旱应急措施用在淡水严重缺乏盐碱地区的耐盐作物上（如棉花等），但是咸水灌溉后，必须利用淋洗和排水等措施保持表层土壤脱盐才能实现农业可持续发展和粮食安全[101]。

咸水（16 dS·m^{-1}）灌溉显著抑制了大麦生长，而添加土壤改良剂沸石以后大大促进了大麦的生长，这是因为添加沸石降低了土壤特别是表层土壤的 Na^+、Mg^{2+} 和 Ca^{2+} 浓度[67]。覆盖措施能够改善高矿化度咸水灌溉下盐分在土体中的垂直分布，抑制土体盐分上移，防止盐分表聚现象的发生，且比微咸水灌溉条件下对土壤的削减作用更明显[38-39]。

冬季咸水结冰灌溉技术，即冬季利用当地地下咸水灌溉盐碱地，在低温作用下，咸水形成冰层，由于不同含盐量咸水的冰点不同，融化时先融化的高含盐量咸水先入渗，后融化的微咸水和淡水入渗对土壤盐分具有淋洗作用[102-103]，可促进表层土壤的脱盐作用，淋洗主要危害性离子 Na^+ 和 Cl^- 等，保持土壤根系分布密集层较低盐分水平和盐基离子平衡，缓解或消除盐分和盐基离子对作物生长的危害[97]。咸水结冰灌溉技术必须配合秸秆覆盖技术效果更加明显，如果不配以覆盖措施或者覆盖较晚，咸水结冰灌溉也得不到理想的控盐效果[104]。

暗管排盐技术是目前治理盐碱地比较成熟的技术，其主要原理是根据"盐随水来，盐随水去"的水盐运移原理，在有降水或灌溉发生时，盐随水下移至暗管处，通过暗管排除土体达到淋盐洗盐的效果，同时通过暗管将地下水位控制在临界深度，有效抑制高矿化度水的上移，减轻土壤次生盐渍化[105]。暗管排盐技术在咸灌土壤防治次生盐渍化方面有着显著效果，尤其是滨海低平原地区有着广阔的适用空间，该技术的应用使滨海盐碱地区可利用耕地面积扩大，区域生态服务功能得到提升[106-107]。

4 结 论

目前人们在生产实践中认识到，防治土壤次生盐渍化采取任何单一措施的效果均有限，且不稳定。选用单一的改良措施进行改良，可能存在效果不全面或有不同程度的负面影响等不足之处。各国在应用改良措施时，趋于强调综合改良措施。将不同改良措施配合施用，特别是生物改良剂与工农业废弃物的配合施用近年来引起较多关注。多种改良物质的混合物结合培肥对咸水灌溉土壤进行改良，可缓解咸水灌溉土壤结构性差、肥力低的问题，真正实现土地的可持续利用和保护[108]。例如生物有机肥即有益微生物菌群与有机肥结合形成新型、高效、安全的微生物有机肥料[109]。

我们要以微咸水或咸水补灌为核心，结合雨水资源利用，通过种植耐盐植物品种、秸秆还田减蒸抑盐、增施土壤微生物肥、土壤调理剂等措施提高土壤缓冲能力，降低盐分对作物的危害；配套垄作和地膜覆盖等降低土壤蒸发措施，抑制土壤盐分表层积聚，配套秸秆还田和土壤耕作技术，提高土壤蓄雨淋盐和养分快速提升，降低盐害；集成微咸水安全高效灌溉技术模式，制定规范化的技术应用规程，并对示范效果进行充分评价，有机地结合各种改良措施（如化学改良、耕作改良、秸秆覆盖等），有效地控制咸水灌区土壤次生盐渍化，达到咸水资源的高效安全可持续利用，提升水资源保障能力。

参考文献

［1］ Jiang J, Huo Z L, Feng S Y, et al. Effects of deficit irrigation with saline water on spring wheat growth and yield in arid Northwest China ［J］. Journal of Arid Land, 2013, 5 (2): 143-154.

［2］ Jiang J, Huo Z L, Feng S Y, et al. Effect of irrigation amount and water salinity on water consumption and water productivity of spring wheat in Northwest China ［J］. Field Crops Research, 2012, 137: 78-88.

［3］ Kang Y H, Chen M, Wan S Q. Effects of drip irrigation with saline water on waxy maize (Zea mays L. var. ceratina Kulesh) in North China Plain ［J］. Agricultural Water Management, 2010, 97 (9): 1 303-1 309.

［4］ Wang Y R, Kang S Z, Li F S, et al. Saline water irrigation scheduling through a crop-water-salinity production function and a soil-water-salinity dynamic model ［J］. Pedosphere, 2007, 17 (3): 303-317.

［5］ Xu X, Huang G H, Sun C, et al. Assessing the effects of water table depth on water use, soil salinity and wheat yield: Searching for a target depth for irrigated areas in the upper Yellow River basin ［J］. Agricultural Water Management, 2013, 125 (7): 46-60.

［6］ Chauhan C P S, Singh R B, Gupta S K. Supplemental irrigation of wheat with saline water ［J］. Agricultural Water Management, 2008, 95 (3): 253-258.

［7］ Vlek P L G, Hillel D, Braimoh A K. Soil degradation under irrigation ［M］//Braimoh A K, Vlek P L G. Land Use and Soil Resources. Netherlands: Springer, 2008: 101-119.

［8］ Lax A, Díaz E, Castillo V, et al. Reclamation of physical and chemical properties of a salinized soil by organic amendment ［J］. Arid Soil Research and Rehabilitation, 1994, 8 (1): 9-17.

［9］ Kohler J, Hernández J A, Caravaca F, et al. Induction of antioxidant enzymes is involved in the greater effectiveness of a PGPR versus AM fungi with respect to increasing the tolerance of lettuce to severe salt stress ［J］. Environmental and Experimental Botany, 2009, 65 (2/3): 245-252.

［10］ Rietz D N, Haynes R J. Effects of irrigation-induced salinity and sodicity on soil microbial activity ［J］. Soil Biology and Biochemistry, 2003, 35 (6): 845-854.

［11］ Romic D, Ondrasek G, Romic M, et al. Salinity and irrigation method affect crop yield and soil quality in watermelon (Citrullus lanatus L.) growing ［J］. Irrigation and Drainage, 2008, 57 (4): 463-469.

［12］ Wang Q M, Huo Z L, Zhang L D, et al. Impact of saline water irrigation on water use efficiency and soil salt accumulation for spring maize in arid regions of China ［J］. Agricultural Water Management, 2016, 163: 125-138.

［13］ Saha N, Mandal B. Soil health—a precondition for crop production ［M］//Khan M S, Zaidi A, Musarrat J. Microbial Strategies for Crop Improvement. Berlin Heidelberg: Springer, 2009:

161-184.

[14] Zuccarini P. Biological and technological strategies against soil and water salinization I—Rhizosphere [J]. Journal of Plant Nutrition, 2010, 33 (9): 1 287-1 300.

[15] Choudhary O P, Ghuman B S, Josan A S, et al. Effect of alternating irrigation with sodic and non-sodic waters on soil properties and sunflower yield [J]. Agricultural Water Management, 2006, 85 (1/2): 151-156.

[16] Choudhary O P, Ghuman B S, Bijay-Singh, et al. Effects of long-term use of sodic water irrigation, amendments and crop residues on soil properties and crop yields in rice-wheat cropping system in a calcareous soil [J]. Field Crops Research, 2011, 121 (3): 363-372.

[17] Huang C H, Xue X, Wang T, et al. Effects of saline water irrigation on soil properties in northwest China [J]. Environmental Earth Sciences, 2011, 63 (4): 701-708.

[18] Cucci G, Lacolla G, Pagliai M, et al. Effect of reclamation on the structure of silty-clay soils irrigated with saline-sodic waters [J]. International Agrophysics, 2015, 29 (1): 23-30.

[19] Elmajdoub B, Marschner P, Burns R G. Addition of glucose increases the activity of microbes in saline soils [J]. Soil Research, 2014, 52 (6): 568-574.

[20] Nelson D R, Mele P M. Subtle changes in rhizosphere microbial community structure in response to increased boron and sodium chloride concentrations [J]. Soil Biology and Biochemistry, 2007, 39 (1): 340-351.

[21] 张前前, 王飞, 刘涛, 等. 微咸水滴灌对土壤酶活性、CO_2通量及有机碳降解的影响 [J]. 应用生态学报, 2015, 26 (9): 2 743-2 750.

[22] Muscolo A, Mallamaci C, Panuccio M R, et al. Effect of long-term irrigation water salinity on soil properties and microbial biomass [J]. Ecological Questions, 2011, 14 (1): 77-79.

[23] Choudhary O P, Kaur G, Benbi D K. Influence of long-term sodic-water irrigation, gypsum, and organic amendments on soil properties and nitrogen mineralization kinetics under rice-wheat system [J]. Communications in Soil Science and Plant Analysis, 2007, 38 (19/20): 2 717-2 731.

[24] Min W, Hou Z A, Ma L J, et al. Effects of water salinity and N application rate on water-and N-use efficiency of cotton under drip irrigation [J]. Journal of Arid Land, 2014, 6 (4): 454-467.

[25] Jalali M. Effect of saline-sodic solutions on column leaching of potassium from sandy soil [J]. Archives of Agronomy and Soil Science, 2011, 57 (4): 377-390.

[26] Kolahchi Z, Jalali M. Effect of water quality on the leaching of potassium from sandy soil [J]. Journal of Arid Environments, 2007, 68 (4): 624-639.

[27] Ruan L, Zhang J B, Xin X L. Effect of poor-quality irrigation water on potassium release from soils under long-term fertilization [J]. Acta Agriculturae Scandinavica, Section B-Soil & Plant Science, 2014, 64 (1): 45-55.

[28] Jalali M, Merrikhpour H. Effects of poor quality irrigation waters on the nutrient leaching and groundwater quality from sandy soil [J]. Environmental Geology, 2008, 53 (6): 1 289-1 298.

[29] Zhang Z, Hu H C, Tian F Q, et al. Soil salt distribution under mulched drip irrigation in an arid area of northwestern China [J]. Journal of Arid Environments, 2014, 104: 23-33.

[30] Malash N M, Flowers T J, Ragab R. Effect of irrigation methods, management and salinity of ir-

rigation water on tomato yield, soil moisture and salinity distribution [J]. Irrigation Science, 2008, 26 (4): 313-323.

[31] Oron G, DeMalach Y, Gillerman L, et al. Improved saline-water use under subsurface drip irrigation [J]. Agricultural Water Management, 1999, 39 (1): 19-33.

[32] Patel R M, Prasher S O, Donnelly D, et al. Subirrigation with brackish water for vegetable production in arid regions [J]. Bioresource Technology, 1999, 70 (1): 33-37.

[33] 黄丹, 王春霞, 何新林, 等. 微咸水膜下滴灌时序对土壤盐分及作物产量的影响 [J]. 灌溉排水学报, 2014, 33 (1): 7-11.

[34] 王毅萍, 周金龙, 郭晓静. 我国咸水灌溉对作物生长及产量影响研究进展与展望 [J]. 中国农村水利水电, 2009 (9): 4-7.

[35] 何雨江. 微咸水膜下滴灌土壤水盐运移研究进展 [J]. 中国农学通报, 2012, 28 (32): 243-248.

[36] Chen W P, Hou Z A, Wu L S, et al. Evaluating salinity distribution in soil irrigated with saline water in arid regions of northwest China [J]. Agricultural Water Management, 2010, 97 (12): 2 001-2 008.

[37] Pang H C, Li Y Y, Yang J S, et al. Effect of brackish water irrigation and straw mulching on soil salinity and crop yields under monsoonal climatic conditions [J]. Agricultural Water Management, 2010, 97 (12): 1 971-1 977.

[38] Bezborodov G A, Shadmanov D K, Mirhashimov R T, et al. Mulching and water quality effects on soil salinity and sodicity dynamics and cotton productivity in Central Asia [J]. Agriculture, Ecosystems & Environment, 2010, 138 (1/2): 95-102.

[39] 毕远杰, 王全九, 雪静. 覆盖及水质对土壤水盐状况及油葵产量的影响 [J]. 农业工程学报, 2010, 26 (S): 83-89.

[40] 郑九华, 冯永军, 于开芹, 等. 秸秆覆盖条件下微咸水灌溉棉花试验研究 [J]. 农业工程学报, 2002, 18 (4): 26-31.

[41] 逢焕成, 杨劲松, 严惠峻. 微咸水灌溉对土壤盐分和作物产量影响研究 [J]. 植物营养与肥料学报, 2004, 10 (6): 599-603.

[42] Wang Q J, Lu C Y, Li H W, et al. The effects of no-tillage with subsoiling on soil properties and maize yield: 12-Year experiment on alkaline soils of Northeast China [J]. Soil and Tillage Research, 2014, 137 (3): 43-49.

[43] 倪东宁, 李瑞平, 史海滨, 等. 套种模式下不同灌水方式对玉米根系区土壤水盐运移及产量的影响 [J]. 土壤, 2015, 47 (4): 797-804.

[44] 秦舒浩, 张俊莲, 王蒂, 等. 覆膜与沟垄种植模式对旱作马铃薯产量形成及水分运移的影响 [J]. 应用生态学报, 2011, 22 (2): 389-394.

[45] Chen L J, Feng Q, Li F R, et al. Simulation of soil water and salt transfer under mulched furrow irrigation with saline water [J]. Geoderma, 2015, 241/242: 87-96.

[46] Qadir M, Schubert S, Ghafoor A, et al. Amelioration strategies for sodic soils: A review [J]. Land Degradation & Development, 2001, 12 (4): 357-386.

[47] Walker D J, Bernal M P. The effects of olive mill waste compost and poultry manure on the availability and plant uptake of nutrients in a highly saline soil [J]. Bioresource Technology, 2008, 99 (2): 396-403.

[48] Jalali M, Ranjbar F. Effects of sodic water on soil sodicity and nutrient leaching in poultry and

sheep manure amended soils [J]. Geoderma, 2009, 153 (1/2): 194-204.

[49] Munir A, Anwar-ul-Hassan, Nawaz S, et al. Farm manure improved soil fertility in mungbean-wheat cropping system and rectified the deleterious effects of brackish water [J]. Pakistan Journal of Agricultural Sciences, 2012, 49 (4): 511-519.

[50] Ouni Y, Ghnaya T, Montemurro F, et al. The role of humic substances in mitigating the harmful effects of soil salinity and improve plant productivity [J]. International Journal of Plant Production, 2014, 8 (3): 353-374.

[51] Feleafel M N, Mirdad Z M. Ameliorating tomato productivity and water-use efficiency under water salinity [J]. Journal of Animal and Plant Sciences, 2014, 24 (1): 302-309.

[52] Clark G J, Dodgshun N, Sale P W G, et al. Changes in chemical and biological properties of a sodic clay subsoil with addition of organic amendments [J]. Soil Biology and Biochemistry, 2007, 39 (11): 2 806-2 817.

[53] Elgharably A, Ito O. Available N and P, microbial activity, and biomass in saline sandy and clayey soils amended with residues of wheat and alfalfa [J]. Communications in Soil Science and Plant Analysis, 2014, 45 (22): 2 868-2 877.

[54] 许建新, 孙文彦, 李燕青, 等. 秸秆还田对微咸水补灌的土壤盐分抑制及作物产量的影响 [J]. 中国土壤与肥料, 2012 (6): 29-33.

[55] Cao Y E, Tian Y Q, Gao L H, et al. Attenuating the negative effects of irrigation with saline water on cucumber (Cucumis sativus L.) by application of straw biological-reactor [J]. Agricultural Water Management, 2016, 163: 169-179.

[56] Ahmed B A O, Inoue M, Moritani S. Effect of saline water irrigation and manure application on the available water content, soil salinity, and growth of wheat [J]. Agricultural Water Management, 2010, 97 (1): 165-170.

[57] Al-Busaidi K T S, Buerkert A, Joergensen R G. Carbon and nitrogen mineralization at different salinity levels in Omani low organic matter soils [J]. Journal of Arid Environments, 2014, 100/101: 106-110.

[58] Van Zwieten L, Kimber S, Morris S, et al. Effects of biochar from slow pyrolysis of papermill waste on agronomic performance and soil fertility [J]. Plant and Soil, 2010, 327 (1/2): 235-246.

[59] Liu X Y, Zhang A F, Ji C Y, et al. Biochar's effect on crop productivity and the dependence on experimental conditions — A meta-analysis of literature data [J]. Plant and Soil, 2013, 373 (1/2): 583-594.

[60] Conte P. Biochar, soil fertility, and environment [J]. Biology and Fertility of Soils, 2014, 50 (8): 1 175.

[61] 陈红霞, 杜章留, 郭伟, 等. 施用生物炭对华北平原农田土壤容重、阳离子交换量和颗粒有机质含量的影响 [J]. 应用生态学报, 2011, 22 (11): 2 930-2 934.

[62] Wu Y, Xu G, Shao H B. Furfural and its biochar improve the general properties of a saline soil [J]. Solid Earth, 2014, 5 (2): 665-671.

[63] Lashari M S, Ye Y X, Ji H S, et al. Biochar-manure compost in conjunction with pyroligneous solution alleviated salt stress and improved leaf bioactivity of maize in a saline soil from central China: A 2-year field experiment [J]. Journal of the Science of Food and Agriculture, 2015, 95 (6): 1 321-1 327.

[64] Lin X W, Xie Z B, Zheng J Y, et al. Effects of biochar application on greenhouse gas emissions, carbon sequestration and crop growth in coastal saline soil [J]. European Journal of Soil Science, 2015, 66 (2): 329-338.

[65] Akhtar S S, Andersen M N, Liu F. Biochar mitigates salinity stress in potato [J]. Journal of Agronomy and Crop Science, 2015, 201 (5): 368-378.

[66] Almaroai Y A, Usman A R A, Ahmad M, et al. Effects of biochar, cow bone, and eggshell on Pb availability to maize in contaminated soil irrigated with saline water [J]. Environmental Earth Sciences, 2014, 71 (3): 1 289-1 296.

[67] Al-Busaidi A, Yamamoto T, Inoue M, et al. Effects of zeolite on soil nutrients and growth of barley following irrigation with saline water [J]. Journal of Plant Nutrition, 2008, 31 (7): 1 159-1 173.

[68] Jesus J, Castro F, Niemelä A, et al. Evaluation of the impact of different soil salinization processes on organic and mineral soils [J]. Water, Air, & Soil Pollution, 2015, 226: 102.

[69] Murtaza G, Ghafoor A, Qadir M. Irrigation and soil management strategies for using saline-sodic water in a cotton-wheat rotation [J]. Agricultural Water Management, 2006, 81 (1/2): 98-114.

[70] Ahmad S, Ghafoor A, Akhtar M E, et al. Ionic displacement and reclamation of saline-sodic soils using chemical amendments and crop rotation [J]. Land Degradation & Development, 2013, 24 (2): 170-178.

[71] Azizian A, Sepaskhah A R. Maize response to water, salinity and nitrogen levels: Yield-water relation, water-use efficiency and water uptake reduction function [J]. International Journal of Plant Production, 2014, 8 (2): 183-214.

[72] Semiz G D, Suarez D L, Ünlükara A, et al. Interactive effects of salinity and N on pepper (Capsicum annuum L.) yield, water use efficiency and root zone and drainage salinity [J]. Journal of Plant Nutrition, 2014, 37 (4): 595-610.

[73] Rose M T, Phuong T P, Nhan D K, et al. Up to 52% N fertilizer replaced by biofertilizer in lowland rice via farmer participatory research [J]. Agronomy for Sustainable Development, 2014, 34 (4): 857-868.

[74] Nadeem S M, Zahir Z A, Naveed M, et al. Mitigation of salinity-induced negative impact on the growth and yield of wheat by plant growth-promoting rhizobacteria in naturally saline conditions [J]. Annals of Microbiology, 2013, 63 (1): 225-232.

[75] 张瑞福, 颜春荣, 张楠, 等. 微生物肥料研究及其在耕地质量提升中的应用前景 [J]. 中国农业科技导报, 2013, 15 (5): 8-16.

[76] Jastrow J D, Miller R M. Methods for assessing the effects of biota on soil structure [J]. Agriculture, Ecosystems & Environment, 1991, 34 (1/4): 279-303.

[77] Zuccarini P. Mycorrhizal infection ameliorates chlorophyll content and nutrient uptake of lettuce exposed to saline irrigation [J]. Plant Soil and Environment, 2007, 53 (7): 283-289.

[78] Xu P, Liang L Z, Dong X Y, et al. Effect of arbuscular mycorrhizal fungi on aggregate stability of a clay soil inoculating with two different host plants [J]. Acta Agriculturae Scandinavica, Section B-Soil & Plant Science, 2015, 65 (1): 23-29.

[79] Porcel R, Aroca R, Ruiz-Lozano J M. Salinity stress alleviation using arbuscular mycorrhizal fungi. A review [J]. Agronomy for Sustainable Development, 2012, 32 (1): 181-200.

[80] Talaat N B, Shawky B T. Protective effects of arbuscular mycorrhizal fungi on wheat (*Triticum aestivum L.*) plants exposed to salinity [J]. Environmental and Experimental Botany, 2014, 98 (1): 20-31.

[81] Rojas-Tapias D, Moreno-Galván A, Pardo-Díaz S, et al. Effect of inoculation with plant growth-promoting bacteria (PGPB) on amelioration of saline stress in maize (Zea mays) [J]. Applied Soil Ecology, 2012, 61 (5): 264-272.

[82] Upadhyay S K, Singh J S, Saxena A K, et al. Impact of PGPR inoculation on growth and antioxidant status of wheat under saline conditions [J]. Plant Biology, 2012, 14 (4): 605-611.

[83] Paul D, Lade H. Plant-growth-promoting rhizobacteria to improve crop growth in saline soils: A review [J]. Agronomy for Sustainable Development, 2014, 34 (4): 737-752.

[84] Han Q Q, Lü X P, Bai J P, et al. Beneficial soil bacterium Bacillus subtilis (GB03) augments salt tolerance of white clover [J]. Frontiers in Plant Science, 2014, 5: 525.

[85] Hayat R, Ali S, Amara U, et al. Soil beneficial bacteria and their role in plant growth promotion: A review [J]. Annals of Microbiology, 2010, 60 (4): 579-598.

[86] Upadhyay S K, Singh D P, Saikia R. Genetic diversity of plant growth promoting rhizobacteria isolated from rhizospheric soil of wheat under saline condition [J]. Current Microbiology, 2009, 59 (5): 489-496.

[87] Zarea M J, Hajinia S, Karimi N, et al. Effect of *Piriformospora* indica and *Azospirillum* strains from saline or non-saline soil on mitigation of the effects of NaCl [J]. Soil Biology and Biochemistry, 2012, 45 (45): 139-146.

[88] Panta S, Flowers T, Lane P, et al. Halophyte agriculture: Success stories [J]. Environmental and Experimental Botany, 2014, 107 (6): 71-83.

[89] Ghafoor A, Murtaza G, Maann A A, et al. Treatments and economic aspects of growing rice and wheat crops during reclamation of tile drained saline-sodic soils using brackish waters [J]. Irrigation and Drainage, 2011, 60 (3): 418-426.

[90] He C M, Yang A F, Zhang W W, et al. Improved salt tolerance of transgenic wheat by introducing *betA* gene for glycine betaine synthesis [J]. Plant Cell, Tissue and Organ Culture (PC-TOC), 2010, 101 (1): 65-78.

[91] Munns R, James R A, Xu B, et al. Wheat grain yield on saline soils is improved by an ancestral Na$^+$ transporter gene [J]. Nature Biotechnology, 2012, 30 (4): 360-364.

[92] Nie M, Zhang X D, Wang J Q, et al. Rhizosphere effects on soil bacterial abundance and diversity in the Yellow River Deltaic ecosystem as influenced by petroleum contamination and soil salinization [J]. Soil Biology and Biochemistry, 2009, 41 (12): 2 535-2 542.

[93] Dijkstra F A, Cheng W X, Johnson D W. Plant biomass influences rhizosphere priming effects on soil organic matter decomposition in two differently managed soils [J]. Soil Biology and Biochemistry, 2006, 38 (9): 2 519-2 526.

[94] Fu S L, Cheng W X. Rhizosphere priming effects on the decomposition of soil organic matter in C$_4$ and C$_3$ grassland soils [J]. Plant and Soil, 2002, 238 (2): 289-294.

[95] Craig G F, Atkins C A, Bell D T. Effect of salinity on growth of four strains of Rhizobium and their infectivity and effectiveness on two species of Acacia [J]. Plant and Soil, 1991, 133 (2): 253-262.

[96] Pasternak D, Sagih M, DeMalach Y, et al. Irrigation with brackish water under desert conditions

XI. Salt tolerance in sweet-corn cultivars [J]. Agricultural Water Management, 1995, 28 (4): 325-334.

[97] 车升国, 林治安, 赵秉强, 等. 咸水结冰灌溉对盐化潮土盐基离子剖面迁移规律的影响 [J]. 水土保持学报, 2011, 25 (4): 88-93.

[98] Sperling O, Lazarovitch N, Schwartz A, et al. Effects of high salinity irrigation on growth, gas-exchange, and photoprotection in date palms (Phoenix dactylifera L., cv. Medjool) [J]. Environmental and Experimental Botany, 2014, 99 (3): 100-109.

[99] 马丽娟, 侯振安, 闵伟, 等. 适宜咸水滴灌提高棉花水氮利用率 [J]. 农业工程学报, 2013, 29 (14): 130-138.

[100] Ben-Gal A, Yermiyahu U, Cohen S. Fertilization and blending alternatives for irrigation with desalinated water [J]. Journal of Environmental Quality, 2009, 38 (2): 529-536.

[101] Singh A. Poor quality water utilization for agricultural production: An environmental perspective [J]. Land Use Policy, 2015, 43: 259-262.

[102] 李志刚, 刘小京, 张秀梅, 等. 冬季咸水结冰灌溉后土壤水盐运移规律的初步研究 [J]. 华北农学报, 2008, 23 (S1): 187-192.

[103] Guo K, Liu X J. Infiltration of meltwater from frozen saline water located on the soil can result in reclamation of a coastal saline soil [J]. Irrigation Science, 2015, 33 (6): 441-452.

[104] 郭凯, 张秀梅, 刘小京. 咸水结冰灌溉下覆膜时间对滨海盐土水盐运移的影响 [J]. 土壤学报, 2014, 51 (6): 1 202-1 212.

[105] Ritzema H P, Nijland H J, Croon F W. Subsurface drainage practices: From manual installation to large-scale implementation [J]. Agricultural Water Management, 2006, 86 (1/2): 60-71.

[106] 韩立朴, 马凤娇, 于淑会, 等. 基于暗管埋设的农田生态工程对运东滨海盐碱地的改良原理与实践 [J]. 中国生态农业学报, 2012, 20 (12): 1 680-1 686.

[107] 谭莉梅, 刘金铜, 刘慧涛, 等. 河北省近滨海区暗管排水排盐技术适宜性及潜在效果研究 [J]. 中国生态农业学报, 2012, 20 (12): 1 673-1 679.

[108] 杨军, 邵玉翠, 高伟, 等. 不同改良剂与培肥方式对咸灌土壤改良效果的研究 [J]. 中国农学通报, 2012, 28 (36): 113-118.

[109] 李庆康, 张永春, 杨其飞, 等. 生物有机肥肥效机理及应用前景展望 [J]. 中国生态农业学报, 2003, 11 (2): 78-80.

[此文原刊载于《中国生态农业学报》, 2016, 24 (8): 1 005-1 015]

河北省冀中南平原区典型农田土壤肥力演变特征

孙彦铭[1]，刘克桐[2]，贾良良[1]，段宵燕[2]，杨瑞让[2]

(1. 河北省农林科学院农业资源环境研究所；2. 河北省土壤肥料总站)

摘　要： 为分析河北省低平原区农田自20世纪80年代以来的土壤肥力演变情况，利用河北省"第二次土壤普查"数据和从1998年开始设立的6个定位肥力监测试验数据，系统分析了近30年来河北省低平原区的典型农田土壤肥力演变情况。结果发现：各监测点的土壤有机质、全氮和速效磷含量均呈显著上升趋势，2014年较1998年分别增加了18.8%、9.1%和78.2%，而2014年较1980s分别增加了76.3%、71.4%和215.5%。而土壤速效钾在1980s—2014年呈先下降再上升的趋势，其中1998年较1980s相比降低了44.3%，2014年较1998年相比则增加了47.7%。总体来看，2014年各监测点的土壤有机质和土壤速效磷含量已处于中等偏上水平，但地区间差异明显；而土壤速效钾含量虽然近年来不断提高，但2014年仍然低于1980s水平。土壤肥力仍需进一步提升以满足作物高产的需要。

关键词： 土壤肥力；土壤有机质；土壤全氮；速效磷；速效钾；长期定位试验

　　土壤肥力状况是农田生态系统生产力的重要制约因素，充分了解土壤肥力分布特征是合理调控土壤肥力和实施精准施肥的基础[1]。建立长期定位试验，监测土壤养分的时空变化规律和人类活动对土壤养分变化的影响及其反馈[2]，是农田肥力监测的重要手段。跟踪和了解土壤养分肥力的变化趋势与变化程度，分析其变化的原因，可为土壤质量管理及肥料的精确施用提供决策依据，对栽培作物获得持续高产稳产有重要的理论和实际意义。近年来，国内许多研究者对不同地域、时间段的土壤肥力变化等进行了大量的研究[3-7]，这些研究对揭示农田土壤肥力变化趋势，指导农田施肥和管理提供了数据支持。

　　河北省低平原区位于河北省中南部，主要包括邢台、邯郸、衡水、沧州等地的平原区，耕地面积约占全省三分之一，是粮、棉、油重要种植区[8]。但是，自从20世纪80年代的全国"第二次土壤普查"以来，经过30多年高速发展，河北省低平原区的农田土壤环境、肥力状况发生了很大变化。为掌握农田土壤肥力现状，探讨低平原区农田土壤肥力演变特点与规律，笔者基于自1998年开始的多个定位肥力监测试验[9]的定位监测数据和相关历史资料，对河北省低平原区典型粮田长期定位监测下的土壤肥力变化规律进行分析，以期为科学施肥和土壤培肥提供数据支撑。

1　材料与方法

1.1　研究区域基本情况

　　河北省低平原区平均海拔低于50 m，属大陆型暖温带半干旱半湿润季风气候，年平均气温 12.7~13.3 ℃，年无霜期为 180~220 d，年均日照时数为 2 500~2 700 h 左右，年均降水量 500~600 mm，时空分布不均，年蒸发量平均达 1 100~1 800 mm。

1.2 数据来源与处理

本研究共选取邢台市的邢台县、邯郸市的临漳县、衡水市的冀州和深州、沧州市的献县和盐山共计 6 个监测点。上述监测点主要分布在河北省平原区的南部、中南部和中东部，分别代表了低平原区的褐土、潮土以及盐化潮土等主要土壤类型[9]。种植模式均为冬小麦—夏玉米轮作，选取能够代表当地生产水平的田块进行连续监测。所有监测点在每年夏玉米收获后进行土壤采样、测试，定位监测土壤有机质、全氮、速效磷和速效钾等养分状况，其中土壤有机质采用重铬酸钾外加热法、土壤全氮采用半微量开氏法、土壤速效磷采用 0.5 mol·L^{-1} NaHCO$_3$ 浸提-钼锑抗比色法、速效钾采用 1 mol·L^{-1} NH$_4$OAc 浸提—火焰光度法[10]。各监测点基本情况如表 1 所示。

表 1 1998 年开始的定位监测点土壤肥力基本情况

监测地点	监测点位置	土壤类型	有机质 (g·kg^{-1})	全氮 (g·kg^{-1})	速效磷 (mg·kg^{-1})	速效钾 (mg·kg^{-1})
邢台县	南大郭乡北大郭村	石灰性褐土	18.6	0.90	4.6	84
临漳	南东坊乡南岗一村	潮土	16.2	0.90	11.6	78
深州	东安庄乡西安庄	潮土	12.1	0.77	8.4	47
冀州	冀州镇张宣子村	潮土	12.6	1.00	11.2	68
献县	河街乡农技校	潮土	14.0	0.96	9.2	158
盐山	城关镇小刘牛村	盐化潮土	7.3	0.100	3.8	92

在各监测点土壤养分数据处理中，为减少因分析误差导致的年度间养分分析数据差异较大的问题，对相邻 3 年的养分数据进行了平均处理，并计算标准差。另外，为更好地分析土壤养分的长期变化情况，以河北省第二次土壤普查数据中所载监测点所在县的农田土壤养分平均值作为基准，从更大时间尺度上分析了各监测点自 1980s 开始的土壤肥力变化情况。

2 结果与分析

2.1 土壤有机质变化特征

从定位试验的土壤有机质含量变化来看，1998 年定位试验开始时的土壤有机质含量均较 1980s 有明显的增加，从 1980s 的平均 7.6~12.8 g·kg^{-1}增加到 1998 年的 8.7~15.9 g·kg^{-1}，增加幅度以邢台县和临漳监测点增加最大，冀州、深州和献县点增加也较明显，而盐山点增加幅度最小。1998—2014 年，各监测点均呈波动上升趋势，从 1998 年的 8.7~15.9 g·kg^{-1}增加到 2014 年的 13.2~19.7 g·kg^{-1}（图 1）。

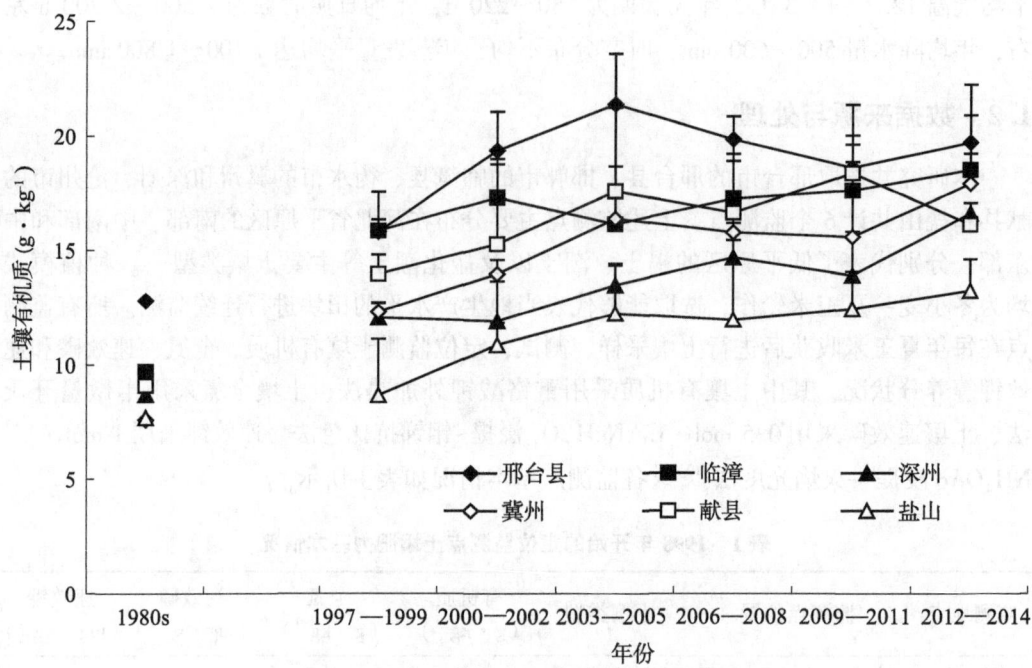

图1 河北省低平原土壤肥力监测点土壤有机质的年际变化

注：1980s数据为河北省"第二次土壤普查"数据，本研究中统一以1982年为基准计算。下同

从各监测点土壤有机质数据来看（表2），1998年各监测点土壤有机质与各县1980s平均值相比提高了48.3%，从1980s的9.3 g·kg^{-1}增加到1998年的13.8 g·kg^{-1}，平均增加了4.5 g·kg^{-1}，年均增加0.242 g·kg^{-1}。而从1998—2014年间，各监测点的土壤有机质又较1998年升高了18.8%，从1998年的13.8 g·kg^{-1}增加到2014年的16.4 g·kg^{-1}，年均增加0.242 g·kg^{-1}。两个阶段的土壤有机质含量的年平均增加量来看没有明显差异。从2014年各监测点平均值来看大多已处于中等偏上水平，但盐山监测点仍处于较低水平，土壤仍需继续培肥。

表2 河北省低平原区不同年代土壤有机质变化

地点	1980s （g·kg^{-1}）	1998年 （g·kg^{-1}）	2014年 （g·kg^{-1}）	1980—1998年 均增加量 （g·kg^{-1}·a）	1998—2014年 均增加量 （g·kg^{-1}·a）
邢台县	12.8	15.8	19.7	0.188	0.244
临漳	9.7	15.9	18.5	0.388	0.163
深州	8.7	12.1	16.6	0.213	0.281
冀州	7.6	12.3	17.9	0.294	0.350
献县	9.1	14.0	16.1	0.306	0.131
盐山	7.7	8.7	13.2	0.062	0.281
平均	9.3	13.8	16.4	0.242	0.242

2.2 土壤全氮的变化特征

各定位监测点 1998 年的土壤全氮含量与 1980s 各县平均值相比，都有明显的提高，从 1980s 的平均 0.51～0.62 g·kg^{-1}增加到 1998 年的 0.77～0.94 g·kg^{-1}。而从 1998 年至 2014 年，各定位监测点基本上呈波动上升趋势（图 2），从 1998 年的 0.77～0.94 g·kg^{-1}增加到 2014 年的 0.82～1.11 g·kg^{-1}。

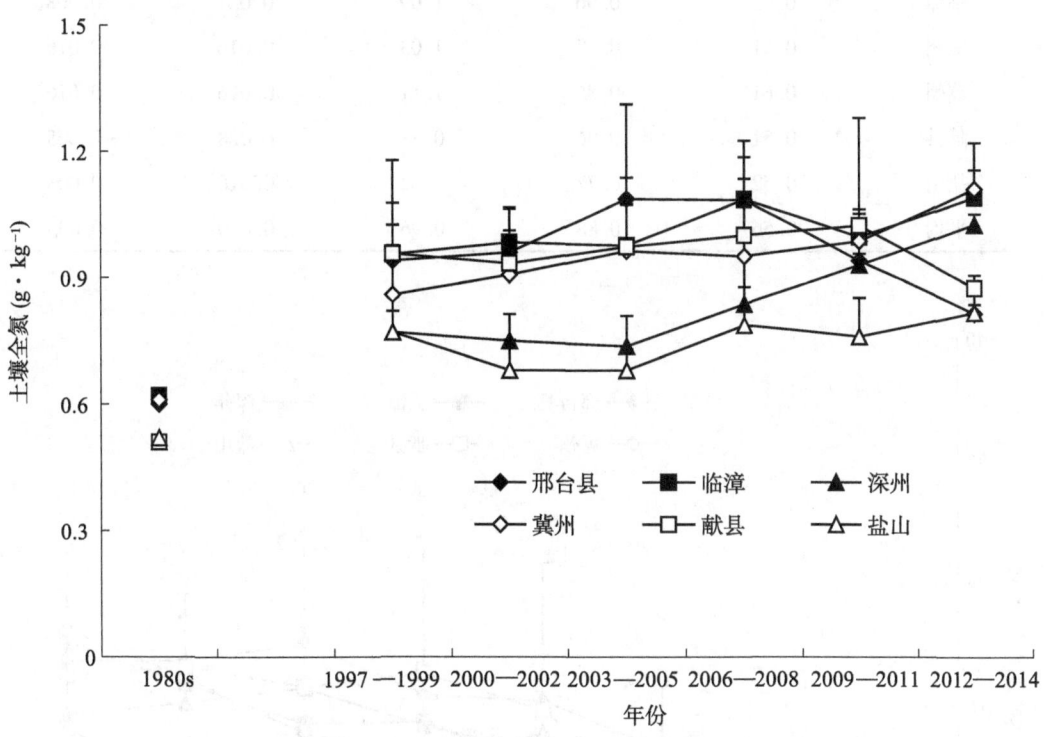

图 2　河北省低平原土壤肥力监测点土壤全氮含量的年际变化

1998 年各监测点土壤全氮平均值与各县 1980s 相比提高了 57.1%（表 3），从 1980 年的 0.56 g·kg^{-1}增加到 1998 年的 0.88 g·kg^{-1}，增加了 0.32 g·kg^{-1}，年均增加 0.02 g·kg^{-1}。而 2014 年各监测点土壤全氮含量又较 1998 年提高了 9.1%，从 1998 年的 0.88 g·kg^{-1}增加到 2014 年的 0.96 g·kg^{-1}，增加了 0.08 g·kg^{-1}，年均增加 0.005 g·kg^{-1}。从两个阶段的土壤全氮含量的年均增速来看，1998—2014 年明显慢于 20 世纪 80 年代至 1998 年。

2.3 土壤速效磷的变化特征

各定位监测点 1998 年的土壤速效磷含量与 1980s 各县平均值相比，已经有了明显的提升，从 1980s 的平均 5～8 mg·kg^{-1}，迅速增加到 8～13.1 mg·kg^{-1}。而从 1998 年至 2014 年各定位监测点基本上呈波动上升趋势（图 3），2014 年与 1998 年相比又有了明显的提高，从 1998 年的 8~13 mg·kg^{-1}增加到 14.5~20.9 mg·kg^{-1}。

表 3　河北省低平原区不同年代土壤全氮含量变化

地点	1980s (g·kg^{-1})	1998 年 (g·kg^{-1})	2014 年 (g·kg^{-1})	1980—1998 年均增加量 (g·kg^{-1}·a)	1998—2014 年均增加量 (g·kg^{-1}·a)
邢台县	0.60	0.94	0.82	0.021	-0.008
临漳	0.62	0.96	1.09	0.021	0.008
深州	0.51	0.77	1.03	0.016	0.016
冀州	0.61	0.86	1.11	0.016	0.016
献县	0.51	0.96	0.88	0.028	-0.005
盐山	0.52	0.77	0.82	0.016	0.003
平均	0.56	0.88	0.96	0.020	0.005

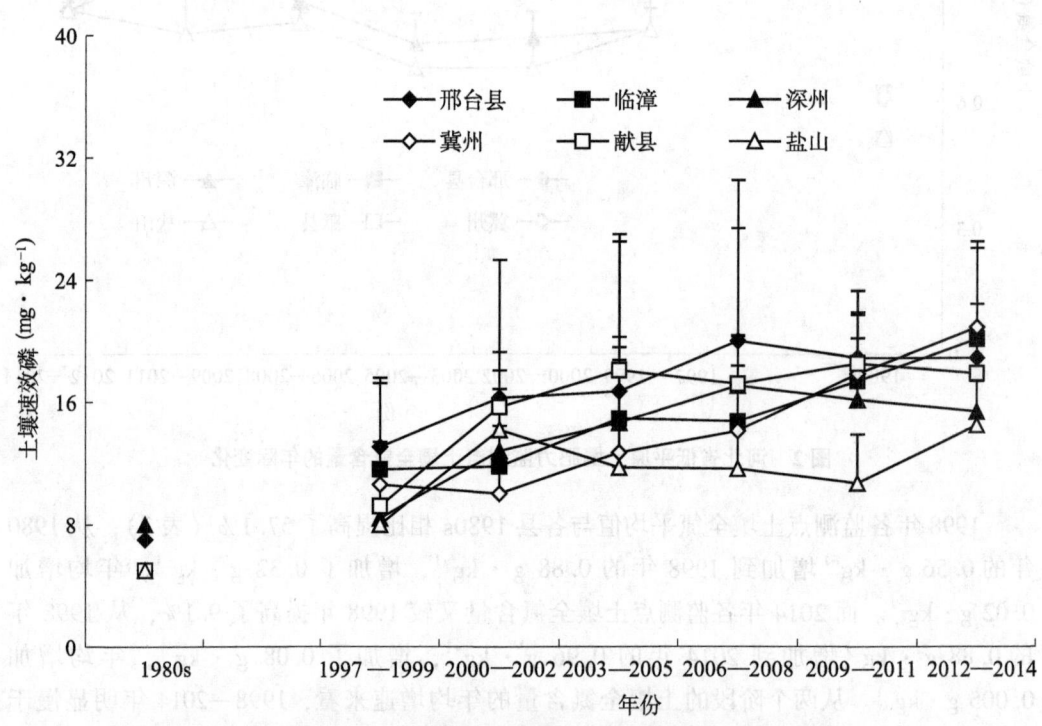

图 3　河北省低平原区土壤肥力监测点土壤速效磷含量的年际变化

从各监测点土壤速效磷监测数据来看（表 4），1998 年各监测点土壤速效磷平均值与各县相比提高了 74.1%，从 1980s 的 5.8 mg·kg^{-1} 增加到 1998 年的 10.1 mg·kg^{-1}，平均增加了 4.3 mg·kg^{-1}，年均增加 0.27 mg·kg^{-1}。而 2014 年各监测点土壤速效磷含量又较 1998 年增加了 78.2%，从 1998 年的 10.1 mg·kg^{-1} 增加到

2014 年的 18.0 mg·kg^{-1}，年均增加 0.49 mg·kg^{-1}。从 2 个阶段的土壤速效磷含量的年均增加速度来看，1998—2014 年明显快于 1980s—1998 年。另外从 2014 年各监测点的土壤速效磷含量来看，总体仍处于中等肥力水平且地区间差异明显，仍需要继续培肥。

表 4　河北省冀中南平原区不同年代土壤速效磷含量变化

地点	1980s（mg·kg^{-1}）	1998 年（mg·kg^{-1}）	2014 年（mg·kg^{-1}）	1980s—1998 年均增加量（mg·kg^{-1}·a^{-1}）	1998—2014 年均增加量（mg·kg^{-1}·a^{-1}）
邢台县	7.0	13.1	18.9	0.38	0.36
临漳	5.0	11.6	20.1	0.41	0.53
深州	8.0	8.4	15.4	0.03	0.44
冀州	5.0	10.6	20.9	0.35	0.64
献县	5.0	9.2	17.9	0.26	0.54
盐山	5.0	8.0	14.5	0.19	0.41
平均	5.8	10.1	18.0	0.27	0.49

2.4　土壤速效钾的变化特征

各定位监测点 1998 年的土壤速效钾含量与 1980s 各县平均值相比，只有献县监测点速效钾检测值高于 1980 年全县平均值，其余各监测点都有不同程度的变化，其中临漳县从 1980s 全县平均值 282 mg·kg^{-1} 降低到 1998 年的 75 mg·kg^{-1}，降低幅度最为明显。其余各监测点也从 1980s 的 104～158 mg·kg^{-1} 降低到 1998 年的 47～158 mg·kg^{-1}。而从 1998—2014 年变化情况来看，不同年份间的土壤速效钾含量波动较大，总体呈增加趋势（图 4），从 1998 年的 47～158 mg·kg^{-1}，增加到 2014 年的 62～195 mg·kg^{-1}。

从各定位监测点土壤速效钾监测数据来看（表 5），1998 年各监测点土壤速效钾平均值与各县 1980s 相比，除献县点增加外均显著降低。总体来看，1998 年 6 个监测点土壤速效钾平均值较 1980s 降低了 44.3%，从 1980s 的 158 mg·kg^{-1} 降低到 1998 年的 88 mg·kg^{-1}，年均降低 4.40 mg·kg^{-1}。而 2014 年各监测点土壤速效钾含量与 1998 年相比则增加了 47.7%，从 1998 年的 88 mg·kg^{-1} 增加到 2014 年的 130 mg·kg^{-1}，年均增加 2.64 mg·kg^{-1}。从 1998—2014 年各监测点土壤速效钾含量变化趋势来看，1998—2002 年期间土壤速效钾含量仍然呈下降趋势，之后土壤速效钾含量才呈逐渐增加的趋势。但截至 2014 年，河北省低平原区 6 个监测点中，仍有邢台县、临漳和深州监测点的土壤速效钾含量低于 1980s 各县土壤速效钾含量平均值。

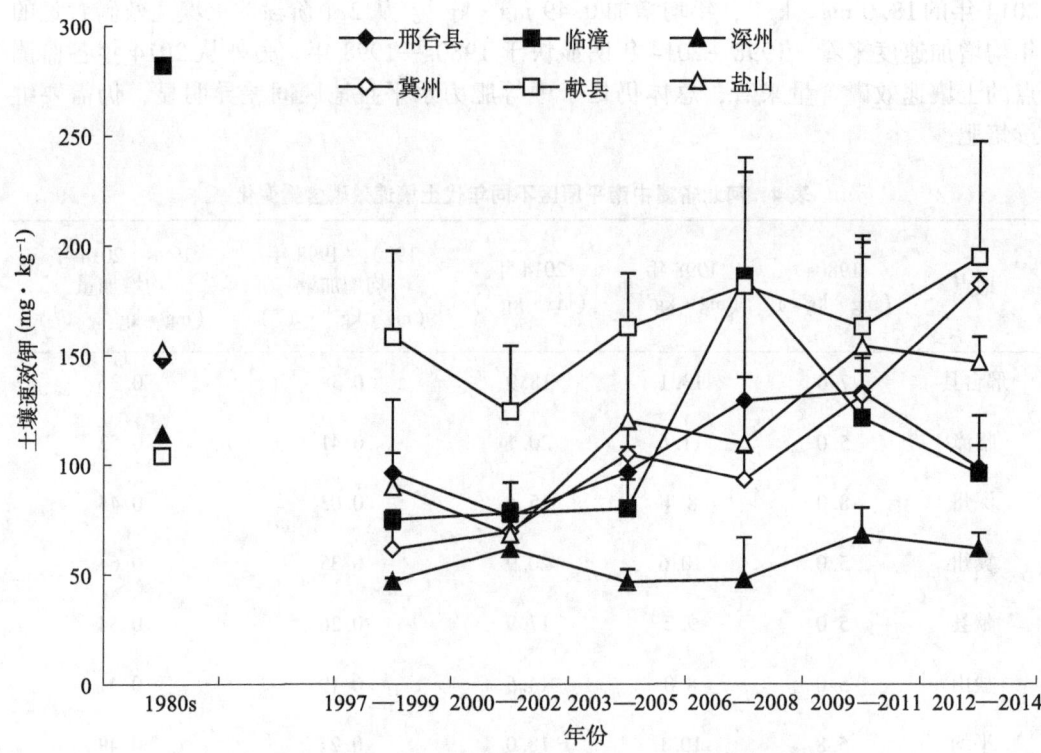

图 4 河北省低平原土壤肥力监测点土壤交换性钾含量的年际变化

表 5 河北省低平原区不同年代土壤速效钾含量变化

地点	1980s （mg·kg⁻¹）	1998 年 （mg·kg⁻¹）	2014 年 （mg·kg⁻¹）	1980s—1998 年 均增加量 （mg·kg⁻¹·a）	1998—2014 年 均增加量 （mg·kg⁻¹·a）
邢台县	148	96	99	-3.25	0.19
临漳	282	75	96	-12.94	1.31
深州	114	47	62	-4.19	0.94
冀州	150	62	182	-5.50	7.50
献县	104	158	195	3.38	2.31
盐山	152	90	147	-3.88	3.56
平均	158	88	130	-4.40	2.64

3 结论与讨论

通过长期定位监测监控了河北省低平原区的典型农田土壤肥力状况，结果发现河北省低平原区主要农田土壤养分指标土壤有机质、全氮和速效磷含量与 1980s 各县平均值相比均呈显著增加趋势，只有速效钾含量明显下降。这一结果与孙彦铭等[11]在区域水平上分析的河北省低平原区农田土壤肥力演变状况相类似。不同监测点间的土壤肥力变化差异很大，很明显受到了各自农田管理的影响。

从年度间的土壤养分指标的年均变化情况来看，有机质和全氮在 1980s—1998 年的增加速度均快于 1998—2014 年，而土壤速效磷的年均增加速度则以 1998—2014 年期间明显快于 1980—1998 年。马俊永等[12]的研究表明，单施化肥也能提高土壤有机质含量，而化肥配施秸秆更有利于土壤有机质的积累。张水清等[13]的研究中，连续施用 19 年 NPK 化肥处理的潮土有机质增加了 2.5 g·kg^{-1}。而刘恩科等[14]的研究表明，施用 NPK 处理 12 年后的土壤速效磷含量可以从试验开始时的 4.6 mg·kg^{-1} 增加到 18 mg·kg^{-1} 左右。可见，长期施肥对土壤养分有明显的影响，土壤有机质、全氮含量和速效磷含量的增加依赖于农田物质投入量的增加。统计表明，河北省小麦玉米的氮、磷肥施用量从 1980 年前后的 70 kg·hm^{-2} 逐年增加到 1998 年的 265 kg·hm^{-2}，到 2012 年已高达 332 kg·hm^{-2}[15]。长期施肥显然对河北省低平原区农田土壤有机质和速效磷含量增加有明显的促进作用，自 20 世纪 80 年代以来农田养分投入量的增加，大幅度增加了农田秸秆残留量和根茬还田量，从而促进了土壤有机质的提升[16-18]。

在本研究中，各地区的土壤速效钾含量在 1980—1998 年一直呈递减趋势，而 1998 年以后则呈持续增加趋势。土壤速效钾含量的持续下降可能主要是受"北方石灰性土壤不缺钾"的观点影响，农业生产中忽视了土壤钾素管理[19]，农田钾素肥料投入量的不足，且在 1980—1998 年秸秆还田技术并未大面积普及。在不施钾肥的情况下，土壤钾库长期处在被作物消耗的状态下，土壤速效钾含量逐渐下降[20]，从而造成土壤钾素基础肥力的下降。根据长期定位试验分析，河北平原小麦玉米轮作条件下秸秆不还田，维持土壤钾素平衡所需施钾量（K$_2$O）要超过 300 kg·hm^{-2}[21]。本研究中土壤速效钾含量在 1998—2002 年呈下降趋势，此后才逐渐增加，恰好与河北省自 2000 年前后逐渐推广的增施钾肥和秸秆还田技术的时间相对应[22]。这也从另一个方面表明，秸秆还田在维持和提高土壤钾素肥力方面的重要作用。但是总体来看，河北省低平原区土壤有机质含量存在地区分布不匀、含量水平不高等问题，部分监测点的土壤速效钾含量仍处在较低水平，对作物产量的稳定提升造成影响，因此需要在秸秆还田基础上适当增加钾肥投入，以提升土壤钾素肥力。

参考文献

[1] 徐明岗，曾希柏，黄鸿翔. 现代土壤学的发展趋势与研究重点 [J]. 中国土壤与肥料，2006 (6)：1-6.

[2] 黄绍文，金继运，杨俐苹，等. 县级区域粮田土壤养分的空间变异性 [J]. 土壤通报，2002, 33 (3)：188-193.

[3] 俞海，黄季焜，Scott R, et al. 中国东部地区耕地土壤肥力变化趋势研究 [J]. 地理研究，2003, 22 (3)：380-388.

[4] 王茹，张凤荣，王军艳，等. 潮土区不同质地土壤的养分动态变化研究 [J]. 土壤通报，2001, 32 (6)：255-257.

[5] Parham J A, Deng S P, Raun W R, et al. Long-term cattle manure application in soil. I. Effect on

soil phosphorus levels, microbial biomass C, and dehydrogenase and phosphatase activities [J]. Biological and Fertility of Soils [J]. 2002, 35 (5), 328-337.

[6] Poulton P R. The importance of long-term trials in understanding sustainable farming systems: the Rothamsted experience [J]. Australian Journal of Experiment Agriculture, 1995, 35, 825-834.

[7] Miao, Y X, Stewart B, Zhang F S. Long-term experiments for sustainable nutrient management in China. A review [J]. Agronomy for Sustainable Development, 2011, 31 (2): 397-414.

[8] 李承绪, 姚祖芳, 高广惠. 河北低平原土壤养分状况与培肥途径 [J]. 河北农学报, 1981, 1 (2): 11-15.

[9] 刘克桐. 河北省主要农田土壤肥力变化趋势 [J]. 河北农业科学, 2005, 9 (3): 29-35.

[10] 鲍士旦. 土壤农化分析 (第三版) [M]. 北京: 中国农业出版社, 2000, 25-107.

[11] 孙彦铭, 刘克桐, 杨云马, 等. 河北省低平原区近30 a 的农田土壤肥力演变 [J]. 河北农业科学, 2016. (待刊)

[12] 马俊永, 李科江, 曹彩云, 等. 有机—无机肥长期配施对潮土土壤肥力和作物产量的影响 [J]. 植物营养与肥料学报, 2007, 13 (2): 236-241.

[13] 张水清, 黄绍敏, 郭斗斗. 长期定位施肥对冬小麦产量及潮土土壤肥力的影响 [J]. 华北农学报, 2010, 25 (6): 217-220.

[14] 刘恩科, 赵秉强, 胡昌浩, 等. 长期施氮、磷、钾化肥对玉米产量及土壤肥力的影响 [J]. 植物营养与肥料学报, 2007, 13 (5): 789-794.

[15] 中华人民共和国农业部. 中国农业年鉴 [M]. 北京: 中国农业出版社, 1980—2013.

[16] 王文静, 魏静, 马文奇, 等. 氮肥用量和秸秆根茬碳投入对黄淮海平原典型农田土壤有机质积累的影响 [J]. 生态学报, 2010, 30 (13): 3 591-3 598.

[17] 宋永林, 唐华俊, 李小平. 长期施肥对作物产量及褐潮土有机质变化的影响研究 [J]. 华北农学报, 2007, 22 (S): 100-105.

[18] 赵广帅, 李发东, 李运生, 等. 长期施肥对土壤有机质积累的影响 [J]. 生态环境学报, 2012, 21 (5): 840-847.

[19] 张玉铭, 胡春胜, 毛任钊, 等. 华北山前平原农田土壤肥力演变与养分管理对策 [J]. 中国生态农业学报, 2011, 19 (5): 1 143-1 150.

[20] 刘荣乐, 金继运, 吴荣贵, 等. 我国北方土壤作物系统内钾素循环特征及秸秆还田与施钾肥的影响 [J]. 植物营养与肥料学报, 2000, 6 (2): 123-132.

[21] 贾良良, 韩宝文, 刘孟朝, 等. 河北省潮土长期定位施钾和秸秆还田对农田土壤钾素状况的影响 [J]. 华北农学报, 2014, 29 (5): 207-212.

[22] 牛新胜, 张宏彦, 牛灵安. 华北平原典型农区秸秆资源与利用——以河北省曲周县为例 [J]. 安徽农业科学, 2011, 39 (3): 1 710-1 712.

[此文原刊载于《中国农学通报》, 2016, 32 (9): 164-169]

自然降水与太行山区玉米单产形成的关系——以武安市为例

刘　猛[1]，蒲娜娜[2]，李　烁[1]，夏雪岩[1]，崔纪菡[1]，

刘　斐[1]，张德荣[3]，李顺国[1]

（1. 河北省农林科学院谷子研究所/国家谷子改良中心/河北省杂粮重点实验室；

2. 河北省农林科学院；3. 武安市农牧局）

摘　要：为了研究太行山区降水量对玉米单产的变化规律，指导玉米实际生产。本研究选择武安市降水量和玉米单产为研究对象，采用散点图、建立线性方程、线性回归显著性分析等方法，通过统计、对比描述等方式，分析武安市降水量对玉米单产的关系。结果表明，降雨与玉米的单产之间具有一定关系，且生育期降水量对玉米单产具有显著性影响。（1）在490 mm降雨范围内，玉米的单产随着降水量的增加而增加，大于490 mm降雨时，玉米的单产与降水量负相关。（2）玉米的单产受7月和8月的降水量影响显著，且降水量约278 mm时，玉米的单产较大。

关键词：自然降水；玉米单产；线性回归方程；太行山

太行山是中国东部地区的重要山脉和地理分界线，它所辖区域是旱作雨养农业生产的重要代表区域。该区域降水分布不均，7—8月降水量最多，占全年降水量63%。因此，自然降雨就成为该区粮食作物的主要水源，研究太行山区自然降雨对玉米单产的影响，对合理利用降水资源、提高降水的利用效率[1-5]，改善太行山区农民的生活水平具有重要意义。

自然降雨对玉米作物性状的研究文献[6-11]较多。但是对玉米产量影响的研究文献较少，已有的文献表明自然降雨对作物的单产具有促进作用，在干旱和半干旱的地区表现尤为突出。研究表明，玉米单产随着降水量的增加而增加，但超过一定范围后产量开始下降，同时降水量与玉米的产量呈现不同的曲线关系[12-14]。李桂花等[12]通过试验的形式在平原地区进行的是降雨或者灌溉水下的夏玉米的产量关系，呈现增长趋势；张旭东等[13-14]研究发现，干旱地区的玉米受降雨的影响。结合前人研究结果，玉米生育期内不同的降水量表现在产量上有很大差异，因此本研究以太行山区最具典型的武安市为例，分析太行山区的降水量对玉米单产的变化规律[15-20]，以期指导农民实际玉米的生产。

1　数据来源与研究方法

1.1　数据来源

本研究采用的数据来源于武安市农牧局及气象部门的1983—2012年的降水量数据和玉米的单产数据。部分数据来源于阶段性研究报告。

1.2 研究方法

降水量对玉米的变化关系采用 Excel 软件处理数据，建立图形模块；降水量对不同玉米生育期的影响分析采用多元线性回归方程，回归方程基本形式见公式（1）。

$$Y = C - A_1X_1 + A_2X_2 + \cdots\cdots + A_iX_i \tag{1}$$

其中：C 是常数；A 是系数；在本研究中 Y 是单产，X_i 是 5—9 月的降水量。运用 DPS 软件进行回归处理。

1.3 研究思路

首先，分析 1983—2012 年武安市降水量与玉米单产的关系；然后采用散点图的形式分析降水量与玉米单产的变化关系；再次，通过回归方程对 1983—2012 年的玉米各生育期的降水量进行回归，发现玉米生长期不同的需水量，最后得出结论提出建议。

2 结果与分析

2.1 自然降雨与玉米单产的关系

武安市玉米的单产变化与生育期降水量（5—9 月，下同）变化基本一致（图 1）。以 1984 年、1986 年、1992 年、1999 年、2005 年及以后的情况进行分析。1984 年武安降水量发生拐点，相对应的玉的单产也出现拐点，且变化一致；到 1986 年，降水量下降，对应的玉米的单产降到 30 年内的最低；同样 1992 年和 1999 年武安降水量到又出现下降，玉米的单产也相应下降；到 2005 年，武安降水量增长，玉米的单产也相应增长；之后从 2006 年开始，武安降水量变化较稳定，相应的玉米的单产也逐渐趋于稳定。从以上分析可以看出，玉米的单产与降水量的变化基本保持一致，玉米的单产随着降水量的变化而变化，其变化规律见图 1。

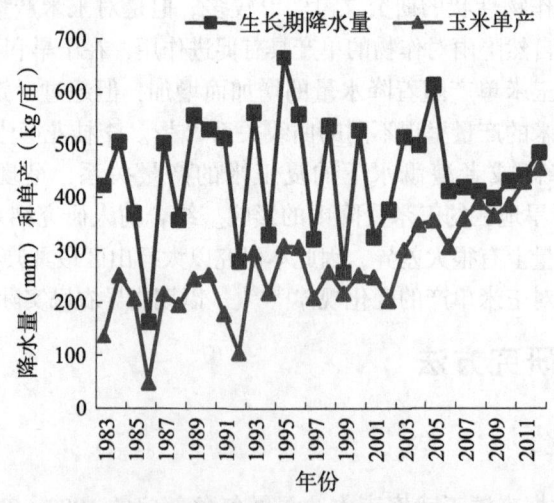

图 1 武安市玉米单产与降水量的关系

2.2 自然降雨对玉米单产的变化

2.2.1 确定降水量临界点

本研究根据 1983—2012 年的武安市降水量与玉米单产的数据绘制成降水量与单产的散点图（图2）。图2中竖线是降水量为 490 mm 时的分界线，该分界线的确定是根据 2012 年和 2004 年的降水量和玉米的单产情况而划分，因为在 2012 年降水量 484.1 mm 时玉米单产最高 6 824.66 kg·hm^{-2}，2004 年降水量 497.7 mm 时玉米单产 5 204.74 kg·hm^{-2}，在降水量相差极小的范围内，单产变化较大。因此从这两个降水量的单产情况看，大于 490 mm 降水量时玉米的单产明显较低，均在 5 324.74 kg·hm^{-2}以下，而小于 490 mm 时，玉米的单产随着降水量的变化呈现一定关系，降水量增加，玉米的单产也增加。

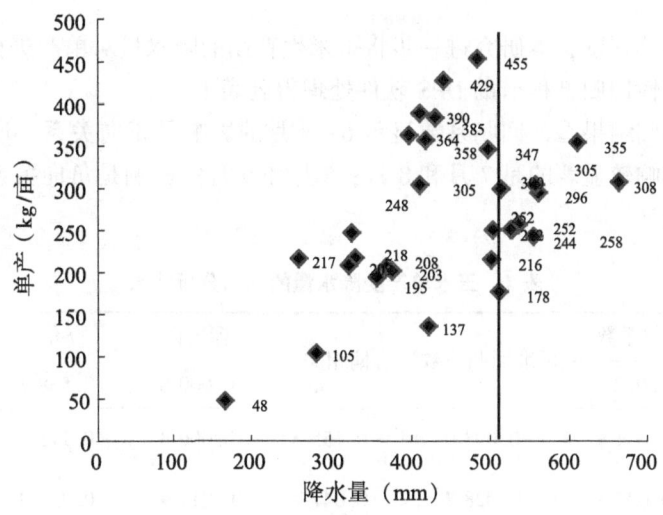

图2　近30年来武安市降水量对玉米单产的影响变化

2.2.2 自然降雨对玉米单产的函数关系

通过对降水量在 490 mm 以下的各年的玉米单产散点图，模拟了图3所示的线性方程。该线性方程的 R^2 值 0.803 1 较大，说明方程的拟合度较好，可以代表玉米单产的变化趋势。因此，玉米的单产在降水量小于 490 mm 的范围内，随着降水量的增加而增加，根据目前的数据显示玉米单产在 484.1 mm 的降水量时，谷子单产最大 6 824.66 kg·hm^{-2}。

以上分析了降水量对玉米单产的影响，表明玉米的单产不是随着降水量的增加而无限增加，而是有一个临界点，玉米的降水量临界点是在 490 mm。当降水量在 490 mm 以内变化时，玉米的单产随着降水量的增加呈增长趋势；当降水量超过 490 mm 时，玉米的单产反而会降低。

2.3 不同生育期的自然降雨对玉米单产的显著性分析

本研究分析降水量在 490 mm 范围以内玉米的单产随降水量的增加而增加，但是玉米的单产受哪个生育期降水量的影响较显著，尚不清晰。因此，为研究玉米单产受生育

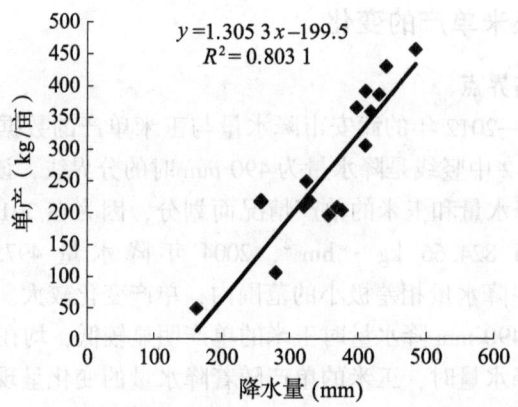

图3　武安市 490 mm 以内降水量对玉米单产影响趋势

期内受降水量影响程度，本研究进一步将玉米生育期的降水量对单产进行线性回归显著性检验。采用线性回归方程借助 DPS 软件处理得到表1。

从表1的回归结果看，回归系数显示 6—8 月的影响是正向关系，说明降水量越大单产越高，且影响较显著的是 7 月和 8 月；5 月和 9 月的影响是负向关系，说明降水量越大，单产越低。

表1　玉米单产受降水量的回归分析结果

月份	变量	回归系数	标准回归系数	偏相关	标准误	t 值	P 值
	$b0$	0.002			0.000 8	2.538 7	0.018
5	$b1$	-0.004 8	-0.093 0	-0.155 5	0.006 3	0.771 1	0.448 2
6	$b2$	0.002 8	0.028 7	0.047 7	0.011 9	0.233 9	0.817 0
7	$b3$	0.106 6	0.369 1	0.534 2	0.034 4	3.096 1	0.004 9 **
8	$b4$	0.100 7	0.730 0	0.787 7	0.016 1	6.264 2	0.000 0 **
9	$b5$	0.000 1	0.010 0	0.017 9	0.000 9	0.087 9	0.930 7

注：相关系数 $R = 0.824\ 666$；决定系数 $R^2 = 0.680\ 074$；调整相关 $R = 0.783\ 213$；** 代表 0.01 极显著水平，* 代表 0.05 显著水平；回归方程 $y = 0.002\ 03 - 0.004\ 832x_1 + 0.002\ 775x_2 + 0.106\ 6x_3 + 0.100\ 7x_4 + 0.000\ 081\ 09x_5$

2.3.1　不同降雨月份显著性分析

降水量对玉米单产影响较大的月份是 7 月和 8 月，且均是正向关系。在武安市玉米生长过程中，7 月中下旬和 8 月上旬是玉米的拔节期—抽雄期—灌浆期，这 2 个月的降水量是影响玉米单产的关键时期，且需水量较大，因此显示出降水量对单产的显著性影响。通过 7 月和 8 月的降水量看出，30 年中 7 月和 8 月平均降水量 278.9 mm，占生育期降水量的 63%，这正是玉米拔节期至灌浆期所需要的水分。

2.3.2 不同降雨月份非显著性分析

5个生育期的降水量对玉米单产影响不显著的是5、6、9月，不意味着不需要水分，只是这3个生育期需要的水分对玉米的单产影响不显著。5月和9月是玉米的苗期和成熟期，这两个时期降水量越大，对玉米的单产就会产生负作用，两个时期不是不需要水分，只是较少降雨就可以维持玉米的生长。6月是玉米的苗后生长期，此时期对水分的要求不敏感，适量的水分就可以保证玉米生长，对玉米生长影响不大，对单产影响不显著。

4 结论与讨论

4.1 主要结论及对策

在490 mm降雨范围内，玉米的单产随着降水量的增加而增加，大于490 mm降雨时，玉米的单产与降水量呈负相关。玉米的单产受7月和8月的降水量影响显著，且降水量约278 mm时，玉米的单产较大。

根据本研究得出的结论提出以下对策建议：一是在玉米的生长期内，气象部门做好突发气象灾害的预警工作以及防范措施，积极监测天气。在5月、6月、9月作物需水量不多时期，遇降水量大时做好排水工作，保证玉米的生长良好环境；在7月和8月玉米需水较多时期，及时做好供水准备，以满足作物的生长需要。二是开展农民培训，普及气象知识。科研部门做好农民气象知识的宣传培训，农民及时收听气象预报，做好作物生产准备工作，避免气象灾害造成的农业损失。三是政府部门做好玉米种植结构布局，充分利用降水来获得玉米稳产和高产，从而为保障国家粮食安全服务。

4.2 讨 论

从理论上讲，某一范围内降雨对玉米单产的影响呈正相关关系。降水量增加玉米的单产随着增加，当降水量达到某一点时，单产反而降低，这是本研究得出的主要结论。李桂花等[12]研究，降雨对夏玉米产量的影响也发现，随着降雨的增加，玉米单产也增加，但超过一定范围（总量约600 mm）后产量开始下降，与本研究的结论一致。于永文等[8]研究发现，降水量在350~450 mm，玉米生长发育4个阶段降雨以中、多、中、无或少的分布，可以提高玉米的单产。另外，本研究得出的在玉米生育期不同降水量对产量的影响存在显著性和非显著影响，张旭东等[13-14]研究阜新地区降雨与玉米的关系时也得出了玉米生育期的降水量对玉米单产具有显著性影响，但是本研究得出的7月和8月是显著性影响，而张旭东等的研究则是8月降雨是显著性影响月份，原因主要是区域气候不同，各生长环节所处的月份不同，实际在玉米生长环节中处于同一生育期。综合分析，本研究的结论与前人的研究基本一致，不同的是本研究同时得出了两个结论，是以往文献不具有的，且本研究结论适宜在与武安气候条件相近的太行山区应用。

本研究得出的降雨临界点490 mm不是一个确定的数值，实际是一个近似的值，是根据最高单产和最低单产相对应的降水量主观确定的数值，缺乏一定的科学性，但是在本研究中不影响研究结论。另外，影响玉米单产的因素还包括肥料、栽培模式、品种等，本研究未做这方面的考虑，原因是本研究是分析近30年的玉米单产与降雨的关系，单产采用全市平均数，可以忽略肥料、栽培模式、品种对单产产生的影响。年度间的单产差异影响可以由30年的连续数据消除。本研究和以往文献的研究中得出影响玉米单产的显著性月份，是1个月的降水量范围，时间跨度较大、不够具体，笔者将会在今后的研究中继续开展相关研究。

参考文献

[1] 冯海发，王征南．我国农用水资源利用及其政策调整［J］．中国农业资源与区划，2001，22（3）：25-29.

[2] 肖继兵，孙占祥，蒋春光，等．垄膜沟种条件下品种和密度对玉米生长的影响［J］．水土保持研究，2013，20（1）：134-140.

[3] 马波，马璠，李占斌，等．模拟降雨条件下作物植株对降雨再分配过程的影响［J］．农业工程学报，2014，30（16）：136-146.

[4] 张正斌，崔玉亭，陈兆波，等．华北平原水资源平衡和节水农业发展的若干问题探讨［J］．中国农业科技导报，2003（5）：42-47.

[5] 张荣，班胜林，冯艳霞，等．大同市近50年谷子产量与气象条件关系分析［J］．陕西气象，2013（1）：26-29.

[6] 王心星，荣湘民，张玉平，等．自然降雨条件下玉米与不同作物间套作的氮损失特征［J］．水土保持学报，2014，28（5）：113-118.

[7] 赵京考，卢静，谷思玉，等．降水量和氮素对黑土区春玉米产量的影响［J］．农业工程学报，2011，27（12）：74-78.

[8] 于永文．大连金石滩1990—2010年降雨影响玉米生产分析［J］．辽宁农业科学，2012（6）：25-28.

[9] 杨荣军．施肥量、降雨及坡位对黑土区春玉米产量的影响［J］．黑龙江科技信息，2014（10）：223-223.

[10] 眭彦伟．模拟降水量下保护性耕地对土壤和玉米的影响［D］．杨凌：西北农林科技大学，2013：5-12.

[11] 李渝，张雅蓉，张文安，等．贵州黄壤地区不同施肥处理及降水量对玉米产量的影响［J］．水资源与水工程学报，2015，26（1）：230-235.

[12] 李桂花，张艳萍，胡克林．不同降雨和灌溉模式对作物产量及农田氮素淋失的影响［J］．中国农业科学，2013，46（3）：545-554.

[13] 张旭东，孙仕军，付玉娟，等．阜新地区降水量对主要粮食作物单产的影响［J］．人民黄河，2011，33（2）：93-96.

[14] 张旭东，孙仕军，闫瀛，等．阜新地区主要粮食作物产量与降水量关系分析［J］．农业科技与装备，2009（6）：71-74，77.

[15] 曹海鑫，曹海珺，黄文，等．水稻移栽后降水量与水稻产量性状的相关分析［J］．现代农业科技，2012（20）：21-22.

[16] 朱瑞昌．江汉平原降水量对小麦产量的影响［J］．湖北农业科学，1979（9）：1-5.

[17] 任玉梅．降雨与花生产量关系的初步探讨［J］．花生学报，1983（4）：9-12.

[18] 郑克宽，赵树林．自然降水量利用与旱地裸燕麦产量形成的关系［J］．内蒙古农牧学院学

报，1994，15（3）：24-29.

[19] 盧其堯.华北平原降水量对冬小麦产量的影响 [J].气象学报，1963，33（3）：392-398.

[20] 吴国忠.干旱地区雨量等气象因素的变化对谷子产量的影响 [J].甘肃农业科技，1984
（5）：21-23.

［此文原刊载于《中国农学通报》，2017，33（31）：11-14］

河北省低平原区近16年来农田施肥量、作物产量和养分效率的变化特征

贾良良[1]，刘克桐[2]，孙彦铭[1]，杨云马[1]，

杨振立[3]，黄少辉[1]，杨军芳[1]

(1. 河北省农林科学院农业资源环境研究所；2. 河北省农业厅土壤
肥料工作站；3. 河北省农林科学院)

摘　要：为阐明近16年来河北省低平原区农田养分管理措施对作物产量和养分效率的影响，提高农田养分管理技术水平，对1998—2014年在河北省开展的6个土壤肥力定位监测试验进行了统计分析。结果发现，河北省低平原区小麦氮、磷、钾肥施用量一直维持在较高的水平，年平均施用量分别为315.2 kg·hm^{-2}，199.5 kg·hm^{-2}和173.2 kg·hm^{-2}。玉米施肥量逐年增加，2014年氮磷钾施用量分别为247.0 kg·hm^{-2}、69.8 kg·hm^{-2}和128.5 kg·hm^{-2}。小麦玉米施肥区产量分别较1998年提升了40.7%和72.4%，小麦无肥区没有明显增产，玉米无肥区产量提高了36.1%。施肥量增加对小麦产量没有明显的影响，但对玉米产量增加有显著的促进作用，其中氮素是影响玉米产量的最主要因素。小麦的氮肥偏生产力和农学效率因施肥量较高在过去16年间没有明显的变化，而玉米则随时间和施肥量的增加呈下降趋势。土壤基础地力对小麦玉米产量的贡献率呈逐年下降的趋势。

关键词：长期定位监测；施肥量；土壤基础地力贡献率；小麦；玉米

河北省低平原区位于河北省中南部，主要包括邢台、邯郸、衡水、沧州等地的平原区，耕地面积约占全省1/3，是河北省重要的粮食产区[1]。但是，这一地区也是河北省主要的中低产区，土壤肥力较低、盐碱、干旱问题突出，严重影响粮食产量的增长[2]。近年来，随着经济的发展和农业技术水平的提高，这一地区的土壤肥力状况有了明显的提升[3]，作物产量有了明显的提高。如何系统的评价这一过程中的农田养分投入与作物产量、养分效率的关系，可以为更好地改良土壤、提高养分资源利用效率，实现农业资源与生态环境协调发展提供数据支撑。因此，本研究拟基于自1998年开始的多个定位肥力监测试验[4]的定位监测数据，对河北省低平原区典型粮田长期定位监测下的农田施肥状况、作物产量和养分效率变化进行分析，以为科学施肥提供数据支撑。

1　材料与方法

1.1　研究区域基本情况

河北省低平原区位于河北省中南部，平均海拔低于50～150 m，属大陆型暖温带半干旱半湿润季风气候，年平均气温12.7～13.3 ℃，年无霜期为180～220 d，年均日照

时数为 2 500～2 700 h，年均降水量 500～600 mm，时空分布不均，年蒸发量平均达 1 100～1 800 mm。

本研究共选取邢台市的邢台县、邯郸市的临漳县、衡水市的冀州和深州、沧州市的献县和盐山等共计 6 个定位监测点（表 1）。上述监测点为河北省土壤肥力定位监测点[4]，主要分布在河北省平原区分别代表了褐土、潮土以及盐化潮土等主要土壤类型，能够代表当地生产力水平。种植模式均为冬小麦—夏玉米轮作，小麦于每年 10 月上旬播种，第 2 年 6 月上旬收获。玉米于小麦收获后播种，当年 10 月初收获。

表 1　1998 年开始的定位监测点土壤肥力基本情况

监测地点	监测点位置	土壤类型	地形部位	栽培作物	熟制	有机质（g·kg⁻¹）	全氮（g·kg⁻¹）	速效磷（g·kg⁻¹）	速效钾（g·kg⁻¹）
邢台县	南大郭乡北大郭村	石灰性褐土	洪冲积扇	冬小麦/夏玉米	一年两熟	18.6	0.90	4.6	84
临漳	南东坊乡南岗一村	潮土	二坡地	冬小麦/夏玉米	一年两熟	16.2	0.90	11.6	78
深州	东安庄乡西安庄	潮土	冲积平原	冬小麦/夏玉米	一年两熟	12.1	0.77	8.4	47
冀州	冀州镇张宣子村	潮土	平原	冬小麦/夏玉米	一年两熟	12.6	1.00	11.2	68
献县	河街乡农技校	潮土	平原	冬小麦/夏玉米	一年两熟	14.0	0.96	9.2	158
盐山	城关镇小刘牛村	盐化潮土	低洼地	冬小麦/夏玉米	一年两熟	7.3	0.100	3.8	92

1.2　定位监测试验设置与管理

定位监测点的试验设置与管理按照耕地质量监测技术规程[5]执行，在每个定位监测点设置无肥区和施肥区两个处理。其中无肥区面积不小于 66.7 m²，且在所有年份均不施用任何肥料。施肥区面积不小于 333.3 m²，按照常规施肥进行处理，施肥量能够代表当地农民的习惯施肥量。监测点田间管理措施同农民习惯管理方式，小麦玉米秸秆均还田，其中小麦播种前旋耕整地，玉米在小麦收获后直接贴茬播种，不整地。

1.3　数据收集和处理

自 1998 年开始连续定位收集无肥区和施肥区作物产量、施肥区氮、磷、钾肥施用量等。为减少分析误差，对 6 个监测点的数据进行了平均处理，利用 Microsoft Excel 对施肥量、作物产量、氮肥偏生产力 PFP-N[6]和氮肥农学效率 AE-N[7]、基础地力贡献率[8]等进行了计算与分析。主要计算公式如下：

$$氮肥偏生产力 PFP-N(kg·kg^{-1})=施肥区作物产量/施氮量 \quad (1)$$
$$氮肥农学效率 AE-N(kg·kg^{-1})=(施肥区作物产量-空白区作物产量)/施氮量 \quad (2)$$

基础地力贡献率(%) = 空白区作物产量/施肥区作物产量×100   (3)

2 结 果

2.1 施肥量和施肥结构变化特征

1998—2014 年定位监测田块小麦的氮肥施用量一直呈波动增加状态，在 268.1～391.7 kg·hm^{-2}，平均小麦施氮量 315.2 kg·hm^{-2}。磷肥的施用量也呈波动状态，在 141.2～252.4 kg·hm^{-2}，年平均 199.5 kg·hm^{-2}。钾肥施用量与磷肥施用量比较接近，在 116.8～260.9 kg·hm^{-2}，年平均 173.2 kg·hm^{-2}。总体来看，小麦氮磷钾肥施用比例在 1∶0.63∶0.51 左右，氮磷钾肥施用量均明显偏多。

定位监测田块玉米的氮肥施用量在 1998—2005 年呈波动状态，平均施用量在 90 kg·hm^{-2}。而 2006—2014 年施氮量呈明显的波动增加趋势，从 2006 年的 134.7 kg·hm^{-2}增加到 2014 年的 247.0 kg·hm^{-2}，平均施氮量为 202 kg·hm^{-2}。磷、钾肥的施用量呈明显的波动状态，1998—2005 年平均施磷、钾量仅为 17.0 kg·hm^{-2}和 16.5 kg·hm^{-2}，而从 2006 年开始迅速增加，从 2006 年的 20.5 kg·hm^{-2}和 16.6 kg·hm^{-2}增加到 2014 年的 69.8 kg·hm^{-2}和 128.5 kg·hm^{-2}。2006—2014 年平均施磷量为 49.1 kg·hm^{-2}，平均施钾量为 69.5 kg·hm^{-2}。总体来看，玉米氮磷钾肥施用比例在 1∶0.25∶0.27，氮肥施用量从施用不足逐渐到目前的较高水平，而磷钾肥也从原来的不施用逐渐增加到目前相对较合理的水平（图 1）。

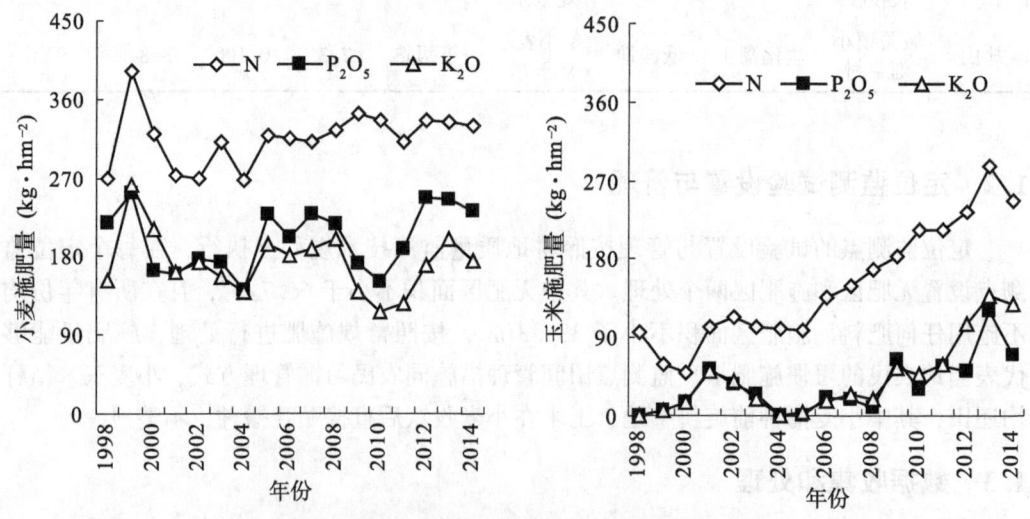

图 1　定位监测田块小麦玉米年均施肥量变化

2.2 无肥区和施肥区作物产量的年际变化特征

定位监测田块小麦产量呈波动上升趋势，施肥区产量从 1998 年的 4 855 kg·hm^{-2}增加到 2014 年的 6 831 kg·hm^{-2}，增加了 40.7%，年均增产 2.5%，而同期无肥区产量基本上保持不变。玉米施肥区产量也呈波动性上升趋势，从 1998 年的 5 374 kg·hm⁻² 增加到 2014 年的 9 263 kg·hm⁻²，增加了 72.4%，年均增产 4.5%。玉米无肥区产量也呈增加的趋势，从 1998 年的 2 232 kg·hm⁻² 增加到 2014 年的 3 038 kg·hm⁻²，增加了 36.1%（图 2）。

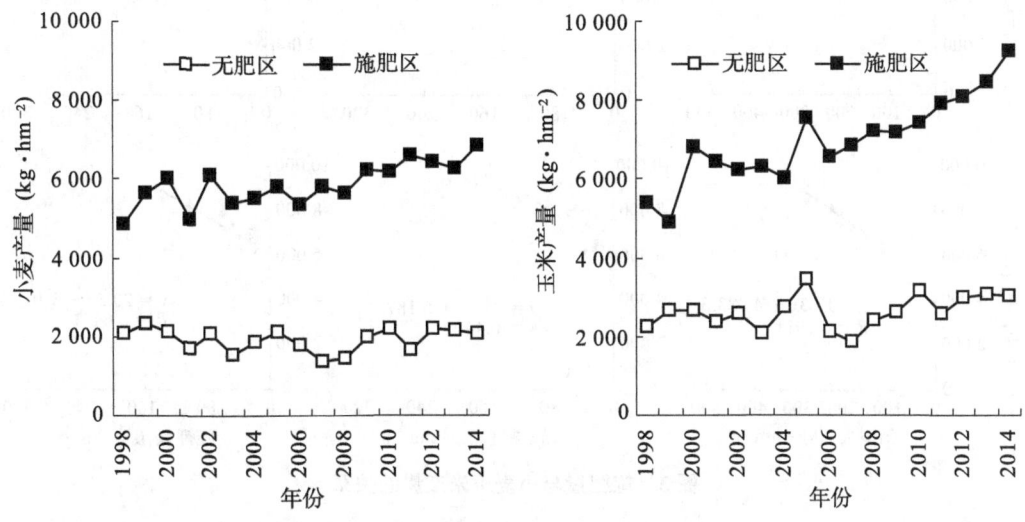

图 2　定位监测田块小麦玉米产量变化

2.3　施肥对小麦玉米产量的贡献

施肥区小麦氮、磷、钾肥施用量与产量间没有明显的关系（图 3），而玉米肥料施用量则与玉米产量有显著的线性相关关系。另外从拟合方程与产量的截距来看，氮肥模型与产量轴的截距最小为 4 983.5 kg·hm⁻²，远小于磷肥的截距 6 187.9 kg·hm⁻² 和钾肥的截距 6 101.3 kg·hm⁻²，表明在本试验条件下氮肥是玉米产量提升的首要限制因素。

2.4　农田土壤肥力贡献率和施肥处理的养分效率变化

小麦施肥处理的氮肥偏生产力 PFP-N 和氮肥农学效率 AE-N 在 1998—2014 年变化并不明显，PFP-N 在 11.1～18.0 kg·kg⁻¹，AE-N 在 7.3～11.9 kg·kg⁻¹。玉米的氮肥偏生产力 PFP-N 和农学效率总体呈逐渐降低的趋势，PFP-N 在 29.5～137.9 kg·kg⁻¹，AE-N 在 18.9～83.8 kg·kg⁻¹（图 4）。总体来看玉米的氮肥偏生产力 PFP-N 和农学效率 AE-N 均显著高于小麦，但随着玉米施氮量的不断增加，养分效率迅速下降。

2.5　土壤基础地力贡献率

从无肥区农田基础地力贡献率来看（图 5），小麦和玉米季农田基础地力的贡献率呈逐年下降的趋势，小麦无肥区的基础地力贡献率从 1998 年的 40.7% 下降到 2014 年的 30.2%，玉米无肥区的基础地力贡献率则从 1998 年的 41.5% 下降到 2014 年的 32.8%。

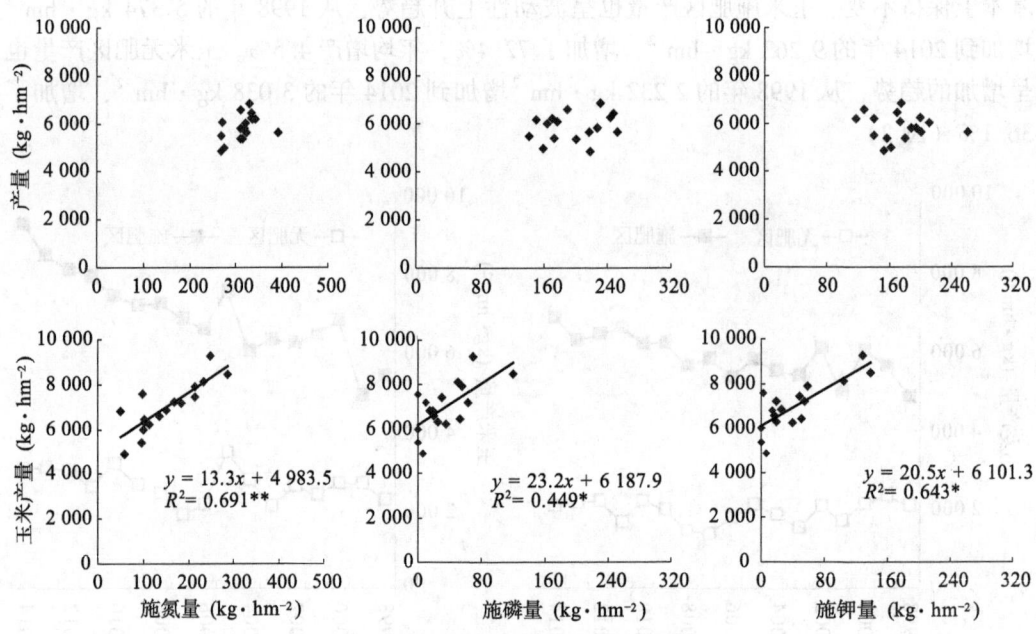

图3 施肥量与小麦玉米产量的关系

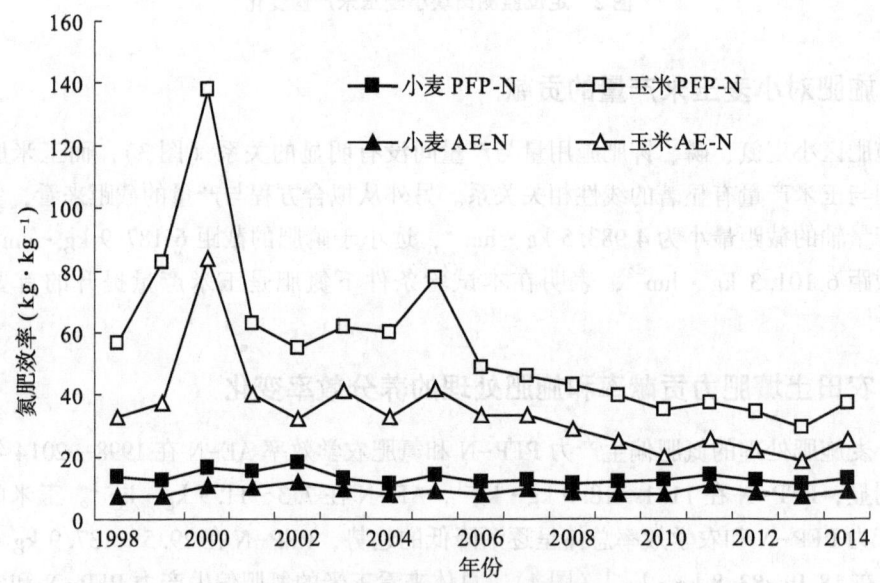

图4 定位监测田块养分效率的变化

玉米季农田土壤基础肥力贡献率略高于小麦季,但没有明显差异。

3 讨论与结论

1998—2014 年的定位监测表明,河北省低平原区小麦氮磷钾施用量一直维持在较高的水平,处于明显过量的水平。这可能与小麦作为口粮作物,农民偏爱通过高施肥获

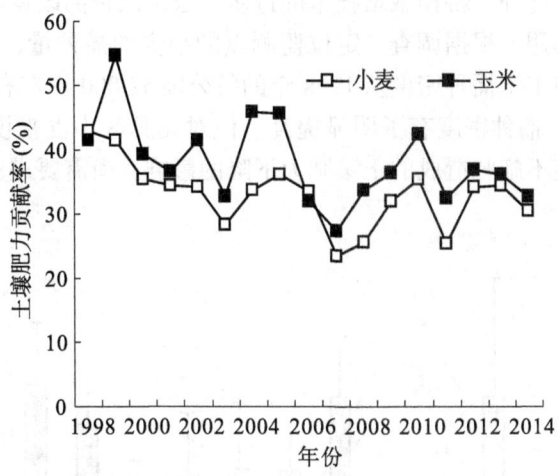

图5　农田土壤肥力贡献率的年际变化

得高产[9]。但是，农民过量施用肥料并没有带来小麦产量的显著提高，施肥量与小麦产量间没有明显的相关关系。定位监测施肥区小麦产量的提升可能与土壤肥力的提升、品种改良、耕作栽培技术的改进有关。而对玉米来说，施肥量的增减确实对玉米产量的提升有明显的促进作用，其中氮肥是玉米高产的主要限制因子，表明在目前的种植模式下，适当施用氮肥有助于玉米产量潜力的发挥。

从本研究施肥区作物的养分效率来看，虽然小麦产量比定位监测初期有了明显的提升，但小麦的氮肥偏生产力 PFP-N 和农学效率 AE-N 一直处于较低的水平，且并没有随着产量的提高有明显的变化，其主要的原因就是小麦的氮肥施用量过高[10]。玉米的氮肥偏生产力 PFP-N 和农学效率 AE-N 则明显高于小麦，但随着逐年施氮量的增加氮肥效率在迅速降低，到 2014 年 PFP 已下降到 37.5 kg · kg^{-1}，低于 Doberman 等[11]提出的谷物谷物生产氮肥偏生产力目标（40~70 kg · kg^{-1}），因此提高养分效率是目前研究的重点。提高养分效率的主要技术渠道是提高作物产量水平或者降低施肥量。据分析，华北平原夏玉米的产量潜力在 16.5 t · hm^{-2}[12]，河北平原的产量潜力在 13.5 t · hm^{-2}[13]，远高于目前农民的产量水平。Chen 等[14]通过综合优化农田养分投入和管理水平，已经在华北平原实现了作物高产和高效同步。因此，进一步优化养分投入、提高栽培管理技术水平是减少产量差，实现作物高产和养分高效的关键。

从无肥区产量来看，在监测期间小麦产量一直没有明显变化，而玉米产量则有一定程度的增加。无肥区作物产量是土壤基础肥力产量和环境沉降养分综合作用的结果。李忠芳等[15]的研究认为，长期不施肥处理会导致土壤肥力明显下降，从而影响产量。从土壤基础肥力对产量的贡献率来看，小麦玉米也确实呈逐年下降的趋势，但从下降的原因来看，主要是小麦玉米施肥区产量的显著提高。据 Liu 等[16]分析发现 1980s—2000s 年间我国农田氮沉降量增加了约 60%，长期定位试验空白小区的作物吸氮量平均增加了 13 kg · hm^{-2}。从试验点降雨资料来看，过去 16 年间，降水量呈增加的趋势（图6），且降雨主要分布在夏季（图7）。因此，环境养分供应增加可能是玉米无肥区产量的增加的一个重要原因。此外，耕作栽培技术的进步、玉米品种的改良等也可能对玉米无肥区产量提高有促进作用。根据调查，定位监测点的小麦的播种量、行距等在过去 16 年中没有明显变化，但玉米播种密度从 1998 年的每公顷 52 000 株左右，提升到 2014 年的每公顷 60 000 左右，播种密度有了明显提高。但对无肥区小麦来说，上述增产因素可能还不足以抵消长期不施肥造成的土壤肥力下降的影响，尚需要进一步深入探讨。

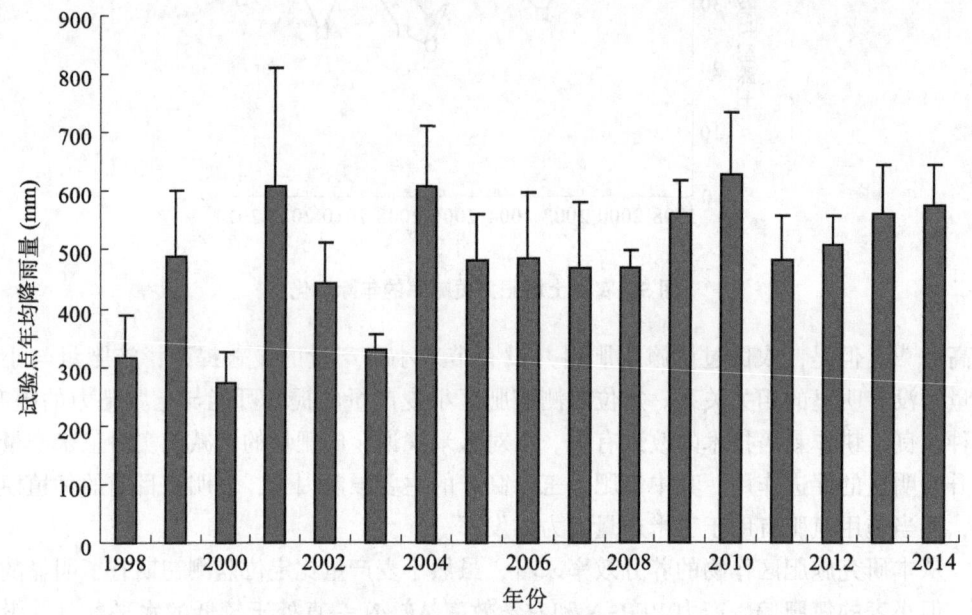

图 6   六个定位监测点 1998—2014 年均降水量

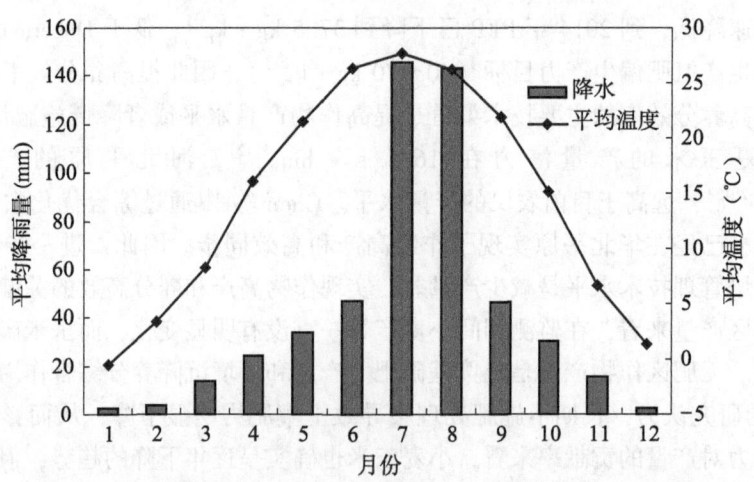

图 7   六个定位监测点 1998—2014 年逐月平均降水量和平均温度变化

大量的研究表明，长期连续施肥对土壤肥力提升有明显的促进作用[17-18]。在本研究中，并没有讨论施肥区土壤肥力提升对作物产量提升的贡献率。Fan 等[19]研究认为自 20 世纪 80 年代至 2000 年土壤肥力提升对我国小麦玉米增产的贡献率分别为 42.5% 和 21.8%。施肥区土壤基础肥力的提升促进了作物产量的进一步提高，起到了"水涨船高"的作用[20]。另外耕作栽培技术的进步、作物品种的更替等都对作物产量的提升有巨大的贡献。如何定量化的分析上述因素对产量提升和效率提升的贡献可能是今后农田养分管理研究中需要重点考虑的问题。

参考文献

[1] 李承绪，姚祖芳，高广惠. 河北低平原土壤养分状况与培肥途径 [J]. 河北农学报，1981 (2)：11-15.

[2] 丁鼎治. 河北土种志 [M]. 石家庄：河北科学技术出版社，1992.

[3] 孙彦铭，刘克桐，贾良良，等. 河北省冀中南平原区典型农田土壤肥力演变特征 [J]. 中国农学通报，2016，32 (9)：164-169.

[4] 刘克桐. 河北省主要农田土壤肥力变化趋势 [J]. 河北农业科学，2005，9 (3)：29-35.

[5] NY/T 1119—2012 [S]. 耕地质量监测技术规程，中华人民共和国农业行业标准.

[6] Novoa R, Loomis R S. Nitrogen and plant production [J]. Plant and Soil, 1981, 58：177-204.

[7] Cassman K G, Peng S, Olk D C, et al. Opportunities for increased nitrogen use efficiency from improved resource management in irrigated rice systems [J]. Field Crops Research, 1998, 56 (1)：7-39.

[8] 高静，马常宝，徐明岗，等. 我国东北黑土区耕地施肥和玉米产量的变化特征 [J]. 中国土壤与肥料，2009 (6)：28-31，56.

[9] Chen X, Zhang F, Römheld V, et al. Synchronizing N supply from soil and fertilizer and N demand of winter wheat by an improved Nmin method [J]. Nutrient Cycling in Agro-ecosystems, 2006, 74 (2)：91-98.

[10] 张福锁，崔振岭，王激清，等. 中国土壤和植物养分管理现状与改进策略 [J]. 植物学通报，2007，24 (6)：687-694.

[11] Dobermann A. Nitrogen use efficiency-state of art [R]. Paper of the IFA International Workshop on Enhanced-Efficiency Fertilizers, Frankfurt, Germany, 2005：28-30.

[12] Meng Q, Hou P, Wu L, et al. Understanding production potentials and yield gaps in intensive maize production in China [J]. Field Crop Research, 2013, 143 (1)：91-97.

[13] 曹云者，刘宏，王中义，等. 基于作物生长模拟模型的河北省玉米生产潜力研究 [J]. 农业环境科学学报，2008，27 (2)：826-832.

[14] Chen X P, Cui Z L, Vitousekb P M, et al. Integrated soil-crop system management for food security [J]. Proceedings of the National Academy of Sciences of the United States of America, 2011, 108 (16)：6 399-6 404.

[15] 李忠芳，徐明岗，张会民，等. 长期施肥下中国主要粮食作物产量的变化 [J]. 中国农业科学 2009，42 (7)：2 407-2 414.

[16] Liu X J, Zhang Y, Han W X, et al. Enhanced nitrogen deposition over China [J]. Nature, 2013, 494 (7 438)：459-463.

[17] 徐明岗，梁国庆，张夫道. 中国土壤肥力演变 [M]. 北京：中国农业科学技术出版社，2006.

[18] 张水清，黄绍敏，郭斗斗. 长期定位施肥对冬小麦产量及潮土土壤肥力的影响 [J]. 华北农学报，2010，25 (6)：217-220.

[19] Fan M S, Rattan L, Cao J, et al. Plant-based assessment of inherent soil productivity and contributions to China's cereal crop yield increase since 1980 [J]. PLOS ONE, 2013, 8 (9), e74617.

[20] 王飞，林诚，李清华，等. 长期不同施肥方式对南方黄泥田水稻产量及基础地力贡献率的影响 [J]. 福建农业学报，2010，25 (5)：631-635.

[此文原刊载于《中国土壤与肥料》，2017 (3)：50-55]

不同水分运筹方式下小麦产量形成及水分消耗特征

吕丽华，王　勤，张经廷，马贞玉，梁双波，贾秀领

（农业部华北地区作物栽培科学观测实验站/河北省农林科学院粮油作物研究所）

摘　要：该试验以漫灌方式为对照研究了井渠结合灌区微灌不同灌水量对冬小麦产量形成及耗水特征的影响，为该区节水技术的应用提供技术支撑。设置了 4 个微灌处理（灌水量分别为 90 mm、135 mm、180 mm 和 225 mm）和 1 个漫灌对照处理。结果表明，在该年型下微灌总灌水量 180 mm 即可达到小麦高产，在该灌水量下穗数较高，穗粒数和千粒重适中；漫灌对照处理灌水量虽多，但产量并无优势。耗水量随灌溉量的增加而增加，尤其是灌水量超过 135 mm 后耗水量增幅明显，并且灌水量超过 180 mm，其水分利用效率明显下降。灌水量达到 180 mm 即可得到较高的叶面积指数，并且在该灌水量范围内作物生长较快，干物质积累量较高。较少或较多的灌溉量均不利于得到较高的倒 3 叶 SPAD 值，灌水 135～180 mm 叶片持绿性较好。可见，该年型微灌灌水量宜控制在 180 mm 以内，在该灌水量内产量较高，灌水量较对照却减少 148 mm，耗水量减少 123 mm，水分利用效率大幅提高。

关键词：冬小麦；微灌；产量；水分利用效率

华北平原冬小麦整个生育时期耗水量为 370～450 mm[1-2]，而同期降水量仅为 60～150 mm[3-4]，必须进行补充灌溉才能满足其生长发育的需要[5]。河北省井渠结合灌区畦田长度一般在 200～300 m，农业灌溉大多采用传统的大水地面漫灌，每次灌溉定额均在 150 mm 左右（问卷调查），水资源浪费严重，利用效率较低，这与河北省水资源严重短缺的形势极不适应。因此，如何合理高效的利用有限的地表水资源，提高水分生产效率是冬小麦生产中需要迫切需要解决的难题。

有关小麦节水灌溉的研究多以地面畦灌为主[2-3,6-8]。通过灌水量[9-10]和灌水时期[11]的调控形成适度水分胁迫，使小麦产量和水分利用效率均提高[12-13]。与传统地面灌溉相比，微喷灌溉能有效控制灌水定额，降低表层土壤容重，抑制土壤养分下渗，改善作物的生长环境[14-17]；还可提高作物的光合速率[18-19]、提高叶片叶绿素含量[20]，降低 15%～20% 水资源耗损率[21]，从而提高籽粒产量和水分利用效率[22-24]。

目前，在冬小麦上微喷水肥一体化技术在中国缺水地区得到较快发展，中国新疆地区推广应用小麦滴灌技术，取得较好效果，并开展了滴灌方式下小麦耗水特性[25-26]、光合特性及产量形成[27]等方面的研究，但微喷灌溉作为当前河北地区冬小麦上的一种灌溉方式，针对它的研究较少。因此本研究以地面漫灌为对照，重点分析了微灌方式下冬小麦产量形成及耗水特征，为该地区节水技术与方法的创新提供技术支撑。

1 材料与方法

1.1 试验设计

试验于 2013—2014 年和 2014—2015 年在河北农业大学辛集实验站（33°24′N，114°44′E）进行。该试验站位于河北低平原区，年均降水量 480 mm。试验地 0～20 cm 土层含全氮 0.076%、有效磷 48.49 mg·kg^{-1}、速效钾 107.65 mg·kg^{-1}、有机质 10.34 g·kg^{-1}、碱解氮 67.86 mg·kg^{-1}。

试验设 5 个灌水处理，4 个微灌处理+1 个漫灌对照处理，灌水量和灌水时期见表 1。每个处理重复 4 次，小区随机排列，小区面积 5 m × 25 m，处理间设 1 m 隔离区。微喷带为并列斜 5 孔、孔径 0.8 mm、带宽 40 mm、喷射角范围 45°～70°，微喷带铺设间距 1.8 m。小麦品种为冀麦 585，前茬作物玉米收获后秸秆全部还田。2014 年 10 月 14 日播种，2015 年 6 月 8 日收获，基本苗 420 万·hm^{-2}。整地播种前施入复合肥 600 kg·hm^{-2}（N：P$_2$O$_5$：K$_2$O=20：26：8），春季随灌水追施尿素 270 kg·hm^{-2}（含氮 46.4%），漫灌处理于小麦起身末期随灌水一次性撒施，微灌处理采用水肥一体化技术于起身末期追施 189 kg·hm^{-2}，抽穗开花期追施 81 kg·hm^{-2}。微灌和漫灌处理均未灌溉底墒水。

表 1 不同处理灌溉量

处理	灌水次数	总灌水量（mm）	起身末期（mm）	开花期（mm）
SI1	2	90.0	45.0	45.0
SI2	2	135.0	67.5	67.5
SI3	2	180.0	90.0	90.0
SI4	2	225.0	112.5	112.5
FI-CK	2	328.0	172.0	156.0

1.2 测定项目与方法

产量：小麦收获时，去掉边行，在小区中间选取 4 行×5 m 收获，籽粒风干后称重，折算为含水量13%的标准产量。

小麦耗水量和水分利用效率测定方法：播种前及成熟期用 CNC503B 型中子土壤水分仪（北京核子仪器公司）测定 0～200 cm 土层水分含量，以 20 cm 为一个土壤层次。作物生育期耗水量 ETα=P+U-R-F+ΔW+I，式中 ΔW 为土壤贮水消耗量，P 为该时段降水量（mm），U 为地下水通过毛管作用上移补给作物水量（mm），R 为地表径流量（mm），F 为补给地下水量（mm），I 为灌水量（mm）。本试验地块地势平坦，地下水埋深 5 m 以下，降水入渗深度不超过 2 m，因此 U、R、F 均为 0。

水分利用效率（kg·m^{-3}）= Y/ET，式中 Y 为籽粒产量（kg·hm^{-2}），ET 为作物全

生育期总耗水量（$m^3 \cdot hm^{-2}$）。

叶绿素相对含量（SPAD 值）：分别于 2015 年 4 月 27 日、5 月 12 日、5 月 27 日采用日本产手持式 SPAD-502 型叶绿素计测定旗叶 SPAD 值，每叶测定 10 点，每个处理测定 10 株。

叶面积指数（LAI）：分别于 2015 年 4 月 30 日、5 月 7 日、5 月 17 日和 5 月 27 日用 SunScan 冠层分析系统（Delta-T，英国）测定叶面积指数。

干物质积累量：分别 3 月 30 日、4 月 27 日、5 月 6 日和 6 月 8 日取样，每小区取 2 行×0.5 m，将植物样装袋，于 105 ℃下杀青 30 min，然后在 80 ℃下烘干至恒重。

作物生长速率（CGR）=$(W_2-W_1)/A(t_2-t_1)$，W_2 和 W_1 分别表示时间 t_2 和 t_1 时单位土地面积的干物重，A 表示土地面积。单位：$g \cdot m^{-2} \cdot d^{-1}$[28]。

1.3 数据分析

数据采用 Microsoft Excel 2003 进行相关性分析，用 SAS 13.0 软件进行方差分析。

2 结果与分析

2.1 产量及产量构成

从产量结构分析（表 2），穗数为 SI3 处理较多，显著高于 SI1 处理，高 9.6%，而与其他微灌和漫灌处理差别不明显。穗粒数为 FI-CK 处理和穗数较少的 SI1 和 SI2 处理较高，较其他两个处理高 0.9 粒，但差异未达显著水平。千粒重为 SI3、SI4 和 FI-CK 处理较高，但与其他处理差异不显著。产量结果显示，在一定灌水量范围内，小麦产量随灌水量增加而增加，微灌 SI3 处理小麦产量显著较高，较 SI1 和 SI2 处理平均高 8.6%，而与 FI-CK 和 SI4 处理差别不明显，仅平均高 3.7%。经济系数为 FI-CK 处理显著较低，较其他处理低 10.1%。本年度结果表明，微灌小麦总灌水量180 mm，即可达到小麦最高产量，该灌水量下穗数较高，穗粒数和千粒重适中，灌水时期应为起身+开花，每次灌水定额 90 mm；漫灌处理灌水量虽多，但亩穗数、千粒重和产量并无优势。

表 2　不同灌溉处理产量及产量构成因素

处理	穗数 （$\times 10^4 \cdot hm^{-2}$）	穗粒数	千粒重 （g）	产量 （$kg \cdot hm^{-2}$）	经济系数
SI1	725.8 bc	26.6 a	43.1 ab	7 830.9 cd	0.41 ab
SI2	740.2 ab	26.4 a	43.7 ab	7 973.6 c	0.42 a
SI3	795.5 a	25.9 ab	44.5 a	8 578.5 a	0.43 a
SI4	751.6 ab	25.8 ab	45.3 a	8 321.0 a	0.43 a
FI-CK	750.5 ab	27.0 a	44.2 a	8 224.5 ab	0.38 c

2.2 耗水特性及水分利用效率 (WUE)

各处理比较（表3），土壤耗水量随灌水量增加而显著降低，为微灌 SI1 处理最高，FI-CK 处理最低。耗水量正好表现出相反的趋势，各处理比较，灌水量由 90 mm 增加到 135 mm 范围，每毫米水增加耗水量 0.40 mm，当灌水量由 135 mm 增加到 180 mm，每毫米水增加耗水量 0.68 mm，当灌水量在进一步增加到 225 mm 和 328 mm 时，每毫米水增加耗水量分别为 0.73 mm 和 0.62 mm。说明，随着灌溉量的增加耗水量增加的幅度更为明显，尤其是灌水量超过 135 mm。WUE 随灌水量的增加而降低，表现为 SI1 处理较高，但与 SI2 和 SI3 处理差别不显著，三者平均较 SI4 和 SI5 处理分别高 13.7% 和 32.5%，可见灌水量超过 180 mm，其水分利用效率会明显下降。

表3　不同灌溉方式下小麦耗水特性和水分利用效率分析

处理	土壤耗水 （mm）	灌水量 （mm）	降水量 （mm）	耗水量 （mm）	WUE （kg·m⁻³）
SI1	136.3 a	90	114.2	340.5 e	2.30 a
SI2	109.3 b	135	114.2	358.5 d	2.22 ab
SI3	94.9 c	180	114.2	389.1 c	2.20 ab
SI4	82.8 d	225	114.2	422.0 b	1.97 c
FI-CK	43.9 f	328	114.2	486.1 a	1.69 e

2.3 叶片相对叶绿素含量 (SPAD 值)

旗叶 SPAD 值变化趋势见图1，4月27日和5月27日，不同处理间叶片 SPAD 差异不显著，而5月12日为 SI1 和 SI2 处理旗叶 SPAD 值较高，较其他两个处理平均高 4.0%。倒3叶 SPAD 值在4月27日挑旗期为灌水较少的 SI1 处理较高，较其他处理平均高 5.5%，而5月12日各处理间叶片 SPAD 值差异不显著，生育后期（5月27日）则表现为 SI2 和 SI3 处理叶片 SPAD 值较高，较其他两个处理高 13.4%。说明在该试验条件下灌水量多少对旗叶 SPAD 值影响不大，主要影响倒3叶 SPAD 值，表现为较少和较多的灌水量使倒3叶 SPAD 值明显降低，叶片持绿性变差。

2.4 叶面积指数 (LAI) 和单叶叶面积

整个生育期 LAI 均表现为灌水量较多的 SI3 和 SI4 处理较高（图2），较 SI1、SI2 平均高 10.5%，可见灌水较多可明显促进叶片生长，灌水量自 135 mm 增加到 180 mm，LAI 增加了 0.43，而灌水量自 180 mm 增加到 225 mm，LAI 仅增加了 0.16，增幅甚微。

对于单叶叶面积，旗叶和倒2叶均表现为 SI4 处理明显较高，较其他处理平均高 9.4%；倒3叶叶面积为 SI3 和 SI4 处理较高，较其他两个处理平均高 11.1%；倒4叶和倒5叶为 SI2、SI3 和 SI4 处理叶面积较高，较 SI1 平均高 17.5%；倒6叶处理间差异不显著。可见，灌水较多可明显促进叶面积增长，但灌水量宜控制在 180 mm 以内。

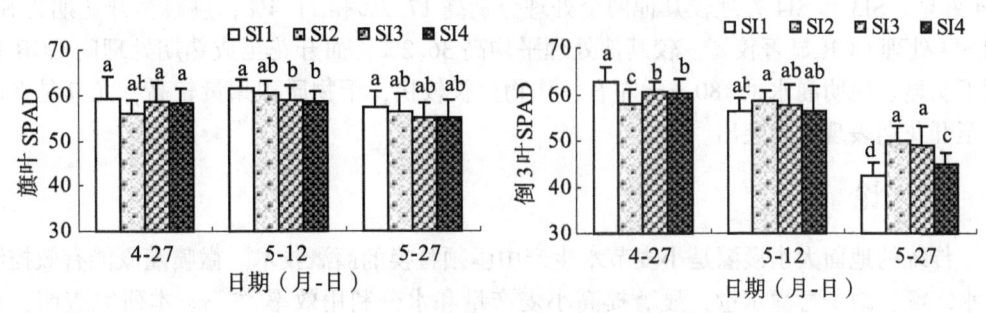

图 1　不同灌溉量对叶片 SPAD 影响

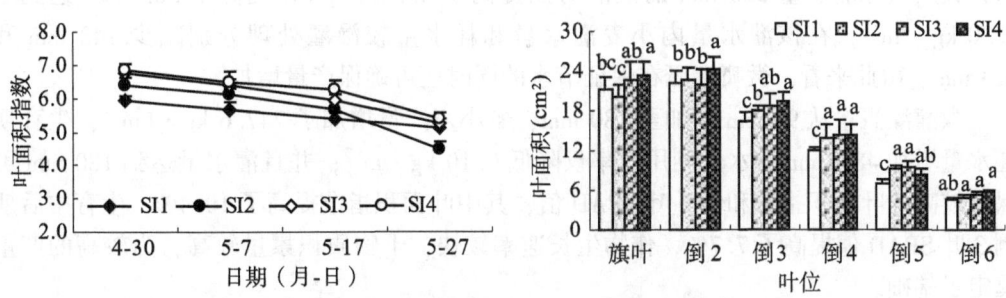

图 2　不同灌溉量对 LAI 和叶面积的影响

2.5　干物质积累特性及作物生长速率（CGR）

由图 3 可见，在 3 月 30 日（起身期）未灌水前，SI3 处理干物重明显较低，较其他处理平均低 25.1%；而实施不同的灌水措施后 4 月 27 日为灌水较多的 SI3 和 SI4 干物质较高，较其他两个处理平均高 10.9%；5 月 6 日和 6 月 8 日为 SI3 处理干物重较高，两个时期较其他处理分别平均高 9.9% 和 10.0%，其次是 SI2 和 SI4 处理较高，但二者差别不明显。

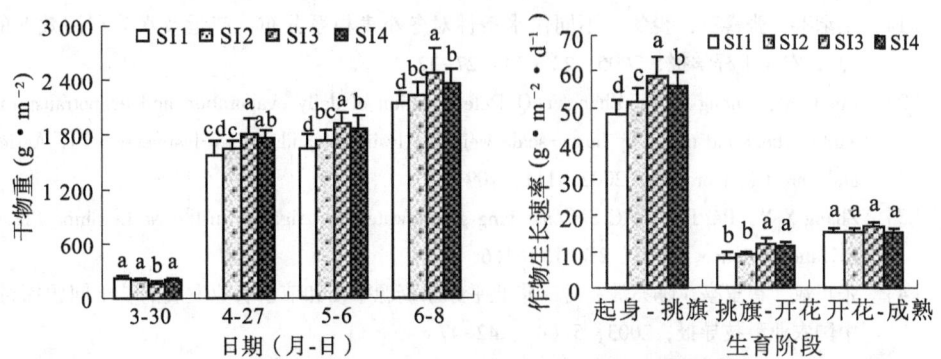

图 3　不同灌溉量对地上部干物重和作物生长速率的影响

不同时期 CGR 变化趋势不同，在起身至挑旗期 CGR 为 SI3 处理显著较高，其次是

SI4 处理, SI3 和 SI4 处理较其他两个处理分别高 17.7% 和 11.4%;挑旗至开花期为 SI3 和 SI4 处理 CGR 显著较高,较其他处理平均高 36.2%;而开花至成熟期处理间 CGR 差别不明显。说明灌水量 180 mm 左右,作物生长较快,干物质积累量较高,尤其是在起身至开花期表现尤为突出。

3 讨 论

传统的地面大水漫灌是小麦节水生产中亟须替换的灌溉技术。微喷灌溉能有效控制灌水定额,减少总灌水量,显著提高小麦产量和水分利用效率[24-29]。本研究表明,在 2014—2015 年降水年型下,微灌总灌水量 180 mm 即可实现小麦高产和高水分利用效率,其产量比灌水量 328 mm 的漫灌对照提高了 4.3%,WUE 提高了 30.2%,达到了 2.20 kg·m^{-3},在该灌水量内小麦灌水量和耗水量较漫灌处理分别减少 148 mm 和 123 mm。由此来看,微喷灌溉在保证节水的同时还可确保产量增加。

微灌灌溉量从 90 mm 增加至 180 mm,冬小麦产量增加了 747.6 kg·hm^{-2},生育期耗水量增加 48.6 mm,水分利用效率仅降低 0.10 kg·m^{-3};并且灌水量达到 180 mm 可保持较高的叶面积指数和倒 3 叶 SPAD 值,其中叶面积指数提高了 10.4%,生育中后期倒 3 叶 SPAD 值提高了 7.7%,作物生长速率较快,干物质积累量较高,为较高的产量奠定了基础。

4 结 论

在该降水年型下,微灌总灌水量 180 mm 即可达到小麦高产高效,漫灌对照处理产量与之相当,但灌水量和耗水量分别增加 148 mm 和 123 mm,WUE 明显降低了 30.2%。微灌灌水量达到 180 mm 即可得到较高的叶面积指数和倒 3 叶 SPAD 值,并且在该灌水量范围内作物生长速率较快,干物质积累量较高,为较高的产量奠定了基础。

参考文献

[1] 王淑芬, 张喜英, 裴冬. 不同供水条件对冬小麦根系分布、产量及水分利用效率的影响 [J]. 农业工程学报, 2006, 22 (2): 27-32.

[2] Liu C M, Zhang X Y, Zhang Y Q. Determination of daily evaporation and evapotranspiration of winter wheat and maize by large-scale weighing lysimeter and micro-lysimeter [J]. Agricultural and Forest Meteorology, 2002, 111, 109-120.

[3] Zhang X Y, Pei D, Hu C S. Conserving groundwater for irrigation in the North China Plain [J]. Irrigation Science, 2003, 21, 159-166.

[4] 张正斌, 崔玉亭, 陈兆波, 等. 华北平原水资源平衡和节水农业发展的若干问题探讨 [J]. 中国农业科技导报, 2003, 5 (4): 42-47.

[5] 居辉, 李三爱, 严昌荣. 我国北方旱区雨养小麦生产潜力研究 [J]. 中国生态农业学报, 2008, 16: 728-731.

[6] 张德奇, 季书勤, 李向东, 等. 水分调控对冬小麦根系与叶片生理特性及产量和品质的影响 [J]. 华北农学报, 2012, 27 (1): 124-127.

[7] 贾秀领，马瑞昆，张全国，等. 近20年冬小麦供水量与产量关系变化分析 [J]. 华北农学报，2009，24（增刊）：214-217.

[8] 张丽华，姚艳荣，曹洁璇，等. 严重冬春干旱年型不同水分运筹方式对冬小麦产量的效应 [J]. 华北农学报，2013，28（增刊）：136-141.

[9] Sun H Y, Liu C M, Zhang X Y, et al. Effects of irrigation on water balance, yield and WUE of winter wheat in the North China Plain [J]. Agricultural Water Management, 2006, 85（1）：211-218.

[10] Rajala A, Hakala K, Mäkelä P, et al. Spring wheat response to timing of water deficit through sink and grain filling capacity [J]. Field Crops Research, 2009, 114（2）：263-271.

[11] 门洪文，张秋，代兴龙，等. 不同灌水模式对冬小麦籽粒产量和水、氮利用效率的影响 [J]. 应用生态学报，2011，22（10）：2 517-2 523.

[12] Zhang X Y, Chen S Y, Sun H Y. Dry matter, harvest index, grain yield and water use efficiency as affected by water supply in winter wheat [J]. Irrigation Science, 2008, 27（1）：1-10.

[13] Kang S Z, Zhang L, Liang Y L, et al. Effects of limited irrigation on yield and water use efficiency of winter wheat in the Losses Plateau of China [J]. Agricultural Water Management, 2002, 55（3）：203-216.

[14] 周斌，封俊，张学军，等. 微喷带单孔喷水量分布的基本特征研究 [J]. 农业工程学报，2003，19（4）：101-103.

[15] 史宏志，高卫锴，常思敏，等. 微喷灌水定额对烟田土壤物理性状和养分运移的影响 [J]. 河南农业大学学报，2009，43（5）：485-490.

[16] Home P G, Panda R K, Kar S. Effect of method and scheduling of irrigation on water and nitrogen use efficiencies of Okra（Abelmoschus esculentus）[J]. Agricultural Water Management, 2002, 55（2）：159-170.

[17] Sun Z Q, Kang Y H, Jiang S F. Effect of sprinkler and border irrigation on topsoil structure in winter wheat [J]. Pedosphere, 2010, 20（4）：419-416.

[18] 杨晓光，陈阜，宫飞，等. 喷灌条件下冬小麦生理特性及生态环境特点的试验研究 [J]. 农业工程学报，2000，16（3）：35-37.

[19] Tolk J A, Howell T A, Steiner J L, et al. Role of transpiration suppression by evaporation of intercepted water in improving irrigation efficiency [J]. Irrigation Science, 1995, 16（2）：89-95.

[20] 孙会娜，王科，徐心志，等. 低压喷灌对冬小麦光合作用和叶绿素荧光特征的影响 [J]. 麦类作物学报，2013，33（6）：1 216-1 221.

[21] 居辉，兰霞，周殿玺，等. 不同时期灌溉对冬小麦物质积累与分配的影响 [J]. 干旱地区农业研究，2000，18（4）：66-71.

[22] Liu H J, Yu L P, Luo Y, et al. Responses of winter wheat（Triticum aestivum L.）evapotranspiration and yield to sprinkler irrigation regimes [J]. Agricultural Water Management, 2011, 98（4）：483-492.

[23] Kang Y H, Chen M, Wan S Q. Effects of drip irrigation with aline water on waxy maize（Zea mays L. var. ceratina Kulesh）in North China Plain [J]. Agricultural Water Management, 2010, 97：1 303-1 309.

[24] 宫飞，陈阜，杨晓光，等. 喷灌对冬小麦水分利用的影响 [J]. 中国农业大学学报，2001，6（5）：30-34.

[25] 宋常吉, 王振华, 郑旭荣, 等. 北疆滴灌春小麦耗水特征及作物系数的确定 [J]. 西北农业学报, 2013, 22 (3): 58-63.

[26] 程裕伟, 马富裕, 冯治磊, 等. 滴灌条件下春小麦耗水规律研究 [J]. 干旱地区农业研究, 2012, 30 (2): 112-117.

[27] 王冀川, 高山, 徐雅丽, 等. 不同滴灌量对南疆春小麦光合特征和产量的影响 [J]. 干旱地区农业研究, 2012, 30 (4): 42-48.

[28] 曹卫星. 作物栽培学总论 [M]. 北京: 科学出版社, 2006, 51.

[29] 刘海军, 龚时宏, 王广兴. 喷灌条件下小麦生长及耗水规律的研究 [J]. 灌溉排水, 2000, 19 (1): 26-29.

[此文原刊载于《华北农学报》, 2016, 31 (增刊): 31-35]

不同种植模式下冬小麦水分利用特性研究

董志强，吕丽华，姚海坡，张经廷，崔永增，

张丽华，梁双波，贾秀领

（河北省农林科学院粮油作物研究所/农业部华北地区作物栽培科学观测实验站）

摘　要： 为探讨限水条件下冬小麦高产或稳产的种植模式，于2015—2016年研究了不同种植模式和灌溉方式相结合对冬小麦产量、水分利用效率、耗水特性、表层土壤水分含量、株高、最大叶面积指数和群体变化的影响。试验设秸秆覆盖，微喷灌（T1）；全膜覆土穴播，微喷灌（T2）；全膜覆土穴播，滴灌（T3）；全膜覆土穴播，不灌水，肥料一次性施入（T4）；免耕宽幅沟播，微喷灌（T5）；微喷灌对照（T6）；畦灌对照（T7）；常规种植，不灌水，肥料一次性施入（T8）；空白对照，不灌水，不施肥（不种小麦，T9）共9个处理。结果表明，T2处理籽粒产量最高，其次为T3处理，二者较T6处理分别增加5.0%和3.3%。千粒重和穗粒数高是其产量高的主要原因，T2、T3处理千粒重较T6处理分别增加6.3%和7.2%，较T7处理分别增加13.1%和14.1%；T2、T3处理穗粒数较T6处理分别增加11.5%和10.2%，较T7处理分别增加7.3%和6.0%，差异均显著。T1、T5处理总耗水量较T6处理分别减少17.3%和16.1%，土壤水消耗量较T6处理分别减少32%和29.8%，差异均显著。小麦生育前期免耕沟播种植模式显著增加耕层（0～20 cm）土壤含水量，全膜覆土穴播模式显著增加21～60 cm土层土壤含水量。在本年度气候条件下，秸秆覆盖种植模式有减产趋势，而全膜覆土穴播种植模式有增产趋势。

关键词： 冬小麦；种植模式；灌溉方式；产量；耗水特性

我国农业用水存在两大突出矛盾：一是水资源严重不足，二是已经开发利用的水资源浪费严重，灌溉水有效利用率低。全球性水资源日益紧缺，使世界各国都在致力于发展节水型农业，研究并推广许多行之有效的节水技术，诸如低压管道输水、改进地面灌溉技术、发展喷灌与微灌、改变作物种植结构和采取地膜或秸秆覆盖等措施[1]。地膜和秸秆是我国农业生产中应用最广泛的两种覆盖材料，地膜覆盖和秸秆覆盖具有减少土壤水分蒸发和养分损耗、保蓄雨水、保护土壤结构、调节地温、抑制杂草生长等作用[2-7]。秸秆和地膜覆盖栽培技术现已广泛应用于甘肃、山西、陕西等旱地春小麦和冬小麦的生产中[8-10]。

河北属于严重资源型缺水省份，近些年河北粮食生产的快速发展是靠长期、大量开采地下水来维持，常年超采地下水在40亿 m^3 左右。同时，农业灌溉制度和技术落后，大田作物仍主要采用传统的地面漫灌方式，水分利用效率低，浪费严重，这与水资源严重匮乏的形势极不适应。与传统的地面漫灌相比，微灌具有能有效控制灌水定额、保持土壤结构、改善田间生态环境、提高灌水分布均匀度和水分利用效率及增加产量等优

点[11-12]，是干旱缺水地区作物有效的节水灌溉方式之一。河北省冬小麦平均灌水定额为 228 mm[13]，微喷带灌溉模式下平水年灌溉量为 120 mm 时冬小麦籽粒产量最高，枯水年产量最高时灌溉量为 150 mm[14]。冬小麦节水潜力很大，如何能实现在保证单产不减少或略减少的前提下，降低冬小麦生育期的耗水量是广大农业科研人员面临的巨大挑战。

目前，国内外关于作物（尤其是小麦）微灌技术和覆盖或免耕沟播措施相结合的节水效应研究报道甚少，多数是分开进行的[15-27]。且在华北平原冬小麦夏玉米一年两熟地区相关的研究报道更少，本论文在河北山前平原高产限水区把微灌和覆盖、免耕沟播等节水技术措施有机地结合起来，通过田间试验研究了不同种植模式和灌溉方式相结合对籽粒产量、水分利用效率、耗水特性、表层土壤水分含量、最大叶面积指数及群体动态变化等的影响，以期为产量不减少的条件下降低冬小麦耗水量和提高水分利用效率提供技术支持。

1 材料与方法

1.1 试验设计

试验于 2015—2016 年在河北省农林科学院粮油作物研究所宁晋示范基地（37.62°N，114.92°E，海拔 27.4m）进行。试验地耕层（0～20 cm）土壤有机质含量 19.08 g·kg^{-1}、全氮 1.35 g·kg^{-1}、全磷 2.31 g·kg^{-1}、碱解氮 103.8 mg·kg^{-1}、速效磷 32.5 mg·kg^{-1}、速效钾 146.8 mg·kg^{-1}。

试验共设 9 个处理，分别为：T1，秸秆覆盖（秸秆粉碎后收集起来，玉米秸秆量约为 45 000 kg·hm^{-2}还田，小麦播种后秸秆均匀撒于地表），微喷灌；T2，全膜覆土穴播，微喷灌；T3，全膜覆土穴播，滴灌；T4，全膜覆土穴播，不灌水（肥料一次性底施）；T5，免耕宽幅沟播，微喷灌；T6，微喷灌对照；T7，畦灌对照；T8，常规种植，不灌水（肥料一次性底施）；T9：空白对照（不种小麦，不旋耕地，不施肥）。随机区组设计，3 次重复，小区面积 8.8 m×5.4 m，采用完全随机排列，各处理间设 1 m 隔离区。其中 T1、T6、T7、T8 处理为 15 cm 等行距播种；T2、T3、T4 处理为人工播种，行距均为 13 cm、穴距均为 16.5 cm；T5 处理为免耕宽幅播种机（种肥同播）播种，平均行距为 20 cm。

小麦品种为衡 4444，前茬作物玉米收获后秸秆全部还田。2015 年 10 月 13 日播种，T2、T3、T4 处理播量为 180 kg·hm^{-2}，T5 处理播量 150 kg·hm^{-2}，其他处理播量均为 225 kg·hm^{-2}，2016 年 6 月 10 日收获。整地播种前施入小麦专用复合肥 675 kg·hm^{-2}（含纯 N 19%、P$_2$O$_5$ 21%、K$_2$O 5%），拔节期随浇水追施尿素（含纯 N 46%）225 kg hm^{-2}，其中 T7 处理人工撒施，微灌处理采用水肥一体化技术追施，T4、T8 处理复合肥和尿素均作为底肥一次性施入。T7 处理总灌水量为 150 mm（拔节水、开花水各 75 mm），其他微灌处理灌水量均为 75 mm（拔节水、开花水各 37.5 mm）。前茬玉米季降水量为 216 mm，本年度冬小麦生长期内总降水量为 112.4 mm，其中播种至越冬前 67.4 mm、返青至拔节期 15.3 mm、拔节至开花期 12.1 mm、开花至成熟期 17.6 mm，其他管理采用常规大田方法。

1.2 测定项目与方法

1.2.1 耗水量和水分利用效率计算方法

小麦播种前及成熟期采用烘干法测定 0~200 cm 土层土壤水分含量，根据 SPAT 理论用农田水分平衡法[28]计算耗水量。作物生育期耗水量：$ET\alpha = P+U-R-F+\Delta W+I$。式中，$\Delta W$ 为土壤贮水消耗量；P 为该时段降水量（mm）；U 为地下水通过毛管作用上移补给作物水量（mm）；R 为地表径流量（mm）；F 为补给地下水量（mm）；I 为灌水量（mm）。本试验地块地势平坦，地下水埋深 5 m 以下，降水入渗深度不超过 2 m，因此 U、R、F 均为 0；本试验以 20 cm 为一个土壤层次。水分利用效率计算公式为：$WUE_y = Y/ETa$，式中 WUE_y 为产量水分利用效率；Y 为籽粒产量（kg·hm^{-2}）；ETa 为作物全生育期总耗水量（mm）[29]。

1.2.2 小麦群体和籽粒产量

小麦出苗后选取长势一致、有代表性的一米双行定点，分别在出苗后、冬前、拔节期和收获成熟期计数定点区域小麦群体，且定点区域植株测定生物产量；小麦起身期每小区选取长势均匀的地块定为测产区，面积 3 m² 左右，脱粒后晒干称重并测量籽粒含水率，换算成 13%水分时的产量，折合成每公顷产量。

1.2.3 数据计算与统计分析

试验数据采用 Microsoft Excel 2003 和 SAS 软件计算、作图、统计分析，差异显著性检验用 LSD 法。

2 结果与分析

2.1 不同种植模式对小麦产量和水分利用效率的影响

由表 1 可以得出，冬小麦籽粒产量以 T2 处理最高，其次为 T3 处理，千粒重和穗粒数高是其产量高的主要原因，二者的共同特点是全膜覆土穴播和微灌相结合。同为全膜覆土穴播，T2、T3 处理较小麦生育期不灌水的 T4 处理产量分别增加 11.0%和 10.8%，差异均达显著水平；T2 处理较 T6 处理增加 5.0%，差异显著，T3 处理较 T6 处理增加 3.3%，差异不显著。T1 处理籽粒产量较 T6 处理减少 6.9%，差异显著，收获穗数明显降低是其产量减少的最主要原因，其收获穗数较 T6 处理减少 12.4%，差异显著。全膜覆土穴播+微灌模式能显著提高冬小麦千粒重，T2、T3 处理千粒重较 T6 处理分别增加 6.3%和 7.2%，差异显著；较 T7 处理分别增加 13.1%和 14.1%，差异亦显著。T4 处理产量较 T8 处理增加 15.5%，差异显著，说明在全生育期不灌溉的条件下，全膜覆土穴播种植模式较常规种植模式能大幅提高冬小麦的产量。上述结果表明，在本年度气候条件下，秸秆覆盖种植模式有减产趋势，而全膜覆土穴播+微灌种植模式有增产趋势。

单位面积穗数的变化为 T7>T6>T4>T2>T3>T8>T1>T5（表 1），其中 T7 处理显著高于 T6 处理，而二者均显著高于其他处理；穗粒数 T5>T2>T3>T1>T7>T4>T6>T8，其中

T5 处理显著高于 T2、T3、T1 处理，而这 3 个处理显著高于除 T5 处理外的其他处理。千粒重 T3>T2>T4>T6>T5>T8>T7>T1，T3 处理较 T2 处理增加 0.8%，差异不显著，二者均显著高于其他处理，说明全膜覆土穴播+微灌种植模式能显著提高冬小麦的千粒重。经济系数的变化趋势和穗粒数相似，T2、T3 处理低于 T6 处理，而高于其他处理，其中显著高于 T4 处理，较 T4 处理分别增加 10.4%和 9.1%；T6、T7 处理经济系数较 T8 处理分别增加 0.6%和 1.7%，差异均不显著。结果表明，常规种植模式下不灌水处理冬小麦经济系数较畦灌、微喷灌处理降低的幅度远小于全膜覆土穴播种植模式下不灌水处理较微喷灌、滴灌处理降低的幅度。水分利用效率 T1 处理最高，其次为 T5 处理，二者均显著高于其他处理，T2、T3、T4 和 T6 处理间水分利用效率相近，这 4 个处理均显著高于 T7、T8 处理，T7 处理较 T8 处理增加 12.5%，差异显著。

表 1 产量、产量构成和水分利用效率的变化

处理	穗数 （×10⁴·hm⁻²）	穗粒数	千粒重 （g）	籽粒产量 （kg·hm⁻²）	经济系数	水分利用效率 （kg·hm⁻²·mm⁻¹）
T1	549 c	33.2 b	43.3 c	7 872 cd	0.495 cd	22.95 a
T2	575 c	33.9 b	49.1 a	8 877 a	0.512 ab	20.31 b
T3	566 c	33.5 b	49.5 a	8 735 ab	0.506 bc	20.41 b
T4	576 c	31.2 cd	46.8 b	8 109 c	0.464 e	20.17 b
T5	498 d	36.1 a	46.1 b	7 752 d	0.524 a	22.28 a
T6	627 b	30.4 de	46.2 b	8 456 b	0.488 d	20.37 b
T7	666 a	31.6 c	43.4 c	8 603 ab	0.493 cd	19.03 c
T8	563 c	30.2 e	44.2 c	7 019 e	0.485 d	16.91 d

注：同列数据后不同小写字母表示处理间在 0.05 水平上差异显著。表 2～表 4、图 1～图 2 同

2.2 不同种植模式对耗水组成及其占总耗水量比例的影响

如表 2 所示，T7 处理小麦由于采用地面漫灌方式，故其总耗水量最高，较其他处理增加 3.4%～78.0%，其次为 T2、T3 处理；T9 处理未种小麦，总耗水量最低，较其他处理减少 25.9%～43.8%，差异均显著。在灌溉模式和灌水量均相同的情况下，T1、T5 处理总耗水量较 T6 处理分别减少 17.3%和 16.1%，差异均达显著水平，二者土壤水消耗量低是总耗水量较低的主要原因。土壤水消耗量 T8 处理最高，其次为 T4 处理，原因是二者冬小麦生育期未灌溉，植株生长发育会更多地利用土壤贮水。T2、T3 处理土壤水消耗量高于灌溉量均为 75 mm 的其他处理，较 T6 处理分别增加 9.8%和 5.8%，差异均显著。T1、T5 处理土壤水消耗量较 T6 处理分别减少 32%和 29.8%，差异均显著。上述试验结果表明，秸秆覆盖和宽幅免耕沟播种植模式能大幅度降低冬小麦总耗水量，但本试验中二者小麦籽粒产量均较低，如何在不增加灌水量的前提下提高这两种种植模式冬小麦产量是下一步研究的重点。

表2 不同种植模式耗水组成及其占总耗水量的比例

处理	总耗水量 （mm）	土壤水消耗		灌溉		降水	
		消耗量 （mm）	比例 （%）	灌溉量 （mm）	比例 （%）	降水量 （mm）	比例 （%）
T1	343 e	153 ef	44.6	75	21.9	112	33.5
T2	437 ab	247 b	56.5	75	17.2	112	26.3
T3	428 bc	238 b	55.6	75	17.5	112	26.9
T4	402 d	287 a	71.4	0	0.0	112	28.6
T5	348 e	158 e	45.4	75	21.6	112	33.0
T6	415 cd	225 c	54.2	75	18.1	112	27.7
T7	452 a	187 d	41.4	150	33.2	112	25.4
T8	415 cd	300 a	72.3	0	0.0	112	27.7
T9	254 f	139 f	54.7	0	0.0	112	45.3

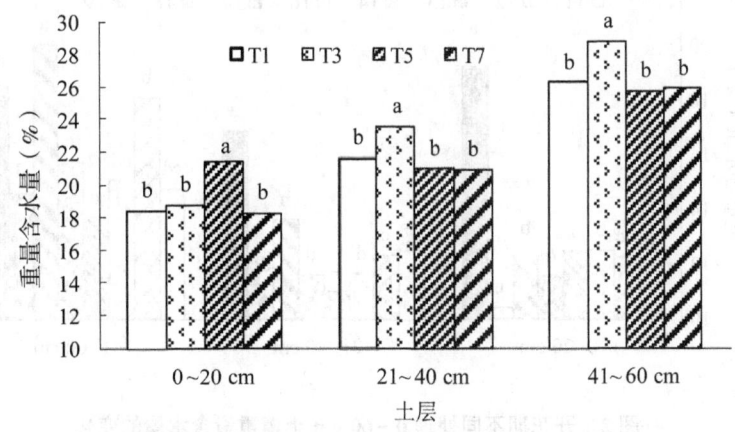

图1 起身期不同处理 0～60 cm 土壤重量含水量的变化

注：测定时间为 2016 年 3 月 15 日，且所有处理播种至取土时均未灌溉

2.3 不同种植模式对表层土壤重量含水量变化的影响

由图 1 可见，在小麦播种时土壤墒情相同且播种至起身期未浇水的情况下，起身期全膜覆土穴播模式 0～20 cm 土壤含水量较 T1、T7 处理分别增加 1.9% 和 2.7%，差异不显著；21～40 cm 土壤含水量显著高于其他处理，较 T1、T5、T7 处理分别增加 8.9%、12.3% 和 12.7%；41～60 cm 土壤含水量较 T1、T5、T7 处理分别增加 9.7%、11.8% 和 11.2%，差异均显著。0～20 cm 土壤含水量 T5 处理最高，较 T1、T3、T7 处理分别增加 16.0%、13.8% 和 16.9%，差异均显著。结果表明，免耕沟播种植模式能显著增加冬小麦生育前期耕层（0～20 cm）的土壤含水量，而全膜覆土穴播模式能显著增加 21～60 cm 土层土壤含水量。

由于不同处理小麦拔节水有未灌溉的、微灌的、畦灌的，且灌水量也不完全相同，故开花期不同种植模式浅层土壤含水量的差异较大（图2）。0～20 cm 土壤含水量以 T9 处理最高，较其他处理增加 53.0%～84.7%，差异均显著。T8 处理最低，显著低于其他处理，较 T1、T2、T3、T4、T6、T7 处理分别减少 13.1%、15.1%、16.9%、16.3%、9.8%和17.2%。T4、T8 处理同为小麦生育期不灌溉，T4 处理 0～20 cm 土壤含水量较 T8 处理增加 19.5%，差异显著；T4 处理略低于 T7 处理而显著高于 T6 处理。不同处理 21～40 cm 土壤含水量变化趋势和 0～20 cm 基本相同，T9 处理显著高于其他处理，T7 处理显著高于除 T9 处理外的其他处理，较 T1、T2、T3、T4、T6、T8 处理分别增加 8.7%、10.5%、17.1%、24.1%、17.2%和21.4%。41～60 cm 土壤含水量变化趋势不同于 0～20 cm、21～40 cm，其中以 T7 处理最高，显著高于其他处理，较其他处理增加 7.2%～46.6%，其次为 T9、T2 处理；T4 处理最低，显著低于其他处理。结果表明，小麦开花期全膜覆土穴播+不灌溉模式较常规种植不灌溉模式显著提高耕层土壤含水量而降低 21～40 cm 土壤含水量、显著降低 41～60 cm 土壤含水量；畦灌模式较微灌模式显著增加 21～60 cm 土壤含水量。

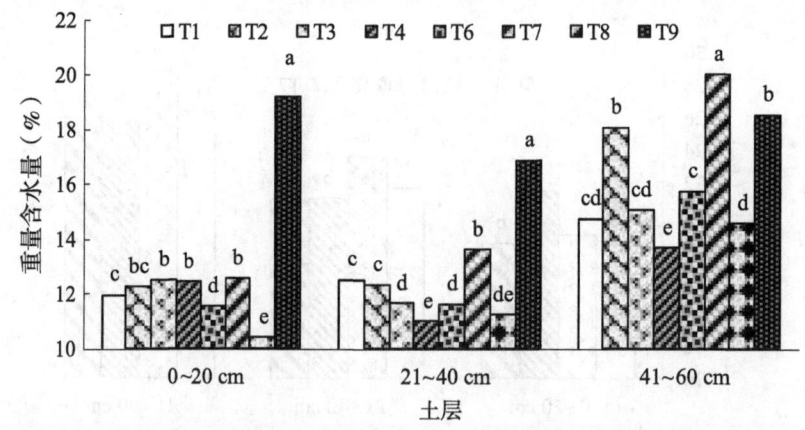

图2　开花期不同处理 0～60 cm 土壤重量含水量的变化

注：测定时间为 2016 年 5 月 4 日，且在浇开花水前。拔节水、开花水灌溉时间分别为 2016 年 4 月 7 日和 2016 年 5 月 4 日。由于 T5 处理浇水时间为 5 月 2 日，故本次未测定

2.4　不同种植模式对小麦株高和最大叶面积指数的影响

不同生育时期小麦株高及最大叶面积指数的变化见表3。起身期和拔节期全膜覆土穴播种植模式（T2、T3、T4）小麦株高平均值显著高于其他处理，起身期较其他处理增加 33.3%～62.3%，拔节期较其他处理增加 8.0%～20.6%；开花期 T2、T3 处理小麦株高平均值较除 T4 处理外的其他处理增加 10.1%～21.4%；成熟期 T2、T3 处理小麦株高平均值略低于 T7 处理，较 T6 处理增加 4.1%，差异不显著。结果说明，在小麦播种至开花期全膜覆土穴播种植模式能明显促进植株的生长发育。T1 处理起身期小麦株高在所有处理中最矮，拔节期其株高低于全膜覆土穴播模式而高于其他种植模式，说明秸秆覆盖种植模式在小麦播种至起身期这段时间对小麦生长有抑制作用，而起身至拔节期

较常规种植模式对小麦生长有促进作用。T6、T7 处理各生育时期小麦株高相比差异均较小，不显著，表明常规种植模式下微喷灌对小麦株高的影响很小。小麦孕穗期最大叶面积指数 T7>T1>T6＝T2>T3>T4>T8>T5，其中 T7 处理较 T6 处理增加 14.5%，差异显著；T6 处理较 T3、T4 处理分别增加 1.2% 和 2.1%，差异不显著；T2 处理最大叶面积指数较 T5、T8 处理分别增加 31.8% 和 23.3%，差异显著，由上述结论和产量结果（表1）可见孕穗期适宜的最大叶面积指数是小麦高产的有力保障。

表3　不同种植模式株高和最大叶面积指数的变化

处理	株高（cm）				最大叶面积指数
	起身期	拔节期	开花期	成熟期	
T1	13.8 d	42.8 b	53.8 d	69.8 c	5.66 b
T2	22.2 a	46.4 a	65.9 a	74.6 a	5.30 c
T3	22.6 a	46.1 a	64.7 a	73.6 ab	5.24 c
T4	22.4 a	46.0 a	61.2 b	73.3 ab	5.19 c
T5	15.6 c	38.3 c	50.6 e	69.5 c	4.02 e
T6	16.5 bc	40.0 c	59.3 c	71.2 bc	5.30 c
T7	16.8 b	40.7 c	57.8 c	74.4 a	6.07 a
T8	16.4 bc	40.2 c	54.4 d	69.9 c	4.30 d

注：叶面积指数测定日期为 2015 年 4 月 30 日

2.5　不同种植模式对不同时期小麦群体的影响

不同种植模式冬小麦成穗率的变化趋势和播量正好相反：T5>T4>T2>T3>T1>T7>T8>T6（表4），其中 T5 处理较其他处理增加 33.9%~51.0%，差异均显著，原因是其基本苗显著小于其他处理，小麦田间行宽大、通风透光性好，利于主茎和分蘖的成穗；T6 处理成穗率最小的原因可能是小麦拔节后叶片宽大，造成田间长势郁闭，通风透光差，不利于中下层的分蘖成穗。T1、T6 处理播量相同、播前土壤墒情相同，基本苗 T1 处理较 T6 处理减少 13.9%，差异显著，表明播种后秸秆覆盖会抑制冬小麦的出苗。T2、T3 处理基本苗平均值较 T6、T7 处理平均值减少 21.5%，而收获穗数平均值较 T6、T7 处理平均值减少 11.8%（表2），成穗率在所有处理中仅低于 T5 处理和种植模式相同小麦生育期不灌水的 T4 处理。结果表明，全膜覆土穴播+微灌模式不同生育时期小麦群体均处于较优水平，是其产量较高的基础。

表4　不同种植模式各生育期小麦群体的变化

处理	基本苗（×10⁴·hm⁻²）	冬前分蘖（×10⁴·hm⁻²）	拔节分蘖（×10⁴·hm⁻²）	成穗率（%）
T1	398 b	807 d	1 079 d	50.9 cd
T2	353 c	905 c	1 053 de	54.6 b

（续表）

处理	基本苗 （$\times 10^4 \cdot hm^{-2}$）	冬前分蘖 （$\times 10^4 \cdot hm^{-2}$）	拔节分蘖 （$\times 10^4 \cdot hm^{-2}$）	成穗率 （%）
T3	369 c	911 c	1 089 d	51.9 c
T4	365 c	930 c	1 038 e	55.5 b
T5	225 d	524 e	671 f	74.3 a
T6	462 a	1 118 a	1 275 b	49.2 d
T7	470 a	1 140 a	1 320 a	50.5 cd
T8	454 a	1 040 b	1 134 c	49.6 d

3 讨论与结论

地膜覆盖处理能明显改善冬小麦孕穗前 0～200 cm 土壤水分条件，从孕穗期开始随气温增高和小麦生长加速，植株蒸腾、棵间蒸发加强，覆膜处理 0～200 cm 土壤贮水量迅速降低，显著低于对照；覆膜处理促进土壤水分的时空再分配，使冬小麦对深层土壤水分的利用增加，生育期耗水量显著增加[18]。本研究结果表明，在灌水量相同情况下全膜覆土穴播+微喷灌模式小麦生育期总耗水量较微喷灌对照增加 5.3%，差异显著；全膜覆土穴播+滴灌模式较微喷灌对照增加 3.2%，差异不显著，这与上述结论基本一致。旱作条件下，全膜覆土穴播模式总耗水量较对照减少 3.1%，与上述结论相反。微灌（微喷灌和滴灌）条件下，冬小麦全生育期地膜覆盖较常规种植是否有利于植株利用 0～200 cm 土壤贮水有待于进一步的试验验证。播种时土壤墒情相同且播种至起身期未浇水的情况下，起身期全膜覆土穴播模式较常规种植模式显著增加 21～60 cm 土壤含水量，而免耕沟内宽幅播种模式显著增加耕层（0～20 cm）土壤含水量。结果还表明，微喷灌条件下秸秆覆盖模式、免耕沟内宽幅匀播模式冬小麦生育期的总耗水量显著低于对照，较对照分别减少 17.3% 和 16.1%；二者水分利用效率显著高于对照，较对照分别增加 12.7% 和 9.4%。

一年两熟灌溉区秸秆覆盖处理对冬小麦产量影响的结果存在一定差异，陈素英等[22-24]通过 4 年的研究指出，秸秆覆盖会导致冬小麦平均减产 7.0% 左右；而方文松等[21]研究结果表明，秸秆覆盖处理可使冬小麦产量增加 8.1%～10.7%。本研究中，秸秆覆盖+微喷灌模式小麦产量较微喷灌对照减少 6.9%，差异显著，结果与陈素英等的结论相一致，而与方文松等的结论相反；秸秆覆盖模式降低了冬小麦有效穗数，增加了穗粒数，这与张俊鹏等[17]的研究结论相同，而千粒重的变化与张俊鹏等结论存在一定差异。秸秆覆盖对冬小麦产量的影响受多种因素影响，如秸秆覆盖量、供试小麦品种特性、降水、积温等，故众研究者即使在同一地区所得出的结论也可能存在较大差异。

本研究还发现，全膜覆土穴播+微喷灌、全膜覆土穴播+滴灌两种种植模式小麦产量较微喷灌对照分别增加 5.0% 和 3.3%，产量增幅明显小于旱地小麦全膜覆土穴播种植模式[30-32]的增幅，这两种种植模式降低了冬小麦单位面积有效穗数，增加了穗粒数和千粒重，这与张俊鹏等[17]研究结论一致。冬小麦全生育期不灌溉条件下，全膜覆土穴播模式的产量较常规种植模式增加 15.5%，差异显著，说明在河北山前平原高产限水区全膜覆土穴播+不灌溉模式是冬小麦节水稳产的较佳种植模式。在本年度气候条件下（平水年），冬小麦秸秆覆盖种植模式有减产趋势，而全膜覆土穴播种植模式有增产趋势，丰水年和枯水年有无此趋势有待进一步的试验验证。

参考文献

[1] 胡毓骐，李英能，等. 华北地区节水型农业技术［M］. 北京：中国农业科技出版社，1995.

[2] Huang Y L, Chen L D, Fu B J, et al. The wheat yields and water-use efficiency in the Loess Plateau: Straw mulchand irrigation effects［J］. Agricultural Water Management, 2005, 72 (3)：209-222.

[3] 杨海迪，海江波，贾志宽，等. 不同地膜周年覆盖对冬小麦土壤水分及利用效率的影响［J］. 干旱地区农业研究，2011，29（2）：27-34.

[4] 武继承，管秀娟，杨永辉. 地面覆盖和保水剂对冬小麦生长和降水利用的影响［J］. 应用生态学报，2011，22（1）：86-92.

[5] 卜玉山，苗果园，周乃健，等. 地膜和秸秆覆盖土壤肥力效应分析与比较［J］. 中国农业科学，2006，39（5）：1 069-1 075.

[6] 杨长刚，柴守玺，常磊，等. 不同覆膜方式对旱作冬小麦耗水特征及籽粒产量的影响［J］. 中国农业科学，2015，48（4）：661-671.

[7] 王敏，王海霞，韩清芳，等. 不同材料覆盖的土壤水温效应及对玉米生长的影响［J］. 作物学报，2011，37（7）：1 249-1 258.

[8] 邓妍，高志强，高敏，等. 夏闲期深翻覆盖对旱地麦田土壤水分及产量的影响［J］. 应用生态学报，2014，25（1）：1-7.

[9] 冯佰利，张保军，高小利. 小麦地膜覆盖穴播栽培技术研究现状及前景展望［J］. 麦类作物学报，1998，18（4）：53-54.

[10] Du Y J. Effect of different water supply regimes on growth and size hierarchy in spring wheat populations under mulched with clear plastic film［J］. Agricultural Water Management, 2005, 79 (3)：265-279.

[11] Liu H J, Yu L P, Luo Y, et al. Responses of winter wheat (Triticum aestivum L.) evapotranspiration and yield to sprinkler irrigation regimes［J］. Agricultural Water Management, 2011, 98 (4)：483-492.

[12] 宫飞，陈阜，杨晓光，等. 喷灌对冬小麦水分利用的影响［J］. 中国农业大学学报，2001，6（5）：30-34.

[13] 王慧军，李志宏，张喜英，等. 河北省种植业高效用水技术路线图［M］. 北京：中国农业出版社，2011：24-25.

[14] 董志强，张丽华，李谦，等. 微喷灌模式下冬小麦产量和水分利用特性［J］. 作物学报，2016，42（5）：711-719.

[15] 白冬，高志强，孙敏，等. 休闲期深翻覆盖对旱地小麦水氮利用效率和产量的影响［J］. 生态学杂志，2013，32（6）：1 497-1 503.

［16］ 李全起，陈雨海，于舜章，等．灌溉条件下秸秆覆盖麦田耗水特性研究［J］．水土保持学报，2005，19（2）：130-134.

［17］ 张俊鹏，刘祖贵，孙景生，等．不同水分和覆盖处理对冬小麦生长及水分利用的影响［J］．灌溉排水学报，2015，34（8）：7-11.

［18］ 柴守玺，杨长刚，张淑芳，等．不同覆膜方式对旱地冬小麦土壤水分和产量的影响［J］．作物学报，2015，41（5）：787-796.

［19］ 高艳梅，孙敏，高志强，等．不同降水年型旱地小麦覆盖对产量及水分利用效率的影响［J］．中国农业科学，2015，48（18）：3 589-3 599.

［20］ 郑成岩，于振文，张永丽，等．土壤深松和补灌对小麦干物质生产及水分利用率的影响［J］．生态学报，2013，33（7）：2 260-2 271.

［21］ 方文松，朱自玺，刘荣花，等．秸秆覆盖农田的小气候特征和增产机理研究［J］．干旱地区农业研究，2009，27（6）：123-132.

［22］ 陈素英，张喜英，裴冬，等．玉米秸秆覆盖对麦田土壤温度和土壤蒸发的影响［J］．农业工程学报，2005，21（10）：171-173.

［23］ 陈素英，张喜英，刘孟雨．玉米秸秆覆盖麦田下的土壤温度和土壤水分动态规律［J］．中国农业气象，2002，23（4）：34-37.

［24］ Wang Y M, Chen S Y, Sun H Y, et al. Effects of different cultivation practices on soil temperature and wheat spike differentiation［J］. Cereal Research Communication, 2009, 37（4）：587-596.

［25］ 董文旭，陈素英，胡春胜．少免耕模式对冬小麦生长发育及产量性状的影响［J］．华北农学报，2007，22（2）：141-144.

［26］ 候贤清，王维，韩清芳，等．夏闲期轮耕对小麦田土壤水分及产量的影响［J］．应用生态学报，2011，22（10）：2 524-2 532.

［27］ 韩娟，廖允成，贾志宽，等．半湿润偏旱区沟垄覆盖种植对冬小麦产量及水分利用效率的影响［J］．作物学报，2014，40（1）：101-109.

［28］ 陶毓汾，王立祥，韩仕峰．中国北方旱农地区水分生产潜力与开发［M］．北京：中国气象出版社，1993，63-67.

［29］ Hussain G, Al-Jaloud A A. Effect of irrigation and nitrogen on water use efficiency of wheat in Saudi Arabia［J］. Agricultural Water Management, 1995, 27（2）：143-153.

［30］ 侯慧芝，吕军峰，郭天文，等．旱地全膜覆土穴播对春小麦耗水、产量和土壤水分平衡的影响［J］．中国农业科学，2014，47（22）：4 392-4 404.

［31］ 杨海迪，海江波，贾志宽，等．不同地膜周年覆盖对冬小麦土壤水分及利用效率的影响［J］．干旱地区农业研究，2011，29（2）：27-34.

［32］ 兰雪梅，黄彩霞，李博文，等．不同覆盖材料对西北旱地冬小麦地温及产量的影响［J］．麦类作物学报，2016，36（8）：1 084-1 092.

［此文原刊载于《华北农学报》，2017，32（4）：225-231］

河北夏玉米产量潜力、产量差与氮肥效率差分析

黄少辉[1]，杨云马[1]，刘克桐[2]，孙彦铭[1]，贾良良[1]*

（1. 河北省农林科学院农业资源环境研究所；2. 河北省农业厅土壤肥料工作站）

摘　要：为给提高夏玉米产量和养分效率提供依据，利用 2011—2014 年河北省"测土配方施肥"数据库数据对河北省夏玉米产量差和效率差进行了分析。结果发现：河北省夏玉米一般农户产量、高产农户产量、配方施肥产量和高产纪录产量分别为 7.91、10.10、8.41、11.09 t·hm^{-2}，所对应的以高产农户为基础的产量差、以配方施肥为基础的产量差和以高产纪录为基础的产量差分别为 2.19、0.50、3.18 t·hm^{-2}，存在较大的产量差。不同地区的以邯郸地区的产量潜力和产量差最大，廊坊和沧州的产量潜力最小，产量差以石家庄和衡水最小。一般农户、高产农户、配方施肥和高产纪录的氮肥偏生产力分别为 39.5、47.3、42.7、50.3 kg·kg^{-1}，所对应的 PFPG1-N、PFPG2-N、PFPG3-N 分别为 7.8、3.2、10.8 kg·kg^{-1}，存在较大的效率差。而不同地区效率差则以邯郸最大，邢台最小。

关键词：河北平原；夏玉米；产量潜力；产量差；氮肥偏生产力

作物产量差[1-3]和养分效率差[4]研究是近年来作物领域研究的热点。产量差是指不同产量水平（潜在产量与农户产量）之间的差值，消除或缩减产量差是提高作物产量的有效途径。同时，养分利用效率（特别是氮肥）分析对作物增产增效、降低肥料用量、提高利用率有极大作用[5]。近年来，国内外很多学者从不同角度对作物产量差、氮肥利用效率进行了分析研究，如刘保花[3]等对三大粮食作物产量潜力与产量差的研究，明确了世界范围内作物增产的主要途径；Mueller[6]等对农作物产量差、肥料用量、肥料效率的研究，发现改善养分管理、增加灌溉量可使大部分农作物增产 45%～70%；Cui 等[4]对中国目前集约化种植模式下如何缩小氮肥利用率从而降低环境气体排放等进行了分析。分析在一定区域范围内的作物产量差和养分效率差，能够明确产量潜力、阐明作物产量限制因素，为制定合理管理措施、提高肥料利用率[7-8]提供数据支持。河北夏玉米常年播种面积在 4 500 万亩，占全国 9.5%，产量位居全国第五[9-10]，分析这一地区玉米产量潜力、产量差和养分效率差对于充分挖掘这一区域玉米生产潜力、提高养分利用效率、保证玉米产量持续增长和全国粮食安全有重要意义[11]。

1 材料与方法

1.1 研究区域概况

本文以河北平原夏玉米主产区为研究区域，主要包括邯郸、邢台、衡水、石家庄、

保定、沧州、廊坊等 7 个地区。这些地区土壤肥沃，雨量丰富，无霜期 170～190 d，常年积温 4 200～4 800 ℃，热量光照充足，主要种植模式是冬小麦—夏玉米轮作。

1.2 数据来源

文中所用数据来自河北省"测土配方施肥"数据库，共选取 2011—2014 年 4 年中 952 组肥效试验数据组成数据集，每组数据均包括不施肥、农民习惯、配方施肥 3 个处理。数据样本分布如表 1 所示。

表 1 河北省夏玉米主产区肥效试验样本分布

地区	邯郸	邢台	衡水	石家庄	保定	沧州	廊坊	全部
样本数	184	231	54	168	109	124	82	952

1.3 研究方法

1.3.1 产量差的确定

在本研究中根据 Lobell[12] 的分类方法，从数据集中选取配方施肥处理产量前 5%的均值作为高产纪录，中间 80%的均值作为试验产量，农户习惯施肥产量前 10%的均值为高产农户产量，中间 80%的均值作为一般农户产量，确定了 4 个常用产量平台，即一般农户、高产农户、配方施肥和高产纪录。根据以上产量平台对应产生 3 级产量差（图 1），即以高产农户为基础的产量差（YG1）、以配方施肥为基础的产量差（YG2）和以高产纪录为基础的产量差（YG3）。其中：

以高产农户为基础的产量差是高产农户和一般农户产量之间的差值，大致是由于微域土壤、气候差异，投入成本和管理措施等不同造成的。不同农户间的产量差和决定因素分析有助于揭示增产限制因子、制定高产高效措施[1,6]。

以配方施肥为基础的产量差是指配方施肥和一般农户产量之间的差值，主要由于品种、栽培管理措施的不同造成的，是最易消除的产量差[1,3]。

以高产纪录为基础的产量差是高产纪录和一般农户产量之间的差值，这一差异主要来源于土壤肥力、气候条件、投入成本和管理措施等[1,3,5]。

1.3.2 氮效率和效率差

氮肥偏生产力（PFP-N，kg·kg^{-1}）= 施氮肥后所获得的作物产量·施氮量，是指单位投入的肥料氮所能生产的作物籽粒产量。

计算 4 个产量平台数据所对应的氮肥偏生产力，及对应产生的三级效率差分别记作 PFPG1-N（以高产农户为基础的效率差）、PFPG2-N（以配方施肥为基础的效率差）和 PFPG3-N（以高产纪录为基础的效率差）。

1.3.3 数据处理

用 Microsoft Excel 2007 对数据进行统计、整理、分析、作图。

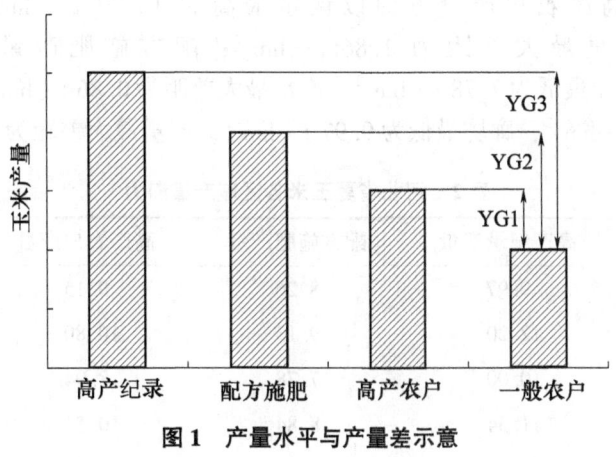

图1 产量水平与产量差示意

2 结果与分析

2.1 河北省夏玉米产量潜力与产量差

从试验统计结果来看，河北省夏玉米主产区高产纪录、配方施肥产量、高产农户产量与农户平均产量均有较明显差距，其中一般农户产量为 7.91 t · hm^{-2}，而高产农户产量 10.10 t · hm^{-2}，产量差（YG1）为 2.19 t · hm^{-2}，一般农户产量占高产农户产量的 78.4%；配方施肥产量为 8.41 t · hm^{-2}，产量差（YG2）为 0.50 t · hm^{-2}，一般农户产量实现了配方施肥产量的 94.1%；高产纪录产量为 11.09 t · hm^{-2}，产量差（YG3）为 3.18 t · hm^{-2}，一般农户产量实现了高产纪录的 71.3%（图2）。从全省来看，夏玉米产量差为 YG3>YG1>YG2（图2），高产农户产量远超配方施肥产量，夏玉米增产潜力巨大。

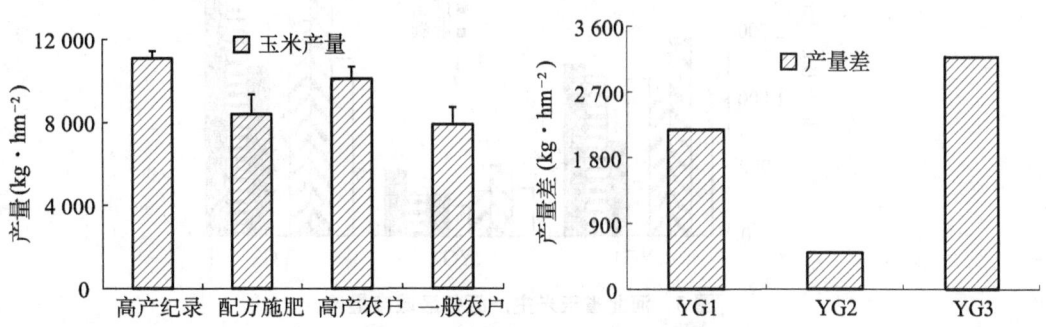

图2 河北省玉米主产区产量潜力与产量差

2.2 河北省不同区域夏玉米产量潜力与产量差

河北省玉米主产区各区域产量潜力如表2所示。在河北省七个夏玉米主产区中，一般农户产量以石家庄最高为 8.44 t · hm^{-2}，沧州最低为 7.17 t · hm^{-2}，产量最大差距为

1.27 t·hm^{-2}；高产农户产量方面以保定最高为 10.80 t·hm^{-2}，沧州最低为 8.94 t·hm^{-2}，产量最大差距为 1.86t·hm^{-2}；配方施肥产量以保定最高为 9.13 t·hm^{-2}，沧州最低为7.78 t·hm^{-2}，产量最大差距为0.86 t·hm^{-2}；高产纪录以保定最高为 12.20 t·hm^{-2}，廊坊最低为 9.97 t·hm^{-2}，产量最大差距为 2.23 t·hm^{-2}。

表2　河北省夏玉米各区域产量潜力　　　　　　　（t·hm^{-2}）

地区	高产纪录产量	配方施肥产量	高产农户产量	一般农户产量
廊坊	9.97	8.26	9.15	7.64
保定	12.20	9.13	10.80	8.19
沧州	10.00	7.78	8.94	7.17
石家庄	11.34	8.84	10.51	8.44
衡水	10.48	8.80	9.49	8.25
邢台	10.91	8.47	10.04	7.93
邯郸	11.22	8.68	10.08	7.81

另外，从各个地区间产量差来看，均呈产量差 3>产量差 1>产量差 2 趋势（图3）。其中，YG1 以中保定最大为 2.61 t·hm^{-2}，衡水最小为 1.24 t·hm^{-2}；YG2 普遍较低，保定最大为 0.94 t·hm^{-2}，石家庄最小为 0.40 t·hm^{-2}；YG3 保定最大为 4.01 t·hm^{-2}，衡水最小为 2.2 t·hm^{-2}。短期内应以消除 YG1、YG2 为目标，以消除 YG3 为长远目标。可见河北省夏玉米主产区单产有较大的增产潜力。

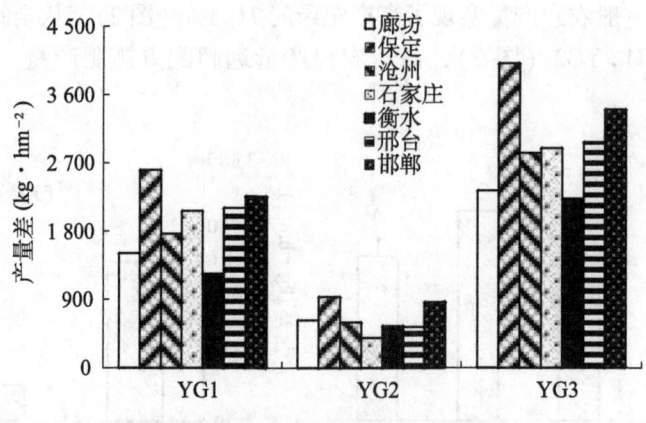

图3　河北省玉米主产区各区域产量差

2.3　河北省不同产量水平夏玉米氮肥偏生产力与氮肥效率差

从试验统计结果来看，河北省夏玉米主产区四个产量平台对应氮肥偏生产力（PFP-N）有较明显差距，其中一般农户氮肥偏生产力为 39.5 kg·kg^{-1}，与高产纪录氮肥偏生产力 50.3 kg·kg^{-1} 相比的效率差（PFPG3-N）为 10.8 kg·kg^{-1}；与高产农户氮肥偏生产力 47.3 kg·kg⁻¹相比效率差（PFPG2-N）为 7.8 kg·kg⁻¹；与配方施肥氮肥偏生产力 42.7 kg·kg⁻¹相比效率差（PFPG1-N）为 3.2 kg·kg⁻¹，效率差 PFPG3-N>PFPG1-N>PFPG2-N（图4A，4B）。河北省夏玉米生产的氮肥偏生产力还有很大的提升的空间。

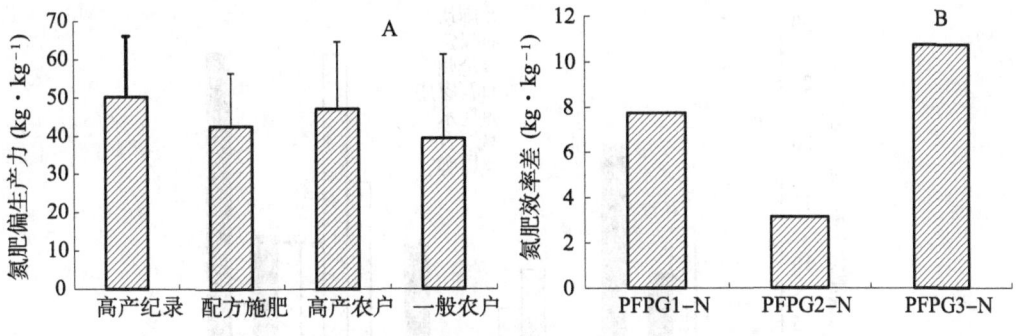

图4　河北夏玉米氮肥偏生产力与效率差

2.4　河北省不同区域夏玉米氮肥偏生产力与氮肥效率差

河北省夏玉米一般农户平均氮肥（纯氮）投入为 233.5 kg·hm⁻²，保定地区最低 208.8 kg·hm⁻²，邢台地区最高 258.3 kg·hm⁻²（表3）。氮肥偏生产力最高为 67.6 kg·kg⁻¹，最低为 34.5 kg·kg⁻¹。高产农户平均施氮量（纯氮）为 235.9 kg·hm⁻²，最高为 296.3 kg·hm⁻²，最低为 188.8 kg·hm⁻²。氮肥偏生产力最高为 58.5 kg·kg⁻¹，最低为 36.6 kg·kg⁻¹。配方施肥平均施氮量（纯氮）为 212.8 kg·hm⁻²，最高为 282.5 kg·hm⁻²，最低为 182.6 kg·hm⁻²；高产纪录平均施氮量为 207.5 kg·hm⁻²，最高为 273.0 kg·hm⁻²，最低为 169.5 kg·hm⁻²。氮肥偏生产力最高为 67.6 kg·kg⁻¹，最低为 41.1 kg·kg⁻¹。总体来看，各地区高产纪录、配方施肥、高产农户处理的氮肥偏生产力均高于一般农户。

表3　河北省夏玉米各区域氮肥偏生产力与氮肥（纯氮）投入量

地区	氮肥偏生产力（kg·kg⁻¹）				氮肥投入量（kg·hm⁻²）			
	高产纪录	配方施肥	高产农户	一般农户	高产纪录	配方施肥	高产农户	一般农户
廊坊	55.7	40.8	40.4	39.0	180.0	208.1	225.4	214.2
保定	67.6	49.7	36.6	40.3	180.0	182.6	296.3	208.8
沧州	49.7	44.2	39.0	38.1	208.8	189.5	248.3	231.6
石家庄	50.3	41.8	51.5	38.7	238.6	221.2	223.7	245.4
衡水	52.4	42.8	49.2	40.2	202.5	221.8	196.9	243.5
邢台	41.1	35.1	37.3	34.5	273.0	282.5	272.1	258.3
邯郸	66.1	50.2	58.5	38.7	169.5	184.1	188.8	232.9
平均	54.7	43.5	44.7	38.5	207.5	212.8	235.9	233.5

从各个地区间效率差来看，均呈 PFPG3-N>PFPG1-N>PFPG2-N 趋势（图5）。其中，PFPG1-N 以中邯郸最大为 19.8 kg·kg^{-1}，保定最小为-3.7 kg·kg^{-1}；PFPG2-N 普遍较低，邯郸最大为 11.5 kg·kg^{-1}，邢台最小为 0.6 kg·kg^{-1}；PFPG3-N 邯郸最大为 27.4 kg·kg^{-1}，邢台最小为 6.6 kg·kg^{-1}。

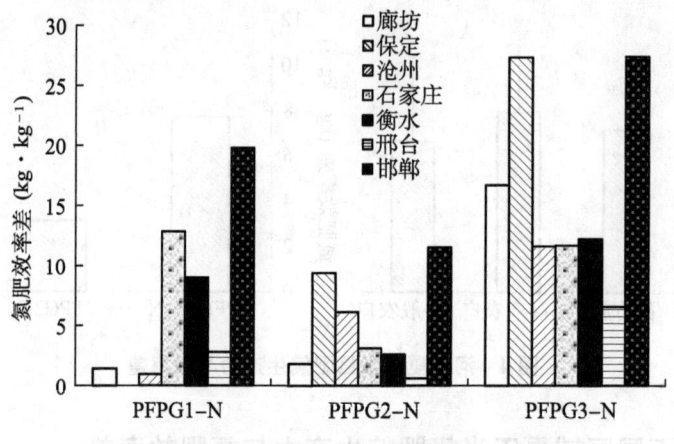

图5 河北省玉米主产区各区域氮肥效率差

3 讨 论

玉米增产问题一直是人们关注的焦点，很多学者都认为目前的玉米产量水平远没有达到其产量潜力[3,10,13]。曹云者等[2]通过作物生长模型模拟发现河北省玉米的光温生产潜力在 13.0 t·hm^{-2}左右，而本研究结果也表明河北省夏玉米的产量潜力仍有较大的增长空间，高产纪录产量潜力与一般农户产量的产量差最高达 3.18 t·hm^{-2}。从本研究结果来看，消除一般农户与高产农户间的产量差可增产 27.7%（YG1），消除一般农户与配方施肥间的产量差（YG2）可增产 6.3%，而消除一般农户与高产纪录间的产量差（YG3）可增产 40.2%。由于 YG2 与 YG1 的很大程度上与土壤肥力、管理措施及肥水不合理的施用的有很大关系[13-14]，因此，通过土壤培肥提高肥力和基础产量水平、加强耕作栽培管理技术应用、提高养分综合管理水平或可降低或抵消上述影响[15]，应作为当前夏玉米增产的主要途径，而以消除 YG3 作为最终目标。

河北夏玉米氮肥用量较大，氮肥偏养分生产力偏低，不同产量水平下的效率差明显。从本研究来看，配方施肥的氮肥施用量低于农民施肥处理，而产量水平差异不大，因此所对应的氮肥偏生产力略高于农民施肥处理，远低于高产农户水平和高产纪录。这说明河北省的测土配方施肥技术推广中除了肥料养分的调控外，更应加强耕作、栽培管理等综合技术的应用，以实现玉米产量较农民习惯施肥大幅度的提高。另外从总体来看，河北夏玉米 PFP-N 在 34.5~40.3 kg·kg^{-1}，与 Dobermann[16] 指出的谷物生产氮肥偏生产力目标范围（40.0~70.0 kg·kg^{-1}）相比，河北夏玉米仍有很大的增效空间。

参考文献

[1] 杨晓光, 刘志娟. 作物产量差研究进展 [J]. 中国农业科学, 2014, 47 (14): 2 731-2 741.

[2] 范兰, 吕昌河, 陈朝. 作物产量差及其形成原因综述 [J]. 自然资源学报, 2011, 26 (12): 2 155-2 166.

[3] 刘保花, 陈新平, 崔振岭, 等. 三大粮食作物产量潜力与产量差研究进展 [J]. 中国生态农业学报, 2015, 23 (5): 525-534.

[4] Cui Z L, Wang G L, Yue S C, et al. Closing the N-Use efficiency gap to achieve food and environmental security [J]. Environment Science Technology, 2014, 48: 5 780-5 787.

[5] 班红勤, 周冉, 张华芳, 等. 河北平原冬小麦增产增效潜力分析 [J]. 麦类作物学报, 2012, 32 (3): 478-483.

[6] Mueller N D, Gerber J S, Johnston M, et al. Closing yield gaps through nutrient and water management. Nature, 2012, 490 (7419): 254-257.

[7] 曹云者, 刘宏, 王中义, 等. 基于作物生长模拟模型的河北省玉米生产潜力研究 [J]. 农业环境科学学报, 2008 (2): 826-832.

[8] 石全红, 刘建刚, 陈阜, 等. 长江中下游地区水稻产量差及分布特征研究 [J]. 中国农业大学学报, 2012, 17 (1): 33-39.

[9] 顾莉丽. 中国玉米经济问题研究综述 [J]. 玉米科学, 2010 (3): 160-164.

[10] 于慧丰, 李吉朝, 杨英茹. 河北省玉米生产现状与发展对策 [J]. 河北农业科学, 2006, 10 (3): 100-102.

[11] 吕晓, 黄贤金, 陈志刚, 等. 中国耕地保护政策的粮食生产绩效分析 [J]. 资源科学, 2010, 32 (12): 2 343-2 348.

[12] Lobell D B, Cassman K G, Field C B. Crop yield gaps: their importance, magnitudes, and causes [J]. Annual Review of Environment and Resources, 2009, 34 (4): 179-204.

[13] 班红勤. 我国主要粮食作物增产增效潜力及其实现策略 [D]. 保定: 河北农业大学, 2012.

[14] Wang T, Lu C H, Yu B H. Production potential and yied gaps of summer maize in the Beijing-Tianjin-Hebei Region [J]. Journal of Geographical Sciences, 2011, 21 (4): 677-688.

[15] Fan M S, Rattan L, Cao J, et al. Plant-based assessment of inherent soil productivity and contributions to China's cereal crop yield increase since 1980 [J]. PLOS ONE, 2013, 8 (9): e74617.

[16] Dobermann A. Nitrogen use efficiency-state of art [R]. Paper of the IFA International Workshop on Enhanced-Efficiency Fertilizers, Frankfurt, Germany, 2005: 28-30.

[此文原刊载于《玉米科学》, 2016, 24 (5): 123-127, 135]

不同肥料滴灌配施夏玉米产量与氮磷钾吸收利用特性

张经廷，吕丽华，张丽华，姚艳荣，董志强，贾秀领

（河北省农林科学院粮油作物研究所/农业部华北地区作物栽培科学观测实验站）

摘　要：以郑单958为材料，在滴灌施肥条件下设置不施氮（N0）、不施磷（P0）、不施钾（K0）和氮磷钾均施（NPK）4个处理，并以传统灌溉施肥方式（Con.-IF）为对照，研究滴灌水肥一体不同肥料配施夏玉米产量与氮磷钾吸收、分配及利用特性。结果表明，滴灌条件下，相较于磷钾肥，玉米对氮肥更敏感，N0处理的产量、干物质积累量、整株氮磷吸收量都显著降低；但其叶片钾含量、茎鞘磷含量极显著增加，导致叶片钾积累量、茎鞘磷积累量显著增加。P0和K0处理玉米产量、干物质积累量、植株氮素吸收量都与NPK没有显著差异，但分别导致磷素和钾素吸收量显著降低；此外，不施磷钾肥氮素从秸秆向籽粒的转运受到限制，籽粒含氮量下降，氮素收获指数显著降低。滴灌条件下，氮磷钾肥平衡施用玉米养分吸收均衡、分配合理，物质生产和产量显著高于传统习惯灌溉施肥方式。

关键词：滴灌施肥；夏玉米；产量；氮磷钾吸收；太行山前平原

华北太行山前平原区是我国粮食高产主产区之一，该区土壤肥沃但水资源十分匮乏，是限制作物产量的主要因素[1]。夏玉米是该区主要粮食作物之一，需水量大，其生育期虽恰逢雨季，但降水与其需水关键期并不能完全匹配，再加上降水年际变化大，生育期内干旱胁迫时常发生[2-3]，因此，人工补灌是保障产量的必要技术措施。该区传统的灌溉方式为地面漫灌，灌水量必须足够大才能达到地面完全灌溉，水资源浪费严重。传统的玉米施肥一般都采取种肥同播、一次性沟施的方式，不再追肥，这种施肥方式，一方面易导致肥料挥发损失（掩埋不实）[4-5]和烧苗现象（种肥隔离不充分或灌水不及时），另一方面不能满足玉米中后期对土壤养分的需求，后期脱肥早衰，影响产量[6]。

滴灌水肥一体是根据土壤水分、养分含量和作物水肥需求特征，通过滴管带把水肥溶液滴于作物根部。滴灌施肥可有效减少养分损失，保证作物养分供应，显著提高养分利用率[7-10]能够很好地解决该区玉米传统灌溉施肥方式的弊端。有关不同水肥条件下玉米产量与氮磷钾养分吸收分配动态的研究，前人已经报道了很多，但这些研究大多是关于传统地面灌溉玉米[11-15]。有关滴灌玉米的产量特性、养分吸收分配规律，前人在覆膜的条件下在西北内陆干旱地区做了一些研究[16-18]，但在华北太行山前平原区有关滴灌施肥玉米的报道还比较少。鉴于玉米植株干物质累积与养分的吸收利用受气候生态因素的影响较大，具有明显的区域特征，本试验在滴灌水肥一体条件下设置不同肥料配施处理，研究华北太行山前平原区滴灌施肥夏玉米产量与物质积累特性、氮磷钾养分吸收规律等，以期为该区玉米高产与养分高效利用提供理论依据。

1 材料与方法

1.1 试验地点

试验于 2014 年 6—10 月在河北省农林科学院堤上试验站进行（东经 114°43′，北纬 37°65′）。该区属太行山前平原，海拔 39～60 m，为暖温带半温润性季风气候，年平均温度 12.5 ℃，近 30 年均降水量 507 mm，日照时数 2711.4 h，无霜期 190 d，四季分明。2014 年，玉米季降水量为 242.8 mm，试验地前茬为小麦，土层深厚，属轻壤质，0～20 cm 土层土壤主要理化性状：pH 值为 8.0，有机质含量 1.55%、全氮 0.98 g·kg⁻¹、碱解氮 72.7 g·kg⁻¹、速效磷 22.6 g·kg⁻¹、速效钾 127.5 g·kg⁻¹。供试品种为郑单 958。

1.2 试验设计

试验共设 5 个处理，以传统灌溉施肥方式为对照（Con.-IF），滴灌施肥条件下 4 个处理分别为：不施氮肥（N0）、不施磷肥（P0）、不施钾肥（K0）、氮磷钾均施（NPK）。小区面积 32.4 m²（5.4 m×6 m），采用随机区组设计，4 次重复。氮磷钾肥施用量分别为：N 200 kg·hm⁻²，P_2O_5 90 kg·hm⁻²，K_2O 150 kg·hm⁻²，施肥量是根据土壤肥力水平、长期肥效试验和目标产量综合确定。滴灌施肥条件下肥料种类分别为尿素（N 含量 46.4%），$NaH_2PO_4·2H_2O$（P_2O_5 含量 45.1%），KCl（K_2O 含量 62.7%）；Con.-IF 处理肥料种类为复合肥，施用量同 NPK 处理。Con.-IF 处理全部肥料作为基肥播种时一次性施入，滴灌施肥分 4 次施入，施肥时期和比例为：播种后（30%）、大喇叭口期（40%）、吐丝期（15%）、灌浆期（15%）。Con.-IF 处理播种后和拔节期分别灌水 750 m³·hm⁻²，滴灌施肥的每次滴水量为 375 m³·hm⁻²。按当地推荐进行玉米生育期内的病虫草害等田间管理。玉米于 2014 年 6 月 17 日播种，行距 60 cm，播种密度 85 000 株·hm⁻²，10 月 3 日收获。

1.3 测定项目和方法

1.3.1 成熟期干物质量

玉米生理成熟期分别在每小区采集 5 株能代表本小区长势的样株。植株取回后按器官把茎鞘、叶片、苞叶、穗轴、籽粒等依次分开，分别装袋，105 ℃烘箱内杀青 30 min，75 ℃烘干至恒重后称干重，粉碎过筛，留样备用。

1.3.2 产量及其构成因素

玉米生理成熟后选取每小区中间连续的 4 行（每行长 4 m）测产。数测产区果穗数，称全部果穗鲜重，根据平均鲜质量及大小穗比例从中选取 20 穗，数穗行数和行粒数，全部脱粒后测籽粒含水量和千粒重，以含水量 14% 计算各小区籽粒产量。

1.3.3 植株氮磷钾养分含量

各器官粉碎烘干的样品用 $H_2SO_4·H_2O_2$ 消煮，全氮用凯氏定氮法测定；全磷用钼锑抗比色法测定；全钾用火焰光度法测定。

1.4 相关公式与数据分析

收获指数（HI）= 籽粒干物重/整株干物重

各器官氮（磷、钾）积累量（$kg \cdot hm^{-2}$）= 各器官干物重×各器官氮（磷、钾）含量

整株氮（磷、钾）积累量（$kg \cdot hm^{-2}$）= 各器官氮（磷、钾）积累量之和

氮（磷、钾）素收获指数 = 籽粒氮（磷、钾）素积累量/植株地上部吸氮（磷、钾）量

氮（磷、钾）素生产效率（$kg \cdot kg^{-1}$）= 籽粒产量/植株地上部吸氮（磷、钾）量

肥料偏生产力（$kg \cdot kg^{-1}$）= 籽粒产量/施肥量

肥料农学效率（$kg \cdot kg^{-1}$）= （施肥区籽粒产量-不施肥区籽粒产量）/ 施肥量

肥料生理效率（$kg \cdot kg^{-1}$）= （施肥区籽粒产量-未施肥区籽粒产量）/ （施肥区该养分吸收量-未施肥区该养分吸收量）

肥料表观利用率（%）= （施肥区该养分吸收量-未施肥区该养分吸收量）/施肥量×100

试验数据使用 Microsoft Excel 2007 录入、处理以及制作图表，用 SPASS 17.0 软件进行统计分析。

2 结果与分析

2.1 不同肥料滴灌配施对玉米成熟期产量、干物质积累与分配的影响

滴灌施肥条件下，与 NPK 处理相比，不施氮（N0）玉米果穗的秃尖长显著增加（0.05 水平上，下同），千粒重和产量显著降低，而穗长、穗直径、穗数和穗粒数没有发生显著变化；不施磷（P0）和不施钾（K0）处理的玉米穗部性状、产量构成因素和产量都与 NPK 处理没有显著差异，说明本试验条件下不施磷钾肥玉米的生长发育并没有受到缺素胁迫。与滴灌施肥（NPK）相比，传统灌溉施肥（Con. -IF）的穗秃尖长显著增加，穗粒数和千粒重降低或显著降低，最终的实际产量显著降低（表1）。

表1 不同肥料滴灌配施对玉米穗部性状及其产量的影响

处理	穗长 (cm)	秃尖长 (cm)	穗直径 (cm)	公顷穗数	穗粒数	千粒重 (g)	理论产量 ($kg \cdot hm^{-2}$)	实际产量 ($kg \cdot hm^{-2}$)
不施氮	12.59 a	2.86 a	4.76 a	80 003.0 a	434.1 b	275.1 b	9 191.7 b	8 478.0 c
不施磷	13.02 a	2.48 bc	4.80 a	81 114.1 a	441.0 ab	279.0 ab	9 990.4 ab	9 986.3 ab
不施钾	13.41 a	2.50 bc	4.84 a	81 268.8 a	453.3 a	280.3 ab	10 332.4 a	10 002.9 ab
氮磷钾均施	13.31 a	2.26 c	4.81 a	82 225.3 a	458.1 a	282.0 a	10 609.8 a	10 299.8 a
传统灌溉施肥	12.74 a	2.71 ab	4.84 a	81 329.9 a	442.7 ab	278.2 b	10 035.6 ab	9 801.9 b

注：同一列中后标字母全都不同的数值在 0.05 水平上有显著差异；下同

滴灌施肥条件下，不施氮处理（N0）玉米的生长发育受到氮素胁迫，成熟期玉米各器官的干物质积累量、整株积累量及收获指数都低于或显著低于滴灌施肥的其他处理（P0、K0 和 NPK）以及传统灌溉施肥处理（Con. -IF）。滴灌条件下，P0 和 K0 处理成熟期各器官及整株的干物质积累量与 NPK 处理相比都没有显著性降低，说明玉米生长发育过程没有受到缺磷缺钾胁迫，对磷钾肥施用相对不敏感。滴灌施肥（NPK）的玉米成熟期各器官及整株干物质积累量都高于或显著高于传统灌溉施肥（Con. -IF），但收获指数没有显著性差异（表2）。

表2 不同肥料滴灌配施对玉米成熟期各器官干物质积累分配的影响（kg · hm^{-2}）

处理	茎+鞘	叶片	苞叶	穗轴	籽粒	整株	收获指数
不施氮	3 580.6 b	2 238.0 b	643.4 b	784.7 b	7 291.1 c	14 537.9 c	0.50 b
不施磷	4 061.7 a	2 521.5 a	731.2 a	887.9 a	8 588.2 ab	16 704.6 ab	0.51 ab
不施钾	3 925.7 ab	2 455.3 a	739.6 a	885.2 a	8 602.5 ab	16 608.0 ab	0.52 a
氮磷钾均施	4 030.9 a	2 439.3 a	755.1 a	868.2 a	8 857.8 a	16 962.3 a	0.52 a
传统灌溉施肥	3 766.2 ab	2 400.2 ab	720.2 a	850.7 a	8 429.6 b	16 101.8 b	0.52 a

2.2 不同肥料滴灌配施对玉米成熟期氮磷钾积累及利用效率的影响

滴灌条件下，与氮磷钾均施（NPK）相比，不施氮（N0）各器官及整株氮素积累都显著降低，但促进了氮素向籽粒的分配，氮素收获指数增加；此外，由于吸氮量的下降幅度显著大于产量的下降幅度，所以单位吸氮量的产量即氮素生产效率显著升高。与 NPK 相比，P0 和 K0 处理玉米各营养器官（茎鞘、叶片、苞叶和穗轴）的氮素积累量增加或显著增加，但籽粒的含氮量显著减小，氮素收获指数显著减小，整株氮素积累量、氮素偏生产力和氮素生产效率都没有显著差异。可见，不施磷和不施钾条件下营养器官中的氮素的再分配及向籽粒中的转移受到限制，过多的氮素滞留于秸秆中。与传统灌溉施肥（Con. -IF）相比，滴灌施肥（NPK）各器官及整株氮素积累量都显著增加，而氮素收获指数、氮肥偏生产力和氮素生产效率没有显著差异（表3）。

表3 不同肥料滴灌配施对玉米成熟期各器官氮素积累分配及利用特征的影响

处理	氮素积累量（kg · hm^{-2}）						氮素收获指数	氮肥偏生产力（kg · kg^{-1}）	氮素生产效率（kg · kg^{-1}）
	茎+鞘	叶片	苞叶	穗轴	籽粒	整株			
不施氮	16.83 d	32.90 c	3.99 c	4.87 b	80.20 d	138.78 c	0.58 a	—	61.09 a
不施磷	35.74 a	52.95 a	4.97 ab	6.04 a	106.28 bc	205.98 a	0.52 d	55.48 a	48.48 c
不施钾	31.87 b	52.05 a	5.25 a	6.29 a	108.39 b	199.85 a	0.54 c	55.57 a	50.05 bc
氮磷钾均施	31.28 b	45.37 b	4.53 b	5.21 b	116.04 a	202.43 a	0.57 ab	57.22 a	50.88 bc
传统灌溉施肥	24.10 c	47.28 b	3.94 c	4.84 b	102.00 c	182.16 b	0.56 b	54.46 a	53.81 b

滴灌施肥条件下，N0 处理玉米茎鞘的干物质积累量低于或显著低于其他处理（表2），但不施氮极显著提高了茎鞘中磷含量（图2），因此其磷素积累量显著高于其他处理；N0 处理的玉米籽粒及整株磷素积累量、磷素收获指数、磷肥偏生产力都显著低于其他处理。P0 处理的玉米整株磷素积累量虽然与 NPK 处理没有显著差异，但籽粒的磷素积累量显著降低，导致磷素收获指数显著低于 NPK 处理。总之，不施磷肥会限制磷素向籽粒中的分配。与氮磷钾肥均施的 NPK 处理相比，不施钾肥（K0 处理）玉米叶片磷素积累量显著增加，其他器官的磷素积累、磷素收获指数、磷肥偏生产力和磷素生产效率都没有显著差异。与传统的灌溉施肥方式（Con. -IF）相比，滴灌施肥（NPK）玉米各器官（除叶片外）及整株的磷素积累量、磷素收获指数都显著增加（表4）。

表4　不同肥料滴灌配施对玉米成熟期各器官磷素积累分配及利用特征的影响

| 处理 | 磷素积累量（kg·hm^{-2}） | | | | | | 氮素收获指数 | 氮肥偏生产力（kg·kg^{-1}） | 氮素生产效率（kg·kg^{-1}） |
	茎+鞘	叶片	苞叶	穗轴	籽粒	整株			
不施氮	8.59 a	8.50 d	1.16 b	1.41 b	39.37 c	59.04 c	0.67 c	70.65 b	143.60 b
不施磷	6.09 b	10.34 ab	1.17 b	1.42 b	44.21 b	63.23 b	0.70 b	—	156.35 b
不施钾	6.28 b	10.80 a	1.33 a	1.59 b	48.17 a	68.18 a	0.71 ab	83.36 a	146.71 b
氮磷钾均施	6.42 b	9.76 bc	1.28 ab	1.49 b	47.83 a	66.60 ab	0.72 a	85.83 a	154.64 b
传统灌溉施肥	5.27 c	9.60 c	0.95 c	1.16 c	39.62 c	56.61 c	0.70 b	81.68 a	173.16 a

滴灌施肥条件下，不同肥料配施对玉米成熟期各器官钾素积累分配及利用特征的影响见表5。由表5可知，不施氮同样影响玉米钾素吸收及其在各器官的分配。N0 处理叶片干物重小于其他处理（表2），但其钾素含量极显著增加（图1），导致其叶片钾素积累量显著高于其他处理；而茎鞘、苞叶和籽粒的钾素积累量显著低于氮磷钾均施的 NPK 处理，整株钾素积累量与 NPK 处理没有显著差异；钾素收获指数、钾肥偏生产力和钾素生产效率都显著低于其他处理。与 NPK 相比，P0 处理叶片的钾素积累量显著增加，苞叶和穗轴的钾素积累量显著降低，同样是由于叶片中钾素含量显著升高（表1），苞叶和穗轴中钾素含量显著降低导致的。P0 处理其他器官的钾素积累量和钾肥（素）利用效率都与 NPK 没有显著差异。K0 处理玉米茎鞘、穗轴和苞叶的钾素积累量都显著低于 NPK 处理，导致其整株钾素积累量也显著降低。与传统施肥相比，滴灌施肥（NPK）玉米整株钾素积累量显著增加，而各种钾肥（素）利用效率没有发生显著变化。

表5　不同肥料滴灌配施对玉米成熟期各器官钾素积累分配及利用特征的影响

| 处理 | 钾素积累量（kg·hm^{-2}） | | | | | | 钾素收获指数 | 钾肥偏生产力（kg·kg^{-1}） | 钾素生产效率（kg·kg^{-1}） |
	茎+鞘	叶片	苞叶	穗轴	籽粒	整株			
不施氮	126.75 b	48.79 a	14.73 b	17.97 ab	25.52 b	233.77 a	0.11 c	56.52 b	36.29 c
不施磷	143.78 a	38.83 b	14.70 b	17.85 b	29.76 a	244.92 a	0.12 b	66.58 a	40.77 b

（续表）

处理	钾素积累量（kg·hm^{-2}）						钾素收获指数	钾肥偏生产力（kg·kg^{-1}）	钾素生产效率（kg·kg^{-1}）
	茎+鞘	叶片	苞叶	穗轴	籽粒	整株			
不施钾	106.78 c	30.45 d	14.87 b	17.79 b	30.11 a	199.99 b	0.15 a	—	50.23 a
氮磷钾均施	141.99 a	30.25 d	16.91 a	19.45 a	31.00 a	239.60 a	0.13 b	68.67 a	43.01 b
传统灌溉施肥	104.70 c	34.08 c	15.48 ab	18.98 ab	29.50 a	202.75 b	0.15 a	65.35 a	48.52 a

滴灌施肥条件下，与 NPK 处理相比，N0 处理玉米叶片中的钾素含量、茎鞘中的磷素含量显著增加；P0 处理玉米叶片中的氮钾素含量、茎鞘中的氮素含量都显著增加；K0 处理叶片中的氮磷素显著增加（图 1 和图 2）。

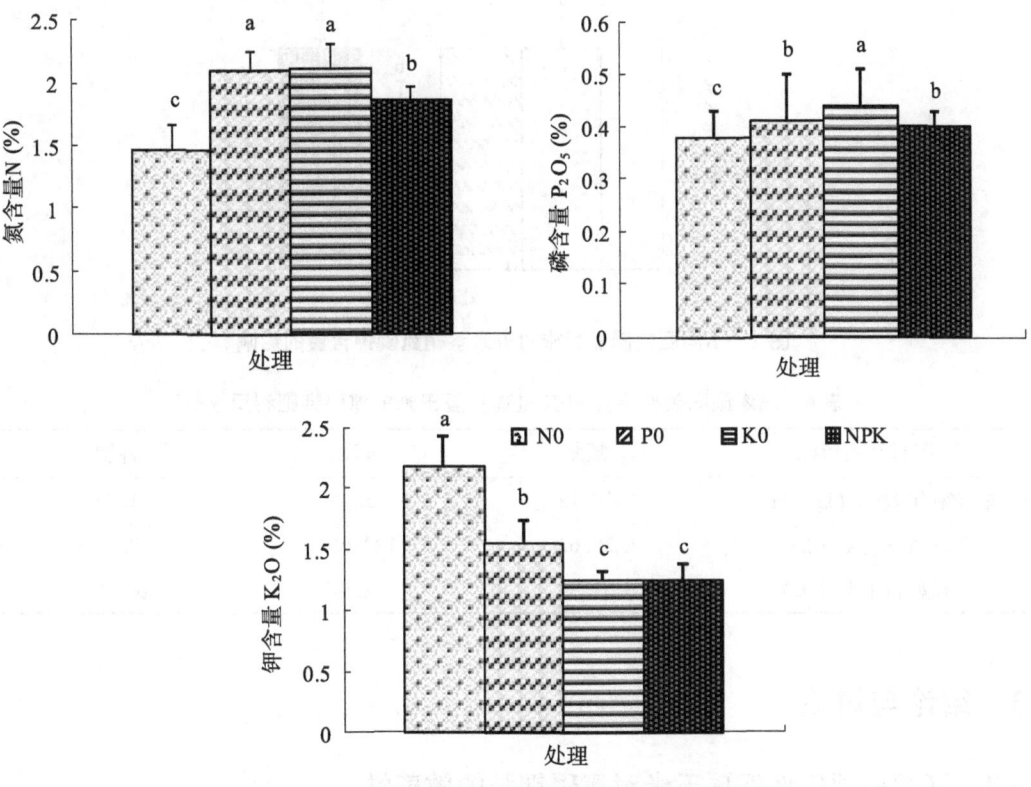

图 1 不同肥料滴灌配施对玉米叶片氮磷钾含量的影响

2.3 滴灌水肥一体玉米氮磷钾利用效率

滴灌施肥条件下，氮磷钾均施处理（NPK）的氮肥农学效率、生理效率和表观利用率分别为 10.12 kg·kg^{-1}、28.62 kg·kg^{-1} 和 35.36%；磷肥的农学效率、生理效率和表观利用率分别为 3.45 kg·kg^{-1}、122.66 kg·kg^{-1} 和 2.81%；钾肥农学效率、生理效率和表观利用率分别为 1.98 kg·kg^{-1}、7.50 kg·kg^{-1} 和 26.40%（表 6）。

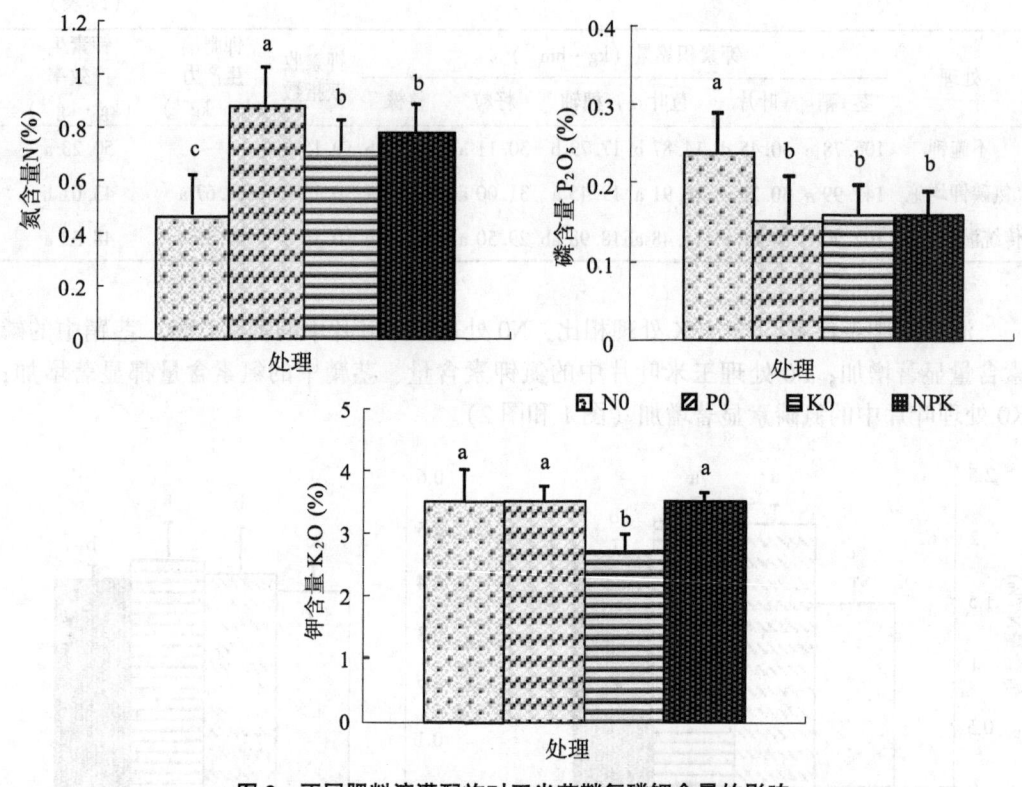

图2 不同肥料滴灌配施对玉米茎鞘氮磷钾含量的影响

表6 滴灌施肥条件下（NPK处理）夏玉米的氮磷钾肥利用效率

肥料利用指标	氮肥	磷肥	钾肥
农学利用效率（kg·kg⁻¹）	10.12	3.45	1.98
生理效率（kg·kg⁻¹）	28.62	122.66	7.50
表观利用率（%）	35.36	2.81	26.40

3 结论与讨论

3.1 滴灌施肥条件下夏玉米对氮磷钾肥的敏感性

土壤养分均衡供应是保障玉米生长发育和产量形成的基础。本研究滴灌施肥条件下，不施氮玉米成熟期产量、干物质积累量以及氮磷吸收量都显著低于氮磷钾均施处理；不施磷和不施钾处理玉米产量、干物质积累量和氮素吸收量都与氮磷钾均施处理没有显著差异。由此可见，本试验条件下，玉米产量形成对氮肥敏感，而对磷钾肥不敏感，这可能与供试土壤磷钾含量比较高降低了对外源磷钾肥的依赖有关。根据第二次土壤普查养分分级标准，试验开始前供试土壤0～20 cm耕层有效磷和有效钾的含量级别分别为Ⅱ级（很高）和Ⅲ级（高）。前人的研究结果也表明，氮肥对玉米的增产效果大于磷钾肥，是主要的养分限制因子[14,18-19]。不施磷钾肥虽然对玉米产量没有影响但分别导致植株磷素和钾素吸收量显著降低，此外不施磷钾还会限制氮素从营养器官向籽粒的转运，导致过多的氮素滞留在秸秆内，籽粒氮素积累量和氮素收获指数显著降低。这与前人研究的适量施钾可提高玉米氮素向籽粒的转运量及转运率的结果相一致[15]。

3.2 不均衡施肥对玉米养分在各器官分配的影响

本研究结果表明，与氮磷钾肥均衡施用相比，不均衡施肥会导致某些器官中某种养分的含量（浓度）异常升高，存在养分奢侈积累或转移受阻滞留的现象，并呈现出氮磷钾3种肥料不施其中一种就会导致玉米营养器官中另两种养分含量显著升高的趋势。例如，不施氮玉米成熟期茎鞘中的磷含量、叶片中的钾含量极显著升高；不施磷茎叶中的氮含量、叶片中的钾含量都显著升高；不施钾叶片中的氮磷含量显著升高。因此会出现某些器官干物质积累量显著降低，而其中某种养分积累量显著升高的现象。例如，不施氮处理茎鞘和叶片的干物质积累量都显著低于氮磷钾均施处理，但茎鞘的磷素积累量、叶片的钾素积累量显著升高。这可能是由于不均衡施肥导致玉米体内酶代谢系统紊乱，养分转运酶活性降低。前人研究表明，土壤养分与作物酶活性之间存在相互作用，玉米植株养分代谢就是在不同酶系统相互协调、相互配合的基础进行的[20-21]，不均衡施肥玉米氮代谢关键酶活性在关键生育期均表现不同程度的降低[22-23]。

3.3 滴灌水肥一体化夏玉米施肥效应

前人研究表明，减少基肥施用比例，增加追肥次数可改善玉米养分状况，提高产量和肥料利用率[24-25]。本研究在滴灌条件下，水肥一体多次施用夏玉米养分吸收均衡、分配合理，干物质积累量、氮磷钾吸收量和产量都显著高于传统灌溉施肥方式。

参考文献

［1］ 刘佳嘉. 河北省农业节水对策研究［D］. 杨凌：中国科学院研究生院，2010.

［2］ 孙景生，肖俊夫，段爱旺，等. 夏玉米耗水规律及水分胁迫对其生长发育和产量的影响［J］. 玉米科学，1999，7（2）：45-48.

［3］ 薛昌颖，张弘，刘荣花. 黄淮海地区夏玉米生长季的干旱风险［J］. 应用生态学报，2016，27（5）：1 521-1 529.

［4］ Zhang Y M, Chen D L, Zhang J B et al. Ammonia volatilization and denitrification loss from an irrigated maize-wheat rotation field in the North China Plain［J］. Pedosphere, 2004, 14（4）: 533-540.

［5］ 李鑫，巨晓棠，张丽娟，等. 不同施肥方式对土壤氨挥发和氧化亚氮排放的影响［J］. 应用生态学报，2008，19（1）：99-104.

［6］ 王俊忠，张超男，赵会杰，等. 不同施肥方式对超高产夏玉米叶绿素荧光特性及产量性状的影响［J］. 植物营养与肥料学报，2008，14（3）：479-483.

［7］ 李伏生，陆申年. 灌溉施肥的研究和应用［J］. 植物营养与肥料学报，2000，6（2）：233-240.

[8] 周建斌, 陈竹君, 李生秀. Fertigation——水肥调控的有效措施 [J]. 干旱地区农业研究, 2001, 19 (4): 16-21.

[9] Bar-Yosef B. Advances in fertigation [J]. Advances in Agronomy, 1999 (65): 1-77.

[10] Hebbar S, Ramach B K, Nanjappa H V, et al. Studies on NPK drip fertigation in field grown tomato (*Lycopersicon esculentum* Mill.) [J]. European Journal Agronomy, 2004, 21: 117-127.

[11] 宋海星, 李生秀. 不同水、氮供应条件下夏玉米养分累积动态研究 [J]. 植物营养与肥料学报, 2002, 8 (4): 399-403.

[12] 曹国军, 刘宁, 李刚, 等. 超高产春玉米氮磷钾的吸收与分配 [J]. 水土保持学报, 2008, 22 (2): 198-201.

[13] 武际, 郭熙盛, 王文军, 等. 磷钾肥配合施用对玉米产量及养分吸收的影响 [J]. 玉米科学, 2006, 14 (3): 147-150.

[14] 王宜伦, 韩燕来, 谭金芳, 等. 氮磷钾配比对高产夏玉米产量、养分吸收积累的影响 [J]. 玉米科学, 2009, 17 (6): 88-92.

[15] 侯云鹏, 王立春, 谢佳贵, 等. 施钾对春玉米产量、养分吸收及分配的影响 [J]. 玉米科学, 2015, 23 (4): 124-131.

[16] 张明智, 牛文全, 许健, 等. 微灌与播前深松对根际土壤酶活性和夏玉米产量的影响 [J]. 应用生态学报, 2016, 27 (6): 1 925-1 934.

[17] 王国栋, 曾胜和, 陈云, 等. 新疆滴灌春玉米密植高产栽培施肥效应研究 [J]. 农业现代化研究, 2014, 35 (3): 376-380.

[18] 李青军, 张炎, 胡伟, 等. 滴灌施肥对玉米生长发育、养分吸收及产量的影响 [J]. 土壤通报, 2014, 45 (5): 1 195-1 201.

[19] 孙文涛, 孙占祥, 张玉龙, 等. 滴灌施肥条件下玉米水肥耦合效应的研究 [J]. 中国农业科学, 2006, 39 (3): 563-568.

[20] Hirel B, Bertin P, Quillere I, et al. Towards a better understandingof the genetic and physiological basis for nitrogen use efficiency in maize [J]. Plant Physiology, 2001, 125: 1 258-1 270.

[21] Lawlor D W. Carbon and nitrogen assimilation in relation to yield: mechanisms are the key to understanding production systems [J]. Journal of Experimental Botany, 2002, 53: 773-787.

[22] 刘淑云, 董树亭, 赵秉强, 等. 长期施肥对下玉米氮代谢关键酶活性的影响 [J]. 作物学报, 2007, 33 (2): 278-283.

[23] 耿玉辉, 李刚, 曹秀艳, 等. 氮、钾不同营养水平对春玉米氮代谢的影响 [J]. 玉米科学, 2009, 17 (6): 101-104

[24] Li M M, Liu Z. Effects of reducing application amount of base fertilizer and increasing application time of leaf fertilizer on corn yield [J]. Agricultural Science&Technology, 2015, 16 (5): 947-950.

[25] 吕鹏, 张吉旺, 刘伟, 等. 施氮时期对超高产夏玉米产量及氮素吸收利用的影响 [J]. 植物营养与肥料学报, 2011, 17 (5): 1 099-1 107.

[此文原刊载于《玉米科学》, 2017, 25 (2): 123-129]

海河低平原区氮磷施肥对高丹草生产性能及饲用品质的影响

李　源，赵海明，游永亮，刘贵波，翟兰菊，武瑞鑫

（河北省农林科学院旱作农业研究所/河北省农作物抗旱研究重点实验室）

摘　要：为探讨海河低平原区氮磷施肥对高丹草（*Sorghum bicolor×S. sudanense*）生产性能及饲用品质的影响，确定合理的施肥量。研究以冀草 2 号高丹草为试验材料，采用大田小区栽培法，测定并分析了不同氮磷施肥处理下（N：0、90、180、270、360、450 kg·hm^{-2}；P：0、45、90、135、180、225 kg·hm^{-2}）高丹草产量性状、饲用品质以及土壤养分等相关指标的变化。结果表明：随着氮磷施肥量的增加，不同氮肥处理下以 N$_{270}$P$_{180}$（N：270 kg·hm^{-2}，P：180 kg·hm^{-2}）水平的全年干草产量显著高于未施肥对照 CK（$P<0.05$），而不同磷肥处理下的全年干草产量与对照 CK 无显著性差异（$P>0.05$）。高丹草粗蛋白含量、酸洗洗涤纤维、中性洗涤纤维、糖锤度含量以及相对饲用价值在不同氮磷施肥处理间无显著性差异（$P>0.05$），但施氮处理后会显著增加硝态氮含量（$P<0.05$），其硝态氮含量平均比对照 CK 增加了 62.6%。不同氮肥处理下土壤全氮、碱解氮含量与对照 CK 无显著性差异（$P>0.05$）；不同磷肥处理下土壤速效磷含量高于或显著高于对照 CK（$P<0.05$）。综合分析得出，海河低平原区高丹草合理的施肥量为，N：180～270 kg·hm^{-2}、P$_2$O$_5$：90～135 kg·hm^{-2}。

关键词：氮肥；磷肥；高丹草；干草产量；硝态氮含量；土壤养分；相对饲用价值

高丹草是以高粱雄性不育系为母本，苏丹草为父本的远缘杂交种。作为一种优质能量型饲草，高丹草已在畜牧、水产养殖以及环境保护等领域表现出广阔的开发利用前景[1,2]。化肥作为重要的农业生产资料，其对农作物的增产作用占农作物增产的 40% 以上[3]。然而，由于化肥的过量使用，不仅造成了资源的浪费，还带来了一系列的负效应，这在学术界已形成共识。因此，研究高丹草的合理施肥量，对实现绿色发展和资源的可持续利用具有重要意义。

近年来，国内外学者在施肥对高丹草产量、品质以及环境影响方面做了一些研究，结论不全相同：在产量性状上，有研究[4-6]得出，施肥可增加高丹草的产量和种植效益；也有研究[7-8]得出，施肥量过高反而会使产量的增产幅度下降。在品质性状上，有研究[9-10]研究得出，施肥对高丹草植株粗蛋白、粗纤维的产量均有出促进作用；有研究[11]得出，施肥会显著增加高丹草硝态氮含量；也有研究[7]得出，施肥对高丹草粗蛋白质含量、酸性洗涤纤维、中性洗涤纤维、可溶性糖含量无显著影响。在土壤养分上，有研究[12]得出，高丹草与化肥配施在一定程度上会降低土壤的 pH 值，提高土壤全氮、碱解氮和速效磷的含量；有研究[13]得出，氮磷钾肥配施能维持苏丹草—黑麦草轮作系

统中氮素的平衡；也有研究[14]指出，黑麦—高丹草轮作是一年内提取深层土壤累积硝态氮效果最好的种植模式。在高丹草合理施肥量的研究上，一些专家也给出了适合不同生态区域种植的高丹草推荐施肥量[15-17]。

由于高丹草适应性广，不同生态区因土壤类型、生产条件迥异，其施肥制度也不相同。然而，在海河低平原农区，关于施肥对高丹草产量及品质的影响以及高丹草合理施肥量方面的报道较少，尚未形成科学合理的施肥技术。基于此，笔者开展了不同氮磷施肥处理对高丹草生产性能及饲用品质影响的研究，旨为海河低平原区高丹草的科学施肥提供理论依据。

1　材料与方法

1.1　试验地自然概况

试验地位于河北省农林科学院旱作农业节水试验站（E115°42′，N37°44′），海拔高度 20 m，属暖温带半干旱半湿润季风气候，年平均气温 12.6 ℃，年平均降水 510 mm，其中 70%降水集中在 7—8 月。无霜期 206 d。试验田土壤为黏质壤土，试验开始前 0～40 cm 基础土壤养分情况：pH 值 7.88，全盐量 0.53 g·kg⁻¹，有机质 16.6 g·kg⁻¹，全氮 1.0 g·kg⁻¹，碱解氮 60.4 mg·kg⁻¹，速效磷 12.5 mg·kg⁻¹，速效钾 201.7 mg·kg⁻¹。前茬作物为饲用黑麦与夏玉米复种试验地。

1.2　试验材料

本研究以冀草 2 号高丹草为试验材料，该品种由河北省农林科学院旱作农业研究所选育，是以新型饲草 A_3 型高粱不育系 A_3HG5A 为母本，苏丹草稳定性 S2006 作父本通过远缘杂交法选育而成，于 2010 年 6 月通过国家草品种审定委员会审定，品种登记号：393。试验所使用的尿素由河北沧州大化集团有限公司生产，有效成分含量（含 N）为 46.4%；过磷酸钙肥由云南个旧大通磷化肥有限公司生产，有效成分含量（含 P_2O_5）为 16%。

1.3　试验方法

试验于 2012 年 5—10 月在河北省农林科学院旱作农业节水试验站进行。试验小区面积为 32 m²（4 m×8 m）。5 月 18 日播种，播种量 22.5 kg·hm⁻²，播种深度 3～5 cm，条播，行距 40 cm，播后镇压。3 叶期间苗，5 叶期定苗，株距 15 cm，每小区种植 10 行，为防止不同小区之间肥料相互渗透影响，各小区间隔 1.5 m。

设氮肥（N）、磷肥（P）两个单因素施肥处理试验，随机区组设计，3 次重复。在参照高丹草施肥量相关文献的基础上[15-17]，设置了本研究的施肥量水平：N 处理试验设 N_0P_0、N_0P_{180}、$N_{90}P_{180}$、$N_{180}P_{180}$、$N_{270}P_{180}$、$N_{360}P_{180}$ 和 $N_{450}P_{180}$ 等 7 个施肥量水平，其中"N、P"分别表示施纯 N、P_2O_5 肥，右下角表示每公顷的施入量；"N_0～N_{450}"表示每公顷施纯 N 量分别为 0 kg、90 kg、180 kg、270 kg、360 kg、450 kg，氮肥分两次施入，第 1 次施肥 50%作底肥，第 2 次在拔节前期追施 50%；P_{180} 表示不同 N 处理下纯

P_2O_5 的施肥量，为保证 N 水平下 P 施肥量充足供应，均按每公顷 180 kg 施入，作为底肥一次性施入；N_0P_0 为 N 试验的对照（CK），表示不施 N、P 肥。以 T_0 表示 N 处理施肥试验前未种植高丹草时的土壤养分。

同样，P 处理试验中也设 7 个施肥量水平，分别为：$N_0'P_0'$、P_0N_{360}、$P_{45}N_{360}$、$P_{90}N_{360}$、$P_{135}N_{360}$、$P_{180}N_{360}$、$P_{225}N_{360}$。其中"N、P"分别表示施纯 N、P_2O_5 肥，"$P_0 \sim P_{225}$"表示每公顷施纯 P 量分别为 0 kg、45 kg、90 kg、135 kg、180 kg、225 kg，作为底肥一次性施入；N_{360} 表示不同 P 水平处理下 N 肥的施入量，为保证 P 水平下 N 施肥量充足供应，均按每公顷 360 kg 施入，分二次施完，基施 50%，拔节前期追施 50%。$N_0'P_0'$ 为 P 试验的 CK'，表示不施 N、P 肥料。以 T_1 表示 P 处理施肥试验前未种植高丹草时的土壤养分。

施肥试验分别于 2012 年的 8 月 2 日、10 月 4 日进行了第 1、2 茬草的刈割测产，第 1 茬草刈割时为拔节后期，第 2 茬草刈割时为孕穗期。每次试验刈割时留茬高度 15 cm。于播后苗前采用 38% 莠去津悬浮剂均匀喷施地表防除杂草，用药量为每公顷 1 800～2 250 g。N 肥追施处理在拔节前期结合灌水进行，灌水量为 600 $m^3 \cdot hm^{-2}$。

1.4 测定指标与方法

1.4.1 产量性状

株高，测定从地面到植株新叶最高部位的绝对高度；刈割测产前统计测产小区内群体茎数换算成群体密度；茎叶比和鲜干比，在每小区取代表性的植株 5 株，人工将其茎和叶、穗分开，待自然风干后各自称重，分别计算茎叶比和鲜干比；干草产量，在每次测产时去掉小区两侧边行及行头 75 cm，先测定中间 8 行区全部的鲜草产量，再通过鲜干比折算成全年干草产量。

1.4.2 饲用品质

施肥试验在第 1 茬草收获时，每小区选取代表性的 5 株鲜样，人工切碎，长度 3 cm 左右，待自然风干后再 80 ℃烘干至恒重。采用凯氏定氮法测定粗蛋白（CP）含量[18]；采用 Van Soest 法测定中性洗涤纤维（NDF）、酸性洗涤纤维（ADF）的含量[19]；并计算相对饲用价值（RFV）[20]，计算公式为：

$$RFV = (DDM \times DMI)/1.29$$

$$DDM(\%) = 88.9 - 0.779 \times ADF$$

$$DMI(\%) = 120/NDF$$

式中：DDM 为可消化干物质，DMI 为粗饲料干物质采食量。

同时选取 5 株代表性植株鲜样，采用手持量糖仪测定其主茎的基部、中部和上部的汁液糖锤度（Brix，BX），然后计算主茎平均糖锤度含量，以"%"表示；采用紫外可见分光光度计法测定植物体内硝态氮含量。

1.4.3 土壤养分

在氮、磷施肥处理试验开始前、试验结束后，分别取每个施肥处理小区耕作土 0～40 cm 的土壤，测定土壤养分指标[21]。采用比色法测量土壤的 pH 值，采用电导率法测量土壤全盐量，利用稀释热法测定土壤有机质含量，利用凯氏定氮法测定土壤全氮含量，碱解氮含量采用扩散法测定，速效磷含量利用 0.5 mol·L⁻¹ NaHCO₃浸提法测定，利用 1 mol·L⁻¹中性乙酸铵浸提速效钾，火焰光度法测定速效钾含量。

1.5 数据处理

运用 Microsoft Excel 2007 软件对不同处理下的相关数据进行平均值计算，用 SPSS18.0 软件进行方差统计分析；表中所列数据均用"平均值±标准误"表示。

2 结果与分析

2.1 施肥对高丹草产量性状的影响

2.1.1 不同氮肥处理对高丹草产量性状的影响

不同氮肥对冀草 2 号高丹草产量性状的影响（表1）表现为，第 1 茬草刈割时，各施氮水平下冀草 2 号高丹草的平均株高为 242.3 cm，比 CK（N_0P_0）增加了 12 cm，第 2 茬草刈割时，冀草 2 号高丹草在施氮水平下的平均株高为 209.1 cm，比 CK（N_0P_0）增加了 0.5 cm。方差分析结果显示，冀草 2 号高丹草在相同茬次、不同施氮水平下的株高与对照 CK 无显著差异（$P>0.05$）。相同茬次、不同施氮水平下，冀草 2 号高丹草群体密度、茎叶比无显著差异（$P>0.05$），但第 1 茬草的平均鲜干比显著高于第 2 茬，可能是受雨热同期的影响。分析冀草 2 号高丹草干草产量发现（表1），第 1 茬草刈割时，$N_{270}P_{180}$水平下的干草产量为最高，显著高于 N_0P_{180}水平（$P<0.05$），但与其他施氮水平无显著性差异；第 2 茬草刈割时，不同施氮水平下的干草产量与对照 CK 间无显著差异。随着施氮量的增加，冀草 2 号高丹草全年干草产量呈增加趋势，施氮水平下的平均总干草产量比对照增加了 5.17%，其中以 $N_{270}P_{180}$施氮水平下的干草产量显著高于对照 CK 外，而施氮水平间的干草产量无显著差异。

2.1.2 不同磷肥处理对高丹草产量性状的影响

不同磷肥处理对冀草 2 号高丹草产量性状的影响（表1）表现为，相同茬次、不同施磷水平下冀草 2 号高丹草株高、群体密度与 CK′（$N_0'P_0'$）均无显著差异（$P>0.05$）。第 1 茬草除 P_0N_{360}、$P_{225}N_{360}$的茎叶比除与 CK′无显著差异外，其余处理均显著低于 CK′（$P<0.05$）；第 2 茬除 P_0N_{360}处理外，其他施磷水平与 CK′的茎叶比值无显著差异。第 1 茬草除 $P_{135}N_{360}$水平下的鲜干比显著高于 CK′，其他处理均与 CK′无显著差异；第 2 茬除 $P_{180}N_{360}$处理下的鲜干比与 CK′无显著差异，其他处理下的鲜干比均显著低于 CK′。

不同施磷水平下，冀草 2 号高丹草干草产量（表1）表现为，第 1 茬草除 $P_{135}N_{360}$施磷水平外，其他施磷水平的干草产量与 CK′无显著差异（$P>0.05$）；而第 2 茬草不同施磷水平下的干草产量均与 CK′无显著差异（$P>0.05$）。分析全年干草产量表现为（表1），随着施磷量的增加，各施磷水平下的平均干草产量比对照增加了 1.23%，但不与 CK′无显著差异。

表1 氮、磷施肥对高丹草产量性状的影响

施肥试验	施肥水平	株高（cm）		群体密度（N·hm⁻²）		茎叶比		鲜干比		干草产量（kg·hm⁻²）		总干草产量（kg·hm⁻²）
		1茬	2茬	1茬	2茬	1茬	2茬	1茬	2茬	1茬	2茬	
氮肥试验	CK（N_0P_0）	230.3±9.2 a	208.6±3.4 a	159 135±15 887 a	285 577±42 713 a	1.50±0.00 a	2.11±0.10 a	6.54±0.36 a	5.77±0.05 ab	7 366±202 ab	5 898±346 a	13 264±615 b
	N_0P_{180}	236.2±11.1 a	210.2±4.6 a	159 936±8 895 a	258 173±23 469 a	1.50±0.30 a	1.93±0.10 a	6.91±0.49 ab	5.36±0.39 b	7 133±71 b	6 580±196 ab	13 713±1 028 ab
	$N_{90}P_{180}$	242.1±8.9 a	208.1±6.0 a	161 218±11 858 a	282 532±54 811 a	1.70±0.12 a	1.93±0.09 a	6.35±0.61 b	5.87±0.35 a	7 816±206 ab	5 883±502 a	13 699±555 ab
	$N_{180}P_{180}$	241.1±5.0 a	209.7±2.3 a	156 731±12 134 a	269 712±26 232 a	1.53±0.07 a	1.95±0.20 a	6.67±0.13 ab	5.89±0.08 a	7 347±233 ab	6 230±301 a	13 576±439 ab
	$N_{270}P_{180}$	243.1±2.3 a	208.2±2.1 a	175 000±4 273 a	301 923±53 313 a	1.64±0.07 a	2.05±0.19 a	6.63±0.04 ab	5.76±0.34 ab	8 140±245 a	6 445±273 a	14 585±456 a
	$N_{360}^AP_{180}$	245.7±9.5 a	206.0±1.3 a	177 885±16 902 a	296 795±1 210 a	1.60±0.01 a	2.01±0.13 a	6.79±0.15 ab	5.78±0.36 ab	7 734±105 ab	6 138±409 ab	13 872±424 ab
	$N_{450}P_{180}$	245.8±1.1 a	212.6±6.4 a	163 462±8 506 a	300 481±11 203 a	1.49±0.12 a	2.18±0.19 a	7.05±0.22 a	5.60±0.18 ab	7 379±226 ab	6 870±349 ab	14 250±652 ab
磷肥试验	CK'（$N_0'P_0'$）	241.8±2.4 a	207.5±2.6 a	163 942±3 935 a	268 269±17 788 a	1.71±0.01 a	1.66±0.03 b	6.67±0.05 b	5.81±0.25 a	7 898±99 a	7 062±228 a	14 960±136 a
	P_0N_{360}	242.1±1.6 a	204.6±4.2 a	160 577±4 406 a	240 385±14 205 a	1.59±0.07 abc	2.19±0.00 a	6.61±0.24 b	5.32±0.24 bc	7 906±693 a	7 284±180 a	15 190±602 a
	$P_{45}N_{360}$	247.4±6.4 a	205.0±8.8 a	209 455±87 265 a	230 449±22 557 a	1.51±0.03 bc	2.15±0.38 ab	6.70±0.17 b	5.32±0.13 bc	8 010±157 a	7 245±348 a	15 255±248 a
	$P_{90}N_{360}$	246.8±4.8 a	202.9±6.6 a	165 064±9 024 a	232 692±15 452 a	1.48±0.03 bc	1.97±0.13 ab	6.64±0.16 b	5.26±0.19 bc	8 340±215 a	6 897±1 000 a	15 237±998 a
	$P_{135}N_{360}$	242.0±3.3 a	200.3±2.9 a	163 301±11 542 a	240 064±50 206 a	1.48±0.05 c	1.96±0.17 ab	7.29±0.15 a	5.16±0.30 c	7 247±287 b	6 966±1 497 a	14 213±1 762 a
	$P_{180}N_{360}$	245.2±6.6 a	208.2±5.7 a	173 237±13 482 a	259 135±9 723 a	1.54±0.12 bc	2.11±0.61 ab	6.66±0.27 b	5.59±0.16 ab	8 306±224 a	6 915±281 a	15 222±255 a
	$P_{225}N_{360}$	242.8±4.6 a	205.1±5.1 a	164 583±9 202 a	242 468±21 292 a	1.62±0.14 ab	2.06±0.05 ab	6.73±0.22 b	5.10±0.16 c	8 214±310 a	7 535±210 a	15 750±340 a

注：施同一肥料试验中同列不同小写字母表示不同施肥水平之间差异显著（$P<0.05$），下同

2.2 施肥对高丹草饲用品质性状的影响

2.2.1 不同氮肥处理对高丹草饲用品质性状的影响

不同氮肥处理对冀草2号高丹草品质性状的影响（表2）表现为，施氮处理后冀草2号高丹草平均 CP 含量比 CK 增加 0.18%，但不同施氮水平下的 CP 含量与 CK 无显著差异（$P>0.05$）；施氮处理后冀草2号高丹草的平均 ADF 含量比 CK 降低了 2.43%，以 $N_{270}P_{180}$ 水平下的 ADF 含量显著低于 CK（$P<0.05$），而其他施氮水平下的 ADF 含量与 CK 无显著差异；施氮处理后冀草2号高丹草的平均 NDF 含量比 CK 降低了 1.63%，但不同施氮水平下的 NDF 含量与 CK 无显著差异；施氮处理后冀草2号高丹草的糖锤度含量与 CK 无显著差异；但施氮处理后硝态氮含量显著增加，其平均硝态氮含量比 CK 增加了 62.6%，且随着施氮量的增加，各施氮水平下的硝态氮含量显著高于 CK；方差分析显示，不同施氮处理下冀草2号高丹草的相对饲用价值无显著差异（表2）。

表 2 不同氮肥处理对高丹草饲用品质性状的影响

氮肥处理	粗蛋白（%）	酸性洗涤纤维（%）	中性洗涤纤维（%）	糖锤度（%）	硝态氮（$\mu g \cdot g^{-1}$）	相对饲用价值
CK	9.90±1.16 ab	41.78±2.00 a	65.63±0.87 a	3.42±0.46 a	227.79±54.7 c	79.9±3.1 a
N_0P_{180}	10.12±0.19 ab	40.64±0.42 ab	64.65±0.58 a	2.80±0.36 a	356.47±61.3 ab	82.4±0.7 a
$N_{90}P_{180}$	9.78±0.34 ab	41.20±1.08 ab	65.17±0.75 a	2.95±0.49 a	353.90±52.1 ab	81.1±1.9 a
$N_{180}P_{180}$	9.50±0.60 b	41.37±1.29 ab	64.48±1.30 a	3.25±0.30 a	310.92±16.4 bc	81.8±2.7 a
$N_{270}P_{180}$	10.20±0.35 ab	39.45±0.66 b	63.97±0.64 a	2.86±0.50 a	351.40±43.4 ab	84.6±1.6 a
$N_{360}P_{180}$	10.76±0.23 a	40.17±0.98 a	64.26±1.92 a	2.97±0.14 a	430.64±55.7 a	83.5±3.3 a
$N_{450}P_{180}$	10.12±0.39 ab	41.75±1.66 a	64.85±1.23 a	3.06±0.09 a	419.56±62.5 ab	80.9±3.4 a

2.2.2 不同磷肥处理对高丹草饲用品质性状的影响

不同磷肥处理对冀草2号高丹草品质性状的影响（表3）表现为，施磷处理后冀草2号高丹草的 *CP* 含量显著高于 CK'（$P<0.05$）；施磷处理后冀草2号高丹草平均 *ADF* 含量比 CK'降低了 1.72%，但不同施磷水平下的 *ADF* 含量与 CK'无显著差异（$P>0.05$）；施氮处理后冀草2号高丹草平均 *NDF* 含量比 CK'降低了 1.17%，除 $P_{225}N_{360}$ 水平下的 *NDF* 含量显著低于 CK'外，其他施磷水平下的 *NDF* 含量均与 CK'无显著差异；施磷处理后冀草2号高丹草平均糖锤度含量比 CK'降低了 4.56%，但不同施磷水平下的糖锤度含量与 CK'无显著差异。方差分析显示，不同施磷处理下冀草2号高丹草的相对饲用价值无显著差异（表3）。

表3 不同磷肥处理对高丹草品质性状的影响

磷肥处理	粗蛋白（%）	酸性洗涤纤维（%）	中性洗涤纤维（%）	糖锤度（%）	相对饲用价值
CK′（$N_0'P_0'$）	10.46±0.10 b	41.96±0.87 a	65.41±0.24 a	3.05±0.11 ab	79.9±0.7 a
P_0N_{360}	11.73±0.22 a	40.53±0.75 a	64.49±0.99 ab	3.02±0.46 ab	82.7±1.1 a
$P_{45}N_{360}$	11.78±0.92 a	41.47±1.81 a	65.16±2.18 ab	2.78±0.20 ab	80.9±2.1 a
$P_{90}N_{360}$	11.38±0.58 a	42.17±1.69 a	65.41±0.54 a	2.83±0.21 ab	79.7±1.7 a
$P_{135}N_{360}$	11.81±0.20 a	42.05±1.43 a	65.05±1.05 ab	2.66±0.29 b	80.3±2.5 a
$P_{180}N_{360}$	11.89±0.08 a	40.75±1.23 a	64.31±1.08 ab	2.96±0.19 ab	82.7±2.8 a
$P_{225}N_{360}$	11.42±0.32 a	40.46±0.90 a	63.44±0.69 b	3.22±0.35 a	84.1±1.1 a

2.3 施肥对土壤主要养分的影响

2.3.1 不同氮肥处理下土壤养分的变化

与未种高丹草之前的基础土样 T0 相比，种植高丹草后的 $CK(N_0P_0)$ 可显著提高土壤 pH 值（$P<0.05$），降低土壤全盐量、土壤有机质、全氮、碱解氮含量、速效磷含量以及速效钾含量；土壤全盐量、速效钾和碱解氮含量呈显著性降低（$P<0.05$），而对土壤有机质、全氮和速效磷含量无显著影响（$P>0.05$）（表4）。

施氮肥处理下，与 $CK(N_0P_0)$ 相比，不同氮肥水平下土壤有机质、全氮、碱解氮含量无显著差异（$P>0.05$）。而土壤 pH 值、全盐量、速效磷和速效钾含量在不同氮肥水平下表现出一定的差异性：随着施氮量的增加，土壤 pH 值从 $N_{180}P_{180}$ 开始显著低于 $CK(N_0P_0)$ 和 N_0P_{180} 水平（$P<0.05$）；施氮处理后土壤全盐量从 $N_{180}P_{180}$ 开始显著高于 $CK(N_0P_0)$；土壤速效磷含量除 N_0P_{180}、$N_{360}P_{180}$ 外，土壤速效钾含量除 $N_{180}P_{180}$、$N_{450}P_{180}$ 水平外，均与 $CK(N_0P_0)$ 无显著差异（表4）。

2.3.2 不同磷肥处理下土壤养分的变化

与未种高丹草之前的基础土样 T0 相比，种植高丹草后的 CK′（$N_0'P_0'$）可显著提高土壤 pH 值（$P<0.05$），降低了土壤全盐量、土壤有机质、全氮、碱解氮含量、速效磷含量以及速效钾含量（$P<0.05$）；土壤全盐量、全氮、速效磷和速效钾含量显著性降低；而对土壤有机质、碱解氮含量无显著影响（$P>0.05$）（表4）。

施磷肥处理下，与 CK′（$N_0'P_0'$）相比，不同磷肥水平下土壤 pH 值、有机质、全氮、速效钾和碱解氮含量无显著性差异（$P>0.05$）。而土壤的全盐量、速效磷含量在不同 P 肥水平下表现出一定的差异性：随着施磷量的增加，不同施磷水平土壤全盐量与基础土样 T0 无显著差异；土壤中速效磷含量除在 P_0N_{360}、$P_{45}N_{360}$ 水平下与 CK′（$N_0'P_0'$）无显著差异，其他施磷水平下的速效磷含量显著高于 CK′（$N_0'P_0'$）（$P<0.05$）（表4）。

表 4　氮、磷施肥处理对高丹草试验田土壤养分的影响

施肥试验	施肥水平	pH 值	全盐 (g·kg⁻¹)	有机质 (g·kg⁻¹)	全氮 (g·kg⁻¹)	碱解氮 (mg·kg⁻¹)	速效磷 (mg·kg⁻¹)	速效钾 (mg·kg⁻¹)
氮肥试验	T_0	7.94± 0.10 c	0.52± 0.01 ab	15.6± 2.0 a	0.97± 0.10 a	60.9± 1.0 a	12.4± 0.1 ab	194.7± 20.0 a
	CK（N_0P_0）	8.14± 0.12 ab	0.43± 0.01 c	14.0± 0.9 a	0.85± 0.06 ab	47.1± 5.7 b	11.5± 1.6 bc	249.1± 17.1 bc
	N_0P_{180}	8.17± 0.11 a	0.45± 0.03 bc	15.1± 1.4 a	0.88± 0.07 ab	55.6± 5.0 ab	14.3± 0.5 a	213.5± 23.6 ab
	$N_{90}P_{180}$	8.02± 0.06 bc	0.49± 0.02 abc	13.6± 1.4 a	0.81± 0.09 b	50.3± 8.5 ab	11.4± 1.7 bc	163.4± 34.0 abc
	$N_{180}P_{180}$	7.98± 0.07 c	0.51± 0.02 ab	13.9± 1.9 a	0.80± 0.08 b	44.6± 8.6 b	11.6± 1.3 bc	193.7± 14.3 a
	$N_{270}P_{180}$	7.99± 0.05 c	0.54± 0.05 a	15.4± 1.4 a	0.79± 0.07 b	48.7± 8.2 ab	9.6± 1.3 cd	134.8± 13.5 c
	$N_{360}P_{180}$	7.98± 0.03 c	0.52± 0.03 ab	14.6± 1.1 a	0.83± 0.04 b	48.4± 6.9 ab	9.0± 1.7 d	147.7± 18.4 c
	$N_{450}P_{180}$	7.96± 0.07 c	0.57± 0.09 a	14.0± 1.2 a	0.84± 0.05 b	50.0± 5.0 ab	9.4± 0.2 cd	188.8± 18.5 a
磷肥试验	T_0	7.81± 0.14 b	0.54± 0.03 a	17.4± 1.8 a	1.02± 0.07 a	59.9± 1.5 ab	12.6± 0.6 a	208.6± 18.8 a
	CK′（$N_0'P_0'$）	8.35± 0.10 a	0.38± 0.01 b	15.2± 0.3 a	0.80± 0.01 b	58.4± 0.7 ab	7.6± 0.2 e	147.3± 21.4 b
	P_0N_{360}	8.02± 0.23 ab	0.54± 0.09 a	17.1± 0.8 a	0.91± 0.03 ab	61.8± 2.0 a	8.2± 1.0 de	158.5± 23.9 b
	$P_{45}N_{360}$	8.11± 0.20 ab	0.43± 0.01 ab	15.7± 0.5 a	0.86± 0.06 b	54.1± 4.4 b	8.3± 0.9 de	168.8± 29.9 ab
	$P_{90}N_{360}$	8.16± 0.20 ab	0.43± 0.04 ab	15.6± 1.2 a	0.80± 0.03 b	58.7± 3.8 ab	9.6± 1.1 cd	177.0± 9.5 ab
	$P_{135}N_{360}$	8.15± 0.19 ab	0.45± 0.03 ab	16.9± 2.0 a	0.87± 0.11 b	59.6± 4.4 ab	10.7± 2.0 bc	169.4± 26.1 ab
	$P_{180}N_{360}$	8.06± 0.15 ab	0.51± 0.05 a	17.1± 0.7 a	0.90± 0.04 ab	59.8± 0.7 ab	10.8± 0.8 abc	165.5± 22.4 b
	$P_{225}N_{360}$	8.07± 0.21 ab	0.49± 0.02 a	15.9± 0.7 a	0.88± 0.07 ab	60.6± 5.9 ab	11.7± 0.7 ab	163.6± 11.8 b

注：T_0 表示施肥试验前未种植高丹草时的土壤养分

3　讨论与结论

有研究得出，施用氮肥能极显著增加高丹草的株高，不施氮肥的情况下，施用磷肥对其株高有抑制作用[4]，而本研究得出氮、磷施肥处理下，冀草 2 号高丹草在不同刈割茬次下的株高与未施肥对照无显著差异（$P>0.05$），出现这样的结果可能与这两个试验中品种测定时期和试验环境有关。本研究是在田间自然环境下，分别在拔节后期、孕穗

期测定的株高；而邢素芝[4]等采用的是盆栽试验，测定的是播种后 74 d 的株高。在硝态氮含量研究上，本研究得出与张晓艳等[11]和王朝辉等[22]相同的研究结果：随着施肥量的增加，植物体内硝态氮含量也会显著增加；有研究表明，当植物体内富集硝态氮含量过多时，会在瘤胃中被还原为亚硝酸盐，导致饲喂动物中毒，不利于饲喂安全[23]，本研究同样表明，合理的施肥量是保证高丹草饲喂安全的必要前提。

在施肥对高丹草产量性状的研究上，有研究得出，施肥对高丹草的生长及干物质积累影响显著[4]，施氮量处理下高丹草的年鲜草产量均显著提高[5]；在施肥对高丹草品质性状的研究上，有研究[9-10]得出，施肥对高丹草植株粗蛋白、粗纤维的产量均有出促进作用。而本研究结果得出，随着氮磷施肥量的增加，不同氮肥处理下以 $N_{270}P_{180}$ 水平的全年干草产量显著高于未施肥对照 ($P<0.05$)，而不同磷肥处理下的全年干草产量与对照无显著差异 ($P>0.05$)；高丹草粗蛋白含量、酸洗洗涤纤维、中性洗涤纤维、糖锤度含量以及相对饲用价值在不同氮磷施肥处理间无显著差异。这可能与所选用试验地的土壤肥力有关。通过进一步分析土壤养分指标得出，不同氮肥处理下土壤全氮、碱解氮含量与对照并没有显著性差异；不同磷肥处理下土壤速效磷含量高于或显著高于对照。由此表明，该试验地的土壤肥力情况可能属中高等肥力，在此土壤环境下，不施或少施氮、磷肥并不会明显影响高丹草的产量和品质。

在高丹草合理施肥量的研究上，晋草 1 号高丹草为每公顷施磷肥 750 kg，尿素 375 kg[15]；健宝高丹草最优施肥方案为 303.89 kg·hm^{-2} N、240 kg·hm^{-2} P_2O_5、240 kg·hm^{-2} K_2O[16]；乐食高丹草高产的施肥组合为 184.1～206.2 kg·hm^{-2}N、165.8～194.2 kg·hm^{-2} P_2O_5、96.2～109.7 kg·hm^{-2} K_2O[17]；本研究在分析产量性状、饲用品质和土壤养分的基础上得出，在海河低平原区，高丹草产量和饲用品质并没有随着氮磷施肥量的增加而发生显著变化。然而，随着施肥量的增加，不仅会增加种植成本，造成资源的浪费，还会因为土壤残留导致生态环境变化。因此，在综合考虑的基础上，得出海河平原区高丹草合理施肥量为 180～270 kg·hm^{-2} N、90～135 kg·hm^{-2} P_2O_5。然而，在中高等肥力土壤下，高丹草生产田是否可减施或隔年（季）施肥，还需进一步试验验证。

种植高丹草前后土壤养分的差异表明，与未种高丹草之前的基础土壤养分 T0 处理相比，为施肥对照 (N_0P_0水) 显著提高了土壤 pH 值，显著降低了土壤全盐量、速效钾含量 ($P<0.05$)，而对土壤有机质含量无显著影响 ($P>0.05$)。但在土壤全氮、碱解氮含量、速效磷含量的降低程度上表现出一定差异：施氮试验下，对照的土壤碱解氮含量显著低于未种植高丹草之前的土壤，而对土壤全氮、速效磷含量影响不显著；施磷试验下，未施肥对照的土壤全氮、速效磷含量显著低于未种植高丹草之前的土壤处理，而对碱解氮含量影响不显著。出现这样的差异可能是由于系统误差造成的，与基础土壤养分的取样有关，因为本研究氮磷试验基础土样的选择分别是针对各自试验地的整体取样，随机选取 5 个点混合后测定的；而每个施肥处理下的对照 (N_0P_0) 取样是针对各自试验小区的取样。

本研究氮磷施肥试验均采用单因素随机区组设计，在磷施入量一致的条件下研究了不同氮肥处理对高丹草产量和品质的影响，在磷肥试验的研究则是保证了氮肥的供应量一致，试验的结果考虑氮磷施肥试验间的互作效应不够深入，有研究[9]得出，氮、磷、钾肥配合施用可大幅提高高丹草的生物产量，增加植株粗蛋白质、粗纤维和粗脂肪的单位面积产出量，氮磷的互作很可能对高丹草的产量及品质性状产生显著作用，因此在互作因素的影响下研究对产量及品质性状的影响，探讨最适宜于该区高丹草的氮磷配合施肥试验还需进一步分析。同时另有研究[15]指出，钾肥施用量是决定高丹草鲜草产量的最重要的因素，在本研究中测得施肥处理前基础土壤中速效钾含量较高，在194.7～208.6 mg·kg^{-1}范围内，因此并没有考虑钾肥施用量对试验结果的影响。

参考文献

[1] 詹秋文，钱章强. 高粱与苏丹草杂种优势利用的研究 [J]. 作物学报，2004, 30（1）：73-77.

[2] Qu H, Liu X B, Dong C F, et al. Field performance and nutritive value of sweet sorghum in eastern China [J]. Field Crops Research, 2014, 157: 84-88.

[3] 李庆奎，朱兆良，于天仁. 中国农业持续发展中的肥料问题 [M]. 南昌：江西科学技术出版社，1998.

[4] 邢素芝，王建飞，徐传富. 施肥对高粱杂交草生长及干物质积累的影响 [J]. 安徽技术师范学院学报，2002, 16（4）：31-33.

[5] 王小山，刘大林，韩娟，等. 不同施氮水平下高丹草生产性能及土壤无机氮的残留 [J]. 江苏农业学报，2010, 26（6）：1 258-1 263.

[6] 韩娟，刘大林，赵国琦，等. 施氮对高丹草产量及氮素利用分配的影响 [J]. 草业科学，2010, 27（3）：93-97.

[7] 张树攀，韩娟，陈铮，等. 氮素水平对高丹草生长特性及营养成分的影响 [J]. 饲料广角，2011（1）：36-38.

[8] Leyshon A J, Camphbell C A. Effect of timing and intensity of first defoliation of subsequent production of 4 pasture species [J]. Journal of Range Management, 1992, 45（4）：379-384.

[9] 周怀平，郝保平，关春林，等. 施肥对饲草高粱生长及营养品质的影响 [J]. 中国生态农业学报，2009, 17（1）：60-63.

[10] 黄东风，林新坚，罗涛. 几种有机肥料在高丹草上的应用效果 [J]. 草业科学，2005, 22（5）：34-37.

[11] 张晓艳，刘锋，王凤云，等. 施氮对杂交苏丹草植株硝态氮累积及产量的影响 [J]. 草地学报，2009, 17（3）：327-332.

[12] 冯海萍，张丽娟，曲继松，等. 绿肥与化肥配施对日光温室土壤养分、微生物及芹菜产量的影响 [J]. 甘肃农业大学学报，2015, 50（2）：66-70.

[13] 李文西，鲁剑巍，鲁君明，等. 苏丹草—黑麦草轮作制中施肥对饲草产量、氮素吸收及土壤矿质氮的影响 [J]. 水土保持学报，2010, 24（2）：126-130.

[14] 张永利，巨晓棠. 不同植物轮作提取深层土壤累积硝态氮的效果 [J]. 中国农业科学，2012, 45（16）：3 297-3 309.

[15] 平俊爱，张福耀，程庆军，等. 新型饲草高粱"晋草1号"的选育与栽培管理简介 [J]. 草业科学，2004, 21（5）：47-48.

[16] 杨恒山，王国君，张瑞富，等. 氮磷钾肥配施对健宝牧草产量和效益的影响 [J]. 中国草

地，2004，26（2）：10-14.

［17］ 梅艳，阮培均，赵明勇．不同种植密度和施肥量对乐食高丹草产量的影响［J］．贵州农业科学，2010（10）：77-79.

［18］ AOAC. Official methods of analysis, 13th ed. Association of offical analytical chemists, Washington, DC. 1980.

［19］ Van Soest P J, Robertson J B, Lewis B A. Methods for dietary fiber, neutral detergent fiber and nonstarch polysaccharides in relation to animal nutrition［J］. Journal of Dairy Science, 1991, 74, 3 583-3 597.

［20］ Rohweder D A, Barnes R F, Jorgensen N. Proposed hay grading standards based on laboratory analyses for evaluating quality［J］. Animal Science, 1978, 47：747-759.

［21］ 鲍士旦．土壤农化分析［M］．第三版，北京：中国农业出版社，2000，25-200.

［22］ 王朝辉，李生秀，田霄鸿．不同氮肥用量对蔬菜硝态氮累积的影响［J］．植物营养与肥料学报，1998，4（1）：22-28.

［23］ Kemp A, Geurink J H, Haalstra R T, *et al*. Nitrate poisoning in cattle. 2 changes in nitrate in rumen fluid and methemoglobin formation in blood after high nitrate intake［J］. Netherlands Journal of Agricultural Science, 1977, 25（1）：51-62.

［此文原刊载于《草业科学》，2017，34（3）：369-377］

绿肥种植的土壤肥料效应研究进展

刘忠宽[1,2]，冯 伟[1]，秦文利[1]，刘振宇[1]，谢 楠[1]，智健飞[1]，魏丽芳[1]

（1. 河北省农林科学院农业资源环境研究所；2. 北京助尔生物科学研究院）

摘 要：绿肥是生态农业的重要组成部分，是实现耕地绿色改良培肥、化肥减施、优质农产品生产的关键。自21世纪初以来，以耕地改良培肥、提高肥料利用率、化肥减施等为目的的绿肥栽培利用的研究越来越受到人们的重视。以国内外绿肥（覆盖作物）研究、历史资料、现状资料和实际调查为依据，总结分析了绿肥研究的进展情况。阐述了绿肥种植的发展历史、土壤改良培肥、化肥减施、提高肥料利用率等方面的重要作用。

关键词：绿肥；覆盖作物；土壤改良；化肥减施；生态环境；可持续发展

绿肥是生态农业的重要组成部分，是我国传统农业的精华[1]。绿肥栽培与利用历史悠久，曾对我国农业生产起到举足轻重的作用[1-4]。早在北魏末年贾思勰在《齐民要术》中就系统地总结了绿肥栽培利用经验，研究了绿肥在农业生产中的作用和地位，确定了绿肥与农作物的培肥养地型轮作制[5]。20世纪70年代以前，绿肥对于我国粮食稳定和农业发展做出了重大贡献，即使在现代农业的今天，绿肥培肥养地、化肥替代、生态环保的效果依然十分显著[1-2]。

1 绿肥种植的发展历史

公元三世纪以前，我们的祖先就开创了栽培绿肥的生产体系，后汉崔寔在《四民月令》中已有种苜蓿、刈当苵的详细记述[5]。而我国现存的最早应用栽培绿肥作物的记载，是在公元三世纪西晋郭义恭所著的《广志》一书，当时不仅利用苜蓿养畜，而且广泛种植苕子作稻田冬绿肥[5-6]。到魏、晋、南北朝时期，人们在长期的生产实践中，已经认识到利用绿肥是解决肥源的一个好途径，绿肥被提到了农业生产的重要地位土来，栽培广泛，发展迅速，不仅绿肥品种增多，而且利用范围也从大田扩展到园艺上[5]。贾思勰是那个时代的一位伟大的农业科学家，他在广泛总结农业科学技术的同时，创立了绿肥学科体系，所著《齐民要术》一书详尽地论述了通过作物和绿肥轮作套种提高土壤肥力的方法，指出"凡谷田，绿豆、小豆底为上，麻、黍、胡麻次之，芜菁、大豆为下"[7]。据专家考证，到明清时期，我国常用的绿肥作物包括绿豆、蚕豆、毛叶苕子、苜蓿、山黧豆等20余种[5]。19世纪初，我国绿肥相继传到欧洲和美洲，并发展成为今天欧美国家的覆盖作物[7]。

1950年我国仅有半数省、市、区种植绿肥，面积约有173.33万hm²，到20世纪70年代，绿肥种植利用遍及全国各地，面积近1 333.33万hm²。在我国20世纪80年代以前很长的时间里，作为重要的有机肥源，绿肥在培肥地力，增加粮、棉、油等作物的产量，促进农牧业结合等方面起到了重大作用[4]。但20世纪80年代以来，随着化肥工业的迅猛发展，绿肥种植面积日益减少[1,4]，当前乐观的估计只有0.02亿～0.03亿hm²。

目前，我国中低产田、冬闲田普遍存在；土壤退化、水土流失严重；化学肥料不合理施用，造成养分大量流失，成为水体的重要污染源，解决这些问题有一个非常适用、简便的方法，就是种植利用绿肥。为此，国家于2008年启动了绿肥行业（农业）科技专项，并于2017年启动国家绿肥产业技术体系。因此，绿肥种植与利用研究迎来了一个重大机遇与挑战，绿肥将会成为我国农业绿色发展的重要调节器。

2　绿肥种植对土壤有机质的影响

绿肥种植翻压可以提高土壤有机质含量，尤其是土壤活性有机质。许多研究表明种植翻压绿肥可以显著提高土壤的有机质含量[8-13]，一般绿肥鲜草约含有机碳21%，每施1 000 kg鲜草可增加土壤有机质210 kg；非豆科绿肥如蓝花子富含纤维素，有利于土壤有机质的更新和积累。绿肥易分解的组分含量较高，在其翻压腐解过程中，特别是在其分解剧烈时期，可以加强土壤有机质的矿化作用（激发效应），在同一类型土壤中，有机质含量比较低的土壤具有较高的激发率[6]。根据李银萍等研究[12]，沙打旺翻压后土壤有机质增加最多，相对于对照增加15.9%，同时，绿肥在腐解过程中氮素的释放和对有机质的积累有很好的相关性，土壤中的有机氮约98%源于有机质的转化。根据徐祥玉等研究报道[14]，当化肥用量减施15%时，翻压绿肥可以明显提高土壤活性有机质含量，但土壤活性有机质的增加量和绿肥翻压量之间没有明显的线性关系。种植翻压绿肥除了增加了土壤活性有机质含量，同时还提高了土壤活性有机质的芳香性、疏水性、腐殖化程度、平均分子量，增加了土壤活性有机质的稳定性[15-17]。

根据史吉平等研究[18-20]，长期种植翻压绿肥能提高土壤松结态腐殖质、稳结态腐殖质以及紧结态腐殖质含量，腐殖质中富里酸和胡敏酸的含量均相应增加。关连珠等研究报道[21]，种植翻压绿肥不但可以明显提高松结态腐殖质的含量，也可增加土壤中富里酸的含量，降低胡敏酸的芳构化程度，增加胡敏酸的活化度。

3　绿肥种植对土壤养分的调节

绿肥种植翻压能够提供土壤多种有效养分，土壤氮、磷、钾等养分含量都有大幅度的提高，进而有效地提高土壤肥力。首先是绿肥作物可以将土壤深层的营养物质转移到土壤表层，这些营养元素可以被深根型绿肥作物从深层土壤中吸收，当绿肥作物植株分解后，这些营养物质会释放到活跃的有机物中，从而增加耕层土壤养分含量[22-24]。除了通过根系将土壤深层的营养物质转移到土壤表层外，绿肥作物还具有较强的活化土壤养分作用[7,25-27]。一些绿肥作物，如荞麦和羽扇豆可以分泌酸，这些酸可以将磷转化为可溶的、能为植物所利用的形式，增加其在土壤中的可利用性[7,25-26]。特别是豆科植物，可以与有益的菌根真菌共生，这些菌根真菌进化出了一种高效的土壤磷吸收机制，可将磷吸收后传递给宿主植物，帮助植物吸收固定更多的磷素[7,26-27]。

豆科绿肥具有较强的固氮效应，对提高土壤氮素含量具有重要作用。根据研究[1]，每公顷豆科绿肥可以从空气中固定氮素 75~150 kg，相当于尿素 225 kg·hm⁻²，对增加土壤氮素、提高土壤肥力具有重要作用。根据 Khan 研究报道[28]，种植翻压绿肥可以明显提高土壤中氨基糖态氮的相对含量。长期种植翻压绿肥还可以明显提高氨基酸态氮的相对含量，而未知态氮的相对含量则有所下降[29]。

周晓芬等研究发现[30]，连续种植施用绿肥可明显提高土壤速效钾和缓效钾含量，这也许是绿肥本身所含的钾不断施入以及有机胶体在其交换表面具有保持养分的巨大能力的缘故。根据邓小华等[31-34]研究，不同绿肥翻压还田后，土壤全钾和速效钾含量均显著提高，较翻压前分别提高了 1.24%~5.15% 和 335.83%~783.75%，其中以豆科绿肥提高最为明显。绿肥尤其是豆科绿肥具有强大的根系，对土壤潜在的钾素具有较强的活化和吸收能力，一是发达的根系能吸收深层土壤中的钾素，在绿肥翻压还田后在耕作层内富集，二是绿肥具有较大的活性根表面积，对 K⁺ 的亲和力较强，造成土壤中各种形态钾之间的平衡不断被打破，进而使土壤中的矿物钾转变为有效钾，从而提高土壤中的速效钾含量[31,35]。

4 绿肥种植对土壤物理性状的影响

通过绿肥根系的穿透能力和团聚作用，使土壤疏松，保水保肥能力增强，土壤耕性变好，有利于改善土壤的物理性状。研究表明[7]，绿肥作物利用越多，土壤耕性越好。其中一个原因是绿肥作物，特别是豆科绿肥，可促进有益真菌和其他微生物繁殖生长，绿肥在土壤微生物的分解矿化作用下，与土壤形成有机-无机复合体，从而改善土壤团粒结构和土壤通透性，有效地降低土壤的容重，增加土壤渗透性、总孔隙度[36-38]。孙宏德等[37-38]研究报道，种植翻压绿肥翻可以有效降低土壤容重，增大孔隙度，增加非毛管孔隙和减少毛管孔隙，使土壤三相比趋向更合理。绿肥一方面通过自身根系生长，增大土壤孔隙，降低土壤紧实度，表现为土壤容重的降低；另一方面，通过翻压后增加腐殖质来改善土壤的团粒结构，表现为土壤较大的水稳性团粒含量提高[37-39]。李宏图等研究报道[40]，种植翻压绿肥土壤的孔隙度、阳离子交换量和持水能力等都有较大幅度提高，最大提高幅度分别为 6.4%、21.6% 和 3.4%。

绿肥种植对土壤水分、温度等有很大影响。王建红等研究报道[41]，生长快、茎叶茂盛、对地表遮蔽度高的绿肥可以明显地抑制根际表土水分的蒸发，对于土壤含水量的增加有显著效果；根据宋莉等[42]研究，茶园套种绿肥有效改善了土壤气相和液相比例的趋势，套种绿肥可明显降低地表 5 cm、10 cm 和 15 cm 土层温度，减小土壤温度变幅。Clark 等研究报道[43]，冬绿肥毛叶苕子灭生时间对春季土壤含水量有显著的影响，毛叶苕子灭生过早或过晚都会降低春季土壤耕层含水量，但灭生时间掌握适宜会增加春季土壤耕层含水量。但也有研究报道[44-45]，农田、果园种植绿肥，不论是夏绿肥还是冬绿肥，尤其是多年生绿肥，都会降低土壤尤其是浅层土壤含水量，表现出与主作物、果树之间的争水问题。因此，立足不同地区、不同生产条件，合理选择绿肥品种、翻压时间等对调节土壤含水量具有重要作用。

5 绿肥种植对土壤化学生物学性状的作用

土壤 pH 值、土壤酶活性、土壤微生物种类及数量等对土壤肥力与作物生长具有显著的影响。杨中艺研究报道[46]，种植翻压绿肥降低了土壤 pH 值，这可能是由于绿肥翻压后增加了土壤中的有机酸含量。但也有研究[40]报道，绿肥紫云英种植翻压后，土壤 pH 值呈现不断升高的趋势。高喜研究报道[47]，土壤 pH 值的降低程度与翻压绿肥的种类和翻压量及土壤类型有关，石灰土在种植翻压紫云英后其 pH 值下降了 0.3%，土壤的 pH 值随着绿肥的翻压量增大而减少。根据张珺穜研究[10]，种植翻压绿肥紫云英有助于提高土壤的酸碱缓冲性，使土壤电导率呈增加趋势。

种植翻压绿肥作物，绿肥根系的胞外分泌物不仅直接增加了土壤有关酶类，还提供了多种容易为根际微生物利用的营养和能源物质，从而增加了土壤微生物和相关酶类的活性，一般 C/N 比小、木质素含量低的绿肥更有利于激发土壤的微生物活性和酶活性[48]。根据佀国涵等研究[49-51]，连年翻压绿肥能够提高农田土壤中细菌、真菌和放线菌的数量以及土壤微生物量碳的含量，同时土壤中脲酶、过氧化氢酶和酸性磷酸酶活性的显著提高。有关研究显示[52]，在潮砂泥田上种植冬绿肥土壤耕层中脲酶、蛋白质酶和转化酶活性比对照分别提高了 18.2%、18.8% 和 18.7%。张穗生[53]就绿肥对果园土壤酶活性的影响进行了研究，结果显示，绿肥可以显著地提高果园土壤中蛋白酶的活性，其中，种植绿肥的果园比不种绿肥的果园土壤蛋白酶活性提高了 78.8%。细菌和放线菌种类多、数量增多与土壤酶活性增强有利于土壤养分的转化，而且通过营养抗性来抵御和抑制有害生物如土传病害病菌的生长和繁殖，同时也能促进有机残体的分解并形成一定量的腐殖质，对改善土壤物理状况具有明显的作用，但另一方面土壤真菌数量的增加也可能会增加作物遭受土传真菌性病害发生的概率[7,54-55]。

6 绿肥种植利用的肥料效应

从土壤—作物体系内考虑，种植翻压绿肥是提高农作物肥料利用率、减施化肥、提高作物产量和效益的最便捷且效果最好的措施[7]。

绿肥与化肥配合施用，肥效明显高于单施化肥。汪仁等小麦绿肥栽培试验结果表明[56]，在施用等养分量的条件下，草木樨植株或根系配施化肥处理，小麦产量都显著高于其他处理，比单施化肥的分别增产 41.11% 和 33.65%。根据向小研究[57]，在相同化肥施用量条件下，种植翻压绿肥处理玉米、小麦生物产量及籽粒产量均明显高于单施化肥处理，且总体上表现出随绿肥翻压量的增加而增大的趋势。

李秀英等研究提出[58]，化肥绿肥配施不仅可以提高作物产量，而且可可保障作物持续稳定高产，提高农业生产系统的抗灾能力和可持续性，单施 N、P、K 肥虽然能提高作物产量，但很难使其持续稳定高产。绿肥与氮、磷肥配合施用较氮+磷化肥单施玉米显著增产，平均在 20% 以上，且持续增产效应显著[57]。曾光秀的研究表明[59]，连续翻压两年绿肥，第 5 年农作物还有较大的增产效应。

种植翻压绿肥，化肥减施效应显著，且能保持作物不减产或增产。长期定位试验研究表明[60-61]，在翻压紫云英、化肥减量 40%~60% 的条件下，后茬水稻产量、经济效益均高于单施化肥处理。李双来等在湖北通城 3 年试验研究表明[62]，适宜紫云英翻压量和减施化肥量对早、晚稻有所不同，双季稻生产上在 22.5 t·hm^{-2} 紫云英翻压量条件下，减施 20%~60% 的化肥仍能保证水稻增产或不减产，而以减施 20% 化肥效果最好。

向小在川中丘陵区旱地小麦/玉米体系的研究表明[57]，在翻压一定量的绿肥条件下，适度减少化肥施用量不会明显降低作物产量，对土壤物理化学性状影响也不大，建议采用绿肥 15 000 kg·hm⁻² + 85%化肥处理为宜。

种植翻压绿肥，主作物养分吸收积累量和养分利用率均显著提高，为解决我国化肥利用率偏低的问题提供了重要技术途径。根据向小研究[57]，在相同化肥施用量条件下，玉米和小麦翻压绿肥处理的氮磷钾养分积累量都显著高于单施化肥处理，同时植株氮、磷、钾养分积累量总体上表现出随绿肥翻压量增加而提高的趋势。冯繁文等研究报道[63]，在棉花花铃期，各翻压绿肥处理均提高了棉花对氮素的积累，而吐絮期则以常规施肥+绿肥翻压量 18 000 kg·hm⁻² 和常规施肥+绿肥翻压量 24 000 kg·hm⁻² 处理表现较好。根据杨璐等研究报道[64]，种植翻压冬绿肥二月兰后，春玉米籽粒和秸秆 NPK 养分积累量增加，同时养分利用率大幅度提高，特别是钾，提高幅度最大。

因此，绿肥种植利用，具有显著的提高肥料利用率、降低化肥施用量、增加作物产量等肥料效应，是我国农业绿色发展、可持续发展的重要物质保障。

7 研究与发展展望

我国虽然对绿肥作物的研究已有 60 多年的历史，但仍有许多领域的研究亟待加强和完善，尤其是绿肥种植对有害生物的抑制效应研究：绿肥作物对土壤有机氮、有机磷矿化—固定过程的动态作用机制；绿肥作物对氮、磷、钾矿化潜力的影响；绿肥作物混播对农田有害生物的作用机制；绿肥作物分解释放的氮磷钾养分损失过程；绿肥作物的化感作用对接茬作物的影响及机制；绿肥作物种植利用对土壤水分的时空作用特征及机制；绿肥种植对农田及经济林园有害生物的作用效应及机制。

参考文献

[1] 曹卫东，黄鸿翔. 关于我国恢复和发展绿肥若干问题的思考 [J]. 中国土壤与肥料，2009 (4)：1-3.

[2] 曹文. 绿肥生产与可持续农业发展 [J]. 中国人口. 资源环境，2000 (10)：106-107.

[3] 曹卫东，徐昌旭，刘忠宽，等. 2010. 中国主要农区绿肥作物生产与利用技术规程 [M]. 北京：中国农业科学技术出版社.

[4] 刘忠宽，智健飞，刘振宇，等. 河北省绿肥作物种植利用现状研究 [J]. 河北农业科学，2009，13 (2)：12-14.

[5] 焦彬. 论我国绿肥的历史演变及其应用 [J]. 中国农史，1984 (1)：54-57.

[6] 焦彬，顾荣申，张学上. 中国绿肥 [M]. 北京：农业出版社，1986.

[7] 王显国，刘忠宽. 覆盖作物高效管理 [M]. 北京：电子工业出版社，2016.

[8] Angers D A. Changes in soil aggregation and organic carbon under corn and alfalfa [J]. Soil Science society of America Journal, 1992 (56)：1 244-1 249.

[9] Arshad M A and Gill K S. Crop production, weed growth and soil properties under three fallow and tillage systems [J]. Journal of Sustainable Agriculture, 1996 (8)：65-81.

[10] 张珺穜. 种植利用紫云英对南方稻田土壤肥力性状影响的研究 [D]. 北京：中国农业科学

院，2011.

[11] Zhang W J, Xu M G, Boren W C, *et al*. Soil organic carbon, total nitrogen and grain yield under long-term fertilization in the upland red soil of southern China [J]. Nutrient Cycling in Agroecosystems, 2009, 84: 59-69.

[12] 李银萍，徐文修，李钦钦．绿肥压青对棉田土壤肥力的影响 [J]．新疆农业科学，2009，46（2）：262-265.

[13] 刘国顺，罗贞宝，王岩，等．绿肥翻压对烟田土壤理化性状及土壤微生物量的影响 [J]．水土保持学报，2006，20（1）：95-98.

[14] 徐祥玉，孟贵星，袁家富，等．翻压绿肥对植烟土壤活性有机质和土壤酶的影响 [J]．中国烟草科学，2011，10（32）：103-107.

[15] 常单娜．我国主要绿肥种植体系中土壤可溶性有机物特性研究 [D]．北京：中国农业科学院，2015.

[16] Angers D A. Changes in soil aggregation and organic carbon under corn and alfalfa [J]. Soil Science Society of America Journal, 1992, 56: 1 244-1 249.

[17] Camppell C A, Schnitzer M N, Stewart J W, *et al*. Effect of manure and P fertilizer on properties of a Black Chernoze in South Sas-katchewan [J]. Canadian Journal of Soil Science, 1986 (66): 601-613.

[18] 史吉平，张夫道，林葆．长期定位施肥对土壤腐殖质结合形态的影响 [J]．土壤肥料，2002（6）：8-12.

[19] 姜岩，窦森．土壤施用有机物料后对有机无机复合及腐殖质结合形态的影响 [J]．土壤学报，1987，24（2）：97-104.

[20] Karlen D L, Rosek M J, Gardner J C, *et al*. Conservation reserve program effects on soil quality indicators [J]. Journal of Soil and Water Conservation, 1999, 54 (1): 439-444.

[21] 关连珠，张伯泉，颜丽，等．有机肥料配施化肥对土壤有机质组分及生物活性影响的研究 [J]．土壤通报，1990，21（4）：180-184.

[22] 周景福．浅谈绿肥在土壤农业中作用 [J]．北方园艺，2002（6）：17-19.

[23] 周兴，聂军，廖育林，等．绿肥对稻田土壤质量影响的研究进展 [J]．湖南农业科学，2012（15）：55-58.

[24] Abdulaki A A, Teasdale J R. A no-tillage tomato production system using hairy vetch and subterranean clover mulches. HortScience, 1993, 28: 106-108.

[25] 刘威．紫云英养分积累规律和还田腐解特性及其效应研究 [D]．武汉：华中农业大学，2010.

[26] 李正，敬海霞，解昌盛，等．翻压绿肥对植烟土壤理化性状及烤烟常规化学成分的影响 [J]．华北农学报，2012，27（S1）：275-280.

[27] Alsheikh A W, *et al*. Effects of potato-grain rotations on soil erosion, carbon dynamics and properties of rangeland sandy soils [J]. Soil & Tillage Research. 2005, 81: 227-238.

[28] Khan S V. Nitrogen fractions in a gray wooded soil as influenced by long-time cropping syste ms and fertilizers [J]. Canadian Journal of Soil Science. , 1971 (51): 431-437.

[29] Jenkinson D W. The turnover of the organic carbon and nitrogen in soil [and Discussion] [J]. Philosophical Transactions of the Royal Society B: Biological Sciences, 1990, 329: 361-368.

[30] 周晓芬，张彦才，步丰骥．河北省主要农业土壤有机肥料对土壤钾素的贡献 [J]．河北农业科学，1997，1（2）：21-24.

[31] 邓小华, 石楠, 周米良. 不同种类绿肥翻压对植烟土壤理化性状的影响 [J]. 烟草科技, 2015, 48 (52): 7-10.

[32] 陈晓波, 官会林, 郭云周, 等. 绿肥翻压对烟地红壤微生物及土壤养分的影响 [J]. 中国土壤与肥料, 2011 (4): 74-78.

[33] 徐祥玉, 王海明, 袁家富, 等. 不同绿肥对土壤肥力质量及其烟叶产量的影响 [J]. 中国农学通报, 2009, 25 (13): 58-61.

[34] Arshad M A, Gill K S. Crop production, weed growth and soil properties under three fallow and tillage systems [J]. Journal of Sustainable Agriculture, 1996, 8: 65-81.

[35] Hoyt G D, Hargrove W L. Legume cover crops for improving crop and soil management in the southern United States [J]. HortScience: apublication of the American Society for Horticultural Science, 1986, 21: 397-402.

[36] Abdulbaki A A, Teasdale A A. Snap bean production in conventional tillage and in no-till hairy vetch mulch [J]. HortScience: apublication of the American Society for Horticultural Science, 1997, 32: 1 191-1 193.

[37] 沈洁, 陆炳章, 陈正斌, 等. 绿肥对滨海盐渍土水稻的生长及改土效果 [J]. 耕作与栽培, 1989 (2): 37-42.

[38] 孙宏德, 李军, 安卫红, 等. 黑土肥力和肥料效益定位监测研究: 第三报 施肥及种植方式对土壤物理性状的影响 [J]. 吉林农业科学, 1993, 4: 41-44.

[39] 王华, 黄宇, 阳柏苏, 等. 中亚热带红壤地区稻—稻—草轮作系统稻田土壤质量评价 [J]. 生态学报, 2005, 25 (12): 3 271-3 281.

[40] 李宏图, 罗建新, 彭德元, 等. 绿肥翻压还土的生态效应及其对土壤主要物理性状的影响 [J]. 中国农学通报, 2013, 29 (5): 172-175.

[41] 王建红, 曾凯, 傅尚文, 等. 几种茶园绿肥的产量及对土壤水分及温度的影响 [J]. 浙江农业科学, 2009, 1: 101-104.

[42] 宋莉, 廖万有, 王烨军, 等. 套种绿肥对茶园土壤理化性状的影响 [J]. 土壤, 2016, 48 (4): 675-679.

[43] Clark A J, Decker A M and Meisinger J J. Hairy vetch kill date effects on soil water and corn production [J]. Agronony Journal, 1995, 87: 579-585.

[44] 赵娜, 赵护兵, 曹群虎, 等. 渭北旱区夏闲期豆科绿肥对土壤肥力性状的影响 [J]. 干旱地区农业研究, 2011, 29 (2): 124-128.

[45] 赵娜. 夏闲期种植豆科绿肥对旱地土壤和冬小麦生长的影响及其机制 [D]. 杨凌: 西北农林科技大学, 2010.

[46] 杨中艺. "黑麦草—水稻" 草田轮作系统的研究 4. 冬种意大利黑麦草对后作水稻生长和产量的影响 [J]. 草业学报, 1996, 5 (2): 38-42.

[47] 高喜. 绿肥种植对石灰土脲酶活性与土壤肥力的影响 [J]. 安徽农业科学, 2008, 36 (31): 13 725-13 728.

[48] 高玲, 刘国道. 绿肥对土壤的改良作用研究进展 [J]. 北京农业, 2007, 12: 29-33.

[49] 佀国涵, 赵书军, 王瑞, 等. 连年翻压绿肥对植烟土壤物理及生物性状的影响 [J]. 植物营养与肥料学报, 2014, 20 (4): 905-912.

[50] 刘国顺, 罗贞宝, 王岩, 等. 绿肥翻压对烟田土壤理化性状及土壤微生物量的影响 [J]. 水土保持学报, 2006, 2 (20): 1-5.

[51] 杨冬艳, 郭文忠. 绿肥种植及翻压对日光温室土壤环境的影响 [J]. 北方园艺, 1999

(10)：146-148.

[52] 周开芳，何炎．豆科冬绿肥翻压对土壤肥力和杂交玉米产量及品质的影响 [J]．贵州农业科学，2003，31：42-43.

[53] 张穗生，叶家颖．冬种绿肥对新会橙果园土壤蛋白酶活性的影响 [J]．广西园艺，2002 (2)：8-9.

[54] 贾举杰，李金花．添加豆科植物对弃耕地土壤养分和微生物量的影响 [J]．兰州大学学报，2007 (43)：33-37.

[55] 姜培坤，徐秋芳．种植绿肥对板栗林土壤养分和生物学性质的影响 [J]．北京林业大学学报，2007，29 (3)：120-123.

[56] 汪仁，张保烈，邱卫文．绿肥配施化肥对土壤养分含量和小麦产量的影响 [J]．辽宁农业科学，1994 (3)：9-12.

[57] 向小．翻压绿肥和减施化肥对小麦玉米体系作物产量、养分吸收及土壤特性的影响 [D]．成都：四川农业大学，2012.

[58] 李秀英，李燕婷，赵秉强，等．褐潮土长期定位不同施肥制度土壤生产功能演化研究 [J]．作物学报，2006，32 (5)：683-689.

[59] 曾光秀．绿肥化肥配合施用的供肥状况及其产量效应 [J]．青海农林科技，1989 (1)：24-27.

[60] 张树开．紫云英还田减量施用化肥对水稻产量的影响 [J]．福建农业科技，2011 (4)：75-76.

[61] 王龙．湖北洪湖稻田紫云英与化肥配施适宜用量研究 [D]．武汉：华中农业大学，2014.

[62] 李双来，李登荣，胡诚，等．减施化肥条件下翻压不同量紫云英对双季稻生长和产量的影响 [J]．中国土壤与肥料，2012 (1)：69-73.

[63] 冯繁文，赵书军，耿明建，等．不同绿肥利用模式对棉花干物质和氮素积累的影响 [J]．湖北农业科学，2012，51 (22)：4 998-5 000.

[64] 杨璐，曹卫东，白金顺，等．种植翻压二月兰配施化肥对春玉米养分吸收利用的影响 [J]．植物营养与肥料学报，2013，19 (4)：799-807.

[此文原刊载于《草学》，2017 (4)：1-4，17]

氮磷钾肥量对玉米产量及养分吸收、利用效率的影响

王树林，祁　虹，王　燕，张　谦，冯国艺，林永增，梁青龙

（河北省农林科学院棉花研究所/农业部黄淮海半干旱区棉花生物学与遗传育种重点实验室）

摘　要：目的：探明粮棉轮作模式下玉米经济合理施肥量，以期提高肥料利用效率。方法：在大田条件下采用随机区组试验，按照 N、P_2O_5、K_2O 分别设置了 0、75、150、225、300 kg·hm^{-2} 5 个用量梯度，研究了不同肥料用量对玉米产量、养分吸收及肥料利用率的影响。结果：氮用量在 0～225 kg·hm^{-2} 之间时随施氮量增加，玉米籽粒产量增加，N225 达到 10 382 kg·hm^{-2}，氮用量超过 225 kg·hm^{-2} 后产量下降，生物量与经济系数变化规律相似；秸秆氮含量随施氮量增加持续升高，N300 处理达到 0.680%，显著高于 N0、N75 与 N150，但与 N225 差异不显著，秸秆氮携出量变化规律相似；籽粒氮含量随施氮量增加先升后降，以 N225 最高达到 1.224%，氮携出量变化规律相似，N225 达到 127.1 kg·hm^{-2}。施磷对玉米产量、生物量与经济系数无显著影响；但随施磷量增加，秸秆与籽粒中 P 含量均先升后降，秸秆中以 P225 最高达到 0.187%，籽粒中以 P150 最高达到 0.582%，均显著高于对照；秸秆中 P_2O_5 携出量随施磷量增加而增加，籽粒中 P_2O_5 携出量不同处理间差异不显著。施钾增加玉米籽粒产量，K75、K150、K225 与 K300 分别较 K0 增加 10.8%、12.0%、13.3%、13.4%，但不同用量间差异不显著，生物量变化规律相似，经济系数则变化不大；秸秆 K 含量与 K_2O 携出量均随施钾量增加先升后降，以 K225 最高，分别达到 2.352% 与 217.4 kg·hm^{-2}，籽粒 K 含量不同处理间差异不显著，籽粒 K_2O 携出量对照显著低于各施钾处理，但不同钾肥用量间差异不显著。氮肥经济学利用率与生物学利用率均随施氮量增加而降低，磷肥与钾肥经济学利用率与生物学利用率不同处理间均差异不显著；氮、磷、钾肥表观利用率、农学利用率、偏生产力均随施肥量增加而降低，不同肥料种类之间表现为钾＞磷＞氮，贡献率氮肥以 N225 最高，显著高于 N75，但与 N150、N300 差异不显著，磷、钾肥贡献率不同用量处理间差异不显著。结论：综合考虑产量、养分吸收与肥料利用率结果，玉米季肥料适宜用量为 N 225 kg·hm^{-2}，K_2O 75 kg·hm^{-2}，免施磷肥。

关键词：氮磷钾；玉米产量；养分吸收；肥料利用率

河北省中南部为传统旱地棉花产区，近年来随着水利条件的改善，该地区具备了种植粮食的生产条件，但受水资源限制[1]，完全改种粮食仍存在地下水供给不足的问题，因此在河北省中南部传统一熟棉区开展棉花—小麦—玉米两年三熟粮棉轮作种植模式研究具有重要意义；长期连作棉田土壤养分具有"少氮、富磷、高钾"的特征[2,3]，在向粮棉轮作模式转变过程中，如何利用土壤养分特征制定经济合理的施肥原则，对减少化肥投入、降低环境污染、实现节本增效的目标具有重要意义。关于粮棉轮作模式下氮磷钾肥对玉米产量及肥料利用效率的影响，前人研究较少，但是针对棉花连作或小麦玉米

种植模式下的肥料用量研究较多，如棉花对氮肥与钾肥需求量大，对磷肥需求量小[4,5]，而玉米对氮肥需求量大，对钾肥需求量小[6]；刘淑霞等就玉米氮磷钾肥用量做了相关研究，但由于试验受基础地力影响较大，所得结果不尽相同[6-8]。本文在粮棉轮作模式下，利用肥料定位试验研究一个轮作周期内玉米的经济施肥量。合理的施肥种类与施肥量在不同区域、不同种植模式下相差较大，因此本文研究了粮棉轮作种植模式下氮磷钾肥对玉米产量及肥料利用效率的影响，以期为这一新型种植模式的推广提供理论依据。

1 材料与方法

1.1 试验材料与试验地情况

试验于 2015 年在河北省农林科学院棉花研究所威县试验站（威县枣元乡东张庄村）进行，试验田 2014 年种植棉花，土壤为沙壤土，肥力中等，有机质 7.6 g·kg^{-1}，全氮 0.565 g·kg^{-1}，速效磷 24.8 mg·kg^{-1}，速效钾 112 mg·kg^{-1}。2014 年 10 月 28 日播种小麦，小麦品种为冀麦 585，2015 年 6 月 13 日播种玉米（先玉 688），氮肥为普通尿素，纯 N 含量 46.4%，磷肥为重过磷酸钙，P_2O_5 含量为 46.0%，钾肥为氯化钾，K_2O 含量为 60.0%。

1.2 试验设计与方法

试验设置氮肥、磷肥、钾肥 3 个单因素试验（表 1），每种肥料分别设置 5 个用量梯度，采用随机区组设计，每个试验设 3 次重复，小区宽 6.0 m，长 10.0 m，2014 年 10 月 28 日播种小麦前按照试验设计肥料量施肥，2015 年 6 月 13 日播种玉米前按照试验设计继续定位施肥，施肥量同小麦季，播种玉米后灌水。试验小区中所有氮肥处理统一施 P_2O_5 150 kg·hm^{-2}，K_2O 150 kg·hm^{-2}；所有磷肥处理统一施纯 N 225 kg·hm^{-2}，K_2O 150 kg·hm^{-2}；所有钾肥处理统一施纯 N 225 kg·hm^{-2}，P_2O_5 150 kg·hm^{-2}；所有肥料一次底施。玉米行距 60 cm，株距 30 cm，收获密度 5.2 万株·hm^{-2}，其他管理措施同大田。

表 1 氮磷钾肥料设计用量梯度

处理	处理				
	N(kg·hm^{-2})		P_2O_5 (kg·hm^{-2})		K_2O (kg·hm^{-2})
N0	0	P0	0	K0	0
N75	75	P75	75	K75	75
N150	150	P150	150	K150	150
N225	225	P225	225	K225	225
N300	300	P300	300	K300	300

1.3 测定项目与计算方法

1.3.1 产量、干物质及经济系数测定

玉米收获前每小区取3行，收获全部果穗，晒干后脱粒称重，取200 g籽粒烘干后折算出各处理籽粒含水量为14%时的产量。

收获前每小区取5株秸秆，称取鲜重，剪碎后从中取500 g在85 ℃烘干至恒重测定植株含水量用于计算地上部生物量。

经济系数=籽粒产量/生物量×100。

1.3.2 籽粒养分含量测定

植株样品养分采用浓H_2SO_4-H_2O_2消煮后，半微量凯氏定氮法测定全氮，钼锑抗比色法测定全磷，火焰光度计法测定全钾。

1.3.3 化肥养分利用率计算方法[9,10]

化肥经济学利用率（kg·kg^{-1}）=经济学产量/植株养分吸收量

化肥生物学利用率（kg·kg^{-1}）=生物学产量/植株养分吸收量

化肥表观利用率（%）=（施肥区养分携出量–对照处理养分携出量）/养分投入量×100

化肥农学利用率（kg·kg^{-1}）=（施肥区籽粒产量–空白区产量）/施肥量

化肥偏生产力（kg·kg^{-1}）=施肥区籽粒产量/施肥量

化肥贡献率（%）=（施肥区籽粒产量–空白区产量）/施肥区籽粒产量×100

2 结果与分析

2.1 氮磷钾肥用量对玉米产量的影响

氮肥对玉米产量的影响见表2。从表2可以看出，氮肥对玉米产量影响显著。随氮肥用量增加，玉米产量先增加后降低，以N225处理最高；N75、N150、N225、N300分别较对照增产65.6%、101.1%、118.8%与105.2%，其中N225与N300差异不显著，但显著高于其他处理。结果表明在粮棉轮作模式下，氮肥是影响玉米产量的关键因素，玉米季纯N用量不应低于225 kg·hm^{-2}。

磷肥对玉米产量影响不大，不施磷肥对照与施磷各处理间差异不显著。

不施钾玉米产量显著低于各施钾处理，K75、K150、K225与K300分别较K0增加10.8%、12.0%、13.3%、13.4%，但不同钾肥用量之间产量则差异不显著。因此在粮棉轮作模式下，玉米季钾肥用量保持在75 kg·hm^{-2}即可。

表2 氮磷钾肥用量对玉米产量的影响

处理	籽粒产量（kg·hm^{-2}）	处理	籽粒产量（kg·hm^{-2}）	处理	籽粒产量（kg·hm^{-2}）
N0	4 746 d	P0	10 817 a	K0	9 854 b

（续表）

处理	籽粒产量 （kg·hm^{-2}）	处理	籽粒产量 （kg·hm^{-2}）	处理	籽粒产量 （kg·hm^{-2}）
N75	7 861 c	P75	10 482 a	K75	10 923 a
N150	9 545 b	P150	10 624 a	K150	11 039 a
N225	10 382 a	P225	10 507 a	K225	11 160 a
N300	9 737 ab	P300	10 264 a	K300	11 172 a

注：数值后不同小写字母表示处理间差异达 0.05 显著水平，下同

2.2 氮磷钾肥对玉米经济系数及养分吸收的影响

2.2.1 氮肥对玉米经济系数及氮素吸收的影响

氮肥能够提高玉米生物量（表3），当纯 N 用量在 0～225 kg·hm^{-2}时，随氮肥用量增加，玉米生物量显著提高，N225 处理达到 17 762 kg·hm^{-2}，N 用量超过225 kg·hm^{-2}后，生物量下降；经济系数与生物量变化规律相似，以 N225 最高，但不同 N 用量间差异不显著。

秸秆 N 含量与 N 携出量均随氮肥用量增加而持续升高，N300 处理分别达到0.680%与51.3 kg·hm^{-2}，显著高于N0、N75、N150，但与 N225 之间差异不显著；籽粒 N 含量随氮肥用量增加有升高趋势，但 N150、N225、N300 三个处理间差异不显著，籽粒 N 携出量随氮肥用量增加先升高后降低，以 N225 最高达到 127.1 kg·hm^{-2}。可见氮肥能够明显提高玉米的生物产量与经济系数，同时增加了秸秆、籽粒中 N 含量与 N 携出量，但当 N 用量超过 225 kg·hm^{-2}后其作用反而降低。

2.2.2 磷肥对玉米经济系数与磷素吸收的影响

施磷对玉米生物量影响不大，随磷肥用量增加经济系数有降低趋势，但不同处理间差异不显著；施磷提高了秸秆与籽粒中的 P 含量，秸秆中 P 含量以 P225 处理最高，籽粒中 P 含量以 P150 处理最高，均显著高于不施磷肥对照；秸秆 P$_2$O$_5$田间携出量随施磷量增加有增加的趋势，P225 与 P300 两个处理显著高于P0，而籽粒 P$_2$O$_5$田间携出量不同处理间则差异不显著。可见增施磷肥虽然能够提高玉米秸秆与籽粒中的 P 含量，但却未能提高玉米的生物量（表4）。

2.2.3 钾肥对玉米经济系数与钾素吸收的影响

施用钾肥提高了玉米的生物量，对照生物量显著低于各施钾处理，但不同钾肥用量间差异不显著，经济系数不同处理间差异不大；秸秆 K 含量对照显著低于各施钾处理，但不同钾肥用量间差异不显著，籽粒 K 含量随钾肥用量增加先升高后降低，不同处理间差异未达显著水平；秸秆 K$_2$O 携出量以 K225 最高，达到了 217.4 kg·hm^{-2}，籽粒K$_2$O携出量除对照偏低外，其他 4 个处理间差异不大，在 48.4～48.9 kg·hm^{-2}；秸秆与籽粒 K$_2$O 携出总量随钾肥用量增加先增加后降低，以 K225 最高达到266.3 kg·hm^{-2}，其中籽粒携出量48.9 kg·hm^{-2}仅占18.4%，秸秆携出量占81.6%（表5）。

表3 氮肥用量对玉米经济系数及养分吸收的影响

处理	生物量 (kg·hm^{-2})	经济系数	秸秆N素含量 (%)	秸秆N携出量 (kg·hm^{-2})	籽粒N素含量 (%)	籽粒N携出量 (kg·hm^{-2})
N0	9 129 d	0.52 b	0.444 d	19.5 d	0.862 c	40.9 d
N75	14 653 c	0.54 ab	0.528 c	35.9 c	0.984 b	77.3 c
N150	16 951 b	0.56 a	0.572 b	42.3 b	1.159 a	110.6 b
N225	17 762 a	0.58 a	0.653 a	48.2 a	1.224 a	127.1 a
N300	17 279 a	0.56 a	0.680 a	51.3 a	1.216 a	118.4 ab

表4 磷肥用量对玉米经济系数及养分吸收的影响

处理	生物量 (kg·hm^{-2})	经济系数	秸秆P素含量 (%)	秸秆P_2O_5携出量 (kg·hm^{-2})	籽粒P素含量 (%)	籽粒P_2O_5携出量 (kg·hm^{-2})
P0	17 288 a	0.63 a	0.142 c	21.1 b	0.548 b	135.7 a
P75	17 123 a	0.61 a	0.154 bc	23.4 ab	0.550 b	132.0 a
P150	17 440 a	0.61 a	0.165 abc	25.8 a	0.582 a	141.6 a
P225	17 433 a	0.60 a	0.187 a	29.7 a	0.568 a	136.6 a
P300	17 229 a	0.60 a	0.184 ab	29.4 a	0.570 a	133.9 a

表5 钾肥用量对玉米经济系数及养分吸收的影响

处理	生物量 (kg·hm^{-2})	经济系数	秸秆K素含量 (%)	秸秆K_2O携出量 (kg·hm^{-2})	籽粒K素含量 (%)	籽粒K_2O携出量 (kg·hm^{-2})
K0	16 302 b	0.60 a	2.192 b	170.3 c	0.359 a	42.7 b
K75	17 727 a	0.61 a	2.309 b	189.3 b	0.368 a	48.4 a
K150	18 296 a	0.60 a	2.339 a	204.5 ab	0.368 a	48.9 a
K225	18 831 a	0.59 a	2.352 a	217.4 a	0.364 a	48.9 a
K300	18 972 a	0.59 a	2.262 a	212.6 a	0.360 a	48.5 a

2.3 氮磷钾肥利用率、偏生产力与贡献率

氮肥经济学利用率随施氮量增加而降低，不同处理间差异达显著水平，磷肥与钾肥经济学利用率也随施肥量增加而降低，但处理之间差异不显著；氮肥经济学利用率变幅较大，在57.4~78.6 kg·kg^{-1}，磷肥经济学利用率在63.7~69.0 kg·kg^{-1}，钾肥经济学利用率最低，在41.9~46.3 kg·kg^{-1}。

生物学利用率也有随施肥量增加而降低的现象，氮肥生物学利用率最高，不同处理间差异达到显著水平，磷肥生物学利用率次之，钾肥生物学利用率最低，磷钾肥不同用量间差异均不显著。

表观利用率、农学利用率、偏生产力均随着化肥用量增加而显著降低；3 种肥料之间表现为钾肥>磷肥>氮肥；氮肥贡献率以 N225 最高，与 N150、N300 之间差异不显著，但显著高于 N75，磷肥与钾肥的贡献率不同处理间差异不大（表6）。

表6　氮磷钾肥利用效率、偏生产力与贡献率

处理	经济学利用率 (kg·kg^{-1})	生物学利用率 (kg·kg^{-1})	表观利用率 (%)	农学利用率 (kg·kg^{-1})	偏生产力 (kg·kg^{-1})	贡献率 (%)
N0	78.6 a	151.2 a	—	—	—	—
N75	69.4 a	129.4 b	70.5 a	41.5 a	104.8 a	39.6 b
N150	62.4 ab	110.8 c	61.7 b	32.0 b	63.6 b	50.3 a
N225	59.2 b	101.4 c	51.0 c	25.0 c	46.1 c	54.3 a
N300	57.4 b	101.8 c	36.4 d	16.6 d	32.5 c	51.3 a
P0	69.0 a	110.2 a	—	—	—	—
P75	67.4 a	110.2 a	126.7 a	76.5 a	139.8 a	54.7 a
P150	63.5 a	104.2 a	71.3 b	39.2 b	70.8 b	55.3 a
P225	63.2 a	104.8 a	47.1 c	25.6 c	46.7 c	54.8 a
P300	63.7 a	103.8 a	33.6 d	18.4 d	34.2 c	53.8 a
K0	46.3 a	76.5 a	—	—	—	—
K75	45.9 a	74.6 a	236.5 a	82.4 a	145.6 a	56.6 a
K150	43.6 a	72.2 a	128.7 b	42.0 b	73.6 b	57.0 a
K225	41.9 a	70.7 a	91.5 c	28.6 c	49.6 c	57.5 a
K300	42.8 a	72.7 a	66.9 d	21.4 c	37.2 d	57.5 a

3　结论与讨论

关于氮、磷、钾 3 种肥料对玉米的增产效果，前人做了大量研究，结果比较一致，即氮>钾>磷[6,8,11,12]，本研究结果类似，但在氮、磷、钾肥料适宜用量方面，不同研究结果差异较大，这主要是受试验田基础地力与不同地区生产条件差异较大所致[8,11,13,14]；本研究在粮棉轮作种植模式背景之下的结果表明，氮肥是玉米产量形成的关键因子，氮用量在 0～225 kg·hm^{-2} 时随施氮量增加玉米产量显著增加，用量超过 225 kg·hm^{-2} 后玉米产量下降，但 N300 与 N225 之间差异不显著；磷肥无增产效果，这一结果主要是由于棉花需磷量低，在长期连作棉田土壤中积累了丰富的磷素[2]，向粮棉轮作种植模式转变的过程中，导致施磷无增产效果，因此粮棉轮作模式下玉米季不需再施用磷肥；钾肥具有一定增产效果，但钾肥用量在 75～300 kg·hm^{-2} 时玉米产量差异

不显著。

施氮显著促进夏玉米地上部分植株对氮素的吸收，但当施氮量超过一定程度后对氮素的吸收量差异不显著[15,16]，这与本研究结果类似；施磷增加玉米整株干重及磷含量[17]，玉米植株各器官磷素积累量随施磷量增加而增加，籽粒磷素积累量最大[18]，而孙恒等[19]发现磷肥施用量对玉米籽粒及地上部磷含量影响不明显，本研究结果发现，施磷促进了玉米秸秆与籽粒中 P 素的吸收，但对玉米生物量影响不大；刘淑霞等[7]研究发现，成熟期玉米籽粒含钾量低，且受处理影响较小，秸秆含钾量高，且随着施钾量的增加而提高，李波等[20]研究认为施钾可以显著增加植株钾素积累，但随钾肥用量增加，植株钾含量增长缓慢并出现下降，本试验结果中秸秆钾含量随施钾量增加而缓慢增加，随后出现下降，但籽粒中钾含量不同处理间差异不显著；由于玉米秸秆全部还田，因此养分田间携出量以籽粒为主，从 N、P_2O_5、K_2O 田间携出量来看，N 田间携出量N225 最高达到 127.1 kg·hm^{-2}，N150 与 N300 分别为 110.6、118.4 kg·hm^{-2}，P_2O_5 田间携出量在 132.0～141.6 kg·hm^{-2}，差异不显著，K_2O 田间携出量最低，除 K0 显著降低外，其他施钾处理在 48.4～48.9 kg·hm^{-2}，差异很小。

肥料利用率前人研究结果基本一致，即随肥料用量增加而逐渐降低[19,21-23]，本研究结果发现，氮磷钾肥料利用率均随氮磷钾肥用量增加而依次降低，趋势明显，其中经济学利用率氮肥与磷肥相当，钾肥最低，生物学利用率氮肥>磷肥>钾肥，表观利用率、农学利用率、偏生产力则是钾肥>磷肥>氮肥；贡献率 3 种肥料相差不大。

综合考虑玉米产量与养分吸收、肥料利用率等结果，粮棉轮作模式下玉米季肥料适宜用量为 N 225 kg·hm^{-2}，K_2O 75 kg·hm^{-2}，免施磷肥。

参考文献

[1] 石晨阳，王桂荣，王慧军，等．河北省种植业高效用水预测研究 [J]．中国农学通报，2012，28（3）：218-224．

[2] 董合林．我国棉花施肥研究进展 [J]．棉花学报，2007，19（5）：378-384．

[3] 展曼曼，王宁，田晓莉．棉花钾营养效率的基因型差异研究进展 [J]．棉花学报，2012，24（2）：176-182．

[4] 汪洋．棉花平衡施肥技术 [J]．河北农业科学，2007，11（4）：15，17．

[5] 徐维明，潘琴，王亚艺．棉花"3414"肥料效应及推荐施肥量研究 [J]．安徽农业科学，2010，38（2）：723-724，727．

[6] 田惠萍．氮、磷、钾配比施肥对玉米产量的影响 [J]．宁夏农林科技，2013，54（2）：24-26，36．

[7] 刘淑霞，吴海燕，赵兰坡，等．不同施钾量对玉米钾素吸收利用的影响研究 [J]．玉米科学，2008，16（4）：172-175．

[8] 宋碧，张军，刘兵，等．不同施氮量对玉米"黔兴201"氮素吸收特性及氮效率的影响 [J]．中国农学通报，2013，29（30）：50-54．

[9] 周忠新，于振文，许卫霞，等．氮磷钾用量及配比对小麦产量、蛋白质含量和肥料利用率的影响 [J]．山东农业科学，2006，3：42-44．

[10] 易玉林. 氮、磷、钾肥在河南省小麦上的应用效果及推荐用量研究 [J]. 河南农业科学, 2012, 41 (7): 69-72.

[11] 皇甫湘荣, 张翔, 孙春河, 等. 氮钾配施对玉米产量和土壤钾素的影响 [J]. 中国农学通报, 2004, 20 (6): 169-171.

[12] 陈英取, 张承林, 张其伦, 等. 氮磷钾用量及配比对甜玉米产量与品质的影响 [J]. 华南农业大学学报, 1993, 14 (1): 33-38.

[13] 吴建宏. 磷素化肥不同用量对玉米产量的影响 [J]. 宁夏农林科技, 2013, 54 (12): 66-67.

[14] 陈远学, 李汉邺, 周涛, 等. 施磷对间套作玉米叶面积指数、干物质积累分配及磷肥利用效率的影响 [J]. 应用生态学报, 2013, 24 (10): 2 799-2 806.

[15] 张翠翠, 闫凌云, 赵鹏, 等. 施氮对夏玉米氮素利用及土壤硝态氮积累的影响 [J]. 中国农学通报, 2013, 29 (18): 57-61.

[16] 王晓巍, 马欣, 周连仁, 等. 施氮对夏玉米产量和氮素积累及相关生理指标的影响 [J]. 玉米科学, 2012, 20 (5): 121-125.

[17] 彭正萍, 张家铜, 袁硕, 等. 不同供磷水平对玉米干物质和磷动态积累及分配的影响 [J]. 植物营养与肥料学报, 2009, 15 (4): 793-798.

[18] 王红丽. 磷肥施用量对全膜双垄沟播玉米产量及磷肥利用率的影响 [J]. 甘肃农业科技, 2014, 6: 25-27.

[19] 孙恒, 胡强, 陈骏飞, 等. 磷肥施用量对玉米产量、土壤无机磷及磷肥利用率的影响 [J]. 江西农业学报, 2015, 27 (7): 62-64.

[20] 李波, 张吉旺, 靳立斌, 等. 施钾量对高产夏玉米产量和钾素利用的影响 [J]. 植物营养与肥料学报, 2012, 18 (4): 832-838

[21] 赵营, 同延安, 赵护兵. 不同供氮水平对夏玉米养分积累、转运及产量的影响 [J]. 植物营养与肥料学报, 2006, 12 (5): 622-627.

[22] 王宜伦, 李潮海, 谭金芳, 等. 氮肥后移对超高产夏玉米产量及氮素吸收和利用的影响 [J]. 作物学报, 2011, 37 (2): 339-347.

[23] 易镇邪, 王璞, 申丽霞, 等. 不同类型氮肥对夏玉米氮素积累、转运与氮肥利用的影响 [J]. 作物学报, 2006, 32 (5): 772-778.

[此文原刊载于《山西农业大学学报 (自然科学版)》, 2016, 36 (11): 768-773]

粮棉轮作模式下施氮磷钾肥量对小麦产量及籽粒氮磷钾含量的影响

王树林，祁　虹，王　燕，张　谦，冯国艺，林永增，梁青龙

（河北省农林科学院棉花研究所/农业部黄淮海半干旱区棉花生物学与遗传育种重点实验室）

摘　要：为探明粮棉轮作模式下小麦经济合理施肥量，在大田条件下采用随机区组试验，按照 N、P_2O_5、K_2O 分别设置了 0、75、150、225、300 kg·hm^{-2} 5 个用量梯度，研究了不同肥料用量对小麦产量、养分吸收及肥料利用率的影响。结果表明，N 用量在 0～150 kg·hm^{-2} 时随施 N 量增加，小麦籽粒产量增加，在 N 用量超过 150 kg·hm^{-2} 后小麦籽粒产量趋于稳定，籽粒 N 含量随施 N 量增加先升后降，在 225 kg·hm^{-2} 时达到最大值 2.249%，籽粒 N 田间携出量随施 N 量增加先升后降，在 225 kg·hm^{-2} 时达到最大值 190.5 kg·hm^{-2}；随 P_2O_5 用量增加，籽粒产量先升后降，施 P_2O_5 量在 75 kg·hm^{-2} 时达到最高值，P_2O_5 用量在 300 kg·hm^{-2} 籽粒产量降低 5.1%，籽粒 P 含量与 P_2O_5 田间携出量随施 P_2O_5 量增加而持续升高，最高值分别达到 0.70% 与 131.3 kg·hm^{-2}；K_2O 对小麦籽粒产量影响不显著，但随施 K_2O 量的增加，籽粒 K 含量持续增加，K_2O 田间携出量在 34.6～37.0 kg·hm^{-2}。综合考虑产量结果与氮磷钾养分的田间携出量，小麦季节肥料适宜用量为 N 150～225 kg·hm^{-2}，P_2O_5 75～150 kg·hm^{-2}，免施钾肥。

关键词：氮磷钾；养分吸收；小麦产量

河北省中南部为传统旱地棉花产区，长期连作带来土壤致病菌累积、养分失衡、耕层变浅等问题[1,2]，近年来随着水利条件的改善，该地区具备了种植粮食的生产条件，但受水资源限制，完全改种粮食仍存在地下水供给不足的问题，因此在河北省中南部传统一熟棉区开展棉花—小麦—玉米两年三熟粮棉轮作种植模式研究十分必要。长期连作棉田土壤养分具有"少氮、富磷、高钾"的特征[3]，在向粮棉轮作模式转变过程中，如何利用土壤养分特征制定经济合理的施肥原则，对于减少化肥投入、降低环境污染、实现节本增效的目标具有重要意义。针对棉花连作或小麦玉米种植模式下的肥料用量研究较多，如棉花对氮肥与钾肥需求量大，对磷肥需求量小[4]，而小麦籽粒氮磷田间携出量大，钾携出量小[5]；孟建[6]、李迎春[7] 等人在氮磷钾肥对小麦籽粒氮素积累、磷钾含量等方面也做了相关研究，但由于试验受基础地力影响较大，所得结果不尽相同。而关于粮棉轮作模式下氮磷钾肥对小麦产量及肥料利用效率的影响，前人研究很少，由于在不同区域、不同种植模式下适宜的施肥种类与施肥量差异较大，因此本文研究了粮棉轮作种植模式下氮磷钾肥对小麦产量及肥料利用效率的影响，以期为这一新型种植模式的推广提供理论依据。

1 材料与方法

1.1 试验材料与试验地情况

试验于 2014—2015 年小麦生长季在河北省农林科学院棉花研究所威县试验站（威县枣元乡东张庄村）进行，试验田连作棉花 30 年以上。种植模式为棉花—小麦—玉米两年三熟轮作，前茬棉花，土壤为沙壤土。试验地耕层土壤养分含量为有机质 7.6 g·kg^{-1}，全氮 0.565 g·kg^{-1}，速效磷 24.8 mg·kg^{-1}，速效钾 112 mg·kg^{-1}。试验小麦品种采用冀麦 585。

1.2 试验设计与测定方法

按不同施氮量、施磷量和施钾量分别设置 3 个单因素试验，每个试验设 5 个用量梯度（表1）。采用随机区组设计，设 3 次重复，小区宽 6.0 m，长 10.0 m。将前茬棉花秸秆粉碎还田后，施底肥旋耕。氮肥试验各小区均施 P$_2$O$_5$ 150 kg·hm^{-2}，K$_2$O 150 kg·hm^{-2}；磷肥试验各小区均施纯 N 225 kg·hm^{-2}，K$_2$O 150 kg·hm^{-2}；钾肥试验小区均施纯 N 225 kg·hm^{-2}，P$_2$O$_5$ 150 kg·hm^{-2}；所有磷钾肥一次底施，氮肥底施 50%，拔节期追施 50%。氮肥为尿素，磷肥为重过磷酸钙，钾肥为氯化钾。2014 年 10 月 28 日等行距播种，行距 15 cm，播量 225 kg·hm^{-2}。2015 年 3 月 25 日结合灌水（1 050 m^3·hm^{-2}）进行追肥，4 月 24 日灌水 900 m^3·hm^{-2}，6 月 11 日收获。

表1 氮磷钾肥料设计用量梯度

处理	N (kg·hm^{-2})	处理	P$_2$O$_5$ (kg·hm^{-2})	处理	K$_2$O (kg·hm^{-2})
N0	0	P0	0	K0	0
N75	75	P75	75	K75	75
N150	150	P150	150	K150	150
N225	225	P225	225	K225	225
N300	300	P300	300	K300	300

1.3 测定项目与计算方法

1.3.1 产量、干物质及经济系数测定

小麦收获前每个小区收获 5 m^2，脱粒后称重，同时取 100 g 在 85 ℃烘干至恒重测定籽粒含水量，根据籽粒含水量折算出小麦籽粒 13%含水量时的公顷产量。收获前每个小区取 3 个点，每个点自地表收取 1 m^2 小麦后称重，从中再抽取 20 个单茎在 85 ℃烘干至恒重测定植株含水量用于计算地上部生物量。经济系数=籽粒干重/地上部干重。

1.3.2 籽粒养分含量测定

籽粒养分采用浓 H$_2$SO$_4$–H$_2$O$_2$ 消煮后，半微量凯氏定氮法测定全氮，钼锑抗比色法

测定全磷，火焰光度计法测定全钾。

1.3.3 化肥农学利用效率、偏生产力、贡献率计算方法[8]

化肥农学利用率$(kg \cdot kg^{-1})$=(施肥区籽粒产量−空白区产量)/施肥量

化肥偏生产力$(kg \cdot kg^{-1})$=施肥区籽粒产量/施肥量

化肥贡献率(%)=(施肥区籽粒产量−空白区产量)/施肥区籽粒产量

2 结果与分析

2.1 氮磷钾肥用量对小麦产量的影响

由表2可以看出，施用氮肥显著增加小麦产量，施氮处理小麦产量均高于N0对照（下同），且产量随施氮量的增加而提高，N75、N150、N225、N300分别较对照增产3.5%、7.3%、7.6%与7.7%，施氮量超过150 $kg \cdot hm^{-2}$后小麦增产幅度减小，N150、N225、N300 3个处理间差异未达显著水平，但显著高于N0与N75。以上结果表明，施用氮肥可明显提高小麦产量，如仅根据产量结果，其用量不应低于150 $kg \cdot hm^{-2}$。

施磷较对照增产幅度最高仅有1.4%（P75），且差异不显著，但随着施磷量的增加，小麦产量下降趋势明显，P300产量反而显著低于P75与P150。这一结果表明，在由多年连作棉田向粮棉轮作种植模式转变过程中，P素非小麦产量限制性因素，过量施磷反而不利于小麦的增产。

钾肥对小麦产量影响不大，无论是与不施钾肥对照相比，还是不同钾肥用量之间，小麦产量差异均不显著。由于棉花季节大量施用钾肥，导致土壤钾素含量始终处于较高水平，因此在粮棉轮作模式下，钾肥不是小麦产量的限制因子。

表2 氮磷钾肥用量对小麦产量的影响

处理	籽粒产量 ($kg \cdot hm^{-2}$)	处理	籽粒产量 ($kg \cdot hm^{-2}$)	处理	籽粒产量 ($kg \cdot hm^{-2}$)
N0	7 870 b	P0	8 500 ab	K0	9 020 a
N75	8 142 b	P75	8 617 a	K75	8 957 a
N150	8 442 a	P150	8 607 a	K150	9 064 a
N225	8 469 a	P225	8 567 ab	K225	8 969 a
N300	8 474 a	P300	8 197 b	K300	9 059 a

注：数值后不同小写字母表示处理间差异达0.05显著水平，下同

2.2 氮磷钾肥用量对小麦经济系数及籽粒养分吸收的影响

2.2.1 氮肥对小麦经济系数及籽粒养分吸收的影响

干物质生产是作物产量形成的基础，随着氮肥用量增加，小麦干物质积累量持续增加，N300处理达到16834 $kg \cdot hm^{-2}$，较不施氮肥对照增加了11.6%。但生物量增加的同时也导致经济系数降低，不施氮肥对照经济系数0.454，显著高于各施氮处理。籽粒

氮素含量随施氮量增加先升高后降低，施氮量 225 kg·hm^{-2}时最高为 2.249%，施氮量增加到 300 kg·hm^{-2}时籽粒氮素含量下降到 2.106%，表明适宜用量氮肥促进氮素向籽粒中的转移，而过量施用氮肥抑制氮素向籽粒中的转移；籽粒 N 田间携出量也呈先增加后降低的趋势，N225 处理达到了 190.5 kg·hm^{-2}，与 N150、N300 差异不显著，但显著高于对照及其他施氮处理。从籽粒 N 田间携出量及小麦产量结果综合考虑，小麦季氮素投入应在 150～225 kg·hm^{-2}为宜（表3）。

表3　氮肥用量对小麦经济系数及籽粒养分吸收的影响

处理	生物量（kg·hm^{-2}）	经济系数	籽粒 N 素含量（%）	籽粒 N 携出量（kg·hm^{-2}）
N0	1 508 b	0.454 a	1.509 b	118.7 c
N75	16 084 ab	0.440 b	1.873 ab	152.5 b
N150	16 734 a	0.439 b	2.120 a	178.9 a
N225	16 824 a	0.438 b	2.249 a	190.5 a
N300	16 834 a	0.438 b	2.106 a	178.5 a

2.2.2　磷肥用量对小麦经济系数及养分吸收的影响

磷肥对小麦生物量的影响与其对小麦籽粒产量影响相似，随施磷量增加先增加后降低，P75 最高达到 17 418 kg·hm^{-2}，显著高于 P300，但与其他处理差异不显著；经济系数以不施磷肥对照为最高，除对照外，随着磷肥用量的增加，经济系数有升高的趋势，但方差分析差异不显著；籽粒磷素含量与 P$_2$O$_5$田间携出量均随着施磷量的增加而持续升高，P225 与 P300 两个处理显著高于其他处理，P75 与 P150 之间差异不大，但显著高于对照，表明增施磷肥能持续提升籽粒中磷素的积累，但无助于籽粒产量的提升，籽粒 P$_2$O$_5$田间携出量最高达到 131.3 kg·hm^{-2}，综合小麦产量与籽粒 P$_2$O$_5$田间携出量结果，为保证土壤磷素平衡，小麦季磷素投入应在 75～150 kg·hm^{-2}为宜（表4）。

表4　磷肥用量对小麦经济系数及籽粒养分吸收的影响

处理	生物量（kg·hm^{-2}）	经济系数	籽粒 P 素含量（%）	籽粒 P$_2$O$_5$携出量（kg·hm^{-2}）
P0	16 668 a	0.444 a	0.559 c	108.9 c
P75	17 418 a	0.431 a	0.612 b	120.7 b
P150	17 168 a	0.436 a	0.618 b	121.9 b
P225	16 918 a	0.440 a	0.668 a	131.0 a
P300	16 168 b	0.441 a	0.700 a	131.3 a

2.2.3　钾肥用量对小麦经济系数及籽粒养分吸收的影响

施钾对小麦生物量无明显影响，不同处理间经济系数差异较小，籽粒钾素含量、

K₂O 田间携出量随着施钾量的增加有增加趋势，与对照相比，K300 籽粒钾素含量提高
6.6%，K₂O 田间携出量增加 6.9%，但不同处理间方差分析均无显著差异。由于小麦秸
秆全部还田，籽粒 K_2O 田间移出量很小，仅在 $34.6\sim37.0\ kg\cdot hm^{-2}$，且从产量结果看，
施钾对小麦无增产作用，考虑到棉花对钾肥需要量较大，在粮棉轮作种植模式中棉花季
节需施入大量钾肥，因此小麦季节可不施钾肥，仅利用棉花季土壤残留钾素即可满足小
麦生长的需求（表5）。

表5　钾肥用量对小麦经济系数及籽粒养分吸收的影响

处理	生物量 （$kg\cdot hm^{-2}$）	经济 系数	籽粒 K 素含量 （%）	籽粒 K_2O 携出量 （$kg\cdot hm^{-2}$）
K0	17 751 a	0.442 a	0.318 a	34.6 a
K75	17 501 a	0.445 a	0.319 a	34.5 a
K150	17 668 a	0.446 a	0.320 a	35.0 a
K225	17 751 a	0.439 a	0.337 a	36.4 a
K300	18 001 a	0.438 a	0.339 a	37.0 a

2.3　氮磷钾肥用量对其利用效率的影响

随施氮量增加氮肥农学利用率降低，N75 与 N150 之间差异不显著，但显著高于
N225 与 N300，磷肥农学利用率也随施磷量增加而降低，不同处理间差异显著，氮肥农
学利用率在 2.0～3.6，磷肥农学利用率在-1.0～1.6，氮肥农学利用率明显高于磷肥，
而钾肥由于无增产效果，因此其农学利用率最低。从偏生产力来看，氮、磷、钾肥均随
施用量增加而显著降低，规律性一致。贡献率方面氮肥与磷肥均是随施用量增加而降
低，不同处理间差异显著，氮肥贡献率明显高于磷肥，钾肥贡献率最低。根据以上结
果，在粮棉轮作模式下，小麦季肥料利用率为氮肥>磷肥>钾肥（表6）。

表6　氮磷钾肥农学利用率、偏生产力与贡献率

处理	农学利用率 （$kg\cdot kg^{-1}$）	偏生产力 （$kg\cdot kg^{-1}$）	贡献率 （%）
N0	—	—	—
N75	3.6 a	108.6 a	3.3 b
N150	3.8 a	56.3 b	6.8 a
N225	2.7 b	37.6 c	7.1 a
N300	2.0 c	28.2 d	7.1 a
P0			
P75	1.6 a	114.9 a	1.4 a
P150	0.7 b	57.4 b	1.2 ab

（续表）

处理	农学利用率 （kg·kg⁻¹）	偏生产力 （kg·kg⁻¹）	贡献率 （%）
P225	0.3 c	38.1 c	0.8 b
P300	−1.0 d	27.3 d	−3.7 c
K0	—	—	—
K75	−0.8 a	119.4 a	−0.7 a
K150	0.3 a	60.4 b	0.5 a
K225	−0.2 a	39.9 c	−0.6 a
K300	0.1 a	30.2 c	0.4 a

3 结论与讨论

施用氮肥能提高小麦干物质积累与籽粒氮素含量[9]，进而提高小麦籽粒产量[10]，但随着氮肥用量增加，小麦产量增加幅度降低，甚至出现减产现象[11]，本研究也得到了类似结果，在粮棉轮作模式下，当纯氮用量超过 150 kg·hm⁻² 后小麦产量增幅减小。氮肥用量过大，会导致小麦营养体生长偏旺，叶片贪青和氮素向籽粒的转运不畅[12]，籽粒氮素含量反而下降，从而降低了小麦的经济系数与氮素利用效率[13]，本研究结果中随施氮量增加，小麦经济系数有下降趋势，氮素利用效率显著降低，与前人结果基本一致；尽管纯氮用量超过 150 kg·hm⁻² 后小麦产量增加不明显，但小麦籽粒 N 素田间移出量达到了 178.9～190.5 kg·hm⁻²，综合考虑小麦产量与 N 田间携出量，在粮棉轮作模式下，小麦季纯氮用量在 150～225 kg·hm⁻² 为宜。

土壤速效磷含量在 20 mg·kg⁻¹ 以上时，施磷增产率显著下降[14]，在传统一熟棉田，化学肥料的应用前些年经历了重施磷肥（主要是磷酸二铵、过磷酸钙等）阶段[3]，由于棉花对磷肥的需要量较少，因此导致土壤中富集了大量的磷素，本试验点土壤速效磷含量为 24.8 mg·kg⁻¹，增施磷肥无增产效果，过量施磷反而显著减产；孙慧敏[15]、李廷亮[16]等人研究发现，过量施磷对小麦籽粒产量影响不大，但却导致磷素生产力和磷肥利用率降低，这与本研究结果基本一致；关于施用磷肥对籽粒磷素含量的影响，前人研究结果不尽一致，姜宗庆[17]试验表明，施磷量在 0～180 kg·hm⁻² 时，植株对磷的吸收随施磷量增加而上升，王荣辉[7]研究认为施磷量在 50～100 kg·hm⁻² 时，小麦籽粒磷含量随施磷量增加而升高，但不同磷肥用量之间差异不显著，张睿[18]则认为在一般施肥水平上适度提高磷肥投入水平，籽粒磷含量影响不大，而大幅度提高磷肥用量，则不利于籽粒中磷的积累；本研究结果支持随磷肥用量增加，籽粒中磷素含量随之增加的观点，且不同磷肥用量间差异达到显著水平，籽粒 P 含量的持续升高也直接导致籽粒 P₂O₅ 田间携出量随施磷量增加而升高，在 P300 时达到最高值 131.3 kg·hm⁻²，为保持土壤 P 素平衡，小麦 P₂O₅ 田间施用量控制在 75～150 kg·hm⁻² 为宜。这一结果表明在由棉花一熟向粮棉轮作两年三熟种植模式的转变过程中，小麦季节无需大量施用磷肥，可充分利用连作棉田土壤磷素含量偏高的特点，合理施磷，提高磷肥利用率，减少污染。

关于钾肥对小麦产量、养分吸收的影响，前人做了大量研究，谭金芳[19]与董合林[20]等人研究结果认为钾肥对小麦产量存在正效应，张会民[21]和Zhang[22]等人研究认为过量施用钾肥，小麦产量反而下降；本试验结果发现钾肥用量对小麦产量影响不大，但随着施钾量的增加，籽粒K含量持续升高，这可能是由于过量钾素供应导致小麦对钾的奢侈吸收引起的[23]，由于钾素主要分布在小麦的秸秆之中[24]，而小麦秸秆全部还田，籽粒K_2O田间携出量仅在 $34.6\sim37.0$ kg·hm^{-2}，考虑到棉花对钾肥需要量较大，在粮棉轮作种植模式中棉花季节需施入大量钾肥，因此小麦季节可不施钾肥，仅利用棉花季土壤残留钾素即可满足小麦生长的需求。

前人关于肥料对小麦产量及养分吸收方面的研究，多集中在小麦玉米一年两熟种植模式之下[25,26]，而在由传统一熟棉区向粮棉轮作两年三熟模式转变过程中的研究基本空白，本研究在这一背景下开展了不同氮磷钾肥料用量对小麦产量与养分吸收的影响，结果表明，适宜粮棉轮作模式下的小麦季适宜肥料用量为 N $150\sim225$ kg·hm^{-2}，P_2O_5 $75\sim150$ kg·hm^{-2}，免施钾肥。

参考文献

[1] 王王曌，刘连涛，孙红春，等．连作对棉株干物质积累、分配及功能叶片生理特征的影响 [J]．河北农业大学学报，2013，36（5）：6-11.

[2] 单鸿宾，梁智，王纯利，等．棉田连作对土壤微生物及酶活性的影响 [J]．中国农业科技导报，2009，11（1）：113-117.

[3] 董合林．我国棉花施肥研究进展 [J]．棉花学报，2007，19（5）：378-384.

[4] 汪洋．棉花平衡施肥技术 [J]．河北农业科学，2007，11（4）：15，17.

[5] 董若征，贾可，廖文华，等．氮磷钾在冬小麦上的产量效应与养分平衡 [J]．华北农学报，2012，27（4）：175-180.

[6] 孟建，李雁鸣，党宏凯，等．施氮量对冬小麦氮素吸收利用、土壤中硝态氮积累和籽粒产量的影响 [J]．河北农业大学学报，2007，30（2）：1-5.

[7] 李迎春，彭正萍，薛世川，等．磷、钾对冬小麦养分吸收、分配及运转规律的影响 [J]．河北农业大学学报，2006，29（5）：1-6.

[8] 周忠新，于振文，许卫霞，等．氮磷钾用量及配比对小麦产量、蛋白质含量和肥料利用率的影响 [J]．山东农业科学，2006，3：42-44.

[9] 叶优良，王玲敏，黄玉芳，等．施氮对小麦干物质积累和转运的影响 [J]．麦类作物学报，2012，32（3）：488-493.

[10] 刘其，刁明，王江丽，等．施氮对滴灌春小麦干物质、氮素积累和产量的影响 [J]．麦类作物学报，2013，33（4）：722-726.

[11] 于振文，潘庆民，姜东，等．9 000kg/公顷小麦施氮量与生理特征分析 [J]．作物学报，2003，29（1）：37-43.

[12] 同延安，赵营，赵护兵，等．施氮量对冬小麦氮素吸收、转运及产量的影响 [J]．植物营养与肥料学报，2007，13（1）：64-69.

[13] 王月福，姜东，于振文，等. 高低土壤肥力下小麦基施和追施氮肥的利用效率和增产效应 [J]. 作物学报，2003，29（4）：491-495.

[14] 区沃恒，焦志勇，傅显华. 小麦的磷素营养 [J]. 中国农业科学，1978（3）：49-54.

[15] 孙慧敏，于振文，颜红，等. 不同土壤肥力条件下施磷量对小麦产量、品质和磷肥利用率的影响 [J]. 山东农业科学，2006（3）：45-47.

[16] 李廷亮，谢英荷，洪坚平，等. 施磷水平对晋南旱地冬小麦产量及磷素利用的影响 [J]. 中国生态农业学报，2013，21（6）：658-665.

[17] 姜宗庆，封超年，黄联联，等. 施磷量对不同类型专用小麦产量和品质的调控效应 [J]. 麦类作物学报，2006，26（5）：113-116.

[18] 张睿. 半湿润农田生态系统不同施肥处理对小麦籽粒中氮、磷、钾含量和累积量的效应 [J]. 西北植物学报，2005，25（1）：150-154.

[19] 谭金芳，介晓磊，韩燕来，等. 潮土区超高产麦田供钾特点与小麦钾素营养研究 [J]. 麦类作物学报，2001，21（1）：45-50.

[20] 董合林，李鹏程，刘敬然，等. 钾肥用量对麦棉两熟制作物产量和钾肥利用率的影响 [J]. 植物营养与肥料学报，2015，21（5）：1 159-1 168.

[21] 张会民，刘红霞，等. 钾对旱地冬小麦后期生长及籽粒品质的影响 [J]. 麦类作物学报，2004，24（3）：73-75.

[22] Zhang D Y, Zhang Y Q. Effect of Application of Potassium on Grain Yield and Quality of Strong Gluten Wheat [J]. Chinese Journal of Eco-Agriculture, 2007, 15 (3): 32-37.

[23] 孙斌，曹雯梅，王应君，等. 不同土壤钾素对强筋小麦产量形成因子的影响 [J]. 中国农学通报，2009，25（16）：146-149.

[24] 王志勇，白由路，杨俐苹，等. 低土壤肥力下施钾和秸秆还田对作物产量及土壤钾素平衡的影响 [J]. 植物营养与肥料学报，2012，18（4）：900-906.

[25] 杨利华，马瑞崑，张丽华，等. 冬小麦、夏玉米品种搭配及氮磷钾统筹施肥技术研究 [J]. 河北农业大学学报，2006，29（4）：1-5.

[26] 王远玲，缪翠云，陶晓婷，等. 氮磷钾配施对苏北沿海地区小麦产量形成的影响 [J]. 安徽农业科学，2013，41（17）：7 496-7 498，7 501.

[此文原刊载于《河北农业大学学报》，2016，39（4）：6-11]

土壤肥力和施肥措施对冬小麦—夏玉米产量、地力贡献率和容重的影响

郭 丽，郑春莲，曹彩云，党红凯，马俊永，李科江

（河北省农林科学院旱作农业研究所/河北省农作物抗旱研究重点实验室/
农业部河北南部耕地保育科学观测实验站）

摘 要：为指导低平原区粮田基础地力定向培育提供重要理论依据，于2012—2014在大田试验条件下，采用裂区试验设计，以土壤肥力水平为主区，不同施肥措施为副区，研究了低平原区不同土壤基础肥力（高肥、中肥、低肥）和施肥方式（CK—3a不施肥，T1—2a不施肥，T2—1a不施肥，T3—3a施NPK肥，T4—3a施PK肥）对冬小麦—夏玉米产量、地力贡献率和土壤容重的影响。结果表明：各肥力条件下小麦、玉米及全年产量基本表现为T3>T2>T1>T4>CK，其中，高、中肥力条件下作物产量差异较小，且与低肥力下的产量差异达到极显著水平。各肥力条件下，不同施肥措施的基础地力贡献率均表现为T2>T1>CK；各施肥处理在不同肥力条件下的周年基础地力贡献率差异均不显著，但总体来看，高肥力地块对周年产量的基础地力贡献率相对较高。各肥力地块在同种施肥方式下土壤容重差异均不显著；低肥力地块施用氮磷钾肥可以显著降低土壤容重，但随着土壤肥力增高，适当延长氮磷钾肥施用年限才能对土壤容重有明显的降低作用；氮肥对土壤紧实度的调控效应高于磷钾肥。

关键词：冬小麦；夏玉米；产量；基础地力贡献率；土壤容重

粮食主产区农田一直被高强度利用，导致农田的生产消耗与地力培育补偿失衡，加强对农田基础地力培育和提升农田生产潜力水平成为当前急需探索和解决的问题[1]。农田基础地力受多种因素影响，研究表明，水稻、玉米和小麦3种主要作物地力贡献率存在明显差异，水稻最高，小麦最低，并且不同种植区的作物地力贡献率与环境及土壤基本性质存在显著相关[2]。前人研究了土壤化学性质对农田基础地力的影响，发现土壤有机质含量对北方冬小麦地力贡献率影响较大，而土壤速效磷含量与南方冬小麦的地力贡献率呈正相关[2,3]。此外，研究还发现施用有机肥不仅能提升土壤肥力，还有增产增效作用，是化肥不可代替的。有关农田基础地力的研究已有不少报道，但大多基于长期定位试验，以长期不施肥处理为对照[4-8]，这种地力状况是在养分持续耗竭下进行研究的，并且只获得长期施肥下的作物产量，但当年不施肥的基础地力产量无法获得。因此，针对迄今有关低平原区冬小麦—夏玉米复种连作栽培制度下农田基础地力现状及区域特征报道尚少的现状，我们进行了不同基础肥力和施肥方式与作物产量、地力贡献率及土壤容重的影响研究，旨在揭示当地长期习惯施肥对基础地力培育的结果，为指导低平原区粮田基础地力定向培育提供重要理论依据。

1 材料与方法

试验于 2012—2014 年在河北省农林科学院旱作节水农业试验站进行。该区属黑龙港平原区（N37°54′12.50″、E115°42′10.94″，海拔 20 m），土壤质地类型属黏壤土，种植制度为冬小麦—夏玉米复种连作，玉米秸秆全部还田，夏玉米铁茬播种。小麦季降水量 134.7 mm，玉米季降水量 241.2 mm，年平均气温 12.7 ℃。

小麦品种为衡 4399，玉米品种为郑单 958。氮、磷、钾肥分别为 N，P_2O_5，K_2O 的施用量。

试验采用土壤肥力和施肥方式 2 因子裂区设计，以土壤肥力为主处理，施肥方式为副处理。小区面积 10 m×5 m，每处理 3 次重复。其中土壤肥力设高肥（施用牛粪）、中肥（肥力中等）、低肥（去表层土）3 个处理；施肥方式设 2012—2014 年 3a 未施肥（CK），2012 年施氮、磷、钾肥（T_1，2a 不施肥），2012 年、2013 年施氮、磷、钾肥（T_2，1a 不施肥），2012—2014 年施氮、磷、钾肥（T_3，3a 施 NPK 肥），2012—2014 年施磷、钾肥（T_4，3a 施 PK 肥）。肥料施用量每公顷纯氮 360 kg、P_2O_5 240 kg、K_2O 钾 75 kg，其中磷肥和钾肥均在小麦播种整地前一次底施；氮素化肥为小麦夏玉米各半，小麦季氮肥用量底追各半，夏玉米季全部氮作追肥。

2014 年小麦成熟后，采用联合收割机进行全小区收获，测定产量；夏玉米每小区收获 4 行，测产。计算各处理小麦季、玉米季和周年土壤基础地力贡献率（不施肥处理区产量/施 NPK 肥处理区产量×100%）。选择具有代表性地点，挖掘土壤剖面，去除 5 cm 耕层土壤，将环刀刃口向下垂直压入土中，直至环刀筒内被土样完全填充为止，取出环刀，将两端多余的土壤削去，使环刀筒内土样与环刀体积一致，立即将环刀盖扣紧，防止土壤漏损。将土壤样品烘干至恒重，称量烘干土样质量，计算土壤容重（g·cm⁻³，烘干土样质量/环刀容积）。

利用 SAS 统计学分析软件进行数据显著性检验和相关分析。

2 结果与分析

2.1 基础肥力和施肥措施对作物产量的影响

2.1.1 基础肥力和施肥措施对小麦产量的影响

不同基础肥力的小麦产量差异达到了极显著水平（表 1），表明基础肥力对小麦产量有极显著影响。其中，中肥力条件下小麦产量最高，与高肥力处理差异不显著，但二者均极显著<低肥力处理。施肥处理除低肥力 T_4 处理的小麦产量略>CK 外，其他肥力条件下其他施肥处理的小麦产量均>CK，其中施氮磷钾肥处理（T_1~T_3 与 CK 差异基本达到显著水平，以 T_3 处理产量最高、T_2 处理次之，其中，中、高肥力下 T_3 处理与 T_2 处理差异不显著，但均极显著>其他处理；低肥力下，T_3 处理显著>其他处理（表 2）。而不施氮处理 T_4 与 CK 差异均不显著。表明中、高、低肥力地块施入 N，P，K 肥料均有利于小麦高产，且连续 2-3a 施入氮磷钾肥能够显著提高小麦产量。

表1 不同基础地力对小麦、玉米及全年籽粒产量的影响

基础肥力	小麦产量 （kg·hm^{-2}）	玉米产量 （kg·hm^{-2}）	周年产量 （kg·hm^{-2}）
高肥力	6 548.48 aA	8 628.81 aA	15 177.28 aA
中肥力	6 607.74 aA	7 791.10 bAB	14 398.84 aA
低肥力	4 469.38 bB	6 791.53 cB	11 260.91 bB

2.1.2 基础肥力和施肥措施对玉米产量的影响

高肥力条件下玉米产量最高，且显著>其他地力水平。施肥处理的玉米产量均>CK，且3种地力施肥处理中除 T_4 处理玉米产量与 CK 差异不显著外，其他处理与 CK 差异均达显著水平。以 T_3 处理产量最高，其中，高、低肥力下，处理 T_3 与处理 T_1 和 T_2 差异不显著，与 T_4 处理达极显著或显著水平；中肥力下，T_3 处理极显著>其他处理。表明土壤肥力越高，越有利于玉米获得高产；在同一肥力下氮磷钾肥配合施用能够显著提高玉米产量，但磷钾肥增产作用不明显；高、低肥力条件下当年和2a不施肥对玉米产量影响较小，但中肥力地块当年或多年不施肥会使玉米大幅度减产。

表2 不同基础地力和施肥措施对小麦、玉米及全年籽粒产量的影响

基础肥力	施肥处理	小麦产量 （kg·hm^{-2}）	玉米产量 （kg·hm^{-2}）	周年产量 （kg·hm^{-2}）
高肥力	CK	3 926.12 cC	5 866.80 cB	9 792.92 cC
	T1	6 864.54 bB	9 088.13 abAB	15 952.67 bB
	T2	8 864.64 aA	9 627.99 abAB	18 492.63 abAB
	T3	8 914.03 aA	11 806.94 aA	20 720.97 aA
	T4	4 173.05 cC	6 754.16 bcB	10 927.21 cC
中肥力	CK	4 098.97 cB	5 530.26 cD	9 629.24 dD
	T1	6 099.07 bB	7 494.51 bBC	13 593.58 cC
	T2	8 667.10 aA	8 624.37 bB	17 291.47 bB
	T3	9 284.42 aA	11 337.64 aA	20 622.05 aA
	T4	4 889.13 bcB	5 968.72 cCD	10 857.85 dD
低肥力	CK	3 382.89 cA	5 659.20 bB	9 042.09 cC
	T1	3 859.42 cA	6 847.48 abAB	10 706.90 cBC
	T2	4 839.75 bA	7 161.07 abAB	12 000.81 bB
	T3	7 555.93 aA	8 043.92 aA	15 599.86 aA
	T4	3 308.90 cB	6 245.96 bAB	9 554.87 cBC

注：小写字母表示0.05显著水平，大写字母表示0.01显著水平，下表同

2.1.3 基础肥力和施肥措施对周年作物产量的影响

高肥力条件下周年作物产量最高，与中肥力水平差异不显著，但均极显著>低肥力处理。施肥处理的周年作物产量均>CK，且除 T_4 处理、低肥力 T_1 处理与 CK 差异不显著外，其他处理与 CK 差异均达极显著水平。以 T_3 处理产量最高，除高肥力下与 T_2 处理差异不显著外，与其他水平其他处理差异均达极显著水平；表明土壤肥力越高，越有利于周年产量的增加；在同一肥力下氮磷钾肥配合施用能够显著提高小麦周年产量，但仅施磷钾肥增产作用不明显；高肥力条件下，当年不施肥对周年作物产量的影响较小，但中、低肥力地块当年或多年不施肥可使周年作物产量大幅度下降。因此，氮磷钾肥均衡施用和基础地力肥沃是周年作物产量增加的重要因素。

2.2 基础肥力和施肥措施对基础地力贡献率的影响

各肥力条件下，小麦季、玉米季和全年基础地力贡献率均表现为 T_2>T_1>CK（表3）。表明施肥年限越长，基础地力对作物产量的贡献率越大。

同一施肥处理不同肥力条件下的周年基础地力贡献率差异均不显著，其中 CK 表现为低肥力>高肥力>中肥力，T_1 处理表现为高肥力>低肥力>中肥力，T_2 处理表现为高肥力>中肥力>低肥力。小麦季，CK 在不同肥力条件下的基础地力贡献率无显著差异；T_1 和 T_2 处理的地力贡献率均表现为高、中肥力显著>低肥力处理。玉米季，T_1 和 T_2 处理在不同肥力条件下的地力贡献率无显著差异，CK 的基础地力贡献率表现为低肥力显著>高、中肥力处理。表明不同肥力土壤在同种施肥方式下对周年产量的基础地力贡献率差异较小，但高肥力地块对周年产量的基础地力贡献率相对较高。其中，不施肥条件下，不同肥力地块对小麦产量的基础地力贡献率差异较小，而低肥力地块对玉米产量的基础地力贡献率较高；施肥处理下，不同肥力地块对玉米产量的基础地力贡献率差异较小，而低肥力地块对小麦产量的基础地力贡献率较低。

表3 不同基础地力下小麦、玉米季施 NPK 肥的基础地力贡献率

基础肥力	施肥处理	小麦季 （kg·hm⁻²）	玉米季 （kg·hm⁻²）	周年 （kg·hm⁻²）
高肥力	CK	44.1 d	49.7 c	47.3 d
	T_1	77.0 b	76.8 ab	77.0 ab
	T_2	99.5 a	81.7 ab	89.3 a
中肥力	CK	45.3 d	48.9 c	46.7 d
	T_1	66.7 b	66.3 b	65.9 bc
	T_2	93.7 a	76.3 ab	83.9 a
低肥力	CK	44.3 d	70.4 b	58.0 cd
	T1	51.1 c	85.0 a	68.6 bc
	T2	63.7 b	89.3 a	76.9 ab

2.3　基础肥力和施肥措施对土壤容重的影响

低肥力条件下，T_4处理土壤容重与 CK 差异不显著，其他处理均显著<CK；中肥力条件下，T_2 和 T_3 处理显著<CK，其他处理与 CK 差异均不显著；高肥力条件下，仅 T_3 处理显著<CK，而其他处理与 CK 差异均不显著（图 1）。各肥力条件下，不同施肥处理中，除高肥力 T_3 与 T_4 处理差异显著外，其他处理间的土壤容重差异均不显著；表明各肥力地块在同种施肥方式下的土壤容重差异不明显；低肥力地块施用氮磷钾肥均可以显著降低土壤容重，随着地块肥力增高，适当增加氮磷钾肥施用年限才能对土壤容重有明显的降低作用；氮肥对土壤紧实度的调控效应高于磷钾肥。

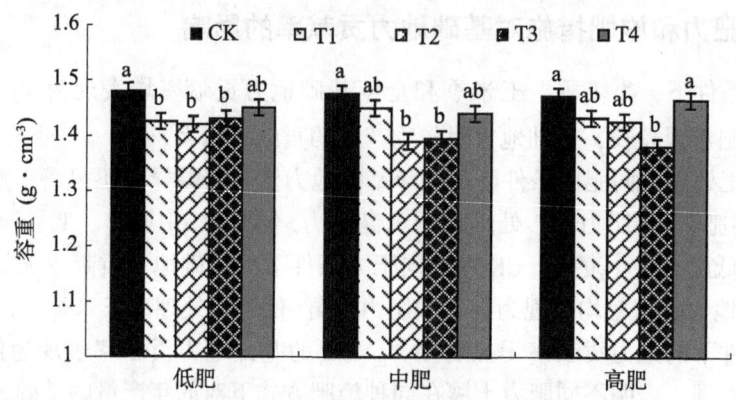

图 1　不同基础地力下施肥措施对土壤容重的影响

3　结论与讨论

基础地力贡献率作为评价农田基础地力的一个指标迄今已有诸多报道，前人基于长期定位试验研究了地力贡献率随时间延长的变化规律，如王定勇等[9]利用定位试验计算 CK/NPK 处理的产量比值，发现紫色土冬小麦基础地力贡献率为 46.25%～55.2%。黄绍敏[10]以河南潮土为研究对象，发现冬小麦基础地力贡献率的变化范围为 34%～53%。贡付飞等[11]对 4 种不同施肥方式 18 a 长期定位试验研究表明，基础地力贡献率大小顺序为 NPKM>1.5NPKM>NPKS>NPK。此外，还有研究发现灰漠土的基础地力贡献率 15a 间玉米季基础贡献率下降了 47%，春、冬小麦的地力贡献率分别下降 23%和 40%[1]，基础地力贡献率总体上随时间延长呈下降趋势。上述研究多基于长期不施肥地力贡献率的研究，缺乏对不同肥力基础上施肥方式对当年地力贡献率的比较，本研究在不同基础地力条件下揭示施肥方式对 3a 基础地力贡献率的影响，结果表明，3 种不同基础肥力农田的地力贡献率均表现为 $T_2>T_1>$CK，进一步证实了"随不施肥时间的延长，地力贡献率降低"这一结论。

土壤肥力和施肥措施是影响作物产量的重要因素，本研究结果表明，在相同施肥措施下低肥力处理周年作物产量低于中、高肥力，这一结果与贡付飞等[11]研究结果基本一致。在同一肥力下连续 3a 施 NPK 肥的全年产量最高，显著高于连续 3a 只施 PK 肥。

本结果与前人研究发现氮素显著控制小麦玉米产量降低趋势[12]的研究结果相一致。因此，氮磷钾肥均衡施用和基础地力肥沃是提高周年作物产量的重要因素。

汤永华[13]研究发现北方小麦的生长受土壤有机质（土壤肥力）的影响较大，产量随土壤有机质含量的提高而增加，但肥料是限制玉米产量的主要因素。本研究发现，小麦季地力贡献率表现为高、中肥力地块地力贡献率>低肥力，玉米季则表现为低肥力地块地力贡献率>高、中肥力。因此，在低肥力条件下，肥料对小麦产量的提升效果更明显，在高、中肥力水平下肥料对玉米产量的提升效果更明显。

土壤容重是反映土壤紧密程度的一个重要指标，直接影响着土壤的孔隙状况[14-15]。本研究条件下，低肥力地块施用氮磷钾肥均可以显著降低土壤容重，而随着地块肥力的增高，连续多年使用氮磷钾肥才能显著降低土壤容重。连续使用磷钾肥处理的土壤容重显著高于施用氮磷钾肥，因此，在作物生产中，应注重氮磷钾肥配合施用。

参考文献

[1] 徐明岗，梁国庆，张夫道，等. 中国土壤肥力演变 [M]. 北京：中国农业科学技术出版社，2006.

[2] 汤勇华，黄耀. 中国大陆主要粮食作物地力贡献率及其影响因素的统计分析 [J]. 农业环境科学学报 2008，27（40）：1 283-1 289.

[3] 李忠芳，徐明岗，张会民，等. 长期施肥下作物产量演变特征的研究进展 [J]. 西南农业学报，2012，25（6）：2 387-2 392.

[4] 李秀英，李燕婷，赵秉强，等. 褐潮土长期定位不同施肥制度土壤生产功能演化研究 [J]. 作物学报，2006，32（5）：683-689.

[5] 张国荣，李菊梅，徐明岗，等. 长期不同施肥对水稻产量及土壤肥力的影响 [J]. 中国农业科学，2009，42（2）：543-551.

[6] Jiang D, Hengsdijk H, Ting-Bo D, et al. Long-term effects of manure andinorganic fertilizers on yield and soil fertility for a winterwheat-maize system in Jiangsu, China [J]. Pedosphere, 2006, 16（1）：25-32.

[7] Zhang H M, Xu M G, Zhang F S. Long-term effects of manure application on grain yield under different cropping systems and ecological conditions in China [J]. The Journal of Agricultural Science, 2009, 147（1）：31-42.

[8] Hao M D, Fan J, Wang Q J. Wheat grain yield and yield stability in a long-term fertilization experiment on the Loess Plateau [J]. Pedosphere, 2007, 17（2）：257-264.

[9] 王定勇，石孝均，毛知耘. 长期水旱轮作条件下紫色土养分供应能力的研究 [J]. 植物营养与肥料学报，2004，10（2）：120-126.

[10] 黄绍敏. 长期不同施肥模式下潮土肥力演变规律与持续利用研究 [D]. 郑州：河南农业大学，2006.

[11] 贡付飞，查燕，武雪萍，等. 长期不同施肥措施下潮土冬小麦农田基础地力演变分析 [J]. 农业工程学报，2013，29（12）：120-128.

[12] 郭胜利，高会议，党廷辉. 施氮水平对黄土旱塬区小麦产量和土壤有机碳、氮的影响 [J] 植物营养与肥料学报，2009，15（4）：808-814.

[13] 汤勇华，黄耀. 中国大陆主要粮食作物地力贡献率和基础产量的空间分布特征 [J]. 农业环境科学学报，2009，28（5）：1 070-1 078.

[14] 吴军虎，张铁吴钢，赵伟，等. 容重对不同有机质含量土壤水分入渗特性的影响 [J]. 水土保持学报，2013，27（3）：63-67，268.

[15] 葛顺峰，彭玲，任饴华，等. 秸秆和生物质炭对苹果园土壤容重、阳离子交换量和氮素利用的影响 [J]. 中国农业科学，2014，47（2）：366-373.

[此文原刊载于《河北农业科学》，2016，20（2）：29-33]

粮棉轮作模式下氮磷钾施用量对玉米产量及产量构成的影响

王树林，祁　虹，王　燕，张　谦，冯国艺，林永增*，梁青龙

（河北省农林科学院棉花研究所/农业部黄淮海半干旱区棉花生物学与遗传育种重点实验室）

摘　要： 明确河北省中南部旱地棉区棉花—小麦—玉米两年三熟粮棉轮作种植模式下玉米季的适宜施肥量，为生产上实现经济施肥提供理论依据。在大田条件下采用随机区组试验，将 N、P_2O_5、K_2O 施用量均分别设置 0、75、150、225、300 kg·hm^{-2} 计 5 个处理，研究了各肥料不同施用水平对玉米产量构成及产量的影响。结果表明：随着施 N 量的增加，玉米穗长、穗粗、穗粒数、百粒重和产量均呈先增加后降低的变化趋势，其中，施 N 量为 225 kg·hm^{-2} 时所有指标值均最高，在施 N 量≤225 kg·hm^{-2} 时产量随着施 N 量的增加而逐渐显著提高，而施 N 量>225 kg·hm^{-2} 时产量增加不再明显；随着施 P_2O_5 量的增加，玉米百粒重和产量呈略有降低的趋势，但不同施肥量处理的调查指标差异均不显著；随着施 K_2O 量的增加，玉米穗粒数和产量呈逐渐增加趋势，但不同施肥量处理的产量差异均不显著。在本研究当前粮棉轮作模式下，玉米季适宜的施肥量为 N 225 kg·hm^{-2}、K_2O 75 kg·hm^{-2}，免施磷肥。

关键词： 粮棉轮作；氮磷钾；玉米；产量

河北省既是种粮大省，又是植棉大省，粮棉争地矛盾历来十分突出[1,2]，近年来随着国家对粮食安全问题的日益重视，如何增加粮食产量成为人们关注的热点话题。河北省中南部地区为传统旱地棉花产区，随着水利条件的改善，该区具备了种植粮食的生产条件，但受水资源限制[3]，若完全改种粮食仍存在地下水供给不足的问题。针对这一现状，我们在河北省中南部传统一熟旱地棉区开展了棉花—小麦—玉米两年三熟粮棉轮作种植模式研究。

转变种植制度会引起土壤养分含量发生一些变化。关于肥料对作物有生长发育及产量的影响，前人研究多集中在一种作物上，如不同肥料用量对棉花的影响[4-7]，氮磷钾肥对玉米产量的影响[8-10]，但磷钾肥对小麦产量及品质的影响[11-14]，但在粮棉轮作两年三熟种植模式中却涉及棉花、小麦和玉米 3 种作物，而棉花的需肥特点与小麦和玉米明显不同。因此，利用 3 种作物需肥规律差异和传统棉区土壤养分含量特点，制定经济、高效的施肥原则，对减少化肥投入、降低环境污染、实现节本增效具有重要意义。截至目前，有关粮棉轮作两年三熟种植模式下玉米氮磷钾肥料的运筹研究较少。本研究即在上述背景下开展的，旨为新种植模式下制定合理的施肥措施提供理论依据。

1　材料与方法

试验在河北省农林科学院棉花研究所威县试验站（威县枣元乡东张庄村）进行。

试验田 2014 年种植棉花，土壤为沙壤土，肥力中等，2014 年种植小麦前测定 0～20 cm 土壤养分含量，有机质 7.6 g·kg⁻¹、全氮 0.565 g·kg⁻¹、速效磷 24.8 mg·kg⁻¹、速效钾 112 mg·kg⁻¹。2014 年 10 月 28 日播种小麦（冀麦 585）；2015 年 6 月 13 日播种玉米，玉米品种为先玉 688。氮肥为普通尿素（N 含量 46.4%）；磷肥为重过磷酸钙（P_2O_5 含量 46.0%）；钾肥为氯化钾，K_2O 含量为 60.0%，均为从市场购买。

采用定位试验，始于 2014 年小麦播种前，按照氮、磷、钾设置 3 个单因素试验，每种肥料分别设置 5 个用量梯度（表1），采用随机区组设计，每个试验均设 3 次重复，小区宽 6.0 m、长 10.0 m。2014 年 10 月 28 日播种小麦前，按照试验设计肥料量施肥；2015 年 6 月 13 日播种玉米前，按照试验设计继续定位施肥，施肥量同小麦季，播后灌水。试验区所有氮肥处理统一施 P_2O_5 150 kg·hm⁻² 和 K_2O 150 kg·hm⁻²，所有磷肥处理统一施纯 N 225 kg·hm⁻² 和 K_2O 150 kg·hm⁻²，所有钾肥处理统一施纯 N 225 kg·hm⁻² 和 P_2O_5 150 kg·hm⁻²，且所有肥料均一次性底施。玉米行距 60 cm、株距 30 cm，收获密度 5.2 万株·hm⁻²，其他管理措施同大田常规。

表 1   试验设计的氮、磷、钾肥料施用量　　　　　　　　　　　　　（kg·hm⁻²）

处理	N 用量	处理	P_2O_5 用量	处理	K_2O 用量
N_0	0	P_0	0	K_0	0
N_{75}	75	P_{75}	75	K_{75}	75
N_{150}	150	P_{150}	150	K_{150}	150
N_{225}	225	P_{225}	225	K_{225}	225
N_{300}	300	P_{300}	300	K_{300}	300

玉米收获前，每小区取 3 行，收获全部果穗，称量鲜重；晒干、脱粒后，称籽粒干重。再根据 3 行取样株数、小区总株数和小区面积，折算出各处理籽粒含水量为 14% 时的产量。每个处理取 10 个果穗，调查穗长、穗粗、穗粒数和百粒重。试验数据均用 Microsoft Excel 2003 和 DPS 7.05 数据处理统计软件进行分析，采用 Duncan 新复极差法进行差异显著性检验。

2   结果与分析

2.1   氮肥施用量对玉米产量及产量构成因素的影响

施氮处理的玉米穗长、穗粗、穗粒数、百粒重和产量均显著 > N_0 处理（表2）。表明氮肥对玉米产量和 4 个产量构成性状均有较大影响，施用氮肥通过显著促进 4 个产量构成指标的综合提高，最终实现产量的大幅度提高。

施氮处理下，随着氮肥施用量的增加，玉米穗长、穗粗、穗粒数、百粒重和产量均呈先增加后降低的变化趋势，其中，N_{75} 处理的指标值均最低，除穗粗外，其他指标均显著 < N_{150}、N_{225} 和 N_{300} 处理；N_{225} 处理指标值均最高，但产量构成指标与 N_{150} 和 N_{300} 处理

差异均不显著，而产量显著>N_{150}处理但与N_{300}处理差异不显著。

可以看出，在当前粮棉轮作模式下，氮肥是影响玉米产量的关键因素，其经济施用量为 225 kg·hm^{-2}。

表2　氮肥施用量对玉米产量及产量构成因素的影响

处理	穗长 （cm）	穗粗 （cm）	穗粒数 （粒）	百粒重 （g）	产量 （kg·hm^{-2}）	增产率 （%）
N_0	14.6 c	4.3 b	304.4 c	26.9 c	4 746 d	—
N_{75}	18.9 b	4.8 a	499.3 b	31.0 b	7 861 c	65.6 c
N_{150}	20.8 a	4.9 a	556.1 a	34.1 a	9 545 b	101.1 b
N_{225}	21.2 a	5.0 a	556.3 a	35.5 a	10 382 a	118.8 a
N_{300}	20.2 a	4.9 a	538.3 ab	34.3 a	9 737 ab	105.2 b

2.2　磷肥施用量对玉米产量及产量构成因素的影响

施磷处理的玉米穗长、穗粗、穗粒数、百粒重和产量与P_0处理差异均不显著，且不同施磷量处理的指标差异也均不显著，其中，百粒重和产量有随施磷量增加而略微降低的趋势（表3）。表明施用磷肥对提高玉米百粒重和产量影响不大，对玉米产量及其产量构成因素的影响均不显著。因此，在当前粮棉轮作模式下，玉米季可以不免施磷肥。

关于磷肥用量对玉米产量的影响，吴建宏[15]在土壤速效磷含量为 9.1 mg·kg^{-1} 的条件下得出磷肥用量达到 180 kg·hm^{-2} 时玉米产量开始下降，而黄莹[16]等人在土壤速效磷含量为 6.99 mg·kg^{-1} 的条件下得出施用磷肥对玉米产量及玉米地上生物量无显著差异，本试验条件下土壤速效磷含量高达 24.8 mg·kg^{-1}，其土壤速效磷供给量远超出玉米生长发育所需磷量，而土壤速效磷含量偏高是由于在长期棉花连作条件下过量施磷而棉花对磷肥需求量小而造成的。因此导致在粮棉轮作种植模式下，增施磷肥并未对玉米产量产生太大影响。

表3　磷肥施用量对玉米产量及产量构成因素的影响

处理	穗长 （cm）	穗粗 （cm）	穗粒数 （粒）	百粒重 （g）	产量 （kg·hm^{-2}）	增产率 （%）
P_0	21.0 a	5.0 a	561.1 a	35.5 a	10 817 a	—
P_{75}	20.8 a	5.0 a	563.5 a	34.5 a	10 482 a	-3.1 a
P_{150}	20.6 a	5.0 a	560.7 a	34.7 a	10 624 a	-1.8 a
P_{225}	21.0 a	5.0 a	555.2 a	34.2 a	10 507 a	-2.9 a
P_{300}	20.7 a	4.9 a	563.8 a	34.0 a	10 264 a	-5.1 a

2.3 钾肥施用量对玉米产量及产量构成因素的影响

施钾处理的玉米穗长、穗粒数和产量显著>K_0处理，而穗粗和百粒重与K_0处理差异均不显著（表4）。表明钾肥对玉米穗长、穗粒数和产量有较大影响，施用钾肥通过显著促进玉米穗长增大、穗粒数增多，最终实现产量的明显提高。

施钾处理下，随着钾肥施用量的增加，玉米穗粒数呈逐渐增多趋势，其中，K_{225}与K_{300}处理差异不显著，但二者均显著>K_{75}和K_{150}处理，而K_{75}与K_{150}处理差异不显著；穗长、穗粗和百粒重变化均较小，不同施钾量处理的指标差异均不显著；产量呈逐渐增加趋势，但不同施钾量处理的差异均不显著。

可以看出，在当前粮棉轮作模式下，钾肥是影响玉米产量的主要因素，玉米季施用钾肥 75 kg·hm^{-2} 即可明显提高产量。

表4 钾肥施用量对玉米产量及产量构成因素的影响

处理	穗长 (cm)	穗粗 (cm)	穗粒数 (粒)	百粒重 (g)	产量 (kg·hm^{-2})	增产率 (%)
K_0	19.8 b	4.9 a	536.7 c	35.1 a	9 854 b	—
K_{75}	21.3 a	5.0 a	560.7 b	35.4 a	10 923 a	10.8 b
K_{150}	20.5 a	4.9 a	571.7 b	35.2 a	11 039 a	12.0 ab
K_{225}	21.4 a	5.0 a	580.3 a	35.8 a	11 160 a	13.3 a
K_{300}	20.6 a	5.0 a	583.8 a	35.4 a	11 172 a	13.4 a

3 结论与讨论

关于氮磷钾三大肥料对玉米产量的影响，前人在夏玉米和春玉米上进行了大量研究。田惠萍等[9]发现，玉米各生育时期对氮、磷、钾素的需求量，以氮最高，钾次之，磷最少；皇甫湘荣等[10]研究表明，氮肥的效应大于钾肥；陈英取等[17]认为，玉米合适的 N、P_2O_5、K_2O 施用量比例为 1：0.35：1，肥料效应顺序为氮>钾>磷。

在河北省中南部传统一熟旱地棉花产区，采取棉花—小麦—玉米两年三熟粮棉轮作模式，分析了氮磷钾不同施用量时玉米产量及产量构成的变化，结果显示，施用氮肥和钾肥均具有明显的增产效果，其中，氮肥的效应高于钾肥。施用钾肥具有明显的增产效果，但施钾条件下不同水平处理的产量差异并不显著，与前人的研究结果基本一致[18-19]。本研究条件下，磷肥在玉米上未表现出增产效果，原因与传统连作棉田大量施用磷肥，而棉花对磷素吸收偏少导致土壤中磷素含量偏高有关[20]。根据本研究结果，认为在当前棉花—小麦—玉米两年三熟粮棉轮作模式下，玉米季适宜的 N 用量为 225 kg·hm^{-2}、K_2O 用量为 75 kg·hm^{-2}，免施磷肥。

参考文献

[1] 霍克斌，郑彦平．完善麦棉两熟种植确保粮棉稳步双增 [J]．河北农业科学，1991（1）：

4-6.

[2] 翟学军, 李悦有. 超早熟短季棉新材料创制及麦后直播技术研究 [J]. 农业科技通讯, 2007 (3): 13-14.

[3] 石晨阳, 王桂荣, 王慧军, 等. 河北省种植业高效用水预测研究 [J]. 中国农学通报, 2012, 28 (3): 218-224.

[4] 汪洋. 棉花平衡施肥技术 [J]. 河北农业科学, 2007, 11 (4): 15, 17.

[5] 程素敏, 吴爱君, 张松林. 棉花分区平衡施肥技术中氮、磷、钾对产量的影响 [J]. 中国棉花, 2005 (12): 8-9.

[6] 刘全喜, 马连云. 高产棉田的平衡施肥技术 [J]. 河北农业科技, 2007 (3): 31.

[7] 马鄂超. 棉花平衡施肥 [J]. 新疆农垦科技, 2005 (5): 49.

[8] 彭正萍, 张家铜, 袁硕, 等. 不同供磷水平对玉米干物质和磷动态积累及分配的影响 [J]. 植物营养与肥料学报 [J]. 2009, 15 (4): 793-798.

[9] 田惠萍. 氮、磷、钾配比施肥对玉米产量的影响 [J]. 宁夏农林科技, 2013, 54 (2): 24-26, 36.

[10] 皇甫湘荣, 张翔, 孙春河, 等. 氮钾配施对玉米产量和土壤钾素的影响 [J]. 中国农学通报, 2004, 20 (6): 169-171.

[11] 何传龙, 刘枫, 王道中, 等. 砂姜黑土强筋小麦施肥技术研究 [J]. 植物营养与肥料学报, 2007, 13 (5): 935-940.

[12] 张少豪, 张丹, 付伶俐, 等. 小麦需肥特点与施肥技术 [J]. 安徽农学通报, 2009, 15 (24): 64-67.

[13] 周忠新, 于振文, 许卫霞, 等. 氮磷钾用量及配比对小麦产量、蛋白质含量和肥料利用率的影响 [J]. 山东农业科学, 2006 (3): 42-44.

[14] 易玉林. 氮、磷、钾肥在河南省小麦上的应用效果及推荐用量研究 [J]. 河南农业科学, 2012, 41 (7): 69-72.

[15] 吴建宏. 磷素化肥不用用量对玉米产量的影响 [J]. 宁夏农林科技, 2013, 5 (12): 66-67.

[16] 黄莹, 赵牧秋, 王永壮, 等. 长期不同施磷条件下玉米产量、养分吸收及土壤养分平衡状况 [J]. 生态学杂志, 2014, 33 (3): 694-701.

[17] 陈英取, 张承林, 张其伦, 等. 氮磷钾用量及配比对甜玉米产量与品质的影响 [J]. 华南农业大学学报, 1993, 14 (1): 33-38.

[18] 卢树昌, 刘惠芬, 牟善积, 等. 天津地区夏玉米施钾效果的初步研究 [J]. 天津农学院学报, 2001, 8 (2): 21-23.

[19] 谭德水, 金继运, 黄绍文, 等. 东北地区黑土、草甸土长期施钾对玉米产量及耕层土钾素形态的影响 [J]. 植物营养与肥料学报, 2007, 13 (5): 850-855.

[20] 董合林. 我国棉花施肥研究进展 [J]. 棉花学报, 2007, 19 (5): 378-384.

[此文原刊载于《河北农业科学》, 2016, 20 (4): 30-33]

麦棉套作模式下氮磷钾用量对棉花生长发育性状及产量的影响

王树林，祁　虹，王　燕，张　谦，冯国艺，林永增，梁青龙

（河北省农林科学院棉花研究所/农业部黄淮海半干旱区棉花生物学与遗传育种重点实验室）

摘　要：在麦棉套作模式下，采用随机区组试验，针对氮、磷、钾分3种元素别设置了 0 kg·hm^{-2}、75 kg·hm^{-2}、150 kg·hm^{-2}、225 kg·hm^{-2}、300 kg·hm^{-2} 5个用量梯度，研究氮磷钾肥用量对棉花生长发育及产量性状的影响。结果表明，氮肥促进棉花营养生长，棉花单株铃数、单铃重、籽棉产量均显著提高，磷钾肥则无增产效果。在河北省南部高肥力地块，麦棉套作模式下棉花季节合理肥料用量为 N 225 kg·hm^{-2}，K$_2$O 75 kg·hm^{-2}，免施磷肥。

关键词：麦棉套作；氮磷钾；棉花；生长发育性状；产量

近年来，随着国家对粮食安全问题的日益重视[1-2]，以及棉花市场的持续低迷，传统一熟棉区棉花种植面积锐减，棉花生产面临着巨大的挑战。在河北省南部的部分高水肥地区，由于光热资源的增加，已经具备了麦棉套作一年两熟的条件，因此发展麦棉套作，提高复种指数，增加棉田收益势在必行。在由棉花一熟向麦棉两熟转变的过程中，如何利用小麦与棉花需肥规律的不同而合理施肥，是麦棉两熟种植模式中的一个重要环节。关于麦棉套作适宜施肥量，前人曾有关相关研究，董天浴[3]等人在山东菏泽、王瑛[4]等人利用盆栽、董合林[5]等人在河南商丘市等地进行了相关研究，但结果不尽相同，主要原因在于肥料试验受土壤基础地力、气候条件等影响较大，本试验在河北省中南部高肥力地块开展麦棉套作模式下的氮磷钾肥料用量试验，旨在为该地区合理施肥提供理论依据。

1　材料及方法

1.1　试验材料

试验于2015年在河北省邯郸市曲周县西漳头村河北省农林科学院棉花研究所试验田进行，试验棉花品种为冀杂2号。试验田为黏壤土，地力均匀，地势平坦，排灌方便。0～20 cm 土层有机质 14.6 g·kg^{-1}，全氮 0.998 g·kg^{-1}，速效磷 38.9 mg·kg^{-1}，速效钾 285.8 mg·kg^{-1}，属高肥力地块。

1.2　试验方法

1.2.1　试验设计

试验采用随机区组设计，氮、磷、钾元素分别设置5个用量梯度，详见表1。试

设 3 次重复，小区宽 6.4 m，长 10.0 m。麦棉套种模式为 4-2 式，即小麦播种 4 行，幅宽 80 cm，棉花预留行 80 cm，套种 2 行棉花。棉花于 4 月 24 日播种，播种后浇蒙头水，小麦 6 月 10 日收获。

试验小区中氮肥处理公顷施重过磷酸钙 325 kg，氯化钾 250 kg；磷肥处理公顷施尿素 486 kg，氯化钾 250 kg；钾肥处理公顷施尿素 486 kg，重过磷酸钙 325 kg；其中所有肥料在小麦收获后沟施于棉花行间，随后灌水。

表 1　氮磷钾肥料设计用量梯度

处理	N（kg · hm^{-2}）	处理	P$_2$O$_5$（kg · hm^{-2}）	处理	K$_2$O（kg · hm^{-2}）
N1	0	P1	0	K1	0
N2	75	P2	75	K2	75
N3	150	P3	150	K3	150
N4	225	P4	225	K4	225
N5	300	P5	300	K5	300

1.2.2　测定项目及方法

每小区固定 20 株棉花，于 6 月 15 日调查株高、真叶数，7 月 15 日、8 月 15 日调查株高、果枝数、成铃数，9 月 10 日调查成铃数。收获期每小区收取 20 株全部吐絮铃，测定单铃重、衣分，小区 10 月 22 日收获一次霜前花，10 月 30 日全部收获计算霜前花率、籽棉产量。

1.3　数据统计与分析

采用 Microsoft Excel 2003 软件进行数据处理，采用 DPS 7.05 软件进行方差分析。

2　结果与分析

2.1　氮肥用量对棉花株高及果枝的影响

6 月 15 日株高不同氮肥用量间差异不大，到 7 月 15 日与 8 月 15 日时不施氮肥对照株高低于施氮处理，随施氮量增加株高有增加趋势；6 月 15 日真叶数除不施氮肥处理偏低外，其他处理间差异不明显，7 月 15 日果枝数、8 月 15 日果枝数结果相似，均是不施氮肥对照低于施氮处理，随施氮量增加，果枝数有增加的趋势。这一结果表明，在麦棉套作模式下，不施氮肥会导致土壤中氮素供给不足，抑制棉花营养生长，随着氮肥用量的增加，棉株营养生长量逐渐增大（表 2）。

2.2　氮肥用量对棉花三桃比例的影响

氮肥对伏桃数影响较大，不施氮肥处理伏桃数最少，随着氮肥用量增加，伏桃数增加，而过量施用氮肥又导致伏桃数量下降；伏桃比例以 N4 最高，其秋桃比例则最低（表 3）。

表2 氮肥用量对棉花生育性状的影响

处理	株高（cm）			真叶/果枝（片/台）		
	6.15	7.15	8.15	6.15	7.15	8.15
N1	31.5	80.3	105.1	5.8	7.7	12.0
N2	30.4	82.5	113.2	6.1	8.0	12.5
N3	31.3	82.3	118.0	6.2	8.2	12.9
N4	31.4	83.0	117.9	6.0	8.3	13.4
N5	32.6	87.6	119.3	6.1	8.7	13.2

结果表明在麦棉套作模式下，可以通过控制氮肥用量调节伏桃比例，达到多结优质成铃的目的。

表3 氮肥用量对棉花产量三桃比例的影响

处理	伏前桃（个）	伏桃（个）	秋桃（个）	伏前桃比例（%）	伏桃比例（%）	秋桃比例（%）
N1	0	8.3	15.4	0	35.0	65.0
N2	0	9.1	17.0	0	34.9	65.1
N3	0	9.2	16.5	0	35.8	64.2
N4	0	10.3	16.3	0	38.7	61.3
N5	0	9.4	16.6	0	36.2	63.8

2.3 氮肥用量对棉花产量性状的影响

氮肥用量对单株铃数、单铃重与籽棉产量均有显著影响，不施氮肥对照显著降低，而不同氮肥量之间差异不显著，单株铃数N4最高，较对照多2.9个，籽棉产量也以N4最高，达到4 413 kg·hm^{-2}，较对照增加16.9%。氮肥用量对衣分及霜前花率无明显影响。根据以上结果，麦棉套作模式下氮肥用量控制在225 kg·hm^{-2}为宜（表4）。

表4 氮肥用量对棉花产量及产量性状的影响

处理	密度（万株·hm^{-2}）	单株铃数（个）	单铃重（g）	衣分（%）	霜前花率（%）	籽棉产量（kg·hm^{-2}）
N1	6.0	23.7 b	5.4 b	41.0 a	71.7 a	3 776 b
N2	6.0	26.1 a	5.6 a	40.7 a	70.2 a	4 318 a
N3	6.0	25.7 a	5.7 a	40.7 a	70.8 a	4 334 a
N4	6.0	26.6 a	5.6 a	40.7 a	72.0 a	4 413 a
N5	6.0	26.0 a	5.6 a	41.1 a	70.6 a	4 375 a

2.4 磷肥用量对棉花生育性状的影响

磷肥对棉花营养生长影响不大，不施磷肥对照棉花株高、真叶数、果枝数与施磷处理基本没有差异，表明在当前土壤肥力下，麦棉套作模式下的土壤中磷素足以供应棉花正常生长需求（表5）。

表 5　磷肥用量对棉花生育性状的影响

处理	株高（cm）			真叶/果枝（片/台）		
	6.15	7.15	8.15	6.15	7.15	8.15
P1	31.3	81.9	118.3	6.0	7.9	12.9
P2	31.5	80.6	117.5	5.8	8.0	12.9
P3	30.4	79.1	116.8	5.9	7.7	12.8
P4	31.1	82.6	117.2	5.8	7.8	12.9
P5	30.1	79.6	119.6	5.9	7.7	12.9

2.5 磷肥用量对棉花三桃比例的影响

磷肥对棉花三桃比例影响不明显，不同处理棉花伏桃比例在 31.3%～33.8%（表6）。

表 6　磷肥用量对棉花产量三桃比例的影响

处理	伏前桃（个）	伏桃（个）	秋桃（个）	伏前桃比例（%）	伏桃比例（%）	秋桃比例（%）
P1	0	8.0	15.7	0.0	33.8	66.2
P2	0	7.9	16.4	0.0	32.5	67.5
P3	0	8.0	15.8	0.0	33.6	66.4
P4	0	7.5	15.2	0.0	33.0	67.0
P5	0	7.6	16.7	0.0	31.3	68.7

2.6 磷肥用量对棉花产量性状的影响

磷肥对单株铃数、单铃重、衣分、霜前花率、籽棉产量均无显著影响，究其原因，主要是土壤中磷素积累量过高，速效磷含量达到了 38.9 mg·kg^{-1}，这与前些年农民大量施用磷酸二铵有关，而棉花是需磷量很少的作物，因此导致土壤中磷素大量富集，另一方面在麦棉套作模式下，小麦季节施用了较多的磷肥，更弱化了磷肥的效应。据此结果，在麦棉套作模式下，棉花季节可免施磷肥，仅利用上季残留磷素就可满足棉花生长的需要（表7）。

表7 磷肥用量对棉花产量及产量性状的影响

处理	密度 (万株·hm⁻²)	单株铃数 (个)	单铃重 (g)	衣分 (%)	霜前花率 (%)	籽棉产量 (kg·hm⁻²)
P1	6.0	23.7 a	5.6 a	40.5 a	67.5 a	3 931 a
P2	6.0	24.3 a	5.7 a	40.3 a	65.4 a	3 933 a
P3	6.0	23.8 a	5.6 a	39.9 a	63.0 a	3 858 a
P4	6.0	22.7 a	5.8 a	39.7 a	63.2 a	3 997 a
P5	6.0	24.3 a	5.6 a	40.0 a	64.2 a	3 956 a

2.7 钾肥用量对棉花生育性状的影响

钾肥对棉花营养生长效应不明显,不同时期株高不施钾肥与施用钾肥处理间无差异,真叶与果枝数亦无明显差异(表8)。

表8 钾肥用量对棉花生育性状的影响

处理	株高 (cm)			真叶/果枝 (片/台)		
	6.15	7.15	8.15	6.15	7.15	8.15
K1	28.4	75.5	115.7	5.9	7.9	12.9
K2	29.8	74.0	116.9	5.9	8.0	13.0
K3	30.1	75.0	117.6	5.8	7.6	12.4
K4	31.2	77.1	116.3	6.0	8.3	12.8
K5	30.4	75.3	117.1	6.0	7.8	13.2

2.8 磷肥用量对棉花三桃比例的影响

钾肥对三桃数量与三桃比例没有明显的影响,不同处理间差异不明显(表9)。

表9 钾肥用量对棉花产量三桃比例的影响

处理	伏前桃 (个)	伏桃 (个)	秋桃 (个)	伏前桃比例 (%)	伏桃比例 (%)	秋桃比例 (%)
K1	0	8.0	16.0	0	33.3	66.7
K2	0	8.9	16.1	0	35.6	64.4
K3	0	7.9	15.1	0	34.3	65.7
K4	0	8.1	15.5	0	34.3	65.7
K5	0	8.2	15.9	0	34.0	66.0

2.9 钾肥用量对棉花产量性状的影响

钾肥对棉花单株铃数、单铃重、衣分、霜前花率、籽棉产量均没有显著影响，其中以 K2 单株铃数最高，产量也高于其他处理，达到了 4 006 kg·hm^{-2}。本试验中，土壤基础地力速效钾含量高达 285.8 mg·kg^{-1}，是导致钾肥效应不明显的主要因素，而土壤中钾素积累量高一方面是黏土地中普遍存在钾素含量偏高的现象，另一方面是近年来在棉花施肥中鼓励多施钾肥所致，对于棉花来说土壤钾素已处于过量水平。根据籽棉钾素含量及棉花产量计算得出公顷产 4 000 kg 籽棉需从土壤中带走 K$_2$O 约 40 kg，结合本试验结果，在高肥力地块麦棉套作模式下，棉花季节钾肥用量控制在 75 kg·hm^{-2} 左右完全可满足棉花生长需要（表 10）。

表 10 钾肥用量对棉花产量及产量性状的影响

处理	密度 （万株·hm^{-2}）	单株铃数 （个）	单铃重 （g）	衣分 （%）	霜前花率 （%）	籽棉产量 （kg·hm^{-2}）
K1	6.0	24.0 a	5.6 a	40.5 a	63.3 a	3 835 a
K2	6.0	25.0 a	5.8 a	40.7 a	66.9 a	4 006 a
K3	6.0	23.0 a	5.6 a	40.3 a	61.8 a	3 894 a
K4	6.0	23.6 a	5.7 a	40.5 a	62.8 a	3 970 a
K5	6.0	24.1 a	5.8 a	40.0 a	63.2 a	3 979 a

3 结论与讨论

肥料试验结果受土壤基础地力、气候条件影响较大，因此在不同地区试验结果往往大相径庭；本试验在河北省南部高肥力地块进行，结果显示氮肥对棉花营养生长具有明显促进作用，提高了单株铃数、单铃重与籽棉产量，磷钾肥则无增产效果，其原因可能与下列因素有关，一是在传统一熟棉区，化学肥料的应用前些年经历了重施磷肥（主要是磷酸二铵、过磷酸钙等）阶段[6]，由于棉花对磷肥的需要量较少，因此导致土壤中富集了大量的磷素，近年来随着转基因棉花品种的推广，其需钾量大的特点被广泛认知[7]，棉田大量增施钾肥，导致棉田钾素含量逐渐上升，而氮素由于易分解[8-9]，同时存在反硝化等作用[10]，在土壤中较难累积，二是试验田土壤磷素与钾素含量均处于相当高的水平，影响到了试验结果。因此在由棉田一熟制向麦棉两熟模式转变的过程中，氮肥表现出了明显的增产效果，而磷钾肥则未表现出增产效果；考虑到麦棉套作模式下小麦季节施用磷肥较多，而棉花对磷素吸收量小的特点，在棉花季节可免施磷肥，尽管钾肥同样未表现出增产效应，但转基因抗虫棉品种需钾量较大，因此根据籽棉钾素含量[11] 及棉花产量计算出棉花季节钾素的田间移出量，推荐钾肥用量控制在 75 kg·hm^{-2}，可实现土壤钾素的平衡，有利于土壤肥力的维持，氮肥用量则以 225 kg·hm^{-2} 为宜。

参考文献

[1] 张元红,刘长全,国鲁来.中国粮食安全状况评价与战略思考 [J].中国农村观察,2015,1:14-27.

[2] 周慧秋,侯金华.关于我国粮食安全的几点思考 [J].哈尔滨商业大学学报,2005,2:14-16.

[3] 董天浴,邵珠合,李国全,等.菏泽市麦套棉氮磷钾肥用量研究 [J].安徽农业科学,2015,43(24):71-72.

[4] 王瑛,周治国,陈兵林,等.麦棉套作复合根系群体对棉株氮素吸收与分配的影响 [J].应用生态学报,2006,17(12):2 341-2 346.

[5] 董合林,李鹏程,刘敬然,等.钾肥用量对麦棉两熟制作物产量和钾肥利用率的影响 [J].植物营养与肥料学报,2015,21(5):1 159-1 168.

[6] 董合林.我国棉花施肥研究进展 [J].棉花学报,2007,19(5):378-384.

[7] 展曼曼,王宁,田晓莉.棉花钾营养效率的基因型差异研究进展 [J].棉花学报,2012,24(2):176-182.

[8] 李欠欠,李雨繁,高强,等.传统和优化施氮对春玉米产量、氨挥发及氮平衡的影响 [J].植物营养与肥料学报,2015,21(3):571-579.

[9] 朱兆良.农田中氮肥的损失与对策 [J].土壤与环境,2000,9(1):1-6.

[10] 张玉铭,胡春胜,董文旭.华北太行山前平原农田氨挥发损失 [J].植物营养与肥料学报,2005,11(3):417-419.

[11] 蔡立旺,陈源,王永慧,等.棉花钾素吸收利用效率与产量的关系 [J].江苏农业学报,2014,5:972-979.

[此文原刊载于《天津农业科学》,2016,22(3):123-126,139]

麦棉套作模式下施氮量对小麦产量及氮素吸收量的影响

王树林[1]，刘文艺[2]，祁　虹[1]，王　燕[1]，张　谦[1]，冯国艺[1]，

林永增[1*]，梁青龙[1]

（1. 河北省农林科学院棉花研究所/农业部黄淮海半干旱区棉花生物学与遗传育种重点实验室；

2. 曲周县农牧局）

摘　要：在麦棉套作模式下，设纯氮施用量 45 kg·hm^{-2}、90 kg·hm^{-2}、135 kg·hm^{-2}、180 kg·hm^{-2}、225 kg·hm^{-2}、270 kg·hm^{-2}和 315 kg·hm^{-2}共计 7 个处理，以不施用氮肥处理为对照，研究了不同施氮量对孕穗期小麦旗叶 SPAD、植株干物质积累和氮素吸收、小麦籽粒氮素吸收、小麦产量性状与产量影响。结果表明：施氮处理的小麦旗叶叶绿素含量、植株干重、氮素吸收量和含氮量均＞CK，且均随着施氮量的增加呈基本增加趋势。其中当施氮量 ≤ 180 kg·hm^{-2}时，随着施氮量增加，各指标值显著增加；当施氮量 ≥ 180 kg·hm^{-2}，除植株干重在高施氮水平下增加显著外，其他各指标值差异均不显著。氮素农学效率和生产效率均以不施氮处理最高，且随施氮量的增加呈降低趋势。在一定施氮量范围内，随着施氮量的增加，单位面积穗数、穗粒数和千粒重均呈逐渐增加趋势，但当施氮量超过 225 kg·hm^{-2}后，继续增加施氮量并不会持续提高小麦产量，反而导致小麦单位面积穗数、穗粒数降低，产量下降。小麦籽粒氮素吸收量规律与籽粒产量一致，过量增施氮肥，籽粒氮素吸收量反而降低。综合产量和成本考虑，麦棉套作种植模式下小麦季的适宜施氮量为 180～225 kg·hm^{-2}。

关键词：麦棉套作；施氮量；小麦产量；氮素吸收量

我国麦棉两熟种植制度首先出现在 20 世纪 50 年代的长江流域棉区，为冬小麦（元麦）‖棉花直播模式[1]。20 世纪 60 年代，以麦棉套种为主的麦棉两熟种植制度首先出现在豫东南和淮河北部，并逐步向北扩展，1976 年北方 6 省市麦棉两熟约占棉田总面积的 15%[2]。随着棉花早熟品种和地膜覆盖技术的推广，20 世纪 80 年代中期进入快速发展期，仅河南（含南襄盆地）、山东两省的种植面积最高可达到 123.3×10^4 hm^2，占全国麦棉两熟种植制度总面积的 57.2%[3]。随着进一步技术熟化和品种的更新，20 世纪 90 年代后，麦棉两熟种植制度成为黄河流域主要种植模式[4]。然而随着小麦联合收割机的应用，麦棉套作种植模式由于不适应机械收获小麦而导致面积迅速萎缩，关于麦棉套作模式下氮肥对小麦产量影响的相关研究较少。近年来，随着国家对粮食安全问题的日益重视[5,6]以及粮棉争地矛盾的日益尖锐[7]，麦棉套作种植模式被重新提及，在解决了小麦联合收割机应用问题后，麦棉套作模式推广前景广阔。杨利等[8] 2012 年在江汉平原研究结果认为，麦棉套种小麦纯氮施用量在 130～210 kg·hm^{-2}。董合林等[9]在商丘和内黄试验点的研究认为，小麦经济最佳施氮量分别为 163.0 kg·hm^{-2}和

134.9 kg·hm^{-2}。河北地区未见相关研究内容。本试验在河北地区拟通过研究麦棉套作模式下不同施氮量对小麦产量与肥料利用效率的影响，旨为明确麦棉套作模式适宜的施氮量提供依据。

1 材料与方法

1.1 试验材料与试验地情况

试验小麦品种为邯麦 14，棉花品种为冀杂 2 号。氮肥为市购普通尿素，纯 N 含量 46.4%。

试验在河北省农林科学院棉花研究所曲周试验站（河北省邯郸市曲周县西漳头村）进行。前茬作物为棉花，土壤为黏壤土，肥力中等偏上，有机质 14.6 g·kg^{-1}，全氮 0.998 g·kg^{-1}，速效磷 38.9 mg·kg^{-1}，速效钾 285.8 mg·kg^{-1}。地势平坦，排灌便利。

1.2 试验方法

1.2.1 试验设计

试验采用随机区组设计，设纯氮施用量 45、90、135、180、225、270 和 315 kg·hm^{-2}共计 7 个处理，以不施用氮肥处理为对照。每小区 1 个处理，3 次重复。小区宽 6.4 m，长 8.0 m。麦棉套种模式为 4-2 式，即小麦播种 4 行，占地 80 cm，棉花预留行 80 cm，套种 2 行棉花。

2013 年 11 月 4 日结合整地施用过磷酸钙 300 kg·hm^{-2}，硫酸钾 250 kg·hm^{-2}以及 50%氮肥，剩余 50%氮肥于拔节期追施。11 月 6 日播种小麦，播种量为 225 kg·hm^{-2}。播后浇蒙头水，次年 3 月 11 日浇水 1 次。4 月 24 日播种棉花，6 月 9 日收获小麦。其他管理措施同大田。

1.2.2 测定项目及方法

1.2.2.1 叶绿素含量。于小麦孕穗期每小区随机取 50 株小麦，使用日本产 SPAD-502 型叶绿素计分别测量叶片的基部、中部、尖部 SPAD 值，取其平均值[10]作为每株小麦旗叶 SPAD 值。

1.2.2.2 小麦植株干物质积累量和全氮含量。于小麦孕穗期每小区选取 4 行小麦，行长 0.2 m，收割后置于烘箱内 105 ℃杀青 0.5 h，85 ℃烘干至恒重，称量小麦植株干物质积累量。

将烘干后的小麦植株粉碎，用 H$_2$SO$_4$-H$_2$O$_2$消煮法处理样品，采用凯氏蒸馏法测定植株全氮含量。

1.2.2.3 小麦籽粒全氮含量。于小麦收获期每小区随机取 50 穗，收获小麦籽粒，然后 85 ℃烘干至恒重，粉碎后用 H$_2$SO$_4$-H$_2$O$_2$消煮法处理样品，采用凯氏蒸馏法测定籽粒全氮含量。

1.2.2.4 小麦产量和产量性状。于小麦收获期每小区随机取 50 穗，室内考种测定穗粒数、千粒重。每小区随机选取 3 个取样点（1.0 m，4 行小麦），收获后计数小麦穗数，计算单位面积穗数，随后脱粒称重，计算小区产量。计算氮素农学利用率［%，（施氮区产量-不施氮区产量）/施氮量×100］，氮素生产效率（%，施肥处理籽粒产量/施氮量×100）。

1.3 数据统计与分析

采用 Microsoft Excel 2003 软件进行数据处理，采用 DPS 7.05 软件进行方差分析。

2 结果与分析

2.1 施氮量对孕穗期小麦旗叶 SPAD 值的影响

施氮处理的小麦旗叶叶绿素含量均>CK。当施氮量≤180 kg·hm^{-2}时，随着施氮量的增加，小麦旗叶叶绿素含量逐渐增加；当施氮量≥180 kg·hm^{-2}，随着施氮量增加叶绿素含量增加不明显。表明，施氮量≤180 kg·hm^{-2}时，增加施氮量有利于提高小麦旗叶叶绿素含量水平，这对于提高叶片光合能力，促进小麦灌浆十分有利；当施氮量为180 kg·hm^{-2}，土壤中氮素供应可以满足小麦生长需求，随施氮量的增加旗叶叶绿素含量值趋于稳定（图1）。

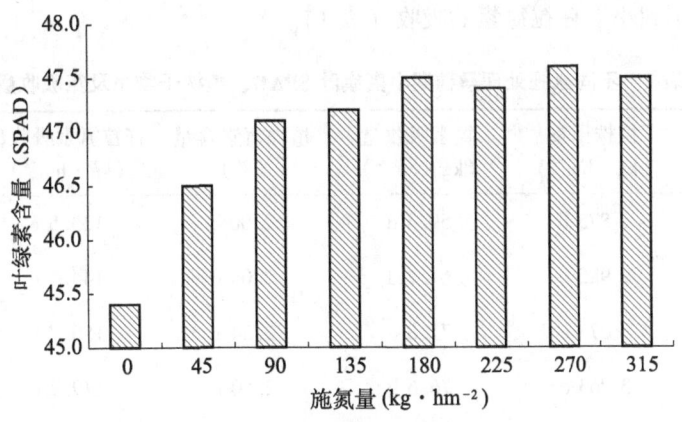

图1　不同氮肥处理的小麦 SPAD

2.2 施氮量对孕穗期小麦植株干重及氮素吸收的影响

2.2.1 施氮量对孕穗期小麦植株干重及氮素吸收

施氮处理的小麦植株干重、氮素吸收量和含氮量均>CK，且均随着施氮量的增加呈基本增加趋势。其中施氮量315 kg·hm^{-2}处理的小麦干重最大，较 CK 增多11.8%，且显著>其他处理；施氮量180～270 kg·hm^{-2}处理的植株干重显著>处理施氮量45～135 kg·hm^{-2}。施氮量≤180 kg·hm^{-2}时，各施氮处理间的小麦氮素吸收量差异显著；施氮量≥180 kg·hm^{-2}时，各施氮处理间差异不显著，且除施氮量225 kg·hm^{-2}与135 kg·hm^{-2}差异不显著外，均显著>施氮量45～135 kg·hm^{-2}处理。施氮用量≤135 kg·hm^{-2}时，各施氮处理间的小麦植株含氮量差异显著；在施氮量≥135 kg·hm^{-2}时，植株含氮量保持在 2.50%～2.53%，且差异均不显著，但显著>施氮量45～

90 kg·hm^{-2}处理。施氮量 45 kg·hm^{-2}处理的小麦植株干物质积累量、氮素吸收量和植株 N 含量与 CK 差异均不显著。

表明，施用氮肥可以促进小麦干物质的积累和氮素的吸收，为小麦籽粒产量的增加提供物质基础，且随施氮量的增加，干物质积累量、植株氮含量及总氮素吸收量均呈增加趋势。其中 45 kg·hm^{-2}≤施氮量≤180 kg·hm^{-2}时，增加施氮量可显著促进小麦生长和氮素的吸收；施氮量>180 kg·hm^{-2}时，随施氮量的增加，植株干重、氮素吸收量和植株含氮量增加均不明显（表1）。

2.2.2 施氮量对小麦籽粒氮素吸收的影响

施氮处理的小麦籽粒氮素吸收量和氮素含量均显著>CK。随着施氮量增加，小麦籽粒氮素吸收量呈先增加后降低趋势，以施氮量 225 kg·hm^{-2}处理最高，其中施氮量 180～315 kg·hm^{-2}处理的籽粒氮素显著>施氮量 45～135 kg·hm^{-2}处理。随着施氮量增加，小麦籽粒氮素含量呈增加趋势，其中施氮量 225～315 kg·hm^{-2}处理的籽粒氮素含量保持在 2.90%～2.95%，且显著>施氮量 45～180 kg·hm^{-2}处理。表明，施氮有利提高小麦籽粒氮素吸收量与氮素含量，这对于提高小麦籽粒蛋白质含量及小麦籽粒产量具有正向作用，且随施氮量的增加呈增加趋势，但施氮量>270 kg·hm^{-2}时籽粒氮素吸收量反而降低，不利小麦籽粒氮素的吸收（表1）。

表1 不同氮肥处理孕穗期小麦旗叶 SPAD、植株干物重及氮吸收量

施氮量 （kg·hm^{-2}）	植株干重 （kg·hm^{-2}）	氮素吸收量 （kg·hm^{-2}）	植株氮素含量 （%）	籽粒氮素吸收量 （kg·hm^{-2}）	籽粒氮素含量 （%）
0(CK)	2 875 d	59.3 d	2.06 c	133.5 c	2.179 d
45	2 925 d	61.2 d	2.09 c	144.1 b	2.238 c
90	3 075 c	71.8 c	2.34 b	150.7 b	2.239 c
135	3 063 c	76.6 b	2.50 a	149.2 b	2.249 bc
180	3146 b	79.3 a	2.52 a	155.4 a	2.268 b
225	3 138 b	78.8 ab	2.51 a	159.4 a	2.290 a
270	3 150 b	79.7 a	2.53 a	156.7 a	2.289 a
315	3 213 a	80.3 a	2.50 a	155.7 a	2.295 a

2.3 施氮量对小麦氮素利用效率的影响

氮素农学效率和生产效率均以不施氮处理最高，且随施氮量的增加呈降低趋势。其中，45 和 90 kg·hm^{-2}处理的氮素农学效率差异不显著，但均显著>其他施氮处理；135～225 kg·hm^{-2}处理的氮素农学效率差异不显著，但均显著>270～315 kg·hm^{-2}处理。45 和 90 kg·hm^{-2}处理的氮素生产效率差异显著，且均显著>其他施氮处理；135～

225 kg·hm⁻²处理的氮素生产效率差异不显著，但 135 和 180 kg·hm⁻²处理显著>270 和 315 kg·hm⁻²处理。表明，施氮量的增加可导致氮素农学效率和生产效率降低（表2）。

表 2 不同氮肥处理小麦籽粒 N 吸收量及利用效率

施氮量 （kg·hm⁻²）	氮素农学效率 （%）	氮素生产效率 （%）
0(CK)	—	—
45	6.9 a	143.1 a
90	6.7 a	74.8 b
135	3.8 b	49.2 c
180	4.0 b	38.1 c
225	3.7 b	30.9 cd
270	2.7 c	25.4 d
315	2.1 c	21.5 d

2.4 施氮量对小麦产量和产量性状的影响

施氮处理的小麦单位面积穗数、穗粒数、穗粒数和产量均>CK，除单位面积穗数外均与 CK 差异显著；随施氮量的增加，产量性状和产量均呈先增加后降低趋势，以施氮量 225 kg·hm⁻²处理的单位面积穗数、穗粒数和产量最大，以施氮量 270 kg·hm⁻²处理的千粒重最高。施氮量 180～315 kg·hm⁻²处理的指标值差异均不显著，其中该施氮范围内的单位面积穗数和千粒重、225～315 kg·hm⁻²施氮处理的穗粒数以及 180～270 kg·hm⁻²施氮处理的产量均显著>其他施氮处理。

麦棉套作模式下，在一定施氮量范围内，施氮量的增加有利提高小麦单位面积穗数、穗粒数、穗粒数，从而提高小麦产量，但当施氮量超过 225 kg·hm⁻²后，继续增加施氮量并不会持续提高小麦产量，反而导致小麦单位面积穗数、穗粒数降低，产量下降（表3）。

表 3 不同氮肥处理小麦产量与产量构成

施氮量 （kg·hm⁻²）	单位面积穗数 （万穗·hm⁻²）	穗粒数 （粒/穗）	千粒重 （g）	产量 （kg·hm⁻²）
0(CK)	431.8 c	32.0 c	40.6 c	6 126 d
45	439.4 c	33.2 b	41.2 b	6 438 c
90	462.4 b	33.9 b	42.5 b	6 729 b
135	468.4 b	33.9 b	43.1 b	6 636 b
180	489.1 a	34.2 ab	45.3 a	6 854 a
225	490.1 a	35.6 a	45.3 a	6 959 a

（续表）

施氮量 （kg·hm⁻²）	单位面积穗数 （万穗·hm⁻²）	穗粒数 （粒/穗）	千粒重 （g）	产量 （kg·hm⁻²）
270	481.4 a	35.0 a	45.9 a	6 846 a
315	489.3 a	35.1 a	45.0 a	6 786 ab

3 结论与讨论

叶绿素分析仪（SPAD）通过测量叶片在 2 种（650 nm 和 940 nm）波长范围内的透光系数来确定叶片当前叶绿素的相对含量，被广泛应用于作物氮素管理及作物品质的预测研究[11]，并可通过 SPAD 值诊断小麦的氮营养状况[12,13]。本研究中，施氮量≤180 kg·hm⁻²时，增加施氮量有利于显著提高小麦旗叶叶绿素含量水平和小麦植株干重及氮素吸收，延缓植株衰老；当施氮量达到 180 kg·hm⁻²后，土壤中氮素供应可以满足小麦生长需求，施氮量再增加，旗叶叶绿素含量水平和小麦植株干重趋于稳定。与谢华等[10]研究结果一致。

氮肥对小麦产量有显著影响，通过显著提高小麦穗数、穗粒数、结实率和千粒重而提高产量[14-16]。叶优良等[15]认为，随着施氮量的增加，小麦千粒重和穗粒数都明显增加，但当施氮量超过 90 kg·hm⁻²后，穗粒数增加不显著，施氮量超过 180 kg·hm⁻²后千粒重增加不明显，单位面积穗数也无显著差异。本研究条件下，在一定施氮量范围内，随着施氮量的增加，单位面积穗数、穗粒数和千粒重均呈逐渐增加趋势，但当施氮量超过 225 kg·hm⁻²后，继续增加施氮量并不会持续提高小麦产量，反而导致小麦单位面积穗数、穗粒数降低，产量下降。小麦籽粒氮素吸收量规律与籽粒产量一致，过量增施氮肥，籽粒氮素吸收量反而降低，这可能与过量施用氮肥导致小麦植株营养生长过旺，氮素在植株与籽粒中的分配失衡有关。随着施氮量的增加，氮肥农学效率与生产效率都呈持续降低的趋势。

麦棉套作种植模式下小麦季的适宜施氮量为 180～225 kg·hm⁻²。该施氮水平下，小麦产量、旗叶叶绿素含量、植株干重及氮素吸收、小麦籽粒氮素吸收和含氮量均效高。由于肥料试验结果受土壤基础地力条件影响较大，因此该试验结果仅适用于当地土壤与生产条件，不同地区的麦套棉模式适宜施氮量则需要进行试验确定。

参考文献

[1] 中国农业科学院棉花研究所. 棉花优质高产的理论与技术 [M]. 北京：中国农业出版社，1999：93-127.

[2] 刁光中. 黄淮海棉区麦棉两熟现状与展望 [J]. 中国棉花，1990（1）：6-8.

[3] 王国平，毛树春，韩迎春，等. 中国麦棉两熟种植制度的研究 [J]. 中国农学通报，2012，28（6）：14-18.

[4] 何旭平，纪从亮. 现代中国棉花育种与栽培概论 [M]. 北京：中国农业科学技术出版社，

2007：201-219.

[5] 高淑桃，何训坤，申荣太．我国新形势下的粮食安全问题 [J]．中国食物与营养，2003 (10)：18-21.

[6] 李宝新．新形势下的粮食安全问题 [J]．山西统计，2001 (11)：16-17.

[7] 杜珉，刘锐．我国粮棉争地问题浅析——基于宏观数据分析 [C] //2009'中国国际棉花会议论文集，2009：118-126.

[8] 杨利，丁亨虎，范先鹏，等．江汉平原麦棉套种方式下小麦施肥模型的建立及其应用研究 [J]．湖北农业科学，2012, 51 (14)：2 932-2 937.

[9] 董合林，李鹏程，刘爱忠，等．河南植棉区施氮量对麦棉两熟产量及氮肥利用率的影响 [J]．棉花学报，2014, 26 (1)：73-80.

[10] 谢华，沈荣开，徐成剑，等．水、氮效应与叶绿素关系试验研究 [J]．中国农村水利水电，2003 (8)：40-43.

[11] 赵犇，姚霞，田永超，等．基于上部叶片 SPAD 值估算小麦氮营养指数 [J]．生态学报，2013, 33 (3)：916-924.

[12] 朱艳，刘小军，谭子辉，等．冬小麦叶色动态的量化研究 [J]．中国农业科学，2008, 41 (11)：3 851-3 857.

[13] 朱新开，盛海君，顾晶，等．应用 SPAD 值预测小麦叶片叶绿素和氮含量的初步研究 [J]．麦类作物学报，2005, 25 (2)：46-50.

[14] 崔振岭，石立委，徐久飞，等．氮肥施用对冬小麦产量、品质和氮素表观损失的影响研究 [J]．应用生态学报，2005, 16 (11)：2 071-2 075.

[15] 叶优良，王桂良，朱云集，等．施氮对高产小麦群体动态、产量和土壤氮素变化的影响 [J]．应用生态学报，2010, 21 (2)：351-358.

[16] 高凤云，徐广辉，居立海，等．不同氮磷钾肥配比对小麦产量和肥料利用率的影响 [J]．安徽农学通报（上半月刊），2011, 17 (23)：68-69, 93.

[此文原刊载于《河北农业科学》，2015, 19 (6)：10-13, 51]

施肥方式对河北省盐碱干旱区夏玉米性状和产量的影响

魏新燕[1]，刘　毅[2]

(1. 河北农业大学国家北方山区农业工程技术研究中心；2. 沧州南大港农科所)

摘　要：为了探索河北省环渤海干旱盐碱地区夏玉米高产的施肥方式，连续 2 a 采用对比试验设计，研究了播前撒施和播种沟施 2 种施肥方式对夏玉米农艺性状及产量的影响。结果表明：与播种沟施处理相比，播前撒施处理的不同生育期玉米株高、鲜重和干重均有所增加，增幅分别为 18.7%、26.4% 和 19.6%；穗粒数、籽粒产量和秸秆生物量显著增加，经济系数提高，平均增幅分别为 6.4%、14.3%、7.4% 和 4.8%；百粒重和单位面积穗数无明显差异。在河北省盐碱障碍耕地上，采用播前撒施的施肥方式更为适宜。

关键词：盐碱土；施肥方式；玉米；农艺性状；产量

河北省环渤海低平原地区光热资源充足，土地资源丰富，是河北省潜在的粮食增产区。但是，该区淡水资源匮乏，降水量分布不均，常导致季节性干旱[1,2]；而且，浅层地下水多为咸水或微咸水，埋深浅，作物易受返盐为害，导致产量长期低而不稳，经济效益低下[3]。玉米是该区主要的粮食作物，为了获得高产，农民常常在播前大量施用磷酸二铵做底肥，施肥方式主要有播前撒施肥料后旋耕和播种时侧沟深施 2 种。施肥方式会影响肥料利用、作物生长以及生态环境[4-10]，因此，探讨不同施肥方式的效果对提高该区域肥料利用率和生态效益、确保作物增产稳产具有重要意义。

从肥料利用效率角度考虑，播前撒施易造成肥料挥发损失，降低肥料利用率，相比较而言，播种沟施可以使养分利用率更高[11]。但从玉米生长发育角度来看，沟施、条施等施肥方式使得肥料在土壤中集中分布，影响根系的生长发育、根冠比和产量[12-15]；而撒施等均匀施肥方式可以保证玉米在生育期内维持较大的根系数量[16]。从施肥方式对产量的影响上分析，徐艳霞等[17]研究认为，不同施肥方式对夏玉米生育进程无显著影响，但苗期撒施肥料的玉米各项生理指标和产量均呈提高趋势；而另一些研究发现，与地表撒施相比，开沟深施可以显著提高玉米产量、千粒重和穗粒数[18,19]，垄沟施肥可以促使玉米根系向纵深发展，并增加玉米百粒重和产量[20]。

在河北省环渤海干旱盐碱地区，采用大区对比试验设计，分析了撒施和沟施两种施肥方式下夏玉米的农艺性状和产量指标，旨为明确该地区夏玉米高产的适宜施肥方式提供理论依据。

1　材料与方法

试验于 2013—2014 年连续两年在河北省沧州市南大港管理区农业科学研究所进行。

该区地处暖温带半湿润季风气候区，夏季潮湿多雨，冬季干燥寒冷；年平均降水量 627 mm；年平均温度 12.1 ℃，其中，1 月平均温度−4.5 ℃，7 月平均温度 26.4 ℃；地势平坦，海拔 3～7 m，地下水埋深 1 m 左右。试验地 0～20 cm 耕层土壤基础养分含量为有机质 16.95 g·kg^{-1}、全氮 0.11 g·kg^{-1}（其中碱解氮 63.00 mg·kg^{-1}）、速效磷 3.20 mg·kg^{-1}、速效钾 186.00 mg·kg^{-1}，土壤剖面含盐量 1.0～2.0 g·kg^{-1}。

供试夏玉米品种为郑单 958。底肥施磷酸二铵 375 kg·hm^2，采用对比试验设计，施用方式设播前撒施和播种沟施两个处理，其中，播前撒施处理方法为 6 月上旬将肥料均匀撒施于地表，旋耕（深 12 cm）后播种玉米；播种沟施处理方法为种肥同播，即：应用种肥同播机，在施肥箱中加入肥料，实现施肥与播种同步进行。每处理面积均为 0.37 hm^{-2}，未设重复。玉米播种量 52.5 kg·hm^{-2}，行距 60 cm，播深 5 cm；出苗后适时定苗，保苗数量 6 万株·hm^{-2}；大喇叭期追施尿素 225 kg·hm^{-2}；其他管理同当地常规。

2014 年夏玉米出苗后，分别于三叶期（7 月 6 日）、拔节期（7 月 15 日）、大喇叭口期（7 月 25 日）、抽雄期（8 月 8 日）、乳熟期（8 月 21 日）和成熟期（10 月 7 日），每处理随机选取 5 株，测定株高，以及植株的鲜重和干重。玉米成熟后，每处理选取约 10 m^2 样方实收测产，记录实际玉米株数和穗数，同时分别称玉米穗和秸秆总鲜重，根据测定的样方实际面积计算单位面积株数和穗数；之后从中随机选取 20 穗玉米和 20 棵玉米秸秆做分析样，自然风干并计算干重，然后调查穗粒数和百粒重。经济系数是作物干物质产量转化为籽粒产量的能力，夏玉米的经济系数＝夏玉米籽粒产量/（籽粒产量＋秸秆生物量）。每处理重复 5 次，结果取平均值。

采用 Microsoft Excel 2010 进行数据处理，采用 SigmaPlot 11.0 进行图形绘制。

2 结果与分析

2.1 施肥方式对夏玉米农艺性状的影响

株高和生物量在一定程度上反映了植株的营养生长状况。玉米株高和生物量均随其生育进程而增加，其中，播前撒施处理的株高始终＞播种沟施处理，但差异随着生育进程而逐渐减小，全生育期平均株高较播种沟施处理高 18.7%；植株鲜重和干重均＞播种沟施处理，除 7 月 6 日鲜重和 7 月 25 日干重外，差异均达到显著性（$P<0.05$），全生育期增幅分别为 26.4% 和 19.6%（图 1）。表明播前撒施肥料较播种沟施肥料更有利于植株吸收更多的养分，从而使株高增加，生物量积累明显提高。

2.2 施肥方式对夏玉米产量及其构成要素的影响

播前撒施处理的玉米百粒重和单位面积穗数均与播种沟施处理无显著差异；穗粒数、秸秆生物量和产量均显著＞播种沟施处理，平均增幅分别为 6.4%、14.3% 和 7.4%；经济系数＞播种沟施处理，增幅为 4.8%（表 1）。表明播前撒施肥料对提高玉米产量和经济系数效果较好，与播种沟施肥料相比，其产量的明显提高主要是通过显著增加穗粒数来实现的。

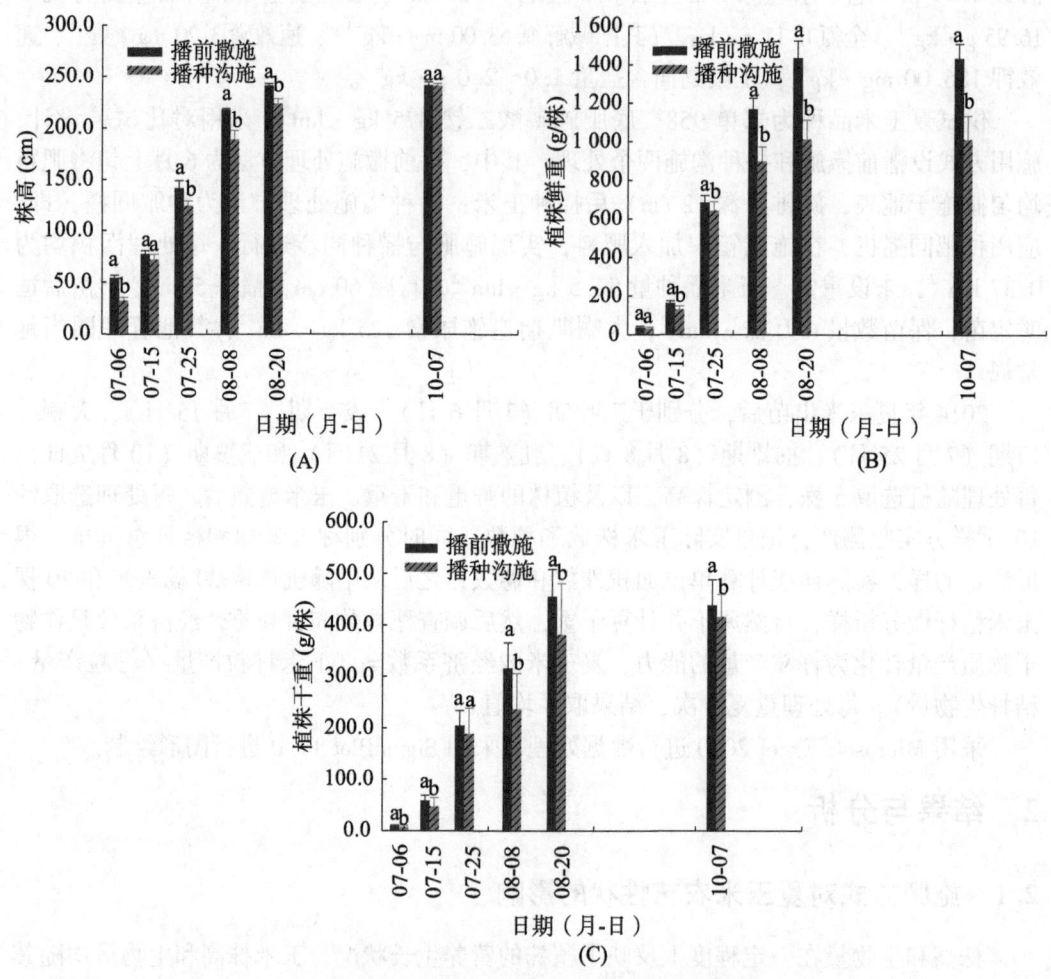

图1 两种施肥方式下不同时期夏玉米的农艺性状

表1 施肥方式对夏玉米产量及其构成要素的影响

年份	处理	百粒重（g）	穗粒数（粒）	单位面积穗数（穗·hm⁻²）	秸秆生物量（kg·hm⁻²）	产量（kg·hm⁻²）	经济系数
2013 年	播前撒施	27.6 a	490.7 a	56 845.5 a	17 664.0 a	7 701.0 a	0.308
	播种沟施	28.1 a	452.9 b	55 737.0 a	16 425.0 b	7 116.0 b	0.306
2014 年	播前撒施	37.8 a	502.5 a	55 912.5 a	24 469.5 a	10 210.5 a	0.295
	播种沟施	37.6 a	480.2 b	54 900.0 a	22 815.0 b	8 476.5 b	0.271

3 结论与讨论

在河北省干旱盐碱地区夏玉米底施磷酸二铵 375 kg·hm² 条件下，采用对比试验设计，研究了播前撒施和播种沟施两种底肥施用方式对玉米农艺性状及产量指标的影响。结果显示，与播种沟施处理相比，播前撒施处理的玉米株高增加、生物量积累增多，虽然单位面积穗数和百粒重无显著差异，但是穗粒数、籽粒产量、秸秆产量分别增加了 6.5%、14.3% 和 7.4% 且差异均达到了显著水平，经济系数提高 4.8%。可以看出，本研究条件下，夏玉米播前撒施肥料结合常规旋耕（播前撒施）的效果优于种肥同播（播种沟施）。

玉米叶片的光合产物决定了其干物质的积累，而干物质积累是产量形成的物质基础。在一定程度上，干物质积累越多，夏玉米籽粒产量越高。有研究表明，与肥料地表撒施相比，沟施和深施能显著增加夏玉米干物质的积累量，提高产量[11,21]。而本研究结果与上述结论相反，可能与研究区域的土壤条件不同有关。不同的施肥方式使得土壤中的养分分布不同，可诱导根系分布形成差异，而根系分布的差异直接影响植株对土壤水分和养分的吸收。漆栋良等[16]研究表明，均匀施氮可以明显促进 0~40 cm 土层的根系生长，使植株两侧根系分布最为均匀，玉米在生育期内维持较多的根量。撒施肥料有利于根系在上层土壤分布，而沟施肥料则促进根系向下层土壤发展[20]。本研究所采用的底肥施用方式中，播前撒施肥料后及时旋耕（播前撒施）可以使肥料与耕层土壤均匀混合，结合适宜的土壤墒情，有利于玉米根系横向生长和吸收更多的养分，从而增加植株干物重；而播种沟施是通过种肥同播机将肥料施于种子侧下方距地表 10 cm 以下处，受到该区域土壤盐碱化和地下咸水埋深浅的影响，玉米根系下扎受到抑制，影响了植株对深层肥料的吸收利用，导致沟施处理的玉米干物质积累量、产量和经济系数均低于撒施处理。

在河北省干旱盐碱地区特有的土壤和水文条件以及现有的夏玉米栽培技术下，肥料撒施仍然是当前该区域保持夏玉米稳产、增产的主要施肥方式。值得注意的是，撒施肥料后应及时旋耕使肥料与土壤充分混合，以减少养分的挥发损失，提高肥料利用效率。为了更好地提高干旱盐碱地区的玉米产量和肥料利用率，应根据当地自然条件特点，进一步对肥料种类、施肥量等农艺措施开展深入研究。

参考文献

[1] 邓振镛，王强，张强，等. 中国北方气候暖干化对粮食作物的影响及应对措施 [J]. 生态学报，2010，30（22）：6 278-6 288.

[2] 田展，梁卓然，史军，等. 近50年气候变化对中国小麦生产潜力的影响分析 [J]. 中国农学通报，2013，29（9）：61-69.

[3] 刘小京，李向军，陈丽娜，等. 盐碱区适应性农作制度与技术探讨——以河北省滨海平原盐碱区为例 [J]. 中国生态农业学报，2010，18（4）：911-913.

[4] 董伟，鲁凤娟，王琦，等. 施肥方式对棉花生长发育及产量的影响 [J]. 河北农业科学，

2006, 10 (2)：47-49.

[5]　茹淑华，张国印，耿暖，等．不同施肥措施对夏玉米产量和土壤硝态氮淋失的影响 [J]．河北农业科学，2012，16 (2)：46-50.

[6]　王秀康，李占斌，邢英英．覆膜和施肥对玉米产量和土壤温度、硝态氮分布的影响 [J]．植物营养与肥料学报，2015，21 (4)：884-897.

[7]　苏志峰，杨文平，杜天庆，等．施肥深度对生土地玉米根系及根际土壤肥力垂直分布的影响 [J]．中国生态农业学报，2016，24 (2)：142-153.

[8]　蔡红光，米国华，张秀芝，等．不同施肥方式对东北黑土春玉米连作体系土壤氮素平衡的影响 [J]．植物营养与肥料学报，2012，18 (1)：89-97.

[9]　高洪军，彭畅，张秀芝，等．长期不同施肥对东北黑土区玉米产量稳定性的影响 [J]．中国农业科学，2015，48 (23)：4 790-4 799.

[10]　孟春香，贾树龙，杨云马，等．夏玉米简化施肥技术的研究 [J]．北京农业，2008 (9)：29-30.

[11]　李昊儒，梅旭荣，郝卫平，等．山东省夏玉米侧条施肥技术应用研究 [J]．中国农学通报，2012，28 (27)：130-133.

[12]　杜社妮，白岗栓，赵世伟，等．沃特和 PAM 施用方式对土壤水分及玉米生长的影响 [J]．农业工程学报，2008，24 (11)：30-35.

[13]　张超男，赵会杰，王俊忠，等．不同施肥方式对夏玉米碳水化合物代谢关键酶活性的影响 [J]．植物营养与肥料学报，2008，14 (1)：54-58.

[14]　郑少文，邢国明，聂红玫，等．有机肥施肥量及施肥方式对菜豆生长和产量的影响 [J]．河北农业科学，2010，14 (10)：59-61.

[15]　杨军芳，冯伟，周晓芬，等．河北省太行山前平原轮作小麦/玉米化肥施用现状调查与分析 [J]．河北农业科学，2011，15 (12)：21-27.

[16]　漆栋良，吴雪，胡田田．施氮方式对玉米根系生长、产量和氮素利用的影响 [J]．中国农业科学，2014，47 (14)：2 804-2 813.

[17]　徐艳霞，魏占彬，王天亮．不同施肥方式对夏玉米生长发育及产量的影响 [J]．安徽农业通报，2009，15 (18)：54-55.

[18]　巨兆强，刘小京．干旱盐碱地耕作方式改变对土壤特性的作物产量的影响 [J]．河北农业科学，2012，16 (7)：6-10.

[19]　王川，林治安，李絮花．施肥方式对夏玉米产量和养分吸收利用的影响 [J]．湖南农业科学，2011 (3)：36-37.

[20]　宋日，吴春胜，赵立华，等．施肥方式对玉米根系分布及产量的影响 [J]．玉米科学，2001，9 (4)：75-76.

[21]　孙浒．不同施氮方式对夏玉米产量和氮素利用效率的影响 [D]．泰安：山东农业大学，2014.

[此文原刊载于《河北农业科学》，2017，21 (3)：51-53]

农田养分调控对冀中南冬小麦生育期群体动态和养分浓度的影响

孙彦铭[1]，杨振立[2]，杜晓东[3]，韩宝文[1]，贾良良[1]

(1. 河北省农林科学院农业资源环境研究所；2. 河北省农林科学院；

3. 河北省农林科学院农业信息与经济研究所)

摘　要：通过田间养分调控试验，对冀中南中低产农田小麦返青至拔节期间的群体动态变化及对最终产量的影响，以及植株氮磷钾养分浓度的变化规律进行了分析。结果发现：优化养分管理通过在拔节期的适当的氮素后移，使最高总茎数的33%成穗，显著高于农民习惯的27%成穗率，从而促进了产量的提高。优化处理的氮浓度和氮素吸收量分别在拔节期和孕穗期显著高于农民习惯处理，优化处理的植株磷浓度则在全生育期都低于农民习惯处理，但磷吸收量则从孕穗期开始高于农民习惯处理。植株钾浓度在全生育期呈先上升后下降的趋势，农民习惯处理钾浓度均显著高于优化处理。总体来看，优化处理在拔节期植株氮素浓度显著高于农民习惯处理，这可能是促进优化处理群体成穗数提高的关键，磷钾浓度则没有明显影响。

关键词：冬小麦；群体动态；植株全氮；养分管理

合理的群体构建是冬小麦高产的基础[1,2]，适宜群体有利于单位面积穗数、穗粒数和千粒重的协调发展[3]、品种[4]、播种密度（播量）[5,6]、播种日期[7]、灌溉[8,9]和氮素调控[2,6]等均对小麦群体构建有显著影响，并且很多时候是上述各个因素的交互效应[5,6,8,9]综合作用的结果。近年来，综合性的农田调控措施包括养分调控、水分调控和耕作栽培调控技术措施被越来越多地应用到小麦的高产群体构建中来，但研究大多集中在施肥、管理措施等对小麦群体、单位面积穗数、穗粒数和千粒重的影响等方面[10]，对小麦体内的养分浓度变化和养分吸收量变化对群体数量的影响研究不多，而据 Yue 等[11]的研究认为，小麦生育期体内养分浓度的变化可能对其群体的构建有重要的作用。因此，本研究拟对不同养分管理模式下的小麦群体养分浓度变化以及对群体养分吸收和发育的影响进行了探讨，旨为更好地实现小麦高产的养分资源高效调控提供理论依据。

1　材料与方法

试验于 2011 年 10 月—2012 年 6 月在中国农业大学曲周试验站进行。试验田为当地典型农田，常年种植模式为小麦—玉米轮作一年两熟制；土壤类型为潮土，$0\sim20$ cm 耕层土壤基础养分含量为有机质 15.21 g · kg^{-1}、全氮 0.901 g · kg^{-1}、速效磷 28.3 mg · kg^{-1}、速效钾 123.9 mg · kg^{-1}。

试验设农田优化管理（OPT）和农民习惯管理（CON）两个处理，其中，CON 处理的 N、P$_2$O$_5$、K$_2$O 施肥量分别为 300、60 和 60 kg · hm^{-2}，氮肥按基追比 1 : 1 分基肥和返青期追肥两次施用，磷钾肥作为基肥在播种前一次性施入；OPT 处理的 N、P_2O_5、K_2O 施肥量分别为 210、90 和 90 kg·hm^{-2}，氮肥按基追比 1:2 分基肥和返青期追肥 2 次施用，磷钾肥作为基肥在播种前一次性施入。

试验小麦品种为石麦 18，2011 年 10 月 12 日播种，行距 15 cm，播种量 225 kg·hm^{-2}。分别在小麦越冬前、返青期（3 月 19 日）、拔节期（4 月 8 日）、孕穗期和收获期，测定小麦基本苗数量、分蘖数和总茎数。自返青期开始，每隔 2 周测定 1 次地上部生物量以及氮、磷、钾养分含量；收获期测产。生物量测定面积为每小区 1 m^2，65 ℃下烘干至恒重；烘干的植株粉碎后测定氮、磷、钾养分含量，其中，植株全氮含量测定采用半微量凯氏法，植株全磷含量测定采用钼蓝比色法，植株全钾含量测定采用火焰光度法。

利用 Microsoft Excel 制图，利用 SPSS 统计分析软件的单因素方差分析 ANOVA 程序对小麦产量、产量构成因素、不同生育期氮、磷、钾养分含量等进行差异性统计检验。

2 结果与分析

2.1 农田养分调控对小麦群体数量、生物量和收获产量的影响

不同养分管理模式对小麦生育期的群体数量有明显影响（图 1）。总体来看，从越冬期开始到拔节期，小麦群体呈逐渐增加趋势，到拔节期达到顶峰，而后到从孕穗期开始迅速下降，直到收获期。在越冬期，CON 处理的小麦群体数量略大于 OPT 处理；在返青期，CON 处理与 OPT 处理的总茎数在 1 545 万～1 687 万个·hm^{-2}，两个处理间没有明显差异，CON 处理略高于 OPT 处理；而在拔节期，CON 处理的总茎数达到 2 335 万个·hm^{-2}，显著>OPT 处理（2 055 万个·hm^{-2}）；孕穗期，CON 处理的总茎数下降到 1 015 万个·hm^{-2}，略<OPT 处理（1 236 万个·hm^{-2}）；收获期，2 种管理模式的收获穗数均下降，其中，OPT 处理的收获穗数（690 万个·hm^{-2}）较 CON 处理（630 万个·hm^{-2}）高 60 万个·hm^{-2}。与生育期最高茎数相比，OPT 处理的最终成穗率为 33.0%，显著>CON 处理的成穗率（26.9%）。OPT 处理的最终成穗率较 CON 处理高 18.48%。

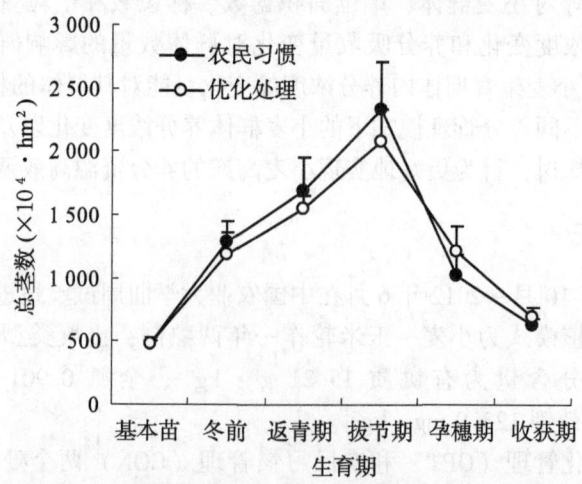

图 1 不同养分管理模式对冬小麦春季群体变化的影响

OPT 处理的生物量在小麦拔节初期（4 月 8 日）>CON 处理（图 2），而拔节期后。OPT 处理的小麦生物量在返青–起身期（3 月 19 日）和拔节期初期（4 月 8—17 日）<CON 处理，而在孕穗期（4 月 28 日）OPT 处理的地上部生物量显著>CON 处理，到收获期，OPT 处理生物量>CON 处理，但差异不显著。

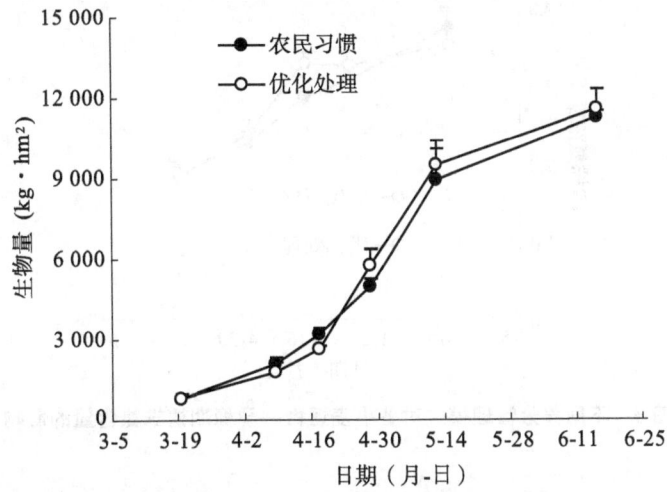

图 2　不同养分管理模式对冬小麦春季生物量的影响

OPT 处理的小麦单位面积穗数、穗粒数和千粒重均>CON 处理，其中单位面积穗数差异达到了显著水平，最终，收获指数>CON 处理，籽粒产量明显提高，增产率 3.86%。表明 OPT 处理可以明显改善小麦的产量构成，促进籽粒增产，其中单位面积穗数是最关键的影响因素（表 1）。

表 1　不同养分管理模式对冬小麦产量及产量构成的影响

处理	单位面积穗数（万穗·hm⁻²）	穗粒数（个）	千粒重（g）	籽粒产量（kg·hm⁻²）	增产率（%）	收获指数 HI
OPT	723.6±61.5 a	32.9±3.6 a	36.8±2.2 a	7 277±557 a	3.86	0.509
CON	636.2±47.9 b	32.0±2.6 a	35.0±1.2 a	6 996±569 b	—	0.481

2.2　农田养分调控对小麦生育期氮、磷、钾养分浓度和养分吸收的影响

总体来看，小麦植株氮素浓度随着生育期的进程呈逐渐下降的趋势，不同养分管理模式对小麦不同生育期的养分浓度有明显影响（图 3）。OPT 处理的植株氮含量在返青期<CON 处理，但差异不显著；在拔节期（4 月 8—16 日）OPT 处理植株氮浓度显著高于 CON 处理；而从孕穗期至灌浆后期，OPT 处理的植株氮浓度均>OPT 处理，但差异不显著。

植株磷浓度也随小麦生育期进程的开展呈逐渐下降的趋势（图 4），除了灌浆期以外，OPT 处理的磷素浓度均<CON 处理，其中在拔节期（4 月 8—16 日）和孕穗期（4 月 28 日）差异达到了显著水平。

植株钾素浓度随着小麦生育进程的开展呈先增加，然后下降的趋势（图5）。除了返青期以外，OPT处理的植株钾素浓度都显著<CON处理。

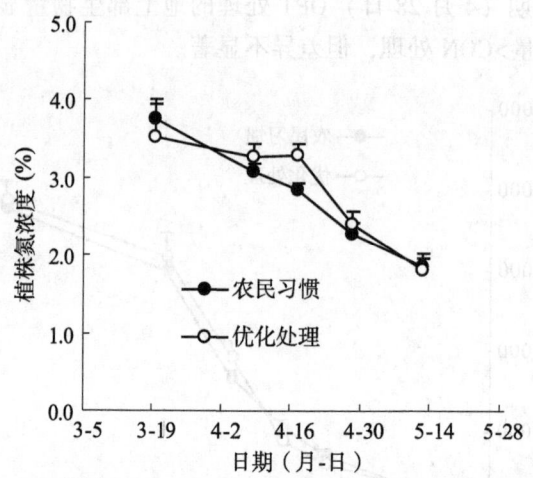

图3　不同养分管理模式对冬小麦返青—孕穗期植株氮含量的影响

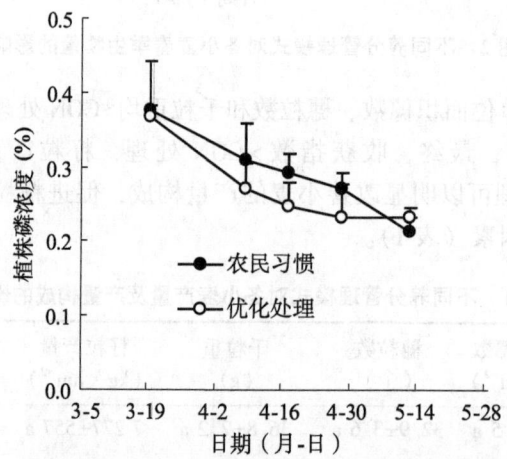

图4　不同养分管理模式对冬小麦返青—孕穗期植株磷含量的影响

2.3　农田养分调控对小麦生育期氮、磷、钾养分吸收的影响

不同养分管理模式对小麦生育期氮素吸收量有明显影响。OPT处理的氮吸收量在孕穗期前（4月26日）<CON处理，从孕穗期开始OPT处理的氮素吸收量>CON处理，并在灌浆期（5月12日）达到顶峰，并一直持续到收获期。在收获期OPT处理的氮素吸收量略>CON处理，但差异不显著（图6）。

对磷吸收来说，OPT处理的磷吸收量在拔节期以前<CON处理，但差异不显著；而从孕穗期（4月26日）开始OPT处理的磷素吸收量开始>CON处理，并一直维持到收获期，但两个处理间差异不显著（图7）。

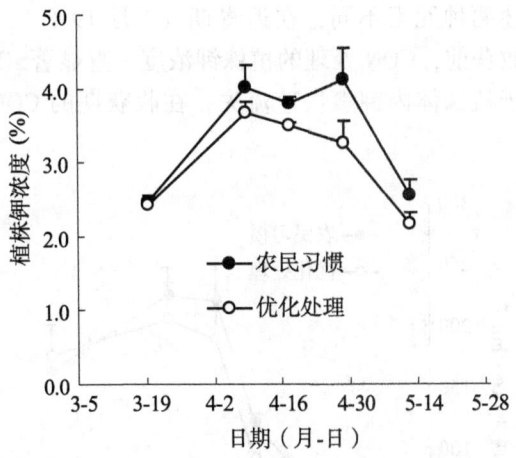

图5　不同养分管理模式对冬小麦返青—孕穗期植株钾含量的影响

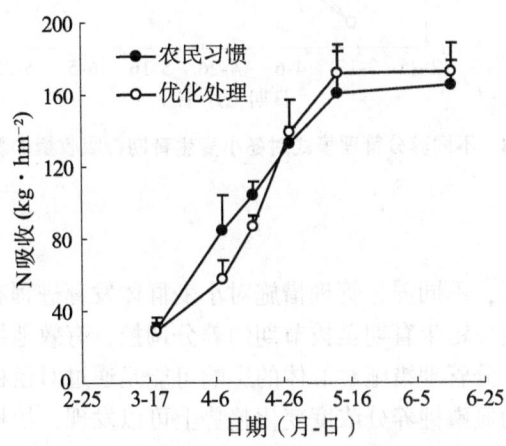

图6　不同养分管理模式对冬小麦生育期氮吸收量的影响

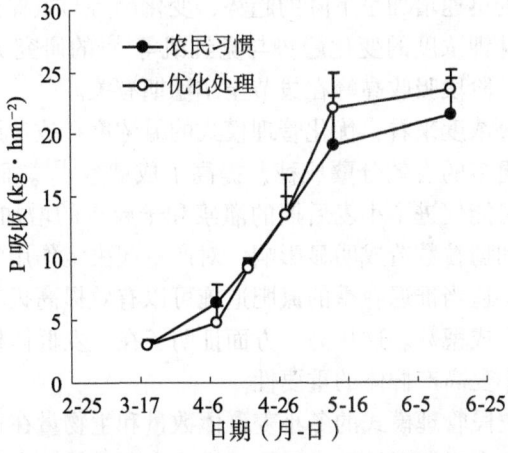

图7　不同养分管理模式对冬小麦生育期磷吸收量的影响

钾素的吸收与上述两种元素不同，在返青期（3月19日），两个处理间差异不显著；从拔节期开始到收获前，CON 处理的植株钾浓度一直显著>OPT 处理，但在小麦灌浆后期至收获期，由于植株体内钾素快速流失，在收获期的 CON 处理的钾素吸收量<OPT 处理（图8）。

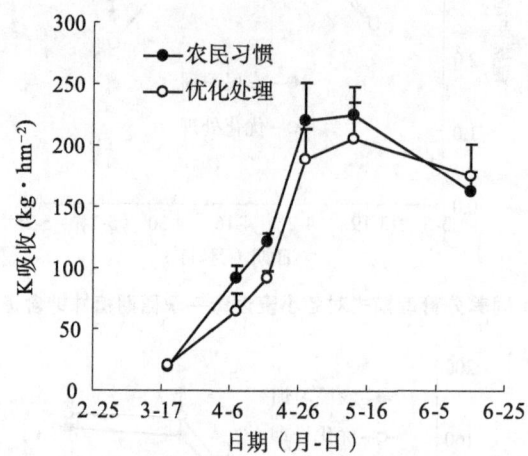

图8　不同养分管理模式对冬小麦生育期钾吸收量的影响

3　结论与讨论

从本研究结果来看，不同养分管理措施对小麦群体发育进程有明显的影响，优化养分管理措施通过在小麦关键生育期至拔节期的养分调控，有效地提高了有效群体，最终促进了产量的提高。养分管理措施对群体的影响可能是通过对植株养分浓度的影响造成的。从全生育期小麦的氮磷钾养分浓度变化趋势上可以发现，植株全氮和全磷浓度在整个生育期呈逐渐下降的趋势，且随着生物量的增加也下降趋势，表现出明显的稀释效应。而植株全钾含量在返青至拔节初期随着生物量的增加呈增加的趋势，而在拔节中后期开始则随着生物量的迅速增加呈下降的趋势，变化趋势与植株全氮、全磷浓度变化趋势有明显的不同。植株钾浓度的变化趋势与党红凯等[12]的研究类似，产生这一现象的原因可能与小麦对钾的阶段吸收高峰在拔节至孕穗期有关。

从不同处理的养分浓度来看，优化管理模式的氮浓度在拔节期开始显著高于农民习惯处理，从而保证了更多的有效分蘖成穗，提高了成穗数[13]。而植株磷浓度在孕穗期高于农民习惯处理，可能促进了小麦后期的灌浆和千粒重的增加。但在本试验条件下，磷浓度并未对千粒重和穗粒数造成明显影响，对产量起决定作用的是最终的成穗数。因此，农田养分管理中，适当推迟春季的氮肥追施可以有效提高拔节期小麦的氮浓度，从而提高分蘖质量，提高成穗数。这从另一方面证明了在小麦群体构建中，优化养分管理的氮肥后移模式对于小麦高产群体的重要性。

本研究条件下，农民管理模式的冬小麦群体数量和生物量在拔节期前均明显高于优化施肥处理，但从拔节中后期开始，农民管理模式在拔节前产生的大量无效分蘖大量退化，优化管理模式的群体数量和生物量均明显高于农民管理模式。养分的管理模式发挥了重要的作用，但在本研究中只讨论了养分管理措施对小麦群体的影响，水分管理对于小麦群体的构建也发挥了巨大的作用，表现在水肥的协同作用对小麦发育进程[14]、产量与品质的影响方面[15-16]。

参考文献

[1] 陆增根，戴廷波，姜东，等. 曹卫星氮肥运筹对弱筋小麦群体指标与产量和品质形成的影响 [J]. 作物学报，2007，33（4）：590-597.

[2] 叶优良，王桂良，朱云集，等. 施氮对高产小麦群体动态、产量和土壤氮素变化的影响 [J]. 应用生态学报，2010，21（2）：351-358.

[3] 董剑，赵万春，陈其皎，等. 陕西关中地区不同冬小麦品种晚播高产的适宜播期和密度 [J]. 西北农业学报，2010，19（3）：66-69.

[4] 刘霞. 鲁西南超高产冬小麦品种筛选及群体质量指标研究 [J]. 山东农业科学，2011，7：38-41.

[5] 王夏，胡新，孙忠富，等. 不同播期和播量对小麦群体性状和产量的影响 [J]. 中国农学通报，2011，27（21），170-176.

[6] 张娟，武同华，代兴龙，等. 种植密度和施氮水平对小麦吸收利用土壤氮素的影响 [J]. 应用生态学报，2015，26（6）：1 727-1 734.

[7] 蒋会利. 播期密度对不同小麦品种群体茎数及产量的影响 [J]. 西北农业学报，2012，21（6）：67-73.

[8] 赵雪飞，王丽金，李瑞奇，等. 不同灌水次数和施氮量对冬小麦群体动态和产量的影响 [J]. 麦类作物学报，2009，29（6）：1 004-1 009.

[9] 刘丽平，欧阳竹，武兰芳，等. 灌溉模式对不同密度小麦群体质量和产量的影响 [J]. 麦类作物学报，2011，31（6）：1 116-1 122.

[10] 刘保华，苏玉环，马永安，等. 冀南麦区不同种植密度对小麦产量及主要农艺性状的影响 [J]. 河北农业科学，2016，20（2）：13-18.

[11] Yue S C, Meng Q F, Zhao R F, et al. Critical Nitrogen Dilution Curve for Optimizing Nitrogen Management of Winter Wheat Production in the North China Plain [J]. Agronomy Journal, 2012, 104（2）：523-529.

[12] 贾亮，翟丙年，冯梦龙，等. 不同水肥优化模式对冬小麦生长发育及产量的影响 [J]. 西北农林科技大学学报（自然科学版），2012，40（10）：75-81.

[13] 孙宪印，吴科，钱兆国，等. 灌水模式对不同品种冬小麦群体生长特性和产量及蛋白质含量的影响 [J]. 西南农业学报，2011，24（6）：2 096-2 100.

[14] 李雁鸣，张立言，李振国. 春季肥水运筹对冬小麦籽粒产量和品质的影响 [J]. 河北农业大学学报，1996，19（1）：1-6.

[15] 党红凯，李瑞奇，李雁鸣，等. 超高产冬小麦对钾的吸收、积累和分配 [J]. 植物营养与肥料学报，2013，19（2）：274-287.

[16] 姜宗庆，封超年，黄联联，等. 施磷量对小麦物质生产及吸磷特性的影响 [J]. 植物营养与肥料学报，2006，12（5）：628-634.

[此文原刊载于《河北农业科学》，2016，3：44-48]

粮棉轮作模式下氮·磷·钾用量对小麦
产量及产量构成的影响

王树林，祁　虹，王　燕，张　谦，冯国艺，林永增*，梁青龙

(河北省农林科学院棉花研究所/农业部黄淮海半干旱区棉花生物学与遗传育种重点实验室)

摘　要：目的：明确粮棉轮作模式下小麦适宜肥料用量。方法：在大田条件下，采用随机区组试验，分别设置了氮、磷、钾肥料的 0（对照）、75、150、225、300 kg·hm^{-2} 5个用量梯度，研究不同肥料用量对小麦产量及产量构成的影响。结果：随着氮肥用量增加，小麦穗数与产量增加，千粒质量下降，小麦产量在氮肥用量超过 150 kg·hm^{-2} 后稳定在 8 442～8 474 kg·hm^{-2}；随着磷肥用量增加，小麦收获穗数与产量先升后降，磷肥用量为 75 kg·hm^{-2} 时产量最高，达 8 617 kg·hm^{-2}，穗粒数、千粒质量变化不大，过量施用磷肥显著降低小麦收获穗数与产量，减产幅度达 5.1%；钾肥用量对小麦穗数、籽粒产量影响不显著，但随施钾量的增加，穗粒数提高，千粒质量下降。结论：粮棉轮作模式下小麦季节肥料适宜用量为纯 N 225 kg·hm^{-2}，P$_2$O$_5$ 150 kg·hm^{-2}，免施钾肥。

关键词：粮棉轮作；氮；磷；钾；小麦产量

河北省既是种粮大省，又是植棉大省，粮棉争地矛盾突出[1,2]。随着水利条件的改善，河北省具备种植粮食的生产条件，但受水资源限制[3]，完全改种粮食存在地下水供给不足的问题。河北省中南地区传统一熟旱地棉区较适合开展棉花—小麦—玉米两年三熟粮棉轮作种植模式（即种植 1 年棉花，棉花收获后改种小麦、玉米，玉米收获后进行一次土壤深翻，第 2 年再种植棉花），该种植模式既可有效增加粮食产量，又能兼顾河北省压采地下水任务。棉花与小麦需肥特点差异很大，汪洋等[4-7]研究表明棉花对氮、钾肥需求量大，对磷肥需求量小；何传龙等[8-11]研究指出，小麦对氮、磷肥需求量大，对钾肥需求量小。因此如何利用两种作物需肥差异及传统棉区土壤养分含量特点，制定经济高效的施肥原则，对于减少化肥投入、降低环境污染、实现节本增效的目标具有重要意义。笔者在由棉花长期连作向粮棉轮作种植模式转变的背景之下，研究了氮、磷、钾肥对小麦产量与及肥料利用效率的影响。在粮棉轮作模式下，如何利用棉田土壤养分含量特点与小麦、玉米、棉花需肥规律，制定经济合理施的肥原则。

1　材料与方法

1.1　试验地概况

试验于 2014—2015 年设在河北省农林科学院棉花研究所威县试验站（河北省威县枣元乡东张庄村）进行，前茬棉花，土壤为沙壤土，肥力中等，有机质 7.6 g·kg^{-1}，

全氮 0.565 g·kg^{-1}，速效磷 24.8 mg·kg^{-1}，速效钾 112 mg·kg^{-1}。

1.2 试验材料

小麦品种为冀麦 585，氮肥为普通尿素，纯氮含量 46.4%，磷肥为重过磷酸钙，P$_2$O$_5$ 含量为 46.0%，钾肥为氯化钾，K$_2$O 含量为 60.0%。

1.3 试验设计

按照氮、磷、钾肥设置 3 个单因素试验，每种肥料分别设置 0（CK）、75、150、225、300 kg·hm^{-2} 5 个用量梯度，采用随机区组设计，每个试验设 3 次重复。小区宽 6.0 m，长 10.0 m，播种 36 行小麦。

1.4 试验方法

于 2014 年 10 月 28 日将前茬棉花秸秆粉碎还田后，施底肥旋耕，播种小麦，播量为 225 kg·hm^{-2}，2015 年 3 月 25 日结合灌水（1 050 m^3·hm^{-2}）进行追肥，4 月 24 日灌水 900 m^3·hm^{-2}，6 月 11 日收获小麦，其他管理措施同大田。试验小区中氮肥处理统一施 P$_2$O$_5$ 150 kg·hm^{-2}，K$_2$O 150 kg·hm^{-2}；磷肥处理统一施纯 N 225 kg·hm^{-2}，K$_2$O 150 kg·hm^{-2}；钾肥处理统一施纯 N 225 kg·hm^{-2}，P$_2$O$_5$ 150 kg·hm^{-2}，其中磷钾肥一次底施，氮肥底施 50%，拔节期追施 50%。

1.5 测定项目与方法

小麦收获前每小区取 3 个点，每个点取 1 m^2 调查穗数，同时随机收取 50 个穗室内考种，调查穗粒数与千粒质量；每个小区收获 5 m^2，脱粒风干后称重，计算小麦公顷产量。

2 结果与分析

2.1 氮肥用量对小麦产量及产量构成因素的影响

由表 1 可知，在小麦播量一致的情况下，随施氮量的增加，小麦收获穗数大幅提高，其中施氮量为 300 kg·hm^{-2} 时，穗数达 1 051.1 万穗·hm^{-2}，显著高于其他处理，施氮量 75、150、225、300 kg·hm^{-2} 处理下，穗数分别较 CK 高出 9.1%、12.9%、13.9% 和 32.2%；穗粒数也随施氮量增加而增加，以 225 kg·hm^{-2} 处理最高，达 38.5 粒，但 150 kg·hm^{-2}、225 kg·hm^{-2}、300 kg·hm^{-2} 处理间差异不显著；千粒质量以施氮量 75 kg·hm^{-2} 处理最高，为 46.4 g，随着施氮量的增加，千粒质量下降，其中 75 kg·hm^{-2}、150 kg·hm^{-2} 高于 CK，而 225 kg·hm^{-2}、300 kg·hm^{-2} 低于 CK；从产量看，施氮处理小麦产量高于 CK，且产量随施氮量的增加而提高，75 kg·hm^{-2}、150 kg·hm^{-2}、225 kg·hm^{-2}、300 kg·hm^{-2} 处理分别较 CK 增产 3.5%、7.3%、7.6% 与 7.7%，施氮量超过 150 kg·hm^{-2} 小麦增产幅度减小，150、225、300 kg·hm^{-2} 处理间差异不显著，但显著高于 75 kg·hm^{-2} 处理和 CK。由此可知，氮肥施用量不低

于 150 kg · hm^{-2}。

表 1　氮肥用量对小麦产量及产量构成的影响

施氮量 （kg · hm^{-2}）	穗数 （万穗 · hm^{-2}）	穗粒数 （粒）	千粒质量 （g）	产量 （kg · hm^{-2}）
0（CK）	795.2 c	35.5 b	44.5 ab	7 870 b
75	867.8bc	36.2 b	46.4 a	8 142 b
150	897.8 b	36.8 ab	44.8 ab	8 442 a
225	905.7 b	38.5 a	43.9 ab	8 469 a
300	1 051.1 a	38.4 a	43.5 b	8 474 a

注：同列不同小写字母表示处理间差异显著（P<0.05）

2.2　磷肥用量对小麦产量及产量构成因素的影响

由表 2 可知，随着磷肥施用量的增加，小麦收获穗数先升高后降低，以施磷量 150 kg · hm^{-2}处理最高，达 927.8 万穗 · hm^{-2}，300 kg · hm^{-2}处理的穗数低于 CK，差异不显著；穗粒数随磷肥用量的增加而升高，以施磷量 P225 kg · hm^{-2}处理最高，较 CK 多 1.4 粒，不同处理间差异不显著；从产量结果看，施磷处理的产量与 CK 相差不大，增产幅度最高仅有 1.4%（施磷量 75 kg · hm^{-2}处理），随着施磷量的增加，小麦产量下降，施磷量 300 kg · hm^{-2}处理的产量显著低于 75 与 150 kg · hm^{-2}处理。这表明在粮棉轮作模式下，土壤磷素可能不是小麦产量限制性因素，过量施磷反而不利于小麦的增产。

表 2　磷肥用量对小麦产量及产量构成的影响

施磷量 （kg · hm^{-2}）	穗数 （万穗 · hm^{-2}）	穗粒数 （粒）	千粒质量 （g）	产量 （kg · hm^{-2}）
0（CK）	837.8 b	37.0 a	44.2 a	8 500 ab
75	875.8 ab	37.5 a	44.9 a	8 617 a
150	927.8 a	37.1 a	43.5 a	8 607 a
225	846.5 ab	38.4 a	44.2 a	8 567 ab
300	829.8 b	38.2 a	43.9 a	8 197 b

注：同列不同小写字母表示处理间差异显著（P<0.05）

2.3　钾肥用量对小麦产量及产量构成因素的影响

由表 3 可知，钾肥对小麦穗数影响不大，不同处理间差异不显著；随着钾肥用量的增加，穗粒数上升，以施钾量 300 kg · hm^{-2}处理最高，显著高于 CK，但钾肥 4 个不同用量间差异不显著；随着钾肥施用量的增加，千粒质量明显下降，其中施钾量 225 和 300 kg · hm^{-2}处理均显著低于 CK；从产量结果来看，钾肥对小麦产量影响不大，各处理之间差异不显著。这表明在粮棉轮作模式下，钾肥可能不是小麦产量的限制因子。

表3 钾肥用量对小麦产量及产量构成的影响

施钾量 （kg·hm^{-2}）	穗数 （万穗·hm^{-2}）	穗粒数 （粒）	千粒质量 （g）	产量 （kg·hm^{-2}）
0（CK）	961.8 a	36.4 b	45.8 a	9 020 a
75	971.1 a	37.7 ab	44.9 a	8 957 a
150	961.1 a	37.8 ab	43.9 ab	9 064 a
225	976.5 a	37.3 ab	42.1 b	8 969 a
300	966.5 a	38.9 a	42.1 b	9 059 a

注：同列不同小写字母表示处理间差异显著（$P<0.05$）

3　结论与讨论

3.1　氮肥对小麦产量构成、养分吸收及利用效率的影响

张睿等[12]研究表明，在磷、钾水平相同的条件下增加氮肥，小麦穗粒数和粒重均增加，以穗粒数变化最大；李瑞奇等[13]研究表明，河北平原的小麦穗数和穗粒数均随施氮量增加而增加，千粒重则随施氮量增加而降低；王月福等[14]研究表明，由于产量构成因素的相互作用，穗数和穗粒数增加弥补了千粒质量降低对小麦的影响，产量也都随施氮量增加而提高。该研究也得到了类似的结果，表明在粮棉轮作模式中氮肥对小麦的影响与小麦玉米连作模式下相似，前茬棉花对后茬小麦的影响不大。总体来看，在不同肥力条件下，氮肥对于提高小麦穗数、穗粒数和产量具有显著作用，因此在粮棉轮作模式下需要注重小麦氮肥季的施用。

3.2　磷肥对小麦产量构成、养分吸收与利用效率的影响

王旭东等[15]研究表明，小麦是对磷反应敏感的作物，当耕层土壤速效磷含量为10 mg·kg^{-1}时，小麦施磷的增产率在30%左右，速效磷含量为10~20 mg·kg^{-1}时，增产20%左右，20 mg·kg^{-1}以上时，增产率显著下降；岳寿松[16]、李建民[17]、姜宗庆等[18]在低磷土壤上均发现随着施磷量的增加，籽粒产量也随之增加，但过量施磷对产量构成因素的影响报道不一致，王旭东等[15]认为过高的磷素使千粒质量降低，区沃恒[19]认为，在高产阶段，磷素营养对穗数、粒数、粒重均有促进作用，但效果不明显。该研究结果表明，在粮棉轮作模式下，增施磷肥对小麦增产作用微弱，而过量施用磷肥反而降低产量；磷肥对小麦穗数有一定影响，随着磷肥施用量增加，小麦收获穗数先增加后减小；磷肥对小麦穗粒数与千粒质量影响不大。在传统一熟棉田，化学肥料的应用经历了重施磷肥（主要是磷酸二铵、过磷酸钙等）阶段[20]，由于棉花对磷肥的需要量较少，导致土壤中富集了大量的磷素，因此在由棉花一熟向粮棉轮作两年三熟种植模式的转变过程中，小麦季节无须大量施用磷肥，可充分利用土壤磷素含量偏高的特点合理

施磷，提高磷肥利用率。

3.3　钾肥对小麦产量构成、养分吸收与利用效率的影响

关于钾肥对小麦产量的影响，前人做了大量的研究，谭金芳等[21]与董合林等[22]人研究认为，钾肥对小麦产量、千粒质量存在正效应，施钾处理穗粒数显著高于不施钾处理，但不同用量间差异不显著，千粒质量随施钾量的增加而显著提高，当施钾量超过105 kg·hm^{-2}后千粒质量趋于稳定；张会民等[23]和张定一等[24]研究结果认为，随着钾肥用量增加，小麦单位面积穗数、穗粒数、千粒质量和产量逐渐增加，但过量施用钾肥，穗数、穗粒数、千粒质量和产量反而下降，这可能是由于过量钾素供应导致小麦对钾的奢侈吸收引起的。笔者研究发现，在粮棉轮作模式下，小麦季节施用钾肥无增产效果，但钾肥不同用量对穗粒数与千粒质量的影响不同，穗粒数的增加被千粒质量的降低所抵消，最终小麦产量无显著差异，这一结果可能与土壤钾素含量偏高有关。近年来随着转基因棉花品种的推广，其需钾量大的特点被广泛认知[25]，棉田大量增施钾肥，导致棉田钾素含量逐渐上升。因此笔者认为在由棉花一熟向粮棉轮作种植模式转变过程中，棉花季节土壤残留钾素完全可满足小麦生长需求，小麦季节无须施用钾肥。

3.4　粮棉轮作模式下适宜氮磷钾肥料用量

关于氮磷钾肥料对小麦产量的影响，胡凤桂等[26]认为，氮肥是影响产量的主要因素，钾肥次之，磷肥的影响较小；王远玲等[27]研究表明，氮是影响产量的主要因素，磷次之，钾的影响较小；氮肥是影响小麦产量的重要因素，这一观点基本得到了学者的认可，但磷素与钾素的作用随土壤基础地力的不同而存在差异，笔者通过试验认为，在粮棉轮作种植模式下，小麦季节适宜肥料用量为纯氮225 kg·hm^{-2}，P$_2$O$_5$150 kg·hm^{-2}，免施钾肥，其机理有待于进一步研究。

参考文献

[1] 霍克斌，郑彦平．完善麦棉两熟种植确保粮棉稳步双增［J］．河北农业科学，1991（1）：4-6.

[2] 翟学军，李悦有．超早熟短季棉新材料创制及麦后直播技术研究［J］．农业科技通讯，2007（3）：13-14.

[3] 石晨阳，王桂荣，王慧军，等．河北省种植业高效用水预测研究［J］．中国农学通报，2012，28（3）：218-224.

[4] 汪洋．棉花平衡施肥技术［J］．河北农业科学，2007，11（4）：15，17.

[5] 程素敏，吴爱君，张松林．棉花分区平衡施肥技术中氮、磷、钾对产量的影响［J］．中国棉花，2005，12：8-9.

[6] 刘全喜，马连云．高产棉田的平衡施肥技术［J］．河北农业科技，2007（3）：31.

[7] 马鄂超．棉花平衡施肥［J］．新疆农垦科技，2005（5）：49.

[8] 何传龙，刘枫，王道中，等．砂姜黑土强筋小麦施肥技术研究［J］．植物营养与肥料学报，2007，13（5）：935-940.

[9] 张少豪，张丹，付伶俐，等．小麦需肥特点与施肥技术 [J]．安徽农学通报，2009，15（24）：64-67．

[10] 周忠新，于振文，许卫霞，等．氮磷钾用量及配比对小麦产量、蛋白质含量和肥料利用率的影响 [J]．山东农业科学，2006，3：42-44．

[11] 易玉林．氮、磷、钾肥在河南省小麦上的应用效果及推荐用量研究 [J]．河南农业科学，2012，41（7）：69-72．

[12] 张睿，王新中，刘党校，等．不同 NPK 配置对强筋小麦群体生物量与产量的效应研究 [J]．土壤通报，2006，37（2）：309-313．

[13] 李瑞奇，李雁鸣，何建兴，等．施氮量对冬小麦氮素利用和产量的影响 [J]．麦类作物学报，2011，31（2）：270-275．

[14] 王月福，姜东，于振文，等．高低土壤肥力下小麦基施和追施氮肥的利用效率和增产效应 [J]．作物学报，2003，29（4）：491-495．

[15] 王旭东，于振文．施磷对小麦产量和品质的影响 [J]．山东农业科学，2003，6：35-36．

[16] 岳寿松，于振文．磷对冬小麦后期生长及产量的影响 [J]．山东农业科学，1994（1）：13-15．

[17] 李建民，周殿玺，王璞，等．冬小麦水肥高效利用栽培技术原理 [M]．北京：中国农业大学出版社，2000：165-166．

[18] 姜宗庆，封超年，黄联联，等．施磷量对不同类型专用小麦产量和品质的调控效应 [J]．麦类作物学报，2006，26（5）：113-116．

[19] 区沃恒，焦志勇，傅显华．小麦的磷素营养 [J]．中国农业科学，1978（3）：49-54．

[20] 董合林．我国棉花施肥研究进展 [J]．棉花学报，2007，19（5）：378-384．

[21] 谭金芳，介晓磊，韩燕来，等．潮土区超高产麦田供钾特点与小麦钾素营养研究 [J]．麦类作物学报，2001，21（1）：45-50．

[22] 董合林，李鹏程，刘敬然，等．钾肥用量对麦棉两熟制作物产量和钾肥利用率的影响 [J]．植物营养与肥料学报，2015，21（5）：1 159-1 168．

[23] 张会民，刘红霞，王林生，等．钾对旱地冬小麦后期生长及籽粒品质的影响 [J]．麦类作物学报，2004，24（3）：73-75．

[24] 张定一，张永清．施钾量对强筋小麦产量和品质的影响 [J]．中国生态农业学报，2007，15（3）：32-37．

[25] 展曼曼，王宁，田晓莉．棉花钾营养效率的基因型差异研究进展 [J]．棉花学报，2012，24（2）：176-182．

[26] 胡凤桂，黄占亮，李宏松．寿县小麦"3414"田间肥效研究 [J]．安徽农业科学，2008，36（13）：5 527-5 531．

[27] 王远玲，缪翠云，陶晓婷，等．氮磷钾配施对苏北沿海地区小麦产量形成的影响 [J]．安徽农业科学，2013，41（17）：7 496-7 498，7 501．

[此文原刊载于《安徽农业科学》，2016，44（6）：154-156]

利用5年定位试验研究华北小麦适宜施氮量

杨云马，贾树龙，孙彦铭，贾良良

（河北省农林科学院农业资源环境研究所）

摘　要：目的：研究华北平原麦玉连作模式下冬小麦最佳施氮量。方法：在河北辛集马庄试验站，从2007—2012年连续5年采用大田定位试验方法进行研究。试验设不施肥（CK）、磷钾肥处理（P+K）以及在施用磷钾肥基础上施用 N 150 kg·hm^{-2}（N150）、N 210 kg·hm^{-2}（N210）、N 270 kg·hm^{-2}（N270）等五个处理，磷钾肥用量分别为 P$_2$O$_5$ 150 kg·hm^{-2}、K$_2$O 75 kg·hm^{-2}，氮肥底施90 kg·hm^{-2}，其余氮肥在拔节期追施。结果：5年平均小麦产量结果表明，N210处理小麦产量最高，显著高于N150、P+K及CK处理小麦产量。N150、N210、N270三个处理，五年平均氮肥表观利用率分别为42.1%、41.3%、31.9%，氮肥偏生产力分别为48.9 kg·kg^{-1}、37.8 kg·kg^{-1}、28.8 kg·kg^{-1}，氮肥农学效率分别为11.3 kg·kg^{-1}、10.9 kg·kg^{-1}、7.9 kg·kg^{-1}。线性加平台模型模拟结果氮肥最佳用量为196.1 kg·hm^{-2}，相应的小麦产量为 7 854 kg·hm^{-2}。

关键词：华北平原；小麦；施氮量；定位试验

华北地区小麦玉米轮作是最主要的种植方式，小麦玉米如何合理施肥备受关注，在"化肥农药零增长行动"中占有非常重要的作用。通过我们在河北中南部调查得知，本地区小麦施肥习惯是小麦底施复合肥一亩地一袋（40 kg 或 50 kg），施入养分量与小麦专用肥的养分配比有关，不过一般相差不大，养分施入量为 N 120～150 kg·hm^{-2}、P$_2$O$_5$ 100～140 kg·hm^{-2}、K$_2$O 30～60 kg·hm^{-2}。而追肥用量相差很大，追施大部分为单质氮肥，氮施入量在100～280 kg·hm^{-2}变化，如何合理有效降低小麦追施氮的用量，是本区域小麦"化肥零增长"的关键。本文利用5年定位试验结果，深入分析了不同追施氮量对小麦产量、氮肥利用率的影响，以期得到本区域小麦适宜氮肥用量，提高氮肥利用率。

1　材料与方法

1.1　试验区概况

试验于 2007—2012 年在河北省辛集市马庄农场（E 115°18′10.33″，N 37°47′56.37″）进行，试验区属季风暖温带半湿润大陆性气候。年平均降水量488.2 mm，其中6—8月降水量约占全年总降水量的70%。供试土壤为轻壤质潮土，土壤基本理化性状见表1。

表 1 试验地土壤基本理化性状

土层（cm）	有机质（g·kg^{-1}）	全氮（g·kg^{-1}）	碱解氮（mg·kg^{-1}）	速效磷（mg·kg^{-1}）	速效钾（mg·kg^{-1}）	pH
0～20	12.20	0.80	84.80	10.80	78.30	8.04
20～40	6.20	0.30	24.80	2.30	36.30	8.10

1.2 试验设计

本试验设 5 个处理，分别为：不施肥（CK）；只施磷钾肥（P+K）；施用磷钾肥基础上施用氮肥 150 kg·hm^{-2}，其中底施 90 kg·hm^{-2}、追施 60 kg·hm^{-2}（N150）；施用磷钾肥基础上施用氮肥 210 kg·hm^{-2}，其中底施 90 kg·hm^{-2}、追施 120 kg·hm^{-2}（N210）；施用磷钾肥基础上施用氮肥 270 kg·hm^{-2}，其中底施 90 kg·hm^{-2}、追施 180 kg·hm^{-2}（N270）。磷肥用量为 P$_2$O$_5$ 150 kg·hm^{-2}，钾肥用量为 K$_2$O 75 kg·hm^{-2}。肥料品种选择尿素（N 46%）、重过磷酸钙（P$_2$O$_5$ 43%）、氯化钾（K$_2$O 60%）全部磷钾肥以及部分氮肥底施，在玉米秸秆粉碎后撒施于地表，然后旋耕播种小麦。追施氮肥结合返青拔节期灌水时施用，氮肥撒施于地表，然后灌水。小麦播种前造墒，春后灌溉两次，分别在返青拔节期和扬花期。小麦收获后种植玉米，玉米为铁茬播种，播种时施用种肥（20∶10∶13）900 kg·hm^{-2}，全部小区均施肥（包括 CK 小区）。小区规格 5 m×8 m，每个处理重复 3 次。

1.3 采样及测定

2008—2012 年小麦收获时每个小区取样 1 m^2，称重核算小麦产量和地上部生物量，并取样测定籽粒、秸秆中氮含量，以计算氮肥利用率。

样品测试方法：土壤有机质，重铬酸钾容量法——外加热法；土壤全氮，凯氏定氮法；土壤碱解氮，1.0 mol·L^{-1} NaOH 碱解扩散法；土壤速效磷，0.5 mol·L^{-1} NaHCO$_3$ 浸提—钼锑抗比色法；土壤速效钾，NH4OAc 浸提法火焰光度法；植株全氮，凯氏定氮仪法。

利用率计算方法：

氮肥当季表观利用率（NUE）=（施氮处理地上部氮吸收量-只施磷钾肥处理地上部氮吸收量）/施氮量×100

氮肥偏生产力（PFP）=施氮处理小麦籽粒产量/施氮量

氮肥农学效率（AE）=（施氮处理小麦产量-只施磷钾肥处理小麦产量）/施氮量

籽粒收获指数=小麦籽粒产量/地上部生物量

氮收获指数=籽粒氮吸收量/地上部氮吸收量

试验结果采用 Microsoft Excel 软件处理数据，SPSS 软件、DPS 软件进行统计分析。

2 结果与分析

2.1 不同施肥处理对小麦产量影响

连续 5 年小麦产量结果表明（表 2），不同施肥处理对小麦产量有显著影响，历年平均以 N210 处理小麦产量最高。施用磷钾肥处理小麦产量显著高于 CK 对照，N150 处理小麦产量显著高于只施磷钾肥处理，N210 处理小麦产量显著高于 N150 处理，而 N270 处理小麦产量与 N210 处理与 N150 处理小麦产量差异不显著。P+K 处理、N150 处理、N210 处理、N270 处理小麦产量与 CK 相比分别提高了 11.88%、45.36%、57.38%、53.95%。

将历年小麦产量用线性加平台模型分析模拟，得如下方程 $y = 5\,642.78 + 11.26x$（$0 < x < 196.1$）；$y = 7\,854$（$x > 196.1$）（$R^2 = 0.692$）（图 1），模拟方程求得本试验条件下最佳施氮量为 196.1 $kg \cdot hm^{-2}$，相应的小麦产量为 7 854 $kg \cdot hm^{-2}$。

表 2 2008—2012 年各处理小麦产量 （$kg \cdot hm^{-2}$）

处理	2008 年	2009 年	2010 年	2011 年	2012 年	产量平均
CK	4 113	5 484	5 501	5 120	5 003	5 044 d
P+K	5 140	6 199	6 238	5 771	4 865	5 643 c
N150	6 613	7 381	7 992	7 507	7 166	7 332 b
N210	6 700	8 853	8 673	7 718	7 746	7 938 a
N270	6 943	8 702	7 446	7 824	7 908	7 765 ab

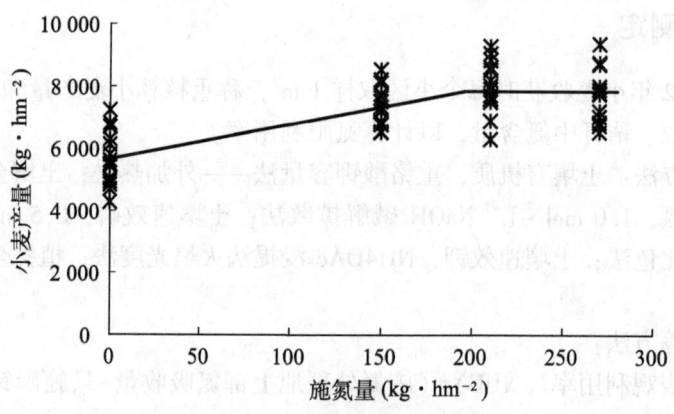

图 1 2008—2012 年小麦产量分析

2.2 不同施肥处理对收获指数影响

不同施肥处理对小麦籽粒收获指数影响不大（表 3），小麦籽粒产量占地上部生物量的 51%~53%，同一处理不同年份有一定的差异，然而不同处理之间变化不大，CK 处理和 P+K 处理与施用氮肥处理间没有明显差异。

表 3　历年小麦籽粒收获指数

处理	2008 年	2009 年	2010 年	2011 年	2012 年	平均
CK	0.46 b	0.53 a	0.56 a	0.50 a	0.50 a	0.51 a
P+K	0.51 a	0.51 b	0.56 a	0.51 a	0.49 a	0.52 a
N150	0.51 a	0.51 b	0.55 a	0.52 a	0.52 a	0.52 a
N210	0.51 a	0.53 a	0.57 a	0.51 a	0.52 a	0.53 a
N270	0.51 a	0.53 a	0.54 a	0.52 a	0.52 a	0.52 a

小麦籽粒氮收获指数与施肥关系密切（表 4），历年平均以 P+K 处理最高，CK 处理次之，此两个处理小麦籽粒氮收获指数显著高于其余 3 个施氮处理。施氮处理间小麦籽粒氮收获指数随着施氮量的增加呈现降低的趋势。

表 4　历年小麦籽粒氮收获指数

处理	2008 年	2009 年	2010 年	2011 年	2012 年	平均
CK	0.81 b	0.87 a	0.88 a	0.83 a	0.85 ab	0.85 a
P+K	0.86 a	0.85 ab	0.88 a	0.82 ab	0.86 a	0.86 a
N150	0.79 bc	0.83 b	0.85 bc	0.81 ab	0.83 bc	0.82 b
N210	0.75 cd	0.84 b	0.86 b	0.80 ab	0.82 c	0.81 b
N270	0.73 d	0.82 b	0.83 c	0.79 b	0.80 c	0.80 b

2.3　不同氮肥用量对小麦氮素利用率的影响

利用差减法计算小麦历年表观氮素利用率（图 2），利用率 5 年平均值 N150 处理为 42.1%、N210 处理为 41.3%、N270 处理为 31.9%，并且 N270 处理利用率显著低于 N150 和 N210 处理。小麦氮素表观利用率年季间差异很大，同一处理最高与最低相差 24.9 个百分点。N150、N210 处理氮素利用率为第 1 年最低，N270 处理为第 3 年最低。N150、N270 处理氮素利用率为第 5 年最高。

2008—2012 年小麦氮肥偏生产力见图 3，各施氮处理 5 年平均 N150 处理为 48.9 kg·kg^{-1}、N210 处理为 37.8 kg·kg^{-1}、N270 处理为 28.8 kg·kg^{-1}。随着施氮量的增加，氮肥偏生产力呈现显著降低的趋势。

各处理氮肥农学效率五年平均 N150 处理为 11.3 kg·kg^{-1}，N210 处理为 10.9 kg·kg^{-1}，N270 处理为 7.9 kg·kg^{-1}，N270 处理氮肥农学效率显著低于 N150 处理和 N210 处理。随着试验的连续进行，各处理氮肥农学效率呈现逐渐增高的趋势（图 4）。

3　讨论与结论

适宜的养分用量由地力水平和作物产量决定，在品种、气候、管理等其他条件均不构成限制因素的情况下，按照适宜养分用量指导施肥能够获得高产和养分高利用率双赢

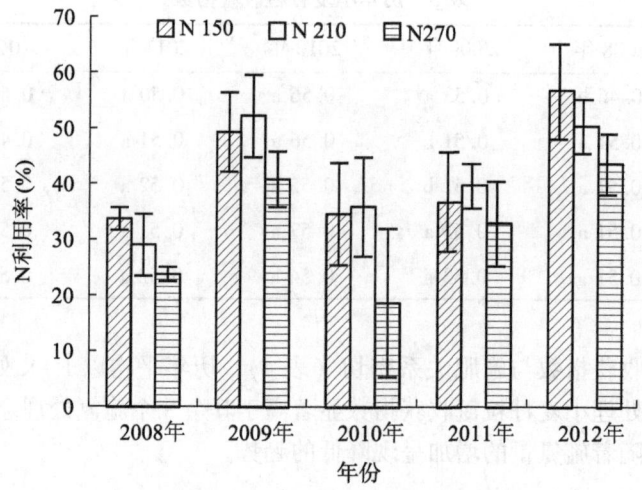

图 2　2008—2012 年小麦氮素表观利用率

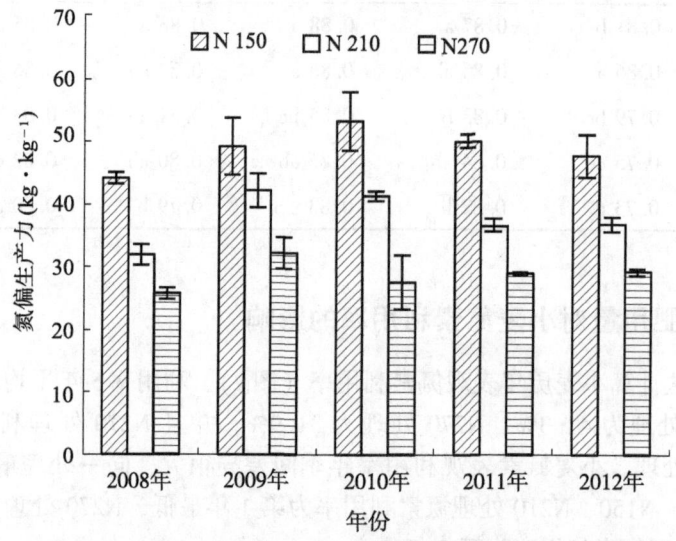

图 3　2008—2012 年小麦氮素偏生产力

的效果，在保证产量的同时不增加肥料用量。有研究报道，河北地区小麦产量 9 000～10 000 kg · hm⁻² 推荐施氮量 240～260 kg · hm⁻²[1-2]，河北小麦产量 8 000～9 000 kg · hm⁻² 时推荐施氮量 210～240 kg · hm⁻²[3]。山东地区小麦产量 8 000～9 000 kg · hm⁻² 时推荐施氮量 180 kg · hm⁻²[4]，山东地区滴灌条件下小麦产量 9 700 kg · hm⁻² 时推荐施氮量 180 kg · hm⁻²[5]。本试验条件下小麦产量 8 000 kg · hm⁻² 左右适宜施肥量为 210 kg · hm⁻²。

利用差减法计算所得小麦表观氮素利用率年季间变化非常大，整体来看，试验第 1 年氮素利用率最低，第 5 年利用率最高。第 5 年氮肥表观利用率（N150、N210、N270 分别为 56.5%、50.3%、43.5%）与本团队利用氮十五示踪尿素在本试验站所得结果相近[6]。示踪

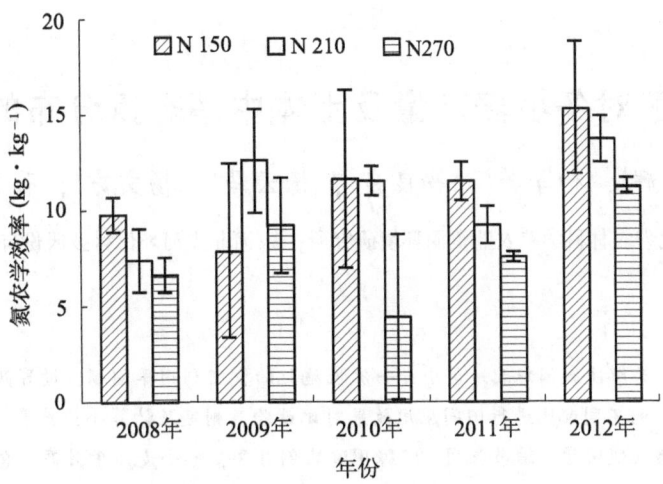

图4 2008—2012年小麦氮素农学效率

试验在同样施氮量情况下所得底施氮素利用率 N150、N210、N270 处理分别为 35.8%、42%、36.4%，追施氮素利用率 3 个处理分别为 51.6%、51.5%、45.2%。由此可以看出，多年定位利用差减法计算所得氮素利用率能够得到与氮十五示踪试验相近的结果。

本试验条件下 N210 处理小麦平均产量为 7 938 kg·hm^{-2}，氮肥表观利用率为 41.3%，氮肥偏生产力为 37.8 kg·kg^{-1}，氮肥农学效率为 10.9 kg·kg^{-1}，模型模拟求得氮肥最佳用量为 196.1 kg·hm^{-2}。

参考文献

[1] 党红凯，李瑞奇，李雁鸣，等. 超高产冬小麦对氮素的吸收、积累和分配 [J]. 植物营养与肥料学报 2013, 19 (5)：1 037-1 047.

[2] 王红光，李东晓，李雁鸣，等. 河北省 10 000 kg·hm^{-2} 以上冬小麦产量构成及群个体生育特性 [J]. 中国农业科学 2015, 48 (14)：2 718-2 729.

[3] 吉艳芝，冯万忠，郝晓然，等. 不同施肥模式对华北平原小麦—玉米轮作体系产量及土壤硝态氮的影响 [J]. 生态环境学报 2014, 23 (11)：1 725-1 731.

[4] 曹倩，贺明荣，代兴龙，等. 密度、氮肥互作对小麦产量及氮素利用效率的影响 [J]. 植物营养与肥料学报 2011, 17 (4)：815-822.

[5] 王小燕，褚鹏飞，于振文. 水氮互作对小麦土壤硝态氮运移及水、氮利用效率的影响 [J]. 植物营养与肥料学报 2009, 15 (5)：992-1 002.

[6] Jia S L, Wang X B, Yang Y M *et al*. Fate of labeled urea-15N as basal and topdressing applications in an irrigated wheat-maize rotation system in North China Plain：I winter wheat [J]. Nutrient Cycling in Agroecosystems, 2011, 90：331-346.

[此文原刊载于《肥料养分高效利用策略》，2016 年，何萍主编，中国农业科学技术出版社，55-60]

脲甲醛对冬小麦产量及土体中硝态氮分布的影响

黄少辉[1]，杨军芳[1]，贾良良[2]，杨云马[1]，杨文方[2]，孙彦铭[1]

（1. 河北省农林科学院农业资源环境研究所；2. 河北先河环保科技股份有限公司）

摘　要：为解决我国华北地区小麦一次性施肥的氮肥利用率问题，设置两种氮肥（脲甲醛和尿素）的不同配比进行田间应用效果对比试验，测定及计算小麦产量、氮肥利用率及土体中硝态氮残留量。结果表明：随脲甲醛比例升高，冬小麦产量升高，含70%脲甲醛肥料处理的产量比不施肥处理增加37.0%，比100%尿素处理增加11.4%。脲甲醛显著增加籽粒吸氮量占总吸氮量比例、氮肥农学效率和偏养分生产力。含70%脲甲醛与100%尿素处理相比，产量分别增加11.8%、44.7%、9.1%。脲甲醛处理在小麦整个生育期平缓释放养分，土壤硝态氮含量稳定、残留量低，淋溶风险较100%尿素处理降低。以脲甲醛掺混30%尿素进行一次性施肥，既可增加小麦产量，又能减少硝态氮的淋溶。

关键词：脲甲醛；冬小麦；产量；硝态氮

氮肥在小麦生长过程中具有重要作用，小麦对氮素的需求量大，其吸收量受土壤类型、气候条件以及肥料种类的影响[1-2]。小麦生长过程中氮素的供应对小麦产量的形成有重要作用[3]。小麦生育期长，土壤自身的储备及现有的以尿素为主要原料的氮肥无法满足小麦高产的需求，生产中常需要多次追肥，并且用肥量较大[3-5]。大量氮肥的投入造成土壤硝酸盐的残留、累积，不仅使肥料利用率低，而且还会带来地下水污染、土壤质量恶化等环境问题。缓释肥料能够提高肥料利用率，减少氮素损失[6]，是近年来肥料研究的热点之一。许仙菊[7]等指出，缓释氮肥在减少肥料10.8%～24.3%的情况下，均不会使小麦减产；杜喜成[8]等也研究证明，不同类型缓控释肥与普通施肥相比能提高小麦产量3%～6%，能够节本增效。但同时也有人指出在作物生长前期，容易出现作物供氮不足的问题，故将水解氮与缓释氮按一定比例进行施用也是众多专家研究的重点之一。如孙克刚[9]等研究指出，在0%、20%、50%、70%和100%的缓释尿素比例中，70%缓释尿素小麦产量和氮肥利用率最高。前人对缓释氮肥的研究主要集中在缓释尿素方面，对脲甲醛等脲醛态氮肥研究较少。脲甲醛是一种缓释氮肥，是以尿素为主体与适量醛类反应生成的微溶性聚合物，施入土壤后经化学反应或在微生物作用下，逐步水解释放出氮素，供作物吸收[10]。脲甲醛的生产成本低、肥效长，并且能够很好地被作物吸收利用。本研究采用田间小区试验方法，对不同比例脲甲醛氮肥一次性施用对冬小麦产量、氮肥利用率及土体中硝态氮的残留分布特点进行研究，以期为脲甲醛在小麦一次性施肥中的应用提供理论依据。

1 材料与方法

1.1 试验材料

试验地位于河北省石家庄市藁城区马庄镇河北省农林科学院试验站内。供试土壤类型为棕壤，0～20 cm 土壤养分含量：有机质 18.2 g·kg^{-1}、全氮 0.86 g·kg^{-1}、速效磷 21.4 mg·kg^{-1}、速效钾 102.5 mg·kg^{-1}、pH 8.01。常年为冬小麦—夏玉米轮作，玉米、小麦秸秆均还田，是典型华北地区种植方式。

冬小麦供试品种为石新 828，播量 225 kg·hm^{-2}。供试肥料有尿素、脲甲醛、磷酸二氢钾、氯化钾，均由五洲丰农业科技有限公司提供。

1.2 试验设计

试验设置 5 个处理：不施氮肥、100%尿素，30%脲甲醛+70%尿素、50%脲甲醛+50%尿素、70%脲甲醛+30%尿素，除氮肥外，各处理磷、钾肥料用量相同，全部肥料在冬小麦播种前一次性底施。各处理纯养分用量如表 1 所示。

表 1　各处理肥料配比及用量

处理	肥料用量（kg·hm^{-2}）			两种氮肥组成比例（%）		氮肥施用量（kg N·hm^{-2}）	
	氮	磷	钾	脲甲醛	尿素	脲甲醛	尿素
不施氮肥	0	195	195	0	0	0	0
100%尿素	300	195	195	0	100	0	300
30%脲甲醛+70%尿素	300	195	195	30	70	90	210
50%脲甲醛+50%尿素	300	195	195	50	50	150	150
70%脲甲醛+30%尿素	300	195	195	70	30	210	90

采用完全随机设计，小区面积为 48 m^2，每个处理重复 3 次，共 24 个小区。冬小麦于 2014 年 10 月 10 日播种，行距 0.18 m，2015 年 6 月 12 日收获。田间其余管理措施与当地管理习惯一致。

1.3 样品采集与数据分析

在苗期、返青期、拔节期、孕穗期、灌浆期、成熟期采集各小区 0～30 cm、30～60 cm、60～90 cm 土层土壤样品，用 0.1 mol·L^{-1}氯化钾浸提—流动分析仪测定土壤铵态氮和硝态氮含量。

冬小麦成熟后，每个小区选取无扰动的 4 行小麦，全部收获后晒干、脱粒、称重，测定产量。

文中表征氮肥利用效率各指标的计算公式如下[7]：氮肥利用率（%）=（施氮区地上部吸氮量−无氮区地上部吸氮量)/氮肥投入量×100；氮肥农学效率=（施氮区籽粒

产量−无氮区籽粒产量）/氮肥投入量；氮肥偏生产力＝籽粒产量/氮肥投入量。

数据处理应用 Microsoft Excel 2007 软件，应用 DPS 6.85 软件分析处理间差异显著性。

2 结果与分析

2.1 不同氮肥处理对小麦籽粒产量及氮肥利用率的影响

施氮处理产量均高于不施氮肥，其中 70%脲甲醛+30%尿素最高，且与不施氮肥、100%尿素、30%脲甲醛+70%尿素差异显著，其他处理间（除与不施氮肥外）差异不显著（表 2）。与不施氮肥相比，施用氮肥可增产 21.8%～37.0%，以 70%脲甲醛+30%尿素增产最多，30%脲甲醛+70%尿素最少，50%脲甲醛+50%尿素、100%尿素处于中间位置（50%脲甲醛+50%尿素高于 100%尿素），籽粒产量随脲甲醛肥料用量的增加呈递增状态。与 100%尿素相比，70%脲甲醛+30%尿素与 50%脲甲醛+50%尿素产量分别增加 11.4%与 4.9%，而 30%脲甲醛+70%尿素减产。从产量三要素方面可以看出脲甲醛肥料可对籽粒穗粒数与单位面积有效穗数增加效果明显。

表 2 不同施氮处理小麦产量

处理	有效穗数 （×10⁴·hm⁻²）	穗粒数 （粒/穗）	千粒重 （g）	籽粒产量 （kg·hm⁻²）	较不施氮肥 增产（%）	较100%尿素增 产（%）
不施氮肥	550.5 b	33 b	40.74 a	5 729.5±463.6 c	—	—
100%尿素	627.0 ab	34 ab	38.04 b	7 195.8±334.1 b	25.6	—
30%脲甲醛+ 70%尿素	616.5 ab	34 ab	38.92 ab	6 977.9±191.5 b	21.8	−3.8
50%脲甲醛+ 50%尿素	619.5 ab	36 a	39.14 ab	7 476.0±275.7 ab	30.5	4.9
70%脲甲醛+ 30%尿素	637.5 a	37 a	39.16 ab	7 850.6±212.1 a	37.0	11.4

由表 3 可知，随脲甲醛用量增加，作物地上部吸氮量、氮肥利用率降低，籽粒吸氮量所占比例、氮肥农学效率、氮肥偏生产力增大。与不施氮肥相比，施肥处理吸氮量增大 35.6%～74.7%。70%脲甲醛+30%尿素籽粒吸氮量所占比例比 30%脲甲醛+70%尿素高 13.6%，比 100%尿素高 11.8%。氮肥农学效率与偏生产力方面，70%脲甲醛处理（70%脲甲醛+30%尿素）最高，与 100%尿素相比分别高 44.7%与 9.1%。脲甲醛可以显著增强氮肥农学效率与偏养分生产力，提高籽粒吸氮量占总吸氮量比例。

表 3 不同施氮处理小麦吸氮量及氮肥利用效率

处理	地上部吸 氮量 （kg·hm⁻²）	籽粒吸氮量 （kg·hm⁻²）	秸秆吸氮量 （kg·hm⁻²）	籽粒吸氮量/ 地上部吸 氮量（%）	氮肥利用率 （%）	氮肥农学 效率 （kg·kg⁻¹）	氮肥偏生 产力 （kg·kg⁻¹）
不施氮肥	180.4 c	123.6	56.8	68.5	—	—	—

（续表）

处理	地上部吸氮量（kg·hm⁻²）	籽粒吸氮量（kg·hm⁻²）	秸秆吸氮量（kg·hm⁻²）	籽粒吸氮量/地上部吸氮量（%）	氮肥利用率（%）	氮肥农学效率（kg·kg⁻¹）	氮肥偏生产力（kg·kg⁻¹）
100%尿素	315.0 a	176.7	138.3	56.1	44.9	4.9	24.0
30%脲甲醛+70%尿素	286.5 ab	155.6	130.9	54.3	35.4	4.2	23.3
50%脲甲醛+50%尿素	277.1 b	175.0	102.1	63.1	32.3	5.8	24.9
70%脲甲醛+30%尿素	244.5 b	166.1	78.4	67.9	21.4	7.1	26.2

2.2 不同氮肥处理对小麦各生育期0～90 cm土层中硝态氮含量的影响

在小麦各个生育期内，各施肥处理0～30 cm土层中硝态氮含量均高于对照处理（图1），施用氮肥提高了0～30 cm表层土壤的硝态氮含量。小麦生长前期（苗期、返青期）耕层土壤中硝态氮含量100%尿素>30%脲甲醛+70%尿素>50%脲甲醛+50%尿素>70%脲甲醛+30%尿素>不施氮肥，返青期100%尿素处理最高，可达68.5 mg·kg⁻¹，比不施氮肥高3.8倍，比70%脲甲醛+30%尿素高1.9倍。在拔节期，土壤耕层中硝态氮含量急速下降，施氮肥处理中100%尿素下降最快，70%脲甲醛+30%尿素下降最慢。在小麦生长后期，各处理相差不大，大致为30%脲甲醛+70%尿素>50%脲甲醛+50%尿素>100%尿素>70%脲甲醛+30%尿素>不施氮肥。整个生育期内100%尿素、30%脲甲醛+70%尿素、50%脲甲醛+50%尿素处理的0～30 cm土层硝态氮含量波动较大，70%脲甲醛+30%尿素、不施氮肥处理的较为平缓，说明脲甲醛在小麦生育期内平缓地释放氮素，这有利于作物更好地吸收利用。

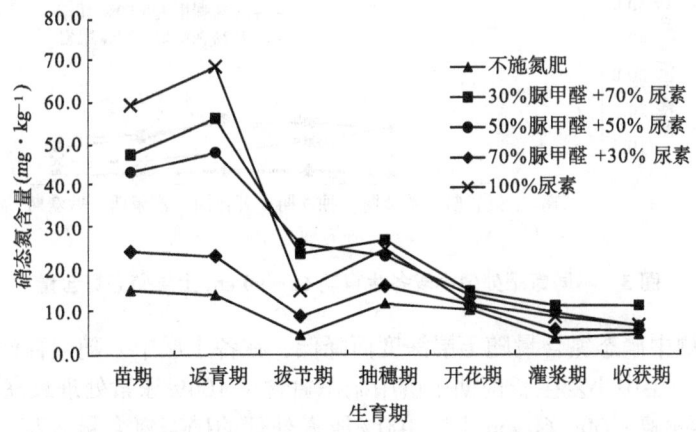

图1 不同氮肥处理小麦各生育期0～30 cm土层硝态氮含量

小麦各个生育期30～60 cm土层硝态氮含量如图2所示。随着小麦生育期的推进，土壤中硝态氮含量大致呈降低趋势，其中不施氮肥与70%脲甲醛+30%尿素在各时期均较低，返青期 100%尿素的最高，其他时期 30%脲甲醛+70%尿素与 50%脲甲醛+50%尿素较高。施肥同样增加 30～60 cm 土层中硝态氮含量。硝态氮含量大致为 30%脲甲醛+70%尿素>50%脲甲醛+50%尿素>100%尿素>70%脲甲醛+30%尿素>不施氮肥。

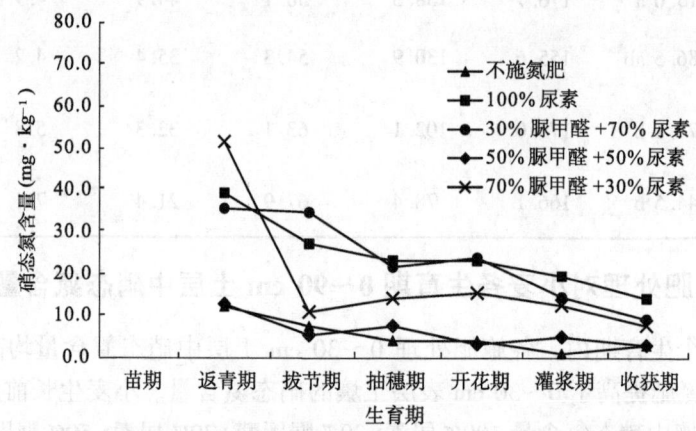

图 2 不同氮肥处理小麦各生育期 30～60 cm 土层硝态氮含量

60～90 cm 土层硝态氮含量如图 3 所示，各个生育期 30%脲甲醛+70%尿素、50%脲甲醛+50%尿素硝态氮含量在 10～20 mg·kg⁻¹，高于其他处理；不施氮肥与 70%脲甲醛+30%尿素最低，含量在 5 mg·kg⁻¹以下；100%尿素处理处于中间值，在 10 mg·kg⁻¹左右。各处理硝态氮含量随生育期推进有降低趋势。

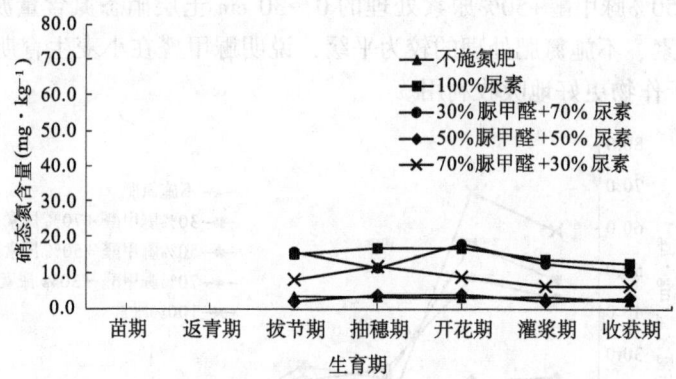

图 3 不同氮肥处理小麦各生育期 60～90 cm 土层硝态氮含量

各处理土壤中硝态氮含量随土层深度而降低，在各土层中，随生育期推进呈降低趋势。0～30 cm 土层中小麦生长前期土壤中硝态氮含量 100%尿素处理最高，后期 30%脲甲醛+70%尿素最高；30～60 cm 土层 100%尿素处理的硝态氮含量较高；60～90 cm 土层中各时期 100%尿素含量处于中间位置。

3 讨 论

硝态氮作为小麦最主要的氮源，其在土壤中的浓度与容量对小麦生长有重大影响[10]。并且硝酸根离子移动性强，易随水淋失、流失。多数农作物生产中以尿素为主要氮肥原料，在其施入土壤后会迅速形成大量硝酸根离子向下层淋溶。孙世友[11]等研究指出，在1.2 m土层中，农民习惯施肥处理的硝态氮累积量较基础土增加1.93倍。这与本研究中100%尿素处理的结果一致。含有脲甲醛的处理在作物收获后土体中硝态氮残留显著低于尿素处理，并且小麦收获后土壤中硝态氮含量随脲甲醛用量的增加而降低，在30~60 cm土壤中尤其明显，说明缓释脲甲醛氮素释放平缓，不易造成氮素淋失，有利于小麦更好地吸收氮素。胡斌[12]等在山东临沂的试验也表明控释氮肥能够有效地控制氮素向下淋溶。脲甲醛释放氮素平缓，可使土壤保持稳定的氮浓度与库容量，提高土壤缓冲能力，并且降低硝酸盐的淋失，对环境友好。

曲均峰[13]等在脲醛肥料肥效试验中也发现，施用脲醛缓释肥料后的小麦均有不同程度的增产效果，增产幅度在1.8%~6.5%。这与本研究结果一致，脲甲醛可以显著增加作物产量、氮肥农学效率与偏养分生产力。黄丽娜[14]等在白菜上、何佩华[15]等在花菜上、以及陈易飞[16]在水稻上的应用脲甲醛的试验结果均表明，脲甲醛对作物表现出良好的增产效应。本研究中，对作物氮素吸收量低，肥料利用率较低问题，分析原因可能是基础土壤养分含量高，氮肥用量大造成的。30%脲甲醛+70%尿素、50%脲甲醛+50%尿素、70%脲甲醛+30%尿素与100%尿素相比，随脲甲醛比例的增大土壤中硝态氮含量降低，尤其是0~30 cm土层，但植株总吸氮量下降，这与脲甲醛肥料的后效有关，脲甲醛肥料并未完全释放，继续以尿素与甲醛直链的缩合物的形式存在于土壤中，通过微生物的作用不断释放有效氮素。何佩华[15]等对脲甲醛氮素养分释放特征研究指出，脲甲醛肥料氮溶出缓慢，短期内累积溶出率为52.2%~64.2%，而尿素7天后就已达90%以上。同时黄丽娜[14]等的研究也指出，施用脲甲醛处理后效表现中，第二季小白菜吸氮量高于第一季吸氮量，并且脲甲醛氮肥用量越多其后效越长。另外，仝星星[17]等对缓释氮肥对后茬作物氮素供应的研究指出当季缓控释肥料可显著影响后茬作物的生长。董娴娴[18]等利用N15示踪研究也指出第二季作物对前季氮素的利用率在6.5%~14.1%。综上所述，试验结果中添加脲甲醛处理（30%脲甲醛+70%尿素、50%脲甲醛+50%尿素、70%脲甲醛+30%尿素）的小麦吸氮量低于100%尿素处理（100%尿素），残留量中100%尿素也高于其余处理的原因，可能与缓释肥料的后效作用有关。有关肥料的后效作用有待进一步研究。

4 结 论

通过在华北地区冬小麦栽培中一次性施用不同配比脲甲醛肥料试验中，可得如下结论。

脲甲醛比例越高，冬小麦产量越高。70%脲甲醛产量比不施肥处理增加37.0%，比100%尿素处理增加11.4%。

脲甲醛可以增加籽粒吸氮量占地上部吸氮量比例、氮肥农学效率和偏养分生产力，与100%尿素处理相比，分别增加11.8%、44.7%、9.1%。

100%尿素处理的土壤硝态氮含量波动较大，70%脲甲醛+30%尿素处理较为平缓，收获后残留量也最低。70%脲甲醛处理在小麦整个生育期平缓释放氮素，可以有效地被作物吸收利用。

参考文献

[1] 梁斌，赵伟，杨学云，等. 小麦—玉米轮作体系下氮肥对长期不同施肥处理土壤氮含量及作物吸收的影响 [J]. 土壤学报，2012，49（4）：748-757.

[2] 马新明，王志强，王小纯，等. 不同形态氮肥对不同专用小麦叶片氮代谢及籽粒蛋白质的影响 [J]. 中国农业科学，2004，37（7）：1 076-1 080.

[3] 张强，戴其根，许轲，等. 氮肥对小麦籽粒品质影响的研究进展 [J]. 安徽农业科学，2004，32（1）：139-140，158.

[4] 孙云保，张民，郑文魁，等. 控释氮肥对小麦—玉米轮作产量和土壤养分状况的影响 [J]. 水土保持学报，2014，28（4）：115-121.

[5] Dobermann A. Nitrogen use efficiency-state of art [R]. Frankfurt，Germany：Paper of the IFA International Workshop on Enhanced-Efficiency Fertilizers，2005：28-30.

[6] 尹建义，董全才，易杰忠，等. 氮肥运筹对小麦产量及品质的效应研究 [J]. 作物杂志，2006（3）：64-66.

[7] 许仙菊，马洪波，宁运旺，等. 缓释氮肥运筹对稻麦轮作周年作物产量和氮肥利用率的影响 [J]. 植物营养与肥料学报，2016，22（2）：307-316.

[8] 杜成喜，司学样. 不同缓控释肥料在小麦上的应用效果 [J]. 安徽农业学，2015，43（12）：102-103.

[9] 孙克刚，和爱玲，李丙奇，等. 控释尿素与普通尿素掺混比例对小麦产量及氮肥利用率的影响 [J]. 河南农业大学学报，2008，42（5）：550-552.

[10] 胡霭堂. 植物营养学（下册）[M]. 北京：中国农业大学出版社，2003.

[11] 孙世友，刘孟朝，张国印，等. 不同氮肥措施对小麦—玉米轮作农田无机氮分布和累积的影响 [J]. 华北农学报，2011，26（S2）：94-98.

[12] 胡斌，李絮花，闫童，等. 控释氮肥对土体中无机氮淋溶分布及夏玉米产量的影响 [J]. 水土保持学报，2014，28（4）：110-114.

[13] 曲均峰，王国忠，傅送保. 脲醛缓释肥对小麦产量及经济效益的影响 [J]. 化肥工业，2016（4）：93-94，96.

[14] 黄丽娜，樊小林. 脲甲醛肥料对小白菜产量和氮肥利用率的影响 [J]. 西北农林科技大学学报（自然科学版），2012，40（11）：42-46，52.

[15] 何佩华，黄庆，曹卫宇，等. 脲甲醛缓释复混肥料在花菜上的应用效果研究 [J]. 化肥工业，2015，42（2）：78-80.

[16] 陈易飞，朱永绥，朱凤根，等. 脲甲醛肥在稻麦生产上的应用效果初报 [J]. 江苏农业科学，2000（5）：49-51

[17] 仝星星，张洪生，杨锦忠，等. 玉米季施氮量对后茬冬小麦氮素供应和产量的影响 [J]. 华北农学报，2013，28（3）：171-174.

[18] 董娴娴，刘新宇，任翠莲，等. 潮褐土冬小麦—夏玉米轮作体系氮肥后效及去向研究 [J]. 中国农业科学，2012，45（11）：2 209-2 216.

[此文原刊载于《作物杂志》，2017（3）：110-114]

河北省不同生态区农田土壤肥力现状及变化特征

贾良良[1]，孙彦铭[1]，刘克桐[2]，杨云马[1]，

黄少辉[1]，杨军芳[1]，刘孟朝[1]

（1. 河北省农林科学院农业资源环境研究所；2. 河北省土壤肥料工作站）

摘　要：河北省第二次土壤普查距今已近30年，经过多年的耕作施肥，河北省农田土壤肥力发生了明显的变化，为了更好地对河北省不同生态区农田土壤资源进行管理，需要对河北省肥力现状和变化特征进行充分了解，以实现耕地保育与生态环境协调发展的目标。通过对2009—2014年河北省测土配方施肥项目中获取的45 698个土壤样品的测试数据的分析，并与第二次土壤普查数据结果进行对比，以明确河北省不同生态区农田土壤肥力现状与变化特征。河北省农田土壤pH值平均为7.8，有机质含量平均为17.0 g·kg^{-1}，有效磷平均含量为24.4 mg·kg^{-1}，速效钾平均含量在137.1 mg·kg^{-1}。河北省不同生态区土壤pH差异明显，燕山丘陵区有明显酸化趋势；土壤有机质含量自西北向东南方向逐渐降低，有效磷和速效钾含量呈明显的地带性分布，在不同生态区间有明显差异。与第二次土壤普查结果相比，河北省不同生态区的土壤有机质和有效磷含量均大幅度增加，速效钾含量略有增加，但在不同生态区间变化趋势不一致，而土壤则有酸化的趋势，这种变化与各生态区的自然生态状况和农业管理有紧密的关系。河北省农田土壤肥力状况在过去近30年中发生了明显的变化。建议河北省应加强主要生态区的土壤肥力长期定位观测，以明确土壤肥力演变规律与发展方向。在生产上推广应用测土配方施肥技术，增加有机肥施用并推进秸秆还田技术在不同作物体系中的应用，以实现河北省农田土壤肥力与作物生产能力的同步稳定提升。

关键词：土壤肥力；生态区；测土配方施肥；土壤普查；河北省

农田土壤肥力提升对于作物产量与品质提高，保证粮食安全有重要的意义。土壤作为植物生长和动物生长的基础，农业不可替代和再生的基本生产资料，长期以来人们一直致力于维持和提高土壤肥力。土壤肥力受多种因素的影响，如土壤类型、地形、气候、生物等因素的影响，因而在不同区域或同一区域的不同地域之间都有明显的差异。河北省分别在20世纪50年代和20世纪80年代分别进行了两次土壤调查，在土壤分类、养分、盐分、土地利用等方面开展了大量的研究[1]。其中第二次土壤普查距今已经近30年，经过多年的耕种、施肥、灌溉、作物品种改良、种植结构调整等人为因素的影响，河北省农田土壤肥力发生了很大变化。孙彦铭等报道了河北省低平原区农田自第二次土壤普查以来土壤有机质、有效磷有了明显的增加，而速效钾呈先下降后上升的趋势[2]。张玉铭等以栾城为例，对河北省山前平原区的研究发现土壤有机质、碱解氮、有效磷和速效钾含量均有明显的提高[3]。徐艳等[4]对比了第二次土壤普查与2000年调查结果，对以曲周县为代表的潮土区和以海伦市为代表的黑土区的土壤有机质变化状况

进行了分析，认为潮土区土壤有机质在增加，而黑土区土壤有机质在下降。蔫莉等2015年比较了吉林省测土配方施肥项目的土壤肥力数据与第2次土壤普查数据发现，土壤有机质含量明显下降，碱解氮和有效磷含量大幅提高，速效钾含量略有降低[5]。

河北省是我国北方重要的小麦玉米主产区，在河北省自2005年开始实施测土配方施肥项目，在全省100多个县开展了大量的土壤测试与田间试验工作，积累了大量的数据资料。本文通过对河北省2009—2014年获取的45 698个土壤样品数据进行统计分析，明确河北省农田土壤养分状况，并与河北省第二次土壤普查数据进行对比，分析农田土壤养分变化规律和趋势，剖析肥力变化的原因，以期为河北省农田肥料减施增效和土壤培肥提供理论依据。

1 材料与方法

1.1 研究区概况

河北省环抱北京、天津，地处E113°27′～119°50′，N36°05′～42°40′，地处中纬度沿海与内陆交接地带，地势西北高、东南低，从西北向东南呈半环状逐级下降。从西北向东南依次为坝上高原、燕山和太行山地、河北平原三大地貌单元，分别占河北省总面积的8.5%、48.1%和43.4%。河北省地处中纬度欧亚大陆南岸，属温带大陆性季风气候区，四季分明。受地形和气候共同影响，河北省自西北向东南气候类型多样，气温、降水、风和气象灾害等都有明显的季节性变化和地域差异。河北省年无霜期在81～204 d，年均日照时数在2 303 h，夏季平均气温18～27 ℃，冬季平均气温在3 ℃以下。年平均降水量为350～800 mm，主要分布在夏季，降水量分布特点为东南多西北少。为了更好地分析河北省不同生态区农田的土壤肥力演变，本文在"河北省生态与灾害研究课题组"划定的8个主要的生态区基础上[6]，结合生产实际，将河北省农田划分为以下7个生态区，分别是坝上高原区、冀西北山地丘陵区、燕山山地丘陵区、太行山山地丘陵区、山前平原区（含太行山山麓平原区和燕山山麓平原区）、海河冲积平原区（低平原区）和滨海平原区（表1）。

表1 河北省不同生态区划分

生态区	市	县
坝上高原区	张家口、承德	围场、丰宁、康保、张北、尚义、沽源、崇礼、赤城、万全
冀西北山地丘陵区	张家口、保定	怀来、涿鹿、宣化、阳原、怀安、蔚县、涞源
燕山山地丘陵区	保定、唐山、秦皇岛	滦平、隆化、承德县、平泉、兴隆、宽城、迁西、青龙、遵化、鹰手营子、迁安、滦县、玉田、丰润、三河、抚宁、卢龙、昌黎
太行山山地丘陵区	保定、石家庄、邢台、邯郸	易县、阜平、满城、顺平、唐县、徐水、曲阳、井陉、赞皇、灵寿、平山、元氏、行唐、沙河、临城、内邱、永年、磁县、峰峰、涉县、武安

（续表）

生态区	市	县
山前平原区	保定、石家庄、邢台、邯郸	藁城、行唐、晋州、涞水、临城、临漳、隆尧、卢龙、鹿泉、栾城、滦县、满城、南和、内邱、宁晋、清苑、曲阳、任县、容城、三河、沙河、深泽、顺平、唐县、望都、无极、香河、辛集、新乐、邢台县、徐水、易县、永年、元氏、赵县、正定、涿州、柏乡、高邑、定兴、高碑店、定州、安国
海河冲积平原区	邢台、邯郸、衡水、沧州、廊坊	安平、安新、霸州、泊头、大城、大名、东光、肥乡、阜城、高阳、固安、故城、馆陶、广平、广宗、河间、鸡泽、冀州、景县、巨鹿、蠡县、临西、南宫、南皮、宁晋、平乡、清河、邱县、曲周、饶阳、任丘、深州、肃宁、威县、魏县、文安、吴桥、武强、武邑、献县、辛集、新河、雄县、枣强、博野、永清、大厂
滨海平原区	沧州、唐山	抚宁、昌黎、丰南、唐海、滦南、乐亭、汉沽、芦台、南堡、盐山、孟村、沧县、青县、黄骅、海兴、中捷、南大港

1.2 样品采集与分析

数据来自2009—2014年河北省全省测土配方施肥数据库，共计45 698个土壤样品，涵盖了河北省所有县市和全部生态类型区。在主要土壤性状和养分因子数据中，共计有土壤pH数据44 087个，土壤有机质数据45 121个、土壤有效磷数据45 092个、土壤速效钾数据45 146个。根据测土配方施肥样品处理规范，土壤pH测定采用1：2.5 pH计法、土壤有机质采用硫酸亚铁外加热法、土壤全氮采用凯氏法、土壤速效磷采用碳酸氢钠浸提—紫外分光光度法、土壤速效钾采用1N醋酸铵浸提—火焰光度法[7]。

1.3 统计分析

为保证数据质量，采用3倍方差法对获得数据进行了人工剔除，共剔除pH数据401个，土壤有机质数据1 345个、土壤有效磷数据848个、土壤速效钾数据1 013个。利用Microsoft Excel 2003进行数据统计分析和制图，图1～图4中数据均为算术平均值。另外，为方便与第二次土壤普查数据进行对比，本研究的土壤养分分级标准与河北省第二次土壤普查时制定的养分分级标准一致。

2 结果与分析

2.1 土壤pH

河北省土壤pH值平均为7.8，变幅在4.7～9.8，变异系数7.7%。土壤pH值<4.5、4.5～5.5、5.5～6.5、6.5～7.5、7.5～8.5和>8.5的样本占总样本数的比例分

别是 0.0%、0.6%、3.8%、19.5%、72.9% 和 3.9%。总体来看，河北省土壤 pH 值>
7.5 的样本数占总样本数的 76.1%，pH 值小于 6.5 的样本占总样本数的 4.4%，农田土
壤呈中性和偏碱性分布（图1）。

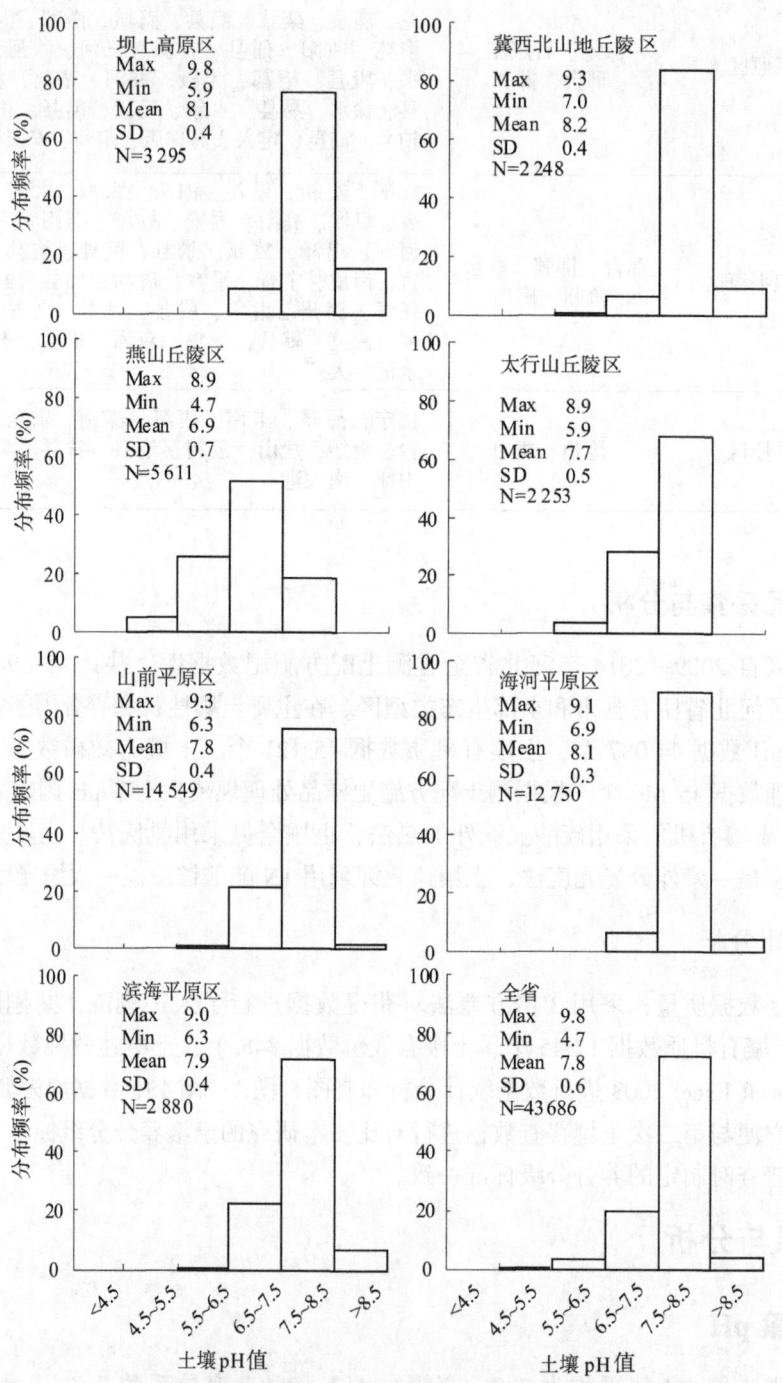

图1　河北省不同生态区农田土壤 pH 值分布

　　土壤 pH 值与自然成土过程、气候条件、植被状况和农业施肥管理等紧密的相关。河北省土壤 pH 的分布状况与各个生态区的气候与环境特点比较吻合，自北向南呈现明显的地带性变化，坝上高原、冀西北山地丘陵区和海河平原区的土壤 pH 值最高，平均值分别为 8.1、8.2 和 8.1，>7.5 以上的样本占各自所在生态区样本总数的比例分别为 93.2%、91.7% 和 93.5%；太行山丘陵区、山前平原区和滨海平原区的土壤 pH 值属于第二水平，平均值分别为 7.7、7.8 和 7.9，>7.5 以上的样本占各自所在生态区样本总数的比例分别为 67.7%、77.7% 和 77.5%；而燕山丘陵区的土壤 pH 值属于第三水平，平均值均为 6.9，变幅主要分布在 4.7～8.9，>7.5 的样点比例仅占总样本数的 18.6%，而 <6.5 以下的样点占总样本数的 29.8%，显示这一地区土壤存在酸化问题，值得引起关注。

2.2　土壤有机质

　　河北省农田土壤有机质含量呈正态分布（图 2），变幅在 0.7～59.5 g·kg^{-1} 之间，平均值为 17.0 g·kg^{-1}，变异系数为 37%。河北省土壤有机质含量 <5、5～10、10～15、15～20、20～30 和 >30 g·kg^{-1} 样本数占总样本数的比例分别为 1.9%、8.5%、29.9%、33.0%、23.5% 和 3.2%。

　　河北省农田土壤有机质含量在不同生态区间呈现明显的地带性分布，太行山丘陵区和坝上高原区农田土壤有机质含量最高，平均值分别为 21.7 g·kg^{-1} 和 20.9 g·kg^{-1}，>15 g·kg^{-1} 样点数占各自生态区总样点数的比例分别为 80.3% 和 79.4%；燕山丘陵区和山前平原区的有机质含量属于第二水平，平均值分别为 18.4 g·kg^{-1} 和 17.6 g·kg^{-1}，>15 g·kg^{-1} 样点数占各自生态区总样点数的比例分别为 68.2% 和 66.7%；冀西北区、海河平原区和滨海平原区的有机质含量属于第三阶梯，平均值分别为 13.5 g·kg^{-1}、13.5 g·kg^{-1} 和 13.7 g·kg^{-1}，>15 g·kg^{-1} 样点数占各自生态区总样点数的比例分别为 35.8%、49.5% 和 29.4%。

2.3　土壤有效磷

　　河北省农田土壤有效磷含量变幅为 0.6～172.5 mg·kg^{-1}，平均值为 24.4 mg·kg^{-1}，变异系数 73.8%。河北省农田土壤有效磷含量 < 5 mg·kg^{-1}、5～10 mg·kg^{-1}、10～20 mg·kg^{-1}、20～30 mg·kg^{-1}、30～40 mg·kg^{-1}、> 40 mg·kg^{-1} 的样本数量分别占总样本数的 4.8%、13.1%、33.4%、22.1%、11.6% 和 15%（图 3）。

　　土壤有效磷含量主要受长期施磷量的影响，河北省土壤有效磷含量在不同生态区间差异明显。燕山丘陵区和山前平原区的有效磷含量属于第一层级，有效磷平均含量分别为 29.3 mg·kg^{-1} 和 28.4 mg·kg^{-1}，且 >30 mg·kg^{-1} 的样点数占总样点数的 36.6% 和 34.9%；太行山丘陵区的有效磷含量属于第二层级，有效磷含量平均值为 23.5 mg·kg^{-1}，>30 mg·kg^{-1} 的样点数占总样点数的 24.3%；坝上高原区、冀西北山地丘陵区、海河平原区和滨海平原区的有效磷含量属于第三层级，有效磷平均含量在 17.8～19.1 mg·kg^{-1}，>30 mg·kg^{-1} 的样点数占各自生态区总样点数的 14.3%、16.5%、20.5% 和 13.8%。

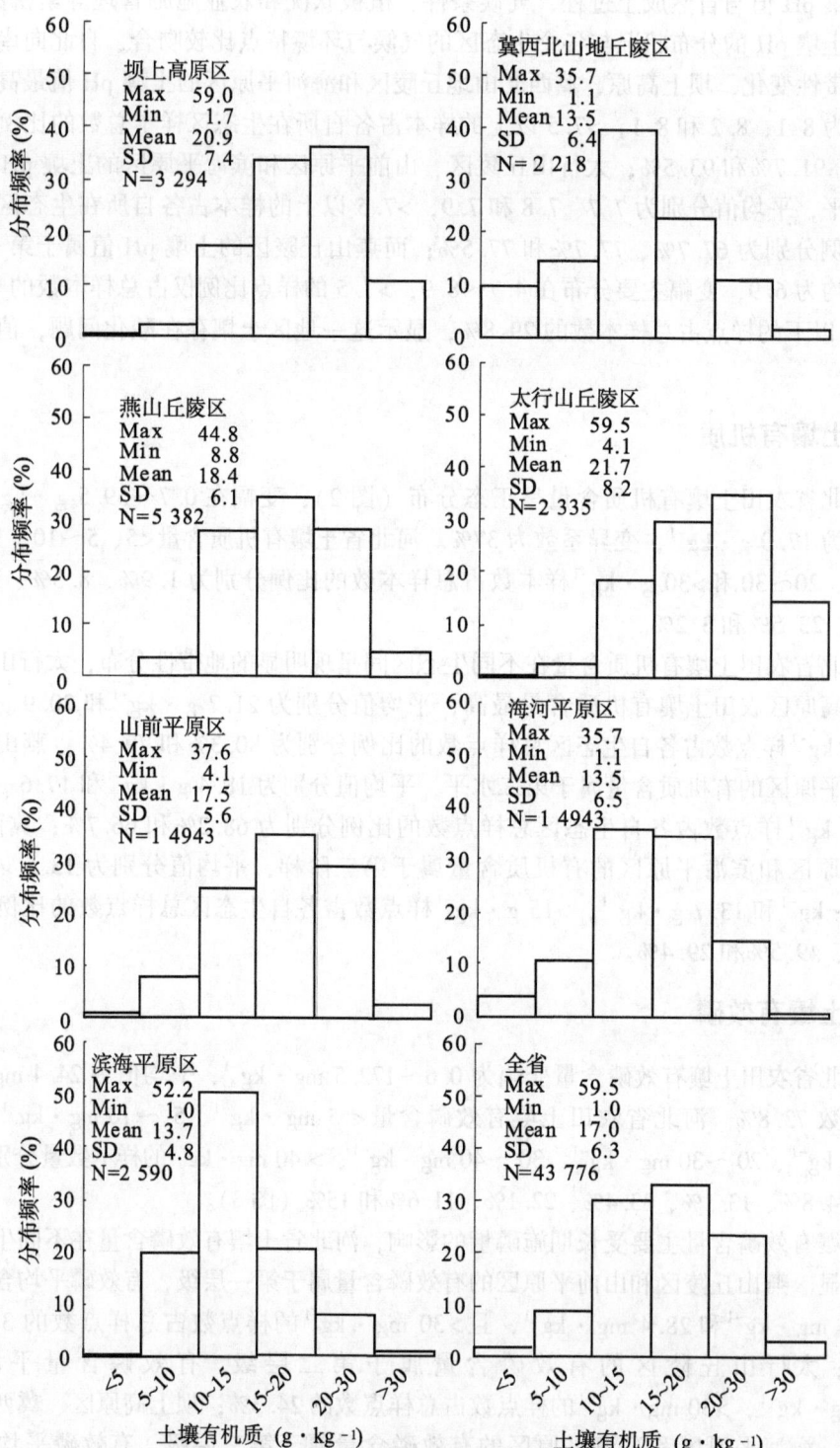

图2 河北省不同生态区农田土壤有机质含量分布

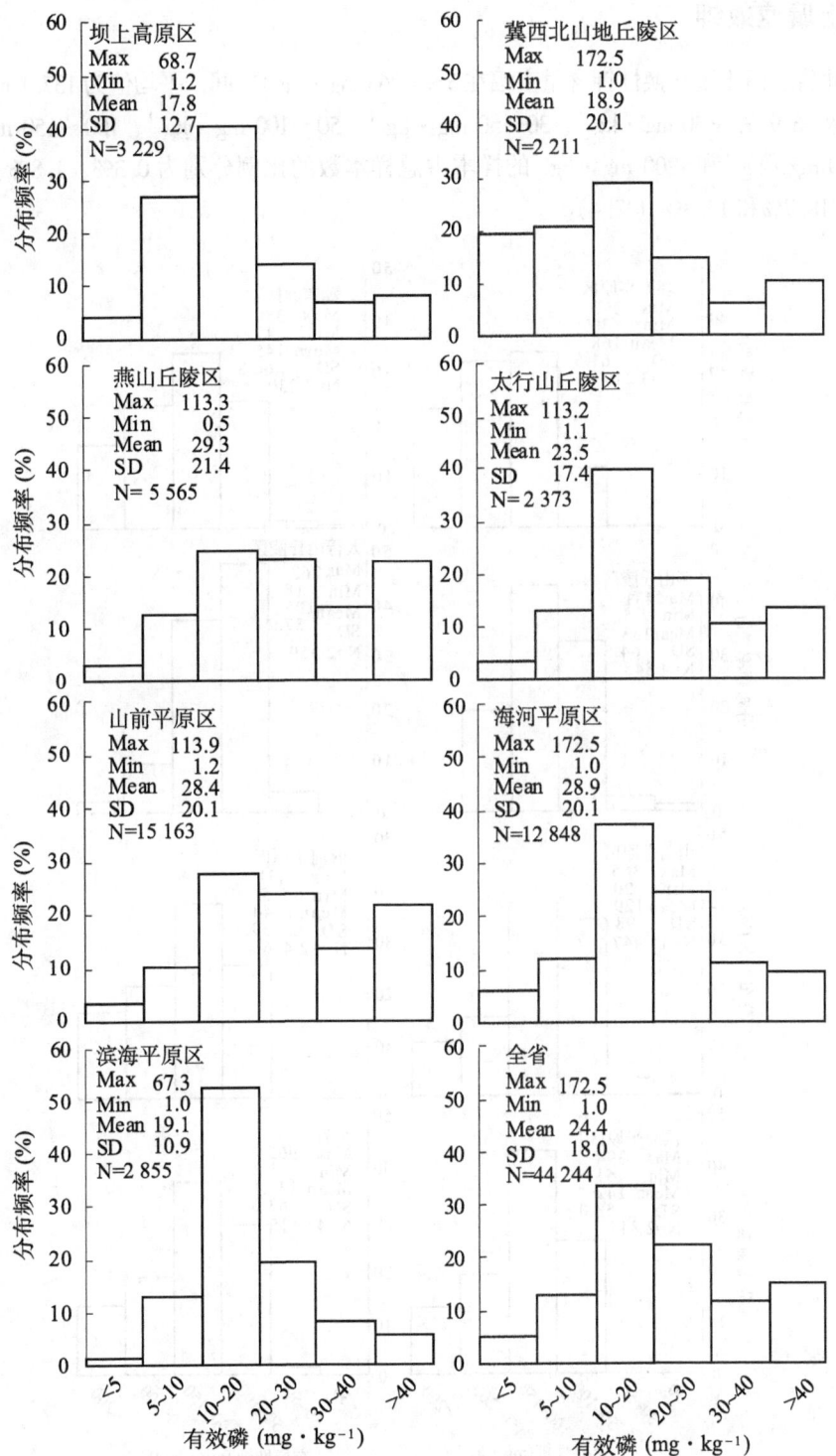

图3 河北省不同生态区土壤有效磷含量分布

2.4 土壤速效钾

河北省农田土壤交换性钾含量变幅在5~1 365 mg·kg^{-1}之间，平均值为137.1 mg·kg^{-1}，变异系数46.9%，<30 mg·kg^{-1}、30~50 mg·kg^{-1}、50~100 mg·kg^{-1}、100~150 mg·kg^{-1}、150~200 mg·kg^{-1}和>200 mg·kg^{-1}的样本占总样本数的比例分别为0.3%、1.8%、28.9%、37.0%、18.7%和13.3%（图4）。

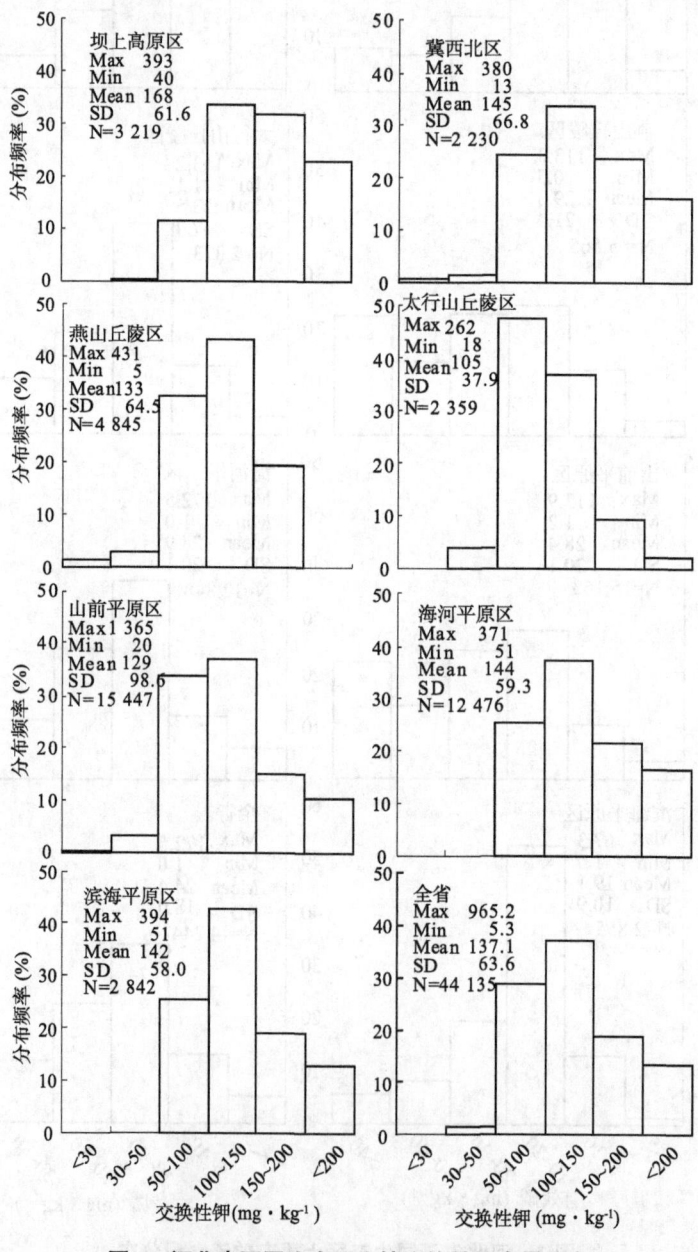

图4 河北省不同生态区土壤交换性钾含量分布

土壤速效钾含量主要受成土过程与施肥管理措施的影响，河北省土壤速效钾含量以坝上高原区为第一层级，平均值 168.2 mg·kg^{-1}，其中>100 mg·kg^{-1}的样点数占总样点数的 88.2%；冀西北山地丘陵区、海河平原区、滨海平原区、燕山丘陵区和山前平原区处于第二层级，平均值在 129.0 ~145.4 mg·kg^{-1}，其中>100 mg·kg^{-1}的样点数占各自所在生态区总样点数的 62.6% ~74.6%；太行山丘陵区处于第三层级，平均值104.9 mg·kg^{-1}，其中>100 mg·kg^{-1}的样点数占总样点数的 48.4%。

2.5 河北省土壤肥力变化

河北省农田土壤肥力状况与 1980s 第二次土壤普查肥力状况变化情况如表 2 所示。

河北省农田土壤有机质含量呈明显的增加趋势，从第二次土壤普查的平均11.9 g·kg^{-1}增加到目前的 17.0 g·kg^{-1}，平均增加 42.9%，不同生态区的增加幅度在6.2% ~ 57.9%。其中，以海河冲积平原、太行山山地丘陵区和山前平原区的土壤有机质增加幅度最大，从 1980s 的 9.5 g·kg^{-1}、14.3 g·kg^{-1}和 11.8 g·kg^{-1}分别增加到2010s 的 15.0 g·kg^{-1}、21.7 g·kg^{-1}和 17.6 g·kg^{-1}，增幅分别为 57.9%，51.7%和49.2%；其次是燕山山地丘陵区和冀西北坝上高原区，从 1980s 的 13.3 g·kg^{-1}和11.0 g·kg^{-1}分别增加到 2010s 的 18.4 g·kg^{-1}和 13.5 g·kg^{-1}，增加幅度分别为 38.3%和 22.7%；坝上高原区和滨海平原区增加幅度最小，从 1980s 的 18.6 g·kg^{-1}和9.5 g·kg^{-1}增加到 2010s 的 20.9 g·kg^{-1}和 13.7 g·kg^{-1}，增幅分别为 12.4%和 6.2%。

河北省农田土壤有效磷含量明显增加，平均值从 1980s 的 6.2 mg·kg^{-1}大幅增加到2010s 的 24.4 mg·kg^{-1}，增幅高达 293.5%。坝上高原和燕山山地丘陵区增加幅度最大，从 1980s 的 3.8 mg·kg^{-1}和 6.5 mg·kg^{-1}增加到 2010s 的 17.8 mg·kg^{-1}和29.3 mg·kg^{-1}，增幅分别为 368.4%和 350.8%；其次是海河冲积平原区、冀西北山地丘陵区和山前平原区，从 1980s 的 5.4 mg·kg^{-1}、5.0 mg·kg^{-1}和 7.6 mg·kg^{-1}增加到2010s 的 21.5 mg·kg^{-1}、18.9 mg·kg^{-1}和 28.4 mg·kg^{-1}，增幅分别为 298.1%、278.0%和273.7%；太行山山地丘陵区和滨海平原区的增加幅度最小，从 1980s 的7.6 mg·kg^{-1}和 6.6 mg·kg^{-1}分别增加到 2010s 的 23.5 mg·kg^{-1}和 19.1 mg·kg^{-1}，增幅分别为 209.2%和 189.4%。

河北省农田土壤速效钾含量略有增加，平均值从 1980s 的 134.2 mg·kg^{-1}增加到2010s 的 137.1 mg·kg^{-1}，增幅为 2.2%，但不同生态区间增幅变化明显。坝上高原区和燕山山地丘陵区的土壤速效钾含量呈明显增加趋势，从 1980s 的 139.3 mg·kg^{-1}和111.3 mg·kg^{-1}增加到 2010s 的 168.2 mg·kg^{-1}和 133.3 mg·kg^{-1}，增幅分别为 20.7%和 19.8%；冀西北山地丘陵区土壤速效钾含量略有增加，从 1980s 的 135.6 mg·kg^{-1}增加到 2010s 的 145.4 mg·kg^{-1}，增幅为 7.2%；山前平原区和海河冲积平原区的土壤速效钾含量变化不明显，2010s 和 1980s 相比变化幅度在-1.9%~1.7%；而太行山山地丘陵区和滨海平原区土壤速效钾含量则呈明显的下降趋势，从 1980s 的 133.7 mg·kg^{-1}和175.3 mg·kg^{-1}下降到 2010s 的 104.9 mg·kg^{-1}和 141.9 mg·kg^{-1}，降幅分别为 21.5%和 19.1%。

表 2 河北省不同生态区土壤肥力变化性状

生态区	有机质（g·kg^{-1}）		有效磷（mg·kg^{-1}）		速效钾（mg·kg^{-1}）	
	1980s	2010s	1980s	2010s	1980s	2010s
坝上高原	18.6±5.4	20.9±7.4	3.8±1.7	17.8±12.7	139.3±45.1	168.2±61.6
冀西北山地丘陵	11.0±2.3	13.5±6.4	5.0±2.4	18.9±20.1	135.6±35.9	145.4±66.8
燕山山地丘陵	13.3±3.0	18.4±6.1	6.5±3.6	29.3±21.4	111.3±39.0	133.3±64.6
太行山山地丘陵	14.3±3.7	21.7±8.2	7.6±3.4	23.5±17.4	133.7±37.4	104.9±37.9
山前平原	11.8±3.2	17.6±5.6	7.6±3.3	28.4±20.1	127.0±43.3	129.2±68.6
海河冲积平原	9.5±2.2	15.0±5.4	5.4±2.0	21.2±13.8	147.1±30.5	144.3±59.3
滨海平原	12.9±2.3	13.7±4.8	6.6±1.7	19.1±10.9	175.3±60.4	141.9±58.0
全省平均	11.9±3.7	17.0±6.3	6.2±2.9	24.4±18.0	134.2±39.4	137.1±63.6

注：1980s 为河北省第二次土壤普查数据，数据获取时间 1982—1986 年；2010s 为河北省测土配方施肥数据，数据获取时间 2009—2014 年

3 讨 论

河北省农田土壤 pH 值在第二次土壤普查时在 6.6～8.5，占土壤总面积的 98.2%，pH 值 5.5～6.5 占土壤面积的 0.44%，没有 pH 值小于 5.5 的土壤[1]。但 2010s 土壤 pH 值小于 6.5 的样本数达到了 4.4%，pH 值小于 5.5 的样本数已占总样本数的 0.6%。而在燕山丘陵区，土壤 pH 值平均值为 6.9，pH 值<6.5 的样点已占总样点数的 29.8%，pH 值<5.5 的样点占总样点数的 4.6%，土壤酸化趋势十分明显。Guo 等[8] 报道了通过长期定位试验监测发现的我国土壤 pH 值总体呈下降趋势，土壤酸化问题在过去 20 年内下降了 0.5 个单位左右，而土壤酸化的主因是长期的过量施氮。在山前平原区辛集的长期定位试验也发现，2012 年的土壤 pH 值与 1992 年相比下降了约 0.2 个单位[9]。土壤酸化会土壤酸化的主要过程是土壤盐基阳离子的移除和酸性阴离子的积累[10]。河北省土壤酸化问题在一些地区表现的比较突出，尤其在燕山山地丘陵区，而在其他地区，土壤 pH 值也呈下降趋势。土壤 pH 下降会对植物对土壤养分的吸收造成影响，促进土壤中阳离子的流失，会对作物生产和农业环境产生长期的影响。

土壤有机质含量的变化反映了土壤有机物质累积和消耗的情况。河北省土壤有机质与第二次土壤普查相比有了明显的提高，其中以海河冲积平原区、太行山山地丘陵区和山前平原区增加幅度最大，这显然与当地的农业耕作施肥管理有关，氮磷肥施用和秸秆还田增加了农田有机物质循环，改善了农田土壤氮库与碳固持，促进了土壤有机质的增加[11-13]。河北省滨海平原区由于受自然环境影响，盐碱、干旱等因素影响，农田土壤有机质固持速度较慢，经过近 30 年的耕作以后，土壤有机质仅从 1980s 的 12.5 g·kg^{-1} 增加到 2010s 的 13.7 g·kg^{-1}，增幅仅 6.2%。而海河冲积平原区在 20 世纪 80 年代曾存在大量的盐碱土壤，近年来由于地下水位的下降，盐碱土壤面积大幅度减少，土壤有机质含量显著增加，土壤肥力监测发现海河冲积平原区的深州、冀州、献县等地的土壤有

机质已经从 20 世纪 80 年代的 9.3 g · kg^{-1}左右增加到目前的 16.4 g · kg^{-1}，与本研究结果类似[2]。农田有机物料的投入是影响土壤有机质变化的关键，华北地区的农田有机物料碳的利用效率平均约为 13%[14]，秸秆还田下秸秆的利用效率为 12%[15]，另外也受到气候、土壤类型、土壤微生物等多种因素的影响。因此，要根据不同生态区的农业生产实际协调栽培、耕作、施肥等农业管理措施，为土壤有机质的稳定与继续提高。

与第二次土壤普查相比，河北省各个生态区农田土壤速效磷含量的大幅度增加，显然是长期施用磷肥的累积效应。曹宁等[16]通过对我国 8 种典型农业土壤上磷收支平衡和有效磷消长关系的分析发现，每 100 kg · hm^{-2}磷盈余平均可使我国土壤有效磷水平提高约 3.1 mg · kg^{-1}。在河北辛集的潮土定位试验研究发现，每施入 100 kg · hm^{-2} P$_2$O$_5$可以使土壤有效磷含量增加 1.1 mg · kg^{-1}[9]。从目前的土壤有效磷含量来看，燕山山地丘陵区和山前平原区土壤有效磷含量已经高达 29.3 mg · kg^{-1}和 28.4 mg · kg^{-1}，且超过 40 mg · kg^{-1}的样本分别占总样本数的 22.4%和 21.4%，最高值已达 113.9 mg · kg^{-1}和 113.3 mg · kg^{-1}，远超过了农业土壤环境阈值标准[17]，存在较大的磷素淋洗风险，需要适当控制磷肥的投入量。统计资料表明，河北省小麦玉米的氮、磷肥施用量从 1980 年前后的 70 kg · hm^{-2}已增加到 2012 年的 332 kg · hm^{-2}[18]，大量的磷肥投入是农田土壤有效磷含量快速增加的主要原因。从农田土壤磷素管理策略来看，土壤磷素水平要维持在一个既能保证作物产量的高产和稳产，又能够最大限度地减少环境风险的增加的水平上，磷素恒量监控技术十分必要[19,20]。因此，系统评价河北省各生态区的土壤磷素农学阈值与环境阈值标准，确立相应的磷肥"恒量监控"指标体系具有十分重要的意义。

维持和保证土壤钾素肥力是保证作物产量稳定和品质提升的重要基础[20,21]。河北省不同生态区土壤速效钾含量与第二次土壤普查相比总体略有增加，平均值从 134.2 mg · kg^{-1}增加到 137.1 mg · kg^{-1}，速效钾含量<100 mg · kg^{-1}的分布频率由原来的 34.8%降低到 31.0%。其中坝上高原区和燕山丘陵区显著增加了 20.7%和 19.8%，而太行山山地丘陵区和滨海平原区则下降了 21.5%和 19.1。坝上和燕山丘陵区土壤速效钾含量的增加可能与近年来增施钾肥和秸秆还田有关[22]，而太行山地丘陵区和滨海平原区速效钾含量的下降原因尚需要深入探索。孙彦铭等[2]通过定位肥力监测发现，1980—1998 年，冀中南平原区土壤速效钾年均降低 4.40 mg · kg^{-1}，而 1998—2014 年速效钾年均增加 2.64 mg · kg^{-1}[23]。秸秆还田和增施钾肥对于维持和提高农田钾素肥力具有十分重要的作用，如果秸秆不还田，河北平原小麦玉米轮作条件下要维持土壤钾素平衡所需施钾量（K$_2$O）要超过 300 kg · hm^{-2}[24]。总体来看，河北省农田土壤钾素肥力地区间分布不均匀、部分地区钾肥力下降的问题需要引起关注，提高秸秆还田质量、增施有机肥和含钾肥料对于维持和提升钾素肥力十分重要。

4 结 论

河北省农田土壤pH值平均为7.8，有机质含量平均为17.0 g · kg^{-1}，有效磷含量平均为24.4 mg · kg^{-1}，速效钾含量平均为137.0 mg · kg^{-1}。河北省不同生态区土壤养分存在显著的差异。北部的坝上地区和冀西北山地丘陵区气候类型独特，坝上地区的土壤有机质、速效钾含量分别为20.9 g · kg^{-1}和168.2 mg · kg^{-1}，均高于冀西北山地丘陵区的 13.5 g·kg⁻¹和 145.4 mg·kg⁻¹，两地区的土壤有效磷含量和 pH 值相差不大，分别为 17.8 mg·kg⁻¹、8.1 和 18.9 mg·kg⁻¹、8.2。燕山丘陵区最突出的特征是土壤 pH 值较低，小于 pH 值 5.5 的样本已接近区域总样本数的 5%，而在"二次土壤普查"时河北省并没有小于 pH 值 5.5 的样本，可见土壤酸化问题在这一区域呈加重趋势。在河北省中南部地区的土壤有机质和有效磷含量呈从西到东逐渐下降的趋势，土壤有机质从太行山山地丘陵区的 21.7 g·kg⁻¹到山前平原区的 17.6 g·kg⁻¹，海河冲积平原区的 15.0 g·kg⁻¹，滨海平原区的 13.7 g·kg⁻¹；土壤有效磷从太行山山地丘陵区和山前平原区的 23.5 mg·kg⁻¹和 28.4 mg·kg⁻¹，下降到海河冲积平原区的 21.5 mg·kg⁻¹，滨海平原区的 19.1 mg·kg⁻¹；土壤速效钾则呈逐渐增加的趋势，从太行山山地丘陵区的 104.9 mg·kg⁻¹，到山前平原区的 129.2 mg·kg⁻¹，到海河冲积平原区和滨海平原区的 144.3 mg·kg⁻¹和 141.9 mg·kg⁻¹；土壤 pH 值平均为 7.7～8.1，河北省中南部各生态区间差异不明显。

与第二次土壤普查结果相比，河北省农田土壤 pH 值有所下降，呈酸化趋势，有机质明显增加，速效磷显著增加，速效钾含量略有增加，但不同生态区间差异极大。因此，建议河北省应加强主要生态区的土壤肥力长期定位观测，以明确土壤肥力演变规律与发展方向。在生产上要积极推广应用测土配方施肥技术，科学施肥，同时要增加有机肥施用量并推进秸秆还田技术在不同作物体系的应用，以实现河北省农田土壤肥力与作物生产能力的同步稳定提升，实现"藏粮于地"的战略目标。

参考文献

[1] 李承绪. 河北土壤 [M]. 石家庄：河北科学技术出版社，1990：1-9，343-347.
[2] 孙彦铭，刘克桐，贾良良，等. 河北省冀中南平原区典型农田土壤肥力演变特征 [J]. 中国农学通报，2016，32 (9)：164-169.
[3] 张玉铭，胡春胜，毛任钊，等. 华北山前平原农田土壤肥力演变与养分管理对策 [J]. 中国生态农业学报，2011，19 (5)：1 143-1 150.
[4] 徐艳，张凤荣，汪景宽，等. 20 年来我国潮土区与黑土区土壤有机质变化的对比研究 [J]. 土壤通报，2004，35 (2)：102-105.
[5] 蔫莉，王寅，冯国忠，等. 吉林省农田土壤肥力现状及变化特征 [J]. 中国农业科学，2015，48 (23)：4 800-4 810.
[6] 河北省生态区划研究课题组. 河北省生态区划研究 [J]. 地理与地理信息科学，2003，19 (5)：82-85.
[7] 鲍士旦. 土壤农化分析 [M]. 北京：中国农业出版社，2000：30-107.
[8] Guo J H, Liu X J, Zhang Y, et al. Significant acidification in major Chinese croplands [J]. Science, 2010, 327 (5 968)：1 008-1 010.
[9] 徐明岗，张文菊，黄绍敏. 中国土壤肥力演变（第二版）[C]. 北京：中国农业科学技术出版社，2015：270-286.
[10] Van B N, Driscoll C T, Mulder J. Acidic deposition and internal proton sources in acidification of soils and waters [J]. Nature, 1984, 307 (16)：599-604.
[11] 吴其聪，张丛志，张佳宝，等. 不同施肥机秸秆还田对潮土有机质及其组分的影响 [J].

土壤, 2015, 47 (6): 1 034-1 039.

[12] 潘剑玲, 代万安, 尚占环, 等. 秸秆还田对土壤有机质和氮素有效性影响及机制研究进展 [J]. 中国生态农业学报, 2013, 21 (5): 526-535.

[13] 赵士诚, 曹彩云, 李科江, 等. 长期秸秆还田对华北潮土肥力、氮库组分及作物产量的影响 [J]. 植物营养与肥料学报, 2014, 20 (6): 1 441-1 449.

[14] 蔡岸冬, 张文菊. 基于长期试验的土壤不同大小颗粒固碳效率的研究 [J]. 植物营养与肥料学报, 2015, 21 (6): 1 431-1 438.

[15] Liu C, Lu M, Cui J et al. Effects of straw carbon input on carbon dynamics in agricultural soils: a meta-analysis [J]. Global Change Biology, 2014, 20 (5): 1 366-1 381.

[16] 曹宁, 陈新平, 张福锁, 等. 2007. 从土壤肥力变化预测中国未来磷肥需求 [J]. 土壤学报, 44 (3): 536-543.

[17] 习斌. 典型农田土壤磷素环境阈值研究——以南方水旱轮作和北方小麦玉米轮作为例 [D]. 中国农业科学院, 2014: 1-88.

[18] 中华人民共和国农业部. 中国农业年鉴 [M]. 北京: 中国农业出版社, 1 980-2 015.

[19] 陈新平, 张福锁. 小麦—玉米轮作体系养分资源综合管理理论与实践 [M]. 北京: 中国农业大学出版社, 2006.

[20] 张福锁, 江荣风, 陈新平. 测土配方施肥技术 [M]. 北京: 中国农业大学出版社, 2011.

[21] 武际, 郭熙盛, 王允青, 等. 不同土壤养分状况下氮钾配施对弱筋小麦产量和品质的影响 [J]. 麦类作物学报, 2007, 27 (5): 841-846.

[22] 谭德水, 金继运, 黄绍文, 等. 长期施钾与秸秆还田对华北潮土和褐土区作物产量及土壤钾素的影响 [J]. 植物营养与肥料学报, 14 (1): 106-112.

[23] 贾良良, 孙彦铭, 刘克桐, 等. 近30年河北省低平原区来的粮田土壤肥力演变 [J]. 河北农业科学, 2016, 20 (3): 41-43.

[24] 贾良良, 韩宝文, 刘孟朝, 等. 河北省潮土长期定位施钾和秸秆还田对农田土壤钾素状况的影响 [J]. 华北农学报, 2014, 29 (5): 207-212.

[此文原刊载于《土壤通报》, 2018, 49 (2): 367-376]

黑龙港流域春玉米节水灌溉制度研究

陈　丽，郭计欣，杨玉锐

（河北省邢台市农业科学研究院）

摘　要：本文以黑龙港流域的河北省巨鹿示范基地为例，利用同一品种、统一管理、统一灌溉方式，不同时期不同的浇水量，把有限的灌溉水量在作物生育期内进行最优分配，对缓解黑龙港流域干旱地区水资源不足，制定合理的节水灌溉制度，提高灌溉水资源的利用效率，为黑龙港流域春玉米节水灌溉提供理论依据。

关键词：春玉米；微喷灌；黑龙港流域；灌溉制度

近些年来，在干旱地区的黑龙港流域，由于灌溉面积过大，种植结构变化等原因，致使用水量过大。另外，由于水资源配置不合理，农田水分利用效率偏低，造成严重的水资源危机和日趋严重的生态问题。玉米是一类需水量较大的作物，而且对水分十分敏感，是黑龙港流域主要种植的作物之一，目前，在该流域该作物的灌溉普遍有大水漫灌的现象，与该地区农业用水量的供应存在着很大的矛盾。因此，如何改变传统的灌溉方式，开展节水灌溉，对保证该流域春玉米产量稳定和可持续发展有重要作用。

本试验采用微喷灌节水技术，通过控制灌水量及灌水时间，利用同一品种、统一管理、统一灌溉方式，不同时期不同的浇水量，把有限的灌溉水量在作物生育期内进行最优分配，对缓解黑龙港流域干旱地区水资源不足，制定合理的节水灌溉制度，提高灌溉水资源的利用效率，为黑龙港流域春玉米节水灌溉提供理论依据。

1　试验区概况

试验于2014年1月开始在河北省黑龙港流域巨鹿县试验基地进行，土质为沙壤。试验基地地处N37°07′18″～37°25′32″，E114°50′14″～115°12′50″，位于河北省中南部，邢台市东部，属于暖温带大陆性季风气候。太阳辐射的季节性变化显著，地面的高低气压活动频繁，四季分明，寒暑悬殊，雨量集中于夏秋季节，干湿期明显。春季气候相对干燥，降水量偏少，常有4、5级偏北风或偏南风，4月气温回升快；夏季，受海洋温湿气流影响，6、7、8三个月降水占全年降水量的63%～70%。区内多年平均年降水量一般为500～600 mm，时空分布不均。在时间上，降水量年际变化大，少雨年份大部分地区不足400 mm，多雨年份大部分地区降水多于800 mm，历史最高降水量超过900～1 300 mm，最低为200～250 mm。

试验基地年蒸发量大，水面蒸发量多年平均达1 100～1 800 mm，最高可达2 000 mm。1—2月较稳定，为年内最小值，25 mm左右，3月开始升高，4—5月明显增多，6—8月最大，9—10月以后开始下降。这种降雨少、蒸发大，且时空分布不均的特点，直接影响着区内的地表水和地下水资源的时空分布与盐碱地的形成，导致区内干旱缺水，干旱指数高达2.0以上。

2 试验设计与研究

2.1 田间种植图（图1）

保护行						
保护行	处理1	处理2	处理3	处理4	处理5	保护行
	处理1	处理2	处理3	处理4	处理5	
	处理1	处理2	处理3	处理4	处理5	
保护行						

图1 种植图

2.2 试验设计

供试品种：郑单958，足墒机播。试验设主处理5个：处理1：不浇水；处理2：灌浆期微喷20 m^3/亩；处理3：灌浆期微喷40 m^3/亩；处理4：微喷每次20 m^3/亩，喷水2次，分别在大喇叭口期和灌浆期；处理5：喷水2次，大喇叭口期喷水20 m^3/亩，灌浆期喷水40 m^3/亩。试验大区面积144 m^2，8行区，行长30 m，行距60 cm，株距24.69 cm，密度4 500株/亩。在每个大区同区位定点3个，作为每个处理的重复。管理按中等水平进行采用机器播种模式，播种时亩施艳阳天复合肥40 kg。处理1大喇叭口期雨后亩追尿素30 kg，钾肥5 kg，其他处理在大喇叭口期亩喷施尿素30 kg，钾肥5 kg。

2.3 试验调查项目设置

2.3.1 物候期调查

物候期调查，分别对出苗期、拔节期、大喇叭口期、抽雄期、吐丝期、灌浆期、成熟收获期进行调查，详见表1。

表1 物候期调查情况

处理	播种 （月-日）	出苗期 （月-日）	拔节期 （月-日）	大喇叭 口期 （月-日）	抽雄吐 丝期 （月-日）	灌浆 （月-日）	成熟收 获期 （月-日）	全生育期 （d）
1	5-5	5-15	6-4	6-21	7-1	7-22	9-8	125
2	5-5	5-15	6-4	6-21	7-2	7-21	9-8	125
3	5-5	5-15	6-4	6-21	7-3	7-22	9-8	125
4	5-5	5-15	6-4	6-21	7-2	7-22	9-8	125
5	5-5	5-15	6-4	6-21	7-3	7-22	9-8	125

2.3.2 土壤水分检测

土壤含水量：各物候期测土壤含水量，取样范围0～80 cm，详细情况见表2。

表2 水分检测结果

| 处理 | 前含水量 | | 灌水量 | 降水量 | | 后含水量 | | 耗水量 |
	（%）	（m³·hm⁻²）	（m³·hm⁻²）	（%）	（m³·hm⁻²）	（%）	（m³·hm⁻²）	（m³·hm⁻²）
出苗期								
1	13.9	1 332.5	0	3.7	37	11.8	1 133.5	236.0
2	13.9	1 332.5	0	3.7	37	12.0	1 153.5	216.0
3	13.9	1 332.5	0	3.7	37	11.8	1 130.5	239.0
4	13.9	1 332.5	0	3.7	37	11.8	1 134.3	235.2
5	13.9	1 332.5	0	3.7	37	11.9	1 140.3	229.2
拔节期								
1	11.8	1 133.5	0	30.5	305	6.9	663.7	774.8
2	12	1 153.5	0	30.5	305	6.9	661.2	797.3
3	11.8	1 130.5	0	30.5	305	7.0	669.7	765.8
4	11.8	1 134.3	0	30.5	305	6.8	657.5	781.8
5	11.9	1 140.3	0	30.5	305	7.0	674.7	770.6
大喇叭口期								
1	6.9	663.7	0	70.5	705	5.9	566	802.7
2	6.9	661.2	0	70.5	705	4.7	450.9	915.3
3	7	669.7	0	70.5	705	4.7	451.2	923.5
4	6.8	657.5	300	70.5	705	5.5	526	1 136.5
5	7	674.7	300	70.5	705	5.5	526.1	1 153.6
抽雄吐丝期								
1	5.9	566.0	0	30.4	304	3.0	284.7	585.3
2	4.7	450.9	0	30.4	304	1.7	161.3	593.6
3	4.7	451.2	0	30.4	304	2.2	206.6	548.6
4	5.5	526.0	0	30.4	304	2.3	217.5	612.5
5	5.5	526.1	0	30.4	304	2.0	194.9	635.2
灌浆成熟期								
1	3	284.7	0	271.6	2716	7.1	680.1	2 320.6
2	1.7	161.3	300	271.6	2 716	7.4	712.1	2 465.2
3	2.2	206.6	600	271.6	2 716	6.1	586.4	2 936.2
4	2.3	217.5	300	271.6	2 716	2.3	218.2	3 015.3
5	2	194.9	600	271.6	2 716	4.3	414.6	3 096.3

2.3.3 产量要素调查

采用定点（重复）收获、考种，调查结果见表3。

表3 产量要素调查

处理号	灌水次数	灌水时间	灌水定额（m³·hm⁻²）	株高（cm）	穗长（cm）	穗粒数	百粒重（g）	产量（kg·hm⁻²）
1	0	0	0	219	14.0	295.1	29.3	4 560.6
2	1	灌浆期	300	226	15.2	333.6	37.4	7 458.7
3	1	灌浆期	600	235	15.7	353.9	37.9	7 685.9
4	2	大喇叭口期1次，灌浆期1次	600	252	16.8	452.6	38.1	9 523.4
5	2	大喇叭口期1次，灌浆期1次	900	249	17.2	459.5	38.6	9 644.3

3 试验结果分析

3.1 玉米耗水规律分析

根据各物候期耗水量，试验中玉米各生育阶段的耗水量和总的耗水量结果见表4。

表4 玉米各处理不同生育阶段耗水量 （m³·hm⁻²）

处理号	日平均耗水量						总耗水量
	出苗期	拔节期	大喇叭口期	抽雄吐丝期	灌浆成熟期	全生育期	
1	23.6	38.7	47.2	58.5	34.1	37.8	4 521.2
2	21.6	39.9	53.8	59.4	36.3	39.9	4 811.3
3	23.9	38.3	54.3	54.9	43.2	43.3	5 217.4
4	23.5	39.1	66.9	61.3	44.3	46.3	5 592.4
5	22.9	38.5	67.9	63.5	45.5	47.1	5 702.8

利用表4分析玉米的需水规律。前期，即发芽出苗期耗水量比较小，从拔节期开始到抽雄吐丝期，玉米耗水量明显增大，达到了整个生育期耗水的顶峰，到灌浆成熟期，耗水量又明显逐渐回落减小。这种需水规律与春玉米各生育阶段的外部生长环境和形态是相符合的。因为在春玉米的播种期和苗期，气温相对较低，玉米植株较小，因此棵间蒸发和植株蒸腾都相对较小。当进入拔节期后，玉米进入快速生长阶段，此时，玉米营养生长生殖生长光合作用需要大量的水分，同时随着外部气温的升高和玉米叶面积指数的逐渐增大，棵间蒸发和植株蒸腾也逐渐加大，日需水量大大增强。灌浆成熟阶段，玉米植株基本已不再增长，耗水量慢慢开始降落。因此，春玉米总的耗水规律基本上反映了其需水规律。由表3-1和上述分析可知：春玉米生长需水关键期是拔节和抽雄吐丝期，其中抽雄吐丝期因营养生长和生殖生长并重，对产量形成影响性很大，是灌水关键期，而苗期和灌浆成熟期是春玉米需水非关键期，该品种总的需水与灌溉量成正相关。

后期降水量较正常年份有所提高，导致各总耗水量差异不明显。发芽出苗期各处理间差异不大，拔节期、大口期和抽雄吐丝期玉米耗水量增大，也正是玉米的生长需水期，处理4、5进行了第1水灌溉，耗水量较其他处理明显提高，处理1、2、3之间差异不大。灌浆期耗水量逐步减少，同时处理2、3、4、5进行了第2水灌溉，处理1耗水量较小，处理2前期耗水较多，灌浆期灌溉旱情得以缓解，处理3灌水量较大，处理4、5墒情较好，田间持水量足够保证作物需水量，处理3、5耗水量差异不大。

3.2 灌水与玉米产量形成关系分析

由于灌水次数、灌水量和灌水时间各不相同。表3列出了玉米灌水情况和产量结构结果，从表进行分析可以看出，随着玉米灌水次数的增多，灌溉定额越大，则其株高相对较高，穗长较长，穗粒数增多，百粒重加重，最后产量也高，是成正相关关系的。

3.3 效益分析

播种费用300元·hm^{-2}，种子费450元·hm^{-2}，用工40元·d^{-1}，浇水用工按每公顷1个工计算，施肥按20元/亩，微喷设备200元/亩，玉米价格按2.2元·kg^{-1}（表5）。

表5 效益分析情况

处理	灌水用工	灌水量	施肥	施肥用工	播种	种子	病虫害防治	微喷设备	产量（kg·hm^{-2}）	产值（元）	纯收入（元）
1	0	0	2 250	300	300	450	600	0	4 560.6	10 033.32	6 133.32
2	40	300	2 250	0	300	450	600	3 000	7 458.7	16 409.14	9 469.14
3	40	600	2 250	0	300	450	600	3 000	7 685.9	16 908.98	9 668.98
4	80	600	2 250	0	300	450	600	3 000	9 523.4	20 951.48	13 671.48
5	80	900	2 250	0	300	450	600	3 000	9 644.3	21 217.46	13 637.46

假设其他投入忽略不计，处理5产量最高，但是由于耗水量较大，纯收益较处理4低；总投入处理1最低，但是产量不高；处理4是最好的灌溉制度模式。

[此文原刊载于《农业科技通讯》，2016（7）：49-52]

河北省渤海粮仓
科技示范工程
—— 论文汇编（下册）

· 王慧军　徐俊杰　主编 ·

中国农业科学技术出版社

《河北省渤海粮仓科技示范工程》系列丛书

编 委 会

主　　任：王慧军　李丛民

副主任：刘小京　郑彦平　段玲玲　姚绍学

委　　员：徐　成　岳增良　杨佩茹　吴建国　张建斌

陈　霞　杨延昌　杨桂彩　王风安　郑小六

徐俊杰　李万贵　李元迎　王志国　崔彦生

《河北省渤海粮仓科技示范工程——论文汇编》
编 写 人 员

主　　编：王慧军　徐俊杰

编写人员：(按姓氏笔画排序)

王桂荣　李科江　张新仕　蒲娜娜

《河北省渤海粮仓科技示范工程》系列丛书
编写说明

渤海粮仓科技示范工程是由科技部、中国科学院联合河北、山东、辽宁、天津等省市共同实施的国家科技支撑计划项目。河北省是项目实施的主要区域，覆盖面积占总面积的60%，涉及沧州、衡水、邢台、邯郸4市和曹妃甸区共计43个县（市），耕地面积3 387万亩（1亩≈667 m²，1 hm² = 15亩。全书同），占全省耕地面积的34%。河北省政府依托科技部项目实施了河北省渤海粮仓科技示范工程，将其作为河北省战略性增粮工程，连续5年将该项工作写入省委"一号文件"和政府工作报告。

该示范工程共组织了包括中国科学院、中国农业大学、河北省农林科学院、沧州市农林科学院、衡水市农业科学研究院、邢台市农业科学研究院、邯郸市农业科学院、河北省农业技术推广总站、示范县技术站以及相关企业、新型经营主体等192家单位参加。工程依照"技术研发、成果转化、示范推广"3个层次设立课题，其中，设立技术研发课题9个、成果转化课题110个、示范推广县43个，研发一批关键技术，转化一批科技成果，并在项目区43个县大面积示范推广。

项目实施以来，共申请专利52项，已获授权42项，其中发明专利8项；制定地方标准22项，软件著作权4项；发表学术论文130余篇，出版专著8部，出版主推技术系列科教片15部，培养科研技术骨干、研究生37人，培训技术人员、新型经营主体负责人、农民等5万人次以上；培育扶植新型经营主体65个，扶植企业96家。建立百亩试验田40个，千亩示范方110个，万亩辐射区95个，形成技术模式8项，转化适用成果110项。在沧州、衡水、邯郸、邢台4市累计推广5 197万亩，增粮47.6亿kg，节水41.4亿m³，节本增效109亿元。

2016年7月，河北省渤海粮仓科技示范工程创新团队被中共河北省委、省政府评为"高层次创新团队"，2017年1月，河北省渤海粮仓科技示范工程创新团队获"2016年度河北十大经济风云人物"创新团队奖。国家最高科学技术奖获得者李振声院士评价河北渤海粮仓项目：技术模式突出，措施有力，成效显著，工作走在了全国前列。

为了记述河北省渤海粮仓科技示范工程实施以来的工作实践和基本经验，我们汇集了工程所取得的成果，分为《河北省渤海粮仓科技示范工程——管理实践与探索》《河北省渤海粮仓科技示范工程——论文汇编》《河北省渤海粮仓科技示范工程——知识产权》《河北省渤海粮仓科技示范工程——新型实用技术》《河北省渤海粮仓科技示范工程——成果转化与基地建设》5本丛书出版，旨在归纳总结工作，力求为今后重点科技工程项目实施提供一些借鉴。我们对整个工程实施制作了专题片，感兴趣的读者可扫描以下二维码观看。

编　者

2019 年 3 月

目 录

上 册

一、品种筛选

· 1 ·

二、水肥管理

下　册

三、耕作与栽培

四、盐碱地改良

五、评价与建议

三、耕作与栽培

Effects of water-permeability plastic film mulching plus bunch planting on root and yield of foxtail millet

XIA Xueyan, SONG Shijia, REN Xiaoli, LIU Meng, ZHAO Yu,

NAN Chunmei, LIU Fei, CUI Jihan, LI Shunguo*

(1. National Millet Improvement Center/Cereal Crops Research Laboratory of Hebei Province;

2. Institute of Millet Crops/Hebei Academy of Agricultural and Forestry Science)

Abstract: Effects of water-permeability plastic film plus bunch planting on root growth and development and yield of foxtail millet were studied by randomized block design. The results showed that water-permeability plastic film mulching plus bunch planting had a significant promoting effect on root growth and development and yield of foxtail millet. Compared with the CK, the total root length, total surface area, total root volume and number of root tips increased by 51. 30%, 47. 89%, 48. 39% and 41. 63%, respectively. The yield increased by 48. 57%, and there was significant positive correlation between root length, total surface area, total volume, number of root tips and dry matter weight of roots with yield. Developed roots are the main reason for the yield increasing effect of water-permeability plastic film mulching plus bunch planting.

Key words: Foxtail millet; Water-permeability plastic film mulching plus bunch planting; Roots; Yield

Foxtail millet is an important food crop in northern arid areas in China. It is a feature crop in Hebei Province, and plays an important role in dryland farming as well as in current supply-side structural reform and agricultural sustainable development. However, more than 80% of foxtail millet is planted on rain-fed dryland in China, and improving the use efficiency of natural rainfall is an important way for improving foxtail millet yield. At present, plastic film mulching is the most effective way for improving the use efficiency of natural rainfall, which is widely applied in production practice in spring millet areas, furthermore, the technique of water-permeability plastic film mulching plus bunch planting shows a remarkable yield increasing effect, and scientists has extensively discussed its yield increasing effect, effect of water and temperature and physiological effect, mulching materials and mulching period[1-11], and extended this technique in dryland millet production in large area. However, there were few reports about its research and application in summer millet areas, and this research group conducted studies on application of water-permeability plastic film mulching plus hunch planting in summer millet areas, indicating a remarkable yield increasing effect. Roots are the organ with important physiological functions in the life of foxtail millet. They not only fix foxtail millet plants in soil, but also absorb water and various nutrients from soil and participate in the synthesis of many organic substances demanded by the overground part. In addition, they could store some mineral nutrients temporarily, so the development and longevity of roots have a close relation to the development of other organs, resistance to lodging in plants, quality of grains and yield[12-15]. In this study, the dry matter weight of roots under water-permeability plastic film mulching plus hunch planting was determined, the root length, root surface area and root volume were determined with a root system scanner, and the effects of water-permeability plastic film mulching plus hunch planting on the growth and development of roots were analyzed to reveal the relation between roots under water-permeability plastic film mulching plus hunch planting and yield, so as to provide a theoretical basis for the extension of the technique of water-permeability plastic film mulching plus hunch planting in summer millet area.

1　Materials and Methods

1.1　Experimental material

High-yield cultivar Jigu 36 resistant to herbicide sethoxydim bred by Institute of Millet Crops, Hebei Academy of Agricultural and Forestry Science was selected.

1.2　Experimental design

This experiment was carried out in Xima experiment station in Luancheng District, Shijiazhuang City in 2014. This area has a total precipitation of 356.8 mm during growing season (June-September). This experiment adopted randomized block design. There were 2 treatments, i.e. field sowing in strip (treatment 1, CK, sowing with a small-sized seed plough) and water-permeability plastic film mulching plus hunch planting (treatment 2, WFHS, manually film mulching followed by punching and sowing). The 2 treatments both adopted an equal row spacing mode with 3 replications, the row spacing was 0.4 m, each plot had an area of 22.8 m^2, and the density of reserved seedlings was 6.0×10^5 plants $\cdot$ hm^{-2}. Sowing was performed on June 15 after building of soil moisture, and irrigation was not performed throughout the whole growth period. The fertilization amounts, modes and stages were shown in Table 1, and the ratio N : P : K in the compound fertilizer was 22 : 8 : 15. Treatment 1 (field sowing in strip) adopted manual weeding, and treatment 2 (water-permeability plastic film mulching plus hunch planting) had no need for weeding inside films, but needed weeding between films. For the CK, furrow formation and topdressing were performed in early jointing stage and flowering-filling stage, and for the treatment of water-permeability plastic film mulching plus hunch planting, furrow formation and fertilization was performed before film mulching. Other management was the same as conventional field management.

Table 1   Fertilization plans of different treatments (kg · hm^{-2})

Treatment	Base fertilizer		Topdressing (urea)		
	Chicken manure	Compound fertilizer	Urea	Early jointing stage	Flowering-filling stage
1	4 500	150	0	300	150
2	4 500	150	450	0	0

1.3   Determination items and methods

1.3.1   Determination of dry matter weight

Ten plants were collected fromeach plot in jointing, booting, heading, filling and maturation stages, respectively, roots of each plant were cut and oven-dried (subjected to deactivation of enzymes at 105 ℃ for 30 min, and then oven-dried at 80 ℃ to constant weight), and dry matter weight was weighed with an analytical balance rapidly.

1.3.2   Scanning and analysis of root system

Roots of 10 plants were collected from each plot in heading stage. The collected roots were scanned with EPSON SCAN and analyzed by WinRHIZO Pro 2012 root system analysis software.

1.3.3   Data analysis and statistics

All data was analyzed with Microsoft Excel 2010 and DPS v14. 10.

2   Results and Analysis

2.1   Effect of water-permeability plastic film mulching plus bunch planting on dry matter accumulation in roots

The effect of water-permeability plastic film mulching plus bunch planting on dry matter accumulation in roots was analyzed, and the results showed that the dry matter weights of roots of the 2 treatments increased at first, reached their peak values in heading stage and then remained unchanged or slightly decreased. The treatment of water-permeability plastic film mulching plus bunch planting showed the dry matter weights in the 5 different stages all significantly higher than field sowing in drip as the CK, indicating that water-permeability plastic film mulching plus bunch planting significantly improved dry matter accumulation in roots and had a significant promoting effect on the development of roots of foxtail millet.

2.2   Effects of water-permeability plastic film mulching plus bunch planting on total root length, total root surface area, total root volume and number of root tips

The effects of water-permeability plastic film mulching plus bunch planting on total root

Table 2　Effects of water-permeability plastic film mulching plus bunch planting on dry matter accumulation in roots in different stages

Treatment	Seedling stage	Joining stage	Heading stage	Filling stage	Maturation stage
1	0.31 bB	1.54 bB	1.71 bB	1.61 bB	1.63 bB
2	0.46 aA	1.78 aA	1.98 aA	1.96 aA	1.94 aA

Notes: Different lowercases in the same row indicate significant differences between varieties ($P<0.05$), and different capital letters indicate extremely significant differences between varieties ($P<0.01$), similarly hereinafter.

length, total root surface area, total root volume and number of root tips were analyzed, and the results showed that the total root length, total root surface area, total root volume and number of root tips of the treatment of water-permeability plastic film mulching plus bunch planting were all higher than those of the CK, by 51.30%、47.89%、48.39%、41.63%, respectively. It was indicated that water-permeability plastic film mulching plus bunch planting significantly improved the water and nutrient absorption capacities of roots.

Table 3　Effects of water-permeability plastic film mulching plus bunch planting on total root length, total root surface area, total root volume and number of root tips

Treatment	Total root length (cm)		Total surface area (cm²)		Total volume of roots (cm³)		Number of root tips	
	Average	Increased proportion compared with CK (%)	Average	Increased proportion compared with CK (%)	Average	Increased proportion compared with CK (%)	Average	Increased proportion compared with CK (%)
1	774.84 bB	0.00	183.40 bB	0.00	3.39 bB	0.00	4 109.67 bB	0.00
2	1 172.35 aA	51.30	271.23 aA	47.89	5.03 aA	48.39	5 820.67 aA	41.63

2.3　Effects of water-permeability plastic film mulching plus bunch planting on yield and yield components

The analysis of yield and yield components showed that the yield achieved by water-permeability plastic film mulching plus bunch planting was significantly higher than that by the CK by 48.57%, and spike weight and weight of grains per spike in yield components were significantly higher than the CK, indicating that water-permeability plastic film mulching plus bunch planting had a significant yield increasing effect, and the key was to improve yield per plant.

2.4　Correlation between roots of plants under water-permeability plastic film mulching plus bunch planting with yield

The analysis of correlation between roots with yield showed that thetotal root length, total

Table 4　Effect of Water-permeable Plastic Film Mulching on Yield and Yield component

Treatment	Actual yield (kg·hm⁻²)	Yield increasing/ decreasing rate compared with CK (%)	Panicles per unit area (10⁴·hm⁻²)	Spike weight (g)	weight of grains per spike (g)	Grain ratio per spike (%)
1	3 444.9 bB	0.00	51.45 aA	21.72 bB	17.28 bB	79.59 aA
2	5 116.95 aA	48.57	52.65 aA	26.2 aA	21.39 aA	81.64 aA

root surface area, total root volume and dry matter weight of roots were significantly correlated with yield, with correlation coefficients all higher than 0.96, and therefore, the significant yield increase under water-permeability plastic film mulching plus bunch was mainly due to that the technique significantly promoted the growth and development of roots.

Table 5　Analysis of correlation between roots of plants underwater-permeability plastic film mulching plus bunch planting and yield

	Total root length	Total surface area	Total root volume	Number of root tips	Dry matter weight of roots	Yield
Total root length	1.000 0	1.000 0	0.976 1	0.998 7	0.983 6	0.993 7
Total surface area	1.000 0	1.000 0	0.975 4	0.998 9	0.983 7	0.993 4
Total root volume	0.976 1	0.975 4	1.000 0	0.964 1	0.941 3	0.982 2
Number of root tips	0.998 7	0.998 9	0.964 1	1.000 0	0.985 2	0.989 3
Dry matter weight of roots	0.983 6	0.983 7	0.941 3	0.985 2	1.000 0	0.963 6
Yield	0.993 7	0.993 4	0.982 2	0.989 3	0.963 6	1.000 0

3　Conclusion

Water-permeability plastic film mulching plus bunch planting had a significant promoting effect on the growth and development of roots of foxtail millet and yield, and compared with the CK, the total root length, total root surface area, total root volume, number of root tips of foxtail millet increased by 51.30%, 47.89%, 48.39% and 41.63%, respectively. The yield increased by 48.57%, and there was significant positive correlation between root length, total surface area, total volume, number of root tips and dry matter weight of roots with yield. Developed roots are the main reason for the yield increasing effect of water-permeability plastic film mulching plus bunch planting.

References

[1]　Yao J M, Zhang B L, Yin H S. Rainfall validated by water-osmosis membrane in semi-arid land

[J]. Bulletin of Soil and Water Conservation, 1998, 18 (3): 24-29.

[2] Yao J M. The invention and application of water-permeability plastic membrane (WPPM) [J]. Acta Agronomica Sinica, 2000, 26 (2): 185-189.

[3] Zhang Q F, Yin H S. The effects of water-permeability plastic film mulching on soil water, soil temperature and maize yield [J]. Agricultural Meteorology. 2002, 23 (3): 46-48.

[4] Yuan H J, Hao J P. Dynamic study of water-permeability plastic film mulching on cotton growth and development [J]. Tillage and cultivation, 2009, 20 (2): 20-21.

[5] Guo X Q, Cui F Z, Hao J P, et al. Study of dynamic growth and development of sorghum covered with water-permeability plastic film mulching [J]. Journal of Shanxi Agricultural University: Natural Science, 2007, 27 (3): 260-261.

[6] Fan J H, Hao J P, Song X L. Study on temperature and yield effect of water-permeability plastic film mulching in rainfed wheat field [J]. Journal of Shanxi Agricultural University: Natural Science, 2006, 26 (3): 242-244, 287.

[7] Cui F Z, Guo X Q, HAO J P, et al. Study on soil temperature variation of water-permeability plastic film mulching on dry land foxtail millet [J]. Journal of Shanxi Agricultural University: Natural Science, 2008, 28 (2): 172-175.

[8] Cui F Z, Guo X Q, Hao J P, et al. Study on annual moisture variation of water-permeability plastic film mulching on dry land foxtail millet [J]. Journal of Shanxi Agricultural Sciences, 2007, 35 (9): 34-36.

[9] Guo X Q, Cui F Z, Hao J P, et al. Growth stage and yield of dry land foxtail millet (Setaria italica) under water-permeability plastic film mulching [J]. Journal of Shanxi Agricultural University: Natural Science, 2012, 32 (2): 107-111.

[10] Yao J M, Li W G, Yang R P. The research of millet high-production technology in dryland hole-sowed accurately and mulched under water-permeability membrane completely [J]. Journal of Shanxi Agricultural Sciences (in Chinese), 2014, 42 (11): 1 183-1 185, 1 196

[11] Fu T Q, Hao J P, Cui F Z, et al. Effects of water-permeability plastic film mulching on soil water, soil temperature and millet yield [J]. Journal of Shanxi Agricultural University: Natural Science, 2005, 25 (4): 322-324.

[12] Miao G Y, Yin J, Zhang Y T, et al. Study on root growth of main crops in north China [J]. Acta Agronomica Sinica, 1998, 24 (1): 2-6.

[13] Miao G Y, Gao Z Q, Zhang Y T, et al. Effect of water and fertilizer to root system and its correlation with tops in wheat [J]. Acta Agronomica Sinica, 2002, 28 (4): 445-450.

[14] Zhang A L, Miao G Y. Relation between crop roots and moisture [J]. Crop Research, 1997 (2): 4-6.

[15] Liu W H, Sun D Z. Research on laws of growth and development of millet root system and the environmental effects [J]. Agricultural Research in the Arid Areas, 1996, 14 (2): 20-24.

[此文原刊载于《Agricultural Science & Technology》, 2016, 17 (8): 1 859-1 861, 1 973]

Light simplified millet cultivation technique adopting furrow sowing beside plastic film covering micro-ridges

XIA Xueyan, CHENG Ruhong, SONG Shijia, LIU Meng, ZHAO Yu,
REN Xiaoli, LIU Fei, NAN Chunmei, LI Shunguo

(Millet Research Institute/Hebei Academy of Agriculture and Forestry Sciences/Cereal Crops
Research Laboratory of Hebei Province/National Foxtail Millet Improvement Center)

Abstract: In order to solve the problem that dry-land millet production completely relies on rainwater with the characteristics of low instable yield, manual thinning and weeding, high labor intensity, and labor and time saving, Millet Research Institute of Hebei Academy of Agriculture and Forestry Sciences integrated furrow sowing beside plastic film covering micro-ridges, simplified cultivation and mechanized production, forming the simplified millet cultivation technique adopting furrow sowing beside plastic film covering micro-ridges. This study introduced the technique points of the simplified millet cultivation technique adopting furrow sowing beside plastic film covering micro-ridges, including preparation before sowing, sowing, attached agricultural machines, field management, harvest and residual film recovery.

Key words: Millet; Integration of furrow sowing beside plastic film covering micro-ridges, fertilization and simplified cultivation; Simplification

Dry-land millet refers to millet distributed at hilly and mountain areas and plain areas without watering condition. Millet in these areas completely relies on natural precipitation, and it is impossibleto perform seeding at a proper period or it even could not be performed, resulting in low instable yield as well as a serious impact on farmer's income. Conventional cultivation methods depend on manpower and animal power with low production efficiency and high labor intensity, and such situation greatly influences the enthusiasm of farmers in planting millet and becomes one of the problems restricting the development of millet industrialization. Manual thinning and manual weeding consume more time and labor with high labor intensity, and meantime, weeds and excessive seedlings consume precious water and fertilizers in soil, resulting in thin weak seedling stalks, low yield and easy lodging. Especially, once successive overcast and rainy weather occurs in seedling stage, the condition of too many seedlings and weeds would be caused easily, resulting in serious yield decrease or even total crop failure. Meanwhile, the harmful weeds giant foxtail associated with millet has the seedling stage very similar with that of millet, is hard to be differentiated from millet and has become the "cancer" in millet field causing serious damage[1-2]. Due to above reasons, large-scale intensive cultivation of millet has been greatly restricted. In order to solve above problems, Millet Research Institute of Hebei Academy of Agriculture and Forestry Sciences put forward for the first time after many years of research "simplified millet breeding technology system and matched cultivation method", which has been conferred the national patent. The millet varieties bred with such technique in combination with the matched cultivation technique could realize chemical thinning and chemical weeding and kill giant foxtail, thereby solving the technique problem that millet cultivation has depended on manual thinning and manual weed for thousands of years. The micro-catchment cultivation technique is a type of rainwater harvesting technique developed by Gansu Province on the basis of precipitation condition and practical production in semi-arid areas. This technique is a kind of agricultural technique harvesting water within field, i. e., forming furrows and ridges in field, mulching ridge surfaces with plastic films, and planting crops within furrows. It has better water harvesting and moisture conservation effects and has become one of the main water-saving measures for arid areas[3]. The technique has achieved a significant yield increasing effect on the agricultural crops including wheat, maize, rice and spring millet[4-15]. However, drawing a film-mulching sower by animal power shows the defect of low efficiency, and thus hardly could be accepted by farmers. This study developed with the aid of enterprises a machinery-suspended machine integrating furrow sowing beside plastic film covering micro-ridges and fertilization as well as a cultivator by improving the technique of furrow sowing beside plastic film covering micro-ridges adopting animal traction in Gansu Province, and also developed in combination with mechanized harvest a light simplified millet cultivation technique adopting furrow sowing beside plastic film covering micro-ridges. This paper introduced the technique points of the light simplified millet cultivation technique adopting furrow sowing beside plastic film covering micro - ridges, including preparation before sowing, sowing, attached agricultural machines, field management, harvest and residual film recovery. This technique realizes stable yield and light simplified production of dry-land millet, increases both crop yield and farmer's income and is beneficial to millet industrialization and scale development.

1 Preparation before Seeding

1.1 Selection of crops for rotation

Continuous cropping of millet not only could result in serious damage due to diseases and pests, severe weeds and nutrient deficiency, but also could lead to uneven seedlings. Therefore, alternating cropping should be adopted for millet, which is necessary to be cultivated at an interval of 1 year. The best previous crop for millet was beans, and potato, wheat, corn, cotton and rape were also good previous corps for millet.

1.2 Application of base fertilizer

Under the condition of medium soil fertility, the application of the base fertilizer is conducted according to dry organic fertilizer about 4 500 kg · hm^{-2}, N-P-K compound fertilizer (N : P$_2$O$_5$: K$_2$O = 22 : 8 : 15) 450~600 kg · hm^{-2}, or slow/controlled release fertilizer (N : P$_2$O$_5$: K$_2$O = 18 : 7 : 13) 600~750 kg · hm^{-2}.

1.3 Soil preparation

After the harvest of a previous crop, stubble cleaning and deep ploughing with a depth of 20~25 cm are performed. Pressing, harrowing and leveling are performed to facilitate soil moisture conservation, and after these steps, the soil is flat and fine without stubbles.

1.4 Selection of variety

The varieties suitable for local condition with the characteristics of good resistance to drought and lodging, high quality and high yield could be selected, and the varieties resistant to nabugram or imazethapyr are preferable. The quality of selected seeds satisfy the requirements in GB4404. 1—2008[16].

1.5 Selection of mulching film

According to the requirement of a machine for furrow sowing beside mulching film, the mulching film with a width of 40~50 cm and a thickness of 0.008~0.012 mm is selected. Ordinary mulching film and black film also could be selected.

2 Seeding

2.1 Seeding time

For seeding after rain, it is necessary to ensure that the soil moisture content is suitable, or seeding could be performed at first before rain which would facilitate emergence. The suitable seeding date isfrom April 20 to May 10 for seeding in early spring, the suitable seeding date is from May 10 to May 30 for seeding in late spring, and the suitable seeding date is from June 10 to June 30 for seeding in summer.

2.2 Selection of machines

A ridging film-mulching furrow-sowing fertilization integrated machine suspended on a four-wheel tractor (25.7~36.7 kW) could be selected.

2.3 Planting requirements

Each ridge has a width of 30~40 cm at its bottom, and a height of 10~15 cm, and its top is arc-shaped. The width of each furrow is 40~50 cm. Millet seeds are sown outside the plastic film with a distance of 3~5 cm and a sowing depth of -5~3 cm. The two sides of the plastic film are pressed with soil with a width of 5 cm and tensioned. The start of the plastic film should be pressed tightly, the travelling speed should be constant and stable during laying, and the sides of the plastic film should be pressed tightly without exposing edges. Soil belts with the same width are required on the plastic film with an interval of 3~4 mm, to prevent the condition that the plastic film is removed by high wind.

2. 4 Seeding rate

Conventional varieties are accurately sown at a seeding rate of 4. 5~9. 0 kg · hm^{-2}. The varieties resistant to herbicide nabugram are sown according to DB 13/T 1134—2009[17] and DB13/T 1059—2009[18].

3 Field Management

3. 1 Inspection of seedlings and replanting

It is necessary to perform inspection of seedlings and replanting in time after emergence of seedling. For the field suffering serious seedling missing, reseeding should be conducted in time, and if the condition is not that serious, transplanting could be conducted with the seedlings obtained from the field with too-dense seedlings in 5~7 leaf stage.

3. 2 Thinning and weeding

A conventional variety is accurately seeded, the density of reserved seedlings is determined according to the description of the variety, and under the special condition of dense seedlings, human-assisted thinning is needed. Weeding is performed according to DB13/T 1730—2013 technology regulation of simplified millet cultivation[19]. The thinning and weeding of the varieties resistant to herbicide nabugram or imazethapyr are performed with corresponding herbicide.

3. 3 Topdressing, intertillage and banking up

When the height of the seedlings is 35~45 cm, a tractor-suspended intertillage fertilization machine is used for intertillage and fertilization, and the topdressing is performed according to 225~300 kg · hm^{-2}. In addition, intertillage is performed once to the field free of chemical weeding when the height of the seedlings is 15~25 cm.

4 Control of Diseases and Pests

The control of diseases and pests is performed according to DB 13/T 840—2007[20]. A broadcast motored sprayer is adopted, and the leaf fertilizer could be applied simultaneously.

5 Harvest

Harvest is generally conducted in the late stage of wax ripeness and the stage of complete ripeness. A tangential grain combine harvester is adopted in a large plain field. A stage harvester could be adopted in a patch, *i. e.*, a swather is used for cutting the crop, and after post-ripening by drying, a thresher is used for threshing.

6 Recovery of Residual Plastic Film

The residual film is collected with a residual film collector, orcould be collected in the second year after reuse.

7 Conclusions

After the multi-site experiment and demonstration during 2013—2015, it was found that the simplified millet cultivation technique adopting furrow sowing beside plastic film has the effects of rainwater harvesting and soil moisture conservation and could improve yield. The demonstration field for the cultivation adopting furrow sowing beside plastic film showed a yield increasing by more than 750 kg · hm^{-2} in comparison with the open-field control at a yield increase rate over 15%. According to the average price of three years of 60 Yuan · kg^{-1}, the cultivation adopting sowing beside plastic film showed an income increase of 3 000 Yuan · hm^{-2} in comparison with the control, and after the subtraction of the newly-increased mulching film cost of 675 Yuan · hm^{-2}, the net income increase was 2 475 Yuan · hm^{-2}. The technique saved the labor for sowing, thinning and weeding by 75 units · hm^{-2}, the cost of labor was saved by 4 500 Yuan · hm^{-2} according to the labor prices of 800 Yuan · unit^{-1}, and the total net income increase (plus saved cost) was 6 975 Yuan · hm^{-2}. Therefore, this technique has good economic benefit and broad popularization prospect.

References

[1] Xia X Y, Shi Z G, Cheng R H. The study on the physiological mechanisms to increase yield of the simplified methods of cultivation millet [J]. Acta Agriculturae Boreali-Sinica (in Chinese), 2010 (B12): 263-267.

[2] Xia X Y, Shi Z G, Cheng R H. Effects of cultivation methods on the growth and development of simplified cultural foxtail millet variety Jigu 25 [J]. Journal of Hebei Agricultural Sciences, 2010 (11): 5-7.

[3] Wang J P, Jiang J, Han Q F, et al. Technique of spring wheat cultivation of farmland water micro-collection in semiarid areas of southern Ningxia [J]. Agricultural Research in the Arid Areas, 1999, 17 (2): 8-13.

[4] Wang J P, Ma L, Jiang J, et al. Research on millet planting technique of micro-water harvesting in semi-arid area of the south part of Ningxia province [J]. Bulletin of Soil and Water Conservation, 2000, 20 (3): 41-43.

[5] Li X Y, Zhang R L. On-field ridge and furrow rainwater harvesting and mulching combination for corn production in dry areas of northwest China [J]. Journal of Soil and Water Conservation,

2005, 19 (2): 45-52.

[6] Li X Y, Gong J D. Effects of different ridge/furrow rations and supplemental irrigation on crop production in ridge and furrow rainfall harvesting system with mulches [J]. Agricultural Water Management, 2002, 54 (3): 243-254.

[7] Zhang D Q. Study of film mulching and chemistry preparation on millet in semi-arid areas of southern Ningxia [D]. Yangling: Northwest Agriculture & Forestry University (in Chinese), 2005.

[8] Liao Y C, Wen X Y, Han S M, et al. Effect of Mulching of Water Conservation for dry land Winter Wheat in the Loess Tableland [J]. Scientia Agricultura Sinica (in Chinese), 2003, 36 (5): 548-552.

[9] Duan D Y, Liu X J, Li W Q, et al. The ecological effects of plastic-mulched culture on the summer maize [J]. Agricultural Research in the Arid Areas in Chinese, 2003, 21 (4): 6-9.

[10] Wen X Y, Han S M, Zhao F X, et al. Research on ecological effect of wheat with plastic film in dry land [J]. Chinese Journal of Eco-Agriculture in Chinese, 2003, 11 (2): 93-95.

[11] Zhang Z M, Wang H Q. Optimal planting pattern of film mulching wheat and its micro-environmental effects on Weibei dry-land [J]. Agricultural Research in the Arid Areas in Chinese, 2003, 21 (3): 55-60.

[12] Xu Z H, Zhang B M, Liu J H, et al. Study on the physiology-ecological effect of winter wheat covered with plastic membrane [J]. Water Saving Irrigation (in Chinese), 2002 (3): 13-14.

[13] Pan Y, Guo J, Li Y. Characteristics of increasing temperature in Soils with plastic mulching [J]. Research of Soil and Water Conservation (in Chinese), 2002, 9 (2): 130-134.

[14] Kong X J, Jiang M Q. Experimental on applied fertilizer amount and planting density of direct-seeded early rice by tectorial dry farming [J]. Crop Research (in Chinese), 2000 (3): 16-18.

[15] Yang Y M, Liu X J, Sun H Y, et al. A preliminary study on ecological effect of plastic-film mulching on upland rice in summer [J]. Agricultural Reseach In The Arid Areas, 2000, 18 (3): 50-53.

[16] GB4404. 1—2008. Seeds of food crops-Cereals (in Chinese) [S].

[17] DB 13/T 1134—2009. Technology regulation of simplified millet cultivation (in Chinese) [S].

[18] DB13/T 1059—2009. Technology regulation of hybrid millet cultivation (in Chinese) [S].

[19] DB13/T 1730—2013. Technology regulation for comprehensive control of weeds in millet field (in Chinese) [S].

[20] DB 13/T 840—2007. Main pollution-free technology regulation for disease and pest control of millet (in Chinese) [S].

[此文原刊载于《Agricultural Science & Technology》, 2016, 17 (4): 869-871, 876]

Light simplified Millet production technique adopting film mulching and hole sowing

XIA Xueyan, LIU Meng, SONG Shijia, CHENG Ruhong, ZHAO Yu,
REN Xiaoli, LIU Fei, NAN Chunmei, LI Shunguo *

(Millet Research Institute/Hebei Academy of Agriculture and Forestry Sciences/Cereal Crops
Research Laboratory of Hebei Province/National Foxtail Millet Improvement Center)

Abstract: In order to solve the problem that dry-land foxtail millet production completely relies on rainwater with low instable yield and tedious cultivation, Millet Research Institute of Hebei Academy of Agriculture and Forestry Sciences integrated a light simplified production technique integrating film mulching, hole sowing and fertilization with mechanized production, forming the light simplified foxtail millet production technique adopting film mulching and hole sowing. This study introduced the light simplified foxtail millet production technique adopting film mulching and hole sowing, including main links such as preparation before sowing, sowing, attached agricultural machines, field management, harvest and residual film recovery.

Key words: Foxtail millet; Integrated film mulching, Hole sowing and fertilization; Simplification

Arid and semi-arid regions are in extreme lack of water resources, resulting in a poor irrigation condition. Foxtail millet production in these regions almost completely relies on rainwater, while the annual precipitation in such region is relatively less. In addition, there are many ineffective or microeffective precipitation days but few effective precipitation days, and the precipitation is distributed unevenly. Due to above conditions as well as arid climate and strong evaporation, farmers could not carry out seeding and fertilization in time, finally resulting in low and instable foxtail millet production. The conventional foxtail millet cultivation is tedious, its field operation depends on manpower and animal power with high labor intensity and low production efficiency. Such cultivation mode could not satisfy the requirements of novel operation entities for large scale and mechanized production, and seriously affects the development of foxtail millet industry[1-3]. In order to solving above problems, Foxtail millet Research Institute of Hebei Academy of Agriculture and Forestry Sciences developed a light simplified production technique integrating film mulching, hole sowing and fertilization, which has the effects of improving mechanization level of foxtail millet production, reducing labor intensity, saving labor cost and improving production efficiency, and is important to increase of both production and income and the development of foxtail millet industry.

1 Preparation before Seeding

1.1 Selection of crops for rotation

Continuous cropping of foxtail millet not only could result in damage due to diseases and pests, weeds and nutrient deficiency, but also could lead to uneven seedlings. Therefore, alternating cropping should be adopted for foxtail millet, which is necessary to be cultivated at an interval of 1 year. The best previous crop for foxtail millet is beans, and potato, wheat, corn, cotton and rape are also good previous corps for foxtail millet[4-5]. The alternating cropping with above crops not only is beneficial for foxtail millet cultivation, but also overcomes the harm caused by continuous cropping. Crop rotation could improve soil fertility, rationally utilize soil nutrients and control the occurrence of soil-borne diseases and pests. Therefore, it is necessary to avoid continuous cropping when selecting field for cultivating foxtail millet.

1.2 Application of base fertilizer

The base fertilizer is the basic fertilizer applied before seeding during soil preparation, also known as bottom fertilizer. Applying adequate high-quality base fertilizer is the material basis for high foxtail millet yield. The base fertilizer is mainly organic fertilizer, which may be combined with chemical fertilizers in application (phosphate fertilizer is most suitable for application as the base fertilizer), and N-P-K compound fertilizer is also could be applied as the base fertilizer. Under the condition of medium soil fertility, the application of the base fertilizer is conducted according to dry organic fertilizer about 4 500 kg · hm^{-2}, N-P-K compound fertilizer (N : P$_2$O$_5$: K$_2$O = 22 : 8 : 15) 750~800 kg · hm^{-2}, or slow/controlled release fertilizer (N : P$_2$O$_5$: K$_2$O = 18 : 7 : 13) 800~1 050 kg · hm^{-2}. If the base fertilizer is applied at the time of seeding as the seed fertilizer, the compound fertilizer and the slow/controlled release fertilizer is reduced to 450 kg · hm^{-2}.

1.3 Soil preparation

Foxtail millet grains are small and should be seeded shallowly, and fine soil preparationis required. Water required by emergence of foxtail millet seedlings in dry land mainly depends on natural rainfall, and therefore, it is necessary to well finish water storage and preservation of soil moisture. After the harvest of previous crop, stubble cleaning, application of the base fertilizer and deep ploughing are conducted immediately. The ploughing depth is 20 ~25 cm, and harrowing and preservation of soil moisture are conducted in time after ploughing. Fine soil preparation is beneficial to soil moisture conservation and full emergence of seedlings. The plastic film mulching technique could be adopted with the requirements of flat soil surface, fine crushed soil blocks and no weeds and remaining stubbles to avoid the damage to the mulching film. Therefore, the film-mulching hole-sowing fertilization integrated technique is adopted. After the harvest of the previous crop, stubble cleaning and deep ploughing with a depth over 20 cm are performed to allow rain water to penetrate into soil effectively. Furthermore, plant residues in field were removed; pressing, harrowing and leveling are performed to facilitate soil moisture conservation, and after these steps, the soil is clean, flat and fine without stubbles and in the state of loose in the upper part and compact in the lower part; and before film mulching, it is necessary to ensure the foxtail millet field is flat and loose in good soil moisture status without foreign matters and soil blocks.

1. 4 Variety selection

Seeds are one of the basic materialsfor agricultural production. Selecting good varieties is a method saving time and labor with the advantages of lost cost, low investment, high yield and big profit. During selection of good varieties, the varieties suitable for local condition with the characteristics of proper growth period, high quality, strong stress resistance, and high stable yield could be selected according to local climate, terrain, soil, culture system and field management. Furthermore, according to specific production target, high-yield, good-quality simplified-cultivation varieties or Se-enriched, Fe-enriched and glutinous varieties for special use could be selected.

1. 5 Mulching film

There are many mulching film types and specifications. Under the premise of using a seeder, the mulching film with higher strength and proper thickness is required due to the fact that low strength results in film breaking which influences seeding efficiency and quality and a higher thickness influences photosynthesis. Therefore, it is very important to select the mulching film with the specification matching with the film-mulching seeder. Ordinary plastic film, black film or water-osmosis plastic film with a width of $120\sim160$ cm and a thickness of $0.010\sim0.012$ mm could be selected. In addition, the black film has a better weed prevention effect, the water-osmosis plastic film has a better rainwater harvesting effect, and the selection could be performed according to different purposes.

2 Seeding

2. 1 Seeding at seeding time

As the saying goes, sowing foxtail millet seeds at proper time leads to excellent harvest, indicating the importance of sowing foxtail millet seeds at proper time. The main producing areas of foxtail millet showed different natural conditions and farming systems, and combined with a large number of different varieties, the seeding time is greatly different. For seeding after rain, it is necessary to ensure that the soil moisture content is suitable, or seeding could be performed at first before rain which would facilitate emergence. In addition, seeding could be conducted ahead of time under the premise of plastic film mulching. Therefore, the suitable seeding date is from April 20 to May 10 for seeding in early spring, the suitable seeding date is from May 10 to May 30 for seeding in late spring, and the suitable seeding date is from June 10 to June 30 for seeding in summer. Seeding too early leads to diseases and pests easily, and great attention should be paid to control of diseases and pests. Seeding too late would influence yield, while film mulching plus bunch planting could reduced the influence of late seeding on yield. Consequently, the best seeding time should be selected according to local climate conditions and the occurrence of diseases and pests in last year.

2. 2   Selection of machines

There are two kinds of film-mulching hole-sowing machines, one is the rotary-tillage film-mulching soil-covering fertilization hole-sowing machine developed by Millet Research Institute of Hebei Academy of Agriculture and Forestry Sciences and Dingxi Three-bull Agricultural Machinery Co. Ltd. of Gansu Province, and the other one is the water-osmotic plastic film-mulching hole-sowing machine developed by Institute of Integrated Survey of Agricultural Resources, Shanxi Academy of Agricultural Sciences. They both could be suspended on a four-wheel tractor (25.7~36.7 kW) and finish rotary tillage, film mulching, soil covering, hole sowing and pressing by one-time operation under the premise of ensuring uniform sowing.

2. 3   Planting specification

The planting specification is determined according to the parameters of the filming-mulching hole-sowing fertilization machine and the growth law of foxtail millet, and the planting mode is hole sowing on mulching film with a row spacing of 40 cm, a hole spacing of 15~25 cm and a sowing depth of 3~5 cm[6-7].

2. 4   Seeding rate

The seeding rate for the mechanized seeding by the film-mulching hole-sowing fertilization machine is determined according to specific variety type, germination rate and soil moisture content. Generally, the seeding rate is 3.0~4.5 kg · hm^{-2}. Under the condition of low germination rate and poor soil moisture content, the seeding rate should be increased.

3   Field Management

3. 1   Inspection of seedlings and replanting

Due to the flatness required by the mechanized seeding, it is hard to avoid the problem of poor emergence, resulting in the need for inspection of seedlings and replanting. For the field suffering serious seedling missing, reseeding should be conducted in time, and if the condition is not that serious, transplanting could be conducted with the seedlings obtained from the field with too-dense seedlings in 5~7 leaf stage.

3.2 Thinning, weeding

Hole sowing adopted in the film-mulched field is accurate hole sowing, without the need for thinning. Owing to whole-ground plastic mulching, the growth of weeds is inhibited, and the black film shows the best weed control efficiency. However, there are still weeds growing between films. The field planted with a herbicide-resistant variety could be applied with corresponding herbicide to kill weeds, and in the field planted with a herbicide-susceptible variety artificial weeding or application of herbicide Guyou (monosulfuron plus propazine) could be adopted to control weeds.

3.3 Topdressing, intertilling and banking up

Due to the whole ground is mulched with plastic film, topdressing is impossible, and therefore, the base fertilizer and seed fertilizer are heavily applied, without the need for topdressing during the growth period of foxtail millet. The film-mulching how-sowing technique exhibits a better soil moisture conservation effect, improves water use efficiency and simultaneously improves fertilizer utilization rate. Furthermore, the use of slow/controlled release fertilizer ensures continuous nutrient supply according to foxtail millet growth, and simultaneously improves soil microcirculation, thereby avoiding soil hardening as well as intertilling and banking up.

4 Control of Diseases and Pests

The control of diseases andpests are performed according to DB 13/T 840—2007 Main Pollution-free Technique Regulation for Disease and Pest Control of Foxtail millet[8]. Leaf fertilizers such as biogen and monopotassium phosphate could be applied in combination with the control measures. A broadcast motorized sprayer could be adopted in plain areas, and a suspended boom type sprayer matched with a small and medium-sized tractor as well as a manual knapsack sprayer is suitable for hilly and mountain areas. The field operation of the adopted spraying machine is according to its instruction. The liquid is well atomized and uniformly sprayed, with a plant coverage rate up to 95%, and the amounts sprayed by all nozzles are uniformly.

5 Harvest

Harvest is generally conducted in the late stage of wax ripeness and the stage of complete ripeness. A tangential grain combine harvester is adopted in a large plain field. A stage harvester could be adopted in a patch, i.e., a swather is used for cutting the crop, and after about 3 d, a thresher is used for threshing[9-10].

6 Recovery of Residual Plastic Film

After harvest, the residual plastic film is collected by a residual plastic film collector to a-void environment pollution. If the mulching film is not damaged seriously, sowing could be con-ducted on the film in the second year with a hand pushing-type hole-sowing machine or a hole-sowing machine having its film-mulching unit removed[11].

7 Conclusions

After multi-site experiment and demonstration over 3 years during 2013—2015, the results indicated that: the light simplified production technique integrating film mulching, hole sowing and fertilization has the effects of accommodating micro flows, conserving water moisture and improving temperature, and could improve utilization rate of natural precipitation by converting ineffective precipitation into effective precipitation, achieving the effect of re-markably increasing both production and income (increasing yield over 30%); there is no need for thinning and weeding, and sowing, film mulching and fertilization are finished by one-time operation; and the labor cost could be saved by more than 200 Yuan, indicating an ob-vious cost saving and effectiveness increasing effect. The light simplified production technique integrating film mulching, hole sowing and fertilization realizes the targets of high yield and high efficiency of dry-land foxtail millet production, with a very broad popularization prospect.

References

[1] Xia X Y, Li S G, Liu E K, et al. Yield increasing effect of rainfall micro-catchments on the foxtail millet cultivar Jigu 31 in semiarid area [J]. Agricultural Research in the Arid Areas (in Chinese), 2015, 33 (3): 184-189.

[2] Xia X Y, Shi Z G, Cheng R H. Effects of cultivation methods on the growth and development of simplified cultural foxtail millet variety Jigu 25 [J]. Journal of Hebei Agricultural Sciences (in Chinese), 2010, 14 (11): 5-7, 12.

[3] Xia X Y, Shi Z G, Cheng R H. The study on the physiological mechanisms to increase yield of the simplified methods of cultivation foxtail millet [J]. Acta Agriculturae Boreali-Sinica (in Chinese), 2010, 52 (S2): 79-83.

[4] Cheng R H, Xia X Y, Liang S B. Good foxtail millet varieties and efficient cultivation techniques [M]. Beijing: China Three Gorges Publishing House (in Chinese), 2006.

[5] Li Y M. Foxtail millet breeding science [M]. Beijing: China Agriculture Press (in Chinese), 1997.

[6] Zhang S J. Design of film-mulching seeder for foxtail millet [J]. Farm Machinery (in Chinese), 2012 (25): 138-139.

[7] Liu H, Guang T Z. Exploration of mechanized film-mulching accurate-sowing yield-increasing tech-niques for small-grain coarse cereals including foxtail millet [J]. Agricultural Technology

&Equipment (in Chinese), 2012 (6B): 26-28.

[8] Dong L. DB 13/T 840—2007, Main pollution-free technique regulation for disease and pest control of foxtail millet (in Chinese) [S].

[9] Yang Z J, Liu H X, Wu H Y, *et al*. Developing Direction of Foxtail millet Harvesting Mechanization and the Associated Machines [J]. Journal of Hebei Agricultural Sciences (in Chinese), 2013, 17 (3): 6-8.

[10] Wu H Y, Liu H X, Yang Z J, *et al*. Analysis of mechanization situation and development trends of foxtail millet production [J]. Agricultural Technology &Equipment (in Chinese), 2012 (12): 14-17.

[11] Xia X Y, Liu M, Du Z. Foxtail millet light simplified cultivation technique for wide row and double ridge and filming and fertilizing and sowing on one [J]. Journal of Hebei Agricultural Sciences (in Chinese), 2015, 19 (6): 1-2.

[此文原刊载于《Agricultural Science & Technology》, 2016, 17 (4): 887-889, 905]

Technology Regulation of Foxtail Millet Production Combining Machinery and Agronomy

XIA Xueyan[1], YANG Zhijie[2], CHENG Ruhong[1], SHI Zhigang[1], WU Haiyan[2],

LIU Huanxin[2], LIU Meng[1], ZHAO Yu[1], LI Xiaohe[2],

JIAO Haitao[2], LI Shunguo[1]

(1. Millet Research Institute, Hebei Academy of Agriculture and Forestry Sciences/
Cereal Crops Research Laboratory of Hebei Province/National Foxtail Foxtail millet Improvement
Center; 2. Hebei Agricultural Machinery Research Institute Co. Ltd)

Abstract: In order to solve the problems of low production efficiency, great loss and low yield, Millet Research Institute of Hebei Academy of Agriculture and Forestry Sciences integrated the plastic film mulching technique and mechanized production technique, forming a foxtail millet production technique combining machinery and agronomy. The foxtail millet production technique combining machinery and agronomy regulates millet production from the links of soil preparation, fertilization, variety selection, seeding, intertillage and fertilization and harvest, so as to achieve the effects of promoting the matching between agricultural machinery and agronomy, improving the level of millet mechanization, realizing light simplified production and saving labor cost. This technology regulation has a broad application prospect.

Key words: Foxtail millet; Combination of agricultural machinery and agronomy; Simplification

Foxtail millet is a traditional special crop native to China, serves for thousands of years as a main crop which cultivated the northern civilization of China. Therefore, it is honored as the fostering crop of Chinese nation. Foxtail millet has such outstanding characteristics of high drought resistance, good poor soil tolerance, high water use efficiency, wide adaptability, abundant nutrition, balanced components and high forage protein content, and is recognized as a strategy storage crop for solving the problem of water shortage in future, an ecological crop for constructing sustainable agriculture and a feature crop for adjusting people's dietary structure and balancing nutrition[1-6]. With people's knowledge about the nutritional value of foxtail millet growing, its market demand as well as market price gradually increases, and under the condition of the cultivation area of foxtail millet increasing by 30% in 2014, its unit price increased by 20%~30% compared with last year and exceeded the prices of egg, chicken and fresh fish. Furthermore, due to the drought resistance and poor soil tolerance of foxtail millet, the development of millet production is of great significance under the background of growing water shortage and rapid development of water-saving agriculture.

Due to continuously growing millet price and requirement from the development of water-saving agriculture, developing millet production is anticipated intensely, especially by new business entities such as large growers, planting cooperative and enterprises. With the advances in modern agriculture, agricultural labor cost increases, millet production has developed from small farmer production (single household) to hundreds mu and thousands mu production, and light simplified foxtail millet production has been an important requirement in millet production. Currently, simplified millet cultivation techniques, seeders and combine harvesters have made great progresses, while the matched production technique combining machinery and agronomy is still in lack. In order to reduce labor cost, large grower adopts mechanized combination process spontaneously, resulting in the problems of great loss and low yield. The mismatch of machinery and agronomy is mainly observed in following aspects: firstly, in the aspect of variety selection, some varieties have the disadvantages of untidy spike layers, incompact spikes and easy lodging, which might cause great loss during mechanized harvest and too-low yield; secondly, in the aspect of row spacing, the spacing of 40 cm is generally adopted in production currently and not suitable for intertillage and fertilization; and thirdly, conventional fertilization methods usually adopt the way of base fertilizer plus two times of topdressing, which could not satisfy the requirement of modern light simplified production.

The machinery suitable for physiological property and agronomic requirements of foxtail millet is applied, to improve productivity and reduce labor intensity; and the varieties and cultivation modes suitable for mechanical operation are selected, to realize the feasibility and high efficiency of mechanical operation. By the cooperation of agricultural machinery and agronomy, the target of light simplified foxtail millet production is realized.

1　Preparation before Seeding

1.1　Soil preparation

1.1.1　Agronomic requirements

For spring sowing, plowing is performed witha depth of $20\sim25$ cm after the harvest of previous crops, and pressing is then performed; and the base fertilizer is applied uniformly during rotary tillage with a depth of $10\sim15$ cm followed by pressing before seeding, and after these steps, the plough layer is flat and fine and in the state of loose in the upper part and compact in the lower part, and the soil surface is flat. The base fertilizer satisfies the provisions in NY/T 496—2010[7], and the operations are finished according to DB13/T 1134—2009[8] and DB13/T 1059—2009[9]. For summer sowing, no-tillage sowing is adopted in the field cultivated with wheat previously.

1.1.2　Standard of agricultural machinery

Soil preparation and fertilization are performed with a rotary-tillage fertilization machine according to the standard in NY/T 499—2002 operation quality of rotary-tillage machines[10] . During summer seeding performed in the field cultivated with wheat previously, seeds could be sown near to wheat stubbles, thereby reducing plowing link and saving machinery cost, but the wheat stubbles are required to be as low as possible, and the wheat cultivated in the field thus should be harvested with a wheat combine harvester with a cutting and throwing machine. The height of the wheat stubbles should be shorter than 5 cm, wheat straws are pulverized and uniformly spread on field surface, and the wheat stubbles remaining after harvest are pulverized with a straw returning machine.

1. 2　Variety selection

The foxtail millet varieties suitable for light simplified production are selected. The varieties are required to have high lodging resistance, compact spikes, tidy ear layers, mature green leaves, good resistance to millet rust, millet blast and banded sclerotial blight and a plant height≤150 cm, and the varieties resistant to herbicides are preferable.

In order to realize light simplified foxtail millet production, it is necessary toselected the foxtail millet varieties suitable for mechanized harvest. The foxtail millet varieties suitable for current combine harvester should have a plant height≤150 cm as too high plants result in higher stubbles which influences sowing of crop in next season; difficult separation of grains from straws causes greater loss during harvest; and too short plants cause blockage easily, i. e., too short plants result in high failure rate. Some diseases not influencing lodging resistance of varieties such as nematode, red leaf disease, downy mildew, smut and brown streak have no direct influence on mechanized harvest, while millet rust, millet blast and banded sclerotial blight would significantly influence mechanical harvest when the diseases are severe. A threshing experiment was carried out on summer millet varieties with different compactness by use of a truss thresher, and the result showed that for dry ears, ear compactness did not influence threshing, dry ears with different compactness exhibited substantially equal threshing rate, and the differences in threshing rate might be related to the glume-wrapping degree and compactness of small branches; and for wet ears with higher water contents, ears with different compactness exhibited obviously different threshing rates, nearly no spike was left on the ear stems of compact ear type varieties, grains remained on spikes were also less, while there were some spikes remaining on the ear stems of loose ear type varieties and there were more grains remaining on spikes. It is thus clear that under the condition of staged harvest, once millet ears were dried before threshing with a thresher, there is nearly no need to consider ear compactness, while using a combine harvester, the loss of a loose ear type is more than a compact ear type. Comprehensively, the varieties suitable for mechanized harvest should have following characteristics: lodging resistance≥Class 2; proper plant height, summer millet≤130 cm; spring millet≤150 cm; compact ear or medium ear compactness (a loose ear type is not suitable); good resistance to herbicides, and allowing thinning and weeding with herbicides, or allowing the use of other simplified thinning and weeding techniques; and during natural identification in a regional trial, resistance to the diseases (millet rust, millet blast and banded sclerotial blight) influencing lodging resistance not lower than class 3, and rate of plants suffered downy mildew<15%.

2 Seeding

2.1 Agronomical requirements

Seeding is performed with a depth of 3～5 cm, and pressing is performed immediately after sowing. The row spacing is 45～50 cm, and the seeding rate is regulated according to the instruction of corresponding variety.

2.2 Standard of agricultural machinery

For plain areas, a multi-row precision seeder matched with a tractor is used, a no-tillage seeder with the function of individual profiling is used for the field previously planted with wheat specifically, and the seeding depth is uniform. For small patches in hilly and mountain areas, a manual and animal-powered seeder is adopted. The adjustable seeding rate of seeders is require to be in the range of 3～15 kg · hm^{-2}.

3 Field management

3.1 Thinning and weeding

For a conventional variety, mechanized accurate seeding is adopted to avoid thinning orreduce thinning intensity, and weeding is performed according to DB13/T 1730—2013[11-12]. The thinning and weeding of the conventional varieties resistant to herbicides are performed according to DB13/T 1134—2009[8]. The thinning and weeding of hybrid varieties resistant to herbicides are performed according to the standard of hybrid varieties.

3.2 Intertillage and topdressing

3.2.1 Agronomical requirements

For the fields subjected to chemical weeding, intertillage and topdressing are performed when the seedling height is 35～45 cm, and urea is used for topdressing at an amount of 225～300 kg · hm^{-2}. For the fields free of chemical weeding, intertillage and weeding are performed once when the seedling height is 15～25 cm and once when the seedling height is 35～45 cm.

3.2.2 Standard of agricultural machinery

An intertillage and fertilization machine for foxtail millet matched with a four-wheel tractor (20～35 kW) is adopted for scarification, weeding, fertilization and earthing up. A mini-tiller or a manual and animal-powered machine could be used for small patches in hilly and mountain areas. After intertillage, following requirements should be satisfied: fine crushed soil, tidy furrows and ridges, a fertilizer exposure rate ≤5%, a weed removal rate ≥95%, a damaged seeding rate ≤5%, and intertillage, weeding and fertilization with a depth of 3~5 cm.

4 Control of diseases and pests

4.1 Agronomical requirements

The control of diseases and pests are performed according to DB13/T840—2007[13].

4.2 Standard of agricultural machinery

A suspended boom type sprayer matched with a small and medium-sized tractor as well as a manual knapsack sprayer is suitable for plain areas and hilly and mountain areas with operating conditions. The working quality of the used spraying machine satisfied the requirements in GB/T 17997—2008[14].

5 Harvest

5.1 Agronomical requirements

Harvest is conducted in the late stage of wax ripeness.

5.2 Standard of agricultural machinery

A stage harvester could be adopted in a patch, i.e., a swather is used for cutting the crop, and after drying for about 3 d, a thresher is used for threshing; and a grain combine harvester is adopted in a large field.

5.2.1 Cutting and drying

Cutting and drying are performed according to the operation instruction of used swather. The operation requirements are as follows: a stubble height ≤ 100mm; a total loss ratio ≤3%; and layer quality of 90°±20°.

5.2.2 Threshing

Threshing is performed according to the operation instruction of used grain thresher. The thresher satisfies the performance indexes in DB13/T 1694—2012[15].

5.2.3 Combined harvest

A tangential grain combine harvester is preferable[16-18]. The harvester is operated after replacing a divider special for foxtail millet harvest and adjusting the gap between a threshing cylinder and a separating sieve and the air volume of a blower according to the provisions in the operation instruction of the combine harvester.

6 Conclusions

The Millet Research Institute and Agricultural Machinery Research Institute in cooperation with coarse cereals specialized cooperatives of mazhuang village in Gaocheng established a Jigu 31 demonstration field （7 hm^2） of the production technology combining machinery and agronomy in 2013. The base adopted the foxtail millet variety Jigu 31 suitable for simplified cultivation, and whole-process light simplified production was realized by a seeder, a combine harvester and chemical weeding and thinning. The yield in the Jigu 31 demonstration field in 2013 was 12 967. 50 kg · hm^{-2}, which was higher than the yield of Jigu 31 by conventional management by 517. 50 kg · hm^{-2}. The whole-process light simplified production saved labor by 88. 50 units, and 5 310 Yuan of labor cost could be saved according to an average daily wage of 900 Yuan. According to the mechanized millet seeding and harvest cost of 1 200 Yuan · hm^{-2} and the millet price of 84 Yuan · kg^{-1}, the whole-process light simplified production of the foxtail millet variety Jigu 31 saved cost by 7 008 Yuan · hm^{-2}, showing an obvious cost-saving efficiency-improving effect.

The application of this technique could achieve the effectsof effectively improving the mechanized production level of foxtail millet cultivation by larger growers and specialized cooperatives, saving labor, saving production cost, promoting large-scale and standardized cultivation of foxtail millet in Hebei Province, and improving the industrial level of foxtail millet. Foxtail millet is a kind of drought-resistant poor soil-tolerant crop, and according to current market prices of foxtail millet and maize, the foxtail millet yield of 5 250 kg · hm^{-2} is equivalent to a maize yield of 13 500 kg · hm^{-2}, while cultivating foxtail millet saves water by 750~1 200 kg · hm^{-2} in comparison with cultivating maize. If 66 700 hm^2 of foxtail millet is cultivated in lowland plain of Heilonggang region, under the premise of no decrease in farmer's benefit, 2. 55×10^9 m^3 of water and 2. 00×10^7 kW of electric power could be saved, indicating obvious ecological benefits.

Therefore, with the application of the foxtail millet production technique combining machinery and agronomy, great economic, social and ecological benefits could be achieved.

References

[1] Gu S L. Foxtail millet cultivation in China [M]. Beijing: Agricultural Publishing House (in Chinese), 1987.

[2] Cheng R H, Xia X Y, Liang S B. Good foxtail millet varieties and efficient cultivation techniques [M]. Beijing: China Three Gorges Publishing House (in Chinese), 2006.

[3] Shanxi academy of agricultural sciences. Foxtail millet cultivation in China [M]. Beijing: Agricultural Publishing House (in Chinese), 1987.

[4] Zhou H Z, Liu H, Zhou X J. Weed species common in foxtail millet field in Hebei Province and their occurrence regularity and chemical control [J]. China Plant Protection (in Chinese),

2011, 31 (12): 23-25.

[5] Xia X Y, Shi Z G, Cheng R H. The study on the physiological mechanisms to increase yield of the simplified methods of cultivation millet [J]. Acta Agriculturae Boreali－Sinica (in Chinese), 2010, 25 (B12): 263-267.

[6] Xia X Y, Shi Z G, Cheng R H. Effects of cultivation methods on the growth and development of simplified cultural foxtail millet variety Jigu 25 [J]. Journal of Hebei Agricultural Sciences (in Chinese), 2010 (11): 5-7.

[7] NY/T 496—2010. Guideline of rational fertilizer application (in Chinese) [S].

[8] DB13/T 1134—2009. Technology regulation of simplified foxtail millet cultivation (in Chinese) [S].

[9] DB13/T 1059—2009. Technology regulation of hybridfoxtail millet cultivation (in Chinese) [S].

[10] NY/T 499—2002. Operation quality of rotary cultivator (in Chinese) [S].

[11] DB13/T 1730—2013. Technology regulation for comprehensive control of weeds in foxtail millet field (in Chinese) [S].

[12] Zhou H Z, Liu H, Song Y F. Study on integrated technique for prevention and control of weeds in the millet field of Hebei Province [J]. Weed Science (in Chinese), 2011, 29 (3): 30-36.

[13] DB13/T840—2007. Main pollution-free technology regulation for disease and pest control of foxtail millet (in Chinese) [S].

[14] GB/T 17997—2008. Field operation rules and spraying quality evaluation of agricultural chemical sprayer (spraying machine) (in Chinese) [S].

[15] DB13/T 1694—2012. Foxtail millet thresher (in Chinese) [S].

[16] Yang Z J, Liu H X, Wu H Y, et al. Developing direction of millet harvesting mechanization and the associated machines [J]. Journal of Hebei Agricultural Sciences (in Chinese), 2013, 17 (3): 6-8.

[17] Wu H Y, Liu H X, Yang Z J, et al. Mechanization status and development trend of foxtail millet production [J]. Agricultural Technology & Equipment (in Chinese), 2012 (12): 14-17.

[18] Li X H, Jiao H T, Wu H Y, et al. Development of production machinery for foxtail millet industrial technology system [J]. Hebei Agricultural Machinery (in Chinese), 2015 (1): 13.

[此文原刊载于《Agricultural Science & Technology》, 2016, 17 (5): 1 106-1 109]

耕层重构对连作棉田土壤理化性状及棉花生长发育的影响

王树林，祁　虹，王　燕，张　谦，冯国艺，林永增

（河北省农林科学院棉花研究所／农业部黄淮海半干旱区棉花生物学与遗传育种重点实验室）

摘　要： 针对黄河流域连作棉田常年旋耕导致犁底层变厚变硬，土壤蓄水保墒能力下降，养分在表层富集，病害加重等问题，探讨土壤耕层重构技术在黄河流域棉区生产上的可行性。试验于 2014 和 2015 年在河北省农林科学院棉花研究所威县试验站进行，在连作棉花 20 年的土壤条件下采用随机区组试验，设置了 T1（0～15 cm 与 15～30 cm 土壤互换）、T2（0～20 cm 与 20～40 cm 土壤互换，同时松动 40～55 cm 土壤）、T3（0～20 cm 与 20～40 cm 土壤互换，同时松动 40～70 cm 土壤）、CK（旋耕 15 cm）4 个处理，调查土壤理化性状、棉花生育性状、田间杂草与病衰指数等指标。结果表明，在 20～40 cm 土层 T2 处理容重两年较 CK 分别降低 0.13 g·cm^{-3} 与 0.15 g·cm^{-3}；20～40 cm 土层全氮、速效磷、速效钾含量 T2 与 T3 显著高于 T1 与 CK；灌水（雨）后深层土壤蓄水量增加，播种后 40～60 cm 与 60～80 cm 土层蓄水量 T2 较 CK 2014 年增加 3.5 mm、5.5 mm，2015 年增加 6.7 mm、3.4 mm，在蕾期干旱时 0～20 cm 与 20～40 cm 土层蓄水量 T2 较 CK：2014 年高 6.6 mm、8.7 mm，2015 年高 4.2 mm、9.2 mm。耕层重构后棉花根系量显著增加，地上部干物质积累表现出开花期前低、开花期后高的趋势；耕层重构处理单株铃数、单铃重、皮棉产量较对照显著提高，T2 皮棉产量两年较 CK 分别增加 6.1%、10.2%。耕层重构对灭除田间杂草具有明显效果，T2 处理病衰指数两年分别降低 41.7% 与 31.9%。适宜的土壤耕层重构方式（T2）是解决连作棉田问题、提高棉花产量的有效措施。

关键词： 耕层重构；土壤理化性状；棉花发育；病衰指数

棉花是河北省主要经济作物之一，主要分布在河北省中南部干旱半干旱地区，种植方式以多年连作为主，常年连作导致棉花生产出现诸多问题，一是土壤中枯萎病、黄萎病等致病菌数量积累引起的棉花早衰、减产[1-2]，二是传统的旋耕方式导致犁底层变浅，土壤通透性降低，影响棉花根系下扎，同时土壤蓄水、供水能力下降[3-5]，三是土壤养分主要集中在上部耕层，垂直分布不均衡，且田间杂草危害严重[6-8]。目前生产上的土壤耕作方式有旋耕、深翻、深松等，关于不同耕作方式对土壤水分、理化性状、作物生长的影响，前人做了大量研究，深翻降低土壤容重[9]，有利于蓄积休闲期降水，改善底墒，增加土壤含水量，促进作物向深层吸收土壤水分[10-11]，棉田深翻能有效地降低棉花黄萎病的发生和危害[12]；深松打破犁底层促进了根系的下扎，使深层土壤根系比例增加[13]，深层根系虽少，但越到后期深层根系对作物光合生理、地上部营养生长和产量形成越重要[14]；郑成岩等[15]研究认为，深松+条旋耕有利于小麦对深层土壤

水分的利用，并减少了土壤水分向大气中的耗散，降低农田耗水量，有利于开花后干物质和光合产物向籽粒的分配。但传统深翻与深松深度大多涉及 25～35 cm 土层，在解决连作棉田导致的上述问题时，均存有不足之处，如对棉花病害与草害、土壤养分垂直分布的影响并不明显，为此，笔者提出了一种新的土壤耕作方式—土壤耕层重构，即将 0～20 cm 耕层与 20～40 cm 耕层土壤互换，同时松动 40 cm 以下耕层，试图通过土壤耕层的重新构筑，解决连作棉田生产中存在的诸多弊病。土壤耕层重构与传统深翻相似，但又存在明显差别，与深翻相比，土壤耕层重构是将 20～40 cm 土壤完全覆盖在 0～20 cm 土层之上，而深翻难以对上下土层进行完全的互换，同时土壤耕层重构技术可以将 40 cm 以下的土层进行松动，最深可达 70 cm。本研究设置了不同深度耕层重构处理，分析了耕层重构对土壤蓄水能力、土壤容重变化、棉花根系及地上部生长发育的影响，以期为解决连作棉田病害严重、土壤蓄水供水能力下降、棉花产量下降等问题提供理论依据。

1　材料与方法

1.1　试验时间与地点

于 2014 和 2015 年在河北省农林科学院棉花研究所威县试验站（河北省邢台市威县枣园乡东张庄村）进行试验。所用试验地土壤均为沙壤土，0～20 cm 土层基础养分含量 2014 年为有机质 9.4 g·kg^{-1}，全氮 0.655 g·kg^{-1}，速效磷 21.6 mg·kg^{-1}，速效钾 163 mg·kg^{-1}，2015 年为有机质 7.6 g·kg^{-1}，全氮 0.504 g·kg^{-1}，速效磷 18.5 mg·kg^{-1}，速效钾 115 mg·kg^{-1}，棉花品种两年均采用冀杂 2 号。

1.2　试验设计

采用随机区组设计，以常规旋耕为对照（CK），旋耕深度 15 cm，设置 3 个处理，分别为 T1：将 0～15 cm 土壤与 15～30 cm 土壤互换；T2：将 0～20 cm 土壤与 20～40 cm 土壤互换，同时松动 40～55 cm 土层，T3：将 0～20 cm 土壤与 20～40 cm 土壤互换，同时松动 40～70 cm 土层，具体做法（以 T2 为例）为用铁锹先将 0～20 cm 土壤移至一处，再将 20～40 cm 土壤移至另一处，用铁锹铲松 40～55 cm 土壤，然后先回填 0～20 cm 土壤，再回填 20～40 cm 土壤。3 次重复，共 12 个小区，小区宽 5.6 m，长 6.0 m，面积 33.6 m^2。

试验两年均于 4 月 10 日进行不同耕层重构处理，4 月 16 日施肥，公顷施肥尔得复合肥（N：P$_2$O$_5$：K$_2$O 为 15：13：17）750 kg，肥料撒施于地表后灌水，灌水量为 1 200 m^3·hm^{-2}，4 月 24 日对照小区进行旋耕，所有小区耙糖后统一播种；棉花采用塑料地膜覆盖，地膜宽 90 cm，厚度为 0.006 mm，由播种机一次完成播种、覆膜、压土工序，大小行种植，大行距 95 cm，小行距 45 cm，棉花株距 25 cm，每小区种 8 行棉花；2014 年 7 月 16 日灌水 1 次，灌水量 600 m^3·hm^{-2}，2015 年灌水 2 次，分别为 7 月 2 日与 8 月 1 日，灌水量 600 m^3·hm^{-2}，两年棉花生育期内降水量见表 1，其他管理措施同大田。

表1　棉花生育期内降水量及其分布

年份	4月28日—5月13日	5月14日—6月13日	6月14日—7月13日	7月14日—8月13日	8月14日—10月23日	合　计
2014年	26.2	34.4	114.3	79.1	79.2	333.2
2015年	81.8	17.0	20.6	125.7	38.0	283.1

1.3　测定项目与方法

1.3.1　土壤蓄水量与耗水量

在播种后于4月28日（播种后）、5月13日（苗期）、6月13日（蕾期）、7月13日（初花期）、8月13日（花铃期）与10月23日（收获期）按0～20 cm、20～40 cm、40～60 cm、60～80 cm测定土壤含水量，每小区按S取样法取5个点，用土钻取土后混匀立即将样品放入铝盒，110 ℃烘干至恒重，计算土壤含水量[16]。

土壤蓄水量[17]计算方法：$SWS_i = W_i \times D_i \times H_i \times 10/100$ 式中 SWS_i 为第 i 土层土壤蓄水量（mm），W_i 为第 i 土层土壤含水量（%），D_i 为第 i 土层土壤容重（g·cm^{-3}），H_i 为第 i 土层厚度；由于土壤容重在一个生长季内变化较小，因此计算不同生育阶段土壤蓄水量时均以7月15日测定容重为准。

生育阶段耗水量计算方法：生育阶段耗水量=阶段初土壤蓄水量+降水量+灌溉量-阶段末土壤蓄水量（本试验中计算0～80 cm土层总耗水量，包括地表蒸发、植株蒸腾、水分下渗，由于试验期间未发强降雨，因此水分下渗所占比例小，文中以地表蒸发与植株蒸腾为主进行分析）。

1.3.2　土壤容重测定

于7月15日（初花期）用环刀法测定0～80 cm土壤容重，每20 cm一层，每个小区随机取3个点计算平均数。

1.3.3　土壤养分含量

试验于播种后取样测定0～20 cm、20～40 cm、40～60 cm、60～80 cm土层全氮、速效磷、速效钾含量，每小区取5个点，混合均匀后风干，全氮采用浓硫酸消煮-凯氏定氮法，速效磷采用碳酸氢钠浸提-钼锑抗比色法，速效钾采用醋酸铵浸提-火焰光度计法测定[18]。

1.3.4　棉花根系性状

于10月13日（收获期）利用挖根法，每小区取3株，以棉株为中心，挖取宽40 cm（垂直行向）、长25 cm（沿行向），深度分0～20 cm、20～40 cm、40～60 cm三层土壤，将土壤分次装于60目筛网中用水冲洗，洗净后的棉根用GXY-A根系分析系统扫描，以＊.tif文件格式存储在计算机中，使用WinRHIZO version 5.0进行图形分析；然后在85 ℃下烘干后称重。

1.3.5　棉花地上部干物重

5月25日（苗期）、6月13日（蕾期）每小区取5株棉花整株烘干，7月13日（初花期）、8月13日（花铃期）、9月10日（收获期）每小区取3株，将茎叶、蕾铃分开后烘干，烘干方法为 105 ℃ 杀青 30 min 后于 85 ℃ 烘干至恒重测定干物质重。

1.3.6　棉花病衰指数

9 月 10 日第 1 次收获前每小区选择长势一致的 50 株棉花调查病衰指数，病衰指数合并棉花叶片黄萎病发病程度及早衰程度分为 5 级[19-20]，其中 0 级为整株叶片没有发病及衰老变黄症状，1 级为整株 25% 以下叶片出现黄萎病及衰老变黄症状，2 级为整株 25%～50% 叶片出现黄萎病及衰老变黄症状，3 级为整株 50%～75% 叶片出现黄萎病及衰老变黄症状，4 级为整株 75% 以上叶片出现黄萎病及衰老变黄症状（包括整株死亡），棉花病衰指数=(1×1 级株数+2×2 级株数+3×3 级株数+4×4 级株数) ／ (4×调查总株数)×100

1.3.7　田间杂草调查

分别于 5 月 13 日（苗期）、7 月 13 日（初花期）、10 月 23 日（收获期）每小区取宽 2.8 m，长 1.0 m 的区域，将全部杂草收取后 105 ℃ 杀青 30 min，85 ℃ 烘干至恒重。每次杂草取样后将小区杂草全部人工锄掉。

1.3.8　棉花生育性状及产量

9 月 10 日每小区选取长势一致的棉花 20 株调查成铃数，吐絮后分次收取全部吐絮铃，测定单铃重与衣分，小区全部收获计产。

试验数据均用 Microsoft Excel 2003 和 DPS 7.05 数据处理统计软件进行分析。

2　结果与分析

2.1　耕层重构对土壤理化性质的影响

2.1.1　土壤容重

从表 2 中可以看出，耕层重构后显著降低了不同土层土壤容重，两年结果趋势基本一致。对照 20～40 cm 土层容重最大，为受犁底层影响所致[21]，耕层重构后对于 20～40 cm 土层降低幅度最大，表明其打破犁底层的效果明显；3 个重构处理中以 T1 上下层容重分布最为均衡，T2 在 40～60 cm 处，T3 在 40～60 cm、60～80 cm 处土壤容重明显降低，这是由于 T2 扰动到了 50 cm 土层，而 T3 扰动到了 70 cm 土层所致。

表 2　耕层重构处理不同土层土壤容重

年份	处　理	0～20 cm	20～40 cm	40～60 cm	60～80 cm
2014 年	CK	1.50 a	1.55 a	1.43 a	1.41 a
	T1	1.45 b	1.46 b	1.45 a	1.42 a
	T2	1.43 b	1.42 b	1.38 b	1.41 a
	T3	1.44 b	1.40 b	1.36 b	1.35 b
2015 年	CK	1.49 a	1.54 a	1.43 a	1.42 a
	T1	1.47 a	1.50 b	1.45 a	1.41 a
	T2	1.41 b	1.39 b	1.36 b	1.43 a
	T3	1.40 b	1.39 b	1.32 b	1.36 b

注：同列不同小写字母表示 0.05 水平差异显著

2.1.2 棉花不同生育阶段土壤蓄水量与耗水量

播种后测定不同土层蓄水量显示，两年均为 0～80 cm 土层总蓄水量差异不大（表3），但耕层重构增加了下层土壤的蓄水量，2014 年 T2、T3 在 40～60 cm 土层与 60～80 cm土层较对照分别增加 3.5、5.5、2.9 和 7.0 mm，2015 年则分别是 6.7、3.4、5.9 和 3.5 mm，而长期旋耕形成的犁底层阻碍了水分的下渗，使播前所灌底墒水主要集中在 0～20 cm 与 20～40 cm 土层（图1）。

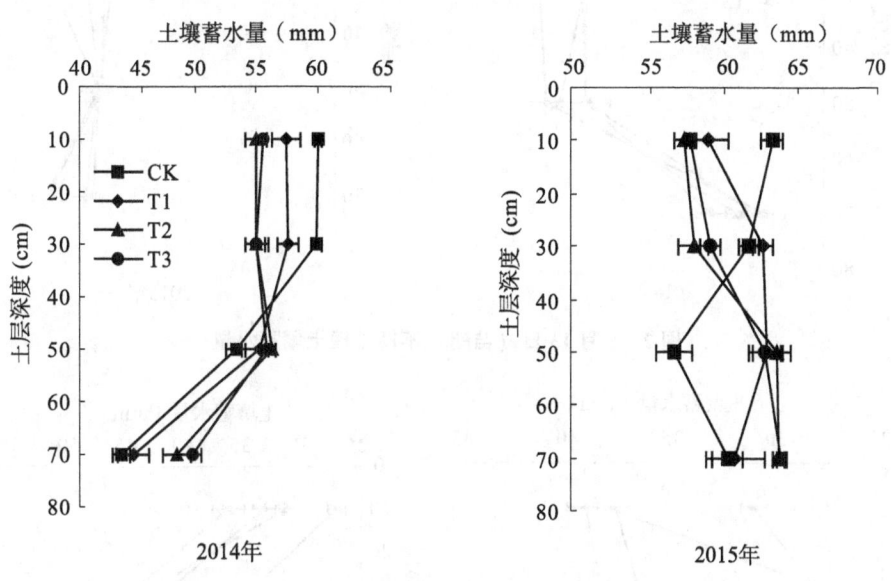

图1 4月28日（播种后）耕层重构处理土壤蓄水量

苗期土壤蓄水量较播种后略有下降，其中对照下降幅度大于耕层重构各处理（表3）。从不同土层来看，0～20 cm 土层蓄水量 CK 下降幅度最大，蓄水量低于其他 3 个处理（2014 年 CK 与 T1 相差不大），20～40 cm 土层两年趋势相同，均是 T1 最高，其他 3 个处理差异不显著；40～60 cm 与 60～80 cm 土层蓄水量与播种后相比下降幅度不大（图2）。说明苗期土壤水分消耗以上层为主，这一时期棉苗自身蒸腾消耗很小，地表蒸发占主导地位，而对照水分多蓄集在表层（表4）；2015 年耗水量明显大于 2014 年，是由于 2015 年苗期降水量偏大，但降水多通过土壤表面蒸发而损失掉。

蕾期土壤蓄水量大幅下降，CK 蓄水量最低，T3 处理蓄水量最高，且两年差异均达显著水平。2014 年蓄水量 T3 与 T2 差异不显著，2015 年 T3 显著高于 T2（表3）；从不同土层蓄水量来看，对照 0～20 cm 与 20～40 cm 土层蓄水量低于耕层重构各处理是导致其 0～80 cm 土层蓄水量低的主要原因，40～60 cm 与 60～80 cm 土层蓄水量各处理间差异不大（图3）。

苗期至蕾期土壤水分损耗加剧，从总耗水量来看，不同处理间表现为 CK>T1>T2>T3（表4），主要是随着温度不断升高与日照强度增加，地表蒸发持续上升，另一方面棉花根系迅速生长，对土壤水分的吸收也不断增加，因此从不同土层水分损耗所占比例来看，仍以 0～20 cm 与 20～40 cm 为主，40～60 cm 土层水分损耗增加，60～80 cm 损耗较少。

初花期土壤蓄水量进一步下降，但不同处理蓄水量随耕层扰动深度增加有增加的趋

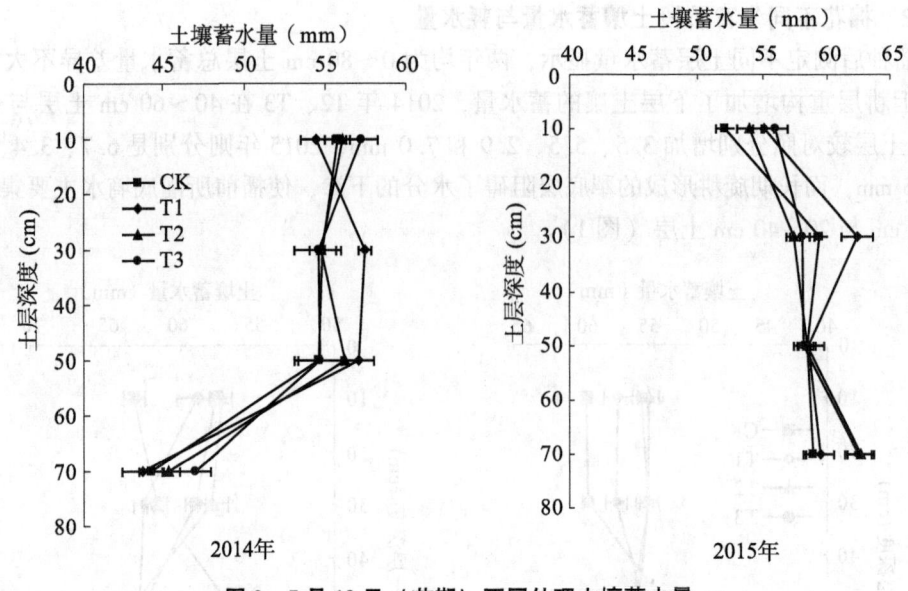

图2 5月13日（苗期）不同处理土壤蓄水量

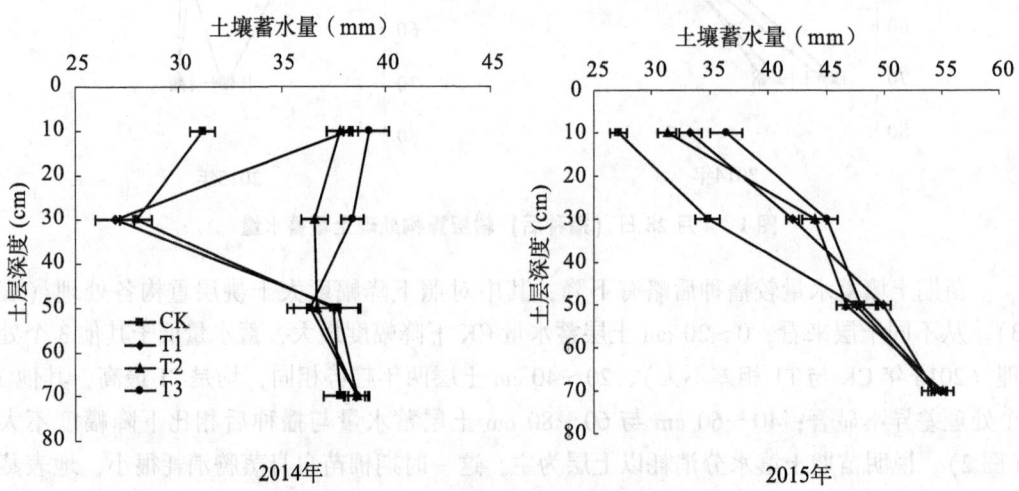

图3 6月13日（蕾期）不同处理土壤蓄水量

势（表3）。2014年T2与T3间差异不大，但显著高于T1与CK，2015年T3蓄水量最高，T1与T2间差异不显著，但均显著高于CK；从不同土层蓄水量来看，2014年0～20 cm与20～40 cm土层T2与T3蓄水量显著高于对照，2015年T1、T2、T3处理4个土层蓄水量均显著高于对照（图4）；这一结果表明当遭遇初花期干旱时，耕层重构处理仍能使土壤保持较高的蓄水量，从而提高棉花的抗旱能力。此期耕层重构处理耗水量2014年显著高于CK，2015年各处理间差异不显著（表4），而在苗期、蕾期对照耗水量均高于耕层重构处理，这一耗水规律表明，进入蕾期以后，由于棉田逐渐封垄，地表蒸发迅速降低，棉株蒸腾成为土壤水分损耗的主体，耕层重构处理棉花耗水量的增加证明其植株蒸腾作用的增强，这是其土壤水分供应充足，促使棉花生长加快所引起的。

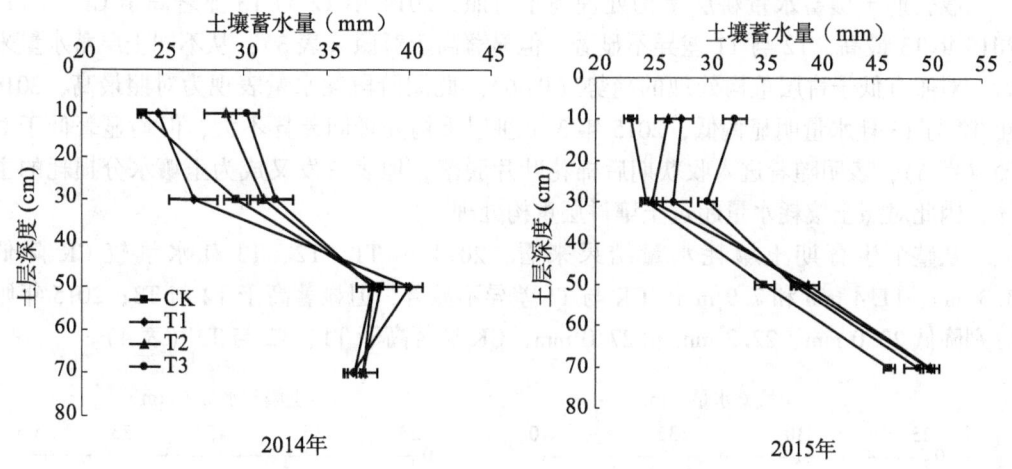

图4 7月13日（初花期）不同处理土壤蓄水量

盛铃期土壤蓄水量差异不显著，但不同土层蓄水量分布差异显著。2014 年盛铃期较干旱，0～20 cm 土层蓄水量耕层重构处理显著高于对照，且 T3>T2>T1，20～40 cm 土层蓄水量 T3 与 T2 显著高于 T1 与 CK，但 40 cm 以下土层蓄水量相反，耕层重构处理低于对照（图 5）；从土壤耗水量来看，耕层重构处理此期阶段耗水量显著高于对照（T1 除外），表明在干旱条件下，耕层重构处理深层土壤水分上移，能够被棉花充分利用。2015 年盛铃期灌水 1 次，随后发生 2 次大的降雨，属多水年份，从不同土层蓄水量来看，规律性与播种后相似，即耕层重构处理水分下渗，多蓄积在下层，而对照由于犁底层的存在，水分多蓄积在上层土壤中。

两年结果表明，耕层重构处理具有较强的土壤水分调节作用，在干旱年份可调动土壤深层水分供棉花生长利用，多雨年份可将水分蓄积在土壤下层。此期耗水量耕层重构处理高于对照（表4），表明在以蒸腾为主的土壤水分损耗中，耕层重构处理棉花能够吸收更多的土壤水分用于生长发育。

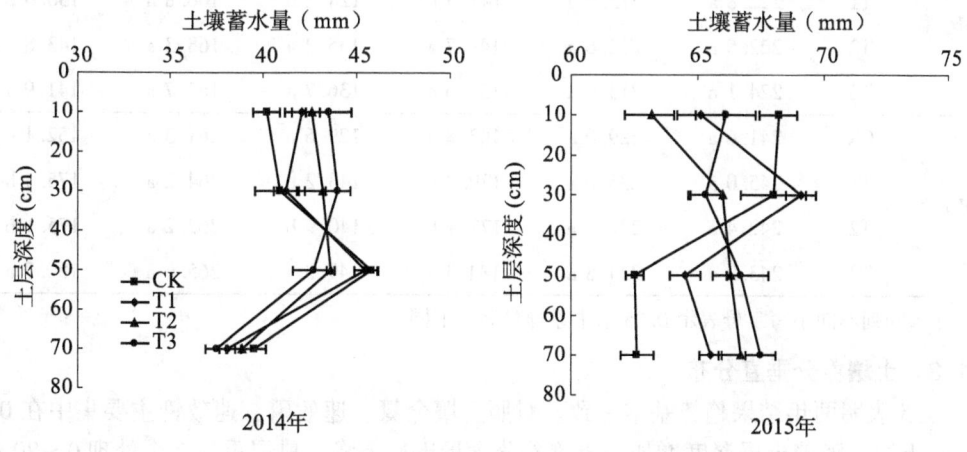

图5 8月13日（花铃期）不同处理土壤蓄水量

收获期土壤蓄水量耕层重构处理高于对照，2014 年 T2 与 T3 显著高于 CK 与 T1，2015 年 T3 最高，T2 与 T1 差异不显著，但显著高于对照（表3）；从不同土层蓄水量来看，对照有低于耕层重构处理的趋势（图6）。此期阶段耗水量表现为对照最高，2014 年 T2 与 T3 耗水量明显偏低，2015 年 3 个耕层重构处理间差异不大，但均显著低于对照（图6），表明随着进入收获期后棉花叶片脱落，地表蒸发又成为土壤水分损耗的主体，因此对照土壤耗水量超过土壤耕层重构处理。

从整个生育期土壤耗水量结果来看，2014 年 T1、T2、T3 耗水量较 CK 降低 3.3 mm、11.4 mm 和 7.9 mm，CK 与 T1 差异不显著，但显著高于 T2 与 T3；2015 年则分别降低 20.0 mm、22.2 mm 和 27.0 mm，CK 显著高于 T1、T2 与 T3（表4）。

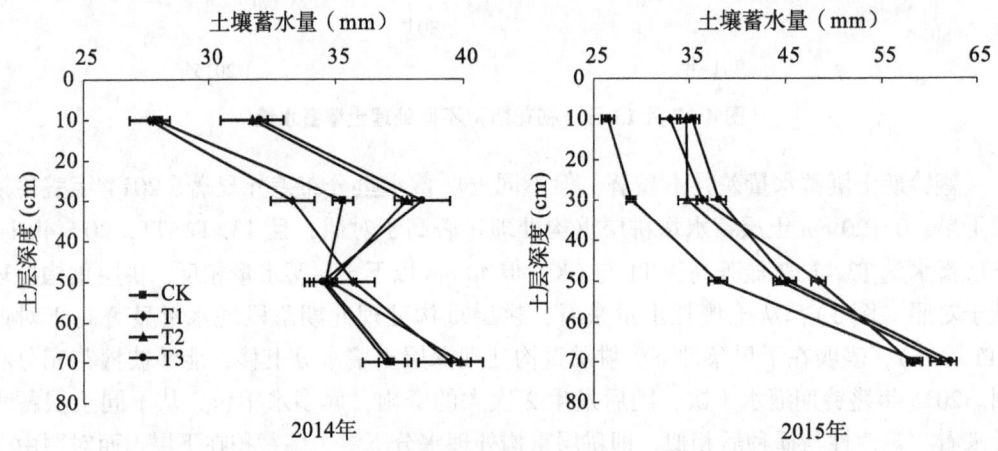

图6　10 月 23 日（收获期）不同处理土壤蓄水量

表3　耕层重构处理棉花不同生育阶段 0~80 cm 土层蓄水量

年份	处理	4月28日	5月13日	6月13日	7月13日	8月13日	10月23日
2014 年	CK	225.1 a	209.6 a	134.4 c	128.7 b	166.4 a	135.1 b
	T1	222.8 a	212.9 a	141.5 b	128.2 b	166.8 a	136.0 b
	T2	222.5 a	212.6 a	149.7 a	135.2 a	168.3 a	143.8 a
	T3	224.1 a	213.6 a	152.6 a	136.7 a	167.7 a	141.9 a
2015 年	CK	241.6 a	229.0 a	163.8 c	129.6 c	261.3 a	152.1 c
	T1	245.0 a	235.6 a	179.7 b	143.2 b	264.2 a	175.4 b
	T2	242.4 a	232.7 a	177.1 b	140.9 b	262.2 a	175.1 b
	T3	243.2 a	234.8 a	184.3 a	149.3 a	265.6 a	180.7 a

注：同列不同小写字母表示 0.05 水平差异显著，下同

2.1.3　土壤养分垂直分布

表5 表明两年结果趋势基本一致。对照土壤全氮、速效磷、速效钾主要集中在 0~20 cm 土层，随着土层深度增加，土壤养分含量迅速下降；耕层重构 3 个处理 0~20 cm 土层养分含量均低于对照，且差异达显著水平，但 20~40 cm 土层养分含量则高于对

照，其中 T2 与 T3 处理的全氮、速效磷、速效钾含量均显著高于对照，40 cm 以下土层全氮差异不大，而速效磷与速效钾含量在 40 cm 以下土层较对照仍有不同程度增加。根据以上结果可知，T2 与 T3 处理提高了下层土壤的养分含量，使养分在土层中的垂直分布更加均衡。

表4　耕层重构处理棉花不同生育阶段耗水量　　　　　　　　　　　　　（mm）

处理	4月28日—5月13日	5月14日—6月13日	6月14日—7月13日	7月14日—8月13日	8月14日—10月23日	合计
2014 年						
CK	41.8 a	109.6 a	120.0 b	101.4 b	110.5 a	483.3 a
T1	36.0 b	105.8 b	127.6 a	100.5 b	110.0 a	480.0 a
T2	36.1 b	97.2 c	128.9 a	106.0 a	103.7 b	471.9 b
T3	36.7 b	95.4 c	130.2 a	108.1 a	105.0 b	475.4 b
2015 年						
CK	94.3 a	82.8 a	114.8 a	54.0 c	147.2 a	492.6 a
T1	91.1 b	72.9 b	117.0 a	64.7 b	126.8 b	472.6 b
T2	91.6 b	72.5 b	116.8 a	64.4 b	125.1 b	470.4 b
T3	90.2 b	67.5 c	115.6 a	69.4 a	127.1 b	465.6 b

表5　耕层重构处理不同土层土壤养分含量

处理	全氮（g·kg^{-1}）				速效磷（mg·kg^{-1}）				速效钾（mg kg^{-1}）			
	0~20 cm	20~40 cm	40~60 cm	60~80 cm	0~20 cm	20~40 cm	40~60 cm	60~80 cm	0~20 cm	20~40 cm	40~60 cm	60~80 cm
2014 年												
CK	0.67 a	0.416 b	0.413 a	0.402 a	23.4 a	7.7 c	2.7 b	2.3 a	185 a	83 b	72 c	66 a
T1	0.543 b	0.421 b	0.407 a	0.474 a	20.9 b	10.5 b	3.7 b	2.0 a	156 b	86 b	79 bc	71 a
T2	0.530 b	0.491 a	0.426 a	0.435 a	20.0 b	14.0 a	6.7 a	2.1 a	139 c	105 a	88 b	73 a
T3	0.504 b	0.501 a	0.412 a	0.455 a	20.5 b	14.4 a	8.7 a	2.1 a	138 c	98 a	96 a	74 a
2015 年												
CK	0.631 a	0.398 b	0.406 a	0.387 a	19.2 a	6.3 c	2.1 b	2.2 a	122 a	66 b	51 b	58 a
T1	0.552 b	0.391 b	0.395 a	0.413 a	17.1 b	10.6 b	2.9 b	2.1 a	108 b	81 a	56 b	60 a
T2	0.528 b	0.490 a	0.419 a	0.402 a	17.5 b	13.2 a	5.4 a	2.3 a	106 b	80 a	62 b	63 a
T3	0.511 b	0.506 a	0.426 a	0.418 a	16.9 b	13.1 a	6.6 a	2.5 a	101 b	84 a	66 a	60 a

2.2 耕层重构对棉花生长发育的影响

2.2.1 棉花根系生长分布

耕层重构对不同土层棉花根系生长均具有明显的促进作用，两年结果趋势一致。2014年根系长度T1、T2、T3分别比对照增加14.3%、19.3%和26.4%，2015年则分别是11.0%、26.4%和43.3%，耕层重构对20～40 cm与40～60 cm土层根系生长量增加尤为显著，根长、根干重、表面积与体积都较对照有大幅度提高，并且0～20 cm土层根系各项指标也较对照显著增加。由此可见，耕层重构后明显促进了棉花根系的下扎，不仅使下层土壤中根系生长量有了大幅度的提高，对上层土层根系生长也有明显的促进作用，这有助于棉花吸收利用下层土壤中的水分，提高其抗旱能力（表6）。

2.2.2 棉花地上部干物质积累

在整个生育期中，耕层重构处理棉花干物质积累与对照相比，表现出前期低、后期高的特点。苗期干物质积累对照显著高于3个耕层重构处理，其中T1又显著高于T2与T3，蕾期CK仍显著高于其他3个处理，但T1、T2与T3之间差异不显著，初花期CK与各耕层重构处理之间差异均不显著，盛铃期T2与T3显著高于CK与T1，吐絮期2014年T1、T2、T3干物质积累较CK分别增加10.6%、24.1%和30.0%，2015年则分别增加16.8%、25.8%和42.9%，且差异达到显著水平；2014年花铃期属干旱年份，T2与T3长势均较稳健，干物质积累相差不大，2015年由于花铃期灌水1次，加上出现两次大的降雨，导致T3棉花生长偏旺，茎叶干物质积累显著高于其他处理。这一结果表明土壤耕层经重构后，对棉花前期生长不利，但具有明显的后发优势（表7）。

2.2.3 棉花产量构成

耕层重构对棉花单株铃数、单铃重与皮棉产量都有显著的提高作用。2014年耕层重构3个处理单株铃数显著高于对照，单铃重T2与T3显著高于CK与T1，但衣分耕层重构处理显著低于对照，最终皮棉产量T1、T2、T3分别较CK增加2.3%、6.1%、8.0%；2015年单株铃数以T2最高，且显著高于其他处理，单铃重3个耕层重构处理间差异不显著，但显著高于CK，衣分差异不大，皮棉产量T1、T2、T3较CK分别增加6.4%、10.2%和5.1%，由以上结果可知，耕层重构通过增加单株铃数与单铃重而提高棉花产量，2014年干旱较重，T3蓄水保墒效果得以充分发挥，是棉花产量高的主要原因，但干旱也导致对照衣分偏高[22]，2015年花铃期受灌水与降雨影响，T3处理土壤水分偏高，导致棉花旺长，使其产量低于T2处理，而充足的土壤水分也使不同处理间衣分差异不大（表8）。

2.3 耕层重构对棉田杂草及病害早衰的影响

通过田间试验小区观察测定，耕层重构灭除田间杂草效果明显，基本达到了彻底灭除的作用。T1、T2、T3对杂草的控制效果相差不大，除CK外，耕层重构各小区杂草量很少，可能为田间操作过程中从小区外带入的杂草种子萌发形成（表9）。

表 6 耕层重构处理不同土层棉花根系性状

处理	根长(cm)				表面积(cm²)				体积(cm³)				干重(g)			
	0~20 cm	20~40 cm	40~60 cm	合计	0~20 cm	20~40 cm	40~60 cm	合计	0~20 cm	20~40 cm	40~60 cm	合计	0~20 cm	20~40 cm	40~60 cm	合计
2014年																
CK	1 963 c	644 c	386 c	2 992 c	365.6 b	78.0 c	33.7 c	477.3 c	12.5 b	1.6 c	0.5 c	14.6 c	22.0 c	0.9 b	0.3 c	23.2 c
T1	2 274 b	679 c	466 b	3 420 b	435.9 a	115.5 b	42.9 c	594.3 b	13.4 ab	2.1 bc	0.8 b	16.3 b	25.0 b	1.2 b	0.5 b	26.6 b
T2	2 231 b	769 b	570 b	3 571 b	445.9 a	135.3 a	51.1 b	632.3 ab	14.2 a	2.9 a	1.0 b	18.1 ab	25.7 b	1.8 a	0.7 b	28.2 b
T3	2 641 a	829 a	641 a	3 781 a	462.9 a	141.7 a	73.2 a	677.8 a	15.3 a	4.3 a	1.4 a	21.0 a	28.7 a	1.9 a	1.1 a	31.7 a
2015年																
CK	1 692 c	387 d	106 c	2 185 b	291.5 b	61.5 c	58.9 c	411.9 b	9.8 b	1.4 c	1.1 b	12.3 c	18.6 c	0.7 c	0.4 c	19.7 c
T1	1 816 b	469 c	141 b	2 426 b	349.7 a	93.6 b	74.3 b	517.6 a	10.6 ab	1.8 bc	1.6 a	14.0 b	22.3 b	1.0 b	0.6 b	23.9 b
T2	1 946 b	598 b	217 a	2 761 b	355.8 a	112.4 a	80.9 b	549.1 a	11.5 a	2.5 b	1.6 a	15.6 b	24.6 b	1.4 a	0.7 b	26.7 b
T3	2 129 a	715 a	286 a	3 130 a	371.6 a	118.7 a	98.6 a	588.9 a	12.4 a	3.7 a	1.8 a	17.9 a	28.1 a	1.5 a	0.9 a	30.5 a

表 7 耕层重构处理棉花地上部干物质积累

年份	处理	苗期	蕾期	初花期		花铃期		吐絮期	
				茎叶	蕾铃	茎叶	蕾铃	茎叶	蕾铃
2014年	CK	0.95 a	5.4 a	35.9 c	10.8 a	79.9 b	65.5 b	59.7 c	116.9 c
	T1	0.83 b	4.9 b	38.2 b	9.0 a	85.7 b	71.2 a	66.0 b	129.3 b
	T2	0.71 c	4.9 b	40.6 ab	4.5 b	96.7 a	75.7 a	74.1 a	145.0 a
	T3	0.72 c	4.8 b	43.1 a	5.2 b	97.9 a	72.6 a	77.6 a	151.9 a
2015年	CK	0.92 a	4.8 a	45.5 b	12.4 a	75.4 c	61.8 a	52.9 c	103.5 c
	T1	0.83 b	4.4 b	47.9 b	7.7 b	82.5 c	63.8 a	61.8 b	120.9 b
	T2	0.75 c	4.1 b	52.5 a	5.8 b	92.6 b	63.2 a	74.5 a	130.3 a
	T3	0.73 c	4.0 b	54.1 a	6.0 b	102.7 a	60.1 a	85.5 a	115.0 b

表 8 耕层重构处理棉花产量与产量构成

年份	处理	单株铃数（个）	单铃重（g）	衣分（%）	皮棉产量（kg·hm⁻²）
2014 年	CK	16.4 b	5.2 b	40.9 a	1 693 b
	T1	17.5 a	5.3 b	38.6 b	1 732 b
	T2	17.8 a	5.5 a	38.5 b	1 797 a
	T3	17.9 a	5.5 a	39.1 b	1 829 a
2015 年	CK	12.9 c	5.6 b	39.1 a	1 549 c
	T1	13.6 b	5.8 a	38.1 b	1 648 b
	T2	13.9 a	5.8 a	38.6 b	1 706 a
	T3	13.4 b	5.8 a	38.2 b	1 628 b

表 9 耕层重构处理不同生育期棉田杂草量 （g·m⁻²）

年份	处 理	苗 期	初花期	收获期
2014 年	CK	9.7 a	16.9 a	66.8 a
	T1	0.5 b	1.2 b	0.5 b
	T2	0.8 b	0.5 b	0.4 b
	T3	0.2 b	2.0 b	1.8 b
2015 年	CK	10.4 a	15.9 a	81.7 a
	T1	0.8 b	1.7 b	0.9 b
	T2	1.2 b	0.8 b	1.7 b
	T3	0.1 b	2.4 b	1.6 b

耕层重构后显著降低了棉花的病衰指数，2014 年 CK 病衰指数达到 76.3%，显著高于 3 个耕层重构处理，其中 T1 又显著高于 T2 与 T3，T2 与 T3 病衰指数分别为 34.6% 与 36.3%，之间差异不显著；2015 年棉花病衰指数总体低于 2014 年，但变化规律一致。耕层重构处理棉花后期表现出病叶少、早衰轻的特征，有效解决了连作棉田病害严重、后期早衰的问题（图 7）。

3 讨 论

良好的农田耕层结构可以协调土壤的水分和养分状况，为作物高产奠定良好的土壤基础，而适宜的耕作措施可以建立良好的农田耕层结构，改善土壤结构状况，为作物的健壮生长提供适宜的土壤生态环境，有利于作物的生长发育和产量形成[23-25]。土壤耕层重构概念（特指 T2，下同）的提出，为长期连作棉田中出现的诸多弊病提供了新的解决途径。

传统深翻（松）技术在打破犁底层、降低土壤容重方面具有一定作用[26-27]，能够提高土壤储蓄降水的能力[28-29]，减少地表蒸发[30]，提高水分利用效率[31-32]，但其深翻

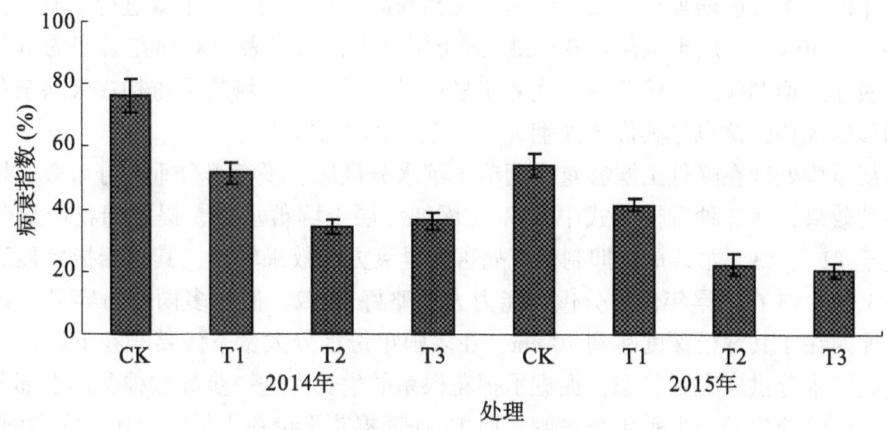

图 7　耕层重构处理棉花病衰指数

（松）深度一般在 25～35 cm，且在小麦、玉米上研究较多。本研究中，经土壤耕层重构后犁地层被彻底打破，使 0～60 cm 土层土壤容重显著降低，便于棉花根系下扎与土壤水分下渗，在灌水与大雨后水分更多的蓄积在下层土壤当中，减少了地表蒸发，达到了蓄水保墒的目的，而对照由于水分多蓄集在上层，在棉花生长前期土壤水分消耗以地表蒸发为主的时期，大量水分通过地表蒸发形成无效耗水；另一方面，在河北省中南部地区，6 月中下旬（棉花蕾期）"十年九旱"，此期正值棉花需水关键期，常规耕作方式棉花在蕾期易受干旱胁迫而造成后期早衰[19]，耕层重构处理在此期由于中下层土壤可提供较好的水分供应条件，棉花生长基本不受影响，表现出了较强的抗旱能力；中后期土壤耕层重构处理表现出了较强的水分缓冲能力，在干旱年份可为棉花生长提供较好的水分条件（2014 年），在多雨年份可将水分蓄积到中下层土壤当中，减少地表蒸发损失（2015 年）。

关于传统深翻（松）对土壤养分的影响研究较少，战秀梅等[27]认为深翻与深松增加了土壤全量及有效氮、磷含量，并能促进土壤速效钾的释放，李海潮等[33]研究表明，深翻可促进玉米的生长和后期干物质的积累；本研究中，从棉花生长发育进程来看，耕层重构后由于将 0～20 cm 与 20～40 cm 土层互换，上层土壤养分、微生物活性条件较差，是前期棉花生长的限制因子，因此棉花苗期与蕾期生长慢于常规耕作方式，而此期土壤水分供应充足，非棉花生长限制因子；进入蕾期后，随着棉花根系伸长，逐渐进入 20 cm 以下养分丰富土层中，此期正值易旱期，耕层重构处理由于中下层土壤能提供更好的水分与养分供应条件，起到诱导根系下扎的作用，因此棉花生长加快；进入初花期后，棉花地上部干物质积累与常规耕作方式持平，中后期耕层重构处理棉花生长表现出明显的后发优势，得益于其中下层根系生长量显著高于常规耕作方式，为地上部生长提供了良好的基础。

关于深翻（松）对于田间杂草的影响，未见相关报道；刘海洋等[12]研究发现深翻能降低棉田土壤中的黄萎菌微菌核数量，棉花黄萎病发病程度也轻于常规棉田，万川等[34]在烟草上的研究认为，土壤深翻并不能有效抑制烟草青枯病危害的发生，反而使该病发生的严重程度增加，但其试验是在深翻的同时对不同土层土壤进行了混合，本试验是将 20～40 cm 土层土壤翻至 0～20 cm 土层之上，结果表明对棉花后期的黄萎病与早衰有极强的抑制作用，棉花后发优势明显；另一方面，土壤耕层重构在灭除杂草方面具有明显的优势，这也是其优于深翻（松）技术的重要方面。

耕层重构处理在降低土层容重、调节土壤水分供应、平衡养分垂直分布方面均起到了良好的效果，在 3 种重构方式中，T1 在增加深层土壤蓄水量、提高棉花产量等方面效果差于 T2 与 T3，尤其是在抑制棉花病害与早衰方面效果较差，其病衰指数显著高于 T2 与 T3，而 T3 在干旱年份水分供应能力方面略好于 T2，但在多雨年份容易导致棉花旺长，原因在于其深松深度达到 70 cm，在多雨年份水分大量下渗蓄积在下层，可使土壤长期处于水分供应充足状态，促进了棉花根系的生长，进一步导致棉花地上部营养生长偏旺，使营养生长与生殖生长失调，而 T2 处理棉花无论在干旱年份还是在多雨年份，均表现出较稳健的长势。

土壤耕层重构需借助于单铧主副旋转深翻犁完成，可由 220 马力拖拉机带动一次完成将 0～20 cm 土壤与 20～40 cm 土壤互换并对 40～55 cm 土壤进行深松，公顷成本约 1 200 元，为旋耕成本的 2.5 倍左右，由于耕层重构一次成本较高，不能也不必每年进行，因此对耕层重构后土壤容重、养分分布、蓄水保墒能力、土壤微生物等的变化还需开展定位监测研究，以确定一次耕层重构的效果持续年限；从土壤耕层重构的效果来看，其打破犁底层后降低土壤容重、提高土壤蓄水保墒能力应能持续多年，但随着年限增加，效果会有降低趋势；20～40 cm 土层养分含量增加的效果持续年限会较长，且随着 0～20 cm 土层养分、微生物的增加，前期对棉花生长的抑制作用会很快消失，但对棉花中后期的生长仍会有较强的促进作用，对棉花病害与早衰的抑制作用、对棉田杂草的防除预计也会有很好的持续效果。

4 结 论

耕层重构降低了不同土层土壤容重，增加了土壤蓄水保墒能力，使棉田在灌水或雨后能将多余水分蓄积于深层土壤，减少表层无效蒸发，干旱时供给棉花生长所需水分，起到耐涝抗旱的作用；同时使不同土层垂直养分分布更加均衡，促进棉花根系下扎，提高地上部干物质积累，降低了后期棉花病害与早衰的发生，灭除田间杂草，增加了单株铃数、单铃重与皮棉产量，是解决连作棉田病害严重、土壤蓄水供水能力下降、棉花产量下降等问题的有效耕作措施；综合考虑 3 种不同耕层重构方式成本与效果，以互换 0～20 cm 与 20～40 cm 土层，同时松动 40～55 cm 土层效果最佳。

参考文献

[1] 刘瑜，梁永超，褚贵新，等. 长期棉花连作对北疆棉区土壤生物活性与酶学性状的影响 [J]. 生态环境学报，2010，19：1 586-1 592.

[2] 单鸿宾，梁智，王纯利，等. 棉田连作对土壤微生物及酶活性的影响 [J]. 中国农业科技导报，2009，11 (1)：113-117.

[3] 吴玉红，田霄鸿，池文博，等．机械化保护性耕作条件下土壤质量的数值化评价 [J]．应用生态学报，2010，21：1 468-1 476.

[4] Cornish P S, Lymbery J R. Reduced early growth of direct drilled wheat in southern new south Wales：cause and consequences [J]. Animal Production Science, 1987, 27：869-880.

[5] 冯跃华，邹应斌，Buresh R J，等．免耕直播对一季晚稻田土壤特性和杂交水稻生长及产量形成的影响 [J]．作物学报，2006，32：1 728-1 736.

[6] 孙国跃，周萍，王祝余．响水县耕地地力变化趋势及应用对策 [J]．河北农业科学，2011，15（4）：29-32.

[7] 李彰，熊瑛，吕强，等．微生物土壤改良剂对烟草生长及耕层环境的影响 [J]．河南农业科学，2010（9）：56-60.

[8] 刘鹏涛，冯佰利，慕芳，等．保护性耕作对黄土高原春玉米田土壤理化特性的影响 [J]．干旱地区农业研究，2009，27（4）：171-175.

[9] 李永平，王孟本，史向远，等．不同耕作方式对土壤理化性状及玉米产量的影响 [J]．山西农业科学，2012，40：723-727.

[10] 孙敏，温斐斐，高志强，等．不同降水年型旱地小麦休闲期耕作的蓄水增产效应 [J]．作物学报，2014，40：1 459-1 469.

[11] 温斐斐，孙敏，邓联峰，等．旱地小麦休闲期深翻对土壤水分及其利用效率的影响 [J]．中国生态农业学报，2013，21：1 358-1 364.

[12] 刘海洋，王兰，努尔孜亚，等．棉田深翻对棉花黄萎病发病急微菌核分布影响的初步研究 [J]．新疆农业科学，2010，47：932-935.

[13] 王法宏，王旭清，任德昌，等．土壤深松对小麦根系活性的垂直分布及旗叶衰老的影响 [J]．核农学报，2003，17：56-61.

[14] 陈喜凤，杨粉团，姜晓莉，等．深松对玉米早衰的调控作用 [J]．中国农学通报，2011，27（12）：82-86.

[15] 郑成岩，崔世明，王东，等．土壤耕作方式对小麦干物质生产和水分利用效率的影响 [J]．作物学报，2011，37：1 432-1 440.

[16] 劳家柽．土壤农化分析手册 [M]．北京：农业出版社，1988，123-133.

[17] 郭媛，孙敏，任爱霞，等．夏闲期地表覆盖对旱地土壤水分、小麦氮素吸收运转及产量的影响与施氮调控 [J]．生态学杂志，2015，34：1 823-1 829.

[18] 鲍士旦．土壤农化分析 [M]．北京：中国农业出版社，2000，39-114.

[19] 祁虹，王树林，杜海英，等．蕾期浇水缓解棉花早衰的激素动态变化研究 [J]．作物杂志，2014（5）：92-98.

[20] 李俊华，蔡和森，尚杰，等．生物有机肥对新疆棉花黄萎病防治的生物效应 [J]．南京农业大学学报，2010，33（6）：50-54.

[21] 李志洪，王淑华．土壤容重对土壤物理性状和小麦生长的影响 [J]．土壤通报，2000，31（2）：55-57.

[22] 赵都利，许玉璋，许萱．花铃期缺水对棉花产量和品质的影响 [J]．西北农林科技大学学报（自然科学版），1990（S1）：42-47.

[23] Wang X B, Cai D X, Hoognoed W B, et al. Potential effect of conservation tillage on sustainable land use：a review of global long-term studies [J]. Pedosphere, 2006, 16：587-595.

[24] Feng Y, Ning T, Li Z, et al. Effects of tillage practices and rate of nitrogen fertilization on crop yield and soil carbon and nitrogen [J]. Plant Soil & Environment, 2014, 60（3）：100-104.

[25] 任万军, 黄云, 吴锦秀, 等. 免耕与秸秆高留茬还田对抛秧稻田土壤酶活性的影响 [J]. 应用生态学报, 2011, 22: 2 913-2 918.

[26] 崔建平, 田立文, 郭仁松, 等. 深翻耕作对连作滴灌棉田土壤含水率及含盐量影响的研究 [J]. 中国农学通报, 2014, 30 (12): 134-139.

[27] 战秀梅, 彭靖, 李秀龙, 等. 耕作及秸秆还田方式对春玉米产量及土壤理化性状的影响 [J]. 华北农学报, 2014, 29: 204-209.

[28] 吕军杰, 姚宇卿, 王育红, 等. 不同耕作方式对坡耕地土壤水分及水分生产效率的影响 [J]. 土壤通报, 2003, 34: 74-76.

[29] 邓妍, 高志强, 孙敏, 等. 夏闲期深翻覆盖对旱地麦田土壤水分及产量的影响 [J]. 应用生态学报, 2014, 25: 132-138.

[30] 王小彬, 蔡典雄, 金轲, 等. 旱坡地麦田夏闲期耕作措施对土壤水分有效性的影响 [J]. 中国农业科学, 2003, 36: 1 044-1 049.

[31] 韩秀峰, 梁继业, 闫海, 等. 大垄深翻耕作对土壤水温条件的影响 [J]. 安徽农业科学, 2008, 36: 10 063-10 065.

[32] 李涛, 李金铭, 赵景辉, 等. 深耕对小麦发育及节水效果影响的研究 [J]. 山东农业科学, 2003 (3): 18-20.

[33] 李潮海, 梅沛沛, 王群, 等. 下层土壤容重对玉米植株养分吸收和分配的影响 [J]. 中国农业科学, 2007, 40: 1 371-1 378.

[34] 万川, 蒋珍茂, 赵秀兰, 等. 深翻和施用土壤改良剂对烟草青枯病发生的影响 [J]. 烟草科技, 2015, 48 (2): 11-15, 26.

[此文原刊载于《作物学报》, 2017, 43 (5): 741-753]

河北低平原区冬小麦夏玉米产量提升的理论与技术研究

邵立威[1]，罗建美[1,2]，尹工超[3]，刘树勋[4]

(1. 中国科学院遗传与发育生物学研究所农业资源研究中心/中科院农业水资源重点实验室/
河北省节水农业重点实验室；2. 河北地质大学土地资源与城乡规划学院；
3. 河北省南皮县农业局；4. 河北省种子管理总站)

摘　要： 作为渤海粮仓主要增粮区的河北东部低平原中低产农田，冬小麦夏玉米的产量主要受制于土壤肥力水平低、淡水资源短缺和气候异常造成产量的大幅波动。通过选择适宜的品种、播期与收获期的合理搭配、优化的种植方式和配套的耕作与田间管理技术，提高作物生育期内对地上光热资源和地下水肥资源的利用潜力和效率，平抑气候变化带来不利影响，有着巨大的增产空间。该研究通过田间小区试验，结合示范区试验示范，研究了冬小麦与夏玉米生育期的优化、夏玉米种植方式调整、夏玉米深松播种、夏玉米增施钾肥与冬小麦增施磷肥及有机肥等措施对冬小麦、夏玉米产量的影响。主要研究结果如下：冬小麦适期晚播（不迟于10月15日），同时适当增加播量，不影响生育期群体构建和产量水平。早熟品种小偃81提早进入灌浆期，受后期干热风的危害小，在不降低品质的同时粒重与产量稳定。夏玉米提早播10 d（6月10日与6月20日相比）平均增产17.2%，晚收获8 d（10月2日与9月24日相比）粒重增加19.5%。根据冬小麦和夏玉米的品种特性，合理搭配生育期，在实现冬小麦稳产提质的同时，使充分发挥夏玉米的产量潜力成为可能。改变夏玉米的种植方式，适当增加种植密度，明显地改善和提高了夏玉米产量，更为适宜的种植方式是40 cm与80 cm大小行种植和38 cm等行距种植，不适宜的是20 cm与100 cm大小行种植，更为适宜的种植方式下产量提高15%以上。长期旋耕机械压实了犁底层，通过夏玉米深松播种种植，产量提高达31.3%，后茬小麦增产5.6%，但连续深松没有明显的增产效果。夏玉米播种时增施钾肥产量提高2.6%。冬小麦增施磷肥产量提高7.4%，增施有机底肥增产6.8%，增施有机底肥和施磷肥产量提高8.8%，但无明显的累加效果。因此，通过适宜的品种选择与适期的生育期搭配、种植方式调整、适时深松打破犁底层的耕作措施、速效肥与有机肥合理施用等栽培和管理技术，可实现冬小麦夏玉米产量的逐步提高和稳定，充分利用玉米生长季丰富且集中的降水与光热资源，挖掘夏玉米产量，稳夏增秋的粮食增产模式更符合该地区未来发展需求。

关键词： 冬小麦；夏玉米；增产品种特性；生育期搭配；种植方式；深松施肥；河北低平原区

渤海粮仓主要分布于渤海西部海拔低于20 m的滨海平原区，其中98%分布于河北省东部的低平原区[1]。冬小麦—夏玉米一年两作是该地区粮食生产的最主要种植模式。粮食增产的潜力受限于播种面积和单位面积产量（单产），其中单产提高是问题的根本所在。河北东部的低平原地区大部分耕地为脱盐潮土，产量水平低，单位面积增产潜力大。同时还分布有面积广阔的未被合理开发利用的盐碱荒地。巨大的粮食增产空间，使该地区发展为我国重要粮仓成为可能。作物的增产研究[2]，一方面从微观上不断地解析深入，从个体、器官、细胞深入到分子或亚分子水平，到高产性状基因确定、分离、转移与高产品种的培育等；另一方面宏观上不断吸收现代科学技术的新成果，研究环境条件、生理过程和产量因素之间的关系，为作物产量提升建立合理农田生态系统提供可靠的信息、理论依据和配套措施。提高粮食单产能力是一个综合性系统工程[3]，通过对田间作物生态系统特点与过程的理解认识，利用适宜的技术手段和管理途径，实现对农田系统的有效调控与优化管理，在有限资源条件下挖掘最大产量潜力。

作物产量的实现，是品种特性与水、肥、光、热等气候条件与田间耕作与管理等多种因素相互作用的结果[4]。冬小麦品种更新，提高了作物田间的生产能力和生产效率，提高拔节前营养生长、增加花后干物质积累和花前物质转运，明显地提高了产量[5]。近30年以来，冬小麦品种更新增产的贡献率超过50%[6]。随着玉米品种的更新，开花到成熟期间的生育天数延长，成熟期生物量和收获指数增加，提高了籽粒产量，新品种的增产贡献率为46.1%～79.0%[7]。我们多年田间试验结果显示，当代新品种之间以及不同年型之间存在着巨大的产量差异，最大超过20%。影响作物产量潜力发挥的重要限制因素之一，是环境条件的不确定性，模拟显示，气候驱动造成冬小麦产量降低超过10%[6]。根据品种区域适应特性，通过各种管理和技术手段降低环境因素带来的影响，提高生育期对气候资源的利用能力和效率，是实现区域粮食增产的重要选择。当前冬小麦和夏玉米的品种越来越丰富多样，种植管理技术越来越先进。针对河北省东部低平原地区冬小麦夏玉米产量波动大、水平低、效率差等问题，该研究综合各领域相关理论与技术，通过品种、生育期、种植结构、耕作、施肥等田间小区和大田示范试验，研究该地区粮食增产潜力挖掘的理论与适应技术，平抑气候不利因素带来的产量年际波动，提高整体产量水平。

1 区域背景与研究方法

1.1 区域背景

该研究在中国科学院南皮生态农业试验站和渤海粮仓南皮县白坊子示范区展开。南皮县是渤海粮仓重点示范县，处于暖温带半湿润大陆季风气候区。冬季寒冷少雪，春季干燥多风，夏季炎热多雨，秋季以晴为主，雨热同期，光热资源较为丰富。极端低温-27.6℃，极端高温41.4℃，年平均气温12.3℃。年日照总时数2 938.6 h，年总辐射量为559.2 kJ·cm^{-2}。最低年降水量264.9 mm，最高年降水量1 199.1 mm，年均降水量550 mm，主要分布在7—8月的玉米生长季节（图1A）。多年以来，每年5月25日到6月10日冬小麦灌浆后期大于30℃高温出现的概率呈增加趋势（图1B），多年平均日照时数呈减少趋势（图1C）。

全县域海拔多在20 m以下。土壤属潮土、盐土两类，分褐化潮土、普通潮土、盐化潮土和草甸盐土4个亚类。普通潮土占总面积的76%。土壤有机质含量低，氮、速效磷和速效钾含量均低于山前平原区，土壤整体肥力等级较差。全县土壤全氮含量平均

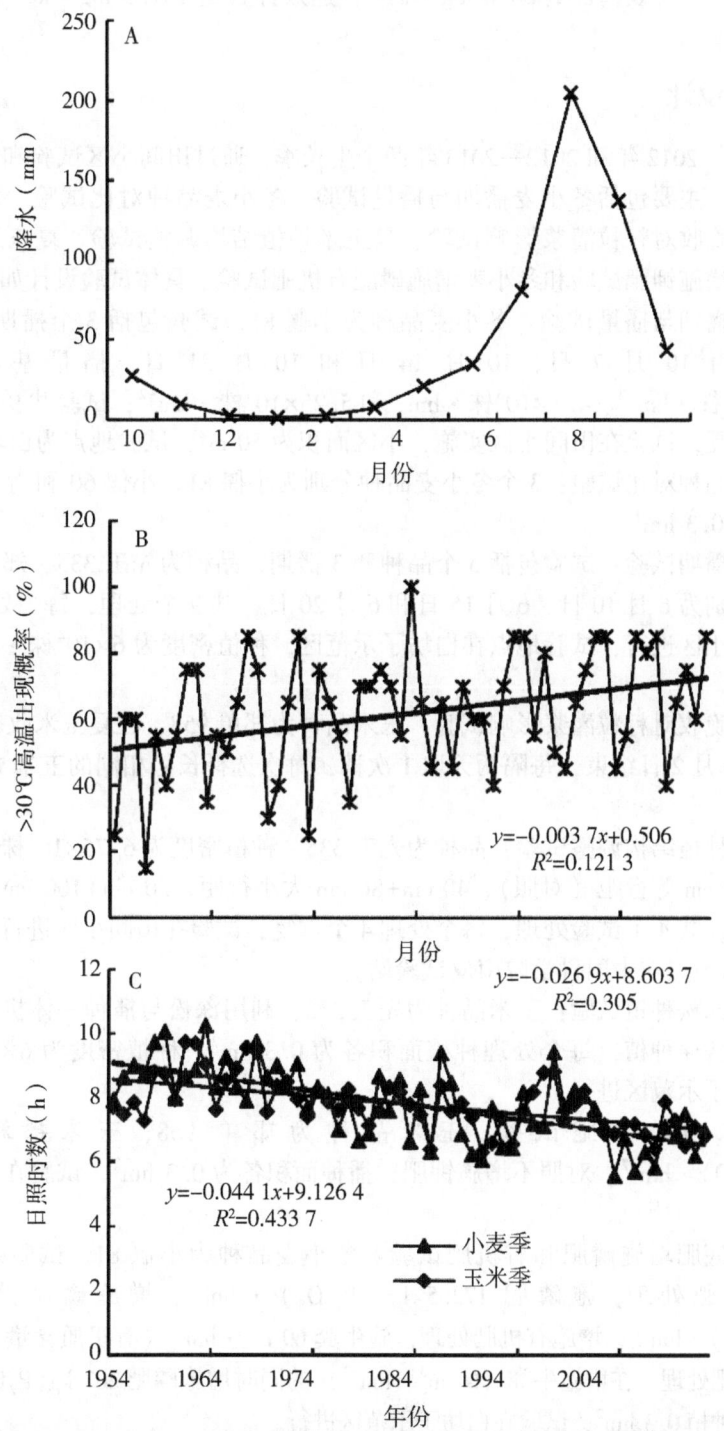

图1 研究区冬小麦—夏玉米生长季多年平均降水（A）、5月25日—6月10日
大于30 ℃高温概率（B）和小麦季和玉米季日照时数（C）的变化

$0.815\ g \cdot kg^{-1}$，有效磷含量 $20.0\ mg \cdot kg^{-1}$，速效钾含量 $137.3\ mg \cdot kg^{-1}$，有机质含量 $13 \sim 15\ g \cdot kg^{-1}$。

1.2 试验设计

在 2011—2012 年和 2012—2013 年两个生长季，通过田间小区试验和大面积田间示范进行研究。主要包括冬小麦播期与播量试验、冬小麦品种对比试验、夏玉米播期试验、夏玉米晚收对籽粒灌浆影响试验、夏玉米种植结构调整试验、夏玉米深松种植试验、夏玉米增施钾肥试验和冬小麦增施磷肥有机肥试验，具体试验设计如下：

冬小麦播期与播量试验：冬小麦品种为小偃 81，试验包括 3 个播期和 3 个播量，播期分别为 10 月 7 日、10 月 14 日和 10 月 21 日，播量基本苗分别为 $3.757\ 5 \times 10^6$ 株 $\cdot hm^{-2}$、4.5×10^6 株 $\cdot hm^{-2}$ 和 5.25×10^6 株 $\cdot hm^{-2}$；试验共 9 个处理，每个处理 4 次重复，试验在田间小区实施，小区面积为 $50\ m^2$，试验地点为白坊子示范区。

冬小麦品种对比试验：3 个冬小麦品种分别为小偃 81、小偃 60 和衡 4399，每个品种种植面积 $0.3\ hm^2$。

夏玉米播期试验：试验包括 3 个品种和 3 播期，品种为先玉 335、郑单 985 和中科 11，播期分别为 6 月 10 日、6 月 15 日和 6 月 20 日，共 9 个处理，每个处理 4 个重复；试验在田间小区进行，试验地点在白坊子示范区，种植密度为 6×10^4 株 $\cdot hm^{-2}$，小区面积为 $50\ m^2$。

夏玉米晚收对籽粒灌浆影响试验：玉米品种为郑单 958，在夏玉米收获期从 9 月 24 日开始到 10 月 2 日结束，每隔两天取 1 次穗，每次选择长势相同的玉米 10 穗，测定百粒重。

夏玉米种植结构调整试验：品种为先玉 335，种植密度为 6.75×10^4 株 $\cdot hm^{-2}$，种植方式包括 60 cm 等行距（对照）、40 cm+80 cm 大小行距、20 cm+100 cm 行距和 38 cm 等行距种植，共 4 个试验处理，每个处理 4 个重复；试验在田间小区进行，小区面积为 $60\ m^2$，试验地点在中国科学院南皮试验站。

夏玉米深松种植试验：玉米品种为先玉 335，利用深松与播种一体机进行播种，对照为非深松普通种植，每个处理种植面积各为 $0.3\ hm^2$，种植密度为 6×10^4 株 $\cdot hm^{-2}$，试验在白坊子示范区进行。

夏玉米增施钾肥试验：玉米品种为郑单 958，玉米播种时施钾肥 $37.5\ kg(K_2O) \cdot hm^{-2}$，对照不增施钾肥，播种面积各为 $0.3\ hm^2$，试验在白坊子示范区进行。

冬小麦底肥增施磷肥和有机肥试验：冬小麦品种为小偃 81，试验处理包括普通（对照）磷肥处理，施磷肥 $172.5\ kg(P_2O_5) \cdot hm^{-2}$；增施磷肥处理，施磷肥 $207\ kg(P_2O_5) \cdot hm^{-2}$；增施有机肥处理，施牛粪 $60\ m^3 \cdot hm^{-2}$（有机质含量 14.8%）；增施磷肥和有机肥处理，在增施牛粪（$60\ m^3 \cdot hm^{-2}$）的同时增施磷肥 $207\ kg(P_2O_5) \cdot hm^{-2}$，每个试验处理种植 $0.3\ hm^2$，试验在白坊子示范区进行。

1.3 田间管理与指标测定

除了试验处理外，其他田间管理一致，整个生育期实施充分灌溉。各个生育期进行常规田间调查，冬小麦在出苗期、冬前、返青、拔节、孕穗、扬花和灌浆期，夏玉米在出苗、大喇叭口、抽雄吐丝和灌浆期，进行密度、生物量等调查。冬小麦扬花和夏玉米抽雄吐丝的关键生育期，进行主要生理指标田间观测，主要测定内容有：叶片光合速率、冠层截光率、冠层温度、株型特征等。试验与示范小区收获测产，收获后脱粒机脱粒测定籽粒产量，收获时各处理取样，冬小麦取 60 茎，夏玉米区 3 株，进行考种。

1.4　数据分析

采用 SPSS 13.0 对数据进行统计分析，基于 Microsoft Office 2007 进行作图。

2　结果与讨论

2.1　品种产量潜力与生育期合理搭配

作物籽粒产量的形成主要由个体与群体长势强弱和灌浆时间长短决定的，长势强则对光热、养分、水分等资源的利用能力强、光合速率高、抵御逆境的抗性也强，在充分的灌浆时间里产量实现更接近潜力值[8]。小麦生育后期日最高气温超过 30 ℃会导致叶片早衰，产量降低，严重地区或年份减产可达 10%～20%[9]。在其他生育进程不变的情况下，花后增温将会导致小麦减产，同时小麦籽粒物质组成也将发生复杂的变化，从而影响到小麦的品质[10]。灌浆后期的干热风，是造成该地区冬小麦产量潜力发挥和品质提高的最大障碍之一，影响了正常的生理成熟进程，造成籽粒重降低、品质变差。选择扬花授粉期提早，后期灌浆速率快，偏早熟且熟性好的冬小麦品种，尽量避开干热风的不利影响，更利于冬小麦产量与品质的提高与改善。

小麦处于最佳品种、播期、密度组合时，冬前、春季群体总茎数最多，小麦获得最高产[11]。适宜播期可充分利用光、热、水资源，有利于培育壮苗，构建合理的群体结构，穗数、穗粒数和千粒重协调发展[12]。冬小麦适期晚播，对生育进程及产量不会造成显著影响。不同播期与播量的田间试验结果表明，随着播期的推迟，适当增加播量，对最终产量并不产生显著影响（表1）。多年气候变化趋势表明，该地区冬小麦收获前大于 30 ℃高温天气出现的概率增加明显，不利于后期的灌浆（图1B）。早熟品种提早进入灌浆期，受后期干热风的危害小，灌浆更充分。如图 2 不同品种田间试验结果所示，早熟冬小麦品种小偃 81 与其他品种相比，在该地区产量无显著差异，且粒重稳定。2013 年与 2012 年相比，其他 2 个品种之间籽粒重相差 10%～22%。黄淮海一年两熟作物区域，可通过夏玉米适期早播、选用中熟品种，增加吐丝后期的有效积温，以保证玉米生育后期充足的有效积温和籽粒充足的灌浆时间，达到增产的目的[13]。在冬小麦—夏玉米一年两作周年生产周期里，生育期约束了两种作物对气候资源有效和充分利用。玉米生育期相对较短，但生育期内温度高、降水多，气候资源集中且丰富，有着更大的产量提升空间。早播玉米苗全、苗旺，个体强，群体旺，抽雄吐丝提早。夏玉米不同播期试验表明（图3A），早播玉米比晚播玉米增产幅度在 3.4%～21.6%，平均增产 17.2%。夏玉米提早播种，生育进程提前，利于避开 7 月下旬到 8 月上旬多阴雨天气对授粉的影响，更为重要的是提早了灌浆时间，且早期高温环境下的灌浆速率更高，明显地提高了产量。

表1 不同播种期与播种量（基本苗）对冬小麦产量的影响

播量	播期（月-日）		
（万株·hm⁻²）	10-7	10-14	10-21
375	5 712.1 a	5 116.2 b	3 913.6 c
450	5 745.9 a	6 281.8 a	4 341.8 b
525	5 087.4 b	5 297.0 b	4 913.8 a

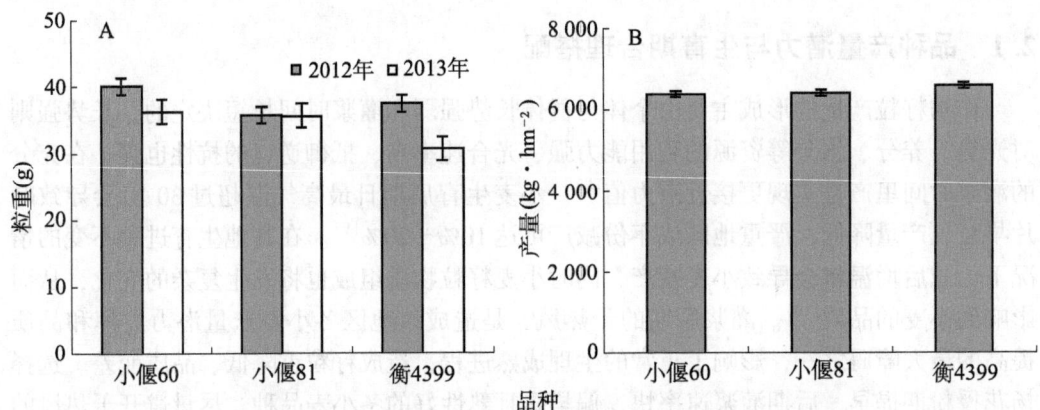

图2 研究区不同冬小麦品种的粒重（A）和产量（B）

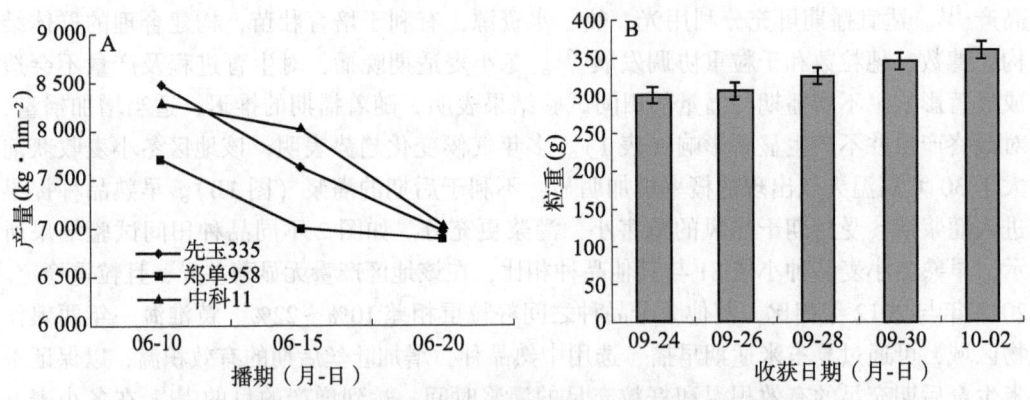

图3 播期对不同品种玉米产量（A）和收获日期对郑单958玉米粒重（B）的影响

玉米生长后期的9月下旬，天气晴朗多照，为灌浆提供了适宜的环境。该地区玉米进入9月下旬开始收获，由于收获偏早，影响了后期的充分灌浆和熟性。花粒后灌浆期增光，增加了夏玉米的干物质积累量、籽粒灌浆速率，显著提高夏玉米产量[14]。粒重直接关系到夏玉米的产量和品质，除了后期低温天气影响灌浆外，延迟收获更利于籽粒重增加和品质的提高。增强吐丝期至成熟期光合有效辐射的生产效率，强源促库，可以提高逆境下夏玉米生产的能力和适应性[15]。不同时期收获粒重试验表明（图 3B），10月 2 日收获比 9 月 24 日收获，粒重增加 19.5%。只要后期不提早出现持续低温天气，玉米灌浆一直保持到乳熟黑线的出现，籽粒饱满，产量和品质也较高。

2.2 玉米冠层结构优化与适宜的种植方式

夏玉米高产以"群体结构性获得"为主要突破途径，在高密度群体中进一步挖掘"个体功能性获得"，产量性能参数差异补偿是高产玉米品种实现高产的主要机制[16]。玉米的收获指数可达 0.5 以上，80%以上籽粒产量直接来自开花后的光合产物，即产量主要由吐丝期—乳熟期群体结构决定[6]。在保持较高收获指数的同时，提高与稳定田间群体的整体生物量，是实现玉米高产与稳产的基本前提[17]。多年试验与示范结果表明，该地区要想进一步增加群体密度、提高群体的生物量水平，需要更加合理的种植方式。不同种植方式试验结果表明（图 4），将种植密度提高到 6.75×10^4 株·hm^{-2}，通过改变传统的 60 cm 等行距种植为 40 cm 与 80 cm 大小行种植和 38 cm×38 cm 的等行距种植更利于产量的提高和稳定。适宜的种植方式产量可提高 15% 以上。不同的种植方式影响了不同叶位的叶面积大小，进而影响田间群体的冠层结构。适宜的等行距种植和大小行种植，利于提高中部穗位附近叶片的面积（图 5A）。穗位附近叶片的光合能力和水平提高，更利于玉米籽粒的灌浆和产量的形成[14,16]。不同种植方式之间，冠层底部对光合有效辐射的截光率，没有太大的影响，主要是影响了穗位部叶片对光合有效辐射的截获（图 5B）。因此，根据品种株型特性，通过适宜的行距与株距调整与优化，可以进一步发挥夏玉米的产量潜力。

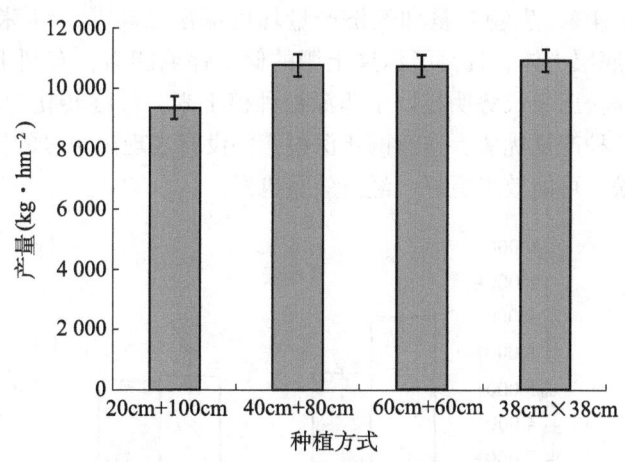

图 4 不同种植行距对玉米产量的影响

2.3 根层土壤耕作与施肥管理

根据不同区域土壤特点和环境条件，采用不同的耕作方式，更利于作物产量潜力的发挥。该地区冬小麦夏玉米一年两作的种植体系中，冬小麦播种前机械旋耕一次，深度一般不超过 15 cm。由于机耕的压迫和机耕较浅，下层土壤过紧，多年来已形成影响作

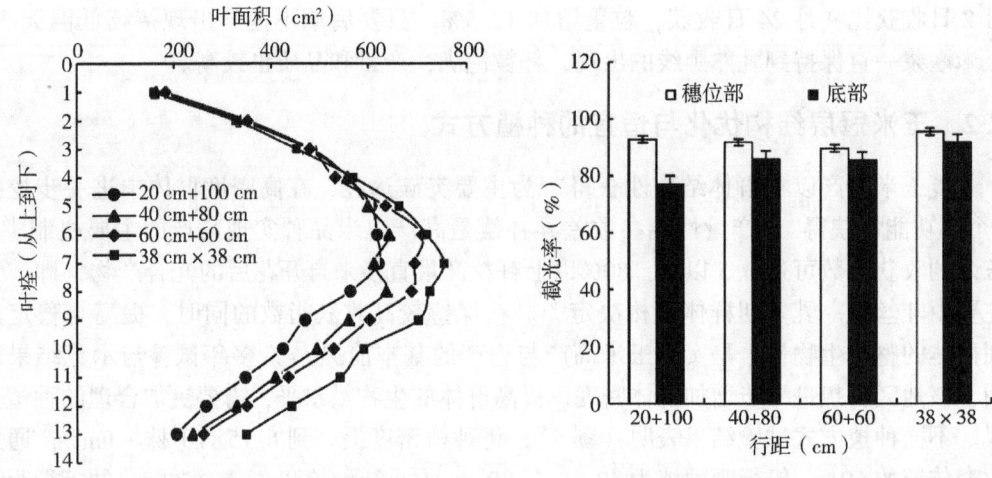

图 5　不同行距对玉米不同部位叶片面积（A）和冠层截光率（B）的影响

物扎根的犁底层，不利于作物的生长发育。尤其根系较发达、对土壤空气要求较多的作物受到的影响更大，影响了作物生长潜力的发挥。高产玉米品种在土壤深松条件下获得较高的产量，主要是由于产量性能参数间正向超补偿作用的结果[16]。夏玉米深松播种种植试验结果表明（图6），玉米深松播种当年产量明显提高31.3%，随后小麦季明显增产5.6%。小麦收获后秸秆还田，玉米通过深松与播种同步作业，明显地提高了玉米的产量，同时也改善了后茬冬小麦的产量。土壤耕层0～35 cm 田间持水量，深松比常规施耕分别提高7.4%，生物产量和经济产量均以深松最高[18]。玉米深松深度超过了30 cm，打破了犁底层土体，提高了深层土壤的储水保墒能力，有利于根系在大范围吸收水分和养分。深松玉米长势明显好于非深松种植玉米，最终转化为产量优势。然而，深松不宜频繁，这种产量优势，连续两年深松，并没有表现出明显的优势。每隔3年以上，进行一次深松，可能效果更好，经济效益也好。

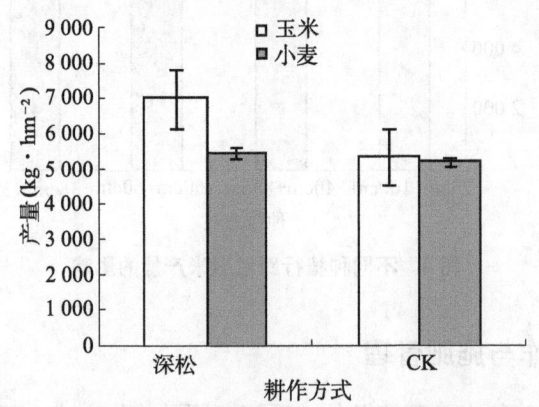

图 6　不同耕作方式对夏玉米及其后茬冬小麦产量的影响

肥力水平较低的脱盐潮土，在冬小麦夏玉米一年两作的高复种指数种植模式下，作物每年从土壤中带走的钾素较多。即使将还田的秸秆钾换算成等量的肥料钾，对土壤速效钾的增加效果也远没有提高钾水平[19]。施钾和秸秆还田，可使各种速效钾含量明显升高，反映了潮土固钾能力不强，从而使投入土壤中的钾仍以速效钾的形态存在。整个生育期，高产夏玉米能持续吸收氮、磷、钾养分，施用氮肥、钾肥能显著提高夏玉米的产量，氮和钾是高产夏玉米主要养分限制因素，其中，N 当季回收率为 18.05%，P_2O_5 为 14.55%，K_2O 为 18.34%，每生产 100 kg 经济产量需吸收的 N、P_2O_5 和 K_2O 的量分别为 1.62 kg、0.69 kg 和 1.83 kg[20]。夏玉米播种时增施钾肥试验结果显示，增施钾肥一定程度提高了夏玉米的产量，增产 2.6%（图 7）。秸秆还田结合施用钾肥不仅可以提高玉米产量、增加养分吸收总量，还有利于土壤钾素的收支平衡，提高土壤速效钾含量，对维持土壤钾素肥力的稳定具有重要的作用[21]。

磷肥的当季利用率一般只有 10%～25%，75%～90% 的磷肥以不同形态的磷酸盐积累在土壤中[22]。遇到多雨年份，该地区地下水位经常抬升到地表，甚至出现短期地表滞水，容易造成土壤中累计磷酸盐的损失。冬小麦播种前底肥增施磷肥试验结果表明，增施磷肥明显地提高了冬小麦的产量（图 7），增产达 7.4%，同时也利于补充夏玉米生长季对磷的需求。增施有机肥结果显示，冬小麦播种前增施有机底肥同样明显地提高了冬小麦的产量，增产 6.8%。然而，增施有机底肥的同时，增施磷肥，产量也明显提高 8.8%，但并没有出现二者累加的效果。土壤有机质增加是一个长期的地力提升过程，短期内速效养分对当季作物增产效果更明显。

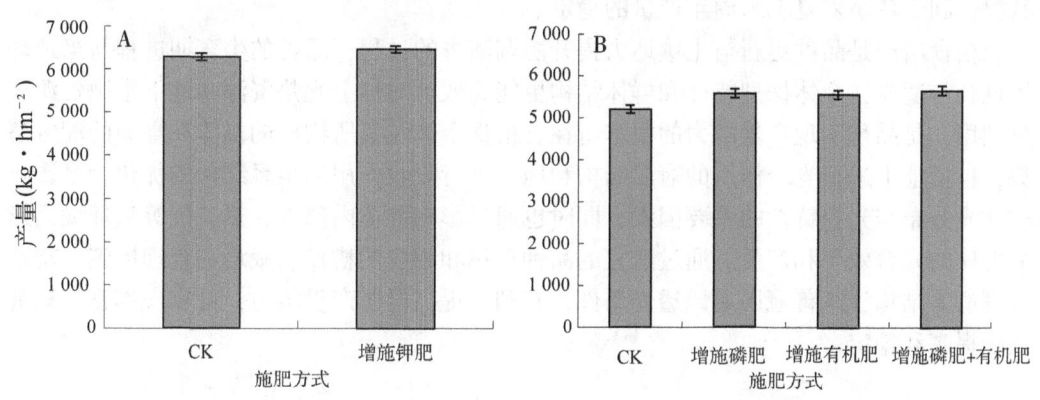

图 7　增施磷肥和钾肥对夏玉米（A）和冬小麦（B）产量的影响

3　结　论

渤海粮仓主要增粮区域的河北低平原地区，分布有大面积的中低产农田，增产潜力巨大。考虑该地区气候与环境资源特点和冬小麦夏玉米种植生产中存在的限制因素，该研究从 3 个方面对该地区的粮食增产理论与技术进行了研究总结，提出了适宜该地区粮食增产的方式和途径。

第一，冬小麦夏玉米"双早双晚"周年种植。根据冬小麦和夏玉米不同品种的生育期特性，选择抗盐、耐旱、早熟的冬小麦品种，冬小麦提早收获、夏玉米提早播种

（双早），夏玉米适当延晚收获、冬小麦适期晚播（双晚）。在冬小麦产量稳定的同时，注重提高籽粒的品质，同时发挥夏玉米的增产空间。形成一个与当地环境更为适宜的冬小麦夏玉米种植体系，提高作物生育进程中对水、肥、光、热等资源的利用能力和效率，减少粮食生产过程中对环境形成的压力。

第二，"稳夏增秋"与夏玉米种植方式调整。冬小麦生长季干旱少雨及对灌溉水的依赖，在制约了产量进一步提升的同时，也与该地区水资源短缺和水生态恶化问题的冲突加剧。进一步提高冬小麦对土壤水的利用效率，减少对灌溉用水的依赖，实现稳产和提质更符合该地区粮食增产的要求。夏玉米生长季丰富的气候资源有着巨大的增产空间，夏玉米产量潜力的进一步提升重要限制因素是适宜的冠层，形成一个更大的生物量群体。通过改变行距和株距，适当增加密度，可明显地提高和稳定产量。密度提高到 $6.75 \times 10^4 \cdot hm^{-2}$，40 cm+80 cm 的大小行种植和 38 cm 的等行距种植，是该地区更为适宜的种植方式。

第三，深松打破犁底层和增施磷、钾肥种植。该地区大部分属于脱盐潮土，同时在多雨年份地下水位上升、存在短期滞水，土壤的肥力水平偏低。在秸秆还田的同时，通过深松技术，打破犁底层，改善土壤结构，释放根系对土壤养分和水分的吸收利用空间。同时在冬小麦播种时底肥增施磷肥，玉米播种时增施钾肥，改善土壤的速效养分状况，一定程度提高了冬小麦夏玉米的周年产量。冬小麦夏玉米全程秸秆还田、夏玉米深松播种，结合增施磷、钾肥，在保证地力逐步提升的同时，短期内改善土壤缺磷少钾的状况，利于冬小麦夏玉米周年产量的稳定。

粮食增产是品种更新与土壤地力提升协调演进的过程，品种的生育期进程与当地环境耦合与适应，个体株型特征和群体结构更能高效地对地上光热资源和地下水肥资源充分利用，是品种实现产量潜力的根本所在。植株个体及其所构成的群体在空间的配置态势，包括地上进行光合作用的冠层结构和地下进行吸收作用的根系结构的优化，是影响群体光分布与光合特性的重要因素，同时也通过影响群体内部水、热、气等微环境而影响群体的光合效率和产量。通过适宜的品种选择和相应的耕作、栽培和管理措施，塑造合理群体结构，改善冠层通风透光条件，有利于提高群体产量潜力，可实现作物产量的逐步提高和稳定。

参考文献

［1］ 李振声，欧阳竹，刘小京，等.建设"渤海粮仓"的科学依据——需求、潜力和途径［J］.中国科学院院刊，2011，26（4）：371-374.

［2］ 康绍忠，杜太生，孙景生，等.基于生命需水信息的作物高效节水调控理论与技术［J］.水利学报，2007，38（6）：661-667.

［3］ Bodner G, Nakhforoosh A, Kaul H P. Management of crop water under drought: A review［J］. Agronomy for Sustainable Development, 2015, 35（2）: 401-442.

［4］ 屈宝香，李文娟，钱静斐.中国粮食增产潜力主要影响因素分析［J］.中国农业资源与区划，2009，30（4）：34-39.

［5］ 田中伟，王方瑞，戴廷波，等.小麦品种改良过程中物质积累转运特性与产量的关系［J］.

中国农业科学, 2012, 45 (4): 801-808.

[6] Hang X Y, Wang S F, Sun H Y, et al. Contribution of cultivar, fertilizer and weather to yield variation of winter wheat over three decades: A case study in the North China Plain [J]. European Journal of Agronomy, 2013, 50: 52-59.

[7] 吕硕, 杨晓光, 赵锦, 等. 气候变化和品种更替对东北地区春玉米产量潜力的影响 [J]. 农业工程学报, 2013, 29 (18): 179-190.

[8] 陈素英, 张喜英, 邵立威, 等. 华北平原旱地不同熟制作物产量、效益和水分利用比较 [J]. 中国生态农业学报, 2015, 23 (5): 535-543.

[9] 李永庚, 于振文, 张秀杰, 等. 小麦产量与品质对灌浆不同阶段高温胁迫的响应 [J]. 植物生态学报, 2005, 29 (3): 461-466.

[10] 卞晓波, 陈丹丹, 王强盛, 等. 花后开放式增温对小麦产量及品质的影响 [J]. 中国农业科学, 2012, 45 (8): 1 489-1 498.

[11] 蒋会利. 播期密度对不同小麦品种群体茎数及产量的影响 [J]. 西北农业学报, 2012, 21 (6): 67-73.

[12] 董剑, 赵万春, 陈其皎, 等. 陕西关中地区不同冬小麦品种晚播高产的适宜播期和密度 [J]. 西北农业学报, 2010, 19 (3): 66-69.

[13] 李向岭, 李从锋, 侯玉虹, 等. 不同播期夏玉米产量性能动态指标及其生态效应 [J]. 中国农业科学, 2012, 45 (6): 1 074-1 083.

[14] 史建国, 崔海岩, 赵斌, 等. 花粒期光照对夏玉米产量和籽粒灌浆特性的影响 [J]. 中国农业科学, 2013, 46 (21): 4 427-4 434.

[15] 薛吉全, 张仁和, 马国胜, 等. 种植密度、氮肥和水分胁迫对玉米产量形成的影响 [J]. 作物学报, 2010, 36 (6): 1 022-1 029.

[16] 侯海鹏, 丁在松, 马玮, 等. 高产夏玉米产量性能特征及密度深松调控效应 [J]. 作物学报, 2013, 39 (6): 1 069-1 077.

[17] 边大红, 张瑞栋, 段留生, 等. 局部化控夏玉米冠层结构、荧光特性及产量研究 [J]. 华北农学报, 2011, 26 (3): 139-145.

[18] 孔晓民, 韩成卫, 曾苏明, 等. 不同耕作方式对土壤物理性状及玉米产量的影响 [J]. 玉米科学, 2014, 22 (1): 108-113.

[19] 谭德水, 金继运, 黄绍文, 等. 不同种植制度下长期施钾与秸秆还田对作物产量和土壤钾素的影响 [J]. 中国农业科学, 2007, 40 (1): 133-139.

[20] 王宜伦, 韩燕来, 张许, 等. 氮磷钾配比对高产夏玉米产量、养分吸收积累的影响 [J]. 玉米科学, 2009, 17 (6): 88-92.

[21] 谢佳贵, 侯云鹏, 尹彩侠, 等. 施钾和秸秆还田对春玉米产量、养分吸收及土壤钾素平衡的影响 [J]. 植物营养与肥料学报, 2014, 20 (5): 1 110-1 118.

[22] 刘建玲, 廖文华, 张作新, 等. 磷肥和有机肥的产量效应与土壤积累磷的环境风险评价 [J]. 中国农业科学, 2007, 40 (5): 959-965.

[此文原刊载于《中国生态农业学报》, 2016, 24 (8): 1 114-1 122]

冬小麦叶片显微结构和光合特性与产量的关系

党红凯[1,2]，李瑞奇[1]，李雁鸣[1]，李晓爽[1]，孟　建[1]

（1. 河北农业大学/河北省作物生长调控重点实验室；2. 河北省农林科学院旱作农业研究所）

摘　要：为了解冬小麦叶片显微结构和光合特性与产量的关系，采用大田跟踪对比调查方法，对 8 个高产冬小麦品种的叶片显微结构、光合特征及产量性状进行分析。结果表明，小麦不同叶位叶片主要由规则环状细胞组成，各叶位叶片规则细胞的平均环数为 1.7～4.5 环。随叶位升高，叶肉细胞平均环数及上表皮和下表皮气孔密度均有增加的趋势。各品种旗叶叶绿素含量最大峰值出现在 5 月 10 日前后；旗叶可溶性蛋白含量变化与叶绿素含量变化相似，最大值陆续出现在 5 月 7—20 日。各品种叶片叶肉细胞平均环数和平均光合速率均以旗叶最高。但品种间光合势、叶源量的差异与叶肉细胞和叶绿素含量并不完全一致。品种间产量性状的差异主要表现在生物产量与经济系数上。生物产量与倒 2 叶光合势呈显著正相关，与倒 3 叶光合势呈极显著正相关。综上可见，光合性能好且光合产物能够有效转运进入籽粒，是小麦品种获取高产的必要特征。

关键词：冬小麦；叶片；解剖特征；光合特性；产量性状

叶片是小麦重要的光合器官。叶片显微结构是行使其光合功能的形态学和解剖学基础[1]。小麦叶片结构受遗传因素影响，但可塑性也比较强[2]。不同叶位叶片生长过程中，其解剖特征与光合特性对环境变化的响应不同[2]。系统比较不同品种小麦叶片结构、光合特性与产量形成，对认识叶片结构与光合性能的内在联系，提高小麦综合生产能力具有重要的生产意义。关于冬小麦叶片解剖特征与光合功能的关系，前人已经进行了系统研究。刘莹等[3]和李雁鸣等[4]利用华北地区不同年代的小麦品种，研究了叶肉细胞形态和光合性能演替规律。刘永康等[5]通过研究小麦旗叶的解剖特征、群体与个体光合特性，明确了不同株型小麦的高光效机理。李金霞等[6]通过喷施不同浓度不同种类的植物生长调节剂进行研究，发现在不增加叶面积的条件下，由于调节剂对冬小麦旗叶细胞形态的影响，可以改善叶片质量。小麦是河北省的主要粮食作物，但对河北省主推冬小麦品种尚缺乏对叶片结构、光合功能与产量形成关系的系统研究。本研究以河北省的 8 个高产优质冬小麦品种为研究材料，通过观测叶片形态结构、光合特性及产量构成，分析其内在的联系，以期为进一步挖掘与冬小麦产量密切相关的光合生产潜力提供参考依据。

1　材料与方法

1.1　试验基本情况

田间试验在河北省藁城市农业科学研究所进行。供试品种为 4 个普通高产小麦品种石新 733、石家庄 8 号、石 4185 和河农 822，分别用 SX733、SJZ8、S4185、HN822 表示；4 个优质强筋小麦品种藁 8901、金麦 54、师栾 02-1 和藁优 2018，分别用 G8901、JM54、SL02-1、GY2018 表示。供试土壤养分状况为：有机质 18.41 g·kg⁻¹，全氮 0.94 g·kg⁻¹，碱解氮 107.2 mg·kg⁻¹，速效磷 22.4 mg·kg⁻¹，速效钾 126.7 mg·kg⁻¹，速效锌 3.6 mg·kg⁻¹，速效锰 18.3 mg·kg⁻¹，速效铜 1.3 mg·kg⁻¹。前茬夏玉米收获后按常规整地，2014 年 10 月 11 日播种，采用各品种审定时推荐的适宜播种量，行距 15 cm，SX733，SJZ8，S4185，HN822，68901，JM54，SL02-1，GY2018 的基本苗分别为 322.5 万、285.1 万、280.4 万、300.2 万、273.1 万、264.0 万、260.0 万和 285.1 万株·hm⁻²。每个品种 3 次重复，小区面积 30 m²。试验年度春季生育期内（3 月 1 日—6 月 11 日）>0 ℃积温 1 666.1 ℃，日照时数 844.2 h。田间管理采用常规高产栽培技术。

1.2 观测内容与方法

1.2.1 顶三叶光合速率测定

从旗叶展开开始测定顶三叶叶片的光合速率。在晴天上午 9：00—11：00，每个品种选取 3~5 株受光方向和生长状况一致的叶片，用美国产 CI-340 光合作用测定系统进行闭路测定。每 5~7 d 测定 1 次。

1.2.2 叶片解剖学特征观察

于春季每个叶位新生叶片定型时，各品种分别选择有代表性的健壮植株，摘取 3~5 片新定型叶位的叶片，室内洗净擦干，进行以下性状的观察。

叶肉细胞形态观察：取叶片的中部，用段续川[7]细胞离析法固定、分离、染色后制片[7]。每个叶位制作 3 张制片，作为 3 次重复。每个制片在日产奥林巴斯 CHS 显微镜下观察 400~500 个细胞，统计每个细胞的形态和环数。

规则叶肉细胞大小测定：在显微镜下，每个制片中用测微尺连续测量 25 个 2 环细胞的高度和宽度。

叶片厚度测定：去掉中脉，叶片中部徒手纵切。从边缘到中脉，用测微尺等距离测量 5 点厚度，重复 10 次。计算平均数，作为叶片厚度。

气孔密度测定：同上取样，每次取 10 片叶片，用带尖的小镊子分别撕取叶片中部靠近中脉部位的上表皮和下表皮，置显微镜下观察，数 5 个视野的气孔数，用测微尺测算视野面积，计算气孔密度。

1.2.3 旗叶叶绿素含量与可溶性蛋白含量测定

于旗叶定型后，分 7 个时期取各品种旗叶，用去离子水洗净其表面灰尘。采用赵世杰等[8]的方法测定叶绿素含量。分 5 个时期取各品种旗叶，用去离子水洗净其表面灰尘。采用 Bradford 的方法[9]测定可溶性蛋白含量。

1.2.4 产量与产量构成因素

成熟期按常规方法测定每公顷生物产量、产量构成因素（每公顷穗数、穗粒数、千粒重）和籽粒产量。

2 结果与分析

2.1 不同品种冬小麦的叶片解剖特征比较

2.1.1 不同冬小麦品种叶位叶片叶肉细胞形态的差异

由表1可见，小麦不同叶位春生叶片主要由规则环状细胞组成，占93.1%～99.9%，而不规则细胞所占的比例较小。在规则细胞中，1～5环细胞的比例较大，占60%以上，8环以上细胞所占比例较小。各叶位规则细胞的平均环数1.7～4.7环，随叶位升高，规则细胞平均环数有增高的趋势。

各品种不同叶位细胞组成不同。倒6叶主要由1环和2环细胞组成，多数品种以1环细胞所占比例最高。不同品种比较，1环细胞以SL02-1最高，占51.3%；2环细胞以SX733最高，占43.8%。倒5叶主要由1环、2环和3环细胞组成，以2环细胞所占比例最高。不同品种比较，1环细胞以S4185最高，占31.2%；2环细胞以G8901最高，占48.4%；3环细胞以HN822最高，占24.1%。倒3叶主要由1～5环细胞组成，以2环或3环细胞最高或较高。其中2环细胞以G8901最高，达40.3%；3环细胞以HN822最高，达30.6%。倒2叶主要由2～5环细胞组成，以2环或3环细胞最高。不同品种比较，2环细胞以G8901最高，达39.4%；3环细胞以GY2018最高。旗叶主要由2～6环细胞组成，除HN822以4环细胞最高外，其他品种均以2环或3环细胞最高。不同品种比较，2环细胞以JM54最高，达26.5%；3环细胞以SX733最高，达23.7%；4环细胞以HN822最高，达25.6%；5环细胞以G8901最高，达18.9%。

表1 冬小麦春生叶片中不同形态叶肉细胞的频率

品种	规则细胞环数（%）								小计（%）	平均环数	分支细胞（%）	总计（%）	观察细胞总数
	1	2	3	4	5	6	7	≥8					
旗叶													
SL 02-1	2.1	13.8	18.7	18.2	15.7	10.4	10.1	9.8	98.7	4.5	1.4	100	1 623
G 8901	2.9	10.5	21.9	20.1	18.9	10.3	8.1	6.0	98.6	4.4	1.3	100	1 655
GY 2018	9.6	22.2	20.3	18.7	12.7	7.5	3.4	1.4	95.9	3.3	4.1	100	1 542
JM 54	6.6	26.5	22.4	14.5	9.6	8.8	3.9	5.3	97.6	3.6	2.4	100	1 601
S 4185	2.0	16.0	17.5	10.6	11.2	8.7	13.0		98.0	4.7	2.0	100	1 611
SJZ 8	4.3	18.9	22.1	19.5	12.7	9.4	5.0	3.7	95.6	3.7	4.5	100	1 598
HN 822	2.8	20.1	22.4	25.6	13.2	7.2	3.7	5.0	99.9	3.7	0.1	100	1 682
SX 733	3.3	25.0	23.7	19.3	11.8	7.2	3.3	4.4	98.0	3.7	2.0	100	1 642
倒2叶													
SL 02-1	8.0	25.2	25.0	16.8	11.3	4.3	3.5	3.6	97.7	3.4	2.3	100	1 463
G 8901	19.8	39.4	21.1	11.9	4.3	1.4	0.7	—	98.5	2.4	1.5	100	1 510

（续表）

品种	规则细胞环数（%）								小计（%）	平均环数	分支细胞（%）	总计（%）	观察细胞总数
	1	2	3	4	5	6	7	≥8					
GY 2018	7.1	27.3	26.5	17.3	9.2	5.2	1.7	2.1	96.4	3.2	3.6	100	1 496
JM 54	9.9	26.4	25.7	16.5	10.3	4.7	0.9	1.7	96.2	3.1	3.8	100	1 503
S 4185	2.0	18.9	19.7	18.0	15.1	12.6	6.0	6.0	98.3	4.2	1.7	100	1 512
SJZ 8	14.4	32.2	23.1	14.2	6.1	4.0	1.7	0.7	96.4	2.8	3.6	100	1 561
HN 822	7.1	20.6	20.6	14.6	11.8	6.7	3.6	8.1	93.1	3.7	6.8	100	1 531
SX 733	13.4	27.5	23.4	12.4	10.0	3.6	2.9	3.1	96.4	3.1	3.6	100	1 509
倒 3 叶													
SL 02-1	2.8	19.7	24.1	19.5	15.7	6.4	4.4	5.4	98.0	3.9	2.0	100	1 542
G 8901	26.2	40.3	19.1	7.7	3.4	2.4	0.9	—	99.9	2.3	0.1	100	1 499
GY 2018	6.1	23.6	25.9	17.0	12.9	5.4	3.0	1.3	95.3	3.3	4.7	100	1 532
JM 54	14.2	26.3	23.1	14.0	10.1	6.4	2.7	2.5	99.3	3.2	0.7	100	1 521
S 4185	10.8	24.1	20.4	15.6	10.2	7.8	4.0	3.6	96.4	3.4	3.6	100	1 535
SJZ 8	20.3	34.3	20.3	11.9	8.0	1.2	0.9	0.7	97.7	2.6	2.3	100	1 504
HN 822	1.2	9.1	30.6	15.8	17.7	11.2	4.6	8.1	98.2	4.4	1.7	100	1 512
SX 733	24.7	29.7	21.4	11.2	6.3	2.7	0.9	0.9	97.8	2.5	2.2	100	1 542
倒 5 叶													
SL 02-1	26.2	38.4	19.3	10.4	3.8	0.3	0.3	—	98.7	2.3	1.3	100	1 512
G 8901	26.4	48.4	17.5	5.0	1.5	0.5	—	—	99.3	2.1	0.7	100	1 600
GY 2018	29.3	42.4	16.9	6.4	2.7	0.8	0.2	0.3	98.7	2.1	1.3	100	1 541
JM 54	22.8	40.1	22.0	10.0	2.7	0.3	0.5	—	98.6	2.3	1.4	100	1 512
S 4185	31.2	44.2	11.6	6.8	3.1	—	0.3	—	97.3	2.0	2.7	100	1 503
SJZ 8	29.7	39.4	19.1	5.3	3.7	1.2	—	—	98.4	2.1	1.6	100	1 512
HN 822	23.7	40.7	24.1	7.5	2.1	0.4	0.7	—	99.1	2.2	0.9	100	1 514
SX 733	23.6	45.4	21.8	4.9	2.3	0	—	—	98.0	2.1	2.0	100	1 513
倒 6 叶													
SL 02-1	51.3	34.7	10.0	2.9	0.3	—	—	99.5	1.7	0.5	100	1 498
G 8901	45.4	38.8	13.5	1.3	0.5	0.3	—	—	99.8	1.7	—	100	1 523
GY 2018	49.4	35.2	10.8	1.7	1	0.7	—	—	98.7	1.7	1.3	100	1 534
JM 54	49.6	34.4	10.9	2.3	0.6	0.6	0.3	—	98.6	1.7	1.4	100	1 567
S 4185	38.9	42.9	12.9	4.4	0.5	—	—	—	99.5	1.8	0.5	100	1 522
SJZ 8	40.5	39.8	13.1	2.3	2.3	—	—	—	98.1	1.8	1.9	100	1 531

（续表）

品种	规则细胞环数（%）								小计（%）	平均环数	分支细胞（%）	总计（%）	观察细胞总数
	1	2	3	4	5	6	7	≥8					
HN 822	44.6	41.1	9.1	2.5	0.9	0.2	—	—	98.3	1.7	1.7	100	1 464
SX 733	37.2	43.8	13.8	4.2	0.5				99.5	1.9	0.5	100	1 569

同一品种不同叶位叶片比较，倒 5 叶的叶肉细胞平均环数不同程度高于倒 6 叶，但均低于顶 3 叶。顶 3 叶各叶片随叶位变化，品种间表现不同，SX733、SJZ8、S4185、G8901 等 4 个品种，随叶位升高平均细胞环数逐渐增加，均以旗叶最高。而 SL02-1、GY2018、JM54 等 3 个品种，虽然以旗叶叶肉细胞平均环数最高，但以倒 3 叶次之，倒 2 叶最低。只有 HN822 以倒 3 叶最高，旗叶次之，倒 2 叶最低。

2.1.2 不同品种冬小麦顶三叶 2 环叶肉细胞大小的比较

不同品种同叶位间比较，顶三叶各叶位均以 GY2018 叶面积最大，SL02-1 最小。同一品种顶三叶之间比较，除 HN822、SX733 以倒 2 叶面积最大外，其他 6 个品种均以旗叶最大，所有品种都以倒 3 叶面积最小（表 2）。

不同品种冬小麦顶三叶叶肉细胞宽度变幅为 25.0～50.2 μm，高度为 28.8～62.8 μm。不同品种间同叶位叶肉细胞宽度和高度的差异较大。其中 S4185 倒 3 叶的细胞宽度和宽高积最大，细胞高度则与 2 个最大的品种差异不显著；G8901 倒 2 叶的细胞高度、宽度及其乘积都最大，但均与 GY2018 的差异不显著；GY2018 旗叶的细胞宽度、高度及其乘积最大。同一品种不同叶位比较，S4185、SJZ8、SX733 等 3 个品种叶肉细胞宽高积随叶位升高而减小，以旗叶最小；SL02-1、G8901、GY2018 等 3 个品种也以旗叶最小，但以倒 2 叶最大；HN822、JM54 以倒 2 叶最小，倒 3 叶最大。

表 2　不同品种冬小麦顶三叶片叶面积与 2 环叶肉细胞的大小

品种	叶面积（cm²）			旗叶		
	旗叶	倒 2 叶	倒 3 叶	宽（μm）	高（μm）	宽×高（μm²）
SL 02-1	17.5 e	17.5 c	11.3 c	27.2 e	32.2 c	875.8 d
G 8901	19.6 d	17.5 c	11.6 c	25.0 f	28.8 d	720.0 e
GY 2018	28.6 a	27.8 a	18.1 a	39.9 a	44.4 a	1 771.6 a
JM 54	21.4 bc	21.4 b	13.9 b	33.8 c	34.2 bc	1 156.0 c
S4185	22.8 b	21.9 b	15.0 ab	30.6 d	38.5 b	1 178.1 c
SJZ 8	21.4 bc	18.5 c	13.6 b	32.6 c	44.6 a	1 450.9 b
HN 822	18.2 de	20.5 b	14.7 ab	35.8 b	43.1 a	1 543.0 b
SX 733	21.3 c	21.6 b	17.7 a	32.6 c	43.6 a	1 421.4 b

（续表）

品种	倒2叶			倒3叶		
	宽（μm）	高（μm）	宽×高（μm²）	宽（μm）	高（μm）	宽×高（μm²）
SL 02-1	39.2 ab	45.1 c	1 767.9 bc	38.0 cd	44.9 cd	1 706.2 d
G 8901	43.8 a	62.8 a	2 750.6 a	46.2 b	51.2 b	2 365.4 b
GY 2018	42.9 a	60.8 a	2 606.9 a	41.6 c	56.1 a	2 333.8 b
JM 54	30.7 d	33.5 e	1 028.5 d	38.8 cd	41.9 d	1 625.7 d
S4185	30.7 d	38.6 d	1 185.0 d	50.2 a	55.5 a	2 786.1 a
SJZ 8	38.4 b	51.9 b	1 993.0 b	35.7 de	57.7 a	2 059.9 c
HN 822	33.8 c	40.7 cd	1 375.7 d	33.9 e	46.1 c	1 562.8 d
SX 733	34.3 c	44.6 c	1 529.8 c	40.8 c	52.5 b	2 142.0 c

注：数字后面的小写字母表示不同品种间的差异显著性，具有相同字母的数字在0.05水平差异不显著。下同

2.1.3 不同品种冬小麦叶片厚度

各品种春生叶叶片厚度变幅为154.0～293.3 μm（表3）。不同品种间同叶位比较，叶片厚度没有规律性差异。顶三叶以SX733最厚或较厚，以JM54最薄或较薄；倒4叶、倒5叶以HN822较厚，以JM54最薄或较薄；倒6叶以S4185，SJZ8较厚，GY2018和SX733较薄。同一品种不同叶位间比较，随叶位变化，叶片厚度的变化规律不同，68901，SL02-1，JM54，S4185和SJZ8等5个品种以倒6叶最厚，基本上随叶位升高逐渐变薄，旗叶最薄，但SL02-1，JM54，S4185表现为倒2叶厚于倒3叶。GY2018以倒5叶最厚，倒3叶最薄，倒3叶以上随叶位升高逐渐加厚。HN822先随叶位升高逐渐加厚，以倒4叶最厚，倒4叶以上又逐渐变薄。

表3 不同品种冬小麦主茎春生各叶位叶片厚度（μm）

品种	旗叶	倒2叶	倒3叶	倒4叶	倒5叶	倒6叶
SL 02-1	178.0 c	219.3 abc	210.0 bcd	212.7 b	262.0 a	279.3 a
G 8901	166.4 c	189.6 c	224.0 bc	228.0 b	249.3 a	283.3 a
GY 2018	220.8 ab	215.2 abc	176.8 d	225.6 b	267.2 a	255.2 a
JM 54	154.0 c	195.3 bc	187.3 cd	228.0 b	242.0 a	268.0 a
S 4185	180.7 bc	250.7 a	180.7 d	215.3 b	268.7 a	293.3 a
SJZ 8	193.6 bc	232.8 ab	251.3 ab	253.3 ab	253.6 a	289.6 a
HN 822	161.6 c	228.8 abc	248.0 ab	278.4 a	272.0 a	265.6 a
SX 733	244.0 a	244.8 a	289.6 a	271.2 a	261.3 a	260.0 a

2.1.4 不同冬小麦品种各叶位叶片的气孔密度

春生叶叶片上表皮气孔密度变幅为 52.3～233.0 个·mm^{-2}，下表皮的气孔密度变幅为 47.0～203.4 个·mm^{-2}（表 4）。不同品种间同叶位比较，S4185 的气孔密度较大，其次为 SX733，显著高于其他品种。同品种叶位间比较，随叶位升高，上、下表皮气孔密度有逐渐增加的趋势，基本以旗叶的气孔密度最高。上下表皮间比较，同品种同叶位上表皮的气孔密度均高于下表皮。

表 4 不同品种冬小麦不同春生叶位叶片的表皮气孔密度 （个·mm^{-2}）

表皮	品种	旗叶	倒 2 叶	倒 3 叶	倒 4 叶	倒 5 叶	倒 6 叶
上表皮	SL 02-1	113.7 cd	85.1 b	105.9 b	98.7 b	76.9 b	74.8 ab
	G 8901	124.0 cd	94.9 b	89.2 b	94.1 b	65.6 b	68.6 ab
	GY 2018	91.1 d	84.7 b	80.0 b	76.0 b	74.1 b	74.8 ab
	JM 54	99.3 cd	85.8 b	82.7 b	75.1 b	65.7 b	84.0 a
	S 4185	233.0 a	161.2 a	166.5 a	156.9 a	131.1 a	89.2 a
	SJZ 8	97.0 cd	82.0 b	84.1 b	94.4 b	85.4 b	52.3 b
	HN 822	112.1 cd	95.6 b	90.1 b	85.3 b	72.0 b	61.0 ab
	SX 733	176.8 b	176.5 a	152.6 a	140.6 a	121.1 a	86.5 ab
下表皮	SL 02-1	79.8 c	65.0 b	78.4 b	54.5 c	55.8 b	53.2 bcd
	G 8901	96.8 c	81.4 b	58.8 b	78.8 bc	59.4 b	51.5 cd
	GY 2018	75.2 c	54.3 b	53.2 b	57.0 c	62.5 b	66.8 ab
	JM 54	72.9 c	53.9 b	63.1 b	55.8 c	50.2 c	65.8 ab
	S 4185	203.4 a	139.7 a	135.4 a	122.0 a	95.6 a	77.9 a
	SJZ 8	76.0 c	56.4 b	67.5 b	82.1 bc	67.9 b	63.7 bc
	HN 822	85.5 c	77.8 b	67.4 b	60.0 c	60.7 b	49.0 d
	SX 733	145.8 b	144.6 a	140.6 a	104.2 ab	105.4 a	47.0 d

2.2 各品种旗叶叶绿素和可溶性蛋白质含量的动态变化

各品种旗叶叶绿素含量最大值为 3.49～4.94 mg·g^{-1}，陆续出现在挑旗到开花期（5 月 2—11 日）（图 1）。旗叶叶绿素最大值出现后，大部分品种旗叶叶绿素含量即呈逐渐下降趋势。但 SL02-1、GY2018 表现有所不同，在叶绿素含量最大峰值出现后，灌浆中期又有所升高。品种间比较，SL02-1 叶绿素最大值最小，但高峰持续期最长。灌浆末期（6 月 2 日）开始，各品种叶片叶绿素含量随叶片衰亡而迅速下降。各品种旗叶可溶性蛋白与叶绿素含量的变化趋势相似。各品种旗叶可溶性蛋白含量最大值为 32.96～52.32 mg·g^{-1}。品种间可溶性蛋白含量最大值比较，以 GY2018 最大，SL02-1 最小。可溶性蛋白含量最大值以 G8901、SJZ8、HN822 和 SX733 等品种出现较早。品种间可溶性蛋白含量的变化趋势，HN822、SX733 为双峰曲线，其他品种为单峰曲线。灌浆末期开始，各品种叶片可溶性蛋白含量随叶片的衰亡逐渐下降。

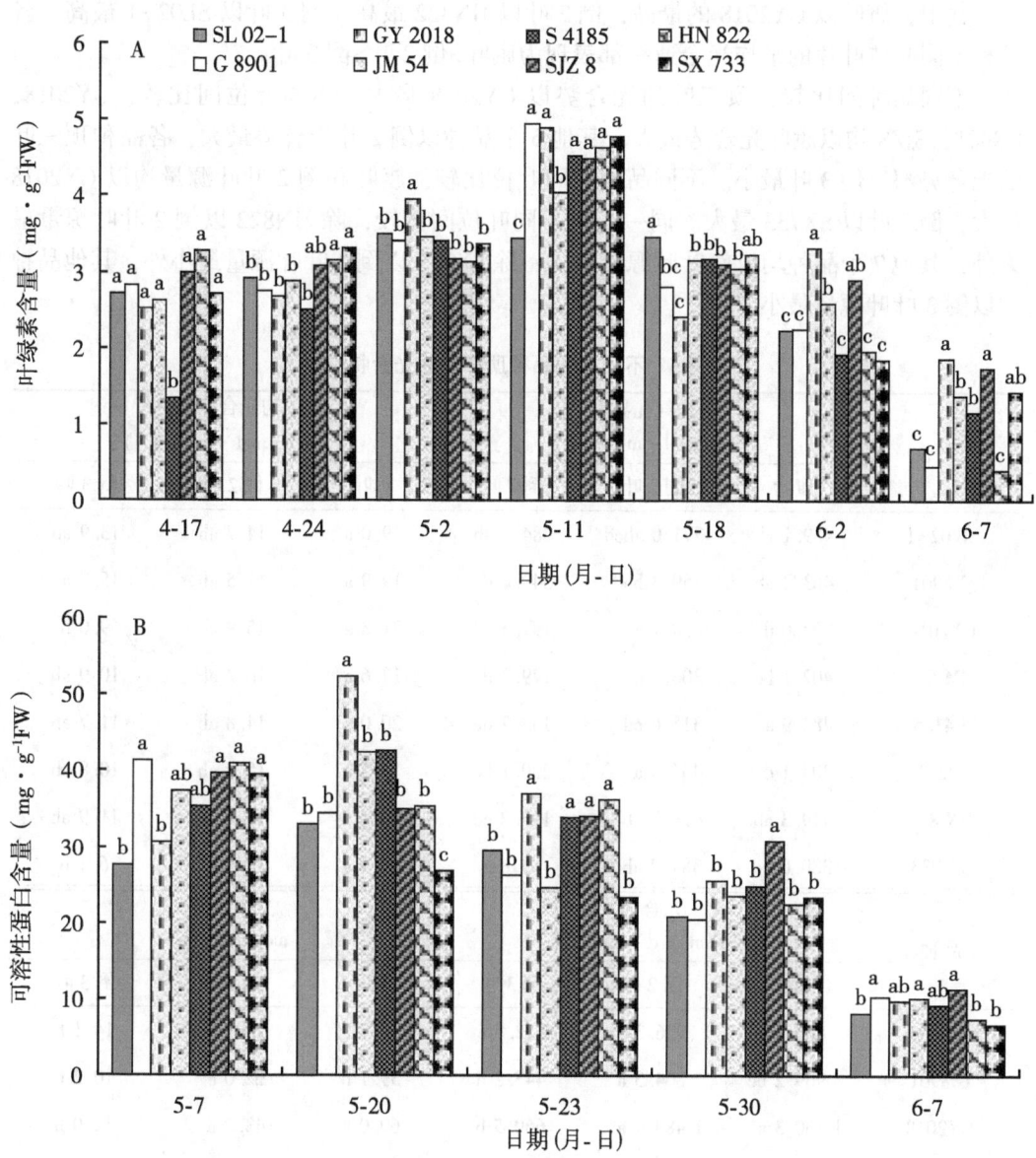

图1 不同小麦品种旗片的叶绿素（A）和可溶性蛋白质（B）含量

2.3 不同品种的光合特性与产量性状

2.3.1 不同品种冬小麦顶三叶的光合特性

由表5可见，不同品种的同叶位叶片比较，S4185，G8901旗叶的平均气孔导度最高，GY2018最低；倒2叶气孔导度以SJZ8，GY201，HN822较高，JM54和S4185较低；倒3叶气孔导度以GY8901最高，SX733最低。同一品种不同叶位比较，SL02-1，G8901，JM54，S4185均以旗叶平均气孔导度最高，其他4个品种以倒2叶气孔导度最高，各品种均以倒3叶气孔导度最低。品种间同叶位叶片的平均光合速率差异基本不显著，其中，旗叶以 GY2018 的最高，倒 2 叶以 HN822 最高，倒 3 叶以 SL02-1 最高。各品种不同叶位叶片的平均光合速率都表现为旗叶>倒 2 叶>倒 3 叶。

不同品种间比较，顶三叶的光合势以 GY2018 最大。不同叶位间比较，GY2018，G8901，SJZ8 均以旗叶光合势最大，其他 5 个品种以倒 2 叶光合势最大，各品种顶三叶的光合势都以倒 3 叶最小。不同品种间同叶位比较，旗叶和倒 2 叶叶源量均以 GY2018 最大，倒 3 叶以 SX733 最大。同一品种不同叶位间比较，除 HN822 以倒 2 叶叶源量最大外，其他 7 个品种均以旗叶叶源量最大；除 SX733 以倒 2 叶叶源量最小外，其他品种均以倒 3 叶叶源量最小。

表5　不同小麦品种顶三叶的光合特性

品种	平均气孔导度 ($CO_2 mmol \cdot m^{-2} \cdot s^{-1}$)			平均光合速率 P_n ($CO_2 \mu mol \cdot m^{-2} \cdot s^{-1}$)		
	旗叶	倒2叶	倒3叶	旗叶	倒2叶	倒3叶
SL 02-1	459.1 ab	371.0 abcd	284.7 ab	19.0 a	14.7 ab	13.9 ab
G 8901	463.3 ab	359.3 bcd	349.1 a	19.9 a	15.5 ab	15.7 a
GY2018	298.0 d	430.7 a	197.3 cd	21.8 a	15.9 ab	9.0 b
JM 54	402.1 bc	306.4 d	179.3 d	17.6 a	16.2 ab	10.9 ab
S 4185	484.9 a	315.6 cd	133.7 de	20.0 a	14.8 ab	11.7 ab
SJZ 8	304.1 d	434.5 a	220.1 bc	18.5 a	15.9 ab	10.8 ab
HN 822	419.3 abc	426.7 ab	193.2 cd	18.7 a	18.7 a	11.9 ab
SX 733	380.0 c	384.2 abc	85.8 e	17.4 a	10.9 b	6.1 b

品种	光合势 ($10^4 m^2 \cdot d^{-1} \cdot hm^{-2}$)			叶源量 ($mol\ CO_2 \cdot m^{-2}$)		
	旗叶	倒2叶	倒3叶	旗叶	倒2叶	倒3叶
SL 02-1	866.4 c	936.3 a	512.8 c	32.7 c	26.2 bc	14.1 b
G 8901	969.2 bc	864.3 a	447.2 d	39.1 b	22.0 c	10.2 b
GY2018	1 700.3 a	1 489.4 a	660.5 b	69.0 a	43.2 a	12.0 b
JM 54	1 061.3 b	1 122 a	592.2 bc	36.8 bc	31.7 b	13.5 b
S 4185	1 128.6 b	1 173.5 a	608.5 b	58.7 ab	42.8 a	16.8 b
SJZ 8	1 057.1 b	989.8 a	592.7 bc	41.2 b	31.3 b	11.7 b
HN 822	862.2 c	1 096.8 a	623.8 b	35.7 bc	38.2 ab	14.9 b
SX 733	1 056.0 b	1 153 a	753.5 a	33.3 c	19.9 c	32.7 a

2.3.2　不同品种冬小麦顶三叶的光合特性与产量构成因素的相关性

由表6可见，小麦生物产量与顶三叶面积均呈正相关，但在旗叶上相关不显著，说明旗叶叶面积对生物产量的影响程度不及倒 2 叶、倒 3 叶的大。收获指数与顶三叶面积均呈负相关，但只在倒2叶上显著。顶三叶面积与千粒重和籽粒产量分别呈负相关和正相关，但均不显著，说明顶三叶面积与千粒重、籽粒产量的依存性很小。籽粒产量与顶三叶光合势均呈正相关，但只有与倒3叶的相关性达到显著水平；生物产量与倒2叶、倒3叶光合势分别呈显著和极显著正相关，与旗叶呈正相关，但不显著。顶三叶叶源量与产量各性状的相关性均没有达到显著水平。

另外，叶面积、光合势和叶源量与生物产量和籽粒产量的相关系数均表现为旗叶＜倒2叶＜倒3叶。这表明，除了重视旗叶光合性能的改善以外，适当提高倒2叶、倒3叶的光合性能，对产量的提高可能起更为重要的作用（表7）。

表6　不同小麦品种产量与产量相关性状

项　目	品　种							
	SL 02-1	G 8901	GY 2018	JM 54	S 4185	SJZ 8	HN 822	SX 733
公顷穗数	764.1 b	680.1 d	803.9 b	783.2 bc	883.1 a	701.4 cd	729.0 c	658.8 e
穗粒数（个）	28.5 ab	32.4 a	33.4 a	29.0 ab	26.8 b	29.2 ab	31.3 ab	31.5 ab
千粒重（g）	38.1 ab	37.8 ab	35.2 b	35.7 b	37.1 b	45.0 a	41.0 a	42.4 a
生物产量（kg·hm^{-2}）	17 728.8 c	15 906.4 e	19 208.4 a	18 155.1 b	17 518.9 c	17 529.8 c	18 243.3 b	19 022.1 a
籽粒产量（kg·hm^{-2}）	9 070.1 b	7 805.3 d	8 920.4 bc	8 965.0 a	8 880.0 bc	8 844.3 c	8 853.5 bc	9 435.0 a
收获指数（%）	51.2 a	49.1 a	46.4 a	49.4 a	50.7 a	50.5 a	48.5 a	49.6 a

表7　不同品种冬小麦顶三叶的光合特性与产量构成的相关系数

项目	叶面积			光合势			叶源量		
	旗叶	倒2叶	倒3叶	旗叶	倒2叶	倒3叶	旗叶	倒2叶	倒3叶
千粒重	-0.375 9	-0.440 0	-0.007 5	-0.426 1	-0.381 2	-0.257 3	-0.476 8	-0.325 8	0.345 9
籽粒产量	0.135 4	0.350 1	0.545 8	0.112 9	0.443 0	0.787 1*	0.053 2	0.109 1	0.642 0
生物产量	0.482 1	0.732 0*	0.817 9*	0.497 1	0.787 0*	0.871 2**	0.243 3	0.313 1	0.500 2
收获指数	-0.643 1	-0.746 0*	-0.584 2	-0.705 0	-0.689 1	-0.281 3	-0.512 8	-0.373 9	0.149 4

注：* 和 ** 分别表示在0.05和0.01水平上相关显著

3　结论与讨论

3.1　小麦叶片的解剖学特征及其生态生理意义

小麦叶片结构组成与其光合性能密切相关。气孔是小麦叶片与外界进行物质能量交换的主要通道，本研究结果表明，春生叶片气孔密度小于在后期出生的叶片，这与早春温度低、叶片代谢弱、稀少的气孔增强御寒能力有关[10]。相比之下，后期叶片生长在温度高光照强的环境中，稠密的气孔可提高叶片的蒸腾速率[11]，减少强光高温对叶片的损伤。这说明气孔的发育、密度及运动规律与小麦的适应性、抗逆性密切相关[12]。

另外，本研究中 GY2018 的顶三叶叶面积最大，而其气孔密度却较小，表明叶面积的增大一定程度上抵消了气孔数目的增加。但不同品种表现也有不同，如 S4185 叶面积并不小，而其气孔密度最大，这可能有利于植株在干旱条件下通过较强蒸腾作用来吸收水分和保证呼吸[13]，从而提高对干旱的适应性。

叶片厚度是叶片解剖特征的另一个重要指标。叶片厚度增加，单位叶面积的叶肉细胞增多[13]。本研究对 8 个品种的比较表明，小麦旗叶以 GY2018 较厚，JM54 较薄，而品种间光合速率比较也以 GY2018 较高，JM54 较低。说明较厚的叶片含较多的光合细胞，有助于叶片对光的吸收，从而提高光合速率[13]。可见，在高产条件下，通过水肥调控使叶片展开到适宜面积后，增加叶片厚度对生产的意义可能更大。

本研究中各品种叶片的叶肉细胞，都由具有峰、谷、腰、环的规则环状细胞及少量不规则细胞组成，而且随叶位升高叶片中多环叶肉细胞的出现频率增高，这些结果都与前人的研究结果一致[5,6]。多环细胞体积较小，单位体积内叶肉细胞总面积较大。叶片进行光合作用，主要依赖于叶片内的叶绿体。叶绿体沿细胞质膜内侧排列[14]，较大的叶肉细胞总面积，在膜内侧可以容纳更多的叶绿体，进而提高光合速率。另外，从本研究不同叶位二环叶肉细胞大小看，旗叶的二环细胞高宽积最小或较小，而倒 3 叶的最大。说明随叶位升高相同环数的叶肉细胞变小，在叶片体积一定条件下，增大了叶肉细胞表面积。顶三叶光合能力强，对籽粒贡献大，与其叶肉细胞光合膜面积大有一定关系。综上可见，小麦各叶位叶片器官细胞形态的差异，无论是适应其所担负的功能或是生长过程中的环境，都具有特定的生态生理意义[15]。本研究灌浆期间干旱少雨（5 月 11 日—6 月 5 日降水量为 3 mm），从相关分析结果看，旗叶对产量的贡献甚至不如倒 2 叶、倒 3 叶。张永平等[16]研究认为，干旱胁迫条件下，适当控制叶面积，相对增加非叶器官面积，利于产量的提高。该结论与本研究结果一致。

3.2 旗叶叶绿素含量、蛋白质含量与光合性能的关系

本研究中小麦旗叶生长期中叶绿素含量的变化，经历了低-高-低的过程，这与杨晴等[17]的研究结果一致。旗叶叶绿素含量高峰出现的早晚、峰值维持时间的长短及单峰与多峰的变化形式，在不同品种中的表现有所不同。这与杨再杰等[18]的结果一致。结合本研究的调查，从旗叶出生到 4 月 24 日（挑旗期前后），旗叶叶绿素含量是逐渐提高的过程，从 4 月 24 日到 6 月 2 日（灌浆末期）是叶绿素高值持续期；灌浆末期后，旗叶叶绿素含量随叶片的衰亡而迅速下降。小麦旗叶可溶性蛋白含量变化与叶绿素含量变化相似，但也有所不同，旗叶叶绿素含量最大值出现在 5 月 10 日前后，而不同品种旗叶可溶性蛋白含量的最大值陆续在 5 月 7—20 日出现。另外，生育末期叶绿素含量迅速下降，而可溶性蛋白含量下降相对缓慢，叶片在失绿后仍含有一定量的可溶性蛋白。可见，生育末期叶片停止光合活动后，包括可溶性蛋白在内的光合物质仍有活性。说明小麦产量形成不仅与叶片叶绿素的含量总体水平有关，还与光合产物再分配密切相关[19]。

3.3 冬小麦群体光合特性对产量形成的影响

前人研究表明，小麦不同叶位叶片的光合产物对籽粒的贡献不同，顶三叶光合能力

强，对籽粒产量贡献也较大[11]。本研究不同品种各叶位叶片叶肉细胞的平均环数均以旗叶最高，平均光合速率也以旗叶最高。结合本研究与他人研究结果，环数较多的叶肉细胞个体小，叶片单位体积内叶肉细胞总表面积高，进而扩大了光合膜面积[6,20]。说明旗叶具有良好的光合性能，与其叶肉细胞组成密不可分[20]。另外，在品种间比较，S4185、SL02-1旗叶细胞环数较高，但其叶绿素含量与可溶性蛋白含量较低，平均光合速率较低。而GY2018旗叶叶肉细胞环数虽低，但其叶面积大，叶绿素高值持续期长，可溶性蛋白含量高，光合速率与叶源量均较高，最终生物产量也最高。但由于GY2018收获指数较低，与其他品种比较其产量并不最高。对各品种做相关分析后发现，顶三叶的叶面积、光合势、叶源量等参数与生物产量、籽粒产量呈不同水平的正相关，这与王成雨等[21]的研究结果一致。具体来看，相关系数表现为旗叶<倒2叶<倒3叶。综合来看，具有理想的叶片细胞形态结构并不意味着产量性状一定优越，光合器官细胞形态与产量构成属于不同层次的性状，不一定具有一一对应的关系。结合品种特性，采用合理的栽培技术，处理好内部与外部、群体与个体的矛盾，使光合产物最大限度产出并有效转移到籽粒中去，才是获取高产的有效保证[22,23]。

本研究还发现，在一定光合生产能力条件下，叶片解剖特征是一个相互协调、相互制约的平衡系统。这与小麦产量构成因素的相互关系相似[24]。如SL02-1、G8901、S4185等小麦品种旗叶的叶肉细胞平均环数较多，2环细胞的高宽积也较小，而且旗叶较薄。相比之下，SX733、GY2018叶肉细胞平均环数较少，2环细胞的高宽积也较大，而且旗叶较厚。不同叶位间比较也有此变化趋势。联系到品种间光合势与叶源量的差异，与叶肉细胞和叶绿素含量并不完全一致。说明造成品种之间产量差异的主要原因，不能单从细胞形态组成等方面阐释。品种间产量的主要差异表现在生物产量和收获指数上，光合物质生产和转运的差异是造成各品种产量差的主要原因[19,21]。

参考文献

[1] Li H W, Jiang D, Wollenweber B, et al. Effects of shading on morphology, physiology and grain yield of winter wheat [J]. European Journal of Agronmy, 2010, 33: 267-275.

[2] 刘莹, 李雁鸣, 张立言. 华北地区小麦品种更替过程中叶片细胞形态和光合性能演替规律的研究 I. 叶片细胞形态的演替 [J]. 河北农业大学学报, 1998, 21 (3): 7-11.

[3] 李芳兰, 包维楷. 植物叶片形态解剖结构对环境变化的响应与适应 [J]. 植物学通报, 2005, 22 (增刊): 118-127.

[4] 李雁鸣, 刘莹, 张立言. 华北地区小麦品种更替过程中叶片细胞形态和光合性能演替规律的研究 II. 旗叶光合性能的演替 [J]. 河北农业大学学报, 1998, 21 (4): 6-11.

[5] 刘永康, 李明军, 李景原, 等. 小麦旗叶直立转披动态过程对其高光效的影响 [J]. 科学通报, 2009, 54 (15): 2 205-2 211.

[6] 李金霞, 李云, 李瑞奇, 等. 4种植物生长调节剂对冬小麦旗叶细胞形态的影响 [J]. 河北农业大学学报, 2010, 33 (1): 1-5.

[7] 段续川. 植物细胞和细胞器的固定、水解、分离和染色的革新 [J]. 植物学报, 1959, 8 (1): 1-14.

［8］ 赵世杰，刘华山，董新纯．植物生理学实验指导［M］．北京：中国农业科技出版社，1998：57-157.

［9］ Bradford M M. A rapidand sensitive method for the quantitalion of microgram quantities of protein utilizing the principle of protein-dyebinding［J］. Analytical Biochemistry, 1976, 72: 248-254.

［10］ 郑丕尧，李雁鸣．小同播期生态条件卜燕麦叶片细胞形态的观察［J］．作物学报，1992，18（3）：183-190.

［11］ 苗芳，张篙午．小麦植株发育过程中顶三叶结构的变化特征［J］．西北农林科技大学学报（自然科学版），2004，32（10）：15-19.

［12］ Wang H C, Ngwenyama N, Liu Y D, *et al.* Stomatal development and patterning are regulated by environmentally responsive mitogen-activated protein kinases in *Arabidopsis*［J］. Plant Cell, 2007, 19: 63-73.

［13］ Wilson D. Assimilation of *Lolium* in relation to leaf mesophyll［J］. Nature, 1967, 214（3）: 989-993.

［14］ 苗芳，张篙午，王长发，等．低温小麦种质叶片结构及某些生理特性［J］.应用生态学报，2006，17（3）：408-412.

［15］ 李雁鸣，郑丕尧，王瑞舫．高粱叶片及其他营养器官细胞形态的初步观察［J］.作物学报，1994，20（1）：106-113.

［16］ 张永平，张英华，王志敏．小同供水条件卜冬小麦叶与非叶绿色器官光合日变化特征［J］.生态学报，2011，31（5）：1312-1 322.

［17］ 杨晴，刘奇勇，白岩，等．冬小麦小同叶层叶绿素和可溶性蛋白对氮磷肥的响应［J］.麦类作物学报，2009，29（1）：128-133.

［18］ 杨再洁，陈阜，史磊刚，等．华北平原小同年代小麦品种旗叶光合特性对水分亏缺的影响［J］.作物学报，2013，39（4）：693-703.

［19］ 黄玲，高阳，邱新强，等．水分对小同年代主栽冬小麦品种光合特性的影响［J］.麦类作物学报，2013，33（3）：495-502.

［20］ 刘月兰，于振文，张永丽，等．拔节期和开花期小同土层深度测墒补灌对北方小麦旗叶叶绿体超微结构和荧光特性的影响［J］.中国农业科学，2014，47（14）：2 751-2 761.

［21］ 王成雨，代兴龙，石玉华，等．花后小麦叶面积指数与光合和产量关系研究［J］.植物营养与肥料学报，2012，18（1）：27-34.

［22］ 郝启飞，陈炜，邓西平．不同栽培模式对长武源区冬小麦干物质积累转运的影响［J］.水土保持研究，2011，18（3）：121-125.

［23］ 王红光，李东晓，李雁鸣，等．河北省 10 000 kg/hm² 以上冬小麦产量构成及群个体生育特性［J］.中国农业科学，2015，48（14）：2 718-2 729.

［24］ 党红凯，李瑞奇，李雁鸣，等．超高产冬小麦四种微量元素的积累及其与产量性状的关系［J］.麦类作物学报，2012，32（2）：326-332.

［此文原刊载于《麦类作物学报》，2016，36（6）：742-751］

麦棉套作模式下小麦播种方式与播量对其灌浆特性及产量性状的影响

王树林，祁　虹，王　燕，张　谦，冯国艺，林永增，梁青龙

（河北省农林科学院棉花研究所/农业部黄淮海半干旱区棉花生物学与遗传育种重点实验室）

摘　要：为探索麦棉套作模式下适宜的小麦播种方式与播量，通过裂区试验，以播种方式（撒播和条播）为主因素，播量（187.5、225.0、262.5、300.0 kg·hm^{-2}）为副因素，研究了播种方式与播量对小麦灌浆特性及产量性状的影响。结果表明，与条播相比，撒播小麦灌浆期边行、内行分别延长 3.3 和 0.6 d，平均灌浆速率、最大灌浆速率边行分别降低 0.18、0.26 mg·粒$^{-1}$·d^{-1}，最大灌浆速率出现时间推迟了 0.2 d；内行小麦平均灌浆速率与最大灌浆速率分别提高 0.02、0.04 mg·粒$^{-1}$·d^{-1}，最大灌浆速率出现时间推迟 0.6 d；最终撒播提高内行小麦理论最大粒重 1.7 g。随播量增加，小麦持续灌浆期延长，与 187.5 kg·hm^{-2} 播量相比，300 kg·hm^{-2} 播量撒播边行、内行，条播边行、内行分别延长 2.8、1.8、2.6、2.2 d，平均灌浆速率分别降低 0.10、0.02、0.11、0.10 mg·粒$^{-1}$·d^{-1}，最大灌浆速率分别降低 0.15、0.03、0.15、0.15 mg·粒$^{-1}$·d^{-1}，最大灌浆速率出现时间分别推迟 0.7、0.5、0.9 d，条播内行提早 0.8 d，理论最大粒重分别降低 1.5、3.1、1.1、6.5 g。撒播内行单位面积穗数达到 529.0 万穗·hm^{-2}，显著高于条播，内行穗粒数与千粒质量分别较条播高 1.4 粒与 0.2 g，内行产量高 405.0 kg·hm^{-2}，边行穗数、穗粒数、千粒质量、产量与条播无显著差异；平均产量撒播较条播高 5.1%；随播量增加，单位面积穗数增加，穗粒数、千粒质量下降；产量撒播以 225.0 kg·hm^{-2} 最高，条播以 262.5 kg·hm^{-2} 最高。以上结果说明，在麦棉套作模式下小麦采用撒播，播量在 225.0 kg·hm^{-2} 时可有效提高小麦产量。

关键词：麦棉套作；小麦；撒播；条播；播量；灌浆特性

麦棉套作两熟种植是 20 世纪 90 年代黄河流域的主要种植模式[1]，但后来由于不适应机械收获小麦而导致面积迅速萎缩，基本消失；近年来，随着国家对粮食安全问题的日益重视以及粮棉争地矛盾的日益尖锐，麦棉套作种植模式被重新提及，在解决了小麦联合收割机应用的问题后，麦棉套作模式推广前景广阔[2]。进入 21 世纪后关于麦棉套作种植技术的研究多集中基础理论方面，如套作对土壤生态系统[3,4]与棉花根系生长的影响[5]，而对麦棉套作的应用性研究不多；在麦棉套作模式下由于小麦播幅仅占总幅宽的一半，因此如何采取措施充分利用有限的土地面积提高小麦产量是需要重点研究的课题；关于撒播对小麦个体发育及产量的影响，近年来在冬小麦栽培中已进行了不少研究[6-8]，但结果不尽相同，究其原因可能由于试验的播种量不同而引起的，且前人研究未涉及不同播种方式下的小麦灌浆特性；而小麦播量研究也有大量报道，但研究对象均是针对普通种植模式下的冬小麦[9,10]，麦棉套作下

的适宜播量研究甚少，仅有王树林[2]研究认为，在麦棉套作模式下，播量对套作小麦产量三因素影响的大小依次为穗数、穗粒数和千粒质量，麦棉套作小麦适宜播量在 225.0～262.0 kg·hm^{-2}。本试验初次将小麦撒播与麦棉套作模式相结合，并加入了不同播量处理，通过研究边行与内行小麦灌浆特性及产量性状，为麦棉套作模式下选择适宜播种方式与播量提供理论依据。

1 材料与方法

1.1 试验材料

试验于 2014—2015 年在河北省邯郸市曲周县西漳头村河北省农林科学院棉花研究所试验田进行，试验小麦品种为婴泊 700，于 2012 年通过河北省审定，适宜麦棉套作模式下种植。试验田为黏壤土，地力均匀，地势平坦，排灌方便。0～20 cm 土层有机质含量 1.63 g·kg^{-1}，全氮含量 1.06 g·kg^{-1}，速效磷含量 31.5 mg·kg^{-1}，速效钾含量 325 mg·kg^{-1}，属高肥力地块。

1.2 试验设计

试验采用裂区设计，以播种方式为主区，设撒播（以 S 表示）与条播（以 T 表示）两种播种方式；以播量为副区，设 187.5、225.0、262.5、300.0 kg·hm^{-2}四个水平（分别以 B1、B2、B3、B4 表示）。3 次重复，小区宽 6.4 m，长 8.0 m，面积 51.2 m^2。种植模式为麦棉套作，小麦幅宽 80 cm，棉花预留行 80 cm，撒播小麦播种时先开 80 cm 宽的沟，人工撒播后覆土压实，条播小麦播种时采用单行小耧播种，播种 4 行，4 行幅宽 80 cm，2014 年 10 月 30 日播种后浇蒙头水。播种前结合整地公顷施复合肥（氮磷钾比例为 18：16：7）750 kg，2015 年 3 月 4 日浇水一次，同时追施尿素 225 kg·hm^{-2}，4 月 22 日播种棉花，4 月 24 日浇水 1 次，5 月 18 日浇水 1 次，6 月 11 日收获小麦，其他管理同大田。各试验小区分别进行施肥、灌水以保持试验条件一致。

1.3 测定项目与方法

1.3.1 小麦籽粒灌浆特性测定

撒播小麦将 80 cm 幅宽分为 4 小幅，每小幅宽 20 cm 宽，两侧的两小幅作为边行，中间的两小幅作为内行，条播小麦两侧两行为边行，中间两行为内行，在盛花期每小区的两个边行与两个内行分别选取大小一致、长势正常的 200 个穗挂牌标记作为取样调查材料。从开花后 5 d 开始，每隔 5 d 取样一次，每次取 10 穗，将各处理 3 次重复的麦穗混合后剥出籽粒于 85 ℃烘干至恒重，测定千粒质量。

1.3.2 小麦产量性状调查

每个小区选取两个点，每个点长 1 m，分边行与内行分别调查穗数，同时收取 50 穗，用于测定穗粒数与千粒质量；小区单独收获计产。

1.3.3 小麦籽粒灌浆特征值计算方法

籽粒灌浆特征参数的计算采用三次多项式 $f(x)=ax^3+bx^2+cx+d$ 对籽粒灌浆过程进

行拟合[11]，其参数分别计算如下。

籽粒灌浆持续期（S）：令 $f'(x) = 3ax^2 + 2bx + c = 0$，求得灌浆起始、终止的时间 x_1 和 $x_2(x_1 < x_2)$，则籽粒灌浆持续期（S）$= x_2 - x_1$。

理论最大粒重（W）和平均灌浆速率（V）：将籽粒灌浆终止时间 x_2 代入粒重增长方程，得理论最大粒重（W）$= ax_{23} + bx_{22} + cx_2 + d$，理论最大粒重除以籽粒灌浆持续期，即得平均灌浆速率（V）$= W/S$。

最大籽粒灌浆速率出现时间（T）：对 $f(x)$ 二次求导并令导数为 0，求得 $x = -2b/6a$，即为最大籽粒灌浆速率出现时间（T）。

最大灌浆速率（V_{max}）：将最大籽粒灌浆速率出现时间（T）代入籽粒灌浆速率方程 $f'(T) = 3aT^2 + 2bT + c$，求得最大灌浆速率（V_{max}）。

1.4 统计分析

使用 Microsoft Excel 2003 软件进行数据整理，使用 DPS 7.05 进行统计分析。

2 结果与分析

2.1 播种方式与播量对小麦灌浆特性的影响

不同播种方式与播量小麦籽粒干物质积累的动态变化呈"S"形曲线，通过三次多项式对其进行拟合，千粒质量与花后天数的模拟方程决定系数在 0.996 2～0.999 7 之间，均达到极显著水平，说明模拟方程可以客观地反映小麦粒重的形成过程；不同处理小麦籽粒灌浆特征值见表 1。

2.1.1 播种方式与播量对持续灌浆期的影响

由表 1 可知，播种方式对小麦的持续灌浆期影响明显，撒播小麦无论边行还是内行其持续灌浆期均高于条播小麦，撒播（4 个播量平均）比条播边行多 3.3 d，内行多 0.6 d，撒播对边行灌浆期的影响大于内行；从不同播量结果看，随着播量增加，小麦持续灌浆期呈增加趋势，撒播与条播、边行与内行趋势基本相同。

2.1.2 播种方式与播量对理论最大粒重的影响

根据表 1 结果，撒播理论最大粒重高于条播，边行（4 个播量平均）比条播高 0.8 g，内行高 1.7 g，表明撒播更有利于内行小麦的籽粒发育；随着播量的增加，理论最大粒重呈明显下降趋势，撒播边行比内行理论最大粒重高 2.4 g，条播边行比内行高 3.3 g，条播边行优势更明显，而撒播明显增加了内行的理论最大粒重，使边行与内行的差距减小。

2.1.3 播种方式与播量对平均灌浆速率的影响

播种方式对小麦平均灌浆速率影响显著，从表 1 中可以看出，撒播小麦边行平均灌浆速率（4 个播量平均）1.35 mg·粒$^{-1}$·d^{-1}，明显低于条播边行 1.53 mg·粒$^{-1}$·d^{-1}，而两种播种方式内行小麦灌浆速率差异不大，仅相差 0.02 mg·粒$^{-1}$·d^{-1}；随着播种量的增加，平均灌浆速率呈降低趋势。

2.1.4 播种方式与播量对最大灌浆速率出现时间的影响

从表1中可以看出，撒播小麦最大灌浆速率（4个播量平均）边行出现在开花后的21.4 d，与条播差异不大，内行撒播小麦出现在花后21.5 d，较条播延后0.6 d；随着播量增加，最大灌浆速率出现时间有推迟的趋势，但规律性不明显。

2.1.5 播种方式与播量对最大灌浆速率的影响

从表1中4个播量平均结果来看，撒播最大灌浆速率边行比条播低0.26 mg·粒$^{-1}$·d^{-1}，内行与条播差异不明显；随播量增加，撒播与条播、边行与内行最大灌浆速率均呈下降趋势；撒播边行最大灌浆速率为1.95 mg·粒$^{-1}$·d^{-1}，较内行低0.1 mg·粒$^{-1}$·d^{-1}，条播边行最大灌浆速率则较内行高0.17 mg·粒$^{-1}$·d^{-1}。条播边行优势更明显，撒播则使内行与边行的最大灌浆速率差距减小，表明其更有利于内行籽粒的生长发育。

表1 不同播种方式与播量小麦灌浆参数

播种方式	播量	持续灌浆期 (d)		理论最大粒重 (g)		平均灌浆速率 (mg·粒$^{-1}$·d^{-1})		最大灌浆速率时间(d)		最大灌浆速率 (mg·粒$^{-1}$·d^{-1})	
		边行	内行	边行	内行	边行	内行	边行	内行	边行	内行
S	B1	32.5	30.6	47.5	46.8	1.39	1.43	21.0	21.6	2.02	2.08
	B2	33.9	30.2	47.6	44.4	1.41	1.47	21.2	21.1	2.04	2.12
	B3	35.4	31.2	46.3	43.0	1.29	1.42	21.6	21.3	1.88	2.06
	B4	35.3	32.4	46.0	43.7	1.29	1.41	21.7	22.1	1.87	2.05
T	B1	29.9	29.5	46.7	45.8	1.59	1.43	20.9	21.3	2.29	2.07
	B2	30.3	30.5	46.4	44.0	1.57	1.44	20.9	21.0	2.27	2.09
	B3	31.3	30.4	45.7	42.1	1.48	1.43	20.8	20.8	2.13	2.07
	B4	32.5	31.7	45.6	39.3	1.48	1.33	21.8	20.5	2.14	1.92
S	平均	34.3	31.1	46.9	44.5	1.35	1.43	21.4	21.5	1.95	2.08
T	平均	31.0	30.5	46.1	42.8	1.53	1.41	21.2	20.9	2.21	2.04

2.2 播种方式与播量对单位面积穗数的影响

从表2结果中可以看出，撒播边行穗数达到684.3万穗·hm^{-2}，较条播边行少17.7万穗·hm^{-2}，但方差分析差异不显著；内行撒播显著高于条播，边行与内行差值则是条播显著高于撒播，平均穗数撒播亦显著高于条播；这一结果表明条播具有明显的边行优势，撒播更有利于提高内行小麦的分蘖成穗率，最终使单位面积穗数高于条播。从播量结果看，无论撒播还是条播，随着播量增加单位面积穗数均呈增加趋势，但增幅随播量增加逐渐减小；撒播4个播量处理中，225.0 kg·hm^{-2}与300.0 kg·hm^{-2}两个处理差异不显著，但显著高于两个低播量处理，条播结果只有187.5 kg·hm^{-2}播量处理显著低于其他3个处理，而3个高播量处理间差异不显著。

表 2　不同播种方式与播量小麦边行与内行单位面积穗数

表 2　不同播种方式与播量小麦边行与内行单位面积穗数

播种方式	播量	边行 （万穗·hm⁻²）	内行 （万穗·hm⁻²）	边行-内行 （万穗·hm⁻²）	平均 （万穗·hm⁻²）
S	B1	607.3 c	474.6 b	132.7 b	540.9 c
	B2	672.3 b	533.5 a	138.8 ab	602.9 b
	B3	718.5 a	550.0 a	168.5 ab	634.3 a
	B4	739.0 a	557.9 a	181.0 a	648.4 a
T	B1	654.4 b	353.8 b	300.6 a	504.1 b
	B2	704.6 a	390.4 a	314.2 a	547.5 a
	B3	724.8 a	389.6 a	335.2 a	557.2 a
	B4	724.0 a	398.1 a	325.8 a	561.0 a
S	平均	684.3 a	529.0 a	155.3 b	606.6 a
T	平均	702.0 a	383.0 b	319.0 a	542.5 b

注：数值后不同小写字母表示处理间差异达 0.05 显著水平。下同

2.3　播种方式与播量对穗粒数的影响

根据表 3 结果，撒播与条播边行穗粒数均为 45.8 粒，撒播内行较条播高 1.4 粒，但方差分析差异不显著；边行与内行差值条播较撒播高 1.5 粒，条播在穗粒数方面仍具有一定的边行优势，但差异不显著；平均穗粒数撒播较条播高 0.7 粒，方差分析差异不显著。从播量结果看，随播量增加穗粒数降低趋势明显，撒播边行穗粒数不同播量间差异达显著水平，条播边行穗粒数不同播量间亦差异显著，但撒播与条播的内行穗粒数不同播量间差异均不显著。4 个播量从低到高撒播与条播间（平均）的差值分别是 1.3、0.4、0.6 和 0.5 粒，表明播量对撒播与条播间穗粒数的差值有较大影响，低播量撒播穗粒数与条播差异较大，高播量时撒播穗粒数与条播差异较小。

表 3　不同播种方式与播量小麦边行与内行穗粒数

播种方式	播量	边行 （粒）	内行 （粒）	边行-内行 （粒）	平均 （粒）
S	B1	48.1 a	42.8 a	5.3 a	45.4 a
	B2	46.1 b	42.2 a	3.9 a	44.1 b
	B3	44.5 b	41.7 a	2.8 a	43.1 c
	B4	44.3 b	41.5 a	2.8 a	42.9 c
T	B1	47.4 a	40.9 a	6.5 a	44.2 a
	B2	46.6 ab	40.9 a	5.6 a	43.7 a
	B3	44.6 b	40.4 a	4.3 a	42.5 b
	B4	44.6 b	40.1 a	4.5 a	42.4 b

（续表）

播种方式	播量	边行（粒）	内行（粒）	边行-内行（粒）	平均（粒）
S	平均	45.8 a	42.0 a	3.7 a	43.9 a
T	平均	45.8 a	40.6 a	5.2 a	43.2 a

2.4 播种方式与播量对千粒质量的影响

撒播比条播边行千粒质量（4个播量平均）高0.2 g，但方差分析差异不显著，内行千粒质量亦高0.2 g，但差异也不显著；撒播边行与内行差值仅相差0.1 g，这一结果表明播种方式对小麦千粒质量的影响不大。从播量结果看，随着播量的增加，小麦千粒质量逐渐降低，撒播边行4个播量间差异不显著，内行差异显著，187.5 kg·hm^{-2}处理较300.0 kg·hm^{-2}处理高3.3 g；条播4个播量间无论边行还是内行，千粒质量差异均达显著水平。4个播量从低到高撒播与条播间（平均）的差值分别是-0.2 g、-0.1 g、0.4 g和0.7 g，低播量时条播千粒质量高于撒播，高播量时撒播千粒质量高于条播（表4）。

表4 不同播种方式与播量小麦边行与内行千粒质量

播种方式	播量	边行（g）	内行（g）	边行-内行（g）	平均（g）
S	B1	46.0 a	43.8 a	2.3 b	44.9 a
	B2	45.8 a	41.5 b	4.3 a	43.7 b
	B3	45.5 a	41.1 b	4.4 a	43.3 b
	B4	45.0 a	40.5 c	4.5 a	42.8 b
T	B1	46.3 a	43.8 a	2.5 b	45.1 a
	B2	45.6 ab	41.8 b	4.1 ab	43.8 b
	B3	45.0 ab	40.8 c	4.3 ab	42.9 bc
	B4	44.3 b	39.8 d	4.5 a	42.0 c
S	平均	45.6 a	41.7 a	3.9 a	43.7 a
T	平均	45.4 a	41.5 a	3.8 a	43.5 a

2.5 播种方式与播量对小麦产量的影响

撒播较条播边行产量（4个播量平均）高3.3%，差异不显著，内行高8.4%，差异达到显著水平；边行与内行差值条播比撒播高116.0 kg·hm^{-2}，具有一定的边行优势，但差异未达显著水平；平均产量撒播较条播高347.0 kg·hm^{-2}，增幅达到5.1%，差异未达显著水平。从播量结果看，撒播边行产量以225.0 kg·hm^{-2}最高，随播量增加产量下降，内行产量亦是如此，平均产量也以 225.0 kg·hm^{-2} 播量最高，方差分析显著高于 300.0 kg·hm^{-2} 处理，但与另外两个播量间差异不显著；条播边行产量、内行产量和平均产量均以 262.5 kg·hm^{-2} 处理最高，但内行产量、平均产量 4 个播量间差异不显著，边行产量差异达到了显著水平，225.0 kg·hm^{-2} 和 262.5 kg·hm^{-2} 两个处理显著高于其他两个处理（表 5）。

表5 不同播种方式与播量小麦边行与内行产量

播种方式	播量	边行 (kg·hm^{-2})	内行 (kg·hm^{-2})	边行-内行 (kg·hm^{-2})	平均 (kg·hm^{-2})
S	B1	8 920 bc	5 227 a	3 693 a	7 074 ab
	B2	9 158 a	5 409 a	3 749 a	7 283 a
	B3	8 998 ab	5 376 a	3 623 a	7 187 ab
	B4	8 759 c	4 985 a	3 774 a	6 872 b
T	B1	8 478 b	4 840 a	3 639 a	6 659 a
	B2	8 794 a	4 736 a	4 058 a	6 765 a
	B3	8 995 a	4 945 a	4 050 a	6 970 a
	B4	8 413 b	4 857 a	3 556 a	6 635 a
S	平均	8 959 a	5 249 a	3 710 a	7 104 a
T	平均	8 670 a	4 844 b	3 826 a	6 757 a

3 结论与讨论

小麦撒播技术近年来备受关注，各地科研人员做了大量相关研究，但结果不尽相同；李娜娜[6]等人认为撒播较条播显著减产，原因主要是前期过高的分蘖力导致群体数量增加，降低了个体干物质积累，穗粒数及粒重大幅度下降所致；刘保华[7]等人也得出了类似的结论，陈留根等人[12]认为生育前期撒播小麦茎蘖发生快，叶面积指数高，群体相对较大，生育中后期条播小麦群体结构更加合理，生长速度加快，叶面积指数较高，干物质累积量大，最终产量显著增加；乔蕊清等[8]人研究认为冬小麦撒播与条播栽培相比，在产量因素构成上明显地表现出"两增一平"的特点，即单位面积有效穗数增多，一般增加 12%~15%，粒重增高，千粒质量平均增加 1.5~2.0 g，而穗粒数基本持平，但撒播栽培对品种类型有一定的选择，应选用分蘖成穗率低的主茎优势型品种和春季分蘖力弱的冬前一次分蘖高峰型品种，如选用分蘖成穗率高的多穗型品种，应适当减低播量。综合前人研究结果，撒播增加单位面积穗数结论基本一致，但对穗粒数和千粒质量的影响结果不一，造成结果不一致的原因可能与播种量的不同有关。本试验结果表明，在麦棉套作模式下，撒播边行单位面积穗数有所降低，但显著增加了内行单位面积穗数，平均单位面积穗数显著高于条播，该结果与前人研究一致；撒播对边行穗粒数影响不大，内行穗粒数增加，平均穗粒数也有所提高，该结果与前人研究结果不同，原因在于麦棉套作模式下，存在着明显的边行优势所致；千粒质量撒播较条播有所增加，但差异不明显，该结果与前人研究结论基本一致；从产量结果看，撒播边行产量高于条播，但差异不显著，撒播内行产量显著高于条播，平均产量撒播较条播提高5.1%。从小麦的灌浆特性看，与条播相比，撒播延长了边行与内行小麦的灌浆期，但降低了边行的平均灌浆速率和最大灌浆速率，推迟了最大灌浆速率出现时间，对内行的平均灌浆速率和最大灌浆速率则有提高作用，内行最大灌浆速率出现时间也有推迟，最终撒播明显提高了内行小麦的理论最大粒重；随播量增加，小麦持续灌浆期延长，平均灌浆速率与最大灌浆速率降低，最大灌浆速率出现时间推迟，理论最大粒重降低。

以上结果表明，在麦棉套作模式下，撒播较条播增产的原因在于其保持了边行优势的同时，提高了内行小麦的单位面积穗数、穗粒数与千粒质量，条播由于边行优势[13]的存在，边行与内行小麦的生长发育差异明显，而撒播使边行与内行小麦分布更加均匀，降低了边行对内行的抑制，使内行小麦发育更好，从而提高了整幅小麦的产量。

从播量结果来看，随着播量增加，单位面积穗数呈增加趋势，穗粒数与千粒质量呈降低趋势，随播量增加，撒播与条播穗粒数的差值有减小的趋势，而千粒质量则是在低播量时条播高于撒播，高播量时撒播高于条播；撒播4个播量间小麦产量差异达显著水平，以 225.0 kg·hm^{-2} 播量处理最高，达到了 7 283 kg·hm^{-2}，条播4个播量间小麦产量以播量 262.5 kg·hm^{-2} 最高，达到了 6 970 kg·hm^{-2}，但方差分析差异不显著。

在麦棉套作模式下小麦采用撒播，播量控制在 225.0 kg·hm^{-2} 时可有效提高小麦产量。

参考文献

[1] 王国平，毛树春，韩迎春，等. 中国麦棉两熟种植制度的研究 [J]. 中国农学通报，2012，28 (6)：14-18.

[2] 王树林，祁虹，王燕，等. 麦棉套作模式下播量对小麦边行优势与产量的影响 [J]. 河南农业科学，2015，44 (7)：22-24, 28.

[3] 孙磊，陈兵林，周治国. 麦棉套作系统中小麦根区化感物质对棉苗生长的影响 [J]. 棉花学报，2006，18 (4)：213-217.

[4] 孙磊，陈兵林，周治国. 麦棉套作 Bt 棉花根系分泌物对土壤速效养分及微生物的影响 [J]. 棉花学报，2007，19 (1)：18-22.

[5] 王瑛，王立国，陈兵林，等. 麦棉共生期间棉花根系的生理特性研究 [J]. 棉花学报，2007，19 (6)：446-449.

[6] 李娜娜，田奇卓，裴艳，等. 播种方式对两类小麦品种分蘖成穗及其产量构成的影响 [J]. 麦类作物学报，2007，27 (3)：508-513.

[7] 刘保华，苏玉环，申景梅，等. 冀南麦区小麦适宜播种方式研究 [J]. 河北农业科学，2012 (8)：9-14.

[8] 乔蕊清，刘新月，卫云宗. 冬小麦撒播简化高产栽培技术的研究与应用 [J]. 麦类作物学报，2001，21 (3)：84-86.

[9] 刘萍，魏建军，张东升，等. 播期和播量对滴灌冬小麦群体性状及产量的影响 [J]. 麦类

作物学报，2013，33（6）：1 202-1 207.

[10] 王夏，胡新，孙忠富，等. 不同播期和播量对小麦群体性状和产量的影响［J］. 中国农学通报，2011，27（21）：170-176.

[11] 马冬云，郭天财，宋晓，等. 籽粒灌浆特性对小麦磨粉品质的影响及其氮肥调控效应研究［J］，华北农学报，2010，25（4）：226-230.

[12] 陈留根，刘红江，沈明星，等. 不同播种方式对小麦产量形成的影响［J］. 江苏农业学报，2015，31（4）：786-791.

[13] 刘安能，刘祖贵，周新国，等. 麦棉套作小麦边际效应与生态效应［J］. 山地农业生物学报，2005，24（6）：471-476.

［此文原刊载于《麦类作物学报》，2016，36（3）：355-361］

灌浆期高温胁迫对小麦灌浆的影响及
叶面喷剂的缓解作用

曹彩云，党红凯，郑春莲，郭　丽，李科江，马俊永

（河北省农林科学院旱作农业研究所/河北省农作物抗旱研究重点实验室/
农业部河北南部耕地保育科学观测实验站）

摘　要：针对我国华北麦区灌浆期高温影响小麦灌浆和产量的问题，本研究在2013—2014年和2014—2015年两个小麦生长季，采用田间塑料棚自然升温的方式，在灌浆期设4个时段高温胁迫处理作为主处理，两年分别在花后12～25 d、12～16 d、15～20 d和20～25 d，花后8～21 d、8～12 d、14～20 d和16～21 d进行高温处理，以不罩棚自然温度作为对照（分别用A1、A2、A3、A4和A5表示，A5为对照）；以0.2%磷酸二氢钾、0.05%硫酸锌、清水和不喷施4个喷剂作为副处理（分别用B1、B2、B3和B4表示），研究了灌浆期不同时段高温处理对小麦籽粒灌浆的影响及喷施不同叶面喷剂对高温胁迫的缓解作用，并对不同处理下的小麦灌浆特征进行了量化分析。研究结果表明：小麦灌浆期不同时段高温与自然温度对比均造成小麦减产，减产幅度两个试验年度分别为12.64%～15.34%和2.04%～9.41%，并且高温胁迫时间长，处理时间早的A1减产幅度最大，且较对照A5达极显著水平；高温减产的直接原因是使小麦穗粒数减少及千粒重降低，两个试验年度穗粒数分别减少0.71～5.45个和1.73～3.00个，千粒重分别降低1.28～3.41 d和0.84～4.27 d；从2013—2014年度模型模拟的灌浆特征看，不同时段高温处理使小麦提前到达第1和第2拐点，A1～A4第1拐点较对照提前0.29～0.75 d、第2拐点提前0.22～1.42 d，因此高温处理缩短了灌浆时间，且平均灌浆速率降低，最终造成千粒重降低。叶面喷剂具有缓解高温胁迫的作用，两个试验年度叶面喷剂分别较不喷对照提高产量3.08%～7.05%和2.09%～3.52%，可一定程度缓解高温对穗粒数和千粒重的不良影响，两个试验年度叶面喷剂分别增加穗粒数1.04～2.30个和0.95～2.01个，提高千粒重1.10～1.42 d和0.60～0.89 d，且B1效果最好；从灌浆数值特征分析看，叶面喷剂推迟了到达第1和第2拐点的时间，不同喷剂推迟到达第1拐点时间为0.48～0.98 d，推迟到达第2拐点的时间为0.32～0.98 d，延长了灌浆的时间，平均灌浆速率提高0.01～0.04 mg/粒/d，以B1（磷酸二氢钾）的作用最好。因此叶面喷剂可延长小麦灌浆期，不同程度地增加了穗粒数和千粒重，是增产和减灾的有效措施之一。

关键词：高温胁迫；灌浆特性；Logistic模型；叶面喷剂；增产机理；小麦

小麦（*Triticum aestivum* L.）属喜凉作物，籽粒灌浆阶段的适宜温度为20～24 ℃，而灌浆期是决定小麦最终产量和品质的关键时期[1]。但在我国北方地区，小麦生育后期温度回升快，常出现高温天气，尤其是在干燥条件下，高温低湿伴随着大风，形成典型的干热风，导致小麦高温逼熟，减产幅度可达10%～30%，成为我国北方麦区小麦生

产中最主要障碍因子之一[2-4]。随着全球气候变暖,小麦生育后期遭受高温危害将进一步加重[5],因此小麦耐热性和温度胁迫等方面的研究具有十分重要的理论与实践意义。灌浆期的高温可使小麦植株衰老加速,灌浆期缩短,对小麦籽粒产量和品质的形成产生了极为不利的影响[6-8]。姜春明等[9]研究了花后不同时期高温胁迫对小麦旗叶膜脂过氧化物质和保护酶活性的影响,发现花后8~10 d对小麦进行高温处理,能有效启动旗叶内活性氧防卫系统,从而降低膜脂过氧化程度,但灌浆中期高温胁迫造成的伤害不可恢复。郭秀林等[10]研究了不同基因型小麦耐热机理,结果表明花后5~7 d高温诱导能显著延长生育后期植株热致死时间,植株将获得耐热性,并一直保持至成熟期,而且花后适当高温锻炼有利于干物质向籽粒运输[11-12]。郭文善等[13]用14C示踪方法,研究了小麦灌浆期在30 ℃和40 ℃温度条件下光合产物的运转,结果表明高温胁迫剑叶光合同化效率降低,抑制了籽粒中光合产物的累积,导致最终千粒重降低。王晨阳等[14]采用人工气候模拟的方法,研究了小麦灌浆期高温对小麦旗叶叶绿素 a 荧光参数的影响,结果表明温度胁迫降低旗叶 F_o、F_v、F_m、F_v/F_m 及 F_v/F_o,从而导致 PSⅡ潜在活性及光化学效率降低。就高温和干热风防控措施方面前人也做了大量的研究,Rehman 等[15]采用人工辅助升温的方法,进行耐热种质资源筛选。在小麦起身、拔节期喷洒草木灰水、磷酸二氢钾,灌浆期用 0.1%醋酸或 1:800 倍食醋溶液进行叶面喷洒,扬花、灌浆期喷洒石油助长剂等措施,提高小麦抗高温和干热风的能力[16]。灌浆期适当喷施调节剂可延缓叶片衰老的进程,协调源库关系,降低高温胁迫对植株的伤害程度[17-18]。前人在灌浆期高温对小麦耐热性、产量、品质、光合机理及防御措施等方面进行了大量的研究,同时对小麦灌浆进程模拟也有许多研究,但对高温胁迫及采用叶面喷剂防控措施后的籽粒灌浆模拟及参数特征分析报道很少,而且多是在固定温度胁迫或温室的条件下进行的。本研究在田间条件下,利用塑料棚膜自然增温的方式,以不罩棚自然温度作对照,在灌浆不同时段进行高温胁迫,同时研究了不同叶面调节剂对胁迫的缓解作用,通过籽粒灌浆进程模型模拟其灌浆进程,揭示其产量的影响机理,以期为该区灌浆期高温对产量的影响机理及增产栽培措施提供数据支撑。

1 材料与方法

1.1 试验概况

试验在 2013—2014 年和 2014—2015 年两个小麦生长季,于河北省农林科学院旱作节水农业试验站进行。试验土壤为黏质壤土,播前基础土壤养分:有机质 15.5 g·kg⁻¹,速效磷 33.3 mg·kg⁻¹,速效钾 126.2 mg·kg⁻¹,碱解氮 84.7 mg·kg⁻¹。2013—2014 年度小麦播种时间为 2013 年 10 月 18 日,翌年春季灌水 3 次(灌水时间:3 月 25 日、4 月 25 日和 5 月 20 日),2014 年 6 月 9 日收获。2014—2015 年度小麦播种时间为 2014 年 10 月 11 日,2014 年 11 月 15 日浇冻水,翌年春季灌水 3 次(灌水时间:3 月 25 日、4 月 26 日和 5 月 20 日),收获时间 2015 年 6 月 11 日。其他管理同大田,两年度小麦生育期降水量分别为 136.4 mm 和 143.9 mm(常年降水量 109mm)。供试品种衡 4399。

1.2　试验材料与方法

1.2.1　试验设计

试验采用裂区设计，设 4 个不同时段高温处理作为主处理，用 A 表示：2013—2014 年时段分别为 5 月 12—25 日（A1，花后 12～25 d）、5 月 12—16 日（A2，花后 12～16 d）、5 月 15—20 日（A3，花后 15～20 d）和 5 月 20—25 日（A4，花后 20～25 d），2014—2015 年时段分别为 5 月 12～25 日（A1，花后 8～21 d）、5 月 12—16 日（A2，花后 8～12 d）、5 月 18—24 日（A3，花后 14～20 d）和 5 月 20—25 日（A4，花后 16～21 d），以不罩棚的自然处理做对照（A5）。温度处理用塑料薄膜搭棚来实现，棚内外温度见表 1（温度和湿度用 JL-16 型温湿度记录仪进行监测）。

表 1　小麦灌浆期试验棚内外温度和湿度变化

测定时间（年-月-日）	日均温度（℃）		日均温差（℃）	日最高温度（℃）		日最高温差（℃）	14：00 温度（℃）		14：00 温差（℃）	14：00 湿度（%）	
	棚内	棚外		棚内	棚外		棚内	棚外		棚内	棚
2014-5-12	19.1	18.7	0.4	31.2	27.7	3.5	30.7	27.7	3.0	48.8	46.3
2014-5-13	20.7	20.4	0.3	31.2	27.7	3.5	30.2	27.6	2.6	62.5	61.4
2014-5-14	16.5	15.5	1.0	25.1	22.2	2.9	21.0	19.6	1.4	65.4	60.5
2014-5-15	18.9	19.4	-0.5	31.5	28.3	3.2	31.5	28.1	3.4	56.8	45.7
2014-5-16	19.7	19.1	0.7	30.3	27.9	2.4	29.8	27.4	2.4	57.2	53.9
2014-5-18	20.0	18.3	1.6	31.8	28.7	3.1	31.8	28.5	3.3	54.6	48.9
2014-5-18	20.9	20.4	0.6	31.5	28.8	2.7	31.5	28.8	2.7	59.1	51.8
2014-5-19	23.1	23.4	-0.2	33.0	31.1	1.9	33.0	31.1	1.9	53.2	51.8
2014-5-20	23.8	22.7	1.1	33.9	31.4	2.5	33.9	32.1	1.8	57.6	56.1
2014-5-21	24.2	23.2	1.0	35.2	33.5	1.7	35.2	33.5	1.7	61.0	60.9
2014-5-22	24.0	23.3	0.7	34.3	31.6	2.7	34.1	31.6	2.5	47.1	44.0
2014-5-23	24.1	23.9	0.2	32.7	30.3	2.4	31.8	30.0	1.8	53.2	49.4
2014-5-24	24.3	23.1	1.1	32.3	29.9	2.4	31.2	29.4	1.8	73.3	71.5
2014-5-25	22.2	20.9	1.2	28.1	25.8	2.3	27.6	25.3	2.3	63.3	55.1
2015-5-12	18.0	18.0	0.0	29.9	27.8	2.1	29.9	27.8	2.1	78.4	46.1
2015-5-13	21.6	22.3	-0.6	33.2	32.1	1.1	32.8	31.6	1.2	79.4	45.2
2015-5-14	19.7	19.3	0.4	27.5	28.1	-0.6	26.7	26.5	0.2	85.4	49.1
2015-5-15	18.7	17.4	1.3	28.4	25.6	2.8	28.4	25.6	2.8	81.8	52.3
2015-5-16	19.9	19.0	0.9	30.5	29.5	1.0	30.5	29.5	1.0	82.1	49.1
2015-5-17	23.3	23.7	-0.4	33.0	31.3	1.7	32.9	31.0	1.9	81.7	56.0
2015-5-18	23.7	23.5	0.2	33.9	33.7	0.2	33.5	33.4	0.1	80.8	50.3

（续表）

测定时间（年-月-日）	日均温度（℃）		日均温差（℃）	日最高温度（℃）		日最高温差（℃）	14：00温度（℃）		14：00温差（℃）	14：00湿度（%）	
	棚内	棚外		棚内	棚外		棚内	棚外		棚内	棚
2015-5-19	19.6	19.6	0.0	29.4	28.4	1.0	29.3	28.4	0.9	78.0	37.3
2015-5-20	19.0	17.7	1.3	30.6	31.1	-0.5	30.4	29.2	1.2	78.2	42.8
2015-5-21	17.6	16.6	1.0	25.9	25.4	0.5	25.6	25.2	0.4	91.2	52.3
2015-5-22	20.4	19.7	0.7	31.9	31.3	0.6	31.9	30.9	1.0	80.0	50.6
2015-5-23	21.6	20.6	1.0	32.6	31.9	0.7	32.6	31.6	1.0	79.5	47.8
2015-5-24	22.3	21.3	1.0	33.8	32.7	1.1	33.5	32.7	0.8	77.6	40.9
2015-5-25	22.2	21.7	0.5	33.6	32.8	0.8	33.6	32.8	0.8	78.9	39.5

　　副处理为叶面喷剂处理用 B 表示，叶面喷剂分别为：0.2%磷酸二氢钾（B1）、0.05%硫酸锌（B2）、清水（B3）、不喷施（B4）。在孕穗期（4 月 28 日）和灌浆初期（5 月 7 日）两次进行叶面喷施，每次喷水量每公顷 450 kg。

　　所有处理 3 次重复，小区面积 31.5 m² （7 m×4.5 m）。每公顷底施磷酸二铵 495 kg²（含 N 17%，P_2O_5 47%）、尿素 150 kg（含 N 46%），结合春一水追施尿素 375 kg。

1.2.2　测试指标及方法

　　灌浆速率：扬花前每区选开花一致的穗进行挂牌标记，扬花后 3 d 开始测定（2013—2014 年扬花期为 5 月 1 日，2014—2015 年为 5 月 4 日），取样频次每隔 3 d 取样 1 次，每个小区选择 10 穗，105 ℃杀青，80 ℃烘干至恒重，测定穗粒数和籽粒干重，计算粒重。

　　灌浆模型：在农业科研领域广泛应用 Logistic 曲线描述粒重的增长过程[19]，根据理论回归模型 $Y_t = k/(1+e^{a+bt})$ 进行模拟；式中 Y_t 为 t 时刻的籽粒干物质重，即干物质积累量；t 为灌浆开始后持续的天数；a、b、k 为参数，当 t 趋于无穷大时 Y_t 值为其理论粒重。对方程求二阶导数，并令其值为 0，得到最大灌浆速率出现的时间 $t_{max} = \ln a/b$；代入一阶导数方程得到最大灌浆速率 $V_{max} = kb/4$，平均灌浆速率 V = 最大干物质累积量（g）/生长持续期（d）；方程曲线两个拐点，把生长或灌浆过程分为前中后 3 个时期，两个拐点的计算公式为：$t_{1,2} = -\ln[(4\pm3.464)/2a]/b$。

　　产量和产量性状：成熟期在每区的中心区域取有代表性的样块 3 个，每个 1 m²，合计 3 m² 进行小区测产，折算公顷产量；收获时随机在每小区选择有代表性的穗 40 个，测定穗粒数，取其平均值；千粒重从小区测产风干样品中数取两个 500 粒称重，两样品称重值相差不超过 0.3 g，两样品重量和为千粒重值。

1.2.3　数据处理方法

　　采用唐启义[20]著的 DPS 数据处理系统进行统计分析和籽粒灌浆进程模型模拟分析，Microsoft Excel 软件进行作图及数据分析。

2 结果与分析

2.1 不同时段高温处理对小麦产量和产量性状的影响

本文产量和产量性状以两年结果进行分析，其他研究结果主要以 2013—2014 年生长季进行分析。从不同时段高温处理和对照的产量结果看（表 2），两年结果趋势一致，2013—2014 年和 2014—2015 年高温处理的 A1、A2、A3 和 A4 处理平均分别较对照 A5 减产 15.34%、13.11%、14.93%、12.64% 和 9.41%、3.89%、4.93%、2.04%。2013—2014 年各高温处理较对照差异达到极显著水平，各高温处理间差异不显著。2014—2015 年 A1 处理较对照 A5 差异达到极显著水平，较 A2、A3、A4 处理差异不显；A3 处理较 A5 差异达到显著水平，A2、A3、A4 处理间差异不显著；A2、A4 处理较 A5 差异不显著。说明不同时段高温均造成一定的减产，且高温胁迫时间越长减产幅度越大。副处理 B1、B2 和 B3 在 2013—2014 年和 2014—2015 年分别平均较对照 B4 增产 7.05%、5.28%、3.08% 和 3.52%、3.23%、2.09%；2013—2014 年 B1、B2 较对照 B4 差异达极显著水平，B1、B2 间差异不显著，B1 和 B3 间差异达显著水平，B2 和 B3 间差异不显著；2014—2015 年 B1、B2 和 B3 处理较对照 B4 差异达到显著水平，且 B1、B2 较对照 B4 差异达到极显著水平，B1、B2 和 B3 处理间差异不显著，叶面喷剂起到了增产作用。2013—2014 年不同时段高温处理下 B3、B2、B1 较 B4 的增产幅度分别为 3.73%～7.57%、5.51%～7.99%、0.76%～8.99% 和 1.32%～6.64%（常温处理的增产幅度为 2.73%～4.50%），B1 喷剂的增产效果最大，其次为 B2 和 B3，且 A1B1 较对照差异达显著水平，其他时段喷剂处理间差异不显著，说明高温胁迫的情况下，B1 起到了较好的增产作用。2014—2015 年不同时段喷剂的增产作用没有对照田的大，可能与两年处理的温差和气候年型有关。

从产量性状看（表 2），不同时段的高温处理造成了穗粒数的降低。2013—2014 年穗粒数 A1、A2、A3 和 A4 分别较对照平均减少 5.45 个、1.45 个、0.87 个和 0.71 个，且 A1 和 A2 时段较 A5 差异达到极显著水平，A3 较 A5 达到显著水平，A4 较 A5 差异不显著；各高温时段处理间 A1 处理较 A2、A3、A4 处理差异均达显著水平，A2、A3、A4 处理间差异不显著。2014—2015 年穗粒数 A1、A2、A3 和 A4 分别较对照减少 1.95 个、2.30 个、3.00 个和 1.73 个，且 A1、A2、A3 处理均较对照差异达到显著水平，但 A1、A2、A3 和 A4 处理间差异不显著。叶面喷剂起到了增加穗粒数的作用，2013—2014 年 B1、B2 和 B3 分别较对照 B4 增加 2.30 个、1.21 个和 1.04 个，差异较对照均达到极显著水平；B1 处理的增粒作用明显，较 B2 和 B3 处理差异达极显著水平，B2、B3 处理间差异不显著。2014—2015 年 B1、B2 和 B3 分别较对照 B4 增加 2.01 个、2.75 个和 0.95 个，B1 和 B2 较对照差异达到极显著水平；处理 B1、B2 间和处理 B1、B3 间差异不显著，B2 和 B3 间差异达极显著水平。两年不同时段高温处理下喷剂对穗粒数的影响作用不同，2013—2014 年 A1B1、A1B2 的增粒效果好，较对照差异达显著水平，其他时段喷剂处理间差异不显著；2014—2015 年 A4B2 的增粒效果好，其他时段喷剂有增粒数的作用，但差异不显著。

从千粒重看，高温不利于粒重的提高。2013—2014 年和 2014—2015 年 A1、A2、

A3 和 A4 分别较对照降低了 1.96 d、3.41 d、1.71 d、1.28 d 和 4.27 d、0.84 d、1.23 d、2.19 d。2013—2014 年各处理均较对照差异达到显著水平，且 A1、A2、A3 处理较对照差异达极显著水平，A2 较 A1、A3 和 A4 处理达极显著水平，但 A1、A3 和 A4 处理间差异不显著。2014—2015 年 A1、A4 处理较对照差异达到极显著水平，A3 较对照差异显著，A2 较对照差异不显著，但 A2 和 A3 间差异不显著。B1 和 B2 两年分别较对照增加 1.10 d、1.42 d 和 0.89 d、0.60 d，且 2013—2014 年差异达到极显著水平。不同时段高温处理下叶面喷剂对粒重的增加表现了年际差异，2013—2014 年不同时段高温处理下 B1、B2 较对照的粒重分别增加 1.52%、3.01%、3.04%、5.96%、2.52%、2.37% 和 3.76%、4.33%，且处理间差异不显著，常温处理 A5B1、A5B2 较对照粒重分别增加 2.25% 和 1.40%。说明在高温胁迫的情况下喷施 B1 和 B2 能起到增加粒重的作用，但在 2014—2015 年仅 A1B1 较对照增粒重的作用达极显著水平，其他时段的粒重影响不显著。

说明不同时段高温减产的主要原因表现在产量性状穗粒数或粒重的降低上，且受胁迫时段和时间长短的影响，A1 时段高温胁迫时间最长，穗粒数和千粒重降低最多，平均产量最低。B1 和 B2 两种喷剂均增加了穗粒数，但不同时段高温处理其作用效果有差异，高温胁迫时间越长，穗粒数减少越明显，但粒重受穗粒数制约，影响规律不明显，以 B1 的缓解效果最好。

表 2　不同时段高温胁迫和喷剂处理对小麦产量和产量性状的影响

处理	穗粒数		千粒重（g）		产量（kg·hm⁻²）	
	2013—2014 年	2014—2015 年	2013—2014 年	2014—2015 年	2013—2014 年	2014—2015 年
A1B1	33.35± 0.19 aA	40.33± 1.86 a	42.55± 0.15 a	38.94± 0.59 aA	6 932.36± 34.4 a	8 500.43± 192.46 a
A1B2	30.83± 1.10 bAB	39.97± 0.47 a	43.17± 0.48 a	35.44± 0.33 bB	6 926.22± 158.24 a	8 278.19± 222.23 a
A1B3	29.92± 0.34 bcB	39.27± 1.24 a	43.48± 0.67 a	35.72± 0.81 bB	6 685.44± 148.16 ab	8 500.43± 254.60 a
A1B4	28.82± 1.04 cB	38.63± 0.76 a	41.91± 0.58 a	35.66± 0.63 bB	6 444.77± 112.27 b	8 444.87± 242.17 a
A2B1	35.10± 0.49 a	39.33± 0.90 a	41.69± 0.88 a	40.41± 0.72 a	7 123.46± 112.97 a	9111.57± 144.99 a
A2B2	35.00± 0.42 a	40.37± 1.07 a	42.87± 1.43 a	38.90± 0.29 a	7 018.84± 321.30 a	9 000.45± 96.23 ab
A2B3	34.83± 0.87 a	38.93± 0.13 a	40.28± 0.36 a	40.23± 1.14 a	6 959.62± 75.99 a	8 944.89± 242.17 ab
A2B4	34.23± 0.30 a	38.17± 0.66 a	40.46± 0.53 a	39.95± 0.40 a	6 596.47± 79.74 a	8 722.66± 200.32 b
A3B1	36.07± 0.27 a	38.53± 1.47 a	43.42± 0.10 a	39.01± 0.25 a	7 185.54± 391.98 a	8 944.89± 200.32 ab

（续表）

处理	穗粒数		千粒重（g）		产量（kg·hm⁻²）	
	2013—2014 年	2014—2015 年	2013—2014 年	2014—2015 年	2013—2014 年	2014—2015 年
A3B2	35.53± 0.52 a	40.20± 0.25 a	43.36± 0.69 a	40.78± 0.11 a	6 697.05± 85.11 a	9 167.13± 96.23 a
A3B3	35.77± 0.35 a	37.77± 0.30 a	42.94± 0.24 a	38.77± 0.64 a	6 642.92± 246.31 a	8 722.66± 55.56 ab
A3B4	34.13± 0.84 a	37.50± 1.06 a	42.35± 0.53 a	39.36± 0.99 a	6 592.92± 148.16 a	8 555.98± 55.56 b
A4B1	36.53± 0.70 a	39.87± 1.81 ab	43.79± 0.06 a	39.14± 1.46 a	7 192.92± 110.96 a	9 222.68± 111.12 a
A4B2	35.50± 0.72 a	42.80± 1.18 a	44.03± 0.52 a	40.01± 0.91 a	7 078.07± 116.64 a	9 167.13± 96.23 a
A4B3	35.63± 0.46 a	39.50± 1.17 ab	43.77± 0.81 a	37.60± 0.63 a	6 833.58± 90.63 a	9 111.57± 146.99 a
A4B4	34.47± 0.63 a	36.93± 0.27 b	42.20± 0.62 b	37.34± 0.91 a	6 744.77± 88.59 a	8 889.33± 111.12 a
A5B1	37.42± 0.39 a	43.37± 1.27 a	45.11± 0.29 a	40.27± 0.76 a	8 037.44± 206.22 ab	9 420.22± 189.06 a
A5B2	36.19± 0.58 ab	41.80± 1.21 ab	44.74± 0.51 ab	41.17± 1.53 a	8 148.56± 37.04 a	9 457.26± 207.70 a
A5B3	36.03± 0.53 ab	40.67± 0.13 b	44.96± 0.24 ab	40.41± 0.63 a	8 000.40± 64.15 ab	9 296.76± 129.97 a
A5B4	35.35± 0.57 b	40.17± 0.23 b	44.12± 0.19 b	41.00± 0.55 a	7 692.22± 133.86 b	9 049.83± 68.74 a

注：A1：高温胁迫时间为 14 d，2013—2014 年和 2014—2015 年分别为花后 12～25 d 和花后 8～21 d；A2：高温胁迫时间为 5 d，2013—2014 年和 2014—2015 年分别为花后 12～16 d 和花后 8～12 d；A3：高温胁迫时间为 6～7 d，2013—2014 年和 2014—2015 年分别为花后 15～20 d 和花后 14～20 d；A4：高温胁迫时间为 6 d，2013—2014 年和 2014—2015 年分别为花后 20～25 d 和花后 16～21 d；A5：大田自然温度。B1：0.2%磷酸二氢钾；B2：0.05%硫酸锌；B3：清水；B4：不喷施。表中数值为 3 次重复的平均值±标准误，同列不同大小写字母分别表示每个主处理下副处理间 0.01 和 0.05 水平差异显著性，下同

2.2 不同时段高温处理对小麦粒重的影响

灌浆期是小麦产量形成的关键时期，而粒重是小麦籽粒产量的一个重要构成因素。小麦粒重变化的观测是取 10 穗长势较一致的挂牌穗测得的，与收获时产量结构中的粒重测定方法不同，但具有相同随不同处理变化的趋势。从表 3 小麦粒重的增长过程看，

粒重的增长过程符合慢-快-慢的增长规律，高温胁迫处理均不同程度地降低了最终粒重，A1、A2、A3 和 A4 分别较对照 A5 降低 2.44、3.72、1.98 和 1.10 mg，且差异达显著水平；而施用叶面喷剂起到了减少胁迫的负面影响，起到了增粒重的作用，B1、B2、B3 喷剂处理粒重分别较对照 B4 处理提高 1.73、1.48、0.54 mg，且 B1、B2 较对照差异达极显著水平（表3）。

表3　不同时段高温胁迫和喷剂处理小麦粒重的变化过程

高温处理	叶面喷剂处理	测定时间（月-日）									
		5-3	5-7	5-11	5-15	5-19	5-23	5-27	5-31	6-4	6-8
A1	B1	1.86±0.11 aA	4.53±0.11 aA	7.81±0.08 aA	11.68±0.36 abAB	19.94±0.25 aAB	29.29±2.75 a	33.86±0.43 cC	39.84±1.00 a	42.31±0.77 a	43.20±0.53 a
	B2	1.36±0.12 bC	4.03±0.14 bB	6.53±0.27 bB	11.25±0.53 bcAB	20.17±0.87 aAB	28.04±1.23 a	35.98±0.40 bB	39.5±1.10 a	41.7±1.30 a	42.89±1.14 a
	B3	1.46+0.08 bBc	4.41±0.13 aAB	6.88+0.13 bB	10.82+0.41 cB	18.58+0.45 bB	27.76±0.83 a	36.11+0.56 bAB	39.75+1.06 a	41.67+1.31 a	42.15±1.31 a
	B4	1.75±0.13 aAB	4.41±0.11 aAB	7.53±0.27 aA	12.47±0.43 aA	21.01±0.65 aA	28.92±0.59 a	34.45±1.54 aA	39.58±1.10 a	40.93±1.82 a	42.15±0.53 a
A2	B1	1.86±0.11 aA	4.53±0.11 aA	7.81±0.08 aA	11.68±0.36 abAB	18.70±0.47 a	30.19±0.28 a	34.14±0.40 bB	39.56±0.48 aA	40.85±0.93 a	42.87±2.47 aA
	B2	1.36±0.12 bC	4.03±0.14 bB	6.53±0.27 bB	11.25±0.53 bcAB	19.51±0.40 a	30.10±0.62 a	35.83±0.37 aA	39.8±1.02 aA	40.82±0.36 a	41.69±1.52 abAB
	B3	1.46±0.08 bBC	4.41±0.13 aAB	6.88±0.13 bB	10.82±0.41 cB	19.27±1.03 a	29.93±1.37 a	33.71±0.15 bB	36.96±2.10 bB	39.64±1.21 a	40.46±0.92 bcB
	B4	1.75±0.13 aAB	4.41±0.11 aAB	7.53±0.27 aA	12.47±0.43 aA	19.09±1.21 a	28.92±1.29 a	34.54±1.21 bAB	37.61±0.52 bB	40.16±1.37 a	40.28±0.62 cB
A3	B1	1.86±0.11 aA	4.53±0.11 aA	7.81±0.08 aA	11.68±0.36 abAB	18.94±1.16 a	28.75±2.07 a	34.33±0.83 b	39.67±0.70 abA	43.36±1.20 aA	43.55±0.31 a
	B2	1.36±0.12 bC	4.03±0.14 bB	6.53±0.27 bB	11.25±0.53 bcAB	19.56±0.98 a	30.21±1.83 a	35.90±0.45 a	40.27±1.17 aA	42.78±1.51 aA	43.43±0.17 a
	B3	1.46±0.08 bBC	4.41±0.13 aAB	6.88±0.13 bB	10.82±0.41 cB	20.51±0.30 a	28.00±0.67 a	34.92±0.97 b	38.56±0.41 bcAB	41.74±1.31 abAB	42.99±0.42 a
	B4	1.75±0.13 aAB	4.41±0.11 aAB	7.53±0.27 aA	12.47±0.43 aA	19.61±0.58 a	27.00±1.53 a	34.97±0.67 b	37.97±0.56 cB	40.72±0.54 bB	42.27±1.39 a
A4	B1	1.86±0.11 aA	4.53±0.11 aA	7.81±0.08 aA	11.68±0.36 abAB	18.94±1.16 a	28.66±0.89 q	35.58±0.42 a	40.17±0.70 abAB	44.03±0.90 a	45.25±0.41 aA
	B2	1.36±0.12 bC	4.03±0.14 bB	6.53±0.27 bB	11.25±0.53 bcAB	19.56±0.98 a	28.37±0.83 q	35.32±0.29 a	41.21±0.69 aA	43.79±0.11 a	44.48±0.42 abAB
	B3	1.46±0.08 bBC	4.41±0.13 aAB	6.88±0.13 bB	10.82±0.41 cB	20.51±0.30 a	29.93±0.52 q	34.98±0.50 a	39.01±1.78 bB	41.56±0.70 b	42.76±1.31 bcAB
	B4	1.75±0.13 aAB	4.41±0.11 aAB	7.53±0.27 aA	12.47±0.43 aA	19.61±0.58 a	28.24±0.79 q	34.61±0.99 a	39.18±0.99 bB	42.12±1.48 ab	43.26±0.35 cB

（续表）

高温处理	叶面喷剂处理	测定时间 （月-日）									
		5-3	5-7	5-11	5-15	5-19	5-23	5-27	5-31	6-4	6-8
A5	B1	1.86± 0.11 aA	4.53± 0.11 aA	7.81± 0.08 aA	13.12± 0.48 aA	18.94± 1.16 a	28.66± 0.89 q	36.55± 1.20 aA	42.16± 0.65 a	44.17± 0.56 a	45.78± 0.60 a
	B2	1.36± 0.12 bC	4.03± 0.14 bB	6.53± 0.27 bB	10.31± 0.51 bC	19.56± 0.98 a	28.37± 0.83 q	34.63± 0.35 bB	41.09± 0.42 a	43.71± 1.32 a	45.49± 0.78 a
	B3	1.46± 0.08 bBC	4.41± 0.13 aAB	6.88± 0.13 bB	11.00± 0.40 bBC	20.51± 0.30 a	29.93± 0.52 q	37.41± 0.39 aA	41.61± 0.70 a	44.68± 0.55 · a	44.87± 0.69 · a
	B4	1.75± 0.13 aAB	4.41± 0.11 aAB	7.53± 0.27 aA	12.24± 0.76 aAB	19.61± 0.58 a	28.24± 0.79 q	34.61± 0.20 bB	41.71± 0.21 a	43.15± 0.25 a	44.02± 0.49 a

2.3 不同时段高温处理对灌浆影响的数值特征

为了进一步研究灌浆期高温胁迫对籽粒灌浆的影响规律，将不同高温胁迫处理的小麦籽粒灌浆进程用 Logistic 模型回归模拟，获得了较理想的模拟效果，模拟方程的决定系数 R^2 均在 0.99 以上，达到极显著水平（表4）。

小麦粒重的高低决定于灌浆速率和灌浆时间等灌浆参数[21]。表5列出了不同处理拟合方程的灌浆特征值参数。从灌浆的特征参数看，不同时段高温处理（表6）A1、A2、A3 和 A4 到达最大灌浆速率出现的时间较 A5 对照分别提早 0.70、1.09、0.54 和 0.26 d，到达第 1 拐点的时间分别提前 0.48、0.75、0.46 和 0.29 d，到达第 2 拐点的时间提前 0.92、1.42、0.61 和 0.22 d，最大灌浆速率分别较对照降低 0.07、0.11、0.09 和 0.08 mg·粒$^{-1}$·d^{-1}，平均灌浆速率较对照分别降低 0.06、0.10、0.05 和 0.03 mg·粒$^{-1}$·d^{-1}。不同时段高温处理灌浆的快速持续期分别为 13.63、13.39、13.91、14.13 和 14.07 d，A1、A2 和 A3 时段高温处理的灌浆快速增长期较大田对照分别缩短 0.44、0.67 和 0.16 d，灌浆后期高温处理对灌浆的快速增长期没有影响。说明不同时段高温处理对灌浆特征参数造成了影响，表现为最大灌浆速率和平均灌浆速率降低，到达第 1 拐点和第 2 拐点的时间提前，灌浆时间缩短，是粒重降低和产量下降的重要原因。总体来看，灌浆期高温胁迫影响小麦籽粒灌浆的主要数值特征为提早第 1、第 2 拐点时间，缩短快速灌浆进程，且随胁迫时间发生越早提前值越大。

各喷剂处理模型拟合的数值特征值见表7，从表7叶面喷剂的影响来看，B1、B2 和 B3 各喷剂处理不同程度地增加了粒重，以 B1 的增重效果最明显，从灌浆参数看，B1、B2 和 B3 处理均不同程度地延后了到达第 1 和第 2 拐点的时间，到达第 1 和第 2 拐点的时间分别延后 0.48、0.98、0.89 d 和 0.98、0.39、0.32 d，到达最大灌浆速率的时间分别延后 0.73、0.69 和 0.61 d，最大灌浆速率分别提高 0.03、0.16、0.11 mg·粒$^{-1}$·d^{-1}，平均灌浆速率分别提高 0.04、0.03 和 0.01 mg·粒$^{-1}$·d^{-1}，因此叶面喷剂改善了灌浆的特征参数，延后了到达第 1 和第 2 拐点的时间，提高了平均灌浆速率，起到了增加粒重的作用，以 B1 的效果最好。

从不同时段高温处理叶面喷剂的缓冲效果看，以 B1 的效果最好，A1、A2、A3 和 A4 处理下，B1 分别较各自未进行叶面喷肥处理的快速增长期长 0.58、0.77、0.69 和 0.33 d，常温处理下 B1 较不喷施的快速增长期长 0.21 d，因此在高温情况下喷施叶面喷剂 B1 能起到较好的增产作用。

表4　不同时段高温胁迫和喷剂处理粒重模拟方程及理论粒重

高温处理	叶面喷剂处理	籽粒灌浆方程	决定系数（R^2）	理论粒重（mg）
A1	B1	$Yt=44.819\,7/(1+e^{3.677\,3}-0.182\,9t)$	$0.998\,0^{**}$	44.82
	B2	$Yt=43.878\,1/(1+e^{3.997\,7}-0.200\,6t)$	$0.999\,0^{**}$	43.88
	B3	$Yt=43.830\,9/(1+e^{4.052\,7}-0.201\,1t)$	$0.997\,7^{**}$	43.83
	B4	$Yt=43.221\,3/(1+e^{3.697\,9}-0.190\,6t)$	$0.999\,0^{**}$	43.22
A2	B1	$Yt=43.815\,3/(1+e^{3.706\,3}-0.187\,2t)$	$0.998\,0^{**}$	43.82
	B2	$Yt=42.855\,3/(1+e^{4.064\,1}-0.207\,1t)$	$0.998\,7^{**}$	42.86
	B3	$Yt=41.526\,9/(1+e^{3.874\,3}-0.195\,8t)$	$0.998\,3^{**}$	41.53
	B4	$Yt=41.325\,6/(1+e^{3.733\,6}-0.198\,1t)$	$0.999\,0^{**}$	41.33
A3	B1	$Yt=45.470\,6/(1+e^{3.681\,0}-0.181\,7t)$	$0.998\,0^{**}$	45.47
	B2	$Yt=44.862\,8/(1+e^{3.983\,7}-0197\,3t)$	$0.999\,1^{**}$	44.86
	B3	$Yt=44.315\,1/(1+e^{3.886\,3}-0.189\,8t)$	$0.998\,6^{**}$	44.32
	B4	$Yt=42.821\,9/(1+e^{3.679\,7}-0.190\,7t)$	$0.999\,0^{**}$	42.82
A4	B1	$Yt=46.914\,9/(1+e^{3.703\,5}-0.180\,1t)$	$0.998\,6^{**}$	46.91
	B2	$Yt=46.280\,2/(1+e^{3.928\,5}-0.190\,6t)$	$0.999\,1^{**}$	46.28
	B3	$Yt=44.144\,0/(1+e^{3.919\,2}-0.192\,2t)$	$0.998\,6^{**}$	44.14
	B4	$Yt=44.405\,0/(1+e^{3.642\,9}-0.184\,2t)$	$0.999\,1^{**}$	44.41
A5	B1	$Yt=47.967\,0/(1+e^{3.705\,1}-0.178\,5t)$	$0.998\,3^{**}$	47.97
	B2	$Yt=46.952\,9/(1+e^{3.956\,1}-0.188\,3t)$	$0.998\,6^{**}$	46.95
	B3	$Yt=46.378\,7/(1+e^{4.078\,0}-0.202\,6t)$	$0.998\,6^{**}$	46.38
	B4	$Yt=46.289\,2/(1+e^{3.721\,1}-0.181\,2t)$	$0.998\,2^{**}$	46.29

注：** 表示极显著相关

表5　不同时段高温胁迫和喷剂处理对小麦灌浆特征参数的影响

高温处理	叶面喷剂处理	最大灌浆速率出现的天数（d）	第1拐点时间（d）	第2拐点时间（d）	最大灌浆速率（mg·粒$^{-1}$·d^{-1}）	平均灌浆速率（mg·粒$^{-1}$·d^{-1}）
A1	B1	20.11	12.91	27.31	2.05	1.11
	B2	19.93	13.36	26.49	2.20	1.10
	B3	20.16	13.61	26.71	2.20	1.08
	B4	19.40	12.49	26.31	2.06	1.08

（续表）

高温处理	叶面喷剂处理	最大灌浆速率出现的天数（d）	第1拐点时间（d）	第2拐点时间（d）	最大灌浆速率（mg·粒$^{-1}$·d^{-1}）	平均灌浆速率（mg·粒$^{-1}$·d^{-1}）
A2	B1	19.79	12.76	26.83	2.05	1.10
	B2	19.62	13.27	25.98	2.22	1.07
	B3	19.79	13.07	26.52	2.03	1.04
	B4	18.85	12.20	25.50	2.05	1.03
A3	B1	20.26	13.01	27.51	2.07	1.12
	B2	20.19	13.51	26.86	2.21	1.11
	B3	20.47	13.53	27.41	2.10	1.10
	B4	19.30	12.39	26.20	2.04	1.08
A4	B1	20.56	13.25	27.88	2.11	1.16
	B2	20.61	13.70	27.52	2.21	1.14
	B3	20.39	13.54	27.24	2.12	1.10
	B4	19.78	12.63	26.93	2.04	1.11
A5	B1	20.75	13.38	28.13	2.14	1.17
	B2	21.02	14.02	28.01	2.21	1.17
	B3	19.82	13.42	26.23	2.39	1.15
	B4	20.54	13.27	27.81	2.10	1.13

表6 不同时段高温胁迫处理对小麦灌浆特征参数的影响

高温处理	最大灌浆速率出现天数（d）	第1拐点时间（d）	第2拐点时间（d）	最大灌浆速率（mg·粒$^{-1}$·d^{-1}）	平均灌浆速率（mg·粒$^{-1}$·d^{-1}）
A1	20.11	12.91	27.31	2.05	1.11
A2	19.79	12.76	26.83	2.05	1.10
A3	20.26	13.01	27.51	2.07	1.12
A4	20.56	13.25	27.88	2.11	1.16
A5	20.75	13.38	28.13	2.14	1.17

表7 不同叶面喷剂处理对小麦灌浆特征参数的影响

叶面喷剂处理	最大灌浆速率出现天数（d）	第1拐点时间（d）	第2拐点时间（d）	最大灌浆速率（mg·粒$^{-1}$·d^{-1}）	平均灌浆速率（mg·粒$^{-1}$·d^{-1}）
B1	20.30	13.06	27.55	2.08	1.13

（续表）

叶面喷剂处理	最大灌浆速率出现天数（d）	第 1 拐点时（d）	第 2 拐点时间（d）	最大灌浆速率（mg·粒$^{-1}$·d^{-1}）	平均灌浆速率（mg·粒$^{-1}$·d^{-1}）
B2	20.26	13.56	26.96	2.21	1.12
B3	20.19	13.48	26.90	2.16	1.09
B4	19.58	12.58	26.57	2.05	1.09

3 结 论

高温加快作物的生育进程，缩短生育期[23]。小麦籽粒产量大部分来自开花后积累的光合产物，其所积累的光合产物约占光合总产量的 1/2[22]。灌浆期高温胁迫抑制小麦冠层碳同化[24]，叶片光合产物输出动态发生紊乱，光合持续期缩短，减少了源的供应量，抑制籽粒中光合产物的累积[13]，从而粒重降低，产量下降[25-28]。本研究中不同时段高温不同程度地对产量造成了影响，高温胁迫时间最长的 A1 处理减产幅度最大，A2 对产量的影响次之；产量性状则表现为穗粒数和粒重降低。籽粒灌浆模型较好地模拟了籽粒的灌浆进程，其决定系数均在 0.99 以上。灌浆特征参数表现在不同时段高温处理到达第 1 和第 2 拐点的时间提前，灌浆时间缩短，平均灌浆速率和最大灌浆速率下降，最终粒重和产量降低，和前人的研究结果一致[29-31]。

本研究中叶面喷肥起到了增产的作用，不同程度地增加了穗粒数或提高了粒重。从灌浆过程模拟模型看，与高温胁迫的作用正相反，使到达第 1 和第 2 拐点的时间延后，延长了灌浆的时间，平均灌浆速率和最大灌浆速率提高，说明叶面喷剂能起到延缓叶片衰老促进光合作用的目的[32-34]。不同时段高温胁迫下各喷剂的缓冲作用，以喷施 B1 效果最好，延长了灌浆的快速增长期，提高了粒重，起到了很好的增产作用，是小麦增产和减灾的重要措施之一[35-37]。

小麦具有获得耐热性，小麦的耐热性随着花后生育进程而下降，前期高温胁迫处理的旗叶内活性氧防卫系统能更有效地启动，而后期造成的伤害不可恢复[9]。花后 20～22 d 高温处理对小麦籽粒发育及粒重的影响最大[38]。本研究中以灌浆后期高温 A4 处理（花后 20～25 d，16～21 d）减产幅度最小，以 A3 时段高温（花后 15～20 d，14～20 d）对产量的影响相对较大，且粒重以花后 12～16 d（2013—2014 年）和 16～21 d（2014—2015 年）影响最大，穗粒数以花后 12～16 d（2013—2014 年）和花后 14～20 d（2014—2015 年）影响相对较大。两年结果有时段上的差异，因此气候年型和小麦阶段耐热性的关系以及生育期灌水等的影响还有待进一步深入研究。

参考文献

[1] 代晓华，康建宏，邬雪婷．花后不同时期高温对春小麦淀粉含量和产量的影响研究 [J]．农业科学研究，2013，34（4）：5-12.

[2] 马元喜. 小麦超高产应变栽培技术 [M]. 北京：中国科学技术出版社，1996：3-8.

[3] 徐如强，孙其信，张树榛. 不同耐热性小麦品种的籽粒灌浆特性及其对高温反应的初步研究 [J]. 中国农学通报，1996，12（6）：7-10.

[4] 徐如强，孙其信，张树榛. 不同冬小麦品种对高温胁迫反应的研究 [J]. 中国农业大学学报，1998，3（1）：99-104.

[5] 李永庚，于振文，张秀杰，等. 小麦产量与品质对灌浆不同阶段高温胁迫的响应 [J]. 植物生态学报，2005，29（3）：461-466.

[6] 郭天财，王晨阳，朱云集，等. 后期高温对冬小麦根系及地上部衰老的影响 [J]. 作物学报，1998，24（6）：957-962.

[7] Jenner C F. The physiology of starch and proteindeposition in the endosperm of wheat [J]. Australian Journal of Plant Physiology，1991，18（3）：211-226.

[8] 敬海霞，王晨阳，左学玲，等. 花后高温胁迫对小麦籽粒产量和蛋白质含量的影响 [J]. 麦类作物学报，2010，30（3）：459-463.

[9] 姜春明，尹燕枰，刘霞，等. 不同耐热性小麦品种旗叶膜脂过氧化和保护酶活性对花后高温胁迫的响应 [J]. 作物学报，2007，33（1）：143-148.

[10] 郭秀林，李慧聪，刘子会，等. 不同基因型小麦对热处理的响应 [J]. 麦类作物学报，2013，33（3）：514-519.

[11] Plaut Z，Butow B J，Blumenthal C S，et al. Transport ofdry matter intodeveloping wheat kernels and its contribution todrain yield under post-anthesis waterdeficit and elevated temperature [J]. Field Crops Research，2004，86（2/3）：185-198.

[12] Haysd B，do J H，Mason R E，et al. Heat stress induced ethylene production indeveloping wheatdrains induces kernel abortion and increased maturation in a susceptible cultivar [J]. Plant Science，2007，172（6）：1 113-1 123.

[13] 郭文善，施劲松，彭永欣，等. 灌浆期高温对小麦光合产物运转的影响 [J]. 核农学报，1998，12（1）：21-27.

[14] 王晨阳，何英，郭天财，等. 灌浆期高温胁迫对强筋小麦旗叶叶绿素 a 荧光参数的影响 [J]. 麦类作物学报，2005，25（6）：87-90.

[15] Rehman A，Habib I，Ahmad N，et al. Screening wheatdermplasm for heat tolerance at terminaldrowth stage [J]. Plant Omics Journal，2009，2（1）：9-19.

[16] 解树斌，曹新有，刘建军，等. 高温与干热风对小麦的影响及其防控措施 [J]. 山东农业科学，2013，45（3）：126-131.

[17] 郑飞，臧秀旺，黄保荣，等. 灌浆期高温胁迫对冬小麦叶源、库器官生理活性的影响及调控 [J]. 华北农学报，2001，16（2）：99-103.

[18] 刘海英，郭天财，朱云集，等. 开花期喷施水杨酸对不同类型专用小麦品种籽粒淀粉及产量的影响 [J]. 麦类作物学报，2006，26（4）：123-127.

[19] 薛香，吴玉娥，陈荣江，等. 小麦籽粒灌浆过程的不同数学模型模拟比较 [J]. 麦类作物学报，2006，26（6）：169-171.

[20] 唐启义. DPS 数据处理系统 [M]. 北京：科学出版社，2010.

[21] 夏国军，崔金梅，郭天财，等. 小麦灌浆期间温度与千粒重关系的研究 [J]. 河南农业大学学报，2003，37（3）：213-216.

[22] 姜东，于振文，李永庚，等. 冬小麦叶茎粒可溶性糖含量变化及其与籽粒淀粉积累的关系 [J]. 麦类作物学报，2001，21（3）：38-41.

[23] 郭建平，高素华．高温、高 CO_2 对农作物影响的试验研究 [J]．中国生态农业学报，2002, 10 (1)：17-20.

[24] 姜雨萌，赵风华，刘金秋，等．极端高温对冬小麦冠层碳同化的影响 [J]．中国生态农业学报，2015, 23 (10): 1 260-1 267.

[25] 王邦锡，杜元，齐明启，等．小麦在干热风条件下的生理变化 II．干热风对小麦灌浆期 [14]CO_2同化作用和 [14]C-同化产物累积的影响 [J]．植物学报，1978, 20 (1)：37-43.

[26] Asseng S, Jamieson PD, Kimball B, *et al*. Simulated wheatdrowth affected by rising temperature, increased waterdeficit and elevated atmospheric CO_2 [J]. Field Crops Research, 2004, 85 (2/3)：85-102.

[27] Matsuki J, Yasui T, Kohyama K, *et al*. Effects of environmental temperature on structure anddelatinization properties of wheat starch [J]. Cereal Chemistry, 2003, 80 (4)：476-480.

[28] Wardlaw I F. Interaction betweendrought and chronic high temperatureduring kernel filling in wheat in a controlled environment [J]. Annals of Botany, 2002, 90 (4)：469-476.

[29] 王志强，周晓明，申占保，等．播期对不同专用型小麦籽粒灌浆特征参数和产量的影响 [J]．河南农业科学，2003 (4)：4-6.

[30] 胡吉帮，王晨阳，郭天财，等．灌浆期高温和干旱对小麦灌浆特性的影响 [J]．河南农业大学学报，2008, 42 (6)：597-601.

[31] 金善宝．中国小麦学 [M]．北京：中国农业出版社，1996.

[32] 时风云，徐文国，吴建河，等．濮阳近 40 年干热风特征和成因分析及防御 [J]．中国农学通报，2009, 25 (3)：251-254.

[33] 李东升．干热风天气对小麦的危害及防御对策 [J]．河南农业，2007 (12)：18-19.

[34] 戚尚恩，杨太明，孙有丰，等．淮北地区小麦干热风发生规律及防御对策 [J]．安徽农业科学，2012, 40 (1)：401-404.

[35] 杨芳．小麦干热风灾害及其防灾减灾技术 [J]．实用技术，2011 (7)：48-49.

[36] 姜彩莲．干热风对冬小麦的影响及预防措施 [J]．农村科技，2011 (6)：34.

[37] 曹彩云，李伟，党红凯，等．8 种叶面喷剂对小麦产量及籽粒灌浆特性的影响 [J]．河北农业科学，2015, 19 (1)：6-9.

[38] 封超年，郭文善，施劲松，等．小麦花后高温对籽粒胚乳细胞发育及粒重的影响 [J]．作物学报，2000, 26 (4)：399-405.

[此文原刊载于《中国农业生态学报》，2016, 24 (8)：1 103-1 113]

不同耕作措施下小麦—玉米轮作农田温室气体交换及其综合增温潜势

闫翠萍[2]，张玉铭[1]，胡春胜[1]，董文旭[1]，王玉英[1]，李晓欣[1]，秦树平[3]

(1. 中国科学院遗传与发育生物学研究所农业资源研究中心中国科学院农业水资源重点实验室河北省节水农业重点实验室；2. 山西省农业科学院小麦研究所；3. 福建农林大学资源与环境学院)

摘　要：研究不同耕作措施下小麦—玉米轮作农田 N_2O、CO_2 和 CH_4 等温室气体的综合增温潜势，有助于科学评价农业管理措施在减少温室气体排放和减缓全球变暖方面的作用，为制定温室气体减排措施提供依据。基于 2001 年开始的位于华北太行山前平原中国科学院栾城农业生态系统试验站的不同耕作与秸秆还田方式定位试验，应用静态箱/气相色谱法于 2008 年 10 月冬小麦播种时开始，连续两个作物轮作年动态监测了秸秆整秸覆盖免耕播种 (M1)、秸秆粉碎覆盖免耕 (M2)、秸秆粉碎还田旋耕 (X)、秸秆粉碎还田深翻耕 (F) 和无玉米秸秆还田深翻耕 (CK，代表传统耕作方式) 5 种情况下冬小麦—夏玉米轮作农田土壤 N_2O、CO_2 和 CH_4 排放通量，并估算其排放总量。试验期间同步记录每项农事活动机械燃油量、灌溉耗电量、施肥量，依据燃油、耗电、单位肥料量碳排放系数统一转换为等碳当量，测定作物产量、地上部生物量，估算农田碳截存量，根据每个分支项对温室效应的作用估算了 5 个处理的综合增温潜势。结果表明，华北小麦—玉米轮作农田土壤是 N_2O 和 CO_2 的排放源，是 CH_4 的吸收汇，每年 M1、M2、X、F 和 CK 农田土壤 N_2O 排放总量依次为 2.06 $kg(N_2O-N) \cdot hm^{-2}$、2.28 $kg(N_2O-N) \cdot hm^{-2}$、2.54 $kg(N_2O-N) \cdot hm^{-2}$、3.87 $kg(N_2O-N) \cdot hm^{-2}$ 和 2.29 $kg(N_2O-N) \cdot hm^{-2}$，CO_2 排放总量依次为 6 904 $kg(CO_2-C) \cdot hm^{-2}$、7 351 $kg(CO_2-C) \cdot hm^{-2}$、8 873 $kg(CO_2-C) \cdot hm^{-2}$、9 065 $kg(CO_2-C) \cdot hm^{-2}$ 和 7 425 $kg(CO_2-C) \cdot hm^{-2}$，CH_4 吸收量依次为 2.50 $kg(CH_4-C) \cdot hm^{-2}$、1.77 $kg(CH_4-C) \cdot hm^{-2}$、1.33 $kg(CH_4-C) \cdot hm^{-2}$、1.38 $kg(CH_4-C) \cdot hm^{-2}$ 和 1.57 $kg(CH_4-C) \cdot hm^{-2}$。M1 和 M2 处理农田生态系统综合增温潜势 (GWP) 均为负值，表明免耕情况下农田生态系统为大气的碳汇，去除农事活动引起的直接或间接排放的等当量碳，每年农田生态系统净截留碳 947～1 070 $kg(C) \cdot hm^{-2}$；其他处理农田生态系统的 GWP 值均为正值，表明温室气体是由系统向大气排放，CK、F 和 X 每年向大气分别排放等当量碳 3 364 $kg(C) \cdot hm^{-2}$、989 $kg(C) \cdot hm^{-2}$ 和 343 $kg(C) \cdot hm^{-2}$。

关键词：耕作措施；秸秆还田；温室气体；温室效应；增温潜势；小麦—玉米轮作系统

　　全球气候变化已引起国际社会高度重视，对温室效应、温室气体减排和节能减排的研究已成为关注的焦点。大气中 CO_2、CH_4 和 N_2O 是最重要的温室气体，对温室效应的贡献率近 80%[1]。其中 CO_2 对增强温室效应的贡献率最大，约占 60%，是最重要的温室气体[2]；其次是 CH_4，温室效应潜能是 CO_2 的 21～25 倍，对温室效应的贡献率约占

15%[3]；N_2O 增温效应是 CO_2 的 296～310 倍[4]，对温室效应的贡献率约占 5%。由于 CO_2、CH_4 和 N_2O 的增温效应不同，它们对全球变暖的影响亦不相同。当这 3 种气体从一个系统同时排放时，需计算它们作用的综合效果才能了解该系统或某一农业管理措施对综合增温潜势的贡献。

农田生态系统综合增温潜势（Global Warming Potential，GWP）除了包含农田土壤温室气体排放引起的温室效应外，还包含农事活动中农机具燃油引起的 CO_2 直接排放、化肥生产与运输和灌溉耗费电能等引起 CO_2 间接排放所造成的温室效应；此外，还应考虑农作物生长对碳的截存在削减农田温室效应方面的贡献。因此，在对农田生态系统温室效应进行综合评估时，不仅要关注农田土壤引起的温室气体直接排放，还应考虑各项农事活动直接或间接引起的温室气体排放以及农田生态系统对碳的截存，并将其统一转换为碳当量[5]（carbon equivalent），从而才能精确评价农田生态系统或某一农业管理措施的综合增温潜势。当前国内关于增温潜势的研究大多集中在土壤特性以及施肥、灌溉对土壤温室气体排放的影响方面，忽略了农业生产机械燃油、肥料生产与运输、灌溉耗能引起的 CO_2 直接或间接排放的温室效应以及农作物的碳截存效果。众所周知，耕作措施不仅对作物产量有影响，也是影响农田土壤温室气体排放及综合增温潜势的重要农业生产方式之一，目前关于耕作措施对农田生态系统综合增温潜势影响的定量研究依然较少[6]。本研究基于 2001 年开始的不同秸秆还田方式和不同耕作措施的定位试验，对华北小麦—玉米轮作农田土壤温室气体排放、农业投入引起的 CO_2 排放、作物生长对碳的截存进行了连续监测，综合分析了不同耕作措施下农田土壤温室气体（CO_2、CO_4、N_2O）排放的增温潜势、不同耕作体系综合增温效应以及保护性耕作措施对减缓农田温室效应的贡献，为制定温室气体减排措施提供依据，为减少气候变化预测的不确定性提供参考。

1　材料与方法

1.1　研究区概况与试验设计

试验在中国科学院栾城农业生态系统试验站进行，该站位于华北太行山前平原，N37°50′，E114°40′，海拔高度 50.1 m，属中国东部暖温带半湿润季风气候，年平均气温 12.2 ℃，年降水量平均 536.8 mm，主要集中在 7—9 月，雨热同期，年无霜期 200 d 左右，土壤类型为潮褐土。

冬小麦—夏玉米轮作是当地主要的种植制度，冬小麦于 10 上旬播种，6 月初收获；夏玉米于小麦收获后进行机械播种，9 月底收获；两季作物均实行秸秆还田。一般小麦季施两次肥，播种前施一次底肥，撒施然后翻耕，追肥于拔节期施用，表面撒施后灌溉。玉米季于大喇叭口期追肥，表面撒施后灌溉。

本试验于 2008 年 10 月至 2010 年 9 月在耕作长期定位试验（2001 年开始的定位试验）场内进行，根据冬小麦播种时的土壤耕作方式，试验处理设深翻耕、旋耕和免耕，每种耕作方式中按照有无玉米秸秆还田和秸秆还田方式的不同分为：秸秆整秸覆盖免耕播种（M1）、秸秆粉碎覆盖免耕播种（M2）、秸秆粉碎还田旋耕（X）、秸秆粉碎还田深翻耕（F）和无玉米秸秆还田深翻耕（CK，代表传统耕作方式）。深耕：先用秸秆粉碎机将玉米秸秆机械粉碎两遍，后用传统的深耕犁深耕（20 cm），平整土地，播种。旋耕：先用秸秆粉碎机将玉米秸秆机械粉碎两遍，后用旋耕犁旋耕2遍（15 cm），秸秆和表土形成混合层，播种。M1处理为玉米秸秆整秸覆盖直接用2BMFS-5/10型免耕覆盖施肥播种机播种。M2为先用秸秆粉碎机将玉米秸秆机械粉碎两遍，后用2BMFS-5/10型免耕覆盖施肥播种机播种。CK和F处理的播种量为195 kg·hm^{-2}，X处理为210 kg·hm^{-2}，M1、M2播种量为285 kg·hm^{-2}。每个处理底肥和追肥量相同，底肥为300 kg·hm^{-2}磷酸二铵、75 kg·hm^{-2}尿素；春季追施尿素300 kg·hm^{-2}。小麦生长期灌溉量均为157.5 mm。每年小麦采用联合收割机收获，秸秆全部覆盖还田。玉米季大喇叭口期追施尿素435 kg·hm^{-2}，灌溉量70 mm。

1.2 测定指标

1.2.1 土壤温室气体采集与环境要素监测

气体样品采集采用静态明箱法。采样箱由箱体和底座组成，箱体长60 cm、宽20 cm、高40 cm，顶部有一风扇和采气孔。箱底座深度均为15 cm，作物播种后底座埋入作物的行间，以测定土壤排放的温室气体。

气体采集时间定在上午8：00—12：00间。取气前1 min盖上箱体并用水密封，打开风扇电源，风扇运行使箱内气体混合均匀。以此为0时刻，用50 mL医用注射器连续采集0、15、30和45 min 4个时刻的气样用于分析计算不同处理的温室气体排放/吸收通量。为了更准确估算土壤呼吸排放的CO_2总量，平时气样采集频度1次/周，冬季为0.5～1次/周，施氮肥后加大采样密度。所采气体于当天用安捷伦6820型气相色谱仪进行测定。气相色谱仪检测器为电子捕获检测器，色谱分离柱4 m×4 mm，填充Pora-packQ(80～100目)，柱温70 ℃，检测器温度300 ℃，高纯氮（99.999%）为载气，流速20 mL·min^{-1}，气体进样量2 mL。

采集气样时，同步监测大气、地表温度、5 cm地温，采集0～10 cm土壤样品，测定硝态氮和铵态氮含量、含水量。为利用土壤呼吸与土壤温湿度的高度相关关系更准确估算两次相邻监测期间每天的土壤呼吸速率以及土壤呼吸排放的CO_2总量，每天监测5 cm地温和0～10 cm土壤含水量。

1.2.2 土壤温室气体排放通量与总量

由于在一定的时间段内，农田温室气体排放浓度的变化呈线性增长（减少）[7]，所以可以根据箱内气体浓度随时间变化来计算农田气体排放通量。

$$F = \frac{dm}{A \cdot dt} = \frac{dc \cdot V\rho}{A \cdot dt} = \frac{MPh}{RT} \cdot \frac{dc}{dt} \tag{1}$$

式中：F为气体排放通量（mg·m^{-2}·h^{-1}）；ρ为气体密度；R为气体常数；dm和dc分别为dt时间内采集箱内气体质量和浓度的变化；h、A、V分别为气箱高度（m）、底面积（m^2）和体积（m^3）；M为气体分子量；T为气箱内绝对温度；P为气箱内气压。气体通量F为负值时表示土壤或土壤—作物体系从大气中吸收该气体；F为正值时表示土壤或土壤—作物体系向大气排放该气体。

为了更准确估算监测时段内土壤呼吸排放的 CO_2 总量，建立土壤呼吸速率与土壤温湿度关系[8]：

$$R = a \times e^{bT} \times W^c \tag{2}$$

式中：R 为土壤呼吸速率；T 为 5 cm 处土壤温度；W 为 0～10 cm 土壤含水量；a、b、c 为拟合参数。

根据式（1）中计算的 CO_2 排放通量及同步测定的 5 cm 地温和 0～10 cm 土壤含水量，获得每个处理土壤呼吸与温湿度的指数关系式，再依据每天监测的土壤温湿度估算每日土壤呼吸速率。再利用式（3）估算监测时段内土壤呼吸排放 CO_2 总量：

$$Y = \sum 24 \times R \tag{3}$$

式中：Y 为土壤呼吸排放 CO_2 总量（$kg \cdot hm^{-2}$）。

N_2O 和 CH_4 排放总量通过式（4）计算：

$$Y = \sum_{i=1}^{n} (X_i + X_{i+1})/2 \times (t_{i+1} - t_i) \times 24 \tag{4}$$

式中：Y 为土壤 N_2O 或 CH_4 排放总量（$kg \cdot hm^{-2}$）；X 为 N_2O 或 CH_4 排放速率（$mg \cdot m^{-2} \cdot h^{-1}$）；$i$ 为第 i 次测定；（$t_{i+1}-t_i$）为相邻两次测定间隔天数；n 为测定次数。

1.2.3　土壤排放温室气体增温潜势（GWP$_{soilexport}$）

由于 CO_2、CH_4 和 N_2O 的增温效应不同，它们对全球变暖的影响亦不相同。当这 3 种气体从一个系统同时排放时，只有计算它们作用的综合效果才能了解该系统或某一农业管理措施对温室效应的贡献。根据 IPCC 的报告[4]，以 100 年影响尺度为计，1 kg CH_4 的增温效应是 1 kg CO_2 的 25 倍，而 1 kg N_2O 的增温效应是 1 kg CO_2 的 298 倍，用增温潜势（GWP）来表示 3 种温室气体的联合作用[9]。土壤直接排放温室气体增温潜势（GWP$_{soilexport}$）的计算公式如下：

$$GWP_{soilexport} = f CO_2 \times \frac{44}{12} + f CH_4 \times \frac{16}{12} \times 25 + f N_2O \times \frac{44}{28} \times 298 \tag{5}$$

式中：GWP$_{soilexport}$ 为土壤直接排放的温室气体增温潜势［$kg(CO_2) \cdot hm^{-2}$］；fCO_2 为土壤排放 CO_2 的净排放量［$kg(CO_2-C) \cdot hm^{-2}$］，fCH_4 为土壤排放 CH_4 净排放量［$kg(CH_4-C) \cdot hm^{-2}$］，fN_2O 为土壤排放 N_2O 净排放量［$kg(N_2O-N) \cdot hm^{-2}$］。

1.2.4　农事活动投入引起的间接增温潜势（GWP$_{indirect}$）

试验期间记录各种农事活动的物资投入种类和用量，用于计算农田温室气体间接排放量，主要包括由灌溉、机械和肥料投入所造成的 CO_2 排放量。计算灌溉耗电、机械燃油和化肥施用等农业投入 CO_2 等当量排放系数时，需要综合考虑其生产、运输和使用过程中的总能耗，将其折算为 CO_2 排放当量，各农事活动耗能 CO_2 等当量排放系数如表 1 所示。

表 1　农事活动耗能 CO_2 等当量排放系数

机械燃油[10]	灌水量[11]	施肥		
		N[7,10-12]	P[12]	K$_2$O[12]
2.59 kg（CO_2）$\cdot L^{-1}$	1.29 kg（CO_2）$\cdot cm^{-1}$	3.59 kg（CO_2）$\cdot kg^{-1}$	0.61 kg（CO_2）$\cdot kg^{-1}$	0.12 kg（CO_2）$\cdot kg^{-1}$

农事活动间接引起温室气体排放增温潜势计算公式：

$$GWP_{indirect} = \sum I_n \times C_n \tag{6}$$

式中：I_n 和 C_n 分别为第 n 种物资的用量和 CO_2 等当量排放系数。

1.2.5　净初级生产力增温潜势（GWP_{NPP}）

试验期间每季作物收获时测定作物产量和地上部生物量，计算植株地上和地下部分转化为净初级生产力（NPP）的增温潜势（GWP_{NPP}）。具体计算方法如下：

$$GWP_{NPP} = NPP/(0.68 \times 0.85) \tag{7}$$

$$NPP = 1.15 \times TAGB \tag{8}$$

式中：系数 0.68 是碳水化合物对 CO_2 的转化比率（$[CH_2O]/[CO_2] = 0.68$）；0.85 是生物量对碳水化合物的转化比率（$[Biomass]/[CH_2O] = 0.85$），即光合产物对干物质的转化率约为 0.6[13]；TAGB（total above ground biomass）为地上部总生物量（$kg \cdot hm^{-2}$）；1.15 为地上总生物量转换为植株总生物的系数，华北平原夏玉米根系生物量（root biomass）约占地上生物量（TAGB）的 0.10~0.15，冬小麦根系生物量约占地上生物量的 0.15~0.20[14]，这里统一取 0.15 作为根系占地上部生物量的系数；NPP（net primary production）为净初级生产力（$kg \cdot hm^{-2}$）。

1.2.6　综合全球增温潜势（ΔGWP）

农田生态系统碳流特点是固碳和耗碳共存。本研究综合考虑农田生态系统的温室气体的源与汇功能，借鉴刘巽浩等[15]全环式考虑农田生态系统碳流路径的学术思想，计算综合增温潜势：

$$\Delta GWP = GWP_{soilexport} + GWP_{indirect} - GWP_{NPP} - GWP \tag{9}$$

式中：ΔGWP 为全球增温潜势或温室气体净增减量，当其为正值时，代表系统为温室气体的源，反之则为汇；$GWP_{\Delta SOC}$ 为土壤有机碳量的增温潜势（此项短期试验可忽略）；GWP_{NPP}、$GWP_{soilexport}$ 和 $GWP_{indirect}$ 如前所述。

1.2.7　数据处理

应用方差分析（ANOVA）、回归分析（regression analysis）相关分析对数据进行处理，处理间差异的多重比较采用 Least-significant difference（LSD）法完成。所有数据分析均在 Microsoft Excel 2003 和 SPSS 13.0 环境下进行，画图采用 Sigmaplot 11.0。

2　结果与分析

2.1　不同耕作措施下农田土壤温室气体排放特征

2008 年 10 月冬小麦播种时开始至 2010 年 9 月底玉米收获，连续两个作物轮作年利用静态箱式法动态监测了农田土壤 N_2O、CH_4 和 CO_2 的排放通量，目的是了解不同耕作措施对温室气体排放通量季节性变化规律的影响，为优化利于温室气体减排的耕作措施提供参考。

2.1.1　农田土壤 N_2O 排放特征

图 1 给出了两个作物轮作年每个月 N_2O 排放通量监测值的平均值。由图 1 可以看

出，每个小麦—玉米轮作年中存在 3 个 N_2O 排放高峰期，第 1 个出现在小麦底肥和播种后，第 2 个出现在小麦拔节肥后，第 3 个出现在玉米大喇叭口期施肥后，其余时间 N_2O 排放通量维持在一个较低的基础背景排放值附近波动。从不同作物生长季来看，玉米季 N_2O 排放通量明显高于小麦季。究其原因，N_2O 排放通量的季节性变化主要是施肥、灌溉和季节性气候变化造成的土壤温湿度变化引起的。小麦季和玉米季总施氮量相同，小麦季分作底肥和追肥两次施用，每次各占季施用总量的 1/2，而玉米季只在大喇叭口期施肥一次，单次施氮量比小麦季高一倍，造成玉米季施肥后土壤 NH_4^+-N、NO_3^--N 瞬时含量高于小麦季，为硝化、反硝化过程提供了充足底物；此外，玉米季正值本区域高温多雨季节，土壤温湿度明显高于小麦季，为反硝化微生物营造了良好的生存条件，促进了反硝化过程的发生，提高了 N_2O 产生速率与排放通量。

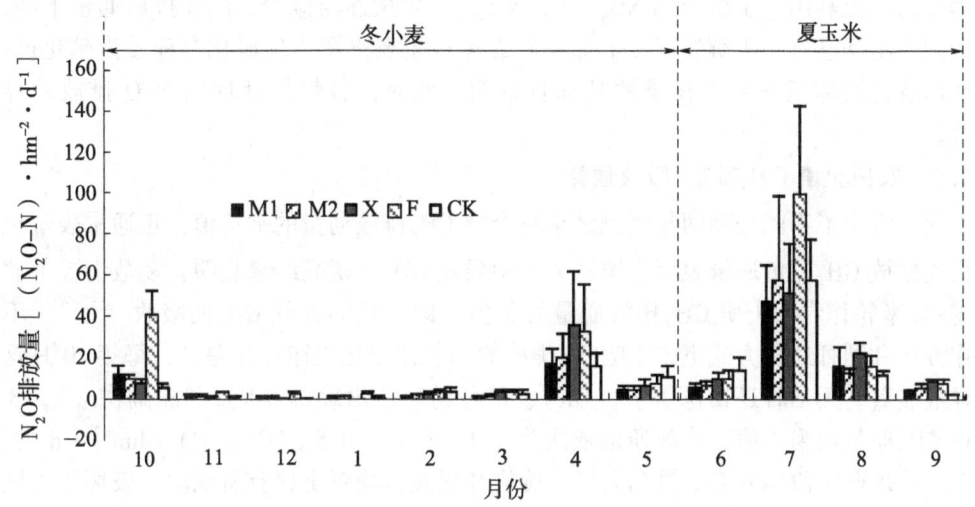

图 1　不同耕作措施下农田土壤 N_2O 排放通量季节性变化规律

M1：秸秆整秸覆盖免耕播种；M2：秸秆粉碎覆盖免耕播种；X：秸秆粉碎还田旋耕；F：秸秆粉碎还田深翻耕；CK：无玉米秸秆还田深翻耕。施底肥时间为 10 月小麦播种前，于 4 月小麦拔节期和 7 月玉米大喇叭口期追肥并灌溉。下同

耕作措施与秸秆还田方式的不同，是引起不同处理间 N_2O 排放通量存在差异的主要原因。10 月上旬开始小麦播种，由于播种前的施肥灌水与耕作，激发了土壤 N_2O 的产生与排放，使 10 月份 N_2O 排放出现小麦生长季的第 1 个小高峰，此时，秸秆粉碎还田深翻耕处理（F）N_2O 排放通量 [41.8 g(N_2O-N)·hm^{-2}·d^{-1}] 显著高于其他处理（$P<0.05$），其他各处理间差异不显著 [6.5～12.2 g(N_2O-N)·hm^{-2}·d^{-1}]。进入 11 月到第 2 年 2 月，冬小麦处于越冬期，由于土壤温度的限制，微生物活性微弱，农田 N_2O 排放维持在一个极低的基础水平，各处理间差异不显著，平均通量范围 -1.2～4.0 g(N_2O-N)·hm^{-2}·d^{-1}。进入 3 月，随着天气转暖，土壤温度回升，农田土壤 N_2O 排放略有增加，至 4 月，小麦进入生长旺季，拔节肥施过之后激发了小麦生长季的第 2 个 N_2O 排放峰，4 月不同耕作方式 N_2O 排放通量平均值 CK 为 16.5 g(N_2O-N)·hm^{-2}·d^{-1}、M1 为 17.9 g(N_2O-N)·hm^{-2}·d^{-1}、M2 为 20.8 g(N_2O-N)·hm^{-2}·d^{-1}、F 为 32.8 g(N_2O-N)·hm^{-2}·d^{-1}、X 为 36.2 g(N_2O-N)·hm^{-2}·d^{-1}，

秸秆粉碎还田后旋耕（X）和深翻耕（F）处理 N_2O 排放通量显著高于其他处理（$P<0.05$）。进入 5 月至 6 月初小麦收获，由于小麦生长对水肥吸收利用，使得土壤水分和 NO_3^--N 含量不断降低，减弱了土壤 N_2O 的排放。

6 月初至 9 月底是玉米生长季，6 月玉米处于苗期，该时期华北地区降水量较少，土壤湿度低，加之前茬作物对养分的吸收利用使土壤中 NO_3^--N、NH_4^+-N 含量较低，硝化、反硝化过程微弱，N_2O 排放较低。进入 7 月，玉米进入旺盛生长时期，大喇叭口期灌溉施肥后 N_2O 排放通量显著提高，7 月是一年中 N_2O 排放通量最高的月份，通量范围为 $48.1\sim100.3\ g(N_2O-N)\cdot hm^{-2}\cdot d^{-1}$，此时，不同耕作处理 N_2O 排放通量差异最为显著，以秸秆还田深翻耕处理（F）最高，秸秆整秸覆盖免耕播种处理（M1）最低，两处理的平均 N_2O 排放通量相差 52%。进入 8 月份，玉米正值旺盛生长期，随着作物对养分的吸收利用，土壤中的 NO_3^--N、NH_{4+}-N 含量逐渐减少，N_2O 排放通量下降，9 月，主要雨季已过，土壤温湿度下降，土壤 N_2O 主要来源由反硝化过程转为硝化过程，N_2O 排放通量降至玉米生长季的基础背景值，此时，各耕作处理间 N_2O 排放差异不显著。

2.1.2 农田土壤 CH_4 排放/吸收通量

图 2 给出了不同处理两年观测结果每个月 CH_4 排放通量的平均值，正通量表示土壤向大气排放 CH_4，负通量表示土壤从大气中吸收 CH_4。研究结果表明，多数情况下北方小麦-玉米轮作农田土壤 CH_4 排放通量为负值，即土壤为大气 CH_4 的吸收"汇"。不同耕作方式和秸秆还田方式下 CH_4 吸收/排放的季节性变化规律存在差异，每年 10 月这种差异最显著。无秸秆还田深翻耕（CK）、秸秆粉碎还田旋耕（X）和深翻耕（F）3 个处理 CH_4 通量均为正值，排放通量依次为 1.1、3.5 和 $0.5\ g(CH_4-C)\cdot hm^{-2}\cdot d^{-1}$，表明 3 个处理此阶段均有 CH_4 排向大气。旋耕和深翻耕均对土壤有所扰动，破坏了土壤原有结构，提高了表层土壤孔隙度，促进了郁闭于土壤空气中的 CH_4 向大气的排放，大大降低土壤 CH_4 汇的强度[15]。也有报道[16]认为翻耕初期会增加 CH_4 的排放，但经过一定时间（$6\sim8$ h）后，则有降低 CH_4 排放通量的趋势。而两个免耕处理（M1、M2）全年内均为负通量，10 月份通量值相对其他月份较高，可能是因为该时期本地区正处于耕种时期，传统的耕种方式提高了土壤向大气的 CH_4 排放量，短时间内提高了近地表大气 CH_4 浓度，导致该处理区大气与土壤空气 CH_4 浓度梯度加大，增加了土壤对大气 CH_4 的吸收量，故其负通量绝对值较大。

玉米生长初期（6 月），由于土壤含水量低，土壤空气孔隙度高，利于土壤对 CH_4 的吸收氧化，对于大多数耕作处理而言，6 月是玉米生长季 CH_4 负通量绝对值最大的时期，即土壤作为大气 CH_4 吸收"汇"较强烈时期，各处理土壤月平均吸收 CH_4-C 量差异显著，分别为：CK $20.1\ g(CH_4-C)\cdot hm^{-2}\cdot d^{-1}$、F $9.3\ g(CH_4-C)\cdot hm^{-2}\cdot d^{-1}$、M2 $8.1\ g(CH_4-C)\cdot hm^{-2}\cdot d^{-1}$、X $5.3\ g(CH_4-C)\cdot hm^{-2}\cdot d^{-1}$、M1 $2.0\ g(CH_4-C)\cdot hm^{-2}\cdot d^{-1}$，以多年秸秆移除深翻耕处理（CK）对 CH_4 吸收强度最高，而秸秆整秸覆盖免耕处理（M1）最低。由于 CK 处理多年没有秸秆还田，土壤有机碳含量显著低于其他处理，可能会导致土壤空气中 CH_4 浓度低于其他处理，故其对 CH_4 的吸收量最高。进入 7 月以后，所有处理 CH_4 吸收量大大降低，7—9 月是一年中 CH_4 吸收量最低的时期，各处理间差异不显著，通量范围为 $-4.7 \sim +1.5$ g（CH_4-C）· hm^{-2} · d^{-1}。7 月中下旬，玉米进入大喇叭口期，进行施肥灌水，加之此时正值高温多雨季节，一方面土壤湿度大，利于土壤颗粒微域形成厌氧环境，利于提高甲烷细菌活性，产生 CH_4，提高土壤空气 CH_4 浓度，缩小了大气与土壤空气间 CH_4 的浓度梯度，减弱了土壤对大气 CH_4 的吸收；另一方面，土壤孔隙含水量提高，减少了大气 CH_4 进入土壤的通道，降低了土壤对大气 CH_4 的吸收；最重要的是 7 月中下旬施肥，提高了土壤中 NO_3-N 和 NH_4-N 含量，抑制了土壤对 CH_4 的氧化[16-18]，从而弱化了土壤对大气 CH_4 吸收汇的特征。

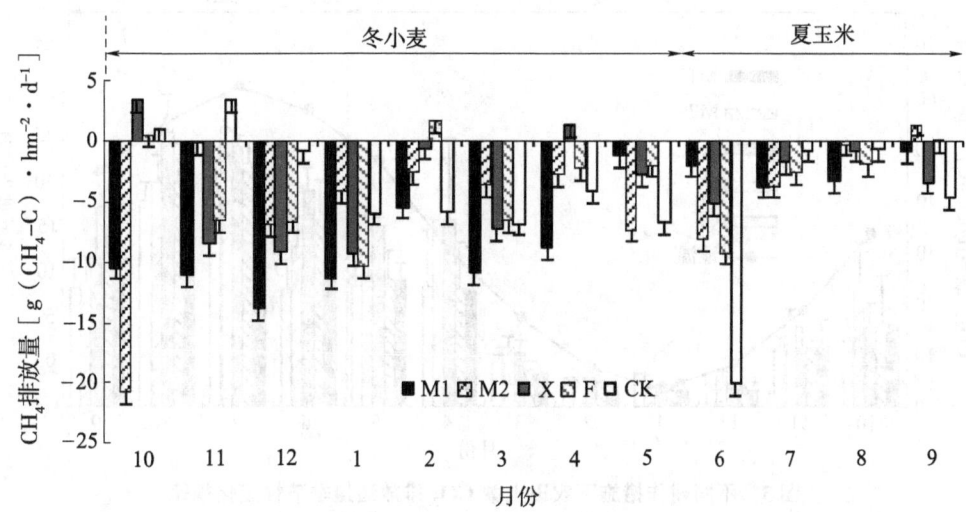

图 2　不同耕作措施下农田土壤 CH_4 排放通量季节性变化规律

2.1.3　农田土壤 CO_2 排放通量

本研究采用静态箱法测定了土壤表观呼吸排放的 CO_2 通量。土壤表观呼吸主要包括土壤原有有机质和植物残留物分解、根系分泌物分解和植物根系呼吸作用释放的 CO_2 总和。图 3 给出了不同处理两年观测结果每个月 CO_2 排放通量的平均值，不难看出，CO_2 排放通量的季节性变化与土壤温度的季节性变化规律极度吻合，玉米季高温多雨，CO_2 排放通量明显高于小麦季。每年的 7—8 月，正值玉米生长旺季，根系呼吸作用强烈，根系呼吸产生大量 CO_2，且此时是土壤温湿度最高时期，微生物活性增强，加速了土壤有机质分解速率和土壤呼吸速率，提高了土壤中 CO_2 浓度，促进农田土壤 CO_2 排放[19]。该阶段以秸秆粉碎还田深翻耕（F）和旋耕（X）处理 CO_2 排放量相对较高，排放通量分别为 $43.7 \sim 54.2$ 和 $50.7 \sim 53.4$ kg（CO_2-C）· hm^{-2} · d^{-1}，以秸秆移除深翻耕（CK）和秸秆整秸覆盖免耕（M1）处理 CO_2 排放通量较低，排放通量分别为 $40.0 \sim 42.3$ 和 $32.3 \sim 39.2$ kg（CO_2-C）· hm^{-2} · d^{-1}。

每年的 10 月至第 2 年的 6 月初是冬小麦生长季节。10 月初，由于施肥、耕种的影响，各处理 CO_2 排放通量相对较高，以秸秆粉碎还田深翻耕处理（F）CO_2 排放通量最高，达 24.2 kg（CO_2-C）· hm^{-2} · d^{-1}，以秸秆移除深翻耕处理（CK）最低，为 13.2 kg

$(CO_2-C) \cdot hm^{-2} \cdot d^{-1}$，其他各处理间差异不显著，通量范围为 15.8～15.9 kg$(CO_2-C) \cdot hm^{-2} \cdot d^{-1}$。进入 12 月，$CO_2$ 排放通量急剧下降，至越冬期，CO_2 排放通量一直维持在一个较低水平，此时各处理间 CO_2 排放通量差异不明显，其通量范围 2.7～6.3 kg$(CO_2-C) \cdot hm^{-2} \cdot d^{-1}$。进入 3 月随着土壤温度的回升和作物生长速度的加快，CO_2 排放通量开始升高，至 4 月到达小麦生长季的 CO_2 排放高峰期，CO_2 排放通量以 F 和 X 处理最高，分别为 36.2 和 36.5 kg$(CO_2-C) \cdot hm^{-2} \cdot d^{-1}$，两个免耕处理（M1、M2）较低，分别为 22.9 和 22.7 kg$(CO_2-C) \cdot hm^{-2} \cdot d^{-1}$。

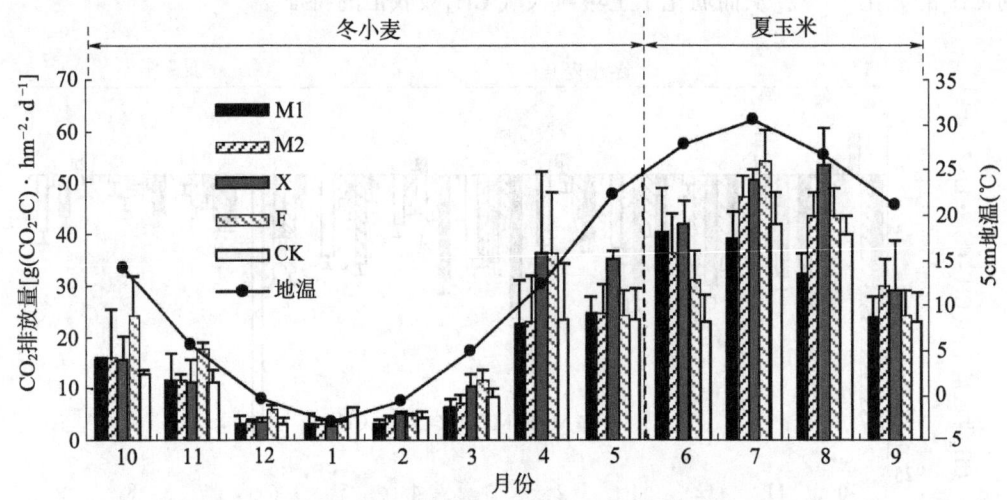

图3 不同耕作措施下农田土壤 CO_2 排放通量季节性变化规律

从周年 CO_2 排放通量动态变化来看，每个月不同处理 CO_2 排放表现不尽相同。在秸秆还田情况下，深翻耕和旋耕 CO_2 排放通量较免耕高，这可能是耕作方式不同和秸秆还田方式不同双重作用的结果。一方面频繁耕作或对土壤扰动会导致土壤有机碳的大量损失，CO_2 释放量增加，而免耕则能有效控制土壤有机碳损失，增加有机碳的储量，降低 CO_2 释放量[20]；另一方面，免耕处理为秸秆表覆，腐解较慢，减缓了因秸秆腐解造成的 CO_2 释放。在同样耕作条件下，秸秆还田会增加农田土壤 CO_2 排放量，秸秆还田后一部分残留于土壤中成为土壤有机质的来源，另一部分将会以 CO_2 气体的形式散逸到大气中。因此，随着秸秆还田量的增加 CO_2 排放也会增加，这也是 F 处理 CO_2 排放通量高于 CK 处理的主要原因。

2.2 农田土壤温室气体排放总量

利用数值积分法对每季作物动态监测的温室气体排放通量进行积分，获得小麦、玉米生长季和周年温室气体排放总量（表2）。结果表明华北平原小麦—玉米轮作农田土壤是 CO_2 和 N_2O 排放的源，是 CH_4 的吸收"汇"。小麦季和玉米季温室气体的源/汇强度存在差异，玉米季土壤作为 CO_2 和 N_2O 的排放源强度大于小麦季，而作为 CH_4 吸收汇的强度又低于小麦季，玉米季土壤排放 N2O 总量为 1.21～2.07 kg$(N_2O-N) \cdot hm^{-2}$，

CO_2 总量为 3 804～4 941 kg（CO_2-C）· hm^{-2}，吸收 CH_4。

表2　不同耕作措施下农田土壤温室气体排放总量估算

处理	N_2O 排放量 [kg（N_2O-N）· hm^{-2}]			CH_4 排放量 [kg（CH_4-C）· hm^{-2}]			CO_2 排放量 [kg（CO_2-C）· hm^{-2}]		
	小麦	玉米	全年	小麦	玉米	全年	小麦	玉米	全年
M1	0.85±0.03	1.21±0.11	2.06±0.20 b	-2.20±0.14	-0.30±0.04	-2.50±0.12 a	2 908±423	3 996±641	6 904±606 c
M2	0.88±0.10	1.40±0.12	2.28±0.16 b	-1.45±0.08	-0.32±0.06	-1.77±0.07 b	2 835±210	4 516±351	7 351±552 bc
X	1.25±0.15	1.28±0.10	2.54±0.27 b	-0.99±0.16	-0.34±0.06	-1.33±0.13 c	3 932±472	4 941±338	8 873±558 ab
F	1.80±0.10	2.07±0.12	3.87±0.40 a	-0.97±0.17	-0.41±0.05	-1.38±0.14 c	4 438±213	4 627±373	9 065±908 a
CK	0.83±0.06	1.46±0.11	2.29±0.14 b	-0.78±0.15	-0.79±0.04	-1.57±0.12 bc	3 620±426	3 804±395	7 425±93 bc

注：同列数字后标有不同字母表示处理间差异达0.05显著水平。下同

总量为 0.30～0.79 kg（CH_4-C）· hm^{-2}。小麦季土壤排放 N_2O 总量为 0.83～1.80 kg（N_2O-N）· hm^{-2}，较玉米季低 13%～31%；CO_2 排放总量为 2 835～4 438 kg（CO_2-C）· hm^{-2}，较玉米季低 10%～25%；CH_4 吸收总量 0.78～2.20 kg（CH_4-C）· hm^{-2}，除对照处理外，较玉米季增加了 1.3～6.4 倍。因此，玉米季是土壤排放温室气体的主要时期，其温室效应远大于小麦季。

不同耕作措施和秸秆还田方式对不同温室气体的排放源和吸收汇强度的影响不同。对于农田土壤 N_2O 排放，全年排放总量由大到小的顺序为翻耕（F）>旋耕（X）>免耕2（M2）>对照（CK）>免耕1（M1），F处理 N_2O 排放量显著高于其他处理（$P<0.05$），其他处理间无显著性差异。对于农田土壤 CO_2 排放，全年排放总量由大到小的顺序与 N_2O 排放顺序相同，F处理显著高于CK和两个免耕（M1、M2）处理（$P<0.05$），与X处理间无显著性差异，X显著高于M1（$P<0.05$），与CK和M2之间无显著性差异。M1处理 CO_2 排放量最低，但与CK和M2之间无显著差异。对于农田土壤对大气 CH_4 的吸收，耕作措施与还田方式的影响小麦季高于玉米季，究其原因主要是由于耕作与秸秆还田活动于小麦播种前进行，对土壤扰动强烈的处理出现短时 CH_4 排放，减弱了整季吸收量，以玉米秸整秸覆盖免耕处理（M1）吸收量最高，秸秆移出深翻耕处理（CK）最低，全年吸收总量由高到低的顺序为 M1>M2>CK>F>X，M1处理土壤对大气 CH_4 吸收量显著高于其他处理（$P<0.05$），M2处理显著高于F和X处理（$P<0.05$），但与CK处理间无显著性差异，F和X处理对 CH_4 的吸收氧化能力最低。

2.3　不同耕作体系综合温室效应估算

在农作物生产过程中，不仅仅是农田土壤排放温室气体，各项农田管理活动如耕作、播种、收获、灌溉、施肥等均可直接或间接引起 CO_2 以及其他温室气体排放。因

此，在对农田生态系统温室效应进行综合评估时，除了关注农田土壤引起的温室气体直接排放外，还应考虑各项农事活动直接或间接引起的温室气体排放，并将其统一转换为碳当量。

2.3.1 农事活动引起的碳排放

在试验过程中需要进行翻地、播种、收获或秸秆还田等操作，这些过程均有机械的参与，而机械燃油会产生大量的 CO_2，不同的耕作方式及秸秆还田制度会影响机械能的投入和等量 CO_2 的投入，可以通过机械燃油量来计算 CO_2 产生量，燃油的 CO_2 排放系数见表1。

试验期间，记录了每个处理的具体油耗，如表3所示。结果表明不同处理间的油耗存在很大差异，由此引起的 CO_2 排放亦存在明显差异，以旋耕（X）和翻耕（F）处理机械耗油最多，由此引起的 CO_2 排放量也最高。

表3 不同耕作处理的机械油耗与等当量 CO_2 投入量

处理	机械油耗（L·hm^{-2}·a^{-1}）							等当量 CO_2 [kg（CO_2）·hm^{-2}·a^{-1}]
	玉米秸秆粉碎	翻地/旋耕	秸秆移除	播种	平整土地	小麦收获	总油耗	
M1	0	0	0	31.05	0	30	61.05	158
M2	47.25	0	0	31.05	0	30	108.30	280
X	47.25	45	0	11.40	3	30	136.65	354
F	47.25	37.5	0	11.40	3	30	129.15	335
CK	0	37.5	3.75	11.40	3	30	85.65	222

在作物种植过程中需要进行灌溉，灌溉水来自地下水，灌溉时用水泵将水抽至地面，在这个过程中需要消耗电能，间接通过发电引起了碳排放。Mosier 等[11]研究表明每从地下泵出1 cm水进行灌溉大致需要14.8度电，可引起1.29 kg(CO_2-C) 等当量排放。试验期间小麦季平均灌溉量157.5 mm，玉米季平均70 mm，每年灌溉耗电引起的 CO_2 排放相当于29.3 kg(CO_2-C)·hm^{-2}·a^{-1}。

施肥不仅可以直接影响农田土壤温室气体排放，在其生产、运输过程中亦会引起温室气体排放。目前关于肥料生产和运输过程中产生等当量 CO_2 的研究结果不一，Robertson 等[10]认为每生产、运输、施用1 kg N 大约可引起 CO_2 的排放量为 4.51 kg（CO_2）·kg^{-1}（N），而 Adviento-Borbe 等[7]和 West 等[12]的研究结果分别为 4.05～4.51 kg(CO_2)·kg^{-1}（N）和 2.6～3.2 kg(CO_2)·kg^{-1}（N）。在此取其平均值 3.59 kg（CO_2）·kg^{-1}（N）。磷肥生产运输过程中引起的 CO_2 为排放量 0.61 kg(CO_2)·kg^{-1}（P）。试验期间每年施用氮肥426 kg(N)·hm^{-2}，磷肥60 kg(P)·hm^{-2}，每年因为施肥引起的等当量 CO_2 排放量为 1 567 kg(CO_2)·hm^{-2}。

2.3.2 农田生态系统经初级生产力碳截存

农田生态系统通过光合作用产物将太阳能转换为生物能，在此过程中固定 CO_2，这是农田生态系统作为大气 CO_2 汇的功能。农田生态系统对大气 CO_2 固定通常用作物净初级生产力（NPP）表示，固碳量可参照公式（7）～（8）计算。

试验期间每季作物收获时测定作物产量和地上部生物量，根据式（7）和式（8）计算了植株地上和地下部分转化为 NPP 的碳总量（表4）。结果表明，旋耕（X）处理经济产量和对碳的截获量最高，不同耕作处理籽粒产量由高到低的顺序为旋耕（X）>翻耕（F）>免耕 2(M2)>对照（CK）>免耕 1(M1)；植株转化为净初级生产力（NPP）的碳量由大到小的顺序旋耕（X）>免耕 2(M2)>翻耕（F）>对照（CK）>免耕 1(M1)。由此可见，旋耕处理无论是作物经济生产能力还是碳的截获能力均为最高，而多年秸秆整秸覆盖免耕处理（M1）经济产量和碳截获量均最低。多年秸秆整秸覆盖免耕致使耕层土壤紧实度增加，影响作物根系下扎；此外，秸秆整秸覆盖不能使秸秆很好与土壤混合，影响秸秆腐解和土壤有机质的形成，对提升土壤肥力有一定影响，故其生产能力较差。对照处理因为每年进行翻耕，且无秸秆还田，对土壤的频繁扰动加速了其土壤原有有机质的分解，降低了土壤碳库储量，对提升土壤地力和作物生产能力不利，其作物产量和碳截获量均明显低于除 M1 以外的其他处理。

表4　不同耕作处理作物产量及植物碳截获量（GWP_{NPP}）

处理	籽粒产量 （$kg \cdot hm^{-2}$）	秸秆产量 （$kg \cdot hm^{-2} \cdot a^{-1}$）	全年总 GWP_{NPP} ［$kg(C) \cdot hm^{-2} \cdot a^{-1}$］
M1	13 166±736 c	14 177±798 b	14 779±828 b
M2	13 834±601 b	15 272±715 ab	15 732±711 a
X	14 294±991 a	15 519±998 a	16 114±1 075 a
F	13 909±580 ab	15 032±684 b	15 643±681 a
CK	13 178±116 c	14 302±153 b	14 853±162 b

2.3.3　不同耕作体系综合温室效应评价

对农田生态系统进行综合温室效应评价时，应全面考虑农田生态系统的碳流，不应仅仅是土壤表观呼吸排放的 CO_2 量，还应涵盖灌溉、机械和肥料施用等农事活动所造成的 CO_2 排放量，以及作物转化为 NPP 的碳量（GWP_{NPP}）。在此因为是计算农田生态系统 CO_2 净排放量，故此处的 GWP_{NPP} 只能包括残留在农田生态系统内的那部分植物转化为 NPP 的碳量，如果进行秸秆还田，那么 GWP_{NPP} 包含生产地下部根系和地上部植株（秸秆）时转化为 NPP 的碳量，如果秸秆移出，那么 GWP_{NPP} 就只包含生产地下部根系时转化为 NPP 的碳量（如对照处理），所有处理生产成籽粒部分转化为 NPP 的碳量不包含在内。根据式（5）～（9）可计算出农田生态系统的综合增温潜势（表5），结果表明两个免耕处理 GWP 均为负值，表明农田生态系统为大气的碳汇，去除农事活动引起的直接或间接排放的 CO_2 或 CO_2 当量后，每年农田生态系统净截留 947～1 070 kg(C)·hm^{-2}；其他 3 个处理农田生态系统的 GWP 值均为正值，表明温室气体是由系统向大气排放，其 GWP 由大到小的顺序为对照（CK）>翻耕（F）>旋耕（X）。

如果仅评价农田生态系统的综合增温效应，两个秸秆覆盖免耕措施是温室效应最低的，对环境最有益，但其经济产量很低，不能满足农业生产高效可持续发展的要求。农业生产目标是提升经济产量和可持续发展，在进行农田生态系统的综合增温效应评价时要兼顾经济效应和环境效应，故在华北小麦—玉米轮作体系中，耕作制度与秸秆管理上实施秸秆粉碎还田旋耕将是最优化的耕作措施，其温室效应相对较低，而又能保证较高的经济产量。在采用该耕作措施时，应特别注重农田氮素管理，最大限度减少 N_2O 排放，降低其增温潜势。

表 5　不同耕作体系温室气体的增温潜势

处理	GWP$_{NPP}$ [kg(CO_2–C) hm^{-2}]		GWPsoilexport [kg (CO_2–C) hm^{-2}]			GWPindirect [kg (CO_2-C) hm^{-2}]			ΔGWP *
	籽粒	秸秆+根	GWPCH$_4$	GWPN$_2$O	GWPCO$_2$	机械油耗	灌溉能耗	肥料	
M1	6 188± 346	8 591± 483	−23± 1.1	263± 26	6 904± 606	43	29	428	−947
M2	6 502± 283	9 230± 429	−16± 0.6	291± 20	7 351± 552	77	29	428	−1 070
X	6 718± 466	9 396± 609	−12± 1.1	324± 34	8 873± 558	97	29	428	343
F	6 537± 272	9 105± 410	−13± 1.3	494± 51	9 065± 908	91	29	428	989
CK	6 194± 118	4 856± 70	−14± 1.1	292± 18	7 425± 93	61	29	428	3 364

注：GWPsoilexport 为土壤排放温室气体增温潜势；GWPindirect 为农事活动投入引起的间接增温潜势；GWP$_{NPP}$ 为净初级生产力增温潜势；ΔGWP 为综合增温潜势，正值代表系统为温室气体的源，反之则为汇

3　讨　论

3.1　耕作措施与秸秆还田方式对农田土壤温室气体排放的影响

由于农事活动以及气候条件的影响，耕作、施肥、灌水后以及高温多雨的夏玉米季是农田土壤温室气体排放的主要时期，此时不同处理间温室气体排放通量差异较显著。10月，冬小麦播种前是耕作措施实施期，秸秆粉碎还田深翻耕处理（F）温室气体排放通量最高，一方面深翻耕加速了郁闭于土壤中的温室气体的排放，另一方面新鲜有机物质翻耕进入土壤，加之播种前的底墒水肥，加速了微生物的活动，急剧提高了温室气体排放量。对于无秸秆还田深翻耕处理（CK），虽然翻耕亦加速了郁闭于土壤中温室气体排放，但由于多年没有秸秆还田，土壤有机碳源远没有秸秆还田处理充足，导致 CK 处理温室气体排放通量低于其他处理；此外，由于翻耕加速了土壤蒸发，水分含量下降较快，土壤厌氧环境维持时间较短，使得该处理翻耕后温室气体排放峰持续时间较短，导致 10 月 CK 处理温室气体平均排放通量在所有处理中最低。对于旋耕处理（X），尽管秸秆进行了粉碎还田，由于旋耕不能使秸秆很好与土壤混合，土壤孔隙较大，加速了土

壤水分的蒸发，明显减低了土壤含水量，不利于新鲜有机物质的腐解以及反硝化过程的发生；此外，由于土壤扰动没有翻耕力度大，郁闭于土壤中的气体难于充分释放，导致10月旋耕处理气体排放（CH_4除外）低于其他秸秆还田处理。对于两个免耕处理，由于秸秆只是覆盖于土壤表面，土壤未经扰动，郁闭于土壤中的气体难于释放，故该处理比同样是秸秆还田的翻耕处理低很多；另一方面，秸秆覆盖降低了土壤蒸发，利于保持土壤水分和土壤的厌氧环境，加速了土壤反硝化过程，从而提高了N_2O排放通量，这是小麦播种后短时间内免耕处理比旋耕处理N_2O排放通量高的主要原因。随着小麦进入越冬期，各处理温室气体排放急剧下降，处理间差异也不再明显，但F处理N_2O排放通量持续比其他处理偏高。3月底至4月初，小麦进入拔节期，施肥灌溉引起的温室气体排放急剧增加，各处理间气体排放通量再度出现明显差异，X和F处理N_2O和CO_2排放通量显著高于其他处理，二者之间无显著差异。主要原因是这两个处理的秸秆还田方式有助于秸秆腐解和有机碳在土壤中的固持，土壤碳源丰富[21]，微生物数量和活性均较高[22]，一旦施肥灌水，会急剧促进微生物参与的反硝化过程和土壤呼吸强度，显著提高N_2O和CO_2的生成量和排放量。在此值得一提的是，经过近半年的淀积，旋耕（X）处理的秸秆与土壤已能充分混匀，此时辅以施肥灌溉，更能激发秸秆的腐解速度，促进CO_2产生与排放；同时一方面消耗土壤空气中的氧气，为反硝化微生物营造更好的厌氧环境，另一方面为微生物提供了更多的碳源、底物，促进反硝化过程及其中间产物N_2O的生成与排放，这也是该时期旋耕处理CO_2和N_2O排放通量最高的主要原因。

通常在7月中旬玉米大喇叭口期进行追肥和灌溉，短时间内在表层土壤中累积了大量NH_4^+-N和NO_3^--N，为硝化和反硝化微生物提供了充足的底物，激发其活性；此时亦正值高温多雨季节，土壤孔隙含水量（WFPS）一般高于60%，多为80%左右，5 cm地温保持在25～32 ℃，土壤温湿度适宜于各类微生物活动，促进了还田秸秆的腐解和反硝化过程的强烈发生，导致此阶段N_2O和CO_2排放通量的激增，这也是全年中7月份N_2O和CO_2排放通量最高的主要原因。

研究结果表明，耕作措施和秸秆还田方式显著影响农田土壤温室气体排放，翻耕比免耕更有利于农田温室气体排放，主要是土壤扰动促进了郁闭于土壤内的气体释放；秸秆深施较秸秆表面覆盖更有利于农田土壤温室气体排放，秸秆深施较表覆更易于分解[23]，为反硝化微生物提供了充足的能源物质和微域厌氧环境，利于反硝化过程的进行，促进了N_2O的生成与排放；同时，秸秆腐解过程中释放大量CO_2，提高了CO_2排放通量。

3.2 耕作与秸秆还田对温室气体排放总量及其增温潜势的影响

综合考虑耕作措施与秸秆还田方式对3种温室气体的排放和吸收的影响，秸秆粉碎还田深翻耕对温室气体的排放和吸收影响最大，不仅强化了土壤作为CO_2和N_2O排放源的特征，也强化了土壤作为CH_4吸收汇的特征，主要源于该处理不仅为土壤增加了有机物质，还对土壤进行了较大强度的扰动，使还田秸秆能与土壤较好地混合接触，不仅为土壤微生物提供了能源物质，还为其营造了适宜的土壤环境，利于提高各类微生物的活性，激发微生物参与的各类生物化学过程。M1是温室效应最低的一个处理，其CO_2

和 N_2O 排放量最低，CH_4 吸收量却是最高，究其原因，很可能是常年未对土壤进行扰动，不仅抑制了郁闭于土壤空气中的温室气体的排放，还增加了 N_2O 的还原量。曾有报道认为对未扰动土壤进行耕作可大大降低土壤 CH_4 汇的强度[15]，耕作破坏了土壤原有结构，减少了土壤 CH_4 氧化程度，这从另一角度为 M1 处理 CH_4 吸收量最高提供了佐证。万运帆等[23]的研究结果认为，秸秆还田和免耕措施促进土壤对 CH_4 的吸收，秸秆深施对土壤吸收 CH_4 的影响大于秸秆表覆与免耕，主要是由于改善了土壤通气状况，更有利于 CH_4 的氧化和对空气中 CH_4 的吸收。而张雪松等[24]在同一地区开展的麦田土壤 CH_4 吸收特征结果表明，秸秆还田后不利于土壤对 CH_4 的吸收。由于农田 CH_4 的排放受诸多因素的影响，且 CH_4 的排放机理也非常复杂，耕作引起 CH_4 吸收/排放的结果还有待进一步研究。

传统耕作措施下综合温室效应显著高于免耕。传统耕作一方面因其机械投入多，对土壤扰动强烈，通过燃油消耗和土壤向大气直接排放大量温室气体，另一方面地上部秸秆的全部移出降低了系统对碳的截存。当前本区域秸秆移出农田生态系统后尚无其他可利用途径情况下，这种传统耕作方式强化了农田系统对碳的输出，提高了其温室效应。免耕措施一方面机械燃油消耗、各种温室气体排放所造成的农田系统输出碳当量明显低于其他耕作方式，另一方面，秸秆还田造成农田系统截存大量碳，使得免耕措施下农田系统的温室效应最低。在综合增温潜势的估算中，秸秆处理方式是影响综合增温潜势的一个重要分项，倘若秸秆还田，则表明秸秆中的碳被农田系统截存，其增温效应为负，在计算综合增温潜势时要扣除秸秆截存碳当量；倘若秸秆被移出，秸秆中的碳被完全输出农田系统，在此暂且认为被移出农田的秸秆无论作何用途其所含碳最终均以 CO_2 形式排向大气，其增温效应为正，在计算综合增温潜势要累加秸秆的碳当量。对系统的各项温室气体增温潜势统一转换为碳当量后，秸秆移出深翻耕情况下，农田每年每公顷排放 CO_2 当量为 12.3 t，显著高于其他耕作措施。

4 结 论

北方小麦—玉米轮作农田土壤是 N_2O 和 CO_2 的排放源，是 CH_4 的弱吸收汇。麦季和玉米季温室气体的源/汇强度存在差异，玉米季土壤作为 CO_2 和 N_2O 的排放源强度大于小麦季，而作为 CH_4 吸收汇的强度又低于小麦季。耕作是影响农田温室气体排放的重要农业生产方式，翻耕比免耕更有利于农田土壤 N_2O 与 CO_2 排放，秸秆还田比秸秆移出、秸秆深施比秸秆表面覆盖更有利于土壤 N_2O 与 CO_2 排放，秸秆还田可增加土壤对 CH_4 的氧化吸收，提高土壤作为大气 CH_4 吸收汇的特征。

免耕处理农田生态系统综合增温潜势（ΔGWP）均为负值，表明该耕作方式下农田生态系统为大气的碳汇，去除农事活动引起的直接或间接排放的 CO_2 后，每年农田生态系统净截留 947～1 070 kg(C) · hm^{-2}；其他处理农田生态系统的 ΔGWP 值均为正值，表明温室气体是由系统向大气排放，其综合 ΔGWP 由大到小的顺序为无秸秆还田深翻耕（CK）>秸秆粉碎还田深翻耕（F）>秸秆粉碎还田旋耕（X）。如果单单评价农田生态系统的综合增温效应，两个秸秆覆盖免耕措施温室效应最低，对环境最有益，但其经济产量很低，不能满足农业生产高产高效可持续发展的要求。农业生产目标是提升经济产量和可持续发展，在进行农田生态系统的综合增温效应评价时要兼顾经济效应和环境效应双赢，故在华北小麦—玉米轮作体系中，秸秆粉碎还田旋耕是最优化的耕作措施，其温室效应相对较低，而又能保证较高的经济产量。

参考文献

[1] Kiehl J T, Trenberth K E. Earth's annual global mean energy budget [J]. Bulletin of the American Meteorological Society, 1997, 78 (2): 197-208.

[2] IPCC. Special Report on Emissions Scenarios: A special Report of Working Group Ⅲ of the Intergovernmental Panel on Climate Change [R]. Cambridge: Cambridge University Press, 2000.

[3] Hansen J E, Lacis A A. Sun and dust versus greenhouse gases: An assessment of their relative roles in global climate change [J]. Nature, 1990, 346 (6 286): 713-719.

[4] IPCC. Climate Change 2007: The Physical Science Basis [R]. Cambridge: Cambridge University Press, 2007.

[5] 李长生，肖向明，Frolking S，等. 中国农田的温室气体排放 [J]. 第四纪研究，2003，23 (5): 493-503.

Li C S, Xiao X M, Frolking S, et al. Greenhouse gas emissions from croplands of China [J]. Quaternary Sciences, 2003, 23 (5): 493-503.

[6] 宋利娜，张玉铭，胡春胜，等. 华北平原高产农区冬小麦农田土壤温室气体排放及其综合温室效应 [J]. 中国生态农业学报，2013，21 (3): 297-307.

[7] Adviento-Borbe M A A, Haddix M L, Binder D L, et al. Soil greenhouse gas fluxes and global warming potential in four high-yielding maize systems [J]. Global Change Biology, 2007, 13 (9): 1 972-1 988.

[8] 王小国，朱波，王艳强，等. 不同土地利用方式下土壤呼吸及其温度敏感性 [J]. 生态学报，2007，27 (5): 1 960-1 968.

[9] 展茗，曹凑贵，汪金平，等. 复合稻田生态系统温室气体交换及其综合增温潜势 [J]. 生态学报，2008，28 (11): 5 461-5 468.

[10] Robertson G P, Paul E A, Harwood R R. Greenhouse gases in intensive agriculture: Contributions of individual gases to the radiative forcing of the atmosphere [J]. Science, 2000, 289 (5 486): 1 922-1 925.

[11] Mosier A R, Halvorson A D, Reule C A, et al. Net global warming potential and greenhouse gas intensity in irrigated cropping systems in northeastern Colorado [J]. Journal of Environmental Quality, 2006, 35 (4): 1 584-1 598.

[12] West T O, Marland G. A synthesis of carbon sequestration, carbon emissions, and net carbon flux in agriculture: Comparing tillage practices in the United States [J]. Agriculture, Ecosystems & Environment, 2002, 91 (1/3): 217-232.

[13] Passioura J B. Roots and drought resistance [J]. Agricultural Water Management, 1983, 7 (1/3): 265-280.

[14] 张喜英. 作物根系与土壤水利用 [M]. 北京: 气象出版社，1999: 35-59.

[15] 刘巽浩，徐文修，李增嘉，等. 农田生态系统碳足迹法: 误区、改进与应用——兼析中国

集约农作碳效率 [J]. 中国农业资源与区划, 2013, 34 (6): 1-11.

[16] Willison T W, Webster C P, Goulding K W T, et al. Methane oxidation in temperate soils: Effects of land use and the chemical form of nitrogen fertilizer [J]. Chemosphere, 1995, 30 (3): 539-546.

[17] Harriss R C, Sebacher D I, Day Jr F P. Methane flux in the great dismal swamp [J]. Nature, 1982, 297 (5 868): 673-674.

[18] 丁维新, 蔡祖聪. 氮肥对土壤氧化甲烷的影响研究 [J]. 中国生态农业学报, 2003, 11 (2): 50-53.

[19] 刘绍辉, 方精云, 清田信. 北京山地温带森林的土壤呼吸 [J]. 植物生态学报, 1998, 22 (2): 119-126.

[20] 金峰, 杨浩, 赵其国. 土壤有机碳储量及影响因素研究进展 [J]. 土壤, 2000, 32 (1): 11-17.

[21] 董文旭. 不同耕作措施对氮素总转化过程以及作物与环境影响 [D]. 北京: 中国科学院, 2009.

[22] 王莹. 不同耕作措施对土壤微生物种群结构和多样性的影响研究 [D]. 北京: 中国科学院, 2011.

[23] 万运帆, 李玉娥, 高清竹, 等. 田间管理对华北平原冬小麦产量土壤碳及温室气体排放的影响 [J]. 农业环境科学学报, 2009, 28 (12): 2 495-2 500.

[24] 张雪松, 申双和, 李俊, 等. 华北平原冬麦田土壤 CH_4 的吸收特征研究 [J]. 南京气象学院学报, 2006, 29 (2): 181-188.

[此文原刊载于《中国生态农业学报》, 2016, 26 (6): 704-715]

旱地春玉米不同覆膜种植模式的增产效应

阎旭东，王秀领，徐玉鹏，王伟伟，肖　宇，刘振敏，黄素芳，岳明强

（沧州市农林科学院）

摘　要：覆膜种植是旱地春玉米种植的重要方式，具有显著的增产作用。但前人对旱地春玉米在不同覆膜种植方式下的水分利用、根系发育及抗倒伏等增产机理方面研究较少。于2013—2015年在河北省沧州市农林科学院前营试验站开展田间试验，连续3年研究露地平作（CK）、平作覆膜膜下播种（FC-SUF）、平作覆膜膜侧播种（FC-FSS）、起垄覆膜膜下播种（RC-SUF）、起垄覆膜膜侧播种（RC-FSS）等5种种植模式下春玉米产量及产量构成要素、土壤水分、作物根系和抗倒伏情况。结果表明：RC-FSS、RC-SUF、FC-FSS和FC-SUF比CK 3年平均增产分别为24.97%、17.75%、11.69%和8.67%，其中起垄覆膜侧播技术（RC-FSS）增产效果最优，其水分利用效率比CK平均提高26.27%。RC-FSS处理垄沟处0～20 cm土壤含水量比CK增幅达30.44%～47.66%，达极显著差异；RC-FSS处理的抗倒伏性最好，其倒伏率仅为0.9%，抗倒伏力最大为29.4 N，与CK差异达显著水平。在玉米整个生育期内，0～10 cm土壤温度各覆膜处理比CK平均增加0.3～2.3 ℃，以RC-SUF种植模式下增温最显著。成熟期RC-FSS模式下根系分布直径、根系干重明显优于RC-SUF、FC-SUF和CK，差异均达显著水平。研究表明，春玉米起垄覆膜侧播技术具有集雨保墒、促根壮苗、高抗倒伏、增产稳产的作用，在春季干旱少雨的滨海平原区有广阔的应用前景。

关键词：春玉米；旱地；覆膜种植；水分利用效率；根系性状；增产效应

环渤海低平原区春玉米（*Zea mays* L.）种植面积占玉米总面积的20%左右，特别是近年来，随着节水压采政策的实施，小麦等耗水相对较多的作物种植面积得到压减，冬闲田面积进一步增加，为春玉米种植提供了更大空间。然而该区域春季干旱少雨，在玉米大喇叭口期极易形成"卡脖旱"，造成减产，成为春玉米生产的主要限制因子[1-2]。针对春玉米生产问题，多位专家根据不同地区特点开展了相关研究，孔维萍等[3]研究了黄土高原地区春玉米全膜双垄沟播种植模式，结果表明，其耕层（0～20 cm）土壤含水率较传统种植模式显著提高5.39%，且显著改善了玉米水温条件，促进玉米出苗。孙仕军等[4]、任新茂等[5]研究了东北雨养地区玉米露地与覆膜条件下不同种植密度对春玉米产量和蒸散量的影响，表明覆膜平均产量和水分利用效率较露地种植分别提高52.79%和60.55%。高翔等[6]从表层土壤温湿度、土壤呼吸和净碳交换规律及作物生长发育规律等方面对玉米覆膜种植开展了研究，发现与露地处理比较，覆膜处理全生育期表层土壤含水率提高18.7%，提高地温1.67 ℃。胥凌霄等[7]研究了晋中半干旱地区不同垄沟种植模式对土壤理化性状及水分利用效率的影响，与露地种植相比，大垄小沟种

植模式土壤平均含水量增加1.39%，土壤孔隙度增加4%，蓄水保墒效果最好且有机质增幅最大。

尽管一些专家[8-18]对玉米覆膜种植、垄沟种植等技术进行了研究，但针对环渤海低平原区自然特点的春玉米旱作种植技术研究较少。本试验以增温集雨保墒、促苗早发、苗全苗壮为突破口，通过研究起垄、覆膜、膜下、膜侧播种等不同种植模式对雨养春玉米产量形成及水分利用效率的影响，确立该区域春玉米最佳种植模式，为该地区玉米节水高产提供技术支撑。

1 材料与方法

1.1 研究区概况

试验于2013—2015年在位于环渤海低平原区的河北省沧州市农林科学院前营试验站进行。该试验站位于116°44′3″E，38°14′23″N，属暖温带半湿润大陆性季风气候，土壤为壤土，年均温13 ℃，≥10 ℃积温4 349 ℃。0～20 cm土层有机质含量15.4 g·kg^{-1}，碱解氮含量22.3 mg·kg^{-1}，速效磷含量17.9 mg·kg^{-1}，速效钾含量103.0 mg·kg^{-1}，是典型的一年两熟旱作农业区。该区域年总降水量400～600 mm，80%集中在7—9月。2013年、2014年和2015年春玉米生育期降水量分别为480.7、254.9和404.2 mm。

1.2 试验设计

试验采用裂区设计，主区为耕作方式，分别为平作覆膜（flat culture，FC）和垄作覆膜（ridge culture，RC），起垄方式为垄宽70 cm，垄高15～20 cm，垄距40 cm；副区为播种位置，分别为膜下播种（sowing under film，SUF）和膜侧播种（film skirting sowing，FSS）；另设露地平作为对照（CK），具体见表1。所有处理均采用宽窄行播种方式，宽行距70 cm，窄行距40 cm，株距24 cm，密度75 000株·hm^{-2}。小区面积为8 m×5 m＝40 m^2，3次重复。

表1 试验各处理概况

耕作方式	播种位置	处理内容
CK		露地平作
FC	SUF	平作覆膜膜下播种
	FSS	平作覆膜膜侧播种
RC	SUF	垄作覆膜膜下播种
	FSS	垄作覆膜膜侧播种

试验春玉米品种为郑单958。2013年5月1日播种，8月25—30日收获；2014年4月25日播种，8月26—31日收获；2015年4月30日播种，8月29日—9月3日收获

（不同处理玉米成熟时间不同）。试验地播种前底施玉米缓释肥（肥力控 24：16：10，天津市天正天农业科技有限公司）600 kg·hm⁻²，利用沧州市农林科学院研制的起垄覆膜机械播种，对照露地平作机械播种（农哈哈 2BY-4 玉米播种机），播深 3～3.5 cm，在玉米心叶期每公顷用 3% 辛硫磷颗粒剂 3.75 kg，加入 75 kg 细砂拌匀，施入心叶中，其他管理方式同大田。

1.3 测定项目与方法

1.3.1 产量与产量构成

2013—2015 年玉米成熟后，每小区选取中间无破坏行 4 行，行长 3 m 测产，用水分仪测定籽粒含水量，按 14% 含水率折合成产量，重复 3 次。每小区随机选取连续 15 株，按常规方法测定穗粒数、百粒重等产量构成因素。

1.3.2 模拟降水试验

2016 年 9 月在田间进行模拟降雨试验。种植模式设两个处理，分别为 1：起垄覆膜，垄底宽 70 cm，垄高 15～20 cm，垄距 40 cm，垄上覆宽为 80 cm 的地膜；2：空白露地（对照），不做任何处理。模拟降水量设 5 个处理，分别是 0、5、10、15 和 20 mm。共 10 个处理，每个处理 1 个小区，小区宽 5.5 m（5 个带），长 2 m。在玉米生长至五叶期开始人工模拟降水，每间隔 24 h 取土样，用烘干法测定不同降水量下起垄覆膜垄沟位置和空白露地 0～20 mm、20～40 cm 土层的土壤含水量，以测定集雨效果。

1.3.3 根系性状

每小区选择有代表性的植株，连续 4 株 96 cm 长，去除地上部分后，挖出 96 cm×30 cm×60 cm 的样方，装入纱布袋洗净。测定根系长度及根系分布直径，计数侧根条数（毛细根除外），将全部根系烘干称重。

1.3.4 土壤温度

2013—2015 年测定各处理不同时间（从苗期到成熟期每隔 6 d）0～10 cm 土层的土壤温度，每个处理测定 5 个点，利用 WET-HH2 土壤水分盐分温度速测仪测定。

1.3.5 抗倒伏力

2013—2015 年每年成熟期每小区选取有代表性的植株，连续 5 株，使用植物倒伏仪（型号 DIK-7401，日本）在距地面 80 cm 处推动玉米植株，记录植株与地面呈 45° 夹角时所需要的力，即为植株的抗倒伏力。

1.3.6 水分利用效率（WUE）

2013—2015 年利用水分平衡法，根据不同时段土壤含水量测定结果，按照以下公式[19]计算农田耗水量（ET）：

$$ET = I + P + U - R - F \pm \Delta W \tag{1}$$

式中：I 为时段内灌水量（mm），P 为时段内有效降水量（mm），U 为地下水通过毛管作用上移补给作物水量（mm），R 为地表径流量（mm），F 为补给地下水量（mm），ΔW 为时段内土壤储水变化量，即土壤贮水消耗量。本试验在旱地进行，灌水量为零；试验地地势平坦，视为地表径流为零；地下水埋深 4 m 以下，可视为地下水补给量为零；降水入渗深度不超过 2 m，可视深层渗漏为零，I、R、U、F 值可以忽略不计。农田耗水量简化为 $ET=P\pm\Delta W$。

水分利用效率（WUE）[20]：

$$WUE=GY/ET \tag{2}$$

式中，WUE 为籽粒产量水分利用效率（$kg \cdot hm^{-2} \cdot mm^{-1}$），GY 为籽粒产量（$kg \cdot hm^{-2}$），ET 为农田耗水量（mm）。

在玉米种植前及收获后用烘干法测定 1 m 土体土壤含水量（0~20 cm、20~40 cm、40~60 cm、60~80 cm、80~100 cm）。

1.4 数据处理与分析

采用 Microsoft Excel 2007 进行数据整理，采用 SPSS 16.0 软件进行统计分析。

2 结果与分析

2.1 不同种植方式对玉米生育时期的影响

由表 2 可知，玉米覆膜比露地平作出苗提前 2~4 d，相同种植模式下膜侧播种比膜下播种出苗天数延长 2 d。与 CK 相比，平作覆膜侧播处理（FC-FSS）对营养生长期天数无影响，垄作覆膜侧播（RC-FSS）可以缩短营养生长期 2 d，平作膜下和垄作膜下播种（FC/RC-SUF）均缩短营养生长期 3 d。在 FC 模式下，SUF 处理玉米营养生长期天数比 FSS 处理缩短 3 d；而在 RC 模式下，SUF 处理玉米营养生长期天数比 FSS 处理缩短 1 d；玉米覆膜后生殖生长期比露地平作延长 2~9 d，年际间趋势表现一致，总体上表现为 FC-SUF 处理延长的天数最短（2~7 d），RC-FSS 延长的天数最长（7~9 d）。在 FC 模式下，SUF 处理玉米生殖生长期天数比 FSS 处理延长 0~3 d；而在 RC 模式下，SUF 处理玉米生殖生长期天数比 FSS 处理缩短 2 d。

表 2 不同种植模式对春玉米生育期的影响

年 份	处 理		播种期 （月-日）	出苗期 （月-日）	吐丝期 （月-日）	成熟期 （月-日）	出苗天数 （d）	营养生长 期天数 （d）	生殖生长 期天数 （d）	全生育 期天数 （d）
		CK	5-1	5-15	7-22	8-25	14	68	34	102
2013 年	FC	SUF	5-1	5-11	7-15	8-25	10	65	41	106
		FSS	5-1	5-13	7-20	8-30	12	68	41	109
	RC	SUF	5-1	5-11	7-15	8-25	10	65	41	106
		FSS	5-1	5-13	7-18	8-30	12	66	43	109

（续表）

年　份	处　理		播种期（月-日）	出苗期（月-日）	吐丝期（月-日）	成熟期（月-日）	出苗天数（d）	营养生长期天数（d）	生殖生长期天数（d）	全生育期天数（d）
2014 年		CK	4-25	5-11	7-17	8-28	16	67	42	109
	FC	SUF	4-25	5-7	7-10	8-26	12	64	47	111
		FSS	4-25	5-9	7-15	8-28	14	67	44	111
	RC	SUF	4-25	5-7	7-10	8-26	12	64	47	111
		FSS	4-25	5-9	7-13	8-31	14	65	49	114
2015 年		CK	4-30	5-14	7-20	8-31	14	67	42	109
	FC	SUF	4-30	5-10	7-13	8-29	10	64	47	111
		FSS	4-30	5-12	7-18	8-31	12	67	44	111
	RC	SUF	4-30	5-10	7-13	8-29	10	64	47	111
		FSS	4-30	5-12	7-16	9-3	12	65	49	114

2.2 不同种植模式对春玉米产量的影响

表3表明，FC-SUF、FC-FSS、RC-SUF 和 RC-FSS 分别比对照增产 8.67%、11.69%、17.75% 和 24.97%，达显著水平。FC 和 RC 模式均显著提高了春玉米产量，分别比对照增产 10.2% 和 21.4%；RC 模式比 FC 模式产量平均提高 11.2%，年际间趋势一致。另外，侧播 FSS 模式比膜下 SUF 模式产量提高 5.12%。起垄覆膜侧播处理表现出产量最高，技术效果最优。

产量构成因素分析表明，4 种种植模式对春玉米穗数和百粒重无显著影响，产量差异主要表现在穗粒数的变化。综合 3 年平均数据，RC 模式和 FC 模式的穗粒数分别比 CK 增加 17.5% 和 10.3%，且 RC 种植模式比 FC 种植模式的穗粒数平均增加 6.56%。

2.3 不同种植方式水分利用效率

从表4可以看出，起垄种植方式下春玉米水分利用效率比其他种植方式提高 16.45%～34.30%；其中 3 年 RC-FSS 种植方式比 CK 提高 34.30%、21.47% 和 23.04%，且均比其他种植方式水分利用效率高。在降雨较多年份（2013 年 480.7 mm，2015 年 404.2 mm）水分利用效率均在 20.17～25.53 kg·hm^{-2}·mm^{-1}；而在玉米生育期降雨较少的年份（2014 年 254.9 mm）水分利用效率均在 35.18～40.56 kg·hm^{-2}·mm^{-1}，且 RC 模式比 FC 模式下水分利用效率分别增加 7.24%、11.83% 和 11.84%。RC 模式与 CK 处理比较均达到显著差异，说明在雨养旱作区起垄覆膜种植方式能较大幅度提高水分利用率。

表3 不同种植模式对春玉米产量及产量要素的影响

处理	公顷穗数（个）			穗粒数（个）			百粒重（g）			籽粒产量（kg·hm⁻²）			增产（%）
	2013年	2014年	2015年	2013年	2014年	2015年	2013年	2014年	2015年	2013年	2014年	2015年	
CK	4 142±156.25 a	4 042±350.08 a	4 708±30.86 a	379±6.12 e	467±48.54 c	370±19.52 c	35.9±2.17 a	34.48±1.34 a	34.53±2.60 a	8 351.85±215.02 c	8 686.65±1 214.37 b	8 646.68±113.12 e	0.00
FC-SUF	4 424±235.87 a	4 110±116.69 a	4 727±47.84 a	428±1.50 d	510±85.54 b	386±24.99 bc	36.07±0.44 a	35.44±2.28 a	31.99±1.34 a	9 714.45±647.63 b	9 118.05±1 093.77 b	9 079.45±95.80 d	8.67
FC-FSS	4306±52.93 a	4042±350.08 a	4730±60.66 a	446±3.84 c	511±100.96 b	401±7.20 bc	37.92±1.46 a	35.88±2.00 a	34.83±2.28 a	9 982.85±95.62 b	9 321.15±1 078.74 b	9 372.81±78.90 c	11.69
RC-SUF	4 203±91.68 a	4 312±233.39 a	4 732±89.41 a	463±2.68 b	524±39.80 ab	420±14.90 ab	37.47±0.98 a	35.6±2.04 a	35.02±2.00 a	10 005.00±184.35 b	10 148.70±712.15 b	10 090.21±95.80 b	17.75
RC-FSS	4 407±200.06 a	4 379±116.69 a	4 742±178.04 a	475±5.07 a	537±13.00 a	439±23.42 a	38.43±2.60 a	36.32±1.89 a	34.08±2.04 a	11 330.40±343.36 a	10 458.90±1 804.89 a	10 404.24±107.24 a	24.97
F值													
耕作方式（C）	0.41ns	4.27ns	0.02ns	245.58**	25.78*	10.83*	1.09ns	0.06ns			1.03ns		
播种位置（S）	0.21ns	0.00ns	0.01ns	55.10**	18.33ns	2.23ns	2.36ns	0.24ns			0.71ns		
C×S	2.92ns	0.27ns	0.00ns	1.74ns	1.20ns	0.23ns	0.24ns	0.02ns			2.82ns		

注：同列不同字母表示不同处理间差异显著（$P<0.05$），* 和 ** 分别表示 0.05 和 0.01 水平差异显著，ns 表示无显著差异

表 4　不同种植模式对春玉米耕层土壤水分利用效率的影响

处理	籽粒产量 (kg·hm⁻²)			土壤含水量 (%)			农田耗水量 (mm)			水分利用效率 (kg·hm⁻²·mm⁻¹)		
	2013 年	2014 年	2015 年	2013 年	2014 年	2015 年	2013 年	2014 年	2015 年	2013 年	2014 年	2015 年
CK	8 351.85± 215.02 a	8 686.65± 1 214.37 a	8 646.68± 113.12 a	1.53± 0.34 b	5.27± 0.15 a	12.54± 0.13 a	482.23± 0.34 b	260.17± 0.15 a	416.74± 0.13 a	17.32± 0.21 c	33.39± 4.65 c	20.75± 0.09 c
FC-SUF	9 714.45± 647.63 b	9 118.05± 1 093.77 a	9 079.45± 95.80 b	0.93± 0.16 b	4.26± 0.81 a	7.63± 0.58 b	481.63± 0.16 b	259.16± 0.81 a	411.83± 0.58 b	20.17± 0.78 b	35.18± 4.21 b	22.05± 0.09 b
FC-FSS	9 982.85± 95.62 b	9 321.15± 1 078.74 a	9 372.81± 78.90 b	1.22± 0.37 b	4.61± 0.44 a	6.77± 0.17 b	481.92± 0.37 b	259.51± 0.44 a	410.97± 0.17 b	20.74± 0.07 ab	35.92± 2.77 b	22.81± 0.18 b
RC-SUF	10 005.00± 184.35 b	10 148.70± 712.15 b	10 090.21± 95.80 d	4.83± 1.03 ab	5.69± 0.13 a	5.30± 0.50 b	485.53± 1.03 ab	260.59± 0.13 a	409.50± 0.50 b	20.61± 0.31 ab	38.95± 1.05 ab	24.64± 0.24 ab
RC-FSS	11 330.40± 343.36 c	10 458.90± 1 804.89 b	10 404.24± 107.24 e	6.52± 0.78 a	2.96± 0.18 ab	4.62± 0.42 b	487.22± 0.78 a	257.86± 0.18 ab	408.82± 0.42 b	23.26± 0.71 a	40.56± 6.99 a	25.53± 0.11 a

注: 2013—2015 年玉米全生育期的降水量分别为 480.7、254.9 和 404.2 mm

表 5　模拟降水量下不同土层的土壤含水量

模拟降水量 (mm)	0~20 cm			20~40 cm		
	RC-FSS	CK	比 CK 增加 (%)	RC-FSS	CK	比 CK 增加 (%)
0	11.01±0.10 d	11.01±0.10 c	0.00	13.96 a±0.24 e	13.24±0.33 b	0.00
5	17.31±0.52 c	13.27±0.54 b	30.44	16.4 b±0.46 d	13.87±0.48 b	16.39
10	19.3±0.42 b	13.61±0.36 b	41.81	17.87 c±0.06 c	14.38±0.33 ab	23.50
15	20.92±0.44 a	14.56±0.11 a	43.68	19.45 d±0.36 b	15.33±0.54 ab	31.24
20	22.37±0.12 a	15.15±0.31 a	47.66	21.24 e±0.27 a	15.97±0.42 a	38.01

表 6　不同覆膜种植模式土壤增温效果

(℃)

年份	处理	苗期		拔节期		大喇叭口期		吐丝期	
		平　均	比 CK 增温	平　均	比 CK 增温	平　均	比 CK 增温	平　均	比 CK 增温
2013 年	CK	27.93±0.23 a	0.00	35.43±0.23 a	0.00	28.17±1.60 a	0.00	27.50±0.10 a	0.00
	FC–SUF	28.20±1.50 a	0.27	38.47±0.51 a	3.04	28.82±1.31 a	0.65	27.63±0.06 a	0.13
	FC–FSS	28.30±0.35 a	0.37	36.77±0.35 a	1.34	28.82±1.31 a	0.65	27.63±0.32 a	0.13
	RC–SUF	29.40±0.62 a	1.47	38.97±0.85 a	3.54	30.24±1.73 a	2.07	29.10±0.72 a	1.60
	RC–FSS	28.67±1.01 a	0.74	36.77±1.02 a	1.34	29.49±1.55 a	1.32	28.43±1.12 a	0.93
2014 年	CK	19.67±1.12 a	0.00	29.2±0.46 a	0.00	29.80±0.89 a	0.00	27.63±0.15 a	0.00
	FC–SUF	21.29±0.54 a	1.62	30.80±0.40 a	1.60	30.27±0.57 a	0.47	27.83±0.06 a	0.20
	FC–FSS	19.64±0.25 a	0.03	29.37±0.31 a	0.17	30.27±0.55 a	0.47	27.77±0.06 a	0.14
	RC–SUF	22.23±0.46 a	2.56	31.43±0.70 a	2.23	32.23±0.83 a	2.43	28.57±0.07 a	0.94
	RC–FSS	20.68±0.13 a	1.01	30.13±0.32 a	0.93	31.27±0.51 a	1.47	28.07±0.29 a	0.44
2015 年	CK	27.53±1.33 a	0.00	28.53±0.06 a	0.00	27.47±0.78 a	0.00	27.80±0.78 a	0.00
	FC–SUF	30.33±1.11 a	2.80	29.87±0.40 a	1.34	28.30±0.53 a	0.83	28.40±0.53 a	0.60
	FC–FSS	27.83±1.90 a	0.30	28.77±0.06 a	0.24	27.90±0.53 a	0.43	28.00±0.53 a	0.20
	RC–SUF	30.77±1.84 a	3.24	31.17±1.12 a	2.64	29.93±1.19 a	2.46	29.50±1.19 a	1.70
	RC–FSS	29.93±0.21 a	2.40	29.47±0.32 a	0.94	28.87±0.50 a	1.40	28.70±0.50 a	0.90

2.4　起垄膜侧种植模式的集雨效果

由表 5 知，与露地平作相比，起垄膜侧种植模式具有显著的集雨效果。当模拟降雨分别为 5、10、15 和 20 mm 时，RC 模式垄沟处 0～20 cm 土层的土壤含水量分别比 CK 增加 4.04%、5.69%、6.36% 和 7.22%，增幅分别为 30.44%、41.81%、43.68% 和 47.66%，其差异均达极显著水平；20～40 cm 土层的土壤含水量分别比对照增加 2.31%、3.40%、4.63% 和 5.85%，增幅分别为 16.39%、23.50%、31.24% 和 38.01%，其差异达极显著水平。RC-FSS 模式下 0～20 cm 耕层的土壤含水量增加更明显。

2.5　不同种植模式的土壤增温效果

表 6 表明，各覆膜处理比 CK 增温 0.3～2.3 ℃，在 FC 模式和 RC 模式下，SUF 处理比 FSS 处理耕层土壤温度分别提高 1.13 ℃（$P<0.05$）和 1.28 ℃（$P<0.05$），以 RC-SUF 种植模式下增温最显著。随着生育时期的推进，覆膜的增温效果逐渐下降，以膜下播种的降幅最大。

2.6　不同种植方式对玉米根系性状的影响

玉米成熟期分别测定根系分布直径、根系长、根系干重等，结果表明，与露地平作相比，RC-FSS 种植模式下根系分布直径、根系干重、侧根条数均达到显著水平，但与根系长度差异不明显。因此，起垄覆膜侧播种植模式可以促进根系发育，特别是增加了根系直径和根系干物重，这是其增产的重要原因（表 7）。

表 7　不同种植模式玉米根系性状（成熟期）

处理	根系分布直径（cm）	根系长度（cm）	侧根条数	根系干重（g）
CK	10.3±0.43 c	40.6±0.36 a	35.4±0.51 b	11.92±0.41 c
FC-SUF	12.6±0.25 a	40.5±0.10 a	36.8±0.35 b	17.2±2.51 bc
FC-FSS	11.8±0.55 b	40.6±0.47 a	35.9±0.40 b	21.1±1.46 b
RC-SUF	12.5±0.15 ab	40.6±0.51 a	36.6±0.51 b	16.99±3.26 bc
RC-FSS	12.9±0.25 a	41.0±2.24 a	40.2±2.13 a	32.84±7.36 a

2.7　不同种植方式对玉米抗倒性的影响

表 8 表明，不同覆膜种植模式比较，玉米膜侧播种表现出明显的抗倒伏优势，膜下播种抗倒性较差，对照处理抗倒伏性最差。RC-FSS 处理玉米抗倒伏性最好，其倒伏率为 0.9%，抗倒伏力最大，为 29.4 N，该处理与 RC-SUF、FC-SUF 及 CK 间差异均达显著水平，与 FC-FSS 处理差异不显著。

表8 不同种植模式玉米倒伏率和抗倒伏力（成熟期）

处理	倒伏率（%）	抗倒伏力（N）
CK	24.7±15.49 a	19.3±0.40 c
FC-SUF	14.3±0.70 abc	22.5±0.11 b
FC-FSS	2.7±0.46 bc	24.3±1.33 a
RC-SUF	15.6±3.91 ab	22.2±0.63 b
RC-FSS	0.9±0.35 c	29.4±0.06 a

3 讨 论

环渤海低平原雨养旱作区，春季地温低，雨水少，传统的春玉米种植方式受播种时气温、地温、墒情等因素的影响，常出现苗不齐、苗不壮、发苗慢等现象。受5—6月干旱少雨影响，在春玉米需水需肥关键时期大喇叭口期形成"卡脖旱"，造成减产，严重制约了该地区的春玉米生产[1-2]。

张晓辉[21]研究表明，地膜覆盖技术不仅能够提高土壤温度，减少土壤水分蒸发，改善土壤的水热条件，提高土壤生物活性，抑制返盐和杂草生长等，还能促进作物生长发育和丰产早熟。王耀林等[22-23]研究证明，利用地膜覆盖种植玉米，增产幅度达30%~60%，可获得较高的经济效益，因此，地膜覆盖技术已经成为旱作农业生产中协调水热资源重要栽培措施之一[24]。本研究通过对不同覆膜播种方式对春玉米生长发育、产量及土壤环境的影响，结果表明，覆膜播种能提高土壤温度、水分，改善土壤的水热条件，对玉米株高、叶面积、干物质积累均有促进作用，通过穗粒数、百粒重的增加提高籽粒产量，与前人研究结果基本一致。

本研究明确了环渤海低平原雨养旱作区不同覆膜播种模式的技术效果，确定了该区域采用起垄覆膜侧播的技术模式产量最高，技术效果最优，有效解决了玉米需水需肥关键时期大喇叭口期形成"卡脖旱"问题，主要是起垄覆膜膜侧种植模式的集雨效果，使环渤海低平原雨养旱作区春季少量多次的无效降雨变为玉米生长发育所需要的有效水分，有效改善作物根区的土壤水分状况，显著提高水分利用率。采取起垄覆膜膜侧播技术，解决了传统膜下播种技术土壤过松，玉米生长后期遇雨易倒伏的难题，提高了技术的稳产性。

4 结 论

起垄覆膜种植模式能显著提高春玉米产量。在5个处理中，起垄覆膜种植模式（RC）比平作覆膜种植模式（FC）增产11.37%，其中，起垄覆膜侧播技术比对照露地平作方式平均增产24.97%，比起垄膜下种植平均增产13.3%。

起垄覆膜膜侧种植模式具有明显的集雨效果。降水量分别为5 mm、10 mm、15 mm、20 mm时，起垄覆膜垄沟处0~20 cm土层的土壤含水量分别比对照增加4.04%、5.69%、6.36%和7.22%，增幅达30.44%、41.81%、43.68%和47.66%，其差异达极显著水平，在 RC-FSS 模式下 0~20 cm 耕层的土壤含水量增加更明显。

覆膜种植能显著提高水分利用效率。与其他种植方式相比，RC 模式下水分利用效率可提高 16.45%~34.30%，其中 RC-FSS 比 CK 平均提高 26.27%，且均比其他种植方式高，与产量的增产效果呈正相关。

起垄覆膜种植可有效促进根系发育，显著降低春玉米倒伏率。与 CK 相比，RC-FSS 种植模式下，根系分布直径、侧根条数和根系干重均达显著水平，同时增加了春玉米的抗倒性。起垄覆膜侧播处理的倒伏率仅为 0.9%，抗倒伏力最大，为 29.4 N。

根据本研究形成的起垄覆膜侧播种植模式，具有显著的集雨保墒、促根壮苗、抗倒伏、稳产增产的作用，可有效缓解环渤海低平原区春玉米种植中春季地温低、苗期降水少所带来的生产难题，在该区域春玉米生产中具有广阔的应用前景。

参考文献

[1] 刘明，陶洪斌，王璞，等. 播期对春玉米生长发育与产量形成的影响 [J]. 中国生态农业学报，2009，17 (1)：18-23.

[2] 唐小明，李尚中，樊廷录，等. 不同覆膜方式对旱地玉米生长发育和产量的影响 [J]. 玉米科学，2011，19 (4)：103-107.

[3] 孔维萍，成自勇，张芮，等. 不同覆盖及种植方式下旱地玉米前期水热及出苗效应 [J]. 灌溉排水学报，2014，33 (3)：119-121.

[4] 孙仕军，樊玉苗，许志浩，等. 东北雨养区地膜覆盖条件下种植密度对玉米田间土壤水分和产量的影响 [J]. 生物学杂志，2014，33 (10)：2 650-2 655.

[5] 任新茂，孙东宝，王庆锁. 覆膜和种植密度对旱作春玉米产量和蒸散量的影响 [J]. 农业机械学报，2017，48 (1)：206-211.

[6] 高翔，龚道枝，顾峰雪，等. 覆膜抑制土壤呼吸提高旱作春玉米产量 [J]. 农业工程学报，2014，30 (6)：62-70.

[7] 胥凌霄，段喜明，刘瑞龙. 不同沟垄种植模式对土壤理化性状及水分利用效率的影响 [J]. 山西农业大学学报：自然科学版，2017，37 (2)：83-88.

[8] 张俊鹏，孙景生，刘祖贵，等. 不同水分条件和覆盖处理对夏玉米籽粒灌浆特性和产量的影响 [J]. 中国生态农业学报，2010，18 (3)：501-506.

[9] Li J, Xie R Z, Wang K R, et al. Variations in maize dry matter, harvest index, and grain yield with plant density [J]. Agronomy Journal, 2015, 107 (3)：829-834.

[10] Antonietta M, Fanello D D, Acciaresi H A, et al. Senescence and yield responses to plant density in stay green and earlier-senescing maize hybrids from Argentina [J]. Field Crops Research, 2014, 155：111-119.

[11] Zhou L M, Li F M, Jin S L, et al. How two ridges and the furrow mulched with plastic film affect soil water, soil temperature and yield of maize on the semiarid Loess Plateau of China [J]. Field Crops Research, 2009, 113 (1)：41-47.

[12] Bruns H A, Abbas H K. Ultra-high plant populations and nitrogen fertility effects on corn in the Mississippi valley [J]. Agronomy Journal, 2005, 97 (4)：1 136-1 140.

[13] Li R, Hou X Q, Jia Z K, et al. Effects on soil temperature, moisture, and maize yield of culti-

vation with ridge and furrow mulching in the rained area of the Loess Plateau, China [J]. Agricultural Water Management, 2013, 116: 101-109.

[14] Zhou L M, Jin S L, Liu C A, et al. Ridge-furrow and plastic-mulching tillage enhances maize-soil interactions: Opportunities and challenges in a semiarid agroecosystem [J]. Field Crops Research, 2012, 126: 181-188.

[15] 徐澜, 安伟, 郝建平. 渗水地膜覆盖对旱作玉米生理特性、产量构成因素及产量的影响 [J]. 干旱区资源与环境, 2010, 24 (8): 180-185.

[16] 李洪勋, 吴伯志. 地膜覆盖对玉米生理指标的影响研究综述 [J]. 玉米科学, 2004, 12 (S1): 66-69.

[17] 刘晓伟, 何宝林, 郭天文. 全膜双垄沟不同覆膜时期对玉米土壤水分和产量的影响 [J]. 核农学报, 2012, 26 (3): 602-608.

[18] 高玉红, 牛俊义, 闫志利, 等. 不同覆膜栽培方式对玉米干物质积累及产量的影响 [J]. 中国生态农业学报, 2012, 20 (4): 440-446.

[19] 江晓东, 李增嘉, 侯连涛, 等. 少免耕对灌溉农田冬小麦/夏玉米作物水、肥利用的影响 [J]. 农业工程学报, 2005, 21 (7): 20-24.

[20] 侯连涛, 江晓东, 韩宾, 等. 不同覆盖处理对冬小麦气体交换参数及水分利用效率的影响 [J]. 农业工程学报, 2006, 22 (9): 58-63.

[21] 张晓辉. 地膜集水技术在北方旱作玉米栽培中的应用 [J]. 安徽农业科学, 2006, 34 (23): 6 151-6 153.

[22] 王耀林. 花生 玉米 棉花 西瓜地膜覆盖高产早熟栽培技术 [M]. 北京: 金盾出版社, 1988: 66-69.

[23] 马金虎, 田恩平, 王永成. 秋季覆膜技术在玉米上应用效果试验初报 [J]. 宁夏农林科技, 2007 (5): 31-39.

[24] 邢胜利, 魏延安, 李思训. 陕西省农作物地膜栽培发展现状与展望 [J]. 干旱地区农业研究, 2002, 20 (1): 10-13.

[此文原刊载于《中国农业与生态学报》, 2018, 26 (1): 75-82]

覆膜对夏播谷子生长发育与产量的影响
机制及其相关性分析

宋世佳，任晓利，魏志敏，崔纪菡，刘　猛，赵　宇，
刘　斐，南春梅，夏雪岩，李顺国

(河北省农林科学院谷子研究所/国家谷子改良中心/河北省杂粮研究实验室)

摘　要：为了探索地膜覆盖技术对谷子生长发育及产量的影响，为夏谷区节水栽培提供技术支持。本试验于 2015 年在石家庄栾城郊马试验站进行，采用裂区试验设计，主区为覆膜方式（不覆膜和覆膜），副区为品种（冀谷 19、冀谷 36 和冀谷 38），测定了不同处理谷子抽穗期植株形态特征、旗叶 SPAD 值、旗叶净光合速率以及产量及其构成，并对各指标进行了相关性分析。结果表明：覆膜与不覆膜相比，谷子顶 3 叶叶面积增加了 12.83～26.36 cm^2，叶绿素 SPAD 值增加了 8.2%～17.1%，净光合速率增加了 34.9%～44.5%，产量增加 7.3%～10.8%。各品种间产量表现为冀谷 36 显著高于冀谷 19 和冀谷 38，覆膜显著提高了谷子产量，以冀谷 38 提高的最多。与产量显著正相关的是倒 2 叶叶面积、旗叶净光合速率、顶 3 叶叶面积和；倒 1 叶（旗叶）叶面积与单穗粒重及穗长显著正相关。因此，覆膜技术通过提高抽穗期顶部叶片特别是旗叶的生长及生理状况，进而影响穗部的发育，最终影响谷子产量。

关键词：谷子；覆膜；生长发育；产量；相关性

在我国北方干旱半干旱谷子种植区的年降水量在 300 ～ 500 mm[1]，由于在种植过程中长期面临春夏季节持续干旱的威胁，造成谷子每亩产量徘徊在 150 kg[1] 左右。产量低、经济效益差，严重影响了农民群众的种植积极性，种植面积也逐年减少。因此，如何充分保蓄自然降水、减少土壤水分蒸发实现有效降水资源的高效利用[2-3]是摆在农业科研工作者面前的重要问题。研发谷子大面积均衡增产的新技术，对扩大生产规模、优化种植业结构、充分利用干旱半干旱地区的光、温、水、土资源和加快农民脱贫致富具有重要的现实意义。旱地地膜覆盖栽培技术可以改善土壤耕层的水热状况[4]，促进作物生长发育，活化土壤养分，最终实现作物高产的目标。地膜覆盖栽培技术在玉米、小麦、薯类、棉花等粮食、经济和蔬菜作物上的普遍应用，促进了中国农业生产的巨大发展[5]。谷子作为中国北方干旱半干旱地区重要的杂粮作物，在旱作农业生产中具有重要的地位。20 世纪 90 年代初期，为了解决干旱地区谷子因春旱造成的抓苗难和早霜冻害造成的晚熟品种成熟难的问题，吴国忠等[6]将地膜覆盖栽培技术应用在谷子栽培上，初步研究结果表明谷子地膜覆盖栽培技术具有明显的增产和增收效果。此后，随着谷子地膜覆盖栽培技术在生产实践中的应用和发展，前人对谷子地膜覆盖栽培技术的增产效果[7-9]、覆盖方式[10-13]、覆膜后水热状况及土壤理化情况[14-17]、地膜材料[18-19]和

地膜覆盖时期[20]等开展了一系列研究，并将该项技术在旱地谷子生产中进行了一定面积的推广[21-24]。

虽然前人对地膜覆盖谷子进行了较多的研究，但是从谷子植株本身的角度解释其产量形成差异的原因还不是很明确。本试验以 3 种夏谷为材料，研究其在地膜覆盖栽培条件下，谷子生长发育过程中植株的形态生理特征变化，来解释地膜增产的机理。为我国北方干旱半干旱的谷子种植区提供最佳的生产栽培技术，从而使夏播谷子能够充分利用当地有限的热量、降水、土壤等资源，最终实现夏播谷子产量的大幅度提高，并为区域发展旱作节水农业提供一条新思路。

1 材料与方法

1.1 试验设计

本试验在石家庄市栾城郊马试验站进行，于 2015 年 6 月 30 日造墒播种，供试品种为冀谷 19（JG19）、冀谷 36（JG36）和冀谷 38（JG38）。采用裂区试验设计，主区是覆膜方式，分为覆膜（全膜穴播）和不覆膜（露地条播）两种，副区是品种。共 6 个处理，3 次重复，18 个小区。各小区 6 行，行长为 5.7 m，行距为 0.4 m。每亩留苗 4 万株。播种前施 60 kg 的缓释肥做底肥，谷子在整个生育期间不灌水。试验地 0～20 cm 土壤有机质含量为 19.4 g·kg^{-1}，全氮含量为 1.221 g·kg^{-1}，碱解氮含量为 122.15 mg·kg^{-1}，速效磷含量为 10.70 mg·kg^{-1}，速效钾含量为 63.00 mg·kg^{-1}。

1.2 测定项目与方法

1.2.1 植株形态指标的测定

于抽穗期（8 月 12 日）对每个小区选取长势均一，有代表性的 4 株进行生育性状调查，调查项目包含：株高、茎粗、倒 1、2、3 叶叶面积。用卷尺测定谷子株高（第 1 节近地端节点至植株叶片最高点的距离）；用游标卡尺测定茎粗（茎部靠地面处第 1、第 2、第 3 节节间直径）；用直尺测量叶片的叶面积（长度的测量值为叶片的最大长度，宽度为叶片的最宽宽度）。

$$叶面积(cm^2) = 叶片长(cm) \times 叶片宽(cm) \times 0.73$$

1.2.2 叶绿素 SPAD、叶片净光合速率的测定

抽穗期在各小区中选取具有代表性的 6 棵植株进行测定，测定项目包括：叶绿素 SPAD 值和叶片的净光合速率。叶绿素 SPAD 值的测定：采用 SPAD 520 叶绿素仪对谷子旗叶进行检测，检测时首先进行仪器校准，随后将叶片放入测量头部并确定样品完全覆盖接收窗，如果测定有较多叶脉的样品需进行多次测量求取平均值，另外在使用过程中避免日光直射仪器，以免影响测量数据；叶片净光合速率的测定：在同一时期内采用中国托普光合测定仪于上午 9：00—11：00，对谷子植株旗叶进行净光合速率的测定。另外注意在仪器使用前，首先对仪器进行预热，时间大概控制在 10～20 min。

1.2.3 产量的测定

在各个小区内取中间 4 行进行实收，并记录收获穗数，计算出不同处理产量、单穗

重、单穗粒重；并对中间行上连续 20 株谷子取样，计算其理论产量及构成（出谷率、穗长、穗粗）。

1.3　数据处理

试验的所有数据采用 Microsoft Excel 2013 处理和作图，SPSS 19.0 数据处理软件进行方差分析，采用 Duncan 新复极差法进行方差分析，SPSS 19.0 进行双侧相关性检验。

2　结果与分析

2.1　不同处理对抽穗期谷子植株形态特征的影响

由表 1 可知，覆膜方式对作物的株高、茎粗及倒 3 叶叶面积无显著影响，而对倒 1 叶叶面积及倒 2 叶叶面积影响显著，对谷子顶 3 叶叶面积和的影响达到极显著（$P<0.01$）水平；作物品种对作物的倒 1 叶叶面积、倒 2 叶叶面积无显著影响，对谷子株高的影响显著（$P<0.05$），对茎粗、倒 3 叶叶面积和顶 3 叶叶面积和的影响极显著。另外，覆膜方式和品种的互作对谷子的株高、茎粗及叶面积的影响差异不明显。不覆膜条件下，冀谷 36 株高显著低于冀谷 38，其茎粗也显著低于其他品种，但是其顶 3 叶叶面积和显著高于冀谷 19 和冀谷 38；在覆膜条件下，冀谷 36 的株高与冀谷 19、冀谷 38 无显著差异，但是其茎粗和顶 3 叶叶面积和显著高于其他 2 个品种。覆膜处理较不覆膜处理，冀谷 19、冀谷 36 株高分别增加了 1.2%、6.2%，冀谷 38 则无明显变化；冀谷 36 和冀谷 38 的茎粗增加了 3.7%、6.2%，冀谷 19 茎粗无明显变化；冀谷 19、冀谷 36、冀谷 38 的倒 1 叶叶面积分别增加了 12.9%、23.3%、13.0%，倒 2 叶叶面积增加了 15.2%、13.8%、2.9%，倒 3 叶叶面积增加了 7.7%、3.5%、4.1%，顶 3 叶叶面积和增加了 12.0%、13.0%、6.8%。

表 1　不同覆膜方式及谷子品种抽穗期植株形态特征

品种	株高（cm）	茎粗（cm）	倒 1 叶叶面积（cm²）	倒 2 叶叶面积（cm²）	倒 3 叶叶面积（cm²）	顶 3 叶叶面积和（cm²）
不覆膜						
JG 19	99.4 ABab	0.84 Aa	65.92 Aa	63.82 Aa	61.53 Bb	191.26 Bb
JG 36	95.0 Bb	0.54 Bc	62.86 Aa	65.84 Aa	74.25 Aa	202.95 Aa
JG 38	105.0 Aa	0.64 Bb	64.84 Aa	61.22 Aa	61.48 Bb	187.54 Bb
覆膜						
JG 19	100.6 Aa	0.76 Aa	74.45 Aa	73.50 Aa	66.29 Ab	214.23 Bb
JG 36	100.9 Aa	0.56 Bb	77.48 Aa	74.94 Aa	76.88 Aa	229.31 Aa
JG 38	105.0 Aa	0.68 ABa	73.30 Aa	63.04 Ab	64.02 Ab	200.37 Cc
ANOVA						
覆膜方式	ns	ns	*	*	ns	**

（续表）

品种	株高 （cm）	茎粗 （cm）	倒1叶叶面积 （cm²）	倒2叶叶面积 （cm²）	倒3叶叶面积 （cm²）	顶3叶叶面积和 （cm²）
品种	*	**	ns	ns	**	**
覆膜方式×品种	ns	ns	ns	ns	ns	ns

注：同列中不同小、大写字母分别表示差异达 0.05 和 0.01 显著水平。ns 代表差异不显著，*代表显著（0.05水平下），**代表差异极显著（0.01水平下），下同

2.2 不同处理对谷子产量及其构成的影响

由表2可知，覆膜方式对作物的产量、单穗重和单穗粒重的影响达到了显著水平（P<0.05），对作物的穗长、穗粗的影响达到了极显著的水平，覆膜方式对出谷率的影响不显著。品种对作物的穗粗和产量的影响达到显著水平，对单穗重、单穗粒重、出谷率和穗长基本没有影响。覆膜方式与品种的相互作用对谷子产量及其构成影响不显著。在不覆膜处理试验中，冀谷19、冀谷36、冀谷38三个试验品种之间的产量、出谷率、穗长和穗粗的影响差异到达了显著水平，单穗重和单穗粒重差异不明显。在覆膜处理试验中，3个品种间的产量、单穗粒重和穗粗差异达到了显著水平，而覆膜处理对作物的单穗重、出谷率和穗长的影响无显著差异。经过覆膜处理后冀谷19 冀谷36 和冀谷38 较不覆膜处理产量分别增加了7.3%、10.0%、10.8%，单穗重增加了8.1%、11.7%、6.8%，穗长增加了4.5%、16.4%、3.6%，穗粗增加了10.4%、24.1%、11.2%。从以上结果可以得出，本试验条件下夏谷覆膜种植可增加谷子单穗重、单穗粒重、穗长和穗粗，进而影响谷子产量。

表2 不同覆膜方式及谷子品种产量及其构成

品种	亩产量 （kg）	单穗重 （g）	单穗粒重 （g）	出谷率 （%）	穗长 （cm）	穗粗 （cm）
不覆膜						
JG 19	4 091.25 BCb	17.07 Aa	15.20 Aa	89.31 Aa	18.9 Aab	2.22 Ab
JG 36	4 366.50 ABa	17.87 Aa	14.20 Aa	79.51 Ab	17.4 Ab	2.28 Aab
JG 38	3 967.50 Cb	18.24 Aa	15.00 Aa	82.42 Aab	19.25 Aa	2.49 Aa
覆膜						
JG 19	4 391.85 Ab	18.46 Aa	15.07 Ab	81.63 Aa	19.75 Aa	2.45 Bb
JG 36	4 805.10 Aa	19.96 Aa	16.90 Aa	84.56 Aa	20.25 Aa	2.83 Aa
JG 38	4 396.05 Ab	19.49 Aa	15.91 Aab	81.68 Aa	19.95 Aa	2.77 ABa
ANOVA						
覆膜方式	*	*	*	ns	**	**

（续表）

品种	亩产量 （kg）	单穗重 （g）	单穗粒重 （g）	出谷率 （%）	穗长 （cm）	穗粗 （cm）
品种	*	ns	ns	ns	ns	*
覆膜方式× 品种	ns	ns	ns	ns	ns	ns

2.3 不同处理对抽穗期谷子旗叶 SPAD 值影响

叶绿素是影响光合作用的重要因素，是吸收、传递、转化光能的主要物质[25]。由图 1 可知，不覆膜条件下冀谷 36 旗叶 SPAD 值显著高于其他品种（P<0.05），但在覆膜条件下各品种的叶绿素 SPAD 差异不显著。但地膜覆盖处理对作物的叶绿素 SPAD 值较露地均有不同程度的提高，分别增加了 8.2%、0.38% 和 17.1%，从而有利于光合作用的进行，为作物高产提高基础条件。

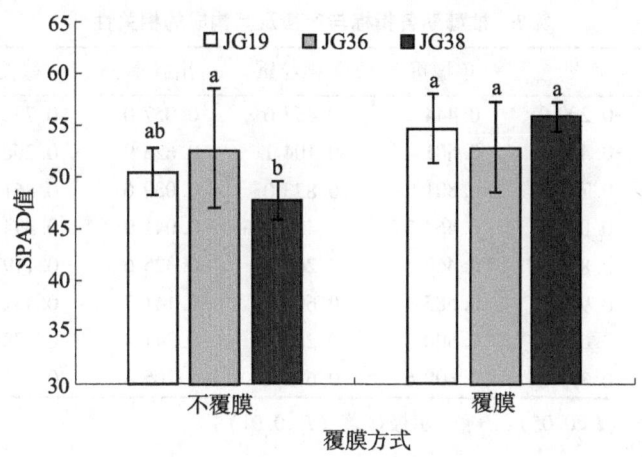

图 1　不同覆膜方式及谷子品种抽穗期旗叶 SPAD 值差异

2.4 不同处理对抽穗期谷子旗叶净光合速率的影响

光合作用对作物的产量影响很大，是作物生长发育、干物质积累和产量形成的基础[26]，图 2 表示的是谷子抽穗期在不同处理条件下旗叶的净光合速率。从图中可以得出，不同品种夏谷抽穗期旗叶净光合速率在覆膜与露地条件下差异都未达到显著水平，但覆膜显著提高了抽穗期夏谷旗叶净光合速率，各品种分别较不覆膜处理提高了44.5%、39.1%、34.9%，这就有利于光合物质的积累，为夏谷的高产奠定基础。

2.5 抽穗期谷子形态及生理指标与产量及其构成的相关性

由表 3 可知，与产量显著正相关的是倒 2 叶叶面积、旗叶净光合速率，极显著正相关的是顶 3 叶叶面积和；倒 1 叶（旗叶）叶面积与单穗粒重及穗长显著正相关。说明

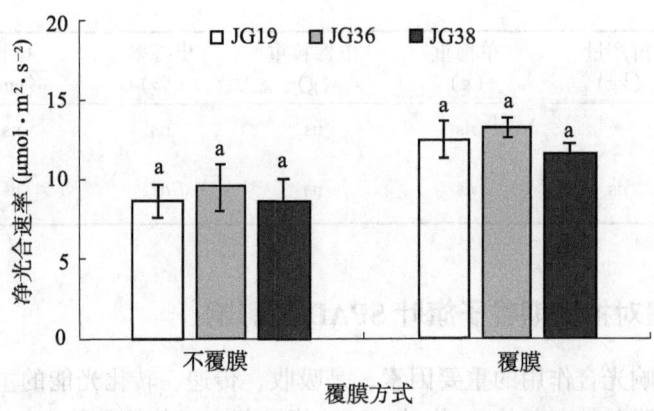

图2 不同覆膜方式及谷子品种抽穗期旗叶净光合速率的差异

谷子顶部叶片因与穗距离较近，其生长状况的好坏对穗的发育及灌浆有显著影响，进而影响谷子产量。

表3 抽穗期各指标与产量及其构成的相关性

指标	产量	单穗重	单穗粒重	出谷率	穗长	穗粗
株高	-0.200 0	0.444 3	0.457 6	0.057 0	0.732 4	0.596 1
茎粗	-0.477 9	-0.501 4	-0.104 1	0.625 9	0.206 7	-0.393 5
倒1叶叶面积	0.761 3	0.801 9	0.823 0*	0.039 6	0.861 0*	0.782 4
倒2叶叶面积	0.802 3	0.464 7	0.455 2	-0.041 0	0.394 4	0.338 0
倒3叶叶面积	0.832 0*	0.460 5	0.268 1	-0.325 6	-0.119 3	0.299 0
顶3叶叶面积和	0.951 0**	0.685 1	0.605 9	-0.141 3	0.431 9	0.561 6
叶绿素	0.645 2	0.500 4	0.269 9	-0.341 4	0.278 2	0.408 8
净光合速率	0.879 0*	0.808 6	0.675 6	-0.205 8	0.665 2	0.723 6

注：* 表示显著（$P<0.05$）；** 表示极显著（$P<0.01$）

3 结论与讨论

3.1 抽穗期谷子形态与产量及其构成的关系

谷子的产量性状是由单位面积穗数、穗粒数和穗粒重3个因素构成。在产量构成因素中，亩穗数和穗粒数是主导因素，而亩穗数和穗粒数的影响因子与谷子生长发育过程中的株高、茎粗和叶面积的大小紧密相关。王建才[27]在谷子地膜覆盖栽培技术的研究中表明，覆膜处理较露地茎粗增加0.18~0.19 cm，株高增加26.6~31.4 cm，单株叶面积增加107.4~113.2 cm，穗长增加5.2~8.8 cm，穗粒数增加2 273~3 204粒。赵荣华[28]在旱地谷子休闲期地膜覆盖垄作效应的研究中也得到了类似的结果。本试验研究结果表明，冀谷19、冀谷36和冀谷38在覆膜处理栽培技术下较露地条播株高、茎粗未表现出显著提高，可能是与所选用的品种特性有关；其单穗重、穗长、穗粗、顶3叶叶面积和、产量均得到了提高，进一步的相关分析表明，谷子的产量与顶部叶片生长状况呈正相关，说明在本试验条件下，覆膜与不覆膜处理相比，单穗粒重是造成产量产生差异的直接原因，而与单穗粒重显著正相关的旗叶叶面积大小是造成产量差异的根本原因。

3.2 抽穗期谷子旗叶光合特性与产量及其构成的关系

李永平等[29]在地膜覆盖栽培技术对谷子生长及光和特性的研究中表明，覆膜种植的作物叶面积比露地增加 7.6~8.3 m^2，净光合生产率增加 6.2~9.0 $g \cdot m^{-2} \cdot d^{-1}$，光合速率、蒸腾速率、气孔导度分别较露地增加了 31.83%、42.62% 和 24.50%。姜净卫等[30]在谷子及杂交种的水分利用效率以及节水技术研究思考中表明，地膜覆盖栽培技术下的谷子叶片生长旺盛，叶绿素相对含量、旗叶光合作用能力较不覆盖地膜种植均有不同程度的提高，光合速率的增加有利于光合物质的积累，从而为谷子的高产奠定基础。本试验的研究结果也类似，在覆膜条件下夏播谷子旗叶净光合速率与谷子产量呈极显著正相关。经覆膜处理后冀谷 19、冀谷 36 和冀谷 38 净光合速率较不覆膜分别增加了 44.5%、39.1% 和 34.9%，产量分别增加了 7.3%、10.0%、10.8%。说明地膜覆盖后可以提高谷子旗叶净光合速率，可能是应为地膜的反光能力可以改善植株下部的光照条件，增加了基部叶片的光照强度，提高了群体的光合作用效率，从而有利于植株从营养生长向生殖生长的转变，促进谷穗生长发育，增加作物的单穗重和穗粒重，提高作物产量。抽穗期谷子旗叶净光合速率的差异是产量产生差异的生理原因。

综上所述，覆膜提高了抽穗期旗叶净光合速率，增加了光合产物的累积，进而使得旗叶叶片生长加快，因其是与穗最近的光合器官，这就有利于光合产物向穗部的转移，从而使得穗部的生长得到增强，提高了单穗重及穗长，最终使得谷子产量得到提高。

参考文献

[1] 刘广才，李福，王彩斌，等. 旱地谷子全膜覆土穴播栽培技术 [J]. 中国农技推广，2012 (4)：23-24.

[2] 李福，李城德，刘广才，等. 甘肃发展旱地全膜覆土穴播技术的重要意义 [J]. 农业科技与信息，2010 (23)：3-4.

[3] 刘广才. 试论如何正确对待全膜覆土穴播技术推广中遇到的一些认识问题 [J]. 农业科技与信息，2012 (1)：8-10.

[4] 王树森，邓根云. 地膜覆盖增温机制研究 [J]. 中国农业科学，1991，24 (3)：74-78

[5] 中国农用塑料应用技术学会. 新编地膜覆盖栽培技术大全 [M]. 北京：中国农业出版社，1998：1-20.

[6] 吴国忠，杨天育，黄毓玮. 谷子地膜覆盖栽培试验研究初报 [J]. 甘肃农业科技，1992 (2)：10-136.

[7] 张德奇，廖允成，贾志宽，等. 宁南旱区谷子集水保水技术效应研究 [J]. 中国生态农业学报，2006，14 (4)：51-53.

[8] 王海林，张桂英，张素珍. 旱地谷子地膜覆盖高产栽培技术 [J]. 山西水土保持科技，2006 (2)：19-20.

[9] 杨红梅，石龙，王建共. 春谷子地膜覆盖栽培试验研究 [J]. 山西农业科学，2008，36

(1)：70-72.

[10] 郭志利,古世禄．覆膜栽培方式对谷子（粟）产量及效益的影响 [J]．干旱地区农业研究,2000,18(2)：33-39.

[11] 马国政,梁小平,方海军,等．旱地谷子不同栽培方式试验初报 [J]．甘肃农业科技,1997(7)：18-20.

[12] 金胜利．旱地谷子不同覆膜栽培模式试验结果初报 [J]．甘肃农业科技,2004(11)：23-24.

[13] 李兴,史海滨,程满金,等．集雨补灌区谷子种植方式对产量及水分利用效率的影响 [J]．灌溉排水学报,2008,27(2)：106-109.

[14] 张德奇,廖允成,贾志宽,等．宁南旱区谷子地膜覆盖的土壤水温效应 [J]．中国农业科学,2005,38(10)：2 069-2 075.

[15] 李永平,刘世新,贾志宽,等．垄沟集水种植对土壤有效蓄水量及谷子生长、光合特性的影响 [J]．西北农林科技大学学报：自然科学版,2007,35(10)：163-167.

[16] 张德奇,廖允成,贾志宽,等．旱地谷子集水保水技术的生理生态效应 [J]．作物学报,2006,32(5)：738-742.

[17] 张绪成．旱地地膜谷子不同生育期供水效应研究 [J]．甘肃农业科技,1998(6)：21-22.

[18] 杨开宝,李景林,吴存良,等．陕北地区谷子双料沟垄组合覆盖增产机理 [J]．西北农业学报,2001,10(4)：63-66.

[19] 崔福柱,郭秀卿,郝建平,等．旱地谷子渗水地膜覆盖温度变化研究 [J]．山西农业大学学报：自然科学版,2008,28(2)：172-175.

[20] 赵荣华,李萍,黄明镜．秋季覆膜对旱地谷子若干生理特性的影响 [J]．干旱地区农业研究,1998,18(1)：41-44.

[21] 卢贵山．定西地区旱地谷子地膜穴播增产效应及栽培要点 [J]．甘肃农业科技,1998(3)：29-30.

[22] 胡汉民．谷子地膜覆盖栽培增产机理及高产技术 [J]．陕西农业科学,2007(7)：39-40.

[23] 张绍军．试论干旱半干旱地区膜侧谷子栽培的前景与对策 [J]．中国农机化研究,2008(5)：51-53.

[24] 周志雄．张家川县旱地谷子膜侧沟播栽培技术 [J]．甘肃农业科技,2008(1)：52-53.

[25] 丁瑞霞,贾志宽,韩清芳,等．宁南旱区微集水种植条件下谷子边际效应和生理特性的响应 [J]．中国农业科学,2006,39(3)：494-501.

[26] 刘子会,张红梅,张艳敏,等．灌浆期杂交谷子旗叶的光合特性 [J]．西北农业学报,2012,21(11)：60-64.

[27] 王建才．谷子地膜覆盖栽培技术 [M]．农业技术与装备,2010,30-31.

[28] 赵荣华,黄明镜,李萍,等．旱地谷子休闲期地膜覆盖垄作效应研究 [J]．生态农业研究,1998,6(3)：30-32.

[29] 李永平,刘世新,贾志宽,等．垄沟集水种植对土壤有效蓄水量及谷子生长、光合特性的影响 [J]．西北农林科技大学学报,自然科学版,2007,35(10)：163-167.

[30] 姜净卫,刘孟雨,董宝娣,等．谷子及杂交种的水分利用效率以及节水技术研究思考 [J]．节水灌溉,2013(10)：63-66.

[此文原刊载于《华北农学报》,2016,31(增刊)：25-30]

粮棉轮作对土壤中养分及真菌的多样性影响

赵存鹏，郭宝生，刘素恩，王兆晓，耿　昭，王凯辉，耿军义

（河北省农林科学院 棉花研究所/农业部黄淮海半干旱区棉花生物学与遗传育种
重点实验室/国家棉花改良中心河北分中心）

摘　要： 为了改善冀中南地区多年连作棉田的土壤环境，分析棉花-小麦-玉米两年三熟轮作种植制度对土壤速效养分和真菌多样性的影响。依托河北省南宫市棉花原种场试验点，采用定期采集土壤样品，测定土壤中的有效磷、速效钾、全氮含量及提取各样品中的总 DNA，借助 Illumina HiSeq 2500 高通量测序平台，研究不同种植模式对土壤真菌的群落结构、丰度等的影响，分析养分变化和群落变化的相关性。研究结果表明：轮作模式土壤速效磷、全氮残留含量比连作棉田显著增加，而土壤速效钾则差异不明显。轮作模式和连作模式土壤中的分类单元（operational taxonomic units, OTU）个数分别为 783 和 750 个，真菌多样性表现为轮作模式土壤＞连作模式土壤。通过聚类分析，发现不同种植模式下的土壤样品被完全区分且菌群的差异性显著，轮作模式土壤较连作模式土壤中的 Eurotiales（散囊菌目）、Agaricaceae（伞菌科）显著减少，而 Sordariales（粪壳菌目）显著增加。此外通过综合比较发现，不同作物对土壤中营养元素的吸收和利用存在偏好性，可以利用轮作方式改变连作棉田的化肥使用方式，减少化肥的使用量，提高使用效率，为茬口衔接节肥技术的实施提供了依据；同时轮作能够减少土壤中包含许多腐生和寄生有害真菌的散囊菌目菌群种类和数量，增加了大多腐生于富含有机质的土壤和植物残体上的粪壳菌群。由此可以初步认为，对冀中南连作棉田进行轮作，能够提高肥效，优化土壤的菌群结构，从而改善棉田土壤结构，为提高棉田的产量奠定基础。

关键词： 棉花连作；粮棉轮作；土壤；真菌；养分；高通量测序

棉花是我国主要的经济作物，在农业生产中占有重要的地位。河北省中南部黑龙港流域地区是我国黄河流域棉花生产的优势区域，但由于作物结构相对单一、重茬连作现象非常严重，导致土壤速效养分含量下降，理化性状变差、土壤酶活性降低，微生物群落结构的失衡[1-2]，从而使棉花体内的各种酶活性的改变，生长发育受阻、枯黄萎病和棉铃疫病快速蔓延，产量和纤维品质都受到了影响。

微生物是土壤中重要的有机体系，具有调节植物生长的养分循环，维持土壤中的碳氮循环，分解有机废弃物等作用[3]。根系分泌物对微生物具有选择作用，连作土壤可使微生物的物种多样性和功能多样性水平降低，给植物病原微生物生长繁殖创造了条件，并通过富集，使土传病害加重[4-5]。不同的种植模式可以通过对土壤的理化性质、微生物的环境条件和作物间化感作用来改变土壤微生物的群落结构和功能[6]，土壤的群落特征比土壤有机质、养分含量等理化性状能更敏感地对土壤的变化做出响应[7]。利用轮作的种植模式在大豆、马铃薯、黄瓜等作物上均发现土壤中的微生物活性有了明

显的改善[8-11]。

随着近年来水利条件的逐步改善，冀中南棉区具备了种植粮食作物的条件，华北地区的光热条件充足为棉花—小麦—玉米粮棉轮作两年三熟提供了生态条件。合理倒茬轮作有利于提高该区域土壤生产能力，提高棉花的生物学产量及籽棉产量[12]，因此在河北省中南部传统连作棉区发展粮棉轮作两年三熟种植模式，有利于提高复种指数，在实现稳定棉花生产的同时，大幅度提高河北省粮食的增产能力。

本研究为了提高传统棉区粮棉综合生产能力，开展了在连作棉田、棉花-小麦-玉米两年三熟轮作种植模式下，土壤养分和微生物的变化研究，以期为冀中南连作棉田合理倒茬轮作、提高土壤产出率提供理论指导。

1　材料和方法

1.1　试验概况

试验地在河北省南宫市棉花原种场长期定位试验点进行，该试验点地理位置为37°16′N，115°26′E，属黄河冲积平原，地势平坦，海拔为 30 m 左右。土壤类型为潮土。属温暖带亚湿润大陆性季风型气候区，年平均气温 13.1 ℃，无霜期 203 d，年日照时数 2 472 h，年平均降水量 476 mm。

试验点自 1976 年成立以来，试验地及周边一直以种植棉花为主，特别是转 Bt 基因棉花推广以来，试验地在试验前的近 20 年间种植的均为抗虫棉。试验设有 2 个处理，即连作模式的棉田和粮棉轮作的小麦田、玉米田。每个试验小区长 70 m，宽 10 m，面积为 700 m^2。每个处理 3 次重复，随机区组排列。播种前一次施用复合肥为底肥，用量为 N 225 kg·hm^{-2}，P_2O_5 120 kg·hm^{-2}，K_2O 180 kg·hm^{-2}。棉花蕾铃期（玉米播种时）追施 N 150 kg·hm^{-2}。

试验自 2013 年开始，连作棉田于每年 4 月下旬播种棉花，10 月下旬收获；粮棉轮作两年三熟试验则是在收获棉花后，马上整地播种冬小麦，次年 6 月收获小麦播种玉米，第 3 年 4 月再种植棉花。种植棉花品种为冀2658，小麦品种为邢麦 7 号，玉米品种为联创 808。各种作物栽培管理按照相应的品种要求进行，作物秸秆均做还田处理。

1.2　样品采集与处理

分别于 2016 年 4 月（连作棉田整地施用底肥后棉花播种前）、6 月（玉米播种后）、8 月（棉花花铃期）、10 月（作物收获后）采集地下 5～25 cm 耕层的土样，每个小区采用 Z 字型取土法取 8 点，8 点土样混匀剔除植物残体，用四分法保留 500 g 左右，一部分土样自然摊晾，风干后过 2 mm 筛用于土壤养分测定，另一部分鲜土样保存于-80 ℃冰箱中，用于微生物多样性分析，为了方便测序和数据分析我们将连作棉田标为字母 MIANH，4，6，8，10 月分别标为 MIANH1、MIANH2、MIANH3 和 MIANH4；粮棉轮作模式土壤则标为 XIAOM，4，6，8，10 月分别标为 XIAOM1、XIAOM2、XIAOM3 和 XIAOM4。

1.3　土壤养分测定

土壤全氮的测定采用凯氏定氮法；土壤有效磷的测定采用 NaHCO₃ 浸提–钼锑抗比色法；土壤速效钾的测定采用乙酸铵浸提–原子吸收火焰光度计法[13]。

1.4　土壤总 DNA 的提取和测定

使用美国 MPBIO 公司的 FastDNA SPIN Kit for Soil 试剂盒，依照试剂盒说明提取土壤总 DNA。提取后的 DNA 溶液用超微量紫外分光光度计测定其纯度和浓度，浓度 >50 ng·μL⁻¹ 的样品在 0.8% 的琼脂糖凝胶电泳后检查片段是否完整，检查合格后存放在 -80 ℃ 冰箱保存待测序。将冻存的土壤总 DNA 样品干冰包装送至北京百迈客生物科技有限公司应用 Illumina HiSeq 2500 平台进行高通量测序。

1.5　数据处理与分析

测序完成后对原始数据经过 QIIME 软件进行拼接[14]，将拼接得到的序列进行质量过滤[15]，并去除嵌合体[16]，得到高质量的 Tags 序列。利用物种分类的 OTU（Operational Taxonomic Units），在相似性 97% 的水平上对序列进行聚类[17]，以测序所有序列数的 0.005% 作为阈值过滤 OTU[18]。

物种注释采用 RDP Classifier[19]，置信度阈值为 0.8（http：//sourceforge. net/projects /rdp-classifier/）。利用的数据库为真菌 ITS：Unite[20]（Release 7.0, http：//u-nite. ut. ee/index. php）。

微生物多样性分析采用 alpha 指数分析和 Beta 多样性分析。利用 Mothur 软件（v 1.30）进行 alpha 分析[21]；基于 R 语言平台绘制样本主成分分析、主坐标分析以及环境因子与样本组成相关性分析。组间差异显著性分析采用 LefSe（http：//huttenhower. sph. harvard. edu/lefse/）分析寻找在所有组间具有显著性差异的物种（LDA 值为 4.0），再利用 Metastats（http：//metastats. cbcb. umd. edu/）对组间的物种丰度数据进行 T 检验得到 P 值，并对 P 值进行校正得到 q 值；最后根据 P 值（或 q 值）筛选出导致两组样品组成差异的物种。

2　结果与分析

2.1　不同种植模式下土壤养分变化

通过不同时期对不同种植模式试验区土壤取样分析表明，由于周年生产土地上作物生育期变化和作物类型变化及田间施肥浇水的变化，土壤中氮、磷、钾的含量处于动态变化之中。在棉花和玉米收获时，不同种植模式下，土壤中氮、磷、钾类营养元素的残留，更能反映出轮作后土壤养分变化趋势。截止到 10 月下旬轮作结束后，轮作模式土壤全氮、速效磷残留含量比连作棉田显著增加，而速效钾则差异不显著（表 1）。此外，粮棉轮作模式的土壤中在 8 月的全氮、有效磷、速效钾含量显著高于棉花连作的地块，可能是由于小麦秸秆还田增加了土壤中养分的含量，速效钾在全年的差异主要为棉花对钾肥的需求量大于小麦、玉米对钾肥的需求。根据分析不同轮作制度下土壤养分的残留量认为，棉花—小麦—玉米两年三熟轮作模式下，种植小麦、玉米后，可减少接茬棉花钾肥施用量。

表1 不同种植模式下各样地土壤养分含量

土壤	全氮含（g·kg⁻¹）	有效磷（g·kg⁻¹）	速效钾（g·kg⁻¹）
MIANH1	0.80±0.036 ab	9.53±0.57 bc	145.89±12.67 d
MIANH2	0.80±0.027 ab	8.78±0.36 cd	167.89±29.84 c
MIANH3	0.75±0.008 bc	8.24±0.36 d	156.33±9.68 cd
MIANH4	0.71±0.021 c	3.33±0.13 f	112.56±6.50 cd
XIAOM1	0.79±0.075 ab	10.05±0.36 b	173.11±10.24 c
XIAOM2	0.85±0.027 a	9.43±0.49 bc	336.33±63.22 a
XIAOM3	0.84±0.015 a	10.98±0.68 a	235.44±23.32 b
XIAOM4	0.77±0.019 b	5.12±0.30 e	174.00±11.24 c

注：表中数据为平均值±标准差；同列数值后不同字母表示处理间差异达显著水平（$P<0.05$）；下同

2.2 不同种植模式下土壤真菌测序结果及 OTU 分析

本研究 24 个样品测序共获得 1 631 343 条有效序列，平均每个样品的测序深度为 67 973 条有效序列。在 97% 的相似度水平下，通过聚类得到各样品的 OTU 个数，OTU 越多，则证明菌群的多样性越大。粮棉轮作模式下真菌群落的多样性较棉花连作模式下丰富，OTU 个数分别为 783 个和 750 个。两种模式共有的相似菌群 693 个，粮棉轮作模式土壤有 90 个特有菌群，棉花连作土壤有特有菌群 57 个。表 2 为各组各时期的测序结果，从下表可以得到连作棉田进行轮作后能够增加土壤微生物菌群数量，特别是在 6 月，小麦收获后，粮棉轮作的土壤微生物多样性明显大于棉花连作的土壤，为全年微生物最为活跃的时间点（表2）。

表2 不同种植模式下土壤真菌测序结果

土壤	有效序列数量	平均序列长度（bp）	Q30（%）	OTU
MIANH1	80 564.3±9 219.9 a	300.3±10.2 b	97.65±0.31 a	468.3±9.6 b
MIANH2	66 850.3±13 073.4 ab	309.0±7.8 b	97.44±0.34 ab	459.7±34.1 bc
MIANH3	59 616.0±11 464.4 ab	328.0±12.5 a	96.57±0.43 c	394.3±32.7 e
MIANH4	71 468.3±21 239.3 ab	314.3±7.6 b	97.48±0.30 ab	417.0±6.9 de
XIAOM1	73 218.7±6 232.6 ab	305.0±4.6 b	97.15±0.43 ab	432.3±7.5 cd
XIAOM2	82 125.7±16 081.3 a	333.0±6.0 a	95.03±0.89 d	501.7±6.8 a
XIAOM3	58 449.0±14 332.3 ab	311.3±7.0 b	96.78±0.32 bc	415.3±4.2 de
XIAOM4	51 488.7±3 592.8 b	309.7±3.2 b	97.21±0.16 abc	428.3±36.7 cde

2.3　不同种植模式对土壤真菌的 Alpha 多样性的影响

两种种植模式下，土壤真菌的 Alpha 多样性指数存在明显的差异（表 3）。多样性指数 Shannon 仅在 6 月棉花连作和粮棉轮作模式中差异达到显著水平，其他时间在两种种植模式中差异均不显著。6 月的粮棉轮作模式中的 ACE 指数和 Chao1 指数均显著高于棉花连作模式中的指数，同时粮棉轮作模式中 Shannon 指数又显著低于棉花连作模式中的指数，这主要是由于在小麦收获后，玉米刚播种，试验田的真菌的多样性较大，但个体间的分配很不均匀造成的，说明种植作物的改变直接影响着真菌的种类和数量的变化。通过分析土壤养分与真菌群落的个数及 Alpha 多样性指数的 Pearson 相关性（表 4）可以得知，OTU 数与土壤全氮、速效钾的含量具有显著相关性，Alpha 多样性指数也与土壤全氮、速效钾的含量具有显著相关性。

表 3　不同种植模式下土壤中微生物 Alpha 多样性指数分析

土壤	ACE	Chao1	Shannon
MIANH1	479.85±13.48 b	484.29±20.69 ab	4.11±0.58 ab
MIANH2	468.78±36.62 bc	475.13±39.44 bc	4.60±0.33 a
MIANH3	401.08±32.79 e	408.91±30.85 e	4.44±0.23 ab
MIANH4	424.87±5.17 de	429.55±2.63 de	4.50±0.15 a
XIAOM1	445.01±7.04 bcd	451.70±4.56 bcde	4.31±0.25 ab
XIAOM2	516.53±5.00 a	523.38±6.96 a	3.88±0.39 b
XIAOM3	424.55±5.38 de	431.85±8.64 cde	4.56±0.11 a
XIAOM4	440.31±39.76 cd	453.66±51.17 bcd	4.65±0.06 a

表 4　OTU 个数、Alpha 多样性指数与土壤化学性质 Pearson 相关性分析

项目	全氮	速效磷	速效钾
OTU	0.500*	0.279	0.473*
ACE	0.498*	0.28	0.498*
Chao1	0.483*	0.254	0.501*

注：*代表 0.05 水平下具有显著相关性

2.4　不同种植模式对土壤真菌群落组成的影响

将 OTU 的代表序列与微生物参考数据库进行比对可得到每个 OTU 对应的物种分类信息，进而在各个水平上统计各样品群落的组成。图 1 为 2 个种植模式下不同时间点土壤真菌微生物门水平的组成，主要包括子囊菌门（Ascomycota）、担子菌门（Basidiomycota）、接合菌门（Zygomycota）、壶菌门（Chytridiomycota）、球囊菌门（Glomeromycota）等，此外还有一部分真菌目前还未知。连作棉田中子囊菌门所占的比例为 32.13%～

64.21%，担子菌门所占的比例为12.11%～23.38%，接合菌门所占的比例为5.19%～15.97%，壶菌门所占的比例为0.33%～1.19%，球囊菌门所占的比例为0.16%～2.15%；而轮作模式土壤中子囊菌门所占的比例为34.60%～45.03%，担子菌门所占的比例为8.49%～22.10%，接合菌门所占的比例为3.99%～14.86%，壶菌门所占的比例为0.44%～1.88%，球囊菌门所占的比例为0.21%～1.51%。从图中看，不同的种植模式在不同的时间点的真菌微生物的相对丰度差异较为明显。通过微生物组成与土壤化学性质Pearson相关性分析（表5），可知子囊菌门、担子菌门、壶菌门、球囊菌门与土壤的养分含量间没有明显的相关性，而接合菌门与土壤的养分呈极显著的负相关。

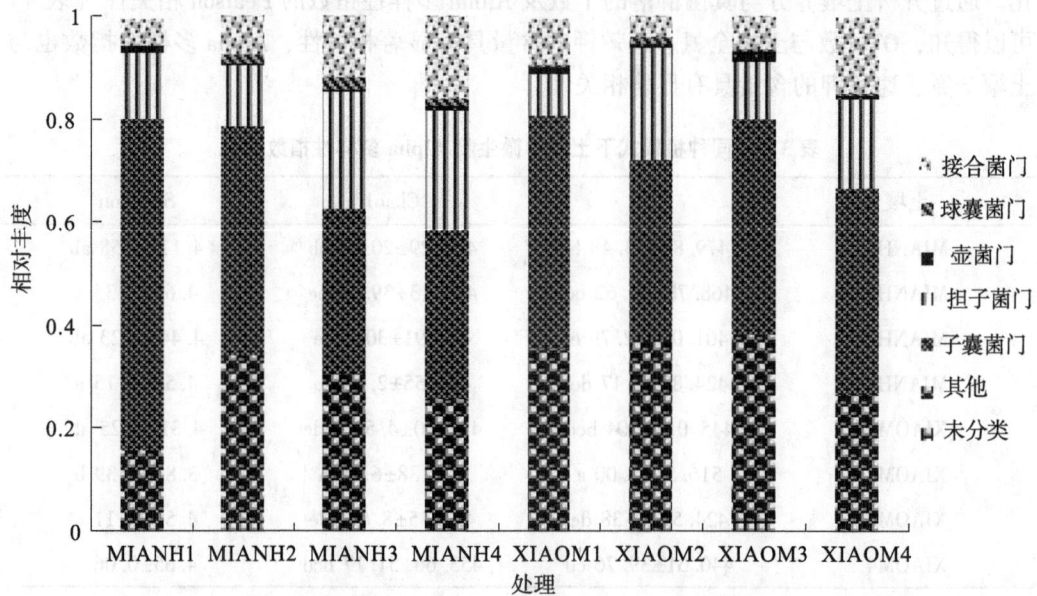

图1　不同种植模式下土样中微生物门水平的组成

表5　微生物组成与土壤化学性质Pearson相关性分析

项　目	全氮	速效磷	速效钾
子囊菌门	0.163	0.33	−0.182
担子菌门	−0.232	−0.39	0.115
壶菌门	0.327	0.204	−0.083
球囊菌门	−0.184	−0.188	−0.058
接合菌门	−0.712**	−0.801**	−0.57**

注：** 代表0.01水平具有显著相关性

表6为不同种植模式下土壤微生物纲水平的组成，从表中可以得知，座囊菌纲（Dothideomycetes）在连作模式中的相对丰度为2.20～17.97，4月时相对丰度最高，与其他时间点的差异达到显著水平，在轮作模式中的相对丰度为5.16～7.20，各时间点

差异不显著。球囊菌纲（Glomeromycetes）在连作模式和轮作模式中 4 月的相对丰度较低分别为 0.16 和 0.21，在 6 月的相对丰度分别达到 1.45 和 1.50，8 月和 10 月在连作模式中的相对丰度为 2.14 和 1.39，而同期在轮作模式中的相对丰度为 0.30 和 0.23，它们之间的差异达到显著的水平，可能是种植玉米会减少球囊菌纲的丰度。

表 6　不同种植模式下土样中微生物纲水平的组成（8 组中至少有 1 组的相对丰度>1%）

门	纲	相对丰度/%							
		MIANH1	MIANH2	MIANH3	MIANH4	XIAOM1	XIAOM2	XIAOM3	XIAOM4
子囊菌门	座囊菌纲	17.97±6.76 a	7.16±2.74 b	2.20±0.53 b	4.50±2.22 b	5.37±5.08 b	5.16±0.87 b	9.76±6.18 b	7.20±1.68 b
	散囊菌纲	1.47±0.91 ab	1.51±0.3 ab	4.38±3.27 ab	5.10±4.20 a	1.50±0.75 ab	0.97±0.63 b	1.40±0.14 b	2.18±0.39 ab
	锤舌菌纲	1.05±1.59 ab	0.63±0.45 ab	0.23±0.08 b	1.42±0.65 a	0.12±0.06 b	0.19±0.1 ab	0.09±0.03 b	0.63±0.04 ab
	盘菌纲	3.49±5.19 a	3.88±5.18 a	1.76±0.94 a	0.28±0.23 a	3.76±3.29 a	1.81±1.14 a	2.68±1.77 a	1.67±1.52 a
	粪壳菌纲	12.64±10.09 a	14.03±8.11 a	8.73±4.43 a	8.89±2.82 a	19.65±4.36 a	14.65±5.85 a	14.66±4.12 a	18.06±1.56 a
	其他	26.74±13.12 a	16.40±3.65 ab	14.59±2.78 b	12.31±1.17 b	14.40±3.37 b	11.72±2.50 b	13.07±6.27 b	9.87±1.39 b
担子菌门	伞菌纲	4.66±3.51 b	7.93±2.87 ab	20.09±11.83 a	16.34±3.56 ab	5.71±1.62 ab	18.85±15.75 ab	4.95±1.77 b	13.37±1.94 ab
	银耳纲	4.70±0.86 a	1.37±0.11 bc	0.72±0.10 bc	2.63±1.88 b	1.60±2.01 bc	0.94±0.38 bc	0.26±0.15 c	1.40±0.43 bc
壶菌门	壶菌纲	1.19±1.14 a	0.33±0.2 a	0.58±0.88 a	0.94±1.55 a	1.27±1.23 a	0.44±0.31 a	1.88±1.09 a	0.81±0.54 a
球囊菌门	球囊菌纲	0.16±0.14 b	1.45±0.90 a	2.14±0.44 a	1.39±0.77 a	0.21±0.23 b	1.50±0.76 a	0.30±0.11 b	0.23±0.07 b

2.5　不同种植模式对土壤真菌群落的聚类分析

通过聚类分析，将具有相似 Beta 多样性的各样本聚类在一起，各处理的结果显示本研究主要聚类为两大分支（图 2），即不同的种植模式，各小分支也基本按照取样的时间点进行聚类的。采用 Beta 多样性中主坐标分析法（Principal coordinates analysis，PCoA）分析结果如图 3 所示，经分析计算得出 PC1 为 28.92%，PC2 为 11.91%。不同种植模式下的土壤样品被完全区分，表明连作棉田轮作后，土壤微生物菌群和数量发生较大变化。

采用 LEfSe［Line Discriminant Analysis（LDA）Effect Size］分析绘制进化分枝图（图 4）。通过分析表明，连作棉田实行与小麦玉米轮作种植后，土壤微生物菌群变化情况如下：在目水平上分别是散囊菌目（Eurotiales）和粪壳菌目（Sordariales），散囊菌目显著减少，而粪壳菌目显著增加。科水平上伞菌科（Agaricaceae）显著减少，毛球壳科（Lasiosphaeriaceae）显著增加。属水平上分别为柄孢壳菌属（*Podospora*）的数目显

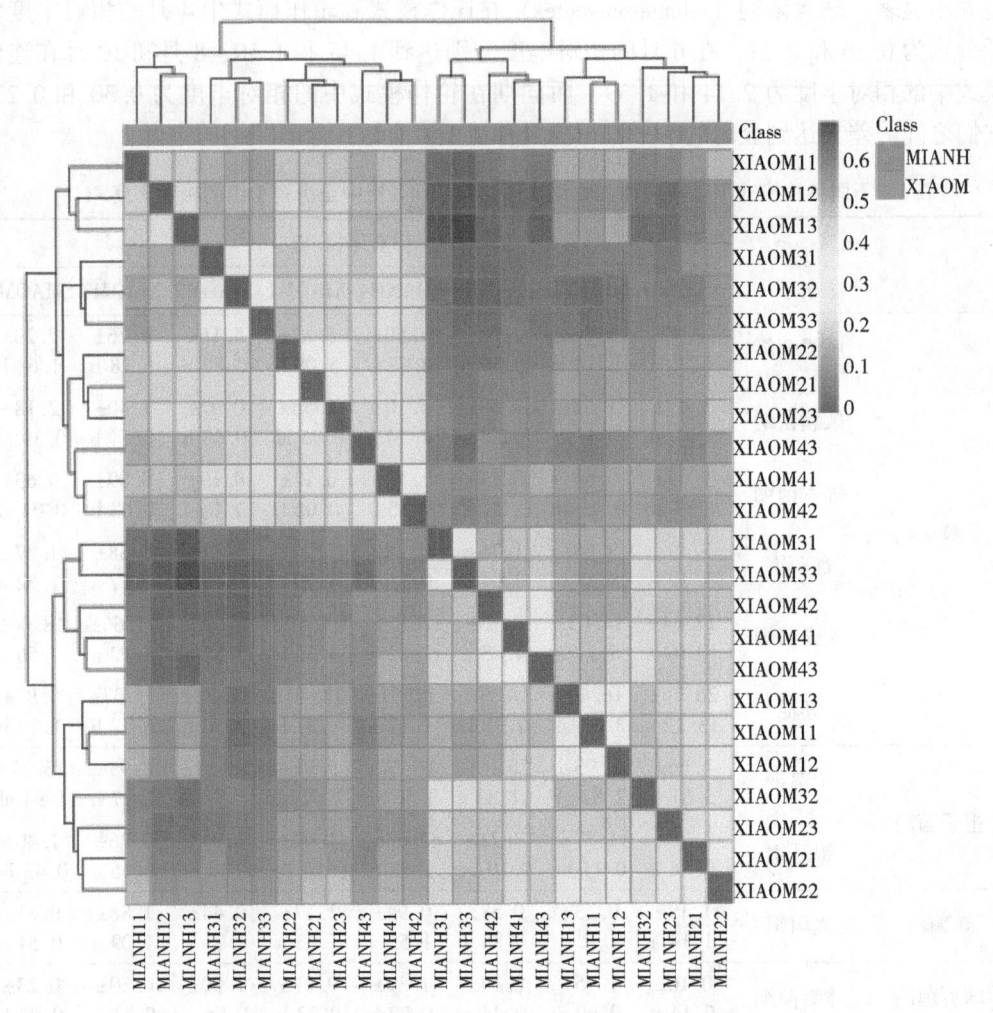

图 2 不同种植模式不同时间点的 Beta 多样性分析

著增加，白环蘑属（*Leucoagaricus*）的数目显著减少。

3 讨论与结论

土壤中微生物的多样性与植被变化有很大关系，植物凋落物或残留物中碳氮的生化组成、可利用程度、土壤养分含量等均影响着土壤微生物的多样性[22-23]。

国内外学者对作物连作问题进行了长期大量的研究，发现随着连作年限增加，土壤容重相应增加，作物产量则会降低，土壤中真菌数量增加，细菌和放线菌数量减少，连作会使土壤有机质含量减少，有害生物逐渐累积，最终会抑制作物的生长[24-26]。适宜的作物轮作能够减少连坐障碍，改善土壤物理性质，促进土壤生物化学过程，提高土壤酶活性，改变土壤微生物区系，引起菌群组成结构发生变化，使土壤中微生物活性增强，有害微生物减少[27]。轮作会增加植物的多样性，种植的作物及其残茬对微生物的群落及其活性产生显著影响[28-29]。

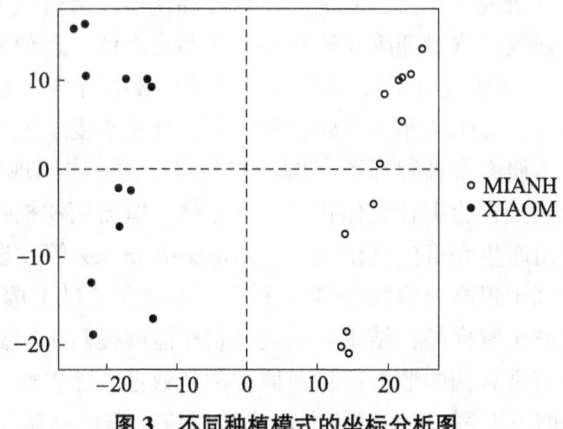

图 3 不同种植模式的坐标分析图

注：横、纵坐标为导致样品间差异最大的两个特征值，以百分数的形式体现主要影响程度

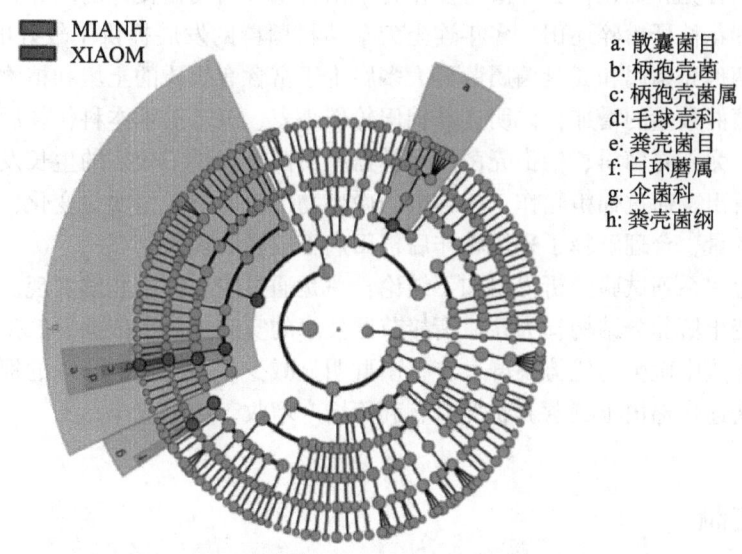

图 4 不同种植模式下的土壤真菌 LEfSe 分析进化分枝图

注：进化分支图由内至外辐射的圆圈代表了由门至种的分类级
别；在不同分类级别上的每一个小圆圈代表该水平下的一个分类，
小圆圈直径大小与相对丰度大小呈正比；着色原则为将无显著差异
的物种统一着色为黄色，其他差异物种按该物种所在丰度最高的分
组进行着色

特别是轮作使有益微生物如固氮菌等增加，有害微生物如腐霉菌和镰孢菌等减少，土壤微生物活性增强。轮作微生物的数量大于连作，细菌和放线菌数量增多，真菌减少。轮作还提高土壤了微生物量碳氮比，改善土壤微生态环境，增加土壤微生物群落多样性，在一定程度上消除连作障碍，避免土传病害的发生，有利于提高作物产量和品质[30]。

随着棉花向优势区域集中发展，我国棉花连作问题日益凸显，棉花连作对土壤微生物及养分影响等问题的研究工作已引起关注。首先棉花连作会造成土壤养分不均衡，一些研究结果认为土壤速效钾含量随棉花连作年限而明显降低，多酚氧化酶随连作年限增加呈现出下降趋势[31]。本研究分析发现不同作物对土壤中营养元素的吸收和利用存在偏好性。在棉花、小麦、玉米两年三熟轮作模式下，种植小麦、玉米后，可减少接茬棉花氮、磷肥施用量，本研究合理解释了"倒茬如上粪"这一农谚现象。

其次，棉花是受病虫害为害较大作物，特别是枯、黄萎病和棉铃疫病，呈普遍发生趋势，这些病害主要由腐生和寄生真菌引起。Acosta-Martínez 等发现采用棉花—小麦—玉米轮作比连作更有利于提高土壤细菌多样性[32]，本研究通过土壤 DNA 高通量测序技术分析两种种植模式的土壤样品，结果显示通过轮作能够提高土壤真菌的多样性并减少包含许多腐生和寄生有害真菌的散囊菌目菌群种类和数量。随着微生物基因组数据库的丰富，土壤 DNA 高通量测序技术能够科学准确地反应土壤样品微生物成分和含量，并且不需要进行土壤微生物的培养和分离。本研究还发现连作棉田含有大量的伞菌科菌群，是由于棉籽壳和棉花秸秆碎渣可以作为伞菌科众多食用菌良好的培养料。当前大部分棉田实行棉花秸秆粉碎还田，多年连坐为伞菌科菌群的发展提供了较好的营养条件。粪壳菌属、柄孢壳菌属和粪盘菌属菌群大多腐生于富含有机质的土壤和植物残体上。本研究中这类菌群数量的增加，说明连作棉田轮作小麦、玉米等禾本科作物后，能够增加土壤有机质，为粪壳菌属、柄孢壳菌属和粪盘菌属菌群提供了较好的生长发育条件。综合分析可以看出，通过棉粮轮作，土壤中的微生物优势菌群发生明显变化，减少了土壤中有害真菌数量，合理解释了采用轮作后棉田病害较轻的现象。

通过以上一系列试验分析得出如下结论：一是通过轮作制度能够实现土壤养分的残效利用和改变土壤养分结构，为茬口衔接节肥技术的实施提供了依据。二是棉粮轮作后明显改变了土壤中微生物优势菌群，有害菌群明显减少。因此开展合理的棉粮轮作有助于改良冀中南连作棉田土壤营养状况，有利于增产增收、粮棉双丰。

参考文献

[1] 张亚楠，王兴祥，李孝刚，等．连作对棉花抗枯萎病生理生化特性的影响 [J]．生态学报，2016，6（14）：4 456-4 464.

[2] 刘建国，卞新民，李彦斌，等．长期连作和秸秆还田对棉田土壤生物活性的影响 [J]．应用生态学报，2008，19（5）：1 027-1 032.

[3] 李文娇，杨殿林，赵建宁，等．长期连作和轮作对农田土壤生物学特性的影响研究进展 [J]．中国农学通报，2015，31（3）：173-178.

[4] 李春格，李晓鸣，王敬国．大豆连作对土体和根际微生物群落功能的影响 [J]．生态学报，2006，26（4）：1 144-1 150.

[5] Yao H Y, Jiao X D, Wu F Z. Effects of continuous cucumber cropping and alternative rotations under protected cultivation on soil microbial community diversity [J]. Plant and Soil, 2006, 284（1/2）：195-203.

[6] Vargas Gil S, Meriles J, Conforto C, et al. Response of soil microbial communities to different management practices in surface soils of a soybean agroecosystem in Argentina [J]. European

Journal of Soil Biology, 2011, 47 (1): 55-60.

[7] Doran J W, Sarrantonio M, Liebig M. Soil health and sustainability [J]. Advances in Agronomy, 1996, 56 (8): 1-54.

[8] Trabelsi D, Ben Ammar H, Mengoni A, et al. Appraisal of the crop-rotation effect of rhizobial inoculation on potato cropping systems in relation to soil bacterial communities [J]. Soil Biology and Biochemistry, 2012, 54 (6): 1-6.

[9] 曹莉, 秦舒浩, 张俊莲, 等. 轮作豆科牧草对连作马铃薯田土壤微生物菌群及酶活性的影响 [J]. 草业学报, 2013, 22 (3): 139-145.

[10] Mulder C, Boit A, Bonkowski M, et al. A belowground perspective on dutch agroecosystems: how soil organisms interact to support ecosystem services [J]. Advances in Ecological Research, 2011, 44: 277-357.

[11] 张立成, 邵继海, 林毅青, 等. 稻-稻-油菜轮作对土壤微生物活性和多样性的影响 [J]. 生态环境学报, 2017, 26 (2): 204-210.

[12] 祁虹, 王树林, 王燕, 等. 粮棉轮作与土壤深翻对棉花生育性状及产量的影响 [J]. 天津农业科学, 2016, 22 (8): 113-116.

[13] 鲍士旦. 土壤农化分析 [M]. 第三版. 北京: 中国农业出版社, 2000.

[14] Magoc T, Salzberg S L. FLASH: fast length adjustment of short reads to improve genome assemblies [J]. Bioinformatics, 2011, 27 (21): 2 957-2 963.

[15] Bolger A M, Lohse M, Usadel B. Trimmomatic: a flexible trimmer for Illumina sequence data [J]. Bioinformatics, 2014, 30 (15): 2 114-2 120.

[16] Edgar R C, Haas B J, Clemente J C, et al. UCHIME improves sensitivity and speed of chimera detection [J]. Bioinformatics, 2011, 27 (16): 2 194-2 200.

[17] Edgar R C. Search and clustering orders of magnitude faster than BLAST [J]. Bioinformatics, 2010, 26 (19): 2 460-2 461.

[18] Bokulich N A, Subramanian S, Faith J J, et al. Quality-filtering vastly improves diversity estimates from Illumina amplicon sequencing [J]. Nature Methods, 2013, 10 (1): 57-59.

[19] Wang Q, Garrity G M, Tiedje J M, et al. Naive bayesian classifier for rapid assignment of rRNA sequences into the new bacterial taxonomy [J]. Applied and Environmental Microbiology, 2007, 73 (16): 5 261-5 267.

[20] Koljalg U, Nilsson R H, Abarenkov K, et al. Towards a unified paradigm for sequence-based identification of fungi [J]. Molecular Ecology, 2013, 22 (21): 5 271-5 277.

[21] Schloss P D, Westcott S L, Ryabin T, et al. Introducing mothur: open-source, platform-independent, community-supported software for describing and comparing microbial communities [J]. Applied and Environmental Microbiology, 2009, 75 (23): 7 537-7 541.

[22] Russo S E, Legge R, Weber K A, et al. Bacterial community structure of contrasting soils underlying Bornean rain forests: Inferences from microarray and next-generation sequencing methods [J]. Soil Biology & Biochemistry, 2012, 55: 48-59.

[23] Campbell B J, Polson S W, Hanson T E, et al. The effect of nutrient deposition on bacterial communities in Arctic tundra soil [J]. Environmental Microbiology, 2010, 12: 1 842-1 854.

[24] 范君华, 龚明福, 刘明, 等. 南疆干旱区连作棉田土壤养分及生物活性的初步研究 [J]. 棉花学报, 2009, 21 (2): 127-132.

[25] 刘建国, 张伟, 李彦斌, 等. 新疆绿洲棉花长期连作对土壤理化性状与土壤酶活性的影响

[J]. 中国农业科学，2009，42（2）：725-733.

[26] 刘军，唐志敏，刘建国，等. 长期连作及秸秆还田对棉田土壤微生物量及种群结构的影响 [J]. 生态环境学报，2012，21（8）：1 418-1 422.

[27] Asuming-Brempona S, Gantnerb S, Adikua S K, et al. Changes in the biodiversity of microbial populations in tropical soils under different fallow treatments [J]. Soil Biology & Biochemistry，2008，40（11）：2 811-2 818.

[28] Wright S F, Green V S, Cavigelli M A. Glomalin in aggregate size classes from three different farming systems [J]. Soil & Tillage Research，2007，94（2）：546-549.

[29] Tian Y Q, Zhang X E, Liu J, et al. Effects of summer cover crop and residue management on cucumber growth in intensive Chinese production systems: soil nutrients, microbial properties and nematodes [J]. Plant and Soil，2011，339（1/2）：299-315.

[30] 吴凤芝，王学征. 设施黄瓜连作和轮作中土壤微生物群落多样性的变化及其与产量品质的关系 [J]. 中国农业科学，2007，40（10）：2 274-2 280.

[31] 刘瑜，梁永超，褚贵新，等. 长期棉花连作对北疆棉区土壤生物活性与酶学性状的影响 [J]. 生态环境学报，2010，19（7）：1 586-1 592.

[32] Acosta-Martinez V, Dowd S, Sun Y, et al. Tag-encoded pyrosequencing analysis of bacterial diversity in a single soil type as affected by management and land use [J]. Soil Biology & Biochemistry，2008，40（11）：2 762-2 770.

[此文原刊载于《华北农学报》，2017，36（6）：1-8]

不同年份小麦匀播与播种量对麦棉套作小麦产量构成的影响

王树林[1]，王国平[2]，王 燕[1]，张 谦[1]，冯国艺[1]，

雷晓鹏[1]，林永增[1]，梁青龙[1]

（1. 河北省农林科学院棉花研究所/农业部黄淮海半干旱区棉花生物学与遗传育种重点实验室；

2. 中国农业科学院棉花研究所）

摘 要：目的：试验确定麦棉套作模式下小麦适宜的播种方式与播量。方法：于 2014—2015 年与 2015—2016 年在曲周试验站，采用裂区设计，主因素为播种方式［匀播（Y）与条播（T）两个水平］，副因素为播量［187.5 kg·hm^{-2}（R1）、225.0 kg·hm^{-2}（R2）、262.5 kg·hm^{-2}（R3）和 300.0 kg·hm^{-2}（R4）4 个水平］，调查小麦的基本苗、单位面积穗数、穗粒数、千粒重与产量。结果：匀播有利于提高小麦的内行穗数、穗粒数、千粒重与产量，边行穗数在干旱年型（2016 年）显著低于条播，而千粒重显著高于条播，其他产量性状与条播差异不大，平均产量匀播在 2015 年、2016 年分别较条播提高 5.1% 与 5.7%；随播量增加单位面积穗数呈增加趋势，穗粒数、千粒重呈下降趋势，在多雨年型降低播量有利于产量提高，在干旱年型增加播量有利于产量形成，小麦播量在 225.0～262.5 kg·hm^{-2} 时产量稳定性较好。结论：在麦棉套作模式下，采用匀播技术，播量控制在 225.0～262.5 kg·hm^{-2} 最为适宜。

关键词：麦棉套作；匀播；条播；产量构成

　　棉花是河北省重要的经济作物，常年面积在 50 万 hm^2 左右[1]，近年来随着棉花价格的持续下降，棉花面积已不足原来的 1/2[2-4]，如何提高植棉收益，稳定棉花面积成为亟待解决的重要问题。麦棉套作一年两熟种植模式曾是黄河流域 20 世纪 90 年代主推的技术[5-6]，进入 21 世纪，小麦收割机大面积推广，麦棉套作模式因不适应机械化的要求而导致种植面积萎缩。近年来棉花价格持续下降导致植棉收益降低，麦棉套作模式重新引起重视，在小麦联合收割机上安装护苗挡板解决了机械收割的问题后，麦棉套作模式推广重现曙光[7]。进入 21 世纪麦棉套作的试验多着眼于基础性研究[8-10]，而应用性研究不多，由于麦棉套作模式棉花预留行的存在，导致小麦实际种植面积减少，因此提高小麦产量是提高麦棉套作效益的关键。关于匀播与条播技术对小麦产量构成的影响，刘保华等人在冬小麦单作模式下进行了试验研究[11]，认为匀播穗数增加，但穗粒数少，千粒重低，导致小麦减产，乔蕊清[12]等人研究结果认为，冬小麦匀播单位面积穗数增加，千粒重提高，而穗粒数基本持平，具有一定的增产效果，而李娜娜[13]则认为匀播较条播显著减产，匀播前期小麦分蘖力过高，导致群体数量增加，穗粒数与千粒重大幅下降；关于适宜小麦播量的试验多是针对冬小麦单作模式开展[14-15]，匀播与条播技术在麦棉套作下的研究较少。本试验在麦棉套作模式下设置了小麦匀播与不同播量

处理，通过研究小麦边行与内行产量构成性状的特点，为麦棉套作模式下选择适宜的播种方式与播量提供理论依据。

1 材料与方法

1.1 试验材料与试验地情况

试验于 2014—2015 年和 2015—2016 年在河北省曲周县槐桥乡西漳头村麦棉套作试验田开展，供试小麦品种为市购婴泊 700，属半冬性中熟品种。试验田肥力水平偏高，0～20 cm 土层养分含量有机质 1.63 g·kg⁻¹，全氮 1.06 g·kg⁻¹，速效磷 31.5 mg·kg⁻¹，速效钾 325.0 mg·kg⁻¹。

1.2 试验设计与方法

裂区设计，主因素为播种方式，副因素为播量。播种方式设匀播（以 Y 表示）和条播（以 T 表示），匀播幅宽 80 cm，播种时将表层 5 cm 土刮开，人工将小麦种子撒于地表后覆土镇压；条播采用单行播种机，播种 4 行占地幅宽 80 cm；播量设 4 个水平，分别是 187.5、225.0、262.5、300.0 kg·hm⁻²，以 R1、R2、R3、R4 表示。

试验设置 3 次重复，小区宽 6.4 m，长 8.0 m，面积 51.2 m²。小麦幅宽 80 cm，棉花预留行 80 cm，2014 年 10 月 28 日整地，公顷施复合肥 750 kg，10 月 30 日播种，2015 年 3 月 4 日公顷灌水 1 200 m³，追施纯氮 103.5 kg·hm⁻²，4 月 22 日播种棉花，4 月 24 日公顷灌水 900 m³，5 月 18 日公顷灌水 900 m³，6 月 11 日收获小麦；2015 年 11 月 1 日整地，公顷施复合肥 750 kg，11 月 2 日播种小麦，2016 年 3 月 20 日公顷灌水 1 200 m³，追施纯氮 103.5 kg·hm⁻²，4 月 26 日播种棉花，4 月 27 日公顷灌水 900 m³，5 月 20 日公顷灌水 900 m³，6 月 11 日收获小麦，其他管理同大田。

1.3 测定项目与计算方法

匀播处理按照每 20 cm 为一小幅将 80 cm 幅宽小麦分为 4 份，边行为两侧 2 小幅，内行为中间的 2 小幅，条播小麦调查 2 个边行与 2 个内行；小麦出苗后 20 d 左右调查基本苗，每小区取 2 个 1 m 长，80 cm 宽的区域计数基本苗，计算平均数，小麦收获当天调查成穗数，同时在调查区域内随机收获 50 穗室内考种，调查穗粒数与千粒重；各小区单独收获计产。

1.4 统计分析

数据整理使用 Microsoft Excel 2003，统计分析使用 DPS 7.05 进行。

2 结果与分析

2.1 不同处理对小麦基本苗数的影响

由表 1 可见，两年结果基本一致，无论边行还是内行，基本苗均随播种量增加而增加，且不同播量之间差异均达显著水平，而播种方式对基本苗影响不大。

表 1　不同处理基本苗　　　　　　　（×10⁴株·hm⁻²）

年　份	播种方式	播量	边行	内行	边行-内行	平均
		R1	203.5 d	211.7 d	-8.2	207.6 d
	Y	R2	238.3 c	229.6 c	8.7	234.0 c
		R3	264.6 b	263.3 b	1.3	264.0 b
		R4	299.9 a	287.7 a	12.2	293.8 a
2015 年		R1	208.7 d	215.4 d	-6.7	212.1 d
	T	R2	242.2 c	237.6 c	4.6	239.9 c
		R3	259.8 b	265.7 b	-5.9	262.8 b
		R4	299.9 a	285.4 a	14.5	292.7 a
	Y	平均	251.6 a	248.1 a	3.5	249.8 a
	T	平均	252.7 a	251.0 a	1.6	251.8 a
		R1	224.7 d	228.1 d	-3.4	226.4 d
	Y	R2	265.8 c	273.1 c	-7.3	269.5 c
		R3	299.3 b	295.2 b	4.1	297.3 b
		R4	368.4 a	376.3 a	-7.9	372.4 a
2016 年		R1	230.8 d	223.8 d	7.0	227.3 d
	T	R2	275.0 c	287.0 c	-12.0	281.0 c
		R3	296.5 b	309.2 b	-12.7	302.9 b
		R4	321.7 a	331.8 a	-10.1	326.8 a
	Y	平均	289.6 a	293.2 a	-3.6	291.4 a
	T	平均	281.0 a	288.0 a	-6.9	284.5 a

注：表中同列数据后英文字母不同，表示在 0.05 水平上差异显著

2.2　不同处理对小麦单位面积穗数的影响

由表 2 可见，2015 年匀播边行穗数达到 684.3 万穗·hm⁻²，较条播边行少 17.7 万穗·hm⁻²，差异不显著；内行匀播显著高于条播，边行与内行差值条播显著高于匀播，平均穗数匀播亦显著高于条播，随播量增加，穗数有增加趋势，但 R2、R3、R4 三个播量间差异不大；2016 年匀播平均边行穗数显著低于条播，但内行穗数却显著高于条播，匀播边行较内行穗数高 138.9 万穗·hm⁻²，条播则为 215.4 万穗·hm⁻²，而随播量增加，除 R1 穗数偏低外，其他 3 个播量间差异不显著。

这一结果表明条播具有明显的边行优势，匀播更有利于提高内行小麦的分蘖成穗率，最终使单位面积穗数高于条播。而随着播量增加单位面积穗数虽呈增加趋势，但播量超过 R2(225.0 kg·hm⁻²)后单位面积穗数差异并不明显，表明小麦可通过调节自身

分蘖成穗率，使单位面积穗数在较大播量范围内保持相对稳定。

表2 不同播种方式与播量小麦边行与内行单位面积穗数（×10⁴株·hm⁻²）

年份	播种方式	播量	边行	内行	边行-内行	平均
		R1	607.3 c	474.6 b	132.7	540.9 c
	Y	R2	672.3 b	533.5 a	138.8	602.9 b
		R3	718.5 a	550.0 a	168.5	634.3 a
		R4	739.0 a	557.9 a	181.0	648.4 a
2015年		R1	654.4 b	353.8 b	300.6	504.1 b
	T	R2	704.6 a	390.4 a	314.2	547.5 a
		R3	724.8 a	389.6 a	335.2	557.2 a
		R4	724.0 a	398.1 a	325.8	561.0 a
	Y	平均	684.3 a	529.0 a	155.3	606.6 a
	T	平均	702.0 a	383.0 b	319.0	542.5 b
		R1	533.3 b	398.6 b	134.7	466.0 b
	Y	R2	551.4 ab	421.6 a	129.8	486.5 a
		R3	566.5 a	419.7 a	146.8	493.1 a
		R4	560.0 a	415.7 a	144.3	487.9 a
2016年		R1	555.9 b	343.0 b	212.9	449.5 b
	T	R2	573.6 a	364.7 a	208.9	469.2 a
		R3	580.0 a	364.2 a	215.8	472.1 a
		R4	585.8 a	361.8 a	224.0	473.8 a
	Y	平均	552.8 b	413.9 a	138.9	483.4 a
	T	平均	573.8 a	358.4 b	215.4	466.1 b

注：表中同列数据后英文字母不同，表示在0.05水平上差异显著

2.3 不同处理对小麦穗粒数的影响

由表3可见，2015年匀播与条播边行穗粒数均为45.8粒，匀播内行较条播高1.4粒，差异不显著，2016年匀播边行与内行穗粒数均高于条播，边行差异不显著，而内行差异则达显著水平；边行与内行差值两年均表现为条播高于匀播，表明条播在穗粒数方面的边行优势大于匀播，而匀播则提高了内行的穗粒数；从播量结果来看，随着播量增加，边行与内行穗粒数均呈下降趋势，R1穗粒数均显著高于R4穗粒数，另外，边行穗粒数随播量增加下降幅度较大，而内行下降幅度则较小，两年结果基本一致。这一结果表明，在穗粒数方面，匀播能够在保持边行优势的同时，提高内行的穗粒数，有利于提高麦棉套作下小麦的产量。

表3　不同播种方式与播量下小麦边行与内行穗粒数

年份	播种方式	播量	边行	内行	边行-内行	平均
2015 年	Y	R1	48.1 a	42.8 a	5.3	45.4 a
		R2	46.1 b	42.2 a	3.9	44.1 b
		R3	44.5 b	41.7 a	2.8	43.1 c
		R4	44.3 b	41.5 a	2.8	42.9 c
	T	R1	47.4 a	40.9 a	6.5	44.2 a
		R2	46.6 ab	40.9 a	5.6	43.7 a
		R3	44.6 b	40.4 a	4.3	42.5 b
		R4	44.6 b	40.1 a	4.5	42.4 b
	Y	平均	45.8 a	42.0 a	3.7	43.9 a
	T	平均	45.8 a	40.6 a	5.2	43.2 a
2016 年	Y	R1	40.4 a	37.7 a	2.7	39.1 a
		R2	39.8 b	37.6 a	2.2	38.7 a
		R3	39.4 b	36.0 b	3.4	37.7 b
		R4	38.3 c	35.9 b	2.4	37.1 b
	T	R1	39.5 a	35.5 a	4.0	37.5 a
		R2	39.0 ab	35.2 a	3.8	37.1 a
		R3	38.4 bc	35.2 a	3.2	36.8 ab
		R4	38.2 c	35.0 a	3.2	36.6 b
	Y	平均	39.5 a	36.8 a	2.7	38.1 a
	T	平均	38.8 a	35.2 b	3.6	37.0 b

注：表中同列数据后英文字母不同，表示在 0.05 水平上差异显著

2.4　不同处理对小麦千粒重的影响

由表 4 可见，2015 年匀播比条播边行千粒重高 0.2 g，内行千粒质量重亦高 0.2 g，差异均不显著，2016 年匀播边行千粒重较条播高 1.6 g，内行高 1.0 g，差异均达到显著水平；边行与内行差值 2015 年匀播为 3.9 g，条播为 3.8 g，2016 年分别为 1.3 g 与 0.7 g，这一结果表明播种方式对边行与内行千粒重及千粒重差值的影响趋势一致，与条播相比，匀播不仅提高了套作模式下内行的千粒重，对边行千粒重也有提高，但不同年份间幅度变动较大。

从不同播量结果来看，随播量增加，边行与内行千粒重有降低趋势，2015 年匀播与条播下降幅度较大，尤其是内行千粒重差异达显著水平，2016 年则下降幅度较小，仅 R1 显著高于其他 3 个播量，而 R2、R3、R4 三个播量间差异不显著。总的来看，播量对边行千粒重的影响小于内行，2015 年匀播边行 R1 较 R4 高 1.0 g，内行高 3.3 g，

条播分别是 2.0 g 与 4.0 g，2016 年匀播边行 R1 较 R4 高 0.9 g，内行高 0.9 g，条播分别是 1.3 g 与 1.7 g。

表 4　不同播种方式与播量下小麦边行与内行千粒重　　　　（g）

年份	播种方式	播量	边行	内行	边行-内行	平均
2015 年	Y	R1	46.0 a	43.8 a	2.3	44.9 a
		R2	45.8 a	41.5 b	4.3	43.7 b
		R3	45.5 a	41.1 b	4.4	43.3 b
		R4	45.0 a	40.5 c	4.5	42.8 b
	T	R1	46.3 a	43.8 a	2.5	45.1 a
		R2	45.8 ab	41.8 b	4.1	43.8 b
		R3	45.0 ab	40.8 c	4.3	42.9 bc
		R4	44.3 b	39.8 d	4.5	42.0 c
	Y	平均	45.6 a	41.7 a	3.9	43.7 a
	T	平均	45.4 a	41.5 a	3.8	43.5 a
2016 年	Y	R1	39.3 a	38.2 a	1.1	38.8 a
		R2	39.0 ab	37.3 b	1.7	38.2 ab
		R3	38.6 b	37.2 b	1.4	37.9 b
		R4	38.4 b	37.3 b	1.1	37.9 b
	T	R1	38.0 a	37.7 a	0.3	37.9 a
		R2	37.0 b	36.0 b	1.0	36.5 b
		R3	37.0 b	36.1 b	0.9	36.6 b
		R4	36.7 b	36.0 b	0.7	36.4 b
	Y	平均	38.8 a	37.5 a	1.3	38.2 a
	T	平均	37.2 b	36.5 b	0.7	36.8 b

注：表中同列数据后英文字母不同，表示在 0.05 水平上差异显著

2.5　不同处理对小麦产量的影响

如表 5 所示，2015 年匀播较条播边行产量高 3.3%，差异不显著，内行高 8.4%，差异达到显著水平，2016 年分别是 0.3% 与 15.3%，同样是边行差异不显著而内行差异显著；2015 年匀播与条播的边行优势相当，条播略高，2016 年匀播大幅度提高了内行产量，边行与内行差值为 2 717.2 kg·hm^{-2}，而条播边行优势明显，边行与内行产量差值达到了 3 389.7 kg·hm^{-2}。

从播量结果看，2015 年匀播边行产量以 R2 最高，随播量增加产量下降，内行产量与此趋势一致，平均产量也以 R2 最高，显著高于 R4 处理，但与 R1、R3 间差异不显著；条播边行产量、内行产量和平均产量均以 R3 处理最高，但内行产量、平均产量 4

个播量间差异不显著。2016 年匀播 R1、R2、R3 边行产量差异不显著，R4 产量显著降低，内行随播量增加产量增加趋势明显，以 R4 产量最高，平均产量 R3 最高，但不同播量间差异不显著。条播边行和内行产量均随播量增加而增加，平均产量也以 R4 最高，但 R2、R3、R4 三个播量间差异不显著。

表 5　不同播种方式与播量小麦边行与内行产量　（kg·hm^{-2}）

年份	播种方式	播量	边行	内行	边行-内行	平均
2015 年	Y	R1	8 920 bc	5 227 a	3 693	7 074 ab
		R2	9 158 a	5 409 a	3 749	7 283 a
		R3	8 998 ab	5 376 a	3 623	7 187 ab
		R4	8 759 c	4 985 a	3 774	6 872 b
	T	R1	8 478 b	4 840 a	3 639	6 659 a
		R2	8 794 a	4 736 a	4 058	6 765 a
		R3	8 995 a	4 945 a	4 050	6 970 a
		R4	8 413 a	4 857 a	3 556	6 635 a
	Y	平均	8 959 a	5 249 a	3 710	7 104 a
	T	平均	8 670 a	4 844 b	3 826	6 757 a
2016 年	Y	R1	8 090 a	4 978.5 c	3 111.3	6 534.1 a
		R2	8 013 a	5 258.3 b	2 754.7	6 635.7 a
		R3	8 024 a	5 325.4 ab	2 698.1	6 674.5 a
		R4	7 709 b	5 404.6 a	2 304.7	6 556.9 a
	T	R1	7 847 b	4 390.7 b	3 456.6	6 119.0 b
		R2	7 919 ab	4 556.5 b	3 362.9	6 237.9 ab
		R3	7 946.5 a	4 603.6 b	3 342.9	6 275.0 a
		R4	8 038.2 a	4 641.9 a	3 396.3	6 340.1 a
	Y	平均	7 958.9 a	5 241.7 a	2 717.2	6 600.3 a
	T	平均	7 937.8 a	4 548.2 b	3 389.7	6 243.0 b

注：表中同列数据后英文字母不同，表示在 0.05 水平上差异显著

3　讨　论

小麦匀播（亦称立体匀播）技术，近年来备受关注，但各地试验结果不尽相同。李娜娜[13]、刘保华[11]等人认为匀播降低了穗粒数与千粒重从而导致减产，而陈留根[16]、乔蕊清[12]等人认为匀播增加了单位面积有效穗数与千粒重，穗粒数基本持平，最终产量有所提高。在麦棉套作模式下，小麦存在明显的边行优势，安玉林[17]认为边行效应主要表现为穗粒数较多和千粒重较高，而杨铁钢[18]则认为边行优势主要反映在单位面积成穗数方面，对小麦穗粒数和千粒重影响不大，但研究结果均是针对条播小

麦,本文通过对麦棉套作模式下条播与匀播小麦边行优势的分析得出,边行单位面积穗数匀播较条播显著降低,但内行单位面积穗数显著提高,而匀播也提高了平均单位面积穗数;播种方式对穗粒数与千粒重的影响与单位面积穗数相似;从产量结果看,匀播边产量与条播相差不大,内行产量则显著高于条播,而平均产量2015年、2016年较条播分别提高5.1%与5.7%。

关于播量对小麦产量的影响,前人研究结果多认为存在一个适宜播量范围,在该播量范围内小麦产量差异不大,原因在于小麦自身可协调其产量三要素的构成[19-21],从本试验结果来看,随着播量增加,单位面积穗数呈增加趋势,穗粒数与千粒重呈降低趋势,最终产量2015年匀播最高播量处理产量偏低,而条播4个播量间差异不大,2016年匀播4个播量间差异不大,条播最低播量处理产量偏低。究其原因,2015年春季属于多雨年份(小麦返青后降水量113.6 mm),小麦返青后气候条件适宜,2016年春季属干旱年份(小麦返青后降水量42.2 mm),小麦返青后降雨偏少,多次受到干旱胁迫,由此可见,在气候适宜小麦生长的年型,播量过大不利于产量提高,而在较为干旱的不利气候年型,加大播量有利于产量的形成。但播量过大,容易导致个体发育不良[22],降低小麦抗倒伏能力,进而影响小麦产量[23],因此在不影响产量的前提下,尽可能减少播种量,以降低小麦倒伏风险。根据本试验结果,在不同降雨年型,播量控制在225.0~262.5 kg·hm^{-2}时较为适宜。

参考文献

[1] 邓祥顺,秦新敏,刘敏彦.中国棉业科技进步30年——河北篇 [J].中国棉花,2009,36(增刊):7-11.

[2] 李悦有,翟黎芳,卢川.河北棉区的棉花生产现状及发展策略分析 [J].棉花科学,2016,38(3):8-13.

[3] 王晓媛,冀红.河北棉花生产形势统计分析及建议 [J].中外企业家,2016,18:27.

[4] 李艳,刘爱婷,刘玢.河北邢台黑龙港地区棉花生产中的问题及对策 [J].中国棉花,2013,40(10):37.

[5] 刁光中.黄淮海棉区麦棉两熟研究现状和展望 [J].中国棉花,1990,(1):6-8.

[6] 王国平,毛树春,韩迎春,等.中国麦棉两熟种植制度的研究 [J].中国农学通报,2012,28(6):14-18.

[7] 王树林,祁虹,王燕,等.麦棉套作模式下播量对小麦边行优势与产量的影响 [J].河南农业科学,2015,44(7):22-24,28.

[8] 孙磊,陈兵林,周治国.麦棉套作系统中小麦根区化感物质对棉苗生长的影响 [J].棉花学报,2006,18(4):213-217.

[9] 孙磊,陈兵林,周治国.麦棉套作 Bt 棉花根系分泌物对土壤速效养分及微生物的影响 [J].棉花学报,2007,19(1):18-22.

[10] 王瑛,王立国,陈兵林,等.麦棉共生期间棉花根系的生理特性研究 [J].棉花学报,2007,19(6):446-449.

[11] 刘保华,苏玉环,申景梅,等.冀南麦区小麦适宜播种方式研究 [J].河北农业科学,2012,16(08):9-14.

[12] 乔蕊清，刘新月，卫云宗．冬小麦撒播简化高产栽培技术的研究与应用 [J]．麦类作物学报，2001，21（3）：84-86.

[13] 李娜娜，田奇卓，裴艳婷，等．播种方式对两类小麦品种分蘖成穗及其产量构成的影响 [J]．麦类作物学报，2007，27（3）：508-513.

[14] 刘萍，魏建军，张东升，等．播期和播量对滴灌冬小麦群体性状及产量的影响 [J]．麦类作物学报，2013，33（6）：1 202-1 207.

[15] 王夏，胡新，孙忠富，等．不同播期和播量对小麦群体性状和产量的影响 [J]．中国农学通报，2011，27（21）：170-176.

[16] 陈留根，刘红江，沈明星，等．不同播种方式对小麦产量形成的影响 [J]．江苏农业学报，2015，31（4）：786-791.

[17] 安玉林．边、内行小麦的灌浆特性以及与产量的关系 [J]．种子世界，2006，8：32-33.

[18] 杨铁钢，黄树梅，刘佩霞，等．麦棉套种形式对小麦产量的影响 [J]．河南农业科学，2000，2：3-5.

[19] 杨兵，孔德友，周红兵．不同播量对小麦产量的影响 [J]．安徽农学通报，2000，6（3）：40-41.

[20] 王夏，胡新，孙忠富，等．不同播期和播量对小麦群体性状和产量的影响 [J]．中国农学通报，2011，27（21）：170-176.

[21] 马小凤，栾春荣，周振元，等．不同播期播量对小麦生长发育的影响 [J]．安徽农学通报，2010，16（1）：84-86.

[22] 方大法．小麦倒伏原因浅析及预防对策 [J]．安徽农学通报，2004，10（2）：30，42.

[23] 冯盛烨，王光禄，王怀恩，等．种植密度与施肥量对小麦抗倒伏性能的影响 [J]．山东农业科学，2016，48（6）：50-53.

[此文原刊载于《山西农业大学学报（自然科学版）》，2017，37（5）：305-311]

土壤耕层重构对棉田杂草的控制效果研究

王树林，王　燕，祁　虹，张　谦，冯国艺，林永增，梁青龙

（河北省农林科学院 棉花研究所/农业部黄淮海半干旱区棉花生物学与遗传育种重点实验室）

摘　要：目的：明确土壤耕层重构技术对棉田杂草的防治效果，探索新的棉田杂草防治途径。方法：采用盆栽模拟试验与大田对比试验，调查旋耕+除草剂、土壤耕层重构对杂草种类与数量的影响。结果：试验结果表明，旋耕+除草剂对棉花苗期的禾本科杂草与部分阔叶杂草有一定的防治效果，随着时间延长，杂草防治效果逐渐降低，而土壤耕层重构处理对所有棉田杂草具有一次性彻底灭除效果，减少除草剂污染，节省用工。结论：土壤耕层重构是一种棉田杂草防治的新途径。

关键词：棉田；杂草；土壤耕层重构；除草剂

棉花是河北省重要经济作物，近年来棉花面积在 30 万 hm^2 左右；棉田杂草是危害棉花产量的一个重要因素，造成损失在 14%～16%，严重制约了棉花的优质、高效生产[1]。河北省地处黄河流域棉区，气温偏低，雨量较少，棉田杂草以喜凉耐旱型为主，主要有马唐、牛筋草、灰黎、马齿苋、田旋花、反枝苋等，其中禾本科占 66.6%[2-3]，棉田杂草存在两个发生高峰，第 1 个在 5 月下旬，以狗尾草、马唐、灰藜等为主，至 7 月份，香附子等杂草大量出土，形成第 2 个出草高峰[4-6]。棉田杂草防控是棉花种植管理中的一项重要措施，目前棉田杂草防控主要是整地前喷施氟乐灵、仲丁灵除草剂混土防治[7-9]，在苗期与蕾期雨后进行中耕除草，后期则采取人工除草；棉田杂草防治除草剂使用不当，如选错除草剂品种、使用剂量过高、盲目混用农药、随意使用喷雾器及喷雾器清洗不干净等，对棉花造成药害的时间频繁发生，轻者减产，重者绝收[10-13]，而中耕除草、人工除草则增加了棉花管理成本，降低了棉花收益。关于耕作措施对杂草的影响，前人也有研究，翻耕、深松耕、免耕 3 种耕作方法相比较，玉米田杂草种子密度随耕作强度增加而减少，免耕田杂草种子密度较高[14]；本研究针对新型耕作措施—土壤耕层重构技术开展了试验研究（土壤耕层重构是笔者经过多年试验提出的新型土壤耕作方法，即将棉田 0～20 cm 土壤与 20～40 cm 土壤进行互换，同时松动 40 cm 以下土层），明确土壤耕层重构对棉田杂草的控制效果，探索新的杂草防治技术措施，为减少除草剂用量、降低人工成本提供理论支持。

1　材料与方法

1.1　试验地点

试验设置于河北省农林科学院棉花研究所威县试验站，试验田土壤为沙壤土，肥力

中等，连年种植棉花。

1.2 试验方法

试验于 2015 年同时设置了大田试验与盆栽试验，大田试验采用大区对比，面积 0.2 hm²，设置两个处理，分别是土壤耕层重构（RSL）与常规旋耕（CK）处理，土壤耕层重构采用旋转深翻犁一次完成 0～20 cm 土壤与 20～40 cm 土壤的互换，同时对 40～55 cm 土层进行深松，旋耕处理采用旋耕机对 0～15 cm 土壤进行旋耕；4 月 10 日进行土壤耕作处理，4 月 13 日灌水，4 月 22 日常规旋耕处理喷施除草剂氟乐灵 2.0 kg·hm⁻²，土壤耕层重构处理不喷施除草剂，耙糖后播种棉花。旋耕处理 5 月 24 日、6 月 13 日进行两次中耕，7 月 10 日进行一次人工除草，土壤耕层重构处理仅在 7 月 10 日进行 1 次人工除草。其他管理措施同大田。

盆栽试验模拟大田耕作方法，设置 3 个处理，分别是旋耕不喷除草剂（A）、旋耕喷施除草剂（B）、土壤耕层重构（C），试验设 3 次重复，具体做法为，2014 年 9 月底在棉田杂草较多的地方，收集 0～5 cm 的土壤作为杂草种子源，共收集土壤 45 kg，2015 年 4 月 15 日将收集到的土壤混匀，平均分为 9 份；同时用铁锹在棉田内挖掘 20～40 cm 的土壤作为无杂草种子的土壤备用；选用高 50 cm，直径为 35 cm 的塑料桶，处理 A 为将 5 kg 带有杂草种子源的土壤与 20～40 cm 的土壤 25 kg 混匀，装入塑料桶中，处理 B 为将 5 kg 带有杂草种子源的土壤、20～40 cm 的土壤 25 kg 与除草剂氟乐灵 18 mg（按照大田 2.0 kg·hm⁻²的用量）混匀后装入塑料桶，处理 C 为将 5 kg 带有杂草种子源的土壤先装入塑料桶中，上面覆盖 20 cm 厚的 20～40 cm 土壤。自 2015 年 4 月 15 日起，每隔 10～15 d 为塑料桶浇水 2 kg。

1.3 调查项目

大田试验于棉花苗期（5 月 18 日）、初花期（7 月 1 日）、吐絮期（9 月 1 日）分别在每个处理内取 5 个点，每个点取 1 m²，收割杂草，将杂草分类调查株数、鲜重；盆栽试验于试验处理后 20 d、55 d 分两次调查，将桶内杂草全部拔出，分类后调查株数、鲜重。

2 结果与分析

2.1 盆栽试验 20 d 后杂草量

盆栽试验于试验处理后 20 d 调查杂草数量（表1），在旋耕不喷施除草剂处理内发现 6 种杂草，分别是灰藜、反枝苋、铁苋菜、牛筋草、马唐、狗尾草，在旋耕喷施氟乐灵处理内发现 3 种杂草，分别是灰藜、反枝苋与铁苋菜，其中灰藜、反枝苋株数、鲜重显著低于旋耕处理，而铁苋菜与旋耕处理差异不显著；土壤耕层重构处理则未发现杂草。这一结果表明，除草剂氟乐灵在防治禾本科杂草方面效果显著，对灰藜、反枝苋等阔叶杂草也有一定效果，而杂草种子在翻入 20 cm 以下土壤后，不能正常出土。

表 1 盆栽试验不同处理杂草数量

杂草种类	处理	株数 （株/盆）	鲜重 （g/盆）
灰藜	A	17.3±31 a	8.5±1.8 a
	B	4.3±1.2 b	2.6±0.4 b
	C	0.0±0.0 c	0.0±0.0 c
反枝苋	A	89.3±12.2 a	12.4±3.1 a
	B	7.0±2.0 b	1.8±0.4 b
	C	0.0±0.0 c	0.0±0.0 c
铁苋菜	A	3.3±1.2 a	0.5±0.2 a
	B	4.0±1.7 a	0.5±0.2 a
	C	0.0±0.0 b	0.0±0.0 b
牛筋草	A	152.3±37.6 a	32.8±7.6 a
	B	0.0±0.0 b	0.0±0.0 b
	C	0.0±0.0 b	0.0±0.0 b
马唐	A	109.3±11.7 a	24.7±4.6 a
	B	0.0±0.0 b	0.0±0.0 b
	C	0.0±0.0 b	0.0±0.0 b
狗尾草	A	18.0±3.0 a	4.6±0.7 a
	B	0.0±0.0 b	0.0±0.0 b
	C	0.0±0.0 b	0.0±0.0 b

注：表中同列数据后英文字母不同，表示在 0.05 水平上差异显著

2.2 盆栽试验 55 d 后杂草量

试验处理 55 d 后调查杂草数量（表 2），在旋耕不喷施除草剂处理内发现 9 种杂草，分别是灰藜、反枝苋、铁苋菜、牛筋草、马唐、狗尾草、田旋花、马齿苋、加拿大蓬，其中牛筋草、加拿大蓬数量较多，旋耕喷施除草剂处理在 55 d 后杂草种类增多，也发现 9 种杂草，但在 9 种杂草中，阔叶杂草灰藜、反枝苋、铁苋菜、田旋花、马齿苋、加拿大蓬与不喷施除草剂处理数量差异不显著，单子叶杂草牛筋草、马唐、狗尾草数量显著低于不喷施除草剂处理，土壤耕层重构处理仍未发现杂草。这一结果表明，除草剂氟乐灵的效果随施入土壤中的时间延长而效果降低，但土壤耕层重构处理杂草种子仍然无法萌发出土。

2.3 大田试验苗期杂草数量

从表 3 结果可以看出，大田对比试验苗期对照发现 4 种杂草，分别是灰藜、反枝苋、马齿苋与狗尾草，其中灰藜与狗尾草数量最多，分别达到 15.2 株与 13.4 株，马齿

表 2　盆栽试验不同处理杂草数量

杂草种类	处理	株数 （株/盆）	鲜重 （g/盆）
灰藜	A	4.7±1.2 a	72.4±5.0 a
	B	5.0±2.0 a	80.3±29.8 a
	C	0.0±0.0 b	0.0±0.0 b
反枝苋	A	10.3±2.1 a	69.7±12.0 a
	B	9.7±3.8 a	70.3±20.0 a
	C	0.0±0.0 b	0.0±0.0 b
铁苋菜	A	7.0±1.7 a	47.2±12.5 a
	B	6.7±1.5 a	45.1±5.8 a
	C	0.0±0.0 b	0.0±0.0 b
牛筋草	A	36.7±4.7 a	267.4±22.1 a
	B	12.3±2.5 b	80.5±10.5 b
	C	0.0±0.0 c	0.0±0.0 c
马唐	A	16.7±2.9 a	24.9±4.1 a
	B	3.3±1.2 b	4.8±2.1 b
	C	0.0±0.0 c	0.0±0.0 c
狗尾草	A	14.7±3.1 a	32.1±7.1 a
	B	3.7±1.5 b	7.6±1.9 b
	C	0.0±0.0 c	0.0±0.0 c
田旋花	A	8.7±2.5 a	24.1±5.2 a
	B	7.7±1.2 a	22.8±4.6 a
	C	0.0±0.0 b	0.0±0.0 b
马齿苋	A	5.7±1.5 a	37.9±6.0 a
	B	7.0±2.0 a	44.8±9.8 a
	C	0.0±0.0 b	0.0±0.0 b
加拿大蓬	A	13.3±2.9 a	102.4±14.1 a
	B	12.0±1.7 a	96.7±13.2 a
	C	0.0±0.0 b	0.0±0.0 b

注：表中同列数据后英文字母不同，表示在 0.05 水平上差异显著

苋与反枝苋数量较少，而土壤耕层重构处理也有少量灰藜与马齿苋，但没有发现其他杂草。由于棉花苗期杂草生长时间短，因此杂草生物量均较小。

表3　不同处理棉花苗期杂草数量

杂草种类	处理	株数（株·m^{-2}）	鲜重（g·m^{-2}）
灰藜	CK	15.2±4.5	47.3±8.9
	RSL	1.2±0.8	7.6±1.9
反枝苋	CK	3.8±1.5	36.8±12.5
	RSL	0.0±0.0	0.0±0.0
马齿苋	CK	6.2±2.6	13.5±5.1
	RSL	3.2±2.9	5.4±3.8
狗尾草	CK	13.4±4.1	6.8±2.1
	RSL	0.0±0.0	0.0±0.0

2.4　大田试验初花期杂草数量

初花期由于棉田未封垄，降雨过后杂草发生较多，由于之前进行过2次中耕，因此杂草生物量不大。由表4可知，杂草种类旋耕对照发现6种，分别是灰藜、反枝苋、马齿苋、牛筋草、马唐、狗尾草，其中牛筋草、马唐、狗尾草数量较多，分别为24.2株、19.5株、33.4株，其次是灰藜、马齿苋，反枝苋最少；耕层重构处理发现有少量灰藜（2.3株）、马齿苋（1.2株）和牛筋草（4.1株），未发现反枝苋、马唐和狗尾草。这一结果表明，旋耕对照由于除草剂仿效降低，田间开始大量发生杂草，而土壤耕层重构处理仍只是偶见少量杂草，不排除田间操作由外界带入的杂草种子萌发形成。

表4　不同处理棉花初花期杂草数量

杂草种类	处理	株数（株·m^{-2}）	鲜重（g·m^{-2}）
灰藜	CK	6.2±3.1	45.3±19.5
	RSL	2.2±1.3	14.6±7.1
反枝苋	CK	2.8±0.8	26.8±7.8
	RSL	0.0±0.0	0.0±0.0
马齿苋	CK	5.0±2.3	23.5±12.1
	RSL	1.2±1.1	4.4±3.6
牛筋草	CK	24.2±7.8	133.1±44.1
	RSL	4.2±3.3	22.4±16.3
马唐	CK	19.4±2.9	96.4±14.1
	RSL	0.0±0.0	0.0±0.0

（续表）

杂草种类	处理	株数（株·m^{-2}）	鲜重（g·m^{-2}）
狗尾草	CK	33.4±4.6	79.8±11.5
	RSL	0.0±0.0	0.0±0.0

2.5 大田试验收获期杂草数量

在棉花收获期的调查结果显示（表5），旋耕处理牛筋草、马唐、狗尾草数量较大，分别为15.3株、12.1株和20.5株，灰藜、反枝苋虽然数量不多，但由于其株型大，因此鲜重较高，马齿苋、田旋花、加拿大蓬也有一定数量。耕层重构处理有灰藜0.2株，马齿苋0.2株，牛筋草1.2株、马唐0.4株，其他杂草未有发生。由此可见，土壤耕层重构处理对杂草的防治效果可持续到棉花的收获期，一次土壤耕层重构可对棉田杂草起到彻底灭除的作用。

表5 不同处理棉花收获期杂草数量

杂草种类	处理	株数（株·m^{-2}）	鲜重（g·m^{-2}）
灰藜	CK	3.2±1.9	220.9±133.1
	RSL	0.2±0.4	12.2±27.3
反枝苋	CK	2.2±0.8	96.7±35.2
	RSL	0.0±0.0	0.0±0.0
马齿苋	CK	5.4±1.5	89.3±24.8
	RSL	0.2±0.4	4.2±9.4
田旋花	CK	1.2±0.8	8.1±5.4
	RSL	0.0±0.0	0.0±0.0
加拿大蓬	CK	1.2±0.4	7.6±2.5
	RSL	0.0±0.0	0.0±0.0
牛筋草	CK	15.2±5.3	199.8±65.1
	RSL	1.2±1.3	10.2±11.4
马唐	CK	12.0±3.9	66.4±21.6
	RSL	0.4±0.5	2.7±3.7
狗尾草	CK	20.4±7.4	64.1±22.3
	RSL	0.0±0.0	0.0±0.0

3 结论与讨论

在现行耕作方式下，棉田杂草的治理还是主要依靠播前一次除草剂与人工除草来完成，一般情况下，从出苗到封行前，棉田要进行 4～5 次中耕除草，从 5 月中下旬到 7 月中下旬，棉田杂草由于高温多雨而生长迅速，严重危及棉花的生长[15]，在杂草上花费的用工量增加了植棉成本，但至今尚未找到一次性灭除杂草的方法。本试验中利用土壤耕层重构技术，实现了对棉田杂草的一次性彻底灭除；从盆栽试验结果来看，播前应用除草剂氟乐灵，可在播种后一段时间内有效灭除禾本科杂草与部分阔叶杂草，但仍有部分杂草危害，且随着时间的延长，除草剂效果逐渐降低，而土壤耕层重构实现了对棉田杂草的一次性灭除，杂草种子被翻入 20 cm 以下后，均不能萌发出土，达到彻底灭除杂草的效果；从大田试验结果看，旋耕对照苗期杂草种类较少，由于生长时间短，生物量也较小，而耕层重构处理仅发现个别灰藜与马齿苋，未见其他杂草，进入初花期后，旋耕对照杂草种类增多，尤其是禾本科杂草数量骤增，耕层重构处理有少量牛筋草、灰藜和马齿苋，到收获期时，由于 7 月 10 日以后未进行任何除草措施，杂草种类与生物量均明显增加，而耕层重构处理仍是仅有极少量的杂草，以灰藜、马齿苋、牛筋草、马唐为主；结合盆栽试验结果，杂草种子被翻入 20 cm 以下后是不能萌发出土的，因此大田耕层重构处理中出现的杂草不排除由于机械操作过程中由外界带入的杂草种子萌发形成的，或是在耕层重构过程中漏耕而形成的。综合以上结果可知，土壤耕层重构是一种彻底灭除棉田杂草的有效耕作措施，为棉田杂草防治提供了一种新的途径，该方法具有灭草彻底、节省除草剂减少污染、降低用工的特点。

参考文献

[1] 马小艳，马艳，彭军，等. 我国棉田杂草研究现状与发展趋势 [J]. 棉花学报，2010，22 (4)：372-380.

[2] 刘生荣. 关中棉区棉田杂草分布及化学除草技术 [J]. 陕西农业科学，2004 (5)：96-97.

[3] 马小艳，刘春琴，李晋宇，等. 河北省沧州地区棉田杂草群落特征 [J]. 杂草科学，2014，32 (1)：42-45.

[4] 樊翠芹，王贵启，李秉华，等. 河北省棉田杂草发生规律及化学防除 [J]. 河北农业科学，2009，13 (10)：23-25.

[5] 张朝贤，朱文达，曲哲，等. 棉田和油菜田杂草化学防除 [M]. 北京：化学工业出版社，2004.

[6] 强胜，沈俊明，张成群，等. 江苏省主棉区棉田杂草草海发生规律的研究 [J]. 南京农业大学学报，2000，23 (2)：18-22.

[7] 彭军，马艳. 棉田杂草发生危害及防除技术概述 [J]. 中国棉花，2008，35 (10)：7-9.

[8] 高孝华，李凤云，曲耀训，等. 棉田化学除草剂主要种类特性及应用 [J]. 中国棉花，2008，35 (4)：22.

[9] 吴建荣，吉荣龙，崔必波，等. 除草剂对棉田杂草群落结构的影响 [J]. 江苏农业学报，2001，17 (1)：28-33.

[10] 金宗亭，曹忠新，冯爱丽，等. 棉花常见除草剂药害的产生及补救措施 [J]. 中国棉花，2005，32 (1)：33-34.

[11] 马小艳，马艳，彭军，等. 土壤处理除草剂对棉田杂草的仿效及安全性 [J]. 农药，2010，49 (11)：850-853.

[12] 吕玉品．氟乐灵在棉田除草中常见问题及对策［J］．河北农业，2005（8）：24.

[13] 刘生荣，张俊杰，李葆来，等．我国棉田化学除草剂应用研究现状及展望［J］．西北农业学报，2003，12（3）：106-110.

[14] Cardina J, Herms C P, Doohan D J. Crop Ration and Tillage System effects on Weeds Seedbanks ［J］. Weed Science, 2002, 50：448-460.

[15] 李美，高兴祥，高宗军，等．棉田不同杂草群落对棉花生长和产量的影响［J］．山农业科学，2013，45（2）：97-101.

［此文原刊载于《山西农业大学学报（自然科学版）》，2017，37（4）：235-239］

限水条件下环渤海低平原区冬小麦最佳播期播量行距研究

肖 宇，岳明强，刘艳昆，王秀领，徐玉鹏，闫旭东

（沧州市农林科学院）

摘 要：为探索环渤海低平原区冬小麦在限采条件下的最佳播期播量和最佳的空间分布状态，以沧麦 6005 为试验材料，通过裂区试验设计，以播期为主处理，设 5 个水平（A1～A5），以播量为副处理，设 4 个水平（B1～B4），研究了沧麦 6005 的群体结构、干物质积累、叶面积指数及产量。结果表明：随着播期的推迟，产量、群体数量均呈降低趋势；在较为适宜的播期条件下，随着播量的增大产量、群体数量出现先增加后降低的趋势；当播期较晚时增加播量可以提高产量；适期播种有利于提高叶面积指数和群体干物质量的积累；适当晚播可以减少无效分蘖和无效叶面积，提高成穗率。不同行距对小麦产量影响显著，行距为 20 cm 时为最佳。分析认为环渤海低平原区沧麦 6005 的适宜播期为 10 月 3 日到 10 月 13 日，适宜密度为 375 万·hm^{-2} 到 450 万·hm^{-2} 基本苗。

关键词：小麦；播期；播量；行距；群体性状；产量

小麦是世界上第一大粮食作物，在中国小麦是仅次于水稻的第二大经济作物，其种植面积和总产分别占粮食作物的 25.83% 和 21.6%[1-2]。环渤海低平原区小麦生产中存在的播种量偏大（一般在 600 万～750 万·hm^{-2} 基本苗）、播期不稳定（播期从 9 月下旬持续到 11 月上旬）等问题，导致个体发育不良、群体结构不合理。播期播量是影响小麦群体结构和产量形成的重要因素[3-5]。播期过早苗期温度高，麦苗生长发育快，冬前长势过旺，不仅消耗过多的养分，而且分蘖积累的糖分少，抗寒力弱，容易遭受冻害，同时早播的旺苗还易感病。播种过晚，由于温度低，出苗慢，分蘖少，发育迟缓，穗小粒轻，容易减产[6]。一般认为，控制冬前积温在 600～650 ℃，有益于构建结构合理的小麦群体，20 世纪 80 年代以来，全球气温明显变暖，近年北方冬麦区小麦越冬前积温较 1970 年平均增加了 110.7℃（相当最适播期 6 d 的积温），易使小麦旺长，穗分化提前，造成冻害死苗[7]。因此在诸多栽培措施中，适宜播期可以充分利用光、热、水资源，有利于培育壮苗；适宜播量可以构建合理的群体结构，有利于穗数、穗粒数和粒重的协调发展[8]。

为了提高小麦的产量和品质，前人在小麦适宜播期播量方面做过一些研究，但研究结果不尽相同[9-13]。更多的研究结果表明，不同地域、地力和气候因素对产量及其构成因素的影响不同，不同品种要求的最佳播期、适宜播量也不同[14-16]。因此本研究立足于黑龙港流域环渤海低平原区小麦最佳播期播量研究，选取沧州市农林科学院选育品种沧麦 6005，该品种抗旱耐盐碱，适宜该地区耕种，结合当地政策，由于地下水过度开

发，导致本地区土地下陷严重，到 2017 年全面禁止对冬小麦进行灌溉，因此本试验探索在一水不浇的条件下的最佳播期播量行距，以期为环渤海低平原区小麦种植提供参考。

1 材料与方法

1.1 试验时间地点

试验于 2013—2014 年度在河北省黄骅市齐家务乡二科牛村渤海粮仓项目试验基地进行。

1.2 试验材料

选取沧州农林科学院选育的抗旱耐盐碱小麦品种沧麦 6005。

1.3 试验设计

本试验采取两因素裂区设计，以播期为主处理，设 5 个水平 A1、A2、A3、A4、A5，分别为 10 月 3 日（A1）、10 月 8 日（A2）、10 月 13 日（A3）、10 月 18 日（A4）、10 月 23 日（A5）；以播量为副处理，设 4 个水平 B1、B2、B3、B4，分别为基本苗 300 万株·hm^{-2}（B1）、375 万株·hm^{-2}（B2）、450 万株·hm^{-2}（B3）、525 万株·hm^{-2}（B4）。小区面积 5 m×8 m＝40 m^2，行距 20 cm，每个小区 26 行，3 次重复，共 60 个小区。行距试验设定播期为 10 月 3 日，播种密度为 375 万·hm^{-2}，设定 4 个行距，分别为 15、20、25、30 cm。

1.4 数据调查

每个小区选取 2 个点进行定点调查，每个点内选取确定生长均匀的相邻的 2 个 80 cm 长的样段。分别在冬前、拔节期、灌浆期、成熟期调查样段内的茎数、穗数，计算成穗率，成穗率=单位面积有效穗数/单位面积最高茎数；叶面积每个小区选 3 个点，每点选 20 茎进行测量，公式如下。

$$小麦叶面积 = 叶长×叶宽×0.83 \tag{1}$$

$$叶面积指数 = 单茎叶面积×每公顷茎数/10\ 000 \tag{2}$$

试验数据采用 SPSS 19.0 进行分析。

1.5 栽培管理

播种前每公顷施有机肥 6 000 kg，复合肥 28 kg，全生育期不浇水，各个小区管理一致，成熟后小区全收进行测产。

2 结果与分析

2.1 播期播量对沧麦 6005 群体数量及成穗率的影响

通过分析不同时期小麦群体数量，可以发现播期早晚影响小麦分蘖的数量和时间，播期较早的，冬前分蘖明显多于播期较晚的冬前分蘖数，10 月 13 日之前播种的小麦最高茎数的 60%以上的分蘖都是冬前形成的，10 月 13 号之后播种的小麦冬前形成的分蘖不到最高群体数量的 50%，一般认为冬前分蘖多为有效分蘖[17]，因此适当早播有利于产量的形成。而且分析可知小麦的最高群体数量也表现为播期越早，群体越大；同一播期的小麦当播量从 450 万·hm^{-2}增加到 525 万·hm^{-2}时，最高群体数量基本没有变化，而且随着播量的增加，成穗率逐渐降低，说明小麦群体具有自我调节功能使群体达到最适状态，充分利用光热水肥等各种资源，通过增加基本苗并不能达到增加最高群体数量的目的，而且通过增加基本苗增加的多为无效分蘖，因此成穗率逐渐降低，不利于产量形成，因此播量不宜过大。成穗率随播期的推迟呈现先升高后下降趋势，分析认为播期较早的，环境温度比较高，光照条件比较优越，分蘖旺盛，导致后期群体数量过大，引起光热水肥等资源的竞争，影响部分个体发育，导致成穗率低，因此在实际生产中不能过分早播。播期越晚，播量对小麦群体的影响就越明显，播期越晚，冬前小麦群体随着播量的增大而增大，增加播量弥补了冬前分蘖不足引起的群体数量的减少（图 1）。

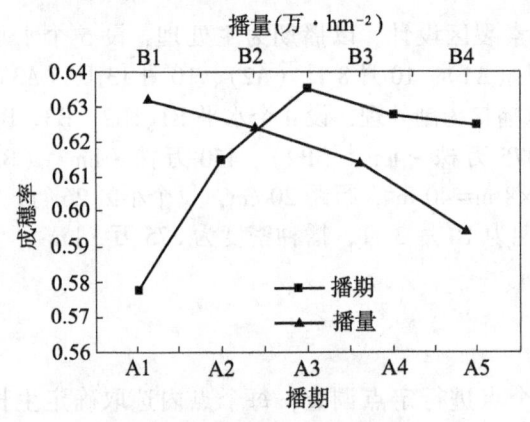

图 1　播期播量对成穗率的影响

2.2　播期播量对小麦干物质积累的影响

试验结果表明，沧麦 6005 群体干物质积累随生育进程的推进而增加，均在成熟期达到最高。花前干物质积累速度最快，开花后速度逐渐变缓。冬前干物质积累随播期推迟逐渐下降，增加播量会增加干物质积累量，拔节期晚播群体生物量迅速增加，花期到成熟期干物质积累量随播期推迟而下降，随播量增加到 450 万·hm^{-2}后减少。可见适当早播有利于群体干物质积累量的提高，而依靠增加基本苗数量增加的是多是群体无效分蘖的重量，其增加成熟期群体干物重的作用是非常有限的，而且还有可能会恶化群体质量，不利于建立合理群体和培育健壮个体（图 2）。

2.3　播期播量对沧麦 6005 叶面积的影响

叶片是光合作用最重要的器官，叶面积指数作为群体结构的重要标志，既衡量小麦群体光合面积的大小，又反映出群体动态的大小[18]。由图 3 所示，小麦叶面积指数

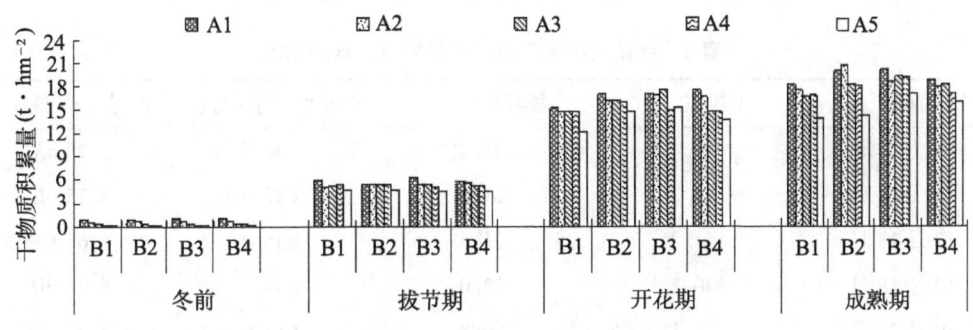

图 2　沧麦 6005 各时期干物质积累量

（LAI）整个生育期呈先升后降的趋势，到孕穗期达到最大，而后逐渐减少。LAI 随播期的推迟而下降，随播量的增加而缓慢增加，开花后叶片逐渐变黄枯萎，到灌浆期 LAI 明显下降，但是通过比较发现，较晚播期的小麦 LAI 下降缓慢，而较早播期的小麦 LAI 下降较快，有研究表明花前光合同化产物对籽粒产量的贡献率为 3%～30%，而抽穗后光合同化产物对籽粒产量的贡献率为 50%～70%[19]，因此生产总不宜过分早播，适当晚播可以减少无效叶面积，增加产量。灌浆后期相同播期不同播量间的叶面积指数差距减少，说明花前通过增加播量而增加的叶面积多为无效叶面积，小麦群体有自我调节功能，而加大播量增加无效分蘖和无效叶面积，浪费了生物能源，不利于建立健康合理的群体和促进个体发育。

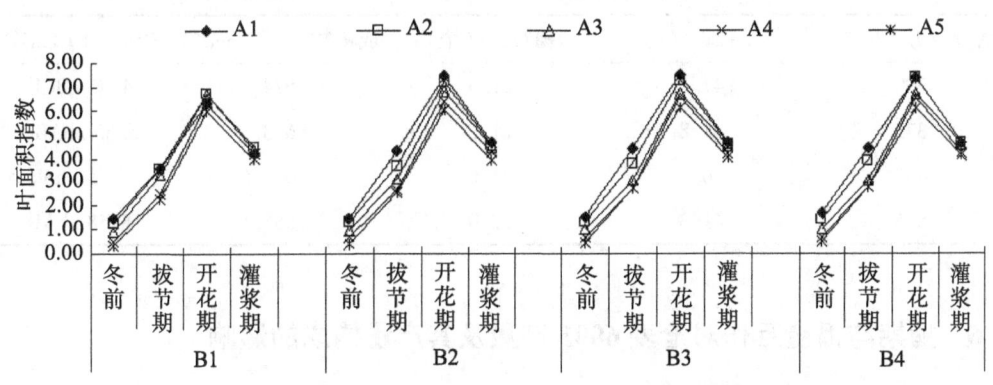

图 3　沧麦 6005 不同播期密度下各时期叶面积指数

2.4　不同播期对沧麦 6005 产量及产量构成因素的影响

由表 1 可知，不同播期之间千粒重变化分布在 40.3～42.2 g，没有明显的变化规律。穗粒数变化分布在 20.8～22（个），没有明显变化规律，由此可知播期早晚对沧麦 6005 千粒重和穗粒数没有显著影响。不同播期之间成穗数在 615.0 万～700.5 万·hm⁻²，而且随着播期的推迟，单位面积成穗数呈现明显的下降趋势，有效穗数对小麦产量至关重要，一般认为播种越晚，冬前积温低，分蘖少，而冬前分蘖一般多为有效分蘖[17]，因此早播有利于沧麦 6005 产量形成。经方差分析，播期对产量影响差异显著。

表 1　播期对小麦产量及产量构成因素的影响

播期	千粒重（g）	穗粒数（个）	成穗数（万·hm^{-2}）	产量（t·hm^{-2}）
10 月 3 日	41.4	22.2	700.5	5.99 aA
10 月 8 日	42.2	21.0	687.0	5.75 bB
10 月 13 日	41.3	21.5	645.0	5.64 bcBC
10 月 18 日	40.3	22.0	634.5	5.28 dD
10 月 23 日	41.1	20.8	615.0	4.73 eDE

2.5　播量对沧麦 6005 产量及产量构成的影响

由表 2 可知播量对千粒重和穗粒数的影响没有明显规律，一般认为千粒重和穗粒数不受播量影响，因为由成穗数可知，播量大并不一定成穗数就多，而且播量大一定会引起后期对水肥热的竞争而导致千粒重和穗粒数的减少。分析成穗数可知，不同播量成穗数在 624 万～673.5 万·hm^{-2}，且随着播量的增大，成穗数呈现先升高后降低的趋势，即在播量达到 375 万·hm^{-2}时，成穗数已经最大，再增加播量成穗数反而出现降低趋势，因此生产中播量不易过大。

表 2　播量对沧麦 6005 产量及产量构成的影响

播量（万·hm^{-2}）	千粒重（g）	穗粒数（个）	成穗数（万·hm^{-2}）	产量（t·hm^{-2}）
300	41.2	21.3	624	4.96 cBCD
375	41.8	21.2	673.5	5.55 abABC
450	40.7	21.6	673.5	5.82 aA
525	41.3	22.0	655.5	5.58 abAB

2.6　播期与播量互作对沧麦 6005 产量及其产量构成的影响

通过方差分析认为播期和播量对产量的影响分别达到了极显著差异水平，但是播期和播量交互对产量的影响只达到了显著水平。在各个处理中，以 10 月 3 日播种，播量为 375 万·hm^{-2}的产量最高，而且与理论产量一致，因此沧麦 6005 在环渤海低平原区适宜早播，播量不宜太大。但是分析产量数据表明，播期越晚，增大播量可以提高产量，但是播期较早的，增大产量不仅不能增加产量，反而产量由降低趋势。从 10 月 3 日到 10 月 13 日 3 个播期内均有产量大于 6.0 t·hm^{-2}的处理，分别是 10 月 3 日的 375 万·hm^{-2}、450 万·hm^{-2}和 10 月 8 日的 375 万·hm^{-2}、10 月 13 日的 450 万·hm^{-2}，因此该地区适宜播期为 10 月 3 日到 10 月 13 日之间，最佳播量在 375 万～450 万·hm^{-2}（表 3）。

表 3 播期与播量互作对沧麦 6005 产量及其产量构成的影响

处理内容	千粒重（g）	穗粒数（个）	成穗数（万·hm⁻²）	理论产量（t·hm⁻²）	小区实收（kg）	实收产量（t·hm⁻²）
A1B1	41.79	22.5	649.5	6.11	22.42	5.61
A1B2	42.92	21.0	745.5	6.72	25.45	6.37
A1B3	40.35	22.3	726.0	6.53	25.38	6.35
A1B4	40.55	23.0	681.0	6.35	22.51	5.63
A2B1	42.62	21.3	663.0	6.02	21.73	5.44
A2B2	42.18	21.3	723.0	6.50	25.08	6.27
A2B3	41.98	20.5	714.0	6.14	22.76	5.69
A2B4	41.91	21.0	648.0	5.70	22.35	5.59
A3B1	41.80	21.2	601.5	5.33	20.20	5.05
A3B2	41.78	21.4	649.5	5.81	21.96	5.49
A3B3	40.11	21.5	664.5	5.73	24.16	6.04
A3B4	41.39	22.0	664.5	6.05	23.91	5.98
A4B1	39.66	22.3	610.5	5.40	19.38	4.85
A4B2	41.06	21.6	634.5	5.63	21.10	5.28
A4B3	39.78	22.2	646.5	5.71	23.10	5.78
A4B4	40.81	22.0	648.0	5.82	20.79	5.20
A5B1	40.28	19.0	595.5	4.56	15.35	3.84
A5B2	40.93	20.5	613.5	5.15	17.46	4.37
A5B3	41.45	21.7	619.5	5.57	20.89	5.23
A5B4	41.75	21.9	633.0	5.79	21.96	5.49

注：理论产量（t·hm⁻²）= 每公顷穗数×每穗平均粒数×千粒重（g）×10⁻⁹

2.7 行距对沧麦 6005 群体数量的影响

通过表 4 可知，不同行距处理冬前群体数量没有明显变化，拔节期群体数量随着行距的增加而降低，行距 15 cm 时群体数量最高，说明在拔节期行距较小在 15~20 cm 时有利用分蘖；行距过大，行内密度大，过早引起竞争，影响分蘖数量，但是分析成穗率可知行距太小，虽然分蘖多，但多为无效分蘖，因此，在实际生产中行距不能太小，以 20 cm 为宜。

表 4 行距对沧麦 6005 群体数量的影响

行距（cm）	冬前（万·hm⁻²）	拔节期（万·hm⁻²）	成熟期（万·hm⁻²）	成穗率
15	857	1 307.6	706.5	0.54
20	851	1 209.8	738.0	0.61
25	860	1 123.7	696.0	0.62
30	855	1 036.5	607.5	0.59

2.8 行距对沧麦 6005 产量及其产量构成的影响

分析表 5 可知，当行距为 20 cm 是，产量最高，且各个处理间差异均显著。行距过大，会导致行内密度增大，会降低小麦的分蘖和成穗，从而影响产量。行距过小，易造成田间郁闭，形成弱苗，空间结构不合理，对千粒重影响不大，但是影响穗粒数和单位面积成穗数，从而影响产量。

表5 行距对沧麦 6005 产量及其产量构成的影响

行距（cm）	穗粒数（个）	千粒重（g）	穗数（万·hm^{-2}）	产量（t·hm^{-2}）
15	21.05	42.56	706.5	5.47 bB
20	21.63	42.04	738.0	6.29 aA
25	18.60	41.23	696.0	4.96 cC
30	19.42	39.96	607.5	4.33 dD

3 结 论

试验结果说明适当早播，有利于产量的形成，但是分析认为过度早播，由于温度高，出苗快，容易引起冬前疯长，消耗植株大量养分而容易产生冻害，造成减产。最佳播期在 10 月 3—13 日。

本试验通过不同播量播种，认为在适宜播期内，播量越大反而影响产量，只有播期较晚，由于光温条件变差，通过增大播量来提高群体数量，达到增加产量的目的，在适宜播期内，播量大反而会由于竞争而引起个体发育不良，影响产量，因此播量要随播期进行调整。分析本试验发现当播量在 525 万·hm^{-2} 时，产量已无明显增加，所以认为播量一般不超过 500 万·hm^{-2}，最佳播量在 375 万～450 万·hm^{-2}。通过调查发现，该地区农民种植小麦无论播期早晚都采取大播量播种（600 万～750 万·hm^{-2}）不仅浪费了麦种，还有可能影响产量。在适宜播期播量条件下，行距是决定小麦最优群体的决定因素，行距过大，行内苗弱，而且由于行距大会造成的光合和土地浪费直接影响产量，而行距过小，会引起田间郁闭，均不利于构成合理的空间结构，最佳行距应不超过 20 cm。

4 讨 论

播期播量是小麦种植中最容易控制的因素，同时又对小麦的产量表现有非常显著的影响，控制好播期播量几乎在不用增加成本的前提下，就可以显著提高经济产量。本研究不仅讨论了最佳播期播量的范围，而且通过行距试验，探讨了最佳播量的空间分布结构，为小麦高产提高理论基础。本试验最早播期为 10 月 3 日，没有进行更早播期的试验，有待进一步完善，但是通过整体播期产量数据分析，在一水不浇的条件下，产量达到 6.0 t·hm^{-2} 基本到达该地最高生产水平，而且随着全球气候变暖，冬前积温提高，播期不宜过早。本研究针对环渤海低平原区气候条件设计，并且针对该区域地下水限采政策，在一水不浇的条件下完成，对当地的小麦的种植具有极大的指导作用。

参考文献

[1] 赵会杰, 端藏禄, 毛凤梧. 小麦品质形成机理与调优技术 [M]. 北京: 中国农业科学技术出版社, 2003: 8.

[2] 万富世. 新世纪中国的小麦及其发展对策//见: 陈生斗. 中国小麦育种与产业化展 [M]. 北京: 中国农业出版社, 2002: 3-16.

[3] 姜小苓, 李淦, 胡铁柱, 等. 播种期和种植密度对冬小麦百农 898 品质和产量的影响 [J]. 河南科技学院学报: 自然科学版, 2012, 40 (3): 1-4.

[4] 李存东, 曹卫星, 戴廷波, 等. 小麦不同品种和播期对发育阶段的效应 [J]. 应用生态学报, 2001, 12 (2): 218-222.

[5] 李淦, 胡铁柱, 王新李, 等. 行距配比和播期对优质强筋小麦产量与品质的影响 [J]. 河南科技学院学报: 自然科学版, 2010, 34 (4): 20-22.

[6] 赵广才. 优质专用小麦生产关键技术百问百答 [M]. 北京: 中国农业出版社, 2013: 38-39.

[7] 王夏, 胡新, 孙忠富, 等. 不同播期和播量对小麦群体性状和产量的影响 [J]. 中国农学通报, 2011, 27 (21): 170-176.

[8] 河南省小麦高稳优研究推广协作组. 小麦生态与生产技术 [M]. 郑州: 河南出版社, 1986: 150-164.

[9] 马溶慧, 朱云集, 郭天财, 等. 国麦 1 号播期播量对群体发育及产量的影响 [J]. 山东农业科学, 2004 (4): 12-15.

[10] 胡焕焕, 刘丽平, 李瑞奇, 等. 播种期和密度对冬小麦品种河农 822 产量形成的影响 [J]. 麦类作物学报, 2008, 28 (3): 490-496.

[11] 欧行奇, 郭丹钊, 成立群, 等. 土壤质地和播期对强筋小麦藁城 8901 品质及产量的影响 [J]. 麦类作物学报, 2007, 27 (4): 705-709.

[12] 海江波, 由海霞, 张保军. 不同播量对面条专用小麦品种小偃 503 生长发育、产量及品质的影响 [J]. 麦类作物学报, 2002, 22 (3): 92-94.

[13] Reilly J, Tubiello F, Mccarl B, et al. US agriculture and climate change: new results [R]. 2003, 57: 43-69.

[14] 徐恒永, 赵振东, 刘建军, 等. 群体调控对济南 17 号小麦产量性状的影响 [J]. 山东农业科学, 2001 (1): 7-9.

[15] 潘洁, 姜东, 戴廷波, 等. 不同生态环境与播种期下小麦籽粒品质变异规律的研究 [J]. 植物生态学报, 2005, 29 (3): 467-473.

[16] 马小凤, 栾春荣, 周振元, 等. 不同播期和播量对小麦生长发育的影响 [J]. 安徽农学通报, 2010, 16 (1): 84-85.

[17] 郜庆炉, 薛香, 梁云娟, 等. 暖冬气候条件下调整小麦播种期的研究 [J]. 麦类作物学报, 2002, 22 (2): 46-50.

[18] 田奇卓, 刘万代. 冬小麦超高产栽培群, 个体发展动态指标的研究 [J]. 作物学报, 1998, 24 (6): 859-864.

[19] Rawson H M, Evans L T. The contribution of stem reserve to grain development in a range of wheat cultivars of different height [J]. Australian Journal of Agricultural Research, 1971, 22: 851-863.

[此文原刊载于《中国农学通报》, 2016, 32 (21): 32-37]

微垄膜侧沟播对夏播谷子根系及产量的影响

夏雪岩，宋世佳，任晓利，刘　猛，崔纪菡，赵　宇，

刘　斐，南春梅，李顺国

（河北省农林科学院谷子研究所/国家谷子改良中心/河北省杂粮研究实验室）

摘　要：针对夏播谷子80%以上种植于旱地、产量低而不稳的问题，采用随机区组设计，研究了微垄膜侧沟播对谷子根系生长发育和产量的影响，结果表明：微垄膜侧沟播对谷子根系的生长发育和产量具有显著的促进作用，微垄膜侧沟播的总根长、总表面积、总体积、根尖数、根直径均显著高于对照，分别较对照增加了14.63%、21.59%、31.59%、11.44%、12.39%。产量增加44.59%，产量与根长、总表面积、总体积、根尖数、根干物重、根直径具有显著的正相关关系，发达的根系是微垄膜侧沟播技术增产的根源。

谷子是中国北方干旱地区的重要粮食作物，在旱作农业生产中占有重要地位，而且在当前供给侧结构调整和农业可持续发展中具有重要作用。但是全国80%以上的谷子种植在依赖雨养的旱地上[1]，因此提高自然降雨的利用率是目前提高谷子产量的重要途径。地膜覆盖技术是目前提高降雨利用率最有效的途径[2-4]，在玉米[5-6]、小麦[7-11]、水稻[12-13]等作物上得到了广泛应用，近年来，在春谷区生产实践中也得到了广泛应用，其中微垄膜侧沟播技术增产效果显著，科技人员对其增产效果、生理效应[14-18]等进行探讨，并将该项技术在旱地春谷生产中进行了推广应用。但是在夏谷区的应用与研究少见报道，本课题组对微垄膜侧沟播在夏谷区的应用进行了研究。根是谷子生命活动中具有重要生理作用的器官，它不仅将谷株固定在土壤中，并不断从土壤中吸收水分和各种营养元素，而且参与许多有机物质的合成，供地上部分生育需要。此外还能临时贮藏一些矿质养分，根系生长发育好坏、寿命长短，对其他器官生育是否健壮、植株抗倒能力强弱、籽粒品质优劣、产量的高低都有密切关系[19-22]。因此本研究通过测定微垄膜侧沟播的产量、根系干物重、根长、根表面积、根体积根直径等指标分析了微垄膜侧沟播对根系生长发育和产量的影响，旨在揭示微垄膜侧沟播根系与产量的关系，为微垄膜侧沟播技术在夏谷区的推广提高理论依据。

1　材料与方法

1.1　供试材料

选用河北省农林科学院谷子研究所自育高产抗拿捕净除草剂品种冀谷36。

1.2　试验设计

试验于 2014 年在石家庄市栾城区郊马试验站进行，生长季 6—9 月总降水量 356.8 mm。采用随机区组设计。设 2 个处理，分别为露地条播（处理 1，CK，采用小型播种耧播种）和微垄膜侧沟播（处理 2，人工铺膜后条播）。2 个处理均采用等行距种植，行距 0.4 m，小区面积 22.8 m²，重复 3 次，留苗密度为 60 万株·hm⁻²。于 2014 年 6 月 15 日造墒播种，全生育期不浇水。全生育期施肥量相同，底施鸡粪 4 500 kg·hm⁻²、复合肥（N∶P∶K=22∶8∶15）150 kg·hm⁻²，拔节初期人工开沟追施尿素 300 kg·hm⁻²，开花至灌浆期追施尿素 150 kg·hm⁻²。露地条播采用人工除草，微垄膜侧沟播处理膜内不除草，膜间人工除草。其他管理同常规大田。

1.3　测定内容及方法

1.3.1　干物重的测定

于拔节期、孕穗期、抽穗期、灌浆期及成熟期每小区挖取样品 10 株，截取根系，将每个单株的根系在烘箱中烘干（先 105 ℃杀青 30 min，然后 80 ℃烘至恒重），用分析天平快速称取干物重[23-24]。

1.3.2　根系扫描分析

于抽穗期每小区取根系样 10 株，采用 EPSON SCAN 扫描，WinRHIZO Pro 2012 根系分析软件分析单株根系。

1.3.3　数据分析与统计

所有数据采用 Microsoft Excel 2010 和 DPS v14.10 软件进行统计分析。

2　结果与分析

2.1　微垄膜侧沟播对根干物质积累的影响

对微垄膜侧沟播对根干物质积累的影响进行分析，结果表明：2 个处理的根干物重均是先增加在灌浆期达到峰值，而后基本不变或略有下降。微垄膜侧沟播的处理在 5 个不同时期根的干物重均显著高于露地平播对照，说明微垄膜侧沟播显著提高了根系干物质积累量，对谷子根系发育具有显著的促进作用（表1）。

表 1　微垄膜侧沟播对不同时期根干物质积累的影响

处理	苗期	拔节期	抽穗期	灌浆期	成熟期
露地平播 CK	0.31 b	1.54 b	1.56 b	1.71 b	1.63 b
微垄膜侧沟播	0.39 a	1.73 a	1.77 a	1.87 a	1.83 a

2.2　微垄膜侧沟播对根总表面积、总根长、根尖数的影响

对微垄膜侧沟播对根总表面积、总根长、根尖数、根平均直径的影响进行分析，结

果表明：微垄膜侧沟播的总根长、总表面积、总体积、根尖数、根直径均显著高于对照，分别较对照增加了 14.63%、21.59%、31.59%、11.44%、12.39%。说明微垄膜侧沟播显著增加了根长、根表面积、体积和根尖数，从而提高了根系的水肥吸收能力（表2）。

表2　微垄膜侧沟播对根总表面积、总根长、根体积、根尖数的影响

处理	总根长		总表面积		根系总体积		根尖数		平均直径	
	均值（cm）	较对照增加（%）	均值（cm²）	较对照增加（%）	均值（cm³）	较对照增加（%）	均值（个）	较对照增加（%）	均值（cm）	较对照增加（%）
露地平播 CK	774.84 b	0	183.40 b	0	3.39 b	0	4 109.67 b	0	0.71 b	0
微垄膜侧沟播	888.22 a	14.63	223.01 a	21.59	4.46 a	31.59	4 580.00 a	11.44	0.80 a	12.39

2.3　微垄膜侧沟播对产量及其产量构成的影响

对产量及其产量构成结果进行分析，结果表明：微垄膜侧沟播产量较露地对照显著提高了 44.59%，产量构成中单穗重和单穗粒重较对照显著提高，说明微垄膜侧沟播具有显著增产的作用，关键在于提高了单株产量（表3）。

表3　微垄膜侧沟播对产量及其产量构成的影响

处理	实收产量（kg·hm⁻²）	较对照增减产（%）	单位面积穗数（万株·hm⁻²）	单穗重（g）	单穗粒重（g）	出谷率（%）
露地平播 CK	3 444.90 bB	0.00	51.45 aA	21.72 bB	17.28 bB	79.59 aA
微垄膜侧沟播	4 979.85 aA	44.59	52.20 aA	24.38 aA	19.85 aA	81.42 aA

2.4　微垄膜侧沟播根系与产量的相关性分析

对根系与产量的相关性进行分析，结果表明：根系的总根长、总表面积、根系总体积、根干物重均与产量存在极显著的正相关关系，相关系数均高于 0.9，根直径与产量存在显著的正相关关系，因此，微垄膜侧沟播的显著增产的主要原因在于显著促进了根系的生长发育（表4）。

表4　微垄膜侧沟播根系与产量的相关性分析

	总根长	总表面积	根系总体积	根尖数	根直径	产量
总根长	1					
总表面积	0.981 **	1				

（续表）

	总根长	总表面积	根系总体积	根尖数	根直径	产量
根系总体积	0.924 **	0.936 **	1			
根尖数	0.963 **	0.980 **	0.850 *	1		
根直径	0.890 *	0.899 *	0.726	0.956 **	1	
根干物质	0.932 **	0.918 **	0.813 *	0.923 **	0.889 *	
产量	0.995 **	0.979 **	0.957 **	0.942 **	0.859 *	1

3　结论与讨论

　　微垄膜侧沟播对谷子根系的生长发育和产量具有显著的促进作用，微垄膜侧沟播的总根长、总表面积、总体积、根尖数、根直径均显著高于对照，分别较对照增加了 14.63%、21.59%、31.59%、11.44%、12.39%。产量增加 44.59%，产量与根长、总表面积、总体积、根尖数、根直径、根干物重均具有显著的正相关关系，说明发达的根系是微垄膜侧沟播增产的根源，不仅对谷子起了重要的支持作用，而且促进了水肥的吸收能力、运输能力、转化能力，从而促进谷子提高产量。微垄膜侧沟播技术是一种地面半覆盖技术，因此适宜于降水量在 400 mm 以上的地区，而且是一种条播技术，需要间苗除草，配合能化学间苗除草的简化栽培技术效果最好[25]，既可以保墒增产，又可以实现轻简化，而且不存在出苗不好、烧苗等风险，是目前谷子生产上应用的一种重要的轻简化高效生产模式之一，具有较好的推广前景。

参考文献

[1]　刘猛，赵宇，李顺国，等. 河北省太行山区谷子生产现状与发展建议—以武安市谷子生产调研为例 [J]. 农学学报，2011，1（11）：57-60.

[2]　姚建民，张宝林，殷海善. 渗水地膜利用旱地小雨量资源研究 [J]. 水土保持通报，1998，18（3）：24-29.

[3]　姚建民. 渗水地膜研制及其应用 [J]. 作物学报，2000，26（2）：185-189.

[4]　潘渝，郭谨，李毅. 地膜覆盖膜条件下土壤增温特性 [J]. 水土保持研究，2002，9（2）：130-134.

[5]　李小雁，张瑞玲. 旱作农田沟垄微型集雨结合覆盖玉米种植试验研究 [J]. 水土保持学报，2005，19（2）：45-52.

[6]　段德玉，刘小京，李伟强，等. 夏玉米地膜覆盖栽培的生态效应研究 [J]. 干旱地区农业研究，2003，21（4）：6-9.

[7]　张正茂，王虎全. 渭北地膜覆盖小麦最佳种植模式及微生境效应研究 [J]. 干旱地区农业研究，2003，21（3）：55-60.

[8]　徐征和，张保民，刘景华，等. 覆膜冬小麦的生理生态效应研究 [J]. 节水灌溉，2002（3）：13-14.

[9] 廖允成，温晓霞，韩思明，等．黄土台原旱地小麦覆盖保水技术效果研究 [J]．中国农业科学，2003，36（5）：548-552．

[10] 温晓霞，韩思明，赵风霞，等．旱作小麦地膜覆盖生态效应研究 [J]．中国生态农业学报，2003，11（2）：93-95．

[11] 王俊鹏，蒋骏，韩清芳，等．宁南半干旱地区春小麦农田微集水种植技术研究 [J]．干旱地区农业研究，1999，17（2）：8-13．

[12] 杨艳敏，刘小京，孙宏勇，等．旱稻夏季地膜覆盖膜栽培的生态学效应 [J]．干旱地区农业研究，2000，18（3）：50-53．

[13] 孔向军，蒋梅巧．直播旱稻覆膜旱作施肥量及密度试验 [J]．作物研究，2000（3）：16-18．

[14] 王俊鹏，马林，蒋骏，等．宁南半干旱地区谷子微集水种植技术研究 [J]．水土保持通报，2000，20（3）：41-43．

[15] Li X Y, Gong J D. Effects of different ridge/furrow rations and supplemental irrigation on crop production in ridge and furrow rainfall harvesting system with mulches [J]. Agricultural Water Management, 2002, 54 (3): 243-254.

[16] 张德奇．宁南旱区谷子地膜覆盖与化学制剂效应研究 [D]．杨凌：西北农林科技大学，2005．

[17] 蒋骏，王俊鹏，贾志宽．宁南旱地谷子地膜穴播栽培试验初报 [J]．干旱地区农业研究，1999，17（2）：31-36．

[18] 韩清芳，李向拓，王俊鹏，等．微集水种植技术的农田水分调控效果模拟研究 [J]．农业工程学报，2004，20（2）：78-82．

[19] 张爱良，苗果园．作物根系与水分的关系 [J]．作物研究，1997（2）：4-6．

[20] 刘为红．谷子根系生长发育规律及环境条件对其影响的研究 [J]．干旱地区农业研究，1996，14（2）：20-24．

[21] 苗果园，尹钧，张云亭，等．中国北方主要作物根系生长的研究 [J]．作物学报，1998，24（1）：2-6．

[22] 苗果园，高志强，张云亭，等．水肥对小麦根系整体影响及其与地上部相关的研究 [J]．作物学报，2002，28（4）：445-450．

[23] 夏雪岩，师志刚，程汝宏．谷子简化栽培增产的生理机制研究 [J]．华北农学报，2010（增刊）：263-267．

[24] 夏雪岩，师志刚，程汝宏．栽培方式对简化栽培品种冀谷25生长发育的影响 [J]．河北农业科学，2010，14（11）：5-7．

[25] Xia X Y, Cheng R H, Song S J, et al. Light Simplified Millet Cultivation Technique Adopting Furrow Sowing beside Plastic Film Covering Micro-ridges [J]. Agricultural Science & Technology, 2016, 17 (4): 869-871.

[此文原刊载于《中国农学通报》，2016，32（30）：68-71]

我国谷子轻简高效生产技术研究进展

李顺国，夏雪岩，刘 猛，赵 宇，刘 斐，程汝宏，王慧军

（河北省农林科学院谷子研究所/河北省杂粮研究实验室/国家谷子改良中心）

摘 要： 随着我国现代农业的快速推进、土地流转加快，新型经营主体对谷子生产技术提出了规模化、轻简化的强烈需求，传统生产技术已难以满足，因此，近年来，谷子科研人员迅速进行了轻简化生产技术的研发，经多年研究，目前我国谷子轻简高效生产技术发展取得突破性进展。本文结合本课题组多年研究与实践，对我国涉及谷子轻简高效生产技术范畴的技术发展现状进行了综述与分析，其中包括：谷子化学间苗与除草技术、抗除草剂谷子育种与简化栽培技术、配套谷子农业机械以及谷子轻简高效生产技术集成等，对目前谷子轻简高效生产技术模式的应用效果进行了调研分析，针对当前发展中存在的问题，提出我国谷子轻简高效生产技术的发展建议。

关键词： 谷子；轻简高效；研究进展

谷子曾长期是我国北方的主栽粮食作物之一，在我国农业生产史上发挥过举足轻重的作用[1-3]。谷子具有抗旱耐瘠、水分利用效率高、适应性广、营养丰富且各种成分平衡、饲草蛋白含量高等突出特点，被认为是环境友好型作物、战略贮备作物[4]。但中华人民共和国成立以来，我国谷子生产面积由中华人民共和国成立初期的 1 000 万 hm^2 逐渐萎缩至目前的 100 万 hm^2 左右，其中谷子不抗除草剂、种植烦琐、缺乏适宜机械是制约谷子生产的瓶颈问题[5]。随着人们生活水平的提高，对谷子等营养保健杂粮作物需求旺盛，谷子价格不断升高；另一方面随着我国各项惠农政策的深入推进，土地流转的加快，新型经营主体对谷子规模化、轻简化生产技术的需求强烈。针对谷子生产存在的上述问题与技术需求，国家谷子糜子产业技术体系把"谷子轻简高效生产技术集成与示范"列入"十二五"三大重点研发任务之一。作物轻简化生产是与传统复杂生产方式相对应的概念。随着我国劳动力成本的增加、农业从业人数的减少，小麦、玉米、水稻等主要作物轻简化生产水平快速发展，主要表现在农业机械化水平不断提高，耕作制度不断简化、化学调控等轻简化实用技术应用进一步广泛[6]。谷子等特色杂粮作物由于种植分散、主要分布在丘陵旱地、不抗除草剂等原因，在轻简化生产水平方面较主要作物有较大差距。因此，谷子等特色杂粮作物的轻简化生产技术研发与集成在我国现代农业发展中具有重要意义。谷子轻简化生产技术是指：针对传统谷子生产依靠人工间苗除草、劳动繁重、缺乏生产机械和适宜机械化生产的品种、生产效率低下、难以规模化生产等问题，通过培育谷子简化栽培品种，研发配套栽培技术、配套机械，从而实现谷子化控间苗除草、精播免间苗、机械化播种和收获等谷子全过程的轻简化生产技术集成的总称。在国家谷子糜子产业技术体系的带动下，谷子轻简高效生产技术取得了突破

性进展，应用规模不断扩大，节本增效效果显著。本文结合本课题组多年研究与实践，对我国目前的谷子轻简高效生产技术研究进展、应用现状和效果进行了梳理和分析，对未来谷子轻简高效生产技术的发展提出了几点建议。

1 谷子轻简高效生产技术研究进展

1.1 化学除草与间苗技术

谷子粒小苗弱，生产上通常采用大播种量，发挥群体顶土作用，保证出苗，再人工间苗；同时谷子一般不抗除草剂[7-9]，只有少数除草剂在低剂量下可勉强使用[10]，因此谷子生产长期依赖人工间苗、人工除草。在谷子除草剂的研制方面，南开大学与河北省农科院谷子研究所合作，1998年研制出新型谷子专用除草剂"谷友"，该除草剂在墒情条件好、使用剂量适宜的情况下，对杂草的总体防效为85%以上[11]，该除草剂的研制填补了谷子没有专用除草剂的空白，对于减轻谷田草荒发挥了一定的积极作用。在谷子化控间苗技术方面，山西省农科院谷子研究所在总结前人研究经验的基础上，研制了一种既能使谷子正常发芽、出苗，发挥群体顶土作用，又能在出苗后两叶时自行死亡的MND制剂，其显著特点是：省工节支、定苗早、操作简便、应用范围广[12]。使用MND化学药剂处理谷种，再与正常谷种按一定比例混匀，配制成化控间苗谷种，出苗后，经MND处理过的谷种苗2叶时自然死亡，留下正常谷种的种苗，从而实现不间苗或少间苗。但该技术间苗效果与土质、肥力、整体质量、土壤墒情和播期有关[13]。

1.2 抗除草剂育种与简化栽培技术

在抗除草剂育种方面，国内外科学家进行了积极探索，先后采用常规手段培育出抗拿捕净、抗阿特拉津、抗氟乐灵谷子新品系和新品种[14-19]，但由于抗性偏低、产量损失等原因，均未在生产上大面积使用。河北省农林科学院谷子研究所吸取上述技术之长，发明了谷子简化栽培育种及其配套技术。该项技术把培育的不同姐妹系或近等基因系按一定比例混合播种、通过喷施特定除草剂，实现化学除草、化学间苗的目的[20]。应用该方法相继成功培育出简化栽培品种冀谷25、冀谷29、冀谷31、冀谷34、冀谷35、冀谷36、冀谷37、冀谷38等系列品种。其中冀谷31具有优质、高产、适合机械化收割、鸟害轻等优点，是目前华北夏谷区推广面积最大品种，年度最高推广面积达到6.7万hm^2。在新型抗除草剂育种材料创制与应用方面，河北省农林科学院谷子研究所利用从加拿大引进的抗咪唑乙烟酸青狗尾草材料，与谷子进行远缘杂交，创制出抗咪唑乙烟酸谷子新种质，经多年系统选育，于2011年育出国内外第一个抗咪唑乙烟酸谷子新品种冀谷33[21-22]，该品种还具有抗旱、优质、高产、适合机械化收获等突出优点，于2013年12月通过全国谷子品种鉴定委员会鉴定。咪唑乙烟酸除草剂具有兼杀单双子叶杂草的作用，应用咪唑乙烟酸一种除草剂即可解决谷子间苗除草，有效降低农民劳动强度和节约生产成本。

1.3 配套农机研发与改制

近年来，随着市场需求的增加、国家科技投入的加大，在谷子播种机、割晒机、脱粒机、联合收割机的研发与改制方面取得了突破性进展，谷子生产机械化水平明显提升。

1.3.1 播种机

在谷子播种机方面，研制了与中小型拖拉机配套、行距和播量可调整的条播机和穴播机，改变了传统的依靠畜力的小型谷物条播机存在的用种量大、性能不稳定、作业质量差、缺苗断垄严重等问题。山西省农业机械化研究院研制的 2BP-6 谷子精少量条播机[23]，河北省农业机械化有限公司研制的 2B-5A2 型条播机、2BM-5A2 免耕条播机，由 25 马力左右的中小型拖拉机悬挂，一次能完成开沟、施肥、播种、覆土、镇压等工序。山西农业科学院谷子研究所、山西省农业机械化研究院、河北农业大学、河北省农业机械有限公司等单位开发的 2BGJ-4、2BG-6、2BXQ-5、2BX-6、2BMG-6 系列谷子穴播机，实现了精量播种不间苗，播种、施肥、覆土、镇压一体化作业，在实际应用中增产增收效果显著[24-28]。试验结果表明：谷子穴播与条播相比，籽粒产量水平相当或有所提高，但穴播可以解决谷子单籽出苗顶土力弱的问题，通过穴播能很好地实现谷子精量播种不间苗[29]。而条播精量播种后，单粒谷种顶土能力差，在墒情不稳定的情况下，容易造成缺苗断垄。在实际应用中，条播机可播种简化栽培谷子品种，或化控间苗谷子品种，通过除草剂和间苗剂实现间苗除草。穴播机既可播种简化栽培谷子品种也可播种常规品种。穴播简化栽培谷子品种，通过除草剂、间苗剂实现化学除草和间苗；穴播常规谷子品种，精量播种实现不间苗，配合谷子专用除草剂谷友，实现轻简化间苗除草。谷子地膜覆盖具有增温、保墒、抑制杂草、降低劳动强度等效果，该项技术近年来得到生产和科研的重视，发展势头良好。山西省研制出了 2BP-2、2BCM-4 型谷子铺膜播种机，在生产中应用增产效果较好[30-33]。河北省农林科学院谷子研究所与甘肃定西三牛农业机械有限公司、任丘市鼎浩农业机械有限公司合作，研发了谷子全膜穴播机、谷子膜侧沟播机等 4 种型号的地膜播种机，经过 3 年的试验、调试达到应用水平，并在生产示范中表现出显著的增产增收效果。

1.3.2 收获机械

在谷子收获机械研发与改制方面，根据种植规模、地形条件的不同，主要有分段收获模式、联合收获模式两种途径，实现了谷子机械化收获[34]。在分段收获模式中，河北省农业机械化有限公司在国家谷子糜子产业体系的支持下，研发了 4S-1.8 型多功能割晒机、5T-28 型谷穗脱粒机、5T-45 型谷子整株脱粒机。分段收获模式适合山区丘陵和小规模种植，即先用谷子割晒机把谷子割倒，晾晒后再用谷穗脱粒机或整株脱粒机脱粒。在谷子联合收获机械方面，目前还没有专门的谷子联合收获机械，河北省农业机械化有限公司针对谷子收获的特点，先后对轴流式和切流式联合收割机的清选风量、风速、割台离地间隙等参数进行了调整，加装了特定的割台分禾装置[35]，结果表明：约翰迪尔公司生产的 W70 型、1065/1075 切流式谷物联合收获机适合谷子联合收获，总损失率低于 5%，达到了实用水平。谷子联合收获机械改造的成功极大地提高了谷子机械化生产水平。

1.4 轻简高效生产技术集成

在单项技术取得突破的基础上，谷子轻简高效生产技术集成也取得显著进展。"十二五"期间，河北省农林科学院谷子研究所牵头，联合国内谷子育种、栽培、农机研发与推广单位，研发集成了谷子农机农艺结合生产技术、谷子高效集雨生产技术。谷子农机农艺结合生产技术筛选出了适合机械化收获的谷子品种，完善形成了施肥与田间管理技术，研制了谷子播种机、脱粒机、割晒机，改制谷子联合收割机，制定了《谷子农机农艺结合生产技术规程》，该技术规程从整地、品种选择、播种、中耕除草、病虫害防治、收获等生产环节，规定了谷子农艺要求和农机规范，应用该技术规程可实现谷子全程轻简化生产。谷子高效集雨生产技术筛选出了适合全膜穴播和膜侧沟播的谷子品种，完成了地膜谷子施肥技术，研发了谷子全膜穴播机、膜侧沟播机，制定了《谷子集雨高效生产技术规程》，该技术规程对谷子全膜穴播技术、谷子膜侧沟播技术的品种选择、施肥技术、地膜和配套机械技术参数、田间管理、收获等生产环节进行了技术集成和标准化规定。以上两个技术规程是谷子轻简高效生产技术集成的重要成果，对提高谷子轻简化生产具有重要意义。

2 谷子轻简高效生产技术模式应用现状及效果

通过对全国谷子轻简化生产调研，将目前生产上谷子轻简高效生产技术总结归纳为以下 4 大类 10 种模式。第一类：适合雨量充足或有水浇条件的平原规模化种植。技术模式①"简化栽培品种及其配套技术+播种机+联合收割机"，该技术模式通过应用简化栽培品种及其配套技术可实现化学间苗、化学除草，使用播量可调的谷子播种机、改制后适合谷子收获的联合收割机，可实现全程机械化生产。该技术模式目前在华北夏谷区种植大户中应用较多，河北藁城示范基地 2014 年示范技术模式①66.7 hm²，冀谷 31 核心示范田平均单产达到 5 631.0 kg·hm⁻²，较常规管理冀谷 31 增产 517.5 kg·hm⁻²，较常规管理节约用工 88.5 个·hm⁻²，按平均日工资 60 元计算，可节约用工费 5 310 元·hm⁻²。按照谷子机械播种、机械收获费用 1 200 元·hm⁻²，谷子按 6.0 元·kg⁻¹ 计算，简化栽培谷子品种冀谷 31 全程轻简化生产节本增效 7 215 元·hm⁻²。技术模式②"常规谷子品种+精量穴播技术+谷友+联合收割机"，该技术模式适合常规谷子品种，应用精量穴播技术可实现精量播种不间苗，而穴播技术又避免单粒精播顶土难的问题，配合谷子除草剂谷友可实现化学除草，应用联合收割机可实现全程轻简化生产。技术模式③"常规谷子品种+化控间苗技术+谷友+播种机+联合收割机"，该技术模式采用化控间苗技术和谷友除草剂可实现化学间苗、化学除草，配合播种机、联合收割机可实现全程轻简化生产。技术模式②和③不局限于应用抗除草剂谷子品种，适合企业生产专用特色品种，效益主要体现在节约劳动力生产成本和可规模化生产。第二类：适合雨量少的旱地平原规模化种植模式。技术模式④"膜侧沟播技术+简化栽培技术+联合收割机"，该技术模式应用膜侧沟播机实现起垄、覆膜、播种一体化作业，采用简化栽培技术即可现除草剂、间苗剂用量减半，又可起到雨水的叠加高效利用。技术模式⑤"全膜穴播技术+联合收割机"，该技术模式应用全膜穴播机实现铺膜、精量穴播一体化作业，达到精量播种不间苗，全膜又可实现抑制杂草效果，同时具有增温、保墒的功能。第二类技术模式可充分利用自然降雨实现零灌溉下谷子稳产高产，是适合目前河北省压采地下水形势下的最佳种植模式。威县固献乡 2014 年示范技术模式⑤4.5 hm²，种植品种为冀谷 31，全生育期不浇水，专家现场检测结果表明：全膜穴播谷子示范田平均单产 6 361.3 kg·hm^{-2}，较常规种植增产 2 201.4 kg·hm^{-2}，增产率达到 52.9%，以每公顷多投入地膜 1 500 元，每公顷节约用工 45 个，每公斤谷子按照 6 元计算，每公顷节本增效达到 13 957.5 元。第三类：适合雨量充足的山区丘陵或小地块的种植。技术模式⑥"简化栽培品种及配套技术+播种机+割晒机+脱粒机"；技术模式⑦"常规谷子品种+精量穴播技术+谷友+割晒机+脱粒机"；技术模式⑧"常规谷子品种+化控间苗技术+谷友+播种机+割晒机+脱粒机"。第三类技术模式与第一类技术模式类似，不同之处在于适合山区丘陵小地块应用，采用的是割晒机割倒后再由脱粒机脱粒的分段收获方式。第四类：适合雨量少的山区丘陵或小地块的种植。技术模式⑨"膜侧沟播技术+简化栽培技术+割晒机+脱粒机"；技术模式⑩"全膜穴播技术+割晒机+脱粒机"。第四类技术模式与第二类技术模式类似，不同之处在于适合山区丘陵小地块应用，采用的是分段收获方式。武安市北安乐乡迁城村 2014 年示范技术模式⑨6.7 hm^2，膜侧沟播栽培的冀谷 31 示范田较露地对照平均增产 792.0 kg·hm^{-2}，增产率 15.9%。按照谷子平均价格 6 元·kg^{-1} 计算，膜侧沟播栽培较对照增收 4 752 元·hm^{-2}，去除新增地膜成本 675 元·hm^{-2}，每公顷纯收 4 077.0 元。节省播种、间苗除草用工 75 个·hm^{-2}，按照每个工 60 元计，节省人工费 4 500 元·hm^{-2}，共计节本增收 8 577.0 元·hm^{-2}。

3　当前谷子轻简化生产技术发展存在的问题及建议

当前谷子轻简高效生产技术虽取得了突破性进展，但由于起步较晚，与其他大作物相比仍存在不足之处，第一，适合轻简化生产的谷子新品种仍较少，难以满足需要；第二，生产技术有待进一步轻简化，来降低劳动强度，节本增效，另外缺乏适合盐碱地的配套技术；第三，在农机方面，机械化程度仍需提高，另外缺乏中耕施肥机械。未来谷子轻简高效生产技术将是谷子农机农艺的深度融合，同时紧紧围绕农业部提出"一控两减三基本"原则，研发新品种、新技术，满足未来现代农业发展对谷子轻简高效生产技术需求。针对当前存在的上述问题，建议科研人员从以下几个方面着手，研发谷子轻简化生产技术：在品种筛选与选育方面，继续开展新型抗除草剂谷子品种选育、适合机械化收获谷子品种筛选与选育、适合地膜栽培的谷子品种筛选，以期降低除草成本，筛选适合不同种植模式的谷子品种，适合全程机械化生产；在生产技术方面，开展地膜栽培、盐碱地栽培等不同栽培模式下的复合肥、缓释肥、生物菌肥以及生物防治技术等简化施肥、简化施药技术，形成不同栽培模式的高效简化的施肥施药技术；在谷子机械研发方面，继续完善谷子播种机、割晒机、脱粒机等机械的定型，加大谷子中耕施肥一体机研发工作，在谷子联合收获机械改造基础上，继续开展适合丘陵山区的小型联合收割机研制与改造工作；在技术集成方面，加大多部门、多学科联合攻关，开展适合平原区、丘陵山区、滨海区、干旱半干旱区等不同区域的技术集成，形成适合不同区域的谷子轻简高效生产技术模式。

参考文献

[1]　张海金. 谷子在旱作农业中的地位和作用 [J]. 安徽农学通报, 2007, 13 (10)：169-170.

[2] 李荫梅. 谷子育种学 [M]. 北京：中国农业出版社，1997：22-31.

[3] 管延安. 我国谷子科研与生产概况 [J]. 园艺与种苗，1994，5：16-19.

[4] 刁现民. 中国谷子产业与产业技术体系 [M]. 北京：中国农业科学技术出版社，2011.

[5] 刘斐，李顺国，刘猛，等. 谷子简化栽培技术综合评价 [J]. 中国农业科技导报，2012，14（6）：116-121.

[6] 官春云. 作物轻简化生产的发展现状与对策 [J]. 湖南农业科学，2012（2）：7-10.

[7] 朱光琴. 谷子二次文献专辑 [M]. 西安：陕西师范大学出版社，1991：288-304.

[8] Dhanapal, D N. The field research to select herbicide on upland crops [J]. Mysore Journal of Agricultural Science, 1987, 21 (1)：87-88.

[9] Norman R M, Rachie K O. The Setaria Millet, A Review of the World Literature [M]. Experiment Station, University of Nebraska College of Agriculture, Neb, U. S. A., 1971.

[10] 杜瑞恒. 谷田化学除草技术 [J]. 河北农业科技，1989（7）：6-7.

[11] 周汉章，刘环，薄奎勇，等. 除草剂谷友对谷田杂草的除草效果及对谷子安全性的影响 [J]. 河北农业科学，2010，14（11）：40-43.

[12] 刘景峰，贺晔. 奇妙的谷子化控间苗新技术 [J]. 农业技术与装备，2009（11）：41.

[13] 王节之，郝晓芬，王根全，等. 化控间苗谷种栽培技术研究 [J]. 河北农业科学，2010，14（11）：15-18.

[14] Darmency H, Pernes J. Agronomic Performance of a truzine resistant foxtail millet [*Setaria italica* (L.) Beav.] [J]. Weed Research, 1989, 29 (2)：147-150.

[15] Darmency H, pernes J. Use of wild *Setaria viridis* (L.) Beauv. to improve triazine resistance in cultivated S. italica (L.) by hybrridization [J]. Weed Research, 1985, 25：175-179.

[16] Wang T Y, Darmency H. Inheritance of sethoxydim resistance in foxtail millet, *Setariia italica* (L.) Beauv. [J]. Euphytica, 1997, 94 (1)：69-73.

[17] 王天宇. 抗除草剂谷子新种质的研究与综合利用 [D]. 北京：中国农业科学院，1998.

[18] 周慧，闫天成. 谷子新品系抗除草剂试验 [J]. 杂粮作物，2002，22（2）：119-120.

[19] 赵治海，杜贵，朱学海. 抗除草剂谷子新品种坝谷214的选育 [J]. 中国种业，2003（5）：55-56.

[20] 程汝宏，师志刚，刘正理，等. 谷子简化栽培技术研究进展与发展方向 [J]. 河北农业科学，2010，14（11）：1-4.

[21] 师志刚，夏雪岩，刘正理，等. 谷子抗咪唑乙烟酸新种质的初步研究 [J]. 河北农业科学，2010，14（11）：133-134.

[22] 师志刚. 谷子抗咪唑乙烟酸材料创新与应用 [D]. 北京：中国农业科学院，2014.

[23] 张世杰. 2BP-6精少量谷子播种机的设计与试验 [J]. 农产品加工，2012（4）：145-150.

[24] 赵晋冀，冯宏波. 2BGJ-4型谷子精准化（免间苗）播种机的研究设计 [J]. 农业机械，2013（3）：129-131.

[25] 张世杰. 2BG-6型精少量谷子播种机及关键部件的设计 [J]. 农业机械，2014（1）：134-138.

[26] 郭玉明，张东光，郑德聪. 2BX系列谷子精少量播种机的开发与研制 [J]. 农业技术与装备，2012（6）：18-21.

[27] 樊立桃. 气吸式谷子精密穴播机的改进研究 [D]. 保定：河北农业大学，2014.

[28] 任全军，奚玉银，傅永斌，等. 2BMG-6型小颗粒谷物旱地精播机的研制 [J]. 农业技术与装备，2014（12）：4-8.

[29] 杨延兵，高凤菊，秦岭，等．穴播与条播对夏谷产量及相关性状的影响 [J]. 山东农业科学，2011 (10)：36-38.

[30] 刘憨，广仝柱．谷子等小籽粒杂粮机械化铺膜精播增产技术体系探索 [J]. 农业技术与装备，2012 (6B)：26-28.

[31] 张世杰．谷子铺膜播种机设计 [J]. 农业机械，2012 (9)：138-139.

[32] 杜文娟，李萍，张喜文，等．山西谷子播种技术与装备的研究进展与发展方向 [J]. 农机化研究，2015 (7)：6-17.

[33] 姚建民，杨瑞平，卫一超．渗水地膜覆盖机械化高产技术模式研究 [J]. 科技创新与生产力，2013 (1)：22-25.

[34] 吴海岩，刘焕新，杨志杰，等．谷子生产机械化现状及发展趋势分析 [J]. 农业技术与装备，2012，240 (6)：14-17.

[35] 杨志杰，刘焕新，吴海岩，等．谷子收获机械化发展方向及配套机具 [J]. 河北农业科学，2013，17 (3)：6-8.

［此文原刊载于《中国农业科技导报》，2016，18 (2)：19-24］

夏播旱地谷子渗水地膜穴播增产机理研究

夏雪岩，宋世佳，刘　猛，赵　宇，任晓利，

南春梅，刘　斐，李顺国，程汝宏

（河北省农林科学院谷子研究所/国家谷子改良中心/河北省杂粮研究实验室）

　　摘　要：为了研究渗水地膜穴播栽培技术对夏播谷子产量的影响机制，通过测定其产量构成、干物质积累、植株农艺性状以及抽穗期功能叶光合性能等生理指标，分析各指标对产量的影响，以此揭示渗水地膜穴播栽培对夏播谷子产量增加的生理生态机制。结果表明：在全生育期不浇水、降水量356 mm 的情况下，渗水地膜穴播栽培较对照露地条播增产48.57%。其机理在于：渗水地膜穴播栽培在各生育时期的各器官干物质积累量高于对照，营养生长和生殖生长旺盛，表现为株高略高于对照，茎秆粗壮，穗子较大；抽穗期净光合速率、叶面积指数和主要功能叶片的叶面积高于对照，说明在产量形成的关键时期抽穗期个体和群体叶面积较大，光合有效面积增加，光合能力增强，有利于有机物质的合成，是增产的关键；在群体亩穗数和出谷率相当的基础上，个体产量要素单穗重、穗粒重显著提高，最终致使产量大幅提高。渗水地膜穴播栽培水分利用效率和氮肥偏生产力均显著提高了45%以上。渗水地膜保水、保肥、抑制杂草生长，穴播既保证了群体顶土出苗，又减少了多余谷苗对水肥的浪费，因此，渗水地膜穴播栽培提高了水分和肥料的利用效率，进而提高了谷子的产量。

　　关键词：谷子；夏谷；渗水地膜穴播；产量

　　谷子抗旱耐瘠、营养丰富均衡、适应性广，在干旱日趋严重、人们膳食结构亟待调整的新形势下，谷子特殊的营养性、生态性以及源远流长的文化底蕴将在未来种植业结构调整和产业发展中发挥重要作用[1-3]。河北省谷子生产在我国占有重要地位。多年来河北省谷子面积占全国的1/4，产量占全国的1/3，贸易量占全国的1/2[4]。河北省的谷子在北部主要是春播种植，在中南部主要是夏播种植，而谷子面积的90%为旱地谷子[5]，生育期内不浇水，完全依赖于自然降水，遇干旱年份，自然降水的利用率低，致使产量低而不稳，严重的影响农民种植的积极性，成为阻碍谷子产业发展的重要因素之一。地膜覆盖是一项节水增产的技术，具有保持土壤水分、提高土壤温度的作用，可加快作物的生育进程，增加作物产量[6-10]。渗水地膜是由山西省农科院农业资源综合考察研究所研制[11]。与普通地膜覆盖相比，渗水地膜可提高自然降水利用率，具有较好的渗水、保墒作用，促进作物生长发育进程，使作物提早成熟，大幅度提高作物产量[12]。目前，渗水地膜已推广应用于玉米、小麦、棉花、高粱、烟草、花生等作物[13-15]。在谷子上的相关研究也有报道[16-19]，结果均表明渗水地膜具有保墒、提墒、增温、加快生育进程和增产的作用，但是这些研究大多是在春播谷子上进行的，在夏播

谷子上的研究还见报道。

夏播谷子多种植于 6 月中下旬,该时期气温偏高,传统地膜覆盖易造成烧苗现象,而渗水地膜由于透气性强,且播种方式为膜上穴播,这就避免了烧苗的可能性。本课题组于试验进行前期已进行了小面积试验,增产效果显著。本研究旨在通过测定渗水地膜穴播栽培技术下夏播谷子的农艺性状、经济性状、干物质积累、抽穗期的净光合速率和叶面积指数等指标,来阐明它们与产量的关系,进而揭示渗水地膜穴播栽培技术对夏播谷子产量增加的生理机制。为渗水地膜穴播技术在夏播谷子上的应用推广提供理论依据,同时为夏播旱地谷子的稳产高产提供技术支持。

1 材料与方法

1.1 试验设计

本试验于 2013 年和 2014 年在石家庄市栾城区郊马试验站进行。供试品种为冀谷 36,全生育期不浇水。设 2 个处理,分别为露地条播(处理 1,CK,采用小型播种耧播种)和渗水地膜穴播(处理 2,WFHS,人工铺膜后打孔播种)。两处理均采用等行距种植,行距 0.4 m,小区面积 22.8 m²,随机区组设计,3 次重复,留苗密度为 60 万株·hm⁻²。两处理全生育期施肥量相同,具体施肥量及方式、时期见表 1,其中复合肥 N:P:K 比例为 22:8:15。露地条播采用人工除草,渗水地膜穴播处理不除草,其他管理同常规大田。2014 年夏谷生长季(6—9 月)总降水量 356 mm。

表 1 不同处理施肥方案

处理	底肥			追肥(尿素)	
	鸡粪	复合肥	尿素	拔节初期	开花至灌浆期
露地条播 CK	4 500	150	0	300	150
渗水地膜穴播 WFHS	4 500	150	450	0	0

1.2 测定内容及方法

1.2.1 农艺性状和干物重的测定

于拔节期、孕穗期、抽穗期、灌浆期及成熟期每小区取样 10 株,测定株高、鞘茎粗,穗长测定时期为抽穗后。然后将每个单株的地上部分成叶、茎和穗 3 个部分,在烘箱中将其烘干(先 105 ℃杀青 30 min,然后 80 ℃烘至恒重),用分析天平快速称取干物重。

1.2.2 经济性状测定

于成熟期每小区取 10 株测定经济性状,即单穗重、穗粒重、亩穗数(用单位面积穗数折算)。分小区收获,各小区收获中间 8 行,单收单打,测定籽粒产量,折合亩产。

1.2.3 生理指标测定

于拔节期、孕穗期、抽穗期、灌浆期及成熟期，每小区取样 10 株，测定单株顶部 3 片叶叶面积。在抽穗期，采用美国 LI-COR 公司生产的 LAI-2200（植物冠层分析仪）测定各个小区的群体叶面积指数（LAI）；同时，各小区选取 3 片旗叶，采用美国 LI-COR 公司生产的 LI-6400 型便携式光合作用测定仪测定净光合速率（Pn）。

$$WUE(kg \cdot mm^{-1} \cdot hm^{-2}) = Y/E \tag{1}$$

其中 WUE 为水分利用效率，Y 为单位面积作物产量（$kg \cdot hm^{-2}$），E 为作物生育期耗水量（mm）。

$$E = P+U-R-F_1-\triangle W \tag{2}$$

其中 P 为降水量（mm），U 为地下水补给量（mm），F_1 为深层渗漏量（mm），$\triangle W$ 为试验末期土壤贮水量与初期土壤贮水量之差（mm）。

$$NPFP(kg \cdot kg) = Y/F_2$$

其中 NPFP 为氮肥偏生产力（nitrogen partial factor productivity，NPFP），Y 为施氮后所获得的籽粒产量，F_2 为氮肥的投入量。

1.3 数据处理及分析

两年数据表现趋势一致，采用有代表性数据进行分析。所有数据采用 Microsoft Excel 2010 和 DPS 7.05 软件进行统计分析。

2 结果与分析

2.1 渗水地膜穴播对产量的影响

2014 年属较干旱年份，在不灌水、同等肥力条件下，产量结果表明：渗水地膜穴播表现极显著的增产优势，增产率达 48.57%。因此渗水地膜穴播具有显著的增产效果。分析其产量构成因素可以发现，虽然渗水地膜穴播谷子单位面积穗数和出谷率与露地条播差异不显著，但是其单穗重和单穗粒重显著高于露地条播，分别提高了 20.62% 和 23.78%。说明渗水地膜穴播与露地条播产量产生差异的直接原因是单穗重及单穗粒重的差异，渗水地膜穴播使得谷子单穗重和单穗粒重显著提高（表 2）。

表 2　渗水地膜穴播对产量及产量构成的影响

处理	实收产量（$kg \cdot hm^{-2}$）	单位面积穗数（万·hm^{-2}）	单穗重（g）	单穗粒重（g）	出谷率（%）
露地条播 CK	2 755.99 bB	3.43 a	21.72 b	17.28 b	79.59 a
渗水地膜穴播 WFHS	4 093.77 aA	3.51 a	26.20 a	21.39 a	81.64 a

注：小写字母代表 0.05 显著水平，大写字母代表 0.01 显著水平，下同

2.2 渗水地膜穴播对干物质积累动态的影响

图 1 为不灌溉同等肥力条件下不同处理干物质积累总量的动态变化，结果表明：两

种种植方式地上部总干物重动态趋势均大致相同，而且从抽穗期至收获期，地上部干物质增长速率较快的处理是渗水地膜穴播，比对照高 8.58%。说明在抽穗期至收获期，渗水地膜穴播干物质累积速率较快。从孕穗期开始，两处理地上部干物重差异逐渐增大。

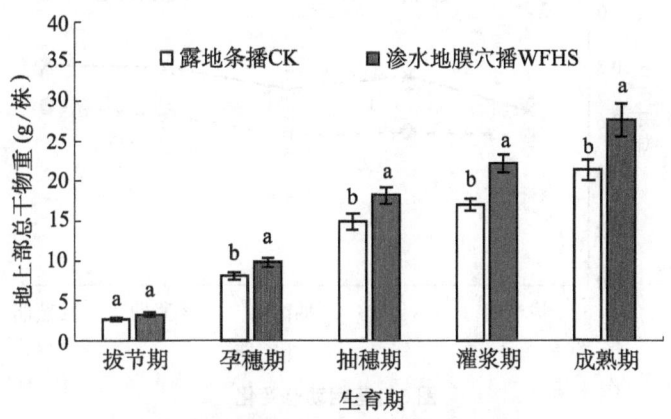

图 1 不同处理地上部总干物重动态变化

2.3 渗水地膜穴播对谷子植株形态的影响

2.3.1 渗水地膜穴播对株高的影响

对不灌溉同等肥力条件下两种种植方式株高的变化动态进行分析（图2），结果表明：两种种植方式的株高变化趋势基本一致，渗水地膜穴播的株高略高于对照；从孕穗期开始，两处理株高差距开始增大。说明渗水地膜穴播对谷子株高的影响主要是从孕穗期开始。

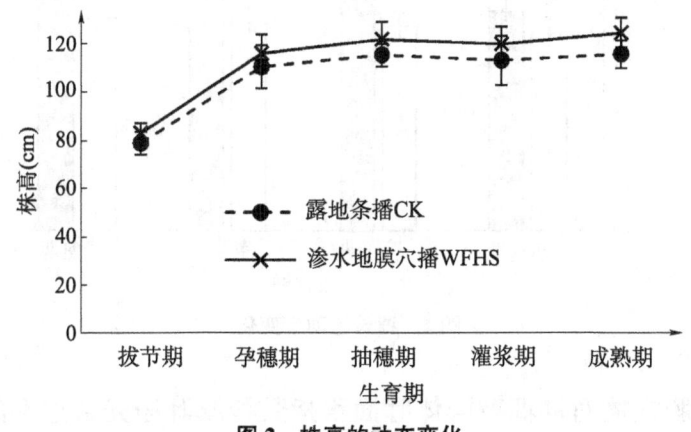

图 2 株高的动态变化

2.3.2 渗水地膜穴播对茎粗变化动态的影响

对茎粗的变化动态进行分析（图3），结果表明：两种种植方式的茎粗变化趋势与株高基本一致，渗水地膜穴播的茎粗全生育期均显著高于对照。其中，以孕穗期茎粗增加的程度最大，达到 37.5%。说明渗水地膜穴播增加了茎粗，起到了壮秆的作用，有利于防止倒伏的发生。

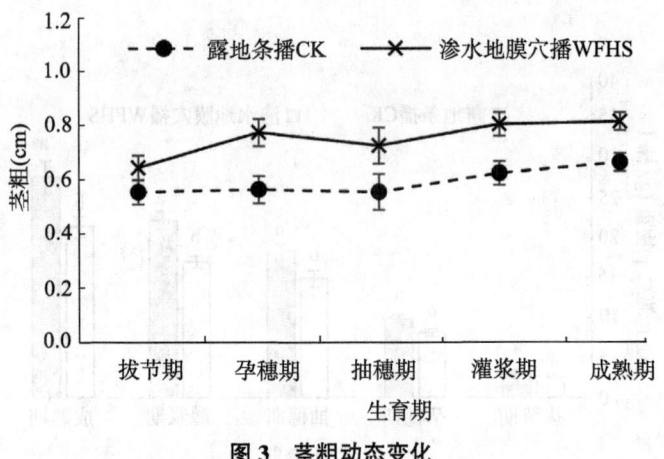

图 3　茎粗动态变化

2.3.3　渗水地膜穴播对穗长变化动态的影响

图 4 显示的是不同处理对穗长的动态影响，结果表明：两种植方式谷子穗长的变化趋势基本一致，均是在抽穗期达到最长，之后穗长基本不变。渗水地膜穴播谷子穗长在各个时期均显著高于对照。其中在收获期时，渗水地膜穴播谷子穗长在 22.3 cm 左右，较对照长 2.6 cm。说明地膜覆盖促进穗部生长，增加了穗长。

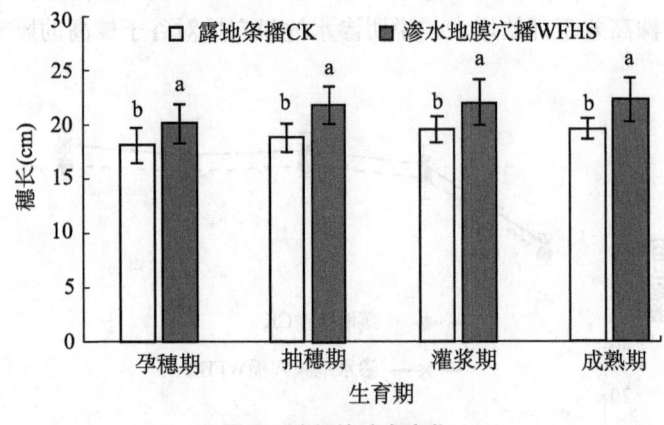

图 4　穗长的动态变化

2.4　渗水地膜穴播对抽穗期群体叶面积指数和旗叶净光合速率的影响

表 3 为两种处理对叶面积指数（LAI）和旗叶净光合速率（Pn）的影响，结果表明：渗水地膜穴播的净光合速率显著高于对照，提高 28.02%；渗水地膜穴播的叶面积指数显著高于对照，提高 25.77%。说明渗水地膜穴播谷子不仅叶面积得到了显著提高，同时其叶片光合性能也得到了显著提高，有利于其干物质的累积。

表 3　渗水地膜穴播对群体叶面积指数和旗叶净光合速率的影响

处理	叶面积指数	净光合速率 （μmol·m⁻²·s⁻¹）
露地条播 CK	5.20 b	22.73 b
渗水地膜穴播 WFHS	6.54 a	29.10 a

2.5　渗水地膜穴播对顶部 3 片叶叶面积变化动态的影响

对在不灌溉同等肥力条件下两种种植方式谷子顶部 3 片叶的叶面积变化动态进行分析，结果表明：两种种植方式的顶部 3 片叶的叶面积变化趋势基本一致，渗水地膜穴播的顶部 3 片叶的叶面积全生育期均明显高于对照。说明渗水地膜穴播增加了主要功能叶片的叶面积，增加了光合有效面积。通过比较两处理旗叶叶面积大小，渗水地膜穴播处理谷子旗叶叶面积在各个时期均显著高于露地条播，其中在抽穗期时其提高的程度最低，仅为 16.35%，之后其提高的程度迅速增加。说明渗水地膜穴播能显著提高谷子旗叶叶面积，尤其是抽穗后期面积迅速增大，有利于提高旗叶光合效率，增加籽粒产量（图 5）。

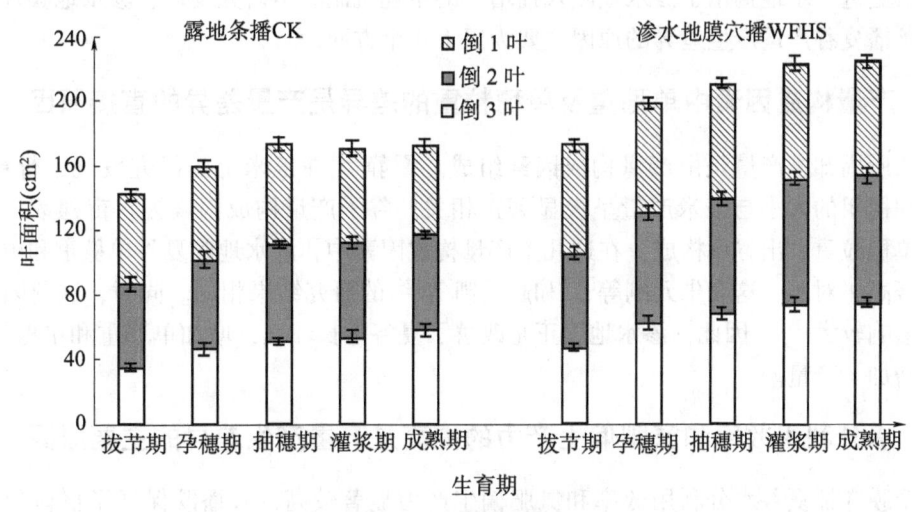

图 5　顶部三片叶叶面积变化动态

2.6　渗水地膜穴播对水分利用率和氮肥偏生产力的影响

对水分利用率和氮肥偏生产力进行分析，结果表明：渗水地膜穴播水分利用率极显著高于对照，较对照提高了 49.18%；氮肥偏生产力极显著高于对照，较对照提高48.43%。因此渗水地膜穴播提高了自然降水的利用率，同时提高了氮肥利用率，起到了显著的保墒和提高肥效作用（表 4）。

表 4　渗水地膜穴播对水分利用率和氮肥偏生产率的影响

处理	水分利用效率 ($kg \cdot mm^{-1} \cdot hm^{-2}$)	较对照提高 (%)	氮肥偏生产力 ($kg \cdot kg^{-1}$)	较对照提高 (%)
露地条播 CK	0.61 bB	—	16.65 bB	—
渗水膜穴播 WFHS	0.91 aA	49.18	24.72 aA	48.43%

3　讨论与结论

旱地谷子地膜覆盖栽培研究始于 20 世纪 90 年代初[4]，是冷凉干旱地区出现的重要增产措施。冷凉地区春播种植需要的是地膜的保温、保墒性能，而夏播地区 6 月中旬播种，温度偏高，因此更倾向于利用地膜的集雨保墒性能。渗水地膜具有透气性，可避免因夏播温度过高出现的烧苗现象，相比于普通地膜，其降低土壤二氧化碳含量，提高根系活力[20]；同时，小雨资源和空气水分能通过渗水地膜单向渗透膜下，综合提高水分利用率、土壤含水量、生产率[21]，具有较好的集雨保墒效果。

前人对春谷渗水地膜穴播的土壤水分[17]、温度[19]、产量[18]等进行了研究，发现在不同地区、年份、地力、品种间增产幅度差异较大，但是保墒、保温、增产的效应一致，这与本研究结果也是一致的，所不同的是本研究从干物质积累、光合速率、叶面积等方面更进一步地揭示了渗水地膜穴播增产的生理机制。本研究发现，渗水地膜穴播与露地条播夏谷产量产生差异的原因主要为以下 4 个方面。

3.1　产量构成因素中单穗重及单穗粒重的差异是产量差异的直接原因

众所周知，产量是由产量构成因素组成。谭静[22]在玉米上的研究发现，行粒数、粒重和穗粗的大小与玉米产量呈极显著正相关。谷子产量构成因素为：亩穗数、单穗重、单穗粒重、出谷率构成。在这几个产量构成因素中，渗水地膜夏谷单穗重和单穗粒重显著高于对照，这和朱元刚等[23]和赵禹凯等[24]的研究结果相同。同时，这两因素受环境影响较大[25]，因此，渗水地膜正是改善了夏谷生长环境，增加单穗重和单穗粒重，从而增加了产量。

3.2　水分利用效率和氮肥偏生产力的提高是产量产生差异的主要原因

全膜穴播夏谷水分利用效率和氮肥偏生产力显著较高，穴播既保证了群体顶土出苗，又减少了多余谷苗对水肥的浪费，而水分和氮素作为作物高产的主要因素[26]，其利用率的提高使得谷子体内生理活性增强，水分和氮素通过影响光合过程，进而影响氮素转化，进而影响蛋白质合成，而作为生理活性物质酶类也必然会受到显著影响，最终影响谷子产量及品质。

3.3　营养生长与生殖生长状况是产量产生差异的物质基础

作物的高产，离不开干物质的积累。渗水地膜穴播夏谷有较高的干物质积累总量，这就为高产提供了物质基础。同时其株高、茎粗、群体叶面积指数均显著高于露地条播，这就说明其营养生长得到了增强；渗水地膜穴播夏谷穗长较对照显著增加，这就说明其生殖生长也得到了增加。但是其营养生长和生殖生长是否协调，在各个时期生长中心的转移是否符合高产要求，还需要进一步对各个时期各器官干物质变化动态来进行分析。

3.4 抽穗期源器官活性较强是产量产生差异的生理原因

有研究表明[27]，适宜的"源—库"关系，源库协调增加，有利于玉米产量的提高。刘晓辉等[28]在谷子上研究发现，倒 2 叶对子粒的贡献率最大，上、中、下 3 部叶对产量的贡献率以上部最高。本研究发现，抽穗期顶部 3 片叶叶面积较高，且旗叶光合能力强，其作为谷穗最近的源器官，这就为谷穗（库）的发育、灌浆、成熟提供了良好的生理基础，这就进一步对刘晓辉等的研究进行了补充证明。

降水量偏少的年份，渗水地膜穴播虽然能使产量显著提高，但是渗水地膜穴播在夏谷种植上还有一定的缺点和局限性。夏谷亩留苗在 4 万株左右，是春谷密度的 2 倍，如遇到多雨或大风年份，全膜穴播很可能会造成倒伏现象。因此在夏播地区应用，尚需选择抗倒性较好的品种。另外，采用渗水地膜穴播技术，还应考虑残膜的回收，避免造成白色污染。

参考文献

[1] 管延安. 我国谷子科研与生产概况 [J]. 园艺与种苗, 1994 (5): 16-19.

[2] 刁现民. 中国谷子产业与产业技术体系 [M]. 北京: 中国农业科学技术出版社, 2011.

[3] 程汝宏. 我国谷子育种与生产现状及发展方向 [J]. 河北农业科学, 2005, 9 (4): 86-90.

[4] 刘猛, 赵宇, 李顺国. 河北省太行山区谷子生产现状与发展建议 [J]. 农学学报, 2011, 1 (9): 57-60.

[5] 刘猛, 李顺国, 张新仕. 河北省主要杂粮优势区域布局研究 [J]. 中国农学通报, 2011, 27 (26): 174-180.

[6] 王志敏, 赵明. 作物栽培与生理学研究进展 [M]. 北京: 中国农业大学出版社, 2003: 403-406.

[7] 崔福柱, 郝建平, 杨锦忠, 等. 特早熟夏玉米地膜覆盖的温度水分效应 [J]. 山西农业大学学报, 2001, 21 (1): 24-26.

[8] Zhou L M, Jin S L, Liu C G, et al. Ridge-furrow and plastic-mulching tillage enhances maize-soil interactions: opportunities and chanallenges in a semiarid agroecosystem [J]. Field Crops Research, 2012, 126, 181-188.

[9] Wang Y J, Xie Z K, Malhi S S, et al. Effects of rainfall harvesting and mulching technologies on water use efficiency and crop yield in the semi-arid loess Plateau, China [J]. Agricultural Water Management, 2009, 96 (3), 374-382.

[10] Dong B D, Liu M Y, Jiang J W, et al. Growth, grain yield, and water use efficiency of rainfed spring hybridmillet (Setaria italica) in plastic-mulched and unmulched fields [J]. Agricultural Water Management, 2014, 143 (1): 93-101.

[11] 姚建民, 张宝林, 殷海善. 渗水地膜利用旱地小雨量资源研究 [J]. 水土保持通报, 1998,

18 (3)：24-29.

[12] 姚建民．渗水地膜研制及其应用 [J]．作物学报，2000，26 (2)：185-189.

[13] 原红娟，郝建平．渗水地膜覆盖对棉花生长发育动态研究 [J]．耕作与栽培，2009，20 (2)：20-21.

[14] 郭秀卿，崔福柱，郝建平，等．高粱渗水地膜覆盖生长发育动态研究 [J]．山西农业大学学报（自然科学版），2007，27 (3)：260-261.

[15] 樊俊华，郝建平，宋晓丽．旱地冬小麦渗水地膜覆盖下温度及产量效应研究 [J]．山西农业大学学报，2006，26 (3)：242-244，287.

[16] 崔福柱，郭秀卿，郝建平，等．旱地谷子渗水地膜覆盖温度变化研究 [J]．山西农业大学学报（自然科学版），2008，28 (2)：172-175.

[17] 崔福柱，郭秀卿，郝建平，等．旱地谷子渗水地膜覆盖周年水分变化研究 [J]．山西农业科学，2007，35 (9)：34-36.

[18] 郭秀卿，崔福柱，郝建平，等．渗水地膜覆盖对旱地谷子生育时期及产量的影响 [J]．山西农业大学学报（自然科学版），2012，32 (2)：107-111.

[19] 姚建民，李文刚，杨瑞平．谷子旱地渗水地膜全覆盖精密穴播高产技术研究 [J]．山西农业科学，2014，42 (11)：1 183-1 185，1 196.

[20] 池宝亮，黄学芳，张冬梅．微孔地膜覆盖玉米的纳雨通气效应 [J]．应用生态学报，2006，17 (4)：755-758.

[21] 殷海善．宽幅渗水地膜覆盖集雨式仿丰产沟耕作栽培技术效果研究 [J]．水土保持学报，2005，19 (1)：196-199.

[22] 谭静，陈洪梅，韩学莉．玉米杂交种产量与产量构成因素的相关和通径分析 [J]．华北农学报，2009，24 (S2)：155-158.

[23] 朱元刚，高凤菊．不同行株距配置下夏播谷子产量及相关性状的多重分析 [J]．核农学报，2014，28 (12)：2 290-2 299.

[24] 赵禹凯，王显瑞，陈高勋．谷子主要农艺性状的相关和通径分析 [J]．内蒙古农业大学学报（自然科学版），2014 (2)：35-38.

[25] 黄英杰，张岩．谷子品种产量及主要产量构成因素稳定性的分析 [J]．作物杂志，2002 (5)：43-44.

[26] 张亚琦，李淑文，付巍．施氮对杂交谷子产量与光合特性及水分利用效率的影响 [J]．植物营养与肥料学报，2014，20 (5)：1 119-1 126.

[27] 王永宏，王克如，赵如浪．高产春玉米源库特征及其关系 [J]．中国农业科学，2013，46 (2)：257-269.

[28] 刘晓辉，杨明，宋桂芹．谷子生产潜力的基础研究 Ⅳ．谷子不同类型品种源库关系的研究 [J]．吉林农业科学，2002，27 (3)：7-10.

[此文原刊载于《中国农业科技导报》，2016，18 (3)：119-125]

环渤海雨养旱作区冬小麦起垄覆膜侧播种植模式研究

黄素芳[1]，刘振敏[1]，白艳梅[2]，徐玉鹏[1]，李金英[3]，阎旭东[1]

(1. 沧州市农林科学院；2. 黄骅市农业局；3. 泊头市农业局)

摘　要：为探索环渤海雨养旱作区旱作冬小麦最佳覆膜种植模式，在 2014—2015 年和 2015—2016 年两个生长季，以沧麦 6005 为材料，在河北沧州研究了 6 种种植模式下冬小麦的群体结构、干物质积累、叶面积指数、产量和产量三因素变化。结果表明：两年中 A2 处理（起垄覆膜，垄宽 45 cm，沟宽 45 cm，沟内种 4 行，行距 15 cm）的产量均最高，分别比 CK（露地等行距平播）增产 68.48% 和 56.18%，均达极显著水平。其成穗数最高，达到 639.30 万穗·hm^{-2}，比 CK 增加 13.28%；平均穗粒数 23.35 个，比 CK 增加 13.68%；千粒质量最高，平均为 40.28 g，比 CK 增加 7.44%；成穗率最高，达到 59.91%，比 CK 增加 14.11%；成熟期干物质量最高，比 CK 增加 26.95%，差异均达显著或极显著水平；且 A2 的 LAI 在孕穗期达到最高，为 6.74，比 CK 增加 16.84%，后期其 LAI 变化平缓。因此，该模式种植结构合理，增产效果显著，适宜在环渤海低平原雨养旱作区推广应用。

关键词：冬小麦；旱作；覆膜侧播；种植模式

　　环渤海地区光热资源丰富，淡水资源严重匮乏。区域内降雨分布不均，年降水量一般在 400~600 mm，且 70% 主要集中在 7—9 月，易导致季节性干旱缺水[1,2]。冬小麦的生育期在 10 月至翌年 6 月，生育期长、耗水量大，其生长需水与降水集中期严重错位[3,4]，主要耗水阶段（3—6 月）的降水一般只占全年降水的 20%~30%，且蒸发量大，自然降水利用率低，其中仅有 50% 可供小麦生长利用[4]，因此干旱成为制约该区小麦生长发育的主要瓶颈，造成冬小麦产量低而不稳[4-7]。尤其地下水压限采、轮作休耕等政策相继出台后，冬小麦生产受到严重冲击。因此，研发冬小麦旱作技术，最大限度保蓄土壤水分，提高自然降水利用率已成为该区小麦产业可持续发展的重要途径[4-8]。

　　地膜覆盖是旱作区有效蓄水保墒和提高作物产量的重要技术措施，在西北地区应用较广[3-5]，在环渤海区尚无规模化应用。而不同覆膜技术因生态、气候条件等的不同、覆膜时间、技术本身特点而有较大差异[3,6]。笔者针对性开展专项试验研究，通过前期试验对比膜下、膜侧不同播种方式，已明确起垄覆膜侧播种植方式优于膜下穴播种植[9]。小麦起垄覆膜侧播种植通过在田间起垄，垄面覆膜，可有效改善旱地小麦水分供应状况，实现降水由垄面（集水区）向沟内（种植区）汇集，集雨效果显著；同时能将微小的无效降雨（<5 mm）变为有效降雨，达到雨水就地富集、利用的目的[11]。小麦覆膜种植条件下，可以抑制膜下水分的蒸发，利于保蓄土壤水分，改善小麦水肥利用状况，能有效提高作物的水分利用效率，从而促进小麦生长发育，最终增加小麦产量[3-15]。本研究进行不同覆膜侧播种植模式试验，旨在明确适宜该区域的冬小麦覆膜侧

播种植模式，为该区冬小麦旱作栽培提供理论指导，对缓解环渤海低平原区旱地小麦生产中存在的严重春旱问题意义重大。

1 材料与方法

1.1 试验材料

试验品种为抗旱耐盐碱小麦新品种沧麦 6005，由沧州市农林科学院选育。覆盖地膜为厚 0.008 mm 的聚乙烯农用地膜。试验于 2014—2016 年在沧州市农林科学院前营试验站进行。

1.2 试验设计

试验采用随机区组设计，设 6 个处理。CK：等行距 15 cm 平播。A1：覆膜宽 30 cm，沟宽 30 cm，沟内播种 3 行。A2：覆膜宽 45 cm，沟宽 45 cm，沟内播种 4 行。A3：覆膜宽 60 cm，沟宽 30 cm，沟内播种 3 行。A4：覆膜宽 30 cm，沟宽 60 cm，沟内播种 5 行。A5：覆膜宽 60 cm，沟宽 60 cm，沟内播种 5 行。3 次重复，18 个小区，小区面积 42 m²（6 m×7 m）。覆膜处理均为起垄覆膜膜侧播种，行距均为 15 cm。各处理每行的播种量均为 23.61 g。2015 年 10 月 5 日播种，2016 年 10 月 7 日播种。

1.3 试验调查

每个小区取 3 个样点，样点面积 0.33 m²。

群体数量调查：于小麦苗期、冬前期、返青期、拔节期、抽穗期分别调查基本苗、冬前蘖、返青蘖、拔节期茎数、成穗数。

产量及产量因素测定：小麦成熟期将样点植株取样进行室内考种，分别测定穗数、穗粒数、千粒质量，另每小区实收计产。

干物质量测定：于小麦苗期、拔节期、抽穗期、成熟期，每个小区取 0.33 m²小麦植株，在 105 ℃杀青 30 min，75 ℃烘干至恒重后，称取干质量。

叶面积测定：叶面积每个小区选 3 个点，每点选 20 茎进行测量，计算公式如下。

小麦叶面积=叶长×叶宽×0.83

叶面积指数=单茎叶面积×每公顷茎数/1 000

1.4 田间管理

2014—2015 年、2015—2016 年播种前每公顷施有机肥 6 000 kg、复合肥 300 kg，全生育期不浇水。2014—2015 年全生育期不追肥，2015—2016 年于 2016 年 4 月 1 日采用旱地冬小麦春季追施水溶肥技术追肥（每小区 1.26 kg 尿素，加水 126 L 溶解后隔行沟施），各小区其他管理措施一致。

1.5 数据处理

采用 Microsoft Excel 2003 和 SPSS 22.0 软件处理和分析数据，用 LSD 法进行多重比较。

2 结果与分析

2.1 不同种植模式对产量的影响

由表 1 可知,覆膜侧播处理均可提高冬小麦的产量。2014—2015 年和 2015—2016 年起垄覆膜侧播各处理产量均高于 CK,平均产量分别为 3 862.46 和 4 292.38 kg·hm^{-2},分别比 CK 增产 57.62%和 39.84%。两年中均以 A2 处理的产量最高,分别达到 4 128.40 和 4 793.84 kg·hm^{-2},分别比 CK 增产 68.48%和 56.18%,均达极显著水平。两年平均 A2 处理的产量均高于另外 4 个覆膜处理,分别比 A1、A3、A4、A5 增产 12.39%、18.47%、9.28%和 8.57%。

通过对产量构成因素进行分析得出(表 1),覆膜侧播处理的平均成穗数为 609.18 万穗·hm^{-2},比 CK 增加 7.94%;除 A3 的成穗数略低于 CK 外,其他 A1、A2、A4、A5 处理的成穗数均高于 CK,A2 的成穗数最高为 639.30 万穗·hm^{-2},比 CK 增加 13.28%。覆膜侧播处理穗粒数和千粒重均高于 CK,覆膜侧播处理的平均穗粒数为 22.84 个,比 CK 增加 11.20%,A2 处理的平均穗粒数为 23.35 个,比 CK 增加 13.68%。覆膜侧播处理的平均千粒质量为 39.54 g,比 CK 增加 5.49%,A2 的千粒质量平均为 40.28 g,比 CK 增加 7.44%。方差分析结果表明:处理 A2 的成穗数,2014—2015 年极显著高于 CK 和 A3,2015—2016 年显著高于 CK 和 A3,与其他处理间(A1、A4、A5)差异未达到显著水平;A2 的穗粒数和千粒质量均高于 CK,穗粒数差异性变化两年结果有差异,2014—2015 年与 CK 间差异不显著,2015—2016 年则极显著高于 CK;A2 的千粒质量 2014—2015 年显著高于 CK,2015—2016 年极显著高于 CK。相关性分析表明:2014—2015 年和 2015—2016 年,产量与穗数呈极显著($r = 0.802$)和显著($r = 0.582$)正相关,而两年的穗粒数和千粒质量与产量相关性均不显著。

表 1 不同种植模式的小麦产量及产量构成因素比较

年 份	处 理	穗 数 (万·hm^{-2})	穗粒数 (个)	千粒质量 (g)	产 量 (kg·hm^{-2})
2014—2015 年	CK	535.80 cB	21.72 cD	38.95 bA	2 450.45 dC
	A1	603.45 abA	21.03 cD	40.25 abA	3 771.80 bcAB
	A2	628.65 aA	22.00 cCD	41.30 aA	4 128.40 aA
	A3	533.50 cB	25.40 aA	41.20 aA	3 536.70 cB
	A4	587.55 bA	23.28 bBC	39.65 abA	3 838.90 abcAB
	A5	601.80 abA	23.63 bB	40.50 abA	4 036.50 abA
2015—2016 年	CK	592.95 bA	19.35 cB	36.02 cB	3 069.40 cB
	A1	655.95 aA	20.17 cB	39.33 aA	4 166.97 bcAB
	A2	649.95 abA	24.70 aA	39.25 aA	4 793.84 aA
	A3	585.00 bA	24.20 abA	38.50 abA	3 994.29 bcAB
	A4	637.95 abA	20.68 bA	37.28 bcAB	4 325.35 abAB
	A5	607.95 abA	23.27 bA	38.17 abAB	4 181.46 bcAB

2.2 不同种植模式对小麦群体数量及成穗率的影响

由表 2 两年小麦群体数量变化结果可知，各处理总茎数的变化趋势基本一致，均呈现先增加后减少的趋势，最高总茎数在起身期达到最高峰，以后逐渐下降。CK 的单位面积播种量最大，其基本苗数量也最大，均显著高于 5 个覆膜侧播处理，A1～A5 处理分别比 CK 减少 16.80%、19.66%、32.99%、10.11%、19.71%。进入分蘖期后，不同处理对小麦分蘖能力的影响不同，覆膜处理提高了小麦单株分蘖能力，冬前期分蘖数除 A3 极显著低于其他覆膜处理和 CK 外，A1、A2、A4、A5 与 CK 5 个处理间差异不显著，说明覆膜处理通过促进小麦分蘖，从而弥补其基本苗的不足，调节单位面积的茎蘖数总量达到最佳状态，而 A3 的平均基本苗比 CK 少 129.55 万·hm^{-2}，其通过覆膜促进小麦分蘖的能力尚不能弥补基本苗的不足，因而总茎数低。最高茎数除 A3 低于其他覆膜处理和 CK 外，其他处理间差异不显著。所有覆膜处理的单位面积成穗数平均比 CK 增加 7.94%，A1、A2、A4、A5 显著高于 CK，A3 略低于 CK，但与 CK 间差异不显著，其中 A2 的成穗数最高，平均达到 639.30 万·hm^{-2}，比 CK 增加 13.28%。所有覆膜处理的成穗率均显著高于 CK，平均比 CK 增加 10.68%，其中 A2 的成穗率最高，达到 59.91%，极显著高于 CK，比 CK 增加 14.11%。说明覆膜处理通过调节水分、光热资源，能激发小麦群体自我调节能力，促进小麦单株分蘖，提高成穗率，从而增加单位面积成穗数，调节群体达到最佳状态。

表 2 小麦各生育时期群体数量变化

处理	各生育时期茎（穗）数（万·hm^{-2}）					成穗率（%）
	苗期	冬前期	返青期	拔节期	成熟期	
2014—2015 年						
CK	396.25 aA	999.15 aA	1 137.45 aA	838.00 cB	535.80 cB	47.15 bB
A1	331.45 bcC	993.75 aA	1 153.15 aA	918.45 abA	603.45 abA	52.41 aAB
A2	309.75 cBC	1 008.3 aA	1 123.3 aA	961.65 aA	628.65 aA	55.97 aA
A3	268.15 dC	899.15 bB	1 021.50 bA	833.60 cB	533.50 cB	52.24 aAB
A4	355.95 bAB	1 006.45 aA	1 110.00 aAB	887.25 bcAB	587.55 bA	53.00 aAB
A5	306.35 cdBC	1 009.75 aA	1 149.10 aA	927.45 abA	601.80 abA	52.49 aAB
2015—2016 年						
CK	389.12 aA	864.12 aA	1 025.11 aA	738.01 bcB	592.95 abA	57.85 cB
A1	322.01 cC	875.20 aA	1 026.56 aA	782.12 aAB	655.95 aA	63.93 aA
A2	321.21 cC	877.01 aA	1 018.65 aA	807.56 aA	649.95 abA	63.85 aA
A3	258.13 dD	822.00 bB	935.25 bB	730.32 bA	585.00 bA	62.57 abA
A4	350.05 bB	878.25 aA	1 002.32 aAB	798.12 aA	637.95 abA	63.67 abA
A5	324.23 cBC	871.11 aA	998.25 aAB	777.12 abAB	607.95 abA	60.92 bAB

2.3 不同种植模式对小麦干物质积累的影响

由表 3 可知,不同处理干物质积累的趋势相似,且两年趋势一致,拔节期以前干物质积累速度较慢,干物质积累量比较少,拔节期后干物质积累速度加快,开花后干物质积累速度逐渐变慢,均在成熟期干物质积累量达到最高。冬前期 A3 处理的干物质积累量略低于 CK,但与 CK 间差异不显著,A1、A2、A4、A5 处理均极显著高于 CK,分别比 CK 增加 13.54%、16.84%、16.94% 和 15.01%。说明 CK 虽然基本苗数量最大,但覆膜处理通过提高小麦单株分蘖能力,并促进小麦单株干物质量积累,因此冬前总干物质积累量高于 CK,而 A3 处理,由于基本苗最少,其干物质积累量略低于 CK,但差异不显著。至拔节期各处理间的干物质积累量差异均不显著。抽穗期 A1~A5 覆膜处理的干物质积累量均极显著高于 CK。成熟期所有覆膜处理干物质积累量均高于 CK,平均比 CK 增加 17.83%,A1~A5 处理分别比 CK 增加 18.76%、26.95%、9.14%、16.62% 和 17.66%,其中 A2 的干物质量最高,达到 9 836.17 kg·hm^{-2},极显著高于其他覆膜处理和 CK。

表 3 不同处理的小麦地上部干物质量 （kg·hm^{-2}）

处理	冬前期	拔节期	抽穗期	成熟期
2014—2015 年				
CK	521.91 bB	2 591.02 aA	6 255.02 eE	6 853.48 eE
A1	594.09 aA	2 524.51 aA	7 663.48 aA	8 365.48 bcBC
A2	612.34 aA	2 639.52 aA	7 681.50 aA	9 085.50 aA
A3	515.12 bB	2 349.49 aA	6 704.98 dD	7 892.98 dD
A4	612.09 aA	2 592.97 aA	7 303.50 cC	8 266.52 cC
A5	602.51 aA	2 573.48 aA	7 483.52 bB	8 486.97 bB
2015—2016 年				
CK	527.94 bBC	1 771.92 aA	7 586.64 eE	8 642.29 dC
A1	597.96 aAB	1 890.98 aA	8 257.92 cC	10 036.81 bB
A2	614.34 aA	1 973.25 aA	9 167.52 aA	10 586.835 aA
A3	495.68 bC	1 757.26 aA	7 834.95 dD	9 018.72 cC
A4	615.61 aA	1 915.01 aA	8 458.89 bB	9 804.33 bB
A5	604.88 aAB	1 959.75 aA	8 422.68 bBC	9 745.515 bB

2.4 不同种植模式对小麦叶面积指数的影响

由图 1 可以看出,小麦叶面积指数（LAI）整个生育期呈先上升后下降的变化趋势,至孕穗期达到最大,抽穗后逐渐下降直至成熟,且两年变化规律一致。冬前测定中各处理 LAI 差异不明显,到拔节期各覆膜处理的 LAI 均显著高于 CK,A1 的 LAI 最高,为 3. 44，与 A2 间差异不显著。孕穗期各处理 LAI 值达到最高，A2 的 LAI 达到 6.73，显著高于 CK，比 CK 增加 16.84%。灌浆期覆膜处理的 LAI 高于 CK，其中 A2 处理的 LAI 为 4.64，LAI 下降缓慢。综上，覆膜对 LAI 有一定影响，使其在孕穗期维持较高的 LAI，且后期 LAI 消减变化平缓，利于形成高效的 LAI。

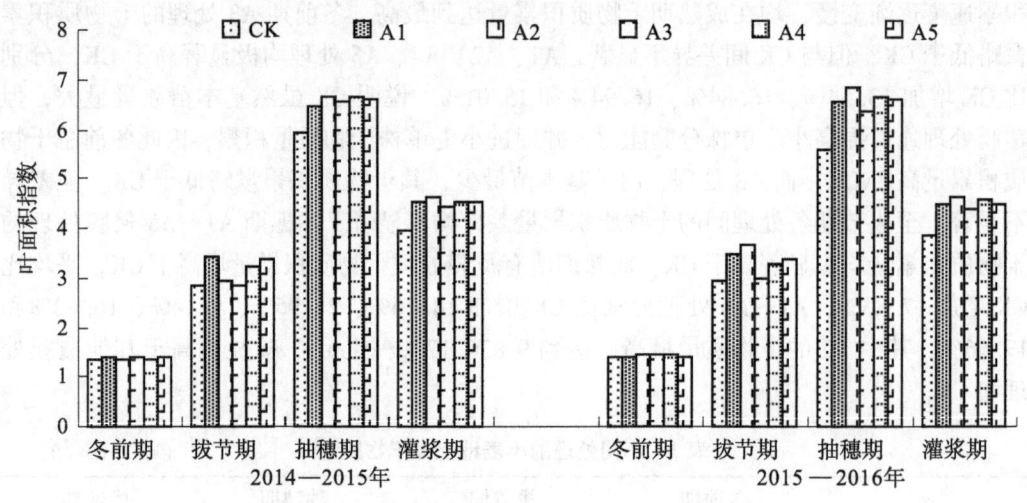

图1　不同种植模式下各时期小麦叶面积指数变化

3　结论与讨论

本试验研究表明，起垄覆膜宽 45 cm，垄上覆 55 cm 宽薄膜，膜侧沟内播种，沟内畦面宽 45 cm，种 4 行小麦，小麦行距 15 cm 的起垄覆膜侧播种植模式结构比较合理，两年产量均显著高于 CK，平均产量达 4 461.12 kg·hm^{-2}，比 CK 增产 61.64%。该种植模式增产的主要原因在于在较高水平上协调了产量三因素的关系，通过调节水分、光热资源，激发了小麦群体自我调节能力，提高小麦分蘖能力，提高成穗率，保证了合理成穗数，同时促进了穗粒数和千粒质量的增加，最终提高产量。A3 处理成穗数略低于 CK，与 CK 间差异不显著，但其穗粒数和千粒质量均显著高于 CK，从而使最终产量比 CK 有所增加。

小麦分蘖能力是保证足够穗数的关键。小麦分蘖调节能力受品种特性、水分、温度等外界条件变化的影响[16]。覆膜侧播种植蓄雨、保墒、增温效果明显，因此，覆膜侧播可实现对产量构成因素的调节，尤其是对单位面积穗数的调节。本研究覆膜侧播的播种量均低于 CK，但产量均高于 CK 的原因就在于覆膜侧播条件下小麦单株分蘖能力的调节幅度所致，出苗期 CK 显著高于 5 个覆膜处理，但随着进入分蘖期，这种差距在逐渐减少。低密度处理可以通过充分发挥分蘖潜力，使群体水平的差异变小。但 A3 处理因基本苗与 CK 间差异较大，即使其单株分蘖能力较强，但终因分蘖数少，成穗数还是略低于 CK。A2 处理在基本苗少于 CK 的前提下，通过发挥单株的分蘖能力，单株分蘖的增多弥补了基本苗的不足，使成穗数高于 CK。

小麦群体质量是决定小麦各产量构成因素是否合理和产量高低的主要因素，干物质积累是小麦群体结构的重要指标，要想获得高的经济产量必须有高的生物产量为前提[16]。覆膜侧播处理集雨、保墒、增温作用显著，且通风透光性增强，因此虽基本苗数量小于 CK，但通过促进小麦单株分蘖，从而增加群体数量，在群体基数小的前提下，赶上或超过 CK；且覆膜侧播利于促进小麦个体发育，调节个体发育程度和群体总茎数相对稳定的能力强，利于构建合理群体，利于群体干物质量的积累[16-18]。A2 种植模式成熟期的干物质积累量为 9 836.17 kg·hm^{-2}，极显著高于 CK，比 CK 增加 26.95%，说明该种植模式在增加群体数量的同时保证群体质量，促进个体发育，利于群体干物质量的积累。

小麦叶面积对小麦籽粒产量的形成具有较大的影响，合理的群体叶面积是高产形成的保证[16,19,20]。生育后期 LAI 变化对小麦产量及产量构成因素有着重要的影响，A2 种植模式生育后期 LAI 变化平缓，孕穗期和灌浆期保持适当的 LAI，从而有利于光合产物的形成，有利于粒重的增加[19,20]。

参考文献

［1］ 阎旭东. 环渤海湾低平原区耐盐植物资源及环境改良 ［M］. 北京：中国农业科学技术出版社，2009.

［2］ 刘小京，阎旭东. 沧州市渤海粮仓科技示范工程主推技术 ［M］. 北京：中国农业科学技术出版社，2016.

［3］ 柴守玺，杨长刚，张淑芳，等. 不同覆膜方式对旱地冬小麦土壤水分和产量的影响 ［J］. 作物学报，2015，41（5）：787-796.

［4］ 杨长刚，柴守玺，常磊，等. 不同覆膜方式对旱作冬小麦耗水特性及籽粒产量的影响 ［J］. 中国农业科学，2015，48（4）：661-671.

［5］ 杨长刚，柴守玺，常磊. 半干旱雨养区不同覆膜方式对冬小麦水分利用及产量的影响 ［J］. 生态学报，2015，35（8）：2 676-2 685.

［6］ 程宏波，柴守玺，陈玉章，等. 西北旱地春小麦不同覆盖措施的温度和产量效应 ［J］. 生态学报，2015，35（19）：6 316-6 325.

［7］ Wang F H, He Z H, Sayre K, et al. Wheat cropping systems technologies in China ［J］. Field-Crops Research, 2009, 111: 181-188.

［8］ Zhang S L, Sadras V, Chen X P, et al. Water use efficiency of dry land wheat in the Loess Plateau in response to soil and crop management ［J］. Field Crops Research, 2013, 151: 9-18.

［9］ 黄素芳，刘振敏，白艳梅，等. 环渤海雨养旱作区冬小麦不同覆膜种植方式试验研究初报 ［J］. 天津农业科学，2017，23（5）：94-96.

［10］ 张鹏，张晓芳，卫婷，等. 垄膜沟播与平膜侧播对冬小麦光合特性和产量的影响 ［J］. 干旱地区农业研究，2012，30（6）：32-37.

［11］ 张睿，刘党校，李素绵. 小麦覆膜增产机理研究 I. 不同品种生育期及产量结构变化研究 ［J］. 麦类作物学报，1999，19（2）：45-48.

［12］ 张睿，刘党校，李景琦，等. 地膜覆盖对低群体冬小麦生长发育效应的研究 ［J］. 麦类作物学报，1998，18（1）：53-57.

［13］ 董琦，冯变娥，乔俊芳，等. 不同种植方式对丘陵地小麦田土壤水分、产量及水分利用效

率的影响［J］. 激光生物学报，2015，24（6）：573-579.

［14］ 巨兆强，董宝娣，孙宏勇，等. 滨海低平原干旱区全膜覆土穴播冬小麦田水热特征和产量效应［J］. 中国生态农业学报，2016，24（8）：1 088-1 094.

［15］ 高艳梅，孙敏，高志强，等. 不同降水年型旱地小麦覆盖对产量和水分利用效率的影响［J］. 中国农业科学，2015，48（18）：3 589-3 599.

［16］ 胡焕焕. 播种期和密度对冬小麦群体质量和产量的调控效应［D］. 保定：河北农业大学，2008.

［17］ 肖宇，岳明强，刘艳昆，等. 限灌条件下环渤海低平原区冬小麦最佳播期播量行距研究［J］. 中国农学通报，2016，32（21）：32-37.

［18］ 张宪印，钱兆国，米勇，等. 栽培模式对鲁中地区小麦群体数量、产量和水分利用的影响［J］. 麦类作物学报，2014，34（6）：7-10.

［19］ 张素瑜，王和洲，杨明达，等. 不同水分条件下玉米秸秆还田对小麦群体发育和干物质积累及产量的影响［J］. 麦类作物学报，2016，36（9）：1 183-1 190.

［20］ 冯素伟，李淦，姜小苓，等. 不同小麦品种生育后期叶面积指数变化及其对产量的影响［J］. 河南科技学院学报，2012，40（1）：7-10.

［此文原刊载于《作物研究》，2017，31（5）：477-481，523］

不同耕作方式对春玉米土壤水分、温度及产量的影响

王秀领[1]，闫旭东[1]，徐玉鹏[1]，芮松青[1]，岳明强[1]，

刘　震[1]，潘秀芬[2]，赵松山[1]，韩慧敏[3]

（1. 沧州市农林科学院；2. 沧州市农业技术推广站；3. 沧州市第一中学）

摘　要：本试验旨研究覆膜和露地、垄作和平作及膜下和膜侧播种对黑龙港区域春玉米产量形成过程的调节效应。结果表明，覆膜、垄作和膜下播种均显著提高耕层土壤温度，玉米吐丝前增温效果更明显；覆膜对耕层土壤含水量的调控效应达显著水平，吐丝前后分别提高 11.08% 和 10.38%；覆膜能显著提高春玉米苗期、吐丝期和成熟期叶面积指数和干物质积累量，垄作和膜下播种仅显著提高了苗期叶面积指数和干物质积累量；覆膜、垄作和膜侧播种显著提高春玉米产量，增产幅度分别为 10.3%～21.7%、8.5%～12.3% 和 2.8%～6.6%，增产的原因主要是穗粒数的显著增加。因此，垄作覆膜膜侧播种栽培技术可成为保障黑龙港区域春玉米稳产增产的技术手段之一。

关键词：春玉米；覆膜；垄作；膜下播种；膜侧播种

黑龙港流域地区是我国重要的粮食产区，在我国北方地区率先实现小麦—玉米两茬平播 15 t·hm^{-2}。同时，黑龙港流域地下水长年严重超采，造成该地区水资源供应紧张。为了缓解该地区水资源供求紧张的局面，有学者提出应提高雨养作物——玉米在种植体系中的比例[1]。该区由于受春季气温和地温较低，尤其雨水较少的影响，导致传统春玉米出苗不齐、幼苗不壮、发苗慢等问题，限制了产量的提升。严重制约了该地区的春玉米生产。研究表明，土壤覆膜具有增温保墒，降低田间水分蒸发，提高作物产量等作用[2-5]。垄作栽培亦可改善土壤的热、水条件，提高土壤的农作性[6]，具有节水增产的效果。本试验以增温集雨保墒、苗全苗壮、促苗早发为突破口，通过研究起垄覆膜、膜下膜侧播种等不同种植模式对春玉米产量形成过程的调节效应[7-17]，确定黑龙港地区雨养春玉米最佳种植模式，为该地区水资源供应紧张的情况下，实现玉米的高产节水栽培提供理论依据和技术支撑。

1　材料与方法

1.1　试验地概况

试验于 2013—2015 年在河北省沧州市农林科学院前营试验站进行，试验站位于河北省东南部，属暖温带半湿润大陆季风气候，年均温 13 ℃，≥10 ℃积温 4 349 ℃，年均降水量 600 mm 左右，70%～80% 集中在 7、8 月，具体基本气候情况见表 1。土壤为沙质潮土，0～20 cm 土层有机质含量为 15.4 g·kg^{-1}、碱解氮含量为 22.3 mg·kg^{-1}、

速效磷含量为 17.9 mg·kg^{-1}、速效钾含量为 103.0 mg·kg^{-1}。

表1　试验站基本气候情况

月 份	1月	2月	3月	4月	5月	6月	7月	8月	9月	10月	11月	12月
平均温度（℃）	-3.0	-0.4	6.1	14.5	20.5	25.1	26.5	25.6	20.9	14.2	5.7	-1.0
极端最高温（℃）	13.8	22.0	26.4	33.9	37.9	40.3	40.5	37.7	34.1	30.7	23.7	17.4
极端最低温度（℃）	-19.5	-17.1	-16.8	-2.4	4.8	9.8	14.9	13.4	5.3	-2.0	-11.5	-17.9
平均降水量（mm）	3.2	4.2	8.5	19.7	36.6	85.1	219.6	139.9	48.5	22.4	12.8	4.5

1.2　供试材料与试验设计

供试品种为郑单958。试验采用裂区设计，主区为耕作方式，分别为平作覆膜（FC）和垄作覆膜（RC），起垄方式为垄宽70 cm，垄高15～20 cm，垄距40 cm；副区为播种位置，分别为膜下播种（SUF）和膜侧播种（FSS）；另设露地平作为对照（CK）。采用宽窄行播种方式，宽行距70 cm，窄行距40 cm，密度75 000 株·hm^{-2}。2013年5月1日播种，8月25—30日收获，2014年4月25日播种，8月26—31日收获；2015年4月30日播种，8月29日—9月3日收获。

1.3　测定项目与方法

1.3.1　土壤含水量

2013—2014年玉米苗期、拔节期、大喇叭口期、吐丝期、乳熟期和成熟期测定土壤含水量，2015年自玉米出苗至成熟期，每7 d测定1次，用W.E.T-HH2土壤水分盐分温度速测仪测定0～20 cm土层土壤含水量。

1.3.2　土壤温度

2013—2014年5—6月，2015年玉米全生育期内，用地温计测定上午9：00—10：00玉米棵间0～10 cm土壤温度，每7 d测定1次。

1.3.3　叶面积指数

2013—2015年，玉米定苗后各小区选取代表性植株30株挂牌标记，于苗期（V3）、大喇叭口期（V12）、吐丝期（R1）、生理成熟期（R6）从每小区取生长一致的代表性样株3株，量取叶片叶长和叶宽，按照长宽系数法计算单株叶面积，然后计算叶面积指数。

1.3.4　物质积累

于苗期（V3）、大喇叭口期（V12）、吐丝期（R1）、生理成熟期（R6），将测定叶面积后的玉米植株105 ℃杀青30 min，75 ℃烘干至恒重后，称取干物质重。

1.3.5　产量与产量构成

在玉米生理成熟后，选取小区中间无破坏行4行，连续3 m长，测产，并选取20

个平均穗考种，测定亩穗数、穗粒数和百粒重。

1.4 数据处理与分析

采用 Microsoft Excel 2007 进行数据整理，采用 SPSS 16.0 软件进行统计分析。

2 结果分析

2.1 对玉米籽粒产量及其构成因素的影响

由图 1 可知，与 CK 相比，FC 和 RC 模式均显著提高了春玉米产量，年际间趋势一致，增产幅度表现为 RC 模式显著高于 FC 模式，FSS 处理高于 SUF 处理。

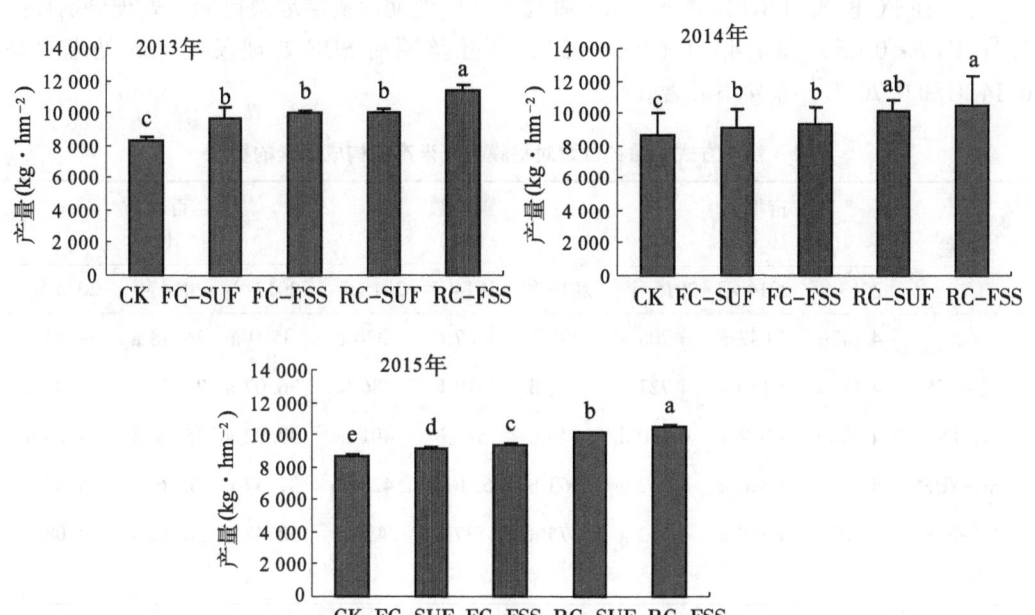

图 1　耕作方式和播种位置对覆膜春玉米产量的影响

CK：露地平作（对照）；FC-SUF：平作覆膜膜下播种；FC-FSS：平作覆膜膜侧播种；

RC-SUF：垄作覆膜膜下播种；RC- FSS：垄作覆膜膜侧播种

由表 2 可以看出，耕作方式和播种位置对春玉米亩穗数和百粒重无显著影响，产量差异的主要原因在于穗粒数的差异。综合 3 年平均数据表明，与 CK 相比，覆膜显著增加春玉米穗粒数 15.7%；RC 模式对穗粒数的调控效应显著高于 FC 模式，增幅分别为 17.7% 和 10.3%；播种位置对穗粒数的调控效应无显著差异，SUF 和 FSS 处理穗粒数分别比 CK 增加 12.3% 和 15.7%。

2.2 对土壤温度的影响

与 CK 相比，土壤覆膜显著提高耕层土壤温度（图 2），且表现为 RC 模式高于 FC 模式，SUF 显著高于 FSS。3 年平均数据表明，覆膜后 5—6 月耕层地温平均提高 1.56 ℃。在 SUF 和 FSS 处理下，5—6 月 RC 模式比 FC 模式耕层土壤温度分别提高 0.97 ℃ 和 0.82 ℃，差异不显著；在 FC 模式和 RC 模式下，SUF 处理比 FSS 处理 5—6 月耕层土壤温度分别提高 1.13 ℃（$P<0.05$）和 1.28 ℃（$P<0.05$）；2015 年数据表明，覆膜后在吐丝期前耕层地温提高 1.58 ℃（$P<0.05$），显著大于吐丝期后的增温效应 0.63 ℃。在 SUF 处理下，在玉米吐丝期前和吐丝期后 RC 模式比 FC 模式耕层土壤温度分别提高 1.23 ℃（$P<0.05$）和 1.18 ℃（$P<0.05$）；而在 FSS 处理下，在玉米吐丝期前和吐丝期后 RC 模式比 FC 模式耕层土壤温度分别提高 1.03 ℃（$P<0.05$）和 0.62 ℃（$P>0.05$）；在 FC 模式和 RC 模式下，SUF 处理玉米吐丝期前耕层地温比 FSS 处理分别提高 1.21 ℃（$P<0.05$）和 1.43 ℃（$P<0.05$），而吐丝期后 SUF 处理仅比 FSS 处理提高 0.14 ℃ 和 0.70 ℃，差异不显著。

表 2　耕作方式和播种位置对覆膜春玉米产量构成因素的影响

处理	亩穗数（个）			穗粒数（粒）			百粒重（g）		
	2013 年	2014 年	2015 年	2013 年	2014 年	2015 年	2013 年	2014 年	2015 年
CK	4 142 a	4 042 a	4 708 a	379 e	467 c	370 c	35.9 a	34.48 a	34.53 a
FC-SUF	4 424 a	4 110 a	4 727 a	428 d	510 b	386 bc	36.07 a	35.44 a	31.99 a
FC-FSS	4 306 a	4 042 a	4 730 a	446 c	511 b	401 bc	37.92 a	35.88 a	34.83 a
RC-SUF	4 203 a	4 312 a	4 732 a	463 b	524 ab	420 ab	37.47 a	35.6 a	35.02 a
RC-FSS	4 407 a	4 379 a	4 742 a	475 a	537 a	439 a	38.43 a	36.32 a	34.08 a
					F 值				
耕作方式	0.41 ns	4.27 ns	0.02 ns	245.58 **	25.78 *	10.83 *	1.09 ns	0.06 ns	1.03 ns
播种方式	0.21 ns	0.00 ns	0.01 ns	55.10 **	18.33 ns	2.23 ns	2.36 ns	0.24 ns	0.71 ns
耕作方式×播种方式	2.92 ns	0.27 ns	0.00 ns	1.74 ns	1.20 ns	0.23 ns	0.24 ns	0.02 ns	2.82 ns

注：同列不同字母表示差异显著（$P<0.05$），* 表示 0.05 水平上差异显著，** 表示 0.01 水平上差异显著，ns 表示无显著差异

2.3 对土壤含水量的影响

图 3 可以看出，与 CK 相比，覆膜显著提高耕层土壤含水量，玉米营养生长期和生殖生长期分别提高 2.45% 和 3.11%。亦可以看出，RC 模式耕层土壤含水量高于 FC 模式，且对 FSS 处理的调控效应大于 SUF 处理；在 FC 模式下，FSS 与 SUF 在玉米全生育期内耕层土壤含水量差异均未达显著水平；在 RC 模式下，在玉米营养生长期 FSS 比

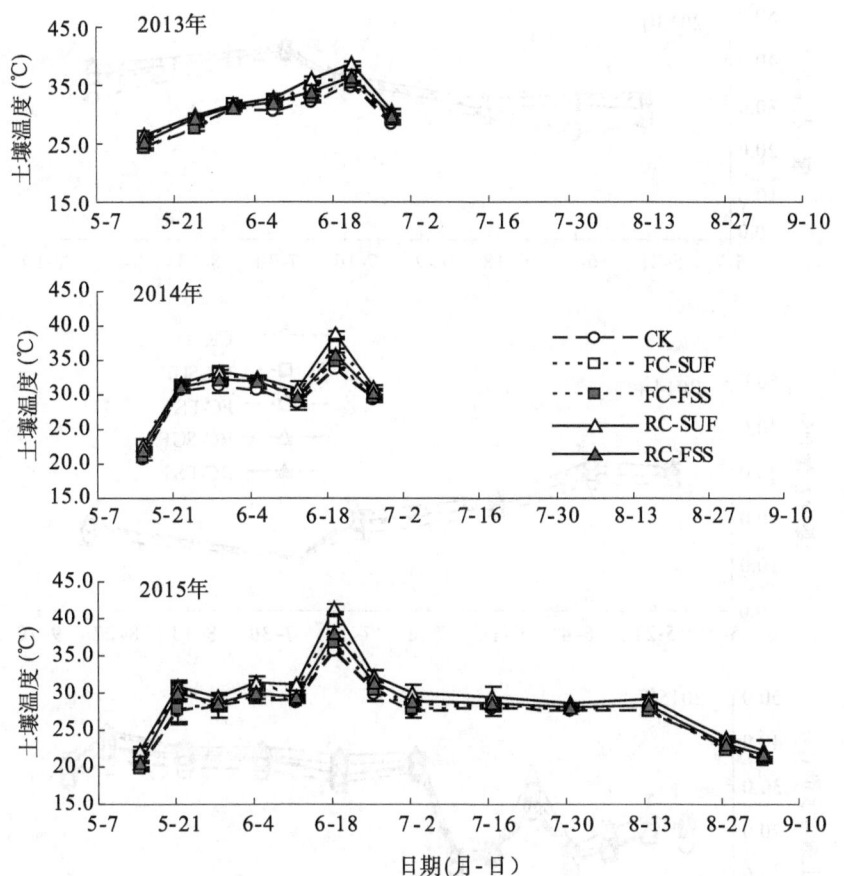

图2 耕作方式和播种位置对覆膜春玉米土壤温度的影响

SUF 高 2.59%，差异达显著水平，生殖生长期 FSS 与 SUF 差异不显著。

2.4 对玉米叶面积指数的影响

由图 4 可知，与 CK 相比，覆膜处理显著提高春玉米各生育时期的叶面积指数（LAI），年际间趋势一致，FC 模式和 RC 模式间无显著差异，SUF 对 LAI 的调控效应只在玉米苗期（V3）显著高于 FSS 处理，其他时期差异均不显著。综合 2013—2015 年平均数据，覆膜处理在苗期（V3）LAI 比 CK 提高达 24.3%～98.2%，吐丝期提高幅度最小，为 12.9%～21.7%，成熟期提高幅度亦达 25.5%～29.6%。

2.5 对玉米干物质积累的影响

FC 和 RC 模式均显著提高了玉米干物质积累量（DM）（图5），年际间趋势一致，同时随玉米生育进程覆膜调控效应逐渐减弱。综合 3 年平均数据可以看出，与 CK 相比，RC 模式对 DM 调控效应显著高于 FC 模式，FC 模式仅在 V3 期 DM 达显著水平（41.2%），而在 V12、R1 和 R6 期均无显著效应（5.6%、4.5% 和 3.7%），RC 模式在

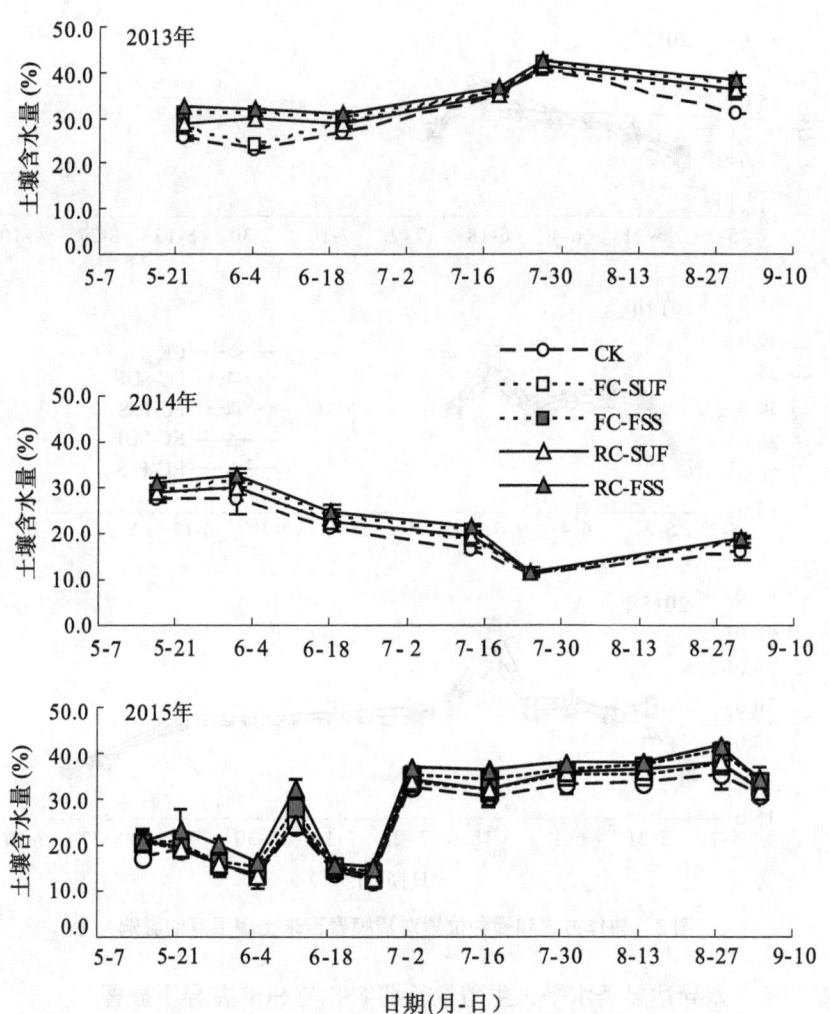

图3 耕作方式和播种位置对覆膜春玉米土壤含水量的影响

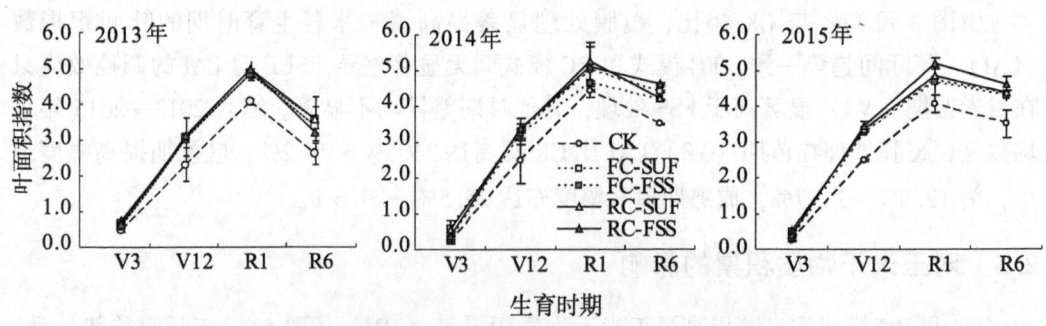

图4 耕作方式和播种位置对覆膜春玉米叶面积指数的影响

各生育时期 DM 分别提高 56.7%、16.7%、14.3% 和 13.4% （$P<0.01$）。与 CK 相比，SUF 和 FSS 在 V3 期 DM 的提高幅度分别为 70.7% 和 27.2% （$P<0.01$），而在 V12、R1

和 R6 期提高幅度分别 9.0% 和 13.4%、7.5% 和 11.3%、6.6% 和 10.5%。

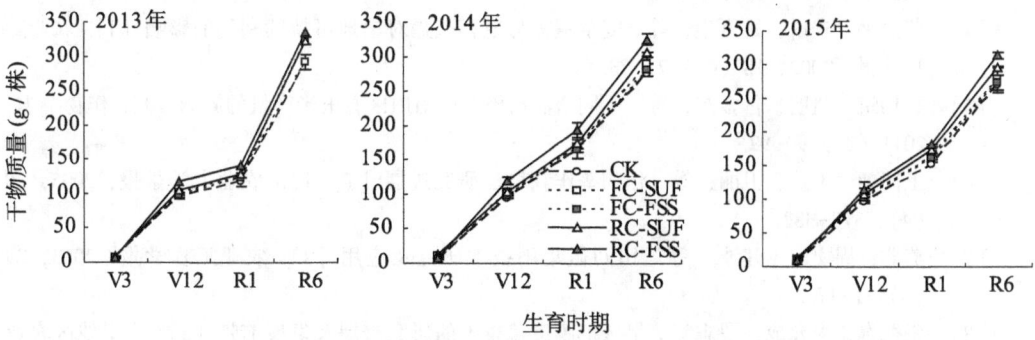

图 5　耕作方式和播种位置对覆膜春玉米干物质积累的影响

3　讨论与结论

黑龙港流域春季地温较低和干旱，限制了春玉米的出苗及发育。本研究结果表明，垄作和覆膜显著提高黑龙港区域春季耕层土壤温度 1.56℃，提高耕层土壤含水量 2.45%，提高幅度达 11.08%，促进春玉米出苗和早发快长，有利于培育壮苗，促进籽粒增产，与已有研究结果一致[7]；同时覆膜和垄作对玉米吐丝期后的耕层土壤含水量的正向调控效应，可延长玉米籽粒灌浆期天数，提高籽粒产量，本研究结果与葛均筑等[18]研究结果一致，但与李世清等[19]的研究结果不同，因此覆膜、垄作等增温措施是延长籽粒灌浆期还是导致根系早衰缩短籽粒灌浆期等需要进一步研究证实。

覆膜种植能促进玉米植株生长，黑龙港地区春玉米覆膜后各生育时期的叶面积指数显著提高，苗期正向调控效应最为显著，同时延缓了吐丝期玉米叶片的衰老速率，成熟期维持较高的叶面积指数；促进了干物质的积累，显著提高玉米产量；增产的主要原因在于覆膜和垄作对穗粒数的显著正向调控，而对穗数和百粒重无显著调控效应[20-21]。整体表现为 RC 显著高于 FC，FSS 高于 SUF。

综之，黑龙港区域作为华北平原的粮食主产区域，春季地温低，雨水少，传统的春玉米种植方式受春季气温、地温、墒情等因素的影响，苗不齐、苗不壮、发苗慢、卡脖旱等问题严重影响春玉米产量。采用覆膜、垄作及覆膜后膜侧播种等抗逆栽培措施较好地解决了上述问题，具有提高春玉米苗期耕层土壤温度、含水量，促进玉米叶片的早生快发，并延缓叶片的衰老进程，延长玉米籽粒灌浆期天数，可以促进干物质的积累，并最终形成较多的穗粒数和较高的产量，为该区域玉米的稳产增产提供技术保障。

参考文献

［1］刘明，陶洪斌，王璞，等. 播期对春玉米生长发育与产量形成的影响［J］. 中国生态农业学报，2009，17（1）：18-23.

［2］唐小明，李尚中，樊廷录，等. 不同覆膜方式对旱地玉米生长发育和产量的影响［J］. 玉米科学，2011，19（4）：103-107.

[3] 张晓辉. 地膜集水技术在北方旱作玉米栽培中的应用 [J]. 安徽农业科学, 2006, 34 (23)：6 151-6 153, 6 169.

[4] 薛少平, 朱琳, 姚万生, 等. 麦草覆盖与地膜覆盖对旱地可持续利用的影响 [J]. 农业工程学报, 2002, 18 (6)：71-73.

[5] 葛均筑, 赵明, 付金东, 等. 不同增温措施对西南山区春玉米产量的影响 [J]. 作物杂志, 2011 (3)：90-92.

[6] 王同朝, 王燕, 卫丽, 等. 作物垄作栽培法研究进展 [J]. 河南农业大学学报, 2005, 39 (4)：377-382.

[7] 莫非, 周宏, 王建永, 等. 田间微集雨技术研究及应用 [J]. 农业工程学报, 2013, 29 (8)：1-17.

[8] 张德奇, 廖允成, 贾志宽. 旱区地膜覆盖技术的研究进展及发展前景 [J]. 干旱地区农业研究, 2005, 23 (1)：208-213.

[9] 徐成忠, 孔晓民, 杨洪宾, 等. 垄作栽培对夏玉米生长发育及主要产量性状的影响研究 [J]. 玉米科学, 2006, 14 (5)：104-106, 110.

[10] 刘晓伟, 何宝林, 郭天文, 等. 半干旱地区玉米覆膜方式研究 [J]. 玉米科学, 2012, 20 (2)：107-110.

[11] 于永梅, 李艳杰, 何小华, 等. 玉米大垄行间覆膜栽培技术的研究初报 [J]. 玉米科学, 2006, 14 (1)：146-148.

[12] 高岩. 不同覆膜方式对旱地玉米的影响 [J]. 甘肃农业科技, 2008 (5)：27-28.

[13] 王罕博, 龚道枝, 梅旭荣, 等. 覆膜和露地旱作春玉米生长与蒸散动态比较 [J]. 农业工程学报, 2012, 28 (22)：88-94.

[14] 张俊鹏, 孙景生, 刘祖贵, 等. 不同水分条件和覆盖处理对夏玉米籽粒灌浆特性和产量的影响 [J]. 中国生态农业学报, 2010, 18 (3)：501-506.

[15] 徐澜, 安伟, 郝建平. 渗水地膜覆盖对旱作玉米生理特性、产量构成因素及产量的影响 [J]. 干旱区资源与环境, 2010, 24 (8)：180-185.

[16] 李洪勋, 吴伯志. 地膜覆盖对玉米生理指标的影响研究综述 [J]. 玉米科学, 2004, 12 (Z1)：66-69.

[17] 高玉红, 牛俊义, 闫志利, 等. 不同覆膜栽培方式对玉米干物质积累及产量的影响 [J]. 中国生态农业学, 2012, 20 (4)：440-446.

[18] 葛均筑, 李淑娅, 钟新月, 等. 施氮量与地膜覆盖对长江中游春玉米产量性能及氮肥利用效率的影响 [J]. 作物学报, 2014, 40 (6)：1 081-1 092.

[19] 李世清, 李凤民, 宋秋华, 等. 半干旱地区地膜覆盖对作物产量和氮效率的影响 [J]. 应用生态学报, 2001, 12 (2)：205-209.

[20] 王勇, 宋尚有, 樊廷录, 等. 黄土高原旱地秋覆膜及氮肥秋基春追比例对春玉米产量和品质的影响 [J]. 中国农业科学, 2012, 45 (3)：460-470.

[21] 贾利忠, 贾利欣, 蔺云峰. 覆膜玉米主要农艺性状的相关及通径分析 [J]. 内蒙古农业科技, 2006 (6)：38-39.

[此文原刊载于《玉米科学》, 2017, 25 (3)：87-93]

种植密度对高丹草农艺性状及饲用品质的影响

李　源，游永亮，赵海明，刘贵波，武瑞鑫，杨建忠

（河北省农林科学院旱作农业研究所/河北省农作物抗旱研究重点实验室）

摘　要：选择光周期不敏感型冀草1号、光周期敏感型冀草2号高丹草（*Sorghum bicolor*×*S. sudanense*）为研究对象，通过设置不同种植密度处理，分别于抽穗期、开花期、乳熟期分析了高丹草农艺性状及饲用品质指标的变化规律。结果表明，抽穗~乳熟期，低密度处理下（6.0万~7.5万株·hm^{-2}），冀草1号、冀草2号高丹草的主茎直径显著高于高密度处理（30.0万~37.5万株·hm^{-2}）（$P<0.05$），但其他农艺性状无显著差异（$P>0.05$）。乳熟期，不同种植密度对冀草1号高丹草的干草产量无显著影响（$P>0.05$），但15.0万株·hm^{-2}处理下的粗蛋白含量和相对饲用价值显著高于7.5万株·hm^{-2}处理（$P<0.05$）；种植密度在30.0万株·hm^{-2}处理下，冀草2号高丹草的干草产量显著高于12.0万株·hm^{-2}处理（$P<0.05$）；但12.0万株·hm^{-2}处理下的饲用品质指标与其他处理无显著差异（$P>0.05$）。综合得出，海河平原区，乳熟期刈割时，光周期不敏感型高丹草适宜种植密度为15.0万株·hm^{-2}，光周期敏感型高丹草适宜种植密度为12.0万株·hm^{-2}。

关键词：高丹草；种植密度；主茎直径；干草产量；饲用品质；相对饲用价值

高丹草（*Sorghum bicolor*×*S. sudanense*）为一年生禾本科暖季型C$_4$作物，是高粱（*S. bicolor*）与苏丹草（*S. sudanense*）的F$_1$代杂交种，其杂交优势强、生物产量高、饲用品质优、抗逆性强，是适合平原农区中低产田种植的一种高产、优质、能量型饲草作物[1]。结合国家种植业结构调整规划，高丹草在畜牧、水产养殖以及生态保护等领域表现出广阔的应用前景[2]。目前，生产上应用的高丹草品种依据对光周期的敏感特性，可分为光周期敏感型、光周期不敏感型两类，而光周期敏感型品种在日照长度大于12小时20分钟的地区，会推迟开花期，具有营养时间长、叶量丰富、产草量高的特性[3-4]，正逐渐受到广大种养户的青睐。

规范化的高产栽培技术是饲用作物进一步示范推广、生产利用前提，而合理的种植密度则是影响其高产、优质的关键因素[5-6]。近年来，在高丹草种植密度研究上：Marsalis等[7]研究得出，不同种植密度下饲草高粱的干物质含量与青贮玉米（*Zea mays*）差异不显著；詹秋文等[8]得出，皖草2号高丹草适宜种植密度为30.0万株·hm^{-2}，王云等[9]得出，天农青饲1号高丹草种植密度以10.5万~13.5万株·hm^{-2}为宜，梅艳等[10]得出，乐食高丹草在种植密度为93 360~105 450株·hm^{-2}下可获得较高的鲜草产量，李源等[11]得出，冀草1、2号高丹草的种植密度在7.5万~37.5万株·hm^{-2}均可。可以看出，上述学者针对不同高丹草品种给出了不同生态区域的种植密度；然而，这些研究是在产量构成因素的基础上给出了的种植密度，且是一个生育时期的分析结果，却忽略了不同生育时期、不同

种植密度对产量和饲用品质的综合分析。在光周期敏感型高丹草的研究上：Packer 和 Rooney 等[12]，Bean 等[13]对光周期敏感型高丹草的杂交优势、产量和饲用品质进行了研究。李源等[14]和何振富等[15]分析了光敏型高丹草品种饲用品质性状的变化规律。还有学者从关键基因表达和 QTL 水平上分析了高粱的光周期敏感特性[16-17]。但是，不同种植密度处理是否会对光周期敏感型高丹草品种的农艺性状、饲用品质性状产生影响，还需要进一步的科学研究。因此，系统分析不同生育时期、不同种植密度处理对光周期不敏感型、光周期敏感型高丹草农艺性状与饲用品质的影响，为生产中高丹草规范化栽培、应用推广提供理论依据和技术支撑。

1 材料与方法

1.1 试验地自然概况

试验地位于河北省农林科学院旱作农业节水试验站（115°42′E，37°44′N），海拔高度 20 m，属暖温带半干旱半湿润季风气候，年平均气温 12.6 ℃，年平均降水 510 mm，其中 70%降水集中在 7—8 月，无霜期 206 d。试验田土壤为黏质壤土，0～40 cm 基础土壤养分为：pH 值 8.09，全盐量 0.49 g·kg^{-1}，有机质 15.3 g·kg^{-1}，全氮 0.84 g·kg^{-1}，碱解氮 54.1 mg·kg^{-1}，速效磷 10.7 mg·kg^{-1}和速效钾 185.1 mg·kg^{-1}。前茬作物为饲用小黑麦（×$Triticale$ Wittmack）。

1.2 试验材料

试验材料为冀草 1 号、冀草 2 号高丹草，均由河北省农林科学院旱作农业研究所选育，其中冀草 1 号是 2009 年国家高粱品种鉴定委员会鉴定的新品种，鉴定编号为国品鉴粱 2009021；冀草 2 号是 2010 年国家草品种审定委员会审定的新品种，品种登记号为 393。两个品种的突出特征为：冀草 1 号高丹草为光周期不敏感型品种，在海河低平原区春播能正常抽穗结实；而冀草 2 号高丹草为光周期敏感型品种，在海河低平原区春播不能抽穗。

1.3 试验设计

试验采用完全随机区组排列，3 次重复，条播种植，每小区播种 10 行，行距 40 cm，行长 12.0 m，小区面积为 48 m²，两侧设置保护区。本试验种植密度水平的处理是以高丹草种植密度水平的相关文献为基础[7-10]，同时结合高丹草的生产实际而设置的。每类品种各设置 5 个种植密度水平，其中，冀草 1 号高丹草的种植密度设置为：7.5 万、15.0 万、22.5 万、30.0 万、37.5 万株·hm^{-2}。考虑到冀草 2 号高丹草的分蘖性以及倒伏影响，将冀草 2 号高丹草的种植密度分别设置为：6.0 万、12.0 万、18.0 万、24.0 万、30.0 万株·hm^{-2}。种植密度水平的设置是通过五叶期定苗方式来确定的。

试验于 2014 年 6 月 1 日播种，以冀草 1 号不同生育时期为参照，当冀草 1 号依次进入抽穗期、开花期、乳熟期时，同步对冀草 1 号、冀草 2 号两个新品种进行农艺性状、饲用品质指标的测定。因冀草 2 号全生育期处于拔节状态，不抽穗，测定时对应的生长天数分别为播种后 61、71、81 d；当冀草 1 号达到乳熟期时，同时对不同种植密度处理下的小区进行产量刈割测定；取样、测产的留茬高度均为 15 cm。

试验统一播种量 22.5 kg·hm^{-2}，播种深度 3～5 cm，采用旱作铁茬播种技术进行播种，即在饲用小黑麦收获后直接铁茬播种高丹草，然后灌溉一次底墒水，灌水量为 600 m^3·hm^{-2}，而后全生育期内不再进行灌溉。于播后苗前采用 38%莠去津悬浮剂均匀喷施地表防除杂草，用药量为 1 800～2 250 g·hm^{-2}。

1.4 测定指标与方法

1.4.1 农艺性状

分别于试验播种后 61、71、81 d 开始对冀草 1 号、冀草 2 号高丹草进行农艺性状的观测。每次测定时，分别在每小区两侧 200 cm 范围内选取长势均匀的单株 5 株进行测量。株高：测定从地面到植株新叶最高部位的绝对高度。主茎直径：用游标卡尺测量距地面 30 cm 处主茎节间的直径。主茎叶片数：统计单株主茎的叶片数。茎叶比和鲜干比。每小区取代表性的植株 5 株，人工将其茎和叶、穗分开，待自然风干后各自称重，分别计算茎叶比和鲜干比。干物质含量：通过鲜干比折算而成。干草产量的测定：于 2014 年 8 月 22 日冀草 1 号达到乳熟期时开始，测产时先去掉每小区两侧边行及行头 2 m 的区域，对余下的中间行数以小区为面积称其小区鲜重，换算成全年鲜草产量，然后再通过鲜干比折算成干草产量。

1.4.2 饲用品质

分别于试验播种后 61、71、81 d 开始取样，测定冀草 1 号、冀草 2 号高丹草饲用品质性状。每次取样时，在每小区选取代表性的 5 株鲜样混合，人工切碎成 3 cm 左右的样段，采用四分法，随机取约 500 g 鲜样，待自然风干后再 80 ℃烘干至恒重。采用凯氏定氮法测定粗蛋白（crude protein，CP）含量[18]。采用蒽酮比色法测定可溶性糖含量（water soluble carbohydrate，WSC）[19]；采用 Van Soest 法测定中性洗涤纤维（neutral detergent fiber，NDF）、酸性洗涤纤维（acid detergent fiber，ADF）的含量[20]。并计算相对饲用价值（relative feed value，RFV）[21]，计算公式如下。

$$RFV = (DDM×DMI)/1.29$$

$$DDM = 88.9-0.779×ADF$$

$$DMI = 120/NDF$$

式中：DDM(digestible dry matter,%) 为可消化的干物质；DMI(dry matter intake,%) 为单位体重家畜的粗饲料干物质随意采食量。

1.5 数据处理

运用 Microsoft Excel 2007 软件对不同处理下的相关数据进行平均值计算，用 SPSS 18.0 软件进行方差统计分析。表中所列数据均用"平均值±标准误"表示。

2 结果与分析

2.1 不同种植密度对高丹草农艺性状的影响

2.1.1 不同种植密度对抽穗—开花期高丹草农艺性状的影响

分析得出（表1），抽穗期光周期不敏感型冀草1号高丹草在不同种植密度处理下的主茎叶片数、茎叶比无显著差异（$P>0.05$）。在30.0万和37.5万株·hm^{-2}处理下的

表1 抽穗—乳熟期不同种植密度对高丹草农艺性状的影响

品种名称	生育时期	种植密度（万株·hm^{-2}）	株高（cm）	主茎叶片数（片）	主茎直径（mm）	茎叶比	干物质含量（%）	干草产量（kg·hm^{-2}）
冀草1号	抽穗期	7.5	202.6±4.5 b	13±1 a	16.9±1.5 a	1.43±0.07 a	12.97±0.71 b	—
		15.0	215.9±10.4 ab	12±1 a	16.7±0.6 a	1.53±0.17 a	14.61±2.38 ab	—
		22.5	222.1±12.0 a	12±0 a	16.0±0.9 ab	1.24±0.47 a	16.24±1.67 a	—
		30.0	212.1±11.5 ab	12±1 a	14.7±0.8 b	1.45±0.03 a	15.14±0.82 ab	—
		37.5	207.5±5.9 ab	12±1 a	14.2±0.4 b	1.53±0.09 a	15.85±0.32 a	—
	开花期	7.5	252.5±6.7 a	14±0 a	16.9±1.0 a	1.70±0.21 a	17.55±1.11 a	—
		15.0	249.5±12.4 a	14±1 a	16.7±1.0 a	1.92±0.13 a	17.13±1.06 a	—
		22.5	246.9±19.2 a	13±0 a	15.4±1.3 ab	1.96±0.03 a	17.95±1.74 a	—
		30.0	248.0±20.4 a	13±1 a	14.9±0.3 b	1.69±0.27 a	18.13±1.69 a	—
		37.5	249.9±13.9 a	13±1 a	14.7±0.7 b	2.01±0.16 a	19.35±0.10 a	—
	乳熟期	7.5	262.5±5.5 a	13±0 a	16.4±1.7 a	1.46±0.18 a	18.00±0.52 a	12 033.0±869.6 a
		15	253.2±9.7 a	12±0 a	16.1±0.2 ab	1.42±0.15 a	19.40±1.58 a	11 311.8±1 669.9 a
		22.5	252.5±17.1 a	12±0 a	15.6±0.3 ab	1.48±0.34 a	19.78±1.38 a	12 860.0±361.1 a
		30.0	255.7±6.4 a	12±1 a	14.6±1.2 a	1.09±0.36 a	19.39±1.41 a	11 440.7±1 164.8 a
		37.5	243.1±22.0 a	12±1 a	14.4±0.5 b	1.32±0.28 a	20.35±0.45 a	11 877.5±1 308.9 a

（续表）

品种名称	生育时期	种植密度（万株·hm⁻²）	株高（cm）	主茎叶片数（片）	主茎直径（mm）	茎叶比	干物质含量（%）	干草产量（kg·hm⁻²）
		6.0	207.7±33.6 a	14±2 a	20.1±0.7 a	1.26±0.25 a	10.76±0.74 a	—
		12.0	200.4±27.6 a	14±0 a	19.2±0.1 ab	1.28±0.09 a	11.38±0.91 a	—
	拔节期	18.0	210.4±15.3 a	14±1 a	17.9±1.4 bc	1.41±0.05 a	11.61±1.50 a	—
		24.0	216.1±12.9 a	14±2 a	16.3±0.7 c	1.26±0.22 a	12.06±0.63 a	—
		30.0	216.8±18.3 a	16±1 a	16.8±1.0 c	1.44±0.06 a	11.48±1.00 a	—
冀草2号		6.0	215.3±24.5 a	17±0 a	19.6±0.3 a	1.97±0.33 a	13.78±1.47 a	—
		12.0	224.3±23.2 a	17±1 a	19.0±1.0 ab	1.97±0.27 a	14.52±0.98 a	—
	拔节期	18.0	247.5±7.6 a	17±0 a	18.4±0.2 ab	1.91±0.27 a	14.63±2.11 a	—
		24.0	245.2±8.7 a	17±1 a	18.1±0.8 ab	2.13±0.17 a	14.88±0.64 a	—
		30.0	244.9±11.9 a	17±0 a	17.8±1.1 b	2.16±0.06 a	15.20±0.85 a	—
		6.0	237.9±20.6 b	17±1 a	19.0±0.2 a	2.69±0.52 a	17.92±1.79 a	11 430.8±2 025.7 b
		12.0	248.6±22.2 ab	17±1 a	18.6±1.5 ab	2.30±0.04 a	16.86±1.20 a	11 095.5±907.2 b
	拔节期	18.0	263.9±6.0 ab	18±0 a	19.4±1.4 a	2.48±0.23 a	17.17±0.47 a	12 213.2±1 496.2 ab
		24.0	271.0±12.3 a	18±2 a	18.3±0.5 ab	2.51±0.04 a	18.03±0.57 a	12 360.5±2 264.4 ab
		30.0	272.2±6.6 a	18±1 a	16.9±1.0 b	2.40±0.36 a	17.63±0.95 a	14 920.2±1 751.0 a

注：同列不同小写字母表示相同品种相同生育期不同种植密度水平之间性状差异显著（$P<0.05$）。下表同

主茎直径显著低于 7.5 万和 15.0 万株·hm⁻² 处理（$P<0.05$），在 15.0 万株·hm⁻² 处理下的株高、干物质含量与其他处理无显著差异（$P>0.05$）。相应的，播后 61 d 时，光周期敏感型冀草 2 号高丹草的株高、主茎叶片数、干物质含量及茎叶比在不同种植密度处理下无显著差异（$P>0.05$），但 30.0 万株·hm⁻² 处理下的主茎直径显著低于 6.0 万株·hm⁻² 处理（$P<0.05$）。

分析得出（表 1），开花期光周期不敏感型冀草 1 号高丹草除在 30.0 万和

37.5 万株·hm⁻²处理下的主茎直径显著低于 7.5 万和 15.0 万株·hm⁻²处理外（$P<0.05$），其他株高、主茎叶片数、干物质含量以及茎叶比在不同种植密度处理下均无显著差异（$P>0.05$）。相应的，在播后 71 d 时，不同种植密度对光周期敏感型冀草 2 号高丹草农艺性状的影响与冀草 1 号相同。除高密度处理下（30.0 万株·hm⁻²）的主茎直径显著低于低密度处理（6.0 万株·hm⁻²）外（$P<0.05$），其株高、主茎叶片数、干物质含量以及茎叶比在不同种植密度处理下无显著差异（$P>0.05$）。

2.1.2 不同种植密度对乳熟期高丹草农艺性状的影响

分析得出（表1），乳熟期不同种植密度处理下，冀草 1 号高丹草的株高、主茎叶片数、茎叶比、干物质含量以及干草产量均无显著差异（$P>0.05$），而在高密度处理下（37.5 万株·hm⁻²）的主茎直径显著低于低密度处理（7.5 万株·hm⁻²）（$P<0.05$），15.0 万、22.5 万和 30.0 万株·hm⁻²处理下的主茎直径与高密度和低密度处理间均无显著差异（$P>0.05$）。

对光周期敏感型冀草 2 号高丹草的农艺性状分析得出（表1），在播后 81 d 时，不同种植密度处理下，冀草 2 号高丹草的主茎叶片数、茎叶比、干物质含量均无显著差异（$P>0.05$）。高密度处理下（30.0 万株·hm⁻²）的株高、干草产量显著高于低密度处理（6.0 万株·hm⁻²）（$P<0.05$），主茎直径显著低于低密度处理（6.0 万株·hm⁻²）（$P<0.05$），主茎直径显著低于低密度处理（$P<0.05$）。种植密度在 12.0 万株·hm⁻²处理下的株高、主茎叶片数、主茎直径、茎叶比及干物质含量与其他处理无显著差异（$P>0.05$），但干草产量显著低于高密度处理（30.0 万株·hm⁻²）（$P<0.05$）。

2.2 不同种植密度对高丹草饲用品质的影响

2.2.1 不同种植密度对抽穗—开花期高丹草饲用品质的影响

分析得出（表2），抽穗期光周期不敏感型冀草 1 号高丹草酸性洗涤纤维含量、中性洗涤纤维含量及相对饲用价值在不同种植密度处理下无显著差异（$P>0.05$）。除 7.5 万株·hm⁻²处理外，其他种植密度处理下的粗蛋白含量无显著差异（$P>0.05$）。37.5 万株·hm⁻²处理下的可溶性糖含量显著高于 7.5 万株·hm⁻²处理（$P<0.05$），但与其他处理无显著差异（$P>0.05$）。相应的，在播后 61 d 时，光周期敏感型冀草 2 号高丹草的粗蛋白含量、酸性洗涤纤维含量、中性洗涤纤维含量、可溶性糖含量及相对饲用价值在不同种植密度处理下无显著差异（$P>0.05$）。

分析得出（表2），开花期光周期不敏感型冀草 1 号高丹草在 37.5 万株·hm⁻²处理下粗蛋白含量显著低于 7.5 万株·hm⁻²处理（$P<0.05$），但与其他处理间无显著差异（$P>0.05$）。而其他饲用品质指标在不同种植密度处理下无显著差异（$P>0.05$）。相应的，在播后 71 d 时，光周期敏感型冀草 2 号高丹草的粗蛋白含量、酸性洗涤纤维含量、中性洗涤纤维含量、可溶性糖含量及相对饲用价值在不同种植密度处理下无显著差异（$P>0.05$）。

2.2.2 不同种植密度对乳熟期高丹草饲用品质的影响

对光周期不敏感型冀草 1 号高丹草的饲用品质分析得出（表2），乳熟期，不同种植密度处理下，冀草 1 号高丹草的酸性洗涤纤维、中性洗涤纤维含量、可溶性糖含量无显著差异（$P>0.05$），但在 15.0 万株·hm⁻²种植密度下，其粗蛋白含量显著高于其他处理（$P<0.05$），种植密度在 15.0 万株·hm^{-2} 处理下的相对饲用价值显著高于 7.5 万株·hm^{-2} 处理，但与其他处理无显著差异（$P>0.05$）。

在播后 81 d 时，对光周期敏感型冀草 2 号高丹草的饲用品质分析得出（表 2），不同种植密度处理下，冀草 2 号高丹草的粗蛋白含量在 7.1%～7.9%，酸性洗涤纤维含量在 35.2%～37.1%，中性洗涤纤维含量在 54.8%～58.0%，可溶性糖含量在 11.2～15.2 mg·g^{-1}，相对饲用价值在 97.6～104.4。方差分析显示，不同种植密度处理对冀草 2 号高丹草的饲用品质指标无显著影响（$P>0.05$）。

表 2　抽穗—乳熟期不同种植密度对高丹草饲用品质的影响

品种名称	生育时期	种植密度（万株·hm^{-2}）	粗蛋白含量（%）	酸性洗涤纤维（%）	中性洗涤纤维（%）	可溶性糖含量（mg·g^{-1}）	相对饲用价值
冀草 1 号	抽穗期	7.5	10.5±0.4 a	35.1±1.7 a	61.7±2.3 a	7.3±1.5 b	92.9±5.4 a
		15.0	9.2±0.6 b	35.1±4.1 a	59.8±3.4 a	9.9±3.7 ab	96.3±10.7 a
		22.5	9.6±0.6 ab	30.9±5.2 a	57.9±7.0 a	8.4±1.5 b	105.3±16.7 a
		30.0	10.0±0.4 ab	34.2±3.1 a	58.1±3.9 a	9.4±1.5 ab	100.0±9.4 a
		37.5	9.3±0.7 b	31.0±3.7 a	56.4±2.7 a	13.3±1.6 a	107.1±9.8 a
	开花期	7.5	8.3±1.0 a	32.3±4.9 a	55.9±3.3 a	14.0±3.0 a	106.6±12.1 a
		15.0	8.1±0.5 ab	33.0±2.4 a	55.8±1.5 a	13.4±2.9 a	105.5±5.8 a
		22.5	7.7±0.5 ab	32.0±3.2 a	53.4±3.5 a	15.5±6.6 a	112.0±11.3 a
		30.0	7.9±0.7 ab	31.8±1.7 a	55.7±3.9 a	14.5±4.0 a	107.6±10.1 a
		37.5	7.0±0.2 b	30.3±0.2 a	53.7±0.6 a	19.8±1.8 a	113.0±1.4 a
	乳熟期	7.5	7.1±0.3 b	34.3±1.1 a	54.5±2.3 a	9.3±1.4 a	101.8±1.6 b
		15.0	8.0±0.3 a	28.9±2.4 a	49.5±0.9 a	9.8±0.1 a	124.8±5.7 a
		22.5	7.0±0.5 b	30.0±4.2 a	51.4±4.5 a	10.8±3.1 a	119.5±16.8 ab
		30.0	7.2±0.4 b	32.2±4.2 a	55.4±5.0 a	8.4±1.0 a	108.0±14.7 ab
		37.5	7.0±0.3 b	29.0±2.2 a	50.6±2.4 a	10.3±2.8 a	122.1±8.2 ab

（续表）

品种名称	生育时期	种植密度（万株·hm⁻²）	粗蛋白含量（%）	酸性洗涤纤维（%）	中性洗涤纤维（%）	可溶性糖含量（mg·g⁻¹）	相对饲用价值
		6.0	11.7±0.6 a	36.3±2.8 a	60.7±2.2 a	4.2±0.5 a	93.0±6.7 a
		12.0	12.0±1.0 a	31.8±3.9 a	57.3±4.6 a	5.1±1.5 a	104.8±13.0 a
	拔节期	18.0	11.3±0.8 a	36.7±2.1 a	61.2±1.7 a	5.0±1.6 a	91.7±4.6 a
		24.0	11.2±0.3 a	35.6±0.3 a	59.8±2.0 a	5.7±2.2 a	95.3±3.3 a
		30.0	10.7±0.5 a	32.8±5.0 a	61.9±1.9 a	5.3±0.8 a	95.1±3.3 a
冀草2号		6.0	9.4±1.5 a	38.0±1.3 a	60.4±1.7 a	7.2±2.1 a	91.3±3.5 a
		12.0	9.4±1.0 a	36.5±3.2 a	58.7±4.2 a	8.5±3.7 a	96.3±11.0 a
	拔节期	18.0	9.1±0.9 a	38.0±1.3 a	60.0±1.8 a	7.7±3.1 a	92.0±3.7 a
		24.0	8.7±0.7 a	37.4±2.3 a	59.3±3.1 a	9.5±1.8 a	94.0±7.5 a
		30.0	8.8±1.0 a	36.2±1.6 a	58.6±2.0 a	8.9±1.5 a	96.6±5.0 a
		6.0	7.3±1.3 a	35.4±1.2 a	54.8±3.5 a	15.2±4.8 a	104.4±8.0 a
		12.0	7.9±1.0 a	35.2±4.4 a	56.1±4.6 a	13.0±4.1 a	102.6±13.3 a
	拔节期	18.0	7.6±0.4 a	36.1±1.1 a	58.0±1.2 a	11.2±2.0 a	97.6±3.2 a
		24.0	7.1±0.2 a	37.1±3.8 a	57.0±2.4 a	12.1±2.4 a	98.2±8.8 a
		30.0	7.1±1.1 a	36.3±2.1 a	54.9±1.2 a	14.0±1.0 a	102.8±4.4 a

3 讨论与结论

有研究表明，不同种植密度会导致高丹草（饲草高粱）茎秆直径的变化，随着种植密度的增加，其主茎直径逐渐减小[22-25]。本研究得出的结论与此相同：即随着种植密度的增加，光周期不敏感型、光周期敏感型高丹草的主茎直径逐渐减小。然而，高丹草主茎直径的差异是否会影响到其群体的饲用品质，是在实际生产中人们更为关注的问题。本研究通过分析抽穗期、开花期、乳熟期3个生育时期下不同种植密度对高丹草农艺性状、饲用品质性状的变化规律得出，从抽穗期开始，不同种植密度处理下，光周期不敏感型、光周期敏感型高丹草主茎直径的差异并不会对其群体的饲用品质产生影响。原因可能与高丹草的群体密度和竞争生长有关[25-26]，在低种植密度处理下，单株发育空间较大，能有效地利用光、温、水等资源，促使植株茎秆横向发展，然而，由于高丹草具有较强的分蘖性，在单株主茎横向增粗的同时，也促进了分蘖茎的形成和生长。随着种植密度的进一步增大，光、温、水资源有限，单株竞相生长，使得高种植密度处理下单株各分蘖茎均匀生长、直径差异不明显。因此可能造成不同种植密度处理下的群体密度是一致的，没有显著差异。同时在品质测定的取样方式上，采用的是以整个单株为整体（包括分蘖茎）进行的取样，并不是选取的主茎单株。这样可能导致群体饲用品质差异不显著的结果。也说明以群体为基础分析不同密度处理下的饲用品质才更具有科学意义。

在高丹草种植密度的研究上，皖草 2 号高丹草适宜种植密度为 30.0 万株·hm^{-2}[8]，天农青饲 1 号高丹草种植密度以 10.5 万～13.5 万株·hm^{-2}为宜[9]，乐食高丹草在种植密度为 93 360～105 450 株·hm^{-2}下可获得较高的鲜草产量[10]。不同学者针对不同品种给出了不同生态区域的种植密度。在海河平原区，冀草 1 号、冀草 2 号高丹草在抽穗期刈割时，种植密度在 7.5 万～37.5 万株·hm^{-2}均可[1]，然而并不清楚更准确地适宜种植密度。本研究在此基础上，通过进一步分析乳熟期不同种植密度对高丹草农艺性状、饲用品质性状的变化规律得出了高丹草乳熟期青贮利用时，光周期不敏感型高丹草的干草产量随种植密度的增加无显著变化，光周期敏感型高丹草的干草产量随着种植密度的增加显著增加。因詹秋文等[8]、Snider 等[25]研究表明，种植密度的增大还会导致光周期敏感型高丹草倒伏现象的发生，而且种植密度过大，也会由于播量增加导致播种成本增加。综合分析得出，海河平原区，乳熟期刈割时，光周期不敏感型高丹草适宜种植密度为 15.0 万株·hm^{-2}，光周期敏感型高丹草适宜种植密度为 12.0 万株·hm^{-2}。

与以往只针对高丹草一个生育时期的种植密度研究相比，本研究综合分析了抽穗期、开花期、乳熟期 3 个生育时期下种植密度对高丹草农艺性状和饲用品质指标的变化规律，研究结果更具有科学性。研究初步明确了种植密度对高丹草农艺性状和饲用品质的影响，也进一步明确了光周期不敏感型、光周期敏感型等两种不同类型高丹草的适宜种植密度，为高丹草进一步的示范推广、生产利用提供了理论依据。然而不足的是，试验只分析了一年的数据，而且只对第 1 茬草的农艺性状与饲用品质进行了分析，并没有对再生草的产量、品质进行研究，同时也忽略了不同种植密度下对高丹草群体茎数、抗倒性的调查[25,27]，事实上，在综合考虑这些因素的基础上，再进行一年的重复试验会得到更好的结果。

参考文献

［1］ 李源，赵海明，谢楠，等．种植密度和留茬高度对高丹草生产性能的影响［J］．草地学报，2012，20（6）：1 093-1 098.

［2］ 詹秋文，钱章强．高粱与苏丹草杂种优势利用的研究［J］．作物学报，2004，30（1）：

73-77.

[3] Rooney W L, Aydin S. Genetic control of a photoperiod-sensitive response in *Sorghum bicolor* (L.) Moench [J]. Crop Science, 1999, 39: 397-400.

[4] Packer D J, Rooney W L. High-parent heterosis for biomass yield in photoperiod-sensitive sorghum hybrids [J]. Field Crops Research, 2014, 167: 153-158.

[5] 冯鹏, 温定英, 孙启忠. 种植密度对玉米产量及青贮品质的影响 [J]. 草业科学, 2011, 28 (12): 2 203-2 208.

[6] 陈柔屹, 冯云超, 唐祈林, 等. 种植密度对玉草1号产量与品质的影响 [J]. 草业科学, 2009, 26 (6): 96-100.

[7] Marsalis M A, Angadi S V, Contreras-Govea F E. Dry matter yield and nutritive value of corn, forage sorghum, and BMR forage sorghum at different plant populations and nitrogen rates [J]. Field Crops Research, 2010, 116 (1-2): 52-57.

[8] 詹秋文, 钱章强, 林平, 等. 高粱—苏丹草杂交种产量构成因子及最适密度的研究 [J]. 中国农学通报, 2001, 17 (5): 18-20.

[9] 王云, 于忠江, 张云华, 等. 密度对天农青饲1号高粱×苏丹草杂交种经济性状的影响 [J]. 中国糖料, 2005 (2): 39-41.

[10] 梅艳, 阮培均, 赵明勇. 不同种植密度和施肥量对乐食高丹草产量的影响 [J]. 贵州农业科学, 2010, 38 (10): 77-79.

[11] 李源, 赵海明, 游永亮, 等. 海河低平原区施氮磷肥对高丹草生产性能及饲用品质的影响 [J]. 草业科学, 2017, 34 (2): 369-377.

[12] Packer D J, Rooney W. High-parent heterosis for biomass yield in photoperiod-sensitive sorghum hybrids [J]. Field Crops Research, 2014, 167: 153-158.

[13] Bean B W, Baumhardt R L, McCollum F T, *et al*. Comparison of sorghum classes for grain and forage yield and forage nutritive value [J]. Field Crops Research, 2013, 142: 20-26.

[14] 李源, 谢楠, 赵海明, 等. 高丹草营养生长与饲用品质变化规律分析 [J]. 草地学报, 2011, 19 (5): 813-820.

[15] 何振富, 贺春贵, 魏玉明, 等. 光敏型高丹草在陇东旱塬的生物学特性和营养成分比较研究 [J]. 草业学报, 2015, 24 (10): 166-174.

[16] Wolabu T W, Zhang F, Niu L F, *et al*. Three *FLOWERING LOCUS* T-like genes function as potential florigens and mediate photoperiod response in sorghum [J]. New Phytologist, 2016, 210: 946-959.

[17] Wang Y, Tan L B, Fu Y C, *et al*. Molecular evolution of the sorghum maturity gene *Ma3* [J]. PLoS ONE, 2015, 10 (5): e0124435.

[18] AOAC. Official methods of analysis, 13th ed. Association of offical analytical chemists, Washington, D C. 1980.

[19] 李合生. 植物生理生化实验原理和技术 [M]. 北京: 高等教育出版社, 2002.

[20] Van Soest P J, Robertson J B, Lewis B A. Methods for dietary fiber, neutral detergent fiber and nonstarch polysaccharides in relation to animal nutrition [J]. Journal of Dairy Science, 1991, 74: 3 583-3 597.

[21] Rohweder D A, Barnes R F, Jorgensen N. Proposed hay grading standards based on laboratory analyses for evaluating quality [J]. Animal Science, 1978, 47: 747-759.

[22] 牟芝兰. 种植方式与种植密度对大力士高粱的影响 [J]. 四川草原, 2004 (3): 27-28.

［23］ 张华文，秦岭，杨延兵，等. 种植密度和品种对甜高粱生物性状与产量的影响［J］. 山东农业科学，2008（7）：13-15.

［24］ 李春喜，董喜存，李文建，等. 甜高粱在青海高原种植的初步研究［J］. 草业科学，2010，27（9）：75-81.

［25］ Snider J L, Raper R L, Schwab E B. The effect of row spacing and seeding rate on biomass production and plant stand characteristics of non-irrigated photoperiod-sensitive sorghum（*Sorghum bicolor*（L.）Moench）［J］. Industrial Crops and Products, 2012, 37（1）：527-535.

［26］ Vanderwerf H M G, Wijlhuizen M, Deschutter J A A. Planting density and self thinning affect yield and quality of fibre hemp（*Cannabis sativa* L.）［J］. Field Crops Research, 1995, 40：153-164.

［27］ Venuto B, Kindiger B. Forage and biomass feedstock production from hybrid forage sorghum and sorghum-sudangrass hybrids［J］. Grassland Science, 2008, 54：189-196.

［此文原刊载于《草业科学》，2017，34（8）：1 686-1 693］

种植密度对饲用小黑麦、饲用黑麦种子生产性能影响

游永亮，李　源，赵海明，武瑞鑫，刘贵波，翟兰菊

（河北省农林科学院旱作农业研究所/河北省农作物抗旱研究重点实验室）

摘　要：为了明确饲用小黑麦和饲用黑麦在河北平原农区种子生产时的最佳种植密度，2014—2016 年连续两年在河北省衡水市护驾迟镇设置 60 万、110 万、160 万、210 万、260 万和 310 万株·hm^{-2}的种植密度，探究其对饲用小黑麦和饲用黑麦种子生产性能的影响。研究结果表明：种植密度对饲用小黑麦和饲用黑麦种子生产产生较大影响，在不同种植密度下饲用小黑麦和饲用黑麦种子产量、亩穗数、穗粒数、千粒重存在显著差异，抗倒性差异明显。在河北平原农区 10 月中上旬播种，饲用小黑麦和饲用黑麦种子生产适宜种植密度均为每公顷 110 万株基本苗，相同条件下饲用黑麦可比饲用小黑麦适当减少播量，此时饲用小黑麦和饲用黑麦种子产量高，饲用小黑麦种子产量达到 4 300 kg·hm^{-2}以上，饲用黑麦种子产量达到 3 900 kg·hm^{-2}以上；倒伏轻，千粒重高，种子饱满，商品性好。

关键词：饲用小黑麦；饲用黑麦；种植密度；种子产量；产量结构；生产性能；通径分析

小黑麦是杂交新物种，由小麦和黑麦经过属间杂交并应用染色体工程育种方法培育而成。小黑麦按照用途可分为粮用型、饲用型、粮饲兼用型[1]。饲用小黑麦是以饲用性状为主要选育目标，通过定向培育而成，以全株收获作为饲草利用的小黑麦品种。黑麦属于禾本科，原产于中东和地中海地区，在 20 世纪 90 年代是俄罗斯等国家主要粮食作物[2]，20 世纪 80 年代黑麦作为一种重要饲料作物被引入黄淮海区域在冬闲田种植利用。饲用小黑麦、饲用黑麦均能够充分利用冬闲田种植，作为一种优质高蛋白麦类青饲料作物被广泛利用。

饲用黑麦种子生产方面的研究报道较少，相关学者通过播种期及水肥处理对冬牧 70 黑麦种子产量的研究认为，冬牧 70 种子产量均随着播种期延迟而降低，同一播期下浇水比不浇水增产效果明显；施肥表现增产，但增产效果与浇水有关[3]。粮用型小黑麦种子生产方面，在达吉斯坦自治共和国试验结果表明小黑麦最佳种植密度为 600 万粒·hm^{-2}[4]，国内学者在贵州地区的试验结果表明以 14 万粒每亩播种量时籽粒产量最高[5]。在哈尔滨地区的试验结果表明种植密度为 450 万株·hm^{-2}时产量结构比较协调，籽粒产量最高[6]。适当施肥降低种植密度，能够促进籽粒产量的提高[7]。粮饲兼用型小黑麦籽粒产量方面，相关学者应用灰色关联分析法分析粮饲兼用型小黑麦籽粒产量与各性状的灰关联度，结果显示千粒重在 6 个性状中权重最大[8]。另有学者认为环境因素以及环境和基因互作对小黑麦种子产量的影响远大于基因型，分别为基因型效应的 25.9 倍和 2.1 倍[9]。对饲用型小黑麦的研究主要集中在饲草产量方面[10-13]，目前对

饲用小黑麦和饲用黑麦研究主要集中在品种筛选[3]、适宜播种期[4]、适宜刈割[5]期等方面，对饲用小黑麦和部分研究从籽粒品质[14]、籽粒产量构成因素[15]进行过比较分析。饲用小黑麦中早期刈割时种子产量仅达到不刈割时的 50%～65%[16]。小黑麦在 N、P、K、有机肥配施条件下比单一施肥条件籽粒产量更高[17]。种植密度对饲用小黑麦和饲用黑麦种子产量的影响鲜见报道。由于饲用小黑麦以生产饲草为主，要求茎蘖多，生物量大，兼顾种子产量，而粮用型小黑麦以收获籽粒为主，因此与粮用型小黑麦相比饲用型小黑麦一般植株高大，种子产量低，易倒伏。因此，在种子生产中受到种植密度等因素的影响比粮用型小黑麦可能影响更明显，鉴于此，研究种植密度对饲用小黑麦种子生产的影响十分必要。

本试验在河北平原农区通过研究种植密度对饲用小黑麦和饲用黑麦种子产量以及产量构成因素的影响，旨在明确河北平原农区饲用小黑麦和饲用黑麦种子生产最佳播种量，为饲用小黑麦和饲用黑麦种子生产提供理论依据。

1 材料和方法

1.1 试验地概况

试验在河北省农林科学院旱作农业研究所试验站内进行。试验地位于河北省深州市护驾迟镇（115°42′ E、37°44′ N），海拔 20 m，全年平均降水量 497.1 mm，其中 70% 的降水集中在 7—8 月。年平均气温 13.3 ℃，无霜期 202 d。试验地养分情况：全氮 1.1 g·kg⁻¹，有效磷 32.3 mg·kg⁻¹，速效钾 125.4 mg·kg⁻¹，碱解氮 62.8 mg·kg⁻¹，有机质 15.5 g·kg⁻¹。

1.2 试验品种

试验品种为饲用小黑麦中饲 1048 和饲用黑麦冬牧 70。中饲 1048 为中国农科院作物所培育，为国家草品种区域试验对照种。冬牧 70 是从美国引进的饲用黑麦品种。两个品种为目前海河平原区主推的饲用小黑麦、黑麦品种。

1.3 试验方法

试验于 2014 年 10 月至 2016 年 7 月在河北省农林科学院旱作农业研究所护迟试验站进行了两个周期。根据种子发芽率和千粒重，并对出苗后分蘖前各小区实际基本苗进行统计，并参考董永琴[5]关于粮用型小黑麦播种量，设置饲用小黑麦中饲 1048 和饲用黑麦冬牧 70 两个品种各 6 个种植密度，种植密度分别为 60 万、110 万、160 万、210 万、260 万和 310 万株·hm⁻²。试验随机区组设计，3 次重复，共 36 个小区。小区面积 3 m×5 m，试验采取机播，播种时间分别为 2014 年 10 月 9 日和 2015 年 10 月 13 日，南北种植，每个小区 15 行，行长 5 m，行距 20 cm，播深 3～5 cm。播前底施复合肥（N：P：K=15：15：15）750 kg·hm⁻²，返青期灌水 1 次，灌水量 750 m³·hm⁻²，并随灌水追施尿素 300 kg·hm⁻²。

1.4 调查项目及方法

生育期：记载包括播种期、出苗期、拔节期、孕穗期、抽穗期、开花期和种子成熟期等各生育期。

株高：种子收获前每小区随机选取 10 株，分别测量地面至穗顶部的高度（不计芒长），计算平均值。

抗倒性：种子收获前按照无（0）、轻（25%）、中（30%）、重（50%）的 4 级调查标准进行。植株倾倒>45°为倒伏。

籽粒产量：籽粒成熟后，每小区去掉边行和各 0.5 m 行头，剩余面积收获籽粒后称量各小区籽粒产量，计算每公顷籽粒产量。

基本苗：出苗后分蘖前调查，采取 1 m 双行法，数其苗数，折算成"万株·hm^{-2}"表示，取两年平均值。

最高茎数：拔节前分蘖数达到最高峰时调查，采取 1 m 双行法，数其茎数，折算成"万·hm^{-2}"表示，取两年平均值。

分蘖数：由最高茎数和基本苗计算所得，分蘖数=最高茎数/基本苗。

亩穗数：种子收获前调查，采取 1 m 双行法，统计有效穗数（穗粒数在 5 粒以上者），折算成"万·hm^2"表示，取两年平均值。

成穗率：由最高茎数和亩穗数计算所得，成穗率（%）= 亩穗数/最高茎数×100。

穗粒数：每小区在种子成熟后随机选取 10 个穗，记录总粒数，取平均值，在取两年平均值。

千粒重：种子收获后每小区随机数取 1 000 粒种子称重，重复 3 次，取平均值。

1.5 数据处理

用 SAS 软件数据处理系对试验数据进行方差分析，用 DPS 软件对试验数据进行通径分析，运用 Microsoft Excel 2003 软件进行表格制作。

2 结果与分析

2.1 不同种植密度下饲用小黑麦和饲用黑麦的生育期

对不同种植密度下饲用小黑麦和饲用黑麦连续两年的生育期进行了调查（表1）。2014—2015 年度和 2015—2016 年度饲用小黑麦和饲用黑麦播种时间分别为 10 月 9 日和 10 月 13 日。不同种植密度下饲用小黑麦和饲用黑麦的出苗期一致，随着生育期的推进，从拔节期到开花期种植密度为 60 万株·hm^{-2} 和 110 万株·hm^{-2} 的饲用小黑麦和饲用黑麦的生育期比 160 万～310 万株·hm^{-2} 的饲用小黑麦和饲用黑麦生育期推迟 1～2 d，但成熟期一致。

2.2 不同种植密度对种子产量的影响

饲用小黑麦和饲用黑麦不同种植密度下两年平均种子产量差异显著（表2）。随着种植密度的增加，饲用小黑麦和饲用黑麦种子产量均先增加后降低，当种植密度为110 万株·hm^{-2}时种子产量最高，平均分别为 4 340.71 和 3 913.07 kg·hm^{-2}，显著高于除 160 万株·hm^{-2}外的其他种植密度（$P<0.05$）。

表 1　不同种植密度下饲用小黑麦和饲用黑麦生育期调查　　　（月-日）

种植密度 （万株·hm^{-2}）	年份	播种期	出苗期	拔节期	孕穗期	抽穗期	开花期	成熟期
				饲用小黑麦				
60		10-9	10-15	4-8	4-27	5-5	5-14	6-18
110		10-9	10-15	4-8	4-27	5-4	5-14	6-18
160	2014— 2015 年	10-9	10-15	4-7	4-26	5-3	5-13	6-18
210		10-9	10-15	4-6	4-25	5-3	5-13	6-18
260		10-9	10-15	4-6	4-25	5-4	5-13	6-18
310		10-9	10-15	4-6	4-25	5-3	5-13	6-18
60		10-13	10-20	4-9	4-25	5-3	5-10	6-20
110		10-13	10-20	4-8	4-23	5-2	5-9	6-20
160	2015— 2016 年	10-13	10-20	4-8	4-24	5-1	5-9	6-20
210		10-13	10-20	4-7	4-23	4-30	5-7	6-20
260		10-13	10-20	4-7	4-23	4-30	5-9	6-20
310		10-13	10-20	4-8	4-24	5-1	5-9	6-20
				饲用黑麦				
60		10-9	10-15	3-25	4-7	4-19	4-30	6-8
110		10-9	10-15	3-25	4-7	4-20	4-30	6-8
160	2014— 2015 年	10-9	10-15	3-25	4-7	4-20	4-30	6-8
210		10-9	10-15	3-25	4-7	4-20	4-30	6-8
260		10-9	10-15	3-25	4-7	4-20	4-30	6-8
310		10-9	10-15	3-25	4-7	4-20	4-30	6-8
60		10-13	10-20	3-26	4-10	4-20	4-29	6-9
110		10-13	10-20	3-24	4-9	4-19	4-29	6-9
160	2015— 2016 年	10-13	10-20	3-24	4-9	4-19	4-29	6-9
210		10-13	10-20	3-23	4-7	4-17	4-27	6-9
260		10-13	10-20	3-23	4-7	4-17	4-27	6-9
310		10-13	10-20	3-22	4-6	4-16	4-27	6-9

2.3　不同种植密度下饲用小黑麦和饲用黑麦种子产量构成要素分析

2.3.1　亩穗数

饲用小黑麦不同种植密度间亩穗数的差异显著（表 3）。随着种植密度增加，亩穗

表 2 不同种植密度下饲用小黑麦和饲用黑麦种子产量

种植密度 （万株·hm^{-2}）	饲用小黑麦（kg·hm^{-2}）			饲用黑麦（kg·hm^{-2}）		
	2014—2015 年	2015—2016 年	平均	2014—2015 年	2015—2016 年	平均
60	3 487.85 c	3 976.99 ab	3 732.42 bc	3 658.08 bc	3 585.13 a	3 621.60 b
110	4 366.77 a	4 314.66 a	4 340.71 a	4 224.33 a	3 601.80 a	3 913.07 a
160	4 200.02 ab	4 010.34 ab	4 105.18 ab	4 152.08 ab	3 470.48 ab	3 811.28 ab
210	3 790.09 ab	3 572.62 ab	3 681.35 bc	3 112.67 d	3 159.91 bc	3 136.29 b
260	3 665.03 bc	3 418.38 b	3 541.70 bc	3 331.53 cd	2 930.63 c	3 131.08 b
310	3 536.49 c	3 410.04 b	3 473.26 c	3 331.53 cd	2 793.06 c	3 062.29 b

注：同列不同小写字母表示不同种植密度下差异显著（$P<0.05$）下表同

数呈现逐渐上升趋势，260 万株·hm^{-2}的亩穗数最高，为 325.16 万穗·hm^{-2}，当种植密度达到 310 万株·hm^{-2}处理时亩穗数略有下降。60 万株·hm^{-2}亩穗数显著低于其他种植密度（$P<0.05$），其他种植密度间无显著差异（$P>0.05$）。饲用黑麦不同种植密度处理之间亩穗数的差异显著。随着种植密度增加，亩穗数整体呈现先增加或降低的趋势，210 万株·hm^{-2}的亩穗数最高，为 576.96 万穗·hm^{-2}。显著高于除 260 万株·hm^{-2}外的其余种植密度。

2.3.2 穗粒数

不同种植密度下饲用小黑麦和饲用黑麦穗粒数存在显著差异（表3），随着种植密度增加饲用小黑麦和饲用黑麦的穗粒数均呈下降趋势。饲用小黑麦在 60 万株·hm^{-2}的穗粒数最大，为 48.60 个，显著大于 210 万、260 万和 310 万株·hm^{-2}处理（$P<0.05$），与 110 万和 160 万株·hm^{-2}处理差异不显著（$P>0.05$）。饲用黑麦在 60 万株·hm^{-2}时的穗粒数最大，为 53.43 个，显著大于其他种植密度处理。

2.3.3 千粒重

不同种植密度下饲用小黑麦和饲用黑麦的千粒重差异显著，且随着种植密度增加千粒重整体呈现逐渐下降趋势。饲用小黑麦在 60 万株·hm^{-2}的种子千粒重最大，为 48.68 g，与 110 万和 160 万株·hm^{-2}处理差异不显著（$P>0.05$），但显著大于 210 万、260 万和 310 万株·hm^{-2}处理的种子千粒重（$P<0.05$）。饲用黑麦在 60 万株·hm^{-2}处理的种子千粒重最大，为 28.41 g，与 110 万株·hm^{-2}处理差异不显著，但显著大于其他处理的种子千粒重。

2.3.4 种子产量构成要素通径分析

亩穗数（X_1）、穗粒数（X_2）和千粒重（X_3）种子产量构成要素对种子产量（Y）的通径分析（表4），结果表明，亩穗数、穗粒数和千粒重对饲用小黑麦种子产量的直接贡献依次为穗粒数>亩穗数>千粒重，对饲用黑麦种子产量的直接贡献依次为千粒重>穗粒数>亩穗数。饲用小黑麦方面，穗粒数与种子产量的相关系数为 0.585 5，成正相关，直接通径系数为 0.686 6，所起到的直接效应最大，说明穗粒数对饲用小黑麦种子产量起到重要作用；饲用黑麦方面，千粒重与种子产量的相关系数为 0.838 4，成正相关，直接通径系数为 0.484 3，所起到的直接效应最大，说明千粒重对饲用黑麦种子产量作用重大。

表 3　不同种植密度下饲用小黑麦和饲用黑麦亩穗数、穗粒数和千粒重

品种	种植密度 （万株·hm⁻²）	亩穗数 （万·hm⁻²）	穗粒数 （个）	千粒重 （g）
饲用小黑麦	60	257.63 b	48.60 a	48.68 a
	110	302.65 a	47.13 ab	47.22 a
	160	321.83 a	47.07 ab	45.40 ab
	210	313.49 a	45.20 bc	42.91 b
	260	325.16 a	43.70 c	43.05 b
	310	324.75 a	41.30 d	43.00 b
饲用黑麦	60	479.41 c	53.43 a	28.41 a
	110	484.41 c	50.07 b	28.29 ab
	160	487.74 c	50.97 b	25.89 bc
	210	576.96 a	45.93 d	23.71 cd
	260	560.28 ab	48.07 c	23.36 d
	310	541.10 b	46.30 d	22.90 d

表 4　种子产量构成要素与种子产量的直接通径分析

品种	自变量	直接通径系数	间接通径系数			合计	相关系数
			$X_1 \rightarrow Y$	$X_2 \rightarrow Y$	$X_3 \rightarrow Y$		
饲用小黑麦	亩穗数（X_1）	0.599 9		-0.466 3	-0.275 3	-0.741 7	-0.141 7
	穗粒数（X_2）	0.686 6	-0.407 5		0.306 4	-0.101 1	0.585 5
	千粒重（X_3）	0.397 1	-0.415 9	0.529 7		0.113 8	0.510 9
饲用黑麦	亩穗数（X_1）	-0.582 8		0.114 5	-0.384 4	-0.269 9	-0.852 7
	穗粒数（X_2）	-0.135 4	0.492 9		0.388 1	0.881 0	0.745 6
	千粒重（X_3）	0.484 3	0.462 6	-0.108 5		0.354 1	0.838 4

2.4　最高茎数、分蘖数、成穗率、株高和抗倒性分析

饲用小黑麦最高茎数随着种植密度增加呈现先升高后降低的趋势，且不同种植密度下存在显著差异（表 5）。210 万株·hm⁻²处理的最高茎数最大，为 1 304.40 万个·hm⁻²，与 210 万～310 万株·hm⁻²处理的最高茎数差异不显著（$P>0.05$），但显著高于 60 万～160 万株·hm⁻²处理（$P<0.05$）。不同种植密度下饲用黑麦最高茎数与饲用小黑麦变化趋势相同，随着种植密度增加呈现先升高后降低的趋势，但 260 万株·hm⁻²处理的最高

茎数最大，为1 898. 45 万个·hm^{-2}，显著高于其他处理下的最高茎数。

饲用小黑麦和饲用黑麦分蘖数均随着种植密度增加呈现逐渐减少趋势（表5），60 万株·hm^{-2}时饲用小黑麦和饲用黑麦分蘖数最多，分别为12. 96 个和18. 47 个，显著高于其他种植密度下饲用小黑麦和饲用黑麦的分蘖数（P<0. 05），310 万株·hm^{-2}时饲用小黑麦和饲用黑麦分蘖数最少。

饲用小黑麦成穗率随着种植密度增加呈现先降低后升高的趋势，但最大值出现在60 万株·hm^{-2}时，为33. 16%，显著高于其他种植密度的成穗率（P<0. 05）。饲用黑麦成穗率同样在60 万株·hm^{-2}最高，为43. 28%，显著高于其他种植密度下的成穗率。

饲用小黑麦株高随着种植密度增加呈现逐渐降低趋势，且差异显著。饲用小黑麦株高在60 万株·hm^{-2}处理的最高，达168. 13 cm，显著高于160 万～310 万株·hm^{-2}处理的株高（P<0. 05），但与110 万株·hm^{-2}处理的株高差异不显著（P>0. 05）。饲用黑麦株高在种植密度60 万～260 万株·hm^{-2}随着播种密度增加呈逐渐降低趋势，当种植密度达到310 万株·hm^{-2}时饲用黑麦株高略有上升，株高最大值出现在60 万株·hm^{-2}处理，为156. 42 cm，显著高于160 万～310 万株·hm^{-2}处理的株高，和110 万株·hm^{-2}处理的株高差异不显著。

不同种植密度下饲用小黑麦（黑麦）的抗倒性不同（表5），种植密度在60 万株·hm^{-2}饲用小黑麦和饲用黑麦均没有倒伏现象发生，当种植密度为110 万和160 万株·hm^{-2}时，饲用小黑麦出现轻微倒伏现象，当种植密度160 万株·hm^{-2}时，饲用黑麦出现中度倒伏，当种植密度达到210 万株·hm^{-2}以及以上时，饲用小黑麦和饲用黑麦均出现重度倒伏现象，且同等种植密度下饲用黑麦比饲用小黑麦倒伏更严重。

表5　不同种植密度下饲用小黑麦和饲用黑麦最高茎数、分蘖数、成穗率、株高和抗倒性

品种	种植密度（万株·hm^{-2}）	最高茎数（万·hm^{-2}）	分蘖数（个）	成穗率（%）	株高（cm）	抗倒性
饲用小黑麦	60	777. 47 d	12. 96 a	33. 16 a	168. 13 a	无
	110	1 014. 26 c	9. 22 b	29. 85 b	167. 62 ab	轻
	160	1 170. 17 b	7. 31 c	27. 54 bc	165. 00 bc	轻
	210	1 304. 40 a	6. 21 d	24. 03 d	164. 80 bc	重
	260	1 297. 32 a	4. 99 e	25. 06 cd	162. 93 c	重
	310	1 291. 06 a	4. 16 f	25. 16 cd	162. 47 c	重
饲用黑麦	60	1 108. 05 d	18. 47 a	43. 28 a	156. 42 a	无
	110	1 516. 59 c	13. 79 b	31. 95 c	154. 43 ab	轻
	160	1 552. 44 c	9. 70 c	31. 43 c	151. 05 b	中
	210	1 677. 51 b	7. 99 d	34. 40 b	150. 20 b	重
	260	1 898. 45 a	7. 30 e	29. 51 d	150. 05 b	重
	310	1 757. 55 b	5. 67 f	30. 79 cd	150. 70 b	重

3 讨论与结论

相关研究表明，多花黑麦草（*Lolium multiflorum* Lamk.）种子生产应适当控制分蘖，减少无效分蘖以降低养分消耗和控制倒伏[18]。本研究饲用小黑麦在种植密度在 210 万～310 万株·hm^{-2}时，最高茎数显著高于种植密度为 110 万～160 万株·hm^{-2}处理，但亩穗数差异不显著，进一步证明了播种量过高情况下，群体急剧增加，因资源和空间限制，导致大部分分蘖成为无效分蘖，不能形成有效穗，从而影响种子产量，和李陶[6]研究小黑麦东农 96026 种植密度在 450 万株·hm^{-2}时籽粒产量大于 600 万株·hm^{-2}的结果一致。而饲用小黑麦和饲用黑麦在种植密度过低情况下虽然能够通过自身分蘖增加群体密度，但因自身分蘖潜力无法满足群体需求，导致总茎数过低，亩穗数不足，从而影响到饲用小黑麦和饲用黑麦种子产量。

种植密度是影响麦类作物倒伏的重要因素之一，而倒伏进一步影响到种子产量。倒伏情况下作物光合作用降低，影响后期种子灌浆，导致作物种子粒数减少和籽粒千粒重降低，引起种子产量降低，而且造成收获困难，对实际种子产量影响较大[18]。相关研究表明，小麦倒伏对千粒重的降低作用达到极显著水平，比正常状态平均下降 17.77%[19]。另有研究结果表明，小麦灌浆中期倒伏，千粒重显著降低，仅粒重降低一项就使产量降低 15.74%以上，减产极显著[20]。种植密度的大小显著影响到作物的倒伏性，国内大量研究多有报道且结果一致，即随着种植密度增加倒伏率增加[21]。麦类作物通过降低播量减小群体而有利于防止倒伏，并可通过分蘖来补偿有效茎数，达到维持产量的目的。本研究结果显示，当饲用小黑麦和饲用黑麦播种量达到 210 万株·hm^{-2}及以上时，均出现严重倒伏现象，千粒重显著降低，种子产量明显下降，和以上研究结果一致。因此，通过调节种植密度来提高饲用小黑麦和饲用黑麦种子产量是改善饲用小黑麦和饲用黑麦种子生产的一种重要途径。

种植密度通过影响饲用小黑麦和饲用黑麦的亩穗数、穗粒数和千粒重来间接影响其种子产量，而亩穗数、穗粒数和千粒重对种子生产的贡献大小并不相同。本研究结果显示，当种植密度在 60 万株·hm^{-2}时，饲用小黑麦和饲用黑麦亩穗数虽较低，但穗粒数和千粒重较高，种子产量反而高于 210 万～310 万株·hm^{-2}处理。种植密度在 110 万株·hm^{-2}时饲用小黑麦和饲用黑麦虽然亩穗数、穗粒数和千粒重都不是最大值，但综合三因素后其种子产量均高于其他种植密度处理，通径分析结果进一步显示，穗粒数对饲用小黑麦种子产量起到重要作用，而千粒重对饲用黑麦种子产量作用重大。即种植密度对饲用小黑麦和饲用黑麦种子产量是一个综合影响结果，适宜种植密度下饲用小黑麦和饲用黑麦种子产量才能达到最大值，过高或过低均影响饲用小黑麦和饲用黑麦种子生产。

饲用小黑麦和饲用黑麦种子形成是一个长期复杂的过程，不仅受种植密度影响，还受到自身遗传条件，栽培管理措施等方面的影响。本试验仅探讨在河北平原农区 10 月中上旬播种情况下饲用小黑麦和饲用黑麦种子生产的适宜种植密度，没有考虑不同播种时期、不同播种行距以及不同施肥灌溉条件等，也没有进行种子质量、商品性测定，如种子色泽、大小、饱满度、发芽势等。下一步需开展相关试验，找到饲用小黑麦和饲用黑麦在河北平原农区种子生产的最佳种植密度。

本研究结果表明，在河北平原农区 10 月中上旬播种情况下，饲用小黑麦和饲用黑麦种子生产适宜种植密度均为 110 万株·hm⁻²，由于饲用黑麦分蘖能力强于饲用小黑麦，因此在相同条件下与饲用小黑麦相比饲用黑麦可适当减少播量。

参考文献

[1] 孙敏，苗果园，杨珍平，等. 小黑麦、黑麦与普通小麦粮用和饲用价值的差异 [J]. 麦类作物学报，2008，28 (4)：644-648.

[2] 胡跃高. 论黄淮海区青刈黑麦产业化生产的基础 [J]. 草业科学，1998，15 (2)：39-42.

[3] 孙学钊，刘玉民. 播种期及水肥处理对冬牧 70 黑麦种子产量的影响 [J]. 草与畜杂志，1990 (3)：15.

[4] ГаМЗаеb НГ，方永安. 饲用小黑麦的最适播种期 [J]. 草原与草坪，1986 (5)：48-48.

[5] 董永琴，郭春英，王华芬. 不同播种量对小黑麦不同品种的影响 [J]. 贵州农业科学，1988 (1)：17-22.

[6] 李陶，魏缇. 群体大小和氮素营养对小黑麦子粒产量及品质的影响 [J]. 作物杂志，2008 (2)：32-34.

[7] 李晶. 密度和氮素水平对小黑麦氮代谢及产量、品质的影响 [D]. 哈尔滨：东北农业大学，2009.

[8] 刘杰，张凤云. 灰色关联分析法在粮饲兼用小黑麦育种上的应用 [J]. 山东农业科学，2013，45 (12)：10-13.

[9] 柴守玺，常磊，杨蕊菊，等. 小黑麦基因型与环境互作效应及产量稳定性分析 [J]. 核农学报，2011，25 (1)：155-161.

[10] 赵丹，田新会，杜文华. 甘肃省定西地区 20 个饲草型小黑麦新品系的适宜播种期 [J]. 草业科学，2016，33 (4)：722-730.

[11] 赵雅姣，田新会，杜文华. 饲草型小黑麦在定西地区的最佳刈割期 [J]. 草业科学，2015，32 (7)：1 143-1 149.

[12] 董召荣，田灵芝，赵波，等. 小黑麦牧草产量与品质对施氮的响应 [J]. 草业科学，2008，25 (5)：64-67.

[13] 宋谦，田新会，杜文华. 甘肃省高寒牧区小黑麦新品系的生产性能秸秆覆盖与镇压对小黑麦生长状况的影响 [J]. 草业科学，2016，33 (7)：1 367-1 374.

[14] 孙元枢. 中国小黑麦遗传育种研究与应用 [M]. 杭州：浙江科学技术出版社，2002：240-244.

[15] 赵丹，杜文元，赵雅姣，等. 不同小黑麦品种的种子产量及产量构成因素比较 [J]. 草原与草坪，2013，33 (6)：61-66.

[16] 李焰焰，张桂芳，张晓涛，等. 刈割对皖北地区饲用小黑麦产量及品质的影响 [J]. 种子，2010，29 (4)：75-77.

[17] 徐静，孙敏，苗果园，等. 生土条件下施肥对小黑麦生长状况及生理功能的影响 [J]. 安徽农业科学，2009，37 (11)：4 929-4 931.

[18] 丁成龙，顾洪如，冯成玉，等. 播种期和播种量对多花黑麦草种子生产性能的影响 [J]. 中国草地学报，2007，29 (4)：56-60.

[19] 余泽高，冯朝章. 灾害性倒伏对小麦粒重及产量的影响 [J]. 湖北农学院学报，1993，13

（1）：1-8.

[20] 何丽香，傅兆麟，宫晶. 小麦灌浆中期倒伏对种子产量与质量的影响 [J]. 种子，2013，3（7）：80-82.

[21] 田保明，杨光圣，曹刚强，等. 农作物倒伏及其影响因素分析 [J]. 中国农学通报，2006，22（4）：163-167.

[此文原刊载于《草业科学》，2017，34（7）：1 522-1 529]

环渤海雨养旱作区冬小麦不同覆膜种植方式试验研究初报

黄素芳[1]，刘振敏[1]，白艳梅[2]，徐玉鹏[1]，孙　一[1]，肖　宇[1]，李金英[3]，阎旭东[1]

(1. 沧州市农林科学院；2. 黄骅市农业局；3. 泊头市农业局)

　　摘　要：为探明环渤海雨养旱作区最佳的冬小麦旱作覆膜种植方式，通过随机区组试验设计，设4个处理（A1～A4），3次重复。研究不同种植模式对小麦产量、产量因素、群体数量及地上部干物重的影响。结果表明：A2种植模式下小麦产量显著高于其他处理和对照，达到 5 262.30 kg·hm^{-2}。A2种植方式有利于促进小麦分蘖，利于小麦构建适宜群体，提高成穗率，同时又有利于群体干物质的积累。

　　关键词：雨养旱作区；冬小麦；覆膜方式；产量

　　环渤海雨养旱作区年降水量一般在 400～600 mm，降雨分布不均，主要集中在7—9月。该区淡水资源匮乏，人均亩均水资源量仅为全国的 1/12 和 1/16[1-2]。由于受生态、气候条件的制约，该区域农业生产系统不稳定，秋季降雨少时，影响小麦正常播种；春季降雨少又影响已播小麦的产量；冬小麦生育期长，耗水量大，且传统的小麦种植技术自然降水利用率低，产量低，一般在 3 000 kg·hm^{-2}，有的年份甚至造成绝收[2-4]。特别是《河北省地下水超采综合治理中长期规划（2014—2020）》实施后，限采地下水，压减冬小麦种植面积，冬小麦生产发展面临严峻考验。因此，发展旱作小麦种植技术成为今后小麦生产发展的趋势。

　　地膜覆盖是一项重要的旱作技术，在西北干旱半干干旱地区应用较广[5]，在环渤海地区应用较少。且环渤海雨养旱作区有独特的生态和气候特点，因此笔者针对性地开展冬小麦覆膜试验研究，旨在为该区冬小麦旱作栽培提供理论依据。

1　材料与方法

1.1　试验地点

　　试验于河北省沧州市农林科学院前营试验站进行。试验采用随机区组设计，共4个处理，3次重复。共12个小区，小区面积 56 m^2。

1.2　试验材料

　　选用抗旱耐盐碱小麦新品种沧麦 6005。施足底肥。底施腐熟鸡粪 6 000 kg·hm^{-2}，复合肥 525 kg·hm^{-2}。

1.3 试验设计

试验采用随机区组设计，共 4 个处理，3 次重复。共 12 个小区，小区面积 56m²。

A1：等行距 15 cm 平播。A2：膜侧播种，垄宽 30 cm，垄上覆膜，沟宽 30 cm，沟内种 3 行，行距 10 cm。A3：膜侧播种，垄宽 30 cm，垄上覆膜，沟宽 30 cm，沟内种 2 行，行距 15 cm。A4：膜下穴播，垄宽 30 cm，垄上覆膜，膜下穴播 2 行，行距 15 cm，穴距 15 cm。

1.4 栽培管理

播种日期：于 2013 年 10 月 7 日播种。

播种量：基本苗保证 450 万·hm⁻²，播种量为 420 kg·hm⁻²。

栽培管理：整个生育期不浇水不追肥，其他管理同常规管理，各小区管理一致。

1.5 田间调查

群体数量调查：分别调查小麦基本苗、返青总蘖数、拔节期总茎数、成穗数。

于冬前、拔节期、抽穗期及成熟期分别调查地上部干物重。每个小区取 20 株小麦植株称取鲜重，然后在 105 ℃杀青 30 min，75 ℃烘干至恒重后，称取干物质重量。

小麦成熟期取样进行室内考种，统计亩穗数、穗粒数、千粒重。小区实收计产。

1.6 数据分析

利用 Microsoft Excel 及 SPSS 19.0 数据分析软件进行数据统计及分析。

2 结果与分析

2.1 不同种植模式对小麦产量及产量构成因素的影响

由表 1 可以看出，A2（膜侧 3 行）的产量极显著高于其他处理和对照，产量达到了 5 262.30 kg·hm⁻²，比 A1（CK）增产 31.39%，比 A3（膜侧 2 行）、A4（膜下穴播）处理产量分别增加 19.70%、34.62%。A1、A3、A4 处理间产量差异不显著。

进一步分析产量的三因素结果可以得出：A2 处理增产的主要原因是穗数及穗粒数的增加。A2 的亩穗数显著高于 A1 和 A4，与 A3 间有差异但未达到显著水平。A4 的穗粒数最高，显著高于 A1 和 A3，与 A2 间有差异但未不显著。A2 的穗粒数显著高于对照，与 A3 间有差异但不显著。综上分析得出 A2（膜侧 3 行）种植模式有利于冬小麦分蘖，并促进穗分化，增加成穗数，增加穗粒数，进而达到增产的效果。

表 1　小麦产量及产量性状

处理名称	穗数（×10⁴·hm⁻²）	穗粒数（个）	千粒重（g）	产量（kg·hm⁻²）
A1(CK)	603.30 bA	16.38 cB	43.02 cC	4 005.15 bB

（续表）

处理名称	穗数（×10⁴·hm⁻²）	穗粒数（个）	千粒重（g）	产量（kg·hm⁻²）
A2	684.45 aA	19.63 abAB	43.83 bBC	5 262.30 aA
A3	630.90 abA	17.74 bcAB	45.67 aA	4396.20 bB
A4	613.40 bA	21.86 aA	44.10 bB	3 909.00 bB

注：同列小写字母表示处理间差异显著（$P<0.05$），大写字母表示差异极显著（$P<0.01$）

2.2 不同种植模式对小麦群体数量的影响

由图1可知：试验在播量相同的条件下进行，4个处理间基本苗数量差异不显著；覆膜处理的冬前分蘖数量显著高于对照A1（CK），3个覆膜处理间差异不显著，处理2最高，比对照增加22.75%；从最高茎数变化看，A2的最高茎数最高，但4个处理间差异不显著，A2比对照增加10.11%；从拔节期茎数变化看，膜侧处理A2、A3的茎数高于A1、A4，A2处理最高，比对照增加17.78%；从穗数看，A2的穗数显著高于A1、A4，A2、A3间差异不显著，A2比对照增加13.45%。因此，膜侧种植模式更有利于促进小麦的分蘖和成穗，利于构建适宜群体。

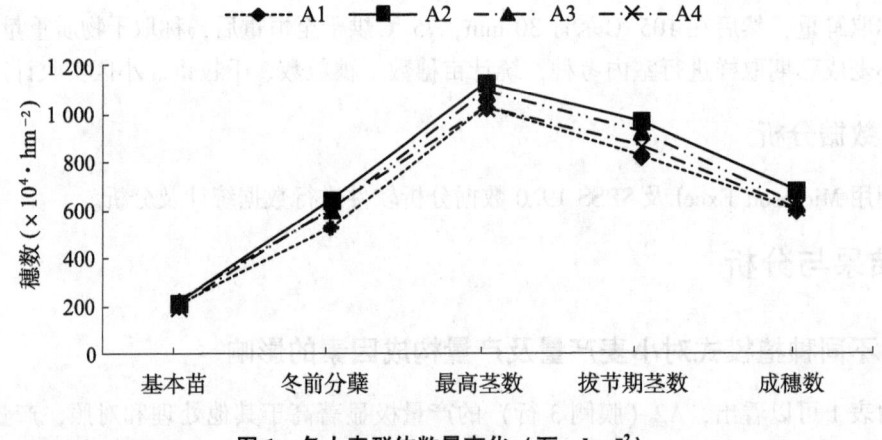

图1 冬小麦群体数量变化（万·hm⁻²）

2.3 不同种植模式对小麦群体干物重的影响

从图2曲线变化可以看出，冬前不同处理间的干物重差异不显著，覆膜处理干物重均比对照增加，A2处理干物重最高，为0.80 t·hm⁻²，比A1、A3、A4增加9.59%、6.67%和8.11%。拔节期A2处理的干物重为5.35 t·hm⁻²，比A1、A3、A4增加5.94%、7.00%和7.43%。抽穗期A2、A3、A4覆膜处理干物重比对照增加27.22%、12.12%、4.41%，A2处理的最高，达到20.47 t·hm⁻²。成熟期所有覆膜处理的干物重均高于对照，A2、A3、A4覆膜处理比对照增加21.31%、12.86%、4.25%，A2处理的最高，达到24.25 t·hm⁻²。说明A2处理有利于小麦群体生长发育，有利于群体干物质的积累。

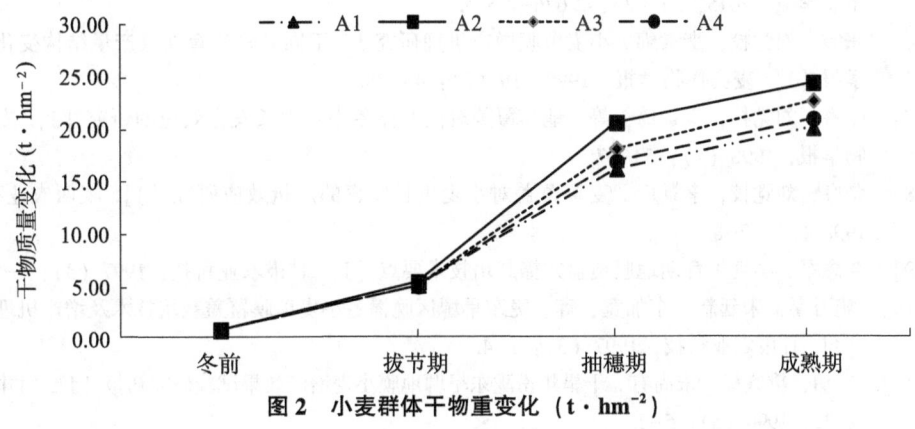

图2 小麦群体干物重变化 （t·hm⁻²）

3 结论与讨论

A2（膜侧3行）种植模式下，小麦分蘖力强，构建群体适宜，成穗数高，穗粒数增加，增产效果显著。A3（膜侧2行）种植模式在播量相同的条件下，因行内播种密度反而影响分蘖能力，造成分蘖力弱，成穗数少，产量低于膜侧3行种植方式。膜下点播种植方式产量降低的原因在于生长后期膜下土壤含水量低，温度高，造成后期早衰，因此产量低。

起垄覆膜侧播种植方式较常规露地种植方式具有明显的增温保墒、集雨提墒、增产增效效果，更适宜在环渤海雨养旱作区推广应用。膜侧沟内种植方式集雨作用明显，能充分接纳雨季降雨汇集到膜侧沟内，同时变小于5 mm无效降雨为有效降雨，使水分集中下渗到小麦根部，利于小麦根系吸收，提高了水分的利用率[5-7]。覆膜后保墒作用明显，减少了水分的无效蒸发，聚集在膜下的水蒸气遇冷后可凝结成小水滴附着在膜下，待聚集成大水滴后便落入表土中。地膜覆盖后膜下土壤温度的昼夜变化加大了土壤热梯度的差异，使土壤深层水分不断向上移动，形成了明显的提墒效应[5-8]。且膜侧种植模式后膜侧土壤含水量较高，利于后期小麦生长，延长灌浆期，从而增加产量[8-14]。关于不同覆膜方式对土壤水分和温度的影响还有待进一步深入研究。

参考文献

［1］ 阎旭东. 环渤海湾低平原区耐盐植物资源及环境改良 ［M］. 北京：中国农业科学技术出版社.

［2］ 刘小京，阎旭东. 沧州市渤海粮仓科技示范工程主推技术 ［M］. 北京：中国农业科学技术出版社.

［3］ 肖宇，岳明强，刘艳昆，等. 限灌条件下环渤海低平原区冬小麦最佳播期播量行距研究 ［J］. 中国农学通报，2016，32（21）：32-37.

［4］ 郭洪海. 环渤海低平原高效农业持续发展的重点及关键技术 ［J］. 农业现代化研究，1998，19（1）：37-39.

［5］ 杨长刚，柴守玺，常磊. 半干旱雨养区不同覆膜方式对冬小麦水分利用及产量的影响 ［J］.

生态学报, 2015, 35 (8): 2 676-2 685.

[6] 张睿, 刘党校, 李素绵. 小麦覆膜增产机理研究Ⅰ. 不同品种生育期及产量结构变化研究学报 [J]. 麦类作物学报, 1999, 19 (2): 45-48.

[7] 张睿, 刘党校, 李景琦, 等. 地膜覆盖对低群体冬小麦生长发育效应的研究 [J]. 麦类作物学报, 1998 (1): 53-57.

[8] 张睿, 刘党校, 李景琦. 麦草覆盖对小麦生长发育的产量效应研究 [J]. 陕西农业科学, 1998 (3): 7-8.

[9] 兰念军. 小麦生育期地膜覆盖穴播栽培技术要点 [J]. 甘肃农业科技, 1997 (3): 4-5.

[10] 施万喜, 宋廷新, 李加宽, 等. 陇东旱塬区晚播冬小麦地膜覆盖栽培技术及增产机理研究 [J]. 甘肃农业科技, 1997 (3): 1-4.

[11] 王勇, 樊庭禄, 宋尚有. 干旱年份陇东旱塬地膜小麦增产效果试验研究初报 [J]. 甘肃农业科技, 1996 (5): 5-7.

[12] 席吉龙, 段黎杰, 张建诚. 山西雨养小麦地膜栽培增产潜力与提升途径探讨 [J]. 山西农业科学, 2014, 42 (2): 147-150, 194.

[13] 王敏, 党建友, 张定一, 等. 大旱之年小麦地膜覆盖增产效果的研究 [J]. 山西农业科学, 2010, 38 (2): 57-59.

[14] 孙尚平. 小麦地膜覆盖增产机理再分析 [J]. 山西农业科学, 2006 (2): 35-38.

[此文原刊载于《天津农业科学》, 2017, 23 (5): 94-96]

不同覆膜方式对旱地春玉米生长和产量的影响

王秀领，闫旭东，徐玉鹏，芮松青，肖　宇，刘　震，岳明强

（沧州市农林科学院）

摘　要：不同覆膜播种方式对作物生长产生的影响不同。本试验以露地平作为对照，在4种不同覆膜播种方式下，研究不同覆膜播种方式对春玉米生长发育和产量影响，结果表明，覆膜对玉米株高、叶面积指数、干物质积累均有促进作用，并且穗粒数、百粒重均有所增加，故而籽粒产量明显提高，其中以垄作膜侧种植模式效果最优，比对照增产20.53%。综合分析认为，垄作膜侧种植模式具有促根壮苗、稳产增产作用，在严重缺水的华北旱作区推广应用前景广阔。

关键词：覆膜方式；旱地；春玉米；生长；产量

地膜覆盖是旱作农业生产中协调水热资源的重要栽培措施之一[1-14]。许多研究表明，利用地膜覆盖种植玉米增产幅度达30%～60%[5-19]。但不同地区采用不同地膜覆盖栽培方式玉米增产效果不一。华北雨养旱作区，春季地温低，雨水少，传统的春玉米种植方式受播种时气温、地温、墒情等因素的影响，常出现苗不齐、苗不壮、发苗慢等现象。受5、6月干旱少雨影响，在春玉米需水需肥关键时期大喇叭口期形成"卡脖旱"，造成减产甚至绝收，严重制约了该地区的春玉米生产[20]。针对上述问题，本试验以增温保墒、苗全苗壮、促苗早发为突破口，通过起垄覆膜、膜内膜侧播种等不同种植模式，研究不同覆膜方式对春玉米生长发育、产量表现的影响[3-18]，以揭示覆膜增产机理，从而确定最佳种植模式，为该地区春玉米科学生产提供理论依据。

1　材料与方法

1.1　试验区概况

试验在河北省沧州市农林科学院前营试验站进行，该区域属华北冲积平原，暖温带半湿润大陆季风气候，年均温13 ℃，≥10 ℃积温4 349 ℃，年均降水量为616.4 mm。土壤为沙质潮土，土壤有机质含量为15.4 g·kg^{-1}，土壤碱解氮、速效磷（P_2O_5）、速效钾（K_2O）的含量分别为22.3、17.9、103.0 mg·kg^{-1}，是一年两熟旱作农业区。

1.2　试验设计

试验设5个处理（表1），玉米采用宽窄行带状种植形式，大行距70 cm，小行距40 cm，株距24 cm。随机区组排列，重复3次。应用品种联丰20，4月25日播种。生

育期内进行常规管理。

表 1　试验各处理内容

处理编号	处理名称	处理内容
（1）	露地平作（CK）	常规种植不覆膜
（2）	平作膜下播种	平作种植，玉米窄行上覆地膜，膜下播种
（3）	平作膜测播种	平作种植，玉米宽行上覆地膜，膜侧播种
（4）	垄作膜下播种	垄底宽　垄底宽 70 cm，垄高 15～20 cm，垄距 40 cm，垄上覆地膜。膜下播种玉米 2 行，行距 40 cm
（5）	垄作膜侧播种	垄底宽 70 cm，垄高 15～20 cm，垄距 40 cm，垄上覆地膜。膜侧播种玉米 2 行，行距 40 cm

1.3　测定项目与方法

玉米生育期间在玉米苗期、大喇叭口期、吐丝期、收获期测定玉米的株高、叶面积指数、单株干物重。

玉米完熟期按小区实收测定各处理的产量。调查玉米的亩穗数，室内考种穗行数、行粒数、百粒重等产量构成因子。

试验数据应用 SPSS 16.0 软件进行统计分析，应用 Microsoft Excel 2003 软件绘制图表。

2　结果分析

2.1　不同种植模式对株高的影响

图 1 数据表明，覆膜种植方式各生育期株高均大于露地平作种植方式，苗期膜下处理株高大于膜侧处理，是由于在气温较低条件下地温升高所致。随着生育进程的推进，气温升高，处理间株高差异逐渐减小，到吐丝期以后不同覆膜方式玉米株高已无明显差异。

2.2　不同覆膜方式对玉米单株干物质量的影响

图 2 数据表明，玉米覆膜种植方式有利于植株干物质积累，不同生育时期玉米单株干物重均高于对照。苗期两膜下处理高于两膜侧处理，随着生育期的推进，膜下处理干物质积累减缓，膜侧处理干物质积累加快，大喇叭口期以后，膜侧处理干物质积累量超过膜下处理，起垄膜侧处理最高，并与对照间差异达显著水平，其他各处理间差异均不显著。

2.3　不同种植模式对玉米叶面积指数的影响

图 3 数据表明，覆膜处理在各个生育期的叶面积指数均高于不覆膜处理，其差异均达到显著水平，覆膜处理间差异均不显著。膜下播种处理叶面积指数同样表现出玉米苗

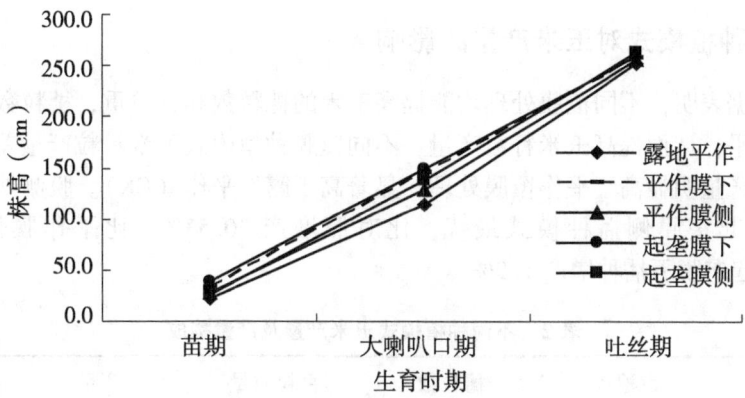

图1 不同种植模式玉米株高

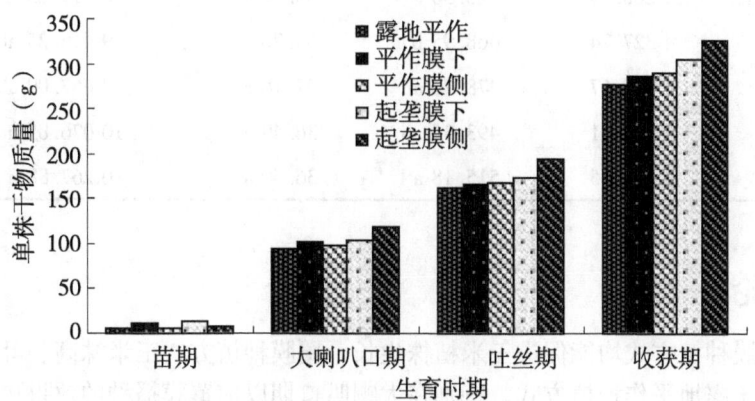

图2 各处理单株干质量

期较大的特点。大喇叭口期以后，起垄膜侧处理玉米生长速度加快，叶面积指数迅速增加达最大值，直到收获期叶面积指数最高。

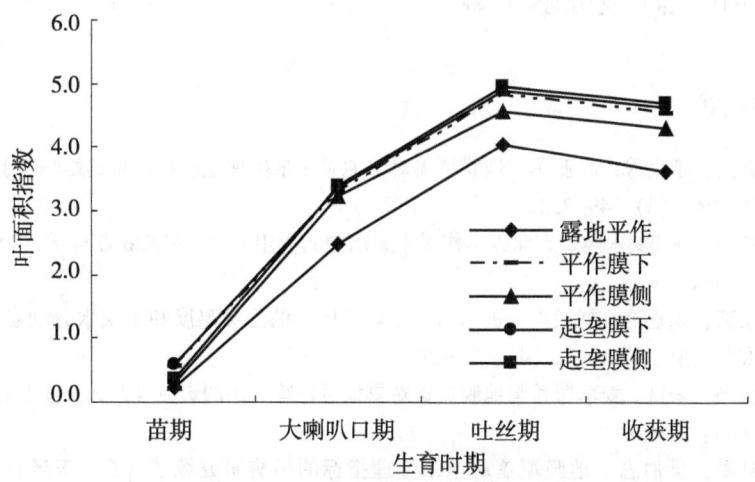

图3 不同种植模式玉米叶面积指数

2.4　不同种植模式对玉米产量的影响

表2数据表明，不同覆膜处理均能提高玉米的穗粒数和百粒重，穗粒数与对照间差异达显著水平，从而提高玉米籽粒产量；不同覆膜种植模式玉米籽粒产量差异较大，起垄覆膜处理产量明显高于平作覆膜处理，显著高于露地平作（CK）。膜侧处理均优于膜下处理，以起垄膜侧播种模式最优，比对照增产20.53%，比平作膜侧播种增产6.33%，比起垄膜下播种增产1.9%。

表2　不同种植模式玉米产量及产量构成

处理名称	亩穗数 （个）	穗粒数 （粒）	百粒质量 （g）	产量 （kg·hm^{-2}）	较对照增产 （%）
露地平作（CK）	4 268.79	423.30 c	35.19 a	8 519.25 b	—
平作膜下	4 327.74	468.95 b	35.76 a	9 416.25 ab	10.53
平作膜侧	4 306.67	478.70 ab	37.16 a	9 657.00 ab	13.36
起垄膜下	4 529.81	493.35 ab	36.49 a	10 076.85 a	18.28
起垄膜侧	4 454.55	515.18 a	36.40 a	10 267.88 a	20.53

3　结　论

不同覆膜种植方式均能促进玉米植株生长。覆膜种植方式玉米株高、叶面积、单株干物质均高于露地平作种植方式。特别在大喇叭口期以前覆膜播种的效果更明显，以起垄膜下播种效果最好。随着生育期的推进，垄作膜侧播种模式凸显优势且具有持续作用，吐丝期以后玉米株高、叶面积、单株干物重均最大。穗粒数的增加提高了玉米籽粒产量。起垄膜侧播种技术具有促根壮苗、稳产增产作用，较对照增产20.53%，在严重缺水的华北旱作区推广应用前景广阔。

参考文献

［1］　王喜庆，李生秀，高亚军. 地膜覆盖对旱地春玉米生理生态和产量的影响［J］. 作物学报，1998，24：(3) 349-353.

［2］　张晓辉. 地膜集水技术在北方旱作玉米栽培中的应用［J］. 安徽农业科学，2006，34 (23)：6 151-6 153.

［3］　陈素英，张喜英，刘孟雨. 玉米秸秆覆盖麦田下的土壤温度和土壤水分动态规律［J］. 中国农业气象，2002，22 (4)：34-37.

［4］　薛少平，朱琳. 麦草覆盖与地膜覆盖对旱地可持续利用的影响［J］. 农业工程学报，2002，18 (6)：71-73.

［5］　李洪勋，吴伯志. 地膜覆盖对玉米生理指标的影响研究综述［J］. 玉米科学，2004，12 (21)：66-69.

［6］　王维，郑曙峰，路曦结，等. 农田秸秆覆盖技术研究进展［J］. 安徽农业科学，2009，37

(18)：8 343-8 346.

[7] 刘永红，杨勤．玉米集雨节水膜侧栽培技术 [J]．四川农业科技，2010（11）：16-17.

[8] 张德奇，廖允成，贾志宽．旱区地膜覆盖技术的研究进展及发展前景 [J]．干旱地区农业研究，2005，23（1）：208-213.

[9] 田野．玉米不同覆膜栽培方式比较试验结果初报 [J]．农业科技与信息，2008（1）：10-11.

[10] 刘晓伟，何宝林，郭天文，等．半干旱地区玉米覆膜方式研究 [J]．玉米科学，2012，20（2）：107-110.

[11] 于永梅，李艳杰，朱晶，等．玉米大垄行间覆膜栽培技术的研究初报 [J]．玉米科学，2006，14（1）：146-148.

[12] 高岩．不同覆膜方式对旱地玉米的影响 [J]．甘肃农业科技，2008（5）：27-28.

[13] 王罕博，龚道枝，梅旭荣，等．覆膜和露地旱作春玉米生长与蒸散动态比较 [J]．农业工程学报，2012，28（22）：88-94.

[14] 张俊鹏，孙景生，刘祖贵，等．不同水分条件和覆盖处理对夏玉米籽粒灌浆特性和产量的影响 [J]．中国生态农业学报，2010，18（3）：501-506.

[15] 邢胜利，魏延安，李思训．陕西省农作物地膜栽培发展现状与展望 [J]．干旱地区农业研究，2002，20（1）：10-13.

[16] 王耀林．花生、玉米、棉花、西瓜地膜覆盖高产早熟栽培技术 [M]．北京：金盾出版社，1988：66-69.

[17] 马金虎，田恩平，王永成．秋季覆膜技术在玉米上的应用效果试验初报 [J]．宁夏农林科技，2007（5）：82-83.

[18] 高玉红，牛俊义，闫志利，等．不同覆膜栽培方式对玉米干物质积累及产量的影响 [J]．中国生态农业学报，2012，20（4）：440-446.

[19] 徐澜，安伟，郝建平．渗水地膜覆盖对旱作玉米生理特性、产量构成因素及产量的影响 [J]．干旱区资源与环境，2010，24（8）：180-185.

[20] 姚建民，张宝林．渗水地膜利用旱地小雨量资源研究 [J]．水土保持通报，1998，18（3）：24-29.

[此文原刊载于《天津农业科学》，2016，22（9）：126-128]

粮棉轮作与土壤深翻对棉花生育性状及产量的影响

祁　虹，王树林，王　燕，张　谦，冯国艺，林永增，梁青龙

（河北省农林科学院棉花研究所/农业部黄淮海半干旱区棉花生物学与遗传育种重点实验室）

摘　要：试验采用随机区组设计，研究了粮棉轮作种植模式与土壤深翻对棉花生长发育及产量性状的影响。结果表明，轮作促进了棉花的营养生长与生殖生长，无论是在旋耕条件下还是在深翻条件下，棉花株高、真叶数、果枝数、蕾铃数、单铃重均较连作有不同程度提高，籽棉产量在旋耕与深翻条件下分别较连作提高4.5%与2.6%；土壤深翻前期抑制棉花生长，棉花株高、真叶数均低于旋耕处理，但棉花中后期优势明显，果枝数、单株成铃数、单铃重均高于旋耕处理，籽棉产量在连作与轮作条件下分别较旋耕处理提高4.0%与2.1%。粮棉轮作与土壤深翻相结合是提高棉花产量的有效措施。

关键词：粮棉轮作；土壤深翻；棉花生育；产量

河北省既是种粮大省，也是植棉大省，粮棉争地矛盾历来十分突出[1,2]；近年来随着国家对粮食安全问题的日益重视，如何增加粮食产量成为人们关注的热点话题，河北省中南部地区为传统旱地棉花产区，棉花长期连作导致棉花生产出现诸多问题，一是土壤中枯萎病、黄萎病等致病菌数量积累引起的棉花早衰、减产[3,4]，二是传统的旋耕方式导致犁底层变浅，土壤通透性降低，影响棉花根系下扎，同时土壤蓄水、供水能力下降[5-7]，三是土壤养分主要集中在上部耕层，垂直分布不均衡，且田间杂草危害严重[8-10]。而随着水利条件的改善，该地区具备了种植粮食的生产条件，但受水资源限制[11]，完全改种粮食仍存在地下水供给不足的问题；针对这一现状，在河北省中南部传统一熟旱地棉区开展棉花—小麦—玉米两年三熟粮棉轮作种植模式研究，即种植一年棉花，棉花收获后改种小麦、玉米，玉米收获后进行一次土壤深翻，第2年再种植棉花，这一粮棉轮作两年三熟种植模式既可有效增加粮食产量，又可兼顾河北省压采地下水任务；另一方面，本试验在棉花连作、粮棉轮作模式下开展了深翻与常规旋耕的对比研究，探索实现棉花增产的技术途径。

1　材料与方法

1.1　试验地与供试品种

试验设在河北省农林科学院棉花研究所威县试验站进行，前茬棉花，土壤为沙壤土，肥力中等，有机质8.1 g·kg⁻¹，全氮0.609 g·kg⁻¹，速效磷24.7 mg·kg⁻¹，速效钾137.4 mg·kg⁻¹。棉花品种采用冀杂1号。

1.2 试验设计与方法

试验采用随机区组设计，设置4个处理，处理A：棉花连作，旋耕。处理B：棉花连作，深翻。处理C：粮棉轮作，旋耕。处理D：粮棉轮作，深翻。具体内容为：试验田2013年前连作棉花30年，棉花连作处理2014年、2015年种植棉花，粮棉轮作处理2013年棉花收获后播种小麦，2014年小麦收获后播种玉米，玉米收获后2015年播种棉花；深翻处理为棉花连作在棉花收获后深翻40 cm，粮棉轮作处理在玉米收获后深翻40 cm，来年播种棉花，棉花收获后旋耕播种小麦；旋耕处理为小麦、棉花播种前进行旋耕。

试验田棉花连作处理肥料一次性底施，施纯 N 225 kg·hm^{-2}，P$_2$O$_5$ 120 kg·hm^{-2}，K$_2$O 180 kg·hm^{-2}，粮棉轮作处理棉花施 N 225 kg·hm^{-2}，K$_2$O 180 kg·hm^{-2}；小麦施纯 N 300 kg·hm^{-2}（50%底施，50%拔节期追施），P$_2$O$_5$ 150 kg·hm^{-2}；玉米施纯 N 225 kg·hm^{-2}，K$_2$O 75 kg·hm^{-2}。棉花、小麦、玉米其他管理同大田。

1.3 调查项目

试验每小区固定20株，于5月25日、6月15日调查棉花株高、主茎真叶数，7月1日、7月15日、8月15日调查棉花株高、果枝数，6月15日调查蕾数，7月1日调查幼铃数，7月15日、8月15日、9月10日调查单株成铃数；10月25日小区收获一次计产；每小区收获20株棉花所有吐絮铃测定单铃重、衣分。

2 结果与分析

2.1 不同处理对棉花株高的影响

从表1结果中可以看出，轮作明显增加了棉花不同生育时期的株高，旋耕条件下5个时期轮作较对照分别增加1.8、4.8、9.2、3.1与8.7 cm，深翻条件下轮作较对照分别增加1.9、1.8、2.9、0.2与5.4 cm；这一结果表明，轮作对于促进棉花的生长有明显的作用。

深翻处理对棉花株高前期生长有抑制作用，中后期则促进作用明显。在连作条件下，深翻在苗期株高较对照低0.7 cm，到6月15日时较对照高1.1 cm，随着生育期的推进，深翻处理株高一直高于对照；在轮作条件下深翻处理7月1日前株高均低于旋耕处理，到7月15日以后明显高于旋耕处理。

从棉花株高生长趋势来看，7月15日前是棉花株高生长的高峰期，7月15日后对照株高增量仅有3.4 cm，而深翻处理、轮作旋耕处理、轮作深翻处理株高增量则分别是7.0、9.0、12.2 cm，这也表明深翻与轮作处理均对棉花中后期生长具有明显的促进作用。

表1 不同处理棉花株高 （cm）

处 理	5月25日	6月15日	7月1日	7月15日	8月15日
A	12.9 b	36.1 b	78.9 c	89.4 b	92.8 b

（续表）

处　理	5月25日	6月15日	7月1日	7月15日	8月15日
B	12.2 b	37.2 b	84.8 b	93.0 a	100.0 a
C	14.7 a	40.9 a	88.1 a	92.5 a	101.5 a
D	14.4 a	39. ab	87.7 a	93.2 a	105.4 a

2.2　不同处理对棉花真叶与果枝数的影响

从表2可知，5月25日与6月25日真叶数轮作高于连作，旋耕条件下高0.2片与0.6片，深翻条件下高0.1片与0.3片，因此轮作对于棉花前期真叶数有提高作用；深翻处理则低于旋耕处理，连作条件下低0.2片与0.3片，轮作条件下低0.1片与0.4片，深翻对棉花前期生长有抑制作用。

从7月1日到8月15日的果枝数来看，7月1日不同处理间果枝数差异不大，7月15日与8月15日果枝数轮作高于连作，旋耕条件下高0.1、0.3台，深翻条件下高0.2、0.1台，轮作效应明显。深翻处理对果枝数影响也较大，7月15日与8月15日连作条件下分别高0.6、0.6台，轮作条件下高0.7、0.4台。深翻对棉花后期果枝数提高作用较大。

表2　不同处理棉花真叶（果枝）数

处　理	5月25日真叶（片）	6月15日真叶（片）	7月1日果枝（台）	7月15日果枝（台）	8月15日果枝（台）
A	4.5 a	10.7 a	8.8 a	10.4 b	11.1 b
B	4.3 b	10.6 a	8.8 a	11.0 a	11.7 a
C	4.7 a	11.3 a	8.8 a	10.5 b	11. ab
D	4.4 ab	10.9 a	8.9 a	11.2 a	11.8 a

2.3　不同处理对棉花蕾铃数的影响

6月15日单株现蕾数轮作高于连作，旋耕与深翻条件下分别高0.8、1.0个，7月1日幼铃数轮作在旋耕与深翻条件下分别较连作增加0.1与0.3个，7月15日、8月15日与9月10日单株成铃数轮作均高于连作处理，无论是在旋耕条件下还是在深翻条件下，表明了轮作对棉花生殖生长在整个生育期均具有明显的促进作用。

深翻处理对棉花前期的生殖生长抑制作用明显，6月15日现蕾数连作与轮作条件下分别较旋耕低1.2与1.0个，7月1日幼铃数则分别低0.6与0.4个，进入7月15日后，深翻处理表现处理明显的后发优势，7月15日成铃数深翻较旋耕在连作条件下高0.4个，在轮作条件下高0.3个，8月15日为1.2、0.2个，9月10日则为1.2、0.3个（表3）。

表 3　不同处理棉花单株蕾铃数

处　理	6月15日蕾（个）	7月1日幼铃（个）	7月15日成铃（个）	8月15日成铃（个）	9月10日成铃（个）
A	4.1 b	1.2 a	3.2 a	12.8 b	12.9 b
B	2.9 c	0.6 b	3.6 a	14.0 a	14.1 a
C	4.9 a	1.3 a	3.4 a	14.2 a	14.4 a
D	3.9 b	0.9 ab	3.7 a	14.4 a	14.7 a

2.4　不同处理对棉花产量及产量构成的影响

从产量构成来看，轮作单株铃数和单铃重均高于连作，在旋耕条件下分别高 1.5 个与 0.3 g，在深翻条件下高 0.6 个与 0.4 g，而衣分不同处理间则差异不显著，籽棉产量轮作处理在旋耕与深翻条件下分别较连作提高 4.5% 与 2.6%，轮作深翻处理则较连作旋耕处理增产 6.7%，皮棉产量亦有不同程度提高。

深翻对棉花产量构成亦有正向作用，在连作条件下，深翻处理单株铃数与单铃重较旋耕增加 1.2 个与 0.1 g，在轮作条件下增加 0.3 个与 0.2 g，衣分深翻处理在连作和轮作条件下均低于旋耕处理，籽棉产量深翻处理在连作与轮作条件下分别较旋耕处理提高 4.0% 与 2.1%，皮棉产量深翻处理也高于旋耕处理（表 4）。

表 4　不同处理棉花产量构成

处　理	密　度（万株·hm⁻²）	单株铃数（个）	单铃重（g）	衣　分（%）	籽棉产量（kg·hm⁻²）	皮棉产量（kg·hm⁻²）
A	5.4 a	12.9 b	5.2 b	40.8 a	4 161 c	1 698 b
B	5.4 a	14.1 a	5.3 ab	40.3 a	4 328 b	1 744 a
C	5.4 a	14.4 a	5.5 a	40.6 a	4 349 b	1 765 a
D	5.4 a	14.7 a	5.7 a	40.0 a	4 439 a	1 775 a

3　结　论

轮作对于农作的生长发育及产量有明显的促进作用，本试验中，小麦–玉米–棉花轮作对棉花的营养生长与生殖生长促进作用明显，无论是在旋耕条件下还是在深翻条件下，均表现为棉花株高增加，真叶数、果枝数提高，蕾铃数、单铃重明显高于连作处理，但衣分变化不大，籽棉产量在旋耕条件下提高 4.5%，在深翻条件下提高 2.6%，皮棉产量也有提高。

深翻对作物生长的影响也有不少报道，本试验研究发现，深翻后对棉花前期营养生长具有抑制作用，无论是在连作还是在轮作条件下，苗期棉花株高、真叶数、蕾铃数均低于旋耕处理，但进入中后期深翻处理棉花表现出了明显的后发优势，棉花株高、果枝数、成铃数、单铃重均较旋耕处理有不同程度的提高，籽棉产量在连作条件下提高 4.0%，在轮作条件下提高 2.1%。

在粮棉轮作模式下，适当对土壤进行深翻，可实现轮作效应与深翻效应的叠加，大幅度提高棉花产量，本试验中籽棉产量提高 6.7%，皮棉产量提高 4.5%，是实现棉花增产提效的有效措施。

参考文献

[1] 毛树春. 棉花优质高产的理论与技术 [M]. 北京：中国农业出版社，1999.

[2] 刁光中. 黄淮海棉区麦棉两熟研究现状和发展 [J]. 中国棉花，1990 (1)：6-8.

[3] 刘瑜，梁永超，褚贵新，等. 长期棉花连作对北疆棉区土壤生物活性与酶学性状的影响 [J]. 生态环境学报，2010，19 (7)：1 586-1 592.

[4] 单鸿宾，梁智，王纯利，等. 棉田连作对土壤微生物及酶活性的影响 [J]. 中国农业科技导报，2009，11 (1)：113-117.

[5] 吴玉红，田霄鸿，池文博，等. 机械化保护性耕作条件下土壤质量的数值化评价 [J]. 应用生态学报，2010，21 (6)：1 468-1 476.

[6] Cornish P S, Lymbery J R. Reduced early growth of direct drilled wheat in southern new south Wales: cause and consequences [J]. Animal Production Science (in Chinese), 1987, 27 (6)：869-880.

[7] 冯跃华，邹应斌，Roland J B，等. 免耕直播对一季晚稻田土壤特性和杂交水稻生长及产量形成的影响 [J]. 作物学报，2006，32 (11)：1 728-1 736.

[8] 孙国跃，周萍，王祝余. 响水县耕地地力变化趋势及应用对策 [J]. 河北农业科学，2011，15 (4)：29-32.

[9] 李彰，熊瑛，吕强，等. 微生物土壤改良剂对烟草生长及耕层环境的影响 [J]. 河南农业科学，2010，9：56-60.

[10] 刘鹏涛，冯佰利，慕芳，等. 保护性耕作对黄土高原春玉米田土壤理化特性的影响 [J]. 干旱地区农业研究，2009，27 (4)：171-175.

[11] 何旭平，纪从亮. 现代中国棉花育种与栽培概论 [M]. 北京：中国农业科学技术出版社，2007：201-219.

[此文原刊载于《天津农业科学》，2016，22 (8)：113-116]

不同类型地膜的谷地杂草防除效果和土壤水温效应研究

崔纪菡[1]，孟　建[2]，刘　猛[1]，赵　宇[1]，宋世佳[1]，夏雪岩[1]，李顺国[1]

（1. 河北省杂粮研究实验室/河北省农林科学院谷子研究所；2. 河北省农业技术推广站）

摘　要：地膜具有集雨、增温和防治杂草的效果，利用地膜覆盖可大幅度提高旱地农田的产出。为了给谷子生产上合理选择地膜类型提供技术指导，选取 7 种不同厚度、颜色、降解特点的地膜（厚型普通白膜、普通白膜、普通黑膜、降解白膜 A 类、降解白膜 B 类和降解白膜 C 类）进行谷子覆膜栽培，研究了不同类型地膜对谷子产量、杂草防除效果和 0～5 cm 土壤水温效应的影响，并目测了地膜的降解情况。结果表明：地膜类型对谷子产量和膜下杂草干重均有极显著的影响，产量顺序为普通白膜>厚型白膜>降解白膜 B 类>普通黑膜>降解白膜 C 类>降解白膜 A 类>降解黑膜，其中，普通白膜处理与其他处理差异达到了极显著水平；膜下杂草干重顺序为普通黑膜<厚型白膜<降解黑膜<普通白膜<降解白膜 C 类<降解白膜 A 类<降解白膜 B 类，其中，普通黑膜处理仅与厚型普通白膜处理差异为显著水平，而与其他处理差异均达到了极显著水平。不同地膜处理的覆膜早期与后期的膜下土壤水温效应有所差异，地膜类型对覆膜早期的土壤温度和电导率有极显著影响，而对含水量影响不大；对覆膜后期的土壤含水量和电导率有极显著影响，而对土壤温度影响不大。相关分析结果显示，谷子产量仅与覆膜早期的土壤含水量呈显著正相关。4 种降解膜中，生物降解膜（降解白膜 A 类）的降解率最高，其他降解膜的降解效果均不明显。普通白膜覆盖对谷子高产效果最好，普通黑膜覆盖对防控谷田杂草效果最好，生物降解白膜 A 类的降解效果最好。

关键词：地膜类型；谷子；杂草；土壤含水量；土壤温度

地膜覆盖栽培是旱地农业的一项重要技术，具有集雨、增温和防治杂草的效果，能够大幅度提高农田产出，推动了旱作农业的可持续发展[1]。地膜覆盖后，垄面的集雨、抑制蒸发和增温作用明显，可显著提高土壤含水量[2]和膜下温度[3]。地膜还可减少农田杂草的发生和生长，降低土壤养分损失，保障作物的营养需求[4]。

谷子起源于中国，目前已有 8 000 年左右的栽培历史。谷子是我国重要的杂粮作物，因适应能力和抵御逆境胁迫性强[5]，在我国干旱和半干旱地区具有明显的区位优势与生产优势，农业生产地位不容忽视[6]。谷子既可做粮食又可做饲料，谷米营养价值高且均衡，广受大众喜爱，而谷秆含有较多营养，用于饲喂牲畜提高了谷子的附加值[7]。

地膜覆盖栽培可以提高谷子的产出，随着谷子地膜覆盖栽培技术的开展，我国的科研工作者在谷子覆盖技术方面取得了一些进展，但是研究结果显示，不同地区的谷子地膜覆盖方式和增产效果不尽相同，如董孔军等[8]在西北旱作区研究发现垄膜覆盖沟播方式下谷子产量最高[8]，而姜净卫等[9]在北方旱作地区的研究则表明全膜平播方式下谷子产量最高。我国的谷子地膜覆盖增产机制研究也取得了一定进展,目前已知的增产机制包括覆膜可以提高植株的光合速率[9]、促进根系的生长发育[10]、保持土壤的水温效应[11-13]。同时,在花生[14]、小麦[15]、棉花[4]、水稻[16]、玉米[17]等作物上的研究表明,地膜覆盖对田间杂草具有防控作用。但是,地膜对谷田杂草的防控效果尚未见报道,而且,不同类型地膜(厚度、颜色、降解性)对谷田土壤温度、含水量和电导率以及谷子生产的影响也鲜见报道,这给谷子生产上合理选用地膜带来困难。为此,选取7种不同厚度、颜色、降解特点的地膜进行谷子覆膜栽培,研究了不同类型地膜对谷子产量、杂草防除效果和土壤水温效应的影响,旨为谷子生产上合理选择地膜类型提供技术指导。

1 材料与方法

1.1 试验材料

参试谷子品种为冀谷 37。

试验地膜类型有厚型普通白膜、普通白膜、普通黑膜、降解白膜 A 类、降解白膜 B 类、降解白膜 C 类和降解黑膜(表 1),其中,厚型普通白膜、普通白膜和普通黑膜为聚乙烯材质,产自河南安阳塑化股份有限公司。降解白膜 A 类为生物降解膜,降解白膜 B 类和降解黑膜为光降解膜,降解白膜 C 类为生物降解膜与光降解膜的混合膜,均产自河北奥柯柏环保科技有限公司。

表 1 参试地膜的厚度、颜色和降解特点

地膜类型	颜色	厚度 (mm)	是否有 降解性
厚型普通白膜	白色	0.010	否
普通白膜	白色	0.006	否
普通黑膜	黑色	0.006	否
降解白膜 A 类	白色	0.006	是
降解白膜 B 类	白色	0.006	是
降解白膜 C 类	白色	0.006	是
降解黑膜	黑色	0.006	是

1.2 试验方法

1.2.1 试验设计

试验于 2016 年在河北省农林科学院谷子研究所石家庄市栾城区郏马试验站进行。谷子采用地膜覆盖栽培,试验地膜类型设厚型普通白膜、普通白膜、普通黑膜、降解白膜 A 类、降解白膜 B 类、降解白膜 C 类和降解黑膜 7 个处理。6 月 20 日采用等行距穴播方式播种谷子,行距 0.4 m,行长 7 m,3 行/膜面,每重复有 2 条膜面,每地膜类型均重复 3 次，留苗密度 60 万株·hm^{-2}。6 月上旬结合整地，施氮磷钾复合肥（N、P_2O_5、K_2O 含量均为 16%）150 kg·hm^{-2}；谷子苗期追施尿素（N 含量 ≥46%）300 kg·hm^{-2}，全生育期不浇水；其他管理是同常规。

1.2.2 测定项目与方法

1.2.2.1 0~5 cm 土壤温度、含水量和电导率。分别在 7 月 30 日和 8 月 30 日，选择地膜上 2 行谷株的中间位置，按照 7 m 行长除去行首行尾各 1 m、大致均等地选择 4 点位置，利用手持式多功能传感仪 ProCheck，测定膜下 0~5 cm 土壤温度、含水量和电导率。用 4 点位置的平均值作为该小区的测定值。

1.2.2.2 杂草干重。杂草生长旺盛期，每小区在距离行首、行尾各 1 m 处，选定 95 cm（膜宽）×100 cm 的样区 2 个，采集膜下杂草，先 105 ℃杀青 5 min，而后 60 ℃烘干至恒重，称量干重。计算平均值。

1.2.2.3 谷子单穗重和产量。谷子收获期，每小区随机取 10 株，测定单穗重；全小区收获谷穗，测定籽粒产量。

1.2.2.4 地膜降解性。谷子收获期，测定地膜的降解性，采用感官目测的描述方式。

1.3 数据统计分析

采用 Microsoft Excel 2010 和 SPSS 19.0 软件对试验数据进行统计分析，采用 Duncan's 检验进行单因素方差分析。

2 结果与分析

2.1 地膜类型对谷子单穗重和产量的影响

2.1.1 对单穗重的影响

参试地膜处理的谷子单穗重为 19.4~21.3 g，差异达极显著水平（表 2），表明地膜类型对谷子单穗重有极显著的影响。单穗重顺序为普通白膜>厚型白膜>降解白膜 C 类>降解白膜 B 类>降解白膜 A 类>普通黑膜>降解黑膜，其中，厚型普通白膜与普通白膜处理差异不显著，但与其他处理差异均达到了显著水平；而其他处理之间差异均不显著，其中，降解黑膜、普通黑膜和降解白膜 A 类处理之间差异不显著，但三者均与厚度不同的两个普通白膜处理的差异达到了极显著水平。可以看出，非降解性白膜覆盖对提高谷穗重效果最好。

进一步分析地膜差异对单穗重的影响，从地膜厚度看，厚型普通白膜处理的单穗重较普通白膜处理高 1.9%，差异不显著；从地膜颜色看，普通白膜处理的单穗重较普通黑膜处理高 7.2%且差异达极显著水平，降解白膜处理的单穗重较降解黑膜处理高 1.0%~2.6%但差异均不显著；从地膜是否有降解性看，普通白膜处理的单穗重较降解白膜处理高 5.0%~6.6%且差异达显著水平，普通黑膜处理与降解黑膜处理之间差异不明显；从降解类型看，降解白膜 A 类、B 类和 C 类处理的单穗重相近，差异均不显著。表明地膜降解性和颜色共同影响单穗重，而地膜厚度和降解类型对单穗重影响不大。

表2　地膜类型对谷子单穗重和产量以及杂草干物质的影响

地膜类型	单穗重 （g）	产量 （kg·hm⁻²）	杂草干重 （g·m⁻²）
厚型普通白膜	21.3 aA	5 200.5 bB	23.5 cC
普通白膜	20.9 aAB	5 443.5 aA	37.9 bB
普通黑膜	19.5 bC	5 113.5 bcB	18.2 dC
降解白膜 A 类	19.6 bC	5 019.0 cdBC	51.2 aA
降解白膜 B 类	19.8 bBC	5 163.0 bcB	54.1 aA
降解白膜 C 类	19.9 bBC	5 065.5 bcBC	52.1 aA
降解黑膜	19.4 bC	4 888.5 dC	35.6 bB

注：同列数据后小、大写字母不同，分别表示在 0.05 和 0.01 水平上差异显著。表 3 同

2.1.2　对产量的影响

参试地膜处理的谷子产量为 4 888.5～5 443.5 kg·hm⁻²，差异达极显著水平（表1），表明地膜类型对谷子产量有极显著的影响。产量顺序为普通白膜>厚型白膜>降解白膜 B 类>普通黑膜>降解白膜 C 类>降解白膜 A 类>降解黑膜，其中，普通白膜处理与其他处理差异达到了极显著水平；降解黑膜处理与降解白膜 A 类除外的其他处理差异达到了显著水平；而其他处理之间差异均不显著。可以看出，普通白色地膜覆盖对提高谷子产量效果最好。

进一步分析地膜差异对产量的影响发现，从地膜厚度看，普通白膜处理的产量较厚型普通白膜处理高 4.7%，差异达到极显著水平；从地膜颜色看，普通白膜处理的产量较普通黑膜处理高 6.5%且差异达到了极显著水平，降解白膜处理的产量较降解黑膜处理高 2.6%～5.6%，其中仅降解白膜 A 类处理与降解黑膜处理差异不显著；从地膜是否有降解性看，普通白膜处理的产量较降解白膜处理高 5.4%～8.5%，普通黑膜处理的产量较降解黑膜处理高 4.6%，且差异均达到了极显著水平；从降解类型看，降解白膜 A 类、B 类和 C 类处理的产量相近，差异均不显著。表明地膜厚度、颜色和降解性均对谷子产量有显著影响；而地膜降解类型对谷子产量影响不大。

2.2　地膜类型对膜下杂草干重的影响

参试地膜处理的膜下杂草干重为 18.2～54.1 g·m⁻²，差异达极显著水平，表明地膜类型对膜下杂草生长有极显著的影响。膜下杂草干重顺序为普通黑膜<厚型白膜<降解黑膜<普通白膜<降解白膜 C 类<降解白膜 A 类<降解白膜 B 类，其中，普通黑膜与厚型普通白膜处理差异达到了显著水平，且二者均与其他处理差异达到了极显著水平；降解白膜处理杂草干重较高，三者差异不显著，但与其他处理差异均达到了极显著水平；而其他两个处理杂草量居中，差异不显著。可以看出，普通黑色地膜覆盖对膜下杂草防控效果最好，降解白膜覆盖防效较差。

进一步分析地膜差异对杂草干重的影响发现，从地膜厚度看，普通白膜处理的杂草干重较厚型普通白膜高 61.3%，差异达极显著水平；从地膜颜色看，普通白膜处理的

杂草干重较普通黑膜处理高108.2%，降解白膜的杂草干重较降解黑膜处理高43.8%～52.0%，差异均达到了极显著水平；从地膜是否有降解性看，降解白膜处理较普通白膜处理的杂草干重高35.1%～42.7%，降解黑膜处理的杂草量较普通黑膜处理高95.6%，差异均达到了极显著水平；从降解类型看，降解白膜A类、B类和C类处理的杂草干重相近，差异均不显著。表明地膜厚度、颜色和降解性均对膜下杂草量有显著影响；而地膜降解类型对杂草量影响不大。

2.3 地膜类型对膜下0～5 cm土壤温度、水分和电导率的影响

2.3.1 对7月30日测定指标的影响

参试地膜处理的土壤温度为28.0～28.7 ℃，电导率为0.044～0.067 ds·m^{-1}，差异均达到了极显著水平；含水量为0.130～0.153 m^3·m^{-3}，差异不显著（表3）。表明地膜类型对膜下土壤温度和电导率有极显著的影响，而对含水量影响不大。

普通黑膜处理土壤温度最高，显著高于降解黑膜除外的其他处理，而其他处理之间差异均不显著。可以看出，普通黑色地膜覆盖对提高覆膜早期土壤温度效果最好。进一步分析地膜差异对土壤温度的影响发现，从地膜厚度看，厚型普通白膜处理的土壤温度与普通白膜处理相当，差异不显著；从地膜颜色看，普通黑膜处理的土壤温度较普通白膜处理高0.6 ℃且差异达极显著水平，降解黑膜处理的土壤温度较降解白膜处理高0.2～0.5 ℃且与降解白膜A类和B类处理差异达到了显著水平；从地膜是否有降解性看，普通白膜处理的土壤温度与降解白膜处理相近，降解黑膜处理的土壤温度与普通黑膜处理相近，差异均不显著；从降解类型看，降解白膜A类、B类和C类处理的土壤温度相近，差异均不显著。表明覆膜早期，仅地膜颜色对土壤温度有显著影响，而地膜厚度、降解性和降解类型均对土壤温度影响不大。

普通白膜处理电导率最高，降解白膜C类和B类处理次之，三者差异不显著，但均显著高于其他处理，而其他处理之间差异均不显著。可以看出，普通白膜、白色光降解膜（降解白膜B类）、生物降解膜与光降解膜的混合膜（降解白膜C类）覆盖对提高土壤电导率效果较好。进一步分析地膜差异对土壤电导率的影响发现，从地膜厚度看，普通白膜处理的电导率较厚型普通白膜处理高42.6%，差异达极显著水平；从地膜颜色看，普通白膜处理的土壤电导率较普通黑膜处理高42.6%且差异达到了极显著水平，降解黑膜处理的土壤电导率与降解白膜A类处理无显著差异，而降解白膜B类和C类处理的电导率较降解黑膜处理高21.6%～27.5%且差异达到了显著水平；从地膜是否有降解性看，普通白膜处理的土壤电导率较降解白膜A类处理高52.3%且差异达到了极显著水平，但与降解白膜B类和C类处理无显著差异，降解黑膜处理的土壤电导率与普通黑膜处理无显著差异；从降解类型看，降解白膜B类与C类处理的土壤电导率相近，二者分别较降解白膜A类处理高40.9%和45.5%，且差异均达到了极显著水平。表明地膜厚度、颜色、降解性和降解类型均对土壤电导率有显著影响。

2.3.2 对8月30日测定指标的影响

参试地膜处理的土壤温度为31.3～31.6 ℃，差异不显著；参试地膜处理的土壤含水量为0.180～0.223 m^3·m^{-3}，电导率为0.085～0.146 ds·m^{-1}，差异均达到了极显著

水平。表明地膜类型对膜下土壤含水量和电导率有极显著的影响，而对土壤温度影响不大。

普通黑膜处理土壤含水量最高，厚型普通白膜和降解黑膜处理最低，所有处理中除含水量最高与最低处理差异外，其他处理之间差异均不显著。可以看出，普通黑膜覆盖对膜下土壤保水效果较好。进一步分析地膜差异对土壤含水量的影响发现，仅地膜降解性对土壤含水量有一定的影响，且只有普通黑膜处理的土壤含水量显著高于降解黑膜处理（23.9%），而普通白膜处理与降解白膜处理差异均不显著；地膜厚度、颜色和降解类型对土壤含水量均无显著影响。

厚型普通白膜处理电导率最高，降解黑膜处理次之，二者差异不显著，但均极显著高于其他处理，而其他处理之间差异均不显著。可以看出，厚型普通白膜和降解黑膜覆盖对提高土壤电导率效果较好。进一步分析地膜差异对土壤电导率的影响发现，从地膜厚度看，厚型普通地膜处理的电导率较普通白膜处理高44.6%，差异达极显著水平；从地膜颜色看，普通白膜处理的电导率与普通黑膜处理差异不显著，降解黑膜处理的电导率较降解白膜处理高35.1%~54.1%且差异达极显著水平；从地膜是否有降解性看，普通白膜处理的电导率与降解白膜处理差异不显著，降解黑膜处理的电导率较普通黑膜处理高29.7%且差异达极显著水平；从降解类型看，降解白膜A类、B类和C类处理的电导率相近，差异均不显著。表明地膜厚度对土壤电导率有显著影响，地膜颜色对土壤电导率的影响与地膜降解性有关，而降解类型对土壤电导率影响不大。

表3 地膜类型对不同时期膜下0~5 cm土壤温度、含水量和导电率的影响

地膜类型	7月30日			8月30日		
	土壤温度（℃）	土壤含水量（$m^3 \cdot m^{-3}$）	土壤电导率（$ds \cdot m^{-1}$）	土壤温度（℃）	土壤含水量（$m^3 \cdot m^{-3}$）	土壤电导率（$ds \cdot m^{-1}$）
厚型普通白膜	28.1±0.14 cBC	0.144±0.017 aA	0.047±0.002 bC	31.4±0.32 aA	0.180±0.011 bA	0.146±0.005 aA
普通白膜	28.1±0.21 cBC	0.153±0.017 aA	0.067±0.005 aA	31.5±0.07 aA	0.208±0.011 abA	0.101±0.002 bB
普通黑膜	28.7±0.17 aA	0.147±0.015 aA	0.047±0.007 bC	31.4±0.01 aA	0.223±0.023 aA	0.101±0.013 bB
降解白膜A类	28.1±0.14 cBC	0.130±0.014 aA	0.044±0.002 bC	31.5±0.53 aA	0.194±0.009 abA	0.085±0.004 bB
降解白膜B类	28.0±0.10 cC	0.132±0.017 aA	0.062±0.001 aAB	31.6±0.47 aA	0.194±0.001 abA	0.089±0.010 bB
降解白膜C类	28.3±0.21 bcABC	0.140±0.016 aA	0.065±0.008 aAB	31.6±0.49 aA	0.197±0.003 abA	0.097±0.008 bB
降解黑膜	28.5±0.10 abAB	0.126±0.005 aA	0.051±0.003 bBC	31.3±0.50 aA	0.180±0.008 bA	0.131±0.003 aA

2.4 影响地膜谷子产量的因素分析

谷子产量受谷田杂草和土壤条件的影响。对谷子产量因素、杂草干重、土壤三因素之间的相关性进行分析，结果（表4）显示，7月30日，土壤温度与杂草干重呈极显著负相关，土壤含水量与谷子单穗重呈极显著正相关，与谷子产量呈显著正相关，而其他指标之间相关性均不显著；8月30日，谷子产量因素、杂草干重、土壤三因素之间的相关性均不显著。表明覆膜栽培条件下，谷子产量受膜下杂草量影响不大，其只与覆膜早期的土壤含水量关系密切；覆膜早期的土壤温度仅对膜下杂草量产生显著影响，土壤温度越高，膜下杂草量就越少。

表4 谷子产量、杂草干重、土壤三因素之间的相关系数

| 项目 | 7月30日 | | | | 8月30日 | | | |
	杂草干重	土壤温度	土壤含水量	土壤电导率	杂草干重	土壤温度	土壤含水量	土壤电导率
杂草干重	1.000	−0.619**	−0.257	0.410	1.000	0.330	−0.200	−0.155
谷子单穗重	−0.238	−0.410	0.564**	0.242	−0.238	−0.052	−0.136	0.181
谷子产量	−0.117	−0.377	0.468*	0.273	−0.117	0.079	−0.186	0.196

2.5 谷子收获时地膜的降解效果

目测观察，普通地膜未见降解现象；降解地膜或多或少均出现了裂纹，其中，降解白膜A类出现了大面积裂解，降解量高于50%，而其他3种降解膜的降解效果均不明显（表5）。可以看出，生物降解膜（降解白膜A类）的降解效果最好。

表5 不同类型地膜的降解效果

地膜类型	收获时的降解效果
普通白膜（厚型）	未见降解现象
普通白膜	未见降解现象
普通黑膜	未见降解现象
降解白膜A类	大面积裂解，降解量高于50%
降解白膜B类	有少数裂纹，降解量低于2%
降解白膜C类	有少数裂纹，降解量低于5%
降解黑膜	有少数裂纹，降解量低于2%

3 结论与讨论

从7种类型地膜对谷子产量性状而言，非降解类白膜的产量性状较好，其中，单穗

重以厚型普通白膜处理最高、普通白膜处理次之，二者差异不显著，但均与其他处理差异达到了显著水平，而其他类型地膜处理差异均不显著；产量以普通白膜处理最高，厚型普通白膜处理次之，二者差异显著。厚型地膜既增加了成本投入，且产量又低于普通白膜，因此，以谷子高产高效生产为目的时，应选择普通白膜。

在作物、蔬菜、药材种植上，黑色地膜防除杂草的效果研究较多[18,19]，但在谷子上的有关研究较少。本研究条件下，地膜类型对杂草发生量有显著影响，其中，普通黑膜覆盖的膜下杂草量极显著少于普通白膜覆盖。这是因为黑色地膜遮光率高，能有效阻隔光照，使得杂草不能有效进行光合作用，不利于杂草的发生与生长[18]。相关分析结果显示，覆膜早期的土壤温度与膜下杂草干重呈显著负相关，表明黑膜覆盖处理的杂草减少与其膜下土壤温度的增高密切相关。同时，降解膜覆盖的膜下杂草量极显著高于非降解膜覆盖，可能是由于地膜材质的透光透气性差别所导致。

地膜类型显著影响了覆膜早期的土壤温度和后期的土壤含水量。通过对谷子产量与土壤水温等因素进行相关性分析发现，不同地膜类型对谷子产量的影响与覆膜早期的土壤含水量密切相关，与土壤温度和电导率相关性均不显著，这表明，地膜类型通过影响土壤含水量，进而影响了谷子产量。

我国的地膜主要是聚乙烯、聚氯乙烯地膜，其稳定性极高，降解需要的时间很长（100年左右），造成严重的"白色污染"[20,21]，发展绿色环保的降解地膜将是未来解决农田"白色污染"难题的理想途径。目前，市面上的降解膜类型众多，常见类型有生物降解地膜、光降解地膜和光/生物降解地膜。夏谷生育期90～100 d，生长周期较短[22]，生产上应选用降解速率较快的降解膜类型。本研究结果显示，生物降解膜具有短期降解的效果，但降解速率不能与谷子的生长周期匹配，而光降解膜和光/生物降解膜的降解效果较差，因此，须开发适用于谷子生长周期的快速降解膜产品。

综上分析可以看出，普通白膜覆盖栽培的谷子高产效果最好，普通黑膜覆盖对抑制谷田杂草效果最好，生物降解白膜A类的降解效果最好。

参考文献

[1] Wang Y J, Xie Z K, Sukhdev S, et al. Effects of rainfall harvesting and mulching technologies on water use efficiency and crop yield in the semi-arid Loess Plateau, China [J]. Agricultural Water Management, 2009, 96 (3): 374-382.

[2] 王颖慧. 覆膜方式对旱作马铃薯集雨保墒及产量的影响 [D]. 呼和浩特: 内蒙古农业大学, 2012.

[3] 郭秀卿, 崔福柱, 郝建平, 等. 渗水地膜覆盖对旱地谷子生育时期及产量的影响 [J]. 山西农业大学学报（自然科学版）, 2012, 32 (2): 107-111.

[4] 樊翠芹, 王贵启, 李秉华, 等. 河北省棉田杂草发生规律及化学防除 [J]. 河北农业科学, 2009, 13 (10): 23-25.

[5] 李顺国, 刘猛, 赵宇, 等. 河北省谷子产业现状和技术需求及发展对策 [J]. 农业现代化研究, 2012, 33 (3): 286-289.

[6] 孟庆立, 关周博, 冯佰利, 等. 谷子抗旱相关性状的主成分与模糊聚类分析 [J]. 中国农

业科学, 2009, 42 (8): 2 667-2 675.

[7] He Zh H, Alain B. Cereals in China [M]. Mexico D F: CIMMYT, 2010: 10-15.

[8] 董孔军, 杨天育, 等. 西北旱作区不同地膜覆盖种植方式对谷子生长发育的影响 [J]. 干旱地区农业研究, 2013, 31 (1): 36-40.

[9] 姜净卫, 董宝娣, 司福艳, 等. 地膜覆盖对杂交谷子光合特性、产量及水分利用效率的影响 [J]. 干旱地区农业研究, 2014, 32 (6): 154-158.

[10] 夏雪岩, 宋世佳, 任晓利, 等. 微垄膜侧沟播对夏播谷子根系及产量的影响 [J]. 中国农学通报, 2016, 32 (30): 68-71.

[11] 张德奇, 廖允成, 贾志宽, 等. 宁南旱区谷子地膜覆盖的土壤水温效应 [J]. 中国农业科学, 2005, 38 (10): 2 069-2 075.

[12] 夏雪岩, 宋世佳, 刘猛, 等. 夏播旱地谷子渗水地膜穴播增产机理研究 [J]. 中国农业科技导报, 2016, 18 (3): 119-125.

[13] 杨天育, 何继红, 董孔军, 等. 旱地谷子地膜覆盖栽培技术的研究与实践 [J]. 中国农学通报, 2010, 26 (1): 86-90.

[14] 孙涛. 有色和生物降解地膜覆盖对花生产量形成与土壤微环境的影响 [D]. 泰安: 山东农业大学, 2015.

[15] 张炳炎, 张文解, 苏桂芝. 地膜小麦田杂草发生规律及其防除研究: 第六次全国杂草科学学术会议 [C]. 孙彝昌. 广西南宁: 广西出版社, 1999: 254-260.

[16] 赵欣, 林超文, 徐明桥, 等. 水稻覆膜处理对稻田杂草多样性的影响 [J]. 生物多样性, 2009, 17 (2): 195-200.

[17] 补彬, 杨继芝, 龚国淑, 等. 地膜覆盖和除草剂对夏玉米田杂草及玉米生长发育的影响 [J]. 杂草科学, 2013, 31 (3): 40-43.

[18] 张小叶. 黑色地膜对甜高粱杂草防除及增产效果 [J]. 中国糖料, 2015, 37 (6): 44-46.

[19] 陈刚, 赵致, 王华磊, 等. 地膜覆盖对何首乌生长及其田间杂草防控效果的影响 [J]. 山地农业生物学报, 2013, 32 (1): 92-94.

[20] 鲁雪林, 王秀萍, 张国新, 等. 地膜覆盖对盐碱地棉花产量的影响 [J]. 河北农业科学, 2009, 13 (9): 12-13.

[21] 胡宏亮. 生物降解地膜的产量效应和降解特性及大田示范研究 [D]. 杭州: 浙江大学, 2015.

[22] 李明哲, 崔海英, 苏宝圣, 等. 衡水地区马铃薯—谷子一年两作种植模式研究 [J]. 河北农业科学, 2016, 20 (1): 4-7.

[此文原刊载于《河北农业科学》, 2017, 21 (1): 6-11]

不同种植模式对棉花产量和土壤养分含量的影响

秦文利，刘忠宽，智健飞

（河北省农林科学院农业资源环境研究所）

摘　要：为合理选择棉花种植模式提供科学依据，田间试验棉花种植模式设单作、间作 1 行绿豆、间作 2 行绿豆，每种模式的行距均设 2 个水平处理，研究了不同模式处理对棉花株高、叶面积、干物质积累、SPAD 值、光合速率、产量以及土壤养分含量的影响。结果表明：与 75 cm+75 cm 等行距种植模式相比，90 cm+60 cm 宽窄行单作种植能显著增加蕾期和花铃期的棉花叶面积以及地下部干物质积累量，显著提高花铃期棉花倒四叶的叶绿素含量，提升光合效率，显著增加单铃数、籽棉产量和皮棉产量。与棉花宽窄行单作处理相比，采用 100 cm+50 cm 行距、在棉花宽行间作 1 行绿豆处理的棉花单铃数、单铃重、籽棉产量和皮棉产量下降均不明显，耕层土壤碱解氮含量略有提高，还可以增加绿豆收益。综合考虑棉花产量与经济效益，本研究条件下，适宜的棉花种植模式为宽窄行 90 cm+60 cm 单作或 100 cm+50 cm 间作 1 行绿豆。

关键词：棉花；绿豆；间作；行距；光合速率；产量

棉花是我国重要的经济作物。合理配置株行距和间作模式对提高棉花产量、保证棉花稳产高效至关重要。众多研究表明，宽窄行较等行距种植模式有利于作物行间通风透光，增强边行效应，增加作物叶片叶面积及叶绿素含量，提高光合效率，促进干物质积累和产量的形成[1-8]。间作因能高效利用光、热、水、土资源并减少病虫害发生而成为传统农业的精华[9-11]。棉花与绿豆的生育期以及对养分的偏好不同[12]，二者间作可以实现植株高矮搭配、根系深浅互补，充分利用光热资源，提高土地利用率，防止土壤养分被偏耗。且绿豆还可以进行生物固氮，并具有诱瓢控蚜的作用，因此，能提高土壤含氮量，减轻蚜虫对棉花的为害[13,14]。棉花与绿豆间作具有良好的生态和经济效益，逐渐发展为我国棉花产区重要的种植模式。而目前，对棉花宽窄行及间作绿豆模式的研究尚不多见。作者通过大田试验，研究了不同种植模式对棉花生长、光合效率、产量构成以及棉田土壤养分含量的影响，旨在为科学选择棉花种植模式提供理论依据。

1　材料与方法

试验于 2010 年在石家庄市鹿泉区大河镇河北省农林科学院大河试验站进行。土壤类型为黏壤质洪冲积石灰性褐土，0～20 cm 耕层土壤基础养分含量为有机质 17.41 g·kg^{-1}、全氮 1.14 g·kg^{-1}（其中碱解氮 103.78 mg·kg^{-1}）、全磷 2.16 g·kg^{-1}（其中有效磷 44.88 mg·kg^{-1}）、全钾 25.82 g·kg^{-1}（其中有效钾 132.6 mg·kg^{-1}），pH 值 7.68。

参试棉花品种为冀丰 197，绿豆品种为冀绿 8 号。试验设 3 种植模式，每种模式的行距均设 2 个水平处理（表 1），小区面积 36 m²（6 m×6 m），田间随机区组排列，3 次重复。4 月 20 日同时播种棉花、绿豆，棉花种植密度 52 500 株·hm⁻²，绿豆株距 10 cm，播深均为 3 cm。N、P₂O₅、K₂O 施肥量分别为 270、150 和 255 kg·hm⁻²，其中，50% 的氮肥以及全部的磷钾肥做基肥随整地施入，剩余的 50% 氮肥在棉花花铃期随水追施。棉花于 10 月 30 日一次性集中收获。其他管理措施同常规。

表 1 试验设计的棉花与绿豆种植模式

种植模式	处 理	棉花		绿豆	
		行距（cm）	行距（cm）	行数（行）	行距（cm）
单作	H75-75L0	75	75	0	0
	H90-60L0	90	60	0	0
间作 1 行	H90-60L1	90	60	1	45
	H100-50L1	100	50	1	50
间作 2 行	H110-50L2	110	50	2	37
	H120-50L2	120	50	2	40

每小区随机选定 10 株棉花，挂牌定株，分别在苗期、蕾期和花铃期，测量株高、叶面积（叶长×叶宽×0.73），并于收获时调查棉花单铃数及单铃重。苗期、蕾期、花铃期，每处理分别随机选取 10 株、5 株、5 株棉花采集地上部和地下部（0~40 cm 土层棉花根系）样品，清洗干净后用恒温烘箱 105 ℃杀青 30 min，75 ℃烘干至恒重，用电子天平（精度 0.01 g）称量干重；采用 5 点取样法采集花铃期 0~20 cm 耕层土样，阴干后粉碎，采用常规方法[15]测定土壤碱解氮、有效磷及有效钾含量；选取花铃期棉株倒四叶，分别采用叶绿素仪（SPAD520，日本产）和便携式光合测定仪（LI-6400，美国产）测定 SPAD 值及光合速率，每处理均 4 次重复。棉花和绿豆单独收获，全区实收计产。

2 结果与分析

2.1 不同种植模式对棉花株高和叶面积的影响

株高反映了棉花的营养生长状况，是评价棉花群体结构的重要指标[16]。不同模式处理对苗期、蕾期和花铃期棉花的株高影响不同（表 2）。苗期，不同处理的棉花株高差异均不显著。蕾期，间作 2 行种植模式的棉株较矮，二者差异不显著，但均显著<其他处理，而其他处理的株高差异均不显著。花铃期，不同种植模式的棉花株高顺序为单作>间作 1 行>间作 2 行，且差异均达到了显著水平，而同一模式下 2 个处理的差异均不显著。可以看出，苗期绿豆生长量小，对棉花生长影响不明显；随着生育进程的推进，绿豆生长量增加，对棉花生长资源的竞争越来越强，其对棉花生长产生的不利影响随着间作行数的增加而增大。

　　叶片是植物进行光合作用、生产有机物的重要器官。叶面积大小直接影响着作物冠层对光能的截获，对产量影响较大。不同模式处理对苗期、蕾期和花铃期棉花的叶面积影响不同。苗期，不同处理的棉花叶面积差异均不显著。蕾期和花铃期，H90-60L0 处理的棉花叶面积最大，显著>H75-75L0 处理，说明单作模式下，采用宽窄行种植有利于棉花蕾期和花铃期叶片的生长；间作 2 行模式的 2 个处理叶面积差异不显著，但二者均显著<其他处理，说明棉花宽行间作 2 行绿豆种植模式显著抑制了棉花蕾期和花铃期叶片的生长。

表 2　不同种植模式下棉花的株高和叶面积

处理	株高（cm）			叶面积（cm²/株）		
	苗期	蕾期	花铃期	苗期	蕾期	花铃期
H75-75L0	17. 07 a	36. 37 ab	103. 80 a	134. 54 a	850. 20 b	1 215. 36 b
H90-60L0	17. 40 a	37. 17 a	104. 93 a	138. 85 a	904. 96 a	1 291. 07 a
H90-60L1	17. 53 a	36. 40 a	98. 47 b	138. 66 a	860. 18 ab	1 247. 49 a
H100-50L1	17. 33 a	36. 50 a	99. 00 b	140. 84 a	847. 41 b	1 250. 14 ab
H110-50L2	17. 33 a	33. 97 c	94. 30 c	142. 32 a	752. 13 c	1 124. 21 c
H120-50L2	18. 13 a	34. 37 bc	94. 63 c	146. 38 a	737. 41 c	1 141. 71 c

2.2　不同种植模式对棉花干物质积累的影响

　　干物质积累是作物产量形成的前提，一定条件下，干物质积累量与作物产量呈正相关。不同种植行距下，作物对光照、水分和养分的竞争不同，导致干物质积累不同[17]。不同模式处理对苗期、蕾期和花铃期棉花的地上部及地下部干物质量影响不同（表 3）。苗期，不同处理的棉花地上部和地下部干物质量差异均不显著。蕾期，不同种植模式的棉花地上部干物质量顺序为单作>间作 1 行>间作 2 行，其中，H90-60L0 处理的地上部干物质量最大，与单作等行距种植和间作 1 行模式处理差异均不显著；间作 2 行模式的 2 个处理差异不显著，但二者均显著<H90-60L0 处理。花铃期，H90-60L0 处理的地上部干物质量最大，与单作等行距种植和间作 1 行模式处理差异均不显著，但四者均显著>间作 2 行模式处理。蕾期和花铃期，H90-60L0 处理的地下部干物质量均最高且显著>其他处理，而其他处理之间差异均不显著。可以看出，采用单作模式的宽窄行种植最有利于棉花干物质的积累；与该处理相比，间作绿豆会影响棉花地上部和地下部的干物质积累，其中，间作 1 行模式处理对棉花地上部干物质积累的影响并不显著。

表 3　不同种植模式下棉花的地上部和地下部干物质量

处理	地上部干物质量（g/株）			地下部干物质量（g/株）		
	苗期	蕾期	花铃期	苗期	蕾期	花铃期
H75-75L0	1. 32 a	16. 35 ab	26. 21 a	0. 08 a	1. 32 b	2. 87 b

（续表）

处理	地上部干物质量（g/株）			地下部干物质量（g/株）		
	苗期	蕾期	花铃期	苗期	蕾期	花铃期
H90-60L0	1.34 a	17.98 a	27.60 a	0.09 a	1.47 a	3.11 a
H90-60L1	1.32 a	16.24 ab	26.45 a	0.08 a	1.33 b	2.86 b
H100-50L1	1.32 a	16.22 ab	26.55 a	0.08 a	1.31 b	2.83 b
H110-50L2	1.40 a	15.59 b	23.03 b	0.09 a	1.37 b	2.88 b
H120-50L2	1.44 a	14.85 b	23.27 b	0.09 a	1.37 b	2.87 b

2.3 不同种植模式对棉花 SPAD 值和光合速率的影响

光合作用是物质合成的前提，对作物产量的形成至关重要[18]，其中，叶绿素是与光合作用有关的重要色素[19]，而 SPAD 值是衡量叶绿素相对含量的参数，二者者呈正相关。单作模式下，H90-60L0 处理的叶片 SPAD 值和光合速率均>H75-75L0 处理，其中 SPAD 值差异达到了显著水平（图 1），说明与等行距种植相比，宽窄行种植有利于改善棉花群体的受光情况，提高冠层对光能的截获，明显增加棉花叶绿素含量，提高光合速率。宽窄行种植条件下，与 H90-60L0 处理相比，间作 1 行模式处理的叶绿素含量和光合速率虽有所降低但差异均不显著，而间作 2 行模式处理的叶绿素含量和光合速率均明显降低，说明尽管宽窄行种植改善了棉花群体的光照条件，但增加的绿豆种植对棉花造成了资源竞争，不利于棉花叶绿素的合成，导致棉花光合速率降低，且这种负面影响随着绿豆间作行数的增加而加剧，其中，间作 1 行模式处理（H90-60L1、H100-50L1）的负面影响不显著。

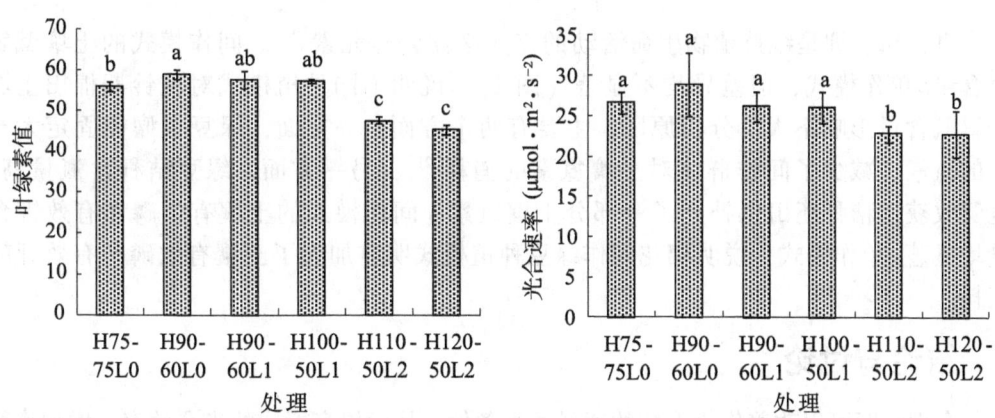

图 1 不同种植模式下棉花花铃期倒四叶的 SPAD 值和光合速率

2.4 不同种植模式对棉花产量构成的影响

不同模式处理对棉花产量构成和产量的影响不同，其中，对衣分影响不显著

（表4）。H90-60L0 处理的棉花单铃数、单铃重、籽棉产量和皮棉产量均为最高，较 H75-75L0 处理分别高 0.7 个、0.05 g、176.34 kg·hm^{-2}、98.71 kg·hm^{-2}，除单铃重外，其他指标差异均达到了显著水平，说明宽窄行较等行距种植模式棉花增产的主要原因是单铃数的增多。在宽窄行种植模式下，棉花单铃数、单铃重、籽棉产量和皮棉产量顺序均为单作>间作1行>间作2行，其中，间作1行模式处理的皮棉产量与单作模式差异不显著，而间作1行模式中 H100-50L1 处理的皮棉产量>H90-60L1 处理。可以看出，采用单作宽窄行种植模式棉花产量最高；而间作模式下，棉花间作1行绿豆种植模式的皮棉产量与单作宽窄行种植模式差异不显著，其中，H100-50L1 处理的皮棉产量高于 H90-60L1 处理。

表4 不同种植模式下棉花的产量构成因素和产量

处理	单铃数 (个/株)	单铃重 (g)	籽棉产量 (kg·hm^{-2})	衣分 (%)	皮棉产量 (kg·hm^{-2})
H75-75L0	13.13 b	6.29 ab	2 892.97 b	40.62 a	1 174.66 b
H90-60L0	13.77 a	6.40 a	3 085.43 a	41.51 a	1 280.15 a
H90-60L1	13.17 b	6.25 b	2 881.55 b	41.20 a	1 188.43 ab
H100-50L1	13.20 ab	6.30 ab	2 912.01 ab	41.09 a	1 197.08 ab
H110-50L2	11.20 c	6.07 b	2 378.39 c	40.80 a	970.10 c
H120-50L2	10.77 c	6.09 b	2 293.33 c	40.83 a	936.30 c

2.5 不同种植模式对棉花花铃期土壤养分含量的影响

氮、磷、钾是维持植物生命活动的三大必需营养元素[20]。间作模式的土壤碱解氮含量>单作模式，但差异均不显著（图2），说明不同种植模式对花铃期棉田土壤碱解氮含量影响不大。分析原因，主要有两个方面：一方面，绿豆根瘤能固定大气中的氮素，减少了间作群体对土壤氮素的消耗[21]；另一方面，绿豆秸秆含氮量高，豆荚收获后秸秆还田也补充了一部分土壤氮素。间作模式的土壤有效磷和有效钾含量均显著<单作模式，说明棉花间作绿豆种植模式明显加大了土壤有效磷和有效钾的消耗。

3 结论与讨论

合理行距可以改善作物群体的通风透光条件，从而提高冠层的光合效率，增加作物产量[21]。杨吉顺等[22]研究显示，玉米采用宽窄行种植可以增加叶面积、提高光合效率，提升作物产量水平。韩海飞等[8]研究发现，采用 70 cm+50 cm 的宽窄行种植模式可以增加玉米株高和茎粗，提高生育后期穗位叶叶绿素含量和 PEP 羧化酶活性，促进其生长发育。毛树春等[23]研究表明，选择合适宽窄行种植模式能提高棉花叶面积，促

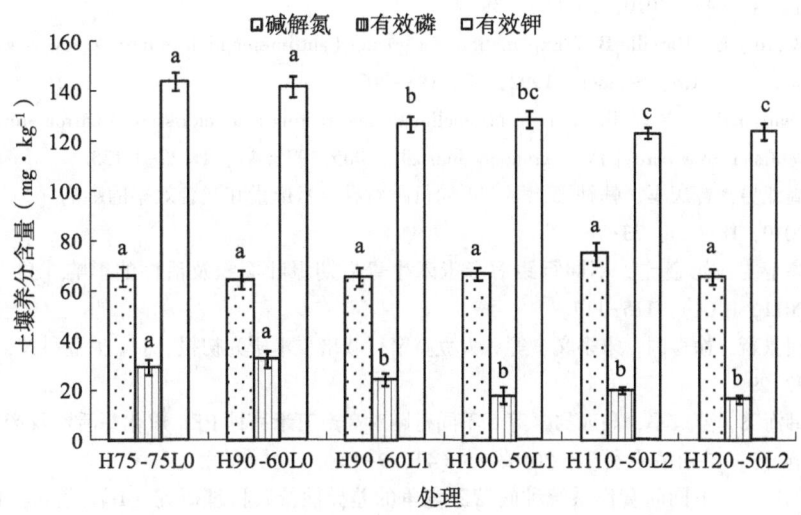

图2　不同种植模式下棉花花铃期土壤的养分含量

进棉田光能合理分布。本研究条件下,与 75 cm+75 cm 等行距种植模式相比,90 cm+60 cm宽窄行单作种植能显著增加蕾期和花铃期的棉花叶面积及地下部干物质积累量,显著提高花铃期棉花倒四叶的叶绿素含量,提升光合效率,显著增加单铃数、籽棉产量及皮棉产量。可以看出,采用宽窄行种植能促进棉花生长发育,提高冠层的光合效率,增加产量,与前人研究结果一致。

两种作物间作因所占据生态位不同而互补,因生态位重叠而竞争[24]。本研究条件下,不同间作处理的棉花株高、叶面积、地上部生物量、地下部生物量在苗期差异均不明显,但在蕾期和花铃期差异达到了显著水平。随着作物生长,棉花与绿豆群体间对土壤水分和养分的竞争加剧[25,26],且绿豆种植行数越多,竞争程度越大[27],影响了棉花后期的生长发育。其中,间作 2 行绿豆的花铃期倒四叶光合速率、干物质积累量、单铃数和单铃重显著降低,导致棉花明显减产。与棉花宽窄行单作处理相比,采用 100 cm+50 cm 行距,间作 1 行绿豆时棉花单铃数、单铃重、籽棉产量和皮棉产量下降均不明显;同时,增收的绿豆可以提高经济效益,抵抗市场逆境风险。为保证棉花产量,提高经济效益,适宜采用 90 cm+60 cm 宽窄行单作或 100 cm+50 cm 棉花间作 1 行绿豆的种植模式。

此外,在本研究中还发现,棉花花铃期间作模式的土壤速效磷和速效钾均显著低于棉花单作模式,而碱解氮含量差异不明显,这可能是因为豆科与非豆科作物间作促进了豆科作物根瘤固氮作用,节约了土壤氮养分[28]。

参考文献

[1] 刘铁东,宋凤斌.灌浆期玉米冠层微环境对宽窄行种植模式的反应 [J].干旱地区农业研究,2012,30 (3):37-40.
[2] 王庆杰,李洪文,何进,等.大垄宽窄行免耕种植对土壤水分和玉米产量的影响 [J].农

业工程学报，2010，26（8）：39-43.

[3] Board J E, Harville B G. Explanations for greater light interception in narrow-row vs wide-row soybean [J]. Crop Science, 1992, 32：198-202.

[4] Sharratt B S, McWilliams D A. Microclimatic and rooting characteristics of narrow-row versus conventional-row corn [J]. Agronomy Journal, 2005, 97 (4)：1 129-1 135.

[5] 高亚男，曹庆军，韩韩飞，等．不同行距对春玉米产量和光合效率的影响 [J]．玉米科学，2010，18（2）：73-76.

[6] 高亚男，崔金虎．不同行距对春玉米生育后期绿叶面积及活性的影响 [J]．农业工程，2011，1（1）：115-117.

[7] 何景新，徐喜国，宋多义，等．大豆宽窄行栽培技术研究初报 [J]．大豆科技，2009（5）：27-29.

[8] 韩海飞，曹庆军，高亚男，等．不同行距对高产玉米品种 PEP 羧化酶活性及产量性状的影响 [J]．吉林农业科学，2010，35（4）：9-12.

[9] 刘广才．不同间套作系统种间营养竞争的差异性及其机理研究 [D]．兰州：甘肃农业大学，2005.

[10] 刘忠宽，曹卫东，秦文利，等．玉米—紫花苜蓿间作模式与效应研究 [J]．草业学报，2009，18（6）：158-163.

[11] 杨进成，刘坚坚，安正云，等．小麦蚕豆间作控制病虫害与增产效应分析 [J]．云南农业大学学报，2009，24（3）：340-348.

[12] 王树安．作物栽培学各论：北方本 [M]．北京：中国农业出版社，1994.

[13] 张运胜．棉花绿豆间作栽培技术 [J]．作物杂志，1991（4）：29.

[14] 崔瑞敏．棉花与绿豆间作技术 [J]．现代农村科技，2010（5）：19.

[15] 鲁如坤．土壤农业化学分析方法 [M]．北京：中国农业科技出版社，2000.

[16] 李新裕，陈玉鹏．棉花丰产株型、株高、茎粗与单株成铃的关系 [J]．塔里木农垦大学学报，1998，10（1）：34-36.

[17] 王楚楚，高亚男，张家玲，等．种植行距对春玉米干物质积累与分配的影响 [J]．玉米科学，2011，19（4）：108-111.

[18] 汤亮，朱艳，孙小芳，等．油菜光合作用与干物质积累的动态模拟模型 [J]．作物学报，2007，33（2）：189-195.

[19] 李瑞，周玮，陆巍．低叶绿素 b 水稻叶片自然衰老过程中光合作用与叶绿素荧光参数的变化 [J]．南京农业大学学报，2009，32（2）：10-14.

[20] 陆景陵．植物营养学：上册 [M]．北京：北京农业大学出版社，1994.

[21] 杜震宇．不同株行距配置对水稻生长发育的影响 [D]．长春：吉林农业大学，2007.

[22] 杨吉顺，高辉远，刘鹏，等．种植密度和行距配置对超高产夏玉米群体光合特性的影响 [J]．作物学报，2010，36（7）：1 226-1 233.

[23] 毛树春，薛中立，张西岭，等．棉花不同配置方式群体光能分布规律的探讨 [J]．棉花学报，1993，56（1）：65-72.

[24] 李隆，杨思存，孙建好，等．小麦/大豆间作中作物种间的竞争作用和促进作用 [J]．应用生态学报，1999，10（2）：197-200.

[25] 党小燕，刘建国，帕尼古丽，等．不同棉花间作模式中作物养分吸收和利用对间作优势的贡献 [J]．中国生态农业学报，2012，20（5）：513-519.

[26] 柴强，殷文．间作系统的水分竞争互补机理 [J]．生态学杂志，2017，36（1）：233-239.

[27] 王利永，朱永永，殷文，等．大麦/豌豆间作系统种间竞争力及产量对地下作用和密度互作的响应 [J]．中国生态农业学报，2016，24（3）：265-273．

[28] 赵财，柴强，乔寅英，等．禾豆间距对间作豌豆"氮阻遏"减缓效应的影响 [J]．中国生态农业学报，2016，24（9）：1 169-1 176．

[此文原刊载于《河北农业科学》，2017，21（3），20-24，44]

花生/黑麦一年两作条件下黑麦适宜播期的研究

秦文利[1,2]，刘忠宽[1]，智健飞[1]，曹卫东[3]

(1. 河北省农林科学院农业资源环境研究所；2. 中国科学院研究生院；

3. 中国农业科学院农业资源与农业区划研究所)

摘　要：为了明确河北省花生/黑麦一年两作条件下黑麦的适宜播期，采用大田试验与室内分析相结合的方法，研究了不同播期对花生/黑麦一年两作中黑麦产草量、蛋白产量、地上部分养分蓄积量以及后茬花生荚果产量的影响，并分析了黑麦地上部分氮、磷、钾养分蓄积量和花生荚果产量与黑麦干草产量的相关性。两年试验结果表明，随播期推迟，黑麦产草量、蛋白产量和经济效益均呈显著的下降趋势，而蛋白含量和后茬花生荚果产量均呈明显的增加趋势。黑麦地上部分氮、磷、钾养分蓄积量与其干草产量均呈极显著正相关，花生荚果产量与黑麦干草产量呈极显著的负相关。因此，在河北省春花生收获后，应尽早播种黑麦。为减少黑麦生长对土壤养分的消耗，保证后茬花生的高产高效，黑麦生长过程中应进行合理施肥。

关键词：黑麦；花生；播期；冬闲田；轮作；产量；一年两作

黑麦（*Secale cereale* L.）是一种优质牧草绿肥，具有抗寒、抗旱、耐瘠薄、耐盐碱等优良特性，能够对我国北方冬闲田进行覆盖利用[1,2]。因具有强大根系穿插土壤，黑麦能够改善土壤孔性、降低土壤容重、增加土壤通透性、提高土壤渗透系数、增强土壤蓄水能力，提高土壤有机质含量、增加土壤微生物数量，改善冬闲田土壤理化性状，提高土壤肥力[3-5]。作为优质牧草，黑麦茎叶柔嫩多汁、蛋白质含量高、适口性好、易消化[2]。因此，冬闲田种植黑麦，不仅可以提高耕地质量，而且能够为畜牧业的发展提供优质牧草，对实现农牧业的有机结合具有重大意义。

温度、光照等生态因素影响作物的生长发育及产量、品质的形成[6]，选择合理播期是作物最大化利用温光资源的重要途径[7]，因此播期是作物栽培技术研究的重要内容。众多研究表明[8-11]，不同播期对黑麦分蘖、生育期、产草量及草品质均有重要影响。李志坚等[8]研究发现，黑麦单株分蘖动态受冬前积温影响。播期早，冬前积温多有利于饲用黑麦早分蘖，分蘖数多。反之，则分蘖数减少。适期播种有利于黑麦合理群体的建立。Kwon和Kim[12]研究表明，播期推迟15 d，则饲用黑麦抽穗期推延3～4 d。刘贵波等[9]在河北低平原区研究指出，在播量为165 kg·hm^{-2}条件下，青刈黑麦适宜播期为9月10日至10月31日，且随播期推迟，相应生育期后延，产草量降低，粗蛋白含量增加。胡跃高等研究表明，冬牧70黑麦秋播为宜。河北黑龙港适宜播期为8月下旬至11月上旬。终播期随纬度升高应相应提早[13]。因此，黑麦的适宜播期应根据前茬作物的收获期、积温条件来确定。

2014 年河北省花生种植面积达 35.25 万 hm²[14]，位列全国第 3，是我国重要的花生产区。春花生收获后，耕地冬闲时间长达 7 个多月，如不充分利用将造成土壤侵蚀、耕地质量下降，引起水土流失、沙尘暴等生态环境问题[15]，不利于河北省花生产业的可持续发展。花生冬闲田复种黑麦，不仅可以覆盖冬闲田，减少沙尘暴尘源，减少水土流失，保护生态环境[16]，而且豆禾轮作能实现土壤养分均衡吸收，减轻连作障碍、提升耕地肥力[17-20]，对提高花生产量与质量具有重要意义。目前，国内外对花生冬闲田复种黑麦的研究鲜有报道。作者通过大田试验研究了不同播期对花生/黑麦一年两作中冬牧 70 产草量、干草粗蛋白含量、经济效益及后茬花生产量的影响。在此基础上，重点分析了黑麦地上部分氮、磷、钾养分蓄积量、花生荚果产量与黑麦干草产量的相关性。旨在探讨花生冬闲田复种黑麦的适宜播期，为花生/黑麦一年两作种植模式在河北省的推广提供科学依据。

1 材料与方法

1.1 供试品种与试验设计

供试花生品种为冀花 6 号，由河北省农林科学院粮油作物所提供；供试黑麦品种为冬牧 70，由百绿国际草业（北京）有限公司提供。田间试验于 2011—2013 年在石家庄市大河镇河北省农林科学院试验站进行。试验土壤类型为粘壤质石灰性褐土，pH 值为 7.24，有机质含量 16.80 g·kg⁻¹，全氮含量 0.92 g·kg⁻¹，全磷含量 1.80 g·kg⁻¹，全钾含量 25.82 g·kg⁻¹，碱解氮含量 84.15 mg·kg⁻¹，有效磷含量 30.01 mg·kg⁻¹，速效钾含量 131.40 mg·kg⁻¹。

黑麦设 6 个播期处理，分别是 9 月 20 日、9 月 25 日、9 月 30 日、10 月 1 日。每个处理 3 次重复，田间随机区组排列，试验小区面积为 4 m×4 m＝16 m²。播期为 9 月 20 的黑麦于收获前 2 天撒播于花生行间，其他处理为花生收获后开沟条播。黑麦于翌年 4 月 20 日人工刈割收获，播种至收获期间不灌溉、不施肥。花生分别于 2012 年、2013 年 5 月 1 日进行穴播，每穴 2 粒，株距 16 cm，行距 33 cm。每年 9 月 22 日左右收获花生。花生施肥量：纯氮（N）75 kg·hm⁻²、磷（P_2O_5）150 kg·hm⁻²、钾（K_2O）150 kg·hm⁻²。氮肥为尿素，氮（N）含量 64.2%；磷肥为普钙，磷（P_2O_5）含量 12%；钾肥为硫酸钾，钾（K_2O）含量 51%。各肥料全部做底肥随整地施入。

1.2 测产、样品采集与测定

黑麦测产方法：各小区黑麦人工齐地皮刈割称重测鲜草产量。各小区随机采集 500 g 鲜草放入烘箱，105 ℃杀青，70 ℃烘干至恒重后称重。计算干鲜比后，粉碎、过筛后采用常规化验方法[21]测定植株全氮（N）、全磷（P）、全钾（K）含量，并根据植株全氮（N）含量及公式推算粗蛋白含量。

花生测产方法：各小区人工单独收获，风干后去除杂质称重荚果产量。

1.3 数据处理

黑麦干草产量（kg·hm⁻²）＝黑麦鲜草产量（t·hm⁻²）×1 000×干鲜比×0.01

黑麦干物质粗蛋白含量（%）＝植株全氮含量（%）×6.25

黑麦蛋白产量（kg·hm⁻²）＝黑麦干草产量（kg·hm⁻²）×粗蛋白含量（%）×0.01

黑麦经济效益（元·hm⁻²）＝黑麦干草产量（kg·hm⁻²）×0.6（元·kg⁻¹）

地上部分养分蓄积量（kg·hm⁻²）＝黑麦干草产量（kg·hm⁻²）×植株养分含量（%）

数据采用 Microsoft Excel 2003 处理，采用 SAS 8.1 软件进行统计分析，LSD 方法进行多重比较。

2 结果与分析

2.1 黑麦不同播期对其产量、粗蛋白含量和经济效益的影响

播期不同，黑麦刈割时所处生育期不同，干物质积累量和粗蛋白含量不同。2 a 田间试验结果表明（表1），播期对黑麦鲜草产量、干鲜比、干草产量、粗蛋白质含量、蛋白产量和经济效益的影响均达了显著水平。随着播期推迟，黑麦鲜草产量、干鲜比、干草产量、蛋白产量、经济效益均明显降低，而粗蛋白质含量增加。2012 年 9 月 20 日、9 月 25 日播种的黑麦鲜草产量显著高于 9 月 30 日和 10 月 1 日播种处理。2013 年 4 个播期处理黑麦鲜草产量存在显著差异。2012 年、2013 年不同播期处理黑麦干草产量、蛋白产量、经济效益变化规律一致。2012 年 9 月 20 日播种的黑麦干草产量、蛋白产量、经济效益均显著高于 10 月 10 日播种处理，分别相差 242.71 kg·hm⁻²、28.131 kg·hm⁻²、145.631 元·hm⁻²；2013 年 4 个播期处理的黑麦干草产量、蛋白产量、经济效益均差异显著，最高值均为 9 月 20 日播期处理，最低值均为 10 月 10 日播期处理，分别相差 257.66 kg·hm⁻²、30.71 kg·hm⁻²、154.59 元·hm⁻²。说明黑麦干草产量是蛋白产量、经济效益的基础，推迟播期将通过影响干草产量而显著降低黑麦蛋白产量和经济效益。

表1 不同播期处理黑麦产量、粗蛋白含量和经济效益的比较

年份	播期（月-日）	鲜草产量（t·hm⁻²）	干鲜比（%）	干草产量（kg·hm⁻²）	粗蛋白质含量（%）	蛋白产量（kg·hm⁻²）	经济效益（元·hm⁻²）
2012 年	9-20	34.60 a	23.76 a	821.53 a	13.71 b	112.66 a	492.92 a
	9-25	33.50 a	21.19 ab	709.71 ab	14.31 a	101.57 ab	425.83 ab
	9-30	30.20 b	20.84 ab	628.32 bc	14.45 a	90.81 bc	376.99 bc
	10-10	30.00 b	19.29 b	578.82 c	14.60 a	84.53 c	347.29 c
2013 年	9-20	32.16 a	19.14 a	615.60 a	13.93 b	85.78 a	369.36 a
	9-25	27.21 b	17.80 b	484.46 b	14.52 b	70.35 b	290.68 b
	9-30	23.63 c	17.77 b	420.39 c	15.26 a	64.17 c	252.23 c
	10-10	20.27 d	17.68 b	357.94 d	15.39 a	55.07 d	214.77 d

注：同列数据后小写字母不同，表明在 0.05 水平差异显著

2.2 黑麦不同播期对其氮、磷、钾养分蓄积量的影响

黑麦播期不同，其干物质积累不同，积累干物质所吸收的养分量不同，因此，地上部分养分蓄积量不同。两年田间试验结果（表2）表明，黑麦播期对其地上部分氮、磷、钾养分蓄积量的影响均达到了显著水平，且各播期处理的养分蓄积量均以钾素最大、氮素次之、磷素最小。随着播期推迟，黑麦地上部分的氮磷钾蓄积量均显著>10月10日的播期处理，差值分别为 44.95 kg·hm^{-2}、17.70 kg·hm^{-2} 和 65.96 kg·hm^{-2}。2013年不同播期处理的氮、磷蓄积量均差异显著，9月20日播期处理的钾蓄积量显著>其他3个处理。

表2 不同播期处理黑麦地上部分养分蓄积量比较

播期（月-日）	养分蓄积量（kg·hm^{-2}）					
	2012年			2013年		
	氮（N）	磷（P）	钾（K）	氮（N）	磷（P）	钾（K）
9-20	180.23 a	48.92 a	257.54 a	137.22 a	44.24 a	226.07 a
9-25	162.57 ab	40.93 b	217.99 ab	112.45 b	35.05 b	165.48 b
09-30	145.23 bc	36.03 bc	182.81 ab	102.67 c	29.20 c	145.97 bc
10-10	135.28 c	31.22 c	191.58 b	88.14 d	22.63 d	132.60 c

2.3 黑麦不同播期对后茬花生荚果产量的影响

本试验中，黑麦生长期间不施肥，又不浇水，黑麦干物质积累需要消耗土壤中大量的养分和水分，因此，会影响后茬花生生产发育。两年田间试验结果表明（图1），黑麦播期对后茬花生荚果产量的影响达到了显著性水平，花生荚果产量随前茬黑麦播期的推迟呈逐渐增加趋势。两个试验年度，花生荚果产量最高的黑麦播期均为10月10日，荚果产量分别为 3 512.50 kg·hm^{-2}和 3 390.63 kg·hm^{-2}；花生荚果产量最低的黑麦播期均为9月20日播期处理，荚果产量分别为 3 041.67 kg·hm^{-2}和 2 683.75 kg·hm^{-2}。两个试验年度，10月10日与9月30日播期处理的后茬花生荚果产量差异显著，且均显著高于9月20日播期处理。说明花生荚果产量显著受前茬黑麦播期处理影响，这与播期不同的黑麦在积累干物质时所消耗的土壤养分、水分不同有关。

2.4 黑麦地上部分养分蓄积量与干草产量的相关性分析

两个试验年度黑麦地上部分养分蓄积量与干草产量的相关性分析结果（图2）显示，2012年和2013年黑麦地上部分氮、磷、钾的养分蓄积量均与干草产量呈极显著的正相关。说明黑麦地上部分的养分蓄积量均随干物质的积累而逐渐明显增加。

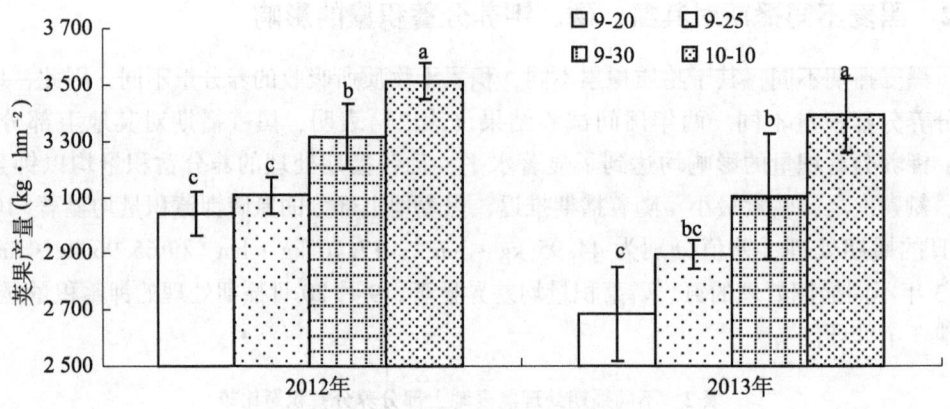

图1 不同播期处理后茬花生荚果产量的比较

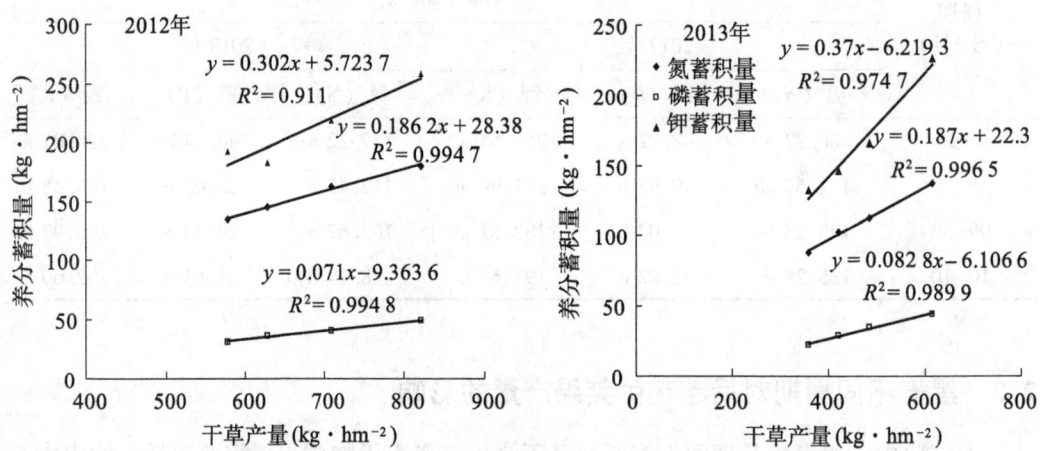

图2 黑麦地上部分养分蓄积量与干草产量的相关关系

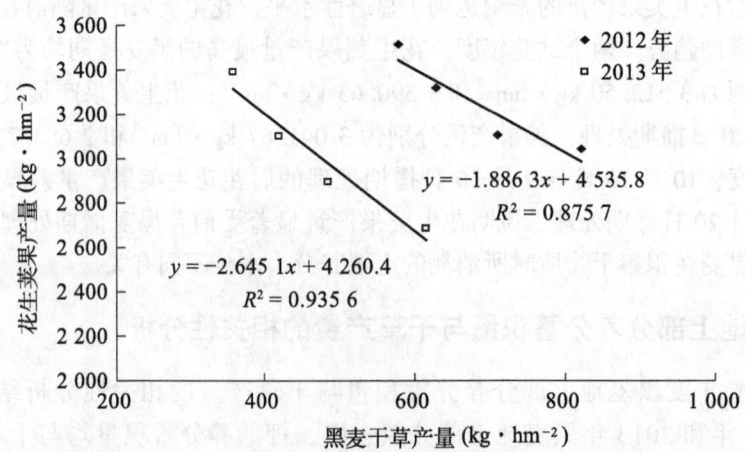

图3 后茬花生荚果产量与前茬黑麦干草产量的相关关系

养分蓄积量是作物根系吸收土壤养分并将其累积到植株体中的数量，反映了作物在干物质形成过程中对土壤养分的消耗。土壤养分消耗过多，将影响后茬作物产量的形成。2 个试验年度后茬花生荚果产量与前茬黑麦干草产量的相关性分析结果（图 3）显示，2012 年和 2013 年后茬花生荚果产量均与黑麦干草产量呈极显著的负相关。说明后茬花生荚果产量会随着前茬黑麦干草产量的增加而逐渐明显降低，这与黑麦干物质生产消耗了大量土壤养分有关。

3 讨论与结论

黑麦适期播种能充分利用冬闲田有限光、热资源，形成较多干物质[7,8]。本研究表明，随播期推迟，黑麦产草量显著降低，这与刘贵波等研究一致[9]。究其原因，主要有三点：一是，播期的延后推迟了黑麦生育进程，缩短了茎叶光合时间，降低了有机光合产物的生产与储存[22,23]。二是，黑麦较高生物量的形成来源于合理群体的建立，而黑麦群体分蘖数是其合理群体建立的基础，黑麦群体分蘖数与冬前积温成正比。因此，播期越晚，冬前积温越少，黑麦群体分蘖数形成的群体越小，产草量越低[8]。三是，随播期推迟，温度降低，黑麦出苗数减少，影响黑麦群体的建成[24]。本研究表明，黑麦产草量降低是导致黑麦蛋白产量、经济效益下降的直接原因。因此，河北春花生收获后，应尽早播种黑麦。

随播期推迟，黑麦养分蓄积量呈下降趋势，这与潘福霞等[25]对不同播期下紫云英养分积累规律研究一致。作为绿肥，黑麦翻压还田后可补充土壤矿质养分，改善土壤肥力[26]。但作为牧草，黑麦收获后将带走土壤大量养分。本研究表明，黑麦地上部分氮、磷、钾养分蓄积量与干草产量呈正相关关系，花生荚果产量与黑麦干草产量呈负相关关系。因此，黑麦播种越早，干草产量越高，收获带走的土壤养分量越大，势必造成后茬花生产量的下降。在春花生—黑麦一年两作种植模式中，为减少土壤养分被过度耗竭，保证后茬花生高产，黑麦生长过程中应合理施肥。

参考文献

[1] 胡跃高.论黄淮海区青刈黑麦产业化生产的基础 [J].草业科学，1998，15（2）：39-42，54.

[2] 陈宝书.牧草饲料作物栽培学 [M].北京：中国农业出版社，2001.

[3] 赵顺才，商占果，侯雪坤，等.绿肥根茬培肥增产效应的研究 [J].北京农业大学学报，1990，16（增刊）：83-87.

[4] 张明普，王长珍，王绍连，等.绿肥对土壤养分平衡和肥力的影响 [J].江苏农业科学，1988（8）：16-18.

[5] 王丽宏，杨光立，曾昭海，等.稻田冬种黑麦草对饲草生产和土壤微生物效应的研究（简报）[J].草业学报，2008，17（2）：157-161.

[6] 夏春兰，王荣栋.前期光温生态因子对春小麦生长发育进程及农艺性状的影响（综述）[J].石河子大学学报（自然科学版），1999，3（4）：332-337.

[7] 陆志峰，鲁剑巍，任涛，等.播期对"中双 11 号"油菜干物质和养分积累的影响 [J].中

国农学通报, 2014, 30 (6): 140-147.

[8] 李志坚, 周道玮, 胡跃高. 不同积温和种植密度对饲用黑麦分蘖动态的影响 [J]. 应用生态学报, 2004, 15 (3): 413-149.

[9] 刘贵波, 乔仁甫. 青刈黑麦适宜播量及播期效应研究 [J]. 中国草地, 2005, 27 (4): 30-34.

[10] 华仁林, 姚义忠, 孟昭文, 等. 冬牧70黑麦的生育特性及其饲用价值 [J]. 中国草业与牧草杂志, 1984, 1 (2): 52-55.

[11] 华仁林, 蔡惠林, 孟昭文, 等. 冬牧70黑麦的引种观察及栽培技术的研究 [J]. 草原与草坪, 1982 (5): 54-58.

[12] Kown C H, Kim D A. Studies on the seeding and harvesting dates of early and late maturing varieties of forage rgy. Analysis of growth influenced by seedling and harvesting dates [J]. Journal of the Korean Society of Grassland Science, 1995, 15 (1): 37-42.

[13] 胡跃高, 李志坚, 王海滨, 等. 黄淮海区青刈黑麦栽培及进展前景 [J]. 作物杂志, 1997 (6): 26-28.

[14] 河北省人民政府办公厅, 河北省统计局. 河北农村统计年鉴 [M]. 北京: 中国统计出版社, 2015.

[15] 董静, 王书芝, 王春峰. 冬油菜—花生一年两茬轮作高效栽培技术 [J]. 中国农技推广, 2012 (7): 35-36.

[16] 昭日格图, 陆洪省, 小松崎将一. 覆盖作物在农田耕作中的应用研究 [J]. 内蒙古民族大学学报 (自然科学版), 2010, 25 (3): 296-298.

[17] 张玉先, 王孟雪. 麦—玉—豆轮作制度下施肥措施及对土壤养分的影响 [J]. 中国油料作物学报, 2009, 31 (3): 339-343.

[18] 蔡立群, 齐鹏, 张仁陟. 保护性耕作对麦—豆轮作条件下土壤团聚体组成及有机碳含量的影响 [J]. 水土保持学报, 2008, 22 (2): 141-145.

[19] 杨宁. 豆科绿肥—冬小麦轮作提高小麦产量和营养元素含量的效应与土壤机制 [D]. 杨凌: 西北农林科技大学, 2012.

[20] 姚钦. 黑土区轮作方式下土壤微生物多样性研究 [D]. 哈尔滨: 东北林业大学, 2012.

[21] 鲁如坤. 土壤农业化学分析方法 [M]. 北京: 中国农业科技出版社, 2000.

[22] 许柯, 孙圳, 霍中洋, 等. 播期、品种类型对水稻产量、生育期及温光利用的影响 [J]. 中国农业科学, 2013, 46 (20): 4 222-4 233.

[23] 邢志鹏, 曹伟伟, 钱海军, 等. 播期对不同类型机插稻产量及光合物质特性的影响 [J]. 核农学报, 2015, 29 (3): 528-537.

[24] 王萍, 赵宏亮, 谭贺, 等. 播种期温度变化对甜菜出苗天数的影响 [J]. 中国糖料, 2014 (3): 43-44.

[25] 潘福霞, 李小坤, 鲁剑巍, 等. 不同播期对紫云英生长及物质养分积累的影响 [J]. 土壤, 2012, 44 (1): 67-72.

[26] 秦文利, 贾立明, 刘忠宽, 等. 冬绿肥品种与播种方式对土壤养分和后茬花生产量及品质的影响 [J]. 华北农学报, 2015, 30 (S1): 168-172.

[此文原刊载于《河北农业科学》, 2016, 20 (6): 27-31]

麦棉套作模式下播量与播种方式对小麦生长发育及产量的影响

王树林，祁　虹，王　燕，张　谦，冯国艺，林永增，梁青龙

（河北省农林科学院棉花研究所/农业部黄淮海半干旱区棉花生物学与遗传育种重点实验室）

摘　要：为提高麦棉套作模式下的小麦产量，探索适宜播种方式与播量，采用裂区试验设计，主因素为播种方式，设置小麦撒播与条播两个处理，副因素为播量，设置187.5、225.0、262.5 kg·hm^{-2}和300.0 kg·hm^{-2}4个处理，研究了播种方式与播量对小麦生长发育及产量的影响。结果表明：撒播小麦群体截获光能量提高，基部第2节间直径增加0.05 mm，单位面积地上部干物质积累量提高6.1%，根系生长量明显优于条播，单位面积穗数增加11.8%，穗粒数和千粒重与条播相差不大，最终撒播小麦较条播小麦增产5.1%；随播量增加，群体截获光能量增加，地上部干物质积累与根系生长量均有提高，但单株发育趋弱，单株成穗数降低，单位面积穗数呈增加趋势，穗粒数与千粒重呈降低趋势，撒播4个播量间小麦产量差异达显著水平，以225.0 kg·hm^{-2}播量处理最高，条播4个播量间小麦产量以播量262.5 kg·hm^{-2}最高。在麦棉套作模式下小麦采用撒播，播量控制在225.0 kg·hm^{-2}时可有效提高小麦产量。

关键词：麦棉套作；小麦；播种方式；播量；生长发育；产量

麦棉套作两熟种植曾是20世纪90年代黄河流域的主要种植模式[1]，后来由于不适应机械收获小麦而导致面积迅速萎缩，基本消失；近年来，随着国家对粮食安全问题的日益重视以及粮棉争地矛盾的日益尖锐，麦棉套作种植模式被重新提及，在解决了小麦联合收割机应用的问题后，麦棉套作模式推广前景广阔[2]。进入21世纪后关于麦棉套作种植技术的研究多集中在基础理论方面，如套作对土壤生态系统[3,4]与棉花根系生长的影响[5]，对麦棉套作的应用性研究不多；在麦棉套作模式下由于小麦播幅仅占总幅宽的50%，如何采取措施充分利用有限的土地面积提高小麦产量是需要重点研究的课题；关于撒播对小麦个体发育及产量的影响，近年来在冬小麦栽培中已进行了不少研究[6-8]，但结果不尽相同，究其原因可能是由试验的播种量不同引起的；而小麦播量研究也有大量报道，但多是针对普通种植模式下的冬小麦[9,10]，麦棉套作下的适宜播量研究甚少，仅王树林等[2]研究认为，在麦棉套作模式下，播量对套作小麦产量三因素的影响由大到小依次为穗数、穗粒数和千粒重，麦棉套作小麦适宜播量为225.0～262.0 kg·hm^{-2}。本试验初次将小麦撒播与麦棉套作模式相结合，并加入了不同播量处理，通过研究不同群体生育性状，为麦棉套作模式下选择适宜播种方式与播量提供理论依据。

1 材料与方法

1.1 试验材料

试验于 2014—2015 年在河北省邯郸市曲周县西漳头村河北省农林科学院棉花研究所试验田进行。试验小麦品种为婴泊 700，于 2012 年通过河北省审定，适宜麦棉套作模式下种植。试验田为黏壤土，地力均匀，地势平坦，排灌方便。0～20 cm 土层有机质含量 16.3 g·kg^{-1}，全氮含量 1.06 g·kg^{-1}，速效磷含量 31.5 mg·kg^{-1}，速效钾含量 325 mg·kg^{-1}，属高肥力地块。

1.2 试验设计

采用裂区设计，以播种方式为主区，设撒播（以 S 表示）与条播（以 T 表示）两种播种方式；以播量为副区，设 187.5、225.0、262.5、300.0 kg·hm^{-2} 4 个水平（分别以 B1、B2、B3、B4 表示）。3 次重复，小区宽 6.4 m，长 8.0 m，面积 51.2 m^2。种植模式为麦棉套作，小麦幅宽 80 cm，棉花预留行 80 cm，撒播小麦播种时先开 80 cm 宽的沟，人工撒播后覆土压实，条播小麦播种时采用单行小耧播种，播种四行，四行幅宽 80 cm，2014 年 10 月 30 日播种后浇蒙头水。播种前结合整地公顷施复合肥（氮磷钾比例为 18∶16∶7）750 kg，2015 年 3 月 4 日浇水 1 次，同时追施尿素 225 kg·hm^{-2}，4 月 22 日播种棉花，4 月 24 日浇水 1 次，5 月 18 日浇水 1 次，6 月 11 日收获小麦，其他管理同大田。各小区进行相同的施肥、灌水以保持试验条件一致。

1.3 测定项目与方法

1.3.1 群体光分布

在小麦孕穗期利用 GCX-A 冠层分析仪测定不同处理小麦顶部、中部与地面的光照强度，时间为中午 11∶00—12∶00。

1.3.2 小麦植株直径

利用螺旋测微器测量基部第 2 节间直径，每小区测定 50 株取平均值。

1.3.3 地上部干物质积累

分别于小麦灌浆期（5 月 6 日）和收获期（6 月 11 日）测定每小区小麦地上部干物质积累，5 月 6 日每小区取宽 80 cm、长 20 cm 区域内的小麦植株，于 105 ℃下杀青 30 min，85 ℃烘干至恒重，折算成 0.8 m^2 内的干物重；6 月 11 日收获宽 80 cm、长 100 cm 区域内的小麦称鲜重，从所取小麦中取 500 g 烘干，计算 0.8 m^2 内小麦地上部干物重。

1.3.4 小麦根系

于小麦收获期利用挖根法，挖取宽 40 cm、长 15 cm、深 20 cm 区域内的土壤，人工拣出全部根系，洗净后用 GXY-A 根系分析系统扫描，以 *.tif 文件格式存储在计算机中，进行图形分析。

1.3.5 小麦产量性状调查

每小区选取两块儿长 1 m、宽 0.8 m 的区域，分别调查基本苗、收获期穗数，同时收取 50 穗，用于测定穗粒数与千粒重；小区单独收获计产。

1.4 数据处理与分析

使用 Microsoft Excel 2003 软件进行数据整理，使用 DPS 7.05 进行统计分析。

2 结果与分析

2.1 播种方式与播量对小麦群体内部光照分布的影响

由图 1 可见，小麦群体冠层中下部的光照强度远低于顶部，随播量增加，中、下部光照强度呈逐次降低趋势，撒播条件下 B4 较 B1 播量中、下部光照强度分别减少 28.5% 与 26.1%，条播条件下分别减少 25.6% 与 29.3%。表明，播量越大，群体截获的光能越多，对光能的利用率也越高。从不同播种方式来看，撒播中、下部光照强度平均为 277.3、36.2 klx，而条播分别为 290.4、50.9 klx，撒播截获光能量高于条播。

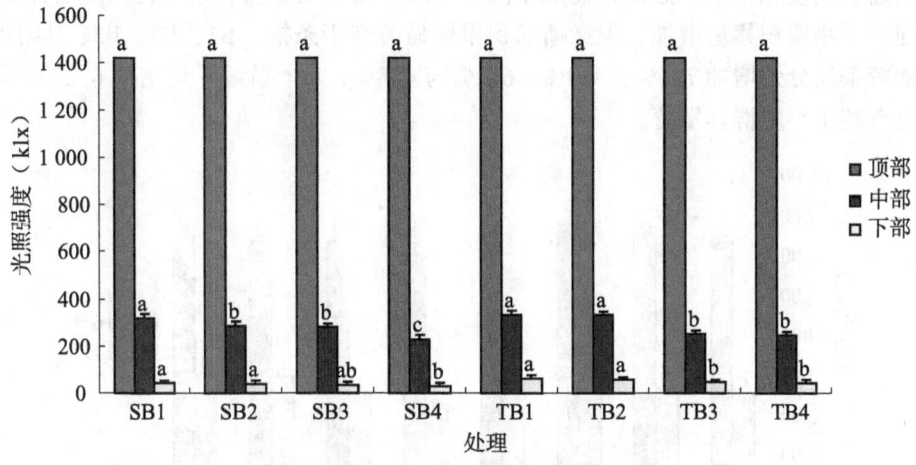

图 1 不同播种方式与播量小麦群体光照强度分布

2.2 播种方式与播量对小麦基部第 2 节间直径的影响

在麦棉套作模式下为提高小麦产量，一般认为应加大播量，但播量过大往往造成小麦个体发育偏弱，易致后期倒伏。而小麦倒伏与茎秆节间粗度相关，茎秆越粗，抗倒性越强[11]。从图 2 可以看出，播量越大，小麦基部第 2 节间越细，撒播 B1 直径较 B4 直径高 0.19 mm，条播 B1 较 B4 高 0.24 mm；撒播处理平均直径 4.21 mm，较条播平均高 0.05 mm，原因主要是撒播条件下小麦植株分布均匀，所占空间优势好于条播，更有利于单株发育，增强后期抗倒伏性能。

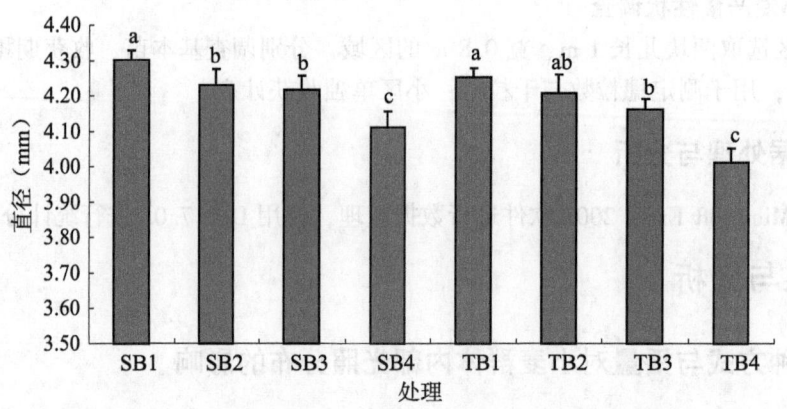

图2 不同播种方式与播量小麦基部第二节间直径

2.3 播种方式与播量对单位面积小麦地上部干物质积累的影响

分别于小麦灌浆期和收获期测定 0.8 m² 小麦的地上部干物质积累量，根据图3结果，灌浆期无论撒种还是条播，随着播量的增加，地上部干物质积累量有增加的趋势，但不同播量间差异较小，撒播各播量略高于条播。收获期撒播和条播也均随播种量增加单位面积干物质积累量增加，但撒播的积累量显著高于条播，B1、B2、B3、B4 四个播量撒播较条播分别增加 7.1%、4.9%、6.2% 与 4.8%，4 个播量平均增加 6.2%，可见，撒播更有利于小麦群体发育。

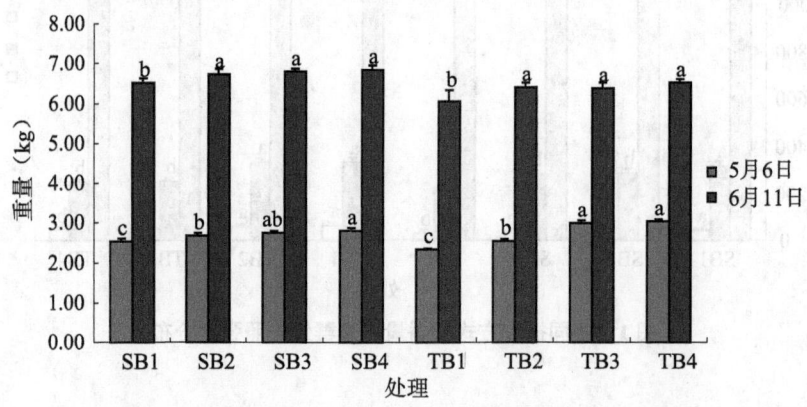

图3 不同播种方式与播量小麦单位面积地上部干物质积累

2.4 播种方式与播量对小麦群体根系生长的影响

通过测定分析每小区 40 cm×15 cm×20 cm 区域的根系情况（表1），可以看出，单位体积土壤中的小麦根系总长度随着播量的增加而呈增加趋势，撒播 B1、B2、B3 播量间根系长度差异不显著，但均显著低于 B4 播量；条播 B2、B3 播量间差异不显著，但显著高于 B1，三者均显著低于 B4 播量；撒播与条播相比，根系长度平均增加 12.2%，且差异达到显著水平。根系投影面积、表面积、体积变化规律与根系长度相似，均随着播量增加呈增加趋势，播量间差异显著；撒播与条播相比，根系投影面积、表面积、体积平均分别提高 28.5%、28.5%、20.0%，且差异达到显著水平。根系平均直径则随着播量的增加而降低，撒播 B1 播量显著高于其他 3 个播量处理，条播 B1 与 B2 间差异不显著，但显著高于 B3 与 B4；撒播根系平均直径显著高于条播。

表 1　不同播种方式与播量小麦根系性状

播种方式	播量	长度（m）	投影面积（cm²）	表面积（cm²）	体积（cm³）	平均直径（mm）
S	B1	98.3 b	369.0 c	1 158.6 c	18.7 b	1.13 a
	B2	102.4 b	378.6 b	1 188.9 c	19.1 b	1.07 b
	B3	106.4 b	405.4 ab	1 273.0 b	20.5 b	1.07 b
	B4	125.6 a	429.6 a	1 349.0 a	23.2 a	1.02 b
T	B1	70.3 c	256.0 c	805.1 b	15.0 c	1.05 a
	B2	96.8 c	271.9 c	853.8 b	16.8 b	1.06 a
	B3	98.0 b	334.7 a	1 050.9 a	17.4 b	0.92 b
	B4	120.5 a	368.5 a	1 157.1 a	18.9 b	0.85 b
S	平均	108.2 a	395.7 a	1 242.4 a	20.4 a	1.07 a
T	平均	96.4 b	307.9 b	966.7 b	17.0 b	0.97 b

注：采用裂区试验进行统计分析，分别对主因素 S、T 内 4 个副因素进行比较，同时对主因素 S、T 之间进行比较。数值后不同小写字母表示处理间差异达 0.05 显著水平。下同

2.5　播种方式与播量对小麦产量及其构成因素的影响

小麦基本苗在播量处理间均差异显著，但播种方式间差异不显著（表 2）。随着播量增加，单位面积穗数有增加趋势；撒播条件下，B3 与 B4 间差异不显著，但显著高于 B1 与 B2；条播 B2、B3、B4 播量间差异不显著，但显著高于 B1；平均来看，撒播达到 606.6 万穗·hm⁻²，显著高于条播。从单株成穗数来看，播量越小，单株成穗数越高，播量间差异显著，撒播显著高于条播。上述结果表明，小麦单株成穗数及单位面积穗数与播量密切相关，播量越大，单位面积穗数越高，单株成穗数越低；撒播的单位面积穗数、单株成穗数均高于条播，这与其单株分布均匀、所占空间较大有关。

穗粒数随播量增加依次降低，撒播 B1 播量显著高于 B2，且两者均显著高于 B3 与 B4；条播 B1 与 B2 间差异不显著，但均显著高于 B3 与 B4；两播种方式间，撒播较条播增加 0.7 粒/穗，但差异未达显著水平。千粒重结果与穗粒数相似，随播量增加降低趋势明显，播量间差异达到显著水平，而播种方式间差异不显著。

小麦产量撒播以 B2 播量最高，达 7 283 kg·hm⁻²，而条播以 B3 播量最高；播种方式间，撒播较条播高平均 5.1%，但未达显著水平。

表2 不同播种方式与播量小麦产量与产量构成因素

播种方式	播量	基本苗 （万·hm⁻²）	单株成 穗数	单位面积 穗数 （万·hm⁻²）	穗粒数	千粒重 （g）	产量 （kg·hm⁻²）
S	B1	156.3 d	3.46 a	540.9 c	45.4 a	44.9 a	7 074 ab
	B2	195.9 c	3.08 b	602.9 b	44.1 b	43.7 b	7 283 a
	B3	224.2 b	2.83 bc	634.3 a	43.1 c	43.3 b	7 187 ab
	B4	264.4 a	2.45 c	648.4 a	42.9 c	42.8 b	6 872 b
T	B1	149.2 d	3.38 a	504.1 b	44.2 a	45.1 a	6 659 a
	B2	199.3 c	2.75 b	547.5 a	43.7 b	43.8 b	6 765 a
	B3	212.6 b	2.62 b	557.2 a	42.5 b	42.9 bc	6 970 a
	B4	271.8 a	2.06 c	561.0 a	42.4 b	42.0 c	6 635 a
S	平均	210.2 a	2.89 a	606.6 a	43.9 a	43.7 a	7 104 a
T	平均	208.2 a	2.61 b	542.5 b	43.2 a	43.5 a	6 757 a

3 结论与讨论

小麦撒播技术近年来备受关注，各地科研人员做了大量相关研究，但结果不尽相同。李娜娜等[6]认为撒播较条播显著减产，原因主要是前期过高的分蘖力导致群体数量增加，降低了个体干物质积累，穗粒数及粒重大幅下降所致，这与刘保华等[7]的结论类似；陈留根等[12]认为生育前期撒播小麦茎蘖发生快，叶面积指数高，群体相对较大，但生育中后期条播小麦群体结构更加合理，生长速度加快，叶面积指数较高，干物质累积量大，最终产量显著增加；乔蕊清等[8]研究认为与条播栽培相比，冬小麦撒播在产量因素构成上明显地表现出"两增一平"的特点，即单位面积有效穗数增多，一般增加12%～15%，粒重增高，千粒重平均增加1.5～2.0 g，而穗粒数基本持平，但撒播栽培对品种类型有一定的选择，应选用分蘖成穗率低的主茎优势型品种和春季分蘖力弱的冬前一次分蘖高峰型品种，如选用分蘖成穗率高的多穗型品种，应适当降低播量。综合前人研究结果，撒播增加单位面积穗数结论基本一致，但对穗粒数和千粒重的影响结果不一，这可能与播种量的不同有关。

本试验结果表明，在麦棉套作模式下，撒播单位面积穗数显著高于条播，穗粒数与千粒重较条播也有所增加，产量提高了5.1%，但差异不显著。究其原因，撒播小麦由于群体分布更加均匀，群体截获的光能量提高，单株长势优于条播，基部第2节间增粗，群体根系长度、表面积与体积明显优于条播，单位面积地上部干物质积累量增加6.1%，单株成穗数增加导致的单位面积穗数增加是撒播增产的主要原因。

从播量结果来看，随着播量增加，群体截获光能量增加，单株发育趋弱，单株成穗数降低，穗粒数与千粒重呈降低趋势，但地上部干物质积累总量与根系生长总量均有提高，最终单位面积穗数呈增加趋势，这一结论与前人研究结果[13,14]基本一致。撒播小麦产量在播量间差异显著，以 225.0 kg·hm^{-2} 播量处理最高，达到了 7 283 kg·hm^{-2}；条播小麦以播量 262.5 kg·hm^{-2} 产量最高，达到了 6 970 kg·hm^{-2}，但播量间无显著差异。

综上所述，在麦棉套作模式下，采用撒播且播量控制在 225.0 kg·hm^{-2} 时可有效提高小麦产量。

参考文献

[1] 王国平，毛树春，韩迎春，等．中国麦棉两熟种植制度的研究 [J]．中国农学通报，2012，28 (6)：14-18.

[2] 王树林，祁虹，王燕，等．麦棉套作模式下播量对小麦边行优势与产量的影响 [J]．河南农业科学，2015，44 (7)：22-24，28.

[3] 孙磊，陈兵林，周治国．麦棉套作系统中小麦根区化感物质对棉苗生长的影响 [J]．棉花学报，2006，18 (4)：213-217.

[4] 孙磊，陈兵林，周治国．麦棉套作 Bt 棉花根系分泌物对土壤速效养分及微生物的影响 [J]．棉花学报，2007，19 (1)：18-22.

[5] 王瑛，王立国，陈兵林，等．麦棉共生期间棉花根系的生理特性研究 [J]．棉花学报，2007，19 (6)：446-449.

[6] 李娜娜，田奇卓，裴艳婷，等．播种方式对两类小麦品种分蘖成穗及其产量构成的影响 [J]．麦类作物学报，2007，27 (3)：508-513.

[7] 刘保华，苏玉环，申景梅，等．冀南麦区小麦适宜播种方式研究 [J]．河北农业科学，2012 (8)：9-14.

[8] 乔蕊清，刘新月，卫云宗．冬小麦撒播简化高产栽培技术的研究与应用 [J]．麦类作物学报，2001，21 (3)：84-86.

[9] 刘萍，魏建军，张东升，等．播期和播量对滴管小麦群体性状及产量的影响 [J]．麦类作物学报，2013，33 (6)：1 202-1 207.

[10] 王夏，胡新，孙忠富，等．不同播期和播量对小麦群体性状和产量的影响 [J]．中国农学通报，2011，27 (21)：170-176.

[11] 冯素伟，李淯，胡铁柱，等．不同小麦品种茎秆抗倒性的研究 [J]．麦类作物学报，2012，32 (6)：1 055-1 059.

[12] 陈留根，刘红江，沈明星，等．不同播种方式对小麦产量形成的影响 [J]．江苏农业学报，2015，31 (4)：786-791.

[13] 杨兵，孔德友，周红兵．不同播量对小麦产量的影响 [J]．安徽农学通报，2000，6 (3)：40-41.

[14] 刘萍，魏建军，张东升，等．播期和播量对滴灌冬小麦群体性状及产量的影响 [J]．麦类作物学报，2013，33 (6)：1 202-1 207.

［此文原刊载于《山东农业科学》，2016，48 (7)：39-43］

麦棉套作模式下播量对小麦边行优势与产量的影响

王树林，祁　虹，王　燕，张　谦，冯国艺，林永增，梁青龙

（河北省农林科学院棉花研究所/农业部黄淮海半干旱区棉花生物学与遗传育种重点实验室）

摘　要：在麦棉套作模式下，设置了 187.5、225.0、262.5、300.0、337.5、375.0 kg·hm^{-2} 6 个小麦播量水平，研究了不同播量对小麦边行优势与产量的影响，结果表明：播量对内行小麦的影响大于边行，随着播种量的增加，单位面积穗数的边行优势降低，边行与内行差值由 90 万穗·hm^{-2}（播量 187.5 kg·hm^{-2}）降至 78.0 万穗·hm^{-2}（播量 375.0 kg·hm^{-2}），穗粒数边行优势先增后减，播量 300.0 kg·hm^{-2} 小麦穗粒数边行与内行差值最高为 4.6 粒，千粒质量与产量边行优势逐渐增加，播量 337.5 kg·hm^{-2} 小麦千粒质量边行与内行差异最高为 3.9 g，产量边行与内行差值以播量 375.0 kg·hm^{-2} 最高为 3 136.5 kg·hm^{-2}；播量对套作小麦产量三因素影响的大小依次为单位面积穗数、穗粒数与千粒质量，麦棉套作小麦适宜播种量在 225.0~262.0 kg·hm^{-2}。

关键词：麦棉套作；小麦；播量；边行优势；产量

麦棉两熟种植技术在 20 世纪 50 年代我国长江流域棉区见有报道，形式为冬小麦（元麦）、棉花直播[1]，黄河流域棉区两熟种植制度自 20 世纪 60 年代进入试验，以麦棉套种为主[2]，并于 20 世纪 90 年代后成为该区主要种植模式[3]。但随着小麦联合收割机的应用，麦棉套作种植模式由于不适应机械收获小麦而导致面积迅速萎缩，因此进入 21 世纪后关于麦棉套作种植技术的研究多集中基础理论方面，如套作对土壤生态系统[4,5]与棉花根系生长的影响[6]，而对麦棉套作的应用性研究不多；近年来，随着国家对粮食安全问题的日益重视以及粮棉争地矛盾的日益尖锐，麦棉套作种植模式被重新提及，在解决了小麦联合收割机应用的问题后，麦棉套作模式推广前景广阔。由于在麦棉套作模式下为保证小麦产量通常采取加大小麦播量的方法，但小麦播量过大又会带来潜在的倒伏危险，因此本试验通过研究麦棉套作模式下不同播量对小麦边行优势与产量的影响，为确定适宜的小麦播种量提供试验依据。

1　材料和方法

1.1　试验地与供试品种

试验设在河北省农林科学院棉花研究所曲周试验站（河北省邯郸市曲周县西漳头村），前茬棉花，土壤为黏壤土，肥力中等偏上，有机质 14.6 g·kg^{-1}，全氮 0.998 g·kg^{-1}，速效磷 38.9 mg·kg^{-1}，速效钾 285.8 mg·kg^{-1}；供试小麦品种为邢麦 4 号。

1.2　试验设计与方法

试验采用随机区组设计，小麦播种量设 6 个水平，分别是 187.5、225.0、262.5、300.0、337.5、375.0 kg·hm^{-2}，3 次重复，小区宽 6.4 m，长 8.0 m；种植模式为 4 行小麦占地幅宽 80 cm，棉花预留行占地幅宽 80 cm，套种 2 行棉花；2013 年 11 月 4 日结合整地公顷施复合肥（氮磷钾比例为 18∶16∶7）750 kg，11 月 6 日播种，播种后浇蒙头水，2014 年 3 月 11 日浇水，同时追施尿素 225 kg·hm^{-2}，其他管理措施同大田；2014 年 6 月 9 日收获小麦。

小麦收获时每个小区取 3 个样点，每个样点分边行（每幅两侧 2 行小麦）与内行（每幅中间两行小麦）各取 1 m 长的小麦调查穗数，并从中随机选取 50 穗测定穗粒数与千粒质量，每个小区单独收获计产。

1.3　数据统计与分析

采用 Microsoft Excel 2003 进行数据处理，用 DPS 7.05 进行方差分析。

2　结果与分析

2.1　不同播量对小麦单位面积穗数的影响

从表 1 可以看出，随着小麦播量增加，边行与内行单位面积穗数均呈明显增加的趋势，边行不同播量间最大差值为 307.5 万穗·hm^{-2}，内行最大差值为 319.5 万穗·hm^{-2}，播量对内行穗数的影响略大于边行；从边行与内行穗粒数差值来看，不同播量边行穗粒数均高于内行，具有明显的边行优势，随着播量增加，差值有逐渐降低的趋势，这一结果表明，播量越小，单位面积穗数越低，则边行优势越明显；从平均穗粒数来看，随着播量增加，公顷穗数明显增加，不同播量间差异达到显著水平，播量 375.0 kg·hm^{-2} 处理较播量 187.5 kg·hm^{-2} 处理穗数增加 72.6%。

表 1　小麦不同播量下单位面积穗数　　　　　　　（万穗·hm^{-2}）

播量 （kg·hm^{-2}）	边行	内行	边行-内行	平均
187.5	477.0	387.0	90.0	432.0 d
225.0	519.0	433.5	85.5	476.3 d
262.5	643.3	560.2	83.1	601.8 c
300.0	735.0	663.0	72.0	699.0 b
337.5	754.5	676.5	78.0	715.5 ab
375.0	784.5	706.5	78.0	745.5 a

2.2　不同播量对小麦穗粒数的影响

从表 2 可以看出，随着播量增加，边行与内行穗粒数均呈明显降低趋势，边行穗粒数不同播量间最大差值为 7.1 粒，内行最大差值为 8.9 粒，播量对内行穗粒数的影响大于边行；不同播量边行穗粒数均大于内行，边行优势突出，随着播量增加，边行与内行穗粒数差值先增加而后降低，以播量 300.0 kg·hm⁻² 边行优势最大，为 4.6 粒，这一结果表明播量过大或过小均不利于套作小麦边行优势的发挥；从平均穗粒数看，随着播量增加，穗粒数依次降低，播量 187.5 kg·hm⁻² 处理比播量 375.0 kg·hm⁻² 处理增加 30.2%，不同播量间穗粒数差异达到显著水平。

表2 小麦不同播量下穗粒数 　　　　　　　　　　　　　　　（粒/穗）

播量 （kg·hm⁻²）	边行	内行	边行-内行	平均
187.5	35.3	32.8	2.5	34.0 a
225.0	33.9	30.5	3.4	32.2 a
262.5	31.1	27.2	3.9	29.1 b
300.0	30.6	26.0	4.6	28.3 b
337.5	29.4	25.2	4.2	27.3 bc
375.0	28.2	23.9	4.3	26.1 c

2.3　不同播量对小麦千粒质量的影响

边行与内行千粒质量均随着播量增加而降低，播量 187.5 kg·hm⁻² 与播量 375.0 kg·hm⁻² 的边行与内行差值分别为 3.8 g 与 4.5 g，表明播量对内行的影响大于边行；不同播量边行千粒质量均大于内行，边行优势明显，随着播量增加，边行与内行千粒质量差值有增加的趋势，表明播量越大，千粒质量边行优势也越明显；从平均千粒质量来看，千粒质量随播量增加而逐渐降低，不同播量间差异达到显著水平，播量 187.5 kg·hm⁻² 处理比播量 375.0 kg·hm⁻² 处理高 4.2 g，增幅 9.9%（表3）。

表3 小麦不同播量下千粒质量 　　　　　　　　　　　　　　　　（g）

播量 （kg·hm⁻²）	边行	内行	边行-内行	平均
187.5	48.2	45.3	2.9	46.8 a
225.0	47.6	44.8	2.8	46.2 ab
262.5	46.9	43.7	3.2	45.3 bc
300.0	45.3	43.0	2.3	44.2 c
337.5	44.9	41.0	3.9	43.0 d
375.0	44.4	40.8	3.6	42.6 d

2.4　不同播量对小麦产量的影响

由表4可见，边行产量与内行产量均是随着播量增加而增加，当播量超过

225.0 kg·hm^{-2}后，小麦产量持续下降，不同播量处理边行产量极差是 465.0 kg·hm^{-2}，内行产量极差是 1 275.0 kg·hm^{-2}，播量对内行的影响明显大于边行；从边行与内行产量差值来看，随着播量增加，差值呈增加的趋势，播量 375.0 kg·hm^{-2} 处理差值为 3 136.5 kg·hm^{-2}，比播量 225.0 kg·hm^{-2} 处理差值高 810.5 kg·hm^{-2}，表明随着播量的增加，小麦产量边行优势越明显；从平均产量结果看，随着播量增加，小麦产量先增加后降低，225.0 kg·hm^{-2} 播量处理最高，达到 6 893.3 kg·hm^{-2}，但 187.5、225.0、262.5 kg·hm^{-2} 3 个播量间产量差异不显著，播量最高的 375.0 kg·hm^{-2} 处理小麦产量最低。

表 4 不同播量下小麦产量 （kg·hm^{-2}）

播量 （kg·hm^{-2}）	边行	内行	边行−内行	平均
187.5	7 810.5	5 451.0	2 359.5	6 630.8 ab
225.0	8 056.5	5 730.0	2 326.5	6 893.3 a
262.5	7 812.0	5 482.5	2 329.5	6 647.3 ab
300.0	7 635.0	5 166.0	2 469.0	6 400.5 b
337.5	7 666.5	4 893.0	2 773.5	6 279.8 bc
375.0	7 591.5	4 455.0	3 136.5	6 023.3 c

3 结论与讨论

关于小麦适宜播量的研究，多集中在单作小麦种植模式中，杨兵等[7]研究结果显示，播量增加后基本苗和最高茎蘖数增加，但单株分蘖数、千粒质量下降，产量则随播量增加先增加后下降。李兰真等[8]研究结果认为，不同播量处理对产量影响较大，主要是播量增大后后期倒伏严重导致减产，随着播量增加，成穗数增加而千粒质量降低。安学军[9]研究认为，播种量对小麦群体具有一定的调节作用，但播期对产量影响更大。吴文平等[10]研究表明随着播量增加，产量先增加后降低，随用种量增大，有效穗数增加，穗长、穗粒数、千粒质量都降低。罗家传[11]研究表明播量对产量影响显著，播量过大减产明显，随着播量增加，成穗数增加，穗粒数和千粒质量呈抛物线型，先增加后降低。本试验结果表明，随着播量的增加，公顷穗数呈增加的趋势，这一结果与前人在单作小麦种植模式中的研究结果一致，而穗粒数、千粒质量则随着播量增加逐渐降低，与杨兵、李兰真、吴文平结果相一致，至于罗家传认为随着播量增加，穗粒数与千粒质量呈抛物线型，可能与其设置的播量处理较少、播种用量梯度较小有关；小麦产量随播量增加而先增加后降低，与前人研究结果也基本一致，在本试验结果中，麦棉套作以公顷播种量控制在 225.0～262.5 kg·hm^{-2} 为宜。

关于小麦边行优势的研究，前人已做过很多试验，结论不尽相同。赵秉强[12]认为，小麦品种与边际效应具有密切相关性，在预留行较窄的情况下，株矮、分蘖力强、多穗小穗型品种更有利于发挥边优增产的作用，而间套行较宽时，则以中间型或大穗型品种更有利于发挥边优增产的效果；对于 3 个产量构成因素的边行优势对小麦产量的贡献大小，安玉林[13]研究认为边行小麦比内行小麦显著高产，增产的主要因素是穗粒数较多和千粒质量较高，而杨铁刚则认为，麦棉不同套种规格对小麦单产有一定的边行优势效应，其边行效应主要反映在单位面积成穗数方面，而对小麦的穗粒数和千粒质量无明显影响[14]。由于以前研究多集中在小麦品种对边行优势的影响上，而播量对小麦边行优势的影响研究较少，因此本试验重点探讨不同播量对小麦边行优势的影响，本结果显示，播量对内行小麦单位面积穗数、穗粒数、千粒质量与产量的影响均大于边行；不同播量处理小麦在单位面积穗数、穗粒数与千粒质量方面均存在明显的边行优势，随着播量的增加，单位面积穗数边行优势越小，穗粒数边行优势先增加后减小，播量在 300.0 kg·hm^{-2}时边行优势最大，千粒质量与小麦产量都随着播量增加而边行优势越明显；从播量对小麦产量三因素的影响大小来看，受播种量影响最大的是单位面积穗数，其次是穗粒数，千粒质量受播量影响最小。

参考文献

[1] 毛树春. 棉花优质高产的理论与技术 [M]. 北京：中国农业出版社，1999.

[2] 刁光中. 黄淮海棉区麦棉两熟研究现状和发展 [J]. 中国棉花，1990 (1)：6-8.

[3] 何旭平，纪从亮. 现代中国棉花育种与栽培概论 [M]. 北京：中国农业科学技术出版社，2007：201-219.

[4] 孙磊，陈兵林，周治国. 麦棉套作系统中小麦根区化感物质对棉苗生长的影响 [J]. 棉花学报，2006，18 (4)：213-217.

[5] 孙磊，陈兵林，周治国. 麦棉套作 Bt 棉花根系分泌物对土壤速效养分及微生物的影响 [J]. 棉花学报，2007，19 (1)：18-22.

[6] 王瑛，王立国，陈兵林，等. 麦棉共生期间棉花根系的生理特性研究 [J]. 棉花学报，2007，19 (6)：446-449.

[7] 杨兵，孔德友，周红兵. 不同播量对小麦产量的影响 [J]. 安徽农学通报，2000，6 (3)：40-41.

[8] 李兰真，汤景华，汤新海，等. 不同类型小麦品种播期、播量研究 [J]. 河南农业科学，2007，11：38-41.

[9] 安学军，邢志华，李宝佳，等. 不同播期、播量对保麦 10 号产量形成特性的影响 [J]. 农业科技通讯，2011，7：89-91.

[10] 吴文平，范贵国. 小麦包衣种播量试验初报 [J]. 耕作与栽培，2000，3：22-23.

[11] 罗家传，崔晓东，吴秋燕，等. 小麦品种泛麦 8 号播期播量试验 [J]. 河南农业科学，2011，40 (7)：48-50.

[12] 赵秉强，余松烈，李凤超，等. 冬小麦边际效应研究 [J]. 耕作与栽培，1997，4：4-7.

[13] 安玉林. 边、内行小麦的灌浆特性以及与产量的关系 [J]. 种子世界，2006，8：32-33.

[14] 杨铁刚，黄树梅，刘佩霞，等. 麦棉套种形式对小麦产量的影响 [J]. 河南农业科学，2000 (2)：3-5.

[此文原刊载于《河南农业科学》，2015，44 (7)：22-24，28]

麦棉套作模式下起垄种植对棉花生态因子
及其生长发育的影响

王树林，祁　虹，王　燕，张　谦，冯国艺，林永增，梁青龙

（河北省农林科学院棉花研究所/农业部黄淮海半干旱区棉花生物学与遗传育种重点实验室）

摘　要：为探索麦棉套作模式下提高棉花霜前花率、促进棉花早发的措施，在麦棉套作模式下，设置了棉花预留行起垄与平作两种种植模式，以单作春棉为对照，研究了棉行土壤温度、水分与光照变化规律及对棉花生长发育的影响。结果表明：起垄能提高棉行光照强度，出苗期与二叶期光照强度日平均增加 26.4、40.6 klx，5 cm 土壤温度出苗期与二叶期分别提高 1.3、1.2 ℃，且可以调节棉行土壤水分含量适应棉苗生长需求；起垄促进棉花早发，不同生育时期棉花株高、真叶数、果枝数、单株铃数均高于平作，伏桃比例提高 9.8%，霜前花率提高 8.3%，籽棉产量提高 15.0%，皮棉产量提高 14.7%；起垄种植提升了棉花纤维品质，对断裂比强度、马克隆值、纺纱均匀性指数、整齐度指数均有不同程度的提高，单位纤维长度影响不大。可见，起垄种植是提高麦棉套作棉花霜前花率、促进棉花早发早熟的一项有效技术措施。

关键词：麦棉套作；起垄；光照强度，土壤温度，土壤水分；产量；品质

麦棉两熟种植技术在 20 世纪 50 年代我国长江流域棉区见有报道，形式为冬小麦（元麦）、棉花直播[1]，黄河流域棉区两熟种植制度自 20 世纪 60 年代进入试验，以麦棉套种为主[2]，并于 20 世纪 90 年代后成为该区主要种植模式[3]。但随着小麦联合收割机的应用，麦棉套作种植模式由于不适应机械收获小麦而导致面积迅速萎缩，因此进入 21 世纪后关于麦棉套作种植技术的研究多集中基础理论方面，如套作对土壤生态系统[4,5]与棉花根系生长的影响[6]，而对麦棉套作的应用性研究不多；近年来，随着国家对粮食安全问题的日益重视以及粮棉争地矛盾的日益尖锐，麦棉套作种植模式被重新提及，在解决了小麦联合收割机应用的问题后，麦棉套作模式推广前景广阔。由于麦棉套作模式下存在棉花晚熟导致霜前花率不高的问题[7]，为促进棉花早发，本试验设置了棉花预留行起垄种植棉花的试验，探讨其促早增产效果，通过调查棉行土壤光温水变化规律，揭示起垄促进棉花早发的机理，为提高麦棉套作模式下的棉花霜前花率探索新的途径。

1　材料与方法

1.1　试验地与供试品种

试验设在河北省农林科学院棉花研究所曲周试验站（河北省邯郸市曲周县西漳头

村)，前茬棉花，土壤为黏壤土，肥力中等偏上，有机质 14.0 g·kg^{-1}，全氮 0.998 g·kg^{-1}，速效磷 38.9 mg·kg^{-1}，速效钾 285.0 mg·kg^{-1}；供试棉花品种采用冀杂 2 号。

1.2 试验设计与方法

试验采用随机区组设计，3 次重复，小区宽 6.4 m，长 10 m，种植模式为 4 行小麦占地幅宽 80 cm，棉花预留行占地幅宽 80 cm，起垄处理为播种小麦前在棉花预留行起垄，垄高 15 cm，垄宽 80 cm，在垄底种植小麦，垄上种植两行棉花，棉花行距 45 cm；平作种植模式除不起垄外，其他与起垄处理相同，以单作春棉为对照，单作春棉大小行种植，大行距 115 cm，小行距 45 cm；2014 年 4 月 23 日播种棉花，播种后覆盖塑料地膜，浇蒙头水。5 月 30 日定苗，留苗密度 5.8 万株·hm^{-2}，6 月 7 日收获小麦，6 月 8 日灌水 1 次，结合灌水公顷追施复合肥（氮磷钾比例为 15∶13∶17）600 kg，10 月 10 日公顷喷施 40% 乙烯利 3.0 kg 催熟。棉花生育期间病虫害防治同大田。

1.3 试验调查项目

试验于棉花出苗后与二叶期调查棉行土壤 5 cm 地温，采用 TZS-IIW 手持式土壤温度速测仪自早晨 6∶00 起每 1 h 测定 1 次，测至 18∶00；采用 GCX-A 灌层分析仪测定棉花顶部光照强度，自早晨 6∶00 起每 30 min 测定 1 次，测至 18∶00；于 4 月 29 日、5 月 10 日、5 月 25 日、6 月 7 日采用烘干法分别测定 0~20 cm 土壤水分含量。

试验每小区固定 20 株棉花，于 6 月 15 日调查棉花株高，主茎真叶数；7 月 15 日、8 月 15 日分别调查株高、果枝数、成铃数；9 月 10 日调查成铃数；10 月 25 日小区收获霜前花 1 次计产，11 月 12 日收获霜后花 1 次；每小区收获 20 株棉花所有吐絮铃测定单铃重、衣分；小区单独收获计产。

1.4 数据处理

使用 Microsoft Excel 2003 软件进行数据整理，使用 DPS 7.05 进行统计分析。

2 结果与分析

2.1 不同处理棉花顶部光照强度日变化

麦棉套作共生期间预留棉行光照不足是较为突出的问题，也是影响棉花早发的重要限制因素[8]；本试验结果显示，出苗后棉花顶部光照强度单作春棉先增加后降低，呈现抛物曲线状，单作春棉顶部光照强度一直高于套作棉花；而在麦棉套作模式中，起垄与平作棉花顶部光照变化分为两个过程，在上午 10∶00 之前，由于小麦的遮阴作用，棉花顶部未能接受阳光直射，光照以散射光为主，光照强度增加缓慢，10∶00 以后阳光直射到棉花顶部，光强有一个骤然增加的过程，随后光强继续缓慢上升，到 12∶00 达到最高值，随后缓慢下降，在 14∶00 后小麦开始遮挡阳光直射，光照变为散射光，光强急速下降，随后光照强度缓慢下降；垄作较平作相比，在上午 9∶00—10∶00 与

14：00—15：00 明显偏高，在其他时间段内也高于平作，但增加幅度较小，12：00 内垄作较平作光强增加 26.4 klx。二叶期棉花顶部光照强度变化规律与出苗期基本相似，在 9：00—12：00 起垄光强较平作增加幅度更大，12：00 内平均光照强度垄作较平作增加 40.6 klx（图 1 和图 2）。

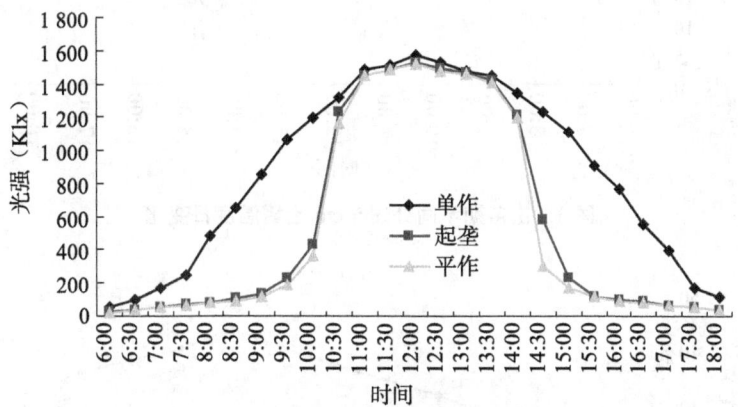

图 1　出苗期棉花顶部光照强度日变化

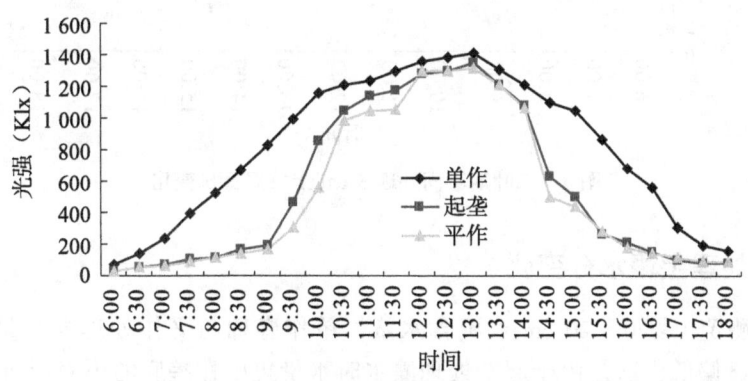

图 2　二叶期棉花顶部光照强度日变化

2.2　起垄种植对土壤温度的影响

在麦棉套作模式中，由于小麦的遮阴作用，导致棉花行土壤温度比单作春棉明显偏低；出苗期测定土壤 5 cm 地温结果显示，起垄处理 5 cm 地温在早 6：00—9：00 与平作处理相差不大，从 10：00 开始垄温度逐渐高于平作温度，且增高幅度越来越大，至 14：00 达到最大，随后又开始降低，到 18：00 比平作高 1 ℃；12 h 平均温度起垄较平作增加 1.3 ℃。棉花二叶期测定土壤温度结果与出苗期相似，在 14：00 起垄处理温度接近单作春棉，12 h 平均温度单作春棉、起垄、平作分别为 32.8、29.8 与 28.6 ℃，起垄处理较平作高 1.2 ℃（图 3 和图 4）。

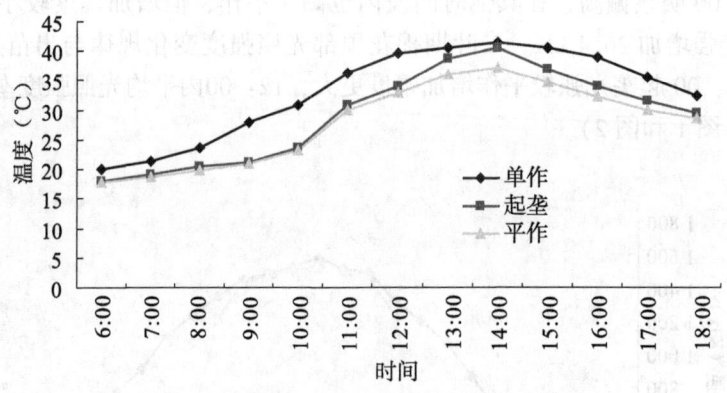

图3 出苗期不同处理5 cm 土壤温度日变化

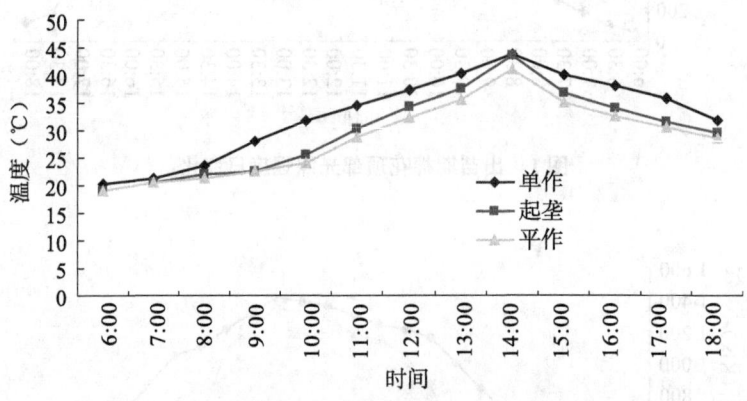

图4 二叶期不同处理5 cm 土壤温度日变化

2.3 不同处理土壤水分变化

播种后测定土壤 0~20 cm 土壤含水量，单作春棉与平作处理含水量相差不大，起垄处理明显偏低，这是由于起垄处理灌水时水量集中在垄底的小麦行所致；5 月 10 日与 5 月 25 日测定结果显示，3 个处理土壤含水量均持续降低，其中单作春棉下降幅度小于麦棉套作，麦棉套作模式下平作土壤含水量下降幅度明显大于起垄，原因在于此期间小麦耗水量大，在消耗麦行水分的同时也从棉行下吸取水分导致棉行土壤水分含量降低，而起垄处理由于棉花种植于垄上，小麦根系难以从棉行吸取水分，因此起垄处理棉行含水量下降幅度较小。随着时间的推移，到小麦收获前，起垄处理水分已明显高于平作处理。这一水分变化特点符合麦棉共生期内棉花需水量小的特点，前期降低土壤湿度减少了棉苗病害的发生，后期遭遇干旱胁迫时能保持垄上较高的水分含量（图5）。

2.4 不同处理棉花生育性状

从表1中可以看出，不同生育时期株高均以单作春棉最高，其次是起垄种植，平作

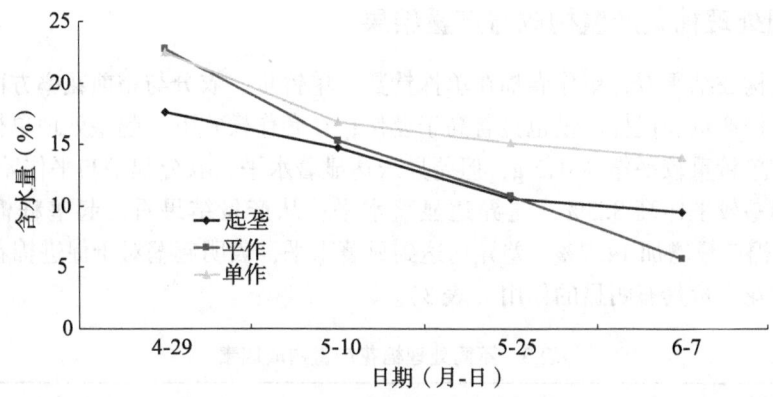

图5 不同处理土壤水分含量

处理最低，起垄对促进棉花前期早发具有显著作用，6月15日、7月15日、8月15日分别较平作高4.7 cm、8.1 cm和4.5 cm；真叶数/果枝数起垄处理也高于平作，6月15日、7月15日、8月15日分别较平作高1.4片、0.8台与0.7台。

表1 不同处理棉花生育性状

处理	株高（cm）			真叶/果枝		
	6-15	7-15	8-15	6-15	7-15	8-15
起垄	25.4 c	86.8 b	91.1 b	7.1 b	9.3 b	11.8 b
平作	20.7 b	78.8 c	86.6 b	5.7 c	8.5 b	11.1 b
单作	38.6 a	99.6 a	114.5 a	10.9 a	12.8 a	15.5 a

注：表中同列数据后不同小写字母表示0.05水平差异显著

2.5 不同处理棉花"三桃"数量及比例

"三桃"（伏前桃、伏桃、秋桃）比例基本上能够反映出棉花经济产量在时间进程上的分配关系，对于衡量棉花的早熟性具有重要意义[9]。根据表2结果，单作春棉伏前桃4.2个，比例为20.7%，而麦棉套作模式下起垄与平作两个处理均没有伏前桃，其生育进程远晚于单作春棉；伏桃比例起垄较平作高9.8%，伏桃数多2.4个，表明起垄处理对提高麦棉套作模式下的优质成铃比例具有明显作用，为促早效果明显的技术措施。

表2 不同处理棉花生育性状

处理	三桃数量（个）			三桃比例（%）		
	伏前桃	伏桃	秋桃	伏前桃	伏桃	秋桃
起垄	0.0 b	8.4 b	10.1 a	0.0 b	45.2 b	54.8 b
平作	0.0 b	6.0 c	10.9 a	0.0 b	35.4 c	64.6 a
单作	4.2 a	10.8 a	5.3 b	20.7 a	53.2 a	26.1 c

2.6 不同处理棉花产量构成与产量结果

从产量构成结果看，单作春棉在单株铃数、单铃重、衣分与霜前花率方面均显著高于套作，籽棉产量和皮棉产量也显著高于套作；在套作模式下，起垄处理单株铃数显著高于平作，单铃重较平作高 0.2 g，但差异未达显著水平，衣分起垄与平作差异不显著，霜前花率起垄较平作高 8.3%，差异达显著水平；从产量结果看，起垄籽棉产量增加 15.0%，皮棉产量增加 14.7%，差异均达到显著水平，表明起垄对于促进棉花的早发早熟、提高棉花产量具有明显的作用（表 3）。

表 3 不同处理棉花产量构成因素

处理	密度 （万株·hm^{-2}）	单株铃数 （个）	单铃重 （g）	衣分 （%）	霜前花率 （%）	籽棉产量 （kg·hm^{-2}）	皮棉产量 （kg·hm^{-2}）
起垄	6.5	18.5 b	6.2 b	37.2 b	78.6 b	4 634 b	1 724 b
平作	6.5	16.9 c	6.0 b	37.3 b	70.3 c	4 029 c	1 503 c
单作	6.5	20.3 a	6.6 a	39.9 a	89.8 a	5 247 a	2 094 a

3 讨论与结论

麦棉套作模式下一直存在棉花霜前花率过低[10]的问题，而垄作栽培[11-13]对促进作物生长有积极作用，张教海[14]等人研究结果表明，垄作栽培能提高 0~20 cm 土壤温度，降低土壤容重，促进棉花早生快发，稳长增蕾铃，董合林[15]等人认为，套作棉花由于垄作的增温作用，可有效克服麦套春棉普遍存在的迟发、晚熟、低产等问题，前人研究多集中在起垄对土壤温度方面的影响，而对光照、水分等方面的研究较少。本试验结果表明，棉行起垄后延长了接受阳光直射时间，同时光照强度也有所增加，日平均光照强度出苗期增加 26.4 klx，二叶期增加 40.6 klx，光照强度的增加提高了棉行 5 cm 土壤温度，出苗期起垄较对照增加 1.3 ℃，二叶期增加 1.2 ℃；同时起垄具有调节棉行土壤水分的作用，在前期灌溉条件下降低土壤湿度，减少棉苗病害的发生，后期干旱时避免小麦过度争夺水分，保持棉行适宜的水分含量；起垄种植有效改善了棉花生长的光温水条件，促进了棉花的早发早熟，株高、果枝数均较平作有所增加，单株铃数增加 1.6 个，伏桃比例增加 9.8%，单铃重增加 0.2 g，霜前花率达到了 78.6%，较平作提高 8.3%，最终籽棉产量增加 15.0%，皮棉产量增加 14.7%，实现了棉花的早发增产，起垄种植是提高棉花霜前花率的一项有效技术措施。

参考文献

[1] 毛树春. 棉花优质高产的理论与技术 [M]. 北京：中国农业出版社，1999.

[2] 刁光中. 黄淮海棉区麦棉两熟研究现状和发展 [J]. 中国棉花，1990（1）：6-8.

[3] 何旭平，纪从亮. 现代中国棉花育种与栽培概论 [M]. 北京：中国农业科学技术出版社，

2007：201-219.

[4] 孙磊，陈兵林，周治国. 麦棉套作系统中小麦根区化感物质对棉苗生长的影响 [J]. 棉花学报，2006，18（4）：213-217.

[5] 孙磊，陈兵林，周治国. 麦棉套作 *Bt* 棉花根系分泌物对土壤速效养分及微生物的影响 [J]. 棉花学报，2007，19（1）：18-22.

[6] 王瑛，王立国，陈兵林，等. 麦棉共生期间棉花根系的生理特性研究 [J]. 棉花学报，2007，19（6）：446-449.

[7] 霍克斌，郑彦平. 完善麦棉两熟种植 确保粮棉稳步双增 [J]. 河北农业科学，1991，1：4-6.

[8] 中国农业科学院棉花研究所. 中国棉花栽培学 [M]. 上海：上海科学技术出版社，2013：505.

[9] 王树林，祁虹，张谦，等. 不同熟性棉花品种在冀南棉区的适应性分析 [J]. 河北农业科学，2011，15（5）：9-10.

[10] 荣青海，李保英. 安阳棉区麦套春棉促早栽培技术要点 [J]. 中国棉花，2002，29（10）：33.

[11] 王旭清，王法宏，任德昌，等. 作物垄作栽培增产机理及技术研究进展 [J]. 山东农业科学，2001，3：41-44.

[12] 王法宏. 小麦垄作栽培技术的生态生理效应 [J]. 山东农业科学，1999，4：4-7.

[13] 韩秉进. 不同规格垄作覆膜对甜菜质量的影响 [J]. 中国糖料，1998，2：30-31.

[14] 张教海，杨正武，吴勇刚，等. 棉花垄作栽培的生态生理效应 [J]. 湖北农业科学，2013，52（23）：5 697-5 699.

[15] 董合林，刘美荣. 垄作与地膜覆盖对麦套春棉产量和霜前花率的影响 [J]. 中国棉花，1997，24（3）：19-20.

[此文原刊载于《河南农业科学》，2016，45（6）：39-43]

适宜麦棉套作的小麦与棉花配置方式研究

王树林[1]，祁　虹[1]，王　燕[1]，张　谦[1]，冯国艺[1]，

雷晓鹏[1]，林永增[1]，梁青龙[1]，王国平[2]

(1. 河北省农林科学院棉花研究所/农业部黄淮海半干旱区棉花生物学
与遗传育种重点实验室；2. 中国农业科学院棉花研究所)

摘　要：目的：探索麦棉套作模式下适宜的棉花与小麦配置方式，实现麦棉套作产值最大化。**方法**：采用大田随机区组试验，设置了 6 个不同配置方式，调查了小麦产量、棉花生育性状与产量，计算了不同种植模式的总产值。**结果**："三一式"对棉花前期生长影响较大，棉行光照、温度均显著降低，小麦产量高而棉花产量低，"四二式"起垄植棉促进棉花早发，显著提高了棉花产量，总产值达到了 41 646 元·hm^{-2}，较其他配置方式增加 4.7%～14.5%。**结论**："四二式"配合棉行起垄是促进棉花早发，提高麦棉套作模式产值的最佳配置方式。

关键词：麦棉套作；配置方式；起垄；产值

棉花是河北省重要的经济作物，常年面积在 50 万 hm^2 左右[1]，近年来随着棉花价格的持续下降，棉花面积已不足原来的 50%[2-4]，如何提高植棉收益，稳定棉花面积成为亟待解决的重要问题。麦棉套作一年两熟种植模式曾是黄河流域 20 世纪 90 年代主推的技术[5]，但随着小麦联合收割机的应用，麦棉套作模式由于不适应小麦机械收割而迅速萎缩，近年来随着国家对粮食安全问题的日益重视以及植棉效益的迅速下降，麦棉套作模式被重新提及，在解决了小麦联合收割机应用的问题后，麦棉套作模式重新具有了推广的价值[6]。本试验在麦棉套作模式下，针对传统的棉花与小麦配置方式，加入了棉行起垄、小麦撒播等措施，探索最佳的棉花与小麦配置方式，以期实现麦棉套作模式的产出最大化。

1　材料与方法

1.1　试验地与供试品种

试验设在河北省农林科学院棉花研究所曲周试验站（河北省邯郸市曲周县西漳头村），前茬棉花，土壤为黏壤土，肥力中等偏上，有机质 11.6 g·kg^{-1}，全氮 0.703 g·kg^{-1}，速效磷 22.1 mg·kg^{-1}，速效钾 166.0 mg·kg^{-1}；供试棉花品种采用冀杂 2 号，小麦品种采用邯麦 14。

1.2　试验设计与方法

试验采用随机区组设计，3 次重复，共设 6 个处理，处理 A：种植 5 行小麦占地宽

度 80 cm，预留棉花行 80 cm，种植 2 行棉花，行距 50 cm；处理 B：种植 4 行小麦占地宽度 80 cm，棉花预留行 80 cm，种植 2 行棉花，行距 50 cm；处理 C：种植 3 行小麦占地 40 cm，棉花预留行 40 cm，种植 1 行棉花；处理 D：小麦撒播占地宽度 80 cm，棉花预留行 80 cm，种植 2 行棉花，行距 50 cm；处理 E：种植 4 行小麦占地 80 cm，棉花预留行 80 cm，种植 2 行棉花，行距 30 cm；处理 F：种植 4 行小麦占地 80 cm，棉花预留行 80 cm，预留行起垄，垄高 20 cm，种植 2 行棉花，棉花行距 30 cm；

试验小区宽 8 m，长 10 m，小麦 2013 年 11 月 7 日播种，2014 年 6 月 7 日收获。2014 年 4 月 23 日播种棉花，播种后覆盖塑料地膜，浇蒙头水。5 月 30 日定苗，株距 20 cm，6 月 7 日收获小麦，6 月 8 日灌水 1 次，结合灌水公顷追施复合肥（氮磷钾比例为 15：13：17）600 kg，10 月 10 日公顷喷施 40% 乙烯利 3.0 kg 催熟。棉花生育期间病虫害防治同大田。

1.3 测定项目

试验于 5 月 10 日（麦棉共生期内），采用 GCX-A 灌层分析仪测定棉行中间棉苗顶部光照强度与小麦顶部光照强度，自早晨 6：00 起每 1 h 测定 1 次，测至 18：00，计算平均值；采用 TZS-ⅡW 手持式土壤温湿度速测仪测定棉行中间与麦行中间 5 cm 地温，5 cm 土壤相对含水量（土壤饱和含水量的百分比），自早晨 6：00 起每 1 h 测定 1 次，测至 18：00，计算平均值。

6 月 7 日每小区在取 3 个点，每个点长 1 m，宽度以小麦幅宽计，在该点内随机抽取 50 个麦穗，测定穗粒数与千粒重，并收获该点小麦，使用 KT-200 微型小麦脱粒机脱离计产。

试验每小区固定 20 株棉花，于 6 月 15 日调查主茎真叶数，7 月 15 日、8 月 15 日分别调查株高，9 月 10 日调查成铃数，10 月 25 日、11 月 12 日收获共收花 2 次；每小区收获 20 株棉花所有吐絮铃测定单铃重、衣分；小区单独收获计产。

2 结果与分析

2.1 麦行与棉行光温水变化

不同处理对光照、温度、水分存在显著影响。麦行顶部光照强度差异不大，棉行光照强度处理 C 最低，处理 F 最高，其他几个处理间差异不显著；土壤温度麦行处理 F 偏低，处理 C 高于其他处理，棉行处理 F 显著高于其他处理，处理 C 则显著低于其他处理；土壤相对含水量麦行以处理 F 最高，处理 A 最低，其他处理相差不大，棉行则以处理 C 最低，处理 F 高于处理 C 但显著低于其他处理。这一结果表明，小麦幅宽对棉行光照强度、温度与含水量影响最大，3 行小麦处理显著降低了棉行的光照、温度与土壤水分含量，对棉花生长影响较大；而起垄处理则提显著提高了棉行的光照强度与温度，但降低了土壤含水量；缩小棉花行距有利于提高棉花顶部光照强度，但效果低于起垄处理（表 1）。

表1 不同种植模式光温水变化

处理	光照（klx）		温度（℃）		含水量（%）	
	麦行	棉行	麦行	棉行	麦行	棉行
A	37.3 a	12.4 b	17.2 b	26.0 b	25.5 b	42.2 a
B	37.5 a	13.8 b	18.1 a	26.4 b	27.0 b	43.0 a
C	37.5 a	7.7 c	18.9 a	23.4 c	27.6 b	34.8 c
D	37.5 a	13.0 b	17.7 ab	25.6 b	27.1 b	42.7 a
E	37.4 a	14.2 b	18.2 a	25.0 b	27.0 b	43.2 a
F	37.3 a	16.1 a	16.8 a	27.9 a	31.7 a	37.9 b

注：表中同列数据后不同小写字母表示0.05水平差异显著。下同

2.2 小麦产量与产量构成

从表2可以看出，小麦产量由高到低依次是处理C>F>D>B>E>A，3行小麦处理（处理C）产量显著高于其他处理，原因在于其单位面积穗数、穗粒数与千粒重均明显偏高，起垄处理（处理F）千粒重偏高，撒播（处理D）小麦单位面积穗数较好，5行小麦（处理A）单位面积穗数略高于处理B，但穗粒数与千粒重稍低，因此产量与4行小麦（处理B）差异不显著。

表2 小麦产量与产量构成

处理	穗数（万穗·hm⁻²）	穗粒数	千粒重（g）	产量（kg·hm⁻²）
A	541.5 b	29.5 c	42.9 b	6 074 b
B	535.5 b	30.5 b	43.7 ab	6 219 b
C	589.5 a	31.1 a	44.2 a	7 256 a
D	553.5 b	30.8 b	43.1 b	6 287 b
E	532.5 b	30.3 bc	43.1 b	6 126 b
F	540.0 b	30.7 b	44.1 a	6 354 b

2.3 棉花生育性状与产量构成

由表3可以看出，处理F棉花生育性状及产量构成、籽棉产量均表现最好，从6月15日真叶数与7月15日株高来看，处理F棉花前期生长快，早发优势明显，单株铃数、籽棉产量分别达到14.5个、4 155 kg·hm⁻²，其次是处理E，而处理C前期生长明显偏慢，单株铃数、单铃重、籽棉产量均显著低于其他处理。从这一结果可以看出，棉行起垄显著提早了棉花的生育进程，对于增加棉花产量效果显著，缩小棉花行距对于促进棉花早发也有一定作用，而种植3行小麦1行棉花，由于小麦遮阴严重，棉花前期发育迟缓，导致单株铃数、单铃重与籽棉产量均显著降低。

表3 棉花生育性状与产量构成

处理	6月15日真叶	7月15日株高（cm）	8月15日株高（cm）	单株铃数	单铃重（g）	衣分（%）	籽棉产量（kg·hm⁻²）
A	2.5 c	52.5 c	82.7 b	12.0 c	5.3 a	36.1 a	3 418 c
B	2.3 c	52.0 c	81.6 b	11.9 c	5.3 a	35.4 a	3 397 c
C	1.9 d	46.4 d	83.9 b	10.8 d	4.9 b	35.1 a	3 207 d
D	2.4 c	51.7 c	82.5 b	12.2 c	5.3 a	35.5 a	3 435 c
E	3.2 b	62.3 b	84.1 b	13.4 b	5.4 a	35.3 a	3 945 b
F	3.6 a	66.0 a	88.3 a	14.5 a	5.4 a	35.9 a	4 155 a

2.4 不同种植模式产值

在6个处理当中，处理F的总产值最高，主要原因是其棉花产值高于其他处理，小麦产值除低于处理C外，也高于其他处理，而处理C尽管小麦产值最高，但棉花产值却最低，因此总产值低于处理E与处理F。从以上结果可以看出，在麦棉套作种植模式中，棉花的产值在总产值中的比重大于小麦，因此采取适当措施提高棉花产量是提高麦棉套作总产值应首先考虑的问题（表4）。

表4 不同种植模式产值

处理	小麦产量（kg·hm⁻²）	小麦价格（元·kg⁻¹）	小麦产值（元·hm⁻²）	棉花产量（kg·hm⁻²）	棉花价格（元·kg⁻¹）	棉花产值（元·hm⁻²）	总产值（元·hm⁻²）
A	6 074	2.5	15 185	3 418	6.2	21 192	36 377
B	6 219	2.5	15 548	3 397	6.2	21 061	36 609
C	7 256	2.5	18 140	3 207	6.2	19 883	38 023
D	6 287	2.5	15 718	3 435	6.2	21 297	37 015
E	6 126	2.5	15 315	3 945	6.2	24 459	39 774
F	6 354	2.5	15 885	4 155	6.2	25 761	41 646

3 结 论

在麦棉套作模式下，小麦与棉花的配置方式有"六二式""五二式""四二式""三一式"等[7-10]，前人研究结果表明，配置方式对单位面积周年全田经济效益存在着显著影响，随着粮棉价格的波动而变化[11]；另外，麦棉套作两熟普遍存在棉花晚发晚熟、丰产稳定性差等现实问题。本试验对棉花与小麦的不同配置方式进行了试验，结果表明，"三一式"小麦产量最高而棉花产量最低，总产值不高，种植5行小麦与4行小麦差异不大，"四二式"采用棉行起垄，缩小棉花行距的措施有助于促进棉花早发，大幅度提高棉花产量，是提高麦棉套作总产值的有效措施。

参考文献

[1]　邓祥顺，秦新敏，刘敏彦. 中国棉业科技进步 30 年——河北篇 [J]. 中国棉花，2009，36（增刊）：7-11.

[2]　李悦有，翟黎芳，卢川. 河北棉区的棉花生产现状及发展策略分析 [J]. 棉花科学，2016，38（3）：8-13.

[3]　王晓媛，冀红. 河北棉花生产形势统计分析及建议 [J]. 中外企业家，2016，18：27.

[4]　李艳，刘爱婷，刘玢. 河北邢台黑龙港地区棉花生产中的问题及对策 [J]. 中国棉花，2013，40（10）：37.

[5]　刁光中. 黄淮海棉区麦棉两熟研究现状和展望 [J]. 中国棉花，1990（1）：6-8.

[6]　王树林，刘文艺，祁虹，等. 多雨寡照年份适宜麦棉套作的棉花品种筛选 [J]. 河北农业科学，2016，20（2）：63-66，83.

[7]　孙本普，张宝民，王勇，等. 麦套春棉光照强度动态变化的研究 [J]. 生态学杂志，1995，14（3）：15-18.

[8]　呼孟银，段兵，杜开志. 麦套春棉麦棉共生期水分变化动态研究 [J]. 山东农业科学，1998，2：13-16.

[9]　孙本普，张宝民，李秀云，等. 麦套春棉土壤相对含水量动态变化的研究 [J]. 中国农业气象，1995，16（3）：33-36.

[10]　宋美珍，毛树春，张朝军，等. 黄淮棉区棉麦两熟不同配置方式地温变化规律 [J]. 中国棉花，1999，26（6）：10-11.

[11]　毛树春，薛中立，相汝献. 麦棉两熟套种不同配置方式效益分析 [J]. 农业技术经济，1993，4：48-49.

[此文原刊载于《安徽农业科学》，2017，45（9）：32-33，58]

小米糠及小米糠膳食纤维挥发性成分差别的研究

刘敬科[1,2,3]，赵　巍[1,2,3]，张爱霞[1,2,3]，刘莹莹[1,2,3]，
李少辉[1,2,3]，张玉宗[1,2,3]

（河北省农林科学院谷子研究所/国家谷子改良中心/河北省杂粮研究实验室）

摘　要：本研究采用同时蒸馏萃取（SDE）结合气相色谱—质谱联用技术（GC-MS）分析小米糠及小米糠膳食纤维中挥发性成分进行分析，结果显示共检测到了77种挥发性成分，包含有24种醛、11种酸、9种醇、6种酮、11种含苯衍生物、12种碳氢和4种其他物质，小米糠和小米糠膳食纤维有24种成分相同，差别较大。己醛、壬醛、（E，E）-2，4-癸二烯醛、（Z）-9，17-十八碳二烯醛、十六酸为小米糠主要挥发性成分，3-糠醛、十六酸、（Z，Z）-9，12-十八二烯酸和1-甲基萘为小米糠膳食纤维主要挥发性成分，小米糠膳食纤维制备会导致酸、碳氢、醛等成分大量减少，会增加含苯衍生物等成分含量。

关键词：小米糠；膳食纤维；挥发性成分

小米糠为谷子碾制小米的副产品，含有丰富的蛋白质、脂肪、多糖、维生素、矿物质等多种营养成分[1]，是一种产量较大可再生利用资源。目前主要以饲料形式加以利用，开发程度较低，因此有必要加大其开发利用，既可有效利用农业废弃物资源带动农民致富，还能提高人民生活水平满足现代生活对营养需求。小米糠已作为优质资源开发成小米糠油[2,3]、小米糠多肽[4]和 γ-氨基丁酸[5]类食品，满足人们生活营养多元化需求。同时，小米糠还含有丰富的纤维素和半纤维素，制成膳食纤维类产品，以弥补现代生活膳食纤维摄入不足。已有研究证明小米糠膳食纤维在通便[7]、调节血糖[8]以及降低胆固醇[9]方面具有优良的功能作用，对于预防和治疗膳食纤维摄入不足引起的现代疾病具有积极效果，为小米糠膳食纤维制品开发利用提供了理论依据。

除了功能作用外，气味也是小米糠膳食纤维制品重要的食用品质，是由挥发性成分赋予产品的独特属性，直接决定消费者的喜爱程度，小米糠膳食纤维挥发性成分构成尚不清楚，在一定程度影响了小米糠膳食纤维开发利用。因此，本研究以小米糠及小米糠膳食纤维为研究对象，采用同时蒸馏萃取技术（simultaneous distillation extraction, SDE）对小米糠及其膳食纤维制品挥发性成分进行提取，采用气相色谱—质谱联用技术（gas chromatography-mass spectrometry, GC-MS）鉴定其挥发性成分组成差别，明确制备对小米糠挥发性成分的影响，为小米糠膳食纤维产品开发以及品质控制提供理论依据。

1 材料和试剂

1.1 材料

小米糠：河北省农林科学院谷子研究所谷子（冀谷19）加工小米得到的小米糠。

小米糠膳食纤维制备工艺流程：小米糠→筛选→清洗→碱液提取→漂洗至中性→酸液提取→漂洗至中性→小米糠膳食纤维提取物→超微粉碎→小米糠膳食纤维。

1.2 挥发性成分提取

取样品100 g置2 000 mL圆底烧瓶中，加重蒸水1 000 mL，接SDE装置右端，用电热套加热至沸腾；取重蒸乙醚50 mL置100 mL圆底烧瓶中，接SDE装置左端，恒温水浴加热至沸腾。提取2 h，收集乙醚。将乙醚放入冰箱中冷冻过夜，除去水相，采用KD浓缩装置浓缩至2 mL，用氮气吹扫浓缩至0.5 mL，取1 μL用于GC-MS分析。

1.3 GC-MS分析

色谱条件：毛细管色谱柱为DB-5 ms柱（30 m×0.25 mm×0.25 μm），进样口温度250 ℃，接口温度250 ℃。程序升温：起始温度45 ℃保留2 min，以4 ℃·min^{-1}升温到220 ℃保留5 min。载气为He，流速1.0 mL·min^{-1}，不分流。

质谱条件：电离方式为EI，电子能量70 eV，灯丝发射电流为200 μA，离子源温度为200 ℃，接口温度为250 ℃，扫描质量范围33～450 amu。试验数据处理由Xcalibur软件系统完成，未知化合物经计算机检索同时与NIST谱库（107 k compounds）和Wiley谱库（320 k Compounds，version 6.0）相匹配，文中报道正反匹配度均>800（最大值为1 000）的鉴定结果。

定量分析：挥发性气味物质相对含量通过面积归一化法计算。

2 结果与讨论

表1 小米糠及小米糠膳食纤维挥发性气味成分

保留时间（min）	化合物名称	小米糠（%）	小米糠膳食纤维（%）
	醛类化合物		
5.07	己醛	10.37	4.90
5.80	3-糠醛	—	11.23
6.39	糠醛	0.70	3.25
7.06	(E)-2-己烯醛	0.44	—
8.90	庚醛	2.79	0.68
11.00	苯甲醛	—	2.15
12.69	辛醛	0.20	0.51

（续表）

保留时间（min）	化合物名称	小米糠（%）	小米糠膳食纤维（%）
12.96	(E, E)-2, 4-庚二烯醛	0.11	—
14.06	苯乙醛	2.07	0.68
14.63	(E)-2-辛烯醛	2.37	1.75
16.16	壬醛	5.31	1.52
17.70	(E, E)-2, 6-壬二烯醛	0.10	—
17.97	(Z)-2-壬烯醛	2.40	2.60
19.28	癸醛	0.77	0.60
19.53	(E, E)-2, 4-壬二烯醛	1.06	0.49
20.97	(Z)-2-癸烯醛	0.31	—
21.88	(E, E)-2, 4-癸二烯醛	5.41	—
23.76	(E)-2-十二烯醛	—	0.94
24.95	十二醛	0.29	—
27.51	十三醛	0.84	—
29.91	十四醛	0.59	—
32.27	十五醛	2.48	—
32.17	十六醛	0.22	—
41.86	(Z)-9, 17-十八碳二烯醛	19.99	—
	合计	58.81	31.31
	酸类化合物		
16.47	庚酸	0.34	—
24.35	癸酸	0.24	—
26.64	十一酸	0.19	—
29.35	十二酸	0.88	—
30.70	十三酸	0.16	—
33.48	十四酸	1.14	0.32
35.82	(Z, Z)-5, 10-十五二烯酸	—	0.08
38.23	十六酸	21.30	28.63
39.80	十七酸	—	0.65
42.03	十八酸	0.58	—
41.47	(Z, Z)-9, 12-十八二烯酸	0.11	17.79
	合计	24.93	47.78

（续表）

保留时间（min）	化合物名称	小米糠（%）	小米糠膳食纤维（%）
	醇类化合物		
4.20	戊醇	0.45	0.24
6.12	5-甲基-2-己醇	0.21	—
7.85	己醇	1.55	—
11.60	庚醇	—	0.09
11.92	1-辛烯-3-醇	0.42	0.31
15.11	辛醇	—	0.17
15.16	(E)-2-辛烯-1-醇	1.18	—
18.43	1-壬醇	0.35	—
28.78	3, 7, 11-三甲基-1, 6, 10-十二碳三烯-3-醇	0.03	—
	合计	4.18	0.81
	酮类化合物		
8.49	2-庚酮	0.34	0.43
14.82	苯乙酮	—	0.09
16.99	4-癸酮	—	0.14
17.26	(E)-3-壬烯-2-酮	0.03	0.14
26.06	(E)-6, 10-二甲基-5, 9-十一碳二烯-2-酮	0.21	—
34.93	6, 10, 14-三甲基-2-十五酮	1.86	0.24
	合计	2.45	1.04
	含苯衍生物		
18.56	萘	0.22	3.62
19.77	苯并噻唑	—	0.12
21.85	1-甲基萘	0.77	6.89
22.27	2-甲基萘	—	1.93
24.11	联苯	—	0.84
24.76	2, 7-二甲基萘	0.27	2.47
25.51	二苯基甲烷	—	0.38
28.76	1, 6, 7-三甲基-萘	0.05	0.48
33.56	菲	—	0.81

（续表）

保留时间（min）	化合物名称	小米糠（%）	小米糠膳食纤维（%）
35.93	1-甲基-菲	—	0.13
36.03	2-甲基-菲	—	0.17
	合计	1.30	17.85
	碳氢化合物		
12.60	癸烷	0.11	—
19.11	十二烷	0.35	—
21.99	十三烷	0.19	—
24.74	十四烷	1.81	—
27.18	十五烷	0.14	—
29.60	十六烷	0.75	—
31.46	8-十七烯	0.04	—
31.83	十七烷	0.17	—
40.69	十八烷	0.16	0.45
35.68	1-十九烯	0.05	—
36.03	十九烷	0.17	—
40.34	二十烷	0.33	—
	合计	4.27	0.45
	其他		
9.61	4-乙基-苯酚	0.07	—
12.27	2-戊基-呋喃	3.86	1.07
13.18	乙酰噻唑	0.03	—
36.56	十六酸甲酯	0.08	—
	合计	4.05	1.07

注：—代表没有检测到

小米糠及小米糠膳食纤维中挥发性成分含量如表1所示，总共检测到了77种挥发性成分，包含有醛24种、酸11种、醇9种、酮6种、含苯衍生物11种、碳氢12种和4种其他物质。小米糠检测出61种成分为：21种醛（58.81%）、9种酸（24.93%）、7种醇（4.18%）、4种酮（2.45%）、4种含苯衍生物（1.30%）、12种碳氢（4.27%）和4种其他（4.05%），己醛（10.37%）、壬醛（5.31%）、（E，E）-2，4-癸二烯醛（5.41%）、（Z）-9，17-十八碳二烯醛（19.99%）、十六酸（21.30%）为主要成分。小米糠膳食纤维检测出40种成分：13种醛（31.31%）、5种酸（47.78%）、4种醇（0.81%）、5种酮（1.04%）、11种含苯衍生物（17.85%）、1种碳氢化合物（0.45%）

和 1 种其他（1.07%），3-糠醛（11.23%）、十六酸（28.63%）、（Z，Z）-9，12-十八二烯酸和 1-甲基萘（6.89%）为主要成分。小米糠和小米糠膳食纤维检测到 24 种相同的挥发性成分，占总挥发性成分数 31.56%，挥发性成分含量差别较大。

2.1 醛类化合物

醛为小米糠和小米糠膳食纤维主要挥发性成分，含量和数量多较高，主要由饱和醛、烯醛、二烯醛、糠醛及苯醛构成，醛在两样品中差别明显。相对于小米糠，（E）-2-己烯醛、（E，E）-2，4-庚二烯醛、（E，E）-2，6-壬二烯醛、（Z）-2-癸烯醛、（E，E）-2，4-癸二烯醛、十二醛、十三醛、十四醛、十五醛、十六醛和（Z）-9，17-十八碳二烯醛 11 种醛在小米糠膳食纤维中未检测到，3-糠醛、苯甲醛、（E）-2-十二碳烯 3 种醛仅在小米糠膳食纤维中检测出。醛的差别可能来自酸碱提取和超微粉碎制备工艺的影响，醛类物质一般具有较低的阈值，对产品的清香、油香、脂香等气味品质具有重要的贡献[9]，因此这类物质差别对产品最终气味品质有重要影响。

2.2 酸类化合物

酸为小米糠及小米糠膳食纤维含量较高的挥发性成分，相对于小米糠，庚酸、癸酸、十一酸、十二酸、十三酸和十八酸 6 种酸在小米糠膳食纤维中未检测到，新生成（Z，Z）-5，10-十五碳二烯酸和十七酸 2 种酸类物质，一些酸类物质含量降低或未检出可能和提取过程中碱液浸提密切相关。酸类可以使各种香气趋于协调、平衡，高于阈值则会对香气带来负面影响[9]，在小米糠及小米糠膳食纤维中十六酸和（Z，Z）-9，12-十八二烯酸含量较高，但它们阈值较高，可能对样品气味影响不大。

2.3 醇和酮类化合物

一定数量的醇和酮在小米糠和小米糠膳食纤维中检测到，它们含量相对较低。相对于小米糠，5-甲基-2-己醇、己醇、（E）-2-辛烯-3-醇、1-壬醇、3，7，11-三甲基-1，6，10-十二碳三烯-3-醇等 4 种醇及（E）-6，10-二甲基-5，9-十一碳二烯-2-酮在小米糠膳食纤维中未检测出，而庚醇、辛醇 2 种醇和苯乙酮、4-癸酮 2 种酮仅在小米糠膳食纤维中检测出。可见小米糠经过酸碱提取以及超微粉碎对醇和酮类化合物影响较大。醇类物质一般具有花香气味[10]，酮类物质一般具有奶油香和果蔬香[11]，这类化合物的变化可能会对样品气味品质产生影响。

2.4 含苯衍生物和碳氢化合物

小米糠膳食纤维制备对含苯衍生物和碳氢化合物也有较大影响，丰富的含苯衍生物在小米糠膳食纤维中被检测到，苯并噻唑、2-甲基萘、联苯、二苯基甲烷、菲、1-甲基菲和 2-甲基菲 7 种含苯衍生物仅在小米糠膳食纤维中检测出，大量含苯衍生物检出，可能是超微粉碎会导致纤维组织中含苯衍生物释放有关。含苯衍生物也是谷物中重要的挥发性成分，如萘、2-甲基-萘等一般具有萘的气味[12]，可能与产品负面气味有关，含苯衍生物的差异可能引起样品气味的不同。而碳氢化合物仅十八烷在小米糠膳食纤维中检测出，碳氢类化合物一般具有阈值较高[13]，且在样品中含量较低，其含量差异可能对气味影响不大。

此外，少量其他类化合物也被检测到，仅 2-戊基-呋喃在小米糠和小米糠膳食纤维中检测出，2-戊基-呋喃是谷物中重要的气味成分，一般具有花香气味特征[13]，其含量变化也应引起注意。

3 结 论

在小米糠和小米糠膳食纤维中总共检测出 77 种挥发性成分，包含有醛 24 种、酸 11 种、含苯衍生物 11 种、醇 9 种、酮 6 种、碳氢 12 种和其他物质 4 种，挥发性成分差别较大，仅有 24 种成分相同，己醛、壬醛、(E, E)-2, 4-癸二烯醛、(Z)-9, 17-十八碳二烯醛、十六酸为小米糠主要挥发性成分，3-糠醛、十六酸、(Z, Z)-9, 12-十八二烯酸和 1-甲基萘为小米糠膳食纤维主要挥发性成分。小米糠膳食纤维制备会导致酸、碳氢、醛等成分大量减少，也会导致含苯衍生物等成分含量增加。

参考文献

[1] Devittori C, Gumy D, Kusya, *et al.* Supercritical fluid extraction of oil from millet bran [J]. Journal of the American Oil Chemists' Society, 2000, 77 (6): 573-579.

[2] 魏福祥，李世超，王浩然，等. 超临界 CO_2 萃取-精馏小米糠油 [J]. 食品科学，2011, 32 (8): 78-82.

[3] 陈汉辉，顾镍，陆兆新，等. 小米糠油的超声辅助提取工艺及 GC-MS 分析 [J]. 食品科学，2013, 34 (20): 32-36

[4] 郭利娜，朱玉，刁明明，等. 枯草芽孢杆菌发酵小米糠对其抗氧化肽含量与抗氧化活性的影响 [J]. 食品科学，2015, 36 (13): 196-201.

[5] 蒋冬花，高爱同，毕珂，等. 乳酸菌发酵小米糠生产 γ-氨基丁酸的配方和条件优化 [J]. 浙江师范大学学报，2013, 36 (1): 6-10.

[6] 刘敬科，赵巍，刘莹莹，等. 小米糠膳食纤维制备工艺及通便特性的研究 [J]. 食品科技，2014, 39 (2): 177-181.

[7] 刘敬科，赵巍，张华博，等. 小米糠膳食纤维调节血糖和血脂功能的研究 [J]. 湖北农业科学，2014, 51 (8): 1 636-1 638.

[8] 朱玉，郭利娜，楚佳希，等. 酶法改性对小米糠膳食纤维体外胆固醇吸附活性的影响 [J]. 食品科学，2015, 36 (19): 211-216.

[9] Buttery R G, Turnbaugh J G, Ling L C. Contribution of volatiles to rice aroma [J]. Journal of Agricultural and Food Chemistry, 1988, 36 (5): 1 006-1 009.

[10] Yang D S, Shewfelt R L, Lee K S, *et al.* Comparison of odor-active compounds from six distinctly different rice flavor types [J]. Journal of Agricultural and Food Chemistry, 2008, 56 (8): 2 780-2 787.

[11] Jezussek M, Juliano B O, Scheberle P. Comparison of key aroma compounds in cooked brown rice varieties based on aroma extract dilution analyses [J]. Journal of Agricultural and Food Chemistry, 2002, 50 (5): 1 101-1 105.

［12］ Yang D S, Lee K S, Jeong O Y, *et al.* Characterization of volatile aroma compounds in cooked black rice ［J］. Journal of Agricultural and Food Chemistry, 2008, 56 (1)：235-240.

［13］ Mattinson D S, Fellman J K, Baik B K. Analysis of volatile compounds from various types of barley cultivars ［J］. Journal of Agricultural and Food Chemistry, 2005, 53 (19)：7 526-7 531.

［此文原刊载于《粮食与饲料工业》，2016，12（8）：33-36］

顶空固相微萃取—气相色谱—质谱法测定小米黄酒风味成分

刘敬科[1]，张爱霞[1]，李少辉[1]，赵　巍[1]，张玉宗[1]，邢国胜[2]

（1. 河北省农林科学院谷子研究所/国家谷子改良中心/河北省杂粮研究实验室；2. 石家庄制酒厂）

摘　要：为全面了解小米黄酒风味成分的构成和气味特征，优化了 85 μm 聚丙烯酸酯（PA）、100 μm 聚二甲基硅氧烷（PDMS）、75 μm 碳分子筛（CAR）//PDMS、50/30 μm 二乙烯基苯（DVB）//CAR/PDMS 萃取头提取小米黄酒风味成分的条件，采用顶空固相微萃取（headspace solid phase microextraction，HS-SPME）-气相色谱-质谱对风味成分进行定性、定量分析，并计算气味活性值（odor active value，OAV），同时利用 OVA 分析风味成分的气味特征和气味强度。结果显示：不同萃取头的最优萃取条件为样品量 8 mL、萃取时间 40 min、萃取温度 60 ℃、NaCl 添加量 1.5 g。小米黄酒风味成分由醇、酯、含苯化合物、烃、酸、醛、酮、烯、酚和杂环类化合物构成，醇为主要风味成分。通过 OAV 确定了苯乙醇、苯乙烯、2-甲基萘、1-甲基萘、苯甲醛、苯乙醛、2-甲氧基-苯酚为小米黄酒气味特征成分，苯基乙醇、苯乙醛对气味贡献最大。PA、PDMS 分别对极性、非极性具有较好的吸附效果，CAR/PDMS、DVB/CAR/PDMS 对中等极性化合物具有较好的吸附效果。该研究全面了解了小米黄酒风味成分的构成，为其产品开发及品质控制提供理论了依据。

关键词：气相色谱-质谱；顶空固相微萃取；风味成分；小米黄酒

谷子是中国北方主栽作物之一，具有节水、抗旱、耐瘠等特点，对于缓解北方地区水资源贫乏，提高山区及半山区土地综合利用具有重大意义。目前，谷子主要以原粮进行加工，熬粥是其主要的食用方式，消费形式单一，市场拉动力不足，在一定程度上限制了谷子产业的发展[1]。酿造是谷子重要的深加工技术，近年来，随着消费者营养理念的成熟及饮酒的习惯改变，酿造类小米黄酒的需求日益增加，发展潜力巨大。新型酿造技术和工艺已被应用于小米黄酒产品开发中，为小米黄酒产品产业化、市场化奠定了良好的基础[2,3]。风味为小米黄酒重要的食用品质，已引起广大学者的高度重视，康晓军等[4]采用液液萃取法分析了小米黄酒风味成分，确定醇类物质为小米黄酒的主要成分，其中 2，3-丁二醇和苯乙醇含量最高。刘浩等[5]采用 50/30 μm 二乙烯基苯/碳分子筛/聚二甲基硅氧烷（DVB/CAR/PDMS）萃取头的顶空固相微萃取（headspace solid phase microextraction，HS-SPME）分析了小米黄酒风味成分，确定苯乙醇、异戊醇、丁二酸二乙酯和丁二酸单乙酯等物质为主要风味成分。这些研究主要是对小米黄酒中风味成分百分含量的分析，尚未涉及小米黄酒风味成分质量浓度以及气味特征的分析，另外采用单一萃取头的 HS-SPME 技术进行萃取，难以有效对其风味成分进行全面研究。

HS-SPME 技术是近来出现的前期提取法，集采样、吸附、萃取、浓缩、进样等过程于一体，具有所需仪器简单、操作时间短、样品用量少、无须萃取溶剂、选择性好和重现性高等优点[6]，已广泛用于黄酒[7]、白酒[8]、果酒[9]、啤酒[10]等酒类制品风味成分的分析中。HS-SPME方法中萃取头是关键，不同萃取头对风味成分的选择性和提取效果差别很大，采用不同萃取头提取了树莓[11]、酸橙[12]、马肉[13]、鸭肉[14]和豆腐[15]等食品风味成分，全面了解这些食品风味成分的构成。另外，食品中风味成分的构成复杂，但只有浓度高于其阈值的风味成分对气味有贡献，这些成分为关键气味成分，气味活性值（odor active value，OAV）是筛选关键气味成分的重要参数，OAV是食品体系中某一特定成分浓度与其气味阈值的比值，用以确定其对食品风味的贡献程度，将其应用于酒类制品的风味研究中可进一步了解酒制品的气味特征和品质特性[16]。

因此，本研究优化了不同萃取头的提取条件，采用气相色谱-质谱联法（gas chromatography-mass spectrometry，GC-MS）对小米黄酒的风味成分进行鉴定，进一步利用OAV确定其关键风味成分，以期全面了解小米黄酒风味成分的构成以及气味特征，对小米黄酒产品开发及其品质控制具有重要意义。

1 实验部分

1.1 仪器、试剂与材料

Agilent 7890气相色谱、Agilent 7890气相色谱-质谱联用仪（美国Agilent公司）；SPME手动进样手柄、85 μm聚丙烯酸酯（PA）、100 μm PDMS、75 μm CAR/PDMS、50/30 μm DVB/CAR/PDMS萃取头（美国Supelco公司）；DS-101S集热式恒温加热磁力搅拌器（中国河南子华仪器有限公司）；HP5016SY氮吹仪（上海济成分析仪器有限公司）。

3-辛醇、C8～C20正构烷烃混合标准液（C8～C20均40 mg/L，美国Sigma公司）；NaCl（国药集团化学试剂有限公司）。小米黄酒（张家口北宗黄酒酿造公司）。

1.2 样品前处理

1.2.1 萃取头的老化

将首次使用的PA、PDMS、CAR/PDMS、DVB/CAR/PDMS萃取头分别在气相色谱的进样口老化至无杂峰。PA老化温度280 ℃，时间60 min；PDMS老化温度250 ℃，时间30 min；CAR/PDMS老化温度300 ℃，时间60 min；DVB/CAR/PDMS老化温度270 ℃，时间60 min。

1.2.2 HS-SPME

称取8 mL小米黄酒于样品瓶中，加入1.5 g NaCl溶解后，加入400 μg 3-辛醇内标（质量浓度为50.0 mg·L），于60 ℃下平衡10 min。将老化好的萃取头插入样品瓶顶空部分，吸附40 min，再将吸附好的萃取头取出迅速插入GC进样口，于250 ℃解吸5 min，同时启动仪器采集数据。

1.3 仪器分析

1.3.1 GC 分析

毛细管色谱柱：DB-5MS 柱（30 m×0.25 mm×0.25 μm，美国 Agilent 公司）；进样口温度：250 ℃；接口温度：250 ℃。程序升温：起始温度 45 ℃，保留 2 min；以 4 ℃·min^{-1}升温至 220 ℃，保留 5 min。载气：N2；流速：1.0 mL·min^{-1}；不分流进样。

1.3.2 GC-MS 分析

色谱条件：载气为 He，其他色谱条件同 1.3.1。

质谱条件：电离方式为 EI；离子源温度为 200 ℃；接口温度为 250 ℃；电子能量：70 eV；灯丝发射电流为 200 μA；扫描范围 33～450 m·z^{-1}。

1.4 定性和定量分析

1.4.1 定性分析

在相同色谱条件下分析 C8～C20 正构烷烃混合标准液，以其保留时间计算测得样品化合物的保留指数（retention index，RI），分析匹配度（SI）和反匹配度（RS）均超过 800 的物质，同时参考 NIST05 质谱数据库的检索结果及相关化合物的保留指数，对化合物进行定性分析。

1.4.2 定量分析

采用内标定量方法对产品的风味成分进行定量表述，化合物浓度（μg·L^{-1}）= 内标浓度（μg·L^{-1}）×（化合物峰面积/内标峰面积）。

2 结果与讨论

2.1 萃取条件的优化

采用 HS-SPME-GC 总离子流图中风味成分的总峰面积和总峰数对不同萃取头的萃取效果进行分析，本实验针对影响平衡的 4 个因素进行讨论并分析不同条件对萃取效果的影响。

2.1.1 样品量

HS-SPME 的灵敏度与样品体积和顶空体积关系密切。样品量小，风味成分难以达到平衡；样品量大，风味成分竞争吸附影响吸附效果，因此样品量对检测结果的准确性有重要影响[6]。实验考察了不同样品量对不同萃取头萃取效果的影响（图 1A）。由图 1 可知，当样品量为 8 mL 时，总峰面积和总峰数均较多；当样品量为 10 mL 时，总峰面积和总峰数略有下降。故将样品量设为 8 mL。

2.1.2 萃取时间

萃取时间即萃取达到平衡所需的时间，由分析物的分配系数、扩散速率、样品基质、样品体积、萃取涂层厚度等因素决定，一般在萃取过程刚开始时萃取头的吸附量会迅速增加，一定时间后吸附量缓慢增加[6]。本实验考察了不同萃取时间对不同萃取头萃取效果的影响（图 1B）。结果显示，随着萃取时间的增加，总峰面积和总峰数不断增

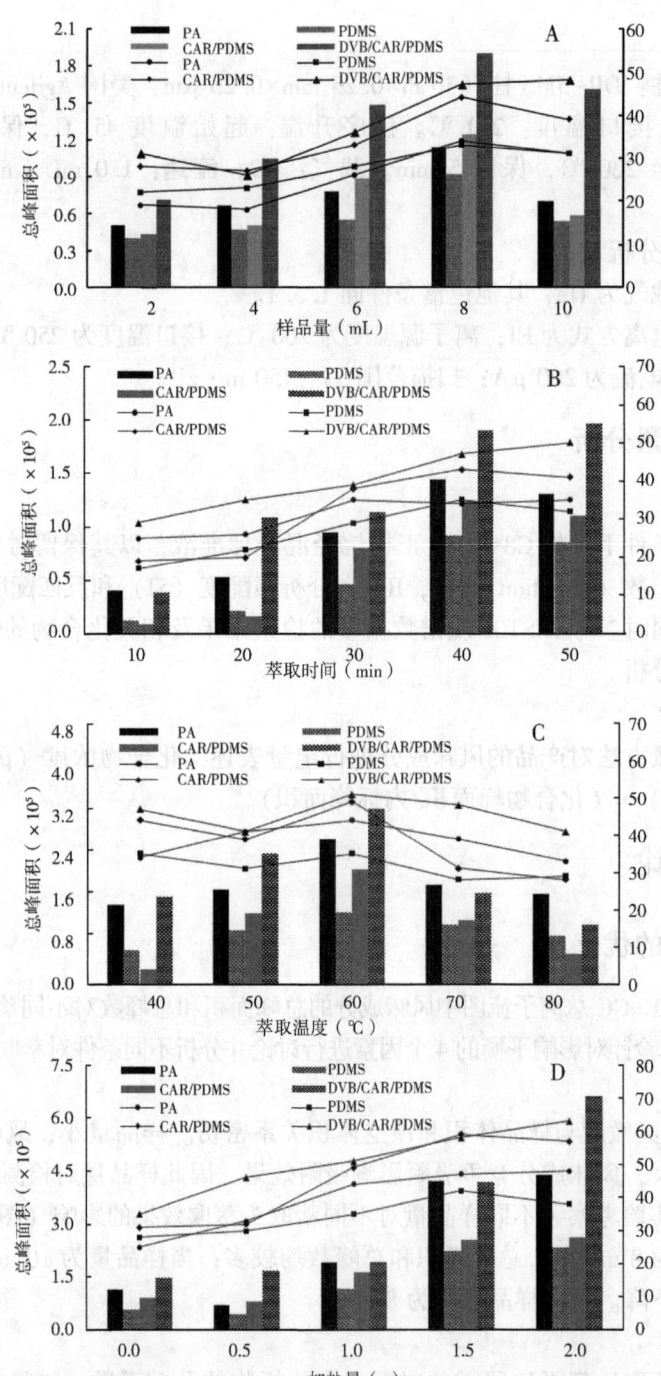

图1　（A）样品量、（B）萃取时间、（C）萃取温度和（D）加盐量对萃取效果的影响

加，但萃取时间超过 40 min 后，相对变化不大。考虑到实际应用与灵敏度的需要，故将萃取时间设为 40 min。

2.1.3 萃取温度

萃取温度对吸附效果的影响具有两面性：一方面，温度升高会加快样品分子的运动，导致液体蒸汽压增大，有利于吸附；另一方面，温度升高会降低萃取头的吸附能力，使吸附量下降[6]。本实验考察了不同萃取温度对不同萃取头萃取效果的影响（图1C）。结果显示，随着萃取温度的升高，总峰面积和总峰数先增大后减小，在萃取温度 60 ℃时达到最大值。故将萃取温度设为 60 ℃。

2.1.4 加盐量

在样品中加入 NaCl 等无机盐，可以增加样品体系的离子浓度，通过降低待测物的溶解度增加分配系数，但无机盐的加入也会影响基质黏度，降低分析物扩散速度，对吸附效果产生负效应。实验考察了不同 NaCl 量对不同萃取头萃取效果的影响（图1D）。结果显示，随 NaCl 量的升高，萃取得到的化合物个数和总峰面积逐渐增加，当 NaCl 添加量为 1.5 g 时达到最大值，超过 1.5 g，总峰面积和总峰数略有变化，但波动不大。故将 NaCl 的添加量设为 1.5 g。

2.2 不同萃取头提取小米黄酒风味成分

图2列出了不同萃取头提取小米黄酒风味化合物的个数和百分含量，共检测到 55 种成分，分别为醇、酯、含苯衍生物、烃、酸、醛、酮、烯、酚和杂环类化合物。不同萃取头提取到的风味成分构成较为相似，尽管醇类物质的数量仅为 2~5 种，但百分含量较高，为 49.54%~82.54%，是小米黄酒的主要风味成分，其中采用 PA 萃取头时醇类物质数量最多、百分含量最高；酯、含苯衍生物和烃的数量较多，有 4~10 种，但是百分含量相对较低，仅酯在 PDMS 下的百分含量较高，为 20.38%；其他物质如酸、醛、酮、烯、酚和杂环类化合物的数量和百分含量相对较低，数量多为 1~2 个，百分含量多低于 10%。

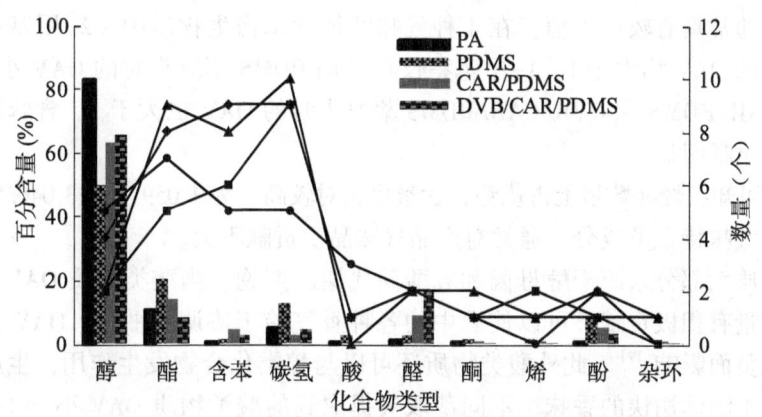

图2 不同萃取头提取小米黄酒中化合物的百分含量和个数

2.3 不同萃取头提取小米黄酒风味成分及气味特征

不同萃取头提取小米黄酒风味成分的含量和 OAV 见表 1，不同萃取头提取风味成分的种类和含量差别较大，仅检测出 14 种相同的风味成分，占 55 种风味成分总数的 24.45%。从 OAV 结果显示可以看出，不同萃取头提取的气味特征成分主要为苯乙醇、苯乙烯、2-甲基萘、1-甲基萘、苯甲醛、苯乙醛和 2-甲氧基-苯酚，苯乙醇和苯乙醛具有较高的 OAV，为小米黄酒中的重要气味成分。

醇类物质是由糖代谢、氨基酸脱氢脱羧作用产生，是陈化酯类物质的前驱物质[7]，尽管检测到醇类物质的种类较少，但其含量最高，4 种萃取头提取到醇类物质的含量为 11 297.98～47 601.94 $\mu g \cdot L^{-1}$，其中 PA 和 DVB/CAR/PDMS 对醇类物质吸附力较强、CAR/PDMS 次之，而 PDMS 最弱。由表 1 可知，共检测到 5 种醇类物质，均为具有气味特征的风味成分，能够赋予酒液果香、花香等独特气味[9,17]，但不同萃取头的萃取结果显示，仅苯乙醇的 OAV 大于 1，为 11.90～51.22，其中采用 DVB/CAR/PDMS 萃取头时的 OAV 最大，采用 PDMS 时最低。苯乙醇具有淡雅的花香或果香，可由酵母细胞通过苯丙酮酸或艾氏途径生成，对产品气味特征有重要贡献[7]。苯乙醇在其他小米黄酒风味研究中被确定为主要风味成分[4,5]，可见苯乙醇为小米黄酒中重要的气味物质，苯乙醇也是传统大米黄酒品质控制的重要指标，对产品气味品质有着重要的影响。

酵母发酵与陈酿过程是酯类物质形成的主要途径，即醇类的酯化[9]，不同萃取头下酯类物质的总含量相差相对较小，为 4 648.57～5 833.82 $\mu g \cdot L^{-1}$。不同萃取头提取到的酯类化合物，除丁二酸二乙酯含量较高外，其他酯物质的含量相对较低。由表 1 可知，在所检测到的酯类物质中有 5 种酯具有花香、果香等气味，但它们的 OAV 均小于 1，对小米黄酒气味贡献可能不大。

小米黄酒中检出的含苯衍生物可能来源于小米，已有研究显示，小米中含有一定数量的含苯衍生物[18]。苯类衍生物含量相对较低，采用 PA 和 PDMS 萃取头萃取时，含量相对较低，分别为 195.46 $\mu g \cdot L^{-1}$ 和 245.88 $\mu g \cdot L^{-1}$，而采用 CAR/PDMS 和 DVB/CAR/PDMS 时，含量相对较高，分别为 1 758.91～1 774.83 $\mu g \cdot L^{-1}$。尽管含苯衍生物含量较低，通常具有较低阈值，在 4 种气味特征含苯衍生物质中，2-甲基萘在采用不同萃取头时的 OAV 均大于 1，1-甲基萘仅在采用 PDMS 萃取头时的 OAV 小于 1，苯乙烯在采用 CAR/PDMS 和 DVB/CAR/PDMS 萃取头时的 OAV 也大于 1。含苯衍生物对小米黄酒气味贡献明显。

由表 1 可知，烃在数量上占优势，含量也相对较高，为 1 059.26～3 046.59 $\mu g \cdot L^{-1}$，但是烃为非气味特征类成分，通常对产品气味品质贡献不大。

酸类物质大部分来源于酵母菌和乳酸菌代谢副产物。当酸类物质 OAV 小于 1，对酒的感官质量有积极贡献，可以使酒中的各种香气趋于协调、平衡，OAV 大于 1 则会对香气带来负面影响[19]。此外酸类物质还可以与醇类化合物发生作用，生成相应的酯类，从而赋予酒体愉快的香味。不同萃取头提取到的酸类物质 OAV 小于 1，因此对样品气味具有积极贡献。

表 1 不同萃取头 SPME 小米黄酒挥发性成分含量及 OAV 差别

编号	保留指数	化合物	含量（μg·L⁻¹）				气味描述	阈值（μg·L⁻¹）	气味活性值			
			PA	PDMS	CAR/PDMS	DVB/CAR/PDMS			PA	PDMS	CAR/PDMS	DVB/CAR/PDMS
醇类化合物												
AL1	784	2,3-丁二醇	867.35±146.84	511.58±9.52	1 354.12±238.20	1 500.76±150.71	奶油香 a	120 000	0.01	0.00	0.01	0.01
AL2	865	四氢糠醇	32.06±4.96	—	—	—	香脂 b	15 000	0.00	0.00	0.00	0.00
AL3	982	3-甲硫基丙醇	268.17±64.29	—	334.82±45.57	—	水果 a	500	0.54	0.00	0.67	0.00
AL4	1 042	苯甲醇	27.26±7.89	—	40.63±9.69	—	甜味，花香 a	159 000	0.00	0.00	0.00	0.00
AL5	1 120	苯乙醇	41 759.05±2 301.15	10 786.40±561.65	21 838.03±2 381.48	46 101.17±2 406.99	花香，果香 b	900	46.40	11.98	24.26	51.22
		合计	42 953.88±2 265.81	11 297.98±567.02	23 567.60±2 487.62	47 601.94±2 557.66						
酯类化合物												
E1	1 139	戊二酸二甲基酯	43.14±10.79	28.38±6.19	62.50±7.26	136.28±12.23						
E2	1 170	苯甲酸乙酯	9.62±1.55	—	48.15±4.41	97.59±11.93	果香 b	500	0.02	0.00	0.10	0.20
E3	1 179	丁二酸二乙酯	4 905.68±593.13	4 276.37±372.30	4 455.48±471.32	4 378.00±488.73	花香 a	100 000	0.05	0.04	0.04	0.04

(续表)

编号	保留指数	化合物	含量（μg·L⁻¹）				气味描述	阈值（μg·L⁻¹）	气味活性值			
			PA	PDMS	CAR/PDMS	DVB/CAR/PDMS			PA	PDMS	CAR/PDMS	DVB/CAR/PDMS
E4	1 212	3-吡啶甲酸乙酯	—	—	72.37± 7.14	110.78± 26.29						
E5	1243	苯乙酸乙酯	115.88± 21.23	160.97± 27.01	190.87± 23.92	244.34± 17.53						
E6	1262	2-苯乙醇乙酸酯	—	16.58± 3.64	254.53± 59.20	—						
E7	1 397	癸酸乙酯	8.91± 1.99	—	15.13± 1.05	47.42± 8.41	甜味，果香 b	200	0.04	0.00	0.08	0.24
E8	1 591	十二酸乙酯	—	—	—	59.90± 10.03	花香，脂香 b	200	0.00	0.00	0.00	0.30
E9	1 790	十四酸乙酯	65.80± 12.24	—	—	133.40± 11.73	甜味，奶油香 b	500	0.13	0.00	0.00	0.27
E10	1 936	十六酸乙酯	231.78± 55.64	166.27± 37.02	154.62± 50.34	626.11± 47.14	果香，奶油香 b	1 000	0.23	0.17	0.15	0.63
		合计	5 380.80± 604.13	4 648.57± 430.91	5 253.65± 518.25	5 833.82± 578.77						
含苯衍生物												
B1	862	对二甲苯	—	49.44± 9.02	67.31± 12.27	630.69± 110.40	塑料 a	2 300	0.00	0.02	0.03	0.27

（续表）

编号	保留指数	化合物	含量（μg·L⁻¹）				气味描述	阈值（μg·L⁻¹）	气味活性值			
			PA	PDMS	CAR/PDMS	DVB/CAR/PDMS			PA	PDMS	CAR/PDMS	DVB/CAR/PDMS
B2	888	苯乙烯	—	47.43±7.57	1 127.49±163.35	403.90±36.36	甜味，花香 a	80	0.00	0.59	14.09	5.05
B3	1 176	萘	—	9.90±0.79	20.22±4.79	69.02±0.97						
B4	1 291	2-甲基萘	62.52±10.05	26.25±2.71	265.22±58.15	306.12±41.55	药香 b	20	3.13	1.31	13.26	15.31
B5	1302	1-甲基萘	128.94±15.75	—	34.84±7.92	173.84±20.66	药香 b	20	6.45	0.00	1.74	8.69
B6	1382	联苯	—	—	14.11±14.33	69.92±31.73						
B7	1 442	2,3-二甲基萘	13.81±5.82	—	20.59±4.64	37.71±15.97						
B8	1 566	芴	31.96±8.41	29.68±3.74	80.17±11.88	67.70±7.25						
B9	1 763	蒽	52.32±16.50	83.18±23.35	50.76±4.92	—						
		合计	195.46±44.44	245.88±36.38	1 774.83±187.52	1 758.91±43.80						

（续表）

编号	保留指数	化合物	含量（μg·L⁻¹）				气味描述	阈值（μg·L⁻¹）	气味活性值			
			PA	PDMS	CAR/PDMS	DVB/CAR/PDMS			PA	PDMS	CAR/PDMS	DVB/CAR/PDMS
		碳氢化合物										
H1	1 193	1-十二烯	30.11±7.42	33.43±3.05	34.77±3.23	—						
H2	1 200	十二烷	18.40±3.97	286.53±16.13	174.76±15.44	202.55±9.97						
H3	1 300	十三烷	—	37.58±9.47	27.35±3.80	28.36±2.46						
H4	1 396	1-十四碳烯	55.76±13.29	—	—	37.85±2.28						
H5	1 400	十四烷	49.76±11.61	495.87±72.56	128.08±18.03	174.31±37.67						
H6	1 500	十五烷	2 247.10±387.59	613.71±134.52	260.72±26.66	1 170.06±216.99						
H7	1 600	十六烷	—	912.94±108.54	252.54±24.54	1 032.30±203.11						
H8	1 629	2,6,10-三甲基十五烷	—	—	—	144.04±15.13						
H9	1 700	十七烷	23.44±21.60	399.65±122.29	—	165.37±35.86						
H10	1 632	2,6,10,14-四甲基十六烷	—	98.96±34.38	127.98±77.35	50.08±43.76						

（续表）

编号	保留指数	化合物	含量（μg·L⁻¹）				气味描述	阈值（μg·L⁻¹）	气味活性值			
			PA	PDMS	CAR/PDMS	DVB/CAR/PDMS			PA	PDMS	CAR/PDMS	DVB/CAR/PDMS
H11	1 800	十八烷	—	48.82±9.44	15.21±3.15	23.76±3.48						
		合计	2 368.82±409.24	2 927.47±258.07	1 059.26±130.48	3 046.59±343.86						
酸类化合物												
AC1	1013	己酸	—	572.87±132.04	—	—	酸，奶酪 a	3 000	0.00	0.19	0.00	0.00
AC2	1 083	庚酸	23.98±4.77	—	—	—	酸，脂肪 a	500	0.05	0.00	0.00	0.00
AC3	1 276	壬酸	16.66±4.38	—	—	—	脂香，奶酪 b	3 000	0.01	0.00	0.00	0.00
AC4	1 373	十二酸	17.84±6.00	—	6.61±0.64	—						
		合计	58.48±11.92	572.87±132.04	6.61±0.64	0.00						
醛类化合物												
A1	968	苯甲醛	415.21±102.85	529.76±48.36	3 022.60±165.86	11 226.44±2 146.47	花香，水果 a	350	1.19	1.51	8.64	32.08

（续表）

编号	保留指数	化合物	含量（μg·L⁻¹）				气味描述	阈值（μg·L⁻¹）	气味活性值			
			PA	PDMS	CAR/PDMS	DVB/CAR/PDMS			PA	PDMS	CAR/PDMS	DVB/CAR/PDMS
A2	1046	苯乙醛	271.40±30.74	99.87±18.30	382.53±71.50	643.53±76.25	甜味，花香 a	4	67.85	24.97	95.63	160.88
		合计	686.62±129.71	629.63±61.71	3 405.14±232.84	11 869.97±2 137.38						
酮类化合物												
K1	1 062	苯乙酮	—	—	—	30.09±7.98	花香，杏仁香 a	250	0.00	0.00	0.00	0.12
K2	1 612	二苯甲酮	273.07±79.10	240.98±43.08	124.20±28.07	66.12±10.51						
		合计	273.07±79.10	240.98±43.08	124.20±28.07	96.21±7.40						
烯烃化合物												
T1	936	蒎烯	—	132.20±27.00	—	—	松脂 a					
T2	1 031	柠檬烯	—	111.78±25.16	63.17±7.28	202.62±32.23	花香，青香 a	250	0.00	0.45	0.25	0.81
		合计	0.00	243.98±48.75	63.17±7.28	202.62±32.23						

（续表）

编号	保留指数	化合物	含量（μg·L⁻¹）				气味描述	阈值（μg·L⁻¹）	气味活性值			
			PA	PDMS	CAR/PDMS	DVB/CAR/PDMS			PA	PDMS	CAR/PDMS	DVB/CAR/PDMS
酚类化合物												
P1	1 092	2-甲氧基-苯酚	85.86±14.10	—	—	298.07±57.02	木香、酚香 b	30	2.86	0.00	0.00	9.94
P2	1 519	2,4-二叔丁基苯酚	35.25±12.75	1 998.69±271.03	1 988.19±215.13	1 824.21±213.79						
		合计	121.12±26.63	1 998.69±271.03	1 988.19±215.13	2 122.28±218.83						
杂环类化合物												
O	1 218	苯并噻唑	—	—	73.92±13.69	52.86±5.77	蔬菜香 b	80	0.00	0.00	0.92	0.66
		合计	0.00	0.00	73.92±13.69	52.86±5.77						
			52 038.24±3 379.80	22 806.05±1 014.27	37 316.55±3 417.57	72 585.19±4 956.47						

注：—为没有检测到；a，b为气味描述和气味阈值分别见参考文献9、16

醛酮类物质使酒中的各种香气趋于平衡、融合、协调,共检测出两种醛类物质,高含量的苯甲醛在采用 CAR/PDMS 和 DVB/CAR/PDMS 萃取头时的检测结果分别为 3 022.60 μg · L^{-1}和 11 226.44 μg · L^{-1},苯甲醛、苯乙醛和花香、果香气味有关[9,17]。采用不同萃取头提取到的苯甲醛和苯乙醛的 OAV 均大于 1,苯甲醛在 CAR/PDMS 和 DVB/CAR/PDMS 的 OAV 相对较高,分别为 8.64 和 32.08;苯乙醛具有较低阈值,在不同萃取头下显示出高 OAV,为 24.97~160.88,为小米黄酒中最重要的气味成分。酮类物质苯乙酮为气味物质,仅在 DVB/CAR/PDMS 中被检测到且含量较低,对气味贡献不大。

烯烃、酚类及杂环类化合物也为酒类中的气味成分,除酚类外,其他成分的含量相对较低,仅 2-甲氧基-苯酚在采用 PA 和 DVB/CAR/PDMS 萃取头时的 OAV 大于 1,对产品气味贡献明显。

由表 1 可知,不同萃取头下香气成分差别较大,PA 萃取头对丁二酸二乙酯、十二酸、壬酸、庚酸、四氢糠醇、苯基乙醇、十五烷、1-甲基萘、3-甲硫基丙醇的吸附效果较好,主要为极性较强的酸和醇类化合物,PA 萃取头涂层为聚丙烯酸酯纤维材料,对于极性强的化合物有较好的吸附作用[20];PDMS 萃取头主要对十二烷、十八烷、十三烷、十四烷、2,4-二叔丁基苯酚的萃取效果较好,PDMS 萃取头涂层为聚二甲基硅氧烷,对非极性化合物有较好吸附作用[21];DVB/CAR/PDMS 萃取头对苯甲醛、萘、联苯、戊二酸二甲基酯、苯甲酸乙酯、癸酸乙酯、对二甲苯、3-吡啶甲酸乙酯、苯乙酮、2,6,10-三甲基十五烷、十二酸乙酯、苯乙酸乙酯的吸附效果较好,主要为中等极性的酯和含苯类衍生物,DVB/CAR/PDMS 萃取头的涂层为二乙烯基苯、碳分子筛和聚二甲基硅氧烷,相对于 PDMS 和 CAR/PDMS 萃取头,DVB/CAR/PDMS 萃取头有更好的灵敏度和选择性[20]。将不同萃取头应用于小米黄酒风味的成分分析中,可全面了解小米黄酒风味成分的构成。

3 结 论

本文对 PA、PDMS、CAR/PDMS、DVB/CAR/PDMS 4 种萃取头的提取条件进行了优化,并得出不同萃取头提取到的风味成分差别显著。确定了苯基乙醇、苯乙烯、2-甲基萘、1-甲基萘、苯甲醛、苯乙醛和 2-甲氧基-苯酚 7 种小米黄酒气味成分特征类成分,其中苯基乙醇和苯乙醛对气味贡献最大。较为全面地了解了小米黄酒风味成分的构成以及气味特征,对小米黄酒产品开发及其品质控制具有重要意义。由于小米黄酒的各种香气成分的含量、感官阈值以及相互作用决定其最终的香气特征,风味组分的鉴定还需要有人体嗅觉感官分析的参与进一步完善。

参考文献

[1] 刁现民.中国谷子产业与产业技术体系 [M].北京:中国农业科学技术出版社,2011.
[2] 刘敬科,赵巍,付会期,等.小米黄酒酿造工艺的研究 [J].粮食与饲料工业,2009,12:22-23.

[3] 王正元, 惠明, 尚小利, 等. 双酶法小米黄酒酿造新工艺研究 [J]. 河南工业大学学报, 2014, 34 (2): 43-47.

[4] 康晓军, 王贞强, 淑英. 小米黄酒中的芳香化合物 [J]. 酿酒科技, 2012, 3: 65-66.

[5] 刘浩, 赵生满, 任贵兴. 顶空固相微萃取结合气质联用分析小米黄酒与黍米黄酒的香气成分 [J]. 酿酒科技, 2015, 1: 115-119.

[6] 蒋生祥, 冯娟娟. 固相微萃取研究进展 [J]. 色谱, 2012, 30 (3): 219-221.

[7] Luo T, Fan W L, Xu Y. Characterization of Volatile and Semi-Volatile Compounds in Chinese Rice Wines by Headspace Solid Phase Microextraction Followed by Gas Chromatography Mass Spectrometry [J]. Journal of the Institute of Brewing, 2008, 114 (2): 172-179.

[8] Wang P P, Li Z, Qi T T, et al. Development of a method for identification and accurate quantitation of aroma compounds in Chinese Daohuaxiang liquors based on SPME using a sol-gel fibre [J]. Food Chemistry, 2015, 169 (15): 230-240.

[9] Jiang B, Zhang Z W. Volatile Compounds of Young Wines from Cabernet Sauvignon, Cabernet Gernischet and Chardonnay Varieties Grown in the Loess Plateau Region of China [J]. Molecules, 2010, 15 (12): 9 184-9 196.

[10] Pinho O, Ferreira I M, Santos L H. Method optimization by solid-phase microextraction in combination with gas chromatography with mass spectrometry for analysis of beer volatile fraction [J]. Journal of Chromatography A, 2006, 1 121 (2): 145-153.

[11] Gholivand M B, Piryaei M, Abolghasemi M M. Analysis of volatile oil composition of *Citrus aurantium* L. by microwave-assisted extraction coupled to headspace solid-phase microextraction with nanoporous based fibers [J]. Journal of Separation Science, 2013, 36 (5): 872-877.

[12] Hansen A S, Frandsen H L, Fromberg A. et al. Authenticity of raspberry flavor in food products using SPME-chiral-GC-MS [J]. Food Science & Nutrition, 2016, 4 (3): 348-354.

[13] Lorenzo J M. Influence of the type of fiber coating and extraction time on foal dry-cured loin volatile. compounds extracted by solid-phase microextraction (SPME) [J]. Meat Science, 2014, 96 (1): 179-186

[14] Zhou J, Han Y, Zhuang H, et al. Influence of the type of extraction conditions and fiber coating on the meat of sauced duck neck volatile compounds extracted by solid-phase microextraction (SPME) [J]. Food Analytical Methods, 2015, 8 (7): 1 661-1 672.

[15] Liu Y, Miao Z, Guan W, et al. Analysis of organic volatile flavor compounds in fermented stinky Tofu using SPME with different fiber coatings [J]. Molecules, 2012, 17 (4): 3 708-3 722.

[16] Vilanova M, Martiinez C. First study of determination of aromatic compounds of red wine from Vitis vinifera cv. Castanal grown in Galicia (NW Spain) [J]. European Food Research and Technology, 2007, 224 (4): 431-436.

[17] Gemert L J. Complications of flavor threshold values in water and other media [M]. Netherland: Oliemans Punter & Partners BV, 2011.

[18] Liu J, Tang X, Zhang Y, et al. Determination of the volatile composition in brown millet, milled millet and millet bran by gas chromatography/mass spectrometry [J]. Molecules, 2012, 17 (3): 2 271-2 282.

[19] Molina A M, Guadalupe V, Varela C, et al. Differential synthesis of fermentative aroma compounds of two related commercial wine yeast strains [J]. Food Chemistry, 2009, 117 (2): 189-195.

[20] Merkle S, Kleeberg K K, Fritsche J. Recent developments and applications of solid phase. microextraction (SPME) in food and environmental analysis-a review [J]. Chromatography, 2015, 2 (3): 293-381.

[21] 胡国栋. 固相微萃取技术的进展及其在食品分析中应用的现状 [J]. 色谱, 2009, 27 (1): 1-8.

[此文原刊载于《色谱》, 2017, 35 (11): 1 184-1 191]

四、盐碱地改良

秸秆还田对滨海盐碱地棉苗光合特性及生长的影响

冯国艺，张　谦，王树林，祁　虹，杜海英，李智峰，梁青龙，林永增

（河北省农林科学院棉花研究所/农业部黄淮海半干旱区棉花生物学与遗传育种重点实验室）

摘　要： 为探讨秸秆还田对滨海重度盐碱地棉苗光合特性及生长的影响，设置增施有机肥、播前秸秆还田、冬前秸秆还田3个处理，测定了棉花苗期3个层次土壤含盐量、水分和容重，棉花叶片光合参数、叶片SPAD值以及干物质积累和棉花产量。结果表明，与对照相比，增施有机肥和秸秆还田的处理各个土层含盐量和容重明显降低，棉苗叶片LAI和SPAD明显增大，光合能力提高，干物质积累量、根冠比以及棉花产量明显增加。其中，冬前秸秆还田各土层含盐量低于 $2.00\ g \cdot kg^{-1}$，容重保持在 $1.15 \sim 1.40\ g \cdot cm^{-3}$，叶片SPAD值高于40.0，LAI提高65.5%，光合性能系数增高 $23.4\% \sim 92.8\%$，非光化学淬灭系数（NPQ）降低12.2%，干物质积累总量增大46.3%，根冠比提高56.5%，产量提高36.2%。因此，在本试验条件下，冬前秸秆还田更有利于滨海盐碱地改良及棉苗的正常生长。

关键词： 棉花；滨海盐碱地；秸秆还田；光合特性

棉花是一种具有较强抗逆耐盐碱性的作物，在盐碱地种植棉花，有利于缓解我国耕地面积不断减少以及粮棉争地的矛盾。我国拥有大量盐渍化耕地，其中滨海盐碱地地下水位低，且与海水相近，水分蒸发强烈，盐分表聚性强[1]。棉花苗期耐盐性较差[2]，且春季土壤蒸发旺盛，盐分大量向地表聚集，严重影响棉苗生长发育。如何有效调控土壤盐分运动，改善作物生长环境成为盐碱地作物种植急需解决的问题之一。农作物秸秆是我国一种非常重要的生物肥资源[3]；秸秆还田对保持和改善土壤肥力、结构和理化性状效果明显，同时对维持作物高产具有重要作用[4-5]。对秸秆还田后腐解过程的研究表明，还田后秸秆在腐解过程中促进土壤微粒的团聚，从而起到改善土壤结构、增强通气与保水能力的作用[6]。秸秆还田对土壤结构及理化性质具有重要作用，但是关于秸秆还田对滨海盐碱土壤改良及棉花苗期生长影响研究报道较少。因此本研究于滨海盐碱地设置不同秸秆还田时间，通过与有机肥处理及裸地免耕处理对比，探讨秸秆还田时间对滨海盐碱土壤水盐运移的改变以及对棉花苗期光合特性及生长的影响，以期为提高完善滨海盐碱地高效植棉技术提供基础理论依据。

1　材料与方法

1.1　试验材料及设计

试验于2013年在河北省国营海兴农场（38°21′N，117°31′E）进行。前茬作物为棉花，为一年一熟制，棉田土质为中壤土，有机质 $9.9\ g \cdot kg^{-1}$，全氮 $0.8\ g \cdot kg^{-1}$，碱解

氮 35.4 mg·kg⁻¹，速效磷 11.7 mg·kg⁻¹，速效钾 203.9 mg·kg⁻¹。4 月 20 日测定 0～40 cm 耕层含盐量：0～10 cm 为 6.38 g·kg⁻¹，10～20 cm 为 3.16 g·kg⁻¹，20～40 cm 为 2.66 g·kg⁻¹。棉花品种为冀棉 228，4 月 29 日抢墒播种，在开沟器犁出的 10 cm 左右深的窄沟中播种。5 月 9 日出苗，留苗密度 5.25 万株·hm⁻²。播种时施入尿素 450 kg·hm⁻²，过磷酸钙 750 kg·hm⁻²。采用宽膜覆盖栽培，1 膜 2 行，行距配置为 (90+45) cm，先点播后铺膜。田间管理同大田生产。

试验设计 4 个处理，分别为增施有机肥（A）、播前秸秆还田（B）、冬前秸秆还田（C）以及不进行处理的对照（CK）。设定有机肥用量和秸秆还田量为 4.5 t·hm⁻²，其中还田秸秆为棉花秸秆，充分粉碎，粉碎后秸秆长度不超过 3 cm，厚度不超过 1.5 cm。有机肥的有机质含量为 57%，总养分含量为 7%。增施时充分粉碎，无明显块状。冬前秸秆还田处理在 2012 年棉花收获后入冬前前茬棉花秸秆就地粉碎还田。播前秸秆还田为棉花秸秆原地越冬，在播种前粉碎还田；有机肥为棉花秸秆粉碎堆沤，有机肥及对照处理（CK）在 2013 年播前深翻时进行。深翻前在土壤表层均匀撒施秸秆或有机肥，深翻 40 cm 与土壤充分混合均匀。小区面积为 60.0 m²。随机区组排列，重复 3 次。

1.2 测试项目及方法

在棉花苗期（6 片真叶）进行。

1.2.1 土壤理化性状

将棉田 0～40 cm 分为 0～10 cm、10～20 cm 和 20～40 cm 共 3 个土层，通过取土烘干、电导率和环刀法测定不同层次水分、盐分和容重。每个小区选 3 个点测定。

1.2.2 叶片光合特性及 SPAD 值

选取棉花主茎倒 4 叶测定 SPAD 值和光合参数，使用 SPAD-502 叶绿素计（Minolta，Japan）测定 SPAD 值，Li-6400 便携式光合作用系统（Li-cor，USA）测定气体交换参数和叶绿素荧光参数。光合参数测定选择晴朗无云的天气进行，气体交换参数和部分叶绿素荧光参数测定时间为 9：00—11：00，暗反应部分选择在 21：00—23：00 进行。每个小区选取、标定 15 片叶，每天轮回测定 2 次，重复 3 d。

1.2.3 干物质积累和产量

在各小区选取有代表性的棉株 3 株，分解为茎、叶、根等器官，并烘干、称重；叶面积指数采用打孔法测定。每小区吐絮后除保护行外，收获前每行选代表性植株 5 株，共计 40 棵，调查单株成铃数，并风干测定平均铃重；每行取 10 个中部内围铃轧花后测定衣分。记录小区实收籽棉产量，并据其与衣分计算皮棉产量。

1.3 数据处理

试验数据用 SPSS 11.0 进行统计分析，用 SigmaPlot 10.0 作图。

2 结果与分析

2.1 秸秆还田对土壤水盐分布及容重影响

从表 1 可以看出，土层自上而下含盐量逐渐降低，而水分和容重逐渐增大。有机肥和秸秆还田显著降低了各土层土壤含盐量、容重。与 CK 相比，含盐量和容重有机肥处理分别降低 42.4%～61.2% 和 5.9%～12.9%，播前秸秆还田处理分别降低 52.6%～67.7% 和 7.2%～15.3%，冬前秸秆还田处理分别降低 55.4%～68.8% 和 3.6%～9.5%。与 CK 相比，水分 0～10 cm 土层有机肥处理和播前秸秆还田处理分别降低 4.6% 和 8.6%，冬前秸秆还田处理无明显差异。10～40 cm 土层有机肥处理和冬前秸秆还田处理无明显差异，播前秸秆还田处理降低 2.4%～3.8%。

表 1　不同秸秆还田对不同土层含盐量、水分及容重影响

参数	处理	土层（cm）		
		0～10	10～20	20～40
含盐量（g·kg⁻¹）	A	1.62±0.08 b	1.49±0.07 b	1.27±0.06 b
	B	1.30±0.06 c	1.21±0.06 c	0.95±0.04 c
	C	1.35±0.05 c	1.29±0.06 c	1.03±0.04 c
	CK	4.18±0.20 a	2.72±0.13 a	2.21±0.11 a
水分（%）	A	14.3±0.74 b	15.8±0.72 a	16.7±0.73 a
	B	13.7±0.63 c	15.0±0.61 b	16.1±0.59 b
	C	14.9±0.74 a	15.7±0.70 a	16.6±0.71 a
	CK	15.0±0.69 a	15.6±0.67 a	16.5±0.72 a
容重（g·cm⁻³）	A	1.12±0.04 c	1.22±0.06 c	1.35±0.05 c
	B	1.10±0.04 c	1.20±0.04 c	1.31±0.06 c
	C	1.15±0.05 b	1.26±0.05 b	1.40±0.06 b
	CK	1.19±0.05 a	1.38±0.06 a	1.55±0.07 a

注：同一列不同字母表示在 0.05 水平上差异显著

2.2　秸秆还田对棉苗 LAI、根冠比以及叶片 SPAD 值的影响

　　有机肥和秸秆还田显著增大棉苗叶片 SPAD 值、LAI 以及根冠比（图1）。与 CK 相比，叶片 SPAD 值、LAI 以及根冠比机肥处理分别提高 21.9%、70.4%、25.8%，播前秸秆还田处理分别提高 12.6%、45.2%、53.7%，冬前秸秆还田处理分别提高 24.8%、65.5%、56.5%。

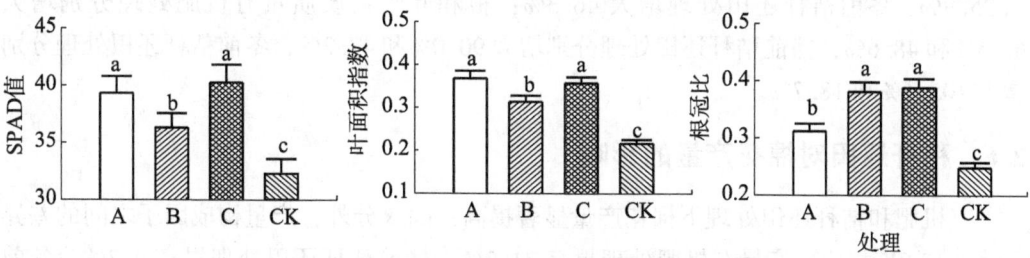

图 1　不同秸秆还田棉苗 SPAD、LAI 以及根冠比的变化
注：图中不同小写字母表示在 0.05 水平上差异显著

2.3 秸秆还田对棉苗叶片气体交换参数的影响

与 CK 相比，棉苗叶片气体交换参数有机肥处理下提高 28.5%~85.7%，播前秸秆还田处理提高 11.4%~80.0%，冬前秸秆还田处理提高 23.6%~92.8%。处理间冬前秸秆还田处理较有机肥处理 Pn、Gs 分别高 4.4%、5.1%，Ci、Tr 分别低 2.4%、4.5%（表2）。

表2　不同秸秆还田下棉苗叶片气体交换参数

处理	净光合速率（Pn） （$\mu mol \cdot m^{-2} \cdot s^{-1}$）	气孔导度（Gs） （$mol \cdot m^{-2} \cdot s^{-1}$）	胞间 CO_2 浓度（Ci） （$mmol \cdot m^{-2} \cdot s^{-1}$）	蒸腾速率（Tr） （$mmol \cdot m^{-2} \cdot s^{-1}$）
A	16.75±0.69 a	0.39±0.01 a	324.6±12.2 b	7.70±0.38 b
B	13.14±0.56 a	0.32±0.01 b	359.8±13.7 a	10.70±0.41 a
C	17.49±0.71 a	0.41±0.01 a	316.8±11.4 b	7.35±0.35 b
CK	11.80±0.57 b	0.21±0.01 c	252.7±10.1 c	5.94±0.24 c

注：同一列不同字母表示在 0.05 水平上差异显著

2.4 秸秆还田对棉苗叶片叶绿素荧光参数的影响

图 2 表明，与 CK 相比，有机肥和秸秆还田处理下棉苗叶片非光化学淬灭系数（NPQ）显著降低，其他叶绿素荧光参数显著增大。冬前秸秆还田处理下棉苗叶片 NPQ 较有机肥处理低 5.1%，其他叶绿素荧光参数较有机肥处理高 7.9%~12.7%。

2.5 秸秆还田对棉苗干物质积累及分配的影响

从图 3 可以算出，有机肥和秸秆还田处理下棉苗总干物质质量以及根和叶干物质质量显著增大。与 CK 相比，总干物质质量有机肥处理增大 39.2%，播前秸秆还田处理增大 25.9%，冬前秸秆还田处理增大 46.3%；根和叶干物质质量有机肥处理分别增大 63.5%和48.6%，播前秸秆还田处理分别增大90.0%和47.2%，冬前秸秆还田处理分别增大 105.6%和 18.7%。

2.6 秸秆还田对棉花产量的影响

有机肥和秸秆还田处理下棉花产量显著提高；除衣分外，产量构成因子之间的差异显著。与 CK 相比，产量有机肥处理提高 31.3%，播前秸秆还田处理提高 9.7%，冬前秸秆还田处理提高 36.2%。处理间冬前秸秆还田处理较有机肥处理产量提高 3.8%，单株铃数提高 6.0%，铃重降低 3.2%（表3）。

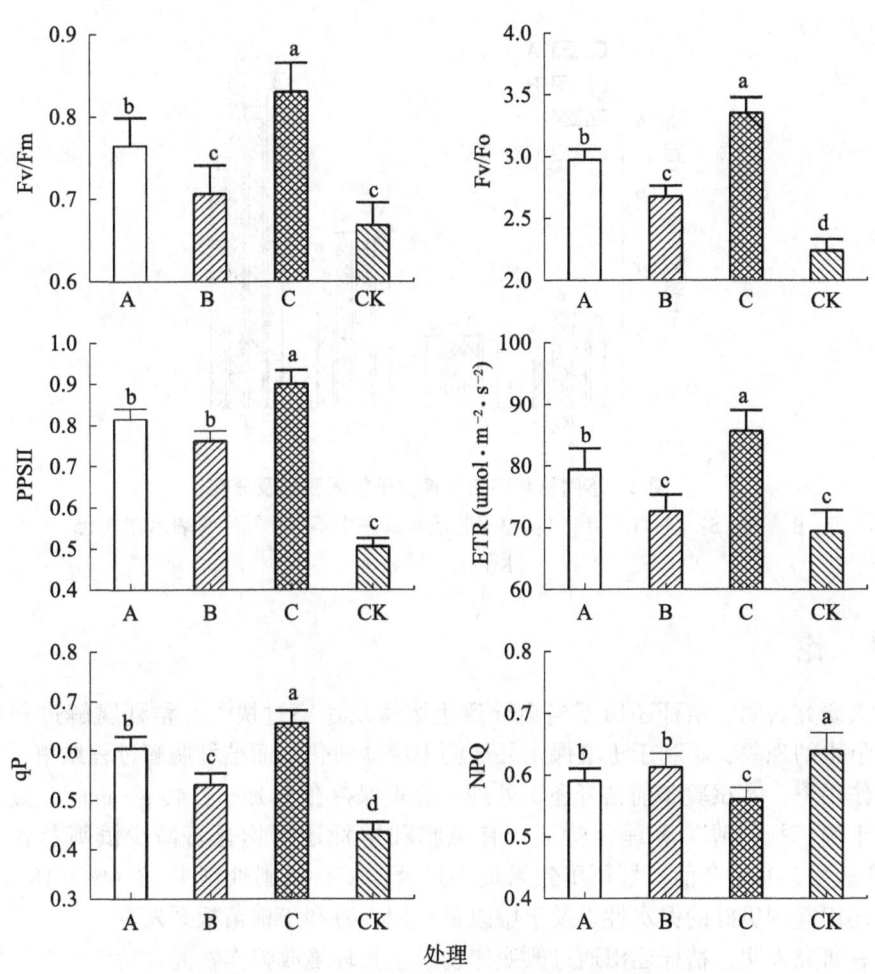

图 2 不同秸秆还田下棉苗叶绿素荧光参数比较

注：图中不同小写字母表示在 0.05 水平上差异显著

表 3 不同秸秆还田下棉花产量及构成因子

处理	单株铃数	铃重（g）	衣分（%）	子棉产量 （kg·hm⁻²）	皮棉产量 （kg·hm⁻²）
A	8.36±0.42 b	5.57±0.28 a	38.7±1.93 a	2 378±108.9 b	920.4±44.0 b
B	7.83±0.39 c	4.93±0.23 c	38.6±1.91 a	1 992±95.6 c	768.7±33.4 c
C	8.86±0.49 a	5.39±0.26 b	38.7±1.92 a	2 468±113.4 a	955.0±44.7 a
CK	7.62±0.35 d	4.66±0.21 d	38.5±1.90 a	1 821±81.0 d	700.9±31.0 d

注：同一列不同字母表示在 0.05 水平上差异显著

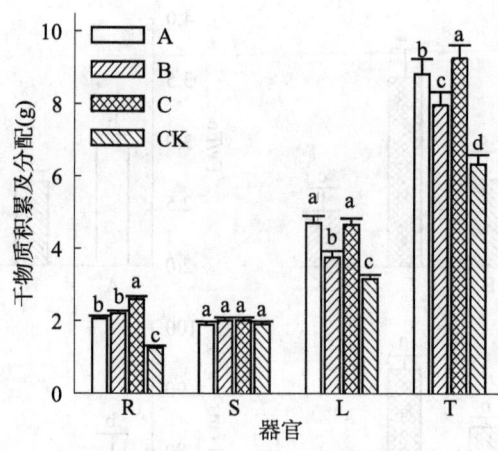

图 3　不同秸秆还田下棉苗干物质积累及分配

R：根；S：茎；L：叶；T：总干物质重。图中不同小写字母表示在 0.05
水平上差异显著

3　讨　论

前人研究表明，秸秆还田不当会导致土壤蒸发速率过快[7]，秸秆腐解过程中存在与作物争水的现象，不利于土壤保水并加剧土壤盐渍化。而秸秆腐解过程结束后，起到保水性作用[8]。本试验冬前秸秆还田处理下容重保持在 $1.15 \sim 1.40$ g·cm^{-3}，显著改变了盐碱土壤"板、薄"等理化特征。有机肥和秸秆还田均显著减少滨海盐碱地 $0 \sim$ 40 cm 含盐量，其中冬前秸秆还田效果最为显著，较有机肥处理少 $13.4\% \sim 18.9\%$。冬前秸秆还田起到更好的保水性以及土壤改良作用，有利于棉苗根系发育。

已有研究表明，秸秆还田通过改变作物的生长环境改善作物光合特性[9-10]，同时秸秆还田可以提高叶片叶绿素含量[11]；水稻方面的相关研究表明秸秆还田降低水稻生育前期的叶面积指数和干物质积累[12]。本研究表明，冬前秸秆还田处理较有机肥处理 Pn、Gs 以及 Fv/Fm、Fv/Fo、ΦPSII、ETR 和 qP 高 $4.4\% \sim 12.7\%$，Ci、Tr 和 NPQ 降低 $2.4\% \sim 5.1\%$；而有机肥处理下叶片光合特性显著优于播前秸秆还田处理。可见冬前秸秆还田方式更有利于盐碱地棉苗光合特性的改善。本研究表明有机肥和秸秆还田均显著增大叶片 SPAD 以及棉苗根冠比，冬前秸秆还田提高最为显著。在盐碱干旱等逆境条件下，冬前秸秆还田后棉苗叶面积指数和干物质积累均明显增加，干物质积累总量尤为明显，达到 46.3%，明显高于增施有机肥处理；产量高 3.8%；对产量构成因子分析表明，虽然有机肥处理在提高铃重方面效果明显，但是冬前秸秆还田在增加单株铃数方面更为明显。可见冬前秸秆还田有效的改良滨海盐碱地土壤并较好保持了土壤水分；更好促进根系生长，显著增加叶片叶绿素含量，从而改善了叶片光合特性，并明显增大叶面积和干物质积累量，增强棉花抗旱耐盐碱的适应性；这些都为棉花取得高产奠定了有利基础。

参考文献

[1] 杨劲松. 中国盐渍土研究的发展历程与展望 [J]. 土壤学报, 2008, 45 (5): 837-835.

[2] 中国农业科学院棉花研究所. 中国棉花栽培学 [M]. 上海: 上海科学技术出版社, 2013.

[3] 王久臣, 戴林, 田宜水, 等. 中国生物质能产业发展现状及趋势分析 [J]. 农业工程学报, 2007, 23 (9): 276-282.

[4] Rahmana M A, Chikushia J, Saifizzamanb M, et al. Rice straw mulching and nitrogen response of no-till wheat following rice in Bangladesh [J]. Field Crops Research, 2005, 91 (1): 71-81.

[5] 孙星, 刘勤, 王德建, 等. 长期秸秆还田对土壤肥力质量的影响 [J]. 土壤, 2007, 39 (5): 782-786.

[6] 杨志臣, 吕贻忠, 张凤荣. 秸秆还田和腐熟有机肥对水稻土培肥效果对比分析 [J]. 农业工程学报, 2008, 24 (3): 214-218.

[7] 王珍, 冯浩. 秸秆不同还田方式对土壤结构及土壤蒸发特性的影响 [J]. 水土保持学报, 2009, 23 (6): 224-229.

[8] 吴菲. 玉米秸秆连续多年还田对土壤理化性状和作物生长的影响 [D]. 北京: 中国农业大学, 2005.

[9] 徐萌, 张玉龙, 黄毅, 等. 秸秆还田对半干旱区农田土壤养分含量及玉米光合作用的影响 [J]. 干旱地区农业研究, 2012, 30 (4): 153-156.

[10] 高飞, 贾志宽, 路文涛, 等. 秸秆不同还田量对宁南旱区土壤水分、玉米生长及光合特性的影响 [J]. 生态学报, 2011, 31 (3): 777-783.

[11] 郑伟, 张静, 刘阳, 等. 低施肥条件下秸秆还田对冬小麦旗叶衰老的影响 [J]. 生态学报, 2009, 29 (9): 4 967-4 975.

[12] 徐国伟, 谈桂露, 王志琴, 等. 麦秸还田与实地氮肥管理对直播水稻生长的影响 [J]. 作物学报, 2009, 35 (4): 685-694.

[此文原刊载于《棉花学报》, 2015, 27 (3): 248-253]

河北低平原冬小麦长期咸水灌溉矿化度阈值研究

李　佳[1]，曹彩云[2]，郑春莲[2]，党红凯[2]，郭　丽[2]，马俊永[2]

(1. 南京农业大学公共管理学院；2. 河北省农林科学院旱作农业研究所/
河北省农作物抗旱研究重点实验室/农业部河北南部耕地保育科学观测实验站)

摘　要：在研究咸水灌溉对土壤和作物的影响过程中，对土壤盐分监测相对困难，而监测灌溉水的盐分更简单易行，但作物不同时期灌溉咸水的矿化度阈值较难确定。本文以2007—2015年在河北省衡水旱农节水试验站进行的长期咸水灌溉试验数据（灌溉水设置1、2、4、6和8 g·L^{-1}共5个矿化度；冬小麦生长期间灌溉3次水）为基础，以矿化度为1 g·L^{-1}灌溉水为淡水对照，调查不同处理小麦的相对出苗率、相对籽粒产量及土壤盐分等作物生长、产量和环境变化指标，并采用FAO分段函数方法，分析了石家庄8号冬小麦多年咸水灌溉的矿化度阈值及其影响因素。结果表明，采用4 g·L^{-1}和6 g·L^{-1}咸水灌溉，多年平均小麦出苗率相当于淡水的93.8%（$P>0.05$）和70.4%（$P<0.05$），多年平均产量相当于淡水灌溉的86.0%（$P<0.05$）和65.3%（$P<0.05$），用小于4 g·L^{-1}的咸水灌溉，籽粒产量（产量变化小于15%）和出苗率不是影响咸水灌溉矿化度阈值的限制因素。经计算冬小麦多年咸水灌溉矿化度阈值为2.14～3.95 g·L^{-1}，平均值为3.19 g·L^{-1}，变异系数为21.1%。综合考虑产量和土壤盐分累积风险确定河北低平原冬小麦长期灌溉咸水矿化度阈值为2.47 g·L^{-1}。矿化度阈值与播前1 m土壤盐分有一定负相关关系（相关系数-0.587），与淡水灌溉产量呈一定正相关关系（相关系数0.516）。土壤盐分累积风险分析结果表明，按照灌溉咸水矿化度与土壤平均盐分拟合的指数方程预测，采用2.47 g·L^{-1}咸水连续9年灌溉，0～20 cm耕层土壤未达到盐渍化水平（平均土壤盐分预测值0.98 g·kg^{-1}），而1 m土体出现轻度盐渍化（平均盐分含量预测值1.17 g·kg^{-1}），土壤盐分稍有累积，但未对冬小麦产量造成明显影响。由此来看，以2.47 g·L^{-1}咸水长期灌溉造成土壤严重盐渍化的风险较小。

关键词：河北低平原；冬小麦；咸水；长期灌溉；矿化度阈值

河北低平原是河北省重要的粮食生产基地，其中冬小麦面积和产量分别占河北省的45%和47%[1]，但该区淡水资源极度匮乏，单位面积水资源量不及全国平均数的1/9[2]。水资源量与作物配置严重不协调[3]，冬小麦生长期间降水较少，主要靠抽提地下水灌溉来满足水分需求，是造成该区地下水超采、形成大面积超采漏斗的主要诱因之一[4-5]。而另一方面虽然淡水资源极度紧缺，但该区分布着丰富的浅层微咸水资源尚未大规模开发利用。资料显示，以河北低平原区为主的河北平原区地下咸水总储存资源约为1 700亿 m^3，其中2～3 g·L^{-1}微咸水年可开采资源量为22.5亿 m^3，与区域总淡水资源量相当[6-7]。因此研究冬小麦咸水灌溉技术对缓解河北低平原缺水、减轻深层地下水超采具有重要意义。

作物耐盐阈值是指与淡水灌溉或非盐渍土相比产量不造成显著减产的灌溉水或土壤盐分含量的最高值[8]，是咸水灌溉及盐碱地改良技术的一个关键指标。以土壤盐分为基础的指标相对容易确定，因此大部分研究报道中阈值是以土壤盐分为指标的[9-10]，但田间土壤盐分监测较难，生产应用局限性大。以灌溉水盐分含量为基础（称为作物咸水灌溉的矿化度阈值），则监测容易，但指标确定困难。因为影响咸水灌溉效果的因素较多，如降雨、土壤质地、土壤基础盐分、灌溉制度等，并且短时间研究确定的矿化度阈值在应用中对未来土壤盐分累积的影响存在很大不确定性[11]。因此关于咸水矿化度阈值指标的报道较少，但该指标却是咸水灌溉技术生产应用中迫切需要的一个指标。特别是目前河北低平原大范围推广了咸淡混浇技术[12]，该技术标准是以固定的 2 g·L^{-1}作为咸淡水混合水矿化控制指标[13]，而许多发表的试验资料用了 2 g·L^{-1} 以上的咸水灌溉小麦，发现灌溉两年后 1 m 土体盐分变化可周年平衡，无积盐现象[14]；张永波等[15]对运城盆地湖区灌区的冬小麦咸水灌溉制度研究，用低于 7 g·L^{-1} 的咸水可以保证冬小麦正常出苗生长。这些研究与 2 g·L^{-1} 咸淡混合水控制标准出入很大。就小麦咸水灌溉的矿化度阈值研究方面，2004 年胡文明[16]在内蒙古乌拉特旗进行的咸水灌溉田间试验，设置 5 种梯度，确定的小麦耐盐阈值为 4.5 g·L^{-1}。吴忠东等[17]于 2002—2005 年在河北省南皮用淡水和 3 g·L^{-1}、4 g·L^{-1}、5 g·L^{-1}咸水进行冬小麦灌溉试验，认为 3 g·L^{-1}是该区小麦咸水灌溉的上限。目前在咸水矿化度阈值研究中的主要困难是需要长期咸水灌溉定位试验，才能较全面地估计各种阈值影响因素及土壤盐分累积风险，而主要存在的问题一是连续咸水灌溉定位试验研究时间较短，一般 2~3 年，超过5 年的研究不多[18-21]，二是矿化度设置不合理，有的设置梯度少或无梯度，有的进行阈值分析无淡水对照[22-23]，尤其是多梯度长时间咸水连续灌溉的研究更少。鉴于阈值影响因素的复杂性和咸水灌溉影响的长效性，咸水灌溉应用不当不仅会影响作物产量，而且会对土壤质量造成不良影响[24-26]。因此，系统设置矿化度梯度并开展长期的咸水连续灌溉定位试验，是研究作物咸水灌溉矿化度阈值的一个重要条件。本文以 2007—2015 年在河北低平原开展的长期咸水灌溉试验为基础，开展了冬小麦咸水灌溉的矿化度阈值、影响因素及土壤盐分累积风险研究，以期为区域浅层微咸水规模有效利用提供理论依据。

1 材料与方法

1.1 试验区概况

本研究在河北省农林科学院衡水旱农节水试验站进行，从 2006 年 10 月种植冬小麦开始连续进行咸水灌溉试验。该站地处河北低平原区，地势平坦，海拔高度为 21 m，地下水埋深在 7 m 左右，多年平均气温 12.8℃，日照时数为 2 509.4 h，无霜期 188 d，年平均降水量 512.5 mm，其中夏季 6—8 月占全年降水量的 70%左右，年蒸发量为 1 785.4 mm。土壤为黏质壤性脱盐土，试验初始（2006 年）土壤有机质含量 12.8 g·kg^{-1}，碱解氮 65.5 mg·kg^{-1}，速效磷 17.6 mg·kg^{-1}，速效钾 134 mg·kg^{-1}，0~20 cm 耕层土壤盐分 0.437 g·kg^{-1}，0~100 cm 土壤盐分 0.657 g·kg^{-1}。

1.2 试验设计

采用不同矿化度的咸水多年连续灌溉，矿化度处理包括 1（对照，CK）、2、4、6 和 8 g·L^{-1} 共 5 个水平，试验设 3 次重复，随机排列，种植制度为冬小麦—夏玉米一年两熟。冬小麦选用该区域的生产主栽品种石家庄 8 号，小区面积 57 m^2（9.5 m×6 m），小区之间设置隔离带，隔离带宽度 50 cm。冬小麦生育期一般浇 2～3 次水，即造墒水（若播前墒情较好，即 0～20 cm 土壤相对水分含量大于 70%，不再浇造墒水）、起身拔节水和扬花水。各处理灌溉用的不同矿化度咸水采用淡水与工业用盐配制而成，灌溉水离子组成见表 1。每次灌溉水量 60 mm，用水表控制。播前旋耕两次，深度 12～15 cm，未进行玉米秸秆还田。常规施肥，冬小麦播种前底施磷酸二铵（含 P$_2$O$_5$ 46% 和 N 18%）525 kg·hm^{-2}，春季结合第 1 次浇水追施尿素（含 N 46%）375 kg·hm^{-2}。冬小麦播种时间一般为每年 10 月 12—23 日，播量为 195～225 kg·hm^{-2}，收获时间为每年的 6 月 10—15 日。冬小麦采用 15 cm 等行距播种。试验年份冬小麦生长期降水情况见表 2。

表 1 试验用不同矿化度灌溉水的离子组成 （g·L^{-1}）

灌溉水矿化度	离子浓度						
	Ca^{2+}	Mg^{2+}	K$^+$	Na$^+$	SO$_4^{2-}$	HCO$_3^-$	Cl$^-$
1	1.43	1.61	0.15	10.73	5.88	1.04	7.63
2	1.71	3.19	0.18	25.62	10.32	1.11	21.45
4	2.00	4.60	0.20	56.44	16.91	1.21	47.27
6	2.33	5.78	0.20	87.84	23.34	1.31	73.58
8	2.79	6.26	0.256	119.97	30.14	1.44	100.04

表 2 2006—2015 年各试验年份冬小麦生育期降水情况 （mm）

年份	2006—2007 年	2007—2008 年	2008—2009 年	2009—2010 年	2010—2011 年	2011—2012 年	2012—2013 年	2013—2014 年	2014—2015 年	平均
降水量	110.5	152.7	124.7	96.5	61.7	131.6	104.2	128.4	147.7	117.6

1.3 测试项目及方法

相对出苗率：播后 3 周，按 1 m 两行，每小区分 3 个点，调查不同处理基本苗情况。再按淡水对照为 100%，计算不同咸水灌溉处理相对出苗率。

$$相对出苗率(\%) = N_t/N_{CK} \times 100 \tag{1}$$

式中：N_t 为不同处理基本苗数，N_{CK} 为淡水对照基本苗（×10^{4}株·hm^{-2}）。

相对生物量：成熟时每小区收获 3 m^2，风干后称重计算单位面积生物量。再按淡水对照为 100%，计算不同咸水灌溉处理相对生物量。

$$相对生物量(\%) = M_t/M_{CK} \times 100 \tag{2}$$

式中：M_t 为不同处理成熟期生物量 N_{CK} 为淡水对照成熟期生物量（kg·hm^{-2}）。

相对籽粒产量：冬小麦成熟时，每小区收获 3 m^2，人工脱粒，风干后称重计算单位产量。再以淡水对照为 100%，计算不同咸水灌溉处理相对籽粒量。

$$相对籽粒产量(\%) = Y_t / Y_{CK} \times 100 \tag{3}$$

式中：Y_t 为不同处理成熟期籽粒产量 Y_{CK} 为淡水对照成熟期籽粒产量（kg·hm^{-2}）。

土壤盐分：分别在播种前和收获时期，用土钻分层取土，每 20 cm 一个层次，取样深度至 1 m 深，每小区取 3 个点的混合样，土样风干后磨碎过筛，按照土水比 1：5 使用 DDS-11A 型电导率仪测得土壤盐分含量。

阈值计算：咸水灌溉的矿化度阈值计算采用 FAO 的分段函数模型[11]，根据每年冬小麦不同咸水灌溉处理的相对产量，计算各年冬小麦的咸水灌溉平均的矿化度阈值，即：

$$Y_r = 100 \quad (x \leq x_0) \tag{4}$$
$$Y_r = 100 - b(x - x_0) \quad (x > x_0) \tag{5}$$

式中：Y_r 为相对产量，b 是超过耐盐阈值的单位盐分产量降低率，x_0 是灌溉水盐分的矿化度阈值，x 是灌溉水矿化度（图 1）。

试验结果采用 SX 统计软件进行统计分析，采用 Microsoft Excel 进行作图及模拟分析。

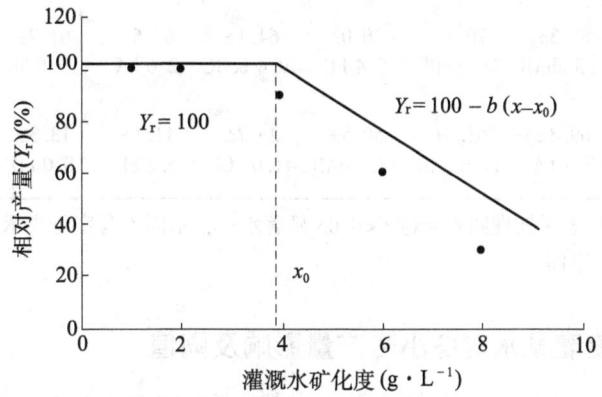

图 1　计算灌溉水矿化度阈值的分段函数模型各参数的物理意义

2　结果与分析

2.1　不同矿化度灌溉水灌溉对冬小麦出苗的影响

一般作物种子萌发和出苗期是对盐分比较敏感时期[27]。表 3 是 2007—2015 年石家庄 8 号冬小麦相对出苗率情况。结果表明随灌溉水矿化度增高，石家庄 8 号冬小麦的出苗率呈现明显降低趋势，但 2 g·L^{-1} 和 4 g·L^{-1} 咸水灌溉出苗率相当于淡水的 99.8%、93.8%，与淡水灌溉差异不显著。6 g·L^{-1} 咸水灌溉出苗率相当于淡水的 70.4%，与淡水灌溉及 4 g·L^{-1} 咸水灌溉差异均达到显著水平。8 g·L^{-1} 咸水灌溉出苗率相当淡水灌溉的 35.5%，与 6 g·L⁻¹ 咸水灌溉出苗率差异达到显著水平。这表明采用高于 4 g·L⁻¹ 咸水灌溉时，出苗率会受到明显抑制，低于 4 g·L⁻¹ 石家庄 8 号冬小麦出苗受影响不明显。并且 8 g·L⁻¹ 的高矿化度咸水灌溉石家庄 8 号冬小麦的出苗率经过一定时期的稳定后，会随灌溉年份增加有加速降低趋势，石家庄 8 号种植的前 4 年（2007—2011 年）出苗率相对稳定，为淡水出苗率的 49.6%～69.8%，到第 5 年明显降低到 23.7%，第 6 年及之后出苗率降低到淡水出苗率的 20% 以下，有的年份基本无苗。

表3   不同矿化度咸水灌溉各年冬小麦相对出苗率 （%）

矿化度 （g·L⁻¹）	2007— 2008 年	2008— 2009 年	2009— 2010 年	2010— 2011 年	2011— 2012 年	2012— 2013 年	2013— 2014 年	2014— 2015 年	平均
1	100.0± 12.0 aAB	100.0± 14.3 aA	100.0± 12.6 aAB	100.0± 4.2 aAB	100.0± 8.0 aAB	100.0± 2.8 aA	100.0± 8.0 aB	100.0± 8.8 aAB	100.0± 8.8 a
2	96.5± 7.6 aA	94.3± 11.1 aA	101.1± 6.0 aA	95.8± 7.0 aA	98.9± 10.7 aA	95.6± 7.5 aA	109.2± 12.8 aA	106.9± 8.8 aA	99.8± 5.5 a
4	94.1± 8.5 aABC	92.7± 5.2 aAB	86.3± 2.3 abBC	97.3± 2.8 aABC	88.4± 3.7 abABC	96.1± 5.3 aA	96.1± 18.3 aC	98.9± 17.5 aABC	93.8± 4.4 a
6	65.8± 8.0 bC	83.3± 9.3 abAB	70.4± 2.7 bcBC	70.0± 5.4 bC	64.1± 19.4 bcBC	87.6± 2.6 bA	61.7± 19.6 bC	60.4± 14.5 bC	70.4± 10.0 b
8	49.6± 15.4 bBC	69.8± 7.9 bA	63.8± 11.6 cAB	50.5± 18.2 cAB	23.7± 41.0 cCD	11.1± 5.2 cD	13.3± 8.0 cD	0.0 cD	35.5± 26.4 c

注：不同小写字母表示处理间差异达 P<0.05 显著水平，不同大写字母表示同一处理年际间差异达 P<0.05 显著水平。下同

2.2   不同矿化度灌溉水对冬小麦产量影响及阈值

表 4 中列出了 2007—2015 年冬小麦 8 个生长季不同矿化度咸水灌溉相对产量情况。从表 4 的结果来看，随灌溉水矿化度加大冬小麦产量整体呈降低趋势，2 g·L⁻¹ 咸水灌溉与淡水灌溉处理减产幅度仅 1.0%，与淡水灌溉产量差异不显著；4 g·L⁻¹ 咸水灌溉产量相当于淡水灌溉的 86.0%，平均减产 14.0%，与淡水灌溉及 2 g·L⁻¹ 咸水灌溉处理相比产量差异均达到显著水平。6 g·L⁻¹ 咸水灌溉产量相当淡水灌溉的 65.3%，平均减产 34.7%，与淡水灌溉及 4 g·L⁻¹ 咸水灌溉相比产量差异均达到显著水平。8 g·L⁻¹ 咸水灌溉产量相当于淡水灌溉的 29.3%，平均减产 70.7%，与淡水灌溉及 6 g·L⁻¹ 咸水灌溉相比产量差异均达到显著水平。随灌溉水矿化度升高，较淡水灌溉减产幅度呈现快速加大的趋势，2 g·L⁻¹、4 g·L⁻¹、6 g·L⁻¹ 和 8 g·L⁻¹ 相对于淡水的减产幅度分别为 1.0%、14.0%、34.7% 和 70.7%，并且 8 g·L⁻¹ 咸水灌溉有的年份出现绝产。一般用 4 g·L⁻¹ 以下微咸水灌溉较淡水灌溉减产不超过 15%，而用 6 g·L⁻¹ 咸水灌溉仍可获得

相对淡水灌溉 65% 的产量。

表4 不同矿化度咸水灌溉逐年冬小麦相对产量和咸水矿化度阈值　　　（%）

矿化度 （g·L⁻¹）	2007— 2008 年	2008— 2009 年	2009— 2010 年	2010— 2011 年	2011— 2012 年	2012— 2013 年	2013— 2014 年	2014— 2015 年	平均
1	100.0± 3.2 aB	100.0± 2.8 aA	100.0± 0.9 aAB	100.0± 9.1 aE	100.0± 12.1 abD	100.0± 5.6 aC	100.0± 7.6 aD	100.0± 7.4 aD	100.0± 17.0 a
2	103.0± 12.4 abB	100.3± 1.3 aA	99.5± 1.8 aAB	95.2± 4.6 aE	105.7± 4.1 aCD	97.1± 5.3 aC	98.6± 4.9 aD	91.5± 2.8 aD	99.0± 4.2 a
4	92.8± 7.5 abAB	90.4± 7.2 abA	91.8± 5.9 abA	69.1± 4.2 bD	90.8± 9.2 abC	93.7± 3.6 aB	80.0± 1.4 bC	79.0± 9.6 bC	86.0± 8.3 b
6	83.2± 14.8 bA	87.8± 1.3 bA	72.5± 3.4 bA	48.0± 6.1 cD	77.1± 14.9 bB	57.6± 8.0 bBC	51.4± 19.3 cCD	30.5± 0.9 cD	65.3± 19.9 c
8	54.7± 8.4 cAB	68.5± 10.5 cA	42.2± 1.7 cBC	0.0 dE	14.3± 24.7 cDE	20.0± 34.7 cDE	33.3± 8.7 dCD	0.0 dE	29.3± 23.5 d
阈值 （g·L⁻¹）	3.58	3.08	3.83	2.47	3.95	3.67	2.14	2.78	3.19±0.7

利用分段函数模型计算的试验各年度的咸水灌溉矿化度阈值表明，冬小麦多年长期咸水灌溉试验的矿化度阈值变化范围为 2.14～3.95 g·L⁻¹，平均值为（3.19±0.7）g·L⁻¹，最高值年份与最低值年份差值达 1.81 g·L⁻¹，变异系数为 21.1%。另外，冬小麦以灌溉咸水的矿化度表示的阈值不是一个稳定值，其数值在年度间波动较大。但试验 8 年的阈值均在 2.14 g·L⁻¹以上，其中 7 年即 87.5% 的几率阈值在 2.47 g·L⁻¹以上（表4）。这表示在河北低平原区，冬小麦如果用 2.14 g·L⁻¹微咸水灌溉与淡水灌溉产量均不会造成明显减产，如果用 2.47 g·L⁻¹微咸水灌溉，则有 12.5% 的几率或者说 8 年中有 1 年会有较淡水灌溉产量降低的风险。进一步分析，按照 2014 年的 2.14 g·L⁻¹阈值，如果采用 2.47 g·L⁻¹咸水灌溉，超出阈值盐分 0.33 g·L⁻¹，按照 2014 年获得的分段函数测算，将较淡水灌溉减产 3.9%，减产幅度很小，因此可将 2.47 g·L⁻¹作为河北低平原区石家庄 8 号冬小麦的咸水灌溉阈值。

2.3 冬小麦咸水灌溉矿化度阈值影响因素分析

为了研究冬小麦咸水灌溉矿化度阈值年际变化的影响因素，将冬小麦咸水灌溉的矿化度阈值与降雨、淡水灌溉对照的产量，以及播前 0～20 cm 和 0～100 cm 土体土壤盐分进行了相关分析。结果表明，在灌溉条件下，冬小麦的咸水灌溉矿化度阈值与生育期降水呈正相关，但未达显著水平，相关系数为 0.141；与播前 0～20 cm 耕层土壤盐分呈负相关，相关系数 -0.213，未达显著水平；与播前 1 m 土体土壤盐分相关系数为 -0.587，未达显著水平，但较耕层土壤盐分相关明显；与淡水灌溉的对照产量相关系数为 0.516，未达到显著水平，但较降雨和播前耕层土壤影响要大（表5）。说明土体中累积的盐分会降低冬小麦对咸水灌溉的耐盐能力；淡水对照产量与冬小麦咸水灌溉矿化度阈值有一定正影响，利于冬小麦增产的环境条件在一定程度上可以提高冬小麦的耐盐能力。

表 5 不同年份咸水灌溉矿化度阈值、降雨、淡水小麦产量和土壤盐分的相关系数

指标	测定结果								与矿化度阈值的相关系数
	2008 年	2009 年	2010 年	2011 年	2012 年	2013 年	2014 年	2015 年	
矿化度阈值	3.58	3.08	3.83	2.47	3.95	3.67	2.14	2.78	—
对照产量 (kg·hm^{-2})	451.4± 14.2	449.5± 13.9	409.3± 4.0	300.2± 27.4	351.5± 41.8	394.5± 22.4	336.7± 26.1	372.4± 26.5	0.516
生育期降雨 (mm)	152.7	124.7	96.5	61.7	131.6	104.2	128.4	147.7	0.141
播前耕层土壤盐分 (g·kg^{-1})	1.4	1.0	0.6	0.8	1.1	0.7	1.0	1.9	-0.213
播前 1 m 土体盐分 (g·kg^{-1})	1.5	1.1	1.0	1.5	1.6	1.3	2.0	2.1	-0.587

注：灌溉水矿化度阈值与各指标的相关性均未达显著水平

2.4 按矿化度阈值管理长期灌溉咸水土壤盐分累积风险分析

咸水灌溉会带来土壤盐分累积，从咸水灌溉矿化度阈值影响因素来看，1 m 土体盐分对阈值有一定负面影响。因此如果按作物产量计算的咸水矿化度阈值长期灌溉冬小麦，土壤盐分累积风险是一个需要考虑的重要问题。表 6 是根据 2007—2015 年长期不同咸水灌溉处理各年度冬小麦播种前与收获后 0～20 cm 耕层和 0～100 cm 土体土壤盐分的平均盐分含量与变异系数。结果表明，不同矿化度咸水灌溉引起土壤盐分的累积不同，灌溉水矿化度越大土壤盐分累积越多，年际间变化幅度越大；而较低矿化度咸水灌溉土壤盐分累积量和年际变化幅度都较小。多年利用 1（淡水）、2、4、6 及 8 g·L^{-1}咸水进行灌溉的 0～20 cm 土层平均土壤盐分含量分别为 0.66、0.88、1.39、2.80 和 4.48 g·kg^{-1}，年际间变异系数分别为 30.8%、42.1%、55.8%、64.1%和 56.0%。虽然用不同程度咸水灌溉均提高了 0～20 cm 土壤盐分含量，但 2 g·L^{-1}矿化度处理耕层土壤盐分小于 0.1 g·kg^{-1}，根据盐渍土分类标准小于 1 g·kg^{-1}属于非盐渍土。4 g·L^{-1}咸水灌溉后耕层土壤盐分为 1～2 g·kg^{-1}，达轻度盐渍土标准。6 g·L^{-1}以上咸水灌溉耕层土壤盐分则大于 2 g·kg^{-1}，为盐渍土。各处理 0～100 cm 土体平均土壤盐分分别为 0.87、1.08、1.60、2.35 和 3.37 g·kg^{-1}，对应年际间变异系数分别为 19.4%、26.8%、34.6%、44.2%和 40.9%，按照盐渍土分类标准[28]，2 g·L^{-1}和 4 g·L^{-1}咸水灌溉，1 m 土体均出现 1～2 g·kg^{-1}范畴的轻度土壤盐渍化。

表 6 不同矿化度咸水长期灌溉条件下平均土壤盐分及年际变异系数（2006—2015 年）

矿化度 (g·L^{-1})	0～20 cm		0～100 cm	
	土壤盐分 (g·kg^{-1})	变异系数 (%)	土壤盐分 (g·kg^{-1})	变异系数 (%)
1	0.66	30.8	0.87	19.4
2	0.88	42.1	1.08	26.8

（续表）

矿化度（g·L^{-1}）	0～20 cm		0～100 cm	
	土壤盐分（g·kg^{-1}）	变异系数（%）	土壤盐分（g·kg^{-1}）	变异系数（%）
4	1.39	55.8	1.60	34.6
6	2.80	64.1	2.35	44.2
8	4.48	56.0	3.37	40.9

为了从土壤盐分的角度评估该阈值长期应用对土壤环境的风险，进一步评估了按冬小麦咸水灌溉的矿化度阈值长期灌溉对土壤盐分水平的影响，分析土壤盐分含量与灌溉水矿化度的关系，将平均土壤盐分含量与灌溉水矿化度进行回归分析。从表7的分析结果可以看出，无论0～20 cm耕层土壤盐分还是0～100 cm土体盐分，与灌溉水盐分含量有很好的线性关系，线性模型决定系数分别达0.94（0～20 cm）和0.97（0～100 cm），但采用指数模型则能更好地描述灌溉水盐分含量与土壤盐分累积的关系。指数模型拟合0～20 cm土壤盐分决定系数达0.99，0～100 cm土壤盐分决定系数达到0.999，分别较线性模型提高5.5%和2.4%。采用指数模型更能反映灌溉水和土壤盐分累积的特点，即低矿化度时盐分累积少，而随灌溉水盐分增加土壤盐分累积呈指数形式快速增加，而不是如线性模型描述的那样不管灌溉水盐分高低，土壤盐分随灌溉水盐分成一定比例增加。采用指数模型估算冬小麦矿化度阈值2.47 g·L^{-1}对应的0～20 cm耕层平均土壤盐分值为0.98 g·kg^{-1}，属于非盐渍土；而0～100 cm对应的平均土壤盐分为1.17 g·kg^{-1}，为轻度盐渍化。从多年咸水灌溉试验结果分析，在河北低平原按照冬小麦矿化度阈值为2.47 g·L^{-1}咸水长期灌溉，土壤发生盐渍化的风险较低。因此无论从冬小麦产量还是土壤盐分累计状况来看，该矿化度可以作为河北低平原区冬小麦长期咸灌的矿化度阈值。

表7 不同盐分含量灌溉水长期灌溉下土壤盐分含量变化拟合方程（2006—2015年）

土层（cm）	模型	方程	R^2	n
0～20	线性	$y = 0.541x - 0.229$	0.940 4*	9
	指数	$y = 0.496\,e^{0.277\,4x}$	0.995 6*	9
0～100	线性	$y = 0.353x + 0.371$	0.975 5*	9
	指数	$y = 0.727\,e^{0.193\,9x}$	0.999 2*	9

注：*表示在0.05水平上差异显著

3　讨　论

本研究以9年8季小麦产量，5个矿化度梯度处理的冬小麦连续长期咸水灌溉试验数据为基础，计算了各年度的冬小麦咸水灌溉矿化度阈值，揭示了其年际的波动情况。发现其年际间波动较大，最大与最小年份阈值相差1.81 g·L^{-1}，幅度达84.6%，这是短期研究较难发现的一个情况。该研究体现了系统设计的咸水矿化度梯度和较长期的定位试验在作物矿化度阈值研究中的重要意义。本文根据多年产量计算的冬小麦灌溉咸水的矿化度阈值为 3.19 g·L^{-1}，经风险分析后确定的阈值为 2.47 g·L^{-1}。该值较目前应用的咸淡混浇混合水 2 g·L^{-1} 的矿化度标准提高了 23.5%。FAO 资料中小麦灌溉咸水的矿化度阈值为 4 dS·cm^{-1}，按照经验公式计算其盐分含量约为 2.56 g·L^{-1}[29]，该值与本研究确定的阈值很接近。吴忠东等[17]在河北南皮根据土壤盐分累积及小麦产量研究结果，认为 3 g·L^{-1} 是该区小麦咸水灌溉矿化度最高浓度，该值与本研究的多年平均矿化度阈值接近。

在小麦咸水灌溉矿化度阈值影响因素研究中，我们发现小麦咸水灌溉矿化度与对照产量有一定程度正相关，因为阈值是按相对产量进行计算，而相对产量是以对照做分母的，因此相对产量与对照产量（分母）是反相关关系。而矿化度阈值与对照产量正相关这一结果反映了另一个事实，即咸水灌溉对环境更敏感，对小麦生产不利的环境条件对咸水灌溉小麦产生的不良影响较淡水灌溉小麦更严重。这也说明采取积极的增产措施，可促进小麦耐盐能力的提高。在咸水灌溉矿化度阈值影响因素中，播前 1 m 土体盐分较耕层土壤盐分对矿化度阈值的影响更大，反映了播前造墒对盐分向下的淋洗有较好效果。播前造墒后 0~100 cm 土体接受造墒灌溉对耕层盐分的淋溶，所以播前耕层土壤（0~20 cm）对阈值的影响反而不如 0~100 cm 土体大。另一方面也说明，咸水灌溉盐分在土体中的累积，会影响耐盐阈值及灌溉咸水的适宜矿化度。

冬小麦灌溉咸水的矿化度阈值理论上是以淡水做对照，与淡水灌溉相比产量不会造成减产的最高灌溉水含盐量。在实际应用中需要注意以下问题。

（1）本文的阈值对咸淡混浇或者单纯咸水灌溉有较好的参考意义，但当采用咸淡水交替灌溉方式进行咸水补充灌溉时，不同灌溉时期适用的咸水浓度阈值还需要参考冬小麦不同生育阶段的耐盐阈值，因为作物不同生育时期对盐分敏感程度差异较大[30]，而本文的阈值只是一个综合值。一般来说采用咸淡水交替方式进行咸水补充灌溉时，咸水灌溉的时期一般是冬小麦耐盐能力较强的时期，而且还有淡水淋洗条件，因此补灌咸水的阈值一般要较本文的综合阈值要高。

（2）用高于该阈值的咸水灌溉与用淡水相比可能会造成一定幅度的减产，但并不是绝对不能用，许多研究表明采用 3 g·L^{-1} 以上咸水灌溉较不灌溉的旱地会有很大幅度的增产[31-32]。

本文对咸水矿化度阈值的研究相对以往的多数研究跨度时间长，与短时间的研究结果相比，反映出的阈值波动范围更大，由于影响咸水灌溉效果的因素十分复杂[33-35]，本研究的影响因子中未找出造成波动的显著影响因素，今后需要进一步加强这方面的深入研究。

4 结 论

按照分段函数模型计算的河北低平原石家庄 8 号冬小麦多年咸水灌溉矿化度阈值为 2.14~3.95 g·L^{-1}，平均值为 3.19 g·L^{-1}，年际间波动明显，变异系数为 21.1%。根据产量和土壤盐分综合考虑最终估算确定的阈值为 2.47 g·L^{-1}。

造成咸水灌溉矿化度阈值年际间波动的主要因素为播前 1 m 土体土壤盐分和淡水对照产量，灌溉咸水矿化度阈值与 1 m 土体盐分有一定负相关关系（相关系数-0.587），与淡水对照产量呈一定正相关关系（相关系数 0.516）。

采用 2.47 g·L^{-1} 咸水连续 9 年灌溉，0～20 cm 耕层土壤未达到盐渍化水平（平均土壤盐分 0.98 g·kg^{-1}），而 1 m 土体出现轻度盐渍化（平均盐分含量 1.17 g·kg^{-1}），土壤盐分稍有累积，但未对冬小麦产量造成明显影响。

参考文献

[1] 王慧军. 河北省粮食综合生产能力研究 [M]. 石家庄：河北科学技术出版社，2010.

[2] 陶佩君，王娜，周志军，等. 河北省黑龙港地区农业节水技术及其应用选择分析 [J]. 农业科技管理，2008，27（2）：34-37.

[3] 张光辉，费宇红，刘春华，等. 华北平原灌溉用水强度与地下水承载力适应性状况 [J]. 农业工程学报，2013，29（1）：1-10.

[4] 张光辉，刘中培，费宇红，等. 华北平原区域水资源特征与作物布局结构适应性研究 [J]. 地球学报，2010，31（1）：17-22.

[5] 刘中培，张光辉，严明疆，等. 石家庄平原区粮食施肥增产对地下水开采量演变影响研究 [J]. 中国生态农业学报，2012，20（1）：111-115.

[6] 陈望和. 河北地下水 [M]. 北京：地震出版社，1999.

[7] 张亚哲，申建梅，王莹，等. 河北平原地下（微）咸水的分布特征及开发利用 [J]. 农业环境与发展，2009，26（6）：29-33.

[8] Tanji K K, Kielen N C. Agricultural Drainage Water Management in Arid and Semiarid Areas. FAO Irrigation and Drainage Paper 61 [M]. Rome：Food and Agriculture Organization of the United Nations, 2002.

[9] 郭永辰. 黑龙港地区浅层地下咸水利用的研究 [J]. 灌溉排水，1992，11（4）：14-19.

[10] 张妙仙，王仰仁，王仲熊. 山西省涑水河盆地小麦棉花耐盐度方程 [J]. 土壤侵蚀与水土保持学报，1999，5（6）：123-126.

[11] Rhoades J D, Kandiah A, Mashali A M. The Use of Saline Waters for Crop Production—FAO Irrigation and Drainage Paper 48 [M]. Rome：Food and Agriculture Organization of the United Nations, 1992.

[12] 王媛媛. 浅议咸淡水混浇技术的应用 [J]. 地下水，2004，26（3）：210-211.

[13] 河北省质量技术监督局. DB13/T 928—2008 咸淡水混合灌溉工程技术规范 [S]. 北京：中国标准出版社，2008.

[14] 逄焕成，杨劲松，严惠峻. 微咸水灌溉对土壤盐分和作物产量影响研究 [J]. 植物营养与肥料学报，2004，10（6）：599-603.

[15] 张永波，时红. 冬小麦高产咸水灌溉制度的田间试验研究 [J]. 农业工程学报，2000，16（1）：44-47.

[16] 胡文明. 微咸水灌溉对作物生长影响的试验研究 [J]. 灌溉排水学报，2007，26（1）：86-88.

[17] 吴忠东，王全九. 微咸水混灌对土壤理化性质及冬小麦产量的影响 [J]. 农业工程学报，2008，24（6）：69-73.

[18] 郭会荣，靳孟贵，高云福．冬小麦田咸水灌溉与土壤盐分调控试验［J］．地质科技情报，2002，21（1）：61-65.

[19] 李庆朝．微咸水灌溉对小麦、玉米等农作物的影响［J］．安庆师范学院学报（自然科学版），2003，9（2）：37-40.

[20] 毛振强，宇振荣，马永良．微咸水灌溉对土壤盐分及冬小麦和夏玉米产量的影响［J］．中国农业大学学报，2003，8（S）：20-25.

[21] 吴忠东，王全九．微咸水连续灌溉对冬小麦产量和土壤理化性质的影响［J］．农业机械学报，2010，41（9）：36-43.

[22] 邵玉翠，李悦，盛福昆，等．浅层咸水灌溉对冬小麦和土壤安全性的研究［J］．生态环境，2006，15（6）：1 241-1 245.

[23] 叶海燕，王全九，刘小京．冬小麦微咸水灌溉制度的研究［J］．农业工程学报，2005，21（9）：27-32.

[24] 肖振华，万洪富，郑莲芬．灌溉水质对土壤化学特征和作物生长的影响［J］．土壤学报，1997，34（3）：272-285.

[25] 冯棣，张俊鹏，孙池涛，等．长期咸水灌溉对土壤理化性质和土壤酶活性的影响［J］．水土保持学报，2014，28（3）：171-176.

[26] 乔玉辉，宇振荣．河北省曲周盐渍化地区微咸水灌溉对土壤环境效应的影响［J］．农业工程学报，2003，19（2）：75-79.

[27] Maas E V, Hoffman G J. Crop salt tolerance—Current assessment［J］. Journal of the Irrigation and Drainage Division, 1977, 103：115-134.

[28] 王遵亲，祝寿泉，俞仁培．中国盐渍土［M］．北京：科学出版社，1993.

[29] Ayers R S, Westcot D W. Water Quality for Agriculture［R］. FAO Irrigation and Drainage Paper. Rome：Food and Agriculture Organization of the United Nations，1985.

[30] FAO. Irrigation scheduling：From theory to practice［C］// Proceedings of the ICID/FAO Workshop on Irrigation Scheduling. Rome, Italy：FAO，1995.

[31] 陈素英，张喜英，邵立威，等．微咸水非充分灌溉对冬小麦生长发育及夏玉米产量的影响［J］．中国生态农业学报，2011，19（3）：579-585.

[32] 张余良，邵玉翠，严晔端，等．微咸水灌溉农作物生长的改善技术研究［J］．农业环境科学学报，2006，25（S）：295-300.

[33] Qadir M, Oster J D. Crop and irrigation management strategies for saline-sodic soils and waters aimed at environmentally sustainable agriculture［J］. Science of The Total Environment, 2004, 323（1/3）：1-19.

[34] 陈丽娟，冯起，王昱，等．微咸水灌溉条件下含黏土夹层土壤的水盐运移规律［J］．农业工程学报，2012，28（8）：44-51.

[35] 陈德明，俞仁培．作物相对耐盐性的研究 II．不同栽培作物耐盐性的差异［J］．土壤学报，1996，33（2）：121-128.

［此文原刊载于《中国生态农业学报》，2016，24（5）：643-651］

滨海低平原干旱区全膜覆土穴播冬小麦田水热特征和产量效应

巨兆强，董宝娣，孙宏勇，刘小京

（中国科学院遗传与发育生物学研究所农业资源研究中心）

摘　要：为研究全膜覆土穴播栽培技术在环渤海低平原区对冬小麦田土壤水分盐分温度、热量状况和冬小麦产量的影响，采用田间试验法，于2014—2015年在中国科学院南皮生态农业试验站，设置全膜覆土穴播（PM）和常规旋耕播种（CK）冬小麦试验，定位监测了耕层土壤温度、水分、盐分和热通量数据动态，并分析了冬小麦产量。结果表明：PM在越冬期和返青期可以有效保持土壤水分，平均土壤含水量比 CK 高 16.4%，达显著性差异（$P<0.05$）。但是，覆膜也阻隔了后期降水对土壤水分的补充，最大含水量差异可达10.0%。PM 处理 10 cm 深土壤日均温度始终高于 CK 处理，平均增幅 3.8%，差异不显著（$P>0.05$）；同时，PM 减小了土壤温度日较差 0.5 ℃。PM 有利于土壤吸收和储存热量，白天具有较高的向下地面热通量，日均土壤热通量比 CK 显著增加数倍。温度和热通量变化均表明覆膜增强了土壤抵御外界温度变化的能力。PM 的土壤电导率显著低于 CK 24.2%（$P<0.05$），特别是在春季返盐期，PM 的土壤电导率比 CK 降低 39.7%。PM 较 CK 增加了冬小麦穗粒数和千粒重，增产 10.4%，但均未达显著水平。因此，全膜覆土穴播冬小麦栽培技术能改善土壤水热状况，降低土壤盐分对小麦的危害，这为全膜覆土穴播冬小麦栽培技术在环渤海低平原干旱区农业生产中的应用提供理论与技术支持。

关键词：全膜覆土；穴播；土壤水分；土壤盐分；土壤热通量；冬小麦

环渤海低平原地区光热资源充足，土地资源丰富，是河北省实施沿海发展战略前沿区和潜在粮食增产区。冬小麦播种面积 73.4 万 hm^2，是该区主要的粮食作物。但是，该地区淡水资源匮乏，降水量分布不均导致季节性干旱缺水，自然降水与冬小麦生长需水规律不吻合[1-2]；同时，冬小麦易受春季土壤返盐和低温等因素影响，产量长期低而不稳[3-5]。因此，寻求有效措施来有效保蓄和利用降水、改善春季土壤热量状况和抑制土壤返盐，以及提高作物产量已成为该区小麦增产的关键。

许多研究表明，旱区地膜覆盖可以减少土壤蒸发损失[6-8]，提高作物的水分和养分利用效率[9-11]，增加作物产量[12-14]；同时，地膜覆盖具有提高土壤温度和降低盐碱危害的作用[7,9]。但是，有些研究表明覆膜小麦生长后期易受到高温胁迫导致早衰和减产[15-17]。另一些研究表明，覆膜作物会加剧土壤水分消耗，因此作物产量的提高是建立在高耗水基础上的[17-20]；而且覆膜对作物耗水量的影响在不同地区存在着差异性[21-23]。

近年来，全膜覆土穴播作为一项综合集雨抑蒸和充分利用光热资源的高效旱作小麦栽培技术，保墒、提高水分利用率及作物增产效果显著，在中国西北地区已经得到大面积推广应用[9,12,14,17,21]。目前，关于全膜覆土穴播小麦栽培技术的研究主要集中在保墒增温、作物耗水规律和产量效应等方面，对于该技术在环渤海低平原区对冬小麦田土壤水分盐分的影响，以及如何影响土壤温度和热量状况的研究较少，全膜覆土穴播冬小麦技术在环渤海低平原区的适应性还需进一步深入探讨。为此，本研究在环渤海低平原区的中国科学院南皮生态农业试验站开展全膜覆土穴播冬小麦栽培技术研究，依据观测的土壤温湿度和热通量数据，分析全膜覆土穴播冬小麦技术如何影响冬小麦田土壤温度和热量状况，以期为全膜覆土穴播冬小麦田的水热效应观测和评价提供理论依据。同时，本研究也可为构建环渤海低平原区冬小麦高产栽培模式和挖掘中低产区粮食增产潜力提供参考。

1 材料与方法

1.1 试验区概况

试验于 2014—2015 年在中国科学院南皮生态农业试验站进行。该站地处 N38°06′，E116°40′，海拔 20 m 以下。年平均气温 13.4 ℃，≥10 ℃年平均积温 4 600 ℃，年平均日照时数 2 318 h，水面蒸发量 1 500~1 800 mm。该试验区属近滨海的干旱缺水盐渍化类型，多年平均降水量为 572.5 mm，主要集中在 6—8 月（421.5 mm），约占全年总降水量的 73.6%；无地面水灌溉条件，浅层地下咸水资源丰富，地下水埋深为 5~7 m。

耕地土壤为轻壤质潮土，耕层土壤含盐量 1.08~1.15 g·kg^{-1}，为轻度盐渍化土壤，具有明显的季节性积盐或脱盐现象；土壤容重为 1.42 g·cm^{-3}，平均田间持水量为 34.2%；耕层土壤有机质 10~12 g·kg^{-1}，有效氮、磷和钾分别为 98 mg·kg^{-1}、15 mg·kg^{-1} 和 100 mg·kg^{-1}。

1.2 田间试验设计

采用田间试验法，设冬小麦全膜覆土穴播（PM）和常规旋耕播种（CK）两种种植方式，每个处理的小区面积分别是 240 m^2，没有重复。全膜覆土穴播：夏玉米收获后，采用小麦全膜覆土播种一体机（2MXF-120 型）实施操作，一次性完成旋耕、镇压、铺膜、覆土、播种，播种量 112.5 kg·hm^{-2}，穴距 12 cm，行距 20 cm，膜面覆土 1 cm；常规旋耕播种：播种量 225 kg·hm^{-2}，行距 15 cm。各处理施肥量为 25 kg 磷酸二铵（N：P$_2$O$_5$：K$_2$O=18：46：0），均在冬小麦播前作底肥一次施入。冬小麦于 2014 年 10 月 20 日播种，供试小麦品种为小偃81，2015 年 6 月 10 日收获。

1.3 测定项目和方法

土壤水分、温度和电导率：2014 年 10 月冬小麦播种出苗后，在小麦行间中心的 5 cm 和 10 cm 土深处均埋设土壤温度盐分湿度传感器（CS650 Soil Water Content Reflectometers，Campbell Inc.，美国）。该传感器可以同时测定土壤含水量、温度和表观电导率，通过数据采集仪（CR1000，Campbell Inc.，美国）控制和获取，数据采集间隔为

2 h。

土壤热通量：在土壤温度盐分湿度传感器旁边土深 7.5 cm 处安装土壤热通量板（HFP01，Hukseflux soil heat flux plate，荷兰），同样连接 CR1000 数据采集仪获取数据，数据采集间隔为 30 min。

冬小麦产量：小麦成熟时，在每个处理中央随机选取 2 m² 样点，4 次重复，收获、脱粒计产，4 次重复的平均值代表实际产量；并调查每处理 1 m 双行小麦的穗数；各处理随机选择 20 穗小麦考种，测定穗粒数和千粒重。

数据处理方法：采用 Microsoft Excel 2003 和 SPSS 16.0 软件对数据进行统计分析，并用 LSD 法进行产量和各要素差异显著性比较。

2 结果与分析

2.1 全膜覆土穴播对冬小麦田土壤水分的影响

图 1 是冬小麦行间中心 10 cm 土层含水量随时间和降水量的变化。两种处理下的土壤表层含水量变化趋势基本一致。但是在不同生育期内土壤含水量表现不同。越冬期和返青期，全膜覆土穴播处理的平均土壤含水量为 14.8%，显著高于常规旋耕播种处理的 12.7%（$P<0.05$）；表明全膜覆土穴播处理对保持土壤水分可以起到较好的效果。返青期后降水导致土壤含水量快速增加，然后土壤含水量逐渐下降，常规旋耕播种处理上升和下降的幅度均大于全膜覆土穴播处理；常规旋耕播种处理土壤含水量显著高于全膜覆土穴播处理，尤其是降雨后含水量差异可达 10.0%；这表明覆膜阻隔了降水对土壤水分的入渗补充。而至冬小麦生育后期（孕穗期至收获期）处理间差异不明显，这与成熟期小麦耗水减弱和冠层覆盖地面蒸发减少有关。

2.2 全膜覆土穴播对冬小麦田土壤温度和热通量的影响

图 2 是冬小麦行间中心 10 cm 土层温度的动态变化。两处理土壤日平均温度变化总体趋势相同。全膜覆土穴播处理 10 cm 深土壤日平均温度始终高于常规旋耕播种处理，冬小麦全生育期平均高 1.5 ℃（$P>0.05$），特别是在冬小麦越冬期（2014 年 12 月至 2015 年 2 月中旬）。但是在冬小麦生长后期（3 月中旬后），处理间温度差异缩小，全膜覆土穴播处理土壤温度仅比常规旋耕播种处理高 0.3 ℃。表明在冬小麦生育前期全膜覆土穴播一定程度上提高土壤温度，利于冬小麦的生长。

在冬小麦整个生育期内，全膜覆土穴播处理土壤的日最高温度比常规旋耕播种处理低 0.8 ℃，而日最低温度高 0.3 ℃，结合日最高温度与日最低温度，发现常规旋耕播种处理显著扩大了土壤日较差，但处理间差异随生育期的推进逐渐缩小。

土壤热通量是地气能量交换研究和陆面能量过程模拟的基础[24-25]。热通量正值表示热量向下传输，负值表示热量向上传输。全膜覆土穴播处理的日均土壤热通量显著高于常规旋耕播种处理（图 3），全生育期土壤热通量平均值为 13.4 W·m⁻²，比常规旋耕播种处理高 14.8 W·m⁻²，表明覆膜有利于土壤吸收和储存热量。图 3 内小图为 4 月 13 日的 7.5 cm 土层的土壤热通量。全膜覆土穴播处理与常规旋耕播种处理 7.5 cm 土层

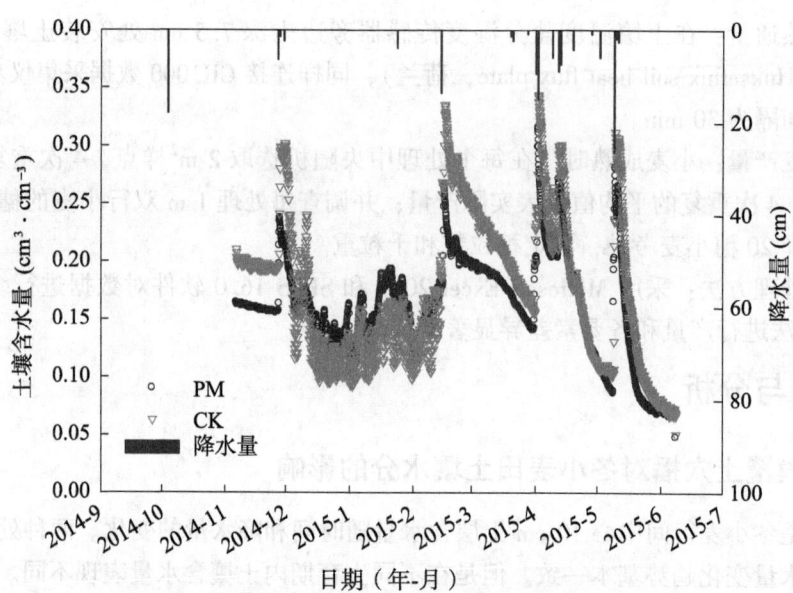

图 1　全膜覆土穴播处理下冬小麦 10 cm 深土壤含水量随时间和降水量的变化

PM：全膜覆土穴播；CK：常规旋耕播种。下同

热通量差异显著（$P<0.05$），在热传输较高的中午（11：00—14：00）常规旋耕播种处理土壤热通量仅为全膜覆土穴播处理 45%～60%。从时间相位上看，常规旋耕播种处理土壤热通量达到峰值的时间滞后于全膜覆土穴播处理约 0.5 h。说明全膜覆土穴播处理白天具有较高的向下地面热通量，常规旋耕播种处理夜间具有较高的向上地面热通量，覆膜增强了土壤抵御外界温度变化的能力。

2.3　全膜覆土穴播对冬小麦田土壤盐分的影响

图 4 是冬小麦行间中心 10 cm 土层电导率随时间的变化，两种处理下的土壤表观电导率动态变化趋势基本一致，但是在整个生育期内常规旋耕播种处理的土壤电导率高于全膜覆土穴播处理 31.9%，差异达到显著性（$P<0.05$），尤其是春季返盐期（2015 年 2 月中旬至 3 月下旬），差异高达 65.8%。返青期以后（2015 年 2 月中旬），全膜覆土穴播处理的土壤电导率最低，并没有随气温增加而产生返盐现象。可见，覆膜处理能够有效抑制土壤返盐，防止盐害对冬小麦生长产生危害。

2.4　全膜覆土穴播对冬小麦产量的影响

全膜覆土穴播和常规旋耕播种冬小麦的产量及其构成要素列于表 1。全膜覆土穴播处理的穗粒数和千粒重均高于常规旋耕播种播种，分别增加 9.8% 和 4.4%，差异未达显著水平；全膜覆土穴播处理的冬小麦穗数比 CK 处理低 3.4%，差异不显著；全膜覆土穴播可以提高冬小麦产量，与 CK 相比，PM 产量增加 10.4%。可见，全膜覆土穴播处理主要是提高了穗粒数和千粒重，进而达到一定增产的效果。

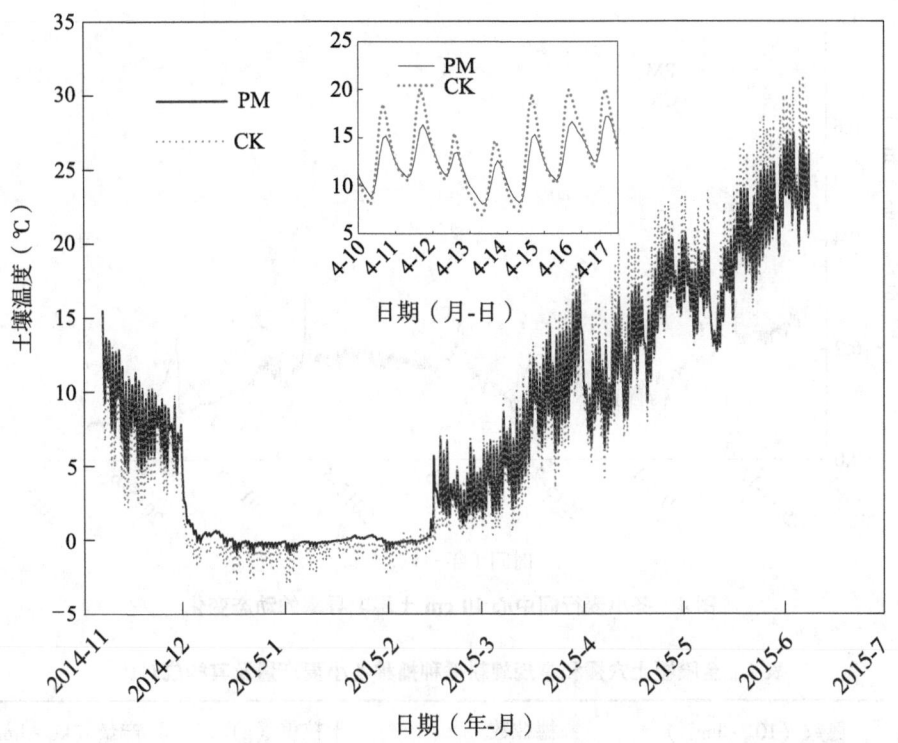

图2 不同处理冬小麦行间中心 10 cm 土层温度随时间的动态变化

注：图内小图为 4 月 10—17 日不同处理冬小麦行间中心 10 cm 深土壤温度随时间的变化情况

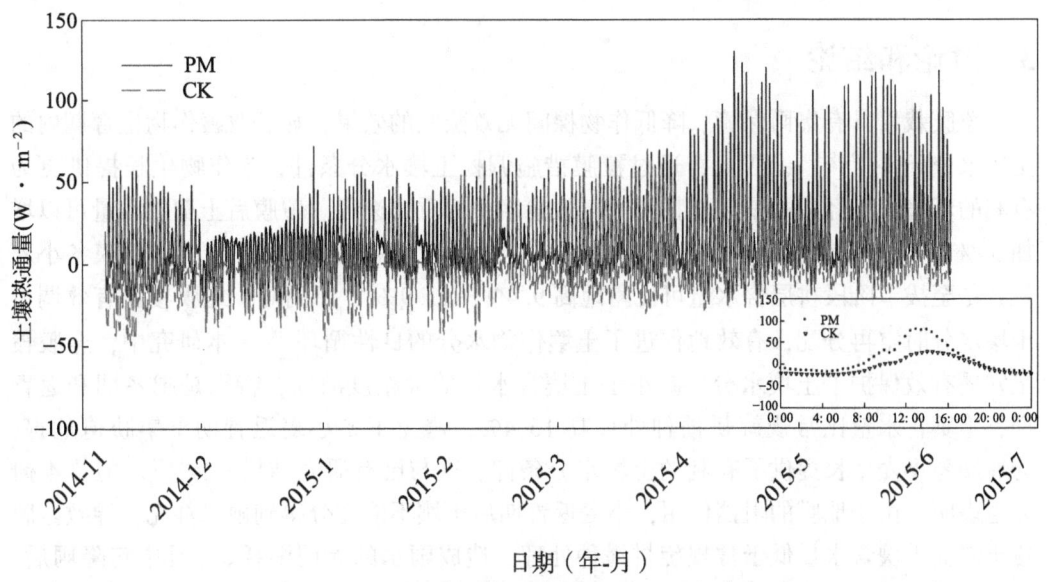

图3 不同处理冬小麦行间土壤热通量的时间变化

注：图内小图为 4 月 13 日不同处理冬小麦行间土壤热通量的动态变化情况

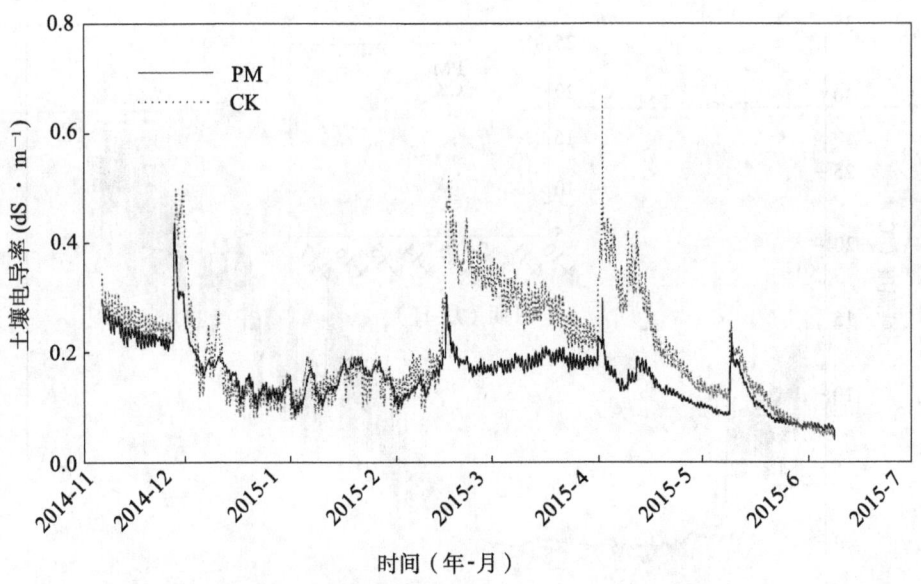

图4 冬小麦行间中心 **10 cm** 土层电导率的动态变化

表1 全膜覆土穴播和常规旋耕播种播种冬小麦产量及其构成对比

处理	穗数（$10^4 \cdot hm^{-2}$）	穗粒数	千粒重（g）	产量（$kg \cdot hm^{-2}$）
PM	534.90±33.20 a	29.0±1.0 a	37.8±0.6 a	5 869.69±611.32 a
CK	553.95±37.96 a	26.4±3.1 a	36.2±1.3 a	5 314.51±916.29 a

3 讨论和结论

覆膜栽培具有集雨保墒、降低作物棵间无效蒸发的效果，显著改善作物生育期内的土壤水分条件[12,19-20]。因此，通过覆膜措施调控土壤水分条件，为作物生长提供更为有利的环境，已经成为旱区作物增产高效栽培中的重要途径。覆膜后土壤贮水量可以增加30%、蒸散量降低50%，使有限的水分主要用于作物蒸腾性生产[25-27]。地膜冬小麦从越冬至拔节阶段耕层含水量可比露地高9.4%～11.9%[14]。同时，地膜覆盖有效调控土壤水分时空再分配，有效地促进了土壤作物水分的良性循环[18]。本研究中，全膜覆土穴播有效保护了土壤水分，减小了土壤含水量的大幅度波动，特别是越冬期和返青期，土壤含水量比常规旋耕播种处理高16.4%，避免了冬小麦返青期干旱胁迫危害，为后期冬小麦生长提供了有利的土壤水分条件。这与已有研究结果一致[18]。但是本研究也表明，由于地膜的阻挡作用，小麦返青期后土壤不能充分得到雨水补充，导致全膜覆土穴播土壤含水量低于常规旋耕播种处理，造成雨水的无谓消耗。2月中旬降雨后，常规旋耕播种处理土壤能够及时充分地接受水分入渗补充，最大含水量比全膜覆土穴播处理高28.0%；冬小麦后期（4月以后），由于冠层阻隔作用以及地膜的降解破损，即使连续降雨，两种处理间的土壤含水量差异也不显著，全膜覆土穴播处理比常规旋耕播种处理平均低 9.7%。试验区域的降水量及降水时间可能是导致本研究与西北地区全膜覆土穴播研究结果不同的主要原因。冬小麦苗期阶段常规旋耕播种处理含水量高于全膜覆土穴播处理,可能是播种时农业机械压实作用造成的。

土壤热量状况影响着种子萌发、植物根系生长与土壤微生物活性,是作物生长的重要环境因子,可以直接或间接地影响作物的生长[8,11,18]。地膜可以消除土壤潜热交换、减弱显热交换和抑制夜间有效发射辐射,从而导致膜下土壤温度比其他种植方式下的高[7,13]。苗期低温可影响冬小麦种子萌发和形态建成,地膜覆盖后增温效果可有效解决这一问题[9]。本研究中,冬小麦生育期内全膜覆土穴播处理比常规旋耕播种处理土壤温度平均高 3.8%,日均向下土壤热通量增幅数倍,改善了表层土壤热量状况,利于小麦萌发出苗和苗期生长,与已有研究相一致[7,9]。在冬小麦后期,由于小麦冠层遮挡光照,同时全膜覆土降低了地表的空气流动和蒸发强度,能够阻碍土气界面的水热传输,因此全膜覆土穴播处理和常规旋耕播种处理间土壤温度和热通量差异逐渐缩小,避免了小麦遭受高温胁迫导致出现早衰减产的现象[7,9]。另一方面,全膜覆土穴播处理土壤温度昼夜温差小,而且土壤温度变化趋势缓于常规旋耕播种处理(图 2),降低了因地温变幅过大而产生麦苗冻害的危险;全膜覆土穴播处理比常规旋耕播种处理白天吸收了较高的热能,夜间则释放较低的热能(图 3),也说明了全膜覆土穴播增强了土壤抵御外界温度变化的能力。

环渤海低平原区春季土壤易返盐导致冬小麦盐害胁迫[3]。0~20 cm 土壤盐分是影响冬小麦苗期生长和产量的首要因素,地膜覆盖抑制了表层土壤积盐,具有降低盐碱危害的作用,改善了冬小麦根系生长环境,增强了冬小麦对盐分胁迫的生态适应性[15]。在冬小麦全生育期内全膜覆土穴播处理的土壤电导率均低于常规旋耕播种处理,特别是春季返青期电导率差异显著,最大降盐效果可达 2 倍左右,有效抑制了土壤返盐,防止盐害对冬小麦苗生长产生危害。盐分是随着水分的运动而迁移,水分是盐分迁移的重要载体。虽然降水可以增加土壤含水量,但是土壤颗粒吸附的盐离子随含水量增加而稀出,增加了土壤盐溶液的浓度,导致电导率升高。地膜覆盖可抑制土壤蒸发,减少土壤水分散失,土壤底层盐分不能随着水分运动而上移,减弱了盐分的表聚作用[28];此外通过土壤蒸发凝结在地膜底面随后回流的淡水对土壤盐分也有一定的淋洗作用[29]。

全膜覆土措施一定程度上改善了土壤水热状况,减小了春季返盐对冬小麦植株生长的危害,从而进一步促进了冬小麦根系对水分的利用能力[18-19]。全膜覆土可以增进后期小麦源库能力和物质的转运,实现高效水分利用和产量增加[15]。本研究中,全膜覆土通过影响土壤水温盐条件促进冬小麦前期营养生长,后期不受高温危害和水分胁迫条件下,促进小麦籽粒的形成和灌浆,使穗粒数和千粒重较 CK 增加。因此,全膜覆土技术可通过改变冬小麦群体结构和充分发挥个体潜力,改善小麦产量构成因素,实现冬小麦产量增加。

整体来看,全膜覆土穴播能改善土壤水热状况,降低土壤盐分对小麦的危害,在较低的播种量下可以改善冬小麦产量构成因素和提高产量。这对改善河北低平原区冬小麦农田生产力,增加作物产量,提高农田可持续利用具有积极意义。但是,应该注意麦收后及时清除地膜,便于土壤接收丰富的雨季降水,贮存足够的雨水,以利于下茬夏玉米的生长和下一季冬小麦的播种出苗。由于本研究基于一年的水热试验数据，并未涉及土壤肥力条件等问题，所以下一步应进行水热耦合和供肥能力对农田生产力的影响研究；同时，应加强对全膜覆土穴播在环渤海低平原区负面影响的研究，并提出合理的应对措施以保证该技术在这一地区合理安全的推广应用，为环渤海低平原区粮食生产提高以及节水模式的构建提供更有力的支持。

参考文献

[1] 邓振镛，王强，张强，等．中国北方气候暖干化对粮食作物的影响及应对措施 [J]．生态学报，2010，30 (22)：6 278-6 288.

[2] 田展，梁卓然，史军，等．近50年气候变化对中国小麦生产潜力的影响分析 [J]．中国农学通报，2013，29 (9)：61-69.

[3] 刘小京，李向军，陈丽娜，等．盐碱区适应性农作制度与技术探讨——以河北省滨海平原盐碱区为例 [J]．中国生态农业学报，2010，18 (4)：911-913.

[4] 李振声，欧阳竹，刘小京，等．建设"渤海粮仓"的科学依据——需求、潜力和途径 [J]．中国科学院院刊，2011，26 (4)：371-374.

[5] 孙宏勇，刘小京，邵立威，等．不同种植模式对河北低平原区域地下水平衡和水分经济利用效率等的影响 [J]．中国农学通报，2014，30 (32)：214-220.

[6] Xie Z K, Wang Y J, Li F M. Effect of plastic mulching on soil water use and spring wheat yield in arid region of Northwest China [J]. Agricultural Water Management, 2005, 75 (1)：71-83.

[7] 侯慧芝，吕军峰，郭天文，等．西北黄土高原半干旱区全膜覆土穴播对土壤水热环境和小麦产量的影响 [J]．生态学报，2014，34 (19)：5 503-5 513.

[8] 何春雨，杜久元，刘广才，等．全膜覆土穴播冬小麦农田土壤含水率与耗水量时空动态 [J]．草业学报，2014，23 (1)：131-141.

[9] 王红丽，宋尚有，张绪成，等．半干旱区旱地春小麦全膜覆土穴播对土壤水热效应及产量的影响 [J]．生态学报，2013，33 (18)：5 580-5 588.

[10] 李福，刘广才，李诚德，等．旱地小麦全膜覆土穴播技术的土壤水分效应 [J]．干旱地区农业研究，2013，31 (4)：73-78.

[11] 李世清，李凤民，宋秋华，等．半干旱地区不同地膜覆盖时期对土壤氮素有效性的影响 [J]．生态学报，2001，21 (9)：1 519-1 526.

[12] 侯慧芝，吕军峰，郭天文，等．旱地全膜覆土穴播对春小麦耗水、产量和土壤水分平衡的影响 [J]．中国农业科学，2014，47 (22)：4 392-4 404.

[13] 程宏波，柴守玺，陈玉章，等．西北旱地春小麦不同覆盖措施的温度和产量效应 [J]．生态学报，2015，35 (19)：6 316-6 325.

[14] 杨长刚，柴守玺，常磊，等．不同覆膜方式对旱作冬小麦耗水特性及籽粒产量的影响 [J]．中国农业科学，2015，48 (4)：661-671.

[15] 梁建财，史海滨，李瑞平，等．不同覆盖方式对中度盐渍土壤的改良增产效应研究 [J]．中国生态农业学报，2015，23 (4)：416-424.

[16] 张冬梅，池宝亮，黄学芳，等．地膜覆盖导致旱地玉米减产的负面影响 [J]．农业工程学报，2008，24 (4)：99-102.

[17] 李凤民，鄢珣，王俊，等．地膜覆盖导致春小麦产量下降的机理 [J]．中国农业科学，

2001，34（3）：330-333.

[18] 宋婷，王红丽，陈年来，等．旱地全膜覆土穴播和全沙覆盖平作对小麦田土壤水分和产量的调节机理 [J]．中国生态农业学报，2014，22（10）：1 174-1 181.

[19] 李巧珍，李玉中，郭家选，等．覆膜集雨与限量补灌对土壤水分及冬小麦产量的影响 [J]．农业工程学报，2010，26（2）：25-30.

[20] 范颖丹，柴守玺，程宏波，等．覆盖方式对旱地冬小麦土壤水分的影响 [J]．应用生态学报，2013，24（11）：3 137-3 144.

[21] 刘广才，刘生学，李城德，等．不同旱作区覆膜方式对小麦产量的影响 [J]．干旱地区农业研究，2015，33（4）：24-29.

[22] 任书杰，李世清，王俊，等．半干旱农田生态系统覆膜进程和施肥对春小麦耗水量及水分利用效率的影响 [J]．西北农林科技大学学报（自然科学版），2003，31（4）：1-5.

[23] Horton R，Wierenga P J. Estimating the soil heat flux from observations of soil temperature near the surface [J]. Soil Science Society of America Journal，1983，47（1）：14-20.

[24] Sauer T J，Hatfield J L，Prueger J H，et al. Surface energy balance of a corn residue-covered field [J]. Agricultural and Forest Meteorology，1998，89（3/4）：155-168.

[25] 张永涛，汤天明，李增印，等．地膜覆盖的水分生理生态效应 [J]．水土保持研究，2001，8（3）：45-47.

[26] Qin S H，Zhang J L，Dai H L，et al. Effect of ridge-furrow and plastic-mulching planting patterns on yield formation and water movement of potato in a semi-arid area [J]. Agricultural Water Management，2014，131：87-94.

[27] Li F M，Wang J，Xu J Z，et al. Productivity and soil response to plastic film mulching durations for spring wheat on entisols in the semiarid Loess Plateau of China [J]. Soil and Tillage Research，2004，78（1）：9-20.

[28] 赵永敢，王婧，李玉义，等．秸秆隔层与地覆膜盖有效抑制潜水蒸发和土壤返盐 [J]．农业工程学报，2013，29（23）：109-117.

[29] Guo K，Liu X J. Infiltration of meltwater from frozen saline water located on the soil can result in reclamation of a coastal saline soil [J]. Irrigation Science，2015，33（6）：441-452.

[此文原刊载于《中国生态农业学报》，2016，24（8）：1 088-1 094]

咸水结冰灌溉改良盐碱地的研究进展及展望

郭　凯，巨兆强，封晓辉，李晓光，刘小京

（中国科学院农业水资源重点实验室/中国科学院遗传与发育生物学研究所农业资源研究中心）

摘　要：冬季咸水结冰灌溉技术是滨海区高矿化度咸水利用和盐碱地改良的有效手段，该项技术依据咸水结冰融化过程中咸淡水分离的基本原理，基于区域气候特点、土壤水盐运移规律以及作物生长发育规律，在冬季抽提当地高矿化度地下咸水对盐碱地进行灌溉，并在冬季低温作用下迅速冻结成咸水冰，春季咸水冰层融化过程中，咸淡水分离入渗，其中先融化的高矿度咸水先入渗，而后融化出的低矿化度微咸水和淡水的入渗对土壤盐分具有较好的淋洗作用，以上过程实现了春季土壤返盐期的土壤脱盐，结合春季地表覆盖抑盐措施和夏季降雨淋盐，土壤的低盐条件得到保持，保证了作物和植物整个生长期的正常生长。该项技术改变了滨海盐碱区土壤水盐运移特征，使春季土壤积盐期变为脱盐期，咸水结冰灌溉后，春季耕层土壤盐分由最初的 $12\ \mathrm{g\cdot kg^{-1}}$ 迅速降低至 $4\ \mathrm{g\cdot kg^{-1}}$ 以下，脱盐率达到66%以上，实现了棉花、油葵、甜菜等作物在滨海重盐碱地中的种植，提高了柽柳、枸杞、白蜡等盐生植物和耐盐植物的扦插移栽成活率，咸水结冰灌溉当年便获得了籽棉产量 $3\ \mathrm{t\cdot hm^{-2}}$、油葵 $1.5\ \mathrm{t\cdot hm^{-2}}$、甜菜 $60\ \mathrm{t\cdot hm^{-2}}$，以及90%以上的盐生植物和耐盐植物的扦插成活率，促进了滨海盐碱区盐碱地的开发、农业发展和生态环境建设。近年来，通过系统的研究，我们探明了咸水结冰灌溉过程中咸水冻融咸淡水分离规律，明确了咸水结冰灌溉对土壤盐分的淋洗效果，构建了冬季咸水结冰灌溉改良盐碱地技术体系，确立了冬季咸水结冰灌溉的灌溉时间、灌溉水量和水质等指标体系。本文在以上研究基础上，对盐碱地咸水利用的研究进展进行了总结，并对咸水结冰灌溉基本原理、影响因素以及土壤盐分淋洗效果等方面进行了概述，系统分析了冬季咸水结冰灌溉在盐碱地区农业生产、植被恢复以及咸水利用等方面的作用，并就其未来发展趋势进行了展望。

关键词：盐碱地改良；咸水利用；咸水结冰灌溉；植被恢复；盐分淋洗

土壤盐碱化是限制干旱和半干旱区农业生产和生态环境改善的主要因素，由于土体中较高的盐分含量，且具有不良的物理和化学性质，致使大多数植物的生长受到抑制，甚至不能生长[1-2]。据农业部第2次全国普查统计资料显示（1985年），我国盐碱土资源总量约为 3 467 万 $\mathrm{hm^2}$，约占我国耕地面积的 6.62%，而目前已开垦种植的盐碱土面积仅为 $577 \times 10^4\ \mathrm{hm^2}$[3-5]。因此，作为我国重要的后备耕地资源，开发和利用盐碱地对于补偿日益减少的耕地面积、保障粮食安全具有重要的意义。

土壤盐分在土体中的运动具有"盐随水来、盐随水去"的特点，且具有明显的季节性变化。在盐碱地改良中，应根据盐碱地分布区的气候、地形和土壤等条件，选择配套的改良措施[6]，达到综合改良盐碱地，促进土壤水盐动态的良性循环的目的。针对盐碱地的改良，国内外开展了大量的研究，目前，盐碱地改良措施主要包括物理改良、化学改良和生物改良等[7]。大多改良措施是以改善土壤结构，增强土壤的通透性为主要方式，究其根本还必须配合以"淡水压盐"为基础的水利工程措施，淋洗和排出多余的土壤盐分，才能达到改良盐碱地的目的，这也是目前盐碱地改良中最有效的措施，因此充足的淡水是盐碱地改良的重要保证[6]。但在盐碱区淡水资源严重匮乏，尤其是在春季作物需水的关键期和土壤返盐的高峰期，淡水资源短缺的问题更为严重。在以上背景下，浅层地下咸水和劣质水的利用逐渐被人们所重视，也成为盐碱区盐碱地改良、农业生产和生态环境建设的重要选择。据研究，盐碱地分布区地下咸水资源丰富，且利用潜力巨大，如河北省沧州市可供水量为 4.7 亿 m^3，而利用率仅为 8%，当利用率达到 20%，微咸水供水量达到 0.94 亿 m^3[8]。对于低矿化度的咸水（<5 g·L^{-1}），采用直接灌溉、咸淡水混灌、微灌和土壤培肥等措施可实现保证作物正常生长和土体盐分周年平衡，且不会造成次生盐渍化的问题[9-10]。而对于高矿化度咸水，由于盐分含量较高则不能直接用于灌溉，因此如何合理利用这些高矿化度的地下咸水用于盐碱地的改良是该地区农业生产中亟须解决的问题。

基于以上背景，我们依据区域气候条件、土壤水盐运移规律和植物生长发育规律，基于咸水结冰冻融咸淡水分离原理，提出了冬季咸水结冰灌溉改良盐碱地技术，该项技术充分利用区域冬季低温条件和丰富的咸水资源，在冬季，对盐碱地进行结冰灌溉，咸水冰融化过程中，后融化出的微咸水和淡水对土壤盐分具有较好的淋洗效果，结合后续的抑盐措施和夏季降雨淋盐，为作物出苗和植物生长创造土壤低盐条件[11-13]。该项技术突破了传统"淡水压盐"改良盐碱地的束缚，实现了春季土壤脱盐，且节约了淡水，为盐碱区咸水利用和盐碱地改良提供了新的方法，在我国北部盐碱地分布区具有广泛的应用前景。

本文分析了盐碱土的水盐动态规律和改良措施，系统地总结了咸水利用、咸水冻融淡化以及咸水结冰灌溉和相关配套技术等方面的研究进展，结合目前国内外研究热点问题，对咸水结冰灌溉技术进行了展望，以期为盐碱地改良和咸水综合利用提供技术支撑。

1 盐碱土冻结过程中的土壤水盐动态规律

土壤盐分在土体中的运动具明显的季节性、强烈的表聚性、类型的复杂性以及积盐和脱盐的反复性等特点[3]。土壤的水盐运移主要受到降雨和蒸发等的影响。以河北省环渤海低平原区为例（图1），土壤盐分的动态特性表现为春、秋、冬季土壤积盐、夏季土壤脱盐。冬季至春季土壤会出现冻结和融化，也伴随着土壤的水盐运动，其中土壤冻结是土壤潜在积盐的过程，而春季土壤冻层的融化和土壤水分蒸发是其"爆发式"积盐的主要原因[14]。张殿发等[15]研究表明在土壤冻结过程中，冻层形成的土壤剖面可分为 3 层，随着土壤层次的加深依次为冻结层、似冻层和非冻层。土壤的冻结伴随着土壤水分由液相向固相转变，导致冻层的水势降低，也驱使深层土中的水分和盐分逐渐向冻层迁移，致使冻结层中水分和盐分含量逐渐升高。似冻层在冻结层以下并随冻结层的增厚不断下移，该层水分和盐分不断向冻层集结。春季的土壤融化和水分蒸发造成了表层土壤强烈返盐。土壤冻层的融化分别在冻层上下两个锋面进行，冻层下锋面融化后的水分和盐分直接向深层迁移，而上锋面的融化则快于下锋面，且融化的水分和盐分在未融化冻层的阻隔作用下滞留于冻结层之上，且随着土壤水分蒸发迅速向表层土壤聚集直到冻层全部融通，这也是导致了春季的土壤"爆发式"积盐的直接原因[16]。此后，土壤盐分淋洗又随着夏季、秋季的降雨和蒸发的影响，而呈现出淋洗和再次返盐的现象。

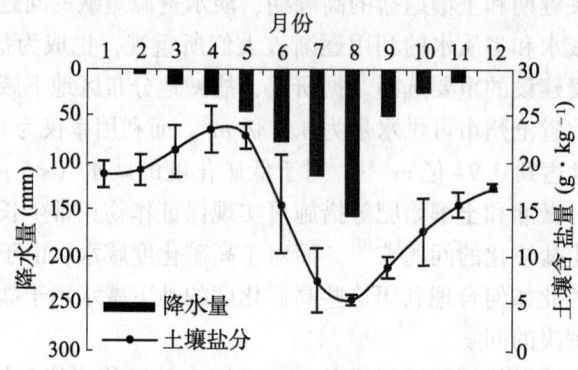

图1 环渤海盐碱区土壤含盐量和降水的周年动态

不同类型的盐碱土具有不同的物理和化学性质，这也造成了盐碱土改良的复杂性，应根据盐碱土具体特性，采用因地制宜的方法综合改良和利用盐碱地。目前，采用以"淡水压盐"为主的水利工程措施是盐碱地改良中最为有效的措施，但在盐碱分布区淡水资源短缺，限制了这一措施的实施，而如何合理利用该地区丰富的地下咸水改良盐碱地成为该地区农业生产中亟待解决的问题。

2 咸水利用现状

在淡水资源缺乏的背景下，盐碱区丰富的地下咸水成为农业可利用的潜在水资源，研究表明咸水灌溉可在一定程度上缓解由于淡水不足造成的干旱问题，甚至可在不影响土壤性质的情况下，实现作物的增产。但是如果利用不当则会造成土壤退化和作物减产。因此，如何合理利用这些地下咸水已经成为农业灌溉中重要的研究方向[8,17]，国内外针对咸水灌溉条件下土壤水盐运移规律开展了大量的研究工作[7,18-19]，其中，咸水灌溉时的水量、水质和土壤状况对土壤水盐运移均有重要影响。据研究，咸水灌溉水量对土壤盐分淋洗具有重要影响，一定量的咸水可对土壤盐分进行有效的淋洗，并随着入渗水量的增加，土壤的脱盐深度逐渐加深[20-21]，逄焕成等[10]指出利用咸水进行灌溉时，一次性灌溉量不宜过低，否则会使一部分盐分滞留在表层土壤。同时，咸水的矿化度也是影响土壤盐分淋洗的重要因素，灌溉水的矿化度过高，会造成土壤盐分累积问题，肖振华等[22]研究表明在利用咸水进行灌溉时，灌溉水带入土壤的盐分在土壤中累积与淋洗交替进行，当灌溉水矿化度小于 $3~g \cdot L^{-1}$ 时，土壤剖面中的盐分处于平衡状态，超过 $3~g \cdot L^{-1}$，则有不同程度的积盐。除咸水矿化度外，咸水的钠吸附比（SAR）是灌溉水质的另一个重要指标，该项指标是咸水中 Na^+ 和 Ca^{2+}、Mg^{2+} 的相对比值，其计算公式为 $SAR = Na^+ / \sqrt{Ca^{2+} + Mg^{2+}}$，公式中离子的单位为 $mmol \cdot L^{-1}$[23-24]。咸水的 SAR 也对土壤盐分淋洗具有重要影响。Suarez 等[25]指出，咸水入渗对土壤具有双重作用，一方面灌溉水的盐分有助于稳定土壤孔隙结构，提高土壤的导水通气性，随着咸水矿化度的增加，咸水的入渗加快；而另一方面，如果灌溉水中的 Na^+ 比例过高，则会导致土壤中的颗粒分散，土壤导水通气能力下降。同时，盐碱土的类型也影响着咸水的入渗和盐分的淋洗，与盐土相比，咸水的入渗对碱土的影响较大。此外，土壤的水盐动态也受咸水灌溉方式和灌溉制度影响。王卫光等[9]指出咸水灌溉的关键是选择适当的灌溉方式。目前，咸水的灌溉方式主要有漫灌、沟灌、喷灌和滴灌。其中滴灌方式比其他灌溉方式能更好地调整根区土壤盐分状况和获得更高的作物产量。同时，咸水灌溉可依据当地的水资源条件，结合其他水质进行咸淡混灌和轮灌以达到更好的土壤盐分淋洗的效果[9,24]。

3　咸水结冰灌溉改良盐碱地的研究进展

3.1　咸水淡化和咸水结冰灌溉改良盐碱地技术原理

目前，在咸水灌溉中，相关研究主要针对矿化度小于 $5\ g \cdot L^{-1}$ 的微咸水的利用，而对于高含盐量的咸水则被认为是不能直接用于灌溉，否则会造成土壤积盐和退化[19,22,26]。而根据调查盐碱区地下咸水矿化度普遍较高，以环渤海盐碱区为例，该地区浅层地下水的矿化度均大于 $7\ g \cdot L^{-1}$[8]。在此背景下，有研究提出咸水淡化技术可解决高矿化度咸水难以直接用于灌溉和改良盐碱地的问题[27]。目前，对于咸水淡化多采用咸水冻融、蒸馏、电渗析及反渗透等方法，且咸水淡化的研究也主要集中在咸水淡化的工艺和设施[28-30]。其中蒸馏法、电渗法和反渗透法的应用基础设施复杂，成本昂贵，主要用于解决饮用水和工业用水，但用于灌溉和盐碱地改良显然不现实[31]。因此，咸水自然冻融法成为解决该地区高矿化度咸水难以利用问题的重要选择。咸水冻融淡化技术是利用咸水冻结和融化两个过程实现咸淡水分离的目的（图2）。咸水结冰和融化过程中均是脱盐过程，且融化过程的脱盐效果显著好于结冰过程[32]。据研究，咸水的冻结过程非常复杂，经过冻结后的咸水冰是冰晶、卤水胞、气泡和其他固体的混合物，其中盐分主要以盐胞的形式存在，当咸水冰融化时盐胞会相互连通而形成盐分淋洗的通道，通过这个过程咸水冰实现脱盐[33-34]。近年来，有研究通过采集海冰进行淡化处理后用于农业灌溉，且取得了较好效果[34]，但海冰的收集、运输、储存等也限制了此项技术的推广和应用，且海水冰也为农田系统带入了外来盐分。

考虑到以上问题，依据当地气候特点和土壤水盐动态规律，我们提出了冬季咸水结冰灌溉的构想，即充分利用北方盐碱区冬季的低温条件，在冬季直接抽提当地地下咸水对盐碱土进行灌溉，灌溉后咸水在低温作用下迅速冻结成冰，春季咸水冰逐渐融化入渗，其中后融化的微咸水和淡水对土壤盐分具有较好的淋洗作用，结合后续的降雨和抑盐措施，可实现植物整个生育期土壤脱盐，保证植物的正常生长[11-12]。

3.2　咸水结冰灌溉改良盐碱地效果和影响因素

3.2.1　改良效果

咸水结冰灌溉技术自实施以来取得了显著的盐碱地改良效果[11-12]，这得益于咸水冻融过程中显著的淡化效果，在此过程中所产生的微咸水和淡水对土壤盐分创造了良好

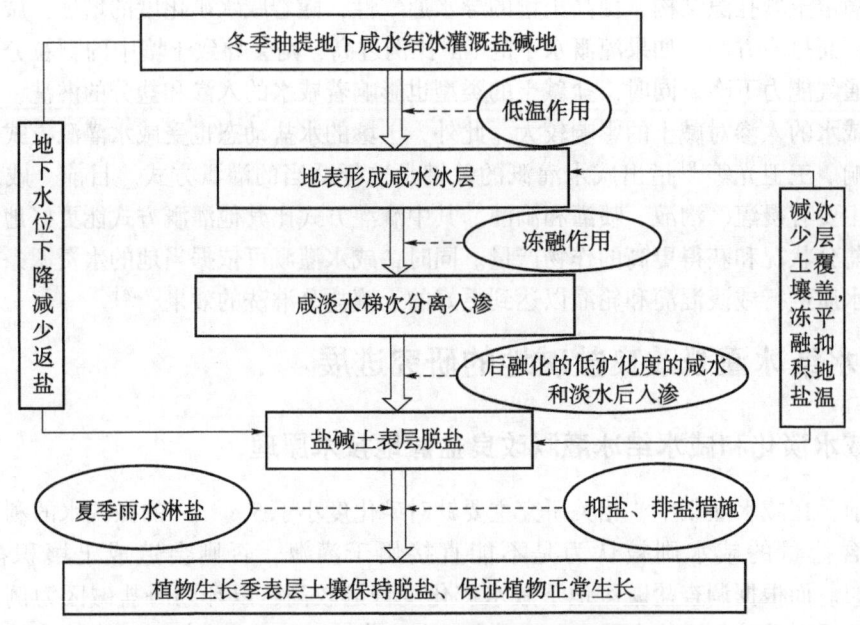

图2 冬季咸水结冰灌溉改良盐碱地技术路线

的淋洗条件。研究表明：利用 15 g·L^{-1} 的咸水冰在室温田间下进行融化，可产生 50% 以上矿化度小于 3 g·L^{-1} 的微咸水和淡水，且随着咸水冰的融化，其钠吸附比（SAR）也逐渐降低[34]。田间利用 13.5 g·L^{-1} 的咸水进行冬季结冰灌溉后，咸水在低温作用冻结成冰，咸水冰在春季融化过程中，可产生 75% 以上矿化度低于 3 g·L^{-1} 的微咸水和淡水，这些水的入渗对土壤盐分具有较好的淋洗作用。咸水结冰灌溉后，在地表形成了咸水冰层，冰层的覆盖平抑了地温，提高了土壤温度，减少了土壤的冻融积盐[35]，据研究，冬季利用水量为 180 mm 的咸水进行结冰灌溉，土壤温度约提高 1 ℃，可减少冻层 8.5 cm，约减少 19.8% 的盐分在冻层的积累。咸水冰完全融化和入渗后，根层（0～40 cm）土壤含盐量迅速降低，由灌溉前高于 10 g·L^{-1} 迅速降至融水入渗后的 3 g·L^{-1} 以下，脱盐率达到 70% 以上。此时，配合地表覆盖措施后，可使土壤盐分维持在这一土壤盐分水平以下，使植物和农作物安全度过春季土壤返盐高峰期，据研究，春季利用地膜覆盖和残茬旧膜对土壤盐分的抑制效果较好，可使土壤盐分保持在 4 g·kg^{-1} 以下[36]；至夏季，雨季来临，土壤呈淋盐状态，保证了作物和植物的正常生长，且当年便可获得理想的作物产量和植物生长量，在咸水结冰灌溉基础上，种植了棉花、油葵、甜菜、甜高粱、柽柳和枸杞等耐盐作物和盐生植物，作物的出苗率均达到 80% 以上，盐生植物扦插成活率达到 90% 以上，且作物产量和植物的生长量均较理想[11-12]。此外，随着咸水结冰灌溉年限的延长，土壤盐分和土壤的 SAR 均逐年降低，作物产量逐年提高[35]。室内利用咸水结冰入渗滨海盐土过程中，咸水冰融水在盐碱土中的入渗速度和深度均快于和深于淡水冰，且盐分的淋洗效果好于淡水冰，这可能由于先融化的高矿化度咸水的入渗改善了土壤结构，为后融化的微咸水和淡水的入渗创造了条件[11]。咸水冰融水入渗后，土壤表层盐分淋洗效果较好，当利用 15 g·L^{-1} 的表层（0～20 cm）土壤盐分由 21.2 g·L^{-1} 降低至入渗后的 2.5 g·L^{-1}，脱盐率达到 95% 以上[37]，且土壤中 Na$^+$ 和 Cl$^-$ 的迁移速度均快于其他处理[38-39]。因此，咸水结冰灌溉解决了滨海盐碱区咸水矿化度高而难以利用的难题，对重盐碱区农业生产和生态环境改善具有重要作用。

3.2.2 影响因素

咸水结冰灌溉对土壤盐分的淋洗效果受多种因素影响。不同矿化度和水量的咸水冰融水入渗滨海盐土的结果表明：在一定矿化度下，咸水水量越高，咸水冰融化所产生微咸水和淡水的水量也就越高，在土壤中的入渗速度和深度也就越快和越深，对土壤盐分淋洗效果越好，室内利用矿化度为 10 g·L^{-1} 和水量分别为 90、135 和 180 mm 的咸水冰融水入渗滨海盐土后，表层土壤（0～20 cm）的脱盐率分别为 29.7%、56.7% 和 96.2%；在一定水量下，利用矿化度越高的咸水冰融化入渗盐碱土时，其入渗速度越快，深度也就越深，且对土壤盐分的淋洗效果越好。利用 180 mm 矿化度分别为 5 g·L^{-1}、10 g·L^{-1} 和 15 g·L^{-1} 的咸水冰进行融水入渗后，表层土壤（0～20 cm）脱盐率分别为 95.7%、96.2% 和 96.3%[11]。除咸水矿化度外，咸水 SAR 也是影响融水入渗和盐分淋洗的重要因素，利用 SAR 较高的咸水冰融水入渗盐碱土时，由于咸水中含有较高的 Na$^+$ 比率，对土壤的渗透性和透水性产生不利的影响，导致其入渗速度和深度均较慢和浅，且脱盐效果较差，尽管如此，咸水冰的脱盐效果却始终要好于淡水冰，利用 SAR 分别为 5、10、30 的咸水冰融水入渗滨海盐土后，表层土壤（0～20 cm）的脱盐率分别为 92.5%、89% 和 87%，均显著大于淡水处理的 80%[39~40]。此外，咸水冰融水对土壤盐分的淋洗效果还受土壤状况的影响，如土壤类型、土壤水盐条件以及土壤容重等。研究表明，咸水冰融水对苏打碱土的入渗效果好于滨海盐土，室内利用矿化度为 10 g·L^{-1} 的咸水冰融水入渗以上两种土壤，相对于淡水冰，咸水冰融水在苏打碱土中和滨海盐土中的入渗速度分别快 23.44 倍和 2.54 倍[40-42]，但在苏打碱土的中盐分淋洗效果则差于滨海盐土，这与土壤中的离子组成有关。咸水冰融水入渗盐碱土过程中，土壤含水量显著影响了盐分的淋洗效果。据研究，水分在土壤中的入渗过程和土壤含水量有密切的关系，土壤含水量越高，入渗速度越慢，当咸水冰融水入渗高含水量的盐碱土时，由于水分入渗速度慢，盐分在土壤中的迁移也越慢，盐分淋洗效果不好。综合以上结果来看，咸水水质、水量和土壤状况等是影响咸水结冰灌溉对土壤盐分淋洗效果的重要因素，除此之外，其他因素如地下水埋深和水质、土壤物理化学性质以及土壤冻结等对咸水结冰灌溉过程中融水的入渗和盐分淋洗效果的影响尚待进一步研究。

3.3 冬季咸水结冰灌溉改良盐碱地技术体系

在对咸水结冰灌溉相关研究的基础上，我们构建了咸水结冰灌溉改良盐碱地技术体系，并确立了咸水结冰灌溉时间、水质和水量以及其他相关配套措施。

3.3.1 咸水结冰灌溉时间的确立

表 1 为不同咸水结冰灌溉时间下土壤含盐量的变化过程，以 1 月中上旬日均温度低于 −5 ℃ 时灌溉为宜，灌溉后可以稳定结冰，咸水结冰洗盐效果较好；如果灌溉太晚，结冰效果不好，且由于土壤冻融积盐，不利于盐碱地脱盐。

表1 不同咸水结冰灌溉时期对不同时期土壤含盐量的影响

灌溉日期（月-日）	调查日期（月-日）				
	1-6	1-20	2-5	3-23	5-4
不灌溉	21.7	22.1	20.7	19.4	22.0
1-7	12.5	8.1	4.5	6.7	9.2
1-20	17.9	13.8	6.8	6.7	9.3
20-5	14.1	16.8	15.2	8.7	11.0

3.3.2 咸水结冰灌溉水量的确定

咸水结冰灌溉的水量可根据灌溉水质，利用咸水结冰融水二元回归方程确定适宜的灌溉水量。根据盐碱土冲洗改良需水量和咸水结冰融水咸淡水分离的二元回归方程，确定了盐碱地咸水结冰灌溉淋洗定额方程如下。

$$V = M/Y_s \tag{1}$$

式中：V 为咸水结冰灌溉定额（$m^3 \cdot hm^{-2}$），M 为淡水冲洗定额（$m^3 \cdot hm^{-2}$），Y_s 为咸水冰不同矿化度融水占总融水的百分比（%）。

淡水冲洗定额是基于简化的盐分运动理论，假设盐分在土壤垂直运动，冲洗水与盐溶液完全搀混的冲洗定额计算公式如下。

$$M = 100H\gamma(\theta_f S_0/S_a - \theta_0) + e - P \tag{2}$$

式中：M 为冲洗定额（$m^3 \cdot hm^{-2}$），H 为计划脱盐深度（m），θ_f 为土壤的田间持水率（干土重的%），θ_0 为初始土壤含水率（干土重的%），S_0、S_a 为冲洗前土壤含盐量、冲洗后要求达到的含盐量（S_0 未包括灌溉水带入土壤中的盐分），γ 为土壤容重，e 为冲洗期间的蒸发量，P 为冲洗期间的降水量。

下式为不同矿化度咸水结冰融水咸淡水分离的二元一次方程：

$$Y_{5g\cdot L}^{-1} = 74.052 - 0.945T_m - 1.018S_i (R^2 = 0.877^{**}) \tag{3}$$

$$Y_{4g\cdot L}^{-1} = 71.867 - 0.536T_m - 0.942S_i (R^2 = 0.803^{**}) \tag{4}$$

$$Y_{3g\cdot L}^{-1} = 66.823 - 0.962T_m - 0.842S_i (R^2 = 0.788^{**}) \tag{5}$$

$$Y_{2g\cdot L}^{-1} = 66.757 - 1.087T_m - 0.879S_i (R^2 = 0.813^{**}) \tag{6}$$

$$Y_{1g\cdot L}^{-1} = 60.365 - 1.148T_m - 0.731S_i (R^2 = 0.759^{**}) \tag{7}$$

式中：Y 为融水百分比（%），T_m 为融冰温度（℃），S_i 为咸水冰初始含盐量（$g \cdot L^{-1}$）。

以上计算的灌溉水量与实际灌水量基本相符，以环渤海滨海盐碱区为例，利用 $12\ g \cdot L^{-1}$ 的咸水对滨海重盐碱土进行结冰灌溉，要达到使土壤含盐量由最初的 $12\ g \cdot L^{-1}$ 降低至灌溉后的 4% 以下时，计算所得的咸水结冰灌溉水量约为 196 mm（1 954.5 $m^3 \cdot hm^{-2}$），实际灌水量为 180 mm（1 800 $m^3 \cdot hm^{-2}$）。

3.3.3 相关配套技术措施

春季是土壤返盐的高峰期，尽管经过咸水结冰灌溉的地块，土壤盐分显著降低，但在强烈土壤蒸发的影响下，土壤仍会迅速返盐，为解决以上问题，我们研究了不同措施的抑盐效果。结果表明，春季咸水冰融化入渗后采用地膜覆盖抑盐效果最好，其次是秸秆覆盖，至作物播种和盐生植物移栽期，耕层土壤盐分可保持在 4 g·kg^{-1} 以下，这对作物出苗和盐生植物移栽成活创造了良好的土壤低盐条件。对于耐盐作物（棉花、油葵和甜高粱等），播种前进行地膜清理、施肥、旋耕，并及时播种覆膜，以保持土壤水分和控制返盐，施肥措施为底肥一次性施入，肥料为缓释肥，施肥量为 750 kg·hm^{-2}，此后的田间管理和一般情况下基本一致；对于盐生植物（柽柳、枸杞等）的种植，采用育苗扦插的方法，包括剪枝、育苗、扦插移植等过程，可直接将幼苗移植至覆盖有地膜的土壤中，此时土壤盐分较低，可保证幼苗成活，此后在幼苗旺长期，进行适当追肥。

3.4 冬季咸水结冰灌溉改良盐碱地技术的适用范围

冬季咸水结冰灌溉改良盐碱地技术是依据咸水冻融淡化梯次入渗盐碱土的基本原理，利用冬季自然低温条件，从高含盐量咸水中分离出微咸水和淡水来改良盐碱地的水利措施。主要在冬季气温稳定降低至-5 ℃时进行结冰灌溉，此时灌溉后咸水才能稳定结冰，且春季气温回升时咸水冰融解淡化效果较好，因此该项技术适用于具有冬季自然低温条件的广大北方盐碱地分布区。

4 冬季咸水结冰灌溉改良盐碱地技术的社会、经济效益

盐碱地改良和咸水安全利用始终是干旱、半干旱地区以及沿海地区农业发展和生态建设过程中迫切需要解决的问题。咸水结冰灌溉针对以上现实问题，充分利用了当地的气候条件和咸水资源，节约了淡水，为盐碱区盐碱地改良和咸水利用提供了技术支撑。通过相关研究，我们建立了以咸水结冰灌溉为主体技术的"两创一综合"技术体系，即创新淋排盐方式，变传统的淡水灌溉淋盐为咸水结冰融水淋盐；创新临界水位，即保证土壤耕层季节性脱盐；综合利用盐碱地改良的灌排等技术措施。

围绕盐碱区棉花、油葵、甜菜、甜高粱、菊芋等耐盐作物和柽柳、枸杞等盐生植物，我们开展和集成了多种以冬季咸水结冰灌溉改良盐碱地技术为基础的适生种植模式，采用以上模式后，土壤含盐量可控制在 0.4% 以下，且逐年下降，棉花出苗率达85%以上，油葵、甜菜、甜高粱和菊芋出苗成活率达90%以上，柽柳和枸杞等盐生植物的移栽成活率达90%以上。以上技术模式有力带动了盐碱区棉花、能源植物、牧草、植被建造和生态建设等产业的发展，使过去不能利用的滨海盐碱荒地得到高效利用。咸水结冰灌溉的投入产出比高达 1∶3 以上，节约淡水资源 1 800 m^3·hm^{-2}以上，大大节约了农业投入和绿化成本，促进了盐碱地区经济效益、生态效益和社会效益的共同发展。

5 结论与展望

目前，针对咸水结冰灌溉过程中相关问题开展了大量的研究工作，包括咸水结冰灌溉条件下的咸水冻融淡化效果、咸水冰融水入渗盐碱土过程、咸水冰融水入渗盐碱土后土壤盐分淋洗和影响因素、咸水结冰灌溉下土壤温度和冻融、多年咸水结冰灌溉下土壤盐分动态等。主要结论如下：咸水冻融过程中的淡化效果显著，淡化后的咸水冰对土壤

盐分具有较好的淋洗效果；咸水结冰灌溉后，土壤盐分迅速降低，结合春季地表覆盖措施后，土壤的低盐条件进一步得到保持，保证了作物的出苗和生长；融水入渗过程中咸水冰的入渗深度和速度均深于和快于淡水冰，这也使咸水冰融化入渗对土壤盐分的淋洗效果好于淡水冰；咸水冰融水入渗盐碱土的过程受到咸水冰水质、水量、盐碱土类型以及土壤含水量等因素的影响，这也影响了融水入渗盐碱土后土壤的淋盐效果。基于以上研究我们构建了冬季咸水结冰灌溉改良盐碱地的技术体系，确定了咸水结冰灌溉的灌溉时间、灌水量和水质以及其他配套技术措施，并在此基础上，构建了以咸水结冰灌溉技术为基础的盐碱地适生种植模式，为盐碱区农业生产、生态建设提供了技术支撑。

但是，冬季咸水结冰灌溉是一个复杂和连续的过程，它涉及了咸水冰的融化、融水的入渗、水分和盐分在土壤中的运移，在此过程中又受到诸多因素的影响，如土壤冻结和融化、地下水埋深和水质、土壤物理和化学性质等，针对上述问题的研究仍需进一步完善。

（1）咸水结冰灌溉下土壤水盐运移规律的模拟模型。利用模型手段研究揭示不同矿化度咸水连续入渗盐碱土的规律和区域长期咸水结冰灌溉下土壤水盐平衡，为咸水结冰灌溉技术提供理论依据。

（2）咸水结冰融水在冻融土壤中的入渗规律。咸水结冰融化是不同矿化度水连续融出的过程，咸水结冰灌溉过程中，土壤也处于冻融状态。迫切需要研究冻融土壤对咸水结冰融水入渗的影响，揭示不同矿化度咸水入渗冻融土壤的规律，进一步认识咸水结冰灌溉融水对土壤盐分的淋洗过程。

（3）浅层地下水对咸水结冰灌溉改良效果的影响。盐碱区地下水浅且咸，地下水位对咸水结冰灌溉改良盐碱地效果的研究有待加强。

参考文献

[1] 王志春，梁正伟．植物耐盐研究概况与展望 [J]．生态环境，2003，12（1）：106-109.

[2] 刘阳春，何文寿，何进智，等．盐碱地改良利用研究进展 [J]．农业科学研究，2007，28（2）：68-71.

[3] 杨劲松．中国盐碱土研究的发展历程与展望 [J]．土壤学报，2008，45（5）：837-845.

[4] 张建锋，张旭东，周金星，等．世界盐碱地资源及其改良利用的基本措施 [J]．水土保持研究，2005，12（6）：28-30.

[5] 俞仁培，陈德明．我国盐渍土资源及其开发利用 [J]．土壤通报，1999，30（4）：158-159.

[6] 刘小京，李向军，陈丽娜，等．盐碱区适应性农作制度与技术探讨——以河北省滨海平原盐碱区为例 [J]．中国生态农业学报，2010，18（4）：911-913.

[7] 牛东玲，王启基．盐碱地治理研究进展 [J]．土壤通报，2002，33（6）：449-455.

[8] 刘玉春，安秀容，杨路华．河北省微咸水利用潜力分析 [J]．水科学与工程技术，2006（1）：13-15.

[9] 王卫光，张仁铎，王修贵．咸水灌溉下土壤水盐变化的试验研究 [J]．灌溉排水学报，2004，23（3）：1-4.

[10] 逄焕成，杨劲松，严惠峻．微咸水灌溉对土壤盐分和作物产量影响研究 [J]．植物营养与

肥料学报，2004，10（6）：599-603．

[11] 李志刚，刘小京，张秀梅，等．冬季咸水结冰灌溉后土壤水盐运移规律的初步研究 [J]．华北农学报，2008，23（增刊）：187-192．

[12] 郭凯，张秀梅，李向军，等．冬季咸水结冰灌溉对滨海盐碱地的改良效果研究 [J]．资源科学，2010，32（3）：431-435．

[13] Li Z G, Liu X J, Zhang X M, et al. Infiltration of melting saline ice water in soil columns: Consequences on soil moisture and salt content [J]. Agricultural Water Management, 2008, 95 (4): 498-502.

[14] Zhang D F, Wang S J. Mechanism of freeze-thaw action in the process of soil salinization in northeast China [J]. Environmental Geology, 2001, 41 (1/2): 96-100.

[15] 张殿发，郑琦宏，董志颖．冻融条件下土壤中水盐运移机理探讨 [J]．水土保持通报，2005，25（6）：14-18．

[16] 张殿发，郑琦宏．冻融条件下土壤中水盐运移规律模拟研究 [J]．地理科学进展，2005，24（4）：46-55．

[17] Qadir M, Oster J D. Crop and irrigation management strategies for saline-sodic soils and waters aimed at environmentally sustainable agriculture [J]. Science of the Total Environment, 2004, 323 (1/3): 1-19.

[18] Oster J D. Irrigation with poor quality water [J]. Agricultural Water Management, 1994, 25 (3): 271-297.

[19] 王全九，徐益敏，王金栋，等．咸水与微咸水在农业灌溉中的应用 [J]．灌溉排水，2002，21（4）：73-78．

[20] Bauder J W, Brock T A. Irrigation water quality, soil amendment, and crop effects on sodium leaching [J]. Arid Land Research and Management, 2001, 15 (2): 101-113.

[21] 马东豪，王全九，苏莹，等．微咸水入渗土壤水盐运移特征分析 [J]．灌溉排水学报，2006，25（1）：62-66．

[22] 肖振华，万洪富．灌溉水质对土壤水力性质和物理性质的影响 [J]．土壤学报，1998，35（3）：359-366．

[23] 苏莹，王全九，叶海燕，等．微咸水不同入渗水量土壤水盐运移特征研究 [J]．干旱地区农业研究，2005，23（4）：43-48．

[24] Tedeschi A, Dell'Aquila R. Effects of irrigation with saline waters, at different concentrations, on soil physical and chemical characteristics [J]. Agricultural Water Management, 2005, 77 (1/3): 308-322.

[25] Suarez D L, Wood J D, Lesch S M. Effect of SAR on water infiltration under a sequential rain-irrigation management system [J]. Agricultural Water Management, 2006, 86 (1/2): 150-164.

[26] 李佳，曹彩云，郑春莲，等．河北低平原小麦长期咸水灌溉的矿化度阈值研究 [J]．中国生态农业学报，2016，24（5）：643-651．

[27] 史培军，哈斯，袁艺，等．渤海海冰作为淡水资源：脱盐机理与可利用价值 [J]．自然资源学报，2002，17（3）：353-360．

[28] Khawaji A D, Kutubkhanah I K, Wie J M. Advances in seawater desalination technologies [J]. Desalination, 2008, 221 (1/3): 47-69.

[29] Williams P M, Ahmad M, Connolly B S. Freeze desalination: An assessment of an ice maker machine for desalting brines [J]. Desalination, 2013, 308: 219-224.

[30] Nakagawa K, Maebashi S, Maeda K. Freeze-thawing as a path to concentrate aqueous solution [J]. Separation and Purification Technology, 2010, 73 (3)：403-408.

[31] Wang X B, Zhao Q S, Hu Y J, et al. An alternative water source and combined agronomic practices for cotton irrigation in coastal saline soils [J]. Irrigation Science, 2011, 30 (3)：221-232.

[32] 罗从双，谌文武，韩文峰. 冷冻法净化苦咸水的试验 [J]. 兰州大学学报：自然科学版，2010, 46 (2)：6-10.

[33] Beier N, Sego D, Donahue R, et al. Laboratory investigation on freeze separation of saline mine waste water [J]. Cold Regions Science and Technology, 2007, 48 (3)：239-247.

[34] 郭凯，刘小京. 咸水结冰融化过程中水质与水量的变化规律初步研究 [J]. 灌溉排水学报，2013, 32 (1)：56-60.

[35] Guo K, Liu X J. Infiltration of meltwater from frozen saline water located on the soil can result in reclamation of a coastal saline soil [J]. Irrigation Science, 2015, 33 (6)：441-452.

[36] 封晓辉，张秀梅，郭凯，等. 覆盖措施对咸水结冰灌溉后土壤水盐动态和棉花生产的影响 [J]. 棉花学报，2015, 27 (2)：135-142.

[37] 郭凯，陈丽娜，张秀梅，等. 不同钠吸附比的咸水结冰融水入渗后滨海盐土的水盐分布 [J]. 中国生态农业学报，2011, 19 (3)：506-510.

[38] 潘洁，肖辉，王立艳，等. 咸水冰融化与土壤入渗过程不同盐分离子迁移规律研究 [J]. 华北农学报，2012, 27 (1)：210-214.

[39] 车升国，林志安，赵秉强，等. 咸水结冰灌溉对盐化潮土盐基离子剖面迁移规律的影响 [J]. 水土保持学报，2011, 25 (4)：88-93.

[40] Guo K, Liu X J. Dynamics of meltwater quality and quantity during saline ice melting and its effects on the infiltration and desalinization of coastal saline soils [J]. Agricultural Water Management, 2014, 139：1-6.

[41] 郭凯，张秀梅，李向军，等. 不同钠吸附比的咸水结冰融水入渗对苏打碱土的水盐运移影响 [J]. 水土保持学报，2010, 24 (4)：94-98.

[42] 杨帆，王志春，肖烨. 冬季结冰灌溉对苏打盐碱土水盐变化的影响 [J]. 地理科学，2012, 32 (10)：1 241-1 246.

[此文原刊载于《中国生态农业学报》，2016, 24 (8)：1 016-1 024]

滨海盐渍区不同土地利用方式土壤—植被系统碳储量研究

李晓光[1,2]，郭 凯[1]，封晓辉[1,2]，刘小京[1]

（1. 中国科学院遗传与发育生物学研究所农业资源研究中心/中国科学院农业水资源重点实验室；
2. 中国科学院大学）

摘 要： 盐渍区土地利用变化与土壤—植被系统固碳潜力耦合关系的研究对以植被建设、增加碳汇为目的的盐渍区最优土地利用方式的实施具有重要的理论和实际意义。本研究以滨海撂荒盐碱裸地为对照，连续观测和定量描述栽植3年和10年的柽柳林、栽植两年和8年的人工枸杞林及冬季咸水结冰灌溉结合地膜覆盖下的棉田的土壤有机碳和植被生物量的动态变化过程，探讨不同土地利用方式下土壤—植被系统固碳能力，为进一步提升区域碳储量提供理论依据。研究表明：（1）柽柳、枸杞的栽植及结冰灌溉结合覆膜等土地利用方式在撂荒盐碱地实施后，土壤—植被系统固碳能力明显增强，且土壤容重显著减小；栽植10年的柽柳林和栽植8年的枸杞林土壤—植被系统碳储量最高，分别为118.24 t·hm^{-2}和96.27 t·hm^{-2}，比冬季咸水结冰灌溉结合地膜覆盖棉田增加58.51 t·hm^{-2}和36.54 t·hm^{-2}，比撂荒盐碱裸地增加83.39 t·hm^{-2}和61.42 t·hm^{-2}。（2）对不同土地利用方式固碳趋势研究发现，栽植3年的柽柳林和栽植2年的枸杞林土壤—植物系统固碳速率较高，每年分别为10.08 t·hm^{-2}和2.71 t·hm^{-2}。冬季咸水结冰灌溉结合地膜覆盖棉田固碳速率较低，每年仅为0.53 t·hm^{-2}。栽植10年的柽柳和栽植8年的枸杞样地，植株固碳速率明显减慢，土壤—植被系统表现为一个弱的碳源。春季地表覆膜处理棉花存活率低且植株成熟后秸秆被移除，碳储量每年净减少0.86 t·hm^{-2}。撂荒盐碱裸地在无外源碳补充的条件下表现为碳源，土壤—植被系统碳储量每年减少速率为1.42 t·hm^{-2}。综上所述，滨海盐渍区人工栽植柽柳和枸杞是提高区域碳储量的有效途径。

关键词： 滨海盐渍区；土壤有机碳；植被生物量；土地利用方式；咸水结冰灌溉

以CO_2为代表的温室气体浓度持续升高所导致的全球气候变化越来越受到人类的共同关注[1-2]，化石燃料燃烧和土地利用变化是导致CO_2等温室气体积累的重要原因[3]。近些年，国际社会在控制化石燃料燃烧方面做了很多努力，然而随着全球社会经济的快速发展，目前还达不到减排的要求[4]，所以应考虑如何通过土地利用方式的改变来增加陆地生态系统碳汇[5]。

盐碱地作为一类特殊的土地资源，面积广、利用潜力大[6]。在环渤海地区，大面积的重盐碱地由于淡水资源匮乏，长期处于撂荒状态，如何通过土地利用方式的改变提高重盐碱地的利用效率进而实现固碳增汇是亟待解决的问题[7]。其中，盐生植物如柽柳、枸杞的种植所代表的生物改良措施是近年来国内外盐碱地治理中的重要方法之一[8]，也是我国"南红北柳"生态工程的重要组成部分。目前，对柽柳、枸杞的研究多集中于群落物种多样性[9]、土壤理化性质[10-11]等方面，对其碳储量的研究较少[12]，如有研究表明[13-14]，柽柳、枸杞群落的形成能够有效地增加生态系统的碳储量。

冬季咸水结冰灌溉结合地膜覆盖技术实现了在重盐碱地上生长农作物的奇迹[15]，但目前的相关研究多集中于土壤水盐运移规律[16-18]，关于其碳储量[19-20]方面的研究比较薄弱。

本研究通过连续观测和定量描述人工栽植不同年份柽柳林、枸杞林及结冰灌溉、地表覆膜等几种土地利用方式下土壤有机碳含量和植被生物量的变化，探讨滨海盐渍区不同土地利用方式实施后碳储量差异及其今后变化规律，进而为以植被建设、固碳增汇为目的的滨海盐碱地建设提供理论依据。

1 材料与方法

1.1 试验地概况

试验地位于河北省海兴县中国科学院滨海盐碱地高效利用示范区（117°33′49″E，38°10′02″N）。该地区为滨海平原，地势低洼平坦，土壤多为滨海盐土，撂荒地较多，撂荒地中无灌木生长，草本植物和裸地斑块相间，主要植物有獐毛、白茅、盐地碱蓬等。土壤盐分组成以氯化物为主，Cl^-占阴离子总量的70%～80%，Na^+是主要的阳离子；地下水位0.9～1.5 m，地下水的矿化度较高，含盐量在7～27 g·L^{-1}。气候属暖温带半湿润大陆性季风气候，年平均气温12.1 ℃，年平均降水量为582.3 mm，四季分布不均，多集中在7—8月。土壤中盐分含量有明显的季节特征：春季蒸发量大、降水少，为蒸发积盐阶段；夏季降水量增加，土壤盐分经雨水淋洗下移，处于脱盐阶段；秋季由于地下水位低，土壤再次积盐；冬季盐分运动基本停止[21]。

1.2 试验设计和田间管理

本试验共设7个处理，每个处理3个重复。分别为栽植3年和10年的柽柳林、栽植两年和8年的枸杞林、冬季咸水结冰灌溉结合地膜覆盖下的棉田以及无结冰灌溉春季覆膜下的棉田，以撂荒盐碱裸地为对照。

柽柳试验地为条状整理地块，每块南北长400 m，东西宽15 m。柽柳2006年和2013年栽植的地块分别为栽植10年和3年的处理。所栽植柽柳是滨海地区中华柽柳筛选的优良变异单株选育得到的品种[22]。柽柳植株最初的栽植是在覆盖地膜的基础上，刺破沟底地膜扦插微枝，微枝顶端露出地表1 cm，栽植后无平茬、除草等管理措施。3年生柽柳林平均株高为208 cm，株距为45 cm，行距约1.3 m，林分郁闭度85%左右，群落优势种为盐地碱蓬、苦荬菜和獐毛，盖度约为80%。10年生柽柳林平均株高为317 cm，株距为60 cm，行距为1 m，林分郁闭度95%左右，群落优势种为苦荬菜和獐毛，盖度为90%。

枸杞试验地为条状整理地块，每块南北长120 m，东西宽16 m。2008年和2014年栽植地块分别为栽植8年和两年的处理。所栽植枸杞为当地选优的良种[23]。两年生枸杞林平均株高为75 cm，株距为60 cm，行距约1.5 m，林分郁闭度75%左右，群落优势种为盐地碱蓬和獐毛，盖度为80%。8年生枸杞林平均株高为105 cm，栽植在垄上，南北方向垄间距约为 2 m，株距为 60 cm，垄高约为 30 cm，林分郁闭度 85%左右，群落优势种为苦荬菜和獐毛，盖度为 90%。

咸水结冰灌溉融冰入渗后覆膜棉田（FSWI + Mulch）和无结冰灌溉春季覆膜（Mulch）棉田两种土地利用方式已经实施了 8 年[24]，小区长 6 m、宽 5 m，小区之间设置宽 1 m、高 0.5 m 的田垄，以防测渗和互溢。其中冬季咸水结冰灌溉处理，每年 1 月中旬灌水，灌水量为 180 mm，试验用水含盐量为 9.59 g·L⁻¹。冬季灌水时气温-10.3 ℃，为保证灌水均匀结冰，采用分次灌水，即每天灌少量水，3 d 后完成灌水量的试验设计要求，灌水后在处理小区地表形成冰层，3 月初土壤表面冰层融化且入渗完成后人为在两种处理方式下地表覆盖薄膜（不可降解，0.07 mm）。种植棉花，品种为盐棉 28，4 月 23 日播种，行距 65 cm，株距 30 cm。FSWI+Mulch 和 Mulch 两种处理下的棉花存活率分别为 72.78%和 19.44%。

撂荒地为多年未受人为因素影响的重盐碱地，其上生长有典型盐生草本植物，因不同植物所处土壤环境大不相同，致使碳储量研究存在较大的不确定性，为使研究对象更加具体，本试验仅测量撂荒盐碱裸地的土壤碳储量变化。

表 1　不同土地利用方式土壤理化性质（0~100 cm）

处理	含盐量 (g·kg⁻¹)	有机质 (g·kg⁻¹)	有效磷 (mg·kg⁻¹)	有效钾 (mg·kg⁻¹)	铵态氮 (mg·kg⁻¹)	硝态氮 (mg·kg⁻¹)	容重 (g·cm⁻³)	pH (H₂O, 1:5)
3 aT	5.10±1.27	9.42±0.22	6.56±1.26	246.47±22.15	2.53±0.73	52.76±8.17	1.47±0.06	8.20±0.11
10 aT	4.52±1.28	10.01±0.77	6.81±1.18	275.95±27.38	3.45±0.87	109.41±7.89	1.41±0.04	8.41±0.13
2 aL	5.63±1.38	7.67±0.50	5.81±0.96	229.9±12.87	2.42±0.53	44.55±6.18	1.53±0.04	8.15±0.17
8 aL	5.26±1.60	9.93±0.62	6.17±1.14	286.32±18.25	2.99±0.86	81.60±5.11	1.46±0.03	8.35±0.12
FSWI+Mulch	4.54±1.25	6.49±0.62	5.69±1.19	231.36±18.99	2.60±0.62	54.8±7.12	1.48±0.06	8.43±0.12
Mulch	5.64±1.33	4.77±0.58	5.41±1.07	212.86±22.25	2.28±0.41	46.1±6.70	1.51±0.02	8.33±0.12
CK	9.68±2.68	4.45±0.57	3.97±0.66	158.29±12.43	1.78±0.33	14.5±1.11	1.57±0.07	8.15±0.17

注：3aT 为栽植 3 年的柽柳林；10 aT 为栽植 10 年的柽柳林；2 aL 为栽植两年的枸杞林；8 aL 为栽植 8 年的枸杞林；FSWI+Mulch 为咸水结冰灌溉结合地膜覆盖；Mulch 为春季覆膜；CK 为撂荒盐碱裸地

1.3　研究方法

1.3.1　土壤有机碳含量和土壤容重的测定

土壤碳主要包括土壤有机碳和土壤无机碳两大部分，土壤有机碳库主要由土壤植物残体、植物分泌物、土壤微生物、土壤动物及其分泌物组成；土壤无机碳库主要包括土壤中沉积的含碳酸根的盐类，其多以结核状、菌丝状存在于土壤剖面。滨海盐渍区土壤盐分组成多以氯化物为主，Cl^- 占阴离子总量的 70%～80%，所以相对于土壤有机碳来说，土壤无机碳在土壤碳库中的比例较小，可忽略不计[25]。

柽柳和枸杞条状样地及撂荒盐碱裸地 2015—2016 年 4 月至 11 月每个月分别采用 S 型布点法设置 3～5 个采样点。FSWI+Mulch 和 Mulch 处理 2015—2016 年 6 月至 11 月每个月每个处理设置 3 个采样点。统一采用土钻分层（0～10 cm、10～20 cm、20～40 cm、40～60 cm、60～100 cm）取土，利用重铬酸钾容量法[26]测定每个处理不同土层土壤有机碳含量。

2015 年 7 月和 2016 年 7 月，在生长季典型时期，每个处理挖取 3 个土壤剖面，环刀（100 cm³）分不同土层（0～10 cm、10～20 cm、20～40 cm、40～60 cm、60～100 cm）取土带回烘干称重，得到每个处理不同土层的土壤容重。

1.3.2 植株生物量的测定

试验开始（2015 年 4 月 5 日）和结束（2016 年 11 月 20 日），柽柳和枸杞条状样地分别选取 7 棵标准株，FSWI+Mulch 和 Mulch 处理分别选取 3 棵标准株，分器官（根、茎、侧枝、叶）取样，测量鲜重和干重。柽柳、枸杞和棉花 3 种植物的碳含量引用徐永荣等[27-28]的研究结果。

1.3.3 计算方法和数据处理

采用土壤有机碳含量及土壤容重计算出各处理单位面积土壤有机碳储量。计算公式为：

$$M_i = c_i B_i d_i \tag{1}$$

式中：M_i 为第 i 层土壤的有机碳密度（kg·m⁻²），c_i 为第 i 层土壤有机碳含量（g·kg⁻¹），B_i 为第 i 层土壤容重（g·cm⁻³），d_i 为第 i 个土层的厚度（cm）。

单位面积土壤—植被系统碳储量的计算方法为：

$$D = C + M \tag{2}$$

式中：D 为单位面积土壤—植物系统碳储量（g），C 为单位面积植被碳储量（g），M 为单位面积土壤有机碳储量（g）。

试验数据均采用 Microsoft Excel 作图，运用 SPSS 18.0 进行单因素方差分析和显著性分析。以 LSD 多重比较法检验不同处理的差异显著性。

2 结果与分析

2.1 不同土地利用方式土壤碳储量变化

2.1.1 土壤有机碳储量差异及其垂直分布特征

从图 1A 可知，不同土地利用方式实施后土壤有机碳含量之间差异显著（$P < 0.05$）。随着柽柳和枸杞的生长，土壤有机碳含量逐渐升高，栽植 10 年的柽柳地和栽植 8 年的枸杞地 1 m 深度土体平均土壤有机碳含量最高，分别为 5.81 g·kg⁻¹ 和 5.76 g·kg⁻¹，显著高于 FSWI+Mulch、Mulch 处理和 CK。FSWI+Mulch 处理下的棉田土壤有机碳含量显著高于 Mulch 处理和 CK。

不同土地利用方式下，1 m 土体土壤有机碳含量垂直分布规律基本一致，随着土层的加深，土壤有机碳含量逐渐减少（图1B）。其中，栽植10年的柽柳地和栽植8年的枸杞地土壤表层有机碳含量最高，分别为 7.50 g·kg⁻¹ 和 7.49 g·kg⁻¹。柽柳和枸杞根的生长能够有效地补充各个土层土壤有机碳含量，随着种植年限的增加，各个土层土壤有机碳含量逐渐增加。FSWI+Mulch 和 Mulch 处理下，棉田土壤表层和 20～40 cm 土层有机质含量最高。FSWI+Mulch 处理下棉花存活率高，其不同土层有机碳含量都显著高于 Mulch 处理。

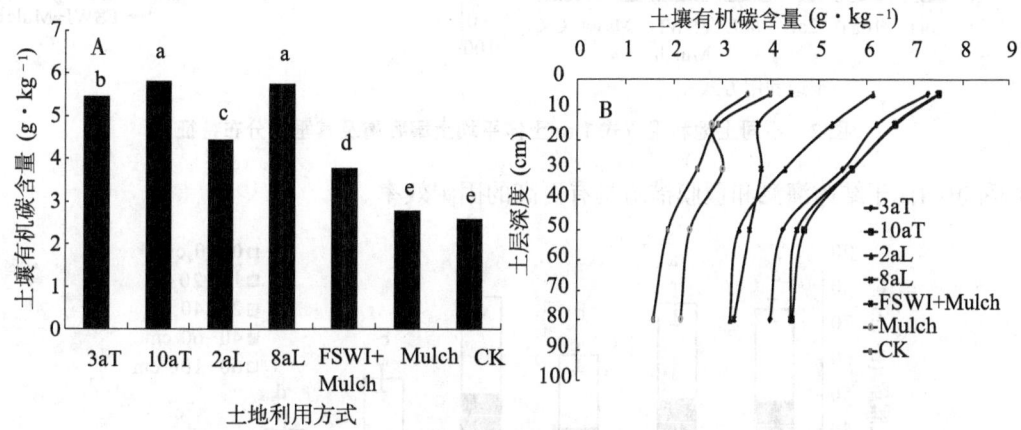

图1 不同土地利用方式1 m 深土体平均土壤有机碳含量（A）及其垂直分布特征（B）
3aT：栽植3年的柽柳林；10 aT：栽植10年的柽柳林；2 aL：栽植2年的枸杞林；8 aL：栽植8年的枸杞林；FSWI+Mulch：咸水结冰灌溉结合地膜覆盖；Mulch：春季覆膜；CK：撂荒盐碱裸地。左图不同小写字母表示处理间在 0.05 水平差异显著，下同

从图2A可知，不同土地利用方式下土壤容重差异显著（P<0.05）。与 CK 相比，柽柳和枸杞所代表的盐生植物种植和 FSWI+Mulch、Mulch 处理下的棉田，土壤容重都显著降低。随着柽柳和枸杞种植年限的增加，土壤容重逐渐减小。栽植10年的柽柳林和栽植8年的枸杞林土壤容重分别为 1.41 g·cm⁻³、1.46 g·cm⁻³，显著小于其他土地利用方式（表1）。

不同土地利用方式下土壤容重垂直规律基本一致，随着土层的加深土壤容重逐渐增大（图2B）。随着柽柳种植年限的增加，每个土层容重都逐渐变小。栽植10年的柽柳林，土壤下层根的生物量显著高于栽植年份短的柽柳林，根的生长能够有效地疏松土壤，致使其下层土壤容重变小。同样，栽植8年的枸杞林不同土层容重显著小于栽植2年的枸杞林。FSWI+Mulch 和 Mulch 处理下棉田土壤表层容重分别为 1.32 g·cm⁻³ 和 1.29 g·cm⁻³。撂荒盐碱裸地土壤容重较高，且随着土层的加深，土壤容重逐渐增大。

从图3可知，栽植10年的柽柳林和栽植8年的枸杞林1 m 土体有机碳储量最高，分别为 75.73 t·hm⁻² 和 77.57 t·hm⁻²，相比于 FSWI+Mulch 处理增加 21.32 t·hm⁻² 和 23.17 t·hm⁻²，相比于 CK 增加 40.87 t·hm⁻² 和 42.72 t·hm⁻²。FSWI+Mulch 处理下的棉田土壤碳储量为 54.40 t·hm⁻²，显著高于 Mulch 处理下的棉田。表明，柽柳和枸杞

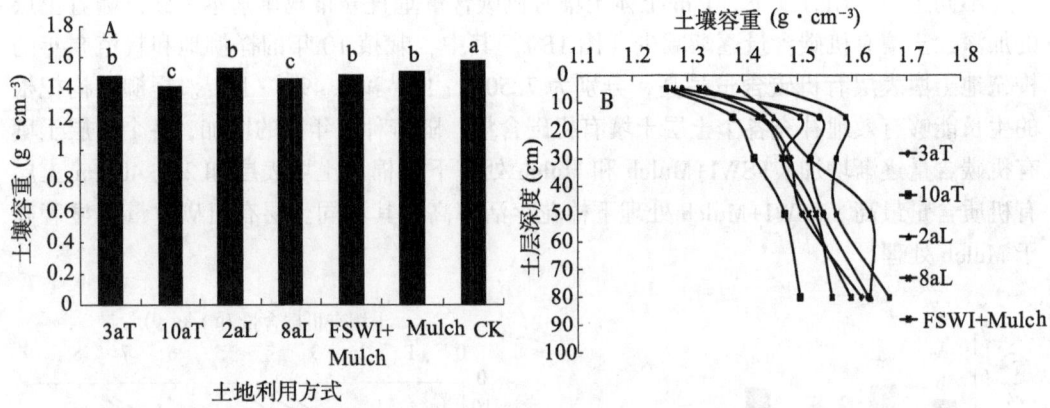

图 2　不同土地利用方式 1 m 土体平均土壤容重及其垂直分布特征

的种植相比于结冰灌溉和覆膜措施具有更高的固碳效率。

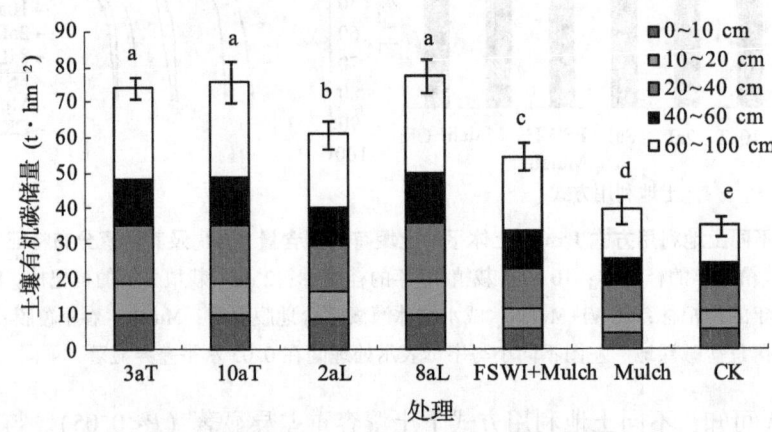

图 3　不同土地利用方式 1 m 土体土壤有机碳储量垂直分布特征

2.1.2　土壤有机碳储量变化特征

从图 4 可知，2015—2016 年生长季初始（4 月）至结束（11 月），两个年份柽柳地 1 m 土体平均有机碳含量都呈减少趋势，而在非生长季，土壤有机碳含量呈显著增加趋势。栽植 10 年的柽柳地土壤平均有机碳含量大于栽植 3 年的柽柳地。栽植 8 年的枸杞地土壤有机碳含量显著大于栽植 2 年的，枸杞每年经历两次落叶，分别在每年的 8 月和 11 月，从图中可以看出这两个阶段，土壤有机碳含量有明显的增加趋势。FSWI+Mulch 和 Mulch 处理下土壤有机碳含量较低且显著小于柽柳地和枸杞地。

摞荒盐碱裸地的土壤有机碳含量变化与种植植物的样地完全不同，因土体无凋落物等外源碳补充土壤碳源，1 m 土体平均有机碳含量总体呈逐渐减少趋势，土壤有机碳含量从 2015 年 4 月的 2.64 g·kg^{-1} 下降至 11 月的 2.56 g·kg^{-1}。

从图 5 可知，2015 年 4 月至 2016 年 11 月不同土地利用方式下土壤有机碳储量变化规律一致，都呈减少趋势。栽植 3 年的柽柳生长迅速，微生物分解土壤有机碳的速率高于土壤有机碳积累的速率，单位面积土壤是一个碳排放的过程，土壤养分很大一部分用

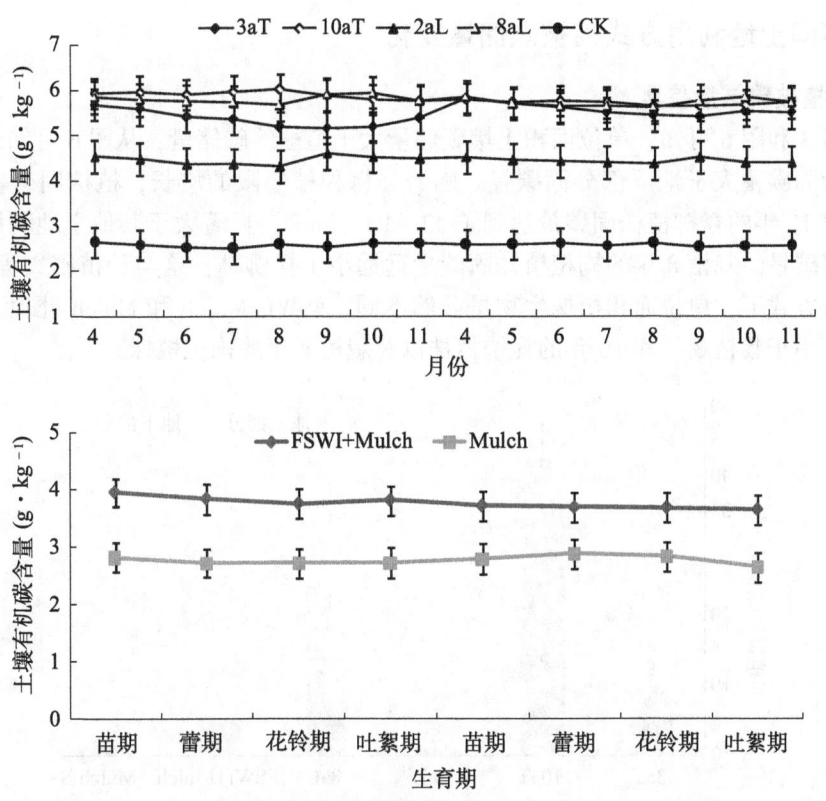

图 4 2015 年 4 月至 2016 年 11 月不同土地利用方式下 1 m 土体平均土壤有机碳含量变化

于柽柳植株的生长。栽植两年的枸杞植株较小，消耗的土壤有机碳较少。10 年生柽柳地和 8 年生枸杞地生长季土壤有机碳含量同样呈减少趋势，土壤本身有机碳的分解和大量伴生植物的生长消耗，致使土壤有机碳含量逐渐降低。

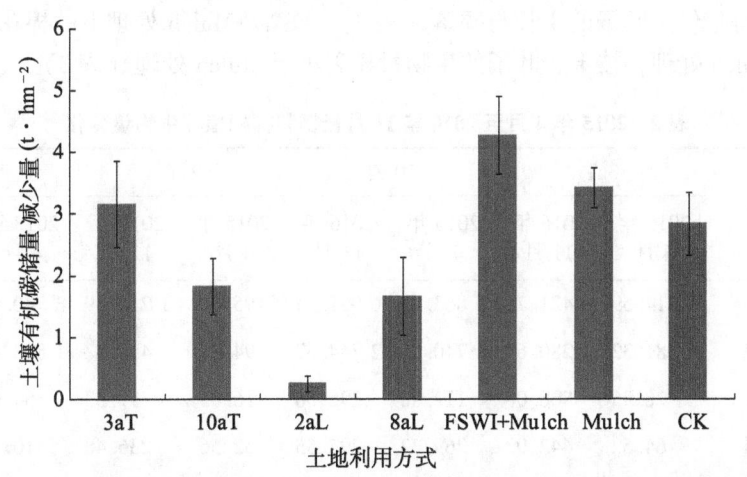

图 5 2015 年 4 月至 2016 年 11 月不同土地利用方式土壤有机碳储量年际变化

2.2 不同土地利用方式植被碳储量变化

2.2.1 植被碳储量差异

从图3和图6可知，单位面积土壤碳储量大于植被的碳储量；从图6可知，植物地上部分的固碳量大于地下部分固碳量。随着柽柳种植年限的增长，植株固碳量显著增加，栽植10年的柽柳植株固碳量达到了42.51 t·hm^{-2}，显著大于其他土地利用方式下的植株固碳量。栽植8年的枸杞植株固碳量远远小于柽柳林，这与种植密集程度有关，不同种植方式下，单位面积植株生物量截然不同。FSWI+Mulch 和 Mulch 处理下棉花生物量显著小于栽植3年和10年的柽柳植株以及栽植8年的枸杞植株。

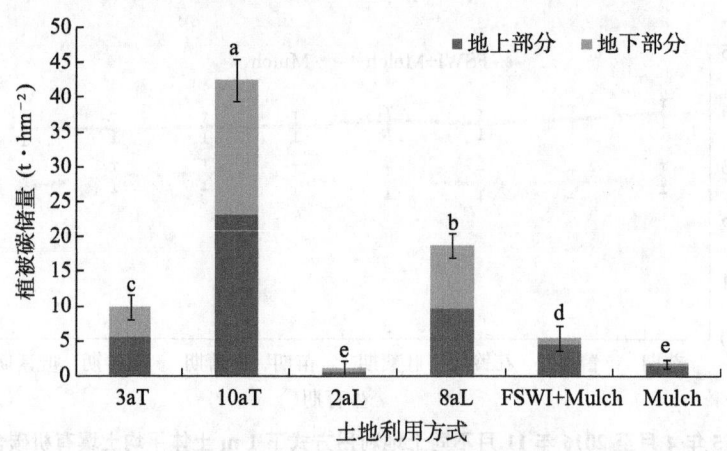

图6 不同土地利用方式植被碳储量

2.2.2 植被碳储量变化特征

2015年4月至2016年11月栽植3年的柽柳和栽植2年的枸杞植株生长迅速，根、茎、叶生物量及总生物量都明显升高。而10年柽柳和8年枸杞植株生物量的增加已经十分缓慢，每年仅是叶子的生长与凋落（表2）。FSWI+Mulch 处理下的棉花主根生物量显著大于 Mulch 处理，枝干、叶子的生物量显著小于 Mulch 处理（表3）。

表2 2015年4月至2016年11月柽柳和枸杞植株生物量变化 （g）

项目	3aT		10 aT		2 aL		8 aL	
	2015年4月	2016年11月	2015年4月	2016年11月	2015年4月	2016年11月	2015年4月	2016年11月
总生物量	1 314.59	4 421.71	5 863.21	6 091.74	195.66	1 214.39	3 740.18	4 003.79
主根生物量	581.32	1 280.67	2 740.25	2 744.57	94.38	455.8	1 803.85	1 811.61
叶生物量	28.95	808.08	112.88	295.56	16.05	97.53	54.07	304.57
侧枝生物量	64.52	442.02	269.32	297.55	32.56	236.48	410.63	412.58
茎生物量	639.80	1 890.94	2 740.77	2 754.07	52.67	424.58	1 471.64	1 475.03

表3　咸水结冰灌溉结合地膜覆盖对棉花产量和单株生物量的影响

处理	主根生物量（g）	枝干生物量（g）	叶生物量（g）	产量（kg·hm⁻²）
FSWI+Mulch	22.07±2.35 a	92.86±5.67 b	74.86±3.89 b	10.55±0.54 a
Mulch	15.97±1.98 b	104.21±3.78 a	88.58±4.23 a	4.21±0.21 b

从图 7 可知，2015 年 4 月至 2016 年 11 月栽植 3 年的柽柳林固碳量最多，其次是栽植 2 年的枸杞林和 FSWI+Mulch 处理下的棉田，栽植 10 年的柽柳植株和栽植 8 年的枸杞植株已基本停止固碳。

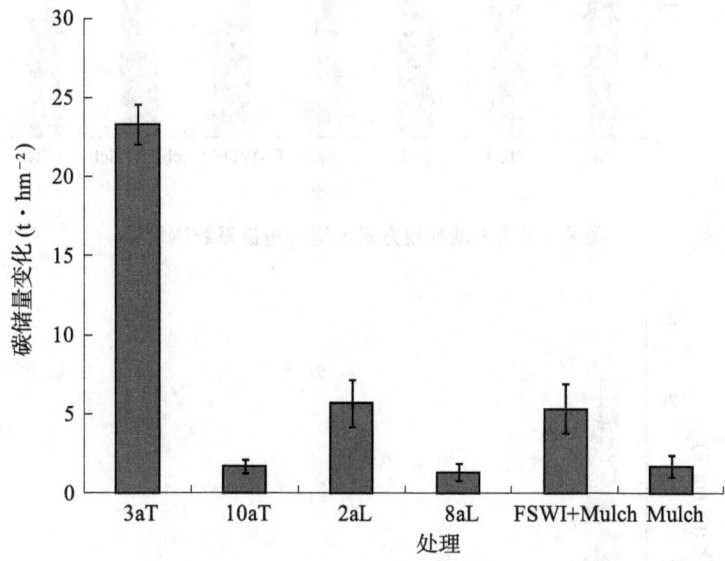

图7　2015 年 4 月至 2016 年 11 月不同土地利用方式植被碳储量变化

2.3　不同土地利用方式土壤—植物系统碳储量变化

2.3.1　土壤—植被系统碳储量差异

从图 8 可知，柽柳和枸杞所代表的盐生植物的种植相比于其他土地利用方式的土壤—植被系统能固定更多的碳。其中，栽植 10 年的柽柳林和栽植 8 年的枸杞林土壤—植被系统碳储量最高，分别为 118.24 t·hm⁻²和 96.27 t·hm⁻²，比 FSWI+Mulch 处理增加 58.51 t·hm⁻²和 36.54 t·hm⁻²，比撂荒盐碱裸地增加 83.39 t·hm⁻²和 61.42 t·hm⁻²。

2.3.2　土壤—植被系统碳储量变化特征

从图 9 可知，2015 年 4 月至 2016 年 11 月栽植 3 年的柽柳林和栽植 2 年的枸杞林土壤—植被系统碳增加量分别为 20.16 t·hm⁻²和 5.42 t·hm⁻²，远远大于其他土地利用方式，表现为 CO_2 的汇。栽植 10 年的柽柳林和栽植 8 年的枸杞林，土壤—植被系统碳分别减少 0.14 t·hm⁻²和 0.35 t·hm⁻²，表现为一个弱的碳源。相比于 Mulch 处理和 CK，FSWI+Mulch 处理下的棉田土壤—植被系统表现为一个缓慢固碳的效果，但因每年植株成熟后秸秆剔除，其变化有待进一步验证。

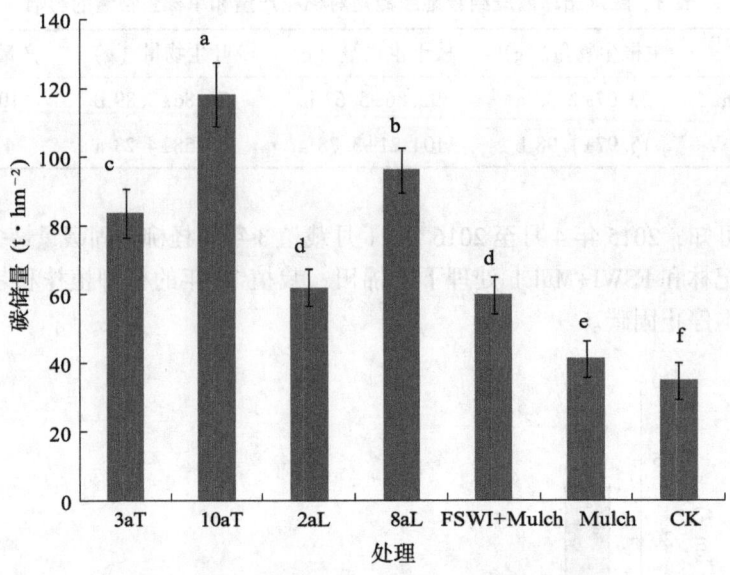

图 8　不同土地利用方式土壤—植被系统碳储量

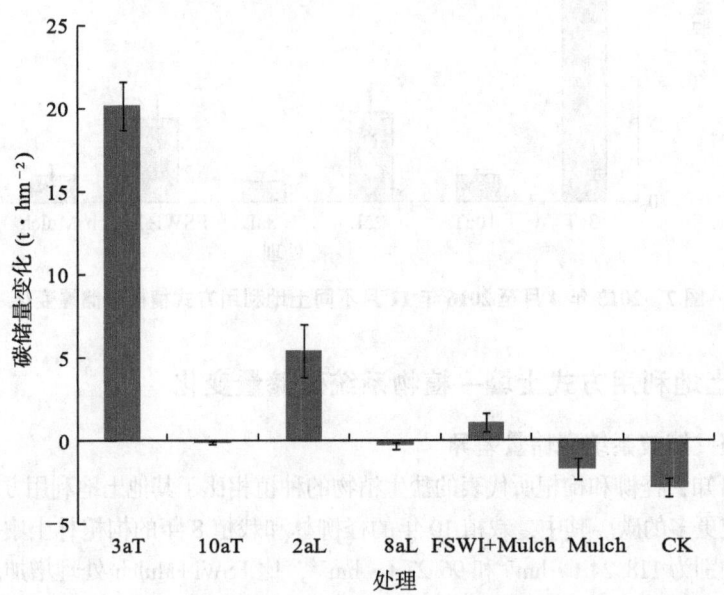

图 9　2015 年 4 月至 2016 年 11 月不同土地利用方式下单位面积土壤—植被系统碳含量变化

3　讨　论

3.1　不同土地利用方式下滨海盐碱土壤碳储量变化

研究发现，与撂荒盐碱裸地相比，柽柳、枸杞的栽植能够显著增加土壤碳储量。冬季结冰灌溉结合地表覆膜和春季覆膜处理下的棉花植株成熟后秸秆被移除，对土壤有机碳积累有很大影响，导致土壤有机碳含量较低且显著小于柽柳地和枸杞林地。撂荒盐碱裸地在无植被生长及外源碳补充的条件下土壤有机碳含量主要取决于土壤母质[29]。

随着植株生长，柽柳林和枸杞林每年凋落物数量逐渐增多，伴随大量的凋落物进入土体，进而有效地补充了土壤中的有机碳含量，土壤有机碳含量表现逐年增加的过程。栽植 10 年的柽柳林和栽植 8 年的枸杞林虽然叶子生物量较多，但根系停止生长的同时土壤微生物也在分解着一定量的有机碳，两种过程处于动态平衡之中，土壤有机碳无显著变化趋势。因为无植物生长的原因，盐碱裸地土壤有机碳的固定和消耗主要与土壤温度和水盐有关，其变化趋势有待进一步研究[30]。

与撂荒盐碱裸地相比，栽植柽柳、枸杞和结冰灌溉地表覆膜种植棉花后，土壤容重都显著减小，表明植物的生长能够有效改善土壤的通水性、通气性等，使养分、水分等运输效率大大提高[31]。腐殖质、新增凋落物等一般都集聚在土壤上层，致使土壤表层有机碳含量较高，有时根生长分泌一定量的有机物质，根际特殊环境也会使局部土壤有机碳含量显著增加[32]。撂荒区属于重度盐碱地，土壤含盐量极高且地下水位仅 1~2 m 左右，土壤黏质化导致土壤容重显著增加[33]。

尽管柽柳、枸杞的种植和结冰灌溉结合地膜种植棉花等方式比撂荒盐碱裸地能够显著增加土壤碳储量，但其有机碳含量普遍较低[34]，栽植 10 年的柽柳地土壤有机碳含量也不足 $10 \mathrm{~g} \cdot \mathrm{kg}^{-1}$，这与盐碱地的环境和背景有关，尽管植物能够正常生长，但土壤盐分较高，阻碍了土壤有机碳的进一步积累。土壤有机碳含量受多种因素的作用，短期内会有波动，但不会产生巨大变化，且研究时间和空间尺度、地点、重复次数都会对最终的结果产生影响[35]。

3.2 植被碳储量变化

栽植 10 年的柽柳植株和栽植 8 年枸杞植株固碳量显著高于其他处理，但植株总生物量的增加已经十分缓慢，每年仅是叶子的生长与凋落。由于 8 年生的枸杞林栽植较稀疏，植株固碳量远远小于柽柳林，所以如何确定不同土地利用方式下植株最佳的种植方式，使其在达到最大固碳量的同时植株相互之间生长不受影响是亟待要解决的问题[36]。

FSWI+Mulch 处理下的棉田由于结冰融化淡水的淋洗作用，土壤耕层含盐量显著小于 Mulch 处理，其根生长更加迅速且扎的更深，但其较高的成活率致使植株叶子之间互相遮挡，影响植物的光合作用。而 Mulch 处理下棉田棉花成活率不如 FSWI+Mulch 处理，但其单位面积棉花植株得到更多的光照和养分，致使其枝干、叶子生物量更高，而且平均每株棉花产量 Mulch 处理明显高于 FSWI+Mulch 处理。

3.3 土壤—植被碳储量变化

不同土地利用方式实施后，土壤碳储量在土壤—植被系统固碳量中占主导地位，植被碳储量小于土壤碳储量，但从年际间土壤—植被系统碳储量变化中可以看出，植被碳储量的变化是衡量其是碳源还是碳汇的决定性因素。

从固碳角度考虑，柽柳和枸杞所代表的盐生植物的种植能固定更多的碳，从而对区域碳循环起到积极的作用，但其土壤—植被系统的固碳趋势还需进一步研究，确保各种土地利用方式下土壤—植被能够持续地固碳，如其今后是一个碳排放的过程，就需要改变土地利用方式或者更新植被。研究发现，柽柳、枸杞的生长达到一定的年限后，固碳速率减慢甚至表现为一个碳源，需改变其土地利用方式。咸水结冰灌溉结合地膜覆盖技术实现了在重盐碱地上生长农作物的奇迹，但从固碳角度考虑，每年的植株生物量最好通过一定的措施返回田间来维持固碳量，如植株磨碎后埋于土壤之中或土壤表层棉花植株残体覆盖。棉田固碳量远远小于栽植柽柳和枸杞所代表的盐生植物种植技术，且结冰灌溉条件的实施不仅依赖于地形和气候条件，还需耗费一定的人力物力，而盐生植物本身能在重盐碱地上存活，一次栽植后无其他人工因素介入，省时，耗资小且固碳效果显著。

4 结 论

相比于撂荒盐碱裸地，人工栽植的柽柳林、枸杞林和结冰灌溉结合地膜覆盖下的棉田，土壤—植被系统能固定更多的碳。其中，栽植 10 年的柽柳林和栽植 8 年的枸杞林土壤—植被系统碳储量最高，分别为 118.24 t·hm^{-2}和 96.27 t·hm^{-2}，相比于 FSWI+Mulch 处理增加 58.51 t·hm^{-2}和 36.54 t·hm^{-2}，相比于撂荒盐碱裸地增加 83.39 t·hm^{-2}和 61.42 t·hm^{-2}。

对不同土地利用方式固碳趋势研究发现，栽植 3 年的柽柳林和栽植两年的枸杞林植株生长迅速，生长过程中土壤有机碳快速分解，其生长季土壤有机碳是一个逐渐减少的过程，但结合地上部植物的碳固定，土壤—植物系统固碳速率显著，分别为每年 10.08 t·hm^{-2}和 2.71 t·hm^{-2}。FSWI+Mulch 处理固碳速率较低，仅为每年 0.53 t·hm^{-2}。栽植 10 年的柽柳和栽植 8 年的枸杞样地，植株固碳速率明显减慢，土壤—植被系统表现为一个弱的碳源，需通过改变种植和管理方式等措施提升固碳量；Mulch 处理棉花存活率较低且植株成熟后基本剔除，碳储量每年净减少 0.86 t·hm^{-2}。撂荒盐碱裸地在无外源碳补充的条件下表现为一个碳源，土壤碳储量减少速率为每年 1.42 t·hm^{-2}。综上所述，滨海盐渍区人工栽植柽柳和枸杞是提高区域碳储量的有效途径。

参考文献

[1] Hoegh-Guldberg O, Bruno J F. The impact of climate change on the world´s marine ecosystems [J]. Science, 2010, 328 (5 985): 1 523-1 528.

[2] Cao M K, Woodward F I. Dynamic responses of terrestrial ecosystem carbon cycling to global climate change [J]. Nature, 1998, 393 (6 682): 249-252.

[3] 沈永平, 王国亚. IPCC 第一工作组第五次评估报告对全球气候变化认知的最新科学要点 [J]. 冰川冻土, 2013, 35 (5): 1 068-1 076.

[4] 王璟珉, 魏东. 对目前全球气候变化问题认知程度的思考 [J]. 中国人口·资源与环境, 2008, 18 (3): 58-63.

[5] 陈广生, 田汉勤. 土地利用/覆盖变化对陆地生态系统碳循环的影响 [J]. 植物生态学报, 2007, 31 (2): 189-204.

[6] 王遵亲. 中国盐渍土 [M]. 北京: 科学出版社, 1993: 400-515.

[7] 康健，孟宪法，许妍妍，等. 不同植被类型对滨海盐碱土壤有机碳库的影响 [J]. 土壤，2012，44 (2)：260-266.

[8] 张立宾，宋日荣，吴霞. 柽柳的耐盐能力及其对滨海盐渍土的改良效果研究 [J]. 安徽农业科学，2008，36 (13)：5 424-5 426.

[9] 张道远，杨维康，潘伯荣，等. 刚毛柽柳群落特征及其生态、生理适应性 [J]. 中国沙漠，2003，23 (4)：446-451.

[10] 雷金银，班乃荣，张永宏，等. 柽柳对盐碱土养分与盐分的影响及其区化特征 [J]. 水土保持通报，2011，31 (2)：73-76.

[11] 牛艳，许兴，郑国琦，等. 土壤养分和盐分对枸杞多糖和总糖含量的影响 [J]. 中国农学通报，2006，22 (12)：59-61.

[12] 许皓，李彦，谢静霞，等. 光合有效辐射与地下水位变化对柽柳属荒漠灌木群落碳平衡的影响 [J]. 植物生态学报，2010，34 (4)：375-386.

[13] 谢琳萍，王敏，王保栋，等. 莱州湾滨海柽柳林湿地植被碳储量的分布特征及其影响因素 [J]. 应用生态学报，2017，28 (4)：1 103-1 111.

[14] 孙涛，马全林，李银科，等. 基于 CENTURY 模型模拟研究次生盐碱地枸杞林土壤有机碳的变化 [J]. 安徽农业科学，2015，43 (13)：202-206.

[15] 刘小京，李向军，陈丽娜，等. 盐碱区适应性农作制度与技术探讨——以河北省滨海平原盐碱区为例 [J]. 中国生态农业学报，2010，18 (4)：911-913.

[16] 封晓辉，张秀梅，郭凯，等. 覆盖措施对咸水结冰灌溉后土壤水盐动态和棉花生产的影响 [J]. 棉花学报，2015，27 (2)：135-142.

[17] 郭凯，张秀梅，刘小京. 咸水结冰灌溉下覆膜时间对滨海盐土水盐运移的影响 [J]. 土壤学报，2014，51 (6)：1 202-1 212.

[18] 肖辉，潘洁，程文娟，等. 咸水结冰灌溉与覆膜对滨海盐土水盐动态的影响 [J]. 水土保持学报，2011，25 (1)：180-183.

[19] Li X G, Guo K, Feng X H, et al. Soil respiration response to long-term freezing saline water irrigation with plastic mulching in coastal saline plain [J]. Sustainability, 2017, 9 (4)：621.

[20] 霍龙，逄焕成，卢闯，等. 地膜覆盖结合秸秆深埋条件下盐渍土壤呼吸及其影响因素 [J]. 植物营养与肥料学报，2015，21 (5)：1 209-1 216.

[21] Guo K, Liu X J. Dynamics of meltwater quality and quantity during saline ice melting and its effects on the infiltration and desalinization of coastal saline soils [J]. Agricultural Water Management, 2014, 139: 1-6.

[22] 刘小京，张秀梅，孙焕荣，等. 滨海重盐碱地园林绿化用柽柳良种'海柽 1 号'[J]. 林业科学，2014，50 (11)：208.

[23] 张秀梅，杨莉琳，刘小京，等. 枸杞新品种'盐杞'和'海杞'[J]. 园艺学报，2011，38 (1)：197-198.

[24] 郭凯，张秀梅，李向军，等. 冬季咸水结冰灌溉对滨海盐碱地的改良效果研究 [J]. 资源科学，2010，32 (3)：431-435.

[25] 霍莉莉. 沼泽湿地垦殖前后土壤有机碳垂直分布及其稳定性特征研究 [D]. 长春：中国科学院大学（东北地理与农业生态研究所），2013.

[26] 鲁如坤. 土壤农业化学分析方法 [M]. 北京：中国农业科技出版社，2000.

[27] 郑帷婕，包维楷，辜彬，等. 陆生高等植物碳含量及其特点 [J]. 生态学杂志，2007，26 (3)：307-313.

[28] 徐永荣，张万均，冯宗炜，等. 天津滨海盐渍土上几种植物的热值和元素含量及其相关性 [J]. 生态学报，2003，23 (3)：450-455.

[29] 张俊华，李国栋，王岩松，等. 黑河中游典型土地利用方式下土壤有机碳与活性和非活性组分的关系 [J]. 应用生态学报，2012，23 (12)：3 273-3 280.

[30] 张鹏锐，李旭霖，崔德杰，等. 滨海重盐碱地不同土地利用方式的水盐特征 [J]. 水土保持学报，2015，29 (2)：117-121.

[31] 尤伟，高照良，边峰. 黄土高原沟壑区不同施肥下植物对土壤容重和孔隙度的影响 [J]. 陕西林业科技，2014 (6)：1-5.

[32] 季志平，苏印泉，贺亮，等. 秦岭北坡几种人工林根系及土壤有机碳剖面分布特征的研究 [J]. 西北植物学报，2006，26 (10)：2 155-2 158.

[33] 封晓辉，张秀梅，刘小京，等. 滨海重盐碱地人工栽植柽柳生长动态及生态效应 [J]. 中国生态农业学报，2013，21 (10)：1 233-1 240.

[34] 戴万宏，黄耀，武丽，等. 中国地带性土壤有机质含量与酸碱度的关系 [J]. 土壤学报，2009，46 (5)：851-860.

[35] 王发刚，王启基，王文颖，等. 土壤有机碳研究进展 [J]. 草业科学，2008，25 (2)：48-54.

[36] 邱晓蕾，宗良纲，刘一凡，等. 不同种植模式对土壤团聚体及有机碳组分的影响 [J]. 环境科学，2015，36 (3)：1 045-1 052.

[此文原刊载于《中国生态农业学报》，2017，25 (11)：1 580-1 590]

滨海盐土区 4 种典型耐盐植物盐分离子的积累特征

刘雅辉[1]，王秀萍[1]，刘广明[2]，孙建平[1]，姚玉涛[1]，杨雅华[1]

(1. 河北省农林科学院滨海农业研究所/唐山市植物耐盐研究重点实验室；
2. 土壤与农业可持续发展国家重点实验室/中国科学院南京土壤研究所)

摘　要：为了筛选降盐效果优良的适宜植物材料以合理利用耐盐植物改良滨海盐碱地，本研究通过田间试验系统探究了盐地碱蓬、田菁、红麻和高丹草的盐分离子积累特征。结果表明：4 种植物地上生物量在成苗期和成熟期均为总生物量的 80% 以上，且大小为田菁>红麻>盐地碱蓬>高丹草。高丹草和红麻对 K^+、Ca^{2+} 的吸收运输能力最强，盐地碱蓬和田菁对 Na^+ 的吸收运输能力最强。根据各盐分离子占植物积累总盐分的比例，高丹草对 K^+ 积累量高于其他离子；田菁在成苗期主要积累 K^+，在成熟期主要积累 Cl^- 和 Na^+；红麻主要积累 Cl^- 和 K^+；盐地碱蓬主要积累 Na^+ 和 Cl^-，其体内的 Na^+ 和 Cl^- 分别占积累盐分总量的比例明显高于其余植物。从成苗期到成熟期的生长过程中，盐地碱蓬表现出 Na^+ 积累比例持续下降，Cl^- 积累比例逐渐升高的趋势；田菁和高丹草表现为 Na^+ 和 Cl^- 积累比例均升高；红麻的 Na^+ 和 Cl^- 积累比例则表现为逐渐下降趋势。盐地碱蓬、田菁和红麻是滨海盐土改良的优良植物材料。

关键词：滨海盐土；植物材料；盐分离子；吸收与积累

土壤盐渍化及次生盐渍化现象日趋严重，是制约农业生产的主要障碍因子之一，也是影响生态环境的重要因素[1-3]。滨海盐土是盐渍土的一种，主要分布于我国沿海地区，其土壤氯化物盐含量高，土质黏重，通气性差，一般植物生长困难，大多是光板地，生态环境恶劣，严重制约了区域农业发展及宜居环境的建设。因此，盐碱地的改良利用是一个长期的、复杂而重要的任务。近几年来，植物改良盐渍土逐渐受到人们的关注，即通过筛选适应盐环境、具有一定经济价值的优良耐盐植物品种来开发利用盐碱地。许多研究表明，种植耐盐植物改良盐碱地是最有效、最根本、最长远的一项改良措施[4-7]。因此，因地制宜筛选、种植具有土壤脱盐效果的耐盐植物，对治理盐碱地、改善生态环境和农业可循环持续发展都具有重要意义。

耐盐植物包括盐生植物和非盐生耐盐植物，它们都是通过自身的特有组织结构降低盐分毒害，适应盐环境。目前国内外有关植物的耐盐性及耐盐机制方面已有一些研究，结果表明不同植物间存在较大差异[8-14]。盐地碱蓬是藜科植物中一种典型的稀盐盐生植物，通常生长在盐渍化土壤中，其繁殖力极强，生产力较高，可在 pH 值>10、含盐量>0.48% 的土壤中存活[15]。其叶片或茎的组织结构中存在大量薄壁组织，可有效增加植物贮水能力，确保提供植物体正常生长和发育所需的水分；还具有将从外界吸收的无机离子隔离到液泡中的区域化能力，这样既降低了细胞质中的盐离子浓度，又降低了细胞的水势，从而抑制了盐离子的毒害作用。因此盐地碱蓬作为一种典型的盐碱地指示植物，具有优良的耐盐、碱性性，是改良盐碱地的理想材料。田菁是豆科田菁属一年生草本植物，生于田间、海边及湿地，耐潮湿和盐碱，是改良盐渍土的优良植物[16]，其茎叶可作绿肥及牛马饲料，茎皮纤维可代替麻，种子含有丰富的半乳甘露聚糖胶，是重要的化工原料。殷云龙等[17]、张立宾等[18]都认为田菁在降盐改土方面有重要的作用。红麻是锦葵科木槿属一年生韧皮纤维性植物，在纺织和造纸等方面有着重要的地位，具有耐旱、耐盐碱、耐贫瘠、纤维产量高等特性，适于种植在适度盐渍土中，是极具潜力的耐盐、脱盐和高产的经济作物，被誉为"世纪的优势作物"和"未来派作物"。张加强等[19]、杨建[20]对红麻不同种质资源进行了盐碱地适应性和耐盐性研究，筛选出适宜盐碱地种植的品种。陈涛等[21]对红麻幼苗生长及其抗氧化机制进行研究，发现过氧化氢酶和谷胱甘肽还原酶可能在红麻幼苗抵御盐害时起较重要作用。高丹草是高粱和苏丹草远缘杂交而成的新型牧草，具有较强的抗旱、耐盐碱能力，同时也能改良土壤。根据爱达荷州土壤学家介绍，高丹草可以在土壤中释放大量的 CO_2，CO_2 可以把土壤中的盐分游离出来，然后，通过降水或灌溉把盐分从土壤中排出[22]。赵海明等[23]对不同类型高丹草品种进行了耐盐性比较研究，筛选出耐盐性强的品种。

纵观以上研究，主要集中于一些盐生植物的离子吸收特性、抗盐机制及非盐生耐盐植物品种的盐碱地适应性筛选方面，较少涉及非盐生耐盐植物抗盐机制及离子吸收特性方面的研究，尤其对比盐生植物和非盐生耐盐植物不同生长时期对滨海盐土盐分的吸收、运移及降盐改土最佳刈割时期的研究更鲜有报道。本研究在滨海盐土环境下，开展盐生植物盐地碱蓬和田菁、耐盐植物高丹草和红麻在不同生育时期对盐分离子的吸收、运输及积累特性的研究，以期筛选出降盐效果好的优良材料和最佳收割时期同时也为合理利用耐盐植物，梯次推进改良滨海盐碱地提供科学依据。

1 材料与方法

1.1 研究区概况

试验区为河北省唐山市曹妃甸区生态城（118°33′40.82″E，39°09′39.35″N），土壤类型属于退养还滩的滨海盐土，试验区土壤主要盐分类型为 NaCl，具体离子含量见表1。

表1 试验区土壤盐分及离子浓度

盐分 $(g \cdot kg^{-1})$	pH 值	Na^+ $(g \cdot kg^{-1})$	K^+ $(g \cdot kg^{-1})$	Ca^{2+} $(g \cdot kg^{-1})$	Mg^{2+} $(g \cdot kg^{-1})$	Cl^- $(g \cdot kg^{-1})$	SO_4^{2-} $(g \cdot kg^{-1})$	HCO_3^- $(g \cdot kg^{-1})$	CO_3^{2-} $(g \cdot kg^{-1})$
6.900	7.870	2.269	0.267	0.216	0.049	3.772	0.036	0.915	0.000

1.2 试验材料与方法

选取一年生草本植物藜科碱蓬属盐地碱蓬、豆科田菁属田菁、锦葵科木槿属红麻和禾本科高粱属高丹草为试验材料。盐地碱蓬和田菁为盐生植物，红麻和高丹草属于耐盐植物。植物种子均由河北省农林科学院滨海农业研究所盐碱地改良与利用研究室提供。试验采用完全随机排列设计，于 2015 年 5—10 月在河北省唐山市曹妃甸区生态城进行，小区面积 6 m²，每个小区种植一个品种，每个品种设置 3 次重复，共 12 个处理，试验总面积 72 m²。采用人工开沟条播播种，根据不同植物的特性安排株行距。试验期间，分别在播种完、出苗期、齐苗期及幼苗期进行 4 次滴灌，确保苗子生长旺盛一致，总灌水量为 3 000 ～ 3 300 m³·hm⁻²。播种前施用有机肥 $3×10^4$ m·hm⁻²，腐殖酸肥 $5×10^5$ kg·hm⁻²，复合肥 $2×10^5$ kg·hm⁻²，7 月底追施复合肥 $2×10^5$ kg·hm⁻²。

1.3 样品采集及测定

播种前采集试验区土壤样品，在成苗期和成熟期采集植物样品及根际土壤。每个重复随机取 1 m×1 m 的样方 3 个，测定每个样方的生物量，并且将植物按不同器官分离烘干，按王宝山和赵可夫[24]方法进行，略加改动，测定主要盐分离子 Na^+、K^+、Ca^{2+} 和 Cl^-。其中 Na^+、K^+、Ca^{2+} 含量用普析原子吸收分光光度计测定，Cl^- 浓度采用 $AgNO_3$ 滴定法测定。每个指标重复 3 次，取平均值。植物的选择运输系数和选择吸收系数参照文献[25-26]，公式如下：

$$选择性运输系数\ TS_{x,Na^+} = \frac{[X]_{ds}/[Na^+]_{ds}}{[X]_{dx}/[Na^+]_{dx}}$$

式中：$[X]_{ds}$，$[X]_{dx}$ 为植株地上部和地下部 K^+ 或 Ca^{2+} 含量，$[Na^+]_{ds}$、$[Na^+]_{dx}$ 为植株地上部和地下部 Na^+ 含量。

$$选择性吸收系数\ AS_{x,Na^+} = \frac{[X]_p/[Na^+]_p}{[X]_s/[Na^+]_s}$$

式中：$[X]_p$ 为植株全株 K^+ 或 Ca^{2+} 含量，$[X]_s$ 为根际土壤中 K^+ 或 Ca^{2+} 含量，$[Na^+]_p$ 为植株全株 Na^+ 含量，$[Na^+]_s$ 为根际土壤中 Na^+ 含量。

1.4 数据处理与分析

采用 Microsoft Excel 和 SPSS 20 进行数据处理与统计分析。

2 结果与分析

2.1 植物生物量比较

从地上部生物量来看（表2），在成苗期高丹草、田菁、红麻和盐地碱蓬间存在显著差异，田菁显著高于其余 3 种植物；在成熟期，除田菁和红麻间差异不显著外，其余均达显著差异水平，田菁地上生物量最高，为高丹草、红麻和盐地碱蓬的 1.08 倍、1.01 倍和 1.05 倍。从地下部生物量来看（表2），成苗期和成熟期的规律一致，除了田菁和红麻之间没有差异外，其余间均差异显著。成苗期田菁的地下生物量最高，是高丹草、红麻和盐地碱蓬的 1.33 倍、1.1 倍和 2.2 倍；成熟期盐地碱蓬最大，是高丹草、田菁和红麻的 1.27 倍、1.11 倍和 1.15 倍。从成苗期到成熟期生物量积累看，高丹草、田菁、红麻和盐地碱蓬地上部分别积累了 $1.96×10^4$、$1.99×10^4$、$1.97×10^4$ 和 $1.99×10^4$ kg·hm^{-2}，地下部分别积累了 $1.50×10^3$、$1.68×10^3$、$1.63×10^3$ 和 $1.98×10^3$ kg·hm^{-2}。可见，从成苗期到成熟期，地上生物量积累最快的为盐地碱蓬和田菁，地下部生物量积累最快的为盐地碱蓬，其次是田菁、红麻和高丹草，而且 4 种植物的生物量主要积累于地上部分，地下部分所占比例较小。

表 2　不同时期植物的地上、地下部生物量（kg·hm^{-2}，以干重计）

植物	成苗期		成熟期	
	地上部分	地下部分	地上部分	地下部分
高丹草	$6.84×10^2 ± 13.08$ d	$1.38×10^2 ± 14.52$ b	$2.02×10^4 ± 57.04$ c	$1.63×10^3 ± 57.76$ c
田菁	$1.92×10^3 ± 65.67$ a	$1.84×10^2 ± 8.45$ a	$2.18×10^4 ± 100.05$ a	$1.87×10^3 ± 152.83$ b
红麻	$1.81×10^3 ± 77.08$ b	$1.68×10^2 ± 10.06$ a	$2.15×10^4 ± 529.41$ a	$1.80×10^3 ± 173.29$ b
盐地碱蓬	$7.94×10^2 ± 62.71$ c	$0.84×10^2 ± 6.85$ c	$2.07×10^4 ± 321.62$ b	$2.07×10^3 ± 251.79$ a

注：同列数据小写字母不同表示不同植物生物量间的差异达到 $P<0.05$ 显著水平，下同

2.2　不同时期植物体内的盐分离子含量

从成苗期地上部分与地下部分 4 种主要盐分离子的含量来看（图 1），4 种植物的 K^+、Na^+ 和 Cl^- 含量均为地上部分高于地下部分，Ca^{2+} 含量除了田菁地下高于地上外，其余植物均为地上高于地下。图 1A 可以看出 4 种植物地上部的 K^+、Na^+ 和 Cl^- 含量均存在显著差异，K^+ 含量最高的是田菁，Na^+ 和 Cl^- 含量最高的是盐地碱蓬；Ca^{2+} 含量最高的是红麻。图 1B 中看出，4 种植物地下部分 K^+、Cl^- 含量的差异均达到显著水平，均为田菁最高，盐地碱蓬次之；Ca^{2+} 含量是田菁最高，与高丹草、红麻和盐地碱蓬的差异达显著水平，而后三者间没有差异；Na^+ 含量是盐地碱蓬最高，显著高于其余 3 种植物，高丹草和红麻间 Na^+ 含量差异不显著。

图 2 为成熟期地上和地下部分主要盐分离子含量。可以看出，4 种植物的 K^+、Ca^{2+} 和 Na^+ 含量为地上部分高于地下部分，Cl^- 含量除了红麻地上部分与地下部分相同外，其余植物也是地上部分高于地下部分。从图 2A 可以看出，4 种植物地上部分 K^+、Ca^{2+}、Na^+ 和 Cl^- 含量差异均达到显著水平，K^+ 含量最高为高丹草，盐地碱蓬最低；Ca^{2+} 含量最高为红麻，盐地碱蓬最低；Na^+ 含量最高为盐地碱蓬，其次是田菁、高丹草和红麻；Cl^- 含量最高为田菁，其次是盐地碱蓬、高丹草和红麻。图 2B 显示，4 种植物地下部分除了 K^+ 含量除外，Ca^{2+}、Na^+ 和 Cl^- 含量差异均达到显著水平，K^+ 含量最高为盐地碱蓬，田菁最低；Ca^{2+} 含量最高是高丹草；Na^+ 含量最高是盐地碱蓬，红麻次之；Cl^- 含量最高是红麻，盐地碱蓬次之。

2.3　植物对盐分离子的选择性吸收

根据不同植物体内各盐分离子的分布情况可知，不同植物对盐分离子具有选择吸收

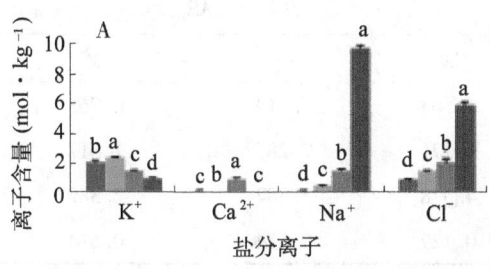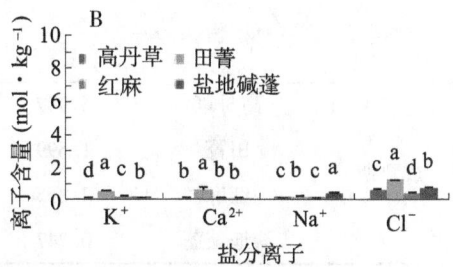

图1　成苗期不同植物体内盐分离子含量与分布

A. 不同植物地上部盐分离子含量；B. 不同植物地下部盐分离子含量

图中小写字母不同表示同种盐分离子不同植物间差异达到 $P<0.05$ 显著水平，下同

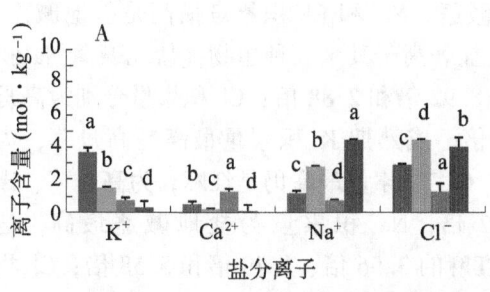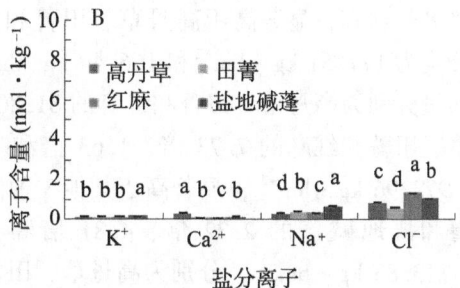

图2　成熟期不同植物体内盐分离子含量与分布

A. 不同植物地上部盐分离子含量；B. 不同植物地下部盐分离子含量

的特性。$AS_{x,Na+}$ 和 $TS_{x,Na+}$ 分别表示植物对离子的吸收和运输系数，其值越大，表示植物对抑制 Na^+、促进 K^+ 和 Ca^{2+} 吸收和运输能力越强；反之，则说明对 Na^+ 吸收能力越强。从表3可以看出，无论成苗期还是成熟期4种植物对 K^+ 吸收系数大小顺序都为高丹草>红麻>田菁>盐地碱蓬，运输系数与其一致。对 Ca^{2+} 吸收和运输系数大小顺序为红麻>高丹草>盐地碱蓬>田菁。可见，对 K^+ 和 Ca^{2+} 具有较强的选择吸收与运输能力的为高丹草和红麻，对 Na^+ 具有很高选择吸收能力的为盐地碱蓬和田菁。

表3　不同植物对盐分离子的吸收及运输系数

时 期	植 物	$TS_{x,Na+}$		$AS_{x,Na+}$	
		K^+	Ca^{2+}	K^+	Ca^{2+}
成苗期	高丹草	8.404	1.186	9.155	3.083
	田菁	1.029	0.089	3.191	0.610
	红麻	1.946	1.468	4.054	3.459
	盐地碱蓬	0.265	0.090	2.968	0.083

（续表）

时期	植物	TS$_{x,Na^+}$		AS$_{x,Na^+}$	
		K$^+$	Ca^{2+}	K$^+$	Ca^{2+}
成熟期	高丹草	6.947	4.563	6.119	0.763
	田菁	1.699	0.171	2.287	1.317
	红麻	2.855	4.578	3.587	2.389
	盐地碱蓬	0.247	0.129	0.574	0.614

2.4 植物地上部盐分离子的积累

表4纵向比较可以看出，在成苗期和成熟期4种植物的不同盐分离子积累具有明显差异。成苗期K$^+$积累量最高是田菁，显著高于高丹草、红麻和盐地碱蓬。Ca^{2+}积累量最高是红麻，显著高于高丹草、田菁和盐地碱蓬。Na$^+$和Cl$^-$积累量最高是盐地碱蓬，分别为177.51 kg·hm^{-2}和166.40 kg·hm^{-2}，显著高于其余3种植物；盐地碱蓬Na$^+$积累量分别为高丹草、田菁和红麻的81.80倍、8.92倍和2.88倍；Cl$^-$积累量分别为高丹草、田菁和红麻的7.73倍、1.63倍和1.29倍。成熟期K$^+$积累量最高是高丹草，为2 972.96 kg·hm^{-2}，显著高于其他3种植物；Ca^{2+}积累量最高仍是红麻，为高丹草、田菁和盐地碱蓬的2.32倍、4.81倍和15.32倍；Na$^+$积累量为盐地碱蓬最高，达2 113.83 kg·hm^{-2}，分别为高丹草、田菁和红麻的3.56倍、1.49倍和5.58倍；Cl$^-$积累量为田菁最高，达3 477.18 kg·hm^{-2}，和盐地碱蓬（3 023.06 kg·hm^{-2}）差异不显著，二者显著高于高丹草和红麻。从总盐分积累来看，4种植物总盐分积累量随时间的增加不断递增，从成苗期到成熟期增加幅度非常大。成苗期盐地碱蓬总盐分积累量显著高于高丹草、田菁和红麻，分别高出376.58%、22.69%、14.20%。成熟期田菁、高丹草总盐分积累间差异不显著，但显著高于盐地碱蓬和红麻。表4横向比较还可以看出，每种植物对不同离子的积累量也各不相同。成苗期高丹草对K$^+$积累量高于其余离子的积累，占总盐分积累比例为68.39%，对盐胁迫离子Na$^+$和Cl$^-$的积累比例为2.76%和27.35%。田菁对K$^+$积累比例为58.54%，对盐胁迫离子Na$^+$和Cl$^-$的积累比例分别为6.51%和33.34%。红麻对Cl$^-$的积累比例最大，为39.27%；对K$^+$、Ca^{2+}和Na$^+$积累比例为31.76%、10.17%和18.79%。盐地碱蓬主要积累Na$^+$和Cl$^-$，积累比例分别为47.36%和44.40%。成熟期高丹草对K$^+$积累比例仍高于其余离子，对盐胁迫离子Na$^+$和Cl$^-$的积累比例为9.98%和35.73%。田菁对盐胁迫离子Na$^+$和Cl$^-$的积累比例高，分别为22.39%和54.84%。红麻对Cl$^-$的积累比例仍最大，为38.37%；对K$^+$、Ca^{2+}和Na$^+$积累比例为26.09%、21.68%和13.86%。盐地碱蓬仍主要积累Na$^+$和Cl$^-$，积累比例38.62%和55.24%，对其余离子积累较少。可见，成苗期盐地碱蓬对Na$^+$和Cl$^-$积累比例明显高于其余植物，其次为红麻、田菁和高丹草。成熟期盐地碱蓬对Na$^+$和Cl$^-$积累比例仍然明显高于其余植物，其次为田菁、红麻和高丹草。从成苗到成熟的生长过程中，4种植物对两种盐分胁迫离子的积累比例变化也各有不同，盐地碱蓬表现出Na$^+$

积累比例下降，Cl⁻ 积累比例升高的趋势；田菁和高丹草一致，表现为 Na⁺ 和 Cl⁻ 积累比例均升高；而红麻则表现为下降趋势。

表4　4种植物不同时期地上部盐分积累量（kg·hm⁻²）

时期	植物	K^+	Ca^{2+}	Na^+	Cl^-	总盐分
成苗期	高丹草	53.78± 4.12 c	1.17± 0.16 b	2.17± 0.42 d	21.51± 0.94 d	78.64± 2.92 c
	田菁	178.82± 9.22 a	4.92± 0.49 b	19.90± 2.68 c	101.84± 4.874 c	305.48± 12.01 b
	红麻	104.24± 3.44 b	33.38± 2.56 a	61.65± 3.31 b	128.89± 13.08 b	328.18± 14.65 b
	盐地碱蓬	29.55± 1.63 d	1.32± 0.40 b	177.51± 19.01 a	166.40± 18.09 a	374.78± 38.53 a
成熟期	高丹草	2 972.96± 139.21 a	255.39± 39.99 b	593.59± 42.35 c	2 125.00± 248.13 b	5 946.93± 130.69 a
	田菁	1 320.80± 61.22 b	123.18± 36.47 c	1 419.77± 66.70 b	3 477.18± 209.71 a	6 340.87± 118.16 a
	红麻	713.28± 76.94 c	592.58± 29.09 a	378.89± 49.69 d	1 048.97± 21.35 c	2 733.71± 82.27 b
	盐地碱蓬	297.35± 31.17 d	38.67± 3.97 d	2 113.83± 186.063 a	3 023.06± 482.54 a	5 472.91± 269.61 c

3 讨 论

植物改良盐渍土即植物吸收土壤中的盐分离子，通过刈割植物带走盐分，从而降低土壤盐分，主要以刈割时单位面积从土壤中吸收的盐分总量来衡量，这取决于此时单位面积植物生物量和盐分离子含量。本研究中不论是成苗期还是成熟期4种植物地上部分的生物量占总生物量的比例均在80%以上，且地上部的盐分离子含量均高于地下部分。因此，4种植物改良盐碱地主要靠地上部分盐分的积累，地下部分作用甚微。选择地上生物量大且地上部盐分浓度高的品种，对于实现盐碱地迅速脱盐十分关键。这与郭洋等[27]的研究结果一致。在盐渍化土壤与植物长期相互的选择过程中，植物通过积累无机离子的方式来应对盐胁迫[28]。这些无机离子主要包括 K⁺、Ca²⁺、Na⁺ 和 Cl⁻。K⁺ 是一种重要的渗透调节离子，高浓度 K⁺ 可以提高植物的耐盐性，Ca²⁺ 作为一种重要的信号传导物质，在维持细胞稳定性方面有重要的作用。黄慧灵[29]研究认为藜科植物无机渗透调节以 Na⁺ 和 Cl⁻ 为主，有较高的 Na⁺/K⁺；而菊科则以 K⁺ 和 Cl⁻ 为主，表现很低的 Na⁺/K⁺。刘欣[30]也认为植物中参与渗透调节的无机离子通过主动运输主要积累在液泡中，且积累的无机离子的种类和数量与植物的种类、器官及环境中的离子种类和浓度有关。K⁺ 通常是非盐生植物的渗透调节物质，而盐生植物的渗透调节物质通常是 Na⁺ 和 Cl⁻。本研究中高丹草主要积累 K⁺，对 K⁺ 的高度吸收可能与其细胞膜结构有关，也可能作为主要渗透调节物质，是一种拒盐机制，以提高它们的耐盐性。田菁在成苗期以积累

K$^+$为主，成熟期则以积累 Cl$^-$和 Na$^+$为主，这可能是由于在不同生育时期的渗透调节物质不同或是耐盐机制不同所致。盐地碱蓬以积累 Na$^+$和 Cl$^-$为主，因为盐地碱蓬通过在液泡中积累大量的 Na$^+$，来降低细胞水势，缓解生理干旱。但由于 Na$^+$是通过高亲和性 K$^+$转运体进入植物细胞内的，这样便使植物体在大量吸收 Na$^+$的同时抑制了对 K$^+$的吸收。不同植物间各离子积累量所占的比例不同，可能与不同植物耐盐机制不同有关。通过比较还发现红麻的 Ca^{2+}积累量普遍要高于其余植物，这可能是红麻在盐碱胁迫下诱导 Ca^{2+}通道开放的结果。Ca^{2+}从液泡中释放出来后可与钙调蛋白或其他钙结合蛋白结合调节细胞代谢或基因表达，进而促进植物适应逆境。

滨海盐土中主要盐分离子有 K$^+$、Ca^{2+}、Na$^+$和 Cl$^-$，故本研究仅对 4 种主要盐分离子进行了研究。在评判植物对盐渍土降盐效果方面，郭洋等[27]、张振勇等[31]在新疆盐碱区以盐生植物总盐分离子的积累量作为指标比较吸盐效果。本研究结果与之有差异，因为植物在生长过程中从土壤中吸收多种盐分离子，而在滨海盐土区影响植物正常生长的离子主要是 Na$^+$和 Cl$^-$，也称之为盐分胁迫离子，由于研究中试材包括盐生植物和非盐生植物，它们对不同盐分离子的积累具有明显差异，也正如研究中发现高丹草成熟期总盐分积累量很大，但是它主要积累了 K$^+$，并不能起到降盐效果。因此在本研究中只考察总盐分积累量不能全面真实地评价这些植物的降盐效果。为了更好地评判植物改土效果，笔者认为盐胁迫离子与总盐分离子积累量的比例作为评判改土效果的标准比较适合。这可能是由于试验区主要盐分离子含量不同，盐生植物与非盐生植物的耐盐机制不同，有待进一步探讨。

4 结　论

4 种植物体内主要盐分离子的积累部位一致，均为地上部大于地下部，但是离子积累量具有明显差异。田菁在成苗期主要积累 K$^+$，在成熟期主要积累 Cl$^-$和 Na$^+$。高丹草、红麻和盐地碱蓬在成苗期和成熟期的盐分积累情况一致，表现为高丹草对 K$^+$积累量远高于其余离子；红麻主要积累 Cl$^-$和 K$^+$；盐地碱蓬主要积累 Na$^+$和 Cl$^-$。以盐胁迫离子与总盐分离子积累比例衡量，盐地碱蓬、田菁和红麻是改良滨海盐土的优良材料，并且盐地碱蓬在成苗后任意时期刈割，或一年多次刈割都可以带走土壤中的盐分；田菁应该在成熟后刈割、红麻在成苗期刈割，或一年多插种植多次收割均会对土壤起到较好的降盐效果。

参考文献

[1] 孔涛, 张德胜, 徐慧, 等. 盐碱地及其改良过程中土壤微生物生态特征研究进展 [J]. 土壤, 2014, 46 (4)：581-588.

[2] 杨红梅, 徐海量, 牛俊勇. 干旱区滴灌条件下防护林次生盐渍化土壤水盐运移规律研究 [J]. 土壤学报, 2010 (5)：1 023-1 027.

[3] 祝文婷. 黄绿木霉 T1010 对滨海盐渍土根际生态的调控效应研究 [D]. 济南：山东师范大学出版社, 2013.

[4] 王璐, 仲启铖, 陆颖, 等. 群落配置对滨海围垦区土壤理化性质的影响 [J]. 土壤学报, 2014, 51 (3): 638-647.

[5] 王遵亲. 中国盐渍土 [M]. 北京: 科学出版社, 1993: 1-4.

[6] 肖克飚, 吴普特, 雷金银, 等. 不同类型耐盐植物对盐碱土生物改良研究 [J]. 农业环境科学学报, 2013, 31 (12): 2 433-2 440.

[7] 史文娟, 杨军强, 马媛. 旱区盐碱地盐生植物改良研究动态与分析 [J]. 水资源与水工程学报, 2015, 26 (5): 229-234.

[8] Rozema J, Schat H. Salt tolerance of halophytes, research questions reviewed in the perspective of saline agriculture [J]. Environmental and Experimental Botany, 2013, 92: 83-95.

[9] Vermue E, Metselaar K, van der Zee S E A T M. Modelling of soil salinity and halophyte crop production [J]. Environmental and Experimental Botany, 2013, 92: 186-196.

[10] Roy S, Chakraborty U. Salt tolerance mechanisms in Salt Tolerant Grasses (STGs) and their prospects in cereal crop improvement [J]. Roy and Chakraborty Botanical Studies, 2014, 55 (31): 1-9.

[11] Katschnig D, Broekman R, Rozema J. Salt tolerance in the halophyte Salicornia dolichostachya Moss: Growth, morphology and physiology [J]. Environmental and Experimental Botany, 2013, 92 (8): 32-42.

[12] Shabala S, Mackay A. Ion transport in halophytes [J]. Advances in Botanical Research, 2011, 57: 151-199.

[13] Belkheiri O, Mulas M. The effects of salt stress on growth, water relations and ion accumulation in two halophyte Atriplex species [J]. Environmental and Experimental Botany, 2013, 86: 17-28.

[14] 张继伟, 赵昕, 陈国雄, 等. 盐胁迫下荒漠植物柠条和油蒿的离子吸收及分配特征 [J]. 干旱区资源与环境, 2016, 30 (3): 68-73.

[15] Zheng H, Li J D. Form and dynamic trait of halophyte community [C]. Beijing: Science Press, 1999: 137-138.

[16] 刘兆普, 沈其荣, 邓力群, 等. 滨海盐土水、旱生境下田菁生长及其对盐土肥力的影响 [J]. 土壤学报, 1999, 36 (2): 267-275.

[17] 殷云龙, 於朝广, 华建峰, 等. 豆科植物田菁对滨海盐土的适应性及降盐效果 [J]. 江苏农业科学, 2012, 40 (5): 336-338.

[18] 张立宾, 郭新霞, 常尚连, 等. 田菁的耐盐能力及其对滨海盐渍土的改良效果 [J]. 江苏农业科学, 2012, 40 (2): 310-312.

[19] 张加强, 金关荣, 周瑞阳, 等. 不同类型红麻品种在滨海盐碱地的适应性表现 [J]. 中国麻业科学, 2015, 30 (6): 291-294.

[20] 杨建. 红麻种质资源萌发期及苗期的耐盐性鉴定 [D]. 南宁: 广西大学, 2013.

[21] 陈涛, 王贵美, 沈伟伟, 等. 盐胁迫对红麻幼苗生长及抗氧化酶活性的影响 [J]. 植物科学学报, 2011, 29 (4): 493-501.

[22] 姚建民. 一种可以改良盐土的杂交禾草 [J]. 草原与草坪, 1987 (2): 16-19.

[23] 赵海明, 李源, 谢楠, 等. 不同高丹草品种发芽期 NaCl 胁迫评价研究 [J]. 草原与草坪, 2012, 32 (3): 26-31.

[24] 王宝山, 赵可夫. 小麦叶片中 Na、K 提取方法的比较 [J]. 植物生理学通讯, 1995, 31 (1): 50-52.

[25] Flowers T J, Yeo A R. Ion relations of salt tolerance // Baker D A, Hall J L. Solute transport in plant cellsand tissues [M]. New York: June Wiley & Sons, 1988: 399–412.

[26] 陆嘉惠, 吕新, 梁永超, 等. 新疆胀果甘草幼苗耐盐性及对 NaCl 胁迫的离子响应 [J]. 植物生态学报, 2013, 37 (9): 839–850.

[27] 郭洋, 陈波浪, 盛建东, 等. 几种一年生盐生植物的吸盐能力 [J]. 植物营养与肥料学报, 2015, 21 (1): 269–276.

[28] 赵可夫, 李法曾, 张福锁. 中国盐生植物 [M]. 北京: 科学出版社, 2013.

[29] 黄蕙灵. 八种抗碱盐生植物适应盐碱生境的渗透调节和离子平衡机制比较 [D]. 长春: 东北师范大学, 2011.

[30] 刘欣. 植物的耐盐生物学机制研究进展 [J]. 哈尔滨师范大学自然科学学报, 2015, 31 (2): 140–145.

[31] 赵振勇, 张科, 王雷, 等. 盐生植物对重盐渍土脱盐效果 [J]. 中国沙漠, 2013, 33 (5): 1 420–1 425.

[此文原刊载于《土壤》, 2017, 49 (4): 782–788]

蒲公英苗期盐胁迫反应及耐盐阈值的确定

刘雅辉，王秀萍，左永梅，张国新，鲁雪林

（河北省农林科学院滨海农业研究所/河北省盐碱地绿化工程技术中心/
唐山市耐盐植物重点实验室）

摘　要：为筛选耐盐蒲公英品种，为蒲公英资源的耐盐性鉴定及利用提供理论依据，本研究采用盆栽试验，分析不同盐分质量分数的滨海原土对蒲公英幼苗的生长发育及体内不同部位 Na^+ 质量浓度、K^+ 质量浓度及 K^+/Na^+ 的影响，通过相关性分析和回归分析，确定蒲公英幼苗期耐盐鉴定指标和耐盐阈值。结果表明，随着土壤盐分质量分数的增加，幼苗存活率、叶长、叶宽、叶片数、地上和地下干物质质量均有所下降，但较低盐分（0.2%）可促进幼苗生长；地上部 Na^+ 质量浓度、K^+ 质量浓度及 K^+/Na^+ 均与土壤盐分质量分数呈相关性，而地下部这些指标与土壤盐分质量分数相关性不大；确定了蒲公英苗期耐盐鉴定指标为叶长，耐盐阈值为 0.42%。

关键词：蒲公英；耐盐性；鉴定指标；耐盐阈值；K^+/Na^+

　　土壤盐渍化一直是限制农业生产的主要胁迫因子[1-3]，人们也曾通过不同途径改良和利用盐碱地，实践证明，种植耐盐植物品种是开发利用盐碱地的有效途径之一[4]。生长在山坡路边、田野和滩涂的许多植物，耐盐性强，有些是集食用、药用和生态修复于一体的多功能野菜，而且病虫害发生轻，不需或只需少量施药，是安全绿色环保食品，具有广阔的发展前景。但是，不同植物或同一种植物不同品种间的耐盐性不同。根据多年的相关研究[5,6]及实践经验，在盐渍化土壤和海水或咸水胁迫下生长的植物能够更多地积累营养元素和活性物质，因此在盐胁迫条件下生长的植物具有更好的营养、药用和其他经济品质。这也促使我们通过各种途径筛选和培育多样化的耐盐经济植物，从而达到充分利用现有盐渍化土地或咸水资源的效果。因此，筛选耐盐功能型植物，发展盐碱地功能植物种植产业，不仅能够高效利用盐土资源，改良修复盐碱地，还可为滨海盐碱区农业种植结构调整、农民增收、农业增效探索新途径，为滨海现代农业发展提供新模式。

　　蒲公英为菊科蒲公英属多年生草本植物，适应性强，可在各类土壤中生长，植物体中含有多种健康营养成分，有丰富的营养价值和较好的药用价值，可生吃、炒食、做汤。花期始于 4 月上旬，全年均有零星开花，具有极佳观赏价值，是一种食用、药用及观赏兼用的多功能植物。目前有关蒲公英耐盐性研究报道不多，但涵盖了生理生化、细胞水平和分子水平的研究。张晓辉等[7]研究了新疆地区单盐 Na_2CO_3 溶液、混合盐溶液对蒲公英种子萌发和幼苗生长及生理特性的影响，结果表明，蒲公英对单盐及混合盐碱胁迫均表现出一定的耐受性，适当浓度盐碱溶液胁迫有助于促进蒲公英萌发出苗，碱性盐对蒲公英出苗的胁迫作用大于中性盐，该研究结果为充分利用新疆地区盐碱地进行蒲公英种植奠定了理论基础。陈华等[5]利用细胞工程技术，已成功培育出耐1/3海水的蒲公英。张新果等[8,9]利用组培方法筛选获得了药蒲公英的耐盐愈伤组织并对其进行了生理生化研究，获得耐1.5%NaCl溶液的药蒲公英变异体。冯昕等[10]以碳酸氢钠溶液为胁迫溶液，研究蒲公英叶片中蛋白表达的动态变化规律，探讨蒲公英耐盐生化机理，获得了差异表达的蛋白点，推测可能就是耐盐性相关的蛋白质。

纵观以上研究，在蒲公英耐盐性研究方面已经比较深入，但是这些研究大都是在水培条件下进行，而且主要是以碱性盐为胁迫溶液，对新疆地区蒲公英种植及药用开发方面具有重要意义。然而，蒲公英在滨海区的耐盐性，尤其是对滨海盐碱原土胁迫的响应及耐盐阈值研究鲜有报道。本研究利用滨海盐碱原土盆栽试验对蒲公英苗期进行耐盐性精准鉴定，通过对指标的相关分析和回归分析筛选确定适宜的鉴定指标和耐盐阈值，为蒲公英耐盐种质资源的引进筛选、设施生产中次生盐渍化土壤改良利用、中度盐碱地改良修复等均具有非常重要的意义。

1 材料与方法

1.1 试验材料

以当地的野生蒲公英为试验材料，选取颗粒饱满、大小一致的健康种子育苗备用。

1.2 试验方法

采用盆栽试验，利用盐分质量分数为3.85%的滨海盐土和盐分质量分数为0.01%的好土晾干后，按不同比例混合，配成质量分数为0.2%、0.4%、0.6%、0.8%的盐土，然后从每个处理土壤中分别取样5个，用水土比5:1的方法，测定不同处理土壤的盐分质量分数，其中，盐分质量分数0.01%的处理为对照（CK）（表1）。将配好的土壤分别装入口径30 cm、高35 cm的花盆中备用。在好土中育苗，当长至3~4片叶时，挑选长势一致苗，洗净根泥，移栽到不同处理的花盆中，每个花盆1株，每处理5盆，3次重复，花盆底部用托盘承接，放在塑料大棚内，人工控制水分，渗透水分及时返还花盆中，以确保盆内盐碱总量，以后定期浇水，维持盆土一致的含水量，试验进行30 d。

1.3 指标测定

试验结束时测定每个处理的幼苗存活率、叶长、叶宽的生长量，地上、地下干物质重量及K^+、Na^+浓度。钾钠离子浓度测定采用原子吸收法。

1.4 数据处理及分析

所得数据采用Microsoft Excel 2010进行基础分析和回归分析，SPSS 20进行差异显著性和相关性分析，所得结果均以"平均值±标准差"形式表示。

表 1 配制土壤的盐分质量分数

不同处理的土壤（%）	盐分质量分数（%）
0.01（CK）	0.01±0.00
0.20	0.20±0.00
0.40	0.40±0.00
0.60	0.60±0.01
0.80	0.80±0.01

2 结果与分析

2.1 盐胁迫对蒲公英幼苗存活率及生长量的影响

表 2 可以看出，盐胁迫对蒲公英幼苗存活产生了一定影响，在低于 0.4%盐分质量分数处理下，幼苗存活率与对照无显著差异，与对照相当，但土壤盐分质量分数达到 0.6%时，幼苗存活率与对照表现显著差异，下降为对照的 53.3%，当土壤盐分质量分数达 0.8%时，幼苗存活率仅为对照的 26.60%。可见较低盐分土壤对蒲公英幼苗存活率的影响不大，而盐分质量分数高于 0.6%的土壤却严重影响了其存活率。

从表 2 还可看出，盐胁迫对蒲公英幼苗生长也具有较大抑制作用，随着盐分质量分数的增加，除叶宽先升高后降低外，叶长和叶数均呈不同程度下降。在盐分质量分数 0.4%时，叶长、叶宽和叶片数与对照比较均具有显著差异，分别下降了 50.96%、32.58%和 52.83%，当土壤盐分质量分数增至 0.8%时，叶长、叶宽和叶片数分别下降了 69.78%、65.91%和 54.99%。可见，盐胁迫对蒲公英幼苗生长的影响顺序为叶宽、叶长和叶片数。

表 2 不同盐分胁迫下蒲公英幼苗存活率及生长指标

不同盐分质量分数（%）	存活率（%）	叶长（cm）	叶宽（cm）	叶数
0.01（CK）	100.00±0 a	13.50±3.29 a	2.64±0.31 a	8.82±1.39 a
0.20	100.00±0 a	10.78±0.02 ab	2.66±0.60 a	8.00±0.89 a
0.40	93.30±11.54 a	6.62±1.08 bc	1.78±0.68 b	4.16±1.18 b
0.60	53.30±11.54 b	5.03±1.12 c	0.96±0.18 c	4.04±0.13 b
0.80	26.60±23.09 c	4.08±0.02 c	0.90±0.19 c	3.97±0.82 b

注：表中小写字母表示处理间的差异（$P<0.05$）。下图同

2.2 盐胁迫对蒲公英地上和地下干物质质量的影响

由图 1 可以看出，蒲公英地上部和地下部干物质质量与土壤盐分质量分数均呈负相关，相关系数分别为 -0.924 和 -0.913（$P<0.05$），地上部干物质质量除了土壤盐分质

量分数 0.2%处理与对照差异不显著外，其余盐处理与对照间均存在显著差异，当土壤盐分质量分数为 0.4%、0.6%和 0.8%时，地上干物质质量分别为对照的 33.2%、18.06%和 14.58%；地下部干物质质量在所有盐处理与对照间均差异显著，在土壤盐分质量分数 0.2%、0.4%、0.6%和 0.8%时，地下干物质质量分别为对照的 54.8%、26.67%、26.67%和 15.11%。此外，还可以看出当土壤盐分质量分数高于 0.2%时，地上部分干物质质量的下降幅度高于地下部分，说明盐胁迫对地上部的影响较明显。

2.3 盐胁迫对蒲公英 Na^+ 质量浓度、K^+ 质量浓度及 K^+/Na^+ 值的影响

2.3.1 盐胁迫下 Na^+ 质量浓度

蒲公英在盐胁迫下，地上部 Na^+ 质量浓度与土壤盐分质量分数呈极显著正相关，相关系数为 0.977，（$P<0.01$），不同盐分处理与对照间差异显著（图 2）；而地下部 Na^+ 质量浓度随土壤盐分质量分数的增加有上升趋势，但是相关性不大，除了盐分质量分数 0.8%处理与对照差异显著外，其余处理与对照间均不存在差异。图 2 中还可以看出，除对照外的其余每个盐胁迫处理下，蒲公英地上部 Na^+ 质量浓度明显高于地下部，可见 Na^+ 在地上部积累较多。

2.3.2 盐胁迫下 K^+ 质量浓度

图 3 可以看出，地上部 K^+ 质量浓度与土壤盐分质量分数呈显著负相关，相关系数为-0.936，（$P<0.05$），从盐分质量分数 0.4%开始与对照间差异显著，当盐分质量分数 0.4%时，地上部 K^+ 质量浓度为对照的 80.87%；地下 K^+ 质量浓度随土壤盐分质量分数的增大，变化不大，0.2%盐分处理下稍高于对照，从土壤盐分质量分数 0.6%开始与对照间差异显著。此外，所有处理下地上部 K^+ 质量浓度总是高于地下部。

2.3.3 盐胁迫下 K^+/Na^+ 值

由图 4 可知，蒲公英地上部 K^+/Na^+ 值与土壤盐分质量分数负相关，不同处理与对照间均差异显著，但是盐分质量分数 0.4%、0.6%、0.8%之间差异不显著；地下部 K^+/Na^+ 值随着盐胁迫的加重，呈现缓慢下降趋势，但是与土壤盐分质量分数间的相关性不大，相关系数为-0.827，除了盐分质量分数 0.8%与对照间差异显著外，其余处理间差异均不显著。图中还可以看出，地上部 K^+/Na^+ 下降幅度明显高于地下部。

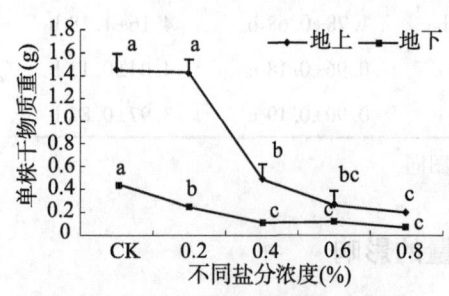

图 1 不同处理土壤蒲公英干物质质量

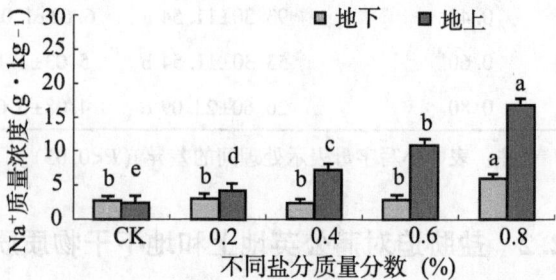

图 2 不同处理对蒲公英 Na^+ 质量浓度的影响

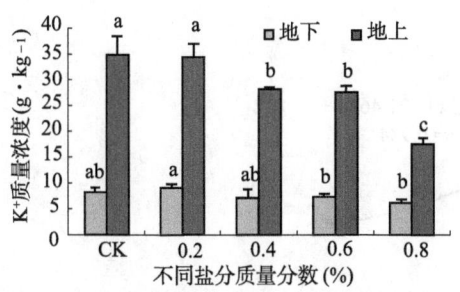
图 3 不同处理对蒲公英 K^+ 质量浓度的影响

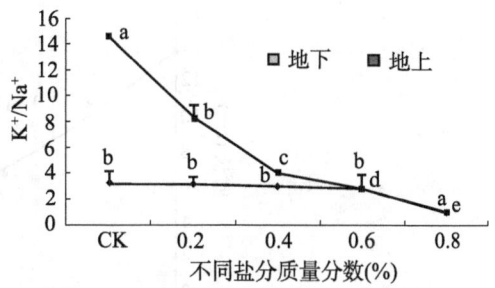
图 4 不同处理对蒲公英 K^+/Na^+ 的影响

2.4 蒲公英苗期耐盐指标的选择

为了便于鉴定，本研究对蒲公英苗期的存活率、叶长、叶宽、叶数、地上干重及的地下干重等 6 个形态指标与土壤盐分质量分数进行相关性分析，结果表明，6 个指标与土壤盐分浓度的相关系数分别为 -0.923*，-0.967**，-0.885*，-0.900*，-0.924* 和 -0.913*，可见，6 个指标与土壤盐分质量分数间均有相关性，其中叶长与土壤盐分质量分数呈极显著负相关关系，相关系数绝对值最大；其余 5 个指标与土壤盐分质量分数间也表现显著相关。表 3 还可以看出，叶长与存活率、叶宽呈显著相关，与叶数、地上干重和地下干重均呈极显著相关。因此，可以选取叶长为蒲公英苗期的耐盐鉴定指标。

表 3 耐盐指标与土壤盐分质量分数间的相关系数

	土壤盐分质量分数	存活率	叶长	叶宽	叶数	地上干重	根系干重
土壤盐分质量分数	1	-0.923*	-0.967**	-0.885*	-0.900*	-0.924*	-0.913*
存活率		1	0.891*	0.856	0.714	0.802	0.687
叶长			1	0.898*	0.975**	0.970**	0.962**
叶宽				1	0.867	0.922*	0.760
叶数					1	0.985**	0.927*
地上干重						1	0.880*
根系干重							1

2.5 蒲公英苗期耐盐阈值的确定

以选取的鉴定指标叶长为因变量，土壤盐分质量分数为自变量，进行曲线估计，建立回归方程，结果表明（图 5），叶长与土壤盐分质量分数符合二次曲线模型，方程为 $y = 11.755x^2 - 21.461x + 13.812$，决定系数 R^2 值为 0.984，以叶长比对照降低 50% 为标准，计算得出耐盐阈值为 0.42%。

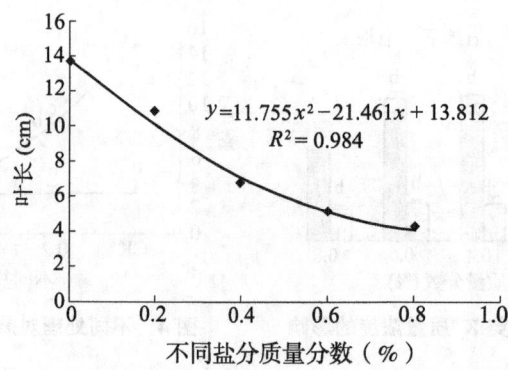

图5　叶长与土壤全盐含量间的回归关系

3　讨　论

盐分是土壤的重要组成部分，也是植物生长必需的营养元素，但是过量盐分会对植物产生伤害，如渗透胁迫中土壤水势的降低会导致细胞脱水，造成植物的生理性缺水，离子胁迫会造成对植物细胞膜的损失，丧失对离子选择性吸收的功能，致使细胞内离子稳态失衡，最终影响植物生长发育[11-13]。其实，盐胁迫对植物生长最直接、最显著的效应就是抑制植物的生长，降低植物的生物量[14-16]。本研究表明，盐分质量分数为0.2%的土壤条件下蒲公英幼苗存活率与对照相当，其叶长、叶宽、叶片数、地上和地下干物质重与对照间也不存在显著差异，说明低盐分（0.2%以下）土壤有助于蒲公英幼苗的成活及生长。这种现象可能与低盐分促进细胞膜的渗透调节有关，也可能是蒲公英对盐胁迫的一种适应。从土壤盐分质量分数0.4%开始，随着盐胁迫的增加，蒲公英幼苗的生长受到明显抑制，存活率下降，叶长、叶宽和叶片数生长缓慢，地上、地下干物质量下降，这与大多数植物的研究结果一致。

盐胁迫还会影响植物体内阳离子的吸收、运输和分配。本研究发现，随土壤盐分质量分数的增加，蒲公英幼苗地上、地下 Na^+ 质量浓度，均呈明显升高趋势，由于 Na^+ 和 K^+ 有相似的离子半径和水合能，在同一结合部位二者间会相互竞争，Na^+ 往往利用 K^+ 途径进入植物体[17,18]，所有盐处理下地上部积累的 Na^+ 均高于地下，说明根系吸收的 Na^+ 通过转移运输到地上部从而降低根部浓度，这也可能有助于增大地上部和根系的渗透势差，促进水分从根部向地上部分运输，有利于改善地上部分水分状况，促进生长，这与蔺海明[19]、景艳霞等[20]在枸杞和苜蓿中的研究一致。K^+ 是植物在生长发育中必需的大量元素和渗透调节物质，涉及许多生理过程，也是唯一一种植物必需的高浓度存在的阳离子，本研究中，随土壤盐分质量分数的增大，地上部 K^+ 质量浓度明显下降，地下部 K^+ 质量浓度的变化幅度不大，呈现先小幅上升再缓慢下降的趋势，这也是由 K^+ 和 Na^+ 之间的竞争作用造成。研究中地上部和地下部 K^+/Na^+ 随着盐胁迫的增加均有所下降，这主要与 Na^+ 质量浓度的净增加和 K^+ 质量浓度的减少有关。

4　结　论

盐胁迫对蒲公英幼苗生长发育产生较大影响，对地上干物质重的抑制作用明显大于地下部；蒲公英幼苗的存活率、叶长、叶宽、叶片数、地上和地下干物质重与土壤盐分浓度均呈负相关；低盐条件（0.2% 盐浓度）对幼苗存活率、叶宽、叶片数、地上和地下干物质重影响不大，盐胁迫对蒲公英地上部生长影响顺序为叶宽、叶长和叶片数。

蒲公英地上和地下 Na^+ 质量浓度与土壤盐分质量分数呈正相关，Na^+ 积累地上部高于地下部。地上部 K^+ 质量浓度与土壤盐分质量分数呈负相关，且地上部 K^+ 质量浓度总是高于地下部。蒲公英地上和地下部 K^+/Na^+ 随着盐胁迫的加重，呈现缓慢下降趋势，地上 K^+/Na^+ 与土壤盐分质量分数呈负相关；地下部与土壤盐分质量分数相关性不大，地上部 K^+/Na^+ 下降幅度明显高于地下部。

通过相关性分析和回归分析，选取叶长为蒲公英苗期的耐盐鉴定指标；叶长与土壤盐分质量分数符合二次曲线模型，方程为 $y = 11.755x^2 - 21.461x + 13.812$，以叶长比对照降低 50% 为准，计算确定蒲公英苗期的耐盐阈值为 0.42%。

参考文献

[1] 祝文婷. 黄绿木霉 T1010 对滨海盐渍土根际生态的调控效应研究 [D]. 济南：山东师范大学，2013.

[2] 杨红梅，徐海量，牛俊勇. 干旱区滴灌条件下防护林次生盐渍化土壤水盐运移规律研究 [J]. 土壤学报，2010 (5)：1 023-1 027.

[3] 周和平，徐小波，王少丽，等. 盐碱地改良技术综述与一种新的研究模式展望 [J]. 中国科学基金，2012 (3)：157.

[4] 赵可夫，张万钧，范海，等改良和开发利用盐渍化土壤的生物学措施 [J]. 土壤通报，2001，S1：40-43.

[5] 陈华，李银心. 蒲公英研究进展和用生物技术培育耐盐蒲公英展望 [J]. 植物学通报 2004，21 (1)：19-25.

[6] 姚琛，华春，周峰. 盐碱滩涂植物资源筛选与利用 [J]. 江苏农业科学，2013，41 (10)：357-358.

[7] 张晓晖，林辰壹. 新疆野生蒲公英对 4 种盐混合胁迫响应 [J]. 新疆农业大学学报，2012，35 (5)：384-387.

[8] 张新果，李银心，陈华，等. 药蒲公英耐 1.5% NaCl 变异体的筛选及特性分析 [J]. 生物工程学报，2008，24 (2)：262-271.

[9] 张新果，陈显扬，姜丹，等. 耐盐药蒲公英愈伤组织筛选及生理生化特性分析 [J]. 生物工程学报，2008，24 (7)：1 202-1 209.

[10] 冯昕，孙浩，王吉中，等. 盐胁迫条件下蒲公英叶片蛋白的双向电泳及其图谱分析 [J]. 食品科技，2013，38 (5)：108-111.

[11] 夏尚光，张金池，梁淑英. NaCl 胁迫对 3 种榆树幼苗生理特性的影响 [J]. 河北农业大学学报，2008，31 (2)：52-56.

[12] 尤佳，王文瑞，卢金，等. 盐胁迫对盐生植物黄花补血草种子萌发和幼苗生长的影响 [J]. 生态学报，2012，12：3 825-3 833.

[13] 王家源. 苦楝种苗耐盐胁迫的生理响应机制研究 [D]. 南京：南京林业大学，2013.

[14] 王宝山. 逆境植物生物学 [M]. 北京：高等教育出版社，2010：209-215.

[15] 谢英赞，何平，王朝英，等.外源 Ca²⁺、SA、NO 对盐胁迫下决明幼苗生理特性的影响 [J].西南大学学报：自然科学版，2013，35（3）：36-43.

[16] Parida A K, Das A B, Mittra B. Effects of salt on growth, ion accumulation, photosynthesis and leaf anatomy of the mangrove, Bruguiera parviflora [J]. Trees, 2004, 18（2）：167-174.

[17] Wei W, Bilsborrow P E, Hooley P, *et al.* Salinity induceddifferences in growth, ion distribution and partitioning inbarley between the cultivar Maythorpe and its derived mutant golden promise [J]. Plant and Soil, 2003, 250（2）：183-191.

[18] 顾闽峰，王乃顶，王伟义，等.NaCl 胁迫对结球甘蓝幼苗生长及体内离子分布的影响 [J].江苏农业学报，2015，31（3）：638-644.

[19] 蔺海明，王龙强，贾恢先，等.盐地枸杞不同营养器官中盐离子分布规律 [J].果树学报，2006，23（5）：732-735.

[20] 景艳霞，袁庆华.NaCl 胁迫对苜蓿幼苗生长及不同器官中盐离子分布的影响 [J].草业学报，2011，20（2）：134-139.

[此文原刊载于《西北农业学报》，2017，26（8）：1 223-1 229]

咸水结冰灌溉对滨海盐碱地不同植被根区土壤微生物的影响

魏新燕[1]，刘小京[2]

（1. 河北农业大学林学院；2. 中国科学院遗传与发育生物学研究所农业资源研究中心）

摘　要：为探索环渤海重盐碱区咸水结冰灌溉下不同植被土壤根区微生物的生态特征，分别对灌后棉花、柽柳和枸杞3种植物试验地的土壤微生物种群数量、动态变化和土壤盐分变化进行了研究。结果表明：种植耐盐植物的土壤细菌、放线菌和真菌数量均显著高于裸地，分别平均增加了 1.3～12.7 倍，并且其组成比例为细菌>放线菌>真菌。经过咸水结冰灌溉后，试验地土壤微生物数量出现不同程度的增加，其中棉花和柽柳地微生物数量增加明显，分别平均增加了 1.6 倍和 4.4 倍。在植物生长季节，冬季咸水结冰灌溉和种植耐盐植物的试验地土壤微生物数量随时间呈现先增加后降低的趋势，而裸地微生物数量时间动态变化不明显。冬季咸水结冰灌溉有效地降低了土壤盐分，各处理均低于 5 g·kg⁻¹，保证了以上3种植物的正常生长，增加了土壤微生物种群数量。

关键词：滨海盐碱地；咸水结冰灌溉；土壤微生物；细菌；真菌；放线菌

我国的滨海盐碱地面积广、利用潜力大，但滨海盐碱地土壤盐碱严重，除部分盐生植物外，大部分为不毛之地。因此，多种改良措施被广泛地应用于开发和利用这一土地资源[1]。种植盐生植物可以改善土壤结构、降低土壤的盐度、增加土壤有机质和总氮以及提高土壤的生物活性，并对保护和改善生态环境起到了积极的作用[2-5]。

冬季咸水结冰灌溉作为一种新的盐碱地改良技术，已经逐渐在滨海盐碱区广泛推广和应用[6-8]。其利用咸水冻融淡化原理，在春季给滨海盐碱地创造了一个淡化的土壤耕层，有利于植物萌芽和根系生长[6,9]。微生物是土壤中物质转化和养分循环的驱动力，又能灵敏地反映土壤环境因子的变化，并且微生物在土壤质量的演变过程中具有相对较高的转化能力，因此，土壤微生物是评价土壤健康的重要指标之一[10]。经过咸水结冰灌溉后，盐碱土的改良效果显著，但咸水结冰灌溉后，土壤微生物区系特征尚不清楚。因此，本试验对滨海盐碱地咸水结冰灌溉后不同植被土壤微生物种群特征进行了研究，并对耐盐生植物和咸水结冰灌溉改良滨海盐渍土的效果进行评价，以期为种植耐盐植物和咸水结冰灌溉在改良利用盐碱地提供理论支持。

1　材料与方法

1.1　试验区概况

本试验设在河北省海兴县中国科学院滨海盐碱地区资源高效利用示范区，位于河北省东南部，为滨海平原，地势低洼平坦，土壤多为滨海盐土，盐荒地较多；该区属暖温带半湿润大陆性季风气候，年平均气温 12.1 ℃，1 月平均气温-4.5 ℃，极端最低气温-19.9 ℃，初霜冻多出现在 10 月下旬，终霜冻多出现在 4 月中旬；平均年降水量 582.3 mm，四季分布不均，主要集中在 7—8 月，降水量为 430.4 mm，占年降水量的 74%，冬季降水量极少，占全年降水量的 5%～7%。该地区土壤盐分在组成上主要以氯化物为主，Cl^- 占阴离子总量的 70%～80%，Na^+ 是主要的阳离子，盐分组成在剖面上垂直变异明显。地下水水位为 0.9～1.5 m，随着季节而有一定的变化。6—8 月雨季地下水水位较高，达到 1.0 m 左右，在春季干旱时期一般在 1.4 m 左右，且地下水的矿化度较高，含盐量在 7～27 g · L^{-1}。

1.2 试验地和土样采集

选取具有代表性的 3 种耐盐性植物试验地为取样对象，分别是柽柳、枸杞和棉花，3 种植物试验地又分为冬季咸水结冰灌溉和不结冰灌溉，咸水结冰灌溉时间和灌溉量等详情参照郭凯等[7]的研究，以及自然裸地作为对照，共计 7 个处理：咸水结冰灌溉棉花地（MH-1）、未咸水结冰灌溉棉花地（MH-0）、咸水结冰灌溉柽柳地（CL-1）、未咸水结冰灌溉柽柳地（CL-0）、咸水结冰灌溉枸杞地（GQ-1）、未咸水结冰灌溉枸杞地（GQ-0）和裸地（CK）。土壤采样时间为 2011 年 4—10 月植物生长期，分别在各试验地和裸地中采用随机方法进行采样，用取样器在棉花、柽柳和枸杞根际（0～20 cm）采集土壤并混合均匀。土壤样品分成两份，一份贴上标签后采取冷藏措施带回实验室，放入 4 ℃冰箱保存待测定微生物数量。另一份装入密封袋，在实验室分别测定土壤含水量和含盐量。

1.3 微生物数量的测定和计数方法

土壤含盐量的测定：采集的土样室内自然风干，研磨，过 2 mm 筛。采用土和水比 1∶5 进行浸提，浸提液用化学滴定法测定，其中 HCO_3^- 含量用双指示剂滴定，Cl^- 含量用 $AgNO_3$ 滴定，SO_4^{2+} 含量用 EDTA 间接络合滴定，Ca^{2+} 和 Mg^{2+} 含量用 EDTA 滴定，K^+ 和 Na^+ 含量用阴阳离子平衡法求得，再以各阴阳离子的浓度之和求得总含盐量[11]。

土壤微生物数量的测定：细菌、放线菌、真菌数量的测定采用稀释平板测数法[12]。细菌采用牛肉膏蛋白胨琼脂培养基平板表面涂布法；真菌采用马丁—孟加拉红培养基平板表面涂布法；放线菌采用高氏一号合成培养基平板表面涂布法。经过预实验，细菌、放线菌和真菌总数的测定分别选用 10^{-6}、10^{-4} 和 10^{-3} 稀释倍数的土壤样品悬浮液，分别接种到培养基平板中，各做 3 个重复，并做空白对照。将培养皿倒置放入 28 ℃恒温培养箱培养 3～5 d，直至长出单个菌落，分别计数细菌、放线菌和真菌菌落数。微生物数量计算结果以每克烘干土中的个数表示，计算公式如下。

每克干土中菌数=菌落平均数×稀释倍数/干土质量

土壤含水量用烘干称重法测定：将一定量土样转移到铝盒中，在 105 ℃下烘 24 h 后称重，公式如下。

土壤含水量=(鲜土重量-干土重量)/干土重量×100%

1.4 数据分析

采用 Microsoft Excel 2003 软件进行数据整理和分析，采用 SigmaPlot 11.0 进行绘图。

2 结果与分析

2.1 不同植被土壤中微生物的数量和组成

从不同试验样地根区土壤微生物的数量和组成情况（图1）可以看出，在每个时期，棉花、柽柳和枸杞的试验地土壤中微生物数量均明显高于裸地，数量比裸地增加几倍至几十倍。不同植物试验地的土壤微生物总数量有所差异。其中，柽柳的变化程度最大，大约增长3倍多；其次是棉花，平均增长1倍多；最少是枸杞。由此说明，棉花和柽柳对于土壤变化较为敏感，可指示土壤改良状况；枸杞地土壤微生物总量较其他两种植物低，变化不明显，可能与其对土壤环境适应能力较强有关，是一种耐盐性较强的植物。棉花、柽柳和枸杞试验地土壤细菌数量较裸地平均分别增长了3.9倍、1.3倍和5.0倍，放线菌数量平均分别增长了12.7倍、5.8倍和6.2倍，真菌数量平均分别增加了1.4倍、1.3倍和1.7倍。其中，放线菌数量增加最为显著。

不同时期3种植物样地土壤中细菌、放线菌和真菌和裸地土壤的分布趋势一致，都是细菌>放线菌>真菌，土壤微生物数量以细菌占绝对优势，比例可以达到96%以上，细菌和放线菌是优势菌群，二者总量达99%以上。可见细菌和放线菌是土壤微生物生命活动的主体，在滨海盐碱地土壤的生化反应中起主导作用。棉花、柽柳和枸杞试验地土壤中细菌比例分别比裸地降低了1%～2%，放线菌的比例比裸地分别增加3倍左右，真菌比例没有明显变化，棉花和柽柳样地土壤真菌比例比裸地略微降低。放线菌比例增加说明土壤环境有变好的趋势。

2.2 咸水结冰灌溉对微生物数量和组成的影响

试验在不同时期，咸水结冰灌溉后的试验地土壤微生物数量均高于未结冰灌溉土壤（图1）。棉花和柽柳试验地分别比未咸水结冰灌溉试验地微生物数量平均增加1.6倍和4.4倍；枸杞试验地微生物数量增加不明显，增加幅度平均为0.5倍，这也从另一方面说明枸杞的适应能力较强，指示土壤改良效果的作用不明显，咸水结冰灌溉对其刺激作用不大。

咸水结冰灌溉的土壤中细菌、真菌和放线菌具有不同程度增加，与未咸水结冰灌溉试验地相比，棉花地土壤中细菌、真菌和放线菌数量分别增长1.58倍、4.95倍和1.55倍；柽柳试验地土壤中三大微生物种群分别增长4.49倍、1.55倍和8.21倍；枸杞试验地土壤中微生物种群分别增长0.52倍、192倍和1.57倍。总体来看，放线菌数量增加最为显著，细菌的变化幅度比较小，真菌居中。说明，相同植被咸水结冰灌溉并未改变微生物种群数量的分布趋势，与其他处理相同，均呈现细菌>放线菌>真菌。

2.3 不同种植条件下土壤微生物数量的动态变化

由图2可知不同植被的试验地土壤微生物数量均具有明显的时间分布特征，呈现先

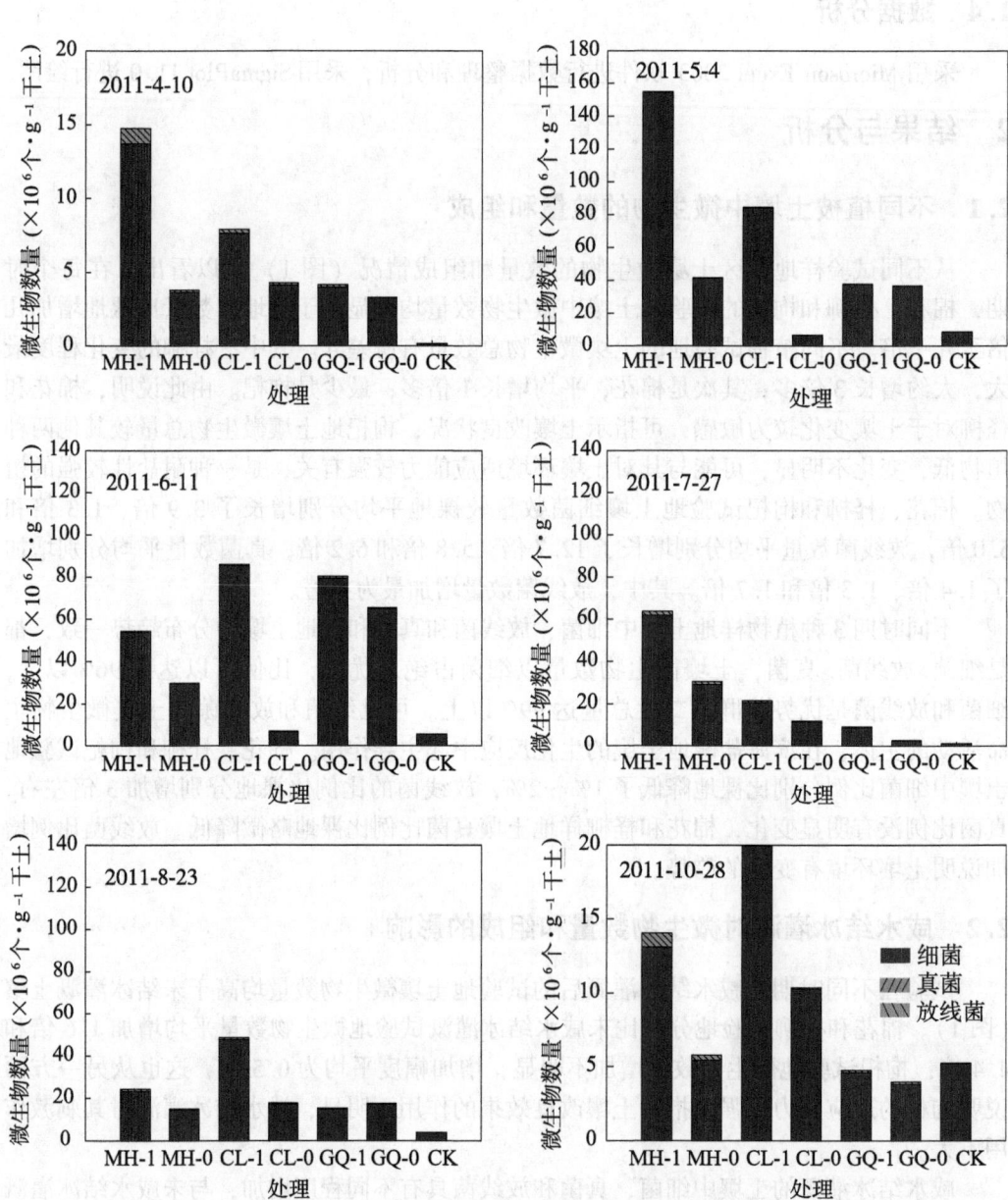

图1 不同试验样地土壤微生物的数量和组成

升高后降低的趋势，4月初各试验地土壤微生物数量相对均处于较低水平，随着气温升高等条件的变化，微生物数量迅速增加，5—9月均处于较高数量水平；10月之后由于气温降低和水分减少，微生物数量明显降低，恢复到4月初微生物数量的水平。7月土壤微生物数量较少。可能原因是雨水丰富，土壤长时间处于超饱和状态，孔隙堵塞不透气，导致微生物环境不佳。裸地微生物数量一直维持在较低水平，数量随时间变化不大，表现出较弱的季节动态。

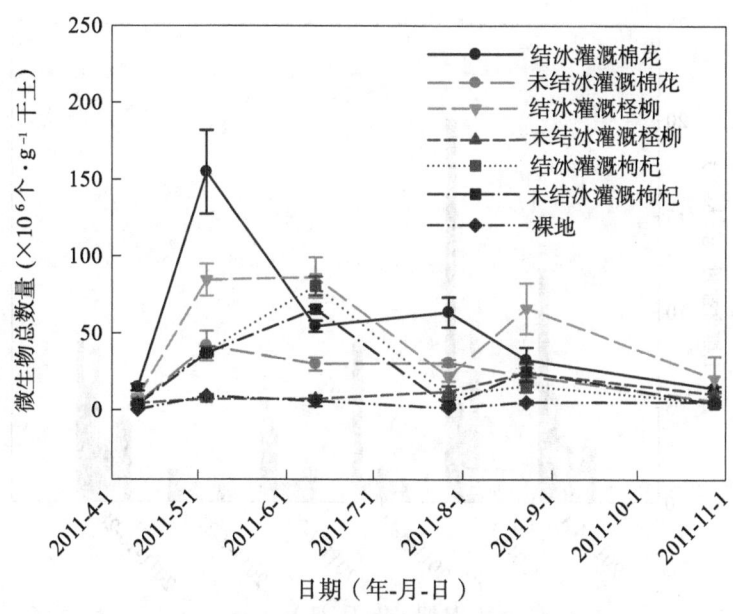

图2　不同条件下土壤微生物数量的动态变化

2.4　不同植被和咸水结冰灌溉对土壤含盐量的影响

如图3所示，裸地土壤含盐量（除8月以外）均大于5 g·kg^{-1}，其他（耐盐植物和咸水结冰灌溉）试验地土壤含盐量大部分低于5 g·kg^{-1}；不同植被的试验地土壤含盐量明显低于裸地，平均比裸地含盐量降低68.4%。特别是4月和5月，土壤含盐量高达10 g·kg^{-1}以上，比其他试验地土壤含盐量增加1倍甚至几倍；说明，种植耐盐植物和咸水结冰灌溉能有效降低土壤盐分，是比较有效的改良盐碱地的有效措施。

咸水结冰灌溉的棉花、柽柳和枸杞试验地土壤含盐量平均仅为2.12、2.47和3.17 g·kg^{-1}；与冬季未咸水灌溉的土壤相比，土壤含盐量分别降低了36.2%、25.2%和13.2%。随时间变化的幅度较为缓和，返盐和表层积盐现象不如冬季未咸水灌溉的土壤明显。

各试验地土壤含盐量的动态变化趋势基本相同，但幅度有一定差异。土壤盐分随时间先逐渐降低，8月土壤含盐量最低，裸地只有1.67 g·kg^{-1}，其他植物试验地土壤含盐量均低于1.0 g·kg^{-1}；植物生长末期的10月，土壤含盐量又逐渐升高。

3　讨论与结论

土壤微生物是维持土壤质量的重要组成部分，也是土壤物质循环的主要推动者。土壤微生物构成对土壤环境质量的变化很敏感，作物类型、灌溉和覆盖等因素的变化都会对土壤微生物的数量和组成产生显著影响。本研究中，种植耐盐植物明显增加了土壤微生物的数量，主要是由于耐盐性植物在生长时，枯枝落叶、残留根系和根系分泌物等均有利于土壤有机物质增长以及理化性质和结构的改善，从而改善了土壤生境，为微生物

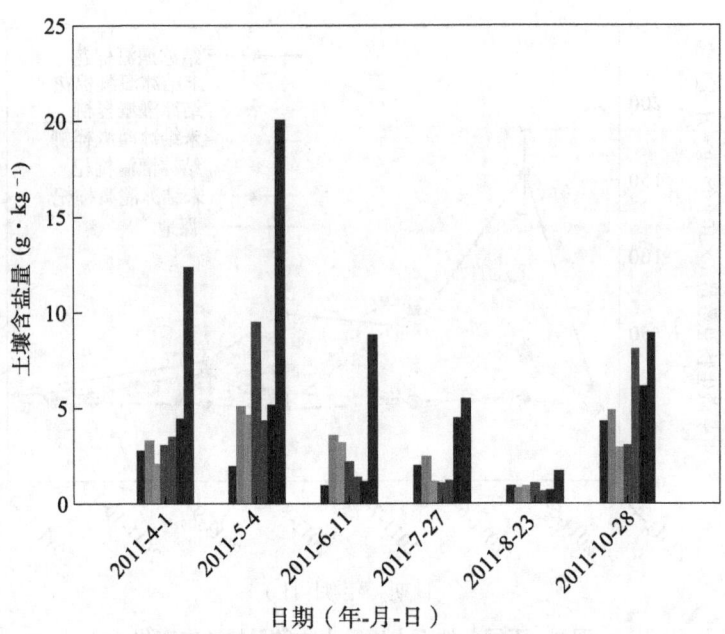

日期（年-月-日）

图3 不同条件下土壤含盐量的动态变化

创造了有利的生存条件，导致土壤微生物数量的增加。这与前人研究结果相似[2-5]。

本研究结果表明，除土壤水分外，土壤盐分是限制盐碱地土壤微生物生存和生长的主要因素。冬季咸水结冰灌溉显著地降低了土壤盐分，使土壤中微生物数量明显增加。同时，耐盐植物的快速生长将进一步增加土壤的覆盖度，降低地表蒸发，抑制土壤盐分向上移动，形成土壤改良和利用的良性循环。综上所述，种植耐盐性植物对增加土壤微生物的数量，改善盐碱地微生态环境起着明显的作用，反过来可促进植物生长。冬季咸水结冰灌溉有效地降低了土壤含盐量，增加了微生物数量，改善了土壤环境，提高了土壤质量，作为一种新兴改良盐碱地技术宜于大面积推广。

综上所述，种植耐盐性植物对增加土壤微生物的数量，改善微生态环境起着明显的作用，反过来进一步促进植物生长。冬季咸水结冰灌溉有效地降低了土壤含盐量，增加了微生物数量，改善了土壤环境，提高了土壤质量，作为一种新兴改良盐碱地方法宜于大力推广。

参考文献

[1] 牛东玲，王启基．盐碱地治理研究进展 [J]．土壤通报，2002，12（6）：449-455.

[2] 赵可夫，范海，江行玉，等．盐生植物在盐渍土壤改良中的作用 [J]．应用与环境生物学报，2002，8（1）：31-35.

[3] 林学政，陈靠山，何培青，等．种植盐地碱蓬改良滨海盐渍土对土壤微生物区系的影响 [J]．生态学报，2006，26（3）：801-807.

[4] 樊盛菊，齐树亭，武洪庆，等．盐生植物根际对土壤中微生物数量和酶活性的影响 [J].

河北大学学报（自然科学版），2006，26（1）：38-41.

[5] 黄明勇，杨剑芳，王怀锋，等．天津滨海盐碱土地区城市绿地土壤微生物特性研究 [J]．土壤通报，2007，38（6）：1 131-1 135.

[6] Li Z G, Liu X J, Zhang X M. Infiltration of melting saline ice water in soil columns: Consequences on soil moisture and salt content [J]. Agricultural Water Management, 2008, 95 (4): 498-502.

[7] 郭凯，张秀梅，李向军，等．冬季咸水结冰灌溉对滨海盐碱地的改良效果研究 [J]．资源科学，2010，32（3）：431-435.

[8] 隆小华，倪妮，金善钊，等．北方滨海盐碱地冬季咸水结冰灌溉对菊芋生长及离子分布的影响 [J]．农业环境科学学报，2012，31（1）：161-165.

[9] 李志刚，刘小京，张秀梅，等．冬季咸水结冰灌溉对土壤水盐运移规律的初步研究 [J]．华北农学报，2008，23（增刊）：187-192.

[10] 赵吉．土壤健康的生物学监测与评价 [J]．土壤，2006，38（2）：136-142.

[11] 鲍士旦．土壤农化分析（第三版）[M]．北京：中国农业出版社，2000.

[12] 李振高，骆永明，滕应．土壤和环境微生物研究法 [M]．北京：科学出版社，2008.

[此文原刊载于《河北农业大学学报》，2014，37（1）：22-26]

滨海盐碱地棉田土壤水盐动态变化规律及
对棉花生长发育影响

张　谦，祁　虹，冯国艺，王树林，李智峰，王志忠，林永增

（河北省农林科学院棉花研究所/农业部黄淮海半干旱区棉花生物学与遗传育种重点实验室）

摘　要：本试验以滨海盐碱地不同盐度和植被的土壤为研究对象，研究雨养条件下水盐变化规律及对棉花不同生育阶段生长的影响。根据棉花的出苗情况分别选取出苗正常（A）、棉苗生长受抑制（B）、无苗裸地（C）和无棉杂草区（D），对土壤的含水量、盐分含量和棉花生长发育情况进行了研究。通过对具有代表性土壤的全盐和电导率测定，建立两者回归关系，得到试验区域内含盐量（x）与电导率（y）的直线回归方程 $y=0.3586x-0.1101$，$R^2=0.9892$，棉田中的含水量和含盐量变化主要受降水量、蒸发量、土壤结构、植被覆盖等因素影响。盐胁迫对棉花生长的影响主要集中在苗期，中度盐碱地棉花的开花、吐絮期提前，易早衰。

关键词：雨养条件；滨海盐碱地；棉花；生长发育；水盐变化

目前耕地资源日益紧张，保证国家粮食安全问题带来的粮棉争地矛盾也日益突出，棉花种植区域必须做出战略调整。河北省滨海盐碱地区属环渤海典型盐碱地区，环渤海低平原区（海拔<20 m）淡水资源匮乏，浅层地下水多为咸水，尤以河北省沧州市为典型代表[1]，该地区春节少雨干旱、蒸发量大、水位埋深浅和水质矿化度高是造成土壤盐碱的重要根源。河北省滨海盐碱地包括秦皇岛、唐山和沧州等地约64余万公顷后备土地资源，同时棉花抗旱耐盐且适应性较强，通过适宜的调控措施和配套栽培技术，完全可以获得较理想的产量，达到稳定棉花生产规模和确保粮食安全的目标。

土壤盐分受降水、土壤结构、地表水、地下水、植被等多因素的影响，在剖面的层次间和时间变化上呈现出一定的脱盐积盐规律[2]。"盐随水来，水去盐留"，由于土壤水分和盐分运移是同时发生的，因此在研究实际问题时，二者要联系起来考虑。土壤水盐动态即由于土壤中水盐运动而引起的土壤中水盐状况随时间和空间的变化[3-4]。迄今研究者对盐碱土壤的水盐变化规律及不同养分特征和盐度土壤棉田对棉花的生长影响进行了较多研究，但多集中于新疆内陆盐碱地、滴灌或淡水资源丰富地区[5-8]，试验方法多采用盆栽或水培等室内实验[9]，而且多为盐碱对棉花苗期的生长影响[10]，对平原地区雨养条件下水盐变化规律及对棉花生长影响的研究较少。本试验以滨海盐碱地不同盐度和植被的土壤为研究对象，研究雨养条件下水盐变化规律及对棉花不同生育阶段生长的影响，以便为河北滨海盐碱地的棉花种植提供基础数据，挖掘棉花自身的耐盐特性，探索基于棉花健康生长和土壤水盐综合调控的植棉技术。

1 材料与方法

1.1 试验基本情况

田间试验于 2012 年在国营海兴农场进行，试验地为沙质壤土，无灌溉条件，属中低产量的雨养棉田。试验地盐碱程度不一，典型的盐碱地区域化分布特征，含盐量经测定在 0.2%～1.2%，有的片区可正常出苗，有的片区为寸草不生的"光板地"。试验用棉花品种为冀棉 958，由河北省农林科学院棉花研究所选育，生育期 139 d，属中熟品种。5 月 2 日播种，机械化播种覆膜，棉花种植方式采用大小行种植，大行宽 1.0 m，小行宽 0.45 m，留苗密度 5.25 万株·hm^{-2}，播种面积 0.67 hm^2。

1.2 试验设计

1.2.1 标准曲线的建立

于 2012 年 3 月 10 日以国营海兴农场的 7 个生产队（农场总面积 0.7 万 hm^2）为单位，根据棉田残留的棉花秸秆、植被及盐斑等特征选取 3 个代表性样地（轻度盐碱地、中度盐碱地及光板地），每块样地按照 5 点取样法取 0～5 cm，6～20 cm、21～40 cm 的耕层土样，5 点样土混匀后室内晾干、磨碎后测定土壤电导率，残渣烘干法测定土壤水溶性盐总量，建立含盐量和电导率的回归关系。

1.2.2 盐碱地水盐变化及对棉花生长影响研究

5 月 20 日调查棉花出苗情况，根据棉花的出苗情况在试验地内选取出苗正常（A），棉苗矮小，生长受抑制（B），无苗裸地区（C），棉田中的无棉杂草区（D）4 个小区，小区面积 36 m^2（6 m×6 m），其中杂草区杂草以盐蓬、稗草、苍耳、苣荬菜等为主，覆盖度在 80%左右。5 月 20 日开始，间隔 10 d（如遇降雨，降雨停止 2 d 后取样）每小区分 0～5 cm，6～20 cm、21～40 cm 3 个耕层取土样，每耕层取 3 个点，测定土壤含水量和含盐量，分析水盐变化规律。A、B 区标记 20 株棉花，记录小区内棉花的出苗、现蕾、开花和吐絮时间，7 月 15 日、8 月 15 日、9 月 10 日调查棉花株高、果枝数、成铃、幼铃数，收获时测定棉花单铃重，计算产量。

1.3 测定项目和方法

土样处理和含水量、总盐量、电导率测定方法参照土壤分析技术规范[11]，并做适当修改。

1.3.1 电导率测定

将磨碎土样加入蒸馏水中（土∶水 = 1∶5），在振荡机上振荡 5 min，6 000 转离心 10 min 后过滤，测定浸出澄清液的电导率，并乘以温度校正系数（Fx）校正为 25 ℃下的电导率。

1.3.2 土壤含盐量测定

测定所取土样电导率，根据标准曲线，计算出土壤含盐量。

1.3.3　土壤含水量测定

采用烘干法测定土壤含水率，土样称重后装于铝盒 105 ℃烘干 8 h。

1.4　数据处理

采用 Microsoft Excel 软件进行数据处理和分析。

2　结果与分析

2.1　土壤溶液电导率与含盐量的相关性分析

采用残渣烘干法测得 21 块棉田 63 份土壤的总可溶性盐含量，通过与 5：1 水土浸提液电导率的回归，建立两者直线回归关系（图 1）。数据表明滨海盐碱棉田土壤溶液的电导率（y）和土壤含盐量（x）呈显著直线相关，直线方程为 $y=0.358\,6x-0.110\,1$，$R^2=0.989\,2$。这一关系可用于海兴试验区内盐碱地含盐量的换算。

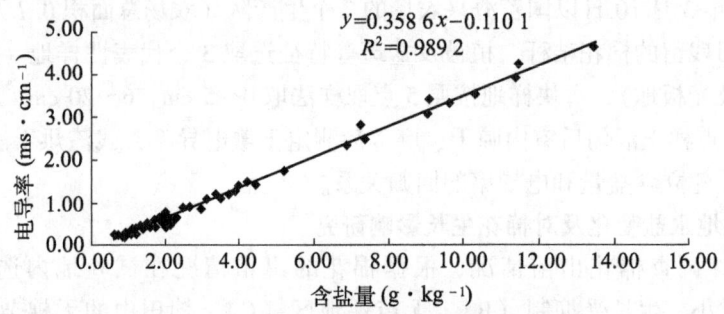

$$y=0.358\,6x-0.110\,1$$
$$R^2=0.989\,2$$

图 1　土壤浸提液电导率和盐含量的回归关系

2.2　不同盐度土壤水盐动态变化

从图 2 的海兴县 2012 年降水量统计数据可以看出，降雨主要集中在 7—8 月，其他时间降雨稀少，集中的大强度降雨可缓解旱情，压盐增墒，但在降雨多的年份由于盐碱地土壤的渗水能力较差，积水易引发涝灾，造成棉花淹死，且土质多为黏土，影响正常的农事操作。由图 3（A）可知，处理 A 属于低盐度土壤，3 个耕土层的含盐量变化趋势一致。在未降雨时间段内，含盐量均呈缓慢上升趋势，较少的降水量也可以引起土壤耕土层含盐量的降低，盐分随水分变化规律明显，8 月 10 日时受长时间和大强度降雨的影响，土壤的含水量达到最高，含盐量降为较低水平，并由于棉田的荫蔽，蒸发量减小，土壤含盐量维持在较低并略有下降趋势。9 月 20 日后随着棉花长势的减弱，棉田蒸发作用略有加强，但气温、地温较低，土壤深层盐分上移，中、下层土壤含盐量高于表土层。棉花生长抑制区（B）属于中等盐度土壤，播种期表层土壤含盐量在 0.5% 左右，土壤含盐量变化与裸地无苗区（C）较为类似，在降雨之后土壤含盐量迅速下降到较低水平，之后一直维持在较低水平，土壤耕作层盐分变化不明显，可能是无植被生长条件下，土壤物理结构紧实致密，水分运移活动下降。杂草区（D）属于轻度盐碱土壤，播种期含盐量在 0.2% 以下，土壤含盐量变化趋势与 A 区类似，盐分变化受降雨影响较大，雨水的运移和雨水入渗后的蒸发作用与盐含量减增变化相对应。不同处理小区的含水量均为在降雨前，土壤中、下层含水量多于表层，降雨之后短期内，表层含水量升高，棉花生长区（A 和 B）表层含水量均下降比较缓慢，而杂草区（D）水分运移下降较快，与棉花的荫蔽作用大于矮小杂草有关，无苗区在降雨之后，表层土一直保持较高的含水量，水分难以下渗，但是该高含水量并不一定能为植物所利用，属于氯化物盐土特有的"万年湿"。

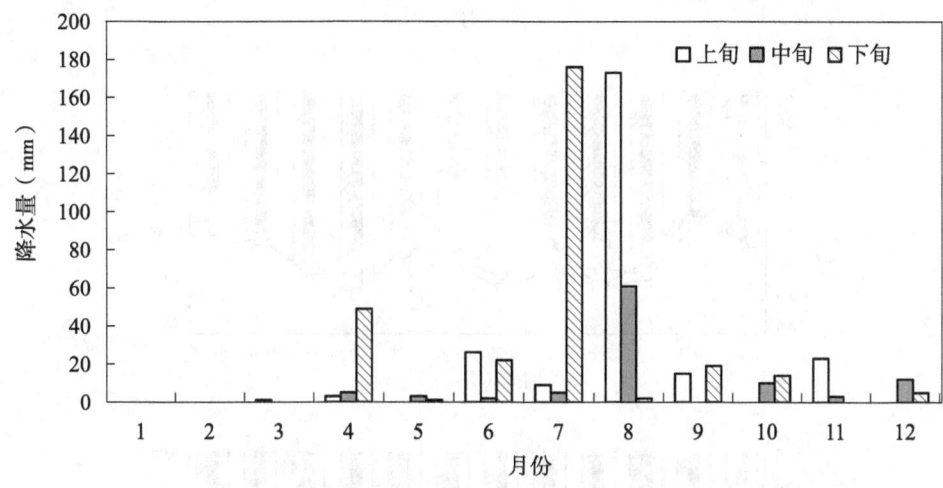

图 2　海兴试验区内 2012 年各月每旬降水量分布

2.3　轻度、中度盐碱地对棉花的生长发育及产量影响

通过表 1 可以看到，含盐量超过 0.4% 的中度盐碱棉田中，棉花的整个生育期都受到盐抑制，表现为生育前期的延迟和棉花生物量的减少。土壤盐分含量高造成种子吸水困难并伴随有盐离子毒害，使平均出苗期比低盐分棉田推迟 5 d，种子在整个萌发和真叶展开前，都需要消耗子叶中的养分，棉花出苗期的延长，使得子叶养分过多的消耗在出苗顶土中，出苗后难以形成壮苗；现蕾期两者相差 2 d，开花期和吐絮期中度盐碱地棉花要早于轻度盐碱地，开花期和吐絮期分别提前 1 d 和 5 d。通过表 2 可以看到，中度盐碱地棉花的株高、果枝数、成铃数、幼铃数在各个调查期均少于轻度盐碱地，两者有着明显的差异，轻、中度盐碱地单铃重分别为 3.6 g 和 4.3 g，折计籽棉产量为 1 265.3 kg·hm^{-2} 和 1 984.5 kg·hm^{-2}（涝灾影响，产量均低于正常年份）。

表 1　轻、中度盐碱地棉花生育期比较

不同盐度	播种期	出苗期	现蕾期	开花期	吐絮期
轻度	5 月 2 日	5 月 6 日	6 月 11 日	7 月 5 日	8 月 30 日
中度	5 月 2 日	5 月 11 日	6 月 13 日	7 月 4 日	8 月 25 日

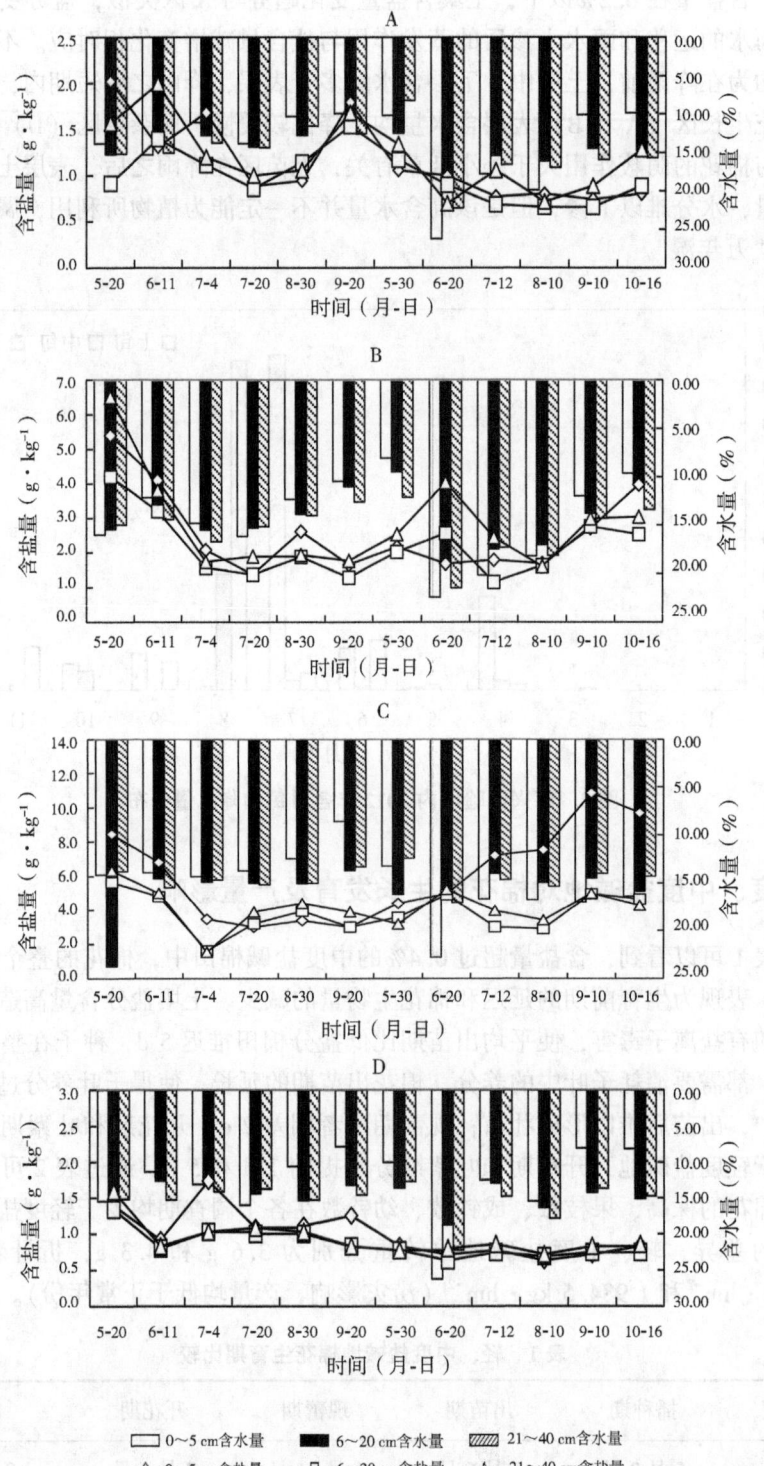

图3 正常区（A）、抑制区（B）、无苗区（C）、杂草区（D）水盐动态变化情况

表 2　不同含盐量对棉花主要性状及产量影响

性状	轻度			中度		
	7 月 15 日	8 月 15 日	9 月 10 日	7 月 15 日	8 月 15 日	9 月 10 日
株高（cm）	62.2	75.8	80.9	38.7	47.6	51.5
果枝数（台/株）	10.3	11.4	11.4	7.3	8.4	8.4
成铃数（个/株）	1.3	8.0	8.8	0.9	5.9	6.7
幼铃数（个/株）	3.7	1.6	0	3.4	0.4	0
单铃重（g）		4.3			3.6	
籽棉产量（g/株）		37.8			24.1	

3　讨　论

3.1　土壤溶液电导率和含盐量的换算

目前，盐碱地土壤盐分含量测定多采用电导法，溶液的电导率不仅与溶液中盐分的浓度有关，而且与不同土壤的盐分组成成分有很大关系[12]。因此要使研究中测定的电导率数据吻合真实的盐分浓度，必须测定试验地区不同盐分含量的代表性土样，用残渣烘干法测得土壤水溶性盐含量，并测定同一土样的电导率（EC），计算出回归方程，在后续试验中才可以通过测定电导率并根据回归方程计算出土样含盐量，减少盐分测定的工作量。代表性土样的选择应根据不同区域的生态环境特点、当地种植习惯、地理构造特点等确定，且由于盐碱土壤分布的不均匀性，取样范围过大会影响数据的准确，反而不具有代表性。本文通过残渣烘干法测得 21 块具有代表性棉田 63 份土样的总可溶性盐含量，与 5∶1 水土浸提液的电导率建立直线回归关系为 $y = 0.3586x - 0.1101$，利用该方程可以在测定土壤电导率之后准确快速的计算出该区域内土壤含盐量。

3.2　雨养条件不同盐度土壤的水盐变化

水盐的变化受降水量、蒸发量、土壤理化结构、植被覆盖等因素影响。轻度盐碱地和杂草区内土壤中水分入渗速度较快，盐分有较强的水移跟随性，这与植物生长对土壤物理结构的改良有很大关系。盐碱地的返盐高峰期在春季，由于此时干旱多风，土壤蒸发量较大。降雨对土壤盐分的淋洗不仅与汛期降水量多少有关，还受每次降水量的大小的影响，根据观测数据表明，一般次降水量大于 25 mm 才会达到淋盐的效果，但是不同的土壤条件可能会存在具体数据上的差异，同时脱盐程度与地下水埋深也有关系[13]。河北滨海盐碱地地下水位埋深浅，浅层多为咸水，灌溉条件落后，90% 以上的棉田属于雨养田，所以研究雨养条件下的水盐运移规律具有现实意义，有限的雨水资源的高效利用及通过调控使之与棉花需水特点适应是今后研究的重点。

3.3 不同程度盐碱地对棉花生长的影响

影响棉花生长的时期主要集中在苗期，由于盐分对棉花生长的抑制作用，使得棉花的营养生长不足，植株矮小，导致棉花的果枝数、成铃数、幼铃数减少，单铃重减轻，直接影响了棉花的产量。之前的研究均表明，土壤盐分造成棉花产量下降首先是影响了棉花的营养生长，进而影响有效铃的形成，最后集中反映出产量的降低[14]。棉花后期的开花期及吐絮期提前实质属于棉花的早衰现象，是植物自身对逆境环境的生殖适应对策。盐碱土壤对棉花生长的影响贯穿于棉花的整个生育期，但苗期的影响尤为突出，而棉苗的壮弱则直接影响棉花的整个生长期，所以对于棉花苗期采取必要的措施进行壮苗有着重要意义。目前对由于盐分胁迫造成的出苗问题，解决办法主要集中在两方面，一是增强或提高种子自身的抗逆性，如选用健籽率高、活力强的种子、种子包衣处理、浸种、晒种等；另一方面是为种子创造适合发芽和成苗环境，如改良土壤降低含盐量、起垄沟播诱导盐分在根区的差异分布、地膜覆盖抑盐、育苗移栽躲盐等[15]，出苗之后是否可以选择关键时间点对幼苗进行营养促苗，以增速棉苗的营养生长，其效果有待进一步研究，另外在品种对比试验中，早熟品种有较好的产量表现，原因除了前期的苗弱和营养生长缓慢之外，2012年的降雨频繁、持续期长也造成了中晚熟品种的早衰和烂铃，不能发挥品种优势。根据当地多年的气象灾害数据和棉农种植投入来看，杂交品种或者中晚熟品种并不一定可以发挥出品种优势，可以适当地选择早熟或早发品种。

总之，雨养条件下不同盐含量、不同植被覆盖的棉田水盐变化规律不尽相同，本文通过对土壤水盐运移的监测及不同长势棉花的性状调查表明，盐碱土壤中的含水量与含盐量变化规律明显，存在着极大的相关性，而水盐的变化又受降水量、蒸发量、土壤理化结构、植被覆盖等因素影响。盐碱土壤作为棉花生长逆境影响棉花的整个生育期，对苗期的影响尤为突出，而棉苗的壮弱则直接影响棉花生长和产量。在充分认识盐碱地水盐变化规律的同时，通过多种措施对水盐变化进行调控，比如通过施肥或物理化学手段对土壤进行改良、利用种植盐生植物抑盐和减少水分蒸发、结合农艺措施对棉田环境进行改良等，多种有效措施的配合才可能使得盐碱地棉花的稳产高产成为现实。

参考文献

[1] 刘小京，田魁祥．环渤海盐碱地区农业资源分布特征与农业持续发展模式初探 [J]．中国生态农业学报，2000，8 (4)：67-70.
[2] 王艳，廉晓娟，张余良，等．天津滨海盐渍土水盐运动规律研究 [J]．天津农业科学，2012，18 (2)：95-97，101.
[3] 张建锋，宋玉民，邢尚军，等．盐碱地改良利用与造林技术 [J]．东北林业大学学报，2002，30 (6)：124-129.
[4] 于国强，李占斌，张霞，等．土壤水盐动态的 BP 神经网络模型及灰色关联分析 [J]．农业工程学报，2009，25 (11)：74-79.
[5] 侯振安，李品芳，吕新，等．不同滴灌施肥方式下棉花根区的水、盐和氮素分布 [J]．新疆农业科学，2008，45 (S2)：57-64.

[6] 武雪萍, 郑妍, 王小彬, 等. 不同盐分含量的海冰水灌溉对棉花产量和品质的影响 [J]. 资源科学, 2010, 32 (3): 452-456.

[7] 魏光辉, 董新光, 杨鹏年, 等. 棉花膜下滴灌土壤盐分运移规律分析 [J]. 水土保持究, 2009, 16 (6): 162-166.

[8] 董合忠, 辛承松, 唐薇, 等. 山东东营滨海盐渍棉田盐分与养分的季节性变化及对棉花产量的影响 [J]. 棉花学报, 2006, 18 (6): 362-366.

[9] 辛承松, 董合忠, 唐薇, 等. 不同肥力滨海盐土对棉花生长发育和生理特性的影响 [J]. 棉花学报, 2007, 19 (2): 124-128.

[10] 董合忠, 辛承松, 李维江, 等. 山东滨海盐渍棉田盐分和养分特征及对棉花出苗的影响 [J]. 棉花学报, 2009, 21 (4): 290-295.

[11] 全国农业技术推广服务中心. 土壤分析技术规范 [M]. 北京: 中国农业出版社, 2006.

[12] 刘广明, 杨劲松. 土壤含盐量与土壤电导率及水分含量关系的实验研究 [J]. 土壤通报, 2001, 32 (6): 85-87.

[13] 方生, 陈秀玲. 华北平原大气降水对土壤淋洗脱盐的影响 [J]. 土壤学报, 2005, 4 (5): 730-736.

[14] 姜益娟, 郑德明, 吕双庆, 等. 土壤含盐量对棉花产量和品质的影响 [J]. 新疆农业科学, 1995, 3: 116-118.

[15] 董合忠. 盐碱地棉花栽培学 [M]. 北京: 科学出版社, 2010: 171-172.

[此文原刊载于《河北农业大学学报》, 2014, 37 (1): 6-10]

不同改良剂对盐碱棉田的改良和棉花生长及产量影响研究

张　谦，冯国艺，祁　虹，王树林，梁青龙，李智峰，林永增

（河北省农林科学院棉花研究所/农业部黄淮海半干旱区棉花生物学与遗传育种重点实验室）

摘　要： 在盐碱棉田分别施加不同用量的禾康、DS-1997、石膏、沸石，研究了不同改良剂对盐碱棉田土壤含盐量、pH 值及对棉花生长和产量的影响。结果表明：4 类改良剂对重度棉田的土壤含盐量均有显著影响，但不同施加量的改良剂对棉花苗期和收获期的影响效果不一致；禾康、石膏、沸石的不同施加量处理对土壤 pH 值的影响为灌水后升高、苗期降低、收获期升高，DS-1997 为灌水后升高、苗期继续升高、收获期降低，研究中施用的改良剂对降低土壤 pH 值的作用均不明显。每公顷施用 240 kg 禾康效果最好，对棉花营养生长具有促进作用，为后期结铃打下基础，皮棉产量最高（505.9 kg·hm^{-2}）。改良剂对苗期土壤含盐量的降低与棉花生长状况及结铃存在较强的关联性，成苗、壮苗是影响棉花生长的关键。

关键词： 改良剂；滨海盐碱地；含盐量；pH 值；棉花；产量

河北省滨海盐碱地主要分布在的唐山时、沧州市、秦皇岛市的一些滨海县（市、区），按农作物种类及自然植被生长分布情况划分，河北省滨海盐碱地土壤全盐含量在 0.4%～0.6% 为重度盐碱地，>0.6% 为盐荒地[1]。棉花是耐盐碱作物之一，但随着土壤盐含量的增加，也会受到不同程度的盐胁迫危害。一般情况下，当土壤含盐量>0.3% 时，棉花的生长发育会受到明显抑制，出现缺苗断垄、迟苗晚发、开花结铃晚、晚熟品质差等现象；土壤含盐量>0.65% 时种子很难萌发[2]。盐含量在 0.4%～0.6% 的重度盐碱地是河北省滨海盐碱地的主要分布类型，面积最多，严重影响了该地区的农业发展水平。

改良治理是高效利用盐碱地资源主要手段。目前，国内主要的盐碱地改良措施包括水利工程改良、生物改良、农业改良、化学改良等[3,4]，单一的改良措施不能实现最佳的改良效果，但适宜的改良措施筛选对盐碱地的改良具有基础意义。化学改良措施指施加改良剂降低土壤盐碱含量，它可以改善土壤理化性状、增强土壤保土保水能力；增强土壤中微量元素的有效性，提高土壤肥力，同时还能提高土壤中微生物和酶活性，抑制病原微生物，增强植物的抗性[5]。文献报道较多且生产中采用的有禾康、康地宝、（磷）石膏、脱硫石膏、DS-1997 等通过化学作用改变土壤盐碱含量以及沸石等具有很强离子吸附和交换能力的改良剂[6-11]。上述改良剂多见于对内陆盐碱地的改良效果比较，在滨海盐碱地及对棉花生长的影响研究尚较少，本试验以不同施用量的禾康、DS-1997、石膏、沸石为试验材料，比较其对盐碱棉田含盐量、pH 值、棉花生长及产量的

影响，以期为滨海盐碱地改良提供技术和使用上的相关参考。

1 材料与方法

1.1 试验基本情况

试验于 2014 年在沧州市国营海兴农场进行，试验地土壤类型为滨海重度氯化物盐土，含盐量在 0.4%～1.0%，离子组成以 Cl^-、Na^+、K^+ 为主，Cl^-、Na^++K^+ 各占阴离子、阳离子总量的 75.9% 和 92.5%，植被以盐地碱蓬、芦苇为主。试验地 0～20 cm 耕层含盐量为 0.62%，pH 值为 8.58。棉花品种为冀 228，河北省农林科学院棉花研究所选育，中熟转基因常规品种，黄河流域棉区生育期 124 d。土壤改良剂包括 DS-1997（山西省益田农业科技有限公司）、沸石（活化，石家庄市售）、石膏（海兴县市售）、禾康（北京飞鹰绿地科技发展有限公司）。试验方法如下。

小区面积 33 m^2(5.5 m×6 m)，4 种土壤改良剂设计 3 个用量（折算为公顷用量），分别为 DS-1997 用量 1 500 kg(DS-Ⅰ)、3 000 kg(DS-Ⅱ)、6 000 kg(DS-Ⅲ)；沸石 3 750 kg(FSH-Ⅰ)、7 500 kg(FSH-Ⅱ)、15 000 kg(FSH-Ⅲ)；石膏 7 500 kg(SHG-Ⅰ)、15 000 kg(SHG-Ⅱ)、30 000 kg(SHG-Ⅲ)；禾康 60 kg(HK-Ⅰ)、120 kg(HK-Ⅱ)、240 kg(HK-Ⅲ)、对照（CK）13 个处理，每个处理重复 3 次。DS-1997、沸石、石膏直接撒施，禾康喷施，4 月 19 日施加改良剂后悬耕 10 cm 土层混匀并对处理分区灌水，5 月 11 日播种。机械化播种覆膜，棉花种植方式采用大小行种植，大行宽 1.0 m，小行宽 0.45 m，每小区 8 行种植，播种量 30 kg·hm^{-2}，设计密度 5.25×10^4株·hm^{-2}。播种时施复合肥 40 kg·hm^{-2}（N：P：K 为 24：10：14），雨季追肥 1 次（尿素 150 kg·hm^{-2}），简化整枝，7 月 20 日打顶，化控、病虫害防治按照当地管理措施。

1.2 取样及调查测定

1.2.1 含盐量及 pH 测定

分别于 4 月 26 日（灌水 1 周）、6 月 19 日（苗期）、10 月 20 日（收获期）对 20 cm 耕层取土，测定土样含盐量和 pH 值。

1.2.2 棉花生育期及产量数据

每小区标记 10 株棉花，7 月 15 日、8 月 15 日、9 月 10 日调查棉花株高、果枝数、成铃等；每小区调查中间 2 膜 2 m 行长内（5.8 m^2）的总铃数，计算单位面积成铃数；收获籽棉测定铃重；轧花后计算衣分和皮棉产量。

1.3 数据处理

土壤含盐量、pH 值及棉花性状产量数据采用 Excel、DPS v7.05 软件进行统计和分析。

2 结果与分析

2.1 不同改良剂处理对土壤耕层含盐量的影响

土壤含盐量是影响棉花生长的主要限制因素，施加改良剂的直接目的是实现土壤耕层含盐量的降低，创造适宜棉花生长的土壤环境。棉花播种后的种子萌发阶段和苗期是棉花成苗的关键时期，收获期是对施加改良剂后检验全年改良效果的节点。据表 1 可以看到，除 SHG-Ⅲ 处理外，灌水后 7 d 土壤含盐量均有不同程度的降低，且低于同期对照处理，这就为种子萌发创造了较好环境。其中，DS-1997、禾康、石膏、沸石处理含盐量变化范围分别为 0.33%～0.49%、0.28%～0.49%、0.35%～0.48%、0.22%～0.49%，且变现出含盐量降低幅度随着施加量增加而升高的趋势。苗期随着土壤蒸发量的增加，土壤盐分向上层运移，对照含盐量增加到 0.73%，低施加量的 DS-1997 和禾康降盐效果下降，耕层含盐量分别为 0.64% 和 0.69%，但仍低于对照。低、高施加量的石膏处理后，耕层含盐量没有降低反而增加明显，分别为 0.8% 和 1.13%，其他处理与苗期对照比较均表现为不同程度的降盐效果，降盐幅度由高到低为 DS-Ⅱ>HK-Ⅲ>FSH-Ⅱ>FSH-Ⅰ>DS-Ⅲ>HK-Ⅱ>FSH-Ⅲ>SHG-Ⅱ>DS-Ⅰ>HK-Ⅰ。收获期不同施加量的 DS-1997 均有降盐效果，高施加量 DS-Ⅲ 处理含盐量最低，但 3 种施加量之间不存在差异；低施加量处理 HK-Ⅰ 有降盐效果，中、高施加量 HK-Ⅱ、HK-Ⅲ 无降盐效果，且含盐量升高；SHG-Ⅰ、SHG-Ⅱ 较对照含盐量分别降低 57.2% 和 38.2%，SHG-Ⅲ 处理含盐量升高；沸石随着施加量的增加，对含盐量的影响为由升转降、由低到高，高施加量 FSH-Ⅲ 比对照降低 41.4%。收获期各改良剂降盐效果由高到低顺序为 SHG-Ⅰ > FSH-Ⅲ > SHG-Ⅱ > HK-Ⅰ > DS-Ⅲ > FSH-Ⅱ > DS-Ⅰ > DS-Ⅱ。

土壤 pH 值是影响棉花生长的另一个主要因素，通过表 1 看出，对照处理的 pH 值在棉花生育期内变化规律为灌水后升高、苗期降低、收获期升高，且 pH 值小于 9.0；禾康、石膏、沸石的不同施加量处理都具有类似的变化趋势，峰值分别为 9.3、9.6、9.5。DS-1997 不同施加量处理 pH 值为灌水后升高、苗期继续升高、收获期降低。从土壤含盐量和 pH 值比较来看，含盐量的高低并不对应 pH 值的高低，而且施加改良剂有土壤碱化的风险。

表 1 不同时期土壤耕层含盐量和 pH 值比较

改良剂	处理	含盐量（%）			pH 值		
		灌水后	苗期	收获期	灌水后	苗期	收获期
	DS-Ⅰ	0.49 c	0.64 e	0.40 d	9.0 cde	9.3 b	8.8 bc
DS-1997	DS-Ⅱ	0.44 d	0.27 i	0.41 d	8.9 ef	9.1 b	9.0 bc
	DS-Ⅲ	0.33 ef	0.40 h	0.39 d	9.1 bcd	9.6 a	8.7 c

（续表）

改良剂	处理	含盐量（%）			pH 值		
		灌水后	苗期	收获期	灌水后	苗期	收获期
禾康	HK-Ⅰ	0.49 cd	0.69 d	0.30 e	8.8 ef	8.4 de	9.3 ab
	HK-Ⅱ	0.46 cd	0.45 g	0.48 c	9.0 cde	8.7 cd	9.0 bc
	HK-Ⅲ	0.28 f	0.29 i	0.53 b	9.2 b	9.1 b	9.1 bc
石膏	SHG-Ⅰ	0.48 cd	0.80 b	0.20 f	8.9 def	9.0 bc	9.6 a
	SHG-Ⅱ	0.35 e	0.55 f	0.29 e	9.5 a	8.7 cd	9.1 bc
	SHG-Ⅲ	0.92 a	1.13 a	0.56 b	8.6 g	8.4 de	8.7 c
沸石	FSH-Ⅰ	0.49 c	0.39 h	0.86 a	9.5 a	9.1 b	8.9 bc
	FSH-Ⅱ	0.36 e	0.37 h	0.40 d	8.8 fg	8.3 e	8.9 bc
	FSH-Ⅲ	0.22 g	0.54 f	0.27 e	9.2 bc	8.3 e	8.9 bc
对照	—	0.60 b	0.73 c	0.46 c	8.7 fg	8.5 de	8.9 bc

注：同列小写字母不同表示差异达 0.05 显著水平，下表同

2.2 不同改良剂处理对棉花生育性状的影响

表 2 中可以看出，HK-Ⅲ处理的棉花长势最好，表现为株高、果枝、成铃优于其他处理，后期成铃 6.2 个，其次为 FSH-Ⅰ，成铃 5.6 个。禾康处理中 HK-Ⅱ苗期发育良好，但后期蕾铃脱落较多，导致结铃数下降。施加石膏的棉花长势不旺，株高、成铃数随施加量的增加而降低。沸石处理中低、中等施加量棉花单株结铃数多，FSH-Ⅲ的棉花前期长势稳定，但后期结铃保铃情况较差。

表 2 改良剂对棉花生长及性状的影响

改良剂	处理	7 月 15 日			8 月 15 日			9 月 10 日	
		株高（cm）	果枝（台）	成铃（个）	株高（cm）	果枝（台）	成铃（个）	株高（cm）	成铃（个）
DS-1997	DS-Ⅰ	54.9 d	7.4 cd	0	56.1 cd	7.8 bcd	3.9 bcde	57.6 ef	3.3 cd
	DS-Ⅱ	57.7 cd	7.6 cd	0	58.3 cd	8.0 bc	4.4 abcd	61.3 de	4.3 bc
	DS-Ⅲ	49.3 e	6.5 e	0	55.7 cd	7.2 de	3.8 bcde	57.2 ef	4.0 bcd
禾康	HK-Ⅰ	37.5 f	5.4 f	0	40.0 e	5.4 f	3.3 cde	41.3 h	3.2 cd
	HK-Ⅱ	63.0 a	8.2 b	0	70.2 a	9.2 a	4.6 cde	72.1 ab	3.7 cd
	HK-Ⅲ	59.9 abc	8.9 a	0.6	71.3 a	9.7 a	5.8 a	74.2 a	6.2 a
石膏	SHG-Ⅰ	47.7 e	6.4 e	0	53.4 d	7.1 e	3.1 cde	54.8 fg	3.4 cd
	SHG-Ⅱ	41.1 f	5.2 f	0	41.9 e	5.3 f	2.9 de	49.8 g	2.9 cd
	SHG-Ⅲ	38.5 f	4.9 f	0	39.5 e	5.5 f	2.7 e	40.6 h	2.3 d

（续表）

改良剂	处理	7月15日			8月15日			9月10日	
		株高（cm）	果枝（台）	成铃（个）	株高（cm）	果枝（台）	成铃（个）	株高（cm）	成铃（个）
沸石	FSH-Ⅰ	57.9 bcd	8.2 b	0	62.2 bc	8.4 b	3.3 cde	65.1 cd	5.6 ab
	FSH-Ⅱ	62.2 ab	7.9 bc	0	66.5 ab	8.4 b	4.9 ab	68.2 bc	5.5 ab
	FSH-Ⅲ	55.6 cd	6.4 e	0	55.7 cd	7.4 cde	3.5 bcde	66.4 cd	3.1 cd
对照	—	50.1 e	7.2 d	0	56.6 cd	7.3 de	2.3 e	61.8 de	2.5 d

2.3 不同改良剂处理棉花产量及产量构成分析

棉花产量的构成要素包括结铃数、单铃重、衣分等，通过表3看出，施加 DS-1997 改良土壤后，DS-Ⅲ的单铃重小于对照，但产量要高于对照；禾康处理铃重与对照不存在显著差异，衣分较低，但 HK-Ⅲ 的皮棉产量最高（505.9 kg·hm^{-2}）；SHG-Ⅱ 在3个施加量的石膏处理中产量最高（171.2 kg·hm^{-2}），且单铃重在所有处理中最大，SHG-Ⅲ 改良效果最差，产量最低（69.1 kg·hm^{-2}）；3个施加量的沸石处理中，FSH-Ⅰ 和 FSH-Ⅱ 产量接近（367.8 kg·hm^{-2}、390.0 kg·hm^{-2}），FSH-Ⅲ 在沸石处理中产量最低，但单铃重在沸石处理中最大。从棉花生育性状的表现来看，每公顷施 240 kg 禾康效果最好，对棉花营养生长具有促进作用，表现为株高和果枝数增加，为后期结铃打下基础，其作用机理可能与酸类物质对盐离子的束缚作用有关。棉花出苗期和苗期土壤含盐量的降低与棉花生长状况及结铃存在较强的关联性，成苗、壮苗是影响棉花生长的关键。

表3 不同改良剂处理的棉花产量及产量构成

改良剂	处理	单铃重（g）	衣分（%）	单位面积铃数（个·m^{-2}）	皮棉产量（kg·hm^{-2}）
DS-1997	DS-Ⅰ	4.1 bc	41.6 a	11.2	188.9 de
	DS-Ⅱ	4.7 ab	41.5 a	16.3	311.5 c
	DS-Ⅲ	3.6 cd	40.7 ab	12.8	179.4 de
禾康	HK-Ⅰ	4.2 bc	39.7 bc	9.6	158.7 ef
	HK-Ⅱ	4.3 abc	39.9 bc	12.2	207.6 d
	HK-Ⅲ	4.2 bc	39.2 c	31.0	505.9 a
石膏	SHG-Ⅰ	4.0 c	40.7 ab	8.8	132.4 f
	SHG-Ⅱ	4.9 a	40.1 ab	8.7	171.2 e
	SHG-Ⅲ	3.2 d	40.7 ab	5.1	69.1 h
沸石	FSH-Ⅰ	4.0 bc	40.3 abc	22.4	367.8 b
	FSH-Ⅱ	4.2 bc	39.7 bc	23.1	390.0 b
	FSH-Ⅲ	4.7 ab	40.7 ab	9.3	178.1 de

（续表）

改良剂	处理	单铃重 （g）	衣分 （%）	单位面积铃数 （个·m^{-2}）	皮棉产量 （kg·hm^{-2}）
对照	—	4.1 bc	39.9 bc	6.3	102.5 g

3 讨 论

相关研究表明，DS-1997、禾康、石膏、沸石对盐碱土均具有改良作用。本研究结果显示，4类改良剂对重度棉田的土壤含盐量有显著影响，但不同施加量的改良剂对棉花苗期和收获期的影响效果不一致，如施加200 kg DS-1997后对苗期含盐量降低有显著效果，到收获期则不具有降盐作用，这与改良剂的作用时间和作用机理有关，所以要达到改良盐碱土壤的目的，改良剂的选择应考虑种类、施加量、施用时间等因素。

研究中施用的改良剂对降低土壤pH值的作用均不明显，而且较高的土壤pH值对棉花产量不存在抑制效应，通过施加改良剂降低土壤pH值以及pH值变化对棉花生长的影响有待深入研究。本试验中禾康因其自身的产品特点，施用方式需为喷施并灌淡水才能达到改良效果，为保证处理的一致性，其他处理均采取了灌水处理。滨海盐碱地地区淡水资源匮乏，大部分棉田属雨养棉田，不具备灌溉条件，浅层地下水以苦咸水为主[12]，在验证改良剂具有改良效果后应对施用方式进行改进，如是否可以采取咸水灌溉[13,14]、雨季处理后促进第二年棉花生长、耙地混湿土等。另一个问题是大量淡水灌溉具有压盐效果，但石膏、沸石、DS-1997施加后进行灌水是否破坏了改良剂的反应环境，对改良效果存在促进或抑制作用有待研究。

收获期时改良剂对降低土壤含盐量效果与苗期不一致，表明不同施加量改良剂对土壤的改良效果需要一定的互作时间，且改良作用的持效时间差异较大，施加改良剂对盐碱土壤下年及长期的改良效果是发展盐碱地化学改良技术的关键问题。本研究在重度盐碱地的棉花产量有较大的增加幅度，但棉花价格走低（2014年籽棉价格5.6～7.0元·kg^{-1}）及土壤改良剂成本较高（禾康35元·kg^{-1}），综合效益计算，棉田施加改良剂后的增产收益要略低于改良剂投入，效果最好的禾康改良剂的净收益也不理想，其他几种改良剂存在着同样问题。所以，目前很多的商品改良剂主要应用于蔬菜、水稻、果树等产量高、产值高的种植业，同时较多研究中利用磷石膏、脱硫石膏、粉煤灰等化工废弃物作为替代物以增加收益、降低成本[15]。目前比较理想的方法还是采取综合措施，在盐碱地工程改良的基础上，把品种培育、水肥运用、种子处理及其他农艺措施进行高效的集成和整合[16]。

参考文献

［1］ 朱庭芸，何守成.滨海盐碱土的改良和利用［M］.北京：农业出版社，1985：1-11.
［2］ 叶武威，刘金定.氯化钠和食用盐对棉花种子萌发的影响［J］.中国棉花，1994，21（3）：14-15.

[3] 郗金标,邢尚军,张建锋,等.几种重盐碱地土壤改良利用模式的比较[J].东北林业大学学报,2003,31(6):99-101.

[4] 李彬,王志春,孙志高,等.中国盐碱地资源可持续利用分析[J].干旱地区农业研究,2005,23(2):154-157.

[5] 张凌云,赵庚星,徐嗣英,等.滨海盐渍土适宜土壤盐碱改良剂的筛选研究[J].水土保持学报,2005,19(3):21-28.

[6] 车顺升,罗三强.磷石膏改良盐碱地土壤化学性质的效果[J].陕西农业科学,2000(9):16-18.

[7] 姜新福,孙向阳,关裕宓.天然沸石在土壤改良和肥料生产中的应用研究进展[J].草业科学,2004,21(4):48-51.

[8] 郝秀珍,周东美.沸石在土壤改良中的应用研究进展[J].土壤,2003(2):103-106.

[9] 李华兴,李长洪,张新明,等.沸石对土壤养分生物有效性和土壤化学性质的影响研究[J].应用生态学报,2001,12(5):743-745.

[10] 吕二福良,乌力更.石膏不同施用方法改良碱化土壤效果浅析[J].内蒙古农业大学学报(自然科学版),2003,24(4):130-133.

[11] 王立志,陈明昌,张强,等.脱硫石膏及改良盐碱地效果研究[J].中国农学通报,2011,27(20):241-245.

[12] 刘小京,田魁祥.环渤海盐碱地区农业资源分布特征与农业持续发展模式初探[J].中国生态农业学报,2000,8(4):67-70.

[13] 邵玉翠,张余良.微咸水灌溉及改良剂对土壤全盐量影响的模拟试验[J].天津农业科学,2003,9(2):21-24.

[14] 杨军,邵玉翠,高伟,等.不同改良剂对微咸水灌溉土壤盐分含量的影响[J].天津农业科学,2012,18(1):40-45.

[15] 赵旭,彭培好,李景吉.盐碱地土壤改良试验研究[J].河南师范大学学报(自然科学版),2011,39(4):70-74.

[16] 代建龙,董合忠,段留生,等.棉花盐害的控制技术及机理[J].棉花学报,2010,22(5):486-494.

[此文原刊载于《河北农业大学学报》,2015,38(3):7-11]

滨海盐碱地免耕条件下覆盖方式对棉苗光合特性及生长的影响

冯国艺，林永增，张　谦，祁　虹，李智峰，王树林，王志忠

（河北省农林科学院棉花研究所/农业部黄淮海半干旱区棉花生物学与遗传育种重点实验室）

摘　要： 为探索滨海重度盐碱地覆盖方式对免耕条件下棉田耕层土壤的水盐运移特征及其对棉花苗期光合特性及生长影响效果，设置地膜覆盖（M）、秸秆覆盖（JG）以及地膜和秸秆复合覆盖（M+JG）3个处理，以裸地（LD）为对照，测定其苗期叶片叶面积指数（LAI）、叶绿素含量（SPAD）、光合特性以及干物质积累和分配情况，并对苗期0～40 cm土壤含盐量和含水率以及0～40 cm土壤温度进行分层测定。结果表明，不同地表覆盖方式下，0～40 cm土层含盐量下降，含水量增加；LAI和SPAD明显增加，气体交换参数和叶绿素荧光参数得到明显改善，根、茎、叶和植株总干物质明显增加。其中地膜与秸秆复合覆盖方式最为明显，该处理下土壤各层次含盐量降低47.7%～53.1%，含水率增大29.6%～49.6%，叶面积指数和叶绿素含量分别增大105.7%和23.6%；叶片气体交换参数增加35.9%～233.1%，Fv/Fm、Fv/Fo、ΦPSII、ETR、qP等参数增高22.6%～55.9%；叶片NPQ降低14.8%。根、茎、叶等器官及总干物质重增高65.7%～130.2%。免耕条件下，地膜与秸秆复合覆盖方式更有效改善滨海盐碱地土壤水盐运移，更有利于提高棉苗光合特性和生长发育。但该方式下0～20 cm土层土壤温度和根冠比下降，对棉花生长存在负面影响。

关键词： 棉花；滨海盐碱地；光合特性；覆盖方式；保护性耕作

　　土壤盐渍化是影响农业可持续发展和生态环境的一个全球性问题，我国盐渍土总面积约为 $3.6×10^7$ hm^2，近1/5耕地发生盐碱化[1]。滨海盐碱地具有水分蒸发强烈，盐分表聚性强等特征[2]。棉苗耐盐性较差[3]，且生长处于土壤蒸发旺盛的干旱季节，根据"盐随水来，盐随水去"的原理，盐分大量向地表聚集，严重影响棉花生长。农业生产中，降低盐分含量能提高作物的耐盐适应性[4]，如何有效调控土壤盐分运动，改善作物生长环境成为盐碱地种植急需解决的问题之一。地表覆盖具有降低地表温度、隔断土表与空气的接触面，使潜水蒸发减缓，降低盐分的上行累积，良好的土壤水热调控能力及抑制土壤蒸发、盐分表聚的功能，影响土壤盐分分布，使土壤生态过程向良性转化，并具有改善土壤结构，增加土壤有机质，促进及作物生长的潜力[5]。

　　覆盖免耕经过多年的改进和完善逐渐形成了一项现代化农业生产管理措施，对于建立具有中国特色的保护性耕作技术体系具有重要意义；相对于传统耕作方式，免少耕具有简化作业程序、改善土壤结构和提高作物产量的作用与优势[6]。国内外对于覆盖免耕的研究主要集中在土壤温度[7]、节水效益[8]、养分含量[9]等方面，对于滨海盐碱地

免耕条件下覆盖方式对土壤水盐运移影响差异以及对棉苗光合生产的影响研究较少。研究结果表明，以免耕和秸秆覆盖为代表的保护性耕作措施在改善土壤结构，增加土壤水分入渗，有效防止水土流失，增加土壤持水性和通透性等方面具有显著效果，从而有利于土壤物理质量的维持和提高[10]。盐碱胁迫影响植物光合作用，是目前制约作物产量的主要逆境因素之一[11]。因此本研究在免耕条件下，在滨海盐碱地通过设置地膜覆盖和秸秆覆盖以及秸秆和地膜复合覆盖方式，探讨不同覆盖方式对土壤水盐运移的改变以及对棉苗光合特性及生长的影响，以期为完善滨海盐碱地免耕覆盖技术提供理论依据。

1 试验设计与方法

1.1 试验设计

试验于 2013 年在河北省国营海兴农场进行（N38°21′，E117°31′）。棉田土质为中壤土，有机质 9.9 g·kg⁻¹，全氮 0.8 g·kg⁻¹，碱解氮 35.4 mg·kg⁻¹，速效磷 11.7 mg·kg⁻¹，速效钾 203.9 mg·kg⁻¹；含盐量 0～10 cm 土层为 6.38 g·kg⁻¹，10～20 cm 土层为 3.16 g·kg⁻¹，20～40 cm 土层为 2.66 g·kg⁻¹。

试验设计 4 个处理，分别为裸地（LD）、地膜覆盖（M）、秸秆覆盖（JG）以及地膜和秸秆复合覆盖（M+JG），地膜覆盖（M）处理为宽膜覆盖，1 膜 2 行，大小行配置，模式为 90 cm+45 cm，其他处理株行配置参照地膜覆盖栽培模式。其中秸秆覆盖（JG）处理覆盖厚度为 5 cm 左右，作为覆盖物的秸秆充分粉碎，长度不超过 3 cm，厚度不超过 1.5 cm；地膜和秸秆复合覆盖（M+JG）为秸秆覆盖（JG）处理基础上覆盖一层地膜。抢墒播种，使用机械除掉土壤 0～5 cm 表层土，之后用开沟器 10 cm 左右深度微沟进行播种。选用品种为冀棉 228，4 月 29 日播种，5 月 9—11 日出苗，留苗密度为每公顷 5.25 万株。田间管理同一般大田管理。小区面积为 60.0 m²，4 个处理采用随机排列，重复 3 次。

1.2 测试项目及方法

选择棉花苗期（6 片真叶时），测定土壤含盐量、含水率和温度，叶面积指数和 SPAD，棉苗叶片光合参数、以及干物质积累与分配等指标。

1.2.1 土壤含盐量和含水率的测定

通过取土方法对土壤中水分和盐分进行测定，为减小土壤中的水盐分布随时间的变异性对取样的影响，每次取土在 1 d 内完成。取样后称量，105 ℃烘 6～8 h，干燥器内冷却 30 min，然后称量测定土样的质量含水率；将烘干土与水按 1:5 配制成浸提液，利用 DDS2307 型电导仪测定电导值，换算获得土壤含盐量。对 0～40 cm 土壤分为 3 个层次测定，分别为 0～10 cm、10～20 cm 和 20～40 cm，每个小区选 3 个点测定。

1.2.2 土壤温度测定

采用曲管式温度计隔日观测地温，每日观测时间为北京时间 15：00—16：00，观测深度为自地表 0～20 cm，深度间隔为 5 cm，每个小区选 3 个点测定。

1.2.3 叶绿素相对含量（SPAD 值）

采用 SPAD-502 叶绿素计（Minolta，JPN）测定棉花功能叶（倒四叶）的叶绿素 SPAD 值，每个小区选 15 片叶，每片叶分别在主脉两侧测定 2 次。

1.2.4 光合参数

采用 Li-6400 便携式光合作用系统（Li-cor，USA）测定关键生育时期的气体交换参数和叶绿素荧光参数，测定选择晴朗无云的天气进行，白天部分测定时间为北京时间 9∶00—11∶00，晚上部分为北京时间 21∶00—23∶00 测定叶片部位与叶绿素 SPAD 值的相同，每个小区重复 3 d。

1.2.5 光合物质积累及叶面积指数

在各小区选取代表该小区长势棉株 3 株，将植株分解为茎、叶、根等器官，105 ℃下杀青 30 min，80 ℃下烘干后称重。叶面积指数采用打孔法测定。

1.2.6 数据统计及分析

采用 Microsoft Excel 2003 和 SPSS 11.0 分析处理试验数据，用最小显著差数法（LSD）检验平均数，用 Sigma Plot 10.0 作图。

2 结果与分析

2.1 不同覆盖方式下棉田不同土层水盐分布情况

研究表明（表1），免耕条件下不同覆盖方式下土壤 0～40 cm 各土层自上而下含盐量逐渐降低，而含水率逐渐增大；不同处理含盐量明显下降，含水率明显增高。裸地（LD）各土层含盐量均为最高，均高于 3.00 g·kg^{-1} 水平，土壤表层（0～10 cm）高达 4.00 g·kg^{-1} 以上。各处理各土层较对照（裸地）含盐量低 20.1%～53.1%；含水增加 15.1%～42.9%。秸秆和地膜复合覆盖处理（M+JG）含盐量最低，含水率最大，降低 47.7%～53.1%，含水率增大 29.6%～49.6%。且 0～40 cm 各土层含水率差异不大。不同覆盖方式之间，秸秆覆盖处理（JG）和地膜覆盖处理（M）含盐量差异不大，含水率低于地膜覆盖处理（M）4.2%～12.8%，土壤表层尤为明显。秸秆和地膜复合覆盖处理（M+JG）较地膜覆盖处理（M）土壤含盐量降低 24.6%～30.5%，含水率增高 4.8%～8.3%；含水率较秸秆覆盖处理（JG）增高 9.4%～24.1%。

表1 免耕条件下不同覆盖方式对土壤含盐量和含水率的影响

处理	含盐量（g·kg^{-1}）			含水率（%）		
	0～10 cm	10～20 cm	20～40 cm	0～10 cm	10～20 cm	20～40 cm
LD	4.13±0.20 a	3.71±0.18 a	3.20±0.15 a	11.9±0.5 d	12.8±0.6 d	13.5±0.6 d
M	3.11±0.15 b	2.77±0.11 b	2.09±0.09 b	15.7±0.7 b	16.2±0.7 b	16.7±0.8 b
JG	3.30±0.16 b	2.60±0.14 b	2.05±0.11 b	13.7±0.6 c	15.1±0.7 c	16.0±0.7 c
M+JG	2.16±0.10 c	1.81±0.08 c	1.50±0.07 c	17.0±0.7 a	17.1±0.8 a	17.5±0.8 a

注：LD 为裸地（对照）；M 为地膜覆盖；JG 为秸秆覆盖；M+JG 为地膜与秸秆复合覆盖。同一列不同字母表示在 0.05 水平上差异显著。下同

2.2 不同覆盖方式下棉田不同土层温度变化情况

土壤温度作为土壤热状况的综合表征指标，是作物生长的重要环境因子之一。研究表明（图1），免耕条件下不同覆盖方式下土壤 0～40 cm 土壤温度各土层自上而下逐渐降低，地表（土层 0 cm 处）各处理差异不明显，其余土层温度差异较大。地膜覆盖处理（M）各土层温度最高，较裸地增大 8.8%～15.0%；秸秆覆盖处理（JG）各土层温度较裸地（LD）处理降低 14.3%～37.5%；秸秆和地膜复合覆盖处理（M+JG）各层较裸地处理（LD）降低 11.1%～20.0%。各土层温度秸秆覆盖处理（JG）低于地膜覆盖处理（M）22.9%～45.7%，秸秆和地膜复合覆盖处理（M+JG）较地膜覆盖（M）降低 19.4%～34.4%，秸秆和地膜复合覆盖处理（M+JG）较秸秆覆盖处理（JG）升高 3.7%～31.6%。

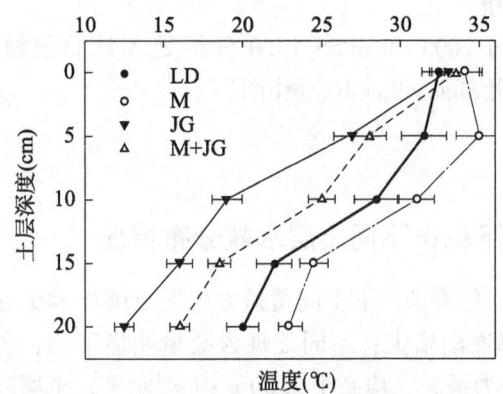

图1 免耕条件下不同覆盖方式对土壤温度的影响

2.3 不同覆盖方式下棉苗叶面积指数和叶绿素含量变化情况

研究表明（图2），免耕条件下裸地处理（LD）叶面积指数和叶绿素含量均较低，不同覆盖处理下棉苗叶面积指数和叶绿素含量明显增大，较裸地处理（LD）分别增大 32.9%～105.7% 和 5.9%～25.8%，其中秸秆和地膜复合覆盖处理（M+JG）分别增大 105.7% 和 23.6%。不同覆盖方式之间下棉苗叶面积指数和叶绿素含量差异较大。棉苗叶面积指数地膜覆盖（M）和秸秆覆盖（JG）处理下差异不明显，秸秆和地膜复合覆盖处理（M+JG）较地膜覆盖处理（M）高 46.1%；棉苗叶绿素含量秸秆覆盖与秸秆和地膜复合覆盖处理（M+JG）下差异不大，较地膜覆盖处理（M）高 16.7%。

2.4 不同覆盖方式下棉苗叶片气体交换参数变化情况

研究表明（图3），不同覆盖方式均有效地提高了棉苗叶片气体交换参数，较裸地处理（LD）增加 35.9%～233.1%，其中秸秆和地膜复合覆盖处理（M+JG）下高达 45.3%～322.2%。免耕条件下不同覆盖方式间，棉苗叶片秸秆覆盖处理（JG）Pn 和 Tr 与地膜覆盖处理（M）下差异不明显，秸秆和地膜复合覆盖处理（M+JG）下较地膜覆

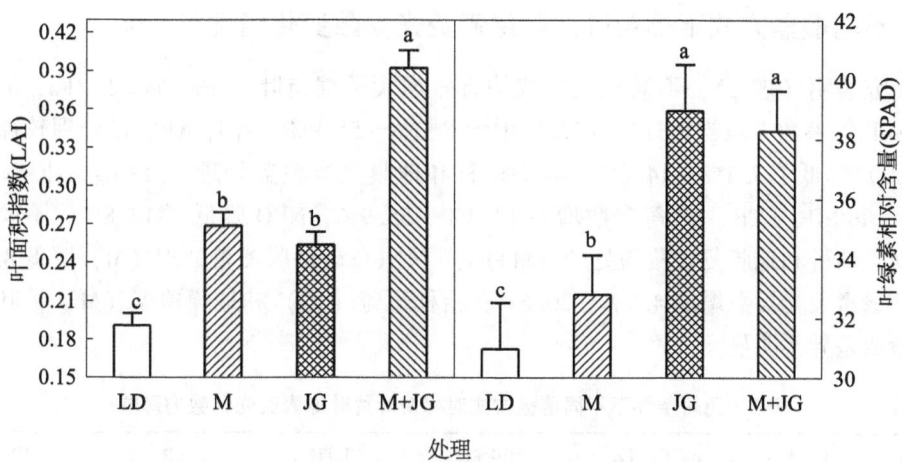

图2 免耕条件下不同覆盖方式对棉苗叶片面积指数和叶绿素含量的影响

不同字母表示在0.05水平上差异显著。下同

盖处理（M）分别高24.7%和49.3%。Gs和Ci与地膜覆盖处理（M）相比，秸秆覆盖处理（JG）高15.4%和6.3%，秸秆和地膜复合覆盖处理（M+JG）下高41.2%和14.2%；秸秆和地膜复合覆盖处理（M+JG）Gs和Ci较秸秆覆盖处理（JG）高22.3%和7.4%。

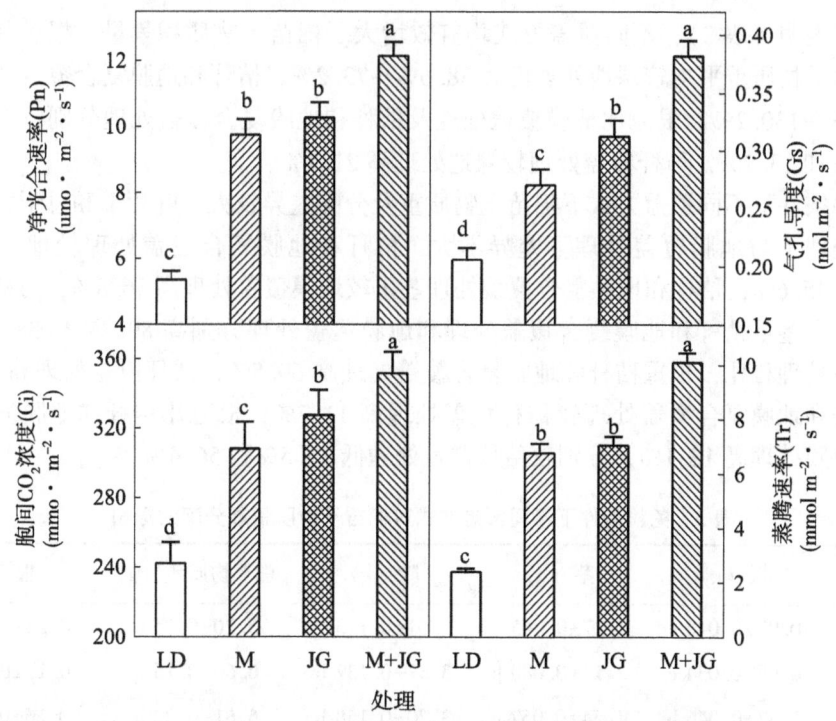

图3 免耕条件下不同覆盖方式对棉苗叶片气体交换参数的影响

2.5 不同覆盖方式下棉苗叶片叶绿素荧光参数变化情况

研究表明（表2），不同覆盖方式均有效增大了棉苗叶片 Fv/Fm、Fv/Fo、ΦPSII、ETR、qP 等参数，较裸地处理（LD）增大 8.0%～55.9%，叶片 NPQ 各处理较裸地处理（LD）降低了 7.1%～14.8%；其中秸秆和地膜复合覆盖处理（M+JG）下 Fv/Fm、Fv/Fo、ΦPSII、ETR、qP 等参数增高 13.3%～55.9%，NPQ 降低了 14.8%。不同覆盖方式间，秸秆和地膜复合覆盖处理（M+JG）下 NPQ 较地膜覆盖处理（M）降低 8.3%，其他叶绿素荧光参数增加 4.9%～20.6%；秸秆覆盖（JG）和地膜覆盖（M）下叶绿素荧光参数差异不明显。

表2　免耕条件下不同覆盖方式对棉苗叶片叶绿素荧光参数的影响

处理	Fv/Fm	Fv/Fo	ΦPSII	ETR	qP	NPQ
LD	0.75±0.03 c	2.24±0.11 c	0.48±0.01 c	61.0±3.0 c	0.40±0.01 c	0.65±0.02 a
M	0.81±0.04 b	2.84±0.13 b	0.61±0.02 b	79.9±3.8 b	0.54±0.02 b	0.60±0.02 b
JG	0.81±0.03 b	2.95±0.13 b	0.62±0.02 b	81.1±3.6 b	0.55±0.02 b	0.59±0.03 b
M+JG	0.85±0.03 a	3.19±0.11 a	0.73±0.03 a	93.7±3.2 a	0.62±0.02 a	0.55±0.03 c

2.6 不同覆盖方式下棉苗干物质分配情况

研究表明（表3），不同覆盖方式均有效增大了棉苗干物质积累量。根、茎、叶等器官及总干物质重平均较裸地处理增大 38.6%～73.2%，秸秆和地膜复合覆盖处理下增高 65.7%～130.2%。根冠比地膜覆盖处理及秸秆和地膜复合覆盖处理分别较裸地处理低 22.6%和 13.2%，秸秆覆盖处理较裸地处理高 21.1%。

免耕条件下不同覆盖方式下棉苗干物质重及分配差异较大。叶片重和总干物质重秸秆覆盖处理下与地膜覆盖处理下差异不大，秸秆和地膜复合覆盖处理较地膜处理高 47.0%和 45.6%；秸秆和地膜复合覆盖处理茎重较地膜覆盖处理高 36.8%，与秸秆覆盖处理相比，茎重秸秆和地膜复合覆盖处理和地膜覆盖处理分别高 89.8%和 38.7%；与地膜覆盖处理相比，根重秸秆和地膜复合覆盖处理高 60.5%，秸秆覆盖处理高 43.7%；根重秸秆和地膜复合覆盖处理较秸秆覆盖处理高 11.7%；根冠比秸秆和地膜复合覆盖处理较地膜处理高 12.1%，分别较秸秆覆盖处理低 39.5%和 56.4%。

表3　免耕条件下不同覆盖方式对棉苗干物质积累分配的影响

处理	根（g）	茎（g）	叶（g）	总干物质重（g）	根冠比
LD	0.92±0.046 c	1.27±0.045 d	3.01±0.113 c	5.20±0.25 c	0.22±0.010 b
M	0.95±0.034 c	2.14±0.080 b	3.57±0.137 b	6.66±0.16 b	0.17±0.005 d
JG	1.37±0.046 b	1.54±0.057 b	3.70±0.158 b	6.61±0.22 b	0.26±0.008 a
M+JG	1.53±0.057 a	2.92±0.034 a	5.25±0.255 a	9.70±0.46 a	0.19±0.007 c

3 讨论与结论

通过地面覆盖，减少地面蒸发，抑制盐分表聚，使盐分向地表聚集逐渐减弱，是盐渍土改良的一种手段[12]。地膜覆盖有显著的保水作用、增温效应及明显的水分表聚现象[13]。秸秆覆盖使土表与空气的接触面变小，利于土壤保水；而且抑制盐分的土壤表聚，减轻土壤盐分对作物生长的胁迫，降低土壤耕层的返盐，保证了作物正常生长[14]。本研究表明，地膜覆盖处理各土层温度明显上升，加剧了盐分表聚程度，但由于其良好的保水性，对各土层盐分有一定的淋溶作用，各土层含盐量有所下降。免耕条件下秸秆覆盖处理各土层温度明显下降可能对棉花生长有不利影响[15]，已有研究表明，土壤含水量显著影响作物蒸腾速率和光合速率，含水量高有利于作物飞光合作用[16]，免耕覆盖减少对土层的扰动、抑制无效蒸发，显著增加了土壤的含水率[17]，并且土壤温度下降有助于降低耕层土壤含盐量，有利于棉花正常生长发育；同时秸秆覆盖和免耕播种可明显减少土壤水分的蒸发量，从而使得土壤水分比常规耕作大大增加，因此在滨海盐碱地条件下，土壤温度较低带给棉花生长的不利影响远远小于免耕覆盖带给棉花生长的积极影响。

地膜覆盖具有明显的增温效果和保水效应，可有效地增加光合面积，增大光合势，促进作物生长。免耕下秸秆覆盖提高作物叶面积指数及叶绿素含量和光合速率较高[18]，以及气孔导度、胞间 CO_2 浓度、蒸腾速率[19]。本研究表明，各处理较对照（裸地）叶面积指数和叶绿素含量以及叶片气体交换参数、Fv/Fm、Fv/Fo、ΦPSII、ETR、qP 等参数明显增大，叶片 NPQ 明显降低，根、茎、叶等器官及总干物质重有了明显提高。秸秆覆盖、地膜覆盖等不同耕作措施下叶片的光合作用存在差异性[20]。本研究表明，棉苗叶绿素含量秸秆覆盖较地膜覆盖处理高 16.7%，秸秆覆盖处理 Gs 和 Ci 较地膜覆盖处理高 15.4%和 6.3%，秸秆和地膜复合覆盖处理下高 41.2%和 14.2%；而秸秆和地膜复合覆盖处理下增大最为明显，棉苗叶面积指数增大 105.7%，叶片气体交换参数增加 35.9%~233.1%，Fv/Fm、Fv/Fo、ΦPSII、ETR、qP 等参数增高 22.6%~55.9%；叶片 NPQ 降低 7.1%~14.8%。根、茎、叶等器官及总干物质重增高 65.7%~130.2%；可见秸秆和地膜复合覆盖方式在免耕条件下更有利于滨海盐碱地棉苗生长发育。

不合理的土壤管理措施会使土壤结构破坏，土壤质量下降甚至导致土壤物理质量的退化。没有秸秆覆盖作为辅助的单纯免耕，负面效应十分明显[6,21]，免耕和秸秆覆盖结合应用应成为保护性农业的核心内涵和生产应用的主体模式[21]，是实现良好的经济和生态效益的有效途径之一[22]。本研究表明由于地膜的作用，土壤通透性较差[13]，叶绿素含量增大幅度较小，根冠比较小，可能造成生育后期棉花早衰；而秸秆覆盖土壤含水量及温度较低影响棉苗的光合作用及正常发育，因此在秸秆和地膜复合覆盖基础上适时及早揭除地膜，在有效发挥地膜削弱盐碱胁迫提供更合适的土壤水分和温度的基础，避免地膜对棉花根系发育的影响，防止早衰引起的减产，同时及时揭膜极大地减少了地膜在土壤中的残留，有效保护了土壤质量。我国已经成为世界上地膜覆盖栽培作物面积最大的国家，大量使用造成土壤污染，长期存在于土壤中的残膜严重地、水肥的运移，致使农作物减产[13]。因此免耕条件下秸秆和地膜复合覆盖方式下如何适时揭膜成为滨海盐碱地植棉高产高效环保需要进一步解决的重要问题。

参考文献

[1] 杨劲松.中国盐渍土研究的发展历程与展望 [J].土壤学报, 2008, 45 (5): 837-835.

[2] 赵名彦, 丁国栋, 郑洪彬, 等.集雨措施对滨海盐碱林地水盐运动影响研究 [J].水土保持学报, 2008, 22 (6): 52-56.

[3] 中国农科院棉花研究所.中国棉花栽培学 [M].上海: 上海科学技术出版社, 2013.

[4] Delgado I C, Sanchez-Raya A J. Effects of sodium chloride and mineral nutrients on initial stages of development of sunflower life [J]. Communications in soil science and Plant Analysis, 2007, 38 (15-16): 2 013-2 027.

[5] Bezborodova G A, Shadmanovb D K, Mirhashimov R T, et al. Mulching and water quality effects on soil salinity and sodicity dynamics and cotton productivity in Central Asia [J]. Agriculture Eco-systems & Environment, 2010, 138 (1/2): 95-102.

[6] 谢瑞芝, 李少昆, 李小君, 等.中国保护性耕作研究分析-保护性耕作与作物生产 [J].中国农业科学, 2007, 40 (9): 1 914-1 924.

[7] Monneveux P, Quillérou E, Sanchez C, et al. Effect of zero tillage and residues conservation on continuous maize cropping in a subtropical environment (Mexico) [J]. Plant and Soil, 2006, 279: 95-105.

[8] 刘冬青, 张世贵, 李素英.山东棉花覆盖栽培的节水增产效应研究 [J].棉花学报, 2003, 15 (4): 201-204.

[9] 卜玉山, 苗果园, 周乃健, 等.地膜和秸秆覆盖土壤肥力效应分析与比较 [J].中国农业科学, 2006, 39 (5): 1 069-1 075.

[10] 陈源泉, 隋鹏, 高旺盛, 等.中国主要农业区保护性耕作模式技术特征量化分析 [J].农业工程学报, 2012, 28 (18): 1-7.

[11] Parida A K, Das A B. Salt tolerance and salinity effects on plants: A review [J]. Ecotoxicology and environmental safety, 2005, 60: 324-349.

[12] Pang H C, Li Y Y, Yang J S, et al. Effect of brackish water irrigation and straw mulching on soil salinity and crop yields under monsoonal climatic conditions [J]. Agricultural Water Management, 2010, 97 (12): 1 971-1 977.

[13] 毕继业, 王秀芬, 朱道林.地膜覆盖对农作物产量的影响 [J].农业工程学报, 2008, 24 (11): 172-175.

[14] 乔海龙, 刘小京, 李伟强, 等.秸秆深层覆盖对土壤水盐运移及小麦生长的影响 [J].土壤通报, 2006, 37 (5): 885-889.

[15] 王明权, 李效栋, 景明.覆盖免耕的节水效应与土壤温度的变化 [J].甘肃农业大学学报, 2007, 42 (1): 119-122.

[16] 付国占, 李潮海, 王俊忠, 等.残茬覆盖与耕作方式对土壤性状及夏玉米水分利用效率的影响 [J].农业工程学报, 2005, 21 (1): 52-57.

[17] 余海英, 彭文英, 马秀, 等.免耕对北方旱作玉米土壤水分及物理性质的影响 [J].应用生态学报, 2011, 22 (1): 99-104.

[18] 李全起, 陈雨海, 吴巍, 等.秸秆覆盖和灌溉对冬小麦农田光能利用率的影响 [J].应用

生态学报，2006，17（2）：243-246.

[19] 郑曙峰，王维，徐道青，等. 覆盖免耕对棉田土壤物理性质及棉花生理特性的影响 [J].
中国农学通报，2011，27（7）：83-87.

[20] 练宏斌，黄高宝，谢军红，等. 不同耕作措施对旱地春小麦旗叶光合特性的影响 [J]. 甘
肃农业大学学报，2009，44（1）：64-68.

[21] Govaerts B，Sayre K D，J. Stable high yields with zero tillage and permanent bed planting [J].
Field Crops Research，2005，94：33-42.

[22] Huang G B，Zhang R Z，Guang D L，*et al*. Productivity and sustainability of a spring wheat field
peroration in a semiarid environment under conventional and conservation tillage systems [J].
Field Crops Research，2008，107（4）：43-55.

［此文原刊载于《河北农业大学学报》，2014，37（3）：13-18］

盐碱旱地棉花集雨抑盐轻简增效新技术

刘贞贞，平文超，张忠波，李洪芹，

孙玉英，柴卫东，刘永平

（沧州市农林科学院）

随着我国全面深化改革，农业生产出现了新特点：种植规模由家庭承包点片种植不断地向规模化种植转变，由注重产量解决温饱问题向提高质量保障健康安全转变，由人力、化肥、农药投入为主向机械化、保护生态、可持续发展转变。生态河北建设，要求各地限制地下水超采，压缩高耗水作物种植面积，大力发展节水农业，给棉花生产提供了机遇，但仍需要依靠科技创新，提高棉花品质，大幅度减少管理用工，有效降低物化投入，提高自然资源利用效率，增加棉花规模化种植效益。

环渤海盐碱区域土地面积广阔，仅河北、天津盐碱旱地面积就达 46.7 万 hm^2 以上。沧州盐碱旱地面积 30 万 hm^2 以上，地下水埋藏深度浅、矿化度高，淡水资源极度匮缺，生态环境脆弱，土地利用率低。棉花抗旱耐盐适应性强，是盐碱地先锋作物，本区春秋干旱、雨热同期，秋高气爽，土壤富钾，具有生产优质棉的生态条件，但棉花生产的主要技术瓶颈是春季干旱土壤返盐保苗难，管理繁、用工多、效益低。本课题组得到河北现代农业产业体系、科技厅拓棉增粮项目资助，针对盐碱旱地棉花生产存在的问题，依据水盐运移规律，适应机械化管理和采摘的要求，创新一膜双沟集雨抑盐技术，确定根叶同补、株型调控、抑芽增铃简化整枝技术途径，研制了与一膜双沟技术配套的多功能播种机，实现旋耕、施肥、开沟、起垄、播种、覆膜一体化，中耕治虫机械化，整枝抑芽化学化，实现棉花种植全程轻简化，降低生产成本，植棉效益显著提高。

1 技术创新点

1.1 技术操作示意图

如图 1 所示，盐碱旱地一膜双沟错位点播垄作技术播种后的横截面效果图，其具体操作方法为：耕地旋耕镇压后，使用农机具每隔 63 cm 开出深 8～10 cm、宽 13 cm 的播种沟；沟内错位播种 2 行棉花，行宽 13 cm；农机的微沟器结构负责起小垄，垄高 8～10 cm；使用宽度为 130 cm 的地膜覆盖两个播种沟和小垄；农机在挖沟过程中，将沟中土壤外翻，形成底宽 63 cm、高 15 cm 不覆膜的大垄。旋耕、施肥、开沟、起垄、播种、覆膜等环节实现了一体化机械作业。

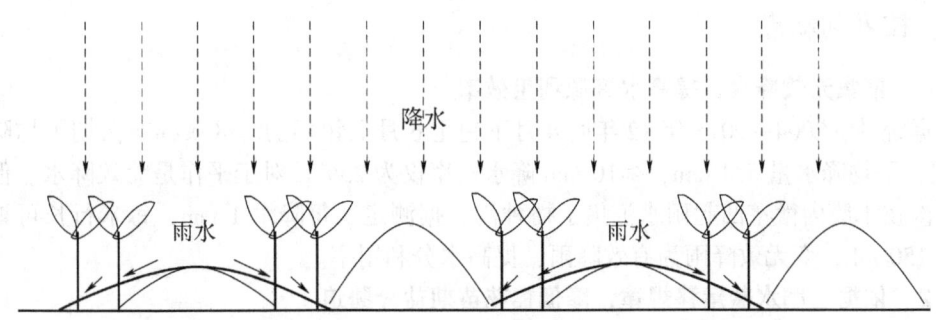

图1 一膜双沟错位点播垄作技术播种效果

1.2 技术示范效果

示范结果（图2至图4）显示：在基础肥力为0～20 cm耕层土壤速效氮含量 38.2 mg·kg^{-1}、速效磷29.6 mg·kg^{-1}、速效钾74.4 mg·kg^{-1}、有机质含量0.51%的滨海盐碱荒地条件下，苗期一膜双沟处理播种行内棉苗根部土壤电导率仅为 0.82 ds·m^{-1}，比膜外大垄裸地电导率低61.5%，为对照处理播种行内棉苗根部电导率的73.1%；重度盐碱地出苗率40.2%，比常规处理高6.3%。2015年大面积示范田，节省用工80%，籽棉产量211.02 kg/亩，增产11.9%。

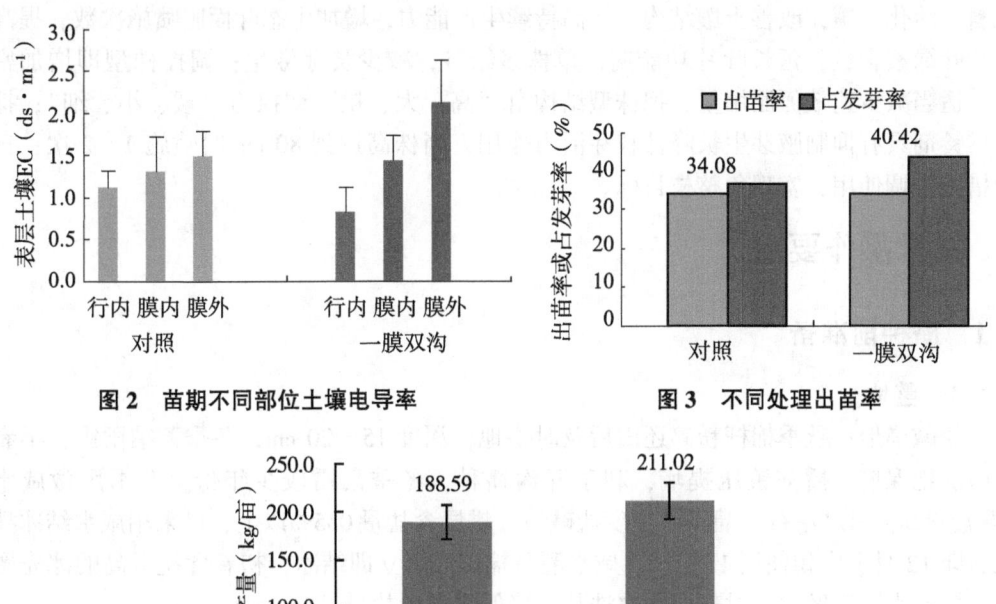

图2 苗期不同部位土壤电导率

图3 不同处理出苗率

图4 不同处理实收产量

1.3 技术创新点

1.3.1 聚集无效降水，提高水资源利用效率

据统计，2004—2015 年 12 年间 4 月下旬至 6 月上旬环渤海区域棉花苗期平均降水 14 次，平均降水量 5.4 mm，≥10 mm 降水概率仅为 25%，对于平作是无效降水。但一膜双沟技术膜内微垄凸起雨水汇集于播种沟，据测定，每降水 1 mm，每米行长可聚集雨水 150 mL，变无效降雨为有效降雨，提高水分利用率。

1.3.2 依据土壤水盐运移规律，降低棉花苗期盐分胁迫

土壤水盐运行规律是"盐随水来、盐随水去、水随气散、气散盐存"。膜内微垄覆膜聚集的雨水通过地膜的出苗孔流向棉苗根部，使棉苗根部土壤的盐分在水中溶解后被压至下层土壤，耕层含盐量降低，减轻棉苗根部的盐害胁迫，土壤中水分的蒸发只能在膜外大垄进行，溶解在土壤溶液中的盐分随水分的蒸发，不断向大垄土壤表面运移，生长旺盛的盐生植物（黄须菜），起到吸盐效果。

1.3.3 宽幅增密，错位播种，改善棉田光照条件

株行距配置，小行距 13 cm，大行距 63 cm，与采棉机械配套，精量品字形交叉点播，一穴双株，密度 6 000 株/亩，既可全苗也节省间苗定苗工序，又合理利用空间，增加行内透光性。

1.3.4 明确根叶同补、调控株型、抑芽增铃简化整枝的基本途径

盐碱旱地土壤肥力低，耕层有机质含量 0.5% 左右，根叶同补即注重增施生态有机肥料，活化土壤，改善土壤结构，提高持续生产能力，增加生态叶面肥喷施次数，提高叶片叶绿素含量，延长叶片功能期，单株多结铃，减少赘芽滋生；调控株型即增加密度，适当减少速效氮肥用量，把株型结构由"高、大、粗"调控为"矮、小、细"；抑芽增铃剂具有抑制腋芽生长降低腋芽活力作用，当株高达到 80 cm 时喷施 1～2 次；三项措施协调使用，实现免整枝目标。

2 技术操作要点

2.1 播种前准备

2.1.1 整地

盐碱旱地：秋季棉杆粉碎还田后及时耕地，深度 15～20 cm，冬季蓄纳雨雪，早春及时旋耙保墒。播前镇压提墒，利于开沟播种。冬季雨雪较少年份，春季用微咸水（含盐量 5 g·L^{-1} 左右）灌溉。重度盐碱地：耕层含盐量 0.5% 以上，可采用咸水结冰灌溉，即 12 月上中旬使用 15 g·L^{-1} 咸水灌溉棉田后可立即结冰，初春含盐量高的冰先融化，微咸水冰后融化，对耕层 2 次洗盐，降低耕层含盐量。

2.1.2 品种与地膜选择

选择耐盐性较好、播期弹性大的中早熟、出苗好、生长势壮、赘芽弱、适宜简化栽培的品种，如沧 198、冀丰 1271、冀 1315、农大棉 9、中棉所 60 等。播种时选用宽度为 1.3 m 的生物光解地膜覆盖，开花期地膜开始降解。

2.1.3 施肥与化学除草

采用根叶同补技术，耕地时每亩施用有机生态肥 50～100 kg，主要作用是培肥吸盐、用地养地可持续种植，结合旋耕播种每亩施种肥磷酸二铵 10～20 kg，盛蕾至盛花期喷施有机生态叶面肥 3～4 次，通过根叶同补调控棉株个体发育。播种时随播种机喷施 90%乙草胺，每亩用量 80 mL，对水 100 kg，均匀喷洒于膜内地表抑制杂草生长。

2.2 播 种

根据土壤温度和墒情确定播种时间，当 20 cm 地温稳定通过 14 ℃或 5 cm 地温达到 15.5 ℃即可播种，常年适播期为 4 月 20 日至 5 月 10 日。种植模式为一膜双沟垄作模式，采用旋耕、开沟、施肥、播种、覆膜、起垄一体化多功能播种机进行播种。株行距配置符合机采窄行宽幅模式：小行距 0.13 cm，大行距 0.63 cm；错位播种每亩播 4 000 穴，一穴双株，成苗密度为 6 000 株/亩。

2.3 田间管理

2.3.1 喷施光合增效剂

棉花苗期至花期，结合病虫害防治每隔 7～10 d 喷施有机生态叶面肥 200～300 倍液，一般喷施 4～5 次，提高叶片叶绿素含量，延长叶片功能期，协调源库关系，减少蕾铃脱落。

2.3.2 喷施抑芽增铃剂，免整赘芽

当棉株株高达到 80 cm（7 月下旬）喷施抑芽增铃剂，每套（1 瓶+1 袋）对水 30 kg 喷施 1 333.4 m²（宜选用"168 保铃专家"）；水肥充足，长势偏旺的棉田，8 月上旬再喷施 1 次，每亩喷施 1～2 套，可有效控制株高和赘芽生长。

2.3.3 及时防治虫害

棉蓟马：当棉花齐苗后，选择高效低毒内吸剂防治，防止蓟马危害造成无头棉株。

棉蚜：大田对比试验表明，50%氟啶虫胺腈、25%噻虫嗪、20%噻虫胺、20%呋虫胺可溶粒剂等药剂对棉蚜的防治效果要稍高于其他供试药剂。

绿盲蝽：棉花盛蕾期、绿盲蝽百株虫量达到 10 头以上开始用药，连续用药 2 次，间隔 7 d，50%氟啶虫胺腈、20%啶虫脒、25%噻虫嗪、20%噻虫胺 4 种药剂对绿盲蝽成虫和若虫都有较好的防治效果，第二次药后 7 d 防效达 90%以上。特别要重视 6 月中下旬盲蝽的防治，压低虫源基数，减轻后期防治压力。

棉铃虫：百株三龄以上幼虫 20 头以上时，可用内吸剂+触杀剂进行防治。注意 Bt 基因抗虫棉不可使用 Bt 农药。

[原文刊载于《中国棉花》，2016，43（7）：39-40，44]

滨海盐碱旱地植棉新模式研究初报

平文超，张忠波，李洪芹，孙玉英，
柴卫东，刘贞贞，刘永平

（沧州市农林科学院）

摘　要：为了探索滨海盐碱旱地棉花节水抑盐保苗增产新技术，在环渤海盐碱旱作区中度盐碱地条件下，以常规植棉模式为对照，研究了"V"形沟覆膜保苗技术、窄幅撒播植棉模式的节水抑盐保苗效果及对不同时期耕层土壤 pH 值、土壤盐分含量、干物质积累、三桃比例、叶面积指数、形态特征和产量性状的影响。研究结果表明："V"形沟与撒播植棉模式改变了耕层土壤的盐离子分布，土壤 pH 值增加 3.3%～5.1%，苗期膜内地表下 0～20 cm 土层含盐量降低 23.9%～48.5%，减缓了盐碱干旱对棉苗的胁迫。"V"形沟模式增加伏桃促进了早熟性，增产 6.8%，显著提升了盐碱旱地棉花的增产能力；撒播植棉模式可加快棉苗发育，增加叶面积指数，提高生殖器官比例。探索滨海盐碱旱地植棉新模式可以为盐碱障碍耕地的开发利用及棉花产业的战略东移提供技术保障。

关键词：滨海；盐碱旱地；抑盐；保苗；植棉模式

河北环渤海盐碱旱地约有 46.7 万 hm^2，其中沧州市盐碱旱地面积就有约 30 万 hm^2。该区春季干旱，淡水资源匮乏，人均淡水资源占有量为 192 m^3，耕地亩淡水资源占有量 108 m^3，仅为全国平均值的 8% 和 6%，属暖温带半温润大陆季风气候，年平均蒸发量 1 264 mm，无霜期 200～220 d，年降水 550～650 mm，有效积温 4 100～4 300 ℃，日照时数 2 500～2 700 h，具有生产优质棉的气候条件。棉花抗旱耐盐适应性强，具有盐碱地先锋作物的称号，随着耕地面积不断减少，为保障国家粮食安全，棉花生产向盐碱地集中已成必然趋势，加快研究盐碱旱地集雨抑盐保苗技术，加速开发利用各种类型的盐碱地是棉花科研工作的重要课题。

棉花虽属耐盐碱作物[1-2]，但土壤盐碱含量过大时，棉苗受害严重[3-4]，盐碱地高浓度的盐分仍然是影响棉花产量的主要因子[5-6]，且目前真正有效耐盐碱的品种较少。滨海盐碱旱作区土壤结构和春季恶劣的气候特征，给土壤水分和盐分的垂直向上运动创造了条件，强烈的蒸发是土壤水分在剖面上向上运动的驱动力，溶解在潜水中的盐分随着土壤水分的蒸发源源不断地向上移动，最终聚集在土壤表层[7]。种子发芽和苗期阶段是棉花的耐盐临界期，耐盐性较弱，此时滨海地区降水量小蒸发量大，土壤返盐严重，耕层土壤过高的盐分严重影响了棉花的出苗保苗；进入花蕾期后，随着降水量的不断增加，土壤中盐分经过淋洗含量降低，盐碱危害逐渐减轻。董合忠[8]在浇足底墒水条件下，创新的沟畦种植预覆膜技术具有较好的保苗增产效果，但河北滨海旱作区不仅春季干旱且没有客水资源。因此，探讨植棉新模式，利用春季有限的降水集雨保苗，调控棉花苗期植株根部土壤盐分，降低盐碱干旱对棉苗的胁迫，是解决该地区棉花出苗保苗难问题的重要途径之一。笔者研究了中度盐碱地条件下，不同植棉模式对棉花根部土壤含盐量、农艺性状、叶面积指数、三桃比例及产量的影响效应，旨在探寻适宜的植棉新方式，以期为滨海盐碱旱地植棉技术提供理论依据。

1 材料与方法

1.1 试验地点

田间试验于 2014 年在河北省沧州市东光县西小崔村盐碱地进行。该地位于河北省东部滨海区域，植棉历史悠久，耕层土壤含不同程度的盐碱。试验田为连续植棉多年的一熟棉田，沙壤土，耕层含盐量 0.38%～0.46%。土壤有机质质量比 11.5 g·kg^{-1}，速效氮 76 mg·kg^{-1}，速效磷 15 mg·kg^{-1}，速效钾 112 mg·kg^{-1}。供试棉花种子为沧州市农林科学院自育品种沧 198，为中熟转 Bt 基因抗虫棉。

1.2 试验设计

设置 3 个处理，如图 1 所示：（1）常规模式，大小行覆膜种植，行距分别为 0.7 m 和 0.5 m。（2）"V"沟模式，大小行覆膜种植，行距分别为 0.7 m 和 0.5 m，每行开 15 cm 深"V"形沟，沟内播种。（3）撒播模式，扒土开 0.2 m 宽，0.1 m 深微沟，不分行随机撒播覆膜，行距分别为 0.2 m 和 1.0 m。每个处理 4 次重复，调查其中 3 次重复。小区按随机区组排列，每小区 3 带地膜，面积 21.6 m^2，设计密度 6 万株·hm^{-2}，撒播处理 9 万株·hm^{-2}。

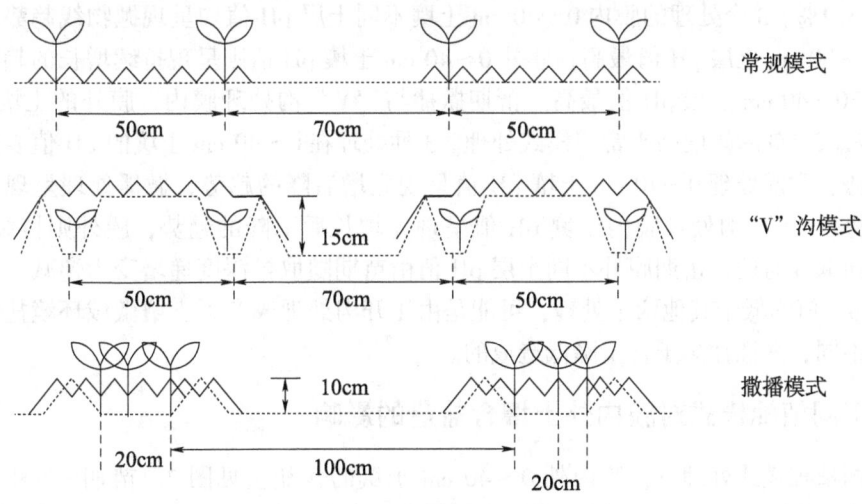

图 1 不同植棉模式示意图

1.3 测定项目与方法

土壤 pH 值测定：选择苗期、蕾期进行田间取土，分 0～10、10～20、20～30、30～40 cm 共 4 层，取样点选取株间和大行间对应的裸地，称为膜内和膜外，将土样带回实验室风干，按水土比 5∶1 混合，摇匀 3 min 后抽滤，用 pH 计测定土壤溶液 pH 值。

土壤盐分含量测定：土壤前处理同 pH 值测定，滴定法分别测定土壤溶液中 Ca^{2+}、Mg^{2+}、K^+、Na^+、HCO_3^-、Cl^- 和 SO_4^{2-} 的含量，计算盐离子总含量。

干物质积累测定：选择现蕾期、盛蕾期和花铃期，对不同处理的生殖器官和生长器官干物质积累分别进行测定。

植株形态调查：9 月 10 日，每重复取 5 株，调查株高、茎粗、果枝数、成铃数。

三桃比例及叶面积指数测定：各小区分别于 7 月 15 日、8 月 15 日、9 月 10 日进行伏前桃、伏桃、秋桃的调查，每小区调查 1 行；叶面积指数采用每小区选有代表性棉株连续 5 株，直尺测量叶片自然状态下长、宽，按长宽系数法（0.73）得出。

产量性状调查：收获期对小区进行产量测定，并考种记录。

1.4 数据分析

采用 SPSS 11.0 进行数据处理与分析，选用最小显著差法进行多重比较，Microsoft Excel 2007 作图。

2 结果与分析

2.1 不同植棉模式对膜内外土壤 pH 值的影响

图 2 可以看出，不同植棉模式对棉田膜内、外土壤的 pH 值有明显影响。苗期（播种后 30 d，下同）撒播与"V"沟处理的膜内、外土壤 pH 值相近，高出常规播种处理 3.3%～5.1%。3 个处理的膜内 0～40 cm 土壤不同土层 pH 值均呈现抛物线趋势，以地表下 20～30 cm 土层 pH 值最高；膜外 0～40 cm 土壤 pH 值则呈现持续增长的趋势，以地表下 30～40 cm 土层 pH 值最高。蕾期撒播与"V"沟处理膜内、膜外的土壤 pH 值以 3.3%～5.5% 的幅度高于常规模式处理。3 种处理在 0～40 cm 土壤的 pH 值表现出不同的趋势，常规处理 0～40 cm 土壤 pH 值呈现先增后降的趋势，撒播处理呈现先降后增的趋势，"V"沟处理膜内土壤 pH 值呈现先增长后下降的趋势，膜外则持续下降。比较不同取样时期，蕾期膜外不同土层 pH 值由苗期随取样深度递增变为递减，常规模式处理 pH 值均低于其他两个处理，可能是由于开沟处理改变了土壤微域环境盐离子分布位置不同，酸性盐离子含量降低造成的。

2.2 不同植棉模式对膜内外土壤含盐量的影响

不同植棉模式处理下，膜内外 0～40 cm 土壤的含盐量见图 3。苗期，3 种处理膜内、膜外地表下 0～40 cm 不同土层的含盐量表现出相似的趋势，即膜内呈现先降后升，膜外呈现"N"字形排列。撒播与"V"沟处理降低了膜内 0～10、10～20 cm 土层含盐量，分别比常规模式低 48.5%、28.0% 和 25.0%、23.9%，具有较好的避盐保苗效果。蕾期，膜外 3 个处理均表现为 0～10 cm 土层含盐量最低，20～30 cm 土层含盐量最高；膜内撒播与"V"沟处理 10～20 cm 土层含盐量比常规模式分别低 22.2% 和 14.8%。可见在棉花开花期之前，撒播与"V"沟处理可不同程度降低膜内耕层 0～20

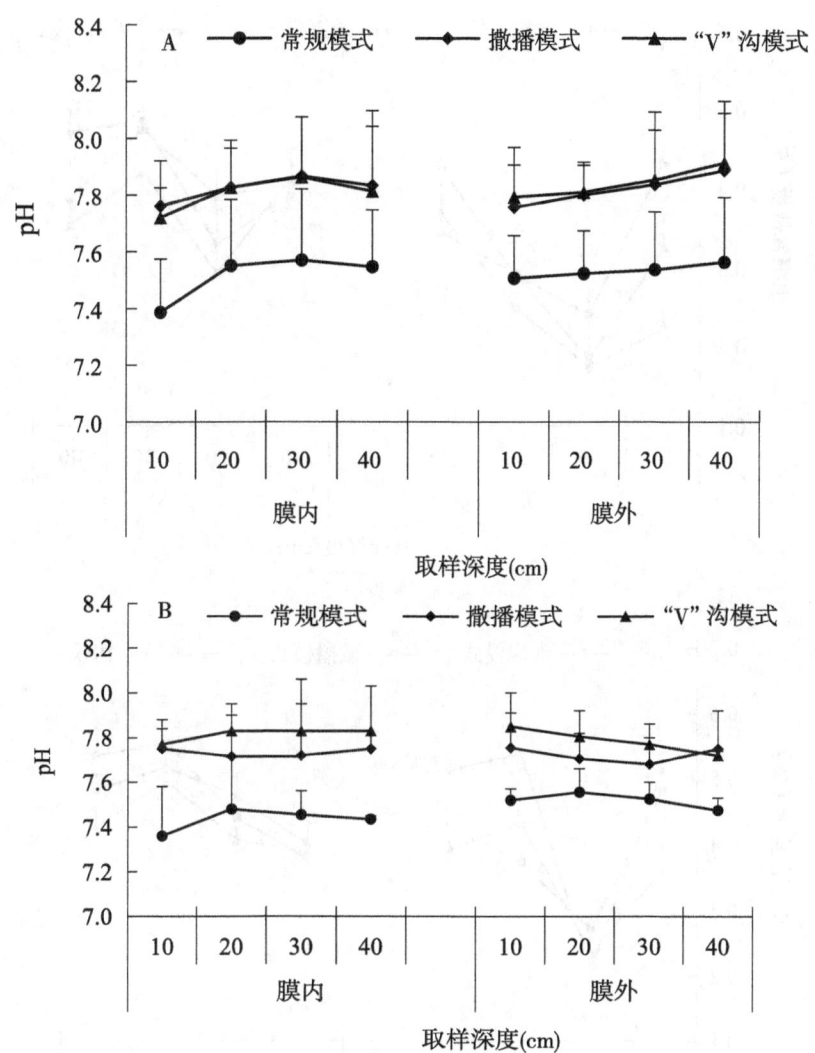

图 2 不同植棉模式对土壤 pH 值的影响

A：苗期；B：蕾期

cm 土壤含盐量。

2.3 不同植棉模式对群体干物质积累的影响

现蕾期、盛蕾期和花铃期对棉花群体干物质积累测定显示（图 4），蕾期群体干物重增长缓慢，每公顷群体干物重日增长量为 40.4～44.8 kg，蕾期至花铃期增长迅速，每公顷群体干物重日增长量为 161.8～193.5 kg；蕾期的撒播处理由于密度较大，其干物质积累较快，分别比其他两个处理高 16.8%和 7.3%；至花铃期，"V"沟模式增长幅度最大，群体干物质积累最快，高出常规模式 17.8%。可见，撒播模式高密度种植在棉花生长至花铃期时阻碍了群体干物质的积累，要获取较大的生物量需要合理种植密度。

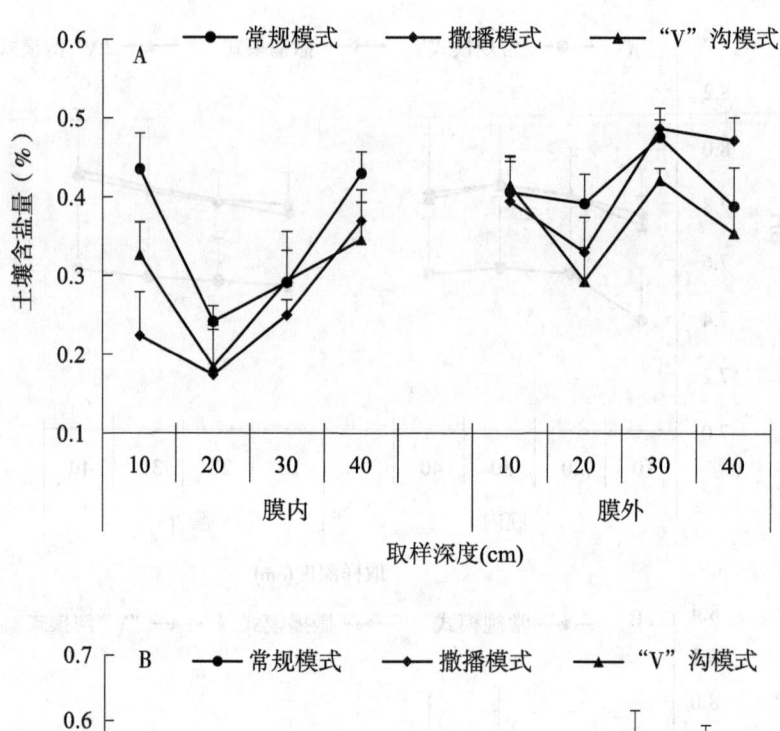

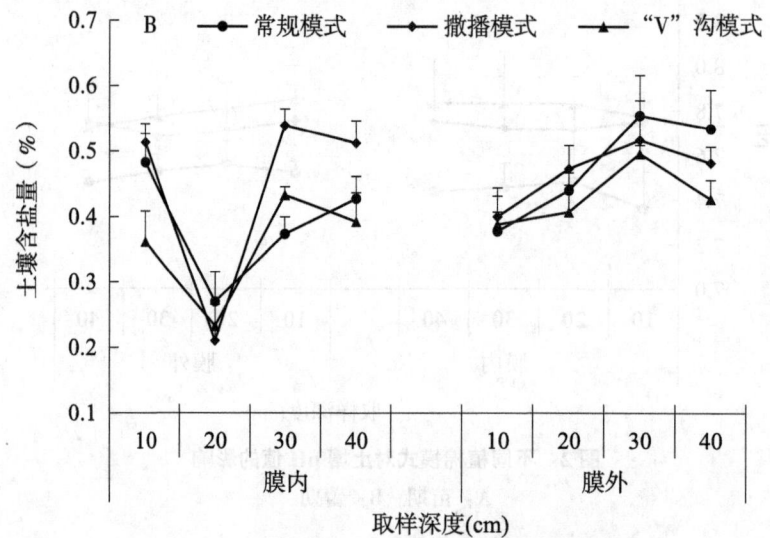

图3 不同植棉模式对膜内外土壤含盐量的影响

A：苗期，B：蕾期

2.4 不同植棉模式对生殖器官与营养器官分配比例的影响

花铃期，如图5所示，生殖器官群体干物质积累量撒播模式>"V"沟模式>常规模式。"V"沟种植模式干物质生产能力增强，群体干物质积累大于常规模式，生殖器官干物质积累占总干物质积累的比例为15.3%，高出常规种植模式0.8%。撒播模式在花铃期的生殖器官干物质积累占总干物质积累的比例高达15.8%。可见，随着群体生物量的提高，生殖器官所占的比例即经济系数会相应降低，以维持不同器官群体的合理分配。

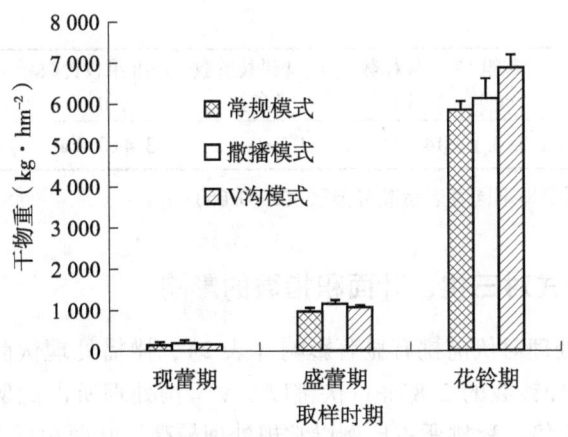

图4 不同植棉模式对群体干物质积累的影响

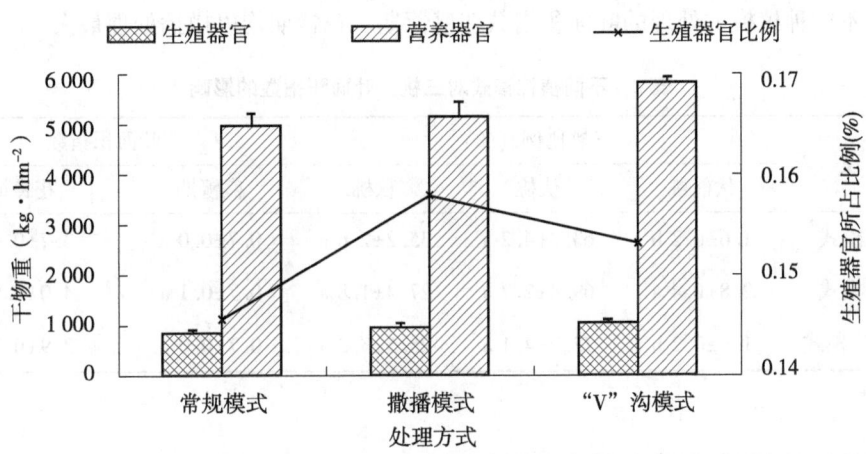

图5 不同植棉模式对生殖器官与营养器官分配比例的影响

2.5 不同植棉模式对植株形态的影响

撒播与"V"沟模式株高大于常规模式,"V"沟处理提高了茎粗、果枝数与单株结铃数,而撒播处理由于密度较大,茎粗、果枝数与单株成铃数均少于常规处理(表1)。从成铃空间分布看,"V"沟模式提高了下层1~4果枝和中层5~8果枝的有效载铃量,分别比常规模式高30.8%和21.4%,撒播模式由于密度较大,降低了下层和中层果枝的成铃数;常规处理上层9果枝以上成铃数显著高于其他处理,但成铃质量要低于中下层成铃。单株结铃数与密度紧密相关,撒播处理由于密度较高,单株结铃数显著低于其他两个处理。

表1 不同植棉模式对植株形态的影响

处理	株高 (cm)	茎粗 (cm)	果枝数 (台)	1~4果枝铃数 (个)	5~8果枝铃数 (个)	>9果枝铃数 (个)	单株铃数 (个)
常规模式	90.8±7.4 a	1.7±0.1 a	13.4±0.3 ab	1.3±0.3 ab	2.8±0.2 a	8.4±0.7 a	12.5±0.6 a
撒播模式	95.1±3.7 a	1.6±0.1 a	12.8±0.4 b	1.1±0.2 b	2.5±0.5 a	6.9±0.4 b	10.6±0.5 b

（续表）

处理	株高（cm）	茎粗（cm）	果枝数（台）	1~4果枝铃数（个）	5~8果枝铃数（个）	>9果枝铃数（个）	单株铃数（个）
"V"沟模式	96.3±5.0 a	1.8±0.1 a	14.1±0.5 a	1.7±0.4 a	3.4±0.2 a	7.8±0.3 ab	12.9±0.2 a

注：同一列中小写字母不同者表示差异显著（$P<0.05$）

2.6 不同植棉模式对三桃、叶面积指数的影响

不同种植模式处理对伏前桃有显著影响（表2），撒播处理伏前桃显著大于常规和"V"沟处理，占单株铃数的2.83%；伏桃以"V"沟处理所占比例最大，为其他两个处理的1.15和1.04倍，秋桃所占比例以常规处理最高。叶面积指数影响着作物干物质积累量，是群体结构的重要指标之一，适宜的叶面积指数可使植株充分利用光能，提高产量。不同种植模式处理的叶面积指数在盛蕾期、花铃期均以撒播处理最大。

表2 不同植棉模式对三桃、叶面积指数的影响

处理	三桃比例（%）			叶面积指数	
	伏前桃	伏桃	秋桃	盛蕾期	花铃期
常规模式	1.6±0.2 b	63.2±4.2 a	35.2±2.6 a	0.7±0.0 a	3.7±0.4 a
撒播模式	2.8±0.4 a	69.8±2.7 a	27.4±1.8 a	0.7±0.1 a	4.0±0.5 a
"V"沟模式	1.6±0.2 b	72.9±4.1 a	25.5±3.2 a	0.7±0.0 a	3.9±0.3 a

2.7 不同植棉模式对产量性状的影响

表3为不同处理霜前花的产量性状，撒播模式处理高密度降低了单铃重，显著低于其他处理，常规与"V"沟处理分别比撒播处理高12.5%和14.6%。从考种结果来看，不同植棉模式处理没有改变棉种特性，百粒重、籽指、衣分和绒长在不同处理之间无显著差异。产量方面，撒播模式处理与常规处理产量相近，"V"沟模式比常规处理产量提高了6.8%，增产显著。

表3 不同植棉模式对产量性状的影响

处理	单铃重（g）	百粒重（g）	籽指（g）	衣分（%）	绒长（mm）	产量（kg·hm^{-2}）
常规模式	5.4±0.2 a	18.0±0.6 a	10.7±0.4 a	40.6±0.0 a	27.4±0.9 a	3 811.5±134.2 b
撒播模式	4.8±0.3 b	18.7±0.5 a	11.1±0.3 a	40.4±0.0 a	27.7±0.4 a	3 750.0±146.3 b
"V"沟模式	5.5±0.1 a	18.4±0.7 a	11.1±0.3 a	40.7±0.0 a	27.7±1.1 a	4 074.0±194.1 a

3 结 论

土壤对棉花的盐胁迫主要作用在苗期，有效抑制耕层土壤盐分的升高是棉花苗全苗壮的关键。试验结果表明，撒播植棉模式与"V"形沟植棉模式可改变耕层土壤的盐离子种类和含量分布，土壤 pH 值增加 3.3%～5.1%，苗期膜内地表下 0～20 cm 土层含盐量降低 23.9%～48.5%，减缓了盐碱干旱对棉苗的胁迫；另外，"V"形沟模式增加伏桃促进了早熟性，增产 6.8%，显著提升了盐碱旱地棉花的增产能力；撒播植棉模式减少了间苗环节，节省田间管理用工，结合精量播种可获得与常规播种方式相近的产量。研究中的撒播植棉模式与"V"形沟植棉模式能够有效抑制春季返盐对棉苗造成的伤害，产量与常规模式持平或有所增加，适宜在该地区盐碱地植棉推广。

4 讨 论

在棉花品种耐盐性没有质的飞跃之前，盐碱地植棉采取合理的栽培措施，以达到驱盐避盐的效果，进而可以保证植株的正常生长和丰产，是目前主要的植棉途径[9]。盐碱土中盐分的空间分布具有无序性，微域间的盐分含量就可能存在很大差异[10]；盐分在土壤中的运移，起主要作用的是水，"盐随水来，盐随水去"即是盐碱土中水盐运移的基本规律[11]。把握并运用这一规律，开沟植棉成为科研工作者研究盐碱地植棉的途径之一。本研究结果表明，"V"形沟与开微沟撒播 2 种植棉模式由于都形成立体沟，盐分随水分蒸发上升，均可实现减少棉苗根部土层含盐量、降低棉苗所受盐害胁迫的效果；同时，滨海盐碱旱作区春季干旱淡水资源匮乏，每年 5 月中旬的少量降雨会随着出苗孔汇集在沟中，起到集雨压盐造墒的作用，印证了此前多人的研究结果[12-15]。但从本研究结果来看，两种植棉模式的集雨压盐效果有所区别，"V"形沟模式效果更好。土壤 pH 值对植物生长发育的影响表现为直接和间接两个方面。直接影响主要表现在对植物外观形态、物质代谢、生长发育以及品质和产量方面，间接影响主要是通过对土壤物理、化学及生物学特性的影响而影响植物生长[16]；盐碱土中 pH 值与盐分相互作用，高 pH 值和高盐分可降低土壤细菌和真菌的多样性[17]，对棉花生长的根际环境产生一定影响；盐碱胁迫主要危害棉花植株的生长发育，进而影响最终产量[18-19]。"V"形沟模式可显著提高产量，增加株高、茎粗、果枝数与单株结铃数，提高伏桃比例促进早熟；撒播植棉模式是基于简化管理的目的，播种时可以按粒重计算播种量，节省拔苗环节，在不减产的情况下，节省用工投入。研究发现，由于撒播密度较大，对光照竞争可加快单株棉苗发育，群体叶面积指数增加，但降低了单株成铃数及单铃重，虽然提高了生殖器官比例，产量与常规播种模式相近。盐碱地植棉，影响因素众多，本研究是在棉花生育期两次饱和降雨情况下进行的，涉及的新植棉模式还有待进一步深入研究。

参考文献

[1] 叶武威，刘金定. 氯化钠和食用盐对棉花种子萌发的影响 [J]. 中国棉花，1994，21（3）：14-15.

[2] 廖震,陈金湘,廖振坤.棉花耐盐性研究现状与展望 [J].作物研究,2008,22(5):460-465.

[3] 辛承松,董合忠,唐薇,等.棉花盐害与耐盐性的生理和分子机制研究进展 [J].棉花学报,2005,17:309-313.

[4] 刘国强,鲁黎明,刘金定.棉花品种资源耐盐性鉴定研究 [J].作物品种资源,1993(2):21-22.

[5] 张国伟,路海玲,张雷,等.棉花萌发期和苗期耐盐性评价及耐盐指标筛选 [J].应用生态学报,2011,22(8):2 045-2 053.

[6] 张秀梅,郭凯,谢志霞,等.冬季咸水结冰灌溉下滨海重盐碱地土壤水盐动态及对棉花出苗和产量的影响 [J].中国生态农业学报,2012,20(10):1 310-1 314.

[7] 苏里坦,阿不都·沙拉木,虎胆·吐马尔白,等.干旱区膜下滴灌制度对土壤盐分分布和棉花产量的影响 [J].土壤学报,2011,48(4):708-714.

[8] 董合忠.滨海盐碱地棉花丰产栽培的理论与技术 [M].北京:中国农业出版社,2011.

[9] 杨华,夏士军,蔡立旺,等.盐碱棉区棉花抗盐研究及植棉途径探索 [J].江西棉花,2007,29(4):3-5.

[10] 郝金标,张福锁,陈阳,等.盐生植物根冠区土壤盐分变化的初步研究 [J].应用生态学报,2004,15(1):53-58.

[11] 郭全恩.土壤盐分离子迁移及其分异规律对环境因素的响应机制 [D].杨凌:西北农林科技大学,2010.

[12] 王占彪,李存东,刘永平,等.滨海旱碱地微沟覆膜植棉模式的研究 [J].棉花学报,2012,24(4):318-324.

[13] 王秀萍,鲁雪林,张国新,等.冀东滨海区棉花不同种植模式土壤盐分变化及对出苗率的影响 [J].安徽农业科学,2009,37(34):16 816-16 817,16 825.

[14] Dong H Z, Li W J, Tang W, et al. Furrow seeding with plastic;mulching increases stand establishment and lint yield of cotton in a saline field [J]. Agronomy Journal, 2008, 100 (6):1 640-1 646.

[15] 董合忠.盐碱地棉花栽培学 [M].北京:科学出版社,2010.

[16] 唐琨,朱伟文,周文新.土壤 pH 对植物生长发育影响的研究进展 [J].作物研究,2013,27(3):207-212.

[17] 国春非.土壤盐分和 pH 对滨海盐土土壤微生物多样性的影响 [D].杭州:浙江农林大学,2013.

[18] 蒋玉蓉,吕有军,祝水金.棉花耐盐机理与盐害控制研究进展 [J].棉花学报,2006,18(4):248-254.

[19] 吕有军.盐胁迫下棉花生长发育特性与耐盐机理研究 [D].杭州:浙江大学,2005.

[此文原刊载于《中国农学通报》,2016,32(27):82-87]

不同深耕时间对河北省滨海盐碱地理化性质及
棉花植株性状和产量的影响

冯国艺[1]，翟黎芳[2]，杜海英[1]，张　谦[1]，祁　虹[1]，王树林[1]，
梁青龙[1]，王　燕[1]，林永增[1]

（1. 河北省农林科学院棉花研究所/农业部黄淮海半干旱区棉花生物学与遗传育种重点实验室；
2. 国家半干旱农业工程技术研究中心）

摘　要：在冬前（T1）、开春（T2）及播前（T3）等不同时间对河北省滨海重度盐碱
地进行深耕，分层测定苗期 0～40 cm 土壤含盐量、含水率和容重，调查棉花生育期间植株
性状并测定产量，以探讨不同深耕时间对土壤理化性质和棉花植株性状和产量的影响。结
果表明，与 T0 处理相比，各处理容重均明显下降。T1 处理各土层含盐量和含水率无明显
变化；株高、果枝数和成铃数无明显变化，幼铃数明显增大；产量提高不显著。T2 处理各
土层含盐量明显降低，10～40 cm 土层含水率无明显变化；株高、果枝数、成铃数和单铃
重明显增大，幼铃数在生育后期（9 月 10 日）明显减小；产量显著提高。T3 处理各土层
含盐量增加含盐量明显增大，含水率降低；株高、果枝数、幼铃数、成铃数和单铃重明显
减小；产量明显降低。开春深耕（T2 处理）有效改良滨海盐碱土壤，更有利于棉花生长发
育和产量提高。

关键词：棉花；滨海盐碱地；产量；植株性状；深耕时间

滨海盐碱地具有水分蒸发强烈，盐分表聚性强等特征[1]。棉苗耐盐性较差[2]，且
生长处于土壤蒸发旺盛的干旱季节，盐分大量向地表聚集，严重影响棉花生长。增加耕
层深度可以改善土壤蓄水能力，提高田间水分利用效率，增强土壤通透性，改善根系的
生长条件，有利于植株地上部的生长[3]。深耕能打破犁底层，创造疏松深厚的耕作层，
降低土壤容重和紧实度[9]，进而对土壤水盐运移产生影响。以往研究主要通过与其他
耕作方式比较研究深耕对作物生长发育及产量[4]、干物质积累[5]、产量[6]以及土壤水
分[7-8]的影响，对深耕时间对北方盐碱棉田土壤水盐运移及棉花苗期光合特性及生长的
研究较少。因此本研究在滨海盐碱地通过设置不同深耕时间处理，通过与免耕处理对
比，探讨不同深耕时间对土壤水盐运移的改变以及对棉花植株性状和产量的影响，以期
为完善我省滨海盐碱地高效植棉技术提供理论依据。

1　材料和方法

1.1　试验地概况与供试品种

试验于 2013 年在河北省国营海兴农场（38°21′N、117°31′E）进行。棉田土质为中壤土，

有机质 9.9 g·kg^{-1}，全氮 0.8 g·kg^{-1}，碱解氮 35.4 mg·kg^{-1}，速效磷 11.7 mg·kg^{-1}，速效钾 203.9 mg·kg^{-1}；0～10 cm、10～20 cm、20～40 cm 土层含盐量分别为 6.38 g·kg^{-1}、3.16 g·kg^{-1}、2.66 g·kg^{-1}。供试棉花品种为冀棉 228。

1.2　试验设计

试验设计 3 个深耕时间处理，分别为冬前深耕（2012 年 11 月 10 日，T1）、开春深耕（2013 年 3 月 10 日，T2）、播前深耕（2013 年 4 月 25 日，T3），以免耕直播为对照处理（T0）。大型机械进行旋耕，深度为 40 cm，每个处理深翻 2 次，保证 0～40 cm 与土壤充分混合均匀。小区面积为 60.0 m^2，4 个处理采用随机排列，重复 3 次。抢墒播种，用开沟器在棉田地表开创 10 cm 左右深度微沟，并在微沟里播种，播深约为 5 cm。4 月 29 日播种，5 月 9 日出苗，留苗密度为 5.25 万株·hm^{-2}。旋耕底施尿素 450 kg·hm^{-2}、过磷酸钙 1 500 kg·hm^{-2}。采用宽膜覆盖栽培，先点播后铺膜，1 膜 2 行，大小行配置，模式为 90 cm+45 cm。7 月 20 日左右打顶，其他田间管理同一般大田管理。

1.3　测定项目及方法

选择棉花苗期（6 片真叶时），测定土壤理化性质。土壤中水分采用烘干法测定，盐分采用电导率法测定进行测定。将 0～40 cm 土壤表层分为 0～10 cm、10～20 cm 和 20～40 cm 3 个层次进行测定，每个小区选 3 个点。每小区内标记 20 株棉花，分别于 7 月 15 日、8 月 15 日和 9 月 10 日调查棉花的株高、成铃数和幼铃数；7 月 15 日和 8 月 15 日调查果枝数。每小区吐絮后除保护行外，收获前每行选代表性植株 5 株，共计 40 棵，调查单株成铃数，并风干测定平均铃重；每行取 10 个中部内围铃轧花后测定衣分。记录小区实收子棉产量，并据其与衣分计算皮棉产量。

1.4　数据统计及分析

采用 Microsoft Excel 2003 和 SPSS 11.0 进行数据处理与分析，用最小显著差数法（LSD）检验平均数，用 SigmaPlot 10.0 作图。

2　结果与分析

2.1　不同深耕时间对土壤水盐及容重的影响

研究表明（图 1），与免耕直播相比，不同深耕时间处理对土壤含盐量、含水率及容重影响差异明显。冬前深耕各土层含盐量和含水率无明显差异。开春深耕各土层含盐量明显降低，含盐量在 0.95～1.30 g·kg^{-1}，降幅达到 47.2%～50.9%；含水率 0～10 cm 有所下降，10～40 cm 土层含水率无明显差异。播前深耕各土层含盐量明显增加，含水率下降；其中各土层含盐量增大 14.5%～57.7%，0～10 cm 土层在含盐量为 4.18 g·kg^{-1}；各土层含水率降低 2.4%～8.7%。各土层土壤容重冬前深耕下降 4.0%～9.1%，开春深耕下降 9.6%～18.2%，播前深耕下降 18.5%～25.4%。

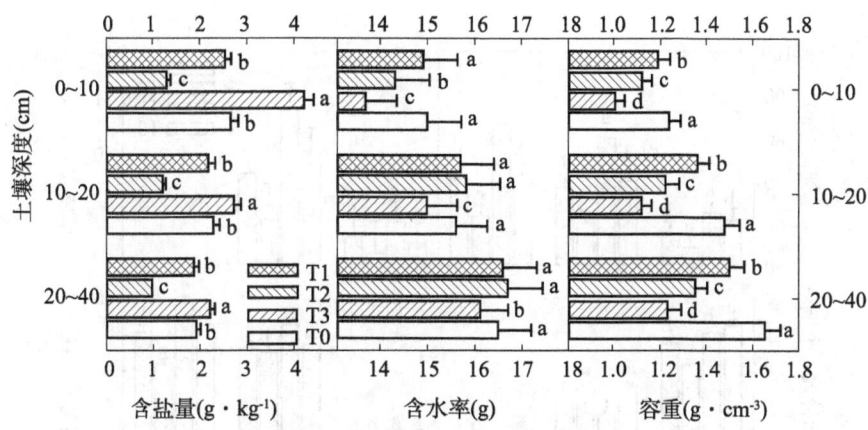

图 1　不同深耕时间处理下土壤含盐量、含水率和容重

T1：冬前深耕处理；T2：开春深耕处理；T3：播前深耕处理，T0：免耕直播处理。

同一土层不同字母表示在 0.05 水平上差异显著。下同

2.2　不同深耕时间对棉花植株性状影响

　　研究表明（图 2），与免耕直播相比，不同深耕时间处理对棉花植株性状影响差异明显。株高和果枝数冬前深耕处理差异不显著，开春深耕处理下显著增多，播前深耕显著降低。幼铃数冬前深耕处理下有所增加，开春深耕处理下差异不明显，但至 9 月 10 日几乎没有幼铃；播前深耕处理下显著降低，至 9 月 10 日与免耕条件下差异不明显。成铃数在 7 月 15 日时各处理差异不明显，在 8 月 15 日时开春深耕显著增加，至 9 月 10时，开春深耕处理成铃数最多，冬前深耕处理与免耕处理差异不明显，而播前深耕处理显著降低。

2.3　不同深耕时间对棉花产量及构成因子的影响

　　除衣分外，不同深耕时间对棉花产量及构成因子的影响差异显著。与免耕处理相比（表 1），皮棉产量冬前深耕处理提高 2.8%，开春深耕处理提高 28.1%，而播前深耕处理降低 29.0。对产量构成因子分析表明，冬前深耕处理单株铃数有所增加，但单铃重增加不明显，单株铃数和单铃重开春深耕处理均明显增加，而播前深耕均明显降低。

表 1　不同深耕时间处理下棉花产量及构成因子

处理	单株铃数	铃重 （g）	衣分 （%）	籽棉产量 （kg·hm⁻²）	皮棉产量 （kg·hm⁻²）
T1	8.63±0.41 b	5.07±0.21 b	38.1±1.90 a	2181±101.3 b	831.0±44.0 b
T2	9.81±0.48 a	5.33±0.25 a	38.2±1.91 a	2710±105.6 a	1035.2±33.4 a
T3	6.48±0.29 d	4.49±0.16 c	37.9±1.82 a	1514±73.4 c	573.8±44.7 d
T0	8.26±0.35 c	4.96±0.21 b	38.0±1.80 a	2127±91.0 b	808.3±31.0 c

　　注：同一列不同字母表示在 0.05 水平上差异显著

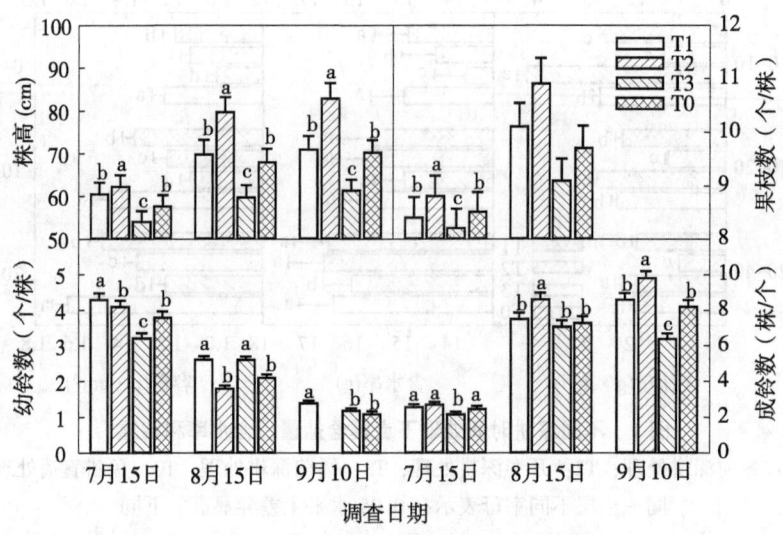

图2 不同深耕时间处理下棉花植株性状

3 结论与讨论

深耕可以有效地打破犁底层，调节土壤三相比例，改善土壤的耕层状况[9]和提高土壤蓄水能力[10]等作用。本研究表明，不同深耕时间对滨海盐碱地苗期棉田的保水性及土壤容重影响差异较大，同时对改变土壤含盐情况效果差异也较大。与免耕相比，冬前深耕耕层土壤容重变化最小，土壤含水情况也没有明显变化，因此含盐量没有改变。经过冬季降水淋溶，土壤耕层含盐量大大下降，开春深耕阻断了土壤的毛细作用，有效的抑制土壤深层的盐分返回耕层；通过开创微沟躲盐技术减少了对棉苗的伤害。经过春季长时间的蒸发，大量盐分聚集在土壤耕层，在4月底播种时进行深耕不仅将表层的盐分混匀在耕层从而造成土壤耕层含盐量增大；土壤耕层含水率下降对棉花的正常生长发育更为不利。

土壤盐分、水分及容重等理化性质对棉花植株性状及产量具有显著影响[11-13]。研究表明，由于冬前深耕对土壤理化性质改变较小，因此对棉花植株株高、果枝数和成铃数影响较小，但是生育后期幼铃数增加不利于有效成铃铃重提高，因此产量提高受限。开春深耕明显改善滨海盐碱地土壤理化性质，株高、果枝数和成铃数明显提高，生育后期几乎没有幼铃，有利于有效成铃的铃重提高，从而显著提高产量。播前深耕导致土壤理化性质恶化，严重妨碍了棉花的正常生长发育，株高、果枝数、幼铃数和成铃数以及单铃重均明显下降，产量显著下降。可见，深耕时间的选择对滨海盐碱地土壤改良及棉花生长发育和产量影响差异显著。开春深耕不仅对土壤保水性影响较小，而且起到改善土壤质地，显著降低土壤含盐量的作用，因此对滨海盐碱地棉花植株生长和产量形成最为有利。而当地传统的播前深耕不仅无法起到改量土壤的作用，反而恶化了棉花的生长环境，造成是人力物力的巨大浪费，对棉花生长造成不良影响。

参考文献

[1] 赵名彦，丁国栋，郑洪彬，等．集雨措施对滨海盐碱林地水盐运动影响研究 [J]．水土保持学报，2008，22（6）：52-56.

[2] 中国农科院棉花研究所，中国棉花栽培学 [M]．上海：上海科学技术出版社，2013.

[3] 闫惊涛，康永亮，田志浩．土壤耕作深度对旱地冬小麦生长和水分利用的影响 [J]．河南农业科学，2011，40（10）：81-83.

[4] 张国合，常建智，李彦昌，等．不同耕作方式对夏玉米生长发育及产量的影响 [J]．河南农业科学，2013，42（11）：14-16.

[5] 李春喜，胡国贤，姜丽娜，等．耕作培肥对冬小麦产量构成及叶片生理特性的影响 [J]．麦类作物学报，2009，29（5）：885-891.

[6] 战秀梅，李秀龙，韩晓日，等．深耕及秸秆还田对春玉米产量、花后碳氮积累及根系特征的影响 [J]．沈阳农业大学学报，2012，43（4）：461-466.

[7] 孙仕军，闫瀛，张旭东，等．不同耕作深度对玉米田间土壤水分和生长状况的影响 [J]．沈阳农业大学学报，2010，41（4）：458-462.

[8] 常晓，魏克明，王和洲，等．不同耕作方式对夏玉米田土壤水分调控效应 [J]．灌溉排水学报，2012，3（14）：75-78.

[9] 郭瑞，季书勤，王汉芳．保护性耕作研究进展及其应用探讨 [J]．河南农业科学，2007（7）：5-9.

[10] 胡兴波，曹敏建，琢田利夫，等．不同耕作措施对土壤含水量及玉米出苗率的影响 [J]．玉米科学，2003，11（3）：60-62.

[11] 董合忠，辛承松，唐薇，等．山东东营滨海盐渍棉田盐分与养分的季节性变化及对棉花产量的影响 [J]．棉花学报，2006，18（6）：362-366.

[12] 辛承松，董合忠，唐薇，等．不同肥力滨海盐土对棉花生长发育和生理特性的影响 [J]．棉花学报，2007，19（2）：124-128.

[13] 董合忠．盐碱地棉花栽培学 [M]．北京：科学出版社，2010：171-172.

[此文原刊载于《河北农业科学》，2016，20（1）：25-29]

不同深耕时间对滨海盐碱棉田土壤理化性质
及棉苗光合特性的影响

冯国艺[1]，张　谦[1]，祁　虹[1]，杜海英[1]，王树林[1]，李智峰[1]，梁青龙[1]，
王　燕[1]，林永增[1]，曹荣荣[2]

(1. 河北省农林科学院 棉花研究所/农业部黄淮海半干旱区棉花生物学与遗传育种重点实验室；
2. 河北省遵化市农业畜牧水产局)

摘　要：为探讨不同深耕时间对土壤理化性质及棉苗光合生产的影响，于冬前（T1）、开春（T2）、播前（T3）对滨海重度盐碱棉田进行深耕，测定棉花苗期叶面积指数（LAI）、光合特性、叶绿素含量（SPAD）以及干物质积累和分配情况，并对0～40 cm土层土壤含盐量、含水率和容重进行分层测定。结果表明，与T0处理（免耕直播）相比，T1处理各土层含盐量和含水率无明显变化，容重下降4.0%～9.1%，棉苗叶片SPAD、LAI以及根冠比增大8.0%～29.4%，光合参数增大4.1%～14.8%，棉苗总干质量增大9.8%；T2处理各土层含盐量降低47.2%～50.9%，10～40 cm土层含水率无显著变化，容重下降9.6%～18.2%，棉苗叶片SPAD、LAI以及根冠比增大23.6%～56.0%，光合参数增大14.2%～49.4%，棉苗总干质量增大45.6%；T3处理各土层含盐量增加14.5%～57.7%，含水率降低2.4%～8.7%，容重下降18.5%～25.4%，叶片SPAD和LAI分别降低13.0%和24.0%，光合参数降低21.4%～64.6%，棉苗总干质量降低21.9%。可见，开春深耕（T2处理）有效改良滨海盐碱土壤，更有利于棉苗光合特性和正常生长发育。

关键词：棉花；深耕时间；滨海盐碱地；光合特性

土壤理化性质耕地整地是农业生产发展的基本农艺措施，是其他栽培管理技术发挥功效的前提[1]，合理的耕作方式是促进作物高产优质的前提条件。增加耕层深度可以改善土壤蓄水能力，提高田间水分利用效率，增强土壤通透性，改善根系的生长条件，有利于植株地上部的生长[2]。深耕可以有效打破犁底层，改善土壤的松紧状况和孔隙度，调节土壤内部水、肥、气、热关系，促进作物产量的提高[3-4]。通过改进耕作措施，实现降水高效利用，提高土壤水分利用效率，是北方雨养农业区节水农业研究的一个重要方向[5-6]。环渤海盐碱地区不仅是典型的雨养地区，而且具有水分蒸发强烈、盐分表聚性强等特征[7]。棉苗耐盐性较差[8]，且生长处于土壤蒸发旺盛的干旱季节，盐分大量向地表聚集，严重影响棉花生长。深耕能打破犁底层，创造疏松深厚的耕作层，降低土壤容重和紧实度[9]，进而对土壤水盐运移产生影响。以往研究主要通过与其他耕作方式比较，研究深耕对作物生长发育及产量[10]、干物质积累[3]、产量[11]以及土壤水分[4,12]的影响，而关于深耕时间对北方盐碱棉田土壤水盐运移及棉花苗期光合特性及生长的影响研究较少。鉴于此，本研究在环渤海盐碱地以免耕直播为对照，探讨不同深

耕时间对土壤水盐运移的改变以及对棉苗光合特性及生长的影响，以期为完善滨海盐碱地高效植棉技术提供理论依据。

1 材料和方法

1.1 试验地概况与供试品种

试验于 2013 年在河北省国营海兴农场（38°21′N、117°31′E）进行。棉田土质为中壤土，有机质 9.9 g·kg^{-1}、全氮 0.8 g·kg^{-1}、碱解氮 35.4 mg·kg^{-1}、速效磷 11.7 mg·kg^{-1}、速效钾 203.9 mg·kg^{-1}；0～10、10～20、20～40 cm 土层含盐量分别为 6.38、3.16、2.66 g·kg^{-1}。供试棉花品种为冀棉 228。

1.2 试验设计

试验设置 3 个深耕时间，分别为冬前深耕（2012 年 11 月 10 日，T1）、开春深耕（2013 年 3 月 10 日，T2）、播前深耕（2013 年 4 月 25 日，T3），以免耕直播为对照（T0）。大型机械进行旋耕，深度为 40 cm，每个处理深翻两次，保证 0～40 cm 土层土壤充分混合均匀。小区面积为 60.0 m²，4 个处理随机排列，重复 3 次。

抢墒播种，用开沟器在棉田地表开约 10 cm 深的微沟播种，播深约为 5 cm。4 月 29 日播种，5 月 9 日出苗，留苗密度为 5.25 万株·hm^{-2}。旋耕底施尿素 450 kg·hm^{-2}、过磷酸钙 1 500 kg·hm^{-2}。采用宽膜覆盖栽培，先点播后铺膜，1 膜 2 行，大小行配置，模式为（90+45）cm。田间管理同一般大田管理。

1.3 测定项目及方法

选择棉花苗期（6 片真叶时）测定土壤理化性质、棉苗光合特性及干物质积累与分配等指标。

1.3.1 土壤含盐量、含水率和容重

土壤中水分含量采用烘干法测定，盐分含量采用电导率法测定，每次取土在 1 d 内完成。将 0～40 cm 土层土壤分为 0～10、10～20、20～40 cm 3 个土层进行测定，每个小区选 3 个点。取样后称质量，之后于 105 ℃烘 6～8 h，干燥器内冷却 30 min，然后称量计算土样的质量含水率。将烘干土与水按质量比 1∶5 配制成浸提液，利用 DDS2307 型电导仪测定电导率值，换算获得土壤含盐量。采用环刀法测定土壤容重。土壤容重计算公式为：$Rs = G \times 100 / [V \times (100 + W)]$，其中 Rs 为土壤容重，G 为环刀内湿样质量，V 为环刀容积，W 为样品含水率。

1.3.2 棉苗光合特性及干物质积累与分配

采用 SPAD-502 叶绿素计（Minolta, JPN）测定棉花功能叶（倒 4 叶）的 SPAD 值，每个小区选 15 片叶，每片叶分别在主脉两侧测定 2 次。采用 Li-6400 便携式光合作用系统（Li-cor, USA）测定光合参数，选择晴朗无云的天气于 9∶00—11∶00 测定，测定部位与叶片 SPAD 值的测定部位相同，每个小区重复 3 d。叶面积指数（LAI）采用打孔法测定。在各小区选取代表该小区长势的棉株 3 株，将植株分解为茎、叶、根

等器官，105 ℃下杀青 30 min，80 ℃下烘干后称质量，并计算根冠比。

1.4　数据统计及分析

采用 Microsoft Excel 2003 和 SPSS 11.0 进行数据处理与分析，选用最小显著差法（LSD 法）检验平均数，采用 SigmaPlot 10.0 作图。

2　结果与分析

2.1　不同深耕时间对土壤水盐及容重的影响

图 1 表明，0～40 cm 土层土壤含盐量随土层深度增加表现为逐渐降低，而含水率和容重逐渐增大。冬前深耕处理各土层含盐量在 2.00 g·kg^{-1}左右，含水率在 14.9%～16.6%，均与免耕直播处理无显著差异。与免耕直播处理相比，开春深耕处理各土层含盐量（0.95～1.30 g·kg^{-1}）显著降低，降幅达到 47.2%～50.9%；0～10 cm 土层含水率有所下降，10～40 cm 土层含水率无显著差异。播前深耕处理各土层含盐量较免耕直播显著增加，但含水率显著下降；各土层含盐量增大 14.5%～57.7%，均在 2.0 g·kg^{-1}以上，其中 0～10 cm 土层含盐量达 4.18 g·kg^{-1}；各土层含水率降低 2.4%～8.7%。与免耕直播处理相比，冬前深耕处理各土层土壤容重显著下降 4.0%～9.1%，开春深耕处理显著下降 9.6%～18.2%，播前深耕处理显著下降 18.5%～25.4%。

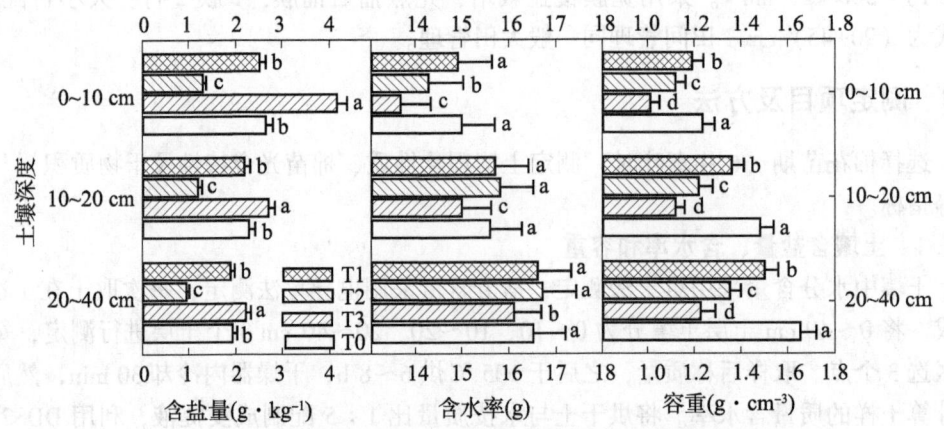

图 1　不同深耕时间处理下土壤含盐量、含水率和容重

注：同一土层不同字母表示不同处理在 0.05 水平上差异显著

2.2　不同深耕时间对棉苗 SPAD、LAI 以及根冠比的影响

表 1 表明，与免耕直播处理相比，冬前深耕和开春深耕处理 SPAD、LAI 以及根冠比均显著增大，其中冬前深耕处理 LAI 增大 8.0%，SPAD 增大 12.4%，根冠比增大 29.4%。开春深耕处理 LAI 增大 56.0%，SPAD 增大 23.6%，根冠比增大 52.9%；播前深耕处理除根冠比与免耕直播处理无显著差异外，叶片 SPAD 和 LAI 均显著降低，分别

降低 13.0% 和 24.0%。

表 1　不同深耕时间处理下棉苗 SPAD、LAI 以及根冠比

处理	LAI	SPAD	根冠比
T1	0.27±0.01 b	34.80±1.31 b	0.22±0.01 b
T2	0.39±0.02 a	38.28±1.34 a	0.26±0.01 a
T3	0.19±0.01 c	26.95±1.26 d	0.19±0.01 c
T0	0.25±0.01 b	30.97±1.55 c	0.17±0.01 c

注：同列不同字母表示不同处理在 0.05 水平上差异显著，下同

2.3　不同深耕时间对棉苗光合参数的影响

表 2 表明，与免耕直播处理相比，冬前深耕和开春深耕处理棉苗叶片光合参数均增大，其中冬前深耕处理净光合速率（Pn）、气孔导度（Gs）、胞间 CO_2 浓度（Ci）、蒸腾速率（Tr）分别增加 5.4%、14.8%、6.3%、4.1%，开春深耕处理分别显著增加 24.6%、40.7%、14.2%、49.4%，播前深耕处理分别显著降低 45.2%、22.2%、21.4%、64.6%。

表 2　不同深耕时间处理下棉苗光合参数

处理	Pn·(μmol·m^{-2}·s^{-1})	Gs·(mol·m^{-2}·s^{-1})	Ci·(mmol·m^{-2}·s^{-1})	Tr·(mmol·m^{-2}·s^{-1})
T1	10.28±0.46 b	0.31±0.01 b	327.46±14.74 b	7.04±0.32 b
T2	12.15±0.43 a	0.38±0.01 a	351.83±12.31 a	10.10±0.35 a
T3	5.34±0.27 c	0.21±0.01 c	242.21±12.11 c	2.39±0.12 c
T0	9.75±0.48 b	0.27±0.01 b	308.17±15.41 b	6.76±0.34 b

2.4　不同深耕时间对棉苗干质量及其分配的影响

图 2 表明，与免耕直播处理相比，冬前深耕和开春深耕处理总干质量及各个器官干质量均增大。冬前深耕处理棉苗总干质量增大 9.8%，其中根干质量增大尤为明显，达 43.7%；开春深耕处理棉苗总干质量增大 45.6%，其中根干质量增大尤为明显，达 60.5%，茎干质量和叶干质量分别增大 36.8% 和 47.0%。播前深耕处理棉苗总干质量较免耕直播处理显著降低，降幅为 21.9%，其中茎干质量降低尤为明显，达 40.6%，根干质量和叶干质量分别降低 3.1% 和 15.7%。

3　结论与讨论

研究表明，多年保护性耕作后常出现土壤变硬、容重增大、作物根系发育及对水分和养分的吸收受到影响、产量下降等现象[13]。深耕可以有效打破犁底层，调节土壤三

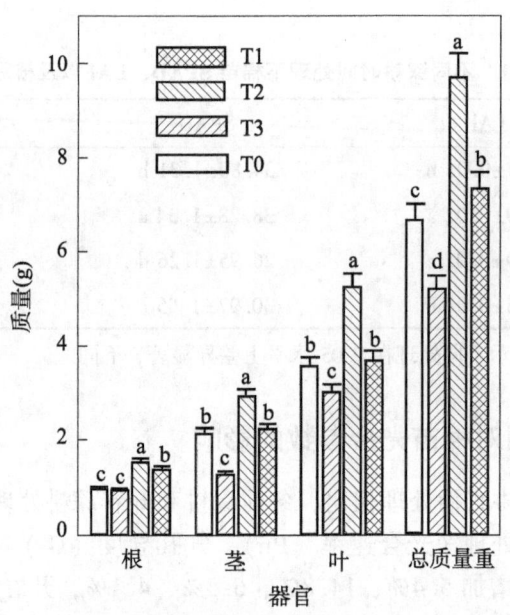

图2 不同深耕时间处理下棉苗各器官及总干质量

相比例，改善土壤的耕层状况[14]，提高土壤蓄水能力[15]和水肥利用效率[16-17]等。本研究表明，不同深耕时间对滨海盐碱地苗期棉田的保水性及土壤容重影响差异较大，同时对土壤含盐情况影响差异也较大。与免耕直播处理相比，冬前深耕处理耕层土壤容重变化最小，土壤含水情况也没有明显变化，因此含盐量没有改变。经过冬季降水淋溶，土壤耕层含盐量大大下降，开春深耕处理阻断了土壤的毛细作用，有效抑制土壤深层盐分由于春季蒸发作用大量集中到耕层从而抑制棉苗生长；同时经过一段时间的晾晒，原耕层下部的少量盐分集中到土壤表层，通过开创微沟躲盐技术减少了对棉苗的伤害。此外，土壤容重下降以及大部分耕层良好的保水性有利于棉苗根系发育，从而促进棉苗正常生长。由于经过春季长时间的蒸发，大量盐分聚集在土壤表层，在4月底播种时进行深耕不仅将表层的盐分混匀在耕层，而且土壤毛细作用被破坏后土壤耕层的盐分也无法下淋从而造成土壤耕层含盐量增大；而土壤耕层含水率下降对棉花的正常生长发育更为不利。深耕时间不当会导致土壤质地及水盐运移改善效果变差，甚至会导致土壤保水性较低以及土壤含盐量增大，反而对棉苗生长更为不利。

深耕同时有利于改善作物生理特性，提高土壤根系活性，延缓地上部的衰老进程，改善叶片的光合特性[18-19]。本研究表明，不同深耕时间对棉苗光合特性及生长的影响差异较大。与免耕直播处理相比，冬前深耕处理由于土壤耕层保水性较好，盐分没有增加，土壤容重下降，有利于促进棉花根系的生长发育，根干质量增大43.7%，从而有利于改善棉苗叶片的光合特性以及SPAD、LAI，棉苗的干物质有所增加。开春深耕处理对土壤保水性影响较小，而且含盐量下降明显，对土壤容重改善明显，不仅有利于根系生长发育，而且显著改善棉苗叶片光合特性以及提高叶片SPAD、LAI，棉苗叶片SPAD、LAI以及根冠比增大23.6%～56.0%，光合参数增大14.2%～49.4%，因此棉苗总干质量显著提高，达 45.6%。播前深耕处理显著减弱了土壤的保水性，并且增加了土壤耕层的含盐量，虽然显著改善了土壤容重，但是对棉花叶片光合特性负面影响较为明显，光合参数降低 21.4%～64.6%，而且降低了叶片 SPAD 和 LAI，导致整个棉株生长减缓，干物质量显著下降，尤其是茎干质量，因此植株矮小，长势弱。

可见，深耕时间的选择对滨海盐碱地土壤改良、棉苗光合特性及生长发育影响差异显著。开春深耕不仅对土壤保水性影响较小，而且起到改善土壤质地、显著降低土壤含盐量的作用，对滨海盐碱地棉苗的光合特性及生长最为有利。而当地传统的播前深耕不仅无法起到改良土壤的作用，反而恶化了棉花的生长环境，造成人力、物力的巨大浪费，对棉花生长造成不良影响。本研究表明，单纯冬前深耕对滨海盐碱地土壤改良及促进棉苗生长发育的作用相对较小，但冬前深耕与秸秆还田结合对培肥地力有重要意义，同时由于秸秆还田起到改善盐碱地的作用，但是是否需要深耕秸秆还田值得商榷。此外，由于滨海盐碱地区春季干燥多风，开春深耕会对土壤保水性以及环境造成一定影响，因此开春深耕如何结合地面覆盖成为滨海盐碱地棉花高产高效研究工作的重点之一。

参考文献

[1] 姜丽娜，贺远，赵艳岭，等 . 耕作和培肥对豫中区冬小麦生长和产量性状的影响 [J]. 中国农学通报，2011，27（5）：100-104.

[2] 闫惊涛，康永亮，田志浩 . 土壤耕作深度对旱地冬小麦生长和水分利用的影响 [J]. 河南农业科学，2011，40（10）：81-83.

[3] 李春喜，胡国贤，姜丽娜，等 . 耕作培肥对冬小麦产量构成及叶片生理特性的影响 [J]. 麦类作物学报，2009，29（5）：885-891.

[4] 孙仕军，闫瀛，张旭东，等 . 不同耕作深度对玉米田间土壤水分和生长状况的影响 [J]. 沈阳农业大学学报，2010，41（4）：458-462.

[5] 吴玉明，马旭红 . 不同覆膜方式对玉米种植效果的影响 [J]. 农业科技与信息，2010（3）：13-14.

[6] 王斌，魏永霞，张忠学，等 . 坐水种对东北半干旱地区玉米前期生长发育的影响 [J]. 农业系统科学与综合研究，2004，20（4）：275-276，280.

[7] 赵名彦，丁国栋，郑洪彬，等 . 集雨措施对滨海盐碱林地水盐运动影响研究 [J]. 水土保持学报，2008，22（6）：52-56.

[8] 中国农科院棉花研究所 . 中国棉花栽培学 [M]. 上海：上海科学技术出版社，2013.

[9] 黄明，李友军，吴金芝，等 . 深松覆盖对土壤性状及冬小麦产量的影响 [J]. 河南科技大学学报：自然科学版，2006，27（2）：74-77.

[10] 张国合，常建智，李彦昌，等 . 不同耕作方式对夏玉米生长发育及产量的影响 [J]. 河南农业科学，2013，42（11）：14-16.

[11] 战秀梅，李秀龙，韩晓日，等 . 深耕及秸秆还田对春玉米产量、花后碳氮积累及根系特征的影响 [J]. 沈阳农业大学学报，2012，43（4）：461-466.

[12] 常晓，魏克明，王和洲，等 . 不同耕作方式对夏玉米田土壤水分调控效应 [J]. 灌溉排水学报，2012，3（14）：75-78.

[13] 邹桂霞. 美国关于免耕和轮作周期对侵蚀影响的研究 [J]. 水土保持科技情报, 2002 (4): 7-8.

[14] 郭瑞, 季书勤, 王汉芳. 保护性耕作研究进展及其应用探讨 [J]. 河南农业科学, 2007 (7): 5-9.

[15] 胡兴波, 曹敏建, 琢田利夫, 等. 不同耕作措施对土壤含水量及玉米出苗率的影响 [J]. 玉米科学, 2003, 11 (3): 60-62.

[16] 杨云马, 贾树龙, 孟春香, 等. 不同耕作及秸秆还田条件下冬小麦养分利用率研究 [J]. 华北农学报, 2010, 25 (增刊): 202-204.

[17] 黄春国, 王鑫. 不同耕作模式对小麦生长动态和产量的影响 [J]. 山西农业科学, 2009, 37 (3): 47-49.

[18] 付国占, 李潮海, 王俊忠, 等. 残茬覆盖与耕作方式对夏玉米光合产物生产与分配的影响 [J]. 华北农学报, 2005, 20 (3): 62-66.

[19] 李潮海, 赵霞, 王群, 等. 下层土壤容重对玉米生育后期叶片衰老的生理效应 [J]. 玉米科学, 2007, 15 (2): 61-63.

[此文原刊载于《河南农业科学》, 2015, 44 (2): 34-38]

不同土壤改良剂对滨海盐碱地
棉苗光合特性及生产的影响

冯国艺[1]，张　谦[1]，林永增[1]，祁　虹[1]，李智峰[1]，

王树林[1]，王志忠[1]，刘金潭[2]

（1. 河北省农林科学院棉花研究所/农业部黄淮海半干旱区棉花生物学与遗传育种重点实验室；
2. 河北省海兴县国营海兴农场）

摘　要：在滨海重度盐碱地上增施土壤改良剂沸石（FS）、石膏（SG）、生化制剂康地宝（KDB），播种棉花测定其苗期叶面积指数（LAI）、光合特性、叶绿素相对含量（SPAD）以及干物质积累和分配情况，并对苗期 0～40 cm 土壤含盐量、含水率、土壤容重和 pH 值进行分层测定，以探讨不同土壤改良剂对土壤理化性质及棉苗光合生产的影响。结果表明，与对照（CK）相比，0～10 cm 土层含水率 FS 处理与 SG 处理下降低 3.3%～7.9%；含盐量 FS 处理下各层降至 2.00 g·kg^{-1} 左右，SG 处理下各土层仍高于 3.00 g·kg^{-1} 水平；土壤容重 FS 处理下降低 6.0%～19.0%，SG 处理下降低 13.2%～25.6%；各土层 pH 值 SG 处理下降低 5.6%～7.8%，仍在 8.0 以上，KDB 处理下降至 8.0 以下。3 个处理下棉苗根和茎干物质积累量增加 16.8%～140.7%，叶片 NPQ 降低了 7.3%～16.7%；SPAD 和 Fv/Fm、Fv/Fo、ΦPSII、ETR、qP 等参数 SG 处理下分别增高 15.5% 和 4.3%～33.3%，KDB 处理下分别增高 21.9% 和 7.8%～55.5%。FS 处理下叶片 LAI 和气体交换参数分别增高 59.3% 和 31.8%～75.4%，棉苗干物质积累量和叶片干物质重分别增大 35.6% 和 36.7%；SG 处理下叶片 LAI 和气体交换参数分别增高 33.0% 和 19.8%～45.0%；棉苗干物质积累量、叶片干物质重和根冠比分别增大 34.0%、13.2% 和 78.6%。KDB 处理下根冠比增高 35.7%。

关键词：棉花；滨海盐碱地；光合特性；土壤改良剂

　　土壤盐渍化是影响农业可持续发展和生态环境的一个全球性问题。我国盐渍土总面积约为 3.6×10^7 hm^2，近 1/5 耕地发生盐碱化[1-2]。改良盐碱地，对保持农业可持续发展、改善生态环境具有重要意义。滨海盐碱土作为盐渍化土壤重要的类型之一，主要分布于沿海地区；由于受海潮和海水型地下水的双重影响，地下水矿化度高、土壤盐碱化严重，地上和地下淡水资源缺乏[3]，并且滨海盐碱地具有地下水位高，水分蒸发强烈，盐分表聚性强等特征[4]，而土壤中过多的盐分能够引起土壤物理和化学性质的改变，从而导致大部分作物生长环境的退化[5]，盐碱障碍是影响滨海盐渍土土壤质量和造成土地生产力水平低下的重要原因[2]。目前对滨海盐碱地所采用的改良方法很多，其中施用土壤改良剂具有便于操作、成本相对低廉及见效快等特点，在改善土壤结构和降低 pH 值方面效果显著[6-7]。目前国内外的土壤盐碱改良剂品种繁多，不同改良剂的性质、

组成、作用机理及在不同土壤类型上的施用效果差别较大，选择合适的土壤改良剂是研究区经济效益和生态效益能否提高的关键。而且以往研究较多关注土壤改良剂对盐碱土壤理化性质以及养分的改变[8-18]，对于盐碱改良剂通过改良土壤水盐运移规律影响作物光合特性及生长情况的研究较少。盐碱胁迫对作物光合作用具有直接影响[19-23]，由于不同土壤改良剂对土壤改良效果的不同导致作物光合特性及生长发生较大改变。因此本研究在春季无有效降水及淡水灌溉的条件下，增施沸石、石膏和生化制剂康地宝等在盐碱地改良效果突出，作用原理差异较大的盐碱土改良剂，及探讨改良剂对滨海盐碱地土壤水盐运移及理化性质的影响，并分析不同土壤改良剂对棉花苗期光合特性和生长的影响，以期为筛选或配制符合适宜北方滨海地区气候条件，能较好改良盐碱地土壤理化性质以及促进棉花更好生长发育的改良剂提供理论参考依据。

1　试验设计与方法

1.1　试验设计

试验于 2013 年在河北省国营海兴农场进行（38°21′N，117°31′E）。棉田土质为中壤土，有机质 9.9 g·kg⁻¹，全氮 0.8 g·kg⁻¹，碱解氮 35.4 mg·kg⁻¹，速效磷 11.7 mg·kg⁻¹，速效钾 203.9 mg·kg⁻¹；含盐量 0~10 cm 土层为 6.38 g·kg⁻¹，10~20 cm 土层为 3.16 g·kg⁻¹，20~40 cm 土层为 2.66 g·kg⁻¹。抢墒播种，用开沟器 10 cm 左右深度微沟进行播种，播深约为 5 cm。选用品种为冀棉 228，4 月 29 日播种，5 月 9 日出苗，留苗密度为每公顷 5.25 万株。旋耕底施尿素 450 kg·hm⁻²，过磷酸钙 1 500 kg·hm⁻²。采用宽膜覆盖栽培，先点播后铺膜，1 膜 2 行，大小行配置，模式为 90 cm+45 cm。田间管理同一般大田管理。

试验设计 4 个处理，分别为土壤改良剂沸石、石膏、化学试剂康地宝处理以及无任何改良措施的对照处理。沸石和石膏用量为 15 t·hm⁻²，康地宝试剂的用量为 60 kg·hm⁻²，旋耕前在土壤表层均匀撒施，深翻（深度为 40 cm）与土壤充分混合均匀。小区面积为 60.0 m²，4 个处理采用随机排列，重复 3 次。

1.2　测试项目及方法

选择棉花苗期（6 片真叶时），测定土壤含盐量、含水率和容重，棉苗叶片叶面积指数和 SPAD，光合参数以及干物质积累与分配等指标。

1.2.1　土壤理化性质测定

1.2.1.1　土壤含盐量和含水率的测定。通过取土方法对土壤中水分和盐分进行测定，为减小土壤中的水盐分布随时间的变异性对取样的影响，每次取土在 1 d 内完成。取样后称量，105 ℃烘 6~8 h，干燥器内冷却 30 min，然后称量测定土样的质量含水率；将烘干土与水按 1∶5 配制成浸提液，利用 DDS2307 型电导仪测定电导值，换算获得土壤含盐量。对 0~40 cm 土壤表层分为 3 个层次测定，分别为 0~10 cm、10~20 cm 和 20~40 cm，每个小区选 3 个点测定。

1.2.1.2　土壤 pH 值和容重的测定。将烘干土与水按 1∶5 配制成浸提液，利用 PHS-3

型 pH 酸度计测定 pH 值。采用环刀法测定土壤容重，具体方法为：将环刀托放在已知重量的环刀上，环刀内壁稍涂上凡士林，将环刀刃口向下垂直压入土中，直至环刀筒中充满样品为止。把装有样品的环刀两端立即加盖，以免水分蒸发。随即称重（精确到0.01 g），并记录。土壤容重计算公式为。

$$Rs = G \times 100 / V \times (100 + W)$$

其中 Rs 为土壤容重，G 为环刀内湿样重，V 为环刀容积；W 为样品含水率（%）。

1.2.2 棉苗光合特性及干物质积累与分配

1.2.2.1 叶绿素相对含量（SPAD 值）。采用 SPAD-502 叶绿素计（Minolta，JPN）测定棉花功能叶（倒 4 叶）的叶绿素 SPAD 值，每个小区选 15 片叶，每片叶分别在主脉两侧测定两次。

1.2.2.2 光合参数。采用 Li-6400 便携式光合作用系统（Li-cor，USA）测定关键生育时期的气体交换参数和叶绿素荧光参数，测定选择晴朗无云的天气进行，白天部分测定时间为北京时间 9：00—11：00，晚上部分为北京时间 21：00—23：00 测定叶片部位与叶绿素 SPAD 值的相同，每个小区重复 3 d。

1.2.2.3 干物质积累及叶面积指数。在各小区选取代表该小区长势棉株 3 株，将植株分解为茎、叶、根等器官，105 ℃下杀青 30 min，80 ℃下烘干后称重。叶面积指数采用打孔法测定。

1.2.3 数据统计及分析

采用 Microsoft Excel 2003 和 SPSS 11.0 分析处理试验数据，用最小显著差数法（LSD）检验平均数，用 SigmaPlot 10.0 作图。

2 结果与分析

2.1 不同土壤改良剂对不同土层水盐分布影响

研究表明（表 1），土壤 0～40 cm 各土层自上而下含盐量逐渐降低，而含水率逐渐增大。不同土壤改良剂对不同土层水盐分布影响差异较大。沸石处理下（FS）各层含盐量较对照（CK）降低 21.9%～43.3%，保持在 2.00 g·kg⁻¹ 左右；石膏处理下（SG）含盐量各土层均高于 3.00 g·kg⁻¹ 水平，0～10 cm 较对照（CK）降低 16.5%，而 10～20 cm 土层和 20～40 cm 土层较对照（CK）增加 26.8%～42.7%；康地宝处理下（KDB）与对照（CK）含盐量无明显差异。各土层含水率沸石处理下（FS）与石膏处理下（SG）差异不大，较对照（CK）下降 3.3%～7.9%；康地宝处理下（KDB）与对照（CK）差异不大。

表1 不同土壤改良剂对土壤含盐量和含水率的影响

处理	含盐量（g·kg⁻¹）			含水率（%）		
	0～10 cm	10～20 cm	20～40 cm	0～10 cm	10～20 cm	20～40 cm
FS	2.37±0.13 c	2.13±0.10 c	1.67±0.18 c	15.0±0.71 b	15.6±0.71 b	16.5±0.80 b

（续表）

处理	含盐量（g·kg⁻¹）			含水率（%）		
	0～10 cm	10～20 cm	20～40 cm	0～10 cm	10～20 cm	20～40 cm
SG	3.49±0.17 b	3.45±0.17 a	3.15±0.15 a	14.9±0.66 b	15.6±0.74 b	16.6±0.73 b
KDB	3.95±0.19 a	2.89±0.14 b	2.13±0.10 b	15.5±0.77 a	16.8±0.75 a	17.3±0.82 a
CK	4.18±0.20 a	2.72±0.13 b	2.21±0.11 b	15.5±0.69 a	16.9±0.81 a	17.5±0.87 a

注：FS 为沸石处理；SG 为石膏处理；KDB 为康地宝处理；CK 为对照。同一列不同字母表示在 0.05 水平上差异显著。下同

2.2 不同土壤改良剂对不同土层 pH 和容重影响

pH 值是影响碱化土壤作物生长的关键因素之一[24]，而土壤容重是一个反映土壤质地、结构性、松紧度和通气状况等的重要基本数据，土壤容重对作物生长发育具有重要影响[25]。研究表明（图1），不同土壤改良剂对土壤 0～40 cm 土层 pH 值和容重差异较大。各土层 pH 值沸石处理下（FS）与对照（CK）差异不大。石膏处理下（SG）和康地宝处理下（KDB）均有效降低各土层 pH 值，其中石膏处理下（SG）降 5.6%～7.8%，各土层 pH 值均在 8.0 以上；康地宝处理下（KDB）下降 18.5%～21.2%，各土层 pH 值均在 8.0 以下。各土层土壤容重与对照（CK）相比，沸石处理（FS）和石膏处理下（SG）均有效降低各土层土壤容重，其中沸石处理（FS）降低 6.0%～19.0%，石膏处理下（SG）降低 13.2%～25.6%；康地宝处理下（KDB）与对照（CK）无明显差异。

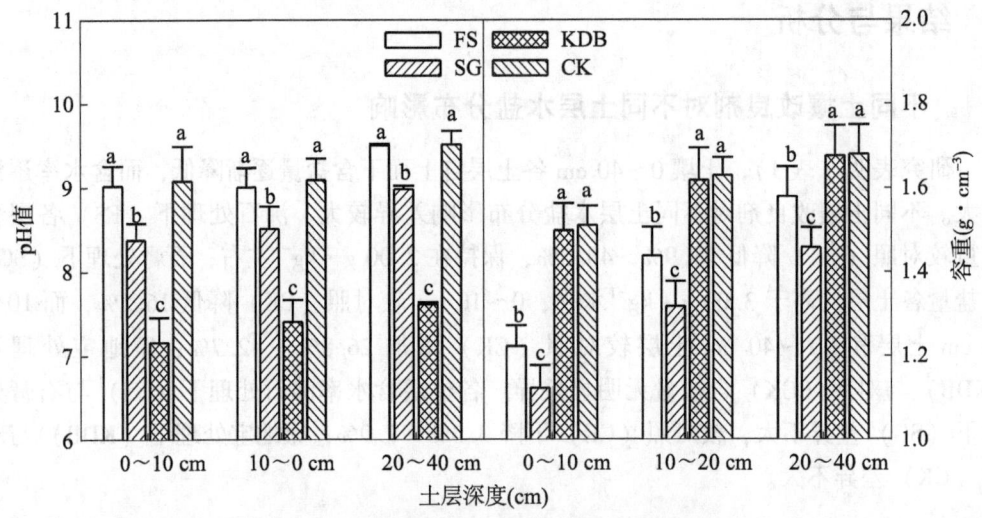

图1 不同土壤改良剂对土壤 pH 和容重的影响

FS：沸石处理；SG：石膏处理；KDB：康地宝处理；CK：对照。

不同字母表示在 0.05 水平上差异显著。下同

2.3 不同土壤改良剂对棉苗叶面积指数（LAI）和叶绿素相对含量（SPAD）的影响

研究表明（图 2），不同土壤改良剂处理下棉苗 LAI 和 SPAD 差异较大。沸石处理下（FS）LAI 与对照（CK）相比，沸石处理下（FS）高 59.3%，明显高于其他处理；石膏处理下（SG）LAI 高 33.0%；康地宝处理下（KDB）与对照（CK）差异不大，明显低于其他两个处理。SPAD 与对照（CK）相比，沸石处理下（FS）与对照（CK）的差异不大，明显低于其他两个处理；与对照（CK）相比，SPAD 石膏处理下（SG）高 15.5%；康地宝处理下（KDB）高 21.9%，明显高于其他两个处理。

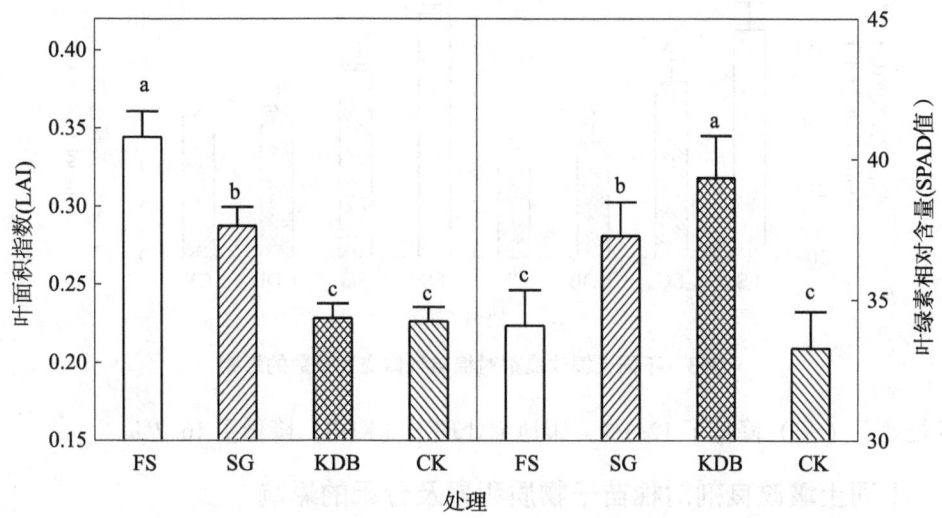

图 2　不同土壤改良剂对棉苗叶面积指数（LAI）和叶绿素相对含量（SPAD）的影响

2.4 不同土壤改良剂对棉苗气体交换参数的影响

研究表明（图 3），不同土壤改良剂处理下棉苗气体交换参数差异较大。对照（CK）棉苗气体交换参数较低。与对照（CK）相比，沸石处理下（FS）高 31.8%～75.4%，明显高于其他处理；石膏处理下（SG）高 19.8%～45.0%；康地宝处理下（KDB）与对照（CK）的气体交换参数差异不大，明显低于其他 2 个处理。沸石处理（FS）气体交换参数较石膏处理下（SG）高 10.1%～30.4%。

2.5 不同土壤改良剂对棉苗叶绿素荧光参数的影响

研究表明（图 4），不同土壤改良剂处理下棉苗叶绿素荧光参数差异较大。棉苗叶片 Fv/Fm、Fv/Fo、ΦPSII、ETR、qP 等参数对照处理下（CK）较低。与对照处理下（CK）相比，沸石处理下（FS）与对照处理下（CK）差异不大，明显低于其他 2 个处理；石膏处理下（SG）高 4.3%～33.3%；康地宝处理下（KDB）高 7.8%～55.5%，明显高于其他处理。NPQ 对照处理下（CK）最高，沸石处理下（FS）降低了 7.3%，

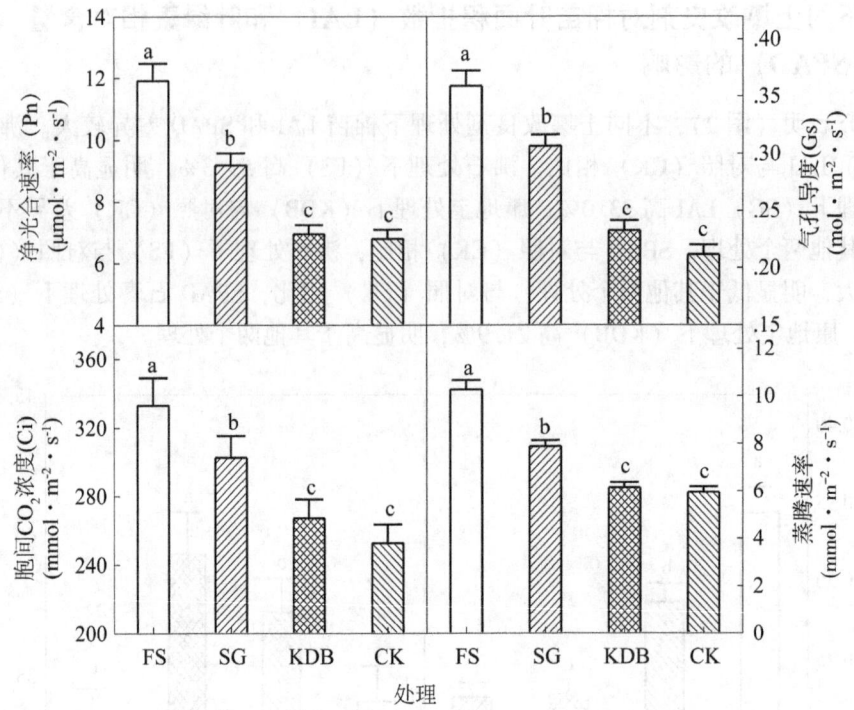

图3 不同土壤改良剂对棉苗气体交换参数的影响

石膏处理下（SG）降低了12.1%，康地宝处理下（KDB）降低了16.7%。

2.6 不同土壤改良剂对棉苗干物质积累及分配的影响

研究表明（表2），不同土壤改良剂处理棉苗干物质积累量及物质分配差异较大。沸石处理下（FS）和石膏处理下（SG）有效增大了棉苗干物质积累量，康地宝处理下（KDB）与对照处理下（CK）差异不大；其中沸石处理下（FS）较对照处理下（CK）增大35.6%，石膏处理下（SG）较对照处理下（CK）增大34.0%。3个改良剂处理均明显增大棉苗根和茎干物质积累量，较对照处理下（CK）增加16.8%～140.7%；沸石处理下（FS）和石膏处理下（SG）叶片干物质重明显增加，较对照处理下（CK）分别增加36.7%和13.2%；康地宝处理下（KDB）与对照处理（CK）无明显差异。根冠比沸石处理（FS）与对照处理下（CK）无明显差异，而石膏处理下（SG）和康地宝处理下（KDB）均明显高于对照处理（CK），分别为78.6%和35.7%。

表2 不同土壤改良剂对棉苗干物质积累及分配的影响

处理	根（g）	茎（g）	叶（g）	总干物质重（g）	根冠比
FS	1.21±0.04 b	2.37±0.09 a	4.88±0.16 a	8.45±0.16 a	0.14±0.01 c
SG	2.07±0.09 a	2.23±0.06 b	4.04±0.15 b	8.35±0.27 a	0.25±0.01 a
KDB	1.35±0.05 b	2.26±0.07 b	3.59±0.14 c	7.20±0.27 b	0.19±0.01 b
CK	0.86±0.05 c	1.91±0.07 c	3.57±0.15 c	6.23±0.31 c	0.14±0.01 c

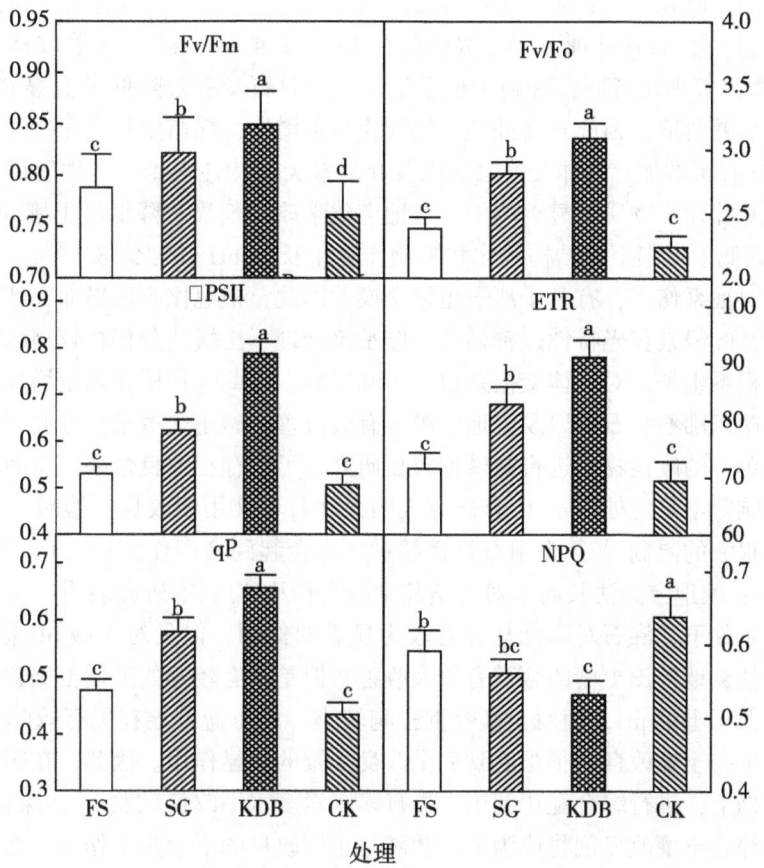

图4 不同土壤改良剂对棉苗叶绿素荧光参数的影响

3 结论与讨论

土壤盐碱改良剂在一定程度上能够改善土壤的理化性状，降低土壤盐分和 pH[8-18]。本研究表明，3 种土壤改良剂不同程度的改良土壤理化性质，为棉苗正常生长发育创造了一些有利条件，棉苗叶片 NPQ 均不同程度下降，根和茎干物质积累量显著增高，但不同改良剂对土壤改良的效果及对棉苗光合特性及生长影响不同。由于沸石特殊的结构，对盐离子吸附能力较强[26]，土壤盐分下降显著，达到 $2.0\ g \cdot kg^{-1}$ 左右，而且土壤水分保持较好，盐分对棉苗的胁迫较轻，对叶片气体交换影响较小，因此叶片面积较大，气体交换系数较好，实现了棉苗干物质积累量和叶片干物质重明显增大。但是由于对土壤容重及 pH 值影响较小，因此对根发育较为不利，表现在根冠比较低，叶绿素含量较低以及叶绿素荧光性能较差。石膏的主要成分为 $CaSO_4$，是一种钙肥，但在没有灌溉水充分淋溶条件下，施加石膏同时也增加了土壤中的盐分含量[12,27]，但是降低土壤容重效果明显[28]。本试验结果表明，石膏处理下，含盐量各土层均高于 $3.00\ g \cdot kg^{-1}$ 水平，除土壤表层受地膜冷凝水淋溶影响土壤含盐量有所下降外，10~40 cm 土层土壤含盐量明显增高。研究表明，表层土壤容重过（>1.4 g·cm⁻³），就将对作物生长发育产生不利的影响[25]，石膏处理下，土壤各层在 1.1～1.4 g·cm⁻³，显著改善了盐碱土壤"黏、板、瘦"等理化特征，有利于根系生长；同时石膏有效降低了土壤 pH 值，缓解了对棉苗的盐碱胁迫。因此石膏处理下根冠比显著增大，棉苗生长发育较为正常，叶片 LAI 和 SPAD 有所增加，气体交换系数以及叶绿素荧光特性得到一定程度优化，棉苗干物质积累量和叶片干物质重显著增加。康地宝化学改良剂显著降低了土壤 pH 值，明显低于 8.0，远低于引起土壤结构恶化和影响作物生长的 pH 关键值 8.5[29]，土壤接近中性，减弱了对根系伤害，有利于离子正常交换，因此，根冠比有所增加，叶片叶绿素含量显著增大，叶绿素荧光特性改善显著，但是该处理下土壤盐分仍在较高水平，容重过大，不利于根系生长，对气体交换系数有不利影响，因此干物质积累量增大较小。

可见，施用沸石、石膏以及康地宝等可有效改善盐碱土壤某一方面理化性质。但是单纯选用单一的改良物质进行盐碱地改良研究，可能存在改良效果不全面或有不同程度的负面影响等不足之处[30]。已有研究表明，沸石单纯用于改良土壤时，其农用功效的发挥受到很大的限制[31]；施用石膏量超量，不会起到增产作用，还有可能增加土壤盐分含量[32]；康地宝无法长时间对土壤起到改良作用[33]。本研究表明，在无有效降水及淡水灌溉条件下，沸石对降低盐分有较为显著的作用，但是对土壤 pH 值影响较小；石膏对滨海盐碱地棉田土壤的容重有较大改善，但是没有较好的降低土壤含盐量；康地宝有效地降低了土壤 pH，但对土壤容重影响较小。滨海盐碱地在无有效降水和淡水灌溉条件下，单一土壤改良剂很难起到完全改良土壤的明显作用。因此，在明确以上改良剂的改良基础上，进行综合配比利用，进行多因素多水平改良试验[18]，探索更加高效，成本低廉的综合土壤改良剂将成为滨海盐碱地土壤改良的下一步工作重点之一。

参考文献

[1] 刘阳春，何文寿，何进智，等．盐碱地改良利用研究进展 [J]．农业科学研究，2007，28（2）：68-71.

[2] 杨劲松．中国盐渍土研究的发展历程与展望 [J]．土壤学报，2008，45（5）：837-835.

[3] 张文渊．江苏沿海地区盐渍土改良利用的治理措施 [J]．中国农业资源与区划，2000，21（5）：43-45.

[4] 赵名彦，丁国栋，郑洪彬，等．集雨措施对滨海盐碱林地水盐运动影响研究 [J]．水土保持学报，2008，22（6）：52-56.

[5] Qadir M, Ghafoor A, Murtaza G. Amelioration Strategies for Saline Soils [J]. Land Degradation and Development, 2000, 11：501-521.

[6] Watson R T, Noble I R, Bolin B. IPCC1 Land-use, land-use change, and forestry：a special report of the IPCC [R]. Cambridge, United Kingdom：Cambridge university press, 2000：189-217.

[7] 潘保原．土壤改良物质对盐渍化土壤改良的作用 [D]．哈尔滨：东北林业大学，2006：6.

[8] 李华兴，李长洪，张新明，等．沸石对土壤养分有效性和土壤化学性质的影响研究 [J]．应用生态学报，2001，12（5）：743-745.

［9］ Kovacs F, Molnar J. Basic properties of flue-gas desulfurization gypsum ［J］. Acta Montanistica Slovaca, 2003, 8（1）：15-19.

［10］ 李跃进，乌力更，芦永兴，等. 燃煤烟气脱硫副产物改良碱化土壤田间试验研究 ［J］. 华北农学报，2004，19（S1）：10-15.

［11］ Sakai Y, Matsumoto S, Sadakata M. Alkali soil reclamation with flue gas desulfurization gypsum in China and assessment of metal content in corn grains ［J］. Soil & Sediment Contamination, 2004, 13（1）：65-80.

［12］ Sakai Y, Matsumoto S, Sadakata M. Alkali soil reclamation with flue gas desulfurization gypsum in China and assessment of metal content in corn grains ［J］. Soil & Sediment Contamination, 2006, 13（1）：65-80.

［13］ Manzoor Q, Jim D O, Sven S, *et al.* Vegetative bioremediation of sodic and saline-sodic soils for productivity enhancement and environment conservation ［J］. Biosaline Agriculture and Salinity Tolerance in Plants, 2006：137-146.

［14］ 任坤，任树梅，杨培岭，等. $CaSO_4$在改良碱化土壤过程中对其理化性质的影响 ［J］. 灌溉排水学报，2006，25（4）：77-80.

［15］ 李茜，孙兆军，秦萍，等. 燃煤烟气脱硫废弃物和糠醛渣对盐碱土的改良效应 ［J］. 干旱地区农业研究，2008，26（4）：70-73.

［16］ 程文娟，潘洁，肖辉，等. 咸水结冰灌溉结合改良剂对滨海盐土的改良作用 ［J］. 中国生态农业学报. 2011，19（4）：778-782.

［17］ 房宸，苏德荣，端锚文，等. 脱硫石膏与灌溉耦合对滨海盐碱土化学性质的影响 ［J］. 水土保持学报，2012，26（5）：59-63.

［18］ 王睿彤，陆兆华，孙景宽，等. 土壤改良剂对黄河三角洲滨海盐碱土的改良效应 ［J］. 水土保持学报. 2012，26（4）：239-244.

［19］ Santos C V. Regulation of chlorophyll biosynthesis and degradation by salt stress in sunflower leaves ［J］. Hortscience, 2004, 103：93-99.

［20］ Parida A K, Das A B. Salt tolerance and salinity effects on plants：A review ［J］. Ecotoxicology and Environmental Safety, 2005, 60：324-349.

［21］ 唐薇，罗振，温四民，等. 干旱和盐胁迫对棉苗光合抑制效应的比较 ［J］. 棉花学报，2007，19：28-32.

［22］ Murchie E H, Pinto M, Horton P. Agriculture and the new challenges for photosynthesis research ［J］. New Phytologist, 2009, 181：532-552.

［23］ Dinakaran E, Thirumeni S, Paramasivam K. Yield and fibre quality components analysis in upland cotton（*Gossypium hirsutum* L.）under salinity ［J］. Annals of Biological Research, 2012, 3：3 910-3 915.

［24］ 陈欢，王淑娟，陈昌和，等. 烟气脱硫废弃物在碱化土壤改良中的应用及效果 ［J］. 干旱地区农业研究，2005，23（4）：38-42.

［25］ 刑素丽，韩宝文. 华北平原小麦—玉米两熟作物区土壤培肥途径 ［J］. 土壤通报，2007，38（5）：1 013-1 015.

［26］ 楼莉萍，王光火，胡顺良. 沸石吸附氨离子的若干性质的研究 ［J］. 浙江大学学报（农业与生命科学院），2001，27（1）：28-32.

［27］ 王金满，杨培岭，石懿，等. 脱硫副产物对改良碱化土壤的理化性质与作物生长的影响 ［J］. 水土保持学报，2005，19（3）：34-37.

[28] 邵玉翠, 任顺荣, 廉晓娟, 等. 施用脱硫石膏与天然有机物混合改良剂对盐化潮土理化性质及玉米产量的影响 [J]. 中国农学通报, 2010, 26 (7): 258-289.

[29] 李焕珍, 徐玉佩, 杨伟奇, 等. 脱硫石膏改良强度苏打盐渍土效果的研究 [J]. 生态学杂志, 1999, 18 (1): 25-29.

[30] Lu Y Z, Yuan Y C, Chen Z H. On the combustion mechanism and development of the distillers'grain-fired boiler [J]. Applied Thermal Engineering, 2002, 22 (3): 349-353.

[31] 李长洪, 李华兴, 张新明, 等. 天然沸石对土壤及养分有效性的影响 [J]. 土壤与环境, 2000, 9 (2): 163-165.

[32] 赵锦慧, 乌力更, 李杨, 等. 石膏改良碱化土壤过程中最佳灌水量的确定 [J]. 水土保持学报, 2003, 17 (5): 106-109.

[33] 司振江, 张忠学, 李芳花, 等. 松嫩平原盐碱土集成治理技术的研究 [J]. 灌溉排水学报, 2010, 29 (3): 80-84.

[此文原刊载于《河南农业科学》, 2014, 43 (7): 38-42, 51]

盐碱土改良利用措施综述

张　谦[1]，陈凤丹[2]，冯国艺[1]，祁　虹[1]，王树林[1]，梁青龙[1]，

雷晓鹏[1]，王　燕[1]，林永增[1]

(1. 河北省农林科学院棉花研究所/农业部黄淮海半干旱区棉花生物学与遗传育种重点实验室；

2. 河北省海兴县农业局)

摘　要：我国盐碱土面积广，利用潜力巨大，但盐碱化严重影响农业生产，土壤改良是高效利用盐碱土资源的重要途径。该文在总结诸多研究成果的基础上，从工程、化学、耕作、生物措施等方面对方面系统总结了盐碱土改良技术。

关键词：盐碱土；工程措施；化学改良；耕作措施；生物改良

盐碱地（土）是盐土、碱土和各种盐化、碱化土壤的总称[1]，我国约有盐碱地 $3.67×10^7$ hm^2，按照地理分布、气候类型、盐害特点分为 5 区：滨海盐碱区、黄淮海平原盐渍土区、东北松嫩平原盐碱土区、半漠境内陆盐碱区和青新极端干旱漠境盐土区[2]，目前有 80% 左右的盐碱地未得到开发利用，潜力巨大[3]。

盐碱土由土壤类型、气候、地下水等因素综合作用形成，多分布在干旱、半干旱和半湿润气候区，地形以内陆盆地、局部洼地及沿海低地为主，这些区域降水量小，蒸发量大，盐分随地面、地下径流由高处向低处汇集，使洼地成为水盐汇集中心，盐分受土壤毛细作用向上运移，在水分蒸发后随即聚积地表，地下水埋深越浅和矿化度越高，土壤积盐越严重。次生盐渍化主要由不合理的耕作灌溉造成，如干旱或半干旱灌区，生产中盲目引水灌溉，且不注意有效排水，耕作管理粗放，引起大面积的地下水位抬高到临界深度以上而引起土壤盐渍化[4]。

土壤的盐碱化是制约盐碱区域农业发展和生态环境改善的突出问题，土壤改良是高效利用盐碱土资源的重要途径。现阶段的改良措施主要包括工程、化学、农艺和生物措施等，本文对研究较多的改良措施利用现状与发展趋势进行概述。

1　工程措施

盐碱地工程改良的关键问题就是如何解决排水和降低地下水位问题。良好的排水条件可以通过淋洗将盐分快速排出土体，实现脱盐；降低盐碱区域的浅层水埋深能够在脱盐后有效抑制返盐，实现改良效果的可持续性。工程改良措施就是采用物理方法改良盐碱土或通过水利措施来建立排灌系统，如台田模式、暗管排盐、隔层阻盐等。

1.1　台田模式

"上农（棉、粮）下渔"模式是在盐碱地上新开挖或将原有坑塘改造为池塘，进行

渔业养殖；挖池产生的土方堆筑台田，经淡水或降雨压碱改造后进行农林种植的立体生态农业开发模式，该模式对于地势低洼、地下水位高、土质黏重、透气透水性差、土壤贫瘠、含盐量1%左右的重度盐碱地较为适宜[5]。

"上农（棉、粮）下渔"模式在沿黄盐碱地的改良治理明显，应用两年后，1 m土层脱盐率达59.7%，0～20 cm土层的可培养微生物的总量是未开发的12.7倍；20年后，1 m土层脱盐率达到90.3%，土壤碱度降到较低水平，CO_3^{2-}含量降至零，各土层pH值逐年下降，土壤有机质含量提高15.6%[6]。山东淄博、滨州等地在凡纳滨对虾、河蟹、黄鳝、甲鱼、四大家鱼等渔业养殖方面也取得了成功，调查数据表明："上粮下渔"模式的投入产出比是"暗管排碱"的2.3倍，其亩产经济效益是"暗管排碱"的3.6倍[6,7]。

在"上农（棉、粮）下渔"模式开发中，要做到与骨干水利工程和农田基本建设工程相结合，按流域、灌区对山、水、林、田、路进行统一规划，合理布局，综合治理，形成"旱能浇、涝能排、田成方、塘成网、树成行、渠相连、路相通"的高产、优质、高效农渔业综合园区，实现渔农良性循环，最大限度地发挥模式综合效益[8]。

1.2 暗管排盐

暗管拍盐技术起源于荷兰，在埃及、伊朗、美国、俄罗斯、日本等国家均有广泛应用，近年在我国山东、宁夏、河北滨海等地也有大面积推广[9]。暗管排盐技术是利用专用机械将带孔PVC波纹管按照一定坡度埋设在地下水临界深度以下，高于暗管的含盐地下水流入暗管后从排水沟集中排走，使地下水位降低至暗管埋深以下，拉大地下水与耕层距离，抑制地表蒸发引发的严重返盐。同时，通过降雨或灌溉水对高盐土壤的不断淋洗，降低暗管之上土壤层的含盐量。相关研究根据水盐运移特点、淋盐需水量及暗管工程技术参数等指标，对暗管的规格、埋深、间距以及淋水量进行了估算，提出了不同需求下的暗管排水技术指标与淋洗模式[10,11]，故暗管排盐技术规模化操作性强。

暗管排盐技术具有无化学材料污染、易渗水沙壤区效果明显、占地面积少、对耕地的机械化耕作无影响等特点，但暗管材料与管径、方向、间距、坡度均需按照土壤特性及田间排水条件进行设计，铺设与清洗维护时的机械自动化程度与施工精度对工程排盐效率有很大影响。

1.3 隔层阻盐

隔层阻盐措施指通过设置隔盐层来破坏土体原来的毛管系统，增加土壤孔隙度，利用地上降雨、灌溉水对隔层以上土壤淋洗盐分或通过隔层切断土壤的毛细作用，阻隔地下水向上层运动引发返盐。同时，隔层还能通过降低土壤累计蒸发量来降低土壤积盐量，达到改良盐碱的目的[12]。隔盐材料应用较多且降盐控盐效果较为理想的有河沙、炉渣、陶粒、沸石、蛭石、玉米秸秆等，在盐碱地刺槐造林中采用沸石、陶粒和河沙作为隔盐层材料均有助于土壤保墒控盐、改善刺槐光合特性以及促进刺槐生长，其中以沸石作为隔盐材料效果最佳[13-16]。

2 化学改良措施

化学改良盐碱土壤的作用方式：一是凝聚土壤颗粒，改善土壤结构。改良剂多有膨胀性、分散性、黏着性等特性，能够使因盐碱而分散的土壤颗粒聚结从而改变土壤的孔隙度，提高土壤通透性，改善土壤结构；二是置换土壤 Na^+，促进盐分淋洗。改良剂本身带有或者发生化学反应产生的离子能够置换 Na^+，促进盐分淋洗。也有的采用酸性改良剂直接中和土壤中的碱性物质，并且溶解 $CaCO_3$，释放 Ca^{2+} 以置换土壤中的 Na^+。含钙制剂（如石膏、煤矸石、氧化钙、石灰石、磷石膏等）和酸性物质（如硫磺、硫酸铝、硫酸、硫酸亚铁等）是较常用的盐碱土壤改良剂，含钙制剂能为土壤直接提供 Ca^{2+}，酸性物质可降低土壤 pH 值，从而活化土壤中的沉积钙。土壤中 Ca^{2+} 的活度增加，可交换出吸附于土壤胶体中的 Na^+，使 Na^+ 随水流转移，从而消除土壤的碱性来源，改善土壤性状[17,18]。

化学改良剂一般成本较高，所以，盐碱土改良剂选择各类工业副产品或固体废弃物既可以降低成本，也能缓解废弃物对环境造成的压力，故沼（矿）渣、粉煤灰、海湾泥、磷石膏等具有较好的应用前景。另外，化学改良剂要将不同类型的改良剂联合使用，取长补短，以强化改良剂的应用效果[19]。

3 耕作改良措施

耕作措施是农业生产的重要部分，在盐碱地采取正确适时的耕作措施是减轻盐碱危害，增加作物产量的有效措施，主要包括深耕深松、种植绿肥、秸秆覆盖还田、施用有机肥培肥土壤等。

3.1 深耕深松

深耕深松是美国、加拿大等国主要的盐碱地改良技术，并多配以秸秆覆盖来增加效果，深松可有效降低土壤容重，是改良容重大、结构紧实、渗透性差的苏打盐碱土的有效耕作方式。振动深松在深松的同时可以通过振动将犁板前的土壤松动，打破板结层，重塑团粒结构，增加土壤对降雨的积蓄，同时切断盐分上移的土壤毛细管[20]。全方位深松技术可以打破 15~20 cm 的犁底层，根系生长空间增大，同时在松土层底部形成增加土壤渗透性和持水量的"鼠洞"结构[21]。

3.2 秸秆覆盖还田

地表覆盖指利用生物质类或其他覆盖材料通过吸收的降水在下渗过程淋洗耕层盐碱或切断土壤毛管，减少土壤表层蒸发来抑制返盐。农业生产中广泛应用的覆盖材料为秸秆和地膜，地膜具有透光增温、保水保肥、增产早熟、质轻耐久等特性；秸秆覆盖可作为缓冲层，增加水分入渗时间，减少地表径流，调节土壤水分、土壤容重和孔隙状况，还可作为良好的隔热层，调节土壤与大气之间热量交换[22]，其他覆盖材料还包括河沙、水泥壳等[23]。利用秸秆覆盖还田，既能抑制土壤水分的蒸发、防止地表积盐，还可以增加土壤中氮、磷、钾等营养元素，促进灌溉脱盐[24]。可作为改土培肥材料施入土壤的秸秆主要有玉米秸、水稻秸秆、豆秸、棉花秸秆等，秸秆覆盖还田在改善生态环境、培肥地力，提高资源利用效率和增产增收方面发挥着重要的作用[25,26]。麦秸覆盖可提高盐化潮土土壤有机质含量，氮磷钾等营养元素也有不同程度的提高，土壤 pH 值降低，可使玉米产量提高 16.2%[27]。连续 4 年的秸秆还田定位结果表明，秸秆还田可以使土壤盐斑面积和耕层含盐量明显下降[28]。

3.3 有机肥

增施有机肥在培肥土壤、改善土壤结构、增强土壤保水保肥能力的同时也能够减少水分蒸发，促进淋盐，抑制返盐，加速脱盐；此外有机肥中的有机质可以与钠离子结合，减少钠离子毒害作用。在盐碱地上施用的有机肥，特别是来源广、价低易得的畜禽粪施入土壤，如鸡粪、羊粪、猪粪、腐植酸、糠醛渣、秸秆、有机废弃物等均能不同程度改善土壤的理化性质，提高土壤肥力[29-35]。

3.4 绿　肥

种植绿肥能有效改善土壤的理化性质，提高脱盐效果，培肥土壤，如田菁可适应含盐量 8 g·kg^{-1} 左右的重度盐土，在重度盐渍土中的生物量仍能达到正常土壤中生物量的 95% 以上[36]。绿肥植物对盐碱地的改良途径包括：绿肥植物茎叶繁茂，可有效降低土表水分蒸发，抑制土壤返盐；根系发达可伸入土壤深层，提高土壤的透水性和保水力；抑制土壤盐分表聚，并降低地下水位，加速土壤脱盐。在全盐含量 0.4% 的土壤上连续种植 3 年苜蓿，土壤含盐量下降到 0.2%，种植田菁后表土层盐分下降 25.2% ~ 64.0%，种植黄花草木樨的脱盐率为 13.3% ~ 95.4%[37-39]。种植绿肥还可以有效降低地表径流和冲刷：种植草木樨比休闲地减少地表径流量 54.2% ~ 70.7%，减少冲刷量 43.0% ~ 69.7%[40,41]。其次，绿肥刈割还田能明显增加土壤中养分含量，并在微生物作用下产生各种有机酸，对土壤碱度进行中和，如冬小麦套种草木樨后，20 ~ 40 cm 土层土壤的有机质、碱解氮、有效钾分别较单作冬小麦增加 32.4%、43.0%、5.2%[42]。豆科绿肥植物还可将大气中的游离氮转化为作物可利用的形态氮，草木樨根系庞大且含有根瘤，每公顷白花草木樨一个生长周期可固定氮 109 kg[43,44]。

4　生物改良措施

盐碱土改良的原理是以 Ca^{2+} 置换阳离子交换体中的多余的 Na^+，并利用淋降作用将 Na^+ 从作物根区移除。但盐碱土中的 Ca^{2+} 多以可溶性较小的 $CaCO_3$ 形式存在，Ca^{2+} 源不足[45,46]。生物改良措施可以利用耐盐植物根系的呼吸作用及有机质分解提高根区 CO_2 分压，并结合植物根系释放的 H^+ 来增大 $CaCO_3$ 的溶解率，为 Na^+ 的置换提供 Ca^{2+} 源；同时，一些吸盐植物能够吸并积累盐分后通过地上部分的收获而去除盐分[47]；重要的是，通过耐盐碱植物的生命活动可以增加土壤有机质、养分含量，同时增加土壤覆盖度，减少地表蒸发，抑制积盐返盐，另一方面，通过叶片蒸腾来降低地下水位，从而加速盐分淋洗、延缓或防止土壤表层积盐返盐，加土壤根系数量，增强土壤微生物区系和活性，改善改善土壤结构和理化性质。生物改良措施具有良好的经济效益，种植耐盐碱作物如棉花、豆科作物、麻类、地下结实作物、麦类等，在获得作物产出的同时对盐碱土壤进行改造[48]；如萨尔瓦多拉桃在盐土或碱土中生长后收获的种子含油率在40%～45%，其中富含月桂酸和肉豆蔻酸等化工原料，具有重要的经济价值[49]。苜蓿是重要的养殖业饲料，被誉为"牧草之王"，其根系发达可吸收土壤深层水分，在人工配制盐碱土（ECe = 4.9 dS · m^{-1}）上种植苜蓿两个月后土壤中盐分和 Na$^+$ 去除率显著高于对照土[50]。种稻脱盐的效果也很明显，经过 5 年种稻水洗，土壤表层含盐量由 4.5%降至 0.15%，土壤性质得到明显改善，且水稻产量由颗粒无收升至 4 250 kg · hm^{-2}[51]，但该措施要充分考虑淡水资源的利用率和土壤次盐渍化。

5　结　语

盐碱地改良利用是一项涉及多学科、长期复杂的研究课题，该领域研究应用的出发点与基本原则是要"合"。

5.1　技术综合

土壤盐碱化涉及多方面的因素，因而盐碱地改良中应该根据当地土壤环境、气候条件、设施条件等，多种方法集成，克服单一改良措施的不足，达到好的改良效果。

5.2　资源整合

盐碱地改良难度大、效果不易保持，如果只是浅尝辄止反而会加速土壤质量的再度恶化，这就需要国家资金和个人资本的共同投入并将不同地区优势资源合理调配。

5.3　平台联合

盐碱与次生盐碱区域不断增多，改良技术研究日臻完善，好的技术、成果也层出不穷，但盐碱地治理的步伐却没有大步迈进，这就需要国家制定合理科学的近期、中期、远期发展规划，搭建大的研发展示合作平台，实现改良效果与效益的最大化。

参考文献

[1]　罗斌，王金亭. 我国的盐碱化土地与治理技术 [J]. 林业科技通讯，1994 (3)：8-10.

[2]　俞仁培，陈德明. 我国盐渍土资源及其开发利用 [J]. 土壤通报，1999 30 (4)：158-159，177.

[3]　张建锋，张旭东，周金星，等. 世界盐碱地资源及其改良利用的基本措施 [J]. 水土保持研究，2005，12 (6)：28-30，107.

[4]　何文义，于涛，蔡玉梅. 盐碱地的治理与利用 [J]. 辽宁工程技术大学学报（自然科学版），2010，29 (增刊)：158-160.

[5]　张凌云. 黄河三角洲地区滨海盐渍土农业生态的利用模式 [J]. 土壤肥料，2006 (2)：38-43.

[6]　周晓梦，孙健，吴佳洁，等. "上棉下渔"对沿黄盐碱地土壤的改良作用 [J]. 中国农学

通报, 2015, 31 (25): 206-212.

[7] 李会明, 巩芳忠, 张罡. "上粮下渔"造田模式综合效益研究 [J]. 渔业信息与战略, 2014, 29 (1): 31-35.

[8] 农业部渔业局调查组. 山东省综合开发治理沿黄盐碱地 [J]. 中国渔业经济研究, 1998 (2): 24-28.

[9] 马凤娇, 谭莉梅, 刘慧涛, 等. 河北滨海盐碱区暗管改碱技术的降雨有效性评价 [J]. 中国生态农业学报, 2011, 19 (2): 409-414.

[10] 王少丽. 观兴业盐渍兼治的动态控制排水新理念与排水沟管间距计算方法探讨 [J]. 水利学报, 2008, 39 (11): 1 204-1 210.

[11] 张金龙, 张清, 王振宇. 等排水暗管间距对滨海盐土淋洗脱盐效果的影响 [J]. 农业工程学报, 2012, 28 (9): 85-89.

[12] 张莉. 夹层和覆盖对滨海盐碱地土壤水盐运动的影响 [D]. 北京: 北京林业大学, 2010.

[13] 王琳琳, 李素艳, 孙向阳, 等. 不同隔盐措施对滨海盐碱地土壤水盐运移及刺槐光合特性的影响 [J]. 生态学报, 2015, 35 (5): 1 388-1 398.

[14] 景峰, 吴震, 朱金兆, 等. 不同隔离层措施台田水盐动态研究 [J]. 水土保持通报, 2011, 31 (6): 68-71.

[15] 殷小琳, 丁国栋, 高媛媛, 等. 隔盐层对滨海盐碱地造林效果影响研究 [J]. 干旱区资源与环境, 2013 (2) 182-187.

[16] 范富, 张庆国, 侯迷红, 等. 玉米秸秆隔离层对西辽河流域盐碱土碱化特征及养分状况的影响 [J]. 水土保持学报, 2013, 27 (3): 131-137.

[17] 徐鹏程, 冷翔鹏, 刘更森, 等. 盐碱土改良利用研究进展 [J]. 江苏农业科学, 2014, 42 (5): 293-298.

[18] Rhoades J D, Loveday J. Salinity in irrigated agriculture [J]. Agronomy, 1990 (30): 1 089-1 142.

[19] 张谦, 冯国艺, 祁虹, 等. 不同改良剂对盐碱棉田的改良和棉花生长及产量影响研究 [J]. 河北农业大学学报, 2015, 38 (3): 7-11.

[20] 刘长江, 李取生, 李秀军. 深松对苏打盐碱化旱田改良与利用的影响 [J]. 土壤, 2007, 39 (2): 306-309.

[21] 苗娜. 改良盐渍化土壤过程中全方位机械化深松技术的应用价值 [J]. 北京农业, 2015 (27) 69-70.

[22] 王有宁, 王荣堂, 董秀荣. 地膜覆盖作物农田光温效应研究 [J]. 中国生态农业学报, 2004, 12 (3): 134-136.

[23] 毛学森. 水泥硬壳覆盖对盐渍土水盐运动及作物生长发育的影响 [J]. 中国农业气象, 1998, 19 (1): 26-29

[24] 谢承陶. 盐碱土改良原理与作物抗性 [M]. 北京: 中国农业出版社, 1988.

[25] 李涵, 张鹏, 贾志宽. 等渭北旱塬区稻秆覆盖还田对土壤团聚体特征的影响 [J]. 干旱地区农业研究, 2012, 30 (2): 27-33.

[26] 卢彩云, 王庆杰, 何进. 等炭化稻秆覆盖用于保护性耕作的试验研究 [J]. 农业工程学报, 2012, 28 (增刊): 238-243.

[27] 吕彪, 秦嘉海. 麦秸覆盖对盐渍土肥田及作物产量的影响 [J]. 土壤, 2005, 37 (1): 52-55.

[28] 谢承陶, 严慧峻. 秸秆还田培肥盐碱地 [J]. 农业科技通讯, 1983 (11): 26.

[29] 董印丽. 厚垫料肉鸡粪改良滨海盐土的研究 [J]. 土壤通报, 2001, 32 (6): 131-132.

[30] 储慧霞, 杨丽娟, 王艳, 等. 食物废弃物作为有机肥对盆栽番茄产量及土壤养分的影响 [J]. 北方园艺, 2010 (10): 12-14.

[31] 张锐, 严慧峻. 有机肥在改良盐渍土中的作用 [J]. 土壤肥料, 1997 (4): 1-4.

[32] 张振华, 周青, 潘国庆. 对盐渍土改良及作物生长发育影响 [J]. 江苏农业科学, 2001 (5): 46-47, 69.

[33] 吕品, 于志民, 马献发. 腐植酸物质对盐碱化中低产田土壤理化性质及玉米影响的研究 [J]. 腐植酸, 2005 (6): 153-157.

[34] 岳中辉, 金建丽, 孙国荣. 不同改良方法对盐碱土壤磷素营养的影响 [J]. 植物研究, 2004, 24 (1): 49-52.

[35] 谢承陶, 李志杰. 有机质与土壤盐分的相关作用及其原理 [J]. 土壤肥料, 1993 (1): 19-22.

[36] 李燕青, 孙文彦, 许建新, 等. 华北盐碱地耐盐经济作物筛选 [J]. 华北农学报, 2013, 28 (增刊): 227-232.

[37] 卞建民, 刘彩虹, 杨占梅, 等. 种植黄花草木樨对盐碱地土壤水、盐状况的影响 [J]. 吉林农业大学学报, 2012, 34 (2): 176-179.

[38] 汤洁, 李月芬, 林年丰, 等. 应用生物技术改良土壤退化的效果——以黄花草木樨改良盐碱化土壤为例 [J]. 生态环境, 2004, 13 (1): 51-53, 60.

[39] 谢承陶. 盐渍土改良原理与作物抗性 [M]. 北京: 中国农业科技出版社, 1993: 74-82.

[40] 白志坚, 罗进儒, 周玉林, 等. 草木樨在水土保持中的作用 [J]. 土壤, 1960 (4): 18-25.

[41] 贾绍禹, 茅廷玉, 王欲忠, 等. 休闲地种植草木樨对水土保持的作用及肥效的初步分析 [J]. 陕西农业科学, 1957 (2): 110-113.

[42] 刘慧, 景春梅, 席琳乔, 等. 冬小麦套种草木樨对土壤理化性质的影响 [J]. 塔里木大学学报, 2013, 25 (4): 1-6.

[43] Van Rper L C, Larson D L. Role of invasive melilotus officinalis in two native plant communities [J]. Plant Ecology, 2009, 200 (1): 129-139.

[44] 贾延光, 崔瑞. 对草木樨翻压时期及肥效的研究 [J]. 辽宁农业科学, 1986 (3): 16-18.

[45] Muhammad S, Mueller T, Joergensen R G. Relationships between soil biological and other soil properties in saline and alkaline arable soils from the Pakistani Punjab [J]. Journal of Arid Environments, 2008, 72 (4): 448-457.

[46] Liang Z W, Wang Z C, Ma H Y, et al. The progress in improvement of high pH saline-alkali soil in the Songnen Plain by stress tolerant plants [J]. Journal of Jilin Agricultural University, 2008, 30 (4): 517-528.

[47] Qadir M, Noble A D, Oster J D, et al. Driving forces for sodium removal during phytoremediation of calcareous sodic and saline-sodic soils: a review [J]. Soil Use and Management, 2005, 21 (2): 173-180.

[48] 史玉森, 李静. 盐碱土壤改良技术措施 [J]. 现代农业科技, 2014 (7): 261-263.

[49] Reddy M P, Shah M T, Patolia J S. Salvadora persica, a potential species for industrial oil production in semiarid saline and alkali soils [J]. Industrial Crops and Products, 2008, 28 (3): 273-278.

[50] Qadir M, Steffens D, Yan F, et al. Sodium removal from a calcareous saline-sodic soil through

leaching and plant uptake during phytoremediation [J]. Land Degradation & Development, 2003, 14 (3): 301-307.

[51] 罗新正, 孙广友. 松嫩平原含盐碱斑的重度盐化草甸土种稻脱盐过程 [J]. 生态环境, 2004, 13 (1): 47-50.

[此文原刊载于《天津农业科学》, 2012, 22 (8): 35-39]

黄秋葵苗期的盐胁迫反应及耐盐阈值分析

刘雅辉，杨雅华，王秀萍，张国新，鲁雪林

（河北省农林科学院滨海农业研究所/
河北省盐碱地绿化工程技术中心/唐山市耐盐植物重点实验室）

摘　要：为筛选耐盐黄秋葵品种，为秋葵资源的耐盐性鉴定及利用提供理论依据，本研究采用盆栽试验，分析不同盐分质量分数的滨海原土对黄秋葵幼苗生长发育的影响，通过相关性分析和回归分析，确定黄秋葵幼苗期耐盐鉴定指标和耐盐阈值。结果表明，盐胁迫下幼苗株高、茎粗、叶片数、根长、地上和地下干物质质量均受到影响，其中株高和茎粗明显下降，而叶片数所受影响最小；从土壤盐分质量分数0.4%开始，随着盐胁迫的增加，黄秋葵幼苗的干物质质量大幅下降；确定了黄秋葵苗期耐盐鉴定指标为地上干物重，耐盐阈值为0.491%。可见黄秋葵耐盐性较强，适宜在轻、中度盐碱区种植。

关键词：黄秋葵，耐盐性，鉴定指标，耐盐阈值

土壤盐渍化一直是限制农业生产的世界性问题[1-3]。滨海盐渍土是盐渍化土壤的一种类型，土壤NaCl含量高，通透性差，严重影响作物的生长。不同植物或同一种植物不同品种间的耐盐性不同，通过挖掘植物本身的耐盐能力，筛选和培育耐盐植物品种是开发利用盐渍土的有效途径之一[4]，对研究植物的抑盐脱盐效果，提高作物产量都具有重要意义。因此，筛选耐盐功能型植物，发展盐碱地功能植物种植产业，不仅能够高效利用盐土资源，改良修复盐碱地，还可为滨海盐碱区农业种植结构调整、农民增收、农业增效探索新途径，为滨海现代农业发展提供新模式。

黄秋葵为锦葵科秋葵属一年生草本植物，是一种菜、药、花、饲料兼用型植物，经过在滨海盐渍土上种植发现，其抗逆性较好，而且其荚果营养丰富，具有增强身体耐力和强肾补虚的功效。目前人们在黄秋葵品种选育和栽培技术方面上做了相关的研究[5-8]，但关于黄秋葵耐盐性研究的报道还不多，只有王永慧等[9,10]研究了24个黄秋葵材料间萌发指标的变化和不同基因型品种的盐胁迫反应，但是都是在不同浓度NaCl盐胁迫下进行的，而有关滨海盐碱原土盐胁迫下幼苗生长响应及耐盐阈值的确定还鲜有报道，本试验在不同盐分质量分数的滨海盐渍土条件下，开展盐胁迫对黄秋葵幼苗生长的影响，确定其耐盐阈值，筛选出合适的耐盐指标，为筛选耐盐品种，高效利用盐碱地，发展盐碱农业提供理论基础。

1　材料与方法

1.1　试验材料

以"台湾五福黄秋葵"为试验材料，选取颗粒饱满、大小一致的健康种子育苗

备用。

1.2 试验方法

采用盆栽试验，利用盐分质量分数为 3.85% 的滨海盐土和盐分质量分数为 0.01% 的好土晾干后，按不同比例混合，配成质量分数为 0.2%、0.4%、0.6%、0.8% 的盐土，然后从每个处理土壤中分别取样 5 个，用水土比 5∶1 的方法，测定不同处理土壤的盐分质量分数，见表 1，盐分质量分数 0.01% 的处理为对照（CK）。将配好的土壤分别装入口径 30 cm、高 35 cm 的花盆中备用。在好土中育苗，当长至 3～4 片叶时，挑选长势一致苗，洗净根泥，移栽到不同处理的花盆中，每个花盆一株，每处理 5 盆，3 次重复，花盆底部用托盘承接，放在塑料大棚内，人工控制水分，渗透水分及时返还花盆中，以确保盆内盐碱总量，以后定期浇水，维持盆土一致的含水量，试验进行 30 d。

1.3 测定指标

试验结束时测定株高、根长、叶数、茎粗、地上、地下干重。

1.4 数据处理及分析

所得数据采用 Microsoft Excel 2010 进行基础分析和回归分析，SPSS 20 进行差异显著性和相关性分析，所得结果均以"平均值±标准差"形式表示。

2 结果与分析

2.1 盐胁迫对秋葵形态指标的影响

盐胁迫对秋葵的株高、茎粗、叶片数及根长等形态指标产生不同程度影响，表 1 可以看出，盐胁迫对株高的影响最大，每个处理与对照间差异均显著，与对照相比，土壤盐分质量分数为 0.2%、0.4%、0.6%、0.8% 时，黄秋葵株高分别下降了 28.10%、40.02%、60.53% 和 68.33%。其次，对茎粗的影响也较大，不同处理与对照间差异也达到显著水平，土壤盐分质量分数为 0.2%、0.4%、0.6%、0.8% 时，茎粗比对照分别下降了 7.52%、56.37%、57.20% 和 62.42%。黄秋葵叶片数和根长受盐胁迫的影响较小，土壤盐分质量分数低于 0.4% 时，叶片数和根长与对照差异不显著，盐分质量分数达到 0.6% 开始与对照间差异显著，在盐分质量分数为 0.6%、0.8% 时，叶片数比对照分别下降了 3.42% 和 11.56%；根长比对照下降了 34.89% 和 48.67%，可见盐胁迫对黄秋葵叶片数的影响最小。

表 1 盐胁迫下黄秋葵幼苗形态指标

不同盐分处理（%）	株高（cm）	茎粗（cm）	叶片数（个）	根长（cm）
0（CK）	19.89±0.65 a	4.79±0.05 a	4.67±0.88 ab	9.00±1.70 a
0.2	14.3±0.85 b	4.43±0.22 b	5.31±0.27 a	8.82±1.31 a

（续表）

不同盐分处理（%）	株高（cm）	茎粗（cm）	叶片数（个）	根长（cm）
0.4	11.93±2.93 c	2.09±0.01 c	5.31±0.11 a	7.66±0.15 a
0.6	7.85±0.26 d	2.05±0.03 c	4.51±0.05 b	5.86±0.11 b
0.8	6.30±0.16 de	1.80±0.01 d	4.13±0.13 b	4.62±0.25 c

2.2 盐胁迫对黄秋葵干物质重的影响

由图1看出，秋葵的地上部干物质重随土壤盐分质量分数的增加，呈较为明显的下降趋势，但是低盐分0.2%时与对照相当，此后大幅下降，与对照相比，盐分质量分数0.2%、0.4%和0.6%时，分别下降了2.67%、42.24%和65.77%。黄秋葵地下干物质重同样随土壤盐分质量分数增加而逐渐降低，与对照相比，盐分质量分数0.2%、0.4%和0.6%时，分别下33.33%、73.19%和82.78%。可见，盐胁迫对地下干重的影响大于地上部。

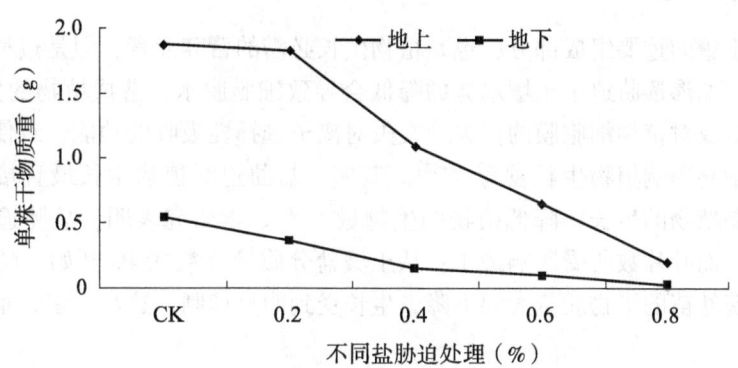

图1　不同盐分梯度土壤对黄秋葵干物质重影响

2.3 黄秋葵苗期耐盐指标的选择

为了便于鉴定，对秋葵幼苗的株高、根长、叶数、茎粗、地上干重及地下干重等6个形态指标进行相关性，结果表明，6个指标与土壤盐分质量分数的相关系数分别为-0.976、-0.979、-0.756、-0.907、-0.972、-0.945。除叶片数以外，5个指标与土壤盐分质量分数均有相关性，其中株高、根长、地上干重、地下干重与土壤盐分质量分数间呈极显著负相关，而且前三者间的相关系数绝对值相差不大，均在0.97以上。由表2又看出，根长与株高、地上和地下干重间均呈极显著相关关系，与茎粗间存在相关性；株高与根长、地上和地下干重间也均呈极显著相关关系，与茎粗间存在相关性，而地上干重与株高、根长、茎粗、地下干重间都呈极显著相关性，因此，筛选地上干重为黄秋葵幼苗期耐盐鉴定指标。

表2　6个指标间的相关系数

	株高	根长	叶片数	茎粗	地上干重	地下干重
株高	1	0.924**	0.635	0.877*	0.953**	0.977**
根长		1	0.723	0.889**	0.917**	0.864*
叶数			1	0.703	0.745*	0.537
茎粗				1	0.965**	0.877*
地上干重					1	0.949**
地下干重						1

2.4　黄秋葵苗期耐盐阈值的确定

以地上干重为因变量，土壤盐分为自变量，进行曲线估计，建立回归方程，结果表明，地上干重与土壤盐分间符合线性模型，方程为 $y = 1.956 - 1.992x$，R^2 为 0.945，以地上干重较对照下降50%为准，算得秋葵苗期的耐盐阈值为 0.491%。

3　结论与讨论

盐分是土壤的重要组成部分，也是植物生长必需的营养元素，但是过量盐分会对植物产生伤害，如渗透胁迫中土壤水势的降低会导致细胞脱水，造成植物的生理性缺水，离子胁迫会造成对植物细胞膜的损失，丧失对离子选择性吸收的功能，致使细胞内离子稳态失衡，最终影响植物生长发育[11-13]。其实，盐胁迫对植物生长最直接、最显著的效应就是抑制植物的生长，降低植物的生物量[14-16]。本研究表明，盐胁迫下株高和茎粗明显下降，而叶片数所受影响最小；从土壤盐分质量分数 0.4% 开始，随着盐胁迫的增加，黄秋葵幼苗的干物质量大幅下降，生长受到明显抑制，这与大多数植物的研究结果一致。

多数研究以植物生物量下降50%时的盐浓度作为其存活阈值，这个指标对衡量植物耐盐性有参考价值，但是赵可夫等[4]认为在生产上意义不大，因为生物量下降50%已经严重影响了经济产量，所以找到合适的耐盐指标，再确定耐盐阈值在生产上更具有实践意义。本研究通过相关性分析，筛选得到耐盐指标为地上干物重，然后通过回归分析建立方程，确定了黄秋葵苗期的耐盐阈值为 0.491%，结果更为准确，在生产上更具有实践意义。

参考文献

[1]　祝文婷. 黄绿木霉 T1010 对滨海盐渍土根际生态的调控效应研究 [M]. 山东师范大学出版社，2013.

[2]　杨红梅，徐海量，牛俊勇. 干旱区滴灌条件下防护林次生盐渍化土壤水盐运移规律研究 [J]. 土壤学报，2010 (5)：1 023-1 027.

[3]　周和平，徐小波，王少丽，等．盐碱地改良技术综述与一种新的研究模式展望［J］.中国科学基金，2012（3）：157.

[4]　赵可夫，张万钧，范海，等．改良和开发利用盐渍化土壤的生物学措施［J］.土壤通报，2001（S1）：40-43.

[5]　沈文杰，李育军，李光耀，等．黄秋葵与红秋葵杂交育种的初步研究［J］.长江蔬菜，2016，10：34-39.

[6]　赖正锋，练冬梅，姚运法，等．黄秋葵新品种闽秋葵1号的选育［J］.中国蔬菜，2017（2）：73-76.

[7]　李瑞美，何炎森，郑开斌，等．不同氮磷钾水平对黄秋葵生长及果荚产量的影响［J］.中国农学通报，2017，33（4）：59-65.

[8]　高尚．施肥对黄秋葵生长、产量和品质的影响［D］.海口：海南大学，2017.

[9]　王永慧，陈建平，张培通，等．盐胁迫对不同基因型黄秋葵苗期生长及生理生态特征的影响［J］.华北农学报，2016，31（6）：105-110.

[10]　王永慧，陈建平，张培通，等．黄秋葵耐盐材料的筛选及萌发期耐盐性相关分析［J］.西南农业学报，2014，27（2）：788-792.

[11]　夏尚光，张金池，梁淑英．NaCl胁迫对3种榆树幼苗生理特性的影响［J］.河北农业大学学报，2008，31（2）：52-56.

[12]　尤佳，王文瑞，卢金，等．盐胁迫对盐生植物黄花补血草种子萌发和幼苗生长的影响［J］.生态学报，2012，12：3 825-3 833.

[13]　王家源．苦楝种苗耐盐胁迫的生理响应机制研究［D］.南京：南京林业大学，2013.

[14]　王宝山．逆境植物生物学［M］.北京：高等教育出版社，2010：209-215.

[15]　谢英赞，何平，王朝英，等．外源 Ca^{2+} 、SA、NO对盐胁迫下决明幼苗生理特性的影响［J］.西南大学学报（自然科学版），2013，35（3）：36-43.

[16]　Parida A K, Das A B, Mittra B. Effects of salt on growth, ion accumulation, photosynthesis and leaf anatomy of the mangrove, Bruguiera parviflora［J］. Trees, 2004, 18（2）：167-174.

［此文原刊载于《安徽农业科学》，2017，45（23）：27-28，57］

基于正交试验的盐碱地棉田施肥技术研究

鲁雪林，王秀萍，张国新，刘雅辉，王婷婷，孙建平，姚玉涛

（河北省农林科学院滨海农业研究所）

摘　要：采用四因素三水平正交试验设计，研究了不同改土培肥方法对盐碱地棉花生长发育的影响，并筛选出改良剂的最优组合。结果表明：改良剂中磷石膏对棉花产量影响最大；最优组合为复合肥 450 kg·hm^{-2}、腐植酸 600 kg·hm^{-2}、磷石膏 22 500 kg·hm^{-2}、牛粪 7 500 kg·hm^{-2}，该处理的棉花株高中等、果枝台数、成铃数均为最高水平，最终籽棉产量最高，达到 3 146.8 kg·hm^{-2}。

关键词：棉花；盐碱地；改良剂；正交试验

棉花是公认的耐盐植物，为开发盐碱地的先锋作物，但与盐生植物相比，其耐盐能力有限[1]。在盐碱土中，过多的盐离子使土壤溶液维持较低的渗透势，超标的阴阳离子含量会对作物产生毒害，还会抑制棉花根系对 Ca^{2+}、Mg^{2+}、K^+、P^+ 的吸收，造成营养失衡。滨海盐碱地土壤盐渍化程度高、容重大，地下水位浅，矿化度高，春季干旱多风，地温上升慢，蒸发量大于降水量，土壤返盐严重，造成棉花缺苗断垄现象严重。滨海盐碱土特点是盐分主要以氯化物为主，土壤物理性状恶化，养分贫瘠，肥力低下，大多数植物生长受到不同程度的抑制，甚至不能成活[2-5]。土壤中有机肥、改良剂的施用在生产中均能取得一定的改良效果[6-11]。只有通过改良盐渍土壤，增加植物对矿质营养元素特别是 N、P、K 的吸收，盐碱地植棉才能获得高产[12-15]。本研究针对滨海盐碱地土壤土质黏重、含盐量高、有机质含量低影响棉花高产的障碍因素，开展改土增肥提高棉花产量的试验研究。研究不同土壤改良剂对盐碱地棉花生长发育的影响，旨在为实现盐碱地棉花高产稳产提供理论依据。

1　材料与方法

1.1　试验材料

棉花品种为邯 7860。

土壤改良剂有复合肥（A）、腐植酸（B）、磷石膏（C）、牛粪（D）。复合肥：N、P_2O_5、K_2O 含量均为 15%。高活性腐植酸：内蒙古西蒙科工贸集团生产，有机质干基 56%，腐植酸干基 38%。磷石膏：工业废料，主要成分 $CaSO_4$。牛粪：腐熟牛粪，有机质 56%。

1.2　试验方法

试验于 2015 年在河北省农林科学院滨海农业研究所现代农业科技成果转化基地田

间精准鉴定池进行，试验土壤为黏壤土，土壤全盐含量 0.27%，每小区由塑料布隔开，防止各处理之间渗漏。

试验采用四因素三水平 L9：（3^4）四元二次正交试验设计（表 1），共计 9 个处理，3 次重复，随机排列。所有改良剂均全部底施，小区宽 5 m，长 6m，2015 年 5 月 8 日采用行距 0.9m+0.5 m，株距 0.3 m，塑料地膜覆盖，田间其他管理同大田生产。

表1 正交设计 L_9 (3^4) 试验方案

试验号	水平组合	因子			
		复合肥（kg·hm^{-2}）	腐植酸（kg·hm^{-2}）	磷石膏（kg·hm^{-2}）	牛粪（kg·hm^{-2}）
1	$A_1B_1C_1D_1$	225	300	7 500	7 500
2	$A_1B_2C_2D_2$	225	600	15 000	15 000
3	$A_1B_3C_3D_3$	225	900	22 500	22 500
4	$A_2B_1C_2D_3$	450	300	15 000	22 500
5	$A_2B_2C_3D_1$	450	600	22 500	7 500
6	$A_2B_3C_1D_2$	450	900	7 500	15 000
7	$A_3B_1C_3D_2$	675	300	22 500	15 000
8	$A_3B_2C_1D_3$	675	600	7 500	22 500
9	$A_3B_3C_2D_1$	675	900	15 000	7 500

试验于 2015 年 4 月 25 日进行，试验土壤为黏壤土，供试材料为 7 860。

2015 年 9 月 10 日每小区连续收获 20 株棉花，调查株高、果枝数和成铃数。小区单独进行实收计产。

1.3 数据处理、统计和分析

数据录入、计算和制图采用 Microsoft Excel 2003 进行。统计分析采用 DPS 7.05 进行，多重比较采用 Tukey 法。

2 试验结果与分析

该试验为四因子 3 水平的多指标（株高、果枝台数、成铃数、籽棉产量）问题，如果做全面试验需 3^4=81 次试验，而用 L9（3^4）来做只要 9 次。同全面试验比较，工作量少了 8/9。由于缩短了试验周期，可以提高试验精度。并且对于多指标问题，采用简单对比法，往往顾此失彼，最适组合很难找到；而应用正交表来设计试验时可对各指标通盘考虑，结论明确可靠。

2.1 不同处理对棉花株高的影响

从 4 个因素不同水平棉花株高的极差（表 2）可以看出，四因素对棉花株高的影响主次顺序为磷石膏>复合肥>腐植酸>牛粪。磷石膏水平 3 处理株高最高,但三水平之间差异不显著。其他因素三水平之间差异均未达到显著水平。这跟 7 月中旬统一打顶未能使棉花充分长高有关。

表 2 不同处理的棉花株高

试验号	因子				株高（cm）
	A	B	C	D	
1	225	300	7 500	7 500	77.8
2	225	600	15 000	15 000	78.8
3	225	900	22 500	22 500	86.2
4	450	300	15 000	22 500	77.5
5	450	600	22 500	7 500	85.3
6	450	900	7 500	15 000	78.8
7	675	300	22 500	15 000	85.6
8	675	600	7 500	22 500	86.9
9	675	900	15 000	7 500	80.7
T_1	242.8	240.9	243.5	243.8	
T_2	241.6	251.0	237.0	243.2	
T_3	253.2	245.7	257.1	250.6	
K_1	80.9 a	80.3 a	81.2 a	81.3 a	
K_2	80.5 a	83.7 a	79.0 a	81.0 a	
K_3	84.4 a	81.9 a	85.7 a	83.5 a	
R	3.9	3.4	6.7	2.5	
主次顺序	2	3	1	4	

注:T_1、T_2、T_3 分别表示水平 1、水平 2、水平 3 的总和,K_1、K_2、K_3 分别为水平 1、水平 2、水平 3 的平均值,R 表示极差。下表同

2.2 不同处理对棉花果枝台数的影响

从 4 个因素不同水平棉花果枝台数的极差(表 3)可以看出,四因素对棉花果枝台数的影响主次顺序为腐植酸>磷石膏>牛粪>复合肥。腐植酸和磷石膏水平 2 处理果枝台数最高,但三水平之间差异不显著。其他因素三水平之间差异均未达到显著水平。形成原因可能跟株高相似,由于 7 月中旬统一打顶,未能使棉花充分生长有关。

表3　不同处理的棉花果枝台数

试验号	因子				果枝台数（个）
	A	B	C	D	
1	225	300	7 500	7 500	9.9
2	225	600	15 000	15 000	10.3
3	225	900	22 500	22 500	9.9
4	450	300	15 000	22 500	10.3
5	450	600	22 500	7 500	10.3
6	450	900	7 500	15 000	9.4
7	675	300	22 500	15 000	10.0
8	675	600	7 500	22 500	10.1
9	675	900	15 000	7 500	10.0
T_1	30.1	30.2	29.4	30.2	
T_2	30.0	30.7	30.6	29.7	
T_3	30.1	29.3	30.2	30.3	
K_1	10.0 a	10.1 a	9.8 a	10.1 a	
K_2	10.0 a	10.2 a	10.2 a	9.9 a	
K_3	10.1 a	9.8 a	10.1 a	10.1 a	
R	0.04	0.40	0.36	0.19	
主次顺序	4	1	2	3	

2.3　不同处理对棉花成铃数的影响

从4个因素不同水平棉花成铃数的极差（表4）可以看出，四因素对棉花成铃数的影响主次顺序为磷石膏>腐植酸>牛粪>复合肥。磷石膏对棉花单株成铃数影响显著，随用量增加单株成铃数增加，水平3处理单株成铃数最高，与水平1差异显著，但水平1和水平2二水平之间差异不显著。

表4　不同处理的棉花成铃数

试验号	因子				成铃数（个/株）
	A	B	C	D	
1	225	300	7 500	7 500	15.2
2	225	600	15 000	15 000	17.3
3	225	900	22 500	22 500	18.2
4	450	300	15 000	22 500	17.6

（续表）

| 试验号 | 因子 | | | | 成铃数 |
	A	B	C	D	（个/株）
5	450	600	22 500	7 500	20.1
6	450	900	7 500	15 000	14.7
7	675	300	22 500	15 000	17.3
8	675	600	7 500	22 500	17.8
9	675	900	15 000	7 500	17.2
T_1	50.7	50.1	47.7	52.5	
T_2	52.4	55.2	52.1	49.3	
T_3	52.3	50.1	55.6	53.6	
K_1	16.9 a	16.7 a	15.9 b	17.5 a	
K_2	17.4 a	18.4 a	17.4 ab	16.4 a	
K_3	17.4 a	16.7 a	18.5 a	17.8 a	
R	0.5	1.7	2.6	1.4	
主次顺序	4	2	1	3	

2.4 不同处理对棉花籽棉产量的影响

从4个因素不同水平棉花籽棉产量的极差（表5）可以看出，四因素对棉花籽棉产量的影响主次顺序为磷石膏>复合肥>腐植酸>牛粪。磷石膏对棉花籽棉产量影响显著，随用量增加籽棉产量增加，水平3处理籽棉产量最高，与水平1差异显著，但水平1和水平2二水平之间差异不显著，其他因素间差异未达到显著水平。这与单株成铃数的结果类似。

通过方差分析结果达到的最优组合为 $A_2B_2C_3D_1$，即复合肥 450 kg·hm^{-2}、腐植酸 600 kg·hm^{-2}、磷石膏 22 500 kg·hm^{-2}、牛粪 7 500 kg·hm^{-2}。

表5 不同处理的棉花籽棉产量

| 试验号 | 因子 | | | | 籽棉产量 |
	A	B	C	D	（kg·hm^{-2}）
1	225	300	7 500	7 500	2 226.8 b
2	225	600	15 000	15 000	2 360.1 ab
3	225	900	22 500	22 500	2 640.1 ab
4	450	300	15 000	22 500	2 533.5 ab
5	450	600	22 500	7 500	3 146.8 a

（续表）

试验号	因子				籽棉产量 (kg·hm⁻²)
	A	B	C	D	
6	450	900	7 500	15 000	2 266.8 b
7	675	300	22 500	15 000	2 520.1 ab
8	675	600	7 500	22 500	2 360.1 ab
9	675	900	15 000	7 500	2 266.8 b
T₁	7 213.7	7 267.0	6 853.7	7 627.0	
T₂	7 947.1	7 867.1	7 147.0	7 147.0	
T₃	7 147.0	7 173.7	8 293.7	7 533.7	
K₁	2 400.1 a	2 426.8 a	2 280.1 b	2 546.8 a	
K₂	2 653.5 a	2 626.8 a	2 386.8 ab	2 386.8 a	
K₃	2 386.8 a	2 386.8 a	2 760.1 a	2 506.8 a	
R	266.7	240.0	480.0	160.0	
主次顺序	2	3	1	4	
最优方案	2	2	3	1	

3 结论与讨论

本研究结果显示，在所设置的使用量范围内，复合肥、腐植酸、牛粪三因素不同用量水平的棉花株高、果枝台数、单株成铃数、籽棉产量差异均不显著，而磷石膏对棉花单株成铃数和籽棉产量影响最大，效果显著，但对株高和果枝台数影响均不大。且随使用量增加，棉花单株成铃数和籽棉产量也增加，但对株高和果枝台数影响均不大。该结果与前人的研究结果相似[16-17]。

通过极差分析和方差分析可以看出，复合肥 30 kg·hm⁻²、腐植酸 40 kg·hm⁻²、磷石膏 1 500 kg·hm⁻²、牛粪 500 kg·hm⁻²为试验的最优组合，籽棉可达最高产量，同时该组合果枝台数、单株成铃数均为最高。

参考文献

[1] 王遵亲，祝寿泉，愈仁培，等.中国盐渍土 [M].北京：科学出版社，1993.
[2] 刘阳春，何文寿，何进智，等.盐碱地改良利用研究进展 [J].农业科学研究，2007，28 (2)：68-71.
[3] 杨劲松.中国盐渍土研究的发展历程与展望 [J].土壤学报，2008，45 (5)：837-845.
[4] 刘雅辉，王秀萍，李强，等.淤泥质滨海重盐土低成本快速脱盐技术研究 [J].水土保持研究，2015，22 (1)：168-171.
[5] 王晓洋，陈效民，李孝良，等.不同肥料与石膏配施对滨海盐渍土养分的培肥效果评价

[J]. 土壤通报, 2013, 44 (1): 149-154.

[6] 张密密, 陈诚, 刘广明, 等. 适宜肥料与改良剂改善盐碱土壤理化特性并提高作物产量 [J]. 农业工程学报, 2014, 30 (10): 91-98.

[7] 刘广明, 杨劲松, 吕真真, 等. 不同调控措施对轻中度盐碱土壤的改良增产效应 [J]. 农业工程, 2011, 27 (9): 164-169.

[8] 陈德明, 俞仁培. 作物相对耐盐性的研究——Ⅱ. 不同栽培作物的耐盐性差异 [J]. 土壤学报, 1996, 33 (2): 121-128.

[9] 杨军, 邵玉翠, 高伟, 等. 不同改良剂与培肥方式对咸灌土壤改良效果的研究 [J]. 中国农学通报, 2012, 28 (36): 113-118.

[10] 李孝良, 陈效民, 徐克琴, 等. 肥料与石膏配施对滨海盐土油菜生长及养分吸收的影响 [J]. 土壤通报, 2012, 43 (5): 1 221-1 226.

[11] 张凌云, 赵庚星, 徐嗣英, 等. 滨海盐渍土适宜土壤盐碱改良剂的筛选研究 [J]. 水土保持学报, 2005, 19 (3): 21-23.

[12] 董合忠, 郭庆正, 李维江. 棉花抗逆栽培 [M]. 济南: 山东科学技术出版社, 1997: 65-90.

[13] 李文炳. 山东棉花 [M]. 上海: 上海科学技术出版社, 2001: 407-435.

[14] 孙小芳, 刘友良, 陈泌. 棉花耐盐性研究进展 [J]. 棉花学报, 1998 (10): 118-124.

[15] 王秀萍, 鲁雪林, 张国新, 等. 冀东滨海区棉花不同种植模式土壤盐分变化及对出苗率的影响 [J]. 安徽农业科学, 2009, 37 (34): 16 816-16 817.

[16] 孔祥强, 董合忠. 滨海盐碱地棉花熟相调控技术及其机理 [J]. 棉花学报, 2011, 23 (5): 466-471.

[17] 林光海, 张雄伟. 黄淮海平原盐碱地植棉技术开发研究 [J]. 棉花学报, 1985 (3): 77-87.

[此文原刊载于《安徽农业科学》, 2016, 44 (31): 140-142]

不同土壤处理除草剂对河北滨海盐碱棉田杂草的防除效果

张　谦，冯国艺，雷晓鹏，祁　虹，王树林，王　燕，梁青龙，林永增

（河北省农林科学院棉花研究所/农业部黄淮海半干旱区棉花生物学与遗传育种重点实验室）

摘　要：目的：明确滨海盐碱棉区常用土壤处理除草剂对棉田杂草的防除效果。方法：通过播种期不同施药时间及氟乐灵不同混土深度处理，比较供试除草剂对杂草的防效。结果：3种除草剂对禾本科杂草防效优于阔叶杂草，氟乐灵株防效最高，分别为88.5%和85.3%；施药时间上，播前+播后处理防效最高；氟乐灵混土效果以深耙（5 cm）优于浅耙（2 cm）。结论：供试除草剂对滨海盐碱棉田杂草具有较好的防除效果，药剂选择、施药时间及混土是提高防效的关键。

关键词：除草剂；棉田杂草；土壤处理；防效；滨海盐碱

河北省滨海盐碱耕地分布于东部低平原区和滨海平原区，覆盖沧州市、唐山市、秦皇岛市等地，面积约 $7.8×10^5$ hm²，占总耕地面积的 10.4%[1]，后备土地资源丰富。土壤盐碱化、淡水资源匮乏、降雨分布不均等自然条件不利于小麦、玉米等粮食作物种植[2]，但棉花作为开发利用耐盐碱的先锋作物能较好地适应恶劣环境[3]，且该地区光照充足、秋季气温高多风，具有发展棉花种植及生产优质棉的潜力。但滨海盐碱棉区种植规模大、管理粗放，草害严重，化学除草剂的使用不仅能有效控制杂草危害，还能减轻劳动轻度，增加植棉效益。棉花播种前或播后苗前使用除草剂进行土壤处理，可以有效控制棉田杂草对棉花苗期生长的危害[4]。不同棉区因杂草发生规律、耕作制度、自然环境的差异[5-9]，在除草剂选择和施用方式上存在不同需求特点，为进一步明确目前滨海盐碱棉区常用土壤处理除草剂对棉田杂草的防除效果，于2016年对氟乐灵、二甲戊灵、仲丁灵等3种常用土壤处理除草剂进行了田间药效试验，以期为滨海盐碱地植棉在草害控制方面提供科学依据。

1　材料与方法

1.1　供试药剂

试验选用3种盐碱棉区常用土壤处理除草剂，分别为48%氟乐灵EC（山东滨农科技有限公司）、33%二甲戊灵EC（江苏丰山集团股份有限公司）、48%仲丁灵EC（山东滨农科技有限公司）。

1.2　试验田概况

试验在河北省国营海兴农场海兴试验站进行，试验站土壤含盐量0.2%~1.0%，黏质

壤土，地下水埋深 0.8~2.2 m。除草剂试验区 0~10 cm 土层含盐量为 0.23%，pH 值为 7.8，有机质含量为 8.8 mg·kg^{-1}，碱解氮为 33.2 mg·kg^{-1}，有效磷为 9.5 mg·kg^{-1}，速效钾为 221.4 mg·kg^{-1}，无灌溉条件，为雨养旱作棉田，4月中旬进行旋耕耙平，镇压保墒，4月28日进行除草剂处理和覆膜播种，棉花大小行覆膜播种，大行距 1.0 m，小行距 0.45 m，其他管理措施同大田。

1.3 试验设计

试验分两组：（1）氟乐灵、二甲戊灵、仲丁灵防除效果比较。设10个处理，3种除草剂用量按照常用推荐剂量使用，分别为48%氟乐灵 EC 1 080 g a.i./hm^2、33%二甲戊灵 EC 742.5 g a.i./hm^2、48%仲丁灵 EC 1 080 g a.i./hm^2，施药时间分别为播前、播后覆膜前、播前+播后覆膜前，另设清水作为空白对照，每处理3次重复，小区面积 5 m×5 m，随机区组排列。（2）氟乐灵混土效果比较。设3个处理，48%氟乐灵 EC 用量为 1 080 g a.i./hm^2，参照当地常规耕作方式，在播种前进行地表喷施后立即耙平混土，混土分别为浅耙（2 cm）、深耙（5 cm），另设不混土作为空白对照，每处理3次重复，小区面积 5 m×5 m，随机区组排列。

1.4 调查内容及方法

2014—2015年对试验区杂草种类进行初步调查，优势杂草包括禾本科杂草：芦苇、稗草、虎尾草；阔叶杂草：碱蓬、小蓟、苍耳、苘麻、马齿苋，本研究将以上8种杂草作为药剂防治目标杂草进行统计，其他类杂草进行人工拔除，不做统计分析。杂草防效调查采取5点取样法，每样方 0.5 m×0.5 m，分别于药后 30 d 和药后 45 d 调查目标杂草株数，药后 45 d 调查株防效的同时称量杂草鲜重。

1.5 数据统计分析

根据调查记录的结果计算各类处理对棉田杂草的株防效、鲜重防效计算公式如下。

$$株防效(\%)=(1-处理区杂草株数/对照区杂草株数)\times100 \tag{1}$$
$$鲜重防效(\%)=(1-处理区杂草鲜重/对照区杂草鲜重)\times100 \tag{2}$$

2 结果与分析

2.1 不同药剂及施药时间对棉田杂草的防除效果

3种常用土壤处理除草剂对棉田禾本科杂草的防除效果分别见表1。施药后 30 d，48%氟乐灵 EC、33%二甲戊灵 EC、48%仲丁灵 EC 的最高防效分别为88.5%、69.2%、86.5%，48%氟乐灵 EC 对禾本科杂草的防效最高，33%二甲戊灵 EC 防效最低。不同施药时间方面，3种药剂均表现为播前+播后施药防效最高，48%氟乐灵 EC 播前、播后施药防效分别为77.9%、57.7%，播后施药防效最低，这与氟乐灵易光解易挥发，播后施药受限于播种沟，混土效果不理想有关；33%二甲戊灵 EC 播前、播后施药防效分别为49.0%、55.8%，48%仲丁灵 EC 播前、播后施药防效分别为53.8%、64.4%，表现为播后施药防效优于播前，这与滨海盐碱地植棉特殊的播种方式有关，因春季盐分向表层积聚，播种时利用分土器将含盐量较高的表层土推开，之后开沟覆膜播种，这就减少了膜下杂草发芽遇药的概率，降低了土壤除草剂对杂草的防除效果。

药后 45 d，3 种药剂对目标杂草的株防效均有所降低，48%氟乐灵 EC、33%二甲戊灵 EC、48%仲丁灵 EC 的最高防效分别为 85.2%、61.3%、74.8%，48%氟乐灵 EC 仍表现为较好的防除效果，33%二甲戊灵 EC 防效最差；3 种药剂对禾本科杂草的生长具有明显抑制作用，鲜重防效优于株防效，48%氟乐灵 EC、33%二甲戊灵 EC、48%仲丁灵 EC 鲜重防效分别为 53.0%～91.4%、55.4%～76.9%、75.1%～83.1%。

表1 不同药剂及施药时间对棉田禾本科杂草的防除效果

药剂	施药时间	药后 30 d		药后 45 d			
		杂草株数（株·m⁻²）	株防效（%）	杂草株数（株·m⁻²）	株防效（%）	杂草鲜重（g·m⁻²）	鲜重防效（%）
48%氟乐灵 EC	播前	4.6	77.9 ab	12.2	72.6 ab	20.2	77.6 b
	播后	8.8	57.7 bc	21.5	51.7 c	42.4	53.0 c
	播前+播后	2.4	88.5 a	6.6	85.2 a	7.8	91.4 a
33%二甲戊灵 EC	播前	10.6	49.0 c	24.6	44.7 c	40.2	55.4 c
	播后	9.2	55.8 bc	21.2	52.4 c	30.6	66.1 bc
	播前+播后	6.4	69.2 b	17.2	61.3 b	20.8	76.9 b
48%仲丁灵 EC	播前	9.6	53.8 c	21.4	51.9 c	22.5	75.1 b
	播后	7.4	64.4 b	18.6	58.2 bc	20.8	76.9 b
	播前+播后	2.8	86.5 a	11.2	74.8 ab	15.2	83.1 ab
清水对照		20.8		44.5		90.2	

$$表1中的杂草株数等数据使用株·m^{-2}与g·m^{-2}为单位$$

由表2可以看出：3 种常用土壤处理除草剂对棉田阔叶杂草也表现出了较好的防除效果，目标杂草数量及鲜重明显低于对照处理，但低于对禾本科杂草的整体防效。施药后 30 d，48%氟乐灵 EC、33%二甲戊灵 EC、48%仲丁灵 EC 的最高防效分别为85.3%、62.1%、81.1%，48%氟乐灵 EC 防效最高，33%二甲戊灵 EC 防效最低。不同施药时间方面，3 种药剂同样表现为播前+播后施药防效最高，48%氟乐灵 EC 播前、播后施药防效分别为 32.6%、63.2%；33%二甲戊灵 EC 播前、播后施药防效分别为 46.7%、55.1%，48%仲丁灵 EC 播前、播后施药防效分别为 62.1%、71.2%，表现为播后施药优于播前。药后 45 d，3 种药剂对目标杂草的株防效均有所降低，48%氟乐灵 EC、33%二甲戊灵 EC、48%仲丁灵 EC 的最高防效分别为 83.8%、61.2%、80.6%，48%氟乐灵 EC 仍表现为较好的防除效果，33%二甲戊灵 EC 防效最差；3 种药剂对阔叶杂草的鲜重防效优于对禾本科的鲜重防效，48%氟乐灵 EC、33%二甲戊灵 EC、48%仲丁灵 EC 鲜重防效分别为 75.9%～94.4%、73.8%～85.3%、65.7%～92.7%。

表2　不同药剂及施药时间对棉田阔叶杂草的防除效果

药剂	施药时间	药后 30 d		药后 45 d			
		杂草株数 （株·m^{-2}）	株防效 （%）	杂草株数 （株·m^{-2}）	株防效 （%）	杂草鲜重 （g·m^{-2}）	鲜重防效 （%）
48%氟乐灵 EC	播前	10.5	63.2 b	15.6	61.2 b	40.6	79.8 b
	播后	19.2	32.6 b	28.4	29.4 c	48.4	75.9 b
	播前+播后	4.2	85.3 a	6.5	83.8 a	11.2	94.4 a
33%二甲戊灵 EC	播前	15.2	46.7 b	23.5	41.5 c	52.6	73.8 b
	播后	12.8	55.1 b	19.5	51.5 bc	48.2	76.0 b
	播前+播后	10.8	62.1 b	15.6	61.2 b	29.4	85.3 ab
48%仲丁灵 EC	播前	10.8	62.1 b	18.5	54.0 bc	68.8	65.7 b
	播后	8.2	71.2 ab	12.9	67.9 b	30.5	84.8 ab
	播前+播后	5.4	81.1 a	7.8	80.6 a	14.6	92.7 a
清水对照		28.5		40.2		200.6	

2.2　混土深度对氟乐灵防除杂草效果的影响

针对氟乐灵易光解特性，植棉施用中必须在喷施后立即混土，不同混土处理对棉田杂草的防除效果存在差异（表3）。喷施氟乐灵后，混土处理中杂草数量及鲜重要明显低于不混土处理，浅耙与深耙都会保持较好的防除效果，且深耙效果更好。药后30 d，深耙对禾本科和阔叶杂草的株防效分别为87.9%、73.5%，浅耙为72.8%、65.4%；药后45 d，深耙对禾本科和阔叶杂草的株防效分别为78.0%、71.0%，浅耙为56.5%、59.7%，鲜重防效仍优于株防效，深耙对禾本科和阔叶杂草的鲜重防效分别为92.7%、73.1%，浅耙为76.5%、70.5%。

表3　混土处理对棉田杂草的防除效果

防除对象	混土处理	药后 30 d		药后 45 d			
		杂草株数 （株·m^{-2}）	株防效 （%）	杂草株数 （株·m^{-2}）	株防效 （%）	杂草鲜重 （g·m^{-2}）	鲜重防效 （%）
禾本科杂草	浅耙	7.2	72.8 b	16.6	56.5 b	20.8	76.5 ab
	深耙	3.2	87.9 a	8.4	78.0 a	6.5	92.7 a
	不混土	26.5		38.2		88.5	
阔叶杂草	浅耙	12.4	65.4 c	18.8	59.7 b	46.2	70.5 b
	深耙	9.5	73.5 b	13.5	71.0 a	42	73.1 b
	不混土	35.8		46.6		156.4	

3 结论与讨论

棉田杂草是造成棉花产量损失的重要因素之一，喷施除草剂是防除棉田杂草的有效途径且被广泛应用，但生产应用中要充分考虑种植模式、气候因素、地域性杂草群落组成等差异化因素。本研究对河北滨海盐碱棉田常用的48%氟乐灵EC、48%仲丁灵EC、33%二甲戊灵EC等3种土壤处理除草剂对芦苇、稗草、虎尾草、碱蓬、小蓟、苍耳、苘麻、马齿苋等8种优势杂草进行了田间药效试验，并对氟乐灵进行了不同深度混土对杂草防效的影响研究，结果表明：在推荐使用量条件下，3种除草剂对棉田杂草有很好的防除效果，对禾本科杂草防除效果优于阔叶杂草，对杂草生长均有抑制作用，鲜重防效优于株防效，综合防效来看，48%氟乐灵EC对杂草防效最高，48%仲丁灵EC居中，33%二甲戊灵EC较差；施药时间的选择对除草效果有显著影响，3种除草剂均为播前+播后处理的防效最高，二甲戊灵、仲丁灵在播后喷施效果要优于播前喷施，氟乐灵因其光解特性，播后喷施效果不佳；氟乐灵喷后混土是其发挥除草作用的关键，深耙（5 cm）比浅耙（2 cm）的混土效果更好，有利于提高氟乐灵的防效。针对河北滨海盐碱棉区推表层土及覆膜等播种特点，建议采取整地播种前喷施氟乐灵并及时混土，播后覆膜前喷施仲丁灵或二甲戊灵来增加苗期杂草的防除效果。

3种除草对一年生禾本科杂草和部分阔叶杂草表现了较好的整体防效，但对多年生禾本科的芦苇及藜科阔叶杂草碱蓬防除效果均不理想，而这两类杂草正是滨海盐碱地的主要优势杂草，分布范围广、繁殖能力强，对棉花产量影响较大。目前，生产中多采取喷施苗后茎叶除草剂（盖草能、草甘膦）或中耕进行防除，生产成本与环境代价都相应增加。因此多种类型土壤处理除草剂的筛选及茎叶处理除草剂的高效安全喷施技术是下一步研究的重点。

除草剂对棉花的安全性测定也是除草剂高效利用的关键环节[10-11]，播前+播后均喷施除草剂会加大除草剂的使用量，可能会对棉花生产生药害（本试验中未发现明显药害死苗现象，对棉花性状影响未做深入研究），另一方面过量施用也造成了药剂浪费和环境污染，因此除草剂对棉花的安全性评价、适宜用量的确定、除草剂高效喷施技术等研究也亟待开展。

参考文献

[1] 马凤娇，谭莉梅，刘慧涛，等.河北滨海盐碱区暗管改碱技术的降雨有效性评价 [J].中国生态农业学报，2011，19（2）：409-414.

[2] 张谦，王树林，祁虹，等.河北棉区战略东移稳棉增粮的决策依据 [J].天津农业科学，2016，22（3）：36-39.

[3] 中国农业科学院棉花研究所.中国棉花栽培学 [M].上海：上海科学技术出版社，1983：172-174.

[4] 张朝贤，朱文达，曲哲，等.棉田和油菜田杂草化学防除 [M].北京：化学工业出版社，2004：49-56.

[5] 马小艳，刘春琴，李晋宇，等.河北省沧州地区棉田杂草群落特征 [J].杂草科学，2014，

32（1）：42-45.

[6] 李美，高兴祥，刘士国，等.山东盐碱地棉田不同杂草群落对棉花产量影响研究 [J]. 草业学报，2013，22（6）：328-334.

[7] 强胜，沈俊明，张成群，等.种植制度对江苏省棉田杂草群落影响的研究 [J]. 植物生态学报，2003，27（2）：278-282.

[8] 马小艳，马艳，奚建平，等.种植模式对棉田土壤处理除草剂除草效果的影响 [J]. 杂草科学，2011，29（1）：23-27.

[9] 郭建军，王湘峻，李凯，等.山东覆膜棉田杂草调查及化学除草剂应用 [J]. 农药科学与管理，2016，37（1）：47-50.

[10] 连玉朱，王金信，李浙江，等.几种棉田除草剂大田防除效果及其对棉花的安全性测定 [J]. 农药，2006，45（4）：270-271，277.

[11] 江海澜，王俊刚，邓小霞，等.二甲戊乐灵乳油施用深度和剂量对棉苗生长的影响 [J]. 杂草科学，2011，29（2）：26-31.

［此文原刊载于《农药》，2017，56（9）：688-691］

滨海淤泥质盐土区暗管降盐效果研究

张国新，王秀萍，李可晔，姚玉涛，鲁雪林，刘雅辉

(河北省农林科学院滨海农业研究所/唐山市植物耐盐研究重点实验室/
河北省盐碱地绿化工程技术研究中心)

摘　要：目的：探讨滨海淤泥质盐土区暗管埋设的适宜参数。方法：试验设计60、80、100 cm 3 个暗管埋深，5、10、15 m 3 个暗管间距，共 9 个处理，0~20 cm、20~40 cm、40~60 cm 3 个土层定点取样，辅助滴管，进行盐分变化分析。结果：A1B1、A1B2、A1B3、A2B1 4 个处理 0~60 cm 土体盐分最低，平均含盐量 5.4~6.4 g·kg^{-1}，较原始盐分土壤降低 60% 以上，降盐效果明显。结论：淤泥质滨海盐土区辅助滴管措施，暗管埋深 60~80 cm 为宜；80 cm 埋深下，暗管间距不宜高于 10 m，在 5~7 m 具有较好的降盐效果。

关键词：滨海区；淤泥质盐碱地；暗管；降盐

盐碱地是重要的土地后备资源，我国盐碱地面积约为 9 900 万 hm^2，其中滨海盐土、海涂面积约为 220 万 hm^2[1-2]，河北作为环渤海重要省份，海岸线 487 km，滨海滩涂面积占环渤海的 16.2%，约为 11 万 hm^2[3]，该区土壤土质黏重、透气性差，土壤钠吸附比高，植被覆盖率极低，生态较恶劣。随着京津冀一体化发展，黄骅港、曹妃甸港等港口群崛起，如何对大面积的滨海盐土快速降盐改良，使生态改善、环境美化是迫切需要解决的技术问题。

暗管排盐，是有效改良盐碱地的一种工程措施。我国从 20 世纪 60 年代开始，河南、江苏等省率先开展暗管排水试验[4]。20 世纪 80 年代至今，在江苏、山东、新疆、天津、河北、吉林等不同盐碱地类型区，陆续开展了塑料暗管排水进行改良盐碱土技术及适宜性的研究[5-10]，在中度及以下盐碱地、低产田降盐增产取得较显著效果，但在含盐量高于 15 g·kg^{-1} 的滨海盐土区土壤降盐研究却鲜见报道。本文针对滨海盐土含盐量高、土质黏重等特点，辅助滴管及表土改良措施，进行不同间距暗管降盐效果对比研究，探讨改良模式下不同暗管间距降盐效果，明确滨海盐土区暗管设置参数，为滨海盐土改良及利用提供理论数据支撑。

1　试验材料与方法

1.1　试验区土壤概况

本试验区地点在曹妃甸生态城，海水养殖还滩地，土壤为滨海盐土，0~60 cm 土体平均含盐量 16.1 g·kg^{-1}，pH 值 7.7~8.0，土壤容重 1.83 g·cm^{-1}，土质黏重，植

被稀少，以碱篷为主。

1.2 试验设计

试验地东西长 270 m，宽 20 m。试验设埋深、间距 2 个因素，其中埋深（A）设 3 个水平，分别为 60 cm（A1）、80 cm（A2）、100 cm（A3），间距（B）设 3 个水平，分别为 5 m（B1）、10 m（B2）、15 m（B3），随机排列，共计 9 个处理，依次为 A1B1、A1B2、A1B3、A2B1、A2B2、A2B3、A3B1、A3B2、A3B3。暗管采用网孔螺纹管，直径 75 mm，外用无纺布包裹，铺设斜率 2‰，暗管四周用粒沙填补，原土回填。每处理连续排列重复 3 次。东西边沟设置成排水沟，沟深 1.2 m，宽 0.8 m，暗管与边沟相通，2014 年秋季进行滴灌滴管水量统一为 300 m³/亩，洗盐淋盐，2015 年春季在滴灌下进行高丹草种植。

1.3 取样及测定方法

定点取样。9 个处理均在暗管中间距离取样。为了考察暗管间不同点距盐分变化，在 A2B1、A2B2、A2B3 三个处理横向增加了取样点，A2B1 在离暗管 0.5 m、1.5 m、2.5 m 处分别进行 3 点取样；A2B2 处理在离暗管 1.5、3.5、5 m 处分别进行 3 点取样；A2B3 处理在离暗管 1.5、3.5、5.5、7.5 m 处进行 4 点取样。以上每样点取样深度均为 0～20 cm，20～40 cm，40～60 cm。取样时间 2015 年 10 月 10 日。测定土壤盐分，采用电导法[11]，用 Microsoft Excel 进行数据分析。

2 结果分析

2.1 不同暗管处理对土壤盐分的影响

从图 1 看出，A1B1、A1B2、A1B3、A2B1 四个处理 0～60 cm 土体平均盐分较低，平均含盐量在 5.4～6.4 g·kg⁻¹，较原始盐分土壤降低 60% 以上，降盐效果明显。其他 5 个处理 0～60 cm 土体平均含盐量 9.8～11.9 g·kg⁻¹，其中 A3B1、A3B2、A3B3 三个处理盐分均达到 10 g·kg⁻¹ 以上。从 0～20 cm、20～40 cm、40～60 cm 土层盐分分析看，A1B1、A1B2、A1B3、A2B1 四个处理的土层间盐分呈现 0～20 cm 表层<20～40 cm 中层<40～60 cm 深层，0～20 cm 表层盐分含量在 3.2～4.1 g·kg⁻¹，40～60 cm 深层土壤盐分含量则相对较高，数值在 7.2～9.3 g·kg⁻¹，说明在滴管及暗管共同作用下，盐分向深层土壤运移并随暗管排出，但深层具有一定盐分聚集现象。其他 5 个处理的 3 个土层盐分变化，呈现 20～40 cm 中层<0～20 cm 表层<40～60 cm 深层，其中 0～20 cm 表层盐分含量均达到 10 g·kg⁻¹ 左右，3 个土层盐分均保持了较高水平，说明该处理组合下，滴管+暗管排盐缓慢，降盐效果不明显。

2.2 不同暗管埋深及暗管间距对土壤盐分的影响

从图 2 中 3 个不同埋深看，60 cm 埋深盐分最低，5、10、15 m 间距的土壤盐分分别为 6.4、5.7、5.4 g·kg⁻¹，3 个间距处理间盐分变化不明显；80、100 cm 暗管埋深

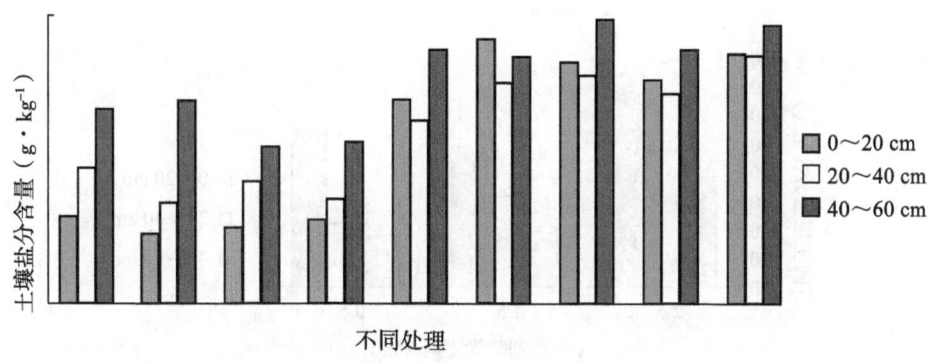

图1　不同处理土壤盐分变化

下，随着暗管间距增加，盐分逐渐增大，其中 100 cm 埋深下，3 个间距处理盐分均达到 10 g·kg⁻¹以上，且处理间差异不明显，说明该暗管埋深及间距组合降盐效果最差。埋深 80 cm 的 3 个间距处理，随着暗管间距增加，盐分逐渐增加，3 个间距土壤盐分依次为 5.4、9.8、11.2 g·kg⁻¹，尤其间距达到 10 m 以上时，土壤盐分增加 1 倍，说明该埋深处理下 10 m 以上参数处理降盐效果差。

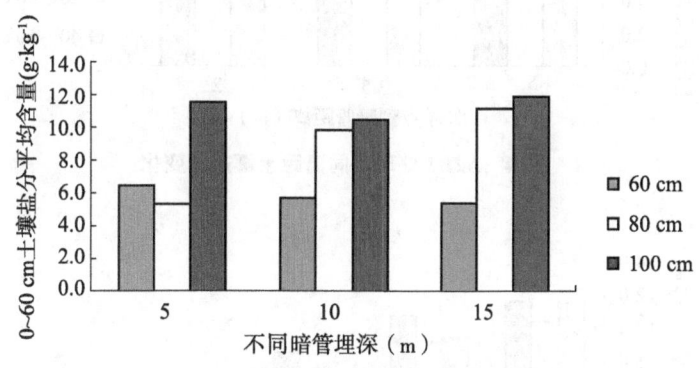

图2　不同暗管埋深及间距对土壤盐分影响

2.3　不同暗管离距对土壤盐分的影响

由于 80 cm 埋深下，5 m 达到了较好降盐效果，但与其他两个间距处理的盐分差异过大，为了探明间距对盐分的影响，更准确地设置间距水平，本研究对 80 cm 埋深的 A2B1、A2B2、A2B3 三个处理，进行了暗管横向距离的不同样点盐分分析。从图 3～5 中看出，5 m、10 m、15 m 三个间距处理组合，取样点离暗管越近，不同土层盐分均逐渐减少。总体看样点离暗管距≥5 m 时，3 个处理的 60 cm 土体盐分含量在 10 g·kg⁻¹左右，当样点离暗管距降到 3.5 m 时（A2B2、A2B3），盐分均降低到 6 g·kg⁻¹，下降 40%，说明暗管间距达到 7 m 时，可起到较明显的降盐效果。当样点离暗管距降低到 1.5 m 时，0～60 cm 土体盐分降低到 3 g·kg⁻¹左右，降低了 80%，脱盐显著，说明 80 cm 埋深暗管，暗管间距越小，脱盐效果越好，5 m 以下，效果应更显著。

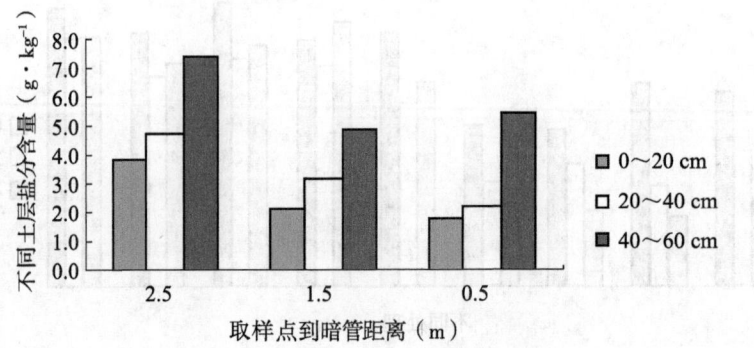

图3 A2B1处理不同离距土壤盐分变化

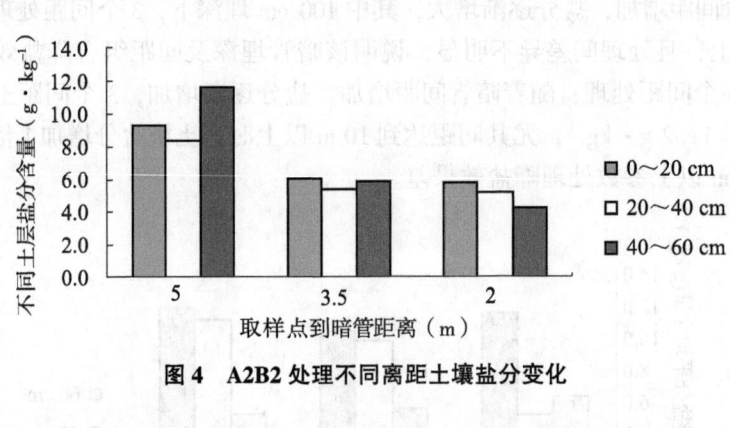

图4 A2B2处理不同离距土壤盐分变化

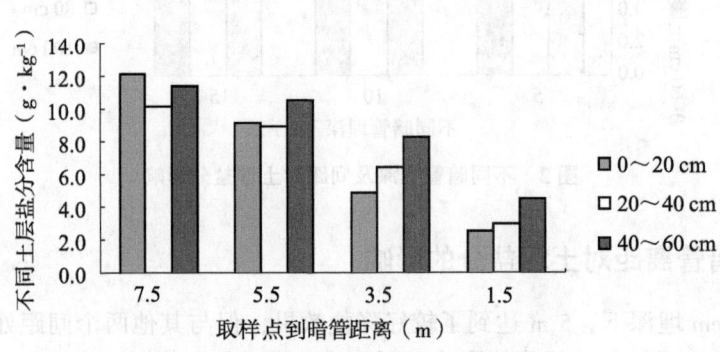

图5 A3B3处理不同离距土壤盐分变化

3 结论与讨论

盐土作为滨海区盐分最高的土壤类型，1 m土体盐分一般达到10 g·kg⁻¹以上，由于受成土类型及地下水矿化度高、埋深浅等影响，其盐分垂直空间变化相对不明显。而该研究中，9个处理60 cm土体盐分较原始土壤比，均不同程度降低，说明滴管下的暗管处理组合，起到了降盐效果。

不同埋深处理下，60 cm埋深的5、10、15 m间距的土壤盐分均较原土平均降盐

60%以上，说明暗管埋深 60 cm、暗管间距低于 15 m 的暗管布置，降盐能达到良好效果；100 cm 埋深下，3 个间距处理盐分均达到 10 g·kg⁻¹ 以上，降盐效果最差。80 cm 暗管埋深下，随着暗管间距增加，盐分逐渐增大，其中 5 m 间距处理盐分仅为 5.4 g·kg⁻¹，盐分最低，但达到 10 m 以上时，土壤盐分增加 1 倍，说明该埋深处理下 5 m 间距能起到较好降盐效果。

通过对暗管横向距离不同样点盐分分析，当样点离暗管距为 3.5 m 时，盐分下降 40%，说明 80 cm 埋深下，暗管间距 7 m，就可起到较明显的降盐效果。说明 80 cm 埋深暗管，暗管间距越小，脱盐效果越好，5～7m 可达到较好降盐效果。

滨海盐土区由于土质黏重，盐分含量高、土壤结构性差，从多年的盐碱地改良看，单一手段均无法得到较好效果，本试验采用辅助滴管措施进行，试验数据是在滴管措施辅助下得出，所以本结果适用于滴管或淡水保证下的滨海盐土区的暗管排盐设置。

参考文献

[1] 王遵亲，等. 中国盐渍土 [M]. 北京，科学出版社，1993. 250-251.
[2] 《中国海岸带土地利用》编写组. 中国海岸带土地利用 [M]. 北京：海洋出版社，1993.
[3] 何书金，李秀彬，刘盛和. 环渤海地区滩涂资源特点与开发利用模式 [J]. 地理科学进展，2002，21 (1)：25-33.
[4] 李华. 暗排技术在不同类型农田土壤改良中的应用研究进展 [J]. 现代农业科技，2014，19：242-245.
[5] 周明耀，陈朝如，毛春生，等. 滨海盐土地区暗管排水系统布置模式的研究 [J]. 江苏农业研究，2000，21 (3)：34-38.
[6] 迟道才，程世国，张玉龙，等. 国内外暗管排水的发展现状与动态 [J]. 沈阳农业大学学报，2003，34 (3)：312-316.
[7] 陈阳，张展羽，冯根祥，等. 滨海盐碱地暗管排水除盐效果试验研究 [J]. 灌溉排水学报，2014，33 (3)：38-41.
[8] 刘玉国，杨海昌，王开勇，等. 新疆浅层暗管排水降低土壤盐分提高棉花产量 [J]. 农业工程学报，2014，30 (16)：84-88.
[9] 谭莉梅，刘金铜，刘慧涛，等. 河北省近滨海区暗管排水排盐技术适宜性及潜在效果研究 [J]. 中国生态农业学报，2012，20 (12)：1 673-1 679.
[10] 李凯，窦森，张庆联，等. 暗管排水技术及其在苏打盐碱土改良上的应用 [J]. 吉林农业科学，2012，37 (1)：41-43.
[11] 中国科学院南京土壤研究所. 土壤理化分析 [M]. 上海：上海科学技术出版社，1978：469-514.

[此文原刊载于《安徽农业科学》，2018，46 (6)：124-125，153]

五、评价与建议

Evaluation of developing agricultural recycling economy in Hebei

CHEN Wei, LIN Nan

(School of Economics and Management Hebei University of Science
and TechnologyShijiazhuang, China)

Abstract: On the basis of agricultural recycling economy's connotation, this paper constructs index system to comprehensively evaluate the development of agricultural recycling economy, which includes 4 classification indexes, namely, economic and social development, resource reduction and input, resource recycling and reutilization, and resource environment and security, altogether 16 operational indexes. Then, this paper assesses the development of agricultural recycling economy in Hebei from 2004 to 2013. The results show that the overall level of Hebei agricultural recycling economy increases gradually, which is mainly driven by the increase of agricultural output. Reduction of resource input is the major constraint factor; resource recycling level has been maintaining the same for years; agricultural resource environment and security are basically guaranteed.

Keywords: Recycling economy; Agricultural economy; Analytic hierarchy process; Analysis and evaluation; Agricultural development

1 Introduction

The overall objective of agriculture with recycling economy is to reduce the investment of resources and materials in the life cycle of agricultural products as well as outputs and emission of waste for the positive interaction between agricultural economy and ecological benefits. The development mode of recycled agricultural economy is the most fundamental and effective way to truly change the operation of economy, improve efficiency of resource utilization, reduce environmental pollution and protect ecological environment.

Agriculture plays a pivotal role in national economy, and as a major agricultural province, Hebei has the objective requirements for developing agricultural recycling economy. First of all, there is a huge pressure on Hebei's population and resources. Till the end of 2014, there were 73, 837, 500 people in Hebei, which is expected to increase to 76 million in 2020. How to solve the problem of food self-sufficiency to such a large amount of population is particularly important to ensure the national food security. Contradiction between people and land is very prominent in Hebei with extreme water scarcity. Drought and disasters affect an increasing huge area in recent years. Secondly, as the most important food, fruit and vegetable and livestock production base, Hebei has strong momentum of export-oriented agricultural economy. With the improvement of people's living standards and diet structure, there is growing demand for the quantity and quality of agricultural products, providing huge market space for the development of agricultural recycling economy. In addition, located at the special location of inner Beijing-Tianjin ring, Hebei is the ecological barrier and water conservation of both Beijing and Tianjin as its agro-ecological environment is not only related to its own development, but also has a significant impact on the ecological environment of both Beijing and Tianjin.

In order to realize sustainable development of Hebei's agriculture and accelerate the construction of recycling agriculture, scientific evaluation of the development of agricultural recycling economy has important practical significance to analyzing the advantages and disadvantages of developing agricultural recycling economy. Domestic scholars have made preliminary exploration into the development of agricultural recycling economy[1,2], the obvious common points of which are the established index system is territorial, and the evaluation results has obvious referential significance for guiding the development of regional agricultural recycling economy while not being universal. Therefore, corresponding evaluation should be made according to the actual development of each region in order to guide the development of each region more accordingly[3,4].

2 Construction of metric system to measure the development of recycling economy and determination of weights

2. 1 Principles in constructing metric system to measure the development of agricultural recycling economy

Targeted principle: the index system must address the essential connotation of recycling economy and truly reflect the development of agricultural economic system's recycling function. According to the "reduction", the output of resources, "recycling" and waste of "reuse" principle inputs into agricultural production systems, taking into account social, economic and ecological benefits of unity.

Feasible Principle: To ensure comparability index data, can be found and quantitative, make full use of available statistics to ensure statistical consistency, ease of analysis results of the application.

Level Principle: Any index of the development of agricultural recycling economy is internally related to other indexes. In order to construct index system to evaluate the development of regional agricultural recycling economy, different levels of agricultural recycling economy's development should be fully reflected within the overall target so as to choose operational indexes at different levels.

Leading Principle: There are complicated factors affecting the system of agricultural recycling economy and they have different degrees of impact on the system. Main contradiction must be grasped in choosing index and main factors affecting the system's material recycling and energy flow should be chosen so as to make the evaluation results more scientific.

Systematic Principle: Agricultural circular economyis to achieve high efficiency, reduction of the use of agricultural resources, effective security resources and the environment, to achieve the ultimate goal of economic development and social progress[6].

2.2 Evaluation of agricultural recycling economic development is comprehensive with the index being able to fully, comprehensively and systematically reflect the material recycling and energy conversion of agricultural recycling economic system[5]

Taking into account the complexity of content and a fullrange of agricultural circular economy, development of agricultural circular economy evaluation index system consists of 4 types of indicators and indexes of 16 operations (Table 1), in which the connotation of agricultural circular economy to set the class extension of operation index is a detailed description of the types of indicators[7].

Economic and Social Development Indexes: they are used to measure the economic and social benefits achieved during the process of developing agricultural recycling economy, that is, the production link. 6 indexes are chosen, including agricultural output per unit, commodity rate of forestry, animal husbandry and fishery as well as farmers' net income level, etc.

Indexes of Reduced Resource Input: they mainly reflect theinput of production factors like materials and energy in the agricultural production system, and 4 indexes such as intensity of chemical fertilizer, usage of pesticide and agricultural energy consumption, etc.

Indexes of Resource Recycling and Reutilization: they mainly reflect the capacity of effectively utilizing resources within the system and turning wastes into resources during the agricultural production process; two indexes are chosen: multiple cropping index and fertilizer efficient utilization coefficient.

Indexes of Resource and Environmental Security: they mainly reflect the impact of environment of the agro-ecological system and agricultural production process on resources and environment; three indexes are chosen: forest coverage rate, effective irrigation coefficient and per capita arable land.

The above 4 indexes are internally related, herein, reduced input of resources and resource recycling and reutilization index are set according to the "3R" principle to evaluate the internal production process of recycling agriculture while economic and social development as well as resource and environment security indexes are to evaluate the degree of achieving the goal of economic, social and ecological benefits.

2.3 Weight determination of agricultural recycling economic development indexes

Analytic hierarchy process (AHP) is used in this research to determine the weight of each index, and the results of calculating the weight of index at each level is shown in Table 1.

3 Empirical research of evaluating the development of agricultural recycling economy in Hebei

3.1 Acquisition of original data

Original data in this research are taken from 2004—2013 Hebei Economic Yearbook, Statistical Yearbook of Rural Hebei Province, Hebei Water Resource Bulletin as well as Hebei environment statistics and statistics of animal husbandry in Hebei Province[7].

3.2 Standardized process of original data.

In order to unify the index dimension and narrow the numerical differences between indexes, reference value's standardization method is used, that is, take 2004 as the reference year and ratio of corresponding operational index of other years to reference value as the normalized value. Standardized method of the reference value is targeted at two types of indexes, one is the negative index that the smaller the original value, the more beneficial to recycling economy, such as ten thousand yuan agricultural production, water consumption and agricultural energy consumption index, etc. Another is positive index that the larger the original value, the more beneficial to recycling economy, such as farmers' per capital net income and crop utilization rate, etc.

The specific calculation method is as followed:

$$\text{Negative index: } X'_{ij} = S_{ij}/X_{ij} \quad (1) \quad \text{Positive index: } X'_{ij} = X_{ij}/S_{ij} \quad (2)$$

In the formula, X'_{ij} is the joperation index value of i category after the standardization process, X_{ij} refers to the original value of joperation index of i category, and S_{ij} refers to the original value of j operation index of i category in the reference year.

3.3 Construction of evaluation model

This research uses additive model to measure the development level of agricultural recycling economy, that is:

$$S = \sum_{i,j=1}^{n,m} C_{ij}W_{ij} \quad (i = 1,\cdots,m; j = 1,\cdots,n)$$

In the formula, C_{ij} is the standardized value of each single index, W_{ij} is the corresponding weight of each index and S is the comprehensive score from evaluating the development of agricultural recycling economy.

Table 1　Index and weight value of agricultural recycling economic development

Target Level (A)	Control Level (B)	Index Level (C)	Weight
Index to Evaluate Hebei Agricultural Recycling Economy (A)	Economic and Social Development (B1)	C11 Agricultural Production of Per Unit Area (Yuan · hm^{-2})	0.11
		C12 Farmer's Per Capita Annual Net Income (Yuan/people · year)	0.11
		C13 Per Capita Food Production (kg · hm^{-2})	0.11
		C14 Grain Yield Per Unit Area (kg · hm^{-2})	0.11
		C15 Commodity Rate of farming, forestry, animal husbandry and fishery (%)	0.05
		C16 Total Power of Agricultural Machinery (10^{4}kW)	0.03
	Reduced Input of Resources (B2)	C21 Intensity of Fertilizer C21 (kg · hm^{-2})	0.03
		C22 Agricultural Energy Consumption Coefficient (10^4/10^8 Yuan)	0.06
		C23 Utilization of Fertilizer (kg · hm^2)	0.01
		C24 Utilization of Plastic Sheeting (kg · hm^2)	0.06
	Resource Recycling & Reutilization (B3)	C31 Fertilizer Effective Utilization Coefficient (Yuan · kg^{-1})	0.08
		C32 Multiple Cropping Index (%)	0.08
	Resource Environment & Security (B4)	C41 Forest Coverage Rate (%)	0.07
		C42 Effective Irrigation Coefficient	0.02
		C43 Per Capita Arable Land (hm^2/people)	0.01
		C44 Per Capita Water Resource Amount (m^3/people)	0.06

4　Analysis of Evaluation Results.

4.1　Analysis of Comprehensive Development Level of Hebei Agricultural Recycling Economy

Process and calculate data collected by using the above evaluation method to obtain the results of comprehensive evaluation of Hebei agricultural recycling economic development (as shown in Fig. 1). It can be seen from Fig. 1 that in general, in 2004—2013, the development level of Hebei agricultural recycling economy gradually improves, and the comprehensive evaluation index of 2013 recycling economy is 1.86 times of that in 2004. during 2004—2006, comprehensive index of recycling economy is between 1～1.08, comprehensive evaluation index rate of change is slow, the average annual rate of 3.9 per cent rise for the infancy; period from 2007 to 2009, the circular economy index living between 1.15～1.32,

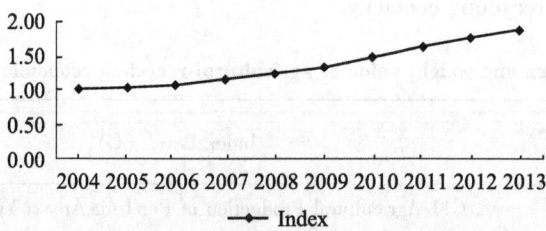

Figure 1. Comprehensive evaluation results of 2004—2013 agricultural recycling economy in Hebei

with an average annual growth rate of 7. 1%, for the acceleration phase; 2010 economic composite Index to 2013 living between 1. 48~1. 86, with an average annual growth rate of 7. 9%, in a relatively stable stage.

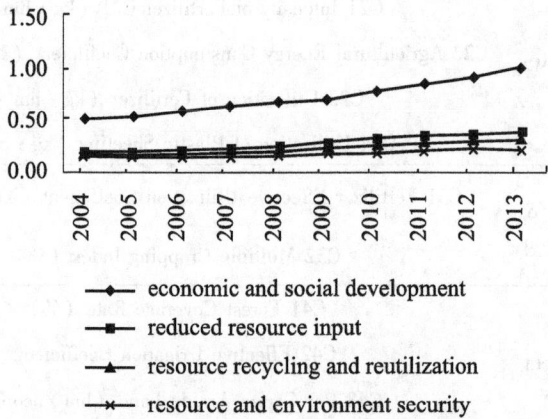

Figure 2. Evaluation results of 2004—2013 Hebei agricultural recycling economic development indexes

4. 2 Analysis of Hebei Agricultural Recycling Economic Development Indexes

Economic and Social Development Index: it can be seen from the comparison of Fig. 1 and Fig. 2 that changes of economic and social development indexes are simultaneous to comprehensive evaluation indexes, and during 2004—2013, annual increase rate of economic and social development index is 7. 9%, and that of comprehensive evaluation index is 7. 1%, indicating that this kind of indexes have strong effect to pull the overall development of agricultural recycling economy. Its main contributions are farmers' per capital net income, grain yield per unit of area and commodity rate of agriculture, forestry, animal husbandry and fishery. This is mainly due to adjustment of Hebei planting structure and effective implementation of policies and measures to accelerate the development of animal husbandry.

Reduced resource input index: From 2004 to 2004, resource reduction in the level showed a trend of increase, but growth is not significant. During the use of the strength of fertilizer, pesticides, agricultural films level is the main limiting factor. Such as the 2004 fertilizer intensity of 333. 37 kg · hm^{-2}, increased to 378. 37 kg · hm^{-2} in 2013; 2004 pesticide use level of 12. 61 kg · hm^{-2}, rose to 13. 73 in 2013. The index showed a trend of increase is mainly attributed to the government has published a series of measures of saving energy and reducing consumption makes agricultural energy dissipation coefficient by 0. 38 103 t /108 yuan in 2004 to 0. 08 103 t/108 yuan in 2013, but this time, the chemical fertilizers, pesticides, agricultural films use level has not been effectively reduced[8].

Resource recycling and reutilization index: The indicators from the 2004—2012 showed a slowly increasing trend, possible causes are: multiple cropping conditions from 2004—2013, Hebei province, has been stabilized, an increase is very small; changes in effective use of chemical fertilizers is positive and significant, but in consideration of the weight settings because of their importance, equivalent to the weight of the two, therefore, resources recycling indicators change is not obvious[9].

Resource and environment security index: The growth rate of the index from 2004—2012 is extremely slow the same and 2002—2003 show a downward trend, the main limiting factor is the decline in per capita arable land resources, the reason is consuming large amounts of urban construction land and country returning farmland to forest and grassland project was launched. Among them, as environmental awareness increased and the implementation of policies for returning farmland to forest and grassland, and forest cover per capita water resources in growth, the coefficient of effective irrigation essentially flat over the years, however, countries should also further improve the efficiency of agricultural water use for irrigation.

To sum up, there is a trend of gradually increase annually in the overall agricultural recycling economy in Hebei province, the main pulling factor is the increase of agricultural output, but reduced resource input is the biggest restriction factor. Reutilization of agricultural resources progresses slowly for years, and resource and environment security has been basically guaranteed. It is expected that with the implementation of "the Twelfth 'Five-Year Plan' of Hebei Ecological Environment Protection" and national indemnifying measure of ecologic environment in Hebei, agricultural recycling economy will be significantly improved during the twelfth "five-year" plan[10]

References

[1] Guo Sh T. Recycling agriculture has broad prospect for development—speech delivered at agricultural recycling economy information exchange [J] Journal of China Eco-Agriculture, 2009 (5) .

[2] Jiang F Z, Yang Ch B, Hu C X. Evaluation of developing agricultural recycling economy in Heilongjiang [J]. Chinese Agricultural Bulletin, 2007, 23 (9): 645-648.

[3] Feng Zh J. Legislative process should be speeded up to develop recycling economy [J]. China's In-

vestment in Science and Technology, 2006 (3).

[4] Huang G B, Yu A Zh, Chai Q. Application of main recycling agricultural mode in irrigation Land, Northwest China and its need to develop technologies [A]. Research of Process of Recycling Agriculture in China [C]. Beijing: China Agricultural University Press, 2010, 8: 28-34.

[5] Zhang X H, Zhao K, Hu Y, et al. Review and evaluation of recycling agriculture in China [J]. World Agriculture, 2008 (9): 8-11.

[6] He J. Thoughts and suggestions on developing agricultural recycling economy in China [J]. China's New Technologies and New Products, 2013 (2): 12-14.

[7] Wang F. Exploration new ways to develop agricultural recycling economy [J]. Agriculture in Henan, 2013 (5): 23-24.

[8] Yang H. Problems in developing grassroots agricultural recycling economy and measures [J]. Agricultural Information in China, 2013 (5): 30-31.

[9] Li T, Ch L P. DEA-based evaluation of China's recycling economy efficiency: case study of first group of pilot provinces and cities [J]. The 10th International Conference on Intelligent Technologies, 2011: 247-251.

[10] Huang X J. Industry mode and policy system [M]. Nanjing: Nanjing university press, 2004.

[此文原刊载于《Proceedings of the 2015 International Conference on Management, Education, INF Ormation and control》, 2015, 125: 1 483-1 487]

The government coordination mechanism research on the coordinated development of Beijing-Tianjin-Hebei manufacturing

CHEN Wei[1], MA Jiao[2]

(1. College of Economics and Management; 2. Hebei University of Science and Technology)

Abstract: The cooperation of Beijing-Tianjin-Hebei government is very important to the coordinated development of Beijing-Tianjin-Hebei manufacturing, and is of great significance for promoting the development of regional economic integration of the Beijing-Tianjin-Hebei region. Combined with the characteristics of the coordinated development of manufacturing industry of the Beijing-Tianjin-Hebei region, using the game theory analysis method, this paper expounds the necessity of Beijing-Tianjin-Hebei government cooperation. Based on it, the paper put forward reasonable suggestions to the onstruction of Beijing-Tianjin-Hebei government coordination mechanisms.

Keywords: Beijing-Tianjin-Hebei manufacturing, coordinated development, the government coordination mechanism

Introduction

The coordinated development of Beijing-Tianjin-Hebei manufacturing is an important part of the development of regional economic integration, but the current government cooperation of Beijing-Tianjin-Hebei tripartite has many problems, which seriously restricted the three coordinated development of manufacturing industry. Therefore, it is urgently needs to establish the government coordination mechanism for the academia and the government.

Foreign scholar Agranoff and Robert believe that political factors, the government operation, fiscal and tax aspects have a great influence on cross-regional cooperation between the government, through the analysis of the British local cross-regional cooperation. And through the establishment of feasible cooperation mechanism, a collaborative development organization, even with the model of "corporate governance", can promote the government cooperation[1]. Domestic scholar Lu Yao analysesd the relationship between the development of the urban agglomeration and coordination mechanism establishment of the government, as Yangtze river delta and pearl river delta urban agglomeration for example, points out that the coordination and cooperation of each city local government plays a vital role for the healthy development of the urban agglomeration[2]. Wang xue - dong, Yang jundiscussed the construction of government coordination mechanism during the regional development both at home and abroad, and think that we can draw lessons from the experience of it to the future regional economic coordinated development of China[3]. Wang Xiaozeng, Long chaoshuang think the government-led, and the establishment of official and unoffical effective cooperation, mutual promotion of wuhan circle cities government coordination mechanism is of great significance to improve the level of wuhan circle cities development, by the research of the government cooperation coordination mechanismof wuhan city circle cities[4]. Bing xing-guo is based on the basic theory of regional economy and combining with the characteristics of Beijing-Tianjin-Hebei regional economic analysis, think that Beijing-Tianjin-Hebei government cooperation is a new growth pole to promote the economic development, and expounds the necessity of establishing government coordination mechanism of the Beijing-Tianjin-Hebei region[5]. Both foreign and domestic research about government coordination mechanism provide a reference basis for the upcoming paper, but there is still a lack of government coordination mechanism research for the coordinated development of Beijing-Tianjin-Hebei manufacturingat present. Combining with the characteristics of the coordinated development of manufacturing industry of the Beijing-Tianjin-Hebei region, using the game theory analysis method, this paper demonstrates the necessity and feasibility of government coordination mechanism to establish, and put forward reasonable suggestions to the building of Beijing-Tianjin-Hebei government coordination mechanism.

1 Analysis of the coordinated development status of Beijing-Tianjin-Hebei industry

In the process of the development of regional economic integration, the coordinated development of manufacturing is key link. After years of development, Beijing-Tianjin-Hebei collaboration inmanufacturing is mainly two aspects: one is the high and new technology industry begun to take shape along the jingjintang highway, formed a prototype of the new economic belt whichi mainly as high and new technology industries and modern manufacturing industry as the leading factors; The second is the industrial gradient shift is underway across the region, part of the industry chain is forming. Some of Beijing's traditional heavy industries such as steel, the traditional manufacturing industry is gradually transferred to Hebei. In the same time, the automobile and parts of electronic information industry of Beijing and Tianjin serving for this administrative region, also provide products and services to the enterprises of adjacent region, but the industrial gradient transfer across the region has not yet in full swing[6]. Visibly, coordinated development of the Beijing-Tianjin-Hebei manufacturing have exchanged from simple materials to the technology capital joint and optimizing the resource configuration, and the coordinated development has the initial results. But in the true sense of the collaborative development, there should also be equipped with the three basic conditions: The first is the level of manufacturing industry development of the three cities should be adapted to the strength of the regional ecological environment; Second is there should be formed division of labor and cooperation on the three places manufacturing, and each city should have a reasonable city function orientation; The third is there should be perfect benefit coordination mechanism between the three cities, which can garantee the reasonable distribution of the security benefits, and make the coordinated development of Beijing – Tianjin – Hebei manufacturing continue to be healthy. Obviously, there are some concrete problems need to be solved. If the coordinated development of Beijing–Tianjin–Hebei industry need further in depth.

1.1 Manufacturing industry transfer shift into "low gradient trap"

"Low gradient trap" refers to a phenomenon that the area whose industrial structure and technical structure in the innovation and development phase, will transfer the recession, backwardindustry, technology and product to relatively underdeveloped areas. In the process of Beijing–Tianjin–Hebei manufacturing industry transfer, Hebei undertaking some of the industry of Beijing and Tianjin, is often sacrifice environmental quality in order to gain. Because of the geographical factors and long traditional manufacturing scale development, environment problem in Hebei area was very serious. In the winter of 2013, a haze weather hit more than half China, Handan Wuan of Hebeiprovence was almost all shrouded in smoke, and the main reason is there brought together many of steel, coke, cement, electric power, building materials enterprises. High pollution emissions of carbon dioxide, sulfur dioxide, smoke and dust is the main source of fog[7]. But as a result of productivity and technical level is relatively backward in Hebei province, the capital stock is relatively small, poor material basis, self–development capacity is weak, in the process of manufacture industry transfer Hebei is in a passive position. The development of Beijing and Tianjin are relatively more priority to the development of Hebei, the ecological resources and environment has been seriously deteriorated, and theyare unsustainable for economic development. So they tend to transfer the polluting enterprises to Hebei in the coordinated development of Beijing – Tianjin – Hebei manufacturing process. And Hebei province want to pursuit local economy growth, only at the expense of the environment and resources, then the results fall into the " low gradienttrap", making the already fragile ecological environment problem is more serious. From the long–term interests and the interests of the global view, thus industry transfer is detrimental for the coordinated development of Beijing–Tianjin–Hebei manufacturing, and" low gradient trap" will be severely restricts the development of Hebei power, and further deteriorated environment problems will quickly spread throughout the Beijing–Tianjin–Hebei region.

1.2 Administrative division lead to regional barriers, and city function orientation is not reasonable

Beijing–Tianjin–Hebei region has a natural connection on the geographical position, and after accumulation of historical development, It has already have the advantage of collaborative development in planning and resource allocation of the manufacturing industry. But being long–

term influenced by administrative division, three government shortsightedness and narrow ruling idea, the development of collaborative manufacturing is severely hindered. Lacking of effective communication and global interests, intensifiedthe competition of interest conflicts and limited resources among them. Especially between Beijing and Tianjin, economic competition motivation is intensive, hampering the complementary cooperation development, making serious convergence of industrial structure, and city function orientation being not clear. For example, Beijing and Tianjin both regarded the electronic information, biological technology and modern medicine, new energy, environmental protection, new materials, advanced manufacturing technology, modern agriculture as the key point of the development of the industry field, leading to regional redundant construction, industry being similar, wasting resources and so on[8].

1.3 Lack effective interest coordination mechanism, and they can not share interests

In the process of coordinated development of Beijing-Tianjin-Hebei manufacturing, the three parties administrative divisions determined that, the three parties can not put the interests of the whole area as the action target in formulating government policy, appearing the tendency of "instead of", "only emphasizes the self development, does not allow others to develop"[9]. Without an effective interests coordination mechanism, there is no possiblity to realize the unified planning, leading to the development of the manufacturing industry in Beijing-Tianjin-Hebei unable to realize the complementary advantages, rational allocation of resources, pattern of the free flow of production factors, causing resource waste, malignant competition, and they cannot guarantee benefit sharing. Therefore, the establishment of the interest coordination mechanism amongthem is necessary to effectively solve the problem of coordinated development of the Beijing-Tianjin-Hebei manufacturing.

Through the above analysis, there still exist many deep - seated problems in the coordinated development of Beijing-Tianjin-Hebei manufacturing. The establishment of government coordination mechanism is necessary. This paper will use the game theory to analysis the contradictions in the process of competition and cooperation among the three parties, providing a reference for the establishment of Beijing-Tianjin-Hebei coordination mechanism.

2 The government cooperative game analysis of the coordinated development of Beijing-Tianjin-Hebei manufacturing

2.1 The "prisoner's dilemma" in the coordinated development of Beijing-Tianjin-Hebei manufacturing

The basic content of the game theory including game players, game strategy and benefits. Government agencies of the Beijing, Tianjin an Hebei are the body of benefit, which are assumptedas the "rational man". Various policies areassumpted as the game strategy.

Beijing, Tianjin and Hebei are in cooperation and non-cooperation game between their respective, we assume both sides reap the benefits of cooperation R unit, P unit yieldnot cooperation. When one party cooperatebut the other party do not cooperate, then the cooperated party will be dishonest and get only S unit revenues, and the uncooperative party get T unit revenues. What is more, T>R>P>S; R<S+T/2. All policy portfolio pay-off matrix are in table 1. The rows and columns in the table represent all the strategies in A and B area.

Table 1　pay-off matrix 1

		Area B	
		cooperation	noncooperation
Area A	cooperation	R, R	S, T
	noncooperation	T, S	P, P

Game players are "rational man", and "all participants are rational person" is the consensus of both sides. Then the game players will choose its strategy on the assumption that the other party will choose their best strategy. Any party of the game participants choose cooperation, then it will face the risk of loss earnings if another party chooses noncooperation. If choose noncooperation, he, at least, can ensure existing revenue without loss. It is called the "dominant strategy" that whatever strategy rival chooses, he always choose his own best competition strategy. Through the above analysis, the game's dominant strategy is noncooperation. Then (noncooperation, noncooperation) is the Nash equilibrium of the game, and both sides of the game achieve revenue balance. And under the existing condition, both parties do not intend to change their strategy, which is a game of "prisoner's dilemma". "Prisoner's dilemma" is a typical case of noncooperative game, and it reveals the contradiction between individual rationality and collective rationality duringthe game strategy choosing[10].

2.2　The dynamic equilibrium of government's game between Beijing, Tianjin and Hebei.

The "prisoner's dilemma" model has its conditions of use: the first one is the cooperation premise between both sides is no constraints or agreement and strict restrictionsbetween the three governments, so that the three governments pursuit his own interests, and is regardless of the other parts; The second one is that, the game of them is one-time static game, which is the three parties eventually choose their own dominant strategy (noncooperation, noncooperation), then stop the game. However, the cooperation between the governments might not have been no binding agreements, terms or conditions, and the country's regional planning may only be only one negotiation, andthe game is regular activities. So, being out of the "prisoner's dilemma" for achieving tripartite cooperation, is not impossible.

Assume that the game between the governments is an infinitely repeated game, then first of all, it is to be sure that the result ofthe game will be a lot of possibilities. At first both sides of the game can test cooperation, once found the other choose noncooperation then he is also choose noncooperation as revenge, which is called "trigger strategy". Trigger strategy is the key mechanism to implement cooperation and improve the efficiency of balancing in repeated games[11]. To make the analysissimple, we can assume that R = 2, P = 1, T = 3, S = 0, namely that if area A and B choose cooperation, the benefit is 2 units; if they choose noncooperation, income will be 1 unit; if one party choose cooperation well the other party choosenoncooperation, then the cooperative partywill gain 0, and the uncooperative party will gain 3. The pay off matrix is the table 2.

Table 2 pay-off matrix2

		AreaB	
		cooperation	noncooperation
Area A	cooperation	2, 2	0, 3
	noncooperation	3, 0	1, 1

Obviously, a single game Nash equilibrium is (noncooperation, noncooperation), but it is not pareto efficiency optimal strategy combination, with the benefits of (cooperation, cooperation) strategy combinations (2, 2) is more than (1, 1). And limited times repeated game can't achieve Nash equilibrium (cooperation, cooperation), because when using reverse induction to analyze repeated twice game, we can obviously get that the second phase is still a prisoner′s dilemma for both sides. So, no matter how the result of the previous game was, the Nash equilibriumthe of the second stage is still (noncooperation, noncooperation) strategy combinations. Assume that the game is infinitely repeated, and both sides of the game use the trigger strategy: in the first place: One of the players is trying to choosecooperation, if the other party also choose cooperation strategy, then the first party will adhere to choose cooperation in later stages. Once found other parties choose noncooperation, then will never choose cooperation in retaliation. So (cooperation, cooperation) is the Nash equilibrium of infinite times repeat games. The following is the reasoning:

Due to appearing different strategies to (cooperation, cooperation) at any stage in the later, the area A will never choose cooperation, and area B will also always choose noncooperation, namely that the second part of the best response strategy of area B to the trigger strategy of area A is consistent. What strategic area B choose in the first stage become the key problem. Assuming that the discount coefficient for the future earnings is δ, if area B choose noncooperation, gain 3 unite in the first phase, but causiong area A choose noncooperation as revenge, and as a result area B's earning will be 1 unite for ever. The gross income present value is:

$$\pi_1 = 3 + 1 \cdot \delta + 1 \cdot \delta^2 + 1 \cdot \delta^3 + \cdots = 3 + \frac{3}{1-\delta} \qquad (1)$$

If area B choose cooperation, then the earning in the first stage is 2, and in the future infinite repeated game stages will have been to choose cooperation. Total income present value is π_2, and because the gross income present value of starting from the second phase of infinite repeated game and from the first stage can be considered as equal, so when its total income present value converted into earnings for the first stage, it will be $\delta \cdot \pi_2$, thus the total income present value of the infinite times repeat games is:

$$\pi_2 = \frac{2}{1-\delta} \qquad (2)$$

So when $\frac{2}{1-\delta} > 3 + \frac{\delta}{1-\delta}$, namely $\delta > 1/2$, area B will choose cooperation strategy, or elsehe will choose noncooperation strategy. Due to that the infinite times repeat games of starting from the second stage and from the first stage of are exactly the same, then area B in the second stage also inevitable choose cooperation. And so on, only if area A choose trigger strategy, area B will always choose cooperation strategy. Area A at first, of course, also can choose noncooperation, so area B will also choose noncooperation to retaliate, thus achieve Nash equilibrium (noncooperation, noncooperation). But the latter yields are much smaller than the former, so the reasonable choice is trigger strategy rather than adhering to the "prisoner's dilemma".

3 Conclusions

Based on the above theory analysis, the region A and B can achieve Nash equilibrium (cooperation, cooperation) in infinitelyrepeated game. In reality, if Beijing, Tianjin and Hebei tend to carry on the long-term cooperation, to make the coordinated development of manufacturing industry keep on, they should satisfy the following conditions: Firstly, the game between the governments is unlimited. Obviously, "prisoner's dilemma" is just a one-off game, then the parties based on their respective benefit maximization, could reach noncooperative Nash equilibrium. If be unlimitied repeated game, "prisoner's dilemma" is likely to crack, then both sides may occur respective cooperation Nash equilibrium, thus formed continued cooperation. Secondly, Beijing, Tianjin and Hebei should set a binding agreement. Premise hypothesis of cooperative game between the participants is to reach a binding agreement, restricting unfair and unjust duriong its interaction. Increasing the cost of betrayal can reduce the revenue of noncooperative local government, and raise the possibility of cooperation. Thirdly, the cooperation between Beijing, Tianjin and Hebei is indefinitely. Considering either of the game participants will likely take the breach in the last game, to maximize his own interest and make other areas loss, so that this expectation will make other participants choose noncooperationbefore the last cooperation, and so on, then the initial cooperation will not succeed. If cooperation is indefinitely, Beijing, Tianjin and Hebei will hope for the future long-term interests which will motivate tripartite cooperation strategy.

References

［1］ Agranoff R. Directions in intergovernmental management ［J］. International Journal of Public Administration, 1988, 11 (4): 357-391.

［2］ Lu Y. The development of urban agglomeration and government coordination mechanism——take Yangtze river delta and pearl river delta urban agglomeration for example ［J］. Journal of southwest traffic university (social and science edition), 2006 (6): 136-139.

［3］ Wang X D, Yang J. Regional development of government coordination mechanisms construction experience and reference both at home and abroad ［J］. Science and management, 2013, 33 (5): 9-14.

［4］ Wang X Z, Long Ch Sh. Government cooperation coordination mechanism research based on the wuhan city circle ［J］. Journal of hubei academy of social sciences, 2007 (1): 59-62.

［5］ Bing X G. Study of government coordination mechanism of the Beijing-Tianjin-Hebei regional economic cooperation ［J］. Journal of bohai sea economic outlook, 2011 (7): 21-25.

［6］ Ma H L. History, present situation and the future: talk about Beijing-Tianjin-Hebei region cooperation ［J］. Journal of economist, 2009 (5): 16-17, 19.

［7］ Luo J R. Industrial linkage of cross-regional coordination mechanism research ［D］. Lanzhou University, 2014.

［8］ An Sh W, Zhang S E. Industrial chain and the development of manufacturing in Beijing-Tianjin-Hebei ［J］. Friends of the leadership, 2004 (4): 22-24.

［9］ Li S X, Qang X P. Cooperative game analysis of Beijing-Tianjin-Hebei service and mechanism design ［J］. Journal of business research, 2008 (1): 88-90.

［10］ Zhang W Y. Game theory and information economics ［M］. Shanghai: Shanghai people's publishing house, 2004.

［11］ Xie Sh Y. Economic game theory ［M］. Shanghai: fudan university press, 2007.

［此文原刊载于《Proceedings of the 2015 International Conference on Mechatronics, tlectronic, Industrial and control Engineering》, 2015, 8: 992-995］

河北省粮食生产与水资源供需研究

王慧军[1]，李科江[2]，马俊永[2]，李英杰[1]

(1. 河北省农林科学院；2. 河北省农林科学院旱作农业研究所)

摘　要：河北省是全国 13 个粮食主产省之一，在国家粮食安全中占有重要地位。但河北省水资源严重短缺，人均水资源占有量仅为全国的 1/7。目前的粮食增产方式是基于地下水的长期、大量超采，年均超采量达 40 亿 m³。从河北省水资源数量、变化和发展趋势、地下水超采状况，粮食作物种植格局、主要粮食作物的耗水特征、节水技术应用效果、水分生产效率、水资源对粮食的支撑能力等方面，分析河北省粮食生产与水资源的定性和定量关系。提出应提高水资源利用和生产效率，进一步发展咸水和污水安全利用技术的研究和应用，农牧结合、拓宽粮食概念，加大管理措施、提高水资源对粮食生产的支撑力，完善和建立节水补贴配套政策体系等对策建议。

关键词：河北省；粮食生产；水资源；对策

河北省作为全国 13 个粮食主产省之一，在国家粮食安全中占有重要地位，从 2003 年起已实现粮食总产"九连增"，2012 年总产达 324.5 亿 kg。河北省粮食生产稳步增长，伴随的是地下水的连年超采，这种粮食增产方式显然不可持续，存在重大隐患。因此，对河北省水资源与粮食生产关系及缓解粮食生产受水资源约束的对策研究具有重要的现实意义。

1　河北省水资源现状和发展趋势分析

1.1　河北省水资源现状

河北省多年平均地表水资源量为 120.17 亿 m³，矿化度小于 2 g·L⁻¹的地下水淡水资源总量为 122.57 亿 m³，去掉重复计算值，多年水资源总量为 204.69 亿 m³（表1）。常年可利用水资源量为 167.12 亿 m³，其中地表水可利用量 60.15 亿 m³，地下水可利用资源量 98.72 亿 m³，另外有少部分外流域调水、微咸水和处理的污水等（表2）。可利用水资源的主体是抽提地下水。

表 1　河北省水资源总量　　　　　　　　　　　（亿 m³）

地表水资源量	地下水资源量	重复计算量	修正值	水资源总量
120.17	122.57	44.97	6.92	204.69

注：资料来源于河北省水资源调查报告（2003）。下表同

表2 河北省可利用水资源总量（2000年）						（亿 m³）
地表水	地下水	微咸水	引黄水	污水	海水淡化	总计
60.15	98.72	2.08	4.01	1.98	0.175	167.12

1.2 水资源发展趋势与用水情况

1.2.1 降水量出现萎缩

河北省年均降水量为 550 mm，但降水量出现萎缩趋势。根据资料分析显示，1965—2005 年平均下降速率每十年 7.6 mm，20 世纪 90 年代至今，出现 3 次降水量低峰，分别是 357 mm（1997 年）、364 mm（1999 年）、274 mm（2002 年）（图1）。

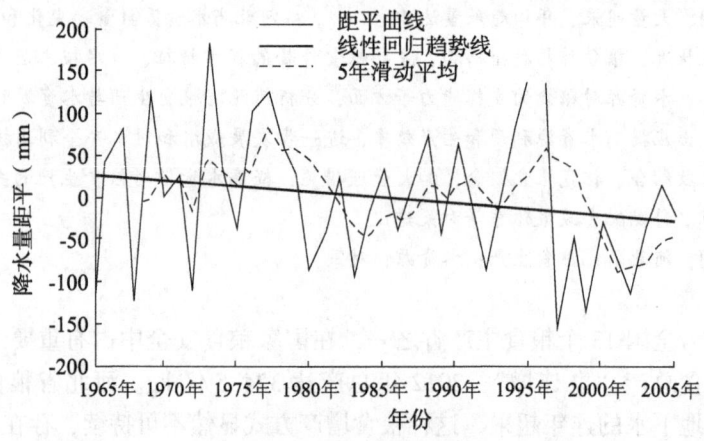

图1 河北省 1965—2005 年年均降水变化趋势

注：资料来源于李春强等[1]

1.2.2 水资源总量呈现减少趋势

根据不同时期进行的水资源调查结果显示，水资源总量由 20 世纪 50 年代的 273.0 亿 m³，减少到 20 世纪 80 年代的 151.0 亿 m³，减少幅度为 45.7%，20 世纪 90 年代由于出现了几个丰水年或大水年，有所回升，增至 190.6 亿 m³，但仍比 50 年代减少 30.1%。其中尤以地表水资源量变化为大，由 20 世纪 50 年代的 204.4 亿 m³，减少到 20 世纪 80 年代的 78.0 亿 m³，减少幅度高达 61.8%，20 世纪 90 年代因降水多，地表水资源量又增至 107.1 亿 m³，但仍比 50 年代减少 47.6%。河北省全省及山区、平原区各年代水资源总量均值变化见图2。

1.2.3 供需矛盾日趋紧张，超采严重

用水统计表明，自 20 世纪 90 年代以来，1991—2011 年的年平均用水量为 209.9 亿 m³，与可利用水资源相比，年均超采 40 多亿 m³。从分行业用水情况来看，农业是用水大户，占总用水的 70% 以上，是造成河北省水资源矛盾的主要诱因（表3）。随着工业化、城镇化的发展，生活用水及工业用水的比较效益优势，造成对农业用水的挤占趋势明显，农业用水由 80% 多降低为 70% 左右，呈逐年递减趋势。这表明未来粮食增产依靠

增加灌溉水量行不通。

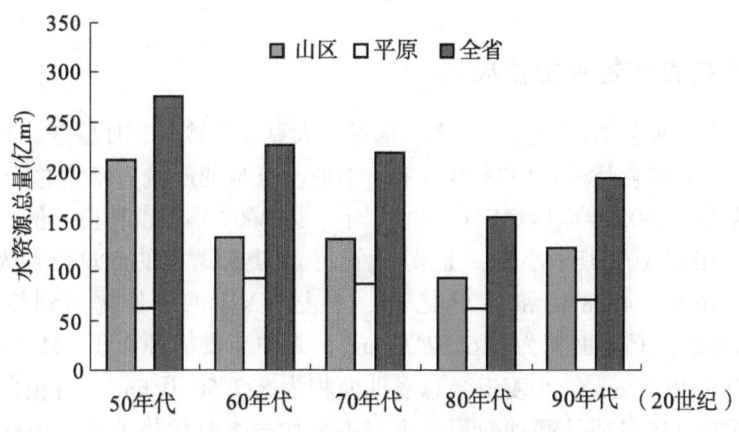

图2　河北省山区平原水资源总量年代变化

表3　河北省1991—2011年分行业用水变化趋势

年份	工业（亿 m³）	占百分比（%）	生活（亿 m³）	占百分比（%）	农业（亿 m³）	占百分比（%）	总用水量（亿 m³）
1991 年	21.30	10.69	13.50	6.78	164.38	82.53	199.18
1992 年	25.84	11.90	14.69	6.76	176.62	81.34	217.15
1993 年	27.21	13.13	15.81	7.63	164.24	79.24	207.26
1994 年	28.58	13.59	17.52	8.33	164.25	78.08	210.35
1995 年	25.49	12.38	18.73	9.10	161.61	78.52	205.83
1996 年	30.47	14.58	18.57	8.88	159.98	76.54	209.02
1997 年	30.28	13.55	18.80	8.41	174.36	78.03	223.44
1998 年	31.33	13.67	20.30	8.86	177.54	77.47	229.17
1999 年	31.35	13.77	21.61	9.49	174.79	76.75	227.75
2000 年	31.88	14.87	22.75	10.61	159.78	74.52	214.41
2001 年	27.10	12.83	22.90	10.84	161.20	76.33	211.20
2002 年	26.80	12.68	23.20	10.97	161.40	76.35	211.40
2003 年	26.20	13.11	23.10	11.56	150.50	75.33	199.80
2004 年	26.20	12.87	24.20	11.89	153.10	75.23	203.50
2005 年	25.90	12.65	26.00	12.70	152.80	74.65	204.70
2006 年	22.14	10.52	21.14	10.05	167.11	79.43	210.39
2007 年	20.76	10.21	23.56	11.59	159	78.20	203.32
2008 年	20.3	10.05	27.32	13.52	154.45	76.43	202.07
2009 年	19.53	9.48	32.35	15.70	154.19	74.82	206.07
2010 年	19.14	9.39	32.89	16.14	151.7	74.46	203.73
2011 年	21.39	10.28	33.06	15.89	153.61	73.83	208.06
平均	25.68	12.20	22.48	10.75	161.74	77.05	209.90

注：资料来源于《河北省水利年鉴》

2 河北省粮食生产的水资源需求分析

2.1 河北省粮食作物种植格局

河北省粮食品种包括：小麦、玉米、稻谷、大豆、马铃薯、甘薯等，其中小麦、玉米是河北省的主要粮食品种。1978 年以来，小麦、玉米的产量占粮食总产的比重每 10 年增长 10%左右，2005 年以后稳定在 90%以上。以 2007 年粮食种植为例，河北省粮食总产量为 284.16 亿 kg，其中小麦、玉米、稻谷、豆类和薯类的产量分别为 119.37 亿、142.18 亿、5.76 亿、4.28 亿和 8.28 亿 kg，小麦、玉米两种作物占到粮食总产量的 92.1%。粮食作物总播种面积为 616.82 万 hm²，其中小麦播种面积 241.24 万 hm²，玉米播种面积 286.26 万 hm²，小麦玉米总播种面积为 527.50 万 hm²，占粮食总播种面积的 85.5%。无论从产量还是播种面积，小麦玉米均居绝对优势地位。因此，河北省已形成小麦夏玉米一年两作为主的粮食种植制度。

2.2 主要粮食作物的产量与耗水量

2.2.1 小麦的产量与需水量

河北省冬小麦生育期从 10 月初到翌年的 6 月初，期间约 8 个月，降水量只为周年降水量的 20%左右，降水量少且年际间变异大，平均变异系数达 85%[2]。小麦生育阶段多年平均降水量约 109 mm，小麦亩产 500 kg 的耗水量为 400～450 mm，生育期内的自然降水仅能满足其需水量的 25%。另外，冬小麦为深根作物，利用深层水的能力比较强，能够利用汛期蓄积的深层土壤水，这部分水量可达到 80～100 mm。冬小麦实际利用的有效降水量约占其需水总量的 40%，另 60%需要依靠灌溉（240～270 mm），河北省小麦不同生育期的需水量与降水量吻合度只有 0.26（图 3）。因此，河北省小麦生产季节需水与降雨吻合度差是造成小麦灌溉需水量大、农业用水和总用水量高的主要因素。

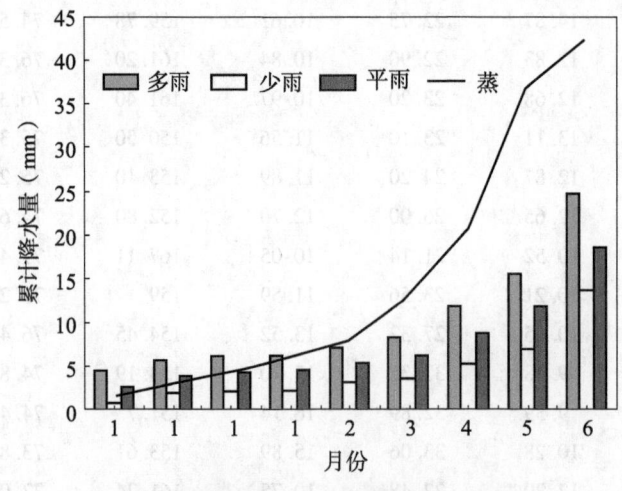

图 3　不同年型降水与小麦需水量吻合情况
注：资料来源于李志宏等[3]

2.2.2 玉米的产量与需水量

河北省夏玉米种植正值雨热同期，生育期多年平均降水量约 400 mm，产量 550 kg/亩的生育期耗水量为 400～420 mm。在夏玉米生育期内，降水量中有 80～100 mm在夏玉米收获时滞留在土壤中作为土壤水供下季冬小麦利用（丰水年有少量渗漏）。夏玉米实际利用的有效降水接近 300 mm，约占其需水总量的 70%。由于降雨时期与玉米需水的差异，一般需要灌水 30%左右（表4）。

总起来看，小麦玉米周年需水 800～870 mm，需要灌溉水 360～390 mm，约占需水总量的 45%。河北省以小麦玉米为主体的粮食生产对灌溉水高度依存，若无灌溉，冬小麦产量仅为灌溉产量的 1/3 左右，夏玉米产量为灌溉产量的 70%～85%。

表4 河北省冬小麦夏玉米种植制度周年耗水分析

作物	降雨 （mm）	利用量 （mm）	总耗水占比 （%）	灌溉 （mm）	总耗水占比 （%）	总耗水 （mm）
小麦	109	200	40	240～270	60	400～450
玉米	400	300	70	110～120	30	400～420
周年	509	500	55	360～390	45	800～870

注：资料来源于王慧军[4]；张喜英[5]

2.3 河北省粮食生产的水资源利用效率分析

河北省以小麦玉米为主体的粮食生产高度依赖灌溉水，尤其是地下水。据张喜英等[5]研究统计，1953—1970 年，河北平原粮食生产每千克耗用地下水的量为 3.11 m^3，20 世纪70 年代初期为 2.34 m^3，70 年代后期为 1.71 m^3，80 年代为 1.02～1.31 m^3，90 年代为 0.58 m^3，2001—2005 年为 0.53 m^3。1977 年之前，每增加 1 万 t 小麦和玉米产量需要增加 0.14 亿 m^3 地下水开采量，而1978 年以来，每增加 1 万 t 小麦和玉米产量只增加 0.04 亿 m^3。上述研究结果还表明，河北省粮食生产的水资源利用效率在不断提高，体现了节水技术的巨大进步。

以 2000 年和 2007 年河北省粮食产量和灌溉用水资料为例，计算单位水生产的粮食数量。2000 年播种小麦 267.88 万 hm^2，生育期降水 96.8 mm，小麦田总接受降水 25.9 亿 m^3；播种玉米 247.86 万 hm^2，生育期降水 413.8 mm，玉米总接受降水 102.6 亿 m^3，小麦玉米合计利用降水 128.5 亿 m^3。据水资源调查资料，2000 年农业灌溉用水总量为 153.8 亿 m^3，其中大田作物灌溉用水量为 119.68 亿 m^3，其中90%为小麦玉米灌溉用水，其量为 107.7 亿 m^3。这样2000 年小麦玉米的总耗水量为 236.2 亿 m^3。小麦玉米的水分生产效率（WUE）则为 0.933 kg·m^{-3}。同样方法计算 2007 年小麦玉米的水分生产效率（WUE）为 1.14 kg·m^{-3}。

2.4 维持地下水采补平衡的可用水量及粮食生产量分析

维持水资源采补平衡，前提是满足生活、工业及其他作物等非粮食生产的用水需求情况下，依靠压缩用于小麦玉米生产的灌溉量来实现[6]。2000 年是河北省进行最新一次水资源调查的基准年，水资源评价报告资料显示，2000 年总用水量为 214.41 亿 m^3，用于小麦玉米生产的灌溉量为 107.7 亿 m^3，其他用水量为 106.71 亿 m^3，该年可利用水量为 167.41 亿 m^3，因此在保持采补平衡情况下，可用于小麦玉米生产的水资源量仅为 60.41 亿 m^3。据测算该灌溉水量，按 2000 年的水分生产效率可支撑的粮食产量要较实际产量降低 37%，如果按 2007 年的水分生产效率（技术进步水平）也要减产 27%。根据《全国新增 1 000 亿斤粮食生产能力规划（2009—2020 年）》，到 2020 年要较 2008 年产量提高 10%。保持河北水资源采补平衡较 2000 年的粮食产量水平都要大幅度降低，因此，目前的水资源格局很难支撑粮食持续增长需求。

3 对策与建议

面对河北省粮食生产和水资源的尖锐矛盾，需及早采取应对措施，有效地减少地下水超采量，否则由于提水成本、水资源可利用量等因素，将会引起粮食生产的大幅波动。在应对措施上，要开源节流并举，以依靠科技提高水分生产效率为根本途径，采用生物、农艺、工程、管理等多种措施和方法，加强水资源的高效利用和科学管理。

3.1 提高水资源利用和生产效率

目前，河北省许多田间试验小麦玉米的水分生产效率都达到 2 kg·m^{-3} 以上，而水资源测算的水分生产效率仅为 1.1~1.2 kg·m^{-3}，有很大的技术提升空间。通过以节水高产品种为核心的生物节水，覆盖、节水灌溉制度、土壤培肥耕作等多种技术的农艺节水，微灌水肥一体化、小定额灌溉等高效工程节水等可实现减蒸降耗，有效提高水分生产效率。

3.2 进一步发展咸水和污水安全利用技术的研究和应用

河北低平原区有着 20 亿 m^3 的浅层可补充咸水资源尚未大规模开发利用，是宝贵的可持续利用水资源，应大力研发和推广微咸水直接利用和咸淡混浇灌溉技术。考虑城市化进程加快，南水北调供水增加，未来污水量会增加，提高水处理技术和再生水利用技术十分重要。

3.3 农牧结合，拓宽粮食概念

河北省的畜牧业为农区畜牧业，畜牧业发展和粮食关系密切。河北省的主要粮食构成中，玉米 60%以上是用作饲料，可引入粮食替代的思路实现节水目标。在低平原和太行山浅山丘陵区域布局一些抗旱耐瘠饲料饲草作物，替代粮食生产，能达到既节水又促进畜牧业发展的目的。因此，在这些区域建立起以粮食生产为基础，饲料生产为重点，经济作物生产为动力的粮—经—饲三元种植业结构十分必要。

3.4 加大科学管理措施，提高水资源对粮食生产的支撑力

根据水资源条件，适当调整品种结构和种植结构，提高节水品种和节水作物种植比

重。积极推进土地流转和规模经营，带动节水技术的大面积推广应用，解决农户种植规模小，不利于节水技术推广普及的问题，提高高效节水技术的覆盖率。完善节奖超罚管理体系，包括灌水的计量方式及节奖超罚的配套措施。

3.5 完善和建立节水补贴配套政策体系

考虑粮食生产的比较效益低，农民在节水技术上的投入本身会进一步增加生产成本，此外，节水对于农民来说是生态和国家效益，投入的积极性不高。因此，应加大国家和地方的财政补贴力度，包括对推广节水品种和节水耕作栽培技术、研发节水机具与设备、实施工程节水技术、进行咸水、污水安全利用予以补贴等。

参考文献

[1] 李春强，杜毅光，李宝国，等. 河北省近四十年（1965—2005）气温和降水变化特征分析 [J]. 干旱区资源与环境，2009，13（7）：1-7.

[2] 陈秀敏，李科江，贾银锁. 河北小麦 [M]. 北京：中国农业科学技术出版社，2008.

[3] 李志宏，李科江，李纪彬，等. 冬小麦不同气候年型节水栽培技术 [J]. 作物杂志，1996（2）：3-5.

[4] 王慧军. 河北省粮食综合生产能力研究 [M]. 石家庄：河北科学技术出版社，2010.

[5] 张喜英，裴冬，胡春胜. 太行山山前平原冬小麦和夏玉米灌溉指标研究 [J]. 农业工程学报，2002，18（6）：36-41.

[6] 张光辉，费宇红，王慧军，等. 河北省平原区农田粮食增产与灌溉节水对地下水开采量的影响 [J]. 地质通报，2009，28（5）：645-650.

[此文原刊载于《农业经济与管理》，2013（3）：5-11]

河北省粮食产业新型经营主体发展现状、问题及发展思路

李英杰[1]，郑小六[1]，岳增良[1]，张建斌[1]，王桂荣[2]，孙丽敏[2]

(1. 河北省农林科学院；2. 河北省农林科学院农业经济与信息研究所)

摘　要： 对于处于工业化、城镇化进程中的当代中国，"谁来种粮"是备受关注的重大问题。随着国家对新型农业经营主体的大力扶持，粮食产业新型经营主体发展迅速，在粮食生产中，发挥了重要作用。本文对河北省38家粮食生产专业合作社、51户种粮大户和123户传统家庭承包经营农户进行系统调研，从经营主体基本特征、生产经营现状、发展需求等方面，对新型经营主体与传统农户以及不同类型新型经营主体进行了对比分析，总结归纳出现阶段河北省粮食产业新型经营主体发展面临的"三缺、两弱、一不完善"的问题，提出引导土地流转并调控好流转价格、改善生产经营条件、加强财政金融支持、抓好人才队伍建设、健全社会化服务体系等扶持粮食产业新型经营主体的发展思路。

关键词： 河北省；粮食产业；新型经营主体；发展思路

1　调研背景

随着我国工业化、城镇化进程的加快，农业"兼业化"、农村"空心化"、农民"老龄化"问题日渐凸显。在新形势下，要确保"把饭碗牢牢端在自己手上""谁来种粮"是一个备受关注和令人担忧的重大问题。2013年和2014年的中央一号文件，为这一问题提供了解题思路和政策指南，就是通过积极培育和扶持发展新型农业经营主体，推进粮食生产的规模化、专业化、集约化，提高土地生产效率和农民种粮收益，实现粮食生产的高产高效，确保谷物基本自给、口粮绝对安全。

河北省作为全国13个粮食主产省之一，积极促进粮食产业新型经营主体健康发展和逐渐壮大，是当前抓好全省粮食生产、保障区域和国家粮食安全的一项重要工作任务。如何更好地为粮食产业新型经营主体发展创造有利环境和提供全面支撑，需要充分了解和全面分析其发展现状、存在问题和需求，才能有针对性地制定相关支持政策。为此，笔者对河北省粮食产业新型经营主体相关情况进行专题调研和分析，重点从生产经营、财政金融、人才队伍和服务体系等方面，提出扶持粮食产业新型经营主体的发展思路。

2　调研对象与方法

2.1　调查对象的确定

按照目前比较统一的观点，粮食产业新型经营主体主要包括种粮大户、家庭农场、

专业合作社和农业企业。以上主体中，种粮大户与家庭农场分类较为模糊，尽管有关学者对二者进行概念化区分，但在实际生产中难以绝对分类，且因二者相似性较强，本次调研将二者归为一类，统称"种粮大户"。同时，因农业企业主要集中在粮食加工环节而非生产环节，未将其纳入调研范围。

与新型经营主体相对应的，是传统家庭承包经营农户，为了与新型经营主体开展对比分析，也将传统家庭承包经营农户（以下简称"传统农户"）作为调研对象。因此，本次调研的对象包括了种粮大户、粮食专业合作社（以下简称"合作社"）、传统农户三类经营主体。

2.2　调研方法和内容

2.2.1　调研方法

采用统计分析和抽样调查两种形式。统计分析主要是通过分析统计数据，以期了解全省粮食产业新型经营主体总体发展概况。抽样调查主要采取问卷调查、入户调查、会议座谈、电话访谈等方式，通过收集和分析调查样本数据，归纳总结出全省粮食产业新型经营主体的整体发展特征。

2.2.2　调研内容

调研内容分为经营主体基本情况、生产经营情况、生产经营需求情况三大方面。生产经营主体基本情况包括：性别、年龄、文化水平、非农经历等。生产经营情况包括：经营规模、生产收益、作业方式、销售渠道等。经营主体需求情况包括：政策需求、资金需求、服务需求、技术需求等。

2.2.3　调研样本数量

以县为调查点，共调查 11 个县，每县抽样调查合作社 3~4 家、种粮大户 4~6 家、传统农户 10 户左右。获得有效调查样本数量 212 个，其中，合作社 38 家、种粮大户 51 户、传统农户 123 户。

3　河北省粮食产业新型经营主体发展概括

据河北省农业厅统计，截至 2012 年底，全省共有种粮大户 7 215 个，经营耕地面积 193.1 万亩，粮食产量 12.15 亿 kg，占全省总产量 3.7%。全省有粮食生产合作社 3 948 个，经营耕地面积 280.4 万亩，粮食产量 22.4 亿 kg，占全省总产量 6.9%[1]。

据农业部调查，截至 2012 年年底，全国有种粮大户 68.2 万个，粮食生产合作社 5.59 万个，共经营耕地 2.06 亿亩，占全国耕地总面积的 11.3%，生产粮食 1 231.5 亿 kg，占全国总产量的 20.9%[2]。

从以上数据看，经营规模上，以新型经营主体经营耕地面积占区域总耕地面积比例为衡量标准，河北省为 5.3%，远远落后于全国 11.3%的平均水平。生产效率上，以新型经营主体生产粮食占区域总产量的比重与其经营耕地面积占区域总耕地面积比重的比值为衡量标准，河北省平均水平为 2.0，稍高于全国 1.85 的平均水平（忽略了区域间因粮食品种、技术水平等不同而导致的单产差异因素）。

4 河北省粮食产业新型经营主体调查样本分析

4.1 调查样本基本特征

从调查样本的各项数据来看，合作社、种粮大户、传统农户三类经营主体的群体特征，既有相近之处，也有显著差异。三类经营主体均表现男性群体绝对占优。合作社全部为男性，种粮大户男性比例为96.08%，传统农户男性比例为93.50%。三类经营主体总体上年龄偏大。如表1所示，三种经营主体相比较，合作社与种粮大户年龄低于传统农户，50岁以下年龄段的人员比例，合作社为71.05%，种粮大户为76.47%，传统农户为58.54%。

表1 调查样本年龄分布比例 (%)

年龄	合作社	种粮大户	传统农户
20 岁以下	2.63	0	0.81
21～30 岁	2.63	3.92	3.25
31～40 岁	15.79	15.69	13.82
41～50 岁	50.00	56.86	40.65
51～60 岁	21.05	19.61	25.20
60 岁以上	7.89	3.92	16.26
合计	100	100	100

三类经营主体总体上文化水平偏低。如表2所示，大专及以上人员，仅有合作社超过了10%，达到13.16%。三种经营主体相比较，合作社与种粮大户文化水平高于传统农户，具备高中以上学历的人员比例，合作社为76.32%，种粮大户为49.02%，传统农户为38.01%。

表2 调查样本文化程度分布比例 (%)

文化水平	合作社	种粮大户	传统农户
小学及以下	0	1.96	9.09
初中	23.68	49.02	52.89
高中	63.16	41.18	36.36
大专及以上	13.16	7.84	1.65
合计	100	100	100

三类经营主体非农工作经历各异。如表3所示，合作社从事个体经商和经营企业的比例高于种粮大户和传统农户，此类非农工作经历锻炼了其经营和管理才能，使其更偏向于经营型生产。而种粮大户和传统农户外出务工的比例高于合作社，使其更偏向于技

术型生产。

表3 调查样本非农工作经历分布比例　　　　　　　　　　　　（％）

非农工作经历	合作社	种粮大户	传统农户
外出务工	7.32	19.61	32.54
个体经商	39.02	27.45	24.60
经营企业	14.63	5.88	2.38
从事公职	7.32	7.84	5.56
没有	31.71	39.22	34.92

综合比较，说明合作社、种粮大户在三种经营主体中年富力较强、知识水平较高、管理经验较丰富，具备较好的综合素质。这一结果与黄祖辉对浙江省新型经营主体的调研结果[3]，和钱克明对现代农业经营主体的调研观点[4]，具有较强的一致性。

4.2　调查样本经营情况

4.2.1　经营规模

如表4所示，以每类经营主体经营土地规模的平均数作为比较标准，合作社>种粮大户>传统农户。合作社和种粮大户经营土地具有一定规模，具备规模经营的土地条件。

调查结果显示，调查样本经营土地规模平均数均大于同类型经营主体的全省统计平均数。分析原因，应该是调查时，经营土地规模指标除包含承包经营和流转经营土地外，还包括托管和代耕的土地面积。

表4 调查样本经营规模　　　　　　　　　　　　（亩）

调查样本	合作社	种粮大户	传统农户
经营土地规模平均数	5 525.0	595.3	11.6
全省土地平均	709.2	267.6	5.7

4.2.2　经营收益

采用成本收益分析法，对调查样本经营收益进行测算。生产成本主要包括物质性投入成本、生产管理用工成本、土地租金成本。物质性投入成本，主要是种子、化肥、农药、灌溉和农机作业等投入费用；生产管理用工成本主要是生产管理雇工工资支出，对于不雇工的传统农户，人工成本根据其从事生产管理天数，参照当地临时雇工日工资标准进行核算。收益主要是生产出的产品收入，亩均产值为平均亩产量乘以产品平均售价，亩均收益为亩均产品产值减去各类成本投入后的剩余量。为更确切地反映经营主体的生产收益情况，扣除了各类种粮补贴和种粮奖励对经营主体收入的影响因素。

4.2.2.1　投入成本分析。第一，物质性投入成本方面。小麦生产阶段，合作社>种粮大户>传统农户；玉米生产阶段，合作社>种粮大户>传统农户；小麦+玉米全年的物质性投入成本，合作社>种粮大户>传统农户，合作社与传统农户差距较明显。第二，人工成本方面。小麦生产阶段，种粮大户>合作社>传统农户；玉米生产阶段，传统农户>种粮大户>合作社；小麦+玉米全年的人工投入成本，传统农户>种粮大户>合作社，传统农户与专业合作社差距较明显。小麦+玉米一年两季的物质成本+人工成本，合作社为 1 456.78元/亩、种粮大户为 1 466.35 元/亩、传统农户为 1 453.96 元/亩。第三，土地成本方面。三类经营主体的成本差距较大，合作社>种粮大户>传统农户，这与承包规模和承包意向影响供给价格有直接关系。

以上数据显示，新型经营主体由于经营规模扩大，比传统农户更有意愿和能力对粮食生产加大物质性投入，机械化生产水平较高，人工投入有所下降。传统农户更倾向于依靠多增加劳动投入的"精耕细作"式生产，物质性投入较少。但三类经营主体物质成本+人工成本基本接近（表5）。

表5　调查样本粮食生产投入成本分析　　　　　　　　　　　　　　　　（元/亩）

成本构成	小麦生产		玉米生产		小麦+玉米总成本		
	物质成本	人工成本	物质成本	人工成本	物质成本	人工成本	土地成本
合作社	513.00	297.07	382.93	263.78	895.93	560.85	724.04
种粮大户	499.54	309.26	372.76	284.79	872.30	594.05	470.38
传统农户	474.45	296.19	365.62	317.70	840.07	613.89	0

4.2.2.2　生产收益分析。从亩均产值来看，三类经营主体中，合作社小麦生产亩均产值较高，种粮大户玉米生产亩均产值较高，三类经营主体全年粮食生产的亩均产值基本相当，合作社为 2 246.81元/亩、种粮大户为 2 293.53元/亩、传统农户为 2 281.44元/亩，种粮大户略高（表6）。从亩均收益来看，由于三类经营主体亩均产值基本相当，全年物质性成本和人工成本基本接近，三种经营主体全年亩均收益主要受土地成本的直接影响，其收益差距主要是土地成本差距。传统农户虽然没有直接土地成本，但其收益几乎相当于土地流转给合作社的机会成本（表7）。

表6　调查样本年亩均产值情况

产值构成	小麦亩均产值			玉米亩均产值			小麦+玉米亩均产值（元/亩）
	平均亩产（kg）	平均售价（元·kg⁻¹）	亩均产值（元/亩）	平均亩产（kg）	平均售价（元·kg⁻¹）	亩均产值（元/亩）	
合作社	460.15	2.42	1 113.56	544.83	2.08	1 133.25	2 246.81
种粮大户	438.57	2.38	1 045.53	594.29	2.10	1 248.00	2 293.53
传统农户	451.51	2.38	1 074.99	574.50	2.10	1 206.45	2 281.44

表7　调查样本年亩均收益情况　　　　　　　　　　（元/亩）

项目	不计算土地成本的小麦亩收益			不计算土地成本的玉米亩收益			计算土地成本的全年亩收益		
	亩产值	物质+人工成本	小麦收益	亩产值	物质+人工成本	玉米收益	总产值	总成本	总收益
合作社	1 113.56	810.07	303.49	1 133.25	646.71	486.54	2 246.81	2 180.82	65.99
种粮大户	1 045.53	808.80	236.73	1 248.00	657.55	590.45	2 293.53	1 936.73	356.80
传统农户	1 074.99	770.64	304.35	1 206.45	683.32	523.13	2 281.44	1 453.96	827.48

由此看来，有两个问题需引起高度重视和进一步深入调研。一是合作社、种粮大户新型经营主体虽然具备了规模经营的基本条件，但尚未获得规模经营带来的规模效益。结合与经营主体的座谈和交流，初步分析，主要是新型经营主体发展还不完善，管理比较粗放、技术水平不高、配套设施落后等因素影响了规模经营优势的发挥。二是科学合理地调控好土地流转价格，对保护好传统农户利益和促进新型经营主体发展至关重要。粮食产业本身盈利能力低，过高的土地成本将进一步挤压生产经营者的盈利空间，规模经营将停滞不前。而过低的土地流转价格又将影响到传统农户的切身利益，使传统农户不愿对外流转土地。如何协调好这一矛盾，需要在政策层面进行统筹考虑、系统设计。

4.2.3　经营方式

4.2.3.1　作业服务方式。从田间作业方式看（表8），三类经营主体采用专业技术服务队的比例相接近，均不足15%，这一比例是偏低的，说明当前社会化服务体系建设滞后。尤其是对于规模经营的合作社和种粮大户，采用专业技术服务队的社会化服务形式应逐渐成为趋势。

表8　田间作业方式　　　　　　　　　　（%）

田间作业方式	合作社	种粮大户	传统农户
成员自行耕种收获	20.59	36.78	63.91
临时雇人	32.35	45.98	18.34
专业技术服务队	13.24	14.94	14.20
自行统一作业	32.35	—	—
委托他人管理	—	—	1.18
其他方式	1.47	2.30	2.37

4.2.3.2　产品销售渠道。从产品销售主渠道看（表9），种粮大户与传统农户产品销售的主渠道是商贩上门收购。合作社的统一销售粮站、企业订单销售两项之和达到52.24%，种粮大户也达到38.75%，均明显高于传统农户。说明，合作社已表现出以市场为导向组织生产的特征，传统农户尚未摆脱小农式生产，种粮大户在二者之间，而又趋向于市场化生产。

表9　合作社产品销售渠道　　　　　　　　　　　　（%）

销售渠道	合作社	种粮大户	传统农户
统一销售粮站	29.85	22.50	6.37
企业订单销售	22.39	16.25	1.91
商贩上门收购	22.39	46.25	71.34
各户上市场销售	10.45	—	—
社员留作口粮	14.93	—	—
自己上市场销售	—	13.75	15.29
其他方式	0	1.00	5.10

在生产经营方面，河北省粮食产业新型农业经营主体表现出的经营规模较大、针对市场需求生产的发展趋势，与黄祖辉的调研结果具有一致性[3]。在经营效益方面，河北省粮食产业三类经营主体全年粮食生产的亩均产值基本相当的结果，与许庆提出的"我国粮食生产中几乎不存在显著的规模收益递增"的观点相接近[5]。但三种经营主体生产成本差异不显著的结果，未与许庆提出"扩大经营规模能带来单位产品生产成本的降低"的观点相吻合[5]。可能与河北省粮食产业新型经营主体发展初期的管理效率较低有关，需要进一步跟踪研究。

4.3　调查样本需求情况

4.3.1　政策需求方面

如表10所示，与传统农户相比，实行规模经营的合作社和种粮大户更倾向于实物补贴形式和售粮补贴。原因是，规模经营主体购买农机后可有效提高粮食生产的机械化程度，售粮补贴可实现对粮食生产者的直接补贴。

表10　三种经营主体对国家粮食补贴政策的需求比例分布　　　　　（%）

粮补方式	合作社	种粮大户	传统大户
按承包面积进行粮食直补补贴	28.77	26.72	40.40
良种农资等的实物补贴	21.92	26.72	22.00
购买农机具补贴	24.66	24.14	16.00
按照出售的商品粮给予售粮补贴	24.66	22.41	21.60

4.3.2　技术需求方面

如表11所示，与传统农户相比，合作社和种粮大户新型经营主体对新型农业机械和节水技术的需求更迫切。由于用水制度等原因，目前的节水技术大多是节水不节支，应属公益性技术范畴，但为何能够得到规模经营主体的青睐？在座谈中了解到，节水技术的应用可有效降低人工成本。由此看来，规模经营在促进公益性技术推广和应用方面将发挥积极作用。

表 11　三种经营主体对新技术的需求比例分布　　　　　　（%）

新技术种类	合作社	种粮大户	传统农户
新品种	25.69	29.33	31.25
栽培管理技术	21.10	22.00	23.01
节水技术	25.69	24.67	23.58
新型机械	27.52	24.00	22.16

4.3.3　政府服务需求方面

如表 12 所示，三种经营主体对政府服务方式的主体需求差异不大，主要集中在加强农田基本建设、提高粮食生产补贴标准和加大新品种新技术推广普及工作力度方面。除此以外，在座谈中，规模经营主体的合作社和种粮大户还集中反映由于缺少农业机械存放、原粮晾晒和仓储等场地和设施，造成机械老化、粮食损失的问题。

表 12　三种经营主体对政府服务方式的需求对比　　　　　　（%）

政府服务方式	合作社	种粮大户	传统农户
农田基本设施建设	22.03	22.83	25.25
新品种新技术的普及	24.58	19.57	20.75
粮食市场信息服务	13.56	14.67	11.25
提高粮食生产的补贴标准	22.03	21.20	22.50
提高粮食保护价收购价格	16.95	20.65	20.00
其他方式	0.85	1.09	0.25

4.3.4　生产资金贷款方面

如表 13 所示，规模经营主体的合作社和种粮大户有较强的贷款意愿，反映出其生产资金不足，但实际贷款和取得贷款的比例并不高，主要原因是贷款要求的条件高、手续复杂。

表 13　调查样本贷款情况　　　　　　（%）

贷款情况	有	无	未贷款原因			
			不需要	条件高	手续烦琐	其他
合作社	15.79	84.21	9.52	40.48	33.33	16.67
种粮大户	21.57	78.43	22.00	36.00	14.00	28.00
传统农户	0	100	52.41	17.93	27.59	2.07

4.3.5　扩大经营规模意向

从扩大经营规模意向看（表 14），规模经营的合作社和种粮大户扩大规模意向强烈，但传统农户的意愿（愿意 29.03%，不愿意 66.94%，未选择 3.23%）正好相反。土地流转供需双方的这一矛盾心态，将给下一步土地流转工作带来一定难度。

表 14　调查样本扩大经营规模意愿情况表

扩大规模的意愿	合作社	种粮大户	传统农户
有	86.84	88.24	52.20
没有	13.16	11.76	48.80

总体来看，调研样本在政策需求、政府服务需求、生产资金需求、扩大经营规模意向等方面的表现特征，与张红宇等调研提出的贷款需求压力大、农业生产设施和附属用地较难解决、农业基础设施薄弱的问题[6]，同属农业经营主体面临的共性问题。但从技术需求方面，调研样本对节水技术的需求，与河北省水资源极度短缺的资源禀赋、压采地下水的现行政策和节水技术相对落后的现状直接相关，具有区域和资源禀赋特色。

5　存在问题分析

尽管河北省粮食产业新型经营主体发展势头良好，但在当前的起步和初级阶段。从经营主体整体发展现状和调研结果分析来看，仍存在和面临诸多问题，可归纳为：三缺、两弱、一不完善。

"三缺"包括：人才短缺、技术短缺、资金短缺。人才短缺主要是新型经营主体负责人适应规模经营的能力不足，并且受自身经济条件所限，缺乏吸引各类高素质专业人才加盟的条件；技术短缺主要是针对规模经营配套技术的研发创新和供给不足，同时，新型经营主体接受和使用先进技术也需要一个渐进过程；资金短缺主要是新型经营主体自身再生产投入能力不足，获得金融性资金支持的难度较大。

"两弱"包括：盈利能力较弱、承担风险能力较弱。盈利能力弱主要是新型经营主体大多集中在粮食的生产环节，而生产环节的盈利空间受到农资价格居高不下、人力和土地成本不断攀高的影响，使粮食生产在高成本、低收益的模式下艰难运行；承担风险能力弱主要是新型经营主体面临农田基本建设水平有待提高、农业气候异常的常态化趋势、粮食生产政策性保险产品供给不足等制约和考验。

"一不完善"主要是配套政策不完善。一是尽管国家和地方出台了旨在培育和扶植新型经营主体的优惠政策，但许多激励政策还有待细化，还存在兑现难现象；二是在粮食补贴政策方面，与土地承包权挂钩的补贴，还较难落实到通过流转取得经营权而实际从事粮食生产的新型经营主体；三是相对于规模占优的农业龙头企业和产业效益较好的果蔬产业和养殖产业，对从事粮食生产的新型经营主体，在获得和享受农业优惠政策时存在挤出效应。

6　发展思路

6.1　新型农业经营主体的经营基础要具备一定土地经营规模，土地流转是必由之路

没有一定规模的土地，新型农业经营主体规模经营无从谈起，但对土地流转要积极

引导，确保规范有序。土地流转的组织，应充分尊重农民意愿，不能搞强迫命令，不能搞行政指挥；土地流转的方向，应鼓励土地在农户间流转，向新型农业经营主体集中，同时要防范工商企业租赁土地风险；土地流转的规模，应根据当地社会、自然、经济、生产、技术等条件，指导新型农业经营主体保持规模"适度"；土地流转的价格，应采取协商、公布指导价等手段，调控好土地流转价格处于合理区间，使转出方获得合理的财产性收入，转入方有较好的生产利润。

6.2 新型农业经营主体的经营保障在于良好的生产经营条件，改善生产经营条件是必然之举

在农业公共性、基础性、平台性设施的建设投入方面，特别是农业节水设施、设备的改造和提升、节水技术的示范推广方面，继续加大财政资金投入和政策扶持力度，普遍提升土地综合生产能力和应对灾害能力。在土地使用政策方面，对村级集体和新型农业经营主体进一步赋予自身土地用于农业用途的使用权和调配权，在合理规划、留有余地的基础上，研究制定将农业机械存放、农产品加工和仓储等与农业产业紧密相关的用地视同农业用地的相关政策。

6.3 新型农业经营主体的经营效益要靠财政金融支持作为有力保障，倾斜支持是必出之策

补贴政策方面，应在提高对农业生产财政补贴总量的同时，在财政补贴增量上，主要向新型农业经营主体倾斜。设立专项补贴资金或奖励资金，对从事粮食生产达到一定规模的合作社、种粮大户，以补贴或奖励方式，支持其加大生产设施设备投入和满足生产流动资金需要。完善建立新型农业经营主体的抵押、担保、信用体系，支持新型经营主体以土地承包经营权、大型农机具以及相关农产品为抵押或担保，向金融机构贷款。完善小额信贷产品，简化农业信贷手续，建立灵活高效的农业融资保障体系，缓解新型农业经营主体融资难的问题。

6.4 新型农业经营主体的经营潜力在于人才支撑，人才队伍建设是必行之事

加强对新型农业经营主体经营者的技能培训，将其纳入新型职业农民、农村实用人才、"阳光工程"等培育计划，提高新型农业经营主体整体经营素质。提供有针对性的支持政策，鼓励和吸引农村中有技术、懂经营、会管理的能人和更多的专业型人才加入新型经营主体队伍。积极引导农业院校大学生回乡创业，尤其要鼓励大学生"村官"在农村创业和就业，可考虑对相关农业经营主体给予引入大学生工资和社会保障补贴。

6.5 新型农业经营主体的经营效率在于社会化服务水平的提高，社会化服务体系建设是必施之措

随着新型经营主体规模经营的发展，种粮大户、家庭农场作为生产性主体，与农业企业和合作社作为服务性主体，在职能上在趋于分离，但在相互联系上却日益紧密。生

产型新型经营主体的发展，在很大程度上依赖于服务型新型经营主体社会化服务水平的提高。建议进一步完善扶持社会化服务组织的政策措施，重点培育农民专业服务合作社、专业服务公司、农业龙头企业等社会化服务主体，构建覆盖新型经营主体生产全程的社会服务体系，为新型经营主体提供机械化种管收、产供销信息、优质农资等方面的服务。

参考文献

[1] 河北省农业厅. 河北省关于种粮大户及粮食生产合作社有关情况的调查报告 [R]. 2013-1-29.

[2] 赵铁桥. 当前农民合作社发展形势与任务——兼谈规范化建设重点与提质增效路径 [EB/OL]. [2011-6-3]. http：//www. caein. com/in- dex. asp? xAction.

[3] 黄祖辉，俞宁. 新型农业经营主体：现状、约束与发展思路—以浙江省为例的分析 [J]. 中国农村经济, 2010 (10)：16-26.

[4] 钱克明，彭廷军. 关于现代农业经营主体的调研报告 [J]. 农业经济问题, 2013 (6)：4-7.

[5] 许庆，尹荣梁，章辉. 规模经营、规模报酬与农业适度规模经营—基于我国粮食生产的实证研究 [J]. 经济研究, 2011 (3)：22-37.

[6] 张红宇，张海洋，李娜. 关于扶持新型农业经营主体发展的若干思考 [N]. 农民日报, 2013-6-25.

[此文原刊载于《农业经济与管理》, 2015 (2)：67-76]

河北省小麦—玉米复种区域微咸水灌溉利用技术效率及影响因素分析
——基于农户调研数据

王桂荣[1,2]，王慧军[1]，张新仕[2]

（1. 东北农业大学经济管理学院；2. 河北省农林科学院农业信息与经济研究所）

摘　要：根据渤海粮仓小麦—玉米复种区域微咸水灌溉利用技术调研数据，运用DEAP2.1 和 SPSS 回归分析技术效率及影响因素，得出结论，小麦玉米复种区域微咸水灌溉利用技术效率较高，达 0.907，但技术效率、纯技术效率、规模效率优势未完全发挥，存在技术效率损失，可通过合理配置生产要素提高技术效率。投资成本与经济面积、技术培训与参加保险、地块数量分别在 0.01、0.05 和 0.10 显著水平下影响技术效率。经营面积、技术培训、参加保险、投资成本呈正相关，地块数量呈负相关。建议通过提高技术规模化和集约化经营水平、加强农户技术培训、健全和完善微咸水灌溉利用社会化服务体系提高微咸水灌溉利用技术效率。

关键词：小麦—玉米复种；微咸水利用；技术效率

2015 年河北省小麦和玉米播种面积分别达到 231.89 和 324.81 万 hm^2，占河北省粮食作物播种面积的 87.09%，两种作物灌溉用水占农业用水的 70%以上，水资源压力巨大（河北省人民政府，2016）。河北省低平原地区为重要粮食主产区，水资源短缺最严重，为地下漏斗严重区域，浅层微咸水资源虽分布广泛，但尚未大面积开发利用，总储量约达 159 亿 m^3，其中矿化度 2~5 $g \cdot L^{-1}$ 的微咸水占 70%以上，相当于该地区年可利用淡水资源量 50%。因此浅层微咸水资源开发是缓解淡水资源紧张、治理地下水超采的有效途径之一。

鉴于此，充分挖掘微咸水高效利用潜力，提高小麦—玉米生产效率，探索技术生产效率的影响因素，对推广该技术和缓解地下水资源压力具有积极作用。微咸水利用研究多集中于微咸水利用对小麦、玉米产量及土壤盐分的影响。陈素英等[1]在不同区域研究不同矿化度咸水非充分灌溉对冬小麦产量、产量构成、生理指标及后茬玉米产量的影响。韩占忠[2]建立鲁北地区作物微咸水补灌技术模式和应用技术规程。何建华等[3]研究表明，微咸水的利用应针对不同作物制定相应灌溉模式，构建不同地区微咸水利用模式。目前，微咸水利用技术效率及影响因素研究较少。

技术效率测算多采用随机前沿生产函数方法（SFA）和数据包络分析方法（DEA）。何忠伟[4]、曹暕[5]等认为内蒙古、青海等地奶牛生产技术效率损失值高达 73%。宋国宇等[6]运用 C^2R 模型分析指出，黑龙江省绿色（有机）食品出口发展总体效率偏低且呈下滑态势，现有资源潜力未充分挖掘，资源配置未达最优状态，产业发展呈"规模不经济"态势。马惠兰等[7]、周曙东等[8]、吴丽云[9]采用随机前沿生产函数法分别研究红枣、花生和设施草莓生产,发现不同产区、经营主体、种植模式及种植规模下技术效率存在显著差异。农户技术效率受年龄、受教育程度、收入占家庭收入比重、种植规模、种植年数及信息获取渠道等变量的影响程度不同。

本文研究小麦—玉米复种区域某单项技术效率评价及其影响因素。根据小麦-玉米复种区域微咸水灌溉利用农户调研数据,采用 DEA 数据包络分析方法,分析微咸水灌溉利用技术效率及影响因素,以期为改进与推广该技术模式提供参考。

1 研究方法与数据来源

1.1 研究方法

1.1.1 DEA 数据包络分析

本文采用非参数数据包络分析 DEA 中面向投入的 CCR 模型。CCR 原始分式规划模型:假设 DMU 有 m 种投入,s 种产出,共有 n 个 DMU,则:

$$Max h_{jo} = \frac{\sum_{\gamma=1}^{s} U_{\gamma} Y_{rjo}}{\sum_{i=1}^{m} V_i X_{ijo}} \tag{1}$$

$$s.t. \frac{\sum_{\gamma=1}^{s} U_{\gamma} Y_{rj}}{\sum_{i=1}^{m} V_i X_{ij}} \leq 1 \tag{2}$$

$$U_r \geq \varepsilon > 0, V_i \geq \varepsilon > 0, r=1,2,\cdots s; i=1,2,\cdots m; j=1,2,\cdots n$$

式中 h_{jo} 表示某特定 DMU 相对效率值,$h_{jo} \leq 1$,Y_{rj} 表示第 j 个 DMU 第 r 项产出,X_{ij} 表示第 j 个 DMU 第 i 向投入,U_r 为第 r 个产出项权重,V_i 为第 i 个投入项权重,ε 为非阿基米德数(极小的正数,在计算时取 10^{-6})。

利用矩阵形式表示为:

$$\max_{u,v}(u'yi)$$
$$s.t. v'xi=1$$
$$u'yi-v'xj \leq 0, \quad j=1,2,\cdots n \tag{3}$$
$$u,v \geq 0$$

式(3)为线性规划问题的乘数形式。利用线性规划对偶性质,得包络形式:

$$\min_{\theta,\lambda} \theta\beta$$
$$s.t. -y_i + y_\lambda \geq 0$$
$$\theta x_i - x_\lambda \geq 0 \tag{4}$$
$$\lambda \geq 0$$

其中,θ 为标量,λ 为 N×1 常熟向量,获得 θ 值为第 i 个决策单元效率值。据 Farrel(1957)定义,$\theta \leq 1$,取值为 1 时表示该点在前沿面上,即该决策单元技术有效。

1.1.2 回归分析

回归方程显著性检验，检验全部自变量 x_j （$j=1$, 2, …p）作为整体与因变量 Y 线性关系是否显著，得多元线性回归数学模型：

$$y_i = \beta_o + \beta_1 x_{i1} + \beta_2 x_{i2} + \cdots + \beta_p x_{ip} + \varepsilon_i$$

其中，β_0, β_1, β_2, …β_p 是 $p+1$ 个待估参数，x_1, x_2, …, x_p 是 p 个可精确测量或可控变量，ε_1, ε_2, …, ε_N 是 N 个相互独立且服从同一正态分布（0, σ^2）的随机变量。多元线性回归数学模型可表现为矩阵形式，即 $Y = X\beta_1 + \varepsilon$。

1.2 数据来源及指标选取

1.2.1 数据来源

微咸水在河北省平原呈不均衡分布状态，利用具有较强区域性，利用方式与效果差异较大。为提高研究准确性，本文选择利用规模较大、利用方式较规范、具有代表性的微咸水灌溉利用示范县景县开展实地调研，为保证调研准确性和精确性，采取典型和随机抽样方式调查 75 个不同经营规模农户，收回有效问卷 71 份，有效率 95%。问卷内容包括农户家庭基本特征、各生产要素投入和产出、技术采用效果、技术采用满意度等。

1.2.2 技术效率测算指标

技术效率计算指标包括 6 个投入指标和 1 个产出指标。投入指标选取每公顷投入种子、化肥、农药、机械、灌溉（主要考虑灌溉用电费）及用工。由于农户种植小麦和玉米无雇工费用，家庭用工折算按《河北省农产品成本资料汇编》2015 年日工资 68 元计算。产出指标为单位面积小麦—玉米产量。从投入看，各主要生产要素投入成本由大到小依次为家庭用工、机械、化肥、灌溉、种子、农药，分别占到总成本的 53.92%、14.68%、13.77%、7.41%、6.11%、4.12%。用工投入 7 140～15 300 元·hm^{-2}，均值 11 004.51 元·hm^{-2}；机械投入 1 575～4 500 元·hm^{-2}，均值 2 996.83 元·hm^{-2}；化肥投入 1 500～5 250 元·hm^{-2}，均值 2 811.13 元·hm^{-2}；灌溉投入 1 125～3 750 元·hm^{-2}，均值 1 511.62 元·hm^{-2}；种子投入 900～1 650 元·hm^{-2}，均值为 1 246.48 元·hm^{-2}；农药投入 270～1 500 元·hm^{-2}，均值为 840.42 元·hm^{-2}。

1.2.3 技术效率影响因素指标

技术效率影响因素指标选取考虑户主特征变量、耕地面积及土地细碎程度、技术培训、农业保险政策等。结合技术特点与实际情况，选择 8 个自变量，指标如表 1 所示。

农户技术效率影响因素统计结果见表 2。从事种植业户主平均年龄 61.83 岁，户主受教育程度以小学和初中为主。相对于其他行业，从事种植业的劳动力存在年龄偏高和受教育程度偏低现象，不利于技术推广和应用；农户经营面积均值 0.62 hm^2，平均地块数量 2.96 个，说明种植仍以农户小规模经营为主，地块较分散，规模化经营程度低；技术培训平均值 0.86，说明农户参与培训程度较高，技术需求强烈。参加保险平均值 0.35，农户参与保险程度低；投资成本是否增加均值为 1.11，说明农户增加成本较小。

表1 指 标 定 义

变量	指标名称	定义
因变量	技术效率	以实际数值为准
	户主年龄 X1	以实际数值为准
	户主受教育程度 X2	小学及以下=1，初中=2，高中及中专=3，大学及以上=4
	从事农业的劳动力 X3	以实际数值为准
自变量	经营面积 X4	以实际数值为准
	地块数量 X5	以实际数值为准
	技术培训 X6	未参加=0，参加=1
	参加保险 X7	未参加=0，参加=1
	投资成本 X8	增加成本=1，未增加=2

表2 技术效率影响因素统计描述

项目	户主年龄	户主受教育程度	从事农业劳动力	经营面积	地块数量	技术培训	参加保险	投资成本
极小值	42.00	1.00	1.00	0.13	1.00	0.00	0.00	1.00
极大值	80.00	3.00	3.00	1.33	8.00	1.00	1.00	2.00
均值	61.83	1.86	1.83	0.62	2.96	0.86	0.35	1.11
标准差	8.13	0.42	0.45	0.27	1.46	0.35	0.48	0.32

2 研究假设与估计结果

2.1 研究假设

2.1.1 技术效率

测算农户采用技术效率水平，假设微咸水灌溉技术利用水平高，技术效率达到1，不存在技术效率损失值。若存在技术效率损失，拒绝原假设，并分析造成农户技术非效率原因，从生产要素合理性提出建议。

2.1.2 户主年龄

丁毅等[10]认为户主年龄对生产效率有显著正向影响，但余国新等[11]、孙致陆等[12]认为户主年龄对生产效率有显著负向影响。户主年龄越高，小麦—玉米生产越偏重传统生产方式。即使农户采用新技术，也存在排斥心理。假设户主年龄对微咸水灌溉技术效率存在负效应。

2.1.3 户主受教育程度

通过接受教育，农户接触、消化、吸收新技术能力增强，认识到技术可提高生产效益，对技术效率会产生积极作用。假设户主受教育程度对技术效率存在正效应。

2.1.4 从事农业的劳动力

从事农业劳动力需考虑数量和质量两方面。从数量看，家庭农业劳动力越多，越能保证小麦—玉米生长过程充足的劳动投入；从质量看，采用技术后应注重精细化管理，考虑劳动力受教育程度是否对技术效率产生影响。假设农业劳动力对技术效率影响不明确。

2.1.5 经营面积

苏宝财[13]认为茶农家庭拥有的茶园面积与技术效率正相关。曹卫华[14]认为同一技术模式下，家庭农场和种植大户技术效率值较高。农户耕地规模越大，技术成本越低，可形成规模效益。假设经营面积对技术效率存在正效应。

2.1.6 地块数量

经营面积大，地块集中，技术操作更便捷高效。调研发现，因地块分散，农民采用技术难度大，若地块集中，仍倾向于采用技术。假设地块数量对技术效率存在负效应。

2.1.7 技术培训

技术培训使农户掌握微咸水灌溉技术关键要领，提高技术应用能力和水平，进一步提高技术效率。假设技术培训对技术效率存在正效应。

2.1.8 参加保险

曹卫芳[15]认为农业保险可推动农业现代化发展并提供保障，赵立娟[16]认为农业保险政策实施对农业生产效率提升具有显著促进作用。因此，假设农业保险对技术效率存在正效应。

2.1.9 投资成本

从普通农户和种植大户两者考虑，普通农户投资成本越高，采用技术可能性越小，反之，更倾向于获得免费农业技术；种植面积大和雇佣劳动力的农户，投资新技术获得利润高于投资劳动力。假设投资成本对技术效率影响不明确。

2.2 估计结果

2.2.1 技术效率分析

运用 DEAP2.1 处理数据，分析结果见表3，由表3可知，不考虑规模效益时，小麦—玉米微咸水利用技术效率为0.907，未达 DEA 有效，拒绝原假设，存在技术效率损失；考虑规模效益时，纯技术效率0.944，说明技术生产要素投入配置不合理；规模效率0.961，说明技术规模有待改进。71个调查农户中，仅两个农户呈规模报酬递减，50个呈规模报酬递增，19个规模收益不变。

表3 技术效率结果

分项	技术效率	纯技术效率	规模效率
均值	0.907	0.944	0.961

注：技术效率=纯技术效率×规模效率

从样本技术效率区间分布看（表4），18户技术效率为1，占25.35%，投入产出

DEA 有效，29.58%的农户技术效率达 0.9～1，35.21%的农户技术效率处于 0.8～0.9，9.86%农户技术效率低于 0.8，52.11%农户技术效率超过平均值。纯技术效率等于 1 情况下，15 户规模效率不等于 1，其规模与投入产出不匹配，技术效率、纯技术效率、规模效率优势未完全发挥，技术效率改进空间较大，潜力有待挖掘。

表 4   技术效率区间分布

区间	技术效率	纯技术效率	规模效率
1	18	33	18
[0.9, 1)	21	20	47
[0.8, 0.9)	25	15	6
<0.8	7	3	0

2.2.2   技术效率冗余分析

农户实际投入产出与最优间存在一定差距，模型中定义为松弛变量。结合小麦—玉米微咸水灌溉技术，考虑投入和产出松弛变量，具体分析见表 5。

表 5   投入与产出松弛度分布

项目	投入						产出
	种子	化肥	农药	机械	灌溉	用工	
均值（kg）	38.00	84.19	35.90	119.45	85.29	271.73	461.16
户数（户）	17	17	20	21	15	15	24
所占比例（%）	23.94	23.94	28.17	29.58	21.13	21.13	33.80

由表 5 可知，要素投入冗余由大到小依次为用工、机械、灌溉、化肥、种子、农药，投入冗余分别为 271.73、119.45、85.29、84.19、38.00、35.90。涉及农户分别为 15、21、15、17、17、20 户，占比分别为 21.13%、29.58%、21.13%、23.94%、23.94%、28.17%，各生产要素均存在问题。统计各户投入生产要素冗余情况得出，6 户同时存在种子、化肥、农药、机械、用工 5 项冗余，种子和农药单纯存在投入冗余各 4 户，其余多集中于每户 2～3 项投入冗余。产出方面 24 户出现松弛变量，均值为 461.16 kg，产出提高空间较大。不减少投入情况下，改进技术与合理搭配生产投入要素，每公顷可增加产出 461.16 kg。

2.2.3   微咸水灌溉技术效率影响因素分析

在小麦玉米微咸水灌溉利用技术效率计算基础上，分析技术效率影响因素。通过方差分析选取技术指标（表 6），由表 6 可知，显著性检验 P 值为 0.000，小于 0.05 显著水平，F=4.375>1，各组均值差异具有统计学意义。

标准化回归系数 β 消除单位影响，可比较自变量间解释力。标准系数越大，自变量对因变量影响越大，具体分析结果如下。

表6 方差分析

模型	平方和	df	均方	F	Sig.
回归	0.308	8	0.039	4.375	0.000
残差	0.546	62	0.009	—	—
总计	0.855	70	—	—	—

注：运用 SPSS 19.0 逐步回归方式处理数据，分析结果见表7

户主年龄、受教育程度和从事农业劳动力未通过显著性检验，但年龄显著性接近10%，具有一定参考价值。农业劳动力越年轻，文化程度较高，采用新技术搭配各生产要素更合理。但从调研数据看，技术采用者平均年龄为 61.83 岁，户主受教育程度以小学和初中为主，该技术模式较传统种植方式省工，单位面积用工量较固定的三项指标对技术效率影响不显著。

经营土地面积对农户技术效率具有正向作用，与假设一致，技术采用规模化和集中化程度越高，技术效率优势越显著。地块细碎程度对技术效率具有负向作用，与假设一致，地块越集中，技术效率越明显。

将技术培训和参加保险归为政策性因素。技术培训和参加保险对技术效率具有正向影响，与假设一致。技术培训可增加农户技术认知，使其在技术应用过程中更注重合理搭配生产要素与技术操作规程，参加保险有助于农户规避采用新技术的投资风险，对提高技术效率作用显著。

投资成本对技术效率具有正向影响，投资成本降低，农户采用技术效率提高。受结构性改革和去库存压力影响，小麦、玉米价格持续走低，玉米价格出现断崖式下降，种植利润低，科技增效成为农业发展趋势，利用技术提高作物产量和经济效益成为农户选择。

表7 模型分析结果

模型	非标准化系数		标准系数	t	Sig.
	B	标准误差	β		
常量	0.767	0.154	—	4.983	0.000
户主年龄	−0.003	0.002	−0.214	−1.642	0.106
户主受教育程度	0.017	0.030	0.064	0.562	0.576
从事农业劳动力	−0.022	0.029	−0.090	−0.758	0.451
经营面积	0.009 ***	0.004	0.335	2.485	0.016
地块数量	−0.019 *	0.011	−0.247	−1.718	0.091
技术培训	0.076 **	0.039	0.241	1.966	0.054
参加保险	0.050 **	0.027	0.219	1.867	0.067
投资成本	0.187 ***	0.042	0.538	4.474	0.000

注：*** 、** 、* 分别表示 0.01、0.05 和 0.10 水平上显著

3 结论与对策建议

3.1 结 论

采用数据包络分析 DEA 方法测算得出小麦—玉米微咸水灌溉技术效率较高，达到 0.907，但技术效率优势未完全发挥，需改进生产要素投入搭配，技术效率提升空间较大。

采用回归分析得出土地经营规模、地块细碎程度、技术培训、投资成本和农业保险对微咸水灌溉技术效率影响较大，微咸水灌溉技术应用规模化和集中化、加强技术培训、减少农户投资和降低投资风险度，对提高农户技术效率具有积极作用。

3.2 对策建议

3.2.1 提高技术利用规模化和集约化经营水平

在小麦—玉米微咸水灌溉利用区域，提高小麦—玉米规模经营，改善土地细碎化现象，在家庭联产承包责任制基础上，加快土地流转，简化技术操作程序，培育傻瓜式、便捷式微咸水灌溉技术。加强种粮大户、新型经营主体培育力度，在投资、培训、指导等方面予以倾斜，使微咸水灌溉利用技术成为农户小麦和玉米增产主要途径。

3.2.2 加强农户技术培训

调研发现，农户技术需求与宣传不成正比，农户对新技术需求较强烈。应利用广播电视、多媒体、网络等方式和途径宣传，科研人员和推广人员应进村、进地加强农户技术指导，使农户既听懂又学会。加强技术实际操作培训，一对一操作示范，注重技术规范性与标准化。

3.2.3 健全和完善微咸水灌溉利用的社会化服务体系

加大技术政策补贴力度，提高保险标准，使技术补贴和政策落到实处，真正做到技术落地；鼓励科研单位、推广组织和大专院校参与技术推广工作，建立区域示范点，推进技术示范村、示范县建设工作，以点带村、以村带乡，通过技术减少农户投资成本，降低采用技术风险度，提高技术转化率。

参考文献

[1] 陈素英，张喜英，邵立威，等．微咸水非充分灌溉对冬小麦生长发育及夏玉米产量的影响 [J]．中国生态农业学报，2011，19（3）：579-585.

[2] 韩合忠．鲁北地区粮食作物咸水补灌技术研究 [D]．济南：山东大学，2012.

[3] 何建华．河北省小麦—玉米两熟丰产高效技术集成体系综合效益评价 [D]．保定：河北农业大学，2007.

[4] 何忠伟，韩啸，余洁，等．我国奶牛养殖户生产技术效率及影响因素分析——基于奶农微观层面 [J]．农业技术经济，2014（9）：46-51.

[5] 曹暕，孙顶强，谭向勇．农户奶牛生产技术效率及影响因素分析 [J]．中国农村经济，2005（10）：42-48.

［6］ 宋国宇，赵莉，康粤．黑龙江省绿色（有机）食品出口发展效率评价研究［J］．农业经济与管理，2016（1）：45-54.

［7］ 马惠兰，苏洋，李凤．新疆红枣种植生产技术效率及影响因素分析［J］．新疆农业科学，2015，52（5）：969-974.

［8］ 周曙东，王艳，朱思柱．中国花生种植户生产技术效率及影响因素分析——基于全国 19 个省份的农户微观数据［J］．中国农村经济，2013（3）：27-36.

［9］ 吴丽云．设施草莓生产技术效率及影响因素实证研究——基于超越对数随机前沿生产函数与果农微观数据［D］．南京：南京农业大学，2012.

［10］ 丁毅，徐秀英．农村劳动力转移对竹林生产效率的影响研究［J］．林业经济问题，2016，36（3）：215-221.

［11］ 余国新，张建红．新疆番茄产业发展与农户种植模式分析［J］．北方园艺，2011（14）：179-182.

［12］ 孙致陆，肖海峰．农牧户羊毛生产技术效率及其影响因素研究——基于内蒙古、新疆等 5 省份农牧户调查数据的分析［J］．农业技术经济，2013（2）：86-94.

［13］ 苏宝财．茶农生产性投资行为研究——以福建安溪为例［D］．福州：福建农林大学，2009.

［14］ 曹卫华．江苏省稻麦两熟区机械化生产模式及其效率研究［D］．北京：中国农业大学，2015.

［15］ 曹卫芳．农业保险和农业现代化的互动机制研究［J］．生产力研究，2013（2）：36-38.

［16］ 赵立娟．农业保险发展对农业生产效率影响的动态研究——基于 DEA 和协整分析的实证检验［J］．湖北农业科学，2015，54（21）：5 476-5 480.

［17］ 郑春莲，曹彩云，李伟，等．不同矿化度咸水灌溉对小麦和玉米产量及土壤盐分运移的影响［J］．河北农业科学，2010，14（9）：49-51.

［18］ 曾福生，高鸣．我国各省区现代农业发展效率的比较分析——基于超效率 DEA 及 malmquist 模型的实证分析［J］．农业经济与管理，2012（4）：38-44.

［19］ 姚福增，刘欣．种粮大户粮食生产技术效率及影响因素实证分析——基于随机前沿生产函数与黑龙江省 460 户微观调查数据［J］．科技与经济，2012，25（2）：60-64.

［此文原刊载于《农业经济与管理》，2017（2）：71-79］

河北省农民专业合作社发展现状分析与对策建议

张新仕，蒲娜娜[2]，李　敏[1]，徐珊珊[1]，李英杰[2]，王桂荣[1]

（1. 河北省农林科学院农业信息与经济研究所；2. 河北省农林科学院）

摘　要： 自 2007 年《中华人民共和国农民专业合作社法》实施以后，河北省农民专业合作社发展势头强劲，合作社的发展提高了农民的组织化程度，推动了传统农业向现代农业转变。文章对河北省合作社现状进行了分析，发现河北省农民专业合作社主要集中在种植业和畜牧业，约占河北省合作社的 4/5，合作社以产加销一体化服务和生产服务为主，综合实力不断增强，地位和作用日益突出，但同时也存在合作社不规范、结构不合理等问题，针对问题从政府支持、加强合作社监管等方面提出了建议和对策。

关键词： 河北省；农民专业合作社；发展现状；存在的问题；对策建议

合作社是劳动群众自愿联合起来进行合作生产、合作经营所建立的一种合作组织形式，根据合作原则建立的以优化社员（单位或个人）经济利益为目的的非营利企业形式。《中华人民共和国农民专业合作社法》已由中华人民共和国第十届全国人民代表大会常务委员会第二十四次会议于 2006 年 10 月 31 日通过，自 2007 年 7 月 1 日起施行，政府对合作社进行规范，农民专业合作社已经成为建设现代农业、带动农民共同致富、农村社会管理的重要载体[1-2]。农民专业合作社发展迅速，截至 2014 年年底，我国农民专业合作社总数达到 113.8 万个，比 2013 年增加 25.4 万个，增长 28.7%。农民专业合作社的服务带动能力继续提升，2014 年农民专业合作社经营收入 5 135.6 亿元，平均每个合作社 45.1 万元，当年可分配盈余 907 亿元[3-4]。河北作为农业大省，合作社的发展促进了农业的规模生产和集约化生产，推动农业经营体制机制创新，对促进全省农业科技发展和实现农业现代化具有重要作用[5]。文章主要分析了目前河北省农民专业合作社发展现状以及存在的问题，并针对问题提出了促进合作社发展的对策和建议。

1　河北省农民专业合作社发展现状

1.1　农业专业合作社发展势头强劲

2007 年河北省人民政府出台了《关于促进和支持农民专业合作社建设与发展的若干意见》，加快了全省农民专业合作社发展步伐，提高了农民的组织化程度，推动了传统农业向现代农业转变。河北省专业合作社的数量呈爆发式增长，2012 年合作社仅有32 670 个，到 2014 年猛增到 82 926 个（表 1），两年增加 153.83%，涉及粮食、油料、蔬菜、水果等农产品。2014 年，被农业主管部门认定的示范社有 3 943 个，占到当年合作社总数的 4.75%。农业专业合作社的成员数由 2012 年的 229.8 万个增加到 2014 年的 308.0 万个，平均每个合作社实有 37.1 个成员。合作社能够通过降低农产品的成本价、规范管理分散的农民、提高农民生产的技术水平[6-7]。从 2014 年成员分布来看，普通农户占到合作社成员总数的 98.20%，专业大户及家庭农场占到合作社的 0.96%（表 2），通过合作社带动非入社成员 377.26 万户，比 2013 年增长 2.33%，平均每个合作社带动 45.49 户。

表 1 2012—2014 年河北省农民专业合作社发展情况 （个）

	2012 年	2013 年	2014 年
合计	32 670	57 951	82 926

表 2 2014 年河北省农民专业合作社成员分布情况 （个）

	普通农户数	专业大户及家庭农场成员数	企业成员数	其他团体成员数
数量	3 024 283	29 550	22 246	3 836

注：数据来源于全国农村经营管理统计资料 2012—2014 年

1.2 种植业和畜牧业合作社占 4/5，粮食生产合作社继续保持较快增长

从所从事的行业看，种植业、畜牧业、林业、渔业、服务业及其他合作社依次为 52 579 个、16 998 个、5 662 个、373 个、4 755 个、2 559 个，分别比 2013 年增长 49.31%、40.69%、36.27%、8.74%、20.05%、15.48%，占合作社的比重分别为 63.40%、20.50%、6.83%、0.45%、5.73%、3.09%。在种植业合作社中，粮食合作社 2014 年达 22 556 个，比 2013 年增长 49.31%，占种植业合作社的比重为 42.90%，蔬菜合作社 2014 年达 12 802 个，比 2013 年增长 127.07%，占种植业合作社的比重为 24.35%。在畜牧业合作社中，生猪合作社 5 600 个，奶业合作社 3 263 个，肉牛羊产业合作社 2 570 个，占畜牧业合作社的比重分别为 32.95%、19.20%、15.12%。在服务业合作社中，农机服务合作社 2 505 个，植保服务合作社 14 个，土肥服务合作社 769 个，金融服务合作社 69 个，占服务业合作社的比重分别为 52.68%、0.29%、16.17%、1.45%。

1.3 合作社以产加销一体化服务和生产服务为主

按服务内容划分，实行产加销一体化服务的合作社 2014 年达 37 037 个，比 2013 年增长 43.11%，占合作社总数的 44.66%；以生产服务为主的合作社 2014 年达 28 118 个，比 2013 年增长 39.57%，占合作社总数的 33.99%；以购买服务为主、仓储服务为主、运销服务为主、加工服务为主的合作社分别占到合作社总数的 6.57%、1.85%、3.25%、2.79%（图 1）。从目前来看，合作社主要以从事产加销一体化服务和生产服务为主。

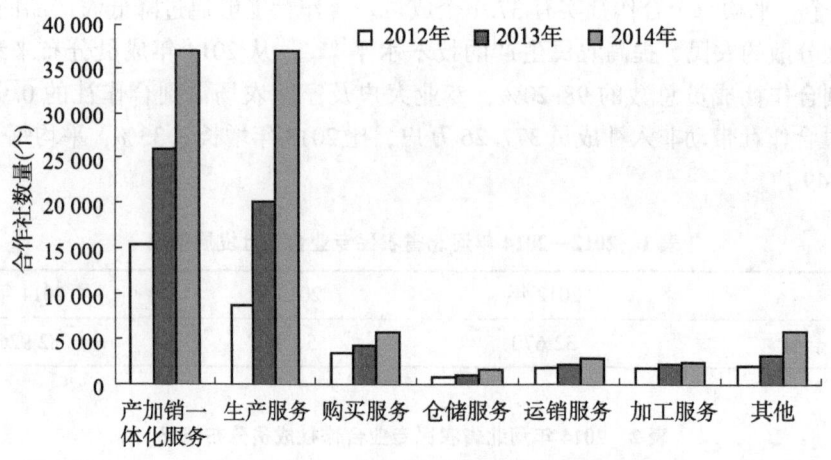

图 1　河北省以不同服务内容为主的合作社数量

1.4　合作社的综合实力不断增强，地位和作用日益突出

合作社经营收入 2014 年达到 135 亿元，比 2013 年增加 116.23%；农民专业合作社可分配盈余快速增长，2014 年达到 27.94 亿元；实施标准化生产和拥有注册商标的合作社 2014 年达 2 990 个，比 2013 年增长 25.26%；通过农产品质量认证的合作社 2014 年达 1 650 个，比 2013 年增长 56.55%；创办加工实体的合作社 2014 年达 1 828 个，比 2013 年增长 31.7%。2014 年，各级财政扶持资金总额为 1.91 亿元，共扶持合作社 880 个，承担国家涉农项目的合作社 160 个，平均每个合作社获得扶持资金 21 万元。

2　河北省农民专业合作社发展中存在的问题

2.1　规模小，实力弱，产出率较低

近几年，河北省农民专业合作社发展迅速，不但提高了生产效率，节省了农业投入成本，而且提高了农业机械化程度，带动了农民增收。但河北省农民专业合作社发展规模还是较小，规模经济不够突出，缺乏市场竞争力[8]。被农业主管部门认定的示范社占农民专业合作社的 4.75%，低于全国平均水平（9.37%）；河北省平均每个合作社经营收入为 16.29 万元，低于全国平均水平（45.14 万元），且差距较大。另外，合作社也缺乏长远规划，加上 2014—2015 年农业经济不景气，导致经营状况不佳，市场开拓能力有限，合作社整体实力难以提高[9]。

河北省农民专业合作社的注册品牌数量也较多，但是始终没有"走出去"，难以形成全国知名的商标。同时许多合作社财务制度不规范，缺少利益联结，在调研过程中发现能够正常运营的注册合作社占注册合作社总数的比例不高，发展仍然是一边散沙，存在一定的市场风险。

2.2 扶持资金少，融资困难，贷款规模小

河北省农民专业合作社扶持资金少，得到资金扶持的合作社更少，2014年获得财政扶持资金的合作社仅占合作社总数的1.06%，并且多数资金用于扶持规模较大的合作社或者是取得成效的合作社，扶持资金只是发挥"锦上添花"的作用，一些小的或者急需资金的合作社得不到真正的资助，合作社的可持续发展能力差，容易导致合作社两极分化[10]。

随着河北省农民专业合作社的不断发展和壮大，资金的需求变成阻碍合作社发展的关键因素之一。合作社信用评价体系难以建立，信用贷款难以开展，导致合作社缺资金、贷款难现象非常普遍，从2014年贷款余额看，河北省合作社共获得扶持资金1.91亿元，平均每个合作社获得0.23万元，难以满足合作社对资金的需求。另外，合作社获得贷款的难度大，只有部分地方银行对合作社提供贷款，贷款手续烦琐，导致河北省农业农村金融市场一直处于缓慢发展状态[11]。

2.3 发展不平衡，结构不合理，产品科技含量低

目前，合作社大部分集中于种植业和畜牧业，而在其他产业方面较少，比例结构不合理，尤其是林业和渔业发展速度较缓慢，河北省农户对农机服务和植保服务的需求日益增加，而河北省恰恰农机和植保合作社的较少，难以满足农业需求。

在调研中发现，合作社生产的产品科技含量低，没有专业化的技术设备和生产技术，不能生产高附加值的农产品，很难满足市场对农产品的需求。另外，合作社盈利能力有限，社员难以从中获得较大的利润，导致农户加入合作社的愿望较弱。从统计数据可以看到，实施标准化生产、拥有注册商标、通过农产品质量认证和创办加工实体的合作社分别占到合作社总数的3.61%、3.61%、1.99%、2.2%。

2.4 合作社规范程度不够

目前，河北省存在为创建合作社而建合作社的现象，目的不是为了发展高效农业和为农户提供优质服务，而是为了套取农业补贴和违规圈地，使专业合作社的性质发生变化。另外，在邢台和邯郸地区出现利用合作社进行集资活动的现象，使合作社变成集资的工具，扭曲了合作社性质，对地区合作社发展造成不利影响。因此，必须对合作社进行规范化管理，使其健康有序发展。

3 对策与建议

3.1 政府加大对合作社的支持力度

政府应在财政金融、政策支持、税收优惠等方面扶持专业合作社，为合作社的发展提供更好的外部环境。另外，要在合作社的教育和培训方面下功夫，加大对合作社的宣传力度，在拨付扶持资金或者项目资助时，不能单纯地考虑大型合作社，而要大小兼顾，对小型合作社也进行资金和技术支持。

3.2 对合作社进行规范化管理

加大对合作社的监管力度，使河北省农民专业合作社的发展走向上有序健康的轨道。各级政府管理部门要在合作社的建立、运行以及合作社资金使用方面加强监管，使合作社建立规范的章程和运行管理机制。对违反国家政策法规法律的合作社，政府有关部门应当进行严厉的处罚。同时，可建立合作社推广模式，提升农业生产经营效率。

3.3 拓展合作社的服务功能

在加强河北省农民专业合作社经济功能的同时，更要注重其生产和生活的功能，如：教育、福利和卫生等。2014 年，河北省农民专业合作社提留公积金、公益金及风险金的合作社达到 15 814 个，占到合作社总数的 18.59%。另外，要对社员从农业技术、经营管理教育等方面进行培训，提高合作社整体水平，并对社员提供医疗卫生和养老服务，减轻社员个人负担，以人为理念发展合作社。

参考文献

[1] 武婷，武之新，王继贵. 我国农民专业合作社的现状及持续发展对策 [J]. 农业科技管理，2011（3）：58-60.

[2] 苑鹏. 改革以来农村合作经济组织的发展 [J]. 经济研究参考，2008（31）：20-22.

[3] 郑丹. 农村科技合作社运营模式解析 [J]. 农业科技管理，2009（4）：4-51.

[4] 李红军. 黄淮地区农业专业化发展现状研究 [J]. 农业科技管理，2014（5）：64-66.

[5] 姚春齐，崔恩渤，王建中. 农村土地流转中地方政府行为的经济学分析 [J]. 河北农业科学，2009，13（4）：119-120.

[6] 刘健，刘全凤，李雅静. 关于沧州提升农民专业合作社水平研究 [J]. 河北农业科学，2014，18（2）：91-93.

[7] 程丹，崔晓，张彩坊，等. 种粮大户与粮食生产合作社促进我国粮食生产安全的分析 [J]. 河北农业科学，2014，18（6）：95-98.

[8] 万江红，李继娜. 制度学派视角下农民合作经济组织声誉制度塑造研究——基于对武汉市农民合作社的考察 [J]. 农村经济，2013（4）：111-114.

[9] 范小建. 关于我国农村合作经济发展有关问题的思考 [J]. 中国农村经济，1999（4）：9-14.

[10] 国鲁来. 合作社制度及专业协会实践的制度经济学分析 [J]. 中国农村观察，2001（4）：36-48.

[11] 王曙光. 中国农民合作组织历史演进：一个基于契约—产权视角的分析 [J]. 农业经济问题，2010（11）：21-27.

[此文原刊载于《农业科技管理》，2016，35（6）：65-68]

我国设施蔬菜生产效率研究

王亚坤[1]，王慧军[1,2]

（1. 东北农业大学经济管理学院；2. 河北省农林科学院）

摘　要：设施蔬菜以其良好的经济、社会收益在我国迅猛发展，是实现农业现代化的主要途径之一。为把握全国设施蔬菜生产效率情况，了解不同地区设施蔬菜生产效率高低及原因，实现设施蔬菜生产资源配置的宏观调控，采用超效率 DEA 及 Malmquist 指数方法，分别从静态和动态角度，对我国设施蔬菜生产效率进行计算，结果如下：2011—2013 年间共 63 个产出决策单元（DMU）中有 23 个为 DEA 有效，DEA 无效率为63.49%，设施蔬菜生产中投入冗余问题严重；2011—2013 年间我国设施蔬菜全要素生产率（TFP）增长了 0.8%，技术效率提高是 TFP 增长的动力，技术进步对 TFP 增长起副作用。应加大设施蔬菜的科研与成果转化，做好农技推广工作，同时注重学习与交流，提高设施蔬菜生产效率。

关键词：超效率 DEA；Malmquist 指数；技术效率；技术进步；设施蔬菜

我国是世界最大的蔬菜消费国和生产国。根据历年《中国统计年鉴》相关数据计算得出，从 2001 年开始到 2013 年的 13 年间，全国蔬菜播种面积占当年农作物总播种面积的比例均超过 10%，2013 年全国蔬菜播种面积为 2 089.9 万 hm²，占当年农作物总播种面积的 12.70%[1]。在蔬菜产业快速发展得同时，设施蔬菜由于其产量、利润、劳动力带动等优势也得到了迅猛发展。统计资料显示，设施蔬菜种植的亩均主产品产量较露地种植有很大提升，由于设施蔬菜的反季节性供应的单价优势，使得亩均产值和净利润都大幅高于露地种植。以西红柿、黄瓜两种常见蔬菜为例，2013 年，我国西红柿、黄瓜两种蔬菜设施种植方式的产值分别为露地种植的 2.33 倍和 1.69 倍，设施种植方式的净利润分别为露地种植的 3.49 倍和 1.40 倍。在带动农村劳动力方面，西红柿、黄瓜设施种植方式的每亩用工数量分别为露地种植的 2.28 倍和 2.23 倍[2]。除了经济效益外，设施蔬菜生产方式可显著提高水、土地及自然光能的利用率，特别是对于耕地资源、水资源和农业能源相对匮乏的我国来说，设施蔬菜产业是实现农业高度集约化经营，有效利用土地资源的战略性选择之一，发展设施蔬菜生产是实现农业现代化的主要途径之一。20 世纪 80 年代，我国设施蔬菜主要在三北地区发展，现在已在南方大范围扩展，尤其在东南沿海经济发达地区，技术与规模发展更为迅速，已逐渐赶上甚至超过了北方。与发达国家相比，我国设施生产水平与发达国家相比的差距明显缩小，初步形成了符合中国国情的、以节能为中心的设施蔬菜生产体系[3]。目前我国设施面积已近179 万 hm²，其中 80% 以上进行蔬菜生产，在我国部分地区蔬菜设施栽培面积的比例已经达到了 10% 以上，甚至某些地区已接近 30%[4]。目前，包括设施蔬菜生产在内的农业生产面临着成本不断增加、资源短缺、环境恶化、非农用地大量挤占耕地等问题，对于资源禀赋本就不富足的中国农业来说，相比于投入要素增加带来的产出增长，由农业生产要素使用效率的提高带来的农业增长才是未来增长的方向[5]。如何有效提高设施蔬菜生产效率、实现集约型增长成为设施蔬菜发展的新方向。

纵观有关设施蔬菜的文献及研究成果，学者多从生产技术、产业发展、农户调查方面进行研究，对生产效率方面的研究较少，仅有两篇文献，林琭等[6]对山西省不同地区的设施蔬菜生产成本进行了剖析，指出应降低物质费用中的肥料费、棚室维护费和种苗费。张霞等[7]通过对设施蔬菜投入产出的调查发现，投入增加会促进产出增加，但产出增加幅度会减小。我国不同地区间自然资源、生产技术水平等诸方面都存在着的显著差异，因此，各个地区间设施蔬菜的生产成本和生产方式等都各不相同，在不同程度上影响着各地区的设施蔬菜生产的效率，了解全国范围内设施蔬菜生产效率情况，准确把握不同地区生产效率的优劣及原因，对宏观调控设施蔬菜生产的资源配置、充分发挥区域生产优势以及确保设施蔬菜生产实现持续有效增长，具有重要的理论和现实意义。本研究采用超效率 DEA 及 Malmquist 指数方法，分别从静态和动态角度计算了我国设施蔬菜的生产效率。

1 研究方法、变量及数据

1.1 研究方法介绍

1.1.1 超效率 DEA

数据包络分析（data envelopment analysis，DEA）以数据规划为工具，利用具有同质投入产出决策单元（decision making unit，DMU）的输入输出数据组成的生产可能集的有效前沿面来衡量每个 DMU 的投入产出相对效率起相对有效性。DEA 具有内生变量确定权重，可排除很多主观因素，计算结果不受计量单位和数据类别限制，适用性强，因此被广泛应用[8-10]，根据 DMU 在 DEA 相对有效面的投影原理，还可以计算各 DMU 投入冗余情况，此过程可以使用 DEAP2.1 软件来完成。

为了弥补基本 DEA 模型无法确认有效 DMU（效率值为 1）优劣顺序的缺陷，Andersen 等[11]学者于 1993 年提出了超效率 DEA 模型。第 k 个 DMU 的效率计算问题可以转化成如下的线性规划问题：

$$s.t. \begin{cases} \min\theta \\ \sum_{j-1,j\neq k}^{n} \lambda j Xij + si^- = \theta Xik \\ \sum_{j=1,j\neq k}^{n} \lambda j Yrj - Sr^+ = \theta Yrk \\ \lambda_j \geq 0, Si^- \geq 0, Sr^+ \geq 0 \end{cases}$$

其中，λ_j（$j=1, 2, \cdots, n$）为规划决策变量，S^- 和 S^+ 为松弛变量向量。θ 为规划目标值，θ 值越大，表明效率越高，θ 值可能大于 1。

另外，超效率 DEA 模型中的无效率 DMU（效率值小于 1 的 DMU）的效率值与基本 DEA 模型中的无效率 DMU（效率值小于 1 的 DMU）的效率值相同[12]。超效率可以使用 EMS 1.3 软件计算。

1.1.2　Malmquist 指数

全要素生产率（total factor productivity，TFP，也称总和要素生产率）是指"生产活动在一定时间内的效率"，是衡量单位总投入和总产量的生产率指标，即总产量与全部要素投入量之比。产出增长率超出要素投入增长率的部分为 TFP 增长率。TFP 变化可以用 Malmquist 指数（Malmquist productivity index，MPI）反映。Malmquist 在 1953 年首先提出了数量指数与距离函数概念，后被作为生产率指数使用，建立起用于测量 TFP 变化的专门指数[13]。用（X_t，Y_t）和（X_{t+1}，Y_{t+1}）分别变式时期 t 和 $t+1$ 的投入产出量，分别用 $D_0^t(X_t，Y_t)$ 和 $D_0^t(X_{t+1}，Y_{t+1})$ 表示以 t 和 $t+1$ 时期技术为参照的时期 t 的投入产出向量的产出距离函数，$D_0^{t+1}(X_t，Y_t)$ 和 $D_0^{t+1}(X_{t+1}，Y_{t+1})$ 表示以 t 和 $t+1$ 时期技术为参照的时期 $t+1$ 的投入产出向量的产出距离函数，t 时期到 $t+1$ 时期的 Malmquist 指数计算公式为：

$$MPI = \left(\frac{D_0^t(X_{t+1}，Y_{t+1})}{D_0^t(X_t，Y_t)} \times \frac{D_0^{t+1}(X_{t+1}，Y_{t+1})}{D_0^{t+1}(X_t，Y_t)} \right) \frac{1}{2} \qquad (1)^{[14]}$$

式中 Malmquist 指数若大于 1，说明从 t 期到 t+1 期的 TFP 是增长的，反之则说明 TFP 下降。并且，在规模报酬不变的假设前提下，MPI 可以分解为技术效率变化和技术进步变化。Malmquist 指数计算可使用 DEAP 2.1 软件完成。

1.2　数据来源

黄瓜和西红柿是我国设施蔬菜种植面积最大的品种，因此本研究以黄瓜和西红柿为研究对象，用设施黄瓜和西红柿平均效率代表该地区整体情况。根据不同的地理位置及栽培习惯，将全国 21 个主要设施蔬菜栽培地区分为东北、华北、华中、西南和西北 5 个产区。我国省级层面的设施蔬菜生产投入产出的统计开始较晚，最早数据从 2011 年开始，本研究只对 2011—2013 年情况进行研究，数据资料均来自 2012—2014 年《全国农产品成本收益资料汇编》。在计算前对 2012 和 2013 年以费用形式表示的物质投入指标分别用各地区相应的农业生产资料价格指数平减，价格指数缺失的地区按全国水平平减。

1.3　变量选取

根据蔬菜生产数据的科学性、准确性和可获得性，参考国家发展和改革委员会价格司编著的《全国农产品成本收益资料汇编》中的统计指标，设施蔬菜生产中相对重要的生产投入包括肥料、种子、农膜、农药、租赁作业、工具材料、人工，这几项投入可以占到总直接成本投入的 90% 以上。本着指标选取尽量采用实物量形式、同类指标合并的原则，选取每亩用工数量、每亩化肥用量、租赁作业费、工具材料费以及其他物质费用（包含种子费、农家肥费、农药费、农膜费）5 个指标为投入指标，以蔬菜主产品产量为产出变量。

2 超效率 DEA 分析

2.1 超效率 DEA 分析

2.1.1 各年份超效率 DEA 值分布情况

从 2011 年情况来看，效率值大于 1 的有 8 个地区。以北京为例，效率值为 1.085，为 DEA 有效，说明该地区即使等比例增加 8.5% 的投入，在所有 DMU 集合中仍能保持其相对有效性。效率均值小于 1 即为 DEA 非有效，说明存在一定程度投入的冗余，以河北为例，效率值为 0.983，说明该地区多消耗了 1.7% 的投入资源。2012 年效率值大于 1 的仍有 8 个地区，2013 年有 7 个地区。各地区效率值差异较大，2011 年效率值最低（浙江，0.621）与效率值最高（新疆，1.805）差距高达 1.184，2012 年效率值最低（山西，0.676）与效率值最高（新疆，1.763）差距为 1.087，2013 年效率值最低（山西，0.601）与效率值最高（吉林，1.826）差距为 1.225（表 1）。

2.1.2 各产区超效率 DEA 值情况及原因分析

高效率就意味着资源没有浪费，即对资源做了最大程度的利用，低效率意味着所投入的资源没有完全被利用，存在冗余。从产区整体效率情况来看，2011—2013 年，西北、东北整体效率情况优于其他产区。这两个地区是近年来新发展起来的，设施蔬菜机械化水平、管理水平等起点较传统产区高，因此在资料合理利用方面能优于传统产区，这是新兴产区效率值高于传统产区的关键。此外，西北、东北产区人均耕地面积相对大，并且随着新型经营主体的不断发展壮大，这些设施蔬菜发展更容易发挥规模效益优势，获得较高的生产资料利用率，因此吉林、黑龙江等排名变化处于进步趋势。而华北、华中地区，由于国家发展战略的政策倾斜，农业发展得到较多的物力、财力及政策支持，集约化的蔬菜产业最先发展起来，要素投入过多，超出了集约度的有限增长，产生较多要素投入冗余，如河北省 3 年的排名出现倒退趋势。

各产区不同地区间效率水平也存在很大差距，如 2013 年华北产区、东北产区、华中产区、西北产区效率最低地区与最高地区的差额分别是 0.528、1.060、0.390、0.726。同一产区内，气候条件、技术水平、设施水平、经济发展水平等具有很强的相似性，但产区内各地区效率值也存在较大差异，说明各地区间缺乏有效的生产交流。

表 1 中国设施蔬菜生产效率评价结果

产区	地区	2011 年		2012 年		2013 年	
		均值	排名	均值	排名	均值	排名
	北京	1.085	5	1.032	8	0.995	8
	天津	1.086	4	1.185	6	1.129	5
华北	河北	0.983	9	0.800	17	0.784	16
	山西	0.651	20	0.676	21	0.601	21
	山东	0.662	19	0.861	12	0.788	15

（续表）

产区	地区	2011 年		2012 年		2013 年	
		均值	排名	均值	排名	均值	排名
东北	内蒙古	1.070	6	0.985	9	0.768	17
	辽宁	0.762	16	0.750	18	0.766	18
	吉林	1.026	8	1.206	5	1.826	1
	黑龙江	1.053	7	1.294	3	1.196	3
华中	上海	0.946	11	0.858	13	0.952	11
	江苏	0.809	14	0.848	15	0.802	14
	浙江	0.621	21	0.686	20	0.762	19
	安徽	0.946	12	1.120	7	1.071	6
	湖北	1.180	3	1.245	4	1.152	4
	河南	0.714	17	0.836	16	0.814	13
西南	四川	0.773	15	0.855	14	1.015	7
西北	甘肃	0.945	13	0.891	11	0.882	12
	陕西	0.687	18	0.713	19	0.708	20
	青海	1.429	2	1.329	2	0.968	9
	宁夏	0.949	10	0.964	10	0.961	10
	新疆	1.805	1	1.763	1	1.608	2
均值		0.961		0.995		0.978	

2.1.3 生产资料投入冗余分析

2011—2013 年，出现生产资料投入冗余的有 59 个，占总数（126 个）的 42.83%，共涉及 15 个地区，占地区总数的 71.43%。以河北省为例，2013 年河北省设施黄瓜用工投入冗余为 43.54%，意味着减少 43.54% 的人工投入，仍可以达到当前的生产水平。3 年中 59 个相对无效 DMU 平均用工投入冗余为 23.38%，化肥投入冗余为 21.79%，租赁作业费投入冗余为 24.69%，工具材料费投入冗余为 32.95%，其他（包含种子费、农家肥费、农药费、农膜费）投入冗余为 25.07%。

蔬菜是劳动密集型产品，设施蔬菜生产的劳动力成本一般占其总成本的 50%～70%，虽然当前现代农业园区、种苗繁育企业等很多生产环节已实现达到较高的机械化水平，减少了人工投入，但仍无法摆脱蔬菜生产对劳动力的依赖，普通农户作为设施蔬菜主要生产主体，对劳动力的依赖更加显著，机械化水平低、小规模分散管理，造成了人力成本的浪费，同时还增加了机械作业的成本，设施蔬菜作为收益较高的生产活动，在高投入即可高产出和高产出即高收益的错误农业生产观念下，生产者为追求高收益盲目加大对化肥、农膜、农药等的投入，导致生产资料浪费情况严重。

2.2 Malmquist 指数分析

2.2.1 Malmquist 指数整体情况

2011—2013 年我国设施蔬菜 Malmquist 指数为 1.008，表明 TFP 增长了 0.8%（表2）。从地区情况来看，Malmquist 指数超过 1 的有 15 个地区，占总数的 71.43%，说明全国大部分地区设施蔬菜 TFP 呈增长状态。TFP 增长最快的是四川，TFP 增长高达 30%。随着交通的发达、运输的方便，地理位置带给传统设施蔬菜主产区的市场区位条件的优势逐渐弱化，并且由于重茬种植病虫害严重、传统种植习惯难改变等因素，华北、华中等传统设施蔬菜生产区域 TFP 变动情况并不理想。西南、东北作为设施蔬菜新兴产区由于起步晚，起步基础高于传统产区，成熟的技术、经验的应用减少和避免走弯路，TFP 增长反而较快。邻近地区间设施蔬菜生产技术的交流、传播较少在 TFP 变动情况亦得到体现，除西北产区外，华北、东北、华中产区各地区间 TFP 变动情况差异较大。

表 2　中国设施蔬菜 Malmquist 指数

产区	地区	黄瓜	西红柿	均值	排名
华北	北京	1.083	0.956	1.020	11
	天津	1.048	0.986	1.017	12
	河北	0.842	0.945	0.894	19
	山西	1.032	1.028	1.030	8
	山东	1.038	1.069	1.054	6
东北	内蒙古	0.859	0.879	0.869	20
	辽宁	0.910	1.147	1.029	9
	吉林	1.125	1.063	1.094	2
	黑龙江	1.117	1.032	1.075	3
华中	上海	1.113	0.993	1.053	7
	江苏	1.031	0.954	0.993	16
	浙江	1.054	1.068	1.061	5
	安徽	0.969	1.016	0.993	17
	湖北	1.046	0.980	1.013	13
	河南	1.049	1.085	1.067	4
西南	四川	1.187	1.072	1.130	1
西北	甘肃	1.054	0.963	1.009	15
	陕西	1.027	1.017	1.022	10
	青海	0.860	0.851	0.856	21
	宁夏	1.103	0.920	1.012	14
	新疆	0.933	0.951	0.942	18
均值		1.019	0.996	1.008	

2.2.2 不同品种 Malmquist 指数比较

从具体品种情况来看，设施黄瓜生产 Malmquist 指数为 1.019，TFP 增长了 1.9%，设施西红柿 Malmquist 指数为 0.996，TFP 倒退了 0.4%。设施黄瓜 Malmquist 指数超过 1 的有 15 个地区，占总数的 71.43%，其中 TFP 增长幅度超过 10% 的有 5 个地区，占地区总数的 23.81%。设施黄瓜 TFP 增长最快的是四川，TFP 增长高达 18.7%，倒退最严重的是河北，TFP 倒退了 15.8%。设施西红柿 Malmquist 指数超过 1 的有 10 个地区，占总数的 47.62%，其中增长幅度超过 10% 的仅辽宁。

2.3 Malmquist 指数分解

从分解情况来看，TFP 增长的主要原因是由于技术效率，技术效率变化为 1.013，表明 2013 年技术效率比 2011 年增长了 1.3%（表 3）。

2.3.1 技术效率变动情况分析

从技术效率情况来看，各地区效率水平差异较大，这与各地区农业发展的基础条件客观不同和各地区农业生产的经营和管理水平主观差异有关。技术效率处于增长状态的有 14 个地区，占总数的 66.67%，其中增长最快的是浙江，增长达 10.7%。在具体品种方面，设施黄瓜技术效率处于增长的有 15 个地区，占总数的 71.43%，其中增长最快的是吉林，增长高达 13.9%，设施西红柿技术效率处于增长的有 13 个地区，占总数的 61.90%，增长最快的仍是辽宁，增长了 10.2%。从技术效率综合情况来看，全国大部分地区设施蔬菜技术效率呈增长状态。随着设施农业的快速发展，设施蔬菜生产显著的收益优势使得生产者对设施蔬菜生产投入更多财力和精力，新品种、先进的栽培技术、科学的管理方式得到有效的推广和应用，设施蔬菜基础建设得到不断提升，尤其是随着新型经营主体的不断壮大，集约育苗、先进设施、规模化统一管理得到应用和推广，使得技术效率得到不断提升。

规模经营可以有效促进技术效率的提高，技术效率较高的东北和华中产区均具有规模经营的优势。东北产区固有耕地资源优势明显，充足的耕地为规模化经营奠定了坚实的基础。经济发达的华中地区乡镇企业蓬勃发展，为广大农民提供了良好的就业机会，非农收入的提高使农民对土地的依赖性越来越低，土地流转意愿强烈，并且这些地区乡镇管理阶层的管理能力强，经验丰富，为耕地流转创造了有利条件。

2.3.2 技术进步变动情况分析

2011—2013 年，我国设施蔬菜技术进步变化为 0.995，表明技术处于下滑状态。设施蔬菜技术进步对 TFP 增长没有促进作用由两方面的原因造成，一是可转化的科研成果少、转化难度大。农业科研除了要按照科学发展来立题的，还要考虑经济需求、市场的需求，避免科研与生产需要脱节、与市场经济脱节。二是农技推广工作需要深入。农业科技成果只有应用于生产实践并产生效益，才能实现潜在生产力向现实生产力转化，农技推广便是实现这一转化的桥梁。目前我国的农技推广体制、运行体制、推广机构、推广人员及农业生产者素质等因素，制约了农业科技成果转化。

在全国设施蔬菜技术水平普遍下降的背景下，黑龙江、吉林、辽宁三省设施蔬菜技术进步表现突出，与其良好的科技基础和较高的劳动力素质关系密切，这三省的教育事业发展水平和科技力量高于全国水平，根据《中国统计年鉴》相关数据计算得出，2013 年东北三省具有初中以上的文化程度的人口占该地区人口总数的 76.18%，比全国平均水平高出近 8%。

表3 中国设施蔬菜 Malmquist 指数分解

产区	地区	技术效率变化			技术进步变化		
		黄瓜	西红柿	均值	黄瓜	西红柿	均值
华北	北京	1.027	0.967	0.997	1.055	0.989	1.022
	天津	1.033	1.000	1.017	1.015	0.986	1.001
	河北	0.848	0.958	0.903	0.994	0.986	0.990
	山西	0.933	0.986	0.960	1.106	1.042	1.074
	山东	1.088	1.095	1.092	0.954	0.977	0.966
东北	内蒙古	0.893	0.859	0.876	0.962	1.024	0.993
	辽宁	0.909	1.102	1.006	1.000	1.041	1.021
	吉林	1.139	1.000	1.070	0.988	1.063	1.026
	黑龙江	1.016	1.000	1.008	1.099	1.032	1.066
华中	上海	1.091	1.000	1.046	1.020	0.993	1.007
	江苏	1.038	0.955	0.997	0.993	0.999	0.996
	浙江	1.134	1.080	1.107	0.930	0.988	0.959
	安徽	1.034	1.023	1.029	0.937	0.993	0.965
	湖北	1.055	1.000	1.028	0.991	0.980	0.986
	河南	1.055	1.081	1.068	0.995	1.004	1.000
西南	四川	1.095	1.086	1.091	1.084	0.987	1.036
西北	甘肃	0.989	0.951	0.970	1.066	1.013	1.040
	陕西	1.031	1.001	1.016	0.997	1.016	1.007
	青海	0.973	0.994	0.984	0.884	0.856	0.870
	宁夏	1.137	0.963	1.050	0.970	0.956	0.963
	新疆	1.000	1.000	1.000	0.933	0.951	0.942
均值		1.022	1.003	1.013	0.997	0.993	0.995

3 讨论及建议

农业生产效率是现代农业发展中的热点问题，设施蔬菜以其良好的经济和社会效益成为发展现代农业的关键，设施蔬菜生产效率问题的重要性不言而喻。在传统石油农业的错误生产观念下，设施蔬菜生产中生产资料浪费情况普遍，尤其是在设施农业规模最大的华北产区，生产资料浪费问题尤为严重。设施蔬菜新兴产区生产的集约度与要素的投入水平相对协调，避免了传统产区发展中的弊端，反而能获得良好的生产效率。本文在对全国设施蔬菜效率分析中证实了这一点，传统蔬菜优势产区设施蔬菜生产效率及TFP 增长率普遍低于新兴产区。随着交通物流的不断完善，同时由于设施蔬菜的高价值优势，传统蔬菜产业中起主导作用的区位优势作用逐渐被削弱，新兴设施蔬菜产区可以凭借其效率优势克服区位劣势，成为设施蔬菜发展的新重点。

工具材料费、其他物质费用（包含种子费、农家肥费、农药费、农膜费）的冗余由投入物质量（或用工量）和投入品单价两方面原因造成，由于知识水平及研究范围的局限，本研究未能就投入冗余是数量还是价格的原因进行进一步的探讨和分析，这是本研究的不足，也是今后深入研究的方向。根据设施蔬菜生产效率情况及原因分析，为提高设施蔬菜生产效率提出如下建议。

第一，转变思想，通过科学管理减少生产资料浪费。在全国范围内，尤其是设施蔬菜面积大、投入冗余问题严重的华北、华中产区，针对生产投入浪费的问题，要通过科普教育，纠正蔬菜生产者高投入即高收益的错误观念，普及科学施肥技术，并积极推广设施蔬菜病虫害综合防治技术，通过加强生产环节中的栽培管理，提高肥效、减轻病虫害的发生，减少肥料和农药的投入需求和浪费。

第二，加强土地流转和经营主体培育，通过规模经营提高技术效率。继续培育和扶持新型农业组织设施蔬菜的发展，发展设施蔬菜生产的规模化、合作化和集约化，在规模经营的基础上实现管理的科学化和统一化，提高生产资料的利用效率，实现技术效率的更快增长。

第三，注重"产、学、研"结合和农技推广。TFP 的增长依靠技术效率和技术进步的共同作用才是未来包括设施蔬菜在内的农业生产保持可持续发展的理想模式。应注重科研的同时提高科技向生产力转化的效率，加大设施蔬菜生产技术推广普及的投入，构建以国家公益性推广机构为主体，科研单位、大专院校、涉农企业、专业合作组织共同参与的多元化推广服务体系，全方位地为种植户进行设施蔬菜生产提供信息、技术决策服务。

第四，各地区加强交流与合作。各地区间尤其是同一产区内地区间，完善区域间的设施蔬菜生产技术的交流与合作，形成共同进步的合力，特别是山西、浙江、陕西等落后地区应结合自身情况，找出自身不足和与先进地区的差异，积极借鉴先进地区的经验，提高效率水平。

参考文献

［1］ 中华人民共和国统计局 . 中国统计年鉴［C］. 北京：中国统计出版社，2002—2013.

［2］ 国家发展和改革委员会价格司 . 全国农产品成本收益资料汇编［C］. 北京：中国统计出版社，2013.

［3］ 陈立新 . 黑龙江省设施蔬菜生产现状与对策研究［D］. 北京：中国农业科学院，2013.

［4］ 徐磊 . 我国蔬菜设施栽培发展现状、问题及对策［J］. 长江蔬菜，2009（17）：1-4.

［5］ 马林静，王雅鹏，田云 . 中国粮食全要素生产率及影响因素的区域分异研究［J］，农业现

代化研究, 2014, 35 (4)：385-391.

[6] 林琭, 张纪涛, 闫万丽, 等. 山西省设施蔬菜生产成本及效益的地区差异分析 [J]. 山西农业科学, 2013, 41 (10)：1 129-1 135.

[7] 张霞, 张纪涛. 山西省设施蔬菜投入产出的调查分析 [J]. 科技情报开发与经济, 2013, 23 (11)：133-136.

[8] 仇冬芳, 胡正平. 我国省域产学研合作效率及效率持续性——基于省域面板数据和 DEA-Malmquist 生产率指数法 [J]. 技术经济, 2013, 32 (12)：82-89.

[9] 吕品, 范家琦. 我国高技术产业自主创新能力评价——基于 DEA 的 Malmquist 生产率指数分析 [J]. 技术经济, 2010, 29 (7)：15-19.

[10] 王珍珍, 黄茂兴. 我国科技创新效率的实证研究——基于 DEA-Malmquist 模型和中国省际面板数据 [J]. 技术经济, 2013, 32 (10)：55-61.

[11] Andersen P, Petersen N C A procedure for ranking efficient units in data envelopment analysis [J]. Management Science, 1993, 39：1 261-1 264.

[12] 文拥军. 基于超效率 DEA 的农业循环经济发展评价——以山东省为例 [J]. 生产力研究, 2009, 2：21-22, 49.

[13] Caves D W, Christensen L R, Diewert W E. Multilateral comparisons of output, input and productivity using superlative index numbers [J]. Economic, 1982, 92：73-86.

[14] Caves D W, Christensen L R, Diewert W E. The economic theory of index numbers and the measurement of input, output and productivity [J]. Economic, 1982, 50：1 393-1 414.

[此文原刊载于《中国农业科技导报》, 2015, 17 (2)：159-166]

基于密切值模型的谷子新品种示范效果综合评价

——以豫谷 18 为例

刘　猛[1]，赵　宇[1]，宋中强[2]，夏雪岩[1]，张　扬[2]，李顺国[1]，王慧军[1]，许丽平[3]

(1. 河北省农林科学院谷子研究所/国家谷子改良中心/河北省杂粮重点实验室；
2. 安阳市农业科学院；3. 黄骅市农业局)

摘　要：作物新品种示范在农业推广中起着重要作用。本研究利用 2015 年调查数据，构建密切值模型评价指标体系，分析豫谷 18、当地玉米和当地谷子的生产优势。以评价谷子新品种豫谷 18 在各地区的示范效果。结果显示，豫谷 18 的密切值得分最低，在 4 个地区中均排在第 1 位，表现出明显的相对优势，是区域作物中发展潜力较大的优势作物。这一结论为豫谷 18 在当前镰刀湾计划下扩大杂粮种植面积提供了理论支撑。

关键词：豫谷 18；密切值模型；示范效果；综合评价

当前，我国正在加快推进农业供给侧结构性改革，力争到 2020 年调减"镰刀湾"地区玉米 333 万 hm²以上，重点发展杂粮杂豆、青贮玉米、大豆、优质饲草等生态功能型植物，促进农业效益提升和产业升级[1]。谷子起源于我国，是我国的传统特色作物，河北省武安市磁山文化表明距今已有 8 700 年的谷子栽培历史[2]。谷子因其粮饲兼用、抗旱耐瘠薄、营养丰富均衡等特点，在农业供给侧结构性改革、节水、生态农业发展的背景下，将发挥重要作用。目前我国谷子主要分布在北方 11 省，其中内蒙古自治区、山西省、河北省是谷子生产三大省份，占全国谷子面积的 65% 以上[3]。随着人们保健、生态意识的增强，谷子消费拉动谷子价格呈持续上涨趋势，种植大户、合作社、企业等新型经营主体对优质、高产谷子新品种需求增加。本课题组调研发现，当前各谷子主产区地方品种、农家品种种植均占有一定比例，但这些品种存在品种退化、产量低、抗性弱等特点，急需优质、高产、抗逆性强、适应性广的谷子新品种。谷子新品种豫谷 18 是国家谷子糜子产业技术体系"十二五"重大研发成果，具有优质、高产特点，是第一个同时适应华北、西北、东北三大主产区的谷子品种，被业界称为谷子中的郑单 958。2012 年该品种通过全国谷子品种鉴定委员会鉴定，2013 年被中国作物学会粟类作物专业委员会评为"一级优质米"，据国家谷子糜子产业信息平台调查数据显示，2013 年豫谷 18 全国种植面积约 5 333 hm²，2014 年迅速扩大到 5.3 万 hm²，2015 年突破 6.7 万 hm²，在东北、西北、华北全国三大主产区均表现良好。因此本研究选择新品种豫谷 18 为研究对象，对其示范效果进行综合评价。

回顾以往文献，对谷子发展现状及对策建议[4-6]、影响因素[7-12]研究较多，而谷子新品种评价研究的文章较少。刘斐[13]采用熵权模型对谷子简化栽培品种及配套技术同玉米、常规谷子、杂交谷子进行了综合评价研究，分析了武安和洛阳区域内的简化栽培品种及配套技术在经济、社会、生态方面的效益。刘猛[14]采用密切值模型对谷子规模化生产效益进行了评价，该研究调查的区域主要是河北的丘陵区和平原区。以往文献还未发现对谷子新品种示范效果综合评价方面的研究，本文在以往研究基础上，构建了谷子新品种示范效果评价指标体系，运用密切值模型对豫谷18、同期作物玉米、当地对照谷子品种的示范效果进行综合评价，以期为加快豫谷18推广以及相关部门制定推广建议提供参考依据，为今后作物新品种示范综合评价提供借鉴。

1 研究内容与方法

1.1 研究内容

本文以河南省安阳市农业科学院选育的谷子新品种豫谷18为研究对象，通过问卷调查和专家访谈的形式，以及国家谷子糜子信息平台调查获得豫谷18的基础数据。然后采用密切值模型、借助Excel软件处理数据，评价豫谷18、当地玉米和当地对照谷子的综合效益。

1.2 研究方法

1.2.1 模型选择

作物的比较效益是一个多指标综合评价问题，可以运用主成分分析、模糊综合评价、熵权模型等多种方法进行测算。以往对区域经济或作物生产效果等问题的评价多采用横截面数据，而不是采用时间序列数据，因此不能动态、持续地反映问题的特征。密切值法是一种多目标决策优化方法，利用全局分析的思想从空间和时间变化的角度动态描述区域差异，其主要优点是不需要确定指标的权重，避免了由主观导致的不准确，运用全局密切值模型为区域优势作物的发展测度提供了科学的量化工具[15-17]。密切值模型如下。

若对m个作物，采用n个变量指标进行评价分析，构造一个初始矩阵D，d_{ij}（$i=1,2,\cdots,m$；$j=1,2,\cdots,n$）表示第i个作物在第j项指标的取值。则$D=(d_{ij})_{m\times n}$。D作为初始矩阵，由于指标间存在错综复杂的关系，有正向指标（指标越高，越有利于发展）和逆向指标（指标越高，不利于发展）之分，并且各指标量纲也不相同，为便于比较，对D进行无量纲规范化处理：

$$x_{ij} = \begin{cases} \dfrac{d_{ij}}{\left(\sum\limits_{i=1}^{m} d_{ij}^2\right)^{1/2}} & (j=1,2,\cdots,n) \qquad (1) \\[4mm] -\dfrac{d_{ij}}{\left(\sum\limits_{i=1}^{m} d_{ij}^2\right)^{1/2}} & (j=1,2,\cdots,n) \qquad (2) \end{cases}$$

将规范化处理后的矩阵记为：

$$X=(x_{ij})_{m\times n} \qquad (3)$$

矩阵最优点集和最劣点集的确定

令

$$\begin{cases} x_j = \max(x_{ij}) \\ x_j = \min(x_{ij}) \end{cases} \quad (j = 1, 2, \cdots, n) \tag{4}$$

则最优点集为：

$$N^+ = (x_1^+, x_2^+, \cdots, x_n^+) \tag{5}$$

最劣点集为：

$$N^- = (x_1^-, x_2^-, \cdots, x_n^-) \tag{6}$$

越接近 N^+ 而与 N^- 相差越大的作物优势越明显，反之不明显。因此，优势越明显的作物是在作物集中离最优点集最近、离最劣点集最远的作物。

作物密切值的计算，密切值 C_i 反映各作物与极端点的接近程度，则：

其中：

$$C_i = \frac{d_i^+}{d^+} - \frac{d_i^-}{d^-} \quad (i = 1, 2, \cdots, m) \tag{7}$$

$$d_i^+ = \left[\sum_{j=1}^n (x_{ij} - x_j^+)^2 \right]^{1/2} \tag{8}$$

$$d_i^- = \left[\sum_{j=1}^n (x_{ij} - x_j^-)^2 \right]^{1/2} \tag{9}$$

$$d^- = \max\{d_i^-\} \tag{10}$$

$$d^+ = \min\{d_i^+\} \tag{11}$$

d_i^+、d_i^- 分别表示 C_i 与作物优势最强的作物 N^+、最弱作物 N^- 之间的欧氏距离 d^+、d^- 分别表示 n 个最优点距离的最小值和 n 个最劣点距离的最大值。密切值使多个指标转化为能从总体上衡量各作物优势强弱的单一指标。

1.2.2 指标体系确定

豫谷 18 的比较效益分析指标选择产出、成本、效益 3 个一级指标，单产、主产品产值、机械费用、肥料费用、其他费用、用工数量、纯收益 7 个二级指标（表 1），对豫谷 18 的区域比较效益进行定量测度。

表 1　豫谷 18 密切值模型指标体系

一级指标	二级指标	单位	作用方向
产出	主产品产值	（元）	正向
	单产	（kg·hm^{-2}）	正向
成本	机械费用	（元·hm^{-2}）	负向
	肥料费用	（元·hm^{-2}）	负向
	其他费用	（元·hm^{-2}）	负向
	用工数量	（d）	负向
效益	纯收益	（元·hm^{-2}）	正向

1.3 数据来源

数据来源于 2015 年课题组对豫谷 18 种植情况的调研，本次调查共涉及新疆维吾尔自治区、华北夏谷区、西北春谷区、东北春谷区的谷子主产区，包括河北省、山西省、河南省、山东省、吉林省、新疆维吾尔自治区 6 个省（自治区）。共调查豫谷 18 种植面积 593 hm²，当地对照谷子品种 1 013 hm²，玉米 1 621 hm²。数据分析采用 Excel 软件计算密切值。

2 结果与分析

2.1 最优点集和最劣点集的确定

通过公式（1）～公式（6）的计算，根据指标对结果的作用方向判断正负号，得出最优点集合和最劣点集合（表 2）。根据公式（10）～公式（11）确定最优点集的最小值为机械费用 −0.230 0，最劣点集的最大值为单产 0.137 0。

表 2 最优点集和最劣点集

指标名称	作用方向	N⁺	N⁻
单产	正	0.513 7	0.137 0
主产品产值	正	0.454 3	0.124 4
纯收益	正	0.543 6	0.070 4
机械费用	负	−0.230 0	−0.412 1
肥料费用	负	−0.195 8	−0.386 2
其他费用	负	−0.016 3	−0.663 8
用工数量	负	−0.113 5	−0.439 0

2.2 密切值结果与分析

密切值结果见表 3。

表 3 区域作物密切值及排序

区域	新疆地区		华北夏谷区		西北春谷区		东北春谷区	
	排序	密切值	排序	密切值	排序	密切值	排序	密切值
豫谷 18	1	0.872 3	1	0	1	0.982 3	1	0.574 7
玉米	3	1.833 4	3	0.783 5	3	1.358 2	2	0.655 3
当地谷子	2	1.267 8	2	0.235 2	2	1.175 7	3	0.825 4

结果表明豫谷 18 与当地玉米、当地对照谷子品种在不同地区的密切值及排名情况,分析如下。

第一,4 个地区中豫谷 18 均排在第 1 位,与玉米和当地对照谷子品种相比具有明显的相对优势;另外 4 个地区中有 3 个地区的当地对照谷子品种排在第 2 位,只有东北春谷区的玉米排在第 2 位,且豫谷 18 和当地对照谷子的密切值与玉米的密切值相差较大,表明谷子生产在各区域中均具有较大优势。

第二,区域作物密切值比较分析。东北春谷区 3 个作物品种的密切值大小以豫谷 18 最小,但是与玉米的密切值较接近,相差 0.08,说明玉米和豫谷 18 在东北地区生产优势相当,另外东北地区是玉米传统种植区域,玉米种植优势毋庸置疑;新疆地区为谷子新兴产区,谷子种植方式采用膜下滴灌较多,全程机械化生产提高了豫谷 18 等谷子品种的生产优势从而超过了玉米;华北夏谷区谷子的生产优势高于玉米,不仅体现在本研究的结果上,而且更是受该地区水资源短缺的影响,该地区豫谷 18 和当地对照谷子品种的密切值均高于玉米的密切值,且密切值相差较大,因此华北夏谷区谷子优势较明显;西北春谷区的豫谷 18 密切值较当地对照谷子和玉米均小,因此豫谷 18 在当地具有明显的生产优势。

综上所述,豫谷 18 在各地区的谷子生产中具有明显的相对优势,模型所选取的各项指标显示豫谷 18 的比较效益高于玉米及当地对照谷子品种,适宜全国推广。接下来分析豫谷 18 的经济效益。

2.3 豫谷 18 与其他作物的经济效益分析

4 个地区豫谷 18、当地玉米和当地谷子的经济效益分析见表 4。

表 4 豫谷 18 与其他作物的经济效益分析

作物	单产 (kg·hm⁻²)	主产品产值 (元·hm⁻²)	纯收益 (元·hm⁻²)	机械费用 (元·hm⁻²)	肥料费用 (元·hm⁻²)	其他费 (元·hm⁻²)	用工数量 (d·hm⁻²)
			新疆地区				
豫谷 18	7 125	28 500	18 185	2 775	2 025	5 516	33.8
玉米	11 250	15 750	3 260	3 225	2 250	7 016	39.8
当地谷子	5 850	21 060	10 745	2 775	2 250	5 291	33.8
			华北夏谷区				
豫谷 18	5 970	28 053	22 461	1 875	3 255	462	83.0
玉米	8 370	12 900	6 408	2 370	3 255	867	74.0
当地谷子	4 995	22 197	16 641	1 875	2 640	1 041	67.5
			西北春谷区				
豫谷 18	3 375	14 850	10 200	1 800	2 400	450	130.5
玉米	4 875	7 800	2 910	2 475	1 650	765	127.5
当地谷子	3 000	12 000	7 395	1 800	2 400	405	130.5

（续表）

作物	单产 （kg·hm⁻²）	主产品产值 （元·hm⁻²）	纯收益 （元·hm⁻²）	机械费用 （元·hm⁻²）	肥料费用 （元·hm⁻²）	其他费 （元·hm⁻²）	用工数量 （d·hm⁻²）
				东北春谷区			
豫谷18	4 069	15 600	11 606	1 838	1 913	244	81.8
玉米	8 063	12 150	6 645	1 853	2 663	990	50.0
当地谷子	3 431	12 983	9 060	1 838	1 913	173	90.0

2.3.1 新疆地区

新疆地区豫谷18平均单产7 125 kg·hm⁻²，比当地谷子单产5 850 kg·hm⁻²高1 275 kg·hm⁻²，高21.8%；虽然当地玉米的单产高于豫谷18的单产，但是豫谷18的价格较高，导致豫谷18的纯收益是每公顷18 185元，是当地玉米的纯收益的5.6倍，其主要原因是豫谷18的价格是当地玉米价格的2.9倍；从生产投入上看，豫谷18与当地玉米和当地谷子都相差不大。

2.3.2 华北夏谷区

华北地区豫谷18单产与当地玉米的单产差额较新疆地区小，豫谷18单产比当地谷子单产高近1 000 kg·hm⁻²，高19.5%，而与当地玉米单产相比较低；受价格的影响，豫谷18的价格是当地玉米价格的3.1倍，导致豫谷18的产值较高，相比当地谷子价格，豫谷18价格也高于当地谷子价格，致使豫谷18的产值高于当地谷子产值；纯收益显示豫谷18远远高于当地玉米和当地谷子，主要是价格的影响；从生产投入分析，豫谷18机械费与当地谷子相等，但是比当地玉米的机械费低了20.9%，豫谷18肥料费与当地玉米相等，高于当地谷子的费用，豫谷18的用工较高于当地玉米和当地谷子，原因是新品种的管理较认真。

2.3.3 西北地区

西北地区豫谷18单产高于当地谷子单产，低于当地玉米单产，叫当地谷子高12.5%，较当地玉米低10.3%；同样是受价格的影响，豫谷18的价格是当地玉米价格的2.75倍，比当地谷子价格高0.4元·kg⁻¹，从而造成豫谷18的产值高于当地玉米和当地谷子；从生产投入分析，豫谷18主要是肥料投入高于当地玉米，人工用量高于当地玉米；从纯收益看，豫谷18的纯收益高于当地玉米和当地谷子，较当地谷子高37.9%，是当地玉米纯收益的3.5倍。

2.3.4 东北春谷区

东北春谷区豫谷18单产同样低于当地玉米，高于当地谷子，较当地玉米低近1倍，较当地谷子高18.6%；受价格影响，豫谷18的产值较当地玉米高28.4%，比当地谷子产值高20.2%；从生产投入分析，豫谷18肥料等费用较少，人工用量较多，较当地玉米多用31.8 d·hm⁻²，而豫谷18的用工比当地谷子的用工少8.2 d·hm⁻²；综合纯收益分析，豫谷18较当地玉米高74.7%，较当地谷子高28.1%。

综上所述，不管是受谷子价格的影响，还是受投入要素费用不同的影响，甚至是新品种带来的高产、抗性强等优点的影响，4个地区中豫谷18的经济效益均高于当地玉米、当地谷子，因此豫谷18在区域内充分体现了高效益优势。

3 讨论及建议

3.1 讨 论

本研究采用的密切值法是一种成熟的综合评价方法，分析豫谷18示范效果的综合效益，其结果符合实际情况。密切值法具有其他方法没有的特点，其客观性较强、原理简单、计算简便，是一种理想、方便的多目标选优方法，目前在农业综合评价及其他研究中应用较多[18-20]。利用密切值法分析谷子新品种豫谷18在新疆、山西、河北、河南、吉林等地种植的比较效益，其在谷子生产和玉米生产中的效益排在第1位，表现了明显的比较优势；另外豫谷18在4个地区经济效益均高于当地玉米和当地谷子，更加证明豫谷18在各地区推广潜力大，对当前种植业结构调整、优化种植结构具有重要的参考价值。

本研究是国家谷子糜子产业技术体系对谷子新品种技术跟踪分析的阶段性成果，对加快谷子新品种示范推广具有重要的指导意义。在我国干旱日趋严重、生态越来越受到重视以及农业供给侧改革的形势下，谷子在种植结构调整中具有明显的比较优势：一是我国谷子生产面积占世界的80%以上，国内谷子市场价格不受国际市场影响，谷子市场价格是玉米价格的2倍左右，是调减玉米的优势作物；二是谷子抗旱耐瘠薄，是发展节水农业、两减农业理想替代作物；三是谷子营养丰富均衡，是功能保健型食物，随着人们生活水平提高，消费需求也将持续增加。谷子新品种豫谷18综合效益好，突出特点适应性广，商品性、适口好，适合产业化开发，加快豫谷18的推广应用对于提升谷子产业化水平具有重要意义。

3.2 建 议

根据本研究的结论，提出如下建议：第一，在华北平原压采地下水区域及干旱和半干旱的地区，大力发展节水型作物，用节水型作物谷子替代高耗水型作物玉米，在节水的同时，提高农业种植效益。第二，建议谷子主产区地方政府将优质、高产、适应性广谷子新品种豫谷18纳入谷子良种补贴，加快推进新品种示范推广。第三，加大对企业、合作社、种植大户等新型经营主体的支持力度，设立农业推广项目、成果转化资金，加快豫谷18的成果转化与推广。第四，豫谷18虽然具有适应性广、优质、高产等特点，但还是常规品种，不抗除草剂，限制了规模化生产，建议各育种单位以豫谷18为主，培育抗除草剂谷子新品种，加快谷子轻简化生产进程。第五，扩大宣传力度，加强媒体对谷子节水、耐瘠、营养、历史等特点以及豫谷18特征特性的宣传，让全社会重新认识谷子作物特点，让起源于我国的谷子在新历史阶段做出新贡献。

参考文献

[1] 农业部种植业管理司. 农业部关于"镰刀湾"地区玉米结构调整的指导意见 [EB/OL].

2015-11-2.

[2] Lv H Y, Zhang J P, Liu K B, *et al*. Earliest domestication of common millet (Panicum miliace-um) in East Asia extended to 10 000 years ago [J]. Proceedings of the National Academy of Sciences of the United States of America, 2009, 106 (18): 7 367-7 372.

[3] 中华人民共和国统计局. 中国统计年鉴 [M]. 北京：中国统计出版社. 2014.

[4] 李顺国, 刘斐, 刘猛, 等. 我国谷子产业现状、发展趋势及对策建议 [J]. 农业现代化研究, 2014, 35 (5): 531-535.

[5] 李顺国, 刘猛, 赵宇, 等. 河北省谷子产业现状和技术需求及发展对策 [J]. 农业现代化研究, 2012, 33 (3): 286-289.

[6] 刘猛, 赵宇, 李顺国, 等. 河北省太行山区谷子生产现状与发展建议 [J]. 农学学报, 2011 (9): 57-60.

[7] 张新仕, 王桂荣, 王慧军. 农户种植张杂谷影响因素实证分析 [J]. 中国农学通报, 2011, 27 (12): 191-195.

[8] 李顺国, 刘猛, 赵宇. 谷子种植意愿的影响因素分析 [J]. 贵州农业科学, 2011, 39 (11): 45-48.

[9] 刘斐, 刘猛, 赵宇, 等. 半干旱区谷农采用化控间苗技术影响因素实证研究 [J]. 科技管理研究, 2015, 35 (14): 110-113.

[10] 刘猛, 刘斐, 夏雪岩, 等. 中国农户谷子种植意愿及其影响因素分析 [J]. 中国农学通报, 2016, 32 (8): 170-176.

[11] 王亚坤, 王慧军, 杨振立. 我国谷子种植户持续种植意愿的影响因素研究 [J]. 中国农业资源与区划, 2016, 37 (2): 96-102.

[12] 马进军, 王慧军. 华北地区农户谷子种植意愿影响因素研究 [J]. 安徽农业科学, 2014, 42 (17): 5 715-5 717, 5 726.

[13] 刘斐, 李顺国, 刘猛, 等. 基于熵权法的谷子简化栽培技术综合评价 [J]. 中国农业科技导报, 2012, 14 (6): 116-121.

[14] 刘猛, 李顺国, 刘斐, 等. 基于密切值的谷子简化栽培技术规模化生产效益评价 [J]. 云南财经大学学报, 2012 (27) 4: 122-125.

[15] 祁勇, 马丽宏. 黑龙江省甜菜种植比较效益分析 [J]. 中国糖料, 2008 (2): 49-57.

[16] 吴健华, 李培月. 多种密切值法在水质评价应用中的对比研究 [J]. 水利科技与经济, 2010, 16 (5): 481-483.

[17] 卢秉福, 韩卫平, 祁勇. 甜菜种植比较效益分析 [J]. 中国糖料, 2009 (3): 39-41.

[18] 朱伯华, 杨玲, 谢国生, 等. 湖北省魔芋种植区划的系统分析 [J]. 湖北农业科学, 2005 (3): 11-14.

[19] 何东进, 洪伟, 吴承祯. 杉木混农模式综合评价方法的研究 [J]. 林业科学, 2001, 37 (1): 189-193.

[20] 刘猛, 赵宇, 李顺国, 等. 河北省谷子种植优势区域实证分析 [J]. 农业科技管理, 2011, 30 (6): 12-16.

[此文原刊载于《中国农业科技导报》, 2017, 19 (11): 42-48]

基于农户调查的山地丘陵区玉米种植研究

王亚坤[1]，王慧军[1,2]，刘　猛[3]

（1. 东北农业大学经济管理学院；2. 河北省农林科学院；
3. 河北省农林科学院谷子研究所）

摘　要：为研究山地丘陵区农户玉米种植行为特征及农户扩大玉米种植意愿的决定因素，采用实地调研的方式，对山西省山地丘陵区的 269 户农户的玉米种植行为进行调研、分析，同时采用二元选择模型 Logit 模型对影响农户扩大玉米种植意愿的因素进行分析。分析结果表明，家庭耕地面积、农户玉米种植方式、玉米销售价格与扩大种植面积意愿呈正相关关系，玉米种植过程中的用工数量、资金投入数量、种植目的与扩大种植面积意愿呈负相关关系。为增加玉米播种面积、提高玉米产量相关部门应继续推进土地流转，加强玉米机械技术、种植技术的研发和推广，在稳定和降低农资价格，降低玉米生产成本的同时，健全玉米保护价制度，保障农户玉米种植的积极性。

关键词：种植行为；种植意愿；收益；玉米

玉米是中国主要的粮食作物之一，同时也是中国种植面积最大的作物。玉米产量和产值高，除了食用外，玉米也是宝贵的饲料，同时玉米还是多种工业得原料，如制糖工业、制油工业、化学工业、酿造工业、医药工业等。玉米产业的健康发展直接关系到中国国民经济的发展和国家的粮食安全。在市场经济条件下，作为市场经济主体之一的农户，其种粮行为完全可以看作是生产性投资活动[1]。因此，以微观玉米种植农户为研究对象的研究近年来开始受到学者的重视。王芳等[2]通过对吉林省 50 个村 163 户玉米种植户进行问卷调查，运用 Logistic 回归模型分析了玉米生产的基本情况以及影响玉米种植户实施农业标准化生产行为的因素。徐志刚等[3]基于来自中国黑龙江等 4 省 640 个玉米种植户的实地调研资料，对 2007—2010 年间中国玉米主产区农户玉米新品种技术采纳和品种组合情况的年际变化及区域差异进行了定量研究。曲华[4]通过对被调查农户的年龄、学历、就业、家庭人口、劳动力、收入等方面进行分析，找出影响玉米种植新技术推广的因素。卢宪英等[5]利用农户调查数据建立回归模型，对影响农户玉米种植规模的因素进行了定量分析，并在此基础上，就如何扩大玉米种植面积、提高农户玉米生产积极性、缓解未来玉米供需缺口提出了政策建议。杨巍[6]利用 7 个玉米主产省（区）的调查资料，运用 Logistic 模型对玉米种植户选择各种类型技术的影响因素进行了比较深入的研究，并对玉米种植户的技术获得途径做了倾向性判断。

中国是缺水大国，而且近年来水资源缺乏形势的日益加剧，部分地区的江河断流、湖泊干枯、水位下降现象严重，对中国粮食产量、种植制度、生产结构和地区布局也将产生深远影响。干旱缺水已成为制约中国农业乃至整个经济发展的重大问题。农业耗水约占中国每年总耗水量的 60%，是最大的水消耗源，随着水资源的枯竭、旱情的发展、农业生产环境的恶化，耐旱、适应恶劣农业环境的作物必将成为未来发展趋势。同时中国也是个多山地的国家，大部分耕地分布在山地丘陵地，旱、寒、土地贫瘠使得当地农作物的种植品种和收益受到很多制约，是制约山地丘陵区农业发展的主要因素。在资源日益稀缺背景下，加强对资源利用效率的研究，充分实现最大化收益，成为理论界关注的热点研究领域[7]。玉米耐旱，环境适应能力强，在干旱形势日益严峻的情况下，在山地丘陵区玉米的发展空间巨大。因此，笔者以种植地区类型为切入点，考察山地丘陵区农户玉米种植行为特征，对山地丘陵区农户扩大玉米种植意愿的决定因素进行深入而细致的数量分析，旨在为增加玉米播种面积和提高玉米产量提供有益的借鉴和参考。

1 样本选择情况及样本描述

1.1 样本选择情况

山西省地处世界三大玉米黄金生产带，也是中国玉米主产省份之一。在山西省地域范围内，雨热同步、日照充足、昼夜温差大，有适宜玉米生长发育的气候条件。据山西省统计局发布的数据，2000 年，山西省玉米种植面积为 79.4 万 hm^2，占全省农作物总种植面积的 19.60%，占全省粮食作物种植面积的 26.30%，2011 年山西省玉米种植面积达 164.7 万 hm^2，播种面积较 2000 年实现翻番，占粮食种植面积的比例达到了50.10%，2012 年，山西省玉米播种面积再创新高，达到 166.9 万 hm^2，占全省农作物总种植面积的 43.96%，占全省粮食作物种植面积的 50.71%。从 2000—2012 年，山西省玉米播种面积呈 13 年持续增长的趋势[8]。

本调查以山地丘陵区玉米种植户为对象，样本选择地区涉及山西省的 3 个市、7 个县，分别是大同市的大同县和阳高县，忻州市的定襄县和偏关县，长治市的沁县、襄垣县和武乡县，共涉及 27 个行政村。调查的主要内容包括农户基本情况、农户 2013 年玉米生产投入情况及玉米收益情况等方面的内容，调查采取进户与农户访谈的形式进行，共发放问卷 294 份，其中无效问卷 25 份，有效样本容量为 269 份，样本有效率为 91.50%。

1.2 样本描述

1.2.1 样本个人基本情况

在非农就业预期收入高于农业就业预期收入的观念下，越来越多的农民选择外出打工，或者在非农行业就业。在越来越多的农民涌进城市的背景下，留守在农村的、从事农业生产的以中老年人居多。本次调查的结果也再一次证实了这点。从样本农户户主年龄分布情况来看，户主年龄在 40 岁以下的占 7.06%，41~50 岁占 29.00%，51~60 岁的占 38.66%，61~70 岁的占 22.68%，70 岁以上的占 2.60%。在文化程度方面，户主学历以初中和小学为主。其中，高中占 12.64%，初中和小学分别占 33.83%，文盲占 19.70%。

1.2.2 样本的家庭情况及农业生产情况

在中国的农村，子女结婚后会与原来的家庭脱离，所以家庭规模普遍小型化。家庭规模在 2 人及以下的占 26.39%，3~4 人的占 39.03%。5~6 人的占 31.60%，7 人及以上的占 2.97%。样本农户中，家庭劳动力数量为 1~2 人的占绝大部分比例，占69.52%，3~4 人的占 27.14%，5~6 人的占 3.35%。被调查农户中有 198 户家庭主要收入来源于种植业，占中样本总数的 73.61%，有 53 户家庭主要收入来源于种植业和外出打工，占样本总数的 19.70%。

山地丘陵区农户家庭耕地面积较大。此外，外出务工农户的土地一般被留守的亲属耕种，也是导致农户家庭耕地面积大的重要因素。调查样本 2013 年家庭耕地面积为0.73~1.33 hm² 的比重最大，占总样本比重的 43.12%，0.67 hm² 及以下的占 22.30%，1.4~2 hm² 的占 20.45%，2.07~3.33 hm² 的占 10.04%，3.33~3.37 hm² 的占 5.95%，6.67 hm² 以上的占 1.12%。在灌溉设施和条件方面，被调查农户中有 68 户的耕地有灌溉设施和条件，有灌溉设施和条件的占样本总数的 25.28%。

2 农户玉米生产情况

2.1 基本生产情况

所有有效样本农户 2013 年玉米种植总面积为 218.88 hm²，每户平均为 0.81 hm²，农户中最大种植面积为 5.67 hm²，最小种植面积为 0.07 hm²。农户玉米种植面积情况见表 1。

表 1　农户玉米种植面积情况

面积（hm²）	户数（户）	比率（%）
<0.13	15	5.58
0.13~0.33	49	18.22
0.67~1.33	91	33.83
1.33~3.33	27	10.04
>3.33	4	1.49

在所有有效样本中，有 29.00% 的农户采取地膜覆盖种植的种植模式，有 23.05%的农户在种植过程中对玉米进行了灌溉。在所有有效样本中，有 53.53% 的种植户有以经济补贴为补贴方式的玉米种植补贴。在被调查农户中，有 247 户农户种植玉米的目的是销售，以获得直接经济收入，占样本总数的 91.82%，有 22 户是用来自留做家畜家禽的饲料，占样本总数的 8.18%。

2.2 生产投入情况

从农业生产要素的角度出发，农户作物生产中的投入包括资金、土地和劳动力三方面。调查中，通过每公顷玉米种植投入的种子费、化肥费、农药费、农膜费、机械费、灌溉费及其他费用来计算农户生产的资金投入情况，通过每公顷玉米投入的用工数量来计算农户的劳动力投入情况。虽然有一部分农户租用土地产生了成本，由于租地农户里很大部分租用的是"亲属的""熟人的"土地，租用价格的实际参考意义不大，并且租用的来土地作物种植选择的具体分配情况较复杂，因此本研究中对租用土地的成本不进行计算。被调查的所有农户玉米种植每公顷资金投资最大值为 12 450 元，最小值为2 325元，平均资金投入为 4 858.95 元。农户玉米种植资金投入情况见表2。

表2　农户玉米种植资金投入情况

支出（元·hm^{-2}）	户数（户）	比率（%）
>10 500	3	1.12
7 500～10 500	15	5.58
450～7 500	115	42.75
1 500～4 500	136	50.56

从用工情况来看，被调查的所有农户玉米种植过程中每公顷用工最大值为 300 个，最小值为 22.5 个，平均用工 87 个。每公顷用工 150 个以上的占 2.23%，751～50 个的占 49.44%，75 个以下的占 48.33%。

调查农户的玉米每公顷最大产量为 12 750 kg，最少为 1 500 kg，平均每公顷产量为6 500.4 kg。农户玉米每公顷产量情况见表3。

表3　农户玉米种植每公顷产量情况

产量（kg·hm^{-2}）	户数（户）	比率（%）
>10 500	8	2.97
7 500～10 500	35	13.01
4 500～7 500	179	66.54
1 500～4 500	47	17.47

玉米销售的最高价为 3 元·kg^{-1}，最低价为 1.6 元·kg^{-1}，平均单价为 2.00 元·kg^{-1}，其中，销售单价低于每千克 2.00 元的占 84.01%。

在不计算劳动力成本的情况下，农户每公顷收益的最大值为 26 775 元，最小值为-1 425元，每公顷平均收入为 12 984.30 元。有 5 户农户每公顷收益为负数，占总样本数的 1.86%。在未计算劳动力成本的情况下，农户玉米每公顷收益情况见表4。

表4　玉米每公顷收益情况（未计算劳动力成本）

收益（元·hm^{-2}）	户数（户）	比率（%）
>15 000	13	4.83
12 000～15 000	20	7.43

（续表）

收益（元·hm⁻²）	户数（户）	比率（%）
7 500～12 000	130	48.33
4 500～7 500	62	23.05
<4 500	39	14.50
负收益	5	1.86

农户种植过程中劳动力成本按照用工天数与人工日工资的乘积来计算。根据山西省2013年工资标准的相关文件中"非全日制用工小时最低工资标准依次调整为14元、13元、12元和11元"的规定[9]，结合调查中调查地区劳动力以中老年的非壮劳力为主的实际情况，采取11元的标准进行计算，即人工日工资为88元。

在计算劳动力成本的情况下，农户每公顷收益的最大值为22 815元，最小值为−17 550元，每公顷平均收益为463.05元。有125户农户每公顷收益为负收益，占总样本数的41.60%。在计算劳动力成本的情况下，农户玉米每公顷收益情况见表5。

表5 玉米每公顷收益情况（计算劳动力成本）

收益（元）	户数（户）	比率（%）
>15 000	2	0.74
12 000～15 000	2	0.74
7 500～12 000	19	7.06
4 500～7 500	24	8.92
<4 500	97	36.06
负收益	125	46.47

3 农户扩大玉米种植意愿影响因素的计量分析

3.1 模型选择

本研究选用二元选择模型 Logit 模型[10]。当影响事件发生的概率只有一变量时，Logit 回归模型可以表示为：

$$P(y) = \frac{e^{a+bx}}{1+e^{a+bx}} = \frac{1}{1+e^{-a+bx}} \tag{1}$$

其中，y 为农户扩大玉米种植意愿，x 为影响农户种植意愿的各个影响因素，P 为事件发生的概率，a 和 b 是常数量和自变量 x 的系数。

当存在多个变量时，Logit 模型形式可扩展为：

$$Ln\left(\frac{P(y)_i}{1-P(y)_i}\right) = a + \sum_{n=1}^{n} b_n x_{ni} \tag{2}$$

3.2 变量的选取

从个人特征、家庭特征、生产特征、环境特征 4 个方面去选择解释变量，选择明年是否扩大玉米种植面积作为被解释变量（表 6）。

表 6 选择的解释变量及说明

变量类型	变量名称	变 量 描 述	均值	标准差	预期相关性
被解释变量	y	虚变量：明年扩大种植为 1；不扩大种植为 0	0.602 2	0.490 4	
个人特征指标	x_1	实变量：户主年龄（岁）	54.126 4	9.112 8	不明确
	x_2	虚变量：户主文化程度（1 大专及以上；2 高中；3 初中；4 小学；5 文盲）	3.605 9	0.942 8	不明确
家庭特征指标	x_3	实变量：家庭农业劳动力数（人）	2.290 0	0.972 3	不明确
	x_4	实变量：种植业收入占家庭总收入的比重	0.809 0	0.285 5	不明确
	x_5	实变量：耕地面积（hm²）	20.925 7	16.233 1	正相关
生产特征指标	x_6	实变量：2013 年玉米播种面积（hm²）	12.205 2	10.074 1	正相关
	x_7	虚变量：玉米种植方式（1 常规；2 覆膜）	1.290 0	0.454 6	不明确
	x_8	实变量：玉米亩用工天数（d）	5.804 8	2.397 1	负相关
	x_9	实变量：玉米生产资金投入（元·hm⁻²）	323.925 7	113.454 9	负相关
	x_{10}	实变量：玉米每公顷产量（kg）	433.364 3	133.235 2	正相关
环境特征指标	x_{11}	实变量：玉米单价（元·kg⁻¹）	1.996 0	0.131 5	正相关
	x_{12}	虚变量：种植目的（1 销售；2 饲料）	1.081 8	0.274 5	不明确

3.3 计量结果及分析

3.3.1 Logit 回归结果

采用 Eviews 6.0 软件对选择的所有解释变量进行计算，计算输出结果见表 7。由 $LR = 89.523\ 28$，Prob（LR statistic）= 0.000 000，可知方程整体显著水平较高。通过 Z 值及伴随概率 P 值可以得出，家庭耕地面积、玉米种植方式、玉米种植用工数、玉米种植资金投入、玉米销售价格、农户玉米种植目的这 6 项解释变量通过显著性检验，能够较好地对是否扩大玉米种植面积这一被解释变量进行解释。

表 7 Logit 回归结果

项目	系数	标准误	Z 统计值	P 值
C	-5.940 334	3.212 381	-1.849 199	0.064 4
x_1	-0.013 519	0.017 664	-0.765 340	0.444 1
x_2	0.043 505	0.175 900	0.247 327	0.804 7

（续表）

项目	系数	标准误	Z 统计值	P 值
x_3	-0.138 165	0.162 920	-0.848 055	0.396 4
x_4	-0.221 293	0.560 120	-0.395 081	0.692 8
x_5	0.050 997	0.025 934	1.966 403	0.049 3
x_6	0.025 126	0.036 700	0.684 643	0.493 6
x_7	0.801 050	0.399 775	2.003 754	0.045 1
x_8	-0.333 229	0.077 469	-4.301 431	0.000 0
x_9	-0.003 650	0.001 561	-2.337 900	0.019 4
x_{10}	0.001 483	0.001 239	1.196 820	0.231 4
x_{11}	4.894 803	1.477 353	3.313 225	0.000 9
x_{12}	-1.939 760	0.681 534	-2.846 170	0.004 4
McFadden R-squared	0.247 584			
LR statistic	89.523 280			
Prob（LR statistic）	0.000 000			

3.3.2 显著影响因素分析

家庭耕地面积与扩大玉米种植面积呈正相关关系。不同土地规模农户扩大种植面积情况见表8。与当地普遍种植的黄豆、谷子、辣椒等其他农作物相比较，玉米种植过程中需要投入的农业用工相对不多，并且玉米种植相对机械化水平较高。在对农户调查的过程中了解到，农户在玉米种植过程中普遍应用到的机械包括耕地机、播种机和脱粒机3种。玉米种植比较"省时省工"，而拥有较大耕地面积的农户，都或多或少有种植玉米的农业机械，固定资产也会增加其扩大种植面积的可能。因此，耕地面积大的农户更倾向于种植玉米。

表8 不同耕地面积农户扩大种植面积意愿情况

耕地面积（hm²）	户数（户）	扩大种植面积户数（户）	比重（%）
<0.67	60	27	45.00
0.67~1.33	116	63	54.31
1.33~2	55	38	69.09
2~3.33	27	23	85.19
3.33~6.67	8	8	100.00
>6.67	3	3	100.00

被调查农户玉米种植方式与扩大玉米种植面积呈正相关关系。采用农膜覆盖种植方式的农户更倾向于扩大玉米种植面积，具体情况见表9。农户玉米覆膜技术的

原因可归结为增产和扩大种植范围，由于产量这一解释变量没有显著性检验，因此可以推断农户是从扩大种植范围的角度出发采用地膜覆盖技术种植玉米的。在被调查地区，由于无霜期短，积温不足，玉米常常不能正常成熟，或仅可种植中、早熟品种，从而限制了玉米的种植。通过地膜覆盖，可提高地温，使玉米提前种植，延长玉米的生长时间。地膜覆盖技术的采用实现了农户扩大玉米种植范围的要求，农户在对地膜覆盖技术效果肯定的基础上，愿意持续使用该技术来实现扩大玉米种植面积的需求。

表9　不同种植方式农户扩大种植面积意愿情况

种植方式	户数（户）	扩大种植面积户数（户）	比重（%）
常规	191	104	54.45
地膜覆盖	78	58	74.36

被调查农户玉米种植过程中的用工数量与扩大种植面积呈负相关关系。随着农业种植过程中机械使用范围的不断扩大，农户对"省时省力"需求也变得越来越强烈。近年来人力成本的不断提升和大量农民工外出打工，农民时间成本和时间的机会成本的观念也在不断增强，为了获得更多休息或其他收入时间，农户玉米种植用工少越少，种植积极性越高。选择2014年扩大玉米种植面积的162户农户2013年玉米种植每公顷平均用工78.75个，选择不扩大种植面积的107户农户玉米种植平均用工99.75个。

被调查农户玉米种植过程中的资金投入数量与扩大种植面积呈负相关关系。在市场经济体制下，农户是市场经济中的经济人，农户从事玉米的种植的最根本的目的就是实现其经济收益的最大化[11]。农户在利润最大化目标的驱动下，降低玉米的种植成本、提高玉米种植的经济效益是农户最为关心的问题。因此农户在玉米种植过程中的资金投入越高，玉米的种植成本越高，农户种植玉米的积极性就越低。2014年扩大玉米种植面积的162户农户2013年玉米种植每公顷平均资金投入34 707.9元，不扩大种植面积的107户农户玉米种植每公顷平均资金投入为5 087.4元。

被调查农户玉米销售价格与扩大种植面积呈正相关关系。作为市场经济中的经济人，高的玉米销售价格意味着高的收益，农户对玉米销售价格越满意，扩大玉米种植面积的积极性越高。选择2014年扩大玉米种植面积的162户农户玉米平均售价为每千克2.02元，不扩大种植面积的107户农户玉米平均售价为每千克1.96元。

被调查农户玉米种植的目的对扩大种植面积呈负相关关系。开展家庭养殖的农户不扩大玉米种植面积的原因可以有两类：一是家庭劳动力和资本有限，无法开展再多的生产投资活动。二是当前的收获的玉米可以满足当前家庭养殖的需要。一般家庭开展养殖的规模普遍较小，对饲料的需求量不大。因此，以作家庭养殖饲料为玉米种植目的的农户扩大玉米种植意愿相对较弱。不同玉米种植目的农户是否扩大种植面积情况见表10。

表 10　不同种植目的农户扩大种植面积意愿情况

种植目的	户数（户）	扩大种植面积户数（户）	比重（%）
销售	247	158	63.97
做养殖饲料	22	4	18.18

3.3.3　未通过显著性检验的因素分析

户主年龄、受教育程度、家庭劳动力数量没有通过显著性检验，原因可能是玉米种植的技术含量低，对劳动者受教育程度要求不高，并且由于玉米种植过程中的很多环节都已经实现了机械化，要求投入的劳动力数量少[12]。随着越来越多的农民外出打工以及农村经济的不断繁荣，农村家庭的家庭收入水平、家庭收入结构发生了巨大变化，不同家庭的收入水平和收入结构差异巨大，收入结构对玉米种植决策的影响不存在共性特征。农业是弱质产业，受自然影响的因素较大，产量随自然条件的不同而变化。玉米单产没有通过显著性检验在一定程度上可以反映出农民在作物种植中对产量问题已有了很多理性的判断。

4　结论及建议

4.1　结　论

在农民工潮背景下，山地丘陵区从事农业生产的以中老年人居多，在文化程度以初中和小学为主。家庭规模普遍小型化，家庭劳动力数量为 1～2 人的较为普遍，约 3/4 的家庭主要收入来源于种植业。在山地丘陵区，农户家庭耕地面积较大，但灌溉设施和条件相对较差。

被调查的农户 2013 年玉米种植每公顷平均资金投入为 4 858.95 元，每公顷平均用工 87 个，每公顷平均产量为 6 500.4 kg，平均单价为每千克 2.00 元，每公顷平均收入为 12 984.30 元。在不计算劳动力成本的情况下，农户玉米种植每公顷平均收益为 8 125.50 元，1.86% 的农户收益为负数。计算劳动力成本后，每公顷平均收益为 463.05 元，收益为负的农户占总样本数的 41.60%。可见农户在从事玉米生产时，就是"自己给自己打工"。

玉米种植过程中需要投入的农业用工相对较少，并且玉米种植相对机械化水平较高，因此家庭耕地面积越大的农户越倾向于扩大玉米种植面积。农户玉米覆膜技术满足了农户扩大玉米种植范围的需求，增大了农户扩大玉米种植面积的倾向。在玉米种植过程中用工越少、资金投入越少、价格越高农户扩大种植的意愿越强烈。以作家庭养殖饲料为玉米种植目的的农户扩大玉米种植意愿相对较弱。由于玉米种植的技术含量低，对劳动者受教育程度要求不高，很多环节都已经实现了机械化等原因，户主年龄、受教育程度、家庭劳动力数量等对农户是否扩大种植面积影响不明显。

4.2 建 议

4.2.1 继续推进土地流转

实证结果表明家庭耕地面积大的农户更倾向扩大玉米种植面积。机械化程度的普遍提高、先进农业生产技术的不断推广，使得土地的规模效益开始凸显，土地规模经营能够为农户带来较高的利润，土地规模经营是我国农业未来发展的趋势。相关部门应积极探索科学合理的农地流转方式，促使土地分割严重的情况得到改善，使土地规模效应得到发挥。

4.2.2 继续加强玉米机械技术、种植技术的研发和推广

通过不断提高机械化水平和农业技术的改进来降低玉米生产的劳动力投入。加强对山地丘陵区玉米机械的研发与推广。除了机械方面，科研部门还可以通过良种和种植技术方面的改进来降低农户种植的劳动力投入，在减轻农民劳动负担的同时还能有更多的时间去通过其他途径增加收入。应充分发挥农业技术专家学者的优势，加大科研投入力度，做好区域性科技成果的转化和推广工作，着力解决玉米生产中的关键技术问题，通过玉米种植技术的不断完善来实现玉米增产、农民增收、农业增效。

4.2.3 稳定和降低农资价格

农业生产资料是农民种粮和农民增收的必要条件，农资价格直接关系到农业生产和农民的切身利益。相关部门要把农资市场管理作为解决"三农"问题的重要内容之一，予以高度重视。规范农资经营市场，健全农资价格管理制度。加强对现有化肥、种子经营网点从严审核，加强农资市场价格监管，完善农资价格监测制度，加强农资价格监管力度，切实降低和稳定农资价格，维护农民利益。

4.2.4 健全保护价制度

农业是一个弱势产业，玉米保护价制度，在保护了农民利益的同时，也保护了消费者的利益以及保障了国家粮食的安全。完善玉米保护价政策，根据玉米生产成本及市场供求情况，逐步提高玉米最低收购价，引导玉米价格平稳上升，保持玉米价格的合理。完善玉米价格形成机制，建立健全玉米供求和价格监测预警体系。

5 讨 论

本研究对山西省山地丘陵区农户玉米种植情况及种植意愿影响因素进行了分析，不仅丰富了对农业微观主体—农户为对象的研究，同时以种植地区类型为切入点，对研究对象进行了进一步划分。研究农户玉米生产情况及生产意愿，对指导具有山地丘陵范围大、玉米种植面积广特点的山西省乃至全国的未来玉米生产具有现实意义。研究结果表明，农户作为市场经济中的经济人，其意愿和行为都是目标理性的，这个目标就是生产收益的最大化，因此，少投入、高收益、规模效益等都是提高其种植意愿的决定因素，这一结论与顾莉丽[13]、李维[14]、熊晓山等[15]、宋金田等[16]众多学者的研究结果相一致。农户上一年的生产收益情况是影响下一年的生产决策至关重要的因素，但不是全部因素，农户生产决策应该是在综合考虑近几年的情况后做出的。由于知识水平有限和数据的可获得性，本研究没有考虑除上一年以外的历史因素，这是本研究的不足，同时也是今后研究探索的方向。

参考文献

[1] 李玉勤. 杂粮种植农户生产行为分析——以山西省谷子种植农户为例 [J]. 农业技术经济, 2010 (12)：44-53.

[2] 王芳, 刘晓婧, 冯琦, 等. 吉林省玉米种植户的标准化生产意愿与行为分析 [J]. 湖北农业科学, 2013, 52 (15)：3 748-3 752.

[3] 徐志刚, 张森, 柳海燕, 等. 农户新品种技术采纳和品种组合行为的变迁及区域差异—对黑龙江, 吉林, 河南和山东 640 户玉米农户的调查 [J]. 中国种业, 2013 (3)：37-40.

[4] 曲华. 农安县玉米种植新技术推广途径的实证研究 [D]. 长春：吉林农业大学, 2013.

[5] 卢宪英, 崔卫杰. 影响农户玉米种植规模的因素分析 [J]. 生产力研究, 2009 (6)：35-37.

[6] 杨巍. 我国玉米种植户的技术需求及技术获得途径分析 [J]. 农业经济, 2007 (6)：51-52.

[7] 李夏, 王静, 霍学喜. 苹果种植户投入—产出效率分析—基于陕西洛川 300 个苹果种植户调查数据的分析 [J]. 华中农业大学学报：社会科学版, 2010 (3)：43-48.

[8] 山西统计局. 山西统计年鉴 [M]. 北京：中国统计出版社, 2001—2013.

[9] 山西省人民政府. 《山西省人民政府办公厅关于调整我省最低工资标准的通知》 [EB/OL]. http：//www.shanxigov.cn/n16/n1203/n1866/n5130/n31265/17237695.html, 2013-04-19.

[10] Hosmer D W, Lemeshow S. Model-building strategies and methods for Logistic regression [M]. Applied Logistic regression, second edition, 2000：91-142.

[11] Falcon W P. Farmer response to price in a subsistence economy：The case of West Pakistan [J]. The American Economic Review, 1964, 54 (3)：580-591.

[12] 韩红梅, 王礼力. 农户扩大小麦种植面积意愿影响因素分析 [J]. 统计与决策, 2012 (23)：94-97.

[13] 顾莉丽, 郭庆海. 农户种粮意愿影响因素分析—基于吉林农户的调查 [J]. 调研世界, 2013 (9)：34-36.

[14] 李维. 农户水稻种植意愿及其影响因素分析—基于湖南资兴 320 户农户问卷调查 [J]. 湖南农业大学学报 (社会科学版), 2010 (5)：7-13.

[15] 熊晓山, 谢德体, 宋光煜. 基于参与性调查的农业结构调整中小农户种植行为的选择与调控 [J]. 中国农学通报, 2006 (3)：430-434.

[16] 宋金田, 祁春节. 农户柑橘种植意愿及影响因素实证分析—基于我国柑橘主产区 152 个农户的调查 [J]. 华中农业大学学报：社会科学版, 2012 (4)：17-21.

[此文原刊载于《中国农学通报》, 2015, 31 (1)：265-271]

山东省粮食产量影响因素分析及增产对策研究

刘晓敏[1]，石　喆[2]

（1. 河北经贸大学经济研究所；2. 河北经贸大学人事处）

摘　要：为了达到山东省粮食稳产和增产的目标，通过 1991—2010 年的统计数据，利用灰色关联法分析了山东省粮食产量的影响因素。结果表明，有效灌溉面积对山东省粮食产量影响最强，粮食单产、粮食播种面积、农业化肥折纯量、农业机械总动力、农药使用量、农村用电量对山东省粮食产量也依次有重要影响。根据结果提出提高有效灌溉面积，稳定和提高粮食单产和粮食播种面积等建议来保证山东省粮食的稳产和增产。

关键词：山东省；粮食产量；影响因素

粮食是国家安全、稳定的重要保障条件之一[1]。粮食安全问题关系到经济社会发展和国计民生。中国作为世界上人口最多的国家，保障中国粮食安全的关键是粮食生产的稳定发展[2-3]。山东省是全国的粮食生产基地，其粮食的稳产和增产成为国家粮食安全的重要组成部分。

近年来随着政府对粮食安全的重视，对粮食安全的研究越来越多。龙方等[3]认为自然灾害是影响稻谷单产最重要影响因素。庄道元等[4]认为自然灾害对粮食产量有比较显著的负面影响。刘佩等[5]发现，旱灾和水灾是河南省部分地区粮食产量的影响因素。韩青等[6]发现水利建设投入对中国粮食单产起到显著影响作用。张利庠等[7]发现化肥投入对粮食产量增量所起作用在不断减小。李青松等[8]认为，粮食播种面积、有效灌溉面积、乡村从业人员数量等因素影响了河南省粮食产量。已有研究证明灰色关联分析粮食产量影响因素是成熟的方法，如齐跃普等[9]、陆小强等[10]分析了河北省粮食产量的影响因素；程英等[11]分析了甘肃省粮食产量影响因素；李会等[12]分析了陕西省粮食产量的影响因素；何霞等[13]分析了川东地区粮食产量影响因素；史常亮等[14]分析了新疆省粮食产量影响因素；李福夺[15]分析了贵州省粮食产量影响因素。因此，笔者利用灰色关联法分析山东省粮食产量的影响因素，旨在为山东省粮食生产宏观政策的制定提供指导意见。

1　研究方法

本文数据来源于山东统计年鉴（2004—2011 年）中的农业、居民生活部分数据。灰色关联分析可以发现多因素之间关系的强弱程度，其分析步骤如下。

参考序列与比较序列的确定：设 $x_{0(t)}$ 为母序列，代表年度产量，$x_{i(t)}$ 为子序列，i 的取值范围为 1~8，t 表示时间，即年份。将粮食产量随年份变化的数列设为母序列

（x_0，10^4 t），选取粮食单产（x_1，kg·hm^{-2}）、粮食播种面积（x_2，hm^2）、农村用电量（x_3，10^4 kw·h）、农业化肥折纯量（x_4，t）、农药使用量（x_5，t）、有效灌溉面积（x_6，hm^2）、农业机械总动力（x_7，10^4 kw·h）、农村家庭平均每人每年纯收入（x_8，元）的数据作为子序列，将二者建立关联模型（表1）。

表1　1991—2010 年山东省粮食产量及影响因子关联矩阵

年份	x_0	x_1	x_2	x_3	x_4	x_5	x_6	x_7	x_8
1991 年	3 917	4 845	8 088 107	847 900	2 715 100	59 591	4 553 210	3 305	764
1992 年	3 589	4 533	7 918 632	1 002 000	2 819 201	72 379	4 596 730	3 375	803
1993 年	4 100	4 992	8 213 404	1 066 219	3 550 011	80 159	4 624 150	3 518	953
1994 年	4 091	5 105	8 014 138	1 323 270	3 266 406	101 347	4 642 020	3 756	1 320
1995 年	4 245	5 220	8 131 550	1 473 472	3 622 856	113 483	4 662 450	4 016	1 715
1996 年	4 333	5 260	8 237 290	1 588 518	3 733 058	123 993	4 692 890	4 309	2 086
1997 年	3 852	4 766	8 083 127	1 694 599	3 866 616	137 601	4 736 670	4 764	2 292
1998 年	4 265	5 244	8 132 522	1 682 299	4 065 380	134 764	4 777 870	5 228	2 453
1999 年	4 269	5 271	8 099 254	1 836 690	4 192 870	198 764	4 805 520	6 097	2 460
2000 年	3 838	4 938	7 772 368	2 002 665	421 871	140 301	4 824 860	7 025	2 659
2001 年	3 721	5 201	7 153 507	2 140 460	4 286 190	145 000	4 836 100	7 690	2 805
2002 年	3 293	4 763	6 912 613	2 382 781	4 339 150	163 739	4 797 440	7 998	2 594
2003 年	3 436	5 355	6 415 407	2 722 367	4 326 459	170 856	4 760 790	8 337	3 150
2004 年	3 517	5 570	6 313 876	3 041 359	4 509 594	153 900	4 766 810	8 752	3 507
2005 年	3 917	5 837	6 711 733	3 465 395	4 676 266	155 609	4 789 960	9 199	3 931
2006 年	4 093	5 848	6 999 133	3 761 665	4 898 150	171 324	4 818 160	9 555	4 368
2007 年	4 149	5 981	6 936 488	4 081 805	5 003 447	165 721	4 836 780	9 918	4 985
2008 年	4 261	6 125	6 955 612	4 000 131	4 763 273	173 461	4 866 710	1 0350	5 641
2009 年	4 316	6 140	7 030 088	4 152 305	4 728 574	169 043	4 896 920	11 081	6 119
2010 年	4 336	6 120	7 084 802	4 390 335	4 753 254	164 924	4 955 300	11 629	6 990

注：数据来源于山东统计年鉴（2004—2011 年）

计算参考系列与比较系列的差别：首先对山东省粮食产量及其影响因子数据进行无量纲化处理，本研究采用初值化法对山东省粮食产量及其影响因子数据进行无量纲化处理。初值化法，即同一数列的所有数据，均除以第一个数据所得的新数列。即用 $x_{0(t)}/x_{0(1)}$，$x_{i(t)}/x_{i(1)}$，计算得出初始化值，见表2。

表2　1991—2010年山东省粮食产量及其影响因子初始化值

年份	x_0	x_1	x_2	x_3	x_4	x_5	x_6	x_7	x_8
1991 年	1	1	1	1	1	1	1	1	1
1992 年	0.916	0.936	0.979	1.182	1.038	1.215	1.100	1.021	1.050
1993 年	1.047	1.030	1.015	1.257	1.308	1.345	1.016	1.065	1.247
1994 年	1.044	1.054	0.990	1.561	1.203	1.701	1.020	1.137	1.727
1995 年	1.084	1.077	1.005	1.738	1.334	1.904	1.024	1.215	2.245
1996 年	1.106	1.086	1.018	1.873	1.375	2.081	1.031	1.304	2.731
1997 年	0.983	0.984	0.999	1.999	1.424	2.310	1.040	1.441	3.000
1998 年	1.089	1.082	1.005	1.984	1.497	2.261	1.049	1.582	3.210
1999 年	1.090	1.088	1.001	2.166	1.544	3.335	1.055	1.845	3.219
2000 年	0.981	1.019	0.961	2.362	1.559	2.354	1.060	2.126	3.480
2001 年	0.951	1.073	0.884	2.524	1.579	2.433	1.062	2.327	3.671
2002 年	0.841	0.983	0.855	2.810	1.598	2.748	1.054	2.420	3.395
2003 年	0.877	1.105	0.793	3.211	1.593	2.867	1.046	2.523	4.123
2004 年	0.898	1.150	0.781	3.587	1.661	2.583	1.047	2.648	4.591
2005 年	1.000	1.205	0.830	4.087	1.722	2.611	1.052	2.784	5.144
2006 年	1.045	1.207	0.865	4.436	1.804	2.875	1.058	2.891	5.717
2007 年	1.059	1.234	0.858	4.814	1.843	2.781	1.062	3.001	6.525
2008 年	1.088	1.264	0.860	4.716	1.754	2.911	1.069	3.132	7.384
2009 年	1.102	1.267	0.869	4.897	1.742	2.837	1.075	3.353	8.008
2010 年	1.107	1.263	0.876	5.178	1.751	2.768	1.088	3.519	9.149

参考系列与比较系列的差别按公式（1）计算。

$$\Delta_{0i}(t) = |x_0(t) - x_i(t)| \tag{1}$$

计算两级最大差和最小差，构成各因子的差序列：绝对差的最小值和最大值见公式（2）。

$$\Delta_{\min} = \min_i \min_t \Delta_{0i}(t), \Delta_{\max} = \max_i \max_t \Delta_{0i}(t) \tag{2}$$

求关联系数：见公式（3）。

$$\zeta_{0i} = (\Delta_{\min} + k\Delta_{\max})/(\Delta_{0i}(t) + k\Delta_{\max}) \tag{3}$$

式中，k 为分辨系数，取值 $k = 0.5$。

关联度的计算：见公式（4）。

$$\gamma_{0i} = \frac{1}{n} \sum_{t=1}^{n} \zeta_{0i}(t) \tag{4}$$

2 结果与分析

经公式（1）～公式（4）计算，山东省粮食产量与影响因子的关系见表3。由表3可知，山东省粮食产量影响因子影响程度依次为有效灌溉面积、粮食单产、粮食播种面积、农业化肥折纯量、农业机械总动力、农药使用量、农村用电量和农村家庭平均每人每年纯收入。

表 3 山东省粮食产量与影响因子灰色关联度

	x_1	x_2	x_3	x_4	x_5	x_6	x_7	x_8
关联度	0.977	0.976	0.720	0.892	0.762	0.985	0.806	0.630
关联程度	强	强	强	强	强	强	强	中
关联序	2	3	7	4	6	1	5	8

由表1可知，山东省粮食产量1991—2010年总体上呈现上涨趋势，但1999—2002年呈现下降趋势。山东省粮食基本实现了稳产和增产的目标。山东省粮食播种面积1991—1999年变化不大，1999—2004年呈现下降趋势，2004—2010年没明显变化、但比1991—1999年减少。山东省在粮食播种面积减少的情况下，但粮食产量未出现下降的趋势，有效灌溉面积增加和粮食单产增加是重要原因。山东省有效灌溉面积1991—2010年呈现上升趋势，粮食单产1991—2010年基本呈现上升趋势，尤其是2002年以来平稳上升。农田高效灌溉面积的增加促进了粮食稳产和增产。

3 结　论

利用灰色关联分析了山东省1991—2010年粮食产量的影响因素，分析发现有效灌溉面积是山东省粮食产量最重要影响因素，粮食单产、粮食播种面积、农业化肥折纯量、农业机械总动力、农药使用量、农村用电量对山东省粮食产量也依次有重要影响。

4 讨　论

重视农田有效灌溉工作，是山东省粮食稳产和增产的重要保障。部分研究者认为水利建设和旱灾明显影响了粮食的产量。本研究发现有效灌溉面积是山东省粮食产量的最重要影响因素，所以山东省应该进一步重视提高农田有效灌溉面积的工作。地下水是华北地区农业生产的主要供给水源，在地下水资源日益短缺的情况下，发展以节水和提高水分利用率为中心的节水型农业，将是解决农业缺水问题的关键[16-17]。高效农业节水技术被作为解决水资源短缺和种植业稳产、增产的有效措施，农业高效节水增产技术有待进一步被研究和广泛应用；粮食单产和粮食播种面积对山东省粮食产量有重要影响，稳定和提高山东省粮食单产和粮食播种面积是保证其粮食产量稳产和增产的重要方法。

参考文献

[1] Duncan R C. Food security and the world food situation [M]. Handbook of Agricultural Economics,

2002，2（2）：2 191-2 213.

[2] Brown L R. Who will feed China wake up call for a small plaet [M]. New York：Norton & Company Inc，1995：1-10.

[3] 龙方，杨重玉，彭澧丽. 自然灾害对中国粮食产量影响的实证分析——以稻谷为例 [J]. 中国农村经济，2011（5）：33-43.

[4] 庄道元，陈超，赵建东. 不同阶段自然灾害对我国粮食产量影响的分析——基于 31 个省市的面板数据 [J]. 软科学，2010，24（9）：36-42.

[5] 刘佩，刘峰贵，周强，等. 河南省水旱灾害时空分布特征及与粮食产量关系 [J]. 中国农学通报，2011，27（29）：290-295.

[6] 韩青，李珠怀，刘丹. 中国不同地区水利建设投入对粮食产量的影响分析 [J]. 技术经济，2010，29（1）：48-51.

[7] 张利庠，彭辉，靳兴初. 不同阶段化肥施用量对我国粮食产量的影响分析——基于 1952—2006 年 30 个省份的面板数据 [J]. 农业技术经济，2008（4）：85-93.

[8] 李青松，邓素君，徐国劲，等. 河南省粮食产量波动特征及影响因素分析 [J]. 中国农学通报，2015，31（18）：226-230.

[9] 齐跃普，门明新，许晦. 河北省粮食产量波动及其形成的影响因素定量化分析 [J]. 农业系统科学与综合研究，2008，24（4）：403-407.

[10] 陆小强，骆高远，杨俊虎. 河北省粮食产量影响因子的灰色关联分析 [J]. 山西农业科学，2012，40（2）：164-167.

[11] 程英，刘普幸，白杨，等. 甘肃省粮食产量时空变化、驱动因子和趋势预测分析 [J]. 干旱地区农业研究，2009，27（4）：225-228.

[12] 李会，任志远. 陕西省粮食产量预测及其影响因素的灰色关联分析 [J]. 国土与自然资源研究，2009（4）：56-58.

[13] 何霞，夏建国，龚一鸿. 灰色关联分析在粮食产量影响因素分析中的应用—以川东地区为例 [J]. 中国农学通报，2012，28（9）：150-153.

[14] 史常亮，邹昊. 新疆粮食产量影响因素分析及政策启示 [J]. 新疆农垦经济，2011（4）：63-66.

[15] 李福夺. 基于灰色关联分析的贵州省粮食产量影响因素研究 [J]. 新疆农垦经济，2015（2）：54-58.

[16] 王韩民. 关于做好农业和农村节水工作的几点思考 [J]. 节水灌溉，2002（1）：5-14.

[17] 罗良国，任爱胜，王瑞梅. 中国农业可持续发展的水危机及广泛开展节水农业前景初探 [J]. 节水灌溉，2000（5）：6-10.

[此文原刊载于《中国农学通报》，2016，32（12）：171-174]

海河平原区引进青贮玉米品种的生产性能及适应性评价

柳斌辉[1]，赵海明[1]，游永亮[1]，李　源[1]，刘贵波[2]，张文英[1]，翟兰菊[1]

（1. 河北省农林科学院旱作农业研究所；2. 河北省农作物抗旱研究重点实验室）

摘　要：通过田间试验对 13 个青贮玉米（*Zea mays* L.）品种在海河平原区的生产性能及适应性进行了评价研究。结果表明：产草量方面，北农青贮 308、豫青贮 23、怀研青贮 6 号、北青贮 1 号、北农青贮 208 干草产量高于对照郑单 958，其中北农青贮 308 产量最高，为 17 674.9 kg·hm^{-2}，增产幅度达 9.0%。饲用品质方面，对不同品种的粗蛋白含量、淀粉含量、可溶性总糖含量、酸性洗涤纤维、中性洗涤纤维进行了分析比较，利用相对饲用价值（RFV）、饲草分级指数（GI），隶属函数法分别进行了综合评价，得出品质优于对照的品种为青贮巡青 938、青贮巡青 518、北青贮 1 号、豫青贮 23。节水性方面，北农青贮 308、北农青贮 208、北青贮 1 号、中北青贮 410 具有较高的水分利用效率，属于节水型品种。抗逆性方面，规定倒折率高于 15%，瘤黑粉、丝黑穗病株率之和大于 5% 作为品种淘汰界限。综合评价筛选出适于在海河平原种植推广的青贮玉米品种为北青贮 1 号、北农青贮 208 和北农青贮 308。

关键词：青贮玉米；生产性能；饲用品质；评价；筛选

海河平原区已成为奶牛等草食性畜规模化养殖的主要区域，对青贮玉米的需求增长迅猛，但该区作为饲草利用的玉米品种基本上都是普通品种，没有饲草专用的青贮玉米品种。而且海河平原区为夏玉米种植区，目前国内尚无审定的青贮玉米夏播品种，因此在海河平原区引进筛选适宜该区域夏播的青贮玉米品种，满足该区域对优质牧草日益增长的需求尤其重要。

相关学者对青贮玉米的引种和评价进行了诸多研究。朱正梅等[1]研究表明，不同青贮玉米品种的特点不同，不同季节适种的品种也不同，应根据实际需求选择相应的青贮玉米品种。张长勇等[2]指出，生物产量高、生育期适中是提高种植效益、优化种植结构的良好青贮玉米品种。于程等[3]指出选择示范推广青贮玉米品种时，应兼顾青贮产量和品质两个方面，不可只看产量而忽视品质。赵祥[4]、田宏等[5]分别进行了适宜冀西北地区、湖北中部地区青贮玉米品种的筛选研究。叶瑞卿等[6]筛选出了云南北亚热带及温带气候区适宜栽种的高产优质青贮玉米品种。李德锋等[7]进行了适宜中原地区种植的青贮玉米品种筛选。刘美华等[8]、任晓亮等[9]分别筛选了适于南疆、黑龙江省种植的青贮玉米品种。目前青贮玉米的筛选和评价基本上都是从干物质产量和部分营养成分指标来进行，在营养成分综合评价方面，没有统一的、规范的指标体系。适宜海河平原区青贮玉米品种的引进和筛选研究尚未见报道。海河平原区为严重资源性缺水区，品种选择上在考虑高产的同时，应首先考虑高水分利用效率的品种。本研究不仅考虑了青贮玉米的生产性能、水分利用效率、农艺性状，同时采用了几种不同的饲用价值评价方法，对青贮玉米品种在海河平原的引进筛选进行了综合评价。

1 材料与方法

1.1 试验地概况

试验地设在河北省深州市河北省农林科学院旱作节水农业试验站内（N 37°54′，E 115°42′），海拔 20 m。全年平均降水量 497.1 mm，其中 70%的降水集中在 7—8 月。年均温 13.3 ℃，最热月均温 27.1℃，最冷月均温 -2.1℃，无霜期 202 d，年有效积温（≥10 ℃）4 603.7 ℃。试验地耕层（30 cm）土壤基础养分含量为全氮 1.15 g·kg^{-1}，速效 N 84.03 mg·kg^{-1}，速效 P 14.38 mg·kg^{-1}，速效钾 182.23 mg·kg^{-1}，有机质含量 15.62 g·kg^{-1}。

试验分别于 2011 年、2012 年的 6—9 月玉米生育期进行。试验地前茬作物为冬小麦，2011 年玉米生育期间降水量为 367.8 mm，2012 年为 480.4 mm。

1.2 试验材料

征集近年来新审定的青贮玉米品种 12 个，由于海河平原区没有专用的青贮玉米品种，故以该地区应用最多的粮饲兼用玉米品种郑单 958 为对照，详见表 1。

1.3 试验设计及田间实施

采用随机区组设计，3 次重复，小区面积 45 m^2。青贮玉米种植为 10 行区，行长 7.5 m，株距 22.2 cm，行距 60 cm，密度为每公顷 75 000 株，试验周围设置保护区，在籽粒达到半乳线时收获。2011 年、2012 年播种日期分别为 6 月 23 日和 6 月 16 日，采用人工穴播。播前整地施入复合肥（N：P$_2$O$_5$：K$_2$O 含量为 15：15：15%）375 kg·hm^{-2}，及时喷施除草剂莠去津；3 叶期间苗，5 叶期定苗；随降雨在喇叭口期追施尿素 225 kg·hm^{-2}，在玉米小喇叭口期及时撒施呋喃丹颗粒剂防治玉米螟。2011 年、2012 年播种后随即灌蒙头水 750 m^3·hm^{-2}，玉米生育期未灌水。

表 1 参试青贮玉米品种

编号	品种	审定时间	审定级别	培育单位
1	农锋青贮 166	2008 年	京审	北京万农先锋生物技术有限公司
2	北农青贮 316	2009 年	京审	北京农学院
3	北青贮 1 号	2005 年	京审	北票市兴业玉米高新技术研究所
4	郑单 958	2000 年	国审	河南省农业科学院粮食作物研究所
5	中北青贮 410	2004 年	国审	山西北方种业股份有限公司
6	北农青贮 303	2005 年	京审	北京农学院
7	京科青贮 516	2007 年	国审	北京市农林科学院玉米研究中心

（续表）

编号	品种	审定时间	审定级别	培育单位
8	豫青贮23	2008 年	国审	河南省大京九种业有限公司
9	北农青贮308	2008 年	京审	北京农学院
10	怀研青贮6号	2005 年	京审	北京万农种子研究所有限公司
11	青贮巡青938	2009 年	冀审	宣化巡天种业新技术有限责任公司
12	青贮巡青518	2006 年	冀审	宣化巡天种业新技术有限责任公司
13	北农青贮208	2007 年	京审	北京农学院

1.4 测定内容和测定方法

1.4.1 生育期调查

按《国家青贮玉米品种区域试验调查项目和标准（试行）》进行。

1.4.2 穗、茎、叶比重的测定

随机取样5株，将其穗、茎、叶分开，105 ℃杀青20 min，85 ℃烘干至恒重后称重，穗（茎、叶）比重=穗（茎、叶）干重/（穗+茎+叶）干重。

1.4.3 倒伏率、倒折率、空杆率、双穗率调查

倒伏株数、倒折株数、空杆株数、双穗株数占小区总株数的比例。

1.4.4 收获时调查株高、穗位高度、茎粗、绿叶片数

茎粗：雌穗下第2节用卡尺测量10株玉米茎粗，求平均值。

1.4.5 干鲜比的测定

随机取样5株，称取鲜重，然后105 ℃杀青，85 ℃烘干后称干重，干鲜比=干重/鲜重×100。

1.4.6 生物量的测定

在青贮玉米籽粒半乳线期（乳熟期—蜡熟期）小区全收测定鲜重，留茬高度为5 cm，根据干鲜比计算出干重。

1.4.7 病害调查

主要调查丝黑穗病、瘤黑粉病、大斑病、小斑病，病害发生率=染病植株/小区总株数×100；玉米抗病鉴定病情级别划分和抗性评价标准按《国家青贮玉米品种区域试验调查项目和标准（试行）》进行。

1.4.8 营养品质的测定

不同品种每小区各取3株整株粉碎，用40目筛网过筛，确保样品均匀，3次重复，进行品质测定。采用全自动凯式定氮仪测定粗蛋白（CP）含量；范氏纤维测定法测定中性洗涤纤维（NDF）和酸性洗涤纤维（ADF）含量；相对饲用价值（RFV）采用公式（1）进行计算；饲草分级指数（GI）根据国标 GB/T23387—2009，以奶牛为饲养对象采用公式（4）进行计算，单位为 MJ·d^{-1}；隶属函数的计算方法按照公式（7）、（8）进行计算。

相对饲用价值(RFV)=(消化性干物质×干物质采食量)/1.29　　　　(1)

消化性干物质(DDM)=88.9-0.779×酸性洗涤纤维(干物质的百分数)　　(2)

干物质采食量(DMI)=120/中性洗涤纤维(干物质的百分数)　　　　(3)

饲草分级指数(GI)=产乳净能值(NE$_L$)×干物质随意采食量(VDMI)×粗蛋白含量(CP)/中性洗涤纤维含量(NDF)　　　　(4)

产乳净能值(NE$_L$)=[1.044-(0.0124×酸性洗涤纤维含量(ADF))]×9.29　　(5)

饲草干物质随意采食量(VDMI)=1.2×奶牛体重(BW)/NDF　　　　(6)

公式 4~6 中,CP,NDF,ADF 含量以干物质为基础,%;BW 计算中以 600 kg 计。隶属函数的计算方法如下:

$$Z_{ij} = \frac{X_{ij} - X_{i\min}}{X_{i\max} - X_{i\min}} \qquad (7)$$

如果指标与饲用品质为负相关,计算方法为:

$$Z_{ij} = 1 - \frac{X_{ij} - X_{i\min}}{X_{i\max} - X_{i\min}} \qquad (8)$$

式中:Z_{ij} 为 i 品种 j 指标的隶属函数值;X_{ij} 为 i 品种 j 指标的测定值;$X_{i\min}$ 和 $X_{i\max}$ 分别为各品种指标值的最小值和最大值。

1.4.9　土壤含水量的测定

用美国产 CPN503DR 型中子仪进行土壤体积含水量的测定,测定深度为 0~140 cm。全生育期耗水量=(播前土层含水量+灌溉水量+降雨)-收获后土层含水量。

1.4.10　水分利用效率的测定

水分利用效率(WUE)=单位面积干物质产量(kg·hm^{-2})/耗水量(mm)。

1.4.11　数据处理

用 DPS 数据处理系统[10]对试验数据进行统计处理。

2　结果与分析

2.1　不同品种的生育期及其农艺性状

如表 2 所示,2011 年、2012 年度参试品种播种时间分别为 6 月 23 日、6 月 16 日,适宜收获生长期变化范围分别为 90~95 d 和 93~96 d。生育期较长的品种有北农青贮 316、北农青贮 303、京科青贮 516、中北青贮 410;生育期较短的有北青贮 308、怀研青贮 6 号、青贮巡青 938、青贮巡青 518、北农青贮 208;郑单 958 生育期最短。

表 3 所示,在与产量相关的农艺性状中,参试青贮玉米品种的株高、穗位、收获期绿叶片数、单株干鲜比、双穗率、空秆率差异均达显著水平($P<0.05$),茎粗差异不显著。不同品种株高变化范围为 256.00~313.17 cm;不同品种穗位高变化范围为 90.95~152.83 cm;不同品种茎粗变化范围为 2.03~2.57 cm;不同品种收获期绿叶片数变化范围为 12.82~15.15 片;单株干鲜比的变化范围为 26.75%~31.15%;双穗率的变化范围为 0~1.66%,可见参试品种中没有双穗或多穗类型的品种;空秆率的变化范围为 0.83%~15.45%,由于单株穗比重较大,空秆率直接影响品种的产量,参试品

种中空秆率在 10% 以上的品种有中北青贮 410、青贮巡青 938、北农青贮 208、青贮巡青 518、北青贮 1 号；空秆率在 5% 以下的品种有郑单 958、北农青贮 316。

参试品种的穗、茎干重占单株干重的比重差异达到了极显著水平（$P<0.01$），品种间叶干重占单株干重的比重差异不显著。参试品种茎、叶、穗比重的变化范围分别为 24.05%~31.40%，16.00%~21.13%，49.52%~59.43%。

2.2 不同品种的适应性—抗倒性、抗病性、节水性

倒伏会直接影响青贮玉米的产量，如表 4 所示，不同品种的倒伏率、倒折率差异均达到了显著水平（$P<0.05$）。参试品种倒伏率、倒折率之和变化范围为 1.75%~46.56%，大于 15% 的品种有中北青贮 410、青贮巡青 938、豫青贮 23，对于倒伏率、倒折率之和大于 15% 的品种来说，其抗倒伏能力较差，出现倒伏会减产，同时会造成收获期机械化收获困难，不适宜在该区域推广。

病害不仅会影响产量，部分病害还会影响饲料质量，牲畜食用后可能会导致健康问题。如表 4 所示，不同品种的丝黑穗病、瘤黑粉病、小斑病差异均达到了显著水平（$P<0.05$），大斑病发生较轻。参试品种丝黑穗病与瘤黑粉病感病率之和变化范围为 0.50%~7.77%，大于 5% 的品种有青贮巡青 518、中北青贮 410，但所有品种丝黑穗病病情级别均为 1~3 级，抗病性属于"抗"以上，中北青贮 410 瘤黑粉病病情级别为 5 级，属于"中抗"，其他品种的病情级别均为 1~3 级，属于"抗"以上；参试品种小斑病感病株率变化范围为 3.39%~8.93%，大于 5% 的品种有京科青贮 516、北农青贮 208、怀研青贮 6 号、郑单 958、豫青贮 23、中北青贮 410、青贮巡青 938、北农青贮 316，但所有品种感病级别均为 1 级，抗病性属于"极抗"；大斑病发生很轻，感病率变化范围为 0~0.69%，品种抗病性均属于"极抗"。由于感染丝黑穗病和瘤黑粉病在降低产量的同时，还会严重影响青贮玉米的品质，如果当作饲料还会造成病菌的传播，对于感病率大于 5% 的易感品种来说，不适宜在该区进行推广。

表 2 2011—2012 年不同青贮玉米品种的物候期

品种	年份	物候期（月-日）					生长期 (d)
		播种期	出苗期	抽雄期	吐丝期	蜡熟期	
农锋青贮 166	2011 年	6-23	6-30	8-19	8-22	9-25	94
	2012 年	6-16	6-22	8-10	8-12	9-18	94
北农青贮 316	2011 年	6-23	6-30	8-18	8-22	9-25	95
	2012 年	6-16	6-23	8-11	8-15	9-20	96
北青贮 1 号	2011 年	6-23	7-2	8-13	8-16	9-23	93
	2012 年	6-16	6-22	8-8	8-9	9-18	94
郑单 958	2011 年	6-23	6-30	8-13	8-15	9-20	90
	2012 年	6-16	6-22	8-5	8-7	9-17	93

（续表）

品种	年份	物候期（月-日）					生长期 (d)
		播种期	出苗期	抽雄期	吐丝期	蜡熟期	
中北青贮 410	2011 年	6-23	6-30	8-14	8-19	9-25	94
	2012 年	6-16	6-22	8-9	8-11	9-19	95
北农青贮 303	2011 年	6-23	7-1	8-18	8-19	9-25	95
	2012 年	6-16	6-22	8-8	8-11	9-20	96
京科青贮 516	2011 年	6-23	6-30	8-15	8-17	9-23	92
	2012 年	6-16	6-22	8-8	8-11	9-20	96
豫青贮 23	2011 年	6-23	6-30	8-15	8-16	9-24	93
	2012 年	6-16	6-22	8-8	8-11	9-19	95
北农青贮 308	2011 年	6-23	6-30	8-16	8-18	9-22	91
	2012 年	6-16	6-22	8-9	8-9	9-17	93
怀研青贮 6 号	2011 年	6-23	6-30	8-16	8-19	9-23	92
	2012 年	6-16	6-22	8-6	8-8	9-17	93
青贮巡青 938	2011 年	6-23	6-30	8-13	8-16	9-22	91
	2012 年	6-16	6-22	8-5	8-7	9-17	93
青贮巡青 518	2011 年	6-23	6-30	8-15	8-18	9-23	92
	2012 年	6-16	6-22	8-4	8-5	9-17	93
北农青贮 208	2011 年	6-23	6-30	8-16	8-18	9-23	93
	2012 年	6-16	6-22	8-8	8-9	9-17	93

方差分析表明，参试品种的水分利用效率和耗水量差异均达到了极显著水平（$P < 0.01$）。

如图 1 所示，2012 年对参试品种的耗水量、水分利用效率进行了测定。结果显示：不同品种的全生育期耗水量变化范围为 372.0～437.9 mm，平均耗水量为 395.8 mm。对不同品种的耗水量进行欧氏距离聚类分析（图 2），由低到高分为 5 类：耗水量最低的为第 1 类，品种为北农青贮 303；第 2 类包括郑单 958、北农青贮 308、中北青贮 410；第 3 类包括北农青贮 316、京科青贮 516、北农青贮 208、怀研青贮 6 号、青贮巡青 938、农锋青贮 166、北青贮 1 号；第 4 和第 5 类分别为豫青贮 23 和青贮巡青 518。

品种的水分生产率要结合耗水量与产草量，用水分利用效率来评价。如图 1 所示，不同品种的水分利用效率有较大差异，其变化范围为 37.41～48.00 kg·hm^{-2}·mm^{-1}，平均值为 43.41 kg·hm^{-2}·mm^{-1}。对不同品种的水分利用效率进行欧氏距离聚类分析（图 2），由高到低分为 5 类：WUE 最高的为第 1 类，品种为北农青贮 308；第 2 类包括北农青贮 208、北青贮 1 号；第 3 类包括郑单 958、中北青贮 410、北农青贮 316、豫青贮 23、京科青贮 516、北农青贮 303、青贮巡青 938；第 4 类为农锋青贮 166、怀研青贮 6 号；第 5 类为青贮巡青 518。

表 3 2011—2012 年不同青贮玉米品种的农艺性状

品种编号	株高 (cm)	穗位高 (cm)	茎粗 (cm)	收获时绿叶数 (片)	干鲜比 (%)	穗比重 (%)	茎比重 (%)	叶比重 (%)	双穗率 (%)	空秆率 (%)
1	278.00± 22.44 bcdeBC	132.50± 9.40 bcdBCD	2.39± 0.17 abA	15.15± 1.03 aA	27.02± 1.92 cdBC	49.52± 2.57 cC	29.38± 1.59 abcAB	21.13± 3.26 aA	0.00 dC	6.90 bcdABC
2	293.17± 15.85 abcdAB	120.17± 10.23 eD	2.08± 0.22 bA	14.03± 1.25 abcABC	26.75± 1.07 dC	49.53± 1.70 cC	31.40± 2.54 aA	19.08± 2.13 abAB	0.99 abAB	4.82 cdBC
3	278.83± 22.16 bcdeBC	119.83± 11.65 eD	2.13± 0.19 bA	14.70± 0.97 abAB	30.51± 3.00 abABC	55.60± 3.61 abAB	26.95± 1.77 bcdBC	17.45± 2.05 bAB	0.25 cdBC	10.24 abcABC
4	256.00± 23.63 eC	119.33± 9.29 eD	2.09± 0.25 bA	13.87± 1.19 abcABC	30.41± 2.19 abABC	59.43± 3.36 aA	24.05± 0.78 dC	16.53± 3.38 bAB	1.57 aA	0.83 dC
5	313.17± 24.24 aA	152.83± 11.16 aA	2.15± 0.30 bA	14.33± 1.12 abABC	30.47± 1.31 abABC	55.32± 3.17 abABC	27.33± 5.61 bcABC	17.33± 2.52 bAB	1.66 aA	15.45 aA
6	275.33± 17.28 cdeBC	90.95± 8.69 fE	2.11± 0.19 bA	12.82± 0.94 cC	27.64± 2.54 bcdABC	54.92± 4.83 bABC	27.35± 3.64 bcABC	17.73± 2.16 abAB	0.00 dC	5.55 bcdABC
7	301.17± 22.88 abAB	143.83± 14.19 abAB	2.03± 0.17 bA	13.52± 0.97 bcABC	29.66± 1.35 abcABC	52.13± 3.16 bcBC	30.10± 1.12 abAB	17.78± 2.74 abAB	0.00 dC	7.30 bcdABC
8	299.17± 21.07 abcAB	138.50± 4.72 bcdABC	2.13± 0.18 bA	14.82± 1.25 abA	28.80± 3.41 abcdABC	55.32± 3.27 abABC	27.18± 1.52 bcdABC	17.50± 3.39 abAB	0.42 bcdBC	8.69 abcABC
9	274.00± 17.24 deBC	129.83± 5.27 cdeBCD	2.05± 0.14 bA	14.57± 1.22 abABC	29.35± 4.55 abcdABC	54.50± 6.79 bABC	26.70± 2.64 cdBC	18.85± 4.29 abAB	0.33 bcdBC	5.91 bcdABC
10	279.00± 22.49 bcdeBC	119.67± 6.22 eD	2.15± 0.28 bA	12.90± 1.07 cBC	30.30± 2.26 abABC	55.57± 4.40 abAB	28.45± 2.09 abcAB	16.00± 3.87 bB	0.00 dC	9.04 abcABC
11	289.50± 15.98 abcdAB	136.00± 8.88 bcdBC	2.13± 0.23 bA	13.55± 1.22 bcABC	31.15± 3.54 aA	55.15± 5.40 abABC	28.82± 1.86 abcAB	16.05± 4.02 bB	0.75 bcABC	12.98 abAB
12	271.67± 26.45 deBC	127.50± 13.22 deCD	2.10± 0.32 bA	13.62± 1.56 bcABC	29.89± 1.41 abcABC	56.22± 2.36 abAB	26.27± 2.59 cdBC	17.50± 3.45 abAB	0.00 dC	11.21 abcABC
13	293.00± 20.63 abcdAB	140.83± 14.01 bcABC	2.57± 1.03 aA	14.40± 1.56 abABC	30.67± 1.22 aAB	54.98± 2.26 bABC	27.38± 4.54 bcABC	17.63± 2.68 abAB	0.17 cdBC	12.18 abcABC

注：同列不同小写字母表示差异显著（$P<0.05$），不同大写字母表示差异极显著（$P<0.01$），下同

表4 2011—2012 年不同青贮玉米品种的抗逆性

品种编号	倒伏率（%）	倒折率（%）	丝黑穗病（%）	瘤黑粉病（%）	大斑病（%）	小斑病（%）
1	2.13 cB	0.50 deB	1.32 abcAB	3.50 abABC	0.00 aA	4.09 cdeBC
2	3.98 cB	0.08 eB	2.64 aA	1.00 bABC	0.52 aA	5.07 bcdeBC
3	3.00 cB	1.68 bcdeB	0.51 bcB	0.00 bC	0.00 aA	4.65 cdeBC
4	1.67 cB	0.08 eB	0.00 cB	0.50 bBC	0.00 aA	6.28 bcdABC
5	42.83 aA	3.73 abcdAB	0.84 bcAB	5.83 aAB	0.51 aA	5.16 bcdeBC
6	4.39 bcB	0.17 eB	1.10 bcAB	0.33 bBC	0.33 aA	3.39 eC
7	1.24 cB	4.09 abAB	0.08 bcB	1.00 bABC	0.35 aA	8.93 aA
8	33.06 aA	1.72 bcdeB	0.48 bcB	3.70 abABC	0.18 aA	5.22 bcdeBC
9	13.69 bB	0.63 cdeB	0.08 bcB	0.83 bABC	0.35 aA	4.28 cdeBC
10	5.76 bcB	0.37 eB	0.96 bcAB	0.17 bBC	0.47 aA	6.51 abcABC
11	38.05 aA	6.57 aA	1.42 abcAB	2.30 abABC	0.18 aA	5.08 bcdeBC
12	9.96 bcB	3.78 abcAB	1.37 abcAB	6.40 aA	0.01 aA	3.70 deC
13	5.30 bcB	4.42 abAB	1.52 abAB	2.57 abABC	0.69 aA	7.29 abAB

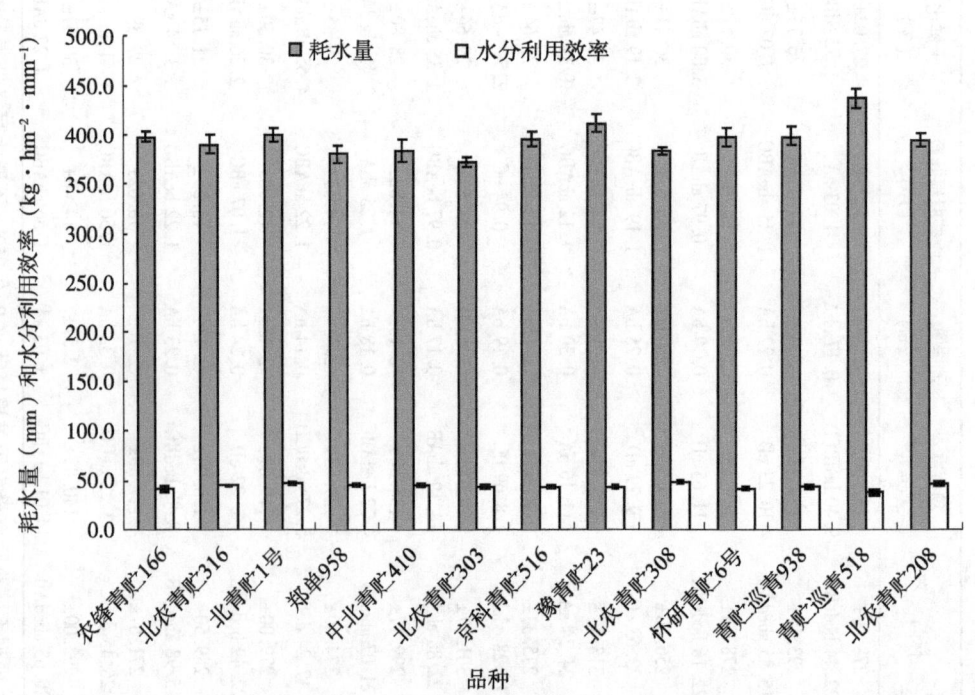

图1 不同青贮玉米品种水分利用效率及耗水量的差异

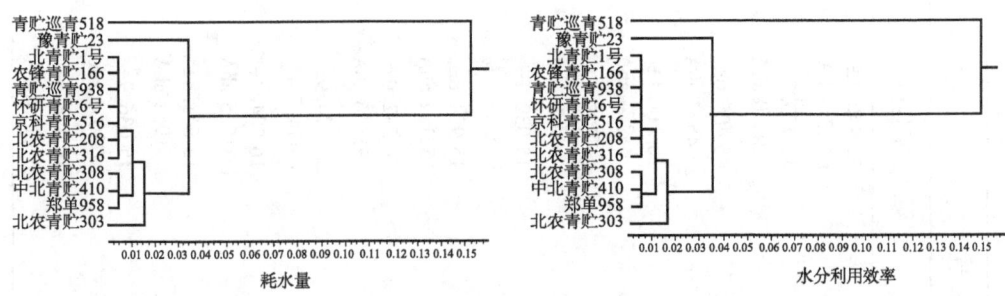

图 2 聚类分析图

对于水资源严重缺乏的海河平原区来说，应选择高水分利用效率、耗水较低的品种种植。以上结果可以看出，北农青贮 308、北农青贮 208、北青贮 1 号均属于高水分利用效率、耗水相对较低的品种。

2.3 不同青贮玉米品种鲜草产量及干草产量

如表 5 所示，2011 年度、2012 年度参加试验的青贮玉米品种鲜草产量平均值变化范围为 45 423.1～58 739.4 kg·hm^{-2}，品种间无显著差异。青贮巡青 518、怀研青贮 6 号、青贮巡青 938 鲜草产量低于对照郑单 958，其余品种均高于对照，位于前 5 位的是北农青贮 316、农锋青贮 166、豫青贮 23、北农青贮 303、北农青贮 308。

2011 年度干草产量排在前 5 位且超过对照的品种依次是北农青贮 308、怀研青贮 6 号，但与对照郑单 958 的产量无显著差异；2012 年度产量显著超过对照的品种的依次是北青贮 1 号、北农青贮 308、北农青贮 208；两个年度参加试验的青贮玉米品种干草产量平均值变化范围为 15 032.1～17 674.9 kg·hm^{-2}，差异不显著。高于对照品种郑单 958 且排在前 5 位的依次是北农青贮 308、豫青贮 23、怀研青贮 6 号、北青贮 1 号、北农青贮 208。

由于年度间降雨、播期等的影响，同一品种的鲜、干草产量多数在 2012 年高于 2011 年。由于两年试验均只浇蒙头水，玉米生育期 2012 年降水量比 2011 年多 112.6 mm，且 2012 年播种时间早于 2011 年 7 d，生长期绝大多数品种比 2011 年长 0～2 d，这可能是造成 2012 年草产量明显高于 2011 年的主要原因。

2.4 不同青贮玉米品种饲用品质的差异性分析及评价

如表 6 所示，不同品种青贮玉米酸性洗涤纤维（ADF）含量、中性洗涤纤维（NDF）含量、粗蛋白（CP）含量、可溶性总糖（WSC）含量、淀粉（Starch）含量、相对饲用价值（RFV）、饲草分级指数（GI）两年度的平均值差异均达到了极显著水平（$P<0.01$）。

在目前饲草品质的评价方法中，相对饲用价值首先突破了过去凭单一营养指标对粗饲料品质进行评价的缺点，将 ADF 和 NDF 进行了综合评价；饲草分级指数是在继承 RFV 合理内涵的基础上发展而来的一个全新的粗饲料品质综合评定指数，不仅引入能量参数，还引入了 CP，首次将他们统一起来考虑。

采用模糊数学的隶属函数值法对参试品种的饲用品质进行综合评价，将各品种粗蛋

表 5 不同青贮玉米品种鲜草产量和干草产量

品种编号	鲜草产量（kg·hm⁻²）			干草产量（kg·hm⁻²）		
	2011 年	2012 年	平均值	2011 年	2012 年	平均值
1	52 500.0± 5 571.2 abAB	62 291.7± 2 339.4 abAB	57 395.8± 6 585.4 abA	14 710.3± 1 959.1 abA	16 169.9± 607.3 cdBC	15 440.1± 1 523.7 bA
2	54 537.1± 892.9 aA	62 941.7± 1 529.4 abA	58 739.4± 4 737.7 aA	14 294.2± 353.2 abA	17 152.1± 416.8 bcABC	15 723.2± 1 603.0 abA
3	43 657.4± 2 820.3 cdB	64 075.0± 1 031.1 aA	53 866.2± 11 343.3 abAB	14 372.9± 1 925.0 abA	18 440.2± 296.7 aA	16 406.6± 2 545.7 abA
4	48 425.9± 5 019.9 abcdAB	57 291.7± 1 409.0 cdeBCD	52 858.8± 5 869.8 abcAB	15 527.0± 1 979.2 abA	16 895.2± 415.5 bcdABC	16 211.1± 1 482.4 abA
5	48 217.6± 5 014.6 abcdAB	59 633.3± 1 223.8 bcdAB	53 925.5± 7 053.6 abAB	15 160.3± 1 829.7 abA	17 256.8± 354.1 abcABC	16 208.5± 1 645.6 abA
6	50 509.3± 3 394.5 abcAB	61 783.3± 250.4 abAB	56 146.3± 6 539.5 abAB	14 278.8± 2 276.4 abA	15 785.5± 64.0 dC	15 032.1± 1 660.0 bA
7	48 842.6± 2 080.2 abcdAB	59 733.3± 1 889.5 bcdABC	54 288.0± 6 224.3 abAB	14 834.0± 1 259.8 abA	17 115.6± 541.4 bcABC	15 974.8± 1 521.2 abA
8	49 259.2± 5 932.3 abcdAB	63 175.0± 2 651.8 abA	56 217.1± 8 659.3 abAB	15 486.7± 1 241.6 abA	17 699.2± 742.9 abAB	16 592.9± 1 518.6 abA
9	51 088.0± 862.7 abcAB	61 158.3± 6 423.2 abcABC	56 123.2± 6 872.0 abAB	16 934.6± 1 208.6 aA	18 415.1± 1 934.1 aA	17 674.9± 1 654.7 aA
10	51 689.8± 3 950.6 abAB	53 516.7± 2 064.6 eD	52 603.2± 2 991.5 abcAB	16 544.3± 1 971.2 abA	16 464.3± 635.2 cdBC	16 504.3± 1 310.5 abA
11	42 175.9± 289.1 dB	56 116.7± 1 421.6 deCD	49 146.3± 7 690.6 bcAB	14 449.6± 659.0 abA	16 878.0± 427.6 bcdABC	15 663.8± 1 419.8 abA
12	45 879.6± 10 098.2 bcdAB	44 966.7± 1 550.3 fE	45 423.1± 6 480.8 cB	13 691.1± 3 590.4 bA	16 382.7± 564.8 cdBC	15 036.9± 2 730.9 bA
13	46 342.6± 4 259.0 bcdAB	62 191.7± 2 325.7 abAB	54 267.1± 9 207.5 abAB	14 073.3± 1 014.0 abA	18 396.0± 687.9 aA	16 234.6± 2 491.3 abA

白（CP）含量、可溶性总糖（WSC）含量、淀粉（Starch）含量、酸性洗涤纤维（ADF）含量、中性洗涤纤维（NDF）含量的隶属函数值进行计算，取平均值，均值越大说明该品种的饲用品质越高，并对不同品种的隶属函数均值进行排序，计算结果如表7所示。结果表明：对照品种郑单958隶属函数值的均值为0.518，排名第6。均值高于对照的品种依次为青贮巡青938、青贮巡青518、北青贮1号、豫青贮23、中北青贮410，分别为0.801，0.704，0.684，0.664，0.519，说明用隶属函数法评价，这些品种的饲用品质高于对照郑单958。

结合相对饲用价值（RFV）、饲草分级指数（GI）、隶属函数法综合评价值，饲用品质高于对照郑单958的品种是青贮巡青938、青贮巡青518、北青贮1号、豫青贮23。

表6　不同青贮玉米品种营养成分含量的比较

品种编号	酸性洗涤纤维（%）	中性洗涤纤维（%）	粗蛋白（%）	淀粉（%）	可溶性总糖（%）
1	27.74±1.48 abcABCD	49.85±2.65 cdeBCD	7.75±0.71 abAB	20.26±1.47 efE	4.28±0.41 deCDE
2	28.49±1.80 abAB	53.39±2.15 abAB	7.20±0.43 bcdeBCD	17.76±1.02 gF	4.92±0.07 abAB
3	22.72±3.82 fF	47.77±2.09 efgCD	7.35±0.61 bcdABCD	23.36±0.78 bcBC	4.37±0.25 cdBCDE
4	25.96±2.65 cdBCDE	51.24±0.88 bcdABC	6.61±0.69 eD	20.75±1.51 efDE	5.30±0.16 aA
5	26.15±1.71 cdBCDE	52.47±3.11 abcAB	7.28±0.60 bcdABCD	21.47±1.76 deCDE	5.04±0.69 abA
6	28.00±0.48 abcABC	54.91±2.02 aA	8.12±0.45 aA	17.54±1.59 gF	4.78±0.37 bcABCD
7	29.36±1.14 aA	52.20±3.52 abcdAB	7.67±0.73 abcAB	19.94±1.43 fE	4.89±0.19 abAB
8	26.19±2.58 bcdBCDE	46.33±1.80 fgD	7.39±0.45 bcdABCD	23.76±1.12 bcAB	5.27±0.46 aA
9	25.09±2.82 deCDEF	49.35±4.16 defBCD	7.14±0.26 bcdeBCD	20.08±1.41 efE	4.08±0.11 deE
10	24.47±2.14 defEF	47.16±4.36 efgCD	6.74±0.98 deCD	23.20±1.49 bcBC	4.26±0.20 deDE
11	22.82±0.88 efF	47.30±1.33 efgCD	7.07±0.39 cdeBCD	25.71±0.63 aA	4.92±0.41 abAB
12	24.79±0.84 defDEF	46.11±2.68 gD	7.22±0.49 bcdeBCD	24.33±0.99 abAB	4.82±0.57 bABC
13	26.57±0.43 bcdABCDE	49.59±1.54 cdeBCD	7.53±0.29 abcABC	22.50±0.88 cdBCD	3.95±0.12 eE

表7 不同青贮玉米品种饲用价值综合评价

品种编号	隶属函数值							相对饲用价值	排序	饲草分级指数(MJ·d⁻¹)	排序
	粗蛋白	淀粉	可溶性总糖	酸性洗涤纤维	中性洗涤纤维	平均值	排序				
1	0.753	0.333	0.245	0.244	0.480	0.411	10	125.76±16.02 cdCDEF	8	14.64±1.32 bcdeAB	6
2	0.390	0.028	0.720	0.132	0.430	0.340	13	116.38±6.12 efEF	12	11.64±0.51 gC	13
3	0.491	0.712	0.317	1.000	0.899	0.684	3	139.14±9.02 abAB	3	16.47±1.51 abcA	3
4	0.000	0.393	1.000	0.512	0.683	0.518	6	125.17±3.27 cdeDEF	9	12.27±1.41 fgBC	12
5	0.444	0.481	0.808	0.484	0.377	0.519	5	121.54±4.97 cdefDEF	10	12.73±0.59 efgBC	11
6	1.000	0.000	0.616	0.205	0.000	0.364	12	114.00±6.54 fF	13	12.76±2.65 efgBC	10
7	0.701	0.294	0.700	0.000	0.349	0.409	11	117.78±12.26 defEF	11	12.87±1.62 defgBC	9
8	0.517	0.761	0.979	0.477	0.588	0.664	4	138.74±8.92 abAB	4	17.16±4.59 aA	1
9	0.347	0.311	0.101	0.642	0.714	0.423	9	130.82±8.61 bcABCD	6	14.37±0.87 cdefABC	8
10	0.083	0.693	0.235	0.737	0.711	0.492	7	137.88±2.10 abABC	5	15.03±0.97 abcdAB	5
11	0.301	1.000	0.720	0.984	1.000	0.801	1	140.79±5.85 aA	1	16.28±2.10 abcA	4
12	0.403	0.832	0.648	0.688	0.950	0.704	2	140.60±5.19 aA	2	16.66±1.26 abA	2
13	0.611	0.607	0.000	0.421	0.754	0.478	8	128.14±4.85 cBCDE	7	14.64±1.15 bcdeAB	7

3 讨论与结论

优良的青贮玉米杂交种应该具有较高的生物产量和良好的营养品质，但玉米产量和品质同时受遗传因素、环境因素和栽培管理措施的共同影响。因此一个地区优良的青贮玉米品种需要通过田间试验评价确定，本试验用两年田间干物质量是青贮玉米的一个重要性状；Coppock 和 Stone 指出，玉米青贮饲料的能量价值主要是由干物质含量决定的，而不是由籽粒含量决定的[11]；青贮玉米生产最关心的是最大干物质量而非籽粒产量[12]。因此，在海河平原区筛选青贮玉米品种，首先其干物质量要高。本试验中参试品种的干草产量高于对照郑单 958 的品种依次是试验对 12 个青贮玉米品种的干草产量、饲用品质、抗病性、抗倒性、WUE 等相关性状进行了综合评价。结果表明：适于在海河平原种植推广的青贮玉米品种为北青贮 1 号、北农青贮 208、北农青贮 308。

北农青贮 308、豫青贮 23、怀研青贮 6 号、北青贮 1 号、北农青贮 208，增产幅度分别为 9.03%，2.36%，1.81%，1.21%，0.15%。对照品种郑单 958 为该区域主要粮饲兼用品种，高产稳产，是高于对照的其他品种优势不太明显的原因之一；本试验引进品种数量较少，可能也是原因之一，尚需进一步引进品种进行筛选；两年度间气候条件差异较大、播种期不一致，是年度间产量差异较大的原因；要提高青贮玉米品种的优势，还需在栽培方式上进一步研究，挖掘其高产潜力。

粮食用和青贮用玉米生产最适密度不一样，大密度对青贮玉米比对粮用玉米更有利。Cusicanqui 和 Lauer 在威斯康星的试验表明，密度从 46 200 株·hm^{-2} 上升到 100 500 株·hm^{-2}，全株粗蛋白含量从 7.5% 下降到 6.7%[13]；全志在吴桥的试验研究表明，不同种植密度影响着青贮玉米的产量和粗蛋白含量，在对产量影响上，追肥一次，以 67 500 株·hm^{-2} 为最佳，追肥两次，以 75 000 株·hm^{-2} 为最佳；在对粗蛋白含量影响上，两种追肥条件下，以密度 67 500～75 000 株·hm^{-2} 表现最佳[14]。本研究中采用 75 000 株·hm^{-2} 的密度，在海河平原区种植品种的产量、品质潜力均得到了较好的表达。种植密度与施肥相结合，针对不同品种使用不同栽培措施，能够充分表达品种的优越性，有待进一步研究。

青贮玉米的收获期对干物质量和品质均有影响。国外研究认为获取整株干物质最大产量时期是籽粒乳线下移至籽粒的 3/4 处，此时损失的营养物质较少[15-16]；国内研究认为青贮玉米饲料中的干物质含量在 30%～35% 较为合适，玉米籽粒蜡熟期为最适收获期[17-18]；潘金豹等的研究也表明，青贮玉米的最适收获期在乳熟期和蜡熟期之间[19]。适时收获（乳熟到腊熟）的青贮玉米，整株粗蛋白含量应大于 7.0%，本试验中 84.6% 的参试品种粗蛋白含量在 7.0% 以上。本研究中青贮玉米品种在半乳线期收获，正是干物质产量、品质最佳结合的适收期。但随着品种的更新、栽培模式的优化和区域性因素的影响，适收期及品质要求应进一步研究，达到最佳效果。

青贮玉米饲用品质由多指标组成，从单一指标来评价其饲用价值缺乏科学性，因而本研究在测定营养指标粗蛋白（CP）含量、可溶性总糖（WSC）含量、淀粉（Starch）含量、酸性洗涤纤维（ADF）含量、中性洗涤纤维（NDF）含量的基础上，计算了相对饲用价值、饲草分级指数。同时，由于饲用品质包含多个指标，需要将各个指标结合起来综合评价，用隶属函数方法对参试品种每项品质指标进行计算，最终求出每品种各个品质指标隶属度的均值，将品种的各项品质指标进行了综合，对参试品种进行综合评价，由于饲用品质各项指标的权重不好确定，需要进一步研究。结合相对饲用价值（RFV）、饲草分级指数（GI）、隶属函数法综合评价值，饲用品质高于对照郑单958的品种是青贮巡青938、青贮巡青518、北青贮1号、豫青贮23。

在青贮玉米品种的抗逆性评价中，品种的抗倒性、抗病性非常重要。本试验参考玉米区域试验中的评价指标，以两年平均倒伏率和倒折率之和大于15%为品种的淘汰界限，被淘汰的品种有中北青贮410、青贮巡青938、豫青贮23。青贮玉米的瘤黑粉、丝黑穗病菌对牲畜的健康有影响，同时当作饲料还会造成病菌的传播，本试验结合饲草生产实际，以瘤黑粉和丝黑穗感病株率之和大于5%为品种的淘汰界限，被淘汰的品种有青贮巡青518、中北青贮410。关于倒伏、病害淘汰的具体标准，应按照以影响某品种产量、品质和适于机械收获的原则进一步研究明确。

海河平原属暖温带半湿润大陆性季风气候，年均温13.1℃，多年平均降水量529.4 mm，人均水资源261 m³，为全国平均值的11.8%，是我国目前水资源供需矛盾最为尖锐的地区之一。因此在该区域种植青贮玉米，不仅品种的生产性能、品质要好，品种的水分利用效率也要高。本试验中水分利用效率高于对照郑单958的品种有北农青贮308、北农青贮208、北青贮1号、中北青贮410，其中北农青贮308、北农青贮208与对照郑单958差异显著。由于水分利用效率仅为一年数据，受当年气候因素的影响，尚需进一步研究在不同气候年型品种的表现，得出在该区域不同气候年型条件下的品种产草量潜力。

参考文献

[1] 朱正梅，胡贤女，吕学高，等. 青贮玉米引种及栽培试验 [J]. 浙江农业科学，2010，6：1 407-1 409.

[2] 张长勇，赵广勤，芦迎春. 青贮玉米品种比较试验 [J]. 黑龙江农业科学，2012（5）：10-13.

[3] 于程，胡文河. 不同类型青贮玉米生长发育及产量和品质比较 [J]. 农业工程，2012，4（2）：62-64.

[4] 赵祥. 冀西北地区适宜不同地力条件的青贮玉米品种筛选 [J]. 河北农业科学，2011，15（9）：72-74.

[5] 田宏，刘洋，熊海谦，等. 适宜湖北中部地区种植的青贮玉米品种筛选试验 [J]. 湖北农业科学，2014，53（12）：2 850-2 853.

[6] 叶瑞卿，薛世明，杨国荣，等. 云南适种高产优质青贮玉米品种筛选试验研究 [J]. 云南农业大学学报，2012，27（4）：467-474.

[7] 李德锋，姜义宝，付楠，等. 青贮玉米品种比较试验 [J]. 草地学报，2013，21（3）：612-617.

[8] 刘美华，王栋，席琳乔，等. 南疆不同地区青贮玉米产量和品质的品比研究 [J]. 新疆农业科学，2013，50（8）：1 373-1 380.

[9]　任晓亮，王振华，张洪宾．不同青贮玉米品种生物产量及品质分析 [J]．黑龙江农业科学，2012 (6)：1-2.

[10]　唐启义．DPS 数据处理系统 [M]．第 3 版．北京：科学出版社，2013.

[11]　张吉旺，王空军，胡昌浩．收获期对玉米饲用营养价值的影响 [J]．玉米科学，2000，8 (增刊)：33-35.

[12]　Hallauer. Specialty C [M]. 2nd edition. Florida：CRC press, 2001.

[13]　Cusicanqui J A, Lauer J G. Plant density and hybrid influence on corn forage yield and quality [J]. Agronomy Journal, 1999, 91：911-915.

[14]　全志．青贮玉米植株干物质量、粗蛋白量构成因子分析及影响因素研究 [D]．北京：中国农业大学，2005.

[15]　Wiersma D w, Carter P R, Albrecht K A, *et al*. Kernel milking stage and corn forage yield, quality, and dry matter content [J]. Journal of Production Agriculture, 1993, 6：94-99.

[16]　Crookston R K, Kurle J E. Using the kernel milk line to determine when to harvest corn for silage [J]. Journal of Production Agriculture, 1998, 1：293.

[17]　陈刚．品种、密度、收割期对玉米青贮品质的影响 [J]．北京农业科学，1989 (1)：20-23.

[18]　郭勇庆，曹志军，李胜利，等．全株玉米青贮生产与品质评定关键技术 [J]．中国畜牧杂志，2012，48 (18)：39-44.

[19]　潘金豹，张秋芝，郝玉兰，等．我国青贮玉米育种的策略与目标 [J]．玉米科学，2002，10 (4)：3-4.

[此文原刊载于《草地学报》，2016，24 (3)：622-641]

试析融资租赁模式在京津冀现代农业中的应用

张　燕，陈　薇

（河北科技大学经济管理学院）

摘　要：本文分析了融资租赁在京津冀现代农业中的应用领域，同时列举了适用融资租赁模式的案例，并在此基础上提出对策建议，为下一步融资租赁业务的推广提供参考。

关键词：融资租赁；京津冀；现代农业

现代农业以"科技化、市场化、集约化、产业化"为基本特征，是解决"三农"问题的根本途径。现代农业的发展需要以承载先进技术的农业机械和设施来装备农业，实现农业生产机械化、专业化、企业化。然而由于农业生产风险高、投资周期长的特点，一直不为传统信贷融资方式青睐。融资租赁作为新型融资模式，具有"融资"与"融物"相结合的特点[1]，既能解决融资对象抵质押物不足的缺陷，又因租赁物的回收性降低了出租人投资风险，因此较适合在现代农业中大力推广。

1　融资租赁服务京津冀现代农业的条件日趋完善

1.1　融资租赁的应用市场广阔

河北省环抱京津，承担着京津农副产品供应的职责，是京津地区的"菜篮子"和"米袋子"，每年有300万t农产品供应北京市场，仅蔬菜占据了北京近40%的市场份额。为确保农副产品的安全供应，京津冀特别是河北省实施推进了粮食安全促进工程、蔬菜示范县建设工程、农业产业化推进工程、现代农机装备提升工程等十二大现代农业重点工程建设，这对新型农用机械、农产品精深加工设备的融资租赁产生巨大的市场需求。

1.2　涉农融资租赁得到政府政策支持

自国务院2014年发布《关于金融服务"三农"发展的若干意见》以来，地方政府也出台了一系列政策支持：尝试由民间资本发起设立融资租赁公司；支持组建以促进农业现代化，主要服务"三农"的租赁公司，支持租赁公司开展大型农机具融资租赁试点等（表1）。

表1　鼓励发展涉农融资租赁的相关政策

政策条文	主要内容和影响
中共中央 国务院《关于全面深化农村改革加快推进农业现代化的若干意见》	支持由社会资本发起设立服务"三农"的金融租赁公司
	鼓励开展大型农机具融资租赁试点

（续表）

政策条文	主要内容和影响
国务院办公厅《关于金融服务"三农"发展的若干意见》	支持组建主要服务"三农"的金融租赁公司
国务院办公厅《关于金融支持经济结构调整和转型升级的指导意见》	尝试由民间资本发起设立自担风险的民营银行、金融租赁公司和消费金融公司等金融机构
农业部《关于推动金融支持和服务现代农业发展的通知》	推动鼓励组建主要服务"三农"的融资租赁公司，开展农机的融资租赁服务

注：资料来源于相关政府网站

1.3 融资租赁迎来良好的制度环境

随着融资租赁行业的高速发展，相关监管部门更加重视与融资租赁发展有关的外部环境的建设。促进融资租赁业务发展的法律、税收、监管、会计等方面都取得了明显进展。如我国先后出台了《关于审理融资租赁合同纠纷案件若干问题的规定》《物权法》，同时《融资租赁法》也处在立法进程中。基本理顺融资租赁的税收政策，如有形动产租赁作为现代服务业的重要组成部分，已纳入"营改增"试点范围，享受差额确认销售额等税收优惠政策。银监会在 2014 年 3 月发布了新版《金融租赁公司管理办法》，引导各种所有制资本进入融资租赁行业。

2 融资租赁主要业务模式及在现代农业中的应用领域

2.1 主要业务模式

融资租赁起源于 20 世纪 50 年代的美国，不同于其他融资模式，其将"融资"与"融物"相结合，特别在当前经济下行压力下能起到"拉需求""扩投资""调结构"的作用。

目前融资租赁的业务模式有 10 多种，具有不同的适用范围。其中直接融资租赁、售后回租、杠杆租赁等 7 种业务模式适于在京津冀现代农业中大力推广，见表 2。

表 2　适于京津冀现代农业的融资租赁业务

业务模式	业务特点	适用范围
直接融资租赁	承租人选择需要购买的租赁物，出租人对租赁项目风险评估后出租租赁物给承租人使用	固定资产、大型设备购置、企业技术改造和设备升级
售后回租	承租人出于盘活存量资产的目的，将自制或外购的资产出售给出租人，而后再向其租回使用。	流动资金不足的企业、具有新投资项目而自有资金不足的企业和持有快速升值资产的企业。
杠杆租赁	专门做大型租赁项目的有税收好处的融资租赁	飞机、轮船、通信设备和大型成套设备

（续表）

业务模式	业务特点	适用范围
销售式租赁	采用融资租赁方式促销自身产品，减少制造商应收账款	制造商促销产品
结构化共享式租赁	租金依据租赁物本身投产后所产生的现金流约定，即出租人和承租人共享项目收益	产业园区基础设施等投资回报期长、金额较大、且收益较好的项目
融资性经营租赁	在融资租赁的基础上计算租金时留有超过10%以上的余值，租期结束后，承租人对租赁物件可选择续租、退租、留购	有一定后期维护保养能力的中小企业或涉农承租人
风险租赁	出租人以租赁债权和投资方式将设备出租给承租人，以获得租金和股东权益收益作为投资回报	高科技、高风险行业

2.2　融资租赁在京津冀现代农业中的应用领域

借助京津冀协同发展和京张冬奥举办的重大机遇，京津冀农业在大田种植、设施农业和农产品精深加工等现代农业方面将迎来重大发展机遇，这给大型农机设备、智能温室大棚和农产品深加工设备带来巨大市场需求。

2.2.1　大型农用机械的融资租赁业务

目前河北省主要农作物耕种综合机械化水平达到74%，农机设备以农用运输车、小型拖拉机和机耕机播机械为主，而大型拖拉机、机收机械（小麦联合收割机、玉米收获机）的拥有量明显低于京津。随着河北省大力推进高标准农田建设，河北省将打造4 000万亩粮食生产核心区，加快创建30个省级现代农业综合开发示范区，集中力量打造环京津现代都市农业产业带、坝上生态产业带等现代农业产业带[2]。未来几年，随着专业大户、家庭农场、农业公司、农民合作社、农业公司等新兴农村主体的快速崛起，河北省对大型农用机械将产生旺盛的市场需求，尤其是玉米收获机、深松整地机、小麦免耕播种机、化肥深施机、节水灌溉机具、机动植保机械、大型烘干设备等。

大型农用机器设备的融资租赁业务在欧美国家已有几十年的发展历史，在我国也取得长足的进展。与此同时，围绕着现代农业产业化，多家融资租赁公司也开展了农机具等融资租赁业务，并取得了良好的经济效益和社会效益，案例见表3。

表3　现代农业中农机融资租赁模式

类型	概述
与农机厂商合作开展厂商租赁	信达金融租赁与吉峰农机签订《厂商融资租赁业务合作协议》，共同开展面向全国终端客户的农机类融资租赁业务。吉峰公司根据合同承担设备回购责任。信达租赁作为出租方，农机产品作为租赁物，终端客户作为承租人

（续表）

类型	概述
与农机企业、农机合作社开展农机直租模式	农银租赁与农业部在新疆联合开展了农机金融租赁业务试点工作，农银租赁为其设计个性化租赁产品，合理设置租赁期限，安排较低的租赁利率，灵活制定租金支付方式，并综合运用多种风险控制措施
	哈银租赁从成立到2014年底仅半年时间，支持了黑龙江省农业企业、农机合作社租赁或购置大型农机具576台、农用飞机43架，租赁业务融资额达到42.41亿元
与涉农公司开展售后回租模式	通过售后回租的业务模式，哈银金融租赁帮助北大荒通用航空公司盘活了存量资产、升级了飞机装备，而且大大提高了资产使用效率
散户租赁模式	哈银租赁创新推出"批量下单、包销直租"租赁模式，批量下单576台玉米收割机，实现该机型在黑龙江省的全覆盖

因此，京津冀地区融资租赁公司应合作起来，针对河北省乃至京津冀地区大型农用机械销售市场整合供应商与地方农机推广中心资源，设计能满足终端农户、农业合作社设备购买需求以及后期设备资产风险管理要求的农机设备信用销售融资租赁服务平台。

2.2.2 农产品精深加工设备的融资租赁业务

京津冀的农产品深加工主要集中在小麦、玉米、屠宰及肉类加工、水产品加工、蔬菜食品保鲜等。随着北京、天津等地的农业产业化龙头企业不断在河北建设农产品原料生产基地和深加工基地，以及河北省自身以五得利、怡达、福成五丰为代表的农业产业化龙头企业的快速发展，农产品精深加工将成为河北现代农业一个重要发展方向。根据河北省《关于加快转变农业发展方式推进农业现代化的实施意见》的目标要求，2020年河北省农副产品深加工率将达到65%以上，食品工业与农业产值比将达到1:1。大量的农业产业化龙头企业将加大对环保的、专用的、高度自动化的食品加工设备的投入，如农产食品加工前处理及成套设备、自动化连续化加工技术及装备、高效节能杀菌装备的投资购置。

农副产品深加工是现代农业发展的重要方向，针对这一市场，各租赁公司需积极对京津冀农村农副产品深加工产业进行调研，在设备购置环节发挥融资租赁的投融资功能，在高端设备进口引进、国内优质设备销售服务环节打造设备资产金融服务平台。

2.2.3 智能温室大棚的融资租赁业务

目前河北省各种温室超过1 000万个，规模超过1 000万亩，其中智能温室大棚占比不足1/10。河北省正着力建设一批园艺作物标准园、优质果品园，新建100个升级现代蔬菜产业园，发展壮大蔬菜、果品等特色优势产业，智能温室大棚将在河北省得到迅速的推广和应用。智能温室大棚配备了计算机控制的可移动天窗、遮阳系统、控温系统、滴灌系统等，造价至少7万元/亩，主要成本集中在智能温室大棚的建筑结构、覆盖材料及温室调控智能系统[3]。

近年来，山东一些金融机构如农信社立足辖区、面向"三农"，打造普惠金融平台，大力支持辖内智能温室大棚蔬菜种植户，一些融资租赁公司也开始尝试智能温室大棚市场。未来借助于农业生产互联网交易平台，融资租赁公司可开拓这一市场，大力支持辖内智能温室大棚蔬菜种植户。

3 对京津冀区域推广涉农融资租赁模式的建议

3.1 大力发展京津冀区域涉农融资租赁业

目前，融资租赁在发达国家是第二大债券融资方式，其融资租赁市场渗透率高达15%～30%，而国内租赁市场渗透率仅为5%，亟须融资租赁等新型融资方式配套。河北省融资租赁业现状与发展严重滞后于北京、天津等城市。河北省融资租赁企业只有17家，是北京的1/10、天津的1/20。特别是天津在金融方面更侧重于金融创新和服务，融资租赁业占全国规模1/3，业务量占全国1/4。因此在京津冀协同发展过程中，河北省要借力京津金融优势来发展涉农融资租赁产业。同时京津冀地区融资租赁公司也要合作构建农业机械设施的融资租赁服务平台。

3.2 建立健全农村产权交易平台和信息平台

京津冀三地要积极组建农村产权交易中心，并在试点县设立分支机构，通过建立跨区域的农村产权交易组织体系和信息化平台，为大型农用机械设备、智能温室大棚和农产品深加工设备等租赁物的估值和处置提供可靠的信息平台和交易渠道。

3.3 加强涉农融资租赁公司服务能力

对融资租赁公司而言，要服务好京津冀协同发展，还需加强四大能力建设。

3.3.1 加强专业化营销能力

融资租赁公司特别是河北省的融资租赁公司对租赁市场的认识了解和对租赁物件的处置能力还有待提升，通过深入了解租赁物，掌握租赁物的现金流创造能力与特点来开发设计租赁产品和服务。同时河北省融资租赁公司可以选择京津规模较大、拥有较多优良客户、拥有较完善的营销服务渠道以及背靠大型设备制造商的租赁公司进行合作，使营销和服务网络得以延伸。

3.3.2 加强资金管理能力

融资租赁公司在符合监管要求的前提下，推进负债业务从单纯融资向经营资金转型，逐步实现资产负债双边主动管理，加强自主融资、自主管理流动性的能力建设，实现资金平衡。

3.3.3 加强多元化融资能力

融资租赁公司在发展当中应逐步建立、探索多元化的融资渠道。如可深化与信托公司的合作，将租赁项目转化为信托计划；可与商业银行合作，进行买断式保理、租赁资产转让、租赁债权保理、租金代收等多种业务合作；积极争取开展资产证券化、金融债的试点工作，加大从资本市场上吸收低廉的资金；利用区域内天津自贸区的便利条件，探索利用境外低成本资金。

3.3.4 加强风险管理能力

融资租赁公司通过建立完善的风险管理体制和内部控制体制，运用多种风险控制技术、准确的风险识别和计量，进行严格的风险防控，确保业务发展的风险得到有效控制。

参考文献

［1］ 刘澜飚．金融租赁助力经济发展．中国金融［J］．2015（5）：55-56.

［2］ 中共河北省委河北省人民政府．河北省关于加快转变农业发展方式推进农业现代化的实施意见［J］．2015，2.

［3］ 戴晓鹏．现代农业进程中的金融支持机理研究．河南工业大学学报［J］．2015（4）：205-209.

［此文原刊载于《农业经济》，2016（7）：79-81］

小麦玉米复种区域高效用水技术模式采用影响机理分析
——基于河北平原农户调研数据

王桂荣[1,2]，王慧军[1,3]，张新仕[2]，王晓夕[4]，李 敏[2]，李英杰[2]

(1. 东北农业大学；2. 河北省农林科学院农业信息与经济研究所；
3. 河北省农林科学院；4. 河北地质大学)

摘 要：本文以河北平原微灌水肥一体化、微咸水灌溉利用和雨养旱作粮食增产增效技术模式为研究对象，采取二元 Logistic 模型对农户采用三种技术模式的影响机理进行分析结果表明，户主受教育程度、对技术模式的了解、省肥和减少成本的认知、参加技术培训、需要政府补贴对微灌水肥一体化技术模式的采用呈正向影响；土地细碎化、省工的认知对其采用呈负向影响。户主年龄、经营规模、土地细碎化程度、了解技术模式、省工与减少成本的认知、需要政府补贴对微咸水利用模式的采用起到正向影响；而家庭总收入增加产量的认知对其采用呈负向影响。户主年龄、家庭总收入、农业收入占家庭收入的比重、耕地细碎化程度、对技术的模式的了解、增加产量的认知对雨养旱作技术模式采用起到正向影响。因此，简化高效用水技术操作过程，形成规模经营机制，制定激励和扶持政策，加强高效用水技术宣传力度，适当提高农业用水价格是河北平原小麦玉米复种区域高效用水技术模式推广必须解决的问题。

关键词：河北平原；小麦玉米复种；高效用水技术模式；影响机理；Logistic 模型

农业节水不仅关系到了中国社会经济健康发展的全局性战略，而且也是确保中国粮食安全、生态安全和水安全的基本策略[1]。在我国耕地面积逼近 18 亿亩 "红线"，粮食需求呈刚性增长及水资源严重短缺的背景下，突破粮食增产的 "水瓶颈"，实施农业节水，大幅度提升农业用水效率，实现农业高效用水已成为必然选择[2]。河北省平原人均水资源占有量为 311 m^3，仅占全国平均水资源占有量的 1/7，是我国水资源与人口、耕地组合极不平衡的地区之一。河北平原农业用水量占到总用水量的 1/2 以上，以小麦玉米复种方式的粮食作物占农业灌溉量的 70%，并以地下水灌溉为主，目前已成为河北省地下水超采限制区。为解决粮食生产与限制用水之间的矛盾，在国家科技支撑计划的支持下，相关科研人员所研发了小麦玉米微灌水肥一体化技术模式、小麦玉米微咸水灌溉利用技术模式、雨养旱作粮食增产增效技术模式。但节水技术模式的推广受到诸多因素的影响。本文从农户新技术采用的角度对其影响机理进行分析。

高效用水技术模式是提高水资源利用的重要手段，农户是采用技术模式的主体，研究农户采用高效用水技术的影响机理，无论是对于高效用水技术模式的推广还是对于提高农业灌溉用水效率都有重要意义。Caswell 等[3]对美国加利福尼亚州果农灌溉方式选择的影响因素进行分析后认为，与传统技术相比，现代灌溉技术的节水程度、市场网络化、水价和果农收入水平及对农户征收水使用税都是促进农户采用节水技术的因素，同时证明使用地下水的农户比使用地表水的农户更易使用现代灌溉方式。Caswell 等[4]就地下水深度和土地质量对灌溉技术选择影响进行研究认为，水价越高、地下水越深、耕地质量越差的地方越易采用节水技术。Green 等[5]认为，作物特征、耕地特性和是否采用地表水等因素是对现代技术的使用有显著影响，水价并不是影响现代灌溉技术应用的主要因素。Schuck 等[6]利用美国科罗拉多州的数据研究表明，地租制、田地规模和水供给的可获得性是影响农户采用节水灌溉技术的主要因素。Gottumukkala 等[7]就安德拉邦农民采用微灌技术对作物产量、节水的影响研究表明，微灌节水技术与传统技术相比增产幅度较大，货币收益较高。采用该技术最重要的决定因素是农民的意识水平，社会地位和贫困水平，地下水位，种植模式等。于素花[8]认为，采用某项节水技术的效益回报必须大于该项技术的投资成本，而且两者差异越大，该项技术推广的可能性越大。韩青[9]认为，有效的激励机制可以增加农户选择先进节水技术的预期，激励农户采用灌溉技术。刘红梅[10]发现，经济利益是影响农户采用灌溉节水技术的主导因素，但农户的种植面积、户主受教育水平和政府扶持、灌溉收费、激励机制等因素是影响农户灌溉节水技术选择的重要因素。陆文聪等[11]通过对浙江农户采用节水灌溉技术意愿分析认为，年龄、收入因子、制度因子、增收因子和风险因子对农户技术采用意愿有影响。许朗等[12]认为，农户的认知度、家庭收入来源、耕地面积、政府的宣传、农户对节水技术的满意度、对水价的认知等都是影响农户采用节水灌溉技术选择行为的重要因素。冯颖[13]分析结果表明，户主年龄、土壤质地、征收水费的方式等是影响农户采纳节水技术的主要因素。

已有研究成果在研究节水技术应用影响因素时，都是从单一节水技术研究农户的采纳行为，而研究高效用水集成模式的较少。本文借鉴已有研究成果的基础上，选择河北平原小麦玉米微灌水肥一体化技术模式、微咸水补灌节水技术模式和雨养旱作增产增效技术模式为研究对象，以调研数据为载体，运用 Logistic 模型分析农户高效用水技术模式采用的影响因素，以期对河北平原小麦玉米复种区域高效用水技术模式的推广提供参考。

1 高效用水技术模式概述

1.1 小麦玉米复种区域微灌水肥一体化技术模式

通过开展小麦玉米微灌水肥一体化水分运筹、高效施肥、抗逆稳产、品种优选、配套播种等技术模式。连续 4 年实现全年粮食总产突破吨半、亩增粮 300 kg、亩节水 150 m³、压采地下水 50%、节肥 20%的目标，并集中示范展示作物新品种、新技术、新产品等科研成果。辐射带动全县一大批规模化新型农业生产组织，带动了全县传统农业向资源节约型现代农业转型升级。该模式适宜区域主要是冀中南低平原土壤肥力较高的灌溉良田，尤其是河北省"渤海粮仓"项目区覆盖的宁晋、安平、饶阳、深州、武强、阜城、东光、武夷、景县、吴桥、冀州、枣强、故城。

1.2 小麦玉米复种区域微咸水补灌节水技术模式

该技术模式通过咸水替代可节约深层淡水 25%~35%，年节约淡水资源 55~80 m³/亩，同时实现节水吨粮，其中小麦产量 450~500 kg/亩，玉米产量 500~550 kg/亩。与单纯深井灌溉相比，可节约灌溉用电 1/3 左右，亩次节约灌水成本 10~15 元，小麦玉米种植制度可每年每亩节约灌水成本 40~80 元。该技术可实现浅层微咸水资源高效安全开发利用，对缓解深层地下水严重超采与粮食稳产增产具有重要意义。技术模式适宜区域为河北低平原浅层微咸水分布区，尤其是河北省"渤海粮仓"项目区覆盖的永青、霸州、容城、雄县、安新、文安、任丘、大城、青县、河间、肃宁、沧县、献县、泊头、南皮等县市。

1.3 小麦玉米复种区域雨养旱作粮食增产增效技术模式

雨养旱作区"两年三作"稳定耕作种植制度及配套的旱作种植新技术和坑塘集蓄规范化高效利用模式，可实现雨养旱作条件下，不需人工灌溉而稳定的周年生产。改变了该地区传统的"一年一作"或不稳定的"一年两作"低产低效种植模式，是对当地耕作制度的一次升级和创新。较传统种植方法两年产量可增加 30% 以上。平均每年每亩增产 100 kg 以上，亩增效 300 元。适宜区域为河北省滨海平原区，尤其是"渤海粮仓"项目区的青县、沧县、黄骅、孟村、盐山。

本文之所以选择上述 3 种技术模式为研究对象，主要是因为 3 种技术模式分布在河北渤海粮仓项目区及地下水限制超采区，3 个技术模式分别具有水肥一体化、微咸水替代深层地下淡水、充分利用自然降雨的特征，微灌水肥一体化技术模式侧重于节水增效，微咸水补灌节水技术模式侧重于控咸稳粮，雨养旱作粮食增产增效技术模式侧重于生态，代表了河北平原小麦玉米复种不同生态区域高效用水技术模式，具有不可替代性。

2 变量选择与理论假设

2.1 户主特征

户主个人特征主要包括户主性别、年龄、职业和文化程度。由于本文调查的农户户主基本上是男性，职业为农户，所以只考虑户主年龄及其文化程度作为户主特征变量。

2.1.1 户主年龄

多数研究认为年龄较大的户主对新技术认知的积极性较低，户主年龄越大，会增加对风险的防范，减少对农田投资的期望。年轻的户主好奇心强，风险意识差，更愿意采用新的技术。但也有研究表明年龄对技术的采用影响不显著[14]，对不同属性技术采用的影响可能存在差异[15]。所以，本文假设户主年龄对 3 种不同技术模式采用的影响不明确。

2.1.2 户主文化程度

受过良好教育的农户沟通能力、接受新事物的能力、获取信息的能力比较强，采用高效用水技术模式的可能性大，但也有研究表明，低、高学历的农户比中等学历的农户更易采用节水技术[12]，对不同属性技术采用的影响可能存在差异[15]，所以，本文假设户主文化程度对三种高效用水技术模式的影响存在差异。

2.2 家庭经营特征

2.2.1 家庭总收入

家庭总收入代表了农户的经济状况。有研究认为，农户经济状况影响农户资金的使用分配和决风策险承担能力[3,16]。农业收入占比越高，农户对农业生产的关注度也越高，采用高效用水技术的可能性较大。但对不同属性技术采用的影响存在差异（文长存 等，2016），所以，本文假设家庭总收入对 3 种高效用水技术模式采用的影响存在差异。

2.2.2 农业收入占家庭总收入的比重

兼业化程度与农户采用高效用水技术模式有一定的联系，有学者得出，农业收入比重大的农户越愿意采用学习新技术，也有学者得出兼业化程度与技术采用呈倒"U"形关系[11]，所以，本文假设农业收入占家庭收入的比重对 3 种不同技术模式采用的影响不明确。

2.2.3 经营规模

土地经营规模是影响农户采用农业技术的重要因素[5,16-18]。农户的耕地规模越大，节水技术带来的规模效应就越大，采用节水技术的需求越强，但对不同属性技术采用的影响存在差异，所以，本文假设经营规模 3 种技术模式采用的影响可能存在差异。

2.2.4 耕地细碎化程度

采用高效用水技术模式一般有一定的规模效益，同样的耕地面积，耕地块数越少，农户采用高效用水技术模式越方便，耕地越细化，采用技术模式越不经济。由于 3 种高效用水技术模式分布区域不同，耕地细碎化对 3 种技术模式采用的影响可能存在一定差异。

2.3 对高效用水技术模式的认知

农户对高效用水技术模式的认知不足是技术推广缓慢的一个突出问题。农户采用技术与否主要取决于农户是否感知到技术给其带来的收益以及节本增效的效果，而非源于节约水资源的动机[19,20]。因此本文考虑以下认知因素：对高效用水技术模式了解程度，是否认为可以省工、省肥、省水、减少成本、提高产量等，假设这些因素对 3 种不同技术模式的影响存在差异。

2.4 政策与环境

2.4.1 政府补贴

采用高效用水技术模式需要一定投资。Dinar 等[21]认为政府对灌溉设施的补贴对新技术的扩散有显著影响。所以，政府补贴对农户采用高效用水技术模式有积极影响。

2.4.2　技术培训

　　技术培训作为一种非正规教育，传授的知识更具有针对性和实用性，有利于提高农户对新技术的特点、经济价值、使用方法的掌握和认知，激发农户采用新技术的欲望，所以，预期是否参加技术培训对高效用水技术模式的采用有一定的影响，但针对不同的技术模式影响程度可能存在差异。根据上述假设，设定以下分析变量（表1）。

表1　变量选择及说明

变量类型	变量名	变量赋值及说明
因变量	微灌水肥一体化（Y_1）	采用=1，没采用=0
	微咸水灌溉利用（Y_2）	采用=1，没采用=0
	雨养旱作（Y_3）	采用=1，没采用=0
户主特征	户主年龄（X_1）	单位：年，以实际数据为准
	受教育程度（X_2）	小学及以下=1，初中=2，高中及中专=3，大学及以上=4
家庭经营特征	家庭总收入（X_3）	<2万=1，[2，5)=2，[5，8)=3，[8，10)=4，≥10万=5
	农业收入占总收入比重（X_4）	<10%=1，[10，30)=2，[30，50)=3，[50，80)=4，≥80%=5
	劳动力占家庭人口比重（X_5）	<20%=1，[20，40)=2，[40，60)=3，[60，80)=4，≥80%=5
	经营规模（X_6）	单位：亩，以实际数据为准
	耕地细碎化程度（X_7）	单位：块，以实际数据为准
对技术模式的认知	了解技术模式（X_8）	是否了该技术模式，是=1，否=0
	省工（X_9）	认为技术模式省工，是=1，否=0
	省肥（X_{10}）	认为技术模式省肥，是=1，否=0
	省水（X_{11}）	认为技术模式省水，是=1，否=0
	减少成本（X_{12}）	认为技术模式减少成本，是=1，否=0
	增加产量（X_{13}）	认为技术模式增加产量，是=1，否=0
政策与环境等	参加技术培训（X_{14}）	是否参加技术培训，是=1，否=0
	政府补贴（X_{15}）	是否需要政府补贴，是=1，否=0
	贷款难易程度（X_{16}）	难=1，一般=2，不难=3

3　数据来源及统计描述

　　小麦玉米微灌水肥一体化技术调研地点选取河北渤海粮仓项目重点示范区的宁晋县北楼下村、荆里庄村、黄退一村和黄退二村，微咸水利用技术选择景县的东堡定村、彭村、杨朵村、杨章村和深州市的护驾迟村，雨养旱作高产高效技术模式选黄骅市的大科牛、二科牛和三科牛村。上述3个县分别是3种技术模式的示范区，具有代表性。本次调查采取典型调查和随机调查相结合的方法，采用一对一的访谈方式。有效问卷共发放问卷 400 份，有效问卷 349 份，有效率 87.25%。其中小麦玉米微灌水肥一体化 57 份，占 16.33%；微咸水补灌节水技术模式共 72 份，占 20.63%，雨养旱作增产增效技术模式 54 份，占 15.47%。问卷主要内容包括：农户家庭的基本特征（性别、年龄、受教育年限、家庭总人口等），生产投入（种子、化肥、农药、机械等物质与服务费用和人工成本），农户收益（作物产量和销售价格），农户对技术的认知，技术政策环境等方面（主要变量统计描述见表 2）。

表 2　样本基本特征描述分析

变量	N	极小值	极大值	均值	标准差
户主年龄	349	34	80	59.10	8.47
教育程度	349	1	3	1.84	0.51
家庭收入	349	1	5	2.50	1.03
农业收入占比重	349	1	5	2.76	1.15
农业劳动力比重	349	1	5	2.54	0.98
经营规模	349	1	80	8.33	6.39
地块数	349	1	9	2.45	1.51
了解技术	349	1	3	2.21	0.75
省工	349	0	1	0.56	0.50
省肥	349	0	1	0.48	0.50
省水	349	0	1	0.48	0.50
减成本	349	0	1	0.38	0.48
增产	349	0	1	0.55	0.50
是否参加培训	349	1	2	1.12	0.33
需要政府补贴	349	0	1	0.68	0.47
贷款难易程度	349	1	3	1.31	0.57

4　计量分析

4.1　模型选择

采用 Logistic 模型对高效用水技术模式采用的影响机理进行研究。Logistic 模型的估计方程为具有特征 X_i 的用户面临传统技术与高效用水技术模式采用的概率，即高效用水技术模式采用的概率计算公式如下。

$$prob(event) = \frac{e^z}{1+e^z} = \frac{1}{1+e^{-z}}$$

其中：$Z = \beta_0 + \beta_1 X_1 + \beta_2 X_2 + \cdots \beta_i X_i$（$i$ 为农户特征量的数量，β_i 是待回归系数）。不愿意采用农艺节水技术的概率为 Prob（no event）= 1−Prob（event）。便于理解 Logistic 回归系数的含义，将方程式重新写成某一事件发生的比率，一个事件的发生比率被定义为它发生的可能性与不发生的可能性之比。把 Logistic 方程写作几率的对数，命名为 Logistic。

$$Log \frac{prob(event)}{prob(noevent)} = \beta_0 + \beta_1 X_1 + \beta_2 X_2 + \cdots + \beta_i X_i$$

4.2 模型估计及检验

二元 Logistic 回归具有多元共线敏感性，当多元共线性程度高时，系数估计标准误差将产生偏差。因此，在进行系数估计前，需要进行共线性诊断。容忍度和方差膨胀因子（VIF）可用于多元共线性诊断的参考值。利用 SPSS 22.0 统计软件进行多重共线性诊断，发现最大方差膨胀因子为 1.951≤5（表3），变量之间不存在多重共线性。同时对变量用 Logistic 进行回归检验，结果见表4。

表3 多重共线诊断结果

变量	容差	VIF
户主年龄	0.798	1.253
受教育程度	0.810	1.234
家庭总收入	0.513	1.951
农业收入占总收入比重	0.536	1.867
劳动力占家庭人口比重	0.758	1.320
经营规模	0.526	1.903
耕地细碎化程度	0.568	1.761
了解技术模式	0.728	1.374
省工	0.768	1.303
省肥	0.744	1.344
省水	0.765	1.308
减少成本	0.753	1.328
增加产量	0.713	1.402
参加技术培训	0.841	1.189
政府补贴	0.765	1.307
贷款难易程度	0.728	1.373

表 4　三种高效用水技术模式采纳影响因素模拟结果

变量	微灌水肥一体化		微咸水利用		雨养旱作	
	系数	Wald 值	系数	Wald 值	系数	Wald 值
户主年龄	0.001	0.001	0.040*	3.463	0.090**	6.060
受教育程度	1.336***	8.810	−0.048	0.020	0.036	0.004
家庭总收入	−0.226	0.758	−0.426**	3.770	0.875***	11.076
农业收入占总收入比重	0.284	1.485	−0.069	0.140	0.510***	3.933
劳动力占家庭人口比重	−0.319	1.505	0.131	0.434	−0.501	2.144
经营规模	−0.025	0.345	0.050*	3.346	−0.004	0.011
耕地细碎化程度	−0.773***	10.837	0.210*	3.215	0.778***	15.864
了解技术模式	1.340***	12.918	0.726***	7.678	1.622***	14.836
省工	−0.959**	4.118	1.388***	12.080	−0.427	0.704
省肥	1.857***	13.139	−0.507	1.977	0.240	0.213
省水	−0.446	0.856	0.141	0.138	−0.551	1.084
减少成本	1.004**	4.266	0.780**	3.841	−0.897	2.519
增加产量	0.272	0.303	−1.613***	15.446	1.283**	5.284
参加技术培训	3.611***	32.645	−0.463	0.786	−0.628	0.595
政府补贴	1.283***	5.486	1.438***	9.141	−0.064	0.014
贷款难易程度	−0.415	0.885	−0.632	2.099	0.750	1.936
常数项	−9.604***	12.494	−5.739***	6.680	−14.414***	16.515

注：***、**、* 分别表示 0.01、0.05 和 0.10 的水平上差异显著

4.3　结果分析

4.3.1　户主特征对高效用水技术模式采用的影响

户主年龄：户主年龄对 3 种高效用水技术模式采用存在正向影响。这一结论与部分相关研究结论不一致[11]。从表 2 看，户主年龄最大为 80 岁，均值为 59 岁，劳动力老龄化严重。在目前我国农村务农劳动力老年化逾趋严重的背景下，随着年龄的增长，体力下降，人们越来越对节省劳动力的技术需求强烈，而 3 种高效用水技术模式相比传统技术具有省工节本增效的优势。所以，年龄越大的农户，选择采用这 3 种技术模式的可能性越大。

受教育程度：户主的受教育程度对 3 种高效用水技术模式采用影响存在差异，仅对微灌水肥一体化技术模式影响显著。究其原因可能是微灌水肥一体化技术模式省工效果明显于其他两类技术模式，文化程度越高的农户越倾向轻简化的技术模式。

4.3.2　家庭经营特征对高效用水技术模式采用的影响。

家庭经营收入：家庭总收入对 3 种高效用水技术模式采用的影响存在差异。对雨养

旱作高效用水技术的采用呈显著正影响，收入较高的农户既有能力扩大投入，又具有承担风险的能力，雨养旱作高效用水技术模式是利用降雨进行生产，一旦遇到干旱年份，生产就会受到影响，生产风险性较高，所以，家庭收入高的农户采用该项技术模式的可能性较大。家庭总收入对微咸水高效用水技术模式的采用呈显著负影响。由于微咸水高效利用技术模式是利用浅层微咸水与地表蓄水代替深层淡水，节约电费，同时使用自动化设备减少人工等费用，具有节本增效的优势，所以收入水平低的农户希望通过降低成本，实现增收的愿望比较强。家庭总收入对微灌水肥一体化技术模式采用的影响不显著。究其原因，可能是因为该技术模式前期投入比较大，需要增加设备、铺设管道等，在没有政府补贴的情况下，农户对该技术模式投资的意愿不强。

种植业收入占家庭总收入的比重：该指标对3种模式采用的影响存在差异，仅对雨养旱作技术模式的采用呈显著正向影响，而对其他两种模式采用的影响不显著。由于雨养旱作高效用水技术模式是通过覆膜充分利用降水提高产量，农业收入占家庭收入比重高的农户其兼业程度小，农业是其主要收入来源，所以，在其他因素不变的情况下，农业收入占比越高的农户对雨养旱作高效用水技术模式采用的可能性越大。

劳动力占家庭人口比重：该指标对3种技术模式采用的影响作用都不显著。由于3种技术模式具有省工的特点，每年生产上用工基本固定。所以，家庭劳动力的多少对采用技术模式的影响不大。

经营规模：经营规模对3种技术模式采用的影响存在差异，仅对微咸水利用模式采用呈显著性影响。即经营规模越大的农户采用该技术模式的可能性越大。对其他两种模式采用的影响不显著。耕地细碎化程度。耕地细碎化对微灌水肥一体化技术模式的采用呈显著负影响，说明，耕地越分散，节水灌溉设备的安装、管道铺设和回收就越困难，无形中增加成本投入，农户采纳该技术模式预期越低。相反，耕地细碎化对雨养旱作技术模式和微咸水补灌节水技术模式的采用呈正向影响。通过调研发现，黄骅雨养旱作区农户的耕地面积比较大而分散（有零星枣树种植），所以，地块的细碎程度对农户采用技术影响较小。而微咸水利用区，农户的耕地面积小而发散，但该项技术操作比较简单，受地块面积大小的影响较小。所以，耕地细碎化程度对该技术模式的采用影响不显著。

4.3.3 农户对技术模式的认知对高效用水技术模式采用的影响

对技术模式的了解程度：该指标对3种高效用水技术模式的采用影响呈显著正相关，说明，对技术模式越了解，农户采用技术模式的积极性越高。

对省工的认知：是否省工的认知对3种高效用水技术模式采用的影响存在差异，对微灌水肥一体化技术模式的采用影响呈负向作用，由于该技术模式操作比较复杂，采用的农户可能投入过多的劳动，没有体验到省工的益处，对是否省工的判断比较理性，而没有采用该技术模式的农户，对省工的判断可能出于技术培训等途径获得的信息而做出的判断，其对省工的认知程度高于采用技术模式的农户。是否省工的认知对微咸水补灌节水技术模式的采用呈显著正影响，说明对省工的认知程度越强，农户采用技术模式的积极性越高。对雨养旱作技术模式采用的影响不显著。

对省肥的认知：是否省肥的认知仅对微灌水肥一体化技术模式的采用产生正向影

响，对其他两种技术模式采用的影响不显著。同传统施肥方式相比，微灌水肥一体化技术模式具有节水节肥的特点。而农户对其他两种技术模式省肥的认知不明显。

对省水的认知：是否省水的认知对3种技术模式采用的影响都不显著。因为水不收取费用，只是收取电费，浇多浇少不增加农户的成本，所以，农户对省水的认知对其是否采用技术模式影响不大。

对减少成本的认知：是否减少成本的认知对3种高效用水技术模式采用的影响存在差异，对微灌水肥一体化技术模式和微咸水补灌节水技术模式的采用呈正显著影响，而对雨养旱作技术模式采用的影响不显著。说明随着减少成本认知程度的提高，农户采用微灌水肥一体化和微咸水补灌节水技术模式的积极性越高，而雨养旱作技术模式减少成本的优势没有体现。

对增加产量的认知：是否增加产量的认知对3种高效用水技术模式采用的影响存在差异，对微咸水补灌节水技术模式的采用呈负显著影响。因为微咸水高效用水技术模式是采用部分微咸水替代淡水，如果咸淡水比例处理不当，就有可能减少小麦玉米产量，采纳技术的农户可能有亲身体会，所以其对该技术模式是否增产的认知程度低于非采用农户。而对雨养旱作技术模式的采用呈显著正影响，对微灌水肥一体化技术模式的采用影响不显著。如前所述，雨养旱作技术模式具有增加产量的优势，农户对其这一特点认知度较高，采用的积极性就会越高。

4.3.4 政策与环境对高效用水技术模式采用的影响

参加技术培训：是否参加技术培训对微灌水肥一体化技术模式的采用呈正影响，而对其他两种模式采用的影响不显著。说明采用微灌水肥一体化技术模式的农户参加培训的机会高于不参加该技术模式的农户。技术培训针对性强，对提高农户接受和采用技术能力的效果越显著，农户采纳技术模式的积极性就越高。

政府补贴：是否需要政府补贴对微灌水肥一体化技术模式和微咸水利用模式的采用呈显著正向影响，而对雨养旱作技术模式的影响不显著。由于前两种模式都有节水设备的投资，农户为了减少自身投入的负担，对政府补贴需求高，如果有政府补贴的话，采用该种技术模式的积极性就高。而雨养旱作技术模式前期投入较少，对政府补贴的需求不高，所以，对采用该种技术模式的影响不显著。

贷款难易程度：购买节水设备贷款难易程度对3种技术模式采用的影响均不显著，原因是虽然农村金融市场逐渐完善，但对农户对于贷款采用这样的技术还不能接受。

5 结论与政策建议

5.1 结 论

由于技术模式属性特征不同，同一因素对农户采用不同类型高效用水技术模式的影响差异明显。受教育程度、对技术模式了解程度、是否省肥和减少成本的认知、是否参加技术培训、是否需要政府补贴对微灌水肥一体化技术模式的采用呈正向影响，而土地细碎化程度、是否省工的认知对其采用呈负向影响。户主年龄、经营规模、土地细碎化程度、对技术模式了解程度、是否省工和减少成本的认知、是否需要政府补贴对微咸水利用模式的采用起到正向影响，而家庭总收入、是否增加产量的认知对其采用呈负向影响。户主年龄、家庭总收入、农业收入占家庭收入的比重、耕地细碎化、了解技术模式、是否增加产量的认知对雨养旱作技术模式采用起到正向影响。是否省水的认知对3种模式采用的影响不显著，说明农民对节水技术的节水功能还没有引起高度重视，只考虑了其他因素，而技术培训对3种技术模式农户采用都起到正向影响。

5.2 政策建议

5.2.1 简化高效用水技术操作过程，提高技术增产增效的效果

由于农业劳动力老龄化、文化素质不高，对高效用水技术模式复杂且烦琐的操作过程难以接受和掌握，使技术模式省工、省肥、增产增收的效果大打折扣，这样对技术模式的采用造成不良后果，因此，在保证增产增收的基础上，简化高效用水技术的操作过程，容易让农户接受。

5.2.2 制定采用高效用水技术模式激励和扶持政策

在高效用水技术模式示范推广初期，政府应针对不同的技术模式采用相应的激励和扶持政策激发农户采用高效用水技术模式的积极性。对前期投资大的技术模式可以通过项目支持、资金补助或小额贷款；对于生产期间增加投入的技术模式，可以通过生产资料补贴等形式或奖励政策予以鼓励，同时政府要加大鼓励和扶持政策的宣传力度，让农户了解鼓励政策的目的和相应的实施办法和操作程序。

5.2.3 加强高效用水技术宣传力度，搞好技术培训工作

农户受年龄、受教育程度及所在地区地理位置等因素的影响，获得农业信息的渠道有限，对高效用水技术缺乏了解，甚至一部分农户并不知道该技术模式，即使了解该技术模式，也缺乏相关技术人员的培训与指导，因此，在加强对高效用水技术的宣传力度基础上，组织相关技术人员深入农村对农户进行技术培训，发挥高效用水技术优势。

5.2.4 适当提高农业用水价格，实现水资源价值

调研发现，目前农民灌溉用水没有征收水资源费，仅计取电费，农业用水价格偏低，远远低于水资源的真实价值，这样也会造成农民对水资源浪费的不理性行为，并且缺乏农户采用高效用水技术模式的经济激励。因此，为激励农户采用高效用水技术模式，必须在农户生产成本的承受范围内合理提高农业用水水价，逐步实现水资源价值。

参考文献

[1] 吴普特，冯浩，牛文全，等. 现代节水技术发展趋势与未来发展重点 [J]. 中国工程科学，2007，9（2）：12-18.

[2] 康绍忠，霍再林 李万红. 旱区农业高效用水及生态环境效应研究现状与展望 [J]. 中国科学基金，2016：208-212.

[3] Caswell M, Ziberman D. The choices of irrigation technology in California [J]. American Journal of Agricultural Economics, 1985 (5)：223-234.

[4] Caswell M, Ziberman D. The Effects of Well Depth and Land Quality on the Choice of Irrigation Technology [J]. American Journal of Agricultural Economics, 1986 (11)：798-811.

［5］ Green G, David S, David Z, *et al*. Explaining irrigation technology choice：A microparameter approach ［J］. American Journal of Agricultural Economics, 1996（11）：1 064-1 072.

［6］ Schuck E C, Frasier W M, Webb R S *et al*. Adoption of more technically efficient irrigation system as a drought response ［J］. Water Resource Development, 2005（12）：651-662.

［7］ Andal G, Rao V P, Bindu H. Analysis of impact of adoption of micro irrigation technology on crop yields, water saving and economics in farmers' fields of Andhra Pradesh ［J］. Journal of Soils and Crops, 2008, 18（2）：266-272.

［8］ 于素花. 农村社区水价变化对农业节水技术推广的影响 ［J］. 农业技术经济, 2001（6）：26-29.

［9］ 韩青. 农户灌溉技术选择的激励机制—种博弈视角的分析 ［J］. 农业技术经济, 2005（6）：22-25.

［10］ 刘红梅, 王克强, 黄智俊. 影响中国农户采用节水灌溉技术行为的因素分析 ［J］. 中国农村经济, 2008（4）：44-54.

［11］ 陆文聪, 余安. 浙江省农户采用节水灌溉技术意愿及其影响因素 ［J］. 中国科技论坛, 2011（11）：136-142.

［12］ 许朗, 刘金金. 农户节水灌溉技术选择行为的影响因素分析—基于山东省蒙阴县的调查数据 ［J］. 中国农村观察, 2013（6）：45-51.

［13］ 冯颖. 宁夏干旱半干旱地区农户采用农业节水技术意愿的影响因素分析 ［J］. 中国农村水利水电, 2016（5）：48-54.

［14］ Zhou S, Herzfeld T, Glauben T, *et al*. Factors affecting Chinese farmers' decisions to adopt a water-saving technology ［J］. Canadian Journal of Agricultural Economics, 2008, 56（1）：51.

［15］ 文长存, 汪必旺, 吴敬学. 农户采用不同属性"两型农业"技术的影响因素—基于辽宁省农户问卷的调查. 农业现代化研究 ［J］. 2016, 37（4）：701-708.

［16］ 孔祥智. 西部地区农业技术应用的效果、安全性及影响因素分析 ［M］. 北京：中国农业出版社, 2005.

［17］ Khanna A. Sequential adoption of site-specific technologies and its implications for nitrogen productivity：adouble selectivity model ［J］. American Journal of Agricultural Economics, 2001, 83（1）：35-51.

［18］ 林毅夫. 制度、技术与中国农业发展 ［M］. 上海：上海人民出版社, 2005：209-229.

［19］ Abdulai A. Water saving technology in China rice production evidence from survey date ［M］. European Association of Agricultural Economists. Copenhagen, Denmark, 2005.

［20］ Deng, X P, Shan L, Zhang H, *et al*. Improving Agricultural Water Use Efficiency in Arid and Semiarid areas of China ［J］. MIS Agricultural Water Management, 2006（80）：23.

［21］ Dinar A, Dan Y. Adoption and abandonment of irrigation technologies ［J］. Agricultural Economics, 1992, 6（4）：315-332.

［此文原刊载于《农业技术经济》, 2017（6）：108-117］

河北省"十三五"粮食安全状况预测分析

张新仕，侯　亮[1]，蒲娜娜[2]，李英杰[2]，胡　玲[3]，王桂荣[1]

（1. 河北省农林科学院农业信息与经济研究所；2. 河北省农林科学院；3. 黄骅农业局）

摘　要：对"十三五"期间河北省粮食安全状况进行了预测分析，得出河北省粮食自给率达到95%以上，粮食供求基本平稳，粮食安全状态向好，粮食总产量能够满足全面建成小康社会的粮食需求。但长期来看，河北省粮食安全状况仍存隐忧，主要为：耕地面积减少，质量下降；农业资源偏紧，生态环境恶化；粮食价格受到成本"地板"抬升和价格"天花板"封顶的双重挤压；从事农业的劳动力减少等。最后，从建设高标准农田和商品粮基地、改造中低产田和盐碱地、建立粮食安全预警系统等方面提出了建议。

关键词：粮食安全；回归分析；趋势外推法；粮食供给；粮食需求；河北省

粮食是人类最基本的生活资料，为人们提供了能量和营养。自古以来，生活资料的生产就是社会存在和发展的基础。一个国家的繁荣和发展都与本国的粮食安全问题息息相关[1-3]。中国是世界人口最多的国家，解决好粮食安全问题是一个摆在国家战略层面的话题[4]。省级区域粮食安全是国家粮食安全的重要组成部分，河北省作为全国 13 个重要的粮食主产区之一，既是粮食生产大省也是消费大省，在保障国家粮食安全方面具有举足轻重的作用。"十五"期间河北省解决了 160 万贫困人口的温饱问题，"十一五"期间更是解决了 200 万贫困人口的温饱问题；"十二五"期间河北省粮食宏观调控进一步增强，粮食市场基本稳定，粮食供求基本平衡，略有剩余，确保了粮食安全。

伴随全面放开二孩政策的推进，以及工业化、城镇化发展和人民生活水平的不断提高，河北省人口总量呈逐年上升趋势，并且工业用粮、农业用粮也持续增加。可以预见，"十三五"期间，消费结构变化、消费水平升级使得粮食需求空间巨大。而在耕地总量保持不变的情况下，粮食供给能否满足消费的刚性增长，对"十三五"期间粮食安全与否的预测也成了一个热门话题。笔者通过借鉴以往研究成果和分析河北省现实情况，对"十三五"期间河北省粮食供给和粮食需求分别进行了预测和分析，指出了"十三五"期间河北省粮食安全面临的潜在威胁，并基于此提出了保障河北省粮食安全的相关建议。

1　"十三五"期间河北省粮食生产能力预测

国内外对粮食安全指标体系的研究很多，这些研究有其科学性和优势，但也存在不足之处[5-7]。笔者分别运用回归分析法和趋势外推法对"十三五"期间河北省粮食生产能力进行了预测，并将两种预测结果进行平均，以期提高预测的准度与精度，尽可能地接近 2020 年末粮食生产与供给的真实数值。

1.1　回归方程预测

粮食单产水平是影响粮食安全的重要指标，在耕地总量保持不变的情况下，提高粮食单产是我国未来增加粮食总产的唯一途径[8]。1991 年以来河北省粮食单产不断提高，"十三五"期间进一步提高的难度较大。1991—2013 年河北省粮食单产持续增加（图1），根据 1991—2013 年河北省粮食单产数据和变化规律，建立回归方程。对 2016—2020 年的粮食单产进行预测。粮食单产预测的回归方程为 $y = 2.829\ 3(x-1\ 990)^2 + 11.152(x-1\ 990) + 3\ 484.20$，其中 Y 为 x 年的粮食单产，$R^2 = 0.923\ 7$，趋近于 1，表明回归拟合效果较好。根据回归方程，得到 2016—2020 年的粮食单产分别为 5 686.76 kg·hm^{-2}、5 847.86 kg·hm^{-2}、6 014.63 kg·hm^{-2}、6 187.05 kg·hm^{-2}、6 365.13 kg·hm^{-2}。可见，"十三五"期间河北省粮食单产将持续增加，但增幅较稳定。

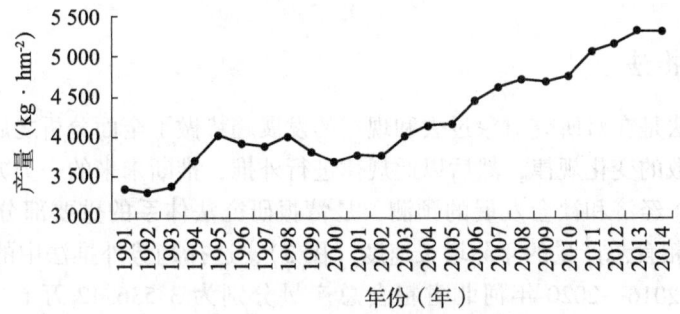

图 1　1991—2014 年河北省粮食单产

粮食播种面积是保证粮食总产量和粮食安全的首要条件，2008—2014 年河北省粮食播种面积逐年增加（图2）。根据 2008—2014 年河北省粮食播种面积数据和变化规律。建立回归方程．对 2016—2020 年的粮食播种面积进行预测。粮食播种面积预测的回归方程为 $y = 616.26(x-2\ 007)^{0.014\ 2}$，其中 y 为 X 年的粮食播种面积，$R^2 = 0.972\ 4$，趋近于 1，表明回归拟合效果较好。根据回归方程，得到 2016—2020 年的粮食播种面积分别为 635.80 万 hm^2、636.74 万 hm^2、637.61 万 hm^2、638.39 万 hm^2、639.12 万 hm^2。可见，"十三五"期间河北省粮食播种面积将平稳增加。

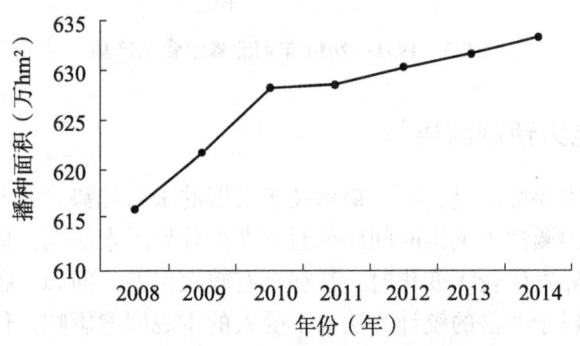

图 2　2008—2014 年河北省粮食播种面积

粮食总产量等于粮食播种面积与粮食单产的乘积，根据上述对2016—2020年河北省粮食单产和粮食播种面积的预测结果，得到2016—2020年河北省粮食总产量分别为3 615.59万t、3 723.58万t、3 834.96万t、3 949.77万t、4 068.08万t（表1）。可见，受粮食单产和粮食播种面积均持续增加的利好影响，"十三五"期间河北省粮食总产量将稳定增长。

表1　回归方程预测2016—2020年河北省粮食总产量

类别	2016年	2017年	2018年	2019年	2020年
粮食单产（kg·hm^{-2}）	5 686.76	5 847.86	6 014.63	6 187.05	6 365.13
粮食播种面积（万hm^2）	635.80	636.74	637.61	638.39	639.12
粮食总产量（万t）	3 615.59	3 723.58	3 834.96	3 949.77	4 068.08

1.2　趋势外推法

趋势外推法是在对研究对象过去和现在的发展趋势做了全面分析之后。利用某种模型描述某一参数的变化规律，然后以此规律进行外推，推断未来的一类方法的总称。一般用于对科技、经济和社会发展的预测，是情报研究法体系的重要部分。根据1991—2014年河北省粮食总产量的年际增长速度（图3），选择趋势外推法中的平均增长速度法，预测得到2016—2020年河北省粮食总产量分别为3 536.42万t、3 597.32万t、3 659.27万t、3 722.28万t、3 786.38万t。

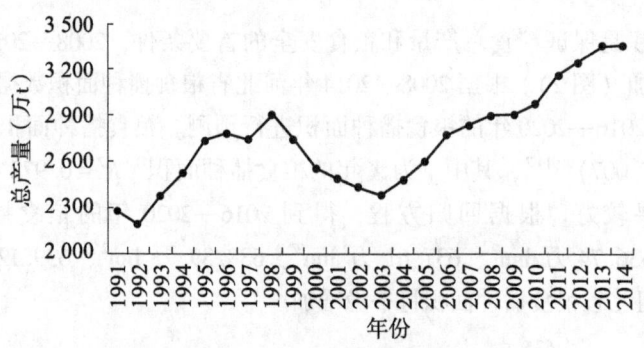

图3　1991—2014年河北省粮食总产量

1.3　粮食生产能力预测结果

趋势外推法的主要优点是，可以揭示技术发展的未来趋势，并能够定量地估计某些功能特性，但趋势预测法因突出时间序列暂不考虑外界因素影响，因而存在着预测误差的缺陷，当遇到外界发生较大变化时，往往会有较大偏差。回归方程计算采用了统计学中的最小二乘法，属于严格的统计方法。不受人的主观因素影响。但选用何种因子及该因子选择何种表达式只是一种推测，使得分析在某些情况下受到限制。两种预测方法的预测结果有所差异，趋势外推法预测得到的 2016—2020 年河北省粮食总产量要低于回归方程的预测结果。为提高预测的精确度（尽可能地接近 2020 年末粮食生产与供给的真实数据），将两种方法的预测结果算术平均，最终得到 2016—2020 年河北省粮食总产量分别为 3 576.00 万 t、3 660.45 万 t、3 747.11 万 t、3 836.03 万 t、3 927.23 万 t（表2）。

表 2　2016—2020 年河北省粮食总产量预测　　　　　　　　　　（万 t）

方法	2016 年	2017 年	2018 年	2019 年	2020 年
回归分析法预测	3 615.59	3 723.58	3 834.96	3 949.77	4 068.08
趋势外推法预测	3 536.42	3 597.32	3 659.27	3 722.28	3 786.38
算数平均值	3 576.00	3 660.45	3 747.11	3 836.03	3 927.23

2　"十三五" 期间河北省粮食需求预测

河北省人口总量呈逐年上升趋势，根据人口增长特点，选取 1991—2014 年的历史数据，建立回归方程对 2016—2020 年河北省人口进行预测。人口预测的回归方程为 $y = 48.066(x - 1\,990) + 6\,175.4$，其中，$y$ 为 x 年的人口数量。利用回归方程计算得到 2016—2020 年河北省人口总量分别为 7 425.12 万人、7 473.18 万人、7 521.25 万人、7 569.31 万人、7 617.38 万人。2016 年河北省全面放开二胎生育政策，人口自然增长率将略有上升，对粮食的需求也会相应增加。

2.1　口粮消费量预测

首先，根据历年发展趋势，计算得到 2016—2020 年河北省人均粮食消费量分别为 186.68 kg、189.69 kg、192.75 kg、195.86 kg、199.02 kg；其次，根据前述对 2016—2020 年河北省人口总量的预测结果，计算得到 2016—2020 年河北省口粮消费量分别为 1 386.12 万 t、1 417.59 万 t、1 449.72 万 t、1 482.53 万 t、1 516.01 万 t。通过预测结果可以看到河北省口粮消费量总体呈缓慢上升趋势。

2.2　饲料用粮消费量预测

首先，根据历年发展趋势预测 2016—2020 年河北省主要畜牧产品产量。河北省主要的畜牧产品为肉类、奶类、蛋类，选择平均增长速度法计算得到 2016—2020 年河北省肉类、奶类、禽蛋产量的平均增长速度分别为 2.15%、12.02% 和 0.26%。其次．根据《河北省农产品成本收益资料汇编》相关数据，计算出生猪、蛋鸡、奶牛相应的粮食转化率分别为 1.74、1.66、0.39。再者，预测 2016—2020 年河北省饲料用粮消费量。根据相关研究，考虑到科技进步的因素，预测时生猪、蛋鸡粮食转化率按每年下降 8%[9]，由于奶牛的粮食转化率已经较高，故可作为今后时期的一个标准。预测得到 2016—2020 年河北省饲料用粮消费量分别为 1 226.07 万 t、1 216.98 万 t、1 210.62 万 t、1 207.42 万 t、1 207.83 万 t。

2.3 种子用粮消费量预测

参考相关研究的预测方法，根据近年来河北省种子用粮消费量占粮食总产量的比重情况，按照粮食总产量的 2.50% 来估算 2016—2020 年河北省种子用粮消费量，由于种子用粮消费量与种植技术密切相关，随着科学技术快速发展，我国种子用粮消费量占粮食总产量的比重将趋于减少，预测 2016—2020 年河北省种子用粮消费量时按每年递减 0.05%[9-10]，预测结果分别为 87.61 万 t、87.85 万 t、88.06 万 t、88.23 万 t、88.36 万 t。因此，"十三五"期间河北省种子用粮消费量将平稳上升。

2.4 工业用粮消费量预测

根据近年来河北省工业用粮消费量占河北省粮食总产量的比重情况，可以按照粮食总产量的 25% 来估算 2016—2020 年河北省工业用粮消费量。根据相关研究，考虑到粮食在加工业用途广泛，工业用粮消费量占粮食总产量的比重逐年增加，预测 2016—2020 年河北省工业用粮消费量时按每年增加 0.05%[9]，则分别为 895.79 万 t、918.77 万 t、942.40 万 t、966.68 万 t、991.63 万 t。据预测，"十三五"期间河北省工业用粮消费量将持续增加。

2.5 粮食的损耗与消费预测

粮食的损耗与浪费主要包括 3 个方面，一是储存期间，二是运输过程中，三是餐饮中。据相关研究，我国每年损耗与浪费的粮食超过了全年粮食总产量的 6%[11-14]。参照我国的粮食损耗情况并结合河北省的实际情况，根据相关研究将河北省的粮食损耗率定为 4%[9]。考虑到科技进步和管理水平的提高，在预测 2016—2020 年河北省粮食的损耗与浪费时按每年减少 0.05%，则预测结果分别为 141.25 万 t、142.76 万 t、144.26 万 t、145.77 万 t、147.27 万 t。

3 粮食安全状况的判断

在预测河北省"十三五"期间粮食安全状况时，由于河北省每年的省级粮食调剂数量和粮食进出口量起伏不定，影响因素较多，数据预测难度较大，故只对"十三五"期间河北省粮食生产和需求予以分析（表 3），并基于此对河北省"十三五"期间的粮食安全状况予以判断。从预测结果看，2016—2020 年河北省粮食自给率达到 95% 以上，处于基本安全状态，但供给和需求存在缺口，粮食安全形势依然不容乐观。

表 3 2016—2020 年河北省粮食产需平衡分析

类 别	2016 年	2017 年	2018 年	2019 年	2020 年
粮食总产量（万 t）	3 576.00	3 660.45	3 747.11	3 836.03	3 927.23
需求总量（万 t）	3 736.84	3 783.95	3 835.06	3 890.61	3 951.07
口粮消费量（万 t）	1 386.12	1 417.59	1 449.72	1 482.51	1 515.98

（续表）

类　别	2016 年	2017 年	2018 年	2019 年	2020 年
饲料用粮消费量（万 t）	1 226.07	1 216.98	1 210.62	1 207.42	1 207.83
种子用粮消费量（万 t）	87.61	87.85	88.06	88.23	88.36
工业用粮消费量（万 t）	895.79	918.77	942.40	966.68	991.63
粮食的损耗与浪费（万 t）	141.25	142.76	144.26	145.77	147.27
产需差（万 t）	−160.84	−123.50	−87.95	−54.58	−23.84
粮食自给率（%）	95.70	96.74	97.91	98.60	99.40

4　河北省"十三五"粮食安全面临的潜在威胁

随着农业科技的发展、管理水平的提高，河北省粮食供给持续增长，但人口增长、资源环境约束、人们生活质量提高、农村劳动力转移等的影响和制约，对其粮食生产能力提出了更高的要求[15]。

4.1　耕地面积减少、质量下降，经济作物播种面积增加

随着河北省工业化和城市化进程进一步加快，非农业建设用地过度膨胀，大量基本农田变为非农建设用地，粮食主产区耕地的减少给农业生产带来巨大压力，人地矛盾日益加剧，严重制约了粮食生产的持续发展。"十二五"期间河北耕地面积趋于稳定，并有所回升，但单纯通过扩大粮食播种面积增加粮食产量已不现实。而且河北省中低产农田约占耕地总面积的 2/3，主要分布在低平原、滨海平原和坝上丘陵区，受土壤类型、结构、地下水埋深等影响，土壤有机质含量低、土壤结构差、土地生产力低而不稳、耕层退化、养分不平衡，农业生产效率低下。另外，粮食作物和其他作物在面积上表现为逆向变化，由于粮食作物的经济效益低于蔬菜作物，农户更愿意从事蔬菜作物种植。2013 年河北省蔬菜种植面积达 122.04 万 hm²，创历史新高，蔬菜种植面积的扩大必然导致粮食种植面积的缩减。

4.2　农业资源偏紧，生态环境恶化

河北省位于我国缺水最严重的海河流域，是华北地区严重水漏斗区域，属极度贫水区。2013 年，河北省人均水资源量和单位水资源量分别为 240 m³/人和 2 805 m³·hm⁻²；农田灌溉用水量为 126.35 亿 m³，占全省用水量的 66.05%；农田灌溉耗水量 98.21 亿 m³，占全省净耗水量的 70.21%，农田灌溉耗水率为 77.70%。农业成为河北省用水量和耗水量最大的产业，但农业灌溉中水利用率低、水分生产效率低和用水浪费等问题严重。目前，河北省粮食主产区农业水资源利用已达到极限，农业生产与水资源支撑矛盾突出，水资源安全潜在隐患进一步加大。

施用化肥、农药、农用塑料薄膜是保证粮食高产、稳产的重要措施。2014 年，河北省化肥、农药、农用塑料薄膜使用量分别达到 331.04 万 t、8.67 万 t、13.60 万 t，分

别较 2010 年上升了 2.50%、2.50%、14.70%，按照单位面积化肥施用量、农药用量分别为 378.33 kg·hm^{-2}、9.90 kg·hm^{-2} 来看，明显高于发达国家，美国单位面积化肥施用量为 220 kg·hm^{-2}。就当前来看，化肥、农药、农用塑料薄膜的使用对粮食增产的贡献率在逐渐减少，且用量不合理现象突出，对耕地和水资源等生态环境带来了危害，农业污染已成为河北省第一大污染源，严重影响了耕地质量和粮食生产能力。

4.3 成本"地板"抬升和价格"天花板"封顶的双重挤压

2010—2014 年河北省稻谷、小麦、玉米、大豆、棉花每 50 kg 主产品售价平均年增长率分别 0.46%、4.75%、5.18%、-3.36%、-14.37%，总成本年平均增长率分别为 2.83%、3.22%、9.41%、11.53%、3.15%，农产品的售价上涨速度均低于成本的上涨速度，净利润和投入产出比均呈下降趋势。粮食生产成本上升，主要是由于近年人工成本、机械作业支出、土地流转费用等上涨较快，种子、化肥、农药等价格高企所致。2014 年，河北省粮食生产总成本达 14 657.25 元·hm^{-2}，较 2013 年增加了 857.85 元·hm^{-2}，较 2010 年增长 38.41%；主要农产品收益方面，小麦和玉米的种植效益最差，纯收益分别仅为 3 510.15 元·hm^{-2} 和 4 663.65 元·hm^{-2}，种粮比较效益偏低。伴随种粮成本的提升和粮食价格的低迷，河北省粮食投入产出比逐年降低，甚至出现负值，投入产出间出现了严重的不合理。但与国际粮食价格相比，国内粮食价格依然较高，据农业部市场与经济信息司数据，2014 年 7 月，国内大米、小麦、玉米到港价或批发价分别较进口到岸税后价高 0.14 元·kg^{-1}、0.4 元·kg^{-1} 和 0.68 元·kg^{-1}，大豆到港均价较进口到岸税后均价高 12%，严重影响了农民的种粮积极性。

4.4 农业劳动力减少，老龄化严重

河北省农业劳动力数量、质量出现双降趋势。由于种粮收益低，农村外出务工人员逐年增多。特别是青壮年劳动力外出打工，农业劳动力呈现结构性紧缺，从事农林牧渔业的人数急剧下降，由 2010 年的 1 458.33 万人下降到 2013 年的 1 397.22 万人。年均减少 1.08%；从事农林牧渔业人数占乡村从业人员的比重也由 2010 年的 48.99% 降至 2013 年 45.97%。目前河北省许多地区农业生产由妇女、老人甚至儿童来承担，"谁来种地""谁会种地"的问题突出，保持粮食生产稳定发展的难度加大。

4.5 粮食多元化消费需求，供求结构性矛盾突出

粮食消费呈现多元化趋势，随着社会经济的快速发展和人民生活水平的提高，粮食作为口粮消费的比重呈下降趋势，居民更加注重生活质量和水平。对肉蛋奶的需求逐渐加大，粮食消费直接转化为动植物需求和工业需求。在原粮消费中，饲料用粮和工业用粮比重有所提高，2010—2014 年饲料用粮占粮食消费的比重由 27.50% 上升到 29.30%。2010—2014 年工业用粮占粮食消费的比重由 24.10% 上升到的 25.80%。供给错位与供给过剩并存。

4.6 自然灾害多发，市场环境多变

近几年河北省旱灾、洪涝、冰雹、大风频发，且强度大，而某些粮食产区由于对农

业基础设施建设、维护不够，降低了抵御自然灾害的能力，粮食生产受到较大影响，出现粮食减产或绝收。近年来河北省成灾率一直在 50%～70%。农业灾害严重影响了河北省粮食安全。2013 年，河北省成灾面积中粮食作物减产三至五成的达 21.70 万 hm^2，五至八成的达 5.89 万 hm^2，八成以上有 6.17 万 hm^2，分别占粮食播种面积的 3.44%、0.93%、0.97%，粮食因灾减产 74.80 万 t，其中，粮食种植面积因灾缩减幅度最大的地区主要是张家口、承德和沧州，3 个地区的粮食减产量占全省粮食总减产量的59.30%。因灾缺粮 10.90 万 t。缺粮人口达 94.20 万人。秋粮受旱严重是河北省粮食减产的主要原因。据气象部门统计，2014 年入汛以来至 8 月底，全省平均降水量仅为237 mm，较常年同期偏少 36%，较 2013 年同期减少 40%。受降水偏少、气温偏高等因素影响，土壤失墒快，地下水补给不足，河道基流明显减少，全省多地大田作物遭受不同程度的干旱。

5 结论与建议

5.1 结 论

按照联合国粮食及农业组织（FAO）制订的标准。一个国家人均粮食年占有量达400 kg 为安全，参照国家食物与营养咨询委员会提出的全面小康社会（2020 年）人均粮食占有量达 437 kg 的食物安全目标，2016—2020 年河北省粮食最低需求量为3 046.95万 t，全面小康社会粮食需求量为 3 328.8 万 t。根据本研究预测，2016—2020年河北省粮食总产量为 3 576.00 万～3 927.23 万 t，能够满足全面建成小康社会的粮食需求。长期来看河北省粮食安全状况向好，但未来随着饲料用粮、种子用粮、工业用粮等的不断增加，以及要满足居民生存型、营养型、享受型的粮食需求，粮食总需求在一段时期内仍将持续增长，未来河北省的粮食安全状况仍需慎重对待[16]。

5.2 建 议

河北省人均耕地面积和人均粮食播种面积呈下降趋势。随着粮食和主要食物需求量的不断增长，保障河北省粮食安全责任重大。要保障粮食安全，首要的是持续提高粮食产量和粮食获取能力，满足居民的粮食需求，同时需不断提高粮食质量，实现经济发展水平与居民收入水平相适应的可持续粮食安全[17]。对此提出以下建议：一是落实"储粮于地"精神，建设高标准农田和商品粮基地，提高粮食综合生产能力。在河北省粮食生产优势区域，尤其山前平原、滨海平原、坝上高原地区分别建立优质小麦、玉米、谷子杂粮、马铃薯等生产基地，改善基地建设的农业生产基础条件，提高基地的科技水平，大力实行规模化生产、标准化管理、产业化经营，发展高产、优质、高效农业。二是改造中低产田和盐碱地，提高增粮潜力。建设一支总体水平较高的中低产田和盐碱地改良科技创新队伍，破解中低产田和盐碱地改良的技术瓶颈。三是建立粮食安全预警系统，实现粮食安全的科学监测、预警和判断。构建河北省粮食供需、消费、价格、流通、库存、粮食进出口等数据库，加强数据资源发掘运用，全面监测和掌握河北省粮食供需总量平衡方面的信息。

参考文献

[1] 王慧军 . 河北省粮食综合生产能力研究 [M]. 石家庄：河北科学技术出版社，2010.

[2] 顾焕章 . 建立粮食供求预警系统稳定我国的粮食生产和市场 [J]. 农业经济问题，1995（2）：23-26.

[3] 黄季焜，马恒运 . 中国主要农产品生产成本与主要国际竞争者的比较 [J]. 中国农村经济，2000（5）：36-43.

[4] 柯炳生 . 我国粮食自给率与粮食贸易问题 [J]. 农业展望，2007，3（4）：3-6.

[5] 李文明，唐成，谢颜 . 基于指标评价体系视角的我国粮食安全状况研究 [J]. 农业经济问题，2010（9）：26-31.

[6] 鲁靖，许成安 . 构建中国的粮食安全保障体系 [J]. 经济研究参考，2004（87）：25-26.

[7] 朱杰 . 21 世纪中国粮食问题 [M]. 北京：中国计划出版社，1999.

[8] 王慧军 . 河北省种植业高效用水技术路线图 [M]. 北京：中国农业出版社，2011.

[9] 胡建 . 河北省粮食安全问题研究 [D]. 保定：河北农业大学 . 2007.

[10] 高淑桃 . 新形势下我国粮食安全问题的研究 [D]. 雅安 . 四川农业大学 . 2002.

[11] 李叔湘 . 关于推进我国粮食流通体制市场化改革的思考 [J]. 中央财经大学学报，2004（11）：52-55.

[12] 林毅夫 . 入世与中国粮食安全和农村发展 [J]. 农业经济问题，2004（11）：52-55.

[13] 李全根 . 建立健全多元市场主体粮食购销网络体系 [J]. 中国粮食经济，2004（8）：17-18.

[14] 席建超，杨改河 . 粮食生产波动短期监测预警系统初控 [J]. 西北农业大学学报，1999（6）：7-11.

[15] 王宝琦，谷志科，李双庆，等 . 面对挑战的中国粮食问题 [M]. 北京：中国农业出版社，1998.

[16] 陈锡文 . 粮食安全问题不可忽视 [J]. 经济工作导刊，1995（11）：14-15.

[17] 胡靖 . 中国渐进粮食安全研究 [D]. 北京：中国人民大学，1999.

[此文原刊载于《农业展望》，2016（12）：31-37]

黑龙港平原节水技术模式推广应用潜力研究

吕丽华[1]，梁双波[1]，贾秀领[1]，王慧军[2]

（1. 河北省农林科学院粮油作物研究所；2. 河北省农林科学院）

摘　要：针对当前河北各区域节水技术模式推广应用综合效益不佳的问题，对资源型缺水的黑龙港平原节水技术模式推广范围进行研究，得出节水技术模式推广应用的潜力系数。本研究主要运用系统聚类分析方法，对黑龙港平原内48个县（市）冬小麦夏玉米生产条件和农业资源条件的相似程度进行了聚类分析，推算出主体节水模式推广应用的潜力空间。结果表明，黑龙港平原吴桥试验站形成的节水模式推广应用潜力达0.88，可以在黑龙港平原广泛推广应用。

关键词：节水模式；推广潜力；黑龙港平原；相似系数

近年来各地区在发展节水农业的过程中，结合当地实际，建立了许多各具特色的节水灌溉技术模式[1-3]。但由于区域内各县（市）自然条件、社会经济条件和节水灌溉及技术条件存在差异，使节水技术模式推广应用的综合效益不佳。为保证节水农业的健康、有序、可持续发展，当前有必要对资源型缺水的黑龙港平原节水技术模式推广应用潜力系数进行研究，提出节水模式适宜推广应用的范围。

吴桥县是黑龙港低平原区的典型代表县。经过多年的研究，中国农业大学吴桥试验站近年来已形成适合黑龙港平原的主体节水技术模式，但节水技术模式在区域范围内能否推广应用、应用的范围多大未曾有人做过研究。本研究主要运用系统聚类分析方法，得出黑龙港低平原区各县（市）之间的相似性，进而推算出主体节水模式推广应用的潜力空间。

1　材料与方法

1.1　数据来源

聚类分析评价指标数据节水灌溉面积、有效灌溉面积、小麦玉米单产来自《河北农村统计年鉴》，降水量来自河北省气象局，地下水开采模数来自中国地质科学院水环所。

1.2　黑龙港平原的主体节水技术模式构成

CK：底墒充足下春季灌3水+玉米秸秆还田+小穗型品种+晚播增密+玉米传统高肥投入模式

免春灌模式：底墒充足下春季不灌水+玉米秸秆还田+小穗型品种+小麦配肥限氮+

晚播增密+玉米省肥模式

春1水模式：底墒充足下春季灌1水+玉米秸秆还田+小穗型品种+小麦配肥限氮+晚播增密+玉米省肥模式

春2水模式：底墒充足下春季灌2水+玉米秸秆还田+小穗型品种+小麦配肥限氮+晚播增密+玉米省肥模式

1.3 分析方法及原理介绍

本文主要采用了 SPSS 12.0 中系统聚类分析方法[4]。聚类分析包括以下几个基本步骤。

第一，选择描述事物对象的变量（指标）。要求选取的变量既要能够全面反映对象性质的各个方面，又要使不同变量反映的对象性质有所差别。

第二，形成数据文件，建立样品资料矩阵。

第三，数据标准化。不同变量的单位经常不一样，有时不同变量的数值差别达到几个数量级别，因此现把数据标准化。本研究运用极差法对原始数据进行标准化。

第四，确定表示对象相似程度的统计量。本研究采用相似系数方法。相似系数，一般指变量间的相关系数，作为刻画样品间相似关系也可类似给出定义，及第 i 个样品与第 j 样品之间的相关系数定义为：

$$r_{ij} = \frac{\sum_{a=1}^{p}(x_{ia} - \overline{x_i})(x_{ja} - \overline{x_j})}{\sqrt{\sum_{a=1}^{p}(x_{ia} - \overline{x_i})^2 \cdot (x_{ja} - \overline{x_j})^2}} \quad -1 \leqslant r_{ij} \leqslant 1$$

$$\overline{x_i} = \frac{1}{p}\sum_{a=1}^{p}x_{ia} \quad \overline{x_j} = \frac{1}{p}\sum_{a=1}^{p}x_{ja}$$

实际上，r_{ij} 就是两个向量 $x_i - \overline{x_i}$ 与 $x_j - \overline{x_j}$ 的夹角余弦，其中 $\overline{X_i} = (\overline{x_i}, \cdots, \overline{x_i})'$，$\overline{X_j} = (\overline{x_j}, \cdots, \overline{x_j})'$。若将原始数据标准化，则 $\overline{X_i} = \overline{X_j} = 0$，这时 $r_{ij} = \cos\theta_{ij}$。

第五，选择适当的事物对象聚类方法，进行聚类。本研究采用 Q 型聚类方法中最短距离法。首先距离最近的样品归为一类，即合并的前两个样品是它们之间有最小距离和最大相似性。然后，计算新类和单个样品间的距离作为单个样品和类中的样品间的最小距离，尚未合并的样品间的距离并未改变。在每一步，两类之间的距离是它们两个最近点间的距离。

2 结果与分析

2.1 分类指标的确定

根据两个区域农业发展实际情况及聚类分析建模的要求，在指标确定上依据的原则是：指标具有可比性，能全面地反映两个区域各自县农业综合发展的状况，且数据具有横向可比性。指标的分辨意义和差异性显著，以避免选用指标因地域差异过小给归类带来困难；指标间不能高度相关；指标数据收集具有可行性，指标的数据应该容易获取，且来源可靠，科学客观；简洁性原则，所选取的指标体系既要能全面反映研究对象，又要使指标个数尽可能地少，这要求选取一些代表信息量大且能反映事物本质特征的指标。

根据以上原则确定了以下几项指标（表1）。节水模式是否适于在各县推广应用，首先各县气候条件、水资源条件要大致相似，因此选择了年平均降水量和地下水开采模数作为分类指标；节水模式是否能推广，跟各县的灌溉及节水措施发展水平有关，因此，选择了节水灌溉面积占有效灌溉面积的比例和有效灌溉面积占耕地面积的比例；另外，节水模式推广应用，首先要保证各县产量水平相当，因此，选择了小麦玉米单产作为分类指标之一。本研究涉及河北大部分县市，数据量较大，并且考虑到数据的保密性，因此只给出部分县（市）数据。

表1　黑龙港平原聚类分析分类指标

市县	1978—2008年平均降水量（mm）	1990—2008年地下水开采模数（万 m³·a⁻¹·km⁻²）	2004—2008年有效灌溉面积占耕地面积比例（%）	2004—2008年节水灌溉面积占有效灌溉面积比例（%）	2004—2008年小麦玉米产量（kg·hm⁻²）
邯郸市					
大名县	517	11.87	87	29	11 288
邱县	494	12.51	81	66	11 970
广平县	516	14.27	92	14	11 577
馆陶县	502	12.84	90	78	12 386
魏县	497	12.03	79	22	10 756
曲周县	490	11.89	79	50	10 587
邢台市					
巨鹿县	478	13.79	63	49	8 454
新河县	459	6.64	64	28	8 404
广宗县	480	13.69	53	71	9 145
平乡县	480	12.95	72	17	9 665
威县	504	12.10	84	58	9 810
清河县	462	14.46	100	33	8 879
南宫市	464	13.85	70	30	8 970

2.2　黑龙港平原各县聚类分析

2.2.1　数据标准化

由于各指标量纲、数量级和数值变化范围存在差异，为减少对聚类结果的影响，增加样点间的可比性，因此需对数据进行标准化。本研究运用极差法对原始数据进行标准化，将数据范围转换至 0～1，每列的最大数据变为 1，最小数据变为 0。结果见表 2。

表 2　分类指标标准化值

市县	1978—2008 年平均降水量	1990—2008 年地下水开采模数	2004—2008 年有效灌溉面积占耕地面积比例	2004—2008 年节水灌溉面积占有效灌溉面积比例	2004—2008 年小麦玉米产量
邯郸市					
大名县	0.518 7	0.089 8	0.805 4	0.171 4	0.856 6
邱县	0.307 6	0.094 7	0.710 7	0.602 9	0.945 7
广平县	0.504 2	0.108 3	0.887 6	0.000 0	0.894 3
馆陶县	0.385 2	0.097 3	0.847 1	0.742 7	1.000 0
魏县	0.339 0	0.091 0	0.683 7	0.093 9	0.787 1
曲周县	0.277 3	0.089 9	0.693 8	0.417 0	0.764 8
邢台市					
巨鹿县	0.169 2	0.104 6	0.450 5	0.403 1	0.486 1
新河县	0.000 0	0.049 6	0.459 6	0.164 7	0.479 7
广宗县	0.186 0	0.103 8	0.302 7	0.661 9	0.576 4
平乡县	0.186 0	0.098 1	0.589 6	0.038 9	0.644 4
威县	0.399 7	0.091 5	0.759 2	0.506 6	0.663 4
清河县	0.027 1	0.109 7	1.000 0	0.216 2	0.541 6
临西县	0.589 4	1.000 0	0.742 3	0.145 1	0.801 2
南宫市	0.047 1	0.105 0	0.559 1	0.183 5	0.553 6
保定市					
高阳县	0.099 4	0.168 7	0.944 6	0.603 7	0.719 1
安新县	0.374 9	0.174 2	0.606 5	0.025 0	0.619 4
雄县	0.423 0	0.180 5	0.420 2	0.607 8	0.792 1
沧州市					
沧县	1.000 0	0.058 6	0.782 7	1.000 0	0.412 1
青县	0.501 5	0.003 7	0.332 5	0.641 3	0.402 2
东光县	0.594 9	0.063 3	0.825 2	0.740 0	0.764 8
海兴县	0.662 5	0.028 8	0.089 3	0.078 3	0.000 0
盐山县	0.464 9	0.042 9	0.357 2	0.140 8	0.351 0
肃宁县	0.344 5	0.072 1	0.858 7	0.341 1	0.885 1
南皮县	0.631 2	0.001 3	0.513 1	0.280 1	0.575 1
吴桥县	0.636 9	0.079 5	0.921 9	0.990 2	0.903 9

（续表）

市县	1978—2008 年平均降水量	1990—2008 年地下水开采模数	2004—2008 年有效灌溉面积占耕地面积比例	2004—2008 年节水灌溉面积占有效灌溉面积比例	2004—2008 年小麦玉米产量
献县	0.369 1	0.006 8	0.448 1	0.574 4	0.484 6
孟村	0.464 9	0.007 5	0.395 7	0.715 4	0.249 1
泊头市	0.797 5	0.054 6	0.538 2	0.552 8	0.604 2
任丘市	0.654 8	0.066 5	0.729 2	0.630 9	0.727 4
黄骅市	0.662 5	0.032 0	0.000 0	0.888 0	0.064 2
河间市	0.449 8	0.284 5	0.724 9	0.439 9	0.554 5
廊坊市					
廊坊市	0.215 6	0.032 1	0.218 8	0.375 2	0.491 4
固安县	0.622 6	0.067 4	0.880 1	0.164 2	0.927 7
永清县	0.268 7	0.050 2	0.656 9	0.523 4	0.806 7
大城县	0.498 2	0.483 6	0.379 9	0.867 5	0.431 5
文安县	0.941 5	0.067 8	0.401 7	0.333 6	0.560 1
霸州市	0.268 7	0.042 3	0.831 1	0.653 3	0.696 4
衡水市					
桃城区	0.287 0	0.016 1	0.668 5	0.572 7	0.936 7
枣强县	0.161 1	0.096 7	0.724 9	0.555 8	0.817 0
武邑县	0.549 2	0.074 5	0.684 6	0.661 4	0.810 5
武强县	0.504 8	0.000 0	0.555 1	0.353 4	0.831 5
饶阳县	0.401 1	0.056 2	0.632 3	0.454 7	0.808 3
安平县	0.173 3	0.091 6	0.836 8	0.229 6	0.809 7
故城县	0.300 5	0.057 8	0.556 6	0.224 5	0.865 0
景县	0.636 9	0.070 2	0.735 9	0.599 7	0.884 5
阜城县	0.593 7	0.093 6	0.829 7	0.728 2	0.905 1
冀州市	0.021 7	0.025 9	0.687 1	0.519 9	0.866 6
深州市	0.317 7	0.053 6	0.945 9	0.717 8	0.894 7

2.2.2 县域间相似系数的确定

由表 3 可见，在黑龙港平原区，与吴桥条件相似的县（市）较多，相似系数在 0.900～1.000 的县市 30 个，在 0.800～0.900 的 14 个，在 0.700～0.800 的 2 个，在 0.400～0.500 的 1 个。

表3 吴桥县与黑龙港平原其他各县相似系数

县	相似系数	县	相似系数	县	相似系数	县	相似系数
大名县	0.891	临西县	0.717	献县	0.997	桃城区	0.960
邱县	0.967	南宫市	0.864	孟村	0.938	枣强县	0.953
广平县	0.822	高阳县	0.931	泊头市	0.950	武邑县	0.993
馆陶县	0.981	安新县	0.831	任丘市	0.988	武强县	0.942
魏县	0.858	雄县	0.966	黄骅市	0.702	饶阳县	0.970
曲周县	0.957	沧县	0.935	河间市	0.956	安平县	0.879
巨鹿县	0.978	青县	0.961	廊坊市	0.957	故城县	0.894
新河县	0.852	东光县	0.997	固安县	0.884	景县	0.981
广宗县	0.949	海兴县	0.497	永清县	0.969	阜城县	0.993
平乡县	0.821	盐山县	0.889	大城县	0.894	冀州市	0.911
威县	0.982	肃宁县	0.928	文安县	0.853	深州市	0.976
清河县	0.811	南皮县	0.924	霸州市	0.978		

2.2.3 系统聚类结果

根据计算所得相似系数，应用 SPSS 12.0 统计软件中系统聚类过程提供的最短距离法对黑龙港低平原所辖县进行聚类。根据设置要求，输出了划分 2~7 类时、每一个县属于某一类的结果，分类成员表详见表 4。由表 4 可见，分成 7 类时，除清河县、临西县、海兴县、黄骅市、大城县和文安县外，其他各县与吴桥县均为一类。

本研究推广应用潜力 = $\dfrac{\text{与吴桥县同类的县（市）}}{\text{县（市）总数}}$。经计算可知，节水模式推广应用潜力为 0.88。说明，吴桥试验站形成的节水技术模式较适宜在黑龙港平原各县推广，应用潜力较大。

表4 黑龙港平原各县分类成员

县	7类	6类	5类	4类	3类	2类
大名县	1	1	1	1	1	1
邱县	1	1	1	1	1	1
广平县	1	1	1	1	1	1
馆陶县	1	1	1	1	1	1
魏县	1	1	1	1	1	1
曲周县	1	1	1	1	1	1
巨鹿县	1	1	1	1	1	1
新河县	1	1	1	1	1	1
广宗县	1	1	1	1	1	1

（续表）

县	7类	6类	5类	4类	3类	2类
平乡县	1	1	1	1	1	1
威县	1	1	1	1	1	1
清河县	2	2	1	1	1	1
临西县	3	3	2	2	2	1
南宫市	1	1	1	1	1	1
高阳县	1	1	1	1	1	1
安新县	1	1	1	1	1	1
雄县	1	1	1	1	1	1
沧县	1	1	1	1	1	1
青县	1	1	1	1	1	1
东光县	1	1	1	1	1	1
海兴县	4	4	3	3	3	2
盐山县	1	1	1	1	1	1
肃宁县	1	1	1	1	1	1
南皮县	1	1	1	1	1	1
吴桥县	1	1	1	1	1	1
献县	1	1	1	1	1	1
孟村	1	1	1	1	1	1
泊头市	1	1	1	1	1	1
任丘市	1	1	1	1	1	1
黄骅市	5	5	4	4	1	1
河间市	1	1	1	1	1	1
廊坊市	1	1	1	1	1	1
固安县	1	1	1	1	1	1
永清县	1	1	1	1	1	1
大城县	6	6	5	1	1	1
文安县	7	1	1	1	1	1
霸州市	1	1	1	1	1	1
桃城区	1	1	1	1	1	1
枣强县	1	1	1	1	1	1
武邑县	1	1	1	1	1	1
武强县	1	1	1	1	1	1

（续表）

县	7类	6类	5类	4类	3类	2类
饶阳县	1	1	1	1	1	1
安平县	1	1	1	1	1	1
故城县	1	1	1	1	1	1
景县	1	1	1	1	1	1
阜城县	1	1	1	1	1	1
冀州市	1	1	1	1	1	1
深州市	1	1	1	1	1	1

3　讨论与结论

系统聚类分析就是根据一批样品的多个观测指标，具体找出一些能够度量样品之间相似程度的指标，以这些指标为划分类型的依据。把一些相似程度较大的样品聚合为一类，把另外一些彼此之间相似程度较大的样品又聚合为另一类。前人应用聚类分析方法多是对于节水灌溉分区[5]、气候分区[6]、林业规划[7]和土地利用生态安全分类[8]等。本文首次采用了聚类分析方法对吴桥试验站形成的节水技术模式推广应用潜力进行探索分析，通过对黑龙港平原48个县（市）进行分类，分析区域内各县（市）冬小麦夏玉米生产条件的相似程度，进而推算节水模式的推广范围。本研究首先建立了冬小麦夏玉米生产条件相似性评价的指标体系，选择了年平均降水量、地下水开采模数、节水灌溉面积占有效灌溉面积的比例、有效灌溉面积占耕地面积的比例和小麦玉米单产作为分类指标。结果表明，在黑龙港平原与吴桥县相似系数在0.800以上县（市）占到93.6%，相似系数较大的县（市）节水模式推广应用的潜力均较大。

应用聚类分析方法对黑龙港平原内各县（市）冬小麦夏玉米生产条件的相似程度进行了聚类分析，判断出节水模式的适宜推广范围，得出其应用潜力大小。黑龙港平原吴桥试验站形成的节水模式推广应用潜力达0.88。

参考文献

[1]　吕丽华，王慧军，贾秀领. 黑龙港平原区冬小麦、夏玉米节水技术模式适应性模糊评价研究 [J]. 节水灌溉，2012（6）：5-8.

[2]　吕丽华，王慧军. 太行山前平原区节水技术模式适应性模糊评价 [J]. 节水灌溉，2010（8）：4-7.

[3]　王家仁，郑浩，李长继，等. 桓台县吨粮田节水灌溉技术体系试验研究 [J]. 农村水利与小水电，1995（2）：3-6.

[4]　章文波，陈红艳. 实用数据统计分析及SPSS12.0应用 [M]. 北京：人民邮电出版社，2006：179-192.

[5]　吴景社，康绍忠，王景雷，等. 基于主成分分析和模糊聚类方法的全国节水灌溉分区研究

[J]. 农业工程学报, 2004, 20 (4): 64-68.

[6] 张亚红, 陈青云. 中国大陆园艺设施气候区划方法研究 [J]. 农业科学研究, 2005, 26 (4): 1-6.

[7] 郑君荣, 李京涛, 代占良. 聚类分析在太行山区林业规划中的应用 [J]. 河北林业科技, 2005 (5): 22-23.

[8] 鲍艳, 胡振琪, 柏玉, 等. 主成分聚类分析在土地利用生态安全评价中的应用 [J]. 农业工程学报, 2006, 22 (8): 87-90.

[此文原刊载于《节水灌溉》, 2013, (11): 69-72]

河北省农户采用小麦玉米微喷灌节水技术
意愿及影响因素分析

刘晓敏[1]，王慧军[2]

（1. 河北经贸大学经济研究所；2. 河北省农林科学院）

摘 要：通过农户调查数据，分析了河北省农户采用小麦玉米微喷灌的意愿，采用二项 Logistic 模型分析了河北省农户采用小麦玉米微喷灌意愿的影响因素。分析结果发现少数农户表示愿意采用小麦玉米微喷灌，微喷灌灌溉方便程度变量对农户采用小麦玉米微喷灌的意愿起到显著负相关作用，农户身份、家庭决策者受教育程度、农业劳动力人数、种植业收入占家庭总收入比重，土地总面积，土地细碎分散程度、家庭有无在村级到县级部门任职对农户采用小麦玉米微喷灌的意愿起到非显著正相关作用。微喷灌灌溉方便程度是农户使用小麦玉米微喷灌意愿的最主要瓶颈因素。

关键词：小麦；玉米；微喷灌；意愿；影响因素

世界水资源逐渐稀缺，很多发达国家通过采用农业节水技术来缓解农业用水压力。某些发达国家的农业用水利用率达到 70%～80%，而我国农业用水的有效利用率仅占 40%左右。我国农业发展面临水资源越来越缺乏及用水效率低下的境况。近年来喷灌和微灌节水技术被快速采用。美国、英国、法国、瑞典、奥地利、德国等国家的喷灌和微灌面积占灌溉面积的比例都达到 50%以上。以色列则全部采用微灌和喷灌，其中微灌占 50%以上[1]。康跃虎研究发现，微灌（滴灌、微喷灌、涌泉灌）节水技术被我国从 20 世纪 70 年代引进，经过多年的本土化发展，存在微灌效益未充分发挥、农民采用微灌技术积极性不高等问题。全国微灌面积占有效灌溉面积的 3%左右。最为缺水的华北平原，微灌推广应用面积相对较少[2]。

1 国内外研究现状

Caswell 分析了美国加利福尼亚州果农选择节水灌溉方式的影响因素，发现节水效率高的灌溉技术、灌溉技术市场完善、提高水价、对农户征收水使用税等因素都能加速促进节水技术的采用[3]。Dinar 对缺水、农业现代化及节水技术应用普遍的以色列的节水灌溉技术的采纳进行了研究，发现水价、政府补贴和农产品的收益程度，对节水灌溉技术的采纳有影响[4]。Eric 分析了美国科罗拉多州农户节水灌溉技术的选择与干旱程度的关联，结果发现干旱程度能够明显的影响农户节水灌溉技术的采纳，干旱程度、自有耕地、耕地规模和水资源供给方便程度对农户选择高效的节水灌溉技术有影响[5]。Carey 研究认为水源充足的地方更容易采取节水技术，相反在水资源短缺的地区采用节水技术的难度更大。农户会采纳节水灌溉技术，是由于他们预期在水市场上交易的收益大于交易的成本[6]。

朱丽娟，向会娟运用 logit 模型对黑龙江省农户采用节水灌溉技术意愿的影响因素进行了分析，发现种植业收入所占比重、政府扶持、耕地面积、年龄等因素对农户采用节水灌溉技术意愿具有正相关作用[7]。张林从微灌成本角度研究了我国微灌推广慢、面积小的因素，认为微灌系统造价过高、初期投资过大、个体农户承担不起是造成这种现象的主要原因[8]。周玉玺研究发现滴灌节水技术农户采用率偏低，影响农户采用滴灌节水技术的主要影响因素有农户灌溉费用支出、政府农业节水技术财政支持力度、节水设施后期维护组织的组建、农业节水技术的推广方式和推广强度、农业节水技术的初始投资额度、耕地规模、水资源稀缺程度和水价高低[9]。孙梦莹通过 Logistic 模型分析了影响农户使用温室滴灌技术满意程度的影响因素，发现影响农户使用温室滴灌技术满意程度的关键因素是年龄、技术指导、农业投产比、政府补贴、滴灌设备的价格、滴头堵塞、受教育程度、水肥不均、土地细碎化分散程度和兼业程度[10]。对农户采用微灌影响因素的研究还很缺乏，在学者对农田灌溉节水技术影响因素的基础上，并参考周玉玺、孙梦莹对农户滴灌节水技术影响因素的研究，对河北省农户采用小麦玉米微喷灌节水技术意愿及影响因素进行分析。

2 变量选择、数据来源

2.1 变量选择

研究结果显示国外一些发达国家农户对微灌技术采用率较高，而我国农户对微灌采用率还很低。在借鉴农户采用农田灌溉节水技术意愿影响因素[7]和周玉玺、孙梦莹对农户滴灌节水技术影响因素[9-10]研究的基础上，并根据小麦玉米微喷灌实际情况，设计了 8 项可能对农户采用小麦玉米微喷灌节水技术意愿有影响的因素，所选变量具体见表 1。

表 1 变量选择、赋值及预期作用方向

变量	变量定义	预期作用方向
被解释变量：农户对小麦玉米微喷灌采用意愿（Y）	0＝不愿意，1＝愿意	
农户身份	1＝农户，2＝种粮大户，3＝家庭农场，4＝农民专业合作社	＋
家庭决策者受教育程度	0＝小学及以下，1＝初中，2＝高中或中专，3＝大专及以上	＋
农业劳动力人数	实际数	－
种植业收入占家庭总收入比重	1＝（0～20%］，2＝（20%～50%］，3＝（50%～80%］，4＝（80%～100%］	＋
土地总面积	0＝（0～0.2] hm², 1＝（0.2～0.33] hm², 2＝（0.33～0.67] hm², 3＝（0.67～1] hm², 4＝（1～1.33] hm², 5＝1.33 hm² 以上	＋

（续表）

变量	变量定义	预期作用方向
土地细碎分散程度	0=分散程度小，1=分散程度大	－
有无在村级到县级政府部门任职	0=无，1=有	＋
微喷灌灌溉方便程度	1=非常方便，2=方便，3=一般，4=不方便	－

2.2 数据来源

河北省农业厅自 2012 年起开始小麦玉米微喷灌（又叫水肥一体化）示范、推广工作。本研究数据来源于河北省农业厅小麦玉米微喷灌示范区农户和国家科技支撑计划"环渤海河北增粮技术集成与示范"项目及农业部公益性行业（农业）科研专项经费"京津冀种植业高效用水可持续发展关键技术研究与示范"项目的示范区农户。

笔者于 2014 年 7 月，由河北经贸大学的一名大学生协助，调研了河北省小麦玉米微喷灌的使用效果，调研方式是问卷调查。调研地点包括邯郸的馆陶、曲周、大名、武安，衡水的武强和景县，邢台的任县、隆尧、宁晋，石家庄的新乐、赵县、正定、无极，保定的望都、徐水，唐山的滦南、丰润、玉田、遵化共 5 个市的 19 个县 24 个乡镇 25 个村庄。调研了 45 户正在采用和曾经采用过小麦玉米微喷灌的用户，共获得了 43 份有效调查问卷。有关影响河北省农户采用小麦玉米微喷灌意愿的相关变量的统计量见表 2。

表 2 影响河北省农户采用小麦玉米微喷灌意愿的相关变量的统计量

	N	最小值	最大值	均值	标准差
农户身份	43	1.00	4.00	2.070	1.280
家庭决策者受教育程度	43	0.00	3.00	1.400	0.903
农业劳动力人数	43	1.00	6.00	2.209	1.103
种植业收入占家庭总收入比重	43	1.00	4.00	1.977	0.913
土地总面积	43	0.00	5.00	3.372	1.676
土地细碎分散程度	43	0.00	1.00	0.209	0.412
家庭有无在村级到县级政府部门任职	43	0.00	1.00	0.372	0.489
微喷灌灌溉方便程度	43	1.00	4.00	2.442	1.315

3 河北省农户采用小麦玉米微喷灌意愿及影响因素实证结果及其分析

3.1 描述性分析

调研 43 户采用过或正在采用小麦玉米微喷灌的用户中，23 户是种植小麦玉米面积较小的农户（只耕种自己家承包地）、20户种植面积较大的种粮大户、家庭农场和农民专业合作社。愿意采用小麦玉米微喷灌的有19户农户，其中种植小麦玉米面积较小的农户有8户、种植小麦玉米面积较大的种粮大户、家庭农场和农民专业合作社有11个；不愿意采用小麦玉米微喷灌的有24户，其中种植小麦玉米面积较小的农户有15户、种植小麦玉米面积较大的种粮大户、家庭农场和农民专业合作社有9个。调研农户家庭决策者文化程度以初中和高中或中专为主，其次是小学及以下和大专及以上。调研农户农业劳动力人数最多的家庭以2个和1个为主，种植业收入占家庭总收入比重以20%～50%和0～20%为主。

3.2 实证结果与分析

3.2.1 实证结果

由于需要分析的是样本农户是否愿意采用小麦玉米微喷灌，是一个二值虚拟变量，采用二项Logistic模型进行分析。被解释变量是农户是否愿意采用小麦玉米微喷灌。解释变量中，拟包括农户身份、家庭决策者受教育程度、农业劳动力人数、种植业收入占家庭总收入比重、土地总面积、土地细碎分散程度、有无在村级到县级政府部门任职等农户特征和微喷灌灌溉方便程度技术特征。

通过SPSS 22.0统计软件，采取二项logistic模型全部变量进入法进行参数估计，得出结果见表3。模型的卡方检验值28.146和显著性0.000说明模型的整体显著，−2 Log likelihood值为30.882，Cox & Snell R^2值为0.480，Nagelkerke R^2值为0.643，预测准确率为79.1%，说明模型的拟合优度较好。

表3 农户采用小麦玉米微喷灌意愿影响因素logistic回归结果

	回归系数	回归系数标准误差	Wald检验统计量的观测值	自由度	Wald检验统计量的概率 ρ 值	发生比
农户身份	0.235	0.598	0.155	1	0.694	1.266
家庭决策者受教育程度	0.406	0.695	0.342	1	0.559	1.501
农业劳动力人数	0.651	0.497	1.715	1	0.190	1.917
种植业收入占家庭总收入比重	0.391	0.524	0.558	1	0.455	1.479
土地总面积	0.017	0.440	0.001	1	0.970	1.017
土地细碎分散程度	1.214	1.471	0.682	1	0.409	3.368
有无在村级到县级政府部门任职	1.033	1.215	0.724	1	0.395	2.810
微喷灌灌溉方便程度	−1.857*	0.639	8.456	1	0.004	0.156
常数	−0.202	1.840	0.012	1	0.912	0.817

注：*、**、***分别表示在0.1、0.05、0.01统计水平上显著；模型的卡方检验值：28.146，显著性：0.000；−2 Log likelihood：30.882；Cox&Snell R^2：0.480；Nagelkerke R^2：0.643；预测准确率：79.1%

由表 3 可知，只有微喷灌灌溉方便程度变量对农户采用小麦玉米微喷灌的意愿起到显著负相关作用，说明微喷灌灌溉方便程度是农户使用小麦玉米微喷灌的意愿的最主要瓶颈因素，微喷灌灌溉方便程度越小，农户越不愿意采用微喷灌。农户身份、家庭决策者受教育程度、农业劳动力人数、种植业收入占家庭总收入比重、土地总面积，土地细碎分散程度、家庭有无在村级到县级部门任职对农户采用小麦玉米微喷灌的意愿起到非显著正相关作用。说明小麦玉米种植面积越大，家庭决策者受教育程度越高、农业劳动力人数越多、种植业收入占家庭总收入比重越高、土地总面积越大，土地细碎分散程度越大、家庭有在村级到县级部门任职的农户更愿意采用小麦玉米微喷灌。土地细碎分散程度对农户采用微喷灌的意愿起到正相关作用和预期相反，说明并不是土地分散小的农户越愿意采用微喷灌。

3.2.2 实证结果分析

微喷灌灌溉方便程度变量对农户采用小麦玉米微喷灌的意愿起到显著负相关作用结果分析。

只有微喷灌灌溉方便程度一个变量对农户采用小麦玉米微喷灌的意愿起到显著负相关作用。造成对农户采用小麦玉米微喷灌的意愿起到显著相关作用变量较少的原因可能是目前河北省使用小麦玉米微喷灌的农户较少，样本量较小。调研发现，所有采用小麦玉米微喷灌的农户使用的微喷灌设备均由县政府部门或项目免费提供，农户未付出任何经济成本。说明在目前免费提供给农户小麦玉米微喷灌设备的情况下，微灌灌溉方便程度是制约农户使用小麦玉米微喷灌意愿的关键因素。

微喷灌田间管道软管是可拆卸的，使用前需要铺管道，小麦收获前后还需要把田间管道收起，否则影响耕地等田间机械化作业。因此铺收田间软管成了农户使用小麦玉米微喷灌方便程度的重要原因；农户认为小麦长高后微喷灌不能均匀的灌溉小麦也是微喷灌浇地不方便的原因；微灌灌溉不方便的原因还有小麦玉米微喷灌处于示范阶段，在市场上购买零件困难。

农户身份、家庭决策者受教育程度、土地总面积，土地细碎分散程度对农户采用小麦玉米微喷灌的意愿起到非显著作用原因分析。农民由于长期使用田间大水漫灌，存在大水漫灌对作物生长好的认识。河北省小麦玉米种植面积大，灌溉用水量也大，在水资源越来越贫乏的情况下，小麦玉米灌溉高效用水是未来发展的方向。微喷灌是比较高效用水的方式，相对田间大水漫灌来说也是新的方式，农民接受相对困难。

家庭决策者受教育程度越高越容易接受新的事物，家庭决策者受教育程度对农户采用小麦玉米微喷灌的意愿未起到显著相关作用，但起到正相关作用，还是说明家庭决策者受教育程度越高的农户越愿意采用小麦玉米微喷灌。

农户身份除了农户（即种植小麦玉米面积较小）外，种粮大户、家庭农场、合作社都是种植小麦玉米高于 100 亩的农户。微喷灌以井为单位安装，因此适合小麦玉米种植面积较大的农户。土地细碎分散程度应该对农户采用小麦玉米微喷灌的意愿起到负相关作用，但结果相反，原因可能是调查样本种植面积较小的农户相比种植面积大的农户多。种粮大户、家庭农场、农业合作社数量还很少，因此种粮大户、家庭农场、农业合作社使用小麦玉米微喷灌的用户也少。随着我们国家经济的发展，小农户分散的土地流转到种粮大户、家庭农场、农业合作社等种植面积较大的农户是社会发展的趋势，微喷灌比较适合种植面积较大的农户，因此种粮大户、家庭农场、农业合作社等种植面积较大的农户是微喷灌未来使用推广的主要潜在对象。

4 结论和建议

4.1 结 论

4.1.1 河北省小麦玉米微喷灌的示范推广效果总体不理想

未付出任何成本的小麦玉米微喷灌示范户，不但没有起到引导其他农户采用微喷灌的作用，而且示范户过半数以上不愿意继续使用。

4.1.2 微喷灌灌溉不方便成了农户采用小麦玉米微喷灌意愿的关键因素

造成大部分农户不愿意使用小麦玉米微喷灌的最主要原因是微喷灌灌溉不方便。铺管、收管费工，小麦长高后微喷灌不能均匀的灌溉小麦是微喷灌灌溉不方便技术原因。

农户认为微喷灌灌溉不方便的另一重要原因是微喷灌的后续服务断层。所有用户的小麦玉米微喷灌设备都是政府或项目提供，但是不提供维修和更换零件服务，在市场上购买零件困难。微喷灌设备寿命3年左右，3年后政府不再提供设备。较高的微喷灌设备成本农户不会自己承担。即便无成本获得微喷灌设备大部分农户都不愿意使用，如果市场或其他渠道不能提供微喷灌设备或零件，即便愿意使用微喷灌的农户也没办法继续使用。

4.1.3 个别家庭农场和农户使用小麦玉米微喷灌效果上佳

43户使用小麦玉米微喷灌的农户中，有一个种植小麦玉米500亩的家庭农场和一户种植小麦玉米15亩的农户掌握了微喷灌的技术操作，并获得了增产、节水、省工的效果。证明细心、手巧的能手能发挥微喷灌的增产、节水效果。

4.2 建 议

4.2.1 小麦玉米的高效节水灌溉技术应该向节水、省人工的方向发展

微喷灌铺管、收管费人工不符合农户种植小麦玉米"省事"的原则。种植小麦玉米面积较大的种粮大户、家庭农场、农业合作社等也嫌弃微喷灌铺管、收管费工。微喷灌应该进行技术改造，适应农田机械化及省人工的技术要求。

4.2.2 微喷灌后续服务有待改善

农业节水、高效用水是我国农业未来发展的趋势，微喷灌在理论上证实能够实现节水的目的，在实践示范过程中，必须考虑后期服务，不能成断层式项目模式。

4.2.3 微喷灌和喷灌同时成为小麦玉米节水灌溉示范方式

调研发现个别村示范小麦玉米喷灌，1家家庭农场和2个合作社自己出钱购买使用了喷灌灌溉小麦玉米，还有部分用户表示喷灌更适合小麦玉米。喷灌用于小麦玉米灌溉出现了市场需求，说明喷灌用于小麦玉米灌溉值得进行研究。建议作为节水方式之一的喷灌也成为示范方式。也有少部分使用微喷灌效果好的用户，因此建议继续微喷灌灌溉小麦玉米的示范工作。

参考文献

[1] 靳智，李树刚，杨涛，等. 西北地区微灌标准体系的意义和作用 [J]. 节水灌溉，2010 (4)：64-66.

[2] 康跃虎. 加快微灌技术推广应用和健康发展的对策和建议 [J]. 科技促进发展，2012 (1)：31-37.

[3] Caswell M, Zilberman D. The Choices of Irrigation Technologies in California [J]. America Journal of Agricultural Economics, 1985 (67)：224-234.

[4] Dinar A, Yaron D. Adoption and Abandonment of Irrigation Technologies [J]. Agricultural Economics, 1992 (4)：315-332.

[5] Schuck E C, Frasie W M, Webb R S, et al. Adoption of More Technically Efficient Irrigation Systemy as a Drought Response [J]. International Journal of Water Resource Developmemt, 2005 (12)：651-662.

[6] Carey J M, Zilberman D. A Model of Investment Under Uncertainty：Modem Irrigation Technology and Emerging Markets in Water [J]. American Journal of Agricultural Economics，2002 (2)：171-183.

[7] 朱丽娟，向会娟. 粮食主产区农户节水灌溉采用意愿分析 [J]. 中国农业资源与区划，2011，32 (6)：17-21.

[8] 张林，范兴科，吴普特，等. 均匀坡度下考虑三偏差的滴灌系统流量偏差率的计算 [J]. 农业工程学报，2009，25 (4)：7-13.

[9] 周玉玺，郅伟勇，逄兰兰，等. 影响农户农业节水技术采用偏好的因素分析——基于山东省 17 市的问卷调查 [J]. 水利发展研究，2012 (12)：25-33.

[10] 孙梦莹，朱德兰，张林. 农户对温室滴灌技术满意程度影响因素分析 [J]. 节水灌溉，2013 (4)：50-53.

[此文原刊载于《节水灌溉》，2015 (12)：73-76]

自然灾害对河北省粮食产量影响的实证分析

刘晓敏[1]，王慧军[2]

(1. 河北经贸大学经济研究所；2. 河北省农林科学院)

摘　要：利用 1985—2010 年统计数据，通过灰色关联分析河北省粮食产量的主要影响因素及各种自然灾害对河北省粮食产量的影响。结果表明粮食单位面积产量、有效灌溉面积、粮食播种面积、从事农林牧渔业的劳动人口、受灾面积对河北省 1985—2010 年粮食产量影响较强，风雹灾受灾未成灾率，粮食风雹灾成灾率、粮食旱灾受灾未成灾率对河北省1985—2010 年粮食产量影响较强。提出稳定和提高河北省粮食单产和粮食播种面积，加强农田水利基础设施建设与管理，提高有效灌溉面积，提高抗旱能力，以保证河北省粮食的稳产和增产的建议。

关键词：河北省；粮食产量；影响因素；自然灾害

Duncan 认为粮食是国家安全稳定的重要保障[1]。中国是世界上人口最多的国家，Brown、龙方等认为，粮食生产的稳定发展是保障中国粮食安全的关键[2-3]。河北省的粮食作物主要是小麦、玉米、杂粮等，河北省是全国 13 个粮食主产省份和具有粮食净调出能力的省份之一。旱灾、洪涝灾害、风雹、冷冻、雪灾等自然灾害在河北省频发。自然灾害对我国粮食生产的影响程度学者进行了研究。龙方、庄道元、王晓丽等、罗小锋、廉丽姝 刘家宏等研究普遍观点认为自然灾害对我国粮食产量存在较明显的负面影响[3-8]，王树涛研究认为河北省粮食产量波动主控因素是成灾面积、有效灌溉面积、粮食作物播种面积等因素[9]。河北省是我国北方重要的粮食生产区域，是华北地区气候、土壤等有代表性的省份，本研究创新之处在于利用灰色关联分析河北省粮食产量的主要影响因素及各种自然灾害对河北省粮食产量的影响，为河北省甚至华北地区粮食生产宏观政策的制定提供指导意见。

1　河北省粮食产量影响因素分析

1.1　灰色关联分析

灰色关联分析是根据因子之间发展态势的相似或相异程度来衡量因子间关联程度的方法，是灰色系统理论的一种分析方法。在系统发展变换过程中，如果 2 个因素变化的趋势具有一致性或相似性，那么它们的同步变化程度就会比较高，就认为这 2 个因素之间的关联程度越高。灰色关联分析的作用是揭示因素关系的强弱程度，它是一种多因素统计分析方法，它的操作对象是因素的时间序列。灰色关联分析的步骤如下。

1.1.1　计算参考系列与比较系列的差别

首先对数据进行无量纲化处理，原始数据无量纲化最常用的方法是初值化和均值化法。本研究采用初值化法对河北省粮食产量影响因子及自然灾害对河北省粮食产量的影响因子的数据进行无量纲化处理。初值化法的计算是同一数列的所有数据，均除以第一个数据所得的新数列。即用 $x_0(t)/x_0(1)$，$x_i(t)/x_i(1)$，然后再计算参考系列与比较系列的差别。

参考系列与比较系列的差别公式为：$\Delta_{0i}(t)=|x_0(t)-x_i(t)|$

1.1.2　两级最大差和最小差的计算

绝对差的最小值为：$\Delta_{\min}=\min_i\min_t\Delta_{0i}(t)$

绝对差的最大值为：$\Delta_{\max}=\max_i\max_t\Delta_{0i}(t)$

1.1.3　求关联系数

$$\zeta_{0i}=(\Delta_{\min}+k\Delta_{\max})/(\Delta_{0i}(t)+k\Delta_{\max})$$

其中：k 为分辨系数，取值 $k=0.5$。

1.1.4　计算关联度

$$\gamma_{0i}=\frac{1}{n}\sum_{t=1}^{n}\zeta_{0i}(t)$$

关联度越大，两者关系越密切；反之，则关系越不密切。将关联度按强弱分为三类[10]，如表1所示。

表1　关联度强弱划分

关联程度	弱关联	中等关联	强关联
取值范围	0~0.35	0.35~0.7	0.7~1

1.2　河北省1985—2010年粮食产量影响因素的灰色关联分析

设 $x_{0(t)}$ 为母序列，代表年度产量，$x_{i(t)}$ 为子序列，i 的取值范围为1~10，t 表示时间，即年份。将粮食产量随年份变化的数列设为母序列（x_0，万 t），选取粮食单位面积产量（x_1，kg·hm^{-2}）、粮食播种面积（x_2，10^3·hm^2）、农村用电量（x_3，10^4万 kWh）、农用化肥折纯量（x_4，万 t）、农药使用量（x_5，万 t）、有效灌溉面积（x_6，10^3·hm^2）、从事农林牧渔业的劳动人口（x_7，万人）、农业机械总动力（x_8，万 kW）、农民家庭平均每人纯收入（x_9，元）、受灾面积（x_{10}，10^3·hm^2）的数据作为子序列，将二者建立关联模型（表2）。

表2　河北省粮食产量与影响因素灰色关联矩阵

年份(年)	x_0	x_1	x_2	x_3	x_4	x_5	x_6	x_7	x_8	x_9	x_{10}
1985	1 966.6	3 030.0	6 492.7	40.9	89.8	3.3	3 572.7	1 639.0	1 985.1	385.2	2 559.2

（续表）

年份 (年)	x_0	x_1	x_2	x_3	x_4	x_5	x_6	x_7	x_8	x_9	x_{10}
1986	1 965.5	2 878.5	6 827.3	47.6	97.5	3.0	3 554.1	1 637.7	2 222.3	407.6	3 334.5
1987	1 920.0	2 865.0	6 687.9	50.2	126.4	3.1	3 605.7	1 624.5	2 406.7	444.4	3 828.3
1988	2 022.5	3 037.5	6 659.0	53.3	136.6	3.7	3 629.4	1 644.6	2 562.7	546.62	2 777.1
1989	2 068.6	3 060.0	6 760.5	60.5	135.6	3.4	3 682.5	1 705.5	2 707.6	589.4	3 464.6
1990	2 276.9	3 334.5	6 827.8	58.8	145.2	4.0	3 758.5	1 780.4	2 822.2	622.0	3 095.3
1991	2 268.7	3 337.0	8 798.0	65.5	160.7	4.7	3 839.5	1 841.3	2 849.5	657.0	4 006.8
1992	2 185.6	3 299.0	6 625.9	78.1	163.5	5.0	3 885.6	1 853.6	2 955.2	682.0	4 539.5
1993	2 380.2	3 380.7	7 040.5	86.2	193.6	5.0	3 931.1	1 842.4	3 188.7	804.0	4 500.6
1994	2 523.5	3 710.1	6 801.7	101.8	219.3	6.1	3 962.9	1 766.3	3 783.7	1 107.0	2 923.9
1995	2 739.0	4 010.6	6 829.5	118.5	220.7	7.3	4 040.0	1 715.4	4 336.3	1 668.7	2 762.2
1996	2 789.5	3 908.0	7 137.3	150.0	259.9	7.1	4 248.5	1 621.8	5 137.7	2 054.6	2 507.1
1997	2 746.7	3 869.0	7 099.4	161.3	262.4	7.3	4 322.6	1 620.1	5 808.7	2 286.0	4 044.1
1998	2 917.5	3 993.0	7 305.7	167.4	270.2	7.2	4 388.0	1 635.8	6 263.9	2 405.3	2 444.7
1999	2 746.3	3 795.0	7 236.1	172.9	272.4	7.2	4 444.5	1 639.9	6 622.7	2 441.5	3 617.2
2000	2 551.1	3 687.2	6 918.7	180.5	270.6	7.3	4 482.3	1 665.5	7 000.4	2 478.9	3 560.3
2001	2 491.8	3 759.0	6 628.9	184.1	273.4	7.4	4 485.4	1 665.0	7 244.4	2 603.6	2 924.9
2002	2 435.8	3 756.4	6 484.4	201.7	278.8	7.5	4 415.2	1 652.0	7 451.2	2 685.2	3 696.4
2003	2 387.8	4 017.2	5 944.0	216.8	283.3	7.5	4 404.0	1 660.2	7 764.5	2 853.3	2 622.0
2004	2 480.1	4 131.1	6 003.4	266.6	289.9	7.6	4 459.8	1 600.4	8 135.6	3 171.1	1 543.2
2005	2 598.6	4 164.2	6 240.2	337.1	303.4	8.1	4 547.8	1 552.8	8 487.2	3 481.6	1 721.8
2006	2 780.6	4 433.6	6 271.7	388.2	304.9	8.1	4 569.8	1 513.0	8 795.8	3 801.8	1 774.1
2007	2 841.6	4 606.8	6 168.2	430.1	311.9	8.4	4 579.0	1 479.0	9 134.5	4 293.4	1 847.5
2008	2 905.8	4 718.8	6 158.1	418.9	312.4	8.5	4 560.5	1 478.2	9 525.4	4 795.5	1 378.8
2009	2 910.2	4 681.4	6 216.5	486.1	316.2	8.7	4 509.6	1 472.5	9 861.4	5 149.7	1 944.3
2010	2 975.9	4 737.0	6 282.2	511.8	322.9	8.5	4 520.9	1 458.3	10 151.3	5 958.0	1 668.2

注：数据来源于《河北经济年鉴》（1995—2011 年）、《河北经济统计年鉴》（1986—1994 年）和《中国农村统计年鉴》（2010 年）

利用上述灰色关联分析模型，对河北省粮食产量影响因素进行了计算，结果如表 3 所示。

表 3　河北省粮食产量影响因子关联度值

	x_1	x_2	x_3	x_4	x_5	x_6	x_7	x_8	x_9	x_{10}
关联度	0.990 4	0.964 7	0.730 8	0.847 7	0.913 8	0.985 2	0.963 8	0.828 3	0.677 4	0.947 3
关联序	1	3	9	7	6	2	4	8	10	5
关联程度	强	强	强	强	强	强	强	强	中	强

由表 3 可知，河北省粮食产量影响因子影响强弱依次是粮食单位面积产量、有效灌溉面积、粮食播种面积、从事农林牧渔业的劳动人口、受灾面积、农药使用量、农用化肥折纯量、农业机械总动力、农村用电量和农民家庭平均每人纯收入。

2　自然灾害对河北省粮食产量影响分析

2.1　河北省自然灾害与粮食产量的相关性分析

河北省自然灾害与粮食产量相关性较强。从 1985—2010 年河北省粮食产量与成灾面积的关系图（图 1）可以看出，成灾面积与粮食产量呈较明显的反方向变化，成灾面积扩大时粮食总产量即下降，成灾面积减小时粮食产量上升。1985—2010 年河北省粮食产量及农业自然灾害情况见表 4、表 5。

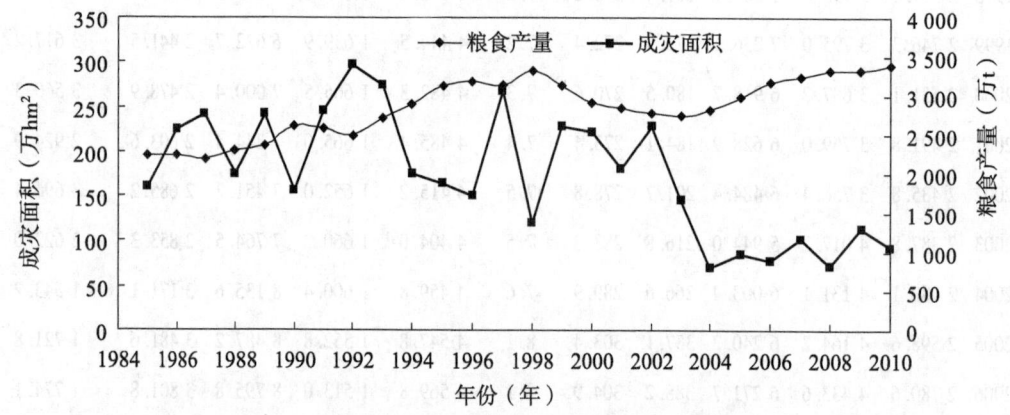

图 1　1985—2010 年河北省成灾面积与粮食产量关系图

表 4　1985—2010 年河北省粮食产量及农业自然灾害情况

年份 （年）	粮食产量 （万 t）	受灾面积 （万 hm²）	受灾成灾 （万 hm²）	旱灾 （万 hm²）	旱灾成灾 （万 hm²）	水灾 （万 hm²）	水灾成灾 （万 hm²）	风雹灾 （万 hm²）	风雹灾 成灾 （万 hm²）
1985	1 966.6	255.9	183.7	84.3	59.0	61.5	45.9	67.7	48.8
1986	1 965.5	333.4	257.5	228.3	180.9	11.9	9.6	73.6	54.9
1987	1 920.0	382.8	275.1	240.0	176.3	13.4	9.9	107.4	74.9
1988	2 022.5	277.7	200.7	59.9	42.5	100.7	76.1	74.0	53.4

（续表）

年份 （年）	粮食产量 （万 t）	受灾面积 （万 hm²）	受灾成灾 （万 hm²）	旱灾 （万 hm²）	旱灾成灾 （万 hm²）	水灾 （万 hm²）	水灾成灾 （万 hm²）	风雹灾 （万 hm²）	风雹灾 成灾 （万 hm²）
1989	2 068.6	346.5	275.6	253.5	211.8	25.5	19.5	22.7	16.2
1990	2 276.9	309.5	178.4	21.8	7.1	24.4	17.6	151.7	87.0
1991	2 268.7	400.7	281.0	202.1	153.4	23.0	17.2	104.6	74.8
1992	2 185.6	454.0	339.1	311.9	235.9	13.5	11.0	41.9	28.5
1993	2 380.2	450.1	313.6	251.4	180.6	17.9	14.3	94.3	69.0
1994	2 523.5	292.4	201.0	123.6	87.1	67.0	48.5	27.6	19.5
1995	2 739	276.2	187.5	28.9	15.2	78.7	57.5	45.0	29.5
1996	2 789.5	250.7	170.9	36.9	21.7	138.7	102.9	40.7	26.5
1997	2 746.7	404.4	306.4	343.9	268.5	1.7	1.2	31.0	19.9
1998	2 917.5	244.5	135.9	103.0	56.2	14.0	10.2	68.5	42.1
1999	2 746.3	361.7	260.2	304.8	227.0	1.4	1.1	35.3	24.0
2000	2 551.1	356.0	254.1	297.5	221.1	11.4	6.3	25.6	16.6
2001	2 491.8	292.5	206.3	222.4	165.7	4.1	3.2	45.3	28.3
2002	2 435.8	369.6	261.7	266.1	196.0	1.91	1.5	69.8	48.7
2003	2 387.8	262.2	164.4	131.6	93.9	10.6	6.9	58.1	39.7
2004	2 480.1	154.3	79.8	39.1	19.9	11.1	6.2	54.7	34.5
2005	2 598.6	172.2	97.6	93.4	59.6	10.9	6.5	34.7	18.8
2006	2 780.6	177.4	90.0	104.7	53.0	11.9	6.7	28.3	15.9
2007	2 841.6	184.8	117.0	124.4	87.6	10.3	8.4	21.4	12.7
2008	2 905.8	137.9	81.8	72.7	48.0	7.3	5.2	32.0	19.4
2009	2 910.2	194.4	130.1	121.8	92.8	6.8	3.2	44.6	26.1
2010	2 975.9	166.8	105.9	84.5	64.0	12.7	5.8	15.0	8.7

注：数据来源为《河北经济年鉴》（1995—2011 年）、《河北经济统计年鉴》（1986—1994 年）和《中国农村统计年鉴》（2010 年）

表 5　1985—2010 年河北省粮食产量及农业自然灾害情况续　　　　（万 hm²）

年份 （年）	霜灾	霜灾成灾	病虫灾	病虫灾成灾	其他灾	其他灾成灾
1985	3.9	2.7	9.4	6.3	29.1	21.0
1986	6.0	4.9	10.3	5.2	3.3	2.1
1987	2.0	1.6	16.4	9.9	3.7	2.6
1988	3.7	2.7	25.8	18.0	13.7	7.9

（续表）

年份（年）	霜灾	霜灾成灾	病虫灾	病虫灾成灾	其他灾	其他灾成灾
1989	10.0	8.9	31.6	16.7	3.1	2.5
1990	2.8	0.3	100.5	60.7	8.4	5.6
1991	1.3	0.4	64.4	32.9	5.2	2.3
1992	9.2	6.7	74.6	55.1	3.0	20.0
1993	16.6	8.8	64.0	39.0	58.0	1.8
1994	10.4	7.2	51.1	32.4	12.8	6.3
1995	36.6	31.6	62.8	39.2	24.2	14.6
1996	1.7	0.9	24.5	13.8	8.2	5.2
1997	0.6	0.3	26.7	16.2	0.5	0.3
1998	1.3	1.0	49.0	22.5	8.7	3.9
1999	0.7	0.4	18.1	7.0	1.5	0.9
2000	0.2	0.1	20.3	9.3	1.0	0.9
2001	2.0	0.8	15.3	7.4	3.4	0.9
2002	2.4	0.7	28.9	14.6	5.0	0.3
2003	0.4	0.2	32.2	12.6	29.3	13.1
2004	6.5	3.5	31.9	12.0	11.1	3.7
2005	1.8	0.9	24.8	9.4	6.5	2.4
2006	5.6	3.7	24.1	9.0	2.9	1.7
2007	31.5	0.1	24.3	7.0	4.1	1.3
2008	1.1	0.3	22.7	7.4	2.1	1.6
2009	0.3	0.3	12.1	3.6	8.7	4.1
2010	25.3	14.7	11.9	3.5	17.5	9.1

注：数据来源于《河北经济年鉴》（1995—2011 年）、《河北经济统计年鉴》（1986—1994 年）和《中国农村统计年鉴》（2010 年）

2.2 自然灾害对河北省粮食产量影响的实证分析

2.2.1 计算方法

在中国发生的多种灾害中以自然灾害（包括干旱、洪涝、干热风、霜冻、台风、雹灾、尘暴、寒潮等）对农作物产量影响最大。《河北经济年鉴》给出的农业自然灾害为旱灾、水灾、风雹灾、霜灾、病虫灾和其他灾害，因此，本文以旱灾、水灾、风雹灾、霜灾、病虫灾和其他灾害作为自然灾害。由于统计资料中未能找到粮食单独的受灾情况，借鉴龙方假定稻谷受灾状况等同于农作物受灾状况的方法[3]，本文把粮食作物受灾情况等同于农作物受灾情况。相关指标计算方法如下。

粮食旱灾受灾未成灾率=〔(旱灾受灾面积-旱灾成灾面积)/农作物总播种面积〕×100%

粮食旱灾成灾率=旱灾成灾面积/农作物总播种面积×100%

粮食水灾受灾未成灾率=〔(水灾受灾面积-水灾成灾面积)/农作物总播种面积〕×100%

粮食水灾成灾率=水灾成灾面积/农作物总播种面积×100%

粮食风雹灾受灾未成灾率=〔(风雹灾受灾面积-风雹灾成灾面积)/农作物总播种面积〕×100%

粮食风雹灾成灾率=风雹灾成灾面积/农作物总播种面积×100%

粮食霜灾受灾未成灾率=〔(霜灾受灾面积-霜灾成灾面积)/农作物总播种面积〕×100%

粮食霜灾成灾率=霜灾成灾面积/农作物总播种面积×100%

粮食病虫灾受灾未成灾率=〔(病虫灾受灾面积-病虫灾成灾面积)/农作物总播种面积〕×100%

粮食病虫灾成灾率=病虫灾成灾面积/农作物总播种面积×100%

粮食其他灾害受灾未成灾率=〔(其他灾害受灾面积-其他灾害成灾面积)/农作物总播种面积〕×100%

粮食其他灾害成灾率=其他灾害成灾面积/农作物总播种面积×100%

2.2.2 基于灰色关联分析的自然灾害对河北省粮食产量的影响分析

设 $z_{0(t)}$ 为母序列，代表年度产量，$z_{i(t)}$ 为子序列，i 的取值范围为 $1\sim12$，t 表示时间，即年份。将粮食产量随年份变化的数列设为母序列（z_0，万 t），选取粮食旱灾受灾未成灾率（z_1,%）、粮食旱灾成灾率（z_2,%）、粮食水灾受灾未成灾率（z_3,%）、粮食水灾成灾率（z_4,%）、粮食风雹灾受灾未成灾率（z_5,%）、粮食风雹灾成灾率（z_6,%）、粮食霜灾受灾未成灾率（z_7,%）、粮食霜灾成灾率（z_8，万 kW）、粮食病虫灾受灾未成灾率（z_9，元）、粮食病虫灾成灾率（z_{10}，万 hm^2）、粮食其他灾害受灾未成灾率（z_{11}，元）、粮食其他灾害成灾率（z_{12}，万 hm^2）的数据作为子序列，将二者建立关联模型。

本文利用上述灰色关联分析模型，对河北省粮食产量和各种自然灾害因素进行了分析，结果如表6所示。

表6　河北省1985—2010年粮食产量与自然灾害因素灰色关联度

	z_1	z_2	z_3	z_4	z_5	z_6	z_7	z_8	z_9	z_{10}	z_{11}	z_{12}
关联度	0.886 1	0.838 3	0.864 6	0.858 5	0.911 5	0.895 4	0.849 5	0.823 6	0.652 0	0.809 7	0.872 0	0.845 0
关联序	3	9	5	6	1	2	8	10	12	11	4	7
关联程度	强	强	强	强	强	强	强	强	中	强	强	强

由表6可知，河北省1985—2010年粮食产量和粮食风雹灾受灾未成灾率关联度最

大，其他因素对河北省粮食产量影响强弱依次为粮食风雹灾成灾率、粮食旱灾受灾未成灾率、粮食其他灾害受灾未成灾率、粮食水灾受灾未成灾率、粮食水灾成灾率、粮食其他灾害成灾率、粮食霜灾受灾未成灾率、粮食旱灾成灾率、粮食霜灾成灾率、粮食病虫灾成灾率和粮食病虫灾受灾未成灾率。

3   结论与讨论

利用 1985—2010 年统计数据，通过灰色关联分析河北省粮食产量的主要影响因素及各种自然灾害对河北省粮食产量的影响。结果表明粮食单位面积产量、有效灌溉面积、粮食播种面积、从事农林牧渔业的劳动人口、受灾面积对河北省 1985—2010 年粮食产量影响较强；河北省自然灾害与粮食产量相关性较强，成灾面积与粮食产量呈较明显的反方向变化。风雹灾受灾未成灾率，粮食风雹灾成灾率、粮食旱灾受灾未成灾率对河北省 1985—2010 年粮食产量影响较强。

稳定和提高河北省粮食单产和粮食播种面积，以利于河北省粮食的稳产和增产。粮食单产和粮食播种面积是河北省粮食产量的重要影响因素。在价格及其他利益因素的影响下，河北省粮食播种面积 2000 年来相比 20 世纪 80 和 90 年代呈下降趋势。河北省作为全国 13 个粮食主产省份和粮食生产基地之一，稳定和提高河北省粮食单产和粮食播种面积是确保粮食安全的重要手段。

重视并加强农田水利的基础设施建设与管理，提高有效灌溉面积，提高抗旱能力，以保证河北省粮食的稳产和增产。农田水利基础设施是农村经济发展中最直接、最基础的问题，关系到农村建设、农业生产、农民生活质量的提高。目前我国农村人口向城市转移快速发展，农村劳动力越来越少，农业水资源利用效率低下，因此建立高效的农村农田水利基础设施显得尤为重要。税费改革后我国农田水利出现了运行资金缺乏、管理运作不规范、管理责任不明确和农民参与积极性不高等问题，因此河北省农田水利基础设施建设与管理出现的问题有必要进行深一步的研究，需要进一步探索适合河北省农田水利基础设施的建设与管理机制。

参考文献

[1] Duncan R C. Food security and the world food situation, Handbook of Agricultural Economics [M], Amsterdam：North-Holland Publishing Co, 2002：2 191-2 213.

[2] Brown L R. Who will feed China Wake up Call for a Small plaet [M]. New York：Norton & Company Inc, 1995：1-10.

[3] 龙方，杨重玉，彭澧丽. 自然灾害对中国粮食产量影响的实证分析——以稻谷为例 [J]. 中国农村经济, 2011 (5)：33-43.

[4] 罗小锋. 自然灾害对湖北粮食产量的影响分析 [J]. 灾害学, 2007 (6)：112.

[5] 王晓丽，许锐，郝玲. 自然灾害对吉林省粮食生产影响的实证分析 [J]. 税务与经济, 2008 (3)：109-112.

[6] 廉丽姝. 山东省气候变化及农业自然灾害对粮食产量的影响 [J]. 气象科技, 2005 (2)：73-76.

[7] 庄道元，陈超，赵建东．不同阶段自然灾害对我国粮食产量影响的分析——基于31个省市的面板数据 [J]．软科学，2010，24（9）：36-42．

[8] 刘家宏，郭迎新，秦大庸，等．清华大学学报（自然科学版）[J]．2011，51（6）：777-782

[9] 王树涛，李新旺，门明新，等．基于改进灰色关联度法的河北省粮食波动影响因素研究 [J]．中国农业科学，2011，44（1）：176-184．

[10] 范建刚．1983—2004年陕西粮食产量与主要投入要素的灰色关联分析 [J]．干旱地区农业研究，2007，25（3）：209-210．

[此文原刊载于《灾害学》，2014，29（1）：115-119]

黑龙港地区晚春播青贮玉米品种的生产性能
及适应性评价

游永亮，赵海明，李　源，武瑞鑫，刘贵波*，翟兰菊，杨建忠

（河北省农林科学院旱作农业研究所/河北省农作物抗旱研究重点实验室）

摘　要：在河北省黑龙港地区选择深州市护驾迟、威县赵村和沧县前营3个试验点，对14个青贮玉米品种，通过生育期、农艺性状、抗逆性、生物产量和饲用品质等指标进行综合评定，旨在筛选出晚春播条件下适宜和饲用小黑麦搭配种植的青贮玉米品种，为该地区"粮改饲"及草牧业发展提供技术支撑。结果表明：北农青贮2932、北农青贮208和辽单青贮625与饲用小黑麦搭配种植较好。3个品种平均生物产量均超过1 300 kg/亩，一致表现为抗病、抗倒，生长期适中、叶量丰富、饲用品质优，适宜在黑龙港地区晚春播条件下和饲用小黑麦复种，形成饲用小黑麦—青贮玉米复种模式。

关键词：青贮玉米；晚春播；品种筛选；生产性能；评价

河北省黑龙港地区已成为黄淮海地区最大最深的地下水漏斗区[1,2]，对该区国民经济发展造成严重威胁。该地区农业用水占到整个国民经济用水的77.4%，其中尤以冬小麦耗水最多[3]，因此，选择节水作物替代冬小麦成为重要的农艺节水措施。饲用小黑麦抗旱性强[4,5]，发展饲用小黑麦来替代冬小麦，可有效缓解日趋紧张的水资源。而且该地区为河北省草牧业发展的重点区域，缺乏优质饲草供应。饲用小黑麦作为饲草利用在黄淮海地区一般5月中旬收获[6]，收获后种植青贮玉米，比与冬小麦复种的夏播玉米提前了15～20 d，因此需要引进筛选适宜与饲用小黑麦复种的青贮玉米品种，进行晚春播，以期形成饲用小黑麦—青贮玉米复种节水模式，来替代传统的冬小麦—夏玉米复种模式。

李春喜等[7]、马维国等[8]、程云辉等[9]等分别在成都地区、青海省高寒牧区、甘肃河西灌区、新疆、江苏等地区，采用生物产量、农艺性状、生育期等筛选出了适宜当地的青贮玉米品种。蒋万[10]和白冰[11]等以农艺性状与青贮草饲用品质作为评价指标，对引进青贮玉米品种进行筛选评价，均没有考虑青贮玉米品种的饲用品质。筛选评价方法方面，祁永红[12]利用灰色关联法对青贮玉米品种生产性能进行了评价，吴忠海等[13]利用主成分分析法筛选出了适宜齐齐哈尔种植的青贮玉米品种，两种方法仅以农艺性状为评价指标进行评价，没有考虑饲用品质的重要性。田宏等[14]利用主成分分析和隶属函数法综合评价筛选出了适宜湖北地区种植的青贮玉米品种，在饲用品质方面仅考虑粗蛋白含量，而忽略了中性洗涤纤维、酸性洗涤纤维、淀粉等对青贮玉米饲用品质的影响。

在黑龙港地区开展青贮玉米品种引进筛选的研究较少，徐玉鹏[15]在沧州地区通过

对 8 个青贮玉米品种的鲜草产量进行方差分析，并分析了各品种农艺性状之间以及农艺性状和鲜草产量的相关性，筛选出了适宜在河北省沧州市推广种植的青贮玉米品种。柳斌辉等[16]对 13 个青贮玉米品种在海河平原区的生物产量、适应性进行了分析，并对 13 个品种的饲用品质进行了综合评价筛选出适宜品种。但两项研究均是在夏播条件下进行，在黑龙港地区晚春播条件下适宜青贮玉米品种的引进筛选目前尚未报道。本试验在黑龙港地区进行晚春播条件下青贮玉米品种的适应性评价，以期筛选出适宜与饲用小黑麦复种的高产优质的青贮玉米品种，为饲用小黑麦—青贮玉米复种栽培模式及"粮改饲"提供技术支撑。

1 材料与方法

1.1 试验地自然条件

试验设在河北省深州市护驾迟镇（河北省农林科学院旱作农业研究所试验站）、邢台市威县赵村乡前南寺庄和沧州市沧县纸房头乡前营村，均位于黑龙港区，为严重地下水超采区，自然概况见表 1。2015 年青贮玉米生育期 5—9 月降水量分别为深州市护驾迟镇 194.7 mm；威县赵村乡前南寺庄 180.9 mm；沧县纸房头乡前营村 410.0 mm，2016 年深州市护驾迟镇试验期间降水量为 415.6 mm。

表 1 试验地自然概况

试验点	海拔	经纬度	平均降水量 (mm)	平均气温 (℃)	土壤有机质 (g·hm⁻¹)	土壤碱解氮 (g·kg⁻¹)	土壤速效磷 (mg·kg⁻¹)	土壤速效钾 (mg·kg⁻¹)
深州市护驾迟	20.0	115°42′E 37°44′N	497.1	13.3	15.5	62.8	32.3	125.4
威县赵村	20.0	115°23′E 37°13′N	479.3	12.8	11.2	73.7	20.4	112.4
沧县前营	7.2	116°45′E 38°14′N	616.4	13.0	15.4	22.3	17.9	103.0

1.2 试验材料

参试品种为近几年国家和省级新审定的青贮玉米优良品种、正在参加区域试验的待审青贮品种，以及部分生物产量高的普通玉米品种，全部材料共 14 份，以目前生产上常用的粮饲兼用品种郑单 958 做对照。品种名称、供种单位以及审定级别时间详见表 2。

表 2 参试青贮玉米品种

编号	品种	选育单位	审定级别及时间
1	北农青贮 208	北京农学院植物科技系	京审 2007
2	北农青贮 308	北京农学院植物科技系	京审 2009

（续表）

编号	品种	选育单位	审定级别及时间
3	北农青贮 356	北京农学院植物科技系	京审 2013
4	北农青贮 2932	北京农学院植物科技系	待审
5	恩喜爱 298	北票市兴业玉米高新技术研究所	辽审 2013
6	中农大青贮 GY4515	中国农业大学玉米改良中心	国审 2006
7	雅玉青贮 79491	四川雅玉科技开发有限公司	国审 2009
8	辽单青贮 625	辽宁省农业科学院玉米研究所	国审 2004
9	郑单 958	河南省农业科学院粮食作物研究所	国审 2000
10	先玉 335	铁岭先锋种子研究有限公司	国审 2006
11	衡玉 175	河北省农林科学院旱作农业研究所	冀审 2014
12	衡玉 321	河北省农林科学院旱作农业研究所	待审
13	巡青 518	宣化巡天种业新技术有限责任公司	冀审 2006
14	巡青 2008	宣化巡天种业新技术有限责任公司	冀审玉 2008

1.3　试验方法

2015 年试验在深州市护驾迟、威县前南寺和沧县前营进行。随机区组设计，3 次重复，每个品种 1 个小区，小区面积 5 m×6 m，10 行区，行长 5 m，行距 60 cm。青贮玉米密度 5 000 株/亩。3 个试验点分别于 5 月 24 日、26 日和 23 日播种。播前整地，施入底肥尿素 25 kg/亩；3 叶期间苗、5 叶期定苗；播种后浇水，及时喷施封地面除草剂；深州市护驾迟、威县前南寺试验点在青贮玉米小喇叭口期进行一次灌溉，随灌溉追尿素 20 kg/亩，灌水量同正常夏播玉米，沧县前营试验点由于降水量大，在小喇叭口期没有进行灌溉，随降雨追施尿素 20 kg/亩。试验地前茬作物小黑麦全生育期灌水一次，灌水 50 m³/亩，较小麦灌水节约 50 m³/亩。试验地周围设置保护区，青贮玉米品种在乳熟期至蜡熟期（乳线 1/2）时收获。

为进一步验证筛选结果，2016 年又在深州市护驾迟一个试验点安排了 14 个青贮玉米品种的比较筛选试验，除没有灌溉外，其他管理方法同 2015 年，播种期为 5 月 26 日。

1.4　测定指标及方法

1.4.1　生育期调查

按《国家青贮玉米品种区域试验调查项目和标准（试行）》进行播种期、出苗期、拔节期、抽雄期、吐丝期和生长期调查。

1.4.2　农艺性状测定

收获前进行倒伏率和倒折率调查，倒伏率和倒折率分别为倒伏株数和倒折株数占该试验小区总株数的百分率，植株倾斜度>45°但未折断的植株为倒伏，果穗以下部位折断的植株为倒折。收获时进行空杆率和双穗率调查，空杆率和双穗率分别为空秆株数和双穗株数占该试验小区总株数的百分率，收获时果穗结实 20 粒以下的植株为空杆，收获时有双穗且第 2 穗结实 20 粒以上的植株为双穗。收获时随机抽取 10 株青贮玉米，测量其株高、穗位高、叶长、叶宽、茎粗、收获时绿叶数。

1.4.3 穗、茎、叶比重以及鲜干比测定

收获时随机取样 5 株，称鲜重，之后将其穗、茎、叶分开，在 105 ℃时杀青 2 h 左右，再 60 ℃烘干后分别称干重，穗（茎、叶）比重（%）= 穗（茎、叶）干重/（穗+茎+叶）干重×100，干鲜比（%）=（穗+茎+叶）干重/5 株鲜重×100。

1.4.4 产量测定

乳熟期至蜡熟期（乳线 1/2 时）进行收获，每小区收获中间 8 行，去掉行头 50 cm，从地上部 15 cm 处全株收割。收获后立即称重，得到小区鲜重产量，折合成亩产。从每个小区中随机选取 10 株，全株粉碎，随机取 1 kg 样品，装入布袋，称鲜重，之后在 105 ℃杀青 2 h 左右，再 60 ℃烘干至恒重，称干重，计算出青贮饲用玉米含水量，根据小区鲜重和含水量计算小区干物质含量。

1.4.5 品质测定

对 2015 年深州护驾迟试验点种植的 14 个青贮玉米品种于收获期从每个小区中随机选取 5 株，全株粉碎，随机取 1 kg 样品，装入布袋，在 105 ℃杀青 2 h 左右，再 60 ℃烘干，干样用于测定营养成分。采用凯氏定氮法测定粗蛋白（CP）含量[17]；采用 Van Soest 法测定中性洗涤纤维（NDF）和酸性洗涤纤维（ADF）的含量[18]；采用蒽酮比色方法测定淀粉和可溶性糖含量[19]。

1.4.6 病害调查

主要调查丝黑穗病、瘤黑粉病、大斑病、小斑病，病害发生率=染病植株/小区总株数×100；玉米抗病鉴定病情级别划分和抗性评价标准按《国家青贮玉米品种区域试验调查项目和标准（试行）》进行。

1.5 数据统计

对不同青贮玉米品种鲜干草产量、以及相关农艺性状采用 DPS 统计软件进行方差分析，采用 Excel 进行平均值计算及表格制作。采用隶属函数法[14]、相对饲用价值（RFV）[20]、饲草分级指数（GI）[21]和《青贮玉米品质分级》[22]对参试品种饲用品质进行综合评价。

2 结果与分析

2.1 不同青贮玉米品种的物候期

如表 3 所示，2015 年，不同青贮玉米品种生育前期各青贮玉米品种在 3 个试验点基本一致，5 月底至 6 月初出苗，7 月底至 8 月初抽雄、吐丝。但不同青贮玉米品种在不同试验点的生长期差异较大，具体表现为同一青贮玉米品种生长期沧县前营>深州市

表3 不同青贮玉米品种的物候期

试验点	年份	品种名称	播种期（月-日）	出苗期（月-日）	抽雄期（月-日）	吐丝期（月-日）	收获期（月-日）	生长期（d）
沧县前营	2015年	北农青贮208	5-23	5-31	8-1	8-2	9-30	123
		北农青贮308	5-23	5-31	8-1	8-4	9-30	123
		北农青贮356	5-23	5-31	8-1	8-4	9-21	114
		北农青贮2932	5-23	5-31	8-3	8-6	9-21	114
		恩喜爱298	5-23	5-31	7-30	8-1	9-30	123
		中农大青贮GY4515	5-23	5-31	7-28	7-30	9-14	107
		雅玉青贮79491	5-23	5-31	8-1	8-4	9-30	123
		辽单青贮625	5-23	5-31	8-1	8-4	9-30	123
		郑单958	5-23	5-31	7-28	7-30	9-14	107
		先玉335	5-23	5-31	7-27	7-30	9-14	107
		衡玉175	5-23	5-31	8-1	8-4	9-30	123
		衡玉321	5-23	5-31	8-1	8-4	9-30	123
		巡青518	5-23	5-31	7-29	8-2	9-30	123
		巡青2008	5-23	5-31	8-1	8-3	9-30	123
威县前南寺	2015年	北农青贮208	5-26	6-1	7-26	7-30	9-4	96
		北农青贮308	5-26	6-1	7-25	7-29	9-4	96
		北农青贮356	5-26	6-1	7-23	7-27	9-3	95
		北农青贮2932	5-26	6-1	7-24	7-28	9-3	95
		恩喜爱298	5-26	6-1	7-26	7-30	9-5	97
		中农大青贮GY4515	5-26	6-1	7-24	7-27	9-1	93
		雅玉青贮79491	5-26	6-1	7-27	7-30	9-5	97
		辽单青贮625	5-26	6-1	7-25	7-28	9-4	96
		郑单958	5-26	6-1	7-23	7-25	9-1	93
		先玉335	5-26	6-1	7-23	7-25	9-1	93
		衡玉175	5-26	6-1	7-26	7-29	9-5	97
		衡玉321	5-26	6-1	7-23	7-25	9-1	93
		巡青518	5-26	6-1	7-26	7-29	9-5	97
		巡青2008	5-26	6-1	7-25	7-27	9-5	97
深州市护驾迟	2015年	北农青贮208	5-24	5-30	7-30	7-31	9-12	106
		北农青贮308	5-24	5-30	7-31	8-1	9-15	109
		北农青贮356	5-24	5-30	7-29	7-30	9-6	100
		北农青贮2932	5-24	5-30	8-2	8-3	9-15	109
		恩喜爱298	5-24	5-30	7-27	7-29	9-6	100

（续表）

试验点	年份	品种名称	播种期 （月-日）	出苗期 （月-日）	抽雄期 （月-日）	吐丝期 （月-日）	收获期 （月-日）	生长期 （d）
深州市 护驾迟	2015年	中农大青贮 GY4515	5-24	5-30	7-25	7-27	9-5	99
		雅玉青贮 79491	5-24	5-30	7-29	7-30	9-15	109
		辽单青贮 625	5-24	5-30	7-29	7-30	9-12	106
		郑单 958	5-24	5-30	7-26	7-28	9-6	100
		先玉 335	5-24	5-30	7-26	7-28	9-6	100
		衡玉 175	5-24	5-30	7-29	7-30	9-12	106
		衡玉 321	5-24	5-30	7-29	7-30	9-6	100
		巡青 518	5-24	5-30	7-26	7-28	9-5	99
		巡青 2008	5-24	5-30	7-29	7-30	9-6	100
深州市 护驾迟	2016年	北农青贮 208	5-25	6-1	7-29	7-29	9-8	100
		北农青贮 308	5-25	6-1	7-30	7-30	9-11	103
		北农青贮 356	5-25	6-1	7-27	7-27	9-8	100
		北农青贮 2932	5-25	6-1	7-31	8-2	9-14	106
		恩喜爱 298	5-25	6-1	7-27	7-28	9-8	100
		中农大青贮 GY4515	5-25	6-1	7-28	7-28	9-7	99
		雅玉青贮 79491	5-25	6-1	7-31	8-1	9-14	106
		辽单青贮 625	5-25	6-1	7-27	7-29	9-11	103
		郑单 958	5-25	6-1	7-26	7-27	9-7	99
		先玉 335	5-25	6-1	7-28	7-28	9-7	99
		衡玉 175	5-25	6-1	7-29	7-31	9-14	106
		衡玉 321	5-25	6-1	7-28	7-29	9-7	99
		巡青 518	5-25	6-1	7-26	7-28	9-7	99
		巡青 2008	5-25	6-1	7-27	7-28	9-11	106

注：收获期指在青贮玉米乳熟期至蜡熟期（即籽粒乳线 1/2 时）收获

护驾迟>威县前南寺。对于沧县前营试验点来说，不同青贮玉米品种的生长期为 107～123 d，变化较大，最大相差 15 d。深州市护驾迟试验点不同青贮玉米品种生长期为 99～109 d，威县前南寺试验点不同青贮玉米品种生长期为 93～97 d。2016 年深州市护驾迟试验点各品种生育期和 2015 年相比基本一致，除巡青 2008 生育天数增加 6 d 外，其余品种生育天数略有减少或不变。

2.2 不同青贮玉米品种生物产量

衡量青贮玉米品种生产性能的重要指标为全株生物产量。2015 年通过对 14 个参试品种在 3 个试验点的生物产量结果比较显示（表 4）：在沧县前营试验点，北农青贮

308、北农青贮 208 和衡玉 175 生物产量极显著高于对照郑单 958（$P<0.01$），其余品种生物产量与对照差异不显著。在威县前南寺试验点，各参试品种的生物产量差异不显著，衡玉 175 最高，衡玉 321 次之，除巡青 518 和巡青 2008 生物产量低于对照外，其余品种生物产量均高于对照。在深州市护驾迟试验点，雅玉青贮 79491 和北农青贮 308 生物产量极显著高于对照郑单 958（$P<0.01$），分别较对照提高 28.3% 和 20.0%，衡玉 175 生物产量显著高于对照郑单 958（$P<0.05$），较对照提高 16.6%。从不同青贮玉米品种在 3 个试验点的平均生物产量来看，北农青贮 308 和衡玉 175 生物产量极显著高于对照（$P<0.01$），北农青贮 208 生物产量显著高于对照（$P<0.05$），其余品种生物产量与对照差异不显著。

为了进一步验证 2015 年试验结果，2016 年又在深州市护驾迟继续安排了 14 个品种的比较筛选试验。

结果显示（表 4）：不同品种间生物产量与对照相比均差异不显著。生物产量最高的为北农青贮 2932（1 421.0 kg/亩），其次为北农青贮 308（1 406.8 kg/亩）和辽单青贮 625（1 377.6 kg/亩），分别比对照郑单 958（1 183.7 kg/亩）提高 20.0%、18.8% 和 16.4%，生物产量最低的为巡青 518（1 049.6 kg/亩），比对照降低 11.3%。

不同青贮玉米品种经过连续两年多点试验，平均生物产量存在极显著差异（表 4）。生物产量最高的为北农青贮 308，极显著高于对照（$P<0.01$），其次为衡玉 175 和北农青贮 2932，二者生物产量显著高于对照（$P<0.05$），北农青贮 208 生物产量处于第 4 位，高于对照郑单 958，但差异不显著。以上 4 个品种经连续两年多点试验，平均生物产量均超过 1 340 kg/亩。

表 4　不同青贮玉米品种生物产量比较

品种名称	2015 年生物产量（kg/亩）				2016 年生物产量（kg/亩）	两年多点平均值（kg/亩）
	沧县前营	威县前南寺	深州市护驾迟	三点平均值		
北农青贮 208	1 931.8 Aba	1 112.3	1 198.4 BCDEbcde	1 414.2 ABCabc	1 284.3 ab	1 349.3 ABCDabcd
北农青贮 308	1 979.4 Aa	1 107.3	1 383.9 ABab	1 490.2 Aa	1 406.8 a	1 448.5 Aa
北农青贮 356	1 478.4 BCDcd	1 086.1	1 082.7 DEFdef	1 215.7 BCDEcdef	1 130.6 ab	1 173.2 CDEdef
北农青贮 2932	1 672.9 ABCabc	1 099.2	1 269.0 ABCDbcd	1 347.0 ABCDEabcde	1 421.0 a	1 384.0 ABCabc
恩喜爱 298	1 413.8 CDcd	1 033.1	1 045.7 EFef	1 164.2 CDEef	1 157.8 ab	1 161.0 DEef
中农大青贮 GY4515	1 155.4 Dd	1 074.9	1 176.3 BCDEFcde	1 135.5 DEef	1 260.4 ab	1 198.0 BCDEcdef
雅玉青贮 79491	1 654.0 ABCabc	1 033.9	1 479.5 Aa	1 389.1 ABCDabcd	1 298.7 ab	1 343.9 ABCDabcde
辽单青贮 625	1 520.2 ABCDbcd	1 006.5	1 203.4 BCDEbcde	1 243.4 ABCDEbcdef	1 377.6 a	1 310.5 ABCDabcde
郑单 958	1 415.5 CDcd	991.6	1 152.8 CDEFdef	1 186.6 CDEdef	1 183.7 ab	1 185.2 BCDEdef
先玉 335	1 662.7 ABCabc	1 058.9	1 233.2 BCDEbcde	1 318.3 ABCDEabcdef	1 242.0 ab	1 280.2 ABCDEabcde
衡玉 175	1 905.4 ABab	1 146.0	1 343.7 ABCabc	1 465.0 ABab	1 333.7 ab	1 399.4 ABab

（续表）

品种名称	2015 年生物产量（kg/亩）				2016 年生物产量（kg/亩）	两年多点平均值（kg/亩）
	沧县前营	威县前南寺	深州市护驾迟	三点平均值		
衡玉 321	1 575.9 ABCDabc	1 135.2	1 200.3 BCDEbcde	1 303.8 ABCDEabcdef	1 311.6 ab	1 307.7 ABCDabcde
巡青 518	1 431.4 CDcd	887.1	964.3 Ff	1 094.3 Ef	1 049.6 b	1 072.0 Ef
巡青 2008	1 705.0 ABCabc	880.5	1 186.4 BCDEcde	1 257.3 ABCDEbcdef	1 264.2 ab	1 260.8 ABCDEbcde

注：同列小写字母为差异显著水平（$P<0.05$），大写字母为极显著性差异（$P<0.01$），下表同

2.3 不同青贮玉米品种农艺性状

对不同青贮玉米品种的株高、穗位高、茎粗、叶长、叶宽、收获时绿叶数、鲜干比、茎比重、叶比重、穗比重、双穗率和空秆率进行连续两年多点试验调查，取其平均值（表5）。结果显示，除空秆率外，参试品种其他农艺性状差异均达到极显著水平（$P<0.01$），空秆率差异不显著。参试品种中株高最高的为雅玉青贮 79491（322.77 cm），其次为北农青贮 208（310.87 cm），二者株高极显著高于对照郑单 958（246.73 cm），其余参试品种株高为 247.13～286.50 cm。穗位高方面北农青贮 208、雅玉青贮 79491、北农青贮 2932、北农青贮 308、辽单青贮 625 和衡玉 175 极显著高于对照郑单 958（$P<0.01$），其余品种穗位高和对照差异不显著。所有参试品种茎粗与对照郑单 958 相比差异不显著，为 1.85～2.18 cm。雅玉青贮 79491、北农青贮 2932 和北农青贮 308 叶长超过 104 cm，极显著超过对照郑单 958（$P<0.01$），其余品种叶长为 78.76～99.18 cm。所有品种叶宽为 8.28～13.8 cm，除中农大青贮 GY4515 和先玉 335 叶宽显著小于对照外，其余品种叶宽均和对照差异不显著。所有参试品种收获时绿叶数在 11.1～13.8 个，差异显著，北农青贮 208 绿叶数最多，巡青 518 最少。鲜干比指标为判断该品种是否可直接青贮时的最佳水分含量，由表4看出，14 个品种收获时鲜干比均超过 30%，其中北农青贮 308 鲜干比最大，为 39.15%，其次为雅玉青贮 79491、先玉 335 和衡玉 175，4 者鲜干比均极显著高于对照（$P<0.01$）。茎比重排在前两位的是辽单青贮 625 和北农青贮 208，极显著高于对照（$P<0.01$），其余品种茎比重和对照差异不显著。参试品种叶比重为 12.29%～15.45%。衡玉 175 穗比重最大，显著高于对照（$P<0.05$），其余品种穗比重为 55.25%～65.81%。所有参试品种空秆率为 1.33%～4.07%，差异均不显著。除雅玉青贮 79491 双穗率达到 3.0%，显著高于对照外（$P<0.05$），其他参试品种双穗率为 0.0%～0.8%，和对照差异不显著。

2.4 不同青贮玉米品种的抗逆性

不同青贮玉米品种连续两年多点试验结果显示（表6），倒伏率和倒折率差异极显著（$P<0.01$）。倒伏率方面恩喜爱 298 最低，仅为 0.31%，低于对照，但差异不显著。衡玉 175 倒伏率最大，为 23.44%，其次为北农青贮 308、中农大青贮 GY4515 和先玉 335，

表5 不同青贮玉米品种农艺性状比较

品种名称	株高 (cm)	穗位高 (cm)	茎粗 (cm)	叶长 (cm)	叶宽 (cm)	收获时绿叶数 (个)	鲜干比 (%)	茎比重 (%)	叶比重 (%)	穗比重 (%)	空秆率 (%)	双穗率 (%)
北农青贮208	310.9 ABab	151.9 Aa	2.08 ABab	96.03 BCcd	10.99 ABabc	13.8 Aa	30.23 Ee	29.58 Aa	15.16 ABab	55.25 Ef	1.33	0.3 Bb
北农青贮308	282.4 BCc	131.6 Bb	2.10 ABab	104.44 Aab	11.65 Aa	13.2 ABCab	39.15 Aa	25.24 BCDbc	14.86 ABCabc	59.91 BCDcde	3.27	0.8 ABb
北农青贮356	274.1 CDcd	114.9 CDcde	1.85 Bb	99.18 ABabc	10.72 ABCabc	12.7 ABCabc	32.05 CDEde	25.05 BCDbc	13.86 ABCDabcde	61.09 ABCDabcd	1.5	0.2 Bb
北农青贮2932	286.5 BCbc	132.0 Bb	2.18 Aa	104.79 Aab	11.09 ABabc	12.5 ABCDabcd	32.38 CDEcde	25.67 ABCbc	15.45 Aa	58.88 CDEdef	2.43	0.2 Bb
恩喜爱298	247.1 Dd	104.9 CDcde	2.03 ABab	86.55 DEef	8.97 DEdef	13.2 ABCab	30.24 Ee	27.66 ABab	13.73 ABCDabcde	58.61 CDEdef	1.93	0.2 Bb
中农大青贮GY4515	272.5 CDcd	90.4 EFfg	1.96 ABab	80.48 Efg	8.28 Ef	11.6 CDcd	34.43 BCDbcd	24.81 BCDbcd	12.60 CDde	62.60 ABCabcd	1.47	0.0 Bb
雅玉青贮79491	322.8 Aa	148.9 Aa	2.10 ABab	104.90 Aa	11.47 ABab	12.1 BCDbcd	37.32 ABab	22.83 CDcd	13.06 BCDcde	64.12 ABabc	2.4	3.0 Aa
辽单青贮625	270.3 CDcd	120.5 BCbc	2.13 ABa	89.60 CDde	9.98 ABCDEabcd	13.3 ABab	32.38 CDEcde	29.73 Aa	13.76 ABCDabcde	56.51 DEef	3.23	0.0 Bb
郑单958	246.7 Dd	101.7 DEFef	1.96 ABab	92.42 BCDcd	10.25 ABCDabcd	13.3 ABab	31.20 DEde	24.54 BCDbcd	14.41 ABCDabcd	61.05 ABCDabcd	4.07	0.5 ABb
先玉335	286.5 BCbc	86.2 Fg	1.98 ABab	78.76 Eg	8.39 Eef	11.6 CDcd	36.06 ABCab	22.55 CDcd	12.29 De	65.16 Aab	1.3	0.5 ABb
衡玉175	276.4 CDe	119.6 BCbc	1.99 ABab	98.05 ABbc	9.86 BCDcde	13.5 ABab	35.79 ABCabc	21.17 Dd	13.02 BCDcde	65.81 Aa	2.27	0.2 Bb
衡玉321	261.3 CDcd	107.6 BCDcde	2.01 ABab	97.53 ABc	9.11 CDEdef	12.5 ABCDabcd	32.12 CDEde	24.27 BCDbcd	12.79 CDEcde	62.93 ABCabcd	2.6	0.0 Bb
巡青518	267.0 CDcd	116.5 BCDcd	1.98 ABab	93.42 BCDcd	9.80 BCDEcde	11.1 Dd	31.52 DEde	24.23 BCDbcd	13.37 ABCDabcde	62.40 ABCabcd	1.3	0.0 Bb
巡青2008	261.9 CDcd	113.5 CDcde	2.09 ABab	96.12 BCcd	10.41 ABCDabcd	13.4 ABab	30.39 DEe	24.64 BCDbcd	14.03 ABCDabcde	61.33 ABCDabcd	3.67	0.7 ABb

四者倒伏率极显著高于对照郑单958（$P<0.01$）。倒折率方面雅玉青贮79491最大，为11.40%，极显著高于对照郑单958和其他参试品种（$P<0.01$），其他参试品种间倒折率差异不显著。倒伏倒折不仅会直接影响青贮玉米的产量，且造成收获困难，按照倒伏倒折率之和大于10%为淘汰标准，北农青贮308、中农大青贮GY4515、雅玉青贮79491、先玉335和衡玉175倒伏倒折率之和均大于18%，超过10%，说明在黑龙港地区晚春播情况下，以上四个品种抗倒伏能力较差，会造成收获期机械化收获困难，不适宜在该区域推广。

病害对青贮玉米产量和品质都有显著影响。青贮玉米的抗病能力强弱也是鉴别其是否适宜在某些区域推广种植的重要判断标准。如表6所示，参试的14个青贮玉米品种丝黑穗病差异显著（$P<0.05$），瘤黑粉病、小斑病差异极显著（$P<0.01$），大斑病差异不显著。参试品种丝黑穗病感病率范围为0～0.61%，瘤黑粉病感病率范围为0～1.38%，大斑病感病率范围为0.03%～0.45%，小斑病感病率范围为2.05%～5.48%，按照河北省玉米品种区域试验调查项目及标准，参试的14个青贮玉米品种对丝黑穗病、瘤黑粉病、大斑病和小斑病的抗病性均属于"抗"以上级别，抗病能力较强。

表6 不同青贮玉米品种的抗逆性

品种名称	倒伏率 （%）	倒折率 （%）	丝黑穗病 （%）	瘤黑粉病 （%）	大斑病 （%）	小斑病 （%）
北农青贮208	5.31 CDc	3.78 Bb	0.15 ab	1.38 Aa	0.33	2.30 ABbc
北农青贮308	20.82 ABa	2.93 Bb	0.00 b	0.31 Bbc	0.15	3.76 ABabc
北农青贮356	4.46 CDc	2.19 Bb	0.15 ab	0.37 Bbc	0.12	4.31 ABabc
北农青贮2932	0.32 Dc	1.52 Bb	0.00 b	0.38 Bbc	0.03	2.05 Bc
恩喜爱298	0.31 Dc	0.39 Bb	0.00 b	0.46 Bbc	0.37	2.80 ABabc
中农大青贮GY4515	18.02 ABCab	0.55 Bb	0.31 ab	0.47 Bbc	0.21	4.26 ABabc
雅玉青贮79491	7.40 BCDbc	11.40 Aa	0.00 b	0.82 ABab	0.26	4.30 ABabc
辽单青贮625	1.62 Dc	0.93 Bb	0.00 b	0.00 Bc	0.45	4.83 ABab
郑单958	0.47 Dc	0.47 Bb	0.00 b	0.00 Bc	0.07	5.48 Aa
先玉335	17.62 ABCab	1.38 Bb	0.00 b	0.44 Bbc	0.18	2.96 ABabc
衡玉175	23.44 Aa	1.20 Bb	0.00 b	0.46 Bbc	0.27	4.37 ABabc
衡玉321	1.28 Dc	0.45 Bb	0.61 a	0.00 Bc	0.11	4.14 ABabc
巡青518	0.77 Dc	0.54 Bb	0.00 b	0.86 ABab	0.14	5.32 Aa
巡青2008	0.49 Dc	0.62 Bb	0.00 b	0.00 Bc	0.27	3.18 ABabc

2.5 不同青贮玉米的饲用品质

对深州市护驾迟试验点2015年各参试青贮玉米品种进行饲用品质测定，结果见表

7。由表7可以看出，不同青贮玉米品种粗蛋白、中性洗涤纤维、酸性洗涤纤维、可溶性糖和淀粉含量均存在极显著差异（$P<0.01$）。粗蛋白含量最高的为巡青518，其次为恩喜爱298，二者粗蛋白含量极显著高于对照郑单958（$P<0.01$）。辽单青贮625、恩喜爱298和巡青518中性洗涤纤维含量显著低于对照郑单958（$P<0.05$），而北农青贮2932、北农青贮208、先玉335、北农青贮308和北农青贮356中性洗涤纤维含量显著高于对照郑单958（$P<0.05$）；酸性洗涤纤维含量方面巡青518和恩喜爱298显著低于对照郑单958（$P<0.05$），而北农青贮308、北农青贮2932、北农青贮356、先玉335、和北农青贮208显著高于对照郑单958（$P<0.05$）；先玉335和辽单青贮625可溶性糖含量与对照郑单958差异不显著，其余品种均极显著低于对照郑单958（$P<0.01$）；巡青2008、恩喜爱298、衡玉175、中农大青贮GY4515、巡青518、辽单青贮625和北农青贮356淀粉含量显著高于对照郑单958（$P<0.05$），北农青贮2932、衡玉321、北农青贮208和北农青贮308淀粉含量显著低于对照郑单958（$P<0.05$）。

对14个青贮玉米品种饲用品质按照不同评价方法进行了排序和分级，见表7。按照隶属函数法评价，饲用品质超过对照的品种有先玉335、北农青贮2932、雅玉青贮79491和北农青贮356。按照RFV评价方法，饲用品质超过对照的有辽单青贮625、恩喜爱298、巡青518、中农大青贮GY4515、巡青2008和衡玉321。按照GI评价方法，饲用品质超过对照的有恩喜爱298、巡青518、辽单青贮625、中农大青贮GY4515、衡玉321和巡青2008。按照《青贮玉米品质分级》国家标准的分级及指标要求，参试的14个青贮玉米品种可分为3级，一级为恩喜爱298、中农大青贮GY4515、辽单青贮625和巡青518；二级为北农青贮208、北农青贮356、北农青贮2932、雅玉青贮79491、郑单958、先玉335、衡玉175、衡玉321和巡青2008；三级为北农青贮308。综合评价来看，恩喜爱298、中农大青贮GY4515、辽单青贮625和巡青518通过RFV、GI和《青贮玉米品质分级》三种评价方法与对照郑单958相比，排序均超过对照，饲草品质较优。

3 讨 论

3.1 生育进程

在河北黑龙港地区，饲用小黑麦一般10月初播种，次年5月中下旬进行收获[6]，最后收获日期一般在5月20日左右结束。收获后及时复种青贮玉米，青贮玉米作饲草利用，最适收获时期在乳熟期和蜡熟期之间[23]，该研究收获时期即确定在乳熟期和蜡熟期之间。青贮玉米收获后继续复种饲用小黑麦，为给下茬饲用小黑麦种植留出准备时间，饲用小黑麦—青贮玉米复种模式下青贮玉米的收获期最晚不能晚于10月1日，相当于黑龙港地区正常夏玉米收获时间，另外青贮玉米的收获期也不宜过早，过早达不到延长生长期的目的，造成光热资源浪费，建议在9月10日以后收获，最佳收获时期在9月中旬。根据2015—2016年连续两年多点试验结果显示，与对照郑单958相比，北农青贮208、北农青贮308、北农青贮2932、雅玉青贮79491、辽单青贮625和衡玉175品种生长期均超过对照，一般在9月中旬收获，与饲用小黑麦在生育期上搭配合理，即为

表 7 不同青贮玉米品种饲用品质比较

品种名称	粗蛋白 (%)	中性洗涤纤维 (%)	中性洗涤纤维 (%)	可溶性糖 (%)	淀粉 (%)	隶属函数综合评价值	排序	相对饲用价值	排序	饲草分级指数 (MJ·d⁻¹)	排序	青贮玉米品质分级
北农青贮208	7.62 BCbc	46.63 ABab	25.60 BCb	17.13 Ee	20.87 GF	0.511 BCcd	7	137.57 EFde	13	17.03 Dd	13	2
北农青贮308	7.56 BCbc	44.86 Cc	28.14 Aa	16.05 FGf	16.74 Hg	0.451 CDdef	10	138.91 EFde	12	17.49 Dd	11	3
北农青贮356	7.62 BCbc	41.96 Dd	25.84 Bb	17.10 EFe	26.08 BCDc	0.534 BCbc	4	152.47 Dc	10	20.94 Cc	9	2
北农青贮2932	7.37 Cc	47.69 Aa	25.84 Bb	21.13 Cc	22.69 Fe	0.596 ABab	2	134.15 Fe	14	15.68 Dd	14	2
恩喜娄298	7.82 ABab	37.23 Gh	22.20 EFfg	22.71 Bb	27.30 ABab	0.515 BCcd	6	178.93 Aa	2	29.03 Aa	1	1
中农大青贮GY4515	7.41 Cc	39.65 EFfg	22.94 DEFdef	22.84 Bb	26.53 ABabc	0.490 CDcde	8	166.66 Bb	4	23.95 Bb	4	1
雅玉青贮79491	7.29 Cc	41.25 DEde	25.43 BCbc	22.96 Bb	24.85 DEd	0.538 BCbc	3	155.80 CDc	9	20.88 Cc	10	2
辽单青贮625	7.42 Cc	36.84 Gh	22.30 EFefg	25.03 Aa	26.23 BCbc	0.464 CDcdef	9	180.68 Aa	1	28.10 Aa	3	1
郑单958	7.43 Cc	39.92 EFef	23.56 DEde	24.85 Aa	24.92 CDEd	0.524 BCbcd	5	164.38 Bb	7	23.43 Bb	7	2
先玉335	7.32 Cc	45.23 BCbc	25.64 BCb	25.59 Aa	24.40 Ed	0.655 Aa	1	141.75 Ed	11	17.37 Dd	12	2
衡玉175	7.40 Cc	40.02 EFef	24.16 CDcd	18.51 Dd	26.55 ABabc	0.450 CDdef	11	162.90 BCb	8	23.01 BCb	8	2
衡玉321	7.39 Cc	39.67 EFfg	22.94 DEFdef	18.95 Dd	21.82 FGef	0.331 Eg	14	166.56 Bb	6	23.87 Bb	5	2
巡青518	8.13 Aa	38.30 FGgh	21.49 Fg	15.37 Gf	26.51 ABabc	0.418 DEef	12	175.28 Aa	3	28.83 Aa	2	1
巡青2008	7.29 Cc	39.26 Ffg	23.91 Dd	17.18 Ee	27.62 Aa	0.405 DEfg	13	166.57 Bb	5	23.66 Bb	6	2

下茬饲用小黑麦留出足够的时间进行灌溉、整地等播前准备，又充分利用光热资源，发挥了青贮玉米品种的生产潜能，提高了生物产量。

3.2 生物产量

收获时期对青贮玉米生物产量具有重要决定作用，不同学者在青贮玉米收获期上有不同观点。Ganoe[24]认为，当玉米籽粒乳线从 2/3 到完全消失期间收获可以得到最高的生物产量；在英国，Bunting[25]认为，当青贮玉米的干物质含量为 27%～30% 时最适宜收获；苗树君等[26]从青贮玉米对奶牛的营养价值角度分析，蜡熟期收获优于乳熟期，乳熟期优于乳熟前期；潘金豹[23]研究认为青贮玉米最佳收获期在乳熟期到蜡熟期之间，此时收获的青贮玉米籽粒和秸秆营养质量高，适口性好。本试验选择在乳熟期到蜡熟期之间，乳线 1/2 时期收获。综合连续两年多点试验结果显示，不同青贮玉米品种经过连续两年多点试验，平均生物产量存在极显著差异。北农青贮 308、衡玉 175 和北农青贮 2932 生物产量处于前 3 位，显著高于对照郑单 958（$P<0.05$），其次为北农青贮 208 和辽单青贮 625，生物产量分别比对照郑单 958 提高 13.8% 和 10.6%，但差异不显著。5 个品种经连续两年多点试验平均生物产量均超过 1 300 kg/亩，且穗比重超过 55%。另外，5 个品种的鲜干比依次为 39.15%、35.79%、32.38%、30.23% 和 32.38%，即收获时全株含水量分别为 60.85%、64.21%、67.62%、69.77% 和 67.62%，由于制作青贮时原料含水量最好控制在 65%～70%[27]，过高或过低均不利于青贮，综合生物产量和利于青贮因素考虑北农青贮 2932、北农青贮 208 和辽单青贮 625 更适于黑龙港地区晚春播条件下种植。

3.3 抗性评价

倒伏会严重影响到玉米产量，不同时期发生倒伏现象对玉米后期生长发育产生的影响存在明显差异[28]，且造成机械收获困难[29]。乔宏伟[30]认为倒折率、黑粉病、倒伏率和小斑病是影响玉米产量的重要因素。段鹏飞[31]认为吐丝期后的病害对玉米的产量和品质影响负面作用更大。但是，青贮玉米品种具体倒伏率或病害率达到多少时可以淘汰并没有统一的标准可以参考。本试验参考玉米区域试验中倒伏率和倒折率之和大于 10% 以及瘤黑粉病和丝黑穗病之和大于 5% 的淘汰标准对参试的 14 个品种进行了评价，其中北农青贮 308、中农大青贮 GY4515、雅玉青贮 79491、先玉 335 和衡玉 175 倒伏倒折率之和大于 10%，说明这些品种在河北黑龙港地区晚春播条件下抗倒能力较差，不适宜在该地区晚春播条件下推广种植。

3.4 饲用品质

青贮玉米饲用品质评价方法较多，主要表现在利用单一营养指标评价和利用综合指数评价两方面。如粗蛋白含量越高，粗饲料品质越好[20]，中性洗涤纤维（NDF）和酸性洗涤纤维（ADF）含量越高品质越低[32]，单一指标仅仅反应青贮玉米某一方面特性，难以综合评价青贮玉米饲用品质。目前较多利用的综合指数评价青贮玉米饲用品质的方法有相对饲用价值（RFV）和饲草分级指数（GI）。但是，RFV 仅反应青贮玉米能量的相对值，GI 反映青贮玉米被家畜采食利用的有效能值[26]，二者在计算过程中均没有考虑到淀粉含量高低对青贮玉米饲用品质的影响。本试验采用隶属函数法、RFV、GI、和《青贮玉米品质分级》国家标准的分级方法对参试的 14 个青贮玉米品种进行饲用品质分级和排序，结果显示，RFV 和 GI 方法排序基本一致，隶属函数法综合了粗蛋白、NDF、ADF 可溶性糖和淀粉各项指标，但仅是利用各个品质指标隶属度的均值累计来综合评价，没有区分各项品质指标的权重值，评价排序结果与 RFV 和 GI 差距较大。而《青贮玉米品质分级》同样综合了粗蛋白、NDF、ADF 可溶性糖和淀粉 5 项指标，且各项指标给出标准区间值。本试验按照《青贮玉米品质分级》标准对参试的 14 个青贮玉米品种进行了分级，其中恩喜爱 298、中农大青贮 GY4515、辽单青贮 625 和巡青 518 为一级，北农青贮 308 为三级，包括对照郑单 958 在内的其余品种均为二级。

目前在评价青贮玉米品种上缺乏有效统一的规范评价方法，如何把生物产量和饲用品质有效结合，并考虑动物转换吸收利用等因素，应为综合评价青贮玉米品种的科学有效方式。目前国外在评价粗饲料最关键的标准为每吨产奶量和每亩产奶量，即 milk 2006[33]，每吨产奶量反应青贮玉米品质，每亩产奶量反应青贮玉米品质和产量。milk 2006 需要用到的数据指标包括生物产量、干物质含量、粗蛋白含量、NDF 含量、NDF 体外消化率、淀粉含量、灰分含量和脂肪含量，本试验由于缺乏 NDF 体外消化率，无法进行每吨产奶量和每亩产奶量计算，这是本试验的欠缺之处。下一步将安排各品种的 NDF 体外消化率测定，从产量和品质综合评价参试品种。另外，milk 2006 是利用产奶量来综合评价粗饲料，但对于肉牛、肉羊等产肉动物是否合理还需进一步探讨。

由于青贮玉米生长期间雨热同期，降水量基本满足青贮玉米生长需求，因此本试验在青贮玉米评价时没有考虑青贮玉米的节水性问题。另外，种植密度对青贮玉米产量和品质都有重要影响[34]，本试验参考国家青贮玉米试验方案，将种植密度设置为 5 000 株/亩，而没有考虑不同品种最适播种密度，需进一步完善。

4 结 论

从生育期和抗逆性来看，北农青贮 2932、北农青贮 208 和辽单青贮 625 生育期适中，适于和饲用小黑麦搭配种植，且抗病抗倒能力强。其中北农青贮 2932 连续两年多点平均生物产量为 1 384.0 kg/亩，显著高于对照郑单 958，北农青贮 208 和辽单青贮 625 连续两年多点平均生物产量为 1 349.3 kg/亩和 1 310.5 kg/亩，比对照郑单 958 提高 13.8% 和 10.6%，但差异不显著。从饲用品质来看，辽单青贮 625 经 RFV 和 GI 评价排序均超过对照郑单 958，通过《青贮玉米品质分级》属于一级，品质较优。综合生育期、抗逆性、生物产量和饲用品质来看，北农青贮 2932、北农青贮 208 和辽单青贮 625 品种更适合在河北黑龙港地区晚春播条件下和饲用小黑麦搭配种植，替代生产上的粮食品种，形成饲用小黑麦—青贮玉米复种栽培模式，不仅能有效缓解该地区日趋紧张的水资源问题，而且可为该地区发展"粮改饲"及向草牧业转型提供技术支撑。

参考文献

[1] 杨丽芝，张勇，刘春华. 华北平原地下水资源功能衰退与可持续利用 [J]. 工程勘察，

2013（6）：48-55.

[2] 郭燕枝，王小虎，孙君茂．华北平原地下水漏斗区马铃薯替代小麦种植及由此节省的水资源量估算 [J]．中国农业科技导报，2014，16（6）：159-163.

[3] 隋鹏．黄淮海平原节水种植模式生态经济分析及优化配置研究——以河北省栾城县为例 [D]．北京：中国农业大学，2005.

[4] 谢楠，李源，赵海明，等．饲用黑麦、小黑麦品种的抗旱性评价 [J]．中国草地学报，2011，33（6）：82-88，101.

[5] 杨蕊菊．小黑麦抗旱生态适应性研究 [D]．兰州：甘肃农业大学，2003年.

[6] 谢楠，李源，赵海明，等．饲用小黑麦适宜刈割时期及刈割次数研究 [J]．草原与草坪，2014，34（2）：57-62.

[7] 李春喜，叶润荣，杜岩功，等．高寒牧区青贮玉米生产性能初步研究 [J]．草地学报，2013，21（6）：1 214-1 217.

[8] 马维国，马海渊．甘肃河西灌区不同青贮玉米品种经济性状研究 [J]．畜牧兽医杂志，2010，29（1）：16-18.

[9] 程云辉，张俊，丁成龙，等．南方农区青贮玉米品种适应性及生产性能比较 [J]．草业与畜牧，2007（9）：32-34.

[10] 蒋万，谢铁娜，周玉香．不同青贮玉米品种的生物产量及青贮料品质分析 [J]．黑龙江畜牧兽医，2012（11）：77-79.

[11] 白冰，文亦芾，毛华明．青贮玉米品种筛选研究 [J]．饲料工业，2005，26（3）：15-17.

[12] 祁永红．黑龙江省青贮玉米主栽品种的灰色关联分析 [J]．杂粮作物，2007，27（3）：175-179.

[13] 吴忠海，杨曌，李红．20个青贮玉米品种农艺性状与产量分析 [J]．黑龙江畜牧兽医，2014（10）：96-98.

[14] 田宏，熊海谦，熊军波，等．采用主成分分析和隶属函数法综合评价14份青贮玉米品种的生产性能 [J]．江西农业大学学报，2015，37（2）：249-259.

[15] 徐玉鹏．青贮玉米品种产量与农艺性状相关性研究 [J]．畜牧与饲料科学，2009，30（4）：60-61.

[16] 柳斌辉，赵海明，游永亮，等．海河平原区引进青贮玉米品种的生产性能及适应性评价 [J]．草地学报，2016，24（3）：632-641.

[17] AOAC. Official methods of analysis[M]. Association of offical analytical chemists, Washington, DC. 1980.

[18] Van Soest P J, Robertson J B, Lewis B A. Methods for dietary fiber, neutral detergent fiber and cornstarch polysaccharides in relation to animal nutrition [J]. Journal of Dairy Science. 1991, 74, 3 583-3 597.

[19] 张治科，张慧茹，徐世才．宁夏区内5种牧草可溶性糖和淀粉含量的研究 [J]．宁夏大学学报（自然科学版），2004，25（3）：268-270.

[20] 张吉鹍．反刍家畜粗饲料品质评定的指标及其应用比较 [J]．中国畜牧杂志，2006，42（5）：47-50.

[21] GB/T23387—2009．饲草营养品质评定GI法 [S]．2009.

[22] GB/T 25882—2010．青贮玉米品质分级 [S]．2011.

[23] 潘金豹，张秋芝，郝玉兰，等．我国青贮玉米育种的策略与目标 [J]．玉米科学，2002，10（4）：3-4.

［24］ Ganoe K H, Roth G M. Kernel milkline as a harvest indicator for corm silage in Pennsylvania ［J］. Journal of Production Agriculture, 1992, 5: 519.

［25］ Bunting E S. Maize-an alternative fodder crop in Britain ［J］. Outlook on Agriculture, 1966, 5: 104-109.

［26］ 苗树君, 曲永利, 杨柳, 等. 不同收获期玉米青贮营养成分在奶牛瘤胃内降解率的研究 ［J］. 动物营养学报, 2007, 19 (2): 172-176.

［27］ 玉柱, 孙启忠. 饲草青贮技术 ［M］. 北京: 中国农业大学出版社, 2011: 12.

［28］ 赵霆, 杨东旭, 付昆英. 夏玉米倒伏对其生长发育及产量的影响 ［J］. 农业科技通讯, 2011 (7): 100-101.

［29］ 张景云. 青贮玉米品种引种鉴定试验 ［J］. 黑龙江农业科学, 2012 (6): 3-8.

［30］ 乔宏伟, 武月莲, 宋凤波, 等. 主要病害及倒伏对夏玉米产量影响的研究 ［J］. 现代农业科学, 2009 (2): 100-101.

［31］ 段鹏飞. 河南夏玉米主要病害发生特征及其与气候因素的关系 ［D］. 郑州: 河南农业大学, 2010.

［32］ 韩英东, 熊本海, 潘晓花, 等. 全株青贮玉米的营养价值评价—以北京地区为例 ［J］. 饲料工业, 2014, 35 (7): 15-19.

［33］ Tabacco E, Righi F, Quarantelli A, et al. Dry matter and nutritional losses during aerobic deterioration of corn and sorghum silages as influenced by different lactic acid bacteria inocula ［J］. Journal of Dairy Science. 2011, 94 (3): 1 409-1 419.

［34］ 胡文河, 宋红凯, 吴春胜, 等. 密度对青贮玉米产量和品质的影响] ［J］. 玉米科学, 2008, 16 (6): 100-102, 107.

［此文原刊载于《草原与草坪》, 2017, 37 (4): 88-97］

成本收益视角下蔬菜种植户肥料施用结构影响因素
及影响机理研究

王亚坤², 王慧军¹, 杨振立¹

(1. 河北省农林科学院; 2. 河北农业大学)

摘　要: 为深入研究蔬菜种植户施肥结构影响因素及各因素的影响机理, 以成本收益的视角为出发点, 从农户特征、农户对当期收益、长远收益、精神收益的认知以及销售环境和施肥环境6方面, 提出蔬菜种植户施肥行为意愿影响因素的假说, 运用针对河北省蔬菜种植户施肥结构问题获得的调研数据, 采用多元线性模型, 通过最小二乘法进行计量估计, 分析结果表明, 蔬菜种植户是否饲养牲畜、对农家肥价格的感知、对耕地质量退化问题的重视程度、耕地保护意识、对化肥负面作用的认识和是否参加科学施肥培训对提高其农家费施用比例有显著正影响, 种植户对化肥价格的感知对提高其农家费施用比例有显著负影响. 在对以上7个要素间的逻辑关系进行分析并咨询征求有关专家学者的意见和建议的基础上, 应用ISM模型, 对7个因素直接或间接地影响种植户施肥结构的作用关系进行了分析, 结果表明蔬菜种植户施肥结构影响因素的解释结构模型是一个具有五级的多阶梯结构模型, 最直接影响蔬菜种植户施肥结构的因素是对不同肥料的价格感知, 种植户对不同肥料的价格感知来自其对肥料的效果认识及其可利用的资源, 种植户的耕地保护意识和对耕地退化问题的重视程度会导致其对化肥负面作用的认识也就越深刻, 科学施肥培训可以提高种植户帮助其树立正确的施肥观和科学的生产观。

关键词: 施肥结构; 影响因素; 影响机理; 成本收益; 蔬菜种植户; 科学施肥

合理的施肥结构有助于优化生产资源的合理利用与配置, 提高生产资源利用率, 降低对环境的污染程度, 实现农业的可持续发展。20世纪90年代以来, 我国农业生产过程中对化肥的投入不断增加, 不合理的施肥结构在增加了生产成本的同时还降低了化肥的有效利用率, 发达国家化肥有效利用率为60%~70%, 而我国化肥有效利用率仅为30%~40%, 在部分地区甚至出现仅为10%的现象[1]。化肥施用过量破坏了土壤营养平衡, 降低了农产品品质, 更是危害土壤环境的直接元凶[2]。据报道, 农业的非点源污染已经成为中国水污染的主要根源和空气污染的重要来源[3]。

随着生态环境日益受到重视, 中外学者逐渐意识到不合理施肥给生态环境带来的压力。农户是我国农业生产经营的主体, 是肥料施用行为最终实施的主体, 在肥料施用结构失衡不断加剧的背景下, 分析农户施肥结构决策行为的影响因素及影响机理, 诱导农户调整和优化肥料施用结构已经成为学术界关注的热点[4]。我国是世界最大的蔬菜消费国和蔬菜生产国。20世纪80年代以来, 随着蔬菜产销体制改革的深入推进和种植结构调整步伐的加快, 蔬菜生产持续稳定发展, 我国蔬菜的播种面积不断增加, 蔬菜在农作物中的比重也逐年提升，2012年全国蔬菜播种面积为2 035. 3万 hm^2，占当年农作物总播种面积的 12.45%。蔬菜生产逐步成为农村经济发展的支柱产业，在我国农业和农村经济发展中的地位日益重要，已成为我国农村和农民重要的经济来源。在蔬菜产业快速发展的同时，蔬菜生产也成了肥料施用结构失衡的重灾区。本文从成本收益的角度出发，通过对蔬菜种植户施肥目的和需求的分析，研究蔬菜种植户施肥结构影响因素及其影响机理，以其对诱导农户进行合理施肥、推进农户合理施肥提供依据。

1 研究框架

1.1 研究理论基础

施肥决策具有决策行为的普遍特征，从认知心理学的角度出发，决策者行为选择在信息处理过程中受到内、外因素的共同作用，内外部因素共同作用使得农户施肥行为迥然不同，本质上是农户施肥的需求、动机、目标和其他影响因素共同作用的结果，本研究理论基础如下。

1.1.1 行为学基础——"自然人"和"社会人"

根据马斯洛的需求层次理论，农户首先是"自然人"，所追求的目标是个人价值的实现，因此农户施肥行为特征首先表现为人的本能行为，反映的是农户"自然人"的角色。"自然人"提供人类生存的物质基础，同时农户还是"社会人"，其需求在包括"自然人"的自我需求外，还包括社会公共需求。人是自然属性和社会属性的统一，"社会人"的主要特性是人类活动的目的性和自觉性，人的社会活动是有意识的、经过思虑或动机、追求预期目的的行为过程。

1.1.2 经济学基础——"理性经济人"和"有限理性经济人"

古典经济学假定人思考和行为都是目标理性的，从经济学角度来讲，农户的施肥行为所追求的目标是利润最大化，即"理性经济人"。从现代经济学的观点上来看，由于人获得的信息的不完全性及人对环境认识能力的有限性，人是介于完全理性与非理性之间的"有限理性"状态。在有限理性概念下，由于受生产成本、风险、市场环境、信息等因素的限制，人的行为是一种有限条件的理性，会在力所能及的范围之内进行选择，其所能追求到的是实现"满意状态"而不是"最大化"，人是"有限理性经济人"，其行为决策是在追求生产成本和风险约束双重条件下的收益最大化。结合上述理论基础，施肥行为作为农户的投资行为，在利益最大化的驱使下，农户施肥决策行为受生产成本、预期收益、预期风险的影响，此外，农户作为"社会人"和"有限理性经纪人"，农户在施肥决策时还会考虑其社会责任和社会的认同，即在考虑当前利益的同时，也会考虑长远未来发展，在考虑经济利益的同时，也会考虑生态环境、社会影响等问题。结合以上文献和理论的分析以及蔬菜生产中肥料施用的特点，构建分析蔬菜种植户施肥投入结构的理论分析框架，如图1所示。

1.2 研究假说

借鉴已有的研究成果[5-17]，本文从成本收益的视角出发，从农户特征、农户对当期

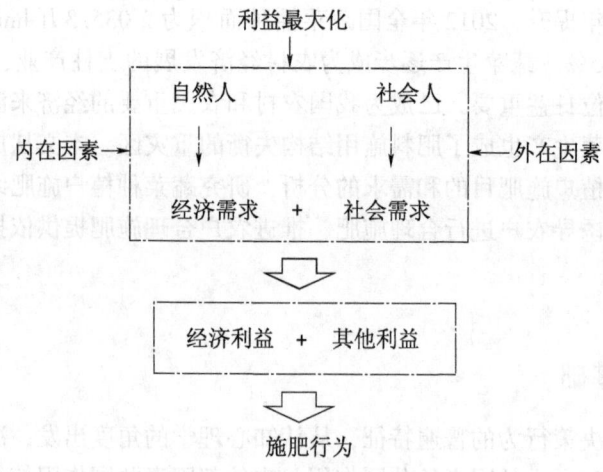

图1 农户施肥决策

收益、长远收益、精神收益的认知以及销售环境和施肥环境6方面，提出蔬菜种植户施肥行为意愿影响因素的假说。第一，农户特征影响施肥结构。选择户主年龄、户主性别、户主文化程度、是否饲养牲畜4个变量。第二，蔬菜生产作为农户的短期投资行为，实现当期经济利益是其重要目的，在当期经济利益的驱使下，农户在施用化肥中首先考虑的是肥料的价格，农户对不同肥料的价格感知程度影响其施肥决策。选择种植户对化肥价格的感知、对农家肥价格的感知两个变量。第三，对农户来说，由于蔬菜生产是一个连续的过程，未来生产情况与当前耕地、环境情况密切相关，农户在考虑当前收益的同时也会考虑长远收益，因此，农户对远期收益的重视程度、对不同肥料远期收益效果认知影响其当期施肥行为。选择种植户对耕地质量退化问题的重视程度、耕地保护意识、化肥施用的负面作用认识程度3个变量。第四，过量施用化肥在污染环境、破坏农业生态的同时，对蔬菜的质量也带来巨大危害。种植户在出售自己的产品获得经济收益的同时，也会考虑产品的品质和安全问题。种植户对蔬菜安全的认识程度、出售安全蔬菜的获得的心安感和自豪感影响其施肥结构。选择种植户对蔬菜安全的重视程度、出售安全蔬菜获得的心安感和自豪感两个变量。第五，如果收购商对蔬菜安全品质有要求，种植户为了避免收购商拒绝收购造成的损失，就会提高蔬菜质量，种植户会提高农家肥投入。选择收购商对蔬菜安全品质是否有要求1个变量。第六，施肥环境。如果种植户施用农家肥能得到政府补贴，将降低种植户施用农家肥的成本，提高其施用农家肥的积极性，减少化肥使用量。政府及相关部门的宣传、培训可以对蔬菜种植户的施肥行为产生导向作用，增强蔬菜种植中合理施肥的积极性。选择是否有农家肥补贴和科学施肥培训两个变量。

考虑到各种肥料有效含量（尤其是农家肥）很难进行折纯加权，本文选取蔬菜种植户每亩农家肥施用成本占肥料总施用成本的比例作为被解释变量。

2 蔬菜种植户施肥结构影响因素分析

2.1 模型选择

本研究的被解释变量农家肥施用成本占肥料总施用成本的比例为连续变量，结合数据特征及前人研究经验，本研究将采用多元线性模型，通过最小二乘法（OLS）对计量模型进行计量估计，模型的一般形式如下：

$$y = c + \sum_{i=1}^{14} \beta_i x_i + \varepsilon$$

式中 y 表示农家肥成本占肥料总成本的比例，c 为常数项，x_i 表示影响施肥结构的因素，β 表示各解释变量的待估参数，ε 表示随机扰动项。

2.2 数据来源

改革开放以来，河北蔬菜在种植面积、生产产量、出口创汇方面都呈现出了快速增长趋势。2012 年河北蔬菜播种面积 120.3 万 hm^2，占全省当年农作物播种面积的 13.69%，蔬菜产量 76.951×10^6 t，占全国当年蔬菜总产量的 10.86%，连续多年位居全国蔬菜产量第 2 位，2012 年河北省蔬菜产值 1 333.87 亿元，占当年河北省农林牧渔业总产值的 24.98%，人均蔬菜产量 1 059.35 kg，蔬菜已成为种植业中仅次于粮食的第 2 大产业，形成了包括张承错季产区、冀东产区、环京津产区、沧衡产区、冀中产区、冀南产区六大产区的蔬菜生产格局。目前河北省蔬菜重点发展的地区包括《全国蔬菜产业发展规划（2011—2020 年）》确定的河北省 57 个蔬菜大县和《河北省现代农业发展规划（2012—2015 年）》确定的 24 个蔬菜生产示范县。

本研究在 57 个蔬菜大县和 24 个蔬菜生产示范县范围内开展调研，具体包括张承错季产区的张北和沽源，冀东产区的滦南和丰南，环京津产区的永清和固安，沧衡产区的肃宁、阜城和饶阳。调研以进村对蔬菜种植户随机访谈的形式进行，了解农户蔬菜生产肥料施用相关情况。此外，在部分问题项的测量上，本文研究使用李克特量表（Likert scale），因为该填答方式的内部一致性程度相对较高，在心理学、管理学调查中广泛应用。该量表是一种次序变量[18]，在管理学和心理学中，对于涉及主观判断问卷内容的测量具有比较成熟的应用，同时李克特量表能够避免问题项单纯用是或否来回答，既满足了对主观性判断问题的测度，又能使测度的结果用于定量数据分析。共访谈农户 198 户，通过审核，得到有效问卷 174 份，有效率 87.88%。在实际调研中发现，各个地方都没有针对肥料的补贴，因此将变量 x_{13} 剔除。针对"收购商对蔬菜安全是否有要求（x_{12}）"问题，仅在张北有 3 户种植户表示生产的蔬菜出口到韩国，有安全要求，其余种植户均表示收购商对安全没有要求，因此剔除变量 x_{12}（表 1）。

表 1　进入模型的解释变量及说明

变量名称	变 量 描 述	均值	标准差	预期相关性
Y	实变量：农家肥成本占肥料总成本的比例（单位:%）	0.516 149	0.134 601	
X_1	实变量：户主年龄（单位：岁）	48.18 391	11.41 901	正相关
X_2	虚变量：户主性别（0 女，1 男）	0.793 103	0.406 250	正相关
X_3	虚变量：户主文化程度（1 文盲，2 小学，3 初中，4 高中，5 高中以上）	2.614 943	1.045 776	正相关

（续表）

变量名称	变量描述	均值	标准差	预期相关性
X_4	虚变量：是否养殖牲畜（0否，1是）	0.189 655	0.393 160	正相关
X_5	虚变量：对化肥价格的感知（1非常不合理，2比较不合理，3一般，4比较合理，5非常合理）	2.896 552	0.997 505	负相关
X_6	虚变量：对农家肥价格的感知（1非常不合理，2比较不合理，3一般，4比较合理，5非常合理）	3.160 920	1.001 427	正相关
X_7	虚变量：对耕地质量退化问题（1非常不重视，2比较不重视，3一般，4比较重视，5非常重视）	3.551 724	1.088 655	正相关
X_8	虚变量：耕地保护意识（1非常低，2较低，3一般，4较高，5非常高）	3.614 943	1.083 777	正相关
X_9	虚变量：对化肥负面作用的认识（1一点不了解，2轻微了解，3一般，4比较了解，5非常了解）	3.563 218	1.114 291	正相关
X_{10}	虚变量：对蔬菜安全的重视程度（1非常不重视，2比较不重视，3一般，4比较重视，5非常重视）	2.931 034	0.922 338	正相关
X_{11}	虚变量：出售安全蔬菜获得的心安感（1非常不重视，2比较不重视，3一般，4比较重视，5非常重视）	2.459 770	0.953 298	正相关
X_{14}	虚变量：是否参加科学施肥培训（0否，1是）	0.327 586	0.470 688	正相关

2.3 模型估计结果及分析

2.3.1 模型估计结果

本研究用 Eviews 6.0 软件通过最小二乘法（OLS）对计量模型进行计量估计对所有解释变量进行计算，结果见表2。通过 t 值及伴随概率 P 值可以得出，是否饲养牲畜、对化肥价格的感知、对农家肥价格的感知等7个解释变量通过 0.05 水平下的显著检验，能够较好地对被解释变量进行解释。由 F 值 = 22.818 56，P 值 = 0.000 000 可知方程整体显著水平较高。

表2　蔬菜种植户施肥结构影响因素模型参数估计结果

变量	估计系数	标准误	t 值	P 值
C	0.159 128	0.062 054	2.564 327	0.011 3
X_1	0.000 384	0.000 622	0.617 764	0.537 6
X_2	0.017 066	0.016 590	1.028 728	0.305 2
X_3	0.012 201	0.006 968	1.751 139	0.081 8
X_4	0.055 500	0.017 699	3.135 703	0.002 0
X_5	−0.035 678	0.007 157	−4.984 905	0.000 0
X_6	0.017 971	0.007 064	2.544 111	0.011 9

（续表）

变量	估计系数	标准误	t 值	P 值
X_7	0.024 307	0.006 568	3.700 546	0.000 3
X_8	0.027 011	0.006 520	4.142 653	0.000 1
X_9	0.023 901	0.006 362	3.756 914	0.000 2
X_{10}	0.006 857	0.007 212	0.950 853	0.343 1
X_{11}	0.010 809	0.007 168	1.507 846	0.133 6
X_{14}	0.040 501	0.014 662	2.762 215	0.006 4
R^2		0.629 734		
F 值		22.818 56		
P 值		0.000 000		

2.3.2　结果分析

蔬菜种植户饲养牲畜变量通过了 0.05 统计水平的显著性检验且系数为正，说明饲养牲畜对其提高有机肥施用比例有显著正影响。调查结果显示，饲养牲畜的种植户有 33 户，平均农家肥投入比例为 62.64%，没有饲养牲畜的种植户有 141 户，平均农家肥投入比例为 49.04%。

蔬菜种植户对化肥价格的感知变量通过了 0.01 统计水平的显著性检验且系数为负，蔬菜种植户对农家肥价格的感知变量通过了 5% 统计水平的显著性检验且系数为正。通过与种植户访谈过程中发现，肥料投入作为生产资料投入的很重要部分，种植户虽然希望肥料"越便宜越好"，但是仍能够对肥料的价格感知做出自己的理性判断。蔬菜种植户对农家肥价格合理程度的感知对其提高农家肥施用比例有显著负影响，对农家肥价格感觉越合理，就会增加其投入。同样，对化肥价格感觉越合理，就会减少增加化肥的投入。

蔬菜种植户对耕地质量退化问题的重视程度、耕地保护意识、对化肥负面作用的认识均通过了 0.01 统计水平的显著性检验且系数均为正。农家肥在增加土壤有机营养、改善土壤有机质质量等方面具有极其显著的作用，化肥的肥效快于农家肥[19]。耕地作为种植户长期投资的生产资料，耕地的质量关系到种植户的长远收益，因此，种植户对耕地退化问题越重视、耕地保护意识越强烈，就会增加农家肥的投入，对化肥作用的越了解，就会减少化肥的投入。

是否参加科学施肥培训变量通过了 0.01 统计水平的显著性检验且系数为正。调查结果显示，参加过科学施肥培训的种植户有 57 户，平均农家肥投入比例为 56.44%，没有参加过培训的种植户有 117 户，平均农家肥投入比例为 49.27%。可见，通过化科学施肥培训，农户可以学习和了解更多肥料利用率、施肥技术等知识，农户会选择更合理施肥。

3 蔬菜种植户施肥结构影响机理分析

3.1 模型选择

解释结构模型（interpretive structural model，ISM）。ISM 属于概念模型，它可以把模糊不清的思想、看法转化为直观的具有良好结构关系的模型。解释结构模型法的具体操作是用图形和矩阵描述出各种已知的关系，通过矩阵做进一步运算，并推导出结论来解释系统结构的关系。构建 ISM 的主要工作步骤：第一，设定问题并选择构成系统的要素。第二，根据要素明细表做构思模型，并建立邻接矩阵和可达矩阵。第三，对可达矩阵进行分解后建立结构模型。第四，根据结构模型建立解释结构模型[20]。

3.2 计算过程

3.2.1 建立邻接矩阵和可达矩阵

根据前文实证研究得出的影响蔬菜种植户施肥结构的 7 个影响因素，确定邻接矩阵。为保证方法运用和作图的规范性，在建立矩阵时加上种植户施肥结构 y。邻接矩阵是用来描述系统中各要素两两之间的关系，邻接矩阵 A 的元素 a_{ij} 可以由 0 或 1 表示，矩阵 $a_{ij}=1$ 表示要素 x_i 对 x_j 要素有直接影响，否则 $a_{ij}=0$。通过对要素间的逻辑关系进行分析并咨询征求有关专家学者的意见和建议，确定邻接矩阵 A 如下。

$$A=\begin{bmatrix} 0 & 0 & 0 & 0 & 0 & 0 & 0 & 0 \\ 1 & 0 & 1 & 1 & 0 & 0 & 0 & 0 \\ 1 & 0 & 0 & 1 & 0 & 0 & 0 & 0 \\ 1 & 0 & 1 & 0 & 0 & 0 & 0 & 0 \\ 1 & 0 & 0 & 0 & 0 & 1 & 1 & 0 \\ 1 & 0 & 0 & 0 & 1 & 0 & 1 & 0 \\ 1 & 0 & 1 & 1 & 0 & 0 & 0 & 0 \\ 1 & 0 & 0 & 0 & 1 & 1 & 1 & 0 \end{bmatrix}$$

邻接矩阵反映的是要之间的直接关系，可达矩阵还可以反映要素间的间接关系。如 x_i 对 x_j 有影响，x_j 对 x_k 有影响，那么 x_i 对 x_k 有间接影响。矩阵的元素 $a_{ij}=1$ 表示因素 x_i 对 x_j 有直接或间接的影响，否则 $a_{ij}=0$。可达矩阵 M 是指用矩阵形式来描述有向连接图各节点之间经过一定长度通路后可以最终到达的程度。可达矩阵有一个重要特性即推移率特性。根据布尔代数运算规则（0+0=0，0+1=1，1+0=1，1+1=1，0×0=0，0×1=0，1×0=0，1×1=1）进行运算，如果 $(A+I)^n=(A+I)^{n+1}$，则 $M=(A+I)^n$。本文中蔬菜种植户施肥结构影响因素邻接矩阵 A 满足 $(A+I)=(A+I)^2$，所以蔬菜种植户施肥结构影响因素的可达矩阵 $M=A+I$。

3.2.2 对可达矩阵的级间划分

级间划分就是将影响蔬菜种植户施肥结构的所有要素以可达矩阵为准则划分成不同级次，建立结构模型。在可达矩阵中，由要素 x_i 所在行中所有矩阵元素为 1 的列所对应的要素集合为 x_i 的可达集，用 $R(x_i)$ 表示，由要素 x_i 所在列中的所有矩阵要素为 1 的行所对应的要素集合为 x_i 的先行集，用 $A(x_i)$ 表示。计算 $R(x_i) \cap A(x_i)$ 寻找各层要素集。首先寻找最高要素集，一个多级阶梯结构的最高要素集是指没有比它更高级的要素集可以到达，其可达集 $R(x_i)$ 中只包含它本身要素集，而前因集 $A(x_i)$ 中，除包含要素 x_i 本身外，还包括可以到达它下一级的要素。找出最高要素集后，将其从可达矩阵中划去相应的行和列，从剩下的可达矩阵中寻找新的最高级要素，即为第二级要素。依此找出各级要素集。级间划分结果如下：

第一层级：y；

第二层级：x_5，x_6；

第三层级：x_4，x_9；

第四层级：x_7，x_8；

第五层级：x_{14}。

3.2.3 解释结构模型构建及分析

由图2可以看出，蔬菜种植户施肥结构影响因素的解释结构模型是一个具有五级的多阶梯结构模型。最直接影响蔬菜种植户施肥结构的因素是对不同肥料的价格感知，这是影响蔬菜种植户施肥结构的最表象因素。蔬菜生产种植户的投资行为，增加产出、减少投入是其追求的永恒目标，在经济利益的驱使下，农户会更倾向于投入其认为"划算的"投入。从第三层级，来看种植户对不同肥料的价格感知一方面来自其对肥料的效果认识，还有一方面来自其可利用的资源，充分利用已有的资源就意味着减少投入。种植户的耕地保护意识和对耕地退化问题的重视程度会引导农户去寻找对耕地质量产生消极影响的原因，对化肥负面作用的认识也就越深刻，科学施肥培训可以提高种植户帮助其树立正确的施肥观和科学的生产观，有效提高其重视农业生态环境、保护农业生态环境的意识。

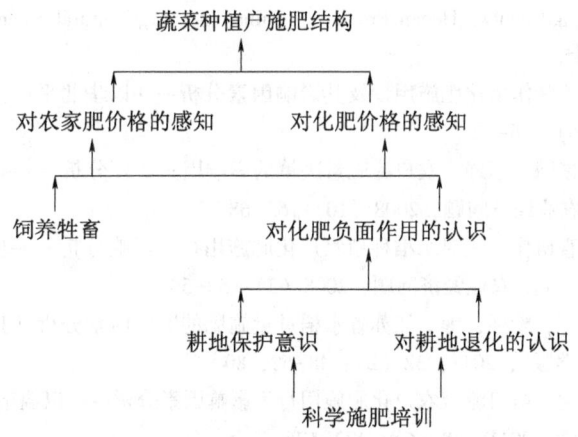

图2　蔬菜种植户施肥结构影响机理分析

4　结论和建议

实证分析结果表明，蔬菜种植户是否饲养牲畜、对化肥价格的感知、对农家肥价格的感知、对耕地质量退化问题的重视程度、耕地保护意识、对化肥负面作用的认识和是否参加科学施肥培训，是影响蔬菜种植户施肥结构的重要因素，7 个因素直接或间接地影响蔬菜种植户施肥结构。

基于本文研究结果，为了积极引导蔬菜种植户合理施肥，提出以下建议：第一，加强合理施肥宣传，积极引导种植户开展合理施肥。加大对合理施肥的宣传力度，使种植户充分认识到农家肥在维持和提高土壤肥力的重要作用，同时逐渐提高农户施用农家肥可以改善生态环境，发展循环经济的认识，同时。加大对过度施用化肥的危害，让农户认识到科学施肥对提升土地肥力、保护和改善农业生态环境的重要意义。第二，加大针对种植户合理施肥的培训力度。具体可通过讲座、座谈、田间指导、田间试验等方式，对种植户科学施肥进行引导和指导。第三，建立并加强种植户与养殖户之间的合作，保障种植户的农家肥来源，完善农家肥供给与需求的市场，实现农家肥供给与需求的市场化，在促进种植户科学施肥的同时，解决养殖户畜禽粪便的环境污染问题，实现农家肥经济和生态的合理利用。

参考文献

[1] 刘桂平，周永春，方炎，等．我国农业污染的现状及应对建议 [J]．国际技术经济研究，2006，9（4）：17-21.

[2] 何浩然，张林秀，李强．农民施肥行为及农业面源污染研究 [J]．农业技术经济，2006（6）：2-10.

[3] 吴优丽，钟涨宝，王薇薇．无公害蔬菜发展中的农民认知与意愿分析 [J]．农业现代化研究，2014，35（4）：42-46.

[4] Han H Y, Zhao L G. Farmers' character and behavior of fertilizer application-evidence from a survey of Xinxiang County, Henan Province, China [J]. Agricultural Sciences in China, 2009, 8 (10)：38-45.

[5] 马骥．农户粮食作物化肥施用量及其影响因素分析——以华北平原为例 [J]．农业技术经济，2006（6）：36-42.

[6] 巩前文，张俊飚，李瑾．农户施肥量决策的影响因素实证分析——基于湖北省调查数据的分析 [J]．农业经济问题，2008（10）：63-68.

[7] 张利国．垂直协作方式对水稻种植农户化肥施用行为影响分析——基于江西省 189 户农户的调查数据 [J]．农业经济问题，2008（3）：50-54.

[8] 马立珩，张莹，隋标，等．江苏省水稻过量施肥的影响因素分析 [J]．扬州大学学报（农业与生命科学版），2011，32（2）：48-52，80.

[9] 颜璐，马惠兰．塔河流域农户化肥施用行为影响因素分析——以温宿县实证调查为例 [J]．新疆农业科学，2011，48（6）：172-176.

[10] 张锋，胡浩．农户化肥投入行为与面源污染问题研究 [J]．江西农业学报，2012，28（1）：183-186，206.

[11] 周智炜，饶静，左停．大都市郊区农户使用化肥行为的影响因素分析——基于北京郊区 202 个农户的调查数据 [J]．南方农业学报，2013，44（12）：102-106.

[12] 马骥，蔡晓羽．农户降低氮肥施用量的意愿及其影响因素分析——以华北平原为例 [J].

中国农村经济, 2007 (9): 9-16.

[13]　张成玉. 测土配方施肥技术推广中农户行为实证研究 [J]. 技术经济, 2010 (8): 76-81.

[14]　葛继红, 周曙东, 朱红根, 等. 农户采用环境友好型技术行为研究——以配方施肥技术为例 [J]. 农业技术经济, 2010 (9): 57-63.

[15]　刘梅, 王咏红, 高瑛, 等. 农户有机肥施用量及其影响因素分析 [J]. 统计与决策, 2009 (12): 61-63.

[16]　史恒通, 赵敏娟, 霍学喜. 农户施肥投入结构及其影响因素分析——基于 7 个苹果主产省的农户调查数据 [J]. 华中农业大学学报 (社会科学版), 2013 (2): 1-7.

[17]　郑鑫. 丹江口库区农户有机肥施用的影响因素分析 [J]. 湖南农业大学学报 (社会科学版), 2010, 11 (1): 11-15.

[18]　吴明隆. SPSS 统计应用实务——问卷分析与应用统计 [M]. 北京: 科学出版社, 2003: 162-171.

[19]　唐继伟, 林治安, 许建新, 等. 有机肥与无机肥在提高土壤肥力中的作用 [J]. 中国土壤与肥料, 2006 (3): 44-47.

[20]　汪应洛. 系统工程理论、方法与应用 [M]. 北京: 高等教育出版社, 1998: 34-57.

[此文原刊载于《江苏农业科学》, 2016, (10): 549-553]

河北棉区战略东移稳棉增粮的决策依据

张　谦[1]，王树林[1]，祁　虹[1]，冯国艺[1]，梁青龙[1]，陈凤丹[2]，

王　燕[1]，雷晓鹏[1]，林永增[1]

（1. 河北省农林科学院棉花研究所/农业部黄淮海半干旱区棉花生物学与
遗传育种重点实验室；2. 河北省海兴县农业局）

摘　要： 河北省棉花主产区集中于黑龙港地区，该区经过多年改造与耕作，水利条件与土壤肥力得到了很大提升，具备了种植粮食作物的基础条件，而该区近年植棉效益持续降低；滨海平原土壤盐碱、水资源欠缺，粮食产量低而不稳，而棉花耐盐碱、节水能力强，在典型地区比较效益高于粮食作物33.3%。故河北省棉区有必要做出二次战略调整，由现有棉区向东部盐碱平原区转移，在稳定河北省棉花面积的同时增加粮食产量。

关键词： 棉区；东移；滨海平原；比较效益

河北棉区属黄河流域，常年播种面积在55万hm²，占全国棉花面积的10%，皮棉总产的9%。20世纪80年代初河北省采取规划与补贴等措施实施了第1次棉田东移，由山前平原与低平原各半分布调整为低平原为主，从水肥条件较好的山前平原转移到干旱缺水的黑龙港流域，目前河北省90%的棉田集中在黑龙港地区[1]。近年，海河低平原水利条件改善和土壤肥力提升，粮食比较效益增高。

滨海平原区位于渤海湾，包括海兴、黄骅、丰南、唐海、滦南、乐亭、昌黎、秦皇岛市区共8县（市）和中捷、南大港、汉沽、芦台4大国有农场，总土地面积95万hm²，占全省土地总面积的5.1%[2]，其中耕地面积41.4万hm²，占本区总土地面积的42.6%，人均土地0.35 hm²，人均耕地0.15 hm²[3]。气候属于暖温带半湿润季风型大陆性气候，年平均气温10.8～12.6 ℃，积温3 800～4 400 ℃，无霜期180～200 d，年平均降水量600～700 mm，主要集中在7—8月，占全年总降水量的60%～70%[4]。滨海平原区土地资源丰富，有大量可开发耕地后备资源，土地盐碱化、淡水资源贫乏是该地区农业生产的主要限制因素。

目前的棉花产业发展困境以及滨海盐碱区域植棉优势，促使河北棉花做出第2次战略东移，棉区东移适应利于土地资源高效利用、生态平衡和规模化农业发展等现实需求。

1　河北植棉史及近年发展趋势

河北省植棉历史悠久，棉农管理技术水平高，棉花单产与品质居于全国前列。新中国成立初期，河北省棉花播种面积稳定在93.3万～106.7万hm²，皮棉产量20万～32

万 t，面积与总产均居全国首位。20 世纪 80 年代由于棉花产量大幅增加，市场出现严重的"供大于求、卖棉难"现象，棉花种植严重萎缩，1986 年下降到 70.8 万 hm²。20世纪 90 年代，受棉铃虫大爆发与价格降低的双重影响，棉花面积再度下滑，1999 年只有 26.7 万 hm²。2000 年以后，转基因棉的大力推广和规模化种植，降低了棉铃虫危害与棉农生产成本，2004 年植棉面积上升至 66.9 万 hm²，随后的十余年内，棉花播种面积波动性较大，主要受农资价格上涨、劳动力外输、销售价格下降等因素影响，2011—2014 年植棉面积下滑明显。

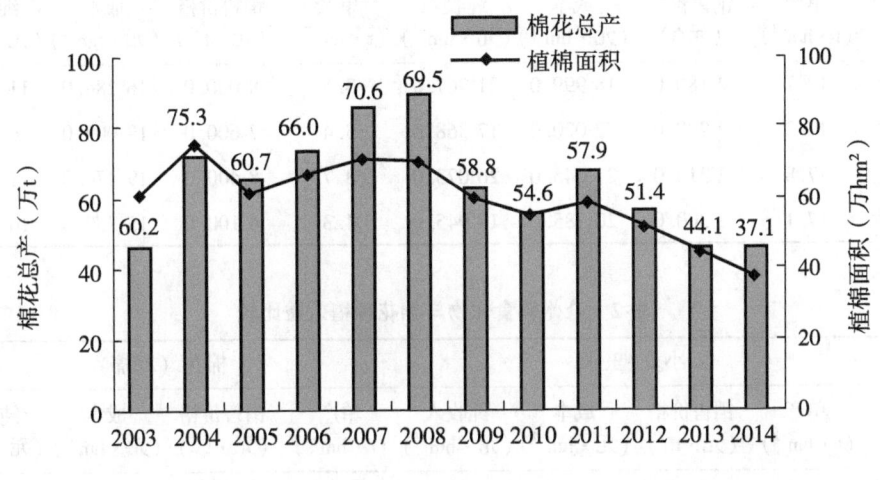

2003—2014 年河北省棉花总产与植棉面积变化

2 河北不同棉区棉粮比较效益

对低平原种植区邢台和滨海盐碱种植区沧州两地的调查统计结果显示，两地的种植效益均存在很大的波动性，主要受作物单产、成本投入、销售价格三因素影响，其中，邢台市所处的海河低平原水利条件逐步改善、土壤肥力提升，农民对干旱、积涝等不利气候的应对能力要高于滨海地区，种植成本上农民根据目标产量也会对农资投入有选择主动性，重要的是，粮食作物价格较为稳定，很大程度上降低了农民在销售环节的盲目性和损失；而沧州地区土壤条件差、淡水资源匮乏，尤其是滨海盐碱区域生产条件更为恶劣。

邢台地区小麦+玉米的种植收益比单作棉花高 8 500～10 400 元·hm⁻²，沧州地区种粮效益虽然也高于棉花，但收益不及邢台的 50%，仅为 2 300～4 900 元·hm⁻²，主要原因是水资源短缺、土壤条件差、生产性投入不足。特别是滨海盐碱地区农民收入水平较低，多以外出务工为主要收入来源，种植经营活动的原则是"省工省事不荒地"，种植结构以小麦、玉米为主，广种薄收，遭遇播期干旱选择撂荒 1 年至数年，基本上"靠天吃饭"，2013—2014 年的连续两年干旱，造成玉米减产 50%～70%，甚至绝收。小麦、玉米对盐碱敏感、耐旱性差，出苗保苗无法保证，使得土地利用率低，管理起来杂乱费工。以滨海平原地区的海兴县为例，小麦+玉米的产量仅为其他平原区产量的50%左右，年收益 7 500 元·hm⁻²左右，而种植棉花可产籽棉 3 000 kg·hm⁻²，高产地块达 3 750 kg·hm⁻²，即使棉花价格近年偏低，仍可实现年收益 10 000 元·hm⁻²左右，比较效益高 33.3%，如表1、表2所示。

表1 邢台粮食作物与棉花种植效益比较

年份	小麦+玉米				棉花（籽棉）			
	单产 (t·hm⁻²)	销售价格 (元/t)	成本 (元·hm⁻²)	纯收入 (元·hm⁻²)	单产 (t·hm⁻²)	销售价格 (元·t⁻¹)	成本 (元·hm⁻²)	纯收入 (元·hm⁻²)
2011 年	18.7	2 180.0	18 999.0	21 767.0	3.5	8 000.0	16 284.0	11 916.0
2012 年	17.2	2 290.0	22 020.0	17 368.0	3.4	7 600.0	19 005.0	6 987.0
2013 年	17.8	2 310.0	21 045.0	20 073.0	3.7	8 400.0	19 470.0	11 526.0
2014 年	17.1	2 300.0	20 385.0	18 945.0	4.3	6 100.0	15 750.0	10 510.5

表2 沧州粮食作物与棉花种植效益比较

年份	小麦+玉米				棉花（籽棉）			
	单产 (t·hm⁻²)	销售价格 (元·t⁻¹)	成本 (元·hm⁻²)	纯收入 (元·hm⁻²)	单产 (t·hm⁻²)	销售价格 (元·t⁻¹)	成本 (元·hm⁻²)	纯收入 (元·hm⁻²)
2011 年	13.2	2 150.0	14 628.0	13 755.2	2.9	8 600.0	14 283.0	11 052.6
2012 年	12.8	2 200.0	13 485.0	14 607.9	2.9	7 600.0	12 004.5	9 712.5
2013 年	13.1	2 280.0	15 990.0	13 928.2	2.8	8 000.0	11 130.0	11 622.0
2014 年	12.0	2 280.0	13 899.0	13 539.7	2.9	7 000.0	10 993.5	9 471.0

注：数据来源自河北省经济统计年鉴，邢台市、沧州市国民经济和社会发展统计公报，调查数据

3 棉区东移对农业发展的影响

3.1 利于土地资源高效利用

滨海平原区有丰富的可开发耕地后备资源约 44.3 万 hm²，占滨海平原区总土地面积的 45.5%，包括可开垦盐碱地和苇地，其中，可开垦盐碱地主要分布在海兴、黄骅等地，占可开垦盐碱地总面积的 66.5%[5]，另外，该区域还有约 8.6 万 hm² 低产棉田，粮食作物受干旱盐碱影响产量低且不稳定。棉花是盐碱地先锋作物[6]，在盐含量 0.3% 条件下生育正常。棉花萌发和生长的极限盐度为 0.6%~0.7% 和 0.4%[7]，含盐量 < 0.2% 的缺钾盐碱土壤施用适量的钠盐还可起到促进生长和提高棉花产量的作用[8]，小麦生长的极限盐度为 6.0 ds·m⁻¹，玉米则仅为 1.7 ds·m⁻¹（1 ds·m⁻¹ = 0.064% NaCl）[9]。

目前，沧州市的盐碱区域中，黄骅市有 4.8 万 hm²盐碱地，棉花面积不足 0.67 万 hm²；

南大港农场 11.2 万 hm^2 盐碱地，棉花种植面积 0.4 万 hm^2，海兴 2.87 万 hm^2 盐碱地，棉花面积不足 0.67 万 hm^2。若沧州加快盐碱地开发利用并发展棉花生产，种植面积可达 26 万 hm^2 以上。冀东滨海平原地区，在"稻改旱"工程影响下，有大量的盐碱土地可以种植棉花作为主要的旱作作物，所以，在盐碱地发展棉花产业有巨大潜力。

3.2 生态平衡的需要

在考虑粮食安全的同时要兼顾生态平衡的需要。河北省地下水超采严重，地下水漏斗面积已超 4 万 km^2，漏斗区主要分布在黑龙港流域的衡水、沧州、邢台、邯郸四市，河北省 90% 的棉花就分布在这一区域，邢台、邯郸、衡水等地随着土壤条件的改善，大量棉农已经选择种植小麦、玉米等作物，以邢台为例，2009—2014 年，粮食作物种植面积增加，植棉面积连续下滑。玉米生长期雨热同步，耗水量相对较少，夏玉米生长期需水量 365.9 mm，同期年均有效降水量 276.5 mm，相当于需水量的 75.6%，尚缺水 89.5 mm，抽雄至灌浆期是夏玉米需水量最多时期，这个时期若遇干旱会造成"卡脖旱"，对玉米产量有严重影响。小麦则属于高耗水作物，农业用水占社会总用水量的 70%，小麦又占农业用水量的 70%[10]。冬小麦全生育期需水量 387.5 mm，黄淮平原小麦生长期平均有效降水量只有 173 mm，尚亏缺 214.5 mm，需水量最大的拔节至成熟期，占总需水量的 75.1%，而此时有效降雨较少，春旱频发。而棉花生长期需水量为 379.6 mm，一般年份有效降水量就能满足其正常生长的需求[11-14]。

农业节水是治理地下水超采的关键。黑龙港流域棉区的衡水、邢台、邯郸三地积极调整种植结构，适当压减冬小麦面积，改种玉米、棉花、花生、油葵、杂粮等低耗水农作物，鼓励改种青贮玉米、苜蓿等饲草作物。沧州受盐碱环境制约应大力发展棉花等低耗水量作物这样既能稳定粮食生产，确保国家粮食安全，又能稳定我省的棉花种植面积和增强棉花产业竞争力。

3.3 资源优势利于规模化农业发展

发展规模化农业是我国现代农业未来发展的必由之路，国家一系列土地流转和农机农资补贴政策也起到了极大的推动作用。实行适度的规模化经营，有利于先进生产技术推广转化，能充分发挥土地和农用物资的生产潜力；有利于增强农民对生产经营的把控能力，降低生产成本和市场风险；有利于实行农业布局的区域化、农业生产的机械化，农业技术的标准化，最终实行农业的现代化。

河北省滨海盐碱地集中化程度高，千亩、万亩甚至数万亩成方连片地块较多，便于机械化作业，快速开展治理耕作。河北环渤海盐碱区域年降水量 550～650 mm，有效积温 4 100～4 300 ℃，日照时数 2 500～2 700 h，比全省常年平均日照时数多 54 h，秋季温度高、日照充足，棉花枯黄萎病发生较轻，且盐碱土壤富钾，具有生产优质棉的气候优势[15]。

4 棉区东移存在的问题及建议

目前，粮棉争地、水资源匮乏、生产力提高缓慢等瓶颈问题已经严重制约河北省现代农业发展，特别是棉花产业的发展，亟须对棉花种植业进行区域和结构调整。盐碱地资源一直以来被视为储备资源、搁置资源，其农业功能未充分开发利用，主要原因是盐碱地自然条件差、生产技术落后、改良难度大、前期投入多等。

4.1 政策引导，因地制宜

种植区域的调整涉及政策制定、农业生产、科学研究等多个方面。首先，政策制定与资金投入要具有导向性和适度倾斜，政府应制定盐碱地整体开发利用方案，因地制宜、以农为本，多种改良措施并举，整合多方资源形成合力，并注重该区域的生态资源利用与保护。另外，河北省相当数量的贫困人口都分布在滨海盐碱区域，开发利用好盐碱地，增加农民收益，实现经济效益的同时将社会效益最大化，达到城镇化与农业现代化协调发展。

4.2 质优价稳，积极植棉

以品质优势获得价格高地，扩大棉花种植规模，内地棉花色白、绒长，相比于新疆机采棉目前暴露出的纤维长度受损、短绒率高、杂质多等问题具有优势，尤其是滨海盐碱区域，降雨集中在7—8月，吐絮期降雨较少、光照条件好、多风烂铃少，棉花品质较高，应发展优质棉基地建设，以质优换取高收益，同时，每年的棉花价格补贴应早落实、早到位，提高棉农的植棉积极性。

4.3 聚集人才，借鉴经验

科研单位努力做好配套技术的集成与推广，盐碱地植棉技术研究有数十年的历史，积累并创新了大量的关键技术和成果。山东东部同属滨海盐碱区，植棉技术处于领先优势，我省要加大项目研发投入，鼓励培养本省盐碱地植棉科研人才的同时借鉴邻省及新疆高产棉种植经验，但勿生搬硬套。

4.4 规模种植，产销贯通

充分利用滨海平原的盐碱地资源优势，在资金与政策上支持企业或个人进行土地流转经营，提高植棉机械化发展速度和质量，扶持农民成立或加入棉花种植合作社、种植服务协会，培养本土棉花经纪人实体，解决传统分散种植造成的成本高、生产累、销售难、价格低等问题，该区域棉花产业发展要有好思路、高起点、新模式。

参考文献

[1] 龚焕文. 从河北省棉田东移看因地种植的经济效益 [J]. 农业技术经济，1984 (6)：5-8.

[2] 孙进群，孙世刚，阎立波. 河北省滨海平原农业现状及未来发展方向 [J]. 河北学刊，2011，31 (2)：203-205.

[3] 浦玉朋，段婧，葛伟，等. 河北滨海平原区土地整理可行性评价体系研究 [J]. 水土保持研究，2011，18 (5)：226-230.

［4］ 胡景辉，孙丽敏．河北滨海平原区种植业结构调整探析［J］．天津农业科学，2013，19（10）：56-59

［5］ 李贺静．河北省滨海平原区补充耕地等别评定研究［D］．保定：河北农业大学，2008.

［6］ 中国农业科学院棉花研究所．中国棉花栽培学［M］．上海：上海科学技术出版社，1983：172-174.

［7］ Levitt J. Responses of plants to environmental stress［J］. Annual Review of Plant Physiology and Plant Molecular Biology，1980，32：109-118.

［8］ 陈国安．钠对棉花生长及钾钠吸收的影响［J］．土壤，1992，24（4）：201-204.

［9］ 赵可夫．植物抗盐生理［M］．北京：中国科学技术出版社，1993.

［10］ 刘昌明，周长青，张士锋，等．小麦水分生产函数及其效益的研究［J］．地理研究，2005，4（1）：1-10

［11］ 王友贞，汤广民．节水灌溉与农业可持续发展［J］．节水灌溉，2005（2）：33-34.

［12］ 兰才有．发展节水灌溉的若干问题［J］．农机科技推广，2005（4）：15-21.

［13］ 梅旭荣．节水农业技术［M］．北京：中国农业科学技术出版社，2007.

［14］ 朱尔明．中国水利发展战略研究［M］．北京：中国水利水电出版社，2002.

［15］ 河北省人民政府办公厅，河北省统计局．河北农村统计年鉴（2012）［M］．北京：中国统计出版社，2012.

［此文原刊载于《天津农业科学》，2016，22（3）：36-39］

麦棉套作一年两熟种植模式效益分析

王树林[1]，祁　虹[1]，王　燕[1]，张　谦[1]，冯国艺[1]，雷晓鹏[1]，

林永增[1]，梁青龙[1]，王国平[2]

(1. 河北省农林科学院棉花研究所/农业部黄淮海半干旱区棉花生物学与遗传育种重点实验室；

2. 中国农业科学院棉花研究所)

摘　要： 于 2013—2015 年对麦棉套作一年两熟与春棉一熟两种模式下的投入、产出与效益进行了比较研究。结果表明：麦棉两熟种植模式在物化投入、机械费用、灌溉费用、人工投入等方面均高于春棉一熟，但小麦与棉花的总产值与纯收益显著高于春棉一熟，2013 年、2014 年、2015 年纯收益分别较春棉一熟增加 26.0%、57.3% 与 57.0%，不同年份间小麦与棉花价格是影响纯收益的首要因素。麦棉套作一年两熟种植模式在植棉效益大幅下降的背景下具有广阔的发展前景。

关键词： 麦棉套作；春棉一熟；成本；效益

棉花是河北省重要的经济作物，常年面积在 50 万 hm² 左右[1]，近年来随着棉花价格的持续下降，棉花面积已不足原来的一半[2-4]，如何提高植棉收益，稳定棉花面积成为亟待解决的重要问题。麦棉套作一年两熟种植模式曾是黄河流域 20 世纪 90 年代主推的技术[5]，但随着小麦联合收割机的应用，麦棉套作模式由于不适应小麦机械收割而迅速萎缩，近年来随着国家对粮食安全问题的日益重视以及植棉效益的迅速下降，麦棉套作模式被重新提及，在解决了小麦联合收割机应用的问题后，麦棉套作模式重新具有了推广的价值[6]。本文对 2013—2015 年河北省邯郸市曲周县麦棉套作一年两熟与春棉一熟种植模式的成本投入、产值效益进行了分析对比[7-10]，为麦棉套作种植模式的应用推广提供了依据。

1　材料与方法

试验于 2013—2015 年在河北省邯郸市曲周县槐桥乡西漳头村进行。麦棉套作一年两熟种植模式采用小麦幅宽 80 cm，棉花预留行 80 cm 的模式，小麦采用立体匀播技术，10 月底 11 月初播种小麦，棉花于 4 月下旬播种，小麦 6 月 10 日前后收获；棉花于 10 月 25 日前收获完毕，随后整地播种小麦。春棉一熟为 4 月中下旬播种，塑料地膜覆盖，一膜两行，小行距 45 cm，大行距 95 cm，10 月底 11 月初棉花收获完毕。管理措施均按照常规大田管理。

每种种植模式固定 1 hm² 的面积，记录种子、化肥、地膜、农药等物化投入的用量与价格，整地、播种、收获等机械费用，灌溉、喷药次数与投入费用，以及田间用工的数量，工值按照每个用工 60 元计算，小麦、棉花收获后按照出售数量与价格计算产值、收益。

2 结果分析

2.1 物化成本投入分析

从物化成本投入来看，麦棉两熟模式 3 年分别为春棉一熟模式的 186.4%、203.0% 与 212.3%，其中小麦种子、化肥、除草剂为麦棉套作模式投入高于春棉一熟的主要来源；如图 1 所示，从不同年份间来看，自 2013 年以后两种种植模式物化投入均呈下降趋势，原因是化肥、种子、地膜等农资价格连年下降所引起，而春棉一熟模式物化投入下降幅度大于麦棉两熟，因此其投入比例呈上升趋势。

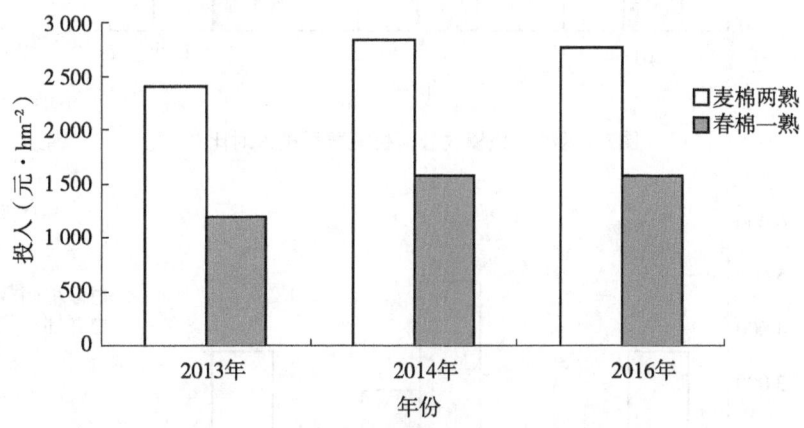

图 1　两种种植模式公顷物化投入对比

2.2 机械费用投入分析

机械费用投入包括整地、播种、秸秆粉碎、小麦收获等，麦棉两熟模式 3 年投入分别为 2 400 元·hm^{-2}、2 841 元·hm^{-2}、2 775 元·hm^{-2}，为春棉一熟模式 2.0 倍、1.8 倍与 1.7 倍，其中小麦播种与收获为麦棉两熟模式投入高于春棉一熟的主要原因；如图 2 所示，2014 年与 2015 年机械费用投入相差不大，但明显高于 2013 年，主要是由于土地旋耕、机械收获等费用有所增加。

2.3 灌溉费用投入分析

春棉一熟模式一般需灌水 12 次，包括底墒水与蕾期关键水，与春棉一熟模式相比，麦棉两熟模式灌水次数需增加 2~3 次，主要为小麦底墒水、返青水、灌浆水，其中棉花播种后的底墒水可以实现一水两用，即可满足棉花出苗需要，又可满足小麦孕穗期的水分需求。根据不同年份间的降水量多少，灌溉费用年际间变化较大，从图 3 中可以看出 2014 年灌溉费用最高，而 2013 年与 2015 年灌溉费用相对偏低。

2.4 人工费用投入分析

随着麦棉两熟模式下小麦机械化收获与棉花机械化播种的实现，其人工投入费用逐年下降，2013 年、2014 年、2015 年麦棉两熟模式人工投入分别比春棉一熟高 35.9%、23.3% 与 13.5%；人工费用投入的下降是麦棉两熟模式应用推广的前提条件（图 4）。

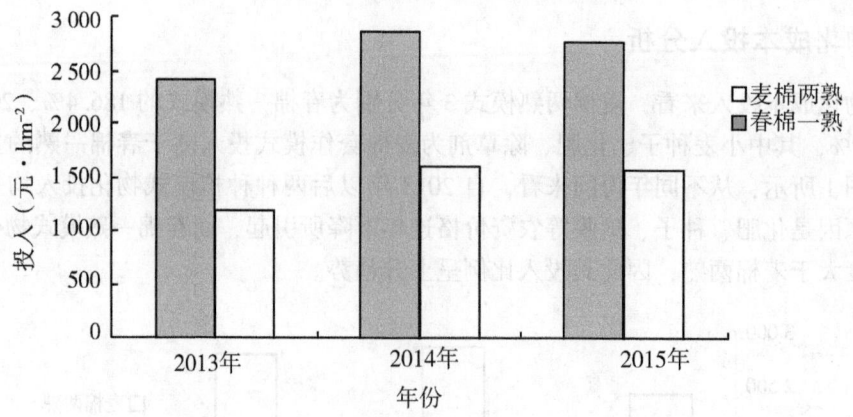

图2 两种种植模式公顷机械费用投入对比

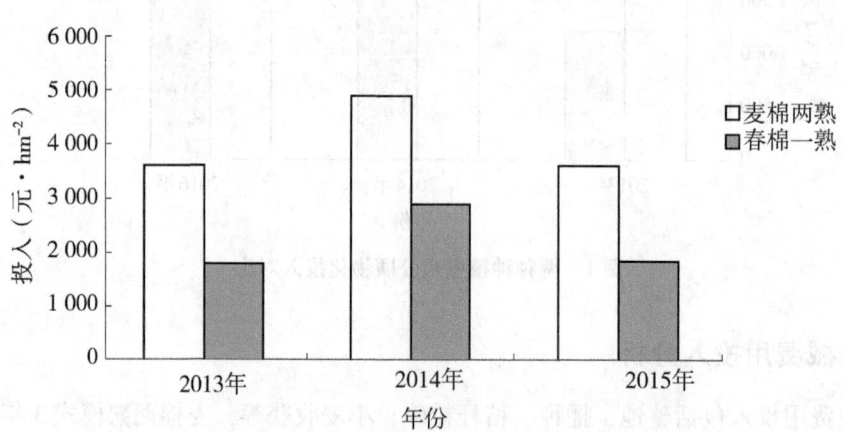

图3 两种种植模式灌溉投入费用对比

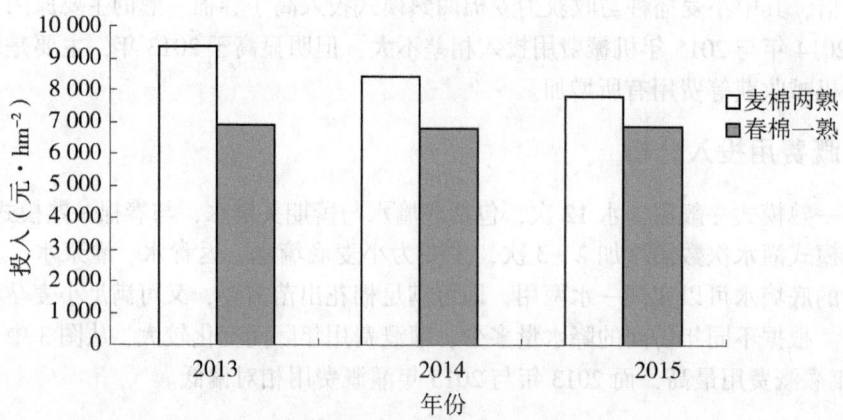

图4 两种种植模式人工投入对比

2.5 成本构成分析

在总投入成本中，麦棉两熟与春棉一熟模式人工投入仍占最大比例，这与人工工值高有关，春棉一熟人工成本比例高于麦棉两熟，是由于春棉一熟模式总投入低于麦棉两熟；物化投入成本仅次于人工成本，灌溉费用受气候因素影响较大，机械费用与化学防治费用接近，均占到总投入的10%左右（表1）。

表1 两种种植模式投入费用所占比例 （%）

项目	种植模式	2013 年	2014 年	2015 年
物化投入	麦棉两熟	26.0	23.8	25.2
	春棉一熟	22.6	17.8	17.7
机械费用	麦棉两熟	10.2	11.5	12.4
	春棉一熟	8.2	9.8	10.5
化学防治	麦棉两熟	8.9	10.9	11.4
	春棉一熟	9.7	12.5	13.5
灌溉费用	麦棉两熟	15.2	19.8	16.2
	春棉一熟	12.3	17.8	12.3
人工投入	麦棉两熟	39.7	34.1	34.9
	春棉一熟	47.2	42.1	46.0

2.6 产值与效益分析

从2013年到2015年，小麦与棉花产量均呈上升趋势，而小麦与棉花价格却呈下降趋势，2015年小麦价格降幅较大，尽管产量增加，但产值却较2014年每公顷下降1 008元；与小麦价格相比，棉花价格降幅更加明显，直接导致棉花产值持续降低，其中麦棉两熟棉花产值2015年较2013年降低20.3%，春棉一熟较2013年降低20.7%；从两种种植模式纯收益来看，2014年与2015年基本持平，产量增加的收益被价格下降所抵消，而与2013年相比，2015年麦棉两熟纯收益降低23.3%，春棉一熟则降低38.5%，其中棉花价格的下降是导致纯收益降低的直接原因。与春棉一熟相比，麦棉两熟种植模式纯收益2013年、2014年、2015年分别增加26.0%、57.3%与57.0%，2014年与2015年小麦产值成为麦棉两熟种植模式纯收益大幅高于春棉一熟的主要因素，而棉花价格的下降导致春棉一熟模式收益大幅降低（表2）。

表 2 不同种植模式产值与收益

种植模式	小麦产量（kg·hm⁻²）	小麦价格（元·kg⁻¹）	小麦产值（元·hm⁻²）	棉花产量（kg·hm⁻²）	棉花价格（元·kg⁻¹）	棉花产值（元·hm⁻²）	总投入（元·hm⁻²）	纯收益（元·hm⁻²）
2013 年								
麦棉两熟	5 850	2.56	14 976	4 050	8.00	32 400	23 625	23 751
春棉一熟	—	—	—	4 185	8.00	33 480	14 625	18 855
2014 年								
麦棉两熟	6 300	2.50	15 750	4 380	6.20	27 156	24 663	18 243
春棉一熟	—	—	—	4 485	6.20	27 807	16 209	11 598
2015 年								
麦棉两熟	6 825	2.16	14 742	4 613	5.60	25 830	22 365	18 207
春棉一熟	—	—	—	4 740	5.60	26 544	14 949	11 595

3 结 论

与春棉一熟模式相比，麦棉套作一年两熟种植模式在物化投入、灌溉费用、机械费用、人工投入等方面虽然均有不同幅度增加，但小麦产值为麦棉两熟模式纯收益提供了保障，在近年来随着棉花价格的下降导致植棉收益大幅降低的背景下，麦棉套作种植模式具有广阔的发展前景。

参考文献

[1] 邓祥顺，秦新敏，刘敏彦. 中国棉业科技进步 30 年—河北篇 [J]. 中国棉花，2009，36（增刊）：7-11.

[2] 李悦有，翟黎芳，卢川. 河北棉区的棉花生产现状及发展策略分析 [J]. 棉花科学，2016，38（3）：8-13.

[3] 王晓媛，冀红. 河北棉花生产形势统计分析及建议 [J]. 中外企业家，2016，18：27.

[4] 李艳，刘爱婷，刘玢. 河北邢台黑龙港地区棉花生产中的问题及对策 [J]. 中国棉花，2013，40（10）：37.

[5] 刁光中. 黄淮海棉区麦棉两熟研究现状和展望 [J]. 中国棉花，1990（1）：6-8.

[6] 王树林，刘文艺，祁虹，等. 多雨寡照年份适宜麦棉套作的棉花品种筛选 [J]. 河北农业科学，2016，20（2）：63-66，83.

[7] 艾先涛，李雪源，王俊铎，等. 新疆棉花植棉比较效益分析 [J]. 新疆农业科学，2011，48（12）：2 183-2 190.

[8] 霍远, 张敏, 王惠. 新疆棉花成本及经济效益分析 [J]. 干旱区地理, 2011, 34 (5): 838-842.

[9] 王振宇, 马奇祥, 栾德印, 等. 棉花麦后移栽与麦棉套作综合效益比较研究 [J]. 河北农业科学, 2010, 14 (7): 97-98, 121.

[10] 智健飞, 刘忠宽, 曹卫东, 等. 棉花-绿豆合理间作模式与效益研究 [J]. 河北农业科学, 2010, 14 (9): 12-13, 16.

[此文原刊载于《天津农业科学》, 2017, 23 (4): 86-89]

河北省草牧业发展现状及产业布局的优化思考

李　源[1]，李子阳[2]，刘贵波[1]

(1. 河北省农林科学院旱作农业研究所/河北省农作物抗旱研究重点实验室；
2. 西北农林科技大学资源环境学院)

摘　要：河北省是我国重要的粮食生产基地，同时又是典型的草食畜牧业大省。在农业产业布局上，粮食作物的主产区与草食畜牧业的主产区都集中在平原农区，然而，由于长期积累形成的"人畜共粮""粮草共地"模式既不利于粮食安全，也进一步限制了草食畜牧业的发展。在分析河北省草牧业产业布局、农区牧草产业发展现状的基础上，提出了河北省"草牧业东移战略"构想：在河北省环渤海唐山、沧州滨海区沿海 20 km 范围内的重度盐碱地建立养殖基地、加工厂，在距养殖基地 50 km 范围内以及黑龙港雨养区的旱薄中低产田发展优质饲草为核心的现代草食畜牧业。这对促进河北省草牧业产业布局的合理规划，提高水土资源利用率、减轻农区环境污染，保障草食畜牧业健康、可持续发展具有重要意义。

关键词：河北省；牧草产业；草食畜牧业；农业结构调整

河北省是我国重要的粮食生产基地，2013 年河北省小麦、玉米播种面积分别为 237.8 万 hm²、310.9 万 hm²，分别占粮食作物播种面积的 37.65%和 49.22%，粮食总产量为 3 365.0 万 t，占全国总产量的 5.59%，居全国第 7 位[1]。河北省又是我国典型的草食畜牧业大省，2015 年年末全省草食畜饲养量为奶牛存栏 196.3 万头、肉牛 166.9 万头、肉羊 1 450.1 万只，奶类总产量约 480 万 t[2]，尤其近几年，河北省在奶类生产分布、奶牛存栏和牛奶产量上一直保持在全国前 3 位[3]。然而，从产业布局上看，河北省小麦、玉米等粮食作物的主产区与草食畜牧业的主产区都集中在平原农区，长期积累形成的"人畜共粮""粮草共地"模式导致土地资源利用率不高，养殖业环境污染问题突出，既不利于粮食安全，也进一步限制了草食畜牧业的发展。同时，在京津冀协同发展战略背景下，京津周边将更多承载的是城市生态涵养功能，由此一来，这些地区的草牧业产业结构重新布局、调整将成为可能。

2015—2016 年中央一号文件提出"加快发展草牧业……形成规模化生产、集约化经营为主的产业发展格局"。考虑到河北省实际，在保证粮食安全的前提下，需要重新科学优化河北省草牧业产业布局。基于此，作者在分析河北省草牧业产业布局、农区牧草产业发展现状的基础上，提出了河北省"草牧业东移"战略构想，对促进河北省农业产业结构转型，保障草食畜牧业健康、可持续发展具有重要意义。

1 发展草牧业是保障粮食安全的重要举措

1.1 草牧业的内涵与粮食安全

关于草牧业的概念，中国工程院院士任继周[4]认为，草牧业是"草业"和"牧业"的复合词，没有谁主谁副的问题，也没有在草业和牧业以外另立专业的含义，有助于改变以往常见的重畜轻草或重草轻畜的草畜脱节问题；中国科学院院士方精云等[5]认为，草牧业是在传统畜牧业和草业基础上提升的新型现代化生态草畜产业；中国草学会副理事长侯向阳等[6]提出草牧业是草业+草食畜牧业+相关延伸产业，是以植物营养体的生产和利用为基础，以饲草生产、草食动物生产、加工等延伸产业的融合和耦合为一体，创造高效和高附加值的新型产业；中国畜牧业协会草业分会会长卢欣石[7]认为，中央一号文件提出的草牧业和粮改饲更新了草产业的传统角色，赋予了草产业以新内涵和新功能，极大地加强了草产业的发展动力；国家牧草产业技术体系首席科学家张英俊[8]提出耦合牧草产业对提高农作物产量和质量、土壤质量和防治病虫害具有重要效果，对提高家畜产品质量和健康以及牧草产品本身进出口效益均具有重要作用。尽管专家们对草牧业的含义、理解存有不同认知，但均把草业提升到了一个新的高度，不仅得到业内认可，也得到了国家高层的认可和重视：2015 年中央一号文件中提出"加快发展草牧业"，这为我国农业结构的调整以及草业的发展提供了巨大的推动力和政策支持。

粮食安全是事关社会稳定的重要政治问题。长期以来，受"以粮为纲"传统思想观的影响，2015 年实现了粮食产量的"十二连增"。然而，随着我国居民消费结构的变化，城乡居民粮食消费的直接消费呈逐年递减，而动物性食物肉、蛋、奶的消费呈快速增加的趋势[9]。传统的耕作农业已无法满足人们对日益增长的对动物性食物消费的需求，中国粮食安全的压力已逐步扩展为生产优质、安全的动物性食物所必需的饲料粮安全问题。以"食物当量"计算，预计中长期内我国的口粮需求约为 2 亿 t"食物当量"，家畜饲料需求为 5 亿 t"食物当量"，共计 7 亿 t"食物当量"[10]。目前我国粮食年均产量约 5 亿 t，作为人的口粮已经有余，但满足饲料所需还远远不够，如此巨大的饲料粮缺口，客观上形成了对草牧业的需求。

1.2 发展草牧业可以缓解饲料粮对粮食安全的压力

目前我国的畜牧业结构以猪禽等耗粮型家畜为主[8-12]，牛羊等草食畜牧业产值占畜牧业总产值的 5%左右，远低于发达国家水平[8]。预计到 2030 年，我国猪肉、牛羊肉、禽肉的消费比例从 2010 年的 64%、10%、26%将分别调整为 60%、15%和 23%[14]。草牧家畜可以将人们不可利用的资源转换为可利用资源，即将牧草、秸秆和农副产品等转化为畜产品，大大缓解粮食安全的压力[13,15,16]。调整我国的畜牧业结构，促进草食家畜的发展，压缩耗粮型家畜（猪）1/3 的数量，可节约谷物 0.67 亿 t[17,18]，相当于 0.15 亿 hm² 农田当量[19]。河北省如果能充分利用尚未开发的粗饲料资源发展草食畜牧业，每年可节约粮食近 765 万 t[12]。由此，加快发展草牧业同样是在保证粮食安全，与种植粮食作物并不存在矛盾。

2 河北省草牧业发展的现状与分析

2.1 草食畜牧业产业的布局现状

目前，河北省的草食动物以奶牛、肉牛和肉羊为主，且逐步形成了以平原农区（山前平原和黑龙港平原）为主的重点养殖区域。

2.1.1 奶牛

以唐山、石家庄、张家口和保定为四大核心养殖区，2010 年 4 个地区的奶牛存栏量达到了 146.9 万头，占全省总存栏量的 81.25%[20]。

2.1.2 肉牛

以坝上地区、燕山和太行山区为繁育基地，形成了北繁南养、西繁东育的生产格局；石家庄、承德、唐山、廊坊和沧州 5 市为核心的优势肉牛产业区。

2.1.3 肉羊

结合农区、半牧区和山区特点，以黑龙港流域和丘陵山区为主，邯郸、张家口、保定、廊坊和沧州五大核心生产区[2,20]，形成了山（坝）繁农育饲养模式生产格局。

2.2 河北省牧草产业的发展现状

2014 年河北省奶牛存栏头数 198.08 万头，单产有 4 478 kg，仅为全国平均水平的 81.4%[3]。从饲草料供应体系来看，河北省平原农区饲草实际需求的 80%~90% 为禾本科饲草。禾本科饲草包括以夏秋季节生长为主的暖季型饲草和以秋冬季节为主的冷季型饲草。在平原区饲草供应体系中 90% 以上是暖季型饲草，且 90% 以上为青贮草利用，秋季一次性收获，继而周年利用。按动物营养需求及饲用品质，平原区饲草可分为以提供蛋白质为主的豆科饲草和以提供碳水化合物为主的禾本科饲草。冷季型饲草短缺，秋贮的饲草常常在春夏季出现供应不足，暖季型饲草种类、品种单一（80% 为玉米秸秆），缺乏优质饲草供应成为牧草畜牧业发展的障碍因素。2012 年数据显示，河北省草食家畜存栏量为 3 827 万羊单位，饲草料需求量为 2 514.02 万 t，饲料秸秆和牧草供给量分别为 836.33 万 t 和 1 042.71 万 t，饲草料供求差额为 634.98 万 t。针对河北省草畜不平衡、优质饲草料短缺的状况，张英俊等[23]提出通过提高秸秆饲料化利用率和构建"粮—经—饲"三元种植业结构模式来增加饲草的有效供给。

2.3 发展过程中存在的矛盾

平原农区是河北省粮棉油的重要生产基地，粮食作物产量占全省的 90% 以上，王慧军等[21]研究发现，河北省山前平原区利用全省 31.1% 的耕地生产了全省 49.3% 的粮食；黑龙港低平原区利用全省 39.8% 的耕地生产了全省 43.2% 的粮食。就目前而言，该地区同时成为粮食作物与草食畜牧业的主产区，长期累积造成以下问题日益突显。

2.3.1 人畜共粮矛盾导致粮食紧张

平原农区草食家畜 80% 的粗饲料来源于玉米秸秆，由于长期缺少优质能量型饲草，植物蛋白的不足只能靠消耗大量的饲料粮来补充，"人畜共粮"造成了粮食的浪费。

2.3.2 粮畜争地矛盾导致土地资源浪费

大规模的养殖场需固定的养殖地点，一般以耕地为主。以每养殖 10 头奶牛占用耕地 0.067 hm² 计算，100 万头奶牛的养殖场就需占用耕地 0.67 万 hm²，粮畜争地进一步导致了可耕地资源紧张，同时也造成了土地资源的浪费。

2.3.3 土地资源利用率低

草牧业要实现高效优质发展，特别是奶业，必须要有优质饲草的供应。目前河北省奶牛、肉牛、肉羊养殖所需饲草 80% 为青贮草，必须立足于就地供应，每头奶牛要需 0.2 hm² 较好耕地生产的草产品才能满足需求，在一定程度上需要占用农区部分好的耕地，导致土地资源利用效率较低。

2.3.4 畜禽规模养殖导致环境承载力紧张，环保压力大

据估算，河北省 2014 年畜禽养殖业主要畜禽粪尿排放总量为 14 109.05 万 t，是当年工业固体废物产生量的 33.65%。而在平原农区，石家庄、唐山、邯郸和保定 4 个地区的畜禽粪尿排放总量占河北省总排放量的 50.75%；畜禽中以牛粪尿产生量最高，占河北省畜禽粪尿产生总量的 38.65%[22]。而目前，无论是技术角度还是现实生产中，粪污排放污染问题尚未从根本上得到解决。2016 年 2 月出台的《河北省水污染防治工作方案》，也进一步限制了平原农区畜禽的规模养殖。

2.3.5 草牧业发展缺少可持续性的统筹规划

草牧业发展缺少从产业布局等方面的统筹规划。草畜结合程度不高，虽然形成了北繁南养、山（坝）繁农育的饲养模式，但考虑到交通运输、物流成本以及种养殖场地的建设，却是增加了养殖成本；同时，饲草产业未得到应有的重视，规模化养殖企业在该区域大部分未实现真正意义上的草畜耦合。因此，为了避免与粮棉作物的争地矛盾，实现草畜耦合，河北省环渤海滨海地区可能成为草牧业发展的重要区域。

3 河北省草牧业东移的可行性分析

3.1 环渤海滨海地区拥有大量的盐碱荒地和旱薄地，适合发展草牧业

河北省环渤海滨海区土地资源相对较多，光热资源丰富，土壤类型多为盐碱和滩涂地，仅河北省沿海滩涂面积就达到 1 167.9 km²，占全国总量的 1/3 以上。滨海地区盐碱地土壤含盐量一般在 0.5% 以上，地下水位高（1 m 左右），地下水矿化度高（平均矿化度在 11.8~33.7 g·L⁻¹），土质黏重，渗透能力极差，立地条件差。在重度盐碱地上可以建立养殖区，在轻度盐碱地上可以发展牧草，较种植农作物更有优势。黑龙港低平原拥有较多的旱薄中低产田，土壤肥力相对较差，也适宜发展牧草。在这些土地上发展发展草牧业，一方面可以缓解人畜共粮的矛盾，另一方面可以提高中低产田的土地利用效率，具有十分广阔的发展前景。

3.2 环渤海滨海区发展草牧业具有较好的经济、社会和生态效益

3.2.1 经济效益

对环渤海地区旱薄中低产田5种牧草作物、3种粮食作物的投入、产出和收益（表1）进行统计发现，种植牧草的经济效益明显高于种植常规作物，种植苜蓿、高丹草分别较小麦—玉米一年两作增收 1 903.5 元·hm^{-2} 和 1 573.5 元·hm^{-2}，分别较种植棉花增收 3 405 元·hm^{-2} 和 5 025 元·hm^{-2}；种植青贮玉米较种植常规玉米增收 1 395 元·hm^{-2}。立足冬闲田利用，种植饲用黑麦可增收 1 950 元·hm^{-2}，种植饲用小黑麦可增收 4 800 元·hm^{-2}；饲用黑麦与高丹草一年两作种植模式较小麦—玉米一年两作种植模式可增收 3 658.5元·hm^{-2}，较种植棉花增收 5 025 元·hm^{-2}。

表1 河北省环渤海旱薄中低产田牧草作物与常规作物单位面积效益比较分析

（元·hm^{-2}）

作物类型	投入										产出	收益
	种子	肥料	地膜	农药	机耕	机播	灌溉	机收	脱粒	管理		
牧草作物												
苜蓿	225.0	1 350	—		600	225	450	3 300		—	30 030.0	23 355.0
青贮玉米	337.5	1 200	—	—	600	225	450	825		—	18 000.0	14 362.5
饲用黑麦	900.0	1 350			600	225	450	675		—	6 750.0	1 950.0
饲用小黑麦	900.0	1 350			600	225	450	675		—	9 000.0	4 800.0
高丹草	450.0	2 400			600	225	450	1 650		—	28 800.0	23 025.0
常规作物												
小麦	495.0	2 400			600	225	1 350	675		—	14 229.0	8 484.0
玉米	337.5	1 200			600	225	1 350	825	225	—	16 830.0	12 967.5
棉花	300.0	1 950	450	2 250	600	225	1 350	—		325	31 500.0	19 950.0

注：数据来源于2014年项目组试验数据

3.2.2 生态效益

由于连年耕作、过度种植、农用化学品的大量投入导致农田土壤退化，全国耕地土壤有机质含量已降至1%，明显低于欧美国家水平（2.5%～4.0%）[24]。种植牧草能显著提高耕地质量，培肥地力。王俊等[25]研究表明，将苜蓿引入作物轮作系统可以有效改良土壤，提高土壤肥力；苜蓿茬较小麦茬土壤有机质和含氮量分别提高 17.5% 和 22.5%[26]；苜蓿后茬小麦可连续增产 3 年，增产幅度30%～50%，小麦蛋白质含量提高 20%～30%[27]。牧草与作物轮作还能减少作物病、虫、草害。研究表明，苜蓿与棉花轮作可降低棉花黄萎病的发生[28]；苜蓿与玉米轮作可免遭根寄生虫为害[29]；苜蓿收获后种植向日葵，田间杂草数量明显减少[30]。在环渤海滨海平原发展牧业，有利于改善该地区的生态环境，促进区域农业的可持续发展。

3.2.3 社会效益

利用优质牧草抗旱、耐盐、耐瘠的特点,在旱薄荒瘠、盐碱地的河北省滨海地区大面积种植,既能避免粮棉争地的矛盾,增加农民收入,又能促进传统种植业由"二元结构"向"三元结构"转变,促进现代农业的可持续发展。另外,还能缓解河北平原农区饲草料短缺的矛盾,为奶业提供优质饲草料支撑,节约精料用量,缓解我国蛋白饲料的供需矛盾,保障国家食物安全。

3.3 环渤海滨海区发展草牧业可实现草畜耦合

结合 2015 年和 2016 年中央一号文件精神,立足河北省"粮改饲""农作物休耕制度"工作的实际,在综合考虑河北省环渤海滨海区独特的自然条件,以及种养殖过程中交通运输、物流成本的基础上,提出了河北省"草牧业东移战略"构想。即:在河北省环渤海唐山、沧州滨海区沿海 20 km 范围内的重度盐碱地建立养殖基地、加工厂,在距养殖基地 50 km 范围内以及黑龙港雨养区的旱薄中低产田建立饲草生产带,探讨一种新型的种养加一体化发展新模式。该模式可实现草畜耦合,具体表现为:以畜定草,根据畜牧业的发展规模确定饲草生产规模,规避产生生产风险;就地转化,牧草不易运输,且运输成本太高,青贮草更是如此,而草畜结合就地转化,既降低成本,又提高附加值;宜草而畜,在适宜种草的地方养畜,将养殖、畜产品生产基地安排在适宜牧草种植区,实现草畜结合。

4 河北省草牧业发展的政策与建议

随着京津冀协同发展战略的实施,京津周边地区养殖业外移成为必然。抓住这一历史机遇,河北省应站在大农业可持续发展高度,加大政策扶持,认真谋划河北省大农业产业结构,从产业结构、资源有效利用、生态区域布局方面进行科学、可持续性的统筹规划,促进传统粮食生产为主的农业与草牧业协调发展。立足环渤海滨海区、黑龙港雨养区自然生态条件,制定出切实可行、可持续发展的草牧业发展规划。据此,建议政府管理部门设立专项支持,就"草牧业东移"战略问题开展专题研究,同时,从技术角度上建议开展以下研究。

4.1 进一步优化河北省草牧业产业带布局

针对京津冀协同发展建设战略的需要,围绕京津周边农区草牧业生态布局存在的占用大量耕地、排放物污染严重、资源利用率低等问题,本着以畜定草,农牧结合,草畜耦合原则,重新规划河北省草牧业产业布局:探讨在滨海重度盐碱区建立牧业养殖基地,在滨海中轻度盐碱地、黑龙港雨养区建立草业基地,实现草畜耦合。建立滨海草牧业产业带。实现"草牧业东移"。

4.2 加强相关领域研究,为实施"草牧业东移"战略构思提供技术支撑

4.2.1 家畜养殖水资源高效利用及废弃物处理的研究

饮水是草食性家畜健康养殖的关键环节,考虑到河北省农业水资源的承载压力以及

地下压采水的任务，在家畜体系中主要开发利用海水资源，集成海水结冰脱盐技术、集雨技术为家畜提供饮用水，探讨是否可利用海水作为养殖清洁水；针对家畜废弃物问题，采用沼气发酵技术、肥料化、粪污还田技术，实现废弃物的循环利用。

4.2.2 滨海盐碱地改良培肥技术研究

开展粪污还田、沼渣还田对盐碱地培肥效果的研究，通过设置不同处理，探讨粪污还田对土壤质地、盐分、水分、养分以及微生物等土壤理化性质的影响，阐明粪污、沼渣还田改良盐碱地的效果，建立粪污还田-作物共生的循环农业发展模式。

4.2.3 滨海、黑龙港雨养地区周年饲草生产供应体系研究

针对环渤海滨海区、黑龙港区多为盐碱、旱瘠薄地的实际，集成创新主要牧草及饲草作物（苜蓿、青贮玉米、饲草高粱、饲用燕麦、饲养小黑麦等）新品种选育方法和技术，筛选、培育适宜环渤海区种植的耐盐、抗旱、牧草及饲草作物新品种；集成适宜环渤海区草田轮作、粮草间作、秋闲田、冬闲田等和季节性闲弃地粮草种植模式，形成饲草丰产栽培优化模式和粮草兼顾型种植体系；集成完善各类饲草低损耗加工、贮藏技术工艺；建立饲草周年生产供应体系。

4.2.4 草畜一体化转化利用技术研究

依据不同草食动物畜禽营养参数，研究不同饲草作物的日粮配置在奶牛、肉牛、肉羊等反刍动物体内高效转化的效果。针对不同的草食家畜，研发相应的日粮配方，建立草畜一体化转化利用新模式。

4.2.5 加强草牧业东移战略的综合效益评价以及产业政策经济绩效评估

多角度、多维度对草牧业东移战略进行综合评价，为草牧业东移战略的实施提供理论支撑。从农业经济学角度，开展产业政策和区域经济发展的可行性、科学性与绩效评估。

参考文献

［1］ 蔡海燕，郭利朋．河北省小麦生产成本与收益分析［J］．山西农业大学学报（社会科学版），2015，14（11）：1 086-1 099.

［2］ 刘文科，程志利，张胜利，等．河北省畜牧业生产现状及发展趋势［J］．今日畜牧兽医，2016（3）：41-45.

［3］ 马长海，李彤．河北省奶业发展问题及对策［J］．中国乳品工业，2016，44（5）：40-47.

［4］ 任继周．我对"草牧业"一词的初步理解［J］．草业科学，2015，32（5）：710.

［5］ 方精云，李凌浩，蒋高明，等．如何理解"草牧业"［J］．环境经济，2015，150：29.

［6］ 侯向阳．我国草牧业发展理论及科技支撑重点［J］．草业科学，2015，32（5）：823-827.

［7］ 卢欣石．15年草业进步 15年草业未来［J］．草原与草业，2016，28（6）：1-6.

［8］ 张英俊，任继周，王明利，等．论牧草产业在我国农业产业结构中的地位和发展布局［J］．中国农业科技导报，2013，15（4）：61-71.

［9］ 王明利．有效破解粮食安全问题的新思路：着力发展牧草产业［J］．中国农村经济，2015，4（12）：63-74.

［10］ 任继周，林慧龙．农区种草是改进农业系统、保证粮食安全的重大步骤［J］．草业学报，

2009, 18 (5)：1-9.

[11] 中国农业年鉴编辑委员会. 中国农业年鉴 [M]. 北京：中国农业出版社, 2011.

[12] 徐敏云, 曹玉凤, 高立杰, 等. 河北省粮食安全现状及草食家畜的节粮潜力 [J]. 河北农业科学, 2011, 15 (7)：48-51.

[13] 王宗礼. 牧草与粮食安全 [J]. 中国农业资源与区划, 2009, 30 (1)：21-25.

[14] 陈伟生. 畜禽养殖业可持续发展战略研究 [J]. 中国家禽, 2012, 34 (11)：8-9.

[15] 任继周, 林慧龙, 侯向阳. 发展草地农业确保中国食物安全 [J]. 中国农业科学, 2007, 40 (3)：614-621.

[16] 周道玮, 孙海霞. 中国食草牲畜发展战略 [J]. 中国生态农业学报, 2010, 18 (2)：393-398.

[17] 张宏福, 张子仪. 动物营养参数与饲养标准 [M]. 北京：中国农业出版社, 1998.

[18] 任继周. 节粮型草地畜牧业大有可为 [J]. 草业科学, 2005, 22 (7)：1-8.

[19] 任继周, 南志标, 林慧龙. 以食物系统保证食物（含粮食）安全-实行草地农业, 全面发展食物系统生产潜力 [J]. 草业学报, 2005, 14 (3)：1-10.

[20] 周培培. 河北省畜牧产业布局评价与优化研究 [D]. 保定：河北农业大学, 2013.

[21] 王慧军, 吕丽华, 李英杰, 等. 河北省粮食综合生产能力提升要素与对策 [J]. 农业现代化研究, 2010, 31 (2)：204-207.

[22] 张国印, 茹淑华, 孙世友, 等. 河北省畜禽粪尿产污量估算以及污染风险评估 [J]. 河北农业科学, 2016, 20 (4)：66-71.

[23] 张英俊, 张玉娟, 潘利, 等. 我国草食家畜饲草料需求与供给现状分析 [J]. 中国畜牧杂志, 2014, 50 (10)：12-16.

[24] 封志明, 李香莲. 耕地与粮食安全战略：藏粮于土, 提高中国土地资源的综合生产能力 [J]. 地理学与国土研究, 2000, 16 (3)：1-5.

[25] 王俊, 李凤民, 贾宇, 等. 半干旱黄土区苜蓿草地轮作农田土壤氮、磷和有机质变化 [J]. 应用生态学报, 2005, 16 (3)：439-444.

[26] 石凤翎, 王明玖. 豆科牧草栽培 [M]. 北京：中国林业出版社, 2003：120.

[27] 耿华珠, 吴永敷, 曹致中. 中国苜蓿 [M]. 北京：中国农业出版社, 1995：25-58.

[28] 谭超夏, 李继云. 晋南的苜蓿栽培与轮作 [J]. 农业学报, 1957, 8 (3)：314-327.

[29] Bruulsema T W, Christie B R. Nitrogen contribution to succeeding corn from alfalfa and red clover [J]. Agronomy Journal, 1987, 79：96-100.

[30] Caporali F, Onris A. Validity of rotation as an effective agroecological principle for a sustainable agriculture [J]. Agriculture, Ecosystem and Environment, 1992, 41：101-113.

[此文原刊载于《河北农业科学》, 2017, 21 (3)：100-105]

农业生态系统中的土壤风险

冯　伟[1]，马铭泽[2]，蔡海燕[3]，刘忠宽[1]，杜晓东[3]

(1. 河北省农林科学院农业资源环境研究所；2. 河北省农林科学院；

3. 河北省农林科学院农业信息与经济研究所)

摘　要：土壤风险是工农业快速发展下资源和环境等问题的集中体现之一。通过分析和评价化肥、农药、畜禽废弃物、污灌和其他因素（污泥、大气沉降、高速公路、工业三废等）在农业生产中的双面性，尤其是负面效应，警醒生产经营者在农业生产中经济效益和生态效益同等重要。

关键词：土壤风险；双面性；土壤污染；农业生态系统

农业风险多以自然风险和市场风险（或经济风险），或以 Baquet 等和 Hardaker 等对农业风险的分类来进行研究探讨[1,2]。随着农业现代化的发展和推进，农业风险中资源和环境所涉及的土地风险越来越受到人们的关注。这里所说的土地风险主要指人类活动产生的污染物质进入土壤并积累到一定程度，引起土壤环境质量恶化，对生物、水体、空气或/和人体健康产生危害的现象，即土壤污染。

土壤是人类赖以生存的重要自然资源，也是人类生态环境的重要组成部分。新中国成立以来，我国的土壤环境变化主要经历了普遍贫瘠、有机肥培肥、重化肥轻有机肥、有机-无机混施 4 个阶段，但不同阶段的土壤环境承载能力不同，一般来说，经历阶段越靠后的土壤，其环境承载力越弱。尤其是进入 20 世纪 90 年代末以来，工农业发展和推进较快，粮食产量也相应获得快速增长，与之相联系的农业生产活动对土壤环境的潜在危害也日益凸显。化肥、农药生产充足，使用量迅速增长；养殖业快速发展，导致畜禽粪便量猛增；污灌在节约水资源的同时，也带来了土壤污染的后果。而与农业生产间接相关的其他活动如工业废渣、大气沉降、高速公路等，也对土壤环境污染造成了潜在的风险。作者着重从 5 个方面分析了农业生产过程中土壤所面临的风险或潜在风险，希望今后农业生产在注重产量的同时，更要重视土壤环境，避免土壤受到污染，从而使农业生产者能持续不断地从土地上获得稳定收益。

1　化肥与土壤风险

合理施用化肥和有机肥对提高粮食单产和总产均具有重要作用，其中施用化肥能最快、最有效地达到作物增产的目的。目前我国已成为世界上最大的化肥生产国和消费国，尽管其耕地面积只占世界耕地总面积的 7%，但化肥施用量却接近世界化肥总施用量的 1/3，其中 2011 年我国农用化肥施用量为 5 704.2 万 t（按折纯法计算）。据估计，我国化肥对粮食产量的贡献率为 40% 以上[3]，但过量和不平衡施肥带来了一系列的农业生态安全问题，其中，氮肥施用量偏高引起的环境问题相对比较突出。世界卫生组织规定，饮用水的 NO_3^--N 质量浓度应 ≤10 mg·$L^{-1[4]}$。对山东省地下水 NO_3^--N 质量浓度>10 mg·L^{-1} 的样品进行 $\delta^{15}N$ 测定，结果显示，以山东省为研究单位，有 35.45% 的地下水样品 NO_3^--N 来自粪肥污染，有 27.1% 的地下水样品是受化肥污染，还有 37.45% 的地下水样品 NO_3^--N 污染来自化肥、粪肥和生活污水的混合污染；以地区为研究单位，地下水硝酸盐的溯源不同，如潍坊地区的地下水 NO_3^--N 污染 16.13% 来自粪肥污染，48.39% 来自化肥污染，35.48% 来自化肥、粪肥和生活污水的混合污染[5]。对河北省的地下水硝酸盐污染研究结果显示，该省地下水硝酸盐平均含量呈逐年明显增加趋势，但总平均值为 8.42 mg·L^{-1}，符合世界卫生组织规定的饮用水标准[6]。其次，资料显示，地表水富营养化受总氮和总磷的影响很大[7]，而淡水湖和近海的赤潮也与水体中的硝酸盐和磷酸盐浓度密切相关[8,9]。氮肥过量施用后，经土壤硝化反硝化作用产生土壤挥发性氮气 [N_xO、NH_3 等，其中在部分地区人为源大气污染物排放中，氨主要是由畜禽养殖（47.7%）和氮肥施用（40.1%）造成的[10]]，可以直接或间接生成温室气体或酸雨，对土壤—植物生态系统影响较大[11]。而过量施用磷肥，除造成地表水磷含量增加外，还造成重金属问题[12,13]比较突出。研究表明，在水稻栽培生产中过量施用磷肥，会造成重金属对土壤和稻米污染，进而导致重金属对人畜健康造成潜在威胁[14]。

2 农药与土壤风险

我国是农业大国，粮食产量有 1/3 是靠施用农药减少或消灭病虫灾害来保证的[15]。2011 年我国农药使用量达到 178.70 万 t，其中化学农药占 93.3%，而生物农药仅占 6.7%。化学农药中，高毒、高残留农药占 30% 以上[16]，且单位面积平均用量较世界发达国家高 2.5~5.0 倍，而农药施用有效率只有 30%~40%，大部分进入了水体、土壤及农产品中，遭受残留农药污染的作物面积达到 0.67 亿 hm^2 以上[17]，并且各流域的农药污染与该区域的农作物种类有重要关系[18]。同时过量使用农药，还会对粮食产量造成约 1% 的损失[19]。资料也显示，农药污染点可以作为开发新型抗生素产生菌的重要来源成了污染后鲜有的好处[20]。

目前，我国使用的农药主要包括有机氯农药、有机磷农药、氨基甲酸酯类农药、拟除虫菊酯类农药、酰胺类及三嗪类农药五大类。其中，有机氯农药主要作为杀虫剂用于农林业害虫的防治，该类农药具有持久性、脂溶性、生物积累性和生物毒性等特征，是一类重要的持久性有机污染物，如曾经广泛使用的滴滴涕（DDTs）和六六六（HCHs）；相对于有机氯农药，有机磷农药药效较高、使用方便、易分解且一般不会在人畜体内积累，除敌敌畏、马拉硫磷等本身或降解产物对生物体具有三致性（致癌、致畸、致突变）外，大部分有机磷农药可以在环境中通过吸附催化水解、光催化降解、生物降解等作用消除，因此应用广泛，目前我国农药市场上的杀虫剂有 75% 以上为有机磷类[21]；氨基甲酸酯类农药具有残效短、选择性强等特点，但此类农残水溶性较高，易进入环境水体并大量累积，其降解产物具有的毒性和持久性常比母体更强；拟除虫菊酯类农药是当前最高效的农药和中等毒性最常见的品种之一，具有高效、广谱、击倒快、残留少等特点，进入人体内后经代谢转化成为水溶性产物随尿和粪便排出[22]；酰胺类及三嗪类农药属于除草剂，具有抵抗自然递降分解和扰乱内分泌的作用，是人类潜在的致癌物[23]。

在农业生产中，农药污染相对严重的是菜田[24]、果园[25,26]和茶园[27]等，包括对农产品、土壤、植株、水体、空气以及通过食物链对人畜的影响。其中，对人类威胁最严重的是农产品农药残留超标，这主要是由于对农药危害性认识不足、超量违规使用、施药方法落后、防治时期不准等造成的[28]。

杨兰等[29]对水生蔬菜 26 项主要污染物进行分析，结果显示，六六六、氯氟氰菊酯、联苯菊酯、砷、铅、镉、汞等项目均有检出。叶雪珠等[24]对浙江省目前蔬菜生产中主要使用的 78 种农药进行残留检测发现，其中以非禁用农药、中低毒农药为主的 28 种农药被检出，而且甲胺磷、氧乐果、对硫磷等高毒农药在蔬菜中也有检出，并且有 13 种农药（占检出农药数量的 46.4%）在调查中未发现使用，说明在蔬菜生产源头存在农药使用风险，农药标识和成分不明是蔬菜生产源头风险的关键控制点。

我国是世界苹果第一生产大国，但我国的苹果出口占世界贸易量的比例不足 10%，调查发现主要制约因素是安全性，其中农药残留是主要原因之一[26]。同样，我国茶叶也饱受国外绿色壁垒限制，其中有机氯农药污染是一个重要因素。张家泉等[27]测定了福建闽南及闽东北茶树叶中的有机氯农药残留，结果显示，按照我国绿色食品—茶叶标准（NY/T 288—2002，六六六含量≤50 ng/g、滴滴涕含量≤50 ng/g）和有机茶标准（NY 5196—2002，六六六含量<LOD、滴滴涕含量<LOD），该区新鲜茶树叶中的六六六和滴滴涕含量均达到我国绿色茶叶的生产要求，但是未达到有机茶的标准。环境中的六六六主要来源于工业六六六和林丹两种，而 DDT 农药则是由于该农药使用时间相对较长所致。

3 畜禽废弃物与土壤风险

养殖业的快速发展导致了畜禽废弃物成为农业生产中重要的有机肥来源之一。据 2010 年发布的《第一次全国污染源普查公报》，2007 年我国畜禽养殖业粪便产生量为 2.43 亿 t，尿液产生量为 1.63 亿 t。畜禽粪便除了供给养分外，其施用到土壤后对培肥地力、改善土壤物理指标（孔隙度、容重等）、提高作物产量和品质以及化肥利用率等也具有重要意义。然而，由于畜禽粪便处理不力，以及养殖过程中超量使用饲料添加剂（微量重金属）和抗生素，导致畜禽粪便施入土壤后对土地产生污染、重金属残留、高浓度抗生素等问题，使其作为有机肥的重要来源备受争议。2007 年我国农业面源污染排放的氨氮量为 22.4×10^4 t，总氮量为 187.2×10^4 t，总磷量为 21.6×10^4 t，其中，规模化畜禽养殖业污染物排放量占农业面源污染污染物排放量的 84.9%，是主要的农业面源污染源[30]。《中国农村经济形势分析与预测（2013）》指出，2012 年我国现代农业环境问题主要表现为农业投入品对环境的污染和对农产品质量安全的威胁，以及畜禽养殖业的环境污染。其中，畜禽养殖污染是农业生产中最大的污染源[31]。

在畜禽废弃物污染中，重金属的污染相对比较突出。以华北地区为例[32]，以畜禽粪便为原料的商品有机肥中，Pb 超过中国有机肥行业标准率高达 80.56%，而按照德国腐熟堆肥标准，Cr、Cu、Pb、Zn、Ni 和 Hg 均有不同程度的超标；通过溯源分析发现，重金属污染主要来源为高 Pb、高 Hg 饲料添加剂的使用，其次是磷肥的添加，以及高 Cu、高 Zn 饲料添加剂的使用。以鸡粪为有机肥的设施菜田土壤的 Cu、Zn、Pb、Cr 和 Cd 含量均高于秸秆还田农田，且土壤重金属含量随着鸡粪施用年限和种植年限的增加呈明显的累积增加趋势[33]。养殖业中常用的抗生素是四环素类抗生素，其具有预防疾病和促进动物生长等作用。其中，有 30%～90% 的兽用抗生素以原药的形式随着畜禽粪便排泄出来，对环境和人体健康构成了巨大的潜在危害[34-36]。夏天骄等[37]对北京郊区 6 个规模化养猪场猪粪中的四环素类抗生素残留量进行了检测，结果显示，6 个猪场的猪粪样品中均有四环素类抗生素检出，土霉素、四环素、金霉素的残留量最高值分别为 25.15、24.13 和 17.66 mg·kg^{-1}。李艳霞等[38]对辽宁省部分规模化养殖场的猪粪、牛粪和鸡粪样品进行了 14 种兽药抗生素检测，结果显示，四环素、磺胺、氟喹诺酮和大环内酯类均有检出，浓度范围分别为 0.75～22.34、0.10～1.71、0.38～4.46 和 0.23～0.35 mg·kg^{-1}。

4 污灌与土壤风险

我国水资源的 81% 集中在长江流域及其以南地区，该区耕地面积仅占全国的 36%；而淮河流域及其以北地区，耕地面积占全国的 64%，但水资源量仅占全国的 19%，其中黄、淮、海、辽河流域内耕地面积占全国的 42%，而水资源量仅占全国的 9%[39]。受此状况的影响，我国北方农田存在着大面积的污灌区，且主要分布在黄、淮、海及辽河流域[40]，约占全国污水灌溉面积的 85%。据不完全调查，目前因污灌污染的耕地面积达 216.7 万 hm²，约占污灌总面积的 54.94%[41]。

污灌在解决农业用水、增加粮食产量的同时，也造成了重金属污染[40]。对典型污灌区的研究结果显示，土壤和植物中的重金属主要来自工业或城市生活污水、金属矿产资源开采、污泥利用以及工业区的粉尘大气沉降等[42]。污灌还可能造成有机污染物污染，这主要与污水所含的成分有关，如王洪涛等[43]对辽宁 8 个大型污灌区监测显示，多环芳烃检出率达 89.1%，平均值为 0.396 mg·kg^{-1}；苯并芘平均值为 0.010 mg·kg^{-1}；在河北省的 3 个典型污灌区土壤中还检测到了 9 种内分泌干扰素的污染[44]。除了上述污染外，污灌还可引起土壤微生物种群发生变化[45]，增加农田温室气体排放量[46]，导致地下水污染[47]等，最终通过生态系统和食物链影响作物生长和人类健康。

5 其他因素与土壤风险

土壤风险或潜在风险除受上述 4 种因素影响外，还受其他因素如污泥、大气沉降、高速公路、工业"三废"等的影响。

污泥作为一种土壤改良剂是有效的[48]，如应用污泥有利于铜的吸附[49]。但目前污泥，尤其是城市污泥所含成分复杂，若直接堆放、施用、填埋或倾倒，会对土壤、植物、地下水或海洋造成潜在危害。按照对农业生态系统的潜在危险性，可以将组成城市污泥成分的金属元素分为 3 组：毒性的，如 Cd、Ni、Pb、Zn、Cb、Cr；中等毒性的，如 Ag、Sn、Sr、Zr、Se；无毒的，如 B、Co、Mo、Mn[50]。同时，污泥中有机污染也比较严重。余忆玄等[51]对我国 13 个城市污水处理厂污泥进行有机污染物检测发现，与《城镇污水处理厂污染物排放标准》（GB 18918—2012）和《城镇污水处理厂污泥处置农用泥质》（CJ/T 309—2009）相关限值比较，我国城市污泥污染以石油类为特征要素，其平均含量为我国污泥农用限制的 9 倍之多，仅 8% 的样品石油类含量符合农用标准；对比 2001—2011 年数据，当前我国城市污泥中六六六和 DDT 的含量分别增加了 3 倍和 4 倍。除此之外，城市污泥中还含有大肠菌、大肠埃希菌、嗜水气单胞菌等许多传染性病原体，能引起肠胃炎及生物中毒等疾病[52]。

排除自然因素，大气沉降受工业快速发展影响较大，因此，不同区域大气沉降的主要污染物不同。人为源大气污染物主要来自化石燃料燃烧、工业废气和机动车尾气。其中，对土壤产生不良影响的重要污染物有 SO_2、NO_x、重金属、POPs、农药、石油等，尤其是大量化石燃料燃烧排放的酸性气体带来的酸沉降和微量金属沉降较为严重。目前我国酸雨区主要分布在东北地区东南部、华北大部、西南和华南沿海地区以及新疆北部地区，大体呈东北—西南走向。近年来，京津地区的降水 pH 值呈现出了较快的下降趋势[53]；东亚酸沉降监测网（EANET）显示，我国西南工业欠发达地区的酸雨类型仍为硫酸型，而其他地区的酸雨类型均为硫酸—硝酸混合型。目前在我国 SO_2 总排放量不断增加的同时，NO_x 的贡献会使得降水酸化进一步加剧[54]。酸沉降可导致土壤酸化、退化，有毒重金属活化，森林植被退化，城市建筑和古建筑腐蚀，农作物减产等一系列为害；但在个别领域却是有益的，如酸沉降可以促进土壤矿物分化的速率，长期抑制泥炭地甲烷的排放和产生等。在有毒金属方面的资料[55]显示，大气干湿沉降对农田土壤有毒金属元素的输入贡献率均 >90%，其中农田系统中 Cd、Pb、As 和 Hg 的输入通量均 > 输出通量；而进入农田中的各金属元素，80% 以上的 Cd 累积在植物体中，近 50% 的 Pb 以地表径流形式进入地表水环境，残留在土壤和进入地表水环境的 As 超过 80%，近 60% 的 Hg 残留在土壤中。

高速公路两侧也是土壤污染的重灾区。截至 2012 年年底，全国高速公路通车总里程达 9.6 万 km，高速公路已成为保证工农业生产顺利进行和促进国民经济快速发展的必备条件之一。同时，我国汽车保有量也在快速增长，如 2000 年我国汽车保有量为 1 609 万辆，至 2011 年年底增长到 1.06 亿辆。汽车在推动国民经济快速发展和改善人民群众交通出行的同时，也不可避免地对高速公路路域生态环境造成了一定影响，尤其是土壤重金属的污染。主要受到汽车尾气排放以及轮胎、刹车磨损等影响，高速公路路域土壤重金属以及小麦、水稻和蔬菜等农产品均受到不同程度的重金属污染[56]，且研究对象的重金属含量随着与高速公路距离的增大呈逐渐降低趋势[57]。高速公路大气颗粒物中锌、铅、锰、铜、镉和锑的浓度随着车流量的增加而增加[58]，说明交通活动是这几种金属的一个主要来源。

随着工业的快速发展和可持续发展的深入，工业"三废"的研究和使用也成了热点。多年来，工业"三废"大多承担着环境污染的帽子，尤其是以冶金、机械、化工、电力工业为主的包括钢铁、稀土、有色金属、机械制造、重型汽车、煤炭等门类比较齐全的新兴工业基地。以包头市为例[59]，表层污染土壤的元素主要是 Mn、Pb、Zn、Cd、

S、As、Hg 和 La、Ce、Pr、Nd、Sm，这些元素的来源主要是冶金、矿业和化工等工业活动。内梅罗综合污染指数评价结果显示，市区 221 个表层土壤已有 110 个综合污染指数>2，达到了中度污染水平，其中有 69 个已>3，达到了重度污染水平。然而，通过技术手段，科学合理利用，就可以变废为宝。以工业废渣为例[60]，在采用生态涂料和纳米技术的基础上，可以将工业废渣制成低成本、高效的功能复合材料，应用于核试验工程、国防工事以及工业和民用建筑工程中。

6　结束语

在工农业快速发展的背景下，人们为了追求更高的经济效益，肆意地使用化肥、农药；养殖业膨胀带来的畜禽废弃物污染；水资源短缺引起的大面积农田污灌；其他因素如污泥、大气沉降、"工业三废"和高速公路等带来的有毒有害成分，均对农业生态系统中的根基——土壤造成多方面的（潜在）风险。因此，维持和保护健康的土地资源已经到了关键时刻。

当前人类对物质要求越来越高，但其食材仍严重依赖于土地生产，因此，生产经营者不应只看重事物的经济效益，更应注重其生态价值；在尽情享用工农业发展带来好处的同时，也应对生产中不合理的操作和使用的方式或方法极力回避；在生产实践活动中，应将对新技术、新方法、新思路的掌握和把控与工农业的发展保持同步进行。只有这样，我们才能真正拥有一片健康的土地。

参考文献

[1] Baquet A，hambleton R，Jose D. Introduction to risk management：understanding agricultural risks [R]. Washington DC：USDA/Risk Management Agency，1997（10）.

[2] Hardaker J B，Huirne R B M，Anderson J R. Coping with Risk in Agriculture [M]. Wallingford：CAB lnternational，1997.

[3] 石元亮，王玲莉，刘世彬，等. 中国化学肥料发展及其对农业的作用 [J]. 土壤学报，2008，45（5）：852-864.

[4] Fukada T，Hiscock K M，Dennis P F，et al. A dual isotope approach to identify denitrification in groundwater at a river-bank infiltration site [J]. Water Research，2003，37（13）：3 070-3 078.

[5] 李玉中，贾小妨，徐春英，等. 山东省地下水硝酸盐溯源研究 [J]. 生态环境学报，2013，22（8）：1 401-1 407.

[6] 茹淑华，张国印，孙世友，等. 河北省地下水硝酸盐污染总体状况及时空变异规律 [J]. 农业资源与环境学报，2013，30（5）：48-52.

[7] 刘洪波，朱梦羚，高赛赛. 南方某水源水库富营养化水质主控因子识别与评价研究 [J]. 水资源与水工程学报，2013，24（4）：49-53.

[8] 陈韬. 筼筜湖藻类与氮磷营养盐相关性研究 [J]. 海峡科学，2012（6）：17-18.

[9] 屠建波，张秋丰，徐玉山，等. 渤海湾天津近岸海域首次棕囊藻赤潮初探 [J]. 海洋通报，2011，30（3）：334-337.

[10] 黄成，陈长虹，李莉，等. 长江三角洲地区人为源大气污染物排放特征研究 [J]. 环境科

学学报, 2011, 31 (9): 1 858-1 871.

[11] 王丽梅, 李世清, 邵明安. 施氮水平与模拟降雨 pH 值对玉米冠层 $NO_3^- -N$ 淋失的影响 [J]. 农业工程学报, 2011, 27 (6): 66-72.

[12] 周玲莉, 薛南冬, 杨兵, 等. 黄淮平原农田土壤中重金属的分布和来源 [J]. 环境化学, 2013, 32 (9): 1 706-1 713.

[13] 王飞, 赵立欣, 沈玉君, 等. 华北地区畜禽粪便有机肥中重金属含量及溯源分析 [J]. 农业工程学报, 2013, 29 (19): 202-208.

[14] 陈宝玉, 王洪君, 曹铁华, 等. 不同磷肥浓度下土壤—水稻系统重金属的时空累积特征 [J]. 农业环境科学学报, 2010, 29 (12): 2 274-2 280.

[15] 田琳, 冯晓琦. 我国农药行业的现状与环保治理 [J]. 世界农药, 2009, 31 (2): 31-33, 53.

[16] 刘淑云, 刘妍妍. 农药化肥施用对农村饮用水源地污染情况浅析 [J]. 科技与企业, 2012 (4): 79, 81.

[17] 赵晓军, 翟超英, 赵明月. 农业污染国内外研究进展及防控对策建议 [J]. 农业环境与发展, 2013, 30 (4): 1-6.

[18] 王未, 黄从建, 张满成, 等. 我国区域性水体农药污染现状研究分析 [J]. 环境保护科学, 2013, 39 (5): 5-9.

[19] 陈冬冬, 高旺盛, 隋鹏, 等. 现代种植业系统及粮食生产能量转化效率的动态分析——以山前平原河北栾城县为例 [J]. 地理科学进展, 2008, 27 (1): 99-104.

[20] 辛红梅, 郭正彦, 范丽霞, 等. 山东半岛农药污染点源放线菌多样性及抑菌活性 [J]. 微生物学报, 2012, 52 (4): 435-441.

[21] 陈健, 胡筱敏, 姜彬慧. 种植基地有机磷农药污染土壤的微生物修复 [J]. 环境保护与循环经济, 2012, 32 (5): 35-38, 72.

[22] Leng G, Leng A, Kuhn K H, et al. Human dose-excretion studies with the pyrethroid insecticide cyfluthrin: urinary metabolite profile following inhalation [J]. Xenobiotica, 1997, 27 (12): 1 273-1 283.

[23] 叶新强, 鲁岩, 张恒. 除草剂阿特拉津的使用与危害 [J]. 环境科学与管理, 2006, 31 (8): 95-97.

[24] 叶雪珠, 赵燕申, 王强, 等. 蔬菜农药残留现状及其潜在风险分析 [J]. 中国蔬菜, 2012 (14): 76-80.

[25] 杨林, 杨昆, 高老芬. 果树农药使用污染问题及治理对策 [J]. 现代农业, 2011 (3): 34-35.

[26] 岳田利, 周郑坤, 袁亚宏, 等. 苹果中有机氯农药残留的超声波去除条件优化 [J]. 农业工程学报, 2009, 25 (12): 324-330.

[27] 张家泉, 邢新丽, 祁士华, 等. 福建闽南及闽东北茶树叶中有机氯农药残留 [J]. 环境化学, 2012, 31 (3): 392-393.

[28] 邢秋格. 农药污染的现状、原因及防止对策 [J]. 河北林业科技, 2010 (2): 45-47.

[29] 杨兰, 杨慧, 王富华, 等. 水生蔬菜中主要污染物风险项目分析研究 [J]. 湖北农业科学, 2013, 52 (22): 5 577-5 580.

[30] 马国霞, 於方, 曹东, 等. 中国农业面源污染物排放量计算及中长期预测 [J]. 环境科学学报, 2012, 32 (2): 489-497.

[31] 树青, 邝飚. 农业污染是沉重代价 [J]. 环境, 2013 (7): 38.

[32] 王飞，赵立欣，沈玉君，等. 华北地区畜禽粪便有机肥中重金属含量及溯源分析 [J]. 农业工程学报，2013，29（19）：202-208.

[33] 冯伟，杨军芳，周晓芬，等. 施用鸡粪菜田的土壤重金属含量状况研究 [J]. 河北农业科学，2012，16（1）：76-79，98

[34] Bound J P, Voulvoulis N. Pharmaceuticals in the aquatic environment——acomparison of risk assessment strategies [J]. Chemosphere, 2004, 56 (11): 1 143-1 155.

[35] Heberer T. Occurrence, fate, and removal of pharmaceutical residues in the aquatic environment: a review of recent research data [J]. Toxicology Letters, 2002, 131 (1): 5-17.

[36] 沈颖，魏源送，郑嘉熹，等. 猪粪中四环素类抗生素残留物的生物降解 [J]. 过程工程学报，2009，9（5）：962-968.

[37] 夏天骄，夏训峰，徐东耀，等. 基于固相萃取-高效液相色谱法的畜禽粪便中四环素类抗生素残留量检测 [J]. 安全与环境学报，2013，13（2）：121-125.

[38] 李艳霞，李帷，张雪莲，等. 固相萃取-高效液相色谱法同时检测畜禽粪便中14种兽药抗生素 [J]. 分析化学，2012，40（2）：213-217.

[39] 黄永基，陈晓军. 我国水资源需求管理现状及发展趋势分析 [J]. 水科学进展，2000，11（2）：215-220.

[40] 方玉东. 我国农田污水灌溉现状、危害及防治对策研究 [J]. 农业环境与发展，2011（5）：1-6.

[41] 我国土壤污染形势相当严峻 [EB/OL]. http：//news. sina. com. cn/c/2006-07-18/16289-494632s. shtml.

[42] 王庆仁，刘秀梅，崔岩山，等. 我国几个工矿与污灌区土壤重金属污染状况及原因探讨 [J]. 环境科学学报，2002，22（3）：354-358.

[43] 王洪涛，张丽华. 辽宁省污灌区土壤中多环芳烃的测定 [J]. 环境保护与循环经济，2009，29（5）：30-31.

[44] Chen F, Ying G G, Kong L X, et al. Distribution and accumulation of endocrine-disrupting chemicals and pharmaceuticals in wastewater irrigated soils in Hebei, China [J]. Environmental Pollution, 2011, 159 (6): 1 490-1 498.

[45] Zhang J, Zhang H, Zhang C. Effect of Groundwater Irrigation on Soil PAHs Pollution Abatement and Soil Microbial Characteristics: A Case Study in North-east China [J]. Pedosphere, 2010, 20 (5): 557-567.

[46] Zou J W, Liu Sh W, Qin Y M, et al. Sewage irrigation increased methane and nitrous oxide emissions from rice paddies in southeast China [J]. Agriculture, Ecosystems and Environment, 2009, 129 (4): 516-522.

[47] 于树宾，马振民，张慧申. 南水北调中线焦作典型区浅层地下水污染特征 [J]. 济南大学学报：自然科学版，2012，26（1）：91-95.

[48] Sagban F O T. Impacts of wastewater sludge amendments in restoring nitrogen cycle in p-nitrophenol contaminated soil [J]. Journal of Environmental Sciences, 2011, 23 (4): 616-623.

[49] Garrido T, Mendoza J, Arriagada F. Changes in the sorption, desorption, distribution, and availability of copper, induced by application of sewage sludge on Chilean soils contaminated by mine tailings [J]. Journal of Environmental Sciences, 2012, 24 (5): 912-918.

[50] 周东兴，魏丹，Kacatnkob B A. 城市污泥及其堆肥对土壤重金属积累的影响 [J]. 土壤通报，2010，41（4）：976-980.

[51] 余忆玄，陈虹，王晓萌，等．我国城市污泥中的有机污染物污染状况及其海洋倾倒处置研究 [J]．海洋环境科学，2013，32（5）：652-656．

[52] 何培松，张继荣，陈玲，等．城市污泥的特性研究与再利用前景分析 [J]．生态学杂志，2004，23（3）：131-133．

[53] 王文兴，许鹏举．中国大气降水化学研究进展 [J]．化学进展，2009，21（Z1）：266-281．

[54] 张国文．大气氮化合物的环境化学研究进展 [EB/OL]．（2012-12-23）[2015-01-01]．http：//www.docin.com/p-561105288.html．

[55] 史贵涛．痕量有毒金属元素在农田土壤—作物系统中的生物地球化学循环 [D]．上海：华东师范大学，2009．

[56] 赵健，冯金飞，张卫建．沪宁高速沿线土壤和水稻铅含量空间分布差异分析 [J]．江苏农业科学，2010（4）：366-369．

[57] 战锡林，马保民，邓保军，等．济青高速两侧土壤重金属污染分布特征研究 [J]．三峡环境与生态，2012，34（1）：27-30，46．

[58] 邵莉，肖化云．公路两侧大气颗粒物中的重金属污染特征及其影响因素 [J]．环境化学，2012，31（3）：315-323．

[59] 徐清，刘晓端，汤奇峰，等．包头市表层土壤多元素分布特征及土壤污染现状分析 [J]．干旱区地理，2011，34（1）：91-99．

[60] 张强，邓跃全，董发勤，等．工业废渣基建材的氡放射性污染及防护的研究现状与展望 [J]．材料导报，2007，21（10）：79-83．

[此文原载于《河北农业科学》，2016，20（1）：87-92]

我国苜蓿青贮饲料加工与利用现状

刘忠宽[1]，刘振宇[1]，玉　柱[2]，智健飞[1]，谢　楠[1]，秦文利[1]，冯　伟[1]

(1. 河北省农林科学院农业资源环境研究所；2. 中国农业大学动物科技学院)

摘　要：苜蓿青贮不仅能解决我国苜蓿干草加工及雨淋造成的损失，而且能增加苜蓿草产品的多样性，在我国未来畜牧业发展中，将有着巨大的发展潜力。本文通过实际调研数据资料分析研究，明确了我国苜蓿青贮饲料生产的基本情况、主要苜蓿青贮工艺、苜蓿青贮饲料生产技术、苜蓿青贮饲料饲喂利用情况，并分析了目前我国苜蓿青贮饲料加工与利用存在的主要问题。

关键词：苜蓿青贮；加工利用；技术工艺；青贮添加剂；混合青贮

随着我国畜牧业迅速发展和农业结构调整，苜蓿产业在我国蓬勃发展，截至 2012 年年底，全国苜蓿留床面积达到 625 万亩。目前苜蓿主要产品是干草，但是在我国许多地方苜蓿干草的调制过程都存在雨淋、落叶等损失，一般损失率在 30% 左右[1-4]。特别是在华北、东北及西北地区东北部，由于雨热同期，苜蓿收获季节遭雨淋的损失率更高。采用烘干的方法生产脱水苜蓿几乎不受雨季影响，能够生产高质量的草产品，但由于所需设备价格昂贵，且要消耗大量能源，生产成本非常高，只能在有限的范围应用。

苜蓿青贮饲料是将含水率为 50%～70% 的苜蓿原料经切碎后，在密闭缺氧的条件下，通过厌氧乳酸菌的发酵作用，抑制各种杂菌的繁殖，而得到的一种粗饲料[3,5]。苜蓿青贮的过程主要是多种微生物发酵的过程，主要是乳酸菌发酵产生乳酸，降低青贮料的 pH 值，乳酸本身既是营养物质，又有抑制饲料中其他微生物（如腐败微生物）生长的作用，使饲料能够长期保存下来[6-10]。

因此，苜蓿青贮技术将成为解决雨季苜蓿干草调制困难、损失严重等问题理想的技术措施，苜蓿青贮技术的应用，以及其产品商业化的发展，不仅能解决我国苜蓿干草加工及雨淋造成的损失，而且能增加苜蓿草产品的多样性，延长了青绿多汁饲料的利用，在我国未来畜牧业的发展中，将有着巨大的发展潜力[5,11-14]。

1　我国苜蓿青贮饲料生产的基本情况

目前我国生产加工与利用苜蓿青贮饲料的企业主要有安徽秋实草业有限公司、辽宁辉山乳业集团有限公司、现代牧业（集团）有限公司、宁夏农垦茂盛草业公司、河北辉华苜蓿种植合作社、黄骅茂盛园苜草种植合作社、内蒙古金牧草业农民专业合作社等牧草企业与合作社、缘天然集团、围场天添乳业有限公司、中捷奶牛大队奶牛养殖场、黄骅元谷生物有限公司、沧州同发奶牛场等奶企和牧草企业。除此之外，很多牧场自有苜蓿基地的，一般在雨季也都进行少量的苜蓿青贮，主要集中在河北、山西、山东、河南、陕西、内蒙古、宁夏及东三省。

其中辽宁辉山乳业集团有限公司、宁夏农垦茂盛草业公司、安徽秋实草业有限公司为大型的龙头企业，黄骅市茂盛园苜草种植专业合作社、黄骅市元谷生物科技有限公司、内蒙古金牧草业农民专业合作社等为一般规模型企业。

安徽秋实草业主要销售对象为现代牧业（集团）有限公司，宁夏农垦茂盛草业公司、黄骅市茂盛园苜草种植专业合作社、黄骅市元谷生物科技有限公司、内蒙古金牧草业农民专业合作社主要是销售给附件奶牛场；辽宁辉山乳业集团有限公司则是自己制作、自己利用。

安徽秋实草业 2014 的苜蓿青贮饲料生产总量为 15 万 t，基本上以堆贮和裹包青贮为主；辽宁辉山乳业为 10 万 t，基本上为窖贮；宁夏农垦茂盛草业公司 2014 年苜蓿青贮生产量为 5.0 万 t，其中窖贮 3.5 万 t，裹包青贮 1.5 万 t；河北辉华苜蓿种植合作社 2014 年苜蓿青贮生产量为 1 000 t，全部为袋装青贮；黄骅茂盛园苜草种植合作社 2014 年苜蓿青贮生产量为 2.3 万 t，全部为高水分小型裹包青贮；中捷奶牛大队奶牛养殖场 2014 年苜蓿青贮生产量为 1 000 t，为高水分窖贮青贮。

2　我国苜蓿青贮饲料生产的主要青贮工艺

苜蓿青贮生产的青贮工艺包括窖贮、堆贮、壕贮、塔贮、袋式灌装青贮、拉伸膜裹包青贮等。目前，我国苜蓿青贮饲料生产应用较为广泛的青贮工艺为窖贮、堆贮、拉伸膜裹包青贮、袋式灌装青贮[15-17]。

苜蓿窖贮工艺路线为：原料入窖前在窖底及四周铺设塑料薄膜，薄膜须留有足够长度，待窖满后折回能完全包盖顶部苜蓿；苜蓿原料铡成 2～3 cm 的碎段，一边入窖，一边压实，应注意压实窖壁四周；大型青贮窖应以楔形填装并充分压实，逐渐向前推进；压实后体积与入窖前体积比应达到 1.0∶2.2 以下（压实密度在 550 kg·m^{-3} 以上）；原料装至高出窖口 30～40 cm，使其呈中间高周边低，长方形窖呈弧形屋脊状；在填装过程中应避免雨水进入窖内；填装工作应在 3 d 之内完成，越短越好；装填完成后，用塑料薄膜将苜蓿原料完全盖严，塑料薄膜叠层覆盖不低于 1 m，上层塑料薄膜用 50～60 cm 湿土或废旧轮胎等覆盖压实；地下、半地下青贮窖须在四周距窖口 50 cm 处挖排水沟，防止雨水渗入窖内。经窖贮 30 d 即可开封饲用。由于其青贮设施是固定的，且不便运输，不能商品化，故而窖贮只能成为养殖企业自给自足的苜蓿青贮加工工艺。

拉伸膜裹包青贮是草捆青贮的一种发展，其调制原理是通过凋萎将牧草水分含量降至 50%～65% 时，用捆包机高密度捡拾压捆，并用网眼纱或塑料麻线固定草捆的形状，然后利用青贮裹包机用塑料薄膜多层（一般裹包 6 层；由于拉伸膜之间需 50% 的重叠，故裹包 3 轮）裹包密封，以创造有利乳酸发酵的厌氧条件，草捆密度 DM 一般在 160～230 kg·m^{-3}。为防止草捆过重和易于搬运，一般草捆的直径为 1～1.2 m，长度在 1.2～1.5 m，重量不超过 600 kg 为宜[18-22]。同一般青贮（窖贮、堆贮、壕贮、塔贮）相比，拉伸膜裹包青贮能够进行商品化生产，贮存方便灵活，有氧腐败损失小，取用操作及饲喂方便，贮存和饲喂过程中干物质损失量小（<5%～10%）。

苜蓿堆贮工艺路线为：堆贮场应选择地势高、向阳、干燥、土质较为坚实的地方（硬化地面较好），堆底要高于地面 20 cm。铺添原料前在底部铺设塑料薄膜，薄膜须留有足够长度，待装填一定体积后折回能完全包盖四周及顶部苜蓿；苜蓿原料铡成 2～3 cm 的碎段，一边装填，一边压实；大型堆贮应以楔形填装并充分压实，逐渐向前推进，压实密度在 550 kg·m⁻³ 以上；在填装过程中应避免雨水进入；填装工作应在 3 d 之内完成，越短越好；当堆高达到 1.5～1.8 m 时，需将青贮堆顶部修整成馒头状；装填完成后，用塑料薄膜将苜蓿原料完全盖严，塑料薄膜叠层覆盖不低于 1 m，上层塑料薄膜用 50～60 cm 湿土或废旧轮胎等覆盖压实；须在青贮堆四周 50 cm 挖排水沟，防止雨水渗入青贮堆内。堆贮 30 d 即可开封饲用。由于其青贮设施是固定的，且不便运输，不能商品化，而且占地面积较大，故而堆贮只能成为养殖企业自给自足的苜蓿青贮加工工艺。

袋式灌装青贮采用袋式灌装机将切碎的苜蓿草高密度地装入塑料拉伸膜制成的专用青贮袋。袋贮采用机械连续灌装，密度均匀，密度可达到 0.7 t·m⁻³，为优质青贮饲料提供了保障。袋式灌装青贮可节省投资，储存损失小，储存地点灵活。其最大优点是密闭性能强，原料密度大，灌装之后很快进入厌氧状态，对保存青贮料营养物质和提高综合效益均发挥重要作用。

3 我国苜蓿青贮饲料生产技术

3.1 苜蓿青贮的原料收获技术

不同地区苜蓿的刈割次数不同，但在前面茬次苜蓿刈割期基本上都是掌握在初花期，而后期的茬次因为气温变化而不能达到这一生育期，苜蓿收获时间也变得不确定起来。据调查，秋实草业在生产中首蓿的刈割期一般前三茬都掌握在初花期，4～6 茬一般根据实验室测定的纤维素含量来确定是否刈割，一般掌握在纤维素达到 40% 的时候刈割，每年能刈割 5～6 茬，刈割高度控制在 6～8 cm；辽宁辉山乳业苜蓿每年刈割 3～4 茬，前面 2 茬刈割期基本上控制在现蕾期～中花期，第三茬或第四茬则根据每年的霜冻来确定，一般控制在霜冻期来临前 1 个月（9 月 15 日前）完成刈割，刈割高度控制在 8～10 cm。

3.2 苜蓿青贮加工技术

根据调研，辉山乳业的苜蓿切段长度基本上在 2～3 cm，只有极少数的超过这一长度，最长约 8 cm；而秋实草业在生产中很难实现这一标准，切断长度一般在 4～10 cm，有时甚至超过 10 cm；秋实草业的苜蓿青贮原料含水量掌握在 50%～55%，辉山乳业掌握在 60%～65%。

压实密度方面。秋实草业苜蓿青贮原料压实密度大约为 700 kg·m⁻³，大约每 15 cm 厚度压实 1 次，使用 CLAAS 压窖机，走 1 个来回基本完成；而辉山乳业苜蓿青贮原料压实密度为 750 kg·m⁻³ 左右，大约每 30 cm 厚度压实 1 次，使用胶轮铲车（50 型号的），来回碾压 2 次。

在苜蓿青贮饲料生产制作过程中，都添加了青贮添加剂，如秋实草业在制作苜蓿青贮时添加了亚芯添加剂；辉山乳业也选择添加了表层防霉剂，河北小型高水分苜蓿青贮加工使用的枣粉等。通过试验及生产验证，添加剂在苜蓿青贮生产中都能改善苜蓿青贮品质，增加苜蓿青贮制作的成功率[23-32]。

3.3 贮藏技术

苜蓿青贮贮藏时间，在生产中没有一个确定数值，一般在 60～150 d。秋实草业现在的青贮方式主要为堆贮和裹包青贮，只有在现代牧业青贮窖闲置的时候才制作苜蓿窖贮，堆贮标准为 5 000～6 000 t/堆，青贮窖规格为 140 m×15 m×2.5 m，每窖苜蓿青贮饲料的容量为 3 000～4 000 t；辉山乳业的苜蓿青贮主要是窖贮，其青贮窖的规格为 100 m×20 m×3 m，每窖苜蓿青贮饲料的容量在 4 000～5 000 t。

4 我国苜蓿青贮饲料饲喂利用情况

根据调查，我国目前利用苜蓿青贮饲料饲养的家畜种类主要为奶牛，每头泌乳牛每天饲喂量在 2～6 kg（干物质）。其中利用技术比较成熟的有现代牧业、辉山乳业等大型奶牛场。近来，随着河北省黄骅市苜蓿青贮加工的兴起，沧州周边的小型牧场也在尝试苜蓿青贮饲料的利用。

在沧州同发奶牛场的饲喂实践表明，用 5 kg 青贮苜蓿替代 5 kg 青贮玉米，奶牛产奶量平均提高了 1.6 kg，增加收入 6.4 元；青贮苜蓿成本 750 元·t^{-1}，玉米青贮 360 元·t^{-1}，每头奶牛青贮成本提高了 1.95 元；每头奶牛平均日增加纯收益 4.45 元。因此，饲喂苜蓿青贮的效果和效益明显。

5 存在的问题

第一，缺少青贮质量的统一评定标准。苜蓿青贮没有一个统一的青贮料品质的评定标准，这就造成了青贮效果的众说纷纭，青贮料质量的参差不齐。因此，需要制定苜蓿青贮饲料统一的质量评定标准或行业标准，这将有利于苜蓿青贮质量的提高和产业的发展。

第二，苜蓿青贮饲料在奶牛日粮中应用的试验研究与科研数据不足，使苜蓿青贮饲料生产企业在其苜蓿青贮产品的销售宣传上显得说服力不强，进而影响其生产销售及定价。

第三，从现在的苜蓿青贮生产形态上看，还主要是自给自足的生产模式，商品化程度不够，仅有秋实草业形成苜蓿青贮饲料商品化，而且还属于局限性较强的定向协作销售模式。

第四，由于受天气条件的影响，苜蓿半干青贮常常不能及时、连续的进行调制加工，导致青贮制作时间拉长，进而影响苜蓿青贮的制作效果；同时原料捡拾作业过程中容易造成土壤等杂质的污染和少部分苜蓿枝叶脱落的现象，给苜蓿青贮品质带来负面影响。

参考文献

[1] 李向林，万里张. 苜蓿青贮技术研究进展 [J]. 草业学报，2005，14（2）：9-15.

[2] 马春晖，夏艳军，韩军，等. 不同青贮添加剂对紫花苜蓿青贮品质的影响 [J]. 草业学报，2010，19（1）：128-133.

[3] 戚志强，玉永雄，胡跃高. 当前我国苜蓿产业发展的形势与任务 [J]. 草业学报，2008，17（1）：23-26.

[4] 单贵莲，薛世明，徐柱. 不同调制方法紫花苜蓿干燥特性及干草质量的研究 [J]. 草业学报，2008，17（4）：56-60.

[5] 玉柱，孙启忠. 饲草青贮技术 [M]. 北京：中国农业大学出版社，2011.

[6] Wan L Q, Li X L, Zhang X P. The effect of different water contents and addit-ivemixtures on Medicago sativa silage [J]. Acta Prataculturae Sinica, 2007, 16（2）：40-45.

[7] Bhandari S K, Ominski K H, Wittenberg K M. Effects of Chop Length of Alfalfa and Co-rn Silage on Milk Production and Rumen Fermentation of Dairy Cows [J]. Journal of Dairy Science, 2007, 90（5）：23-29.

[8] Weinberg Z G, Muck R E. New trends and opportunities in the development and use of inoculants for silage [J]. FEMS Microbiology Reviews, 1996（19）：53-68.

[9] Cai Y, Benni Y, Ogawa M. Effect of applying lactic bacteria isolated from forage crops onfermenta-tion characteristics and aerobic deterioration of silage [J]. Journal of Dairy Science, 1999, 82（3）：520-526.

[10] Cao L M. Masakazu G. Mitsuaki O. Variations in the fermentation characteristics of alfalfa silage of different harvest times as treated with fermented juice of epiphytic lactic acid bacteria [J]. Grass-land Science, 2002, 47（6）：583-587.

[11] 许庆方，玉柱. 接种乳酸菌对苜蓿青贮发酵品质的影响 [J]. 山西农业科学，2004，32（3）：81-85.

[12] 庄益芬，安宅一夫，张文昌. 生物添加剂对苜蓿青贮发酵品质的影响 [J]. 中国草地学报，2009，31（1）：70-75.

[13] 刘贤，韩鲁佳，原慎一郎，等. 不同添加剂对苜蓿青贮饲料品质的影响 [J]. 中国农业大学学报，2004，9（3）：25-30.

[14] 万里强，李向林，何峰. 添加乳酸菌和纤维素酶对苜蓿青贮品质的影响 [J]. 草业科学，2011，28（7）：1 379-1 383.

[15] 许庆方，周禾，玉柱. 贮藏期和添加绿汁发酵液对袋装苜蓿青贮的影响 [J]. 草地学报，2006，15（2）：129-133.

[16] 朱慧森，董宽虎. 不同青贮添加剂对苜蓿青贮品质的影响 [J]. 草业与畜牧（牧草科学），2009，10：15-17.

[17] 李改英，高腾云，傅彤，等. 不同糖蜜添加量对紫花苜蓿青贮品质和发酵进程的影响 [J]. 华中农业大学学报（自然科学版），2008（5）：625-628.

[18] Jones B A. Influence of bacterial inoculants and substrate addition to Lucerne ensiled at different dry matter contents [J]. Grass and Forage Science, 1992, 47：19-27.

[19] 郭玉琴，何欣，孙晓利. 不同含水率对苜蓿青贮营养成分的影响 [J]. 当代畜牧，2005（12）：38-39.

[20] Katerov I and Nedyalkov L. Use of carbohydrate additives and biologic preparations in alfalfa ensi-ling. I. Effect of the carbohydrate additives on silage quality. Zhivotnov dni Nauki, 1996, 33 (2): 50-53.

[21] 李改英, 傅彤, 孙宇, 等. 美拉德反应对苜蓿青贮品质的影响 [J]. 家畜生态学报, 2012, 33 (3): 73-76.

[22] Henderson A R, McDonald P, Anderson D. The effect of a cellulase preparation derived from Tri-choderma viride on the chemical changes during the ensilage of grass, lucerne and clover [J]. Journal of the Science of Food and Agriculture, 1982, 33: 16-20.

[23] 杨志刚, 沈益新, 陈阿琴. 纤维素酶在青贮饲料中的应用 [J]. 饲料博览, 2002 (1): 39-41.

[24] 周德宝, 蔡义民. 纤维分解酶对青贮饲料发酵特性的影响 [J]. 山东农业大学学报, 1999, 30 (4): 367.

[25] Bolsen K K, Laytimi A, White J. Effects of enzyme and inoculant additives on preservation and nutritive value of alfalfa silage [J]. Journal of Dairy Science, 1989, 72 (1): 297-305.

[26] Jaster E H, Moore K J. Quality and fermentation of enzyme treated alfalfa silages at three moisture concentrtions [J]. Animal Feed Science and Technology, 1991, 31: 261-268.

[27] Kung L Jr, Carmean B R, Tung R S. Microbial inoculation or cellulose enzyme treatment of barley and vetch harvested at three maturities [J]. Journal of Dairy Science, 1990, 73 (5): 1 304-1 311.

[28] Ohshima M, Kimura E, Yokota H. A method of making good quality silage from direct cut alfalfa by spraying previously fermented juice [J]. Animal Feed Science and Technology, 1997 (66): 129-137.

[29] 韩瑞丽, 井文倩. 添加绿汁发酵液对4苜蓿青贮料发酵品质的影响 [J]. 江西饲料, 2003 (1): 31-33.

[30] 董志国, 艾尼瓦尔艾山, 安沙舟. 新牧1号杂花苜蓿不同处理青贮效果比较研究 [J]. 中国草食动物, 2005, 25 (5): 40-42.

[31] 唐维新. 绿汁发酵液改善紫花苜蓿青贮品质机理初探 [D]. 北京: 中国农业大学, 2004.

[32] 王林, 孙启忠, 张慧杰. 苜蓿与玉米混贮质量研究 [J]. 草业学报, 2011, 20 (4): 202-209.

[此文原刊载于《河北农业科学》, 2016, 20 (4): 62-65]

河北省奶牛主要饲料资源利用情况调查与分析

王思伟，李魁英，石少轻，张　新，张　峰，吴占军，王　昆

(河北省农林科学院粮油作物研究所；河北省农林科学院奶牛研究中心)

摘　要：为调查河北省奶牛饲料资源利用情况，对规模化奶牛场主要饲料原料进行了采集与分析。共采集饲料原料27份，利用实验室常规技术检测，分析其主要饲用营养成分的含量，并对各种饲料的使用价值进行了评价和建议。以期为优化规模化奶牛场日粮结构，提高日粮利用效率提供技术支撑。

关键词：奶牛；饲料资源；营养成分

河北省是我国重要的奶牛养殖省份，统计资料显示，2015 年河北省奶牛存栏量约为 180.9 万头，奶类总产量达 473.1 万 t，均居全国第 3 位。但就目前而言，河北省畜牧业存在饲料转化率低、养殖成本高等问题，导致效益低下。其中饲料成本约占奶牛养殖成本的 70%，因此，合理利用当地饲料资源，制定适宜的奶牛日粮配方，提高奶牛日粮转化率，对降低养殖成本、提高奶牛产奶量和乳品质，提高经济效益具有重要意义。因此，本项目在于 2015 年 3 月至 5 月对河北省地区开展了规模化奶牛场的主要饲料资源利用情况的调查，并对采集主要饲料原料样品的饲用营养成分进行统计与分析，旨为优化河北省奶牛日粮配方，改善饲料利用率提供理论支持。

1　材料与方法

1.1　材　料

选择河北省 300～500 头规模化奶牛场 5 个，分别位于藁城县、晋州市、平山县、鹿泉市和威县，采集农场使用主要饲料原料样品 27 个（表1）。将采集的样品带回实验室烘干（65 ℃）24 h，粉碎密封保存。并且对样品中的干物质（DM）、粗蛋白（CP）、粗脂肪（EE）、中性洗涤纤维（NDF）、酸性洗涤纤维（ADF）、粗灰分（ASH）、钙（Ca）和磷（P）8 个指标的含量进行测定。

表 1　饲料原料采集地点与饲料种类

名称	采集地点	名称	采集地点	名称	采集地点
豆粕1	晋州	DDGS1	晋州	青贮玉米1	晋州
豆粕2	平山	DDGS2	藁城	青贮玉米2	藁城
豆粕3	藁城	玉米胚芽粕	藁城	青贮玉米3	鹿泉
玉米1	晋州	羊草1	晋州	青贮玉米4	平山
玉米2	平山	羊草2	藁城	黄贮	威县

（续表）

名称	采集地点	名称	采集地点	名称	采集地点
玉米 3	藁城	苜蓿 1	平山	花生秧	藁城
啤酒糟 1	平山	苜蓿 2	威县	甘薯秧	藁城
啤酒糟 2	藁城	燕麦 1	藁城	全株谷子	藁城
麸皮	藁城	燕麦 2	威县	青贮谷子	藁城

1.2 方 法

1.2.1 指标测定方法

8 个指标均利用实验室常规方法进行检测。其中，干物质（DM）采用烘箱干燥法，粗蛋白（CP）采用凯氏定氮法，粗脂肪（EE）采用索氏浸提法，中性洗涤纤维（NDF）和酸性洗涤纤维（ADF）采用范氏（VanSoest）洗涤法，粗灰分（Ash）采用马福炉灼烧法，钙（Ca）采用 EDTA 络合滴定法，磷（P）采用钼黄比色法进行测定。

1.2.2 统计方法

使用 SPSS 19.0 软件对 27 个样本的 8 项指标测定结果进行统计和方差分析。

2 结果与分析

2.1 主要饲料原料利用情况

5 个调研牧场中，藁城的牧场使用的饲料原料丰富（13 种），威县与鹿泉牧场饲料原料最少。使用的饲料原料主要为玉米、豆粕、麸皮、玉米胚芽粕、DDGS、啤酒糟、青贮玉米、苜蓿、羊草、燕麦等；其中藁城牧场用到了花生秧、甘薯秧、饲用谷子和黄贮，但用量非常有限。在 5 个规模化牧场中，有 2 个牧场使用精料补充料，其余牧场均自配精料。粗饲料中的羊草、苜蓿、燕麦基本依靠远途外购和进口。

2.2 营养成分分析

2.2.1 不同资源营养成分分析

啤酒糟和 DDGS 等酒糟类饲料的干物质、粗蛋白和粗脂肪的含量较高，其中 DDGS 的粗脂肪和磷含量均达到所有饲料最高值，且高于麸皮的含量，可以和谷物粮食相媲美；甘薯秧中的粗蛋白、粗脂肪含量均高于羊草，且钙含量远高于苜蓿干草；花生秧和全株谷子干草的营养价值水平与羊草相似；青贮谷子中的粗蛋白和粗脂肪含量高于全株谷子干草，可能是采样时谷子干草的谷穗脱落导致检测结果偏低的原因。

2.2.2 相同资源不同样本营养成分比较

相同资源不同样本之间营养成分存在较大差异。羊草样本中的 CP、ADF、EE 含量均存在显著差异，羊草 1 中的 ADF 含量显著高于羊草 2，另外两个指标显著低于羊草 2，说明羊草 2 的质量明显优于羊草 1；苜蓿样品中的苜蓿 1 的 CP 含量显著高于苜蓿 2，且苜蓿 1 的其他指标均优于苜蓿 2，说明苜蓿 1 的营养价值更高；青贮玉米营养含量指标中，仅 CP 含量差异不显著，其他指标均差异显著（表 2）。

表2 饲料样品营养成分含量

（%）

饲料名称	干物质	粗蛋白	酸性洗涤纤维	中性洗涤纤维	粗脂肪	粗灰分	钙	磷
豆粕1	91.60±0.00 a	48.03±0.12 a	8.67±0.45 b	15.77±0.32 a	1.70±0.17 a	7.04±0.09 ab	—	—
豆粕2	87.78±0.43 c	47.23±0.34 a	6.44±0.81 c	11.05±1.56 b	1.09±0.18 a	6.38±0.30 b	—	—
豆粕3	89.20±0.35 b	48.70±1.70 a	10.10±0.14 a	14.10±1.41 a	1.45±1.64 a	7.48±0.82 a	—	—
玉米1	89.60±0.00 a	7.67±0.12 b	4.17±0.06 a	10.97±0.25 a	3.80±0.06 a	1.65±0.06 a	0.02±0.00 a	0.30±0.01 a
玉米2	88.66±0.25 a	9.36±0.67 a	3.23±0.46 a	9.36±0.06 b	4.60±0.53 a	1.53±0.12 a	0.05±0.03 a	0.24±0.03 a
玉米3	87.55±4.60 a	8.80±0.57 a	4.70±1.41 a	10.75±0.50 a	5.65±2.61 a	1.63±0.33 a	0.04±0.02 a	0.36±0.11 a
啤酒糟1	93.47±0.12 b	24.50±0.00 b	27.70±0.00 a	58.30±0.36 a	8.50±0.10 a	4.67±0.03 a	0.48±0.00 a	0.68±0.00 a
啤酒糟2	95.20±0.00 a	29.50±1.56 a	25.80±0.42 a	55.60±0.71 b	9.20±1.41 a	4.30±0.09 a	0.54±0.02 a	0.87±0.11 a
DDGS1	91.20±0.00 a	34.87±0.06 a	18.20±0.17 a	41.13±0.45 a	13.93±0.15 a	7.95±0.04 a	0.04±0.00 a	0.90±0.01 a
DDGS2	81.15±0.35 b	37.15±0.63 a	10.65±3.89 a	29.10±2.69 a	10.90±0.71 a	7.42±0.28 a	0.28±0.07 a	1.29±0.01 a
玉米胚芽粕	89.05±0.07	22.90±0.57	13.00±1.13	35.70±2.97	1.20±0.14	5.28±0.33	0.03±0.02	0.96±0.01
麸皮	85.75±1.06	18.25±0.64	20.90±1.00	49.80±1.84	3.75±0.35	5.93±0.56	0.24±0.22	0.98±0.01
羊草1	92.80±0.17 a	8.53±0.84 b	42.90±1.39 a	74.57±1.60 a	1.93±0.06 b	1.81±0.19 a	0.34±0.03 a	0.12±0.01 a
羊草2	94.40±0.42 a	11.15±0.21 a	36.80±1.13 b	71.25±2.19 a	2.50±0.00 a	3.52±1.70 a	0.45±0.23 a	0.19±0.07 a
苜蓿1	91.70±0.85 a	22.90±0.57 a	30.10±6.22 a	38.55±4.74 a	2.65±0.21 a	10.97±1.56 a	1.63±0.41 a	0.38±0.10 a
苜蓿2	89.50±0.71 a	18.57±0.61 b	33.25±2.47 a	42.15±4.04 a	2.40±0.14 a	9.54±0.77 a	1.45±0.64 a	0.23±0.04 a
燕麦1	89.50±0.71 a	15.30±0.71 a	33.35±2.19 a	57.95±3.46 a	3.60±1.13 a	9.52±0.81 a	0.55±0.08 a	0.31±0.02 a
燕麦2	89.75±1.77 a	14.10±0.92 a	32.15±6.01 a	56.05±5.02 a	3.55±0.21 a	8.83±0.70 a	0.61±0.01 a	0.29±0.06 a
青贮玉米1	30.23±4.06 b	11.33±0.12 a	32.80±0.44 b	50.40±0.1 b	3.97±0.06 a	7.03±0.10 c	0.26±0.02 b	0.28±0.01 ab
青贮玉米2	27.17±3.25 b	11.57±0.06 a	28.23±0.15 b	42.77±0.12 c	3.90±0.00 a	9.16±0.04 ab	0.42±0.00 ab	0.27±0.01 b
青贮玉米3	55.50±4.60 a	10.13±0.06 a	40.80±0.10 a	59.50±0.20 a	2.83±0.06 b	8.69±0.03 b	0.39±0.02 ab	0.29±0.00 ab
青贮玉米4	30.07±2.53 b	13.50±5.52 a	34.25±7.57 b	52.85±6.86 b	3.45±1.06 ab	9.48±0.63 a	0.55±0.28 a	0.33±0.06 a
黄贮	92.36±0.12	7.21±1.13	38.01±0.74	58.53±0.19	1.21±0.08	7.59±0.03	0.36±0.07	0.12±0.03
花生秧	90.65±0.92	7.76±0.04	35.87±0.95	44.41±0.13	1.75±0.07	14.50±0.99	1.70±0.09	0.11±0.01
甘薯秧	89.15±1.63	13.23±0.01	41.01±0.01	59.17±0.04	2.99±0.04	9.79±0.07	2.57±0.16	0.04±0.00
谷子	92.55±0.51	10.73±0.01	32.55±0.33	55.65±0.21	1.58±0.02	8.59±0.31	0.20±0.00	0.14±0.00
青贮谷子	40.50±2.28	15.20±0.71	28.35±0.78	56.20±2.97	3.60±0.28	6.46±0.37	0.21±0.02	0.56±0.00

注：仅在同种饲料之间进行显著性比较。相同字母间为差异不显著，不同字母为差异显著

3 结论与讨论

目前河北省奶牛饲料资源主要为玉米、豆粕、麸皮、玉米胚芽粕、DDGS、啤酒糟、青贮玉米、苜蓿、羊草和燕麦等，种类较单一，且粗饲料（羊草、苜蓿和燕麦）主要依赖于进口或远途运输。通过对 27 份饲料样品的营养成分结果进行分析，得出以下结论：

（1）花生秧的粗蛋白含量为 7.76%，粗脂肪含量为 1.75%，且含有大量矿物质，与张峰、赵小伟等[1,2]的检测结果相似，且花生秧的营养价值与羊草相似。由于花生秧的碳水化合物含量较低，因此常与甘薯秧、青贮玉米进行混合青贮[3,4]。黄玉德等[3]将花生秧进行微贮并饲喂奶牛，研究发现微贮后花生秧蛋白质和脂肪含量均有所提高，并且产奶量较青贮玉米饲喂的产奶量提高了 8.4%；王笑笑[4]等人用不同配比的花生秧和青贮玉米进行奶牛饲喂试验，发现不同配比日粮中产荷斯坦奶牛的干物质采食量、生产性能、血液指标以及产奶性状没有显著影响，但随着花生秧比例的增加，经济效益有所提高。

（2）甘薯秧的粗蛋白含量 13.23%，粗脂肪含量 2.99%，均优于羊草，与燕麦的营养价值相当。甘薯秧中的粗蛋白、粗脂肪含量均高于羊草，钙含量远高于苜蓿干草。赵恒亮和郭荣[5]将微贮和青贮后的甘薯秧饲喂肉用白山羊，使羊的采食量增加，日增重与对照组相比分别提高了 60.09% 和 69.98%。因此，花生秧和甘薯秧是值得进一步开发利用的粗饲料资源。

（3）全株谷子的综合营养价值要优于羊草，孙茂红[6]等运用谷草替代羊草饲喂奶牛，研究发现对奶牛的采食量、乳脂率和乳蛋白率均无显著影响，但产奶量有增加趋势。

（4）不同牛场所使用的同种饲料原料的营养成分有较大区别，这种差异可能是由饲料来源，加工工艺等因素导致的[7]。以青贮玉米为例，研究发现，不同添加剂、不同收割期对青贮玉米的营养成分均有明显影响[8-10]，也有多位研究者证实，不同品种玉米制作的青贮营养成分含量也有明显区别[11-13]。因此，在青贮制作过程中，要严格对各项影响因素加以控制。在实际生产中制定日粮配方时，应结合实际情况，对奶牛场所使用的饲料原料进行营养成分的测定，根据实际数据制定配方，以真正满足奶牛的营养需要，提高饲料利用效率，降低养殖成本。

参考文献

[1] 张峰，李魁英，王学清，等. 不同品种花生秧营养价值分析 [J]. 河北农业科学，2010，14（7）：72-73.

[2] 赵小伟，卜登攀，刘庆生，等. 青贮花生秧在饲料中的应用 [J]. 中国饲料，2010（9）：30-32.

[3] 黄玉德，马信，仇长征. 花生秧的微贮和饲喂奶牛的效果 [J]. 中国奶牛，1997（3）：26-27.

［4］ 王笑笑，廉红霞，秦雯霄，等．花生秧与玉米青贮配比对奶牛生产性能、血液指标及氮素利用的影响［J］．草业学报，2016，25（5）：165-174.

［5］ 赵恒亮，郭荣．不同处理甘薯秧对肉用白山羊增重效果的影响［J］．饲料广角，2006（24）：38-39.

［6］ 孙茂红，孙全文，岳春旺，等．张杂谷谷草替代羊草对奶牛生产性能的影响［J］．中国奶牛，2015（1）：59-61.

［7］ 张建明．饲料营养成分数据差异根源的分析［J］．畜牧兽医杂志，2013，32（4）：31-32.

［8］ 焉石．碳水化合物添加剂和不同收获期对青贮玉米青贮品质的影响［D］．哈尔滨：东北农业大学，2010.

［9］ 吕建敏，陈民利，胡伟莲．添加酶制剂对青贮玉米秸发酵品质和营养价值的影响［J］．中国畜牧杂志，2005，41（7）：18-20.

［10］ 张瑞霞，刘景辉，牛敏，等．不同收获期青贮玉米品种营养成分的积累与分配［J］．玉米科学，2006，14（6）：108-112.

［11］ 李小娜．不同品种玉米作为奶牛饲料的营养价值评定［D］．保定：河北农业大学，2012.

［12］ 余汝华，莫放，赵丽华，等．不同玉米品种青贮饲料营养成分比较分析［J］．中国农学通报，2007，23（8）：17-20.

［13］ 王洋．不同品种玉米植株在成熟过程中营养价值变化规律及青贮利用价值的研究［D］．北京：中国农业大学，2005.

［此文原刊载于《河北农业科学》，2017，21（1）：82-84，98］

基于遥感影像的粮棉作物自动提取技术研究

侯　亮[1]，蔡海燕[1]，高　倩[1]，王淑芬[2]

（1. 河北省农林科学院农业信息与经济研究所；2. 河北省农林科学院滨海农业研究所）

摘　要：以 TM 遥感影像为数据源，根据研究区域粮棉作物的物候特征，研究并实践了运用监督分类和模型分类进行粮棉作物提取的方法，为农业布局规划和政府决策提供了依据。

关键词：粮棉作物；提取

粮棉作物的面积和分布情况对粮食区域平衡和粮食安全有着直接影响，及时、准确获取粮棉作物信息对当地农业的可持续发展具有重要意义。

运用遥感技术提取作物信息是农业信息研究的重要组成部分。遥感是一门通过非接触手段，运用探测仪器记录各类地物的电磁波信息，揭示地物属性及其变化规律的探测技术，侧重于大范围、大尺度地获取地面及一定深度的自然资源和生态环境的信息[1]，采集周期短，时效性强。本文以 TM 遥感影像为数据源，研究实践了研究区域内主要粮棉作物的提取方法，为农业布局规划和政府决策提供了依据。

1　总体思路

本次研究的目标作物为冬小麦、棉花和夏玉米。冬小麦和棉花的外部特征在 TM 影像中较容易获取，且对其种植情况积累了一定认知经验，故采用监督分类法；夏玉米因同时期生长的其他作物较多，采用监督分类与模型分类结合的方法以提高分类精度；最后将 3 种作物的分类结果叠加并修正，得到最终的提取结果。

2　影像选用

研究区域内冬小麦、棉花、夏玉米具有如下生长规律：

小麦在 3 月中下旬进入返青期，此时其他作物还未生长，对监督分类干扰较少；棉花于 6 月下旬至 7 月上旬进入生长旺期，外部特征明显；以上时段的影像中，冬小麦和棉花的可识别度较高，故选为监督分类的基础数据。

研究区域内冬小麦和夏玉米为轮作模式，即两种作物在一年中的生长周期为"冬小麦—夏玉米—冬小麦"，夏玉米于 8 月中下旬达到营养生长的顶峰，冬小麦在 11 月下旬处于分蘖期，而其他作物已经收获，较容易识别；再结合 3 月中下旬的小麦影像，利用 3 个时期的 TM 影像建立分类模型，可以有效提高夏玉米的分类精度。

3　冬小麦和棉花的监督分类

选用 ERDAS 进行冬小麦和棉花的监督分类。ERDAS 是一套用于影像制图、影像可视化和高级遥感技术的软件系统，具有较强的遥感图像处理和 RS/GIS（遥感/地理信息系统）集成功能。

3.1　影像预处理

3.1.1　几何校正

由于传感器的姿态、高度、速度以及自身特性等因素的影响，遥感影像中的像元可能相对于实际地物产生拉伸或偏移，需要进行几何校正。

启动 ERDAS 的几何校正模块，在 TM 原始影像中均匀选择明显的地面标志作为控制点，输入实际地理坐标，定义投影参数，对影像进行校正，消除几何畸变。

3.1.2　影像增强

选用 TM 影像的 5-4-3 波段和 4-3-2 波段分别用于冬小麦和棉花的监督分类。加载以上两组波段，若显示效果较差，须进行影像增强处理。

若影像亮度较低，则采用锐化增强处理，使整景图像的亮度得到增强而不使其专题内容发生变化[2]。

若影像对比度较低，则采用自适应滤波法进行对比度拉伸。加载 Adaptive Filter 模块，设定移动窗口大小和乘积倍数等参数，扩大图像反差。

纹理分析通过二次变异分析或三次非对称分析增强目标地物的纹理结构。运行 Texture Analysis 工具，定义操作函数，突出地物的纹理特征。

3.1.3　影像的镶嵌和切割

运用 Mosaic Tool 加载需要拼接的影像，设置叠加次序和匹配方法，对影像进行无缝镶嵌。当影像间的色调有较大差异时，运用直方图匹配可以使相邻两景影像具有相近的色调。执行 Histogram Match 命令，以显示效果较好的影像为标准，确定匹配参考波段，调节目标影像的色调和反差，使之与标准影像相近。

为便于分工合作，需将研究区域分为多个内部分区。将内部分区的矢量文件转换为与影像一致的坐标系统并依此建立感兴趣区域，对影像进行切割，得到各分区的独立影像。

3.2　监督分类

3.2.1　定义分类模板

根据冬小麦和棉花在影像中的特征，运用 Signature Editor 工具定义分类模板，选取感兴趣区域并对模板进行评价。调整特征误差较大和可分离性较差的样本，最终建立比较准确的分类模板。

3.2.2　执行监督分类及分类后处理

选用极大似然分类器，执行监督分类并输出分类结果。监督分类按照图像的光谱特征进行聚类分析，带有一定的盲目性，需要对分类结果进行后处理。综合运用聚类统计和过滤分析剔除小面积的图斑；运用去除分析将小图斑合并到相邻的最大分类中，输出分类后处理结果。

4 夏玉米的分类

4.1 基于 NDVI 的分类

4.1.1 NDVI 阈值的确定

在植被遥感中，NDVI（归一化植被指数）是植被生长状态和覆盖度的最佳指示因子，具有较好的空间和时间适应性，是作物分类的重要依据。

调用 ERDAS 的空间建模模块，加载各分区的"冬小麦—夏玉米—冬小麦"三时相的 TM 影像，分别计算其 NDVI 值。对比同时段的高分辨率可见光影像，初步确定 NDVI 的阈值范围。

4.1.2 建立基于 NDVI 的分类模型

运用模型生成器（Model Maker，是空间建模语言核心的图形界面，允许用户通过便于使用的面板工具来产生空间图形模型[3]），建立分类模型。启动模型生成器，依据已知 NDVI 阈值范围建立分类模型，设定各项参数并输出分类结果。

将分类结果与 8 月中下旬的高分辨率可见光影像对比，反复调整 NDVI 阈值范围，不断改进分类模型，得到玉米的初步分类结果。

4.2 夏玉米的监督分类

在 ERDAS 中加载 8 月中下旬 TM 影像的 5-4-3 波段，参照冬小麦和棉花的分类过程，对影像中的夏玉米进行监督分类并输出矢量结果图。

对两种模式的分类结果进行后处理，得到较为平滑的分类结果。

5 分类结果修正

选用 ArcMap 进行分类结果的修正工作。ArcMap 是 ArcGIS 的组件之一，是一个使用简单、功能强大的集成应用环境[4]，具有较强的图像编辑、数据查询和空间分析功能。

在 ArcMap 中加载两种模式的夏玉米分类结果并进行交集运算，输出重叠部分的矢量图，得到夏玉米的整合分类结果。

将冬小麦、棉花、夏玉米的分类结果叠加，灵活调整图层次序，对比高分辨率可见光遥感影像加以修正，得到最终的分类结果。至此粮棉作物的提取工作已全部完成，技术流程如图 1 所示。

6 结 论

本文以 TM 遥感影像为数据源，对研究区域的粮棉作物进行了提取，获得了较为准确的作物面积和分布信息，为进一步研究提供了数据支持；同时在提取工作中也存在着一些问题和不足，主要有以下几个方面。

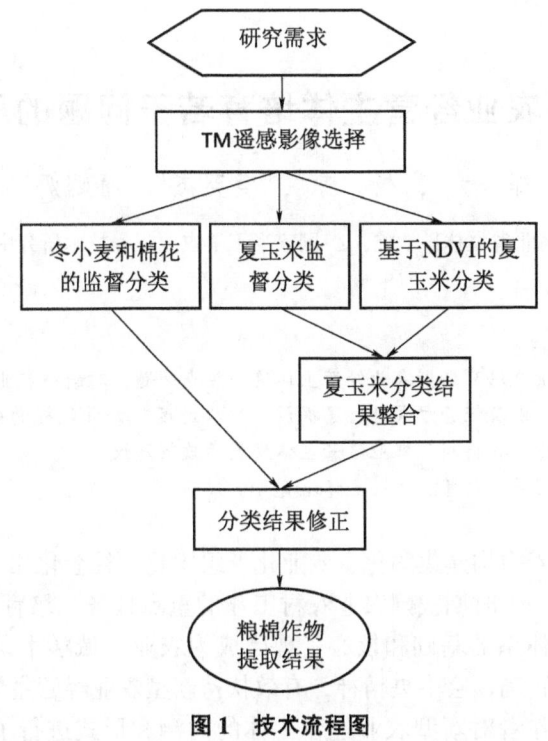

图 1 技术流程图

（1）未遮罩的设施大棚和某些常绿植被的色彩、纹理特征与冬小麦相近，不易去除，对冬小麦的监督分类造成了干扰。

（2）由于耕作制度由农民自行决定，作物间作套作现象较多，且不同作物地块距离近、面积小，形状不规则，直接影响了棉花的分类精度。

（3）NDVI 具有非线性特性，对遥感影像质量要求较高，容易受到 TM 影像中地形和大气因子的影响，导致取值出现区域性变动，使得夏玉米分类建模难度增加。

参考文献

［1］ 陆登槐．农业遥感的应用效益及在我国的发展战略［J］．农业工程学报，1998（3）：65.

［2］ 党安荣，贾海峰，陈晓峰，等．ERDAS IMAGINE 遥感图像处理教程［M］．北京：清华大学出版社，2010：118.

［3］ 党安荣，贾海峰，陈晓峰，等．ERDAS IMAGINE 遥感图像处理教程［M］．北京：清华大学出版社，2010：440.

［4］ 吴秀芹，张洪岩，李瑞改，等．ARCGIS9 地理信息系统应用与实践（上册）［M］．北京：清华大学出版社，2010：23.

［此文原刊载于《河北农业科学》，2015，（3）：90－92］

新型农业经营主体培育若干问题的思考

郑小六[1]，杨　京[2]，李英杰[1]，蒲娜娜[1]

（1. 河北省农林科学院；2. 国家半干旱农业工程技术研究中心）

摘　要：作者围绕培育新型农业经营主体这一热点问题，对新型农业经营主体的内涵、形式、相互间的关系以及经营方式进行了探讨，对"适度"经营规模的衡量依据和参考标准进行了分析，提出了扶持新型农业经营主体发展的政策建议。

关键词：农业经营；经营主体；主体培育

根据中央要求，着力构建集约化、专业化、组织化、社会化相结合的新型农业经营体系，是当前和今后一个时期我国农业农村工作的重点任务。培育新型农业经营主体，是构建新型农业经营体系的基础和核心，现已成为农业领域学术研究和实践探索的热点。如何全面理解和正确领会中央精神，有效扶持新型农业经营主体发展，需要进行深入研究和不断探索。作者对新型农业经营主体的内涵和形式进行了明确、对其经营方式、经营规模进行了剖析，提出了扶持新型农业经营主体发展的政策建议，希望能够对新型农业经营主体培育及河北省现代农业发展有所帮助。

1　新型农业经营主体内涵及类型

1.1　内涵及形式

新型农业经营主体是指相对于传统农业经营主体（家庭承包经营的普通农户）而言，具有相对较大的经营规模、较好的物质装备条件、较高的科技水平和经营管理能力，劳动生产率、资源利用率和土地产出率较高，以商品化生产为主要目标的农业经营组织的一种创新形式[1]。2013 年中央一号文件提出新增农业补贴向专业大户、家庭农场、农民合作社等新型生产经营主体倾斜。十八届三中全会把农业企业增加进来。据此，新型农业经营主体包括了专业大户、家庭农场、农民合作社、农业企业 4 种形式。

新型农业经营主体"新"在哪里？国务院副总理汪洋在 2014 年 3 月 21 日召开的"全国春季农业生产暨森林草原防火工作会议"讲话中强调："新在其都是面向市场的经营主体，他们必须着眼于市场需求、面向市场生产、适应市场竞争，而不再是自给自足的小生产[2]。"这可以看作是"市场在资源配置中起决定性作用"在农村改革上的具体体现。

1.2　相互关系

1.2.1　新型农业经营主体与传统农业经营主体的关系

新型农业经营主体与传统农业经营主体虽然在经营方式上具有显著差异，但二者并非对立关系。前者是后者的发展方向，但近期前者不可能完全取代后者，二者将在现代农业发展过程中长期并存。

新型农业经营主体是在传统农业经营主体的基础上，随着生产水平、专业化和组织化程度的不断提高，组织和经营方式的不断创新而逐渐形成的，是从无到有、从不完善到逐步完善的渐进发展过程。其形成发展的进程与当地社会经济发展水平、农业生产条件、农民组织化程度等因素密切相关，并受其所限。基于我国农业人口基数大，农业发展水平不平衡的现状，家庭承包经营的传统农业经营主体仍旧是我国农业生产中数量最大、经营土地面积最多的经营主体，将在一段时期内、较广的农村区域长期存在[3]。

1.2.2 4种新型农业经营主体的关系

专业大户和家庭农场是一家一户的家庭经营形式，是生产粮棉油等大宗农产品的主体，在农业生产中占据基础性地位。正如中央财经领导小组办公室主任陈锡文所说："不是家庭选择了农业，而是农业选择了家庭，世界各国概莫能外[4]。"特别是家庭农场的家庭经营、规模适度、一业为主、集约生产的特点，使其可以把规模经营与集约化经营有机结合起来，有效配置农地资源、提升土地生产效率和农民收入水平。因此，家庭农场将来可能在我国新型农业经营主体中占据主导地位。

农民合作社和农业企业是合作经营、集体经营或者是企业经营形式，除了从事一些需要较大投入的设施果菜、养殖业、加工业和特种农业之外，作为农业经营中提供服务的主体，其主要功能是为专业大户和家庭农场提供各种产前、产中、产后社会化服务。从而使专业大户和家庭农场进行规模化、集约化的农产品生产[5]。

从现状和发展趋势上看，4种新型农业经营主体中，生产农产品的专业大户、家庭农场，与为其提供社会化服务的农民合作社、农业企业在功能上逐渐分离，但生产与服务相互间的依存关系在日趋紧密[6]。

2 新型农业经营主体的经营形式

发展适度规模经营的目的是在现有社会经济条件下，通过各生产要素的优化组合，获得最佳经济效益[7]。经营规模的变化，会对土地产出率、劳动生产率产生不同的影响。没有规模则没有效率，"规模"太小，虽然可以实现较高的土地产出率，但会影响劳动生产率，制约农民增收。但规模不等于效率，如果土地经营规模过大，虽然可以实现较高的劳动生产率，但会影响土地产出率，不利于农业增产。所以，发展适度规模经营，要强调资源和效率的最优配置，核心是实现土地生产率与劳动生产率的最优配置。对于如何把握好规模适度，可以从3个方面衡量：一是与当地资源禀赋相适应；二是确保经营者获得与当地城镇居民相当的收入；三是与经营主体的生产能力和经营管理能力相适应。

人多地少是我国的基本国情，在现有生产条件依然落后和农村人口仍然很多的情况下，不宜采取欧美大农场式的规模经营方式，特别是美国"土地大集中、资本大投入、装备高科技、企业式管理"的模式[4]。对于不同区域，应在充分考虑地区差异、自然经济条件、农村劳动力转移情况、生产费用成本、农业机械化水平等因素的基础上，重点鼓励和发展家庭经营式的农业生产，通过土地流转，开展适度规模经营。

从国内外对家庭经营"适度"规模的研究和实践来看，可将实现种地收入与当地城镇居民收入相当的经营规模作为"适度"规模的参考标准。但经营规模也因区域、作物、生产力水平不同而有所差异。从农业部调研数据看，若从事粮食作物生产，在北方单季地区，家庭经营的适度规模应在 6.67 hm² 左右；在南方两季地区，规模应在 3.33 hm² 左右。上海松江区将粮食种植家庭农场的适度经营规模确定为 6.67~10.00 hm²，甘肃省天水市测算的家庭种植苹果适宜规模为 1.67~3.33 hm²[8]。

对于合作社和农业企业发展土地规模经营的"适度"规模问题，更多的与企业家经营管理能力密切有关，重点考虑的是劳动成本、监督成本和管理效率等因素。应在引导土地资源适度集聚的同时，通过联合合作和扩大服务的方式，促进农户形成规模、服务形成规模，提升农业规模化经营水平[9]。

3 发展新型农业经营主体的建议

从当前各地新型农业经营主体发展实践来看，新型农业经营主体在促进农业规模化、集约化、商品化生产方面发挥了重要作用。各级农业部门高度重视，把培育和扶持新型农业经营主体作为重点工作任务，加强工作指导和政策扶持。只有从新型农业经营主体自身需求出发，应其所求，助其所需，才能使扶持政策更有针对性，更好地提高政策实施绩效。

3.1 积极引导土地向新型农业经营主体流转

新型农业经营主体的经营基础是要具备一定的土地经营规模，而土地流转是达到经营规模的必由之路。有关部门对土地流转应积极引导，确保规范有序。土地流转的组织，应充分尊重农民意愿，不搞强迫命令，不搞行政瞎指挥。土地流转的方向，应鼓励土地在农户间流转，向新型农业经营主体集中，防范工商企业租赁土地风险。土地流转的规模，应根据当地自然、社会、经济、生产、技术等条件，指导新型农业经营主体保持规模"适度"。土地流转的价格应采取协商、公布指导价等手段，调控土地流转价格处于合理区间，使转出方获得合理的财产性收入，转入方有较好的生产利润。

3.2 着力改善新型农业经营主体生产经营条件

新型农业经营主体的经营保障在于良好的生产经营条件，改善生产经营条件是必然之举。在农业公共性、基础性、平台性设施等建设投入方面，继续加大财政资金投入和政策扶持力度，普遍提高农田基本建设水平，提升土地综合生产能力和应对灾害能力。对从事粮食生产达到一定规模的合作社、种粮大户，按照其经营规模或生产粮食数量，设立专项补贴资金或奖励基金，以支持其改善农田基本设施、产后烘干、储藏设施等条件和满足生产流动资金需要等方式，对其进行补贴或奖励，提升其生产经营条件[10]。

3.3 落实新型农业经营主体财政金融支持

新型农业经营主体的经营效益要靠财政金融支持做为有力保障，倾斜支持是必出之策。补贴政策方面，应在提高农业生产财政补贴总量的同时，把增量主要用于支持新型农业经营主体。探索向新型农业经营主体免费提供良种、优惠价格直销农资、优先提供农机具购置补贴的配套优惠政策。建立完善新型农业经营主体的抵押、担保、信用体系，支持经营主体以土地经营权、大型农机具以及相关农产品或资产为抵押或担保，向金融机构贷款。完善小额信贷产品，简化农业信贷手续，建立灵活高效的农业融资保障体系，缓解新型农业经营主体融资难的问题。

3.4 完善新型农业经营主体人才支撑体系

新型农业经营主体的经营后劲在于人才支撑，人才培训是必行之事。采取分类指导和制定有针对性的支持政策，鼓励和吸引农村中有技术、懂经营、会管理的能人和更多的专业型人才加入和充实到新型经营主体队伍中来。建议在农村建设大学生创业园，积极引导农口院校大学生回乡创业，尤其要鼓励大学生"村官"在新型农业经营主体中创业和就业，可考虑对相关经营主体给予引入大学生工资和社会保障补贴[11]。将新型经营主体经营者纳入新型职业农民、农村实用人才、"阳光工程"等培育计划，提高新型经营主体整体经营素质[12]。

3.5 健全新型农业经营主体社会化服务体系

新型农业经营主体的经营效率在于社会化服务水平的提高，社会化服务体系建设是必施之措。建议进一步完善扶持社会化服务组织的政策措施，重点培育农民专业服务合作社、专业服务公司、专业技术协会、农业龙头企业等社会化服务主体，构建覆盖农业生产全过程的社会化服务体系，为新型农业经营主体提供产业政策、产销信息、先进技术、优质农资等服务[13]。

参考文献

[1] 汪晓文，杨光宇. 现代农业园区：应重点培育的新型经营主体 [J]. 河北学刊，2013，33 (5)：118-120.

[2] 汪洋. 在全国春季农业生产暨森林草原防火工作会议上的讲话 [N]. 农民日报，2014-04-09.

[3] 陈锡文. 关于解决"三农"问题的几点考虑—学习《中共中央关于全面深化改革若干重大问题的决定》[J]. 中共党史研究，2014 (1)：5-14.

[4] 宋亚平. 规模经营是农业现代化的必由之路吗？[J]. 江汉论坛，2014 (4)：5-9.

[5] 郭熙保，郑淇泽，确立家庭农场在新型农业经营主体的主导地位 [N]. 光明日报，2014-04-23.

[6] 陈锡文. "三农"问题的创新与挑战 [N]. 东方早报，2014-03-25.

[7] 胡爱华. 农地适度规模经营的内涵、条件及组织形式 [J]. 经济学研究，2014 (1)：59-63.

[8] 农业部经管司、经管总站研究组. 构建新型农业经营体系稳步推进适度规模经营—"中国农村经营体制机制改革创新问题"之一 [J]. 毛泽东邓小平理论研究，2013 (6)：38-45.

[9] 任璐. 农业部农村经济体制与经营管理司司长张红宇就引导农村土地有序流转答记者问 [N]. 农民日报，2014-02-24.

[10] 谭智心，周振. 农业补贴制度的历史轨迹与农民种粮积极性的关联度 [J]. 改革，2014 (6)：94-102.

[11] 黄祖辉，俞宁. 新型农业经营主体：现状、约束与发展思路——以浙江省为例的分析 [J]. 中国农村经济，2010 (10)：16-26.

[12] 高文. 发展家庭农场解困"谁来种地" [N]. 农民日报，2014-02-28.

[13] 钱克明，彭廷军. 关于现代农业经营主体的调研报告 [J]. 农业经济问题，2013 (6)：4-7.

[此文原刊载于《河北农业科学》，2015，19 (3)：100-102]

主成分分析及隶属函数法综合评价玉米苗期耐盐性

刘春荣[1]，张国新[2]，王秀萍[2]，鲁雪林[2]，刘雅辉[2]

(1. 唐山市丰南区农牧局；2. 河北农林科学院滨海农业研究所)

摘 要：目的：综合评价玉米苗期耐盐性。方法：利用耐盐鉴定池，采用 0.5%盐碱原土对 10 个玉米品种进行苗期胁迫鉴定，通过主成分分析及隶属函数法，对株高、出苗率、鲜重、干重等 9 个指标进行分析，评价耐盐性。结论：苗期耐盐性为：中科 11>肃研 480>农单 116>伟科 702>浚单 20>中地 175>肃玉 1 号>衡单 6272>郑单 958>纪元 128。

关键词：主成分分析；隶属函数法；玉米耐盐性

土壤盐碱化是一个世界性的问题，目前，世界上有 4 亿～9 亿 hm² 的土地受盐渍化的影响[1]，严重限制了农业生产的可持续发展。我国盐渍土总面积约 3 600 万 hm²，其中耕地盐渍化面积达到 920.9 万 hm²，占全国总耕地面积 6.62%，主要分布在西北、华北、东北和沿海地区[2]。高效开发与利用盐渍化土地成为人类的必然选择，如何提高植物的抗盐性，增加在盐胁迫下农作物的产量一直是人们关注的课题。盐渍化土壤的开发利用有多种途径，筛选作物的耐盐品种并加以利用是一种行之有效的措施[3]。

玉米是重要的粮食、饲料作物，是我国的三大作物之一，常年播种面积 2 500 万 hm² 左右，约占世界总面积的 17.2%。玉米对盐分中度敏感，盐胁迫下玉米的生长发育受到明显的抑制，是对盐分较敏感的禾本科作物[4]。利用耐盐鉴定手段，筛选耐盐玉米品种资源，对盐碱地玉米增产及耐盐育种至关重要。

耐盐性是一个受多基因控制的复杂性状，单一指标分析无法准确地反映植物的耐盐性。主成分分析结合隶属函数法，能有效全面的分析品种耐盐性，目前在一些作物苗期耐盐性评价上得到应用[5-7]，而在玉米苗期耐盐综合评价研究未见报道。本研究在测定多项生长指标基础上，采用盐碱原土鉴定法，利用主成分分析，结合隶属函数，对 10 个玉米品种苗期的耐盐性进行了综合评价，以期筛选耐盐强的品种资源，为耐盐品种适宜性推广及耐盐种质研究提供物质基础。

1 材料与方法

1.1 试验材料

冀东滨海区推广的玉米品种 10 个，为伟科 702、中地 175、肃玉 1 号、纪元 128、衡单 6272、肃研 480、郑单 958、中科 11、浚单 20、农单 116，品种来源为丰南种业科技有限公司。

1.2 试验方法

1.2.1 试验设计

采用盐碱池原土鉴定法。盐碱池长 3 m，宽 2 m，深 40 cm，填调配好的盐碱原土，土壤盐分浓度 0.5%，以非盐碱土（盐分浓度 0.1%）为对照。每个品种 20 株，株行距 10 cm×10 cm，3 次重复。5 月 15 日播种，采用淋喷方式保持土壤湿润，每个重复浇水量一致，4 周后进行指标测定。

1.2.2 测定指标

叶面积测量：利用 YMJ-B 型便携式叶面积仪进行功能叶片叶面积测量，5 株取平均值。茎粗测量：采用游标卡尺测量地上根基部直径。鲜干重测量：分别称取洗净吸干水分的植株鲜质量，装入干燥纸袋内，于 70 ℃烘干至恒质量，后称取干质量，结果取平均值。

1.3 数据处理及评价方法

利用 dps 软件进行主成分分析。对 10 个品种的耐盐性进行综合评价。

1.3.1 耐盐系数

根据所测得的各项理化指标数据，分别计算对照和 0.5% 含盐量处理下各指标值的平均值。然后用公式（1）将原始数据进行转换，求得各理化指标性状的耐盐系数。

$$耐盐系数(a) = 处理测定值/对照测定值×100\% \tag{1}$$

1.3.2 隶属函数值

$$U(X_i) = (X_i - X_{min})/(X_{max} - X_{min}) \quad i = 1,2,3,\cdots N \tag{2}$$

式中，X_i 为指标测定值；X_{min} 和 X_{max} 为所有参试材料某一指标的最小值和最大值。

1.3.3 权重

$$w_i = P_i/\sum_{i=1}^{n} pi \quad i = 1,2,3\cdots n \tag{3}$$

式中，w_i 表示第 i 个公因子在所有公因子中的主要程度，P_i 品种第 i 个指标与耐盐系数间的相关系数，表示了各品种第 i 个公因子的贡献率。

1.3.4 综合评价值

$$D = \sum_{i=1}^{n} [U(x_i) \cdot w_i] \quad i = 1,2,3\cdots n \tag{4}$$

式中，D 值为材料在盐分胁迫下用综合指标评价所得的耐盐性综合评价值。

2 结果与分析

2.1 耐盐系数分析

选取苗期玉米株高、出苗率、叶数、茎粗、鲜重、干重、叶面积等 9 个生长指标，通过 0.5% 盐分胁迫与对照数据分析，求得 10 个品种耐盐系数，从表 1 看出，不同品种指标间差异较大，单一指标很难评价品种耐盐性。

表 1　耐盐系数

品种	出苗率	株高	叶数	茎粗	上鲜重	下鲜重	上干重	下干重	叶面积
伟科 702	0.933 3	0.431 7	0.583 3	0.595 0	0.260 4	0.763 0	0.175 4	0.923 0	0.334 2
中地 175	0.600 0	0.425 0	0.642 9	0.621 9	0.178 0	0.648 0	0.123 7	0.932 0	0.131 2
肃玉一号	0.928 6	0.617 5	0.648 6	0.620 5	0.288 4	0.463 3	0.101 4	0.504 6	0.337 2
纪元 128	1.000 0	0.435 3	0.675 0	0.661 8	0.149 8	0.467 3	0.121 6	0.516 3	0.204 6
衡单 6272	0.533 3	0.408 5	0.460 5	0.467 2	0.319 2	0.741 7	0.149 1	0.617 3	0.167 7
肃研 480	0.533 3	0.702 9	0.609 8	0.676 6	0.399 3	0.616 7	0.138 5	0.544 2	0.222 8
郑单 958	0.785 7	0.410 5	0.578 9	0.594 1	0.167 4	0.682 6	0.063 3	0.614 4	0.210 2
中科 11	0.600 0	0.686 9	0.646 0	0.734 1	0.366 6	0.990 8	0.147 2	0.835 0	0.330 1
浚单 20	0.733 3	0.412 1	0.609 0	0.625 0	0.280 1	0.662 0	0.196 1	0.789 0	0.256 3
农单 116	0.932 1	0.417 6	0.800 0	0.602 8	0.214 2	0.966 2	0.195 3	0.911 0	0.176 1

2.2　主效因子分析

　　利用主成分分析法，对 9 个指标进行分析，依据主因子的特征累积比例的临界值为 0.9，5 个主因子代表了 9 个指标的所有信息，累计贡献率为 94.3%，其中第一个因子包含出苗率、株高、上鲜重 3 个指标，特征值为 2.613 2，贡献率最高，为 25.1%，下鲜重、下干重为第二主因子，特征值为 2.364 8，累计贡献率为 21%，叶数、茎粗为第三主因子，特征值为 0.983 9，累计贡献率 20%，叶面积、上干重贡献率分别为 16.5%、11.7%。根据贡献率大小可知各综合指标的相对重要程度，前 3 个因子包含的 7 个指标，特征值高，包含的信息量大，在 9 个指标中重要程度高（表 2）。

表 2　因子载荷矩阵

	因子 1	因子 2	因子 3	因子 4	因子 5
出苗率	-0.883 4	-0.177 3	0.188 8	0.319 7	0.155 5
株高	0.674 6	-0.200 6	0.542 9	0.412 8	-0.086 1
叶数	-0.420 6	0.161 7	0.818 8	-0.120 3	0.252 5
茎粗	0.156 8	0.052 8	0.880 2	0.264 1	-0.144 0
上鲜重	0.868 5	-0.015 4	0.017 2	0.385 8	0.294 3
下鲜重	0.203 5	0.876 8	0.074 8	0.029 5	0.173 4
上干重	0.040 1	0.432 4	-0.006 4	0.032 7	0.883 8
下干重	-0.157 3	0.912 7	0.046 9	-0.060 3	0.198 1
叶面积	0.052 5	0.001 4	0.137 1	0.985 7	0.024 6
特征值	2.613 2	2.364 8	1.963 1	0.983 9	0.564 7
累计贡献（%）	25.129 8	46.125 4	66.152 8	82.628 8	94.336 0

2.3 隶属函数分析

依据 10 个品种的因子得分值，利用（2）公式，计算隶属函数值（表3）。依据各因子贡献率，由公式（3）计算各因子权重，5 个因子权重值依次为 0.266、0.222、0.212、0.175、0.124。

表 3　隶属函数及综合评价值

品种	U（1）	U（2）	U（3）	U（4）	U（5）	D
伟科 702	0.170 9	0.830 0	0.403 7	1.000 0	0.709 5	0.578
中地 175	0.463 7	0.772 0	0.736 3	0.000 0	0.333 3	0.492
肃玉一号	0.372 5	0.000 0	0.756 1	0.917 2	0.542 0	0.487
纪元 128	0.000 0	0.035 3	0.878 1	0.367 4	0.584 0	0.331
衡单 6272	0.882 8	0.440 7	0.000 0	0.288 8	0.708 0	0.471
肃研 480	1.229 3	0.151 4	0.918 1	0.388 7	0.703 6	0.710
郑单 958	0.248 0	0.536 6	0.513 3	0.438 8	0.000 0	0.371
中科 11	1.000 0	1.000 0	1.000 0	0.847 4	0.405 5	0.899
浚单 20	0.475 1	0.532 1	0.564 6	0.536 7	0.940 0	0.575
农单 116	0.122 1	0.873 8	0.939 3	0.216 6	1.000 0	0.587

2.4 耐盐性综合评价

耐盐性综合评价值反映了各品种综合耐盐能力大小，数值越大表明耐盐性越强。通过公式（4），利用得分值的隶属函数与权重值，计算得出耐盐性综合评价值（D），从大到小依次为中科 11、肃研 480、农单 116、伟科 702、浚单 20、中地 175、肃玉 1 号、衡单 6272、郑单 958、纪元 128，说明中科 11、肃研 480 苗期耐盐性最强，郑单 958、纪元 128 耐盐性较弱。

3　结　论

本文利用隶属函数及主成分分析法评价玉米苗期耐盐性，避免了单一指标评价的片面性，使评价更趋于科学、合理。通过主成分分析，出苗率、株高、叶数、茎粗、上鲜重、下鲜重、上干重、下干重、叶面积等 9 个指标归纳为 5 个主成分，累计贡献率 94.3%，代表了 9 个指标的全部信息。

通过对 10 个玉米品种的耐盐性综合评价，苗期耐盐性依次为中科 11>肃研 480>农单 116>伟科 702>浚单 20>中地 175>肃玉 1 号>衡单 6272>郑单 958>纪元 128。本研究对冀东滨海盐碱区耐盐玉米选择及应用具有一定的指导意义。

参考文献

［1］ 王遵亲．中国盐渍土［M］．北京：科学出版社，1993：325-334．

［2］ 王佳丽，黄贤金，钟太洋，等．盐碱地可持续利用研究综述［J］．地理学报，2011，66（5）：673-684．

［3］ 赵可夫．植物抗盐机理［M］．北京：中国科学技术出版社，1993．

［4］ 王丽燕，赵可夫．玉米幼苗对盐胁迫的生理响应［J］．作物学报，2005，31（2）：264-268．

［5］ 解松峰，Kansaye A，杜向红，等．30份引进大麦品种（系）苗期耐盐性综合分析．草业科学［J］．2010，27（4）：127-133．

［6］ 刘雅辉，王秀萍，张国新，等．棉花苗期耐盐形态指标的筛选及综合评价．安徽农业科学［J］．2012，40（9）：5 119-5 120，5 721．

［7］ 慈敦伟，丁红，张智猛，等．花生耐盐性评价方法的比较与应用．花生学报［J］．2013，42（2）：28-35．

［此文原刊载于《安徽农业科学》，2015，43（28）：13-14］

基于改进的生态足迹模型对循环经济发展水平的测度研究

陈　薇，孙　静

（河北科技大学经济管理学院）

摘　要：文章通过对传统的生态足迹模型进行改进，计算了威县 2014 年各消费项目的生态足迹、生态承载力。并以生态足迹度作为循环经济发展水平的判定依据，对其进行客观、科学的量化分析。结果表明：首先，威县的人均生态足迹是 1.001 5 hm²/人，人均承载力是 0.303 1 hm²/人，最终人均生态赤字为 0.698 4 hm²/人，赤字的主要原因是耕地、化石燃料地和草地的生态足迹超出了其生态承载力的范围。其次，威县循环经济发展水平的生态足迹度测度结果（EFD）为 3.3，表明威县的循环经济处于恶性循环阶段，对于威县发展农牧结合循环经济而言，如何在满足现有水平的消费需求情况下，又保持生态的可持续发展是当前需要解决的重要问题。

关键词：生态足迹；循环经济；生态足迹度；生态承载力；威县

生态足迹法最初是由 William Rees 和他的学生 Wackernagel 在 20 世纪 90 年代提出的一种依据人类对土地的连续依赖性来定量测度可持续发展状态的方法。本文在传统的生态足迹模型上做了两点改进，首先是把传统模型中的“全球公顷”改进为“国家公顷”，主要因为各国的自然资源和经济发展水平差别较大，所以来源于 WWF 的数据并不能反映我国的实际情况，因此根据我国实际情况计算国家平均生产力和基于国家生产力均衡因子，更能真实反映我国对自然资源的利用情况和可持续发展状态[1-2]。其次是在计算生物资源账户生态足迹时，选择其生产量而不是消费量，主要因为一个区域土地上的生态足迹并不仅仅是由发生在本区域内的消费产生的，其中也有由其他地区消费引起的。所以选择区域生产量更能体现本地生态足迹的概念。

1　生态足迹法的计算模型与方法

1.1　生态足迹计算

生态足迹作为一个国家或地区在发展中对生态环境的占用是否处于生态承载力范围内的判断依据，它是一种资源利用分析工具，它通过精确的计算和分析来比较国家或区域范围内自然资源的产出与人类的消费情况。由于不同生物生产性土地的生产能力不同，必须通过均衡因子转化为相同生态生产能力的面积，进而比较[3]。各种消费项目人均生态足迹的计算公式如下。

$$EF = N * (ef) = N * \sum \gamma_j * A_i = N * \sum \gamma_j * \left(\frac{C_i}{P_i} \right) \tag{1}$$

式中：EF：总的生态足迹；N：区域总人口数量；ef：人均生态足迹；r_j：均衡因子；Ai：第 i 种消费项目的生产性土地面积；C_i：第 i 项的人均年消费量；P_i：相应的生态生产性土地生产第 i 项消费项目的年平均生产力。

1.2 生态承载力计算

生态承载力是指在不损害区域生产力的前提下，一个区域有限的资源能供养的最大人口数。由于不同国家或地区的同类型生物生产土地的生产能力也不同，因此在计算生态承载力时，不仅要通过均衡因子转化为相同生态生产能力的面积，还需乘以"产量因子"来调节，产量因子指一个区域某类土地的平均生产力与全国同类土地的平均生产力的比值[4]，将现有的六种生态生产性土地乘以相应的均衡因子和当地的产量因子，就可以得到生态承载力（EC），计算公式如下：

$$EC = \sum_{i=1}^{n} A_i EQ_i Y_i, ec = EC/N \tag{2}$$

式中，EC：生态承载力；A_i：第 i 种消费项目的生产性土地面积；E：均衡因子；Y_i：第 i 种消费项目产量系数；N：总人口数。

2 循环经济发展水平的生态测度

2.1 循环经济发展水平的生态账户测度

把生态足迹与生态承载力进行比较，可以反映区域的可持续发展状况。如果一个地区的生态足迹超过了生态承载力，就会出现生态赤字，表明该区域人类活动对生态环境的压力超过其承载力，生态足迹的供给不足，这种情况就说明该区域是不可持续发展的。反之，则为生态盈余，区域是可持续发展的[5]。其计算公式如下。

$$EA = EF - EC \tag{3}$$

2.2 循环经济发展水平的生态足迹度测度

参考张杰等人提出的生态足迹度（Ecological Footprint Degree，简记为 EFD）的测度方法，通过把地区的各种资源消耗量与该地区的环境承载力联系起来，既又不受生态账户余额的绝对量影响，又能比较准确的测度循环经济的发展水平[6]，就可以对地区的循环经济发展阶段做出相对准确的测评。所谓的生态足迹度就是一个区域的生态足迹与生态承载能力的比值，计算公式如下。

$$EFD = EF/EC \tag{4}$$

3 威县生态足迹分析

3.1 生物国家平均产量和均衡因子

由于各国的自然资源和经济发展水平差别较大，本文把传统模型中的"全球公顷"

改进为"国家公顷",与传统的全球生物平均产量的主要区别是,它计算的是本国范围内的产量和面积数据,因此所得计算结果相比全球的更符合本国实际情况,也更适合本国区域生态足迹的计算。为了便于加总,将各类生物产品转化为热值单位,并将属于相同土地类型的热值加总与全国水平比较得出均衡因子。计算公式如下。

$$q_i = \frac{\overline{p_i}}{\overline{p}} = \frac{Q_i}{S_i} / \frac{\sum Q_i}{\sum S_i} = \frac{\sum p_k^i * \gamma_k^i}{S_i} / \frac{\sum_i \sum_k p_k^i * \gamma_k^i}{\sum S_i} \tag{5}$$

式中:q_i 为全国第 i 类土地的均衡因子;p_i 为第 i 类土地的平均生产力;p 为全国全部土地的平均生产力;Q_i 为第 i 类土地的总生物产量;S_i 为第 i 类土地的生态生产性土地面积;p_k^i 为第 i 类土地的第 k 种生物产品产量;r_k^i 为第 i 类土地上第 k 种生物产品的单位热值。全国平均产量和均衡因子两个参数上直接引用了张宇鹏[1]的计算结果,各类土地的均衡因子分别为:耕地 3.908,林地 0.671,水域 0.095,草地 0.048,化石能源地 0.191,建设用地 3.908。

3.2 威县产量因子计算

威县各类型土地的产量因子是各类生态生产性土地相对于全国各类生态生产性土地的产出能力。在耕地计算中,除了农作物和猪肉、禽肉、禽蛋属于消耗耕地之外,相关研究表明,我国的牛肉、羊肉和牛奶也有部分是消耗耕地,比例分别为 86%、57% 和72%,为避免重复计算,在产量因子的计算中不计入在内。在林地的计算中,生物产品主要包括苹果、梨、葡萄。在草地产品的计算中,只考虑产自草地的牛肉、羊肉和牛奶的产量,即计算时减去来自耕地的产量(表1)。

表1 2014 年威县生物资源生产情况

	耕地面积 (hm²)	产量 (t)	单位热值 (103 J·kg⁻¹)	总热值 (1 010 J)
小麦	12 933	73 681	16 066.03	118 376.12
玉米	9 112	48 979	16 485.21	80 742.91
谷子	6 452	44 600	15 100.00	67 346.00
豆类	826	3 110	21 072.93	6 553.68
薯类	790	27 010	5 721.04	15 452.53
花生	1 553	7 574	25 917.48	19 629.90
棉花	52 060	68 402	16 700.00	114 231.34
蔬菜	7 082	39 296	1 463.00	5 749.00
耕地总计	90 808			428 081.48
苹果	3 910	8 175	2 760.59	2 256.78
梨	2 250	5 000	2 068.87	1 034.44
桃	520	12 120	2 106.30	2 552.84

（续表）

	耕地面积 （hm²）	产量 （t）	单位热值 （103 J·kg⁻¹）	总热值 （1 010 J）
葡萄	5 000	56 810	2 208.81	12 548.25
林地总计	11 680			18 392.30
水产类	1 539.06	345	38 389.96	1 324.45
水域总计	1 539.06			1 324.45
牛肉		3 041	8 775.12	373.59
牛奶	3 416.50	420	3 225.86	37.94
羊肉		2 957	14 109.02	1 793.98
草地总计	1 282.67			2 205.50

注：数据来源于《邢台统计年鉴 2015》《威县年鉴 2015》

根据各类生产性土地的面积以及总热值，计算出威县各类型土地的生产力，通过与全国相对应类型土地的比值即可出威县各类型土地的产量因子。从计算结果可得出威县耕地的产量因子为 0.677 7，林地为 2.426 8，水域为 10.261 9，草地为 19.327 7，化石能源地的生产力等于全国平均生产力，产量因子取 1。建设用地等于耕地的产量因子为 0.677 7。

3.3 威县生态足迹计算

3.3.1 生物资源账户生态足迹计算

生物资源生态足迹反映了经济对生态系统资源供给能力的需求，结合威县的生物资源消费情况，该县的生物资源消费主要包括农产品、动物产品、林产品和水产品，2015 年《威县年鉴》中统计的 2014 年威县总人口为 628 936 人，根据上文的对应土地均衡因子，利用公式（1）计算出对应的均衡人均生态足迹，分别为：耕地 0.740 23 hm²/人，林地 0.005 77 hm²/人，草地 0.036 46 hm²/人，水域 0.000 02 hm²/人。

3.3.2 能源账户生态足迹计算

在化石能源足迹的计算中，生产力按照前面计算的森林和草地的总热值和面积，化石能源地的产出采用森林和草地吸收温室气体的实际面积[2]，根据《邢台统计年鉴 2015》中威县 2014 年化石能源的消耗量，计算出威县化石能源生态总足迹为 709 889.342 hm²，其中分别包括：原煤、焦炭、汽油、煤油、柴油、燃料油、液化天然气。能源账户另外一个土地类型是建筑用地，据谢鸿宇等人的研究，全国水电占总电力的百分比为 14.79%，单位水电占用的建筑用地为 0.021 m²·kW⁻¹·h⁻¹[7]，威县 2014 年电力消费量为 180 107.392 万 kW·h，计算得出威县建筑用地的生态足迹为 548.740 hm²。

根据以上计算结果，可以得出威县总的消费项目生态足迹，2014 年威县消费项目总的人均生态足迹为 1.001 5 hm²/人。其中耕地的生态足迹占了整个消费项目生态足迹的

73.912%，约为 0.740 23 hm²/人，其次是化石燃料地，其生态足迹为 0.215 58 hm²/人，占了整个消费项目生态足迹的 21.526%，草地为 0.036 463 hm²/人，林地为 0.005 773 hm²/人，建设用地为 0.003 413 hm²/人，水域为 0.000 023 hm²/人。

3.3.3 威县生态承载力计算

按世界环境与发展委员会（WCED）的报告建议，应留出 12% 的生物生产性土地面积来保护生物多样性，利用公式（2）求出威县人均生态承载力，在扣除了 12% 的生物多样性保护地后，实际可供利用的面积为 0.303 1 hm²/人（表 2），人均承载力大小依次为：耕地（0.320 6 hm²/人）、林地（0.008 8 hm²/人）、建设用地（0.005 4 hm²/人）、草地（0.005 0 hm²/人）、水域（0.002 4 hm²/人）、化石能源地（0.002 1 hm²/人）。

表 2　2014 年威县人均生态承载力

土地类型	现有面积（hm²）	产量因子	均衡因子	生态承载力（hm²）	人均承载力（hm²）
耕地	76 142.000	0.678	3.908	201 664.907 6	0.320 6
林地	3 416.500	2.427	0.671	5 563.132 8	0.008 8
水域	1 539.060	10.262	0.095	1 500.394 6	0.002 4
草地	3 416.500	19.328	0.048	3 169.586 7	0.005 0
化石能源地	6 833.000	1.000	0.191	1 305.103 0	0.002 1
建设用地	1 278.770	0.678	3.908	3 386.869 7	0.005 4
小计					0.344 4
生物多样性保护					0.041 3
总生态承载力					0.303 1

4　威县循环经济发展水平的生态测度分析

4.1　生态赤字的测度

计算结果表明（表 3），威县的人均生态足迹是 1.001 5 hm²/人，人均承载力是 0.303 1 hm²/人，其生态足迹是生态承载能力的 3.3 倍，生态账户余额 EA = 0.698 4，EA>0，由上文可知，威县表现为生态赤字。其中林地、水域和建设用地的生态足迹均小于生态承载力，表现为生态盈余。耕地、草地、和化石能源地生态足迹大于生态承载力，表现为生态亏损，最终人均生态赤字为 0.698 4 hm²/人，赤字的最主要原因是耕地的生态足迹远远超出了生态承载力的范围，说明 2014 年威县农产品加工业的不断发展，人们对粮食食品类消费增加，耕地足迹的占用加大。其次是化石燃料地，造成其生态赤字的原因主要来源于生产生活对化石能源的消耗，近年来威县坚持走新型工业化之路，规模以上工业产值增速全市第 2 位，因此对化石能源的需求和消耗都在不断地增多，产生的温室气体量也随之增大，对环境的影响也越来越大。

表3 2014年威县总体生态总体盈亏情况

土地类型	人均生态足迹（hm²/人）	均衡因子	均衡人均生态足迹（hm²/人）	人均承载力（hm²/人）	生态账户余额EA（hm²/人）
耕地	0.189 4	3.908 0	0.740 2	0.320 6	0.419 6
林地	0.008 6	0.671 0	0.005 8	0.008 8	−0.003 1
草地	0.383 8	0.095 0	0.036 5	0.002 4	0.034 1
水域	0.000 4	0.048 0	0.000 0	0.005 0	−0.005 0
化石燃料地	1.128 7	0.191 0	0.215 6	0.002 1	0.213 5
建设用地	0.000 9	3.908 0	0.003 4	0.005 4	−0.002 0
生物多样性保护				0.041 3	
总计			1.001 5	0.303 1	0.698 4

4.2 生态足迹度测度

利用公式（4）计算出生态足迹度为 EFD = 3.3，根据张杰等人提出的循环经济发展水平生态指数等级测度表，可以看出威县的循环经济处于恶性循环阶段，这说明威县的资源开发不合理，废弃物处理效率低，经济发展缓慢，循环经济发展方向有进一步恶化的风险。

5 结论与建议

发展循环经济是人类实现经济可持续发展的必然选择，本文运用改进后的生态足迹模型对威县循环经济现状进行初步研究，探寻了导致其生态赤字的成因，并在此基础上引用了生态足迹度法，进一步评价了威县经济的可持续发展能力和循环经济发展水平，并给出如下建议：第一，威县要减少生态赤字，首先要合理规划和开发土地资源，发挥土地的相对优势，提高土地的利用率，提高生产性土地生产能力，减少耕地污染，并且要合理利用自然资源。第二，减少化石能源消耗，提高能源的使用率。大力发展可再生能源、新能源，提高能效，实现能源的安全发展，节约发展，清洁发展。建设生态文明，转变发展方式，提高发展质量，促进绿色增长和建立资源节约型环境友好型社会。

参考文献

［1］ 张宇鹏．我国生态足迹区域差异比较研究［D］．长春：吉林大学，2010.

［2］ 王洪波．基于改进型生态足迹模型的北京市生态足迹分析与评价［D］．北京：首都经济贸易大学，2013.

［3］ 刘希宋，李果．哈尔滨市可持续发展的生态足迹测度与分析［J］．商业研究，2006（9）：90-93.

［4］ 张可云，傅帅雄，张文彬．基于改进生态足迹模型的中国31个省级区域生态承载力实证研究［J］．地理科学，2011（9）：1 084-1 089.

[5] 武于非，张贵祥. 基于生态足迹的延庆县可持续发展水平测度研究 [J]. 山西师范大学学报（自然科学版），2011（4）：77-82.

[6] 张杰，赵峰，刘希宋. 基于生态足迹的循环经济发展水平的测度研究 [J]. 干旱区资源与环境，2007（8）：81-85.

[7] 谢鸿宇，陈贤生，林凯荣，等. 基于碳循环的化石能源及电力生态足迹 [J]. 生态学报，2008（4）：1 729-1 735.

[此文原刊载于《安徽农业科学》，2017（9）：236-238]

基于 SWOT 分析的河北省小麦产业发展现状及对策

蒲娜娜[1]，张新仕[2]，王亚楠[3]，李英杰[2]，王晓夕[4]，王桂荣[2]，杨振立[1]

(1. 河北省农林科学院；2. 河北省农林科学院农业信息与经济研究所；
3. 河北省农业技术推广总站；4. 河北地质大学)

摘　要：为河北省小麦产业的进一步发展提供参考，利用 SWOT 分析方法对河北省小麦产业发展的优势、劣势、机遇和威胁进行分析。在生产方面，河北省小麦产业发展的优势为生产水平不断提高，科技创新能力不断增强；在流通领域，小麦调出保持较高水平且出售价格平稳；在消费领域，小麦市场容量较大，高端市场需要旺盛。小麦产业发展的劣势主要为部分品种抵制自然灾害能力较差，机械化农户采用率较低，农用物质成本投入较高，农户获得市场信息的途径较少等。机遇和挑战主要是粮食绝对安全和农业供给侧结构改革等，最后从优化基本农田结构和生产布局等方面提出了相应对策和建议。

关键词：小麦；产业发展；SWOT；河北

河北是我国小麦生产大省之一，而小麦是河北省的重要粮食作物，常年播种面积约 233.33 万 hm²，约占全省粮食播种面积的 38%，主要分布于太行山山前平原、黑龙港地区和冀东平原三大冬麦区。有灌溉条件的麦田是河北省小麦生产的主体，占总产量的 90% 以上，主要集中在京汉铁路两侧的山前平原和河北低平原及冀东平原区。河北省作为我国 13 个粮食主产省份之一，为我国粮食安全生产做出了重要贡献。SWOT 分析又称态势分析，是通过评价产业的优势、劣势、机遇和威胁，再针对发展目标提出相应对策、计划和措施的一种分析方法。汪建来等[1-4]利用 SWOT 对安徽省沿淮地区的小麦生产、广东省的蔬菜流通模式、长白山的特种野猪养殖产业和贵州德江天麻产业状况进行了分析，但针对河北省小麦产业发展状况进行分析的文献鲜见报道。为此，笔者利用 SWOT 分析方法对河北省小麦产业发展的优势、劣势、机遇和威胁进行系统分析，以期为河北省小麦生产提供参考。

1　河北小麦产销优势

1.1　生产优势

1.1.1　生产水平较高

2016 年全省冬小麦种植面积 230.45 万 hm²，单产 413.25 kg/亩，总产 1 428.5 万 t，近 3 年的连续单产和总产均保持在 400 kg/亩和 1 400 万 t 以上，小麦生产优势较明显。

1.1.2　机械化程度较高

据《全国农业机械化统计资料简明手册》显示，到"十二五"末，全国小麦耕种及收割的机械化水平达 93.7%，河北省达 99.26%。其中，机耕达 99.92%，机播为 99.30%，机收为 98.34%，超过全国平均水平。

1.1.3 病虫害防控及时

2016 年河北省小麦病虫害为中等水平发生，共计发生 847 万 hm^2，防治 820 万 hm^2。其中，麦蚜大发生；小麦吸浆虫、纹枯病、白粉病和根腐病等整体中发生，局部地块偏重发生；麦蜘蛛、地下害虫、小麦赤霉病和锈病等轻发生。发生特点：发生时间偏早，前期病虫害发生较轻，而后期发展迅速，病害总体重于虫害。全省 46 个重点测报区域站以及 100 多个常规测报站随时密切监测病虫害发生情况，并进行科学分析后及时发布预警通告。全年省、市、县级植保机构累计发布病虫情报 2 000 多期，长期预报准确率达 85% 以上，时效性长达 20 d 以上；中、短期预报准确率达 90% 以上，中期预报时效性达 10 d 以上，短期预报时效性达 7 d 以上。

1.1.4 技术创新及应用能力不断增强

自 2013 年启动现代农业产业技术体系河北省创新团队建设专项以来，开展了系列小麦产业技术体系建设研究工作。一是引进和创新了一批新品种选育急需的种质资源，并培育出多个节水、抗旱、早熟、优质品种；二是对全省不同生态区主要推广应用小麦品种的综合表现进行了评价分析，为小麦节水丰产和全年均衡增产提供了资源储备和品种保障；三是以节水为核心，系统研究了小麦全生育期水分供需规律，初步形成了节水品种的评价标准体系；四是研究了小麦水肥一体化栽培模式，并将精量播种、播后镇压和配方施肥等小麦生产关键技术进行了大面积推广应用，主推技术到位率达 95% 以上。

1.2 销售优势

1.2.1 外销总量攀升

2010—2014 年，河北省销往省外的小麦总量多呈上升趋势，2014 年达 542 万 t，占流出粮食总量的 47.25%，占当年小麦总产量的 38%。因此，河北省小麦销出总量较大，购入总量较小，且购销数量平稳，仅 2013 年从省外购入稍多，为 125 万 t（图 1）。

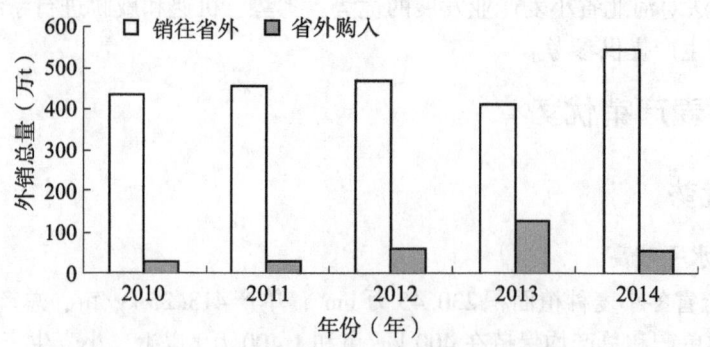

图 1　2010—2014 年河北省小麦外销的总量
注：数据来源于河北省粮食局

1.2.2 销售价格相对平稳

从年际小麦销售价格变化趋势看,2010—2013 年河北省的小麦单价分别为 2 065.6、2 102.4、2 276.8 和 2 494.2 元·t⁻¹,呈稳步升高趋势;2014—2015 年分别 2 487.0 和 2 369.2 元·t⁻¹,略有下降;2016 年为 2 409.0 元·t⁻¹,略有上升;2016 年 比 2010 年和 2015 年分别高 343.4 和 39.8 元·t⁻¹,分别增长 16.62%和 1.93%。总体 看,年际间变化较小,对稳定小麦种植面积和保持总产量起到了重要作用。从全国小麦 单价变化趋势看,2016 年河北省小麦单价总体高于全国价格(2 382 元·t⁻¹),但各月 小麦价格的变化趋势基本一致(图2)。

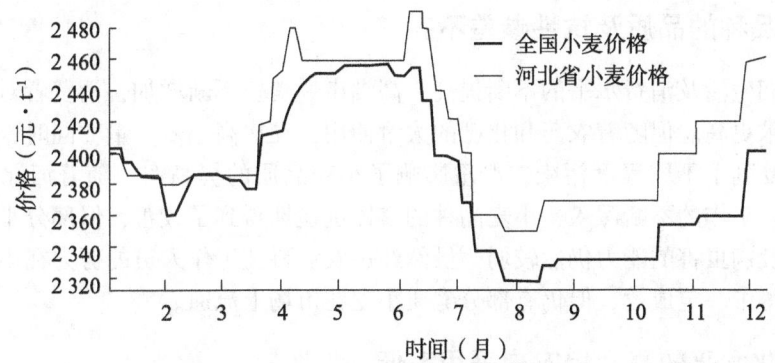

图2 2016 年各月河北省小麦的价格
注:数据来源于河北省粮食局

1.2.3 居民消费总量升高

小麦是河北省的两大消费主粮之一,近年,随着人口增长、收入升高及食品加工业 的迅速发展和人民生活水平的不断提高,河北省的小麦消费总量呈持续升高趋势。2007 年为 530 万 t,占生产总量的 44.5%;2014 年为 952 万 t,占生产总量的 67%。从"十 二五"消费总量看,小麦的消费总量趋于稳定,年均增长 0.5%(图3)。

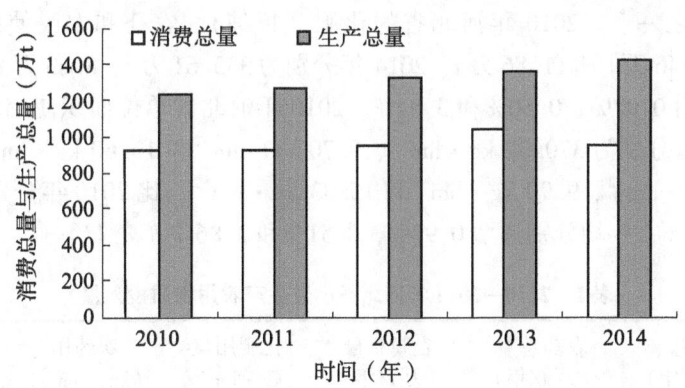

图3 2010—2014 年河北省小麦的消费总量和生产总量

1.2.4 消费结构多样

在市场经济迅速发展下,人民生活水平得到了很大提高,居民更加注重膳食的合理结构和生活质量。因此，多样化面食制品的产生必然使专用小麦面粉的需求量增加，各种传统饼干、面包、糕点及各种面点小吃不断增加[5]。在美国等发达国家的小麦专用面粉数量在 100 种左右，其产量占面粉总产量的 95%以上，各类面制食品均有相应专用面粉。据估算，我国每年消费面包需强筋小麦约 360 万 t，但全国每年仅能生产 20 万 t 左右的强筋小麦，缺口很大。从经济效益看，优质专用小麦的价格比普通小麦高 10% 左右。因此，优质专用小麦的发展前景广阔、潜力较大。

2 河北小麦生产劣势

2.1 小麦品种的品质及抗性参差不齐

随着人们生活及消费水平的不断提高，高端市场消费不断增加，消费者对小麦品质和种类的要求更高。但随着农药和化肥的大量使用，在提高小麦产量的同时，小麦品质和生产环境受到了不同程度污染，严重影响了小麦品质的提高[6]。随着河北小麦新品种研发与推广工作的不断深入，小麦品种的整体抗逆性得到了改善，但部分小麦品种抵制自然灾害及病虫害的能力仍然较弱，虽然经过农业科技工作人员的努力在小麦预防病虫害方面取得了一定成效，但仍有部分劣质小麦在市场上流通。

2.2 机械化水平较高，但农户采用率低

目前，河北省的经济呈稳步增长趋势，科学技术水平不断提升。通过不断研究、开发或改善，小麦生产机械水平不断得到提高和完善，但农户对机械的使用率普遍较低。原因可能与收入水平、受教育程度及自然条件等因素有关，农户除采用机耕、机播外，对其他农用机械了解较少，导致小麦在生产中投入的人力仍较大[7]。

2.3 农用物质的投入总量和强度上升

农用物质投入总量的增加和有效利用是现代农业发展的基本保证，是土地产出率提高的主要途径之一[8]。2010 年河北省的化肥（折纯）、农药和农膜使用总量分别为 322.86 万 t、8.46 万 t 和 11.86 万 t，2014 年分别为 335.61 万 t、8.63 万 t 和 13.79 万 t，年均增速分别为 0.97%、0.50%和 3.84%。2010 年河北省单位面积使用化肥（折纯）、农药和农膜的量分别为 370.32 kg·hm^{-2}、9.70 kg·hm^{-2}和 13.60 kg·hm^{-2}；2014 年分别为 385.18 kg·hm^{-2}、9.90 kg·hm^{-2}和 15.83 kg·hm^{-2}，比 2010 年分别增长 4.01%、2.07%和 16.34%，年均分别递增 0.99%，0.51%和 3.86%（表 1）。

表 1 2010—2014 年河北省小麦生产农用物质投入量

年份	化肥总量（万 t/年）	农药总量（万 t/年）	农膜总量（万 t/年）	化肥用量（kg·hm^{-2}）	农药用量（kg·hm^{-2}）	农膜用量（kg·hm^{-2}）
2010 年	322.86	8.46	11.86	370.32	9.70	13.60
2014 年	335.61	8.63	13.79	385.18	9.90	15.83

2.4 市场信息流通不畅

由于小麦种植户受年龄、教育程度和自然环境等的影响，农户获得市场信息的途径有限，对市场价格的认知匮乏，往往在不了解小麦销售动态的情况下，以较低价格出售小麦，使其获利较低。小麦市场价格处于不断波动状态，农户缺乏获取市场信息的渠道，为其带来了不必要的经济损失。

3 河北小麦生产面临的机遇与挑战

3.1 机 遇

3.1.1 粮食安全战略突出了小麦主粮地位

2014—2017年的中央一号文件均连续提到粮食安全问题，强调依靠自己，确保口粮绝对安全，小麦是河北省的主要口粮种类，其主粮地位日益受到重视[9]。作为粮食主产省，河北省政府一号文件和经济工作会议也多次提到省内粮食安全发展，始终坚持保障河北省粮食安全的基础性地位不可动摇，省政府不断加大对农业的扶持和支持力度，启动了渤海粮仓建设工程、粮食丰产科技工程、河北省现代农业产业技术体系小麦创新团队等重大粮食工程建设项目，政府的重视和扶持给粮食发展注入了强心剂。

3.1.2 河北省小麦生产在全国占有重要地位

河北作为我国小麦主产区，小麦生产稳定对保障全国粮食安全发挥了重要作用。河北省的小麦生产与全国相比，近几年播种面积比较稳定，维持在全国总播种面积10%水平。随着居民生活水平的不断提高，消费者及社会各界对粮食安全问题越来越重视，河北省较大的小麦播种面积、较高的单产水平和优良小麦品质，为全国粮食安全做出了较大贡献。

3.2 挑 战

3.2.1 供给侧结构性改革对小麦产业提出了更高要求

目前，随着供给侧结构性改革的不断深化，农业供给侧结构性改革要求农产品供给不但要充足，还要能满足消费者对日益增长的高质量农产品的需求[10-11]。现在小麦总量基本处于平衡阶段，但品种结构和产业结构还不能满足市场需求。因此，对小麦产业提出了更高要求，即小麦产业发展必须坚持以市场需求为导向，调整小麦品种结构和种植结构，不断满足市场动态需求，提高小麦生产水平和效率。

3.2.2 优质小麦种植比例偏低

长期以来，河北省多以中筋小麦为主，缺乏强筋和弱筋小麦品种。随着人民生活水平的不断提高、膳食结构的不断改善和食品加工业的快速发展，小麦生产与需求、增产与增收的矛盾日益突出。大部分优质专用小麦均为中筋小麦品种，而强筋小麦品种的种植面积小，仅为全省小麦播种面积的10%左右，不能满足强筋小麦面粉加工企业需求。

3.2.3 以原粮初加工产品为主，深加工附加值较低

河北省作为我国小麦主产区，小麦加工企业数量众多，部分家庭作坊、超小型企业

等利用简陋设备生产低廉产品，造成了部分市场混乱。同时，其较差的技术和设备，导致产出面粉品质较差，进一步降低了市场小麦面粉的品质。河北省很多中小型粮食加工企业的开工率较低，平均开工使用率为52.5%。2011年全国纳入统计的小麦加工企业多以中小型企业为主，日加工能力以30~200 t居多，约1 932家，占总数的59.76%；2014在国内近万家面粉加工企业的11 100多条生产线中，仅有215条为国外引进先进或较先进的面粉生产设备。高等级面粉的设备生产能力与市场需求还有较大差距。

2010—2015年河北省50 kg小麦主产品的销售价平均年增长3.49%，总成本平均年增长率为5.72%，农产品的售价上涨速度低于成本上涨速度，净利润和投入产出比呈下降趋势；用工成本、生产资料、农机作业、土地流转费用等成本不断上升，种植比较效益较低。2015年全省小麦平均纯收益为1 273.65元·hm^{-2}，对农民总收入的影响日趋弱化，种粮积极性下降。伴随种粮成本的提升和粮食销售价格的低迷，河北省粮食投入产出比逐年下降，甚至出现负值，投入产出比不合理，但即使如此我们的粮食价格还是高过美国所设定的"天花板价格"。农业部市场司调查数据显示，2014年7月，国内小麦到港价或批发价比进口到岸税后价高0.4元·hm^{-2}，严重影响了农民种粮积极性。

4 对策及建议

4.1 优化农田建设，完善生产布局

借助渤海粮仓和粮丰工程平台，科学谋划粮食生产布局，建设一批工程优良、集中连片、设施配套、高产稳产、生态良好、能抗灾害、有利于优质高产和现代农业生产的高标准基本农田[12]，以86个产粮大县为重点，继续开展高产创建工作，同时健全粮食主产区利益补偿机制，加大对粮食主产区的奖、补力度，解决主产区发展过程中遇到的各种问题，通过高产创建建设，形成大规模粮食连片种植。

4.2 增施有机肥，改良中低产田

加强中低产田改造，增施有机肥培肥地力，是提高肥料利用效率和改良土壤的有效途径之一。建设形成一支总体水平较高的中低产田和盐碱地改良科技创新队伍，破解中低产田和盐碱地改良技术瓶颈。通过土、肥、水、种、密、保、管、工等实用技术成果应用，改善农业生产条件，提高中低产田和盐碱地作物单产水平。

4.3 实施科技增粮，推进绿色增产

提高河北省小麦综合生产能力的关键是加强农业科技创新，提高小麦生产科技含量，完善农业生产科技成果转化机制，加强省内外科研院所、科技企业协同攻关创新，借助京津冀协同发展战略实行大协作和大联合，优化整合产学研、农科教创新资源，凝聚农业科技与生产力量解决我省小麦生产重大战略和共性技术难题。加强优良品种、化肥施用技术、农业机械化技术、病虫害防治技术和农业信息技术建设。搞好技术创新资源，吸纳国内外和省外现有先进成果，培育和推广应用抗旱、节水和优质小品种，把绿色理念贯穿于小麦生产过程，小麦播种前增施有机肥，配合喷施微生物菌肥，保证养分

平衡供应，充分发挥肥料增产潜力，实现肥料精准管理，肥水互作增产作用与高效施肥制度，着力推广控肥、控药、控水等节本增效技术，有机肥与无机肥结合施用以培肥地力，努力实现化肥、农药用量零增长。加强农业面源污染防控，保护农业生态环境。

4.4　推行高效节水用水技术

随着我省地下水综合治理工作的启动，农业用水进一步压缩。发展集生物节水、农艺节水、工程节水和管理节水等多种技术紧密结合的粮食生产高效用水技术，抓好环境肥水适应性研究，尤其是小麦标准化栽培技术，以提高水资源利用效率为核心，推广抗旱节水品种，在水资源利用效率提高前提下，发挥优良品种的增产增效潜力。积极发展微灌、喷灌等高效节水灌溉模式，推广冬小麦春节水稳产配套栽培技术，浅层微咸水利用、微灌水肥一体化、雨养旱作等突破性科技成果，提高小麦生产水分利用率。

参考文献

[1]　汪建来，赵莉. 安徽省沿淮地区小麦生产 SWOT 分析 [J]. 安徽农业科学，2011，39 (22)：13 309-13 310，13 313.

[2]　黄修杰，储霞玲. 基于 SWOT 分析的广东省蔬菜流通模式发展研究 [J]. 南方农业学报，2015，46 (11)：2 073-2 079.

[3]　张秀萍，王春艳. 长白山特种野猪养殖产业的 SWOT 分析 [J]. 南方农业，2014 (12)：170-171.

[4]　梁玉勇，寇中贵，袁子福. 贵州德江天麻产业的 SWOT 分析与发展对策 [J]. 贵州农业科学，2010，38 (12)：245-248.

[5]　卢良恕. 我国小麦生产优势区域布局与市场分析 [J]. 农业科技通讯，2005 (7)：5.

[6]　牛伶锐. 小麦生产问题探讨与对策研究 [J]. 农业科技通讯，2009 (11)：149-150.

[7]　孙占龙，徐平. 我国农业机械化发展中存在的问题 [J]. 农民致富之友，2013 (3)：125.

[8]　杨尚威. 中国小麦生产区域专业化研究 [D]. 重庆：西南大学，2012.

[9]　杨明君. 对新常态下实施国家粮食安全战略的认识和思考 [J]. 粮食问题研究，2015 (6)：11-16.

[10]　陈锡文. 推进粮食供给侧结构改革势在必行 [J]. 农村工作通讯，2016 (5)：28.

[11]　王文涛. 国际冲击背景下农业供给侧结构改革与需求侧改革探讨 [J]. 甘肃农业，2016 (9)：10-15.

[12]　彭珂珊，王继军. 延安地区农业面临的问题与增产技术研究 [J]. 水土保持研究，2000，7 (2)：91-95.

［此文原刊载于《贵州农业科学》，2017，45 (6)：150-153］

河北省"十二五"粮食安全综合分析

张新仕[1]，蒲娜娜[2]，徐俊杰[1]，李志伟[3]，王慧军[2]，王桂荣[1]

（1. 河北省农林科学院农业信息与经济研究所；2. 河北省农林科学院；3. 隆化县农牧局）

摘　要：河北省粮食安全问题不仅关系到全省人民的生产生活，而且对全国的粮食安全问题也产生重要影响。为对河北省"十三五"粮食安全预测提供参考，分析"十二五"期间河北省粮食供求平衡，探索河北省粮食安全状况及其稳定性。结果表明："十二五"期间河北省粮食宏观调控进一步增强，粮食市场基本稳定，粮食总产量的波动指数在±4%；除2012年外，每年河北省粮食基本供求平稳，略有剩余，粮食安全发展处于安全状态。

关键词：粮食安全；波动率；自给率；河北省

中国是世界人口最多的国家，粮食安全关乎国家安危和社会稳定。而省级区域的粮食安全是国家粮食安全的重要组成部分，省级区域粮食安全程度的提高能提升一个国家的粮食安全程度[1-3]。河北省作为全国13个重要的粮食主产省区之一，既是粮食生产大省也是消费大省，在保障国家粮食安全方面发挥着举足轻重的作用。"十二五"时期是全面加强国家粮食安全工作、构建完善的国家粮食安全保障体系的攻坚时期，加上工业用粮增加、人口增长、城镇化率上升和耕地面积减少，河北省粮食安全压力与日俱增[4-8]。因此，通过对"十二五"期间河北省粮食供求平衡分析，初步探索河北省粮食安全状况及其稳定性，分析"十二五"期间河北省粮食总产量趋势，总结粮食安全的相关问题，为河北省"十三五"粮食安全预测打下基础。

1　河北省的粮食供求状况

"十二五"期间河北省粮食作物从播种面积、单位面积产量和粮食总产量均为稳定上升趋势。其中，2014年播种面积比"十一五"末增加4.98万 hm²，单产增长12.03%，粮食总产量增加384.27万 t。主要卖出作物以小麦和玉米为主，购入以稻谷为主，呈下降趋势。河北省粮食净出口贸易数量较少，净流入有所增加。

1.1　粮食生产情况

1.1.1　粮食作物播种面积及增长率

从图1看出，"十二五"期间，河北省粮食作物播种面积趋于稳定，年增长速度0.21%～0.26%，2014年粮食播种面积为633.2万 hm²，比"十一五"末增加4.98万 hm²，其中，三大主要粮食作物玉米面积、小麦面积和水稻面积分别占粮食播种面积的50.08%、37%、1.34%，优质专用小麦和玉米面积增加大，到2013年分别达

180 万 hm² 和 230.67 万 hm²；2014 年，水稻、豆类和薯类播种面积分别为 14.715 万 hm²、16.233 万 hm² 和 25.752 万 hm²，分别比"十一五"末减少 0.765 万 hm²、3.207 万 hm²、增加 0.152 万 hm²。

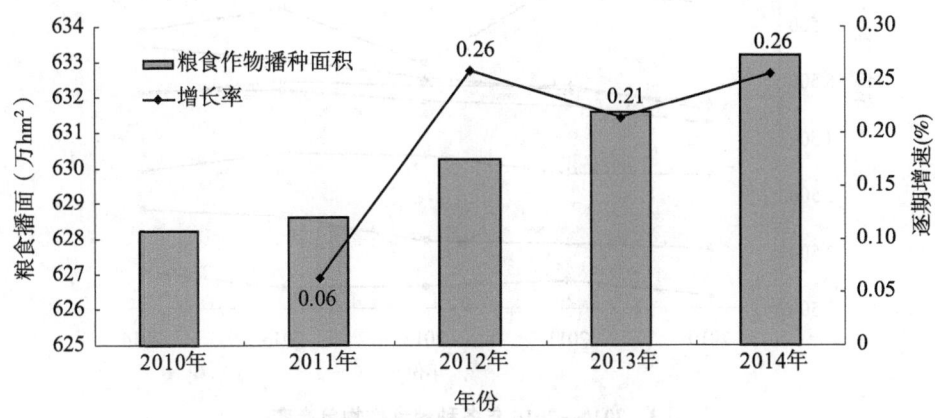

图 1　2010—2014 年河北省粮食作物播种面积和增长率

1.1.2　粮食产量

从（图 2、图 3、图 4）中看出，玉米和薯类的播种面积呈上升趋势，其余作物播种面积有所下降。2014 年河北省粮食单产 5 307 kg·hm⁻²，比"十一五"末增长了 12.03%，年均增长速度 2.88%。小麦、水稻和豆类单产均呈上升趋势，由 2010 年的 5 085 kg·hm⁻²、2 538 kg·hm⁻² 和 1 724 kg·hm⁻² 上升到 2014 年的 6 104 kg·hm⁻²、3 250 kg·hm⁻²、2 141 kg·hm⁻²，年均增速分别达到 4.67%、6.38%、5.57%，稻谷单产稳定性差，维持在 5 000 kg·hm⁻²。"十二五"期间粮食单产增长减缓，作为第一大粮食作物玉米单产减缓表现比较明显。

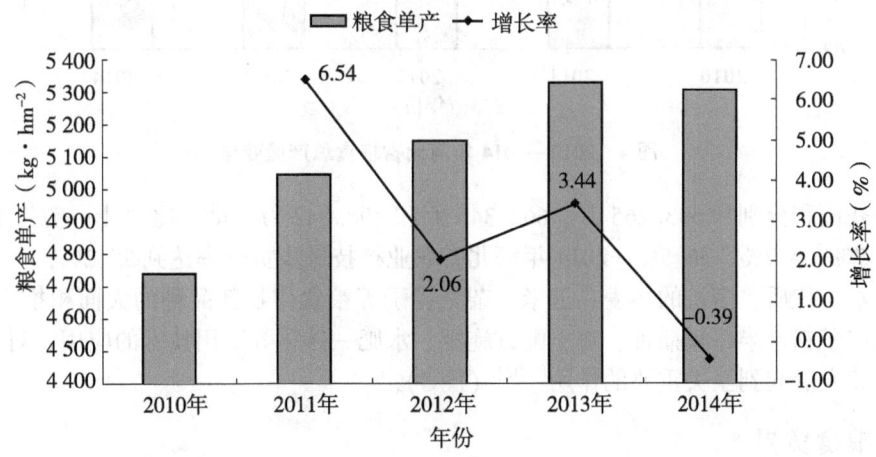

图 2　2010—2014 年河北省粮食单产变化

1.1.3　科技进步贡献率

农业机械化和科技支撑作用明显加强。2014 年河北省机耕面积、机械播种面积、

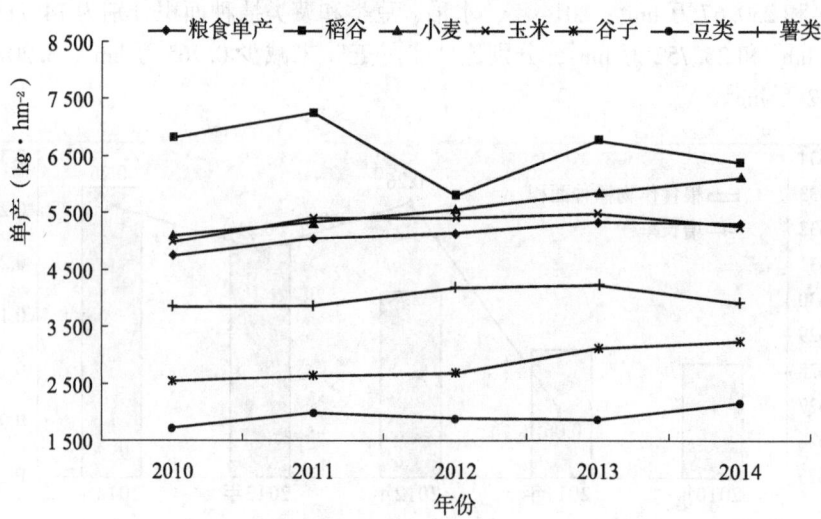

图 3　2010—2014 年各种粮食作物单产变化

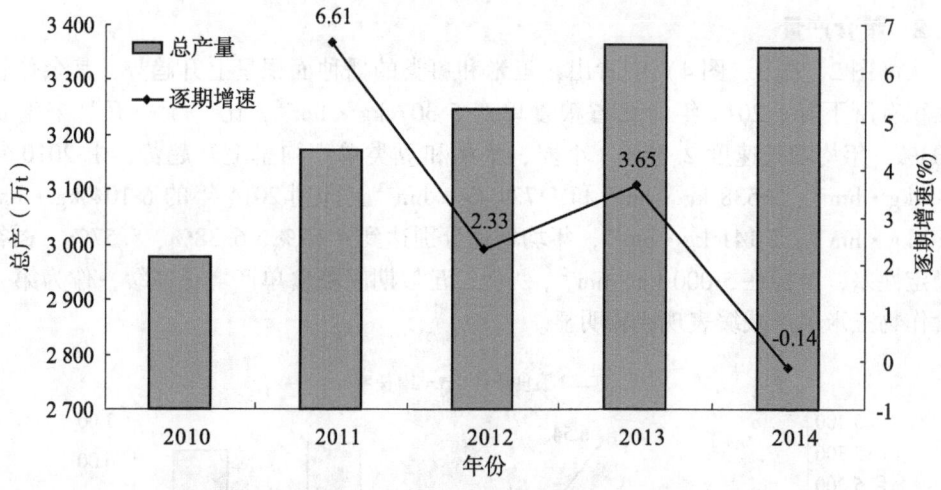

图 4　2010—2014 年河北省粮食总产量变化

机械收获面积分别为 543.265 万、662.345 万和 498.842 万 hm²，比"十一五"末分别增加 1.7%、4.7%、36.5%。2014 年河北省农业科技进步贡献率达到 55.2%，一大批高产、节水、优质、多抗的小麦、玉米、杂交谷子等粮食作物新品种的大面积推广应用，同时推广了精量半精量播种、测土配方施肥、水肥一体化等适用技术的应用，对粮食安全可持续发展起到至关重要的作用[9-12]（图 5）。

1.2　粮食贸易

1.2.1　粮食省际交易

河北省粮食省外购入数量呈下降趋势，2014 年比"十一五"末减少 67 万 t，年均减少 3.7%，省外购入以稻谷为主，2014 年占购入量的 57.68%。销往省外粮食在增加，

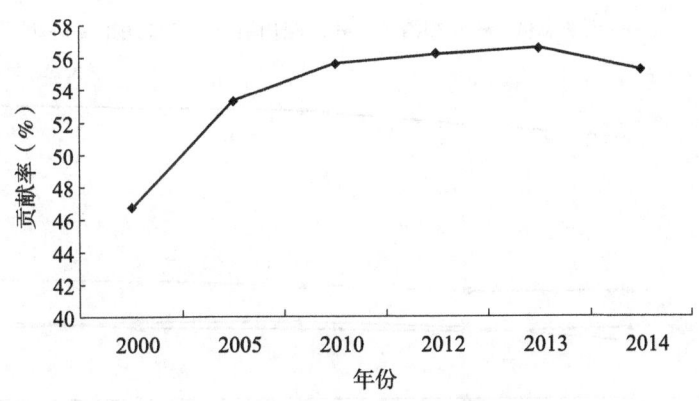

图5 河北省农业科技进步贡献率

2014年达1 147万t，占到当年粮食总产量的34.13%，销售以小麦和玉米为主，分别占到出售粮食总量的47.25%和32.61%，净购进数量由"十一五"末435万t增长到2014年的724万t，增长了66.44%，河北省粮食流出数量巨大，一定程度增加了粮食安全的不稳定性。

1.2.2 粮食国际贸易

河北省粮食进出口贸易数量较少，但近几年进口数量有增加趋势，出口数量呈下降趋势，净流入有所增加，2014年河北省进口粮食410万t，比"十一五"末增长20.59%。主要以大豆为主，大豆进口数量367万t，占到当年进口总量的89.51%，粮食出口量仅为6万t，出口主要是杂粮。

1.3 粮食消费情况

粮食消费变化是关乎粮食市场稳定，粮食安全的重要因素之一。2014年河北省不同品种粮食消费量达3 178万t，比"十一五"末增加378万t，年均增长3.22%。其中，玉米和小麦是两大消费主粮，分别占到消费粮食的44.18%和29.96%。"十二五"小麦的消费量趋于稳定，年均增长仅为0.5%，消费量增长最快的为薯类和玉米，年均增长率为7.33%和4.44%。2014年粮食消费量比河北省粮食产量仅少182万t，随着河北省粮食消费量的不断增加，粮食安全处于紧平衡状态（图6）。粮食需求结构表现：饲料用粮消费和工业用粮消费上升，口粮用粮消费降低，农户口粮消费降低，城镇居民口粮消费增加，社会粮食供给总量大于消费总量，粮食产需平衡有余[13-15]。

1.3.1 人口粮食消费

人口增长依然是粮食总需求量增长的推动力。2014年河北省居民口粮消费量达1 335万t，比"十一五"末增加115万t，年均增长2.28%，口粮消费由"十一五"末所占粮食消费比重的43.57%下降到2014年的42.01%。总体上，河北省人口数量的不断增加和消费水平的提高，人均口粮消费趋于下降但粮食消费总量继续增大。

1.3.2 饲料用粮

随着生活水平的提高和膳食结构的改善，具体表现为口粮消费的减少和对肉蛋奶消费

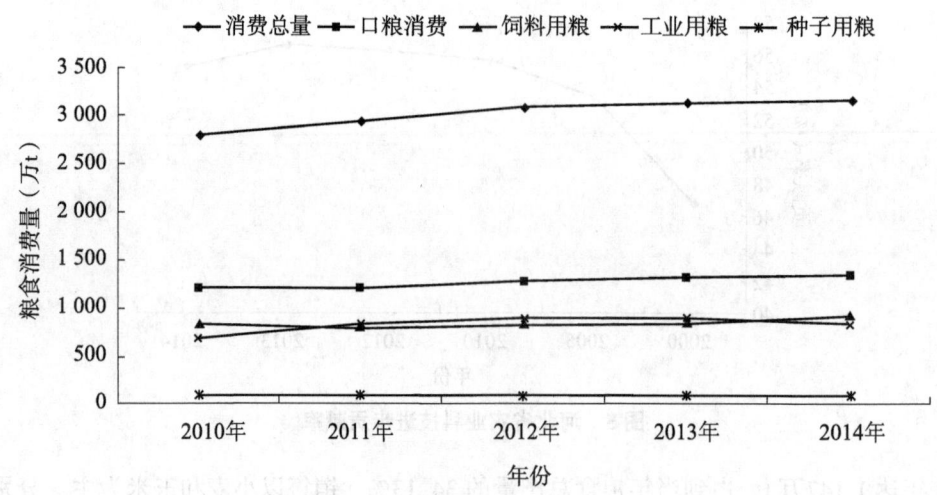

图6 河北省各行业粮食消费情况

量的增加，居民对肉、禽、蛋、奶等非粮食类产品消费的增加也使得对饲料用粮的需求越来越大。2013年全省畜牧业总产值达到1 818.2亿元，比2010年增长了28.6%。据河北省粮食局统计，2014年河北省饲料用粮为931万t，占粮食消费的29.3%，成为第二大粮食需求，年均增长2.9%，河北省饲料用粮消费的速度已明显高于粮食总产量的增长速度，饲料用粮的持续增长使其在未来粮食需求的构成部分中将占有重要的地位。

1.3.3 工业用粮

随着河北省近年来经济的增长和工业化进程的加快，工业用粮在粮食总需求中的份额一直呈上涨趋势，河北省的主要工业用粮包括两部分，一是新兴的生物制药和食品工业等工业部门的用粮，另一部分是传统的纺织、化工、味精、啤酒和白酒等工业部门的用粮。2014年河北省工业用粮为820万t，比"十一五"末增加了21.48%，年均增速4.99%，仅次于饲料用粮和居民口粮，位于第3位。从目前的发展趋势看，河北省的工业用粮需求还会逐年增加。

1.3.4 种子用粮

每年粮食播种面积和单位用种量决定着种子用粮数量的多少，"十二五"期间河北省粮食面积稳定在630万hm²，并且波动幅度不大，所以每年种子用粮数量都在一个较小的范围内波动，2014年河北种子用种量86万t，基本每年种子用量约占每年粮食总需求量的2%~3%。

2 河北省的粮食安全状况

粮食安全是一个复杂和庞大的系统工程，粮食安全状况可以通过一定的数量指标反映出来，一般而言，粮食供求的发展变化趋势决定粮食安全状况。河北省粮食安全状况根据人均粮食播种面积、人均粮食占有量、总产量波动率、储备率、自给率、粮价变动率等指标体系进行整体判断。

2.1　人均粮食播种面积

要保障粮食安全，首先要保证一定的人均粮食播种面积。但随着河北省工业化、现代化和城镇化的推进，对土地的需求加大，必然导致耕地非农化加剧。河北省人均粮食播种面积从"十一五"末的 0.087 3 hm²/人下降到 2014 年的 0.085 7 hm²/人（图 7），下降趋势明显，并且人均粮食播种面积低于全国平均水平，人均播种面积的下降对河北省粮食安全构成威胁。

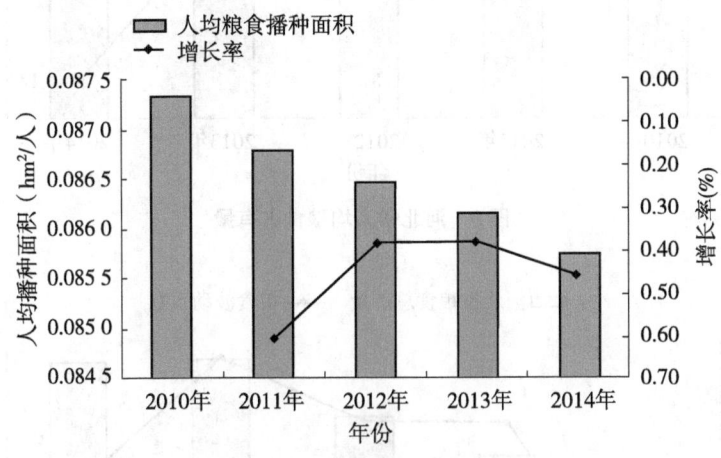

图 7　河北省人均粮食播种面积

2.2　人均粮食占有量

人均粮食占有量是反映粮食生产水平和评价粮食安全最直接的指标，人均粮食占有量越高，粮食安全水平也越高。从图 8 看出，河北省人均粮食占有量 2014 年为 464.08 kg/人，比"十一五"末增长了 12.18%，年均增速为 3.05%，人均粮食的增加说明河北省粮食安全有所保障。但 2014 年人均粮食占有量相对于 2013 年有所下降，在一定程度上反映了粮食安全发展趋势不容乐观。总体上，按照人均粮食占有量 400 kg 的标准评价，河北省粮食较安全。

2.3　粮食总产量的波动率状况

河北省粮食供给的主要来源是省内自产，粮食自产总量的波动不定，将影响人均粮食占有量的稳定性，进而影响粮食安全的稳定性。从"十二五"发展趋势看，河北省粮食总产呈稳定上升趋势，2014 年比 2013 年略有下降，河北省粮食总产量的波动指数范围在±4%（图 9），说明粮食总产偏离趋势产量的程度较小，稳定性较好。

2.4　粮食的储备率

粮食储备水平是衡量粮食安全与否的一项重要指标，一般以一个粮食年度结束时，粮食结转库存量占下年预计粮食消费量的比例作为粮食库存安全系数，储备用粮不低于

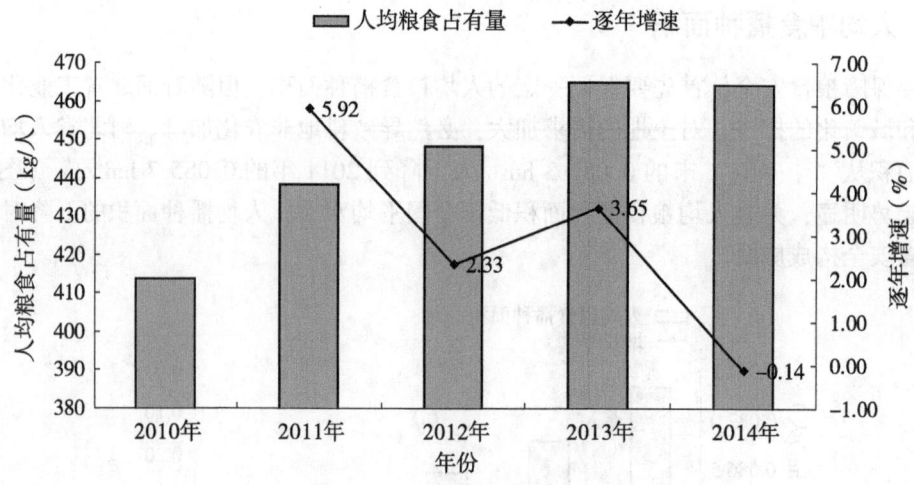

图8 河北省人均粮食占有量

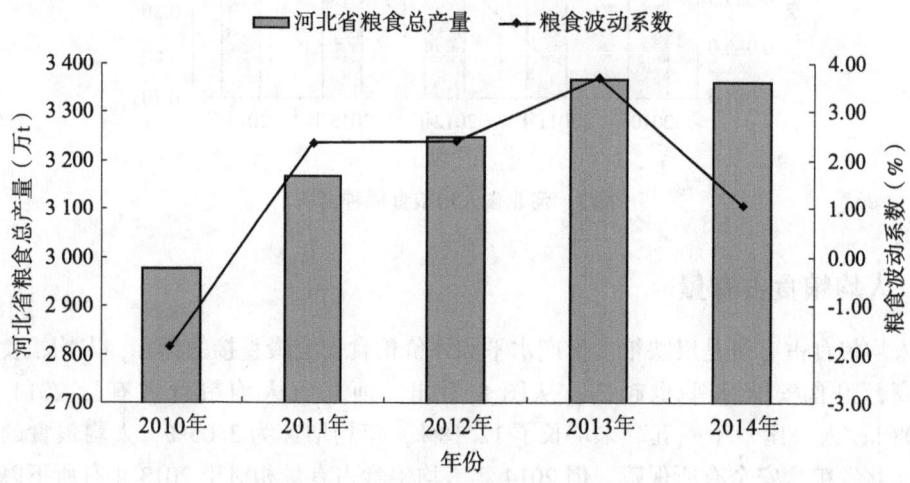

图9 河北省粮食总产量和粮食波动系数

粮食总需求的18%。2011年河北省粮食储备率为112.46%，到2013年下降为98.02%，河北省粮食结转库存充盈。但是伴随粮食消费量的增加，河北省储备率呈下降趋势，需引起高度重视。

2.5 粮食自给率

粮食自给率为粮食生产量占总消费量的比重，粮食自给率与粮食安全的高低成正比，自给率越高，粮食供给越安全。多数经济学家认为，自给率大于95%为基本上实现粮食自给。从图10看出，河北省粮食自给率由2011年的107.7%下降为2014年的105.7%，说明河北省粮食实现了自给，但呈下降趋势，应引起高度重视。小麦的自给率一直处于较高状态，由"十一五"末的132.32%增加到2014年的150.2%，玉米自给率也在100%以上，但由"十一五"末的127.86%下降到2014年的119%。稻谷和大豆达不到自给水平，呈逐年下降，2014 年自给率分别只有 19.62% 和 6.25%。为此要确保河北省粮食安全的可持续，首先要保证河北省粮食的生产量，其次考虑省际调剂和进口粮食。

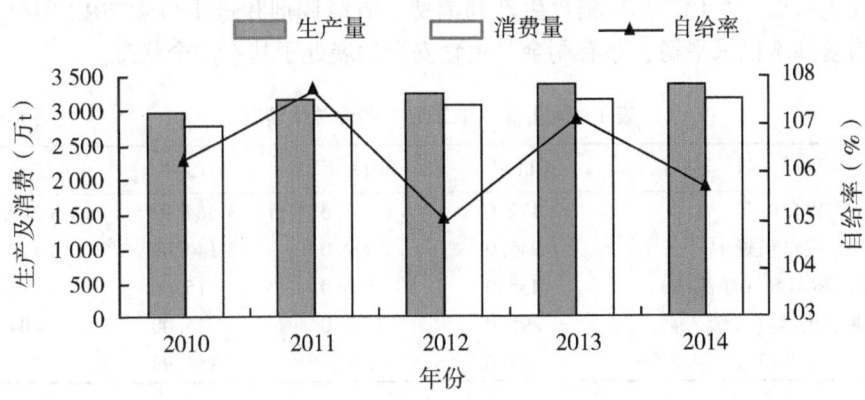

图 10　河北省的粮食自给率

2.6　粮食价格变动状况

2004 年河北粮食购销市场和价格全面放开，形成在国家宏观调控下市场形成粮食价格的机制，河北省粮食商品率由"十一五"末的 66.9% 上升到 2014 年的 77.3%，粮食生产的商品性较高。从图 11 看出，随着粮食商品率的提高，河北省粮食价格总体呈上升趋势，到 2014 年河北省粮食价格为 3 263.6 元·t^{-1}，比"十一五"末的 2 791.8 元·t^{-1} 上涨 471.8 元·t^{-1}，涨幅 16.9%。2014 年小麦、玉米每吨分别达 2 487 元·t^{-1}、2 288 元·t^{-1}，比"十一五"末上涨 421.4 元·t^{-1}、418.8 元·t^{-1}。年均分别增长 6.38%、6.97%。近几年随着人民生活水平的提高，对杂粮需要增加，杂粮价格上涨幅度大，以稻谷为例，2014 年平均价格 6 612.4 元·t^{-1}，比"十一五末"上涨了 3 076.8 元·t^{-1}，涨幅 87.02%。

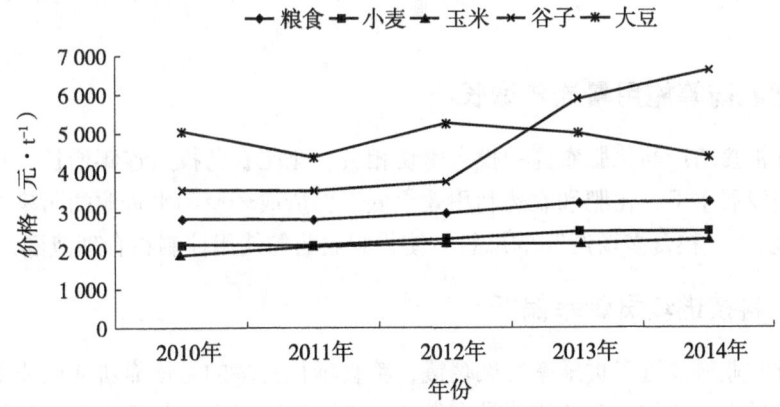

图 11　河北省粮食的价格走势

2.7 河北省"十二五"粮食安全整体判断

从表1看出,"十二五"粮食生产和消费、省级调剂和进出口除2012年外,每年河北省粮食基本供求平稳,略有剩余,粮食安全发展处于基本安全状态。

表1 河北省"十二五"粮食总体情况 （万·t⁻¹）

项 目	2011 年	2012 年	2013 年	2014 年
粮食生产	3 172.6	3 246.6	3 364.99	3 360.17
粮食消费	2 945.0	3 090.0	3 140.00	3 178.00
粮食省际调剂（净流出）	435.0	590.0	415.00	395.00
粮食进出口（净流入）	295.0	265.0	345.00	404.00
粮食剩余	87.6	-168.4	154.99	191.17

3 存在的主要问题

3.1 粮食产量总量增长速度放缓

河北省粮食产量2011年比2010年增长6.61%,2012年比2011年增长2.33%,2014年比2013年下降0.14%,增长速度明显放缓,2014年由于秋粮生产遭遇了严重的"卡脖旱",局部地区受灾较重,造成秋粮单产下降幅度较大,出现总产量减少的趋势。

3.2 粮食种植效益低,增产不增收

当前粮食生产面临的突出问题是比较效益低。2014年粮食种植成本收益净利润5 636.7元·hm⁻²,尤其玉米种植净利润从2011年连年下降（图12）,粮食种植效益远远达不到农户外出打工收入,导致大多数进城务工的新生代农民工对农业不感兴趣,不愿意返乡务农,对粮食生产和农业劳动力产生影响,"谁来种地""地怎么种"矛盾突出。

3.3 化肥农药等施用量连年增长

河北省粮食增产与化肥农药的投入密切相关,化肥农药投入连年增长（图13）,已经超出合理发展水平,化肥和农药利用效率低下,造成环境和水资源的污染。需要改变"多用化肥农药,粮食多增产"的思想,使化肥农药的使用控制在合理范围。

3.4 农业科技进步贡献率偏低

河北省农业科技进步贡献率发展缓慢,粮食增长更多的是依靠耕地面积增加和大量化肥农药的投入,科技增产的优势没有发挥出来。"十一五"末河北省农业科技进步贡献为55.6%,到2013年科技进步率为56.6%,科技进步发展缓慢,远远不能适应农业现代化的要求[16-18]。

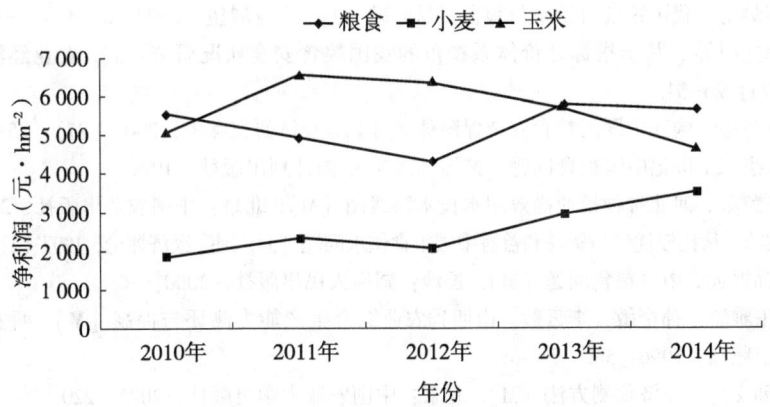

图12　不同年份粮食种植的净利润

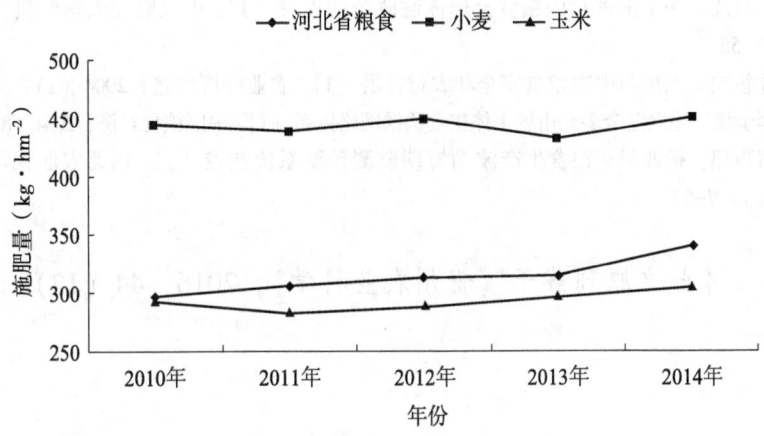

图13　河北省粮食种植施肥量

4　小结与讨论

　　从数量方面对河北省"十二五"期间粮食安全状况分析得出：河北省"十二五"期间粮食安全处于相对稳定状态，但是总量增长速度缓慢。随着我国经济和社会的不断发展，人民生活水平不断提高，对于以往的"粮食仅用来填饱肚子"的观点也在逐渐退化，粮食安全逐步会由数量转向质量、结构、市场需求等方面，还有待进一步研究。

参考文献

［1］王慧军．河北省粮食综合生产能力研究［M］．石家庄：河北科学技术出版社，2010.

［2］顾焕章．建立粮食供求预警系统稳定我国的粮食生产和市场［J］．农业经济问题，1995
　　（2）：23-26.

［3］黄季焜，马恒运．中国主要农产品生产成本与主要国际竞争者的比较［J］．中国农村经济，

2000（5）：36-43.

[4] 柯炳生. 我国粮食自给率与粮食贸易问题［J］. 农业展望，2007，3（4）：3-6.

[5] 李文明等. 基于指标评价体系视角的我国粮食安全状况研究［J］. 农业经济问题，2010（9）：26-31.

[6] 鲁靖等. 构建中国的粮食安全保障体系［J］. 经济研究参考，2004（87）：25-26.

[7] 朱杰. 21世纪中国粮食问题［M］. 北京：中国计划出版社，1999.

[8] 王慧军. 河北省种植业高效用水技术路线图［M］. 北京：中国农业出版社，2011.

[9] 蔡昉. 从比较优势与贸易利益看中国粮食供求问题［J］. 国际经济评论，1997（1）：53-55.

[10] 孙振远. 中国粮食问题［M］. 长沙：湖南人民出版社，2000：46.

[11] 王雅鹏，孙全敏，李云毅. 山西省农业综合生产能力测评与提高［M］. 西安：西安地图出版社，1996：56.

[12] 孙文生. 经济预测方法［M］. 北京：中国农业大学出版社，2005：220.

[13] 于书良. 山东省粮食安全对策的研究［D］. 泰安：山东农业大学，2004.

[14] 李萌. 中国粮食安全问题研究［D］. 武汉：华中农业大学，2005.

[15] 李叔湘. 关于推进我国粮食流通体制改革的思考［J］. 中央财经大学学报，2004（11）：52-55.

[16] 林毅夫. 入世与中国粮食安全和农村发展［J］. 农业经济问题，2004（1）：34-35.

[17] 李全根. 建立健全多元市场主体粮食购销网络体系［J］. 中国粮食经济，2004（8）：12-14.

[18] 席建超，杨改河. 粮食生产波动短期监测预警系统初控［J］. 西北农业大学学报，1999（6）：7-11.

[此文原刊载于《贵州农业科学》，2016，44（12）：158-162]

基于粮食生产大省比较的河北省小麦生产优势分析

张新仕[1]，李　敏[1]，尚　丹[1]，李英杰[1]，蒲娜娜[2]，张晓俭[3]，刘　霞[3]

(1. 河北省农林科学院农业信息与经济研究所；2. 河北省农林科学院；

3. 河北省农业信息中心)

摘　要：为河北省小麦产业发展提供参考，以2001—2016年《全国农产品成本收益资料汇编》《河北省农村统计年鉴》和《河北省农产品成本调查资料汇编》的数据为资料，利用综合比较优势指数法对河北、山东和河南省的小麦规模优势指数、效率优势指数和综合优势指数进行分析。结果表明：2000—2015年河北省的小麦总产及单产呈不断增加趋势，小麦生产效率优势指数高于河南省和山东省，规模优势指数和综合优势指数较低。针对河北省小麦综合优势较弱、生产总成本投入较高和净收益较低等问题，提出了适当调整小麦生产成本投入，充分发挥生产效率优势，统筹耕地保护，加强用地监管，培育小麦新型生产经营主体，提升农地集约利用水平和优化生产结构等发展对策和建议。

关键词：小麦；比较优势；产业发展；河北省

2015年全国小麦播种总面积为2 414.137万 hm²。其中，河北、河南及山东各省的小麦播种面积分别为231.887万 hm²、542.566万 hm² 及379.983万 hm²，分别占全国小麦总播种面积的9.61%、22.47%和15.74%，共计47.82%，即3个省小麦播种面积约占全国小麦总播种面积的1/2，河北省的小麦面积仅次于河南省和山东省，在全国排名第3位。因此，分析河北小麦产业与河南和山东2个生产大省的比较优势对促进其产业发展具有一定现实意义。

近年来，国内许多学者对河北省的小麦比较优势进行了分析，武群丽等[1-2]分析认为，河北小麦在全省粮食作物发展中的优势明显；刘泽莹等[3]研究显示，河北小麦生产成本总体呈上升趋势，受成本上升和出售价格下降影响，其小麦种植收益普遍下降；罗仲朋等[4]研究表明，河北小麦生产的规模报酬状态、效率有效性及小麦技术效率的提升空间还较大。总之，前人研究认为，河北省的小麦生产既有优势，又存在不少问题，但其研究主要集中在与河北粮食作物的比较，鲜见与全国小麦种植大省进行对比分析。为此，笔者运用综合比较优势指数法将河北省小麦生产现状与全国排前两名的河南和山东两个生产大省进行比较，总结河北省小麦生产发展的不足，分析存在问题，并针对问题提出相应对策建议，以期为河北省小麦产业发展提供参考。

1　资料与方法

1.1　资料来源

研究数据来源于2001—2016年的《全国农产品成本收益资料汇编》《河北省农村

统计年鉴》《河北省农产品成本调查资料汇编》。

1.2 研究方法

参照向国成等的方法[5-7]，运用综合比较优势指数（CCA_{ij}）法对河北、河南和山东3个省小麦生产进行比较优势分析，以找出河北小麦生产的优势，并针对其发展目标提出相应对策。通过计算3个省小麦生产的规模优势指数、效率优势指数和综合优势指数等指标，了解河南省小麦单产水平与种植规模相互作用形成的生产能力。

1.2.1 规模优势指数

通过计算河北、河南和山东3个省小麦播种面积占农作物总播种面积的比例与全国该比例平均水平的对比关系，分析3个省小麦生产的规模程度。

$$SAI_{ij} = (GS_{ij}/GS_i)/(GS_j/GS)$$

式中，i为省份，j为小麦，SAI_{ij}为3个省小麦的规模优势指数，GS_{ij}和GS_j，分别为3个省和全国小麦播种面积，GS_i和GS为3个省和全国粮食作物总播种面积。若$SAI_{ij}>1$，表明小麦生产与全国平均水平相比具有规模优势；$SAI_{ij}<1$，表明小麦生产的规模处于劣势。

1.2.2 效率优势指数

通过计算小麦土地产出率与该地区所有农作物平均土地产出率的相对水平以及与全国该比率平均水平的对比关系，分析小麦生产的效率优势。

$$EAI_{ij} = (AP_{ij}/AP_i)/(AP_j/AP)$$

式中，EAI_{ij}为3省小麦的效率优势指数，AP_{ij}为3省小麦单产，AP_i为3省粮食作物平均单产；AP_j为全国小麦平均单产，AP为全国粮食作物平均单产。$EAI_{ij}>1$，表明小麦生产与全国平均水平相比具有效率优势，反之，则缺乏效率优势。

1.2.3 综合优势指数

其是效率优势指数与规模优势指数的综合反映，能更全面地反映一个地区小麦生产的优势度。

$$AAI_{ij} = (EAI_{ij}×SAI_{ij})/2$$。$AAI_{ij}>1$，表明小麦生产与全国平均水平相比具有优势，其值越大则优势越强；$AAI_{ij}<1$，表明小麦生产不具优势。

1.3 数据统计分析

采用Microsoft Excel 2003进行数据统计分析。

2 结果与分析

2.1 2000—2015年河北省、河南省和山东省小麦播种面积变化趋势

由图1看出，2000—2015年河北省的小麦播种面积总体呈下降趋势，即由2000年的267.880万hm^2下降到2015年的231.887万hm^2，年均递减1.19%；河南和山东省呈上升趋势，分别由2000年的492.233万hm^2和374.818万hm^2上升到2015年的542.566万hm^2和379.983万hm^2，年均分别递增0.81%和0.11%。总体而言，2000—

2015年河北省的小麦播种面积占全国总播种面积的比例在不断减小。说明，河北省与河南、山东的小麦播种面积差距呈上升趋势。

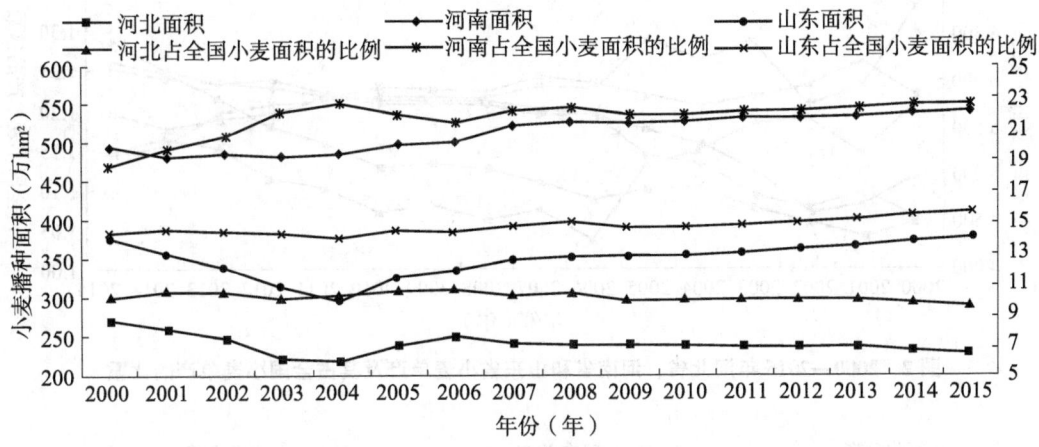

图1 2000—2015年河北、河南和山东省小麦播种面积及其占全国总播种面积的比例

2.2 2000—2015年河北省、河南省和山东省小麦单产变化趋势

由图2可知，2000—2015年河北、山东和河南3个省小麦单产均呈上升趋势，且年际间波动较大，分别由2000年的4 509.48 kg·hm⁻²、4 962.52 kg·hm⁻²和4 542.46 kg·hm⁻²增加到2015年的6 188.4 kg·hm⁻²、6 175.5 kg·hm⁻²和6 452.7 kg·hm⁻²，年均递增2.67%、1.84%和2.97%。河北省小麦单产与全国相比，2000—2006年呈下降趋势，并在2006年降到最低，为全国小麦平均单产的1.03倍，2006年后开始呈波动上升趋势，到2015年达到1.15倍；与山东、河南相比，2005—2011年河北省的小麦单产处于劣势，但从2012年开始河北省的小麦单产稳步提升，年均递增率3.83%，到2015年小麦单产达6 188.4 kg·hm⁻²，比山东高12.9 kg·hm⁻²，比河南低264.3 kg·hm⁻²，与两省的单产水平差距缩小。

2.3 2000—2015年河北省、河南省和山东省小麦总产变化趋势

由图3看出，2000—2015年河北、山东和河南3个省的小麦总产量均呈上升趋势，分别由2000年的1 208万t、1 860万t和2 236万t，增加到2015年的1 435.01万t、2 346.59万t和3 501.02万t，年均增长0.85%、1.33%和2.97%。河北占全国小麦总产量的比重呈下降趋势，由2000年的12.12%下降到2015年的11.02%，河北与山东、河南小麦的总产量增长率相比其增长率较小。总之，河北与河南、山东相比，总产量和种植面积处于劣势，但小麦单产差距较小。

2.4 河北省的小麦综合比较优势

2.4.1 规模优势

由表1看出，在3个省中，小麦生产规模优势最弱的是河北省，平均规模优势指数

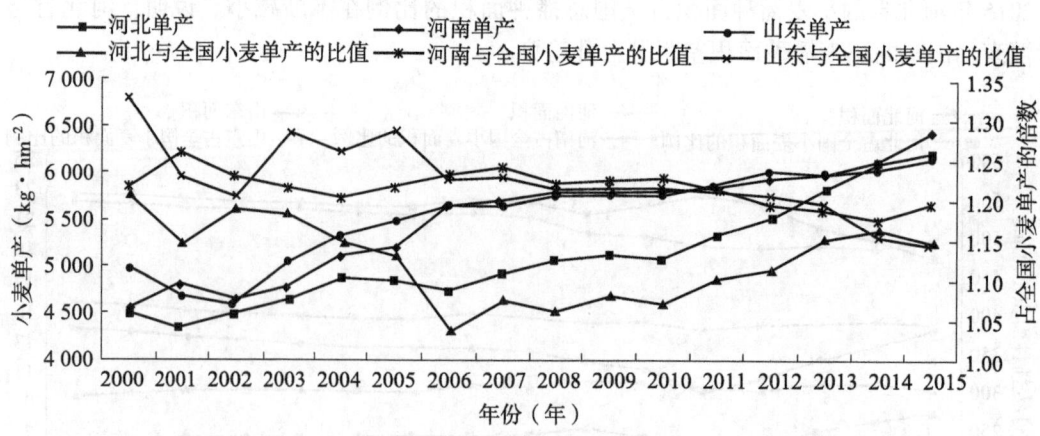

图 2 2000—2015 年河北省、河南省和山东省小麦单产及其占全国小麦单产的比重

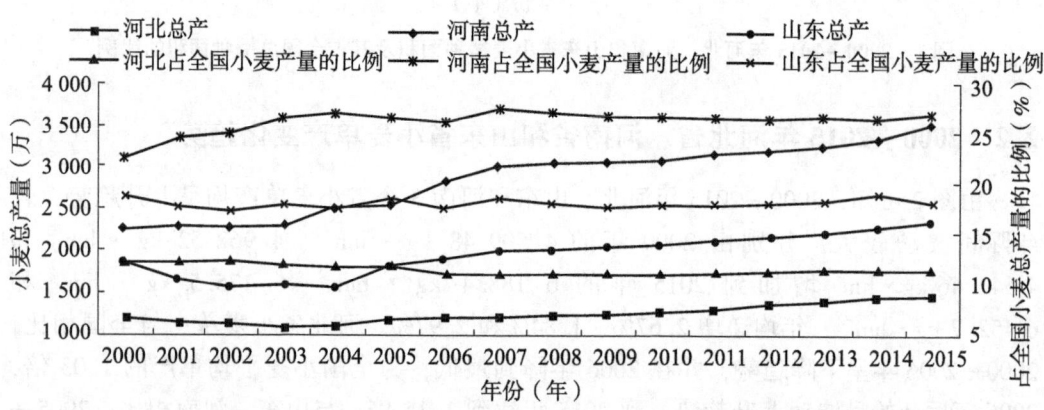

图 3 2000—2015 年河北省、河南省和山东省小麦总产量及其占全国小麦总产量的比重

为 1.71；最强的是河南省，平均规模优势指数为 2.43；居中的是山东省，平均规模优势指数为 2.25。从年度变化趋势看，2000—2015 年山东省和河南省的规模优势指数呈稳步上升趋势，且波动不大，分别由 2000 年的 2.07 和 2.22 增加到 2015 年的 2.48 和 2.38，增长 19.81% 和 7.21%；河北省 2000—2015 年的规模优势指数存在一定波动，且在 2008—2015 年呈下降趋势，由 2008 年的 1.77 下降到 2015 年的 1.70。总体，河北省的平均规模优势指数最小，且年度间增加也较小。

2.4.2 效率优势

从表 2 可知，河北、山东和河南 3 个省的小麦生产平均效率优势指数均大于 1，分别为 1.21、1.02 和 1.13。说明，河北省的小麦生产效率优势指数高于山东和河南 2 省，具有一定优势。2000—2015 年河北省的小麦生产效率优势指数比河南省和山东省分别高 7.08% 和 18.63%。说明，河北省的小麦单产水平高于全国平均水平。

2.4.3 综合优势

从表 3 看出，河北、河南和山东小麦生产都具有综合优势。其中，河南省的小麦生产优势最显著，综合优势指数为 1.66，可能是规模优势较明显所致；其次是山东，为

1.51；河北优势较弱，为1.44。综合规模优势、效率优势和综合优势分析结果显示，由

表1 2000—2015年河北省、河南省和山东省小麦生产的规模优势指数

年份	河北省	河南省	山东省
2000 年	1.58	2.22	2.07
2001 年	1.67	2.34	2.13
2002 年	1.64	2.35	2.14
2003 年	1.67	2.43	2.19
2004 年	1.69	2.54	2.26
2005 年	1.74	2.48	2.23
2006 年	1.78	2.39	2.19
2007 年	1.74	2.45	2.26
2008 年	1.77	2.48	2.29
2009 年	1.73	2.44	2.26
2010 年	1.75	2.46	2.28
2011 年	1.74	2.46	2.29
2012 年	1.75	2.45	2.31
2013 年	1.75	2.47	2.34
2014 年	1.73	2.48	2.35
2015 年	1.70	2.48	2.38
平均	1.71	2.43	2.25

表2 2000—2015年河北省、山东省和河南省小麦生产的效率优势指数

年份	河北省	河南省	山东省
2000 年	1.39	1.14	1.09
2001 年	1.30	1.15	1.01
2002 年	1.39	1.15	1.11
2003 年	1.27	1.31	1.04
2004 年	1.28	1.17	1.02
2005 年	1.26	1.13	1.02
2006 年	1.11	1.08	0.98
2007 年	1.11	1.06	0.98
2008 年	1.11	1.08	0.98
2009 年	1.13	1.07	0.97
2010 年	1.12	1.10	0.99

(续表)

年份	河北省	河南省	山东省
2011 年	1.13	1.11	1.01
2012 年	1.15	1.12	1.02
2013 年	1.16	1.13	1.03
2014 年	1.18	1.12	1.01
2015 年	1.20	1.11	1.00
平均	1.21	1.13	1.02

于资源禀赋和生产条件不同，3 个省的小麦生产水平存在一定差异。山东省虽然效率优势最小，仅略高于全国平均水平，但由于其地理环境、气候条件及种植习惯等因素共同作用，使山东省的规模优势高于河北，综合优势最强。河南省小麦生产具有规模优势，所以其综合优势也比较明显。河北省在小麦生产上具有效率优势，但规模优势比河南和山东弱，所以综合优势较小。

表3 2000—2015 年河北省、河南省和山东省小麦生产的综合优势指数

年份	河北省	河南省	山东省
2000 年	1.48	1.59	1.50
2001 年	1.47	1.64	1.46
2002 年	1.51	1.64	1.54
2003 年	1.46	1.79	1.51
2004 年	1.47	1.72	1.52
2005 年	1.48	1.67	1.51
2006 年	1.40	1.61	0.46
2007 年	1.39	1.61	0.49
2008 年	1.41	1.64	0.50
2009 年	1.40	1.62	0.48
2010 年	1.40	1.64	0.50
2011 年	1.40	1.66	1.52
2012 年	1.42	1.66	1.53
2013 年	1.43	1.67	1.56
2014 年	1.43	1.67	1.54
2015 年	1.43	1.66	1.54
平均	1.44	1.66	1.51

2.5 河北省小麦生产的成本

从表4看出，2006—2014 年河北省、河南省、山东省及全国的小麦生产总成本分别为718.6 元、651.38 元、703.85 元和 661.12 元/亩。表明，河北省的小麦生产成本

高于河南省、山东省和全国。从成本结构看，河北省的物质与服务费所占比重最大，占总成本的 56.43%，分别比河南省和山东省高 77.68 元/亩和 16.67 元/亩；从人工费看，河北省的人工费占总投入的 26.09%，低于山东省和全国水平，但略高于河南省；从土地成本看，河北省的土地成本占总成本的 17.48%，高于山东省和全国平均水平，但低于河南省。总体看，河北省小麦生产需要在物质与服务费用上进行适当调整，减少化肥和农药投入。

表4　2006—2014 年河北省、河南省、山东及全国小麦生产的成本

| 省份 | 物质与服务费用 | | 人工费 | | 土地成本 | | 总成本
（元/亩） |
	总量 （元/亩）	占总成本 （%）	总量 （元/亩）	占总成本 （%）	总量 （元/亩）	占总成本 （%）	
河北	395.75	56.43	198.17	26.09	124.68	17.48	718.60
河南	318.07	50.51	192.81	28.18	140.49	21.31	651.38
山东	379.08	55.25	218.84	30.15	105.93	14.61	703.85
全国	331.14	51.46	214.18	31.27	115.81	17.27	661.12

2.6　小麦生产效益

从表5 可知，2006—2014 年河北省、河南省、山东省及全国小麦生产的总产值分别为 853.56 元/亩、808.13 元/亩、872.96 元/亩和 761.62 元/亩，河北省的小麦生产总产值高于河南及全国平均水平，但低于山东省。河北省小麦平均净收益最低，为 134.97 元/亩，低于河南省和山东省，仅高于全国平均水平。河北省的产投比最低，为 1.20，仅高于全国平均水平。因此，河北省小麦生产的总成本较高，净收益及投入产出比较低，可能与其物质及服务费用所占比重较高有关。

表5　2006—2014 年河北省、河南省、山东省及全国小麦生产的效益

省份	产量 （kg/亩）	主产品产值 （元/亩）	副产品产值 （元/亩）	总产值 （元/亩）	净收益 （元/亩）	产投比
河北	414.03	840.27	13.30	853.56	134.97	1.20
河南	419.74	792.77	15.36	808.13	156.76	1.31
山东	424.45	859.53	13.44	872.96	169.11	1.26
全国	380.26	741.62	20.00	761.62	100.49	1.18

3　结论与对策建议

3.1　结　论

2000—2015 年河北省的小麦播种面积不断减少，年均递减 1.19%，小麦总产及单

产处于不断增加趋势，年平均增长率分别为 0.85% 和 2.67%。小麦规模优势效率指数波动较大，效率优势指数高于河南省和山东省，综合优势较弱，河北省小麦生产总成本投入较高，其中物质及服务费所占比重较大，获得的净收益较低。

3.2 对策建议

3.2.1 适当调整小麦生产投入比例

针对河北省小麦生产总成本较高，净收益及投入产出比较低等问题，在小麦生产过程中应使用高效低毒或无毒农药，提高化肥农药使用效率，减少化肥农药使用量，实行绿色环保高效生产。

3.2.2 统筹耕地保护，加强用地监管

由于河北省人口密度较大，耕地资源缺乏，在城镇化的快速发展过程中，粮食播种面积随城镇化进程发展不断减少，耕地被占用现象严重，两者矛盾加剧。保护耕地不仅可确保粮食安全，对于城镇化进程的可持续发展也有重要意义。因此，协调好两者在发展中的关系，优化耕地利用，对城镇扩张占用耕地现象具有监管作用，确保区域粮食安全[8-9]。

3.2.3 加强小麦生产经营主体培育

注意提高新型经营主体的政策补贴力度，保障小麦总产量，在土地流转、良种补贴、农机补贴等方面给予支持[10]，改善小麦种植地的基础设施，提升小麦生产的集约化程度和全程机械化服务能力，使家庭农场、种植大户等新型组织成为小麦生产的主力军，以规模化替代一家一户生产模式，形成规模化、机械化和组织化小麦生产格局。

3.2.4 提升农地集约利用水平，优化生产结构

近年来，由于城市及工业园区扩张，农业相对粗放的利用方式，造成了一些具有耕作条件的零星、闲散和废弃土地，再加上小麦生产过程中的布局结构不合理，生产投入占比不协调，带来收益不理想[11]。因此，河北省开展土地综合整治，对闲散耕地进行集约化管理，增强利用效率，对于提升耕地空间具有重要作用；优化农业生产资料在使用过程中的结构，改变传统生产方式，借助机械化替代劳动力投入，在不增加成本投入基础上，获得更高的经济效益。

参考文献

[1] 武群丽，刘胜彩．河北省主要农作物区域比较优势分析 [J]．商场现代化，2008（19）：310-311．

[2] 杨永明．河北省小麦生产现状与比较优势分析 [D]．保定：河北农业大学，2014．

[3] 刘泽莹，卢昱嘉，韩一军．2016 年中国小麦生产、收储及成本收益分析—以河北、河南等六省为例 [J]．农业展望，2016（9）：36-39．

[4] 罗仲朋，罗建美，齐永青．基于 EDA 的河北平原小麦生产效率分析 [J]．南水北调与水利科技，2016（4）：198-203．

[5] 向国成，吴婧，韩绍凤．关于农业综合比较优势的实证研究 [J]．湖南科技大学学报，2015（1）：86-93．

［6］ 赵翠萍．河南小麦的比较优势及竞争力分析［J］．河南农业大学学报，2006（4）：422-425.

［7］ 王静．中国农产品比较优势变化及其影响因素研究［D］．武汉：华中农业大学，2014.

［8］ 者覃红，罗德建．浅谈新农村城市化进程中的耕地保护措施［J］．资源与环境，2014（32）：153.

［9］ 王丽．浅谈城市化建设进程中耕地保护措施［J］．农林科研，2016（18）：279.

［10］ 古南正皓，李世平．低碳农业补偿机制研究—以粮食种植为例［J］．人文杂志，2014（12）：125-128.

［11］ 华彦玲．农地集约利用：问题、经验及对策—基于江苏的实践［J］．唯实经济探讨，2010（7）：59-63.

［此文原刊载于《贵州农业科学》，2017，45（7）：130-134］

基于粗糙集理论的循环经济综合评价

孙 静

（河北科技大学经济管理学院）

摘 要： 本文依据农业循环经济理念选取了资源减量投入、环境安全质量、经济与社会发展水平、资源循环利用四方面共 14 个指标构建了农业循环经济评价体系，通过粗糙集理论指出了对威县农牧结合循环经济发展影响较为重要的指标，据此进一步对威县农牧结合循环经济发展进行了综合评价，结果表明单位面积农业增加值是衡量农业循环经济发展潜力和发展动力的重要指标，石家庄的农业循环经济发展最好，张家口农业循环经济的发展与其他地市差距较大。

关键词： 农业循环经济；粗糙集理论；综合评价

农业循环经济是世界农业发展的潮流和趋势，是实施农业可持续发展的必然选择。作为符合持续发展理念的经济增长模式，是以资源高效、循环利用为核心，采用各种有效措施，按照"减量化、再利用、再循环"的 3R 原则，以"低消耗、低排放、高效率"为特征的发展模式。在现行的经济运行方式下，发展农业循环经济成为了解决环境问题的治本之策。本研究以威县 11 个地市为例，利用 2013 年的数据，采用粗糙集理论的方法综合评价了农业循环经济的发展水平。

1 河北省农业循环经济评价指标体系的构建

农业循环经济发展模式的构建是一个复杂的大型系统工程，其设计和实施必须严格地遵循可持续原则、整体性原则、层次性原则、因地制宜原则、科技先导原则以及市场协调原则，结合农业生产的实际情况，建立农业循环经济发展评价指标体系。因此，综合考虑选取了资源减量投入、环境安全质量、经济与社会发展水平、资源循环利用 4 个指标，依据循环经济的"3R"原则筛选出 12 个参评因子。

2 河北省农业循环经济综合评价

2.1 指标数据的收集

本文以河北省 11 个市为例，本文以河北省 11 个市为例，根据 2014 年《河北省统计年鉴》的数据，采用粗糙集理论的方法，从资源减量投入、环境安全质量、经济与社会发展水平、资源循环利用 4 个方面综合评价了河北省农业循环经济的发展水平（表1）。

表 1　河北省农业循环经济发展指标体系

目标层	准则层	指标层
农业循环经济发展水平 A	资源减量投入 B1	化肥使用强度 C1（kg·hm^{-2}）
		农药使用强度 C2（kg·hm^{-2}）
		农膜使用强度 C3（kg·hm^{-2}）
	环境安全质量 B2	森林覆盖率 C4（%）
		有效灌溉系数 C5（%）
		人均耕地占有量 C6（hm^2/人）
	经济与社会发展水平 B3	农村居民人均纯收入 C7（元）
		农业中间消耗生产率 C8（%）
		单位面积农业增加值 C9
		单位面积农机总动力 C10
		农业总产值 C11（万元）
		粮食单产 C12（kg·hm^{-2}）
	资源循环利用 B4	化肥有效利用系数 C13
		复种指数 C14（%）

2.2　指标数据的离散化处理

由于粗糙集理论只能处理离散化数据，故在属性约简前，必须对数据进行离散化。处理的方法有等分法、频分法、聚类离散法等，本文采用 SPSS 软件中的 K 均值聚类的方法对表 2 进行处理以达到离散化的目的，对于所有的条件属性，参照参考文献设置参数 K=3，此中 1、2、3 仅代表类别，令属性集得出离散化的信息表。

2.3　指标集约简

目前粗糙集理论属性约简过程中应用得比较多的算法有：基于信息熵、可辨识矩阵算法和基于可变矩阵、逻辑运算的属性约简。本文基于可辨矩阵的属性约简方法对指标进行约简，根据粗糙集定义，$M_{ij}\{r\in R|f(x_i,r)\neq f(x_j,r)\}$，其中 i 与 j 表示不同的地市，$R=\{a,b,c\cdots n\}$，由此计算出的区分矩阵 M，进而得到以下的析取逻辑表达式。

$$L_{1,2}=b\vee g\vee h\vee j\vee n;L_{1,3}=d\vee e\vee j\vee k\vee l\vee m\vee n$$

$$……$$

$$L_{10,11}=b\vee d\vee e\vee f\vee g\vee h\vee i\vee l$$

取得合取范式 L 后，最终得到最小析取范式

$L'=(b\vee d\vee i\vee j\vee k)\wedge(d\vee g\vee h\vee i\vee k)……(c\vee e\vee i\vee n)$ 由于约简的结果不唯一，我们结合客观实际，对所有约简

$$U/\text{ind}(P)=\{\{1\};\{2\};\{3\};\{4\};\{5\};\{6\};\{7\};\{8\};\{9\};\{10\};\{11\}\}$$

$$U/\text{ind}(P-\{c\})=\{\{1\};\{2\};\{3\};\{4\};\{5\};\{6\};\{7\};\{8\};\{9,10\}\}$$

$$I(P)=1-\frac{1}{\mid U\mid^2}\sum_{i=1}^n\mid X_i\mid^2=1-\frac{1}{11^2}(1^2*11)=\frac{10}{121}$$

$$I(P-\{c\})=\frac{106}{121} \quad S_P(c)=\frac{110}{121}-\frac{106}{121}=\frac{4}{121}$$

$$U/\text{ind}(P-\{e\})=\{\{1\};\{2,3\};\{4,9\};\{5\};\{6\};\{7\};\{8\};\{10\};\{11\}\}$$

$$I(P-\{e\})=\frac{106}{121} \quad S_P(e)-\frac{110}{121}-\frac{106}{121}=\frac{4}{121}$$

$$U/\text{ind}(P-\{i\})=\{\{1,6\};\{2,4,5\};\{3,9\};\{7\};\{8\};\{10\};\{11\}\}$$

$$I(P-\{i\})=\frac{100}{121} \quad S_P(i)=\frac{110}{121}-\frac{100}{121}=\frac{10}{121}$$

$$U/\text{ind}(P-\{n\})=\{\{1,2\};\{4,6\};\{3\};\{5\};\{7\};\{8\};\{9\};\{10\};\{11\}\}$$

$$I(P-\{n\})=\frac{106}{121} \quad S_P(n)=\frac{110}{121}-\frac{106}{121}=\frac{4}{121}$$

结果进行对比分析，最终得到约简 $red(P)=\{c,e,i,n\}$。

2.4 指标属性重要度及权重的计算

由粗糙集约简的性质可知，$U/\text{ind}(P)=U/\text{ind}(R)$，根据信息熵的方法求出属性重要度属性 $\{c,e,i,n\}$ 的重要度进行归一化运算，计算各指标的权重为

$$W_c=0.182 \quad W_c=0.1852 \quad W_i=0.455 \quad W_n=0.182$$

依据每一列属性的原始数据，我们用以下公式进行标准化处理

正指标：$D(x_i)=\dfrac{x_i-x_{\min}}{x_{\max}-x_{\min}}$ 逆指标：$D(x_i)=\dfrac{x_{\max}-x_i}{x_{\max}-x_{\min}}$

根据标准化后的矩阵乘以约简后的指标权重可以计算出河北省各地农业循环经济的综合评价值（表2）。

表2 河北省各地市农业循环经济发展水平综合评价

排名	城市	农膜使用强度	有效灌溉系数	单位面积农业增加值	复种指数	综合评价值
1	石家庄	0.813	1.000	0.902	1.000	0.921
2	唐山	0.678	0.794	1.000	0.578	0.827
3	秦皇岛	0.527	0.587	0.855	0.331	0.651
4	保定	0.718	0.896	0.429	0.803	0.634
5	邯郸	0.618	0.729	0.463	0.702	0.583
6	邢台	0.593	0.759	0.156	0.598	0.426
7	沧州	0.549	0.445	0.239	0.587	0.396
8	廊坊	0.000	0.533	0.405	0.496	0.371
9	衡水	0.240	0.814	0.063	0.627	0.334

（续表）

排名	城市	农膜使用强度	有效灌溉系数	单位面积农业增加值	复种指数	综合评价值
10	承德	0.610	0.000	0.362	0.160	0.305
11	张家口	1.000	0.004	0.000	0.000	0.183

2.5 评价结果分析

通过粗糙集的属性约简以及权重计算结果分析可以看出，河北省在以后的循环经济发展过程中，要更加注重农膜使用强度、有效灌溉系数、单位面积农业增加值、复种指数这 4 个方面，积极促进减排和废弃物的循环再利用工作。在河北省 11 个地市的循环经济发展中，要重点抓衡水、承德、张家口等地，通过学习其他地市的循环经济的发展模式，找到阻碍自身发展循环经济的根本性问题，并且积极解决问题，不断提高自身的循环经济发展水平，从而共同促进河北省的循环经济发展。

参考文献

［1］ 李兆前，齐建国．循环经济理论与实践综述［J］.数量经济技术经济研究，2004（9）：145-154.

［2］ 方中友，陈逸，陈志刚，等.南京市农业循环经济发展评价指标体系构建与对策［J］.江苏农业学报，2007（5）：487-491.

［3］ 司维.农业循环经济发展模式构建与应用研究［D］.济南：山东大学，2007.

［4］ 李佳，张元标.基于粗糙集理论的广东省农业循环经济综合评价［J］.广东农业科学，2009（9）：275-278.

［5］ 赵智敏，朱跃钊，汪霄，等.粗糙集理论在建筑企业上市公司竞争力评价中的应用研究［J］.工程管理学报，2010（3）：350-354.

［6］ 耿晨光，曹合社.河北省发展农业循环经济面临的问题及对策［J］.黑龙江农业科学，2014（10）：129-131.

［此文原刊载于《河北企业》，2017（5）：49-50］

基于集成赋权的农业循环经济模糊综合评价模型

孙 静[1]，陈 薇[1]，李万贵[2]

（1. 河北科技大学经济管理学院；2. 河北农林科学院）

摘 要：本文依据农业循环经济理念及基本原则选取了经济与社会发展水平、生态环境安全、资源循环再利用3个方面共19个指标构建了农牧业循环经济评价体系，并采用综合集成赋权法，将主观赋权法中的层次分析法与客观赋权法中的熵值法相结合，更客观、准确、有效地确定了指标的权重，在此基础上运用模糊综合评价模型对威县农牧循环经济发展水平进了综合评价。

关键词：循环经济；集成赋权；模糊综合；综合评价

农业循环经济是世界农业发展的潮流和趋势，是实施农业可持续发展的必然选择。作为符合持续发展理念的经济增长模式，是以资源高效、循环利用为核心，采用各种有效措施，按照"减量化、再利用、再循环"的3R原则，以"低消耗、低排放、高效率"为特征的发展模式，把传统"资源—产品—废弃物"的单向线性经济，改造成"资源—产品—废弃物—再生资源"的多向循式式反馈经济模式[1]。使传统的高消耗、高污染、高投入、低效率的粗放型经济增长模式转变为低消耗、低排放、高效率的集约型经济增长模式[2]。在现行的经济运行方式下，发展农业循环经济成为了解决环境问题的治本之策。由此，农业循环经济发展水平的评价也得到了重视。

1 威县循环经济指标体系构建

循环经济发展指标的构建是一个复杂的大型系统工程，其设计和实施必须严格地遵循可持续原则、整体性原则、层次性原则、因地制宜原则、科技先导原则以及市场协调原则[3]，威县农牧业循环经济指标体系的建立除了在遵循以上指标选取的原则和思路基础之外，同时借鉴了国家统计局"循环经济评级指标体系"课题组以及很多国内外学者的相关研究，先选取出现频率较多的指标，结合威县农牧业生产的实际情况，建立威县农牧业循环经济发展评价指标体系。依次为经济与社会发展水平、生态环境安全、资源循环再利用，如表1所示。

2 "层次分析法+熵值法"综合赋权法

层次分析法把所有与决策相关的元素进行分层划分，把一个复杂的问题所涉及的各元素，依照它们之间的关系，分解为目标层、准则层、指标层等，使得各个层次非常有序地排列起来，并且各个层次按隶属度建起一个有序递阶的层次模型。该方法定性与定量分析相结合，是一种比较好的科学的评价方法[4]。

表 1　河北省农业循环经济发展评价指标体系

目标层	准则层	指标层
农业循环经济发展水平 A	经济与社会发展水平 B1	人均 GDP （C11）
		人均财政收入（C12）
		第三产业产值占总产值的比重（C13）
		单位面积农业机械总动力（C14）
		粮食单产（C15）
		城镇化水平（C16）
		农村居民人均收入（C17）
	生态环境安全 B2	人均耕地面积（C21）
		森林覆盖率（C22）
		工业二氧化硫排放量（C23）
		氮氧化物排放量（C24）
		烟尘排放量（C25）
		有效灌溉面积（C26）
		化肥使用强度（C27）
		农药使用强度（C28）
		农膜使用强度（C29）
	资源循环再利用 B3	污水处理厂集中处理率（C31）
		单位 GDP 能耗（C32）
		复种指数（C33）

熵（Entropy）原是统计物理和热力学中的一个物理概念，是对系统状态不确定性的一种度量。本文利用熵值法进行赋权，根据各项观测值所提供的信息量的大小来确定指标权重的方法，为综合评价提供依据[5]。

本文将主观、客观相结合，即将层次分析法和熵值法求得的权重进行综合赋权。设层次分析法得到的权重为 W_i，熵值法得到的权重为 W_i，采用以下组合赋权法：$W_i = ^i +\beta q_i$ 式中，W 为综合权重，α、β 为待定系数，且 $\alpha+\beta=1$。

本文从加权评价值出发建立主观权重系数 α 和客观权重系数 β 的最优化模型，由式可知，评价对象的主观评价值为 $\alpha p_j x_{ij}$，客观评价值为 $\beta q_j x_{ij}$，显然它们之间的差异越小，评价对象的的主客观的偏离程度越小，评价值就越趋于一致[6]，由此，构造最优化模型为：

$$\min D = (d_i) ; \quad d_i = \sum_{j=1}^{19} (\alpha p_j x_{ij} - \beta q_j x_{ij})^2$$

利用等权的线性权和法，将上述最优化模型变化成单目标规划模型如下：

$$\min Z = \sum_{i=1}^{5} d_i = \sum_{i=1}^{5} \sum_{j=1}^{19} \left(\alpha p_j x_{ij} - \beta q_j x_{ij} \right)^2, \ \alpha + \beta = 1, \ \alpha、\beta \geq 0$$

借此模型得出：

$$\alpha = \frac{\sum_{i=1}^{5} \sum_{j=1}^{19} x_{ij}^2 q_j (p_j + q_j)}{\sum_{i=1}^{5} \sum_{j=1}^{19} x_{ij}^2 (p_j + q_j)^2}, \ \beta = \frac{\sum_{i=1}^{5} \sum_{j=1}^{19} x_{ij}^2 p_j (p_j + q_j)}{\sum_{i=1}^{5} \sum_{j=1}^{19} x_{ij}^2 (_j + q_j)^2}$$

通过以上公式计算，最终得出组合权重为如表 2 所示：

表 2　集成赋权所得组合权重

准则层	权重	指 标 层	权重	总权重
		人均 GDP（C11）	0.203	0.067
		人均财政收入（C12）	0.083	0.028
		第三产业产值占总产值的比重（C13）	0.136	0.045
经济与社会 发展水平 B1	0.332	单位面积农业机械总动力（C14）	0.213	0.071
		粮食单产（C15）	0.113	0.038
		城镇化水平（C16）	0.136	0.045
		农村居民人均收入（C17）	0.116	0.039
		人均耕地面积（C21）	0.076	0.036
		森林覆盖率（C22）	0.090	0.043
		工业二氧化硫排放量（C23）	0.214	0.102
		氮氧化物排放量（C24）	0.150	0.071
生态环境安全 B2	0.476	烟尘排放量（C25）	0.104	0.049
		有效灌溉面积（C26）	0.063	0.030
		化肥使用强度（C27）	0.115	0.055
		农药使用强度（C28）	0.075	0.036
		农膜使用强度（C29）	0.112	0.053
		污水处理厂集中处理率（C31）	0.442	0.085
资源循环再利用 B3	0.192	单位 GDP 能耗（C32）	0.375	0.072
		复种指数（C33）	0.184	0.035

3　模糊综合评价法的数学模型

本采用上文中"层次分析法+熵值法"综合赋权得到的各级指标权重，并将因素集 U 分为两层，第一层为：

$$U = \{ u_1, u_2, u_3 \}$$

第二层为：

$$u_1 = \{u_{11}, u_{12}, u_{13}, u_{14}, u_{15}, u_{16}, u_{17}\}$$

$$u_2 = \{u_{21}, u_{22}, u_{23}, u_{24}, u_{25}, u_{26}, u_{27}, u_{28}, u_{29}\}$$

$$u_3 = \{u_{31}, u_{32}, u_{33}\}$$

得到各级的权重分别为：

$$U = \{0.332, 0.476, 0.192\}$$

$$u_1 = \{0.203, 0.083, 0.136, 0.213, 0.113, 0.136, 0.116\}$$

$$u_2 = \{0.076, 0.090, 0.214, 0.150, 0.104, 0.063, 0.115, 0.075, 0.112\}$$

$$u_3 = \{0.442, 0.375, 0.184\}$$

根据威县 2011 年、2012 年、2013 年、2014 年、2015 年 5 年的相关指标数据，并将其进行处理后得到诸因素的模糊综合评判，对其分层做综合评价：

$$u_1 = \{u_{11}, u_{12}, u_{13}, u_{14}, u_{15}, u_{16}, u_{17}\}$$

权重 $A_1 = \{0.203, 0.083, 0.136, 0.213, 0.113, 0.136, 0.116\}$

由上表对 u_{11}，u_{12}，u_{13}，u_{14}，u_{15}，u_{16}，u_{17} 的模糊评价构成的单因素评判矩阵，用模型 $M(\cdot, +)$ 计算得：

$$B_1 = A_1 * R_1 = (0.7209, 0.7469, 0.8326, 0.9191, 0.9785)$$

$$B_2 = A_2 * R_2 = (0.6949, 0.6594, 0.7755, 0.8288, 0.8400)$$

$$B_3 = A_3 * R_3 = (0.8652, 0.8789, 0.9957, 0.8639, 0.9391)$$

$U = \{u_1, u_2, u_3\}$，权重 $A = (0.332, 0.476, 0.192)$，则综合评价

$$B = A * R = A * \begin{pmatrix} B_1 \\ B_2 \\ B_3 \end{pmatrix} = (0.7362, 0.7306, 0.8367, 0.8655, 0.9050)$$

4 评价结果分析

本文是按照循环经济发展要求，以循环经济发展原则和理论为指导，根据威县农牧循环经济的实际情况依据构建了威县农牧业循环经济评价指标体系。从经济与社会发展水平、生态环境安全、资源循环再利用三方面选取了 19 个定量指标，并采用综合集成赋权法，将主管赋权法中的层次分析法（AHP）与客观赋权法中的嫡值法相结合，更客观、准确、有效地确定了指标的权重，从而对威县农牧循环经济相关指标重要程度进行了综合评价。以此为基础，运用模糊综合评价法对威县近 5 年的循环经济发展水平进行评价，发展水平排序分别为：2015 年、2014 年、2013 年、2011 年、2012 年，基本上呈现上升趋势，说明随着威县经济的不断发展，循环经济的观念也渐渐得到重视，循环经济在依托经济关系结合在一起的各部分关系逐渐加强，农牧循环经济得到了快速发展，循环经济效益逐步提高。

参考文献

[1] 孙静. 基于粗糙集理论的循环经济综合评价 [J]. 河北企业，2017（5）：49-50.

［2］ 杨景海. 能源消耗、宏观成本与经济增长可持续性研究［D］. 大连：东北财经大学，2016.

［3］ 刘毅. 区域循环经济发展模式评价及其路径演进研究［D］. 天津：天津大学，2012.

［4］ 周德荣，张月滨，王星博，李红勋. 基于熵权-AHP 法汽车起重机装卸能力评价的研究［J］. 起重运输机械，2008（5）：63-67.

［5］ 夏砚波. 基于综合集成赋权与模糊综合评价的煤矿项目社会稳定性风险评估研究［D］. 西安：西安邮电大学，2016.

［6］ 种毅. 基于模糊层次评价法的省域节能减排评价研究［D］. 济南：山东财经大学，2012.

［此文原刊载于《河北企业》，2017（10）：66-67］

威县农业循环经济产业价值链主体博弈关系分析

杨　帆[1]，李万贵[2]

（1. 河北科技大学经济管理学院；2. 河北农林科学院）

摘　要：本文以推进威县农业循环经济建设为目标，从威县农业循环经济产业价值链主体的角度入手，通过建立主体博弈模型，对农业循环经济主体参与合作的动力及利益关系进行博弈分析，得出结论：在不同时期由于合作程度不同，主体间的得益、成本不同，直接影响到博弈方的决策行为。产业价值链主体会通过自身水平和能力的提高，在获得更高收益的同时，主体间也互相激励，不断进步。

关键词：循环经济；主体行为；博弈关系；影响因素

威县地处河北省黑龙港流域，是我国十大优质棉基地县之一，种植面积与总产量30多年居河北省第一。近年来，传统农业面临挑战，棉农受到冲击。作为河北省渤海粮仓科技示范工程项目的重点县，威县以资源的高效利用和循环利用为目标推进农业循环经济建设，走可持续发展道路成为促进现代农业产业健康发展的关键。主体行为影响农业循环经济建立与发展的根本因素，因此推动威县农业循环经济发展，必须从产业价值链的主体入手，对主体之间的关系及相互作用进行分析，分析主体参与合作的动力。为推动农业循环经济建设提供理论支持。

1　威县农业循环经济产业价值链主体博弈模型

农业循环经济产业价值链主体相互合作是一种多人博弈的行为，主体之间通过选择自己决策使得益最大化。博弈的过程就是各个理性的博弈方选择自己决策的过程"当各博弈方都不愿或不会单独改变自己策略的策略组合存在时，博弈就有解"这个策略组合就是纳什均衡[1]。

发展前期产业链主体相互之间信息传递不完备，各主体之间相互联系分散，所有主体的行为皆为个体行为，自主决定，属于典型的不完全信息非合作博弈。后期相互之间合作加深，信息专递通畅，相互之间的博弈行为趋于完全信息静态博弈。将农业循环经济产业价值链主体分为农业种植大户与养殖企业、政府、微生物处理企业与科研机构、金融机构四类博弈"参与人"。政府以企业造成的外部不经济最小为目标；农业种植大户与养殖企业，金融机构以获取利润最高为目标；微生物处理企业与科研机构以生态环境改变，技术创新，提高产业竞争力为目标[2]。假设4个参与方皆为理性人。4个参与者都力图通过自己的行为使自己的得益最大化。政府通过政策制定、法律及号召力，财政补助等行为来促进循环经济产业的建立，以此在保护生态环境的同时进行生产发展。

农业种植大户和企业可以通过低成本高效率生产畅销的产品来获取高额利润，此时，环境与经济效应为对立关系。"微生物处理企业与科研机构通过技术推动生态农业的发展，以改善环境、科研成果转换、技术创新为目标。金融机构在博弈行为中为了追求可控风险中较高的利润目标。农业循环经济产业价值链主体各自可以获益并且拥有共同利益是建立合作的初期条件，调节自己的行为来追求共同利益是多人合作博弈的原理。合作是动态的，主体得益与合作的密切程度相关，主体在博弈中所做的决策在不同合作时期是不同的。两两分析主体之间合作的得益值，建立模型，可直观判断影响决策的变量因素。

2 农业循环经济产业价值链主体间博弈分析

2.1 农业种植大户、养殖企业主体与政府之间博弈

假设1对于参与方一：农业种植大户、养殖企业策略集为（参与农业循环经济产业合作，不参与农业循环经济产业合作）。参与方二：政府策略集为（推动农业循环经济产业合作，不推动农业循环经济产业合作）。且博弈双方都为合乎理性人。参与方一选择两种策略的得益分别是 A_1、A_2，选择策略一的概率为 P_1。政府为推动循环经济产业进行而采取措施对非绿色生产的企业收取费用 B，农户不参与所造成的污染成本记为 C_2，政府选择策略一的概率为 P_2。政府采取推动措施投入的成本记为 C_1 由此可得出得益矩阵（表1）。

表1 农业种植大户、养殖企业主体与政府得益矩阵

博弈		博弈方二	
		推动农业循环经济产业合作	不推动农业循环经济产业合作
博弈方一	参与农业循环经济产业合作	A_1，$-C_1$	A_1，0
	不参与农业循环经济产业合作	A_2-B，$B-C_1-C_2$	A_2，$dE_1P_1=0$

可以看出，当 $A_1>A_2$ 时，该博弈存在唯一的纯策略纳什均衡即（不推动农业循环经济产业合作，参与农业循环经济产业合作），农业企业采用循环经济生产方式要比传统线性生产方式能获得更多的利润，"理性人"必然选择循环经济生产方式，而政府不需要进行监管。不符合现实，所以一般情况是 $A_1<A_2$。当 $A_1<A_2$ 不存在纯策略纳什均衡，可以采用混合策略纳什均衡，由于参与方一选择策略一的概率为 p_1，参与方二选择策略二的概率为 P_2，得出参与方一的期望收益为：

$$E_1=P_1P_2A_1+P_1(1-P_2)A_1+(1-P_1)P_2(A_2-B)+(1-P_1)(1-P_2)A_2 \quad (1)$$

求导 $dE_1/P_1=0$ 令期望值最大，即得：

$$P_2A_1+(1-P_2)A_1-P_2(A_2-B)-(1-P_2)A_2=0 \quad (2)$$

$$P_2=A_2-A_1/B \quad (3)$$

同理，参与方二的混合策略期望值为：

$$E_2=P_2P_1(-C_1)+P_2(1-P_1)(B-C_1-C_2)+(1-P_1)(1-P_2)(-C_2) \quad (4)$$

求导 $dE_2/P_2=0$ 使参与方二期望值最大，得：

$$B-C_1-BP_1=0, \quad P_1=(B-C_1)/B \tag{5}$$

从混合策略纳什均衡来看，参与方选取策略受对方的策略概率影响，双方策略概率从根本上看，受政府推动力度的影响。

2.2 科研机构、微生物处理企业与金融企业

假设对于参与方一：科研机构、微生物处理企业策略集为（参与农业循环经济产业合作，不参与农业循环经济产业合作）。参与方二：金融企业策略集为（投资农业循环经济产业合作，不投资农业循环经济产业合作）。且博弈双方都为合乎理性人，参与方一选择两种策略的得益分别是 A_1、0，选择策略一的概率为 p_1。金融机构投资循环经济产业收益值为 A_2，根据科研机构市否加入合作分析，科研机构的加入降低了投资风险，金融机构进行投资风险成本为 B_1，科研机构不加入投资风险为 B_2，且 $B_2>B_1$，否则收益和成本皆为0，科研机构与微生物处理企业选择策略一的概率为 P_2。由此可得出得益矩阵（表2）。

表2 科研机构、微生物处理企业与金融企业得益矩阵

博弈	博弈方二	
	参与农业循环经济产业合作	不参与农业循环经济产业合作
博弈方一 参与农业循环经济产业合作	A_1-C_1, B_1-C_2	A_1, 0
不参与农业循环经济产业合作	A_2, $-C_2$	0, 0

通过分析可以得知当 $A_2>B_1$ 时，"金融机构进行投资，科研部门参加合作"为纯策略纳什均衡，此时科研机构、微生物处理企业与金融机构，双方通过合作同时推动农业循环经济的发展为最优决策。当 $A_2<B_1$ 时（金融机构不进行投资，科研机构、微生物处理企业不参与合作）纯策略纳什均衡。可以看出当循环经济投资风险过大时，合作双方收益不明显参与合作的动力因素较小。

2.3 农业种植大户、养殖企业与科研机构

假设对于参与方一：农业种植大户、养殖企业与科研机构（参与农业循环经济产业合作，不参与农业循环经济产业合作）。参与方二：科研机构、微生物处理企业策略集为（参与农业循环经济产业合作，不参与农业循环经济产业合作）。且博弈双方都为合乎理性人，参与方一选择策略一、二的得益分别是 A_1A_2，选择策略一的概率为 P_1。科研机构参与合作的收益为 B_1，成本为 C_2，选择策略一的概率为 P_2，且科研机构的加入是农业种植大户与养殖大户的生产成本下降了 C_1。由此可得出得益矩阵（表3）。

通过分析可以看出本次博弈不存在纯策略纳什均衡，可以采取混合策略纳什均衡，对于博弈方一的期望收益为：

$$E_1=P_1P_2(A_1-C_1)+P_1(1-P_2)A_1+(1-P_1)P_2A_2 \tag{6}$$

求得导数 $dE_1/P_1=0$，令博弈方一的期望值最大，即得：

表3 农业种植大户、养殖企业与科研机构得益矩阵

博弈方二

博弈	投资农业循环经济产业合作	不投资农业循环经济产业合作
博弈方一 参与农业循环经济产业合作	A_1，A_2-B_1	0，0
不参与农业循环经济产业合作	0，A_2-B_2	0，0

$$P_2C_1+1-P_2A_2=0 \tag{7}$$

进一步得：
$$P_2=1/(A_2-C_1) \tag{8}$$

博弈方二的期望收益：$E_2=P_2P_1(B_1-C_2)+P_2(1-P_1)(-C_2)$ (9)

求得导数：
$$dE_2/P_2=0$$

令博弈方二的期望值最大，即得：$P_1B_1-C_2=0$ (10)

得：
$$P_1=C_2/B_1$$

通过农业种植大户、养殖企业与科研机构博弈行为分析可以判断出，农业种植大户、养殖企业的决策受科研机构的行为的影响，而科研机构决策受农业种植大户、养殖企业的影响。而两参与方的行为根本上与参与成本、科研水平相关。

3 结 论

本文以推进威县农业循环经济建设为目标，从威县农业循环经济主体的角度入手，通过建立主体博弈模型，对主体间的博弈行为进行分析。主体之间出于自身的利益选择决策以谋求更高的利益。博弈方之间相互影响相互制约。政府部门的推动力影响农业种植大户、养殖企业的参与，科研机构与微生物处理企业的加入影响合作关系的进行，金融机构的加入影响科研机构与微生物处理企业的决策，同样，微生物处理企业与科研机构也影响着农业种植大户和养殖企业的行为。不同时期由于合作程度不同，主体间的得益、成本不同，也会影响博弈方的决策行为。

威县农业循环经济产业价值链主体通过自身水平和能力的提高，获得更高收益并且互相激励。在农业循环经济建设的过程中，要充分考虑各参与主体的影响因素，政府是解决问题的关键[3]。除了提高自身效率与公正性，政府可以对通过法律、制度、宣传、财政进行直接推动，对"生态农业"进行科普和宣扬，提高竞争力进行间接推动。

参考文献

[1] 黄明元，邹冬生，李东晖. 农业循环经济主体行为博弈与协同优势分析—兼论政府发展农业循环经济的制度设计 [J]. 经济地理，2011，31 (2)：305-311.

[2] 魏百刚，冯中朝，杨春悦. 农户发展农业循环经济的动力、问题及对策 [J]. 中国人口·资源与环境，2009，19 (4)：107-111.

[3] 翟绪军. 中国农业循环经济发展机制研究 [D]. 哈尔滨：东北林业大学，2011.

[此文原刊载于《河北企业》，2017 (12)：70-71]